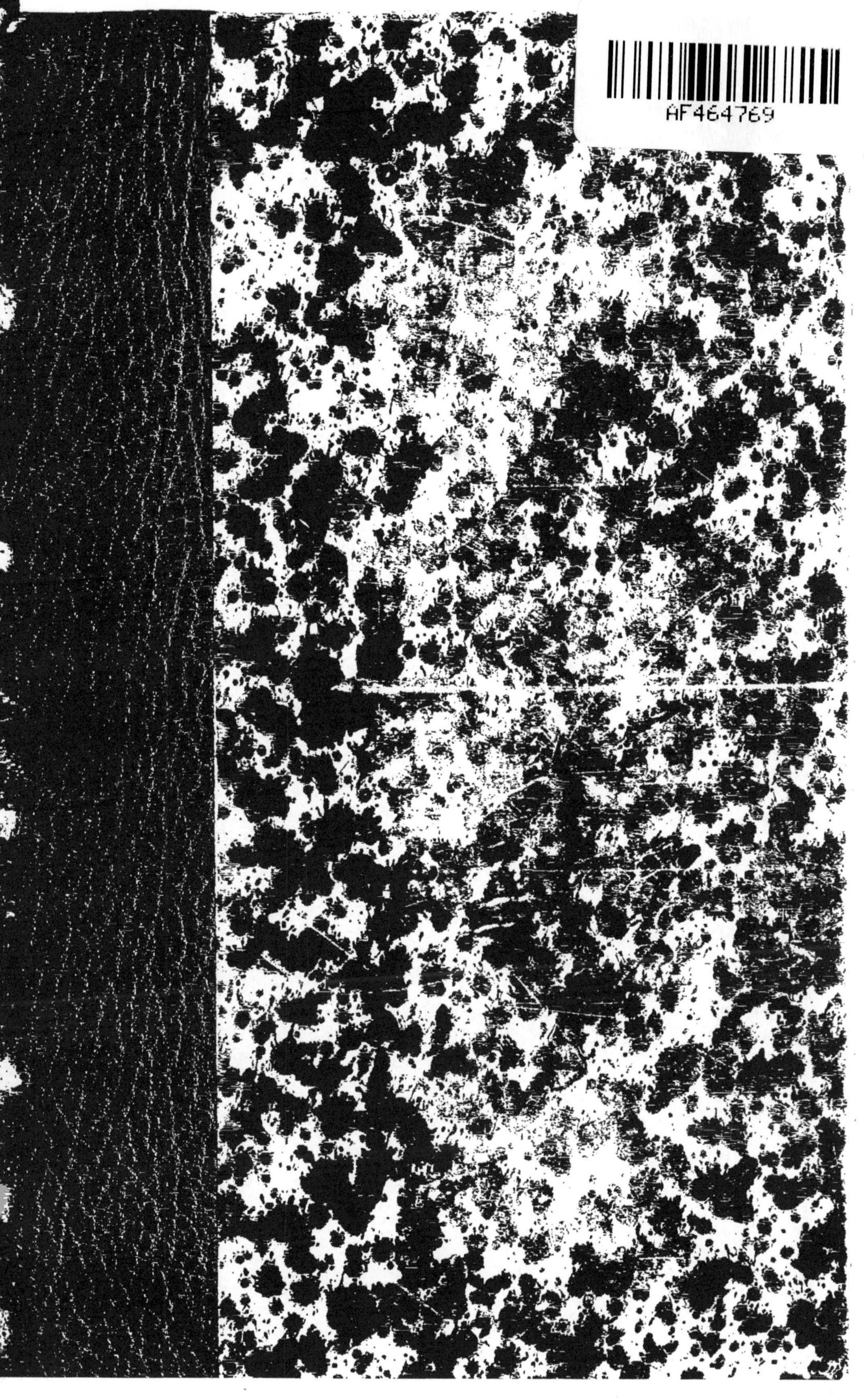
AF464769

DICTIONNAIRE

D'AGRICULTURE

Bourloton. -- Imprimeries réunies, A, rue Mignon, 2, Paris.

DICTIONNAIRE

D'AGRICULTURE

ENCYCLOPÉDIE AGRICOLE COMPLÈTE

PAR

J.-A. BARRAL

Ancien Secrétaire perpétuel de la Société nationale d'agriculture de France
Ancien Directeur du *Journal de l'agriculture*

CONTINUÉ SOUS LA DIRECTION DE

HENRY SAGNIER

Rédacteur en chef du *Journal de l'agriculture*

AVEC LA COLLABORATION DE

MM. H. BOULEY, de l'Académie des sciences;

BOUQUET DE LA GRYE, CHABOT-KARLEN, MAXIME CORNU, AIMÉ GIRARD,
HARDY, GUSTAVE HEUZÉ, RISLER, H. DE VILMORIN,
Membres de la Société nationale d'agriculture;

BERTHAULT, BOUFFARD, DEGRULLY, DEHÉRAIN, DUBOST, DUCLAUX,
DYBOWSKI, G. FOEX, MAURICE GIRARD, LEZÉ, A. MILLOT, E. MUSSAT, A. SANSON, SCHRIBAUX,
Professeurs à l'Institut national agronomique ou aux Écoles nationales d'agriculture;

CADIOT, F. GOS, LEMOINE, MAQUENNE, G. MARSAIS, PAUL MULLER, NOCARD, etc.

Ouvrage illustré d'un grand nombre de gravures

TOME PREMIER

A–B

PARIS
LIBRAIRIE HACHETTE ET CIE
79, BOULEVARD SAINT-GERMAIN, 79
1886

LISTE ET SIGNATURES DES COLLABORATEURS

A. B...... A. Bouffard, professeur à l'École nationale d'agriculture de Montpellier;
A. G...... Aimé Girard, membre de la Société nationale d'agriculture, professeur au Conservatoire des arts et métiers et à l'Institut national agronomique;
A. H...... A. Hardy, membre de la Société nationale d'agriculture, directeur de l'École nationale d'horticulture de Versailles;
A. M...... A. Millot, professeur à l'École nationale d'agriculture de Grignon;
A. S...... A. Sanson, professeur à l'École nationale d'agriculture de Grignon et à l'Institut national agronomique;
B. de la G. Bouquet de la Grye, membre de la Société nationale d'agriculture, ancien conservateur des forêts;
C.-K...... Chabot-Karlen, ancien régisseur de l'établissement de pisciculture d'Huningue, membre de la Société nationale d'agriculture;
Er. L..... Ernest Lemoine, propriétaire-éleveur à Crosne (Seine-et-Oise);
E. M...... E. Mussat, professeur à l'École nationale d'agriculture de Grignon;
E. R...... E. Risler, membre de la Société nationale d'agriculture, Professeur-directeur de l'Institut national agronomique;
E. S...... E. Schribaux, directeur de la station d'essai des semences à l'Institut national agronomique;
F. B...... Berthault, professeur à l'École nationale d'agriculture de Grignon;
F. D...... Duclaux, professeur à la Faculté des sciences de Paris et à l'Institut national agronomique;
F. G...... F. Gos, professeur départemental d'agriculture des Alpes-Maritimes;
G. F...... G. Foex, directeur et professeur à l'École nationale d'agriculture de Montpellier;
G. H...... Gustave Heuzé, membre de la Société nationale d'agriculture, inspecteur général honoraire de l'agriculture, professeur à l'Institut national agronomique;
G. M...... G. Marsais, secrétaire-rédacteur de la Société nationale d'agriculture;
H. B...... H. Bouley, membre de l'Académie des sciences et de la Société nationale d'agriculture, inspecteur général des Écoles vétérinaires, professeur au Muséum d'histoire naturelle;
H. S...... Henry Sagnier, rédacteur en chef du *Journal de l'agriculture*;
H. de V... H. de Vilmorin, membre de la Société nationale d'agriculture;
J. D...... J. Dybowski, maître de conférences d'horticulture à l'École nationale d'agriculture de Grignon;
L. D...... Degrully, professeur à l'École nationale d'agriculture de Montpellier;
L. M...... Maquenne, aide-naturaliste au Muséum d'histoire naturelle;
M. C...... Maxime Cornu, membre de la Société nationale d'agriculture, professeur au Muséum d'histoire naturelle;
M. G...... Maurice Girard, docteur ès sciences, chargé de conférences à l'École nationale d'agriculture de Grignon;
P. A...... P. Audollent, membre de la Société entomologique de France;
P.-C. D.... Dubost, professeur à l'École nationale d'agriculture de Grignon;
P.-J. C.... Cadiot, chef de service à l'École nationale vétérinaire d'Alfort;
P. M...... Paul Muller, correspondant de la Société nationale d'agriculture, agriculteur à Eguisheim (Alsace);
P.-P. D... P.-P. Dehérain, professeur au Muséum d'histoire naturelle et à l'École nationale d'agriculture de Grignon;
R. L...... R. Lezé, professeur à l'École nationale d'agriculture de Grignon.

Tous les articles de la lettre A et tous les articles non signés dans la lettre B, jusqu'au mot *Bibassier* exclusivement, ont été rédigés par J.-A. Barral.

INTRODUCTION

Le *Dictionnaire d'agriculture* a été commencé par J.-A. Barral en 1880 : il considérait cette œuvre comme le couronnement de sa carrière scientifique et d'une vie laborieuse consacrée tout entière au progrès de l'agriculture. Il s'y dévoua avec l'ardeur qu'il apportait à toutes ses entreprises. Malheureusement, les forces le trahirent et sa mort survint alors qu'il n'avait rédigé que les articles de la lettre A et les premiers de la lettre B. Le tableau encyclopédique de la théorie et de la pratique de l'agriculture dans toutes ses branches et toutes ses manifestations, qu'il avait voulu réaliser, restait inachevé ; mais le plan du monument qu'il rêvait d'élever à la science agricole était tracé, et la méthode suivant laquelle il devait se poursuivre était nettement indiquée.

La librairie Hachette, qui a entrepris la publication de cette œuvre, n'a pas hésité à la continuer, et elle nous en a confié la direction. Pour mener le *Dictionnaire d'agriculture* à bonne fin, nous avons voulu nous entourer de collaborateurs d'élite, choisis parmi les hommes les plus compétents dans les diverses branches des sciences agricoles. Chaque question est traitée par un homme qui l'a étudiée à fond et qui en a fait en quelque sorte sa spécialité. Aucun des problèmes complexes que doivent résoudre les sciences agricoles n'est omis, et les conquêtes modernes de l'agronomie sont exposées avec les détails qu'elles comportent. C'est dans ces conditions que le premier volume a été achevé et que la préparation des autres volumes se poursuit sans interruption.

Nous devons remercier tous nos collaborateurs, dont le talent et le zèle nous permettront d'achever cette grande entreprise.

Henry Sagnier.

PRÉFACE

Le but de cet ouvrage est de mettre entre les mains de tout agriculteur, et, plus généralement, de toute personne appelée à s'occuper d'une question agricole quelconque, un ensemble complet de renseignements qu'on ne trouve que très difficilement jusqu'à présent disséminés dans beaucoup de livres, ou qui n'ont jamais été publiés. Il est en effet à peu près impossible de conseiller à ceux qui veulent s'occuper d'agriculture un traité qui puisse en réalité donner satisfaction aux besoins si divers des exploitations rurales, surtout quand le siège de ces exploitations n'est pas circonscrit dans une région peu étendue. Sans doute les procédés de culture de quelques plantes sont bien décrits; mais il manque des détails, soit sur d'autres plantes que l'on pourrait avantageusement leur substituer, soit sur les machines à employer, soit sur le bétail, ou encore les engrais, les constructions rurales, l'hygiène des fermes, les transactions auxquelles le cultivateur doit se livrer. Pour exercer convenablement la profession d'agriculteur, il faut pouvoir se procurer rapidement une foule de connaissances; il faut avoir recours tout au moins à des vérifications destinées à leur donner la précision nécessaire. Nul ne peut se vanter de posséder complètement le grand savoir encyclopédique qu'exige la multiplicité des problèmes de la vie rurale. Aussi, le plus grand nombre des questions restent le plus souvent sans solution; d'où résulte l'accusation de routinière qu'on élève sans cesse, et non sans raison, contre l'agriculture. Mais c'est la faute des choses, ce n'est pas celle des hommes. Les laboureurs sont placés en face d'énormes difficultés, sans avoir les connaissances suffisantes pour essayer même de les vaincre. Tout est obscur pour eux : la nature et la composition du sol sur lequel ils travaillent, l'influence des saisons, les plantes qui envahissent les champs, les insectes qui dévorent les récoltes, les êtres infiniment petits qui attaquent les végétaux et les animaux domestiques, les maladies qui inopinément s'abattent sur les cultures ou sur les troupeaux. Comment trouver moyen de se guider au milieu de tant de ténèbres? L'instruction faisant défaut, l'impuissance est fatale.

Cette situation a été sentie par les agronomes dès une haute antiquité. Quelques-uns se sont illustrés en composant des traités sur les choses agricoles, traités encore consultés avec fruit plusieurs siècles après qu'ils ont été écrits, mais qui ont dû être refaits à des intervalles plus ou moins éloignés, selon que les progrès avaient marché plus ou moins vite. Il importe de résumer, de temps en temps, les dernières connaissances acquises, et de rassembler en quelque sorte une plus puissante provision de forces pour donner aux nouvelles générations les moyens de continuer à puiser dans la terre la subsistance des nations devenues plus exigeantes au fur et à mesure que les siècles s'accumulent. Les poèmes d'Hésiode, les *Géorgiques*, de Virgile ; les traités *De re rustica* ou *De agricultura*, du Carthaginois Magon, de Caton, de Varron, de Columelle, de Palladius ; les géoponiques grecs ; le *Théâtre d'agriculture et mesnage des champs*, d'Olivier de Serres ; les *Maisons rustiques*, qui se sont succédé à maintes reprises, depuis le commencement du dix-huitième siècle ; les dictionnaires de l'abbé Rozier, de Déterville, de Pourrat ; l'*Encyclopédie de l'agriculteur*, de Moll et Gayot ; le *Cours d'agriculture* du comte de Gasparin ; l'*Économie rurale*, si neuve et si originale, de Boussingault ; les *Cours d'agriculture* de sir Humphry Davy et de Liebig, et beaucoup d'autres ouvrages encore d'une valeur considérable, mais d'une portée plus limitée, ont donné des expositions magistrales des connaissances de plus en plus précises et étendues, acquises à diverses époques, sur les moyens, se perfectionnant toujours, d'assurer la production végétale et animale, but définitif de l'agriculture.

Le progrès ne peut s'arrêter en telle matière. Toute découverte ou toute invention appelle une découverte nouvelle ou une autre invention. Les sciences qui semblaient par leur essence même devoir éternellement demeurer étrangères aux choses rurales, leur apportent un concours inattendu. C'est ainsi que la chimie, la physique, la mécanique ont presque complètement et brusquement changé la face de l'agriculture à partir du milieu du dix-neuvième siècle. Les sciences naturelles lui ont fourni d'ailleurs un immense contingent de connaissances fertiles en applications. C'est à ce point que les ouvrages qui paraissaient les guides les meilleurs et les plus sûrs pour les travaux agricoles, se sont tout d'un coup trouvés au-dessous de la tâche qu'ils avaient d'abord bien remplie. Le fait pouvait être prévu. Après avoir introduit dans les ouvrages généraux d'agriculture un grand nombre de notions qui n'y touchaient que d'une manière très éloignée, une réaction s'était produite, et on en avait exclu sévèrement, peu à peu, tout ce qui ne semblait pas s'y rattacher étroitement. Il arriva alors tout d'un coup que les cultivateurs ne trouvèrent, dans leurs manuels habituels, aucune espèce de renseignement sur des applications nouvelles, par exemple sur les machines, sur l'électricité, sur les divers composés chimiques, sur les êtres infiniment petits, dont le rôle important fut, pour le plus grand nombre, une subite révélation. On eût dû être préparé; on ne l'était pas, parce qu'on avait eu peur de trop savoir. On se contentait surtout de données approximatives sur chaque chose; une teinture légère, cela paraissait devoir suffire. La faute a été grande. Une instruction plus approfondie est nécessaire. Elle doit principalement consister à bien fortifier les esprits, de manière à les mettre en état de pouvoir tout comprendre avec justesse. Alors, en consultant des livres disposés de telle sorte que les recherches soient faciles, les agriculteurs pourront arriver à triompher des difficultés sans nombre de leur profession et à se rendre un compte exact de la valeur des choses nouvelles qui leur sont proposées. Mais, pour cela, il faut qu'ils sachent avoir recours à la méthode expérimentale à posteriori, si bien exposée par M. Chevreul. L'agriculteur, en effet, doit être toujours un expérimentateur, mais un expérimentateur judicieux, sachant faire une exacte interprétation des faits acquis sans en tirer des généralisations hâtives; il faut qu'il soit en état d'user à temps de tous les moyens de contrôle déjà connus, sauf à en inventer lui-même de nouveaux, appropriés aux circonstances au milieu desquelles il se trouve placé. L'indécision peut lui être fatale; la nécessité de prendre promptement un parti lui est souvent imposée, ou bien il court le risque de perdre ou une récolte ou son bétail. Aller consulter des hommes compétents est une ressource presque illusoire, parce que ces hommes manquent, ou sont peu disposés à se déranger, ou sont trop éloignés. C'est encore dans de bons livres, bien interprétés, que doit se rencontrer l'indication du salut. Mais, on vient de le voir, les livres d'agriculture au courant de la science sur toute question qui peut inopinément se poser sont jusqu'à présent impossibles à rencontrer. A cette question, quel ouvrage faut-il consulter pour connaître ou une culture spéciale, ou les machines, ou l'emploi des engrais, ou certaines maladies des plantes? nous avons mille fois été dans l'obligation de répondre : cet objet n'est convenablement traité nulle part, ou bien il faudrait consulter des mémoires épars dans des collections rares; bref, une bibliothèque considérable devrait être compulsée, et encore on ne saurait affirmer qu'on y découvrirait les éléments d'une solution certaine du problème posé.

Quelle forme doit revêtir, pour rendre de grands services à l'agriculture, un livre comprenant tant de matières diverses? Faut-il faire un traité didactique? C'est une solution commode pour l'auteur, car, dans un cours d'agriculture, on peut avoir facilement l'air de tout dire en touchant seulement un grand nombre des points les plus difficiles à exposer. Mais pour ceux qui ont besoin de trouver un renseignement, il en est tout autrement. En fin de compte, pour pouvoir rencontrer ce que l'on cherche, il faut avoir recours à une table alphabétique. L'expérience prouve que les grands ouvrages qui ne sont pas accompagnés de bonnes tables sont rarement consultés et ne sont presque jamais cités. Il faut donc chercher au moins deux fois pour obtenir un résultat; les recherches peuvent être beaucoup multipliées, s'il s'agit d'un objet dont l'auteur a dû parler souvent, et c'est tout un travail à faire devant lequel plus d'un recule. Il paraît en conséquence plus simple, plus commode de placer tout de suite les matières dans l'ordre alphabétique, puisqu'il faut toujours en venir là. C'est ainsi que la forme de dictionnaire a été adoptée pour cet ouvrage. Cette forme a d'ailleurs l'avantage de garantir que rien ne sera oublié et qu'on donnera à chaque sujet le développement qu'il comporte. Ce qui est déjà acquis seulement trouve sa place dans les cours sous forme didactique; on peut tout au plus faire une lointaine allusion à ce qui n'est encore qu'hypothèse, ou ne se présente que comme une espérance plus ou moins réalisable dans un avenir indéterminé. Dans un dictionnaire, on doit mettre exactement l'état de chaque question. C'est ainsi que les microbes, les bactéries, tous les organismes infiniment petits répandus dans l'air, dans la terre et dans les eaux, peuvent être signalés avec précision; qu'on peut indiquer des plantes qui ne sont pas encore entrées dans la grande culture, mais qui ont des qualités sur lesquelles l'attention doit néanmoins être fixée; que les applications de l'électricité à la transmission des forces à longues distances, au labourage, ne sauraient échapper, alors que, dans un traité d'agriculture, elles pourraient être passées sous silence; que les propriétés des réactifs chimiques peuvent être décrites alors qu'elles ne sont pas encore appliquées, mais par cela seul qu'elles ouvrent des horizons à ceux qui savent prévoir. Dans un dictionnaire, un auteur est assuré de pouvoir tout dire, et le lecteur est certain de toujours trouver ce que l'auteur a mis; c'est à ce dernier de ne pas être resté au-dessous de sa tâche, c'est-à-dire d'avoir soupçonné tous les usages possibles des choses dans les exploitations rurales, au point de vue de la production végétale et animale.

Que doit donc contenir le *Dictionnaire d'agriculture?*

Il ne saurait suffire, à l'aurore du vingtième siècle, de s'occuper seulement de l'agriculture d'une contrée ou d'un climat. Aucune exploitation rurale ne peut vivre désormais en s'isolant du reste du monde. La multiplicité des chemins de fer et de toutes les voies de transport, la rapidité des communications, ont rendu les marchés solidaires les uns des autres, de telle sorte qu'il n'est pas possible de se faire producteur d'une denrée agricole quelconque sans se préoccuper des conditions générales et spéciales qui influent sur les débouchés et les variations de prix qu'elle peut rencontrer. Il importe de pouvoir trouver à tout moment des renseignements positifs et précis sur les causes qui peuvent modifier les transactions, amener des encombrements ou susciter des besoins. Il serait certainement plus simple de ne considérer que les moyens de mettre une exploitation déterminée en état de donner les plus grands bénéfices possibles, d'après la connaissance de sa situation et de sa constitution. Mais si c'est là le point de départ de toute étude d'économie rurale, on ne saurait se dissimuler que les temps sont mobiles et que l'on ne peut plus rien fonder de durable sans donner une élasticité suffisante aux diverses parties de tout édifice. Il faut pouvoir se replier ou s'étendre en regardant auprès et au loin. Vous êtes fixé dans le centre de la France ou dans le nord, mais qui vous dit que vos fils ou vous-même vous ne devrez pas diriger une exploitation dans le midi, ou peut-être dans un pays lointain, en Amérique, en Asie ou en Afrique? Les établissements coloniaux doivent se multiplier; les familles rurales ne sauraient se désintéresser de l'expansion qui les appelle. Par conséquent, ce Dictionnaire doit traiter non seulement la pratique, mais encore la théorie de la culture des terres pour toutes les régions : mettre les cultures les plus diverses sous la main des jeunes cultivateurs, de telle sorte qu'ils n'aient, à un moment donné, qu'un léger effort à faire pour se rendre compte des choses les plus étrangères à leurs habitudes du jour; c'est préparer les voies à tous les progrès, sans rien diminuer de la sûreté des procédés employés pour un but immédiat. Toutes, absolument toutes les cultures sont donc décrites dans cet ouvrage, en même temps que les terres les plus diverses sont étudiées, et que l'on envisage la direction et l'administration des entreprises agricoles sous les points de vue si variés des législations de tous les pays civilisés ou des usages des contrées encore barbares. Savoir non seulement ce qui se fait chez soi, mais encore ce qui existe ailleurs, est le parti qu'il faut toujours finir par prendre pour arriver à réaliser une amélioration quelconque, soit sur un domaine particulier, dans des affaires privées, soit dans les diverses branches de l'administration d'un pays ou du gouvernement d'un peuple. Ce n'est pas seulement pour les propriétaires, pour les fermiers, pour les agents des exploitations rurales que ce livre est écrit, c'est encore pour les hommes d'État, pour ceux qui s'occupent des lois et de l'administration de la chose publique, pour tous ceux qui, de près ou de loin, sont appelés, soit comme magistrats, soit comme ingénieurs, soit comme législateurs, professeurs, savants, hygiénistes, ou membres de conseils électifs, généraux, municipaux, etc., à influer sur la solution d'un des mille problèmes de la vie rurale.

Trop longtemps, l'instruction donnée aux jeunes générations pour les préparer, soit aux fonctions publiques, soit à l'administration des biens particuliers et à toutes les entreprises, n'a tenu aucun compte de l'agriculture. On eût dit que tout sortait naturellement de la terre, sans qu'il y eût lieu de se préoccuper des moyens d'accroître la production, et surtout sans qu'il fût nécessaire de songer aux populations vouées aux travaux des champs. On n'ignore plus que les problèmes de la production agricole sont aussi difficiles et compliqués, plus compliqués même que ceux de la production industrielle ou manufacturière; il n'y a plus de troupeaux d'hommes voués par destination naturelle à la vie des champs et ne songeant pas à une autre existence. Les ouvriers des campagnes veulent des salaires comparables à ceux exigés par les ouvriers des villes ou de l'industrie, tous avantages compensés. La question du prix de la main-d'œuvre se pose partout, et elle influe sur les conditions de la production presque autant que celle des débouchés; elle règle la possibilité de la concurrence. Si de nombreuses populations constituent une puissante consommation de denrées agricoles, elles devraient aussi fournir les bras nécessaires aux travaux des fermes; mais il peut survenir des circonstances qui détournent les travailleurs de telle ou telle occupation. Il y a des surexcitations étrangères à la recherche du travail par ceux qui ont besoin de gagner leur subsistance, ou bien il survient des mesures économiques qui agissent sur les exigences des ouvriers. Lorsqu'on n'a pas étudié l'économie politique, lorsqu'on n'en fait pas une application rationnelle aux choses rurales, les mesures adoptées peuvent avoir les conséquences les plus déplorables. Aussi toute loi doit être considérée dans ses rapports avec les choses rurales, et c'est un grand malheur qu'il en ait été rarement ainsi; il s'est fait un milieu peu favorable aux progrès agricoles, et la possibilité de revenir sur une situation créée à la longue n'est pas plus tard facile à trouver. La prévoyance eût mieux valu, mais elle n'est pas le fait de l'ignorance des lois de l'économie politique dans lesquelles sont demeurées trop de générations d'hommes d'État. Et, hélas! il faut bien convenir que, dans les ouvrages d'agriculture les plus estimés publiés jusqu'à la fin du dix-neuvième siècle, les applications de l'économie politique à l'économie rurale ont été trop souvent négligées, si même elles n'ont pas été présentées sous les points de vue les plus faux. Il faudra bien du temps et de nombreux efforts pour réparer le mal causé par les erreurs ou les négligences de l'instruction publique. Puisse le livre que nous publions présenter assez d'intérêt pour être consulté, non pas seulement par les agriculteurs de profession et les propriétaires de biens ruraux, mais encore par tous ceux qui s'occupent des affaires d'un pays et de leur administration à un degré quelconque. Est-ce que, de tout temps, les réformes agraires n'ont pas été les plus difficiles, et celles qui ont été amenées par les catastrophes les plus violentes et parfois les plus désastreuses? La propriété du sol cultivé, son partage, sa transmission, sont des problèmes sociaux intimement liés au mode d'exploitation. Il faut que l'on puisse s'éclairer sur tous ces points, à des flambeaux où la vérité luise sans être obscurcie ou altérée par l'esprit de secte ou de système, par les partis pris, sous la seule inspiration de l'amour du bien et du progrès de l'humanité. Ainsi comprises, et cela est nécessaire, les questions agricoles ne sont plus seulement techniques, chimiques, physiques ou physiologiques. Elles sont dépendantes des plus hautes considérations morales et politiques, ce mot étant entendu dans un sens large et élevé, et de manière à ne froisser aucune conviction particulière consciencieuse, permettant de marcher respectueusement mais fermement du connu à l'inconnu. Dans ces conditions, l'examen des rapports de la législation avec la situation des classes rurales et le développement des progrès agricoles doit être facilité par le livre que nous donnons au public.

L'assiette et la répartition des impôts directs ou indirects peuvent agir d'une manière défavorable sur le développement de l'agriculture. Qui ne sait, par exemple, combien on peut faire de reproches à l'inégalité de la répartition de l'impôt foncier et même à son existence, combien les octrois agissent sur l'agriculture, et parce qu'ils augmentent le prix des denrées agricoles dans les villes, et parce qu'ils créent des ressources urbaines au détriment du séjour dans les campagnes. Les grands travaux exécutés sur des points déterminés d'un territoire créent de leur côté des courants particuliers qui détournent la main-d'œuvre. Les questions financières doivent donc appeler l'attention des cultivateurs, et ils ont besoin d'avoir sous la main les moyens de les comprendre et de les approfondir lorsqu'elles se présentent à leurs méditations, et lorsqu'ils peuvent influer sur les solutions qui leur seront données. C'est au point de vue des intérêts agricoles, il faut le répéter, que ces questions sont envisagées; il en est de même de toutes les institutions, telles que banques, caisses de retraites, caisses d'épargne, assurances de tous genres, fondations hospitalières ou sanitaires et créations charitables. Le problème du crédit que réclament les cultivateurs pour faire de plus productives transactions, pour améliorer leurs terres, pour perfectionner leur cheptel, a besoin d'être étudié dans tous ses détails et sous toutes ses faces. Quelles sont les améliorations permanentes : drainage, irrigations, constructions rurales, défoncements, chemins d'exploitation, susceptibles de donner des droits aux fermiers? Quel rôle peut prendre le métayer dans les affaires de crédit reposant sur l'élevage ou l'engraissement du bétail? L'association est une puissance considérable, dont l'agriculture a commencé à peine à se servir vers la fin du dix-neuvième siècle; en la définissant bien, en la montrant à l'œuvre dans la création des fromageries, des fruiteries, des industries annexes des exploitations rurales, on contribue à armer de moyens d'action nouveaux l'agriculture de l'avenir. Sous toutes les rubriques que ces sujets si variés appellent, il faut que le lecteur trouve des renseignements précis et utiles à consulter, soit en ce qui concerne la France, soit sur ce qui se fait ou se tente dans les pays étrangers. Aucune contrée agricole ne peut désormais vivre dans l'isolement.

Les questions rurales demandent à être examinées de manières différentes, selon qu'il s'agit de grande, de moyenne ou de petite culture, de grande, de moyenne ou de petite propriété. Ces expressions n'ont d'ailleurs qu'une valeur relative, dépendant du prix des terres et de leur rendement en produits plus ou moins précieux ou plus ou moins abondants. Tout doit être expliqué : la dépendance avec les climats et avec les civilisations, la relation avec la densité de la population. L'étendue des fortunes, les mœurs, la facilité des transactions, la multiplicité des échanges, la beauté d'un site, les douceurs d'une plage, la mode, des caprices, font que la terre est recherchée ou bien abandonnée, et dès lors qu'elle vaut beaucoup ou peu sous l'unité de surface. Les procédés d'exploitation du sol varient en conséquence; ils doivent donner satisfaction à des exigences locales, passagères peut-être et fugaces. La connaissance de la géographie agricole est donc nécessaire; mais, pour bien faire cette géographie, il ne faut pas décrire une époque, donner une statistique qui ne représentera qu'un accident; il faut peindre la succession des faits, afin de connaître ou de prévoir l'avenir d'après le passé; les descriptions des localités, si l'on se borne aux choses physiques et sur lesquelles le temps n'exerce que faiblement son action, peuvent être courtes et faciles à peindre à grands traits; mais, s'il est question de s'implanter en un lieu pour y fonder une entreprise agricole, il faut rechercher les conditions économiques, et celles-ci exigent qu'on considère une succession de faits, afin de ne pas s'exposer à tomber sur un accident. La méthode employée dans cet ouvrage pour faire connaître les départements, les provinces, les États, est nouvelle; elle a peut-être l'inconvénient de prendre de la place et du temps, mais elle ne permet pas de se tromper. La géographie et la statistique agricoles ont ici des bases certaines, qui présentent cet avantage que les faits nouveaux qui se produisent pourront facilement venir s'enregistrer à la suite des faits anciens constatés dans le dictionnaire pour y recevoir la lumière qu'ils appellent. Une statistique nouvelle ne vaut que par sa comparaison avec ce qui a précédé. Dire la population d'un pays, par exemple, ou donner les chiffres de ses diverses productions en une année déterminée, ce n'est presque rien indiquer, tandis que le rapprochement avec les faits antérieurs permet de se prononcer sur les progrès possibles. L'avenir est, surtout en agriculture, le fils du passé.

Jusque vers le milieu du dix-neuvième siècle, un agriculteur savait à peu près où devaient être consommés les produits de sa ferme; il produisait pour un marché connu, dont les besoins étaient bien mesurés et ne variaient pour ainsi dire pas; des météores annuels dépendaient les prix; tout pouvait être calculé. Les choses sont complètement changées. Il faut désormais chercher les débouchés au loin, ou plutôt on doit lancer les produits de ses cultures en concurrence avec ceux du monde entier, pour ainsi dire, sur le marché d'un approvisionnement général; ce qui sort de telle ferme de Normandie, de Bretagne, de Champagne, de Gascogne ou de Provence sera peut-être consommé à des milliers de kilomètres de distance. Il faut donc produire des denrées dont la qualité et le prix puissent présenter assez d'avantages pour lutter partout avec des produits similaires étrangers. On peut obtenir ces résultats par l'emploi de machines bien construites, d'engrais appropriés aux sols et aux plantes, par des combinaisons judicieuses dans la succession des cultures.

C'est dans cette situation que doit chercher à se placer tout agriculteur intelligent; concourir à l'y aider est un devoir de la part de l'auteur du *Dictionnaire d'agriculture*. Pour cette raison, tout ce qui concerne l'élevage du bétail et la production des matières animales, aussi bien que les cultures spéciales de toutes les sortes, doit faire l'objet d'études particulièrement approfondies.

Pendant de longs siècles, on n'a guère considéré le bétail que comme un moyen d'avoir de l'engrais; c'est encore ainsi que beaucoup envisageaient l'entretien des animaux domestiques dans la seconde partie du dix-neuvième siècle. Le bétail était un mal nécessaire dont on cherchait à se débarrasser en se plaçant dans des conditions telles, aux approches d'une ville ou de vastes usines, par exemple, que l'on pouvait supprimer tous les animaux domestiques, sauf ceux de labour ou de transport. On a même imaginé des systèmes de culture dans lesquels il n'y aurait pour ainsi dire plus d'animaux : des machines à vapeur devaient y faire tous les travaux, et au commerce il appartenait de fournir les engrais, comme il lui incombait d'enlever les produits, tous tirés directement du sol, absolument végétaux. Ces systèmes n'ont pas résisté à l'expérience, quoiqu'il soit vrai que dans des situations tout à fait particulières il y ait intérêt à vendre ses pailles et ses foins comme le grain et à prendre les engrais abondants d'une grande ville. Mais la vente des pailles et des grains ne peut que très exceptionnellement couvrir les frais d'une exploitation rurale. De plus en plus il est vrai que les produits animaux sont les seuls qui se vendent avec bénéfice, lorsqu'on ne peut pas faire des produits industriels ou obtenir du vin ou des fruits, ou des produits maraîchers, d'un placement facile. Il arrive alors que le fumier n'est en réalité qu'un produit accessoire, ou même qu'un résidu des exploitations rurales; on y entretient du bétail pour avoir du travail, de la viande, du lait, du fromage, du beurre, de la laine, des peaux, des cuirs, parce que tous ces produits ont des cours qui permettent de rémunérer l'industrie agricole; le fumier doit être considéré comme obtenu pour rien. Il ne coûte en réalité, dans cette manière de voir, que les frais faits pour le recueillir, le manipuler et le transporter sur les terres. Mais ce n'est pas ici le lieu de discuter ces doctrines; il suffit d'avoir montré l'importance prise par toutes les questions relatives à l'élevage et à l'engraissement des animaux des espèces chevaline, asine et mulassière, bovine, ovine, porcine, pour ne nommer que les principales, car il faut également connaître les autres espèces animales dont l'influence sur les marchés peut se faire sentir à un moment donné. Comme cela a été déjà indiqué plus haut, l'agriculteur ne saurait désormais se borner à regarder dans son voisinage immédiat; il fait sa partie dans le monde entier, et il faut qu'il sache se retourner quand des changements s'opèrent. Un livre tel que le *Dictionnaire d'agriculture* doit donc donner des indications succinctes tout au moins sur les animaux domestiques employés dans telle région que ce soit, d'autant plus qu'il peut survenir des circonstances susceptibles de favoriser des importations ou des acclimatations inattendues. Nul moyen de dissiper une obscurité possible ne doit être omis, surtout lorsque la forme du livre permet de n'avoir recours à des détails qu'autant que l'occasion ou la nécessité s'en présente. Pour des motifs analogues, il n'est pas possible de ne pas signaler les animaux nuisibles, de même qu'il importe de donner une place à toutes les notions d'art ou de médecine vétérinaires, non pas pour que l'agriculteur se substitue à l'homme du métier, mais pour qu'il soit mieux disposé par la vérification des prodromes à se rendre compte de la gravité des cas, et à remplir toutes les mesures de préservation que d'ailleurs la loi et les règlements lui prescrivent, sans avoir suffisamment prévu qu'il serait possible de ne pas toujours rencontrer des gens capables de leur obéir. Il faut, en effet, convenir que les lois sur les épizooties supposent des hommes, magistrats municipaux et autres, aussi bien que cultivateurs, ayant des connaissances spéciales dont la possession n'est pas générale.

Tout ce qui vient d'être dit pour le gros bétail est exactement applicable aux animaux auxiliaires des fermes, préposés à la garde ou à la chasse dans les exploitations rurales. De même la basse-cour et ce qu'on a appelé récemment l'aviculture, doivent avoir une place d'autant plus marquée qu'on trouve de plus en plus dans leur bonne administration des sources de revenus, au lieu de n'y reconnaître, comme autrefois, qu'une sorte de satisfaction de fantaisie pour les gens fortunés, ou de luxe pour les jours de fête. Le vœu de la poule au pot démocratique n'est plus une légende. A côté de la poule se placent beaucoup d'autres oiseaux ou animaux, moins rares désormais sur la table du paysan que n'était naguère le pot-au-feu de viande de boucherie. Combien de fois, dans les campagnes, alors qu'on est isolé et privé de tous les moyens de s'éclairer, on se trouvera heureux d'avoir sous la main des descriptions ou des indications suffisantes pour résoudre des questions imprévues que la nature présente. Donc, tout ce qui est relatif à la chasse ou à la pêche doit avoir une place, réduite sans doute, mais suffisante pour que celui qui ne peut pas avoir d'autre distraction que de comprendre les faits offerts par la nature, ne soit pas obligé à chaque instant à y renoncer, parce que quelques notions scientifiques ne seront pas à sa portée. Les branches multiples de l'aquiculture fluviale ou maritime, la pisciculture, l'ostréiculture, et, si des eaux ou du terre à terre on passe dans les airs, l'apiculture, la sériciculture, doivent être également considérées comme des moyens de produire des matières animales utiles; elles font désormais partie de l'agriculture prise dans son expression la plus générale. En ces choses, on ne saurait dire que ce qui ne paraît pas pouvoir fournir une application aujourd'hui n'entrera pas dans la pratique le lendemain. Il en est de même pour une foule de plantes dont l'emploi n'a pas encore eu lieu, par cela seul que les propriétés n'en sont pas encore bien connues. Avant le seizième siècle, la soie et le tabac étaient ignorés; avant le dix-huitième, on ne savait pas le rôle que la pomme de terre jouerait dans l'alimentation publique; avant le dix-neuvième, le sucre de la betterave n'était pas soupçonné, et on ne pensait pas à cultiver la ramie. Ces exemples pourraient être presque indéfiniment multipliés. On ne peut affirmer que tel détail qui paraît futile ou accessoire ne deviendra pas bientôt capital. Ainsi en est-il des germes charriés par l'atmosphère, auxquels nul ne songeait, alors que M. Pasteur en a dévoilé le rôle si considérable dans les transformations des matières d'origine organique. Et les poussières météoriques provenant des volcans ou arrachées au sol; et les roches en décomposition; et tous les soulèvements ou affaissements géologiques; et les eaux qui circulent à la surface ou à l'intérieur des terres : que de problèmes sur lesquels il faut posséder des éléments de solution. Pour qu'un livre tel que celui dont l'auteur du Dictionnaire a résolu d'armer l'agriculteur ne soit pas déjà en retard le jour de sa publication, il est nécessaire qu'il soit de beaucoup en avance sur son époque. Ce qu'il faut, néanmoins, c'est qu'il ne confonde pas les résultats acquis avec ceux qui sont plus ou moins probables.

Un grand nombre de cultures étaient naguère laissées de côté par les agronomes comme purement accessoires et négligeables; cette indifférence ou ce dédain ne sont plus tolérables. L'horticulture est désormais une branche importante de la production de plusieurs peuples; le goût des belles plantes ornementales s'est répandu; le jardin est un signe de civilisation. Les fleurs sont devenues nécessaires à l'existence, même au sein de familles peu fortunées, et elles font l'objet d'un grand commerce, non plus seulement local, mais même international. On les cultive aussi sur une grande échelle pour la fabrication des parfums. La culture maraîchère prend chaque jour une importance croissante; la consommation de légumes variés est pour toujours un besoin général. Que de plantes il faut donc faire connaître, en indiquant les conditions du succès de leur culture!

L'arboriculture fruitière est devenue un grand art et elle donne lieu à des transactions considérables, outre qu'elle fournit les matières premières d'industries assez nombreuses. Quant à la sylviculture, elle exige des soins que l'on comprend mieux depuis qu'on aperçoit qu'il viendra une époque où les produits forestiers cesseront de ne plus coûter que la peine d'être enlevés, ainsi que cela achève de se présenter dans les forêts vierges des pays les derniers ouverts à la civilisation. L'exploitation des bois a d'ailleurs en Europe ce caractère particulier que généralement les propriétaires s'en réservent la surveillance, qu'ils ne mettent pas leurs forêts sous le régime du fermage, et qu'ils se rattachent ainsi davantage à l'agriculture, trop longtemps délaissée dans les familles les plus riches en biens fonciers. Tous ces sujets méritent donc d'être traités selon leur importance relative dans un dictionnaire d'agriculture, qu'on doit ouvrir pour y trouver tous les moyens d'accroître et les revenus et la valeur foncière de ses domaines.

Lorsqu'eut lieu en 1851, à Londres, la première Exposition universelle, les agriculteurs français, qui jusque-là n'avaient guère connu l'Angleterre que par des ouï-dire assez vagues, furent très surpris d'y trouver dans les fermes, et non pas seulement dans le palais de l'exhibition, des machines à vapeur fixes et locomobiles, et de grandes machines à battre, et des machines à moissonner et à faucher, encore bien imparfaites, il est vrai, mais fonctionnant déjà suffisamment pour rendre des services, sans compter un grand nombre d'instruments d'intérieur et d'extérieur de ferme dont Mathieu de Dombasle avait fait connaître quelques spécimens, mais, depuis la mort du grand agronome, bien améliorés. Le drainage avait pris aussi une extension remarquable dans la Grande-Bretagne. Enfin, l'étonnement fut grand de voir en pleine prospérité de très vastes usines pour la fabrication des engrais commerciaux. Une fois le premier mouvement de surprise passé, on jeta sur le compte des excentricités britanniques la plupart des innovations constatées, et on attribua le succès des autres aux grands capitaux mis à la disposition des fermiers anglais par des propriétaires colossalement riches. Les traités d'agriculture continuèrent en France à renfermer la science agricole dans la discussion des systèmes de la culture extensive ou intensive, et dans quelques autres formules plus ou moins stériles. Peu d'années après, surtout après l'Exposition universelle de Paris, en 1855, les idées changèrent, à la suite d'expériences publiques mémorables qui ouvrirent les yeux des fermiers des départements des régions du nord et du centre de la France, de la Belgique et d'une partie de l'Italie, de l'Allemagne et même de l'Espagne. Dès lors on comprit que le génie rural, la mécanique agricole, l'arpentage, le cubage des matériaux, un grand nombre d'applications des mathématiques devaient faire partie de l'instruction agricole appelée à prendre une extension en rapport avec les services à rendre. Le matériel d'un grand nombre d'exploitations rurales fut renouvelé en un espace de temps assez court; beaucoup d'importantes usines pour la fabrication des machines destinées à l'agriculture furent fondées et prospérèrent; la création des grands concours agricoles, et particulièrement l'institution des primes d'honneur pour les domaines les mieux cultivés, institution qui, née en France, a été imitée par tous les pays civilisés des deux mondes, contribuèrent énergiquement à une prompte adoption de tous les progrès.

Un des moindres progrès modernes ne fut pas l'introduction de la comptabilité dans un nombre assez grand d'exploitations rurales; sans la comptabilité, on ne pouvait acquérir la certitude des bénéfices réels, ni surtout reconnaître quelles parties des cultures les produisaient; le cultivateur ne savait qu'une chose, c'est qu'il avait une bourse plus ou moins bien garnie. Les diverses applications de la comptabilité à toutes les branches des exploitations, lui ont permis de voir clair au milieu de la complexité de ses travaux et de discerner les causes des pertes et celles des gains. C'est une partie extrêmement importante de l'économie rurale, et elle doit être traitée avec un soin particulier dans tous les systèmes qu'on en a imaginés pour la faire parler plus clairement et surtout plus sûrement.

C'est à la comptabilité bien tenue qu'on doit d'avoir pu, selon les lieux et les circonstances économiques, reconnaître les inconvénients de certaines cultures. On a su ainsi que le bétail pouvait donner des bénéfices, que les industries agricoles étaient nécessaires pour assurer la prospérité, que l'emploi des machines, rendu indispensable par la cherté de la main-d'œuvre, n'était pas suffisant pour donner le succès, qu'enfin l'usage rationnel d'abondants engrais complémentaires importés garantissait seul des rendements considérables et fructueux en gains définitifs. La théorie chimique des restitutions au sol des principes fertilisants exportés par la vente des produits de l'agriculture, a pu être ainsi expérimentalement démontrée et arriver à prévaloir sur celle ruineuse des cultures supposées se subvenir à elles-mêmes, sauf à imaginer l'hypothèse de la soustraction à l'atmosphère d'éléments nutritifs aériens par certaines plantes. Il faut que tous ces faits soient démontrés à leur place dans un dictionnaire nouveau, qui, au lieu de rester à la remorque de la routine, a la prétention, désormais justifiée, de pouvoir guider ceux qui désirent marcher de progrès en progrès, en entendant ce mot dans le bon sens, c'est-à-dire en ayant en vue des améliorations productives. Mais pour voir sûrement dans l'avenir, il faut avoir pris des leçons dans le passé. On ne saurait donc négliger les notions historiques; des articles biographiques succincts doivent signaler les hommes qui ont fait faire des progrès au développement de l'agriculture.

On voit combien est vaste le cadre du *Dictionnaire d'agriculture*, et combien, s'il est bien rempli, il rendra de services. On y trouvera exposés tous les faits et analysées toutes les doctrines, sans autre parti pris que de faire jaillir les vérités utiles aux progrès agricoles. C'est ainsi une entreprise originale et non pas une simple compilation. Il présente, à tous ceux qui ont à s'occuper des entreprises agricoles, l'*agriculture en alphabet*, selon l'expression de Voltaire. Ce grand penseur et écrivain a, en effet, appelé son *Dictionnaire philosophique* l'*opinion en alphabet*, ou bien la *raison en alphabet;* ces deux ordres de choses, opinion et raison, ou bien pratique et théorie, se trouvent former, partout où l'homme déploie son activité, deux voies où il s'engage tour à tour, tantôt en s'obstinant aux erreurs et aux ténèbres, tantôt en se précipitant avec une sorte de frénésie vers le progrès et la lumière. Puisse ce livre faire la clarté et n'enseigner que la vérité !

J.-A. Barral.

DICTIONNAIRE D'AGRICULTURE

A

AAM (*commerce*). — Ancienne mesure pour les liquides, en usage à Amsterdam et à Anvers. Dans la première de ces deux villes, elle contient 256 pintes et équivaut à 155 litres 22, et dans la seconde elle se subdivise en 100 pots et équivaut à 142 litres 19.

ABACA (*industrie*). — On dit aussi *avaca*. Matière textile appelée souvent *chanvre de Manille*, et qu'on extrait d'une espèce de bananier appelé *Boffo* (*Musa textilis*), très commun aux Philippines. Les gaînes extérieures de la tige fournissent des fibres grossières servant à faire des cordages; les gaînes intérieures donnent des fibres très fines, employées à fabriquer de la toile et des vêtements. Toutes ces fibres sont remarquables par leur grande longueur.

ABAISSEMENT (*méd. vét.*). — L'abaissement de la cataracte est une opération chirurgicale par laquelle on fait descendre au-dessous du niveau de la pupille le cristallin devenu opaque. On dit encore *abaissement* de certains organes, par exemple : *des paupières, des mâchoires, de la tête, de la poitrine, des parois du ventre*, etc. Le mot d'abaissement s'applique aussi à l'action des muscles qui a pour effet d'abaisser diverses parties du corps des animaux.

ABAISSEMENT (*physique*). — On dit que la température subit un abaissement, lorsqu'il survient une diminution dans les circonstances calorifiques, lorsqu'il fait plus froid ou moins chaud. Cet abaissement est nuisible à la végétation lorsqu'il se produit brusquement, et peut être suivi ou accompagné de congélation, de gelée blanche; il ne passe pas pour être défavorable s'il a simplement pour conséquence le phénomène de la rosée. Un abaissement de température a lieu en général tous les jours, à partir du milieu de l'après-midi, et il se continue en progressant jusqu'au lendemain matin, vers sept ou huit heures, selon les lieux ou les saisons, pour être suivi d'une élévation du thermomètre. [illegible] acoustique ou dans la musique, on désigne par abaissement le passage de la voix haute à la voix basse, de la voix aiguë à la voix grave, des syllabes accentuées à celles qui ne le sont pas. On dit encore abaissement du ton, abaissement du bruit du vent, pour indiquer une diminution d'intensité. — Enfin le mot s'applique à toute diminution de hauteur, ainsi on dit : abaissement des eaux, du baromètre, et même en horticulture : abaissement d'une branche d'arbre, pour signifier sa diminution de longueur. — Par extension, l'expression d'abaissement des impôts, des octrois, des salaires, des barrières de douane, du prix des denrées, est usitée pour signifier un dégrèvement ou une diminution.

ABAISSEUR (*anat.* et *chirurg.*). — On donne le nom d'abaisseurs aux divers muscles dont la fonction est d'abaisser les organes auxquels ils sont attachés : abaisseurs de l'œil, des paupières, des ailes du nez, des angles des lèvres. On coupe quelquefois les muscles abaisseurs de la queue des chevaux pour en assurer le port plus horizontal, c'est ce qu'on appelle *anglaiser* des chevaux, l'opération ayant été imaginée par les Anglais. — L'abaisseur est aussi un instrument qui sert à abaisser et à maintenir la langue pour mettre à découvert la cavité buccale.

ABAJOUE (*zootechnie*). — L'abajoue est une poche qui existe, dans la bouche de quelques mammifères, entre la joue et les mâchoires, et qui leur sert à mettre momentanément leurs aliments en réserve. C'est au moyen de leurs abajoues que le hamster (*Mus cricatus* L.), rongeur nuisible à l'agriculture et très commun en Alsace et dans quelques autres parties de l'Europe, emporte des provisions de grains pour aller les déposer dans les terriers qu'il a creusés, et dont il fait des magasins. Divers autres rats et les chauves-souris ont des abajoues. — On donne par extension le nom d'abajoues aux joues volumineuses et pendantes, et notamment aux parties latérales du groin du cochon et de la tête de veau.

ABAMA (*bot.*). — Plante de la famille des Liliacées. La racine de l'*Abama anthericoides* DC., *Abama ossifraga* Adans., ou qui rend les os fragiles, passe pour être purgative.

ABANDON (*jurisprudence* et *sylviculture*). — L'abandon de ses biens s'entend d'un partage anticipé qu'un père fait entre ses enfants, ou bien d'un délaissement à des créanciers. On dit encore abandon d'un bail, pour son délaissement. — En sylviculture, le terme abandon est employé pour désigner les arbres qui, dans une exploitation, doivent être abattus.

ABANDONNER (*zootechnie*).—Abandonner un animal malade, c'est renoncer à le traiter parce que son mal est regardé comme incurable, ou parce que le traitement exigerait des frais trop considérables. — Abandonner un animal dans un pâturage, c'est l'y laisser en liberté, livré seulement à la nature On commet un délit lorsqu'on abandonne des animaux atteints de maladies contagieuses.

ABANDONNER (S') (*zootechnie*). — On dit qu'un animal de trait s'abandonne lorsqu'il n'obéit plus que faiblement aux excitations de celui qui le conduit; un cheval s'abandonne lorsqu'il bronche, ralentit son allure, s'abat. Il y a là un signe de fatigue dont on doit tenir compte, à moins qu'il ne s'agisse d'un animal ordinairement paresseux.

ABAT (*commerce*). -- On dit l'abat des animaux pour indiquer l'action de les abattre, de les tuer. — On emploie aussi le mot d'abat pour désigner quelque partie d'un animal qui ne peut se vendre comme viande de boucherie : ainsi on appelle *abats* les cornes et les boyaux, ou encore le foie, le mou de bœuf, le gras-double, les pieds de mouton, et en général les parties des animaux dont les tripiers font le commerce.

ABATAGE (*zootechnie, industrie, sylviculture, législation*). — L'abatage est, pour l'agriculteur, l'action d'abattre, de couper les arbres qui sont sur pied, ou bien de coucher par terre, et plus souvent encore celle de tuer, de mettre à mort les chevaux et les bestiaux. — L'abatage, compris dans le dernier sens, est prescrit par les lois et règlements publics dans le cas de maladie contagieuse. — L'abatage, dans le premier sens, est une opération que l'on doit faire afin de maîtriser les animaux et de pouvoir procéder à leur examen ou à leur traitement chirurgical.

ABATAGE DU BÉTAIL POUR LA BOUCHERIE. — L'abatage des animaux domestiques se fait chez l'agriculteur, chez le boucher ou dans des établissements publics qu'on appelle abattoirs. Les procédés suivis sont partout analogues. On doit conseiller aux agriculteurs de faire, lorsque cela leur est possible, l'abatage dans la ferme, afin d'expédier la meilleure viande vers les grands centres de population, où elle est en général vendue à des prix très élevés, et à conserver pour la consommation locale les bas morceaux, les abats ou issues, et les divers débris susceptibles de former des engrais. On diminue ainsi les frais de transport. Aussi cet usage est adopté de plus en plus en Angleterre, et il tend à s'introduire en France. Quoi qu'il en soit, il faut considérer à part les procédés d'abatage, qui varient pour le bœuf ou la vache, le veau, le mouton, le porc, le cheval.

ABATAGE DU BŒUF. — Cinq procédés différents sont employés pour l'abatage des grands animaux de l'espèce bovine, ce sont : 1° le simple égorgement; 2° l'abatage par le merlin ordinaire ; 3° l'énervation; 4° l'abatage par le merlin anglais; 5° l'abatage par le masque frontal à cheville percutante.

1° *Abatage par égorgement ou immolation selon le mode israélite.* — Le procédé d'abatage le plus

Fig. 1. — Damas du sacrificateur israélite.

ancien est celui du simple égorgement, mais il est aussi le plus pénible à voir ; il est conservé à Paris, à l'abattoir de la Villette, pour fournir la viande consommée par les israélites, le peuple juif tenant fidèlement aux anciennes coutumes prescrites par les livres sacrés. Il y a à l'abattoir de la Villette, cinq sacrificateurs juifs désignés par le grand rabbin, après examen préalable ; ils doivent avoir fait preuve de bien connaître la pureté ou l'impureté d'un animal et les organes que la loi religieuse (Lévitique, 3e livre du *Pentateuque*) défend de manger. On commence par attacher solidement l'animal à un anneau soudé dans la dalle du sol, au moyen d'une corde fixée aux cornes. On passe ensuite un nœud coulant à chaque jambe de devant; la corde qui maintient les nœuds coulants est attachée à un câble manœuvré par un treuil; en deux tours de roue du treuil, l'animal est par terre, étendu sur le flanc. Un boucher pose un genou sur son épaule, le saisit par les cornes et lui ramène violemment la tête en arrière. Pendant ce temps le sacrificateur, debout, tient son damas à

Fig. 2. — Immolation d'un bœuf à l'abattoir de la Villette, selon le mode israélite.

la main ; c'est un coutelas à manche court, mais à lame longue, droite, non flexible et arrondie par le bout, qui se trouve portée d'ordinaire dans une gaîne attachée à la ceinture (fig. 1). Le sacrificateur passe deux fois, très attentivement, l'ongle sur le tranchant du damas, afin de s'assurer qu'il n'est point ébréché, parce que la tradition a répandu cette croyance que si la lame avait une entaille, si petite qu'elle fût, l'animal pourrait s'effrayer et qu'alors le sang se coagulerait dans le cœur d'où il ne pourrait s'écouler ; or il est dit au Lévitique : « Vous ne mangerez d'aucun sang. » Cela fait, le sacrificateur s'avance, et il doit dire en marchant : « Béni soit le Seigneur qui nous a jugés dignes de ses préceptes et nous a prescrit l'égorgement. » Arrivé près du bœuf, il se baisse, lui saisit le fanon et d'un seul coup il lui tranche la gorge, mais en se jetant en arrière pour éviter le jet du sang. Il se relève, et passe de nouveau deux fois l'ongle sur la lame du coutelas pour s'assurer qu'il n'a pas atteint la colonne vertébrale, car cela rendrait la viande impure. Lorsque l'animal, après s'être débattu contre la mort dans des gestes spasmodiques plus ou moins prolongés, a enfin rendu le dernier râle, les aides l'ouvrent, et le sacrificateur revient pour examiner s'il n'y a pas d'adhérence au poumon, si l'estomac ne contient rien qui eût pu amener à la longue une perforation, si la vésicule du fiel et la rate sont intactes, si aucune fracture n'a atteint aucun os ; c'est une condition essentielle pour que la viande puisse, dans le rite juif, être livrée à la consommation ; l'animal devrait être déclaré impur, si, quoique déjà lié pour le sacrifice, il se brisait un membre en tombant. Lorsque l'examen est satisfaisant, on le marque en différentes places d'une estampille spéciale indiquant que la viande est bonne pour la consommation ; dans le cas contraire, l'animal est interdit et livré immédiatement aux bouchers ordinaires. La figure 2 représente l'immolation d'un bœuf suivant le mode qui vient d'être décrit. On aperçoit la corde qui maintient les pieds de devant de l'animal et qui correspond au treuil. Le garçon boucher qui a attaché le bœuf est à côté ; le sacrificateur opère, et un aide approche un vase appelé *la roue* pour recueillir le sang. Le garçon boucher qui a passé dans l'anneau de la dalle la corde fixée aux cornes, se trouve près de la tête. Dans chaque matinée, la même opération se recommence un grand nombre de fois à l'abattoir de la Villette.

Fig. 3. — Masse ordinaire pour l'abatage des animaux de boucherie.

2° *Abatage par le merlin ordinaire.* — Dans un grand nombre d'abattoirs, le procédé employé pour tuer les bœufs et les vaches est celui de la masse en fer ou merlin ordinaire (fig. 3). Les équipes d'ouvriers se composent d'un maître garçon boucher, d'un second garçon boucher, de garçons bouchers ordinaires, et de garçons étaliers. Les garçons bouchers travaillent dans ce qu'on appelle les échaudoirs où se fait l'abatage ; les garçons étaliers, hommes de l'étal, découpent et préparent les viandes pour les livrer à la consommation. Un garçon qui est employé à la fois à l'échaudoir et à l'étal, est appelé une double-main. Le matériel nécessaire pour abattre et dépecer un bœuf et débiter la viande se compose de : un ais, ou établi avec son escouvette, plusieurs couteaux et couperets de différente force, des fendoirs, une hache pour démonter les cornes, des fusils pour repasser les couteaux, des traversins et des brochettes pour percer et

Fig. 4. — Abatage d'un bœuf par la masse ordinaire.

attacher les quartiers et les morceaux; la masse en fer pour l'abatage, la corde ou le trait à bœuf, nommé le châble par les garçons bouchers et qui sert à attacher l'animal à l'anneau d'abatage; une tringle en fer pour préparer le bœuf à être soufflé; des battes et des soufflets pour souffler et enfler l'animal une fois qu'il est abattu. Lorsqu'il s'agit d'opérer, c'est-à-dire lorsque, selon l'expression des hommes du métier, le bourgeois a donné l'ordre de faire un bœuf, le maître garçon et son second, ce dernier muni du châble, se rendent à la bouverie où sont réunis les bœufs du bourgeois; le maître garçon palpe les animaux et choisit celui qui paraît le plus convenable à être *fait*. Le choix fixé, le bœuf est coiffé du châble par le second garçon et conduit à l'échaudoir, tandis que le premier garçon, armé d'un bâton, frappe les pieds de derrière du bœuf, si celui-ci fait quelque résistance pour avancer. Aussitôt arrivé, le bœuf est fixé à l'anneau fatal au moyen du châble doublement entrelacé dans ses cornes. Le second garçon tient le châble très solidement, tandis que le maître garçon saisit le merlin et en frappe violemment le bœuf entre les cornes (fig. 4); l'animal tombe étourdi; les coups de la masse se succèdent avec rapidité, jusqu'à ce que la pauvre bête ait soufflé le bon soupir, c'est-à-dire jusqu'au moment où l'on peut, sans craindre les mouvements désordonnés de l'animal expirant, s'arranger pour procéder à la saignée. La masse en fer pèse 2500 grammes; la longueur du manche est de $0^m,90$. Les coups sont terribles. Cependant il arrive quelquefois que les bœufs ne tombent pas sous les premiers coups de la masse, et qu'on est obligé de les multiplier; les bouchers disent qu'ils ont alors affaire à des animaux à tête molle, c'est-à-dire, dont la partie osseuse de la tête est molle et ne peut pas donner de réaction à la masse cérébrale. Pour pouvoir abattre un bœuf du premier coup, il faut un homme très fort et très adroit. Nous avons vu des garçons bouchers frapper devant nous jusqu'à vingt coups de masse avant que la bête tombât. Il faut parfois frapper encore après la chute, et les secousses de la bête sont terribles. Il arrive en outre, très souvent, que le bœuf, violemment étourdi, tombe les jambes de derrière écartées; alors, suivant l'expression consacrée dans la boucherie, il *s'équasille*, c'est-à-dire que les tendons et les muscles se déchirent par la violence de la chute et causent, dans l'intérieur des cuisses, de graves désordres qui font que la viande est moins bonne. Il arrive encore que le bœuf tombe sur la hanche, ce qui cause un préjudice dans le débit de la viande. Parfois la cervelle, entièrement écrasée, n'est plus qu'un informe amas de débris d'os et de sang caillé; elle se trouve alors perdue. Enfin, comme l'abatage avec la masse attire le sang dans la tête et que les coups ne sont pas toujours appliqués avec justesse, à cause des mouvements que fait l'animal, les joues et les premiers morceaux du collier sont quelquefois très défectueux et très difficiles à vendre; ils ont un aspect noir et sanguinolent; en outre, ils se conservent très peu de temps, surtout dans la chaude saison.

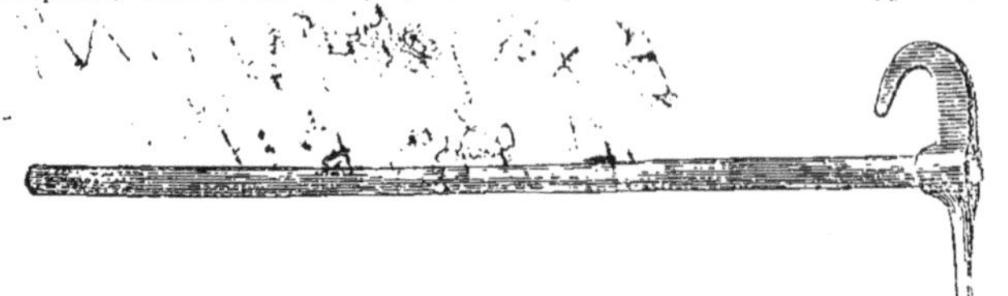

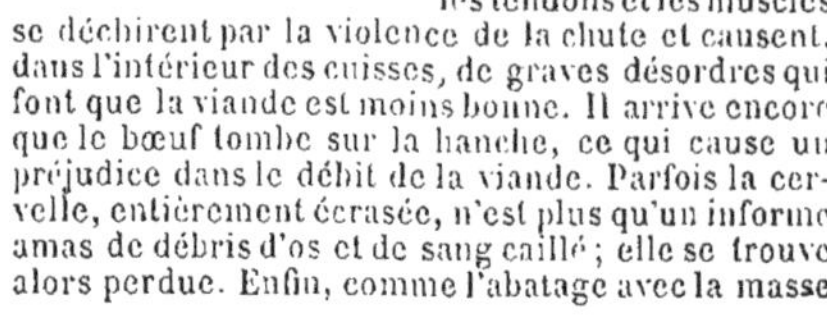

Fig. 5. — Merlin anglais pour l'abatage du gros bétail.

Fig. 6. — Abatage du bœuf au moyen du merlin anglais.

3° *Abatage par le mode anglais.* — Pour arriver plus rapidement à un résultat, sans avoir à courir le risque de multiplier les coups de merlin, et pour être moins exposés à la furie des animaux rendus dangereux par l'excès même de la douleur, les bouchers anglais ont imaginé un merlin particulier (fig. 5).

Fig. 7. — Baguette en osier pour achever les bœufs abattus.

C'est encore une masse en fer emmanchée à l'extrémité d'une longueur de $0^m,90$; le merlin se termine d'un côté par une sorte d'emporte-pièce, et de l'autre côté par un crochet. Le poids de l'instrument est de 2 kilogrammes. Le garçon boucher doit être extrêmement adroit pour envoyer et enfoncer bien exactement l'emporte-pièce entre les deux cornes dans la tête de l'animal qu'il faut immoler, ainsi que le représente la figure 6. Il arrive encore assez souvent que l'instrument ne peut pas être retiré de la tête de la bête abattue et que celle-ci fait néanmoins des secousses violentes. Le garçon boucher est alors obligé d'abandonner

Fig. 8. — Stylet employé pour l'énervation des animaux de boucherie.

le manche, et il faut, pour retirer le merlin, employer une corde qu'on passe dans le crochet. Il est arrivé qu'un animal furieux, en secouant la tête, a projeté au loin le merlin et a ainsi causé parmi les ouvriers des accidents graves. Ce merlin est employé avec succès en Angleterre, à cause du peu de dureté qu'offrent les têtes des races anglaises, surtout lorsque les animaux sont livrés à la boucherie à l'âge de deux ou trois ans; il ne peut remplir aussi bien son but avec les races fortes et rustiques de la France, telles que celles du Charolais, du Nivernais, de l'Auvergne, de la Vendée. Dans tous les cas, pour achever le pauvre animal, il faut encore introduire dans le trou pratiqué dans la tête par le merlin, une baguette en osier flexible (fig. 7) qui suit l'axe de la moelle épinière et arrête instantanément le mouvement des membres de la bête désormais sans vie.

4° *Abatage par l'énervation.* — Sous l'impression du douloureux spectacle que donne l'immolation par le merlin, un ancien conservateur des abattoirs de Paris, M. Bizet, a cherché à faire adopter des procédés susceptibles de diminuer les souffrances des animaux et d'éviter les dangers que courent les ouvriers bouchers. Il songea à introduire en France l'énervation si usitée en Espagne et que, dans les courses de taureaux, les toréadors pratiquent avec tant de courage et d'adresse en enfonçant leur épée, au-dessus des cornes, dans la tête des bêtes rendues furieuses par les jeux cruels du cirque. C'est la section de la moelle épinière. On l'opère dans les abattoirs par l'introduction entre l'occipital et la première cervicale d'une sorte de stylet droit et effilé (fig. 8). Lorsque l'animal a été attaché à l'anneau fatal, et qu'il y est maintenu solidement par un aide, le garçon boucher saisit de la main gauche une des cornes (fig. 9), et dès que la tête est ainsi abaissée, il plonge de la main droite le poignard derrière la nuque. A peine l'instrument est-il enfoncé, que l'animal tombe avec une rapidité et une violence telles que l'on dirait que la foudre l'a frappé. Bien qu'ils soient abattus précipitamment, « les yeux des bœufs, dit M. Villeroy dans son classique *Manuel des bêtes à cornes*, expriment une vive douleur, ils sont tristes et languissants; le mouvement des membres antérieurs est totalement arrêté, mais celui des membres postérieurs continue; les cuisses et les jambes sont assez vivement agitées; et lorsque le bœuf est saigné dans cette position, on observe que le sang coule difficilement, ce qui fait dire aux bouchers que le bœuf retient son sang, quoique l'aorte soit tranchée ». Le problème de la diminution des souffrances n'est donc pas résolu; en effet, il faut encore, pour faciliter l'écoulement du sang, frapper sur la tête de l'animal quelques coups de masse. Des expériences entreprises par M. Bizet ont fait voir que la section de la moelle épinière n'arrête pas complètement la vie, surtout dans la tête, et qu'il faut parfois quinze à seize minutes pour amener définitivement la mort. Le coup donné avec le merlin anglais produit à cet égard un résultat plus complet.

Fig. 9. — Énervation d'un bœuf.

5° *Abatage par le masque frontal.* — En vue de faire l'abatage avec plus de rapidité et en diminuant à la fois les souffrances des victimes et les dangers courus par les ouvriers, M. Bruneau, président de la commission des abattoirs de la Villette, a imaginé le masque frontal à cheville percutante. Il consiste en un masque en cuir que l'on met devant les yeux du bœuf et qu'on maintient par deux courroies, l'une qui passe par-dessus la tête et l'autre sous la gorge (fig. 10). Au milieu de ce masque et sur l'emplacement du front, M. Bruneau a fait encadrer dans le cuir une plaque en fer dont le dessous a été travaillé de manière à s'appliquer parfaitement sur le front des animaux de l'espèce bovine. Au milieu de cette plaque est un trou cylindrique dans lequel un boulon, soit en pointe (fig. 11), soit à emporte-pièce (fig. 12), est introduit. Le trou de la plaque du masque est disposé de manière à guider le boulon, ainsi que le montrent la coupe et la vue de la plaque de fer représentées par les figures 13 et 14. Aussitôt que le bœuf est arrivé à l'échaudoir, on lui met le masque, on introduit le boulon dans le trou de la plaque, puis on frappe avec un maillet en bois (fig. 15) sur la tête du boulon qui pénètre de 5 à 6 centimètres dans la cervelle de l'animal, lequel est tué presque instantanément. Le boulon en pointe produit l'effet du merlin anglais. M. Bruneau a reconnu que le résultat est plus prompt lorsque l'air pénètre dans la cervelle; c'est pourquoi il a imaginé d'évider le boulon à sa partie

Fig. 10. — Tête d'un bœuf recouverte du masque et de l'appareil Bruneau pour l'abatage.

inférieure, de manière à former emporte-pièce. Lorsque le boulon pénètre dans le crâne, en découpant le trou nécessaire à son passage, il y intro-

Fig. 11. — Boulon en pointe pour abattre les grands animaux de l'espèce bovine.

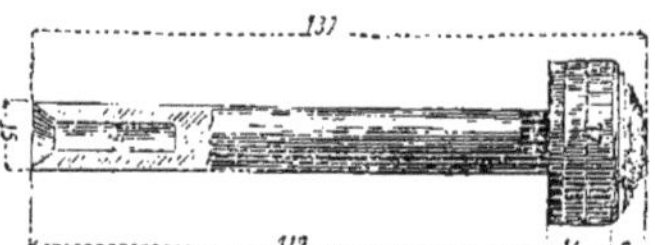

Fig. 12. — Boulon emporte-pièce pour l'abatage des grands animaux de l'espèce bovine.

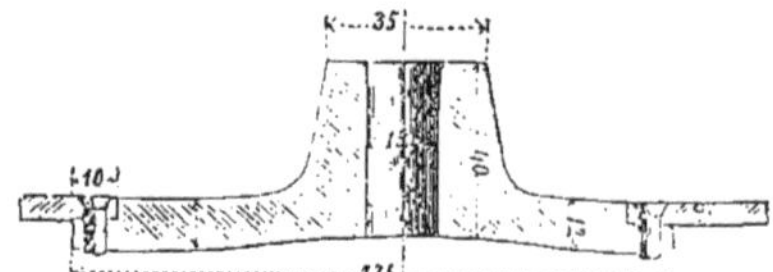

Fig 13. — Coupe de la plaque de fer du masque Bruneau pour l'abatage des bœufs.

duit l'air contenu dans sa cavité inférieure. Cette petite quantité d'air suffit pour foudroyer l'animal. Le bœuf étant tombé, on introduit dans la tête la baguette en osier qui sert aussi dans l'abatage par le merlin anglais, et le mouvement des membres est instantanément arrêté. Le maillet qu'on emploie pèse 2 kilogrammes 700 grammes; la longueur de l'instrument est de $0^m,30$. L'animal ayant les yeux couverts par le masque, il est inutile de l'attacher aussi solidement que lorsqu'il s'agit de tout autre procédé d'abatage. Lors même qu'il est méchant ou vicieux, il ne fait aucune résistance; étant aveuglé par le masque, il ne voit ni les préparatifs, ni le coup qui va le frapper. La figure 16 montre l'ensemble de l'opération, qui est si simple et si aisée, qu'un homme de force moyenne et même un jeune homme de quatorze ou quinze ans peut abattre, d'un seul coup de maillet, le bœuf ou le taureau à la tête la plus épaisse et la plus dure. Au lieu de présenter des inconvénients, ainsi qu'il arrive par le procédé ordinaire de l'abatage par le merlin français ou anglais, la mollesse de la tête n'a pas d'autre effet que de permettre au boulon de pénétrer plus facilement, sans exiger autant de force pour être enfoncé; elle a aussi pour résultat de supprimer l'agonie de la bête abattue et de rendre inutile l'emploi de la baguette ou du jonc. Afin de mieux activer encore l'effet du boulon, il est bon que le trou conducteur du masque dirige la perforation non pas tout droit, mais d'une manière un peu inclinée pour atteindre le cervelet, ce qui rend la mort tout à fait instantanée. Toutes les parties de la tête sont bien conservées et deviennent d'une vente certaine.

En 1879, M. Siegmund a proposé de modifier l'appareil Bruneau, en remplaçant le boulon par un tube creux rayé dans lequel on introduit une cartouche à balle conique, chargée d'une poudre détonante. Un léger coup de marteau frappé sur un percuteur chasse la balle dans le cerveau. Le

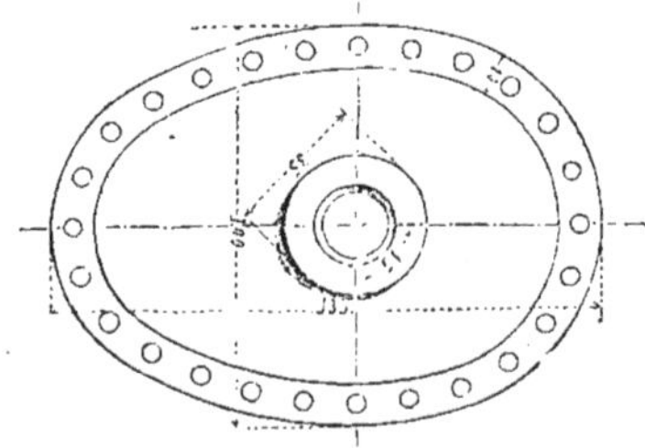

Fig. 14. — Plaque du masque vue de face.

système est ingénieux, mais il présente plusieurs inconvénients; le principal est de causer une perte au boucher par les désordres occasionnés dans la cervelle par l'explosion de la poudre et le passage du projectile. En outre, entre des mains inexpérimentées, le maniement de ces cartouches offre des dangers sérieux pour la sécurité des abattoirs

De la saignée. — On a vu que, dans l'abatage par le mode israélite, la saignée est la cause même de la mort. Dans les autres procédés, on ne pratique la saignée qu'après que l'animal a rendu le dernier soupir. La méthode la plus usuelle consiste à faire dans la peau une incision longitudinale au bord inférieur de l'encolure, à séparer les muscles sous-jacents, et à enfoncer un long couteau dans la poitrine, de façon à bien ouvrir les gros vaisseaux veineux et artériels. Il s'échappe aussitôt un flot de sang qui s'écoule par des rigoles, soit dans des baquets, soit dans des puisards où on le recueille, et où l'on s'oppose à la séparation des caillots et des parties liquides par une violente agitation faite avec des bâtons. Pendant la saignée, un aide qui tient à la main une longe attachée à l'un des pieds de l'animal imprime au membre attaché des mouvements de va-et-vient, en même temps qu'il comprime le ventre avec son propre pied. Ce travail a pour but de bien chasser du corps tout le liquide sanguin. Le sang recueilli est employé soit pour faire de l'albumine destinée à diverses industries, soit pour les raffineries, soit pour faire de l'engrais. Quand le sang sort bien à flots noirs et précipités, on regarde que c'est un indice certain de la mort complète de l'animal. Les quantités de sang recueillies à l'abattoir de la Villette, à Paris, sont en moyenne de 25 kilogrammes par bœuf ou par vache, de 6 kilogrammes par veau, et de 2 kilogrammes par mouton. C'est un produit qu'on ne doit pas perdre et envoyer se mélanger à l'eau de cours d'eau qu'il infecte, ainsi que cela se pratique dans quelques localités.

Habillage des bêtes abattues. — L'habillage des bêtes de boucherie consiste dans l'enlèvement de la peau et des issues, la séparation de la tête et la préparation complète des quatre quartiers qui sont livrés aux bouchers pour la vente. Afin de faciliter la séparation de la peau, on se sert généralement en France de l'insufflation qui a en outre l'avantage de donner un meilleur aspect à la viande, mais qui aussi a l'inconvénient de nuire à sa longue conservation. En Angleterre, on n'y a pas recours; elle y est même interdite, sous peine d'amende, pour deux motifs : 1° parce qu'en gonflant, en blanchissant la partie superficielle de la viande, elle la fait paraître d'une qualité supérieure à celle qu'elle a réellement; 2° parce qu'elle introduit dans la viande de l'air souvent chargé de miasmes putrides ou des germes pouvant engendrer des altérations dangereuses pour la salubrité publique.

Fig. 15. — Maillet en bois pour l'abatage par le système Bruneau.

Fig. 16. — Abatage d'un bœuf par le système Bruneau.

Quoi qu'il en soit, voici comment, en grande partie, d'après la description de M. Villeroy, on procède à l'habillage : la saignée opérée, le maître garçon détache les cornes avec une hache destinée à cet usage. L'animal est ensuite placé sur le dos, la tête fortement repliée sous l'épaule pour servir de cale du côté droit, tandis qu'un coin en bois est placé pour faire le même office à gauche. Les quatre pieds, qui appartiennent aux bouchers, et servent à faire de l'huile et du noir animal, sont immédiatement coupés et séparés de leurs patins, qui restent la propriété des garçons. Les patins ne sont autres que les tendons d'Achille ; les garçons les vendent aux fabricants de colle forte. Après la section des pieds, deux trous circulaires du diamètre d'une pièce d'un franc sont percés dans la peau, l'un dans la culotte près de l'anus, l'autre près du cou ; des cannes en fer, en forme d'olive à leur extrémité, sont introduites par ces trous sous la peau et sont poussées en différents sens entre le cuir et la chair pour préparer des voies à l'air. Aux cannes succèdent les douilles de deux forts soufflets à main au moyen desquels l'animal est gonflé (fig. 17). Pendant que l'air s'introduit, des aides frappent au moyen de bâtons à coups redoublés sur toutes les parties du corps afin de faciliter l'introduction du gaz et le déchirement des tissus cel-

lulaires sous-cutanés. Avant le gonflement, le maître garçon a soin de refouler l'*herbière*, afin d'éviter la sortie des matières contenues dans les estomacs. On fait ensuite dans la peau une incision de l'anus au cou, en passant sous la poitrine et le ventre. Ces deux parties du corps étant mises à nu (fig. 18), on commence le dépècement en ouvrant l'abdomen et le thorax ; quelquefois c'est à ce moment qu'on coupe les pieds, au lieu de le faire avant le gonflement. On enlève la langue, puis la toile, partie de suif qui enveloppe les intestins. Une espèce d'anse en bois nommée le tinet est alors

Fig. 17. — Soufflage des animaux abattus.

Fig. 18. — Enlèvement de la peau des animaux abattus.

passée dans les jarrets de l'animal; ce tinet est accroché à la corde du treuil, et il sert à enlever l'animal tout entier et à le suspendre la tête en bas. Il est ainsi facile de faire la vidange de la bête et son dépouillement. On commence par enlever les parties intérieures, en retirant d'abord la vessie et les rates, puis les estomacs, le foie, la rate et l'amer; par un double coup de couteau, le mou ou le poumon, puis le cœur, qui tombent ensemble. Pendant le temps que dure cette opération, un garçon achève le dépouillement du dos du bœuf, et termine l'habillage par la tête, que l'on détache presque complètement pour permettre l'égouttement du sang, et qu'on ne laisse suspendue que par deux lambeaux musculaires latéraux. Le cuir est immédiatement plié avec soin. Le maître garçon découpe ensuite et enlève les deux épaules; en faisant descendre le bœuf sur les pentes ou poutres destinées à cet usage, il le fend en deux parties au moyen d'un lourd couperet, pour que les quartiers puissent être livrés aux bouchers étaliers. Les viscères de l'abdomen sont livrés aux tripiers qui les soumettent à une série de préparations afin de les fournir dans un état parfait de propreté à la consommation, qui les achète sous le nom de gras-double, fraise, etc. Les noms donnés aux diverses parties de l'animal sont absolument étrangers aux nomenclatures scientifiques; ainsi, outre les dénominations que nous avons déjà signalées, nous ajouterons que les maxillaires supérieurs d'un bœuf s'appellent le *canard*, que le péritoine se nomme la *serviette*, la moelle épinière l'*amourette*, etc. Le travail de l'échaudoir, qui ne comporte, comme on vient de le voir, que des manipulations où la chaleur n'a rien à faire, exige de vingt à vingt-cinq minutes pour permettre de livrer un bœuf, vivant au commencement de l'opération, au commerce de la boucherie. Tout animal *habillé* est pendu à une forte cheville en fer, d'où le nom de *chevillard* donné au boucher qui achète au marché et fait abattre pour revendre aux bouchers qui débitent la viande

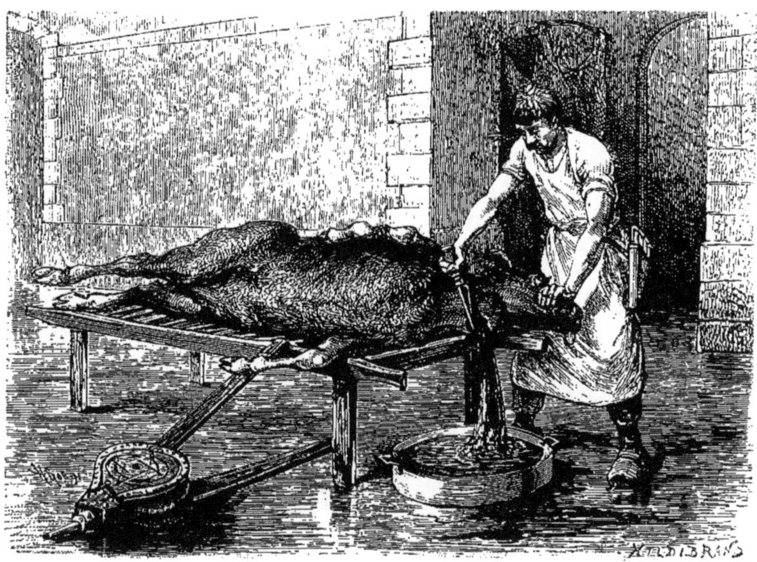

Fig. 19. — Abatage des veaux à l'abattoir de la Villette.

ABATAGE DES VEAUX. — L'abatage des veaux dans les échaudoirs de la Villette se fait en enlevant l'animal par les pieds de derrière attachés à la corde d'un treuil; puis on le fait coucher de côté sur une table. Le boucher saisit la tête (fig. 19) et ouvre le cou par une large entaille; le sang jaillit avec force et abondance et s'égoutte dans une auge placée au-dessous.

ABATAGE DES MOUTONS. — Les moutons sont simplement égorgés, sans qu'on ait besoin de les abattre. Ils sont posés sur un établi sur le dos, les pattes liées, s'agitant en l'air, et la tête pendante. Sur une même claie, on en place ainsi côte à côte une dizaine. D'un coup de couteau, un garçon boucher leur ouvre le cou (fig. 20), tandis qu'un aide, poussant devant lui une auge à roulettes, reçoit le sang qui s'échappe de leur blessure. Les égorgeurs à la Villette opèrent avec une rapidité et une prestesse aussi grandes que se trouve navrant le spectacle des spasmes et des cris des pauvres bêtes.

A l'abattoir de la Villette, dans la cour d'entrée, a été construit un pavillon divisé en deux compartiments, munis de grandes chaudières où l'on prépare les pieds de mouton et les têtes de veau, pour les mettre dans l'état où on les voit dans les boutiques des bouchers.

L'habillage du veau et du mouton se fait à peu près de la même manière que celui du bœuf; seulement l'animal est étendu pour le travail sur un banc ou banchet; les viscères ne sont enlevés qu'après la suspension, et l'on ne fend le corps en deux que lorsqu'il est rendu à l'étal du boucher, tandis que le bœuf est toujours divisé en deux moitiés égales dans l'échaudoir au moyen d'un couperet qui sert à fendre la colonne vertébrale.

ABATAGE DU PORC. — Dans les campagnes, l'abatage du porc se fait dans la ferme ou dans la métairie; dans les villes, on l'opère généralement dans des endroits spéciaux. Quoi qu'il en soit, le travail s'effectue toujours à peu près de la même manière et se compose de trois parties : la saignée, le grillage ou l'échaudage, l'habillage.

En général, avant de pratiquer la saignée, on laisse le porc à jeun au moins douze heures. Au moment d'opérer, pour éviter les cris perçants et les mouvements désordonnés de l'animal, pour faciliter aussi l'écoulement du sang, le tueur lui donne un coup sur le front avec une masse en bois de manière à l'étourdir. Il lui saisit vivement la tête par l'oreille gauche pour le renverser sur le côté droit, tandis qu'un aide lie avec une corde les deux membres postérieurs et les tire en arrière. Le tueur, appuyant alors son genou gauche sur l'épaule du porc, plonge dans sa gorge un couteau à lame étroite et pointue, longue d'environ 0m,20; il tranche ainsi la veine jugulaire, en ayant soin d'éviter d'atteindre le larynx. Le sang s'échappe en un fort jet que l'on recueille dans un baquet et où la cuve, on étend l'animal sur une échelle où l'on procède à l'épilage; lorsque quelques soies ne peuvent pas être facilement arrachées, on arrose avec de l'eau très chaude les parties rebelles à l'épilage. C'est le procédé qui rend la peau la plus propre; mais il a l'inconvénient d'attendrir la couenne et de ramollir la graisse quand il n'est pas pratiqué très rapidement.

Les cochons de lait sont toujours échaudés et ensuite épilés.

Lorsqu'on veut livrer la peau aux mégissiers ou aux tanneurs, ce qui se fait souvent dans le Midi, on écorche le porc aussitôt qu'il a été tué, pour flamber ensuite la peau.

Dans tous les cas, quand le lavage est terminé, on place la bête sur une échelle, attachée par les

Fig. 20. — Abatage des moutons.

un aide l'agite avec la main ou avec un bâton pour en empêcher la coagulation immédiate. On facilite, vers la fin, la sortie du sang en imprimant un mouvement de va-et-vient à l'épaule de la bête, ou encore à l'une des jambes de derrière.

Quand la vie du porc est éteinte, on s'empresse d'arracher avec la main ou avec un instrument spécial la plus grande partie des soies bonnes pour le commerce; on les emploie principalement pour la confection des pinceaux.

On procède ensuite à la toilette, qui comprend : au Nord, le grillage, brûlage ou flambage; au Midi, l'échaudage ou épilage.

Le grillage consiste à entourer le porc abattu d'une couche de paille et à y mettre le feu. Quand la paille est brûlée, on balaye l'animal, pour le débarrasser des cendres qui le couvrent, et l'on promène des poignées de paille enflammée sur les parties où le premier flambage n'a pas brûlé les soies. On termine l'opération en détachant les onglons et en lavant et raclant la peau pour la bien nettoyer.

On pratique l'échaudage en plongeant durant quelques instants seulement le porc dans une cuve contenant de l'eau chaude à une température un peu inférieure à celle de l'ébullition. A sa sortie de deux jambes postérieures à un morceau de bois que l'on fixe à l'un des barreaux de l'échelle; puis on fend l'animal depuis la queue jusqu'à la gorge, et l'on enlève avec précaution tous les organes, poumons, cœur, langue, etc., ainsi que les intestins, et on lave avec soin tout l'intérieur du corps en dressant la carcasse maintenue ouverte par une petite planchette, afin de pouvoir bien essuyer la chair et le lard.

Plus tard on procède au dépeçage, comme pour les autres animaux abattus, en tenant compte des habitudes locales et des races.

Abatage du cheval. — L'abatage du cheval pour la boucherie se fait, comme pour le bœuf, au moyen d'un merlin, en dirigeant le coup obliquement sur le crâne, de manière à frapper un peu de côté au-dessus de l'oreille. Le poids du merlin peut être la moitié environ de celui nécessaire pour l'abatage du bœuf. On attache le cheval de la même manière à un anneau fixé dans le sol, et l'on procède ensuite à la saignée et à l'habillage, à peu près de la même façon que dans les échaudoirs ordinaires. Il faut proscrire de mener dans les clos d'équarrissage les chevaux dont la viande est destinée à la consommation.

Abatage des animaux de basse-cour. — Pour tuer

les lapins, on emploie deux moyens. Le premier consiste à les suspendre par les pattes de derrière et à leur appliquer obliquement dans la nuque un coup violent de la main droite; on opère ainsi la luxation de la tête. L'autre consiste à verser dans la bouche de la bête une cuillerée de forte eau-de-vie ou d'alcool, ce qui lui fait éprouver des convulsions qui amènent sa mort en quelques secondes.

On emploie la décollation pour tuer les oies et les canards, en leur tranchant le cou tendu, sur un billot, au moyen d'un couperet ou d'un fort couteau.

On tue les poulets, les poules, les coqs et les dindes ou dindons de deux manières. On peut procéder en leur ouvrant avec un bon couteau les gros vaisseaux du cou près de la tête; on les tient ensuite suspendus par les pattes pour laisser le sang s'écouler complètement. L'autre procédé amène la mort plus rapidement: il consiste à ouvrir le bec de l'animal et à enfoncer par cette voie dans la base du crâne un stylet qui découpe la cervelle; on ouvre ensuite les gros vaisseaux du cou au fond de la bouche sans percer la peau, et l'on suspend la bête par les pattes pour faire écouler le sang; par cette méthode, on ne voit au dehors aucune plaie.

Abatage en chirurgie vétérinaire. — L'abatage dont il s'agit a pour but de maîtriser un animal et de le mettre dans une position d'immobilité telle, qu'on puisse en approcher sans courir aucun danger et protéger en même temps les opérations jugées nécessaires par la science vétérinaire.

Deux modes d'abatage principaux sont usités pour les grands animaux: l'un avec les entraves, l'autre sans entraves pour le simple emploi d'une corde ou plate-longe.

Pour effectuer l'abatage par les entraves, ce qui se fait surtout pour les chevaux, on doit préparer un lit de paille où l'on se propose de coucher l'animal, et en outre avoir à sa disposition cinq instruments: un jeu d'entravons avec son lacs, une plate-longe, une capote, un licol et un tord-nez.

Les entraves (fig. 21) sont au nombre de quatre, et elles doivent pouvoir être réunies au moyen d'un lacs. Chaque entravon est formé d'une forte courroie en cuir souple, de 50 centimètres de longueur environ, de 6 centimètres de largeur et de 1 centimètre d'épaisseur. A l'une des extrémités se trouve une boucle dont l'ardillon dépasse très peu le bord sur lequel il appuie afin qu'on puisse enlever l'entrave facilement. Un anneau est fixé à une distance de 10 centimètres de cette extrémité. A l'autre bout qui va en s'amincissant légèrement, se trouvent pratiqués plusieurs trous destinés à recevoir l'ardillon. La face interne des courroies qui doit porter sur la peau de l'animal est rembourrée. Trois des entravons sont libres; le quatrième est fixé au lacs par son anneau. Le lacs est une forte corde de 3 à 4 mètres de longueur, qui est fixée à l'un des entravons, qui porte à cet effet une chaîne d'environ 50 centimètres; dans les anneaux de cette chaîne on peut placer un porte-mousqueton M qui doit arrêter le lacs lorsqu'il est passé dans les quatre anneaux des entravons.

La capote est une sorte de masque rembourré que l'on applique autour de la tête de l'animal pour l'empêcher de voir et protéger en même temps les yeux et les tempes. La plate-longe est formée d'une tresse de ficelle de 6 à 8 centimètres de largeur, de 6 mètres environ de longueur, terminée à un bout par une ganse et à l'autre bout par une partie cordée sur une longueur de 1 mètre. Les cordes du lacs et de la plate-longe peuvent être remplacées par des courroies, et, au lieu de la capote, on peut se servir d'un tablier. On a d'ailleurs fait divers perfectionnements ayant pour but de rendre plus facile et plus prompte la manœuvre des entravons qui varient de formes et de dimensions selon les écoles vétérinaires et les nationalités, mais reviennent tous ou à peu près au type que nous venons d'indiquer.

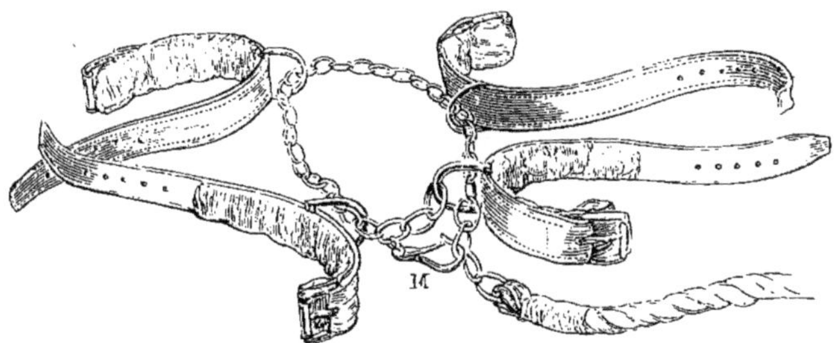

Fig. 21. — Entravons munis du lacs et du porte-mousqueton.

Le local dans lequel on doit faire l'abatage d'un cheval, d'un taureau ou d'un bœuf, doit être assez vaste, débarrassé de tout encombrement, tel qu'un hangar, une cour ou bien une prairie, où l'on puisse se mouvoir facilement autour du lit formé d'une couche de fumier ou de paille, épaisse d'un demi-mètre au moins et large de 2 mètres 50 sur 3 mètres de longueur.

On amène l'animal au coin du lit, en le tenant par un bridon ou par la longe, après avoir recouvert sa tête avec la capote (fig. 22). On le force à se mettre de telle façon que le côté sur lequel on veut le renverser soit placé le long du lit. On met ensuite les entravons à chaque paturon en les serrant assez pour qu'ils ne puissent sortir du pied, la boucle étant en dehors pour les quatre membres, et les anneaux tournés en arrière pour les membres antérieurs, en avant pour les membres postérieurs; l'entravon porte-lacs se place toujours au membre antérieur opposé au côté sur lequel on veut coucher l'animal. Quand on a mis les quatre entravons, on passe le bout libre du lacs dans leurs anneaux en allant de dehors en dedans pour le pied postérieur correspondant au membre d'où part le lacs, de dedans en dehors pour l'autre membre postérieur, de dehors en dedans pour le membre antérieur du côté du lit, et enfin de dedans en dehors pour le membre porte-lacs; l'extrémité est confiée à deux aides. Il faut au moins six aides, et le directeur de l'opération doit avoir bien soin d'indiquer à chacun le rôle qu'il doit remplir. L'aide le plus fort ou le plus adroit doit être chargé de tenir la tête, et pour certains chevaux deux hommes à la tête sont nécessaires. On met deux aides au lacs, deux à la plate-longe et un à la queue. Tout le monde étant en place, on rapproche modérément les membres, et en même temps la plate-longe est passée autour du corps le plus près possible des épaules, les extrémités étant tenues par les deux aides à ce destinés, à une certaine distance de l'autre côté du lit. Le dernier aide prend alors la queue. A un signal donné, les aides qui tiennent la plate-longe et la queue tirent l'animal vers le lit, tandis que ceux qui tiennent le bout du lacs tirent du côté opposé de manière à rapprocher les quatre membres. L'animal tombe immédiatement presque sans secousse, si l'opération a été bien conduite. L'aide ou les aides de la tête ont soin de tirer celle-ci vers le lit en l'étendant sur l'encolure et l'éloignant de la poitrine. On achève de tirer sur le lacs pour rapprocher les membres le plus possible, et on l'arrête par le porte-mousqueton ou par un nœud solide.

Fig. 22. — Mode d'abatage du cheval avec les entraves.

Il est alors facile de placer, mais sans abandonner le lacs, chaque partie du corps dans la position la plus convenable pour l'opération qui doit être pratiquée. Il est inutile d'ajouter que, en disposant les membres de l'animal, les aides doivent prendre les précautions nécessaires pour ne pas les blesser ni les froisser.

L'abatage sans entraves au moyen d'une seule corde ou plate-longe se pratiquait beaucoup autrefois pour tous les grands animaux, et même pour les chevaux ; c'était le seul que connaissaient les anciens maréchaux. On ne s'en sert plus guère aujourd'hui que pour les bœufs. Le meilleur moyen de l'employer est le mode connu en Allemagne sous le nom de procédé Rueff (fig. 23); il est ainsi décrit par M. Zundel : « A l'extrémité d'une corde longue d'environ 2 mètres, d'une double plate-longe, on fait un nœud coulant qu'on applique aux cornes de l'animal ; on dirige la corde en arrière le long de la partie supérieure de l'encolure jusqu'en avant du garrot, où l'on fait un tour à la corde autour du cou, et on la fait passer sous elle-même ; de là elle est dirigée en arrière, passe sur le garrot, et va former en arrière des épaules une seconde anse autour du thorax, puis une troisième autour des flancs en entourant le ventre ; l'extrémité libre est maintenue sur les côtés du sacrum et dirigée en arrière, allant à droite si l'on veut abattre l'animal à gauche, et *vice versa*. A cette extrémité libre se placent deux aides, tandis qu'un troisième tient l'animal par les cornes, à moins qu'on n'ait préféré fixer la tête à un arbre ou à un poteau. En tirant sur la corde, les trois tours de corde autour du cou, du thorax et du ventre se resserrent, et au bout de quelques secondes on voit l'animal se courber doucement et tranquillement sur les côtés en allongeant les membres. On peut dès lors l'entraver comme on veut. En graissant la corde à ses points de glissement avec du savon vert, on évite les frottements et l'opération marche plus vite. » Mais le plus souvent les bêtes bovines sont maîtrisées au moyen de l'appareil spécial qu'on appelle un *travail* et dont la destination principale est de servir à les ferrer.

Lorsqu'on a terminé l'opération pour laquelle on a fait l'abatage, on replace tout d'abord dans leurs entraves tous les membres qu'on en aurait dégagés pour le besoin du traitement; puis on déboucle et on relâche peu à peu les entravons, en commençant par ceux placés sur les membres du côté sur lequel l'animal est couché; on tire ensuite sur le paquet d'entravons pour les enlever tous, en même temps que celui qui tient la tête aide la bête à se relever. Les animaux qui sortent des entraves sont souvent engourdis; on doit les frictionner avec des bouchons de paille et les promener doucement durant quelques minutes, afin que le sang reprenne sa circulation et que la souplesse revienne aux membres.

Pour abattre une bête à laine, on la saisit par le jarret, puis on la prend par le cou en la serrant contre la jambe au moyen d'un bras, tandis qu'avec l'autre main on prend un membre de derrière et l'on soulève l'animal pour lui faire perdre terre. On peut alors le laisser tomber doucement en forçant son corps à tourner contre soi. L'animal renversé n'a plus de défense et l'on peut l'explorer de toutes parts, et le maintenir d'ailleurs couché aussi longtemps qu'on le veut en lui liant les quatre membres.

On abat et assujettit une bête porcine, en commençant par lui prendre la mâchoire supérieure dans le nœud coulant d'une corde qui sert à maintenir la tête; un aide saisit au même moment les pattes de derrière, et par un coup d'épaule il fait tomber l'animal qu'on maintient facilement couché en tenant solidement la tête par terre. Il est alors aisé de lier les membres et de faire toutes les opérations qu'on a en vue.

L'abatage du chien exige qu'on se mette tout d'abord à l'abri de ses morsures, ce à quoi on réussit en saisissant sa mâchoire supérieure au moyen d'un nœud coulant d'un ruban de fil, puis en entourant avec ce même ruban plusieurs fois les deux mâchoires. Dès que le chien est dans l'impossibilité d'ouvrir la bouche, on le renverse en lui prenant les pattes. Si l'on place un genou sur l'épaule, comme pour le porc, on peut faire subir à l'animal toutes les opérations possibles.

Fig. 23. — Abatage d'un bœuf par le procédé Rueff.

Abatage (*police sanitaire*). — L'abatage, c'est-à-dire la mise à mort des animaux domestiques, se trouve prescrit par mesure de salut public dans un certain nombre de circonstances qu'il importe de connaître. Alors on le pratique le plus souvent par des moyens plus rapides que ceux qui sont employés lorsqu'on tue pour consommer les viandes et utiliser les diverses dépouilles du bétail. Ce qui est le plus important, c'est de prendre les mesures conseillées par la science, afin d'empêcher la diffusion des germes de maladie.

Les grands dommages que les épizooties causent à la production agricole et les pertes qui en résultent pour la fortune publique ont depuis longtemps préoccupé tous les gouvernements. En France, dès le siècle dernier, de nombreux actes émanés soit du pouvoir royal, soit des parlements, ont prescrit les règles à suivre pour préserver les bestiaux de la propagation des maladies contagieuses. Mais l'ensemble de tous ces actes constitue une législation un peu compliquée à laquelle il a paru opportun de substituer une loi claire et mise au courant des progrès des sciences. Cette loi a été promulguée le 21 juillet 1881. Il importe d'en extraire les prescriptions relatives aux circonstances dans lesquelles l'abatage est imposé soit aux propriétaires de bétail eux-mêmes, soit à l'autorité publique; ces circonstances sont : l'invasion de la peste bovine, l'apparition de la morve, du farcin, du charbon, de la péripneumonie contagieuse, la constatation de la rage.

Lorsqu'un arrêté préfectoral a déclaré l'existence de la peste bovine dans une commune, les animaux qui en sont atteints et ceux de l'espèce bovine qui auraient été contaminés, alors même qu'ils ne présenteraient aucun signe apparent de maladie, sont abattus par ordre du maire, conformément à la proposition du vétérinaire délégué et après évaluation. Il est interdit de suspendre l'exécution de cet abatage pour traiter les animaux malades, sauf les cas et sous les conditions qui seraient spécialement déterminés par le ministre de l'agriculture et du commerce, sur l'avis du comité consultatif des épizooties. Cette autorisation spéciale peut être donnée, par exemple, lorsqu'il s'agit de poursuivre des études sur l'évolution de la maladie.

Les animaux malades sont abattus sur place; le transport en vue de l'abatage peut être autorisé par le maire, conformément à l'avis du vétérinaire délégué, pour ceux qui ont été seulement contaminés.

Dans le cas de morve constatée, les animaux sont abattus par ordre du maire, conformément à la proposition du vétérinaire délégué.

Dans les cas de farcin, de charbon ou de péripneumonie contagieuse, si la maladie est jugée incurable par le vétérinaire délégué, les animaux doivent être également abattus sur ordre du maire. Quand il y a contestation sur le caractère incurable de la maladie entre le vétérinaire délégué et le vétérinaire que le propriétaire aurait fait appeler, le préfet désigne un troisième vétérinaire, conformément au rapport duquel il est statué.

La rage, lorsqu'elle est constatée chez les animaux, de quelque espèce qu'ils soient, entraîne l'abatage qui ne peut être différé sous aucun prétexte Les chiens et les chats suspects de rage doivent être immédiatement abattus. Le propriétaire de l'animal suspect est tenu, même en l'absence d'un ordre des agents de l'administration, de pourvoir à l'accomplissement de cette prescription.

La chair des animaux abattus comme atteints de la peste bovine, de la morve, du farcin, du charbon et de la rage, ne peut être livrée à la consommation.

Les cadavres des animaux abattus comme atteints de la peste bovine, devront être enfouis avec la peau tailladée, à moins qu'ils ne soient envoyés à un atelier d'équarrissage régulièrement autorisé dans des conditions déterminées par un règlement d'administration publique. La chair des animaux abattus comme ayant été en contact avec des animaux atteints de la peste bovine, peut être livrée à la consommation, mais leurs peaux, abats et issues ne peuvent être sortis du lieu de l'abatage qu'après avoir été désinfectés.

Il est alloué aux propriétaires des animaux abattus par ordre de l'autorité, pour cause de peste bovine, une indemnité ainsi réglée : la moitié de leur valeur avant la maladie, s'ils en sont reconnus atteints; les trois quarts, s'ils ont été seulement contaminés. Dans le premier cas, l'indemnité ne peut excéder la somme de 400 francs par tête, et, dans le second, celle de 600 francs. Lorsque l'emploi des débris d'un animal abattu pour cause de peste bovine a été autorisé pour la consommation ou un usage industriel, le propriétaire est tenu de déclarer le produit de la vente de ces débris. Ce produit appartient au propriétaire; s'il est supérieur à la portion laissée à sa charge, l'indemnité due par l'État est réduite de l'excédent. Avant l'exécution de l'ordre d'abatage, il est procédé à une évaluation des animaux par deux experts désignés, l'un par le maire, l'autre par la partie. A défaut, par la partie, de désigner un expert, l'expert nommé par le maire opère seul. Il est dressé un procès-verbal de l'expertise; le maire et le vétérinaire délégué contresignent le procès-verbal et donnent leur avis. La demande d'indemnité doit être adressée au ministre de l'agriculture et du commerce, dans le délai de trois mois, à dater du jour de l'abatage, sous peine de déchéance. Le ministre peut ordonner la révision des évaluations par une commission dont il désigne les membres; il en fixe le montant, sauf recours au conseil d'État. Il n'est alloué aucune indemnité aux propriétaires d'animaux abattus par suite de maladies contagieuses autres que la peste bovine. Le gouvernement peut prescrire à la frontière l'abatage, sans indemnité, des animaux malades ou ayant été exposés à la contagion.

Tous ceux qui contreviendront aux mesures que nous venons de résumer, seront passibles de peines assez fortes, tant de prison que d'amende, ayant pour but de donner une sanction énergique aux prescriptions de l'abatage lorsqu'il est jugé nécessaire, et à la défense de transporter ou de mettre dans la consommation la chair et les débris des animaux abattus comme atteints de maladies contagieuses. Un dommage considérable, en effet, pour le pays tout entier peut résulter d'une négligence dans l'inobservation de la loi; les agriculteurs ne sauraient se plaindre de la sévérité mise à son application.

Dans tous les cas où l'abatage doit être fait avec promptitude et sans que la chair soit utilisée par les bouchers, on procède de la manière la plus expéditive. On peut pratiquer l'assommement à l'aide d'un marteau ou d'une massue dont on applique un coup au milieu du front pour le cheval et en arrière du chignon chez les bêtes bovines; c'est ce que l'on fait le plus souvent quand il s'agit de la peste bovine et qu'on ne veut pas répandre le sang. On peut aussi recourir à une arme à feu, soit à un revolver, soit à un fusil, mais il faut qu'on soit bon tireur, de manière à faire rentrer la balle par l'oreille ou par le milieu du front. Enfin on peut aussi faire la section de la moelle épinière à l'aide d'un stylet introduit au-dessus de l'occipital ou d'un coup de couteau dans le poitrail; on ne se sert de ces moyens que pour le cheval et seulement lorsqu'on ne craint pas la propagation du mal dont la bête est atteinte par l'épandage du sang sur le sol.

Abatage (*sylviculture*). — L'abatage en sylviculture est une opération dans laquelle on se propose de séparer un arbre jeune ou vieux de sa souche restant en terre. On le pratique différemment pour les taillis ou les futaies.

Dans les taillis, l'abatage doit laisser la souche dans le meilleur état pour la pousse des rejets, tout en fournissant le bois dans l'état le plus convenable pour l'usage; dans les futaies, il s'agit surtout d'obtenir dans toute son intégrité et sans qu'il éprouve de dommage l'arbre tout entier, en négligeant absolument la souche.

Pour pratiquer l'abatage des taillis, les bûcherons coupent rez terre les brins les uns après les autres près du pied en biseau, et ils les jettent du côté où ils ont commencé leur travail, c'est-à-dire sur les brins déjà à terre. Les perches ayant 10 centimètres de diamètre et au-dessus sont coupées à la hache; pour les brins plus faibles on emploie la serpe, ou même la scie en ayant soin de faire la section obliquement à l'horizon. Il est essentiel de couper le plus près possible de terre et en donnant à la souche une forme telle, que les eaux pluviales ne puissent y trouver des cuvettes pour s'y accumuler. En conséquence on ne doit se servir que d'instruments bien tranchants et bien affilés. Il faut veiller à ce que l'écorce qui reste sur la souche ne soit ni décollée, ni enlevée. S'il y a des déchirures, il faut parer la section en la retaillant sur les bords pour lui donner une forme bien bombée. Lorsque le taillis provient de souches déjà vieilles, ou bien si l'essence, comme le hêtre, et même comme le charme dans les terrains froids et humides, n'est pas bien propre à la reproduction par rejets, on doit couper dans le jeune bois au-dessus du nœud de l'exploitation antérieure. Si les essences ont la propriété de bourgeonner, c'est-à-dire de fournir des rejets sur les racines, on coupe entre deux terres.

Quand on doit faire l'abatage des arbres dans les futaies, on commence par prendre les précautions nécessaires pour éviter que dans leur chute ils ne se brisent ou ne nuisent aux bûcherons, aux objets du voisinage, et au sous-bois qui est à ménager. Dans ce but on abat d'abord, si cela est jugé utile, une partie des branches. On attache ensuite au faîte de l'arbre une corde destinée à diriger sa chute vers le haut du terrain, si l'on est en montagne. Les bûcherons pratiquent alors avec une hache et du côté où l'arbre doit tomber, une entaille près de la base, entaille qui doit atteindre jusqu'aux deux tiers du diamètre; on fait ensuite de la même manière une entaille du côté opposé. On tire en même temps sur la corde du côté que l'on a choisi pour la chute. Bientôt l'arbre, qui ne repose plus sur une base suffisante, vient à tomber. Ce procédé a le double inconvénient de faire perdre du bois et de déterminer souvent deux fentes dans la partie inférieure de l'arbre. Pour y obvier, on donne l'autorisation, si la souche restante n'est pas destinée à produire des rejets, de déraciner le pied de l'arbre pour prélever les entailles sur la souche; il est mieux d'opérer le sciage avec une scie à deux manches, dite passe-partout. On attaque d'abord avec la scie, du côté de la chute, en poussant le trait jusqu'aux deux tiers du diamètre; il faut pendant cette opération soutenir l'arbre pour qu'il ne pèse pas trop fortement sur la lame. Cela fait, on introduit des coins dans le trait, puis on fait un deuxième trait du côté opposé et un peu au-dessus du premier en l'amenant jusqu'à l'aplomb de celui-ci. On frappe alors l'arbre tandis qu'on tire sur la corde, et la chute ne tarde pas à se produire.

L'abatage dans les taillis se fait ordinairement après la chute des feuilles et avant l'époque où la sève se met en mouvement, et l'on évite d'opérer pendant les fortes gelées. Si les bois sont destinés à être écorcés, il faut, pour abattre, attendre le moment de la sève. Dans les bois soumis au régime forestier, l'abatage doit être terminé le 15 avril, et le façonnage des racines le 1er juin suivant.

Dans les futaies, la saison qui paraît la plus favorable pour l'abatage est du 15 septembre au 15 octobre, l'époque la plus hâtive étant celle des pays plus froids. On redoute pour les constructions les bois qui auraient été abattus dans la sève; la question paraît douteuse aux yeux de quelques-uns. Ce qui est certain, c'est que l'abatage en hiver rend plus facile la vidange des forêts.

ABÂTARDIR. — Faire dégénérer un animal ou un végétal, en altérer le type, en diminuer ou bien en modifier d'une manière fâcheuse les qualités, le dégrader. On abâtardit une race par manque de soins, par mauvaise alimentation, par excès de travail ou par des appareillements et croisements mal adaptés. On abâtardit les plantes par de mauvaises cultures.

ABÂTARDIR (S'). — Se corrompre, s'altérer, perdre des qualités dues à la naissance. — Les arbres fruitiers s'abâtardissent par de mauvais soins. — Les animaux s'abâtardissent, dégénèrent sous l'influence de climats qui ne leur conviennent pas.

ABÂTARDISSEMENT. — Dégénération ou corruption des qualités dans les races d'animaux, dans les arbres fruitiers, dans les graines. L'abâtardissement se produit dans les animaux domestiques par les conditions hygiéniques vicieuses dans lesquelles ils sont placés, par de mauvais procédés d'élevage, par un défaut d'alimentation; il a lieu dans les graines provenant de récoltes obtenues sous des influences contraires à une maturation complète.

ABAT-CHAUVÉE (*industrie*).— Ce mot, qui vient d'*abattu* et de *chaux*, s'emploie dans le Poitou et la Saintonge pour désigner une sorte de laine de qualité inférieure que l'on détache au moyen de la chaux. Au pluriel on dit des *abat-chauvées*.

ABAT-FOIN (*construction*). — L'abat-foin est une ouverture pratiquée dans le grenier placé au-dessus d'une écurie ou d'une étable et par laquelle on jette le foin ou la paille; cette ouverture devrait toujours être fermée par une trappe. Le même nom désigne aussi par extension la partie du grenier la plus rapprochée de l'ouverture. On dit un *abat-foin*, des *abat-foin*.

ABATIS.— Ce mot s'emploie en économie forestière et en économie domestique. On dit qu'on a fait grand abatis de chênes dans une forêt, pour exprimer qu'on a abattu un grand nombre d'arbres de cette essence. — On dit encore que dans une chasse on a fait un grand abatis de gibier, pour signifier qu'on en a tué beaucoup. — On appelle aussi abatis d'une volaille, d'une oie, d'un dindon, etc., l'ensemble de la tête, du cou, des pattes, des ailerons, du foie et du gésier de la bête. On dit un abatis aux navets pour un ragoût des organes accessoires d'une volaille préparé avec des navets.— C'est également le nom donné quelquefois par les bouchers à la peau, à la graisse et aux tripes des animaux qu'ils ont tués.— Enfin on donne le nom d'abatis au petit chemin que les jeunes loups se font autour de leur gîte.

ABAT-JOUR (*construction*). — C'est un châssis garni d'un paillasson ou d'une toile, ou une persienne dont on munit une fenêtre ou une ouverture pratiquée dans une cave, une écurie ou une pièce quelconque afin d'arrêter les rayons solaires ou de modérer l'accès de la lumière. Les abat-jour doivent surtout être employés pendant les chaleurs estivales, pour assurer le repos du bétail dans les étables et empêcher les mouches d'y venir tourmenter les animaux; ils sont toujours établis obliquement par rapport à la verticale, ou en talus.

ABATTEMENT (*méd. vét.*).— Affaiblissement ou diminution des forces et de l'énergie, qui dans un animal est toujours le signe ou d'un excès de fatigue ou d'un dérangement plus ou moins grave dans ses fonctions. Dans le cas de maladie, c'est un indice que l'animal n'est pas en voie de guérison. L'abattement doit toujours appeler l'attention; ce n'est sans doute qu'un symptôme vague, mais il exige qu'on mette l'animal au repos et à la diète jusqu'à ce que le vétérinaire ait prononcé sur la gravité de l'épuisement ainsi manifesté. On reconnaît l'abattement à ce que l'animal n'a pas les forces musculaires nécessaires pour exécuter les mouvements qu'on lui demande, qu'il n'obéit plus aux excitations de la voix ou de la main, qu'il est dégoûté et sans appétit.

ABATTEUR.— On donne en sylviculture le nom d'abatteur au bûcheron qui abat des arbres. On le donne aussi dans le langage général à tout homme qui fait beaucoup de travail; il est un abatteur de besogne.

ABATTOIRS. — L'abattoir est un établissement public ou privé dans lequel on pratique l'abatage des animaux destinés à la consommation et la préparation des produits que l'on peut en retirer. Il est important qu'un vétérinaire soit toujours appelé à surveiller un établissement de ce genre, même lorsqu'il n'est destiné qu'au service d'une ferme ou d'une exploitation particulière; à plus forte raison convient-il qu'il en soit ainsi s'il s'agit de l'abattoir d'une ville. La conservation d'une bonne salubrité publique exige que des abattoirs bien construits remplacent partout les infectes écorcheries ou tueries qui existent encore dans beaucoup de localités. Les abattoirs publics dans toute commune, quelle que soit sa population, et les tueries particulières dans les villes dont la population excède 10000 habitants, sont rangés dans la première classe des établissements insalubres; les tueries non publiques, dans les communes dont la population est inférieure à 10000 âmes, sont placées dans la troisième classe. L'installation des abattoirs est soumise aux formalités d'enquête et d'autorisation prescrites par les lois et ordonnances sur les établissements insalubres et incommodes. Ce n'est qu'au commencement de ce siècle que les pouvoirs publics prirent à l'égard des abattoirs des mesures de surveillance dont l'application est maintenant un devoir pour toutes les municipalités d'une part et les administrations préfectorales d'une autre. En échange du service rendu par la construction de locaux convenables pour l'abatage et dans lesquels tous les résidus sont recueillis ou évacués de manière à ne plus nuire, comme ils le faisaient naguère, à la santé publique, les municipalités sont autorisées à percevoir des droits d'abatage qui ne doivent représenter que le montant des frais de tous genres, résultant de cette création et de son entretien.

En ce qui concerne l'établissement des abattoirs particuliers ou des fermes, on doit choisir l'exposition du nord et un local situé loin des ruelles ou des chemins. La pièce adoptée doit avoir une hauteur de 3 à 4 mètres et une superficie d'une trentaine de mètres carrés. Le sol doit être couvert en dalles ou en gros pavés réunis entre eux par du ciment, ou encore en asphalte; les murailles doivent être en pierre ou revêtues en ciment Un fort anneau doit être scellé dans une des dalles du sol. Il faut avoir de l'eau fraîche à discrétion, et une fosse doit être disposée pour recevoir tous les lavages; les eaux de cette fosse seront un excellent engrais qu'on devra conduire aux champs, si on ne les mélange pas avec le purin de la fosse à fumier. Le sang perdu, les issues non utilisées, les matières sorties du tube digestif, doivent être entraînés dans la fosse de vidange. De bons courants d'air devront entraîner tous les miasmes provenant des diverses manipulations que l'on croit devoir faire et qui ne sont en petit que celles pratiquées sur une grande échelle dans les abattoirs publics. Des toiles métalliques ou des canevas doivent fermer toutes les ouvertures pour empêcher l'accès des mouches. Les pièces sont d'ailleurs meublées de tous les ustensiles qui ont été indiqués dans l'article *abatage du bétail*.

Les conditions générales que doit présenter un abattoir public, tel que les villes sont appelées à en établir, sont les suivantes : 1° L'emplacement doit être choisi autant que possible hors de la ville, dans une position isolée et élevée, avec des chemins facilement praticables et disposés de manière à éviter tous les encombrements et les accidents pouvant résulter de la conduite des animaux; il devra être également en communication aussi immédiate que possible avec les voies ferrées. 2° Il faut absolument que l'eau puisse y arriver en abondance et que, d'autre part, il soit facile d'écouler tous les liquides, sans donner lieu à des émanations quelconques, dans un égout aboutissant ou bien à des couches absorbantes profondes, ou bien à un cours d'eau à courant rapide. 3° L'abattoir sera entouré de murs élevés et partout il y aura forte aération et une propreté extrême.

On peut regarder l'abattoir de la Villette comme présentant le type des diverses parties qu'un établissement de ce genre doit présenter. C'est tout d'abord une avant-cour ou un marché où sont tous les moyens d'attache nécessaires pour les grands animaux et des stalles de parcage pour les petits, ainsi que des bascules pour le pesage. Viennent ensuite les bâtiments d'administration séparés de l'abattoir proprement dit, puis ceux destinés à héberger les animaux, c'est-à-dire des bouveries, vacheries et bergeries, attenant à des magasins de fourrages et à des abreuvoirs, sans compter une écurie spéciale pour les bêtes malades et pour les animaux douteux que le vétérinaire croit devoir mettre en surveillance. Les étables et écuries doivent être en communication facile avec la halle d'abatage, lorsqu'on n'a qu'une seule et vaste tuerie pour tous les animaux et au service commun de tous les bouchers, ou avec les chambres d'abatage, lorsqu'on a adopté le système de donner des compartiments spéciaux à chaque industriel. On appelle à tort des *échaudoirs* ces ateliers spéciaux; on devrait dire cases d'abat; le nom d'échaudoir devrait être réservé aux abattoirs spéciaux de porcs, lorsqu'on emploie l'eau bouillante pour épiler les animaux, de même qu'on les appelle des brûloirs si l'on a recours à la flamme pour cette opération. Quoi qu'il en soit, les cases d'abat, qui ont 10 mètres de longueur sur 6 mètres de largeur, sont closes par des murs en pierre de taille recouverts d'un enduit en ciment romain jusqu'à la hauteur de 1m,20 environ, les deux murs latéraux étant à claire-voie dans leur partie supérieure pour permettre une forte ventilation. Le sol, couvert de larges dalles en pierre de 0m,20 à 0m,25 d'épaisseur bien cimentées, présente une légère pente vers le point où tous les liquides doivent s'écouler; c'est au milieu de ces dalles que sont fixés et rivés deux anneaux pour attacher les bœufs ou les vaches au moment de l'abatage. Au-dessous des anneaux, les dalles sont taillées en biseau pour former une sorte de caniveau servant à conduire le sang dans l'angle intérieur de droite de la case où se trouve une auge destinée à le recevoir. Dans un angle supérieur se trouve placé le robinet pour le lavage. Contre l'un des murs est placé un treuil disposé de manière que, au moyen d'une corde et de mouffles ou de poulies, on puisse, à un moment donné, soit dominer une bête qu'on doit assommer, soit soulever de forts animaux au moment de l'habillage. En outre, à la hauteur de 4 mètres environ, et dans le sens de la longueur des cases, sont placées et scellées dans les murailles de grosses poutres ou pentes construites avec d'assez forts bois de charpente et qui sont destinées à porter et à soutenir plusieurs bœufs à la fois. Sont en plus scellés dans les murs un certain nombre de chevilles et de crochets recourbés en fer pour suspendre, après leur habillage, soit les moutons, soit les veaux, soit les quartiers des gros animaux.

Une ordonnance royale du 14 mai 1828 a décidé qu'il était interdit de fondre les suifs en branches, graisses ou dégras provenant des abats du bétail, en dehors des abattoirs, exception faite des établissements particuliers qui existaient antérieurement au décret du 10 octobre 1810 ou qui auraient été régulièrement autorisés postérieurement. Un fondoir présente, comme principaux ustensiles, des fourneaux, des presses servant à exprimer les graisses fondues qui tombent dans des baquets dits jalonneaux, où le suif se solidifie, tandis que dans les presses restent les pains de cretons. Diverses prescriptions qu'on trouve dans des ordonnances de police ou des arrêtés municipaux, règlent les mesures à adopter pour rendre ces établissements moins dangereux et pour les soustraire autant que possible aux chances multiples d'incendie qui les menacent

Enfin on trouve encore dans les abattoirs les ateliers de triperie, où sont soumis au lavage et à diverses préparations les abats des animaux avant qu'ils soient livrés à la consommation. Selon les villes, les diverses parties des animaux sont classées dans telle ou telle catégorie d'abats, rouges ou blancs. A Paris, les abats rouges sont le foie, les poumons, la rate, plus la tétine ou mamelle des vaches; à Bordeaux, dans cette classe se trouvent aussi le cœur, la langue, les joues et la cervelle. Les abats blancs se composent des quatre estomacs dits l'herbière, la panse, le feuillet et la franche mule, plus du mufle dans lequel se trouve le palais. Les nerfs et les émouchés ou extrémités des queues du bœuf ou de la vache sont vendus par les garçons aux tripiers. Les quatre pieds sont livrés à des entrepreneurs particuliers. A Paris, les abats des veaux sont vendus directement par les bouchers au public; à Bordeaux, ils font partie du commerce de la triperie. Les abats du veau sont la tête, les quatre pieds, les mous ou poumons, le foie, le cœur, la rate, les ris, le ventre et la cervelle. Les abats rouges du mouton se composent du cœur, des poumons, du foie et des rognons; les abats blancs, des estomacs, de la cervelle, de la tête, de la langue et des pieds. Dans les triperies, il faut que les emplacements soient vastes, bien aérés, dallés en larges pierres bien cimentées; le sol doit être légèrement incliné vers l'égout pour faciliter les lavages; de nombreux robinets doivent donner de l'eau dans des auges en bois ou en pierre faciles à vider ou à nettoyer. Un nombre suffisant de chaudières en fonte ou en cuivre étamé se trouvent installées au-dessus de fourneaux en briques avec des hottes se rendant à une bonne cheminée ayant un tirage suffisant pour enlever toutes les émanations. De nombreux crochets en fer sont partout disposés pour suspendre les abats avant ou après leur préparation. La plus grande propreté doit régner dans l'entretien des ustensiles des triperies, aussi bien que de toutes les parties des bâtiments.

En général, les porcs sont abattus dans des locaux particuliers et complètement étrangers aux échaudoirs ou aux salles d'abatage où opère la boucherie. Cependant les tueries à porcs sont souvent annexées aux abattoirs ordinaires, notamment à la Villette, à Paris. On compte dans ces établissements spéciaux : 1° l'*échaudoir* ou le *brûloir;* 2° le *dégraissoir;* 3° le *pendoir*.

A la Villette, le brûloir est une vaste rotonde ayant plusieurs portes d'entrée et divisée en plusieurs compartiments dans lesquels on assomme avec une masse les porcs qui y sont ensuite saignés, puis soumis au flambage par une dizaine à la fois. La partie centrale supérieure est conique et terminée par une haute cheminée dans laquelle s'engouffre la fumée. Dans d'autres abattoirs, au lieu de ce brûloir, se trouvent installés des fourneaux surmontés de chaudières en fonte où l'on fait l'échaudage des animaux.

Le dégraissoir est garni de tables en pierre portant des traverses en fer munies de crochets; c'est là que les intestins sont débarrassés de toute la graisse qui les recouvre et des matières qu'ils contiennent. Il faut de nombreux robinets d'eau pour faire les lavages et entretenir la propreté.

Le pendoir est enfin le local où les porcs brûlés et échaudés sont portés pour être complètement parés. Des colonnes en fer supportent des traverses également en fer garnies de chevilles qui servent à suspendre les animaux. De petites grues mobiles servent à y rendre tous les transports faciles.

La dernière partie des abattoirs est constituée par les coches ou voiries, c'est-à-dire par les locaux où l'on reçoit les fumiers et les déjections, ainsi que tous les détritus dont il est nécessaire de se débarrasser au plus vite. Ces locaux sont entourés d'une muraille élevée, mais disposés de manière que l'accès des moyens de transport y soit facile, afin que l'enlèvement de tous les produits susceptibles de former de bons engrais puisse se faire rapidement par des agriculteurs.

En Angleterre, les règlements de police sanitaire ont déterminé les ports dans lesquels seuls les animaux étrangers devraient être débarqués pour être immédiatement abattus. Ces ports sont ceux de Goole, Grimsby, Hartlepool, Londres, Plymouth et Suderland Dans ces ports sont construits de grands abattoirs d'où l'on ne laisse sortir que la viande dépecée. C'est à Deptford, sur la Tamise, à 4 kilomètres environ de Londres, qu'est situé l'abattoir pour les animaux étrangers destinés à l'approvisionnement de la capitale. Cet abattoir peut être considéré comme le type des établissements de ce genre. Tous les navires chargés de bétail doivent s'arrêter au quai de débarquement, qui forme la base d'un triangle dont les deux autres côtés sont constitués par des murailles clôturant le marché. Une seule porte de sortie se trouve au sommet de ce triangle; elle est gardée par un poste militaire qui a pour consigne de ne laisser sortir que les viandes abattues. Chaque semaine on abat à Deptfort environ 800 têtes de l'espèce bovine, 9000 à 11000 moutons.

ABATTRE (*zootechnie et agriculture*). — Abattre, c'est l'action de faire tomber ou bien de jeter par terre soit des animaux pour les maitriser ou les tuer, soit des arbres ou des récoltes pour en tirer parti; c'est pratiquer l'abatage.

ABATTRE (*maréchalerie*). — Abattre du pied d'un cheval, c'est enlever de la partie supérieure du sabot une partie de corne qui gênerait la marche; cette opération se pratique avec le rogne-pied ou le boutoir.

ABATTRE (*hygiène du cheval*). — Abattre l'eau d'un cheval, c'est l'essuyer lorsqu'il sort de l'eau, ou bien lorsqu'il est en sueur.

ABATTRE (S'). — Lorsqu'un animal tombe, on dit qu'il s'abat. Les chevaux fatigués ou usés des membres antérieurs s'abattent souvent sur les genoux, et il reste quelquefois, de ces accidents, des traces qui déprécient les animaux; on dit alors qu'ils sont couronnés. Aussi on doit veiller à ce que ces chutes ne se produisent pas, en recommandant de maintenir les chevaux lorsqu'on les force à prendre de vives allures, ou bien lorsqu'ils se meuvent sur un terrain soit glissant, soit garni d'obstacles. Il y a aussi des conformations irrégulières qui prédisposent les chevaux à tomber, et qui doivent être prises en considération dans l'appréciation des qualités et des défauts de ces animaux. On dit d'un cheval prédisposé à s'abattre qu'il manque de solidité.

ABATTURE (*sylviculture et chasse*). — L'abatture, en terme forestier, est l'action d'abattre, particulièrement les glands. — En terme de chasse, on désigne par abatture les traces que le gibier laisse sur son passage, soit en foulant ce qui s'est présenté sur sa route, soit en brisant les branches dans les broussailles ou les bois qu'il a traversés. On dit d'un cerf qu'il se reconnait à ses abattures.

ABAT-VENT. — Les abat-vent sont des appareils à l'aide desquels on met les animaux ou les plantes à l'abri du vent ou de la pluie. Ce sont des appentis placés au-dessus des ouvertures des habitations, des paillassons ou même des toiles que l'on étend devant les plantes, des fascines que l'on adosse aux claies des parcs, pour protéger les hommes, les végétaux ou les animaux contre les mauvais temps, mais surtout contre les grands vents.

ABCÈS (*méd. vét.*). — On donne le nom d'abcès à toute accumulation de liquide purulent dans une cavité accidentelle formée dans le tissu cellulaire. Les abcès sont toujours le résultat d'une inflammation donnant lieu à un produit morbide qui provient de la transformation des matériaux du sang. Ils sont superficiels ou profonds et ont des caractères particuliers selon les diverses parties du corps dans lesquelles ils se manifestent. On dit qu'ils sont superficiels, lorsqu'ils se présentent au niveau des téguments; ils sont profonds, lorsqu'ils se forment derrière des couches épaisses de tissus sains. Les premiers sont faciles à reconnaître par la présence d'une tumeur, tendue, douloureuse à la pression de la main, entourée d'une sorte d'empâtement fluctuant dans la chair. Il est au contraire difficile de reconnaître et d'explorer les seconds. Ils sont d'ailleurs, les uns et les autres, chauds ou froids. On dit qu'ils sont chauds, quand ils sont accompagnés de production de chaleur et ont une marche rapide; ils sont froids, au contraire, si la tumeur, soit dure, soit molle, que l'on constate, ne présente pas de chaleur anormale, et se développe lentement.

Comme les téguments des animaux domestiques sont en général épais et durs, il y a rarement avantage à laisser les abcès s'ouvrir eux-mêmes, et le mieux est de chercher à donner issue à la matière purulente. Le cultivateur doit toujours avoir recours au vétérinaire pour les opérations à faire. En attendant, il doit, par des cataplasmes émollients, s'il est possible de les fixer à la place utile, chercher à atténuer la chaleur dans la région où s'est produit un abcès chaud. Si le travail inflammatoire languit, on peut stimuler les parties dans lesquelles la suppuration est lente à s'établir, par des topiques maturatifs joignant à l'effet émollient une action excitante. Le vétérinaire est d'ailleurs juge du moyen qu'il doit employer pour ouvrir au pus une issue par laquelle celui-ci puisse facilement s'écouler au dehors : il a recours à l'incision avec la lancette ou le bistouri, ou bien à la ponction avec le trocart, ou bien encore à la cautérisation avec un fer rouge. Après l'ouverture de l'abcès, on empêche l'agglutination des lèvres de l'incision par une mèche d'étoupes fines; on doit en outre entretenir une grande propreté à l'aide de lotions extérieures et d'injections dans lesquelles on fait entrer de l'essence de térébenthine, ou de la teinture d'aloès, ou de l'eau de goudron, de l'acide phénique, etc., à dose faible. Pour les abcès froids, il faut presque nécessairement employer la ponction, et ensuite les topiques résolutifs et fondants, de l'onguent vésicatoire, etc., selon les circonstances que le vétérinaire doit apprécier. Les injections de teinture d'iode et les sétons sont, en outre, alors particulièrement utiles.

ABCÈS (*arboriculture*). — Par analogie avec les abcès des animaux, on donne le même nom à des écoulements plus ou moins infects que présentent parfois les troncs ou les branches des arbres, et qui proviennent de lésions internes ou externes, d'infiltrations pluviales, etc. Le seul moyen de guérison que l'on puisse employer est l'amputation de la branche ou du tronc même jusqu'à ras de terre, et ensuite l'apposition de goudron ou de mastic.

ABDOMEN (*vétérin.*). — L'abdomen n'est autre que le ventre, ou la plus grande des cavités du corps renfermant des viscères. Il est situé au-dessous de la poitrine; il est borné en haut par le diaphragme, en bas par le bassin, en arrière par les nerfs lombaires, en avant par des couches de muscles. Il est tapissé intérieurement d'une membrane unie et mince, appelée le péritoine, enveloppant les viscères dont elle limite les mouvements. Il contient l'estomac, les intestins, la rate, le foie, le pancréas, les reins. On distingue dans l'abdomen quatre régions ou parois : 1° la région lombaire formée par les vertèbres lombaires et les muscles sous-lombaires; 2° la région inférieure formée par les muscles abdominaux, qui, au nombre de quatre de chaque côté, se réunissent chacun à son semblable pour constituer la ligne moyenne dite ligne blanche; 3° la région antérieure ou diaphragmatique séparée de la poitrine par le diaphragme; 4° la région postérieure ou pelvienne qui constitue une espèce de cavité secondaire formée par les coxaux, le sacrum et le coccyx. La paroi inférieure est très étendue et à son tour elle présente les régions suivantes : dans le milieu, de haut en bas, l'épigastre, la région ombilicale et l'hypogastre ou région pubienne; puis de chaque côté de l'épigastre, les hypogastres; de chaque côté de la région ombilicale, les flancs; de chaque côté de l'hypogastre, les fosses iliaques ou les aines.

L'abdomen est très diversement développé avec l'âge chez les grands animaux; ses dimensions varient considérablement, dans une même espèce, avec le régime alimentaire. Le poulain, le veau et l'agneau ont un abdomen très réduit et ils le gardent tel tant qu'ils sont soumis à l'allaitement. Lorsqu'ils font usage d'aliments herbacés, l'abdomen se développe d'autant plus rapidement que la substitution de l'herbe ou des fourrages au lait est plus brusque, et que, les aliments étant plus pauvres, il en faut davantage pour nourrir l'animal. Le mauvais choix du fourrage et son administration intempestive peuvent donc amener des déformations fâcheuses du ventre, lesquelles déprécient les animaux, non pas seulement pour la vente, mais encore pour les qualités subséquentes. On conçoit, en effet, que les trop grandes dimensions de l'abdomen doivent singulièrement nuire aux mouvements rapides d'une bête de trait, et qu'elles peuvent indiquer aussi dans les autres animaux une nécessité de consommation de fourrages exagérée et un défaut de précocité à l'engraissement. C'est toujours un défaut grave que la prédominance des organes digestifs, mais le mode d'élevage et d'alimentation en est le plus souvent la cause.

Pendant la gestation, le ventre augmente successivement de volume. L'utérus, qui renferme le fœtus, et les membranes diverses qui l'entourent, occupent chez les ruminants la partie inférieure du flanc droit. C'est sur cette partie de l'abdomen qu'on fait l'exploration destinée à renseigner sur l'état de plénitude des femelles.

Les plaies et les contusions de l'abdomen doivent être particulièrement surveillées; elles appellent l'attention du vétérinaire. En attendant, il faut avoir recours à l'application des moyens propres à prévenir ou à modérer les inflammations, notamment des applications froides.

Le ventre occupe le quart de la surface totale de la peau chez le chien et le chat, la moitié chez le cheval, les trois cinquièmes chez le bœuf. Chez les oiseaux, l'abdomen n'est séparé de la poitrine que par un rudiment de diaphragme; il en est de même chez les insectes; mais il suffit de signaler le fait aux agriculteurs qui n'ont besoin que de bien connaître les faits généraux relatifs à la conformation des grands animaux domestiques.

ABDOMINAL. — Ce mot est un adjectif employé pour désigner ce qui appartient ou se rapporte à l'abdomen. On dit : aorte abdominale, pour la portion de l'aorte postérieure comprise entre l'ouverture supérieure du diaphragme et la bifurcation terminale; — artères abdominales, pour les artères antérieure et postérieure qui se dirigent l'une vers l'autre à la face supérieure du muscle droit; — cavité abdominale, pour le ventre lui-même; — membres abdominaux, pour les membres postérieurs, parce qu'ils paraissent dépendre de l'abdomen; — muscles abdominaux, pour les quatre muscles de l'abdomen : le grand, le petit, le droit, le transverse; — plumes abdominales, pour les plumes qui garnissent le ventre des oiseaux; — nageoires abdominales, pour celles qui représentent les membres abdominaux des autres vertébrés; — parois abdominales, pour les parois qui limitent le ventre; — organes abdominaux, pour les organes qui sont enfermés dans l'abdomen; — segments abdominaux, pour les segments qui, dans les animaux articulés, forment l'abdomen par leur réunion; — système veineux abdominal, pour la veine porte qui réunit les veines des organes digestifs; — tunique abdominale, pour l'expansion fibreuse qui double en dehors les muscles abdominaux; — veine cave abdominale, pour la veine cave postérieure; — viscères abdominaux, pour les viscères contenus dans l'abdomen.

ABDUCTEUR. — On donne le nom d'abducteur à tout muscle qui, par sa contraction, tend à éloigner, à écarter du plan médian du corps une partie ou la totalité d'un membre. Les animaux écartent leurs membres par les contractions des muscles abducteurs. On dit abducteur du petit doigt, abducteur long de la main, abducteur court du pouce, abducteur du gros orteil, du petit orteil, de l'œil, de l'oreille, de la cuisse, etc., pour marquer les muscles à l'aide desquels ces membres ou organes font leurs mouvements.

ABDUCTION. — On désigne par ce mot un mouvement qui écarte un membre ou une partie quelconque du corps de la position moyenne ordinairement occupée. L'abduction du bras est le mouvement qui éloigne le bras du corps.

ABEILLAGE. — Mot employé dans le vieux langage pour désigner un essaim d'abeilles; — employé également pour spécifier le droit en vertu duquel un seigneur pouvait, ou bien prendre dans les ruches de ses vassaux une certaine quantité d'abeilles, de miel ou de cire, ou bien encore s'approprier les essaims d'abeilles non poursuivis.

ABEILLE (*zoologie*). — L'abeille est l'insecte utile le plus anciennement connu. Elle produit le miel et la cire dont l'usage remonte à la plus haute antiquité. Elle appartient à l'ancien monde; l'Amérique ne la possédait pas avant l'occupation européenne; celle-ci avait néanmoins quelques insectes donnant du miel, mais un miel un peu différent du nôtre par son goût, son odeur, sa couleur et sa fluidité. Tout le monde sait que Virgile a consacré aux abeilles et à leurs produits le quatrième livre des *Géorgiques*. Pline le jeune donne à leur sujet de grands détails dans les livres XI et XXI de son *Histoire naturelle*. Varron, dans son *Traité de l'agriculture*, s'occupe longuement des ruches d'abeilles à propos de la basse-cour (liv. III). Les autres agronomes latins, Columelle (liv. IX) et Palladius (liv. IV) et ensuite dans les livres suivants à l'occasion des travaux agricoles de chaque mois, décrivent avec soin toutes les précautions qu'on connaissait de leur temps pour tirer profit du rucher qui doit, selon eux, avoir une place importante dans toute exploitation rurale. Mais sur l'insecte lui-même on trouve chez les anciens et jusqu'au dix-huitième siècle plus d'hypothèses que de faits exacts. Ainsi, selon Virgile et Varron, les abeilles peuvent prendre spontanément naissance dans le corps d'un taureau en putréfaction. Tout est merveille et prodige, ou sujet d'admiration pour la plupart des écrivains dans ces insectes. On leur applique les épithètes les plus diverses, leur prêtant les qualités les plus multiples qui révèlent les impressions qu'elles font naître dans l'esprit des hommes : ainsi, l'abeille est active, bourdonnante, diligente, économe, empressée, errante, industrieuse, laborieuse, ménagère, prévoyante, prudente, pudique, vagabonde. « Avant-garde des laboureurs, dit Chateaubriand, les abeilles sont le symbole de l'industrie et de la civilisation qu'elles annoncent. »

Au commencement du dix-septième siècle, on était encore dans une grande ignorance sur la nature des abeilles, comme le prouve le passage du *Traité d'agriculture* d'Olivier de Serres. « De ces très excellents animaux ont presques tous les anciens chanté la gloire, dit le seigneur de Pradel (5e lieu, chap. XIV), et représenté les mœurs et conduite : des doctes escrits desquels nos pères nous ont laissé plusieurs enseignements où nous nous arresterons, sans rechercher plus avant l'origine de ce bestail : comme plusieurs anciens poëtes ont faict, plus pour lustre de leurs poésies, que pour fermeté de l'histoire. Ces pauvres payens, ravis en la contemplation de cest ecsquis animal, pour son subtil labeur, pour sa diligence, pour sa police, pour son précieux ouvrage, ont imaginé estre engendré du soleil et des freslons, et après, les abeilles avoir esté eslevées par les nymphes Phryxonides, et icelles avoir nourri Jupiter avec du miel, en sa première jeunesse, dans un antre au mont Dicteon, comme dict Virgile. Aucuns ont voulu faire sortir ce bestail de Crète, de Thessalie ou de l'isle de Coa. Autres, et tous fabuleusement de la race de Melissa qui de belle femme fut par Jupiter transformée en abeille. Non plus s'accordent-ils du temps de leur création, si c'est celui de Saturnus, d'Ericthonius, ou d'Aristeus, tant leur ignorance les a possédés : ne leur permettant de croire, que la main du souverain, quand et le monde, a créé tous les animaux. Les abeilles ou mousches à miel, sont des Latins appelées *apes*, parce qu'elles naissent sans pieds, comme escrivent Probus et Priscianus : et Virgile en ceste sorte, *truum pedum primo*. Du latin, *avis*, vient ce mot, avete, comme qui dirait petit oiseau. Selon le témoignage de Varro, les abeilles ont été nommées les oisillons des Muses, pour la musique qu'elles aiment, avec son mélodieux se laissant aisément rassembler en un corps, quoiqu'espartes en plusieurs. Elles sont du genre des insectes volans, et par les jurisconsultes, tenues au rang des bestes sauvaiges. »

Le chapitre du *Mesnage des champs* sur les abeilles, est le premier traité sur la matière qui ait été publié en français. Olivier de Serres a su donner toutes les indications utiles en dépouillant son exposition, autant que cela était possible pour son temps, de toutes les erreurs et les mensonges gratuits que les préjugés et la routine avaient accumulés sur l'éducation des mouches à miel. Mais leur constitution, leurs organes et même leurs mœurs étaient encore inconnus, et il a fallu de nombreux travaux de physiologie et d'anatomie, des observations multipliées faites avec les moyens découverts par la science moderne, pour répandre une lumière complète sur ce sujet. Swammerdam, Maraldi, Réaumur, Bonnet, Huber, ont commencé à constituer réellement la véritable histoire naturelle des abeilles, Réaumur surtout. L'ouvrage du grand physicien naturaliste est justement considéré comme celui qui a fait faire les plus grands progrès à la connaissance des insectes. En ce qui concerne les abeilles, il a été peut-être trop grand admirateur de ce qu'il a improprement appelé leur génie, non pas en décrivant leur vie en société, mais en leur accordant l'instinct sublime de savoir bâtir le plus solidement qu'il soit possible, dans le moindre espace possible, et avec la plus grande économie possible. Par réaction, Buffon s'écrie que les faits qu'on invoque comme preuve de l'intelligence des abeilles ne sont que le témoignage de leur stupidité, car, selon l'illustre naturaliste, elles ne travaillent que par l'effet d'un sentiment aveugle. Mais, peu à peu et successivement, par application de la véritable méthode scientifique expérimentale *a posteriori*, qui consiste à n'admettre comme vrai que ce qui est expérimentalement vérifié, un grand nombre de savants ont concouru à faire connaître l'histoire naturelle complète de l'abeille, à la placer à son véritable rang parmi les insectes et à décrire tous les faits physiologiques et anatomiques qui permettent à la culture des abeilles, à l'apiculture, d'être un art très avancé vers la perfection.

L'abeille appartient à la classe des insectes, à l'ordre des Hyménoptères, à la tribu des Apiens, à la famille des Apides, au groupe des Apites et au genre *Apis*. On en distingue de plusieurs espèces En tête il faut placer l'abeille commune (*Apis mellifica* de Linné, *Apis cerifera* de Scopoli, *Apis domestica* de Réaumur, *Apis gregaria* de Geoffroy); elle est répandue dans le nord et le centre de l'Europe; elle présente plusieurs variétés, parmi lesquelles l'abeille de Carniole, l'abeille algérienne et celle de Madagascar. Vient ensuite l'espèce dite des Alpes, ou italienne, ou ligurienne (*Apis ligustica vel helvetica* de Spinola et de Latreille). En Asie se trouvent l'abeille arabe (*Apis arabica*) et l'abeille sociale (*Apis socialis*) répandue au Bengale. En Afrique se rencontrent l'abeille cafre (*Apis caffra*), l'abeille unicolore (*Apis unicolor*) commune à Ténériffe et en Abyssinie, l'abeille du Cap (*Apis Capensis*), l'abeille scutellaire (*Apis scutellata*), l'abeille sénégalienne (*Apis nigritarum*), l'abeille égyptienne (*Apis fasciata*). A la Nouvelle-Hollande, sur la terre de Van-Diémen, vit l'abeille roussâtre (*Apis rufescens*).

Les abeilles vivent en société au nombre de 15000 à 20000 au moins; au printemps, dans les très fortes colonies, on compte de 40000 à 60000 insectes; c'est ce qu'on appelle une ruche. Les anciens avaient vu dans cette population d'une ruche un roi et des sujets exerçant des fonctions qui leur étaient commandées; quand on eut constaté que le prétendu chef de la colonie avait pour mission de pondre des œufs, on en fit une reine. Il ne faut voir dans une ruche que trois sortes d'insectes les mâles ou faux-bourdons, l'abeille mère et les ouvrières, concourant ensemble à assurer la reproduction de l'espèce. La mère (fig. 24), qui est unique dans une ruche, pond les œufs; les mâles (fig. 25), au nombre de 1500 environ (il peut y en avoir jusqu'à 3000 dans les fortes colonies) produisent les spermatozoïdes destinés à rendre les œufs féconds; les ouvrières (fig. 26), dont les parties génitales sont atrophiées, élèvent les constructions de la ruche, nourrissent les petits et approvisionnent les colonies; elles sont au nombre de 15000 à 30000 par ruche; il en faut en moyenne 10000 pour peser un kilogramme.

La longueur ordinaire d'une abeille ouvrière

commune est de 12 millimètres, celle d'une abeille mâle de 15, et enfin celle d'une abeille mère de 17 ou 17 et demi.

L'abeille subit plusieurs métamorphoses avant de devenir insecte parfait. L'œuf éclot après trois jours. Il en sort un ver ou larve que les ouvrières nourrissent avec une bouillie; cette alimentation dure cinq jours pour les mères et les ouvrières fu-

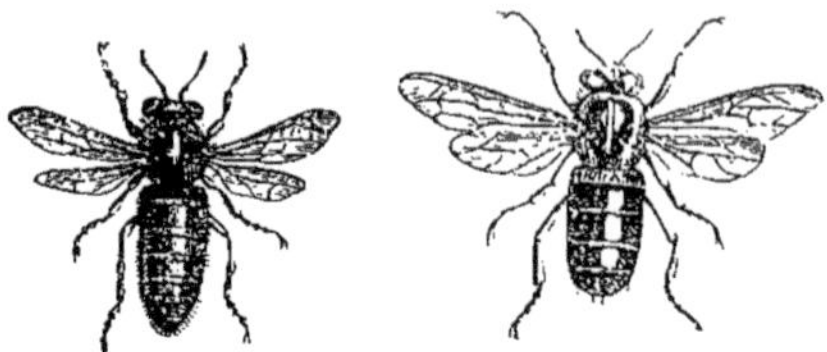

Fig. 24. — Abeille mère. Fig. 25. — Abeille mâle.

tures, six jours pour les mâles. Après ce temps les larves filent un cocon dans lequel elles se transforment en chrysalides ou nymphes, ce qui prend, tant pour le tissage que pour le repos et la métamorphose, quatre jours pour les mères, six pour les ouvrières, huit pour les mâles. La durée de l'état de nymphe est de trois jours pour la mère, de sept pour l'ouvrière et pour le mâle. Aussitôt que les ouvrières ont fini de nourrir la larve, elles ferment sa cellule avec un couvercle de cire bombé. A partir de la ponte, l'éclosion de l'œuf a lieu le quatrième jour, l'operculation de la cellule a lieu le neuvième jour, et l'abeille sort de l'alvéole le seixième jour si c'est une mère, le vingt-deuxième si c'est une ouvrière, le vingt-cinquième si c'est un mâle. Ces chiffres ne sont, bien entendu, que des moyennes; diverses causes, notamment la température, peuvent retarder de quelques heures la sortie de l'alvéole.

Fig. 26. Abeille ouvrière.

Les mâles naissent d'œufs non fécondés; les ouvrières ou abeilles neutres proviennent d'œufs fécondés comme les mères, mais elles ont les organes génitaux atrophiés; les mères sortent d'œufs fécondés dont les larves ont été élevées de telle sorte que les organes génitaux aient pu prendre tout leur développement.

Il faut distinguer, dans les abeilles, les parties extérieures du corps et leur structure interne. La connaissance sommaire de l'anatomie de cet insecte est de la plus haute importance pour l'apiculteur.

Le corps des abeilles se compose de trois parties distinctes : la tête, le corselet ou thorax et l'abdomen; au thorax tiennent les ailes et les pattes; le thorax et l'abdomen forment le tronc. Toutes ces parties sont recouvertes d'une matière cornée tégumentaire à laquelle on a donné le nom de chitine ou entomoléine. Nous allons en donner une description succincte pour les trois formes de l'insecte, d'après Michel Girdwoyn dont l'ouvrage très complet présente en douze planches tous les détails des organes si curieux que nous devrons nous borner à signaler. Nous rappelons qu'il s'agit de l'abeille commune; nous terminerons en indiquant les différences qui peuvent servir à faire distinguer les autres espèces.

La tête de l'abeille ouvrière est cordiforme, d'une longueur de 3 millimètres, d'un noir brun; elle est velue principalement sur le front et le vertex. La partie supérieure est l'occiput; la partie médiane entre les yeux composés est le vertex; la partie antérieure ou face se compose du front et du bouclier ou clipeus; les côtés forment les joues et le dessous est le menton. La tête porte cinq yeux, tous fixes dans leurs orbites : deux composés et trois simples. Les yeux composés ou à facettes sont disposés symétriquement de chaque côté du vertex; ils sont grands, très allongés, ovales, concavo-convexes, d'une couleur noire brunâtre et couverts de poils bruns. Les yeux simples ou yeux lisses ou ocelles forment un triangle isocèle sur le vertex; deux sont placés au centre du plus haut sommet des yeux composés, de chaque côté de la ligne médiane de la tête; le troisième se trouve près du front et dans le renfoncement de la ligne médiane ; ils sont hémi-sphériques et d'un brun foncé. « Les antennes dit Girdwoyn, sont placées dans des fossettes auprès de la ligne médiane de la tête et sont situées à la partie inférieure du front. Elles sont brisées. Leur forme rappelle celle d'un fléau. Elles sont formées de treize articulations. La partie inférieure ou tronc a trois articles et la partie supérieure, formant le fléau, a dix articles. Le premier article du tronc, nommé articulation frontale, est menu, sphérique, et d'une couleur jaune brunâtre; le deuxième est couvert de poils très courts; enfin le troisième est presque sphérique. La partie formant le fléau est cylindrique et deux fois plus longue que le premier et le deuxième article du front réunis. L'article qui s'attache à celui du tronc est conique et se relie étroitement avec le suivant qui est court; les sept autres articles sont égaux et de mêmes formes; enfin celui du sommet est arrondi. » Le front, très velu et bombé, est partagé en deux parties égales par la ligne médiane. Le bouclier est polygonal, allongé, convexe et presque dénudé. La bouche présente successivement à l'observateur la lèvre supérieure, les mandibules, la lèvre inférieure et les palpes qui méritent d'être étudiées par ceux qui veulent se rendre compte de la manière dont l'insecte prend sa nourriture. C'est un organe qui sert à lécher, à sucer, à broyer. La lèvre supérieure a une forme oblongue; le bord libre un peu cintré est couvert de petits poils. Les mandibules sont des espèces de ciseaux recourbés (*d*, fig. 27), dont les bords externes sont convexes et couverts de longs poils, tandis que les tranchants sont très lisses et se rapprochent l'un de l'autre par un mouvement alternatif. La lèvre inférieure présente cinq parties réunies par leurs bases et dont les deux externes sont les palpes labiaux *c*, les deux internes les paraglosses *b*, et celle du milieu la langue *a*. Cette langue, qui est la plus longue des cinq parties, est presque incolore, transparente, couverte de poils longs, d'un brun clair, marquée de cannelures fines, et terminée en forme de paume d'une main (fig. 27). A l'état de repos, elle est repliée sur elle-même, et son extrémité touche alors la partie inférieure de sa base. L'abeille s'en sert pour lapper sa nourriture liquide. Les paraglosses embrassent légèrement la base de la langue, tandis que les palpes labiaux, qui ont quatre articulations et sont garnis de poils clairsemés, sont destinés à tâter la nourriture. Une attache triangulaire et deux attaches rubanées, faites d'une matière cornée, d'un jaune brunâtre transparent,

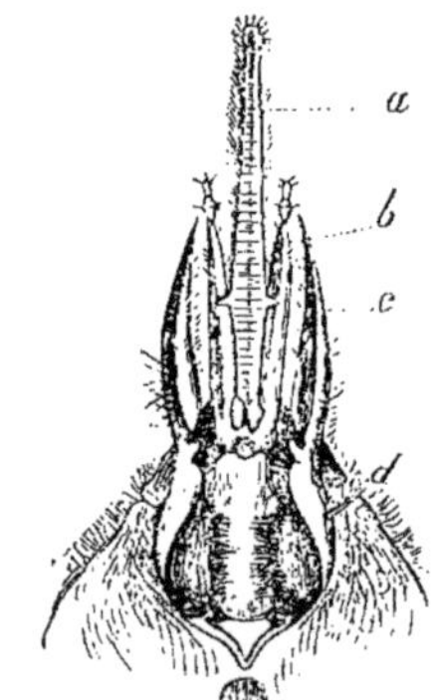

Fig. 27. — Appareil buccal de l'abeille.

réunissent la lèvre inférieure à la fosse buccale. Les attaches rubanées maintiennent en même temps les maxillaires, qui ont la forme de navettes allongées et se replient avec le larynx en temps de repos. La partie inférieure de la mâchoire est faite d'une membrane cornée dont le bord interne est couvert de poils et dont la partie supérieure, à laquelle on a donné le nom de navette, a le rebord antérieur en forme d'S. A la base et sur le rebord interne de la navette est un palpe maxillaire à articulation unique ressemblant un peu à un pouce de main humaine.

La tête de l'abeille mère ressemble à celle de l'ouvrière, mais est un peu plus petite; elle est arrondie vers la bouche; le vertex en est bombé. Des poils abondants couvrent la partie supérieure. Celui des yeux simples, qui est placé à la partie supérieure du front est, un peu plus bas que celui de l'ouvrière. Le labre est plus grand. Les mandibules supérieures ont chacune une grande entaille triangulaire renversée vers la base.

La tête de l'abeille mâle est plus forte que celle de l'ouvrière et par conséquent de l'abeille mère. Les yeux composés sont plus grands et se touchent par leurs parties supérieures sur le vertex. Les antennes ont quatorze articles et sont plus longs que chez l'ouvrière. Le labre et la face sont complètement velus. La bouche est plus petite. Les mandibules supérieures présentent une entaille.

Le corselet ou thorax est placé entre la tête et l'abdomen; il porte les quatre ailes et les six pattes. Pour l'abeille ouvrière, il se compose de trois segments : le premier segment, qui est le plus près de la base de la tête, reçoit le nom de prothorax ou collier; viennent ensuite les deux autres segments qui ont reçu les noms de mésathorax et de métathorax, et qui forment une partie presque sphérique avec un diamètre de 3 millimètres. Il est marqué d'une suture dans le sens de la longueur de l'insecte et est armé d'un bouclier en forme de croissant et recouvert de longs poils. Sa partie supérieure ou tergum se compose du pronotum, du mesanotum et du metanotum. Sa partie inférieure ou sternum est formé du prosternum, du mesasternum et du metasternum. Il est tout entier couvert de petits poils en barbes de plume, courts dans la partie médiane du tergum, plus longs sur les flancs. Sous la partie inférieure du prosternum est placée la paire antérieure des pattes; la paire médiane est attachée au mesasternum, et la paire postérieure au metasternum. Quant aux ailes, elles adhèrent, les antérieures au mesanotum et les postérieures au metanotum. Les flancs du prothorax et du mésathorax ont quatre stigmates ou orifices pour l'absorption de l'air.

Chaque patte présente 5 parties distinctes : 1° la hanche ou coxa, qui est presque conique et couverte de poils en barbes de plume, principalement sur le bord interne; 2° le trochanter, qui est triangulaire et également couvert de poils; 3° le fémur, intimement soudé au trochanter, allongé, très velu sur les parties intérieures, et se rétrécissant depuis le milieu jusqu'au bas; 4° le tibia, conique et légèrement recourbé; 5° le tarse, composé de cinq articles. Dans la première paire, le tibia, qui est velu, présente un éperon en forme de hachette situé sur le bord interne de la partie inférieure. Les pattes de la seconde paire sont plus longues que celles de la première; leur tibia porte, au lieu d'éperon, une épine nue d'une couleur brun clair; le trochanter y est aussi plus considérable et moins intimement réuni au fémur. Dans les pattes de la paire postérieure, qui sont encore plus longues (fig. 28), le fémur, couvert de poils d'un brun clair, se confond avec le trochanter qui est bombé à sa partie supérieure et présente une espèce de rigole longitudinale; le tibia a l'apparence d'une palette triangulaire allongée, recourbée à son sommet et dénudée sur les côtés extérieurs; il présente en outre une cavité qui va en s'agrandissant du côté du tarse et forme ce qu'on appelle la corbeille pour ramasser le pollen (fig. 29). Sur les cinq articles du tarse de la paire antérieure, le premier, qui est presque cylindrique, possède une entaille en demi-cercle où sont placés des poils raides formant des dents de peigne : l'éperon du tibia et ce peigne constituent ce qu'on appelle les tenailles; dans la seconde paire, le premier article du tarse est couvert de poils rudes, mais il ne possède pas de peigne demi-circulaire. Dans la paire postérieure, le premier article a quatre côtés longs avec leur angle supérieur interne dentelé, le dessus étant garni

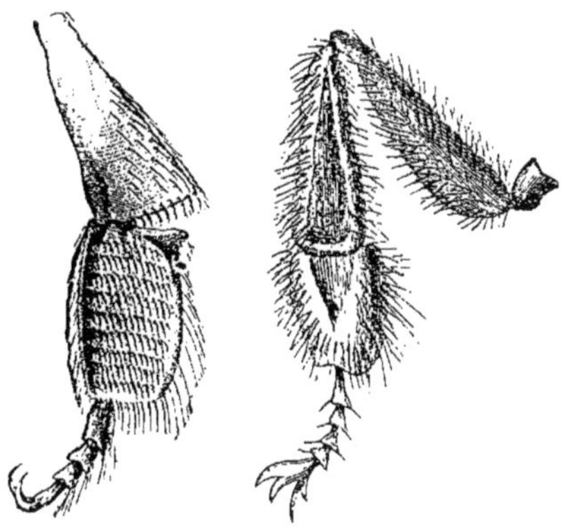

Fig. 28. — Patte postérieure de l'abeille.

Fig. 29. Palette ou corbeille.

de soies brunes formant une petite brosse avec une dizaine de rangées transversales, offrant des reflets plus ou moins dorés selon leur position. Les trois articles suivants du tarse, dans les trois paires de pattes, sont velus, cordiformes et ont leurs pointes tournées vers le bout. Le dernier article, plus long que les précédents, est conique, recourbé et muni de griffes cornées et dentées en forme de crochets. A l'insertion des griffes se trouve le talon, organe blanchâtre, sorte de ventouse hérissée de poils, et qui sert à l'abeille pour marcher sur les surfaces lisses et glissantes.

Dans l'abeille mâle, le thorax est plutôt cylindrique que sphérique; il est plus gros que dans l'ouvrière; il mesure 5 millimètres dans la largeur et 5 millimètres et demi dans la longueur. Il est revêtu de poils nombreux et très courts qui forment une surface veloutée. Les ailes sont très grandes. Les pattes de la première paire sont petites et comme recourbées; les tibias des pattes postérieures sont triangulaires, velus, étroits, longs de plus de 3 millimètres, et ils ne portent pas de corbeilles. Le premier article des tarses de ces pattes postérieures est couvert de nombreux poils à reflets dorés qui ne forment pas brosse.

Dans l'abeille mère, le thorax est ellipsoïde avec 4 millimètres de longueur sur 3 millimètres de largeur. Il est velu particulièrement sur les côtés et sur la poitrine. Les ailes sont plus courtes que chez les ouvrières et surtout que chez les fauxbourdons.

L'abdomen de toutes les abeilles est plus long que la tête et le thorax réunis; il a la forme d'une pyramide triangulaire; il est réuni au thorax par un ligament appelé pétiole ou abdomen pétiolé; il est composé de six segments: la partie supérieur est le dos, la partie inférieure est le ventre; chacun des six segments est formé d'un demi-segment ventral et d'un demi-segment dorsal. Le premier segment est désigné sous le nom de promeros; le second et le troisième sous celui de mésameros; le quatrième et le cinquième sous celui de métameros; le sixième enfin sous celui d'anal. La forme du premier est à peu près semblable à celle d'un cône tronqué; celle des deuxième, troisième, quatrième et cinquième, est polygonale; celle du dernier ou anal est cordiforme.

Le premier demi-segment dorsal constitue la base de l'abdomen; il est large d'un demi-millimètre; les deuxième, troisième, quatrième et cinquième ont chacun 2 millimètres; le sixième a un millimètre et demi. Le premier recouvre le second d'environ un demi-millimètre, et le second recouvre le troisième d'à peu près autant. Tous ces segments dorsaux, à l'exception du sixième, sont munis de chaque côté de deux orifices ou stigmates destinés à la respiration, entourés d'un bord saillant, transparent, corné, appelé péritrème, et recouverts d'appendices destinés à intercepter les matières étrangères suspendues dans l'air. Ils sont allongés, arqués, avec les bords antérieurs et postérieurs convexes vers le milieu de la longueur et les côtés recourbés. Le premier demi-segment ventral ressemble à un cône tronqué déployé; le dernier ou anal est cordiforme; les autres sont polygonaux.

Ils sont tous aplatis et composés de deux parties distinctes : la première partie est cornée, velue, convexe et entaillée sur le mésameros et le métameros; la seconde partie est membraneuse et constituée par un tissu cellulaire entouré d'une croûte de matière cornée. Le segment anal chez le mâle est demi-sphérique et recouvert de poils très longs. Chez la mère, les poils de l'abdomen sont si fins et si petits, que l'abdomen semble imberbe; il est d'ailleurs de teinte plus claire; les demi-segments dorsaux du mésameros et du métameros ont sur le rebord antérieur quatre cavités au lieu de deux, et ils sont plus larges; le segment anal est plus long.

Dans l'abdomen est caché l'aiguillon (fig. 30) qui n'existe que chez les ouvrières et les mères. On voit en A l'ensemble de l'appareil vulnérant, et en B

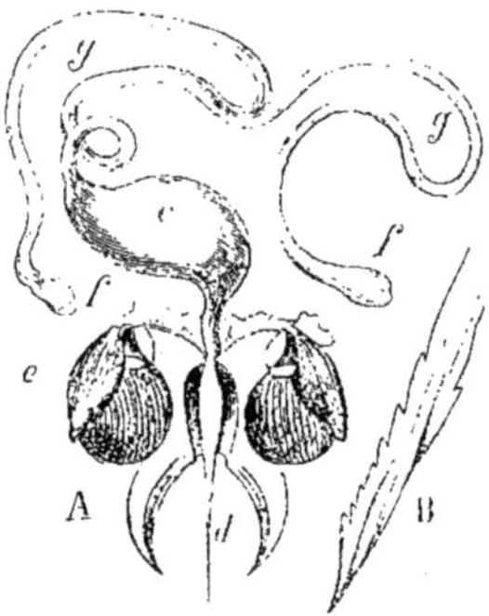

Fig. 30. — Aiguillon de l'abeille.

la pointe très grossie de l'aiguillon. L'appareil vulnérant est recouvert par une enveloppe cornée *e*, de couleur brune, à base élargie, à pointe aiguë, et attachée au segment anal. Il commence par des glandes à venin *f*, ayant d'abord la forme de tubes fermés par un bout, plusieurs fois enroulés sur eux-mêmes, gonflés et coniques à leur extrémité et couchés des deux côtés de l'appareil de génération suivant les parois de l'abdomen. Ces glandes se réunissent pour se continuer par un canal commun *g* s'élargissant en forme de poire et constituant ce qu'on appelle le réservoir du venin *c*. Ce réservoir est incolore et transparent chez les ouvrières, d'une couleur laiteuse et trouble chez les mères; il en sort un canal étroit, plus long chez les mères que chez les ouvrières, et qui se termine en un dard *d* dont la gaîne est formée d'écailles et qui est constitué par un stylet garni de dentelures barbelées dans le genre d'un hameçon. L'aiguillon de la mère n'a que cinq dentelures et est recourbé; celui de l'ouvrière a neuf dentelures et est droit. Le coup de l'aiguillon est le double résultat d'une piqûre combinée avec l'émission d'une gouttelette du venin sécrété par les glandes et qui est, dit-on, de l'acide formique. Les dentelures du dard sont la cause pour laquelle l'abeille peut difficilement le retirer de la blessure qu'elle a faite; elle le laisse presque toujours dans la plaie, et la perte de l'aiguillon entraîne la mort de l'insecte.

Dans l'enveloppe tégumentaire formée de matière cornée ou chitine, que nous venons de décrire, se trouvent les organes de l'abeille. D'abord il faut signaler les ganglions cérébroïdes qui, après la période embryonnaire de l'insecte, donnent, par leur fusion, le ganglion sus-œsophagien qui constitue le cerveau de l'insecte parfait; il se réunit par des commissures et cordons connectifs avec une série de ganglions formant une espèce de chaîne qui suit l'axe du corps dans le voisinage de la poitrine et du ventre, et d'où s'échappent des filets nerveux rayonnant dans toutes les parties du corps pour y porter l'action vitale aux muscles et à tous les organes, ou y recueillir les sensations exercées par le monde extérieur. Ainsi les muscles extenseurs ou fléchisseurs reçoivent les impulsions qui leur font produire les divers mouvements du corps; ainsi encore les organes de la vue et du toucher, ceux des cinq sens qui, chez l'abeille, sont seuls bien connus et bien déterminés, exercent leurs fonctions. Les yeux composés, par leur grand nombre de facettes qui dépasse 3000, permettent à l'insecte de voir dans toutes les directions; ils sont couverts de cils assez longs pour les protéger; les yeux simples sont extrêmement convexes et sont employés par l'abeille comme de véritables microscopes, pour rechercher dans les fleurs le pollen des étamines et le miel des nectaires. La multiplicité des organes visuels remédie à la fixité et remplace la mobilité qu'ils présentent sur les animaux vertébrés. Quant aux sensations du toucher, l'abeille les perçoit par les antennes et les poils sensibles de diverses parties du corps. C'est par les antennes que les abeilles placées à l'entrée de la ruche palpent celles qui entrent; chez la larve, toute la surface du corps paraît douée de sensibilité, en raison de la délicatesse de la peau qui, chez l'insecte parfait, est remplacée par une sorte de carapace tégumentaire dure. Quelques naturalistes pensent avoir constaté que dans les antennes résident aussi : 1° l'organe de l'ouïe qui serait situé dans des cavités qu'on y remarque; 2° le sens de l'odorat. Quant au siège du goût, il est, dit Girdwoyn, dans la fosse buccale et le commencement de l'œsophage qui s'humectent de salive et qui ont leurs surfaces couvertes d'un tissu adipeux. Enfin, les abeilles produisent une sorte de bourdonnement par le frottement de leurs ailes et des diverses parties du corps, et de plus elles émettent divers sons par des organes spéciaux placés dans la trachée et près des stigmates.

Pour entretenir la vie, il y a, dans les abeilles, l'appareil de la digestion, celui de la respiration et celui de la circulation du sang. L'appareil de la digestion (fig. 31) se compose du tube digestif et des glandes gastriques. Le tube commence à la bouche, sous la forme d'un tuyau très étroit, et traverse le cou, le collier, le thorax, le pétiole, pour pénétrer dans l'abdomen : c'est l'œsophage. Dans l'abdomen, au promeros et au mésameros, il s'élargit pour former une vésicule piriforme à parois transparentes avec reflets argentés : c'est le gésier qui sert de réservoir pour le miel. Plus loin, le tube se rétrécit et se rélargit successivement une vingtaine de fois, de manière à présenter des ondulations : c'est l'estomac ou hypogastre. Sur ses parois se trouvent placées les glandes gastriques. Il se recourbe, se replie en arrière, puis en avant, sur le gésier, pour se rétrécir et former l'intestin grêle, puis le gros intestin et aboutir enfin à l'anus. Les glandes de l'appareil digestif donnent au sang les liquides indispensables à sa rénovation et éliminent les matériaux inutiles ou nuisibles. Les glandes salivaires sont placées des deux côtés de l'œsophage et sont en communication avec la fosse buccale par un petit canal. Ces glandes, très développées chez l'ouvrière, produisent soit la salive destinée à la digestion, soit celle qui sert à délayer les lamelles de cire, ou bien celle destinée à transformer les matières sucrées en miel. A l'intestin grêle correspondent des glandes filamenteuses connues sous le nom de vases malpighiens, du nom de Malpighi qui en a fait la découverte, puis se trouvent les vaisseaux urino-biliaires étudiés par M. Blanchard. Mais la destination de chacune de ces parties de l'appareil digestif n'est pas encore complètement établie.

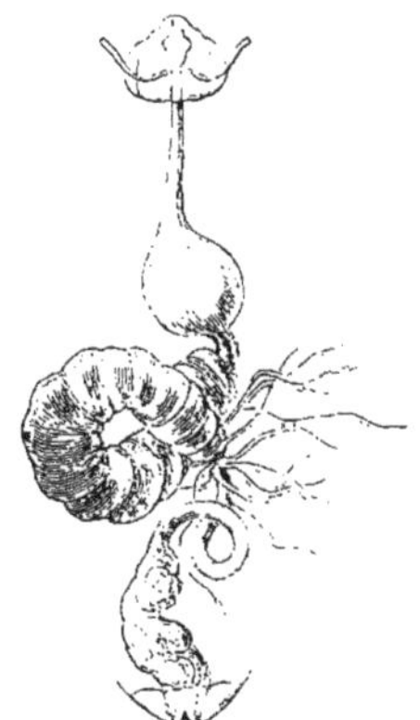

Fig. 31. — Appareil digestif de l'abeille, comprenant l'œsophage, l'estomac et les intestins.

Les organes sécréteurs de la cire (fig. 32) se composent des parties membraneuses lisses des arceaux abdominaux du mésameros et du métameros de l'abeille ouvrière ; ils sont recouverts par les parties cornées de ces arceaux ; ces parties ont une forme pentagonale irrégulière ; elles sont blanchâtres et marquées de raies cornées. La cire y est sécrétée

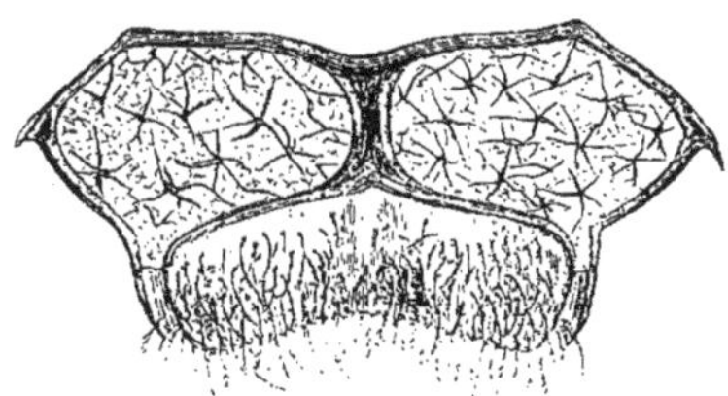

Fig. 32. — Appareil sécréteur de la cire, chez l'abeille ouvrière.

en petites quantités qui s'accumulent dans les espaces délimités par les membranes sécrétantes et les parties cornées des arceaux ; ces espaces ont été appelés les poches cirières. « La cire, dit M. Blanchard, amassée dans les petites glandes abdominales, transsude à travers la partie tégumentaire lisse des textures. Rien ne permet de douter de la filtration de la matière grasse. » D'après Huber, les abeilles peuvent produire de la cire, lors même qu'elles sont nourries de miel seulement ; cette observation a été confirmée par les expériences de MM. Dumas et Milne Edwards, de telle sorte qu'on admet que les abeilles ont la propriété de transformer le sucre en matière grasse.

Dans toutes les parties du corps des abeilles se trouvent des tubes ou sacs plus ou moins petits, portant des rayures transversales à reflets argentés, et remplissant les fonctions des poumons (fig. 33). L'air pénètre dans ces tubes par quatre stigmates existant sous le thorax et par dix autres placés sous les arceaux dorsaux de l'abdomen. Chaque stigmate est entouré par un anneau ou périmètre, garni de poils destinés à préserver les organes respiratoires des corps étrangers, et fermé par une membrane manœuvrée par des muscles qui lui sont particuliers. Dans les stigmates prennent naissance les trachées. Celles-ci sont formées de deux membranes, dont l'interne, composée de la partie intérieure du squelette, se renouvelle avec lui au moment de la mue de la larve, et dont l'externe est faite de tissu muqueux qui ne se renouvelle pas. Entre les deux membranes passe un filet élastique en spirale adhérent à la membrane interne et où circule le sang pour se rendre dans toutes les parties du corps en se revivifiant à l'aide de l'air, les gaz s'échangeant à travers les membranes. De chaque stigmate du prothorax partent deux tubes : l'un

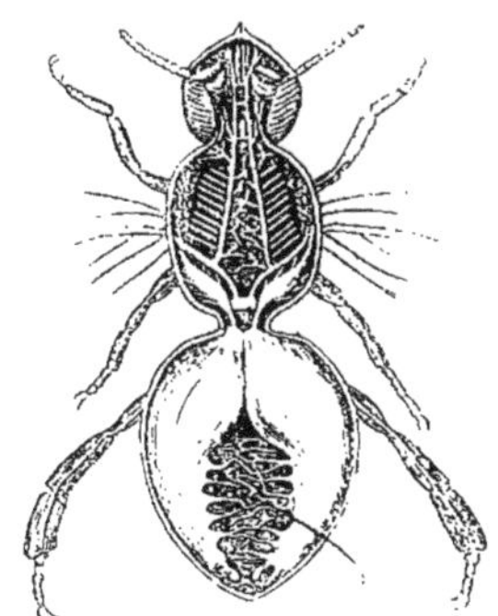

Fig. 33. — Appareil respiratoire de l'abeille réparti dans toutes les parties du corps.

se dirigeant vers la tête, où il se ramifie pour en remplir toutes les parties ; l'autre se ramifiant dans le thorax, passant par le pétiole de l'abdomen où il se joint aux trachées vésiculaires placées sur les flancs. Les trachées vésiculaires maintiennent la communication avec l'air extérieur à l'aide des tubes qui naissent des stigmates abdominaux. Des muscles particuliers, en se rétrécissant, chassent l'air des trachées, et, en se rallongeant ensuite, gonflent l'abdomen avec l'aide des filets élastiques en spirale, de telle sorte que l'air a alors un libre accès. Les trachées comprimées reprennent ensuite leur forme. Ces mouvements respiratoires se produisent de cinquante à cent fois par minute ; ils sont sensibles par le raccourcissement et l'allongement successifs de l'abdomen.

C'est à M. Blanchard qu'on doit la découverte de la circulation du sang dans les interstices placés entre les parois des trachées. Les vaisseaux capillaires (fig. 34) sont les extrémités des trachées ; le principal de ces vaisseaux est le dorsal ; il occupe la région centrale du système et est placé dans la partie dorsale du corps ; il est attaché dans l'abdomen au moyen de muscles en forme d'ailes qui l'embrassent ; il se dirige dans le thorax sous forme d'un tube étroit, il passe au-dessus de l'œsophage et il pénètre dans la tête où il se termine auprès des ganglions cérébroïdes. La partie de ce vaisseau renfermée dans l'abdomen et qui est en forme de sac, porte le nom de cœur. Ce cœur est partagé en cinq chambres, ayant chacune deux ouvertures latérales destinées à recevoir le sang, et une troisième ouverture dans la paroi transversale pour la transmission du sang d'une chambre à l'autre. Ces ouvertures ont leurs lèvres allongées en forme de bec et peuvent s'ouvrir et se fermer à volonté. La partie tubulaire du vaisseau qui ne possède pas de chambre a reçu le nom d'aorte. Les parois du cœur et de l'aorte sont formées de trois membranes superposées. La couleur du sang est légèrement jaunâtre, et dans le liquide se trouvent des globules qui sont incolores. La température du sang paraît varier de 25 à 32 degrés centigrades. Lorsque la

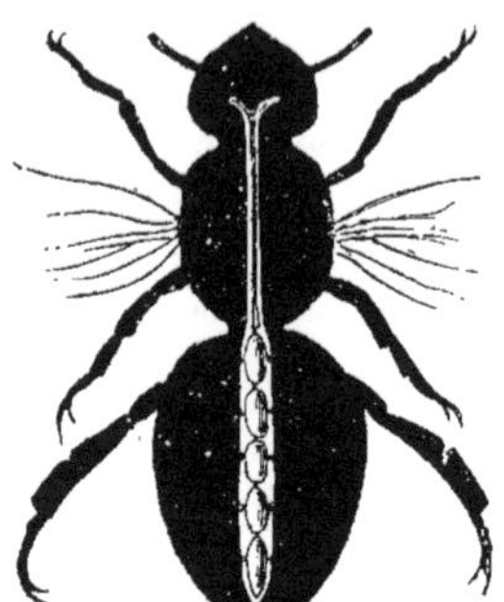

Fig. 34. — Vaisseaux capillaires formant l'appareil de la circulation chez les abeilles.

température s'élève trop haut dans les ruches, les abeilles l'abaissent en produisant une ventilation à l'aide de leurs ailes.

L'appareil génital de l'abeille femelle féconde se compose (fig. 35) de deux glandes *a* nommées ovaires, placées dans l'abdomen des deux côtés du tube digestif et d'où naissent deux oviductes simples *b* qui se réunissent pour former un oviducte commun constituant le vagin vers la moitié de sa longueur et la bourse copulative *d* à son embouchure près de l'anus.

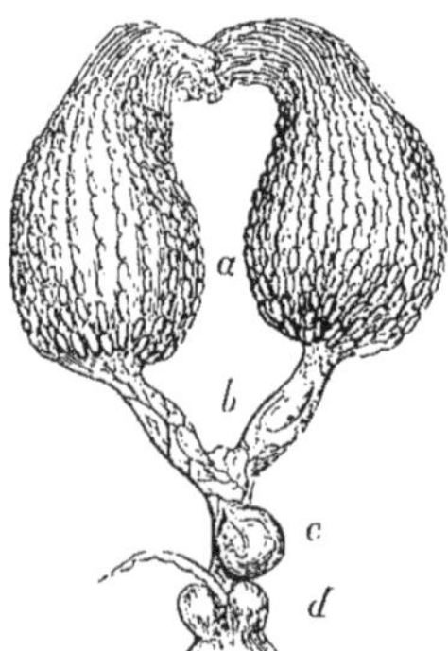

Fig. 35. — Appareil génital de l'abeille femelle.

Les ovaires sont suspendus dans la cavité abdominale par des cordons attachés des deux côtés du vaisseau dorsal. Un réceptacle séminal ou spermatique *c*, composé d'une petite vessie arrondie et d'un petit tube appelé conduit séminal, correspond avec le vagin; il est entouré, dans sa partie sphérique, de glandes appendiculées servant à la conservation, même pendant plusieurs années, des spermatozoïdes renfermés dans le réceptacle. C'est pendant la copulation que le sperme du mâle parvient au vagin, traverse le conduit séminal et remplit le spatulé d'où il ne sort, à la volonté de la femelle, que lorsque celle-ci veut féconder des œufs. Ceux-ci sont des cellules transformées placées dans l'intérieur des follicules des ovaires.

Les abeilles ouvrières n'ont qu'un rudiment de l'appareil génital de l'abeille destinée à être mère. Dans les abeilles bourdonneuses, on trouve des ovaires parfaitement développés, pouvant produire des œufs; mais le réceptacle séminal est absent.

Les organes génitaux mâles (fig. 36) se composent de deux testicules *a*, de deux vases déférents, de vési-

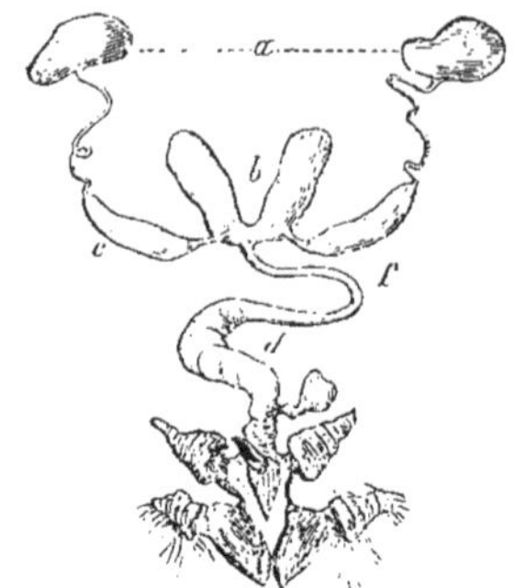

Fig. 36. — Organes génitaux de l'abeille mâle.

cules séminales *c*, de deux glandes muqueuses *b*, d'un conduit séminal *f*, dont une partie *d* est le lieu où se forme le spermatophore, et d'un pénis. « Les testicules, dit Girdwoyn, sont des glandes allongées, légèrement aplaties, blanches, beaucoup plus petites que les ovaires de la femelle. Elles sont situées dans l'abdomen, aux endroits correspondant aux ovaires. Elles se composent de canalicules spermatiques au nombre de trois cents environ, qui, en se réunissant, forment les vases déférents. Ces vases ont la forme de tuyaux étroits qui, après s'être enroulés plusieurs tours sur eux-mêmes, entrent dans les vésicules séminales; celles-ci se réunissent par leurs extrémités rétrécies aux glandes muqueuses, qui sécrètent le liquide gluant et durcissant destiné au collage des spermatozoïdes, pour former le spermatophore. Les vésicules séminales, en se réunissant à l'embouchure des glandes muqueuses, donnent naissance au conduit séminal commun. Ce conduit diffère des parties que nous venons de décrire par ses muscles, très développés, servant à chasser le sperme. Le pénis se compose d'un petit corps blanc et charnu, nommé lentille, qui se trouve réuni à deux écailles en fers de faucilles et à deux autres triangulaires. La lentille est recouverte d'une enveloppe de peau fine qui ressort en dehors du corps et au-dessous de l'anus. Sous la lentille et sur son enveloppe se trouvent cinq ou sept anneaux bruns et courbés, et vis-à-vis de ces anneaux, près de la lentille, se dresse un petit corpuscule cannelé, renfermant une espèce d'éventail. Enfin, au-dessus de ces appendices sont placés deux petits sacs en forme de cornes, qui ont leurs ouvertures communiquant à l'extérieur. Le pénis est enfermé dans l'intérieur du corps comme un doigt de gant retroussé. Les vases déférents et les glandes muqueuses qui se trouvent réunis ont leurs parois composées de même que celles des organes génitaux de la femelle. Leur tunique propre est également recouverte à l'extérieur d'une couche musculeuse, et elle est tapissée à l'intérieur par l'épithélium, qui est remplacé dans les glandes par les cellules produisant le liquide gluant destiné à la formation du spermatophore. L'enveloppe des testicules est formée par le tissu périphéréal, qui se réunit directement à la tunique propre du vase déférent. Cette enveloppe, dans sa partie externe, possède dans ses cellules des corpuscules granulés de pigment. Sous cette enveloppe et dans les testicules se trouvent de petits follicules spermatiques formés par la membrane de la tunique propre et tapissés intérieurement d'une couche de cellules épithéales étroitement réunies entre elles. Ce sont ces cellules qui produisent dans leur intérieur les spermatozoïdes. Dans chaque follicule se trouvent des cellules de divers degrés de développement : les unes ne renferment qu'un liquide incolore; dans d'autres on aperçoit dans ce liquide des spermatozoïdes incomplets et complets, et enfin, dans certains cas, on voit des spermatozoïdes libres... Les spermatozoïdes à l'état complet se rassemblent d'abord à l'embouchure commune des follicules spermatiques, dans les testicules, ensuite ils passent dans le vase déférent et se réunissent dans les vésicules séminales d'où, en sortant, ils s'agglomèrent et se combinent à l'entrée des glandes muqueuses avec le liquide gluant, qui en forme le spermatophore. Ainsi réunis, ils arrivent au moment du coït au vagin et, de cet endroit, ils passent, par le conduit séminal, dans la vessie appelée capsule séminale. »

La femelle est fécondée par un seul mâle et une seule fois pour les cinq années environ de son existence. Le mâle ne peut féconder qu'une seule femelle; il meurt dès que l'acte est consommé. Cet acte ne dure que quelques instants; l'accouplement se fait au vol et très haut en l'air. On admet que la femelle place le mâle sur son dos, le retient avec ses pattes et rapproche l'extrémité de son abdomen de celle du mâle; le pénis du mâle se développe à l'extérieur et pénètre dans le canal génital de la femelle pour remplir la cavité de la bourse copulatrice du vagin. Les spermatozoïdes du mâle sont alors introduits dans la capsule séminale de la femelle. Une fois qu'il est introduit, le pénis, à cause de son armature, ne peut être retiré volontairement; la femelle est obligée de le couper et de l'arracher avec ses mandibules. On trouve la preuve que la fécondation s'effectue dans les airs dans ce fait que toute jeune femelle dont les ailes sont endommagées, et qui est ainsi devenue impropre au vol, demeure stérile à jamais. Quoi qu'il en soit, quarante-huit heures après l'accouplement, la mère commence à pondre ses œufs, parmi lesquels on distingue : 1° ceux qui renferment des spermatozoïdes et qui produisent des femelles et des ouvrières; 2° ceux qui sont dégarnis de spermatozoïdes et qui ne donnent que des mâles ou faux-bourdons. La production de ces derniers œufs est due à ce que les abeilles sont douées de la parthénogénèse, c'est-à-dire de la faculté pour les femelles de pondre, sans une fécondation préliminaire immédiate, des œufs susceptibles de se transformer en individus mâles. Il règne encore beaucoup d'obscurité sur ce phénomène, ainsi d'ailleurs que sur l'hermaphroditisme, qui se rencontre aussi assez souvent dans les abeilles. Les œufs de mâles peuvent être dus, soit à des femelles ayant des organes de génération complets, mais qui, pour une cause quelconque, n'ont pas reçu la fécondation du mâle, et par suite n'ont pas de spermatozoïdes, soit par des ouvrières ayant des ovaires parfaitement développés, mais sans les autres parties de l'appareil génital. Ces mères non fécondées par suite de circonstances accidentelles, et ces ouvrières organisées de manière que leurs ovaires ne puissent être fécondés, sont dites bourdonneuses, c'est-à-dire donnant des mâles ou faux-bourdons.

Les œufs ont une forme allongée et sont un peu recourbés; la partie concave a reçu le nom de ventricule et la partie convexe s'appelle le dos. Ils présentent une première membrane transparente appelée chorion, et au-dessous une seconde enveloppe très fine dite membrane du jaune d'œuf, lequel est un liquide contenant en suspension de petites cellules et des corpuscules de graisse jaune. Dans le pôle supérieur se trouvent des ouvertures dites les microphyles, par lesquelles les spermatozoïdes pénètrent dans l'intérieur pour le féconder. Dès ce moment commence dans l'œuf la formation du corps de l'abeille future. Les œufs (fig. 37) déposés dans les cellules préparées par les ouvrières subissent les diverses transformations qui mènent à l'insecte parfait. L'ensemble des cellules contenant des œufs et des larves dans leurs divers états de développement constitue le couvain d'où sortent les insectes destinés à remplir les fonctions que la nature leur a assignées, selon leur conformation sexuelle, et qu'ont dévoilées les études anatomiques et physiologiques qui viennent d'être résumées. Dans la figure 37, on voit en *a* l'œuf pondu, en *b c* le développement progressif de la larve, en *d* la nymphe, et en *e* la cellule vide.

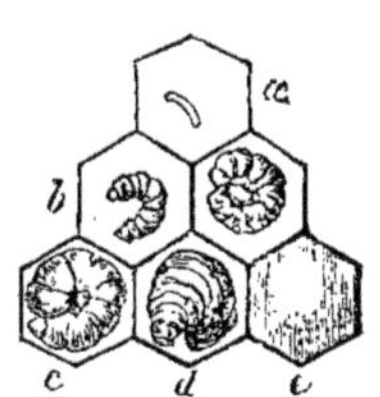

Fig. 37. — Groupe d'œufs et de larves déposés dans les cellules.

Il reste à indiquer les observations précises que l'on possède sur les mœurs de ces utiles insectes, en s'attachant aux faits précis, et en laissant de côté les interprétations si variées sur lesquelles tant de poètes et d'écrivains se sont donné libre carrière. Mais lorsqu'il s'agit de tirer parti utile des principes immédiats qui résultent de la vie des abeilles, il importe de rester dans la vérité des faits, et d'appliquer de la manière la plus profitable les connaissances positives acquises. Tel est le but de l'apiculture ou élevage des abeilles.

La mère abeille passe sa vie à pondre; ce n'est ni une reine, ni le chef d'une république; elle n'exerce pas de commandement. Les faux-bourdons ne sont pas des soldats, mais les époux aléatoires de la mère. Les ouvrières ne sont pas des sujets, mais des individus à qui la nature a départi le rôle spécial de pourvoir au logement et à la nourriture de la colonie, afin d'assurer la perpétuité de l'espèce.

Les ouvrières peuvent être considérées comme formant deux classes : les pourvoyeuses et les architectes; mais la division des fonctions ne paraît pas absolue; les jeunes ouvrières sont plus particulièrement cirières, et les vieilles butineuses. En outre, par les beaux jours, la plupart vont récolter au dehors, et dans les mauvais jours la colonie se consacre davantage aux travaux de construction. Supposons des abeilles en liberté qui vont se loger dans un trou d'arbre. On voit les ouvrières s'attacher au plafond et s'y suspendre en guirlande pour y sécréter de la cire (fig. 38). Elles travaillent de manière à obtenir un ensemble de cellules que M. Sourbé, dans son remarquable *Traité d'apiculture mobiliste*, nous paraît avoir le mieux décrit, en termes que nous allons citer ou résumer, en les complétant sur quelques points par les faits qu'a consignés M. Maurice Girard dans son livre sur les abeilles.

Une première ouvrière vient attacher au plafond du séjour adopté, le petit bloc de cire qu'elle a obtenu en mastiquant les lamelles de cire qu'elle a retirées des anneaux de son abdomen. Une autre lui succède pour augmenter la masse agglutinée, et ainsi de suite. Ces premiers amoncellements, soudés les uns aux autres, forment une ligne droite sur laquelle les abeilles déposent une seconde couche de cire qui allonge la première vers le bas. Les ouvrières prolongent, en descendant toujours, cette ébauche de construction de manière à former une véritable cloison, à laquelle les apiculteurs ont donné le nom de cloison médiane des rayons. Au fur et à mesure que cette construction s'allonge vers le bas, les abeilles quittent le plafond pour s'y suspendre, et comme la cloison est molle et flexible, le poids des insectes lui fait prendre une position verticale, de même qu'un plomb imprime la verticale au fil auquel il est suspendu.

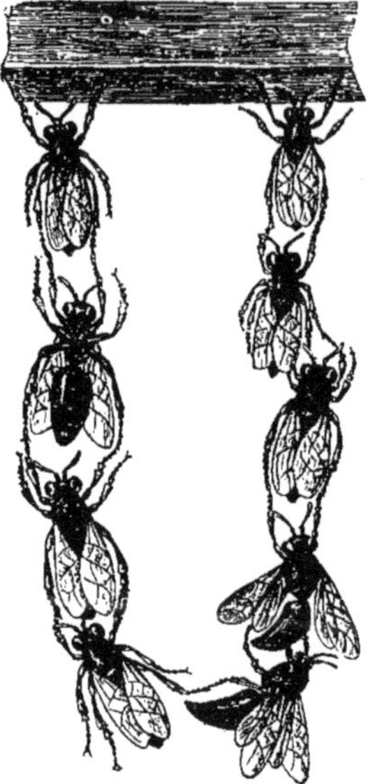

Fig. 38. — Guirlande d'abeilles ouvrières sécrétant la cire.

Une fois que cette cloison plane et verticale a acquis une certaine longueur, les ouvrières se partagent en deux groupes : l'un continue à prolonger la cloison, l'autre s'occupe de former des cellules sur ses deux faces. A cet effet, une abeille creuse avec ses mandibules, à la partie supérieure de la cloison, une niche pyramidale ; elle se sert du déblai et des matériaux qu'elle apporte pour construire une cellule hexagonale dont la base est appuyée sur la cloison et dont les parois lui sont perpendiculaires. Les ouvrières emploient désormais, pour développer cette nouvelle construction, toute la cire qu'elles retirent des poches cirières de leur abdomen. Lorsqu'il y a un nombre assez grand de cellules construites, à droite et à gauche contre la cloison médiane, ce qui constitue les premiers rayons, les abeilles construisent deux cloisons nouvelles, l'une d'un côté, l'autre de l'autre, pour y appliquer aussi des cellules. La cloison médiane sert en quelque sorte de jalon pour les constructions subséquentes qui sont ainsi forcément parallèles entre elles, les abeilles par leur poids et leur suspension aux arêtes inférieures des cloisons flexibles récemment construites provoquant nécessairement leur direction. La construction de tous les rayons marche de front, et il arrive bientôt que les cloisons touchent le sol de la demeure adoptée ; elles y sont fixées, et dès lors la solidité de l'édifice est certaine. Dans l'établissement des rayons suivants, les ouvrières ne s'astreignent plus à autant de régularité, et le parallélisme n'est plus rigoureusement respecté. Les cellules ou alvéoles dont la construction est achevée servent à deux usages : 1° à loger les provisions ; 2° à recevoir le couvain. L'épaisseur ordinaire des rayons ou des gâteaux dans lesquels les deux rangs de cellules se touchent par le fond, est de 26 à 27 millimètres ; un espace vide de 9 millimètres environ est laissé entre eux pour la circulation de l'air et des abeilles. Parmi les cellules (fig. 39), il en est qui sont des réservoirs pour le miel ; celles-là sont bouchées par une mince couche de cire formant un couvercle plat. D'autres cellules contiennent du pollen servant à la pâtée des larves. D'autres cellules sont destinées au couvain des ouvrières ; d'autres encore, au couvain des mâles. On a calculé que, en moyenne, dix-neuf cellules

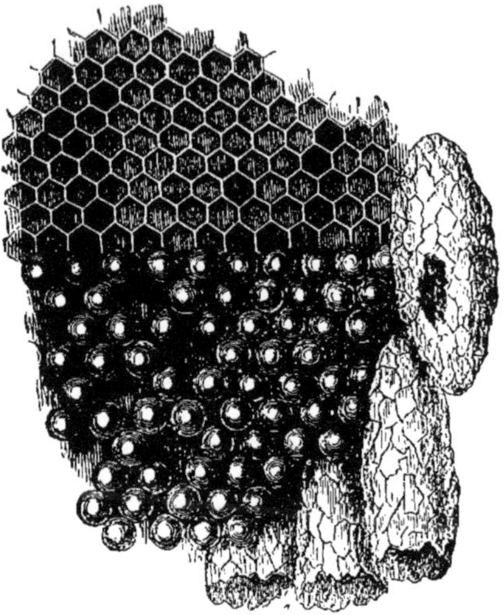

Fig. 39. — Cellules des gâteaux d'abeilles.

d'ouvrières occupent une longueur de 1 décimètre, et qu'il n'y aurait dans la même longueur que quinze cellules de mâles. En outre, sur le bord des gâteaux sont construites des cellules relativement très grandes, de forme arrondie, à surface guillochée de petits trous triangulaires, dans lesquelles il entre de cent à cent cinquante fois plus de cire que dans les cellules d'ouvrières. Ce sont les cellules destinées aux œufs des mères futures et auxquelles on a donné le nom distinctif de cellules royales.

Après l'édification des rayons, les ouvrières bouchent avec soin toutes les fissures qui seraient de nature à laisser pénétrer un courant d'air susceptible de nuire au couvain, tout en ménageant cependant une atmosphère suffisante dans l'habitation commune. La matière que les abeilles emploient pour boucher les fentes étroites a reçu le nom de propolis, et paraît être de nature résineuse ; elle serait recueillie sur les bourgeons de certains arbres. Pour les fentes trop larges, elles se servent de cire, de même que pour rétrécir l'entrée de l'édifice aux approches de l'hiver, du moins celles qui ont recours à cette précaution qui n'est pas commune à toutes les espèces.

Ce sont les diverses observations faites sur les procédés naturels employés par les abeilles dans leurs constructions qui ont guidé les apiculteurs dans le choix des ruches conseillées ; il convient d'adopter celles qui remplissent le mieux le but qu'on se propose dans l'entretien d'un rucher.

Lorsque les gâteaux de cire sont formés, et à peine après que les cellules sont construites, la mère commence à pondre. Elle laisse les cellules supérieures pour l'emmagasinage du miel et du pollen, et elle dépose ses œufs de préférence sur le milieu des rayons. La mère ne s'arrête que quelques secondes dans chaque cellule; l'œuf pondu est maintenu au fond par un enduit visqueux. Elle pond ensuite dans les cellules contiguës, de telle sorte que la place occupée par les œufs va sans cesse en s'élargissant, sans laisser le moindre vide, et de telle sorte que les premiers œufs déposés se trouvent vers le centre du groupe, tandis que les plus récents sont sur les bords. Quand la mère a ainsi rempli d'œufs une partie des cellules, elle passe de l'autre côté du rayon pour pondre ses œufs dans les cellules opposées aux premières. Le rayon du milieu étant rempli d'œufs sur ses deux faces, la mère continue sa ponte sur les deux rayons qui sont placés à droite et à gauche du premier, et ainsi de suite lorsque les trois premiers rayons du milieu sont pleins. Le rôle des ouvrières commence aussitôt que la mère s'est mise à effectuer ses pontes. Elles se partagent la besogne. Les plus jeunes restent au logis pour faire éclore les œufs et soigner les petits, tandis que les plus âgées se font butineuses et vont aux provisions. L'activité des ouvrières est subordonnée à l'importance de la ponte de la mère, qui est elle-même en rapport avec le plus ou le moins d'abondance de miel que fournissent les fleurs. Il suit de là que l'activité des abeilles est plus grande au printemps que pendant l'été et l'automne et qu'elle devient nulle pendant l'hiver. L'apiculteur peut influer sur cette répartition de la production en faisant des cultures qui donnent des fleurs abondantes dans les diverses saisons. Trois jours après la ponte des œufs, les ouvrières ont à nourrir de jeunes larves. Cette alimentation dure cinq jours pour les larves de mère et d'ouvrière; elle est de six jours pour les larves mâles. Les larves (fig. 40) sont sans pattes, d'un blanc un peu grisâtre ou jaunâtre, ridées circulairement; la tête est à peine plus colorée que le corps; la bouche n'a que deux très faibles mandibules écailleuses avec une lèvre inférieure ayant une filière. Elles restent roulées en anneau au fond de la cellule. Les nourrices leur apportent une pâtée formée de miel et de pollen, d'abord blanche et insipide, devenant ensuite de plus en plus sucrée, et ayant l'aspect d'une gelée transparente. Elles mélangent à la nourriture du couvain et probablement à celle des mères futures le suc qu'elles retirent de leur glande verticale supérieure, lequel diminue au fur et à mesure que les abeilles avancent en âge, ce qui explique pourquoi les abeilles âgées ne peuvent plus être nourrices et deviennent exclusivement butineuses. Au bout des cinq ou six jours de nourriture, les nourrices ferment les cellules des larves avec un couvercle bombé. « Si la production des œufs est trop grande, dit M. Sourbé, les abeilles les enlèvent des cellules. Il n'est pas rare de voir un rayon couvert d'œufs la veille au soir, ne plus en contenir un seul le lendemain matin. Il est présumable que les abeilles, pour maintenir l'équilibre entre la production du couvain et le nombre des ouvrières qui peuvent être consacrées à l'élevage, fixent elles-mêmes le nombre d'œufs réservés pour augmenter la colonie, suivant les exigences du nombre et la quantité de nourriture qu'elles retirent des fleurs. Si, en effet, la production du miel augmente, celle du couvain suit une progression croissante; si au contraire, la source du miel tarit dans les fleurs, la production du couvain diminue. Cette dernière peut également cesser lorsque la récolte du miel est très abondante; car, dans ce cas, les abeilles pressées d'emmagasiner la récolte, s'emparent de presque toute la récolte pour la loger. »

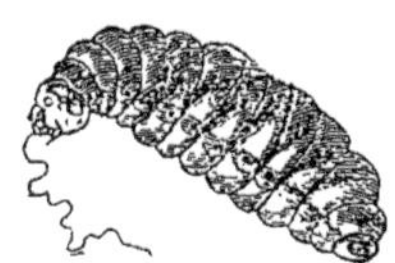
Fig. 40. — Larve d'abeille.

Les provisions que font les butineuses sont la propolis, le pollen, le miel et l'eau. Les deux premières sont transportées dans les pattes, les deux dernières dans le jabot. L'eau est indispensable aux abeilles pour préparer la nourriture du couvain, ainsi que pour dissoudre le miel qui a pu durcir et même se cristalliser dans les cellules. L'ouvrière porteuse d'eau rentre précipitamment à la ruche pour se dégorger sur le point où cela est nécessaire.

Les abeilles qui cherchent le miel le prennent indistinctement partout où elles le trouvent, en mélangeant celui d'une espèce de fleurs avec celui d'une autre espèce, sans aucun soin de la qualité ou de l'arome; après avoir rempli leur jabot de miel, elles rentrent à la ruche pour le dégorger dans les cellules, qu'elles ne remplissent pas en entier; elles prennent soin de répandre le miel sur une grande surface de rayons afin qu'il soit possible d'évaporer l'excès d'eau qu'il contient; dans ce but, elles établissent pendant la nuit une forte ventilation au moyen de leurs ailes qu'elles agitent fortement en abaissant la tête, en relevant l'abdomen et en s'arc-boutant sur les pattes de devant. Elles donnent ainsi une ventilation d'autant plus énergique que la récolte a été plus abondante. Pendant la grande récolte du printemps, le bruissement des ailes s'entend toute la nuit à plus de 10 mètres des ruches. Lorsque le miel a pris la consistance voulue, il est enlevé d'une partie des cellules pour remplir les autres, celles surtout situées à la partie supérieure qu'on appelle grenier à miel, tandis que la partie du milieu des rayons est appelée chambre à couvain. Quand une cellule est presque pleine de miel, les ouvrières commencent à la boucher avec une légère couche de cire, en laissant au centre de l'opercule un petit orifice rond qui leur permet d'achever le remplissage.

La cueillette du pollen se fait au vol; l'abeille saisit le grain du pollen avec ses pattes sans jamais se poser sur la fleur; elle ne s'arrête dans le calice que pour lécher le miel qu'elle peut y trouver. Une butineuse peut faire ainsi deux récoltes à la fois : celle du pollen qu'elle loge dans ses pattes; celle du miel qu'elle emmagasine dans son jabot. Tandis qu'elle mélange tous les miels, elle a soin de ne jamais mêler le pollen d'une sorte de fleurs avec celui de fleurs d'espèce différente. Une fois qu'elle a pris du pollen d'une fleur, elle ne visite plus, pour compléter sa charge, que les fleurs de même espèce. En général aussi elle n'emmagasine dans une cellule, où elle le tasse avec ses mandibules, que le pollen d'une même nature. Les jeunes abeilles restées à la ruche aident les butineuses à se décharger des provisions et à les emmagasiner. Les cellules sont parfois remplies jusqu'au bord avec du pollen, mais parfois aussi le remplissage se fait avec du miel. Le plus souvent les abeilles n'emmagasinent pas une grande quantité de pollen; les butineuses n'en apportent que quand il y a du couvain à nourrir, en n'en réservant qu'un faible excédent.

Lorsque les larves ont été enfermées dans leurs cellules, elles s'y redressent, s'allongent, et pendant un jour et demi, elles tapissent leur demeure d'une pellicule de soie roussâtre. Si, dans une cellule, il y a par hasard plusieurs larves, il y a aussi plusieurs pellicules soyeuses. Cette sorte de chemise soyeuse paraît destinée à empêcher la peau très délicate de la future nymphe d'être blessée par les parois de la cellule. Après trois jours de repos, la larve se change en nymphe blanche, emmaillotée d'une fine peau qui laisse voir les yeux, les antennes, les ailes, les pattes couchées le long du corps (fig. 41). La bête reste immobile durant sept jours. Elle a seulement besoin de chaleur pendant tout ce temps. C'est une sorte d'incubation qui se fait alors, sans doute, par tous les habitants de la colonie. Lorsque les nymphes ont acquis leur vitalité complète, elles déchirent avec leurs mandibules les couvercles qui les tiennent captives, et elles sortent sans secours étranger. Toutefois, lorsque les jeunes abeilles ont réussi à quitter leurs cellules et sont par là reconnues aptes à participer aux travaux communs, les ouvrières les essuient, les brossent, étendent leurs ailes et leur offrent du miel.

Fig. 41. — Nymphe d'abeille.

La première fois qu'une abeille sort de sa ruche, elle ne s'éloigne que de quelques centimètres pour retourner aussitôt à son point de départ; elle vole tout autour pour bien la reconnaître. Elle répète ensuite ce manège en s'éloignant davantage, puis rentre dans la ruche pour en ressortir en faisant des circuits de plus en plus grands, jusqu'à ce que, ayant bien reconnu les lieux, elle se décide enfin à se diriger vers les champs. Les ouvrières s'usent vite au travail; elles vivent environ cinq mois en hiver, saison de repos; mais en été elles deviennent vieilles en six semaines, et alors la mortalité s'élève de 300 à 400 par jour. Ce n'est pas qu'elles meurent réellement de vieillesse. D'après les observations de M. Sourbé, une bonne partie des vieilles abeilles, dès qu'elles sont reconnues impropres au travail, sont expulsées sans pitié par les abeilles valides; elles résistent aux abeilles qui les entraînent en se cramponnant par leurs pattes à tout ce qu'elles rencontrent sur leur route, et elles expirent au dehors. Il ne faut pas les confondre avec les abeilles pillardes qui s'introduisent dans les ruches faibles pour voler le miel, et qui se défendent énergiquement lorsque, étant reconnues, elles sont condamnées à l'expulsion. On croit que les abeilles se reconnaissent entre elles à l'odeur. « Ce qui semble, dit M. Sourbé, confirmer cette opinion, c'est que chaque fois qu'une abeille se présente sur le guichet d'une ruche, les gardiennes qui en obstruent l'entrée viennent la reconnaître en la palpant avec leurs antennes. Si elle est reconnue comme étant de la ruche, on la laisse passer; mais si elle est étrangère, sa qualité est vite reconnue et elle est immédiatement expulsée. » Les abeilles sont fort peu hospitalières, et elles n'adoptent parfois une étrangère que si celle-ci se présente en apportant de fortes provisions. Les ouvrières rejettent au dehors les œufs et les larves condamnés; elles se vident aussi en dehors de la ruche; les mères fécondes sont, elles, exemptées de ce soin, les ouvrières se chargeant alors du nettoyage.

Les œufs non fécondés qui donnent naissance aux mâles reçoivent des ouvrières nourrices les mêmes soins que les autres, pourvu que l'abeille mère n'en ponde pas une trop grande quantité; dans ce dernier cas, les ouvrières y mettent bon ordre; souvent même, après avoir fait éclore les œufs, les abeilles enlèvent les larves, parfois en entier, si le miel vient à tarir dans le calice des fleurs. Dans une forte colonie, il peut y avoir par saison de deux mille à trois mille mâles. Ils mangent beaucoup, et ils ne travaillent pas; ils ne sont utiles que pour féconder les jeunes mères, acte qu'ils ne font pas tous et qui leur coûte toujours la vie. Ils sont paresseux, ne sortent que par la chaleur et au milieu du jour, pour aller butiner, mais pour leur propre compte, ou bien pour rencontrer de jeunes mères qui cherchent aventure. Lorsque, après la saison des fleurs, vers l'automne, les provisions rapportées du dehors deviennent moins abondantes, les ouvrières décident de supprimer les bouches inutiles. « Une sorte de fureur, dit M. Maurice Girard, s'empare alors des ouvrières. La consigne du meurtre est donnée. Des sentinelles spéciales signalent l'arrivée des malheureux faux-bourdons (sans défense, puisqu'ils sont dépourvus de dard); une escouade d'exécuteurs se précipite sur chaque mâle qui rentre plein de confiance, à l'heure habituelle du souper; il est percé de coups d'aiguillons, et le lendemain les alentours des ruches sont noirs de cadavres! Ce n'est pas tout; les larves et nymphes de mâles qui existent encore sont arrachées des berceaux et jetées dehors, criblées de blessures mortelles. » Quand, à la fin de l'automne, on rencontre quelques mâles dans les ruches, c'est que la colonie est en décadence, ou orpheline de sa mère, ou bien c'est que l'année a été tellement florissante que les rayons regorgent de miel, et que les abeilles ont alors une dédaigneuse insouciance à l'égard des bouches inutiles.

Par intervalles, à des jours distincts, la mère, au matin même de sa ponte de mâles, va déposer des œufs fécondés dans les grandes cellules latérales qui ont été signalées plus haut. Ces œufs pourront donner de jeunes mères, mais seulement si les ouvrières en prennent un soin particulier, sans quoi les organes génitaux resteraient atrophiés comme dans le commun de la colonie. Le développement exceptionnel des parties sexuelles de la mère future est dû à la grandeur de son berceau et à la nourriture spéciale et fortifiante, dite pâtée royale, qui lui est prodiguée.

La larve destinée à être transformée en mère est, à la sortie de l'œuf au bout de trois jours, un peu recourbée sur elle-même. Elle tourne continuellement dans son berceau dont elle fait le tour en deux heures environ. La cellule est toujours abondamment pourvue de la bouillie spéciale que les ouvrières lui préparent. La jeune larve se développe à son aise et rapidement, en prenant un abdomen très dilaté. Elle ne met qu'un jour à filer, ne prend que deux jours et demi de repos, devient nymphe et ne reste sous cette forme que quatre ou cinq jours. Les organes génitaux sont complets; mais par compensation, comme elle ne doit pas travailler, elle n'est pas dotée des organes mellifères, pollénifères et ciriers des ouvrières. Elle doit vivre environ cinq ans, et sa fécondité sera énorme surtout pendant les trois premières années. Elle sort de son alvéole en rongeant elle-même la pointe de son berceau qui a la forme d'un gland et qui se détache comme une soupape. Son premier soin, dès qu'elle est sortie de sa cellule, est de se précipiter, si elle n'en est pas empêchée par les ouvrières, sur les autres alvéoles maternels pour tuer ses jeunes sœurs, ce qu'elle fait en déchirant les couvercles avec ses mandibules et en perçant avec son aiguillon les mères qui seraient ses rivales. De deux à quatre jours après sa naissance, elle sort de la ruche si le temps est beau, et fait sa promenade nuptiale. Comme les mâles sont relativement nombreux, elle trouve l'occasion d'accomplir l'acte de copulation qui assurera sa fécondité pour toute sa vie. Elle ne sort plus désormais que pour faire partie d'un essaim.

Lorsque, après la grande ponte du printemps, les abeilles se trouvent trop à l'étroit dans leur ruche, elles se préparent à essaimer; c'est alors qu'elles se livrent à l'élevage des jeunes mères. Si elles ne trouvent pas d'œufs convenables dans les cellules royales, elles enlèvent des œufs d'une cellule ordinaire pour les transporter dans des alvéoles appropriés qu'elles agrandissent au besoin. Lorsque les jeunes mères sont sur le point de naître, quelques abeilles vont à la découverte pour chercher une autre demeure où elles puissent s'établir, par exemple le creux d'un arbre ou une excavation dans un rocher. Une fois que la future demeure est choisie, quelques abeilles en prennent possession; puis leur nombre augmente insensiblement de jour en jour. Elles se suspendent les unes aux autres, accrochées au haut de cette nouvelle ruche (fig. 42). Pendant que l'avant-garde de l'essaim va

Fig. 42. — Essaim d'abeilles.

ainsi prendre possession des lieux, l'ancienne colonie se dédouble et une partie part avec la vieille mère, tandis qu'une jeune mère reste à la souche. Lorsque la colonie qui est demeurée à l'ancienne demeure est encore trop nombreuse, d'autres essaims partent successivement, jusqu'à ce que la ruche première ne contienne plus que les habitants qui lui conviennent pour passer l'hiver.

La ponte de la mère a diminué peu à peu à mesure de l'avancement de la saison. Dès la venue des premiers froids, les abeilles se rassemblent en peloton dans la ruche et elles cessent de manger, sans tomber dans l'état de somnolence dont on a parlé à tort. Grâce à leur agglomération, elles maintiennent une température élevée dans le peloton, et elles peuvent braver de très durs climats.

Lorsque reviennent les chaleurs du printemps, les abeilles consomment le miel que la colonie a mis en réserve jusqu'à ce qu'apparaissent les premières fleurs. Alors recommence la vie de l'année précédente; les butineuses sortent et rapportent de nouvelles provisions, la mère reprend sa ponte et les ouvrières de l'intérieur se remettent à leurs travaux de nourrices ou d'architectes. En avril et mai, il ne vient guère que de nouvelles ouvrières, mais bientôt d'autres œufs sont pondus, et ensuite la colonie prépare l'apparition des jeunes mères pour arriver à l'essaimage. Et perpétuellement, depuis des siècles, les mêmes faits se succèdent sans changement, dans la même contrée, sous le même climat. L'homme seul peut introduire des modifications dans la vie de l'antique abeille, en cultivant des plantes appropriées à la production apicole qu'il ambitionne d'obtenir en plus grande quantité, en construisant des demeures plus commodes ou mieux disposées, en poussant à la formation des essaims, en favorisant des croisements entre les races. Pour réussir, il doit se conformer aux lois naturelles que l'observation rigoureuse des faits lui enseigne. C'est le talent de l'apiculteur qui a aussi à s'occuper de prévenir ou de guérir les maladies susceptibles d'atteindre les abeilles, et dont les principales sont le vertige, la constipation, la dysenterie, la mortalité du couvain, la loque. Il lui appartient aussi de mettre les ruches à l'abri des ennemis des abeilles, c'est-à-dire d'empêcher de devenir dangereuses les attaques : 1° de quelques quadrupèdes, tels que la souris, la musaraigne, le mulot, la fouine et le putois; 2° de plusieurs oiseaux, parmi lesquels sont, au premier rang, l'hirondelle, le pivert, la mésange, le rossignol et le moineau; 3° de reptiles, parmi lesquels on cite les crapauds, le lézard gris, les salamandres, les couleuvres; 4° d'un assez grand nombre d'insectes, au nombre desquels il faut surtout compter la grande et la petite fausse-teignes ou les galléries de la cire, les guêpes, les frelons, le philante apivore, le papillon tête-de-mort ou sphinx-atropos, les fourmis, les araignées, la demoiselle ou libellule. En faisant de la bonne apiculture, c'est-à-dire en ayant de bonnes ruches, bien calfeutrées, et des colonies fortes, on triomphe facilement de tous ces ennemis et l'on peut rendre l'apiculture une industrie prospère.

La description qui vient d'être donnée de l'abeille s'applique à l'abeille commune (*Apis mellifica*); il faut indiquer maintenant les caractères qui distinguent les autres espèces. La plus importante est l'abeille italienne (*Apis ligustica*); elle a, dans ses trois formes d'ouvrière, de reine et de mâle, le corps plus développé que l'abeille ordinaire, et elle est ornée de raies transversales d'un jaune vif et orange, principalement sur les deux premiers anneaux de l'abdomen; elle construit aussi des cellules plus grandes. L'abeille italienne est considérée comme beaucoup supérieure à l'abeille ordinaire pour la production du miel. — L'abeille arabe (*Apis arabica*) a le fond brun, des poils d'un blanc sale et des raies orange. L'abeille sociale (*Apis socialis*) a le fond d'un roux foncé, marqué de raies un peu plus claires; ses ailes paraissent recouvertes d'une sorte de poussière brune. L'abeille cafre (*Apis caffra*) est noire, avec deux raies orange sur l'abdomen; l'abeille unicolore (*Apis unicolor*) a le fond brun noir, et ses poils sont d'un blanc brun; l'abeille du Cap (*Apis Capensis*) est brun foncé avec des poils d'un blanc jaunâtre; l'abeille scutellaire (*Apis scutellata*) présente des raies orange sale, sur un fond à peu près de la même couleur; l'abeille sénégalienne (*Apis nigritarum*) a le fond brun, avec des raies orange; ses poils sont d'une couleur blanc sale. Dans l'abeille égyptienne (*Apis fasciata*), le thorax et les deux premiers segments de l'abdomen sont rougeâtres; le reste de l'abdomen est gris cendré. L'abeille roussâtre (*Apis rufescens*) se distingue par un fond d'un brun foncé et les poils d'un blanc jaunâtre.

Enfin, il est impossible de terminer cette notice sans rappeler le rôle que les abeilles jouent dans la fécondation des fleurs. Elles transportent le pollen d'une fleur à l'autre et le déposent inconsciemment sur un stigmate d'une fleur qui aurait pu rester non fécondée. On doit à Ch. Darwin des expériences très intéressantes sur cet important sujet. A ce point de vue, les abeilles peuvent être considérées comme de véritables auxiliaires des agriculteurs.

ABEILLE (*biographie*). — Abeille (Louis-Paul), ancien inspecteur général des manufactures et secrétaire du conseil du roi au bureau du commerce, naquit en 1716 et est mort en 1807. Il a publié un grand nombre d'écrits sur l'agriculture, le commerce, les finances et l'économie politique. Il a été le conseiller intime et l'ami d'hommes éminents, tels que de Trudaine, Turgot, d'Ymeran, Malesherbes et de Calonne. Il fit partie des États de Bretagne, et après avoir fondé la Société d'agriculture de cette province, il en publia les mémoires sous le titre de : *Corps d'observations de la Société d'Agriculture, de Commerce et des Arts*, établie par les États de Bretagne; Rennes, 1760-1772. A sa fondation, en 1761, il fut nommé membre de la Société, actuellement Société nationale d'agriculture de France ; il fut une des lumières de cette Compagnie jusqu'à sa mort.

ABERRATION (*vétér.*). — Toute anomalie dans la conformation ou dans la fonction des organes est une aberration. Il y a aberration de l'appétit chez un animal lorsqu'il recherche une nourriture contraire à la nature.

ABIES (*botanique, sylviculture*). — Nom latin du *sapin*. L'*Abies* a donné son nom à la tribu des Abiétinées dans la famille des Conifères. Ce genre comprend plusieurs espèces, dont les principales sont :

Fig. 43. — Sapin des Vosges (*Abies pectinata*).

1° *Abies pectinata*, sapin pectiné (en peigne), appelé aussi sapin argenté des Vosges, de Lorraine (fig. 43). C'est la principale espèce répandue en France où elle forme de vastes forêts, notamment dans les régions montagneuses. Le sapin pectiné est un grand arbre, dont la hauteur varie de 20 à 40 mètres ; ses feuilles sont vert luisant, glauques en dessous ; ses chatons sont rougeâtres ; ses cônes sont dressés, cylindriques et réunis. La floraison se fait d'avril en juin, et les graines mûrissent au commencement du mois d'octobre de la même année.

2° *Abies pinsapo*, originaire de Grenade, en Espagne ;

3° *Abies nordmannea*, de Géorgie ;

4° *Abies amabilis*, de l'Amérique boréale ;

5° *Abies bracteata*, de la Californie ;

6° *Abies ciliciencis*, de l'Asie mineure ;

7° *Abies grandis*, de la Californie ;

8° *Abies nobilis*, de la Californie ;

9° *Abies numidiensis*, de la Kabylie ;

10° *Abies Pindrow*, de l'Himalaya.

La plupart de ces espèces forment de très beaux arbres dont quelques-uns, comme l'*A. ciliciensis*, l'*A. nordmannea*, l'*A. pinsapo*, sont recherchés pour orner les parcs des grandes résidences en Europe.

Les sapins se montrent généralement assez indifférents sur la nature géologique du sol dans lequel ils croissent, mais ils préfèrent les terres argileuses et fraîches.

Le sapin pectiné n'occupe, à l'état spontané, que les régions véritablement montagneuses, mais sans s'élever à de très grandes altitudes. En France, il est englobé dans six stations principales, dont les altitudes inférieures et supérieures sont :

Vosges, 255 à 1200 mètres ;
Jura, 400 à 1500 mètres ;
Plateau central, 260 à 1700 mètres ;
Alpes, 230 à 2200 mètres ;
Pyrénées, 300 à 2100 mètres ;
Corse, 800 à 2100 mètres.

Au point de vue de l'importance, le sapin occupe

le premier rang parmi les essences résineuses, et le quatrième rang parmi toutes les essences forestières. Il couvre 7 pour 100 environ de la surface soumise au régime forestier. En dehors du domaine de l'État, de grandes plantations de sapins ont été faites depuis quarante ans, dans quelques régions, notamment en Sologne, dans les Landes et la Brenne.

Le sapin est exploité en futaies pleines et en futaies jardinées. Cet arbre se prête également à ces deux modes d'exploitation. Le peuplement par semis naturels réussit très bien, à la condition que le jeune plant croisse à l'abri, car il est très sensible à la gelée, comme à l'action du soleil. Dans les repeuplements artificiels, on doit, pour protéger les jeunes plantes pendant les premières années, mélanger aux graines de sapin, des graines de bouleau, de tremble ou d'autres essences. Si l'on ne peut ombrager le semis par d'autres arbres, il convient de ne pas désherber ni briser le terrain pendant les premières années.

L'accroissement du sapin est régulier, mais moins rapide que celui du pin. Il pivote et est muni de racines latérales. Le bois manque de résine; celle-ci ne se rencontre que dans l'écorce, et l'arbre n'est que très rarement exploité dans ce but. Ce qui fait la valeur du sapin, ce sont ses grandes dimensions et les qualités de son bois. Ce bois est, à raison de son élasticité, un de ceux qui sont le plus employés dans les constructions, sous forme de planches, de madriers, de poutres, de lattes, etc. La marine en fait aussi usage pour la mâture. Enfin, les branches de plus petites dimensions servent à faire des falourdes pour la boulangerie.

Les espèces exotiques sont recherchées par les architectes paysagistes modernes pour orner les sites créés artificiellement dans les jardins et les parcs.

ABIÉTINÉES (*botanique*). — Tribu de la famille des Conifères. Elle a reçu son nom du genre *Abies* qui en est le principal type. Elle renferme plusieurs genres dont les principaux sont: *Abies* (le sapin), *Picea* (l'épicea), *Pinus* (le pin), *Larix* (le mélèze), *Cedrus* (le cèdre), *Sequoia* (le séquoia). La plupart sont des arbres qui atteignent une très grande hauteur, à tronc droit et à rameaux nombreux. Leur bois est recherché pour les constructions; il est léger, flexible et imprégné de résine qui compte, pour quelques espèces, comme un des principaux produits de l'arbre. Les feuilles des Abiétinées, le plus souvent linéaires, lancéolées ou elliptiques, sont presque toujours persistantes. Les fleurs, monoïques ou dioïques, sont disposées en chaton; elles sont sans calice ni corolle, et leur enveloppe est formée par des écailles imbriquées souvent ligneuses. — Les pins, les sapins, les mélèzes, les cèdres forment de vastes forêts en Europe, en Asie, et dans l'Amérique du Nord; les *Sequoia* sont originaires de la Californie et du Mexique, et les *Araucaria*, de l'Amérique méridionale.

ABIGEAT (*jurisprudence*). — Dans l'ancien droit romain, on désignait par ce mot, le vol d'un animal domestique qu'on ne pouvait emporter, et qu'on chassait doucement devant soi. Le vol d'un bœuf est un abigeat, tandis que celui d'un agneau qu'on emporte n'en est pas un.

ABLACTATION (*économie du bétail*). — Cessation de l'allaitement. On emploie cette expression pour parler de la mère qui cesse de nourrir son petit. Elle est applicable à tous les animaux domestiques.

ABLAIS (*droit rural*). — Les anciens jurisconsultes désignaient, par cette expression, les blés coupés et non encore rentrés.

ABLAQUE (*zoologie*). — Filaments analogues à la soie, produits par quelques mollusques marins, notamment le Byssus marin. Cette substance a été employée, au moyen âge et dans l'antiquité, à la plupart des usages de la soie ordinaire. On s'en est servi, surtout en Italie, pour faire des étoffes.

ABLAQUÉATION (*arboriculture*). — Opération qui consiste à creuser un trou circulaire autour du tronc d'un arbre, afin de retenir les eaux de pluie ou celles d'arrosage.

ABLATION (*arboriculture, art vétérinaire*). — On désigne par ce mot l'enlèvement de tout corps qui gêne le fonctionnement des organes ou qui nuit à la régularité des formes. Il s'applique aussi bien aux parties mêmes de l'individu qu'à des corps étrangers. La pratique de l'ablation peut être faite sur les végétaux, comme sur les animaux. Ainsi on fait aux vaches l'ablation de l'ovaire pour augmenter leur lactation; on fait l'ablation des testicules aux jeunes animaux mâles pour les châtrer; on fait l'ablation d'une tumeur, etc. Pour rendre la forme d'un arbre plus régulière, on lui fait l'ablation d'une branche.

ABLE (*pisciculture*). — Genre de poissons d'eau douce appartenant à la famille des Cyprinides. Il se distingue par les caractères suivants: corps allongé, comprimé latéralement, tête petite, bouche assez grande, mâchoire inférieure plus longue que la supérieure, écailles petites et se détachant facilement.

Le genre Able (*Leuciscus* Cuv.) renferme un grand nombre d'espèces. Le prince Charles Bonaparte en a compté jusqu'à dix-neuf exclusives à l'Italie, sans compter une dizaine d'autres espèces qui se rencontrent également dans les autres parties de l'Europe.

Les principales espèces sont:

1° l'Ablette commune (voy. *Ablette*);

2° L'ablette spirlin ou éperlan (voy. *Ablette*);

3° L'ablette mirandelle, qu'on trouve dans le lac Léman et le lac du Bourget, et que M. Blanchard a considérée comme une espèce spéciale, se distinguant de l'ablette commune par le corps plus allongé et la courbure du dos presque droite;

4° L'ablette de Fabre, qui vit dans le Rhône, et que M. Blanchard signale comme ayant le dos plus arrondi et le corps plus large que l'ablette commune;

5° L'ablette Hachette, qui habite la Meuse et ses affluents, a la courbure du dos plus élevée, la tête plus forte et les écailles plus longues que l'able ou ablette commune.

ABLERET (*pêche*). — Filet carré, à mailles fines, que l'on fixe à l'extrémité d'une perche et qui sert pour la pêche des petits poissons, et notamment des ables, d'où il a reçu son nom.

ABLERETTE (*pêche*). — Senne en fil fin et à petites mailles que l'on emploie spécialement pour la pêche des ables et autres petits poissons.

ABLETTE (*pisciculture*). — Poisson de la famille des Cyprinides, désigné aussi sous le nom d'*Able* (voy. ce mot). Les trois principales espèces sont l'ablette commune, l'ablette spirlin et l'ablette alburnoïde.

Ablette commune. — L'ablette commune (fig. 44) est désignée dans plusieurs parties de la France, sous le nom de *blanchet* ou *blanchaille*. C'est un petit poisson, qui atteint une longueur de 15 à 18 centimètres, au corps effilé; ses écailles se détachent facilement; les flancs sont blanc argenté, et le dos est vert sombre. L'ablette, abondante dans presque toutes les rivières de l'Europe, aime surtout les eaux vives et un peu rapides. Elle fraye au mois de mai, et elle dépose ses œufs sur les plantes aquatiques voisines de la surface de l'eau. Elle se nourrit de végétaux et de petits animalcules aquatiques, ainsi que de mouches. On peut la pêcher à la ligne amorcée avec des vers; mais on la prend le plus souvent au filet, ce qui est d'autant plus facile que les ablettes se tiennent presque toujours en grandes troupes.

La chair de l'ablette commune n'a qu'une très mince valeur. Ce poisson est surtout recherché pour ses écailles; c'est avec elles qu'on prépare la substance, d'aspect argenté et nacré, appelée *essence d'Orient*, et avec laquelle on fabrique les perles fausses. Les écailles sont détachées et malaxées avec les mains dans de l'eau pour en faire une pâte qu'on met en suspension dans de l'ammoniaque, afin qu'elle se conserve sans se putréfier. La liqueur appliquée à l'intérieur de petites ampoules de verre, y laisse en se détachant un vernis qui leur donne l'aspect de perles naturelles. Il faut environ 40 000 ablettes pour faire un kilogramme d'essence d'Orient. L'industrie des perles fausses occupe un assez grand nombre d'ouvriers, notamment à Paris.

Fig. 44. — Ablette commune.

Ablette spirlin. — Ce poisson, appelé aussi *éperlan de Seine*, est désigné sous le nom de *lorette* dans l'Aube, *mignotte* dans la Côte-d'Or, *mésaigne* en Lorraine. Il se distingue de l'ablette commune, surtout par des yeux plus grands et par une série de petits points noirs qui garnissent la ligne latérale du corps. Le spirlin aime les eaux vives et claires; il fraye au mois de mai, et il dépose ses œufs sur les pierres et les herbes du fond. Sa chair est délicate et très estimée. Ses écailles servent aux mêmes usages que celles de l'ablette commune. On le pêche par les mêmes procédés.

Ablette alburnoïde. — Cette espèce, très voisine de l'ablette commune, s'en distingue par sa taille plus considérable, sa tête allongée, son ventre et ses flancs irisés, et une bande longitudinale sur les côtés, dorée et changeante suivant l'incidence de la lumière. Ses mœurs sont celles de l'ablette commune; on la pêche de la même manière. Elle est commune dans les rivières du nord-est et du centre de la France, et en général dans toutes les rivières d'eau vive, à fond caillouteux et sans vase.

ABLUANT (*vétérinaire*). — Se dit des préparations qui servent à enlever les matières visqueuses sortant des plaies ou des ulcères. Ce terme est peu usité.

ABLUTION (*méd. vétérin.*). — Lavage d'une partie du corps ou de tout le corps d'un animal dans un but d'hygiène ou de traitement thérapeutique. Dans ce dernier cas, et surtout lorsqu'elle est faite avec un autre liquide que l'eau, l'ablution reçoit le plus souvent le nom de *lotion*.

ABOI (*zoologie, chasse*). — L'aboi est le cri propre au chien domestique. D'après d'Orbigny, l'aboi du chien domestique est moins son cri naturel qu'une sorte de langage acquis.

Dans l'art de la chasse, une bête poursuivie par les chiens est aux abois quand elle est réduite à sa dernière extrémité. Parfois la bête aux abois se retourne et fait tête à la meute qui la poursuit.

ABORIGÈNES (*histoire naturelle*). — Terme générique par lequel on désigne les races d'animaux et les espèces de plantes qui sont originaires du pays qu'elles habitent. Ce mot est synonyme d'*indigène*, qui est employé le plus souvent.

ABORNEMENT (*droit rural*). — Opération qui consiste à établir les limites entre des surfaces appartenant à des propriétaires différents. L'opération est aussi désignée sous le nom de *bornage*.

Les bornes doivent affecter une forme extérieure qui indique leur nature, de sorte qu'on ne puisse s'y méprendre. Les signes caractéristiques des bornes varient suivant l'usage des lieux. Dans certaines localités, on place du charbon pilé sous la pierre qui sert de borne; dans d'autres endroits, ce sont des fragments de verre, de métal ou d'autre substance; le plus souvent, on se sert de morceaux de briques ou de cailloux placés autour de la borne, et qu'on appelle garants, témoins, etc.

Aux termes de l'article 646 du Code civil, tout propriétaire peut obliger son voisin au bornage de leurs propriétés contiguës : le bornage se fait à frais communs. Il peut être effectué soit à l'amiable, soit par autorité de justice. Dans le premier cas, pour en assurer l'effet, les propriétaires doivent y procéder devant les autres voisins intéressés plus ou moins directement à cette mesure, et en consigner les résultats soit dans un acte dressé devant notaire, soit dans un acte sous seing privé et revêtu d'une authenticité telle, qu'il puisse à l'avenir être présenté comme un titre réel.

Quant à l'action en bornage, elle peut être intentée par quiconque, soit propriétaire, soit usufruitier, est en possession légitime du sol. Le fermier ne peut la provoquer que par l'entremise du propriétaire, et c'est le propriétaire, et non l'exploitant de la partie en litige qui doit être mis en cause

Il est absolument interdit de toucher aux bornes quand elles ont été posées, soit provisoirement, soit définitivement. Par déplacement de bornes, la jurisprudence entend non seulement l'opération même de les déplacer, mais toute manœuvre frauduleuse qui tend à défigurer le signe du bornage. Les pénalités encourues dans ce cas sont déterminées par l'article 456 du Code pénal; elles comprennent à la fois la prison et l'amende, avec des dommages-intérêts en faveur des propriétaires lésés.

L'action en bornage est imprescriptible, en ce sens qu'un propriétaire a toujours le droit de demander le bornage des héritages qui lui sont contigus. Toutefois il n'en résulte pas qu'un des voisins soit autorisé à réduire l'autre propriétaire à la surface de terrain comprise dans ses titres originaires; celui-ci peut invoquer la prescription, quand elle existe pour une certaine surface. Le bornage doit alors s'effectuer sur la partie prescrite, comme si elle était primitivement contenue dans le titre originaire.

Il arrive souvent que, dans quelques pays où la propriété est très morcelée, la question du bornage donne lieu à des difficultés multiples et à de nombreux procès. Dans l'état actuel de la législation, on ne peut actionner en bornage que son voisin contigu; mais il peut arriver que l'excédent de contenance ne se trouve pas sur la parcelle appartenant à celui-ci, mais sur une autre plus ou moins éloignée. Il faut alors avoir recours à un *aborne-*

ment général, embrassant un périmètre d'une certaine étendue. Cette opération présente des difficultés sérieuses. Elle demande, en effet, le consentement de tous les propriétaires des parcelles comprises dans ce périmètre. Un propriétaire dont la surface est bien déterminée par des bornes authentiques hésitera à prendre part à un travail qui entraînera des frais inutiles pour lui. Un autre, qui aura travaillé avec soin le champ qu'il occupe, craindra qu'un remaniement trop complet du territoire ne le lui enlève. Il est donc très difficile d'arriver à obtenir le consentement unanime des propriétaires. Or, il est impossible, dans l'état de la législation, de contraindre un propriétaire à échanger avec son voisin ou un propriétaire plus éloigné le champ qu'il possède régulièrement. Toutefois la Cour de cassation a décidé (arrêt du 9 novembre 1857) que le juge de paix saisi d'une question d'abornement peut, en respectant les bornes certaines, déterminer le périmètre dans lequel l'opération sera restreinte, et, quand la demande est formée par le poursuivant contre ses voisins, ordonner la mise en cause de tous les propriétaires compris dans le périmètre qui ne consentiraient pas au bornage, sous prétexte qu'ils ne sont pas voisins du demandeur. Mais cet arrêt réserve, comme on le voit, de la manière la plus formelle les droits des propriétaires dont les bornes sont certaines.

Quand un certain nombre de propriétaires sont d'accord pour faire un abornement général de leurs parcelles, ils nomment une commission chargée de réaliser l'opération. Cette commission choisit un arpenteur et rédige la convention à intervenir. Le plus sage est de demander au juge de paix de présider à l'abornement. Quand l'opération est achevée, elle est approuvée par les intéressés, et chacun prend possession du terrain qui lui revient suivant les nouvelles limites.

La révision des dispositions législatives en vue de faciliter les abornements généraux, préoccupe depuis longtemps un grand nombre d'agriculteurs. On a parfois proposé de recourir à un abornement universel, obligatoire par voie d'autorité. Cette mesure serait certainement trop radicale, car il y a beaucoup de parties de la France où l'abornement est tout à fait inutile. Une sage disposition serait de modifier la législation, dans le but de faciliter l'abornement, quand il est nécessaire dans une commune ou section de commune. La question capitale est de savoir par qui et suivant quelle procédure cette nécessité pourrait être établie.

D'ailleurs les abornements faits à l'amiable entre propriétaires sont devenus assez nombreux. Un certain nombre de communes des départements de Meurthe-et-Moselle, de la Meuse, des Ardennes, de l'Oise, de la Haute-Vienne et de l'ancien département de la Moselle en ont fourni des exemples. Un des plus frappants a été donné, il y a une douzaine d'années, par la commune de Laumont, dans le département de la Meuse. Le territoire entier de cette commune a été complètement et régulièrement délimité, sauf quelques parties où, par suite, soit de l'état de la propriété, soit des limites certaines de la possession, un abornement était absolument inutile. Cette opération a permis de délimiter et de transformer en parcelles régulières 5348 parcelles de terres labourables et de prés d'une contenance totale de 832 hectares appartenant à 270 propriétaires. Un grand nombre d'enclaves ont été supprimées par suite de l'abornement qui a amené la création de 43 chemins ruraux, d'une longueur de 15 615 mètres, sur une surface d'environ 7 hectares abandonnée gratuitement par les propriétaires, en vue de la suppression des enclaves.

La question des abornements généraux se relie à celle de la révision du cadastre. Quant à la pratique des délimitations entre propriétaires contigus, c'est le meilleur moyen de consacrer d'une manière définitive la possession du sol et d'échapper aux incertitudes qui amènent, dans un temps plus ou moins long, des contestations délicates.

ABORNER (*droit rural*). — Placer les bornes qui limitent une propriété ou un champ (voy. *Abornement*).

ABORTIF (*botanique*). — Organe développé avant le temps ou qui ne s'est qu'incomplètement développé. On dit d'une fleur qu'elle est abortive, lorsqu'elle se sépare de sa tige avant la fécondation. Un fruit abortif est celui qui tombe avant d'être mûr ou dont les graines ne sont pas fécondes.

Ce mot est appliqué, en *médecine vétérinaire*, aux substances propres à provoquer l'avortement chez les animaux domestiques.

ABOT. — Sorte d'entrave avec laquelle on empêche les chevaux de sortir des pâturages. Cette entrave est faite en bois ou en fer; dans ce dernier cas, elle présente la forme d'un cercle armé d'une serrure. L'abot est attaché au pâturon du cheval.

ABOUGRI (*sylviculture*). — Expression ancienne, peu usitée. Se dit des bois dont la croissance est rendue chétive par une cause qui l'a frappée aux premiers âges. Un jeune bois est abougri, quand la gelée ou la sécheresse l'ont empêché de se développer. On emploie mieux le mot *rabougri*.

ABOUTIR (*horticulture*). — Pousser des boutons. Les arbres aboutissent, lorsque les boutons des fleurs commencent à se montrer.

Dans la *médecine vétérinaire*, on dit qu'une maladie aboutit, quand elle prend un caractère déterminé.

ABREUVER (*économie du bétail*). — Action de faire boire les animaux domestiques. L'eau pure est, sauf les cas de maladies, leur boisson exclusive; elle doit présenter les caractères des eaux potables.

En outre, l'abreuvement des animaux domestiques doit être fait dans des conditions d'hygiène spéciale. Il importe particulièrement de faire boire les animaux lorsqu'on leur donne à manger; on peut même mélanger une partie de leur nourriture avec leur boisson, pour faire ce qu'on appelle des barbotages. Il faut éviter de leur donner des eaux trop froides, qui ont souvent l'inconvénient d'occasionner des coliques; éviter aussi de les faire boire immédiatement après le retour du travail ou quand ils sont en transpiration. Autant que possible, l'eau doit être à la température de l'air ambiant; on obtient ce résultat en la faisant séjourner pendant quelque temps avant de la donner au bétail, dans des cuves ou baquets mobiles ou à demeure dans les écuries ou dans les étables.

ABREUVER (*irrigation*). — Faire pénétrer dans le sol les eaux d'arrosage. On dit qu'un champ est bien abreuvé, quand il a reçu la quantité d'eau nécessaire; que des prairies doivent être abreuvées, quand elles ont besoin d'être arrosées.

ABREUVOIR. — Lieu disposé pour faire boire et baigner les animaux domestiques.

Les abreuvoirs sont naturels ou artificiels.

Les abreuvoirs naturels sont ceux qui sont formés par les ruisseaux et les rivières, les lacs et les étangs, les mares. La plupart du temps, leurs eaux présentent tous les caractères des eaux potables: elles sont aérées, rarement trop froides, et ce n'est qu'exceptionnellement qu'elles tiennent en dissolution, en proportion notable, des sels minéraux susceptibles de nuire à la santé du bétail. Toutefois, beaucoup d'eaux de source sont trop froides à la sortie de terre et elles ne sont pas suffisamment aérées. C'est pourquoi il convient de les faire séjourner pendant quelque temps dans un réservoir avant de les donner au bétail. Il faut ajouter que la présence de poissons en grande quantité, surtout dans les étangs, est un excellent indice de la qualité de l'eau. En ce qui concerne les mares, elles recueillent trop souvent les eaux des égouts des villages ou les eaux de fumier pour ne pas présenter des inconvénients; quoique les animaux montrent souvent un penchant prononcé pour ces eaux, on ne doit les utiliser que quand on ne peut pas en avoir d'autres.

Lorsque les bords des abreuvoirs naturels ne descendent pas en pente douce, il faut y pourvoir par des travaux spéciaux. Ces travaux consistent principalement à établir des rampes dont la pente ne soit pas supérieure à 10 centimètres par mètre. Leur largeur, à la partie supérieure, peut ne pas excéder celle nécessaire pour laisser passer trois ou quatre chevaux de front; mais elle doit aller en augmentant, dans le bas, afin que les animaux

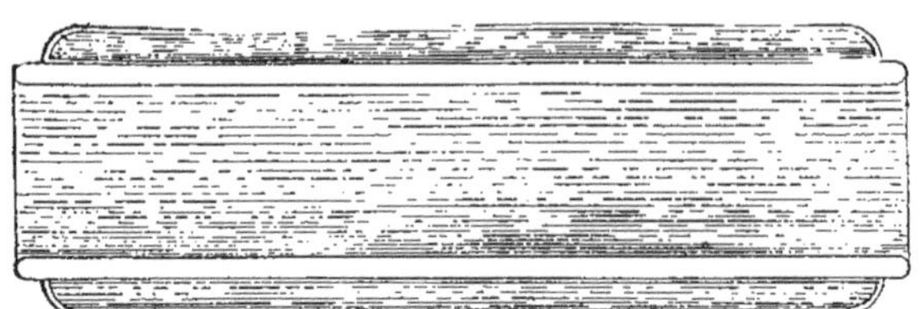

Fig. 45. — Plan d'un abreuvoir artificiel.

puissent tourner sur eux-mêmes sans risque. La pente d'accès est pavée ou cailloutée. La partie la plus profonde de l'abreuvoir ne doit pas excéder 1 m. 30 à 1 m. 50. Si l'abreuvoir est pris dans un ruisseau dont le fond soit bourbeux, il est important de le recouvrir d'un cailloutis assez épais. Quand il est dans un étang, on prend la même précaution, si le fond n'est pas formé par du sable ou du gravier. Lorsque l'abreuvoir est établi dans une rivière ou un fleuve, il faut le limiter par une clôture, afin d'éviter que les animaux soient entraînés par le courant. Cette clôture est faite le plus souvent avec des pieux enfoncés verticalement dans le sol et distants de 30 à 40 centimètres. Leur hauteur

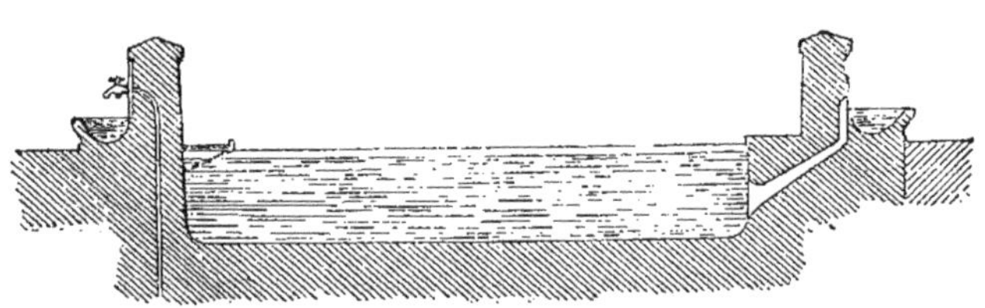

Fig. 46. — Coupe d'un abreuvoir artificiel.

est calculée de telle sorte que leur tête dépasse le niveau des plus hautes eaux. Ces pieux sont reliés à leur partie supérieure par des traverses. On emploie quelquefois des bouées pour obtenir le même résultat; les bouées présentent cet inconvénient que les animaux entraînés par le courant peuvent passer par-dessous; la clôture n'est alors d'aucune utilité.

On peut creuser l'abreuvoir à côté du lit d'une rivière. Dans ce cas, l'eau y arrive soit par une ouverture au milieu du bassin creusé, soit par deux ouvertures, l'une à la partie supérieure, l'autre à la partie inférieure. Ce système, qui présente des avantages au point de vue de la sécurité du bétail, a l'inconvénient d'offrir un obstacle au renouvellement continu de l'eau.

Les meilleurs abreuvoirs naturels, au point de vue de la sécurité des animaux, sont les viviers dans lesquels l'eau est renouvelée par un ruisseau ou une dérivation d'un cours d'eau.

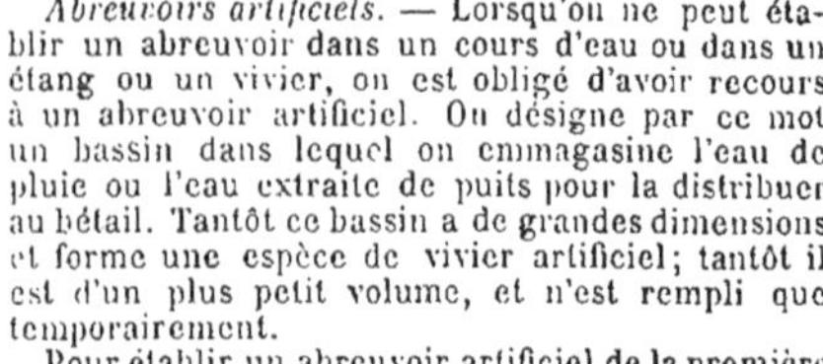

Abreuvoirs artificiels. — Lorsqu'on ne peut établir un abreuvoir dans un cours d'eau ou dans un étang ou un vivier, on est obligé d'avoir recours à un abreuvoir artificiel. On désigne par ce mot un bassin dans lequel on emmagasine l'eau de pluie ou l'eau extraite de puits pour la distribuer au bétail. Tantôt ce bassin a de grandes dimensions et forme une espèce de vivier artificiel; tantôt il est d'un plus petit volume, et n'est rempli que temporairement.

Pour établir un abreuvoir artificiel de la première catégorie, on choisit un emplacement situé en dehors des bâtiments de la ferme, mais à proximité et en contre-bas des terres voisines, autant que possible sur un sol argileux. On y creuse un bassin dont le fond est incliné en pente douce vers l'une des extrémités. La profondeur maximum doit être de 2 mètres. Les côtés sont revêtus en maçonnerie, et le fond est recouvert d'une couche d'argile battue ou de ciment. Il est préférable de donner une forme circulaire au bassin; on trouve ainsi une économie notable dans les revêtements, et l'on obvie aux fuites qui tendent toujours à se produire dans les angles. Le bassin est alimenté à la fois par la pluie qu'il reçoit directement, et par les eaux d'infiltration qui y descendent des terres supérieures. La rampe d'accès pour le bétail est construite de la même manière que pour les abreuvoirs naturels.

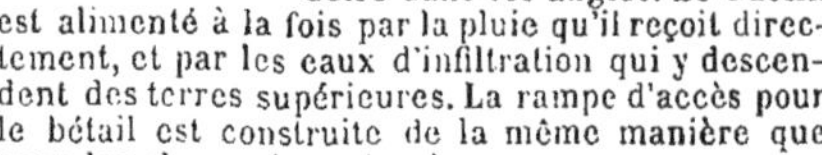

Il est assez difficile de déterminer les dimensions que doit présenter un abreuvoir. La quantité d'eau qu'il peut conserver dépend du climat, c'est-à-dire de la fréquence et de l'abondance des pluies, de l'intensité des vents, de la nature des saisons, etc. Il est donc prudent de donner une assez grande étendue à l'abreuvoir. On calcule, d'une manière générale, en France, qu'il faut compter sur une moyenne de deux mois pour que les eaux pluviales remplissent un abreuvoir. En partant de ce principe, on peut fixer les dimensions à adopter, car il faut 30 litres d'eau environ par jour pour un cheval, 25 pour un bœuf ou une vache, 5 pour un porc, et 2 pour un mouton.

Lorsque l'on n'a à sa disposition que de l'eau de pluie et que la nature du sol s'oppose à l'établissement d'abreuvoirs, tels que ceux qui viennent d'être décrits, on peut néanmoins faire dans la cour de la ferme des réservoirs étanches, soit construits en pierres de roche de bonne qualité, ni gélives, ni spongieuses, soit maçonnés en ciment de Portland, analogues à celui que la figure 45 représente en plan, et la figure 46 en coupe transversale. Une pente d'accès est ménagée à chacune des extrémités de cet abreuvoir.

L'eau est amenée à ces abreuvoirs par des tuyaux en plomb en communication avec la pompe. L'abreuvoir peut être muni d'auges latérales en ciment, telles que celles qu'on voit dans la figure 46. L'eau est amenée à ces auges par des tuyaux se terminant à des robinets qu'on ouvre ou qu'on ferme à volonté. Les auges sont élevées au-dessus du sol à la hauteur nécessaire pour que les animaux puissent y boire facilement. La construction de ces auges est assez coûteuse, mais leur adoption permet de régler à volonté l'usage de l'eau dans la ferme.

Dans quelques exploitations rurales, les abreuvoirs sont presque exclusivement réservés à baigner les animaux. Des dispositions spéciales sont prises pour amener l'eau destinée à la boisson directement dans les écuries, les étables, les bergeries ou les porcheries. A cet effet, de vastes citernes sont ménagées à la partie supérieure des bâtiments. Elles sont approvisionnées par l'eau de pluie ou par celle de puits. Des conduits en plomb en partent, et amènent l'eau dans des auges en ciment, en fonte ou même en bois, placées à proximité des animaux. Il suffit d'ouvrir un robinet pour donner à ceux-ci la quantité d'eau qui leur est nécessaire. L'eau amenée dans l'auge y prend rapidement la température de l'air ambiant.

L'emmagasinement des eaux de pluie dans des citernes au-dessous du sol ou à sa surface est aussi une excellente méthode pour avoir de l'eau potable, non seulement pour le bétail, mais pour tous les besoins de la ferme.

ABREUVOIR (*arboriculture*). — Expression par laquelle on désigne quelquefois les fentes produites par la gelée dans les fibres ligneuses des arbres, dans le sens longitudinal. Ces fentes sont plus souvent appelées gelivures.

ABRI. — On appelle ainsi tout ce qui défend les plantes contre les vents, l'ardeur du soleil, les gelées, soit que celles-ci proviennent de l'abaissement de la température jusqu'à la congélation, soit qu'elles soient dues à la radiation nocturne.

En *agriculture*, c'est-à-dire dans la culture des champs, on appelle le plus souvent abri, un obstacle naturel ou fait de main d'homme, qui garantit contre l'action du vent une surface de terre plus ou moins grande. Les forêts, les collines et surtout les montagnes forment des abris naturels qui ont parfois une grande puissance. C'est ainsi que souvent le climat d'une vallée encaissée est plus chaud que le climat de localités situées à la même altitude, mais non préservées contre l'action des vents froids. Quelques parties du littoral de la Méditerranée protégées, les unes par les derniers contreforts des Alpes, les autres par les Pyrénées, forment des exemples frappants de la puissance des abris naturels, et de leur influence sur le climat, c'est-à-dire sur la végétation et tous les produits naturels.

Dans les régions où règnent souvent des vents violents, on a recours à des plantations spéciales pour abriter les bâtiments ruraux et les champs cultivés. Les ifs et les cyprès sont les arbres généralement adoptés pour former ces abris; on les plante très rapprochés les uns des autres, de manière qu'au bout de peu de temps leurs branches, toujours garnies de feuilles, s'enchevêtrent et forment un véritable rideau d'autant plus inaccessible à l'action du vent que les branches sont plus garnies. Des haies et des plantations d'abri sont aussi établies sur les bords de la mer. D'autres fois, on a recours à des plantations de roseaux; leur croissance rapide, dans les régions méridionales, les fait préférer, surtout dans les terrains voisins des cours d'eau ou des canaux. Les abris employés en Provence contre le mistral sont principalement formés par des cyprès.

Sur quelques points voisins du littoral de la Méditerranée, où les terres sont très sablonneuses, on emploie aussi les tiges de roseaux coupées, pour soustraire la couche superficielle du sol à l'action des vents. Dans les lignes qui séparent les plantes, les tiges de roseaux sont couchées, puis enfoncées par place par un coup de fer de bêche. Le vent n'a plus de prise sur le sol, en même temps que les tiges de roseaux, en se décomposant lentement, servent de fumure.

Les terres du littoral de l'Océan ont été abritées, dans les dunes de Gascogne, contre l'invasion des sables de la mer, par des plantations de pins maritimes. C'est à l'illustre ingénieur Brémontier que l'initiative de cette méthode est due. Des travaux analogues ont été faits plus récemment dans les dunes de la Manche, et les pins maritimes y ont joué le même rôle.

L'expérience a constaté que les abris formés par les plantations arbustives, dans les régions où les vents sont le plus violents, exercent leur action sur une largeur d'une centaine de mètres; lorsque les vents sont moins violents, les abris peuvent protéger jusqu'à 200 mètres.

Pour soustraire quelques cultures à des influences spéciales de météores passagers, on a recours à des moyens particuliers. C'est surtout pour soustraire les vignes à l'action des gelées printanières produites par la radiation nocturne, que ces méthodes sont adoptées. On a conseillé, dans ce but, l'emploi de paillassons, la formation de nuages artificiels, des cultures intercalaires à croissance rapide, etc. M. de la Serve, agriculteur dans le département de l'Isère où les vignes sont souvent atteintes par les gelées printanières, a imaginé un abri dont il affirme se trouver très bien. Cet abri est représenté par la figure 47. C'est une sorte de chapeau porté par un piquet de 40 centimètres environ, et consistant en une planchette de peuplier ou de sapin, ayant 1 centimètre d'épaisseur et 33 à 35

Fig. 47. — Abri pour les vignes.

centimètres en longueur et en largeur, et percée au milieu, d'un trou qui sert à la fixer sur le piquet. Une traverse peut être clouée sur la planche, soit pour en assurer la solidité, soit pour réunir deux planches ensemble, si une seule n'était pas assez large. M. de la Serve estime à 120 fr. par hectare la dépense annuelle que coûte ce système de protection, mais les frais sont largement compensés par l'assurance de conserver la récolte.

ABRI (*horticulture*). — Dans la culture maraîchère, dans les jardins potagers et fruitiers, dans les pépinières, on fait un fréquent usage des abris pour protéger les cultures ou les arbres soit contre la violence du vent, soit contre l'action des gelées, soit enfin contre l'ardeur du soleil.

Dans les jardins, les murs forment un des meilleurs abris pour protéger les arbres contre le vent; il importe d'abord qu'ils soient suffisamment élevés. Dans les régions où les vents sont violents, on emploie, en outre, avec avantage les plantations d'arbres verts à haute tige qui ont été décrites précédemment. Dans les grandes pépinières, on a aussi recours à ces plantations, dites *brise-vents*, soit seulement pour abriter contre le vent, soit aussi pour former un abri pour les plantes jeunes ou délicates contre l'ardeur du soleil. Les lignes de brise-vents sont espacées, suivant les circonstances, de 6 à 10 mètres; elles sont établies suivant une perpendiculaire à la direction des vents froids dominants.

Il y a une quinzaine d'années, un jardinier habile, M. Robinet, a imaginé un brise-vents qui sert en même temps d'ornement au jardin. Cet abri est formé par une palissade de liseron. Il suffit de semer cette plante très dru au pied d'un treillage solide. Ce genre d'abri présente l'avantage de venir très vite, et, en outre, d'offrir un aspect très agréable pendant la floraison des liserons.

Pour protéger les arbres contre les gelées de l'hiver, le meilleur moyen est d'envelopper les tiges et les branches de paille, et de recouvrir d'une couche de fumier la partie du sol au-dessous de laquelle les racines s'étendent. Ce système est surtout adopté pour les arbres en espalier. Les arbustes délicats, tels que les rosiers, les figuiers, etc., sont abrités pendant l'hiver de la manière suivante : les tiges sont inclinées, et la tête est recouverte d'une couche de terre ; par-dessus on étend un paillis ou du fumier. Pour les plantes vivaces et les légumes, on accumule, par un buttage, la terre autour et au-dessus de la tige des plantes; on peut aussi ajouter au buttage une couche de feuilles sèches ou de paille. Ces opérations doivent être faites par un temps sec. C'est un procédé analogue qu'on emploie, dans les pépinières, pour abriter les jeunes plants : on couvre le sol d'une couche de 20 à 25 centimètres de feuilles sèches.

En 1873, un horticulteur estimé, M. Eugène Vavin, ancien président de la Société d'agriculture de Pontoise, a fait connaître un procédé qu'il emploie avec succès pour abriter, pendant l'hiver, les plants d'artichauts et d'autres cultures potagères qui redoutent l'humidité et la neige. La figure 48 montre comment il opère. Au mois de novembre, il butte chaque pied, comme il vient d'être dit, puis il place au-dessus une tuile inclinée ou simplement une planchette, dont la pente est tournée au nord. Quand le froid devient plus vif, il recouvre le tout de feuilles, en laissant libre la partie exposée au midi. Mais si le froid est rigoureux, tout est recouvert de feuilles. On évite ainsi la permanence de l'humidité, et les plants sont plus vigoureux au printemps.

Fig. 48. — Abri formé par une tuile inclinée.

Les gelées printanières sont les plus redoutables pour les arbres fruitiers. On sait que, deux fois sur trois, au nord de la Loire, les récoltes de certains fruits délicats sont compromises par les gelées tardives. Il est donc de la plus haute importance de pouvoir protéger temporairement les vignes et les espaliers par des toiles mobiles, des voliges, des paillassons ou tout autre moyen d'un emploi prompt et économique. Aussi les industriels et les horticulteurs se préoccupent de répondre constamment à cette nécessité. Pour les espaliers, on a le plus souvent recours à des paillassons; on fixe à la partie supérieure du mur des supports sur lesquels sont placés des paillassons de 60 centimètres de largeur, et souvent, à l'extrémité des supports, on suspend soit d'autres paillassons, soit des toiles qui tombent verticalement devant les arbres. Les systèmes d'attache varient à l'infini. Depuis quelques années, on fabrique des abris à charpente en fer, avec lames en toile mobiles ou fixes, aussi bien pour les arbres de haut-vent et les quenouilles que pour les espaliers simples ou doubles; ce sont de véritables stores qui peuvent être abaissés ou relevés très rapidement au moyen de contrepoids.

La paille est le plus souvent employée pour la préparation des paillassons. On peut aussi, surtout pour les vignes, employer les sarments et autres menus bois. La figure 49 représente un abri formé avec des sarments que M. Raphaël Gautier recommande pour préserver les vignes et les arbres fruitiers contre les gelées printanières. On tend un fil de fer le long des échalas, et au-dessus on fixe les sarments transversalement; ils sont attachés par un deuxième fil de fer. La saison d'hiver peut être employée avec avantage à préparer ces abris. Ceux-ci, une fois faits, peuvent être conservés et durer pendant plusieurs années.

La saison pendant laquelle il convient de se servir des abris pour les arbres contre les gelées printanières, s'étend depuis le mois de février jusqu'à la fin du mois de mai. Les mêmes précautions sont prises, pendant la même période de temps, dans le jardin potager, pour les légumes. Les paillassons et les toiles sont, dans ces circonstances, principalement adoptés.

Pendant l'été, les abris sont aussi adoptés pour préserver les plantes contre l'ardeur du soleil. Pour les légumes, ce sont encore les toiles et les paillassons qui sont en usage. Dans la culture des fleurs, on se sert surtout de toiles. Pour celles qui sont cultivées en serre, il faut des abris spéciaux. Le plus souvent, on a recours à des claies formées de lattes minces, en fer ou en bois, articulées avec de doubles chaînes; ces claies se roulent et se déroulent à volonté, quand on agit sur les chaînes. Afin d'éviter l'action prolongée du soleil sur la même ligne, il conviendrait de poser ces claies, appelées claies à ombrer, verticalement; mais la nécessité de les rouler ou de les relever s'y oppose. Dans ces claies, les lames sont tantôt biseautées, tantôt demi-rondes; les premières présentent l'avantage de former un écran plus difficile à traverser par les rayons lumineux.

Les brise-vents, décrits plus haut, forment aussi d'excellents abris contre le soleil pour les plantes qui doivent être cultivées à l'ombre.

ABRI (*sylviculture*). — Dans les pépinières, les jeunes plants doivent être abrités surtout contre les vents secs et contre le soleil. Pour les essences délicates, il convient de recouvrir les plates-bandes des semis par un paillis de mousse coupée ou d'herbages qu'on maintient avec des branchages. Quand le plant est un peu plus fort, on le dégage de cette couverture, mais on le protège contre les coups de soleil par des claies légères. Ces claies sont préparées avec de menues branches de sapin, des genêts ou des joncs. Quelquefois les claies sont remplacées par des branches de genêt plantées en travers des plates-bandes, espacées de manière à ombrager légèrement toute la surface du terrain. Dans les pépinières volantes, on emploie dans ce but des branchages couchés pour abriter les semis, et plantés verticalement pour protéger les jeunes plants.

Quand on pratique des repeuplements par semis

sur place, il est nécessaire de débarrasser le sol des herbes parasites, quand il s'agit de chênes ou de châtaigniers; mais tous les sylviculteurs savent que les plants de hêtre et de sapin croissent mieux sous l'abri des plantes parasites, pourvu que celles-ci ne soient pas abondantes au point de les étouffer.

ABRICOT. — Fruit de l'abricotier.

Les emplois de l'abricot sont multiples. Les abricots frais sont des fruits toujours recherchés. On les conserve de différentes manières, et on les fait entrer dans un grand nombre de préparations culinaires estimées.

Conservation des abricots. — La première méthode consiste à les dessécher au four, après les avoir coupés en deux et en avoir retiré le noyau. On place les fruits coupés sur des claies; quand ils sont à moitié secs, on les retire pour les aplatir; puis la dessiccation est achevée.

Fig. 49. — Abri pour les vignes et les jeunes arbustes, préparé avec des sarments.

Une autre méthode de conservation consiste à peler les fruits, à les couper en deux, puis à les jeter pendant une minute dans l'eau bouillante. On les range ensuite dans des bouteilles à large goulot, en y ajoutant quelques amandes mondées retirées des noyaux. Les bouteilles sont remplies aux trois quarts d'eau sucrée à raison de 500 gr. de sucre par litre. Les bouteilles bien bouchées sont placées dans un chaudron rempli d'eau jusqu'à la hauteur de leur col. On met ce chaudron sur le feu; on l'en retire dès le commencement de l'ébullition. Les bouteilles y sont laissées pendant vingt-quatre heures, puis essuyées, et leur bouchon est goudronné.

Sirop d'abricots. — On fait bouillir dans deux litres d'eau un kilogramme de beaux abricots bien mûrs. On les écrase ensuite pour en exprimer le jus. Quand celui-ci est passé, on ajoute un demi-kilogramme de sucre par litre de jus, et l'on fait cuire. Le sirop est mis en bouteilles après refroidissement. Pour bien réussir, il convient d'opérer au moins sur deux kilogrammes d'abricots.

Confiture d'abricots. — De beaux abricots d'espalier sont coupés en deux pour en enlever les noyaux. On les pèle, puis on les fait blanchir légèrement dans l'eau bouillante. On les met ensuite dans de l'eau fraîche à laquelle on ajoute du jus de citron. On égoutte les fruits, puis on les fait cuire dans la bassine, avec assez de sirop de sucre clarifié pour qu'ils y baignent complètement. On répète quatre ou cinq fois la cuisson, à vingt-quatre heures d'intervalle, en égouttant chaque fois, jusqu'à ce que la confiture soit suffisamment épaisse. Après le dernier refroidissement, on met la confiture en pots. Ces opérations doivent être faites avec beaucoup de propreté.

Marmelade d'abricots. — Les fruits, pelés et débarrassés de leur noyau, sont coupés en tranches, et mis à cuire avec la moitié de leur poids de sucre concassé. La cuisson demande environ trois quarts d'heure. Vers la fin de l'opération, on ajoute les amandes de la moitié des noyaux, après avoir enlevé leur peau.

Compote d'abricots. — Une douzaine de fruits étant préparés comme pour faire les confitures, on les fait cuire pendant un quart d'heure dans un sirop composé de 150 gr. de sucre cuit dans un verre d'eau et écumé. On les range ensuite dans un compotier avec les amandes retirées des noyaux, et l'on verse dessus le sirop refroidi.

Pâte d'abricots. — On commence l'opération comme pour faire une marmelade. Avant que les fruits soient complètement cuits, on passe à travers un tamis pour séparer la partie la plus épaisse de la chair. On recueille le jus dans une bassine et l'on y met son poids de sucre pulvérisé. Puis on ajoute ce qui restait dans le tamis. On cuit, en remuant, jusqu'à ce que tout le sucre soit fondu. Quand la pâte est amenée à la consistance convenable, on la verse liquide dans un entonnoir muni d'un piston; une ouvrière, en manœuvrant ce piston, fait tomber les quantités voulues pour former les rondelles auxquelles le commerce est habitué.

Abricots à l'eau-de-vie. — On choisit de beaux fruits, et on les jette dans l'eau bouillante après les avoir essuyés avec soin. Quand ils remontent à la surface, on les enlève, et on les fait égoutter sur un linge blanc. On prépare un sirop avec 500 grammes de sucre dans un demi-litre d'eau. Ce sirop étant clarifié, on fait, à deux reprises et à un jour d'intervalle, jeter un bouillon aux abricots, en les égouttant après chaque cuisson. Les fruits refroidis sont placés dans un bocal : on verse dessus le sirop qu'on a fait cuire une troisième fois. On termine en remplissant le bocal avec de l'eau-de-vie de bonne qualité.

Crème de noyaux. — Dans deux litres d'alcool à

60 degrés, on fait macérer pendant dix jours 200 grammes de noyaux préparés avec soin. On ajoute 500 grammes de sucre en poudre dans 100 grammes d'eau. On filtre jusqu'à clarification complète et l'on met en bouteilles.

On peut faire aussi du ratafia d'abricots et du vin d'abricots. Mais ces préparations sont très compliquées, et sont plutôt du ressort de la confiserie que de celui de l'économie domestique.

ABRICOTÉE (*arboriculture*). — Qualification donnée à des fruits dont le goût se rapproche de celui de l'abricot. Ainsi la pêche grosse jaune ou pêche d'orange est aussi appelée pêche abricotée. Une variété de prune est désignée par le nom de prune abricotée.

Fig. 50. — Rameau fructifère de l'abricotier.

ABRICOTIER (*botanique, arboriculture*). — L'abricotier (*Armeniaca*) est un arbre fruitier de grandeur moyenne, dont les branches s'étalent, mais qui s'élève peu. Cet arbre était cultivé par les anciens. Pline et Columelle en parlent dans leurs écrits; ils le regardaient comme une variété de prunier originaire d'Arménie. Mais les recherches des botanistes modernes ont démontré que cet arbre ne croît pas à l'état sauvage en Arménie, ni dans le Caucase; Reynier a établi que sa véritable patrie paraît être la région de l'Afrique qui s'étend entre le Niger et les revers du mont Atlas, d'où il s'est étendu plus au nord, par la culture.

C'est par les Romains que cet arbre paraît avoir été propagé en Europe, d'abord en Italie, puis en Grèce. De là, il a été répandu dans les diverses parties de l'Europe centrale. Olivier de Serres, dans son *Théâtre d'agriculture*, parle de plusieurs espèces d'abricots; plus tard, Duhamel du Monceau, dans son *Traité des arbres fruitiers*, en décrit quatorze espèces ou variétés. Depuis les dernières années du dix-huitième siècle, le nombre des variétés s'est encore considérablement accru; c'est surtout par les soins des arboriculteurs français qu'il a été augmenté.

Les botanistes sont divisés sur la place à donner à l'abricotier dans la classification des plantes. Tournefort en a fait un genre spécial, l'*Armeniaca*. Linné, au contraire, a considéré les espèces d'abricotiers comme une section du genre Prunier. La plupart des botanistes ont adopté l'opinion de Linné; mais, parmi les botanistes modernes, Decaisne a conservé le genre *Armeniaca* dans la famille des Amygdalées.

La hauteur de l'abricotier dépasse rarement 3 à 4 mètres. Les branches sont étalées, d'un brun violâtre, lisses, les rameaux sont courts et raides. Les feuilles (fig. 50), acuminées et dentées, sont cordiformes ou ovales, d'un vert clair en dessus, plus pâle en dessous, glabres, à pétiole long et grêle. Les fleurs sont blanches ou roses et grandes (fig. 51). Le fruit est globuleux, plus ou moins gros suivant les espèces, et marqué d'un léger sillon (fig. 52). Sa peau est jaune orange ou présente une nuance spéciale désignée sous le nom d'*abricotée;* sa chair est homogène, juteuse, parfumée. Le noyau est ovale, obtus d'un bout, aigu de l'autre, sillonné seulement sur les bords et n'adhérant pas à la chair.

Les détails qui ont été donnés plus haut sur l'origine de l'abricotier montrent que c'est un arbre des régions chaudes et tempérées. Dans la partie septentrionale de la France, il mûrit assez difficilement son fruit. En Angleterre, on le cultive en serre.

On distingue cinq espèces d'abricotier, dont chacune renferme un plus ou moins grand nombre de variétés. En voici la nomenclature :

1° L'*abricotier commun* (*Armeniaca vulgaris, Prunus armeniaca*), arbre de 4 à 6 mètres, à feuilles cordiformes ou ovales, à fleurs blanches sessiles. C'est à cette espèce qu'appartiennent le plus grand nombre des variétés obtenues par les arboriculteurs.

2° L'*abricotier noir*, à feuilles ovales, acuminées, doublement dentelées, à fleurs blanches pédicellées.

3° L'*abricotier de Sibérie*, de taille plus petite, à feuilles ovales acuminées, à fleurs roses.

4° L'*abricotier de Briançon*, à feuilles presque cordiformes, acuminées, finement dentées; à fleurs rosées, presque sessiles.

5° L'*abricotier du Népaul*, petit arbre à fleurs blanches et à fruit très petit; remarquable par sa forme pyramidale.

Nous avons dit que, depuis le commencement du siècle, le nombre des variétés d'abricotier s'est considérablement accru. En effet, le *Dictionnaire de pomologie* d'André Leroy n'en décrit pas moins de 43. Les principales sont :

1° L'*abricotin* ou *abricot précoce*, variété très hâtive, à fruit petit, globuleux, jaune pâle, à chair fine et fondante, mais faiblement parfumée. L'abricot précoce mûrit à la fin du mois de juin ; il est d'une bonne fertilité. Cette variété est recommandable surtout par sa maturation rapide. On lui connaît plus de vingt appellations différentes.

2° L'*abricot-alberge*, à fruit petit, globuleux, légèrement comprimé aux deux pôles, jaune verdâtre tournant au rouge du côté exposé au soleil ; sa peau est parsemée de petites taches rouges carmin un peu saillantes en forme de verrue. La chair est fine et agréable. L'arbre est fertile ; le fruit mûrit au commencement d'août. Variété se reproduisant de noyau, sans varier d'une façon sensible.

Fig. 51. — Rameau en fleur de l'abricotier.

3° L'*abricot-pêche de Nancy*, souvent appelé *abricot-pêche* ou *abricot de Nancy*. Cette variété est très rustique et d'une grande fertilité. Le fruit est gros, globuleux, presque régulier, à sillon large, mais peu profond. La peau est jaune, tachetée de carmin sous l'influence du soleil et duveteuse. La chair est fine, fondante et parfumée. La maturation commence en juillet et se termine en août.

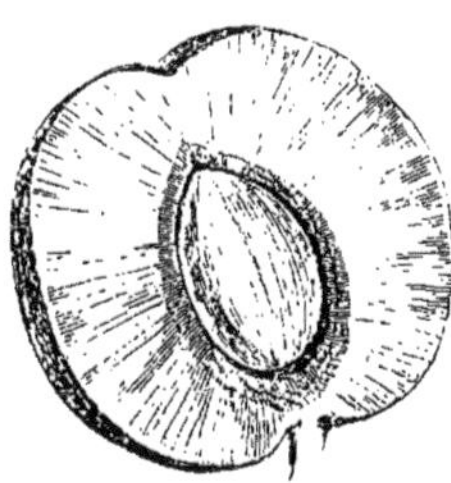

Fig. 52. — Coupe transversale de l'abricot.

4° L'*abricot commun*, appelé aussi *abricot gros-commun* et *abricot du commerce*. Cette variété est vigoureuse et très fertile, elle préfère la conduite en plein vent. Le fruit est de grosseur au-dessus de la moyenne. Son aspect n'est pas constant : il varie de la forme globuleuse irrégulière à celle ovoïde plus ou moins comprimée. Sa peau, qui est duveteuse et épaisse, est jaune blanchâtre sur la partie du fruit qui reste à l'ombre, mais devient jaune orangé sous l'action du soleil. La chair est fondante, sucrée et plus ou moins parfumée. Le noyau est assez gros, et son amande est caractérisée par son amertume. La maturation a lieu dans le courant du mois de juillet.

5° L'*abricot angoumois*. C'est une variété très robuste et de production ordinaire. Son fruit est de grosseur moyenne, tantôt assez régulièrement sphérique, tantôt allongé. La peau, jaune orangé, devient carminée à l'insolation. La chair, de couleur rougeâtre, est fondante et délicate ; c'est un fruit très estimé. Il mûrit à la fin de juillet.

6° L'*abricot de Hollande*, appelé aussi *abricot à amande douce*. Cette variété est assez délicate ; elle préfère la culture en basse ou en demi-tige de plein vent. Sous cette forme elle est d'une grande fertilité ; mais à la haute tige ou en espalier, elle produit peu. Son fruit est irrégulièrement sphérique, un côté étant plus gros que l'autre ; les joues sont plates et le sillon peu prononcé. La peau est de couleur jaune orangé ; souvent, du côté du soleil, elle devient rugueuse et nuancée de rouge brique, avec des taches carmin foncé. La chair est un peu pâteuse, sucrée, légèrement acidulée, peu parfumée. C'est un fruit de deuxième qualité. Sa maturation a lieu vers le milieu de juillet.

7° L'*abricot de Provence*. Cette variété vient très bien en plein vent ; elle est d'une grande fertilité et de première qualité. Le fruit est généralement globuleux, mais avec un côté plus fort que l'autre et un sillon très prononcé. La chair est ferme, fine, sans adhérence avec le noyau, très sucrée et d'un parfum délicat. Cette variété a été décrite pour la première fois par l'abbé Nolin en 1755 ; elle mûrit au milieu de juillet.

8° L'*abricot de Portugal*. Cette variété est de maturation tardive. Le fruit est gros, globuleux, avec une dépression aux deux pôles, un sillon étroit et peu profond. La peau est duveteuse et de couleur jaune orangé ; elle devient dorée et se ponctue de carmin sous l'action du soleil. La chair est fondante, fine, sucrée, et possède un parfum très délicat qui en fait un fruit de première qualité. Cette variété a été importée en France au milieu du siècle dernier.

9° L'*abricot royal*. Cette variété, qui provient des anciennes pépinières du jardin du Luxembourg, à Paris, est de première qualité et d'une grande fertilité. Toutes les formes de conduite pour l'arbre lui conviennent. Le fruit est gros et globuleux, mais irrégulier ; une des côtés est toujours plus développé que l'autre. La peau est jaune orangé, ponctuée de pourpre du côté frappé par le soleil. La chair, jaunâtre, est fondante et très parfumée ; elle se détache très bien du noyau. L'amande est amère. La maturation a lieu vers le mois de juillet.

10° L'*abricot Pourret*. Le fruit de cette variété, obtenue par un pépiniériste de ce nom, se rapproche de l'abricot-pêche, mais il n'a pas le parfum de celui-ci. La végétation de l'arbre est active, et sa fertilité est moyenne ; toutes les formes peuvent lui convenir.

11° L'*abricot Mouch* ou *de Musch*. Cette variété est excellente. Les fruits sont de grosseur moyenne, assez souvent petits ; la chair en est délicate et parfumée. Cette variété est très précoce et d'une grande délicatesse ; elle ne vient bien qu'en espalier sous le climat de Paris.

L'abricotier est un des arbres fruitiers dont la floraison est le plus précoce. Ses bourgeons, forts et vigoureux, se développent rapidement, souvent dès le commencement du mois de mars. Les gelées printanières lui sont parfois très nuisibles, surtout dans les régions septentrionales. En outre, une assez grande quantité de chaleur est nécessaire pour que les qualités du fruit se développent d'une manière complète. Aussi les abricots récoltés aux environs de Paris sont loin d'être aussi savoureux que ceux qui viennent du centre de la France.

Culture. — L'abricotier est cultivé soit à haute tige en plein vent, soit en espalier.

La forme le plus généralement adoptée pour les arbres en plein vent est celle de vase. L'abricotier peut se plier aux autres formes, mais celle de vase est la plus convenable, à raison de l'écartement naturel des branches de l'arbre autour du tronc. Il n'y a que peu de taille à faire ; le principal est de supprimer les rameaux gourmands. Les fruits venus en plein vent acquièrent moins de grosseur, mais leur forme est très régulière, et leur goût excellent les fait rechercher pour la table.

Un jardinier habile, M. Marin, a obtenu, il y a quelques années, d'excellents résultats, en dirigeant des branches opposées sur la partie supérieure de la tige, de manière à former quatre ailes à angle droit. La figure 53 montre ce système. La tige de l'arbre mesure 2 mètres de hauteur. Là, elle a été courbée à l'insertion d'un œil et dirigée horizontalement. Le bourgeon de cet œil a été conduit dans une direction horizontale opposée; puis deux bourgeons pris au-dessous de la bifurcation ont été greffés de chaque côté de la fourche, de façon à obtenir deux branches charpentières perpendiculaires aux deux premières en les courbant également au point de jonction. Sur ces quatre branches, M. Marin élève des branches fruitières espa-

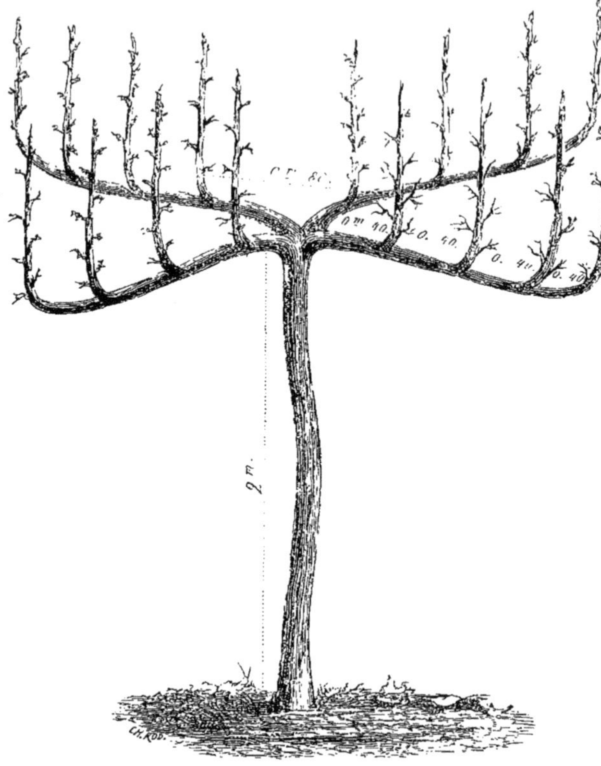

Fig. 53. — Abricotier à haute tige, à quatre ailes.

cées à 40 centimètres. Il obtient ainsi une forme régulière qui remplace le vase à haute tige; l'air circule mieux entre les branches, dont la taille est aussi plus facile.

En espalier ou contre-espalier, l'abricotier est conduit suivant les mêmes méthodes que le pêcher. Il est important que les rameaux destinés à former la charpente de l'arbre soient à peu près égaux; autrement, la végétation de l'arbre serait plus forte d'un côté que de l'autre. En vue d'obtenir cette harmonie, on ne garde que les bourgeons qui sont poussés régulièrement; on supprime par le pincement les scions qui sont mal placés ou qui sont trop vigoureux. La forme la plus généralement adoptée est l'éventail dit en queue de poisson. Après la plantation, le jeune sujet est rabattu à 25 ou 30 centimètres au-dessus du sol; on choisit, parmi les bourgeons qui se sont développés, deux ou quatre des plus vigoureux, et on leur donne la direction plus ou moins oblique dans laquelle ils s'allongent; à la fin de la saison, on les fixe définitivement. A la deuxième année, on taille plus ou moins long, suivant la vigueur des branches, et parmi les bourgeons qui viennent, on choisit, pour les garder, ceux qui sont le mieux placés. C'est sur les produits de ces bourgeons que les fleurs apparaissent à la troisième année. Les principaux soins, pendant les années suivantes, auront pour but de maintenir les branches charpentières bien garnies de productions fruitières, et d'assurer la régularité de leurs formes. Les espaliers, dans les bonnes terres, sont généralement placés au levant; il faut les exposer au midi dans les terres froides et humides.

M. Joseph Maitre, à Chatillon-sur-Seine, a adopté, pour l'abricotier, le système d'espalier à branches renversées, que représente la figure 54. Ce système lui a très bien réussi. La forme en colonne est d'un effet très gracieux; on peut facilement gouverner les arbres. Il est, en outre, aisé de les abriter contre les gelées printanières.

L'abricotier vient bien dans la plupart des sols, pourvu qu'ils soient ameublis, et qu'ils ne présentent pas un excès d'humidité. Les engrais consommés sont ceux qui lui conviennent le mieux. Dans le Midi, il est d'usage d'arroser le pied de l'arbre au printemps ou au commencement de l'été.

En Angleterre, on force l'abricotier en serre. Pour cette culture, les arbres sont le plus habituellement élevés en pots. Il est important de leur donner de l'air et de la lumière lorsque la température extérieure le permet. Après la récolte, les pots sont mis et laissés en plein air jusqu'à la fin de l'automne, pour que les branches puissent mûrir leur bois.

Les abricotiers se propagent par semis, greffes ou boutures.

Pour les semis, on choisit les plus beaux noyaux, et on les stratifie immédiatement après la récolte. A l'automne, on les sème à 5 centimètres de profondeur, en couvrant le sol d'un paillis. On peut semer en place pour les arbres qu'on veut faire venir à haute tige. Mais ceux qui doivent être transplantés sont semés en pépinière, pour que le pivot soit détruit et que les racines latérales se développent.

La greffe peut être pratiquée sur abricotier franc. Mais le plus souvent on greffe sur un autre arbre. Les sujets qui reçoivent le mieux l'abricotier, sont le pêcher, les pruniers Saint-Julien, Damas noir et Myrobolan, et enfin l'amandier La greffe en écusson est celle qui est généralement adoptée; elle est pratiquée aux mois de juillet et d'août. On emploie aussi, au printemps, la greffe anglaise simple. Le greffage se fait en tête ou en pied, suivant qu'on veut avoir un arbre de plein vent ou un arbre d'espalier. Les greffons récoltés en plein vent, de grosseur moyenne, sont ceux qui donnent les meilleurs résultats.

Cueillette des fruits. — Les abricots mûrissent avec une grande rapidité; leur cueillette doit donc être surveillée avec le plus grand soin, d'autant plus qu'ils commencent à pourrir, même sur l'arbre, dès qu'ils sont mûrs. Les fruits seront cueillis avec des précautions minutieuses, car le moindre choc leur est préjudiciable. La cueillette doit être faite quand les abricots sont encore un peu fermes; ils achèvent de mûrir dans le fruitier.

Maladies et ennemis de l'abricotier. — La maladie la plus commune et la plus redoutable de l'abricotier est la gomme. Cette maladie, qui est caractérisée par des excrétions déchirant l'écorce des branches, des rameaux ou même des bourgeons, est attribuée à des engorgements de la sève. Elle amène, quand on n'y porte pas remède, la désorganisation des parties voisines de celles où se produisent ces épanchements. Elle peut être cause de la mort des parties situées au-dessus de la place où la gomme se produit.

Les insectes qui s'attaquent d'une manière particulière à l'abricotier sont les perce-oreilles, les fourmis, les pucerons, quelques espèces de kermès.

Usages. — Les emplois du fruit ont été indiqués au mot *Abricot*.

Pendant longtemps, le bois de l'abricotier a été considéré comme impropre aux usages industriels; on s'en servait exclusivement pour le chauffage. Aujourd'hui, on l'utilise quelquefois dans l'ébénisterie et dans la menuiserie; mais il est moins estimé que le prunier. Il est de couleur grise, nuancée de jaune et de rouge. Il pèse 225 à 230 kilogrammes par mètre cube.

ABRITER. — Action de protéger les plantes ou les animaux domestiques contre le froid, la pluie, la chaleur, etc. Ainsi, on abrite par des paillassons ou des claies les jeunes plantes contre le froid de la nuit. De même encore, on établit des cultures arbustives pour empêcher l'action du vent sur les récoltes, dans certains climats, etc.

ABROTANUM (*botanique*). — Nom latin de l'aurone ou armoise citronnelle (*Artemisia abrotanum* de Linné), arbrisseau cultivé dans les jardins, principalement pour l'odeur agréable de citron qu'il répand.

ABROTONE (*botanique*). — Nom donné vulgairement à l'aurone et, en général, aux armoises et aux santolines.

ABROUTI (*sylviculture*). — On dit d'un bois qu'il a été abrouti, quand ses premières pousses ont été rongées, broutées par le bétail ou par le gibier. Lorsque les bourgeons ont ainsi été enlevés par la dent des animaux, principalement par celle des chèvres, les arbres viennent mal, et il faut souvent les receper pour empêcher leur dépérissement.

ABROUTISSEMENT (*sylviculture*). — L'abroutissement des taillis ou des jeunes plantations est le résultat des dommages que leur ont causés le bétail ou le gibier en broutant les bourgeons ou les jeunes pousses. La vie du végétal est entravée ou même absolument menacée, lorsqu'une partie des nouvelles pousses ou des feuilles ont été dévorées, car la circulation de la sève, l'évaporation et l'assimilation pour les parties vertes ne peuvent plus se produire. Il y a une grande importance à empêcher ou à prévenir l'abroutissement. L'article 6 du Code forestier porte les abroutissements dus aux animaux domestiques parmi les dommages donnant lieu à indemnité; il s'exprime ainsi : « Les gardes sont responsables des délits, dégâts, abus et abroutissements qui ont lieu dans leurs triages, et passibles des amendes et indemnités encourues par les délinquants, lorsqu'ils n'ont pas constaté les délits. » Lorsque les essences sont de nature à repousser facilement de souche, on remédie dans une certaine mesure au dommage en recepant à fleur de terre.

ABRUPTI-PENNÉES (*botanique*). — On applique cet adjectif aux feuilles pennées, c'est-à-dire formées d'un pétiole portant de chaque côté des folioles, lorsque le pétiole se termine par deux folioles opposées sans foliole médiane ou impaire.

ABSCISSE. — Pour déterminer la position d'un point dans un plan, on trace dans ce plan deux lignes droites se coupant sous un certain angle, un angle droit par exemple. Ces deux droites s'appellent les axes. Les distances du point aux deux axes, mesurées parallèlement à ces axes, sont les coordonnées. L'un des axes est dit des abscisses, ce sera, par exemple, l'horizontal; l'autre axe est celui des ordonnées. Pour représenter graphiquement un produit qui varie avec le temps, comme, par exemple, une récolte, on porte les années sur la ligne de sabscisses, et l'on mène des ordonnées égales aux valeurs relatives des récoltes; en reliant par une ligne continue les extrémités des ordonnées, on forme la courbe qui indique la succession du phénomène dans le temps, un accroissement si la courbe s'élève, une diminution si elle s'abaisse par rapport à l'une des abscisses, qu'on appelle aussi axe des x, en assimilant ce tracé graphique à une détermination géométrique. L'emploi de cette méthode de représentation graphique est très utile pour apprécier les variations des phénomènes agricoles.

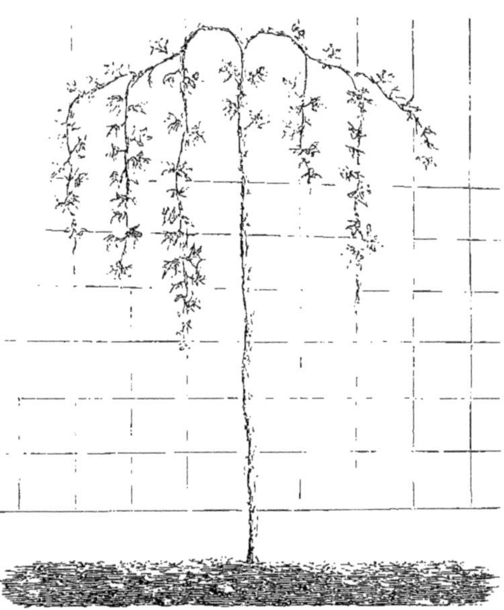

Fig. 51. — Abricotier en espalier à branches renversées.

ABSENTÉISME (*économie politique*). — Lorsque dans une contrée, les propriétaires des exploitations rurales vivent loin de leurs domaines et dépensent ailleurs les revenus qu'ils en tirent, on dit qu'ils pratiquent l'absentéisme, qu'ils sont absentéistes. Les agronomes et les économistes sont unanimes pour déplorer une habitude doublement nuisible à la prospérité d'un pays, sous le rapport matériel et sous le rapport moral. Lorsque le propriétaire tire tous les ans de sa terre une rente qu'il ne rapporte pas en venant y vivre avec sa famille, il appauvrit incontestablement la localité où est située cette terre; si, au contraire, il vient y demeurer plusieurs mois de l'année, il y amène de l'aisance par les salaires qu'il y paye, par ses consommations soldées en argent qui permet à la population de se donner un certain bien-être; le fermier rentre dans une partie de l'argent qu'il a payé pour son fermage, le métayer dans une portion de la part qu'il laisse au propriétaire, non seulement sur les récoltes, mais encore sur la vente du bétail. Le village prospère par la présence d'une riche famille; il se ruine si toujours la vente des récoltes ne sert qu'à alimenter le luxe des villes, la vie luxuriante des stations balnéaires. D'un autre côté, lorsque le cultivateur ne voit jamais le propriétaire du sol, lorsqu'il ne le connaît que parce qu'il lui paye une rente plus ou moins forte pour le loyer de champs que ce propriétaire ne connaît même pas et qu'il n'a jamais concouru à féconder, il ne peut que se creuser un abîme de plus en plus profond entre les familles des paysans et celles des propriétaires. Il ne se forme plus de ces liens d'affection réciproque, de dévouement aux personnes, que des échanges de services journaliers seraient de nature à rendre indissolubles. La séparation se fait entre les classes sociales; des haines naissent indélébiles. Il n'y a plus alors d'influence morale heureuse, acquise par le plus instruit, le plus civilisé, sur l'homme plus abrupt, plus ignorant. Sujet digne d'être médité par ceux qui veulent exercer de l'influence sur leur pays. Qu'au contraire, le propriétaire demeure au milieu de ses métayers ou de ses fermiers, qu'il s'occupe des familles des laboureurs pour les aider ou les guider; que des échanges de bons services aient lieu tous les jours; que l'argent gagné avec les récoltes du domaine soit au moins en partie dépensé dans le pays, et le tableau change complètement! Une union se fait, et elle est d'autant plus favorable à tous, que désormais tous les hommes de la même génération se rencontreront sous les drapeaux, y prendront ensemble le même amour pour la patrie et arriveront à soutenir les mêmes institutions politiques.

Durant la civilisation romaine, l'absence des propriétaires de leurs grands domaines fut fatale à l'Italie; *latifundia Italiam perdiderunt*, a dit Pline. Qui ne connaît l'état déplorable que présente encore aujourd'hui la campagne romaine, renommée naguère pour sa fécondité, et que l'abandon des possesseurs du sol a vouée à l'insalubrité et à la stérilité. A l'époque moderne, on trouve un triste exemple des maux dus à l'absentéisme en Irlande, quoique la situation soit maintenant moins mauvaise qu'elle ne l'a été naguère. Le partage de la verte Érin entre de grands propriétaires anglais qui vivaient loin de l'île conquise a eu pour résultat la ruine de la contrée, la misère de ses habitants privés incessamment du produit de leurs récoltes. Le propriétaire éloigné des populations ne songeait pas à les secourir dans les années mauvaises; il voulait toujours les mêmes revenus, que ses fermiers généraux lui payaient en soumettant l'Irlandais à une foule d'exactions. De là des révoltes et du sang répandu à flots, quand la faim ne suffisait pas pour tuer la résistance à un régime odieux; de là l'exode sur une immense échelle, qui poussait les habitants à abandonner un pays maudit. La leçon des faits a été peu à peu comprise. Le sol irlandais commence à revenir entre les mains de ses habitants, et l'absentéisme cessant, la prospérité reviendra.

En France, lorsque la politique de Louis XIV appela à la cour de Versailles les propriétaires de tous les grands domaines et les condamna à dépenser plus que leurs revenus dans les fastes d'une représentation vaine, l'absentéisme se fit cruellement sentir dans nos provinces. De place en place, on reconnaît encore sa déplorable influence. Partout où un château reste longtemps inhabité, on trouve des populations rurales plus pauvres, plus hostiles aux classes dites dirigeantes. Il ne doit pas suffire de venir dans ses terres en temps d'élection seulement; il faut y prendre un pied solide par des habitudes longuement pratiquées. Le progrès agricole est arrêté par l'absentéisme; il est vivifié par l'entente cordiale du laboureur et du détenteur du sol.

ABSINTHE (*botanique, agriculture, technologie*). — L'absinthe commune ou officinale, qu'on appelle encore grande absinthe et aluine, est une armoise appartenant à la famille des Composées. L'espèce type (*Artemisia absinthium* de Linné, *absinthium vulgare* de Lamark) est une plante vivace (fig. 55) dont toutes les parties, tiges, feuilles, fleurs, exhalent une odeur forte, aromatique et pénétrante, et présentent une saveur très amère. Elle a une hauteur moyenne de $0^m,50$ à $0^m,70$, mais elle atteint quelquefois 1 mètre; la racine est pivotante; la tige est rameuse et pleine, à l'intérieur, d'une moelle blanchâtre; les feuilles sont persistantes et couvertes d'un duvet blanchâtre; les fleurs sont petites, nombreuses, d'un jaune verdâtre, groupées en corymbes à l'extrémité des rameaux (fig. 56), et paraissent en juillet et août pour finir vers octobre. On se sert surtout des fleurs et des feuilles pour en faire des infusions stomachiques, toniques et apéritives; les fleurs ont une grande amertume qui diminue dans les feuilles et plus encore dans la racine. La plante sèche conserve l'odeur et l'amertume qu'elle avait à l'état frais. Cette plante est devenue, à cause de son amertume, le symbole des peines de cœur.

Quoique spontanée dans quelques parties de la France, l'absinthe est l'objet d'une culture spéciale, principalement dans les jardins potagers. Tous les terrains paraissent lui convenir. On peut la multiplier par graines, mais le plus souvent on la propage en faisant éclater les vieux pieds, et en plantant les éclats en quinconce, à la distance de $0^m,60$ en tous sens, à l'automne ou en hiver, dans une terre bien labourée, par un temps humide pour favoriser la reprise. On récolte l'absinthe avant la floraison, quand les tiges ont de $0^m,30$ à $0^m,50$ de hauteur. Les plantations peuvent rester en place de cinq à six ans; il faut leur donner un binage pour empêcher l'envahissement des mauvaises herbes. — A la place de l'absinthe, vulgaire, on emploie aussi, mais rarement, l'absinthe maritime (*Artemisia maritima*) et la petite absinthe ou absinthe pontique (*Artemisia pontica*). En Suisse et en Savoie on cultive l'absinthe glaciale (*Artemisia glacialis*); elle est cultivée avec quelques autres plantes aromatiques, dans ces pays, sous le nom de *Génépi* ou *Génipi*. Ces diverses absinthes ont, à des doses diverses, les mêmes propriétés que l'absinthe plus ordinairement cultivée en France.

On retire de l'absinthe une essence et un principe amer. L'extraction de l'essence se fait par la distillation dans les appareils employés ordinairement pour l'extraction des essences plus légères que l'eau. On obtient en général 120 grammes d'essence brute d'absinthe pour 100 kilogrammes de grande absinthe fraiche, et seulement 38 grammes pour la même quantité de petite absinthe. L'essence brute ainsi obtenue est un liquide d'un vert foncé, commençant à bouillir à 180 degrés. Le thermomètre reste stationnaire à 200 ou 205 degrés; le point d'ébullition s'élève ensuite; la matière s'épaissit et passe de plus en plus colorée à la distillation. Ces faits prouvent qu'on a affaire à une matière complexe. On opère assez bien la décoloration et la purification de l'essence, dit M. Félix Leblanc, qui en a fait une étude particulière, en la rectifiant plusieurs fois sur de la chaux vive et en recueillant exclusivement le produit qui distille entre 200 et 205 degrés centigrades. Ainsi purifiée, l'essence acquiert un point d'ébullition fixe vers 205 degrés. Sa saveur est brûlante, son odeur spéciale pénétrante. Elle est plus légère que l'eau; sa densité est de 0,973 à 24 degrés centigrades. Elle dévie à droite le plan de polarisation. L'acide sulfurique la dissout à froid avec coloration; l'acide nitrique la revivifie; quand on la distille sur de l'acide phosphorique anhydre, l'essence perd les éléments de l'eau et se change en un carbure d'hydrogène ($C^{10}H^{14}$). Les lessives alcalines ne l'attaquent pas, mais la chaux potassée l'altère profondément par la voie sèche, et la masse noircit. On peut, au moyen de réactions diverses, en tirer des composés isomères à ceux que donne le camphre, mais dont l'étude n'est pas encore complète. C'est en partie à l'essence d'absinthe que la liqueur connue sous le nom d'absinthe doit son parfum et ses autres propriétés.

L'absinthine ou amer d'absinthe s'obtient en épuisant les feuilles d'absinthe préalablement desséchées par de l'alcool à 85 degrés, évaporant l'extrait à consistance sirupeuse, et épuisant cet extrait par de l'éther, tant que ce dissolvant présente une saveur amère. L'évaporation de l'éther laisse l'absinthine impure. On la purifie par des lavages avec de l'ammoniaque étendue, puis par de l'acide chlorhydrique et par de l'eau. En redissolvant dans de l'alcool et décolorant par de l'acétate de plomb, on finit par avoir la matière en masse cristalline ayant la composition $C^{16}H^{22}O^{5}$. L'acide sulfurique concentré la dissout et donne un liquide jaune qui devient promptement bleu.

Fig. 55. — Port de l'Absinthe.

Fig. 56. — Feuille et rameau florifère de l'absinthe.

Autrefois on incinérait l'absinthe pour laver les cendres et obtenir par l'évaporation et la lessive un extrait alcalin contenant du carbonate de potasse et qu'on appelait sel essentiel d'absinthe.

L'absinthe et ses préparations sont employées depuis un temps immémorial. Ce sont des stimulants assez énergiques dont on se sert pour ranimer les fonctions digestives, pour faire disparaître les flueurs blanches et ramener les règles, lorsque la santé est troublée par des causes débilitantes. L'absinthe est aussi très appréciée comme vermifuge et fébrifuge. L'hippiatrique en fait un grand usage. On se sert des feuilles et des sommités fleuries que l'on dessèche et pulvérise pour faire ensuite les préparations désirées.

On obtient la tisane d'absinthe en faisant infuser durant une demi-heure 5 grammes de feuilles dans 1 litre d'eau et passant ensuite. Cette infusion peut servir pour laver les plaies venimeuses.

On prépare la teinture d'absinthe en introduisant 100 grammes de poudre des feuilles dans un appareil à déplacement dont la douille est garnie de coton; on tasse convenablement et l'on verse assez d'alcool pour imbiber la masse. Ensuite on ajoute successivement et doucement de l'alcool nouveau pour déplacer la pression, en continuant l'opération jusqu'à ce que l'on ait 500 grammes de teinture.

L'huile d'absinthe, que l'on n'emploie que comme résolutif extérieur, s'obtient en prenant 100 grammes de sommités d'absinthe sèches, y ajoutant 1000 grammes d'huile d'olive, et faisant digérer durant deux heures au bain-marie, en agitant de temps en temps. On passe ensuite en exprimant et l'on filtre.

La teinture d'absinthe composée, dite aussi l'élixir stomachique de Stoughton, se prépare en prenant :

Sommités sèches d'absinthe......	25	grammes.
— de *Chamædrys*.	25	—
Racine de gentiane..............	25	—
Écorce d'oranges amères........	25	—
Rhubarbe choisie................	15	—
Aloès...........................	5	—
Cascarille......................	5	—
Alcool à 60 degrés..............	1000	—

On fait infuser durant dix jours, on passe en exprimant et l'on filtre.

Le vin d'absinthe s'obtient en prenant 30 grammes de feuilles sèches que l'on découpe et que l'on fait macérer pendant vingt-quatre heures dans 60 grammes d'alcool à 60 degrés; on ajoute alors 1 litre de vin blanc; on laisse dix jours, en agitant de temps en temps; enfin on passe, exprime et filtre.

L'absinthe des liquoristes doit ses propriétés toniques et excitantes à l'huile essentielle de la plante. On prépare la liqueur la plus employée en prenant :

Grande absinthe sèche et mondée.	2500	grammes.
Hysope fleurie sèche............	500	—
Mélisse citronnée sèche.........	500	—
Anis vert pilé..................	2000	—
Alcool à 85 degrés..............	16	litres.

On fait infuser le tout dans la cucurbite d'un alambic pendant vingt-quatre heures; on ajoute 15 litres d'eau, et l'on fait distiller avec précaution pour retirer 15 litres de produit; on ajoute alors 40 litres d'alcool à 85 degrés, et 45 litres d'eau commune. On a ainsi 1 hectolitre d'absinthe qui devient claire après un repos de vingt-quatre heures. On obtient l'absinthe verte en ajoutant simplement du bleu préparé au drap de laine avec du safran et du caramel, selon la nuance que l'on désire. On a une absinthe qui blanchit plus ou moins quand on y ajoute de l'eau par suite du dépôt des essences quand l'alcool est affaibli, en variant la dose d'anis vert, ou bien en ajoutant dans l'alcool non distillé de l'essence de badiane ou de l'essence brute d'absinthe. En variant les plantes soumises à la distillation, en ajoutant de la menthe poivrée, de la coriandre, du fenouil, etc., on fait des absinthes de diverses qualités selon le goût des consommateurs; le mode de fabrication est toujours le même. Les crèmes d'absinthe ne diffèrent guère de la liqueur que parce que dans l'eau finale on a fait fondre, pour un hectolitre du produit à obtenir, environ 50 kilogrammes de sucre.

Si nous avons donné ces recettes, ce n'est pas que nous approuvions la consommation de l'absinthe sur une grande échelle; son abus est un vice déplorable, dangereux à tous les âges; un usage modéré et rarement renouvelé peut être avantageux pour la santé.

ABSINTHÉ. — Se dit d'un médicament ou d'un liquide quelconque auquel on a mélangé de l'absinthe en quantité plus ou moins grande. On se sert aussi de cet adjectif pour caractériser un vin qui a pris une saveur amère.

ABSOLU. — Adjectif employé par les chimistes pour indiquer la pureté, l'absence de mélange. On dit de l'alcool absolu pour exprimer que cet alcool est anhydre, c'est-à-dire qu'il ne renferme pas d'eau.

ABSORBANTS. — Les absorbants sont des corps qui ont la propriété de s'emparer d'autres corps pour les faire disparaître dans leur propre sein. Au point de vue agricole, il faut surtout considérer comme absorbants les corps solides qui s'emparent des liquides. Une couverture de laine absorbe la sueur répandue sur la peau d'un animal qui a fait un travail rapide ou soutenu trop considérable. La paille, la bruyère, les joncs, les feuilles sèches, les mousses, la sciure de bois, la terre desséchée, la tourbe, la marne, sont employés comme litière et absorbent les déjections liquides et une partie des excréments solides trop fluides au moment de leur émission. Le plâtre desséché ou qui a été chauffé de manière à perdre son eau de combinaison est un absorbant pour les liquides contenus dans des matières pâteuses dont les particules solides restent à la surface de la couche absorbante. Une éponge absorbe l'eau avec laquelle on la met en contact. Le bois très sec est un absorbant pour l'humidité de l'air. Le charbon de bois absorbe dans ses pores les gaz de l'atmosphère. La chaux, la potasse, la soude, absorbent l'acide carbonique de l'air. L'argile sèche absorbe l'humidité des corps avec lesquels elle est mise en contact. La terre à foulon absorbe les corps gras des draps contre lesquels elle est successivement amenée et pressée. La terre arable absorbe l'eau d'arrosage que l'on y déverse ou les eaux d'égout que l'on y conduit. L'amadou, la charpie, les étoupes que l'on applique sur des plaies, absorbent le pus et le sang. Un gouffre, un puits profond, un terrain perméable absorbent les cours d'eau qui y sont dirigés. Un animal absorbe une grande quantité de boisson ou d'aliments. Les plantes absorbent l'eau du sol par leurs racines et divers principes par leurs feuilles. Le noir animal décolore les sirops par suite de son pouvoir absorbant. La laine et les soies plongées dans certaines dissolutions colorées en absorbent les matières colorantes qui y étaient dissoutes et les décolorent. Le noir de fumée absorbe la chaleur et la lumière, un métal brillant les réfléchit.

ABSORPTION (*physique et physiologie*). — En terme de physique, l'absorption est le phénomène qui consiste dans la condensation d'un liquide ou d'un gaz dans un solide, ou bien la condensation d'un gaz dans un liquide; en terme de physiologie, c'est l'action par laquelle les tissus organiques font pénétrer dans leur intérieur les molécules extérieures.

Lorsqu'un gaz est en contact avec un liquide, il peut se combiner avec lui ou bien simplement s'y dissoudre; dans les deux cas, il disparaît au sein du liquide, et l'on dit qu'il y a absorption. Ainsi de l'acide carbonique se dissout dans l'eau, sans qu'il y ait, à proprement parler, une combinaison; le gaz acide carbonique est absorbé. Si l'eau est alcaline, est une dissolution de potasse par exemple, l'acide carbonique disparaît encore plus rapidement au sein du liquide en se combinant avec l'alcali; le phénomène, compliqué d'une combinaison, n'en est pas moins une absorption, mais d'une espèce différente de la première. Celle-ci est l'absorption simple; l'autre est l'absorption composée.

On appelle coefficient d'absorption, en cas d'absorption simple, c'est-à-dire sans combinaison chimique proprement dite, le rapport entre le volume du corps absorbé et celui du corps absorbant. En général, le coefficient diminue à mesure que la température augmente. Les nombres suivants représentent les coefficients d'absorption pour l'eau et l'alcool de quelques corps gazeux sur lesquels des déterminations précises ont été faites jusqu'à ce jour :

	DANS L'EAU		DANS L'ALCOOL	
	à + 10°	à + 20°	à + 10°	à + 20°
Azote..............	0,016	0,014	0,123	0,120
Oxygène............	0,032	0,028	0,284	0,284
Air atmosphérique.	0,019	0,017	»	»
Hydrogène..........	0,019	0,019	0,068	0,066
Oxyde de carbone .	0,026	0,023	0,204	0,204
Gaz des marais....	0,044	0,035	0,495	0,471
Éthylène ou hydrogène bicarboné..	0,184	0,149	3,086	2,713
Acide carbonique..	1,185	0,901	3,514	2 946
Protoxyde d'azote..	0,920	0,670	3,541	3,025
Hydrogène sulfuré.	3,600	2,900	12,000	7,400
Acide sulfureux...	57,000	39,000	190,000	114,000
Ammoniaque......	812,000	654,000	»	»

Les coefficients sont indépendants de la pression, de telle sorte qu'on peut dire que les quantités absolues sont doubles, triples, etc., lorsque la pression devient double, triple, etc., ou inversement.

Ce n'est pas seulement dans les liquides que les gaz se dissolvent; ils sont absorbés en quantité plus ou moins grande dans les corps solides, même dans les métaux qui paraissent les moins spongieux, tels que le fer, l'argent, le platine

Le charbon de bois, d'après les expériences de Th. de Saussure, absorbe pour 1 volume les volumes de gaz suivants à la température de 10 degrés :

Ammoniaque	90
Acide chlorhydrique	85
Acide sulfureux	65
Acide sulfhydrique (hydrogène sulfuré)	55
Protoxyde d'azote	40
Acide carbonique	35
Éthylène	35
Oxyde de carbone	9,4
Oxygène	9,2
Azote	7,5
Hydrogène protocarboné	5
Hydrogène	1,7

Il absorbe aussi la vapeur d'eau de l'air et un grand nombre de gaz odorants. C'est en raison de cette propriété que le charbon de bois, en poudre, sert comme désinfectant. L'absorption de l'air par le charbon de bois se fait avec dégagement de chaleur.

Les matières employées pour mettre sous les animaux domestiques, dans les écuries, étables, bergeries, etc., doivent cet usage à ce qu'elles ont la propriété d'absorber les liquides. En laissant tremper dans l'eau les diverses matières usitées ou proposées pour faire des litières, M. Boussingault a déterminé, par des pesées faites avant et après l'immersion, le pouvoir absorbant de chacune d'elles. Il a ainsi constaté qu'après vingt-quatre heures d'imbibition, 100 kilogrammes de chacune des matières suivantes ont retenu :

La paille de froment	220	kilogr. d'eau.
La paille d'orge	285	—
La paille d'avoine	228	—
La paille de colza	200	—
Les feuilles de chêne tombées	162	—
La bruyère	100	—
Le sable quartzeux	25	—
La marne	40	—
La terre végétale séchée à l'air	50	—

On voit que la paille des céréales présente la plus grande aptitude à l'imbibition. Pour remplacer comme litière absorbante 100 kilogrammes de paille de froment, il faudrait, d'après les nombres déterminés par M. Boussingault :

77	kilogrammes	de paille d'orge,
96	—	de paille d'avoine,
110	—	de paille de colza,
136	—	de feuilles de chêne,
220	—	de bruyère,
440	—	de terre végétale sèche,
550	—	de marne,
880	—	de sable.

Le bois et la sciure ont aussi le pouvoir d'absorber les gaz et les liquides. C'est pour cette raison que l'on a proposé d'employer la sciure de bois comme litière. C'est aussi en vertu du pouvoir absorbant du bois qu'on peut y faire pénétrer les ingrédients qui servent à en assurer la conservation.

Nous avons cherché quelle était la quantité d'eau que peuvent absorber 100 kilogrammes des diverses sciures ; pour la détermination de ces pouvoirs absorbants, nous avons laissé les sciures en contact avec un excès d'eau durant vingt-quatre heures, et ensuite comprimé fortement une pelotte de sciure mouillée, jusqu'à ce qu'il n'en sortit plus d'eau, pesé et desséché. Les sciures avaient été desséchées à 100 degrés. Voici les résultats :

	kilogrammes
Sciure de peuplier (France)	322
Sciure de marronnier (France)	300
Sciure d'aune (France)	293
Sciure de chêne (France)	279
Sciure de frêne (France)	267
Sciure de poirier (France)	264
Sciure de sycomore (France)	262
Sciure d'orme (France)	255
Sciure de noyer (France)	247
Sciure de sapin (France)	246
Sciure de bouleau (France)	244
Sciure d'érable moucheté (Amérique)	229
Sciure de vieux chêne	228
Sciure de cormier (France)	222
Sciure de palissandre (Amérique)	202
Sciure d'acajou (Amérique)	191
Sciure de hêtre (France)	157
Sciure de thuya (Afrique)	123

Le pouvoir absorbant des sciures est, on le voit, très variable selon l'essence, il est parfois plus grand que celui des pailles, et dans tous les cas il leur est au moins comparable.

L'absorption par les tissus végétaux ou par les tissus animaux constitue, en physiologie, un phénomène qui n'est que le commencement de la nutrition ou de l'assimilation des cellules vivantes. Une fois l'absorption faite par les racines ou par les feuilles d'une plante, les matières introduites, l'eau qui ayant pénétré par les racines doit contribuer à former la sève, par exemple, sont soumises à des actions complexes ; mais la première pénétration est le résultat de l'application particulière de la propriété spéciale du tissu organique. Le pouvoir absorbant des feuilles des plantes a été mis en évidence par M. Joseph Boussingault en ce qui concerne le plâtre, et les sels que l'eau de rosée, de pluie ou d'arrosage, peut apporter. Les surfaces récemment dénudées des végétaux ont un pouvoir absorbant plus énergique, comme le prouve l'opération de la greffe. La peau a un pouvoir absorbant bien différent sur les divers animaux : dans l'homme, elle absorbe beaucoup moins facilement que dans ceux qui sont moins élevés en organisation. L'absorption cutanée ou par la peau est d'autant plus difficile et lente que celle-ci est recouverte d'un épiderme plus épais, de consistance de plus en plus cornée. Par les muqueuses, au contraire, l'absorption est rapide ; moins l'épiderme est épais, plus les organes tapissés par une membrane muqueuse sont riches en vaisseaux, et plus l'absorption est puissante. C'est pour cette raison que des substances délétères peuvent être mises en contact plus ou moins prolongé avec une partie épaisse, sans accident grave, tandis que le contact de ces mêmes substances avec une muqueuse pendant quelques instants peut engendrer des désordres considérables dans l'organisme, à cause de la promptitude de l'absorption.

ABSTERSION (*médecine vétérinaire*). — L'abstersion est l'action d'*absterger*, c'est-à-dire de nettoyer une plaie ou un ulcère, d'en enlever les matières visqueuses et putrides. Un corps *abstersif*, une matière abstersive sont des substances propres à pratiquer l'abstersion ; mais les expressions de médicament *abstergent*, de substance abstergente, sont plus usitées pour désigner les remèdes extérieurs qui servent à nettoyer les plaies. L'eau chaude, le savon, les carbonates et les sulfures alcalins sont les abstergents les plus employés pour nettoyer la peau des animaux dans le cas de maladie cutanée ; on fait aussi usage de l'essence de lavande, de vinaigre, de dissolutions d'acide phénique, comme abstergents très efficaces.

ABSTINENCE (*médecine vétérinaire*). — L'abstinence, c'est-à-dire la privation des aliments et des boissons, est quelquefois prescrite en médecine vétérinaire pour exprimer une diète absolue. L'abstinence des boissons ne saurait être aussi longtemps prolongée que celle des aliments solides.

ABSUS (*botanique*). — Nom donné en Égypte au *Cassia absus* de Linné, plante dont les graines réduites en poudre et mêlées à du sucre, sont employées contre l'ophthalmie ; on souffle la poudre sur le globe de l'œil.

ABURON. — Nom vulgaire donné à l'agaric poivré, champignon comestible dont les bûcherons et les charbonniers font en Lorraine un fréquent usage. Ce champignon est appelé aussi *Vache-blanche* dans les Vosges, à cause de sa couleur entièrement blanche, et aussi sans doute parce que les vaches le mangent avec avidité. Sa consommation est très considérable en Russie.

ABUTILON (*botanique et technologie*). — On connaît, selon M. Baillon, environ soixante-douze espèces d'abutilon (Sida), plantes répandues dans les régions chaudes du globe, et appartenant au groupe des Malvacées. Ces plantes sont herbacées ou frutescentes, plus rarement arborescentes; elles sont couvertes d'un duvet ordinairement mou, avec des feuilles généralement cordiformes, des fleurs axillaires le plus souvent jaunes. Les feuilles de toutes ces plantes ont les propriétés émollientes des Mauves. Les espèces annuelles et vivaces, herbacées, se cultivent en plein air, par semis, dans un terrain frais, profond et léger, à exposition chaude. Il faut citer, en raison des usages : 1° l'*Abutilon esculentum* de A. Saint-Hilaire, dont les fleurs se mangent cuites, au Brésil, avec les viandes; 2° l'*Abutilon tiliæfolium*, dont les tiges atteignent 1m,50 de hauteur, avec une écorce qui donne des filaments d'une qualité un peu inférieure à celle du chanvre, mais servant à faire en Chine des cordes assez estimées; 3° l'*Abutilon pubescens*, dont les feuilles sont humectantes et émollientes, et les graines apéritives et diurétiques; 4° l'*Abutilon elongatum*, dont la racine est amère et est employée avec le gingembre comme stomachique et contre les fièvres intermittentes; 5° l'*Abutilon commune* ou *Avicennæ*, qui croît dans les marais du midi de l'Europe, dont les tiges donnent de la filasse quelquefois employée, dont toutes les parties d'ailleurs sont mucilagineuses, qu'on cultive enfin comme plante annuelle d'ornement; 6° l'*Abutilon strié*, originaire du Brésil, intéressant au point de vue ornemental ; il forme un arbrisseau à rameaux effilés et glabres, à feuilles lisses en cœur à la base, avec des fleurs pendantes en forme de cloche, d'un jaune d'or avec de belles stries et des nervures rameuses de couleur pourpre; livré à la pleine terre en mai, il fleurit abondamment jusqu'aux gelées; il lui faut des arrosages assez abondants. L'hiver, on doit le rentrer dans l'orangerie. Il se multiplie seulement de boutures.

ABYSSINIE (*géographie agricole*). — Vaste contrée de l'Afrique orientale, arrosée par plusieurs affluents du Nil. C'est l'Éthiopie des anciens. Le sol de l'Abyssinie passe pour être d'une grande fertilité. Les principaux produits de ce pays qui intéressent le commerce sont le café, la cire, les cuirs tannés ou non tannés, les suifs, le beurre, exporté dans le bassin de la mer Rouge, et surtout la graine de sésame. C'est par caravanes que les produits d'Abyssinie sont exportés; les principales portes ouvertes à ses échanges sont le Sennaar, Tedjoura dans le golfe d'Aden, et Messoah. — Les animaux domestiques appartiennent aux mêmes groupes, mais à des races différentes de ceux d'Europe : ce sont le cheval, l'âne, le mouton, le bœuf, le coq et la poule; le plus souvent ces animaux sont élevés sur de riches pâturages qui couvrent les plateaux. — Les principales plantes cultivées sont plusieurs variétés de blé, d'orge, d'avoine, le lin, les fèves, les lentilles, les haricots, les choux, le cafier, la vigne, l'olivier, le jujubier, le gommier, le figuier, l'indigo, le tabac, etc. Parmi les bois de construction, il faut citer le baobab, le genévrier, l'ébénier. Les mules d'Abyssinie sont très belles et recherchées en Afrique, en Arabie, et jusque dans l'île Maurice.

ACABIT. — Qualité bonne ou mauvaise d'une chose. Cette expression est employée surtout lorsqu'il s'agit de la vente. Des poires sont de bon acabit, quand elles présentent les qualités requises pour être bien et facilement vendues. Un mouton est de mauvais acabit, s'il est mal préparé pour le marché auquel on le destine. Bon acabit se dit aussi d'un cep de vigne dont le fruit est bien venu.

ACACIA (*arboriculture*). — Arbres ou arbrisseaux des régions chaudes de l'ancien et des nouveaux continents, cultivés dans leurs pays d'origine en vue de l'extraction de la gomme arabique, du cachou ou du tannin, et importés dans les serres d'Europe comme plantes d'ornement.

Le genre *Acacia* appartient à la tribu des Mimosées, dans la grande famille des Légumineuses. Il est caractérisé par des feuilles une ou plusieurs fois pennées, des fleurs en épis cylindriques ou globuleux. Le fruit est une gousse allongée, sèche, bivalve, renfermant plusieurs graines ovales.

On rencontre l'acacia dans l'Inde et l'Arabie, en Asie; en Égypte, dans la Sénégambie, au Maroc et au Sénégal, parmi les pays de l'Afrique bien connus aujourd'hui. Il est cultivé sur une assez grande échelle, principalement aux Indes. Les espèces d'Australie, assez nombreuses, sont tout à fait distinctes de celles de l'ancien continent.

Les espèces d'acacias présentent des formes très diverses. Aussi ont-elles été divisées en six sections qui sont distinguées par la forme des feuilles, la présence ou l'absence d'épines ou d'aiguillons sur les tiges, et enfin les propriétés de leurs produits. Ces sections renferment environ 400 espèces. Les principales sont les suivantes :

1° *Acacia Arabica* ou acacia d'Arabie (fig. 57), répandue non seulement dans le pays dont elle porte le nom, mais encore en Égypte et dans une partie de l'Afrique. On rencontre plusieurs variétés de cette espèce dans l'Inde et au Sénégal. La sève épaisse qui découle spontanément de ces arbres forme la *gomme arabique*. Lorsque la gomme est bien exsudée sur les troncs, on l'enlève et on la dessèche en l'exposant à l'air. La récolte se fait au commencement des grandes chaleurs.

2° *A. Catechu*, espèce originaire de l'Inde et aujourd'hui acclimatée aux Antilles. Les individus de cette espèce se présentent sous la forme d'arbrisseaux assez élégants. Cette espèce fournit d'une manière spéciale le cachou, qu'on obtient en évaporant une décoction faite avec des morceaux du cœur de la tige.

3° *A. Sophoræ*, originaire d'Australie, dont les fruits sont nutritifs, et sont utilisés par les naturels du pays, ainsi que les graines, qu'ils mangent après les avoir fait griller.

4° *A. Homalophylla*, qui passe pour donner le bois de violette, ainsi nommé parce qu'il a la couleur et le parfum de cette fleur.

5° *A. Seyal*, dont le bois a l'aspect de celui du chêne et présente une égale dureté.

Un grand nombre d'espèces d'acacias ont été importées pour orner les serres et les jardins d'hiver. Les espèces originaires de l'Asie et de l'Afrique demandent la serre chaude; celles de l'Australie peuvent être élevées en orangerie ou en serre tempérée. C'est à la fois pour l'élégance ou la légèreté de leurs feuilles et pour l'abondance de leurs fleurs que les acacias sont recherchés. Ils peuvent acquérir d'assez grandes dimensions dans les serres; en pots, ils ne dépassent que rarement une hauteur de 3 à 4 mètres; mais en pleine terre, ils prennent les proportions de véritables arbres. La terre de bruyère est celle qui convient le mieux pour leur culture.

En serre, les acacias sont multipliés par graines, par marcottes, par boutures ou par greffes. C'est le plus souvent sur l'*A. longifolia* que les autres espèces sont greffées. Les graines germent assez difficilement; on conseille de les faire tremper deux ou trois jours dans l'eau ou dans une solution de sel de cuivre, pour en hâter la germination. Quelques espèces peuvent, quand elles ont atteint deux ou trois ans, supporter l'exposition en plein air dans le midi de la France. Un de ces arbres a vécu en plein air, pendant plusieurs années, au Jardin des plantes de Paris, et le tronc avait atteint une circonférence de 80 à 90 centimètres; mais il est mort sans s'être développé davantage. La fleur de l'acacia est le symbole de l'affection pure, de l'amour platonique.

La plupart des espèces d'acacias peuvent être cultivées en serre. Les principales, sont :

1° L'*A. dealbata*, qui peut venir en pleine terre dans le midi de la France; en terre de bruyère, il atteint rapidement une hauteur de 6 à 8 mètres. Ses fleurs jaunes, réunies en grappes paniculées, exhalent un parfum très agréable; elles se développent en hiver ou au printemps, suivant la température.

2° L'*A. longifolia*, recherché également pour le port de ses feuilles et pour ses fleurs. Cette espèce se prête très bien à servir de sujet pour le greffage des autres acacias.

3° L'*A. Farnesiana*, dont les fleurs, très odorantes, sont employées par la parfumerie, en Orient.

4° L'*A. Julibrizin*, originaire de l'Asie occidentale. Cette espèce porte aussi le nom d'acacia de Constantinople. Elle donne des arbres d'un développement très vigoureux, qui peuvent venir en pleine terre dans le midi de la France. Les feuilles sont grandes et élégantes; les fleurs, qui s'épanouissent en été, forment de magnifiques aigrettes blanc rosé.

Faux acacia. — On désigne communément sous le nom d'acacia le Robinier faux-acacia (*Robinia pseudo-acacia*) importé en France au commencement du dix-septième siècle, et qui est devenu très commun dans tout le pays.

ACADÉMIE. — Société d'hommes qui se réunissent pour s'occuper de sciences, de lettres, de beaux-arts. Ce nom est spécialement employé pour désigner les cinq classes de l'Institut de France. L'Académie de médecine a été instituée en 1820 pour l'étude des sciences médicales. A Paris, la Société nationale d'agriculture de France est, par sa constitution, une véritable académie d'agriculture.

Dans les départements, quelques académies libres s'occupent d'agriculture, en même temps que de sciences et de belles-lettres. Les principales sont l'Académie de Lyon, l'Académie du Gard, l'Académie d'Arras, etc.

ACAJOU. — Arbre de grande taille, originaire de l'Amérique centrale, dont le bois est remarquable par sa belle couleur et les veines qu'il présente.

L'acajou (*Swietenia Mahogoni*) appartient à la famille des Cédrelées.

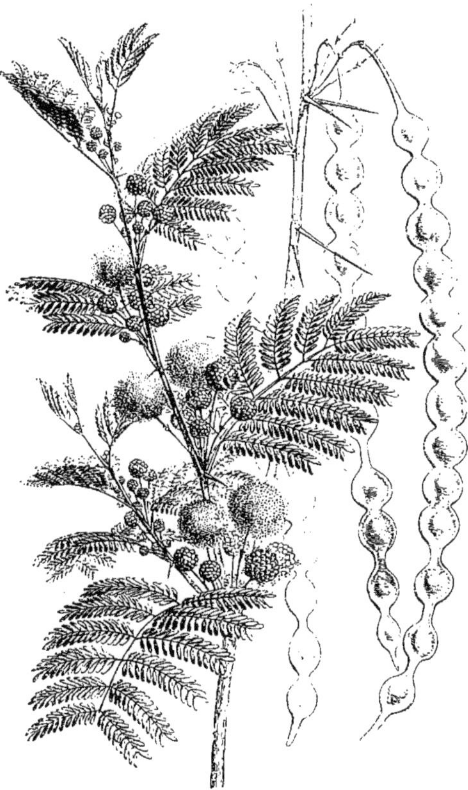

Fig. 57. — Rameau de l'*Acacia arabica*.

Cet arbre croît habituellement sur les rochers; il se développe avec une grande rapidité. En Europe, on a quelquefois cultivé l'acajou en serre chaude. On le fait venir de graine en pots remplis soit avec de la tannée, soit avec une terre légère, mais chaude.

Le bois d'acajou est utilisé sur une très grande échelle, par l'ébénisterie, pour la fabrication des meubles. On l'emploie aussi quelquefois à la construction des navires, surtout à celle des canots de luxe. Il en existe plusieurs variétés; la plus estimée est celle que l'on tire de Saint-Domingue et des îles Bahama. Les bois de toutes les variétés ont une grande durée. Ils sont classés par le commerce en acajou uni, veiné, moiré, chenillé, moucheté et ronceux, suivant la nature de leurs veines. Le plus souvent, on les débite en placages.

Une variété récemment importée, l'acajou du Honduras, présente des caractères qui la distinguent des autres. Le bois est beaucoup plus léger, peu veiné et de couleur claire; ses pores sont larges et son grain est tendre. Avec le temps, il prend une teinte plus foncée, mais qui n'atteint pas celle de l'acajou ordinaire.

Le *faux acajou*, appelé aussi acajou femelle, provient du *Cedrela odorata*, ou cèdre acajou; il exhale une odeur aromatique caractéristique.

La *noix d'acajou* est le fruit de l'anacardier. Ce fruit renferme un jus visqueux employé comme caustique dans l'Amérique méridionale. Son péricarpe contient une résine qui paraît être un mélange d'acide anacardique, de cardol et de quelques autres subtances.

La *pomme d'acajou* est le pédoncule du même fruit. Ce pédoncule est charnu; on l'emploie, en Amérique, pour préparer des boissons rafraîchissantes et vineuses.

La *gomme d'acajou* est extraite de l'écorce de l'anacardier; elle ressemble à l'ambre jaune. On l'utilise dans l'industrie pour la préparation des vernis, et en médecine, comme substance astringente. On a donné le même nom à une substance contenue dans les noix du *Phytelephas macrocarpa*.

ACALICAL (*botanique*). — Qualification des étamines hypogynes, c'est-à-dire insérées directement sur le réceptacle, sans adhérer au calice de la fleur. Cette expression est aujourd'hui peu usitée.

ACALICIN (*botanique*). — Se dit d'une plante dont la fleur n'a pas de calice.

ACANTHACÉES (*botanique*). — Famille de plantes dycotylédones, monopétales et hypogynes, que Decaisne place entre les Columelliacées et les Labiées. Les plantes de cette famille habitent presque exclusivement les régions intertropicales. Elle renferme un grand nombre de genres; quelques-uns sont remarquables par leur feuillage ou leur floraison, et ont été importés dans les serres d'Europe. Au premier rang de ces derniers, il faut citer l'*Acanthus*, l'*Eranthemum* et le *Thunbergia*. Aucune plante de la famille des Acanthacées ne fournit jusqu'ici de principe utilisé, soit par la médecine, soit par l'industrie.

ACANTHE (*botanique, horticulture*). — Plante herbacée ou sous-frutescente, qui a donné son nom à la famille des Acanthacées. Elle est cultivée

Fig. 58. — Acanthe à larges feuilles.

dans les jardins pour ses beaux épis de grandes fleurs bleues ou blanches et surtout pour ses feuilles grandes, élégamment découpées et recourbées à l'extrémité. L'architecte grec Callimaque les a prises pour modèle de l'ornement principal du chapiteau d'ordre corinthien. Elles symbolisent le culte des beaux-arts.

L'acanthe est originaire de l'Europe méridionale. Les principales espèces cultivées sont :

1° L'*Acanthus mollis*, vulgairement appelé *branc-ursine*, atteignant une hauteur de 1 mètre, à feuilles très grandes et cordiformes. C'est l'espèce la plus répandue.

2° L'*A. spinosus*, acanthe épineuse, à feuilles très découpées, avec des dents courtes et épineuses.

3° L'*A. Lusitanicus*, acanthe du Portugal ou à larges feuilles (fig. 58), se rapprochant beaucoup de la première espèce, mais plus grande et plus développée dans toutes ses parties. Elle est recherchée pour son effet monumental dans les jardins paysagers.

Les acanthes sont des plantes vivaces. Elles se multiplient par graines ou par division des racines. La plupart des espèces sont assez rustiques; mais il est utile de les protéger, pendant l'hiver, surtout dans le nord de la France, par un paillis ou par des feuilles sèches. Elles viennent dans le plus grand nombre des terrains; toutefois elles préfèrent les terres franches et profondes. Elles fleurissent de fin de juin en août.

Les racines de l'acanthe sont employées en médecine à raison de leur richesse en tannin; on les récolte à l'automne; on les fait sécher après les avoir coupées en tronçons; elles sont administrées en décoction pour les lavements. Les feuilles sont émollientes, et, à ce titre, utilisées en médecine.

ACANTHOTHÈQUES. — Ordre d'animaux parasitaires, appartenant à la classe des Crustacés. Cet ordre comprend le seul genre *Linguatula* appelé encore *Pentastoma*. Les animaux de ce genre ont l'aspect de vers longs de 15 à 18 millimètres, au corps déprimé, lancéolé. L'espèce la plus répandue, la linguatule ténioïde (ressemblant à des ténias) a été rencontrée dans les cavités nasales et pharyngiennes du chien, du cheval, du mulet, et à l'état de larve, dans la plèvre ou le péritoine du bœuf, du mouton, de la chèvre et même de l'homme. Le traitement conseillé pour détruire les pentastomes adultes consiste dans des injections, dans les fosses nasales, d'huile empyreumatique délayée dans du jaune d'œuf.

ACARE (*histoire naturelle et zootechnie*). — On réserve le nom d'acare à quelques-uns des nombreux animaux microscopiques qui sont la cause de la gale chez les animaux.

La première que nous avons à considérer est l'acare du cheval, auquel on a aussi donné le nom de psoropte à long bec (*Psoroptes longirostris*, var. *Equi*, Mégnin). Cet animal habite sur le cheval en société nombreuse, qui se déplace en rayonnant de manière à former de larges plaques. Les femelles les plus grosses ont huit dixièmes de millimètre de longueur et un demi-millimètre de largeur. Il a une forme ovalaire, est de couleur gris-perle; le mâle est plus coloré que la femelle, et surtout que les jeunes, les nymphes et les larves. On retrouve un animal à peu près semblable sur le bœuf, le mouton et le lapin, et il produit sur ces animaux une gale analogue. En général, il suffit de soins de propreté répétés et de lavages au savon vert pour guérir cette gale; il est utile d'y ajouter un peu d'eau de goudron.

L'autre acare dont nous voulons parler est un chorioptе qui se distingue en ce qu'il est sans queue et a un bec un peu caché. Il vit dans l'oreille des chats, des chiens et des furets. Il a une forme ovoïde; il est blanchâtre, avec les plastrons roux. Il se trouve en colonies nombreuses de tous âges (femelles, mâles, nymphes, larves, œufs) dans le conduit auditif externe. Il se nourrit du sérumen sécrété par l'oreille, et détermine des chatouillements désagréables qui enlèvent le sommeil à l'animal et le portent à se frotter et même à se déchirer les oreilles. Pour le détruire, on fait dans l'oreille des injections avec de l'eau tiède tenant en suspension de l'huile empyreumatique, c'est-à-dire provenant de la distillation à feu nu de matières organiques. M. Mégnin remplace les huiles empyreumatiques par une émulsion d'une trentaine de gouttes de benzine dans un jaune d'œuf et 30 grammes d'eau tiède. On fait une injection de cette émulsion dans l'oreille des jeunes chiens pour les guérir

ACARIDES. — On donne ce nom, ainsi que ceux d'*Acaridiens*, d'*Acarins* ou d'*Acarés*, aux parasites qui produisent la gale chez les animaux ou chez l'homme. Mais on s'accorde davantage à les désigner sous le nom d'*Acariens*.

ACARIENS. — Naguère les animaux qui produisent la gale ne constituaient, dans l'ensemble des êtres connus, qu'un petit genre, le genre *Acarus*, dont le type était le ciron du fromage qu'Aristote avait nommé *acari*. Ce genre était une subdivision des Arachnides qui alors étaient rattachées aux insectes. Depuis Lamark, les Arachnides forment une classe à part, où les Acariens constituent un ordre qui compte un nombre d'espèces chaque jour plus considérable. Ils ont le corps plus ou moins aplati en dessous, convexe en dessus, avec un appareil buccal composé d'organes propres à diviser et à sucer. Ils sont, en général, ovipares, et ils présentent des métamorphoses successives, en commençant par la naissance d'une larve molle. M. Mégnin, qui en a donné l'histoire la plus complète et la plus nouvelle, les caractérise de la manière suivante : « Les acariens sont terrestres ou aquatiques. Quel que soit leur genre de vie, ils ont une tendance extraordinaire à la vie parasitique, à ce point que nous ne connaissons actuellement que les Oribatides, acariens coriaces des mousses, qui ne se rencontrent jamais sur d'autres animaux ; tous les autres, au contraire, y passent une partie de leur existence, et quelques-uns l'y passent tout entière : les uns s'attachent à d'autres animaux articulés, à des reptiles, à des oiseaux ou même à des quadrupèdes simplement, pour se faire transporter ailleurs, comme les hypodes des tyroglyphes et les nymphes des gamases, les autres pour y vivre des humeurs exhalées à la surface de la peau ; d'autres encore percent la peau pour y sucer du sang qui sert à leur développement ou à celui de leur progéniture, comme les larves des trombidions, les ixodes, les argas, les dermanysses, les ptéroptes, sans causer d'autres dommages qu'une piqûre inoffensive ; d'autres vivent dans le tissu cellulaire et les bourses aériennes des oiseaux ; d'autres enfin se logent sous l'épiderme qu'ils déchirent ou soulèvent, y vivant en colonies innombrables et déterminant par leurs morsures répétées et venimeuses, l'éruption eczémateuse et prurigineuse qui constitue la gale. Il y a donc des acariens faux parasites ; d'autres dont le parasitisme est temporaire ; d'autres qui sont parasites permanents mais inoffensifs à la façon de certains épizoïques, sans intéresser les téguments ; d'autres enfin sont des hôtes dangereux et compromettent réellement la santé. »

Les familles acariennes sont au nombre de onze, que M. Mégnin subdivise de la manière suivante, d'après les modifications que présente le squelette :

1. Les *Gamasidés*. Acariens terrestres dont le squelette a pour base un sternum rigide ou membraneux ; les pattes sont à six articles, et le stigmate a un long péritrème tubulaire. Dans cette famille, on compte quatre genres : l'*Uropoda*, le *Gamasus*, le *Dermanyssus*, le *Pteroptus*. Deux de ces genres ont seuls de l'importance : l'*Uropoda* est parasite de petits rongeurs, notamment des mulots et des lapins ; le *Gamasus* est parasite des poulaillers et des colombiers, des hirondelles et des oiseaux de volière.

2. Les *Ixodidés*. Acariens terrestres dont le squelette a pour base un sternum rigide ou membraneux ; les pattes sont à six articles, et le stigmate a un péritrème discoïde, en écumoire. Cette famille comprend deux tribus : les Ixodides et les Argasides. Dans la première on ne compte que le seul genre *Ixode*, et dans la seconde que le genre *Argas*. Certaines espèces d'*Ixodes* sont parasites des bœufs et des moutons. Quant à l'argas, il se rencontre surtout dans les colombiers.

3. Les *Oribatidés*. Acariens terrestres dont le squelette a pour base un sternum rigide ou membraneux ; ses pattes sont à cinq articles. Cette famille ne présente pas d'intérêt agricole.

4. Les *Sarcoptidés*. Acariens terrestres dont le squelette a pour base des épimères ; les pattes ont cinq articles ; les mandibules sont chéliformes ; les antennes sont cylindriques ou coniques, en partie adhérentes à la lèvre. M. Mégnin distingue cinq tribus dans cette famille : les sarcoptides détriticoles, non parasites, mais qui vivent sur des matières animales ou végétales à l'état de décomposition ; les sarcoptides plumicoles, parasites des plumes des oiseaux ; les sarcoptides cysticoles, parasites du tissu cellulaire et des réservoirs aériens des oiseaux ; les sarcoptides gliricoles, parasites des poils des rongeurs ; les sarcoptides psoriques, qui déchirent les téguments des tissus sous-cutanés. A la première tribu appartiennent le *Glyciphage*, qu'on rencontre fréquemment dans les débris et les poussières organiques ; le *Tyroglyphus*, qui se développe dans les fromages secs, dans la vieille farine, etc. ; le *Serrator*, qui se trouve dans les champignons ou les conserves alimentaires en voie de décomposition. Les genres des deuxième, troisième et quatrième tribus ne présentent pas d'intérêt au point de vue agricole. Mais la cinquième tribu renferme trois genres qui doivent fixer l'attention : le *Sarcopte*, qui détermine la gale chez l'homme et un grand nombre d'animaux ; le *Psoropte*, qui habite sur le cheval, le bœuf, le mouton, le lapin et y détermine aussi la maladie de la gale ; le *Chorïopte*, qui vit sur la plupart des animaux domestiques et y caractérise des gales spéciales.

5. Les *Sciridés*. Acariens terrestres dont le squelette a pour base des épimères. Les pattes sont à six articles ; les mandibules sont styliformes, et les pattes sont libres et antenniformes.

6. Les *Trombidiés*. Acariens terrestres dont le squelette a pour base des épimères. Les pattes sont à six articles ; les mandibules sont gladiformes ou styliformes, les palpes libres ravisseurs. Cette famille renferme un très grand nombre d'espèces, dont la plupart sont des parasites des végétaux. Elle comprend dix tribus, dont trois doivent principalement appeler l'attention : les Tétranicides, dont le genre principal *Tetranychus*, renferme plusieurs espèces vulgairement désignées sous le nom de *tisserands*, à raison du tissu soyeux qu'elles forment sur les organes des plantes ; elles s'attaquent au plus grand nombre des végétaux ; — les Cheylétides, parasites des vieux livres, des vieux linges, et quelquefois des poils de lapin, des souris ; — les Trombidides, qui renferment deux genres, l'*Ottonia* et le *Trombidium*, dont les trois espèces, désignées sous le nom vulgaire de rougets, s'attaquent aux mammifères, et particulièrement à l'homme et au chien. — On a constaté la présence d'un trombidium sur le phylloxera dans les galles des feuilles de vignes.

7. Les *Lymnocharidés*. Acariens aquatiques ou puricoles dont les pattes ont six articles, et dont les mandibules sont soudées à la trompe.

8. Les *Hydrachnidés*. Acariens aquatiques ou puricoles, dont les pattes ont six articles, et dont les mandibules sont à stylets.

9. Les *Hygrobatidés*. Acariens aquatiques ou puricoles dont les pattes présentent six articles, et dont les mandibules sont à crochets.

10. Les *Arétisconidés*. Acariens aquatiques ou puricoles, dont les pattes sont à trois articles, sans prolongement caudal.

11. Les *Demodicidés*. Acariens aquatiques ou puricoles dont les pattes sont à trois articles, et qui sont munis d'un prolongement caudal vermiforme. Cette famille ne comprend qu'un genre, le *Demodex*, renfermant trois espèces, qui vivent

sur l'homme, sur le chien et sur le chat, dans les follicules pileux.

Ces quelques détails montrent que les familles qui intéressent le plus les agriculteurs, à raison des maladies qu'elles déterminent, sont les Sarcoptidés, les Gamasidés, les Ixodidés et les Trombidiés.

Le soufre, soit à l'état pur, en fleur ou finement pulvérisé, soit à l'état de sulfure alcalin ou d'acide sulfureux, est l'agent le plus efficace pour la destruction de tous les acariens.

ACARPE (*botanique*). — Se dit des plantes qui n'ont pas de fruit.

ACARUS. — Nom donné encore vulgairement à un certain nombre d'acariens, qui faisaient autrefois partie du genre *Acarus*, mais ont été répartis dans d'autres groupes. Ce sont :

1° L'*Acarus domesticus* de Geer, rangé par Paul Gervais dans le genre *Glyciphagus*, et qu'il a appelé *Glyciphagus cursor*. On le trouve sur les oiseaux et sur les insectes morts, les collections anatomiques, les fruits et extraits sucrés desséchés, la farine, les poussières des caves, des greniers et des fourrages, et accidentellement sur les animaux.

2° L'acarus des figues (*Acarus passularum*) de Héring, devenu le carpoglyphe des figues (*Carpoglyphus passularum*), que l'on trouve dans les figues sèches anciennes, à la surface des conserves, dans la poussière des pruneaux.

3° L'acarus du fromage, de la farine, appelé par les naturalistes modernes, *Tyroglyphus siro*, ou tyroglyphe du fromage. On le trouve dans la croûte des fromages secs, notamment du gruyère, dans la farine, dans les poussières des caves, des garde-manger, des écuries, des magasins à fourrages. La larve se rencontre quelquefois en quantité considérable sur les animaux.

ACAULE (*botanique*). — Se dit des plantes que l'on peut considérer comme privées de tiges. Ces plantes sont caractérisées par des feuilles formant touffe à la surface du sol et paraissant sortir directement des racines. Ainsi les pâquerettes, les primevères sont acaules.

ACCAPAREMENT (*économie publique*). — L'accaparement est l'action d'acheter ou d'arrher une quantité considérable d'une denrée pour la rendre plus chère à cause de la rareté qui en résultera sur le marché, et devenir ainsi le maître des cours. On dit un accaparement de blé ou de blés, de farine, d'huiles; on dit aussi accaparer le blé, les sucres, les alcools; c'est un accapareur de blé. Ces expressions se prennent en général en mauvaise part, et l'on regarde communément en France tout accaparement comme un acte répréhensible. Cela vient du préjugé que l'accaparement du blé a pour conséquence d'affamer le peuple. De telles spéculations, alors que les voies de communication étaient rares et difficiles, pouvaient effectivement avoir des conséquences fâcheuses pour la subsistance des populations. Il n'en est plus de même lorsque la multiplicité, la rapidité, la facilité des moyens de transport permettent toujours de combler les vides que pourrait faire un accapareur, alors surtout que la denrée qu'il se serait proposé d'acheter se trouve en si grande quantité dans le monde ouvert au commerce, que nulle fortune ne pourrait la payer. Le danger des accaparements pour la sécurité publique est désormais à peu près nul. La création d'un monopole du commerce du blé est devenue impossible dans un pays de liberté et d'où les privilèges sont bannis. On a prétendu que les accaparements sont défendus et punis par les articles 419 et 420 du Code pénal, quoique le mot accaparement n'y soit pas employé. Ces articles ont pour but de réprimer les manœuvres tendant à altérer par des moyens frauduleux le prix des denrées. Si donc un accaparement revêt une forme coupable en s'appuyant sur des faits faux ou calomnieux pour acheter et pour vendre, il tombe sous le coup des peines édictées par la loi : emprisonnement d'un mois à deux ans, amende de 500 francs à 20 000 francs, mise en surveillance durant cinq ans à dix ans. Mais une spéculation loyale consistant à acheter de grandes quantités d'une denrée lorsqu'elle est à bon marché pour la revendre, parce qu'on prévoit une cherté à une époque plus ou moins rapprochée ou lointaine, reste parfaitement légitime. Il n'en est pas moins vrai qu'on doit demander une meilleure rédaction que celle employée par le Code pénal condamnant « toute réunion ou coalition entre les principaux détenteurs d'une marchandise ou denrée, tendant à ne pas la vendre ou à ne la vendre qu'à un certain prix.... ayant opéré la hausse ou la baisse du prix au-dessus ou au-dessous des cours qu'aurait déterminés la concurrence naturelle et libre du commerce ». On ne comprend pas que la concurrence reste libre et demeure naturelle s'il est défendu de se concerter sur le fait de savoir s'il convient de vendre ou de ne pas vendre. Dans tous les cas, l'accaparement par une personne isolée n'est pas incriminé.

Le mot accaparement s'applique encore à la création d'un monopole des moyens de production, par exemple des voitures publiques, d'une culture déterminée. Mais une telle spéculation trouve toujours son correctif dans la liberté laissée à tous; elle ne devient dangereuse que si elle est fondée sur un privilège accordé par l'autorité publique.

ACCÉLÉRATEUR (*méd. vétér.*). — Qualification d'un muscle qui accélère une évacuation. Cette appellation est surtout appliquée au muscle de la verge dont l'action, pendant la copulation, fait sortir la liqueur spermatique sous forme de jet.

ACCÉLÉRATEUR (*mécanique*). — Se dit des organes de transmission qui rendent plus rapide un mouvement initial. Par exemple, les petites roues dentées, appelées pignons, sont le plus souvent des organes accélérateurs du mouvement.

ACCÉLÉRATION (*médecine vétérinaire*). — Augmentation de vitesse dans les mouvements normaux des organes. On dit : accélération du pouls, accélération de la respiration, quand la circulation du sang et la respiration sont plus rapides que dans l'état ordinaire. L'accélération n'accuse pas toujours un état de maladie, mais elle en est souvent un des signes.

ACCÈS (*médecine vétérinaire*). — Invasion brusque et souvent violente d'accidents propres à altérer ou à troubler la santé des animaux. On dit un accès de fièvre, un accès de gourme, un accès de colique, etc. Les maladies intermittentes sont caractérisées par des successions d'accès qui permettent le plus souvent d'en caractériser la nature.

ACCIDENT (*médecine vétérinaire*).— Phénomène non prévu qui survient pendant une maladie et qui la rend plus grave. On dit, par exemple, qu'une hémorrhagie subite, dans le cours d'une pneumonie, est un accident grave.

ACCISE (*économie publique*). — Impôt prélevé, dans plusieurs États, sur certains objets de consommation, et notamment sur les boissons spiritueuses. L'accise est analogue à une partie des contributions indirectes, en France.

Dans le budget de l'Angleterre, les droits d'accise forment une partie importante des recettes. Ils comprennent le produit des licences pour les cabarets et la fabrication des spiritueux et des boissons, l'impôt sur le malt, celui sur les spiritueux, celui sur le sucre employé dans les brasseries, et enfin la taxe des chemins de fer.

En Belgique, on appelle droits d'accise les impôts perçus sur les vins étrangers, sur les eaux-de-vie indigènes, sur les bières et vinaigres, et sur les sucres. Ils forment environ le dixième des recettes du budget.

Les Pays-Bas demandent aussi à l'accise une partie de leurs revenus. Les catégories qu'embrasse cet impôt sont les mêmes qu'en Belgique.

Enfin, en Russie, l'accise comprend les droits sur les spiritueux, sur les sels, sur les tabacs et sur les sucres.

ACCLIMATATION. — Action de faire vivre et se propager une race animale ou végétale transportée de son climat originaire sous un climat différent. La condition première pour qu'il y ait acclimatation est donc une différence de climat entre le lieu d'où la plante ou l'animal provient et celui où il est importé. Une race d'animaux peut être transportée très loin de son lieu d'origine, sans qu'elle ait besoin de s'acclimater; cela arrive quand il y a analogie entre les deux climats. Par contre, l'acclimatation devient nécessaire quand on fait passer un animal ou une plante d'un lieu dans un autre assez rapproché, mais présentant des différences sensibles au point de vue de la distribution de la chaleur, des pluies, des saisons, etc.

Dans leurs migrations à la surface du globe, les races humaines ont porté sur des points parfois très éloignés et sous des climats très différents, la plupart des plantes agricoles et des animaux domestiques. Le nombre de ces plantes et de ces races animales est assez restreint: on les retrouve presque toutes chez la plupart des peuples civilisés. Dans l'ancien monde, la date de ces migrations et de ces acclimatations qui ont amené parfois des variations assez sensibles dans les types, est presque impossible à fixer. La découverte du nouveau monde y provoqua l'importation du cheval, du bœuf, du mouton, du porc et d'un grand nombre de plantes cultivées, mais sans une véritable acclimatation, car ces animaux et ces plantes y trouvaient la diversité de conditions climatériques dans laquelle ils se trouvaient dans l'ancien continent. Par contre, l'Amérique a doté l'Europe de quelques plantes utiles, au premier rang desquelles il faut placer la pomme de terre.

C'est au seizième siècle que l'attention se porta, d'une manière sérieuse, sur l'utilité de l'acquisition de végétaux étrangers, surtout au point de vue médicinal. En même temps que le jardin botanique de Montpellier était créé, plusieurs jardins dits de plantes rares étaient établis à Paris. En 1626, le jardin du roi était créé; depuis cette date jusqu'à nos jours, il a réalisé de nombreuses conquêtes et développé la culture de beaucoup de plantes étrangères.

En ce qui concerne l'acclimatation des animaux étrangers en France, c'est surtout depuis une trentaine d'années que l'attention a été appelée sur ce sujet. En 1854, Isidore Geoffroy Saint-Hilaire fonda la Société d'acclimatation, qui prit un rapide développement; un grand nombre de sociétés analogues ont été créées soit en France, soit dans les autres pays. Leurs efforts se sont portés surtout sur quelques mammifères, tels que le lama, le yack, la chèvre d'Angora, sur les races de vers à soie d'Orient, sur un certain nombre de poissons. Les résultats acquis, au moins jusqu'à ce jour, ne paraissent pas avoir complètement répondu aux efforts et aux sacrifices.

Les tentatives d'acclimatation doivent être considérées sous un double aspect: celui de la curiosité naturelle à l'homme, et celui de l'utilité agricole. Au premier point de vue, tous les essais doivent être encouragés, à la seule condition qu'ils ne tendent pas à l'impossible, c'est-à-dire que, par une étude préalable, on recherche si les animaux, par exemple, qu'on veut acclimater trouveront, dans le nouveau milieu, les conditions nécessaires à leur développement. Mais au point de vue agricole, la question est plus compliquée. L'acclimatation d'espèces nouvelles est subordonnée à la question de savoir si ces espèces donneront des produits plus abondants et à meilleur compte que les animaux déjà domestiqués ou que les végétaux déjà cultivés, ou enfin si elles donneront des produits nouveaux utiles à la consommation. L'avantage économique est, en effet, la première condition de toute exploitation agricole.

ACCLIMATEMENT. — Résultat de l'acclimatation. Cette expression est parfois employée, à tort, comme synonyme d'acclimatation.

Les essais d'acclimatation entraînent souvent soit des maladies, soit des dégénérescences. Lorsqu'un animal est transporté d'un climat dans un autre, il est éprouvé d'une manière plus ou moins sérieuse, par l'influence du nouveau milieu dans lequel il se trouve. Ainsi, chez un animal transporté dans un climat plus froid que le sien, les organes respiratoires sont assez facilement atteints; de même, quand il passe d'un climat sec sous un climat humide. Les changements forcés dans le systèm d'alimentation produisent souvent des désordres plus ou moins graves. L'action des milieux entraîne enfin des modifications dans le tempérament.

Les effets généraux que le changement de climat produit sur les animaux domestiques n'ont pas été encore suffisamment étudiés pour qu'on puisse donner des règles absolument précises Mais un fait est bien établi, c'est que les changements brusques dans les conditions climatériques doivent être accompagnés des précautions hygiéniques les plus sévères.

ACCOLAGE (*arboriculture*). — Action de fixer à des soutiens les branches des arbres ou arbustes fruitiers. L'accolage est pratiqué soit pour la vigne, soit pour les arbres fruitiers cultivés en espaliers.

Pour la vigne, on fixe les sarments aux échalas; pour les arbres en espaliers, l'accolage est fait soit à des tuteurs, soit à des treillages, soit enfin directement sur les murs. L'accolage a pour but de donner aux sarments ou aux branches une direction déterminée. Il faut, pour que cette opération ne soit pas nuisible, qu'elle soit faite avec certaines précautions. En premier lieu, il est important de n'employer que des liens qui ne puissent pas blesser les rameaux, et de les faire toujours assez lâches pour qu'ils ne gênent pas la circulation. En deuxième lieu, l'accolage doit être pratiqué dès la fin du printemps, après la sortie des bourgeons; à ce moment les rameaux se prêtent mieux à subir la direction qu'on veut leur donner. Enfin, il est important, dans cette opération, d'éviter de couvrir les bourgeons et rameaux à fruits, et de les diriger de manière que le fruit reçoive régulièrement l'action du soleil.

Les liens le plus ordinairement employés pour pratiquer l'accolage sont faits avec de l'osier, de la paille de seigle, des joncs qu'on rend plus souples en les trempant préalablement dans l'eau, des loques de fil ou de laine, et enfin des fils de fer; l'emploi de ces derniers liens doit être entouré de précautions spéciales pour éviter les blessures aux arbres. Récemment, on a préconisé, pour l'accolage de la vigne conduite sur fils de fer, de petits crochets métalliques à œil double, dont l'un tient au fil de fer et l'autre au sarment; l'emploi de ces crochets paraît assurer une certaine économie de main-d'œuvre dans le travail.

L'accolage est une opération nécessaire partout dans la conduite des arbres fruitiers en espaliers. Pour la vigne, l'accolage est pratiqué de deux manières différentes : ou bien on fixe à l'échalas, avec un seul lien, le cep et les sarments qu'on lui laisse en le taillant, ou bien on lie les jeunes pousses de la vigne seules à l'échalas. L'accolage doit être pratiqué autant que possible par un temps doux et couvert, plutôt humide que sec; il faut éviter de faire l'opération après les grandes pluies, à cause de l'état du sol; mais on doit craindre surtout la sécheresse excessive et les ardeurs du soleil. La manière de faire l'accolage dépend surtout des méthodes d'échalassage.

L'accolage est une pratique très généralement répandue dans les vignes du centre et du nord de la France ; il est moins usité dans le Midi. Il a surtout pour but de placer les grappes sous l'influence du soleil, de les soustraire à l'action de l'humidité en les empêchant de toucher au sol, de mettre obstacle à ce que les grands vents détachent les bourgeons, et enfin de faciliter les façons à donner au sol pendant l'été.

ACCOLAGE (*greffe*). — Se dit quelquefois de la greffe d'un sarment frais coupé sur un autre qui reste adhérent au cep de la vigne.

ACCOLURE. — Lien qui sert à faire l'accolage, et dont la nature a été indiquée au mot *accolage*. Cette expression est d'ailleurs peu usitée.

ACCOMPAGNEMENT (*médecine vétérinaire*). — Matière visqueuse et blanchâtre que l'on voit quelquefois autour du cristallin de l'œil dans l'opération de la cataracte. On désigne aussi par ce nom un lambeau de la membrane cristalline devenue opaque.

ACCOUCHEMENT (*médecine vétérinaire*). — Expression employée quelquefois pour indiquer la sortie naturelle, à terme, hors de la matrice des femelles, des fœtus des espèces domestiques. Mais on dit généralement parturition ou délivrance ; on dit encore que les femelles ont *mis bas*. Suivant les espèces, des expressions spéciales sont employées dans le langage vulgaire. D'une jument, on dit qu'elle a *pouliné* ou qu'elle a *fait son poulain ;* d'une vache, qu'elle a *vélé;* d'une brebis, qu'elle a *agnelé*. La parturition des vaches est communément appelée *vêlage ;* celle de la brebis est désignée par le mot d'*agnelage*. — Le mot accouchement doit être réservé à l'espèce humaine.

ACCOUPLE. — Liens avec lesquels on attache les animaux ensemble pour les conduire plus facilement. C'est surtout un terme de vénerie, et il s'applique alors aux chiens de chasse. Mais on l'emploie aussi pour désigner les liens avec lesquels on attache d'autres animaux pour les conduire au pâturage, au marché, etc. Enfin, ce terme est appliqué aux animaux réunis de cette manière.

ACCOUPLEMENT. — Réunion du mâle et de la femelle pour l'acte de la génération. Cette expression s'applique indistinctement à tous les animaux, sauvages ou domestiques. Pour ces derniers, l'accouplement est spécialement désigné sous le nom de *monte*. Il faut distinguer l'accouplement de l'appareillement, qui implique chez l'homme un choix dans les animaux reproducteurs accouplés, en vue d'obtenir un résultat déterminé. — Accouplement se dit aussi de la réunion des animaux par couples.

ACCOUPLER. — Réunir par couples. Les animaux domestiques sont souvent accouplés pour le travail. Ainsi, accoupler des bœufs, c'est les mettre ensemble sous le joug; accoupler des chevaux, c'est les atteler de front à la même voiture. Pour accoupler deux bêtes qui doivent travailler ensemble, il faut prendre certaines précautions. Deux bœufs mis sous le même joug doivent avoir la même taille et autant que possible la même force ; leur allure doit être égale, et il est bon de les habituer au même pas. S'il s'agit d'un attelage de chevaux, surtout pour une voiture de luxe, à ces conditions il faut ajouter que les animaux aient la même robe et le même port. Autant l'harmonie dans les mouvements de deux bêtes accouplées flatte l'œil, autant le désordre des mouvements est une cause de dépréciation pour une paire de chevaux de service.

S'accoupler se dit des animaux qui s'unissent pour l'acte de la génération.

ACCRESCENT (*botan.*). — Se dit des parties de la fleur, autres que l'ovaire, qui prennent de l'accroissement après la fécondation de celui-ci. Les exemples en sont assez rares.

ACCROISSEMENT. — Action de croître, de pousser. Cette expression s'applique aussi bien au règne animal qu'au règne végétal. Il faut donc considérer successivement les conditions de l'accroissement des animaux et de l'accroissement des plantes.

Accroissement des animaux. — Les changements d'état dans la masse du corps des animaux commencent à se produire dès le moment de la conception dans le sein de leur mère : mais on les considère surtout ici à partir du moment de la naissance, où l'individu est isolé et vit d'une vie propre. L'accroissement des animaux se fait à la fois dans leur taille et dans la masse de leurs organes. C'est par la nutrition que se produit ce double phénomène. Le jeune animal s'assimile les aliments qu'il absorbe, et, sous l'influence de la vie, les tissus qui forment son corps se développent par la formation de nouvelles cellules se juxtaposant aux anciennes et remplaçant celles usées par l'exercice des fonctions. Il est donc indispensable que les aliments renferment tous les éléments qui constituent le corps; une alimentation complète ,à la fois sous le rapport de la qualité et sous celui de l'abondance, est la condition fondamentale de l'accroissement normal de l'animal. Telle est la loi naturelle ; on en trouve la preuve dans ce fait souvent constaté, que les individus d'une race transportés d'une contrée où ils trouvaient une alimentation riche et abondante dans une autre contrée où ils n'avaient plus qu'une maigre nourriture, ont perdu de leur taille normale et n'ont donné que des rejetons rabougris, tandis que ceux d'autres races, transportés dans une contrée plus riche que celle où ils vivaient, ont, au contraire, pris un accroissement plus considérable. C'est un principe que les agriculteurs doivent avoir toujours présent à l'esprit, que l'alimentation abondante dès le bas âge est, pour les animaux domestiques, nécessaire pour un accroissement normal et régulier.

Pendant la première partie de l'existence des animaux, les aliments sont surtout utilisés pour l'évolution des tissus formant les diverses parties du corps, tissu fibreux, tissu musculaire, tissu osseux, etc. Lorsque ce développement est devenu complet, c'est-à-dire qu'il a acquis les conditions et les proportions appropriées à la race, l'animal a atteint l'âge adulte. A ce moment, le squelette est complètement formé, la taille de l'animal est définitive. L'âge adulte est caractérisé d'une manière extérieure par l'achèvement de l'évolution du système dentaire. Si sa taille n'augmente plus, l'animal adulte peut encore croître en poids. Tous les tissus ont acquis leurs propriétés physiologiques et anatomiques; mais ils peuvent être augmentés en volume par l'accroissement du nombre des cellules qui les forment. Toutefois ce développement a, pour chaque espèce, des limites à peu près fixes. Alors la vieillesse se produit par la diminution de la faculté d'assimilation, et la mort arrive.

Le temps pendant lequel se produit l'accroissement des animaux abandonnés aux seules forces de la nature, varie suivant les espèces. Il est d'autant plus considérable que la longévité est plus grande. Au delà de sa limite naturelle, l'accroissement est arrêté. Mais cette limite peut être diminuée par l'homme ; c'est le but que les agriculteurs cherchent à atteindre, quand ils essayent de former des races dites précoces. La *précocité* n'est pas autre chose qu'un développement normal, plus rapide que l'accroissement naturel. Des résultats considérables ont été obtenus à cet égard pour un grand nombre de races d'animaux domestiques.

Accroissement des végétaux. — Toute plante provient originairement d'une graine. Suivant que la plante appartient à l'un des trois grands ordres : acotylédones, monocotylédones ou dicotylédones, l'organisation de la graine varie. La graine est composée d'un tissu de cellules primordiales au milieu duquel se trouve l'embryon formé de tissus fibro-vasculaires; celui-ci représente en proportions microscopiques la plante qui doit en sortir; ses parties sont analogues à celles qui forment la base essentielle de l'organisation végétale. La graine étant placée dans le sol et sous des influences favorables, l'embryon se développe, en puisant sa première nourriture dans le tissu qui l'entoure. Cet accroissement est dû à la formation de nouvelles cellules qui s'ajoutent à celles dont l'ensemble compose l'embryon. C'est par la multiplication des cellules, quelques transformations que celles-ci subissent plus tard, que le végétal s'accroît. Mirbel, qui s'est occupé le premier de la multiplication des cellules formant les tissus, admettait trois modes de développement : inter-utriculaire dans lequel les cellules apparaîtraient dans les intervalles entre d'autres cellules; super-utriculaire, dans lequel les cellules nouvelles naîtraient sur la face externe des cellules antérieurement existantes; intra-utriculaire, caractérisé par la formation de nouvelles cellules dans l'intérieur des cellules préexistantes. Les observations postérieures ont démontré que ce dernier mode de développement serait seul réel et que les deux autres devaient être rejetés. C'est donc le seul qui soit admis aujourd'hui par les physiologistes. Mais celui-ci se fait de deux manières différentes : par l'effet de la division des cellules qui existaient déjà, ou par la formation de nouvelles cellules isolément et sans division. La formation par division est produite par une cloison transversale qui sépare la cellule en deux parties, en même temps que celle-ci augmente de volume. C'est toujours dans les cellules terminales ou latérales de la plante que cette division se produit. La division sur les cellules latérales est le commencement de la production d'un nouveau rameau. Quant aux cellules nées de formations libres, elles ne se manifestent que dans un petit nombre de cas; mais cette production offre de l'intérêt parce qu'elle se rencontre dans les parties destinées à la multiplication des végétaux, notamment les graines.

Toutes les plantes présentent cette simplicité à leur origine; elles ne diffèrent ensuite que par le nombre variable, la disposition réciproque et le groupement des cellules pour former les tissus variés qui constituent le végétal. Comme les animaux, les plantes se nourrissent, et elles ne peuvent se développer d'une manière normale qu'à la condition de trouver dans le sol et dans l'atmosphère les éléments de leur nutrition. Comme les animaux aussi, les plantes passent par trois périodes : celle de la jeunesse, pendant laquelle elles croissent; celle de l'âge adulte, où elles ont atteint leur complet développement; celle de la décrépitude, qui aboutit à la mort. Chacune de ces périodes est d'autant plus longue que la vie naturelle de la plante dure pendant plus longtemps. Il en est qui parcourent toutes les phases de leur existence en quelques mois, comme les céréales cultivées; d'autres dont la vie dure pendant des siècles.

Accroissement, en droit civil, est une augmentation de l'étendue du sol ou du fonds territorial, au profit du possesseur. Ainsi, les terres que les atterrissements ajoutent aux rives d'une rivière appartiennent au propriétaire par droit d'accroissement.

ACCRUE (*droit rural*). — Augmentation de la surface d'un terrain par le retrait des eaux ou par l'extension des bois, etc.

En matière forestière, l'accrue provient de la croissance spontanée, sur les limites des bois et forêts, d'une végétation provenant de l'extension des racines ou des semences d'arbres portées par le vent. Cette augmentation de la surface boisée peut être l'objet de contestations entre le propriétaire de la forêt et celui du fonds voisin, l'un et l'autre pouvant réclamer l'accrue comme un accessoire de leur fonds. C'est un principe général que les accrues de bois appartiennent au propriétaire du terrain sur lequel elles se trouvent, à moins qu'il ne les laisse perdre par sa négligence en laissant acquérir la prescription contre lui. La prescription est, dans le cas, de trente ans, et elle ne peut avoir lieu qu'autant qu'il n'y a pas de marque séparative, comme fossé, bornes, etc., entre le bois et l'héritage voisin.

Les accrues sur les eaux peuvent se produire soit par alluvion, soit par atterrissement. L'alluvion est l'accroissement successif et imperceptible que reçoit le fonds riverain sur lequel la rivière dépose le limon et les autres matières qu'elle charrie. Quant à l'atterrissement ou relais, c'est l'accroissement dû à la retraite insensible des eaux d'une rivière, d'une rive sur l'autre. Qu'il s'agisse de l'alluvion ou de l'atterrissement, le propriétaire riverain profite de l'accroissement apporté à son héritage; cette règle est générale pour tous les cours d'eau, qu'ils soient ou non navigables ou flottables.

Si la propriété riveraine s'est accrue par le fait d'un relais ou atterrissement, c'est-à-dire si, en se retirant d'une manière insensible, les eaux de la rivière ont empiété sur l'héritage de la rive opposée, le propriétaire de ce fonds n'a droit à aucune indemnité, et il ne peut réclamer à titre de compensation, sur l'autre rive, le terrain qu'il a perdu de son côté. Il en serait autrement dans le cas où la rivière, au lieu de se déplacer insensiblement, se serait formé un nouveau lit, en abandonnant son ancien; alors les propriétaires des fonds nouvellement occupés prendraient, à titre d'indemnité, l'ancien lit abandonné, chacun dans la proportion du terrain qui lui a été enlevé. Le propriétaire, sur une rive, a le droit de se défendre contre les relais, en garantissant sa propriété par des fascines, des apports de pierres ou de terre, à la condition toutefois que les travaux qu'il fait dans ce but ne portent pas préjudice au propriétaire de la rive opposée. Si ces travaux anticipent sur la rivière, en changent le cours et portent les eaux sur l'autre rive, les riverains menacés peuvent, soit les interdire, soit même en faire ordonner la destruction quand ils ont été exécutés sans leur assentiment. — Le régime des accrues sur les rivières navigables ou flottables dont le lit appartient à l'État, est déterminé par les états des terrains situés sur ces rivières; les questions qui en ressortent sont régies par le droit commun et appartiennent aux tribunaux ordinaires. — En ce qui concerne les lacs et étangs, le bénéfice de l'accrue ne peut pas être réclamé à leur égard; le propriétaire de l'étang conserve toujours, même quand l'eau vient à diminuer, le terrain que celle-ci couvre quand elle est à la hauteur de la décharge de l'étang. Réciproquement, si par l'effet d'une crue extraordinaire, les eaux du lac ou de l'étang se répandaient sur les champs voisins, le propriétaire du lac ou de l'étang ne peut pas, après la retraite des eaux, prétendre à quelque droit sur les terres riveraines. — Les îles et îlots qui se forment dans le lit des rivières navigables ou flottables appartiennent à l'État; ceux qui se forment dans les autres rivières appartiennent aux propriétaires riverains du côté où l'île s'est formée; si elle ne s'est pas formée d'un seul côté, elle appartient aux propriétaires riverains des deux cotés, à partir d'une ligne qu'on suppose tracée au milieu de la rivière.

ACCULER (*chasse*).— Pousser les bêtes poursuivies dans un lieu sans issue, ou au fond de leur terrier. Cette expression est employée surtout pour les sangliers, les renards, les blaireaux. On dit : les chiens ont acculé le sanglier. Le renard est à l'accul quand il est réfugié au fond de son terrier.

ACCULER (S'). — Se dit du cheval de selle qui se rejette brusquement sur ses jarrets devant un obstacle ou simplement en refusant d'avancer. Se dit aussi du cheval de trait lorsqu'il fait des efforts pour retenir sur une pente la voiture à laquelle il est attelé ; dans cette situation, il se rejette en arrière, marche seulement avec les jambes de devant, en se laissant glisser sur les pieds de derrière, les jambes de ce côté étant ramenées sous le corps. Ce mouvement anormal peut occasionner des accidents graves, surtout lorsque les chevaux sont jeunes. Les précautions à prendre pour en atténuer les effets, consistent à enrayer les roues de la voiture ou charrette, à couper autant que possible obliquement la pente, à mettre en retraite c'est-à-dire en arrière une partie des chevaux de l'attelage, quand celui-ci en comporte plusieurs. Mais ce dernier moyen présente des dangers pour tous les chevaux, lorsque la pente est très rapide. Il est utile, quand une charrette doit souvent parcourir des chemins accidentés, de la munir de l'appareil connu sous le nom de tuteur du limonier.

ACÉPHALE. — Classe d'animaux appartenant à l'embranchement des Mollusques, et ainsi appelée parce que le corps est disposé de façon qu'on n'y reconnaît pas une tête distincte : la bouche est le plus souvent cachée sous un repli du manteau. Les acéphales sont divisés en deux ordres, selon que leurs branchies sont ou ne sont pas lamelleuses. L'huître et la moule sont des acéphales.

ACÉPHALOCYSTE (*méd. vétér.*). — Vésicules, de grosseur variable, appelées aussi hydatites, remplies d'un fluide incolore, produits parasitiques de l'organisme, sans communication avec le tissu vasculaire. L'acéphalocyste rameuse est la môle hydatiforme de l'utérus. L'acéphalocyste tremblottante, généralement enfermée dans un kyste fibreux, est un organe de protection de l'échinocoque en voie de développement. Ces vésicules sont stériles ou fertiles, suivant qu'elles renferment des échinocoques ou qu'elles n'en renferment pas.

ACERBE. — Qualification d'une chose dont le goût est âpre. Un grand nombre de fruits sont acerbes avant leur maturité; quelques-uns même conservent le goût acerbe quand ils sont complètement mûrs.

ACÉRINÉES (*botanique*). — Famille de plantes arbustives dycotylédones, polypétales, à étamines hypogynes. Cette famille est caractérisée par l'érable (*Acer*). Les principaux genres qu'elle renferme sont l'*érable* et le *négundo*. Les acérinées se distinguent par leurs feuilles toujours opposées et leurs pétales non appendiculés. Leur fruit est sec, et il se partage en deux samares monospermes; les graines sont dépourvues de périsperme. Les acérinées habitent les régions tempérées de l'hémisphère boréal, et surtout l'Amérique. Les arbres de cette famille renferment une sève sucrée, laiteuse chez les uns, limpide chez les autres. On la recueille par incision du tronc, soit pour la faire évaporer et en retirer le sucre, soit pour la faire fermenter, afin de préparer une boisson. Leur écorce est astringente et elle fournit des principes colorants rougeâtres ou jaunes.

ACÉTAL (*chimie agricole*). — L'acétal ($C^8H^{10}O^2$) doit être considéré comme une combinaison de l'aldéhyde avec l'éther ordinaire. C'est un liquide éthéré, unicolore, d'une odeur suave spéciale, d'une saveur fraîche avec arrière-goût de noisette, d'une mobilité un peu moindre que celle de l'éther, ayant une densité de 0,821 à 22 degrés ; bouillant à 104 degrés, peu soluble dans l'eau, mais très soluble dans l'alcool et dans l'éther. On le prépare par un grand nombre de procédés qui exigent des manipulations délicates. Il doit suffire de dire ici qu'il se produit en même temps que diverses autres substances dont il faut le séparer par des distillations successives et des saturations des autres corps concomitants, toutes les fois qu'on oxyde l'alcool.

ACÉTAMIDE (*chimie agricole*). — L'acétamide (C^4H^5OAz) est une substance solide blanche, cristalline, fondant à 78 degrés, bouillant à 220 degrés, très soluble dans l'eau, l'alcool et l'éther, ayant une saveur fraîche et sucrée. On doit la considérer comme un azoture d'acétyle. On l'obtient dans la distillation de l'acétate d'ammoniaque, ou bien en chauffant en vases clos de l'ammoniaque aqueuse avec de l'éther acétique.

ACÉTATES (*chimie agricole*). — On appelle acétates les sels qui résultent de la combinaison de l'acide acétique avec les bases. De ces sels, les uns sont neutres, les autres acides, et enfin il en est aussi de basiques. Les premiers sont ceux dans lesquels un équivalent d'acide acétique est combiné avec un équivalent de base ; dans les seconds, il y a en plus de l'acide acétique de cristallisation ; dans les troisièmes, c'est la base qui se trouve doublée, ou triplée, ou même multipliée davantage encore.

Tous les acétates sont solubles dans l'eau et dans l'alcool; quelques-uns sont déliquescents; ceux de mercure et d'argent sont les moins solubles, et pour cette raison les dissolutions de sels d'argent et de mercure donnent des précipités blancs dans les dissolutions d'acétates neutres. Ils se décomposent sous l'action de la chaleur à la température rouge ; ils donnent alors, les uns de l'acétone et un carbonate, les autres des produits plus complexes. Quand on les traite par de l'acide sulfurique, on les décompose et l'on met en liberté de l'acide acétique que l'on reconnaît facilement à son odeur piquante spéciale de vinaigre. Chauffés avec un mélange d'acide sulfurique et d'alcool, ils dégagent de l'éther acétique reconnaissable à son odeur agréable. Chauffés à 200 degrés avec un mélange de potasse caustique et d'acide arsénieux, ils répandent l'odeur fétide du cacodyle. Enfin le perchlorure de fer donne une teinte d'un rouge foncé aux dissolutions d'acétates neutres. Au moyen de l'ensemble de ces caractères, il est toujours facile de reconnaître un acétate.

Plusieurs acétates sont employés en médecine ou dans les arts et doivent en conséquence être signalés aux agriculteurs. Ce sont l'acétate de potasse, l'acétate de soude, l'acétate d'ammoniaque, l'acétate de chaux, l'acétate d'alumine, l'acétate de protoxyde de fer et l'acétate de peroxyde de fer, l'acétate neutre et les acétates basiques ou sous-acétates de plomb ; les acétates basiques de plomb sont aussi employés comme réactifs dans les laboratoires. Il faut donner ici des détails spéciaux sur la préparation de l'acétate de cuivre, qui est une industrie agricole.

L'acide acétique fournit avec l'oxyde de cuivre plusieurs sels, parmi lesquels il faut d'abord signaler l'acétate neutre, que dans le commerce on appelle verdet cristallisé ou cristaux de Vénus. Il se présente en beaux prismes rhomboïdaux d'un vert foncé ; il est soluble dans cinq fois son poids d'eau bouillante et en petite quantité dans l'alcool ; il est styptique et très vénéneux.

Les cristaux de verdet renferment de l'eau de cristallisation ; ils se déshydratent vers 140 degrés, et ils se décomposent vers 270 degrés en produisant des vapeurs blanches d'acétate cuivreux, de l'acétone, de l'acide carbonique et des gaz combustibles. On le prépare en dissolvant le vert-de-gris dans l'acide acétique, ou bien par double décomposition en mêlant des solutions chaudes de sulfate de cuivre et d'acétate de soude et en concentrant ; l'acétate de cuivre moins soluble se dépose à l'état cristallisé, et le sulfate de soude reste dans les eaux mères.

Le vert-de-gris ou verdet de Montpellier est un mélange d'acétates de cuivre basiques. Les sortes bleues du vert-de-gris du commerce renferment surtout de l'acétate bibasique, les sortes vertes de l'acétate sesquibasique; il s'y trouve en outre de l'acétate tribasique. La composition moyenne est de :

Acide acétique supposé anhydre....	28,5
Oxyde de cuivre..........................	43,5
Eau..	28,0
Total.............	100,0

Dans le département de l'Hérault on prépare le vert-de-gris en abandonnant à l'oxydation de l'air des lames de cuivre empilées avec du marc de raisin. M. Aimé Girard a décrit cette fabrication dans les termes suivants dans le *Dictionnaire de chimie industrielle* de Barreswil : « A l'époque de la vendange, on recueille le marc resté sous le pressoir, que l'on désigne sous le nom de *racque*, et on l'empile dans des tonneaux que l'on clôt hermétiquement pour empêcher la fermentation acide, jusqu'au jour où ce marc devra entrer en travail. Il est presque inutile d'ajouter, d'ailleurs, que ce produit est d'autant meilleur qu'il a été moins pressé et que, par suite, il renferme plus de vin. Le moment de son emploi étant arrivé, on l'enlève du fût et on le divise autant que possible, en s'arrangeant de manière à lui faire occuper un volume à peu près double de celui qu'il occupait lorsqu'il était comprimé. Après avoir subi cette première préparation, la *racque* est abandonnée à la fermentation acide. Si l'air pénètre bien dans la masse, celle-ci est rapide, la substance s'échauffe quelquefois jusqu'à 40 degrés et ne tarde pas à exhaler l'odeur de l'acide acétique. Lorsque la fermentation est terminée, on prend des plaques de cuivre, généralement de vieux doublages de navire, que l'on coupe à la cisaille dans les dimensions de 0m,08 sur 0m,15 environ; chacune de ces lames est frottée, sur ses deux faces, avec un vieux linge imprégné d'une dissolution de vert-de-gris; cette espèce de peinture a pour but d'activer l'oxydation dans les premiers moments. Cela fait, le marc et les lames sont portés dans des vases en grès spéciaux désignés sous le nom d'*oules;* chacun de ces vases mesure 0m,50 de hauteur environ, et peut contenir, outre le marc, de 20 à 25 kilogrammes de cuivre. Les substances sont disposées dans les oules de la manière suivante : chaque plaque est d'abord chauffée au-dessus d'un feu clair jusqu'à ce qu'il soit difficile de la tenir à la main; puis, après avoir déposé au fond de l'oule une première couche de marc aigri, on la recouvre d'un lit de plaques chaudes; sur celles-ci on place une nouvelle couche de marc, puis des plaques, et ainsi de suite jusqu'à ce que l'oule soit pleine; la dernière couche doit être formée par du marc. Ainsi remplies, et recouvertes d'un bouchon en tresse de paille, les oules sont abandonnées dans des pièces à température constante, généralement dans des caves... Lorsque, au bout d'un laps de temps variable de dix à vingt jours, on voit le marc blanchir, on est instruit que l'opération est terminée; on vide alors les oules, on rejette le marc et l'on met les plaques de côté; au bout de deux ou trois jours on les mouille en les plongeant dans l'eau, puis on renouvelle cette immersion six à sept fois et de semaine en semaine; enfin, avec un racloir, on détache de chaque plaque de cuivre le vert-de-gris qui la recouvre. Celui-ci constitue une pâte que l'on pétrit avec soin, et que l'on expose à l'air dans des sacs, jusqu'à ce qu'elle soit à peu près sèche; on la moule ensuite, par pression, dans ces mêmes sacs, sous la forme de pains rectangulaires; c'est à cet état que le commerce est habitué à recevoir le vert-de-gris. Les lames qui ont servi rentrent immédiatement en travail, et servent à la préparation de nouvelles quantités de substance, jusqu'à ce qu'elles soient entièrement dissoutes. » A Grenoble on prépare le vert-de-gris en arrosant le cuivre avec du vinaigre chaud. En Suède, on empile des lames de cuivre en interposant entre ces lames des morceaux de draps imprégnés de vinaigre; quand le tout est devenu vert, on abandonne encore la pile à l'action de l'air pendant quelque temps, en ayant soin de l'arroser assez fréquemment avec de l'eau.

On ne doit employer en médecine les acétates de cuivre qu'à l'extérieur, dans des collyres et dans des onguents ou des emplâtres, pour réprimer des excroissances, cautériser des ulcérations, etc. On en fait usage dans la peinture, ainsi que dans l'industrie de la teinture et de l'impression.

Lorsqu'on ajoute à une solution bouillante de 4 parties d'acide arsénieux dans 50 parties d'eau une bouillie claire faite avec 5 parties de verdet délayées dans de l'eau tiède, et qu'on fait ensuite bouillir en versant de temps en temps de l'acide acétique, on obtient un précipité d'abord d'un vert jaunâtre qui devient peu à peu cristallisé et prend une belle couleur verte : c'est le vert de Schweinfurt, très employé dans l'industrie pour colorer les papiers peints, les étoffes, les fleurs artificielles, et dont on a aussi conseillé l'emploi contre le doryphora des pommes de terre. C'est un poison énergique, composé d'acétate de cuivre et d'arsénite de cuivre. Son usage est dangereux et a souvent donné lieu à de graves accidents.

Comme corps employé en médecine, il faut enfin citer l'acétate de morphine. On l'obtient en traitant la morphine par une quantité d'acide acétique suffisante pour la dissoudre; on évapore ensuite à une douce chaleur. C'est un corps blanc dont on assure la solubilité dans l'eau par quelques gouttes d'acide acétique. On s'en sert pour faire des pilules et des potions ou pour le faire absorber par la méthode endermique. On ne doit en faire usage qu'à la dose de 1 à 5 centigrammes. Les autres acétates sont à peu près inusités.

ACÉTEUX, ACÉTEUSE. — Se dit d'un corps ou d'une substance ayant le goût du vinaigre.

ACÉTIQUE (ACIDE). — L'acide acétique étendu d'eau est connu depuis la plus haute antiquité, mais ce n'est que dans la chimie moderne qu'on a pu déterminer sa composition réelle et constater l'identité du même corps sous des appellations différentes.

On connaît aujourd'hui l'acide acétique anhydre ($C^4H^6O^3$) ; l'acide acétique monohydraté ($C^4H^6O^3,H^2O = C^4H^8O^4 = 2(C^2H^4O^2)$); l'acide acétique étendu d'eau.

L'acide acétique anhydre n'est encore qu'un produit de laboratoire : il a été découvert en 1852 par Gerhardt; c'est un liquide incolore, d'une densité de 1,073, bouillant à 137°,5 en répandant des vapeurs qui irritent vivement les yeux. Il est très avide d'eau. On l'obtient en faisant agir le chlorure de benzoïle sur l'acétate de potasse, ou bien sur le même sel le perchlorure de phosphore.

L'acide acétique monohydraté se présente en cristaux formés de tables hexagonales qui restent solides jusqu'à 17 degrés. A cette température, il fond et donne un liquide incolore, répandant l'odeur suffoquante caractéristique du vinaigre le plus fort. Très caustique et corrosif, mis sur la peau, il détruit l'épiderme et produit la vésication. Il bout vers 120 degrés ; ses vapeurs sont inflammables et brûlent avec une flamme bleue. Il attire l'humidité de l'air et se dissout en toutes proportions dans l'eau et dans l'alcool. Il n'attaque pas le carbonate de chaux quand il est cristallisable, et un mélange d'alcool l'empêche d'agir sur le papier de tournesol. Quand il est mélangé avec l'eau, il donne un liquide qui augmente de densité jusqu'à une certaine proportion ; le maximum de densité est obtenu entre 77 et 80 d'acide monohydraté et 23 et 20 d'eau; lorsqu'on l'étend de 43 pour 100 de son poids d'eau, il a la même densité qu'à l'état monohydraté. Ces résultats sont représentés dans la table suivante dressée par M. Oudemans, dont les déterminations ont corrigé celles qu'avait données M. Mohr, et dont on s'est longtemps servi avant d'en reconnaître l'inexactitude.

Acide acétique cristallisable.	Densité à 15 degrés.	Acide acétique cristallisable.	Densité à 15 degrés.
100	1.0553	49	1.0607
99	1.0580	48	1.0598
98	1.0604	47	1.0589
97	1.0625	46	1.0580
96	1.0644	45	1 0571
95	1.0660	44	1.0562
94	1.0674	43	1.0552
93	1.0686	42	1.0543
92	1.0696	41	1.0533
91	1.0705	40	1.0523
90	1.0713	39	1.0513
89	1.0720	38	1.0502
88	1.0726	37	1.0492
87	1.0731	36	1.0481
86	1.0736	35	1.0470
85	1.0739	34	1.0459
84	1.0742	33	1.0447
83	1.0744	32	1.0436
82	1.0746	31	1.0424
81	1.0747	30	1.0412
80	1.0748	29	1.0400
79	1.0748	28	1.0388
78	1.0748	27	1.0375
77	1.0748	26	1.0363
76	1.0747	25	1.0350
75	1.0746	24	1.0337
74	1.0744	23	1.0324
73	1.0742	22	1.0311
72	1.0740	21	1.0298
71	1.0737	20	1.0284
70	1.0733	19	1.0270
69	1.0729	18	1.0256
68	1.0725	17	1.0242
67	1.0721	16	1.0228
66	1.0717	15	1.0214
65	1.0712	14	1.0200
64	1.0707	13	1.0185
63	1.0702	12	1.0171
62	1.0697	11	1.0157
61	1.0691	10	1.0142
60	1.0685	9	1.0127
59	1.0679	8	1.0113
58	1.0673	7	1.0098
57	1.0666	6	1.0083
56	1.0660	5	1.0067
55	1.0653	4	1.0052
54	1.0646	3	1.0037
53	1.0638	2	1.0022
52	1.0631	1	1.0007
51	1.0623	0	0.9992
50	1.0615		

Il résulte de cette table que la densité de l'acide acétique ne peut pas servir à déterminer son degré de concentration, et que pour apprécier l'acidité du vinaigre, il faut avoir recours à un procédé d'analyse reposant sur la saturation par une base.

Cependant on a proposé de doser l'acide cristallisable contenu dans l'acide aqueux en déterminant le point de solidification. D'après des tables dressées par MM. Rudorff et Grimaux, on aurait les résultats suivants :

Eau.	Acide acétique.	Point de solidification.
.	100	16°,7
1	99	14°,8
2	98	13°,3
3	97	11°,9
4	96	10°,5
5	95	9°,4
6	94	8°,2
7	93	7°,1
8	92	6°,2
9	91	5°,3
10	90	4°,3
11	89	3°,6
12	88	2°,7
13	87	−1°,4
24	76	−11°,0
31,18	68,82	−18°,9
38,14	61,85	−24°,0
49,38	50,62	−19°,8

Quand les acides sont très riches en eau, c'est l'eau qui se solidifie, et non pas l'acide acétique; c'est pourquoi les anciens chimistes concentraient le vinaigre en le soumettant à la congélation et en rejetant la partie solide, qui était de la glace.

Lorsqu'il est plus ou moins étendu d'eau, l'acide acétique a des réactions acides bien nettes, ainsi qu'une odeur et une saveur caractéristiques. Il se combine avec toutes les bases pour donner naissance à de nombreux sels dont les applications sont importantes. C'est l'acide qui est le plus commun, en ce sens qu'il s'en trouve sous le nom de vinaigre dans tous les ménages. Il peut servir aux agriculteurs pour reconnaître un calcaire ou une marne : il suffit de placer la terre à essayer et pulvérisée au fond d'un verre, de verser un peu d'eau pour couvrir la matière, et ensuite d'ajouter l'acide ; il se fait une effervescence gazeuse d'autant plus vive que la proportion de carbonate extraite est plus grande.

Quand on chauffe l'acide acétique cristallisable avec de l'acide sulfurique concentré, il se produit de l'acide sulfureux et de l'acide carbonique. Par l'action du brome et du chlore, il se forme des acides particuliers par suite de substitutions. Par l'action de la chaleur rouge, la vapeur d'acide acétique se détruit avec production de gaz combustibles. Il a la propriété de dissoudre les résines, l'albumine et la fibrine.

On obtient l'acide acétique cristallisable par deux procédés principaux. Le premier consiste à chauffer dans une cornue de grès de l'acétate neutre de cuivre jusqu'à ce qu'il ne passe plus rien à la distillation, et à condenser le produit. On rectifie le liquide par une nouvelle distillation en fractionnant les liquides recueillis et conservant ceux ayant une densité de 1,075 à 1,083. Il n'y a alors que quelques impuretés dans l'acide produit. Il constitue ce qu'on appelle vulgairement le vinaigre radical, ou encore l'esprit de Vénus. Dans le second procédé, on chauffe 625 parties d'acétate de soude cristallisé avec 250 parties d'acide sulfurique à la densité de 1,84, jusqu'à ce qu'on ait obtenu 180 parties environ : on rectifie le liquide en le redistillant sur de l'acétate de soude bien desséché, on a ainsi l'acide acétique cristallisable pur. Le vésicatoire de Beauvoisin n'est autre que du papier brouillard imbibé d'acide acétique et que l'on applique sur la peau.

L'acide acétique, soit étendu d'eau, soit en combinaison avec les bases, est très répandu dans la nature, et il se produit dans un grand nombre de circonstances. Il se rencontre dans la sève de toutes les plantes et dans plusieurs sécrétions animales. Les deux sources principales de sa production sont : 1° la fermentation acide du vin et des autres liquides spiritueux, laquelle donne naissance à ce qu'on appelle du *vinaigre*, c'est-à-dire à l'acide acétique dont on se sert dans la consommation ménagère ; 2° la distillation sèche du bois, qui permet de condenser l'acide *pyroligneux*, c'est-à-dire l'acide acétique employé dans les arts. Dans le vinaigre et dans l'acide pyroligneux à l'état brut, l'acide acétique est mélangé de quelques matières étrangères, mais il est facile de le purifier en le transformant en acétates dont la décomposition se pratique soit par la chaleur, soit par l'action de l'acide sulfurique.

Les flacons de poche, qui contiennent ce qu'on

appelle du sel de vinaigre (sel de Westendorff, sel alexitère, sel poignant), se préparent en remplissant préalablement ces flacons avec du sulfate de potasse granulé et en y versant quelques gouttes d'acide acétique aromatisé qu'on prépare, suivant le Codex, en mélangeant: acide acétique cristallisable, 600 parties; camphre, 60; huile volatile de lavande, 0,5; huile volatile de girofle, 2; huile volatile de cannelle, 1. Ces flacons débouchés sous le nez sont employés dans les syncopes, les défaillances, les migraines. Le vinaigre aromatique anglais n'est autre que du vinaigre cristallisable coloré en rouge avec de la cochenille et mélangé de petites quantités d'essences. Toutes ces préparations ou d'analogues sont employées pour masquer les mauvaises odeurs des lieux publics.

ACÉTIQUE (ÉTHER) (*chimie agr.*). — L'éther acétique ou acétate d'éthyle [$C^8H^{16}O^4 = C^4H^{10}O, C^4H^6O^3 = 2(C^4H^8O^2) = 2(C^2H^3O^2, C^2H^5)$], a été découvert en 1759 par Lauraguais qui l'a obtenu en chauffant un mélange d'alcool et d'acide acétique. C'est un liquide incolore, d'une odeur douce et agréable, ayant une densité de 0,91 à zéro et de 0,89 à + 15 degrés; il bout à 74 degrés. Il brûle avec une flamme d'un blanc jaunâtre. Il est soluble en toutes proportions dans l'alcool et l'éther, dans onze ou douze fois son poids d'eau.

Cet éther existe en quantités notables dans le vinaigre de vin et même dans certains vins. On le prépare en versant un mélange d'acide sulfurique et d'alcool à 90 degrés sur un acétate bien desséché, et en chauffant d'abord avec précaution, puis en poussant l'action de la chaleur peu à peu jusqu'à ce qu'il ne distille plus rien; on lave le produit distillé, on le dessèche sur du chlorure de calcium et on le rectifie. On a une quantité d'éther acétique occupant un volume à peu près égal à celui de l'alcool employé.

ACÉTONE (*chimie agr.*). — L'acétone (C^3H^6O) est un liquide limpide, incolore, très fluide, d'une odeur éthérée particulière, d'une saveur brûlante, d'une densité de 0,814 à zéro, bouillant à environ 56 degrés, ne se solidifiant que sous un froid de — 15 degrés, soluble dans l'eau, l'alcool et l'éther, se combinant avec les bisulfites alcalins pour former un corps cristallisable. Cette substance se produit dans la distillation sèche des acétates, particulièrement de ceux de plomb et de chaux. Il se forme toujours en même temps des hydrocarbures. Cette substance est devenue le type d'une classe nombreuse de composés parmi lesquels il faut citer la butyrone et la valérone.

ACÉTYLE (*chimie*). — On donne le nom d'acétyle (C^2H^3O) à un radical qui n'a pas encore été obtenu et qui sert, dans la théorie des substitutions, à expliquer la formation d'un grand nombre de composés. L'acide acétique anhydre est de l'oxyde d'acétyle [$2(C^2H^3O), O$]; l'acide acétique concentré est de l'hydrate d'oxyde d'acétyle [$2(C^2H^3O), O, H^2O = C^4H^8O^4$]; l'azoture d'acétyle est l'acétamide (C^2H^3O, AzH^2), etc. Dans cette théorie, l'acétyle est modifié par substitution du chlore, du brome ou de l'iode à l'hydrogène, ou encore par celle du soufre à l'oxygène. Les éthers acétiques proviennent du remplacement de l'hydrogène par un radical alcoolique.

ACÉTYLÈNE (*chimie agric.*). — Entrevu dès le commencement du dix-neuvième siècle par divers chimistes, ce corps (C^2H^2) n'a été préparé pur que par M. Berthelot en 1859. C'est un gaz incolore que l'on n'a pas encore pu ni liquéfier, ni solidifier, d'une odeur particulière désagréable, inflammable, brûlant avec une flamme très éclairante et fuligineuse. Il forme le gaz le moins hydrogéné de la série des hydrogénés carburés. Il exige, pour sa combustion complète, cinq volumes d'oxygène pour deux volumes d'acétylène, et il fournit quatre volumes d'acide carbonique. Sa densité est de 0,92. Il est assez soluble dans l'eau, dans l'alcool, le sulfure de carbone, l'essence de térébenthine, la benzine, l'acide acétique cristallisable, etc. Il est toxique. Il a pour caractère distinctif de former un précipité rouge marron dans la solution ammoniacale de protochlorure de cuivre. Il joue un rôle dans toutes les combustions incomplètes des gaz carburés. Il se produit : 1° par le passage de l'étincelle électrique entre deux pointes de charbon placées dans l'hydrogène; le mieux est d'employer le charbon de cornue purifié; 2° quand on fait passer de la vapeur d'éther, d'alcool ou d'esprit de bois à travers un tube chauffé au rouge; 3° toutes les fois qu'un composé organique brûle au contact de l'air avec production de noir de fumée, etc., etc. Le chlore, le brome, les métaux alcalins exercent sur ce corps des actions énergiques. Si on l'abandonne pendant plusieurs mois en présence de l'oxygène et de la potasse, il donne naissance à de l'acide acétique, qui se produit plus rapidement quand le gaz est en dissolution dans l'eau en présence de l'acide chromique.

ACHADE. — Nom donné, dans plusieurs parties de l'ancienne province de Guyenne, à la houe qui sert au binage des vignes. Le manche a 80 centimètres de longueur, le fer a 22 centimètres de largeur sur 33 centimètres de longueur.

ACHAINE (*botanique*). S'écrit aussi *akène*. — Fruit à une seule graine, ne s'ouvrant pas spontanément, sec à maturité, et dont le péricarpe n'est pas soudé aux enveloppes de la graine. Le gland du chêne est un achaine; de même, les fruits du châtaignier, et ceux d'un grand nombre de plantes de la famille des Rosacées et de celle des Composées.

ACHARD (*biographie agricole*). — Né à Berlin en 1753, d'une famille française, mort en 1821, il est le créateur de l'industrie de la fabrication du sucre de betteraves.

ACHE (*botanique* et *horticulture*). — On donne vulgairement le nom d'ache à plusieurs plantes, en faisant suivre ce mot d'une autre qualification. Ainsi l'ache des chiens n'est autre que la petite ciguë (*Œthusa cynapium* Linné), plante entièrement vénéneuse et qui teint en jaune foncé. L'ache d'eau est le persil (*Apium petroselinum* Linné); l'ache douce est le céleri (*Apium graveolens*). On donne le nom d'ache des rochers au persil de Macédoine (*Bubon Macedonicum* Linné), dont les feuilles se mettent dans les vêtements pour les protéger contre les insectes. L'ache large ou gros persil de Macédoine (*Smyrnium ologatrum* Linné), a des racines qui donnent un bon goût au bouillon et qui sont aussi employées, ainsi que les feuilles, pour nourrir les lapins durant l'hiver et doter leur chair d'une saveur agréable. L'ache de montagne est la Livêche (*Ligusticum levistichum* Linné) ou persil de montagne dont les racines et les fruits sont stimulants et dont les feuilles, mêlées au fourrage, passent pour guérir les bestiaux de la toux. — L'ache sauvage est le *Selenium sylvestre* Dec., dont la racine est souvent employée comme purgatif ou comme masticatoire. — Toutes ces plantes appartiennent à la famille des Ombellifères et ont des feuilles analogues à celles du persil ordinaire; les anciens en estimaient le feuillage, s'en couronnaient le front, en ornaient les sépultures.

ACHÉES. — Nom générique par lequel on désigne les lombrics et autres vers de terre qui servent comme appât pour la pêche ou pour la nourriture des oiseaux. Les pêcheurs les recherchent surtout dans les prairies basses, humides et ombragées. L'*Encyclopédie* de d'Alembert et Diderot n'a pas dédaigné d'indiquer les moyens propres à se procurer les achées. Les principaux qu'elle recommande sont les suivants : on va dans un pré et l'on choisit une place assez humide sur laquelle on trépigne avec les pieds pendant plusieurs minutes; les vers sortent du sol tout autour de cette place, et on les ramasse quand ils sont dehors. Une autre méthode consiste à faire bouillir des feuilles de noyer ou de chanvre, et à répandre sur la terre l'eau dans laquelle ces feuilles ont bouilli; au bout de quelques minutes les vers commencent à sortir. Ce procédé est encore employé par un grand nombre de pêcheurs. L'*Encyclopédie* recommande aussi d'enfoncer à une profondeur de 30 à 35 centimètres un gros bâton dans un endroit d'un pré humide, et de remuer le bâton en tous sens pendant plusieurs minutes; l'ébranlement fait sortir les vers qui se trouvent dans la terre ainsi remuée.

ACHILLÉE (*botanique, horticulture et praticulture*). — Plante herbacée vivace, assez commune dans les prairies en France, appartenant à la section des Radiées, sous-famille des Tubuliflores, tribu des Senecionidées, groupe des Anthémidées, dans la grande famille botanique des Composées. Le genre Achillée (*Achillea* Lin.), ainsi nommé parce qu'il est dédié à Achille qui, dit-on, employa l'espèce commune pour cicatriser les plaies, se subdivise en un grand nombre d'espèces. Les principales sont:

1. L'achillée mille-feuille (*Achillea millefolium*), appelée vulgairement mille-feuille, herbe à la coupure, saigne-nez, herbe militaire, sourcil de Vénus, herbe de saint Jean, herbe aux voituriers, herbe au charpentier (fig. 59). Elle est très commune dans les pâturages. Très vivace et très précoce, elle constitue un bon fourrage. Les bestiaux recherchent les jeunes pousses de cette plante, qui reviennent rapidement après avoir été broutées. La tige atteint une hauteur de 60 à 80 centimètres; les feuilles sont bipennées, les folioles linéaires et dentées; les fleurs, disposées en corymbe serré, sont petites et blanches ou roses, car il en est deux variétés; la plus ordinaire est à fleurs blanches; on trouve ses grains en abondance dans le commerce. On peut en faire des pelouses en semant d'août en octobre 8 à 10 kilogrammes de graine par hectare, aussi uniformément que possible sur le sol et en couvrant par un simple coup de rouleau. Les pelouses obtenues sont rustiques et se conservent très bien, même en été, à la condition d'empêcher les tiges florales de se développer en coupant souvent, soit avec la faux, soit avec la tondeuse de gazon.

Fig. 59 — Achillée mille-feuille.

Le plus grand nombre des sols conviennent à cette plante; mais elle vient moins bien dans les sols très secs et crayeux. Dans quelques parties de l'Allemagne, l'achillée est cultivée dans les prairies artificielles; on l'arrache au printemps pour livrer ses racines en nourriture au bétail; on prétend qu'elles donnent aux vaches un lait abondant et d'excellent goût. On attribue à l'achillée mille-feuille des propriétés vulnéraires; on applique la plante fraîche et pilée sur les blessures faites par des outils tranchants. En Dalecarlie (Suède), cette plante est employée pour remplacer le houblon dans la fabrication de la bière.

Enfin l'achillée mille-feuille est cultivée dans les jardins, surtout comme plante de massif ou de plate-bande; elle se multiplie facilement par éclats à l'automne ou au printemps; les pieds doivent être placés à 30 ou 35 centimètres de distance les uns des autres; ses fleurs s'épanouissent de juin en juillet et conviennent très bien pour la confection des bouquets. D'après Vilmorin, c'est une bonne plante pour les terrains secs et pour les jardins que l'on ne peut guère soigner; elle réussit même très bien dans les jardins aux bords de la mer et sur le sable des dunes.

2° L'achillée naine (*A. nana*), originaire des Alpes, appelée *Genépi blanc* et dont les sommités fleuries font partie des vulnéraires suisses.

3° L'achillée de Clavenne (*A. Clavennæ*) appelée aussi ptarmique de Clavenne; elle a un feuillage blanchâtre qui produit assez d'effet dans les rochers factices ou sur des talus rocailleux. L'exposition nord et la terre de bruyère lui sont nécessaires, à moins qu'on ne puisse la planter en terrains graveleux; elle fleurit en juin et juillet.

4° L'achillée tomenteuse (*A. tomentosa*), plante buissonnante, de l'Europe méridionale, aimant les lieux secs et rocailleux à l'exposition du midi; ses fleurs sont d'un jaune assez vif, et durent de juin à août; si on les dessèche la tête en bas en un lieu abrité, elles conservent assez bien leur forme et leur couleur pour entrer dans la composition de bouquets perpétuels.

5° L'achillée ptarmique à fleurs doubles (*A. ptarmica vulgaris*), appelée aussi bouton d'argent (fig. 60), herbe à éternuer, est très rustique et croît indifféremment dans tous les terrains un peu frais et à toutes les expositions; elle est très propre à la décoration des plates-bandes et sur le bord des massifs ou pour former des groupes autour des arbres isolés sur les pelouses; on espace les pieds de 40 à 50 centimètres. La plante présente des tiges rameuses et touffues, d'une hauteur de 0m,70 à 1 mètre; ses fleurs blanches et très doubles sont beaucoup employées pour la confection de couronnes funéraires et de bouquets.

Fig. 60. — Achillée ptarmique.

6° L'achillée à feuilles de Filipendule (*A. filipendulum*), originaire d'Orient, est très remarquable par sa taille élevée et par l'ampleur de ses fleurs d'une couleur très vive d'un jaune d'or dont le corymbe a plus de 15 centimètres de diamètre (fig. 61). Ses tiges, peu rameuses, atteignent une hauteur de 1m,20. Elle est très propre à la décoration des grands jardins paysagers. Elle croît à peu près dans tous les terrains, mais il convient de la mettre à une exposition chaude et aérée. Elle fleurit de juin-juillet à août. « On doit la semer, dit le *Manuel des fleurs de pleine terre* de la maison Vilmorin, d'où nous tirons les figures 59,

960 et 61 : 1° de mai en juillet, en pépinière; on repique en pépinière et l'on plante à demeure en octobre et en mars; — 2° en mars, sur couche, et l'on repique en place dès que le plant s'est suffisamment développé : ce dernier semis a l'avantage de donner parfois une floraison dès l'automne de

Fig. 61. — Achillée à feuilles de Filipendule.

la même année; enfin on peut la multiplier d'éclats en automne et au printemps. Les pieds doivent être espacés de 60 à 70 centimètres. » Ses fleurs peuvent être employées comme celles des variétés précédentes.

7° L'achillée musquée (*A. moschata*), ou vrai génépi des Alpes; en Suisse on en retire une liqueur spiritueuse, dite esprit d'iva, très estimée en Italie.

Ces espèces et quelques autres moins importantes sont cultivées comme plantes ornementales. Les terrains secs et laissant écouler facilement les eaux sont ceux qui leur conviennent le mieux. La méthode de multiplication la plus simple est celle par éclats; on les fait venir aussi de graines semées sur couche à une bonne exposition, ou sous châssis ordinaire.

Les achillées ont en général une odeur forte, aromatique, ainsi qu'une saveur chaude et camphrée, astringente et parfois amère, ce qui explique pourquoi elles sont employées dans les *Falltrank* ou *Thés suisses*.

L'achilléine est un principe immédiat amer qu'on retire de l'achillée mille-feuille et surtout de l'extrait aqueux d'iva. On concentre l'extrait; il laisse déposer une matière qui a reçu le nom de *moschetine*. Le liquide filtré est traité par une base, et le résidu est épuisé par l'alcool qui ne dissout que l'achilléine. La réaction du produit est alcaline. On obtient des sels avec les acides. C'est donc un alcaloïde, mais sans propriétés toniques. Il y a, en outre, dans l'extrait aqueux de la plante un acide qu'on regarde comme identique à l'acide aconitique.

ACHORE (*médecine vétérinaire*). — Ulcération superficielle produite sur la peau des poulains sortant du pâturage. Ces ulcérations font tomber le poil. Elles peuvent durer jusqu'à l'époque des gourmes ou dégénérer en dartres, quand elles ne sont pas combattues. Les soins de propreté et les lotions avec l'eau phéniquée les font disparaître assez facilement.

ACHORION (*médecine vétérinaire*).— Cryptogame qui caractérise la teigne faveuse. Découvert par Schœnlein en 1842, il a été l'objet d'études nombreuses. La maladie qu'il détermine a été constatée sur le cheval, le chien, le chat, le lapin et les oiseaux de basse-cour. Elle se manifeste sur toutes les parties du corps, particulièrement à la tête, au front et sur la nuque. Le cryptogame se développe sous forme de godets jaunâtres enchâssés sur la peau et attaquant le derme de manière à atrophier les bulbes du poil. L'acide phénique, la pommade de nitrate d'argent, le sublimé sont les agents adoptés par l'art vétérinaire pour détruire ce parasite.

ACICULAIRE (*botanique*). — Qualification des feuilles minces et allongées en forme d'aiguilles. Elles sont presque cylindriques, et leur extrémité est pointue. Les feuilles des pins sont aciculaires.

ACICULÉ (*botanique*). — Se dit d'organes dont la surface est marquée par des raies fines et sans ordre, qui paraissent avoir été faites avec la pointe d'une aiguille. Cette qualification s'applique surtout aux fruits et aux graines.

ACIDES (*chimie*). — Le mot acide a d'abord été employé pour caractériser tout corps ayant une saveur *aigre*, analogue à celle du vinaigre. Plus tard on donna ce nom à tout corps ayant la propriété de rougir les couleurs végétales, et particulièrement la teinture bleue violacée de tournesol. Lorsqu'on reconnut que les acides, en se combinant avec des bases, donnaient des sels le plus souvent cristallisables qui, dissous dans l'eau, sont décomposés par le courant d'une pile électrique de telle sorte que l'acide se porte au pôle positif et la base au pôle négatif, on appela acides les corps qui jouent dans les sels le rôle électro-négatif puisqu'ils se rendent au pôle contraire, c'est-à-dire au positif. Dès lors un corps est acide, même lorsque, à cause de son insolubilité dans l'eau, il est sans action sur les couleurs végétales.

Dans cette théorie dite dualistique, due principalement à Lavoisier et à Berzelius, les acides peuvent ne pas contenir d'eau; quand ils sont combinés avec de l'eau, celle-ci peut être remplacée par une base. On a proposé de lui substituer une autre théorie à laquelle ont contribué un grand nombre de chimistes illustres, mais qui a été mise en corps de doctrine par M. Wurtz. Dans la nouvelle théorie, les acides sans eau de la chimie dualistique sont dits des anhydrides; tout corps vraiment acide renferme de l'hydrogène qui peut être remplacé par un métal. Il faut alors deux caractères pour distinguer les acides : 1° avec les hydrates basiques ils donnent lieu à une double décomposition ayant pour résultat une production d'eau et la substitution d'un métal à l'hydrogène; 2° ils peuvent fournir un chlorure qui en dérive par la substitution de Cl à OH et qui est susceptible, lorsqu'on le traite par l'eau, de reproduire l'acide primitif en même temps qu'il se dégage de l'acide chlorhydrique.

On donne le nom de basicité à la propriété qu'ont les acides de renfermer un, deux, trois... atomes d'hydrogène remplaçables par les métaux. Mais outre l'hydrogène remplaçable par les métaux, les acides peuvent contenir de l'hydrogène qui, tout en étant en dehors du radical, ne soit pas remplaçable par les métaux, mais seulement par les radicaux négatifs ou faiblement positifs; ce dernier hydrogène (H) a reçu le nom de typique non basique des acides. Tout acide qui renferme plusieurs H typiques est dit polyatomique (mono, di, tri, tétra... atomique). Tout acide qui renferme plusieurs H basiques est dit polybasique (mono, bi, tri, tétra... basique). Lorsque le nombre des hydrogènes typiques des acides est le même que celui de leurs hydrogènes basiques, on dit que leur basicité égale leur atomicité. On connaît actuellement des acides monoatomiques (ils sont nécessairement monobasiques, l'atomicité pouvant dépasser la basicité, sans que jamais l'inverse puisse avoir lieu); des acides diatomiques, les uns monobasiques, les autres bibasiques; des acides triatomiques, mono, bi ou tribasiques : des acides tétratomiques, de basicités diverses, et quelques acides d'une atomicité supérieure à quatre. Mais il est inutile, pour les applications actuelles de la chimie à l'agriculture, d'entrer dans d'autres considérations sur les caractères de ces divers groupes d'acides. Les définitions précédentes étaient néanmoins nécessaires pour permettre de comprendre certaines expressions des traités de chimie moderne. Il faut en retenir ceci, c'est que l'on ne doit plus faire, au point de vue théorique pur, de distinction entre les acides de la chimie minérale et ceux de la chimie organique; néanmoins on continue, sous le rapport de l'origine, à considérer deux classes d'acides : ceux qui proviennent des minéraux, et ceux qui se rencontrent comme principes immédiats dans les matières végétales ou animales, ou bien qui dérivent par diverses réactions de matières organiques.

Les principaux acides dont les agriculteurs doivent connaître les caractères sont :

Parmi ceux de la première catégorie, les acides sulfurique, sulfureux, hyposulfureux, sulfhydrique; azotique, azoteux (ou autrement nommés nitrique et nitreux); carbonique; phosphorique et phosphoreux; chlorhydrique, chlorique, chloreux; iodhydrique, iodique; silicique; borique; arsénique, arsénieux; molybdique.

Parmi ceux de la deuxième catégorie, les acides acétique, oxalique, tartrique, formique, benzoïque, succinique, tannique, butyrique, citrique, caséique, salycilique, cyanhydrique, gallique, lactique, malique, margarique, oléique, pectique, phénique, stéarique, ulmique, urique.

ACIDIFIABLE. — Se dit d'une matière qui peut être convertie en acide.

ACIDIFICATION. — Conversion d'une liqueur en acide.

ACIDIFIER. — On dit qu'on acidifie un corps, lorsqu'on le convertit en acide; l'expression s'emploie particulièrement au sujet d'une liqueur à laquelle on ajoute un acide. Un vin s'est acidifié, lorsqu'il est devenu plus acide.

ACIDIMÉTRIE. — L'acidimétrie est le dosage des acides, ou l'analyse quantitative d'un acide par les liqueurs alcalines titrées que l'on verse goutte à goutte jusqu'à la neutralisation. On fait l'analyse acidimétrique d'un vinaigre au moyen d'une liqueur alcaline de potasse ou de soude dont on sait préalablement qu'un volume déterminé correspond à une quantité connue d'acide acétique.

ACIDITÉ. — Qualité de ce qui est acide. On dit acidité de l'oseille, du verjus, du citron, etc.

ACIDULE. — Une liqueur est acidule lorsqu'elle est légèrement acide.

ACIDULER. — On acidule une boisson, lorsqu'on la rend légèrement acide; elle est alors acidulée.

ACIER (*chimie industrielle*). — L'acier est un composé de fer et de carbone, susceptible d'acquérir par la trempe un grand degré de dureté et de prendre par un recuit convenable de l'élasticité sans perdre toute sa dureté. La densité de l'acier est comprise entre 7,2 et 7,9. Le durcissement de l'acier par la trempe est accompagné d'une diminution notable dans la densité, et cette diminution devient plus grande à mesure que le nombre des trempes qu'on lui fait subir s'accroît. La cassure de l'acier est grenue avec finesse, uniforme et d'une couleur plus claire que celle du fer. Le grain de la cassure devient plus fin par le martelage et par la trempe.

La trempe communique à l'acier un peu d'aigreur, que le recuit fait disparaître, tout en conservant la dureté. Afin de proportionner la dureté de l'acier aux usages auxquels on le destine, on le polit après l'avoir trempé et on lui fait subir un recuit plus ou moins intense. On apprécie la température du recuit d'après la couleur qu'il communique au métal, et qui provient d'une oxydation superficielle. L'acier chauffé successivement devient d'abord d'un jaune paille, puis d'un jaune doré, pour passer successivement au pourpre, au violet, au bleu clair, au bleu foncé, et enfin au bleu noir. On recuit à telle ou telle couleur, selon la qualité de l'acier ou la nature des objets. En général, le recuit au jaune se donne pour les instruments destinés à travailler le fer; celui au jaune doré pour les instruments qui doivent servir à travailler des métaux moins durs; celui au pourpre pour les couteaux; celui au violet ou au bleu pour les ressorts de montre; celui au bleu noir pour les scies fines et les forets.

Pendant une longue suite de siècles, les procédés de fabrication de l'acier ont été purement empiriques; ils étaient dus au hasard et souvent conservés à l'état de recettes cachées dans certains pays ou même des usines dont les marques demeuraient très recherchées. Les progrès de cette branche importante de la métallurgie, qui a fini par rendre de grands services à la fabrication des instruments et des machines de l'agriculture, sont dus au génie inventif des peuples européens et des travaux scientifiques auxquels la France a pris une très grande part. C'est à Réaumur que l'on doit de savoir que le principe aciérant est le charbon pur, et que l'acier est simplement un intermédiaire entre le fer et la fonte; moins carburé que la fonte, l'acier l'est plus que le fer. Les quantités de charbon que l'acier renferme sont comprises entre 6 et 19 millièmes de son poids. Les corps étrangers que l'on rencontre en très petites quantités dans l'acier, ainsi que dans la fonte et le fer, peuvent modifier la qualité de l'acier, mais ils ne la constituent pas. Ces corps sont l'azote, le silicium, le soufre le phosphore, l'arsenic, le manganèse, le tungstène, le chrome, etc. Ils sont nuisibles à la qualité de l'acier lorsque, comme le silicium et le soufre, par exemple, ils peuvent déplacer, sous l'influence de la chaleur, le carbone uni au fer et l'empêcher de rentrer en combinaison sous l'action du martelage. Les corps qui, au contraire, comme le manganèse, s'allient à la fois au carbone et au fer et en facilitent la combinaison, peuvent être avantageux dans la fabrication de l'acier, surtout s'ils peuvent permettre l'entraînement des matières étrangères dans les scories. Le carbone dans l'acier ne paraît retenu au fer que par une affinité assez faible, que peut modifier la présence de très petites quantités d'autres corps que l'on redoute de trouver, soit dans les minerais, soit dans les fers, soit dans les fontes qui servent à fabriquer l'acier.

Lorsqu'on attaque un acier par les acides, on constate que tantôt le fer et le carbone sont dissous à la fois, que tantôt il reste un résidu charbonneux. Les qualités de l'acier croissent à mesure que la proportion de carbone soluble dans les acides est plus grande. Le martelage et la trempe rendent cette combinaison plus intime.

Dans un acier que la trempe durcit assez pour qu'il étincelle sous le briquet, il y a au moins 6 millièmes de carbone; dans un acier qui acquiert par la trempe le maximum de dureté et de ténacité, la proportion de carbone s'élève à 12 et même 15 millièmes; si la proportion de carbone s'élève à 18 millièmes, l'acier peut encore être travaillé et martelé, et il a une très grande dureté en même temps que beaucoup de ténacité, mais il ne peut plus se souder; avec 19 millièmes, il n'a plus de malléabilité à chaud.

Les aciers sont fusibles sous l'action d'une forte chaleur; ils acquièrent par la fusion une grande homogénéité, une grande finesse et beaucoup de dureté, mais ils ne peuvent plus être travaillés que par des ouvriers très exercés. On effectue la fusion dans des creusets ou bien au four à réverbère. Les creusets dans lesquels on procède à la fusion de l'acier exigent des soins extrêmes dans leur fabrication; ils sont généralement en terre réfractaire. Ils ont 0m,20 de diamètre et 0m,50 à 0m,60 de hauteur et peuvent contenir de 20 à 40 kilogrammes d'acier. On les chauffe à la houille ou au coke, et ils ne peuvent servir qu'à un petit nombre de coulées. On y met l'acier, cassé en petits fragments, au moment où les creusets commencent à se ramollir par la haute température développée dans le four où ils sont chauffés. On coule dans des lingotières qu'on ferme avec un morceau de fonte. La fusion de l'acier dans les fours à réverbère s'effectue en préservant la matière du contact de l'air par un laitier formé de verre à bouteille ou de scories de haut fourneau.

Les divers aciers que distingue le commerce sont: l'acier naturel, l'acier puddlé, l'acier cémenté, l'acier Bessemer, l'acier Wootz, l'acier poule.

L'acier naturel est celui qu'on obtient soit par l'affinage de la fonte, soit par l'extraction directe d'un minerai de fer. L'affinage de la fonte a pour but de la décarburer en partie, c'est-à-dire de lui enlever une portion de son carbone.

ACIÉRAGE. — On appelle aciérage l'opération qui consiste à donner à une planche de cuivre la dureté de l'acier.

ACIÉRATION. — Opération par laquelle l'acier se produit. C'est une opération industrielle qui n'a que des relations éloignées avec les industries agricoles; celles-ci emploient l'acier, mais ne le fabriquent pas.

ACIÉRER. — Convertir de la fonte ou du fer en acier. — On dit qu'une fonte peut s'aciérer ou s'acière si l'on peut la convertir ou si elle se convertit en acier. — Enfin, un fer ou une fonte sont aciérés si on les a transformés en acier.

ACIÉRIE. — Une aciérie est une usine où l'on fabrique de l'acier.

ACINIER. — Nom vulgaire donné à l'aubépine dans une partie des Alpes.

ACISELER (*viticulture*). — Se dit, dans les vignobles d'Ay et d'Épernay, de l'opération qui consiste à coucher les ceps de vigne pour en multiplier le nombre. C'est pratiquer une sorte de provignage, qui est opéré de la manière suivante: A la fin de l'hiver, on taille les sarments inutiles, et l'on ne garde sur le bois de deux ans qu'un ou deux sarments. On fait ensuite un bêchage à une profondeur de 15 à 20 centimètres, de manière à dégager les racines au-dessous de ce bois et à permettre de le recoucher dans la jauge ouverte, sans rompre la tige souterraine à laquelle il se relie. Le bois de deux ans étant recouvert de terre après avoir été couché, on taille à trois ou quatre yeux les sarments qu'il porte, puis on fixe les échalas. Telle est la façon qui est donnée chaque année à la vigne. Aciseler consiste à se servir de cette façon pour multiplier les ceps par *écart* et *avance*, comme il suit. Quand on veut avancer ou écarter un cep, on lui laisse deux sarments à la taille de l'année précédente; on obtient ainsi deux bois de deux ans formant une fourche, et on les recouche ensemble dans la jauge. Pour écarter, le vigneron choisit un sarment sur chacune de ces broches, et au bêchage, il écarte les broches, en fixant l'une, au moyen d'une petite fiche en fer à crochet, l'autre broche restant dans le sol maintenue simplement par la terre comprimée. S'il s'agit, au contraire, d'avancer, le vigneron choisit sur l'une des broches le sarment le plus bas qu'il couche dans la même ligne transversale, tandis que sur l'autre broche, il prend le sarment le plus élevé et couche le prolongement de la souche et son sarment, pour faire sortir celui-ci à la hauteur de la ligne suivante de ceps. On peut ainsi écarter ou avancer une broche seulement ou les deux broches à double sarment; on peut sur une broche, avancer un sarment et écarter l'autre, c'est-à-dire faire progresser le cep dans le sens de la largeur et de la longueur de la vigne.

Par suite de ces écartements et avancements successifs, toute symétrie disparait dans l'alignement des pieds de vigne. Ceux-ci sont distants de 40 à 50 centimètres seulement, et l'on arrive à compter 40 000 à 50 000 pieds à l'hectare. La souche souterraine reçoit le nom de *hoque;* souvent chaque cep n'a qu'une broche sur la souche; lorsque celle-ci est forte, on lui en laisse deux. Mais la règle générale est de laisser une seule broche à la hoque, quand elle s'affaiblit, jusqu'à ce que la végétation redevienne exubérante à l'extrémité. Dans ce système de culture, la souche de la vigne forme, suivant l'expression du docteur Guyot, une immense treille souterraine qui se divise en autant de rameaux qu'elle fournit d'avances ou d'écarts. Cette multiplication des ceps présente des avantages, comme aussi des inconvénients. Au nombre des avantages, il faut citer la grande expansion prise par les racines qui se forment sur toutes les souches couchées et qui assurent une vigueur considérable à la végétation. Le principal inconvénient est que ce système s'oppose d'une manière absolue à la culture de la vigne au moyen d'instruments mus par les animaux.

ACKER (*poids et mesures*). — Ancienne mesure agraire en usage dans quelques parties de l'Allemagne, notamment dans la Saxe royale et dans la Hesse électorale. L'acker de Saxe, comptant 100 perches carrées, vaut 55 ares 40 centiares; l'acker de Saxe-Weimar, comprenant 140 perches carrées, vaut 28 ares 50 centiares; l'acker de la Hesse électorale, renfermant 160 perches carrées, vaut 23 ares 86 centiares. Aux termes de la loi d'empire du 22 avril 1871, l'are du système métrique est devenu la mesure agraire légale pour toute l'Allemagne.

ACNÉ (*médecine vétérinaire*). — Maladie de la peau observée sur le cheval, le chien et le porc, et caractérisée par une inflammation des follicules sébacés, due à des pustules isolées, acuminées, à base dure, sans prurit. Cette maladie a surtout son siège dans la tête et le dessus du tronc. Elle est souvent chronique, mais elle ne paraît pas dangereuse. Elle se présente sous plusieurs formes: l'acné simple, quand l'inflammation est légère; l'acné indurée, quand cette inflammation est plus profonde; l'acné pustuleuse, quand l'inflammation se termine par la suppuration; l'acné sébacée, quand la pustule sécrète en assez grande quantité de la matière sébacée, quelquefois mêlée à un peu de sang. L'acné ne demande pas de traitement spécial, autre que des lotions stimulantes avec de l'eau alcoolisée. — D'après Nysten, on devrait dire *acmé*.

ACOCHETON. — Ancienne expression usitée, dans quelques parties de la France, pour désigner les tas formés en relevant les avoines coupées. Plusieurs acochetons forment une gerbe.

ACOER. — Expression locale, usitée dans quelques parties du département de la Meuse, pour désigner le binage des vignes.

ACOEU. — Se dit, dans quelques parties du département de la Meuse, de la houe qui sert à biner les vignes. Le fer de cette houe est demi-circulaire; son diametre est de 11 à 12 centimètres.

ACONIT (*botanique, horticulture et chimie*). — On donne le nom d'aconits à des plantes vivaces, remarquables par la beauté et la forme de leurs fleurs, cultivées dans les jardins comme plantes d'ornement, mais connues depuis l'antiquité pour leurs propriétés vénéneuses.

L'aconit se développe généralement en une longue tige, de 80 centimètres à $1^{m},25$ de hauteur, dressée, simple, glabre et cylindrique. Les feuilles sont alternes et formées de cinq à sept lobes allongés, profondément découpés en lanières étroites et aiguës; elles sont luisantes, d'un vert foncé en dessus, pâle en dessous. Les fleurs s'épanouissent à la partie supérieure de la tige en épi très beau; elles sont, suivant les espèces, jaunes ou bleues, et affectent la forme d'un heaume ou casque. La racine est tubéreuse, noirâtre, en forme de rhizomes courts terminés par trois jets pivotants et charnus. Les propriétés vénéneuses de l'aconit se manifestent par l'absorption soit d'une partie de la plante, soit d'un extrait alcoolique ou

Fig. 62. — Aconit napel.

aqueux; c'est surtout la racine qui est dangereuse. A ce point de vue, la plante est classée parmi les narcotiques âcres. Elle est employée en médecine pour combattre les rhumatismes, l'angine, certaines maladies de cœur, en raison des principes immédiats qu'elle renferme. On rapporte que les anciens Germains connaissaient les propriétés vénéneuses de l'aconit et trempaient le fer de leurs flèches et de leurs lances dans le suc de cette plante.

L'aconit appartient à la famille des Renonculacées. Ses principales espèces sont : 1° l'*A. lycoctonum*, tue-loup, à fleurs jaunâtres en grappe ; 2° l'*A. Napellus*, ou aconit napel (petit navet), à fleurs d'un bleu assez intense, disposées en épi serré (fig. 62) : cette dernière est la plus répandue dans les prés et les bois des montagnes de l'Europe, et elle est la plus recherchée comme plante d'ornement, on lui donne le nom de char de Vénus, à cause de la forme de la fleur ; 3° l'*A. ferox*, commune dans l'Inde et qui produit le poison appelé Bish, Bishy ou Vishi, avec lequel les indigènes empoisonnaient autrefois leurs flèches. On en connaît un autre, l'*A. anthora*, vulgairement Maclou ; puis l'*Aconitum Cammarum* ou à grandes fleurs bleues, celui à fleurs rouges, celui à fleurs blanches, celui à fleurs panachées, etc. Les aconits fleurissent généralement en été, mais quelques-uns à l'automne, notamment l'aconit du Japon dont les fleurs sont d'un blanc foncé ou azuré.

La culture de ces plantes dans les jardins est facile. On les multiplie de deux manières : par éclats ou division des touffes, et par semis. Les semis se font au printemps, en pot ou en pépinière, dans de la terre de bruyère mélangée de sable ; on procède au repiquage la deuxième année. Les aconits sont d'ailleurs des plantes très rustiques ; mais il est essentiel de prendre à leur égard les précautions que la prudence commande, et surtout prendre garde de les introduire dans les jardins potagers où leurs racines, quand les pousses sont encore jeunes, peuvent être confondues avec celles du céleri ou du raifort.

On retire des aconits plusieurs substances dont quelques-unes sont des poisons plus ou moins énergiques.

En première ligne on doit placer l'*aconitine*, qui exerce une action toxique très violente. Elle se présente à l'état pur sous forme d'une poudre blanche, légère, peu soluble dans l'eau froide, plus soluble dans l'eau bouillante qui n'en prend que 2 pour 100 de son poids; sa dissolution ramène au bleu le papier de tournesol rougi par un acide; elle est soluble dans l'alcool et dans l'éther. Elle n'a pas d'odeur, mais sa saveur présente une amertume et une âcreté persistantes. Pour la préparer, on prend la racine de l'aconit napel, on la réduit en poudre et on la fait macérer dans de l'alcool à 85 degrés contenant une petite proportion d'acide tartrique. On évapore à l'air l'extrait obtenu pour éliminer l'alcool ; on reprend par l'eau et l'on filtre pour séparer les matières résineuses. Le liquide aqueux, traité par des carbonates de potasse, laisse déposer l'aconitine impure que l'on peut purifier en reprenant par l'éther et formant des sels d'où on la précipite de nouveau. A petite dose, ses propriétés physiologiques sont analogues à celles du curare. Elle se dissout à froid sans coloration dans l'acide nitrique ; mais elle donne, avec l'acide sulfurique, un liquide jaune qui se colore rapidement en violet rouge ; l'acide phosphorique concentré la colore vers 85 degrés en violet.

On a aussi extrait de l'aconit napel une substance cristalline qu'on a appelée *napelline* et dont les propriétés toxiques sont moins énergiques que celles de l'aconitine. En outre, quand on ne sature pas complètement la solution acide obtenue avec la racine d'aconit, on a, au bout de quelques jours, une substance cristalline à laquelle on a donné le nom d'*aconelline*, qui paraît privée des propriétés toxiques de l'aconit.

En traitant la racine de l'*Aconitum ferox* par des procédés analogues à ceux qui viennent d'être décrits, on obtient un alcaloïde, la *pseudo-aconi-*

line, qui est cristallisable et qui a des propriétés toxiques plus énergiques encore que l'aconitine.

On comprend, d'après ces détails, que la teinture alcoolique d'aconit, préparée dans les pharmacies en faisant digérer durant dix jours 100 grammes de racines d'aconit avec 500 grammes d'alcool à 60 degrés, agit principalement par l'aconitine. On s'en sert comme antinévralgique contre les rhumatismes articulaires, l'amaurose, le tétanos; elle n'a que peu d'applications en médecine vétérinaire. On ne doit pas administrer plus de 4 à 5 grammes de la teinture dans un quart de litre d'eau à un animal de forte taille, et il faut diminuer en proportion la dose pour les autres animaux.

ACONITIQUE (ACIDE). — L'acide aconitique se trouve à l'état de sel calcique dans les sucs qu'on extrait des aconits, des prêles, des dauphinilles, lorsque ces plantes, à l'état frais, sont hachées, puis pilées dans un mortier et ensuite pressées. Le suc concentré au bain-marie abandonne de l'aconitate de chaux qu'on décompose, après l'avoir bien lavé à l'eau froide, avec un carbonate alcalin qui enlève l'acide aconitique. On décompose ensuite l'aconitate alcalin par de l'acétate de plomb, et de l'aconitate de plomb obtenu on retire l'acide aconitique en faisant passer un courant d'hydrogène sulfuré. Cet acide ($C^6H^6O^6$) est tribasique et triatomique. Il fournit des sels cristallisables. Il est soluble dans l'eau, l'alcool et l'éther; il se dépose de sa solution éthérée une croûte mamelonnée qui ne se liquéfie, sous l'action de la chaleur, qu'à 140 degrés, pour se décomposer vers 160 degrés. Il dérive de l'acide citrique par élimination d'une molécule d'eau, et il suffit, pour l'obtenir, de chauffer vivement l'acide citrique cristallisé dans une cornue de verre.

ACORE (*botanique*). — Plante, de la famille des Aroïdées, caractérisée par un fruit triangulaire, charnu et rouge, à trois loges. Le spadice est cylindrique et recouvert entièrement par les fleurs

Fig. 63. — Acore odorant ou aromatique.

qui sont hermaphrodites. Les feuilles sont rubanées; froissées entre les doigts, elles exhalent une odeur assez agréable. Les acores sont des plantes vivaces, à rhizome ramifié, âcre et très aromatique.

Le genre Acore ne renferme que deux espèces : 1° l'*A. gramineus*, que l'on trouve en Chine; 2° l'*A. calamus*, originaire de l'Inde, et qui s'est répandue dans un grand nombre de parties de l'Asie et de l'Europe; on la rencontre aussi en Amérique. Cette plante, désignée généralement sous les noms de *jonc odorant*, de *roseau* et de *canne aromatique*, se trouve assez communément dans les marais de l'est, du midi et de l'ouest de la France (fig. 63). La racine de l'acore a reçu un assez grand nombre d'usages économiques. Elle est mangée fraîche ou cuite en ragoût, et les Américains la recherchent à raison de la fécule qu'elle renferme en assez grande quantité. Quelquefois, on la confit comme l'angélique dans le sucre. En médecine, la racine d'acore est employée comme excitant, sudorifique et stomachique; son emploi est moins répandu aujourd'hui qu'autrefois, mais il est encore assez général en Allemagne. La parfumerie se sert aussi du rhizome; on l'emploie quelquefois pour préserver les pelleteries des attaques des insectes. Enfin, l'usage le plus répandu de l'acore est de servir pour donner à l'eau-de-vie dite de Dantzig son arome spécial.

L'acore odorant est cultivé dans les jardins comme plante d'ornement; il se plaît surtout dans les terres fortes et humides. On le plante avec avantage sur le bord des pièces d'eau. Sa multiplication se fait principalement par la division des touffes et des rhizomes, au commencement du printemps. On cultive aussi quelquefois l'*Acorus gramineus;* mais il est plus délicat que l'autre, et il ne vient bien qu'en terre de bruyère un peu tourbeuse. Sous le climat de Paris, il doit être abrité pendant l'hiver. Cette dernière espèce se multiplie comme la précédente. Elle produit bon effet en bordures dans les jardins ombragés ou à l'exposition du nord, ou bien encore dans les jardins d'hiver.

ACOT. — Adossement de fumier tout autour d'une couche qui vient d'être semée ou plantée. On forme ainsi autour de la couche une sorte de rempart dans le but d'empêcher ou au moins de retarder la déperdition de la chaleur intérieure. Ce fumier est ensuite remis sur le tas, afin de servir suivant les usages ordinaires.

ACOTTER ou **ACOTER.** — Faire un acot.

ACOTYLÉDONES (*botanique*). — Nom donné par Laurent de Jussieu, dans sa classification des plantes, au premier embranchement du règne végétal, qui est caractérisé par l'absence de cotylédons et d'embryons. Cet embranchement correspond aux cryptogames de Linné. Les plantes qui en font partie sont souvent d'une structure très simple. Quelques-unes sont formées uniquement de tissu cellulaire; c'est dans cette catégorie qu'il faut placer les Algues, les Champignons, les Lichens, les Mousses. D'autres, d'une organisation plus complexe, possèdent du tissu vasculaire et même du tissu fibreux; parmi elles, il faut citer notamment les Fougères, les Lycopodiacées, les Équisétacées. Les acotylédones se distinguent par l'absence d'organes floraux, de fruits et de graines; leur reproduction se fait par des spores homogènes, dépourvues d'embryon, et n'adhérant par aucun vaisseau aux parois de la cavité qui les renferme sur la plante, et qu'on appelle sporange. Négligées pendant longtemps, les plantes acotylédones ont été, depuis quarante ans environ, l'objet d'études nombreuses qui ont permis de résoudre beaucoup de problèmes de l'organographie et de la physiologie végétales.

ACOULIN, ACCOULIN, ACOULIS. — Ancienne expression qui désignait la méthode d'assainir les terrains marécageux, en les faisant couvrir d'eaux chargées de limon, qui est déposé et élève le niveau du sol. Cette méthode est aujourd'hui une de celles désignées sous le nom général de *colmatage*. Si cette dernière expression n'est usitée en France que depuis quarante ans, néanmoins l'opération de modifier la nature des terrains par les dépôts dus au repos d'eaux limoneuses était connue depuis longtemps. Les mots *faire des acoulins, des accoulins* ou *des acoulis* les désignaient. — Dans quelques pays de montagnes, on désigne par le nom d'acoulins, les terres de toute nature précipitées dans les vallées par la fonte des neiges. — On trouve le mot accoulins, pour désigner l'opération définie plus haut, dans la plupart des ouvrages agricoles du commencement du siècle actuel.

ACOUSTIQUE. — La science qui s'occupe de l'étude des sons, ainsi que des phénomènes et des organes de l'audition, a reçu le nom d'*acoustique*. Mais on se sert du même mot comme adjectif pour désigner dans les animaux quelques-uns de leurs organes relatifs au sens de l'ouïe; ainsi, le cornet acoustique, les canaux acoustiques, les nerfs acoustiques, sont le cornet formé par l'oreille externe, les canaux qui donnent passage aux sons pour que ceux-ci puissent être perçus, les nerfs qui transmettent au cerveau l'impression causée par les sons sur les organes de l'ouïe.

ACRE (*mesures*). — L'acre est une mesure de superficie pour les terres, qui a une étendue variable suivant les localités. — L'acre anglaise ou impériale vaut 40 ares 46 centiares 71 décimètres carrés; l'acre écossaise, 51 ares 3 centiares; l'acre irlandaise, 67 ares 91 centiares. L'acre, aux États-Unis, est de 33 ares 44 centiares. Dans le Calvados, il y avait naguère 14 acres différentes, variant de 36 ares 50 centiares à 97 ares 20 centiares.

ÂCRETÉ. — On dit qu'une substance est âcre lorsqu'elle présente une saveur piquante et irritante, se faisant sentir au fond de la gorge et qui détermine une salivation abondante. Parfois une substance âcre est en outre corrosive; elle excite aussi le prurit dans les narines, le larmoiement et l'éternuement. L'âcreté, recherchée dans divers condiments et qu'on trouve dans l'ail, par exemple, est au contraire redoutée lorsqu'elle se rencontre dans quelques fourrages qui croissent dans les prés marécageux. Les foins qui en proviennent peuvent être dangereux. Les renoncules doivent être citées parmi les plantes âcres redoutables pour le bétail. Il en est de même des colchiques, surtout lorsqu'ils sont à l'état frais. L'âcreté est due, dans les plantes, à des principes immédiats qu'elles renferment; lorsque ces principes sont volatils à une température peu élevée, ils agissent sur les membranes pour les enflammer; ils peuvent même exercer une action vésicante ou caustique.

On appelle médicaments *âcres* ceux qui ont la propriété d'exercer une action irritante sur les parties sur lesquelles on les applique, et de provoquer une plus grande sécrétion; ainsi, parmi les diurétiques *âcres* sont le colchique, la digitale, la scille, la cantharide; et parmi les *âcres* qui accroissent la production du mucus nasal : l'euphorbe, le vératre, l'asarum, le muguet.

En pathologie, on dit qu'une *chaleur est âcre* lorsqu'elle est accompagnée de picotement et de cuisson; qu'une *humeur est âcre* lorsqu'elle irrite les surfaces qu'elle touche.

ACRIDOPHAGES. — Terme qui vient de deux mots grecs signifiant le premier *sauterelles* et le second *manger*. Il se dit des populations qui mangent des sauterelles.

ACROBUSTITE (*médecine vétérinaire*). — Inflammation de la muqueuse du fourreau chez les animaux domestiques. Cette maladie est caractérisée par l'accumulation, dans le fourreau, de matière sébacée qui s'oppose à l'excrétion urinaire. Le fourreau se tuméfie fortement, et il devient très sensible, en même temps que l'amas de matière sébacée intercepte le passage de l'urine, soit en comprimant le canal de l'urèthre, soit en en obstruant l'ouverture. L'excrétion urinaire ne peut se faire qu'avec de grands efforts, une vive douleur, et d'une manière incomplète. Le séjour de l'urine dans le fourreau entraîne une irritation vive avec érosion de la muqueuse. Lorsque le traitement est négligé, il peut survenir une gangrène du fourreau et même de la verge. Les soins à donner sont indiqués par la nature même du mal. Il faut débarrasser le fourreau de la matière sébacée qui l'engorge, en faisant des injections d'eau tiède savonneuse pour ramollir les magmas; quand le fourreau est bien débarrassé, on a recours à des injections d'huile pour en adoucir la face interne. S'il y a commencement de gangrène, il est opportun de recourir au débridement, pour éliminer, le plus tôt possible, les parties atteintes. Dans quelques pays, l'acrobustite a reçu le nom de mal de Boutry. Le défaut de propreté, surtout dans les litières, tend à provoquer cette affection, qui est parfois assez tenace.

ACROCÉPHALE. — Qui a le crâne pointu. Ce terme vient de deux mots grecs signifiant le premier en *pointe*, le second *tête*.

ACROCLINIUM (*botanique et horticulture*). — Cette plante, originaire du Texas, est annuelle; elle présente des tiges rameuses à la base, puis ascendantes et grêles, d'une hauteur de 0m,30 à 0m,40. Les feuilles sont alternes, sessiles, lancéolées et linéaires, glauques; les fleurs d'une variété sont roses, celles d'une autre sont blanches; coupées jeunes, avant leur entier épanouissement, et desséchées la tête en bas, elles se conservent comme cela a lieu pour les diverses sortes d'immortelles.

Fig. 64. — Acroclinium rose.

Cette plante (fig. 64) est d'introduction récente; elle a été vulgarisée par la maison Vilmorin; elle fournit des bordures ou des corbeilles assez gracieuses. On la reproduit par le semis de ses graines; elle demande une terre ferme et légère, une exposition chaude et aérée. On doit la semer : ou bien en pépinière à l'automne, et alors on la repique en pots pour l'hiver sous châssis exposés à la lumière, et elle est repiquée en avril; — ou bien en mars-avril sur couche, pour être repiquée en pots et plantée à demeure en mai; — ou bien enfin sur place en avril, à une bonne exposition du midi. — Les capitules floraux, qui présentent un beau rose entourant un disque jaune d'or, ont 2 centimètres de diamètre. Les fleurs se montrent dès la fin d'avril dans le premier mode de culture; elles apparaissent jusqu'en août dans le dernier mode.

ACROGÈNES (*botanique*). — Dénomination donnée par quelques botanistes au groupe des plantes acotylédones de Jussieu, qui croissent surtout par le sommet. Ce nom, proposé par Lindley, a été presque universellement abandonné. Quelques botanistes l'ont seulement conservé pour un sous-embranchement des acotylédones, caractérisé par l'existence d'un axe de végétation et d'organes annexes, notamment les Fougères, les Mousses, etc. — Il se dit aussi d'un cryptogame pour indiquer qu'il croît au sommet d'une cellule qui lui sert de support.

ACROLÉINE. — On donne le nom d'acroléine (aldéhyde acrylique = C^3H^4O) au corps qui se forme lorsqu'on soumet les corps gras et la glycérine à l'action de la chaleur. C'est, à la température ordinaire, un liquide incolore, limpide, très réfringent, plus léger que l'eau, bouillant à 52 degrés environ, répandant une vapeur irritante pour les yeux et les organes respiratoires, d'une saveur brûlante; il suffit d'en répandre quelques gouttes pour rendre insupportable l'atmosphère d'un appartement. Cette substance brûle avec une flamme blanche très lumineuse; elle est peu soluble dans l'eau, mais beaucoup plus soluble dans l'alcool. On la prépare en distillant dans une cornue de la glycérine avec du bisulfate de potasse. Elle ne mérite d'être signalée aux agriculteurs qu'en raison de ses propriétés organoleptiques désagréables et sa production accidentelle dans la décomposition des corps gras par la chaleur.

ACROMION (*anatomie*). — Apophyse qui termine extérieurement et en haut l'épine de l'omoplate dans le squelette; elle s'articule avec l'extrémité externe de la clavicule. L'acromion fait parfois saillie sur l'épaule de quelques animaux domestiques.

ACROSPIRE (*botanique*). — Tigelle de l'orge développée par la germination.

ACROSTIC (*botanique*). — Plante de la famille des Fougères, originaire des régions intertropicales, dans les deux hémisphères. Le genre Acrostic se divise en plusieurs sections, d'après le nombre des écailles du rhizome. On en a introduit plusieurs espèces dans les serres d'Europe, où elles produisent un très bel effet par leurs feuilles palmées et de grandes dimensions. Les principales espèces sont l'Acrostic grimpant (*A. scandens*), l'A. grand (*A. grande*), et l'A. corne d'élan (*A. alcicorne*).

ACTÉE (*botanique et horticulture*). — Plante de la famille des Renonculacées, appelée vulgairement *herbe de Saint-Christophe*, originaire du Caucase et répandue dans la plus grande partie de l'Europe. Elle est caractérisée par des fleurs blanches et un fruit en baie d'un noir luisant contenant une seule graine; ce fruit ressemble à celui du surum, et c'est de là que lui vient son nom, appellation grecque du surum. L'actée (fig. 65) produit des fleurs blanches et petites, réunies en épi ovale assez serré, de mai à juin; il lui faut la terre de bruyère un peu tourbeuse, ou un sol frais, léger et poreux. On le multiplie par semis que l'on fait de mai à juillet en pépinière en terre de bruyère et à l'ombre pour repiquer en pépinière en mars suivant. Cette plante est vénéneuse, et elle peut occasionner des accidents assez graves pour le bétail, quand elle se rencontre abondamment dans les pâturages. Sa racine, en forme de rhizome, est désignée sous le nom d'ellébore noir.

Fig. 65. — Actée à épi.

ACTINOMÉTRIE (*physique agricole*). — A pour objet la mesure de l'intensité des rayons calorifiques et lumineux, qui, émanant du soleil, arrivent à la surface de la terre et exercent leur influence sur la végétation.

ACTION (*jurisprudence*). — Poursuite en justice, et par extension, droit que l'on a de faire une poursuite. L'action publique est celle qui est faite par la magistrature; l'action civile est celle qui est intentée par les particuliers. Les délits ruraux, de même que les délits forestiers, peuvent être l'objet d'actions civiles. La loi a déterminé, pour les divers genres de délits, le temps pendant lequel une action peut être intentée, avant que le délit soit couvert par la prescription. Ce temps varie, suivant les circonstances, de un mois à trente ans.

En terme d'équitation, *action* se dit d'un cheval qui montre de l'ardeur. Un cheval a la bouche en action, quand il mâche son mors et jette beaucoup d'écume.

ACTION RÉDHIBITOIRE. — Action civile que l'acheteur a le droit d'intenter en vue de la résiliation de la vente d'animaux domestiques atteints de vices rédhibitoires, ou maladies ou défauts cachés qui en déprécient la valeur. Les vices rédhibitoires, pour les diverses espèces d'animaux domestiques, ont été déterminés par une loi en date du 20 mai 1838. Les vices rédhibitoires doivent être constatés par un expert nommé par le juge de paix du canton où se trouve l'animal. Aucun autre vice que ceux stipulés par la loi ne peut motiver la résiliation de la vente. La demande de l'acheteur doit d'ailleurs être faite dans un délai très court: ce délai est de trente jours pour le cas de fluxion périodique des yeux, et d'épilepsie ou mal caduc; il est de neuf jours seulement pour tous les autres vices. Le jour fixé pour la livraison n'est pas compris dans les délais. C'est, ainsi qu'il vient d'être dit, devant le juge de paix que la requête de l'acheteur doit être portée. Si, pendant la durée des délais indiqués, l'animal vient à périr, l'acheteur devra prouver, pour que son action rédhibitoire puisse être acceptée, que la perte de l'animal provient de l'une des maladies qui sont spécifiées comme vices rédhibitoires. La loi qui détermine la nature des vices considérés comme rédhibitoires, n'a pas son application quand il s'agit de la vente d'animaux destinés à la boucherie. Telle maladie qui serait un vice rédhibitoire pour un bœuf destiné à la culture ne motiverait pas la nullité de la vente pour un animal devant être immédiatement abattu. Les ventes sont soumises, dans ce cas, aux principes généraux du droit civil, d'après lesquels le vendeur doit garantir les vices cachés qui rendent la chose vendue impropre à l'usage auquel on la destine. Pour les bêtes destinées à la boucherie, les seules maladies qui affectent la qualité de la viande peuvent motiver la résiliation du marché.

ACTONIHIA ASPRA (*viticulture*). — Dénomination d'un cépage provenant des îles Ioniennes, peu propre à la vinification. Les jardiniers le désignent quelquefois sous le nom de *raisin cornichon*.

ACTUEL (*médecine vétérinaire*). — Qualification d'un cautère qui agit instantanément. On appelle cautère actuel le fer rougi au feu, appliqué sur les tissus pour y provoquer immédiatement une inflammation plus ou moins violente, suivant le degré de la chaleur. Le cautère actuel est dit par opposition aux cautères potentiels ou cautères chimiques dont l'action est plus lente.

ACUITÉ. — Se dit, en pathologie, d'une maladie qui prend un caractère aigu.

ACUPRESSURE (*médecine vétérinaire*). — Procédé employé quelquefois pour arrêter les hémorrhagies provenant d'opérations chirurgicales. Il consiste à faire passer à travers la plaie une aiguille dont la partie médiane comprime fortement le bout de l'artère contre un corps plus résistant, qui est le plus souvent un os ou un tissu. Ce procédé a été préconisé pour remplacer les ligatures auxquelles on a ordinairement recours dans ces circonstances.

ACUPUNCTURE (*médecine vétérinaire*). — Moyen thérapeutique qui a joui autrefois d'une assez grande célébrité, et qui consiste à introduire dans les tissus où règne le mal des aiguilles en or, en argent, en platine ou en acier détrempé. Ces aiguilles, généralement pourvues d'une tête en métal ou en cire, ont une longueur de 10 à 12 centimètres. On les fait pénétrer dans les tissus, soit en les frappant avec un petit maillet, soit en les faisant tourner rapidement entre le pouce et l'index. Cette méthode, très en honneur chez les Chinois et les Japonais, a été introduite en Europe au dix-septième siècle; plus tard elle fut remise en honneur par Vicq d'Azyr; mais, devant l'incertitude des résultats obtenus, elle a été à peu près complètement abandonnée. L'acupuncture était spécialement préconisée pour les douleurs névralgiques ou rhumatismales, ainsi que pour certaines inflammations.

ACURNIER (*botanique*). — Un des noms vulgaires servant à désigner le *cornouiller*.

ACUTS (*forêts*). — Ancienne expression usitée pour désigner l'extrémité d'une forêt ou d'un grand pays boisé.

ADAMANTIN. — Qui a la durée et l'éclat du diamant. On dit que l'émail des dents est adamantin, s'il a beaucoup d'éclat.

ADAMIQUE. — Se dit d'une race d'hommes primitive.

ADAPTATION. — Accommodation de l'œil. Se dit des changements qui s'opèrent dans l'œil pour rendre la vision distincte à des distances diverses. Le pouvoir accommodatif de l'œil dépend d'un changement dans la forme du cristallin qui devient plus ou moins convexe.

ADDUCTEURS. — Qualification des muscles dont la contraction a pour résultat de rapprocher un membre ou une portion de membre de la partie médiane ou de l'axe du corps. *Muscle adducteur* se dit par opposition au *muscle abducteur*. Les muscles qui servent à replier les jambes sous le corps sont des muscles adducteurs.

ADDUCTION. — Action des muscles adducteurs. — On désigne aussi par cette expression le mouvement par lequel une action extérieure rapproche un membre de la partie médiane du corps.

ADELPHES (*botanique*). — Se dit des étamines dont les filets se touchent et sont en quelque sorte soudés de manière à former un ou plusieurs faisceaux autour du pistil de la fleur. Les étamines sont monadelphes, quand elles forment un seul faisceau, comme dans la mauve; diadelphes, triadelphes, pentadelphes, suivant qu'elles forment deux, trois, cinq faisceaux; polyadelphes, quand elles en forment un plus grand nombre, comme dans la fleur du ricin commun.

ADÉNITE (*médecine vétérinaire*). — Inflammation des glandes. Ce mot est spécialement employé pour désigner l'inflammation des ganglions lymphatiques. Dans cette acception, adénite est synonyme de *lymphangite*.

ADÉNOCARPE (*botanique*). — Arbrisseau à rameaux divariqués, à feuilles trifoliées et à fleurs jaunes en grappes terminales. Le genre Adénocarpe appartient à la famille des Papilionacées; les quatre espèces qui le forment ont été séparées par Decaisne du genre Cytise. Ces espèces sont : l'Adénocarpe de Toulon, l'A. d'Espagne, l'A. à petites feuilles, et l'A. foliolé. Elles sont originaires de Provence, d'Espagne et la dernière des îles Canaries. On les cultive dans les jardins du midi de la France, dans la terre à oranger; on les multiplie de graines. Pendant l'hiver, les caisses qui les renferment doivent être rentrées dans l'orangerie.

ADÉNOME (*médecine vétérinaire*). — Tumeur, observée principalement chez le chien, et caractérisée, soit par l'hypertrophie de glandes, soit par la formation de glandes anormales. Ces tumeurs sont dures, assez fermes, et alors assez inoffensives; mais souvent elles deviennent ulcéreuses. Dans ce dernier cas, l'ablation est recommandée comme le meilleur moyen curatif.

ADENOPHORA (*botanique et horticulture*). — Cette plante vivace, originaire de Sibérie, et appelée, en France, *Campanule odorante*, est utilisée pour l'ornement des rocailles et des plates-bandes. Elle se présente en touffes d'une hauteur de 0^m,80 à 1 mètre (fig. 66), avec des tiges rameuses, des feuilles alternes, des fleurs très nombreuses, formées de panicules pyramidales, inclinées, d'un bleu pâle sur les deux tiers supérieurs et blanchâtres à la partie inférieure. Cette plante se plaît dans la terre de bruyère ou dans les sols frais, sablonneux et légers; on l'obtient par multiplication en éclats à l'automne et au printemps. On peut aussi la semer d'avril en juillet, en pots et en terre de bruyère; on repique les plants en pépinière demi-ombragée, pour les mettre enfin en place en février-mars; on a des fleurs en juillet et août.

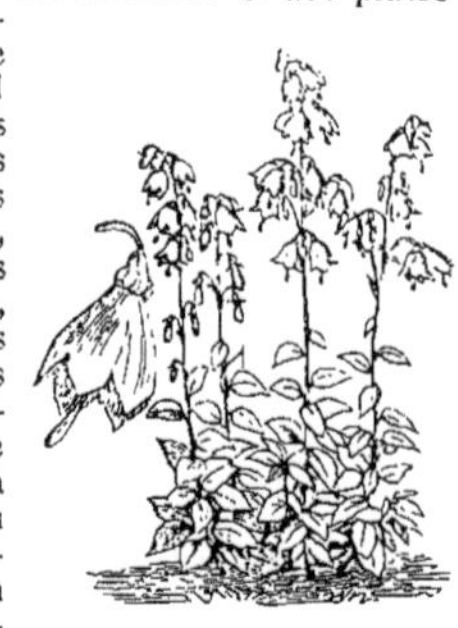

Fig. 66. — Adenophore à feuilles de lis.

ADÉNOSTYLE (*botanique*). — Plante de la famille des Composées, sans usages dans la culture ou l'économie. — On désigne quelquefois sous le nom d'adénostyle du Japon la ligulaire de Kæmpfer, originaire de Chine ou du Japon, plante vivace, à feuillage panaché, cultivée en été pour décorer les pelouses et parfois les massifs des jardins paysagers.

ADHÉRENCE (*histoire naturelle*). — L'adhérence est l'état d'une chose qui tient à une autre. Cet état peut être, ou bien de l'ordre naturel, ou bien causé par un accident. Ainsi, pour le premier cas, adhérence de l'écorce avec le bois; pour le second cas, adhérence du poumon avec la plèvre. En botanique, les adhérences se présentent très souvent et constituent des soudures anormales des divers organes : notamment dans les feuilles et dans les fleurs, des étamines contractent des soudures avec le pistil, des feuilles avec des bractées. — En pathologie, l'adhérence est l'union accidentelle de deux organes voisins qui, dans l'état naturel, restent libres; elle est le plus souvent le résultat d'une lésion, d'une maladie, par exemple de l'inflammation de la membrane séreuse qui les enveloppe et d'où vient une matière coagulable qui les unit; elle peut aussi être la conséquence d'une conformation vicieuse apportée en naissant par l'animal. — Être adhérent, c'est être collé, attaché par des liens solides qui ont amené le contact. On facilite l'adhérence de deux surfaces de verre planes et polies en les essuyant bien et en les séchant préalablement, puis en les glissant l'une contre l'autre; il est alors nécessaire de dépenser un assez grand effort pour les séparer. On facilite l'adhérence de deux surfaces en les lubrifiant d'abord avec un corps résineux. On peut employer diverses substances adhésives ou des agents adhésifs pour obtenir une adhérence plus complète, ou pour rendre deux corps adhérents.

ADHÉSION (*physique*). — La force attractive moléculaire qui produit l'adhérence, c'est-à-dire qui fait que deux corps mis en contact restent attachés, collés, adhérents l'un à l'autre, s'appelle adhésion. C'est cette force qui est la cause pour laquelle les terres argileuses humides s'attachent à la surface du versoir de la charrue et aux autres instruments de culture. C'est aussi la force qui fait que deux morceaux de verre plans glissés l'un contre l'autre adhèrent tellement qu'on, risque de les rompre lorsqu'on veut les séparer. Les matières adhésives ou les *adhésifs*, qu'on emploie pour rapprocher les bords des plaies ou pour établir des appareils fixes dans le traitement de certaines fractures, sont le caoutchouc, le collodion, la dextrine, les empois d'amidon, la gomme arabique, la gutta-percha, le plâtre et divers taffetas ou sparadraps. La force d'adhésion se manifeste entre les divers corps solides, entre les solides et les liquides, entre les solides et les gaz, entre les gaz et les liquides : elle dépend de l'étendue, de l'état physique, de la nature des surfaces en contact, et de la pression exercée sur les corps amenés à adhérer, ainsi que de la durée du contact.

ADIANTE *(botanique et horticulture)*. — Plante de la famille des Fougères, remarquable par l'élégance de sa tige, d'un noir d'ébène, et ses feuilles ou frondes composées, pennées une ou deux fois, d'un vert clair et d'une grande délicatesse. On en connaît plusieurs espèces. L'adiante cheveux de Vénus (*A. capillus Veneris*), vulgairement capillaire de Montpellier, est la plus connue ; on la trouve dans les grottes humides ou aux bords des fontaines. Du Canada on a importé l'*A. pedatum*, ou capillaire du Canada. Ces deux espèces sont cultivées dans les jardins ; elles demandent la pleine terre humide et à l'ombre. D'autres espèces sont encore cultivées pour l'ornement. L'adiante du Canada (fig. 67) est une des Fougères les plus élégantes, dit la maison Vilmorin, qui puisse supporter l'hiver sous le climat de Paris. Elle prospère dans un terrain léger et frais, à une exposition demi-ombragée. Elle convient pour orner les plates-bandes et les massifs de terre de bruyère au nord ; sa multiplication s'opère par éclats ou par division des touffes que l'on doit faire à l'automne

Fig. 67. — Adiante du Canada.

ou de bonne heure au printemps, en conservant des racines pour faciliter la reprise, en serre chaude et à l'ombre, notamment pour l'*A. tenerum*, l'*A. Lindeni*, l'*A. macrophyllum*, etc. L'adiante a des propriétés médicinales bien connues ; l'infusion de ses feuilles facilite l'expectoration dans les rhumes et calme les ardeurs de la poitrine et l'âcreté de la gorge. Dans les jardins, l'adiante est multiplié par la division du pied, que facilite la nature de la racine, en forme de rhizome.

ADIPEUX. — Qualification du tissu qui, dans les animaux, renferme la graisse. Le tissu adipeux est formé par des cellules à parois minces, aplaties et serrées les unes contre les autres. La nature de la graisse qu'il renferme varie suivant les races d'animaux domestiques ; elle subit aussi des modifications variables suivant la nature de l'alimentation. Le tissu adipeux se développe en proportions variables chez les divers animaux ; il devient d'autant plus abondant que la nourriture est plus chargée de matières grasses. Les parties du corps dans lesquelles il se forme principalement sont le pourtour des reins, la base du cœur, l'abdomen, le tissu sous-cutané, l'épaisseur des muscles. Une fois formé dans les organes, il ne paraît pas subir de modification sensible. Lorsque la nutrition ne fournit pas une quantité suffisante de graisse, celle que le tissu adipeux renferme rentre dans le mouvement de la circulation. C'est par ce phénomène que les animaux maigrissent.

ADIPIQUE (ACIDE). — Acide ($C^6H^{10}O^4$) que l'on obtient par l'oxydation de diverses matières grasses, telles que les graisses, le suif, la cire, le blanc de baleine, et par la réduction de l'acide mucique. Il est solide et se présente en tubercules radiés agglomérés. Il fond de 130 à 140 degrés et se sublime sous forme de barbes de plumes. Il est soluble dans l'eau, dans l'alcool et dans l'éther. Il donne des sels qui ont pour caractère de ne pas être précipités par les sels de plomb.

ADIPOCIRE. — Fourcroy a donné ce nom, qui signifie *cire de graisse*, au gras de cadavre, c'est-à-dire à une matière blanche et onctueuse qu'on trouve dans les tissus animaux restés longtemps enfouis dans une terre humide. M. Chevreul a démontré qu'il y avait dans cette appellation une erreur, car il a prouvé que le gras de cadavre n'est pas autre chose qu'un savon d'ammoniaque, de chaux et de potasse, produit avec de l'acide margarique et de l'acide oléique. Cette saponification dans les cimetières s'explique facilement par l'action lente des sels d'ammoniaque, de chaux et de potasse du sol sur les matières grasses des cadavres humains.

ADJEMF MYSKETT *(viticulture)*. — Synonyme de muscat de Syrie ; s'applique rarement à ce cépage.

ADJUVANT *(médecine vétérinaire)*. — Qualification d'un médicament qu'on fait entrer dans une formule pour seconder l'action de celui qu'on regarde comme le plus énergique ou comme le médicament principal.

ADLUMIA *(botanique et horticulture)*. — Cette plante, vulgairement appelée *Fumeterre fongueuse* ou *grimpante*, est originaire du Canada ; elle est bisannuelle. Elle présente une tige grêle, grimpante, s'enroulant au moyen de vrilles et pouvant atteindre une hauteur de 3 à 4 mètres (fig. 68). Son feuillage est d'un vert gai ; les feuilles sont alternes, pétiolées, déchiquetées, à segments ovales. Les fleurs ont un aspect élégant ; elles sont en grappes serrées d'un rose tendre ; les graines, au nombre de 1 à 6, sont renfermées dans des capsules siliqueuses. On se sert de cette plante pour orner des treillages, des tonnelles, des berceaux, particulièrement au nord. On sème en pépinière de terre sableuse et légère ou de terre de bruyère d'août à septembre ; on repique en pots qu'on laisse sous châssis, et l'on met en pleine terre au printemps.

Fig. 68. — Adlumia à vrilles.

ADMINISTRATEUR *(économie rurale)*. — L'administrateur est celui qui gère les affaires d'un particulier ou d'une association ; c'est notamment, en économie rurale, celui qui est chargé de l'administration d'une propriété ou de plusieurs propriétés, comprenant terres arables, fermes et métairies, forêts, vignes, étangs, chasses, pêches, et s'occupe de les faire valoir ou cultiver pour que les revenus en reviennent au possesseur du sol. Il devrait avoir toutes les connaissances propres à l'accomplissement d'une fonction aussi élevée qui embrasse les objets les plus divers, sans être obligé d'être par lui-même cultivateur, forestier, viticulteur, etc. Son rôle serait de gérer pour le mieux les intérêts qui lui sont confiés, ou bien dont il prend la charge, s'il arrive qu'il administre ses propres biens. Mais trop souvent l'administrateur rural est au-dessous de sa situation; il ignore les conditions de la production la plus avantageuse des denrées végétales ou animales; il se borne alors à veiller à l'exécution littérale de conventions écrites et à faire rentrer les termes des loyers ou l'argent des partages et des ventes, sauf à soumettre les populations rurales à de véritables exactions. C'est ainsi que la fortune agricole de tant de pays le trouve mal administrée. Un bon administrateur est rare en agriculture; heureux le propriétaire qui en rencontre un ou qui lui-même en a les qualités.

ADMINISTRATION. — Ce mot s'emploie, au point de vue qui intéresse les agriculteurs, dans trois acceptions différentes, selon qu'il s'agit ou d'économie politique générale, ou d'économie rurale, ou enfin de médecine vétérinaire.

ADMINISTRATION (*économie politique*). — C'est à la fois : 1° la gestion, la conduite des affaires agricoles d'un pays; 2° le corps même des fonctionnaires de tous les rangs qui sont préposés à cette gestion. En France, les affaires agricoles ressortissent au ministère de l'agriculture et du commerce. L'utilité d'une telle administration pour la prospérité de l'agriculture d'un pays est contestée; on prétend que l'initiative privée est plus puissante que l'action gouvernementale pour développer les progrès agricoles, et l'on cite, à l'appui de cette thèse, l'état florissant de l'agriculture en Angleterre et en Amérique, où il n'y a pas de ministère de l'agriculture. Sans aucun doute, l'immixtion des pouvoirs publics dans les affaires privées est fâcheuse; elle enlève aux administrés l'énergie que donne la nécessité de faire par eux-mêmes tout ce qui est possible pour parvenir à l'amélioration de leur situation. La liberté et l'indépendance sont des conditions de succès dans toutes les entreprises, et il est bon qu'on s'habitue à ne compter que sur ses propres efforts. Toutes les considérations de ce genre qu'on pourrait beaucoup développer sont justes, mais elles n'ont qu'une valeur relative; elles n'empêchent pas que les gouvernements aient le devoir et le droit de veiller à ce qu'aucun des grands intérêts d'où dépendent les subsistances des populations ne demeure en souffrance; elles ne peuvent pas faire que les gouvernements n'aient à développer les progrès agricoles lorsque ceux-ci sommeillent, ou même sont remplacés par des mouvements de recul. Dans tout cela, il y a une question de mesure que les pouvoirs publics doivent résoudre dans leur sagesse et en s'entourant des conseils de corps consultants autorisés, et des avis émis à la suite de discussions provoquées et soumises à l'opinion par la presse. Or qu'arrive-t-il en fait? C'est que, chez les peuples qui passent pour n'avoir point d'administration de l'agriculture, cette administration finit peu à peu par s'établir, si, au fond, elle n'existe pas déjà sous un autre nom ou sous une autre forme plus ou moins détournée. Ainsi, dans la Grande-Bretagne, citée généralement comme donnant l'exemple d'une grande nation où l'agriculture n'a besoin d'aucun concours de la part de l'État et se suffit absolument à elle-même, c'est le *Board of tread* (ministère du commerce) qui, tous les ans, publie une statistique donnant des indications précises sur les terres ensemencées et sur le bétail, d'après un recensement officiel; c'est le Conseil privé qui règle les mesures à prendre pour appliquer les lois relatives aux épizooties et à la surveillance de l'introduction du bétail amené de l'étranger; c'est enfin le Parlement lui-même qui fait de grandes enquêtes sur la situation de l'agriculture, tant dans l'empire britannique que dans les pays étrangers, et prend l'initiative de lois sur les améliorations foncières d'une nature permanente, sur les relations des fermiers et des propriétaires, et sur un grand nombre d'objets se rattachant à l'agriculture. Les Sociétés royales d'agriculture, d'Angleterre, d'Écosse, d'Irlande, qui ont pris la charge de faire de grandes expositions agricoles remplaçant nos concours régionaux, n'agissent que parce qu'elles ont des privilèges qui leur ont été concédés par des chartes royales. L'école d'agriculture de Cirencester a également l'appui indirect de l'État. D'ailleurs, on comprend tellement en Angleterre que les choses agricoles ont besoin de l'action gouvernementale dans une certaine mesure, qu'on s'y préoccupe de la création d'un ministère de l'agriculture donnant ouvertement, ce qu'on a fait d'abord d'une manière détournée, des encouragements et une surveillance ou une direction, et, dans tous les cas, des renseignements statistiques que les pouvoirs publics peuvent seuls recueillir.

Dans les États-Unis d'Amérique, le gouvernement de Washington fait publier, par le bureau de l'agriculture, à un très grand nombre d'exemplaires, et à un prix très faible, des renseignements statistiques annuels sur les récoltes, et des concours ou des expositions reçoivent des encouragements importants. C'est encore là un démenti à ceux qui soutiennent que, chez les peuples libres, le pouvoir central se désintéresse des choses de l'agriculture. Au Brésil, il existe un ministère spécial de l'agriculture, du commerce et des travaux publics.

Si l'on revient à l'Europe continentale, on trouve qu'il y a :

En Autriche, une direction générale de l'agriculture au ministère de l'agriculture et du commerce;

En Belgique, une direction générale de l'agriculture et de l'industrie, au ministère de l'intérieur, et comprenant une inspection générale de l'agriculture et des chemins vicinaux, un service de surveillance pour le bétail, composé de 218 médecins vétérinaires du gouvernement, un Conseil supérieur de l'agriculture, des commissions provinciales d'agriculture, des comices agricoles, l'Institut agricole de Gembloux, les écoles pratiques d'horticulture et d'arboriculture de Gand et de Vilvorde;

En Bavière, Saxe, Wurtemberg, des services agricoles divers dépendant du ministère de l'intérieur;

Dans le duché de Bade, des services agricoles dépendant du ministère du commerce;

En Danemark, deux bureaux pour toutes les affaires agricoles dont l'un spécialement pour le cadastre, ressortissant tous deux au ministère de l'intérieur;

En Espagne, une direction de l'agriculture dépendant du ministère *de Fomento;*

En Italie, une direction de l'agriculture au ministère de l'industrie, du commerce et de l'agriculture;

Dans les Pays-Bas, des services agricoles dépendant du ministère de l'intérieur;

En Portugal, une direction de l'agriculture au ministère de l'agriculture, du commerce et des travaux publics;

En Prusse, un ministère spécial de l'agriculture;

En Russie, des services agricoles dépendant du ministère des domaines;

En Suède, des services agricoles dépendant du ministère de l'intérieur.

En France, jusqu'en 1836, les services agricoles ont été placés dans les attributions du ministère de l'intérieur, ou du ministère du commerce et soit des manufactures, soit des travaux publics. A la date qui vient d'être rappelée, le nom de l'agriculture a pour la première fois été introduit dans le titre d'un ministère avec les mots *du commerce* qui lui ont été le plus souvent accouplés, et quelquefois avec ceux du commerce et des travaux publics, ou encore de l'intérieur et du commerce. En 1881, un ministère spécial a été créé pour l'agriculture ; il comprend quatre directions : agriculture, haras, forêts, service hydraulique.

Auprès du ministère de l'agriculture, sont institués, à titre consultatif, des conseils, comités ou commissions, ainsi qu'il suit :

Conseil supérieur de l'agriculture. — Ce conseil est appelé à donner son avis sur les projets de loi et décrets concernant les questions agricoles. Il est saisi directement, par le ministre, de l'étude de ces projets.

Commission supérieure du phylloxera. — Cette commission, constituée par décret du 6 septembre 1878, en exécution des lois du 22 juillet 1874 et 15 juillet 1878, est chargée de déterminer les conditions à remplir pour concourir au prix de 300 000 francs promis à l'inventeur d'un moyen efficace et économiquement applicable pour la destruction du phylloxera. Elle a, en outre, pour mission de donner son avis sur les mesures à prendre pour combattre la nouvelle maladie de la vigne.

Comité consultatif des épizooties. — Ce comité, constitué par décret du 24 mai 1876, est chargé de l'étude et de l'examen de toutes les questions qui lui sont renvoyées par le ministre, spécialement en ce qui concerne les réformes à introduire dans la législation relative aux épizooties; — l'institution et l'organisation d'un service vétérinaire; — les mesures à prendre pour prévenir et combattre les épizooties, ainsi que les mesures propres à améliorer les conditions sanitaires et hygiéniques des animaux, et à favoriser la production du bétail. — Il rédige sur ces objets les instructions qu'il peut y avoir lieu de publier. — Il centralise les informations sur les faits de maladies épizootiques à l'étranger, et indique ceux de ces renseignements qu'il peut être utile de livrer à la publicité dans l'intérêt de l'agriculture.

Commission du Herd Book. — Cette commission, instituée par décision du 21 avril 1853, a été reconstituée par décision du 24 septembre 1879. Elle est chargée de se prononcer sur le droit d'inscription au *Herd Book* français des animaux de la race pure de Durham.

Conseil supérieur des haras. — Ce conseil, reconstitué par l'article 2 de la loi organique du 29 mai 1874 sur les haras et les remontes, et organisé par décret du 4 juillet 1874, a été renouvelé partiellement par décret du 25 juin 1877; il se réunit chaque fois que le ministère le juge utile : il est appelé à l'aider de ses avis dans les questions importantes du service des haras sur lesquelles il est consulté.

Commission du Stud Book. — Cette commission, reconstituée par arrêté du 20 novembre 1871, est chargée de se prononcer sur l'origine et l'identité des chevaux de pur sang importés en France, ainsi que sur les questions litigieuses relatives aux animaux déjà inscrits au Stud Book ou à leur descendance.

Au ministère de l'agriculture sont enfin rattachés *divers services extérieurs* qu'il convient d'indiquer seulement : 1° l'inspection générale de l'agriculture; 2° l'Institut national agronomique; 3° les écoles nationales d'agriculture de Grignon, de Grand-Jouan et de Montpellier; 4° l'école d'horticulture de Versailles; 5° les chaires d'agriculture établies dans chaque département par une loi de 1879, diverses chaires de chimie agricole, et des cours d'arboriculture, d'horticulture, de sylviculture, dont quelques-uns sont nomades; 6° les écoles pratiques d'agriculture; 7° les fermes-écoles; 8° une école d'arboriculture et de jardinage à Bastia; 9° l'école de bergers de Rambouillet; 10° les écoles nationales vétérinaires d'Alfort, de Lyon et de Toulouse; 11° le service de l'inspection du bétail à la frontière par des vétérinaires chargés de la surveillance des bureaux de douane ouverts à l'importation des animaux domestiques; 12° l'inspection générale des haras; 13° les dépôts d'étalons et haras; 14° l'école des haras du Pin; 15° l'école forestière de Nancy; 16° l'inspection générale des forêts; 17° les conservations de forêts; 18° le service forestier de l'Algérie; 19° les chambres consultatives d'agriculture; 20° les associations agricoles.

L'État, par l'administration de l'agriculture, a rendu à la prospérité de la France d'immenses services qu'il serait injuste et impolitique de méconnaître. Il suffit de signaler les lois sur les irrigations, sur le desséchement ou l'assainissement des étangs et des marais, sur le gazonnement et le reboisement des montagnes, sur les chemins vicinaux, sur l'enseignement de l'agriculture, sur le crédit foncier, sur les épizooties, et tant d'autres objets importants. Par la description qui vient d'être donnée des services administratifs divers qui sont établis au ministère de l'agriculture, les propriétaires, les cultivateurs, les éleveurs sauront à quels bureaux ils doivent trouver des renseignements ou une direction pour les encouragements dont ils ont besoin ou les affaires dont ils poursuivent la solution.

ADMINISTRATION (*économie rurale*). — L'administration des exploitations rurales est la gestion générale des affaires qui concernent les domaines agricoles ; on ne doit pas la confondre avec la direction proprement dite des exploitations elles-mêmes; elle est à cette direction à peu près comme le pouvoir législatif est au pouvoir exécutif dans le gouvernement des États. Elle embrasse toutes les questions qui concernent la constitution de la propriété elle-même et l'organisation des moyens d'en obtenir, tout en la conservant, les plus grands revenus, eu égard aux conditions économiques dans lesquelles elle se trouve placée ; ainsi: les achats ou les ventes de parcelles; la rédaction des baux de fermage ou de métayage, et dans ce dernier cas le mode d'opérer pour les partages et les ventes ou les achats de bétail et autres objets nécessaires pour les domaines placés sous le régime du colonage partiaire; les réparations des bâtiments ou les constructions nouvelles; l'établissement de routes ou de chemins; la part à prendre dans des travaux de drainage ou d'irrigation, la confection de réservoirs, et tout ce qui concerne l'aménagement des eaux; des opérations de défrichement, de desséchement et de grandes plantations; le principe des assolements à adopter; les usines qu'il peut être convenable ou avantageux d'annexer à l'exploitation agricole ou dont il importe de favoriser la création, le développement ou l'alimentation par la production des matières premières nécessaires; les mesures à prendre pour maintenir ou arrêter les populations ouvrières afin d'assurer de la main-d'œuvre pour les travaux de la culture. Cette énumération suffit pour faire apprécier la diversité et la profondeur des connaissances que doit posséder le propriétaire de biens ruraux capable d'administrer ses domaines, sans participer cependant directement à la direction journalière des travaux. Malheureusement ils sont bien rares en France, les hommes capables ayant reçu l'instruction et l'éducation qui les mettraient à la hauteur du rôle à remplir. Aussi qu'arrive-t-il? C'est que les propriétaires, pour la plupart, n'administrent pas. Ils croient que des légistes, des anciens notaires ou avoués, ou d'autres personnes plus ou moins versées dans les affaires contentieuses suffisent à la tâche, et ils leur confient la rédaction des baux ou la solution de toutes les difficultés qui peuvent surgir entre la propriété d'une part et l'exploitation du sol d'autre part. Puis, toucher régulièrement les revenus, paraît à beaucoup l'unique et parfait complément de leurs devoirs envers ceux qui font valoir le sol. Or, il faudrait que l'administrateur d'une ou de plusieurs propriétés, soit qu'elles lui appartiennent, soit qu'elles lui soient confiées, eût les connaissances techniques agricoles les plus développées pour être en état de juger tous les systèmes proposés en vue de tirer le meilleur parti d'un domaine et des capitaux employés à la mise en valeur et à l'exploitation. Cela n'arrivera que du jour où quelques établissements de haut enseignement agricole pourront être ouverts à ceux qui, sans être astreints à être agriculteurs eux-mêmes, sont néanmoins appelés à s'occuper d'agriculture, soit parce qu'ils sont propriétaires, soit parce qu'ils sont appelés à jouer un rôle dans l'État. En France aujourd'hui, extrêmement petit est le nombre des propriétaires qui ont même une connaissance superficielle des sciences agricoles. Une réforme profonde doit être faite dans l'instruction publique pour que les propriétaires soient capables d'administrer leurs propriétés.

L'administrateur de domaines ruraux peut être différent de l'organisateur du système de culture qui doit être adopté. Le comte de Gasparin est de cet avis. « L'organisateur, dit-il (*Cours d'agriculture*, t. V, p. 448), construit la machine et choisit les matériaux, ou met en usage avec adresse ceux dont il lui est permis de disposer; il en détermine les rouages, les met en rapport entre eux, de sorte que l'administrateur qui lui succède n'ait plus qu'à lui imprimer le mouvement, à l'entretenir et à surveiller son action. » N'est-ce pas dire que l'administrateur est le directeur même de l'exploitation, ce qui n'est pas exact. Dans les sociétés industrielles, on distingue entre les administrateurs ou membres simples des Conseils d'administration et les administrateurs délégués et directeurs. On a raison. Cette distinction doit être faite en agriculture, quoiqu'il arrive des cas où les divers rôles sont cumulés dans les mêmes mains. En réalité, il y a trois choses différentes: 1° organiser une entreprise agricole; 2° l'administrer; 3° la diriger. Les deux premiers rôles appartiennent au propriétaire, qui doit s'entendre, pour les régler, avec des agriculteurs consommés; le dernier est celui du fermier, du régisseur, parfois du métayer qui, lié par des conventions une fois établies, demeure indépendant pour tout ce qui est à exécuter dès que les conventions sont satisfaites.

ADMINISTRATION (*médecine vétérinaire*). — C'est l'action de donner, de faire prendre un remède, et c'est aussi l'ensemble des procédés par lesquels on fait pénétrer les médicaments dans l'économie animale, soit par des breuvages, soit par des lavements, soit encore par l'épandage sur la peau, sans enlèvement de l'épiderme, ou après cet enlèvement, soit enfin par l'injection dans la trame des tissus des organes ou dans les veines.

ADNÉ (*botanique*). — Se dit dans les fleurs, de l'anthère, quand elle est attachée dans toute son étendue à la partie inférieure de l'étamine ou filet.

ADONIDE (*botanique et horticulture*). — Plante herbacée, d'un port élégant, cultivée dans les jardins, et qui se rencontre à l'état sauvage dans la plus grande partie de la France, où on la connaît sous le nom vulgaire de goutte de sang, de grand œil-de-bœuf, d'œil-de-faisan. Cette plante appartient à la famille des Renonculacées. La tige atteint 30 à 35 centimètres de longueur; les feuilles sont découpées en lanières fines; les fleurs, jaunes ou rouges, suivant les espèces, sont solitaires.

Fig. 69. — Adonide d'été.

Les espèces principalement cultivées sont: l'Adonide d'été (*Adonis æstivalis*), ou œil-de-perdrix, à fleurs d'un rouge vif, s'épanouissant en juin et juillet (fig. 69); l'Adonide de printemps (*A. vernalis*), dont les fleurs, grandes et d'un beau jaune, viennent en avril (fig. 70). Ces deux espèces demandent une terre assez légère La première, qui est annuelle, se multiplie de graines semées sur place; la seconde, qui est vivace, se multiplie par éclat ou par graines semées en terrine au moment de leur maturité, et qui ne lèvent

Fig. 70. — Adonide de printemps.

qu'au printemps suivant. Les adonides étaient connues dans la Grèce ancienne; l'origine du nom paraît se rattacher à la fable de la mort d'Adonis; à cause de la beauté de leurs fleurs, elles sont très répandues, l'Adonide d'été sur les marchés aux fleurs de Paris, la seconde pour l'ornement des rochers factices où les fleurs font un bel effet, de mars en avril, et ont la propriété de se fermer et de se rouvrir plusieurs fois par jour. On dit que les racines jouissent des propriétés de l'hellébore, elles sont vénéneuses et vésicantes.

ADOPTION. — Action d'adopter. Se dit des animaux domestiques qui nourrissent et élèvent des jeunes bêtes provenant d'autres mères. Faire adopter un veau par une vache qui ne l'a pas produit, un agneau par une brebis, est souvent une opération qui peut rendre de grands services, par exemple quand la mère est malade ou quand elle n'a pas une quantité de lait suffisante. Il est rare qu'il soit difficile de faire adopter un veau par une vache, quand celle-ci a vêlé depuis peu de temps Il suffit d'isoler la vache et de la laisser sans la traire; ensuite elle se laisse assez facilement teter par le jeune élève. Il en est de même pour les brebis. La pratique de l'adoption présente surtout des avantages quand il s'agit d'élever de jeunes animaux ayant une bonne conformation ou appartenant à une race précieuse; elle n'est peut-être pas assez pratiquée dans ces circonstances, et trop souvent on condamne à la boucherie de jeunes veaux qui feraient d'excellentes bêtes à l'âge adulte, tandis qu'on conserve sous leur mère des animaux défectueux. En les substituant les uns aux autres, par la pratique de l'adoption, on n'aurait qu'à se louer des résultats obtenus. On obtiendrait ainsi, sans dépenses, un perfectionnement sensible dans les races d'animaux domestiques. — L'adoption d'un veau par une vache dont le vêlage remonte assez loin peut quelquefois servir à tromper l'acheteur, sur les marchés, sur la durée probable de la lactation. C'est une ruse contre laquelle il est important de se mettre en garde ; elle est pratiquée surtout par les marchands de bétail, et il est très difficile de la reconnaître.

L'adoption se pratique souvent de la manière la plus naturelle dans les basses-cours. La poule, à laquelle on a fait couver des œufs de cane, adopte sans difficulté les canetons qui sortent de ces œufs, et les élève comme ses propres poussins.

ADOS. — Talus en terre qu'on fait dans les jardins pour la culture des plantes de primeur. Les ados forment des planches inclinées. Leur largeur est généralement de $1^m,25$ à $1^m,50$; la partie supérieure s'élève de 25 à 30 centimètres au-dessus de la partie inférieure, et elle est le plus souvent adossée à un mur. C'est de cette disposition que vient le nom adopté. L'ados est le plus souvent dirigé de l'ouest à l'est, sa partie supérieure étant au nord. La surface de l'ados est ainsi en pleine exposition du midi, et elle reçoit directement l'action du soleil, en même temps qu'elle est abritée contre les vents du nord. — Les ados sont d'un usage très fréquent dans la culture maraîchère des environs de Paris. Au lieu de les faire le long d'un mur, on dispose souvent toute l'étendue d'une surface déterminée en ados parallèles qui se terminent chacun par un talus. On sépare ces ados par des allées de la largeur de 1 mètre; en effet, s'ils n'étaient séparés que par un sentier étroit, le côté élevé de l'un porterait ombre sur la partie basse de l'ados suivant. En raison de la concentration de la chaleur, les légumes cultivés sur les ados, dans la culture maraîchère, sont généralement en avance de trois semaines environ sur ceux cultivés en plein carré ou en terrain plat.

ADOUCISSANTS (*médecine vétérinaire*). — Qualification des substances ou des médicaments qui adoucissent ou calment les inflammations, les irritations des tissus. Ces médicaments sont appliqués soit à l'intérieur, soit à l'extérieur. Les cataplasmes, les bains émollients sont des adoucissants, de même que les boissons mucilagineuses ou gommeuses, le miel, etc.

ADOUÉ (*chasse*). — Se dit du gibier, quand il est *accouplé* (voy. ce mot).

ADOXA ((*botanique*). — Petite plante herbacée, commune dans tous les bois frais de l'Europe tempérée. Elle se distingue par ses fleurs sans pétale et par l'odeur de musc qu'elles exhalent. Cette odeur est particulièrement sensible après la pluie. On ne connaît qu'une espèce d'adoxa, l'*A. moscatellina*, appelée aussi moscatelle ou moscatelline. Cette plante n'est pas cultivée dans les jardins, mais elle a des propriétés thérapeutiques auxquelles la médecine a recours pour certaines affections nerveuses. La moscatelle est administrée en pastilles, en pilules ou en sirops.

ADRAGANT. — Qualification d'une gomme qui sort spontanément en filets de la tige ou des rameaux de plusieurs arbrisseaux du genre des Astragales. On dit gomme adragant ou gomme adragante, ou encore gomme d'adragant. Cette gomme, qui exsude à l'état mou, se durcit rapidement à l'air. Elle se gonfle beaucoup dans l'eau et donne un mucilage très consistant. Elle est employée soit pour la préparation de loochs, de pilules ou de tablettes en pharmacie, soit pour la composition d'un sirop qui entre dans plusieurs potions.

ADULTE. — État d'un animal qui a atteint son développement normal. L'âge adulte est le moment où cet état se produit. Il est caractérisé d'une manière visible par l'achèvement de la dentition permanente. Dans l'état adulte, les tissus qui constituent le corps de l'animal ont acquis toutes leurs propriétés. Dans chaque espèce animale livrée à elle-même, l'état adulte se produit à un moment à peu près fixe qui dépend de la longueur de la vie normale; un des buts de l'exploitation des animaux domestiques destinés à la boucherie est de provoquer un développement plus rapide et d'amener plus vite l'âge ou l'état adulte.

ADULTÉRATION. — Altération d'un produit par un mélange frauduleux de substances d'une valeur moindre. L'adultération entraîne l'idée de changement dans la nature intime du produit. Cette expression s'applique donc particulièrement à l'intervention de produits chimiques. Le plus souvent, quand il y a simplement mélange de produits d'une qualité inférieure, on dit qu'il y a falsification. L'adultération, nommée aussi sophistication, prend les formes les plus variées; il est absolument impossible d'essayer de les indiquer, car elles changent suivant les produits, et l'on en compte souvent beaucoup pour un même produit. — L'adultération des denrées alimentaires est visée d'une manière spéciale par la loi du 27 mars 1851. Cette loi punit d'un emprisonnement de trois mois à un an et d'une amende, non seulement ceux qui pratiquent les adultérations ou falsifications, mais encore ceux qui vendent et mettent en vente les produits adultérés. La pénalité est augmentée quand les mixtions ajoutées à la marchandise peuvent nuire à la santé des consommateurs. Cette loi est applicable notamment aux laitières qui ajoutent de l'eau ou des substances étrangères au lait et à la crème, et aux marchands de vin qui font subir la même injure au vin.

ADULTÉRIN (*botanique*). — Se dit d'une plante provenant d'une autre plante dont les fleurs ont été fécondées artificiellement ou accidentellement par le pollen de plantes appartenant à une espèce différente. — Se dit aussi d'un organe d'une plante qu'on suppose né à la place d'un autre.

ADUSTION (*art vétérinaire*). — Cautérisation d'une partie du corps par le feu, pour la guérison d'une maladie ou d'une plaie. C'est par le fer rougi au feu que l'adustion est pratiquée.

ADVENTICES. — Qualification des plantes qui croissent sur un terrain cultivé sans y avoir été semées ou plantées. Ces plantes causent souvent un grand préjudice à l'agriculteur. Dans le langage vulgaire, on les appelle parfois des plantes salissantes, et une culture sale est un champ dans lequel elles se rencontrent en abondance. Il convient d'indiquer d'abord leurs caractères, et ensuite les moyens à adopter pour les détruire.

Caractères des plantes adventices. — Le plus grand nombre des plantes adventices sont originaires des lieux où elles poussent et font partie de la flore naturelle. Aussi leur végétation est souvent bien plus vigoureuse que celle des plantes cultivées; elles tendent à se substituer complètement, ou du moins presque complètement à ces dernières. D'autres, que l'on rencontre presque exclusivement dans les champs cultivés, et dans des circonstances particulières, paraissent avoir été importées par les semences de céréales et ne s'être multipliées que parce qu'elles ont trouvé dans le sol, à raison même des soins de culture qui lui sont donnés, les conditions nécessaires pour leur développement. C'est à cette dernière catégorie que paraissent appartenir le coquelicot, le bluet, la nielle, etc.

On compte, en France, plus de cent cinquante espèces de plantes adventices qui tendent à pulluler dans les champs cultivés. La plupart sont annuelles, mais quelques-unes sont vivaces; ces dernières sont les plus redoutables. Les espèces les plus communes sont le Chiendent, le Bluet, la Nielle, le Chardon, la Moutarde des champs, quelques Renoncules, la Mélampyre, etc. Ces plantes poussent en même temps que les plantes cultivées; elles viennent à fleur et à graine le plus souvent avant ces dernières, de telle sorte que leur propagation se fait très facilement, d'autant plus facilement que leurs graines, notamment celles du chardon, peuvent quelquefois être disséminées par le vent dans un vaste rayon.

C'est de plusieurs manières que les plantes adventices nuisent aux récoltes. Tout d'abord elles absorbent et utilisent à leur profit une partie des principes nutritifs que le sol renferme et qui souvent y ont été portés par le cultivateur sous forme d'engrais. Elles occupent une place où des plantes utiles auraient pu se développer; et enfin, préjudice encore plus grave, elles tendent, par l'exubérance de leur végétation, à en arrêter l'essor. Enfin, leurs graines, mêlées au moment de la récolte avec les bonnes graines, diminuent la valeur marchande de ces dernières et peuvent même causer des désordres sérieux dans l'organisme, quand elles sont absorbées avec les graines alimentaires.

L'introduction des plantes adventices dans le sol cultivé est due à des causes multiples. En premier lieu se place la reproduction naturelle par les graines tombées de la plante elle-même. Ensuite il faut compter sur la dissémination des graines par le vent et par les autres agents naturels. Enfin intervient la propagation involontaire due au cultivateur lui-même. Cette propagation peut se faire de différentes manières. Parfois il arrive que le cultivateur sème lui-même les plantes adventices, quand il emploie pour la semaille des graines insuffisamment purgées de tout corps étranger. Ailleurs, c'est par les fumiers que la propagation se fait. Tantôt les graines de ces plantes ont été ingérées par le bétail et ont traversé le canal digestif sans être élaborées et sans perdre leur puissance germinatrice, tantôt elles se trouvent dans les pailles qui servent à la litière, tantôt enfin elles font partie des balayures et des criblures de grenier qu'on jette quelquefois sans précaution sur les tas de fumier. Ce n'est que par une longue fermentation dans le fumier que ces graines deviennent impropres à germer; c'est pourquoi les fumiers consommés en renferment beaucoup moins que les fumiers frais.

Lorsque les plantes adventices ont pris possession d'un terrain, elles manifestent une grande tendance à se conserver et à s'y multiplier. Cette observation s'applique non seulement aux plantes vivaces, mais aussi aux plantes annuelles. La plupart sont très fécondes, et un grand nombre mûrissent et disséminent leurs graines un peu avant l'époque de la moisson. Il en résulte qu'il est nécessaire, pour le cultivateur, de lutter contre elles avec la plus grande énergie pour s'en débarrasser.

Destruction des plantes adventices. — Les moyens employés pour faire disparaître les plantes adventices sont variés. En premier lieu, le cultivateur doit éviter soigneusement de les semer lui-même ; pour cela, il doit se servir de semences parfaitement nettoyées. Les instruments connus sous le nom de trieurs, sont aujourd'hui suffisamment parfaits pour donner, à cet égard, toute sécurité à celui qui s'en sert.

Il est plus difficile d'éviter la diffusion de ces plantes par le fumier. Toutefois un moyen efficace de destruction est de donner la fumure principale à une récolte sarclée précédant la récolte de céréale. Les nombreux binages qu'exige la plante sarclée assurent la destruction de la plus grande partie des plantes adventices.

Le binage des céréales au printemps, avec la houe à cheval, quand celles-ci sont plantées en lignes, amène des résultats analogues à ceux obtenus par le binage des plantes sarclées.

Un autre excellent moyen consiste à faire, après la moisson, dans les champs de céréales, des labours superficiels et répétés à de courts intervalles. Si le temps devient un peu humide, les graines des plantes adventices germent rapidement. On les enfouit par un nouveau labour avant qu'elles n'aient fleuri, ou bien on les fait pâturer par les moutons.

Fig. 71. — Racines adventives de graminée.

Les assolements dans lesquels reviennent des plantes sarclées à de courts intervalles, assurent aussi un rapide nettoiement du sol.

Quand le sol est infesté de mauvaises herbes d'une manière exubérante, soit par des séries de cultures peu soignées, soit pour toute autre cause, on peut enfin avoir recours à la jachère pour l'en débarrasser. Mais cette jachère doit être accompagnée de labours multipliés, à intervalles assez rapprochés pour que les plantes adventices n'aient pas le temps, après avoir germé, de fleurir et de fructifier.

Des champs bien purgés de plantes adventices sont toujours l'indice d'une culture bien faite, et les récoltes qu'ils fournissent rémunèrent largement des soins dont ils ont été l'objet.

ADVENTIF. — Se dit des organes des plantes qui se développent sur des points où l'on ne trouve pas d'organes de même nature. Une racine est adventive quand elle se développe ailleurs que sur une autre racine; un bourgeon est adventif quand il se développe ailleurs qu'à l'aisselle d'une feuille ou à l'extrémité d'un axe, et le rameau qui en sort est un rameau adventif. Des racines adventives se développent souvent sur un grand nombre de plantes (fig. 71). Pour ne citer que deux exemples bien connus : sur les coulants du fraisier se développent souvent des racines adventives, quand ils viennent à être couverts de terre; les crampons avec lesquels le lierre commun s'attache aux murs sont des racines adventives. L'horticulture provoque quelquefois la production artificielle des organes, en vue de la multiplication des plantes. Ainsi, en entretenant un milieu humide autour de la tige d'un arbre, on peut déterminer la formation de racines adventives. De même sur une portion coupée de tige, dépourvue de feuilles et de nœuds, on peut amener la production de bourgeons adventifs, de racines adventives, en faisant intervenir l'humidité, la chaleur, etc. Par la taille, on arrive à amener le développement d'un ou plusieurs bourgeons adventifs; ce développement artificiel de bourgeons est parfois le but de cette opération.

ADVERSE (*botanique*). — Se dit de certains organes des plantes quand ils présentent une direction non ordinaire. Ainsi, Mirbel appelait radicule adverse, celle qui est tournée du côté du hile; anthère adverse, celle dont la déhiscence se fait par la face interne. Quelques anciens botanistes employaient le mot adverse comme synonyme d'opposé.

ADYNAMIE (*médecine vétérinaire*). — Prostration des forces due à l'action de maladies nombreuses, soit aiguës, soit produites par des lésions. L'adynamie est caractérisée par une faiblesse musculaire extrême. Ce n'est pas une maladie, mais le résultat d'un état morbide.

ADYNAMIQUE. — Qualification d'un état ou d'une maladie qui présente les caractères de l'adynamie.

ÆCHMÉA (*botanique*). — Plante épiphyte, originaire du Pérou, appartenant à la famille des Broméliacées, cultivée dans les serres d'Europe. Ses feuilles sont en forme de lances aiguës et canaliculées. Les fleurs, jaunâtres, sont disposées en panicules. Cette plante demande la serre chaude; elle est cultivée dans la terre de bruyère brute.

ÆCIDIE ou **ÆCIDIUM.** — Petit champignon parasite, qui se développe sur les feuilles, les fleurs et même les fruits de certains végétaux. Il forme, par places, des taches blanchâtres sur les feuilles. L'euphorbe à feuilles de cyprès et l'épine-vinette sont les plantes qui sont le plus souvent atteintes par ce champignon.

ÆGAGRE (*zoologie*). — Nom qui vient de deux mots grecs signifiant chèvre sauvage. Ce mammifère, dont le nom scientifique est *Capra ægragus*, présente de l'analogie avec la chèvre d'Europe; il vit par troupes dans le Caucase, le Thibet, l'Arménie, la Perse. Cette espèce naturelle est de taille plus forte et de couleurs plus foncées que la chèvre. Le corps est gris roussâtre en dessus, avec ligne dorsale noire et la queue noire; la tête est noire, rousse sur les côtés; les cornes sont arquées en arrière, sans retour sur les côtés chez le mâle; les cornes de la femelle sont petites. C'est un des animaux dont les intestins contiennent des concrétions connues sous le nom de bézoards orientaux.

ÆGAGROPILE (*médecine vétérinaire*). — Concrétion que l'on trouve quelquefois dans les organes digestifs des chèvres et des autres ruminants. Ces concrétions affectent la forme de boules feutrées; elles paraissent formées principalement par les poils que l'animal a avalés en se léchant, et que les mouvements de l'estomac ont rassemblés. On y trouve des débris végétaux et des substances calcaires, ainsi que des corps non alimentaires ingérés par les animaux. Ces concrétions ont souvent un volume considérable; elles peuvent occasionner des coliques, qui entraînent quelquefois la mort. A certaines époques de grande mortalité sur des troupeaux de bêtes à laine, on a trouvé des ægagropiles dans les estomacs d'un grand nombre des animaux qui avaient succombé.

ÆGILOPS (*botanique*). — Plante de la famille des Graminées, voisine du genre *Triticum*. L'étude de l'*Ægilops* présente un très grand intérêt à raison d'une certaine affinité avec la principale de nos plantes cultivées; quelques botanistes ont même soutenu que le blé pourrait n'être qu'une transformation graduelle d'une espèce d'*Ægilops*. Le genre *Ægilops* a été créé par Linné; il comprend deux espèces : l'*Ægilops ovata*, commune dans les lieux stériles des départements méridionaux et dans tout le midi de l'Europe, et l'*Ægilops triaristata*, qu'on rencontre dans les mêmes localités, mais moins communément que la précédente, et qui en diffère surtout par un épi un peu plus long et des tiges plus hautes et dressées.

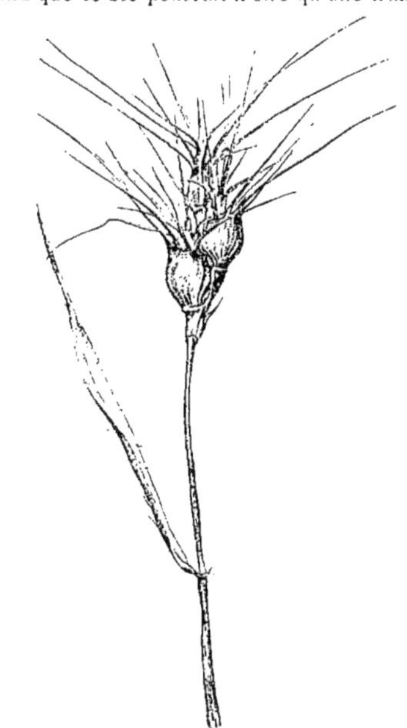

Fig. 72. — Inflorescence de l'*Ægilops ovata*.

Les *Ægilops* sont des plantes annuelles dont les tiges, en forme de touffes, ont 20 à 30 centimètres de hauteur. Les feuilles sont planes et velues sur les bords. L'épi (fig. 72) est court et oval, formé de trois ou quatre épillets rapprochés, dont les inférieurs seuls sont fertiles, et renferment trois ou quatre fleurs parmi lesquelles les deux du haut sont mâles. Le grain est oblong, velu au sommet, convexe au dehors, et présente sur son côté interne aplati un sillon longitudinal.

Un botaniste distingué d'Avignon, E. Requien, trouva à différentes reprises, au milieu d'*Ægilops ovata*, un certain nombre de plantes dont l'organisation était analogue à celle de cette espèce, mais qui en différaient en ce que l'épi offrait une certaine ressemblance avec celui du froment; il en conclut qu'il avait affaire à une autre espèce qu'il appela *Ægilops triticoïdes*. Plus tard, Fabre (Esprit), d'Adge (Hérault), retrouva ces mêmes plantes aux environs de cette ville et il en fit l'objet d'une étude attentive. Il constata d'abord que l'*Ægilops triticoides* est presque toujours stérile à raison de l'imperfection des étamines. Cependant ayant réussi à en obtenir un certain nombre de graines, il les sema dans son jardin. L'*Ægilops* qui en provint était plus vigoureux que la plante mère, et il ressemblait davantage au blé dit d'Agde. Après plusieurs générations, la ressemblance devint de plus en plus complète, au point qu'il ne pouvait plus distinguer les épis d'*Ægilops* de ceux du blé d'Agde. Fabre, qui avait d'ailleurs constaté que des grains provenant du même épi d'*Ægilops ovata* avaient donné, les uns toujours la même espèce, et les autres des *Ægilops triticoides*, tira de cet ensemble de faits la conclusion que le blé est le résultat d'une série de changements successifs déterminés par la culture dans l'*Ægilops ovata*. Cette conclusiom est celle du mémoire rédigé d'après ses observations, par Dunal, de Montpellier, en 1852.

L'étude des transformations de l'*Ægilops* fut ensuite reprise par le docteur Godron. Ayant constaté, comme Fabre, que l'*Ægilops triticoides* naît toujours d'un épi d'*Ægilops ovata*, il remarqua que l'*Ægilops triticoides* est barbu quand il vient dans le voisinage d'un champ de blé barbu, qu'il est sans poils au contraire s'il vient dans le voisinage d'un champ de blé sans barbes. Il en tira cette conclusion que ce pourrait bien être un hybride de la plante sauvage fécondée par le pollen du blé. L'expérience directe, répétée à diverses reprises, depuis 1853, donna complètement raison à son hypothèse. Mais l'*Ægilops triticoides*, s'il est de nouveau fécondé par le pollen du blé, produit une nouvelle variété à laquelle le nom d'*Ægilops speltæformis* a été donné par Jordan qui la considérait comme une espèce particulière. M. Godron a, par des expériences multiples, bien établi la nature de ces variations. Il a fait l'hybridation avec de nombreuses espèces de blé, et il a obtenu plusieurs hybrides présentant des caractères différents, suivant le blé dont on s'était servi, mais qui se sont maintenus. Ainsi l'*Ægilops speltæformis* obtenu dans le jardin d'Esprit Fabre a donné plus de quarante générations sans que la plante ait subi des modifications. Ces expériences, qui ont eu un grand retentissement, démontrent donc que l'*Ægilops ovata* ne peut pas se transformer en blé, comme le pensaient Fabre et Dunal; mais que, fécondé par le pollen de certains blés, il donne deux hybrides successifs dont le second devient promptement fertile et se conserve sans changements notables pendant une longue suite de générations. Ces expériences sont une des démonstrations les plus remarquables qui aient été faites de la fixité des espèces végétales.

Un certain nombre de botanistes modernes, notamment MM. Grenier et Godron, ont fait rentrer le genre *Ægilops* dans le genre *Triticum* (froment).

ÆMBARELLA (*arboriculture*) — Arbre de Ceylan (Asie) que l'on pensait être un noyer.

AÉRAGE. — Mot employé souvent, d'une manière impropre, pour désigner l'aération. D'après le *Dictionnaire de l'Académie*, le mot aérage doit être réservé à la ventilation dans les puits et galeries de mines.

†**AÉRATION.** — Action de renouveler l'air dans un espace clos ou d'exposer des produits à l'action de l'air. L'aération s'applique donc d'abord aux constructions rurales, qu'elles soient destinées aux hommes, aux animaux domestiques, ou aux produits agricoles; puis, aux produits des récoltes conservés au dehors, en meules ou autrement; enfin, au sol lui-même.

Aération des bâtiments d'habitation.— L'aération des bâtiments destinés à loger le cultivateur et sa famille, aussi bien que les ouvriers de la ferme, est une condition absolue d'hygiène. L'air du logis est rapidement vicié par les produits de la respiration des individus qui y sont réunis, et s'il ne se renouvelle pas en quantité suffisante, il devient malsain. Quand on pénètre dans une chambre dont l'air n'a pas été renouvelé, surtout si une ou plusieurs personnes y ont passé la nuit, on éprouve une impression pénible qui est due à cet état de l'air. Il résulte des expériences faites avec le plus grand soin que la quantité d'air nécessaire à la respiration normale d'un homme dans une habitation, est de 15 mètres cubes, et que, en dehors des cas particuliers d'insalubrité, un renouvellement de 6 mètres cubes par heure est suffisant pour que l'air reste suffisamment pur. C'est d'après ces données que doit être faite la construction des locaux et que l'aération doit être établie.

Dans un grand nombre d'habitations rurales anciennes composées d'une seule pièce, il n'y a pas d'autre ouverture que la porte. Quand la pièce a une cheminée suffisamment grande, il peut se produire un courant d'aération assez énergique. Mais le plus souvent cette disposition est loin d'être suffisante. Il est indispensable que, outre la porte, les pièces habitées aient une ou plusieurs fenêtres par lesquelles on renouvelle l'air de manière à éviter les inconvénients qui résultent de son état vicié.

Aération des écuries. — C'est à la fin du siècle dernier que Tessier, dans ses *Observations sur plusieurs maladies des animaux domestiques*, appela l'attention sur l'insalubrité des étables et écuries manquant d'air; il proposait d'obvier à cet inconvénient par l'emploi de ventouses d'aération. Depuis cette époque, on s'est beaucoup préoccupé des moyens d'assurer l'aération des logements des animaux domestiques.

Il résulte des expériences de M. Boussingault qu'un cheval du poids de 500 kilogr. a besoin, pour respirer régulièrement, pendant vingt-quatre heures, de 4700 litres d'oxygène, ce qui correspond à près de 25 mètres cubes d'air. D'après un rapport fait par M. Chevreul à l'Académie des sciences, une capacité qui fournit de 25 à 30 mètres cubes d'air par cheval est suffisante. Les écuries doivent être construites en suivant ces observations; leurs dimensions doivent être calculées de manière à donner 25 à 30 mètres cubes d'air par cheval qui y est renfermé. Mais le renouvellement de l'air doit se faire progressivement au fur et à mesure qu'il est vicié; en outre, les gaz ammoniacaux qui s'exhalent de la litière contribuent au même résultat. C'est sur cette donnée que doit être établie l'aération d'une écurie contenant un nombre déterminé de chevaux. L'aération est obtenue, soit par des cheminées placées dans le toit, soit par des fenêtres, soit enfin par des ventouses placées dans les murs. Les fenêtres doivent être placées à une hauteur de 2 mètres à 2m,50 au-dessus du sol; elles doivent s'ouvrir, autant que possible, sur un pivot horizontal inférieur, de manière à éviter les brusques courants d'air; leur exposition la meilleure est au sud ou à l'est, de côté ou sur la croupe des chevaux. L'air chaud vicié qui s'accumule à la partie supérieure s'échappe par ces ouvertures et l'air du dehors entre soit par la porte, soit, quand l'écurie est grande, par des ouvertures pratiquées latéralement au bas des murs. En ouvrant plus ou moins les fenêtres, on régularise la ventilation, car il est indispensable que le froid ne saisisse pas les chevaux, surtout quand ils rentrent du dehors. Dans les grandes écuries, il est utile d'établir à la partie supérieure une cheminée de ventilation ou simplement des tuyaux de ventilation. C'est par ces cheminées ou tuyaux que l'air extérieur fait pression sur celui de l'écurie et le chasse par les ouvertures, appelées aussi barbacanes, ménagées au bas des murs de l'écurie. Les cheminées de ventilation ont une largeur, à leur base, qui varie de 30 centimètres à 1 mètre, suivant les dimensions de l'écurie. Le bas est en planches, et l'ouverture inférieure est fermée par un volet à coulisses ou registre qui permet de régler le passage de l'air. L'ouverture supérieure, qui traverse le toit, est terminée par des briques en tronc de cône appelées mitres, ou même par une construction en briques quand la cheminée est large. Une condition nécessaire d'une bonne aération, c'est qu'elle ne soit pas trop violente, au point d'abaisser brusquement la température de l'écurie ; il est, en effet, essentiel de distinguer entre l'air malsain et l'air chaud.

Aération des étables. — L'aération des étables n'est pas moins indispensable que celle des écuries ; elle est quelquefois même plus nécessaire, surtout quand les animaux sont soumis au régime de la stabulation ; dans ce cas, en effet, ils sont constamment soumis aux influences de l'air des étables, et la respiration à l'air libre du dehors ne vient pas corriger les mauvais effets qui peuvent provenir de l'action de l'air de l'étable quand il est vicié. La quantité d'air nécessaire à un bœuf ou à une vache est un peu inférieure à celle que demande un cheval ; on l'estime de 24 à 25 mètres cubes. C'est par les fenêtres, les tuyaux de ventilation, les ventouses, comme dans les écuries, que le renouvellement de l'air est obtenu. On emploie souvent avec avantage, dans les étables, des portes coupées en deux dans le sens de la hauteur : la partie supérieure de ces portes peut rester ouverte, pendant que la partie inférieure est fermée. Le renouvellement de l'air se produit facilement, sans que les animaux aient à en souffrir. Mais il faut bien se garder de faire une aération exagérée, et ne pas confondre l'air chaud avec l'air malsain. L'expérience a démontré que la température des étables doit être maintenue de 18 à 20 degrés centigrades.

Aération des bergeries. — Les barbacanes ou ventouses dans la partie inférieure des murs doivent être exclues des bergeries, car elles occasionnent sur les animaux des courants d'air froid qui provoquent des maladies. L'aération par des fenêtres suffisamment grandes, placées à $1^m,50$ au moins au-dessus du sol, et par des portes coupées dans la hauteur, est le meilleur système à adopter. Pendant l'été, et dans les pays chauds, les fenêtres sont souvent fermées seulement par des châssis à lames mobiles, qui permettent de régler l'aération suivant les besoins. Dans les bergeries de grandes dimensions, on peut avoir recours aux cheminées ou aux tuyaux de ventilation, en les disposant avec prudence.

Aération des porcheries. — Les mêmes règles sont à suivre que pour les bergeries.

Aération des magnaneries. — Le renouvellement de l'air est une des conditions indispensables de l'élevage des vers à soie. Quand il s'agit de petites éducations, le renouvellement de l'air dans les chambres s'obtient assez facilement au moyen des portes et des fenêtres, comme dans les locaux ordinaires. Mais quand les éducations ont une grande importance, et qu'on veut élever une masse considérable de vers dans un local restreint, il faut recourir à des moyens plus puissants. Olivier de Serres indiquait autrefois l'usage des trappes ou des ventouses dans les parties inférieures des chambres, combiné avec des ouvertures dans le plafond. Plus tard, Dandolo a conseillé l'emploi de cheminées d'appel pour parer à l'insuffisance de ces trappes. Mais le système de ventilation qui a acquis une juste célébrité est celui qui est dû à Darcet. Ce système consiste dans l'emploi d'un calorifère placé dans une chambre spéciale dite chambre à air, et qui permet de répartir de l'air chaud ou de l'air froid à volonté dans les chambres. Des tuyaux ou gaines, partant du calorifère, sont disposés dans le plancher des chambres, et ils sont percés de trous de distance en distance ; d'autres tuyaux, pratiqués dans le plafond, aboutissent à une cheminée d'appel ou à un tarare ventilateur. Ces tuyaux sont en nombre égal, et leurs trous sont disposés de la même manière, de sorte que la quantité d'air qui entre est égale à celle qui sort. L'appel d'air se fait par les tuyaux supérieurs ; quand l'air doit être introduit chaud, on le fait passer par le calorifère ; s'il doit être introduit froid, pour abaisser la température de la chambre, on met l'extrémité des gaines inférieures en communication avec une cave ou chambre d'air froid. Les trous des gaines sont inégaux et combinés pour que la répartition de l'air se fasse régulièrement, malgré l'inégalité de la pression qu'il exerce dans les gaines.

Aération des granges. — L'aération des granges qui renferment les gerbes de céréales, les fourrages, les autres produits des champs, est une condition de leur bonne conservation. Cette aération est obtenue, soit simplement par des ouvertures assez nombreuses à la partie supérieure des murs ou dans le toit, soit par une combinaison de ces ouvertures avec des barbacanes ou ventouses pratiquées à la partie inférieure des murs. Ces ventouses peuvent consister en de simples briques creuses dont les trous se correspondent, ou être ménagées entre plusieurs briques ou pierres ; dans ce dernier cas, il est bon de les munir d'un treillis en toile métallique pour empêcher le passage des petits animaux, ou pour s'opposer aux tentatives d'incendie qui pourraient être faites du dehors.

Aération des meules. — Les agriculteurs écossais et hollandais, quand les fourrages ou les gerbes sont encore humides, au moment où ils sont mis en meules, ont l'habitude de faire au centre des meules une espèce de tuyau d'aération, soit avec des perches, soit avec des claies d'osier, soit même à l'aide de tuyaux de drainage. Cette méthode a pour but de faire circuler l'air dans la meule et d'empêcher la fermentation de se produire, en assurant la dessiccation des fourrages ou des gerbes. Cette méthode a été plusieurs fois préconisée en France. Toutefois, il faut ajouter que M. Boussingault a fait à ce sujet des réserves ; il a constaté par expérience que, malgré les précautions prises, on peut faire naître un incendie en favorisant l'accès de l'air, surtout si les foins ne sont pas suffisamment secs et sont susceptibles de s'échauffer.

Aération des greniers. — Les greniers sont ventilés d'après les procédés qui ont été indiqués soit pour le logement des animaux, soit pour les granges. En vue de la conservation des grains, des greniers ventilateurs spéciaux ont été imaginés par John Sinclair et par d'autres inventeurs, notamment M. Decaux. Ces greniers forment des constructions spéciales sur lesquelles il n'y a pas lieu d'insister en ce moment.

Aération des grains en tas. — Lorsque les grains sont mis en tas dans les greniers, il est utile de les aérer pour empêcher qu'ils ne s'échauffent et qu'ils ne viennent à pourrir. C'est par des pelletages que cette aération est produite. On ouvre les ouvertures du grenier pendant qu'on fait les pelletages. C'est surtout au printemps et pendant l'été qu'il est utile d'y procéder.

Aération des serres, bâches, etc. — L'air est aussi indispensable à la vie des plantes qu'à celle des animaux. Les serres, bâches, cloches, qui servent soit à abriter, soit à forcer la végétation des plantes délicates, doivent donc être ouvertes de temps en temps pour que l'air renfermé puisse être renouvelé. Toutefois, il est convenable de ne faire l'aération que lorsque l'air extérieur est suffisamment chaud pour qu'on n'ait pas à craindre un refroidissement fatal aux plantes.

Aération du sol. — Il faut, pour que les plantes puissent vivre et prospérer, que le sol dans lequel plongent leurs racines soit aéré, qu'il y ait une certaine circulation d'air entre les parcelles plus ou moins ténues de la terre arable, que de l'oxygène nouveau vienne y remplacer celui qui a été consommé, soit par les plantes elles-mêmes, soit par les réactions diverses qui se produisent dans le terrain servant de support à la végétation. On pourvoit à cette nécessité par des labours et par le drainage.

AÉRIDES (*botanique et horticulture*). — Plantes originaires des Indes, recherchées dans les serres à cause de la beauté de leur inflorescence. Elles appartiennent à la famille des Orchidées, et se rencontrent dans les parties tropicales de l'Asie. Ces plantes sont épiphytes, c'est-à-dire croissant sur l'écorce des arbres; elles peuvent même végéter et fleurir, étant simplement suspendues dans une serre chaude humide. C'est de cette particularité que vient le nom qui leur a été donné. Les deux principales espèces cultivées dans les serres sont l'*Aérides affine*, à fleurs roses tachetées de rouge foncé, et l'*Aerides crispum*, à fleurs blanches. On les tient en serre chaude humide, dans des caisses remplies de terre tourbeuse et de mousse.

AÉRIEN. — Qui a rapport à l'air. On dit spécialement voies aériennes ou conduits aériens pour les vaisseaux qui amènent l'air dans les poumons. Ainsi le larynx, la trachée, les bronches sont des voies aériennes. On donne aussi cette épithète à des météores qui se produisent dans l'air ou qui ont rapport à l'air.

AÉRIFÈRE. — Qui porte l'air. Qualification de l'ensemble des fosses nasales, de l'arrière-bouche, de la trachée et des bronches. Chez les articulés, les trachées sont les conduits aérifères.

AÉROBIE. — M. Pasteur a donné ce nom aux vibrioniens (bactéries) qui possèdent la faculté de vivre au contact de l'air et d'absorber l'oxygène, par opposition à ceux qui ne possèdent pas cette faculté, et qui sont dits *anaérobies*.

AÉROMÈTRE. — Instrument destiné à mesurer la densité ou la raréfaction de l'air et des autres gaz.

AÉROPHYTES (*botanique*). — Plantes qui vivent habituellement dans l'air. Se dit par opposition à celles qui vivent habituellement dans l'eau, et qui sont appelées hydrophytes.

AÉROSCOPIE. — Examen des poussières microscopiques transportées dans l'air.

AÉROSTAT. — Appareil rempli d'un gaz qui est tel que le poids de ce gaz, plus celui de l'enveloppe, de la nacelle et des corps qui y sont contenus, se trouve plus faible que le poids de l'air déplacé, de telle sorte qu'il se tient dans l'air. Cet appareil n'a pas encore trouvé d'application dans les arts, l'agriculture ou l'industrie; mais on ne saurait prévoir l'avenir qui lui appartient.

ÆSCHINANTHUS (*botanique et horticulture*). — Plante sarmenteuse, à rameaux grêles et traînants, recherchée comme plante d'ornement. Les différentes espèces d'*Æschinanthus* sont originaires des îles Bornéo et des parties les plus chaudes des Indes. La serre chaude et humide leur convient; elles demandent la terre de bruyère pure. Elles produisent un effet très joli dans des corbeilles suspendues, à raison de leurs tiges pendantes, ornées de bouquets de fleurs éclatantes. Elles sont aussi recherchées comme plantes d'appartement, mais elles n'y fleurissent que très rarement. On en cultive plusieurs espèces, principalement l'*Æschinanthus ramosissimus*, à feuilles opposées et charnues, lancéolées, vert foncé en dessus, et à fleurs d'un beau pourpre; l'*Æ. pulcher*, à feuilles ovales et à fleurs écarlates; l'*Æ. tricolor*, à fleurs brillantes, jaunes et écarlates avec lignes noires. Tous les *Æschinanthus* sont remarquables par la facilité avec laquelle leur multiplication peut se faire par boutures. Ces plantes demandent des arrosages copieux et journaliers.

ÆSCULINE. — Principe contenu dans les fruits et l'écorce du marronier d'Inde (*Æsculus hippocastanum*). Ce principe est amer, soluble dans l'eau bouillante et dans l'alcool. Quand on évapore la dissolution alcoolique, il se dépose en groupes formés de petites aiguilles.

ÆSHNE. — Nom d'un insecte de la tribu des Demoiselles ou Libellules.

AETHÉOGAMES (*botanique*). — Expression employée par quelques botanistes pour désigner les plantes cryptogames.

ÆTHUSE (*botanique*). — Plante herbacée de la famille des Ombellifères, commune dans la plus grande partie de la France, et dont une espèce désignée vulgairement sous le nom de *petite ciguë* est un poison violent; c'est de là que lui vient son nom qui signifie brûler. Le genre Æthuse renferme deux espèces : 1° l'*Æ. cynapium* ou à feuilles de persil, plante annuelle, à tige cannelée, à feuilles ailées et folioles pointues, à fleurs blanches; elle fleurit de juin en octobre; elle se rencontre souvent dans les jardins humides, mal soignés; elle renferme un poison violent, et des accidents sont souvent provenus de la confusion de cette plante avec le persil cultivé; il faut donc l'éloigner avec soin des jardins; 2° l'*Æ. meum* ou à feuilles capillaires, qui se rencontre dans les montagnes; elle est vivace et aromatique, d'une saveur très âcre. Cette plante est considérée comme médicinale et recherchée par les droguistes. On lui attribue, dans les montagnes du centre de la France, une excellente influence sur la qualité du lait des vaches; en fait, le bétail mange cette plante avec avidité.

AFATONIER (*arboriculture*). — Nom vulgaire donné quelquefois au prunier de Besançon.

AFFAIBLISSEMENT. — État de faiblesse dû à la diminution des forces chez les animaux domestiques. L'affaiblissement est souvent la suite d'une maladie, de pertes de sang, etc. Il peut résulter aussi, l'animal étant d'ailleurs en état de bonne santé, soit d'un excès de travail, soit de la pénurie de nourriture. L'agriculteur doit étudier avec soin les causes de l'affaiblissement, quand il se produit chez un animal; la première précaution à prendre est, en effet, de faire cesser cette cause. Si l'affaiblissement provient d'un excès de travail, il importe de diminuer celui-ci; s'il est dû à l'insuffisance d'alimentation, il faut rendre celle-ci plus abondante ou plus substantielle. Quand l'affaiblissement est la conséquence d'un état maladif, il faut suivre avec soin les prescriptions du vétérinaire et se garder d'excès de zèle; il est important, dans ce cas, de faire revenir les forces suivant une gradation normale.

AFFAISSEMENT. — Résultat de l'affaiblissement chez les animaux domestiques. Cette expression caractérise l'aspect extérieur de l'animal dont le corps et les membres sont dans un état de prostration absolue. C'est le plus souvent par la position pendante de la tête et la raideur dans les mouvements que l'affaissement se manifeste

AFFAMER (*arboriculture*). — Se dit de l'opération qui consiste à couper à l'avance et à conserver les rameaux qui doivent servir de greffons. On n'agit ainsi que pour les greffages pratiqués pendant le repos de la végétation. Les rameaux peuvent être conservés en bon état jusqu'à l'époque de l'opération, si on les stratifie dans du sable fin ou si on les enterre de 10 centimètres à la base, et davantage pour les rameaux longs, dans une rigole, à l'ombre d'un bâtiment ou d'un arbre vert. La végétation ayant repris dans le sujet quand la greffe est opérée, il y a entre son état et celui de greffon, une différence qui est tout à l'avantage du bon résultat de la greffe.

AFFANURE. — Salaire en nature que reçoivent les ouvriers employés à faire les récoltes. Cette expression est surtout usitée dans le Dauphiné. L'usage de l'affanure est moins répandu qu'autrefois; il ne s'est maintenu que dans quelques pays de montagnes. En terme général, l'affanure est la dixième ou la douzième mesure de grain. Cette méthode est surtout commode dans certaines campagnes où l'argent est rare; au lieu d'acheter son blé ou les autres produits dont il a besoin, l'ouvrier les reçoit comme salaire de son travail.

AFFECTION (*médecine vétérinaire*). — Expression employée assez souvent comme synonyme de maladie, tout en impliquant un certain caractère d'incertitude relativement à la nature même de la maladie. Ainsi on dit une affection pulmonaire, une affection nerveuse, une affection cutanée, etc., pour indiquer une maladie non précisée qui attaque soit les poumons, soit le système nerveux, soit la peau. Le mot *affection* a donc un caractère d'expression générique.

AFFENAGE. — Se dit quelquefois de la distribution du fourrage aux animaux domestiques. Cette expression est donc synonyme de l'action d'affourager.

AFFERMER. — Prendre ou donner, mais plus souvent donner à bail une terre ou un domaine, moyennant une redevance fixe en argent que le preneur s'oblige à payer chaque année. Le preneur reçoit le nom de *fermier*, et le système d'exploitation celui de *fermage*.

AFFICHER. — Se dit de l'action d'aiguiser les échalas pour la culture de la vigne. C'est un des travaux auxquels les viticulteurs peuvent se livrer pendant l'hiver, pour que les échalas soient préparés quand le moment est venu de les mettre en place

AFFINAGE. — Action de rendre fin ou action de purifier. Cette expression, qui s'appliquait jadis exclusivement aux travaux métallurgiques (voy. ACIER), et plus particulièrement à l'opération qui consiste à retirer des matières d'argent les parcelles d'or qui s'y rencontrent, a été étendue à plusieurs autres acceptions. Ainsi l'affinage du lin, du chanvre, est une opération qu'on leur fait subir pour les rendre plus fins. Dans la culture du sol, l'affinage consiste à rendre la terre extrêmement meuble ou fine. On dit encore qu'un fromage s'affine quand il s'améliore par un séjour dans des caves. Pour les métaux, l'opération de l'affinage consiste à les débarrasser de toutes les matières étrangères qui peuvent y rester mêlées, et à les rendre parfaitement purs.

AFFINITÉ. — La cause pour laquelle des corps différents sont unis les uns aux autres pour former un corps qui en est composé est la force chimique à laquelle on donne le nom d'*affinité*. Ainsi la cause qui dans l'eau tient l'oxygène uni à l'hydrogène est une affinité. Ainsi encore, c'est par l'effet de l'affinité que l'oxygène de l'air, sous l'influence de l'humidité, s'unit au fer pour former l'oxyde de fer qui constitue ce qu'on appelle la rouille. L'affinité, permanente dans les corps, ne manifeste ses effets que dans des circonstances spéciales dépendant de l'état de ces corps, des milieux où ils se trouvent, des agents extérieurs, etc. En voici un exemple : l'oxygène et l'azote mélangés ensemble dans certaines proportions, constituent l'air atmosphérique qui n'est qu'un mélange des deux gaz; que l'électricité intervienne, et il pourra se former par leur combinaison, et en vertu de leur affinité, de l'acide azotique; c'est, en effet, ce qui se produit quand des orages traversent l'atmosphère. Lorsqu'un corps sort à peine d'une combinaison, il se trouve généralement dans un état particulier qui le rend plus apte à entrer dans d'autres combinaisons : c'est ce qu'on appelle l'état naissant. — C'est sur la constatation des résultats des affinités des corps que repose la science de la chimie; c'est à les étudier, à les provoquer, à en tirer parti, soit dans des vues théoriques, soit dans le but d'applications à l'agriculture, à l'industrie ou aux arts, que tendent les efforts des chimistes.

AFFLEUREMENT (*géologie*). — Tranche superficielle d'une couche de roches relevée de manière à atteindre la surface du sol. La croûte terrestre est formée par la superposition d'un certain nombre de couches d'origine et de nature différentes. Primitivement, le plus grand nombre de ces couches affectaient la forme horizontale comme les dépôts qui se forment à l'âge actuel dans les mers et les fleuves. Sous l'influence des forces auxquelles sont dus les soulèvements qui se sont produits dans la croûte terrestre à diverses époques, ces couches ont été soulevées plus ou moins obliquement, par places, de manière parfois à se déchirer et à venir affleurer à la surface du sol. La conséquence de ces soulèvements a été que, sur beaucoup de points, la position dans laquelle les couches géologiques se rencontrent est loin de correspondre à leur ancienneté relative. Les affleurements ainsi produits sont très favorables à l'étude des terrains, puisqu'ils mettent sous nos yeux des coupes transversales, des couches qu'on serait obligé d'aller chercher souvent à de grandes profondeurs, et ils donnent des indications précieuses pour les travaux de recherches et d'exploitation des mines.

AFFLUX (*médecine vétérinaire*). — Accumulation de liquides dans une partie du corps ou un organe, de nature à y produire des accidents morbides. L'afflux du sang ou des autres humeurs est, le plus souvent, une conséquence de l'irritation des tissus qu'il contribue à aggraver. — On appelle quelquefois afflux de sang la surabondance de sang dans l'encéphale, qui constitue la congestion cérébrale, désignée sous le nom d'hyperhémie de l'encéphale dans le langage de la médecine vétérinaire.

AFFOUAGE. — Droit des habitants d'une commune à prendre du bois dans les forêts communales. L'affouage se distingue des affectations et des droits d'usage accordés à quelques communes dans les forêts de l'État. Il est réglé par le nombre des feux que compte la commune. Ce droit, qui était jadis soumis à des réglementations très diverses, a été définitivement déterminé par le Code forestier.

Le droit d'affouage peut exister pour les bois de chauffage comme pour ceux de construction. La règle générale est que, quand il n'y a pas de titre ou d'usage contraire, le partage des bois d'affouage doit se faire par feux (art. 105 du Code forestier). Pour ce qui concerne les arbres délivrés pour construction ou réparations, leur valeur doit être estimée à dire d'experts et payée à la commune. Quant aux coupes des bois communaux destinées à être partagées en nature entre les habitants, elles ne peuvent avoir lieu qu'après que la délivrance en a été préalablement faite, et en suivant les formes prescrites pour l'exploitation des coupes affouagères délivrées aux communes, dans les forêts de l'État.

Il faut faire une distinction entre les bois de chauffage et ceux de construction. Pour les bois de chauffage, la répartition se fait par feu et non par tête ; mais, d'après un ancien usage, dans certaines localités on n'attribue qu'une demi-part aux célibataires et aux veufs sans enfants. Pour les bois de construction, les propriétaires d'immeuble, qu'ils soient domiciliés ou non dans la commune, y ont seuls droit. Sauf usage contraire, la répartition se fait proportionnellement au métrage des bâtiments. La répartition des bois de chauffage ne peut être soumise à arrérage : le droit est périmé dès qu'on n'en a pas usé ; au contraire, pour les bois de construction, l'affouagiste omis peut réclamer l'arrérage dans un délai de cinq ans.

Le droit d'affouage ne peut être exercé que sur les trois quarts des biens communaux ; le reste constitue la réserve. Les usagers ne peuvent faire leurs coupes eux-mêmes, mais ils doivent avoir recours à un entrepreneur agréé par l'administration forestière. Quand les ressources de la commune sont insuffisantes pour payer ses charges envers l'État, on commence par prélever sur l'affouage la part nécessaire afin de compléter ces ressources. C'est aux tribunaux civils qu'il appartient de se prononcer sur les aptitudes des individus à participer aux partages des bois communaux, mais c'est l'administration qui décide sur le mode de partage et de jouissance de ces bois, ainsi que sur l'interprétation des usages locaux. Enfin, les habitants d'une commune réunie à une autre commune conservent la jouissance exclusive des bois qui leur sont distribués par affouage ; de même, une section de commune, érigée en commune distincte, emporte la propriété des bois qui lui appartenaient exclusivement. Le conseil municipal, dans chaque commune, répartit, chaque année, le rôle de l'affouage entre les ayants droit, et fixe la part que chacun doit payer dans les frais d'exploitation. La jouissance des marais communaux entre les habitants d'une commune est assimilée à l'affouage.

Le droit d'affouage remonte aux temps féodaux. On connaît des concessions royales faites au treizième et au quatorzième siècle à des individus et à des communes pour leur accorder le privilège de ramasser et de couper le bois nécessaire à leur chauffage, à la construction et à la réparation de leurs demeures, parfois à la confection de leurs ustensiles, de leurs instruments aratoires. Dans la plus grande partie du pays, ces concessions portaient le nom d'affouage ; en Alsace, en Franche-Comté et dans les Pyrénées, on les appelait maronage ou marnage, surtout lorsqu'elles s'appliquaient aux bois d'œuvre. Mais déjà, à cette époque, les usagers étaient obligés à faire remarquer par le forestier les arbres dont ils *avaient affaire*, suivant l'expression du temps. Une grande confusion ne tarda pas à se manifester dans l'exercice de ces droits d'usage qui donnèrent lieu, presque partout, à des abus de toute sorte, préjudiciables pour la conservation des forêts. La législation édictée par Louis XIV sur le régime des eaux et forêts commença la réforme de ces abus ; mais c'est la loi du 15 janvier 1794 (26 nivôse an II) qui arriva à rendre régulier l'exercice de l'ancien droit d'affouage, qui est aujourd'hui réglé par le Code forestier.

AFFOURAGEMENT. — Ce mot est pris dans deux sens différents. — D'abord il signifie l'action de distribuer leur fourrage aux animaux domestiques, et alors il s'applique principalement aux bêtes à laine. La distribution des fourrages doit être faite avec régularité, et en prenant des précautions à la fois pour que la qualité de la nourriture se conserve et pour que les animaux en profitent le mieux. Les conditions à remplir rentrent dans celles de la construction intelligente des bâtiments de la ferme, notamment des étables et des bergeries ; il n'y a donc pas lieu d'y insister davantage. — La deuxième signification du mot affouragement est celle de l'approvisionnement d'une exploitation rurale en fourrages provenant de ses propres cultures. Les animaux de travail, aussi bien que ceux d'élevage ou d'engraissement, consomment, pour leur nourriture, une certaine quantité de fourrage, soit en vert, soit en sec ; il est le plus souvent nécessaire que l'exploitation produise les quantités nécessaires ; autrement le cultivateur, obligé d'acheter ses fourrages, ferait une détestable opération au point de vue économique. On connaît, d'une manière approximative, la quantité de foin et de ses équivalents nécessaire pour la ration quotidienne d'un animal des diverses races domestiques. Les recherches faites d'abord par M. Boussingault, puis par ses élèves, sur cette importante question, ont permis de se rendre compte de la quantité d'animaux qu'on pourrait nourrir avec une récolte fourragère. Dans ces calculs, on ne tient pas compte de la variation de valeur des fourrages, quoique cette variation se produise dans des proportions souvent assez fortes ; mais ils sont assez approximatifs pour qu'on puisse à peu près se rendre compte des ressources d'une exploitation en fourrages. D'un autre côté, les récoltes sont loin d'être toujours égales en quantité ; elles peuvent, suivant les saisons, varier du simple au double et même davantage. Il est important de faire entrer cette considération dans les calculs ; car l'agriculteur qui n'y a pris garde court risque de se trouver au dépourvu et de vendre, avec perte, les animaux qu'il ne peut nourrir. C'est ce qui arrive trop souvent dans les années de pénurie fourragère.

Ces considérations montrent combien est délicate la question de l'approvisionnement d'une ferme en fourrages. Dans la pratique ordinaire de ces calculs, les agriculteurs ont l'habitude de considérer la ration journalière de 3 kilogrammes de foin sec ou de ses équivalents comme suffisante pour 100 kilogrammes de poids vif de bétail en bloc, certains animaux ayant des besoins un peu plus élevés, d'autres des besoins un peu moindres. C'est donc, par 100 kilogrammes de poids vif, une consommation annuelle de 1095 kilogrammes de foin, ou, en chiffres ronds, 1100 kilogrammes. En partant de cette donnée, on peut calculer le poids de bétail qu'on pourra nourrir avec une quantité déterminée de fourrage, et réciproquement la quantité de fourrage qui sera nécessaire pour entretenir, pendant une année, un poids connu de bétail. Les calculs qu'on peut faire, d'après cette observation, peuvent être multiples. L'un des plus importants est celui qui permet de déterminer l'étendue à donner à la sole fourragère, sur une exploitation, quand on veut accroître la production de la viande dans cette exploitation.

AFFOURRAGER, AFFOURRER. — Distribuer les fourrages aux animaux de la ferme.

AFFRANCHIR (*médecine vétérinaire*). — Expression vulgaire employée quelquefois pour désigner l'opération de castrer ou châtrer les animaux domestiques.

AFFRANCHIR UN TONNEAU. — Se dit du lavage d'un tonneau, effectué en vue de lui enlever toute odeur nuisible à la qualité du vin qu'il doit contenir. — Lorsque le tonneau est neuf, on y verse quatre ou cinq litres d'eau bouillante, puis on le bouche bien, de manière à concentrer la chaleur. Quand l'eau est refroidie, on la jette et l'on rince le tonneau à l'eau froide. — Si le tonneau est vieux, on brûle à l'intérieur une mèche soufrée, suspendue à l'extrémité d'un crochet en fer retenu à la bonde par l'autre extrémité. Lorsque la mèche est brûlée, on rince le tonneau avec de l'eau qui peut être additionnée d'un peu d'acide sulfurique. Quand l'égouttage est achevé, il est bon de verser dans le tonneau une petite quantité d'eau-de-vie et de l'agiter dans tous les sens, afin que le bois s'en imprègne.

AFFRANCHISSEMENT (*arboriculture*). — Se dit

du développement de racines qui se produit quelquefois sur le bourrelet de la greffe, sur les arbres greffés en pied, lorsque le point de jonction du sujet et du greffon est enterré. Le bourrelet provient de la difficulté que la greffe oppose à la circulation de la sève. Les racines qu'il émet se développent rapidement, quand un obstacle extérieur ne vient pas s'y opposer, et elles sont bientôt plus vigoureuses que celles du sujet. Il en résulte un arrêt dans la vie de celui-ci; il se trouve en dehors de la circulation de la sève, ses racines pourrissent et sa mort en résulte. L'arbre est ainsi *affranchi de la greffe;* il vit de sa propre vie et devient ce qu'on appelle franc de pied. L'affranchissement ne peut pas se produire quand on prend la précaution de planter les arbres greffés en pied, de telle sorte que le nœud de la greffe soit toujours à quelques centimètres au-dessus du sol.

Le principal résultat de l'affranchissement est de donner une vive impulsion à la végétation de l'arbre. En partant de cette observation, l'arboriculteur peut se rendre compte des circonstances dans lesquelles il lui sera avantageux soit de favoriser, soit d'empêcher l'affranchissement. Il faut l'empêcher de se produire quand on demande surtout à l'arbre une abondante fructification et une belle qualité de fruits. Mais s'il n'y a pas concordance dans la végétation de l'arbre et du sujet, l'affranchissement devient une pratique très utile. Par exemple, il arrive souvent que le poirier greffé sur cognassier devient plus gros que celui-ci et souffre du manque de nourriture. Les arboriculteurs ont alors recours à l'affranchissement qu'ils provoquent de la manière suivante : sur le bourrelet de la greffe, on fait, avec le greffoir, de petites incisions longitudinales; on butte l'arbre jusqu'au-dessus du bourrelet, avec du sable ou de la terre amendée, entretenue humide par l'arrosage, un paillis ou une litière de tan. Des radicelles ne tardent pas à sortir des fissures du bourrelet sur la greffe; peu à peu elles deviennent racines et alimentent l'arbre directement. Plus tard, on enlève la terre accumulée, jusqu'au point où les nouvelles racines se sont développées. — Parmi les méthodes aujourd'hui adoptées pour la reconstitution des vignes par le greffage de cépages français sur des vignes étrangères résistant au phylloxera, la greffe anglaise sur rameau-bouture est une de celles qui sont le plus estimées. Elle présente le danger de l'affranchissement qui s'opposerait au but qu'on veut atteindre. On ne peut y obvier que par la vigilance, en dégageant, dans le cours de la première année, et à plusieurs reprises, la terre autour de la partie supérieure du rameau-bouture, et en coupant les racines qui auraient pu se former sur le greffon.

AFFRICHER. — Laisser un terrain en friche. C'est une expression locale dans quelques cantons de la France.

AFFRICHER (S'). — Se dit d'un terrain qui est abandonné à lui-même après avoir été cultivé. Quand on pratique la mise en culture de terrains par l'écobuage, on laisse parfois le sol s'affricher après y avoir pris une ou deux récoltes seulement.

AFFUSION (*médecine vétérinaire*). — Moyen thérapeutique qui consiste à répandre de l'eau chaude ou froide en nappe sur la totalité ou sur une partie du corps d'un animal. Cette eau est versée d'un point peu élevé, et c'est ce qui distingue l'affusion de la douche. On fait des affusions avec de l'eau froide sur les contusions, les entorses, etc.; on en fait avec de l'eau tiède rendue émolliente par une substance médicamenteuse pour calmer les irritations, ramollir les tissus, etc.

AFFUT (*chasse*). — Chasse au fusil, dans laquelle le chasseur se cache ou s'abrite, le soir ou le matin, près des lieux fréquentés par le gibier, pour le tirer à son passage. Cette chasse exige une grande connaissance des habitudes du gibier et beaucoup de patience chez celui qui s'y livre. Elle est pratiquée principalement sur la lisière des bois, pour atteindre les animaux qui en sortent, afin d'aller chercher leur nourriture dans les champs; sur les étangs, pour atteindre les canards sauvages et les autres oiseaux aquatiques, ou encore les loutres, rats d'eau, etc. Le cultivateur peut se servir de ce système de chasse pour détruire les loups, les renards, les blaireaux, etc., rôdant autour des fermes. La chasse à l'affût est une de celles qui sont le plus souvent pratiquées par les braconniers.

AFOLOIR. — Nom donné, dans quelques localités du département du Loiret, au croissant, instrument en fer dont les jardiniers se servent pour tondre les arbres.

AFOUTH ou **AFOUCHE** (*botanique*). — Nom vulgaire du figuier de l'île de France (*Ficus Mauritiana* Lamarck). Les fruits sont comestibles, et les fibres de l'écorce peuvent être employées à faire des cordes.

AFRIQUE (*géographie agricole*). — Les productions agricoles de ce vaste continent, d'une étendue triple environ de celle de l'Europe et qui, situé au midi de la Méditerranée, ne tient à l'Asie que par l'isthme de Suez, proviennent presque toutes de ses régions maritimes. Cependant on a parfois outré en quelque sorte l'infécondité proverbiale de la partie intérieure, tout en exagérant en sens contraire les splendeurs de la végétation des oasis, et il faudra sans doute, dans l'avenir, tenir compte des régions intérieures de l'Afrique ou de l'ancienne Lybie, même de celles que des voyageurs intrépides commencent à peine à nous faire connaître, ou qui sont encore inexplorées.

Si l'on passe seulement en revue les contrées maritimes africaines, on rencontre : 1° sur la Méditerranée, le Maroc, l'Algérie, les régences de Tunis et de Tripoli; 2° sur la mer Rouge, l'Egypte, la Nubie, l'Abyssinie; 3° sur la mer des Indes, l'Adel, l'Ajan, le Zanguebar, le Mozambique, le Monomotapa, la Cafrerie, Transwaal, Natal; 4° sur le grand Océan, la colonie du Cap; 5° sur l'océan Atlantique, remontant vers le nord, l'Hottentotie, la Guinée méridionale ou Congo, la Guinée septentrionale, la Sénégambie. Il faut ajouter d'assez nombreuses îles : 1° dans l'océan Indien, Socotora, Zanzibar, les Seychelles, les Comores, Madagascar, l'île Maurice autrefois l'île de France, l'île de la Réunion autrefois l'île Bourbon; 2° dans l'océan Atlantique, les Açores, Madère, les Canaries, les îles du Cap-Vert, Fernando Pô, l'île du Prince, Saint-Thomas, l'île Annobon, Saint-Mathieu, l'île de l'Ascension, Sainte-Hélène. Enfin pour l'intérieur du continent africain, il faut signaler le Sahara ou le Grand Désert, la Nigritie ou le Soudan, et de vastes régions que l'on commence à peine à connaître grâce à des voyageurs intrépides qui n'ont reculé devant aucun danger pour pénétrer au milieu de populations encore absolument barbares et jusqu'à ce jour fermées à la science et à la civilisation. Le climat de cette partie du globe, située sous la zone torride, explique une séparation véritable du reste de la terre, séparation qui devra nécessairement cesser devant la vapeur et les chemins de fer.

Ce sont les produits agricoles qui constituent principalement les objets de commerce de l'Afrique, ainsi qu'il suit, du nord au midi, de l'ouest à l'est :

Le *blé* est produit par le Maroc, l'Algérie, Tripoli, Tunis, l'Egypte, le Soudan, la colonie du Cap, Madagascar;

L'*orge*, par le Maroc, l'Algérie, Tunis, l'Egypte, l'Abyssinie, la colonie du Cap, Madagascar;

Le *maïs*, par le Maroc, Tunis, l'Egypte, le Soudan, la colonie du Cap, Madagascar, la Réunion;

Le *riz*, par le Maroc, l'Egypte, le Soudan, la Guinée méridionale, Madagascar;

Les *fèves*, par le Maroc, l'Algérie, l'Egypte, Tunis, le Soudan.

On trouve des *vignes* dans le Maroc, l'Algérie, les Canaries, Madère, la colonie du Cap, Madagascar.

La *canne à sucre* est cultivée en Egypte, dans la Guinée méridionale, dans le Natal, à Madagascar, à la Réunion, à Maurice.

Le *café* est produit en Abyssinie, dans la Guinée méridionale, à Natal, à l'île Saint-Thomas, à Maurice, à la Réunion, à Madagascar, à l'île du Prince, à Zanzibar;

Le *tabac*, au Maroc, en Algérie, l'Egypte, le Soudan, Transwaal, Mozambique, Zanzibar.

Les *épices* diverses sont obtenues à la Réunion, à Zanzibar.

Le *coton* est produit en Algérie, Tunis, l'Egypte, l'Abyssinie, le Soudan, la Sénégambie, la Guiné méridionale, Natal, Madagascar, Maurice;

Le *lin*, en Algérie, en Egypte;

L'*alfa* et le *palmier nain*, en Algérie;

L'*orseille*, en Sénégambie, la Guinée méridionale, Mozambique, les îles du Cap-Vert, Zanzibar;

Le *safran* et la *garance*, en Egypte;

L'*indigo*, en Egypte, la Sénégambie, la Guinée méridionale, Madagascar;

La *cochenille*, à Madère et aux îles Canaries;

La *sésame*, en Egypte, en Sénégambie, au Soudan, dans le Mozambique, à Zanzibar:

L'*arachide*, en Sénégambie et au Soudan.

Beaucoup de plantes médicinales sont obtenues en Egypte, au Kordofan, à Sennaar, aux îles du Cap-Vert.

L'*opium* est produit en Egypte.

La *gomme* est fournie par la Sénégambie, le Soudan, Sennaar, Kordofan, la Guinee méridionale, Mozambique.

Les *bois de construction* sont livrés par l'Algérie et la Réunion.

On produit le *bananier*, en Algérie;

Le *dattier*, au Maroc, en Algérie, à Tunis, Tripoli, l'Egypte, Sennaar, Kordofan, le Sahara, le Soudan;

L'*oranger*, le *citronnier*, le *limonier*, au Maroc, en Algérie, aux îles Açores;

Le *figuier*, en Algérie, Tunis, le Soudan;

L'*olivier*, au Maroc, en Algérie, Tunis, Tripoli.

Comme industries annexes de l'agriculture, on doit citer des *minoteries* et des *fabriques de pâtes alimentaires* en Algérie; des *raffineries*, en Egypte; des *distilleries*, en Algérie, en Egypte, à la Réunion, à Maurice.

Parmi les pays qui produisent des animaux domestiques, il faut signaler: pour l'*espèce bovine*, le Maroc, l'Algérie, Tripoli, l'Egypte, l'Abyssinie, le Soudan, Natal, Transwaal, Madagascar; — pour les *moutons*, le Maroc, l'Algérie, Tunis, Tripoli, le Sahara, le Soudan, Natal, la colonie du Cap, Madagascar; — pour les *chèvres*, le Maroc, l'Algérie, l'Egypte, le Sahara, le Soudan; — pour les *chevaux*, les *ânes*, les *mulets*, le Maroc, l'Algérie, Tunis, Tripoli, l'Egypte, l'Abyssinie, le Soudan; — pour les *chameaux*, le Maroc, l'Algérie, Tunis, l'Egypte, le Sahara; — pour les *éléphants*, le Soudan, la Cafrerie; — pour les *volailles*, l'Egypte, le Soudan; — pour les *autruches*, le Sahara, le Soudan, la colonie du Cap; — pour les *abeilles*, le Maroc, l'Algérie, l'Abyssinie, le Soudan, Madagascar.

Comme produits animaux, le Maroc et l'Abyssinie donnent du *beurre*; — le Maroc et Tunis, des *lainages*; — le Maroc, des *tapis* et des *soieries*; — le Soudan, des *cotonnades*; — le Maroc et l'Algérie, des *cuirs maroquinés*; — le Maroc, l'Abyssinie, la Sénégambie, le Soudan, des *peaux*.

Enfin, parmi les matières spécialement utiles à l'agriculture, il importe de citer: le *salpêtre*, en Algérie, en Egypte, dans la Guinée méridionale; — le *sel*, au Maroc, en Algérie, Tunis, Egypte, le Sahara, la Guinée méridionale; — le *soufre*, dans la Guinée méridionale. — Il faut ajouter qu'on a de la *houille* en Abyssinie, à la colonie du Cap, à Madagascar.

Lorsque les voies de communication se seront multipliées en Afrique, lorsque les chemins de fer y seront assez nombreux, le continent prendra une grande place dans la vie civilisée en raison de ses productions et aussi de sa consommation. Plusieurs peuples africains ont le goût de l'agriculture, tels sont notamment les Kabyles; et il fut un temps où l'agriculture arabe pouvait servir d'exemple à quelques parties de l'Europe.

AFRONSA ou **AFROUSA** (*botanique*). — Nom vulgaire donné, dans les Alpes, au fraisier sauvage.

AGACEMENT. — Irritation produite sur les gencives par des aliments acides ou par des fruits verts et âcres. L'agacement est constaté quelquefois sur les dents de quelques animaux domestiques, notamment du cheval, lorsqu'on fait succéder l'alimentation exclusive par des fourrages secs à la nourriture verte. Cette irritation se manifeste par une certaine difficulté à prendre les repas. Le meilleur moyen de s'y opposer est de ne changer que graduellement le genre de nourriture des animaux.

AGALAXIE (*médecine vétérinaire*). — Absence de sécrétion laiteuse après le part. Cet état est aussi désigné sous le nom de dessèchement des mamelles. On peut l'observer chez toutes les races d'animaux domestiques, mais il a été particulièrement étudié sur la vache et la brebis. Les vieilles bêtes et celles qui mettent bas pour la première fois sont particulièrement sujettes à cette affection. Celle-ci dépend d'ailleurs de causes très variées, et elle est souvent le symptôme d'atteintes générales ou locales dans l'organisme. Parmi les causes extérieures qui provoquent l'agalaxie, il faut citer les grandes chaleurs, les fatigues résultant de marches forcées, l'alimentation avec des fourrages avariés, ou encore une nourriture trop riche qui pousse au développement de la viande et de la graisse. Parmi les causes inhérentes aux animaux, on doit signaler les affections fébriles ou aiguës, les grandes hémorrhagies, les diarrhées prolongées, les maladies de l'appareil digestif, les traites incomplètes qui favorisent la paresse des glandes mammaires, etc. Cette altération ne paraît pas exercer en elle-même une influence fâcheuse sur la bête qui en est atteinte, mais elle nuit à la santé des élèves.

Quant au traitement, il doit naturellement varier suivant les causes de la maladie. Il est donc important de se rendre compte de celles-ci. Si c'est une affection organique qui a amené l'agalaxie, il faut traiter cette affection. Lorsque les causes ne sont pas bien définies, on doit quelquefois attendre une nouvelle parturition ou avoir recours à un changement complet de nourriture. Au début de l'affection, il faut éviter de se servir de médicaments; une alimentation verte et abondante, si cela est possible, peut être d'un grand secours pour faire cesser l'état maladif. Lorsque ce moyen ne réussit pas, on emploie les substances qui poussent à la sécrétion du lait et qui excitent en même temps la digestion. Au premier rang il faut placer le fenouil, le cumin, la graine de lin, le sel marin, la farine de pois et de lentilles avec une petite addition de bicarbonate de soude. En dehors de ces traitements, on peut essayer avec avantage les manœuvres de la mulsion, qui excitent l'organe de la sécrétion du lait et lui rendent son activité, les frictions douces sur les mamelles, et enfin les bandages chauds et les fumigations excitantes.

AGAMES (*botanique*). — Qualification donnée par quelques botanistes aux plantes cryptogames ou acotylédones. Cette expression, qui signifie que ces plantes sont dépourvues d'organes de reproduction, est impropre, en ce sens qu'elle est l'affirmation d'un fait qui n'est pas démontré.

AGAMI. — Oiseau originaire de l'Amérique méridionale, appartenant à la tribu des Grues, dans l'ordre des Échassiers. On en connaît plusieurs espèces dont la réunion forme le genre Agami (*Psophia*). Les principales sont : 1° l'*Agami-trompette* (*Psophia crepitans*), oiseau de 60 à 70 centimètres de hauteur, à plumage noirâtre avec des reflets métalliques sur la poitrine, et à manteau cendré; le cou et la tête n'ont qu'un faible duvet; le tour de l'œil est nu; 2° l'*Agami à ailes blanches* (*Psophia leucoptera*), qui diffère de la précédente par la couleur blanche de ses ailes, ainsi que son nom l'indique. L'Agami-trompette doit cette appellation à un son sourd et prolongé qu'il fait entendre dans son estomac et qu'on croirait sorti de l'anus.

L'Agami vit à l'état sauvage dans les forêts de l'Amérique méridionale, notamment dans la Guyane, au Brésil et au Paraguay; il s'y nourrit de graines et de fruits. Mais il a été rendu domestique depuis longtemps, et il est recherché par les habitants de ces pays à raison de ses instincts particuliers, un peu semblables à ceux du chien de garde. On l'utilise pour surveiller, et, au besoin, protéger les troupeaux d'oiseaux de basse-cour; il conduit ces troupeaux et sait, non seulement les garder, mais les protéger contre quelques-uns de leurs ennemis, notamment les oiseaux de proie. Ces mœurs ont d'ailleurs été constatées par Isidore Geoffroy Saint-Hilaire à la ménagerie du Muséum d'histoire naturelle de Paris. Des tentatives assez nombreuses d'acclimatation de l'Agami en France ont été faites, mais sans succès; on n'a pas réussi à le faire se reproduire sous un climat sensiblement plus froid que celui de la contrée dont il est originaire.

AGANITE. — Expression locale employée dans plusieurs parties du midi de la France pour désigner le blé rachitique.

AGAPANTHE (*botanique*). — Plante vivace, de la famille des Liliacées, originaire d'Afrique, et importée dans les jardins d'Europe. Le type de cette plante est l'Agapanthe en ombelle (fig. 73), souvent désignée par le nom de *tubéreuse bleue*. Les feuilles sont longues, la tige s'élève de 70 centimètres à 1 mètre, l'inflorescence se fait en ombelles de très jolies fleurs bleues.

Fig. 73. — Agapanthe en ombelle.

On en cultive plusieurs variétés. On cite parmi les plus remarquables : l'Agapanthe à fleurs blanches, la variété naine, et celle à feuilles rubanées de vert et de blanc jaunâtre.

Remarquables à la fois par leur feuillage et leur belle inflorescence, les Agapanthes sont cultivées en massif ou disséminées sur les pelouses. Elles supportent toutes les expositions; mais, sous le climat de Paris, elles demandent à être rentrées sous châssis ou en orangerie. C'est pourquoi ces plantes sont le plus souvent cultivées dans de grands pots ou des caisses drainées. Le sol qui leur convient, d'après Vilmorin, est un mélange par parties égales de terre franche siliceuse et de terre de bruyère, avec un dixième de terreau de feuilles; elles s'accommodent aussi de la terre ordinaire de jardin mélangée de fumier ou de terreau de feuilles.

La multiplication se fait par éclats de racines ou par la séparation des œilletons, à l'automne. Si l'on sème des graines, il faut attendre quatre ou cinq ans pour avoir des fleurs. On a vu que, le plus souvent, on cultive l'Agapanthe en pots; on peut aussi la planter en pleine terre, à la condition de la recouvrir par une épaisse litière pendant les grands froids.

AGARIC (*botanique, culture, économie domestique*). — Champignon charnu caractérisé par un stipe plus ou moins élevé, et surmonté par un chapeau en forme de coupe ou d'entonnoir, de couleur variée suivant les espèces. Sur la partie inférieure du chapeau, les organes fructifères sont formés par une membrane se repliant en lames rayonnées du centre à la circonférence. Le genre *Agaric*, créé par Linné, comprend un très grand nombre d'espèces; les études dont les diverses sortes de champignons ont été l'objet, ont augmenté le nombre de ces espèces dans des proportions considérables. Les mycologues sont loin d'être d'accord sur les bases de la classification à adopter définitivement; nous nous arrêterons à celle de Persoon qui paraît la plus simple, en nous bornant à citer les espèces que l'on rencontre le plus souvent en France. — Mais auparavant, il est important de rappeler que la plupart des anciens auteurs désignent par le nom d'*Agaric* une sorte de champignon coriace, presque ligneux, qui croît sur les arbres et avec lequel on fait l'amadou : c'est l'Agaric des pharmaciens, classé aujourd'hui parmi les *Bolets*.

Le plus grand nombre des agarics croissent dans les lieux bas et humides, dans les prairies, sur les fumiers, les vieux bois pourris, dans les caves. Il n'y en a que très peu qui se rencontrent dans les lieux secs et arides. Ce genre renferme des espèces très bonnes à manger et dont quelques-unes sont devenues l'objet d'une culture spéciale, tandis que d'autres espèces sont extrêmement dangereuses à cause du poison qu'elles renferment en grande quantité.

CLASSIFICATION DES AGARICS. — Persoon a divisé les agarics en onze séries, dont nous devons indiquer sommairement les caractères.

Première série : Amanite. — Les espèces qui entrent dans cette série sont caractérisées par un volva ou sorte de voile qui enveloppe le jeune champignon, puis se déchire et laisse des lambeaux à la base du pédicule, et quelquefois sur le chapeau. Tous ces champignons croissent sur la terre et le plus ordinairement dans les bois. La série comprend quelques-uns des meilleurs, et en même temps les plus vénéneux. — Les principales espèces sont :

1° L'*Agaric oronge* (*Agaricus cæsareus*), appelé vulgairement *oronge vraie, jaune d'œuf, dorade*, etc., d'une belle couleur jaune orange, à chapeau très plat, large de 10 à 15 centimètres; les feuillets sont épais et jaunâtres; le pédicule, long de 8 à 15 centimètres, est plein et bulbeux à la base, avec volva complet, jaune en dehors, blanc en dedans, et pourvu d'un large anneau jaune, renversé. L'oronge croît à la fin de l'été et en automne dans les bois, et surtout dans les bois de pins; elle a une saveur très agréable et forme un mets très délicat qu'on recherche partout. Il faut bien se garder de la confondre avec la fausse-oronge.

2° L'*Agaric fausse-oronge* (*Agaricus muscarius*), appelé vulgairement *faux jaseran, agaric aux mouches, tue-mouches*, se distingue par un chapeau de couleur rouge écarlate plus prononcée au centre, convexe ou à peu près plan, moucheté de verrues blanchâtres peu nombreuses, formées par les débris du volva. Le chapeau a une largeur de 10 à 18 centimètres. Les feuillets sont blanchâtres, épais et inégaux ; le pédicule est entièrement blanc ou blanc jaunâtre, long de 12 à 18 centimètres, plein, cylindrique et bulbeux à la base qui ne garde que quelques vestiges d'un volva écailleux. Le collier est large, blanc et rabattu. La fausse-oronge est assez commune dans les bois à l'automne. Elle n'a pas d'odeur désagréable, mais elle a une saveur vireuse. C'est un des champignons les plus dangereux ; son poison est très actif.

3° L'*Agaric phalloïde* (*Ag. phalloides*) se distingue par un chapeau charnu, glabre, le plus souvent jaune, prenant avec l'âge une teinte verdâtre, plus pâle sur les bords ; ce chapeau, convexe et aplati, devient visqueux par les temps humides ; il est large de 8 à 10 centimètres. Les lamelles sont blanches, inégales et nombreuses. Le pédoncule, long de 8 à 12 centimètres, est cylindrique, d'abord plein, puis devient creux au sommet ; il est blanc, un peu renflé à la base, pourvu d'un anneau membraneux. Le volva est ample, à moitié libre, et en grande partie persistant. Cet agaric est très commun, et c'est peut-être le plus dangereux de tous les champignons ; il croît en été et en automne, quelquefois au printemps. On peut le confondre avec l'agaric champêtre ou champignon de couche qui s'en distingue par ses feuillets plus ou moins roses et l'absence de volva.

4° L'*Agaric oronge blanche* (*Ag. ovoideus*), vulgairement *boulé*, *concoumele blanche*, *coquemelle*. Cet agaric, de grande taille, est blanc dans toutes ses parties ; son chapeau peut atteindre un diamètre de 15 centimètres. Il se rencontre dans les forêts de chênes, dans les parties méridionales de la France, communément en été et en automne. Sa chair est épaisse et ferme, d'un goût très agréable ; c'est un aliment fort recherché et des plus délicats.

5° L'*Agaric engaîné* (*Ag. vaginatus*), appelé vulgairement *concoumèle jaune*, *concoumele orange*, *griselle*, etc. Le chapeau, large de 6 à 8 centimètres, est mince et peu charnu, convexe, de couleur gris plomb ou jaune fauve, strié sur les bords. Les feuillets sont inégaux, blancs ou d'un blanc grisâtre. Le pédicule, long de 10 à 15 centimètres, est grêle, fragile, fistuleux à la maturité, dépourvu de collet, cylindrique, entouré à sa base d'un volva persistant, plus ou moins allongé en forme de gaîne. Cette espèce est commune, de juin à novembre, dans les bois et sur leurs lisières ; elle est très bonne à manger.

6° L'*Agaric à grand volva* (*Ag. volvaceus*), à chapeau convexe, devenant presque plan, large de 6 à 8 centimètres, peluché, d'abord d'un gris cendré, puis rayé de lignes noires, droites et divergentes. Les feuillets sont pulvérulents, d'un rouge de chair, inégaux et larges. Le pédicule, blanchâtre et nu, est long de 5 à 6 centimètres. Ce champignon est vénéneux ; il croît, par groupes, en été et en automne, sur le tan et le terreau, dans les serres et les étables.

Deuxième série : Lépiote. — Les espèces de cette série sont des champignons charnus, sans volva, et recouverts dans le jeune âge d'une membrane qui, en se déchirant, laisse un anneau persistant sur le pédicule. Les feuillets ne noircissent pas. Aucune espèce de cette série n'est signalée comme étant certainement malfaisante. Les principales espèces sont les suivantes :

1° L'*Agaric clypéolaire* (*Ag. clypeolarius*), vulgairement *coulemelle d'eau*, *fausse golmelle*. Le chapeau a une largeur de 8 à 10 centimètres ; il est presque plan, quelquefois un peu concave par le redressement des bords ; sa surface est blanchâtre, parsemée de mouchetures roussâtres. Les lames sont larges, blanches et inégales. Le pédicule est blanc et grêle, le plus souvent fistuleux. Cet agaric passe pour vénéneux. Il est assez commun dans les lieux humides et ombragés des bois.

2° L'*Agaric couleuvré* (*A. procerus*, *A. colubrinus*), vulgairement *couleuvrelle*, *griselle*, *coche*, *parasol*, etc., etc. Cet agaric se distingue par un chapeau d'abord ovoïde, puis évasé, proéminent au centre, qui peut atteindre 25 à 30 centimètres de diamètre ; il est recouvert d'écailles imbriquées, fournies par l'épiderme qui se soulève, de couleur bistre, sur fond blanchâtre. Les feuillets sont d'un blanc pâle, inégaux et peu serrés. Le pédicule peut atteindre 30 centimètres ; il est renflé en bulbe à sa base, est grêle, cylindrique, fistuleux et muni d'un collet mobile et persistant. Cette très belle espèce vient en automne dans les bois et quelquefois dans les champs. Elle est recherchée comme alimentaire et l'on en fait une grande consommation dans presque toutes les parties de la France.

3° L'*Agaric Egerite* (*Ag. Egerita*), vulgairement *champignon de peuplier*, à chapeau charnu de couleur fauve et à surface lisse ; les feuillets sont inégaux, serrés, et d'un blanc roux. Excellent champignon, comme le champignon du saule qui s'en rapproche beaucoup.

Troisième série : Gymnope. — Les espèces de cette série sont caractérisées par l'absence de volva, d'anneau et de collier. Le chapeau est charnu, à centre proéminent ; les feuillets ne noircissent pas en vieillissant, et le pédicule central est plein.

La principale espèce de cette série est l'*Agaric mousseron blanc* (*Ag. albellus*), appelé plus souvent mousseron, recherché pour ses qualités comestibles ; le chapeau est charnu, compact, convexe, blanc tournant au gris. Le pédicule est nu et blanc ; les feuillets sont serrés, inégaux et blancs.

Quatrième série : Mycène. — Dans les espèces de cette série, il y a absence de volva et de collier. Le pédicule est grêle, le chapeau campanulé. Toutes les espèces sont fragiles, à peine charnues, et de trop petite taille pour être recherchées comme aliment.

Cinquième série : Omphalie. — Le chapeau est en entonnoir ou déprimé au centre ; les feuillets sont décurrents, le plus souvent coriaces. L'espèce la plus remarquable est l'agaric en bassin, d'un blanc pâle, tournant à l'incarnat par les temps pluvieux, et dont une variété (*Ag. neapolitanus*) est cultivée à Naples sur le marc de café.

Sixième série : Pleurope. — Ces agarics se distinguent par des feuillets décurrents et par un pédicule nul, latéral ou excentrique. La plupart croissent sur les bois et les arbres malades. On distingue notamment le champignon du chêne, de l'olivier, etc.

Septième série : Pratelle. — Les espèces de cette série sont caractérisées par un pédicule central nu, et des feuillets qui se décolorent avec l'âge. Les deux principales espèces sont :

1° L'*Agaric des jachères* (*Ag. arvensis*), appelé vulgairement *potiron*, *champignon des bruyères*. Le chapeau, qui atteint 8 à 10 centimètres de diamètre, est charnu, d'abord convexe, puis aplati. Les feuillets, libres, inégaux, de couleur rose tendre, deviennent noirs à la maturité. Le pédicule est blanc, pourvu d'un collier très large et retombant. C'est une espèce comestible, qu'on trouve fréquemment dans les prés et les pâturages en automne.

2° L'*Agaric champêtre* (*Ag. campestris*), vulgairement *champignon de couche*, *champignon de fumier*, *champignon des prés*, *paturon*, *misseron*, etc. Le chapeau est charnu, convexe, de couleur roussâtre ou brun bistre, large de 6 à 7 centimètres, à superficie légèrement peluchée ou écailleuse. Les feuillets, couleur chair dans les jeunes, deviennent d'un rouge vineux et enfin noirâtres. Le pédicule, plein, charnu et cylindrique, est quelquefois renflé à sa base ; il est pourvu, en son milieu, d'un anneau blanc. Cette espèce, qui vient par touffes (fig. 74), est très recherchée comme comestible ; on la cultive dans toute l'Europe. A Paris notamment, il en est fait une consommation prodigieuse. L'influence de la culture a amené la formation d'un certain nombre de variétés dans cette espèce. La figure 74 montre : 1° un groupe d'agarics à différents âges ; 2° une coupe longitudinale du champignon adulte ; 3° coupe du chapeau ; 4° portion de l'hyménium ; 5° baside portant les spores.

Huitième série : Cortinaire. — Les espèces de cette série ressemblent beaucoup aux pratelles, mais elles s'en distinguent surtout en ce que les feuillets ne noircissent pas en vieillissant. Cette série ne renferme pas d'espèce particulièrement intéressante.

Neuvième série : Coprin. — Cette série renferme impossible de reconnaître d'une manière précise, dans les descriptions qu'en ont laissées Dioscoride, Ménandre et Tarentinus, quelles étaient les espèces qui étaient cultivées, soit par les Grecs, soit par les Romains. Quoi qu'il en soit, aujourd'hui, de tous les champignons qui se mangent habituellement, l'Agaric champêtre (*Ag. campestris*) est à peu près le seul que l'on cultive. Mais cette espèce peut être facilement obtenue partout et en toute saison ; c'est de temps presque immémorial que les maraîchers des environs des grandes villes se livrent à cette culture.

C'est sur couches que l'Agaric champêtre est reproduit ; de cette méthode lui est venu son nom vulgaire de champignon de couche.

La couche se fait, soit en plein air, soit dans des caves. Pour faire la couche en plein air, on creuse dans un jardin, au midi ou au levant, et de préfé-

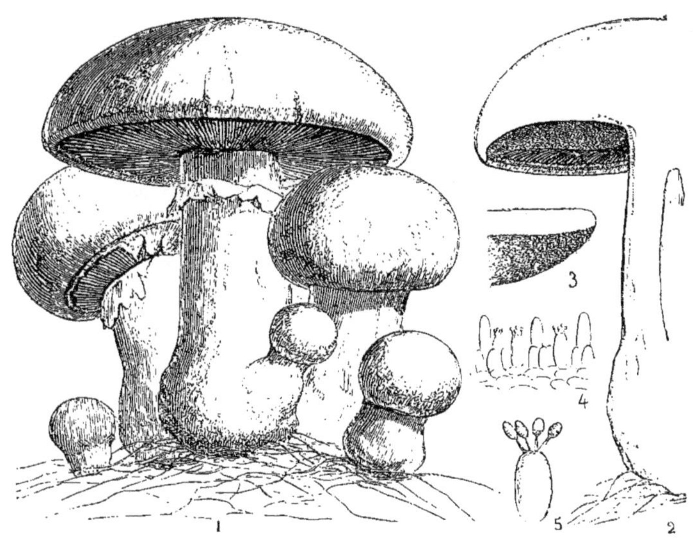

Fig. 74. — Agaric champêtre, vulgairement Champignon de couche. — 1. Groupe d'agarics ; 2. coupe verticale ; 3. chapeau ; 4. hyménium ; 5. spores.

des espèces éphémères, qui, pour la plupart, croissent sur les fumiers et les terres riches en engrais. Quelques auteurs en ont fait un genre spécial. Les feuillets sont déliquescents, et le pédicule grêle et fistuleux.

Dixième série : Lactaire. — Cette série renferme des champignons charnus, fermes, à chapeau déprimé, à feuillets simples et inégaux, adhérents à un pédicule central. La principale espèce est l'*Agaric délicieux* (*Ag. deliciosus*), vulgairement *rougillon, vache rouge*, etc., peu recherché en France, mais que les Allemands ont en grande estime ; ils en font des provisions pour l'hiver, et ils le conservent confit dans la saumure et le vinaigre.

Onzième série : Russule. — Ce groupe comprend peu d'espèces intéressantes. Elles sont caractérisées par un chapeau charnu, putrescent, d'abord convexe, puis plan ou déprimé. Les feuillets sont égaux entre eux, souvent bifurqués. Toutes les espèces de cette série sont terrestres, mais se plaisent dans les bois.

CULTURE DE L'AGARIC. — Les anciens connaissaient les moyens propres à reproduire un certain nombre de champignons comestibles ; mais il est rence dans un sol sec et sablonneux, une fosse profonde de 10 centimètres environ, large de 70 à 75 centimètres, et aussi longue qu'on le veut. On la borde avec une partie de la terre de la fouille. Si le terrain est humide, on creuse la fosse plus profondément, mais on remplit l'excédent avec des pierrailles et du sable. La fosse est ensuite recouverte avec un mélange de fumier de cheval et de terre de jardin, celle-ci étant dans la proportion de un quart à un cinquième. Le fumier qui convient le mieux est celui qui provient d'animaux vigoureux, bien nourris et auxquels on ne donne pas trop de litière. Mais il doit avoir jeté son premier feu, suivant l'expression vulgaire, c'est-à-dire être suffisamment décomposé pour que sa fermentation ne devienne pas trop violente ; en effet, pour que la couche soit dans de bonnes conditions, il doit s'y produire une fermentation soutenue, mais lente. On reconnaît que le fumier est propre à entrer dans la couche quand il est devenu brun, que la paille dont il est composé a presque perdu sa consistance, qu'il est élastique, onctueux au toucher et que son odeur n'est plus celle du fumier frais. Pour obtenir ce résultat, les cultivateurs champignonnistes lui font subir une préparation spéciale.

Au sortir de l'écurie, il est transporté sur un emplacement où il est mis en tas d'un mètre cube environ, par couches successives, qu'on tasse fortement; les parties qui paraissent sèches sont arrosées; les côtés du tas sont bien dressés et aplanis. Au bout de six à dix jours, quand la fermentation est devenue excessive, on recoupe le tas et on le refait; puis on se livre une troisième fois à la même opération quand la fermentation a repris vigueur.

Pour établir la meule, on dresse le mélange de terre et de fumier, en suivant les indications données plus haut, et en donnant à la meule la longueur que l'on veut, suivant l'espace dont on peut disposer.

Il est important que la température ambiante ne descende pas au-dessous de 10 degrés centigrades, et qu'elle ne monte pas au-dessus de 30 degrés. Les meules construites à l'air libre ne peuvent pas se trouver dans ces conditions pendant toute l'année. C'est pourquoi beaucoup de champignonnistes prennent l'habitude de construire les meules dans des caves, des serres où la température est à peu près constante, et où elles se trouvent à l'abri des orages, de la pluie, de la sécheresse et du froid. Dans les environs de Paris, on utilise très souvent, pour établir les couches, les anciennes carrières si nombreuses autour de la capitale. La figure 75 montre l'installation de couches dans une de ces carrières.

On a souvent recours à des couches mobiles de plus petites dimensions. Dans une excellente notice publiée à l'occasion de l'Exposition universelle de 1878, MM. Vilmorin-Andrieux ont donné, avec dessins à l'appui, la description de quelques-unes de ces couches qui présentent l'avantage de pouvoir être transportées à l'abri quand le besoin s'en fait sentir. Ces couches mobiles peuvent être installées à une seule pente, comme le montre la figure 76; dans ce cas, la largeur est moindre que la hauteur. On peut encore monter les meules soit dans un vieux baquet, soit dans un tonneau scié en deux, soit sur une simple planchette, en leur donnant la forme d'un cône ou celle des tas de cailloux que les cantonniers disposent sur les routes (fig. 77).

Fig. 75. — Culture du champignon de couche dans les anciennes carrières de Paris.

Blanc de champignon. — La meule étant établie, on attend quelques jours pour y placer le blanc de champignon ou mycélium, d'où proviennent les agarics. Pendant ce temps, on surveille la couche afin d'éviter qu'elle ne s'échauffe trop; si sa température dépassait 25 degrés, il faudrait l'aérer au moyen de trous faits avec un bâton ou attendre qu'elle se refroidisse. Le blanc de champignon peut provenir, soit de vieilles couches, soit des bords de

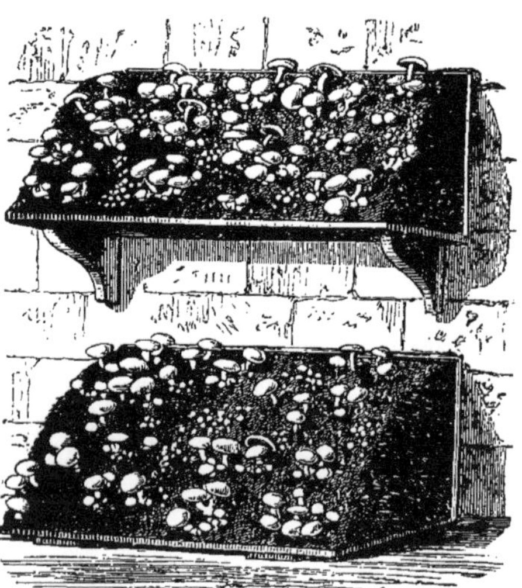

Fig. 76. — Meules mobiles à une pente adossées à une muraille.

tas de fumier où il s'est développé spontanément. Il peut aussi être acheté dans le commerce, qui livre en toutes saisons du blanc desséché pouvant facilement se conserver d'une année à l'autre. Avant de placer celui-ci, il faut l'exposer pendant plusieurs jours à une humidité tiède et modérée : c'est ce que l'on appelle le faire revenir.

Larder une meule, c'est la garnir de blanc. Pour cette opération, on divise le blanc en morceaux ayant à peu près l'épaisseur et la longueur de la main, mais seulement la moitié de la largeur. On les introduit sous les faces de la meule, en les espaçant de 25 à 30 centimètres dans tous les sens.

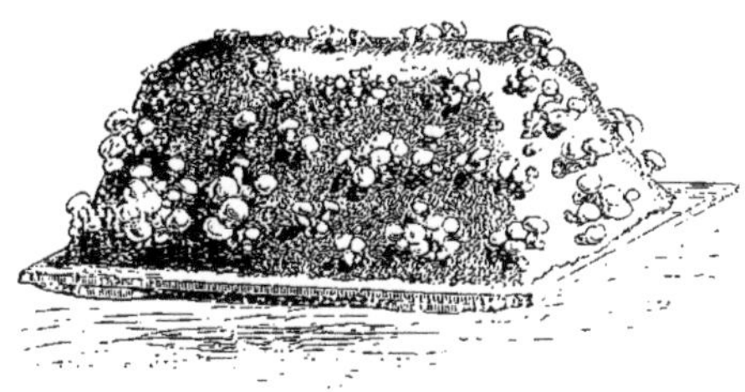

Fig. 77. — Petite meule portative à deux pentes et découverte.

Lorsque la meule a 60 centimètres de hauteur, on établit deux rangs de ces morceaux ou lardons, en ayant soin de placer ceux du rang supérieur au-dessus de l'intervalle qui sépare ceux du rang inférieur. Les lardons doivent être complètement entrés dans la couche ; à cet effet, on soulève la partie superficielle de celle-ci, et l'on introduit le blanc de manière qu'il soit complètement recouvert par le fumier. Quand la meule est établie dans une cave, il n'y a pas d'autre précaution à prendre ; mais si elle est à l'air libre, il convient de la recouvrir d'une enveloppe de paille, de fumier long ou de foin qu'on appelle *chemise*. Cette enveloppe confine l'air autour de la meule.

Le blanc se développe rapidement dans la couche ; au bout de quinze jours, dans les conditions ordinaires, il doit avoir envahi toute la meule, et se montrer à la surface. On procède alors au recouvrement des côtés et du dessus de la meule : c'est ce que les champignonnistes appellent *gobeter* ou *gopter*. On fait ce revêtement avec une couche de 2 centimètres environ de terre légère humectée sans être mouillée et un peu salpêtrée, soit par l'arrosage préalable avec du purin, soit par le mélange de vieux plâtras pulvérisés. La terre est fortement tassée avec le plat de la pelle le long de la meule : dans la figure 75, on voit un des ouvriers procéder au goptage. Si la meule est à l'air libre, on replace la chemise après cette opération.

Récolte. — La récolte des champignons peut commencer quinze jours à trois semaines après que la meule a été recouverte de terre. Elle se fait, suivant l'abondance de la production, tous les trois ou quatre jours. Les champignons sont cueillis au fur et à mesure de leur venue. Il est préférable de les couper par le pied, au lieu de les arracher ; en les arrachant, on s'expose à enlever, soit du mycélium, soit de jeunes champignons. Une précaution bonne à prendre, c'est de boucher, avec la même terre qui a servi au revêtement, les vides que laissent les champignons cueillis.

La fertilité d'une meule laissée à elle-même se maintient généralement pendant deux ou trois mois. La production peut être prolongée au moyen d'arrosages faits avec précaution. Pour pratiquer les arrosages, on emploie de l'eau additionnée soit de purin, soit de guano, soit d'une légère quantité de salpêtre. L'eau est échauffée au soleil de manière à acquérir une température supérieure à 20 degrés.

Production continue des champignons. — On conçoit facilement que les champignonnistes peuvent produire des agarics de couche pendant toute l'année dans leurs caves. Il suffit d'y monter trois ou quatre fois des couches par an, et à chaque fois le nombre de couches nécessaire pour obtenir une production déterminée.

En outre, pendant toute la belle saison, on peut obtenir, à peu de frais, une production abondante en plein air. Enfin, les couches qui servent aux diverses cultures forcées, peuvent être, dans leurs intervalles libres, lardées de blanc de champignon, avec avantage.

Les agarics qui croissent en plein air sont toujours plus savoureux que ceux qui viennent dans les caves ou les carrières. Il est important d'établir, dans ces dernières, une aération par des cheminées d'appel.

Culture de l'Agaric napolitain en Italie. — Aux environs de Naples, on cultive, pour l'usage culinaire, l'Agaric napolitain (*Agaricus neapolitanus*) qui vient sur le marc de café pourri et gardé pendant huit à dix mois dans un endroit humide. Voici comment on procède, d'après Ténore : On amasse le marc de café pour en avoir une provision considérable. On le fait pourrir dans un pot de terre cuite non vernissé, placé à l'ombre, et arrosé de manière à y entretenir une humidité constante. Les champignons paraissent au bout de six mois environ. Il n'y aurait, paraît-il, pas besoin d'avoir recours à l'emploi du mycélium, les spores de ce champignon étant répandues à peu près partout à Naples.

USAGES DES AGARICS. — En dehors de l'emploi culinaire que tout le monde connaît, plusieurs espèces d'agarics sont utilisées dans l'industrie, les arts ou l'économie domestique. L'Agaric charbonné (*Ag. nigricans*) donne une couleur brun foncé ; M. Filhol a obtenu une belle couleur rouge des agarics à chapeau rouge (tribu des Russules); Bulliard a fait une encre bonne pour le lavis, avec le suc d'un Agaric coprin, l'*Agaricus atramentarius;* on peut faire de l'encre ordinaire avec l'eau provenant de la décomposition de la plupart des agarics coprins.

L'Agaric nommé la jaune oronge (*Ag. muscarius*) doit son nom de tue-mouches à la propriété qu'il a de tuer les mouches. Le champignon, coupé en petits morceaux, est mis dans une assiette et saupoudré de sucre ; on verse dessus de la bière, de l'eau ou du lait, et l'on expose l'assiette dans les chambres où les mouches abondent. Celles-ci viennent sucer le liquide et périssent.

AGASSIN (*viticulture*). — Nom donné au bouton placé sur le bas du cep ou des rameaux de la vigne. Ce bouton est stérile.

AGAVE (*botanique*). — Plante vivace, originaire des parties chaudes de l'Amérique, et importée en Europe où elle est cultivée comme plante d'ornement; on l'emploie aussi en Italie et en Afrique, et même dans le midi de la France pour faire des clôtures qu'on désigne quelquefois, d'une manière impropre, sous le nom de haie d'aloès. L'Agave est le type de la tribu des Agavées, dans la famille des Amaryllidées. La plante est caractérisée par ses feuilles radicales en touffes élargies, grandes, très charnues et bordées d'aiguillons. Du milieu des feuilles s'élance la hampe qui, suivant les espèces, s'élève de 3 à 10 mètres; elle est ramifiée en forme de candélabre dont chaque branche se termine par un corymbe de fleurs; l'inflorescence complète peut compter jusqu'à 2100 fleurs. Les agaves peuvent atteindre un grand âge, mais elles ne fleurissent que rarement; le développement des fleurs épuise la plante et la fait souvent périr; de là l'erreur vulgaire que ces beaux végétaux ne fleurissent qu'une fois tous les cent ans. Heureusement la plante se multiplie facilement et naturellement par les œilletons formés sur ses racines.

Le genre Agave comprend un grand nombre d'espèces. La plus remarquable est l'Agave américaine (*Agave americana*, fig. 78), qui est le type de ces plantes. C'est au seizième siècle qu'elle a

Fig. 78. — Agave d'Amérique.

été introduite dans le vieux monde. Elle est maintenant répandue dans l'Europe méridionale, où elle fleurit assez souvent. Dans les régions plus froides, cette plante demande la culture de l'orangerie. Les feuilles sont longues de 1^{m},50 à 3 mètres, elles forment une touffe épineuse d'où s'élève une hampe droite qui atteint 10 à 12 mètres. Dans son pays d'origine, le développement de cette hampe est extrêmement rapide et atteint 10 à 15 centimètres par vingt-quatre heures. C'est au Mexique que l'Agave d'Amérique est la plus répandue. On y recueille la sève de la partie centrale de la touffe des feuilles, et on la fait fermenter pour préparer une boisson alcoolique appelée *pulqué*. La pousse du centre est enlevée, et dans la cavité ainsi formée s'amasse la sève qui coule sans interruption pendant deux ou trois mois. Les pieds d'Agave auxquels on fait subir cette opération, doivent avoir de six à dix ans. La sève, recueillie dans des jarres en terre, y fermente; la liqueur a une saveur aigrelette caractéristique, mais elle est conservée dans des outres en peau qui lui communiquent une odeur que les Européens supportent difficilement. Les Mexicains préparent aussi, avec la sève de l'Agave, une matière sucrée qu'ils nomment *agua-miel*. — Les feuilles donnent une matière textile, appelée *pite*, avec laquelle on fait des câbles et surtout les sacs destinés au transport des cafés, du cacao et autres denrées d'origine analogue; on en fait aussi de la pâte à papier.

Parmi les autres espèces introduites dans les jardins d'Europe, il faut citer les suivantes : *Agave expansa, heteracantha, micracantha, potatorum, salmiana, virginica, vivipera, Verschaffeltii, scotymus*. Les trois premières ont à peu près le port de l'Agave d'Amérique et s'en distinguent par les formes des feuilles et la couleur des fleurs; les autres espèces sont de dimensions plus petites. Toutes ces Agaves, à l'exception de l'*A. vivipera*, qui est une plante de serre tempérée, sont des plantes de serre froide ou d'orangerie.

L'Agave d'Amérique porte, dans son pays d'origine, le nom vulgaire de *maguey*; elle est cultivée à la fois pour sa liqueur vineuse extrêmement abondante, appelée *pulque* ou *vin de maguey*, et pour sa matière textile dite *pita* ou *pite*, ou encore *aloès*, mais très improprement, puisque cette dernière plante n'a rien de commun avec les Agaves. Chaque Agave peut fournir par année 120 à 150 litres de pulque, de telle sorte qu'un hectare contenant 900 plantes peut rendre 1200 hectolitres, c'est-à-dire dix fois plus qu'une vigne très productive.

AGE (*mécanique agricole*). — L'age, nommé aussi *flèche* ou *perche*, est la pièce de la charrue ou de l'araire qui, placée entre les mancherons et le point d'application de la force motrice, supporte le corps principal de l'instrument et la plupart de ses accessoires. Cette pièce est horizontale ou inclinée, droite ou courbe, en bois ou en fer; dans ce dernier cas, l'age est souvent formé de deux bandes parallèles tenues à distance invariable par des boulons ou des écrous; le coutre, les étançons, le régulateur y sont attachés. L'age doit être d'une solidité à toute épreuve pour résister à tous les obstacles du labourage et transmettre sans se rompre tous les efforts de la traction.

ÂGE. — Temps écoulé depuis la naissance d'un être vivant. Cette expression s'applique aux animaux comme aux végétaux. L'âge se compte par fraction de temps, jour, semaine, mois, année. On dit qu'un cheval a deux ou trois ans, qu'un arbre a l'âge suffisant pour être coupé, qu'une graine est trop vieille pour être semée. Suivant leur âge, les animaux des diverses espèces reçoivent des noms différents. Les caractères qui permettent de reconnaître l'âge des animaux et des plantes, sont importants à connaître pour l'agriculteur, qui y trouve une garantie dans les achats qu'il est appelé à faire.

Par extension, le mot âge a reçu plusieurs significations. Ainsi, en sylviculture, âge d'un taillis se dit du temps écoulé depuis que ce taillis a été coupé. On appelle encore âge de la lune, le nombre de jours écoulés depuis la nouvelle lune.

ÂGE DES ANIMAUX DOMESTIQUES. — La denture est le caractère principal qui sert à déterminer l'âge des grands animaux domestiques. Quelques autres caractères, empruntés à la peau, aux poils, sont d'un ordre secondaire.

Age du cheval. — Sans entrer ici dans des détails

sur la nature et la composition des dents, ainsi que sur leur évolution, il importe d'indiquer d'abord les principaux faits qui se produisent dans cette évolution. La denture du cheval (fig. 79) se compose de quarante dents, dont vingt-quatre molaires, douze incisives et quatre crochets. Les molaires sont séparées des incisives par un espace libre qu'on appelle les barres; c'est dans cet espace et assez près des incisives que poussent les crochets. L'inspection des molaires sur l'animal vivant est assez difficile; on ne s'en occupe pas dans la détermination de l'âge des chevaux. On examine seulement les incisives et les crochets.

Les incisives forment, à la partie antérieure de chaque mâchoire, un segment circulaire; celles de la mâchoire supérieure correspondent à celles de la mâchoire inférieure; il existe ainsi deux surfaces de frottement qui se joignent exactement lorsque la bouche est fermée. Dans chaque incisive, la surface de la dent opposée à l'autre mâchoire est appelée table de frottement. Elle est formée d'abord par l'émail extérieur dit d'encadrement, qui se replie à la partie supérieure pour former une cavité conique appelée cornet dentaire. Au-dessous est l'ivoire, qui remplit tout l'intérieur de la dent sauf la pulpe. La surface libre de l'émail s'encroûte par une substance jaunâtre particulière qu'on appelle le cément ou le tartre. Le cornet dentaire, à mesure que l'animal avance en âge, se remplit de cément. Il est dirigé obliquement, dans la dent, d'avant en arrière. On comprend que, lorsque la dent est complète, on ne doit voir à la partie supérieure que l'émail; l'usure commençant, on aperçoit ensuite l'émail du cornet dentaire séparé de celui des bords extérieurs par une couronne d'ivoire; l'usure augmentant et le cornet dentaire se remplissant de cément, on voit celui-ci au centre de la dent, entouré successivement de l'émail du cornet, de l'ivoire, de l'émail extérieur ou d'encadrement, et enfin du cément extérieur. Lorsque l'usure de la dent a atteint le fond du cornet dentaire, on ne voit plus que l'ivoire entouré d'émail. Enfin l'usure continuant encore, apparaît, au centre de l'ivoire, le cément remplissant le sommet de la pulpe dentaire et qui a été baptisé par Girard du nom d'étoile dentaire. La dent est dite rasée quand le cornet dentaire a disparu.

En même temps que l'usure amène des changements dans l'aspect de la table de la dent, elle en produit aussi dans la section transversale de celle-ci. En effet, la dent incisive (fig. 80) affecte la forme d'une pyramide irrégulière et incurvée, la partie concave étant tournée du côté de la bouche, et la pointe pénétrant dans la mâchoire. La base de la dent ou table de frottement présente une coupe assez régulièrement ovale. Cette coupe tend à devenir triangulaire quand on s'éloigne de la base. Le triangle qu'elle forme est d'abord à peu près isocèle; plus près de la racine de la dent, il devient équilatéral, et enfin redevient isocèle très allongé quand on arrive tout près de la racine. C'est donc à la fois à l'aspect de la table de frottement et à la forme de son contour qu'on reconnaît l'usure des dents incisives. La hauteur de celles-ci est toujours d'ailleurs à peu près la même; car, au fur et à mesure que l'âge avance, l'alvéole de la dent se rétrécit, et celle-ci est peu à peu chassée de la mâchoire.

Les six incisives de chaque mâchoire ont reçu des dénominations différentes. Les deux du milieu sont appelées *pinces;* les deux placées à droite et à gauche sont les *mitoyennes;* enfin, les deux placées aux extrémités sont les *coins*. Les pinces sortent les premières, ensuite viennent les mitoyennes, et enfin les coins. Il en résulte que l'usure des pinces

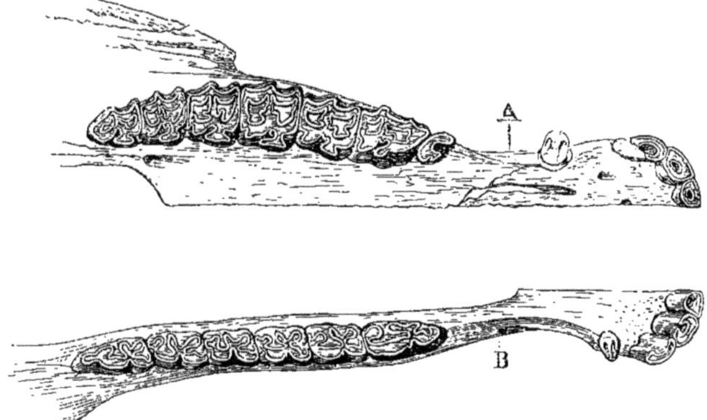

Fig. 79. — Mâchoires du cheval vues par la couronne. — A. Moitié de la mâchoire supérieure. B. Moitié de la mâchoire inférieure.

est toujours plus grande que celle des deux autres paires.

Les crochets, placés sur la mâchoire entre les incisives et les molaires, comme il a été dit plus haut, sont coniques, plus ou moins aigus ou mousses, et ils s'écartent en dehors; leur face externe présente deux arêtes. Les crochets ne se correspondent pas comme les incisives; ceux d'en bas sont placés plus en avant sur la mâchoire que ceux d'en haut. Avec l'âge, l'extrémité des crochets s'arrondit en s'usant. Les crochets n'existent pas chez les femelles.

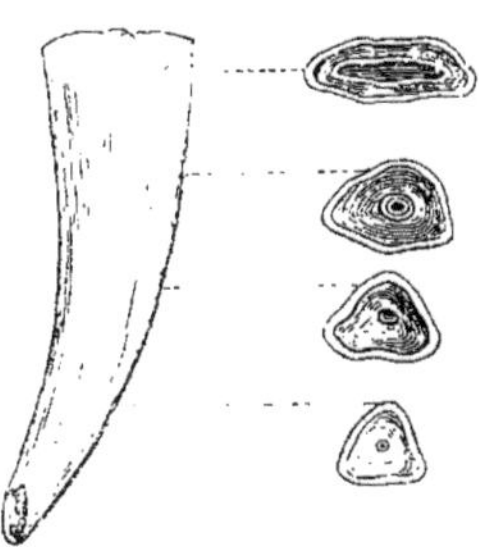
Fig. 80. — Dent incisive du cheval.

Le cheval a deux dentitions : celle de lait ou caduque, celle d'adulte ou de remplacement. La dentition caduque comprend douze molaires et douze incisives; les autres molaires et les crochets, qui ne sont jamais remplacés, font partie de la dentition de remplacement. Les incisives de lait se distinguent des incisives adultes, en ce qu'elles sont étranglées au collet; la couronne est élargie en palette, et la racine est petite et étroite. En outre, le cornet dentaire est moins profond que dans la dent d'adulte.

Ces détails préliminaires étant donnés, il faut étudier l'évolution des deux dentitions et les changements qui se produisent dans les incisives et les crochets. Dans l'usage ordinaire, on n'examine que la mâchoire inférieure des chevaux dont on veut connaître l'âge; c'est donc de celle-ci que nous nous occuperons ici, les changements qui s'y produisent étant les mêmes dans la mâchoire supérieure.

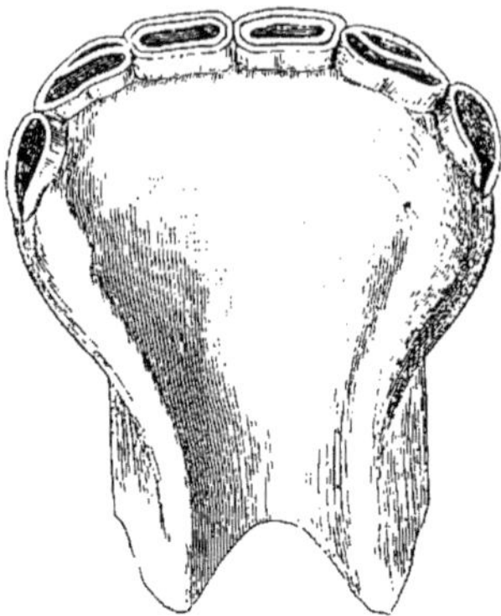

Fig. 81. — Dents du cheval à dix-huit mois.

On peut distinguer six périodes : 1° du premier au neuvième mois, évolution des incisives caduques; 2° du sixième mois au trentième mois, usure des incisives caduques; 3° de trois à huit ans, évolution des dents d'adulte; 4° de neuf à treize ans, transformation dans la table dentaire qui s'arrondit; 5° de quatorze à seize ans, les tables dentaires prennent la forme triangulaire; 6° à partir de dix-sept ans, les tables dentaires ont la forme de triangles

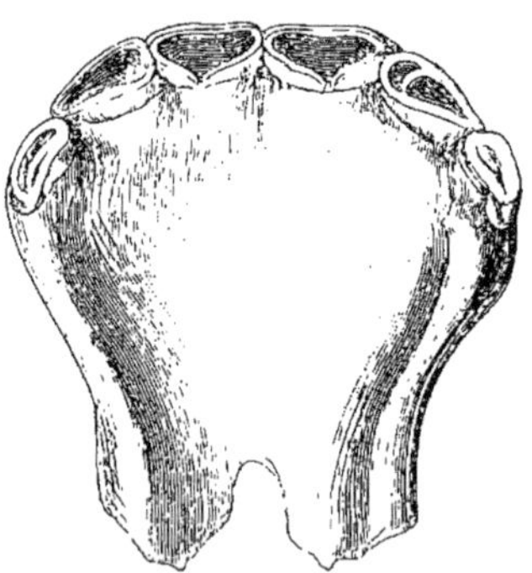

Fig. 82. — Dents du cheval à deux ans et demi.

isocèles avec leur base en avant. Ces transformations s'opérant successivement pour les pinces, les mitoyennes et les coins, la comparaison de leur état détermine dans quelle partie de chaque période l'animal se trouve.

1re et 2e *période*. — Le cheval naît ordinairement sans dents. De six à dix jours apparaissent les pinces caduques; au bout de six semaines, les mitoyennes, qui sont complètement sorties à trois mois; de six à huit mois apparaissent les coins. Suivant que le sevrage a été plus ou moins rapide, les pinces sont rasées, de dix mois à un an. Les mitoyennes sont rasées de quinze à dix-huit mois (fig. 81) et les coins à deux ans. La mâchoire présente alors l'aspect indiqué par la figure 82.

3e *période*. — A partir de deux ans et demi, les pinces caduques tombent et sont chassées par les pinces de remplacement. Celles-ci deviennent de niveau, c'est-à-dire en contact, quand la bouche est fermée, avec celles de l'autre mâchoire, à trois ans. Les crochets commencent à sortir.

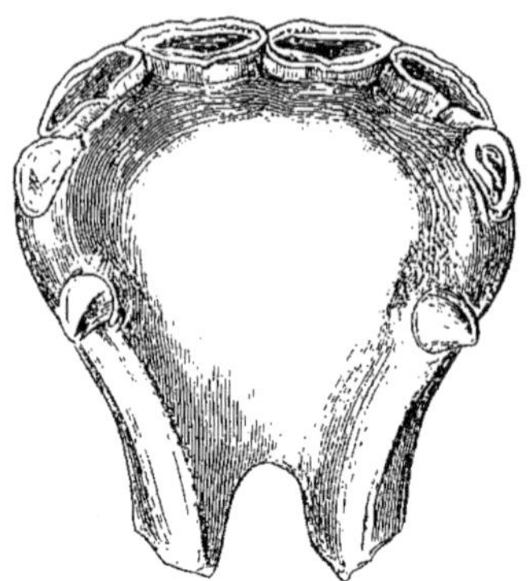

Fig. 83. — Dents du cheval à quatre ans.

A trois ans et demi, les mitoyennes caduques tombent; celles de remplacement apparaissent et deviennent de niveau à quatre ans (fig. 83).

A quatre ans et demi, les coins caduques tombent. Ceux de remplacement se développent et deviennent de niveau à cinq ans. Les crochets, chez le mâle, continuent à se développer (fig. 84). La dentition du cheval est devenue complète, car l'évolution des molaires se fait parallèlement à celle des incisives.

A partir de cinq ans, le cheval a atteint l'âge

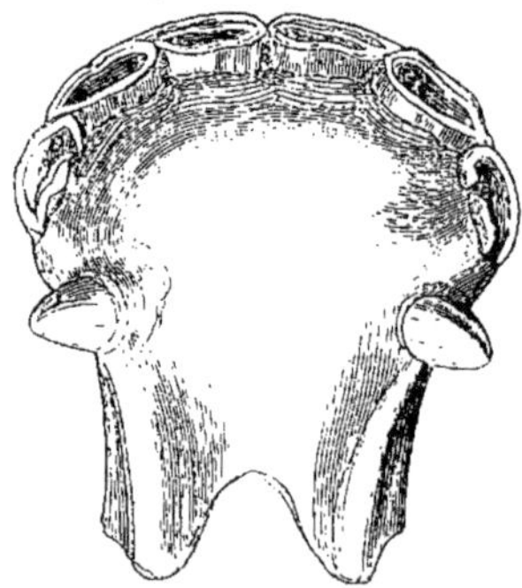

Fig. 84. — Dents du cheval à cinq ans.

adulte. Désormais, ce n'est plus le remplacement des dents, mais leur degré d'usure, qui permettra d'apprécier l'âge du cheval. Il arrive que, dans les animaux extrêmement précoces, les changements qui viennent d'être indiqués se produisent une année d'avance; mais c'est un cas tout à fait exceptionnel.

Le cornet dentaire a une profondeur d'environ 9 millimètres. L'expérience a montré que l'usure dentaire est à peu près de 3 millimètres par an. Il faut donc trois ans pour que les dents soient complètement rasées.

A six ans, les pinces sont complètement rasées, c'est-à-dire que leur cornet dentaire a disparu. Les tables des mitoyennes et des coins sont parfaitement caractérisées (fig. 85); elles montrent une série d'ellipses formées par l'émail d'encadrement, l'ivoire, l'émail du cornet et le cément intérieur à celui-ci Elles ont toutes la forme à peu près elliptique.

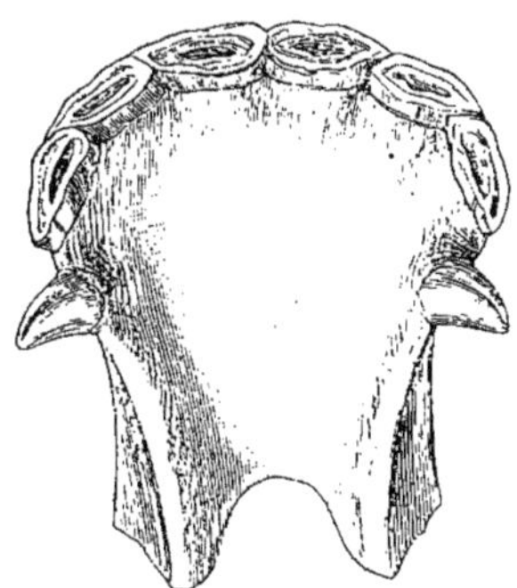

Fig. 85 — Dents du cheval à six ans.

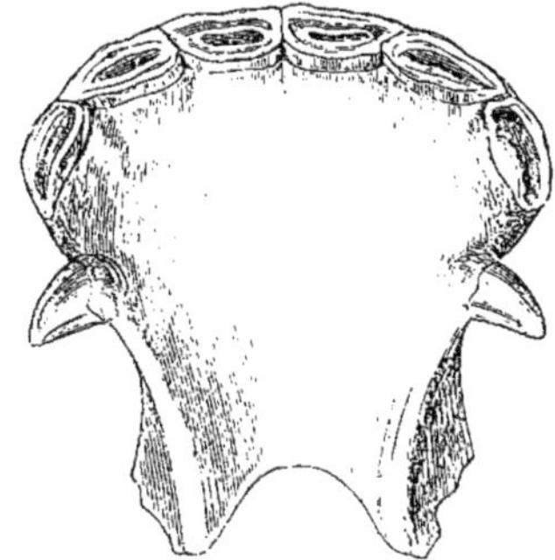

Fig. 86. — Dents du cheval à sept ans.

A sept ans, le rasement est devenu complet pour les mitoyennes (fig. 86). Le cornet dentaire tend à s'effacer dans les coins. En outre, comme les coins de la mâchoire supérieure sont un peu plus larges que ceux de la mâchoire inférieure, l'usure y laisse une saillie ou crochet à leur bord externe; cette saillie, qui commence à se produire à sept ans, augmente avec l'âge.

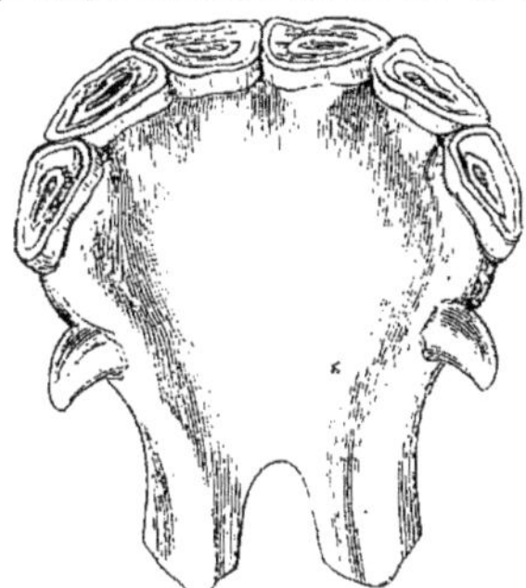

Fig. 87. — Dents du cheval à huit ans.

A huit ans, les coins sont, à leur tour, complètement rasés; il n'y a plus aucune cavité apparente sur la mâchoire. L'émail central apparaît seul, et il est plus rapproché vers le bord postérieur de la dent. Dans les pinces, entre l'émail et le bord antérieur de la dent, apparaît l'étoile dentaire (fig. 87). L'échancrure des coins supérieurs est devenue plus prononcée.

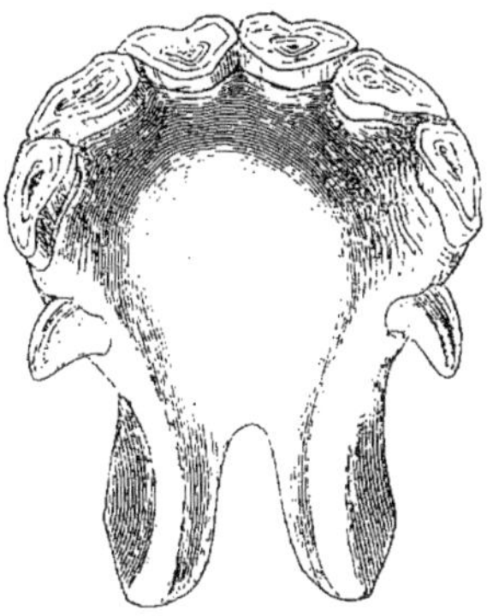

Fig. 88. — Dents du cheval à neuf ans.

4e *période*. — A partir de ce moment, c'est surtout la forme du contour de la table dentaire qui sert de guide pour la détermination de l'âge. Jusqu'ici ce contour était resté à peu près elliptique; d'abord il s'arrondit, puis il passe à la forme triangulaire par les gradations qui vont être indiquées.

A neuf ans, les pinces inférieures tendent à prendre la forme arrondie, c'est-à-dire la différence de la longueur et de la largeur diminue sensiblement; la largeur, qui ne dépassait pas la moitié de la longueur, s'en rapproche de plus en plus (fig. 88). L'étoile dentaire se montre sur les mitoyennes.

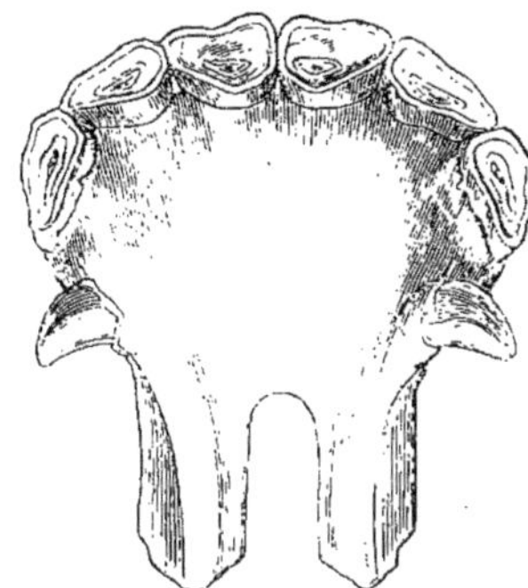

Fig. 89. — Dents du cheval à dix ans.

A dix ans, les pinces ne présentent plus de traces de l'émail du cornet dentaire; dans les mitoyennes, cet émail se rapproche du bord postérieur des dents; l'étoile dentaire se montre dans les coins (fig. 89). Si l'on examine les incisives supérieures qui ont le cornet dentaire plus profond que les inférieures, on constate que les pinces sont complètement rasées et que les mitoyennes sont bien près de l'être

A onze ans, le cornet dentaire disparaît des mitoyennes; les coins deviennent arrondis. Les mitoyennes supérieures sont complètement rasées.

A douze ans, le cornet dentaire a disparu sur les coins. Toutefois ceux-ci conservent encore la forme elliptique. L'étoile dentaire, dans les pinces et les mitoyennes, se rapproche du centre des dents (fig. 90).

A treize ans, l'étoile dentaire se trouve au centre

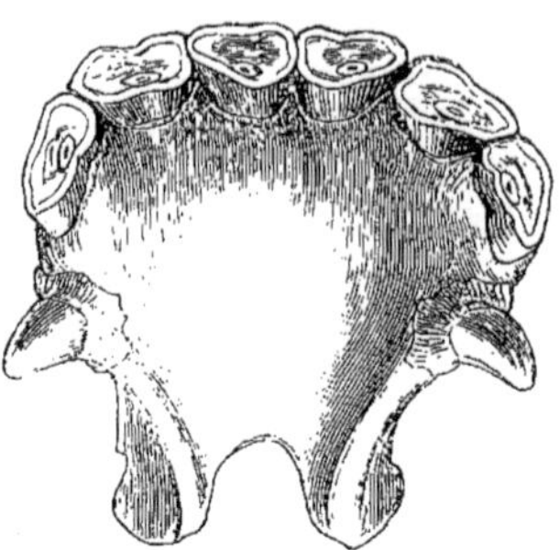

Fig. 90. — Dents du cheval à douze ans.

des incisives. Les coins s'arrondissent. Quant aux pinces, leur table affecte la forme d'un cercle irrégulier.

5e *période*. — A quatorze ans, les pinces sont devenues triangulaires. Dans les mitoyennes, un angle commence à se former à la partie postérieure de la table. Les crochets s'émoussent sensiblement à leur extrémité (fig. 91).

A quinze ans, les mitoyennes prennent, à leur tour, la forme triangulaire (fig. 92).

A seize ans, les coins sont aussi devenus triangulaires. A ce moment, les tables des six incisives

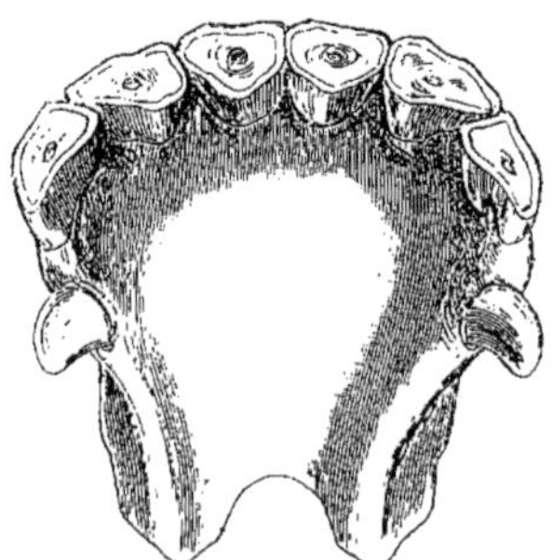

Fig. 91. — Dents du cheval à quatorze ans.

affectent une forme semblable à celle de triangles dont les côtés sont à peu près égaux.

6e *période*. — La table des dents conserve désormais l'apparence triangulaire qu'elle a acquise; mais les dimensions du triangle se modifient. D'équilatéral il devient peu à peu isocèle, avec la base à la partie antérieure de la dent. C'est ce que l'on appelle quelquefois la biangularité.

A dix-sept ans, les pinces se rétrécissent dans la largeur, et affectent la forme qui vient d'être indiquée, tandis que les mitoyennes et les coins gardent la forme équilatérale (fig. 93).

A dix-huit ans, les mitoyennes prennent le même aspect, mais le bord antérieur des pinces se rétrécit davantage.

A dix-neuf ans, les coins commencent, à leur tour, à affecter la forme de triangle isocèle (fig. 94), pendant que les pinces et les mitoyennes se rétré-

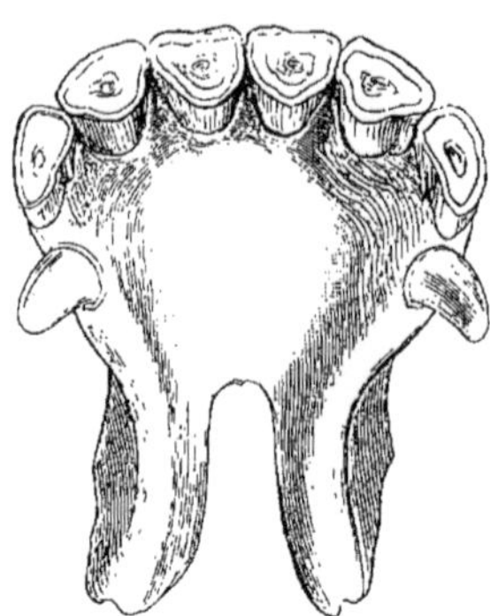

Fig. 92. — Dents du cheval à quinze ans.

cissent encore davantage. A partir de vingt ans, toutes les incisives ont à peu près la même forme, et elles se rétrécissent de plus en plus. Quant aux

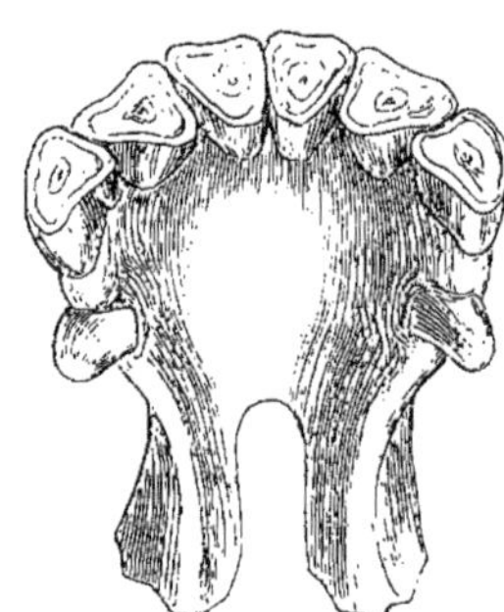

Fig. 93. — Dents du cheval à dix-sept ans.

crochets, ils s'émoussent de plus en plus, et deviennent tout à fait arrondis.

Dans tous les détails qui viennent d'être donnés,

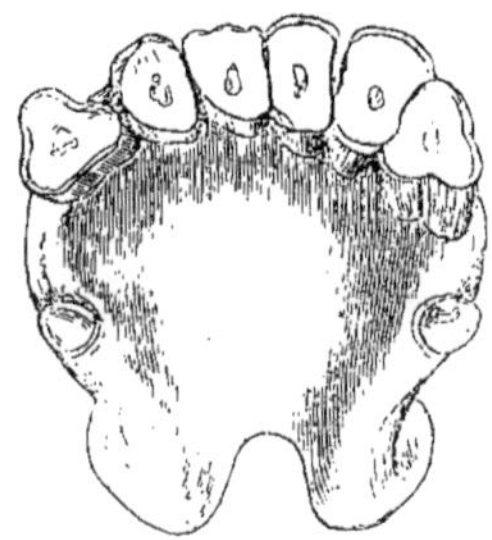

Fig. 94. — Dents du cheval à dix-neuf ans.

on a supposé que l'évolution des dents se faisait dans les conditions normales. Mais il peut arriver que l'usure des dents ne présente pas ces caractères de régularité. On appelle *bégus* les chevaux dont les dents, pour une cause ou une autre, ne esent pas d'une manière suffisante, et *faux bégus* ux dont le cornet dentaire présente une profonmr anormale. Deux cas peuvent se présenter: sure des dents peut être trop forte ou trop faible. sand l'usure est trop forte, il peut arriver que cornets dentaires aient disparu dans les pinces les mitoyennes, lorsque les coins font à peine nption, et réciproquement qu'ils disparaissent ns les coins, tout en étant encore visibles dans autres dents. Pour ne pas se tromper dans s circonstances, on part de ce principe que les :isives doivent avoir, dans leur partie libre, une ngueur de 16 millimètres environ. Comme on it que l'usure annuelle est de 3 millimètres, évalue l'âge d'après l'inspection des tables, et n mesure la longueur des dents. Puis on ajoute l'on retranche de l'âge constaté par l'état des oles, autant d'années qu'il y a de fois 3 millimètres en plus ou en moins de 16 millimètres, ns la longueur trouvée. Lorsque l'usure des nts est irrégulière, on évalue l'âge d'après l'état recreusant à l'intérieur du cercle d'émail qui l'encadre (fig. 96); mais ici la fraude se reconnaît au contour net et arrêté de l'entaille et à sa teinte trop vive. — D'autres fois encore, quand le cheval a les dents trop longues, on les scie. Mais cette opération, qui ne peut se faire que sur les incisives, présente ce caractère que les deux mâchoires ne peuvent plus se rapprocher complètement, les molaires s'y opposant. Toutes ces fraudes sont d'ailleurs faciles à reconnaître par la pratique des chevaux.

Pour examiner les dents d'un cheval, on saisit le bout du nez avec la main gauche, en même temps qu'on introduit les deux premiers doigts de la main droite dans la bouche au-dessus des barres. Le doigt majeur presse sur la langue, tandis que l'index porte sur le palais pour faire écarter la mâchoire. En même temps, on abaisse la lèvre inférieure avec le pouce droit resté libre. Les deux mâchoires sont ainsi découvertes et l'on peut facilement les étudier.

Les caractères autres que ceux des dents, pour

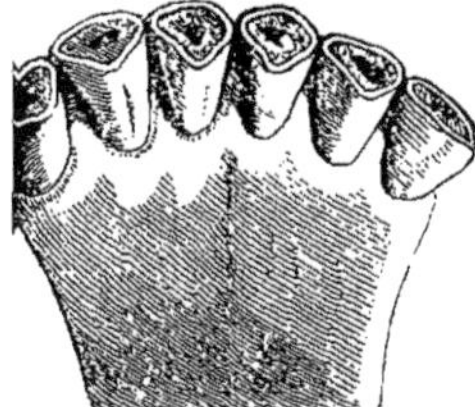

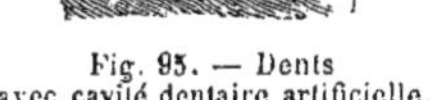

Fig. 95. — Dents avec cavité dentaire artificielle.

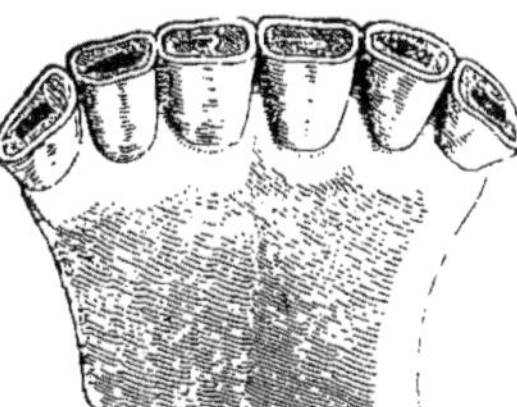

Fig. 96. — Dents avec cavité dentaire recreusée.

Fig. 97. Dents usées anormalement.

es pinces et des coins, et l'on établit une moyenne ntre ces deux évaluations.

L'âge étant d'une importance considérable pour . valeur des chevaux, au point de vue des services u'on veut en tirer, il n'y a pas lieu de s'étonner ue des maquignons essayent parfois, par des manœuvres frauduleuses, de tromper l'acheteur sur âge réel d'un cheval. Ces manœuvres ont pour ut de faire paraître le cheval, soit plus âgé, soit lus jeune.

Les premières ne se pratiquent que dans le une âge, et sur la dentition caduque. La fraude epose alors sur cette observation que, si l'on arache les dents de lait, on provoque l'éruption plus âtive de celles de remplacement. Si, par exemple, n arrache les mitoyennes de lait, lorsque les inces paraissent, on fait sortir six mois plus tôt es remplaçantes; de même, si l'on arrache les oins de lait, quand les mitoyennes font saillie, les oins de remplacement sortent six mois plus tôt. .e cheval paraîtra avoir cinq ans, quand il n'en a ue quatre. Cette tromperie se reconnaît à plusieurs signes; le principal est dans le fait que les ents ne sont pas régulièrement usées comme elles devraient être si elles étaient sorties à l'époque aturelle. En outre, les incisives ainsi sorties rématurément sont rarement disposées avec régularité.

C'est surtout lorsqu'il s'agit de rajeunir les vieux hevaux que l'industrie du fraudeur trouve des ressources. On a vu que le cornet dentaire disparaît e toutes les dents à partir de l'âge de douze ans. e but est d'en faire apparaître un artificiel. Pour arriver, on creuse une petite cavité dans la table lentaire (fig. 95), au moyen d'un outil tranchant, et on présente le cheval comme d'un âge inférieur à louze ans. Mais la fraude se reconnaît d'abord à 'absence d'émail autour de la cavité ainsi formée, et ensuite à la forme des tables dentaires. — D'autres fois, on rafraîchit la cavité dentaire en la reconnaître l'âge du cheval, sont trop vagues pour servir de guides: il est cependant utile de les indiquer sommairement. Ainsi les principaux signes de jeunesse sont: le sabot poli, la jointure du haut de la queue saillante, les paupières bien remplies, sans rides ni au-dessus ni au-dessous de l'œil, la peau souple et élastique, ne laissant pas de rides quand elle a été pincée, les barres sensibles. Les caractères contraires à ceux qui viennent d'être indiqués sont naturellement des signes de vieillesse.

Age de l'âne et du mulet. — La denture peut servir à déterminer l'âge de l'âne et du mulet, d'après les mêmes caractères que pour le cheval. Toutefois il y a lieu d'observer que l'usure des dents est moins rapide que chez le cheval. En outre, un certain nombre d'animaux sont bégus; par conséquent il faut compter une ou deux années de plus pour les signes correspondants à l'âge du cheval.

Age du bœuf. — L'évolution et les changements dans la forme des dents sont loin de présenter, pour permettre d'apprécier l'âge du bœuf, la même fixité que chez le cheval. En effet, beaucoup de races bovines ont été soumises par l'homme à un régime spécial qui les a rendues plus précoces. Les animaux de ces races devenant adultes plus tôt, l'évolution des dents se fait plus rapidement chez eux. Il en résulte qu'il importe, pour ne pas se tromper, quand on évalue l'âge du bœuf d'après sa denture, de ne pas oublier à quelle race il appartient, et de savoir si celle-ci est précoce ou tardive.

L'appareil dentaire du bœuf comprend trente-deux dents: vingt-quatre molaires et huit incisives, ces dernières sont toutes placées à la mâchoire inférieure. L'aspect que présentent les incisives permet de se rendre compte de l'âge. Leur conformation est la même que celle des dents du cheval, mais leur forme est très sensiblement différente. L'incisive du bœuf (fig. 98) affecte la forme d'une sorte de pelle à blé ou de battoir dont la racine forme le manche. La partie libre s'élargit en une lame amincie légèrement convexe en avant, et reliée à la racine par un collet. Les deux faces de la dent sont recouvertes d'émail sur lequel se dépose le cément. La table dentaire ou partie supérieure de la dent s'use obliquement, d'avant en arrière, de telle sorte que son bord antérieur finit par devenir tranchant.

Fig. 98. — Dent incisive du bœuf.

Le bœuf a, comme le cheval, deux dentitions : l'une caduque, et l'autre de remplacement. Dans les deux dentitions, les incisives forment une arcade en segment de cercle, à la partie antérieure de la mâchoire inférieure. — On a vu que les incisives du bœuf sont au nombre de huit. Elles ont reçu les mêmes noms que celles du cheval. Au milieu sont les deux pinces. Les mitoyennes sont au nombre de quatre : celles placées à droite et à gauche des pinces s'appellent premières mitoyennes; les deux autres sont les secondes mitoyennes. Enfin, à chaque extrémité, sont les coins. On compte donc deux pinces, quatre mitoyennes, et deux coins.

Les jeunes animaux naissent le plus souvent avec les pinces et les premières mitoyennes. Les secondes mitoyennes apparaissent vers le dixième jour après la naissance, et les coins du vingtième au vingt-cinquième jour. Les dents arrivent à former l'arcade continue au bout de cinq à six mois. A partir de six mois, les pinces commencent à s'user; à dix mois, c'est le tour des premières mitoyennes. Ces dernières sont rasées à un an, les secondes mitoyennes à quinze mois. A un an, la dentition caduque présente la orme indiquée dans la figure 99

A dix-huit mois, les pinces de remplacement font leur éruption. Les mitoyennes persistent encore, et les coins sont rasés (fig. 100). Les pinces de remplacement sont faciles à reconnaître, à cause de leurs dimensions beaucoup plus grandes que celles des mitoyennes et des coins caduques.

A partir de deux ans, les deux premières mitoyennes font leur éruption, le remplacement est complet à trois ans (fig. 101). Les secondes mitoyennes et les pinces caduques persistent encore.

De trois à quatre ans, évolution des secondes mitoyennes de remplacement. A quatre ans, les coins caduques persistent seuls (fig. 102).

A cinq ans, les coins de remplacement ont fait, à leur tour, leur évolution (fig. 103). La dentition d'adulte est dès lors achevée.

A partir de ce moment, c'est par l'usure des dents que les années qui s'ajoutent peuvent être calculées. — A six ans, l'arcade des incisives est arrivée à être continue; les pinces sont rasées, les premières mitoyennes commencent à s'user. A sept ans, les premières mitoyennes sont rasées; à huit ans, ce sont les secondes mitoyennes; à neuf ans, les coins. En même temps, les tables des pinces et des premières mitoyennes deviennent concaves. A dix ans, l'étoile dentaire se montre sur les pinces, et la table des secondes mitoyennes; à douze ans sur les secondes mitoyennes; à treize ans, sur les coins. En même temps, les dents paraissent s'écarter : cet écartement est dû seulement au rétrécissement de la section de la dent; à treize ans, l'écartement est très sensible entre toutes les incisives.

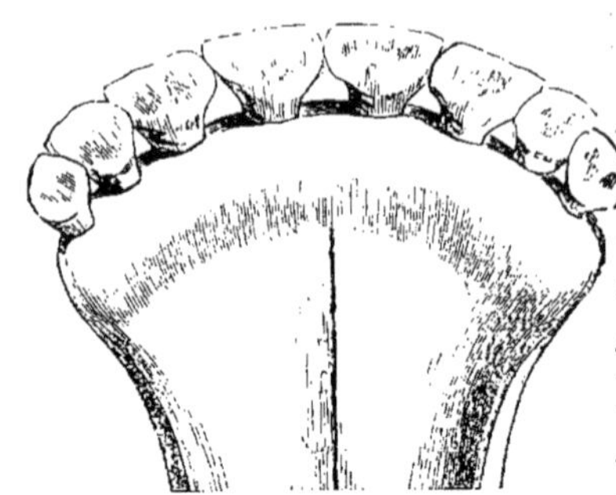

Fig. 99. — Dents du bœuf à un an.

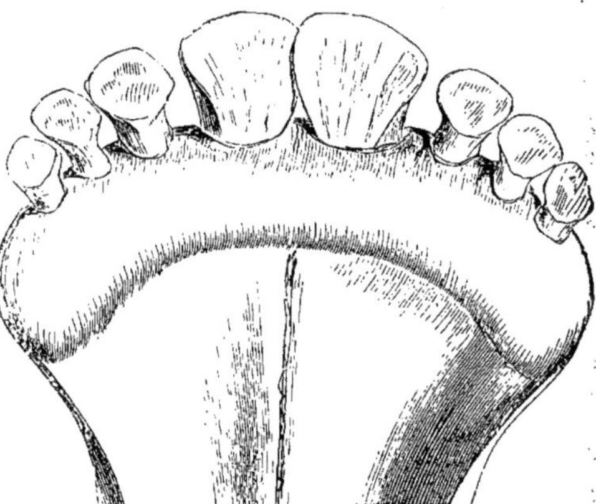

Fig. 100. — Dents du bœuf à deux ans

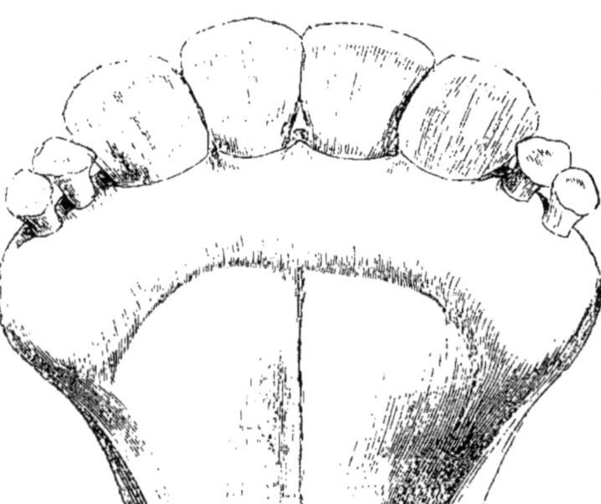

Fig. 101. — Dents du bœuf à trois ans.

Dans les races précoces, l'âge adulte est beau-
up plus rapide : « Il n'y a plus guère maintenant
ns l'agriculture française, dit avec raison
Sanson dans son Traité de zootechnie, d'animaux
espèce bovine dans lesquels la venue de l'âge
ulte soit aussi tardive. La plupart ont toutes leurs
nts permanentes à quatre ans, par le fait seul
un régime d'hiver moins parci-
onieux, amené par la généralisa-
n de la culture alterne ou de la
ppression des jachères. En outre,
nombre augmente sans cesse
s animaux précoces, qui attei-
ent le même résultat dès l'âge
trois ans. Chez ces derniers, l'ap-
rition des pinces a lieu généra-
ment vers dix-huit mois, et celle
s autres paires de dents de six
six mois. » En combinant ces
nnées avec ce qui vient d'être
, on peut facilement se rendre
mpte de l'âge d'un animal pré-
ce d'après sa dentition. Dans
is les cas, il y a lieu d'insister
r ce qui a déjà été énoncé, à savoir
e la dentition du bœuf ne peut
s indiquer avec la même préci-
n que celle du cheval, l'âge de
nimal, à raison des influences ex-
rieures qui tendent à hâter la ma-
rité du bœuf. Il n'y a pas lieu de
uter que, dans l'avenir, on arri-
ra à substituer, pour éviter les
ances d'erreur dans l'apprécia-
n des bêtes bovines, la notion de
tat de leur dentition à celle du
mps écoulé depuis leur naissance.

L'état des cornes chez le bœuf
ut aussi servir d'indice pour éva-
er son âge. Autrefois on avait
mmunément recours à ce carac-
re, mais aujourd'hui il est re-
rdé comme accessoire dans la
upart des circonstances. Il re-
se sur ce fait que, chaque année,
se produit à la base de la corne
bourrelet ou anneau circulaire
ivi d'une dépression, qui indique
pousse de l'année. Les anneaux
nsi formés au bout d'un an et
ux ans, n'étant composés que
lamelles très minces, s'exfolient
tombent sans laisser de traces.
anneau de trois ans persiste le
emier, et il est suivi de ceux des
tres années. Il en résulte qu'un
euf dont la corne présente deux
neaux, a quatre ans révolus ;
'il a cinq ans, quand sa corne a
ois anneaux, et ainsi de suite. Si
cune cause extérieure n'agissait
r les cornes, la présence et le
mbre des anneaux seraient des
gnes sûrs. Mais il arrive souvent
e la pousse de la corne ne s'ef-
ctue pas d'une manière régulière,
telle sorte que les bourrelets
se distinguent que difficilement
s uns des autres. D'un autre côté, lorsque arrive
certain âge, les anneaux ne se forment plus.
faut encore ajouter que le travail au joug contri-
e à les faire disparaître. Enfin, il faut se défier
certains marchands de bestiaux qui excellent à
availler les cornes, comme les maquignons con-
e-marquent les dents des chevaux.

Age du mouton. — L'évolution et l'usure des dents
nt, en ce qui concerne les moutons, à peu près
s seuls signes qui permettent de déterminer l'âge.
Les dents sont en même nombre que chez le bœuf ;
elles présentent la même disposition (fig. 104). Les
huit incisives sont divisées en pinces, premières
mitoyennes, secondes mitoyennes et coins. Toutefois, dans les incisives, qui servent principalement
à déterminer l'âge, outre que les dents ont un
moindre volume que chez le bœuf, leur collet est

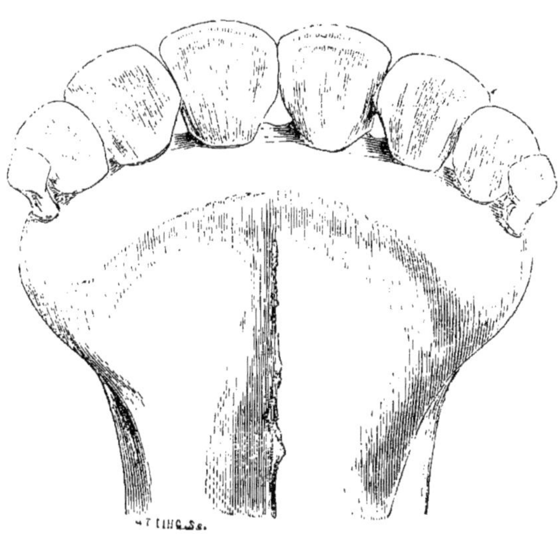

Fig. 102. — Dents du bœuf à quatre ans.

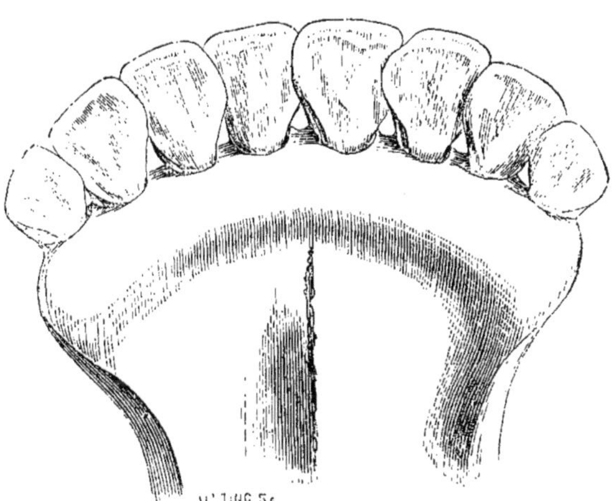

Fig. 103. — Dents du bœuf à cinq ans.

moins prononcé, et elles sont plus redressées.
Comme chez les autres ruminants, il y a deux dentitions : celle de lait et celle de remplacement.
Les indications qui ont été données relativement
aux races précoces et aux races tardives, en ce qui
concerne les bovidés, s'appliquent également aux
moutons. L'élevage a sensiblement modifié les conditions d'évolution d'un grand nombre de races, et
chez elles la dentition permanente se montre beaucoup plus rapidement que chez les anciennes races

Il y a donc lieu d'examiner d'abord ce qui se passe pour ces dernières, et d'indiquer ensuite les différences que présentent les races précoces.

L'agneau vient le plus souvent au monde sans dents. Mais les pinces et les premières mitoyennes apparaissent au bout de quelques jours, pour être bientôt suivies par les secondes mitoyennes. Les coins apparaissent un peu plus tard, vingt-cinq à trente jours après la naissance. Mais leur croissance est lente, et c'est à trois mois seulement que ces dents arrivent à compléter l'arc dentaire ; on dit alors que la mâchoire est au rond. Depuis ce moment jusqu'à l'âge de dix mois, c'est par l'apparition successive des molaires que l'on peut juger de l'âge, car les transformations qui se produisent dans les incisives caduques ne sont pas suffisantes pour guider l'observateur. A trois mois, les quatrièmes molaires persistantes viennent à jour ; à neuf mois, c'est le tour des cinquièmes molaires.

A dix-huit mois, les pinces caduques sont remplacées par les pinces permanentes. L'agneau prend alors le nom d'antenais. Les incisives présentent la forme indiquée par la figure 105, où l'on voit en 1 les pinces permanentes.

A deux ans, c'est le tour des premières mitoyennes, 2 (fig. 106), à apparaître. Elles sont complètement sorties à deux ans et demi.

De trois ans à trois ans et demi, les deuxièmes mitoyennes permanentes font leur évolution. les voit en 3 (fig. 107).

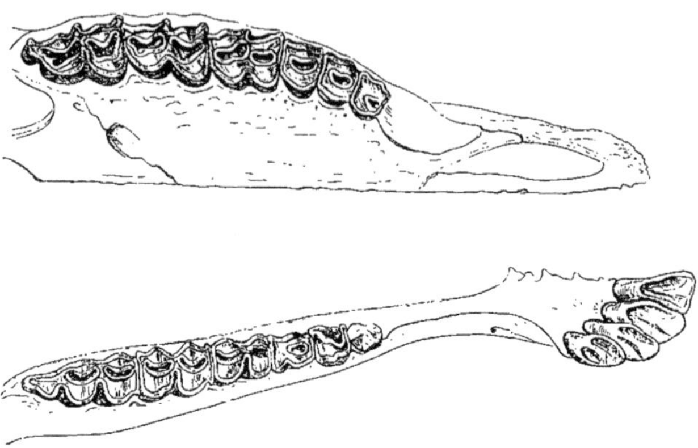

Fig. 104. — Moitié des deux mâchoires du mouton.

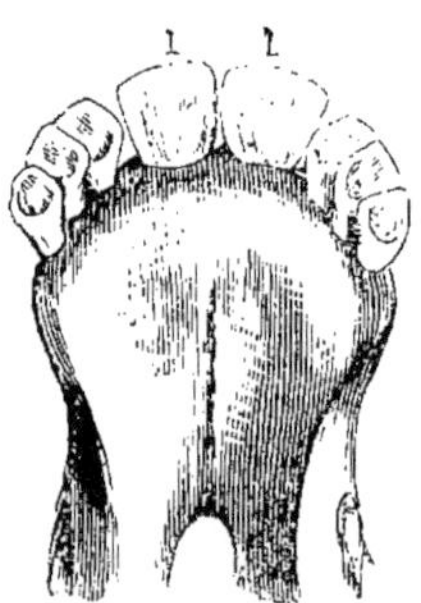

Fig. 105. — Dents du mouton à dix-huit mois.

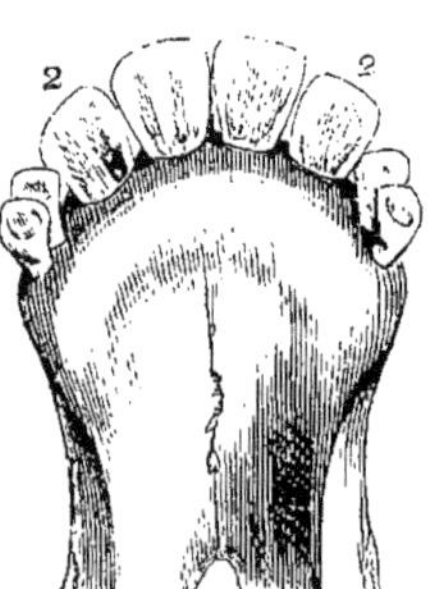

Fig. 106. — Dents du mouton à deux ans et demi.

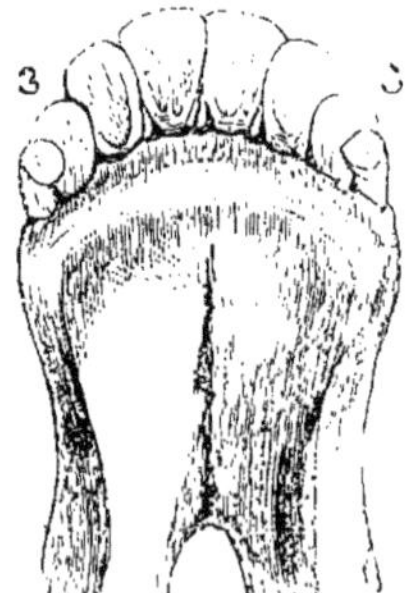

Fig. 107. — Dents du mouton à trois ans et demi.

Enfin, de quatre ans à quatre ans et demi, les co
caduques sont remplacés par les coins permanen
(4, fig. 108). A ce moment, l'animal a acquis l'é
adulte.

A cinq ans, les dents permanentes sont au ron
L'usure des pinces est déjà assez prononcée ; ce
des autres incisives se produit par la suite, dans
même ordre que pour le bœuf. Mais le rasem
des dents ne se fait pas avec une régularité suff
sante pour fournir des indications précises sur l'âg
des animaux.

Quant aux races précoces, l'évolution des dent
permanentes se produit beaucoup plus rapidemen
L'apparition des pinces de remplacement est avan
cée de plus de six mois ; c'est généralement d
onzième au douzième mois qu'elle a lieu. Les premières mitoyennes commencent à apparaître à
quinze mois, et elles terminent leur évolution à
dix-huit mois. C'est à deux ans que sortent les
deuxièmes mitoyennes, et à deux ans et demi que
les coins apparaissent à leur tour. La mâchoire est
au rond avant que l'animal ait atteint trois ans.
L'état adulte est donc avancé de plus de dix-huit
mois. Dans les animaux exceptionnellement précoces, l'état adulte peut être atteint à deux ans et
demi. Il est inutile d'ajouter que, entre les extrêmes
qui viennent d'être indiqués, pour les races tar-

tives et pour les races précoces, on rencontre de nombreux intermédiaires, suivant les aptitudes individuelles à la précocité et les circonstances particulières dans lesquelles les animaux se trouvent.

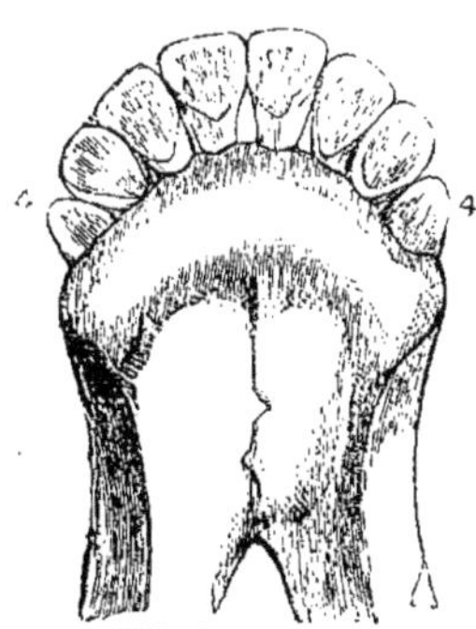

Fig. 108. — Dents du mouton à quatre ans et demi.

Age de la chèvre. — Les caractères de la denture sont les mêmes que pour les races ovines tardives ou laissées à l'état naturel. C'est aux mêmes dates, à partir de la naissance, que l'évolution des diverses sortes d'incisives permanentes se produit. Il n'y a donc pas lieu d'insister davantage sur ce sujet.

Age du porc. — C'est encore l'état des dents qui permet de déterminer l'âge du porc.

La denture du porc se compose de quarante-quatre dents dont douze incisives, quatre canines et vingt-huit molaires (fig. 109). — Les incisives, au nombre de six à chaque mâchoire, présentent entre elles de grandes différences. Les pinces et les mitoyennes de la mâchoire supérieure offrent quelque analogie avec celles du cheval, à raison tant de leur forme que de la cavité qui se trouve sur leur table. Les mêmes dents, à la mâchoire inférieure, sont droites et dirigées en avant. Les coins se trouvent, à chaque mâchoire, isolés entre les mitoyennes et les crochets, et ils sont beaucoup moins volumineux que les autres incisives. Les deux canines sont désignées le plus souvent par le nom de *crochets* ou *défenses;* elles sont très développées et croissent pendant toute la vie de l'animal. Quant aux molaires, elles sont au nombre de sept à chaque arcade; elles augmentent de volume de la première à la dernière qui est très forte. La première molaire de chaque arcade est quelquefois appelée surdent.

Le porc fait deux dentitions. La première comprend vingt-huit dents : douze incisives, quatre canines et douze molaires; toutes ces dents sont caduques. Leur évolution ne se fait pas généralement dans le même ordre que chez les ruminants. La première dentition est complète à l'âge de trois mois. Quand le porcelet vient au monde, il a huit dents de lait; ce sont les coins et les crochets à chaque mâchoire. Au bout de quelques jours apparaissent les six molaires de chaque mâchoire. Après vingt jours, les deux pinces de la mâchoire inférieure surgissent. Au bout de six semaines, c'est le tour des pinces de la mâchoire supérieure et des mitoyennes de la mâchoire inférieure. Enfin, à trois mois, la dentition caduque est complétée par les mitoyennes de la mâchoire supérieure.

C'est à partir de six mois que les dents de lait, assez irrégulièrement usées, sont remplacées par les dents permanentes. Les coins apparaissent d'abord aux deux mâchoires, puis les quatrièmes molaires. De dix mois à un an, les crochets sont remplacés; les cinquièmes molaires et les surdents font leur évolution. A dix-huit mois, les pinces de remplacement sont sorties à la mâchoire supérieure, ainsi que les sixièmes molaires aux deux mâchoires. De vingt à vingt-quatre mois, les mitoyennes de remplacement surgissent à la mâchoire inférieure, et les molaires caduques disparaissent pour faire place à celles persistantes. De deux ans à deux ans et demi, les mitoyennes sont remplacées à la mâchoire supérieure et les pinces à la mâchoire inférieure. Enfin, à trois ans, les septièmes molaires ont fait leur évolution, et la dentition permanente est devenue complète; l'animal est dans l'âge adulte.

Chez les races précoces, les phénomènes qui viennent d'être décrits s'accomplissent beaucoup plus rapidement. La dentition permanente est complète à l'âge de deux ans et quelquefois de dix-huit mois. Les surdents sont généralement émises à six mois, les coins de remplacement à neuf mois; le remplacement des pinces est achevé à un an, et les crochets d'adulte sont bien développés. Quant aux mitoyennes, elles sont remplacées à dix-huit mois.

Age du chien. — L'état de la denture est, pour le chien, comme pour la plupart des animaux domestiques, le meilleur signe pour reconnaître l'âge des individus.

Le chien adulte a trente-deux dents ainsi disposées : douze incisives, dont six à chaque mâchoire; quatre canines, soit deux à chaque mâchoire; vingt-six molaires, dont douze à la mâchoire supérieure et quatorze à la mâchoire inférieure. La dentition est double, l'une caduque, l'autre permanente.

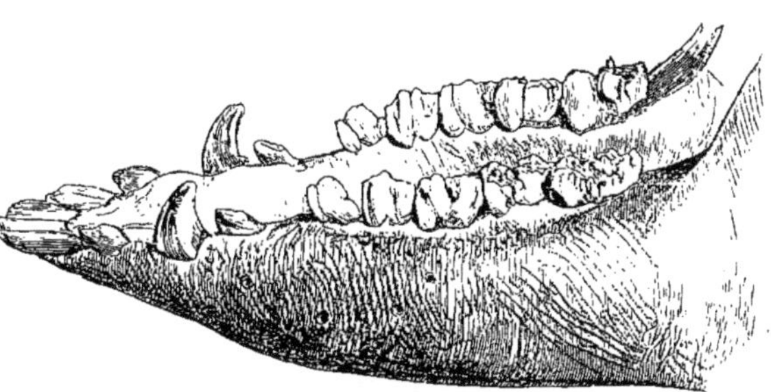

Fig. 109. — Mâchoire inférieure du porc.

Les incisives sont, comme dans les races décrites plus haut, divisées en pinces, mitoyennes et coins. Les pinces sont plus grandes que les autres, et les supérieures sont toujours plus fortes que les inférieures. La partie antérieure des dents est convexe et lisse; la face postérieure est inégale et taillée obliquement. La couronne, ou bord tranchant, est divisée en trois lobes dont la réunion affecte assez bien la forme d'un trèfle ou d'une fleur de lis; ces dénominations lui sont souvent données. L'usure du lobe moyen de la couronne consiste en un rasement analogue à celui des dents du cheval ou du bœuf. — Les dents canines, ou crocs, ou encore crochets, sont longues et pointues. Les supérieures sont plus fortes que les inférieures. Ces dents sont disposées de manière à ne pas frotter les unes contre les autres. — Quant aux dents molaires ou mâchelières, elles se divisent en trois catégories : les trois premières en haut et les quatre premières en bas, dites fausses molaires, sont étroites et coupantes; la suivante, de chaque côté, en haut et en bas, appelée carnassière, présente deux lobes tranchants; enfin les deux dernières de chaque côté, ou vraies molaires, sont à couronne plate ou armée de tubercules arrondis.

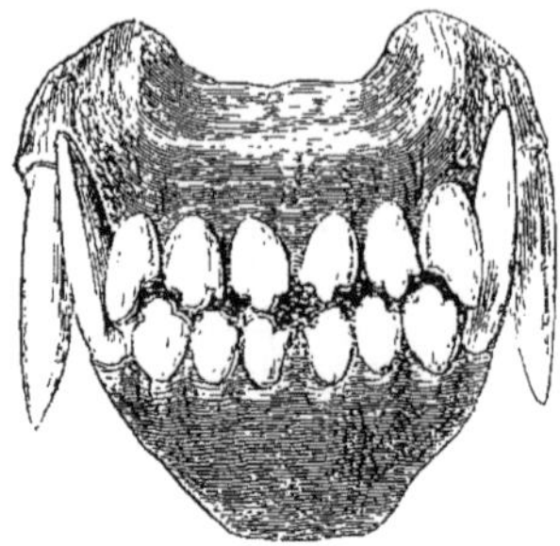

Fig. 110. — Dents du chien à un an et demi.

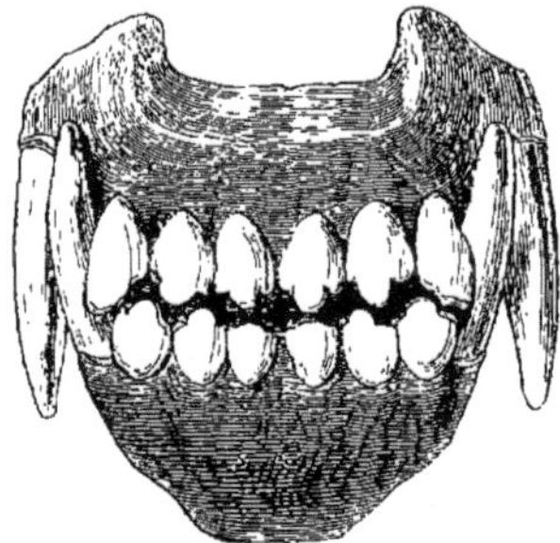

Fig. 111. — Dents du chien à deux ans et demi

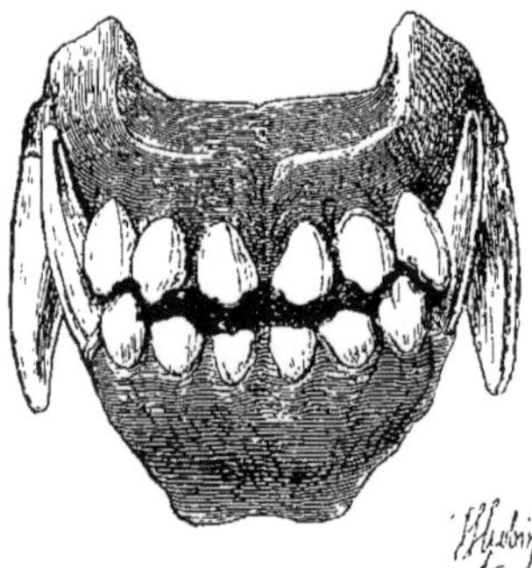

Fig. 112. — Dents du chien à trois ans et demi.

Le jeune chien naît avec toutes ses dents de lait, ou bien celles-ci surgissent dans les premiers jours qui suivent la naissance. Le remplacement se fait de cinq à huit mois. Les pinces et les mitoyennes de lait tombent les premières, puis les fausses molaires.

A un an, les dents de remplacement sont toutes développées. Elles sont blanches et intactes; les incisives ont la fleur de lis bien marquée (fig. 110).

A deux ans, les pinces de la mâchoire inférieure sont rasées, les lobes ont disparu (fig. 111).

A partir de deux ans et demi, les pinces de la mâchoire supérieure commencent à s'user, tandis que les mitoyennes de la mâchoire inférieure rasent. A trois ans et demi, ce rasement est complet (fig. 112). En même temps, les incisives deviennent moins brillantes.

De trois ans et demi à quatre ans et demi, les pinces supérieures rasent et elles s'écartent (fig. 113). Les incisives et les crocs prennent un aspect terne.

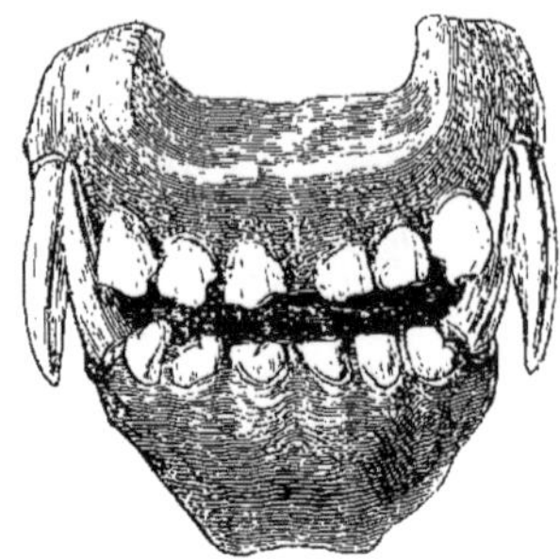

Fig. 113. — Dents du chien de quatre ans à quatre ans et demi.

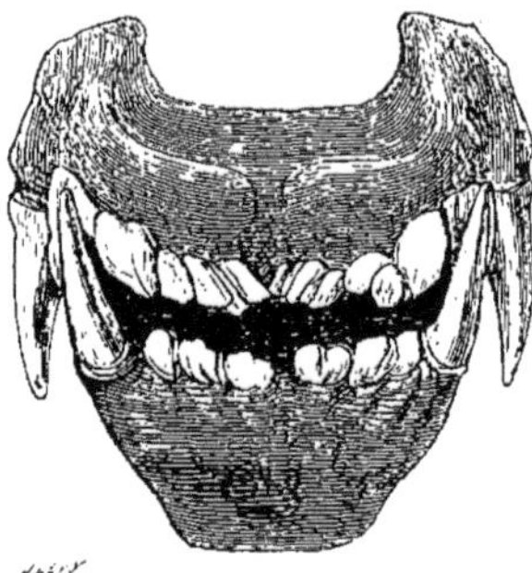

Fig. 114. — Dents du chien à cinq ans et demi.

De quatre ans et demi à cinq ans, les mitoyennes et les coins s'émoussent, en même temps que les pinces s'usent davantage (fig. 114). Les dents sont devenues jaunes et écartées.

A partir de six ans, les dents ne donnent plus d'indices certains; elles deviennent inégales, et elles prennent assez rapidement une teinte noirâtre.

L'usure des dents peut être plus rapide chez le chien. Le genre de nourriture exerce, en effet, sur la denture, une influence très sensible. Celui qui ne mange que des soupes ou des pâtées conserve sa dentition intacte beaucoup plus longtemps que le chien auquel on donne beaucoup d'os à ronger ou à broyer.

Quelques autres indices peuvent s'ajouter à l'observation des dents pour permettre d'apprécier l'âge du chien. Ainsi, on remarque que, de cinq à six ans, le poil commence à blanchir sur le museau, puis autour des yeux. A sept ans, l'animal commence à marcher sur le talon; un peu plus tard, lui vient des callosités à la pointe du jarret. Enfin, on peut trouver un indice de vieillesse dans les ongles creux et plats s'allongeant en forme de demi-cercle.

Chez tous les animaux, la période pendant laquelle se développent et se maintiennent les dents de lait, est dite de *première jeunesse*; celle qui s'écoule depuis l'apparition des premières dents de remplacement jusqu'à l'évolution complète de celles-ci, est la période de *seconde jeunesse*. Quand la dentition permanente est complète, l'âge *adulte* commence ; il est suivi, après un nombre d'années qui varie suivant la race, par la décrépitude et la mort.

Age des végétaux. — Les végétaux passent, comme les animaux, par trois périodes : jeunesse, état adulte et vieillesse. Suivant les plantes, ces périodes offrent des durées extrêmement variables. Les plantes dites annuelles naissent et meurent en quelques mois; d'autres durent deux années; d'autres encore poussent chaque année une tige qui disparaît, pendant que la racine reste vivace; d'autres, enfin, les plantes ligneuses, poussent d'abord une tige simple qui se ramifie ensuite, et qui peut s'accroître en volume et en hauteur pendant un nombre d'années considérable.

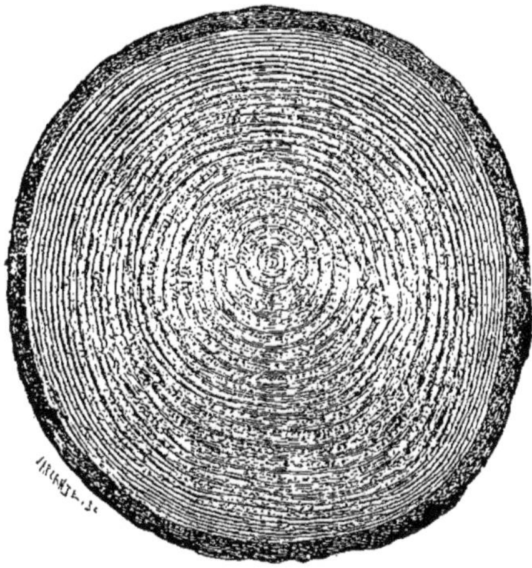

Fig. 115. — Coupe transversale d'un tronc de sapin, montrant les couches ligneuses concentriques permettant d'en déterminer l'âge.

Pour les plantes annuelles, on appelle période de jeunesse celle qui s'écoule depuis la germination jusqu'à la floraison, et période adulte celle qui sépare la floraison de la maturation des graines, suivie de la mort de la plante.

Pour les plantes vivaces, poussant des tiges herbacées annuelles, on peut admettre la même division, chaque année, pour le développement de la plante.

En ce qui concerne les plantes ligneuses, la question se présente sous un aspect différent suivant l'ordre des grandes familles naturelles. Aucun indice ne peut permettre, dans l'état actuel des connaissances, de reconnaître d'une manière précise l'âge d'un arbre monocotylédone ou acotylédone : toutefois le volume, la taille, les ramifications peuvent servir de guide. Mais, en ce qui concerne les dicotylédones, il en est autrement. Pour les végétaux dicotylédones vivaces, on peut reconnaître leur âge d'une manière approximative, d'après le nombre de couches ligneuses concentriques que présente la section transversale de la tige. En effet, chaque année, il se forme une zone de bois qui affecte des caractères différents au printemps et en été : pendant la première période de la végétation, les vaisseaux et les fibres sont larges, tandis qu'en été les fibres ligneuses sont serrées et présentent des parois épaisses et comprimées. Les premiers éléments d'une période végétative se distinguent donc nettement des derniers de la période précédente. Il se forme ainsi une série de couches parfaitement distinctes sur la section de la tige. Chaque couche correspond ordinairement à une année. La figure 115 montre, dans la coupe transversale d'un tronc de sapin, les couches concentriques successivement formées. Mais il peut arriver, sous l'influence de circonstances diverses, que deux couches se forment successivement dans la même année; c'est pourquoi les indications données par les couches sont seulement approximatives. Dans les régions tempérées, où la végétation est arrêtée pendant plusieurs mois, les couches successives sont nettement tranchées; il arrive, au contraire, dans les régions tropicales, où la végétation n'a pas d'arrêt, qu'elles sont le plus souvent confondues ou au moins difficiles à reconnaître. — On a quelquefois essayé d'indiquer l'âge des arbres d'après la ramification, en comptant chaque génération de branches pour une année. Mais cette méthode ne peut donner que des indications sujettes à erreur : les branches se développent souvent irrégulièrement ; d'autres fois elles disparaissent avec le temps ou périssent sans laisser de traces.

La longévité des arbres est très variable. Le plus souvent, en Europe, ils sont abattus avant d'avoir atteint la limite de leur vie. Toutefois, il reste encore, dans les grandes forêts, des arbres, notamment des Chênes, des Platanes, des Tilleuls, des Châtaigniers, des Ormes, des Cèdres, dont l'âge authentique paraît remonter à plus de mille ans. Dans la forêt de Fontainebleau, par exemple, quelques chênes historiques sont dans ce cas. On cite en Allemagne, le tilleul de Neustadt (Wurtemberg), et en Suisse le tilleul de Fribourg, planté en 1476 ; près de Saintes (Charente-Inférieure), un des plus grands chênes de l'Europe, qui ne paraît pas avoir moins de mil huit cents ans ; au mont Etna, un châtaignier dont l'âge se perd dans la nuit des temps. Le Dragonier de Ténériffe, les *Baobabs* du Sénégal sont également célèbres. En Californie, on a abattu plusieurs *Sequoias* ou *Wellingtonias*, dont les troncs accusaient, par leurs couches concentriques, une existence de plusieurs milliers d'années ; on en rencontre d'un âge analogue dans les forêts des nouveaux continents.

AGENAIS (*zootechnie*). — On donne le nom de race agenaise ou encore de race marmandaise à une variété d'animaux de l'espèce bovine, que l'on rencontre surtout dans les plaines qui avoisinent la Garonne, entre Agen et Marmande. Un grand nombre d'auteurs la considèrent comme se confondant avec la race garonnaise. M. Sanson, dans sa classification des races bovines, en fait une variété de la race d'Aquitaine, dont la race garonnaise est une autre variété. — Le bœuf agenais se distingue du bœuf garonnais par la rapidité de son développement, sa taille moins élevée, le corps plus régulier, la ligne dorsale plus droite. C'est une excellente bête de travail, qui a une grande aptitude à l'engraissement; mais la vache n'a que de très médiocres qualités laitières, et souvent elle a beaucoup de peine à nourrir son veau. La viande du bœuf agenais est de première qualité. D'après les expériences de rendement faites en 1850, au concours d'animaux de boucherie de Bordeaux, sur bœufs agenais, exposés, l'un (fig. 116) par M. Chambardet, cultivateur à Meillan (Lot-et-Garonne), l'autre par

M. Dumercq, cultivateur à Puy-Barban (Gironde), on a obtenu, pour tous les deux, une viande de très bonne qualité, et les animaux ont donné les résultats suivants :

	BOEUF CHAMBARDET	BOEUF DUMERCQ
Hauteur au garrot..........	1m,40	1m,60
Longueur de l'épaule à la fesse..................	1m,50	2m,01
Circonférence du thorax droit..................	2m,21	2m,47
Circonférence du thorax oblique..................	2m,34	2m,80
Age..................	3 ans 10 mois	3 ans 11 mois
Robe..................	gris jaunâtre	froment
Poids vif avant l'abatage..	674 kilog.	1088 kilog.
Poids des quatre quartiers seuls..................	424 —	683 —
Poids du suif...........	55 —	81 —
Poids du cuir...........	53 —	68 —

Fig. 116. — Bœuf de race agenaise.

De là on déduit, pour le rendement, par rapport au poids vif :

Pour les quatre quartiers...	62.91	62.78
Pour le suif..............	8.16	7.44
Pour le cuir..............	7.86	6.25
Issues et pertes...........	21.07	23.53

Ces rendements en viande nette indiquent des animaux très gras; mais la faible proportion du suif montre que la graisse s'était accumulée, en grande partie, comme interstitielle ou musculaire dans la viande elle-même. La moyenne des rendements, pour les bœufs, qui se rapportent à l'engraissement commercial, ne dépasse pas en général 55 pour 100.

La rapidité du développement du bœuf agenais est due à la fois aux aptitudes de la race et à la riche alimentation qu'il reçoit dès son plus bas âge dans la plupart des exploitations. Il y aurait lieu d'essayer à augmenter par la sélection, la production laitière trop restreinte des femelles.

AGENT. — Se dit des causes extérieures qui exercent une influence sur le développement ou l'état des animaux et des plantes. Ainsi, la chaleur, la lumière, l'électricité, sont des agents dans le sens le plus large du mot. Ainsi encore, les engrais ou matières fertilisantes sont des agents pour le développement des plantes. Mais ce mot est le plus souvent employé pour exprimer les causes qui influent sur la santé des animaux. Les agents sont dits chimiques ou physiques, suivant la nature de leur action ; hygiéniques ou thérapeutiques suivant le but qu'on se propose en les employant. Les uns sont permanents, c'est-à-dire ont une action continue, comme le climat; les autres, au contraire, sont temporaires. On distingue aussi les agents morbifiques, qui peuvent amener des maladies, et les agents pharmaceutiques. L'action des agents est donc tout à fait complexe, et la nature de celle-ci ne peut être expliquée d'une manière absolue; chaque agent demande une étude spéciale.

AGENTS RURAUX. — On donne le nom d'agents ruraux aux diverses personnes qui occupent des emplois dans une exploitation agricole. En tête se trouvent les régisseurs, les comptables, les chefs de culture, puis viennent les maîtres valets, les maîtres laboureurs, les charretiers, les valets de ferme, les bergers, les vachers, les porchers, les jardiniers, les directrices de basse-cour ou du ménage ; il pourra aussi y avoir des gardes et, dans des cas particuliers, des maîtres irrigateurs et des préposés à divers travaux particuliers. Au-dessous de ces agents viennent les domestiques et les servantes.

Le personnel des agents varie naturellement avec l'importance des domaines et le nombre des entreprises agricoles différentes qui y existent. Il est payé à l'année ou simplement au mois, et, selon les conventions particulières, il reçoit sa nourriture dans l'exploitation, ou bien il pourvoit lui-même à ses besoins. Les gens, hommes ou femmes, qui ne sont appelés que pour des besognes transitoires, pour les travaux de sarclage par exemple, ou bien pour aider les agents des fermes à l'occasion des travaux pressants de la fenaison, de la moisson, des vendanges, de l'arrachage des pommes de terre et des betteraves, etc., sont des ouvriers ou des ouvrières, qui sont payés à la journée, qui entrent et sortent sans autre engagement de la part du maître que de solder le temps pendant lequel le travail a été effectué.

Un bon directeur d'exploitation doit s'attacher à maintenir autant que possible autour de sa ferme un personnel stable d'agents et d'ouvriers, en fournissant aux familles des habitations avec quelques champs, et en s'efforçant de ménager autant que possible du travail pour tous pendant toutes les saisons.

AGÉRATE (*botanique*). — Plante annuelle, de la famille des Composées, dont plusieurs espèces, originaires de l'Amérique centrale et de l'Amérique méridionale, sont cultivées dans les jardins pour leurs jolies fleurs bleues ou azurées. Ces plantes, qui atteignent une hauteur de 30 à 40 centimètres, sont très rameuses et font très bon effet en corbeilles. Les principales espèces cultivées sont l'*Ageratum mexicanum*, l'*A. cœruleum* ou du Mexique (fig. 117), l'*A. cœlestinum*. On les multiplie de graines semées au printemps sur couches, ou de boutures qu'on garde pendant l'hiver sous châssis. On repique sur couche et l'on met en place à la fin de mai. La floraison dure pendant la plus grande partie de l'été.

Fig. 117. — Agérate bleu ou du Mexique.

AGGLOMÉRÉ (*botanique*). — Qualification donnée aux organes floraux ou aux fruits d'une plante quand ils sont réunis ensemble de manière à former une masse compacte, qu'ils soient adhérents ou indépendants les uns des autres. Ainsi les fleurs de certaines plantes sont agglomérées en chatons, en ombelles, en grappe, etc.

AGGLUTINANT, AGGLUTINATIF (*médecine vétérinaire*). — Qualification de certaines substances propres à adhérer fortement à la peau et à favoriser la réunion des lèvres d'une plaie. On dit des emplâtres agglutinants ou agglutinatifs. Cette expression s'emploie aussi substantivement : on dit un agglutinant, un agglutinatif. — Les substances agglutinatives le plus généralement employées sont la térébenthine, la résine, etc. On appelle emplâtres agglutinatifs des bandelettes en toile forte enduite d'une substance agglutinative, et qui sert, soit à rapprocher les bords d'une plaie, soit à maintenir les parties d'un appareil de réduction.

AGGLUTINATION (*médecine vétérinaire*). — Action d'agglutiner ou de réunir, au moyen de substances agglutinatives, des parties d'organes séparées accidentellement. — Agglutination se dit aussi de la première période de la cicatrisation des plaies.

AGGLUTINÉ (*botanique*). — Se dit d'organes des plantes collés les uns aux autres, mais qu'on peut séparer sans déchirure. — Par extension, cette expression est appliquée aux choses réunies et jointes ensemble. Ainsi on dit que les poils d'un animal sont agglutinés autour d'une plaie, quand ils sont collés ensemble par le pus sortant de la plaie.

AGGRAVÉE (*médecine vétérinaire*). — Maladie spéciale au chien. Elle est caractérisée par des crevasses qui se forment sur la plante des pieds, lorsque le chien a longtemps couru sur un terrain dur et caillouteux échauffé par le soleil. Sous l'influence de ces crevasses, les pattes deviennent douloureuses, chaudes et tuméfiées; les jambes sont raides, le chien ne peut plus se tenir debout et se plaint lorsqu'il est obligé de marcher. L'aggravée est souvent accompagnée de fièvre, mais elle ne devient sérieuse que lorsque d'autres organes sont atteints. Quand le mal est encore peu grave, le meilleur remède est le repos : le chien, couché, lèche ses pattes, et bientôt l'inflammation et la douleur disparaissent. L'inflammation peut être combattue aussi avec des compresses imbibées d'eau-de-vie camphrée, dont on entoure les pattes. Une dissolution d'acétate de plomb peut remplacer l'eau-de-vie camphrée : mais, dans ce cas, il faut mettre le chien dans l'impossibilité de se lécher les pattes. Enfin, lorsque les accidents sont plus graves, il peut se former des abcès : ceux-ci sont traités comme les plaies de cette nature (voy. *Abcès*).

AGITATION (*médecine vétérinaire*). — Mouvement irrégulier et anormal d'un animal ou de quelques-uns de ses organes. L'agitation est le plus souvent l'indice d'un malaise local ou d'un état maladif d'autant plus grave qu'elle est plus grande. L'agitation du pouls est un signe d'irrégularité dans la circulation du sang.

AGLOSSE (*entomologie*). — Insecte de l'ordre des Lépidoptères nocturnes, ainsi dénommé à cause de la brièveté extrême de sa trompe. On connaît plusieurs espèces d'aglosses. — L'aglosse de la graisse (*Aglossa pinguinalis* Latreille), appelé par Réaumur fausse teigne des cuirs, vit dans les corps gras, les cuirs, etc. Sa chenille est d'un brun noirâtre. — L'aglosse de la farine (*Aglossa farinalis*) vit dans les farines; on la rencontre parfois à l'intérieur des habitations.

AGLOSSIE (*médecine vétérinaire*). — Absence ou privation de la langue chez un animal. Quand l'aglossie est de naissance, elle constitue une monstruosité. Elle peut être consécutive d'accidents, et dans ce cas elle est partielle ou totale.

AGNEAU (*économie du bétail*). — Nom donné au petit de la brebis pendant la première année de son existence. Le mâle est appelé *agneau* et la femelle est dite *agnelle*.

Lorsque l'agneau vient au monde, sa mère le lèche pour le débarrasser des mucosités qui le recouvrent; on peut l'aider dans ce soin en frottant légèrement l'agneau soit avec un linge, soit avec une poignée de paille fine ou de foin souple. Si l'agneau naît dans la bergerie, on le place, avec sa mère, dans un compartiment séparé, où on les préserve de toute action du froid. Si l'agneau naît dans le pâturage, il est important que le berger ait à sa disposition un sac ou une couverture pour préserver le jeune animal du froid, jusqu'au moment où il est rapporté à la bergerie.

La première nourriture de l'agneau est le lait de sa mère. Le berger doit s'assurer que le pis est en bon état et que le lait vient abondamment; au besoin, il aide l'agneau à saisir le mamelon. Si l'on garde l'agneau isolé avec sa mère pendant les premiers jours, il apprend à connaître celle-ci, il s'y attache, et il la cherche plus tard dans le troupeau. Si la brebis vient à mourir, on fait téter par l'agneau soit une autre brebis qui a perdu son petit, soit une chèvre, soit même une vache; on habitue la brebis à son nouveau nourrisson en le faisant coucher auprès d'elle et en le frottant ou en le recouvrant avec la peau de l'agneau mort.

Si l'on n'a pas de brebis disponible, ou si une brebis a une portée double, auquel cas elle ne pourrait convenablement nourrir deux agneaux, on peut avoir recours à l'allaitement artificiel. Cet allaitement se fait au moyen de biberons par lesquels on distribue du lait aux agneaux.

M. Dutertre, directeur de l'École nationale d'agriculture de Grignon, a imaginé, pour l'allaitement artificiel des agneaux, un biberon très simple et qui sert avec succès, depuis plusieurs années.

à la bergerie de Grignon; les éleveurs qui l'ont adopté s'en sont également bien trouvés.

Ce biberon, que représentent les figures 118 et 119, est formé par une caisse en bois A, ayant 1m,20 de longueur, sur 0m,30 de largeur à la partie supérieure et 0m,35 de hauteur; elle est supportée par deux pattes en fer, de manière à pouvoir être fixée à une cloison, à un râtelier, etc. La paroi antérieure, inclinée vers la base de la caisse, porte cinq petites ouvertures. Dans l'intérieur se place une deuxième caisse B en fer-blanc, dont la partie inférieure est arrondie, et dont le couvercle est muni d'une ouverture H par laquelle le lait est introduit. Cette caisse porte le même nombre de trous que la caisse extérieure; à ces ouvertures, on adapte de petits tubes en fer-blanc, DE (fig. 119), qui descendent jusqu'au fond. Au bout de ces tubes sont fixées extérieurement des tétines en caoutchouc C, qui servent aux agneaux pour aspirer le lait. En outre, l'extrémité des tubes est entourée d'un petit coussin rond en cuir, qui empêche les agneaux de se blesser en se heurtant contre les parois de la caisse.

Le lait employé à Grignon, pour les agneaux, est du lait pur de vache, fraîchement vêlée autant que possible. Voici comment on se sert du biberon à la bergerie de l'école.

Le biberon doit être entretenu dans un état minutieux de propreté; il faut le laver à l'eau tiède toutes les fois qu'on s'en est servi.

En Angleterre, on se sert aussi, avec succès, de biberons construits à peu près dans le même genre que celui qui vient d'être décrit.

Pendant l'allaitement naturel, il est important de veiller avec attention sur le pis de la brebis qui doit être toujours parfaitement sain. A l'âge de six à huit jours, les agneaux peuvent suivre leur mère au pâturage si la saison est favorable. Au bout de quelques semaines, afin d'apprendre aux agneaux à se séparer de leur mère, dit M. Lefour dans un livre justement estimé sur le mouton, on dispose dans la bergerie un compartiment dont la clôture laisse passer seulement les agneaux qui trouvent dans cet espace un peu de regain tendre et de l'eau. Les agneaux s'isolent ainsi peu à peu de leur mère; plus tard on ne les laisse plus ensemble que la nuit, et pendant quelques heures du jour.

C'est du troisième au quatrième mois que le sevrage complet s'opère. A ce moment, on mène les agneaux dans les meilleures pâtures, naturelles ou artificielles; si on les garde à la bergerie, on leur donne du foin, du regain et des racines, ainsi que des grains concassés, du son, de la farine d'orge, etc. — Quand les brebis sont traites, on

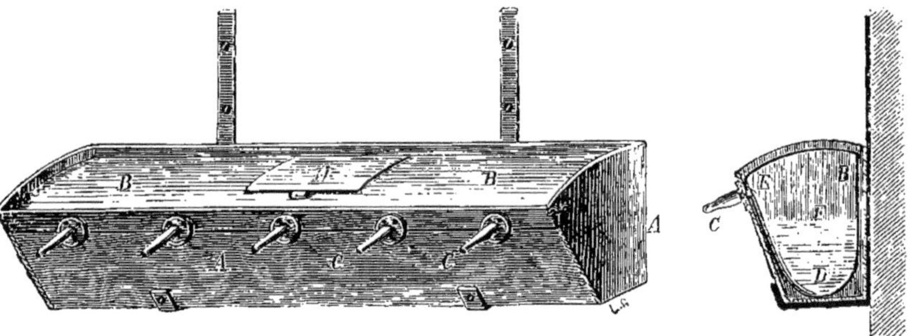

Fig. 118. — Biberon Dutertre pour les agneaux.   Fig. 119. — Coupe transversale.

Les agneaux sont allaités quatre fois par jour dès le début, puis trois fois au bout d'un mois; on continue ainsi jusqu'à trois mois et demi, époque à laquelle commence le sevrage, c'est-à-dire qu'à cet âge on ne fait plus boire les agneaux que deux fois par jour, puis une fois, de manière à cesser complètement l'allaitement au bout de quatre mois environ. La consommation par tête, qui débute par un demi-litre, s'élève rapidement à un litre, puis à deux litres jusqu'au sevrage. L'expérience a démontré qu'il y avait avantage à ne mettre l'agneau au régime du biberon que vingt-quatre heures après sa naissance; il profite ainsi des qualités purgatives du premier lait de sa mère; ce premier lait a pour effet utile d'expulser de l'intestin de l'agneau les matières accumulées pendant sa vie fœtale. L'agneau mis ensuite au biberon s'habitue très vite à ce nouveau genre d'alimentation.

Il faut disposer, dans la bergerie des agneaux destinés à être nourris au biberon, un compartiment divisé en deux parties : la première, de 1 mètre et demi environ, dans laquelle l'appareil est suspendu à une hauteur convenable, et où l'on fait entrer successivement les agneaux cinq par cinq, parce qu'il y a cinq tétines au biberon; l'autre, de 2 ou 3 mètres, communiquant avec la première par une petite porte, et dans laquelle on fait passer les agneaux qui ont bu, de manière à ne pas les confondre avec ceux qui attendent leur ration.

fait le sevrage d'une manière un peu différente : on trait d'abord, au bout de trois mois, les brebis le soir, puis le matin et le soir, en ne laissant aux agneaux que le lait qui reste dans les mamelles. En même temps, on donne à ceux-ci des farineux ou des bouillies de farines, proportionnellement à la quantité de lait qu'on leur a retirée. Après le sevrage, cette alimentation est continuée, en augmentant graduellement la ration jusqu'à ce que les agneaux soient aptes au régime ordinaire des adultes. On commence par 250 grammes de foin le premier mois après le sevrage, pour arriver peu à peu à 500 grammes vers le troisième mois. — Lorsque les agneaux vont dehors avec leur mère, ils s'habituent d'eux-mêmes peu à peu au pâturage complet, et le sevrage se fait insensiblement.

Tous les agneaux qui ne sont pas destinés à la reproduction doivent être châtrés. L'opération de la castration a pour but d'obtenir des animaux plus dociles, profitant davantage de la nourriture qu'on leur donne, et fournissant une viande plus succulente. La castration doit être faite le plus tôt possible ; en effet, ses résultats sont alors plus certains, et elle est moins douloureuse pour les jeunes animaux. C'est à partir du moment où les testicules sont descendus dans les bourses que la castration peut être faite. Ordinairement l'opération est pratiquée dans les trois premiers mois qui suivent la naissance. Quelques éleveurs la retardent jusqu'au huitième ou au neuvième mois, sous le prétexte de mieux reconnaître les animaux les plus aptes à la reproduction; mais cet avantage est compensé par plusieurs inconvénients : l'animal châtré tard garde toujours des traces du caractère du bélier, et il profite moins de la nourriture. La meilleure méthode pour opérer la castration est d'inciser la partie inférieure des bourses, de faire sortir les testicules l'un après l'autre en les tirant doucement, et de rompre le cordon, en en maintenant la partie supérieure, de manière à ne pas le tirailler; quelquefois on le coupe avec un couteau. La blessure se cicatrise avec rapidité. Il suffit de maintenir les agneaux au repos pendant quelques jours et de les préserver des refroidissements. Les autres méthodes de castration par bistournage, écrasement, fouettage, doivent être réservées pour les animaux adultes.

La plupart des bons éleveurs ont l'habitude de couper la queue des agneaux, soit quelques jours après la naissance, soit, dans tous les cas, pendant l'allaitement et avant le sevrage. L'amputation de la queue se fait avec un couteau bien effilé ou avec une paire de ciseaux, à 4 ou 5 centimètres de sa base. La plaie se cicatrise rapidement. L'ablation de la queue a pour but de débarrasser l'animal d'un appendice inutile, qui se charge souvent de boue ou de fumier; en outre, quand cette opération a été pratiquée, on peut juger plus facilement le développement des formes de la partie postérieure.

Dans les troupeaux de reproducteurs, la réforme des agneaux qui ne paraissent pas présenter les qualités nécessaires pour la reproduction doit être pratiquée dès les premiers mois. Ces animaux sont alors châtrés et vendus ou soumis au régime des moutons de boucherie. Le choix des reproducteurs à conserver doit être fait avec sévérité; mais ce n'est pas ici le lieu d'en indiquer les règles.

Les troupeaux sont quelquefois organisés pour la production d'agneaux destinés à la boucherie. Tantôt on vend avant le sevrage les agneaux qui sont dits alors agneaux de lait; tantôt on engraisse des agneaux après le sevrage, pour les vendre à l'âge de huit à douze mois, sous le nom d'agneaux gras. — Dans le premier cas, les agneaux sont vendus à l'âge de quatre à six semaines, et ils donnent une viande fine, blanchâtre. Tous les agneaux sont conservés, et dans les troupeaux on donne la préférence aux brebis qui font le plus de petits. L'agneau de lait est très recherché dans la région sud-est de la France, et notamment en Provence — Quant à la production des agneaux gras, elle fait l'objet d'une industrie spéciale qui est pratiquée par un certain nombre d'éleveurs habiles. M. Sanson en signale les conditions dans les termes suivants : « L'opération se peut instituer de deux manières et être dans les deux cas également lucrative, à la seule condition qu'elle soit bien conduite. L'essentiel est qu'elle porte sur des sujets précoces. Plus leur précocité est grande, plus les bénéfices de cette opération sont élevés, car ils sont inversement proportionnels au temps employé pour la production de l'unité de viande. Son économie consiste, en outre, dans la combinaison de cette production ou fabrication de jeunes moutons avec l'engraissement de leurs mères, en telle sorte qu'il y ait toujours accroissement du capital engagé. Les sujets produits peuvent être ou non de race pure. Cela dépend des conditions agricoles dans lesquelles l'opération se poursuit. Si ces conditions peuvent suffire à l'entretien convenable d'une variété précoce, elle atteindra son maximum de profit, les sujets produits ayant le maximum d'aptitude et pouvant arriver, pour ce motif, dans le même temps, au poids le plus élevé et au plus fort rendement. Dans le cas contraire, il faudrait se contenter d'une fabrication de métis, en faisant lutter par les béliers précoces de la variété locale plus ou moins inférieure. Il faut commencer par assurer le débouché des produits, à mesure qu'ils sont prêts pour la consommation. »

Fig. 120. — Lot d'agneaux southdowns engraissés.

Un des agriculteurs qui ont le mieux réussi dans cette spéculation, est M. de Béhague, qui la poursuit sur sa ferme de Dampierre (Loiret).

Aussitôt après leur sevrage, les agneaux sont nourris à la crèche. Chaque année, de novembre à mai, on en tue de huit à neuf cents dans un abattoir faisant partie des dépendances de la ferme. Toutes les semaines, les quatre quartiers sont expédiés par chemin de fer à Paris, dans des paniers garnis de linges propres. La viande, partie le soir d'Ouzouer-Dampierre, arrive le lendemain de grand matin à destination. Nous avons pu étudier de près les résultats obtenus : nous signalerons ceux constatés en 1873-74. La dépense relative à l'engraissement de 868 agneaux s'est élevée à 30 558 francs. La vente de la viande, des peaux, laines, suif et abats, a produit 34 541 francs. Le bénéfice a donc été de 3983 francs. En année ordinaire, le nombre des agneaux livrés à la boucherie est plus considérable encore; il s'élève de vingt à trente par semaine pendant sept mois. Cette spéculation d'engraissement mérite d'être méditée par les agriculteurs. Mais ils devront d'abord s'assurer un débouché analogue à celui qu'a rencontré M. de Béhague.

Dans les concours d'animaux de boucherie, on rencontre chaque année des agneaux qui ont atteint la limite extrême de l'engraissement. Ce sont les agneaux des races précoces anglaises qui ont donné jusqu'ici les résultats les plus remarquables. La figure 120 représente un lot de trois agneaux southdowns, qui a remporté le prix d'honneur à l'un des concours généraux de Paris. Ces trois animaux, âgés de neuf mois, pesaient ensemble 207 kilogrammes, soit en moyenne 69 kilogrammes par tête.

Les maladies auxquelles les agneaux sont le plus sujets sont les dysenteries, les arthrites et le tournis. Les deux premières maladies proviennent surtout de la mauvaise qualité du lait donné par la mère. Le tournis est dû à un ver rubané, le cœnure du mouton, dont les œufs, provenant d'animaux vivant dans le chien, sont absorbés sur la pâture par les jeunes agneaux. L'arthrite est quelquefois désignée sous le nom de goutte des agneaux. Le sang de rate ou fièvre charbonneuse, qui décime souvent les troupeaux, exerce rarement des ravages sur les agneaux.

AGNELAGE. — Naissance des agneaux dans un troupeau. La date de l'agnelage dépend du moment où a été faite la monte. L'agriculteur peut prendre ses mesures pour provoquer l'agnelage à l'époque de l'année qui lui convient le mieux.

Généralement il est admis que la durée normale de la gestation, pour les brebis, est de 5 mois cinq jours, ou 147 jours. C'est d'après cette donnée que les agriculteurs peuvent calculer l'époque de la mise bas. Par exemple, si la monte a lieu au commencement de janvier, l'agnelage se fera à la fin de mai; si c'est au commencement de février, l'agnelage aura lieu à la fin de juin.

Toutefois la durée de la gestation n'est pas absolument uniforme, mais elle varie dans des limites très étroites. Tessier a constaté, par des observations directes, que la plus courte gestation était de 146 jours, et la plus longue de 157 jours. Morel de Vindé a observé que la durée moyenne de la gestation de ses brebis était de 151 jours, les limites extrêmes étant, comme dans les indications fournies par Tessier, 146 et 157 jours, mais le nombre des mises bas augmentant ou diminuant à mesure qu'on se rapproche ou qu'on s'éloigne du terme moyen.

Dans le plus grand nombre des troupeaux, on distingue trois dates pour l'agnelage : l'hiver, le printemps et l'été. L'agnelage d'hiver se produit aux mois de décembre et de janvier; celui de printemps, aux mois de février et de mars; celui d'été, au mois de juin. L'agnelage d'hiver est surtout adopté dans les troupeaux de mérinos; l'agnelage de printemps est celui qui est le plus général. L'agnelage d'hiver présente cet avantage que, s'effectuant à la bergerie, il peut être plus facilement surveillé; quant à l'agnelage de printemps, il a en sa faveur la plus grande facilité que trouve l'alimentation des mères dans les pousses nouvelles des pâtures. Quelques jours avant l'agnelage, le berger doit nettoyer la bergerie et y préparer les compartiments dans lesquels seront placés les mères et les agneaux, en les garnissant d'une litière fraîche et abondante. Il doit ensuite se tenir prêt pour venir en aide, au moment voulu, aux brebis dont le part serait laborieux. Le plus souvent la brebis met bas sans difficulté, et ce n'est qu'exceptionnellement qu'elle a besoin d'un aide. Le berger doit aussi s'assurer que la délivrance est complète. Il doit enfin veiller à ce que la mère lèche son agneau et à ce qu'elle se laisse téter par lui. Après l'agnelage, la brebis doit recevoir une nourriture abondante, nécessaire pour lui rendre les forces et pour faciliter l'allaitement.

AGNELER. — On dit que la brebis agnèle quand elle met bas son petit, qu'on appelle agneau ou agnelle, suivant son sexe. Le plus souvent la portée est unique; quelquefois elle est double et même triple. Dans quelques races spécialement prolifiques, notamment la race barbarine répandue dans une grande partie du sud-est de la France, les portées doubles sont très communes.

AGNELIN. — Cette expression s'emploie pour désigner soit la peau d'agneau sur laquelle la laine a été conservée, soit la laine provenant de la tonte des agneaux. Cette laine est employée pour la préparation de chapeaux dans plusieurs parties de l'Europe septentrionale, principalement en Hollande et en Danemark.

AGNUS-CASTUS (*botanique*). — Dénomination par laquelle on désigne quelquefois le *Vitex agnus-castus*, gattilier commun ou arbre au poivre de la France méridionale.

AGONIE (*médecine vétérinaire*). — État d'un animal caractérisé par des modifications graduelles dans l'affaiblissement des fonctions organiques, qui se termine par la mort, c'est-à-dire la cessation complète de tous les actes vitaux. Cet état peut provenir soit de l'action d'une maladie, soit de la vieillesse, qui entraîne l'affaiblissement de tous les organes. La durée de l'agonie est quelquefois très courte, d'autres fois elle dure pendant plusieurs heures. Le plus souvent l'animal arrivé à cette période ne peut plus se tenir debout; des modifications profondes se produisent dans les fonctions; il lui devient difficile de faire des mouvements, le sentiment disparaît, la langue s'épaissit et sort souvent en dehors, le pouls se ralentit, la respiration est oppressée et se change en râle, les extrémités des membres se refroidissent, et ce refroidissement gagne rapidement le tronc. Cette extinction graduelle de la vie est souvent accompagnée de vives souffrances. Aussi, par sentiment de commisération, quand les animaux domestiques sont arrivés à cet état, on a l'habitude de les tuer rapidement, de leur donner le coup de grâce, comme on dit vulgairement, soit en leur coupant une des principales artères, soit en leur tirant un coup de feu dans la tête. Mais ces opérations doivent toujours être entourées de précautions, surtout quand l'animal succombe à une maladie contagieuse.

AGOSTIN (Michel) (*biographie agricole*). — Cet agronome qui a été pour l'Espagne ce qu'Olivier de Serres fut pour la France, naquit vers 1560 à Bañolas près de Girone. Il entra jeune dans l'ordre de Malte, et après plusieurs campagnes sur les côtes de Barbarie où il se distingua, il obtint, en récompense de ses services, le prieuré de Saint-Jean de Perpignan. Dans cette résidence, il fit de nombreuses expériences agricoles qui eurent un complet succès. Il consigna les résultats de ses travaux dans un ouvrage intitulé les *Secrets de l'Agriculture*, divisé en cinq livres où les modes de culture, les soins à donner aux troupeaux et diverses questions d'économie rurale sont successivement traitées. Cet ouvrage a eu plusieurs éditions (Perpignan, 1626; Saragosse, 1646; Barcelone, 1749; Madrid, 1781).

AGOUTI (*zoologie, chasse*). — Nom d'un quadrupède appartenant à l'ordre des Rongeurs, à pelage généralement fauve orange, teinté de noir, et avec des taches sur les membres. Sa taille est celle du lapin; il a les mêmes mœurs que ce dernier. On le rencontre dans les parties chaudes de l'Amérique méridionale, principalement à la Guyane et dans les îles voisines de cette région. Il vit en bandes dans les bois et se loge surtout dans les trous des arbres qu'il agrandit. Cet animal est recherché à raison de la délicatesse de sa chair. Sa chasse est d'ailleurs assez facile, quoiqu'il soit agile à la course. Sa fourrure, lisse et luisante, n'a pas reçu d'usages dans l'industrie : mais les indigènes s'en servent pour confectionner des vêtements.

AGPAIN. — Nom vulgaire donné au chiendent dans une partie de l'ancienne province de Gascogne, notamment dans le département du Gers.

AGRAIRE. — Terme de jurisprudence dans le droit romain. Qualification qu'on donnait aux lois concernant le partage des terres prises sur les ennemis et ajoutées aux terres de la république romaine. Il y en eut successivement quinze à vingt; les principales s'échelonnent de la loi Cassia, en l'an 267 de Rome, jusqu'à la loi Roscia qui suivit la destruction de Carthage. — Quand on dit simplement la loi agraire, cette dénomination s'applique à la loi Cassia, publiée par Spurius Cassius. Cette loi avait pour but de régler le partage égal entre tous les citoyens romains, des terres conquises et de déterminer la surface que chacun pourrait posséder. Plus tard César, puis Nerva, édictèrent deux lois agraires qui sont demeurées célèbres; mais ces lois avaient pour principal but, non le partage des terres, mais l'établissement des limites ou bornes qui devaient les séparer. Les lois agraires et les modifications qu'on tenta, à diverses reprises, de leur faire subir, furent la cause de discussions passionnées, et parfois de troubles à Rome.

AGRANEY. — Expression locale, usitée dans le midi de la France, pour désigner le chanvre semé fort clair, en vue d'obtenir beaucoup de graine.

AGRAPHIS (*botanique*). — Plante vivace de la famille des Liliacées, cultivée pour ses fleurs en grappe qui s'épanouissent au sommet d'une hampe de 25 à 30 centimètres de longueur. Cette plante demande une terre fraîche et légère. On en cultive dans les jardins plusieurs espèces : l'*Agraphis patula*, l'*A. cernua* et l'*A. nutans*; cette dernière, commune dans les bois au printemps, est souvent désignée sous le nom de petite jacinthe.

AGRASSOL. — Nom vulgaire donné, dans le département de Lot-et-Garonne, à la groseille à maquereau.

AGRÉGAT (*géologie*). — Se dit des roches appartenant à une formation géologique continue, et constituées à la même époque sans interruption. Le granit, le calcaire, sont des agrégats. Les terrains formés par les agrégats se distinguent par une unité remarquable de composition.

AGRÉGATION. — Réunion de substances rapprochées et juxtaposées sans se combiner ensemble. Cette expression est principalement appliquée à la réunion des roches qui forment la surface de la terre. C'est par la désagrégation naturelle, ou due au travail de l'homme, des roches superficielles qu'est constituée la terre arable.

AGRÉGÉ (*botanique*). — Se dit des fleurs ou des fruits très rapprochés sur une même tige, mais sans être unis ensemble, et demeurant distincts. Cette expression s'applique aussi aux autres organes de la plante. Les fleurs des Composées sont un exemple de fleurs agrégées : les fruits de l'Ananas, du Figuier sont des fruits agrégés.

AGRESTE. — Se dit des plantes qui croissent spontanément, sans culture. Elles forment la flore spontanée d'un pays. Il faut les distinguer des plantes adventices, en ce que cette dernière expression désigne exclusivement les plantes croissant dans les champs cultivés, tandis que les plantes agrestes viennent aussi bien sur les bords des chemins, sur les landes, dans les cours, les fossés, etc., suivant l'habitat spécial à chaque espèce.

AGRICOLA (*biographie*). — Au commencement du dix-huitième siècle vivait à Ratisbonne un médecin nommé George-André Agricola, qui prétendit avoir trouvé le moyen de faire sortir rapidement d'une feuille, ou d'une petite branche, de grands arbres, si bien que soixante arbres ne devaient pas mettre plus d'une heure à pousser. Il n'a pas fait connaître son secret, mais il a publié divers écrits à l'appui de ses prétendues inventions; le principal est un *Essai sur la multiplication universelle des arbres, des plantes et des fleurs* (1716, 2 vol. in fol.), qui a été traduit en français sous le titre de l'*Agriculture parfaite* et qui a eu deux éditions (1720 et 1752). Parmi beaucoup d'absurdités, on y trouve des choses utiles parmi lesquelles la greffe par approche de branches accolées ensemble au moyen de plaies longitudinales, à laquelle on a donné le nom de greffe Agricola, nom par lequel elle est encore souvent désignée.

AGRICOLE. — On donne généralement l'épithète d'agricole à toute chose qui, ayant un sens plus général, reçoit une application ou une acception qui se rapporte à l'agriculture. C'est ainsi que l'on dit un homme agricole, un travail agricole, une fête agricole, un congrès agricole, une science agricole, chimie agricole, physique agricole, mécanique agricole, botanique agricole, exposition agricole, concours agricole, instruments ou machines agricoles, etc.

AGRICULTEUR. — L'homme qui se livre à l'exploitation d'un domaine en vue d'y obtenir des denrées qui ont pour origine des travaux de semailles ou de plantation, est un agriculteur. Les denrées produites par l'agriculteur sont ou végétales ou animales; il ne se borne pas, en effet, à cultiver ses champs, ce que le mot semble seulement signifier; il y prend des récoltes diverses, les prépare pour le marché, les transforme le plus souvent en d'autres matières, notamment en animaux vivants et en substances animales diverses. L'agriculteur fait à la fois la culture des champs et l'élevage ou l'engraissement des animaux domestiques. Il exerce une industrie complexe et d'un caractère tout spécial, parce qu'elle met principalement en action les forces qui font naître et se développer les êtres vivants pour en retirer la subsistance des populations et une foule de matières propres à satisfaire les besoins multiples des sociétés humaines.

On a prétendu longtemps que, pour exercer la profession d'agriculteur, la première condition à remplir était d'être né dans le métier, d'être enfant de parents agriculteurs eux-mêmes. Cela peut faciliter l'accès de la carrière; mais, ce qui vaut beaucoup mieux, c'est une éducation et une instruction spéciales préalables combinées avec des aptitudes particulières. Il faut posséder le goût, prendre les mœurs et avoir reçu une instruction appropriée très développée. Si vous ne vous plaisez pas dans les champs, si vous préférez le séjour, les plaisirs et les distractions de la ville à l'habitation de la campagne et à ses exercices consistant principalement en longues courses à pied, à cheval, en voiture; si vous n'aimez pas les animaux, si la vie intime de la famille n'a pas pour vous plus de charme que les relations mondaines, vous ferez difficilement un bon agriculteur. Quant à l'instruction à la fois théorique et pratique qu'il faut posséder, elle doit être très développée : ce n'est pas qu'il soit nécessaire d'être très fort sur le maniement de la charrue, comme on l'a répété si souvent; non, mais il faut le bien connaître, afin de juger les aptitudes des agents et des ouvriers qu'on emploie. Ce qu'il importe de savoir, ce sont les sciences dont les applications ont fait dans le passé et continueront à assurer dans l'avenir tous les progrès de l'agriculture : chimie, physique, mécanique, histoire naturelle, sans compter les connaissances générales qui constituent désormais, dans nos sociétés modernes, le fonds commun de l'instruction de tout homme bien élevé. Durant longtemps, on a admis que celui qui, dans une famille, ne pouvait pas arriver à embrasser une profession dite libérale avec quelque chance de succès, en savait toujours assez pour être agriculteur. Si l'on avait dit un mauvais agriculteur, on eût eu raison ; mais, pour être un bon agriculteur, il faut posséder une instruction plus variée et plus approfondie que pour bien parcourir toute autre carrière, et il faut, en outre, acquérir un coup d'œil, un tact, un esprit de décision tout particuliers. On doit pouvoir appliquer à la découverte des propriétés des sols de grandes connaissances en chimie, en géologie, en physique, en physiologie végétale. Il faut être ingénieur et hydraulicien pour diriger ou au moins surveiller des constructions et des travaux de drainage et d'irrigation. Des connaissances complètes doivent avoir été acquises en mécanique agricole pour permettre de juger les instruments et de faire procéder à leur réparation en cas de besoin. Il importe de bien connaître le bétail et de savoir le soigner dans l'état de santé, et même dans l'état de maladie, car, quoiqu'on ne soit pas forcé d'être vétérinaire, et quoiqu'il soit toujours nécessaire d'avoir recours à un homme de l'art pour appliquer des traitements médicaux ou faire des opérations chirurgicales, il est indispensable de posséder des notions qui permettent d'exercer au moins avec utilité un traitement expectatif. Un coup d'œil qui ne s'acquiert que par l'expérience, par l'observation, permet de juger et l'état du bétail et la convenance de faire, selon les circonstances météorologiques, telles ou telles cultures. Il faut être homme du dehors et homme d'intérieur, veiller toujours à tout, à l'étable, à l'écurie, à la bergerie, à la bassecour, à l'atelier des machines, à tous les travaux des champs, aux cours d'eau, aux chemins et aux routes, donner aux diverses cultures annuelles ou pérennes en temps opportun les travaux nécessaires, bien soigner les engrais, tant de la ferme que du commerce, et les appliquer au moment convenable, selon les sols et selon les récoltes à obtenir, prévoir tous les besoins, savoir bien vendre et bien acheter, être toujours au courant des variations des marchés, profiter de la lecture des journaux spéciaux pour pouvoir essayer les semences nouvelles et les procédés récemment préconisés, afin de ne se laisser dominer par aucune circonstance que de plus prévoyants sauraient exploiter, tenir chaque jour, pour toutes les dépenses et toutes les recettes, une comptabilité simple, mais sévère et rigoureuse ; ce sont autant de devoirs absolus que l'agriculteur doit s'efforcer de remplir. On voit que la tâche est rude et que la somme des connaissances strictement nécessaires est considérable, sans compter qu'il faut encore la science et l'habileté de l'administrateur accompli. Ne faut-il pas commander à un personnel souvent peu éclairé, le faire obéir et lui imposer chaque jour une besogne ardue et souvent pénible, pendant laquelle il y a à lutter contre les intempéries, contre de longues pluies, contre l'ardeur du soleil, depuis avant l'aurore jusque au delà du crépuscule? Ne faut-il pas aussi être en relation constante, sur les foires et les marchés, avec des gens méfiants, qui supposent toujours qu'on veut les tromper, et que, par conséquent, s'ils trompent à leur tour, ils ne font que se montrer plus avisés que leurs adversaires? On ne peut vaincre, dans cette lutte quotidienne, qu'en se montrant très au-dessus des compétitions vulgaires, mais aussi très capable de les déjouer et de les dominer. La connaissance complète des lois et des usages, aussi bien que des ressources infinies de la chicane, est indispensable. On le voit, c'est un travail de tous les instants qu'il faut développer, en même temps qu'on aura la possession constante de soi-même et de toutes les facultés de l'esprit, de l'intelligence et du cœur.

Mais de quelles mœurs aussi est-il nécessaire qu'on ait l'habitude? La journée de travail des employés d'une exploitation commence avant la venue du jour, car les attelages sortent dès le lever du soleil, pour aller labourer ou pour conduire au marché voisin les denrées que l'on veut vendre. Or il importe que les subalternes sachent que le chef est sur pied pour veiller à l'accomplissement de toutes les besognes, pour s'assurer que les animaux ont reçu leur provende et que tout le monde est à son poste. L'agriculteur doit se montrer à l'improviste pour que sa présence soit en quelque sorte virtuelle à toute heure, en tout lieu. Son esprit de justice et de ferme bienveillance est ensuite sa plus grande force. Bon avec tous, simple mais réservé, n'ayant pas l'air de chercher la confiance et sachant cependant la capter, il sera au courant des affaires de tous sans jamais avoir l'air inquisiteur. Il montrera l'exemple du strict accomplissement du devoir et rendra service en toute occasion en ne montrant de sévérité que pour le mal. De même que levé le premier, il se couchera aussi le dernier, et il n'hésitera pas à faire de temps à autre des rondes nocturnes pour s'assurer que l'ordre règne ; il cherchera, non pas à surprendre, mais à faire régner la crainte qu'il pourrait surprendre ; il gouvernera plutôt par les récompenses que par les punitions. Il sera sobre en toutes choses, en actions comme en paroles, mais il arrivera le premier si quelque danger, quelque malheur survenait pour un des agents de son exploitation ou un membre quelconque de la famille de l'un d'eux. Il aura d'ailleurs le respect des usages locaux et la simplicité rurale dans son costume et dans ses gestes, dans son langage, dans toute sa vie extérieure. Il sera à la disposition des paysans, mais sans excès d'empressement, et il ne songera jamais, dans les affaires électorales, à imposer sa manière de voir; il sera d'autant plus écouté qu'on recherchera davantage son opinion et qu'il n'essayera pas de la faire prédominer. Il ne devra jamais se laisser tromper, mais aussi il sera de la loyauté la plus scrupuleuse, sans aucune tergiversation. Tel doit être le bon agriculteur, chef d'une exploitation rurale, quelle que soit d'ailleurs sa qualité de propriétaire, de fermier, de régisseur ou de métayer.

Le propriétaire, en effet, peut être agriculteur dans trois positions diverses : lorsqu'il exploite directement lui-même ses terres, lorsqu'il les exploite avec un régisseur, ou enfin lorsqu'il s'entend avec un ou plusieurs métayers pour régler les conditions de la culture.

Dans le premier cas, le propriétaire agriculteur risque ses propres capitaux sans avoir de compte à rendre à personne ; il se doit néanmoins à sa réputation, et alors il faut qu'il évite de commettre aucune faute, ce qui sera d'autant plus important et aussi plus difficile qu'il aura acheté une propriété dans un pays où il n'était pas connu et qu'il n'aura pas été élevé dans une famille de praticiens agricoles. Mais avec de la prudence, surtout en ne changeant pas à l'improviste les anciennes méthodes culturales de la contrée, en ne faisant que des changements qui soient des améliorations couronnées de succès, il parviendra à s'établir d'une manière solide et à vaincre l'hostilité sourde qui ne manquera pas de l'accueillir à l'origine.

Le choix d'un régisseur est délicat; cependant, parmi les anciens élèves de nos écoles d'agriculture, un propriétaire intelligent, connaissant la profession, peut maintenant trouver un collaborateur qui viendra le seconder efficacement ou le remplacer plus ou moins complètement; il devra lui donner des appointements fixes et un intérêt dans les bénéfices de l'exploitation. Il ne doit pas néanmoins compter vaincre ainsi toutes les difficultés, si nombreuses et si variées, de la profession d'agriculteur, surtout résoudre le problème de la cherté de la main-d'œuvre, mais il pourra mieux se défendre, s'il est tombé, comme c'est le cas le plus fréquent, sur un homme honnête, contre les subtilités (pour employer un mot poli) du commerce surtout du commerce du bétail, où tous les vices du maquignonnage règnent souverainement dans presque tous les pays.

La position d'un propriétaire agriculteur qui exploite avec des métayers est en général meilleure que celle du propriétaire exploitant directement ou par régisseur, surtout lorsqu'il joint un petit faire-valoir direct à la surveillance de ses colons. Le métayage, longtemps condamné par les agronomes, a fait des progrès considérables qui lui ont donné dans beaucoup de cas une supériorité marquée sur les autres modes d'exploitation de la propriété rurale. Il permet une solution heureuse à la question des charges que la hausse croissante des salaires fait peser sur l'agriculteur, puisque la famille du métayer fournit elle-même la plus forte part de la main-d'œuvre, et que le reste, d'ailleurs, incombe au métayer. Le propriétaire ne doit avancer que des capitaux, en donnant une direction et en exerçant une surveillance bienveillante.

Nous ne parlerons pas du propriétaire qui se contente de prélever ses parts par un intermédiaire, ou en venant seulement passer à sa métairie juste le temps nécessaire pour faire le partage des produits. Celui-là n'a pas droit au titre d'agriculteur, il ne fait pas de bien, et le propriétaire qui donne ses terres à exploiter à prix d'argent, c'est-à-dire en fermage, lui est préférable dans l'intérêt général d'un pays.

L'agriculteur fermier occupe une position élevée dans l'agriculture moderne; il a notamment l'esprit d'entreprise, et il a pris la plus large part aux progrès réalisés depuis le milieu du dix-neuvième siècle, date véritable de son émancipation définitive, puisque c'est à partir de cette époque qu'il a véritablement conquis le rang d'égal à égal avec les plus grands propriétaires. La terre qu'il exploite est pour lui ce qu'est une usine pour un manufacturier; il est maître chez lui de la manière la plus complète, à la seule condition de remplir les conventions du bail qui a presque partout cessé de contenir des clauses ayant quelque teinte d'ancien servilisme. C'est à lui qu'appartiennent généralement d'une manière exclusive le choix du système de culture et l'initiative de toutes les améliorations foncières pour lesquelles, dans la plupart des cas, il paye une rente déterminée, lorsqu'il est parvenu à en démontrer l'opportunité au propriétaire et que celui-ci a consenti à en faire l'avance. Les capitaux d'exploitation appartiennent à l'agriculteur fermier qui, dans plusieurs régions, est réellement riche, instruit et influent. Il porte à un haut degré la fertilité des terres, mais il les épuise également selon le bail qui lui a été concédé : s'il ne doit jouir d'un domaine que peu de temps, il use le sol autant qu'il le peut pour ne le laisser à sa sortie du domaine que dans l'état tout juste fixé par le texte des conventions. Mais si une longue possession ou un renouvellement du contrat lui sont assurés, si encore il peut, au bout de son bail, que celui-ci soit ou non renouvelé, entrer en partage à dire d'expert dans les plus-values foncières réalisées, il n'a pas crainte de faire tout ce qui est nécessaire, et il s'y connaît généralement, pour obtenir de grands rendements dans les récoltes ou pour entretenir un bétail considérable qui lui produit d'abondants engrais.

Il est des fermiers qui, au lieu d'exploiter directement, se servent de métayers; ils sont aussi des agriculteurs, s'ils s'occupent réellement de la direction des cultures et de l'administration agricole dans son ensemble, s'ils ne sont pas de simples receveurs ou agents chargés de prendre les parts du propriétaire et pressurant les colons.

Enfin, les métayers sont aussi des agriculteurs, lorsqu'ils ne se bornent pas à cultiver par routine, sous le gouvernement des propriétaires ou des fermiers, sans apporter autre chose que des bras obéissants et souvent inconscients. On en rencontre qui font des améliorations foncières, prennent part à des achats d'engrais, à des introductions d'instruments nouveaux, et surtout à l'accroissement et au perfectionnement du bétail. Ils sont donc les véritables associés des propriétaires agriculteurs eux-mêmes, ou bien les directeurs réels des exploitations qu'ils dirigent en payant, en quelque sorte, par le partage des récoltes et du croît ou du produit du cheptel vivant, le loyer des domaines placés entre leurs mains. Ce sont eux qui font les ventes et les achats, ce sont eux qui administrent.

Lorsque, dans une exploitation rurale, il advient qu'une spécialité domine, on donne à son directeur non plus le nom général d'agriculteur, mais un nom qui rappelle la spécialité principale à laquelle il se voue. Ainsi l'on dit : un viticulteur, pour désigner un agriculteur s'occupant surtout des vignes; un sylviculteur, pour celui qui a des forêts ou des bois considérables à soigner et à administrer; un horticulteur, pour celui qui se voue à la culture des jardins; un arboriculteur, s'il s'agit de quelqu'un qui s'adonne à la culture des arbres, et notamment des arbres fruitiers; un séricicullteur, pour celui qui a des plantations de mûriers et s'adonne à l'élevage des vers à soie, etc. Autant il y a de branches dans l'agriculture, autant il y a, parmi les agriculteurs, de spécialités que l'on distingue par des noms particuliers propres à faire connaître leurs goûts ou les cultures auxquelles ils s'adonnent plus particulièrement.

AGRICULTURE. — L'agriculture est l'art de tirer de la terre, de la manière la plus économique, la plus grande quantité possible des produits utiles à l'homme, et dans les conditions qui conviennent le mieux à la consommation. Elle constitue une des grandes divisions de l'industrie des peuples. L'agriculture d'un pays est l'ensemble des procédés appliqués à l'exploitation de sa surface entière pour en retirer les produits végétaux et animaux qu'on peut y obtenir. — L'agriculture anglaise est principalement herbagère et fourragère, et la production du bétail en fait la principale richesse. — L'agriculture française se distingue par la grande variété de ses productions, qui provient elle-même de la diversité des climats que présente la France. — L'agriculture belge fournit surtout du bétail, des céréales et des matières textiles. — L'agriculture espagnole donne des céréales, du vin et des fruits. — Dans les pays coloniaux, on citera le café, le cacao pour caractériser leur agriculture; ailleurs le coton, ailleurs encore la canne à sucre, etc. — Ce n'est pas qu'il y ait une agriculture spéciale à un peuple. Les cultivateurs appliquent partout les mêmes principes généraux à la production de la matière organique; les pratiques seulement diffèrent selon les lieux, les degrés de la civilisation, la science acquise et les circonstances économiques et politiques. Dans chaque localité, la pratique de l'agriculture la meilleure est celle qui donne le plus grand revenu net par hectare. Pour obtenir ce résultat, il faut effectuer ou faire effectuer les travaux qui sont les plus propres à atteindre le but, et choisir par conséquent, dans l'ensemble des procédés agricoles, ceux qui conviennent le mieux aux conditions spéciales au milieu desquelles se trouve placée l'entreprise agricole.

L'agriculture ayant ce caractère propre de devoir donner des produits végétaux ou animaux, destinés pour une part à la consommation dans l'exploitation elle-même, et pour une autre part à la vente, il est impossible de la considérer comme une science pure, ni même comme une science appliquée, car ce serait confondre dans le même mot deux choses distinctes : la théorie et la pratique. L'agriculture est en réalité un art pratiqué suivant des règles qui dérivent de la science agronomique. Quant aux sciences agricoles, elles sont les applications spéciales des autres sciences, telles que la chimie, la physique, la mécanique, la botanique, la géologie, la zoologie, à l'agriculture, c'est-à-dire à l'industrie de la production des matières vivantes ou ayant vécu, ou encore à la production des principes immédiats existant dans les corps vivants; ces sciences viennent en aide à l'agriculture en lui fournissant des moyens d'action qui la mettent en état de mieux atteindre son but; elles ne la constituent pas, quoiqu'elles lui soient d'une haute utilité; elles ne peuvent pas suffire pour que l'agriculture aboutisse, car il y a, à côté et en dehors d'elles, des principes basés sur l'expérience que l'agriculteur doit mettre en œuvre, et qui constituent la science coordonnant les faits constatés par l'agriculture, science à laquelle il importe de donner un nom afin de faire disparaître toutes les confusions, et que l'on est convenu en conséquence d'appeler l'*agronomie*.

De grandes autorités scientifiques ont pensé que l'on pouvait qualifier de science l'agriculture elle-même. Ainsi le comte Adrien de Gasparin a cru pouvoir définir l'agriculture *la science qui recherche les moyens d'obtenir les produits des végétaux de la manière la plus parfaite et la plus économique*. Il pensait par cette définition (*Cours d'agriculture*, t. I, p. 9) rectifier celle de Cuvier qui a dit (Éloge de Gilbert) que l'agriculture est l'*art de faire en sorte qu'il y ait toujours, dans un espace donné, la plus grande quantité possible d'éléments combinés à la fois en substances vivantes*. Le comte de Gasparin estimait que par sa définition Cuvier, en regardant l'agriculture comme un art, avait fait « trop évidemment abstraction de la partie économique de la science ». Mais lui-même, en considérant l'agriculture comme la science de la production des végétaux seulement, était obligé de conclure au parallélisme de deux sciences distinctes, celle de la production végétale et celle de la production animale, l'*agriculture* et la *zootechnie*. On ne peut contester qu'il n'y ait en effet deux choses séparées, en ce sens qu'il faut étudier séparément les faits qui se produisent dans la matière vivante aboutissant à devenir partie intégrante du corps d'un animal, et ceux qui constituent les évolutions de la matière appelée à former les organes d'un végétal. Mais l'agriculture, considérée comme une industrie, est forcée, dans l'immense majorité des cas, de produire à la fois les végétaux et les animaux, et elle doit appliquer par conséquent les lois que les deux sciences, l'agronomie et la zootechnie, établissent par des recherches séparées pour les deux séries de corps vivants. Il est très vrai, comme le fait remarquer le comte de Gasparin, que, quoique l'agriculture soit généralement liée d'une manière presque indissoluble à l'existence des animaux, on puisse cependant concevoir une exploitation prospérant sans leur secours, achetant tous ses engrais, même n'employant que des engrais tirés des fabriques de produits chimiques, ne faisant usage que de moteurs inanimés, vent, machines hydrauliques, machines à vapeur, machines à air comprimé, machines électriques. On peut même dire que ce n'est pas là une simple vue spéculative, et qu'il y a eu, qu'il y a peut-être encore des exploitations rurales sans bétail. Mais nous ne pensons pas qu'il soit légitime d'en conclure que l'élevage et l'engraissement des animaux domestiques ne font pas partie de l'agriculture considérée comme industrie ou comme art; en effet, de ce que dans un grand nombre des exploitations rurales on ne cultive pas de vignes ou de betteraves, ne pourrait-on pas dire tout aussi bien que la viticulture ou la plantation des betteraves ne sont pas des branches de l'agriculture? Le même raisonnement serait applicable à une foule d'autres cultures. Autres exemples: Quelques agriculteurs vendent telle ou telle récolte sur pied: celui-ci, une ou plusieurs coupes de foin; celui-là, du lin ou du chanvre; cet autre, les pommes de ses pommiers, etc., etc. Personne cependant ne songera à dire que les procédés pour faucher les prairies et faner le foin, pour récolter et dessécher le lin ou le chanvre, pour conserver les fruits, etc., ne font pas partie de l'agriculture. La vérité est que, pour chaque cas particulier, il faut puiser dans l'ensemble des procédés de la production des matières vivantes telle ou telle partie pour exercer l'industrie agricole, et que la profession d'agriculteur exige une somme considérable de connaissances qui ne sont employées qu'en partie en un lieu et à un moment donnés, mais qui doivent être possédées pour qu'il soit possible de changer ou de modifier la pratique d'abord adoptée, d'entreprendre ou d'abandonner telle ou telle spéculation. Il ne faut pas perdre de vue que l'on ne saurait faire que très exceptionnellement de l'agriculture dans un but désintéressé; il faut acheter, transformer, vendre, de manière que toutes ces opérations aboutissent à un bénéfice, condition sans laquelle toute exploitation rurale ne tarderait pas à périr. Cette nécessité suffirait pour ôter à l'agriculture le caractère scientifique que l'on a voulu lui prêter. La vérité est telle que M. Chevreul l'a expliquée dans les considérations qu'il a publiées sur *l'enseignement agricole en général et sur l'enseignement agronomique au Muséum d'histoire naturelle en particulier*.

L'agriculture, selon les termes dont se sert l'illustre savant, se compose de deux parties, d'une *économie végétale* et d'une *économie animale*, et il faut considérer chacune de ces deux parties au point de vue de la *pratique*, c'est-à-dire de l'ART, et au point de vue de la *science*, c'est-à-dire de l'AGRONOMIE. L'enseignement pratique, celui de l'art, ne peut être donné que dans les fermes; l'enseignement scientifique ou de l'agronomie peut être donné dans les villes, parce qu'il repose sur l'application des sciences abstraites à la multiplication des végétaux et des animaux indépendamment des moyens d'exécution proprement dits.

A la pratique agricole, aussi bien qu'à la pratique industrielle, manufacturière ou commerciale, il faut une sanction, ou, pour mieux dire, des moyens de vérification par une comptabilité fidèle et éclairée qui soit un vrai contrôle, une méthode expérimentale d'appréciation, en offrant un tableau exact de toutes les recettes provenant de la vente des produits, et de toutes les dépenses de la production, en indiquant également tous les produits non utilisés pour la vente, mais sans leur attribuer une valeur en argent, lorsque cette valeur n'est pas réalisable sur le marché. Il y a une grande différence entre l'agriculture et l'industrie. Cette dernière, dans ses usines, opère sur la matière brute, ou, comme le remarque M. Chevreul, si la matière qu'elle travaille est d'origine organique, elle a cessé d'être sous l'influence de la vie, « et l'on peut dire, en définitive, avec vérité que la matière première de l'industrie présente un ensemble plus ou moins complexe d'espèces chimiques connues, inorganiques ou d'origine organique. Au contraire, le but essentiel de l'agriculture est la multiplication par la culture des plantes utiles à l'homme, et la multiplication des animaux propres à satisfaire ses besoins. » Il importe alors de remarquer que, tandis que l'industriel (la question des capitaux nécessaires étant mise de côté) est toujours maître de sa fabrication, en ce sens que les forces nécessaires pour mettre en œuvre des matières premières, et obtenir les produits qu'il désire livrer au marché, ne lui font jamais défaut, l'agriculteur, au contraire, rencontre déjà de grandes difficultés dans le choix des graines ou des reproducteurs dont il a besoin, et qu'il ne peut pas ensuite multiplier à sa volonté les récoltes ou la naissance des animaux.

Si l'agriculteur connaît le sol de ses champs et le climat qu'il habite, il ne peut rien savoir, à partir du jour des semailles, sur le temps qui se présentera pour présider au développement de la plante dont il attend la maturité. Son incertitude sur les circonstances atmosphériques qui vont survenir est absolue pendant plusieurs mois, outre que des maladies, des insectes, de petits mollusques, des microphytes et des microzoaires pourront affaiblir ou même détruire les récoltes attendues.

Pour la multiplication des animaux, les difficultés de l'agriculteur sont un peu différentes, mais elles n'en sont pas moins très distinctes de celles rencontrées par l'industriel dans ses usines où il ne met en œuvre que des matières inertes ou mortes. « Si les animaux, dit M. Chevreul, dépendent moins du monde extérieur que les plantes fixées au sol, les chances auxquelles ils sont exposés comme êtres vivants les en rapprochent. Ainsi, le choix des races, des reproducteurs, les soins qu'ils exigent pour être bien nourris et le plus économiquement possible, l'attention qu'il faut avoir pour les élever, prévenir les maladies qui sans cesse les menacent, coordonner les cultures avec les bestiaux qu'on veut élever, de sorte que rien ne se perde, voilà ce que l'agriculteur ne doit jamais perdre de vue. »

Mais il y a encore d'autres différences caractéristiques entre l'agriculture et l'industrie; elles proviennent de l'impossibilité de leur appliquer avec une égale précision les connaissances que donne la science abstraite. En effet, dans l'industrie, toutes les forces dont on dispose et les matières sur lesquelles on opère sont connues avec une certitude mathématique: on sait toutes les conséquences des réactions qu'on veut produire, des transformations qu'on veut opérer, et l'on arrive à coup sûr au résultat désiré, en multipliant indéfiniment ce résultat, si cela est jugé utile et correspond aux demandes de la consommation; la chimie, la mécanique donnent les lois des phénomènes qu'on fait naître à volonté pour en user selon les besoins. D'ailleurs le cercle dans lequel se meut chaque industriel est restreint. Un maître de forges n'a pas besoin de connaître les conditions dans lesquelles se trouve une fabrique de papiers ou bien une filature. Les applications de la science abstraite à chaque usine, à chaque manufacture, se composent, une fois les connaissances générales nécessaires à tous acquises, d'un petit nombre de faits spéciaux qui peuvent être isolés dans l'encyclopédie industrielle.

Combien les choses sont différentes en agriculture! Au lieu de faits simples, bien définis, on rencontre tout de suite des faits complexes qu'il est difficile de maintenir dans des formules toujours identiques et de reproduire indéfiniment dans des circonstances invariables et avec les mêmes caractères. Ainsi l'agriculture prenant une graine, un œuf, une jeune plante, un jeune animal pour en obtenir le développement, doit leur donner un état plus complexe au moyen d'aliments ou par les engrais dont elle a pu sans doute mesurer les qualités spécifiques; mais elle ne peut être certaine des résultats définitifs, parce qu'elle n'a pas dans sa main les fonctions vitales, comme l'industrie est maîtresse des actions purement chimiques. L'agriculture ne pourra pas multiplier indéfiniment le même produit, en multipliant tout simplement ses métiers ou ses creusets, comme peut le faire l'industrie; l'agriculture devra attendre le retour des saisons favorables et elle n'aura jamais à sa disposition que des terrains d'une étendue limitée pour y faire ses produits végétaux; si pour les produits animaux elle a la possibilité d'étendre davantage son cercle d'action, c'est encore dans une mesure bien limitée. Mais d'un autre côté, il n'est pas en général permis de circonscrire à une spécialité restreinte, toujours identique, les applications scientifiques qu'elle devra faire: il faut changer selon les circonstances atmosphériques et lutter constamment contre les forces destructives de la matière vivante. Un agriculteur doit avoir constamment à sa disposition l'encyclopédie agricole, sans pouvoir le plus souvent s'y cantonner dans une spécialité invariable. Il doit posséder toute l'agronomie dont les principes sont multiples et sont empruntés à la fois à la chimie, à la physique, à la mécanique, aux mathématiques, puis aux sciences naturelles, telles que la botanique, la zoologie, l'anatomie, la physiologie. Contrairement à ce que l'on a admis trop longtemps, il faut, pour exercer l'agriculture d'une manière distinguée, réunir un ensemble de connaissances bien plus considérable que pour exercer une industrie quelconque avec le succès le plus complet. De ce que, en réalité, l'agriculture ne soit pas exercée par des hommes remplissant toutes les conditions qui viennent d'être indiquées, il faut seulement conclure que l'état social d'un pays est loin d'être arrivé à sa perfection, de même que s'il y a eu durant des siècles nombreux, des artistes extrêmement grossiers, cela n'empêche pas la peinture et la sculpture d'être éternellement des arts exquis. Nous parlons en ce moment de l'agriculture considérée idéalement, dans les conditions d'une instruction et d'une éducation bien appropriées, et non pas telle qu'elle a été ou qu'elle est encore dans certaines contrées.

Il faut ajouter d'ailleurs que l'agriculture comporte toutes les applications des sciences à des arts annexes: quand l'agriculture a fait naître et a développé complètement les êtres vivants, il faut le plus souvent qu'elle exerce des industries accessoires; il faut, tout au moins, qu'elle prépare les produits qu'elle a récoltés ou qu'elle a fait naître dans ses étables, ses bergeries ou ses écuries, pour les mettre sous une forme convenable pour la vente dans les conditions les plus avantageuses au point de vue du profit définitif. Ainsi, en commençant par les choses les plus simples, ne faut-il pas en agriculture battre les gerbes des céréales et nettoyer les grains, comprimer le foin après l'avoir fané, fabriquer du vin ou du cidre avec les fruits de la vigne ou des pommiers, faire des pruneaux ou diverses conserves, préparer des matières textiles telles que le lin et le chanvre, extraire de l'huile ou des résines, monter des distilleries, des fabriques de sucre, des féculeries, avoir des magnaneries pour tirer parti de la feuille des mûriers, extraire du beurre et faire des fromages, abattre le bétail dans les fermes, monter des scieries pour tirer un meilleur parti des bois? Dans les mêmes mains il faut le plus souvent, pour faire de l'agriculture d'une manière profitable, réunir la pratique de plusieurs arts à l'exploitation rurale proprement dite. Il faut savoir faire et de la sylviculture et de l'horticulture, ou de l'agriculture maraîchère et florale, aussi bien que de l'agriculture ayant pour but la production des céréales, des matières textiles ou tinctoriales, des racines, comme celle du bétail et des matières animales les plus diverses. On comprend ainsi qu'il soit nécessaire d'avoir en agriculture un nombre de connaissances positives beaucoup plus considérable qu'en industrie, et de là vient la convenance de réunir dans les *Dictionnaires d'agriculture* ou les *Maisons rustiques* une foule de renseignements qui ne font pas directement partie de l'agriculture proprement dite, mais qui constituent des accessoires indispensables pour bien exercer la profession.

Envisagée au point de vue que nous venons

d'essayer de bien préciser, l'agriculture comporte l'exécution d'une série nombreuse de travaux très divers qu'on peut classer de la manière suivante :

1° Travaux relatifs à la préparation du sol avant les ensemencements ou les plantations : déchaumage et défrichement, assainissement ; labours plus ou moins profonds, hersages et roulages, conservation, transport et épandage du fumier ou des engrais et amendements ;

2° Travaux d'ensemencement, puis d'entretien et de surveillance du développement des plantes : hersages, roulages, buttages, binages, arrachage de plantes adventices, arrosages ou irrigations, épandage d'engrais en couverture, taille de la vigne et des arbres, création de pépinières et repiquage, soufrage de la vigne, destruction des insectes nuisibles ;

3° Travaux de récolte : fenaison, moisson, vendanges, cueillette des fruits, arrachage des racines, abatage des arbres ;

4° Travaux de conservation et d'appropriation pour la vente des denrées récoltées : battage des grains, mise en greniers et conservation, triage ; conservation des fourrages, bottelage, compression ; ensilage ; fabrication du vin, du cidre et des diverses boissons ; extraction de l'huile ; fabrication de la choucroute, des pruneaux, des conserves diverses ; rouissage, teillage ;

5° Travaux relatifs à la multiplication, à l'élevage, à l'engraissement des animaux domestiques : choix des reproducteurs, soins pour l'accouplement et pendant la gestation, élevage des jeunes animaux : détermination des rations alimentaires selon les saisons ; préparation de la nourriture et sa distribution ; surveillance des écuries, des étables, des bergeries, des porcheries, de la basse-cour ; travaux des magnaneries ;

6° Travaux relatifs à la conservation et à la préparation pour la vente des produits animaux : lait, beurre, fromages ; tonte des moutons, conservation de la laine, son lavage ; abatage des animaux dans les fermes ; conservation du lard ; préparation des jambons ; œufs ; conservation des plumes ; préparation des volailles grasses, des pâtés de foie gras ; conservation des cocons de soie ;

7° Travaux d'administration générale : contrats de vente, d'achat, de location, de métayage ; règlement des impôts et des prestations ; participation aux syndicats ; choix, surveillance des agents, des employés et des ouvriers ; nourriture du personnel ; réglementation des travaux selon les époques ; décisions sur la chasse, la pêche, la vidange d'un étang, l'assainissement des terres ; rapports avec les métayers, avec les commissionnaires en bétail ; foires, marchés, journaux agricoles, météorologie ; rapports avec les Comices ou les Sociétés d'agriculture ; participation aux concours ; entretien des bâtiments et des instruments ; établissement de machines motrices, manèges, moulins hydrauliques, à vent ou à vapeur ; décisions sur les changements à introduire dans les assolements, dans les aménagements ; déterminations à prendre sur les industries agricoles annexes et sur ce qui concerne la transformation des récoltes ; correspondance ;

8° Travaux de comptabilité : journal, recettes, dépenses ; comptes des pièces de terre, des cultures, du bétail ; inventaires ; comptes des profits et pertes.

Que de choses diverses, comme on le voit, en agriculture. Sans doute, on peut parfois trouver moyen de se débarrasser de certains travaux en les donnant à l'entreprise, en vendant certaines récoltes sur pied, en profitant de telle ou telle circonstance heureuse pour simplifier les opérations et s'enlever le souci de telle ou telle branche d'exploitation Mais la division du travail si favorable à l'industrie est, sinon impossible, à coup sûr extrêmement difficile à appliquer en agriculture, et c'est encore là un caractère presque spécifique de cette dernière. Il faut noter d'ailleurs que, dans l'énumération précédente, il faudrait souvent augmenter le nombre des arts annexes que l'agriculture doit pouvoir pratiquer. Ainsi, il est des conditions agricoles où l'on est obligé d'exécuter la mouture des grains et surtout de faire la fabrication du pain. L'industrie et le commerce de la boulangerie n'existent pas encore dans beaucoup de localités, et le pain se cuit dans les fermes et dans les ménages. Lorsque le chef d'une exploitation rurale doit pourvoir à la nourriture d'un personnel nombreux, il importe qu'il ait une connaissance complète de la minoterie, qu'il puisse décider s'il aura plus d'avantage à faire faire la mouture en profitant des forces motrices dont il dispose, ou d'acheter de la farine et de vendre ses grains. Dans de grandes exploitations il sera parfois convenable aussi d'avoir des ateliers de charronnage, de menuiserie, des forges pour l'entretien des machines et pour la ferrure des attelages. Le parti à prendre sera toujours déterminé par un calcul de prix du revient. Pour la plupart des denrées ou des objets de consommation courante, il faut pouvoir agiter et résoudre des problèmes analogues.

C'est pour cette raison que l'agriculteur doit toujours être assez instruit ou être muni de documents assez complets pour lui permettre de pourvoir à des circonstances imprévues, de prendre rapidement des décisions sans lesquelles il serait exposé à supporter des pertes souvent considérables, ou bien à manquer de faire des bénéfices peut-être importants.

Comme toutes les industries, et même à un plus haut degré, l'agriculture est sujette à des changements qui proviennent les uns des modifications introduites dans l'économie générale du pays, sa constitution politique et ses mœurs, les autres des progrès des arts et des sciences.

En ce qui concerne la première catégorie des influences exercées sur l'agriculture, par les conditions politiques ou économiques d'une nation, on peut citer, comme le fait le comte Adrien de Gasparin : 1° la désertion des champs par les hommes possédant l'instruction ; 2° une mauvaise direction imprimée aux études ; 3° un mauvais emploi des capitaux du pays.

Sur le premier point, de Gasparin fait remarquer que, pendant le seizième siècle et le commencement du dix-septième, la noblesse et le clergé étaient les principaux propriétaires du sol de la France. « La noblesse ne trouvait que dans ses terres, au milieu de ses vassaux, la force, la sécurité et la considération ; elle habitait ses champs, les faisait exploiter, et si alors la science était encore dans l'enfance, il était néanmoins impossible que l'observation constante des faits n'eût pas divulgué un grand nombre de ses principes à des hommes qui avaient le loisir et l'intérêt d'y penser, dont le bien-être reposait sur le succès des récoltes. » Gasparin ajoute que c'est à des situations semblables que la France doit des hommes comme Olivier de Serres. De son côté, le clergé donnait une grande impulsion à la culture, « impulsion intelligente qui était le fruit de l'expérience transmise d'une génération à une autre génération de ces solitaires, et mise en pratique avec ardeur dans la pensée de la perpétuité de leur ordre ». Mais les règnes de Louis XIII et de Louis XIV changèrent complètement cet état de choses. L'attrait des plaisirs de la cour, le désir d'aller se montrer et de briller à Saint-Germain et à Versailles, la frénésie du luxe, la passion de l'intrigue remplaçant l'amour du travail et du devoir modestement rempli, l'espoir de parvenir à de grandes richesses et au pouvoir, en flattant le souverain, conduisirent la noblesse à abandonner ses terres, à en négliger la culture, à abattre les forêts, à renoncer à l'élevage des chevaux et du bétail, et finalement à hypothéquer ses propriétés territoriales. Les ordres religieux, de leur côté, négligèrent les améliorations que leurs devanciers avaient poursuivies, pour consacrer leurs immenses ressources à des constructions fastueuses ou à des œuvres urbaines. La vie agricole était abandonnée, lorsque Louis XVI monta sur le trône. Sous son règne, grâce à l'influence des économistes et à de grands ministres, tels que Turgot, l'agriculture reprit faveur, et les cultivateurs purent se remettre à la terre avec espoir de ne pas perdre le fruit de leurs labeurs ; mais la révolution grondait; il était trop tard pour la noblesse. La révolution fit passer en d'autres mains une très grande partie de la propriété rurale. Les nouveaux possesseurs, soulagés par l'abolition des dîmes, des charges qui pesaient sur la culture, se hâtèrent de réparer les immeubles et cherchèrent à régulariser l'exploitation du sol. Mais ils étaient mal préparés pour de telles entreprises ; toute science leur manquait. En même temps le gouvernement du premier empire, renouvelant la faute de Louis XIV, ne songea qu'à appeler dans les administrations publiques les familles influentes ; en excitant le goût des fonctions publiques, il continua la déplorable coutume d'abandonner le plus souvent aux incapables la surveillance des champs. C'est dans cette situation que trouvèrent l'agriculture française les fondateurs de l'enseignement agricole en France. Mathieu de Dombasle, Auguste Bella, Jules Rieffel créèrent les grandes écoles qui formèrent les premiers pionniers de la renaissance agricole dans notre pays, renaissance admirablement secondée par des hommes de science ou des hommes d'État tels que Boussingault, de Gasparin, le duc Decazes, Tourret, qui agirent surtout de 1830 à 1850 pour effectuer la féconde réaction contre le délaissement dans lequel étaient tombées les choses agricoles. Ce revirement fut favorisé d'ailleurs par un fait politique, celui de l'avènement d'une dynastie contre laquelle boudaient de nombreuses familles de l'ancienne noblesse ; ces familles ont amélioré leurs domaines, reconquis une partie de leurs richesses et contribué, en demeurant dans leurs terres, au moins quelques mois de l'année, aux progrès modernes de notre agriculture. Mais en même temps la propriété rurale a été de plus en plus recherchée par la bourgeoisie et surtout par le paysan ; elle s'est divisée et elle est passée entre des mains qui l'ont mieux fait valoir; elle s'est transformée sous l'influence du Code civil et de mœurs nouvelles. Ainsi deux chutes profondes successives: après le seizième siècle, sous Louis XIII, Louis XIV et Louis XV, misère de plus en plus grande dans les campagnes et routine maintenue par l'ignorance dans les exploitations rurales; nouveau dépérissement sous le premier empire, après le relèvement commencé sous Louis XVI et la transformation considérable des conditions de la propriété opérée par la révolution. Aux mêmes époques, il y avait en Angleterre, jouissant d'une constitution favorable à l'action directe des propriétaires instruits sur l'exploitation du sol, marche continue en avant de l'agriculture, progrès dans les modes d'exploitation du sol, emploi de machines nouvelles, transformation du bétail. Des influences politiques contraires agissaient dans les deux pays et elles ont causé les effets qu'on devait attendre, là-bas de l'intervention des propriétaires instruits dans les choses rurales, ici de leur absentéisme.

Sur le second point, relatif à la fausse direction qui a bien longtemps, en France, été donnée à l'instruction, il est bien certain que dans tous les établissements d'enseignement, les connaissances nécessaires au bon exercice de l'industrie agricole étaient complètement oubliées parmi celles professées aux élèves. Rien de ce qui peu concourir à faire comprendre les lois de la production organique n'était signalé aux jeunes intelligences, et dans les applications des sciences jamais on n'avait en vue l'agriculture. Ainsi, dans la mécanique, on semblait bien se garder de prendre pour exemple une charrue ou une machine à battre, ou bien, en physique, on eût eu honte d'expliquer l'ascension de la sève dans les végétaux. Les lettrés ne s'occupaient des choses rurales qu'à l'occasion des *Géorgiques* de Virgile, sans savoir discerner dans les admirables vers du poète, les descriptions d'une vérité immortelle des interprétations entachées d'erreurs. A certaines époques, le séjour prolongé à la campagne des gens instruits équivalait à des leçons pratiques ; alors on y apprenait plus ou moins l'agriculture par l'observation, par l'expérience. Mais la nuit s'était faite. L'agriculture a été pour un temps trop long abandonnée à la routine qui ne peut rien fonder, entre les mains des ignorants et des malheureux dont la Bruyère a tracé ce terrible portrait, bien connu, qu'il importe de reproduire dans un Dictionnaire de l'agriculture, pour montrer dans quel état de misère le cultivateur était tombé au dix-septième siècle, du moins dans quelques provinces (*De l'homme*, t. II, p. 57, édition Lemerre) : « L'on voit certains animaux farouches, des mâles et des femelles répandus par la campagne, noirs, livides, et tout brulez du Soleil, attachez à la terre qu'ils fouillent et qu'ils remuënt avec une opiniâtreté invincible ; ils ont comme une voix articulée, et quand ils se lèvent sur leurs pieds, ils montrent une face humaine, et en effet, ils sont des hommes ; ils se retirent la nuit dans des tanières où ils vivent de pain noir, d'eau et de racines : ils épargnent aux autres la peine de semer, de labourer et recueillir pour vivre, et méritent ainsi de ne pas manquer de ce pain qu'ils ont semé. » Et encore, ces pauvres hommes réduits à l'état de bruts, ils manquaient souvent de pain, non pas seulement de pain de froment, mais même de pain de seigle, et ils se nourrissaient de racines, de maïs, de sarrasin, de châtaignes. Turgot, en prenant possession de l'intendance de la généralité de Limoges, en 1762, constatait en effet que la plus grande partie du peuple dans le Limousin et l'Angoumois n'avait jamais mangé de pain, les céréales qu'il récoltait étant exclusivement réservées pour la vente et pour payer les charges qui l'écrasaient. Comment l'agriculture eût-elle pu faire des progrès au milieu de tant de misère et d'ignorance poussées à un degré extrême par l'abandon des campagnes de la part de tous ceux qui recevaient un peu d'instruction !

Quant aux capitaux sans lesquels il est impossible de pratiquer de l'agriculture à gros rendements et à grands profits, ils faisaient absolument défaut ; mais il y a plus, et l'on peut encore tous les jours constater malheureusement le même fait, la partie du revenu de la terre qui est susceptible de se changer en capital par le moyen de l'économie, au lieu de demeurer au service de l'agriculture est très souvent momentanément conservée par les classes supérieures qui viennent économiser à la campagne, pour être tout d'un coup dépensée dans les villes de la manière la plus improductive, en choses de luxe et pires encore. Ce mauvais exemple, donné par ceux qui sont le plus en évidence dans le pays, est imité de proche en proche par les représentants des classes moyennes, et même il arrive que les fermiers n'agissent pas autrement. Contre ces déplorables mœurs, l'instruction seule a pu élever une digue. On sait bien désormais que l'agriculture est une industrie qui, elle aussi, peut donner aux capitaux qui y sont judicieusement appliqués un revenu rémunérateur. Mais la question est de pouvoir et de vouloir disposer envers l'agriculture des capitaux dont elle a absolument besoin pour être fructueuse et prospère, et ensuite de les bien employer. Pour le plus grand nombre, les propriétaires n'ont pas eux-mêmes les capitaux nécessaires à une bonne exploitation du sol ; ceux qui les possèdent s'en servent pour se procurer les jouissances d'un luxe chaque jour croissant, ou bien les emploient à des placements industriels ou commerciaux, ou encore en rentes sur l' tat, actions ou obligations de chemins de fer et de compagnies financières diverses, parmi lesquelles celles qui ont en vue l'agriculture font une exception. D'ailleurs, les quelques hommes qui, ayant de l'argent, ont voulu s'appliquer à l'agriculture, manquaient le plus souvent des connaissances indispensables; leurs insuccès, qui provenaient de leur impuissance propre, ont été imputés à une sorte de fatalité qui, pour le vulgaire, est attachée à l'agriculture nationale, considérée comme ne pouvant produire ses denrées au même prix que les peuples qui lui font concurrence, parce que les conditions dans lesquelles ceux-ci se trouvent sont plus favorables. Rien ne prouve mieux l'influence des circonstances économiques sur l'agriculture, et cette influence est dirigée par l'opinion publique que disposent souvent dans un sens nuisible aux intérêts agricoles ceux-là mêmes qui devraient en soutenir le développement. Ainsi quand de grands propriétaires s'en vont répéter que l'agriculture subit perpétuellement des crises ruineuses, ils éloignent les fermiers. Or, les fermiers riches sont rares en France. Il faudrait le contraire. Par des institutions appropriées et par une meilleure direction imprimée à l'instruction, les choses peuvent changer ; mais elles ne se modifieront que lentement, si les propriétaires continuent à rester en dehors de l'agriculture, c'est-à-dire à ne la considérer que comme un placement d'argent qui doit leur rapporter, sans aucun concours de leur part, et surtout tant qu'ils regarderont comme juste d'élever d'autant plus le taux de leurs locations que les fermiers auront davantage perfectionné leurs cultures et accru le rendement des terres. C'est cette tendance, en même temps que l'abus du morcellement des héritages en un nombre de parcelles non contiguës de plus en plus grand, qui ont davantage empêché la propagation des progrès agricoles. Mais la division des propriétés n'est pas en elle-même nuisible à l'agriculture, car on la pratique en fait lorsque l'indivision existe en réalité, comme on peut en juger par l'Angleterre où le nombre des fermes d'une étendue moyenne augmente constamment, alors que la propriété conserve son ancienne constitution. La moyenne culture est plus favorable à une forte production que la grande culture, lorsque les exploitations sont circonscrites, lorsque les domaines sont d'un seul tenant et présentent de grandes pièces de terre. On ne peut donc pas s'en prendre à la loi des successions qui règle le partage égal entre tous les enfants, à la condition que ce partage se fasse en laissant des propriétés bien conformées. Par des échanges, d'ailleurs, on tend de plus en plus à réparer les inconvénients que l'abus du morcellement avait créés. Les immenses domaines présentent au cultivateur de trop graves difficultés pour qu'on n'en confie pas l'exploitation à plusieurs agriculteurs. Il y a ainsi réaction de la pratique agricole contre la situation économique du pays. Ce sera partout le triomphe du progrès basé sur une convenable application de la science, que de forcer les réformes à se faire de manière que l'agriculture opère dans les meilleures conditions. Quoi qu'il en soit, la plus grande erreur que l'on puisse commettre, c'est d'entreprendre de faire de l'agriculture sans avoir les capitaux nécessaires; on ne peut alors récolter que la misère.

Rien ne démontre mieux l'influence néfaste qu'exerce sur l'état de l'agriculture d'un pays, l'abandon du sol par les classes instruites et riches, que ce qui est arrivé après la chute du monde romain. Les personnages les plus éminents de l'antiquité tenaient en honneur l'agriculture et s'y adonnaient. L'agriculture et la guerre étaient les deux seuls professions exercées par les citoyens romains, qui regardaient le commerce et les arts comme des occupations d'esclaves (Montesquieu, *Considération sur les Romains*, chap. X). Cependant d'après l'illustre auteur de l'*Esprit des lois* (liv. IV, chap. VIII) : « L'agriculture était encore une profession servile, et ordinairement c'était quelque peuple vaincu qui l'exerçait : les Ilotes, chez les Lacédémoniens ; les Périéciens, chez les Crétois ; les Pénestes, chez les Thessaliens ; d'autres peuples esclaves, dans d'autres Républiques. » Et Montesquieu ajoute en note : « Aussi Platon et Aristote veulent-ils que les esclaves cultivent les terres (*Loi*, VII ; *Politique*, liv. VII, chap. X). Il est vrai que l'agriculture n'était pas partout exercée par des esclaves : au contraire, comme dit Aristote, les meilleures républiques étaient celles où les citoyens s'y attachaient. » Montesquieu d'ailleurs ne manque pas de faire remarquer que les peuples asiatiques ont tenu l'agriculture en grand honneur (*Esprit des lois*, liv. XIV, chap. VIII) ; il rappelle que les relations de la Chine (le P. du Halde) parlent de la cérémonie d'ouvrir les terres, que l'empereur fait tous les ans, et que plusieurs rois des Indes font de même (royaume de Siam, par la Loubère). Venty, troisième empereur de la troisième dynastie, cultiva la terre de ses propres mains, et fit travailler à la soie, dans son palais, l'impératrice et ses femmes. En Chine, on a voulu exciter les peuples au labourage par l'acte public et solennel accompli par l'empereur qui, en outre, « informé chaque année, ajoute Montesquieu, du laboureur qui s'est le plus distingué dans sa profession, le fait mandarin du huitième ordre. Chez les anciens Perses, le huitième jour du mois, nommé *chorrem-ruz*, les rois quittaient leur faste pour manger avec les laboureurs. Ces institutions sont admirables pour encourager l'agriculture. »

Comment pourrait-on mieux montrer en quelle estime l'agriculture était tenue dans l'ancienne Rome, si ce n'est en rappelant la glorieuse histoire de Cincinnatus ? Quatre siècles et demi avant notre ère, par deux fois on vint le chercher à sa charrue alors qu'il labourait de ses mains son modeste domaine, pour en faire un consul et un dictateur afin de sauver la patrie en danger. En partant pour se rendre à l'invitation des délégués du sénat, Cincinnatus dit à sa femme : « Je crains bien, ma chère Acilie, que notre champ ne soit mal labouré cette année. » C'était l'indication de la nécessité de l'œil du maître en agriculture.

Lorsque la décadence des Romains fut un fait accompli, l'agriculture fut dédaignée et pour longtemps abandonnée aux mains de populations asservies. Elle ne fut, pour la France, remise en honneur et en prospérité qu'au seizième siècle, du temps d'Olivier de Serres et du ministre Sully qui fit entendre à son roi Henri IV que « le labourage et le pasturage estoient les deux mamelles dont la France estoit allimentée, les vrayes mines et trésors du Pérou (*Mémoires*, édition des trois V. Verts, t. I, p. 477). » Mais on a vu qu'une décadence nouvelle l'atteignit et qu'elle ne reprit un commencement de faveur que vers le milieu du dix-huitième siècle, pour retomber encore dans l'abandon sous le premier empire. Désormais tous les gouvernements se préoccupent d'en assurer l'essor et de créer toutes les institutions susceptibles de l'encourager et de la développer. L'établissement du suffrage universel a donné, sous la République, aux populations rurales une influence considérable dans l'État, et a appelé l'attention sur les intérêts de la petite culture qui, en fin de compte, est celle qui embrasse la plus vaste étendue et occupe le plus grand nombre de bras.

Si la constitution politique et les mœurs des nations exercent tant d'influence sur l'agriculture, il y a également à considérer l'action réciproque que la situation de cette grande industrie a nécessairement sur la destinée des nations Comment pourrait-il en être autrement, puisque l'agriculture fournit la subsistance des peuples? Il faut que la production des champs suffise au développement de la consommation et par conséquent à l'accroissement du nombre des habitants qu'elle doit nourrir. D'ailleurs, la demande sollicite l'offre et réciproquement, de telle sorte que les progrès de la consommation et de la production sont toujours solidaires. C'est ce que démontre l'histoire de l'humanité. La barbarie n'a pris fin que lorsque la terre a été cultivée; ce qui se passe à la fin du dix-neuvième siècle, chez des peuplades sauvages heureusement de plus en plus rares, est l'image de ce qui s'est produit à l'origine de toute civilisation. Tant que les hommes restèrent condamnés à errer pour rechercher les racines et les animaux qui leur servaient de nourriture, ils étaient décimés par la faim et par les excès des intempéries, s'entr'égorgeant entre eux, chaque petite tribu voulant conserver pour elle seule les déserts où elle avait de la peine à trouver ses moyens d'existence. Les choses changent dès que les hommes pratiquent l'art de cultiver le sol pour y récolter les plantes dont ils ont semé les graines. Ils abandonnent peu à peu la vie nomade pour se fixer sur les terres qu'ils ont fécondées; ils fondent des colonies, des villes, des sociétés; la civilisation prend naissance et se développe, la richesse s'accroît, en même temps que la science remplace l'ignorance et que la prospérité succède à la misère. L'industrie et le commerce s'établissent en même temps que l'agriculture qui leur fournit la plus grande partie des matières à transformer ou à échanger. Dès lors ces trois branches principales de l'activité humaine productive se donnent un concours réciproque, et c'est folie que de vouloir subordonner l'une aux autres; les sciences, les lettres, les beaux-arts les rendent plus puissantes et les font aimer.

Tout naturellement, l'asservissement des animaux à la domesticité et la création des troupeaux suivent ou accompagnent la fondation de l'agriculture. Il suffit à l'homme d'user de sa faculté d'observation et de l'invention de la méthode expérimentale à posteriori, qui remonte à une très haute antiquité, si elle n'a été bien définie qu'au dix-neuvième siècle de l'ère chrétienne, pour que le fait se produise avec une évidence d'autant plus grande que la nation sera plus avancée. Toutefois la concomitance de l'élevage des troupeaux et de la culture la plus perfectionnée n'est pas nécessaire. M. Hippolyte Passy l'a constaté avec raison dans ses études remarquables sur les systèmes de culture. « L'agriculture, dit-il, procéda comme toutes les autres industries. Ses commencements furent imparfaits et timides. On ignore en quels lieux s'en firent les premiers essais, et quelques écrivains ont même supposé que l'idée de cultiver la terre n'a pu venir aux hommes qu'après qu'ils eurent réussi à réunir des troupeaux et appris à en tirer des moyens de subsistance assez abondants, assez sûrs pour les aider à faire quelques pas vers la civilisation. Peut-être en a-t-il été ainsi sur plusieurs points de l'ancien monde; mais l'exemple des peuples de l'Amérique prouve que l'art agricole n'a pas besoin, pour naître, de pareil apprentissage. Les Mexicains, les Péruviens et d'autres nations encore l'exerçaient, et non sans habileté, avant l'arrivée des Européens, et cependant le manque à peu près total d'animaux susceptibles de subir utilement la domesticité les avait empêchés de traverser les phases et d'acquérir les connaissances de la vie pastorale. » Quoi qu'il en soit, on conçoit que l'idée de faire naître des plantes par la culture au lieu de vivre en cueillant au hasard les fruits spontanés de la terre, de même que celle d'élever des animaux réduits à la domesticité au lieu de se livrer uniquement à la chasse, de même aussi que celle de faire de la pisciculture pour rendre la pêche plus certaine et plus abondante, n'ont pas pu ne pas se suivre dans ce travail de l'humanité, qui a pour résultat d'engendrer successivement tous les progrès, et de marcher sans cesse, souvent avec des décadences, puis avec des relèvements, vers la perfection.

Pour que les sociétés vivent, que les nations et les États se perpétuent, il faut que tous les citoyens contribuent aux charges générales: de là les impôts. Le principe de leur répartition, c'est qu'ils soient payés par chacun en proportion du profit retiré, et dans l'intérêt de la communauté. En dehors de cette règle, il n'y a pas justice. L'agriculteur ne doit donc pas être imposé pour soutenir exclusivement des industries. Le régime de la protection douanière qui a pour effet de faire payer aux uns afin de venir en aide aux autres, ne saurait être justifié que par des principes spécieux, consistant à dire qu'il est de l'intérêt général d'un peuple de lui conserver l'exercice d'une branche de la production, quoique le résultat définitif soit de charger les consommateurs d'un excès de dépense non pas au profit de tout l'État, mais seulement pour assurer un privilège à des particuliers plus ou moins nombreux. Il ne faut pas, dans un État bien ordonné, que des impôts puissent être prélevés pour servir à une classe de citoyens seulement; l'égalité des charges doit rester la loi. Si tous les peuples étaient demeurés libres d'échanger entre eux les produits qu'ils récoltent, d'après les aptitudes spéciales de leurs climats, de leurs terres et des circonstances économiques de la production, ils eussent tous atteint le plus haut degré de puissance agricole et ils fussent tous devenus acheteurs dans le monde entier des objets dont ils eussent eu besoin, en même temps qu'ils eussent livré les fruits de leur travail dans les meilleures conditions. La richesse universelle serait infiniment plus grande qu'elle ne l'est aujourd'hui, alors qu'il faut réparer les erreurs d'un mauvais régime. En un lieu quelconque, le prix d'une denrée agricole ne devrait être que celui qu'elle trouve dans les contrées où elle est au meilleur marché, plus les frais et les risques de transport de ce dernier lieu au premier, l'abondance de l'offre équilibrant d'ailleurs celle de la demande. On a voulu créer entre les peuples des barrières artificielles, alors que la marche générale de la civilisation est de faire tomber ou de supprimer les barrières naturelles; on a, en effet, multiplié les chemins, les routes, les voies ferrées, les canaux, percé les montagnes, coupé les isthmes, employé la vapeur pour franchir les océans; on va bientôt creuser des tunnels sous-marins; on a supprimé le temps et les distances pour la transmission de la pensée et des ordres d'achat et de vente; on cherche à s'élever dans les airs pour circuler d'un point à l'autre de notre globe sans rencontrer aucun obstacle. En vain des barrières douanières pourront être imaginées contre ce mouvement social. C'est une loi en quelque sorte providentielle, et à laquelle obéit par une sorte de fatalité la civilisation, de vouloir incessamment faire disparaître les obstacles qui séparent les nations, tandis que, d'un autre côté, ceux qui mènent les peuples cherchent à les exciter les uns contre les autres et à multiplier des barrières factices. Mais en fait, le commerce n'a que rarement suivi son cours normal, et sous l'influence des combinaisons qui ont été imaginées pour favoriser certaines catégories de produits, il est arrivé que les cultures ne se sont pas réparties dans l'ordre naturel. Ainsi l'agriculture a été dirigée souvent contre les intérêts des peuples, et elle en a maintes fois ressenti le contre-coup dans des crises ruineuses, qui ont éloigné d'elle les capitaux, parce que les profits obtenus ne tenaient qu'à des circonstances accidentelles modifiées au gré des opinions des hommes appelés à exercer le pouvoir, et à prendre des mesures ayant pour effet de créer de vrais privilèges utiles à un petit nombre seulement de citoyens, nuisibles au plus grand nombre.

Mus par le désir de connaître et d'innover, les peuples ne se sont pas contentés de cultiver les plantes que la nature avait répandues dans les lieux par eux habités, ni d'élever les animaux qui s'y trouvèrent placés pour subir la domestication ; ils ont toujours cherché à introduire les végétaux et les animaux vivant sur d'autres points du globe. Il n'est pas, par exemple, en Europe, une seule contrée dont les cultures ne portent sur des plantes de provenance exotique ; le besoin de faire incessamment de nouvelles acclimatations est une des causes qui influent le plus avec le temps sur l'agriculture d'un pays. Ainsi on peut soutenir que le froment et l'orge ont de temps immémorial existé sur le sol de la France, mais il est bien plus certain que nous ne cultivons que des sortes importées du dehors. D'un autre côté, c'est à l'Asie que nous devons le riz, la luzerne, la vigne, l'olivier, le mûrier, et la plupart de nos légumes et de nos arbres fruitiers ; c'est l'Afrique qui nous a donné le sarrasin ; et puis, nous avons tiré de l'Amérique le maïs, la pomme de terre, le tabac, sans compter un grand nombre de plantes qui font l'ornement de nos jardins et la richesse de quelques-unes de nos forêts. L'agriculteur est conduit logiquement à donner dans ses cultures la plus grande place aux plantes qui lui paraissent propres à assurer le plus de bénéfices et qui sont sur le marché général d'un placement plus facile et plus profitable. Quelque découverte vient d'ailleurs de temps à autre modifier ses assolements. On peut citer celle de l'extraction du sucre de la betterave qui a introduit la culture de cette racine dans un grand nombre d'exploitations dont elle a assuré la prospérité et auxquelles elle a imprimé un développement absolument inattendu. Mais encore ici des lois fiscales sont venues entraver le progrès et ont mis artificiellement des limites à une industrie agricole qui faisait la fortune de vastes contrées. On peut encore citer, mais dans un autre sens, la découverte de l'alizarine artificielle qui, se substituant dans l'industrie de la teinture aux couleurs extraites de la garance, a fait renoncer à une culture qui a été extrêmement productive dans quelques contrées. Les progrès des sciences et des arts ont ainsi leur réaction nécessaire sur l'agriculture qui, à son tour, en fournissant aux manufactures et à la consommation des produits inattendus, réagit aussi sur la prospérité commerciale ou industrielle d'un pays.

Si la multiplication des voies de communication et l'invention des machines à vapeur et de la télégraphie électrique ont complètement changé les conditions de la production agricole, si les découvertes de la science modifient constamment les modes d'exploitation adoptés, il est encore une circonstance qui exerce à un plus haut degré son action sur la pratique de l'agriculture. Nous voulons parler de la difficulté de trouver des bras pour les travaux des champs, et de la cherté croissante de la main-d'œuvre. Plus que la rente de la terre, plus que les impôts et toutes les autres charges de la culture, le haut prix du travail grève la production agricole et exige des transformations dans les systèmes de culture.

L'agriculture, comme art ou industrie, est généralement exercée sous quatre formes distinctes : par les propriétaires du sol eux-mêmes ; par des régisseurs au nom et pour le compte de ces derniers ; par des fermiers qui prennent la terre en location pour un nombre déterminé d'années et payent une rente convenue aux propriétaires, sans que ceux-ci aient à intervenir dans aucune opération agricole, si ce n'est pour s'opposer à ce que les conventions stipulées dans les baux soient violées ; enfin par des métayers ou colons partiaires qui donnent toute la main-d'œuvre, tandis que les propriétaires avancent le capital d'exploitation, les produits des cultures et des étables étant partagés chaque année entre les deux parties.

Lorsque l'agriculteur se trouve en présence de la terre dont il doit tirer des produits végétaux et animaux, il est obligé d'y dépenser des sommes plus ou moins considérables qui constituent ses avances et qui ont pour but de payer les frais de labour, de semaille, de hersage, de roulage, etc. ; de se procurer les animaux qui lui sont nécessaires ; de solder les engrais destinés à compléter le sol arable, eu égard aux récoltes à obtenir ; de payer enfin les travaux nécessaires pour faire la fenaison, la moisson, les vendanges, et pour préparer les denrées obtenues de telle sorte qu'elles puissent être livrées au commerce. Tout cela doit être accompli avant qu'il touche la moindre somme sur les produits qu'il a fait naître. Si l'argent lui manque, s'il n'y a pas d'institution de crédit où il puisse s'en procurer, s'il n'a recours parfois à l'usurier si dur dans les conditions qu'il impose avant de consentir à un prêt, l'agriculteur est réduit à laisser son sol stérile, ou du moins à ne le mettre en rapport que dans la proportion des capitaux qu'il aura eus à sa disposition. Or il n'y a plus que très exceptionnellement rareté des produits agricoles sur le marché, attendu que le commerce trouve à s'approvisionner dans un pays plus ou moins lointain, si une récolte manque dans celui de sa production ; par conséquent, de très hauts prix ne peuvent plus être la conséquence d'une mauvaise moisson dans un état civilisé. Il ne faut plus compter que, si l'on récolte peu, on aura une compensation dans l'élévation des cours. Il y a nécessité d'avoir de grands rendements. D'où la conséquence que l'agriculture qui n'a pas d'argent est vouée à l'impuissance. Elle n'est pas ruinée, parce que ne se ruine que qui est déjà relativement riche ; mais elle demeure vouée à la misère.

Cette conclusion s'applique aux quatre modes d'exploitation qui ont été visés plus haut, mais il est plus ou moins facile d'échapper à sa rigueur absolue. Ainsi, dans le système du métayage, les semences nécessaires à l'année suivante étant toujours mises préalablement en réserve avant tout partage, et le travail de la famille du colon, qui n'a jamais une très grande étendue de terres à cultiver, étant assuré à l'exploitation, on conçoit que chaque récolte peut permettre d'économiser pour accroître le cheptel mort et vif; par conséquent on conçoit un lent accroissement de la fertilité du domaine et une amélioration progressive de la situation tant du propriétaire que du cultivateur, malgré l'augmentation du prix de la main-d'œuvre qui vient très peu peser sur les frais de culture, attendu que le métayer qui a des enfants prend la plus grande partie du travail pour lui et les siens sans compter, et que dans les mauvaises années il ne doit à la rigueur rien dépenser, à moins que les impôts n'aient été mis à sa charge. Dans ce dernier cas, le système du métayage, avec des colons pauvres et des propriétaires sans fortune ou sans pitié, est le pire des quatre modes d'exploitation du sol, car il ne peut comporter aucun progrès. Le système d'exploitation directe par le propriétaire, lorsque celui-ci dispose de capitaux suffisants, est le plus avantageux, le plus productif; il tend à dominer dans la petite culture surtout; la hausse de la main-d'œuvre ne l'atteint pas, parce que le cultivateur propriétaire ne recule pas devant le travail et ne tient aucun compte de ses peines; c'est alors de la culture maraîchère, chaque jour plus prospère. Mais ce système devient déplorable, si la propriété est chargée de dettes. D'une part, les vices du régime hypothécaire en France font qu'il y est difficile à tout propriétaire qui a emprunté de consacrer à sa terre tout le capital qu'exigerait une bonne exploitation; il est alors dans une situation inférieure à celle du fermier qui craint d'améliorer et de ne pas jouir du fruit de ses travaux.

Quant aux fermiers à prix d'argent, s'ils n'ont pas de capitaux d'exploitation suffisants, ils sont impuissants à faire rendre à la terre de fortes récoltes, et il leur arrive trop souvent de ne pouvoir payer les termes de leurs baux. C'est sur les fermiers qui ont entrepris des exploitations moyennes ou grandes que pèse surtout l'élévation croissante du taux de la main-d'œuvre; ils se trouvent en présence d'une augmentation incessante des frais, et à l'expiration des baux, ils cherchent à obtenir des diminutions de la part des propriétaires qui, au contraire, seraient disposés à demander des augmentations. Il y a là une lutte d'intérêts opposés qui ne fait pas moins sentir ses effets en Angleterre qu'en France. Le propriétaire, en fin de compte, est obligé de céder dans une certaine mesure, comme le fermier est toujours maître d'aller tenter la fortune dans d'autres lieux, et d'ailleurs le nombre des cultivateurs suffisamment aisés qui cherchent à devenir fermiers de grandes exploitations est assez limité. La loi économique du rapport qui existe entre l'offre et la demande règle à cet égard l'agriculture, comme le commerce et l'industrie. Aussi la tendance à la diminution de l'étendue des entreprises agricoles est manifeste; le développement de l'instruction y pousse de son côté, car la notion du capital nécessaire à la mise en valeur du sol est de mieux en mieux comprise, et l'on sait bien désormais qu'il est plus avantageux de cultiver une surface moindre avec de gros rendements qu'une grande surface avec des rendements médiocres, le prix de la main d'œuvre pesant davantage dans ce dernier cas sur l'unité du produit obtenu. Ainsi, ou laisser les terres en friches, ou bien réduire les exploitations, de telle sorte qu'elles puissent trouver des fermiers ou des métayers qui les cultivent, ou bien encore abaisser le taux du fermage, c'est-à-dire supporter une diminution de revenu, telles sont les alternatives qui se présentent pour la propriété. La première, quelquefois admise pour un temps, ne peut se prolonger dans un pays ardent au travail, et y est toujours une rare exception; les propriétaires sont bien rares, si même il en est, qui laissent leurs terres indéfiniment incultes et renoncent à toute rente du sol. Tout propriétaire bon administrateur, mais qui ne veut pas cultiver lui-même, constitue ses domaines de manière qu'ils rencontrent des preneurs pour les mettre en rapport et les exploiter, que ceux-ci soient fermiers ou métayers, et il faut bien que les conditions finissent par convenir aux deux parties. L'amour du sol reste très grand parmi les paysans, et l'on en a comme preuve la facilité avec laquelle se vendent par morceaux des domaines qui, très grands, ne trouveraient pas acheteurs. Le mouvement de hausse des cours de la terre en parcelles relativement petites et celui de baisse pour les grandes propriétés influent tout naturellement sur l'agriculture adoptée par un pays, car on fait proportionnellement moins de céréales et plus de racines, de légumes, de cultures arbustives et même de cultures fourragères dans les petites propriétés que dans les grandes, en mettant de côté le régime forestier qui peut davantage se maintenir intact malgré la fluctuation des conditions économiques. Le perfectionnement des voies de communication a été plutôt favorable à la propriété forestière que nuisible, parce que les bois, à vil prix tant qu'ils ne pouvaient pas trouver un marché ouvert, ont été très demandés par tous les centres de population dès qu'ils se sont trouvés plus à leur portée.

Au milieu de ces circonstances économiques qui ont rendu plus difficile l'exercice de la profession d'agriculteur, des applications considérables des progrès des sciences sont heureusement intervenues. Tout d'abord la constatation de l'efficacité de la chaux et de la marne, des sels ammoniacaux, des sels de potasse, des phosphates, pour augmenter considérablement la fécondité des champs lorsque ces composés chimiques sont employés pour compléter à la fois le sol et le fumier de ferme, eu égard aux récoltes qu'on se propose d'obtenir, a été un moyen puissant d'accroître les rendements et par suite d'abaisser les prix de revient de l'unité de mesure du produit. D'un autre côté, l'agriculteur ne s'est plus astreint à un assolement invariable; il a modifié ses emblavures, établi un plus grand nombre de cultures fourragères, entretenu plus de bétail et multiplié les productions animales, créé des industries annexes de l'exploitation rurale proprement dite. Sous la pression de la concurrence étrangère, l'agriculteur a eu recours ainsi aux ressources que lui a heureusement présentées le progrès incessant des sciences donnant les procédés propres à réparer les inconvénients d'une situation qu'il avait lui-même amenée.

Il n'est pas possible de dire que l'élévation des salaires soit un mal, car les ouvriers ruraux y ont trouvé une grande amélioration à leur position; en présence des facilités énormes que la vapeur a données pour les voyages tant sur terre que sur mer, la classe ouvrière agricole, comme celle des villes, peut et doit chercher aventure en vue de trouver plus de bien-être; si on lui offre de plus hauts salaires loin des lieux où elle travaillait, elle cherche, avant de s'éloigner de son village, à obtenir une paye plus avantageuse. Cela est dans la nature, et il ne faut pas s'en plaindre. Quant aux chefs des exploitations rurales, pour diminuer les charges qui viennent grever par la hausse de la main-d'œuvre la production des matières végétales et animales, ils doivent remplacer autant que possible les bras de l'homme par les machines.

D'admirables inventions, filles du génie de la mécanique, sont venues depuis un siècle seconder l'agriculture, plus nombreuses et plus ingénieuses à mesure que le besoin de remplacer la quantité de la main-d'œuvre par la qualité était rendu plus manifeste. Ce sont d'abord les machines à battre les grains, puis les semoirs et les houes à sarcler que l'on commence à connaître dès la fin du dix-huitième siècle, en Ecosse et en Angleterre où le manque des bras pour les travaux ruraux se trouve être en concomitance naturelle avec un développement industriel considérable. Ce sont ensuite les machines à faucher et à moissonner que la rareté des bras dans les vastes plaines de l'Amérique du Nord tout d'un coup livrées à la culture des céréales fait perfectionner à un tel point qu'elles se trouvent prêtes, au milieu du dix-neuvième siècle, pour venir seconder l'agriculture européenne menacée de ne pouvoir plus, faute de bras, couper l'herbe de ses prairies et le blé de ses emblavures. La machine à vapeur à son tour s'est soumise au paysan; elle est à demeure dans les fermes, ou bien elle va de village en village pour prêter sa force à qui en a besoin; le labourage à vapeur n'est plus à l'état d'essai; c'est un système de culture complet qui remplit toutes les conditions du problème pour les grandes exploitations ou, ce qui un jour reviendra au même, pour les petites exploitations réunies sous le régime de l'association. Peut-être l'électricité, peut-être la chaleur solaire vont-elles à leur tour se mettre au service de l'agriculture pour multiplier les forces mécaniques dont elle pourra disposer? Bien hardi serait celui qui songerait à poser à cet égard des limites au génie de l'homme! On avait dit : jamais la machine ne pourra remplacer les bras de l'homme pour le battage des grains; on a répété ce jamais, pour le liage des gerbes abattues par la machine à moissonner; on l'avait aussi prononcé pour l'emploi des machines à vapeur dans les exploitations rurales! L'expérience a réfuté ces prédictions négatives. La science a modifié, transformé ou amélioré plusieurs fois les anciens procédés de culture, elle leur apportera encore des perfectionnements inattendus. L'agriculture progresse en même temps que la civilisation; elle ne reste stationnaire et routinière que chez les peuples voués à l'immobilisme. La lecture des écrits sur l'agriculture que les siècles nous ont légués ne laisse aucun doute sur l'exactitude de cette conclusion.

Chez tous les peuples, l'origine de la culture de la terre est incertaine ou fabuleuse et se rattache dans les croyances vulgaires à quelque personnage héroïque ou religieux; il en est de même de la vie pastorale. On ne saurait dire que bien difficilement quelle est celle des deux industries qui a précédé l'autre, ou bien si elles ont pris naissance en même temps : « l'une, dit M. Clément-Mullet, dans la préface de sa traduction de l'agriculture d'Ibn-al-Awam, sur les collines qui fournissent les pâturages qui conviennent si bien au mouton, et l'autre dans la plaine qui se prête facilement au labourage. » Dans tous les cas, la production des végétaux et celle des animaux n'ont pas tardé à être généralement réunies dans les mains de l'agriculteur.

Comme il paraît établi que l'Orient fut peuplé avant l'Occident, on doit regarder comme probable que la culture de la terre fut primitivement pratiquée en Orient. Suivant la genèse, Caïn aurait le premier cultivé le sol. « Dans l'Inde, dit le docteur Link (*Le monde primitif*), le cultivateur sort immédiatement de la main de Brahma, et le taureau sacré lui est prêté pour le seconder dans ses travaux. En Egypte, c'est Isis qui donne aux hommes les premières leçons d'agriculture; Diane va porter cet art en Grèce, et Cérès l'enseigne en Italie et en Sicile. » Les traditions arabes attribuent aussi une origine céleste à l'agriculture. « D'après Massoudi, lorsque Adam descendit du paradis terrestre pour habiter la terre, il emportait avec lui trente rameaux d'arbres divers; suivant Kaswini, le blé aurait été apporté à l'homme par l'ange Mikaïl, qui lui apprit que ce grain formerait sa nourriture et celle de sa postérité, et lui ordonna de cultiver la terre et de l'ensemencer. Ce blé primitif était de la grosseur d'un œuf d'autruche; l'homme étant devenu impie, il fut réduit à la grosseur d'un œuf de poule, puis il descendit graduellement à celle d'un œuf de pigeon, puis à la grosseur d'une noisette; de telle sorte que, du temps de Joseph, il était encore de la grosseur d'un pois. » (Clément-Mullet.)

Si l'on s'éloigne des temps héroïques pour arriver aux temps historiques, on commence à trouver des descriptions des pratiques agricoles, chez divers peuples, dans leurs livres sacrés, dans leurs poètes, dans leurs historiens; plus tard des traités spéciaux sont composés pour guider les agriculteurs à bien accomplir leurs travaux.

Il ne reste pas de livre sur l'agriculture égyptienne, mais son état florissant ne peut être mis en doute. Les grands développements qu'elle avait pris sont établis par la Genèse où il est constaté que cette contrée, par les soins de Joseph, fournissait du blé à toute la terre. D'ailleurs les dessins coloriés du musée égyptien du Louvre donnent des preuves authentiques de l'état de cette agriculture où il y avait une classification des terres cultivées : elle était favorisée par les eaux fécondantes du Nil; une végétation luxuriante et de riches moissons étaient la conséquence des irrigations sous le chaud climat de la contrée.

La Bible (*Isaïe*, chap. XXVIII, 34) donne des documents sur les pratiques agricoles des Juifs; on en trouve des compléments intéressants dans les livres de la *Mischna, de Angulo* (*Péah*), et de *Seminibus* (Zeraïm). La culture des champs n'était qu'une occupation secondaire des patriarches hébreux, tant que leur vie fut nomade, mais les Israélites s'adonnèrent sérieusement à la culture de la terre, dès qu'ils furent en possession de la Palestine; leur séjour prolongé en Egypte les avait initiés aux bonnes pratiques agricoles.

A côté de l'Egypte, les régions qui s'étendent entre le Tigre et l'Euphrate, et surtout celles baignées par les eaux des deux fleuves, ont présenté dès la plus haute antiquité une agriculture florissante. La Babylonie et la Chaldée surtout, en raison de leur sol d'alluvion, se prêtant particulièrement aux arrosages, ont eu de bonne heure une célèbre culture des céréales. L'Assyrie, au rapport d'Hérodote, rivalisa avec les deux précédentes régions asiatiques par ses productions végétales. Enfin la Syrie, ou pays de *Scham*, quoique moins bien partagée à cause des nombreuses montagnes qu'elle comprend, avait aussi, dans les plaines de la Cœlésyrie et celles qui avoisinent la mer, des cultures remarquables. Dans la Perse, l'Inde, la Chine, diverses cultures également ont été florissantes dès la plus haute antiquité. Sur cette agriculture asiatique ancienne, on possède le livre attribué à Ibn-Wahschiah et qui est connu sous le nom d'*Agriculture nabathéenne*. Le nom de Nabathéens serait celui des habitants primitifs de la Chaldée, population arabe occupant également une partie de l'Arabie pétrée, et dont Petra fut la capitale. Leurs bons exemples agricoles ont été imités par les peuples voisins. Les préceptes qui résultent de la réussite des pratiques consacrées par l'expérience auraient été consignés dès le temps de Nabuchodonosor et peut-être antérieurement dans un livre qu'Ibn-Wahschiah a traduit du chaldéen en arabe, mais en y ajoutant un grand nombre de ses propres observations. Ibn-Wahschiah vivait au troisième siècle de l'hégire, ou au dixième siècle de l'ère chrétienne. Son œuvre présente un très grand intérêt pour fixer l'état des connaissances agricoles chez les peuples asiatiques dans l'antiquité. C'est une véritable Maison rustique nabathéenne.

D'après les traditions historiques, l'agriculture a été importée de l'Egypte en Grèce. Quoi qu'il en soit, un assez grand nombre d'ouvrages où les questions agricoles sont traitées nous ont été légués par les Grecs. Les principaux sont ceux de Théophraste, d'Hésiode, de Xénophon, et enfin les géoponiques. On doit à Théophraste qui vivait à Érès, dans l'île de Lesbos, 470 ans avant Jésus-Christ, deux traités de physiologie et de culture intéressants, *Historia plantarum* et *De causis plantarum*. Hésiode, qui fut peut-être contemporain d'Homère, et qui vivait neuf à dix siècles avant notre ère, donne dans son poème *les Travaux et les Jours* une courte description des opérations de l'agriculture.

Xénophon, qui fut disciple aimé de Socrate, grand général en même temps que grand écrivain, puis aussi grand agriculteur à Scillonte, sur la frontière de l'Elide, non loin d'Olympie, a laissé plusieurs écrits utiles encore à consulter sur les travaux agricoles et la tenue du ménage des champs, quoi qu'ils aient été composés 350 ans avant notre ère; ce sont *l'Économique ou le parfait économe* et *l'Équitation*. Quant aux Géoponiques, c'est un recueil de préceptes et de procédés d'agriculture extraits de divers auteurs qui y sont nommés. Cette compilation est attribuée à Cassianus-Bassus, originaire de Bithynie, mais dont la vie est fort peu connue; on y trouve des détails sur l'économie rurale des anciens, donnés d'ailleurs sans ordre et sans esprit de critique. Elle est dédiée à l'empereur d'Orient Constantin VII surnommé Porphyrogénète, qui régna de 911 à 959, et qui paraît en avoir ordonné la rédaction. La première édition grecque fut imprimée à Bâle en 1539 par Brassicanus; une traduction en français a été faite par Antoine-Pierre de Narbonne (Poitiers, 1545), sur une traduction latine due à Cornarius; l'édition grecque avec traduction latine qui est la plus estimée est celle de Niclas (Leipzig, 1781); un abrégé en a été inséré en 1810 dans les Mémoires de la Société nationale d'agriculture par un amateur (Caffarelli); cet abrégé de 109 pages ne donne que des idées sommaires sur les divers chapitres de l'ouvrage.

L'agriculture romaine, dont la splendeur a été considérable avant de tomber entre les mains des classes inférieures et des esclaves, a été l'objet d'écrits d'une grande valeur. On connaît surtout le recueil intitulé *Scriptores rei rusticæ veteres latini*, qui donne les ouvrages des quatre agronomes latins : Caton, Varron, Columelle et Palladius, qui ont écrit, le premier 200 ans avant Jésus-Christ, le second un peu avant le commencement de l'ère chrétienne, du temps de Cicéron dont Varron fut l'ami, le troisième sous le règne d'Auguste et de Tibère, le quatrième au quatrième siècle de notre ère probablement. Saboureau de la Bonneterie, qui est connu pour une traduction estimée d'*anciens ouvrages latins relatifs à l'agriculture et à la médecine vétérinaire* (6 vol. in-8°, 1771-1785, Paris), a joint aux écrits des quatre agronomes qui viennent d'être rappelés, le traité de Publius Végèce intitulé : *Artis veterinariæ, sive mulo-medicinæ libri quatuor*. Il faut, pour avoir une idée complète de la littérature agricole latine, citer encore les vingt-huit livres sur l'agriculture composés par le Carthaginois Magon qui vivait vers l'an 140 avant Jésus-Christ. On rapporte que Scipion les préserva des flammes et les porta au Sénat après la prise de Carthage. Les Romains, dit-on, firent tant de cas de l'ouvrage de Magon qu'ils le traduisirent du punique en latin, et lui rendirent les mêmes honneurs qu'aux livres Sibyllins. Dans les premières années de l'ère chrétienne, Pline le [illegible] a composé sa vaste encyclopédie à laquelle il a donné le nom d'histoire naturelle; il y a introduit un grand nombre de renseignements sur les arts agricoles, la culture des céréales et de beaucoup de plantes, ainsi que sur l'élevage des animaux domestiques; il y a résumé toutes les connaissances qu'on possédait à son époque sur les choses rurales. Mais au-dessus de toutes les œuvres agricoles des Latins, on doit placer les *Géorgiques*, le chef-d'œuvre de Virgile, et peut-être la plus parfaite poésie que les hommes aient produite. « Je vais chanter, dit le grand poète de l'agriculture éternelle, l'art qui rend les moissons abondantes; je dirai sous quel astre il convient de labourer la terre, et d'attacher la vigne à l'ormeau, quels soins il faut donner aux bœufs, comment se conservent les troupeaux, et quelle industrie fait produire à l'abeille économe ses trésors. » Toutes les descriptions de Virgile qui se rapportent à des faits d'observation sont et demeureront toujours admirables; les interprétations des faits seuls sont entourées des erreurs qui avaient cours de son temps.

L'histoire de l'agriculture chez les Arabes semble pour les temps anciens se confondre avec celle des Nabathéens. Les Arabes paraissent, d'après les documents historiques, avoir principalement mené de tout temps une vie nomade et aventureuse, sauf dans leurs dominations occidentales, et notamment en Espagne. Vers le sixième siècle de l'hégire, le douzième de l'ère chrétienne, a été composé le traité d'agriculture d'Ibn-el-Awam qui habitait Séville et qui se livra lui-même à d'heureuses expériences de culture sur la montagne de l'Ascharf. M. Clément-Mullet a donné de cet ouvrage une très remarquable traduction (2 vol. in-8°, 1864, Paris). Ce n'est point un traité didactique, mais il constitue la réunion des meilleurs préceptes d'agronomie extraits des auteurs qui ont précédé, nabathéens, grecs, latins, arabes ou autres. M. Banqueri, en 1801, en avait donné une traduction en espagnol, et son importance en avait été aussitôt connue en France, mais il était utile qu'il passât dans notre langue. Dans un rapport fait en 1859 à la Société nationale d'agriculture sur la traduction de M. Mullet encore inédite, M. Antoine Passy s'est exprimé en ces termes : « L'ouvrage d'Ibn-el-Awam, très important en lui-même, parce qu'il contient le résumé de toutes les connaissances géoponiques et des procédés agricoles usités à cette époque, offre un autre genre de mérite; il révèle, chez les Arabes, des observations en physique et en chimie que l'on ne soupçonnait pas Comme résumé des notions préexistantes sur toute l'économie rurale ancienne, ce travail est plein d'intérêt; il constate, en outre, comment on cultivait au douzième siècle en Espagne, et dans tous les pays occupés par les mahométans, à l'époque la plus florissante de leurs conquêtes... En résumé, cette Maison rustique du douzième siècle est complète. »

Il faut vraiment franchir près de 400 ans pour trouver un nouvel ouvrage considérable sur l'agriculture. C'est en France qu'il a été publié. Les populations rurales sous Henri IV et Sully purent recommencer à s'adonner à leurs rudes travaux avec quelque sécurité. Olivier de Serres, seigneur du Pradel, s'était livré à la pratique du premier des arts dans ses domaines du Vivarais, et en même temps il avait étudié les anciens auteurs qui étaient parvenus jusqu'à lui. La première édition de son *Théâtre d'agriculture et Mesnage des champs* a paru en 1600; dans la seconde édition imprimée en 1603, il a mis en sous-titre : *Ici est représenté tout ce qui est requis et nécessaire pour bien dresser, gouverner, enrichir et embellir la maison rustique*. Jusqu'à la dix-neuvième ou vingtième édition qui fut imprimée en 1675, ce livre eut un grand et légitime succès, pour tomber pour ainsi dire dans l'ombre, sans doute parce qu'il fut enveloppé dans la proscription dont fut atteint tout ce qui provenait d'un protestant. Au commencement du dix-neuvième siècle, sur l'invitation du gouvernement, la Société nationale d'agriculture a donné une nouvelle édition de l'œuvre d'Olivier de Serres et l'a remise en honneur selon la haute estime dans laquelle tous les amis de l'agriculture doivent la tenir. Cependant la littérature agricole française n'avait fait qu'une éclipse avec l'oubli dans lequel le livre d'Olivier de Serres était tombé Plusieurs œuvres d'ailleurs attiraient la faveur du public dont l'attention était appelée sur la nécessité de donner de l'impulsion aux affaires rurales, et cependant ces œuvres étaient inférieures au *Théâtre d'agriculture ou Mesnage des champs*. C'est ainsi qu'il convient de parler de *l'Agriculture et la Maison rustique* de Charles Estienne, publiée et parachevée par son gendre Jean Liébault en 1574. Ce dernier ouvrage a été bien des fois refait ou augmenté, d'abord par Liger en 1700, puis par La Bretonnière en 1755; celui-ci avait rajeuni l'ouvrage et l'avait donné sous le titre : *la Nouvelle maison rustique, ou économie générale de tous les biens de campagne, la manière de les entretenir et de les multiplier* (2 vol. in-4°); il s'en est fait plusieurs éditions successives, augmentées et améliorées. Une autre *Nouvelle maison rustique* dans laquelle a été refondu le travail de Liger et de ses continuateurs a été donnée par J. F. Bastien (1798-1801, 3 vol. in-4°). Le *Cours d'agriculture* de l'abbé Rozier était venu dans l'intervalle; rédigé sous la forme de dictionnaire et composé de dix volumes in-4°, il donne des articles très en progrès sur la plupart des chapitres des maisons rustiques publiées jusqu'alors; mais ses mots divers, dus à quelques collaborateurs d'ordre secondaire, n'ont pas tous été revus avec une sévérité suffisante. Cependant de grands travaux d'une valeur considérable avaient été faits pour résoudre quelques-uns des problèmes les plus importants de l'agriculture. Il faut donner la première place aux livres de Duhamel du Monceau; aux efforts de Buffon et de Daubenton pour le perfectionnement des troupeaux de bêtes à laine; aux découvertes de Priestley, Ingenhouze, Sennebier, Bonnet, sur la décomposition de l'acide carbonique de l'air par les végétaux sous l'influence de la lumière; aux Mémoires et Rapports de la Société nationale d'agriculture, sur un grand nombre de perfectionnements suggérés à la pratique par les progrès des sciences; à l'action féconde de plusieurs autres associations agricoles établies dans les provinces; à la propagation de la culture du trèfle, de la luzerne, des pommes de terre. Les laboratoires de chimie font des recherches utiles à l'économie rurale en s'adonnant, grâce à des hommes tels que Proust, Vauquelin, Chevreul, à la séparation, à la détermination et à l'étude des principes immédiats tirés des végétaux et des animaux. Les analyses de Théodore de Saussure et de Berthier précisent la nature des matières minérales qui se rencontrent dans les végétaux et qu'on retrouve dans leurs cendres. Aussi deux nouveaux *Dictionnaires d'agriculture*, celui de Bosc et de plusieurs de ses confrères de la section d'économie rurale de l'Académie des sciences, et celui édité par Pourrat font connaître une nouvelle situation de l'agriculture, qui s'émancipe peu à peu de la routine et des préceptes en quelque sorte tombés du ciel et uniquement fondés sur des traditions dont quelques-unes ont un peu de vérité, parce qu'elles reposent sur des observations plus ou moins rigoureuses et sur des expériences qui commencent à être bien conduites. C'est la méthode expérimentale à posteriori qui commence à s'imposer à tous les curieux de la vérité; on sait désormais qu'il faut constater les faits qui demeurent permanents en agriculture comme dans toutes les branches de l'activité humaine, sans se préoccuper de leur interprétation qui dépend de l'état des connaissances à un moment donné et qui est nécessairement sujette à se modifier avec les progrès des idées positives et scientifiques, succédant au règne des idées purement spéculatives et lettrées. *La maison rustique du dix-neuvième siècle* (4 vol. grand in-8, 1834-1837, et un 5e volume consacré à l'horticulture quelques années plus tard), publiée par Bailly, Malepeyre et Bixio, obtient un grand succès; elle fait entrer l'agriculture dans une ère nouvelle, celle des vérifications expérimentales, quoiqu'elle laisse encore une trop grande part à des assertions non justifiées; un peu plus tard *le Livre de la Ferme* publié sous la direction de Pierre Joigneaux (1855) accentue le mouvement vers un progrès qui n'éprouve plus de recul; il en est de même de l'*Encyclopédie pratique de l'agriculteur* de Moll et Gayot, qui renferme de très bons articles bien développés à côté d'autres qui sont écourtés et un peu discordants. Mais c'est l'état de l'agriculture et de l'agronomie à un moment donné, sans avance sur l'avenir et peut-être en retenant plutôt qu'en accélérant les applications utiles; on ne prévoit pas encore les révolutions futures. Cependant plusieurs œuvres d'une grande valeur ont ouvert de nouveaux horizons; il faut citer le *Cours d'agriculture* du comte de Gasparin, l'*Économie rurale* de Boussingault, les livres sur l'*Économie rurale de l'Angleterre et de la France* de Léonce de Lavergne, l'*Essai sur la statique chimique des êtres organisés* de MM. Dumas et Boussingault, les découvertes de M. Pasteur sur le rôle des microbes.

La chimie agricole avait été définitivement fondée du jour où Gay-Lussac avait donné un procédé de dosage exact pour la détermination de l'azote dans les matières organiques et où il avait montré le rôle des principes azotés dans les semences, ou plus généralement dans les organes des plantes et des animaux appelés à assurer la reproduction des espèces. De même qu'on avait déjà découvert la grande utilité du marnage ou du chaulage dans les terres argileuses ou siliceuses, on met en évidence le rôle du phosphore et de la potasse dans la végétation, et l'on apprend à répandre, dans les terrains qui en manquent, des phosphates et de la potasse dont on trouve d'importants gisements. La théorie des engrais complémentaires de M. Chevreul reçoit une éclatante démonstration. Des écoles où l'enseignement agricole atteint enfin ou à peu près la hauteur à laquelle il doit être placé, sont fondées et forment des agriculteurs instruits dont l'émulation est soutenue par des concours efficaces et excitée par des associations agricoles savantes ou au moins appelant la lumière par la discussion. Des journaux agricoles qui ne se contentent plus d'enregistrer des recettes empiriques contestables, mais qui soumettent les théories à une critique chaque jour plus sévère, prennent faveur parmi le public agricole qui désormais a confiance dans la science. Le premier, M. Boussingault a soumis au contrôle de l'analyse chimique la théorie des assolements sur laquelle on avait cherché à fonder l'agriculture tout entière; il a montré qu'il n'est pas vrai qu'il y a équilibre entre la quantité des matières azotées et des principes minéraux qui existent dans le sol après une rotation, en y ajoutant les principes apportés par les fumures, et d'un autre côté les matières enlevées par les récoltes exportées. La nécessité de la restitution au sol par l'apport provenant du dehors a dès lors été mise en évidence; une révolution s'est faite dans l'agriculture, l'agronomie a reçu enfin des mains de M. Boussingault une base solide, que l'illustre savant a élargie constamment par un grand nombre de mémoires contenus dans sa publication intitulée *Agronomie, chimie agricole et physiologie*.

Désormais les livres d'agriculture se multiplient presque à l'infini, et si l'on doit reprendre quelque chose à cette activité, c'est peut-être sa surabondance et son manque d'originalité, parfois même l'ignorance des découvertes de la science. Les auteurs n'ont pas malheureusement, en général, recours aux sources et aux vérifications; ils écrivent de seconde main, si l'on peut s'exprimer ainsi; l'enseignement, s'il gagne en étendue, perd en profondeur et en exactitude. Néanmoins d'immenses progrès sont réalisés par l'emploi des machines et des engrais, par un meilleur élevage des animaux domestiques, par l'élévation, lente mais continue, des classes rurales. La construction des instruments d'agriculture est tout d'un coup devenue une grande industrie très prospère qui a donné lieu à la création d'importantes usines et de vastes établissements commerciaux entre les mains des Albaret, Meixmoron de Dombasle, Cumming, Pinet, Gérard, Brouhot, Bodin, Del, Lotz, Gautreau, Pécard, Pilter, Pernollet, Marot, Peltier, Maréchaux, Dumont, Mabille, Garnier, Noël, et beaucoup d'autres encore; cette nomenclature démontre un mouvement progressif qui marque une transformation agricole vraiment très remarquable.

Les peuples ne vivent plus séparés les uns des autres; il y a solidarité entre tous les progrès des nations civilisées, et l'économie rurale ne peut faire des conquêtes pour une contrée privilégiée seulement. Dès avant la fin du dix-huitième siècle, on se préoccupe en France du mouvement en avant de l'agriculture anglaise. L'agronomie s'est fondée pour tous et non pour quelques-uns; si l'agriculture est encore un art de localité, elle a pour guide une science qui est de tous les temps et de tous les climats. On vient de constater la part brillante de la France dans la transformation de l'agriculture, dans les découvertes qui ont permis de changer les routines aveugles en pratiques éclairées par une science positive. Si l'on a justement rappelé que, dans les diverses parties du monde ancien, il y avait eu de glorieux précédents qui avaient préparé la situation nouvelle, il convient de préciser ce qui appartient aux diverses nations modernes dans le progrès général agricole.

Le rôle de l'agriculture britannique dans l'avancement du progrès général de l'Europe entière doit être indiqué comme étant de premier ordre; il a été également décisif dans le nouveau monde; il est attesté par des œuvres hors ligne dès le dix-septième siècle, et surtout dans le cours des dix-huitième et dix-neuvième siècles.

Le premier traité anglais sur l'agriculture a été publié en 1534 sous le titre *The book of Husbandry* (le livre de l'agriculture), par sir A. Fitzherbert. Il renferme l'assainissement et la fumure des terres; il recommande l'emploi de la chaux et de l'engrais de mer qu'on appelle le merle; il insiste beaucoup sur l'avantage des clôtures des champs, dont l'usage a amené l'entretien du bétail dans les herbages. En 1539, le même auteur publiait *The book of surveying and Improvements* (le livre de l'arpentage et des améliorations rurales); il y donne la description minutieuse des pratiques agricoles de l'époque; cet ouvrage servait encore de guide au commencement de ce siècle, principalement en ce qui concerne la culture des céréales.

Sous le règne d'Élisabeth, l'agriculture anglaise prit un développement remarquable. Les progrès se manifestèrent surtout par la multiplication des chevaux et du bétail en Angleterre et en Écosse. On constate en 1565 l'introduction de la pomme de terre dans la Grande-Bretagne, mais elle reste durant deux siècles simplement plante de jardin. Les principaux auteurs agricoles du règne d'Élisabeth sont : Thomas Tusser, Googe et sir Hugh Platt. Le traité de Thomas Tusser, publié en 1562, sous le titre de *The five hundred points of Husbandry*, fut recommandé par lord Molesworth pour l'enseignement dans les écoles, car dès cette époque, chose remarquable, on s'occupait en Angleterre de répandre l'enseignement agricole. L'ouvrage de Barnaby Googe parut en 1578, et celui de sir Hugh Platt en 1594; on y trouve la preuve que dès cette époque la sollicitude des éleveurs se portait sur l'amélioration de l'espèce ovine; quelques-uns ont pensé y trouver la preuve que les mérinos espagnols viennent d'Angleterre.

Au dix-septième siècle les progrès de l'agriculture augmentent en Angleterre. La culture du trèfle y est introduite en 1645 par sir Richard Weston, à qui l'on doit sans doute aussi l'énorme développement qu'a pris dans la Grande-Bretagne la culture des turneps si importante pour subvenir aux besoins de l'alimentation d'un bétail de plus en plus nombreux. Diverses publications exercèrent une influence marquée sur les progrès agricoles durant ce siècle. Il faut citer d'abord le travail d'un mérite considérable intitulé : *Sir John Norden's surveyor's dialogue* paru en 1607; puis *Worlidge's Systema agriculturæ* où les progrès des prairies et de la culture des plantes fourragères sont principalement poursuivis. La première notice sur la nourriture des moutons dans les champs avec les turneps a paru dans le journal commencé en 1681 sous le titre : *Houghton's collections on Husbandry and Trade*. Parmi les autres écrivains anglais à qui l'agriculture britannique de l'époque doit d'avoir continué sa marche en avant durant ce siècle, il faut nommer encore Bacon, qui, dans son *Histoire naturelle*, a fait plusieurs observations curieuses sur les choses rurales, le botaniste Ray dont les travaux sont riches en faits utiles au développement agricole, et Evelyn, grand propagateur des progrès de toutes sortes.

A partir de la révolution de 1688, jusque vers le milieu du dix-huitième siècle, il y a peu de changements dans la situation agricole qui reste quelque temps stationnaire en Angleterre. Cependant en 1731, Jethro Tull, cultivateur du Berkshire, publia son *Horse hœing Husbandry* dans lequel il a proposé un système spécial de culture, qui, quoiqu'il n'ait pas été adopté, a exercé une influence durable sur les assolements en faisant adopter l'alternance des cultures. Mais un grand fait se produit vers le milieu du dix-huitième siècle, lorsque Bakewell commence la transformation de la race ovine de Leicester. Charles et Robert Colling travaillent de leur côté à la création de la race bovine courtes-cornes. A cette époque paraissent un très grand nombre d'ouvrages agricoles, mais pour la plupart ce sont des œuvres de compilation. Alors s'élève au-dessus de cette masse d'écrits de simple vulgarisation tout d'abord l'ouvrage que publia en 1578, sous le titre de *The principles of agriculture and vegetation* (Edimbourg, in-folio; traduit en français par Marais en 1761, Paris, in-folio), Francis Home, médecin écossais et professeur à l'Université d'Edimbourg, qui a été l'initiateur des applications à l'agriculture de la chimie alors naissante. Puis en 1767, Arthur Young, qui a exercé une très grande influence sur les progrès de l'agriculture, tant dans la classe des propriétaires que dans celle des fermiers, commença la publication de ses livres si entraînants; d'abord *The Farmer's letters to the people of England*, puis les comptes rendus de ses voyages agricoles dans les différentes parties de l'Angleterre, en France, en Irlande, son calendrier et son guide des fermiers, son cours d'agriculture, son arithmétique politique, et une foule de mémoires spéciaux tinrent éveillée l'attention publique sur toutes les questions relatives au développement de l'agriculture. Ces ouvrages eurent d'ailleurs un grand retentissement sur le continent et particulièrement en France, car on était parvenu à l'époque où les progrès agricoles d'un pays devaient désormais être imités dans les pays voisins ou rivaux. Aussi les principaux livres de tout écrivain agricole vraiment autorisé par ses travaux ou ses découvertes furent-ils dès lors traduits en français. Ainsi en est-il des ouvrages d'Adam Dickson et du docteur R. W. Dickson, de l'illustre chimiste sir Humphry Davy qui fonda définitivement la chimie agricole, de sir John Sinclair dont Mathieu de Dombasle ne dédaigna pas de faire connaître le *Code of agriculture* sous le titre de *L'Agriculture pratique et raisonnée;* sir John Sinclair la dédia du reste à la Société nationale d'agriculture dont il faisait partie comme membre étranger depuis 1787.

Tandis que ces grands travaux de doctrine s'exécutaient en montrant que les progrès de l'agriculture dépendent des découvertes des sciences, il se fondait diverses associations agricoles ayant pour but de développer et de propager toutes les améliorations. Ce fut d'abord en Écosse, dès 1723, *The society of Improvers in the Knowledge of agriculture;* puis en 1784, *The Highland and agricultural society of Scotland*; un peu plus tard, en 1791, la Société agricole de Bath et de l'ouest de l'Angleterre; et enfin en Angleterre, à la fin de 1798, le club de Smithfield; plus tard, en 1838, vint le tour de *The royal and agricultural society of England* qui joue un rôle considérable pour maintenir l'agriculture anglaise à la tête de l'agriculture européenne. En outre, un grand nombre de sociétés de districts furent établies, et tous les ans elles joignent leur féconde action à celle des sociétés qui embrassent tout un royaume.

Ces diverses associations ont surtout agi pour faire adopter par les cultivateurs les animaux reproducteurs des races améliorées et les machines et instruments perfectionnés. C'est ainsi que peu à peu les étables et le matériel agricole de tout le Royaume-Uni de la Grande-Bretagne se sont transformés. Des hommes spéciaux très versés dans les choses rurales ont de plus été élevés par le collège d'agriculture de Cirencester fondé en 1845 pour tenir la science agricole à la hauteur de toutes les découvertes. L'histoire du bétail anglais a été faite par David Low, professeur d'agriculture à l'Université d'Edimbourg, dont l'œuvre a été traduite en français par Royer. Quant aux inventions successives dont les instruments ont été l'objet, elles remontent, pour les principales, à la fin du siècle dernier; les nouvelles machines se sont surtout répandues après la fondation par Robert Ransome, en 1785, du grand établissement de construction d'Ipswich; d'autres immenses ateliers de construction furent successivement établis par les Howard, les Garrett, les Crosskill, les Samuelson, les Hornsby, les Clayton, les Marshall, les Aveling, les Fowler et tant d'autres. La mécanique agricole rivalisa bientôt avec les industries les plus considérables de l'Angleterre. Les charrues perfectionnées, les herses, les semoirs, les houes à cheval, les rouleaux, les machines à battre, les hache-paille, les coupe-racines, puis les appareils pour le labourage à vapeur et pour faire mécaniquement la fauchaison des prés ou la moisson des céréales, beaucoup d'autres appareils encore devinrent vulgaires. Une véritable révolution s'est faite qui a gagné le monde agricole tout entier, avec un concours réciproque, car plusieurs peuples ont pris part ensemble au mouvement progressif, les inventions de l'un étant appliquées par les autres et servant à amener de nouveaux perfectionnements utiles à tous.

Parallèlement, une autre nouveauté s'est produite, c'est l'emploi des engrais du commerce. A l'Angleterre revient l'honneur de l'initiative de l'usage sur une grande échelle du guano, du nitrate de soude, des superphosphates, du sulfate d'ammoniaque, des sels de potasse. Si les expériences et les théories qui expliquent l'utilité et l'action de ces engrais sont dues pour la plupart à des chimistes français et allemands, d'une part surtout à M. Boussingault, et d'autre part à Liebig, il convient tout de suite d'ajouter que les recherches des chimistes de la Société royale d'agriculture d'Angleterre, et surtout celles de MM. Lawes et Gilbert à Rothamsteed, ont jeté la plus vive lumière sur les besoins des récoltes en principes azotés, potassiques et phosphorés, et sur le degré de nécessité de la restitution de ces divers principes dans les différents sols. L'alimentation des animaux est également étudiée avec les mêmes soins dans le laboratoire de Rothamsteed, mais ce genre de recherches a produit moins de résultats immédiatement utiles à l'agriculture.

On peut suivre tout le mouvement du progrès agricole dans la Grande-Bretagne en consultant les importants ouvrages encyclopédiques qui y ont été successivement publiés; nous citerons tout d'abord le livre de Loudon intitulé: *An encyclopedia of agriculture, comprising the theory and practice of the valuation, transfer, layng out, improvement and management of landel property; and the cultivation and economy of the animal and vegetable production of agriculture, including all the latest improvements; a general history of agriculture in all countries, and a statistical view of its present state, with suggestions for its future progress in the british isles* (2° édition, 1831, in-8° de 1378 pages y compris deux suppléments). Cet ouvrage est divisé en quatre parties : 1° l'agriculture considérée dans ses origines, ses progrès, son état présent chez les différentes nations, son administration, les climats; 2° l'agriculture considérée comme une science; 3° l'agriculture telle qu'elle est pratiquée dans la Grande-Bretagne; 4° statistique de l'agriculture britannique. Ses suppléments suivent le même ordre pour exposer les progrès récemment effectués.

Le second ouvrage dont les agriculteurs se servent continuellement est *The book of the Farm* (2 vol. in-8° de 1600 pages; 2° édition, 1812), par Henry Stephens, qui a été tiré à un grand nombre d'exemplaires et dont les éditions successives ont été tenues au courant du progrès; il est divisé en six parties : 1° introduction relative aux connaissances que doit posséder un agriculteur; 2° travaux agricoles de l'hiver; 3° travaux du printemps; 4° travaux de l'été; 5° travaux de l'automne; 6° réalisation ou travaux généraux et administration des exploitations agricoles. Un peu plus tard, en 1865, John C. Morton a publié, avec la collaboration d'un grand nombre d'agronomes éminents tels que John Lindley, Bentham, James Buckman, Berkeley, Thomas Way, Voelcker, Wrenn Hoskyns, Philip Pusey, James Caird, etc., *A cyclopedia of agriculture practical and scientific, in which the theory, the art, and the Business of Farming, are thoroughly and practically treated* (2 vol. in-8°, ensemble de 2196 pages); ici l'ordre alphabétique est adopté; c'est un véritable dictionnaire de l'agriculture, mais absolument spécial à l'Angleterre, et par conséquent très incomplet pour une agriculture aussi variée que celle de la France. C'est d'ailleurs le caractère propre de tous les livres d'agriculture anglais qui se sont aussi multipliés durant le dix-neuvième siècle que dans les siècles passés, et parmi lesquels nous citerons encore : *British agriculture containing the cultivation of land, management of crops, and the economy of animals*, par le professeur J. Donaldson, *government land surveyor* (1860, 1 vol. in-8° de 835 pages); puis *British Farming, a description of the mixed Husbandry of great Britain*, par John Wilson, fermier dans le Berwickshire (1862, 1 vol. in-8° de 565 p.), sans compter une foule d'ouvrages spéciaux de tous les formats, de tous les prix, sur toutes les questions particulières de culture ou d'élevage. C'est qu'en Angleterre et en Ecosse, les livres d'agriculture sont partout d'un fréquent usage; les bibliothèques agricoles sont nombreuses; on en trouve chez un grand nombre non seulement de propriétaires, mais encore de fermiers. Les journaux agricoles comptent aussi de nombreux abonnés dans tous les districts, et parmi eux il faut citer, après les deux publications magistrales, mais seulement trimestrielles et semestrielles, de la Société royale d'agriculture d'Angleterre et de la Société d'Écosse et des Highlands, les journaux hebdomadaires : *The Agricultural Gazette, The Farmer, The Mark Lane Express, The Live Stock Journal, Land and Water.* Si l'on ajoutait encore les nombreuses publications agricoles des divers comtés et les mémoires des associations provinciales, on arriverait à une publicité dont on n'a nulle idée dans les autres pays, même parmi ceux où le développement du progrès agricole est le plus considérable.

En Allemagne, le mouvement agricole a eu un véritable éclat pendant quelques années, et il a encore une influence marquée sur les doctrines et les pratiques de l'agriculture tant de la France que de l'Angleterre elle-même. Le plus ancien auteur allemand qui ait écrit sur l'agriculture est Conrad Heresbach, né en 1509, dans le duché de Clèves, mort en 1576, et qu'on a appelé le Columelle de l'Allemagne. Son livre a pour titre : *Rei rusticæ libri quatuor, universam agriculturæ disciplinam continentes; etiam de venatione, aucupio et piscatione compendium* (Cologne, 1570, 1573; Spire, 1595, in-8°). Dans la partie consacrée à l'agriculture, il décrit les différentes pratiques connues des anciens et il en fait l'application à l'Allemagne, mais c'est surtout une compilation à laquelle il ajoute les résultats de sa propre expérience. Dans les parties relatives à la chasse, à l'oisellerie, à la pêche, on trouve des faits curieux, dont plusieurs malheureusement ne sont pas exacts. Il faut arriver jusqu'à la fin du dix-huitième siècle pour rencontrer un auteur exerçant une sérieuse influence sur l'agriculture allemande; ce fut d'abord Schubart surnommé baron de Kleefeld (champ de trèfle), célèbre parce qu'il fit de grands efforts pour répandre la culture du trèfle et des plantes fourragères. Ses principaux écrits sur l'économie rurale parurent en 1786, une année avant sa mort. Vint ensuite Albert Thaer qui, en 1794, publia son *Introduction à l'étude de l'agriculture anglaise*, et bientôt après commença les *Annales de l'agriculture*, journal qui parut sous son nom jusqu'en 1824. La réputation qu'il avait acquise l'avait placé dans une telle situation qu'il put fonder en 1806 l'Institut agricole de Mœglin. Son œuvre agricole capitale vit le jour en 1810; elle est intitulée *Principes raisonnés d'agriculture;* elle a été traduite de l'allemand par le baron Crud (Genève, 1811-1816; 2° édition, 1828-1831; 4 vol. in-8° et atlas). C'est un ouvrage où les théories spéculatives ont malheureusement le pas sur les faits d'expérience. Il a exercé assez longtemps une grande influence sur la direction imprimée à l'enseignement de l'agriculture. Il a fallu les découvertes de la chimie moderne pour qu'on renonçât à se payer des mots qu'il avait introduits dans l'agronomie et qui tenaient lieu de bonnes raisons, fondées sur la méthode expérimentale à posterioti, dont l'Allemagne ne tarda pas d'ailleurs à reconnaître toute la valeur. Les œuvres de Schwerz ont été une première réaction contre les nébulosités de Thaër; ses préceptes d'agriculture pratique quoiqu'ils soient encore entachés par parties des théories qui avaient alors cours, sont vraiment remarquables, car l'auteur sait distinguer les faits de leur interprétation, et il n'accorde qu'une importance secondaire à cette dernière en s'efforçant d'exposer surtout des faits exacts. C'est ce que l'on peut constater à la lecture des six volumes suivants : 1° *Connaissance des terres en agriculture, de la température et de ses effets, des engrais, préparation des fumiers, leur valeur comparative et leur application* (traduit de l'allemand par de Schauenburg); 2° *Culture des plantes à grains farineux, ou céréales et plantes à cosses, assolements, labours, quantité de semence, récolte et son rendement; de la paille, son rapport avec le grain, ses propriétés comme fourrage pour la nourriture des animaux;* 3° *Culture des plantes fourragères et leurs différents emplois économiques dans l'alimentation des chevaux et du bétail;* 4° *Culture des plantes économiques, oléagineuses, textiles et tinctoriales* (traduit par M. Laverrière); 5° *Assolement et culture des plantes de l'Alsace* (traduit par M. Rendu); 6° *Manuel de l'agriculteur commençant, ou instruction sur la nature, la valeur et le choix de tous les systèmes de culture ou assolements connus* (traduit par MM. Ch. et Félix Villeroy). Ces divers volumes peignent l'époque où ils ont été composés : on sentait le besoin, la nécessité d'expériences reposant sur des moyens précis de mesure, et ces moyens commençaient à peine à être fournis par la chimie. Gay-Lussac et Boussingault, avaient, le premier donné, la première méthode du dosage des matières azotées susceptible d'exactitude; le second, cherché les rapports entre les matières contenues dans le sol arable et celles enlevées par les récoltes. C'est alors que Liebig intervint en Allemagne dans le débat. Élève des grands chimistes français dont il avait suivi les cours et étudié les méthodes dans les laboratoires, il se posa comme novateur de premier jet; il fut écouté et cru. Seulement il dépassa le but. Il a émis l'idée que dans l'agriculture il ne fallait s'occuper que de restituer à la terre arable les éléments minéraux enlevés par les récoltes; il a soutenu que l'analyse des cendres des plantes était la seule chose dont on eut à se préoccuper pour pouvoir donner un guide sûr aux cultivateurs. La hardiesse du point de vue, la nouveauté d'un grand nombre d'aperçus séduisirent, aussi bien en Angleterre qu'en Allemagne; le retentissement fut même très grand en France, quoique l'enthousiasme y ait été moindre. Un mot surtout fit fortune. Liebig ayant compris qu'un système de culture dans lequel on exporte constamment des grains et l'on ne se sert que des engrais faits avec le fumier, aboutit à diminuer constamment la masse des éléments minéraux d'une exploitation, a dit que c'était là faire de l'agriculture de vol ou de rapine ou de l'agriculture vampire. Ce mot a fait pour la propagation de la doctrine des restitutions nécessaires au sol arable, plus que les démonstrations scientifiques les mieux déduites. Mais Liebig était allé trop loin en soutenant qu'on ne devait s'occuper de rendre à la terre cultivée que les matières trouvées dans les cendres des végétaux et qui n'existeraient pas en quantité suffisante dans le sol. Les entreprises fondées sur cette doctrine étroite sont tombées, et le maître a fini par reconnaître qu'il fallait encore restituer au sol au moins des matières azotées. Le *Traité de chimie appliquée à la physiologie végétale et à l'agriculture* (1 vol. in-8°, traduit en français par Ch. Gerhardt, 2° édition, 1844); les *Lois naturelles de l'agriculture* (2 vol. in-8°, traduction française de Ad. Scheler, 1865); les *Lettres sur l'agriculture moderne* (1 vol. in-12, traduction française du docteur Swarts, 1862) sont les principaux ouvrages dans lesquels Liebig a exposé, avec la passion scientifique entraînante qui formait son originalité, les doctrines nouvelles à l'aide desquelles il a renversé absolument celles de l'ancienne école agricole allemande.

Désormais la restitution est regardée comme incomplète si l'on n'ajoute pas au fumier des engrais minéraux ou azotés dont la quantité et la nature dépendent et des récoltes à obtenir et des sols sur lesquels l'agriculture opère. Les expériences qui se poursuivent à Hohenheim et dans les nombreuses stations agronomiques établies depuis lors en Allemagne, vérifient constamment la vérité du système et indiquent les applications qu'il faut en faire suivant chaque cas particulier.

Pierre Crescenzi, né à Bologne en 1230, est considéré comme le restaurateur de l'agriculture italienne au treizième siècle. Son ouvrage, intitulé *Opus ruralium commodorum, libri duodecim*, est regardé comme un monument dans l'histoire de l'agriculture; il fut traduit du latin en français, en 1373, par ordre du roi Charles V, et en italien vers la même époque. Après l'invention de l'imprimerie, il fut un des premiers ouvrages livrés à la presse, et on l'a encore réimprimé au commencement du dix-neuvième siècle. Les irrigations et les cultures fourragères et horticoles étaient en pleine prospérité dès avant le treizième siècle dans plusieurs provinces de la Péninsule, principalement en Lombardie et en Toscane. Tarello, dont l'ouvrage intitulé *Ricordo d'agricoltura* parut à Venise en 1567, fit valoir les avantages de la multiplicité des labours pour la culture du blé et l'importance de la succession des récoltes. En 1592, J. B. Porta fit paraître son ouvrage *Villæ* lib, XII qui est une véritable maison rustique: le premier livre traite de l'agriculture en général et de l'établissement de la ferme; le deuxième, des bois de construction; le troisième, des arbres à fruit qui croissent spontanément dans les forêts; le quatrième, des soins que l'on doit donner aux arbres et des différentes sortes de greffes; le cinquième, du verger; le sixième, de l'olivier; le septième, et le huitième de la vigne; le neuvième, des fleurs; le dixième, des plantes potagères; le onzième, des céréales; le douzième, des prairies. C'est la description intégrale de l'agriculture pratique à laquelle on reste attaché en Italie durant des siècles sans faire de mouvement. Cependant Toaldo, au dix-huitième siècle, montra le premier peut-être les avantages que l'agriculture pourrait tirer de la météorologie fondée sur des observations positives. Les malheurs de l'Italie expliquent un état stationnaire que de grandes œuvres ont fait récemment cesser. Un ouvrage magistral nouveau a été publié par Berti Pichat, de 1854 à 1872, et de toutes parts on peut constater une seconde renaissance de l'agriculture italienne. Tous les progrès pénètrent dans la Péninsule et ils y sont appliqués avec suite, malgré les difficultés qu'oppose à quelques-uns une législation mauvaise, dont la réforme ouvrira une ère de grande prospérité.

Après l'éclat de l'agriculture en Espagne, sous la domination des Maures, il y eut une décadence dont ce pays ne s'est pas encore complètement relevé, quoiqu'il y ait des provinces dont la prospérité est très grande, grâce surtout aux irrigations. Le plus ancien ouvrage sur l'agriculture espagnole, après les Maures, a été publié en 1570 par Gabriel-Alphonse Herrera; c'est un traité en plusieurs livres, composé principalement d'extraits des agronomes antérieurs. Les dernières éditions contiennent en outre des extraits ou mémoires de Michel Agostin, auteur des *Secrets de l'agriculture* (1626), de Gonzalve de las Cazas, sur les vers à soie (1581), etc. Plus tard, en 1795, don Antono Josef Cavanilles fit paraître sous le titre : *Observaciones sobre la historia natural, geografia, agricultura, poblacion y frutos del Reyno de Valencia*, le plus utile et le plus important ouvrage qui ait été publié en Espagne sur l'histoire naturelle et l'agriculture. Depuis lors il n'y eut guère dans la péninsule Ibérique que des traductions de livres agricoles étrangers ou des compilations de seconde main. Il faut en excepter l'ouvrage récent (1870) de M. Andrès Llaurado intitulé *Tratado de aguas y riegos*, qui montre que les irrigations n'ont pas cessé d'être pratiquées en Espagne avec grand succès.

L'économie rurale de l'empire russe fut pour la première fois décrite par le professeur Pallas, dans ses voyages d'exploration exécutés en diverses parties de la Russie par ordre de l'impératrice Catherine. La culture par épuisement était exclusivement pratiquée dans ces vastes régions et les choses ont continué à rester les mêmes jusqu'au delà du milieu de ce siècle, à l'époque où Jourdier a publié ses *Voyages agronomiques en Russie*. Depuis lors seulement les détenteurs du sol s'occupent d'améliorer les moyens d'exploitation et commencent à restituer à la terre les richesses qu'ils lui ont enlevées.

Dès 1765, il avait été fondé une société d'agriculture sous le titre de Société impériale économique; elle a développé surtout son activité dans le nord de l'empire; son siège est à Saint-Pétersbourg, elle possède une ferme à Okhta. Dans ces dernières années, elle s'est surtout attachée d'une part à l'amélioration du bétail, d'autre part et surtout à la propagation des instruments d'agriculture perfectionnés. Elle a aussi contribué à la fondation d'écoles d'agriculture, et notamment de l'Institut agronomique de Saint-Pétersbourg, et de celui de Gortri, près de Mohilew. Dans le midi de la Russie, à Odessa, il s'est fondé en 1818 une Société d'agriculture qui remplit pour la Russie méridionale le même rôle que la Société économique de Saint-Pétersbourg pour la Russie septentrionale. On doit à cette seconde Société la création d'une grande ferme-école où toutes les cultures nouvelles sont essayées. La société, d'ailleurs, ne néglige aucun effort pour amener l'amélioration du bétail et propager les machines perfectionnées. Dès 1802, il avait été fondé à Moscou une première fabrique de machines agricoles, qui débuta par la construction de batteuses. Dans cette ville, il existe aussi une Société d'agriculture et une Académie agricole.

Le Danemark est un des pays du Nord dont les progrès agricoles ont été de bonne heure les plus considérables, quoique la propriété rurale y ait été longtemps, et y soit encore, dans une certaine mesure, soumise à de grandes servitudes provenant de l'antique organisation féodale du pays. C'est dans le Danemark, comme en Suède et en Norvège, que l'influence de la lumière sur la végétation se trouve le mieux mise en évidence par suite de la brièveté de la saison chaude, compensée, en partie, par la longueur simultanée des jours. Ce pays a donné l'exemple de la fondation de l'enseignement agricole: ainsi dès 1773 une école royale vétérinaire était établie à Copenhague, et en 1801 un professeur d'agriculture était nommé à l'Université de cette ville. Une des plus anciennes sociétés d'agriculture est la Société royale de Danemark créée en 1769, c'est-à-dire quelques années seulement après la Société nationale d'agriculture de France. L'état avancé de l'agriculture dans le Danemark, le Holstein et le Sleswig a été signalé dans les remarquables études économiques publiées sur ces pays par M. Tisserand.

L'agriculture a été, dès la plus haute antiquité, estimée en Suède; le cultivateur a toujours été libre, indépendant, et jamais dans cette contrée on n'a vu de paysans attachés à la glèbe. L'amélioration du bétail a été regardée de bonne heure comme un des principaux besoins du pays; il existait un haras, celui de Stromsholm, dès 1694. Une école vétérinaire était établie à Scara en 1774. Des écoles agricoles, des vacheries et des bergeries modèles ont aussi été établies de bonne heure et en grand nombre dans le pays, où l'on doit signaler les Instituts agricoles supérieurs d'Ultuna et d'Alnarp. La laiterie y a reçu des soins particuliers, et c'est en Suède qu'a été inventée la méthode de la fabrication du beurre par la réfrigération du lait au moyen de l'eau glacée. Une Académie royale d'agriculture a été fondée dès 1811 à Stockholm; cette institution agronomique occupe une haute situation scientifique. Il n'est pas possible de ne pas rappeler que Linné, un des plus grands naturalistes du dix-huitième siècle, appartient à la Suède et a ajouté à la grande illustration de l'Université d'Upsal; on lui doit une classification générale des plantes qui a puissamment contribué au développement de la connaissance des végétaux.

L'agriculture norvégienne a suivi toujours de près celle de la Suède; de grands établissements agricoles y ont été créés, notamment près de Christiania. C'est dans les pays scandinaves que les progrès de la mécanique agricole se sont tout d'abord développés.

L'agriculture des Pays-Bas ou de la Néerlande se distingue, entre toutes, par les conquêtes considérables qu'elle a faites sur les eaux. Les dessèchements du lac de Haarlem, de Vierambacht Polder et de Zuidplas-Polder ont eu pour effet de mettre en culture de vastes espaces dont le niveau est inférieur de 4 à 6 mètres à celui du niveau de la mer. D'après M. Staring à qui l'on doit des ouvrages importants sur l'agriculture de la Néerlande, de 1540 à 1858, on a conquis 155000 hectares sur la mer. Le mouvement a présenté des variations considérables. De 1540 à 1566, on a gagné annuellement 621 hectares ; la moyenne tombe ensuite de 17 à 84 hectares, à la suite des guerres du dix-septième et du dix-huitième siècle. Mais depuis quatre-vingts ans, l'œuvre a reçu une nouvelle impulsion : de 1855 à 1858, la moyenne des dessèchements a été de 1066 hectares par an. Ces travaux caractéristiques et gigantesques continuent; le Zuydersée sera, à son tour, transformé en plaines fertiles. En 1769, le docteur J. Le Francq-Van Berkey a publié une histoire naturelle de la Hollande, qui a été le point de départ de nombreux travaux dont l'influence sur la production agricole a été heureuse.

La couronne de l'agriculture belge est certainement l'agriculture des Flandres dont la grande réputation remonte à une haute antiquité. « La supériorité, dit M. de Laveleye dans son important ouvrage sur l'économie rurale de la Belgique, des cultivateurs flamands, surtout pour mettre en rapport les terres sablonneuses ou marécageuses, était tellement reconnue au moyen âge, que les souverains les appelaient de toutes parts pour prendre conseil de leur expérience. C'est ainsi que, pendant le cours du douzième siècle, des colonies flamandes se sont répandues dans la Saxe, la Thuringe, le Holstein et jusque dans les provinces de la Transylvanie et de l'Autriche méridionale, et les traces de leurs établissements se sont conservées dans le nom de certaines localités et de certaines coutumes. » Les premières données positives concernant l'agriculture flamande ont été publiées à la fin du seizième siècle. Depuis que la Belgique s'est constituée comme État indépendant en 1830, sa prospérité agricole n'a fait que grandir; c'est le pays le mieux cultivé et le plus productif du monde entier; l'enseignement agricole et vétérinaire y est bien organisé. On doit une mention spéciale à l'Institut agricole fondé à Gembloux par le gouvernement belge.

L'agriculture suisse est éminemment pastorale. Le bétail y est soigné par de bonnes habitudes séculaires. C'est un des pays où l'enseignement de l'agriculture a été le plus tôt bien compris, et le laboureur tenu en haute estime. Dès le commencement du siècle dernier, un paysan, Jacques Guyer, surnommé petit Jacques, était donné en exemple dans le pays de Zurich. L'histoire de l'agriculture suisse enregistre aussi avec honneur le nom d'Emmanuel de Fellenberg, le fondateur de l'Institut d'Hofwyl.

L'empire austro-hongrois présente les climats les plus divers, et par conséquent les produits les plus variés. C'est à partir de 1848 seulement que la situation d'infériorité et de dépendance du paysan, ainsi que tous les droits seigneuriaux, ainsi que les charges qui pesaient sur la population rurale, ont été supprimés. Les progrès de l'agriculture se sont depuis lors fortement développés; il a été imprimé une impulsion énergique à l'enseignement agricole.

La prospérité du Portugal a été longtemps absolument dépendante de ses colonies; cependant depuis quelques années, une impulsion a été donnée à son agriculture. L'enseignement officiel en a été établi en 1852; un institut agricole a été fondé à Lisbonne. La viticulture est une des principales richesses du pays, elle a été le sujet d'importants travaux, et particulièrement d'un ouvrage remarquable dû à M. le vicomte de Villa-Maior

Dans le nouveau monde, les conquérants qui d'Europe vinrent prendre possession des vastes régions situées dans l'hémisphère dont nos ancêtres ignoraient l'existence, trouvèrent une agriculture certainement très avancée dans quelques parties des deux Amériques. Mais par des guerres d'extermination ils firent disparaître les populations qui la pratiquaient, et ils se contentèrent tout d'abord d'épuiser le sol en en arrachant les innombrables richesses qu'ils gaspillaient le plus souvent de la manière la plus déplorable. Les terres de l'Amérique ont fini par être entièrement livrées aux races européennes, qui se sont efforcées de jouir sans prévision d'avenir. Elles n'ont même pas tout d'abord songé à imiter les pratiques des Péruviens et des Mexicains; cependant l'emploi du guano pour fertiliser les terres stériles fut emprunté par les Espagnols aux Indiens. Deux systèmes de culture durent s'imposer.

Dans les régions où les plantes dites coloniales, la canne à sucre, le caféier, le cacaoyer, le cotonnier, le tabac produisirent tout de suite tant de richesses, les nouveaux occupants de la terre ne tardèrent pas à reconnaître la nécessité de se servir des engrais puissants pour entretenir des rendements rémunérateurs. Les républiques et les empires qui se sont rendus indépendants de l'ancien monde, aussi bien que les colonies qui sont demeurées sous le gouvernement de la métropole, ont eu recours à la restitution par les matières fertilisantes importées.

Dans les vastes contrées où les céréales forment la culture principale, il n'en est pas de même; on exploite la richesse de la terre jusqu'à un épuisement qui est déjà arrivé dans quelques contrées, et qui, dans un temps plus ou moins long, sera général si l'on ne change pas de système. En attendant, on a devant soi d'immenses espaces auxquels on donne les principes minéraux solubles nécessaires à une rapide et abondante végétation par un écobuage qu'on peut qualifier de sauvage, puisque quelquefois il a consisté à brûler des forêts plus que séculaires. On exploite de larges surfaces pour la moisson desquelles la main-d'œuvre manquerait, si les machines à moissonner n'avaient pas été inventées.

Dès 1831, Mac-Cormick trouva le moyen de donner à la scie chargée de couper les tiges des céréales le mouvement alternatif de va-et-vient qui a fait passer dans la pratique les inventions antérieures. Il a eu, depuis lors, beaucoup d'imitateurs; mais il lui appartient la gloire d'avoir fait la première machine à moissonner efficace qui est partie de l'Illinois, dans l'Amérique du Nord, pour s'emparer du monde entier. Depuis 1860, elle a pris place dans les exploitations agricoles européennes. C'est une des inventions dont l'usage, avec l'introduction de la machine à vapeur dans les fermes et avec la création des voies ferrées, a le plus contribué à modifier les systèmes de culture. C'est ainsi que l'agriculture américaine a principalement imprimé son cachet sur l'agriculture générale.

En même temps, elle a aussi perfectionné son bétail, en n'hésitant pas à faire de grands frais pour amener d'Europe, soit d'Angleterre, soit de France, des animaux reproducteurs des races bovines ou ovines perfectionnées. On trouve l'histoire de ce mouvement agricole considérable dans les Rapports annuels de la Société d'agriculture de l'état de New-York, société fondée vers 1841. Chacun des volumes renferme de nombreux renseignements sur tous les concours agricoles qui se sont multipliés aux États-Unis, sur l'amélioration du bétail et sur les essais de culture des plantes nouvelles successivement essayées. On doit y remarquer qu'on ne commence à s'y occuper des engrais qu'en rendant compte, vers 1860, des expériences faites en Angleterre par MM. Lawes et Gilbert. Quoi qu'il en soit, ces rapports tirés à un grand nombre d'exemplaires, exercent une grande influence sur les progrès agricoles aux États-Unis. Il en est de même de quelques-unes des publications du gouvernement de Washington sur le mouvement agricole dans les divers États de l'Union. C'est par cette grande diffusion des lumières que la propagation de tous les progrès se fait rapidement dans l'Amérique du Nord.

Des guerres incessantes et prolongées ont constamment agité et agitent encore une grande partie des tats de l'Amérique du Sud et de l'Amérique du Centre. Les guerres de l'indépendance n'ont pas pu tout d'abord avoir pour résultat de donner à l'agriculture la sécurité nécessaire pour qu'elle pût prendre de l'essor, après avoir été soumise à l'exploitation trop souvent ruineuse des conquérants européens. Mais à mesure que la tranquillité s'établit, la richesse se développe, et avec d'autant plus de rapidité que le climat, le plus souvent, s'y prête merveilleusement. La production du bétail a fait surtout de grands progrès en vue d'une meilleure exploitation des produits animaux; on cesse peu à peu de tuer les animaux de l'espèce bovine pour n'en retirer exclusivement que la peau et les os, et on a amélioré la qualité de la laine. Tous les produits coloniaux sont mieux cultivés. Plusieurs États ont établi l'enseignement agricole et ont cherché à emprunter des professeurs à l'Europe. Quelques ouvrages intéressants ont été publiés, particulièrement sur la culture de la canne à sucre, notamment par M. Alvaro Reynoso. Les voyages, les travaux d'Alexandre de Humboldt, de M. Boussingault et de Claude Gay, en faisant connaître en Europe l'économie rurale des principaux États de l'Amérique du Sud, ont aussi exercé une influence marquée sur leur agriculture. Il faut citer comme les pays qui ont fait le plus de progrès : le Brésil, le Chili, le Pérou, la Colombie, le Vénézuela, la République Argentine. La suppression de l'esclavage des noirs, l'introduction des ouvriers chinois ont été pour l'agriculture, dans toute cette partie du nouveau monde, des causes de crises ou de réparations dont l'effet se fera lontemps sentir.

Les grandes terres de l'Australie, qui sont encore imparfaitement connues, commencent à envoyer des produits en Europe; la production agricole s'y est rapidement accrue, en suivant le plus souvent les mêmes errements que dans l'Amérique du Nord. Les troupeaux sont nombreux et pâturent presque en liberté dans les vastes plaines de l'intérieur. Ce continent a déjà doté l'ancien monde de plantes utiles et importantes, en tête desquelles il faut citer l'Eucalyptus, dont les plantations se multiplient dans l'Europe méridionale et en Algérie.

Les productions agricoles de l'Inde sont surtout exploitées par la domination britannique ; les populations qui s'y pressent consomment peu et donnent du travail à bas prix, sans que les dominateurs européens se préoccupent suffisamment d'améliorer la production agricole.

En Chine, l'agriculture demeure stationnaire ; elle est intensive, elle est honorée, mais elle reste en dehors de tous les progrès modernes. La même appréciation peut être donnée de l'agriculture japonaise, riche d'un grand nombre de plantes dont beaucoup sont encore peu connues en Europe. Les excursions répétées des voyageurs modernes et les expositions universelles font de mieux en mieux connaître les productions de ces vastes pays. Les nombreuses importations de l'horticulture ont enrichi depuis quelques années les serres de l'Europe de toutes les plantes de l'Asie, de l'Afrique et de l'Amérique. Quant aux produits animaux de ces pays, ils proviennent principalement de la sériciculture.

On voit que si l'on voulait, en consultant les sources originales, faire une étude approfondie du mouvement agricole à travers les âges et sur toute la surface du globe, il faudrait posséder une bibliothèque considérable, même en se bornant aux ouvrages qui, en chaque temps et en chaque lieu, ont exercé la plus grande influence. C'est que, sous tous les aspects qu'on la considère, l'agriculture présente toujours un ensemble des plus vastes. Pour s'en rendre complètement compte, il peut être utile de dresser une sorte de sommaire de toutes les connaissances que devrait posséder celui qui, d'ailleurs, ayant une instruction préalable complète, ne voudrait ignorer aucun détail de la profession d'agriculteur considérée dans son ensemble, de la science agronomique elle-même et des applications des autres sciences qu'il peut être, à un moment donné, nécessaire de faire.

Si l'on n'a pas oublié que, par l'agriculture, il faut à la fois produire les matières végétales et les matières animales, on comprendra qu'on doit mettre en première ligne l'étude des phénomènes de la germination et des lois de la reproduction végétale, soit par les semis, soit par les boutures et les greffes, et parallèlement l'étude des lois de la reproduction de tous les animaux utiles, ainsi que du développement des organes ou des tissus. La physiologie et la zoologie prennent ainsi la tête des sciences agricoles.

Les êtres vivants sont influencés par les milieux dans lesquels ils doivent naître et se développer. De là, la nécessité de connaître, tant sous le rapport physique que sous le rapport chimique, l'air atmosphérique, les différents sols, les eaux. C'est l'habitat des plantes et des animaux le plus convenable pour les produits à obtenir qu'il s'agit de trouver, de modifier ou de constituer, en tenant compte des climats et des circonstances locales. L'agrologie et l'agronomie apparaissent ici comme corps de doctrines avec des applications de la géologie, de la minéralogie, de la chimie, de la physique, de la météorologie, de l'histoire naturelle des végétaux et des animaux, de l'hygiène générale, ainsi que de la géographie des plantes. Il faudra savoir analyser les sols et les compléter par des engrais selon les besoins des récoltes à produire, les transformer par le drainage, par le dessèchement ou par l'apport d'amendements; il faudra également avoir fait une étude complète de l'hydraulique agricole pour employer en irrigations les eaux nécessaires à la vie de tous les êtres animés, avoir étudié la mécanique agricole en ce qui concerne les machines nécessaires pour modifier la constitution physique des sols et rendre la terre arable propre à porter d'abondantes récoltes. L'étude des moteurs vivants ou inanimés et des engins au moyen desquels on en fait l'utilisation devra être faite avec soin, parce qu'elle est la base de toute production économique. Il faudra connaître l'arpentage, la détermination des hauteurs, le cubage, pour pouvoir mesurer les distances, les surfaces et les volumes, posséder une partie de la science de l'ingénieur pour établir des chemins, des routes, et au besoin des ponts ou ponceaux. Enfin, il faudra posséder aussi l'architecture rurale pour établir les bâtiments nécessaires à loger les agriculteurs, le bétail et les récoltes, aussi bien que les constructions indispensables à la transformation des denrées obtenues.

Après ces connaissances générales, il importe de pénétrer dans le détail et de connaître à fond successivement toutes les cultures spéciales, ainsi que les procédés d'élevage et d'engraissement. Dans chaque culture, il faudra étudier les soins à donner, soit dès avant les semis ou les plantations, soit pendant la croissance et le développement, en vue particulièrement des principes immédiats que le cultivateur désire principalement obtenir, soit enfin pour faire, dans les meilleures conditions, la récolte désirée. Par conséquent, il faudra successivement passer en revue, en donnant au mot *culture* sa signification la plus générale, les procédés de préparation, de production, de récolte et de transformation, les moyens de lutter contre les maladies ou les êtres nuisibles de tous genres qui attaquent les végétaux. Il faut toutefois observer que, quelque classification qu'on adopte, on ne peut obtenir autre chose qu'un résultat approximatif, car il arrive souvent que la même plante est cultivée dans des buts différents et a des utilités diverses. Cette restriction établie, on aura à considérer successivement :

1° Culture des plantes que l'on produit en vue de la récolte de leurs grains pour l'alimentation de l'homme ou des animaux ou pour quelques applications industrielles, savoir: froment, seigle, méteil, orge, épeautre, avoine, maïs, sarrasin, riz, millet, sorgho, haricots, fèves, pois, lentilles, vesces.

2° Culture des plantes produites en vue de la consommation de leurs tiges, plantes des prairies dites naturelles ou permanentes, puis trèfle, luzerne, sainfoin, et autres plantes fourragères de même ordre.

3° Culture des plantes cultivées en vue de leurs racines ou de leurs tubercules: pommes de terre, patates, igname, betteraves, topinambour, manioc, navets, turneps, carottes, cerfeuil bulbeux, et les procédés d'extraction des principes immédiats, tels que la fécule, l'amidon, le sucre de betterave, etc.

4° Plantes cultivées en vue principalement de la production de leur sève, savoir: les cannes à sucre et l'extraction du sucre de canne, l'érable (*Acer saccharinum*), le palmier, l'opium, l'arbre à caoutchouc (*Ficus elastica*), les arbres résineux, ceux exsudant la cire, ceux produisant la gomme, et la préparation de ces principes.

5° Culture des plantes entretenues en vue de la production des fruits, savoir : vigne, arbres fruitiers, pommier, poirier, pêcher, cognassier, prunier, abricotier, cerisier, groseillier, figuier, amandier, pistachier, olivier, bananier, châtaignier, néflier, cédratier, oranger, citronnier, noyer, etc.; — procédés de transformation et de préparation ou de conservation des fruits; — vinification, distillerie, acétification et vinaigrerie, cidre, poiré et boissons analogues.

6° Culture des plantes destinées à fournir des principes excitants médicinaux ou analogues : caféier, cacaoyer, houblon, chicorée, quinquina, etc. — Fabrication de la bière.

7° Culture des plantes pour leurs feuilles: tabac, thé, tilleul, mûrier, ailante.

8° Culture des plantes maraîchères, florales et d'ornementation (horticulture) : parcs, jardins, pépinières, potagers.

9° Culture des plantes oléagineuses : colza, œillette, cameline, sésame, arachide. Extraction et fabrication des huiles grasses.

10° Culture des plantes entretenues en vue de la production des essences: plantes odorantes diverses.

11° Plantes textiles : cotonnier, chanvre, lin, ramie, jute, etc.

12° Plantes cultivées pour leurs écorces et les matières tannantes: chêne, chêne-liège, saule, sumac, bouleau, peuplier, châtaignier, etc.

13° Plantes cultivées pour les matières colorantes : safran, garance, carthame, indigo, pastel, gaude, tournesol, rocou, orseille.

14° Plantes cultivées pour leurs bois; sylviculture. Procédés de conservation des bois et de carbonisation : forêts et bois, oseraies, haies. Plantation des routes. Plantations en abris.

Dans la production des matières animales, c'est aussi l'utilité directe que l'agriculture a en vue. Il s'agit d'obtenir du travail, de la viande, ou des produits animaux ayant divers usages.

En ce qui concerne le travail, il faut placer au premier rang l'élève de l'espèce chevaline, de l'espèce asine, des métis des deux espèces. Ce n'est qu'accessoirement que le cheval et l'âne servent pour l'alimentation de l'homme, en fournissant de la viande pour l'étal de certaines boucheries ou pour la fabrication de quelques produits exceptionnels de charcuterie. C'est aussi d'une manière accessoire qu'ils donnent des peaux pour la corroierie, qu'ils fournissent quelques matières premières à la boyauderie, etc. Dans les espèces bovine et canine, on trouve aussi quelquefois des moteurs animés. Il faut enfin enregistrer sous ce rapport, l'élevage du renne, du chameau, du dromadaire, de l'éléphant, du lama.

Comme bêtes de boucherie, l'agriculture doit s'occuper de la zootechnie : 1° de l'espèce bovine; 2° de l'espèce ovine et de l'espèce caprine; 3° de l'espèce porcine ; 4° des animaux de basse-cour, soit à poil, soit à plumes.

A l'élevage ou à l'engraissement du mouton se joint la production de la laine comme matière industrielle. A l'entretien de l'espèce bovine et de l'espèce ovine ou caprine, se lient la laiterie, la fabrication du beurre, les fromageries.

Toutes les espèces animales domestiques donnent des corps gras qui fournissent des matières premières pour diverses industries et notamment la fabrication des chandelles, des bougies, des savons, etc.

La tannerie, la corroierie, la peausserie sont des industries annexes de tous les élevages d'animaux domestiques.

La production des œufs dépend de l'entretien des basses-cours. Il faut y joindre l'élevage des autruches et les soins qu'on doit prendre pour l'entretien des animaux de chasse, d'où dépend aussi l'industrie de la préparation des fourrures. Les os, le sang, les détritus divers des animaux fournissent des matières premières pour la fabrication des engrais, pour la tabletterie, la boyauderie, etc.

On fait l'élevage des vers à soie pour avoir des matières textiles, des abeilles pour obtenir du miel et de la cire, et de quelques autres insectes pour se procurer des produits tinctoriaux ou médicinaux : sériciculture, apiculture.

La culture des eaux douces, saumâtres et salées, donne lieu aussi à diverses productions animales : pisciculture, ostréiculture, hirudiculture.

Les cultures étant connues dans leur ensemble et dans leurs détails, il faut pouvoir choisir et appliquer, dans chaque cas particulier. Pour résoudre cette grave question, il importe de connaître et l'économie politique et la législation dans leurs applications aux choses rurales, afin de se rendre compte de la terre comme propriété foncière et comme valeur de rente par l'application du capital et du travail. Il importe également de s'occuper de la population, des débouchés et des échanges possibles, pour arriver enfin à la constitution de la culture elle-même. Il faut connaître les divers systèmes de culture et d'administration rurale, comme d'organisation du ménage et de l'emploi de la main d'œuvre, ainsi que toutes les lois spéciales à l'agriculture, à l'entretien des animaux domestiques, et aux finances en général. La théorie et la pratique de la comptabilité doivent être possédées d'une manière complète, pour être appliquées avec sûreté selon les circonstances dans lesquelles se trouve placée l'exploitation.

Il est évident que l'agriculture ne saurait être pratiquée de la même manière dans toutes les régions, au nord et au midi. Par conséquent, nul n'aura jamais à s'occuper de toutes les cultures spéciales, de toutes les industries annexes, de toutes les parties des sciences qui trouvent des applications dans l'agriculture. Mais lorsqu'un enseignement est général et s'adresse à tous, il importe qu'il soit absolument complet pour l'agriculture et l'exploitation de la surface du globe tout entier. Dans l'ensemble des connaissances et des pratiques qui permettent cette exploitation d'une manière fructueuse, chacun choisira sa part suivant les circonstances économiques et climatériques et fera son profit des expériences accomplies sous d'autres cieux.

AGRION. — Insecte de la tribu des *Demoiselles* ou *Libellules*, commun en France durant l'été dans les prairies au bord des eaux et sur les plantes aquatiques.

AGRIOTE. — Un des anciens noms vulgaires du fruit du merisier. On dit quelquefois *griote*.

AGRIOTIER. — Arbre qui produit les agriotes. Cette appellation est principalement usitée dans le midi de la France, surtout en Provence.

AGRIPAUME. — Plante vivace de la famille des Labiées, que l'on rencontre en été très communément, soit sur les bords des routes, soit dans les bois montueux. C'est une espèce du genre Léonure, et les botanistes la désignent sous le nom de *Leonurus cardiaca*. La tige (fig. 121) atteint une hauteur de 0m,60 à 1 mètre; elle est branchue. Les feuilles opposées sont divisées en cinq lobes qui

Fig. 121. — Agripaume.

rappellent la forme de la main. Les fleurs, petites, d'un rouge pâle, sont divisées en verticilles dans les aisselles des feuilles supérieures; elles s'épanouissent de juin à août. Les racines sont utilisées pour leurs propriétés aromatiques et vulnéraires; elles sont recommandées dans les cas de gastralgie et de maladies de cœur. Les abeilles recherchent les fleurs de l'agripaume. Cette plante, quelquefois cultivée dans les jardins, y est multipliée par graines, par éclats ou drageons. — L'agripaume est aussi désignée par le nom de *cardiaque*.

AGROLOGIE. — Le comte Adrien de Gasparin a proposé de donner le nom d'agrologie à la science ayant pour objet la connaissance des terrains dans leurs rapports avec l'agriculture; il nous paraît plus juste de dire : ayant pour objet d'établir les rapports entre la nature d'une terre et les produits qu'on lui fait donner. Deux choses, en effet, sont à rechercher parallèlement : d'une part, les propriétés du sol arable; d'autre part, celles des récoltes obtenues. Parmi ces propriétés, on doit mettre au premier rang d'un côté celles des corps qui se rencontrent dans les terrains cultivés, et d'un autre côté celles des corps qui constituent les plantes et leurs principes immédiats. La comparaison des premières et des secondes propriétés doit révéler les rapports nécessaires qui existent entre le sol et les récoltes ou, dans tous les cas, susciter les expériences à faire pour confirmer les relations dévoilées ou pour décider si l'on ne se trouve pas seulement en présence d'une pure concomitance accidentelle.

Les terres doivent être étudiées sous le double point de vue de leur constitution physique et de leur composition chimique.

Le sol est l'habitation des plantes cultivées qui doivent y trouver un support pour s'y fixer, un milieu convenable pour la vie de leurs racines qui exigent à la fois de l'aération et une hygroscopicité qui soit intermédiaire entre une sécheresse excessive et une humidité nuisible, enfin tous les principes nécessaires à l'alimentation végétale dont le rôle a été réservé aux organes souterrains.

D'après sa ténacité et la finesse plus ou moins générale des particules dont elle se compose, une terre arable est classée parmi les terres fortes, les terres franches, les terres légères. Les premières sont, pour le cultivateur, les terres argileuses, les dernières les terres sablonneuses, et il y a une foule d'intermédiaires entre les deux extrêmes, selon que l'on y rencontre plus ou moins de fragments pierreux, moins ou plus de matières fines ou impalpables. La nature compacte ou non compacte, continue ou discontinue, agrégée ou désagrégée, ce que l'on traduit souvent, mais sans donner aux mots la signification scientifique qui devrait leur appartenir, par les appellations d'argileuse ou de siliceuse, fournit aussi des moyens de classification aux cultivateurs; mais les résultats des classifications ainsi faites n'ont qu'une valeur très relative et spéciale à une contrée limitée, même à un canton. Telle terre qui passe pour forte ou compacte dans un pays serait ailleurs considérée comme franche.

Les propriétés physiques des terrains dépendent particulièrement de leur constitution géologique et des minéraux qui s'y rencontrent; c'est au point de vue minéralogique et géologique qu'il convient surtout d'établir l'agrologie, car de cette manière on caractérise un sol, tant comme habitat ou support des plantes, que sous le rapport de ses propriétés nutritives pour les végétaux. Ainsi, dire un terrain crayeux ou un terrain granitique, c'est préciser pour le cultivateur que dans le dernier il ne rencontre pas de calcaire qui abonde au contraire dans le premier; l'agrologie prend ainsi un caractère scientifique et utile. C'est à la fois par l'analyse minéralogique qui complète les données de la géologie locale, par l'analyse physique et enfin par l'analyse chimique que l'on parvient à déterminer les terres arables dans le laboratoire.

L'analyse minéralogique les définit par la nature du gisement géologique : terrain d'alluvion, de transition, primitif, etc., et par la nature des roches ou de leurs débris qui s'y rencontrent.

L'analyse physique a pour but de séparer les pierres, le sable et la partie impalpable, et d'établir leurs proportions respectives; elle doit en même temps faire connaître la quantité d'éléments calcaires que la partie impalpable contient. En adoptant, comme la définition qui convient le mieux pour caractériser les pierres, celle qu'a donnée M. Paul de Gasparin dans son *Traité de l'analyse des terres arables*, on doit considérer comme telles toutes les parcelles de terre qui ne passent pas à travers un tamis dont les mailles sont carrées et faites en fil de laiton à raison de dix fils par centimètre carré, dans chaque sens, le diamètre du fil étant de trois dixièmes de millimètre; la lévigation sur le tamis doit laisser passer tout ce qui n'a pas un diamètre excédant sept dixièmes de millimètre; au-dessus de ce diamètre toutes les parcelles sont considérées comme des pierres. La partie impalpable reste en suspension dans l'eau, le sable tombe au fond du vase dans le mouvement giratoire que l'on imprime à la masse. Il est dès lors facile de définir expérimentalement les terres arables par quatre éléments : pierres, sable, impalpable calcaire, impalpable insoluble dans les acides à froid (principalement argile). Lorsque les pierres se rencontrent dans un terrain en proportion de plus de 70 pour 100, ce terrain cesse en général de pouvoir être considéré comme cultivable. Mais « il ne faut pas perdre de vue, dit avec raison M. Paul de Gasparin, que, si la partie pierreuse, ce qui arrive souvent, contient un élément dont les deux autres lots (sable et impalpable complet) sont entièrement dépourvus, l'instinct des végétaux, surexcité par le besoin, leur fait trouver cet élément, même sous cette forme ingrate, et que, du reste, l'impénétrabilité des pierres n'est que relative et que la porosité tend à réduire l'influence des surfaces. Un chimiste qui voudra se rendre compte de certains phénomènes de végétation en apparence inexplicables, devra donc constater la nature chimique du lot pierreux par un rapide essai qualificatif. » Les propriétés des sols d'être continus ou discontinus, mobiles ou immobiles, friables ou tenaces, jointes aux nombres qui qualifient les différents lots de l'analyse physique, sont susceptibles de fournir à l'agrologie des éléments de discussion qui lui ont manqué jusqu'à présent, de telle sorte qu'elle n'est guère restée qu'une science absolument dans l'enfance, malgré les tentatives de plusieurs agronomes éminents.

L'analyse chimique doit achever, pour la détermination des terres arables, de rendre précises et d'une application utile et féconde, les données obtenues par l'analyse minéralogique et par l'analyse physique. Elle ne donne, il faut bien le noter, que les proportions des éléments que l'on recherche, savoir : la matière organique en bloc, l'azote, puis la potasse, la soude, la chaux, la magnésie, le fer, le manganèse, l'alumine, le chlore, l'iode (qu'on cherche rarement), le fluor (qu'on cherche plus rarement encore), l'acide phosphorique, l'acide sulfurique, la silice. Le plus souvent on ne s'occupe pas de déterminer dans quelles combinaisons ces divers corps sont engagés; il serait cependant de la plus haute utilité pour l'agrologie de bien connaître comment ils sont unis les uns aux autres, afin d'avoir des données précises sur la facilité plus ou moins grande de leur dissociation par les végétaux. C'est pourquoi l'analyse chimique devrait, selon nous, porter sur les trois parties séparées d'une terre par l'analyse physique, c'est-à-dire sur les pierres, sur le sable et sur l'impalpable, sans confondre, comme l'a fait M. Paul de Gasparin, ces deux dernières dans une seule et même analyse. Néanmoins il faut reconnaître que c'est à M. Paul de Gasparin que revient le grand mérite d'avoir dressé le premier tableau répertoire qu'on ait composé de toutes les terres analysées selon un plan uniforme et d'après des méthodes donnant des résultats précis et comparables. Le sable peut être aussi bien calcaire, potassique, ferrugineux, manganésifère, magnésien, que l'impalpable lui-même, et cependant la partie impalpable et la partie sableuse ne sont pas appelées à jouer le même rôle pour la nutrition végétale, de telle sorte qu'il doit importer de séparer les éléments dont ils se composent, lors même que ces éléments aboutissent à être les mêmes corps dans la terminaison de l'analyse. M. Paul de Gasparin a remarqué lui-même, comme on l'a vu, que la partie pierreuse peut fournir aux plantes des matériaux utiles, et l'action du labourage et de la culture est précisément de finir par rendre assimilables par les végétaux certains principes engagés d'abord d'une manière insoluble dans les roches pierreuses.

Consulter les plantes sur les terrains qui leur plaisent davantage, où elles prennent la plus grande vigueur et fournissent les plus gros produits, est une façon d'interroger la nature que ne doit pas négliger celui qui par l'agrologie veut arriver à connaître et à préciser la valeur agricole des terres. Malheureusement la réponse ne peut être toujours simple et décisive, de même que la question est complexe. Il n'y a pas seulement un terrain constitué minéralogiquement, physiquement et chimiquement d'une manière déterminée; l'inclinaison, l'exposition du sol et du sous-sol, les eaux souterraines qui peuvent y apporter de l'humidité, et divers éléments dissous dans l'eau provenant peut-être de très loin, font qu'il est souvent impossible de décider si c'est bien le terrain en lui-même qui est cause de la présence de telle ou telle plante et de son état plus ou moins florissant. D'ailleurs les études agrologiques sont encore à cet égard dans une sorte d'enfance. La précision que demande l'agrologie considérée comme science positive n'est encore atteinte ni par des observations suffisantes, ni surtout par des expériences à posteriori convenablement faites. Voici les notions que l'on possède aujourd'hui à ce sujet; nous les extrayons du *Cours d'agriculture* du comte de Gasparin (t. I, p. 265 et suiv.), en faisant seulement remarquer qu'il serait utile qu'elles fussent contrôlées en chaque lieu par des agriculteurs bons observateurs :

« Les terrains qui contiennent en certaine proportion les carbonates de chaux et de magnésie sont éminemment propres à la culture du froment; si l'on y ajoute du gypse, les légumineuses y prospèrent aussi; les glaises qui abondent en silice sont le sol spécial des forêts.

» Les terres constamment fraîches portent de belles prairies; les terres sèches en été sont propres au froment ou au seigle, selon l'époque de leur dessiccation; les terres humides en hiver veulent des récoltes de printemps, et à cette époque elles ont perdu une partie de leur humidité; les terres sèches à la surface et à sous-sol frais s'utilisent pour les arbres et les arbustes; les terres inondées produisent de précieuses récoltes de roseaux servant aux litières.

» En supposant l'existence de la quantité d'humidité nécessaire, toutes les terres calcaires sont propres au froment et aux légumineuses. On n'obtient d'une manière complète les mêmes récoltes sur les glaises (terres argilo-siliceuses) qu'en leur fournissant, par le moyen de la marne ou de la chaux, l'élément calcaire qui leur manque.

» Les limons se couvrent naturellement d'herbes. Les bonnes graminées, le petit trèfle dominent parmi les plantes adventives; ils font la base de la culture la plus riche.

« Le tussilage, la lupuline, la ronce, le chardon hémorrhoïdal (*Serratula arvensis*) sont les plantes qui annoncent les terrains argilo-calcaires.

» Les récoltes racines et les garances prospèrent dans les terres qui ont de 50 à 60 pour 100 de carbonate de chaux et 10 au plus d'argile. Dans les pays où les pluies sont fréquentes, ces mêmes terres crayeuses se couvrent de gazons d'herbes fines et succulentes. La luzerne, le sainfoin, sont les fourrages par excellence des terrains crayeux, mais la coupe d'été manque pour la luzerne à cause de la sécheresse. Le froment y est le grain par excellence. Les arbres qui y croissent le mieux sont le saule marceau, le mahaleb, le mérisier, l'aubépine, le rosier et le buis; mais ils restent toujours grêles; le peuplier de Virginie y croît mieux que ses congénères.

» Dans les sables calcaires qui ont une consistance convenable, viennent bien les froments et les autres plantes qui mûrissent au commencement de l'été. Si le sable domine, le terrain n'est plus propre qu'au seigle, mais les vignes et les mûriers prospèrent, pourvu qu'il y ait de la profondeur. Les sables calcaires des dunes de la Méditerranée se couvrent de pins d'Alep, de genévriers de Phénicie et de *Clematis flamula*.

» Dans les terres siliceuses, sous un climat sec, le chiendent pullule, mais le seigle vient à peine : les pins sylvestres et maritimes, le laricio, le cèdre, les bouleaux, les chênes prospèrent. Si le sous-sol est glaiseux, les bruyères et les genêts y sont les plantes les plus communes. Ces terres deviennent propres à la culture de la vigne, s'il s'y trouve une certaine quantité d'argile.

» Dans les terres siliceuses, sous un climat humide, la spergule est le fourrage qui vient le mieux.

» Les terres glaises tenaces sont particulièrement propres au blé, au trèfle, aux fèves ; la luzerne et le sainfoin n'y prospèrent pas ; les blés durs y viennent mieux que les blés tendres. Elles sont propres à la vigne dans le Midi, si elles sont ocreuses. Si l'argile dépasse 85 pour 100, la terre devient infertile.

» Dans les terres de marais ou de fond des étangs, à la condition de la présence de calcaire, se plaisent les cultures maraîchères.

» Dans les terreaux acides, provenant des défrichements des bois ou bien des détritus de bruyères, de genêts, etc., on place beaucoup de plantes élevées dans les jardins botaniques. Les terres acides deviennent propres à toutes les cultures par l'emploi du phosphate de chaux.

» L'aune, le bouleau, les pins, les saules et un petit nombre d'autres espèces d'arbres viennent dans les tourbes bien desséchées.

» Dans les terres salifères, lorsqu'il y a plus de 2 pour 100 de sel, il ne pousse que des plantes spéciales : les salicornes, l'atriplex maritime, le tamarix, les soudes, l'*Inula chrithmoides*, etc., et ces plantes elles-mêmes cessent de croître si le sel atteint la dose de 5 pour 100. »

On peut avec succès étudier les qualités d'un sol en cherchant, par des cultures faites comparativement dans diverses parcelles, quelles sont les plantes qui y prospèrent le mieux, soit qu'on laisse le terrain dans son état naturel, soit qu'on y ajoute divers principes minéraux ou azotés, selon la méthode préconisée par M. Georges Ville. On peut ainsi trouver expérimentalement quels sont les engrais complémentaires dont un sol a besoin pour des cultures déterminées.

Un autre mode de recherches doit encore être employé pour bien définir les terrains ; il consiste dans l'analyse des cendres des plantes, sur lesquelles Théodore de Saussure et Berthier ont laissé de nombreux documents très précieux ; malheureusement les résultats des analyses des cendres sont indiquées sans qu'on ait des notions sur les terrains qui ont donné naissance aux végétaux incinérés. Il est dès lors difficile de dire quels sont les matériaux qui se trouvent exister dans les plantes par un besoin propre de celles-ci ou bien seulement par accident, la sève des plantes les contenant parce que l'eau d'alimentation les renfermait. Quoi qu'il en soit, on a été conduit à admettre que certains principes minéraux peuvent se remplacer les uns les autres, notamment les principes basiques, et qu'il y a pour chaque espèce botanique un rapport constant entre l'oxygène total des bases et l'oxygène total des acides des cendres végétales. Les principes basiques sont la potasse, la soude, la chaux, l'oxyde de fer, l'oxyde de manganèse ; les seconds sont : l'acide phosphorique, l'acide sulfurique, le chlore, l'acide silicique, quelquefois l'iode, l'acide carbonique. Quant aux matières azotées, carbonées, hydrogénées contenues dans les plantes, elles sont détruites par l'incinération.

Il ne saurait échapper à personne que les eaux souterraines peuvent, aussi bien que le sol lui-même ou les engrais qu'on lui a confiés, fournir aux végétaux les matériaux que l'on retrouve dans les cendres. D'un autre côté, on ne doit pas conclure de la présence de ces matériaux, qu'ils sont indispensables à la végétation, car ils peuvent être absorbés par cela seul qu'ils étaient présents. Mais il y a des corps qui se retrouvent toujours dans certaines plantes ; lorsqu'ils manquent dans le sol, ou bien lorsqu'ils ne s'y rencontrent pas en quantité suffisante, telle ou telle récolte ne peut prospérer. On est convenu d'appeler substance dominante de telle ou telle culture, celle qui paraît la plus indispensable à la récolte à obtenir : ainsi, d'après M. Georges Ville, la matière azotée est la dominante du froment, du colza, et de la betterave ; la potasse celle des Légumineuses ; le phosphate de chaux, celle des navets ; mais cela ne signifie pas que les autres éléments pourraient manquer impunément pour le cultivateur. Les analyses des cendres des végétaux commencées par Théodore de Saussure, poursuivies par Berthier et beaucoup d'autres chimistes, doivent être continuées sur des récoltes des terrains les plus variés, afin de compléter nos connaissances sur cette question difficile.

Ainsi, l'agrologie, pour se constituer comme science, doit avoir à la fois six sources d'information différentes : analyse minéralogique, analyse physique, analyse chimique des sols, expériences de culture, analyse des cendres des plantes, analyse chimique des eaux souterraines. Ce n'est que par le rapprochement de toutes les données ainsi recueillies qu'on pourra réellement chercher à établir scientifiquement les valeurs des terres cultivées.

AGROMÈTRE. — Nom d'un instrument d'arpentage inventé, en 1874, par M. Hubert, instituteur à Pornic (Loire-Inférieure). Cet instrument est destiné à simplifier les opérations d'arpentage, de nivellement et de levé des plans, généralement si longues et si laborieuses par les procédés ordinaires, surtout quand il s'agit de surfaces étendues. L'appareil a pour but de remplacer la chaîne et l'équerre d'arpenteur, le niveau d'eau et le graphomètre. Nous allons en donner une description succincte, avec l'indication du mode d'emploi dans les principales circonstances où l'on est appelé à s'en servir.

L'agromètre Hubert se compose : 1° d'un *compteur métrique ;* 2° d'un *graphomètre ;* 3° d'un *trépied* ; 4° d'une *mire*. La figure 122 représente l'instrument monté sur son trépied, de telle sorte que l'on puisse en voir toutes les parties.

Le *compteur métrique* consiste en une règle en cuivre AA″ de $0^m,50$ de long, sur laquelle se trouvent les divisions métriques ; on peut lui imprimer un mouvement de bascule en desserrant une vis d'arrêt, qui presse le levier C contre le support D. Ce levier tourne sur le même axe que le compteur métrique, quoiqu'il en soit indépendant. Une vis de rappel E les relie et sert à préciser la direction à donner aux rayons visuels menés du point F par les œilletons.

Les œilletons consistent en trois points de visée pratiqués sur une plaque de cuivre tournant librement sur son axe, et pouvant prendre d'elle-même une position verticale. Le plus élevé se trouve sur le même plan que la partie supérieure du compteur et sert au nivellement et à la mesure des distances ; le second indique les angles sur le graphomètre ; le troisième précise les distances sur le compteur métrique.

Un curseur B′, porteur de deux fils perpendiculaires entre eux, parcourt le compteur au moyen d'une courroie H H′, dont les deux extrémités sont fixées à la partie inférieure du compteur. Un bouton I imprime le mouvement transmis par une poulie J. Deux petites poulies H et H′, placées aux extrémités du compteur, facilitent cette transmission. Le fil horizontal effleure dans sa course la partie ɪpérieure du compteur. Un niveau à bulle d'air ɑnexé au compteur métrique permet de placer ɛlui-ci horizontalement.

. Le *graphomètre* G G′ est une circonférence divi-

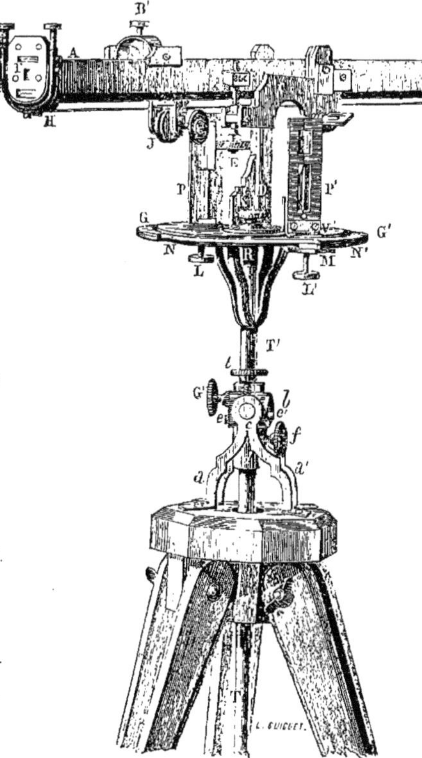

Fig. 122. — Agromètre monté sur son trépied.

ée en 360 degrés. Deux pinnules P P′, placées aux ɪeux extrémités d'un même diamètre, font corps ʏec le limbe; la graduation part de la première. ɪur le vernier V′ se trouve le support D du comp-

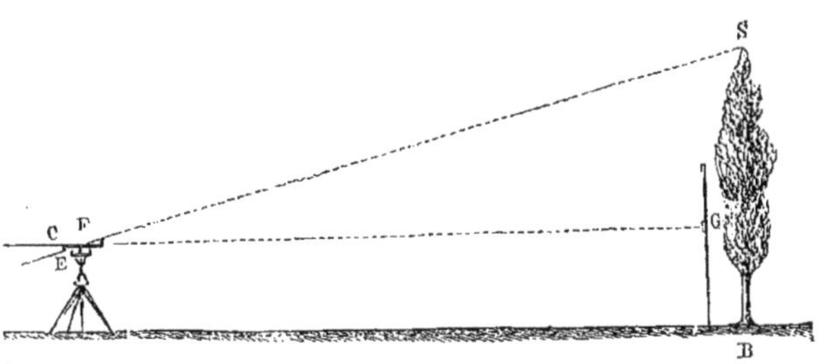

Fig. 123. — Détermination d'une hauteur au moyen de l'agromètre.

eur. L'alidade mobile du graphomètre n'est autre ɪue le compteur métrique lui-même; le second œil-ɪton et le fil vertical du curseur donnent la ligne e visée qui doit marquer les degrés sur le limbe.

La vis K fait au besoin adhérer le vernier au limbe, pour donner plus de fixité à l'instrument, dans la recherche des distances. Les deux vis L et L′ maintiennent deux petits coulisseaux M qui font pression contre le pateau N N′, sur lequel l'instrument est placé et sur lequel il pivote au moyen de l'axe R.

Le *trépied* a une forme particulière à sa partie supérieure. Deux supports *a* et *a′* parallèles portent un manchon *b*, au moyen des axes *c*. Un second, *d*, passe dans le précédent et s'y trouve maintenu par les deux tiges *e* et *e′*. Enfin, dans ce manchon *d* passe un axe TT′ qui repose sur le sol. La partie supérieure de cet axe se divise en quatre bras qui le relient au plateau N N′. La vis *f* fait pression contre l'axe et donne à l'instrument une grande stabilité. La vis *t* presse sur *c* et *c′*, et la vis G′ sur la pièce *d*.

Si l'on suppose l'axe T T′ maintenu au-dessus du sol par la vis G′, et que les autres n'exercent aucune pression, cette tige oscillant à angles droits, finit par prendre une position verticale, et le plateau N N′ se trouve dans un plan horizontal. Le mouvement étant arrêté, on serre les vis *t* et G, et la tige glisse sur le sol; on serre la vis *f* et rien ne peut plus remuer. La hauteur du support étant ainsi réglée, celle de l'instrument reste constante.

La *mire* est à coulisse et a un développement de 4 mètres. La partie mobile porte deux voyants fixés invariablement à 2 mètres de distance. Un collier la maintient, au besoin, à une hauteur déterminée. La coulisse de la mire peut être avantageusement remplacée par une règle de 4 mètres, nommée jalon-mire. Cette règle est formée de deux pièces à charnières ayant chacune 2 mètres, peintes, de mètre en mètre, en rouge et en blanc. La partie qui peut se rabattre est peinte des deux côtés. De la sorte, le jalon-mire peut avoir, à volonté, un développement de 4 mètres ou de 6 mètres.

Sur la partie fixe de la mire sont les divisions métriques. D'un côté, le zéro est sur le sol, et de l'autre, il est à la hauteur invariable de l'instrument placé sur son support.

Usages de l'agromètre. — Lorsque l'agromètre doit remplir les fonctions de graphomètre, on fait en sorte que la vis K ne presse que faiblement sur le vernier. On desserre les vis L et L′, afin que l'instrument puisse pivoter au centre du plateau N N′; on amène les pinnules fixes dans la direction voulue; on serre ces vis, et le graphomètre se trouve mis en station. Le deuxième œilleton du compteur et le fil vertical du curseur servent d'alidade mobile.

Veut-on une équerre d'arpenteur? Le zéro du vernier étant placé sur le degré 90, on serre la vis K, on desserre les vis L et L′, et les lignes de visée du graphomètre seront perpendiculaires; de plus, l'instrument pourra tourner, à volonté, sur son support.

Nivellement et mesure des distances. — Nous avons dit que l'agromètre permettait de mesurer les différences de niveau et les distances entre deux points accessibles. Supposons, comme exemple, qu'on veuille connaître la longueur AB et la différence de niveau des deux extrémités de cette ligne (fig. 124); on place l'instrument en A, la mire en B, et le compteur métrique horizontalement. L'*aide* monte ou baisse le voyant E jusqu'à ce qu'il intercepte la ligne de visée CE, formée par l'œilleton supérieur et le fil horizontal du curseur. Puis l'opérateur vise le voyant F, par l'œilleton inférieur D, et fait avancer ou reculer le curseur, de manière que ce même fil vienne s'interposer entre le rayon visuel et le centre du voyant F. Le point d'arrêt du fil marque la distance HE, qui est la projection horizontale de AB. Les centimètres et les millimètres compris entre CH sur l'instrument, marquent les mètres et les décimètres de HE. Le vernier du curseur indique les centimètres.

Toutes les applications de l'agromètre reposent sur les propriétés des triangles semblables. Ici, le triangle CDH est semblable au triangle HEF, et la ligne EF égale cent fois CD, par construction. Donc :

$$\frac{CH}{HE} = \frac{CD}{EF} \quad \text{d'où} \quad HE = \frac{CH \times EF}{CD}.$$

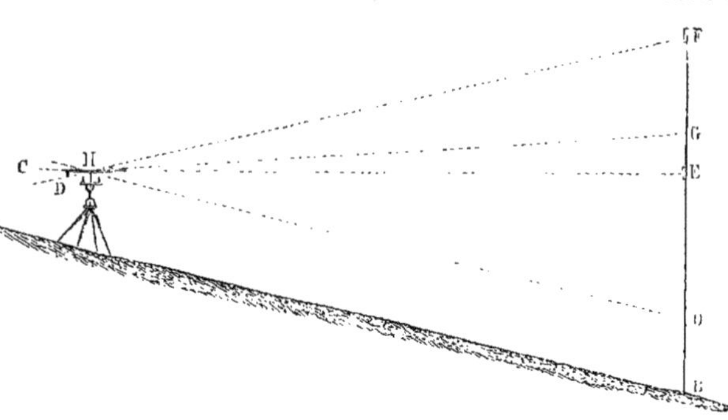

Fig. 124. — Nivellement au moyen de l'agromètre.

Dans le cas précédent, le compteur étant supposé horizontal, on peut aussi lire la différence de niveau toute calculée sur la mire. Le zéro se trouve se trouve en O, à la hauteur invariable de l'instrument. OE marque donc la différence de niveau des points A et B.

Pour trouver la longueur de la pente AB, il suffit de mettre le voyant E sur le zéro de la mire et d'incliner le compteur de manière à viser ce voyant; puis on vise le voyant F, descendu en G. On retombe ainsi dans le cas précédent.

Mesure des hauteurs. — Supposons qu'on veuille mesurer la hauteur inaccessible SB (fig. 124). On détermine, comme précédemment, la distance arbitraire AB, ou son égale GF formée d'un rayon visuel dirigé par l'œilleton supérieur C, et le fil horizontal sur le curseur, au centre du voyant inférieur de la mire, mis au préalable sur le zéro en G. Ensuite on vise, par l'œilleton inférieur E, le sommet S, et l'on amène le fil du curseur en F, de manière à intercepter ce rayon visuel. On a ainsi deux triangles ECF et FGS qui sont semblables. Leur similitude donne la relation suivante :

$$\frac{FG}{FC} = \frac{SG}{CE}; \quad \text{d'où} \quad SG = \frac{CE \times FG}{FC}.$$

Il faut ajouter au résultat la hauteur connue de l'instrument pour avoir SB. La solution reste la même, que le point A soit plus élevé ou plus bas que le point B.

Mesure des distances inaccessibles. — On place d'abord l'instrument au point C (fig. 125) et, de là, on détermine une seconde station E, sur le même plan, ce qui est facile en se servant de la mire, le voyant étant placé sur le zéro. On vise le sommet S par l'œilleton inférieur, et l'on note le point d'arrêt du fil du curseur amené à intercepter le rayon visuel AS. Puis, on se rend a la station E; on place le compteur dans le même plan; on vise de nouveau en DS, et l'on prend la cote indiquée par le point d'arrêt G du curseur.

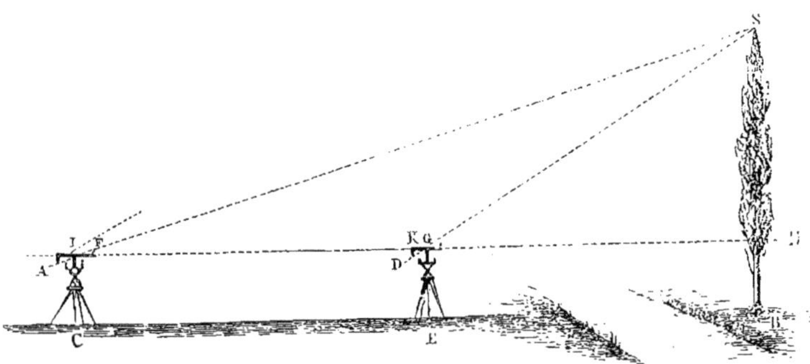

Fig. 125. — Mesure d'une distance inaccessible et d'une hauteur.

Le triangle AEF est semblable au triangle FHS, et KGD est semblable à GHS. Mais si l'on mène AI parallèle à DS, on aura aussi AIF semblable à FGS, et le triangle AEI = KGD. Ce qui donne :

$$\frac{FG}{FI} = \frac{GH}{EI}; \quad GH = \frac{FG \times EI}{FI}.$$

Il suffit donc de multiplier le nombre représentant la distance des deux stations par le nombre trouvé sur l'instrument à la deuxième, et de diviser par la différence des nombres lus aux deux stations.

A GH on ajoute CE pour connaître CB. Cette distance étant connue, on détermine, comme dans le cas précédent, la hauteur SB.

Lever des plans. — Une seule station suffit si tous les sommets du polygone sont visibles d'un même point. De ce point on vise successivement tous les sommets, en prenant chaque fois la longueur des diagonales, et l'angle compris entre les deux droites successives, formant les angles. S'il en est besoin, on note aussi les différences de niveau des sommets avec le point de rotation. Cette différence est toute calculée sur la mire. On fait précéder la cote trouvée du signe + ou —, suivant que le sommet est plus élevé ou plus bas que le point central. Si l'étendue ou les accidents de terrain ne permettent pas d'opérer d'une seule station, on en fait plusieurs, en opérant toujours par rayonnement, et en ayant soin de noter le zéro degré sur la droite qui sert de point de départ pour les angles. — Dans les parties curvilignes du terrain, on peut multiplier les diagonales pour relever exactement les détails.

La méthode dite de cheminement sera avantageusement employée pour lever le plan des bois, aussi bien que des étangs d'une étendue trop considérable pour que l'œil puisse en embrasser tout le périmètre.

AGRONOME. — Tandis que l'agriculteur est le praticien qui dirige une exploitation dans laquelle on fait des produits végétaux ou animaux, l'agronome est le savant qui s'occupe d'étudier, de rechercher les lois de la production organique et les moyens d'appliquer ces lois de la manière la plus parfaite, la plus utile et la plus économique. L'agronome ouvre et éclaire la voie dans laquelle s'engage l'agriculteur pour appliquer, grâce à l'emploi de capitaux suffisants, les principes découverts ou mis en lumière par l'agronomie, principes qu'il doit posséder, mais dont il importe qu'il fasse une application judicieuse selon les circonstances au milieu desquelles il se trouvera placé. Une éducation scientifique complète est nécessaire pour qu'un agriculteur même distingué puisse mériter le titre d'agronome; il faut qu'il possède la méthode scientifique qui emprunte toutes ses doctrines à la double source de l'observation et de l'expérience, cette dernière contrôlant toujours la première. Des études d'abord littéraires approfondies, puis de fortes études mathématiques, chimiques, physiques et d'histoire naturelle, enfin la pratique des méthodes scientifiques dans les laboratoires, doivent précéder les applications aux choses de l'agriculture. L'agronome n'a pas besoin d'être agriculteur praticien; il importe même qu'il ne particularise pas, mais qu'il ait vu de près des circonstances agricoles très variées, comme climats, comme sols, comme conditions économiques de la main-d'œuvre, des voies de communication, les mœurs, des besoins de la consommation. Son esprit doit être large, il doit pouvoir embrasser de vastes horizons, et cependant il faut qu'il s'attache à la précision, qu'il connaisse bien tous les faits et qu'il sache ne les confondre jamais avec leur interprétation qu'il a cependant spécialement pour devoir de chercher; mais toute interprétation qui n'est pas vérifiée par l'expérience doit pour lui demeurer suspecte. Le véritable agronome sait distinguer entre ce qui est démontré et ce qui n'est qu'hypothétique.

AGRONOMIE. — « L'agronomie, dit le *Dictionnaire de l'Académie française*, est la théorie de l'agriculture. » C'est la science qui découvre et coordonne les lois de la production des matières organiques, végétales ou animales. L'agriculture est l'art de faire cette production dans un but de profit. L'agrologie s'occupe plus particulièrement des rapports de la production avec la nature des terrains; la phytologie, des lois de la naissance et du développement des plantes; la zoologie, des lois de la naissance et du développement des animaux, sans avoir aucune vue d'utilité pratique; la zootechnie, de l'élevage et de l'engraissement des diverses espèces d'animaux domestiques en vue de leur emploi pour les besoins de l'homme; l'économie rurale, de la production de toutes les matières organiques en tant que richesses sociales. L'agronomie étudie les relations mutuelles de toutes ces branches des connaissances humaines pour établir les principes devant guider l'agriculture. Le rôle de celle-ci est de mettre en pratique les lois découvertes par celles-là en se fondant sur l'expérience et l'observation érigées en corps de doctrine par la dépendance trouvée entre l'effet et la cause immédiate.

Les mots *agronome*, *agronomie*, *agronomique* n'ont commencé à paraître dans le langage agricole qu'à la fin du dix-huitième siècle. L'abbé Rozier, dans son Cours d'agriculture (1785), dit que le mot agronome est nouvellement introduit dans notre langue et qu'il n'en est encore fait mention dans aucun dictionnaire. Peu à peu seulement on a senti le besoin de distinguer d'une part les procédés techniques de l'agriculture, ce que l'on peut appeler les manipulations agricoles, et d'autre part les interprétations des faits bien expérimentés et leur liaison scientifique. A la fin du dix-neuvième siècle, l'agronomie n'est encore que dans l'enfance, parce que l'emploi de la méthode expérimentale est plus difficile en cette matière qu'en toute autre, à cause du temps considérable que demandent les essais et les moindres vérifications, et aussi, il faut bien le dire, en raison de l'ignorance de la méthode scientifique dans laquelle se trouvent le plus souvent ceux qui sont placés de manière à pouvoir bien expérimenter, s'ils avaient reçu une instruction et une éducation appropriées.

Les seules parties de l'agronomie qui commencent à être bien constituées sont : 1° celles qui, partant de la graine ou du bourgeon, ont déterminé les conditions nécessaires pour la germination et le développement des végétaux, l'alimentation des plantes, et la production spéciale de quelques-uns des principes immédiats qu'on en retire, et 2° celles qui traitent les mêmes questions en ce qui concerne les produits animaux. Mais il reste encore un grand nombre d'inconnues à déterminer, même dans ces questions restreintes. Les lois de la formation du sucre, pour ne citer qu'un seul exemple, sont encore inconnues, et c'est à peine si l'on sait quelques-unes des conditions qui la favorisent. On s'efforce, dans ce dictionnaire, d'exposer l'état complet de nos connaissances sur toutes les questions agronomiques à mesure qu'elles se présenteront, de manière à aller constamment au-devant du progrès.

AGRONOMIQUE. — On emploie l'expression d'agronomique pour caractériser une chose qui a rapport à l'agronomie. — On appelle spécialement *Institut agronomique* un établissement consacré à l'enseignement de l'agronomie ou des sciences agricoles. — Une *carte agronomique* est une carte qui donne pour une contrée plus ou moins étendue, et par des teintes ou des indications graphiques particulières, les relations des terrains considérés au point de vue géologique avec les cultures principales qui y sont adoptées ou qui y jouissent de la plus grande prospérité.

AGRONOMOMÉTRIE. — Ce mot, qui signifie *mesure de la force des champs*, a été appliqué par Thaer et ses élèves à la partie de la science agronomique qui s'occupe de mesurer ou d'apprécier la puissance de production des terres, au moyen de la diminution de fertilité due à chaque récolte et de la restitution que produirait chaque fumure.

C'est un problème complexe dont on ne peut chercher la solution que par la connaissance préalable exacte de tous les éléments enlevés à un sol par des récoltes successives et par celle des restitutions diverses, directes ou indirectes, qui lui sont faites; il faudrait ensuite connaître l'influence des proportions relatives de ces éléments, de leur état physique, de l'exposition, du sous-sol, etc. Dans un canton, on partage les terres en diverses classes d'après ce que l'on sait de leur fertilité, et l'on fait ainsi de l'agronomométrie approximative, qui n'est pas absolument empirique puisqu'elle est fondée sur l'observation et l'expérience; mais, avec le temps, on revient sur les classifications établies, parce que l'on a constaté que les soins du cultivateur modifient la fertilité qui n'est pas, autant qu'on l'a cru, une propriété naturelle des terres arables. — On dit aussi agronométrie ou *phorométrie*.

AGROS. — Expression vulgaire pour désigner le raisin verjus, dans le midi de la France.

AGROSTÈME (*botanique*). — Plante annuelle, à feuilles longues et linéaires, à fleurs en cimes lâches, appartenant à la sous-tribu des Lychnidées, de la tribu des Silénées, dans la famille des Caryophyllées. On en connaît deux espèces. La principale est l'*Agrostemma Githago*, appelée vulgairement *nielle des blés*, autrefois *Githago segetum* (fig. 126), à fleurs d'un rouge vineux caractéristique, et qui croît dans les moissons de presque toute l'Europe; c'est une des plantes adventices les plus communes et les plus difficiles à extirper, parce que sa graine vient à maturité en même temps que celle des cé-

Fig. 126. — *Agrostemma Githago.*

réales. Cette graine, quand elle est mélangée à celle du blé, donne à la farine une amertume désagréable et elle peut causer des accidents soit aux hommes, soit aux animaux qui l'absorbent. On détruit l'agrostème en opérant des sarclages au printemps; on peut aussi s'en débarrasser par un bon triage des grains de semence. Elle a été importée d'Europe en Amérique et au cap de Bonne-Espérance.

L'autre espèce d'Agrostème se rencontre dans les parties sèches et montueuses de l'Asie Mineure où elle paraît confinée.

AGROSTEMMINE. — Principe immédiat retiré de la nielle des blés (*Agrostemma Githago*). Il se présente sous la forme d'une base jaune, peu soluble dans l'eau, très soluble dans l'alcool et formant des sels cristallisables.

AGROSTIDE (*botanique, culture*). — Plante herbacée appartenant à la famille des Graminées, tribu des Agrostidées. L'Agrostide (*Agrostis*) est caractérisée par des épillets uniflores, disposés en panicule rameuse à rameaux verticillés; les glumes sont comprimées et acuminées, plus longues que les glumelles; celles-ci sont membraneuses et couvertes de poils très courts à la base; l'ovaire est glabre; les fleurs sont hermaphrodites et elles ne sont jamais accompagnées de fleurs mâles; les graines sont très petites.

Le genre Agrostide renferme un grand nombre d'espèces; la plupart sont vivaces. Quelques-unes de ces espèces possèdent des dénominations très nombreuses qui rendent difficile l'étude de ces plantes. Plusieurs ont une grande importance comme plantes fourragères, mais sont en même temps redoutées pour la facilité avec laquelle elles se développent dans les champs cultivés. — Les principales espèces d'Agrostide sont les suivantes :

1° L'Agrostide des chiens (*Agrostis canina*), plante vivace, à racines fibreuses et traçantes, émettant des tiges de 30 à 50 centimètres, rameuses à la base; les feuilles radicales sont disposées en faisceau, fines et roulées; celles de la tige sont rudes et planes. Les épillets, petits, violacés, sont disposés en panicule étalée; les pédicelles sont rameux. La floraison se fait de juin en août. Cette plante, très commune en France, dans les prairies, sur les bords des chemins, se plaît particulièrement dans les terres légères où elle prend tout le développement dont elle est susceptible. Elle donne une herbe de bonne qualité, que le bétail mange avec plaisir; mais son produit est faible. Elle convient principalement pour les pâtures, surtout pour celles à moutons, car elle supporte très bien l'action de la dent et des pieds des animaux. On la sème rarement dans les prairies à faucher.

2° L'Agrostide vulgaire (*A. vulgaris*), plante vivace (fig. 127), très commune, surtout dans les terres sèches; ses racines fibreuses émettent des stolons traçants produisant des rejets nombreux; les tiges sont le plus souvent couchées, au moins à la base, quelquefois rameuses, d'une longueur de 15 à 40 centimètres; les feuilles, rudes sur les bords, sont planes; les épillets, violacés, sont disposés en panicules à rameaux capillaires demeurant étalés après la floraison; celle-ci se produit en été, de juin en septembre. Cette espèce croît dans toutes les natures de terres, celles sèches et sablonneuses comme celles humides. L'herbe qu'elle donne est bien mangée par le bétail, soit à l'état vert, soit convertie en foin. Son rendement est faible, ce qui paraît être la conséquence de son développement un peu tardif. Elle se laisse pâturer sans inconvénients, mais elle n'est semée, pour être fauchée, que dans les terres sèches et arides où ne pourraient pas venir d'autres plantes moins agrestes.

3° L'Agrostide d'Amérique (*A. dispar*), originaire des États-Unis d'Amérique, où elle est connue sous le nom de *herd-grass* (fig. 128). La souche talle avec abondance; les tiges sont dressées et atteignent facilement 60 à 80 centimètres; les feuilles sont planes et linéaires; les épillets, petits et nombreux, sont disposés en demi-verticille et forment une large panicule. La plante devient vigoureuse et dure longtemps, mais son premier développement est lent, ce qui est un obstacle à sa diffusion dans les prairies permanentes, le jeune plant étant souvent étouffé par les mauvaises herbes. Aux Etats-Unis, le herd-grass donne, sur les terrains humides et tourbeux où il est principalement employé, un fourrage abondant et de bonne qualité, quoique un peu gros. Dans les essais qu'il a faits pour le propager en France, M. Vilmorin a obtenu aussi d'excellents résultats dans des sables profonds et dans des terres calcaires un peu sèches, mais surtout non humides. La quantité de semence à employer par hectare est de 4 kilogrammes et demi à 5 kilogrammes. Le semis doit être fait, soit au printemps, en mars, soit à l'automne, en septembre.

4° L'Agrostide stolonifère (*A. stolonifera*) appelée aussi Agrostide traçante, traînasse, et improprement chiendent (fig. 129). Les Anglais l'appellent *fiorin* ou *fiorin grass*. La souche émet en grande quantité des stolons ou rhizomes d'où sortent des rejets très nombreux, stériles ou ne fleurissant pas la même année. Les tiges, coudées à leur partie inférieure, atteignent 50 à 80 centimètres de longueur; elles sont quelquefois rameuses. Les feuilles sont planes et linéaires, les épillets sont violets ou vert blanchâtre. Cette plante est très estimée en Angleterre et elle y est regardée comme un des meilleurs fourrages; sous l'influence de la culture, les tiges sont devenues moins traçantes et moins grosses. En France, l'agrostide stonolifère se rencontre dans le plus grand nombre des prairies fraîches ou humides; elle se propage très souvent dans les champs cultivés où ses tiges couchées se développent rapidement, chaque nœud s'enracinant; elle est alors regardée comme une plante adventice des plus nuisibles, car il est très difficile de la faire disparaître. Dans les pâtures, cette plante est considérée comme très utile à raison de sa résistance au piétinement et de son extension rapide; mais dans les prairies fauchables elle est moins estimée parce que sa première croissance au printemps est lente et parce que ses tiges couchées sont difficiles à faucher. Néanmoins les principales qualités de cette plante sont sa végétation presque continuelle, la faculté qu'ont ses tiges de conserver longtemps leur fraîcheur en hiver, enfin sa valeur nutritive qui est considérable. D'un autre côté, elle réussit dans les mauvais terrains de diverse nature et elle y donne une production que n'atteignent pas la plupart des autres graminées. Pour faire les pâtures ou les prairies permanentes, la graine de l'Agrostide stolonifère doit être semée à part; à raison de son extrême ténuité, il est très difficile de la répandre régulièrement; on est donc obligé de semer très dru, à raison de 8 à 10 kilogrammes par hectare, au printemps ou à l'automne, comme pour l'espèce précédente. La vitalité de cette plante est telle que, d'après des essais faits en Angleterre, il suffirait, pour établir une prairie avec l'agrostide stolonifère, de hacher les tiges, de les disperser sur le sol, et de les recouvrir d'un coup de herse par un temps pluvieux; chaque tronçon s'enracine.

Fig. 127. — Agrostide vulgaire. Fig. 128. — Agrostide d'Amérique. Fig. 129. — Agrostide stolonifère.

5° L'Agrostide nébuleuse (*A. nebulosa*), plante annuelle, cultivée dans les jardins comme plante d'ornement. Ses tiges s'élèvent à 30 ou 40 centimètres; elles sont très déliées, ainsi que leurs ramifications, et elles portent un très grand nombre d'épillets disposés en panicule. C'est de cette légèreté de port que vient le nom de cette plante que l'on appelle aussi capillaire (fig. 130). A ce titre, elle est précieuse pour orner les bordures et pour entrer dans la confection des bouquets dits secs, qui se conservent pendant très longtemps. L'Agrostide nébuleuse se reproduit de semis faits sur place, soit en avril, soit au mois de septembre.

AGROSTIDÉES (*botanique*). — Nom d'une tribu

de la famille des Graminées, comprenant une dizaine de genres, caractérisés par la panicule rameuse que forment les épillets, le plus souvent comprimés latéralement, ne contenant qu'une seule fleur fertile, quelquefois accompagnée de plusieurs

Fig. 130. — Agrostide nébuleuse.

autres fleurs incomplètes. Les stigmates sont sessiles et sortent vers la partie moyenne ou la base des glumelles. Les principaux genres appartenant à cette tribu sont l'Agrostide (*Agrostis*), l'Ammophile (*Ammophila*), le Lagure (*Lagurus*), le Millet (*Milium*), la Stipe (*Stipa*).

AGUDET (*viticulture*). — Nom d'un cépage à peu près exclusif aux vignes du département de Tarn-et-Garonne. Le comte Odart en distingue deux variétés : 1° l'Agudet blanc, raisin de table, de bonne qualité, mais dont la souche ne produit jamais de pousses très vigoureuses ; 2° l'Agudet noir, raisin de cuve, d'une production moyenne au point de vue de la quantité, mais d'une qualité faible.

AGUL (*botanique*). — Arbrisseau rameux, hérissé d'épines, appartenant à la famille des Légumineuses, croissant dans la région méditerranéenne de l'Asie et dans quelques parties de l'Inde. Cette plante est remarquable par l'exsudation d'une matière sucrée qui apparaît le matin sur les feuilles et sur les rameaux et qui se condense en grains concrétés. Cette substance, appelée souvent manne alhagi, est purgative ; on pense que c'est avec cette manne que les Hébreux se sont nourris durant leur voyage dans le désert. D'après plusieurs voyageurs, cette substance est employée pour sucrer les pâtisseries, dans les principales villes de la Perse. L'agul a été classé par Linné comme une espèce du genre *Hedysarum*, sous le nom de *Hedysarum Alhagi ;* plusieurs botanistes modernes en on fait un genre spécial, l'*Alhagi Maurorum*.

AGYNAIRE (*botanique*). — Qualification appliquée par de Candolle aux fleurs qui manquent de pistil et qui sont formées par les téguments floraux et les étamines transformées.

AHAN. — Ancienne expression, employée quelquefois comme synonyme de labour. On disait mettre des terres à ahan, pour exprimer qu'on les mettait en labour.

AHEGAST. — Arbre croissant à l'île de Madagascar et dans les Indes orientales, dont les racines fournissent une teinture rouge. La place de cet arbre dans la classification des plantes n'a pas encore été déterminée.

AHOUAI (*botanique*). — Arbres assez grands, croissant dans quelques parties de l'Amérique centrale et de l'Amérique méridionale, dont le suc laiteux est très vénéneux. Les amandes des fruits renferment aussi un poison très énergique. On en connaît deux espèces : l'Ahouai des Antilles (*Thevetia neriifolia*) et l'Ahouai du Brésil (*Th. Ahouai*).

AI (*médecine vétérinaire*). — Gonflement accompagné d'une crépitation douloureuse des tendons de certains muscles. La tuméfaction dure généralement pendant plusieurs jours. Le traitement indiqué est le repos avec des applications d'abord émollientes, puis résolutives. La compression modérée avec des bandages roulés peut aussi être utile.

AIBATLY ISJUM (*viticulture*). — Nom d'un cépage de Crimée, appelé aussi raisin d'Aibatly, d'une bourgade située près de Soudac. D'après le comte Odart, ce cépage donne des raisins à longue grappe, à grains olivoïdes, excellents pour la table.

AICHE. — Nom donné par les pêcheurs aux petits vers de terre qui servent d'appâts pour la pêche à la ligne. Voy. *Achée*.

On dit *aicher* pour amorcer une ligne.

AIDE (*hippiatrique*). — Se dit des moyens par lesquels le cavalier agit sur son cheval pour le faire obéir. Les aides sont supérieures ou inférieures.

Les aides supérieures sont celles qui sont exercées par la main au moyen des rênes et du mors. Les aides inférieures sont celles des jambes ; elles sont exercées par les cuisses, les jarrets, le gras des jambes, et le pied au moyen de l'éperon et de l'étrier. Les aides supérieures agissent sur la partie antérieure du corps ou avant-main ; les aides inférieures, sur les membres postérieurs ou arrière-main. Les aides accessoires ou supplémentaires sont le recours à la voix, à la cravache, etc.

L'art du bon écuyer veut que les aides soient légères ; autrement le cheval est rapidement fatigué, et il ne se montre pas souple sous la main qui le guide. Ce n'est que par une combinaison habile des aides qu'on peut faire exécuter au cheval, avec rapidité et précision, les manœuvres de manège ou de cavalerie. Avoir de bonnes aides ne dépend pas seulement de l'étude chez un homme de cheval ; il lui faut encore une sorte d'instinct, ou de tact naturel, qui est une qualité innée.

AIDEAU. — Nom des morceaux de bois qu'on passe dans les barres latérales des charrettes, pour soutenir les charges élevées.

AIGADE. — Se dit de la partie des montagnes ou prairies hautes des plateaux de l'Auvergne qui est pâturée par le bétail en parcours mais non parqué. La montagne est divisée en deux parties : la *fumade* où les animaux sont mis périodiquement au parc, et qui fournit la meilleure herbe, et l'*aigade* sur laquelle le parcage n'a pas lieu.

AIGAIL OU AIGUAIL (*chasse*). — Se dit des petites gouttes de rosée qui restent suspendues, le matin, sur les herbes des champs et des prairies et sur les feuilles des arbres. On dit que l'aigail ôte le flair aux chiens.

AIGAIRE. — Rigole profonde qui sépare les sillons ou qui les coupe en biais, dans les terres labourées, pour servir à l'écoulement des eaux pluviales.

AIGATADE. — Nom donné, dans le département de l'Aude, aux haras de chevaux élevés principalement en vue de servir au dépiquage des céréales. L'aigatade est ce qu'on appelle manade en Camargue. Le nombre des aigatades est devenu très restreint par suite de l'extension de l'emploi du rouleau d'abord, et ensuite des machines à battre.

AIGLE (*chasse*). — Oiseau de grande taille appartenant à l'ordre des Rapaces, que l'on rencontre dans le plus grand nombre des parties du globe, et qui habite surtout les régions élevées, où il fait souvent de grands ravages dans les troupeaux.

Le genre aigle est caractérisé, au point de vue zoologique, par un bec festonné, mais non denté, présentant une partie droite à la base, par des narines elliptiques et transversales, par des tarses courts et emplumés jusqu'aux doigts, par des ailes allongées et par une queue arrondie. Le sens de la vue est très développé chez cet oiseau. Il est doué d'une énorme force musculaire, et les muscles de ses ailes ont une puissance qui lui permet de voler avec une grande rapidité et pendant très longtemps. La taille de cet oiseau varie suivant l'espèce, de 60 centimètres à 1m,25 depuis le bout du bec jusqu'à l'extrémité des pieds ; quant à l'envergure, elle varie de 2 à 3 mètres.

L'aigle bâtit son nid dans les anfractuosités des rochers, sur les points qu'il est le plus difficile d'atteindre. Ce nid consiste en une aire formée par un plancher composé de bûchettes juxtaposées, reliées ensemble par des branches souples, et tapissées par des feuillages ou des bruyères. Le nombre des œufs que renferme le plus ordinairement une aire est de deux ou trois : la durée de l'incubation est d'une trentaine de jours.

L'aigle est très vorace, mais il ne s'attaque le plus souvent qu'à des animaux inoffensifs. Il fait la guerre aux oiseaux des basses-cours, oies, dindes, comme aux petits quadrupèdes, lapins, lièvres, agneaux et même chevreaux ; quelquefois dans les pays de montagnes où il habite, il s'attaque, mais rarement, aux jeunes enfants. L'aigle emporte sa proie avec ses serres, et il s'en repaît dans son aire ; quand il s'est attaqué à un animal qu'il ne peut enlever, il le tue et en mange une partie sur place, avant d'en emporter les lambeaux.

Dans les Pyrénées, les montagnards, qui ont beaucoup à souffrir des ravages des aigles, leur donnent la chasse selon la méthode suivante. Deux hommes, dont l'un est armé d'une carabine à double canon, et l'autre d'une pique de fer, se rendent dès le matin sur le sommet du pic où est située l'aire de l'aigle ; c'est le moment où celui-ci est allé chercher la nourriture pour ses petits. Le premier se poste sur le sommet du pic, la carabine à la main, pour guetter le retour de l'oiseau. L'autre descend au fond de l'aire, souvent au moyen de cordes, et il s'empare des aiglons encore trop faibles pour se défendre. L'aigle, attiré par les cris de ceux-ci, accourt et se précipite sur le ravisseur qui se défend avec sa pique, pendant que son compagnon tire sur l'oiseau qu'il atteint souvent du premier coup de carabine. — On dresse aussi des pièges pour les aigles ; mais ceux-ci s'y laissent rarement prendre.

Les mœurs des diverses variétés d'aigle sont les mêmes. Les principaux de ces oiseaux sont : 1° l'aigle royal ou grand aigle qui atteint la plus grande taille, et qui habite le nord et l'est de l'Europe ; 2° l'aigle impérial, qui se trouve dans l'est et le sud de l'Europe, ainsi que dans le nord de l'Afrique ; 3° l'aigle criard ou petit aigle, le plus commun dans toutes les parties montagneuses et boisées de l'Europe ; 4° l'aigle botté, qui vit dans l'est et le sud de l'Europe et se montre parfois en France. Les oiseaux, appelés aigles pêcheurs, aigles de mer, qu'on rencontre dans les régions septentrionales de l'Europe et dans quelques parties de l'Amérique du Nord, appartiennent au genre Pygargue.

AIGRE. — Qualification d'une chose qui présente au goût ou à l'odorat une acidité désagréable. Tantôt cet effet provient d'une altération : ainsi on dit un vin aigre, du lait aigre, au point de vue du goût ; un bouillon aigre, du foin aigre, au point de vue de l'odorat. Tantôt il est dû à un développement anormal de principes acides, comme dans certains fruits ; ainsi on dit des cerises aigres, des citrons aigres.

AIGRE-DOUX. — Se dit d'une chose dont le goût tient de l'aigre et du doux.

AIGREFIN (*pisciculture*). — Nom d'une espèce de morue qu'on appelle aussi *égrefin*, *æglefin*, et qui abonde sur les côtes de Bretagne. Elle appartient au grand genre des Gades, dans l'ordre des Malacoptérygiens subbrachiens (règne animal de Cuvier). Ce poisson est plus petit que la morue ordinaire, car sa taille ne dépasse pas 40 à 50 centimètres. Il présente trois nageoires dorsales et deux anales ; son bec est gros et court, avec un barbillon charnu à l'extrémité de la mâchoire inférieure. Son corps est couvert de petites écailles ; le dos brun et le ventre argenté. L'aigrefin abonde dans les mers du Nord ; on en fait beaucoup de salaison ; mais le goût de sa chair est inférieur à celui de la morue commune. La préparation de ce poisson est faite d'ailleurs, pour les salaisons, suivant les procédés adoptés pour la grande morue.

AIGRELET. — Qualification d'une chose qui est légèrement acide au goût. On dit d'une boisson qu'elle est aigrelette, de fruits qu'ils sont aigrelets. Certains fruits sont aigrelets quand ils ne sont pas complètement mûrs ; d'autres conservent ce goût, même quand ils ont acquis leur maturité.

AIGREMOINE (*botanique et horticulture*). — Genre de plantes à racine vivace, herbacées, appartenant à la famille des Rosacées. Deux espèces sont particulièrement intéressantes.

L'Aigremoine eupatoire (*Agrimonia eupatoria*) (fig. 131) se rencontre communément, en France, dans les haies ainsi que dans les lieux ombragés.

Fig. 131. — Port de l'aigremoine eupatoire.

Elle pousse des tiges hautes de 50 à 60 centimètres, cylindriques et velues ; les feuilles, également velues, sont alternes et adhérentes à la tige. Les fleurs, petites, d'un beau jaune, sont disposées en épi terminal ; les divisions du calice sont munies de pointes crochues qui s'attachent aux poils des bestiaux. Les moutons et les chèvres mangent les tiges et les feuilles de cette plante, mais les autres animaux domestiques s'en abstiennent. La décoction des feuilles et des fleurs est astringente ; elle est assez employée à l'usage externe pour laver les plaies, et à l'usage interne contre les diarrhées et les maladies de la vessie. On dit que, dans la petite Russie, on donne cette plante au bétail comme vermifuge. — L'aigremoine eupatoire est cultivée dans les jardins pour ses fleurs, qui s'épanouissent en juillet et août ; on la multiplie soit par semis au printemps, soit par éclats des racines.

L'Aigremoine odorante (*A. odorata*) est plus fréquemment cultivée dans les jardins que l'espèce précédente ; elle lui ressemble beaucoup dans son port, mais elle s'en distingue par des feuilles et des fleurs plus grandes. Elle est multipliée par les mêmes méthodes.

AIGRETTE. — Se dit en zoologie, de bouquets de plumes effilées et droites qui surmontent la tête de quelques oiseaux ; en botanique, des touffes de poils qui surmontent divers organes, de celles qui couronnent le fruit de certaines plantes.

C'est surtout dans la famille des Composées que les aigrettes des fruits prennent de l'importance ; elles affectent des formes très variées. Elles sont écailleuses, c'est à dire en forme de petites écailles ; capillaires, quand elles sont formées de poils indépendants ; plumeuses, quand les poils paraissent se ramifier comme les barbes d'une plume ; membraneuses, lorsqu'elles sont constituées par des membranes minces juxtaposées ; aristées, lorsquelles sont simplement formées par quelques soies raides et aiguës. Dans tous les cas, le rôle des aigrettes est de favoriser la dissémination des graines, sous l'action du vent ; elles contribuent ainsi à la dispersion des espèces. Parmi les plantes adventices, il en est quelques-unes qui sont munies d'aigrettes ; en première ligne, il convient de citer le chardon. La meilleure manière de s'en débarrasser est de détruire ces plantes avant la maturation des graines ; celles-ci peuvent, en effet, être répandues par le vent dans un très grand rayon.

AIGRETTÉ. — Qualification d'un organe pourvu d'une aigrette. Ainsi on dit que la graine du pissenlit, de la valériane, etc., est aigrettée.

AIGRIÈRE. — Petit-lait aigri, mêlé avec du son, pour être donné en nourriture aux porcs. Cette expression est principalement usitée dans le département des Ardennes.

AIGRIN. — Nom vulgaire donné aux jeunes poiriers et aux jeunes pommiers sauvages. On attribue cette appellation à ce que leurs fruits sont aigres.

AIGU. — Se dit, en botanique, d'organes atténués et rétrécis en pointe à leur sommet ; en médecine vétérinaire, des maladies se développant rapidement avec une grande intensité. Dans le premier cas, on dira que les épines de l'églantier, par exemple, sont aiguës ; dans le deuxième cas, qu'une pneumonie est aiguë quand les accidents qui la caractérisent se précipitent et se succèdent avec intensité.

AIGUAYER. — Faire entrer un cheval dans l'eau jusqu'au ventre et l'y promener pour le laver et le rafraîchir. On se sert souvent des abreuvoirs pour aiguayer les chevaux.

AIGUILLADE. — Nom donné quelquefois à l'aiguillon, ou long bâton armé d'une pointe qui sert à conduire les bœufs.

AIGUILLE. — Cette expression est prise dans des sens multiples. En médecine vétérinaire, l'aiguille se dit de divers instruments servant à pratiquer quelques opérations. En botanique, on appelle aiguilles les feuilles de certains arbres résineux, notamment des pins ; en jardinage, ce mot se dit parfois du pistil des fleurs. En mécanique agricole, c'est tantôt un petit instrument pour reconnaître l'état des fourrages en meules, tantôt un appareil destiné à lier les gerbes de céréales.

Les aiguilles employées en médecine vétérinaire sont de diverses sortes. On distingue les aiguilles à suture et celles à séton. Les aiguilles à suture sont plus ou moins grosses suivant les parties de la peau qu'elles doivent servir à rapprocher ; elles sont formées par une lame aplatie, aiguë, courbée sur le bas, et munie d'un chas ; celui-ci doit être percé dans le sens de l'aplatissement de l'aiguille, afin de rendre l'opération moins douloureuse. — L'aiguille à séton, imaginée par Lafosse, est une aiguille longue, aplatie de dessus en dessous, terminée par une pointe élargie à deux tranchants, qui doit être en acier. Elle est à manche ou unie. L'aiguille à manche est formée de trois parties : un manche ordinaire en bois, une tige arrondie de

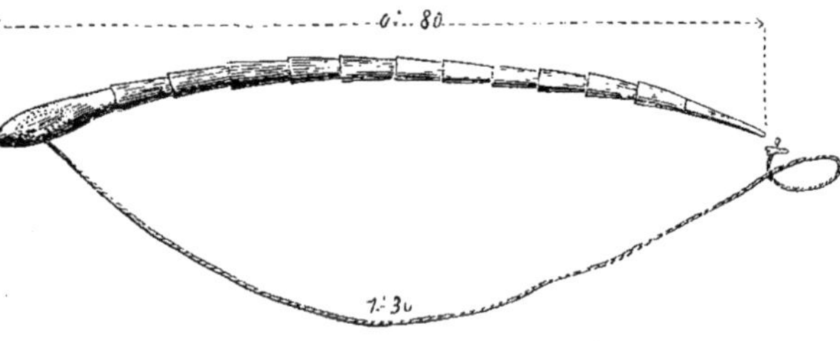

Fig. 132. — Aiguille pour lier les gerbes.

30 centimètres environ, puis la partie extrême en lame pointue ; ces parties peuvent se visser l'une sur l'autre, pour que l'aiguille démontée puisse être placée dans une trousse. La lame est munie d'un œil percé en carré long, servant à passer la mèche du séton pour l'introduire à travers les tissus. L'aiguille unie est formée par une tige d'égale largeur d'un bout à l'autre, parfois un peu plus épaisse au

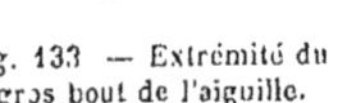

Fig. 133 — Extrémité du gros bout de l'aiguille.

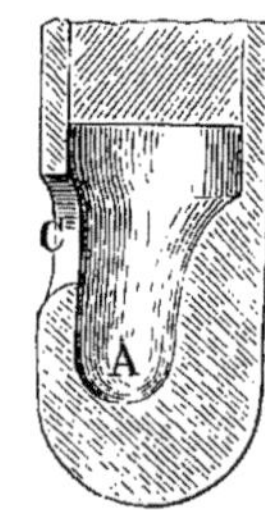

Fig. 134. — Coupe du chas de l'aiguille.

talon ; l'œil est le plus souvent vers le talon ; quelquefois il y en a deux, l'un au talon, l'autre vers la pointe. Dans certaines aiguilles la pointe est arrondie, et la lame n'est pas tranchante ; mais les aiguilles de cette forme sont peu usitées. L'aiguille à séton pour les grands animaux a une longueur de 30 à 45 centimètres ; pour les chiens et autres animaux de plus petite taille, on se sert d'une aiguille unie, environ moitié plus petite, munie d'un œil au talon ; la lame en est très aiguë, à double tranchant, et un peu triangulaire, avec une courbure sur le plat.

L'aiguille à meules consiste en une longue tige en fer, percée d'un trou à l'une de ses extrémités, de manière à pouvoir retenir un morceau de laine. Cette aiguille sert à reconnaître l'état du fourrage à l'intérieur des meules, lorsque l'on craint qu'il ne s'y produise de la fermentation. On introduit l'aiguille dans la meule à la profondeur nécessaire pour que son extrémité en atteigne la partie centrale. On la laisse pendant un certain temps dans cette position. Si la laine est altérée quand on retire l'aiguille, c'est le signe que la fermentation se produit dans l'intérieur ; il faut alors s'empresser de démonter la meule.

On se sert d'aiguilles spéciales pour lier les gerbes de céréales. Un cultivateur du département de l'Ain, M. André Bernard, a imaginé, en 1879, une aiguille très simple que représente la figure 132. Cette aiguille, recourbée et souple, est faite d'un nerf de bœuf recouvert d'écailles imbriquées en fer-blanc. Son gros bout est terminé par un œillet ou chasdont les figures 133 et 134 montrent la forme. Le nœud du lien se place en A ; on voit en B l'ouverture pour le passage de la corde, et en C celle pour le passage du nœud. Le lien est une simple corde terminée d'un côté par un nœud, et de l'autre par une boucle ; le nœud doit être introduit dans l'œillet de l'aiguille. Pour lier une gerbe, l'ouvrier glisse l'aiguille par-dessous, saisit le bout pointu de l'autre côté pour l'enfiler dans la boucle du lien. Mettant le pied sur la gerbe, il tire l'aiguille jusqu'à ce qu'elle ait dépassé la boucle. Une petite secousse en arrière détache le nœud de l'aiguille ; il reste retenu par la boucle, et la gerbe est liée. Cette aiguille permet de faire très rapidement le liage des gerbes; elle a été rapidement adoptée par beaucoup d'agriculteurs.

AIGUILLON. — Ce mot est pris dans diverses acceptions.

L'aiguillon est, dans les fermes et les étables, un bâton long de 2 mètres environ, dont l'une des extrémités est armé d'une pointe en fer, et qui sert à diriger et à exciter les attelages de bœufs.

En botanique, on appelle aiguillon des piquants composés d'un tissu dur, faisant partie de l'épiderme des tiges, des branches, des fleurs ou des feuilles. Ils se distinguent des épines en ce que celles-ci adhèrent au bois. Ainsi, les rosiers portent des aiguillons, et on peut les enlever sans endommager l'écorce. Les aiguillons affectent diverses formes ; tantôt ils sont droits, tantôt ils sont courbés ; tantôt coniques et tantôt aplatis : on dit qu'ils sont infléchis quand il se dirigent vers la partie supérieure de la tige, et réfléchis quand ils sont recourbés vers le bas de la plante. Les aiguillons sont dits sétacés quand ils sont assez minces pour ressembler à des soies raides.

En entomologie, l'aiguillon est une aiguille très fine et quelquefois barbelée, qui sert à un grand nombre d'insectes d'arme offensive et défensive. C'est surtout chez les insectes hyménoptères que l'aiguillon se rencontre. Il est généralement logé dans l'abdomen ; à l'état de repos, il est rentré ; quand l'insecte veut s'en servir, des muscles le font sortir avec énergie, en même temps qu'une glande sécrète un liquide venimeux qui s'écoule dans la plaie faite par l'aiguillon. Quand celui-ci est muni de dentelures, il arrive qu'il reste dans la blessure ; la déchirure à l'abdomen qui en est la conséquence fait périr l'insecte. Parmi les insectes les plus connus qui sont munis d'aiguillon, il faut citer les abeilles (voy. ce mot), les guêpes, les frelons.

AIGUILLONNIER (*entomologie*). — Nom donné, dans les départements de l'Ouest, à un insecte coléoptère, de la famille des Longicornes, qui attaque les céréales sur pied. L'aiguillonnier (*Agapantha marginella*) est un insecte d'une longueur de 1 centimètre, étroit, de couleur ferrugineuse, avec les élytres plus claires ; la tête porte deux longues antennes. L'insecte parfait apparaît au mois de juin. La femelle pond un œuf au-dessous de chaque épi ; la larve éclôt peu de jours après la ponte, et elle pénètre dans la tige, où elle se développe en descendant vers la racine. Quand elle est arrivée à 5 ou 6 centimètres, elle se métamorphose en nymphe ; elle reste sous cette forme jusqu'au printemps suivant. Chaque femelle pondant près de deux cents œufs, peut infester un même nombre de plantes. Les tiges dans lesquelles la larve a pénétré deviennent bientôt atrophiées ; la floraison de l'épi ne peut plus se produire ; sous l'influence du vent, les épis se détachent et tombent. On cite des années où, dans l'Angoumois, la perte causée par cet insecte a été du cinquième au quart de la récolte. Le meilleur moyen d'en arrêter la propagation est de couper les céréales aussi près que possible du sol, dès qu'on reconnaît la présence de l'insecte. La tige coupée ne reçoit plus l'humidité qui paraît nécessaire à la vie de la nymphe et celle-ci meurt rapidement.

AIGUISER (*technologie*). — Rendre une pointe plus aiguë ou un tranchant plus affilé, c'est les aiguiser. On dit aiguiser un pieu pour rendre sa pointe aiguë, comme on dit aiguiser une faux pour rendre son tranchant plus affilé. — Pour aiguiser les pointes, on se sert de serpes, de couteaux quand il s'agit de bois ; de l'enclume et du marteau quand il s'agit d'un métal. Quant à l'aiguisage des lames, il est le plus souvent pratiqué à l'aide de pierres ou de métaux très durs ou enfin de meules. Lorsque la lame est ébréchée, on commence par se servir de l'enclume et du marteau pour en refaire le tranchant.

Fig. 135. — Aiguisage d'une lame de faux avec une molette.

Aiguisage par les pierres. — Les pierres à aiguiser affectent diverses formes. Elles ont généralement une longueur de 35 à 40 centimètres, sur une largeur de 5 à 6 centimètres ; leur section est tantôt circulaire, tantôt carrée. Lorsque la pierre n'est pas montée, on s'en sert en tenant la lame qu'on veut aiguiser, de la main gauche, et en maniant la pierre de la main droite. On peut la mouiller pour s'en servir.

Aiguisage par les métaux. — On se sert aussi d'un appareil dans lequel la pierre est remplacée

Fig. 136 — Affûteur Gaud.

Fig. 137. — Meule Pilter pour aiguiser les lames de faucheuses et de moissonneuses.

par une molette en acier montée sur un manche, pour rendre son maniement plus facile quand il s'agit d'aiguiser les lames des faux. Dans ce cas l'aiguisage se fait en tenant la lame verticale avec la main gauche, le pied droit tenant en même temps immobile le manche placé par terre, comme le montre la figure 135.

On peut donner des dispositions diverses à l'appareil à aiguiser. Ainsi la figure 136 représente un affûteur imaginé par M. Gaud, à Juvisy (Seine-et-Oise). Il se compose d'un étau fixe sur un support, muni d'un chevalet pour que l'ouvrier puisse s'asseoir. Une trousse renferme : 1° cinq diamants triangulaires pour l'affutage des tranchants : 2° trois limes, très fortes, d'un acier solide qui leur permet d'attaquer les meilleures lames ; 3° une pierre à morfiler.

Aiguisage par les meules. — Ces meules, en grès ou en émeri, ont la forme de roues mobiles sur un axe, et sont placées au-dessus d'une sorte d'auge dans laquelle on verse de l'eau. Elles peuvent être fixes ou transportables. Ces meules sont devenues d'un fréquent usage depuis l'extension des faucheuses et des moissonneuses mécaniques, dont les scies doivent être fréquemment aiguisées. La figure 137 représente une petite

Fig. 138. — Petite meule de Bodin pour aiguiser les outils agricoles.

meule à bâti entièrement en fonte, et qui sort des ateliers de M. Pilter, à Paris. Cette meule a été faite spécialement en vue de l'affûtage des lames de faucheuses et de moissonneuses.

La meule est à double biseau, afin de permettre d'aiguiser à la fois deux dents de la scie, qui sont elles-mêmes à double biseau

On se sert aussi de meules munies d'un appareil pour soutenir la lame ; telle est la meule Rigault que représente la figure 140. Un guide à coulisse en fonte malléable, fixé sur le côté du bâti, pivote sur son axe. L'ouvrier n'a qu'à appliquer la scie sur la meule. Le grès, qui forme celle-ci, est aussi à double biseau, et le support se place indifféremment des deux côtés pour assurer l'usure régulière du grès.

La figure 138 montre une meule qui sort des ateliers de M. Bodin, à Rennes, et qui, en même temps qu'elle peut être employée pour les lames des faucheuses et des moissonneuses, peut aussi bien servir pour aiguiser tous les autres instruments tranchants.

Le grès doit être préféré pour la confection des meules. L'émeri et la plupart des compositions analogues présentent l'inconvénient d'exercer une action funeste sur la trempe de l'acier.

Dans tous les travaux agricoles, l'emploi de lames ou de scies bien aiguisées est d'une absolue nécessité, qu'il s'agisse du travail de l'homme ou de celui des animaux de trait. En ce qui concerne les ouvriers, ils font plus rapidement, et surtout

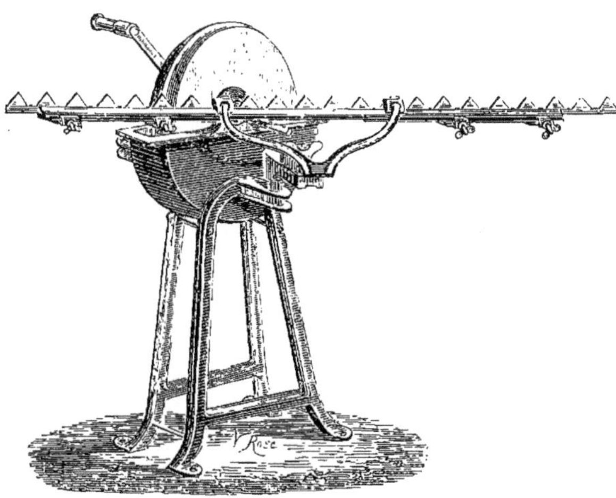

Fig. 139. — Meule Rigault pour les scies de faucheuses et de moissonneuses.

avec plus d'entrain, en même temps que d'une manière plus parfaite, un travail que facilite l'emploi de bons instruments. Pour les animaux de trait, notamment quand il s'agit du fauchage des prairies ou de la moisson des céréales, si les scies, qui sont l'organe principal en action, ne sont pas bien aiguisées, il en résulte un tirage plus grand, une fatigue pour l'attelage, sans compter que le travail est moins bien exécuté et que tous les organes de la machine souffrent du mauvais fonctionnement. L'aiguisage pour toutes les surfaces coupantes, est, aussi bien que le graissage pour toutes les surfaces en frottement, une des principales conditions d'un travail normal exécuté par les machines agricoles.

AIL (*botanique*). — Genre de plantes de la tribu des Hyacinthinées, dans la famille de Liliacées. Ce sont des plantes herbacées, à bulbes recouverts d'une tunique, douées ordinairement d'une odeur et d'une saveur spéciales et fortes. Les feuilles sont, suivant les espèces, creuses, canaliculées ou cylindriques. La hampe se termine par une ombelle de fleurs, souvent munie d'une spathe. Ces plantes habitent généralement les régions tempérées de l'hémisphère boréal; quelques-unes se rencontrent dans les climats chauds.

Le genre Ail compte un grand nombre d'espèces: les unes sont cultivées comme plantes potagères, les autres comme plantes d'ornement. — Les espèces potagères sont : l'ail ordinaire (*Allium sativum*), l'oignon (*Allium cepa*), la ciboule (*Allium fistulosum*), l'échalotte (*Allium ascalonicum*), le poireau (*Allium porrum*). — Parmi les espèces cultivées comme plantes ornementales, on distingue l'ail azuré, dont les fleurs sont d'un beau bleu d'azur, et qui est originaire de Sibérie; l'ail de Naples, à fleurs blanches; l'ail des ours, à fleurs d'un blanc de lait et à bulbe allongé; l'ail jaune, à fleurs jaunes, espèce de l'Europe méridionale; l'ail doré, plante célèbre dans l'antiquité, et qui est remarquable par des fleurs grandes et d'un beau jaune d'or.

En distillant de l'eau sur des gousses d'ail écrasées et en rectifiant au bain-marie, on obtient l'essence d'ail, qui se présente sous la forme d'un liquide sulfuré incolore, d'une odeur nauséabonde, peu soluble dans l'eau, mais plus soluble dans l'alcool et dans l'éther. Cette essence a été produite artificiellement par MM. Cahours et Hoffmann, en traitant l'iodure d'acryle par le sulfure de potassium.

AIL ORDINAIRE (*culture potagère, horticulture*). — L'ail ordinaire (*Allium sativum*) est cultivé depuis la plus haute antiquité pour ses bulbes. On lui attribue la Sicile pour patrie. C'est une plante herbacée (fig. 140), à tige cylindrique, atteignant une hauteur de 40 à 75 centimètres, à feuilles linéaires aiguës, légèrement canaliculées. La spathe est formée par une seule valve prolongée en pointe. L'ombelle est petite. Les fleurs, d'un blanc rosé, s'épanouissent en juin et juillet. Le bulbe se compose de huit à dix bulbes secondaires allongés et ovoïdes, qu'on appelle *caïeux* ou *gousses*, et qui sont réunis ensemble par une pellicule blanchâtre. La culture a obtenu plusieurs variétés, plus ou moins recherchées, à côté de l'ail ordinaire. Ces variétés sont: 1° l'ail rose hâtif, dont la pellicule est rose, et qui est remarquable à la fois par la grosseur de ses caïeux et par son développement précoce ; 2° l'ail d'Espagne ou rocambole, dont les pédoncules des fleurs portent des bulbilles; il est surtout cultivé en Ligurie ; 3° l'ail d'Orient, à fleurs rosées et à bulbes très gros, dont la saveur est moins forte que celle de l'ail ordinaire. Toutes ces variétés sont reproduites par séparation des caïeux dans la culture ordinaire; la reproduction par graine est, en effet, trop lente, car elle exige deux années.

L'ail demande une terre de consistance moyenne, bien assainie et fumée. Le sol doit être ameubli avec soin avant d'y placer les caïeux. Ceux-ci peuvent être plantés à l'automne ou au printemps. A l'automne, le moment le plus favorable est le mois d'octobre ou le commencement de novembre ; après la plantation, la terre est nivelée, et l'on répand par-dessus une couche légère de fumier, qu'on y laisse jusqu'au mois de mars. Si l'on plante au printemps, on doit le faire en février ou au commencement de mars. La récolte est avancée à peu près d'un mois par la plantation en automne.

Fig. 140. Ail ordinaire.

Les caïeux, choisis bien sains, sont plantés, la tête en haut, dans des trous pratiqués à la main ou avec le plantoir, et profonds de 4 à 8 centimètres. Les trous sont faits en lignes, et espacés de 12 à 15 centimètres les uns des autres; un intervalle de 25 à 30 centimètres sépare les lignes. En Provence, et dans quelques autres parties du midi de la France, on irrigue les plantations d'ail; dans ce cas, les planches sont remplacées par des billons larges de 35 à 45 centimètres, et la plantation se fait en lignes de chaque côté de la crête du billon. Pendant la végétation, on donne un ou deux binages, suivant l'état de propreté du sol. Quand la plantation a été faite à l'automne, on pratique toujours deux binages, l'un en mars, l'autre à la fin d'avril.

Dès que la tige est développée, ce qui arrive en mai ou en juin, suivant le climat et la saison, il faut réunir ensemble par un nœud les feuilles et la tige; cette opération a pour but d'arrêter leur développement et de refouler la sève au profit du bulbe. Le produit d'un hectare d'ail est de 600 000 bulbes. L'arrachage se fait lorsque les feuilles sont desséchées; il a ordinairement lieu dans le courant de juin dans le midi, et en juillet dans les régions septentrionales. Les bulbes arrachés sont laissés sur le sol, afin de se ressuyer pendant quelques jours sous l'action du soleil. Puis on forme des bottes, à l'aide des fanes ou feuilles sèches qu'on a soin de ne pas couper. Chaque botte comprend ordinairement 24 bulbes. Pour la vente, la botte est transformée en une chaîne préparée en tressant ensemble les fanes pour former ce qu'on appelle une *tresse;* dans quelques parties du sud-ouest de la France, on l'appelle *four.* Les tresses sont suspendues dans un endroit sec, grenier ou hangar; il est important qu'elles soient à l'abri de la gelée.

La consommation de l'ail n'est pas très considérable dans la partie septentrionale de la France; mais dans les provinces méridionales, aussi bien qu'en Espagne et en Italie, il entre pour une large part dans l'alimentation du peuple. On le mange cru avec du pain, ou comme assaisonnement. Les paysans provençaux ont l'habitude d'en manger tous les matins pour chasser, disent-ils, le mauvais air. Le seul inconvénient qu'il présente est de donner une odeur forte à l'haleine; toutefois, il peut irriter les voies digestives quand on en fait abus. C'est un assaisonnement sain, excitant, et parfois utile comme aromatique. Les Méridionaux lui attribuent des vertus puissantes contre les fièvres intermittentes. En médecine, l'ail a été employé comme diurétique et surtout comme vermifuge; il entre dans la composition du spécifique désigné par le nom de vinaigre des quatre voleurs.

AILANTE. — Arbre de grande taille, originaire de la Chine, introduit en Europe au milieu du dix-huitième siècle, et recherché comme arbre d'ornement. L'ailante (*Ailantus glandulosa*) est appelé souvent vernis du Japon, parce qu'on a cru, à tort, pendant longtemps, que cet arbre est celui qui produit le vernis du Japon. C'est un grand arbre à cime étalée (fig. 141), d'une croissance très rapide, surtout pendant son jeune âge, et dont la hauteur atteint et dépasse même 20 mètres. Ses feuilles sont pennées et portent un grand nombre de folioles pointues. Les fleurs verdâtres, sont disposées en panicule (fig. 142); elles exhalent une odeur peu agréable. L'ailante vient très bien sous le climat de Paris où il se développe avec rapidité; sa croissance est quelquefois de 1 mètre par an. Si l'on coupe les branches chaque année, en ne laissant que celles du sommet, il monte droit en forme de parasol. Cet arbre est un des ornements des parcs et des promenades publiques à raison de son port et par l'élégance de son feuillage; il fait partie des arbres à recommander spécialement dans les plantations d'alignement pour ornement; il résiste d'ailleurs très bien à l'air vicié et aux fumées des villes. Il vient bien dans tous les sols; quoiqu'il préfère les terres légères un peu humides et abritées, il prospère cependant dans les terrains pauvres, secs et pierreux ou sablonneux. Son bois est jaunâtre, quelquefois veiné de vert, aussi bon que celui du noyer; il pourrait être employé par l'ébénisterie ou

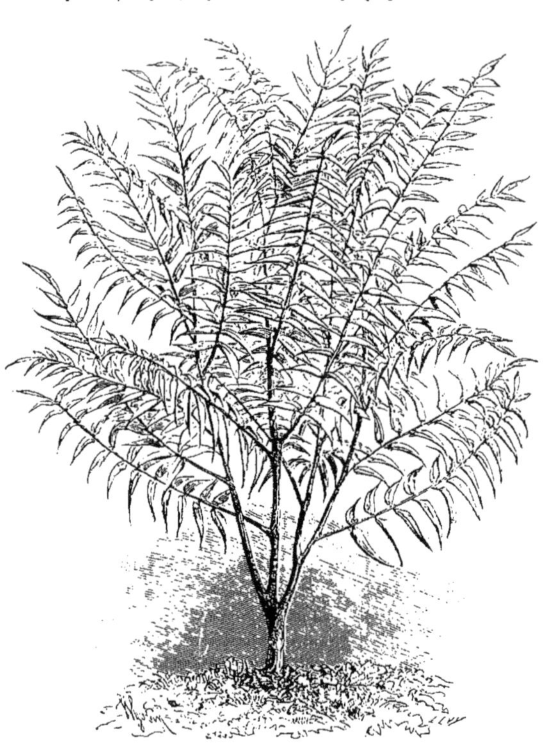

Fig. 141. — Port de l'Ailante.

la menuiserie. La multiplication de l'ailante se fait soit par graines, soit par rejetons ou morceaux de racines.

Vers 1860, l'Ailante prit tout à coup une grande importance aux yeux de beaucoup d'agriculteurs par suite de l'importation d'un ver à soie, le *Bombyx Cynthia*, qui se nourrit de ses feuilles. Mais les essais d'éducation de ce ver à soie n'ont pas jusqu'ici donné les résultats sur lesquels on comptait.

Les plantations d'ailantes destinés à nourrir le bombyx sont faites en lignes, à raison de 5000 pieds environ par hectare. La première et la seconde année, les soins d'entretien consistent en des binages aussi fréquents qu'il est nécessaire, pour, d'une part, débarrasser le sol des herbes parasites qui tendent à y pousser, et d'autre part empêcher la reproduction et la multiplication des insectes terrestres; à l'automne, après la chute des 'euilles, on recèpe les jeunes plants, et l'on donne ɪn labour avec une charrue légère. L'exploitation ɪéricicole commence à la troisième année : grâce ıux recépages qui ont été faits, les arbres sont levenus buissonneux, et ils ont acquis la forme ɪue représente la figure 141. Au printemps, pendant es premières semaines de l'élevage, les jeunes 'ers sont nourris dans des chambrées avec des euilles cueillies chaque jour. La cueillette est faite e matin, quand les feuilles sont encore couvertes ɪar la rosée de la nuit ; on ne les détache pas de 'arbre avec la main, mais on les coupe près de la ɪranche en prenant les précautions nécessaires ɪour ne pas écorcher celle-ci. Un peu plus tard, ɪuand les vers sont devenus assez robustes, on les ɪorte sur les arbres, et il n'est plus besoin de 'en occuper avant le moment où ils font leurs ocons. Au bout d'une vingtaine de jours, les

Fig. 142. — Rameau florifère de l'*Ailantus glandulosa*.

ocons des premiers vers mis en liberté peuvent tre enlevés ; on reconnaît qu'ils sont bons à ré-olter quand ils deviennent fermes sous la pression e la main. Pour détacher le cocon, on le tire légè-ement vers la base du pédoncule de la feuille, et 'on coupe avec des ciseaux le câble arrondi qui en-ɔure celui-ci. Quand les ailantes sont en exploita-ion, on pratique chaque année deux labours dans ɜs lignes : l'un avant le milieu d'avril, l'autre en ovembre, après le recépage des branches. En ɔhine, on fait, sur une grande échelle, l'exploitation éricicole des ailantes.

On connaît une autre espèce d'Ailante, l'Ailante levé (*A. excelsa*), originaire des Indes, et dont les euilles sont persistantes. Cet arbre n'est cultivé ue dans quelques serres chaudes.

AILE. — Ce mot s'emploie dans divers sens. En oologie, l'aile est dite des membres antérieurs des iseaux, qui servent au vol ; elle s'applique aussi ıux organes qui ont le même usage, soit chez ɪuelques mammifères, soit chez les insectes. — En otanique, ce nom s'applique aux saillies, ou ex-ansions, des bords ou des côtés de certains or-ganes ; les fruits dits samares sont pourvus d'ailes. ɔn appelle aussi ailes les deux pétales latéraux des leurs papilionacées. — En horticulture, les ailes ont, dans la taille des arbres en espalier, les séries le branches qui se dirigent à droite et à gauche, ɪn sortant des branches mères. — En mécanique, ɔn appelle quelquefois ailes de la charrue, la lame lu soc. — En technologie, les ailes d'un moulin sont les châssis recouverts de toile que le vent fait tourner et qui communiquent leur mouvement aux meules. — En anatomie, les ailes sont des par-ties latérales situées de chaque côté d'un organe symétrique ; ainsi on dit les ailes du nez, les ailes de l'oreille, etc. — Enfin, en architecture rurale, on appelle ailes d'un bâtiment, les parties laté-rales de la construction, faisant saillie en avant ou en arrière du corps principal.

AILÉ. — Se dit des végétaux, des animaux pour-vus d'ailes, suivant les diverses acceptions expli-quées au mot *aile*.

AILERON. — Extrémité de l'aile des oiseaux. C'est sur l'aileron que sont fixées les grandes plumes qui servent au vol. — En technologie, ce mot s'emploie quelquefois pour désigner les plan-ches fixées sur la circonférence de la roue d'un moulin à eau, et sur lesquelles l'eau frappe pour faire tourner la roue. — Les ailerons de requin servent à faire un mets fort prisé par les Chinois qui le regardent comme un puissant tonique. Ceux d'une couleur blanchâtre sont les plus estimés. On doit les éloigner de l'hu-midité.

AILLADE. — Nom d'une sauce préparée avec de l'ail.

AILLANCE. — Nom vulgaire donné, dans le Boulonnais, au sorbier des oiseaux.

AILLOLI. — Coulis d'ail finement pilé avec de l'huile d'olive. Ce mets est très estimé en Pro-vence.

AILLOSSE. — Nom donné autrefois dans les landes de Gascogne, à la terre argileuse, mêlée d'une grande quantité de graviers, qui y forme la plus grande partie de la terre de bruyère. Cette expression est aujourd'hui abandonnée. Toutefois il y a lieu de faire observer que cette nature de terre ne doit pas être con-fondue avec l'*alios* qui forme le sous-sol d'une partie de ces landes.

AIMANT (*physique agricole*). — On donne le nom d'aimant à un corps solide qui a la propriété d'attirer le fer. Si l'on projette de la limaille de fer sur un tel corps, on constate qu'il y a deux points qui accumulent davantage cette limaille ; on donne le nom de pôles à ces deux centres attrac-tifs. Si on le suspend par un point milieu entre les pôles à un fil sans torsion, on constate que l'aimant prend de lui-même une direction toujours identique dans un lieu donné, une même partie étant plongée au-dessous de l'horizon, l'autre émer-geant au-dessus. L'angle avec l'horizon est l'incli-naison ; l'angle que fait le plan vertical passant par la ligne des pôles avant le plan méridien est la déclinaison du lieu.

Les aimants peuvent être naturels ou bien arti-ficiels. Les premiers sont ceux qui se rencontrent dans le sein ou à la surface de la terre ; les autres sont fabriqués. La pierre d'aimant ou l'aimant na-turel a d'abord été trouvé près d'une ville de l'Asie Mineure, nommé Magnèse ; d'où le nom de magnétisme donné à la science qui a fait l'étude des phénomènes se rattachant aux propriétés des aimants et aux causes de ces phénomènes. Cette matière est désignée en minéralogie sous le nom de fer oxydulé, fer oxydé magnétique, dont la formule chimique est Fe^3O^4 et correspond à la combinaison d'un équivalent de protoxyde de fer (FeO) avec un équivalent de sexquioxyde de fer (Fe^2O^3).

Lorsqu'un barreau de fer pur ou de fer doux est mis en contact par son extrémité avec le pôle d'un aimant, ou bien lorsqu'il en est seulement rapproché, il est devenu lui-même un aimant, mais il perd cette propriété si l'on éloigne l'aimant. Lorsqu'on fait l'expérience avec un barreau d'acier, on trouve que, si celui-ci est plus long à prendre la propriété d'un aimant, il ne la perd pas lorsque l'aimant agissant est éloigné. Le barreau de fer doux ou pur a été un aimant accidentel; le barreau d'acier est devenu un aimant permanent artificiel, qui peut transmettre indéfiniment sa vertu à des aiguilles ou à des barreaux métalliques.

AIN (département de l') (*géographie agricole*) — Le département qui doit son nom à la rivière de l'Ain, le principal des cours d'eau qui le traversent, a été formé de plusieurs petits pays : le Bugey, une partie de la Bresse, le Valromey, le Revermont, la principauté des Dombes, le pays de Gex, qui dépendaient naguère de la Bourgogne et de la Franche-Comté. Tous ces pays ont toujours vécu et vivent encore principalement des produits de l'agriculture, tant végétaux qu'animaux; ils s'en nourrissent et en font en outre l'exportation sur Lyon et vers la Suisse. Dans leur réunion en une seule unité administrative, ces divers pays ont conservé leurs caractères agricoles propres, provenant de la configuration des lieux. On retrouve ces caractères dans les cinq arrondissements de Belley, Bourg, Gex, Nantua et Trévoux, qui constituent le département contenant d'ailleurs 36 cantons et 453 communes.

Le territoire de l'Ain se divise en deux parties presque égales. A l'ouest s'étend la plaine nivelée par les eaux glaciaires, à l'est s'élèvent les croupes parallèles et successives des montagnes jurassiques, qu'interrompent de profondes cluses de distance en distance. La partie occidentale ou de la plaine se subdivise dans la région du nord et dans celle du midi, c'est-à-dire la Bresse et le pays de Dombes.

La Bresse du département de l'Ain est située sur la rive droite de la Saône ; elle peut être appelée bressane ; on doit, en effet, la distinguer de la partie de l'ancienne Bresse qui est enclose soit dans le Jura, soit dans les arrondissements de Louhans et de Châlon-sur-Saône, du département de Saône-et-Loire, et que l'on peut appeler Bresse louhanaise et Bresse chalonnaise. C'est une plaine mamelonnée dont l'altitude est comprise entre 200 et 250 mètres et qui forme l'arrondissement de Bourg. Le point le plus élevé est le mont de Nivigine (771 mètres) au nord-est de Treffort, dans le Revermont, le plus bas chaînon du Jura. Elle est remarquable par ses riants paysages et sa fertilité. « On y cultive, dit Léonce de Lavergne dans son *Economie rurale de la France*, le froment, la vigne et le maïs, et il s'y trouve en même temps d'immenses étendues de prairies, réunion aussi heureuse que rare, due à un climat à la fois humide et chaud, et à l'excellente nature du sol, qui appartient au calcaire jurassique. Une des principales industries rurales est l'engraissement des volailles, ce qui tient au rapprochement peut-être unique des deux cultures les plus propres à cette destination, le maïs et le sarrasin. La propriété y est divisée, mais sans excès, et le nombre des propriétaires aisés considérable. Les habitants, uniquement adonnés à l'agriculture, jouissent d'un bien-être qui se manifeste par la douceur de leurs mœurs ; ils sont du petit nombre de ceux qui ont conservé leurs anciens costumes, signe traditionnel d'attachement au sol natal. Cette province était autrefois la favorite des ducs de Savoie, qui ont laissé un précieux souvenir dans l'église de Brou, bâtie au seizième siècle par Marguerite d'Autriche, tante de Charles-Quint. Les sculptures de marbre et d'albâtre, les vitraux couverts des écussons des premières familles souveraines de l'Europe, tout, dans ce gracieux monument, chef-d'œuvre d'artistes inconnus, atteste la richesse non moins que le goût ; on y voit doublement le voisinage de l'Italie, et par l'élégante perfection des détails, et par la munificence qu'y a déployée une simple maison ducale »

Le Revermont comprend toute la partie montagneuse de l'arrondissement de Bourg, depuis Coligny, au nord, jusqu'à Pont-d'Ain, au midi, sur une longueur de 35 à 40 kilomètres, et une largeur de 12 à 15.

La partie méridionale de la plaine dans le département de l'Ain est le pays de Dombes, comptant d'innombrables étangs, établis de main d'homme en raison de sa configuration et de la nature de son sol qui se prêtaient admirablement à un mode d'exploitation malheureusement d'une insalubrité déplorable. La Dombes ne domine guère la plaine de la Bresse que d'une cinquantaine de mètres; elle constitue l'arrondissement de Trévoux. Tandis que dans la Bresse les anciens lacs sont déjà vidés, les étangs sont encore nombreux dans la Dombes.

Dans l'autre moitié du département de l'Ain, dans la partie montagneuse ou orientale, on trouve d'abord le Bugey, le Valromey et enfin le pays de Gex. La rivière de l'Ain sépare la Bresse du Bugey, qui ressemble à la Savoie. L'arrondissement de Belley occupe la moitié méridionale du Bugey; celui de Nantua en est la partie septentrionale.

Le Valromey est une grande et magnifique vallée de l'arrondissement de Belley, que traverse le Seran dans toute sa longueur. Il est délimité par l'arête des montagnes du Colombier, de Brenod, d'Hauteville et de Saint-Sulpice. Il s'étend d'Hotonnes à Artemare, et comprend les territoires des communes de Champagne, Brénaz, Charancin, Chavornay, Fitignieu, Lillignod, Lochieu, Lompnieu, Luthézieu, Passin, Ruffieu, Sutrieu, Vieu, Virieu-le-Petit et Yon.

Le pays de Gex constitue l'arrondissement du même nom. Le pays de Gex s'étend sur le versant oriental du Jura.

Vers le commencement de ce siècle, le pays de Gex a été le théâtre d'une création agricole qui a mérité une grande réputation, celle de la race des moutons à laine superfine de Naz, due à MM. Girod (de l'Ain) et Perrault de Jotemps; ces agriculteurs, à force de soin et de persévérance, étaient parvenus à obtenir une race fixe dont la laine était supérieure à la plus fine laine de Saxe; les circonstances ont changé, et à d'autres demandes correspondent d'autres productions; mais il serait injuste de ne pas rappeler le troupeau de Naz, quand on parle de l'agriculture du pays de Gex.

Les cours d'eau y sont très nombreux. Outre l'Ain et ses affluents, la Bienne, l'Oignin, la Valouse, le Veyron, le Séran, l'Albarine et le Toison, le tout ayant déjà un parcours de plus de 500 kilomètres, entre le Rhône et la Saône qui touchent le département par une rive sur 300 kilomètres, il reçoit encore beaucoup d'autres rivières assez importantes qui écoulent leurs eaux soit vers le Rhône, soit vers la Saône, c'est-à-dire en définitive dans un même bassin ayant pour issue la Méditerranée.

Si l'on ajoute les étangs et de nombreux ruisseaux, on voit combien le sol du département est arrosé naturellement ; on peut dire que l'eau y abonde. Aussi les irrigations y sont-elles nombreuses, principalement dans la vallée de la Saône et dans les pays de montagnes; néanmoins de très grands progrès pourraient être faits à cet égard.

La charpente des montagnes du département est entièrement calcaire; c'est la prolongation du calcaire jurassique. L'ensemble du terrain du Bugey est argilo-calcaire; celui du terrain de la Bresse et de la Dombes est argilo-siliceux, formé d'alluvions anciennes, avec sous-sol d'argiles diverses souvent imperméables.

Le cadastre de 1842 répartit ainsi qu'il suit les terres du département tout entier :

	hectares
Terres labourables	243 382,70
Prés	83 923,03
Vignes	14 954,56
Bois	121 665,78
Vergers, pépinières et jardins	2 031,80
Oseraies, aulnaies, saussaies	333,30
Carrières et mines	0,18
Landes, pâtis, bruyères, etc	68 632,56
Etangs	18 858,41
Abreuvoirs, mares et canaux d'irrigation	68,07
Châtaigneraies	270,96
Propriétés bâties	3 652,58
Total de la contenance imposable	557 813,93
Routes, chemins, places publiques, rues	11 638,99
Rivières, lacs, ruisseaux	6 899,67
Forêts, domaines non productifs	3 385,65
Cimetières, églises, presbytères, bâtiments publics	127,81
Autres surfaces non imposables	30,57
Total de la contenance non imposable	22 082,69
Superficie totale du département	579 896,62

La superficie des terres labourables était de 41,9 pour 100 par rapport à l'étendue totale du département.

Cette répartition subit chaque année des modifications qui forcément sont lentes, et d'ailleurs peuvent être en sens parfois opposés dans une contrée aussi variée que celle de l'Ain. Il faudrait, pour bien apprécier les choses, pouvoir suivre en même temps ce qui se fait dans la montagne à diverses altitudes. S'il fallait emprunter aux statistiques officielles tous les détails qu'elles fournissent sur chaque culture, nous sortirions du cadre des études que nous pouvons donner ici; nous nous bornerons donc à grouper et à comparer les résultats d'ensemble les plus importants pour les longues périodes. La statistique agricole de 1852 permet de poser des chiffres pouvant servir de base à des comparaisons; elle a distingué les arrondissements les uns des autres et fourni les chiffres suivants pour les superficies cultivées :

	ARRONDISSEMENTS DE					
	BOURG	TRÉVOUX	BELLEY	NANTUA	GEX	TOTAUX POUR LE DÉPARTEMENT
	hect.	hect.	hect.	hect.	hect.	hect.
Céréales	58 528	52 063	40 136	19 347	6 611	176 685
Racines et légumes	7 410	4 954	3 298	2 262	1 069	18 993
Cultures diverses	3 706	4 425	1 174	437	546	10 288
Prairies artificielles	5 076	4 985	4 610	2 123	2 596	19 390
Jachères	1 668	11 707	5 772	4 439	780	24 366
Totaux des terres labourables	70 388	78 134	54 990	28 606	11 602	249 722

On voit que la proportion des terres labourables a un peu augmenté depuis 1842 pour l'ensemble du département; ces terres occupaient, en 1852, plus de la moitié de l'arrondissement de Trévoux, plus des 4 dixièmes dans l'arrondissement de Bourg et de Belley, moins du tiers des arrondissements de Nantua et de Gex.

Les autres terres étaient ainsi réparties, d'après la statistique de 1852 :

	ARRONDISSEMENTS DE					
	BOURG	TRÉVOUX	BELLEY	NANTUA	GEX	TOTAUX POUR LE DÉPARTEMENT
	hect.	hect.	hect.	hect.	hect.	hect.
Prairies naturelles	30 692	14 924	15 334	14 759	8 158	83 897
Vignes	4 495	4 213	4 483	1 688	585	15 464
Pâtis	9 319	4 579	14 613	12 307	7 064	47 882
Superficies diverses	44 964	46 487	41 518	35 960	14 003	182 932
Surfaces cadastrées	165 858	148 337	130 938	93 322	41 412	579 897

Dans les superficies diverses sont compris les bois et les forêts, les terres incultes, les propriétés bâties, etc.

On remarque seulement un léger accroissement en ce qui concerne les vignes dont la culture est surtout concentrée dans les arrondissements de Bourg, Trévoux et Belley.

D'après la statistique agricole de 1862, les principaux changements depuis 1852, en ce qui concerne les cultures spéciales, sont surtout relatifs aux étendues consacrées au froment, à la vigne et aux prairies artificielles qui ont augmenté. Voici les résultats donnés par cette enquête pour les terres arables :

	hectares
Céréales	178 165
Racines et légumes	20 301
Cultures diverses	11 865
Prairies artificielles	21 322
Fourrages consommés en vert	5 923
Jachères mortes	20 440
Total des terres labourables	258 016

La proportion par rapport au territoire total du département, s'élève à 44,5; elle est toujours lentement croissante. Les autres terres se répartissaient ainsi en 1862 :

	hectares
Prairies naturelles	81 196
Vignes	20 769
Pâtis	41 227
Superficies diverses	178 689
Surface cadastrée totale	579 897

C'est surtout aux dépens des pâtis et des jachères que les accroissements de culture se sont produits.

La grande enquête de 1866 n'a pas fourni des chiffres précis relativement à l'étendue des différentes cultures dans le département de l'Ain, non plus que sur celle des prairies. On y lit seulement que, dans la plaine, la cause la plus active de transformation pour ce pays est l'emploi, devenu général, de la chaux. La transformation des étangs de la Dombes en prairies naturelles deviendra pour ce pays un élément non moins puissant de prospérité. Dans la partie montagneuse du département, la culture pastorale, la seule qui rémunère convenablement la main-d'œuvre qu'elle emploie, a fort heureusement gagné du terrain. Les *fruitières* se sont multipliées dans le Bugey et le pays de Gex, et partout elles ont amélioré les conditions de la culture.

Les documents statistiques annuels que le bureau des subsistances du Ministère de l'agriculture publie sur les rendements des récoltes de céréales et de pommes de terre permettent d'apprécier le mouvement de la production en grains du département. Ces documents donnent pour chaque année la surface cultivée en hectares, le rendement moyen en hectolitres par hectare, et, comme conséquence d'une simple multiplication, la production du département en hectolitres. Ces appréciations ne sont à coup sûr qu'approximatives et leur degré de vérité dépend du soin employé à les établir; ce soin n'est pas sans être parfois sujet à caution. Cette réserve faite, il en résulte que, dans son ensemble, bien qu'il y ait de très grandes variations d'une année à l'autre, parfois du simple au double, le rendement par hectare tant du froment que du méteil et même du seigle, a beaucoup augmenté depuis 60 ans, ce qui démontre un progrès considérable dans les procédés de culture de ces céréales d'hiver. Pour les autres grains, le climat du département joue un rôle décisif, car on voit la récolte tomber parfois à des chiffres insignifiants, et ensuite devenir, les années suivantes, quadruple, quintuple et même décuple, et plus, pour le sarrasin par exemple. Si l'on combine les résultats de l'extension de la culture du froment et de l'augmentation du rendement par hectare, on trouve que la production de ce grain a au moins triplé en 60 ans dans le département.

La culture des pommes de terre doit être rapprochée de celle des grains, à cause de l'importance que cette denrée a prise dans l'alimentation publique. D'après la statistique officielle, et sous réserve des erreurs que les renseignements de la préfecture de l'Ain ont dû souvent présenter, l'étendue consacrée aux pommes de terre s'est élevée, dans le département, de 9500 hectares, que cette culture occupait en 1820 et années suivantes, jusqu'à plus de 25000 hectares, pour retomber, après la maladie qui a sévi à partir de 1847 jusqu'à 12000 à peine; elle s'est relevée jusqu'à 16000. Quant aux rendements de ces tubercules, ils ont varié de 32 hectolitres comme minimum jusqu'à 180 au maximum par hectare; la moyenne serait actuellement comprise entre 80 et 100. La production totale a ainsi varié de moins de 300000 hectolitres à plus de 3 millions, c'est-à-dire dans le rapport de 1 à 10; elle est actuellement comprise entre 1200000 et 1500000 hectolitres.

Il n'a été publié, depuis 1862, par le ministère de l'agriculture, de statistique embrassant le domaine agricole tout entier qu'en 1873; chaque année, on trouve les chiffres que nous avons reproduits pour les céréales. L'enquête de 1873 a fourni des renseignements qui peuvent se grouper de la manière suivante :

	hectares
Céréales	174 414
Racines et légumes	24 513
Cultures industrielles	10 767
Prairies artificielles	32 044
Fourrages consommés en vert	2 410
Cultures diverses et jachères	22 541
Total des terres labourables	266 689

L'étendue des terres labourées est, d'après ce résultat, de 46 pour 100 de la superficie du département; le progrès a donc continué. Quant aux autres cultures, elles sont ainsi réparties par la même publication :

	hectares
Vignes	15 520
Prairies naturelles et vergers	66 402
Pâturages et pacages	30 000
Bois et forêts	130 408
Terres incultes	9 417
Superficies bâties, voies de transport, etc	61 461
Total	313 208
Surface cadastrée	579 897

La statistique forestière, publiée en 1878 par l'administration des forêts, à l'occasion de l'Exposition universelle, ne porte l'étendue des forêts de l'Ain qu'à 123397 hectares, dont 71901 à des particuliers, 48086 au département, aux communes et sections, 3100 à l'État pour forêts domaniales, 310 aux établissements publics. Sur l'étendue totale, il y a 81360 hectares en sol calcaire, 42037 en sol non calcaire; les altitudes varient de 180 à 1723 mètres. Le sapin, les chênes rouvres et pédonculés, le hêtre, l'épicéa et le charme sont les essences dominantes. Le produit moyen en bois par hectare n'est que de 2me,050. En comprenant tous les produits, on a eu brut 208 fr. 82 par hectare en 1876.

Les cultures industrielles ne sont pas très développées dans le département de l'Ain. La betterave à sucre est cultivée sur les bords de la Saône, et elle est livrée à la sucrerie de Tournus (Saône-et-Loire). Le colza et la navette ont une certaine importance dans la Bresse et dans la Dombes. Le chanvre n'est guère cultivé que pour les besoins du pays, sauf toutefois dans les cantons de la Bresse qui forment le littoral de la Saône.

La culture de la vigne prend une importance assez grande; elle est soignée de plus en plus, et elle produit davantage et du vin qui prend de la qualité. On emploie des fumures assez abondantes. Les principaux cépages cultivés sont, d'après l'enquête de 1866, la mondeuse et le montmeillan dans le Bugey; le gamay et le chardenet sur les bords de la Saône (arrondissements de Bourg et de Trévoux); le chétuan, le mesole ou puisard dans le Revermont où le gamay tend d'ailleurs à s'introduire. Les vins obtenus sont de qualités très diverses, mais ils peuvent tous, d'après le docteur Guyot, être fortement améliorés par les soins donnés tant à la culture de la vigne, qu'aux vendanges et à la vinification. Le rendement moyen par hectare est de 45 à 50 hectolitres; dans certains vignobles, notamment à Ambérieux, il est beaucoup plus élevé.

En 1879, les vignes des arrondissements de Bourg, Belley et Trévoux étaient déjà atteintes par l'invasion phylloxérique, mais une petite étendue seulement était détruite; 145 hectares étaient attaqués sans avoir succombé. On commençait à lutter contre ce fléau par l'emploi du sulfure de carbone.

Dans les quarante dernières années, on a desséché environ 5000 hectares d'étangs dans la Dombes et 400 hectares de marais dans les arrondissements de Gex et de Nantua. Le drainage n'a été pratiqué que sur 4000 hectares environ; on estime que près de 100000 hectares seraient utilement soumis à cette amélioration dont les résultats ont été excellents, et qui rapporte dans le département 10 pour 100 des frais au moins.

On a vu que les céréales occupent chaque année plus des trois quarts des terres labourables. L'autre quart est consacré aux pommes de terre, aux prairies artificielles et aux cultures fourragères. Ces cultures se développent chaque année. En Bresse et en Dombes, le trèfle et les vesces s'étendent sur le cinquième des terres labourables; le trèfle domine dans la Bresse, les vesces dans la Dombes. La culture des pommes de terre, des carottes, des navets, des betteraves, du maïs fourrage, fait des progrès dans toute la plaine. Les navets ne sont semés qu'en culture dérobée après le blé. Le trèfle rend en moyenne 2500 kilogrammes de fourrage sec par hectare. La luzerne n'est encore cultivée qu'exceptionnellement; son rendement est de 5000 kilogrammes en foin. On compte que, dans l'arrondissement de Bourg, il y a en moyenne 40 hectares de prairies naturelles pour 100 hectares de terres labourables, mais que dans la Dombes la proportion des prairies est moitié moindre. Le rendement moyen des prés est, par hectare, de

2500 kilogrammes dans la Dombes, de 3300 dans la Bresse. On a vu que les relevés des statistiques sont loin d'être concordants sur l'étendue réelle des prés, ce qui tient à ce que les pâturages sont parfois fauchés, et que l'on peut arbitrairement placer certaines terres gazonnées dans l'une ou dans l'autre catégorie. L'étendue des prés arrosés naturellement et artificiellement ne dépasse pas 35000 hectares; on appelle irrigations naturelles, celles qui se produisent par débordement, sans travaux de la part de l'agriculteur. Les irrigations artificielles ou véritables se font sur 8000 hectares environ, au moyen de 790 barrages établis sur les cours d'eau; on signale le syndicat d'irrigation de la Basse-Veyle qui, par des travaux de canalisation, a assuré l'arrosage régulier de 800 hectares de bons prés, dont la production a été portée de 2500 kilogrammes de foin à plus du double.

L'augmentation des ressources fourragères a dû permettre de développer dans le département toutes les productions animales. Cependant les statistiques officielles ne font pas ressortir un notable accroissement dans les existences; il est vrai qu'elles ne tiennent pas compte du poids et de la qualité, et que les recensements n'ont pas été faits à des époques fixes de manière à en rendre les résultats comparables. Quoi qu'il en soit, voici les chiffres :

	1852	1862	1866	1873	1877
	têtes	têtes	têtes	têtes	têtes
Espèce chevaline..	18493	15542	18892	16787	16648
Anes et ânesses...	1680	3581	4215	3922	2980
Mules et mulets...	1206	1637	1495	1172	1177
Espèce bovine....	212297	221719	235732	234620	193020
Espèce ovine......	76157	71312	74834	74625	63463
Espèce caprine ...	13266	23203	27785	28228	28069
Espèce porcine....	56065	58304	56541	61767	49260
—	—	—	—	—	—
Ruches...........	»	30433	44431	27181	23470

D'une manière générale, la Dombes est un pays d'élevage, surtout pour les espèces chevaline, bovine et porcine. Le département de l'Ain dépend, pour l'administration des haras, du dépôt d'étalons de Cluny, qui fait partie du sixième arrondissement d'inspection générale. L'arrondissement de Trévoux produit des chevaux pour la remonte de la cavalerie. On y trouve plusieurs stations étalonnières.

La Bresse élève et engraisse des animaux des espèces bovine et porcine. L'humidité du pays n'est pas favorable à l'élevage du mouton. La vache de Bresse et de Dombes a des qualités laitières appréciées. La montagne fait un peu d'élevage et se livre surtout à la fabrication du fromage, qui a pour annexe l'élevage et l'engraissement des porcs. D'après l'enquête agricole de 1866, le principal obstacle que rencontre l'amélioration du bétail est le manque des fourrages au printemps; on conduit les animaux au pâturage dès le mois d'avril, quelquefois même dès le mois de mars, et le bétail reste maigre toute l'année.

L'industrie laitière est importante dans le département; une étude de M. Pouriau sur la question permet d'estimer à plus de 2000000 de francs la production fromagère, et à 600000 francs la production beurrière, sans compter le produit de la vente du lait en nature que font à Genève quelques communes de l'arrondissement de Gex. Les fromages fabriqués dans le département sont : 1° le gruyère; 2° le bleu, dit encore Persillé ou fromage de Gex; 3° le fromage façon Mont d'Or; 4° le fromage de Belleydoux (arrondissement de Nantua).

Il y a dans le département 120 communes qui font l'exportation du fromage, et l'on y compte 550 fruitières ou associations fromagères, dont près de 300 dans l'arrondissement de Nantua, 190 dans celui de Gex, et le reste dans les arrondissements de Belley et de Bourg; il y a quelques fromageries particulières dans l'arrondissement de Trévoux. Quant à la production du beurre, elle se fait surtout avec le petit-lait provenant de la fabrication des fromages de gruyère et de Gex : à 8 kilogrammes de fromage de gruyère correspondent 2kg,250 de beurre, et à 7 kilogrammes de fromage de Gex environ 800 grammes de beurre. Ce beurre ne vaut pas plus de 1 fr. 80 le kilogramme.

En ce qui concerne les animaux de basse-cour, il convient seulement de dire que la seule statistique qui ait cherché à les énumérer, celle de 1862, porte le nombre des volailles à environ un million de têtes. L'enquête agricole de 1866 ajoute : « L'arrondissement le plus favorisé sous le rapport de la volaille, est celui de Bourg. L'industrie des volailles grasses, l'élevage des poulets de grains et des pigeons, la production des œufs y donnent lieu à un commerce très important et très productif pour le pays. On ne saurait estimer à moins de 15 ou 20 francs par hectare du territoire, le produit en argent de la basse-cour dans cet arrondissement. Les petits cultivateurs surtout, qui s'adonnent à l'engraissement de la volaille fine, obtiennent des résultats vraiment extraordinaires. Dans l'arrondissement de Trévoux, la volaille est aussi une branche importante de la production agricole. On n'y fait pas de volailles grasses; mais les oies et les canards, qui se nourrissent dans les étangs en eau, sont l'objet d'un commerce assez important. Sur quelques points de l'arrondissement de Belley, on élève et même on engraisse des dindonneaux. »

Après avoir décrit les conditions au milieu desquelles les populations rurales du département développent leur activité, le territoire sur lequel elles opèrent, et les productions qu'elles livrent à la consommation, il faut s'occuper des agriculteurs eux-mêmes. On a beaucoup écrit sur la dépopulation continue des campagnes, et l'Ain a été cité parmi les départements où le fait se serait manifesté de la façon la plus fâcheuse. Les choses ont été beaucoup exagérées, ainsi que cela résulte de l'ensemble des recensements officiels quinquennaux, exécutés depuis 1821, et dont voici les résultats pour chaque arrondissement et le département entier :

ANNÉES DES RECENSEMENTS	ARRONDISSEMENTS DE					LE DÉPARTEMENT
	BOURG	TRÉVOUX	BELLEY	NANTUA	GEX	
1821	113178	73569	74700	48134	19257	328838
1826	116816	74265	79556	50112	20876	341628
1831	117289	76104	79744	51242	21651	346030
1836	117753	77530	77366	50826	22713	346188
1841	121447	79046	79919	52242	23040	355694
1846	124005	84423	83044	53309	22581	367362
1851	126093	86626	83626	53759	22835	372939
1856	123016	90397	83656	51749	22401	370919
1861	123721	91437	81303	51799	21507	369767
1866	124378	93638	81409	50764	21454	371643
1872	122747	91817	78348	49414	20964	363290
1876	125353	89894	79324	49784	21107	365462

Tout ce que l'on peut rigoureusement conclure de ce tableau, c'est que, dans les 20 dernières années, la population s'est à peu près maintenue aux mêmes nombres dans l'arrondissement de Bourg, qu'elle s'est accrue dans l'arrondissement de Trévoux, qu'elle a diminué dans les arrondissements de Belley, de Nantua et de Gex, et qu'elle a éprouvé, en fin de compte, une réduction de 2 pour 100 dans l'ensemble du département. La plaine a gardé sa population ou l'a vue s'accroître; la montagne, au contraire, a moins d'habitants. Pour se rendre mieux compte de l'inégale répartition de la population entre le pays de plaine (la Bresse) et le pays montagneux (le Bugey et le pays de Gex), il convient de comparer les populations spécifiques, soit le nombre d'habitants par chaque kilomètre carré; on trouve pour le dernier recensement :

Arrondissement de	Bourg.........	75,5
—	Trévoux........	60,6
—	Belley.........	60,5
—	Nantua.........	53,3
—	Gex............	50,9
Le département.........		62,6

La dureté du climat de la montagne explique que la population y soit moindre que dans la plaine; la multiplication des voies de communication doit avoir pour résultat de faciliter l'abandon, au moins durant l'hiver, de tous les pays où les frimas sévissent trop fortement. Le désir d'échapper à des charges trop lourdes et la recherche de plus de bien-être sont les causes principales de la modification qui se produit dans les familles.

Le travail est plus productif que par le passé dans toutes les exploitations rurales, et en outre il réclame un plus grand nombre de bras, parce que les opérations de la culture se sont multipliées.

La propriété se subdivise d'une manière assez rapide, mais non pas partout également.

La division de la propriété a eu pour résultat, comme l'a constaté M. Dubost dans un important travail, d'augmenter la production. En Bresse, par exemple, le produit brut de l'hectare du sol dans la grande ou la moyenne propriété ne dépasse guère 250 fr. par an, il s'élève de 400 à 500 fr. pour la petite propriété. Parmi les ouvriers agricoles, il en est environ le cinquième qui sont devenus de petits propriétaires et travaillent alternativement pour eux et pour les autres; mais ils ont tendance à s'affranchir en prenant des lots de terre à bail, afin d'occuper leurs bras et ceux de leurs familles; ils aiment mieux être petits fermiers que journaliers

La population est presque entièrement rurale; la proportion de la population urbaine n'est que de 14 pour 100. La plus grande ville, Bourg, ne compte que 16000 habitants, Belley en a 5000, Nantua 3400, Trévoux 2900 et Gex 2700.

On trouve, dans le département, tous les modes d'exploitation du sol : 1° culture directe par le propriétaire, ce qui est général pour la petite propriété et pour la plus grande partie de la moyenne, mais constitue une exception pour la grande; 2° culture par l'intermédiaire d'un régisseur, cas assez rare; 3° culture par des fermiers, cas assez général pour la grande propriété; 4° culture par des métayers, usage peu répandu dans l'arrondissement de Bourg, où l'on ne rencontre guère qu'un métayer pour 20 fermiers, mais fréquent dans la Dombes, où le métayage est aussi répandu que le fermage. Il y avait autrefois des fermiers généraux; chaque propriétaire avait le sien, et celui-ci sous-louait aux métayers avec qui les propriétaires n'avaient aucun rapport. Les fermiers généraux tendent à disparaître.

D'après l'enquête de 1866, le sol s'afferme par hectare : dans la vallée de la Saône à raison de 180 à 200 fr. en pièces détachées, et de 120 à 150 fr. en corps de domaine; de 40 à 100 fr. dans la Bresse proprement dite, ou la partie centrale de l'arrondissement de Bourg; de 40 à 50 fr. dans la Dombes. Il y a des sols aussi riches et d'un revenu aussi élevé dans le pays de Gex que dans l'arrondissement de Bourg. Le prix de location varie dans de grandes proportions, selon qu'il s'agit des vallées ou des flancs plus ou moins escarpés des montagnes, dans les arrondissements de Belley et de Nantua; la moyenne générale peut être évaluée à 40 fr. par hectare. Il y a dans le département des terrains de toute valeur depuis 300 à 400 fr. l'hectare jusqu'à 10000 fr. et plus.

Le mouvement de progrès reçoit une impulsion assez vive de plusieurs associations agricoles, notamment de la Société d'émulation et d'agriculture de l'Ain, puis des comices agricoles de Trévoux, de Bourg et de Nantua, et enfin de la Société d'horticulture de l'Ain. Un professeur départemental d'agriculture a été nommé au concours en 1879. Le département appartient maintenant, pour les concours régionaux, à la région de l'Est formée des départements de l'Ain, de la Côte-d'Or, du Doubs, du Jura, de la Haute-Saône, de Saône-et-Loire, de l'Yonne et du territoire de Belfort. Avant 1870 il faisait partie de la région de l'Est-central. Des concours régionaux ont eu lieu en 1859, 1867 et 1875. La prime d'honneur a été attribuée dans le premier concours au domaine de Cornaton, exploité par M. de Westerweller; dans le second concours, au domaine du Saix, exploité par M. Chambaud; enfin dans le troisième concours, au domaine de Montribloud, exploité par MM. Bodin père et fils. Il a été en outre, en 1875, décerné des prix culturaux : pour les fermiers, à M. Antoine Michaud, à Pouilly-Saint-Genis, et pour les petits propriétaires, à MM. Vuitton frères, à Senissiat. On regrette que l'école régionale d'agriculture, fondée à la Saulsaie par M. Nivière, n'ait pas été conservée; on regrette aussi la suppression de la ferme-école de Pont de Veyle, exploitée par M. Brossin de Saint-Didier, qui avait conquis en 1875 la prime d'honneur spéciale aux fermes-écoles. C'est un des départements où l'enseignement agricole a fait le plus de bien, et où il pourra en produire beaucoup encore dans l'avenir.

AIN (*pêche*). — Nom donné à un hameçon spécial fait avec des aiguilles à coudre. Ce nom lui vient du département ou de la rivière de l'Ain où il est employé pour la pêche de l'ombre à la mouche artificielle. Pour préparer cet hameçon, on détrempe, en les faisant rougir au feu, des aiguilles de bonne qualité; quand elles sont encore chaudes, on courbe le côté de la pointe, au moyen de petites pinces rondes, en l'inclinant un peu à droite, de manière à obtenir la forme de l'hameçon. On fait ensuite rougir au feu, et l'on trempe les hameçons dans l'eau froide, dans l'huile ou dans le suif. Si l'on veut conserver à l'hameçon la blancheur de l'aiguille, on trempe celle-ci dans du savon humecté, avant de la mettre au feu. L'hameçon, une fois trempé et refroidi, est placé sur une plaque d'acier ou de cuivre mince, et on le fait revenir bleu en promenant la plaque sur la flamme d'une bougie, ou mieux d'une petite lampe à esprit-de-vin.

AINE (*anatomie animale*). — Pli de la peau ou enfoncement dirigé obliquement de dehors en dedans et de haut en bas, qui sépare, chez les mammifères, l'origine des membres postérieurs de la cavité de l'abdomen ou du ventre. L'aine peut être le siège d'affections spéciales, telles que des hernies, des anévrysmes, des abcès.

Aine de raisin est une expression employée par les vignerons des environs de Laon, pour indiquer la rafle de la grappe de raisin.

AIR. — Il est peu de mots qui soient pris dans un si grand nombre d'acceptions que le mot air. Ce caractère varié lui reste même lorsqu'on ne s'occupe que des choses de la vie rurale. Le mot s'emploie pour définir : 1° un fluide élastique invisible; 2° une certaine façon d'être ou de paraître; 3° une suite de sons; 4° certaines allures d'un cheval. C'est dans le premier sens qu'il importe surtout de le considérer pour l'agriculture, et d'étudier les propriétés, le rôle et les usages de l'air.

AIR (*chimie agricole*). — On se sert de l'appellation *air* pour désigner tout fluide élastique et invisible, comme synonyme du mot gaz. On dit ainsi *air vital* pour *gaz oxygène*, et encore *air inflammable* pour *gaz hydrogène*, etc. Mais le plus souvent on entend par ce mot soit la totalité du fluide dont la masse forme l'atmosphère qui enveloppe la terre de toutes parts, soit une partie confinée de ce fluide.

Air atmosphérique libre. — La couche gazeuse et pesante qui entoure notre globe, et à laquelle les astronomes et les physiciens assignent une hauteur limitée, constitue l'air atmosphérique. C'est un mélange d'abord de deux gaz principaux, l'azote et l'oxygène, ensuite de vapeur d'eau, d'acide carbonique et d'autres gaz en quantités très faibles, de composés chimiques et sels minéraux divers en poussières infiniment petites (acides azoteux et nitrique, matières phosphorées, iodées, sulfurées, sels ammoniacaux, chlorures de sodium, de calcium, de potassium, etc.), et enfin de matières organiques ou organisées, végétales ou animales, spores ou microbes. On peut le considérer comme le réservoir commun dans lequel viennent se déverser toutes les émanations gazeuses, vésiculaires ou poussiéreuses émanant de la surface terrestre. C'est au fond de cet océan gazeux et complexe que vivent tous les êtres peuplant la planète que l'homme habite, et où il règne sans gouverner.

L'air a été longtemps considéré comme un des éléments de la nature. On le regardait comme un corps simple, jusque vers la fin du dix-huitième siècle. Il n'est qu'un mélange, et généralement en se bornant aux deux gaz principaux qui le constituent, on le regarde comme formé seulement par de l'azote et de l'oxygène dont les molécules gazeuses sont intimement mêlées dans les proportions de 79,07 d'azote contre 20,93 d'oxygène en volume, soit en nombres ronds de 79 d'azote contre 21 d'oxygène; en poids ces proportions sont représentées sensiblement par 77 d'azote contre 23 d'oxygène. C'est à Lavoisier que l'on doit la démonstration de ce fait, démonstration que l'illustre fondateur de la chimie moderne a donnée en chauffant du mercure dans un volume déterminé d'air, en recueillant les paillettes cristallines rouges du précipité *per se* qui s'étaient formées, en décomposant ensuite celles-ci par une chaleur plus forte, et en faisant voir que l'oxygène alors dégagé, mélangé à l'azote séparé par la première opération, reconstitue, sans changement de volume et sans dégagement de chaleur ni de lumière, l'air primitif. Cette première analyse a été variée de mille manières et par les chimistes et les physiciens les plus illustres, Gay-Lussac et de Humboldt, Dumas et Boussingault; les résultats obtenus ont toujours été les mêmes, dans l'atmosphère libre, à toutes les hauteurs, dans les vallées, dans les plaines, dans les hautes montagnes, dans les régions les plus élevées de l'atmosphère où l'homme soit parvenu.

Pour obtenir de l'air atmosphérique ainsi réduit à n'être formé que d'oxygène et d'azote dans les proportions constantes indiquées, il faut aspirer de l'air pris en dehors des habitations pour le faire passer à travers une série d'appareils ainsi construits : 1° un tube en verre plusieurs fois recourbé et présentant des capacités dans lesquelles on aura placé de l'amiante calciné afin de faire tamis, pour retenir toutes les poussières minérales ou organiques, germes, etc.; 2° une série de tubes contenant du chlorure de calcium ou autres matières desséchantes, pour absorber la vapeur d'eau ; 3° une série de tubes contenant de la potasse pour s'emparer de l'acide carbonique et tous autres acides. Quand l'air a été recueilli dans un récipient où préalablement on avait fait le vide, on dit qu'il est chimiquement pur. Il est transparent, sans odeur et sans saveur; s'il est ramené à la température de zéro sous la pression équivalente à une hauteur de mercure égale à $0^{m},760$, il présente un poids de $1^{gr},2932$ pour 1 litre. Les physiciens rapportent à la densité de l'air pris pour unité dans ces conditions la densité de tous les gaz. L'air atmosphérique diminue de densité à mesure que la température s'élève et que la pression diminue. Il est plus léger sur les montagnes que dans les plaines voisines. En le comprimant à une pression de 300 atmosphères environ sous une basse température, M. Cailletet estime qu'il a pu en liquéfier et solidifier de petites quantités.

L'air entretient les combustions et la vie des animaux ; il est indispensable au sol dans lequel poussent les racines des plantes ; on admet que, s'il jouit de ces propriétés, il le doit à la présence de l'oxygène; en effet, quand on lui enlève une partie de ce dernier gaz, et, à plus forte raison, la totalité, il cesse d'entretenir la combustion des foyers, la flamme des lampes ou des bougies, et la vie des animaux et des plantes. Il est soluble dans l'eau ; mais l'air qui a été ainsi dissous, quand on le sépare du liquide, se trouve être plus riche en oxygène que l'air ordinaire ; il renferme 33 volumes d'oxygène contre 67 d'azote, au lieu de 21 d'oxygène contre 79 d'azote. C'est une des preuves les plus convaincantes que l'on puisse donner de l'état de mélange des deux gaz oxygène et azote, parce que l'eau agit pour les dissoudre en raison de sa propre affinité sur chacun d'eux, comme s'ils étaient isolés, et non pas sur leur association à l'état de combinaison. C'est à l'air que les eaux naturelles doivent d'être potables. Le blanchiment du linge étendu sur le pré et que l'on mouille, est dû à l'action de l'oxygène de l'air se dissolvant dans l'eau d'arrosage.

Pour enlever l'oxygène à un volume d'air déterminé et en faire ainsi promptement et avec exactitude l'analyse, le plus simple procédé que l'on puisse employer et qui soit à la portée des agriculteurs instruits, consiste à se servir d'une dissolution d'acide pyrogallique ; si l'air est renfermé dans un tube ou une éprouvette au-dessus de cette dissolution, il suffit d'y faire passer un peu de potasse pour qu'aussitôt l'oxygène soit absorbé, tandis que la liqueur prend une couleur brune ou noirâtre.

La quantité de vapeur d'eau qui existe dans l'air atmosphérique est variable presque incessamment dans un lieu déterminé et elle change aussi considérablement d'un endroit à l'autre. Les physiciens ont inventé, pour en faire le dosage, divers instruments qui rendent l'opération rapide et facile, ce sont les hygromètres et les psychromètres. Ces instruments donnent des rapports entre la quantité d'humidité qui existe réellement dans l'air et celle qui pourrait s'y rencontrer, pour la température à laquelle on se trouve, si l'air était complètement saturé de vapeur. La proportion nécessaire pour la saturation augmente quand la température s'élève, et, par une conséquence forcée, lorsque la température d'une couche d'air diminue progressivement, il arrive un degré où l'humidité qu'elle renferme, correspond à la saturation spéciale à ce degré; le moindre abaissement au-dessous donne lieu dès lors à une condensation liquide, à un dépôt d'une buée ; c'est ce qui produit la rosée, les brouillards, les nuages, la pluie. Si la température où le phénomène se manifeste est inférieure au point de la congélation de l'eau, on a la gelée blanche ou la neige. L'évaporation des feuilles des plantes, de la peau des animaux, des linges étendus, de toute surface mouillée, est d'autant plus forte que l'air est plus éloigné de son point de saturation. Un échange continuel d'humidité a lieu entre l'air et les corps qu'il enveloppe ; il en prend ou il en dépose selon la température qui se produit et suivant les vents qui règnent. L'air est plus humide au-dessus des mers, des lacs, des rivières, il est plus sec au-dessus des plaines arides.

Quand on abandonne à elle-même, au contact de l'air atmosphérique, ce que l'on appelle de l'eau de chaux ou de l'eau de baryte, c'est-à-dire une dissolution de chaux ou de baryte caustiques dans de l'eau, on aperçoit bientôt une pellicule blanchâtre à la surface du liquide; si l'on fait passer un courant d'air à travers l'eau, elle devient très trouble. Que l'on recueille la pellicule ou le précipité qui a troublé l'eau, et l'on reconnaîtra que c'est du carbonate de chaux ou du carbonate de baryte, corps insolubles dans l'eau pure et qui se sont formés par l'union de la chaux ou de la baryte avec l'acide carbonique de l'air. On peut doser cet acide carbonique en faisant passer, comme l'a fait M. Boussingault et, après lui, plusieurs chimistes de divers pays, un volume d'air mesuré dans un appareil formé d'abord de tubes desséchants pour retenir l'eau, puis de deux tubes pesés contenant de la pierre ponce, imprégnée d'une dissolution concentrée de soude ou de potasse, et enfin d'un tube desséchant pour retenir l'eau qui pourrait être enlevée à la dissolution précédente. L'excès de poids que gagnent les trois derniers tubes représente l'acide carbonique de l'air expérimenté. On trouve que dans 100 000 parties d'air en volume, il y a de 39 à 42 parties d'acide carbonique également en volume, le minimum en pleine campagne, le maximum dans une ville telle que Paris; dans une forêt, il se trouve un ou deux dix-millièmes de plus, la nuit que le jour. Des causes diverses font varier en sens contraire cette proportion : la respiration des hommes et des animaux, les cheminées des habitations et des usines, les volcans et diverses sources minérales jettent de l'acide carbonique dans l'atmosphère; d'un autre côté, les parties vertes des plantes, sous l'influence de la lumière solaire, décomposent l'acide carbonique gazeux avec lequel elles sont en contact, gardent du carbone et laissent libre de l'oxygène; la pluie aussi qui traverse une partie des couches d'air enveloppant la terre, dissout l'acide carbonique qu'elle rencontre en tombant.

En effectuant le lavage d'un grand volume d'air dans une dissolution d'acide sulfurique, on parvient à y condenser un peu d'ammoniaque; si l'on opère en faisant aussi passer un grand volume à travers une dissolution alcaline, on y obtient des nitrites ou des nitrates; on peut ainsi déterminer dans l'air atmosphérique la présence d'une fraction très faible d'ammoniaque, d'acide azoteux et d'acide azotique. De même on y constate parfois des traces soit d'iode, soit d'un principe hydrogéné, particulièrement dans les grandes villes ou dans des contrées marécageuses. Toutes ces matières se retrouvent dans les eaux pluviales qui ont lavé l'atmosphère et où nous avons dosé des quantités faibles, mais pondérables et variables avec les lieux et avec le temps, de sels de potasse, de soude, de chaux, de magnésie, des phosphates, des chlorures, des iodures, des sulfates, toutes matières en poussières arrachées par les vents, soit de la surface des mers, soit de la surface de la terre, et transportées à toutes les distances. Arago l'a dit excellemment : « Les vents, les ouragans, les trombes qui agitent si violemment les couches de l'atmosphère dans tous les climats, le courant ascendant, effet des inégalités de température qui transporte journellement, dans les plus hautes régions, l'air qui primitivement était en contact avec le sol, altèrent souvent sa composition normale et mêlent à l'oxygène, à l'azote, à l'acide carbonique, des poussières, des molécules aqueuses, plus ou moins chargées de principes salins, enlevées à l'écume qui se forme près des récifs et des rivages, et qu'on pourrait presque appeler la poussière de l'Océan. » (Rapport sur un mémoire de M. Barral sur les eaux pluviales, t. XII des *Œuvres*, p. 393.) Ainsi la présence de toutes ces matières salines dans l'air atmosphérique et particulièrement dans l'eau des météores, de la rosée, des brouillards, de la pluie, s'explique parfaitement et elle devait nécessairement être constatée.

Dans l'eau de la rosée, surtout dans l'eau des rosées artificielles qu'on peut produire sur la surface extérieure d'un vase d'argent ou de cristal en refroidissant intérieurement ce vase par de la glace, on trouve non seulement de l'ammoniaque, mais encore de la matière organique putrescible et des débris organisés que le microscope peut faire distinguer nettement. L'inconvénient de cette méthode consiste surtout en ce que les microbes déposés dans le liquide peuvent se multiplier. Il en est de même pour ceux constatés dans l'eau pluviale; il faut les recueillir dans des milieux où ils ne puissent ni croître ni s'altérer. Ces divers corps organisés sont séparés d'une manière convenable, si l'on fait passer, selon la méthode de M. Pasteur, de l'air atmosphérique à travers une bourre de coton-poudre; l'air abandonne ses poussières; si l'on dissout ensuite le coton-poudre par un mélange d'alcool et d'éther, on obtient pour résidu toutes les poussières que l'air contenait et qui sont si visibles quand un rayon de lumière pénètre par la fente d'un volet dans une chambre obscure.

Pour étudier plus facilement les poussières de l'air et pour en faire le dénombrement, on a imaginé des instruments qu'on appelle des aéroscopes. Une science expérimentale nouvelle a été ainsi fondée depuis 1860; on lui a donné le nom d'*Aéroscopie;* elle a un observatoire en plein exercice à Paris (Montsouris), sous la direction de M. Marié-Davy; elle est également cultivée dans plusieurs autres pays, notamment en Angleterre, en Amérique et aux Indes. Elle a une grande importance en agriculture, attendu l'influence exercée sur les plantes et les récoltes par les germes qui s'y fixent et y développent des êtres parasites. Le principe de la construction des aéroscopes consiste à faire arriver par un aspirateur, avec une vitesse toujours la même, un volume d'air déterminé sur une surface de verre enduite d'un liquide gluant tel que de la glycérine, à porter la préparation sous un microscope et à évaluer la teneur de la lamelle en corpuscules organisés, qui ont été apportés par l'air ambiant. M. Miquel, chargé des observations de ce genre à Montsouris, a obtenu les nombres suivants pour représenter le chiffre moyen mensuel d'organismes récoltés dans un litre d'air :

1878.	Octobre	18,6	1879.	Avril	8,0
	Novembre	10,9		Mai	11,3
	Décembre	3,9		Juin	31,0
1879.	Janvier	6,6		Juillet	43,3
	Février	5,6		Août	24,7
	Mars	4,2		Septembre	12,2

On voit que la quantité de cellules organisées contenues dans l'atmosphère décroît de l'automne en hiver, varie peu de décembre en mars, atteint un maximum en juillet, puis décroît rapidement à la fin de l'été. Ces résultats se présentent sous une forme plus saisissante, quand on additionne le chiffre des microbes récoltés dans les diverses saisons de l'année et qu'on divise la somme obtenue par le nombre correspondant des expériences effectuées; on a :

	SAISONS	MICROBES PAR LITRE
1878.	Automne	11,3
1879.	Hiver	5,5
	Printemps	15,7
	Été	28,9

En additionnant le chiffre des microbes recueillis par litre d'air du 1er octobre 1878 au 30 septembre 1879 et divisant le total par 160, qui est le nombre d'expériences pratiquées dans cette période annuelle, on obtient 15,4 pour la moyenne générale des spores recueillies par litre d'air. Ce nombre est bien au-dessous de la réalité. En effet, l'air, en traversant l'aéroscope à aspiration, ne dépose sur la lamelle glycérinée qu'une portion des poussières de toutes sortes qu'il tient en suspension; beaucoup échappent, particulièrement les plus petites. On ne connaît pas jusqu'à ce moment le rapport qui existe entre les nombres précédents et les existences aériennes absolues; seulement les nombres précédents sont comparables en bloc, et il est certain que les vents, la température et l'état hygrométrique influent sur les populations aériennes. Des résultats analogues ont été obtenus dans de l'air de la presqu'île de Gennevilliers et du cimetière Montparnasse. Il y aura à multiplier et à varier les observations suivant les lieux, en perfectionnant les moyens de recherches. Dans l'état de nos connaissances, on sait seulement qu'il y a dans l'air des grains d'amidon, des débris fibreux et cellulaires, des pellicules épidermiques, des poils, des pollens de toutes formes, des spores de tous genres, des fructifications crytogamiques, des œufs d'infusoires.

L'air atmosphérique est incessamment soumis à des actions électriques; la foudre qui le traverse doit y produire les mêmes effets que donne l'étincelle électrique de nos laboratoires dans l'air de nos appareils. C'est ainsi que la formation de l'azotate d'ammoniaque aux dépens de l'oxygène, de l'azote et de la vapeur d'eau que rencontre un vaste éclair, s'explique facilement; c'est là un des grands moyens de la nature pour donner de la matière azotée à la végétation. Est-ce à la même cause qu'il faut attribuer exclusivement, ou bien à des causes complexes, l'existence dans l'air atmosphérique du principe particulier que l'on a appelé *ozone?* Sous quelles influences aussi diminue ou augmente la richesse ozonométrique de l'air? Il faudra encore beaucoup multiplier les observations et les expériences pour pouvoir résoudre ces questions délicates. Quoi qu'il en soit pour l'avenir, on a déterminé la quantité d'ozone qui a existé chaque jour dans l'air du parc de Montsouris pendant les années 1876 à 1879, et l'on a trouvé pour 100 mètres cubes d'air les poids moyens suivants par mois moyen pour les trois années:

	MILLIGRAMMES D'OZONE		MILLIGRAMMES D'OZONE
Janvier	1,5	Juillet	1,4
Février	2,0	Août	1,5
Mars	1,6	Septembre	1,4
Avril	1,4	Octobre	1,6
Mai	1,5	Novembre	1,6
Juin	1,4	Décembre	1,4

Il y en aurait un peu plus dans les saisons chaudes que dans les saisons froides; de plus, la proportion varierait d'une année à l'autre ainsi qu'il suit:

ANNÉES	MILLIGR. D'OZONE DANS 100 MÈT. CUB. D'AIR
1876-77	2,0
1877-78	1,7
1878-79	1,0

La détermination de l'ozone est une des questions les moins avancées de l'étude de la composition de l'air atmosphérique. On admet néanmoins que l'ozone joue un rôle important dans l'action oxydante que cet air exerce.

AIR ATMOSPHÉRIQUE CONFINÉ. — Lorsque l'air atmosphérique est placé dans une enceinte où il ne puisse pas se renouveler facilement, où de l'air nouveau ne puisse pas, par une ventilation convenable, remplacer incessamment de l'air ancien, on dit qu'il est confiné. Alors une foule de circonstances peuvent agir sur sa composition: la respiration des hommes ou des animaux, les phénomènes de combustion qui se produisent dans l'enceinte, les lumières qui y brûlent, les émanations de tous genres qui peuvent s'y dégager, en altèrent plus ou moins la nature. Il serait difficile de déterminer à un moment donné toutes les modifications subies par l'air d'un lieu habité, d'une étable, d'une usine, d'un égout. C'est l'oxygène qui a été absorbé et qui a diminué en proportion pour être remplacé par de l'acide carbonique et par de la vapeur d'eau; c'est peut-être de l'oxyde de carbone, de l'hydrogène sulfuré ou carboné, d'autres gaz délétères encore, qui se sont dégagés et mêlés à l'atmosphère primitive; ce sont des microbes multiples, quelques-uns dangereux, qui auront infesté l'espace! En même temps l'humidité a pu s'accroître par suite de la transpiration pulmonaire ou par d'autres causes. Il en résulte souvent une influence physiologique des plus fâcheuses sur les personnes renfermées dans l'enceinte. On a cherché à fixer (voy. AÉRATION) la quantité d'air à renouveler par heure pour qu'un être animé pût demeurer, sans éprouver de gêne ou de souffrance, dans un espace limité : chambres à coucher, dortoirs, casernes, hôpitaux, écuries, étables, bergeries, etc.

L'action exercée par la respiration des animaux sur la composition de l'air aboutit tout d'abord à une consommation de l'oxygène qui s'y trouvait primitivement. D'après les expériences directes des divers savants qui se sont occupés de la question, expériences en tête desquelles il faut placer celles de MM. Regnault et Reiset, la quantité d'oxygène consommée est comprise entre 0gr,537 et 1gr,180 par heure et par kilogramme du poids de l'animal consommateur. On conçoit qu'il y ait des variations en raison des différences de température, de nourriture, d'âge, d'espèce, etc. Les deux extrêmes correspondent pour 1 kilogramme de poids vif à 9 litres et 20 litres d'oxygène par vingt-quatre heures ou bien 43 et 95 litres d'air. Mais il convient d'ajouter qu'il faut assurer un volume d'air 25 fois plus considérable que celui que l'animal pourrait vicier dans un temps déterminé; si cette condition n'est pas remplie, il y a malaise dans la respiration. Par conséquent il faut que le volume donné à 1 kilogramme de poids vivant par vingt-quatre heures, soit compris entre 1075 litres et 2375 litres. De là on doit conclure que pour pouvoir les faire vivre un jour entier sans souffrance dans un air confiné, il faut :

Pour un homme de	65 kilogr.,	entre	70 et 154	mèt. cub.
Pour un cheval de	500	—	537 et 1187	—
Pour une tête bovine de	400	—	430 et 950	—
Pour une tête ovine de	30	—	32 et 71	—
Pour une tête porcine de	80	—	86 et 190	—

Or il n'est guère possible d'assigner des volumes d'air aussi considérables dans les locaux habités par les hommes ou les animaux. On tourne la difficulté en renouvelant l'air partiellement au moyen de la ventilation. L'expérience a prouvé qu'en envoyant: dans une chambre chaude habitée par un homme adulte, 6 mètres cubes d'air nouveau par heure; dans une écurie, 57 mètres cubes par tête de cheval; dans une étable, 45 mètres cubes par tête bovine; dans une bergerie, 3 mètres cubes et demi par tête ovine; dans une porcherie, 9 mètres cubes par tête porcine, on résout le problème de maintenir l'air confiné dans un état de pureté peu différent de celui de l'air atmosphérique libre.

La respiration des êtres vivants dans l'air atmosphérique a pour effet, après la consommation de l'oxygène, de déverser de l'acide carbonique. La quantité pour un homme adulte est de 44 grammes ou de 22 litres d'acide carbonique par heure. Les gaz expirés par les poumons contiennent environ 4 pour 100 d'acide carbonique qui remplace à peu près un pareil volume d'oxygène; c'est ainsi que chaque expiration altère la composition de l'air confiné et augmente la proportion d'acide carbonique. A cette dose de 4 pour 100 d'acide carbonique avec une réduction de 4 dans l'oxygène, c'est-à-dire à la proportion 17 au lieu de 21 dans l'air confiné, celui-ci devient irrespirable; mais surtout, d'après les expériences faites par M. Leblanc, parce que la proportion normale de l'oxygène par rapport à l'azote est altérée. Un air confiné ne serait pas irrespirable pour une proportion plus grande d'acide carbonique, si le rapport de l'oxygène à l'azote demeurait de 21 à 79.

La vie des hommes et des animaux qui s'accomplit dans un air confiné y envoie non seulement de l'acide carbonique et de la vapeur d'eau, mais encore d'autres émanations animales, et elle y fait développer des microbes qu'il importe de n'y pas conserver, particulièrement en cas de maladie. Aussi dans quelques hôpitaux, on accélère la ventilation jusqu'à donner 60 mètres cubes d'air par heure et par individu.

Quand une combustion s'opère dans un espace confiné de telle sorte que les gaz de cette combustion ne sont pas tous rejetés au dehors, cet air confiné devient mortel non pas seulement parce qu'il renferme de l'acide carbonique, mais principalement parce qu'il contient de l'oxyde de carbone; une très faible proportion de ce dernier gaz, un demi pour 100 suffit pour tuer. Telle est la cause des asphyxies produites par des réchauds allumés même dans des espaces qui ne sont pas absolument calfeutrés, ou par des poêles dans lesquels on fait brûler du charbon dans des chambres closes ou bien dont la ventilation est imparfaite.

C'est à l'hydrogène sulfuré que l'on attribue principalement la propriété asphyxiante de l'air confiné des fosses d'aisances qu'on appelle *plomb des vidangeurs*. Mais M. Chevreul a fait remarquer depuis longtemps que la grande proportion d'azote que l'analyse dénote dans le gaz des fosses, et qui provient de la putréfaction des matières organiques amenant la disparition de l'oxygène, joue un rôle important dans le phénomène de l'asphyxie par l'atmosphère limitée des fosses qu'il importerait toujours de bien ventiler, surtout avant d'y descendre. Des choses analogues se rencontrent dans l'air des fosses à purin, des fosses à fumier, et même dans l'air des mares, etc.

L'air de certaines caves, de quelques grottes, est asphyxiant à cause du dégagement d'acide carbonique qui s'y produit et qui, en raison de sa grande densité, reste dans les parties basses. Tel est l'air confiné de la grotte du Chien près de Pouzzoles (Italie), air où tout chien qui pénètre tombe asphyxié; on y a trouvé de 67 à 75 d'acide carbonique contre 5 à 6 d'oxygène et le reste en azote. Tel est aussi le cas de l'air qui se trouve au-dessus de quelques fontaines qui sourdent du fond de la terre, et de l'air des cuves et des celliers où se produisent des fermentations alcooliques.

Dans l'air confiné des mines, principalement des mines de houille, on rencontre de l'hydrogène protocarboné qui peut donner lieu à des explosions terribles par son mélange avec l'air atmosphérique; des fuites de gaz d'éclairage sont susceptibles de donner lieu à des accidents analogues dans les appartements ou les ateliers. Il suffit que l'air atmosphérique contienne un huitième de son volume d'hydrogène carboné pour qu'il puisse en résulter par le contact d'une flamme ou d'une étincelle une détonation violente.

Les semences cryptogamiques, les débris organiques de tous genres, se rencontrent en grand nombre dans l'air confiné des salles d'hôpitaux, des lieux où s'effectuent des putréfactions, de quelques caves ou grottes, écuries ou étables malsaines. L'étude de ces airs confinés est à peine commencée, elle devra conduire à des conséquences importantes pour l'économie rurale.

AIR CONFINÉ DANS LA TERRE VÉGÉTALE. — On doit aux recherches de M. Boussingault les principales notions que l'on possède sur l'air confiné dans la terre des champs (*Mémoires de chimie agricole et de physiologie*, 1851). L'illustre agronome a déterminé, par une méthode analytique qu'il a imaginée à cet effet, la quantité d'air contenue dans diverses terres et, en outre, les proportions d'azote, d'oxygène et d'acide carbonique composant cet air en volume. Le principe de cette méthode consiste à aspirer l'air du sol à travers un ballon dans lequel on a fait préalablement le vide, et en faire passer un volume suffisant et connu à travers de l'eau de baryte et un système de tubes contenant de la pierre ponce alcaline afin de recueillir l'acide carbonique; l'air du ballon est ensuite analysé par les procédés ordinaires, afin d'avoir le rapport de l'oxygène à l'azote. Il résulte d'abord de ces recherches qu'une partie de l'oxygène de l'air atmosphérique qui pénètre dans un sol, y est absorbée et est remplacée par de l'acide carbonique; d'un autre côté, les divers sols renferment plus ou moins d'air suivant le tassement de ces sols. Sur ce dernier point, voici des résultats qui démontrent quel grand volume d'air peut se trouver dans les pores de la terre végétale :

	VOLUME D'AIR CONFINÉ DANS 1 MÈTRE CUBE DE TERRE VÉGÉTAL
	litres.
Terre légère récemment fumée	235,3
Terre d'un champ de carottes	232,4
Terre d'une vigne plantée dans un sol sablonneux	282,6
Sol sablonneux d'une forêt	117,6
Sous-sol sablonneux de la même forêt	88,2
Loam sous-sol d'une forêt	70,6
Terre sablonneuse d'un carré d'asperges	223,5
Terre argileuse et calcaire d'une luzernière	220,6
Terre assez argileuse d'un champ de betteraves	235,3
Terre argileuse d'une prairie, comprimée	161,8
Terre d'une serre du Jardin des plantes	361,8
Sol très riche en humus	420,6

L'épaisseur de la couche de terre végétale dans les champs auxquels les expériences de M. Boussingault se rapportent, variait de 30 ou 40 centimètres. Si l'on adopte 35 centimètres pour l'épaisseur moyenne, afin de faciliter les comparaisons, et si l'on rapproche le volume d'acide carbonique trouvé, on obtient le tableau suivant qui correspond à un volume de terre de 3500 mètres cubes pour un hectare :

	AIR CONFINÉ DANS UN HECTARE DE TERRE	ACIDE CARBONIQUE DE L'AIR CONFINÉ DANS UN HECTARE DE TERRE
	mètres cubes.	mètres cubes.
Terre légère récemment fumée	824	18
La même terre après quelques jours de pluie	824	80
Champ de carottes	813	8
Vigne	988	10
Forêt	412	4
Sable sous-sol de la forêt	309	1
Loam sous-sol de la forêt	247	2
Asperges anciennement fumées	782	6
Asperges récemment fumées	782	12
Luzerne	772	6
Betteraves	824	7
Prairie	566	10
Terre d'une serre	566	6
Même terre après quelques heures d'arrosage	566	7
Sol très riche en humus	1472	54

De là on peut conclure que l'air enfermé dans un hectare de terre arable, fumée depuis près d'une année, contient à peu près autant d'acide carbonique qu'il s'en trouve dans 18000 mètres cubes d'air atmosphérique; et que dans l'air d'un hectare de terre arable récemment fumé, l'acide carbonique, dans certaines circonstances, représente celui qui est contenu dans 200000 mètres cubes d'air normal. On peut en déduire en outre que, dans le loam sous-sol d'une forêt, en prenant l'épaisseur de 3 centimètres adoptée pour la terre arable, l'air confiné contient autant d'acide carbonique qu'il y en a dans 5000 mètres cubes d'air pris dans l'atmosphère. Si l'on considère que les racines des arbres plongent dans une épaisseur de plusieurs mètres, on conçoit que l'acide carbonique total doit exercer de l'influence sur la végétation des arbres, comme celui de la tranche où sont les racines des plantes annuelles sur la fertilité du sol.

L'oxygène, dans l'air confiné de la terre végétale, s'est trouvé descendre jusqu'à 10,35, l'acide carbonique étant de 9,64 et l'azote de 79,91 pour 100 volumes. Dans d'autres cas, l'acide carbonique était de 0,93, l'oxygène de 19,50 et l'azote de 79,57, toujours pour 100 volumes. Pour l'ensemble de toutes ses expériences, M. Boussingault a trouvé que le volume du gaz acide carbonique représente, à peu de chose près, le volume du gaz oxygène qui a disparu, mais un peu moins cependant. Il en conclut que le développement relativement considérable de l'acide carbonique constaté dans l'air confiné, dans la terre végétale, provient évidemment, en grande partie, de la combustion lente du carbone des matières organiques, telles que l'humus, les débris de plantes, l'engrais; mais il croit qu'en même temps une petite partie de cet oxygène est employée à brûler l'hydrogène appartenant à la matière organique disséminée dans la terre végétale.

On comprend, d'après ces faits, la nécessité de renouveler l'air contenu dans le sol, puisque son oxygène est absorbé pour former de l'acide carbonique et aussi pour quelques autres actions, par exemple, pour former des azotates aux dépens des matières ammoniacales, etc. De là, le rôle du drainage, ainsi que l'a expliqué M. Chevreul.

Air raréfié et air comprimé. — Lorsque la pression à laquelle l'air atmosphérique est soumis augmente ou diminue, le rapport entre l'oxygène et l'azote demeure le même, mais en fait il y a dans le même espace une masse d'oxygène en rapport avec la pression, plus faible si la pression est moindre, plus grande si la pression est plus forte, moitié, le tiers, le quart, etc., ou bien double, triple, quadruple, etc., selon la pression. Dans le premier cas, on a de l'air raréfié; dans le second, de l'air comprimé. Or, comme l'oxygène est le principe physiologiquement actif tant sur les hommes que sur les animaux, on convient que sa masse doive exercer une influence qu'il importerait de bien définir; c'est ce qu'a commencé à faire M. Jordanet, et c'est ce qu'a achevé d'une manière heureuse M. Paul Bert.

La pression diminuant à mesure qu'on s'élève dans l'atmosphère ou sur le flanc des montagnes, l'influence de la diminution de l'oxygène, à de certaines altitudes, constitue un malaise que ressentent plus ou moins les organisations différentes, et que l'on a appelé le *mal des montagnes*. A une altitude de 5500 mètres environ, la pression est à peu près moitié de ce qu'elle est au niveau de la mer; par conséquent dans un litre d'air, il se trouve une masse d'oxygène, aussi bien qu'une masse d'azote, moitié des masses existant dans 1 litre d'air au bord de l'Océan.

Si l'on descend dans une cloche à plongeur, ou dans les appareils inventés par M. Frizer au moyen desquels on peut chasser l'eau pour établir des fondations sur un fond solide placé au-dessous d'une couche de terre aquifère, on se trouve, au contraire, dans de l'air où l'oxygène est condensé; lorsque la proportion en volume multipliée par la pression donne un produit qui dépasse 300, il peut, d'après les expériences de M. Paul Bert, y avoir un véritable empoisonnement, même en faisant abstraction de l'acide carbonique dégagé; il faut remarquer que, dans le cas d'air comprimé, on a affaire à de l'air confiné, tandis que dans le cas de l'air raréfié des hautes montagnes on est en présence de l'air atmosphérique libre. Dans les deux cas, d'ailleurs, outre les effets dus à la diminution ou à l'augmentation de l'oxygène, il faut momentanément tenir compte de l'action purement mécanique de la diminution ou de l'augmentation de la pression sur les divers organes. Mais l'organisme animal peut s'habituer à un certain état de pression, car la vie sociale s'accomplit d'une manière complète dans des villes situées sur de hautes montagnes, et des agriculteurs y cultivent la terre qui y produit des récoltes; seulement la transportation d'un lieu bas sur un lieu élevé, ou inversement, est accompagnée parfois de souffrances que tout le monde ne peut pas supporter; l'acclimatation n'est pas toujours possible. Il faut ajouter encore que la compression de l'air produit de la chaleur, tandis que sa dilatation dans la diminution de pression produit du froid. Mais si on laisse de côté les effets passagers, on rencontre un phénomène permanent: c'est la diminution ou l'accroissement de tension de l'oxygène dans l'air qu'ils respirent qui agissent sur les êtres vivants placés dans de l'air atmosphérique raréfié ou dans de l'air comprimé. La raréfaction, en diminuant la tension de l'oxygène dans l'air que les êtres vivants respirent, et dans le sang qui anime leurs tissus, dit M. Bert, expose à des menaces d'asphyxie. La compression de l'air augmente la tension de l'oxygène dans l'air et dans le sang, et donne lieu à des changements dans les oxydations intra-organiques qui, à un degré de compression déterminé, deviennent mortels. Dans de l'air suffisamment comprimé, les végétaux eux-mêmes ne peuvent plus vivre.

Air (*qualités de l'*). — On dit d'un air qu'il est sain, malsain; bon, mauvais; pur, impur; brûlant, sec, humide; renfermé, corrompu, vicié, contagieux, infecté; infect, puant; l'air de la mer, l'air des champs, l'air de la montagne, pour exprimer quelques-unes des qualités qu'on attribue à l'air atmosphérique qu'on respire.

Aller prendre l'air, changer d'air, c'est sortir, changer de séjour.

L'air atmosphérique en mouvement constitue ce qu'on appelle le vent. Pour exprimer qu'il y a un peu de vent, on dit qu'il y a de l'air; il n'y a point d'air signifie absence de tout vent. Un courant d'air est le mouvement de l'air entre deux ouvertures d'une habitation. Un coup d'air est une douleur causée par un courant d'air. On donne l'air à un grenier, à une étable, à une habitation, en faisant arriver l'air extérieur par une lucarne, une fenêtre, une porte que l'on ouvre à cet effet. On donne de l'air à une meule, à du grain, en les soumettant à l'action de l'air extérieur.

Fendre l'air, se dit d'un oiseau qui vole rapidement, d'un cheval lancé à la course, d'une personne qui court très vite.

Air considéré comme moteur et air chaud. — L'air atmosphérique en mouvement est employé comme propulseur des moulins à vent et des voiles des navires; il agit sur les girouettes, et c'est par son action sur des ailettes, produisant la rotation plus ou moins rapide de l'axe sur lequel elles sont implantées, qu'on en mesure la vitesse.

Le mouvement de l'air fait passer plus d'oxygène dans le même temps sur un point donné; il en résulte une combustion plus rapide, si le jet d'air d'une soufflerie passe sur un corps en ignition; c'est l'effet des souffleries.

Un courant d'air qui passe sur une surface mouillée ou humide fait évaporer le liquide plus rapidement et cause ainsi du froid. Quand un courant d'air suffisamment énergique passe sur des poussières, il peut les enlever. Ce sont là des effets de ventilation souvent utilisés par l'agriculteur, notamment dans les tarares et machines à battre. Quand on comprime de l'air dans un réservoir, il peut réagir par son excès de pression sur les liquides avec lesquels il est en contact pour les repousser; il en est ainsi dans certaines fontaines, dans les pompes et dans le bélier hydraulique.

L'air atmosphérique comprimé étant un fluide élastique, peut servir aussi bien que la vapeur comme force motrice dans des machines fixes et dans des machines locomotives. Les machines de compression sont utilisées avantageusement pour le percement des tunnels. L'air en mouvement peut encore être employé pour lancer des corps solides, comme dans les fusils à vent, ou bien encore pour le transport des dépêches dans les télégraphes tubulaires, ou même pour la transmission de l'heure en différents points d'une grande ville.

L'air se dilatant par la chaleur donne lieu à des mouvements qu'on a aussi cherché à utiliser dans les machines dites à air chaud, pour obtenir de la force motrice, mais sans succès jusqu'à présent, en ce qui concerne l'air atmosphérique. Mais l'insufflation de l'air chaud peut être efficace quand il s'agit d'obtenir de très hautes températures.

AIR (*façon d'être ou de paraître*). — On dit air rustique pour apparence rustique; air gai, joyeux, gracieux, boudeur, malin, emprunté, faux, etc., pour signifier certaines apparences ou certaines manières d'être. Avoir l'air de quelqu'un, c'est lui ressembler.

AIR (*art musical*), se dit d'une suite de sons qui composent un chant ou une mélodie. Air de cornemuse, de biniou, de flûte, de violon; air champêtre.

AIR (*termes de manège*) se dit des allures d'un cheval. Un cheval a des airs bas, des airs relevés, selon qu'il manie près de terre, ou qu'il manie en s'enlevant davantage.

AIRA (*botanique*). — Nom latin de la *Canche*, plante graminée fourragère, dont plusieurs espèces sont communes dans les prairies.

AIRAGE (*technologie*). — On donne ce nom à l'angle que fait la voile de chaque aile d'un moulin à vent à ailes verticales avec le plan de leur rotation, lequel plan est perpendiculaire à la direction du vent. La voile occupe sur l'aile une surface gauche; en conséquence, l'airage varie généralement depuis 30 degrés jusqu'à 6 degrés aux différents points d'attache des barreaux fixés perpendiculairement aux volants, le barreau le moins incliné étant celui de l'extrémité des ailes. C'est sur la série des barreaux ainsi implantés qu'on développe plus ou moins de toile pour offrir plus ou moins de résistance à l'action de l'air en mouvement et régler ainsi la vitesse du moulin selon celle du vent.

AIRAIN (*technologie*). — Alliage métallique très dur, présentant une très grande résistance à tous les agents de destruction; principalement composé de cuivre et d'étain dans les proportions d'environ 80 à 90 du premier contre 20 à 10 du second, et parfois avec de très petites quantités de zinc, de plomb et même d'antimoine. Les anciens estimaient fort, sous le nom d'airain de Corinthe, le même alliage dans lequel il entrait un peu d'or et d'argent. On confond le plus souvent, dans le langage technique, l'airain avec le bronze, et le mot airain est plus employé dans le langage figuré; on dit : un *ciel d'airain*, pour caractériser un temps sec et aride, pendant lequel il ne tombe ni pluie ni rosée; un *cœur d'airain*, pour un cœur dur et impitoyable; un *front d'airain*, pour signifier une suprême impudence que rien ne confond, ou bien encore, en un meilleur sens, une attitude inébranlable; un *mur d'airain*, pour un mur infranchissable; un *siècle* ou un *âge d'airain*, pour une époque dure et où tout est sévère et rigoureux. On dit aussi poétiquement le bruit ou le son de l'airain, pour le bruit du canon ou le son d'une cloche.

AIRAS (*arboriculture*). — Nom vulgaire donné à une espèce de poirier sauvage.

AIRAUT (*pêche*). — Nom d'un filet qui sert à prendre les petites soles.

AIRE. — Ce mot est pris dans diverses acceptions. Il se dit, en géométrie, de la mesure d'une surface; — en histoire naturelle, du nid de certains oiseaux de proie, et particulièrement de celui de l'aigle; — en météorologie, de la direction du vent; — en technologie, du massif de ciment, de chaux ou de pierres qui forme le fond d'un bassin; — en agriculture, d'une surface plane, préparée pour le battage des grains; — en sylviculture, d'un mode spécial d'exploitation des bois. Nous nous occuperons des quatre principales significations.

1° *Aire surface*. — On calcule l'aire d'une surface, en trouvant son rapport avec une surface prise pour unité. L'unité adoptée est le mètre carré; pour les mesures agraires, l'unité est l'hectare, ou surface de 10000 mètres carrés. Suivant la forme affectée par la surface, la méthode est différente, mais elle découle toujours de la mesure de l'aire d'un rectangle. Celui-ci est une surface limitée par quatre lignes droites, parallèles deux à deux, et se coupant à angle droit. L'un des côtés est appelé base, et l'autre hauteur; l'aire est obtenue en multipliant la base par la hauteur. Ainsi un rectangle dont la base compte 8 mètres, et la hauteur 6 mètres, aura pour aire 48 mètres carrés. — Pour un parallélogramme, la mesure de la surface est la même, car il est équivalent à un rectangle ayant la même base et la même hauteur. — L'aire d'un triangle est égale au produit de la base par la moitié de la hauteur, car il équivaut à la moitié d'un rectangle ayant sa base et sa hauteur. — L'aire d'un polygone régulier est obtenue par le produit de son périmètre par la moitié de son apothème. — L'aire d'un cercle est représentée par la formule πR^2, π étant le nombre 3,141592, et R le rayon du cercle. — Pour un polygone irrégulier, son aire est la somme des aires des triangles dans lesquels on peut le décomposer. — La mesure des surfaces agraires est une des parties de l'arpentage.

Par extension, en histoire naturelle, on appelle aire d'une espèce animale ou végétale, la partie de la surface du globe sur laquelle cette espèce se rencontre à l'état naturel ou sauvage, et se développe sans l'intervention de l'homme.

2° *Aire des vents*. — On forme l'aire des vents en divisant le cercle de l'horizon en 32 parties égales, comptant 11°15'. Chacune de ces parties est une aire, et a reçu un nom spécial. Ces noms sont : nord, est, sud, ouest; nord-est, sud-est, sud-ouest, nord-ouest; nord-nord-est, sud-sud-est, etc.; nord-quart-nord-est, nord-quart-nord-ouest, etc. — L'ensemble des aires de vent forme la rose des vents. Les agriculteurs munis d'une boussole sur le limbe de laquelle est indiquée la rose des vents, peuvent reconnaître, à chaque moment dans la campagne, la direction du vent.

3° *Aire à battre*. — Large surface aplanie et rendue résistante, sur laquelle on exécute le dépiquage ou le battage au fléau des céréales. L'emploi des aires remonte à l'antiquité. Varron et Columelle rapportent que les Romains préparaient des aires avec de la terre forte bien battue, et qu'ils les arrosaient avec un enduit de lie d'huile d'olive, afin d'en durcir la surface et d'empêcher la croissance des herbes. D'après Palladius, on pavait les aires avec des briques. Aujourd'hui elles sont établies en plein air ou dans les granges.

Les aires en plein air se rencontrent dans la plus grande partie des exploitations du midi de la France, ainsi que dans toute la région de l'Ouest. Dans le Midi, où les grains sont séparés des épis par le piétinement des chevaux ou par le passage de rouleaux cannelés, les aires ont une grande surface. On en rencontre qui ont plus de 50 mètres de long sur 20 à 25 de large. Elles sont préparées avec une couche de terre argileuse arrosée, puis battue solidement. La couche superficielle est formée par un mélange intime de terre et de bouse de vache, auquel on ajoute du foin ou de la paille hachée. On a soin de la battre à plusieurs reprises jusqu'à ce qu'elle soit sèche et qu'elle ait acquis une grande dureté. Lorsque la surface n'est pas suffisamment solide, elle est entamée par les pieds des chevaux, ce qui la rend poudreuse et salit le grain. — Dans l'Ouest, les aires sont toujours en terre; le battage y est exécuté le plus souvent au fléau, quelquefois avec le rouleau. Leurs dimensions sont moins grandes que dans le Midi. Chaque année, au moment du battage, on débarrasse la surface de l'aire des herbes qui ont pu y croître; la surface bien nivelée est abreuvée avec un arrosoir, puis battue avec une dame : lorsqu'elle est à peu près sèche, on la couvre à diverses reprises d'une bouillie un peu claire, préparée avec des bouses de vache. Ce mélange est appliqué avec un balai de genêt. Il a l'avantage de rendre la surface de l'aire très solide et de l'empêcher de devenir poudreuse. Pour que l'aire ne se fendille pas en séchant sous l'action du soleil, on la recouvre de paille longue lorsqu'elle a été damée; elle se sèche lentement.

Dans la région septentrionale, les aires sont le plus souvent établies dans les granges. Ces aires ont des dimensions plus petites que celles en plein air. Les plus grandes ont 6 à 7 mètres de long sur 5 mètres de large. Ces aires sont préparées de diverses matières. Tantôt elles sont faites de terre argileuse, bien battue, et enduite, lorsqu'elle est presque sèche, de sang liquide ou de colle forte qui en glace et durcit la surface. Tantôt elles sont recouvertes d'une couche de ciment, ou d'un carrelage, ou de plâtre; mais cette dernière substance s'altère facilement et produit beaucoup de poussière, ce qui rend le grain terreux. Quelquefois, enfin, l'aire est constituée par un plancher en bois soit à demeure, soit temporaire. Sur des lambourdes fixées au sol, on pose des madriers à rainure; ces madriers sont emboîtés à coup de maillet et fixés au moyen de coins en bois enfoncés de chaque côté des planchers. L'aire en bois présente une surface à la fois très résistante et d'une grande élasticité. — L'aire est placée devant la porte d'entrée dans les petites granges; elle est établie sur les passages qui servent à l'engrangement, dans les grandes granges.

4° *Aire (sylviculture)*. — Dans le régime forestier, on appelle *tire* et *aire* une méthode spéciale d'exploitation des futaies qui consiste à partager les coupes par contenances ou aires égales, établies de proche en proche, en ne laissant que les arbres de réserve. Cette méthode, qui ne tient pas compte des conditions variées de développement des coupes, est abandonnée aujourd'hui dans la plupart des exploitations forestières.

Dans les jardins, on appelle quelquefois aires les surfaces occupées par les terrasses ou les allées établies de telle sorte que l'eau n'y séjourne pas, et qu'on puisse s'y promener en tout temps. — Enfin, dans le département de Maine-et-Loire, le premier labour donné aux champs est quelquefois appelé aire.

AIREAU. — Ancien nom de la charrue. Il a été employé par Olivier de Serres pour désigner soit la charrue elle-même, soit son coutre.

AIRÉE. — Quantité de gerbes qu'on étend sur la surface de l'aire pour les dépiquer ou les battre à la fois. On dit une airée de froment, de seigle. Une airée est naturellement d'autant plus considérable que la surface de l'aire est plus grande.

AIRÉENNES (*histoire agricole*). — Fêtes que, dans l'antiquité grecque, les laboureurs célébraient en l'honneur de Bacchus et de Cérès.

AIRÉI. — Dénomination employée quelquefois comme synonyme d'irrigation, dans le département des Deux-Sèvres.

AIRELLE (*botanique*). — Arbrisseaux appartenant à la famille des Éricacées, à feuilles alternes ordinairement persistantes, connus par leurs fruits, en forme de baies, souvent recherchés pour leur saveur aigrelette. Le genre Airelle (*Vaccinium* Linné) renferme plusieurs espèces méritant l'attention.

La plus importante est l'Airelle myrtille (*Vaccinium myrtillus*), appelée vulgairement raisin des

Fig. 143. — Port de l'Airelle myrtille.

bois, raisin d'ours, brindelle, vaciet. C'est un arbrisseau (fig. 143) de 30 à 50 centimètres de hauteur, très rameux, à feuilles alternes, ovales, avec bords finement dentés. Les fleurs s'épanouissent, au mois de mai, en bouquets d'un blanc rose; les fruits sont des baies d'un bleu noirâtre, acidulées et qui se mangent crues ou confites. L'airelle myrtille est indigène en France, de même que dans la plus grande partie de l'Europe centrale; on la rencontre surtout en Russie, où elle croît avec une abondance exceptionnelle. L'airelle myrtille se rencontre dans les lieux ombragés, arides, et où croissent les bruyères. Ainsi que M. Le Play l'a constaté dans son grand ouvrage sur les ouvriers d'Europe, ses fruits ou baies sont très recherchés par la population russe qui les mange, soit à leur état naturel et mêlés à du lait, soit cuits et assaisonnés de diverses manières; en les associant au miel, au sucre, aux spiritueux, on en fait des conserves qui, pendant les longs mois d'hiver, introduisent de la variété dans la nourriture. Par la fermentation, on retire des baies une liqueur vineuse; on les emploie aussi quelquefois pour donner de la couleur aux vins faibles, mais cette falsification se reconnaît aux taches violettes que le vin ainsi coloré fait sur le linge. On extrait de ces baies une matière colorante qui peut servir pour la peinture. Enfin la médecine les emploie quelquefois pour combattre les affections scorbutiques et la dysenterie.

Les autres espèces d'Airelle sont : 1° l'Airelle des marais (*V. uliginosum*) qui se distingue de la précédente par les veines de ses feuilles et par la couleur noire de ses baies; 2° l'Airelle ponctuée (*V. vitis idææ*) dont les feuilles sont lisses et ponctuées de noir en dessous; ses baies sont d'un beau rouge; 3° l'Airelle en corymbe (*V. corymbosum*), arbrisseau qui atteint jusqu'à 2 mètres; ses fleurs disposées en grappes courtes, sont blanches.

La plupart des espèces d'Airelle sont cultivées dans les jardins comme arbustes d'ornement, mais leur culture est assez difficile. Ces arbustes, en effet, ne vivent pas longtemps, et c'est avec peine qu'ils se reproduisent de marcottes ou de graines. Le sol qui leur convient le mieux est de la bonne terre de bruyère, sableuse et mêlée de terreau de feuilles; l'exposition fraîche et ombragée leur est favorable. L'Airelle des marais demande une terre plus humide que celle convenant aux autres espèces.

AIRI ou **AYRI** (*botanique*). — Nom vulgaire donné au Brésil, à l'*Astrocaryum ayri*. C'est un palmier, de la tribu des Conoïnées, à tige tantôt peu apparente, tantôt grêle et assez élevée, armée d'épines. Les feuilles sont composées-pennées, rapprochées par faisceaux et munies d'épines. Le bois de ce palmier est employé pour fabriquer des arcs. Cette plante est originaire du Brésil et des contrées environnantes.

AIRIAU. — Nom vulgaire donné à l'avoine dans quelques parties de la province du Berry.

AIROCHLOA (*botanique*). — Genre de plantes de la famille des Graminées, que quelques botanistes ont formé en séparant plusieurs espèces du genre *Aira*, de Linné. La plupart des botanistes modernes considèrent les *Airochloa* comme une section du genre *Kœleria*.

AIROPSIS (*botanique*). — Genre de plantes de la tribu des Avénacées, dans la famille des Graminées. Il se distingue par des épillets petits, disposés en panicule rameuse diffuse. Quelques plantes de ce genre croissent naturellement en France, mais elles ne présentent pas d'intérêt au point de vue agricole.

AIS (*technologie*). — Se dit des planches de bois rendues propres à divers usages. Ainsi on dit les ais d'une porte, principalement quand il s'agit d'une porte établie avec simplicité, par exemple dans une grange, dans une ferme, etc. Ce mot a reçu également diverses acceptions spéciales qui sont usitées dans plusieurs industries agricoles. Ainsi, les ais sont les établis sur lesquels la viande est débitée c'est-à-dire coupée en morceaux. Les ais sont encore les planches qui ont servi à la construction d'un bateau. Enfin, dans les fonderies, on appelle ais les planches dont on se sert pour placer les châssis dans lesquels on fait les moules.

AISANCES (*lieux, cabinets, fosses d'*). — Cette expression est employée pour désigner les latrines. L'intérêt agricole est que les matières qui proviennent des cabinets d'aisances soient recueillies intégralement dans des fosses ou des récipients, sans être mélangées avec des matières étrangères inertes. Il entre de plus en plus dans les habitudes urbaines de se servir de grandes quantités d'eau pour nettoyer les cabinets d'aisances, ce qui a pour résultat d'augmenter beaucoup les frais de transport des matières des vidanges. On emploie quelquefois des systèmes diviseurs qui séparent les matières solides des matières liquides, de manière à perdre les dernières et à conserver seulement les premières. C'est, au point de vue agricole, une mauvaise opération, car, dans les déjections humaines rendues en un jour, la totalité des urines forme un engrais plus riche que la somme des excréments solides. Il résulte, en effet, des recherches expérimentales dont nous avons publié les résultats, il y a plus de trente ans, que la moyenne des évacuations journalières de l'homme adulte, de la femme et des enfants, est de 1122 grammes d'urine et 98 grammes d'excréments solides. Ces quantités renferment respectivement 9gr,65, et 1gr,81 d'azote. Pour une année entière, les urines contiennent 3k,522 grammes, et les matières solides 673 grammes d'azote. Il est, grâce à ces données, très facile de calculer la somme de matières fertilisantes que l'on peut extraire des excréments solides et liquides d'une ville dont la population est connue. On se rendra compte ainsi du profit que l'agriculture peut en tirer, et de la perte considérable qu'elle éprouve de l'envoi à l'égout des excréments liquides.

Dans les exploitations rurales on doit placer les fosses d'aisances de manière à pouvoir déverser facilement, soit directement, soit par le transport, toutes les matières fécales et les urines dans la fosse à purin.

AISELLE. — Ancienne variété de betterave, rouge en dehors, blanche à l'intérieur, peu cultivée. Cette variété ne renferme que très peu de sucre.

AISNE (Département de l') (*géographie agricole*). — Le département de l'Aisne a été formé en 1790 de plusieurs petits pays qui appartenaient aux provinces de l'Ile-de-France, de la Picardie et de la Champagne. Ces pays sont le *Laonnais*, le *Soissonnais*, le *Noyonnais*, le *Valois*, provenant de l'Ile-de-France; la *Thiérarche*, le *Vermandois*, le *Tardenois*, appartenant à la Picardie, et une partie de la *Brie champenoise* dépendant de la Champagne. Ces dénominations sont encore beaucoup employées dans le langage rural pour définir des situations agricoles assez différentes les unes des autres; aussi sera-t-il utile d'en faire connaître la détermination. La contribution de la Picardie a été d'environ 300000 hectares, celle de l'Ile-de-France de 430000, celle de la Brie champenoise environ 5000 sur les 735200 hectares que comprend le département divisé en 5 arrondissements, 37 cantons et 837 communes.

Les arrondissements de Saint-Quentin et de Vervins occupent le nord du département; celui de Laon, qui est le chef-lieu, se trouve au centre; ceux de Soissons et de Château-Thierry se trouvent au midi. La rivière de l'Aisne, qui a donné son nom au département, le traverse de l'est à l'ouest sur une étendue de 97 kilomètres environ, en passant à Soissons; elle le partage en deux parties inégales, en formant un bassin important qui s'étend sur les arrondissements de Laon et de Soissons, en laissant au-dessus ceux de Saint-Quentin et de Vervins, et au-dessous celui de Château-Thierry.

Le département de l'Aisne a une longueur presque double de sa largeur; il est département frontière; au nord-est, au-dessus d'Hirson, il touche à la province belge de Namur; il est limité, à partir de la Belgique, et en tournant du nord vers l'ouest, en passant au midi, par les 6 départements des Ardennes, de la Marne, de Seine-et-Marne, de l'Oise, de la Somme, du Nord.

Les cantons de Saint-Quentin, de Vermand, du Catelet et une grande partie des cantons de Bohain, de Moy et de Saint-Simon, c'est-à-dire la presque totalité de l'arrondissement de Saint-Quentin, appartiennent au Vermandois. La Thiérache, qui comprenait le comté de Ribemont, aujourd'hui canton de ce nom, puis le duché de Guise, le comté de Marle, la baronnie de Rozoy, constitue le canton de Ribemont dans l'arrondissement de Saint-Quentin; les cantons de Sains, de Vervins, d'Aubenton, d'Hirson, de la Capelle, de Nouvion, de Wassigny et de Guise, dans celui de Vervins; les cantons de Marle et de Rozoy-sur-Serre, et une grande partie des cantons de Crécy-sur-Serre et de la Fère, dans celui de Laon.

Les deux arrondissements de Saint-Quentin et de Vervins forment un vaste plateau présentant des ondulations peu élevées à contours arrondis avec des buttes coniques allongées du nord-est au sud-ouest qui forment quelques vallées assez vastes, mais peu profondes; le sol en est argileux ou argilo-siliceux, reposant sur un sous-sol appartenant à la formation crétacée; on y rencontre la marne, le calcaire et quelques gisements de terre pyriteuse, des cendres rouges ou noires.

L'arrondissement de Saint-Quentin touche à la Flandre par le nord, et plusieurs de ses parties empruntent à cette contiguïté une identité de culture et de produits, comme le remarque le rapport sur l'enquête agricole de 1866. Les cultivateurs y sont de rudes et intelligents travailleurs. A la place des anciennes forêts on voit aujourd'hui de belles fermes, dont les terres bien marnées, ameublies et assainies, donnent de magnifiques récoltes. C'est cet arrondissement qui, le premier dans le département, a cultivé la betterave, élevé des sucreries et établi des distilleries.

Dans l'arrondissement de Vervins, voisin à l'est du précédent, tous les cantons qui touchent au département du Nord et se lient à l'arrondissement d'Avesnes sont couverts d'excellents et gras pâturages où l'on se livre à l'élevage et à l'engraissement du gros bétail; on y travaille également avec succès à la production et à l'amélioration de l'espèce chevaline. On y a fait de grands travaux d'assainissement. On y a établi des plantations d'oseraie qui donnent des produits abondants et alimentent une industrie très prospère dans le pays, celle de la vannerie, dont le siège principal est à Origny-en-Thiérache; l'exportation des objets qu'elle fabrique se fait jusqu'en Amérique. Dans les deux cantons d'Hirson et d'Aubenton, on trouve du minerai de fer exploité par plusieurs établissements métallurgiques; là aussi on rencontre la verrerie de Quinquengrogne, des papeteries, des tanneries, des usines pour la fabrication des ustensiles de ménage, notamment le remarquable familistère de Guise, des distilleries et des sucreries. Malgré les défrichements qui ont été faits, il y a encore de belles forêts, notamment celles de Nouvion et de Saint-Michel dont les coupes sont recherchées pour les ouvrages de charpente et de menuiserie et pour la fabrication des meubles artistiques.

L'arrondissement de Laon, le plus étendu du département, renferme, outre les cantons de la Fère, de Crécy-sur-Serre, de Marle et de Rozoy-sur-Serre, qui appartiennent à la Thiérache, les cantons de Laon, de Sissonne, de Neufchâtel, de Craonne, d'Anisy-le-Château, qui constituent le Laonnais; enfin ceux de Chauny et de Coucy-le-Château, qui font partie de ce qu'on appelle le Soissonnais.

L'agriculture, qui déjà y prospérait dans certaines parties par la culture du lin et du chanvre, vient d'y accroître ses moyens d'action par la création de nombreuses fabriques de sucre indigène. La betterave y est maintenant cultivée sur tous les points, non seulement pour la distillerie et la nourriture du bétail, mais aussi pour la sucrerie.

L'arrondissement de Soissons ressemble beaucoup, pour la culture, à celui de Laon. Il renferme tout l'ancien Soissonnais, plus le canton de Villers-Cotterets qui est l'ancien Valois, celui d'Oulchy-le-Château qui fait partie du Tardenois, auquel appartient aussi le territoire de Bazoches compris dans le canton de Braisne. On y retrouve les conditions de culture de l'arrondissement de Laon, et les agriculteurs y suivent les mêmes errements; seulement la division de la propriété rurale y est moindre, les fermes y sont en général plus grandes : c'est un pays de production de céréales et d'élevage de l'espèce ovine; cependant l'industrie sucrière s'y est introduite et les cultures de racines y prennent du développement.

Quant à l'arrondissement de Château-Thierry, il présente une physionomie différente. On se trouve dans le commencement de la Brie champenoise qui forme les cantons de Château-Thierry, de Condé-sur-Brie et de Charly et une partie de celui de Fère-en-Tardenois; le canton de Neuilly-Saint-Front est sur le territoire du Tardenois. La terre y est plus légère, plus sablonneuse que dans le reste du département, et la couche de terre végétale y est moins profonde. Toutes les productions agricoles y sont moins abondantes, quoiqu'il s'y rencontre en quelques endroits de belles prairies et de bonnes cultures fourragères.

La physionomie du département de l'Aisne est celle d'une contrée dont les sites sont agréables, mais jamais grandioses; on n'y rencontre pas de hautes montagnes, mais les forêts se mêlent aux prairies et aux plaines cultivées, entrecoupées par un assez grand nombre de cours d'eau, avec des coteaux et des vallées où les villes et les villages, les usines et les fermes se présentent à chaque instant, de manière à donner l'impression d'une grande activité qui intéresse vivement. La colline la plus haute n'a que 284 mètres d'altitude; elle est située dans le bois de Wattigny, près des frontières de la Belgique et du département des Ardennes, à 7 ou 8 kilomètres à l'est d'Hirson. Le point le plus bas du département a une altitude de 37 mètres seulement; il est à une petite distance au-dessous du village de Quierzy, à l'entrée de l'Oise dans le département de ce nom. Le département présente ainsi une inclinaison marquée du nord-est vers l'ouest.

Dans le remaniement auquel le sous-sol a été soumis et qui est accusé par les mouvements de terrain qui viennent d'être signalés, le département a trouvé de très divers gisements utiles à exploiter pour l'agriculture Tout d'abord les terres grasses d'alluvion des vallées, puis la terre végétale qui recouvre les terres argileuses, siliceuses et calcaires des collines, ont une assez grande fertilité. En outre, la pierre à chaux ne fait jamais défaut, puis on rencontre : du plâtre dans l'arrondissement de Château-Thierry; de la tourbe dans les vallées de la Somme, de l'Ourignon, de la Souche et de la Lette; enfin des bancs de lignites dans l'étage des glaises, des lits coquilliers et des argiles plastiques. L'extraction des lignites se fait dans un grand nombre d'exploitations, soit par des puits, soit à ciel ouvert, et il en résulte des fabrications diverses, entre autres d'alun et de couperose verte (sulfate de fer), ainsi que de cendres employées pour l'amendement des terres.

En raison du peu d'élévation de son territoire et de son voisinage de la mer, le département de l'Aisne présente un climat tempéré, mais assez froid et surtout très humide dans les parties marécageuses; il fait partie de la zone où règne le climat séquanien ou de la Seine; il y fait plus froid vers les Ardennes et la Belgique que du côté de l'Oise et de Seine-et-Marne; dans les plus hautes altitudes, à Laon par exemple, la température est plus rude que dans les plaines voisines.

Il faut distinguer dans le département les bassins de l'Escaut, de la Somme, de l'Oise, qui reçoit l'Aisne, et de la Marne. Les deux bassins des rivières de l'Oise et de la Marne appartiennent d'ailleurs au bassin fluvial de la Seine.

L'ensemble des rivières du département de l'Aisne présente une longueur d'environ 700 kilomètres, sur lesquels les trois rivières navigables (l'Aisne, l'Oise et la Marne) ont un parcours total de 150 kilomètres. Il faut en outre citer 8 canaux qui ont une longueur totale de 185 kilomètres.

Si l'on ajoute que le département possède 84 étangs ayant une surface de 1126 hectares, et qu'il renferme environ 6000 hectares de marais, on trouvera qu'il est suffisamment doté en eaux de tous genres, et qu'il en a plutôt en excès.

Sous le rapport de la viabilité, le département de l'Aisne est également très bien partagé. On n'y compte pas moins de 436 kilomètres de voies ferrées, 613 de routes nationales, et 7272 de chemins vicinaux de grande communication, d'intérêt commun ou de petite communication. Peu de départements ont une viabilité aussi complète.

Le cadastre, achevé en 1833, donne la répartition suivante des terres du département :

	hectares
Terres labourables	491 135,66
Prés	53 174,23
Vignes	8 406,66
Bois	107 026,37
Vergers, pépinières et jardins	20 640,14
Oseraies, aulnaies, saussaies	3 834,49
Carrières et mines	189,06
Landes, pâtis, bruyères, etc	11 772,93
Etangs	1 126,16
Abreuvoirs, mares, etc	121,57
Canaux de navigation	279,36
Propriétés bâties	4 429,24
Total de la contenance imposable	706 435,87
Routes, chemins, places publiques, rues	16 449,00
Rivières, lacs, ruisseaux	2 668,68
Forêts, domaines non productifs	9 411,79
Cimetières, églises, presbytères, bâtiments publics	185,89
Autres surfaces non imposables	48,62
Total de la contenance non imposable	28 763,98
Superficie totale du département	735 199,85

La superficie des terres labourables était de 66,84 pour 100 par rapport à l'étendue totale du département; il est ainsi, à cet égard, placé parmi les premières régions agricoles de France et d'Angleterre.

La répartition des terres entre les différentes sortes de cultures se modifie lentement avec le temps; il est intéressant de rechercher les changements qui ont pu s'opérer dans le département de l'Aisne. La statistique agricole de 1852 fournit, dans cet ordre d'idées, un premier élément de comparaison, on y trouve la répartition suivante pour chacun des arrondissements :

	ARRONDISSEMENTS DE					
	LAON	CHATEAU-THIERRY	SAINT-QUENTIN	SOISSONS	VERVINS	TOTAUX POUR LE DÉPARTEMENT
	hect.	hect.	hect.	hect.	hect.	hect.
Céréales	91 883	51 666	49 784	45 985	49 632	288 950
Racines et légumes	13 024	2 534	8 365	8 828	5 081	37 833
Cultures diverses	11 237	1 461	8 415	7 617	6 852	34 582
Prairies artificielles	22 377	12 843	13 932	14 858	12 649	76 659
Jachères	29 248	16 191	4 897	9 236	9 297	68 869
Totaux des terres labourables	167 769	84 695	85 394	85 524	83 511	506 893

On voit que la proportion de terres labourables a passé en vingt ans de 66,84 à 68,94, et elle s'éleva même à 79,60 dans l'arrondissement de Saint-Quentin.

Les autres terres étaient ainsi réparties d'après la même statistique :

	ARRONDISSEMENTS DE					
	LAON	CHATEAU-THIERRY	SAINT-QUENTIN	SOISSONS	VERVINS	TOTAUX POUR LE DÉPARTEMENT
	hect.	hect.	hect.	hect.	hect.	hect.
Prairies naturelles	20 187	4 971	2 643	4 554	19 222	51 577
Vignes	3 170	3 287	»	2 576	»	9 033
Pâturages	4 925	1 748	1 334	2 876	537	11 420
Superficies diverses	49 538	23 872	17 906	28 605	36 356	156 277
Surfaces cadastrées	245 589	118 573	101 277	124 135	139 626	735 200

Les superficies diverses comprennent les bois et les forêts, les terres incultes, les chemins, les étangs et cours d'eau, ainsi que les superficies bâties.

Les prairies n'ont une assez grande importance que dans les arrondissements de Laon et Vervins; on pourrait supposer que leur étendue totale est moindre qu'en 1843, mais il est assez difficile de se prononcer dans la question, à cause des surfaces déclarées pâturages, qui quelquefois sont fauchées, tandis que d'autres fois l'herbe en est mangée sur pied.

La statistique agricole de 1862 fournit les détails suivants pour l'ensemble du département :

	hectares
Céréales	293 568
Racines et légumes	58 716
Cultures diverses	15 949
Prairies artificielles	78 463
Fourrages consommés en vert	24 072
Jachères mortes	61 285
Total des terres labourables	532 053

La proportion des terres labourables à la superficie totale du département s'est accrue de près de 3 1/2 pour 100; elle est devenue 72,13 au lieu de 66,84 en 1843 et de 68,94 en 1852. — Les autres surfaces se répartissaient comme il suit, en 1862 :

	hectares
Prairies naturelles	48 331
Vignes	8 368
Pâtis	7 656
Superficies diverses	138 792
Surface cadastrée totale	735 200

Les principaux changements consistent tout d'abord dans une augmentation de 4000 hectares environ dans les emblavures en froment et d'une même étendue dans les emblavures en avoine; mais il y a en même temps diminution à peu près correspondante dans les emblavures de méteil et de seigle; ensuite on voit que la surface consacrée aux pommes de terre a doublé en passant de 8000 à 16000 hectares; mais le point capital, c'est que les plantations de betteraves s'élèvent tout d'un coup de 7000 hectares à 30 000; c'est un mouvement nouveau qui se dessine.

Les prairies naturelles ont diminué, mais les prairies artificielles ont pris du développement, et elles étaient déjà considérables. Il y a diminution dans les jachères.

Le progrès a encore marché très rapidement depuis 1862; la culture de la betterave a continué à s'étendre, et elle n'a pas nui néanmoins à la production des grains.

Ainsi le département de l'Aisne peut arriver à produire, dans les bonnes années, plus de 3 millions d'hectolitres de blé, tandis qu'il y a soixante ans il n'en donnait jamais deux. La qualité du grain et de la paille s'est améliorée en même temps que le rendement s'est accru: la pratique de la mise en moyette après la fauchaison y a contribué, autant qu'un meilleur choix des semences et l'habitude des bons procédés de triage et de préparation des graines avant les semailles.

Outre les céréales, le département de l'Aisne présente d'autres cultures alimentaires assez importantes, notamment les pommes de terre, les légumes secs et les légumes frais.

L'étendue consacrée aux pommes de terre, dans le département, a, depuis 1815, subi un accroissement lent, mais à peu près régulier. De 1817 à 1830, la surface cultivée a varié, suivant les années, entre 4000 et 7000 hectares. A partir de cette date, ce dernier chiffre devient un minimum qu'on ne revoit plus dès 1847. Depuis cette année, les variations annuelles sont comprises entre 9000 et 13000 hectares, et une fois, en 1871, on atteint le maximum de 15000 hectares. Quant au rendement, il a varié entre un minimum de 20 hectolitres au moment de l'invasion de la maladie et 170 hectolitres; il est actuellement compris entre 100 et 150 hectolitres. La production totale a oscillé entre un minimum de 200000 hectolitres et un maximum de 3400000; durant les dernières années, elle a été de 1800000 à 2300000 hectolitres. D'après l'enquête agricole de 1866, le rendement des pommes de terre dans les bonnes terres et dans les cultures soignées peut aller jusqu'à 200 hectolitres, et c'est l'influence du rendement plus faible des terres médiocres qui fait descendre souvent le chiffre donné par la statistique.

La culture des légumes secs a, dans le département, de l'importance; elle y occupe de 2800 à 3000 hectares. La chambre consultative de Laon, dans l'enquête agricole de 1866, fait monter le rendement moyen d'un hectare de haricots à 65 hectolitres, du prix de 31 à 32 francs chacun, ce qui donne un produit brut moyen de plus de 2000 fr. par hectare. Les cultures de haricots se rencontrent surtout dans les environs de Laon, de Soissons et de Braisne; les variétés cultivées sont les haricots flageolets et les haricots de Soissons. Parmi les autres légumes secs, il faut encore citer les fèves pour environ 900 hectares et les lentilles pour 300.

La culture des légumes frais est partout répandue dans le département; elle est divisée en parcelles innombrables, et elle constitue une grande richesse difficile à évaluer; elle fournit des produits à tous les départements voisins et une grande partie en est expédiée sur Paris. C'est ce qu'atteste l'enquête agricole de 1866. Les terrains cultivés en légumes sont loués jusqu'à 200 fr. l'hectare.

Il n'a été publié depuis 1862, par le ministère de l'agriculture, de statistiques embrassant le domaine agricole tout entier qu'en 1873; on trouve, pour cette dernière année, en ce qui concerne l'Aisne, les renseignements suivants:

	hectares.
Céréales	286311
Racines et légumes	52772
Cultures industrielles	63666
Prairies artificielles	67133
Fourrages consommés en vert	15551
Cultures diverses et jachères	60968
Total des terres labourables	546431

Le rapport de la surface des terres labourables à la superficie du département est devenu 74,32 pour 100. L'accroissement déjà signalé continue.

Pour les autres cultures, elles sont réparties comme il suit par la même enquête:

	hectares.
Vignes	4400
Prairies naturelles et vergers	44751
Pâturages et pacages	6474
Bois et forêts	90697
Terres incultes	794
Superficies bâties, voies de transport, etc	41653
Total	188769
Superficie cadastrée	735200

La statistique forestière faite à l'occasion de l'exposition universelle de 1878, évalue l'étendue totale des forêts du département de l'Aisne à 99187 hectares, dont 68375 appartenant à des particuliers, 3459 au département, aux communes et sections, 26501 à l'État, et 852 à des établissements publics. Il y a certainement une erreur dans le nombre donné ci-dessus, d'après la statistique officielle de 1873. Toute l'étendue forestière est en sol calcaire; l'altitude varie entre 35 et 249 mètres au-dessus du niveau moyen de la mer. Les chênes rouvre et pédonculé, le hêtre, le bouleau, le charme, sont les essences dominantes; quant aux résineux, ils ne s'y rencontrent qu'exceptionnellement. D'ailleurs ce département renferme quelques-unes des plus grandes forêts de la France; il faut citer: dans l'arrondissement de Vervins, les forêts de Nouvion, d'Andigny, d'Aubenton et de Saint-Michel; dans l'arrondissement de Saint-Quentin, celles de Vermand et de Homblières; dans l'arrondissement de Laon, la forêt de Samoussy entre Laon et Sissonne, la forêt de Saint-Gobain entre Laon et Chauny, la forêt de Coucy, voisine de la forêt de Saint-Gobain, les forêts de Villequier et des Avoueries; dans l'arrondissement de Soissons, les forêts de Villers-Cotterets et de Retz; enfin dans l'arrondissement de Château-Thierry, les forêts de Fère-en-Tardenois, de Ris et de la Dôle. Deux des savants forestiers qui ont le plus exercé d'influence parmi les propriétaires pour la conduite des arbres, la discussion et le choix des méthodes de taille, MM. de Courval et des Cars, avaient ou ont encore des forêts dans le département de l'Aisne: le dernier à Rozet Saint-Albin, près de Neuilly-Saint-Front, le premier à Pinon, entre Coucy et Anizy-le-Château.

Les défrichements, tant de bois que de landes, se sont montés, depuis 1820, à 15000 hectares; il reste encore 11000 hectares de *savarts* (landes).

Les cultures industrielles sont très importantes dans le département de l'Aisne; elles consistent dans la betterave, les graines oléagineuses, le lin, le chanvre. La principale est celle de la betterave à sucre. Le département occupe le deuxième rang pour la production du sucre en France; il vient immédiatement après le département du Nord. En 1850, il y avait 3834 hectares empouillés en betteraves; en 1865, il y en avait 25390; et en 1866, on en comptait 31075. Le progrès a continué. En 1879, il se trouvait 60537 hectares consacrés à la betterave; ils ont donné 11086141 quintaux métriques de racines; c'est un rendement moyen de 183,13 kilogr. par hectare, ou dans les bonnes années 30000 kilogr. en moyenne. En 1881 on compte dans le département 92 fabriques de sucre dont la production totale a été de 92000000 de kilogrammes de sucre. Ces fabriques se répartissent ainsi: 2 dans l'arrondissement de Château-Thierry, 37 dans celui de Laon, 36 dans celui de Saint-Quentin, 11 dans celui de Soissons et 6 dans celui de Vervins. A ces établissements se rattachent 36 râperies. Parmi les sucreries, il y en a 12 qui fonctionnent d'après le procédé de la diffusion; les autres travaillent par les presses. Le département renferme, en outre, 31 distilleries de betterave établies d'après le système Champonnois; puis 2 distilleries de betterave et 3 de mélasse qui emploient le système Savalle; ces cinq dernières usines ont en même temps des appareils de rectification. Il y a enfin, se rattachant à l'industrie de la betterave, une raffinerie de potasse.

L'étendue consacrée aux graines oléagineuses est de 7000 hectares environ; il y a, en outre, 3800 hectares consacrés au lin et 2800 au chanvre.

La culture du houblon n'a lieu que dans l'arrondissement de Vervins et de Saint-Quentin, et elle ne s'étend que sur des surfaces restreintes.

La culture de la vigne, alors que les moyens de transport étaient difficiles, présentait quelque importance dans le département de l'Aisne, particulièrement pour la fabrication du vin destiné à la consommation locale. On citait même plusieurs vins comme très estimés : tels étaient, pour les vins rouges, ceux des vignobles de Craonne, Craonnelle, Cuissy, Jumigny, Laon (crus de la Cerisière et de la Cuve-Saint-Vincent), Lerval, Montchalons, Orgeval, Pargnan, Tucey, Rouey, Ressons, Soupire, Vailly, Vassogne; pour les vins blancs, ceux des vignobles de Charley, Essommes, Gland et Pargnan. Mais l'incertitude de la récolte du raisin, d'une part, et les grands bénéfices de la culture de la betterave à sucre; la facilité des arrivages des vins du Centre et du Midi, d'autre part, ont fait renoncer à beaucoup de vignobles. L'étendue plantée en vigne, qui dépassait 9000 hectares avant 1850, est tombée entre 4000 et 5000 dans ces dernières années, et sur cette surface 3000 hectares appartiennent à l'arrondissement de Château-Thierry où les accidents de terrain maintiennent forcément cet emploi du sol. Même dans plusieurs des crus jadis les plus renommés, l'arrachage a été complet.

Les pommiers et les poiriers à cidre, dans le département de l'Aisne, ne font pas l'objet d'une culture exclusive; ils sont plantés dans des terres qui donnent encore une autre récolte. Dans une partie des arrondissements de Laon, Saint-Quentin et Vervins, on les plante sur les bords des routes et des chemins, sur les limites des pièces de terre consacrées à des cultures différentes. Ils ne sont guère en plein rapport qu'au bout de vingt ans, et ils ne rapportent pas tous les ans; on est quelquefois deux ou trois années sans récolte, et de la manière la plus inattendue, il arrive ensuite une année de grande abondance. On évalue le rendement moyen annuel des pommes à 600000 hectolitres, dont une partie est consommée dans les ménages ou portée sur les marchés, et dont l'autre partie est convertie en cidre; on évalue à 150000 hectolitres le cidre annuellement fabriqué.

Parmi les autres arbres fruitiers du département, il ne faut mentionner que les noyers, dont les fruits servent exclusivement à la consommation locale, puis les cerisiers et les pruniers dont les fruits sont, pour plusieurs vallées, l'objet d'un trafic assez important. Les cerises des vallées de Fourdrain, Saint-Edme, Outre et Ramecourt sont presque entièrement accaparées par l'Angleterre.

De grands travaux de dessèchement portant sur une surface d'environ 13000 hectares, ont été effectués dans le département de l'Aisne; les douze treizièmes à peu près ont été faits dans l'arrondissement de Laon, où ont été desséchés les marais de la Souche et ceux de l'Ardon, ainsi que la vallée de la Lette.

On a estimé, en 1856, à 33000 hectares l'étendue qui, dans le département de l'Aisne, aurait besoin d'être drainée; un peu plus du tiers de l'œuvre seulement a été exécuté. Cependant presque partout l'opération a donné des résultats excellents. L'obstacle qui s'est opposé à une extension plus grande des travaux de drainage a été le défaut d'entente des propriétaires et des fermiers. Les irrigations ne sont pas beaucoup pratiquées dans le département de l'Aisne, et à leur égard on n'est pas renseigné avec plus de précision que pour les prairies naturelles. Cela tient à ce qu'on ne s'entend pas bien sur les termes. Ainsi l'on dit souvent qu'une prairie est irriguée parce qu'elle reçoit le débordement d'un cours d'eau, tandis que toute véritable irrigation exige quelques travaux de main d'homme. D'un autre côté, il y a souvent confusion entre marais, prairie et pâturage; on ne sait pas bien où il faut ici faire commencer et là-bas finir la prairie.

Le rendement en foin est compris entre 2500 et 5000 kilogrammes par hectare; la moyenne étant de 3500. C'est un chiffre relativement faible et qui s'explique par ce fait que les prés permanents, dans le département de l'Aisne, ne reçoivent qu'exceptionnellement du fumier. Aussi les prairies artificielles, surtout la luzerne et le trèfle, dont les rendements sont supérieurs, prennent une très grande extension. Dans l'enquête agricole de 1866, on porte à 67316 hectares l'étendue des terres cultivées en prairies artificielles. M. Heuzé, écrivant en 1873, dit : « Les plantes fourragères comprennent : prairies artificielles, 78463 hectares; vesce hivernage, gesse, lentillon, etc., 11334 hectares. » Tout ce que l'on peut affirmer, c'est que les prairies artificielles occupent dans les exploitations agricoles de l'Aisne une place très importante, et que la proportion doit en varier d'une année à l'autre, attendu la mobilité des assolements, mobilité qui a remplacé la fixité ancienne. On estime le rendement en foin, toutes coupes et regains compris, à 6000 kilogrammes pour la luzerne et le trèfle, et à 3500 kilogrammes pour le sainfoin.

Si l'on joint aux énormes ressources que les divers fourrages cultivés dans l'Aisne donnent pour la nourriture du bétail, les quantités considérables de pulpe de betteraves qui proviennent des sucreries et des distilleries, on doit considérer que dans peu de départements on a des moyens plus puissants pour nourrir de nombreux animaux domestiques.

Les statistiques officielles donnent, pour les divers recensements faits en ce qui concerne le bétail dans l'Aisne, les nombres suivants :

	1852	1862	1866	1873	1876
	—	—	—	—	—
Espèce chevaline.	79419	81073	86681	81490	79775
Anes et ânesses..	12232	10887	12453	8898	8207
Mules et mulets..	1173	603	409	490	319
Espèce bovine...	104257	127645	122327	123409	121872
Espèce ovine.....	1052548	991230	980769	915617	821391
Espèce caprine...	6375	8855	12659	13232	10461
Espèce porcine..	61439	74168	74428	86488	70402

Il résulterait des chiffres de ce tableau que la population animale diminuerait en général dans le département; toutefois il y a lieu de faire observer que malheureusement les recensements n'ont pas été faits chaque fois aux mêmes époques de l'année, de telle sorte qu'ils ne sont pas bien comparables.

L'élevage du cheval a réalisé des progrès notables dans le département depuis quarante ans, tant pour la production des bêtes de luxe que pour celle des bêtes de labour, quoique dans ces derniers temps, à cause du développement de l'industrie sucrière, l'emploi des bœufs dans les travaux des fermes ait augmenté. Le Conseil général a consacré des allocations assez fortes pour accorder des primes aux étalons, aux juments et aux poulains. On recherche l'étalon percheron et la jument boulonnaise; la race commune du pays est, dans une partie du département, la picarde, dans une autre partie l'ardennaise; on rencontre aussi la percheronne, la boulonnaise, l'anglo-normande. Pour l'administration des haras, l'Aisne ressort du dépôt d'étalons de Compiègne, appartenant au premier arrondissement d'inspection générale. On fait plusieurs stations étalonnières selon les besoins, notamment à Braisne.

Dans l'espèce bovine, les races les plus répandues sont les races normande, flamande, hollandaise, charolaise et comtoise; ces deux dernières races fournissent surtout les bœufs de l'industrie sucrière; après avoir servi au travail des exploitations, ces bœufs sont engraissés avec les pulpes des sucreries; achetés dans les pays de production un peu avant la campagne sucrière, ils sont revendus au printemps. On conçoit ainsi que les étables comptent plus de bétail durant l'hiver que pendant l'été. La petite culture tire un assez grand profit du lait, du beurre et des fromages; elle en alimente les marchés des villes; la grande culture, excepté dans les arrondissements de Vervins et de Château-Thierry, s'en occupe peu. Dans l'arrondissement de Vervins, on fabrique surtout des fromages de Marolles ou Maroilles, dont une partie reçoit le nom de *tuiles de Flandre;* dans l'arrondissement de Saint-Quentin on fait des façons de Marolles. Le tout ne s'élève pas à plus de 200 000 kilogrammes Cette fabrication n'augmente pas, parce que la qualité est médiocre, vu qu'on écrème le lait beaucoup trop. Dans l'arrondissement de Château-Thierry, on fait du fromage de Brie.

« Le département de l'Aisne, dit Léonce de Lavergne, se distingue surtout par le nombre et la beauté de ses troupeaux. Placé au centre de nos grandes industries lainières, il contient à lui seul un million de moutons : encore un pas et il en aura autant que l'Angleterre. Ces moutons, fortement nourris et améliorés par des croisements, donnent à la fois beaucoup de viande et beaucoup de laine. » Les quatre cinquièmes des moutons du pays appartiennent à la race mérinos. Les éleveurs du département se sont attachés à former une variété de mérinos précoces, aujourd'hui connus partout sous le nom de mérinos du Soissonnais. Parmi les troupeaux dont les béliers et les brebis se sont distingués dans les concours régionaux, il faut citer surtout ceux de M. Paul Bataille, à Passy-en-Valois; de M. Delizy, à Montémafroy, près d'Oulchy-le-Château; de M. Duclert, à Edrolles, près d'Oulchy-le-Château; et de M. Conseil-Triboulet, sur le territoire de cette même commune. Un troupeau célèbre, celui de la ferme de Mauchamps, à Juvincourt près de Berry-au-Bac, a été créé par M. Graux; il consistait en une variété très remarquable de mérinos connue sous le nom de mérinos de Mauchamps, dont la laine soyeuse n'a pas été toutefois recherchée par l'industrie. On fait aussi dans un certain nombre de bergeries des croisements dishley-mérinos pour accroître le rendement en viande des moutons et leur précocité.

Dans l'espèce porcine, les races dominantes sont la race picarde et la race normande qui, dans un grand nombre de fermes, ont été croisées avec les races anglaises précoces, principalement avec la race de Yorkshire.

La basse-cour ne donne lieu qu'exceptionnellement à une industrie de quelque importance. On n'évalue qu'à 1 500 000 têtes de toutes les espèces la volaille du département. La grande et la moyenne culture n'en élèvent que pour leur consommation et pour en avoir des œufs vendus à des coquetiers; la petite culture en produit pour les marchés des villes, mais sans s'occuper de l'engraissement. Dans plusieurs communes, notamment dans la vallée de l'Oise, il y a des troupeaux d'oies qu'on exporte et dont le duvet, arraché plusieurs fois par an, fait l'objet d'un commerce de quelque importance.

Il y a de 24 000 à 40 000 ruches dans le département; l'apiculture n'y est pas très fort en faveur. La production de 1877 a été estimée à 156 500 kilogrammes de miel et 43 000 kilogrammes de cire.

Si l'on compte pour une tête de gros bétail un cheval, une vache ou un bœuf, 10 moutons et 6 porcs, on peut admettre qu'on entretient généralement dans l'arrondissement de Saint-Quentin, de 6 à 7 dixièmes de tête par hectare; dans les arrondissements de Laon et de Soissons, 6 dixièmes, et dans ceux de Vervins et de Château-Thierry, 5 dixièmes, soit de 5 à 6 dixièmes pour l'ensemble du département. En poids vif à l'hectare, c'est de 200 à 250 kilogrammes. Tout le fumier que produit ce bétail est employé, mais il n'est pas en général suffisamment bien soigné. Il faut encore compter comme fumure puissante le parcage que rendent très fréquent dans le département les nombreux troupeaux de moutons qui s'y trouvent. Du reste, les cultivateurs achètent tous les fumiers qu'ils peuvent se procurer dans les villes, dans les auberges, dans les casernes de troupes et de gendarmerie.

On pratique le marnage dans tout le département, mais on ne se sert que peu du chaulage. On marne à raison de 60 à 80 mètres cubes par hectare, et la marne coûte 1 fr. le mètre cube, plus les frais de transport, ce qui rend très variable le coût de l'opération. Le prix de la chaux est de 9 fr. le mètre cube. Dans l'arrondissement de Château-Thierry, il se trouve de nombreux fours à plâtre; aussi on emploie beaucoup de gypse cuit et pulvérisé sur les prairies artificielles ou naturelles et dans les fumiers. Les cendres pyriteuses non lessivées ou bien lessivées par les fabriques d'alun et de couperose verte (sulfate de fer) servent pour les mêmes usages; aux cendrières de Jussy et de Liez qui sont contiguës au canal, on les charge sur bateaux à destination du département du Nord. Il convient d'ajouter que tous les résidus des fabriques de sucre, et particulièrement les écumes de défécation, plus beaucoup de tourteaux employés pour achever l'engraissement des bœufs, constituent des restitutions nécessaires pour remplacer les principes exportés par la vente du bétail et des grains de tous genres. Désormais, on compte beaucoup moins qu'autrefois sur des apports mystérieux dus à la vertu d'assolements qui ne valent que parce qu'ils servent à détruire les ennemis des récoltes trop souvent répétées, ou à des cultures qui ont surtout la vertu de ramener à la surface les matières utiles qui descendent naturellement dans les profondeurs du sol.

Afin de subvenir à la nécessité de la restitution des matières fertilisantes, le département compte plusieurs fabriques d'engrais, notamment celles de la compagnie de Saint-Gobain à Saint-Gobain et à Chauny, et celle de M. Bacquet, à Saint-Quentin. En outre, plusieurs fabriques de noir animal pour les sucreries livrent nécessairement du phosphate de chaux à l'agriculture.

Il y a peu de grandes villes dans le département; la cité la plus considérable, Saint-Quentin, compte 39 000 habitants; viennent ensuite Laon avec 12 000 âmes, Soissons avec 11 000, Chauny pour 9000, Château-Thierry pour 7000, Guise pour 6000 et Vervins pour 3000 On n'estime qu'à 138 000 la population urbaine, tandis que la population rurale compte 423 000 âmes. On regarde la première comme s'accroissant, et la seconde comme diminuant lentement. Mais la définition qu'on donne de la population urbaine a pour conséquence le phénomène dont il s'agit, car on entend qu'une population agglomérée devient urbaine, dès qu'elle atteint 2000 habitants, de telle sorte que, sans aucun changement dans ses mœurs et ses occupations, et par le seul fait de la fécondité des mariages, une population passerait nécessairement de l'état rural à l'état citadin.

L'émigration rurale pour le département de l'Aisne a été, jusqu'à présent, plutôt un déplacement qu'un départ sans pensée de retour, et elle a porté sur toutes les classes de la société, mais sans produire d'effets encore sensibles sur la population définitive. On se plaint davantage de la cherté de la main-d'œuvre que de la rareté des bras; car les ouvriers ne manquent pas, ils sont seulement plus exigeants et plus difficiles à conduire qu'autrefois. Le prix de la main-d'œuvre a plus que doublé depuis quarante ans, et il faut même nourrir les ouvriers : la concurrence faite à l'agriculture par l'industrie est pour beaucoup dans les résultats qu'il faut savoir accepter. L'emploi de plus en plus grand des machines en est une conséquence, et l'on ne peut que féliciter les agriculteurs progressifs d'avoir de plus en plus recours aux machines et aux modes de culture qui en permettent un plus fréquent usage. On constate, en effet, que dans toutes les fermes le matériel agricole se transforme et se complète; il y avait dans le département de l'Aisne, en 1860, d'après un recensement fait à cette époque : 14854 charrues anciennes, 10483 charrues perfectionnées, 7202 scarificateurs, 718 buttoirs, 222 fouilleuses, 818 semoirs, 1483 coupe-racines, 2014 machines à battre. Depuis cette époque, les machines à battre et les semoirs sont devenus surtout plus nombreux, mais tous les autres instruments sont plus employés, et l'on ne fabrique plus guère de charrues anciennes. La charrue brabant-double a été inventée par M. Pâris, de Saint-Quentin, et la charrue pour défoncement dite *la Révolution* a été construite par M. Fondeur, de Jussy. On fait usage de plus en plus, d'ailleurs, des machines à faucher et à moissonner, et des râteaux à cheval.

Il convient d'ajouter que le département possède un assez grand nombre de fabriques de machines agricoles perfectionnées; on doit citer notamment celles de M. Fondeur, à Viry, et de M. Boitel, à Soissons, qui, l'un et l'autre, livrent des charrues très estimées à l'agriculture. Un autre instrument, le semoir, a fait de grands progrès dans le département, surtout par suite du développement de la culture de la betterave. Un agriculteur, M. Demoncy-Minelle, a fondé à Saint-Quentin une fabrique spéciale de semoirs. Il faut citer encore les fabriques de machines de MM. Lecointe et Villette, Havequez, Mariolles, Garisson, Binet-Lefèvre, à Saint-Quentin; de M. Deneuville, à Château-Thierry; de M. Delahaye-Obry, à Bohain; de M. Marlier, à Beaurevoir; de M. Jarot, à Auizy-le-Château; de M. Debrié, à Sinceny; de M. Belinère, à Travecy, de M. Marotente, à Cugny; de M. Boudinot, à Stancourt; de M. Ducrot, à Le Sourd-de-Sains; de M. Graux, de M. Lefebvre, à Vendhuile.

Dans le département, on regarde en général comme grande propriété tout domaine dépassant 100 hectares, comme moyenne toute propriété comprise entre 20 et 100 hectares, comme petite tout ce qui est au-dessous de 20 hectares. Dans l'ensemble aussi, la grande propriété couvre les 4 dixièmes du sol, la moyenne propriété les 3 dixièmes, et la petite également les 3 dixièmes. Il y a quelques variations d'un arrondissement à l'autre: ainsi dans les arrondissements de Château-Thierry et de Soissons, la grande propriété est plus étendue; elle s'élève jusqu'à 150 hectares en moyenne, et elle couvre plus d'espace que dans ceux de Saint-Quentin, de Vervins et de Laon. On ne se plaint pas d'une trop grande division de la propriété; les petits propriétaires exploitent leurs terres avec profit; une partie de ces petits propriétaires, un dixième dans les arrondissements de Saint-Quentin, Vervins et Soissons, la moitié dans celui de Château-Thierry, un tiers dans celui de Laon, travaillent pour les autres, outre qu'ils cultivent leurs propres biens. Dans tout le département, il n'y a pas d'autres systèmes de culture que l'exploitation directe par les propriétaires, ou le fermage.

Un des instruments les plus énergiques de cet accroissement de fortune est incontestablement l'amélioration, la transformation complète de la viabilité depuis 1836. Il en est résulté le développement considérable qu'a pris le commerce, dans le département, non seulement pour les produits de ses nombreuses usines et manufactures, mais encore pour ses denrées agricoles, principalement les céréales et le bétail.

Le mouvement du progrès est entretenu par les concours et par les associations agricoles. Pour les concours régionaux, le département de l'Aisne a toujours appartenu à la région du Nord qui comprend actuellement les départements de l'Aisne, du Nord, de l'Oise, du Pas-de-Calais, de la Seine, de Seine-et-Marne, de Seine-et-Oise et de la Somme. Trois concours régionaux y ont été tenus: le premier à Saint-Quentin, en 1859; le second à Laon, en 1866; le troisième à Soissons, en 1874. Les grandes primes d'honneur ont été attribuées: en 1859, à M. Vallerand, à Moufflaye, par Vic-sur-Aisne; en 1866, à M. Georges, à Hargival, commune de Vendhuile; en 1874, à M. Fouquier d'Herouel, à Vaux-sous-Laon. Dans ce dernier concours, le prix cultural des fermiers a été décerné à M. Minelle, à Villardelle, commune de Courmont.

Les principales associations agricoles du département sont les comices de Château-Thierry, de Laon, de Marle, de Saint-Quentin, de Soissons, de Vervins, et la Société d'agriculture de Soissons. Une ferme-école avait été créée en 1849, à Guizancourt; elle a disparu en 1852. Sans doute la proximité de l'Institut agronomique à Paris et de l'école de Grignon dans Seine-et-Oise donnent de grandes facilités aux agriculteurs de l'Aisne pour l'enseignement agricole, mais il serait néanmoins désirable de voir la science agricole planter son drapeau d'une manière stable dans ce riche département.

AISSADE. — Pioche en fer que les jardiniers du midi de la France emploient pour préparer les rigoles d'arrosage. Grande et large à Avignon, dit Olivier de Serres, petite et étroite à Nîmes, elle est formée par une plaque en fer triangulaire, qui fait un angle d'environ 45 degrés avec le bâton dans lequel elle est emmanchée par un œil.

AISSEAU, AISSY ou **BARDEAU** (*construction*). — Planchette en bois de fente mince, dont on se sert pour recouvrir les toits des bâtiments. Les aisseaux ont généralement 10 à 12 centimètres de largeur; on les place parallèlement sur la charpente, et on les fixe par des clous. Ce mode de couverture est léger, et à ce titre il présente quelques avantages; mais sous l'action alternative du soleil et de la pluie, il se détériore assez rapidement; en outre, il offre au feu un aliment très inflammable, presque aussi facile à détruire que le chaume. Les aisseaux ne sont employés, depuis la hausse acquise sur toutes les sortes de bois, que dans les pays où le bois est encore très abondant et où manquent les moyens de transport.

AISSELLE (*anatomie, botanique*). — Ce mot est pris dans deux acceptions. En anatomie, il se dit de la cavité qui se trouve au point de jonction des membres antérieurs avec le tronc; en botanique, du sommet de l'angle formé par un rameau ou le pétiole d'une feuille avec la partie supérieure de la tige qui le porte.

L'aisselle des animaux peut être le siège d'affections spéciales. Les principales sont les abcès, les anévrysmes, les engorgements ganglionnaires.

AISY. — Se dit, dans les montagnes de Suisse, du petit-lait provenant de la cuite du fromage de Gruyère et qu'on a laissé aigrir. L'aisy sert à la préparation d'un second fromage de qualité inférieure appelé *sérai*. Dans les fromageries, l'aisy

; conservé dans un tonneau près du foyer. ;aque jour on remet dans le tonneau la quantité ›venant de la cuite, de manière à remplacer celle i a été enlevée pour la fabrication du sérai. . conserve ainsi d'une manière permanente la antité nécessaire à la préparation du second mage.

\IZY. — Nom donné, dans le département du rd, au blé attaqué par la nielle ou niellé.

\JOAUX. — Expression locale appliquée aux virons de Châlons, en Champagne, aux terres i sont exposées aux inondations de la Marne.

AJONC (*botanique, culture*). — Arbrisseau épiux, très commun dans quelques parties de la France, où ses tiges et rameaux sont employés soit comme fourrages, soit comme litière, soit enfin comme combustible. Dans le genre Ajonc (*Ulex*), trois espèces intéressent spécialement l'agriculture.

;. 144. — Fleur de l'Ajonc.

1° L'Ajonc d'Europe (*Ulex Europæus*), appelé vulgairement jonc marin, ajonc commun, très répandu dans l'ouest de la France, surtout en Bretagne, commun aussi en Irlande. C'est un arbrisseau qui atteint une hauteur de 2 mètres, à feuilles persistantes, lancéolées, linéaires, à rameaux velus et munis nombreuses épines; ses fleurs en casque (fig. 4), d'un beau jaune, s'épanouissent de février juin. On en cultive quelquefois, dans les jardins, mme plante ornementale, une variété à fleurs ubles.

2° L'Ajonc nain (*Ulex nanus*), très commun dans

tingue du précédent surtout par ses proportions

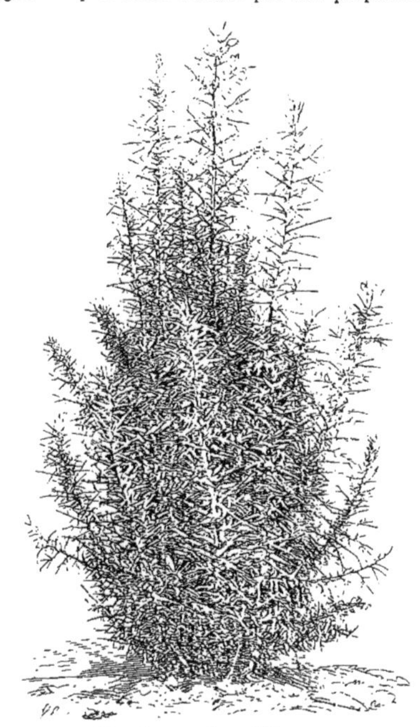

Fig. 145. — Ajonc d'Europe.

plus petites; sa hauteur dépasse rarement 60 à 70 centimètres.

Fig. 146. — Pileur d'ajoncs en Bretagne.

outes les parties de la France, surtout sur les oteaux arides des terrains granitiques. Il se dis-

3° L'*Ajonc de Provence* (*Ulex provincialis*), arbrisseau de 1m,30 à 1m,50, dont les rameaux et les euilles sont glabrescents, au lieu d'être velus; il fleurit en été (juillet et août).

Fig. 147 — Broyeuse d'ajoncs de Bodin.

L'ajonc d'Europe est cultivé, en Bretagne, sur une grande échelle. Il donne un fourrage d'hiver

Fig. 148. — Broyeuse d ajoncs de Garnier.

précieux; les chevaux notamment le recherchent avec une assez grande avidité. Les terres de qualité même très médiocre conviennent à l'ajonc. M. Bodin, fondateur de la ferme-école des Trois-Croix, près de Rennes, écrivait il y a quarante ans, qu'on peut regarder l'ajonc comme la luzerne des terrains pauvres. Il pousse souvent avec une grande vigueur dans les terres ferrugineuses, où tout autre fourrage refuserait de venir.

L'ajonc frais renferme 0,84 d'azote pour 100, ou 5,25 de matières azotées; il contient 45,2 de matières sèches pour 1000; il vaut environ les deux tiers du foin.

L'ajonc est semé au printemps, généralement dans une céréale. La quantité de semence à employer est d'environ 15 kilogrammes par hectare. La graine est recouverte par un coup de herse. On peut commencer à couper dès la deuxième année. A raison des épines dont elles sont couvertes, les tiges d'ajonc doivent être préparées avant d'être données au bétail. Les cultures d'ajonc, appelées *jaunais* en Bretagne, durent pendant longtemps; on les coupe tous les ans ou tous les deux ans, suivant la vigueur de la végétation.

Les jeunes tiges coupées sont d'abord hachées. A cet effet, on les couche dans une auge spéciale en bois, et on les divise en petits fragments, à l'aide d'un maillet armé d'une lame coupante (fig. 147). Les morceaux sont ensuite frappés avec un pilon en bois dont la partie inférieure est armée de nombreux clous à tête très forte, jusqu'à ce que toutes les épines soient brisées. Pendant cette opération, on mouille légèrement l'ajonc. On prépare, chaque jour, la quantité nécessaire pour la consommation; les ajoncs pilés trop longtemps à l'avance, prennent une teinte noirâtre et ne sont pas recherchés par le bétail.

Le broyage des ajoncs doit être plus énergique pour les bêtes à cornes que pour les chevaux.

On a construit des appareils qui remplacent le maillet et le pilon, et qui permettent de faire le broyage avec une rapidité beaucoup plus grande. Les constructeurs de Bretagne en fabriquent plusieurs modèles; les plus estimés sont ceux de Bodin, à Rennes, et de Garnier, à Redon.

L'appareil de Bodin est représenté par la figure 147. Il se compose d'abord de deux cylindres broyeurs entre lesquels passent les tiges d'ajoncs. Le mouvement de ces cylindres est déterminé pour que les tiges écrasées n'arrivent que lentement devant un troisième cylindre portant quatre couteaux, qui les hachent à des longueurs très réduites. Quand on presse avec la main les ajoncs broyés, on ne sent même plus les épines.

Le principe de la construction du broyeur d'ajoncs de Garnier (fig. 148) est analogue. Les tiges d'ajonc, écrasées entre deux cylindres, sont amenées devant un tambour tournant, armé de trois couteaux en acier fondu, disposés en hélice, et qui coupent la masse en fragments de 4 à 5 millimètres.

Au concours international ouvert par la Société royale d'agriculture d'Angleterre, à Londres, en 1879, figurait un broyeur d'ajoncs construit par M. Mackensie, de Cork (Irlande). La machine qui, par son aspect extérieur, se rapproche assez d'un hache-paille, coupe les tiges d'ajoncs et les broie énergiquement. L'appareil coupeur se compose de deux lames recourbées et fixées à deux rouleaux de 16 centimètres de diamètre. Lorsque l'ajonc a été coupé par ces couteaux, il tombe entre deux rouleaux broyeurs placés en dessous. Ceux-ci sont formés par une série de disques dentelés comme une scie, et ils sont animés d'un mouvement de rotation dans lequel ils entraînent les morceaux de tiges, en même temps que leurs dents les déchiquètent. Ce broyeur était assez puissant; mû par une machine à vapeur de la force de deux chevaux et demi, il pourrait débiter environ 3 kilogrammes d'ajonc par minute.

Il arrive quelquefois que des pieds d'ajonc présentent beaucoup moins d'épines que les ajoncs ordinaires. Des tentatives de multiplication d'un ajonc non épineux ont été faites à diverses reprises, notamment par M. Trochu, dans le Morbihan, et par M. Vilmorin; mais ces tentatives n'ont pas été couronnées de succès.

L'ajonc est aussi cultivé comme clôture. Afin de former des haies, on le sème sur l'ados des fossés, dans des rigoles peu profondes. Dans les pays de landes, l'ajonc nain sert de combustible. Il sert aussi à faire des litières pour les animaux domestiques; ces litières donnent un très bon fumier. Enfin, les cendres de l'ajonc sont considérées comme un amendement de bonne qualité.

AJUSTER (*horticulture*). — Se dit de l'opération qui consiste à disposer les feuilles d'une plante, de manière que celles-ci paraissent plus larges. On dit aussi ajuster une fleur, pour placer dans un ordre régulier les pétales d'une fleur épanouie.

AJUTAGE, AJOUTOIR (*mécanique*). — Tuyau

Fig. 149 — Pomme d'arrosoir.

Fig. 150. — Ajutage brise-jet pour grands arrosoirs.

court ou bec qu'on adapte à un orifice d'écoulement, pour régler le volume ou la forme du jet liquide. Dans les appareils d'arrosage, on se sert d'ajutages pour régler la forme des jets.

Les arrosoirs sont le plus souvent munis d'un ajutage qui étend le jet en cercle. C'est la pomme d'arrosoir (fig. 149). Pour remplacer la pomme, un inventeur, M. Raveneau, a imaginé un ajutage muni d'un trou circulaire, en face duquel est placée une languette plus ou moins recourbée (fig. 150 et 151); le jet liquide frappe sur cette languette et se répand à droite et à gauche en pluie très fine; c'est ce qu'on appelle l'orifice brise-jets.

Fig. 151. — Ajutage brise-jets pour petits arrosoirs.

Fig. 152. — Ajutage pour jet droit.

Fig. 153. — Ajutage pour jet en éventail.

Dans les lances d'arrosage, les ajutages affectent aussi différentes formes. Quand on veut obtenir un jet droit violent, l'ajutage se termine par un trou d'un diamètre plus faible que celui de la lance (fig. 152); la force de projection est augmentée par cette diminution de diamètre. Si l'on veut répandre le jet en éventail, on munit l'ajutage d'une sorte de conque presque plane (fig. 153) dans laquelle le jet s'engage et qui le dissémine latéralement sur une aire plus ou moins large, suivant la forme même de la conque.

AKÉBIE (*horticulture*). — Plante sarmenteuse, vivace, originaire de la Chine et du Japon. C'est une liane dont les caractères ont été étudiés par

Fig. 154. — Rameau fleuri de l'Akébie à cinq feuilles.

M. Baillon et par plusieurs autres botanistes. Ses feuilles sont composées-digitées, et ses fleurs sont réunies en grappes axillaires. Le genre Akébie comprend plusieurs espèces, dont l'une, l'Akébie à cinq feuilles (*Akebia quinata*), est cultivée dans les jardins comme plante d'ornement, principalement pour les treillages. Ses fleurs sont rouges vineux et disposées en grappes de formes variées (fig. 155).

M. Alphonse Lavallée a montré que les fruits de l'akébie sont ornementaux, comme ses fleurs. — L'akébie à cinq feuilles est facilement cultivée en pleine terre, mais l'humidité lui est nuisible. La multiplication se fait par boutures de tiges ou de racines.

AKÈNE — Voy. ACHAINE.

ALAISE (*horticulture*). — Attache que l'on fixe à l'extrémité d'une branche d'arbre trop courte pour être palissée. L'alaise est faite soit en paille, soit en jonc ou en osier : elle peut être préparée aussi avec une autre substance souple.

ALAMBIC. — Appareil servant à distiller les liquides, c'est-à-dire à séparer par l'action de la chaleur, une substance volatile de substances fixes ou moins volatiles avec lesquelles elle était mélangée. Il se compose essentiellement de la cucurbite, du chapiteau et du réfrigérant. Pendant très longtemps, on a attribué aux Arabes l'invention de l'alambic et de la distillation. Il est vrai qu'ils en ont propagé l'usage en Espagne, en Italie, aussi bien que dans le midi de la France. Mais il résulte des recherches de M. J. Girardin que c'est dans les écrits de Zozime le Panapolitain, philosophe grec du quatrième siècle, qu'on trouve pour la première fois la description exacte et détaillée d'un appareil pour la distillation. Un autre philosophe byzantin du cinquième siècle, Synésius, a laissé aussi la description d'un appareil distillatoire en verre. Au treizième siècle, Raymond Lulle a donné la description de l'alambic employé alors pour distiller le vin, c'est-à-dire en séparer l'alcool.

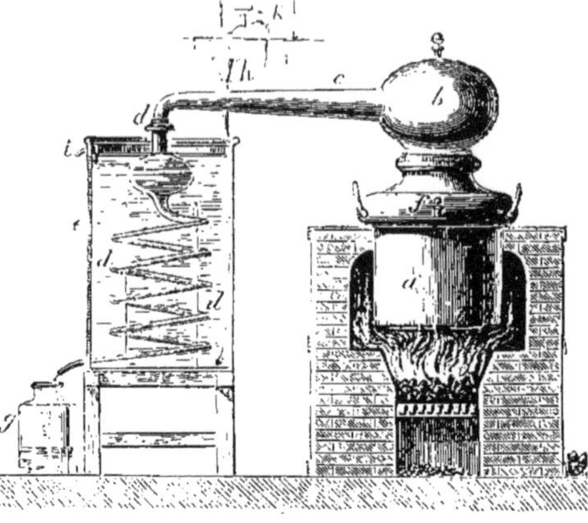

Fig. 155. — Petit alambic pour la distillation.

L'alambic ordinaire, encore employé pour la distillation des vins dans quelques localités, est construit de la même manière que l'alambic de laboratoire que représente la figure 155. Il présente une chaudière en cuivre *a*, appelée cucurbite, recouverte d'un récipient en forme de cornue *bc*, qu'on nomme chapiteau, et dont l'extrémité se relie, en *d*, à un long tuyau recourbé en hélice, dit serpentin, et qui est renfermé dans un vase *e* rempli d'eau froide. Le liquide à distiller est introduit dans la cucurbite par l'ajutage *f*. Sous l'action du feu, le liquide le plus volatil se transforme en vapeurs qui passent du chapiteau dans le serpentin, où elles se condensent sur les parois froides pour sortir, sous forme liquide, par l'extrémité inférieure et être reçues dans le récipient *g*. La condensation de la vapeur dans le serpentin tend à élever la température de celui-ci et de l'eau qui l'entoure. Afin de refroidir celle-ci, un courant d'eau froide est amené au fond du vase, d'un robinet *k*, par un tuyau *h*, pendant que l'eau échauffée s'écoule à la partie supérieure par le conduit *i*. Cet appareil, qu'on appelle à feu nu, est excellent pour la distillation de l'eau ; mais il est moins efficace quand il s'agit de celle des vins et surtout des liquides alcooliques ; il faut procéder à plusieurs opérations successives avant d'obtenir des résultats complets, et les produits de ces distillations conservent toujours le goût des huiles essentielles ou des principes empyreumatiques contenus dans le liquide

Fig. 156 — Alambic employé pour la fabrication du kirsch.

C'est pourquoi on s'est ingénié, depuis un siècle environ, à fabriquer des appareils de distillation plus parfaits et dont l'action soit plus rapide.

Néanmoins, dans beaucoup de circonstances, on se sert encore de l'ancien alambic à feu nu. C'est cet appareil qu'on trouve dans beaucoup de fermes, notamment dans les Charentes, pour la fabrication des eaux-de-vie, et dans l'Est pour celle du kirsch et autres liqueurs. La figure 156 montre la disposition généralement adoptée en Franche-Comté pour la fabrication du kirsch. Le chapiteau porte un tuyau droit qui se termine par un plus petit tuyau formant serpentin et baignant dans un tonneau rempli d'eau qu'un courant continu maintient fraîche. Dans les grandes fermes, on trouve des alambics dont la cucurbite peut contenir jusqu'à 5 hectolitres de vin. Dans les petites exploitations, on se sert d'alambics portatifs, très primitivement agencés (fig. 157), et que leurs propriétaires promènent de ferme en ferme.

Fig. 157. — Alambic primitif pour la fabrication des eaux-de-vie.

Dans la préparation de l'essence de térébenthine par la distillation des résines extraites des pins, on se sert d'alambics que représente la figure 158. La cucurbite a une hauteur de 1 mètre à 1^m,30 ; sa contenance est de 8 à 10 hectolitres. Avant d'être introduite dans l'appareil, la pâte de gemme est chauffée, avec de l'eau, dans des récipients qu'on voit à gauche du dessin. L'essence se condense dans un serpentin enroulé dix ou douze fois, plongeant dans une cuve contenant de l'eau froide sans cesse renouvelée ; elle est reçue dans un réservoir à la surface duquel elle surnage.

Fig. 158. — Alambic employé pour fabriquer l'essence de térébenthine.

Gay-Lussac a imaginé, pour l'essai des vins, c'est-à-dire la constatation de leur richesse en alcool, un petit alambic muni d'un aréomètre, qui a été plus tard modifié par Salleron. M. Savalle a construit aussi un petit appareil distillatoire pour l'essai des alcools et des vins.

ALAMON. — Ancien nom vulgaire donné au sep de la charrue, dans les environs de Lyon.

ALATERNE (*horticulture*). — Nom vulgaire d'un arbrisseau originaire de l'Europe méridionale, souvent cultivé comme plante d'ornement dans les bosquets. L'Alaterne ou Nerprun Alaterne (*Rhamnus alaternus*) est très rameux (fig. 159); ses feuilles sont persistantes, ovales, elliptiques ou lancéolées, dentées, d'un vert luisant. Ses fleurs, nombreuses, disposées en panicules assez courtes, s'épanouissent d'avril en juin; elles sont verdâtres et exhalent une odeur de miel. Les fruits affectent la forme de baies noires. L'alaterne se rencontre spontanément dans le midi de la France. On recherche cet arbrisseau dans les jardins pour la beauté de ses feuilles; on le plante en bosquets, en haies et en palissades. Plusieurs variétés sont cultivées : *Rhamnus Hispanicus*, à feuilles plus larges, glauques en dessous; *R. angustifolius*, à feuilles lancéolées étroites; *R. auro-variegatus*, à feuilles panachées de jaune; *R. albo-variegatus*, à feuilles panachées de blanc. Elles viennent bien dans la plupart des terrains; mais quelques-unes de ces variétés demandent à être couvertes durant l'hiver. La multiplication s'opère soit par graines semées avant l'hiver, soit par marcottes relevées au printemps, soit par boutures ou greffes. Le bois de l'alaterne est très dur et peut être employé par l'industrie; la tabletterie le recherche à cause de sa faculté de prendre un beau poli. Les feuilles et les fruits ont des propriétés astringentes et rafraîchissantes.

Fig. 159. — Port du Nerprun Alaterne.

Les baies donnent une couleur jaune propre à la teinture, mais qui est peu employée. — Le genre Nerprun renferme une trentaine d'espèces connues, dont sept sont très voisines de l'alaterne et peuvent quelquefois être confondues avec cet arbrisseau; il faut citer notamment le nerprun hybride, qui a été obtenu par Lhéritier, par une hybridation de l'alaterne, mais dont les fleurs sont toujours stériles.

ALB (*zootechnie*). — Variété de la race bovine jurassique (Sanson), que l'on rencontre en Wurtemberg, et que le zootechniste allemand Rutimeyer regarde comme une race spéciale se rattachant à l'espèce qu'il a décrite sous le nom de *Bos frontosus*.

ALBANA (*viticulture*). — Cépage originaire de l'Italie centrale et méridionale. Ses bourgeons sont gros et forts. Ses grappes ont des grains allongés qui prennent une couleur dorée au soleil. Leur maturité est hâtive et leur saveur est assez douce. Le produit de ce cépage n'est pas abondant. Son vin, très fort et de bon goût, se garde bien. Ce cépage est estimé dans la Romaniole.

ALBANAIS (*économie du bétail*). — Qualification d'une variété de bêtes bovines, confinée dans les vallées de la Haute-Savoie, et caractérisée par une robe couleur froment, sans taches. Son nom lui vient de l'ancien Albanais, son pays d'origine. Elle paraît dériver de la variété tyrolienne de la race des Alpes (classification de Sanson). Les animaux de cette variété sont très estimés par les agriculteurs de la Haute-Savoie. Au

Fig. 160. — Vache de la variété albanaise.

concours régional de 1865, à Annecy, un groupe de propriétaires demandèrent le classement de cette race dans les concours de la région; jusqu'ici cette demande n'a pas été agréée. Les animaux de cette variété se rencontrent principalement dans les plaines de Rumilly et d'Annecy où elle est estimée par son ardeur au travail, sa sobriété et ses facultés laitières.

La figure 160 et la figure 161 représentent un taureau âgé de trois ans et une vache de la variété albanaise, dessinés d'après nature au concours spécial de cette race, tenu à Annecy le 2 juillet 1866. Voici les caractères de cette variété, tels qu'ils ont été établis par la Commission d'examen de ce concours :

La vache est de taille moyenne, peu élevée sur jambes. Sa robe est froment clair, quelquefois se fonçant un peu et tournant au rouge, plus clair

Fig. 161. — Taureau de la variété albanaise, âgé de trois ans.

autour du mufle, autour des yeux, à la partie interne des jambes et au-dessous du corps: le mufle est rose clair, étalé; froment clair autour du nez. La tête est fine, allongée, la face est droite avec des rides longitudinales, autour des yeux, très prononcées. Le chignon est peu fourni; les yeux sont gros, écartés et vifs; la tête est haute, l'attitude est alerte. Les cornes allongées sont applaties à la base avec une côte très prononcée à l'arrière, sauf chez les jeunes sujets. L'encolure est forte, quoique déliée; le fanon est long, flottant, le ventre gros, la charpente bien développée. Le dos est étroit, plutôt ensellé, surtout chez les sujets âgés. La peau est fine, souple, avec poils ras. La croupe est élevée, étroite, peu fournie en chair. La queue est fine, relevée, couleur froment dans toute sa longueur. Les mamelles sont bien faites, développées, d'un jaune rosé. Les extrémités sont fines.

Le mâle diffère peu de la femelle par le pelage qui est froment clair, sans taches et sans mélange: le cou est généralement plus foncé; les cornes sont grosses et courtes; le chignon est plus fourni: le cou est court; l'anus et le scrotum sont jaune rosé; le scrotum est cendré dans sa partie inférieure.

Les défauts typiques de cette variété, ajoute la commission, sont les suivants : Arrière-train proportionnellement trop élevé et manquant d'ampleur; les reins affaissés, la côte parfois plate; les jarrets un peu pannards de derrière; peu de dispositions à l'engraissement. Mais, pour compenser, ses qualités sont les suivantes : 1° D'être bonne laitière; la vache albanaise ne le cède, en raison de sa taille et de la nourriture qu'elle consomme, qu'à la race Schwitz; elle peut soutenir le parallèle avec les meilleures races laitières françaises. — 2° Aptitude au travail qu'elle supporte très facilement et qu'elle exécute avec énergie et activité. — 3° Sobriété et rusticité.

ALBATRE (*minéralogie*). — Nom de deux espèces de pierres tendres et demi-transparentes. L'une, l'albâtre calcaire ou antique, est du carbonate de chaux fibreux, avec des zones différemment colorées. L'autre, l'albâtre gypseux, est du sulfate de chaux se présentant comme une masse grenue ressemblant à du marbre, mais ayant plus de translucidité; sa couleur habituelle est blanc de neige, mais quelques variétés sont grises, très jaunâtres ou rougeâtres, affectant toujours des teintes claires. Cette pierre se laisse rayer avec l'ongle; on l'emploie pour faire des vases d'ornement.

ALBERGE. — Nom donné à des variétés d'abricot et de pêche à chair fondante et vineuse.

On distingue deux variétés d'abricot alberge : l'alberge de Tours et l'alberge de Montgamet, l'une et l'autre excellentes (voy. ABRICOTIER). — Parmi les pêches, deux variétés portent le nom d'alberge : la pêche alberge jaune et la pêche Pavie alberge.

Les anciens arboriculteurs considéraient les abricots alberges comme des espèces distinctes des autres abricots. Cette classification est aujourd'hui abandonnée.

ALBERGEMENT (*droit rural*). — Se disait, en Dauphiné, de l'emphytéose ou bail emphytéotique.

ALBERGIER. — Variété de l'abricotier produisant les abricots alberges, et que l'on considérait jadis comme une espèce distincte. Cet arbre peut être reproduit de noyau, mais il lui arrive souvent de dégénérer. — Albergier se disait aussi autrefois des variétés de pêcher qui portent les pêches alberges.

ALBIGEOIS (*zootechnie*). — Qualification d'une variété de moutons, appartenant à la race des Pyrénées, d'après la classification de Sanson. Cette variété (fig. 162) est aussi appelée race des Causses, du nom des plateaux crayeux sur lesquels elle vit, dans le département du Tarn et le Rouergue (partie du département de l'Aveyron). Elle a beaucoup d'analogie avec la race dite du Larzac, mais elle est plus élevée sur jambes et présente une poitrine étroite, une tête forte et busquée, avec des taches noires; ses formes sont anguleuses, et sa laine est plus grossière. Les moutons albigeois sont recherchés dans le bas Languedoc, où ils sont engraissés en grand nombre avec les marcs de raisins. Le commerce les introduit aussi, d'après M. Sanson, en Auvergne, dans le Cantal et dans le Puy-de-Dôme, où ils se mélangent avec les variétés marchoise et limousine du plateau central. Les brebis des Causses (les caussinards, comme on dit dans le pays) possèdent des facultés laitières assez développées.

Fig. 162. — Brebis de race albigeoise ou des Causses.

ALBINISME (*physiologie animale*). — Anomalie caractérisée par l'absence de principes colorants ou pigment dans les parties extérieures des animaux. Cette anomalie se propage aux descendants. La peau est d'un blanc mat, les poils sont blancs, l'iris de l'œil est rosé, la pupille d'un rouge foncé; les chairs sont généralement flasques. Les individus atteints de cette affection reçoivent le nom d'albinos. Cette anomalie, qui est considérée comme un signe de dégénérescence, se rencontre quelquefois chez certaines races d'animaux domestiques, notamment le lapin et le cochon d'Inde; parmi les oiseaux de basse-cour, la poule, le canard, l'oie en présentent des exemples. C'est chez le lapin, comme chez la souris, que l'albinisme a été le plus souvent constaté.

ALBIZZIA (*botanique*). — Nom d'un genre créé, par quelques botanistes, pour plusieurs espèces d'Acacia (voy. ce mot), notamment pour l'Acacia Julubrizin, mais qui n'a pas été conservé dans les nomenclatures contemporaines.

ALBOTE. — Expression locale usitée, dans quelques vignobles, sur les bords de la Loire, pour désigner les grapillons des vignes.

ALBOTER. — Synonyme de grapiller après la vendange. Cette expression est exclusive à quelques localités des bords de la Loire.

ALBOURLAH (*viticulture*). — Cépage originaire de Crimée. Les feuilles de ce cépage sont amples, à dents aiguës, peu profondément divisées, avec un pétiole rouge violet. Les grappes, belles et nombreuses, sont bien garnies de grains d'un beau rouge, un peu oblongs, d'un goût légèrement musqué. C'est un cépage vigoureux et fertile, mais de maturité tardive. Son raisin est surtout excellent pour la table.

ALBUGE. — Se dit vulgairement, dans le département de l'Aveyron, de la marne argileuse ou terre argilo-calcaire, qui forme une partie du sol de ce département.

ALBUGINÉ (*anatomie*). — Se dit de plusieurs membranes, fibres ou humeurs, remarquables par leur consistance et leur couleur blanche. La sclérotique, vulgairement blanc de l'œil, est la membrane albuginée de l'œil. L'humeur albuginée est la liqueur aqueuse de l'œil. On appelle tunique albuginée du testicule la membrane forte qui forme la première couche de son enveloppe.

ALBUGO (*médecine vétérinaire*). — Tache blanche, opaque, qui se manifeste sur la cornée de l'œil. Cette tache est due à un dépôt de lymphe qui se produit entre les lames de la cornée. Suivant son étendue et la place qu'elle occupe, elle rétrécit le champ visuel ou l'anéantit complètement. Elle est due, soit à des blessures, soit à des causes internes. Le mot albugo désigne généralement une tache moyenne; les taches superficielles sont des taies, les taches profondes sont des leucomes. C'est surtout par des topiques astringents que cette affection est traitée. La guérison est d'autant plus difficile que la maladie est plus ancienne. Le traitement de cette affection est analogue à celui qu'on doit employer pour le leucome.

ALBUMEN (*anatomie, botanique*). — Se dit en anatomie du blanc de l'œuf, et en botanique d'une masse formée par un tissu spécial qui entoure l'embryon des graines d'un certain nombre de plantes. Cette dernière acception provient d'une certaine analogie entre le rôle du blanc de l'œuf et celui de la substance qui entoure la graine.

L'albumen de l'œuf en forme à peu près les deux tiers, quand celui-ci vient d'être pondu. Il est disposé autour du jaune sous forme de couches concentriques dont les intérieures ont plus de consistance; ces couches ne sont pas régulièrement sphériques, mais présentent plus d'épaisseur aux points qui répondent au grand axe de l'œuf. Il est renfermé dans une membrane spéciale qui tapisse la face interne de la coquille. L'albumen est formé par une dissolution aqueuse d'albumine, contenant quelques traces d'autres matières. Il est destiné à fournir les premiers matériaux nutritifs nécessaires au développement de l'embryon de l'œuf.

L'albumen des graines est aussi désigné par les noms d'endosperme et de périsperme. Il se rencontre tantôt autour de l'ovule, tantôt à l'intérieur du sac embryonnaire; il affecte des formes très variées. C'est, pour le premier développement de la graine, un réservoir de matières alimentaires, dont la nature varie beaucoup. L'amidon, dans un grand nombre de cas, en forme la principale partie; il est allié à des matières azotées et à des matières minérales. La consistance de l'albumen présente aussi des caractères très divers. Il est tantôt friable, comme dans les céréales et la plupart des graines féculentes; tantôt grumeleux, c'est-à-dire se divisant en grumeaux distincts; tantôt charnu et mou; tantôt corné, comme dans le café et la datte. Sa couleur est ordinairement blanchâtre; d'autres fois il est gris, vert, brun ou jaunâtre. C'est à leur albumen qu'un grand nombre de graines doivent les propriétés pour lesquelles elles sont utilisées. L'albumen abondant en fécule des graines de céréales leur donne leurs propriétés alimentaires pour l'homme et les animaux; l'albumen du café a des propriétés excitantes qui sont bien connues. L'albumen du pavot, du ricin, du colza, du lin, etc., est riche en huile que l'industrie a appris à extraire. De même, on retire de l'huile de l'albumen de quelques palmiers. C'est aussi à leur albumen que beaucoup de graines employées par la médecine doivent leurs propriétés astringentes, émollientes ou autres, qui les font rechercher.

ALBUMINE (*chimie agricole*). — On donne le nom d'albumine (du mot latin *albus*, blanc) à un principe immédiat organique, soluble dans l'eau, et qui a la propriété de se coaguler par l'action de la chaleur, et de devenir alors insoluble.

On connaît trois espèces d'albumine très légèrement différentes entre elles : l'albumine des œufs, l'albumine du sang, l'albumine végétale.

L'albumine des œufs ne se rencontre que dans les œufs des oiseaux ; elle constitue ce qu'on appelle le blanc d'œuf; elle forme une couche peu épaisse autour du jaune d'œuf.

L'albumine du sang se trouve dans le sérum du sang des animaux vertébrés, dans la lymphe, dans le chyle, dans les sécrétions animales, quelquefois dans l'urine, en grande quantité dans le colostrum, en petite quantité dans le lait ; on a proposé de l'appeler sérine, et c'est le nom que lui donnent, en effet, quelques savants pour la distinguer de la première.

L'albumine végétale est contenue dans presque tous les sucs végétaux.

On admet généralement que ces trois albumines n'ont pas absolument la même composition, mais les différences sont faibles ; on suppose même que chacune est un mélange, et que peut-être les œufs des divers oiseaux ne présentent pas tout à fait la même albumine. Quoi qu'il en soit des questions délicates et difficiles qui restent à résoudre, on peut regarder l'albumine (préalablement desséchée) comme ayant approximativement la composition centésimale suivante :

Carbone.......	53,4
Hydrogène	7,1
Azote.........	15,7
Oxygène	22,2
Soufre........	1,6
TOTAL...	100,0

La traduction de ces nombres en formule conduit à des expressions très complexes qui ne sont pas encore assez démontrées pour pouvoir prendre place dans la science.

L'albumine, telle qu'elle existe dans le blanc d'œuf, est dissoute dans l'eau et forme une liqueur visqueuse ; elle est accompagnée de soude que les uns regardent comme caustique, et les autres comme carbonatée, de chlorure de sodium et d'un tissu que M. Chevreul a signalé en 1821 et qui devient sensible lorsqu'on agite un blanc d'œuf avec de l'eau. Pour enlever le tissu qui donne au liquide sa viscosité, il faut triturer le blanc d'œuf dans un mortier de verre avec de l'eau et filtrer la solution; le tissu, en absorbant l'eau, devient blanc et reste sur le filtre; l'albumine filtrée est alors exempte de ce corps.

« Un des caractères du blanc d'œuf, ajoute M. Chevreul (28e *leçon de chimie appliquée à la teinture*), ou plutôt de la solution d'albumine convenablement concentrée, est que, exposée à la température de 61 degrés, elle commence à se coaguler en une matière solide qui retient entre ses particules toute l'eau qui la tenait auparavant à l'état liquide. L'albumine coagulée est d'un blanc opalin. Par l'exposition au vide ou à l'air libre, l'eau interposée se dégage, et la matière organique reste sous la forme d'une substance cornée, jaunâtre, demi-transparente, qu'il suffit de mettre dans l'eau pour lui rendre son premier aspect. J'ai observé un fait très remarquable, c'est que deux quantités égales d'une même albumine que l'on exposera dans le vide sec, l'une après l'avoir fait coaguler par la chaleur, l'autre sans lui avoir fait subir la coagulation, perdront le même poids d'eau, quoique les résidus soient si différents l'un de l'autre, que le premier reprend l'état d'albumine coagulée, et l'autre l'état d'albumine liquide par l'addition de l'eau qu'ils ont perdue. »

D'après M. Chevreul, l'albumine, en se coagulant par l'action de la chaleur, change l'état de combinaison de soufre, car, d'insensible qu'il était à l'odorat et à l'action de l'argent, il devient odorant et susceptible de sulfurer ce métal.

Pour comparer l'albumine de l'œuf à l'albumine du sang, c'est-à-dire à celle qu'on a nommée sérine, il faut les préparer toutes deux à l'état très pur, par des procédés minutieux dont voici le résumé :

1° Pour l'albumine, on emploie la méthode donnée par M. Wurtz et qui consiste à délayer un certain nombre de blancs d'œufs dans l'eau, à passer à travers un linge, et à précipiter la solution par le sous-acétate de plomb, en évitant d'employer un excès de ce sel. On recueille le précipité sur un filtre, on le lave, on le délaye dans l'eau et l'on y fait passer un courant d'acide carbonique. L'albuminate de plomb est décomposé, il se forme du carbonate de plomb ; l'albumine entre de nouveau en dissolution, en même temps qu'une petite quantité de plomb. Pour précipiter ce dernier, on dirige dans la liqueur quelques bulles d'oxygène sulfuré, puis on chauffe doucement au bain-marie, en arrêtant aux premiers flocons d'albumine coagulée qui se forment et emprisonnent le sulfure de plomb formé ; on filtre rapidement, et on a la dissolution d'albumine pure que l'on concentre par l'évaporation à une température qui ne doit pas dépasser 40 ou 50 degrés.

2° Pour avoir à l'état pur la sérine ou albumine du sang, on ajoute au sérum du sang quelques gouttes d'acide acétique très étendu, jusqu'à ce qu'il se soit formé un précipité floconneux ; on filtre et on neutralise la liqueur au bain-marie à 40 degrés. Quand la solution est ramenée à un petit volume, on l'introduit dans un appareil dialyseur à cloison de parchemin plongeant dans de l'eau distillée qu'on change toutes les six heures ; au bout de trois ou quatre jours, la sérine est débarrassée de tous les sels, et à peu près chimiquement pure. On la concentre comme l'albumine du blanc d'œuf.

Quand on évapore à froid les deux albumines jusqu'à siccité, on obtient une masse transparente amorphe, friable, jaunâtre, ayant une densité de 1,2617, qui devient fortement électrique par le frottement, qui se dissout lentement dans l'eau en toutes proportions, à la manière des gommes. La dissolution mousse par l'agitation ; elle dévie à gauche le plan de polarisation de la lumière polarisée, l'albumine du sang plus que celle du blanc d'œuf ; le pouvoir rotatoire est un peu augmenté par quelques gouttes d'acide chlorhydrique, d'acide acétique, ou d'une dissolution de potasse. Les deux albumines ont un pouvoir diffusif faible, c'est-à-dire traversent les cloisons des appareils dialyseurs.

Lorsqu'elle est parfaitement sèche, l'albumine, quelle que soit son origine, peut être chauffée à 100 degrés et même au delà sans perdre sa solubilité dans l'eau. Mais lorsqu'on chauffe une solution aqueuse d'albumine, elle se coagule ; le phénomène commence vers 60 degrés ; il est achevé à 74 degrés ; il semble s'accomplir plus ou moins vite selon l'origine de l'albumine ; il est d'ailleurs influencé par la présence de corps étrangers, favorisés par de petites quantités d'acide acétique ou d'acide phosphorique, de certains sels tels que le chlorure de sodium, le sulfate ou le phosphate de soude, ou bien quelques gouttes d'alcool ; retardé au contraire, ou même empêché par les alcalis tels que la potasse ou la soude, et par une grande quantité d'acide acétique.

Lorsque l'albumine a été ainsi coagulée, elle ne se redissout plus dans l'eau ; si on la dessèche, elle prend une apparence cornée ; si on la remet dans l'eau, elle reprend sa forme blanche, opaque, son état élastique, mais elle ne se dissout pas, ni dans l'eau, ni dans l'alcool, l'éther, le chloroforme, la benzine, une solution de carbonate de soude, de l'acide chlorhydrique étendu ; mais elle se dissout dans de la potasse concentrée, dans l'ammoniaque. Avec l'acide acétique, elle se gonfle, puis elle se dissout peu à peu.

Quand on ajoute à de l'albumine non modifiée par la chaleur et dissoute dans l'eau une quantité suffisante d'alcool, elle est coagulée et précipitée, comme si le chaleur avait agi ; l'albumine ainsi coagulée n'est pas redissoute par l'eau pure, si elle provient du blanc d'œuf, mais elle est soluble, si elle provient du sérum du sang.

Agitée avec l'éther, l'albumine de l'œuf est précipitée peu à peu ; celle du sang ne l'est pas, quand l'éther est bien privé d'alcool.

Les dissolutions d'albumine donnent des précipités blancs avec le phénol, le cresol, l'aniline, l'eau de chlore, le chloral, l'acide tannique, la noix de galle, l'acide sulfurique, l'acide chlorhydrique concentré, l'acide nitrique, l'acide métaphosphorique, le perchlorure de mercure (sublimé corrosif). Le courant voltaïque ne donne des flocons au pôle positif que lorsque la dissolution albumineuse contient des sels, par exemple du chlorure de sodium

L'acide chlorhydrique versé en excès sur l'albumine lui fait prendre, au bout de quelque temps, une teinte immense très persistante et qui se fonce en passant au noir à la longue.

L'azotate de mercure donne, dans une dissolution d'albumine, un précipité gris, le sulfate de cuivre un précipité bleu clair ou verdâtre, que la potasse redissout en colorant la liqueur en beau violet. L'azotate d'argent donne un précipité blanc, soluble dans l'ammoniaque ; le perchlorure de fer et le sulfate de peroxyde de fer, des précipités solubles dans un excès des réactifs, solubles aussi dans un excès d'albumine.

La potasse, l'hydrate de baryte, et généralement les alcalis se combinent avec l'albumine, et par une action prolongée, la modifient ou la décomposent ; il en est de même de l'action prolongée des acides énergiques. La chaux donne un albuminate insoluble, susceptible de devenir très dur.

L'albumine végétale n'a été séparée des matières étrangères avec lesquelles elle se trouve dans les sucs végétaux qu'après avoir été coagulée.

Les trois sortes d'albumine sont des aliments très nutritifs pour les hommes et les animaux domestiques.

Les diverses propriétés de l'albumine expliquent les usages nombreux que l'on fait de cette matière, qui joue d'ailleurs un grand rôle dans la vie des végétaux et des animaux, puisqu'elle se rencontre dans la plupart des liquides qui circulent dans les êtres vivants. Un des principaux emplois de l'albumine a pour but les clarifications.

L'albumine dissoute dans l'eau a l'inconvénient de s'altérer assez vite, surtout au contact de l'air. Le meilleur moyen de la conserver est de la dessécher le plus rapidement possible à une température au-dessous de 50 degrés. L'albumine sèche se conserve indéfiniment à l'abri de l'humidité et de l'air dans des caisses ou des flacons bien fermés.

On estime qu'en moyenne il faut 363 œufs pour obtenir 1 kilogramme d'albumine sèche; on a en même temps 4 kilogrammes de jaune d'œuf. Un bœuf fournit de 750 à 800 grammes d'albumine sèche; un veau de moyenne taille, de 350 à 400 grammes; un mouton, 200 grammes. En d'autres termes, un litre de sérum de sang de bœuf ou de vache fournit 100 grammes d'albumine à l'état sec ; un litre de sérum de veau donne 80 grammes d'albumine; le sérum de mouton a la même richesse que celui du bœuf. Pour extraire l'albumine du sang, on laisse d'abord le sang se coaguler dans des réservoirs en zinc larges et peu profonds contenant environ 8 litres; la masse gélatineuse est ensuite transportée sur des tamis métalliques dont les trous espacés de 2 millimètres et demi ont 4 millimètres de diamètre, et l'on découpe la masse en cubes de 2 centimètres de côté; le sérum s'égoutte dans des récipients en zinc; la première partie est colorée, mais ensuite le liquide devient limpide et seulement légèrement jaunâtre. On dessèche comme pour le blanc d'œuf. L'extraction de l'albumine du sang est une industrie prospère depuis 1860.)

Pour blanchir le sérum et obtenir avec le sang de l'albumine comparable à celle du blanc d'œuf, on peut employer un mélange de chlorate de potasse et d'acide chlorhydrique ou bien de l'eau oxygénée. Le sérum du sang est de toute antiquité employé en Chine pour faire avec de la chaux en poudre un badigeon pour les murs ; on se sert surtout du sang de porc, qui donne un vernis appliqué sur le bois destiné à être peint. On s'en sert pour les mêmes usages en Espagne. On emploie en France le sérum du sang des vertébrés pour faire une pâte avec de la sciure bien desséchée de bois de palissandre, d'acajou, d'ébène, et obtenir ensuite par la compression dans des moules appropriés des objets d'art remarquables; c'est ce qu'on appelle le bois durci que l'on a vu pour la première fois à l'exposition universelle de 1862. L'albumine du sang ne se vend guère que la moitié du prix de l'albumine du blanc d'œuf.

ALBUMINÉ. — Se dit en botanique d'un corps pourvu d'albumine, et en technologie d'un papier, d'un tissu, d'un verre, recouverts, enduits ou imprégnés d'albumine.

ALBUMINEUX. — On dit d'un liquide qu'il est albumineux, d'une substance qu'elle est albumineuse, si ce liquide et cette substance contiennent de l'albumine.

ALBUMINIMÈTRE. — Appareil de polarisation au moyen duquel on détermine, par le pouvoir rotatoire exercé sur un rayon de lumière polarisée, la quantité d'albumine contenue dans un liquide.

ALBUMINOIDE. — Signifie ayant la forme de l'albumine, ou de la ressemblance avec de l'albumine. — On désigne en chimie organique sous le nom de matières *albuminoïdes* un groupe de principes immédiats ou de produits, qui sont neutres et azotés, de nature complexe, très abondamment répandus dans l'économie animale et dans le règne végétal, et qui se rapprochent plus ou moins, par leur composition et par leurs propriétés, de l'*albumine* du blanc d'œuf et du sérum du sang. Les principales de ces matières, sont la fibrine, la caséine, la légumine, la vitelline, la myosine, la syntonine, l'osséine, la gélatine, la chondrine, l'élastine, la kératine, la séricine, la glutine, la mucine, la nucléine, la chitine, l'amandine, la conglutine, la gléadine, la zéine.

ALBUMINOSE. — Substance qui résulte de la digestion des matières albumineuses et qui diffère de l'albumine en ce qu'elle ne précipite pas par les acides et qu'elle ne se coagule pas sous l'action de la chaleur.

ALBUMINURIE. — Ce nom, qui signifie pissement d'albumine, est un symptôme et non pas une maladie, parce que les urines peuvent contenir de l'albumine accidentellement dans beaucoup de circonstances et à la suite d'un grand nombre d'affections; le symptôme n'est grave que lorsque l'albuminurie est devenue permanente ou chronique. Dans ce dernier cas, il annonce plus particulièrement la maladie dite de Bright, du nom d'un chirurgien anglais, qui est une lésion des reins et des fonctions les plus essentielles de l'économie et notamment de la nutrition. On constate la présence de l'albumine dans les urines quand celles-ci se troublent par l'action de la chaleur et que le trouble, au lieu de disparaître par l'addition de quelques gouttes d'acide nitrique, ne fait qu'augmenter.

ALBUMINURIQUE. — Se dit de celui ou de celle qui sont atteints d'albuminurie, ou encore d'une affection accompagnée d'albuminurie.

ALCALAMIDE (*chimie*). — On donne le nom d'alcalamide à un corps dont le caractère fondamental est de dériver de l'ammoniaque par le remplacement d'une partie de l'hydrogène par un radical positif, et d'une autre partie de l'hydrogène par un radical négatif; tel est, par exemple, un composé d'azote, d'hydrogène, d'argent et de sulfophényle. — Les alcalamides forment un groupe déjà assez nombreux, mais qui n'offre, quant à présent, aucun intérêt au point de vue des applications agricoles.

ALCALESCENCE. — État d'une substance dans laquelle les propriétés alcalines se manifestent d'une manière progressive. Cet état se présente dans quelques matières organiques en voie d'altération, par exemple dans de la chair ou de la viande abandonnées à elles-mêmes, particulièrement en tas; dans des fromages, tels que ceux de Roquefort, de Marolles ou de Gerardmer qui vieillissent ou *se font;* dans de l'urine ou du purin qui subissent une décomposition.

ALCALESCENT. — Se dit d'un corps qui prend ou qui a déjà les propriétés alcalines.

ALCALI (*chimie agricole*). — Le mot alcali est un mot arabe qui désignait la terre ou le produit salin que donne la combustion de la plante marine appelée *salsola soda*. Par extension on l'a appliqué à toutes les substances qui ont des propriétés analogues à celles de la soude, c'est-à-dire une saveur âcre, et la propriété de verdir le sirop de violette, de bleuir la teinture de tournesol rougie par un acide, de rougir la teinture jaune de curcuma, de bleuir la teinture de bois de campêche, de faire passer au violet la teinture rouge jaunâtre de cochenille. Les anciens chimistes ne connaissaient que trois alcalis : l'ammoniaque qu'ils nommaient alcali volatil, et la potasse et la soude qu'ils nommaient alcalis fixes; la lithine a été depuis jointe à ces derniers alcalis. Quant à la baryte, à la strontiane, à la chaux et à la magnésie, on les a appelées des terres alcalines, parce qu'elles ont des propriétés alcalines et qu'elles ont en outre des analogies avec l'alumine, la glucine, la zirconey l'yttria que l'on a appelées des terres proprement dites. Ces corps sont des composés d'oxygène et de métaux, et l'on a donné le nom : 1° de métaux alcalins, au potassium, au sodium, au lithium; 2° de métaux alcalino-terreux au baryum, au strontium, au calcium, au magnésium; 3° de métaux terreux à l'aluminium, au glucinium, au zirconium, à l'yttrium. Dans les classifications naturelles, il y a toujours des incertitudes au passage d'une classe à l'autre; ainsi le magnésium peut être considéré comme un métal terreux, et l'on joint à la dernière classe plusieurs métaux dont les oxydes ont des propriétés analogues à celles de la zircone et de l'yttria. Les alcalis précédents sont des alcalis minéraux; pour y faire rentrer l'ammoniaque, on a imaginé de la regarder comme l'hydrure d'un métal non simple qui serait l'ammonium. Il y a des alcalis qui n'appartiennent pas au règne minéral; on les appelle alcalis organiques ou alcaloïdes.

Tous les alcalis dont il vient d'être question jouent le rôle de bases par rapport aux acides, et donnent naissance à des sels en se combinant avec ces derniers corps (voy. le mot ACIDE), sels qui sont neutres, acides ou basiques. Dans ce dernier cas, s'ils ont la réaction alcaline, on leur donne vulgairement le nom d'alcalis, quoiqu'ils soient réellement des combinaisons salines. Ainsi on dit dans le commerce de l'*alcali*, pour désigner du carbonate de soude, et l'on ajoute le mot caustique pour signifier que la soude est pure. On fait les mêmes distinctions pour le carbonate de potasse et la potasse pure qu'on appelle caustique.

Autrefois, l'*alcali déliquescent* était la potasse, parce qu'elle tombe au contact de l'air chaud en *déliquium*, ce que ne fait pas la soude; celle-ci était appelée *alcali marin*, parce que la soude existe dans le sel marin. *Alcali effervescent* était le nom donné à tout alcali carbonaté, en raison de l'effervescence que les carbonates font avec les acides. L'*alcali du tartre* était l'alcali obtenu par la calcination du tartre avec du charbon; c'est du carbonate de potasse. Quand on extrayait naguère la potasse du nitre, on l'appelait alcali du nitre. — On donne le nom d'alcali minéral aéré au sous-carbonate de soude.

L'ammoniaque a reçu le nom d'*alcali volatil*, à cause de la propriété de sa dissolution dans l'eau, de laisser le corps se volatiliser à la température ordinaire en piquant les yeux et excitant l'éternuement. On l'appelle aussi *alcali urineux*, parce que l'ammoniaque se dégage de l'urine. On a nommé *alcali volatil concret* le sous-carbonate d'ammoniaque solide pour le distinguer de l'*alcali volatil fluor* ou *liquide* qui est l'ammoniaque dissoute dans l'eau.

C'est à cause des alcalis fixes ou mieux des carbonates, des phosphates alcalins de potasse ou de soude qu'elles contiennent, que les cendres de bois et autres végétaux sont utilisés dans le lavage du linge ou bien servent à la fabrication des alcalis fixes du commerce. Les cendres des plantes des bords de la mer ou des terrains salants fournissent de la soude; celles des autres plantes donnent la potasse. Les cendres lessivées ont perdu leurs alcalis, et ont bien plus d'action sur la végétation quand on les emploie comme engrais, que les cendres non lessivées.

ALCALIFIABLE. — Substance susceptible d'être alcalifiée.

ALCALIFIANT. — Corps alcalifiant, substance alcalifiante, c'est-à-dire ayant la vertu de produire les alcalis. On a longtemps regardé l'azote comme étant le principe alcalifiant, ce qui est une opinion erronée, puisqu'il y a des alcalis qui ne contiennent pas d'azote. Toutefois la présence de ce corps dans tous les alcaloïdes naturels connus jusqu'à présent est un fait remarquable.

ALCALIMÈTRE (*technologie agricole*). — Appareil servant à déterminer la richesse d'un alcali du commerce, ou, en d'autres termes, à établir son degré de pureté et à doser la quantité réelle de la matière utile dénommée existant dans 100 parties de la matière soumise à l'essai. Le principe sur lequel les alcalimètres sont fondés consiste à employer une liqueur d'épreuve dont chaque unité de volume contient un poids connu de réactif, pour la verser goutte à goutte jusqu'à neutralisation sur une quantité donnée de matière d'essai; le volume consommé de la liqueur d'épreuve étant connu, on calcule facilement la quantité correspondante ou la richesse de la matière essayée. Un alcalimètre peut être facilement transformé en un acidimètre. Dans un alcalimètre, la liqueur d'épreuve est un acide connu qui neutralise une base à doser; inversement dans un acidimètre. la liqueur d'épreuve est une liqueur alcaline connue qui neutralise un acide dont on veut trouver le titre. Descroizilles est l'inventeur de l'alcalimètre qui a été perfectionné par Gay-Lussac.

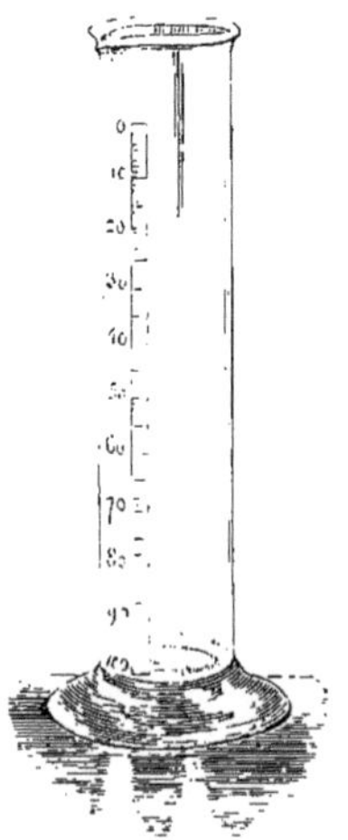

Fig. 163. — Alcalimètre Descroizilles.

L'alcalimètre de Descroizilles (fig. 163) se compose uniquement d'une éprouvette graduée de 50 centimètres cubes de capacité, divisée en 100 parties ou degrés, le zéro étant à la partie supérieure, et avec un trait marqué à la 13ᵉ division pour indiquer le volume occupé dans le vase par 80 grammes d'acide sulfurique à 66 degrés Baumé. Un poids de 10 grammes pour peser la matière à essayer et une notice de Descroizilles sur l'alcalimètre sont joints à l'appareil qu'on trouve chez M. Salleron.

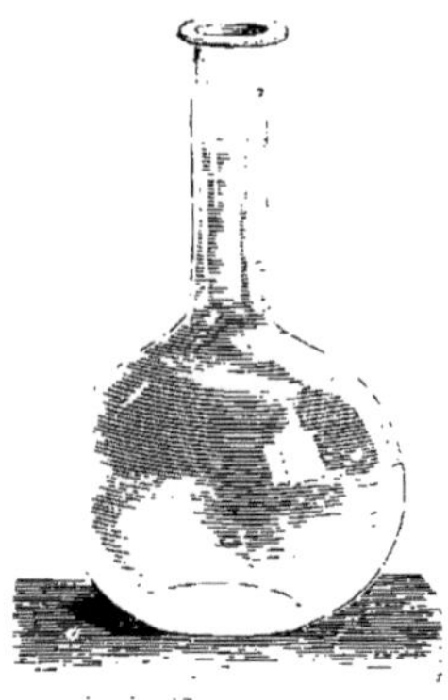

Fig. 164. — Carafe jaugée pour faire la liqueur acide normale.

Fig. 165. — Petit ballon jaugé pour les prises d'acide.

L'alcalimètre de Gay-Lussac, que fabrique aussi le même constructeur, est renfermé dans une boîte qu'on appelle le nécessaire alcalimétrique, et qui contient :

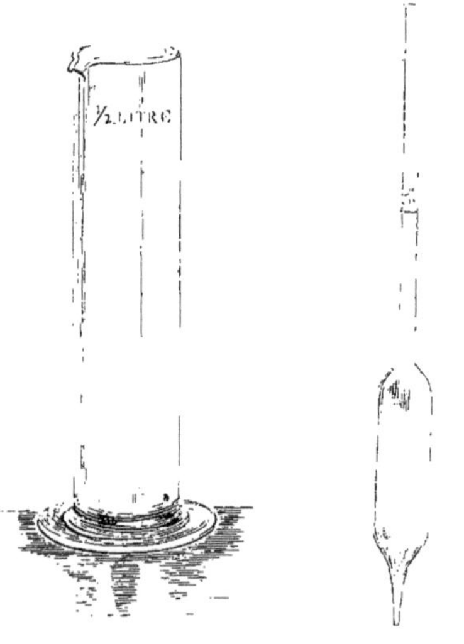

Fig. 166. Éprouvette de Gay-Lussac.

Fig. 167. — Pipette graduée pour les prises d'essai.

1° Une carafe jaugée à 1 litre (fig. 164), destinée à mesurer le mélange d'eau et d'acide sulfurique qui doit former la liqueur normale d'épreuve;

2° Un poids en cuivre de 100 grammes, pour le cas où l'on voudrait peser l'acide;

3° Un petit ballon jaugé (fig 165), qui contient

précisément cette même quantité d'acide et qui dispense de l'opération du pesage ;

4° Un entonnoir à bec effilé pour verser l'acide dans le ballon précédent;

5° Un flacon bouché à l'émeri, destiné à contenir la liqueur normale toute prête à être employée pour plusieurs essais alcalimétriques successifs ;

6° Un poids de 10gr,07 pour peser l'échantillon de sel alcalin, s'il est à base de potasse ;

7° Un poids de 31gr,85, si le sel est à base de soude ;

8° Une éprouvette à pied (fig. 166), jaugée à un demi-litre, pour dissoudre l'alcali dans cette quantité d'eau ;

9° Une pipette (fig. 167) de la capacité de 50 centimètres cubes, quantité de solution alcaline sur laquelle on doit opérer ;

10° Un vase à saturation où l'on verse cette solution ;

11° Des pains de tournesol pour teindre en bleu la liqueur alcaline, et des bandes de papier de tournesol, pour rendre la réaction plus sensible ;

12° Une burette de la contenance de 50 centimètres cubes, divisée en 100 parties, pour verser la liqueur normale acide dans la solution alcaline à essayer ;

13° Des agitateurs en verre.

Pour avoir à la fois un acidimètre et un alcalimètre, il suffit de joindre au nécessaire précédent, un flacon bouché à l'émeri dans lequel on renfermera une liqueur alcaline de potasse ou de soude, dont le titre pondéral aura été dosé par l'alcalimètre de Gay-Lussac et qui deviendra la liqueur normale du nouvel instrument.

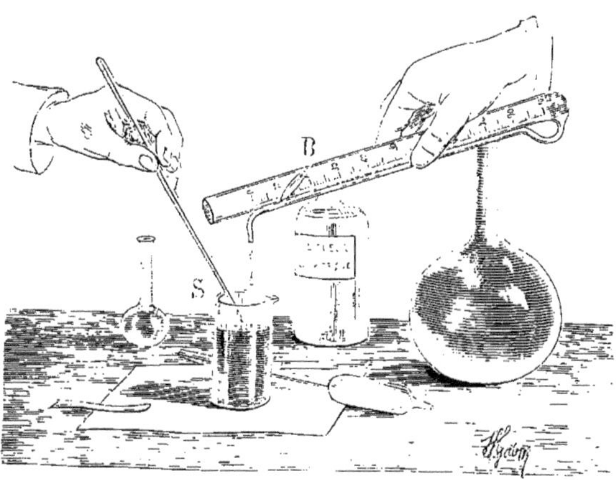

Fig. 168. — Exécution d'un dosage alcalimétrique.

ALCALIMÈTRIE. — L'alcalimétrie est l'art de l'analyse des bases et des acides des sels au moyen des liqueurs titrées. A l'origine elle n'avait pour but que de déterminer le degré de pureté d'un alcali du commerce. Grâce aux perfectionnements nombreux qu'ont reçus la construction des instruments de précision et les manipulations, grâce surtout à une plus complète connaissance des propriétés des composés chimiques, elle est devenue une véritable méthode d'analyse par les volumes et à l'aide des liqueurs titrées, méthode qui s'applique avec exactitude à la détermination d'un très grand nombre de bases et d'acides. Mais il est resté dans les usages du commerce, de l'industrie et de l'agriculture, de se servir de l'alcalimétrie pour évaluer les matières alcalines d'après leur puissance de saturation des acides, et il faut exposer les moyens employés à cet effet.

C'est en 1804 que Descroizilles imagina son alcalimètre fondé sur ce principe, que les quantités d'alcali pur ou de carbonate que renferment les potasses du commerce sont proportionnelles aux quantités d'acide qu'elles exigent pour la saturation. Cet instrument consiste en une éprouvette à pied en verre (fig. 163) de 25 centimètres de hauteur sur 2 centimètres de diamètre intérieur ; son bord supérieur est renversé et enduit d'une légère couche de cire afin d'éviter l'adhérence des liquides. On a marqué 0 degré à l'endroit où affleurent 50 centimètres cubes d'eau à 4 degrés de température qu'on y verse, et l'on a divisé la hauteur en 100 parties, de telle sorte que chaque division correspond à un demi-centimètre cube. Un trait, à la treizième division, indique le volume occupé par 80 grammes d'acide sulfurique monohydraté marquant 66 degrés à l'aréomètre de Baumé ; ces 80 grammes d'acide occupent donc 87 divisions de l'éprouvette ; on verse le tout dans un vase jaugé contenant de l'eau pure, on lave avec soin l'éprouvette et l'on ajoute de l'eau, de manière à faire 8 décilitres, c'est-à-dire 800 centimètres cubes, ou 16 fois la capacité totale de l'éprouvette ; ce sera la liqueur normale d'essai. Le volume de l'éprouvette rempli jusqu'au trait supérieur ou zéro, correspond évidemment à 5 grammes d'acide sulfurique monohydraté. Chaque division de l'éprouvette correspondra à 5 centigrammes d'acide sulfurique. Le liquide ainsi préparé est conservé dans un flacon bien bouché à l'émeri. Pour faire un essai, on pèse exactement avec le poids alcalimétrique joint à l'appareil, 10 grammes de la potasse ou de la soude à essayer ; on les fait dissoudre dans 100 centimètres cubes d'eau, et l'on opère sur la moitié de cette solution mesurée à l'éprouvette graduée, préalablement bien lavée et desséchée. Après un nouveau lavage et un essuyage parfait de cette éprouvette, on la remplit de l'acide normal d'épreuve jusqu'au trait zéro. On peut se servir d'une autre jauge pour mesurer la liqueur alcaline, afin de s'épargner des lavages de l'éprouvette. D'un autre côté, on a ajouté quelques gouttes de teinture bleue de tournesol à la liqueur alcaline, puis on verse dans cette dernière, en la remuant constamment, goutte à goutte, jusqu'à ce que la liqueur bleue tire au rouge pelure d'oignon. Le nombre de divisions qu'on a versées donne le degré alcalimétrique de la potasse ou de la soude qu'on a essayées. Pour avoir plus nettement la couleur pelure d'oignon, on peut faire bouillir la liqueur alcaline à essayer, qui dégage de l'acide carbonique dont l'action se manifeste sur le tournesol en lui donnant une couleur vineuse. On fait une deuxième expérience de vérification sur la seconde moitié de la solution aqueuse qu'on a mise de côté.

D'après les résultats de nombreux essais, voici les titres alcalimétriques que présentent les alcalis du commerce :

Soude d'Alicante	55 à 60 degrés	
— de Carthagène	30 à 32	—
— de Ténériffe	28 à 32	—
— de Narbonne ou Salicor	13 à 14	—
— d'Aigues-Mortes ou blanquette	2 à 7	—
— de varech brute	4 à 5	—
— de varech raffinée	2 à 3	—

Soude factice brute	18 à 34	degrés
Sel de soude brut	40 à 70	—
— raffiné caustique	50 à 80	—
— raffiné non caustique	40 à 80	—
Cristaux de soude	34 à 36	—
Natron d'Égypte ancien	17 à 18	—
— nouveau	45 à 58	—
— de Barbarie	20 à 50	—
Potasse rouge d'Amérique	50 à 63	—
— perlasse d'Amérique	35 à 60	—
— de Russie	51 à 58	—
— de Toscane	50 à 63	—
— des Vosges	40 à 45	—
Cendres gravelées	30 à 50	—
Salin brut de betteraves	31 à 50	—
Potasse de betteraves épurée ordinaire	56 à 60	—
— raffinée	69 à 70	—

Le degré alcalimétrique, tel qu'on l'obtient par le procédé de Descroizilles, ne représente pas la proportion en poids d'alcali réel renfermé dans un sel alcalin, mais seulement la quantité d'acide sulfurique (SO^3,H^2O) que cet alcali peut saturer. C'est donc une indication insuffisante, quoiqu'elle soit employée généralement dans les transactions commerciales. Toutefois, par des calculs très simples, on peut traduire les degrés donnés par l'opération alcalimétrique en richesse absolue, soit en alcali, soit en carbonate ; il suffira de multiplier le nombre de degrés trouvés par les chiffres suivants :

0gr,0189 pour la potasse,
0gr,0714 pour le carbonate de potasse,
0gr,0326 pour la soude,
0gr,0550 pour le carbonate de soude.

Ainsi, le titre alcalimétrique de 60 degrés veut dire que dans :

5 grammes de potasse du commerce, il y a 2gr,934 de potasse réelle, ou 58,68 pour 100 ;

5 grammes de carbonate de potasse, il y a 4gr,281 de carbonate réel, ou 85,68 pour 100 ;

5 grammes de carbonate de soude, il y a 1gr,956 de soude réelle, ou 39,12 pour 100 ;

5 grammes de carbonate de soude du commerce, il se trouve 3gr,300 de carbonate de soude pure, ou 66 pour 100.

Le procédé proposé par Gay-Lussac, en 1828, dispense de ces calculs. Il consiste essentiellement à substituer au poids de 5 grammes pris arbitrairement par Descroizilles pour celui de la quantité de matière soumise à l'essai, le poids de 4gr,807 pour la potasse, et de 3gr,185 pour la soude, ces deux poids étant les équivalents en potasse et en soude réelle de celui de 5 grammes d'acide sulfurique à 66 degrés Baumé. Dès lors, les degrés alcalimétriques sont exactement les proportions centésimales de potasse ou de soude réelles existant dans les sels alcalins essayés. Au mot *Alcalimètre*, on a vu l'énumération et la destination des divers appareils composant le nécessaire alcalimétrique de Gay-Lussac, construit par M. Salleron.

La liqueur acide normale ayant été préparée par le mélange de 100 grammes d'acide sulfurique à son maximum de concentration avec la quantité d'eau nécessaire pour compléter un litre dans le ballon-carafe à ce destiné, et ayant été mise en réserve dans un flacon bouché à l'émeri, on prend dans la masse du sel alcalin à analyser, 48gr,07 s'il s'agit d'un sel potassique, 31gr,85 s'il s'agit d'un sel sodique. On met le sel dans l'éprouvette E, en agitant suffisamment longtemps, avec une baguette de verre, pour que tout ce qui est soluble soit bien dissous, et l'on remplit avec de l'eau pure jusqu'au trait marqué au demi-litre ; on agite encore avec la baguette de verre pour que le mélange liquide soit bien homogène. Alors, avec la pipette jaugée P, on puise dans l'éprouvette le dixième de la solution, soit 50 centimètres cubes, qui contient juste le dixième du sel pesé ; on verse cette solution alcaline dans le vase à saturation S, et l'on ajoute quelques gouttes de teinture de tournesol pour la colorer en bleu. On remplit ensuite la burette graduée B avec la liqueur acide normale qu'on verse avec précaution dans la solution alcaline, et l'on s'arrête aussitôt que le tournesol commence à se colorer en rouge couleur pelure d'oignon. Pour mieux voir la teinte, on place, pour l'opération, le vase S au-dessus d'une feuille de papier blanc. Il faut que la teinte persiste pour qu'on soit sûr d'avoir fait la saturation ; s'il n'y a pas assez d'acide, on laisse tomber 1, 2 ou 3 gouttes avec la burette (fig. 168). D'ailleurs, on fera avec le même liquide préparé dans l'éprouvette, un deuxième et même un troisième essai de vérification ; cela ne demande plus que quelques minutes. Gay-Lussac conseille d'ailleurs de faire avec la baguette de verre plongée dans la liqueur en voie de saturation, des traits successifs sur du papier de tournesol très sensible, pour bien juger de la couleur et de sa persistance. Si l'on trouve que la burette a été vidée jusqu'à la 60e division, on conclura que le sel à essayer est riche à 60 pour 100.

Cette même méthode peut être employée pour connaître la richesse en alcali libre ou carbonaté d'un savon, d'une cendre, d'une liqueur ammoniacale, etc. Comme on connaît la contenance en acide d'une division de la burette, on saura toujours, par une table des équivalents chimiques, la quantité réelle de l'alcali essayé (potasse, soude, ammoniaque, etc.). La méthode peut d'ailleurs être retournée pour doser un acide. Une fois qu'on a une liqueur titrée, elle peut servir, avec les mêmes appareils du nécessaire alcalimétrique, à préparer d'autres liqueurs titrées inverses ou complémentaires par des saturations réciproques toujours mises en évidence par des teintures appropriées. L'essentiel est d'avoir un point de départ ; on prend l'acide oxalique cristallisé qu'il est facile d'obtenir très pur et que l'on peut peser avec une grande exactitude ; on dissout 63 grammes de cet acide pour avoir la liqueur titrée normale, et l'équivalent de la liqueur normale d'acide sulfurique de Gay-Lussac.

ALCALIMÉTRIQUE. — Se dit de tout ce qui a rapport à l'alcalimétrie : ainsi un essai, un dosage, un nécessaire, une burette alcalimétriques. On dit aussi le titre alcalimétrique d'une liqueur ou d'un sel pour leur richesse en alcali.

ALCALIN. — Terme de chimie employé pour signifier qu'un corps a des propriétés qui se rapprochent de celles d'un alcali. On dit : sel alcalin, substance alcaline, terre alcaline, caractère alcalin, réaction alcaline, saveur alcaline ; ce qui implique que le sel, la substance, la terre, le caractère, la réaction, la saveur ont rapport aux alcalis, présentent des phénomènes analogues à ceux des alcalis. Les sels alcalins qui ont pour base la soude, la potasse et l'ammoniaque, avec réactions alcalines, sont employés en médecine vétérinaire, à l'intérieur comme diurétiques résolutifs contre les tympanites des animaux, et à l'extérieur contre certaines maladies de la peau et les engorgements chroniques. Les eaux alcalines minérales, telles que celles de Vichy par exemple, servent contre les maladies concrétionnaires du foie et de la vessie. On emploie aussi des tablettes alcalines de bicarbonate de soude (tablettes de Vichy) pour faciliter les digestions. Un bain alcalin est un bain dans lequel on a mis une dissolution de sel alcalin.

ALCALINITÉ. — Propriété d'un corps d'être alcalin. Les corps qui jouissent de l'alcalinité au plus haut degré ramènent au bleu le tournesol rougi par un acide, verdissent le sirop de violette, bleuissent l'hématine (principe colorant du bois de Campêche). L'alcalinité est, d'une manière générale, la tendance qu'ont les corps composés à s'unir plus ou moins intimement à des corps doués de l'acidité, de manière à former des corps appelés sels. L'alcalinité et l'acidité sont deux propriétés corrélatives et en quelque sorte antagonistes, qui peuvent se neutraliser réciproquement. Ces propriétés sont très sensiblement distinctes dans les extrêmes ; elles se rapprochent tellement qu'elles sont difficilement mises en évidence dans les corps intermédiaires ; au point qu'on peut considérer un même corps tantôt comme jouissant de l'alcalinité, tantôt comme doué de l'acidité, selon les autres corps avec lesquels il a tendance à se combiner.

ALCALISATION. — Action d'alcaliser ou de rendre une substance alcaline.

ALCALISER. — Faire développer dans une substance les propriétés alcalines qui y étaient masquées, par exemple en dégageant d'un sel neutre, par l'action du feu, la partie acide qui y était contenue en ne laissant que la partie alcaline ou basique, — notamment en calcinant au rouge du carbonate de chaux ou du carbonate de magnésie ; — ou encore rendre alcaline une substance en y ajoutant un alcali, notamment de l'ammoniaque, ou de la potasse, ou de la soude.

ALCALOÏDE (*chimie agricole*). — Un alcaloïde (qui ressemble à un alcali) est un corps d'origine organique, qui a la propriété de se combiner avec les acides pour former des sels, comme font les alcalis minéraux et généralement toutes les bases. Les alcaloïdes naturels sont des principes immédiats qui existent dans les corps vivants, les uns dans les végétaux, les autres dans les animaux : ceux-ci, parmi lesquels l'urée, sont en petit nombre et généralement considérés à part ; les premiers, au contraire, sont très nombreux, et le plus souvent, quand on parle des alcaloïdes, on n'a en vue que les alcaloïdes naturels des végétaux ; nous disons *naturels* pour les distinguer des bases organiques artificielles, que l'on peut préparer par des réactions chimiques, mais que l'on ne trouve, comme principes immédiats, ni dans les plantes ni dans les animaux.

La plupart de ces alcaloïdes naturels constituent dans les végétaux des principes actifs d'une grande énergie souvent très dangereux quand ils sont à l'état de pureté, mais d'une grande utilité en thérapeutique à petites doses au début. Tous ils sont azotés et en général quaternaires, c'est-à-dire composés de carbone, d'hydrogène, d'oxygène et d'azote ; il en est cependant qui ne renferment pas d'oxygène, telles sont principalement la nicotine, la conicine et la curarine. Tous ces corps présentent une certaine analogie avec l'ammoniaque, dans leur manière de se comporter avec les acides ; ainsi ils se combinent avec les hydrates des oxacides, et, quand ils sont privés d'eau de cristallisation, ils fixent les hydracides sans rien perdre de leur poids. La plupart sont cristallisables et non volatils ; quelques-uns seulement sont liquides et peuvent être distillés ; la plupart aussi sont peu solubles dans l'eau, mais facilement solubles dans l'alcool, dans l'éther, le benzol, l'acide amylique, le chloroforme. Ils bleuissent le papier de tournesol ; ils possèdent une saveur amère, mais il faut prendre des précautions pour éprouver leurs propriétés organoleptiques, à cause de l'action délétère de plusieurs. Ils sont précipités de leur dissolution par l'acide tannique, par l'acide phosphomolybdique, les iodures doubles de potassium et de mercure, de cadmium ou de bismuth ; ils sont chassés de leur combinaison avec les acides par les alcalis ou par la baryte hydratée. On les extrait, quand ils sont volatils, par la distillation avec un alcali, ou une terre alcaline : potasse, soude, chaux. Quand ils ne sont pas volatils, on les précipite de leurs sels par une base plus forte qui s'empare de l'acide et laisse l'alcaloïde libre.

Les alcaloïdes naturels dont la composition est connue forment le tableau suivant :

NOMS DES ALCALOÏDES	FORMULES REPRÉSENTANT LEUR COMPOSITION	PLANTES D'OU ILS SONT EXTRAITS
Conicine (cicutine).	$C^8H^{15}Az$	Ciguë (*Conium maculatum*).
Conhydrine........	$C^8H^{17}AzO$	Id.
Nicotine...........	$C^{10}H^{14}Az^2$	Tabac (*Nicotiana tabacum*).
Spartéine	$C^{15}H^{26}Az^2$	*Spartium scoparium*.
Morphine	$C^{17}H^{19}AzO^3$	Opium (suc du *Papaver somniferum*).
Codéine...........	$C^{18}H^{21}AzO^3$	Id.
Thébaïne..........	$C^{19}H^{21}AzO^3$	Id.
Papavérine........	$C^{21}H^{21}AzO^4$	Id.
Narcotine	$C^{22}H^{23}AzO^7$	Id.
Narcéine..........	$C^{23}H^{29}AzO^9$	Id.
Chélidonine	$C^{20}H^{19}Az^3O^3$	Id.
Quinine...........	$C^{20}H^{24}Az^2O^2$	Écorce du *Cinchona*
Cinchonine........	$C^{20}H^{24}Az^2O$	Id.
Bébirine (pélosine, buxine, paricine)..	$C^{19}H^{21}AzO^3$	Plusieurs plantes (*Nectandra Rodiei*, *Cinampelos pareira*, *Botryopsis platyphylla*, *Buxus sempervirens*).
Strychnine	$C^{21}H^{22}Az^2O^2$	Fruit du *Strychnos* (*Nux vomica*) et du *Strychnos Ignatii*.
Brucine.......... ...	$C^{23}H^{26}Az^2O^4$	Id.
Vératrine..........	$C^{32}H^{52}Az^2O^8$	Grains de cévadille (*Veratrum cebadilla*).
Jervine	$C^{30}H^{46}Az^2O^3$	Ellebore blanc (*Veratrum album*).
Berbérine.........	$C^{20}H^{17}AzO^4$	*Berberis vulgaris* (Épine-vinette).
Théobromine	$C^7H^8Az^4O^2$	Fèves de cacao.
Caféine (théine)....	$C^8H^{10}Az^4O^2$	Café.
Pipérine	$C^{17}H^{19}AzO^3$	Poivre (*Piper longum*, *nigrum*, *caudatum*).
Sinapine	$C^{16}H^{23}AzO^5$	Graines du *Sinapis alba*.
Harmaline.........	$C^{13}H^{14}Az^2O$	Graines du *Peganum harmala*.
Harmine	$C^{13}H^{12}Az^2O$	Id.
Cocaïne...........	$C^{17}H^{21}AzO^4$	Feuilles de l'*Erythroxylon coca*.
Atropine (daturine).	$C^{17}H^{23}AzO^3$	*Atropa belladona*, *Datura stramonium*, *Potassum nigrum*.
Physostygmine (ésérine)............	$C^{15}H^{21}Az^3O^2$	Fève de Calabar (*Physostigma venenosum*).
Hyoscyamine	$C^{15}H^{23}AzO^3$	Jusquiame noire ou blanche (*Hyoscyamus niger* ou *albus*).
Aconitine	$C^{33}H^{47}AzO^7$	Aconit Napel (*Aconitum Napellus*).
Émétine	$C^{15}H^{21}AzO^2$	Ipécacuanha (*Cephælis Ipecacuanha*).
Colchicine.........	$C^{17}H^{19}AzO^5$	Colchique (*Colchicum autumnale*).
Aricine	$C^{23}H^{26}Az^2O^4$	Quinquina d'Arica ou de Cusco.
Solanine	$C^{43}H^{71}AzO^{16}$	Pommes de terre (*Solanum tuberosum*, mais surtout *Solanum ferox*, dans la morelle (*Solanum nigrum*).
Curarine	$C^{10}H^{15}Az$	Curare.
Oxyacanthine......	$C^{32}H^{46}Az^2O^2$	Racine d'épine-vinette (*Berberis vulgaris*).
Sabadilline	$C^{41}H^{66}Az^2O^{13}$	Cevadille (*Veratrum sebadilla*).
Sanguinarine.......	$C^{17}H^{15}AzO^4$	*Sanguinaria Canadensis*.

Pour que les agriculteurs puissent tout de suite traduire en nombres les formules précédentes et comparer les compositions centésimales des alcaloïdes qui précèdent, nous rappellerons que C = 12, H = 1, Az = 14, O = 16. Les calculs sont dès lors faciles à faire ; ainsi pour la conicine $C^8H^{15}Az$, on a : carbone = 12 × 8 = 96, hydrogène = 15, azote = 14, et pour le total 125.

Il y a encore, parmi les chimistes, quelques désaccords sur les véritables formules pouvant convenir à quelques-uns des alcaloïdes qui précèdent, notamment à la berbérine, la jervine, la spartéine, la chélidonine, la pipérine, l'hyoscyamine, la solanine. Le nombre des alcaloïdes est très considérable, et il augmentera encore considérablement par l'application des recherches chimiques à beaucoup de plantes qui n'ont pas encore passé par les laboratoires. Voici une liste d'alcaloïdes dont l'étude est commencée, mais n'est pas assez avancée pour en assigner la formule et même en affirmer l'individualité absolue, en ce sens qu'ils peuvent se confondre peut-être avec d'autres, les mêmes alcaloïdes existant parfois dans plusieurs plantes différentes :

Agrostemmine (*Agrostemma Githago*),
Anthémine (*Anthemis arvensis*).
Apirine (*Coccos lapidea*).
Asarine (*Asarum europæum*).
Azadirine (*Melia azedarach*).
Belladonine (feuilles et tiges de la belladone).
Capsicine (*Capsicum annuum*).
Carapine (*Carapa* de la Guyane).
Castine (*Vitex agnus-castus*).
Chœrophylline (*Chœrophyllium bulbosum*)
Chélérythrine (*Chelidonum majus*).
Chiococcine (*Chiococca racemosa*).
Convolvuline (*Corydalis bulbosa* et *Aristolochia serpentaria*).
Crotonine (*Croton tiglium*).
Cusparine (*Cusparia febrifuga*).
Cynapine (*Æthusa cynapium*).
Daphnine (*Daphne gnidium et mezereum*).
Delphine (*Delphinium staphisagria*)
Elleborine (racine d'*Helleborus niger*).
Emétine (*Cephælis ipecacuanha*).
Esenbeckine (*Esenbeckia febrifuga*).
Eupatorine (*Eupatorium cannabium*).
Euphorbine (dans les Euphorbes).
Fagine (*Fagus sylvatica*).
Fumarine (*Fumaria officinalis*).
Glaucine (*Glaucium luteum*).
Glaucopicrine (dans la racine du *Glaucium luteum*).
Hédérine (*Hedera helix*).
Jamaïcine (*Geoffroya Jamaicensis*).
Lobeline (*Lobelia inflata*).
Ménispermine (coque du Levant, *Menispermum cocculus*).
Picrotonine Id.
Péreirine (*Pao pereira*).
Sépirine (*Nectandra Rodiei*).
Surinamine (*Geoffroya surinamensis*).
Sumbuline (*Sumbul*).
Violine (*Viola odorata*).

La découverte de la présence des alcalis parmi les principes immédiats extraits des végétaux, est due à Sertuerner qui, en 1804, signala la morphine dans l'opium. L'étude de ces principes basiques est une des plus intéressantes pour l'agriculture, puisque le cultivateur et les animaux domestiques qu'il élève ou qu'il entretient, se trouvent constamment exposés à l'action, soit favorable, soit dangereuse, des matières contenues dans les plantes.

ALCARAZAS (*économie domestique*). — Vase en forme de bouteille ou de carafe, en terre cuite poreuse, légèrement perméable à l'eau, et dont on se sert, surtout dans les pays chauds, pour rafraîchir l'eau employée aux usages domestiques. L'utilité des alcarazas repose sur la propriété que possèdent les liquides d'absorber, en se vaporisant, une quantité notable de chaleur qui devient latente ; cette chaleur est empruntée aux parois poreuses du vase et au liquide qui y reste. La propriété réfrigérante des alcarazas résulte donc uniquement de la transsudation qui a lieu à travers la texture peu serrée des parois de ces sortes de vases. L'eau contenue dans le vase se rafraîchit d'autant plus que l'évaporation à la surface est plus active ; c'est pourquoi on doit placer les alcarazas

Fig. 169. — Alcarazas de Valence.

dans un courant d'air sec et à l'ombre. Le degré de porosité du vase exerce une grande influence sur ses qualités. On trouve rarement une terre qui puisse convenir, dans son état naturel, à la fabrication des alcarazas; la terre de Malaga jouit de cette propriété. Les alcarazas fabriqués dans cette ville ne diffèrent des poteries communes que parce qu'ils ne sont pas vernis. En Andalousie, les fabricants mélangent à l'argile un vingtième de sel marin ; les vases ne reçoivent qu'une demi-cuisson. Lasteyrie a fait connaître le modèle de la forme arabe donnée aux alcarazas dans le royaume de Valence (fig. 169); il ajoute que, avec ces vases, on donne à l'eau, pendant les plus grandes chaleurs de l'été, une fraîcheur plus considérable de deux ou trois degrés que celle des puits les plus profonds.

ALCÉE (*botanique, horticulture*). — Plante de la famille des Malvacées, très répandue dans les jardins comme plante d'ornement. Cette plante, qui porte aussi le nom d'*Althée*, est originaire de Syrie, d'où elle paraît avoir été rapportée en Europe par les croisés. Elle appartient au genre Guimauve ; c'est la rose trémière (*Alcea rosea* Linné), désignée communément sous les noms de passe-rose, rose de mer, mauve-rose, etc. C'est une plante bisannuelle ou trisannuelle (fig. 170), parfois vivace, dont les tiges épaisses et poilues atteignent une hauteur de 2 à 3 mètres ; les feuilles sont cordiformes, grandes et rugueuses ; les fleurs s'épanouissent de juillet en septembre, en un long épi sur la tige ; elles sont grandes, tantôt simples, tantôt doubles, et leur couleur varie du blanc au cramoisi, au jaune foncé et même au noir. C'est une plante très ornementale et très recherchée dans la plupart des jardins. On en a créé un très grand nombre de variétés à belles fleurs doubles qui présentent une très grande richesse de couleurs : les principales teintes obtenues sont le blanc pur, le jaune, le rouge, le rose, le violet, lo pourpre, qui présentent en outre un grand nombre de nuances intermédiaires. Il en existe les collections très considérables ayant une assez grande valeur. L'alcée demande une terre franche, légère et substantielle ; d'après Vilmorin, on la multiplie de graines d'un an ou deux, en juillet et août, en pleine terre bien exposée ; on transplante en septembre et octobre. Pour conserver les variétés, surtout celles qui sont à fleurs doubles, on a recours à la multiplication par division des pieds ou au bouturage ; quelques amateurs ont même employé la greffe. On a adopté soit la greffe en fente, soit celle en placage. La greffe en fente est faite à l'automne ou au printemps sur racines d'alcée ou sur celles de guimauve. Quant à la greffe en placage, principalement usitée en Angleterre, elle est pratiqué surtout sur des racines

Fig. 170. — Alcée ou Rose trémière.

vigoureuses de variétés simples ou venues de semis ; elle doit se faire de bonne heure en automne. Les plantes greffées se ramifient beaucoup et donnent une grande abondance de fleurs serrées et de dimensions remarquables. — On recommande souvent d'entourer, dans les jardins, les pieds de roses trémières de plantes plus basses, végétant en touffes, qui garnissent l'espace laissé découvert par la dénudation qui se produit souvent sur la partie inférieure des tiges.

Parmi les variétés de cette plante, la plus remarquable est l'*Alcea sinensis* (guimauve de la Chine), dont les fleurs, grandes, sont panachées de blanc et de pourpre.

On a essayé d'extraire des racines de l'alcée une farine nourrissante assez sucrée. La tige étant fibreuse, on a fait, avec les fibres qui en proviennent, des essais de fabrication de tissus et de papier. Enfin elle fournit un principe mucilagineux émollient et adoucissant. — La rose trémière est le symbole de la fécondité, à cause du grand nombre de fleurs dont sa tige est parée.

ALCHÉMILLE (*botanique, agriculture*). — Genre de plantes herbacées, appartenant à la famille des Rosacées, dont plusieurs espèces sont communes, dans les champs, en France. Les tiges sont courtes et serrées ; les feuilles sont cordiformes, et un peu enroulées autour des tiges ; les fleurs sont disposées à la partie supérieure en fascicules ou en bouquets corymbifères. On en connaît plusieurs espèces. L'Alchémille commune (*Alchemilla vulgaris*), appelée pied-de-lion, à raison des lobes de ses feuilles, est répandue dans la plus grande partie de la France ; elle est considérée comme un bon fourrage, principalement dans les pâturages des régions montagneuses, où elle est recherchée par les animaux domestiques ; sa racine possède des propriétés vulnéraires et astringentes. — L'alchémille des Alpes ou argentée (*A. alpina*) se distingue par la forme et la couleur de ses feuilles. Leur partie supérieure est d'un beau vert, et elle est bordée d'une sorte de liséré blanc ; leur face inférieure est recouverte d'un duvet blanc, soyeux et satiné. Cette plante est délaissée par le bétail. Elle est souvent adoptée, dans les jardins, pour former des bordures aux plates-bandes ou aux pelouses.

ALCOOL (*chimie et technologie agricoles*). — Se dit plus particulièrement, dans le langage ordinaire, de l'esprit de vin. En général, c'est la liqueur obtenue par distillation de tout moût ou liquide sucré qui a été soumis à la fermentation. En terme de chimie, c'est le nom générique d'une classe de corps neutres, ayant des rôles et des propriétés chimiques analogues au rôle et aux propriétés de l'alcool de vin et dont les éléments constituants, carbone, hydrogène et oxygène, sont semblablement disposés. Pour distinguer l'alcool proprement dit des autres alcools chimiques, on le nomme indifféremment alcool ordinaire, alcool de vin, alcool vinique, alcool éthylique. Lorsqu'on ne fait suivre le mot alcool d'aucune spécification, on entend désigner l'alcool ordinaire.

Il y a lieu de dire d'abord quelques mots sur l'histoire de l'alcool, puis de donner quelques généralités sur le groupe des alcools, d'exposer ensuite les propriétés de l'alcool proprement dit, de faire connaître ses usages, de décrire enfin les procédés employés pour sa fabrication, procédés qui appartiennent tous à la technologie agricole.

I. *Histoire*. — Dans le langage scientifique de tous les peuples, on donne aujourd'hui le nom d'*alcool* au corps qu'on appelle esprit de vin, esprit ardent, eau-de-vie, quand il est étendu d'une certaine quantité d'eau. Pour indiquer que l'alcool est chimiquement pur, qu'il ne renferme plus d'eau, on dit qu'il est *absolu*.

On n'est réellement fixé sur l'identité incontestable de l'alcool de vin et des alcools de betteraves ou autres que depuis qu'on a pu faire avec certitude la détermination de sa formule (C^2H^6O), établie grâce aux procédés d'analyse organique élémentaire et immédiate que les travaux de Chevreul, Gay-Lussac, Dumas, Boussingault, Liebig ont fait connaître.

Le terme d'alcool, qu'on écrivait autrefois *al-ca-hol*, *al-ka-hol*, *alkolol*, *alkool*, *alcohol*, est un mot arabe qui signifie corps très subtil, corps très divisé. On l'employait primitivement pour désigner un très grand degré de ténuité qu'on donnait à certaines poudres. Ce nom était, par exemple, appliqué en Orient à la mine de plomb ou au sulfure d'antimoine qui sert encore aux femmes à se teindre les cils et le bord des paupières. C'est depuis Boerhaave qu'on s'est habitué à le réserver au principe subtil faisant la force du vin et des eaux de feu ou de vie. Il paraît que c'est seulement au douzième ou au treizième siècle qu'on a trouvé le moyen d'extraire du vin l'alcool plus ou moins pur, mais on n'est pas d'accord sur l'auteur de la découverte. Raymond Lulle et Arnauld de Villeneuve qui vivaient au treizième siècle, parlent tous deux de la quintescence ou de l'esprit qu'on retire du vin par des distillations successives. Raymond Lulle donne le moyen d'enlever au moins une partie de l'eau qui y reste à l'aide de l'alcali fixe. Quoi qu'il en soit, généralement on n'obtenait guère l'alcool que dans un grand état de faiblesse, et l'eau-de-vie n'était guère employée qu'à titre de médicament jusqu'au seizième siècle. Aujourd'hui on le fabrique, sur une très grande échelle, aussi concentré que cela est utile pour les nombreux emplois que l'on veut en faire. On ne le retire, il est vrai, que de liquides ayant éprouvé la fermentation dite alcoolique, liquides ayant tous pour origine des principes immédiats existant dans l'organisme. En 1853, M. Berthelot a fait la synthèse de l'alcool par l'hydratation du gaz oléfiant ou éthylène (C^2H^4), en faisant absorber ce gaz par l'acide sulfurique concentré, à l'aide de très nombreuses secousses, et distillant après avoir ajouté au produit huit ou dix fois son volume d'eau. Or, déjà M. Berthelot avait pu arriver à l'éthylène en partant directement du carbone et de l'hydrogène, de telle sorte que l'origine organique de l'alcool n'est plus regardée comme nécessaire. Dès lors, la théorie de l'alcool se rattachant au radical hypothétique éthyle a été adoptée par beaucoup de chimistes, mais elle n'est pas indispensable. Ajoutons que, quoique la chimie puisse faire de toutes pièces l'alcool, l'agriculture en demeure la source à cause de l'abondance et des bas prix des denrées qu'elle produit pour lui donner naissance avec une extrême facilité. L'alcool peut être considéré comme de l'hydrate d'éthylène ou combinaison d'eau (H^2O) avec l'éthylène (C^2H^4), ce qui donne bien la composition de l'alcool C^2H^6O (nous rappelons que H = 1, C = 12, O = 16). Avec ces données, il est facile de retrouver les relations qui existent entre l'alcool, l'aldéhyde, l'éther, l'acide acétique, et de remonter aux matières sucrées. Ce n'est qu'entre 1830 et 1840 que la lumière s'est ainsi bien faite sur toutes ces matières et que, avec le flambeau de la science, on a pu éclairer un grand nombre de phénomènes de la chimie organique au profit de la pratique de l'agriculture.

Ainsi l'alcool est toujours identique au fond à lui-même, qu'on le retire ou du jus de raisin fermenté, ou de l'agave d'Amérique, ou du bananier, ou de la carotte, ou de la betterave, du topinambour, de l'asphodèle, du sorgho, du maïs, du seigle ou des autres céréales, ou du riz, ou des pommes de terre, ou d'une foule de fruits. Il peut différer commercialement, à cause des matières étrangères avec lesquelles il est mélangé, mais chimiquement, dès qu'il est isolé, il est toujours un seul et même corps. Ainsi l'alcool ou le trois-six de Montpellier, l'eau-de-vie de Cognac ou d'Armagnac, l'eau-de-vie de marc de raisin, celle de cidre, le kirsch-wasser ou eau de noyaux de cerises, le marasquin de Zara, le gin, le whisky, le brandy d'Angleterre, d'Écosse, d'Irlande; le rhum ou rum de la Jamaïque, le tafia des Antilles, ne sont que de l'alcool avec de l'eau et de très petites quantités de quelques matières aromatiques ou extractives, ou salines qui rappellent leur origine.

II. *Groupe des alcools.* — C'est de 1835, époque à laquelle un travail de MM. Dumas et Péligot a fait connaître l'analogie qui existe entre l'esprit de bois et l'esprit de vin, que date la pensée qu'il devait y avoir une classe de composés nombreux dont l'alcool proprement dit ou alcool éthylique serait le type. Cette idée a été vérifiée un grand nombre de fois par des découvertes dont la fin ne saurait encore même être entrevue. Tous ces corps, nommés aussi des alcools, ont des propriétés chimiques analogues à celles de l'alcool au point de vue des réactions qu'ils présentent, des corps homologues qu'ils fournissent sous l'action des mêmes agents physiques et chimiques. Sans doute, quelques-uns de ces agents ont une utilité réelle au point de vue des applications, surtout des applications agricoles; mais dans les sciences expérimentales, on ne saurait à coup sûr prévoir le lendemain; le domaine de l'imprévu y est immense.

Tous les alcools, homologues de l'alcool proprement dit ou du type du groupe, ont, comme lui, la propriété de donner : 1° avec les hydramides, des éthers simples; 2° avec les oxacides, des éthers composés, en perdant de l'eau; 3° en s'oxydant, des produits analogues à l'aldéhyde et à l'acide acétique, que, dans les mêmes circonstances, fournit l'alcool vinique; 4° sous l'action de l'hydrate de potasse, l'acide correspondant à celui de l'acétate de potasse, avec dégagement d'hydrogène. Un parallélisme remarquable de réactions chimiques et une parfaite analogie dans la composition moléculaire caractérisent tous les alcools. Il n'y a pas intérêt pour l'agriculture à connaître les détails des théories que les études de ces corps ont suggérées aux chimistes, mais plusieurs alcools se rencontrant parmi les principes immédiats organiques, il est utile de les signaler. Voici le tableau des principaux, avec leurs formules chimiques où des équations permettent de constater qu'ils peuvent tous être représentés par des carbures d'hydrogène (C^mH^n, *m* et *n* pouvant être la série de tous les nombres entiers) avec un équivalent d'eau (H^2O) :

1.	Alcool méthylique (esprit de bois)	$CH^4O = CH^2,H^2O$.
2.	— acétylique	$C^2H^4O = C^2H^2,H^2O$.
3.	— éthylique (esprit de vin)	$C^2H^6O = C^2H^4,H^2O$.
4.	— allylique	$C^3H^6O = C^3H^4,H^2O$.
5.	— propylique	$C^3H^8O = C^3H^6,H^2O$.
6.	— butylique	$C^4H^{10}O = C^4H^8,H^2O$.
7.	— amylique (huile de pommes de terre)	$C^5H^{12}O = C^5H^{10},H^2O$.
8.	— caproïque	$C^6H^{14}O = C^6H^{12},H^2O$.
9.	— benzylique	$C^7H^8O = C^7H^6,H^2O$.
10.	— œnanthylique	$C^7H^{16}O = C^7H^{14},H^2O$.
11.	— toluique	$C^8H^{10}O = C^8H^8,H^2O$.
12.	— caprylique (octylique)	$C^8H^{18}O = C^8H^{16},H^2O$.
13.	— cinnamique	$C^9H^{10}O = C^9H^8,H^2O$.
14.	— cuminique	$C^{10}H^{14}O = C^{10}H^{12},H^2O$.
15.	— bornéolique (camphre de Bornéo)	$C^{10}H^{18}O = C^{10}H^{16},H^2O$.
16.	— mentholique	$C^{10}H^{20}O = C^{10}H^{18},H^2O$.
17.	— céthylique (éthal)	$C^{16}H^{34}O = C^{16}H^{32},H^2O$.
18.	— cholestérique (cholestérine)	$C^{26}H^{44}O = C^{26}H^{42},H^2O$.
19.	— cérique	$C^{27}H^{56}O = C^{27}H^{54},H^2O$.
20.	— mirycique	$C^{30}H^{62}O = C^{30}H^{60},H^2O$.

Un simple coup d'œil jeté sur ce tableau suffit pour que l'on comprenne les analyses de tous ces corps, en même temps que pour qu'on saisisse combien il a fallu de recherches ingénieuses pour les mettre en évidence, après que la science, entre le premier et le deuxième tiers du dix-neuvième siècle, a été en possession de moyens d'analyses élémentaires suffisamment exacts, sagaces et puissants. Il est utile, pour compléter cet aperçu, de dire quelques mots de la découverte de chacun des alcools :

1. La nature et les propriétés de l'*alcool méthylique* ou esprit de bois, nommé aussi alcool formique, ont été mises en lumière dans un travail publié en 1835 par MM. Dumas et Péligot. On le trouve parmi les produits de la distillation des bois. M. Berthelot en a fait la synthèse.

2. L'alcool acétylique a été obtenu par M. Berthelot dans ses études sur l'acétylène (voy. ce mot), mais cette étude est loin d'être achevée.

3. L'alcool du vin et du plus grand nombre des boissons dont l'homme fait usage depuis les temps les plus reculés a naturellement pris sa place dans le tableau qui précède; c'est la connaissance parfaite de ses propriétés qui a permis de jeter quelque lumière sur la détermination des autres alcools.

4. La découverte de l'alcool allylique est due à MM. Cahours et Hoffmann. L'acroléine (voy. ce mot) en est l'aldéhyde. Son éther existe dans l'essence d'ail.

5. L'alcool propylique ou propionique a été découvert, en 1853, par M. Chancel dans l'huile essentielle qui se sépare dans la rectification de l'eau-de-vie de marc; dans cette huile essentielle, on a trouvé quatre alcools : l'alcool propylique, l'alcool amylique, l'alcool caproïque et l'alcool œnanthylique.

6. L'alcool butylique a été découvert par M. Wurtz dans l'alcool amylique du commerce et dans les alcools de betterave.

7. L'alcool amylique, appelé aussi *huile de pommes de terre*, a été découvert par Scheele dans les eaux-de-vie de grains et de pommes de terre qui lui doivent leur odeur et leur saveur désagréables. Les travaux de MM. Dumas, Stas, Balard et Cahours en ont fait connaître la véritable nature et les propriétés.

8. L'alcool caproïque a été découvert, en 1853, par M. Faget, dans l'huile extraite du marc de raisin.

9. L'alcool benzylique a été trouvé dans l'essence d'amandes amères par M. Cannizzaro.

10. L'alcool œnanthylique a été obtenu, en 1862, par M. Faget, dans l'huile de marc de raisin où antérieurement il avait déjà trouvé l'alcool caproïque.

11. C'est aussi à M. Cannizzaro qu'on doit la découverte de l'alcool toluique.

12. L'alcool caprylique a été préparé, en 1851, par M. Bouis, par l'action de la potasse sur l'huile de ricin; on l'a retiré plus tard de l'huile de *Curcas purgans* et de l'huile essentielle des fruits de *Heracleum spondylium*.

13. L'alcool cinnamique a été obtenu par M. Simon, en 1839, en distillant la styracine avec une dissolution de potasse.

14. On a préparé l'alcool cuminique en traitant l'essence de cumin par une solution alcoolique de potasse.

15. L'alcool bornéol ou camphre de Bornéo s'extrait à Bornéo et à Sumatra du *Driobalanops aromatica;* l'aldéhyde du bornéol est le camphre ordinaire. L'essence de Bornéo, mélange de bornéol et de bornéine, est employée en médecine, dans l'Orient, pour combattre les affections rhumatismales.

16. L'alcool mentholique constitue la partie qui se solidifie quand on refroidit de l'essence de menthe poivrée.

17. L'alcool céthylique ou éthal a été découvert, en 1823, par M. Chevreul, dans le traitement du blanc de baleine ou spermaceti par la potasse; sa fonction d'alcool a été signalée en 1836 par MM. Dumas et Péligot.

18. C'est M. Berthelot qui a démontré que la cholestérine doit être considérée comme un alcool, mais c'est à M. Chevreul qu'il appartient de l'avoir découverte dans la bile de l'homme et des animaux.

19. L'alcool cérique, appelé aussi cérotique ou cérylique, a été obtenu, en 1840, par M. Brodie, dans de la cire de Chine.

20. C'est aussi à M. Brodie qu'est due la découverte faite, en 1849, de l'alcool mirycique, nommé aussi mélissique, dans la cire ordinaire des abeilles.

Une nouvelle extension a été donnée à la signification du mot alcool, en 1854, par M. Berthelot. Dans les alcools dont on vient de voir la liste et l'histoire de la découverte, aux carbures d'hydrogène divers se trouve combiné un équivalent d'eau, lequel est susceptible d'être remplacé par un acide monobasique. M. Berthelot a fait voir qu'il existe d'autres corps que l'on peut considérer aussi comme des alcools, mais dans lesquels, au carbure d'hydrogène, se trouvent combinés plusieurs équivalents d'eau pouvant être remplacés par plusieurs équivalents d'acides. Ainsi on connaît :

21.	Alcool diatomique.	Glycol ou éthiliglycol.	$C^2H^8O^2 = C^2H^4,2(H^2O)$.
22.	Alcool triatomique.	Glycérine .	$C^3H^8O^3 = C^3H^2,3(H^2O)$.
23.	Alcool tétratomique	Erythrite..	$C^4H^{10}O^4 = C^4H^2,4(H^2O)$.
24.	Alcoolpentatomique	Pinite....	$C^6H^{12}O^5 = C^6H^2,5(H^2O)$.
25.	Alcool hexatomique	Mannite...	$C^6H^{14}O^6 = C^6H^2,6(H^2O)$.

Sur la découverte de ces alcools, il convient de noter les circonstances suivantes:

21. C'est à M. Wurtz qu'il appartient d'avoir le premier obtenu le glycol.

22. La glycérine, découverte par Scheele, a été étudiée par M. Chevreul.

23. L'érythrite a été trouvée, en 1849, par M. Stenhouse, dans l'érythrine, principe immédiat de certains lichens et du *Protococcus* vulgaire.

24. La pinite est sécrétée par le *Pinus lambertiana*.

25. La mannite a été découverte par Proust, en 1806; on la trouve dans le midi de l'Europe, principalement dans la manne sécrétée par le *Fraxinus ornus* et le *Fraxinus rotundifolia*.

Ces exemples démontrent surabondamment la multiplicité des corps qui jouent un rôle semblable à celui de l'alcool du vin, ainsi que la variabilité excessive des propriétés accessoires spéciales de composés néanmoins appelés, par leur origine souvent commune, à se trouver en mélange, dans des alcools de vin, de betteraves, de graines, de pommes de terre, etc., livrés au commerce. Déjà les carbures d'hydrogène ou hydrocarbures, dont les alcools sont des hydrates, présentent des condensations bien différentes, comme on peut en juger par la liste suivante; on doit noter que tous les carbures d'hydrogène des alcools n'ont pas encore été isolés :

Acétylène.....	C^2H^2.....	gazeux.
Ethylène......	C^2H^4.....	gazeux.
Allylène......	C^3H^4.....	gazeux.
Propylène....	C^3H^6.....	gazeux.
Butylène......	C^4H^8.....	liquide bouillant à 3 degrés.
Amylène......	C^5H^{10}....	liquide bouillant à 31 degrés.
Capropylène...	C^6H^{12}....	liquide bouillant à 55 degrés.
Œnanthylène..	C^7H^{14} ...	liquide bouillant à 90 degrés.
Toluène.......	C^8H^8.....	liquide bouillant à 110 degrés.
Caprylène.....	C^8H^{16}....	liquide bouillant à 125 degrés.
Bornéène.....	$C^{10}H^{16}$....	liquide bouillant à 165 degrés.
Menthène	$C^{10}H^{18}$....	liquide bouillant à 163 degrés
Cérolène......	$C^{27}H^{54}$....	solide.
Mélissène.....	$C^{30}H^{60}$....	solide.

Si l'on remarque qu'aux divers alcools correspondent des aldéhydes, des éthers, des acides spéciaux, et qu'un grand nombre de ces corps peuvent se rencontrer simultanément dans un même liquide, on conçoit combien il est facilement explicable que des odeurs ou des saveurs particulières viennent modifier un alcool déterminé lorsque celui-ci provient d'origines différentes.

Il convient d'ajouter que, en ce qui concerne l'alcool vinique, il y a des chimistes qui doublent la formule ci-dessus donnée et écrivent $C^4H^{12}O^2$, et que d'autres encore, au lieu de partir d'un volume d'hydrogène pour les formules, partent de deux volumes pour l'unité et alors écrivent $C^4H^6O^2$.

III. — *Propriétés de l'alcool.* — De tous les liquides qu'on rencontre dans les arts, l'alcool vinique ou éthylique est le plus répandu, et c'est de tous les dissolvants le plus usuel après l'eau.

L'alcool pur ou absolu reste liquide depuis les températures les plus basses connues jusqu'à 78°,4, où il entre en ébullition sous la pression de 760 millimètres. Il est incolore, très fluide, d'une odeur forte, agréable; il a une saveur brûlante. Sa densité est de 0,794 à la température de 15 degrés, et de 0,809 à zéro. Il devient visqueux quand on l'expose à une température de — 100 degrés. A l'état de vapeur, sa densité est de 1,589. Il conduit mal l'électricité. Quand on l'expose à l'air, une partie se réduit en vapeur, et l'autre partie attire l'humidité de l'air; si l'exposition est prolongée, tout s'évapore.

Son indice de réfraction est de 1,336, c'est-à-dire un peu plus grand que celui de l'eau ; il infléchit donc davantage un rayon de lumière qui y pénètre. Sa dilatation totale de zéro degré à son point d'ébullition (78 degrés) est de 0,0934 ; par conséquent 100 centimètres cubes à zéro degré deviennent 109,34 à 78 degrés. Un volume d'alcool bouillant donne 488 volumes de vapeur, le volume de celle-ci étant évalué à la température de 100 degrés. Sa chaleur latente de volatilisation est de 208, c'est-à-dire qu'un gramme d'alcool à 78 degrés exige 208 unités de chaleur pour passer de l'état liquide à l'état de vapeur, et inversement dégage 208 unités de chaleur quand de vapeur il se condense en liquide. Sa chaleur spécifique est de 0,52.

L'alcool s'unit à l'eau en toutes proportions; de la chaleur se dégage, et le volume du liquide mixte obtenu est moindre que celui des liquides qui se sont unis. Versé sur de la glace pilée ou de la neige, en même temps qu'on agite, de l'alcool à la température de zéro peut faire descendre le thermomètre à — 37 degrés. Mélangé à l'eau, il constitue les eaux-de-vie. Pris en petite quantité à l'état d'eau-de-vie, c'est-à-dire étendu d'eau, il est tonique et excite le système musculaire; pris en plus grande quantité, il produit l'ivresse, et enfin, pris en excès, surtout lorsqu'il est concentré, il occasionne la mort. Injecté dans les veines, il est également mortel.

A cause de sa grande affinité pour l'eau, il agit comme un caustique sur la peau et surtout sur les tissus muqueux ; sa causticité diminue à mesure qu'il est plus étendu d'eau.

Il dissout de petites quantités de soufre et de phosphore, surtout à une température supérieure à 60 degrés; l'iode y est soluble en très fortes proportions. Il dissout en quantités notables la potasse et la soude et les alcaloïdes, un certain nombre de chlorures, quelques azotates, presque tous les sels déliquescents, le brome, les sulfures alcalins. Les carbonates de potasse et de soude y sont insolubles. Certains sels, tels que l'azotate de magnésie, s'y dissolvent et ensuite forment des cristaux qui sont de véritables alcoolates. Beaucoup d'acides s'y dissolvent, mais s'ils sont concentrés, surtout à chaud, l'alcool est décomposé. L'acide borique s'y dissout ; il en résulte une combinaison qui brûle avec une flamme verte. L'alcool dissout les résines et les corps gras, ainsi qu'un grand nombre d'autres principes immédiats des végétaux. Il coagule l'albumine et la gélatine. Il dissout un grand nombre de gaz. Ainsi, d'après les expériences de Théodore de Saussure, 100 volumes d'alcool d'une densité de 0,840 à 18 degrés absorbent : 4 volumes d'azote, 5 d'hydrogène, 14 d'oxyde de carbone, 16 d'oxygène, 127 de bicarbure d'hydrogène, 153 de protoxyde d'azote, 186 d'acide carbonique, 606 d'acide sulfhydrique, 11577 d'acide sulfureux. Le cyanogène et le protocarbure d'hydrogène s'y dissolvent aussi en plus forte proportion que dans l'eau.

A l'état anhydre et à froid, il ne dissout pas de sucre ; à la température de 78°,4, c'est-à-dire à l'ébullition, 100 d'alcool dissolvent 1,25 de sucre. Quand l'alcool est aqueux, son pouvoir dissolvant pour le sucre augmente ; 100 d'alcool à 83 degrés centésimaux dissolvent 25 de sucre. Le tableau suivant r nferme les quantités dissoutes à saturation par des liquides ayant des richesses en alcool croissant successivement de 10 en 10 pour 100.

RICHESSE DU DISSOLVANT EN ALCOOL	SUCRE DANS 100 CENTIMÈTRES CUBES A ZÉRO	A 14 DEGRÉS	A 40 DEGRÉS
0	85,80	87,50	105,20
10	80,70	81,50	95,40
20	71,10	74,50	90,00
30	65,50	67,90	82,20
40	56,70	58,00	74,90
50	45,90	47,10	63,40
60	32,70	33,90	49,90
70	18,20	18,80	31,40
80	6,40	6,60	13,30
90	0,70	0,90	2,30
97,4	0,08	0,36	0,50

La glycose est moins soluble dans l'alcool que le sucre. Tandis que l'eau, à la température de 17°,5, dissout 81,68 de glycose, l'alcool à 41 degrés centésimaux en dissout 48,30 ; à 62 degrés centésimaux, 19,01 ; à 74 degrés centésimaux, 8,81 ; à 90 degrés centésimaux, 1,97. La puissance de solubilité est beaucoup plus grande quand l'alcool est bouillant, c'est-à-dire à la température de 78°,4 ; à cette température, un mélange riche en alcool à 74 degrés centésimaux, dissout 136,9 de glycose ; et à 90 degrés centésimaux, il en dissout 21,74.

L'alcool peut être distillé sans éprouver la moindre altération ; il n'en est pas de même quand on le fait passer en vapeur dans un tube de porcelaine chauffé au rouge ; on obtient alors des produits très variés, selon les circonstances de l'application de la chaleur : de l'eau, de l'oxyde de carbone, de l'hydrogène, du gaz des marais (protocarbure d'hydrogène), du gaz oléfiant (bicarbure d'hydrogène), d · l'acétylène, avec dépôt de charbon et production de naphtaline, de benzine et d'acide phénique.

L'alcool, chauffé avec le contact de l'air, prend feu et produit, en brûlant avec une flamme bleue, de l'eau et de l'acide carbonique. Sa composition explique ce phénomène. Il ne contient en effet que du carbone, de l'hydrogène et de l'oxygène.

La flamme de l'alcool est colorée en pourpre par les sels de strontiane, en rouge par les sels de chaux, en vert par les sels de cuivre, ainsi que par l'acide borique, comme on l'a vu plus haut pour ce dernier corps.

La première analyse exacte qui en a été faite est due à Théodore de Saussure. La composition de l'alcool absolu est ainsi représentée :

Carbone	52,18	24	C^2
Hydrogène	13,04	6	H^6
Oxygène	34,78	16	O
	100,00	46	C^2H^6O

Ou bien encore 2 volumes de carbone, 6 d'hydrogène et 1 d'oxygène = 2 volumes d'alcool en vapeur; en effet, on a :

2 fois la densité de la vapeur du carbone	$0,8282 \times 2 = 1,6562$
6 fois la densité de l'hydrogène	$0,0692 \times 6 = 0,4154$
Une fois la densité de l'oxygène	1,1056
Total	3,1772

Or, 2 fois la densité de la vapeur d'alcool = 2 (1,589) = 3,178.

D'un autre côté, lorsqu'on ajoute les densités de la vapeur d'eau et du gaz oléfiant (éthylène, C^2H^4), on trouve :

Densité de la vapeur d'eau	0,623
Densité du gaz oléfiant	0,970
Total	1,593

c'est-à-dire, à très peu de chose près, la densité de l'alcool en vapeur.

Lorsqu'un fil de platine très fin est plongé dans un mélange de vapeur d'eau et de vapeur d'alcool, la combustion se fait lentement; cependant il se dégage assez de chaleur pour tenir le fil de platine en incandescence. Le produit principal de cette combustion est acide, très odorant et a été nommé acide lampique, acéteux et encore aldéhydique; c'est souvent un mélange d'aldéhyde (C^2H^4O) et d'acide acétique ($C^2H^4O^2$). Quand l'action oxydante s'est prolongée, il n'y a plus que de l'acide acétique, avec des traces d'éther acétique et d'acétal (voy. ces trois derniers mots). Toutes les oxydations lentes de l'alcool produisent les mêmes effets. Dans la fermentation acétique, l'alcool éprouve une combustion lente, analogue, sous l'influence d'un ferment particulier.

Le chlore attaque vivement l'alcool qui l'absorbe avec dégagement de chaleur; il peut y avoir inflammation sous l'action de la lumière; il se produit de l'acide chlorhydrique, de petites quantités d'acide carbonique, une substance d'apparence huileuse, une matière charbonneuse. Si la réaction est plus lente, il se forme de l'aldéhyde, de l'acétal, puis des combinaisons chlorées, dont la principale est le chloral.

Le potassium et le sodium agissent sur l'alcool en dégageant de l'hydrogène, et s'y dissolvent, de telle sorte qu'il en résulte des corps dans lesquels le métal remplace l'hydrogène.

Le chlorure de chaux, ou généralement le chlore en présence des alcalis, décompose l'alcool avec production de chloroforme et dégagement d'acide carbonique. Une solution alcoolique de potasse à laquelle on ajoute de l'iode, fournit de l'iodoforme et de l'iodure de potassium. Quand il est chauffé avec de la chaux potassée ou de la chaux sodée, l'alcool se transforme en acétate avec dégagement d'hydrogène. Il se forme de l'acétate de potasse et des matières résineuses, quand on abandonne longtemps à l'air une solution alcoolique de potasse.

L'acide sulfurique, selon son état de concentration, selon la température, et aussi suivant les proportions employées, donne lieu, avec l'alcool, à des réactions très variées, et l'on peut obtenir de l'acide sulfovinique (ou acide éthylsulfurique), de l'éther, du gaz oléfiant, etc. En mélangeant l'acide sulfurique concentré avec l'alcool, on produit un vif dégagement de chaleur, et il se forme de l'acide sulfovinique, selon l'équation

$$\underbrace{C^2H^6O}_{\text{Alcool}} + \underbrace{SO^3,H^2O}_{\text{Acide sulfurique concentré}} = \underbrace{C^2H^4(SO^3,H^2O)}_{\text{Acide sulfovinique}} + \underbrace{H^2O}_{\text{Eau}}$$

Quand on chauffe peu à peu le mélange d'alcool et d'acide sulfurique, il commence à passer à 80 degrés un peu d'éther et d'alcool; à 140 degrés, il ne passe que de l'éther; à 160 degrés, de l'éther et de l'eau; si la température s'élève encore, le mélange noircit et il se dégage de l'éthylène et de l'acide sulfureux. Boullay a découvert qu'en maintenant l'acide sulfurique à 140 degrés et en y faisant arriver d'une manière continue un mince filet d'alcool, on ne recueille dans le récipient que de l'eau et de l'éther ($C^4H^{10}O$), sans dégagement d'acide sulfureux. M. Williamson a fait voir que, dans cette belle expérience, l'acide sulfurique réagissant sur l'alcool, il se forme tout d'abord de l'acide sulfovinique selon l'équation ci-dessus, mais à la température de 140 degrés environ, l'alcool libre ajouté agit sur l'acide sulfovinique et le transforme en acide sulfurique par une réaction inverse, avec production d'éther:

$$\underbrace{C^2H^4(SO^3,H^2O)}_{\text{Acide sulfovinique}} + \underbrace{C^2H^6O}_{\text{Alcool}} = \underbrace{SO^3,H^2O}_{\text{Acide sulfurique}} + \underbrace{C^4H^{10}O}_{\text{Éther}}$$

L'acide sulfurique régénéré est susceptible d'agir sur une nouvelle quantité d'alcool pour former de nouveau de l'acide sulfovinique qui est décomposé à son tour par de l'alcool qui est encore ajouté, et ainsi de suite indéfiniment, une quantité limitée d'acide sulfurique pouvant servir à éthérifier une quantité considérable d'alcool. Les sulfates, l'acide perchlorique, l'acide phosphorique, l'acide arsénique sont aussi susceptibles d'éthérifier l'alcool.

L'acide nitrique, l'acide chlorhydrique, etc., changent l'alcool en des composés qu'on a nommés des éthers, mais qui diffèrent absolument du précédent. De même un grand nombre d'acides organiques chauffés avec l'alcool, soit seul, soit en présence de l'acide sulfurique, donnent naissance à des éthers spéciaux, avec élimination d'eau. Tous ces éthers sont distingués par le nom de l'acide qui a concouru à les préparer.

Il faut encore ajouter une propriété dont tout le monde comprendra l'importance : l'alcool bouilli durant quelques minutes avec du nitrate d'argent ou du nitrate de mercure et de l'acide azotique, donne naissance à des produits détonants connus sous le nom de *fulminates*. L'action de l'azotate (nitrate) acide de mercure sur l'alcool vinique est vive et rapide; il se forme des produits nombreux, notamment l'aldéhyde, les acides acétique et formique, les éthers des mêmes acides et de plus de de l'éther nitreux, de l'acide glycolique, etc.; si l'on opère sur une assez grande quantité du mélange, on obtient un dépôt de fulminate de mercure; le mercure est en partie ramené au minimum d'oxydation, et si l'on ajoute au mélange, après la réaction, un peu d'ammoniaque, on obtient un précipité noir d'autant plus abondant que l'alcool existait en plus grande quantité dans le produit examiné. Cette réaction est employée pour déceler la présence de l'alcool.

Ainsi trois composés principaux résultent de l'action des réactifs les plus communs sur l'alcool: ce sont l'aldéhyde, l'acide acétique et l'éther. On doit considérer l'aldéhyde comme le résultat de la déshydrogénation de l'alcool($C^2H^6O - H^2 = C^2H^4O$); l'acide acétique est produit par l'oxydation plus ou moins lente de l'alcool ($C^2H^6O + 2\,O = C^2H^4O^2 + H^2O$), avec dégagement d'eau en même temps que formation d'acide; l'éther est de l'alcool, moins de l'eau ($C^4H^{10}O = 2\,(C^2H^6O) - H^2O$). Ces trois dérivés sont caractéristiques. Mais il faut ajouter que, pour que ces propriétés non plus que celles qui sont signalées plus haut se manifestent, il n'est pas besoin que l'alcool sur lequel on opère soit absolu ou pur; l'emploi de ce dernier est une rare exception; on ne se sert jamais que d'alcool combiné avec une proportion d'eau plus ou moins grande. Il a été dit que ces dissolutions de l'alcool dans l'eau n'ont pas un volume qui correspond à l'addition des volumes des deux liquides mélangés, que le volume définitif est plus petit que la somme des volumes des deux liquides réunis, mais suivant une loi qui indique qu'il y a un maximum de densité pour un certain point du mélange, loi qui d'ailleurs n'est qu'expérimentale. C'est aux travaux de Gilpin, de Tralles et de Gay-Lussac, travaux qui se sont successivement vérifiés ou perfectionnés, qu'on doit la détermination définitive de la table qui indique la correspondance de la densité ou du degré aréométrique de la liqueur avec les proportions des volumes, ou bien encore des poids d'eau et d'alcool absolu mélangés à une certaine température, car la densité change naturellement pour l'alcool plus ou moins hydraté, comme pour tout autre liquide, avec la température marquée par le thermomètre qui s'y trouve plongé.

Lorsqu'on soumet à l'action du froid un mélange d'eau et d'alcool, une partie de l'eau se congèle : le phénomène se produit à une température d'autant plus basse que la quantité d'eau mêlée à l'alcool est plus faible. On augmente la force alcoolique des vins en les soumettant à la congélation ; il se forme, en effet, des glaçons d'eau pure qu'on peut enlever, de telle sorte que le vin s'améliore. A la température de 30 degrés au-dessous de zéro, les alcools à 50 degrés centésimaux ou 19 degrés Cartier deviennent visqueux et opalins ; à la température de 40 à 50 degrés au-dessous de zéro, ils deviennent solides et durs.

Les dissolutions d'alcool dans l'eau commencent à distiller à des températures d'autant moins élevées, sous la même pression atmosphérique, qu'elles sont plus riches en alcool ; cette propriété a été utilisée dans le but de connaître la richesse d'un liquide alcoolique. Elle est modifiée, dans certains cas, comme la densité elle-même, par la présence de matières étrangères. Ainsi que cela arrive pour l'eau et tous les liquides volatils, le point de température de l'ébullition s'abaisse d'ailleurs quand la pression atmosphérique diminue.

La table suivante, dressée par Greening et complétée par Otto, présente, à la fois et en regard, les points d'ébullition d'alcools de richesses diverses, avec les proportions en alcool que fournit la condensation des liquides distillés :

PROPORTION D'ALCOOL EN VOLUME DANS 100 VOLUMES DE LIQUIDE SOUMIS A L'ÉBULLITION	TEMPÉRATURE DE L'ÉBULLITION SOUS LA PRESSION DE 760 MILLIMÈTRES	PROPORTION D'ALCOOL EN VOLUME DANS 100 VOLUMES DU LIQUIDE PROVENANT DE LA VAPEUR CONDENSÉE
0	100,0	0
1	98,8	13
2	97,5	28
3	96,3	36
5	95,0	42
7	93,8	50
10	92,5	55
12	91,3	61
15	90,0	66
18	88,8	68
20	87,5	71
30	85,0	78
40	83,8	82
50	82,5	85
60	81,3	87
70	80,0	89
80	79,4	90,5
90	78,8	92

Dans le tableau suivant, dû à Stammer, sont donnés, d'une manière un peu différente, les points d'ébullition d'alcools ayant des richesses croissantes de 5 en 5 degrés centésimaux :

PROPORTION D'ALCOOL EN VOLUME POUR 100	POINT D'ÉBULLITION SOUS LA PRESSION DE 760 MILLIMÈTRES	PROPORTION D'ALCOOL EN VOLUME POUR 100	POINT D'ÉBULLITION SOUS LA PRESSION DE 760 MILLIMÈTRES
5	96,3	55	82,2
10	92,9	60	81,9
15	91,0	65	81,5
20	89,4	70	80,9
25	87,5	75	80,3
30	86,2	80	79,7
35	85,0	85	79,4
40	84,1	90	79,0
45	83,4	95	78,4
50	83,1		

Le tableau suivant est dressé pour donner la concordance de la température d'ébullition en degrés centigrades, avec la proportion d'alcool en poids dans 100 de liquide.

TEMPÉRATURE D'ÉBULLITION	ALCOOL POUR 100 EN POIDS	TEMPÉRATURE D'ÉBULLITION	ALCOOL POUR 100 EN POIDS
99,4	0	89,7	11
98,4	1	89,3	12
97,4	2	88,9	13
96,4	3	88,4	14
95,3	4	87,9	15
94,3	5	87,4	16
93,5	6	87,0	17
92,7	7	86,5	18
91,9	8	86,0	19
91.1	9	85,6	20
90,2	10		

Cette table n'a été dressée que pour la pression normale de 760 millimètres. D'ailleurs la relation entre la force alcoolique et la température de l'ébullition varie avec la nature du vase où l'on opère.

L'alcool pur ou absolu n'existe que dans quelques laboratoires ; on ne se sert généralement que d'alcools concentrés, et c'est leur degré de concentration qui détermine, dans le commerce et dans l'industrie, le nom qu'on leur attribue.

IV. — *Etat naturel de l'alcool.* — Ce liquide est extrêmement répandu ; il se produit naturellement dans un grand nombre de sucs, principalement de sucs végétaux, très souvent indépendamment des soins de l'homme qui concourent seulement à améliorer les conditions de sa formation. Tous les jus sucrés deviennent alcooliques par la fermentation.

V. — *Usages de l'alcool.* — L'alcool, à ses divers degrés de concentration, est le liquide le plus employé, après l'eau, dans l'industrie et dans l'économie domestique. Il n'est pas de ménage, si pauvre qu'il soit, si dévoué à la tempérance la plus sévère qu'il puisse se rencontrer, qui n'en consomme sous une forme ou sous une autre. C'est un dissolvant puissant pour un grand nombre de corps peu solubles ou insolubles dans l'eau, notamment pour une foule de principes immédiats organiques : résines, essences, alcaloïdes. La préparation des dissolutions alcooliques forme une grande partie de la pharmacie, de la parfumerie, ou bien constitue les industries de la fabrication des liqueurs de tous genres ; c'est la base du plus grand nombre des boissons, c'est aussi l'agent principal de la toilette. Il est la matière première de la fabrication de plusieurs liquides d'une grande utilité, le vinaigre, l'éther, le chloroforme, etc. Il sert à la préparation de la potasse et de la soude caustiques.

Il est employé comme chauffage dans des lampes spéciales, à cause de la grande quantité de chaleur qu'il dégage en brûlant. Il est aussi, par lui-même, un médicament à l'intérieur ou un agent de traitement à l'extérieur. Il sert à la fabrication des vernis et de certaines teintures. Il est employé pour la confection des thermomètres, principalement des thermomètres à basses températures, à cause de sa non-congélabilité ; pour cet usage, on le colore généralement.

Ses dissolvants sont partagés en quatre classes : les *alcoolats* qui sont obtenus par la distillation simultanée de l'alcool et des principes que celui-ci y maintient en dissolution ; les *alcoolés*, qui sont de simples dissolutions sans résidu de diverses matières solubles dans l'alcool ; les *alcoolatures*, qui sont le résultat de la dissolution des diverses parties fraîches des plantes dans l'alcool, avec pression et filtration pour séparer le liquide des résidus ; les *teintures alcooliques* obtenues par la macération de substances sèches dans l'alcool, puis expression et filtration. Beaucoup de liquides ainsi préparés sont très dangereusement toxiques.

VI. — *Dénominations des alcools commerciaux et des liquides alcooliques divers.* — Dans le commerce, on donne le nom d'alcools aux divers mélanges d'alcool et d'eau qu'on extrait, par la distillation, des liquides fermentés ; on les distingue par diverses appellations ayant pour but de les différencier suivant le degré ou suivant l'origine. On les nomme des *esprits* dès que la dose d'alcool atteint 60 à 70 pour 100. Quand ils sont destinés à être employés comme boissons fortes, on les appelle des *eaux-de-vie*, des eaux-ardentes, des eaux de feu, selon les peuples qui en font usage. Les liqueurs sont des eaux-de-vie aromatisées et sucrées. Les liquides non distillés sont appelés généralement des *vins*, et les liquides d'où l'alcool a été extrait des *vinasses*. — Voici la table des noms, des titres et des densités des divers alcools du commerce :

NOMS DES ALCOOLS	DEGRÉS CARTIER	DEGRÉS CENTÉSIMAUX	DENSITÉS à 15°
Eau-de-vie faible	16	37,0	0,957
Autre	17	41,0	0,951
Autre	18	46,0	0,947
Eau-de-vie ordinaire (preuve de Hollande)	19	50,0	0,935
Autre	20	53,4	0,930
Esprit Proof (preuve de Londres)	21	56,0	0,923
Eau-de-vie forte	22	59,0	0,916
Trois-cinq	29,5	78,0	0,870
Trois-six	33	85,0	0,850
Trois-sept	35	88,0	0,844
Alcool rectifié	36	89,0	0,837
Trois-huit	37,5	92,0	0,828
Alcool à 40 degrés	40	96,0	0,813
Alcool absolu	44,2	100,0	0,794

L'eau-de-vie *preuve de Hollande* ou à 19 degrés Cartier contient à peu près la moitié de son volume en alcool pur.

La définition de l'esprit de preuve (*Proof spirit*) est donnée par un acte du parlement anglais en date du 2 juillet 1816; c'est un esprit tel que, à la température de 51 degrés Fahrenheit (10°,56 centigrades), 13 volumes de cet esprit pèsent autant que 12 volumes d'eau pris à la même température.

On donne le nom de *trois-cinq* à l'esprit de 29°,5 Cartier, parce qu'en prenant 3 volumes de ce liquide et y ajoutant 2 volumes d'eau, on obtient environ 5 volumes d'eau-de-vie preuve de Hollande ou à 19 degrés.

L'*esprit trois-six* est l'alcool à 33 degrés, parce que 3 volumes mêlés à 3 volumes d'eau forment à peu près six volumes d'eau-de-vie entre 18 et 19 degrés.

L'*esprit trois-sept* est l'alcool à 35 degrés, parce que 3 volumes de cet esprit mêlés à 4 volumes d'eau forment 7 volumes d'eau-de-vie.

L'*esprit trois-huit* est l'alcool à 37°,5, parce que 3 volumes de cet esprit forment avec 5 volumes d'eau 8 volumes d'eau-de-vie.

On voit que les dénominations employées de trois-cinq, six, sept, huit, correspondent à cet usage de faire avec *trois* litres de l'esprit considéré, et 2, 3, 4, 5 litres d'eau, une quantité d'eau-de-vie de *cinq*, *six*, *sept*, *huit* litres. — Dans le même ordre d'idées, on emploie quelquefois les expressions d'esprit *cinq-six*, *quatre-cinq*, *trois-quarts*, *deux-tiers*, *quatre-septièmes*, pour définir des esprits auxquels il faut ajouter *un* ou *trois* volumes d'eau pour cinq, quatre, trois, deux, ou encore quatre d'esprit, afin d'avoir *six*, *cinq*, *quatre*, *trois* ou *sept* volumes d'eau-de-vie preuve de Hollande.

Dans l'industrie et le commerce des alcools, on appelle *flegmes* le produit de la première distillation des *vins de mélasses*, de *betteraves*, de *grains*, etc., c'est-à-dire tous les alcools industriels marquant de 18 à 19 degrés de l'aréomètre Cartier, ou de 46 à 50 degrés centésimaux, et contenant toutes les huiles essentielles, tous les éthers, etc., qui donnent au produit ce qu'on appelle le mauvais goût. On doit soumettre les flegmes à une nouvelle distillation qu'on appelle rectification, et qui fournit l'alcool dit rectifié, ou à 36 degrés Cartier ou 90 degrés à l'alcoolomètre centésimal. C'est sur cet alcool rectifié et contenant 90 volumes d'alcool absolu sur 100 volumes que les cours sont établis sur les principaux marchés où se traitent les affaires d'alcools. Les bons appareils de rectification fournissent des *bons goûts* marquant 40 degrés Cartier ou environ 96 degrés centésimaux ; ceux-ci ont une plus-value dans les cours, qui provient toujours de leur pureté : quant à leur excédent de richesse alcoolique, il en est tenu compte d'après la valeur du degré déduite du cours établi pour les 90 centièmes.

Selon les pays et selon la nature des moûts fermentés soumis à la distillation, on donne aux produits spiritueux des noms différents dont il est utile d'avoir une liste aussi complète que possible.

NOMS DES ESPRITS	MOÛTS FERMENTÉS D'OÙ LES ESPRITS SONT EXTRAITS PAR DISTILLATION	PRINCIPAUX PAYS DE PRODUCTION
Esprit de vin faible, eau-de-vie, cognac, armagnac, esprits de Montpellier, Béziers, de Saintonge, des Charentes, etc.	Vin de raisin.	France et Europe méridionale.
Eau-de-vie de marc.	Marc de raisin.	Tous les pays vignobles.
Esprit ou eau-de-vie de pommes de terre.	Pulpe, fécule ou glycose de pommes de terre.	France et Europe septentrionale.
Esprit ou alcool de betteraves.	Jus ou mélasses de betteraves.	France, Belgique, Allemagne, Autriche-Hongrie, Russie.
Alcool de maïs.	Maïs.	Amérique, France, Angleterre et une grande partie de l'Europe septentrionale.
Esprit ou eau-de-vie de riz.	Riz.	France et Europe septentrionale.
Watky.	Riz.	Kamtshatka.
Lau, samshu, chamchou, kneip, saki.	Id.	Siam, Chine, Japon.
Kao-liang.	Sève de Sorgho.	Chine.
Esprit ou eau-de-vie de grain.	Seigle, blé, avoine, orge, etc.	Europe septentrionale.
Genièvre ou gin.	Céréales avec baies de genièvre.	Id.
Schiedam.	Id.	Hollande.
Goldwasser.	Orge ou autres grains de céréales avec aromates.	Dantzig.
Whisky.	Orge, seigle, pommes de terre, prunelles sauvages.	Écosse, Irlande.
Kirschenwasser ou kirsch.	Cerises sauvages ou cerises écrasées avec leurs noyaux.	Vosges, Meurthe-et-Moselle, Allemagne, Suisse.
Quetchenwasser ou eau-de-vie de quetches.	Prunes dites quetches.	Alsace, Vosges, Allemagne, Hongrie, Pologne, Suisse.
Raki.	Prunes de toutes sortes.	Hongrie.
Arack	Toute liqueur fermentée, distillée.	Chez les Arabes et ensuite par extension en Portugal, à Bourbon, dans nos colonies, et d'un autre côté dans le Turkestan et en Perse.
Slivovitza.	Prunes mûres.	Autriche, Bosnie.
Marasquin.	Cerises appelées marasques.	Zara (Dalmatie).
Holerca.	Eau-de-vie de fruits et d'orge.	Transylvanie.
Troster.	Marc de raisin et graminées.	Bords du Rhin.
Rakia.	Marc de raisin et aromates.	Dalmatie.
Sekis-kayavodka.	Lie de vin avec fruits.	Scio.
Tépache.	Eau-de-vie de maïs ou de raisin.	Passo del Norte, État de Chihuahua (Mexique).

NOMS DES ESPRITS	MOÛTS FERMENTÉS D'OU LES ESPRITS SONT EXTRAITS PAR DISTILLATION	PRINCIPAUX PAYS DE PRODUCTION
Tafia.	Moût de la canne à sucre.	Antilles.
Rack.	Moût de la canne à sucre avec écorces aromatiques.	Hindoustan.
Chicha.	Jus de canne fermenté.	Côte de la Nouvelle-Grenade sur l'Atlantique.
Rhum ou rum.	Mélasse et écumes de sirop de canne	Antilles.
Bessabesse.	Mélasses impures.	Madagascar.
Cachaça.	Mélasse de canne.	Brésil.
Rum.	Sève de l'érable à sucre.	Amérique du Nord.
Rack.	Sève du cacaoyer.	Amérique du Sud.
Mahuari.	Bananes.	Mozambique.
Agua-ardiente.	Moût de jus à cannes ou vin de l'*Agave americana*.	Amérique du Sud.
Araki ou Rack.	Sève de palmier.	Égypte.

Ajoutons encore qu'on peut faire de l'alcool avec les bières et les cidres, puis les marrons, les glands, les figues, les caroubes, les baies de sureau, l'asphodèle, les topinambours, les dahlias, les carottes, les navets, les panais, le chiendent, le bois, etc.

Les boissons fermentées si multiples que l'on rencontre chez tous les peuples, renferment de l'alcool sans qu'il y ait eu distillation; cette quantité d'alcool est très variable, puisqu'elle s'élève de 3 à 21 pour 100 selon les espèces. L'alcool s'y trouve avec toutes les eaux et les substances solubles que le moût a pu y amener.

VII. *Fabrication de l'alcool.* — L'alcool se produit au moyen d'une liqueur sucrée qui éprouve ce qu'on appelle une fermentation; il faut ensuite le séparer du liquide dans lequel il reste à l'état de dissolution. De là quatre opérations successives dans la fabrication: 1° préparation du moût ou liquide sucré au moyen des matières premières avec lesquelles on se propose d'obtenir de l'alcool; 2° fermentation du moût ou production du vin; 3° distillation du moût pour obtenir ou le flegme, ou l'eau-de-vie, ou l'esprit fort brut; 4° rectification ou nouvelle distillation pour avoir l'alcool commercial. — Ces quatre opérations sont du ressort de la distillerie; une cinquième opération est nécessaire pour l'obtention de l'alcool absolu, mais elle ne se pratique que dans les laboratoires.

VIII. *Emmagasinage de l'alcool.* — Autrefois, l'alcool obtenu, soit dans les distilleries, soit dans les usines de rectification, était simplement logé dans des fûts en bois destinés à le recevoir; il en résultait des pertes sensibles, soit par coulage, soit par évaporation. L'agrandissement des usines qui produisent l'alcool brut ou l'alcool fin a eu pour conséquence de poser le problème des moyens à employer pour emmagasiner les produits, sans s'exposer à des pertes d'autant plus nécessaires à éviter qu'on opère sur de plus grandes quantités et sur des liquides d'une richesse alcoolique plus élevée. C'est ainsi qu'on a été conduit à loger l'alcool dans de grands réservoirs en tôle, hermétiquement clos; on a de cette façon rendu complètement insignifiante la perte par évaporation. Dans les distilleries bien montées, il existe:

1° Deux réservoirs, dont chacun contient le produit de douze heures de travail. Cette séparation des produits de douze heures en douze heures de travail se fait afin de permettre de contrôler les produits en magasin comme alcools de bon goût obtenus par chaque ouvrier distillateur, et afin de laisser à chacun de ces hommes la responsabilité du travail qu'il a surveillé ou dirigé.

Fig. 171. — Magasin aux alcools.

2° Un magasin général où se rend l'alcool, après qu'il en a été prélevé un échantillon, et que le garde-magasin a vérifié si le produit est irréprochable et s'il peut être mélangé aux alcools extra-fins. Dans le cas où un doute se manifeste sur la qualité, on met le produit dans un réservoir spécial, et si l'on reconnait un vice de fabrication, un défaut certain de la qualité, on ne le conduit pas au magasin des alcools; on le retravaille de nouveau, avant de l'y admettre.

Logé dans de grands réservoirs en tôle tels que ceux représentés par la figure 171, l'alcool peut y rester indéfiniment; mais, en général, il ne séjourne pas longtemps dans les distilleries. Sa vente est le plus souvent active. L'alcool, aussitôt que la vente en est faite, à des cours établis selon la richesse et la qualité, est soutiré dans ce qu'on appelle des *pipes*, qui sont construites en bois ou en fer, et ainsi logé est expédié chez les acheteurs qui sont les distillateurs liquoristes, les négociants en vins ou en eaux-de-vie, les parfumeurs, les fabricants de produits chimiques, etc.

IX. *Cours des alcools.* — Les cours de vente sont établis dans les bourses des principaux centres de production ou de commerce. Ils sont basés sur une richesse de 90 degrés centésimaux, avec une majoration en plus pour les qualités supérieures, une réfraction pour les qualités audessous de ce qu'on appelle le bon goût commercial ou courant. On trouvera dans le tableau suivant les prix moyens de l'esprit fin de première qualité à 90 degrés, à la Bourse de Paris, de mois en mois, depuis 1852. Ce tableau montre les taux élevés que le prix de l'alcool peut atteindre sur le marché ; il prouve aussi que les bas prix n'ont été que temporaires, qu'ils ne sont jamais descendus au-dessous du prix de revient, c'est-à-dire qu'ils ont toujours été rémunérateurs :

L'impôt sur l'alcool en France se monte à 156 francs par hectolitre, plus le double décime, ce qui fait en tout 186 fr. 25. Les droits sont en général réglés pour de l'alcool ramené par le calcul à 100 degrés centésimaux. Il faut en outre ajouter les taxes et surtaxes d'octroi dans les villes soumises au régime des octrois municipaux. A Paris, les droits perçus par hectolitre en nature à 100 degrés centésimaux sont ainsi établis, décimes compris:

Pour le Trésor......	186,25 francs
Pour l'octroi.......	79,80
Total...	266,05

ANNÉES.	JANVIER.	FÉVRIER.	MARS.	AVRIL.	MAI.	JUIN.	JUILLET.	AOUT.	SEPTEMBRE.	OCTOBRE.	NOVEMBRE.	DÉCEMBRE.	MOYENNES ANNUELLES.
1852.......	64,75	73,20	71,50	71,55	78,85	76,30	91,70	96,35	91,65	108,55	123,55	122,40	88.95
1853.......	119,05	116,30	107,70	108,15	99,50	97,25	119,99	128,70	171,35	162,50	171,20	186,80	132,36
1854.......	180,20	159,60	142,45	134,75	135,06	167,84	178,67	186,16	175,42	171,30	167,88	158,84	163,18
1855.......	132,21	129,33	131,66	129,54	128,88	127 11	124,37	127,84	121,20	113,85	109,64	110.90	123,88
1856.......	107,65	101,85	97,45	108,00	108,65	119,75	143,90	148,65	129,60	135,70	139,75	136,85	123,15
1857.......	126,70	121,70	122,70	123,25	119,50	111,75	114,85	108,45	105,85	107,95	78,18	73,07	109,49
1858.......	63,86	60,25	58,76	53,42	50,48	55,07	53,70	54,59	51,60	49,78	59,68	65,54	56,40
1859.......	67,90	69,13	67,90	67,60	83,67	93,68	86,04	85,56	94,81	105,84	103,36	92,87	84,86
1860.......	88,10	92,80	111,11	105,72	107,12	105,08	96,42	99,11	104,18	103,40	98,34	96,78	100,68
1861... ...	103,57	101,47	101,55	101,67	101,79	93,66	88,85	87,27	89,70	87,16	78,80	71,16	92,47
1862.......	75,19	75,60	74,31	75,63	66.63	68,52	73,50	79,24	82,21	74,83	67,57	62,73	72,99
1863.......	66,55	63,83	63,71	63,30	64,78	64,48	66,51	84,42	73,09	70,12	73,50	80,07	69,20
1864.......	84,54	74,96	73,82	73,38	75,12	69,01	62,95	68,85	70,95	70,68	61.17	62,55	70,91
1865.......	60,74	52,84	52,61	52,58	53,41	55,82	56,59	51,12	48,97	49,37	44,81	43,40	51,85
1866.......	43,16	44,71	47,90	51,38	53,48	53,71	56,01	47,95	60,63	60,03	60,37	60,34	53,30
1867.......	62,87	60,56	59,63	63,55	59,65	59,19	64,67	65,42	67,19	67,31	61,40	63,97	62,95
1868.......	64,54	70,04	79,46	85,14	86,17	82,90	72,05	77,32	74,09	62,06	74,06	73,85	75,55
1869.......	71,10	60,07	68,26	68,20	67,30	62,08	62,96	63,94	64,52	64,80	54,91	55,06	64,77
1870.......	54,73	57,74	61,88	61,95	65,06	70,30	64,90	60.40	50,97	60,36	66,92	76,85	62,09
1871.......	109,50	109,90	80,70	83,50	81,82	80,47	67,13	56.25	58,53	54,53	55,84	»	77,05
1872.......	55,60	52,25	52,10	54,00	52,87	51,10	50,56	49,31	53,10	54,53	66.84	56.90	53,51
1873.......	56,19	53,80	53,15	54,25	53,75	57,05	64,00	64,35	69,62	58,00	59,02	57,37	58,38
1874.......	68,00	64,75	64,80	64,19	61,15	63,87	67,69	69,30	71,12	73,50	72,05	62,50	77,73
1875.......	52,94	53,75	53,19	53,31	52,90	50,75	51,56	48,90	47.50	72,06	55,90	53,49	53,87
1876.......	44,50	46,50	46,00	46,25	47,75	45,00	44,25	45,75	50,50	44,75	43,50	43,50	45,68
1877.......	66,75	62,55	55,50	57,50	58,50	58.75	58,00	59,25	61,50	58,00	68,75	69,75	61,23
1878.......	58,00	57,50	60,50	59,50	60,50	59,00	59,00	62,00	62.00	60,00	58,00	57,75	59,45
1879.......	60,64	56,64	55,26	54,55	55,04	53,29	55.05	59,12	61,36	65,19	68,54	69,16	59,51
1880.......	69,41	73,88	74,66	74,07	69,99	65,78	62,80	62,25	62,41	63,53	60,65	61,29	66,73

Le prix moyen général pour les 29 années de ce tableau a été de 78 fr. 37.

X. — *Production, consommation, impôts.* — C'est à partir de 1852 que la production de l'alcool, à cause des hauts prix atteints alors, a pris une extension considérable et s'est effectivement fondée comme grande industrie. Maintenant la France produit annuellement un million et demi à deux millions d'hectolitres d'alcool, tant de vin de raisin que de betteraves, de mélasses, pommes de terre ou de grains, d'une valeur totale de 115 à 120 millions de francs. Un demi-million d'hectolitres est extrait par l'ancienne colonne du système Cellier, Blumenthal et Derosne, chauffée à feu nu ; le reste, soit un million à un million et demi d'hectolitres, est en grande partie obtenu au moyen des appareils Savalle, anciens et nouveaux. Sur cette production il y a 300000 à 400000 hectolitres pour l'exportation, le reste est destiné à la consommation intérieure, tant pour les boissons que pour les usages industriels. L'importation des alcools étrangers excède rarement 100000 hectolitres. Ces chiffres sont variables d'une année à l'autre suivant les récoltes de vin et de céréales. On compte en France 1400 à 1500 véritables établissements de distillerie, y compris les distilleries agricoles ; il y a en outre les bouilleurs de crû, dont le nombre varie considérablement d'une année à l'autre, selon l'importance de la récolte, et qui ne prennent une licence que pour avoir le droit de faire momentanément de l'eau-de-vie avec des vins, des lies ou des marcs.

En 1879, il a été introduit dans Paris 125212 hectolitres d'alcool vinique pur à 100 degrés ayant acquitté les droits suivants:

	francs.
Pour le Trésor...	23398957.41
Pour l'octroi......	9992579,00
Total...	33391536,41

L'alcool vinique employé pour l'industrie n'est pas assujetti aux mêmes droits, à la condition qu'il ait été dénaturé, c'est-à-dire amené dans un état tel qu'il ne puisse pas servir pour boisson. A Paris, la quantité d'alcool entrée pour l'industrie s'est élevée à 9314 hectolitres. Les droits sur l'alcool industriel dénaturé sont ainsi réduits, décimes compris, par hectolitre à 100 degrés :

	francs
Pour le Trésor........	37,50
Pour l'octroi...........	9,00
Total. .	46,50

L'alcool méthylique et toutes les huiles essentielles ne payent que 11 francs de droits par hectolitre.

Il faut au moins doubler ces chiffres pour avoir la consommation en eaux-de-vie et liqueurs de tous genres qui, pour être consommées en boissons, ne doivent pas marquer plus de 40 à 50 degrés centésimaux.

La consommation de la Grande-Bretagne, en

alcools, est de 900000 à 1 million d'hectolitres. L'impôt s'élève à 475 francs par hectolitre.—Aux États-Unis d'Amérique, l'impôt est de 270 francs environ.

La production des alcools dans les autres pays se répartit comme il suit : Allemagne, 4556000 hectolitres; Belgique, 625000; Pays-Bas et ses colonies, 125000; Danemark, 58000; Suède, 795000; Russie, 9375000; Autriche, 1800000; Italie, 375000; Espagne et ses colonies, 325000; Portugal, 12000; États-Unis d'Amérique, 5250000. Dans les pays septentrionaux de l'Europe, les grains, les pommes de terre et les betteraves sont les principales matières premières des alcools; dans le Midi, leur origine est surtout le vin.

XI. — *Préparation de l'alcool absolu.* — On ne prépare l'alcool absolu ou chimiquement pur que dans les laboratoires de chimie. On prend l'alcool le plus pur du commerce, qui est à 95 ou à 96 degrés centésimaux, et on le verse dans une cornue remplie déjà aux deux tiers de fragments de chaux ou de baryte, de manière à les couvrir avec le liquide. Au bout de quelque temps le mélange s'échauffe, parce que les bases (chaux ou baryte) enlèvent peu à peu l'eau à l'alcool. On laisse digérer pendant quelques heures, et l'on distille au bain-marie. On peut faire subir au produit obtenu une seconde opération identique pour avoir un alcool absolument pur. On a employé aussi dans le même but le carbonate de potasse et le chlorure de calcium fondu, qu'on laisse plusieurs jours en contact avec l'alcool ayant de 90 à 95 degrés, mais ces agents ne donnent pas des résultats aussi parfaits, surtout le chlorure de calcium, qui n'abandonne l'alcool qu'il absorbe qu'à une température assez élevée en en décomposant une partie.

XII. — *Purification chimique de l'alcool.* — On a proposé, afin d'obtenir de l'alcool pur, d'employer divers agents chimiques, au lieu de se servir des appareils rectificateurs qui ont été décrits plus haut, ou bien pour les compléter. En fin de compte, il faut toujours revenir à cette rectification.

L'agent désinfectant le meilleur pour les alcools est le charbon de bois, granulé en petits fragments uniformes, récemment calciné et refroidi à l'abri du contact de l'air, afin que ses pores ne soient pas saturées d'humidité, d'air et gaz divers. L'action de ce charbon n'est efficace que lorsque l'alcool n'est pas concentré ; celui-ci doit donc avoir été préalablement étendu d'eau jusqu'à ne plus marquer qu'une richesse de 12 à 15 degrés. On opère à froid ou à chaud : dans le premier cas on fait couler l'alcool à travers une couche de charbon un peu haute ; dans le second cas, on fait traverser aux vapeurs alcooliques une colonne de charbon. Au bout de quelque temps, le charbon n'agit plus et il faut le revivifier.

On a aussi conseillé d'employer 4 à 5 kilogrammes de savon de Marseille par hectolitre d'alcool de mauvais goût, avant de le soumettre à la distillation qui donne alors un haut degré et à peu près sans matières étrangères ; le même savon pourrait servir plusieurs fois, en ayant soin, à chaque opération, de le dépouiller par l'action d'une chaleur suffisamment élevée des principes odorants qu'il aurait absorbés.

La chaux, le carbonate de potasse et le carbonate de soude ont aussi été proposés. L'usage du carbonate de potasse (potasse perlasse) a été indiqué plus haut, mais dans le but seulement de neutraliser les acides des alcools bruts. Quant au chlorure de chaux, au manganate et au chromate de potasse, qui ont aussi été présentés comme de bons désinfectants, ce sont des oxydants qui masquent les odeurs des alcools de mauvais goût en y donnant naissance à d'autres produits ayant des odeurs et des saveurs moins désagréables, notamment à de l'aldéhyde. Il n'y a pas lieu de s'y arrêter.

Les huiles grasses agitées avec l'alcool lui enlèvent aussi des principes odorants; de même un corps poreux, du charbon de bois par exemple, ou de la pierre ponce contenant une certaine quantité d'huile grasse, peut servir de filtre désinfecteur pour un alcool impur qu'on soumet ensuite à une rectification. L'injection d'un courant d'air énergique à travers l'alcool, injection produite par une pompe, peut aussi enlever une partie des mauvais goûts.

Enfin on peut faire agir une dissolution alcaline sur les flegmes dans l'intérieur même de l'appareil rectificateur. Payen décrit ainsi ce procédé : « Les flegmes ayant de 55 à 60 degrés sont introduits, jusqu'au tiers de sa capacité, dans la chaudière de l'appareil rectificateur ; d'un autre côté, deux réservoirs supérieurs contiennent : l'un, de l'eau ordinaire, aussi pure que possible ; l'autre, une solution aqueuse, tenant en dissolution 2 kilogrammes de potasse perlasse par hectolitre. A l'aide d'un robinet et d'un tube aboutissant sur le troisième plateau, on fait arriver à volonté et à doses convenables cette solution alcaline pendant toute la durée de la rectification. On fait arriver en même temps sur le sixième plateau, c'est-à-dire sur le troisième à partir du précédent, un filet d'eau. A l'aide de ces dispositions, la solution alcaline agit d'une manière continue sur une petite quantité d'alcool encore peu riche au bas de la colonne ; aussitôt un lavage à l'eau pure, également continu, entraîne le liquide alcalin vers la chaudière, avec les produits aqueux des condensations effectuées sur les plateaux supérieurs. On doit déterminer à l'avance, par des tâtonnements, les proportions de potasse perlasse à employer selon la provenance des alcools, car pour avoir de bons résultats il faut s'arrêter aux doses alcalines efficaces les plus faibles. »

Le mieux est d'avoir des appareils rectificateurs qui, directement, donnent des alcools très fins. Les agents chimiques ne doivent servir que dans le cas de l'impuissance de la rectification pure et simple.

XIII. — *Extraction des huiles essentielles contenues dans les alcools infects.* — Les rectifications donnent des résidus alcooliques très chargés de principes étrangers, notamment d'alcool propylique bouillant vers 98 degrés et d'une densité de 0,820; d'alcool butylique bouillant à 107°,5 et d'une densité de 0,817; surtout d'alcool amylique bouillant à 132 degrés. Ces divers produits, plus ou moins infects, peuvent être utilisés, par exemple, pour l'éclairage des ateliers; il y a donc intérêt à les extraire. On commence par étendre d'eau les alcools infects dont il s'agit jusqu'à ce qu'ils ne marquent plus que 8 à 10 degrés centésimaux ; on y ajoute alors un lait de chaux, on agite fortement, et ensuite on laisse reposer. Au bout de quelque temps, les *huiles essentielles*, qu'on appelle vulgairement *huiles de fusel*, viennent surnager ; on soutire la partie inférieure qui peut être rectifiée, le plus souvent après un second lavage, pour fournir de l'alcool de bon goût; la partie supérieure donne les huiles lourdes qu'on peut employer dans l'industrie.

XIV. — *Dénaturation des alcools.* — Pour permettre les usages industriels de l'alcool, il a fallu trouver le moyen de faire subir une réduction notable aux taxes considérables qui frappent celui qui est employé pour la consommation en boissons (eaux-de-vie et liqueurs de tous genres). L'article 5 de la loi du 2 août 1872, qui régit en France la matière, porte les dispositions suivantes : « Le Comité des arts et manufactures déterminera pour chaque branche d'industrie les conditions dans lesquelles la dénaturation devra être opérée en présence des employés. » Les principaux produits qui ont été désignés pour la dénaturation sont l'alcool méthylique (esprit de bois), les huiles essentielles et les résines en proportions diverses.

Les procédés de dénaturation de l'alcool, adoptés en 1873 par le Comité consultatif des arts et manufactures, sont les suivants :

1° *Pour l'alcool à l'usage des fabricants de vernis.* — Mêler au liquide alcoolique présenté à la dénaturation 1 neuvième de son volume d'esprit de bois marquant 90 degrés au moins à l'alcoomètre et possédant une forte odeur empyreumatique. Cette odeur sera déterminée par la comparaison avec des types qui seront déposés au ministère des finances. Ces types seront conservés à l'abri de l'air et de la lumière. Ils devront être renouvelés au moins une fois par an, plus souvent, si les flacons où l'on conserve l'esprit de bois ont été ouverts souvent. — Le service pourra, en outre, exiger qu'il soit ajouté devant les employés une quantité d'huile essentielle ou minérale, de matière résineuse, ou autre substance destinée à la fabrication de vernis, en proportion des recettes adoptées par le fabricant.

2° *Pour l'alcool à l'usage des marchands de couleurs.* — Mélange d'esprit de bois et d'alcool en même proportion et de même nature que ci-dessus.

3° *Pour l'alcool à l'usage des fabricants de vinaigre.* — 1° Mélanger de l'alcool à 90 degrés au plus avec 15 ou 16 pour 100 de vinaigre à 7 degrés, et versement immédiat sur du vin ou sur de l'eau de manière que le nouveau mélange ne contienne pas au-delà de 14 pour 100 d'alcool ; 2° mélanger devant les employés avec les vins ou liquides en voie d'acétification de l'alcool ramené à 10 ou 12 degrés, en s'assurant au besoin que l'alcool ne pourra pas être extrait immédiatement des vases où se fait l'opération.

4° *Pour l'alcool à l'usage des fabricants de produits chimiques.* — *a.* Fabrication des éthers simples ou composés. — Mélanger à l'alcool à un degré quelconque, 10 pour 100 d'acide sulfurique à 66 degrés, ou 20 pour 100 d'acide à 54 degrés, en ayant soin que la température du mélange soit portée à 80 degrés du thermomètre centigrade pendant le temps le plus long qu'il sera possible au service de le constater. Il sera nécessaire de ne pas dépasser beaucoup cette température, afin d'éviter les dangers d'incendie, lorsque le mélange se fera en plein air. On réserve pour l'avenir l'emploi des résidus de la fabrication de l'éther lui-même comme dénaturant. On s'assurera que certains de ces résidus possèdent une odeur assez forte et assez tenace pour que leur emploi, s'il est adopté, ne puisse donner lieu trop facilement à de la fraude.

b. Fabrication du chloral. — Le chloral étant destiné à la consommation ou usage interne, ne doit pas être dégrevé.

c. Fabrication du chloroforme. — Il en sera de même du chloroforme.

d. Alcool pour les médicaments. — Les médicaments, quand ils sont à base d'alcool, l'élixir de Garus, l'eau de mélisse, la teinture d'arnica, l'eau-de-vie camphrée, etc., peuvent être considérés comme destinés à la consommation et doivent payer les droits entiers.

Dans le cas (et ce cas se présente) où un établissement produirait pour l'étranger de certains produits, par exemple la teinture d'arnica ou autre produit à base d'alcool, on applique les règles que les services des douanes et des contributions indirectes ont adoptées pour assurer la sortie de France des matières imposées.

Le Comité consultatif n'a pas eu besoin de se prononcer pour les cas où l'alcool se dénature ou se volatilise et se perd sous les yeux des employés du service ; c'est le cas de la fabrication des savons transparents.

ALCOOLAT. — Nom donné à tout produit liquide (médicament ou parfum ou même liqueur de table avec addition de sucre) qui résulte de la distillation de l'alcool proprement dit sur une ou plusieurs substances aromatiques, végétales ou animales. C'est ce qu'on nommait autrefois un esprit. Son caractère propre est d'être incolore et entièrement volatil. Il se compose d'alcool et d'huiles essentielles ou autres principes analogues. C'est ce qu'on appelle communément des esprits d'absinthe, d'anis, de roses, etc. On dit qu'un alcoolat est *simple* lorsque l'alcool n'a été distillé qu'avec une seule substance ; il est *composé* lorsque l'alcool a été chargé par la distillation des principes de plusieurs substances médicamenteuses. Les alcoolats ne donnent pas de résidus par l'évaporation, et ils ont cette propriété générale de fournir un nuage plus ou moins léger lorsqu'on en jette quelques gouttes dans l'eau, parce que les essences dissoutes dans l'alcool sont alors précipitées comme insolubles ou peu solubles dans le nouveau milieu liquide où elles tombent et où l'alcool se trouve tout d'un coup très dilué.

ALCOOLATE. — Combinaison de l'alcool ordinaire avec une autre substance, dans laquelle l'alcool semble jouer le rôle d'acide ou bien remplacer de l'eau de combinaison ou de cristallisation. On connaît notamment l'alcoolate de chloral qui est obtenu quand on ajoute peu à peu 31 grammes d'alcool absolu à 100 grammes de chloral liquide et anhydre ; il est employé comme potion calmante. On doit aussi citer les alcoolates de potasse et de soude, ceux du nitrate de magnésie, du chlorure de calcium, etc.

ALCOOLATURE. — Médicament qu'on obtient en faisant macérer des plantes fraîches avec de l'alcool. Les produits perdraient le plus souvent, en tout ou en partie, les propriétés actives qui les font rechercher si les plantes étaient desséchées.

On prépare les alcoolatures par deux moyens : l'un consiste à extraire le suc des plantes, à le mêler sans le clarifier à l'alcool et à filtrer après quelques jours de contact ; l'autre, qui est préféré parce qu'il donne des produits représentant mieux la plante employée, consiste à faire agir directement l'alcool sur la substance contusée. Les proportions sont de 1000 parties de plantes fraîches, contusées, auxquelles on ajoute 1000 parties d'alcool à 90 degrés. Après dix jours de contact, on passe avec expression et l'on filtre.

ALCOOLÉ. — On a proposé ce nom pour désigner des liqueurs alcooliques dans lesquelles l'alcool a été mélangé pour un usage quelconque avec des matières qui y sont solubles; aucun alcoolé ne fournirait d'extrait par la concentration, mais le plus souvent on confond les alcoolés avec les *teintures alcooliques*, et c'est ce que fait le *Codex*.

On appelle alcoolé de guano le mélange avec de l'alcool, avec du rhum ou avec de l'eau-de-vie, du suc d'une plante dite Huaco ou Guano (*Eupatorium satureiæfolium*), dont on fait usage contre la morsure des serpents venimeux.

Nous réserverons le nom d'alcoolé à toute dissolution simple ou mélange d'une substance solide ou liquide dans l'alcool, sans aucune autre manipulation, lorsqu'il n'y a pas réellement teinture ou coloration; mais nous ferons remarquer que les teintures alcooliques proprement dites ne doivent les couleurs sous lesquelles elles sont connues qu'à l'addition de matières colorantes faite à dessein pour les distinguer plus facilement, ce qui est une sage précaution lorsqu'on a affaire à des substances toxiques.

Cela étant dit, on n'a besoin que de signaler un petit nombre d'alcoolés.

L'*alcoolé d'acide nitrique* est appelé aussi l'*esprit de nitre dulcifié*, et par le Codex, *acide nitrique alcoolisé*. On le prépare avec 100 grammes d'acide nitrique à la densité de 1,31 et 300 grammes d'alcool à 90 degrés. On verse peu à peu l'acide nitrique sur l'alcool introduit préalablement dans un flacon à l'émeri. On débouche de temps en temps, pendant les trois premiers jours, pour donner issue aux gaz que l'action chimique peut développer. On conserve ensuite pour l'usage. On obtient 100 grammes d'acide nitrique à 1,31, en mêlant 71gr,5 d'acide nitrique monohydraté à 1,42 avec 28gr,5 d'eau. On emploie cet alcoolé comme diurétique.

L'*alcoolé d'acide chlorhydrique* a reçu les noms d'esprit de sel dulcifié, d'acide muriatique alcoolisé, d'alcool hydrochlorique. Il s'obtient par le simple mélange d'une partie d'acide chlorhydrique à 22 degrés avec 8 parties d'alcool à 90 degrés. On le regarde aussi comme diurétique.

L'*alcoolé d'acide sulfurique* constitue l'*eau de Rabel*, l'huile ou l'esprit de vitriol dulcifié, les gouttes acides toniques, la mixture d'acide sulfurique, l'acide sulfurique alcoolisé ou dulcifié. On le prépare, selon le Codex, en prenant 100 grammes d'acide sulfurique pur à 1,84 de densité, et 300 grammes d'alcool à 90 degrés. On introduit l'alcool dans un matras, et l'on y verse l'acide sulfurique par petites quantités à la fois, et en agitant avec soin le mélange, pour répartir uniformément la chaleur dégagée. Quand le mélange est refroidi, on ajoute 4 grammes de pétales de coquelicot; on laisse macérer pendant quatre jours, on filtre et l'on conserve dans un flacon bouché à l'émeri. Quelquefois on colore avec un peu de cochenille. C'est un agent énergique comme astringent, antiseptique et hémostatique. On l'administre à l'intérieur dans 125 grammes de boissons mucilagineuses, depuis quelques gouttes jusqu'à 1 gramme. On s'en sert quelquefois très étendu en injections, et on l'emploie pur pour arrêter l'écoulement opiniâtre du sang des morsures de sangsues. On fait un sirop de Rabel en en mettant quelques gouttes dans une dissolution sucrée. L'*élixir acide de Deppel* est un alcoolé d'acide sulfurique de 60 d'acide contre 300 d'alcool; l'*élixir de Haller* est obtenu par 150 d'acide et 150 d'alcool; on voit que l'eau de Rabel tient le milieu entre les deux. Au point de vue chimique, ce sont des mélanges d'alcool, d'acide sulfurique et d'acide sulfovinique.

L'*alcoolé d'ammoniaque* est l'esprit de sel ammoniac vineux, la liqueur d'ammoniaque vineuse, l'alcool ammonié ou ammoniacal, l'ammoniaque alcoolisée. On le prépare en versant 1 partie d'ammoniaque liquide dans 2 parties d'alcool à 90 degrés. On l'emploie à la dose de 20 à 40 gouttes dans une boisson sucrée. Il est excitant, diaphorétique. Il est à peu près identique à la liqueur ammoniacale de Dzondi, mais on prépare celle-ci en faisant arriver le gaz ammoniac dans l'alcool. En lui ajoutant 1 partie de teinture d'ambre sur 28, on a l'*alcool ammoniacal ambré*; 1 partie d'huile volatile de lavande, ou d'huile volatile de romarin, contre 23, on obtient l'*alcoolé d'ammoniaque lavandulé* ou *romariné*. — On prépare l'*alcoolé d'ammoniaque anisé* avec 24 d'alcool à 90 degrés, 1 d'huile volatile d'anis, 1 d'ammoniaque liquide; il n'y a qu'à agiter pour bien faire dissoudre. C'est un stimulant carminatif. On l'appelle liqueur ammoniacale anisée, ammoniaque anisée, esprit de sel ammoniac anisé, alcool ammoniacal anisé. — L'*alcool d'ammoniaque succiné* est aussi nommé: ammoniaque succinée, épyrète de succin ammoniacale, mixture d'ammoniaque et d'huile de succin, *eau de Luce*, esprit ou alcool ammoniacal succiné. On prend 15 d'huile de succin rectifié, 2 de savon blanc, 2 de baume de la Mecque, 375 d'alcool à 90 degrés. On fait macérer pendant huit jours, on filtre, et, à chaque partie, on ajoute 16 d'ammoniaque liquide étendue de son volume d'eau. On emploie cet alcoolé à l'extérieur dans les paralysies, les rhumatismes, les morsures d'animaux venimeux; on le fait aussi respirer avec précaution dans la syncope. C'est un stimulant antiseptique dont on peut administrer quelques gouttes dans un verre d'eau sucrée.

L'*alcoolé de camphre concentré* est l'esprit ou la teinture de camphre, l'alcool camphré. On le prépare, d'après le *Codex*, avec 100 grammes de camphre et 900 grammes d'alcool à 90 degrés. On fait dissoudre et filtrer. La pharmacopée de Londres met deux fois plus de camphre que le Codex français, celle de Prusse moitié. L'alcool camphré de Raspail se prépare avec 150 de camphre et 500 d'alcool à 95 degrés. L'alcoolé de camphre concentré sert en frictions et en fomentations, comme antirhumatismal et antiputride; il est aussi employé en applications contre les maux de dents. — L'*alcoolé camphré faible* est l'*eau-de-vie camphrée*; le Codex prescrit d'employer 100 grammes de camphre contre 3900 d'alcool à 60 degrés. On l'emploie fréquemment avec l'eau blanche, en compresses contre les contusions, les entorses, etc. On colore souvent le concentré avec du safran, et on l'appelle alors, surtout quand la dose de camphre est forcée, élixir camphré d'Hartmann, alcool camphré safrané, eau antipestilentielle. On colore le faible avec du coquelicot ou du caramel.

L'*alcoolé de potasse*, appelé teinture alcaline, soluté alcoolique de potasse, alcool potassé, s'obtient en faisant digérer durant quelques jours au bain de sable, 1 de potasse caustique, avec 8 d'alcool à 90 degrés.

L'*alcoolé de potasse carbonatée* se nomme aussi teinture de sel de tartre, soluté alcoolique de carbonate de potasse. On calcine le carbonate dans un creuset, on le pulvérise dans un mortier chaud, et l'on verse sur la poudre rapidement de l'alcool à 90 degrés en quantité suffisante pour dissoudre.

L'*alcoolé de savon*, appelé également essence, teinture ou alcool de savon, s'obtient, selon le Codex, avec 100 grammes de savon de Marseille, 5 de carbonate de potasse et 500 d'alcool à 60 degrés. On met le savon, coupé par petits morceaux, dans un flacon avec le carbonate de potasse; on ajoute l'alcool; on agite de temps en temps; après dix jours, on filtre. C'est un fondant contre les foulures et les entorses; on lui ajoute souvent de l'eau-de-vie camphrée. En y mêlant de l'eau de roses et divers alcoolats d'odeur agréable, on a les essences de savon des parfumeurs vendues pour la toilette.

ALCOOLIQUE. — Qui contient de l'alcool. Liqueur alcoolique, boisson alcoolique. Les boissons alcooliques les plus employées sont le vin, la bière, le cidre, le pulque (voy. AGAVE). On dit toutefois qu'on est adonné aux boissons alcooliques ou mieux aux liqueurs alcooliques, lorsqu'on boit surtout de l'eau-de-vie et des alcoolats plus ou moins forts de plantes aromatiques.

On dit teinture alcoolique pour signifier une dissolution le plus souvent colorée d'une matière quelconque, plus ou moins toxique, généralement médicamenteuse, dans l'alcool.

Il existe un grand nombre de teintures alcooliques dont plusieurs doivent être connues de tout agriculteur instruit. Les unes sont simples, les autres sont composées. Voici celles qu'indique le Codex.

La teinture alcoolique de *gentiane* se fait en prenant 100 grammes de racines de gentiane et 500 grammes d'alcool à 60 degrés; on fait macérer pendant dix jours; on passe avec expression; on filtre. On prépare de la même manière les teintures alcooliques de *bois de gaïac* (eau-de-vie de gaïac), de *bulbes de colchique*, d'*écorce d'oranges amères*, de fleurs d'*arnica*, de *noix de galle*, de *quassia amara*, de racine d'*aunée*, de racine de *colombo*, de racine d'*ipécacuanha*, de racine de *jalap*, de racine de *rhubarbe*, de squames, de *scille*. — La teinture de gentiane et celle de colombo sont de bons toniques et antiscrofuleux; on les fait prendre pures ou diluées, sucrées ou non sucrées. L'eau-de-vie de gaïac est surtout dentifrice ; cependant on la prend aussi comme antisyphilitique et antiarthritique.

La teinture de noix de galle est un astringent qu'on emploie à l'extérieur seulement dans des lotions, injections ou fomentations. La teinture de scille sert à l'extérieur comme liniment, à l'intérieur comme diurétique.

On prépare la teinture alcoolique de *quinquina* en introduisant 100 grammes de poudre de quinquina calisaya dans un appareil à déplacement dont la douille est garnie de coton ; on tasse convenablement, puis on verse (peu à peu et avec précaution) assez d'alcool à 60 degrés pour l'imbiber complètement. On ajoute alors peu à peu, toutes les heures ou environ, assez d'alcool pour déplacer celui qui mouille la poudre. On continue ainsi jusqu'à ce qu'on ait obtenu 500 grammes de liquide, et l'on filtre. On prépare de la même manière les teintures d'écorce de quinquina gris et d'écorce de quinquina rouge. Avec ces teintures alcooliques de quinquina, il est facile de préparer du vin de quinquina excellent et de la force que l'on veut, en mêlant 100 grammes à 200 grammes de la teinture obtenue avec un litre de bon vin. On prépare aussi de la même manière les teintures alcooliques de feuilles d'*absinthe*, de *belladone*, de *ciguë*, de *digitale*, de *jusquiame*, de *lobelia*, de *séné*, de *stramonium*, et celles de racine de *ratanhia* et de racine de *valériane*.

La teinture de quinquina entre avec avantage dans les gargarismes, les potions, les injections, les eaux dentifrices, les liniments, les fomentations. La teinture d'absinthe est stomachique et vermifuge. Les teintures de belladone, de ciguë, de jusquiame, qui sont fortement toxiques, ne doivent être employées qu'à la dose de quelques gouttes. La jusquiame de deuxième année donne seule une teinture active. La teinture de valériane est antispasmodique.

Pour faire la teinture alcoolique de *noix vomique*, on prend 100 grammes de noix vomique râpée et on les fait macérer pendant dix jours dans 500 grammes d'alcool à 80 degrés ; on passe avec expression et l'on filtre. On prépare de la même manière les teintures alcooliques d'*ellébore blanc* et de *girofles*.

La teinture alcoolique de *cannelle* s'obtient avec 100 grammes de cannelle de Ceylan, en poudre demi-fine, sur laquelle on opère avec de l'alcool à 80 degrés, comme pour faire la teinture de quinquina, jusqu'à ce qu'on ait recueilli 500 grammes de produit. Le même procédé sert à préparer les teintures alcooliques de racines de *gingembre*, de racine de *pyrèthre*, d'écorce de *cascarille*. Les teintures de cannelle et de gingembre sont des stomachiques qu'on fait entrer dans des potions. La teinture de pyrèthre entre surtout dans les dentifrices.

On fait la teinture alcoolique d'*aloès* avec 100 grammes d'aloès du Cap grossièrement pulvérisé, qu'on fait macérer pendant cinq jours dans 500 grammes d'alcool à 60 degrés ; on filtre ensuite. Par le même procédé, on obtient les teintures alcooliques de *cachou* et de *kino*.

La teinture d'aloès est très employée dans l'hippiatrique ; elle sert comme cicatrisant dans le pansement des plaies et ulcères ; c'est un des meilleurs moyens de guérir les brûlures.

Avec 100 grammes de semences de *colchique* pulvérisées, que l'on fait macérer durant dix jours dans 1000 grammes d'alcool à 60 degrés, puis en passant avec expression et filtrant, on prépare une teinture alcoolique de *colchique* plus constante dans sa composition que celle faite avec les bulbes secs. C'est un remède contre la goutte.

La teinture alcoolique de *cantharides* est préparée en faisant macérer, durant dix jours, 100 grammes de cantharides grossièrement pulvérisées dans 1000 grammes d'alcool à 80 degrés ; on passe avec expression et l'on filtre. C'est un aphrodisiaque ; on ne doit en prendre que quelques gouttes dans une boisson.

Pour avoir la teinture alcoolique de *castoréum*, on fait macérer pendant dix jours 100 grammes de castoréum dans 1000 grammes d'alcool à 80 degrés ; on passe avec expression et l'on filtre. On opère de même pour faire les teintures alcooliques d'*ambre gris*, de *cochenille* et de *musc*.

Les teintures de musc et d'ambre entrent à la dose de quelques gouttes dans les potions, et à la dose de quelques grammes dans les lavements, comme antihystériques.

La teinture alcoolique de *safran* s'obtient avec 100 grammes de stigmates de safran et 1000 grammes d'alcool à 80 degrés. On incise le safran, on ajoute l'alcool et on laisse en contact pendant dix jours, pour passer ensuite avec expression et filtrer. On prépare de la même manière la teinture alcoolique de *vanille*. La teinture de safran doit être conservée à l'abri de la lumière qui la décompose.

La teinture alcoolique de *benjoin* se fait en mettant 100 grammes de benjoin en larmes, grossièrement pulvérisés, dans 500 grammes d'alcool à 80 degrés ; on laisse macérer pendant dix jours en agitant de temps en temps, puis on filtre. Par les mêmes moyens, on a les teintures alcooliques d'*asa fœtida*, de *baume de Tolu*, d'*euphorbe*, de *gomme ammoniaque*, de *myrrhe*, de *résine de gaïac*, de *storax*, de *scammonée*, d'*opoponax*, de *baume du Pérou*, de *baume de la Mecque*.

Les teintures de benjoin, de baumes de Tolu, du Pérou, de la Mecque, de storax, sont surtout des parfums ; ils sont employés pour faire ce qu'on appelle le lait virginal.

La teinture d'asa fœtida entre dans quelques potions, mais surtout dans des lavements comme antihystérique.

La teinture d'euphorbe est employée en frictions.

La teinture alcoolique d'*iode* s'obtient en prenant 10 grammes d'iode et 120 grammes d'alcool à 90 degrés ; on fait dissoudre et l'on filtre. Elle est trè usitée contre les ulcères. En touchant les cors trois ou quatre fois en un jour avec un pinceau trempé dans cette teinture, on en amène rapidement la guérison.

On prépare la teinture alcoolique d'*aloès composée* ou *élixir de longue vie*, avec 40 grammes d'aloès du Cap, puis 5 grammes de chacune de ces sept substances : racine de gentiane, racine de rhubarbe, racine de zédoaire, safran, agaric blanc, thériaque. Sur toutes ces substances convenablement divisées et mélangées, on verse 2000 grammes d'alcool à 60 degrés, et on laisse macérer durant dix jours pour passer ensuite avec expression et enfin filtrer.

La teinture alcoolique de *raifort composée*, ou *teinture antiscorbutique* s'obtient en prenant, 200 grammes de racine fraîche de raifort, 100 grammes de semences de moutarde noire, 50 grammes de chlorhydrate d'ammoniaque, 400 grammes d'alcool à 60 degrés, 400 grammes d'alcoolat de cochléaria composé. On coupe la racine de raifort en tranches très minces ; on pulvérise la graine de moutarde et le chlorhydrate d'ammoniaque ; on laisse macérer le tout dans les liquides alcooliques pendant dix jours, on passe avec expression et l'on filtre.

Pour faire la teinture alcoolique de *gentiane composée* ou *élixir amer de Peyrilhe*, on prend 100 grammes de racine de gentiane, 30 grammes de soude et 3000 grammes d'alcool à 60 degrés ; on fait macérer pendant dix jours, on passe avec expression et l'on filtre. C'est un stomachique et antiscrofuleux.

La teinture alcoolique dite *vulnéraire* ou *eau vulnéraire rouge* se prépare avec 100 grammes de chacune des seize plantes suivantes : absinthe, angélique, basilic, calament, fenouil, hysope, marjolaine, mélisse, menthe poivrée, origan, romarin, rue, sarriette, sauge, serpolet, thym ; 100 grammes de sommités fleuries d'hypericum ; 100 grammes de sommités fleuries de lavande et 3000 grammes d'alcool à 80 degrés. On incise les plantes, on les fait macérer dans l'alcool pendant dix jours, on passe avec expression et l'on filtre. On l'emploie à l'extérieur contre les entorses et les contusions.

Pour obtenir la teinture alcoolique *balsamique* ou *baume du commandeur de Permes*, on commence par prendre 10 grammes de racine d'angélique, 20 grammes de sommités fleuries d'hypericum et 720 grammes d'alcool à 80 degrés. On verse l'alcool sur les substances convenablement divisées, et on laisse en contact pendant huit jours ; on passe alors avec forte expression, et l'on ajoute d'abord à la liqueur 10 grammes de myrrhe et 10 grammes d'oliban ; on laisse macérer comme précédemment, puis on ajoute : 60 grammes de baume de Tolu, 60 grammes de benjoin, 10 grammes d'aloès du Cap. On fait encore macérer dix jours et l'on filtre. C'est un remède populaire pour le pansement des coupures. Le *baume des Turcs* ne diffère que par du storax en plus, et l'angélique et l'hypericum en moins.

La teinture alcoolique de *jalap composée* ou eau-de-vie allemande s'obtient avec 80 grammes de racine de jalap, 10 de racine de turbith, 20 grammes de scammonée d'Alep, 960 grammes d'alcool à 60 degrés. On laisse macérer pendant dix jours et l'on filtre. Cette teinture est un bon purgatif à la dose de 15 à 60 grammes ; elle n'est autre que l'élixir purgatif officinal de Lavolley et que l'élixir tonique antiglaireux de Guillié ; seulement ce dernier est additionné de sucre.

Pour la teinture alcoolique d'*absinthe composée*, ou élixir stomachique de Stoughton, on prend 25 grammes de sommités sèches d'absinthe, 25 grammes de sommités sèches de chamædress, 25 grammes de racine de gentiane, 25 grammes d'écorces d'oranges amères, 15 grammes de rhubarbe choisie, 5 grammes d'aloès du Cap, 5 grammes de cascarille, 1000 grammes d'alcool à 60 degrés. On laisse macérer dix jours, on passe avec expression et l'on filtre. Cette teinture est stomachique, antiventeuse, vermifuge.

Les *gouttes amères de Baumé* se préparent en prenant 500 grammes de fève de Saint-Ignace râpée, 5 grammes de carbonate de potasse, 1 gramme de suie et 1000 grammes d'alcool à 60 degrés : on fait macérer pendant dix jours, on passe avec expression et l'on filtre. On emploie de une à huit gouttes de cette teinture dans une tisane amère contre les coliques venteuses.

Les *teintures alcooliques opiacées* sont indiquées par le Codex à la suite des précédentes. Ce sont : 1° la *teinture d'extrait d'opium* ou *teinture thébaïque* qu'on prépare en faisant dissoudre 10 grammes d'extrait d'opium dans 120 grammes d'alcool à 60 degrés par une macération suffisamment prolongée et filtrant ensuite ; 2° la *teinture d'opium camphrée* ou élixir parégorique de la pharmacopée de Dublin, qu'on fait en prenant 3 grammes d'extrait d'opium, 3 grammes d'acide benzoïque, 3 grammes d'huile volatile d'anis, 2 grammes de camphre, 650 grammes d'alcool à 60 degrés : on fait macérer pendant huit jours et l'on filtre : 10 grammes de cette teinture renferment 5 centigrammes d'extrait d'opium ; — 3° le *laudanum de Sydenham*, ou vin d'opium composé, qu'on obtient avec 200 grammes d'opium de Smyrne, 100 grammes de safran incisé, 15 grammes de cannelle de Ceylan concassée, 15 grammes de girofles concassés, 1600 grammes de vin de Malaga ; on coupe l'opium en petits morceaux et on le met avec les autres substances dans un matras, pour laisser macérer le tout pendant quinze jours, mais en agitant de temps en temps ; on passe, on exprime fortement et l'on filtre : 4 grammes de laudanum de Sydenham contiennent 50 centigrammes d'opium, ou 25 centigrammes d'extrait d'opium ; — 4° le *laudanum de Rousseau* qu'on prépare en prenant 200 grammes d'opium de Smyrne, 600 grammes de miel blanc, 3000 grammes d'eau chaude, 40 grammes de levûre de bière fraîche, 200 grammes d'alcool à 60 degrés ; on divise l'opium et on le fait dissoudre dans l'eau chaude ; on ajoute le miel, puis la levûre de bière, et on met le tout dans un matras que l'on expose à une température constante de 25 à 30 degrés jusqu'à ce que la fermentation soit complètement terminée ; on filtre la liqueur, on évapore au bain-marie jusqu'à ce qu'elle soit réduite à 600 grammes ; on laisse refroidir et l'on ajoute les 200 grammes d'alcool ; après vingt-quatre heures on filtre de nouveau : 4 grammes de laudanum de Rousseau correspondent à 1 gramme d'opium et à 50 centigrammes d'extrait d'opium ; — 5° les *gouttes noires anglaises* (Black drops) que l'on obtient avec 100 grammes d'opium de Smyrne, 600 grammes de vinaigre distillé, 8 grammes de safran, 25 grammes de muscades, 50 grammes de sucre ; on divise l'opium, on pulvérise grossièrement les muscades et on incise le safran ; on met le tout dans un ballon de verre avec les trois quarts du vinaigre en agitant de temps en temps ; on chauffe au bain-marie pendant une demi-heure, on passe et l'on exprime fortement ; on ajoute sur le marc la quatrième partie du vinaigre, et, après vingt-quatre heures du contact, on exprime de nouveau à la presse ; on réunit le liquide écoulé en premier, puis on filtre ; on ajoute le sucre, et l'on fait évaporer au bain-marie jusqu'à réduction à 200 grammes. La liqueur refroidie doit marquer environ 1,25 au densimètre ou 29 degrés Baumé ; la goutte noire ainsi pré-

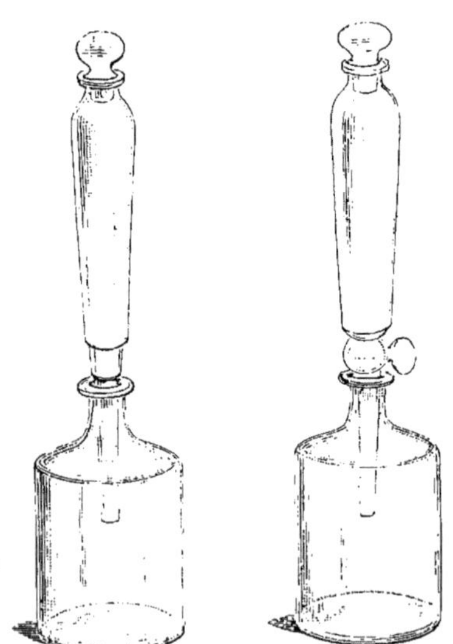

Fig. 172. — Appareil à déplacement ordinaire pour la préparation des teintures alcooliques

Fig. 173. — Appareil à déplacement muni d'un robinet.

parée présente la moitié de son poids d'opium ou le quart d'extrait d'opium ; c'est-à-dire que 1 partie équivaut à 2 parties de laudanum de Rousseau et à 4 parties de laudanum de Sydenham. On voit qu'il faut bien se donner de garde de confondre les teintures opiacées et, dans tous les cas, ne jamais les employer qu'avec une grande attention et à des doses bien mesurées.

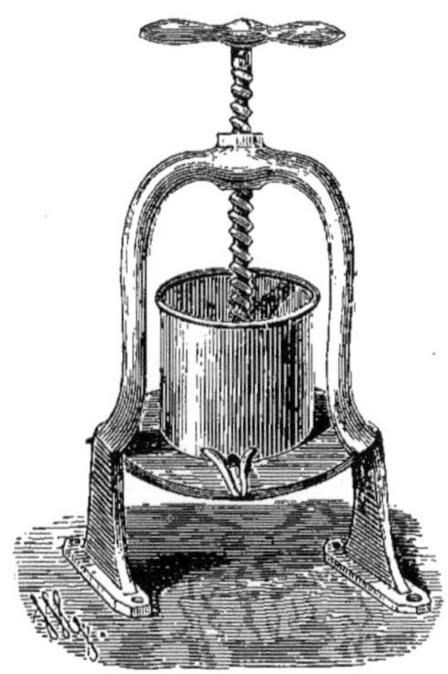

Fig. 174. — Presse pour teintures alcooliques.

On conçoit qu'il est très facile de varier à l'infini les teintures alcooliques pour y faire dissoudre à doses plus ou moins fortes les principes actifs des plantes. Les procédés qui viennent d'être décrits

Fig. 175. — Presse à manchon en verre pour teintures alcooliques.

seront toujours les mêmes; on devra modifier les doses selon l'énergie de l'action qu'on désirera obtenir et que l'on devra d'ailleurs étudier pour beaucoup de plantes encore non essayées. Il y a là un champ très vaste pour des recherches nouvelles. Les procédés à employer pour la préparation des teintures se résument d'ailleurs à deux seulement : 1° le déplacement, 2° la pression.

On applique le déplacement pour enlever à toutes les matières sèches, aux écorces notamment, leurs parties solubles dans l'alcool. L'appareil représenté par la figure 172 donne de très bons résultats.

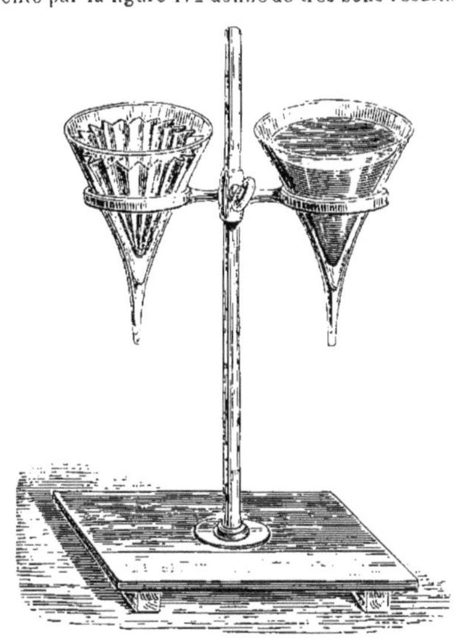

Fig. 176. — Filtre rond et filtre à plis pour les teintures alcooliques.

C'est une sorte d'allonge en verre qu'on ferme à la partie supérieure par un bouchon non hermétique, afin que l'eau puisse arriver sans difficulté au fond et à mesure de l'écoulement du liquide, et qui repose sur le col d'un flacon destiné à recevoir ce liquide ; on peut mettre un robinet pour laisser le dissolvant en contact prolongé avec la matière à épuiser avant de laisser écouler la teinture

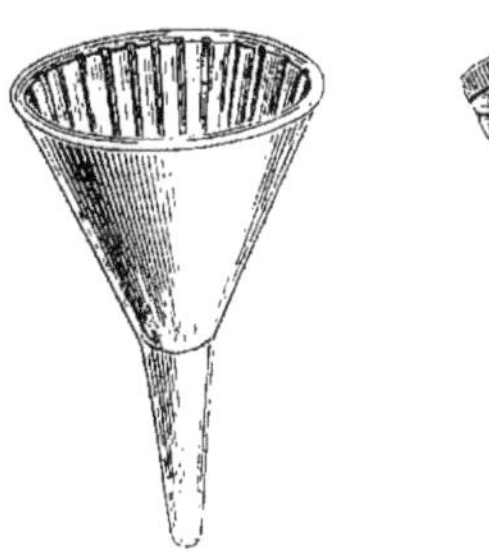

Fig. 177. — Entonnoir à cannelures intérieures.

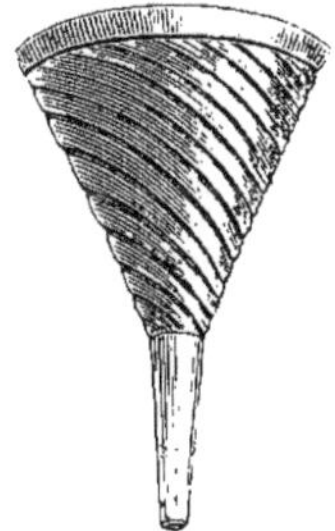

Fig. 178. — Entonnoir cannelé en spirales.

(fig. 173). Pour passer et exprimer, on emploie une petite presse telle que celle représentée par la figure 174 ; une vis permet d'augmenter autant qu'il est nécessaire l'effort propre à séparer tout le liquide du tourteau restant. Ce liquide s'écoule par une ouverture ménagée à la partie inférieure. On se sert aussi de presses à manchon en verre, dont la figure 175 donne un modèle. Dans cet appareil, la pression est obtenue par une vis tournant dans un écrou fixe adapté au couvercle, et disposé de manière à reposer sur deux poignées latérales. Le manchon de verre est muni de petites ouvertures nombreuses par lesquelles le liquide s'échappe.

On filtre dans des filtres en papier non collé dit papier joseph qu'on dispose dans un entonnoir en verre (fig. 176) soit plissé, soit plié en quatre et qu'on ouvre en rond en faisant en sorte que les quatre plis se recouvrent. Au lieu d'entonnoir en verre ou en cristal unis, on peut se servir avec avantage d'entonnoirs présentant des cannelures intérieures (fig. 177) ou mieux des spirales (fig. 178), afin que le papier ne soit pas en contact avec les parois de l'entonnoir par un trop grand nombre de points, ce qui ralentit considérablement l'écoulement du liquide.

ALCOOLISATION. — Addition de l'alcool dans un liquide, ou bien développement dans ce liquide des propriétés qui caractérisent l'alcool. Ainsi un moût de vin s'alcoolise par la fermention, et l'on peut l'alcooliser en y ajoutant de l'alcool tout préparé. On fait l'alcoolisation des vins du Midi pour pouvoir les soumettre avec plus de sécurité à de longs voyages.

ALCOOLISÉ. — Se dit d'un liquide dans lequel on a ajouté ou dans lequel s'est développé de l'alcool. On se sert en chirurgie d'un bandage gélatiné et alcoolisé; on met 200 grammes de gélatine concassée avec 150 grammes d'eau dans un simple pot de grès et l'on chauffe à une douce chaleur; au moment de s'en servir pour l'étendre sur du linge avec un pinceau, on y ajoute 100 grammes d'alcool. On a un bandage qui se solidifie en une heure ou deux et que l'on peut inciser et resserrer avec facilité.

ALCOOLISER. — C'est ajouter de l'alcool à un autre liquide avec lequel il se mêle. — Le commerce demande de pouvoir alcooliser les vins français en franchise de droits pour lutter plus facilement contre la concurrence étrangère. Il faut alcooliser le vin dans les années où le moût est peu riche; on le fait, soit par addition de sucre à la cuve, avant la fermentation, soit par addition de l'alcool nécessaire pour remonter le degré à son taux moyen.

ALCOOLISME. — Maladie produite par l'abus des boissons alcooliques. Cette maladie peut être chronique ou aiguë: dans le dernier cas, elle est le *delirium tremens;* dans le premier, elle se manifeste par un trouble général des fonctions digestives, par des vertiges, du vacillement dans les jambes, des tremblements dans les mains, de l'hésitation dans la langue, du bégayement, etc. C'est surtout l'emploi des eaux-de-vie et des fortes liqueurs, à la dose de plusieurs petits verres par jour, qui conduit à ce fléau. Il faut proscrire résolument dans les campagnes l'usage de plus de trois petits verres par jour, surtout si l'alcool contient des impuretés formées par des corps toxiques, ainsi que cela a lieu trop souvent.

La présence, même en petite quantité, des alcools de diverse nature et d'éther, d'acétone ou d'aldéhyde dans l'alcool éthylique ou ordinaire, exerce, en effet, sur l'organisme animal une action toxique plus considérable que celle due à cet alcool pur. C'est un fait que l'on admettait généralement, mais qui a été mis hors de doute et mesuré, en quelque sorte, par les recherches expérimentales importantes exécutées en 1878-1880 par MM. les docteurs Dujardin-Baumetz et Audigé. Les divers alcools (voyez le mot ALCOOL, p. 176) qui ont été essayés peuvent être rangés dans l'ordre suivant, en commençant par les plus toxiques : 1° alcool acétylique (C^2H^4O); 2° alcool amylique ($C^5H^{12}O$); 3° alcool butylique ($C^4H^{10}O$); 4° alcool propylique (C^3H^8O); 5° alcool méthylique ou esprit de bois (CH^4O); 6° alcool acétylique (C^2H^4O); 7° alcool caprylique ($C^8H^{18}O$); 8° alcool œnanthylique ($C^7H^{16}O$); 9° la glycérine ($C^3H^8O^3$); 10° l'alcool éthylique ou esprit-de-vin (C^2H^6O). La solubilité des alcools en rendant plus facile leur pénétration dans l'économie, joue un rôle très manifeste dans leur puissance toxique qui a pour périodes successives : ébriété ou excitation, résolution ou abattement, collapsus ou hébètement et absence de mouvements musculaires qui n'obéissent plus au cerveau. Avant ces deux derniers phénomènes, il y a abaissement de température et convulsions. M. Dujardin-Baumetz classe les eaux-de-vie du commerce dans l'ordre croissant suivant sous le rapport toxique, c'est-à-dire, en commençant par les moins dangereux : 1° alcools et eaux-de-vie de vin; 2° eaux-de-vie de poiré; 3° eaux-de-vie de cidre et eaux-de-vie de marcs de raisin; 4° alcools et eaux-de-vie de betteraves; 5° alcools et eaux-de-vie de grains; 6° alcools et eaux-de-vie de mélasse de betteraves; 7° alcools et eaux-de-vie de pommes de terre. Il est bien entendu que, quand les alcools ont été purifiés, c'est-à-dire privés des alcools étrangers et des éthers, ils reviennent tous au minimum de l'action toxique. C'est dans les pays scandinaves, où l'on fait une consommation exclusive d'eaux-de-vie de pommes de terre (contenant le plus d'alcool amylique), que l'alcoolisme atteint sa plus grande intensité.

ALCOOLOSCOPE. — Instrument à employer, soit pour reconnaître le degré de pureté de l'alcool vinique, soit pour reconnaître sa présence dans un mélange quelconque; il ne faut pas le confondre avec l'alcoomètre qui est destiné à indiquer la force en alcool d'un mélange d'alcool et d'eau.

Il existe plusieurs alcooloscopes : les principaux sont : l'un, de M. Savalle, pour reconnaître la présence des huiles étrangères dans un alcool, pour en mesurer la portée ; l'autre, de M. Jacquemart, pour reconnaître la présence de l'alcool vinique dans un mélange et en apprécier plus ou moins approximativement la quantité. Ces instruments consistent tous deux dans des boîtes ou des *nécessaires* qui contiennent les réactifs qu'on doit employer et les ustensiles très simples dont il faut se servir; ils vont être décrits dans les développements donnés sur l'alcooloscopie.

ALCOOLOSCOPIE. — Nous avons donné ce nom à l'art : ou bien de déterminer les matières étrangères qui peuvent se rencontrer dans un alcool du commerce, ce que nous appelons *alcooscopie directe*, ou bien de déceler la présence de l'alcool dans un produit quelconque, ce que nous désignons par le nom d'*alcooloscopie inverse.*

ALCOOLOSCOPIE DIRECTE. — Pour reconnaître la pureté d'un alcool, c'est-à-dire sa qualité, qui a pour conséquence une plus-value souvent considérable du produit par rapport au cours moyen général, on n'avait jusqu'ici d'autre procédé que le dédoublement avec de l'eau et l'appréciation par dégustation avec le goût et l'odorat.

Le dédoublement avec de l'eau a pour effet de rendre la liqueur laiteuse, pourvu qu'il y ait des huiles essentielles en dissolution dans l'alcool concentré; celles-ci se précipitent quand l'alcool est étendu d'eau qui ne les dissout pas.

La dégustation par le goût fait reconnaître la présence des principes infects pour les personnes qui ont le palais exercé.

Pour opérer par l'odorat, on verse quelques gouttes du produit dans le creux d'une main, et l'on frotte les deux mains l'une contre l'autre ; l'alcool s'évapore rapidement ; la matière odorante persiste et décèle les impuretés. Avec un petit verre dans lequel on verse quelques gouttes de l'alcool d'épreuve, et que l'on échauffe, en l'entourant avec une main et en agitant pour mouiller toute la surface interne, on fait aussi évaporer l alcool vinique, tandis que les huiles étrangères s'attachent aux parois du verre et donnent toute leur odeur.

Procédé Savalle. — On comprend que, par ces moyens, l'action sur le goût et l'odorat n'étant pas développée au même point chez tous les individus, il doive se présenter des divergences d'opinion sur des appréciations reposant sur des bases aussi sujettes à discussion. Aussi M. Savalle a-t-il rendu service au commerce des alcools en imaginant un procédé qui donne des résultats indéniables sur lesquels il n'est pas possible que plusieurs expérimentateurs ne tombent pas d'accord ; ces résultats restent d'ailleurs et peuvent être mathématiquement reproduits.

La réaction sur laquelle repose son appareil est très simple. On a vu que l'acide sulfurique monohydraté agit sur l'alcool à la température de 140 degrés environ pour donner naissance à l'éther. Ce phénomène, avec de l'alcool chimiquement pur, se produit sans donner lieu à aucune coloration ; mais, s'il y a des matières étrangères, notamment de l'alcool amylique ou ce que l'on appelle, en terme de distillerie, des éthers ou des huiles essentielles désignées en Allemagne sous le nom de *füzel öle*, la réaction se fait avec une coloration d'autant plus intense que la quantité de ces matières étrangères est plus considérable. De là un moyen très simple de déceler, dans les alcools commerciaux, la présence et la quotité des impuretés souvent nuisibles à la santé que renferment certains alcools, impuretés qui d'ailleurs nuisent lorsque ces alcools doivent être employés à des préparations délicates, par exemple à faire des parfums très fins.

M. Savalle a commencé par faire dix mélanges d'alcool à 95 degrés chimiquement pur avec un, deux, trois..., dix millièmes d'huiles lourdes, et il a traité chacun d'eux avec le réactif à la température voulue. Il a ainsi obtenu dix liqueurs ayant des teintes d'une intensité croissante ; il a gardé ces dix liqueurs dans des flacons identiques parallélipipédiques et en verre blanc, ce qui a constitué une échelle ascendante de couleurs devant former la base des comparaisons à opérer. Il a ensuite fait préparer des lames en verre ayant, sous une épaisseur donnée, et par transparence, la même couleur et exactement la même teinte que le flacon à l'intensité la plus faible ; il a constaté ensuite qu'en superposant deux, trois, quatre..., dix des lames de verre, on obtenait par transparence des teintes comparables à celles des flacons 2, 3, 4..., 10, parce qu'il y a dans les huiles proportionnalité d'intensité aux impuretés, du moins dans les premiers degrés. Il a fait faire d'ailleurs des lames de verre plus épaisses et d'une couleur plus intense pour les proportions d'impuretés plus grandes, en comparant toujours avec des mélanges faits avec 11, 12, 13, 14... litres d'impuretés dans 10 000 litres d'alcool produisant le blanc avec le réactif. C'est la confection des plaques de verre qui a présenté le plus de difficulté, et qui constitue désormais le mérite principal de l'appareil de M. Savalle, qu'il a nommé d'abord *diaphanomètre* et auquel le nom d'alcooloscope convient mieux, puisqu'il s'agit d'examiner, de voir et de juger un alcool commercial

Tous les ustensiles nécessaires pour exécuter la détermination du degré de pureté d'un esprit à essayer sont renfermés dans une boîte (fig. 179). Cette boîte contient : 1° une collection de plaques teintées numérotées (fig. 180) ; 2° un flacon du réactif à employer (acide sulfurique pur à 66 degrés Baumé) ; 3° un petit matras (fig. 181) pour faire l'essai ; 4° un tube gradué à 10 centimètres cubes (fig. 182), pour mesurer les liquides à employer ; 5° une lampe à alcool pour chauffer ; 6° une pince en bois pour tenir le matras quand on le chauffe

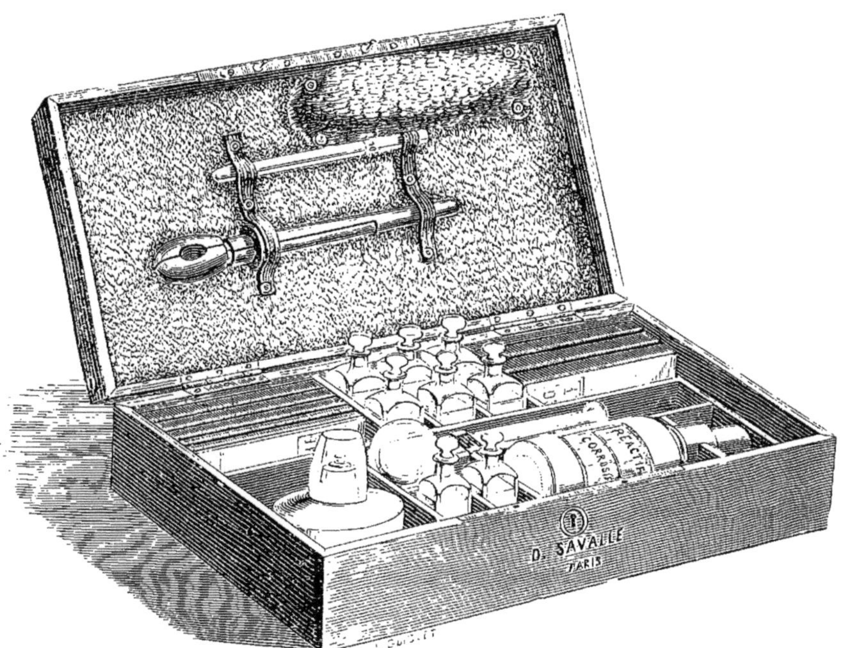

Fig. 179. — Nécessaire d'alcooloscopie de M. Savalle.

sur la lampe à alcool ; 7° une série de flacons à base carrée pour contenir les liqueurs après la réaction et faire les comparaisons avec les teintes des plaques en verre.

L'opération est très simple. On mesure 10 centimètres cubes de l'alcool à essayer avec le tube gradué et on les verse dans le matras ; on mesure

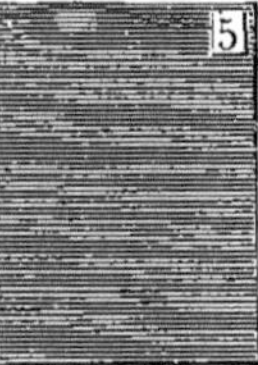

Fig. 180. — Plaques teintées de l'alcooloscope.

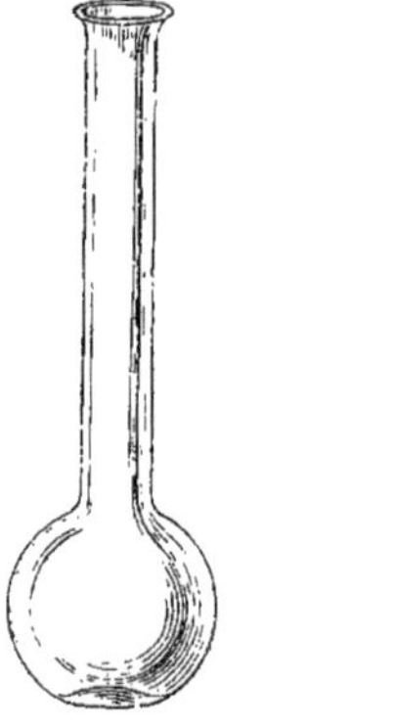

Fig. 181. Petit matras de l'alcooloscope.

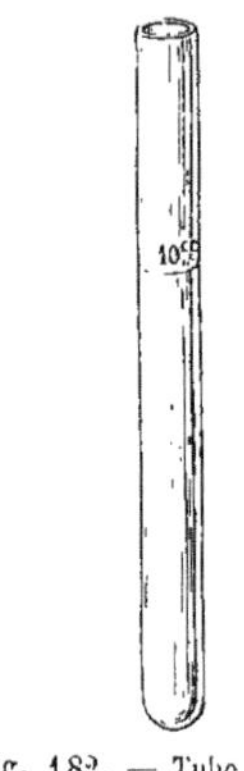

Fig. 182. — Tube gradué à 10 centimètres cubes pour mesurer les liquides.

la même quantité d'acide sulfurique qu'on verse également dans le matras ; on agite en tournant, puis en tenant le matras comme cela est indiqué dans la figure 183; l'ouverture du matras étant tenue à l'opposé de l'opérateur, on chauffe durant une minute en agitant constamment ; la réaction se produit avec une certaine ébullition ; on arrête aussitôt le premier bouillon jeté, et l'on verse dans un des flacons. On place ce flacon à côté d'une lame tenue verticalement devant une fenêtre ; le mieux est de mettre les deux termes de comparaison sur une feuille de papier blanc posée sur une table et de s'abaisser pour bien regarder par des rayons horizontaux ayant traversé la plaque de verre et la lame liquide renfermée entre les deux faces verticales parallèles du flacon. Comme les flacons ont tous sensiblement la même épaisseur, on aura des résultats comparables. On augmentera le nombre ou l'épaisseur des lames de verre jusqu'à ce qu'on arrive à l'égalité des deux teintes.

Le tableau suivant présente comparativement le degré de pureté indiqué par l'alcooloscope, et le prix, en majoration ou en déduction sur les cours de la Bourse de Paris :

Fig. 183. — Chauffage de l'alcool à essayer.

TYPES	RÉSULTAT DE L'ÉPREUVE DE L'ALCOOL	VALEUR
0	Parfaitement incolore...	20 francs au-dessus du cours.
1	Légèrement teinté.........	15 fr. id.
2	Plus teinté....	10 id.
3	Encore plus teinté	5 id.
4	Type déposé à la Bourse pour fixer la qualité moyenne des alcools rectifiés..	Cours moyen du jour.
5	Teinte plus foncée....	3 francs au-dessous du cours.
6 fr.	Id.	6 id.
7	Id.	9 id.
8	Id.	12 id.
9	Id.	Commence à être regardé comme mauvais goût.

L'instrument s'applique aux alcools du Midi aussi bien qu'aux alcools industriels du Nord ; il sert également à déterminer le degré d'impureté des eaux-de-vie, et il donne le moyen de reconnaître leur falsification. « En effet, dit M. Savalle, si l'alcool du vin du Midi, sans mélange d'alcool d'industrie, contient $\frac{40}{10000}$ d'essences spéciales au vin, il est exempt de mélange d'alcool d'industrie.

Mais si l'alcool de vin se trouve additionné de moitié d'alcool d'industrie titrant $\frac{2}{10000}$ d'impuretés, le mélange n'indiquera plus à l'alcooloscope que $\frac{21}{10000}$ au lieu de $\frac{40}{10000}$. Si le même produit est additionné des deux tiers d'alcool industriel, il n'indiquera plus que $\frac{15}{10000}$ à l'alcooloscope. Il y a en outre dans la couleur obtenue par la réaction une autre indication précieuse : les huiles essentielles du vin, mélangées au réactif, produisent une teinte caractéristique, toute différente de celle obtenue par l'alcool d'industrie impur. Il en est de même pour les eaux-de-vie dont chaque sorte contient assez régulièrement la même quantité d'essence œnanthique. Ce titre varie avec le mode de distillation employé ; mais comme les méthodes distillatoires et le degré du produit sont les mêmes pour chaque espèce d'eau-de-vie, il en résulte que les espèces varient peu comme dosage aromatique déterminé par l'alcooloscope. »

Lorsqu'on veut éprouver par l'alcooloscope Savalle un alcool de vin qui titre ordinairement environ $\frac{40}{10000}$ d'impuretés, il faut préalablement mélanger 1 volume de cet alcool avec 3 volumes d'alcool d'industrie titrant blanc à l'essai alcooloscopique, et opérer sur ce mélange. On multiplie alors par quatre le titre fourni par l'opération. Pour agir sur une eau-de-vie, il faudra d'abord en distiller une partie et faire cette distillation d'une manière complète, c'est-à-dire jusqu'à ce que l'alambic ne donne plus de liquide ; lorsque l'eau-de-vie est à 50 degrés centésimaux, on devra multiplier le titre d'impuretés par 2 pour le rendre comparable aux titres des alcools forts de l'industrie.

Voici les résultats d'expériences faites sur quelques alcools bruts du commerce avec l'alcooloscope Savalle :

ceux-là, il faut avoir recours à des procédés chimiques.

Procédé Jorissen. — M. Jorissen, assistant à l'Université de Liège, décèle ce qu'on appelle les huiles de fusel, c'est-à-dire les principes à odeur forte et à saveur désagréable, ordinairement nuisibles à la santé, qui se rencontrent dans les alcools et les eaux-de-vie, par le procédé suivant :

On verse 10 centimètres cubes du liquide suspect dans un tube à réaction, puis on ajoute 10 gouttes d'aniline, 4 ou 5 gouttes d'acide chlorhydrique dilué dans son volume d'eau, et l'on agite le mélange qui ne tarde pas à prendre une belle coloration rouge s'il contient de l'huile de fusel. « Deux gouttes d'alcool amylique, dit M. Jorissen, ajoutées à 100 centimètres cubes d'alcool éthylique pur, communiquent à ce dernier la propriété de se colorer nettement en rose avec l'aniline et l'acide chlorhydrique. Le genièvre fabriqué en Belgique, et surtout le genièvre hollandais, donnent aussi très bien la réaction. »

Procédé Riche et Bardy. — Pour rechercher l'esprit de bois ou alcool méthylique dans l'alcool éthylique, MM. Riche et Bardy ont proposé le mode opératoire suivant qu'il faut suivre rigoureusement.

« On introduit dans un petit ballon 10 centimètres cubes de l'alcool à essayer avec 15 grammes d'iode et 2 grammes de phosphore rouge, et l'on distille immédiatement en recueillant le produit dans 30 à 40 centimètres cubes d'eau. L'iodure alcoolique précipité dans le fond du liquide est séparé au moyen d'un entonnoir qu'on bouche avec le doigt, et recueilli dans un ballon contenant 6 centimètres cubes d'aniline. Le mélange s'échauffe ; on aide la réaction en maintenant le vase pendant quelques minutes dans de l'eau tiède, et on la modère au besoin par de l'eau froide s'il se déclarait une vive ébullition. Au bout d'une heure, on verse de l'eau très chaude dans le ballon pour dissoudre les cristaux formés, et l'on porte le liquide à l'ébullition pendant quelques minutes jusqu'à ce que le vase ne contienne plus qu'un liquide clair. On ajoute à cette liqueur une solution

IMPURETÉS MESURÉES A L'ALCOOLOSCOPE

PROVENANCE DES ALCOOLS BRUTS	DEGRÉS RÉELS CENTÉSIMAUX	POUR LE DEGRÉ DE L'ALCOOL EN ÉPAISSEUR DE PLAQUES	EN LITRES D'IMPURETÉS SUR 1000 LITRES D'ALCOOL RAMENÉS A 100 DEGRÉS CENTÉSIMAUX	TEINTE OBTENUE PAR L'ALCOOLOSCOPE
lcool de maïs obtenu par la saccharification avec les acides à Aubervillers.	85	10	litres. 1,176	Brun-orange et teinte se rapprochant de celle donnée par les alcools de vin.
lcool de grains de Schiedam..................		6	1,305	Rosée.
lcool de mélasse provenant de Soustick (Russie)..................		6	1,200	Jaune (teinte des types).
lcool de pommes de terre de Reimsholm près de Stockholm, passé aux filtres au charbon de bois...............	40	6	1,305	Jaune (teinte des types).
même que le précédent, mais auquel on a ajouté des huiles essentielles..	46	8	1,739	Teinte orange foncée.
egmes de la distillerie de Maisons-Alfort......	40	3	0,750	Teinte jaune.

Cet instrument peut servir à faire rejeter de la consommation comme boisson les alcools contenant des huiles essentielles nuisibles.

L'alcooloscope de M. Savalle n'est approprié qu'aux alcools du commerce déjà voisins de la pureté chimique ; il n'est pas destiné à doser les impuretés des alcools extrêmement chargés de matières étrangères ou des alcools dénaturés. Pour

alcaline qui met en liberté les alcaloïdes produits sous forme d'une huile que l'on force à remonter dans le col du ballon par une quantité d'eau suffisante. L'oxydation de l'alcaloïde peut être réalisée par le bichlorure d'étain, par l'iode et par le chlorate de potasse, ou mieux encore par un mélange formé de 100 grammes de sable quartzeux, de 2 grammes de chlorure de sodium et de 3 grammes de nitrate de cuivre. On en prend 10 grammes, sur lesquels on fait couler 1 centimètre cube de liquide huileux que l'on y incorpore avec soin au moyen d'un agitateur en verre, et l'on introduit ce mélange dans un tube en verre de 2 centimètres de diamètre que l'on maintient à la température de 90 degrés au bain-marie pendant huit à dix heures. On épuise ensuite la matière dans le tube même par trois traitements à l'alcool tiède que l'on jette sur un filtre et que l'on amène au volume de 100 centimètres cubes. — L'alcool pur donne une liqueur présentant une teinte bois rougeâtre. » La présence de l'alcool méthylique donne une solution manifestement violette à côté de la précédente; on arrive à en déterminer exactement la proportion.

ALCOOLOSCOPIE INVERSE. — Nous donnons ce nom à celle qui a pour objet de rechercher, non plus les impuretés dans l'alcool, mais bien l'alcool éthylique lui-même dans des mélanges divers et notamment dans l'alcool méthylique.

ALCOOMÈTRES. — Le dictionnaire de Littré dit alcoolomètre pour désigner tout instrument destiné à mesurer la quantité d'alcool ordinaire que contient un liquide; l'usage de l'abréviation a prévalu.

Les alcoomètres peuvent être divisés en cinq classes: 1° ceux qui sont fondés sur la diminution de la densité d'un mélange d'eau et d'alcool, quand la proportion de l'alcool augmente; 2° ceux qui reposent sur la variation du point d'ébullition d'un liquide alcoolique, sous la même pression atmosphérique, selon qu'il contient plus ou moins d'alcool; ces derniers alcoomètres sont généralement désignés sous le nom d'ébullioscopes et d'ébulliomètres; 3° ceux qui sont basés sur la différence des dilatations des divers liquides alcooliques qu'on appelle des dilatomètres; 4° les vaporimètres qui ont pour base la diversité des tensions des vapeurs; 5° ceux enfin qui appliquent les lois de la capillarité des liquides de diverses natures, lois d'après lesquelles sont établis les compte-gouttes.

Les premiers alcoomètres, ceux fondés sur la variation des densités, sont ceux de Baumé, de Cartier, de Tralles, de Gay-Lussac, de Tessa, de Sikes; les deux premiers sont appelés des pèse-esprits; le dernier, qui est l'instrument usité en Angleterre, est nommé hydromètre par les Anglais (*Sikes's Hydrometer*). Le principe de leur construction est celui d'Archimède, savoir, qu'un corps solide plongé dans un liquide perd de son poids un poids égal à celui du liquide déplacé. De là il résulte qu'un corps solide d'un poids déterminé s'enfonce d'autant plus dans un liquide que celui-ci est plus léger, puisqu'il en faut davantage pour faire équilibrer un poids constant du solide dont le volume plongé ou immergé augmente.

Le pèse-esprit de Baumé est toujours très employé dans l'industrie et le commerce, et il en est de même de celui de Cartier, qui n'en présente qu'une altération, quoique l'alcoomètre de Gay-Lussac lui soit bien préférable; dans les pays de production des eaux-de-vie dites de Cognac ou d'Armagnac, on se sert encore, mais de moins en moins, de l'alcoomètre de Tessa; l'Angleterre persiste à employer celui de Sikes; la Hollande, celui de von Baumhauer.

Le pèse-esprit que le chimiste Baumé imagina vers le milieu du siècle dernier, est, comme tous les instruments de ce genre, formé d'une boule et d'un cylindre en verre creux soufflé à l'extrémité d'un petit tube ou tige en verre également creux, destiné à porter la graduation; à la partie inférieure se trouve un petit appendice qui est aussi en verre et dans lequel on introduit du mercure ou des grains de plomb constituant le lest plus ou moins lourd nécessaire pour maintenir l'instrument vertical et pour le faire enfoncer à un point déterminé dans l'eau pure. Pour le construire, on fait dissoudre 10 parties en poids de sel marin sec dans 90 parties d'eau et l'on marque sur la tige les points d'affleurement dans l'eau pure et dans la dissolution saline. Le *zéro* est au niveau de la dissolution saline; l'appareil doit être lesté d'une manière telle que le point zéro soit au bas de la tige; on marque 10 au point d'affleurement dans l'eau pure; on divise l'intervalle en dix parties égales, et l'on prolonge les divisions en allant de bas en haut, de telle sorte que plus les dissolutions alcooliques dont l'instrument doit mesurer la richesse contiendront d'alcool, plus l'instrument marquera un degré élevé. On opère à la température de 15 degrés centigrades. La tige doit être parfaitement cylindrique pour que l'instrument soit bon (fig. 184). On fait ordinairement les divisions sur une petite bande de papier qu'on introduit dans la tige creuse, après qu'on a fixé les points d'affleurement, et l'on ferme ensuite à la lampe la partie supérieure de la tige.

Le pèse-liqueur ou alcoomètre de Cartier (fig. 185), qui est plus employé que celui de Baumé dans le commerce des alcools, se construit comme celui de Baumé; seulement, à partir du 22° degré Baumé, on partage en 15 degrés égaux 16 de ce dernier, et par conséquent on a l'équation suivante pour passer des degrés C de Cartier à ceux B de Baumé à partir du 22° degré:

$$16C = 15B + 22$$

Parmi les inconvénients des pèse-esprits de Baumé et de Cartier, il faut placer en première ligne que ces deux instruments n'indiquent que du plus ou du moins dans la richesse d'un alcool, laquelle n'est pas proportionnelle aux divisions observées, attendu la concentration variable de volume éprouvée par les mélanges d'eau et d'alcool (voy. ALCOOL).

Alcoomètre centésimal de Gay-Lussac. — C'est pour remédier à ces inconvénients que Gay-Lussac a imaginé, en 1820, son alcoomètre centésimal (fig. 186). Il est gradué de telle façon que, lorsqu'on le plonge dans un mélange d'alcool et d'eau à la température de + 15 degrés, le degré de sa tige qui correspond à l'affleurement du liquide exprime les centièmes d'alcool en volume qui se trouvent contenus dans le mélange essayé.

Afin de pouvoir construire les alcoomètres centésimaux, il faut en avoir un qui serve d'étalon et ensuite, par une opération simple, se servir de l'étalon bien exact pour faire d'autres alcoomètres en nombre indéfini. Gay-Lussac a opéré de la manière suivante:

On commence par choisir un tube aréométrique ayant de telles dimensions pour la tige AB, la partie cylindrique B et le renflement C, que les affleurements dans l'eau pure et dans l'alcool absolu puissent être, le premier dans le bas et le deuxième vers l'extrémité supérieure de la tige. On fait plonger cet instrument dans de l'eau distillée à + 15 degrés et l'on ajoute du lest par l'extrémité ouverte jusqu'à ce que le point d'affleurement ait lieu vers le bas de la tige, et l'on marque 0 degré à ce point d'affleurement. Ensuite, dans une série de dix vases semblables, tous jaugés très exactement à 100 centimètres cubes, on introduit successivement, 10, 20, 30, 40..., 100 centimètres cubes d'alcool absolu, et l'on verse assez d'eau dans chaque vase pour compléter exactement 100 centimètres cubes, mesurés après refroidissement à la température de + 15 degrés. Enfin on plonge l'instrument qu'il s'agit de graduer dans chacun des liquides toujours à + 15 degrés, et l'on marque les nombres 10, 20, 30..., 100, à chacun des points d'affleurement. Cela fait, il ne reste plus qu'à diviser en dix parties égales chacun des intervalles compris entre les points d'affleurement consécutifs pour avoir tous les degrés centésimaux. Lorsqu'on examine attentivement la graduation ainsi obtenue on reconnaît (fig. 186) que les degrés ne sont pas également espacés, et que, de plus, la distance entre deux divisions consécutives diminue de zéro à 20 degrés, reste à peu près stationnaire de 20 à 30 degrés, augmente ensuite rapidement de 30 degrés à 100 degrés. Si l'on plonge un tel instrument dans un liquide où il n'y a que de l'alcool et de l'eau, et maintenu à la température de + 15 degrés, on aura évidemment la proportion exacte en volumes de l'alcool qui s'y trouve contenu. Il est vrai qu'en divisant en dix parties égales l'intervalle qui sépare chacune des divisions 0, 10, 20, 30..., 100, on commet une erreur d'appréciation sur la longueur réelle de chaque degré, mais cette erreur est très légère et d'ailleurs tout à fait négligeable, en raison du petit intervalle dans lequel les degrés se trouvent compris.

du point d'entre-croisement 0, on porte sur la ligne CD toute la longueur qui sépare les points d'affleurement 0 et 92 qui ont été observés dans l'expérience. On joint alors par une ligne droite les deux points 92 des deux lignes AB et CD, puis on mène des parallèles à celle des 92 par les points 10, 20, 30..., 100, de la ligne AB; on a (en vertu de la théorie des triangles semblables) sur la ligne CD, les grands intervalles de l'échelle de l'alcoomètre nouveau ; il n'y a plus qu'à diviser en dix parties égales chacun des intervalles pour avoir l'échelle définitive. On introduit cette échelle dans l'intérieur du tube à la position qu'elle doit avoir ; on la fixe avec un peu de cire à cacheter, et on ferme à la lampe le tube.

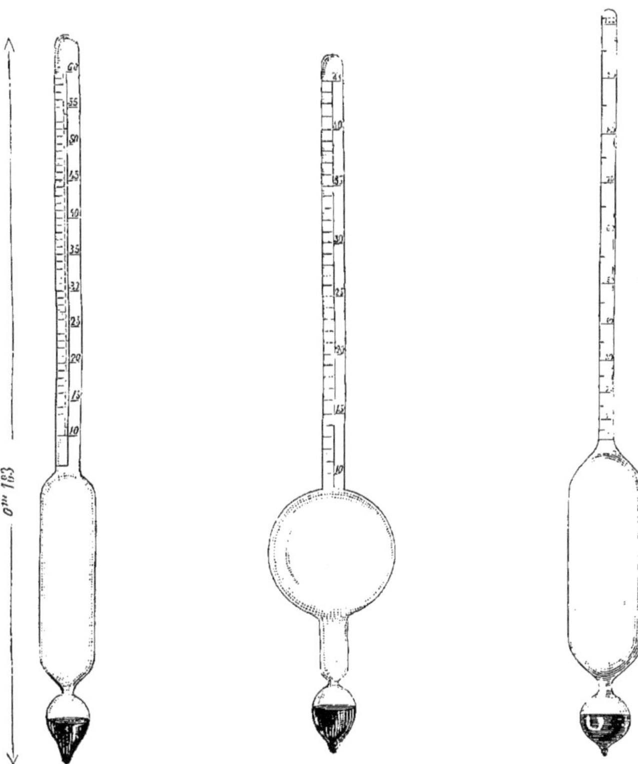

Fig. 184. — Pèse-esprit de Baumé.

Fig. 185. — Pèse-esprit de Cartier

Fig. 186. — Alcoomètre centésimal de Gay-Lussac.

Une fois qu'on a un alcoomètre étalon, on peut très parfaitement en construire d'autres, en opérant ainsi : on plonge ensemble l'étalon et l'instrument qu'on veut établir avant que sa tige soit fermée : 1° dans de l'eau pure à la température de + 15 degrés (fig. 187); 2° dans un alcool quelconque pourvu qu'il ne contienne que de l'eau et de l'alcool pur (fig. 188). Supposons que dans ce dernier liquide l'étalon marque 92 degrés; on pointe l'affleurement sur l'alcoomètre à graduer; on trace alors deux lignes droites AB et CD (fig. 189) qui s'entre-croisent sur une feuille de papier. On marque 0 un point où les lignes se coupent, puis. sur la ligne AB, on porte exactement les longueurs de l'étalon de 10 en 10 degrés, puis le point 92 degrés. A partir

Il faut bien remarquer que, d'après le mode de construction et de graduation qui a été adopté, les indications de l'alcoomètre centésimal de Gay-Lussac donnent seulement le volume d'alcool pur contenu dans 100 du mélange, mais qu'il ne fournit aucun renseignement sur les poids respectifs de deux liquides mélangés, ni même, à cause de la contraction, sur le volume d'eau mélangé au volume d'alcool que la graduation accuse.

Alcoomètre à degrés pondéraux. — Pour remédier à l'inconvénient qui vient d'être signalé, M. Lejeune a eu l'idée de convertir en indications pondérales les indications volumétriques de l'alcoomètre de Gay-Lussac. Il est évident qu'on peut y arriver en prenant des vases où on a pesé 0, 10, 20, 30..., 100 grammes d'alcool absolu, en complétant 100 grammes, par 100, 90, 80, 70..., 0 gramme d'eau pure, ensuite en plongeant successivement l'instrument à graduer dans les dix liqueurs, puis divisant les intervalles successifs en dix parties, et en continuant enfin comme pour l'alcoomètre volumétrique. Le premier instrument de ce genre a été construit par M. Lejeune, pharmacien de la marine; il est désirable qu'il soit plus employé.

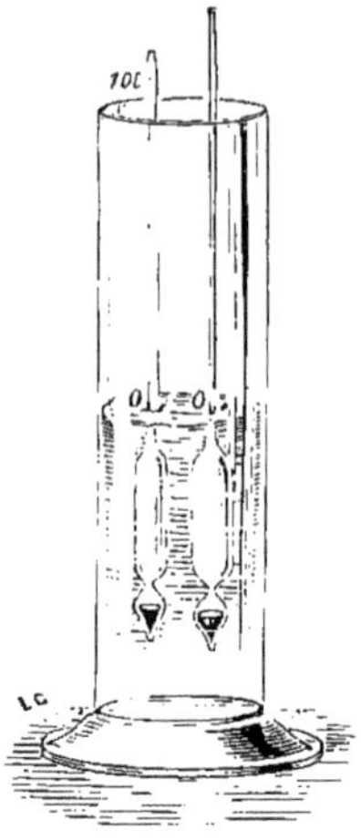

Fig. 187. — Graduation d'un alcoomètre dans l'eau pure.

Appareils distillatoires pour la détermination de la richesse alcoolique des vins et de toutes les dissolutions alcooliques où se trouvent des matières fixes. — Les vins et les liqueurs dont on veut connaître la richesse alcoolique contiennent des matières fixes, salines ou extractives, qui augmentent la densité de la liqueur et qui agissent par conséquent sur les alcoomètres qu'on y plongerait pour augmenter le poids de tout le volume, et par suite, pour diminuer sensiblement le titre alcoolique apparent. Pour obvier à cet inconvénient, Gay-Lussac a imaginé de distiller préalablement une assez grande quantité du liquide à essayer, de manière à en condenser tout l'alcool dans un volume ayant un rapport connu avec le volume total mis dans l'alambic. En multipliant le degré alcoolique du produit distillé ou le rapport inverse des deux volumes, par 2, si l'on a recueilli par distillation la moitié du volume essayé, on a le titre réel cherché.

L'alambic de Gay-Lussac (fig. 190) comprend trois pièces essentielles: une chaudière A, dans laquelle se produit l'ébullition; un tube C, par lequel les vapeurs se dégagent; un serpentin D, dans lequel elles se condensent. Le tube de communication C fait partie intégrante du serpentin, et il se relie à la chaudière par une pièce cylindrique B qui emboîte et recouvre à frottement une autre pièce cylindrique dépendant de la chaudière. La jointure hermétique de ces deux pièces est assurée par une petite quantité d'eau que l'on verse dans la rigole saillante. Une tubulure permet d'introduire dans la chaudière le liquide à essayer, sans qu'on soit obligé de démonter l'appareil. Une éprouvette graduée F sert à mesurer le volume du liquide d'essai, et une autre plus petite E à mesurer le volume recueilli pendant la distillation. Un entonnoir G sert à introduire de l'eau froide dans le vase qui entoure le serpentin; cette eau, après avoir produit son action réfrigérante, s'écoule par *a*.

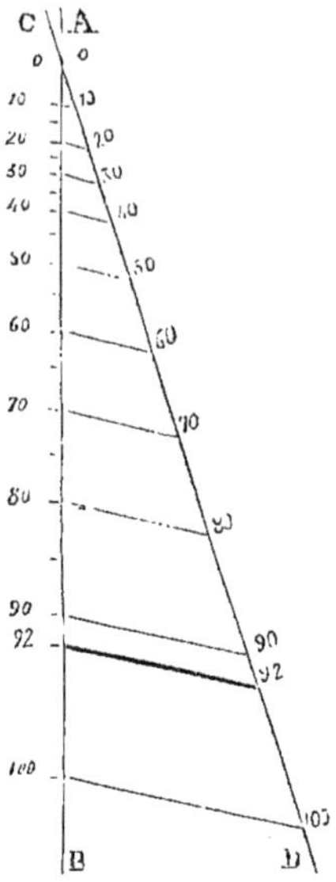

Fig. 189. — Construction d'une échelle alcoométrique.

M. Salleron a construit un alambic de Gay-Lussac simplifié à l'usage des employés de l'administration des douanes, des contributions

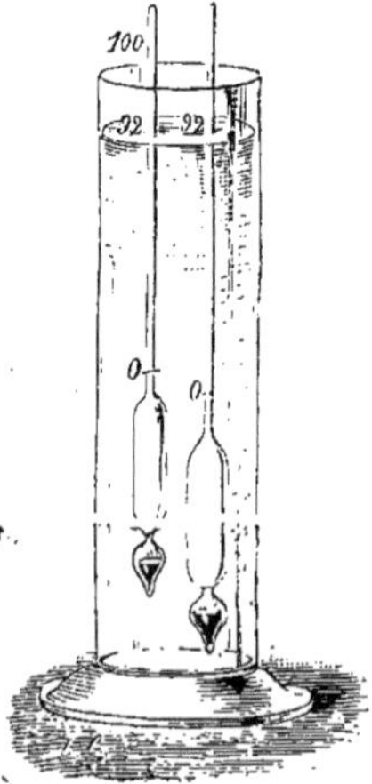

Fig. 188. — Comparaison de deux alcoomètres dans un mélange d'eau et d'alcool.

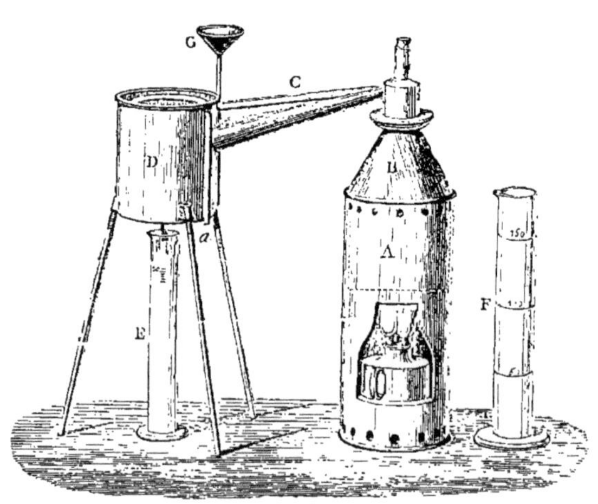

Fig. 190. — Alambic d'essai de Gay-Lussac.

indirectes et des octrois. Cet instrument (fig. 191) se compose des pièces suivantes, renfermées dans une boîte à charnières:

A, Lampe à esprit de vin.

B, Chaudière de cuivre supportée par une enveloppe ou fourneau M qui concentre la chaleur autour de la chaudière.
C, Serpentin contenu dans un réfrigérant JH, et supporté par trois pieds en cuivre.
D, Tube en étain faisant communiquer la chaudière avec le serpentin au moyen de deux raccords E, E', qui s'adaptent au col de la chaudière et à l'ouverture du serpentin par des brides à vis de pression.
L, Burette sur laquelle est gravé un trait a, pour mesurer, soit le liquide à essayer, soit le produit de la distillation.
F, Alcoomètre.
G, Thermomètre centigrade.
En plus une pipette en verre.

M. Salleron a encore simplifié l'appareil qui précède pour le rendre plus facile à employer, soit par les octrois, soit par les commerçants. La chaudière est remplacée par un petit ballon de verre (fig. 192) de 200 centimètres cubes de capacité ; le verre permet de voir le liquide intérieur et de régler la flamme de l'alcool de manière à avoir une ébullition lente et modérée. A l'orifice de ce ballon est adapté un tube en caoutchouc qui le relie au serpentin, ce qui donne de la flexibilité à l'appareil. L'éprouvette qui présente deux traits de jauge 1 et 1/2 est disposée de manière à pouvoir admettre tout à la fois dans son intérieur un thermomètre et un alcoomètre. Le tout a de très petites dimensions. Le thermomètre joint à l'appareil est représenté par la fig. 193. On peut opérer très vite et avec une précision suffisante, tandis que le prix de l'alambic est très diminué.

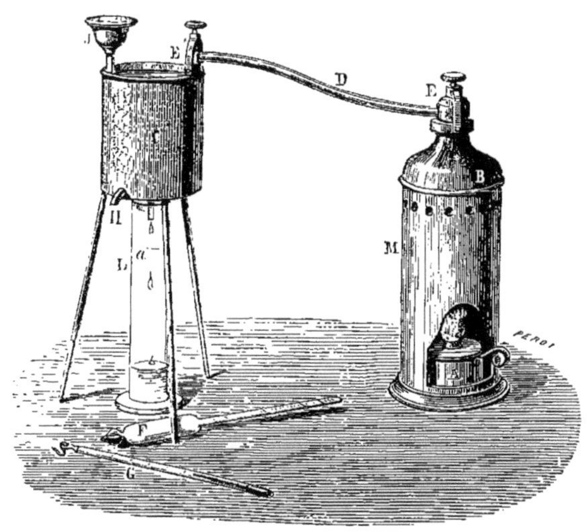

Fig. 191. — Alambic d'essai de Salleron, avec chaudière en cuivre.

(fig. 194), dans lequel on peut faire passer de très grandes quantités du liquide à essayer et obtenir, grâce à une colonne distillatoire, un produit distillé riche dont le titre est facile à prendre et à rapporter par une division au liquide total employé.

Alcoomètre de Tessa. — Cet instrument n'est employé que dans un rayon assez restreint formé des départements de la Gironde, de la Charente,

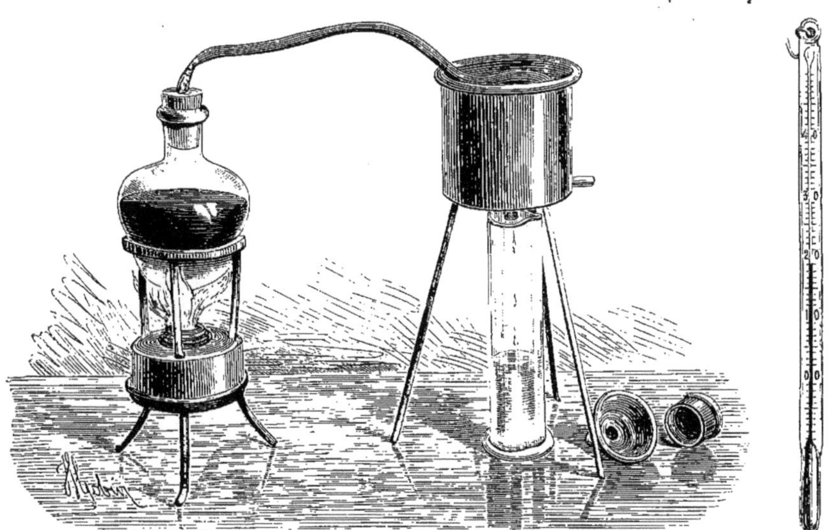

Fig. 192. — Alambic d'essai de Salleron avec ballon en verre.

Fig. 193. — Thermomètre.

Les alambics précédents ne peuvent pas s'appliquer avec exactitude à mesurer la richesse de liquides très pauvres en alcool. Pour ceux-ci, il convient d'employer l'alambic d'essai de M. Savalle

de la Charente-Inférieure et des Deux-Sèvres, mais comme c'est le pays qui fait le plus grand commerce d'eaux-de-vie et que celles-ci sont toutes livrées d'après le degré du Tessa, il importe de connaître cet alcoomètre malgré ses défectuosités. On l'appelle aussi éprouvette Tessa. C'est un aréomètre à poids constant représenté par la figure 195. Il porte sur sa tige les divisions 0, 1, 2, 3, 4, 5, 6, 7, 8 ; et les intervalles entre deux de ces divisions successives sont divisés en huitièmes. Un thermomètre Réaumur est placé dans l'intérieur et a son réservoir noyé dans le lest de l'instrument. Il paraît avoir été construit par son auteur pour rendre faciles les relations du commerce charentais avec la Grande-Bretagne et permettre d'acquitter les droits anglais sans avoir besoin de faire aucun calcul. En effet, le 4e degré Tessa, qui est celui marqué par les eaux-de-vie de Cognac les plus habituelles, correspond exactement à 1 degrés de l'alcoomètre de Sikes, le 3e degré à l'*esprit de preuve*, le 2e à 6 degrés de Sikes au-dessous de la preuve, le 5e à 9 degrés de Sikes au-dessus de la preuve, et ainsi de suite toutes les divisions et subdivisions du Tessa correspondant exactement aux degrés de Sikes sans aucune fraction. Le Sikes a servi probablement d'étalon pour la construction du Tessa. Voici du reste, à l'appui de cette assertion, le tableau de comparaison des alcoomètres Sikes, Gay-Lussac, Tessa et Cartier :

SIKES (anglais)	GAY-LUSSAC	TESSA	CARTIER
25	71,87	7 7/8	26,62
24	71,30	7 3/4	26,50
23	70,72	7 5/8	26,37
22	70,15	7 3/8	26,12
21	69,57	7 1/4	26,00
20	69,20	7	25,75
19	68,42	6 7/8	25,50
18	67,85	6 5/8	25,25
17	66,77	6 1/2	25,12
16	66,70	6 1/4	24,87
15	66,12	6	24,62
14	65,55	5 7/8	24,75
13	64,97	5 5/8	24,12
12	64,40	5 1/2	24,00
11	63,82	5 1/4	23,75
10	63,25	5 1/8	23,62
9	62,67	5	23,50
8	62,10	4 3/4	23,12
7	61,52	4 1/2	22,87
6	60,95	4 1/4	22,62
5	60,37	4 1/8	22,50
4	59,80	4	22,37
3	59,22	3 7/8	22,12
2	58,65	3 5/8	21,87
1	58,07	3 3/8	21,62
Proof (preuve)	57,50	3	21,25
1	56,92	2 7/8	21,00
2	56,35	2 3/4	20,87
3	55,77	2 5/8	20,75
4	55,20	2 3/8	20,50
5	54,62	2 1/4	20,37
6	54,05	2	20,12
7	53,47	1 7/8	19,87
8	52,90	1 5/8	19,62
9	52,32	1 1/2	19,50
10	51,75	1 3/8	19,37
11	51,17	1 1/4	19,25
12	50,60	1 1/8	19,12
13	50,02	1	19,00
14	49,45	0 7/8	18,75
15	48,87	0 3/4	18,62
16	48,30	0 5/8	18,50
17	47,72	0 1/2	18,37
18	47,15	0 3/8	18,25
19	46,57	0 1/4	18,12
20	46,00	0 1/8	18,00
21	45,42	0	17,87

D'après la tradition, Tessa était un opticien ambulant, Piémontais ou Italien, qui, ayant exploré, vers 1760, nos provinces du sud-ouest et de l'ouest, pour y propager son alcoomètre (d'aucuns disent qu'il n'en est pas l'inventeur et qu'il voyageait pour le compte d'un tiers), fit si bien la démonstration de l'utilité et des avantages de l'appareil par comparaison avec les systèmes jusque-là employés pour éprouver les liqueurs spiritueuses, qu'il en plaça plusieurs milliers durant un voyage de quelques mois. M. Bérauld, qui nous a fourni ces renseignements, ajoute que l'engouement fut si grand, qu'on donna partout à l'instrument le nom de son importateur : aujourd'hui encore le viticulteur charentais est tellement attaché à son éprouvette Tessa que, quoi que fassent le haut commerce, la régie et le gouvernement même, personne ne peut se décider à la remplacer par l'alcoomètre centésimal de Gay-Lussac, quoique celui-ci soit plus exact et plus rationnel. Les motifs de cette faveur sont ainsi exposés par M. Bérauld :

« D'une part, l'aréomètre Tessa portant avec lui son thermomètre (on affirme qu'en principe il ne l'avait pas et que ce perfectionnement daterait seulement du premier empire), il suffit de plonger ce double instrument dans l'eau-de-vie, de noter une minute après et le poids apparent et la température ; autant le thermomètre marquera de divisions au-dessus du tempéré 12 degrés, autant il faut retrancher de huitièmes du poids apparent et la différence sera la force réelle du liquide ; si le thermomètre, au contraire, descend au-dessous de 12 degrés, on compte le nombre de divisions et l'on ajoute autant de huitièm es à la force apparente : rien de plus simple comme maniement et promptitude.

» D'autre part, l'alcoomètre Gay-Lussac, plus rigoureusement exact que Tessa, mais n'ayant pas avec lui son thermomètre, paraît au viticulteur plus compliqué et d'un emploi plus difficile ; en effet, l'alcoomètre centésimal étant plongé dans l'eau-de-vie, on observe le degré apparent ; on y introduit ensuite le thermomètre centigrade et on note également le degré que marque l'affleurement du liquide. Alors, cherchant dans les tables de Gay-Lussac intitulées *Forces réelles* le chiffre où se trouvent réunis le degré et la température qu'on vient d'observer, on découvre le poids réel de l'eau-de-vie à l'angle d'intersection formé par l'un et par l'autre ; c'est absolument le jeu de la table de Pythagore. Mais ces tables, d'un prix relativement élevé, ne pouvant être familières à tous et demandant, en outre, une vue sûre et une certaine habitude des chiffres, leur usage n'a pu, jusqu'à ce jour, entrer dans la pratique. On les a bien remplacées par l'ingénieuse planchette de compensation, dite planchette Salleron, que tout le monde connaît, mais sa disposition, bien que simple et mécanique, n'a pas eu, non plus, l'heureuse fortune de détrôner Tessa ; car un très petit, *très petit* nombre de propriétaires se servent de ce dernier perfectionnement.

» On pourrait encore ajouter, comme troisième motif de la préférence accordée à Tessa par les viticulteurs charentais, que l'aréomètre de ce dernier coûte moins que le centésimal accompagné de son thermomètre, de ses tables de correction ou de la réglette Salleron, et, qu'en outre, avec Tessa, le calcul d'une livraison d'eau-de-vie se fait *très rapidement*, tout degré au-dessus de 4 degré donnant droit au vendeur à 5 francs pour 100 en sus du prix fixé par hectolitre, soit 62 centimes par huitième, fractions qu'il n'est pas aussi facile d'évaluer avec Gay-Lussac qui exige jusqu'à 4 décimales.

» Quant à la graduation de l'alcoomètre Tessa, personne ici ne sait positivement sur quel point de départ ou base l'inventeur s'est fixé pour l'établir. Sa division 0, en effet, correspond à 45 degrés centésimaux ; or il n'y a que l'eau-de-vie appelée seconde faible qui descende à ce niveau, et encore n'est-ce pas un liquide commercial, puisqu'il est employé exclusivement dans l'intérieur des chais à aviner les futailles pour en dissoudre les principes grossiers qui, sans cela, nuiraient à l'eau-de-vie qu'on y mettrait plus tard. Certains pensent que zéro est ce qu'indique un alcool de 90 degrés réduit par le mouillage à la moitié de sa force, soit à 45 degrés ; mais ces bases sont trop variables, suivant d'autres, pour avoir pu servir de type mathématique à la graduation du Tessa. »

Alcoomètre ou éprouvette Bories. — Cet instrument est encore en usage sur les marchés des départements viticoles du Midi, pour la fabrication, la réception et la vente des alcools de vin. dional en a longtemps refusé l'emploi avec obstination, parce qu'il donnait une très suffisante satisfaction à tous les besoins locaux. On ne sent pas encore très bien la nécessité d'avoir des moyens de vérification pour la force de spiritueux qui ne se fabriquent pas dans le Midi ; cependant la multiplication des voies de communication rapide fait mieux comprendre chaque jour les avantages de l'unification de tous les instruments de mesure. Bories est le premier qui ait cherché par des expériences directes à déterminer les variations de den-

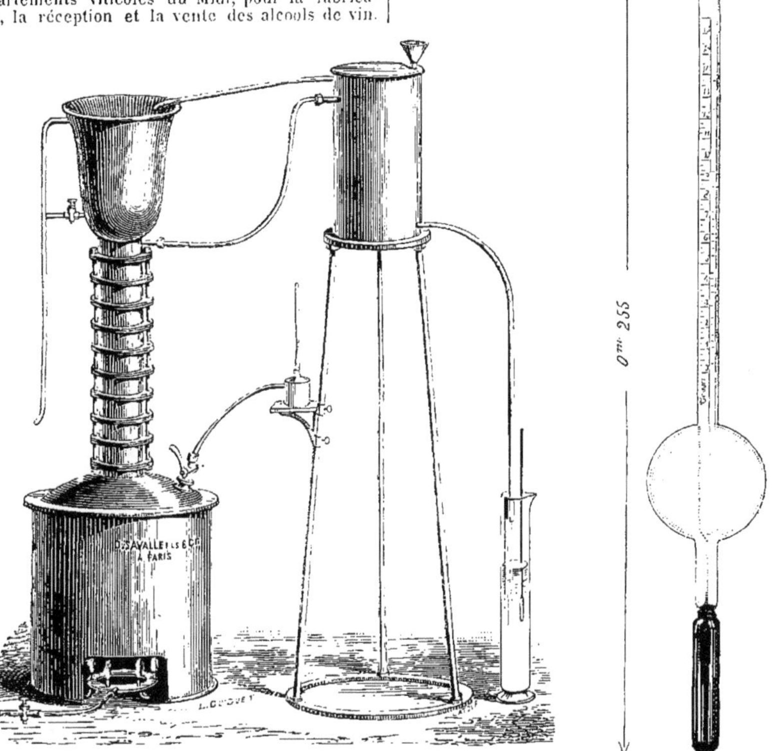

Fig. 194. — Alambic de Savalle pour l'essai des vins.

Fig. 195 — Alcoomètre de Tessa.

Principalement sur les marchés de Béziers, Pézénas, Cette et Lunel, il est presque le seul garant des nombreuses transactions qui s'effectuent chaque année en eaux-de-vie et trois-six. Il a été créé à la suite de travaux remarquables que Bories, docteur en médecine de l'Université de Montpellier, a fait connaître, dans un Mémoire intitulé : *Sur la manière de déterminer les titres ou degrés de spirituosité des eaux-de-vie et esprits-de-vin.* Ce mémoire a remporté le prix proposé par les états du Languedoc, en 1772, mais il était complètement oublié, lorsque M. Henri Marès a de nouveau, en 1847, appelé l'attention sur son mérite, l'a réimprimé dans le *Bulletin de la Société d'agriculture de l'Hérault ;* il a, en outre, établi les bases de la construction de l'éprouvette que le commerce méridional des eaux-de-vie a adoptée dans ses transactions. C'est en vain que des instruments plus parfaits ont été proposés ; le commerce méri-

sité que présentent divers mélanges d'eau et d'alcool, et à construire, par suite, un pèse-esprit qu'il a appelé *bathmomètre* et qui donnerait en centièmes du volume total la force alcoolique d'un liquide spiritueux. Malheureusement, il n'a employé pour purifier son alcool, que du carbonate de potasse, ce qu'il appelait alcali de tartre, et, malgré des distillations successives, il n'a pu obtenir qu'un esprit à 94 pour 100 seulement. A cet égard, son bathmomètre est resté inférieur à celui de Gay-Lussac, mais il ne le construisit d'ailleurs que pour en faire, selon son expression, un *archétype* qui était destiné à servir d'étalons pour la construction des éprouvettes usuelles. Le bathmomètre de Bories a disparu. « C'était, dit M. Marès, un aréomètre à poids constant et à volume variable. Il était fait en argent et portait une tige carrée ; chaque face de la tige contenait 5 graduations indiquant la force réelle de la liqueur à 5 températures distantes entre elles d'un degré ; les quatre faces donnaient ainsi les forces réelles pour 20 degrés, de 0 à 20. Comme Bories avait cru pouvoir représenter les courbes des dilatations de l'alcool et de ses mélanges aqueux à diverses températures par des lignes droites, les forces réelles, pour des températures intermédiaires, étaient également données de degré en degré par cet instrument. » C'était l'instrument scientifique. Bories en ajouta un second à son Mémoire ; celui-ci était destiné au commerce. « Par sa forme, dit M. Marès, il dérivait du premier qui servait à en donner les points principaux, mais il était à poids variables : ces derniers étaient au nombre de quatre : esprit, 3/6, 5/6, *preuve* de Hollande. La tige de l'aréomètre était carrée et munie d'un curseur à quatre faces, sur chacune desquelles se trouvait une division destinée à l'une des quatre liqueurs désignées. Ce curseur occupait la demi-longueur de la tige. La partie supérieure de cette dernière était divisée sur chaque face en degrés. Les divisions du curseur et celles de la tige étaient donc chacune distinctes pour chaque liqueur ; et l'instrument, avec les quatre poids, représentait par le fait quatre aréomètres disposés séparément pour l'essai de quatre liqueurs différentes. Un thermomètre Réaumur de 0 à 20 degrés accompagnait cet alcoomètre. Sur le curseur de ce dernier se trouvait un bouton d'or. Après avoir pris la température de la liqueur, on plaçait le curseur au degré de la tige désigné par le thermomètre, et lorsqu'on plongeait l'instrument dans le liquide, s'il était bien au titre, il devait affleurer juste au bouton d'or. Les degrés qu'il marquait en dessus étaient des degrés de force ; ceux qu'il marquait en dessous, des degrés de faiblesse. A cet instrument, Bories avait joint un tarif pour corriger l'un par l'autre, la preuve de Hollande et les autres esprits. » Pour arriver à ce résultat, Bories avait dressé une table comparative des dilatations de l'esprit-de-vin, du 3/6, du 5/6, de la preuve de Hollande. Chacune des tables de Bories ne comprenait que 20 degrés Réaumur, zéro à 20 degrés, c'est-à-dire les températures dont le commerce peut avoir besoin. On y trouve que les rapports des dilatations des quatre types alcooliques sont presque uniformément comme les nombres 7, 6, 6, 5, et qu'en outre pour un même liquide, il y a des dilatations proportionnelles pour des variations de température qui ne soient pas trop grandes. C'est sur la constatation de ces faits qu'on s'est appuyé pour construire l'éprouvette de Bories qui a été définitivement adoptée et qu'on ne fabrique plus d'ailleurs que par comparaison

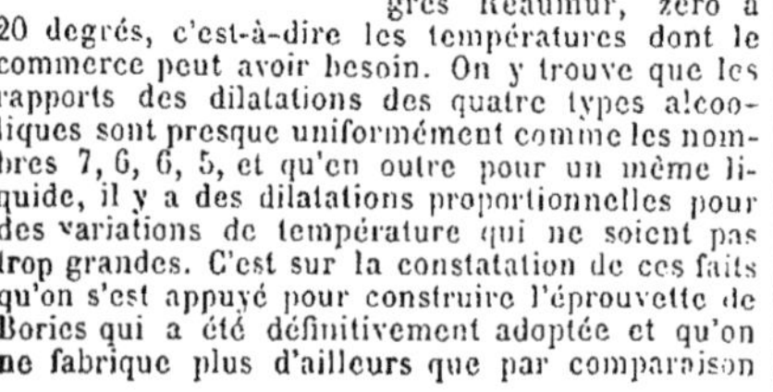

Fig. 195. — Alcoomètre éprouvette de Bories.

avec une éprouvette ancienne servant d'étalon. Elle se compose d'un thermomètre à double graduation (fig. 198), d'un aréomètre en argent et à graduation simple (fig. 197), et de poids de rechange (fig. 196) que l'on visse à la partie inférieure de l'alcoomètre, suivant le nom des liqueurs dont on veut vérifier le titre.

Le thermomètre est à esprit-de-vin, et est appliqué contre une petite planchette disposée de telle sorte qu'on puisse facilement la plonger dans les liquides à essayer. L'échelle de graduation est destinée, d'un côté, aux esprits, c'est-à-dire à tous les alcools qui, par leur force, sont compris

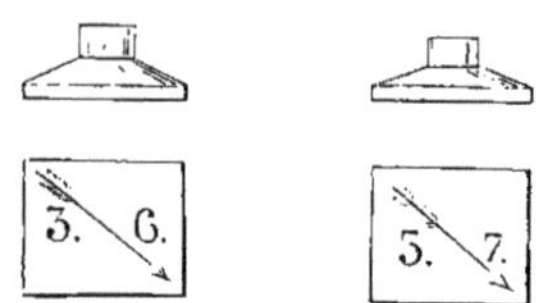

Fig. 197. — Poids accompagnant l'alcoomètre de Bories.

entre ceux que le commerce désigne sous les noms de 3/8 et de 4/5 (91,8 et 62,5 centésimaux), et l'autre, aux eaux-de-vie, c'est-à-dire aux alcools compris entre le 4/5 et la preuve de Hollande (62,5 et 52 centésimaux). L'échelle des esprits commence à 15 et finit à 45 degrés ; celle des eaux-de-vie comprend la même longueur, mais les divisions en sont moins nombreuses, de 15 à 40 degrés. En réalité, le degré 15 de ces deux échelles correspond au zéro du thermomètre ; quant au quarantième des eaux-de-vie et au quarante-cinquième des esprits, ils correspondent au degré 25 de Réaumur.

L'aréomètre se compose d'une sphère traversée par une tige verticale. La partie inférieure de cette tige porte un tarot sur lequel on peut visser divers poids pour lester l'instrument. La partie supérieure, celle qui surmonte la sphère, porte sur toute sa longueur une graduation qui part du zéro et qui se termine à 45 degrés. Chaque degré a la même longueur.

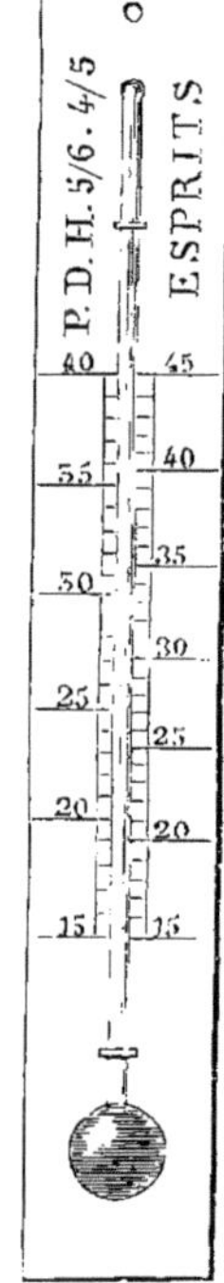

Fig. 198. — Thermomètre spécial de l'alcoomètre de Bories.

Les poids de rechange qui servent à lester l'instrument sont au nombre de quatorze dans les éprouvettes les plus complètes. Ils sont désignés sous les dénominations suivantes : 3/8, 3/7, 3/6, 6/11, 5/9, 4/7, 3/5, 2/3, 3/4, 4/5, preuve d'huile, 5/6, 22 degrés, preuve de Hollande (voy. le mot Alcool, p. 181). Un grand nombre d'éprouvettes ne sont munies que de 3 ou 5 poids ; ce sont les plus usuels, tels que le 3/6, la preuve de Hollande et le 3/8, auxquels on ajoute encore le 3/5 et le 3/7. Chaque poids porte son nom écrit sur la face plane.

Pour se servir de l'éprouvette de Bories, on remplit, avec le liquide à vérifier, un vase à deux cylindres communiquants; on leste l'instrument avec le poids qui porte le nom du liquide spiritueux, et on le plonge dans un des cylindres; dans l'autre cylindre, on place le thermomètre. Lorsque la température est équilibrée, on examine les degrés marqués par les deux instruments. S'ils indiquent tous les deux le même degré, le liquide est au titre marqué sur le poids dont l'aréomètre est lesté. Si le thermomètre indique un degré plus fort que l'aréomètre, la différence entre les deux indications exprime des degrés de faiblesse. Si l'aréomètre indique un degré plus fort que le thermomètre, la différence exprime des degrés de force. Cette formule est la conséquence expérimentale des tables dressées par Bories. Avant le travail de M. Marès, on n'avait guère regardé l'instrument de Bories que comme un appareil de fait qu'on n'expliquait pas, et néanmoins on s'en servait communément depuis trois quarts de siècle. Maintenant, on sait qu'il repose sur des bases rationnelles et expérimentales. Il sert surtout à constater l'identité des liquides spiritueux livrés dans le commerce sous telle ou telle dénomination.

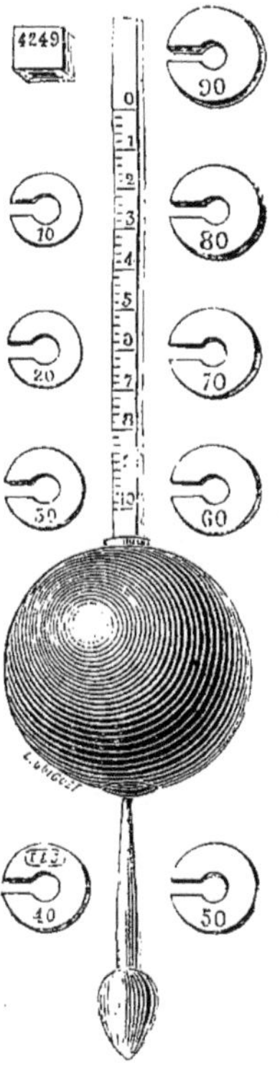

Alcoomètre ou hydromètre de Sikes. — L'hydromètre de Clarke ou de Sikes est un aréomètre à poids et à volume plongé variables. L'unité adoptée en Angleterre pour mesurer la richesse alcoolique d'un liquide est la centième partie d'un alcool appelé *proof spirit*, tel que, à la température de 51 degrés Fahrenheit (10°,56 du thermomètre centigrade), 13 volumes de cet esprit pèsent autant que 12 volumes d'eau à la même température, selon l'acte du Parlement du 2 juillet 1810 (voy. ALCOOL).

Fig. 199. — Alcoomètre ou hydromètre de Sikes.

L'instrument (fig. 99) est en cuivre doré : il présente une tige fine et un renflement considérable, ce qui lui donne une grande stabilité quand il est plongé dans un liquide à essayer. Il est renfermé dans une boite qui contient, outre l'hydromètre, neuf poids additionnels marqués des chiffres 10, 20, 30..., 90, et un dixième poids appelé *chapeau*; plus encore, un thermomètre Fahrenheit, deux règles à calcul, l'une pour la correction du degré, eu égard à la température du liquide lors de l'essai, l'autre pour le calcul du prix; enfin, un volume présentant les instructions pour la pratique de l'hydromètre et les tables des forces à toutes les températures.

La graduation est descendante, c'est-à-dire que le zéro est en haut et le point 10 en bas; l'intervalle est divisé en dix parties égales, subdivisées en dixièmes. Les poids additionnels sont réglés de telle sorte que l'affleurement ayant lieu au point 10 avec un poids, il ait lieu au point 0 avec le poids additionnel immédiatement supérieur. Le poids additionnel 90 fait affleurer la tige au point 10 dans l'eau pure à 51 degrés Fahrenheit. Dans l'esprit de preuve, à la même température, le poids additionnel 60 fait affleurer à la division 8. Le chapeau sert à vérifier l'instrument; il faut que, placé sur la tige, quand on emploie le poids additionnel 60, il le fasse affleurer à cette même division 8, dans l'eau pure à 51 degrés Fahrenheit. Le chapeau est donc la différence de poids de l'eau pure par rapport à l'esprit de preuve pour un volume égal à celui de la partie immergée.

Pour se servir de cet instrument, on lit le point d'affleurement obtenu avec le poids additionnel convenable pour que la tige émerge entre les divisions 10 et 0; on ajoute au chiffre marqué sur le poids additionnel le nombre de divisions émergentes et on prend la température du liquide avec le thermomètre Fahrenheit. Alors on cherche dans la table la page qui porte en tête la température observée, et dans cette page, le nombre fourni par l'expérience : en face est la quantité pour 100 au-dessus ou au-dessous de preuve.

Alcoomètre allemand ou de Tralles. — L'alcoomètre usité en Allemagne est celui de Tralles : il est établi sur les mêmes bases que l'alcoomètre centésimal de Gay-Lussac; seulement la température à laquelle la graduation a été faite est celle de 60 degrés Fahrenheit ou 12 degrés 5/9 Réaumur, ou encore 15 degrés 5/9 centigrades. Il est représenté par la figure 200; on voit incorporé dans la partie cylindrique un thermomètre Réaumur dont le réservoir est plongé dans le lest de l'instrument. Un trait indique spécialement la température normale de 12 degrés 5/9 à laquelle il faut ramener les observations.

Fig. 200. — Alcoomètre de Tralles.

Alcoomètre hollandais. — En Hollande, pour apprécier la richesse alcoolique d'un mélange d'eau et d'alcool, on s'est longtemps servi d'un aréomètre du genre de celui de Cartier : on marquait 0 dans l'eau pure à la température de 15 degrés, et 33 degrés dans l'alcool absolu. L'intervalle était divisé en 33 parties égales qui étaient des degrés; chaque degré était en outre subdivisé en dixièmes. Depuis 1863, en vertu d'une loi, il a été substitué à cet alcoomètre à échelle arbitraire un alcoomètre centésimal construit d'après des déterminations dues à MM. Baumhauer et Van Moorsel.

Alcoomètres employés dans divers pays. — L'Autriche, la Russie et les pays scandinaves se servent de l'alcoomètre de Tralles. La Belgique, l'Italie, l'Espagne, le Portugal, emploient l'alcoomètre centésimal de Gay-Lussac ou l'alcoomètre de Cartier. En Turquie, l'emploi de ces appareils n'est pas répandu.

Invention des ébullioscopes. — On a donné le nom d'ébullioscopes aux instruments fondés sur la variation de la température d'ébullition des liquides alcooliques, pour en tirer des mesures de la richesse en alcool M. Tabarié, de Montpellier, prit en 1833 un brevet d'invention pour un appareil de ce genre, lequel était composé d'une bouilloire et d'un thermomètre, la bouilloire étant surmontée d'un réfrigérant pour condenser les vapeurs fournies par l'ébullition et pour les restituer au liquide bouillant de manière à maintenir la fixité de sa température. La différence entre cette température et celle de l'ébullition de l'eau pure sert à évaluer la richesse alcoolique cherchée.

En 1842, M. l'abbé Brossard-Vidal a appliqué le principe de l'appareil de M. Tabarié à un instrument qu'il a appelé *ébullioscope à cadran.* Cet instrument se compose d'un large tube thermométrique en verre, ouvert à sa partie supérieure, et rempli de mercure jusqu'à une petite distance de son extrémité. Sur le mercure contenu dans ce réservoir repose un petit flotteur qui s'élève ou s'abaisse selon que le mercure se dilate ou se contracte par la variation de la température. Au flotteur est attaché un fil qui s'enroule sur une poulie et qui est maintenu tendu par un petit contre-poids. Au centre de la poulie se trouve une aiguille qui parcourt les divisions d'un cadran, et qui marche dans un sens ou dans l'autre, ainsi conduite par le flotteur, selon que le niveau du mercure s'élève ou s'abaisse dans le réservoir thermométrique. Ce réservoir étant successivement plongé dans l'alcool absolu, dans l'eau distillée et dans des mélanges en proportions connues de ces deux liquides, on note le point où s'arrête l'aiguille dans chacune des expériences ; on obtient ainsi une échelle de graduation à l'aide de laquelle on déterminera désormais la richesse alcoolique des liquides qu'on essayera avec l'appareil. Toutefois, il y a lieu de remarquer que, par suite de l'absence d'un condenseur, la nature du liquide essayé change par l'ébullition, et que, d'autre part, les variations fréquentes de la pression atmosphérique agissent sur les mouvements de l'aiguille, dans un sens ou dans l'autre, indépendamment de la richesse alcoolique à déterminer.

Néanmoins, en 1866, le gouvernement anglais, sur la proposition du docteur Ure, alors chimiste de l'accise, adopta, sous le nom de *Field's alcoometer*, un appareil analogue au précédent, mais sans cadran, et s'en servit pendant plusieurs années ; l'incertitude des indications y a fait renoncer. C'était un simple thermomètre plongeant dans une bouilloire dépourvue de tout appareil de condensation.

Thermomètre alcoométrique de Conati. — Le *Field's alcoometer* a été introduit en France en 1817, par M. Conati, avec quelques modifications avantageuses, et il est connu sous le nom d'ébullioscope ou de thermomètre alcoométrique de Conati. Il se compose (fig. 201) : 1° d'un fourneau en laiton E, auquel est fixée une capsule ou bouilloire en cuivre rouge B, qu'on chauffe avec une lampe à alcool L ; 2° d'un thermomètre T dont les divisions sont tracées sur une échelle métallique *mobile* le long du tube de verre. En haut de cette échelle se trouve le 0 alcoométrique correspondant au point d'ébullition de l'eau pure ; les divisions tracées au-dessous représentent des centièmes d'alcool pur contenus dans le liquide soumis à l'essai. La variation de la pression atmosphérique influant sur les températures auxquelles entrent en ébullition l'eau et l'alcool, il est nécessaire d'en tenir compte et de régler l'instrument pour chaque opération. Pour cela, on remplit d'eau pure la capsule B, on y plonge le thermomètre et l'on provoque l'ébullition ; on fait alors glisser l'échelle mobile jusqu'à ce que son zéro affleure exactement le mercure pendant l'ébullition de l'eau. On remplace l'eau par le liquide dont on veut connaître la richesse alcoolique ; le point de l'échelle où s'arrête le mercure au moment de la nouvelle ébullition exprime en centièmes la richesse cherchée.

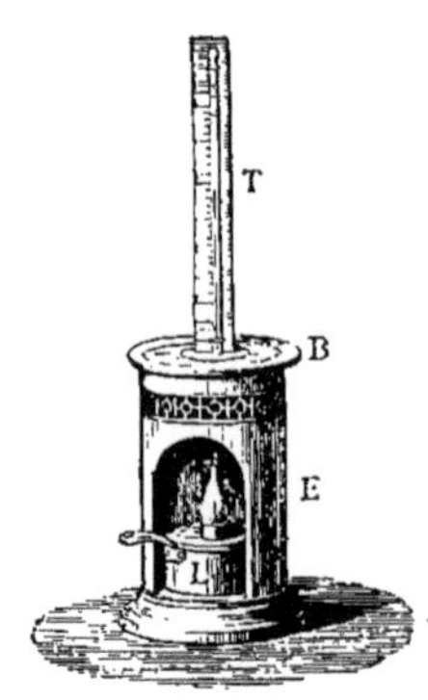

Fig. 201. — Thermomètre alcoolique de Conati.

Cet instrument est entaché d'un vice qui provient du défaut de fixité de la température d'ébullition du liquide alcoolique au fur et à mesure de la formation des vapeurs qui s'échappent ; en outre, il y a sur l'échelle métallique une condensation continue de vapeurs qui ne permet pas de bien faire les lectures.

Ebullioscope de Malligand. — C'est pour remédier aux inconvénients qui viennent d'être indiqués, qu'en 1872, Mlle Brossard-Vidal, avec le concours de M. Malligand, a repris l'appareil de son frère pour le perfectionner en appliquant une idée de M. Jacquelain. Le nouvel instrument construit par MM. Wisnegg et Alvergniart a été soumis à une série de vérifications délicates par M. Thenard, et finalement approuvé par l'Académie des sciences et par la Société d'encouragement pour l'industrie nationale. Le nouvel ébullioscope est muni du condenseur de Tabarié, de l'échelle mobile de Conati, et enfin d'un thermosiphon pour la régularisation du chauffage. Il y a là un progrès considérable.

Cet app[illegible] se compose (fig. 202) : 1° d'une bouilloire F en laiton, ayant la forme d'un cône tronqué, mise en communication d'une part, à la partie inférieure, avec un thermosiphon ; d'autre part, à la partie supérieure, avec un condenseur et avec un thermomètre; 2° d'un couvercle se vissant à la partie supérieure du cône et percé de deux ouvertures, la plus étroite pour livrer passage au thermomètre qui est coudé horizontalement, et la plus large pour y fixer le réfrigérant ; 3° d'un thermosiphon composé d'un tube de laiton de 7 à 8 millimètres de diamètre intérieur, courbé en cercle, et dont les deux extrémités viennent se souder au bas du vase F, à deux hauteurs sensiblement inégales, le diamètre du cercle formé par le thermosiphon étant d'environ 10 centimètres ; 4° d'une lampe à alcool L dont la flamme est rendue régulière par une disposition consistant à saisir la mèche en coton dans un tube en toile métallique, cette lampe étant placée sous le thermosiphon au point le plus éloigné du vase F, et ne se chauffant que sur une petite partie de la circonférence ; le bout de la mèche est engagé sous une petite hotte S surmontée d'une cheminée qui active le tirage ; à travers la hotte passe le cercle du thermosiphon qui est ainsi chauffé ; 5° d'un réfrigérant R, composé de deux tubes concentriques de manière à présenter un espace annulaire dans lequel on met l'eau froide destinée à la condensation des vapeurs qui s'échappent du vase F ; le tube central, après avoir traversé le couvercle, s'ouvre en bec de flûte à la partie supérieure de ce vase F, ce qui facilite la rentrée de la vapeur condensée dans la bouilloire pour y maintenir la fixité de la température : 6° d'un thermomètre T à gros réservoir, dont la tige est recourbée, de manière à devenir horizontale et à s'appuyer le long d'une large plaque posée de champ sur le couvercle ; contre cette plaque peut se mouvoir, le long du thermomètre, une règle plus étroite E, sur laquelle se trouvent gravés de 0 à 25 les degrés, non pas de température, mais de richesse alcoolique ; un curseur C facilite la lecture des degrés ; on doit faire, chaque fois que la pression barométrique varie, une expérience préalable avec de l'eau pure et ramener le zéro de la règle au point où le mercure s'arrête pour l'ébullition de l'eau.

Ebulliomètre de Salleron. — Pour rendre plus exactes les indications de l'échelle alcoométrique des ébullioscopes, M. Salleron a construit un autre instrument fondé aussi sur les mêmes principes que celui de Tabarié et qu'il a appelé ébulliomètre. Une chaudière AB (fig. 203 et 204), contenant le liquide dont il s'agit de déterminer la richesse alcoolique, est enfermée dans l'enveloppe du fourneau CD. Cette enveloppe a pour but d'éviter les pertes de chaleur par rayonnement, et, par conséquent, de diminuer la durée du chauffage. Dans la tubulure T, on introduit un thermomètre divisé sur verre par dixièmes de degré centigrade depuis 85 jusqu'à 101 degrés ; M. Salleron a essayé de faire plonger le réservoir du thermomètre dans la vapeur du liquide, mais il a dû y renoncer et se contenter de le faire plonger au sein du liquide chauffé, un trop grand nombre de causes troublant et empêchant le maintien de l'homogénéité de l'atmosphère qui surmonte le liquide alcoolique bouillant. Un condenseur EF, analogue à celui de Tabarié, est fixé sur le sommet de la chaudière, à côté du thermomètre ; il se compose d'un tube vertical $t\,t'$, ouvert à ses deux extrémités, celle inférieure communiquant avec la chaudière ; ce tube est fixé au centre du réfrigérant EF qu'on remplit d'eau froide : il a pour rôle, quand le liquide d'essai est en ébullition, de refroidir et de condenser la vapeur qui s'y engage forcément, et de la faire retomber dans la chaudière pour y conserver le titre alcoolique du liquide bouillant. Une lampe L chauffe la chaudière, mais sans que sa flamme en frappe directement les parois ; pour cela, un simple bouilleur *b* est placé à une distance suffisante de la chaudière pour que celle-ci ne soit influencée par la flamme et les produits de la combustion, de manière à rendre inexactes les indications du thermomètre. Les bulles de vapeur qui se forment dans le bouilleur traver-

sent le liquide à essayer dans toute sa hauteur B

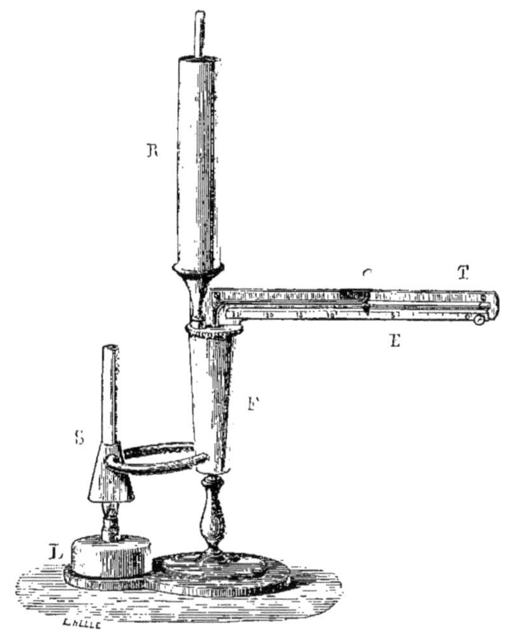

Fig. 202. — Ebullioscope de Malligand.

et abandonnent leur chaleur avant de toucher le

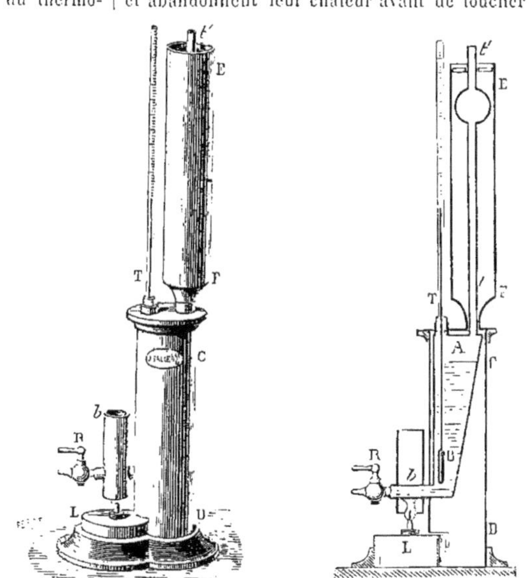

Fig. 203. — Ebulliomètre de Salleron.

Fig. 204. — Coupe de l'ébulliomètre Salleron.

thermomètre, ce qui rend le chauffage régulier

et rapide ; l'ébullition se produit après six minutes.

Lorsqu'on a déterminé, avec l'instrument qui précède, en degrés et en fractions de degrés centigrades, la température de l'ébullition d'un échantillon de liquide, il faut traduire cette température en richesse alcoolique. M. Salleron emploie à cet effet une règle à coulisse (fig. 205) qui se compose d'une réglette centrale mobile entre deux échelles fixes ; cette réglette, qui est divisée en degrés centigrades, représente l'échelle du thermomètre depuis 85 jusqu'à 101 degrés. L'échelle de droite, intitulée *eau et alcool*, est graduée depuis 0 jusqu'à 25 degrés ; chaque degré est subdivisé en dix portions ; l'échelle de gauche, qui porte l'inscription *vins ordinaires*, est divisée dans les mêmes limites et de la même manière ; le 0 des deux échelles se trouve sur une même ligne droite, mais les autres degrés n'ont pas le même écartement à cause des matières extractives existant dans le liquide. M Salleron a fait à ce sujet des expériences très intéressantes qu'il n'y a pas lieu de signaler ici avec plus de détails. Quant à la relation qui existe entre la richesse alcoolique d'un mélange d'eau et d'alcool seulement, M. Salleron a fait observer avec raison que les tables publiées à ce sujet par plusieurs physiciens sont toutes dissemblables (voyez le mot ALCOOL, p. 180) ; elles ne représentent que les températures auxquelles les mélanges alcooliques ont bouilli dans les vases avec lesquels chaque observateur a opéré ; il est connu, en effet, que le même liquide bout à une température différente suivant qu'il est renfermé dans un vase de verre ou de métal, chauffé à feu nu ou au bain-marie, suivant que la vapeur du liquide s'échappe à l'air libre ou qu'elle est condensée et retombe dans le liquide lui-même, enfin, suivant la longueur de la colonne thermométrique située en dehors du vase. Il a donc fallu déterminer expérimentalement les températures d'ébullition de liquides alcooliques connus dans l'ébulliomètre lui-même, tel qu'il est construit par M. Salleron. Voici la table qui résulte des recherches entreprises, dans ces conditions, par MM. Pinson et Petit. Elle a été construite en préparant une série de quatorze mélanges d'eau distillée et d'alcool vinique de richesses croissantes, dans des proportions telles que chaque liquide différait du précédent d'environ 2 centimètres. MM. Pinson et Petit ont vérifié les richesses alcooliques de ces liquides, par la méthode de la détermination directe de la densité, et en se servant de la table de Gay-Lussac. Cela fait, avec un thermomètre très sensible, ils ont déterminé dans l'ébulliomètre les températures d'ébullition

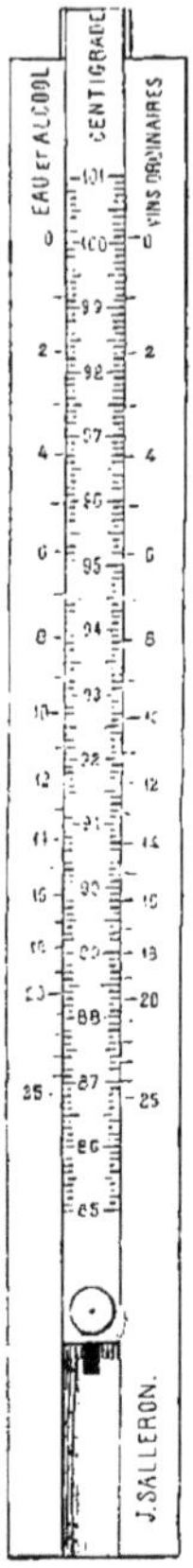

Fig. 205. — Réglette Salleron pour calculer la force alcoolique d'après les indications de l'ébulliomètre.

FORCE ALCOOLIQUE CENTÉSIMALE EN VOLUMES	TEMPÉRATURE DE L'ÉBULLITION EN DEGRÉS CENTIGRADES	FORCE ALCOOLIQUE CENTÉSIMALE EN VOLUMES	TEMPÉRATURE DE L'ÉBULLITION EN DEGRÉS CENTIGRADES
0....	100,00	13....	91,14
1....	99,06	14....	90,67
2....	98,22	15....	90,24
3....	97,40	16....	89,82
4....	96,64	17....	89,42
5....	95,86	18....	89,03
6....	95,12	19....	88,65
7....	94,46	20....	88,33
8....	93,80	21....	88,00
9....	93,18	22....	87,68
10....	92,61	23....	87,36
11....	92,08	24....	87,07
12....	91,62	25....	86,80

C'est d'après cette table que la règle à coulisse de l'ébulliomètre Salleron a été construite. Quand on veut procéder à un essai, on fait d'abord bouillir de l'eau pure dans l'appareil, et l'on observe la température indiquée par le thermomètre. On desserre l'écrou qui retient l'échelle immobile et l'on amène la division thermométrique observée en face du trait 0 des échelles fixes. Cette coïncidence obtenue, on fixe l'échelle mobile au moyen de son écrou, et l'appareil est prêt à servir. La lecture de la division des échelles de droite ou de gauche qui correspond à l'ébullition de l'échantillon essayé, donne sa richesse alcoolique.

Dilatomètre alcoolique de Silbermann. — Le dilatomètre alcoolique de Silbermann est fondé sur ce fait que l'alcool et l'eau se dilatent de quantités très différentes, lorsqu'on les expose à la même élévation de température (voyez le mot ALCOOL, p. 178). L'eau se dilate, en passant de zéro à 100 degrés, de 0,0466 de son volume primitif ; l'alcool, dans les mêmes circonstances et à la condition d'augmenter la pression pour empêcher la volatilisation à 78°,4, se dilate de 0,1254, c'est-à-dire trois fois plus que l'eau ; de zéro à 78°,4, point d'ébullition de l'alcool, la dilatation de ce dernier est de 0,0936 de son volume, et celle de l'eau de 0,0278 du sien, c'est-à-dire que la première est trois fois et demie plus forte que la seconde. Les divers mélanges d'eau et d'alcool se dilatent d'autant plus qu'ils renferment plus d'alcool, d'autant moins qu'ils contiennent plus d'eau. Dès lors l'instrument imaginé par Silbermann est facile à comprendre. Il se compose essentiellement (fig. 206) d'une pipette dans laquelle on met toujours le même volume du liquide alcoolique à essayer, pour chauffer ce liquide de manière à mesurer son accroissement apparent de volume entre deux températures toujours les mêmes + 25 et + 50 degrés ; une échelle graduée indique la richesse en centièmes de volume. Sur une plaque de cuivre P est fixé un thermomètre à mercure T ayant un réservoir cylindrique allongé. Perpendiculairement à la tige du thermomètre sont tracés sur la plaque deux traits A et B, qui correspondent, le premier à la température de + 25 degrés, le second à

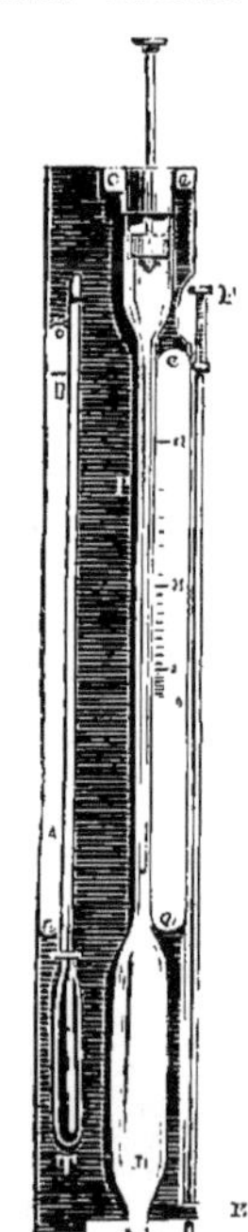

Fig. 206. — Dilatomètre alcoolique de Silbermann.

celle de + 50 degrés. Sur la même plaque P et parallèlement au thermomètre se trouve attachée la pipette dont le réservoir cylindrique est assez grand pour que les dilatations puissent occuper sur sa tige une assez grande longueur ; c'est en quelque sorte un thermomètre à liquides variables. Cette pipette se ferme à la partie inférieure D au moyen d'une petite plaque de liège E qu'on peut élever ou abaisser en faisant mouvoir une vis de rappel F placée à l'extrémité de la tige K. A la partie supérieure de la pipette, une petite pompe permet d'aspirer le liquide à essayer et de le faire monter jusqu'à un trait G, et c'est alors qu'on fixe le liège E. Sur une échelle graduée se trouve le point 0 correspondant à la dilatation de l'eau pure de 25 à 50 degrés ; plus haut, on a marqué le point 30, correspondant à la dilatation, entre les deux mêmes températures, d'un liquide ayant une richesse alcoolique de 30 pour 100 en volume. Pour diviser l'intervalle en degrés représentant des centièmes d'alcool, on a expérimenté tour à tour avec des liquides de richesses intermédiaires, et avec 5 ou 6 degrés de repère, on a pu partager en parties égales les intervalles linéaires.

Vaporimètre alcoométrique de Geissler. — Les vaporimètres alcoométriques sont des instruments assez employés en Allemagne. Ils reposent sur ce principe que les tensions des vapeurs de l'alcool sont plus fortes que celles des vapeurs de l'eau aux températures inférieures à l'ébullition de l'eau, puisque, par exemple, la tension de la vapeur d'alcool à 78°,4 est d'une atmosphère, tandis que celle de la vapeur d'eau n'atteint une atmosphère qu'à 100 degrés. On peut donc évaluer la force alcoolique d'un liquide par la hauteur de mercure que soulèvent ses vapeurs à une température déterminée. Le vaporimètre de Geissler est une application de ce principe. Il se compose, d'après le docteur Stammer, d'une chaudière A dans laquelle on chauffe de l'eau dont les vapeurs s'élèvent dans un cylindre double DD, bouché à sa partie supérieure, de telle sorte que, étant parvenues jusqu'en haut du cylindre intérieur, elles doivent redescendre par l'espace annulaire pour s'échapper par l'ajutage *e*; un thermomètre indique la température à laquelle il faut chauffer les vapeurs. Dans le cylindre intérieur, on place un flacon en forme d'éprouvette O, revêtu de telle sorte que son orifice, placé inférieurement, vienne s'adapter d'une manière hermétique sur l'extrémité rodée à l'émeri d'un tube recourbé BB qui est adapté sur une planchette portant une échelle graduée dont la figure ne montre qu'une partie. Cette échelle graduée sert à mesurer la hauteur de la colonne de mercure faisant équilibre à la tension de la vapeur du liquide à essayer. Pour faire un essai avec le vaporimètre, on commence par enlever le cylindre DD ; puis on dégage le tube BB avec son échelle et le flacon éprouvette O du couvercle de la chaudière A. On retourne alors et on sépare le tube BB du flacon O. Sur le col de ce flacon sont marqués deux traits *a* et *b*. On verse du mercure jusqu'au trait *a*, puis du liquide jusqu'au trait *b*. On bouche avec le tube BB. On retourne de nouveau pour remettre en place sur le couvercle de A où un simple joint maintient l'échelle, le tube et le flacon. On recouvre par le cylindre manteau DD avec son thermomètre et l'on chauffe. Le liquide alcoolique qui, dans le renversement du flacon éprouvette, a gagné la partie supérieure, fournit des vapeurs qui font refouler le mercure le long de l'échelle dans le tube BB ; la hauteur à laquelle le mercure s'élève donne la richesse alcoolique, une table ayant été dressée par des expériences préalables pour déterminer les relations des hauteurs de la colonne mercurielle et des richesses de divers liquides alcooliques connus. Une petite table de correction permet de tenir compte de l'influence de la variation de la pression atmosphérique sur la température à laquelle on opère la formation des vapeurs dans la chaudière A pour en-

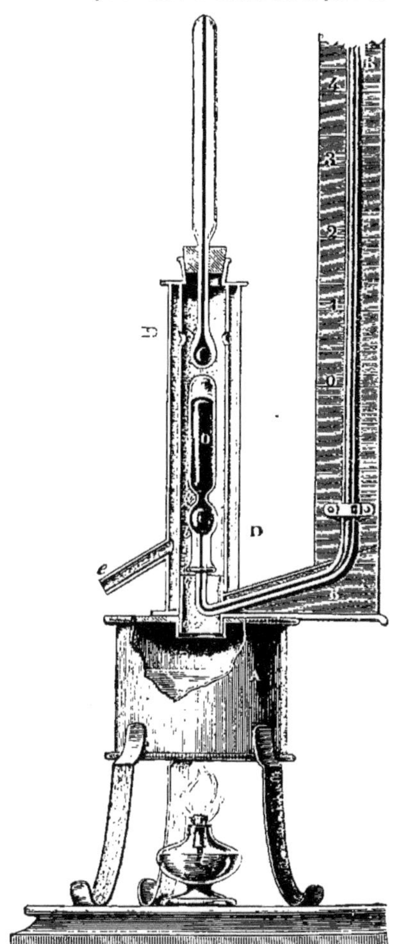

Fig. 207. — Vaporimètre alcoométrique de Geissler.

tretenir la tension des vapeurs alcooliques à un point constant durant le temps nécessaire à de bonnes observations.

Alcoomètre manométrique du docteur Perrier. — Cet instrument a été présenté à l'Académie des sciences au mois de septembre 1880. Il repose sur le principe de mesurer la tension des vapeurs d'un liquide spiritueux à l'ébullition par un manomètre plongeant dans ces vapeurs. Ce manomètre est lui-même formé d'un réservoir rempli en grande partie de mercure uni, surmonté d'une petite quantité constante d'un liquide volatil. Au fond du réservoir à mercure plonge la pointe du tube manométrique dans lequel le mercure s'élève plus ou moins, selon la pression exercée par les vapeurs du liquide constant. Ce liquide est choisi par le constructeur, de telle sorte qu'il émette des vapeurs ayant une plus grande tension que celles des liquides à essayer, c'est l'excès de tension qui sert à déterminer le degré de force cherché.

Cet appareil (fig. 208) se compose d'une petite chaudière surmontée d'un réfrigérant et chauffée par une lampe à alcool, et d'un manomètre à mercure à tige graduée et à cuvette plongeant dans la chaudière. Dans celle-ci, on introduit une quantité déterminée et toujours la même du liquide à essayer, en la mesurant avec une petite éprouvette graduée, par exemple, 8 centimètres cubes; on remplit d'eau un réfrigérant; on allume une lampe à alcool à alimentation régulière. En moins de cinq minutes, la colonne de mercure s'élève dans la tige du manomètre, qui porte une graduation descendante, le zéro correspondant à l'eau pure, étant en haut de l'échelle. Le point d'arrêt de la colonne mercurielle indique exactement la proportion d'alcool cherchée; on n'a à tenir compte ni de la pression barométrique, ni de la température de l'ébullition. Par un petit miroir on apprécie la sortie des vapeurs, lorsque cette ébullition est dans son plein, moment qui coïncide avec l'arrêt de la hauteur mercurielle dans le manomètre.

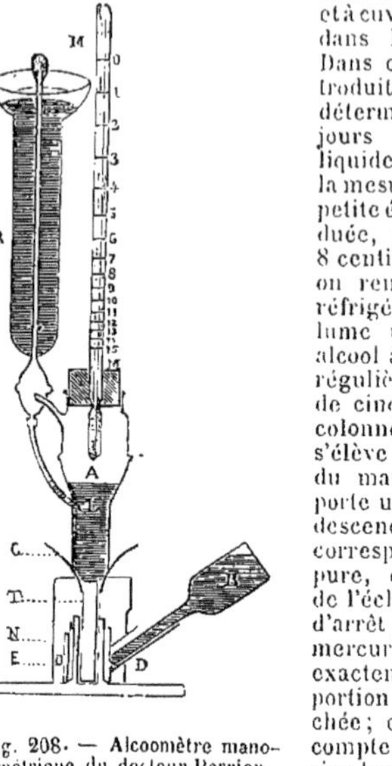

Fig. 208. — Alcoomètre manométrique du docteur Perrier.

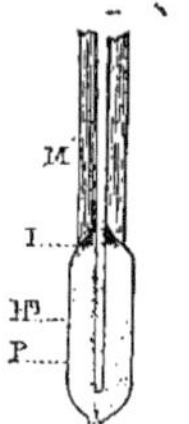

Fig. 209. — Détail de la partie inférieure de l'alcoomètre manométrique.

Voici la légende de la figure 208, représentant l'ensemble de l'alcoomètre, et de la figure 209 dans laquelle on voit grossie la partie inférieure du manomètre :

A, Chaudière.
L, Liquide à doser.
M. Manomètre.
P, Prolongement de la tige du manomètre plongeant dans le mercure de la cuvette.
L, Liquide constant.
Hg, Mercure.
R, Réfrigérant.
V, Miroir indicateur des vapeurs.
D, Lampe.
B, Flacon d'alcool pour alimenter la lampe.
N, Niveau constant de l'alcool dans la lampe.
T, Tige fixant la chaudière à la lampe.
C, Cône régulateur.
E, Ecran.

Cet appareil est d'une grande simplicité, et il a été nécessaire de bien régler la transmission de la chaleur. Dans ce but, M. Perrier a établi une lampe à courant d'air à niveau constant, alimentée par de l'alcool contenu dans un petit flacon à col renversé. La chaudière se fixe dans une tige T concentrique à la mèche de la lampe, de telle sorte que le foyer et les points de chauffe soient toujours dans une position identique. La transmission de la chaleur n'est pas directe; elle se fait par une couche d'eau chaude occupant l'espace annulaire et par la conductibilité des tubes métalliques.

Un petit cône métallique contre lequel vient se briser la flamme, ne permet pas à celle-ci de frapper directement les parois de la chaudière. Le réfrigérant peut varier de capacité et de forme, selon que l'on veut obtenir un point fixe d'une durée plus ou moins longue, ou que l'on veut se baser sur le moment précis où les vapeurs d'échappement équilibrent juste la pression atmosphérique, ce que montre un petit indicateur en verre surmonté d'un miroir métallique destiné à déceler la buée qui vient s'y condenser. Ce manomètre d'une grande sensibilité doit contenir des liquides constants, différents selon qu'il est destiné à essayer des forces alcooliques faibles, telles que celles des vins, ou des forces élevées telles que celles des esprits.

Alcoomètres fondés sur la capillarité. — Les divers liquides ne s'élèvent pas aux mêmes hauteurs dans des tubes capillaires de même diamètre. Par conséquent, en comparant les hauteurs d'élévation de divers liquides alcooliques dans un même tube capillaire, on doit pouvoir, au moyen d'expériences préalables, avoir une mesure de la force en alcool. Tel est le principe de plusieurs instruments qui ont été imaginés, notamment par Arthur et par Musculus, pour faire des alcoomètres; mais ces instruments, très délicats et donnant des indications peu sûres, ne sont pas très usités.

L'alcoomètre de Musculus, plus souvent désigné sous le nom de liquomètre, consiste en un tube capillaire gradué jusqu'à 20 degrés. Une planchette transversale munie d'une ouverture par laquelle il passe à frottement doux, permet de le maintenir verticalement au-dessus d'une éprouvette renfermant le liquide alcoolique à essayer. Le tube étant placé de manière que l'extrémité inférieure affleure le liquide, on fait monter celui-ci dans le tube par aspiration. On laisse ensuite redescendre la colonne. La hauteur de la colonne qui reste soulevée par l'action capillaire est variable avec la proportion d'alcool; elle permet donc de déterminer cette proportion, qu'on lit sur la tige. Il convient de répéter deux ou trois fois l'opération pour avoir un résultat bien certain. On peut ainsi obtenir le degré alcoolique des liquides renfermant moins de 20 pour 100 d'alcool; lorsque cette proportion est dépassée, on coupe préalablement le liquide avec de l'eau. Le liquomètre ayant été gradué à la température de 15 degrés centigrades, une table indique les corrections à faire subir aux degrés observés à d'autres températures.

Compte-gouttes Salleron. — Il suffit de faire tomber successivement, à l'aide d'un même tube terminé par une pointe effilée, des gouttes d'eau et des gouttes d'alcool concentré, pour reconnaître que les premières gouttes présentent avec les secondes des différences considérables tant sous le rapport des poids que sous celui des volumes. Ces différences tiennent à l'action capillaire exercée par le tube, action qui varie avec la nature des liquides aussi bien qu'avec celle du tube et son diamètre. De l'étude expérimentale de la question faite en 1861 par M. Salleron, il a déduit les conséquences suivantes qu'il importe de connaître:

1° Le volume et le poids des gouttes ne sont pas dans un rapport nécessaire avec la densité du liquide qui les fournit, mais ils dépendent de la capillarité qui retient le liquide à l'orifice du tube; 2° la densité, la viscosité ou la fluidité du liquide, ainsi que les matières étrangères qui peuvent y être dissoutes, ne changent pas le poids des gouttes qui reste le même, par exemple, pour toutes les teintures alcooliques, pourvu qu'elles soient faites avec un alcool de même richesse; 3° le poids des gouttes diminue quand la richesse alcoolique augmente, et les différences sont d'autant plus grandes que les liquides sont plus ou moins riches en alcool; 4° la variation de la pression modifie le poids des gouttes. De là cette conclusion que, avec un compte-gouttes, on peut arriver à déterminer la force alcoolique des liquides, et cela avec d'autant plus de précision que la richesse est plus faible. Le compte-gouttes (fig. 210) doit présenter un bec d'écoulement bien réglé, avec une hauteur de liquide à peu près constante au-dessus de l'orifice; il se compose d'un petit ballon muni d'un orifice capillaire latéral par où le liquide s'échappe et dont la section est telle que, pour l'eau distillée, le poids de chacune des gouttes est exactement de 50 milligrammes à la température de + 15 degrés. Le procédé de M. Salleron, pour l'emploi de son petit appareil, consiste à faire couler 20 gouttes du liquide à essayer dans une petite capsule tarée d'avance, et à prendre très exactement le poids à l'aide d'une balance de précision. Une table dressée au moyen d'expériences préalables donne les centièmes d'alcool qui correspondent à chaque poids obtenu

Fig. 210. — Compte-gouttes de M. Salleron.

Compte-gouttes alcoométrique de MM. Limousin et Berquier. — Au lieu de chercher dans la variation du poids d'un nombre déterminé de gouttes la nature de la force alcoolique d'un liquide, comme M. Salleron l'a proposé, MM. Limousin et Berquier, considérant que l'emploi d'une balance de précision n'est pas à la disposition de tous les opérateurs, ont cherché à résoudre le même problème par la détermination des variations du *volume*. Le nouvel alcoomètre qu'ils ont imaginé repose sur ce principe : lorsqu'on fait écouler d'un même tube capillaire gradué en parties d'égale capacité et terminé par un bec d'écoulement très fin, dix gouttes d'eau distillée, puis dix gouttes d'alcool absolu, on trouve que les premières gouttes occupaient dans le tube une étendue sept ou huit fois plus considérable que les dernières; on trouve, en outre, que des mélanges d'alcool et d'eau se comportent de telle sorte que la différence est d'autant moins grande qu'il y a moins d'alcool, sans que des matières étrangères dissoutes changent sensiblement le résultat. Par conséquent, en opérant avec des liqueurs alcooliques titrées et en mesurant le volume occupé par dix gouttes de chacune d'elles, on peut inscrire sur le tube sa richesse correspondante, ou dresser une table qui désormais fera connaître immédiatement la richesse d'un liquide par un instrument très simple (fig. 211) Un tube de verre *tt'* ayant une longueur de 35 centimètres environ et un diamètre intérieur de 1 millimètre ou à peu près, est courbé à angle droit à une de ses extrémités, puis étiré de manière à présenter un bec de 2 millimètres de diamètre total avec un orifice capillaire. A l'autre extrémité du tube, on fixe une ampoule en caoutchouc C que l'on peut comprimer au moyen d'une vis de pression V. Une échelle graduée permet de mesurer les longueurs occupées par les liquides. On remplit le tube en desserrant la vis et en faisant plonger son bec dans le liquide à essayer jusqu'à ce qu'il arrive en A. On serre alors très doucement la vis de manière à avoir des gouttes bien distinctes; pour dix gouttes, l'eau s'écoule jusqu'en *i*, mais l'alcool absolu jusqu'en *i'* seulement; l'intervalle entre *i* et *i'* est partagé au moyen d'expériences préalables de manière à donner des centièmes de richesse alcoolique en volume. On doit laver avec soin, puis essuyer l'appareil entre deux expériences successives.

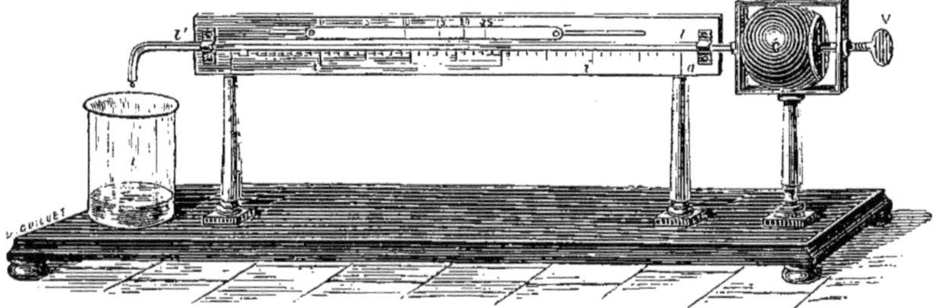
Fig. 211. — Compte-gouttes alcoométrique de MM. Limousin et Berquier.

Compte-gouttes de M. Duclaux. — Ce nouvel appareil diffère de celui de M. Salleron par la forme et de celui de MM. Limousin et Berquier par ce fait qu'au lieu de mesurer le volume occupé par un même nombre de gouttes, il mesure, au contraire, le nombre de gouttes correspondant à un même volume. Il est représenté par la figure 212; c'est une pipette dont l'orifice inférieur est assez fin pour que le liquide ne puisse s'écouler que par gouttes distinctes; le diamètre extérieur de cet orifice est réglé de telle sorte que 5 centimètres cubes d'eau à la température de 15 degrés fournissent exactement 100 gouttes; on obtient ce résultat en usant au point convenable avec du papier à l'émeri la paroi extérieure du bec d'écoulement. La pipette est jaugée de manière à contenir exactement 5 centimètres cubes quand on la remplit jusqu'à un trait marqué sur la tige; il faut d'ailleurs tenir compte de la température, ainsi qu'il résulte du tableau suivant dressé par M. Duclaux et qui donne pour des liquides de richesses alcooliques croissantes aux températures de 5, 10, 15 et 20 degrés

Fig. 212. Compte-gouttes de M. Duclaux.

centigrades, le nombre de gouttes qui s'écoulent du compte-gouttes jaugeant 5 centimètres cubes.

NATURE DES LIQUIDES	NOMBRE DE GOUTTES POUR 5 CENTIMÈTRES CUBES AUX TEMPÉRATURES DE			
	5 degrés	10 degrés	15 degrés	20 degrés
Eau distillée........	98	99	100	101
Alcool à 1 degrés.	105	106	107	108
— 2 —	111	112	113	114,5
— 3 —	116	117	118	119,5
— 4 —	120,5	121,5	122,5	124,5
— 5 —	124	125	126,5	128,5
— 6 —	127	128,5	130,5	132,5
— 7 —	130	131	134	136,5
— 8 —	133	135,5	137,5	140
— 9 —	136	138,5	140,5	143
— 10 —	139	141,5	144	146,5
— 11 —	142	144,5	147	149,5
— 12 —	145	148	150,5	153
— 13 —	148,5	151	154	155
— 14 —	152	154,5	157	159
— 15 —	155	157,5	160	163
— 16 —	158,5	161	163,5	166,5
— 17 —	161,5	164,5	167	170,5
— 18 —	164,5	167,5	170	173,5
— 19 —	167,5	170,5	173	176,5
— 20 —	170	173	176	179,5
— 25 —	186	189	192	195,0
— 30 —	198,5	201,5	204,5	208
— 35 —	211	213,5	216	219
— 40 —	220,5	223	225,5	228,5
— 45 —	230	232,5	235	238
— 50 —	238	240,5	243	246
— 55 —	243	245,5	247,5	250
— 60 —	247	249	251	252,5
— 65 —	250	251,5	253	255
— 70 —	252,5	254	255,5	257,5
— 75 —	254,5	255,5	257	259
— 80 —	256,5	257,5	258,5	260
— 85 —	258,5	259	259,5	261
— 90 —	260,5	261	261,5	262
— 100 —	269,5	269,5	270	270

Cette table prouve que c'est pour les alcools de faible richesse que les différences entre les nombres de gouttes écoulées de l'instrument sont les plus grandes; le procédé est donc bon surtout pour les eaux-de-vie très faibles. Pour opérer, on remplit la pipette compte-gouttes par aspiration, on l'installe au-dessus d'un vase destiné à recevoir le liquide qui s'écoule, et l'on compte les gouttes qui tombent. Lorsque l'écoulement est terminé, on évalue à vue d'œil le volume de la très petite portion de liquide qui reste; on la compte comme une demi-goutte s'il y en a très peu, comme une goutte si elle est venue former à la partie inférieure de l'orifice une perle un peu volumineuse. Après avoir noté la température, on cherche dans la table le titre alcoolique correspondant, en calculant les parties proportionnelles, si on tombe sur des nombres intermédiaires entre ceux qui s'y trouvent contenus. Il faut bien placer la pipette pendant l'écoulement; un flacon, à large goulot, imparfaitement fermé par un bouchon percé d'un trou assez large pour recevoir la pipette, suffit amplement pour cet usage. Il est commode, quand on mesure les 5 centimètres cubes de liquide, de produire l'affleurement en appliquant l'orifice du compte-gouttes sur un linge ou du papier buvard qui absorbe le liquide excédant au fur et à mesure qu'il s'écoule. L'orifice devra toujours être tenu très propre et se laisser parfaitement mouiller. Quand l'instrument n'a pas servi depuis quelque temps, on en nettoie le bec avec un peu d'alcool.

Alcoomètre avec compte-gouttes de sulfure de carbone. — Le sulfure de carbone est presque insoluble dans l'eau pure, mais il se dissout dans un liquide alcoolique en quantité d'autant plus grande que la richesse en alcool est plus forte. Si donc on met du sulfure de carbone dans un compte-gouttes, et qu'on laisse écouler des gouttes dans 100 centimètres cubes du liquide à essayer jusqu'au moment où l'addition d'une goutte donne au liquide un aspect laiteux, le nombre des gouttes sera proportionnel à la richesse cherchée; une table dressée par des expériences préalables pourra servir à donner la richesse elle-même. On ne peut employer ce procédé que pour des liquides alcooliques non colorés.

ALCOOMÉTRIE. — Art de déterminer dans un liquide la quantité d'alcool vinique qui s'y trouve contenu, et de bien se servir des instruments qui ont été imaginés pour obtenir avec certitude les richesses alcooliques dont la quotité règle les transactions commerciales ou sert de base pour fixer les droits à payer aux douanes, aux contributions indirectes, aux octrois. Pour bien parler, il faudrait dire alcoolométrie, mais l'abréviation a prévalu dans l'usage.

Jusque vers le milieu du siècle dernier, époque à laquelle on songea à apprécier la force des liquides spiritueux par la détermination plus ou moins approchée de la variation de leur densité, on ne se servit guère que de procédés tout à fait grossiers et reposant plus sur le *bien jugé* de l'opérateur que sur l'exactitude du procédé. Des règlements publics, dans le Languedoc et en Espagne, tout en ayant pour but de chercher à empêcher les fraudes, n'avaient fait que rendre plus préjudiciables des routines qui, pour être sanctionnées par des arrêtés ou des ordonnances, n'en étaient pas moins erronées. Les méthodes les plus répandues étaient les épreuves par l'air, par l'ustion, par l'huile, par le sel de tartre.

On regardait l'eau-de-vie comme ayant satisfait à la preuve de Hollande, comme étant au titre convenable, lorsque, après l'avoir agitée fortement dans un flacon qui n'en était pas entièrement rempli, elle faisait la *perle*, ou ce qu'on nommait encore le chapelet, c'est-à-dire un cercle non interrompu de petites bulles qui venaient à la surface du liquide, se ranger contre la paroi interne du flacon. Le flacon en verre bien transparent, renflé par le milieu, portait, dans quelques pays, en Languedoc et en Provence, le nom de sonde. « On le remplit aux deux tiers, dit Bories, de la liqueur à vérifier. On bouche ensuite l'orifice avec le pouce, et l'on secoue fortement le flacon, afin que l'air qui reste dans la partie vide s'introduise dans la liqueur. Lorsqu'il s'en dégage, en montant à la surface, en écume ou en mousse, la grosseur ou la ténuité des bulles qu'il forme, le temps qu'elles mettent à se dissiper, ou leur bruissement, en portant le flacon à l'oreille immédiatement après la secousse, font juger de la spirituosité de la liqueur. » Pour éprouver par ce moyen les eaux-de-vie d'une force plus grande que celles connues sous le nom de *preuve de Hollande*, on les affaiblissait par la quantité d'eau nécessaire pour les réduire à ce caractère. Il y avait des *sondeurs* réputés pour leur habilité. Mais, depuis qu'on possède des instruments de précision, il n'a pas été difficile de les surprendre en flagrantes erreurs du simple au double.

L'épreuve par l'ustion consistait à placer de la poudre à canon dans une cuiller, à verser dessus le trois-six qu'il s'agissait d'essayer, et à y mettre le feu. Le trois-six était réputé bon, si la poudre prenait feu; il devait être rejeté, si la poudre ne s'enflammait pas. Tel était le règlement de 1729 dans les états de Languedoc. Or, on peut manquer ou réussir cette épreuve avec la même eau-de-vie, c'est-à-dire décider qu'on refusera ou exemptera cette eau-de-vie, en mettant plus ou moins d'eau-de-vie, parce que si l'on en verse beaucoup, il reste plus d'eau pour mouiller la poudre qui alors ne s'enflamme pas, tandis que, si on met peu d'eau-de-vie, la déflagration est certaine même avec une eau-de-vie faible. La température de la cuiller joue aussi un rôle dans le phénomène qui n'offre aucune garantie sérieuse.

Geoffroy le cadet, dans son mémoire communiqué à l'Académie des sciences, en 1718, a modifié le procédé de l'ustion en proposant de se servir uniformément du même vase qu'on remplissait jusqu'à un trait toujours le même pour les diverses eaux-de-vie. On mettait le feu, en chauffant au besoin; puis on laissait brûler. L'eau-de-vie la plus forte était celle qui laissait le moins de résidu au moment de l'extinction naturelle de la flamme. C'est une expérience qui a quelque fondement, mais qui donne lieu à trop de causes d'erreurs pour jamais fournir des résultats exacts.

Un autre procédé assez fréquemment en usage, mais qui avait l'inconvénient pour le commerce de demander assez de temps, consistait à jeter dans la liqueur spiritueuse à essayer du *sel alcali fixe de tartre* (carbonate de potasse) en poudre bien sèche, tant qu'il allait au fond en se réduisant en liquide. On jugeait par la quantité d'esprit surnageante de la spirituosité de l'eau-de-vie.

L'épreuve à la goutte d'huile servait surtout pour essayer l'eau-de-vie dont le titre était 4/5. Versée sur l'eau-de-vie, la goutte d'huile surnage ou se précipite. Si elle surnageait, la liqueur n'était pas au titre; dans le cas contraire, elle était réputée bonne, et d'autant meilleure que le temps mis par la goutte à descendre était moindre. Mais cette dernière circonstance dépend moins de la qualité de l'eau-de-vie, que de la grosseur et de la densité de la goutte d'huile. Tout ce que l'on peut affirmer, c'est qu'une goutte d'huile qui s'étend à la surface de l'eau pure, reste suspendue en prenant une forme sphérique dans une eau forte, tombe au fond d'une eau-de-vie forte. Le phénomène ne peut pas servir de mesure.

Après l'usage de tous ces procédés, on eut enfin recours à la balance hydrostatique en plongeant le même poids attaché sur le plateau d'une balance dans divers liquides à essayer et en équilibrant par des poids sur l'autre plateau. Plus le poids déplacé est faible, plus l'eau-de-vie est forte. Ce procédé n'a que l'inconvénient d'être délicat à employer et d'exiger des appareils coûteux et des corrections nombreuses. On est enfin arrivé à se servir des alcoomètres qui ne sont aussi que l'application plus ou moins exacte de la connaissance de la loi de variation des densités des liquides spiritueux avec leur force alcoolique.

Lorsque le liquide à essayer ne contient que de l'eau et de l'alcool, les alcoomètres qui ont été décrits précédemment donnent tous des résultats d'une exactitude particulière à leur mode de construction. S'il s'y trouve des matières étrangères, ainsi que cela arrive pour les vins de diverses origines, les bières, les cidres, pour les liqueurs, en général, pour les boissons alcoolisées quelconques, les déterminations par les alcoomètres fondés sur l'aréométrie ou les variations des densités ne peuvent pas être employées, à moins qu'on ne dégage l'alcool par une distillation préalable; c'est le but des alambics de Gay-Lussac et de Salleron. M. Maumené a modifié les alambics de manière à permettre de faire des distillations plus parfaites, mais cela sans utilité commerciale. L'administration des douanes anglaises se sert aussi d'un alambic plus compliqué, mais sans avantage marqué. Quel que soit l'appareil employé, si l'on distille 100 centimètres cubes sur 200 centimètres cubes de la liqueur, et que l'on prenne le titre de la partie distillée, on n'aura qu'à diviser par 2 pour avoir la richesse cherchée.

Jusqu'en 1824, on ne déterminait pas exactement la quantité d'alcool contenue dans les boissons. On se contentait d'indications aréométriques sur le plus ou moins, et l'instrument le plus employé était l'aréomètre ou alcoomètre de Cartier. En 1824, une loi décida que l'on se servirait désormais pour la détermination de la quotité des impôts sur les boissons, des évaluations centésimales. Gay-Lussac venait d'établir par ses recherches la possibilité de faire de telles déterminations au moyen de l'alcoomètre qu'il faisait construire par Collardeau. Le travail de Gay-Lussac avait été très long; il ne l'a pas publié en entier, mais il a fait paraître une instruction développée et maintenant presque introuvable, sur la manière de se servir de l'alcoomètre. « Le travail sur l'alcoomètre centésimal, dont je publie aujourd'hui (1824) les résultats, dit l'illustre physicien, a été commencé il y a plusieurs années. Quoiqu'il fût encore incomplet, je me déterminai à le présenter à l'administration des contributions indirectes. Les avantages que le commerce et la régie devaient en retirer furent promptement reconnus, je fus engagé à le terminer. L'approbation que l'Académie royale des sciences a donnée à ce travail, après en avoir fait l'examen sur l'invitation des ministres des finances et de l'intérieur, et son utilité démontrée aux Chambres et sanctionnée par une loi, sont pour moi un dédommagement bien honorable du temps qu'il m'a coûté ». La loi de 1824 donna la table suivante pour transformer, de quart en quart, les degrés de Cartier en degrés centésimaux :

DEGRÉS DE CARTIER	DEGRÉS CEN-TÉSIMAUX	DEGRÉS DE CARTIER	DEGRÉS CEN-TÉSIMAUX	DEGRÉS DE CARTIER	DEGRÉS CEN-TÉSIMAUX
10,00	0,0	21,50	57,2	32,75	83,9
10,25	1,2	21,75	58,0	33,00	81.3
10,50	2,5	22,00	58,7	33,25	81,9
10,75	3,9	22,25	59,4	33,50	85,3
11,00	5,3	22,50	60,1	33,75	85,8
11,25	6,7	22,75	60,8	34,00	86,2
11,50	8,2	23,00	61,5	34,25	86,6
11,75	9,8	23,25	62,2	34,50	87,1
12,00	11,3	23,50	62,9	34,75	87,5
12,25	13,0	23,75	63,6	35,00	88,0
12,50	14,7	24,00	64,2	35,25	88,4
12,75	16,5	24,25	64,9	35,50	88,2
13,00	18,4	24,50	65,6	35,75	89,8
13,25	20,2	24,75	66,2	36,00	89,6
13,50	22,0	25,00	66,9	36,25	90,0
13,75	23,7	25,25	67,5	36,50	90,4
14,00	25,4	25,50	68,1	36,75	90,8
14,25	27,1	25,75	68,8	37,00	91,1
14,50	28,7	26,00	69,4	37,25	91,5
14,75	30,2	26,25	70,0	37,50	91,9
15,00	31,7	26,50	70,6	37,75	92,3
15,25	33,1	26,75	71,2	38,00	92,6
15,50	34,5	27,00	71,8	38,25	93,0
15,75	35,8	27,25	72,3	38,50	93,3
16,00	37,0	27,50	72,9	38,75	93,7
16,25	38,2	27,75	73,5	39,00	94,0
16,50	39,4	28,00	74,0	39,25	94,4
16,75	40,5	28,25	74,6	39,50	94,7
17,00	41,5	28,50	75,1	39,75	95,0
17,25	42,6	28,75	75,7	40,00	95,4
17,50	43,6	29,00	76,3	40,25	95,7
17,75	44,6	29,25	76,8	40,50	96,0
18,00	45,5	29,50	77,3	40,75	96,3
18,25	46,5	29,75	77,9	41,00	96,6
18,50	47,4	30,00	78,4	41,25	96,9
18,75	48,2	30,25	78.9	41,50	97,2
19,00	49,2	30,50	79,4	41,75	97,4
19,25	50,1	30,75	79,9	42,00	97,7
19,50	50,9	31,00	80.5	42,25	98,0
19,75	51,7	31,25	81,0	42,50	98,3
20,00	52,5	31,50	81,5	42,75	98,5
20,25	53,3	31,75	82,0	43,00	98,8
20,50	54,1	32,00	82,4	43,25	99,0
20,75	54,9	32,25	82,9	43,50	99,5
21,00	55,7	32,50	83,4	43,75	99,3
21,25	56,5			44,00	99,9

L'alcoomètre centésimal de Gay-Lussac et les tables que l'illustre physicien a données permettent de résoudre tous les problèmes possibles de l'alcoométrie volumétrique; leur ensemble ne laisse absolument rien à désirer, et les nombreuses vérifications officielles ou particulières qui en ont été faites ont toujours démontré qu'on arrivait avec une grande exactitude à répondre à tous les besoins des transactions. Il est d'ailleurs facile de passer des volumes qu'on obtient d'une manière simple et rapide aux poids, en se servant de la table des densités pour chaque degré de l'alcoomètre, à la température de 15 degrés. « Avec cette table, dit M. Collardeau-Vacher, et une bonne balance, il est toujours possible de vérifier l'exactitude d'un alcoomètre : il suffira de rechercher, pour deux ou trois échantillons d'eaux-de-vie de forces diverses, si les densités correspondant dans cette table aux degrés marqués par l'alcoomètre, coïncident avec les densités prises directement avec la balance. Si l'on veut se rappeler que Gay-Lussac et Collardeau ont choisi la température de 15 degrés centigrades, facile à obtenir en toutes saisons, comme température normale, qu'ils rapportent en outre les densités des liquides à la densité de l'eau prise pour unité, à cette température de 15 degrés, on voit que le calcul de la densité se ramène à une simple pesée de 1 litre de liquide à 15 degrés centigrades. »

La loi du 21 juin 1824 a décidé que « désormais les droits sur les eaux-de-vie et les esprits en cercles seraient perçus en raison de l'alcool pur contenu dans ces liquides conformément à l'échelle décimale annexée à la loi ». Mais la loi s'est tue sur la construction des alcoomètres et sur leur contrôle. On réclame énergiquement contre cette lacune de la législation. Sans aucun doute le régime établi par la loi de 1824 est un très grand progrès sur le régime antérieur, mais il faudrait aller plus loin en établissant le contrôle.

L'alcoomètre centésimal de Gay-Lussac, qu'il ne faut pas séparer de ses tables, a fait disparaître tous les anciens inconvénients, mais il faut qu'il soit bien construit; par conséquent, son contrôle est nécessaire, et il en est de même du thermomètre qui doit nécessairement l'accompagner.

On rencontre partout beaucoup d'alcoomètres centésimaux mal fabriqués, tous livrés au commerce sans aucune garantie de bonne confection que celle donnée par l'habileté et la conscience du fabricant. Aussi on ne saurait trop recommander de n'acheter que des alcoomètres d'une provenance autorisée, telle que celle de Salleron, de Collardeau, etc.

Dans un rapport de M. Louis Roy de Loulay, fait en 1880 à la Chambre des députés, on lit en effet : « Les alcoomètres centésimaux comparés entre eux ne donnent pas toujours, quoique paraissant semblables, des résultats identiques; et quand on en applique deux, successivement, à une même eau-de-vie, il n'est pas rare de voir l'un constater qu'elle est de 54 degrés et l'autre, au contraire, lui en attribuer 57, ce qui constitue plus de 5 pour 100 de différence; or, si l'on se rappelle que la tolérance accordée aux expéditions par la loi du 21 juin 1873 sur le degré déclaré à la régie n'est que de 1 pour 100, on comprendra sans peine que ces inexactitudes des instruments peuvent devenir la cause de nombreuses erreurs et de condamnations aussi imméritées que préjudiciables. » Les réclamations du commerce ont été incessantes. Malheureusement l'Académie des sciences, consultée sur la question, n'a pas osé conseiller un moyen de contrôle des alcoomètres et des thermomètres, à cause des changements que tous les instruments en verre présentent avec le temps. Mais ce n'est pas là une difficulté insurmontable; elle n'a pas arrêté plusieurs gouvernements étrangers. Par une entente entre toutes les nations civilisées, entente résultant d'un congrès, on trouvera certainement les moyens de résoudre le problème dans des limites de tolérance et d'approximation suffisantes pour satisfaire tous les intérêts. On devra en même temps chercher à perfectionner les moyens de mesurer les volumes.

Les procédés usités pour le mesurage volumétrique sont souvent d'une telle imperfection et donnent lieu à tant d'erreurs, qu'on a proposé de leur substituer le pesage métrique. M. Sourbé a présenté, en 1873, sur ce sujet, à la Chambre de commerce de Bordeaux, un mémoire accompagné de tables qui ont reçu son approbation. D'un autre côté, M. Bernard, professeur de physique à Cognac, a fait aussi un travail plein de recherches décisives sur la nécessité de n'employer absolument en alcoométrie que la bascule et l'alcoomètre centésimal. A ce sujet, il faut seulement remarquer que les densités très exactes déterminées par Gay-Lussac donnent, quand on s'en sert pour diviser les poids afin de passer aux volumes, des résultats un peu trop faibles. En effet, elles ne sont pas exprimées en unités métriques; elles représentent la densité des mélanges alcooliques à 15 degrés centigrades, par rapport à celle de l'eau distillée à la même température. Or le litre, unité métrique, est le volume d'eau occupé par un kilogramme d'eau à son maximum de densité, c'est-à-dire à 4 degrés, et non pas à 15 degrés centigrades. Il faut donc faire une petite correction consistant à multiplier les densités données par Gay-Lussac par 0,999133 qui est la densité de l'eau à 15 degrés.

Si l'on voulait même pousser la correction plus loin, pour passer des poids des fûts aux volumes, il faudrait encore faire entrer dans le calcul de réduction la perte de poids provenant de l'air que ces fûts déplacent quand ils sont pleins, mais on est convenu de ne pas tenir compte de cette correction qui produirait cependant une différence de 1 litre 3 dixièmes pour 1000 litres.

M. Bernard s'est livré à des recherches intéressantes pour établir des tables qui permettent de passer, par des calculs simples, du poids occupé par un liquide alcoolique à son volume réel à 15 degrés, celui d'après lequel se font les transactions commerciales.

Si la méthode des pesées était substituée généralement à celle du mesurage des volumes, on pourrait se servir de tables qui permettraient de remplacer les multiplications ci-indiquées par de simples additions, et tous les problèmes de l'alcoométrie en seraient bien simplifiés. Mais pour transformer ainsi les usages, il conviendrait, nous le répétons, de discuter la question dans un congrès auquel des représentants de tous les pays producteurs de liquides spiritueux seraient appelés, et dont les décisions seraient ensuite sanctionnées par des lois dans chaque État souverain. On pourrait alors peut-être espérer de voir disparaître l'extrême complication de l'alcoométrie, non seulement dans un même pays, mais surtout dans les relations internationales. Mais il suffit de voir combien il est difficile de déraciner les habitudes du commerce, par exemple, dans les Charentes où l'on se sert du Tessa, ou bien dans le Midi où toutes les transactions se font avec le Bories, pour comprendre qu'il faudra les efforts des gouvernements eux-mêmes pour ramener à un type unique des échelles alcoométriques aussi variées que celles usitées en Angleterre, en Allemagne, en Hollande, etc.

Le traité de commerce de 1860 a appelé fortement l'attention publique sur le système alcoométrique de la Grande-Bretagne qui, auparavant, n'était guère connu que de quelques grands commerçants en eaux-de-vie. Au fond, ce système est basé, comme celui que Gay-Lussac a commencé à faire prévaloir en France, sur la détermination, par un instrument et par des tables, de la force de tout liquide spiritueux évaluée à la température de 15 degrés centigrades, en volumes d'un esprit connu contenus dans 100 volumes du mélange. Seulement Gay-Lussac a pris pour type l'alcool absolu, tandis que la loi anglaise (*Act of Parliament*, 58 Géo. III, cap. 28, 2 juillet 1816) a pris pour type un esprit (nommé *esprit d'épreuve*) qui, à la température de 51 degrés Fahrenheit (10 degrés cinq neuvièmes centigrades), est tel que le poids d'un litre de cet esprit est égal aux douze treizièmes du poids d'un litre d'eau. A la même température, la force d'un liquide spiritueux est le nombre de litres de *proof spirit* ou d'*esprit d'épreuve* qui équivalent à un hectolitre de ce liquide. Ce nombre surpasse 100 quand le liquide essayé est plus alcoolique que le type; il est plus petit que 100 dans le cas contraire. Il s'obtient au moyen de l'hydromètre ou alcoomètre de Sikes, qui a été décrit à sa place, en se servant des tables qui accompagnent l'instrument et en forment le complément indispensable. Ces tables constituent une brochure de 200 pages environ qui donnent pour toutes les températures depuis 30 jusqu'à 100 degrés Fahrenheit, la correspondance des degrés observés d'après la règle donnée lors de la description de l'hydromètre, avec les centièmes d'esprit d'épreuve au-dessus et au-dessous du *proof spirit*. Il en résulte que si l'on représente par 100 la force de cet esprit, on aura à ajouter à 100 le nombre des tables au-dessus de l'épreuve, et à retrancher de 100 ceux au-dessous, pour avoir l'échelle complète des degrés de Sikes. Les nombres observés sont seulement des moyens de trouver les degrés de force réelle dans les tables. Pour opérer, on commence par verser dans une éprouvette sur le thermomètre le liquide spiritueux à essayer; quand le thermomètre est fixe, on ouvre la table à la page correspondante; puis on plonge l'hydromètre dans le liquide en pressant sur la partie supérieure pour voir quel poids il faut placer au-dessus de la boule, afin que la flottaison ait lieu sur un des degrés de la tige. Quand le poids est bien choisi, on ajoute le degré de flottaison au nombre inscrit sur le poids, et le total représente le nombre qu'il faut chercher dans la page de la table ouverte; en face, on trouve la force exprimée en centièmes d'esprit d'épreuve. Si, par exemple, à la température 40 degrés Fahrenheit, on a employé le poids 20 et que la flottaison de la tige soit au nombre 8, il faut chercher 28 dans la page intitulée 40 degrés; on trouve en regard 45,7 pour exprimer la force réelle en centièmes de *proof spirit*, au-dessus de l'esprit d'épreuve. Une règle à calcul est jointe à l'instrument; elle a pour but de permettre de déterminer la valeur d'un esprit et de donner les quantités d'eau à employer pour réduire un esprit d'un degré de force à un autre.

La règle donne sur la face AB (fig. 213) la valeur comparative des alcools et, sur la face CD (fig. 214), la quantité d'eau nécessaire pour le réduire d'une force à une autre. Sur la réglette du milieu, qui est mobile, se trouvent inscrits les différents degrés de force depuis 70 pour 100 au-dessous de preuve, jusqu'à 70 pour 100 au-dessus de preuve. Sur la face de la règle qui donne la valeur comparative, la ligne A porte les prix depuis 6 jusqu'à 30 shillings par gallon, tandis que la ligne B porte les prix depuis 1 shilling et 6 pence jusqu'à 8 shillings par gallon. A gauche de l'indication *proof* sur la règle, se trouvent les nombres pour les esprits liquides au-dessous de *proof*, et, à droite, pour les liquides au-dessus de *proof*.

Exemples : Supposons un alcool marquant 20 pour 100 au-dessus de preuve, valant 18 shillings par gallon; faites mouvoir la partie médiane mobile jusqu'à ce que 20 pour 100 au-dessus de *proof* se trouve en face de 18 shillings sur la ligne A, alors, en face des autres degrés, on lira la valeur proportionnelle: ainsi l'esprit preuve vaut 15 shillings par gallon; l'alcool à 10 pour 100 au-dessous de preuve vaudra 13 shillings et 6 pence par gallon.

Autre exemple : Supposez un alcool à 10 pour 100 au-dessus de preuve, valant 12 shillings et 6 pence par gallon, placez la partie mobile de manière que 10 pour 100 au-dessus de *proof* soit en face de 12 shillings et 6 pence sur la ligne A, alors la valeur comparative de l'esprit de preuve sera de 11 shillings et 4 pence et 1/2 penny par

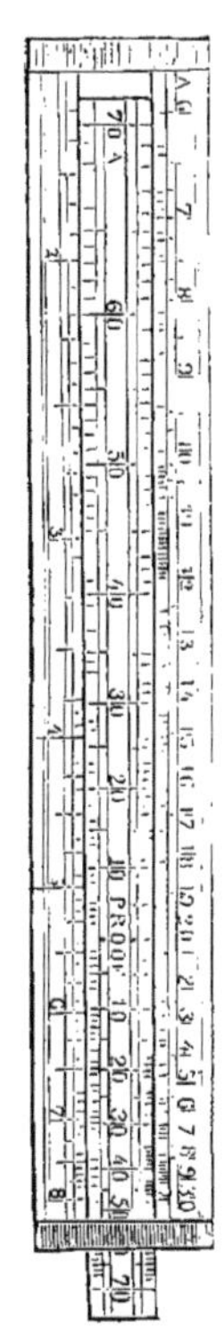

Fig. 213. — Face de la règle à calcul de l'hydromètre de Sikes donnant la valeur comparative des alcools.

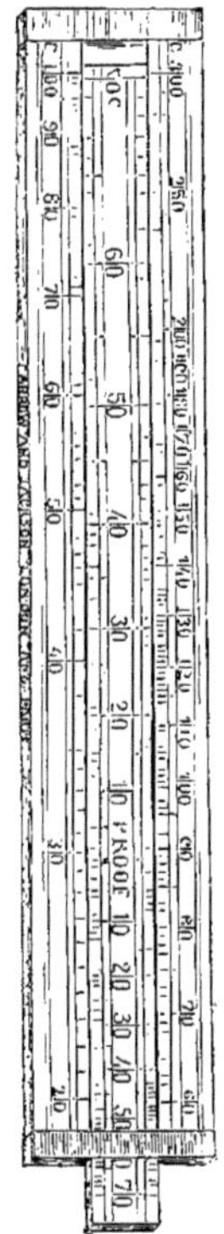

Fig. 214. — Face de la règle à calcul de l'hydromètre de Sikes donnant la quantité d'eau à ajouter pour la réduction d'une force alcoolique à une autre.

gallon: l'alcool à 10 pour 100 au-dessous de preuve vaudra 10 shillings et 2 pence 3 liards; l'alcool à 20 pour 100 au-dessous de preuve vaudra 9 shillings et 1 penny par gallon. Sur la ligne B, si l'alcool preuve coûte 5 shillings par gallon, alors l'alcool à 20 pour 100 au-dessous de preuve vaudra 4 shillings par gallon, etc., etc. En se servant de cette règle, on détermine immédiatement et sans calcul le prix d'un liquide alcoolique quelconque.

Sur l'autre côté de la règle, les lignes CC, divisées à la partie supérieure de 300 à 60 et, à la partie inférieure, de 100 à 20, donnent les gallons à employer pour opérer la réduction des alcools. Par exemple, si 130 gallons d'alcool à 40 pour 100 au-dessus de preuve doivent être ramenés à preuve, placez la partie mobile de manière que 40 pour 100 au-dessus de preuve soit en face de 130, marqué sur la ligne supérieure C, alors, en face de *proof*, sur la même ligne, vous trouverez 182, le nombre de gallons qu'il faut obtenir pour avoir de l'alcool *proof*. Si 100 gallons d'alcool à 20 pour 100 au-dessus de preuve doivent être réduits à 20 pour 100 au-dessous de *proof*, faites mouvoir la règle médiane jusqu'à ce que 20 pour 100 au-dessus de *proof* soit en face du chiffre 100, alors, en face de 20 pour 100 au-dessous de *proof*, vous trouverez 150, c'est-à-dire la quantité de gallons d'alcool que vous cherchez. De même, si un fût de 120 gallons doit être rempli avec un alcool à 35 pour 100 au-dessous de *proof*, placez 35 pour 100 au-dessous de *proof* en face de 120; alors le nombre de gallons d'alcool de tout degré supérieur, nécessaires pour verser dans le fût, est immédiatement indiqué. Ainsi, si l'alcool que l'on possède est à 10 pour 100 au-dessous de *proof*, on trouve 95 gallons et un tiers, qui est la quantité d'alcool nécessaire; si l'alcool marque *proof*, en face de *proof*, on trouve 84 gallons; si l'alcool est à 20 pour 100 au-dessus de proof, on trouvera qu'il faut 70 gallons de cet alcool; et dans chaque cas, on ajoute une quantité de gallons d'eau qui est la différence entre le nombre de gallons d'alcool trouvé et le chiffre 120 qui est le nombre de gallons total que l'on veut avoir pour remplir le fût.

Toute l'alcoométrie anglaise est fondée sur les déterminations contenues dans les tables que Gilpin a construites de 1790 à 1794 sous la direction de Blagden (*Philosophical Transactions*, 1794). Il est désormais inutile de reproduire ces tables, puisque la concordance avec les déterminations de Gay-Lussac a été établie par de nombreuses vérifications.

D'après la définition anglaise, la force d'un liquide spiritueux est le nombre de litres d'esprit d'épreuve contenu dans un hectolitre de ce liquide : ce nombre surpasse 100 quand le liquide essayé est plus alcoolique que le type; il est plus petit que 100 dans le cas contraire.

Afin d'éviter les complications de l'hydromètre de Sikes, particulièrement pour les alcools faibles, M. Salleron construit un alcoomètre en verre, présentant la même forme que l'alcoomètre de Gay-Lussac, mais dont la tige porte les graduations descendantes de 85 à 100. Cet alcoomètre est destiné à remplacer les poids de l'hydromètre de Sikes. Si, par exemple, il plonge dans un mélange d'eau et d'alcool, à la division 94, dans ce même liquide l'hydromètre de Sikes portant le poids marqué 90 plongera à la quatrième division. Une table de conversion permet de reconnaître la force en alcool du liquide, à une température déterminée, au-dessous de l'esprit d'épreuve. Cet alcoomètre est destiné principalement à accompagner l'alambic d'essai de M. Salleron, lorsque celui-ci est employé en Angleterre.

Par exemple, la tige de l'appareil Salleron plongeant au 94 à la température de 50 degrés F., on trouve dans la table que le mélange est à 84,1 pour 100 au-dessous de l'esprit d'épreuve, par conséquent qu'il renferme 100 — 84,1 = 15,9 d'esprit de preuve.

Il est du reste maintenant très facile de construire avec une échelle arbitraire quelconque un alcoomètre qui, à l'aide de tables, fournira les forces d'un liquide spiritueux en degrés centésimaux à une température déterminée. Il suffit, pour cela, d'avoir un bon alcoomètre étalon, et de plonger successivement celui-ci en même temps que l'instrument à graduer dans plusieurs liquides de force différente, et, en plus, d'une part dans l'eau distillée, d'autre part dans de l'alcool absolu, toujours à la température de 15 degrés centigrades qu'il est facile d'obtenir dans un laboratoire sous nos climats tempérés. On pourra s'arranger de manière à avoir assez de points de repère pour que les divisions proportionnelles entre deux points connus successifs ne soient pas entachées sensiblement d'erreur, ni sur la tige de l'instrument, ni dans la table de correspondance.

En Prusse et dans toute l'Allemagne, ainsi que dans les États du Nord, l'alcoométrie est entièrement fondée sur les tables de Tralles, et elle est par conséquent centésimale. La seule différence avec l'alcoométrie française, qui repose sur les tables de Gay-Lussac, est en ce que la température normale est 12 degrés quatre neuvièmes Réaumur ou 15 degrés cinq neuvièmes centigrades, au lieu du nombre 15 degrés adopté en France. Outre la particularité que le thermomètre est placé dans l'intérieur de l'alcoomètre et a son réservoir noyé dans le lest de l'instrument, il faut remarquer encore les marques de la vérification officielle. Celle-ci est constatée par une échelle de papier introduite à l'intérieur du tube, et qui porte le numéro d'ordre de l'instrument, le nom du fabricant et une marque gouvernementale.

En Norvège, les alcoomètres pour le commerce sont vérifiés par un employé spécial du bureau central des poids et mesures; la vérification se fait par la comparaison avec des alcoomètres étalons. La tolérance est de un quart de degré centésimal pour l'alcoomètre et de un quart de degré centigrade pour la température.

L'alcoométrie hollandaise a pour base les principes donnés par le Dr E. H. von Baumhauer, professeur à l'Athénée d'Amsterdam. L'instrument a la même forme que celui de Gay-Lussac. L'échelle de sa graduation est faite d'après le volume de liquide déplacé par l'appareil plongeant dans ce liquide.

Le *volume-unité* est le volume déplacé par la boule et la partie inférieure de la tige, jusqu'au point d'affleurement dans l'eau pure à 4 degrés. Ce point d'affleurement est marqué 0. Comme toutes les mesures sont rapportées à 15 degrés centigrades, si l'on plongeait l'alcoomètre dans de l'eau à 4 degrés, on diminuerait son volume; on se sert donc, pour établir le zéro, d'une dissolution saline ayant à 15 degrés la densité de l'eau au maximum de densité. Le volume d'eau déplacé est appelé *volume-élément* et est représenté par 100.

La tige est graduée en centièmes de volume-élément. La longueur de chaque degré est déterminée d'après le rayon de la tige cylindrique. On peut ainsi obtenir des centièmes, des millièmes, des dix-millièmes, etc., de volume-élément.

Pour appliquer cet instrument à l'appréciation des mélanges d'eau et d'alcool, on s'est basé sur la variation de la densité de ces mélanges, et, par suite, de leurs volumes pour un même poids. Ainsi le volume d'un poids d'eau étant 100, celui du même poids d'un mélange de 90 d'eau et 10 d'alcool sera 101,45, celui du même poids d'un mélange de 50 d'eau et 50 d'alcool sera 107,10. Partant de ce principe, on a construit trois instruments :

1° Le premier (fig. 215) permet d'apprécier la richesse alcoolique des mélanges d'alcool et d'eau, qui, pour un même poids, varient en volume de 100 (volume-élément) à 109. La tige est graduée, de bas en haut, de 0 à 8. Chaque degré porte 20 divisions égales; chacune équivaut à 2 millièmes de volume-élément.

2° Le deuxième (fig. 216) permet d'évaluer les liquides alcooliques qui, pour un même poids, varient de 108 à 130, le volume-élément étant toujours 100. Il comporte donc 22 degrés (130 — 108 = 22); chaque degré est divisé en dixièmes qui correspondent à 1 millième de volume élément. Dans ce second alcoomètre, les divisions ont donc une valeur moitié plus petite que dans le premier.

3° Le troisième instrument est gradué pour l'estimation des liquides alcooliques faibles. Il établit la comparaison entre le volume-élément 100 et le volume des liquides alcooliques qui, pour un même poids, varient de 100 à 102. Il porte deux degrés, divisés en centièmes ; chaque division correspond ainsi à 1 dix-millième de volume-élément.

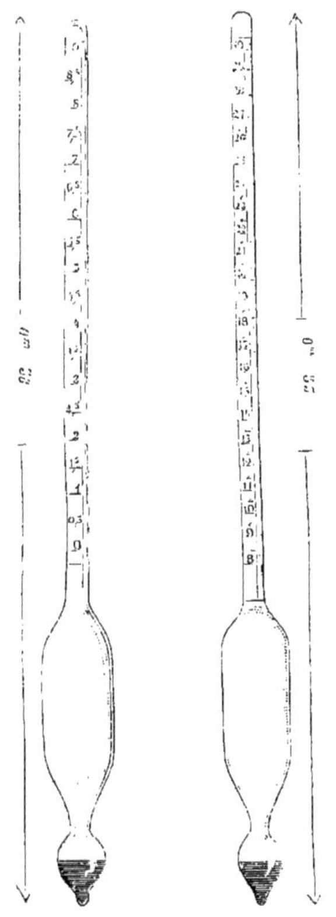

Fig. 245. — Alcoomètre hollandais de 100 à 109 degrés Fig. 246. — Alcoomètre hollandais de 108 à 130 degrés

Les densités qui servent de point de départ sont prises à 15 degrés centigrades. Pour déterminer le volume-élément à cette température, on fait, comme on l'a vu plus haut, un mélange d'eau avec un sel, de telle sorte que le mélange ait la densité distillée de l'eau à 4 degrés.

Pour l'usage de ces alcoomètres, M. von Baumhauer a construit, avec le concours de M. Van Moorsel, d'Amsterdam, des tables qui indiquent, pour les températures de 0 à 30 degrés centigrades, les volumes réels d'alcool pour 100 correspondant aux degrés de l'alcoomètre.

La loi du 20 juin 1862 a ordonné que les droits sur les liquides alcooliques seraient perçus d'après le volume réel d'alcool renfermé dans le mélange ; mais par une bizarrerie restée de l'ancien régime, le décret du 20 avril 1863 et l'instruction ministérielle du 2 mai suivant, qui ont complété cette loi, ont maintenu, dans le règlement des comptes, le taux de l'alcool à 50 pour 100, au lieu de laisser subsister le résultat obtenu tout d'abord par l'alcoomètre et les tables à 100 degrés centésimaux.

Au moyen de l'alcoométrie fondée sur les densités et obtenue avec des instruments aréométriques, on peut résoudre tous les problèmes du commerce des vins et des eaux-de-vie, commerce dans lequel on se procure un degré alcoolique déterminé par des mélanges, ce qui constitue le mouillage et le vinage. On ne peut appliquer cette alcoométrie aux vins, aux bières, aux cidres, etc., qu'à la condition d'une distillation préalable. C'est pour éviter cette opération qu'on a imaginé les nombreux alcoomètres fondés sur le point d'ébullition, sur la tension des vapeurs alcooliques, la dilatation, la capillarité, etc., qui ont été décrits au mot ALCOOMÈTRE. Le titre alcoolique n'est pour tous les liquides qu'un des nombreux éléments d'appréciation à considérer. La discussion de la question est en dehors de l'alcoométrie proprement dite, dans laquelle on ne s'occupe que des mélanges d'eau et d'alcool et qui a une grande importance, à cause des forts impôts qui presque partout frappent les boissons où l'alcool joue un rôle prépondérant.

ALCORNINE. — Substance cristallisable que le chimiste Frenzel a retirée de l'écorce d'alcornoque, mais dont la formule n'a pas encore été établie.

ALCORNOQUE. — Nom vulgaire du chêne-liège, dans quelques parties de la France méridionale. — On donne le même nom à une écorce préconisée comme tonique et astringente, que l'on croit provenir de deux arbres de la famille des Cassiées, le *Bowlichia virgiloides* et le *B. major*. Cette écorce est considérée, à la Martinique, comme efficace dans le traitement de la phthisie.

ALCRUELLE (*botanique*). — Plante appartenant à la famille des Synanthérées, ayant la propriété de provoquer la sécrétion de la salive et d'être aromatique.

ALCYON (*zoologie*). — Les Grecs avaient donné le nom d'*alcyon* à un oiseau faisant son nid au bord de la mer, et même, à ce qu'ils croyaient, sur la mer. On emploie vulgairement cette dénomination pour désigner l'hirondelle de rivage ou salangane (*Hirundo esculenta*). Les nids de l'alcyon, construits avec une substance agglutinative que Payen a nommée *cubilose*, sont employés, en Chine, comme aliment.

ALCYONELLE (*zoologie*). — Polypes à tuyaux tubulaires qui vivent en abondance dans diverses eaux des environs de Paris, notamment dans les étangs du Plessis-Piquet et de Bagnolet, dans la mare d'Auteuil, etc.

ALCYONS (*zoologie*). — Les alcyons abondent dans toutes les mers, toujours à de grandes profondeurs. Ce sont des polypiers charnus, formés par l'agrégation d'un grand nombre de petits polypes, dont chacun possède autour de la bouche des tentacules en nombres variables, et présente un estomac d'où partent des intestins se prolongeant souvent dans la masse commune. Ils ont des formes très diverses : en arbres, en doigts de la main, en champignons, en croûtes colorées de nuances brillantes, etc.

ALDÉHYDE (*chimie agricole*). — Ce corps, dont la formule est C^2H^4O, a reçu un grand nombre de noms : aldéhyde, aldéhyde *acétique*, hydrure d'acétyle, hydrate de vinile, oxyde d'éthylidène, acide aldéhydique, selon la théorie chimique à laquelle on rattache sa constitution. Il a été obtenu à l'état impur par Dœbereiner, en 1821, et ensuite étudié et analysé par Liebig. Comme il se produit par la déshydrogénation de l'alcool :

$$(C^2H^6O - H^2 = C^2H^4O),$$

on l'a appelé par abréviation aldéhyde ou *alcool dehydrogenatum* (voy. le mot ALCOOL).

L'aldéhyde se présente comme un liquide incolore très fluide à la température ordinaire, très facilement volatil ; en effet, elle bout à 21 degrés sous la pression ordinaire. Elle a une odeur forte et pénétrante. Sa densité à zéro est 0,8055. La densité de sa vapeur est de 1,53. Elle est soluble en toutes proportions dans l'eau, l'alcool et l'éther. Elle brûle facilement avec une flamme pâle. Elle s'altère à l'air en s'oxydant, et elle finit par se transformer en acide acétique ; on a, en effet, $C^2H^4O + O = C^2H^4O^2$ = acide acétique ; de là le nom d'aldéhyde acétique. La réaction est favorisée par la présence de l'éponge de platine, et elle s'accomplit rapidement avec les agents oxydants, tels que l'acide chromique, l'acide azotique, le chlore, etc. Son oxydation, dans d'autres circonstances, peut donner naissance à l'*acétal* (voy. ce mot) ou au *chloral*. Elle se détruit sous l'action prolongée d'une température de 100 degrés, en donnant naissance à de l'eau, à un produit résineux, ainsi qu'à une petite quantité d'alcool et d'acide acétique. Elle subit d'ailleurs avec facilité des transformations moléculaires nombreuses sous l'influence de divers agents, de la pression, de la température, etc., de manière à donner ce qu'on appelle des isomères, c'est-à-dire des corps ayant même composition centésimale, mais représentés par des formules multiples de celle de l'aldéhyde elle-même. Tel est, par exemple, l'*aldol*, $C^4H^8O^2 = 2(C^2H^4O)$, découvert par M. Wurtz.

L'acide sulfurique concentré et l'acide phosphorique anhydre charbonnent l'aldéhyde.

Elle se combine avec l'ammoniaque gazeuse, en donnant naissance à des cristaux rhomboédriques, fusibles vers 75 degrés et qu'on appelle aldéhyde-ammoniaque (C^2H^4O, AzH^3). Elle est d'ailleurs un corps réducteur, car, versée dans de l'azotate d'argent avec quelques gouttes d'ammoniaque, elle donne naissance, sous l'influence d'une douce chaleur, à un dépôt miroitant d'argent métallique sur les parois du vase en verre.

L'aldéhyde se résinifie avec la potasse, et il se produit en même temps du formiate et de l'acétate de potasse. Avec de la chaux potassée, et sous l'action de la chaleur, l'aldéhyde donne de l'hydrogène et de l'acétate.

C'est un des corps qui subit le plus grand nombre de transformations avec tous les réactifs, chlore, brome, iode, phosphore, acides, amalgame de sodium, zinc, etc., etc. Il n'est pas utile d'entrer dans des détails à cet égard, mais il faut que le chimiste agricole en soit prévenu.

L'aldéhyde se combine avec les sulfites alcalins, en donnant naissance à des cristaux ; elle fournit une matière colorante violette avec l'aniline.

Pour préparer l'aldéhyde pure, on a recours, ou au procédé donné par Liebig, ou bien à celui indiqué par Stædeler, et qui reposent tous deux sur l'oxydation de l'alcool. Dans le premier, on traite un mélange de 2 parties d'alcool ordinaire et 3 parties de bioxyde de manganèse, par 3 parties d'acide sulfurique étendu de 2 parties d'eau ; on opère peu à peu et à froid. On distille ensuite, de manière à recevoir 3 parties dans un récipient refroidi. On redistille de nouveau sur du chlorure de calcium. Pour purifier le produit, on le transforme par du gaz ammoniac en aldéhydrate-ammoniaque qui cristallise et qu'on décompose enfin par de l'acide sulfurique. Dans le second procédé, au lieu de peroxyde de manganèse pour l'oxydation de l'alcool, on se sert de bichromate de potasse en agissant à — 10 degrés.

Ce qu'il est important de savoir, c'est que l'aldéhyde se rencontre très souvent dans l'alcool brut de betteraves et de pommes de terre, et de même dans l'alcool de garance, dans un grand nombre de vins, dans tous les produits *mauvais goût* de tête de rectification des alcools du commerce.

Les agents d'oxydation produisent aussi de l'aldéhyde, en même temps que d'autres composés divers, quand on traite des lactates, de la fibrine, de la caséine, etc.

On a formé, en chimie, un groupe de corps auquel on a donné le nom d'aldéhydes, comme on a fait un groupe d'alcools. Ces diverses aldéhydes se forment aussi par l'oxydation ou la déshydrogénation des alcools dont une liste a été donnée au mot ALCOOL (voy. p. 176). On les classe ordinairement en les rapportant à l'acide qu'elles fournissent par l'oxydation ; c'est ainsi qu'on a :

L'aldéhyde	formique.......	CH^2O
—	acétique.......	C^2H^4O
—	amylique.......	C^3H^4O
—	propionique.....	C^3H^6O
—	crotonique......	C^4H^6O
—	butyrique.......	C^4H^8O
—	valérique.......	$C^5H^{10}O$
—	caproïque.......	$C^6H^{12}O$
—	œnanthylique...	$C^7H^{14}O$
—	caprylique......	$C^8H^{16}O$
—	cinnamique.....	C^9H^8O
—	cuminique......	$C^{10}H^{12}O$
—	oxalique........	$C^2H^2O^2$
—	succinique......	$C^4H^6O^2$

Plusieurs aldéhydes existent dans la nature à l'état de liberté : ainsi l'aldéhyde cuminique se rencontre dans l'essence de cassium, et les essences de cannelle et de cassia fournissent l'aldéhyde cinnamique ; la distillation sèche de l'huile de ricin donne de l'aldéhyde œnanthylique.

ALDERNEY (*économie du bétail*). — On donne le nom de race d'Alderney à la race de l'espèce bovine qui peuple les îles de la Manche. Cette qualification s'applique aux variétés de Jersey et de Guernesey. Elle est généralement remplacée aujourd'hui par celle de race ou de variété des îles de la Manche. Baudement a proposé cette appellation qui a été adoptée par M. Sanson dans sa classification des races bovines, où il rattache cette variété à la race irlandaise à laquelle appartient aussi la variété bretonne, dont les animaux des îles de la Manche ne se distinguent que par des caractères secondaires.

Depuis longtemps, les animaux des îles de la Manche sont réputés pour leurs qualités laitières, tant à raison de l'abondance de la production que de la richesse du lait. Comparativement à leur poids, les vaches donnent peut-être plus de lait et d'une qualité plus riche qu'aucune autre race ; on en cite qui ont fourni plus de sept à huit kilogrammes de beurre par semaine. Dans le principe, les animaux de cette variété étaient peu estimés en Angleterre, en raison de leur conformation défectueuse au point de vue de la production de la viande ; les meilleurs traits qu'on leur reconnaissait étaient une tête fine couronnée par un cornage léger et bien recourbé, et une mamelle bien développée et bien formée. Aujourd'hui, on les importe en assez grande quantité de leurs îles natales. Sous l'influence d'une sélection suivie avec la plus grande attention et de soins constants apportés à leur élevage, les vaches des îles de la Manche sont très recherchées tant pour les laiteries des environs des villes, que pour les parcs et les jardins des grandes résidences qu'elles contribuent à orner par leurs formes gracieuses, en même temps qu'elles donnent un beurre excellent recherché par les gourmets.

Afin de conserver et de développer les qualités spéciales de leur bétail, les agriculteurs des îles de la Manche ont fait prohiber depuis longtemps dans leur pays l'importation des taureaux et des veaux mâles non castrés. Tout en faisant de l'élevage des génisses une branche lucrative de leur industrie, ils ont concentré leurs efforts sur la sélection des reproducteurs. C'est surtout à Jersey que cette pratique a été maintenue. La Société royale d'agriculture, créée en 1833, a établi une échelle de points de mérite, d'après l'examen raisonné des meilleurs spécimens de la race, que l'on rencontrait alors dans l'île ; cette échelle a été modifiée à diverses reprises. En 1866, un herdbook de la race fut établi, et en 1871, le comité reçut des États une subvention annuelle de 1250 francs pour être distribués en primes aux taureaux, dans le but d'arrêter l'exportation des bons animaux reproducteurs que les Anglais et les Américains venaient chercher dans l'île. — Voici d'abord l'échelle des points de mérite, telle qu'elle existe aujourd'hui pour les taureaux : elle comprend 31 points :

1° Tête fine et se rapetissant vers le museau ; 2° front large ; 3° joues petites ; 4° gorge bien évidée ; 5° museau fin et encerclé d'une couleur claire ; 6° naseaux haut placés et largement ouverts ; 7° cornage poli, recourbé sur le front, mais pas trop épais à la base, s'amoindrissant vers l'extrémité qui doit être pointée de noir ; 8° oreilles petites et minces ; 9° oreilles d'une riche couleur orange à l'intérieur ; 10° les yeux pleins et brillants ; 11° le cou bien arqué, puissant, mais sans être trop grossier, ni trop lourd ; 12° la poitrine large et profonde ; 13° le corps cylindrique, large et profond ; 14° les côtes bien serrées et bien compactes, ayant peu d'intervalle entre la dernière côte et les hanches ; 15° le dos droit depuis les épaules jusqu'aux hanches ; 16° le dos droit depuis les hanches jusqu'à la naissance de la queue, et celle-ci tombant à angle droit avec la ligne dorsale ; 17° la queue fine ; 18° la queue tombant jusqu'aux jarrets ; 19° la peau souple et se détachant bien, sans être trop lâche ; 20° la peau recouverte d'un poil fin ; 21° le pelage d'une belle couleur ; 22° les deux jambes de devant courtes et droites ; 23° l'avant-bras grand et puissant, bien rempli, s'élargissant au-dessus du genou et fin au-dessous ; 24° les fesses et les cuisses, depuis le jarret jusqu'à la pointe du derrière, longues et bien remplies ; 25° les jambes de derrière courtes et droites (au-dessous des jarrets) et les os assez fins ; 26° les jambes de derrière carrément posées et pas trop rapprochées quand on les regarde par derrière ; 27° les jambes de derrière ne se croisant pas en marchant ; 28° les sabots petits ; 29° développement ; 30° aspect général de l'ensemble ; 31° condition.

Aucun prix ne peut être accordé à un taureau auquel le jury attribue moins de 25 points ; ceux qui ont obtenu 23 points sont marqués au fer rouge, mais sans pouvoir être primés

Pour les vaches et les génisses (fig. 217), l'échelle de mérite comprend 34 points, ainsi qu'il suit :

1° Tête petite, fine et se rapetissant vers le museau ; 2° joues petites ; 3° gorge bien évidée ; 4° museau fin et cerclé d'une couleur claire ; 5° naseaux élevés et ouverts ; 6° cornes lisses, recourbées sur le front, pas trop épaisses à la base et s'amoindrissant à l'extrémité ; 7° oreilles petites et minces ; 8° oreilles d'une couleur orange foncé à l'intérieur ; 9° œil plein et tranquille ; 10° cou droit, fin, et attaches légères avec les épaules ; 11° poitrine large et profonde ; 12° corps cylindrique, large et profond ; 13° côtes bien attachées et venant tout près de la hanche ; 14° dos droit depuis les épaules jusqu'aux hanches ; 15° dos droit depuis la pointe des hanches jusqu'à l'attache de la queue ; 16° queue fine ; 17° queue tombant jusqu'aux jarrets ; 18° peau fine, se détachant bien ; 19° peau recouverte d'un poil fin ; 20° pelage d'une belle couleur ; 21° jambes de devant courtes, droites et fines ; 22° avant-bras s'élargissant au-dessus du genou ; 23° quartier de derrière, du jarret jusqu'à la pointe de l'épine dorsale, long et bien rempli ; 24° jambes de derrière courtes et droites (au-dessous du jarret), avec les os assez fins ; 25° jambes de derrière carrément plantées, pas trop rapprochées quand on les regarde par derrière ; 26° jambes de derrière ne se croisant pas en marchant ; 27° sabots petits ; 28° mamelle bien développée, c'est-à-dire bien en ligne avec le ventre ; 29° mamelle attachée haut par derrière ; 30° trayons grands et placés carrément, ceux de derrière largement séparés ; 31° veines lactifères très protubérantes ; 32° développement ; 33° apparence générale de l'ensemble ; 34° condition.

Fig. 217. — Vache d'Alderney.

Les vaches ne peuvent être primées que quand elles ont réuni 29 points ; pour les génisses, il en faut 26, car on ne leur applique pas les points relatifs au développement des mamelles. A partir de 27 points pour les vaches et de 24 pour les génisses, elles peuvent être marquées, mais sans recevoir de prix.

Les agriculteurs attachent un grand prix à la marque de leurs animaux, car celle-ci leur donne immédiatement une plus-value notable.

On permet aux taureaux de saillir dès qu'ils ont atteint l'âge d'un an ; on prétend que cette reproduction si précoce a pour effet de maintenir dans la race l'ossature fine qui est fort recherchée.

A l'île de Jersey, la plupart des vaches atteignent maintenant 21 points.

La variété des îles de la Manche comprend deux familles qui se distinguent par la robe et la taille. Celle de Guernesey a une robe d'une couleur homogène, rouge ou grise, quelquefois tachetée de blanc. Celle de Jersey est de taille plus petite, et sa robe est d'une couleur plus foncée ; la teinte préférée est celle d'un brun riche frangé d'une bande gris de souris large de 3 centimètres environ, ou bien blanc-jaune mat. Un grand nombre de vaches donnent 15 à 22 litres de lait par jour ; quelques-unes vont jusqu'à 30 litres. La production du beurre atteint parfois 5 à 7 kilogrammes par semaine ; le plus souvent elle est de 3 kilogrammes à 3 kil. 500, ce qui correspond de 160 à 180 kilogrammes par an. C'est grâce à une alimentation riche et bien appropriée, soutenue pendant toute l'année, que ces résultats si remarquables sont obtenus.

ALDROVANDE (*biographie*). — Naturaliste, né à Bologne, en 1522, et mort en 1605, auteur d'une vaste compilation d'histoire naturelle, dont plusieurs parties sont encore recherchées à cause de nombreuses figures et de quelques détails qui ne se rencontrent pas ailleurs. On y trouve sur les animaux domestiques toutes les histoires, tous les contes, toutes les fables que l'humanité avait inventés jusqu'au seizième siècle.

ALE (*brasserie*). — Espèce de bière fabriquée en Angleterre, remarquable par sa limpidité et par la propriété qu'elle possède de se conserver malgré les voyages et les changements de température. C'est la bière de garde par excellence. Il en est fabriqué deux espèces : l'ale de table, pour la consommation dans le pays, plus douce, moins fermentée ; l'ale d'exportation, dont la fermentation a été complète et qui possède un goût amer.

La fabrication de l'ale est caractérisée par les détails suivants. On fait germer lentement le malt, jusqu'à ce que la tigelle soit développée de manière à avoir une fois et demie la longueur du grain ; ensuite, il est trié avec soin, et faiblement touraillé, pour acquérir une coloration pâle, mais uniforme. La macération est faite par la méthode d'infusion, c'est-à-dire qu'après avoir chargé la cuve-matière de malt sec, on fait entrer l'eau chaude par le fond, à raison de 167 parties d'eau par 100 de malt ; après avoir brassé, on introduit de l'eau à nouveau. Quelquefois, on met d'abord dans la cuve toute l'eau de la première trempe, et l'on introduit ensemble tout le malt, en brassant énergiquement. La trempe principale sert à faire l'ale d'exportation, et les trempes secondaires donnent l'ale de table. On ajoute une forte proportion de houblon ; la quantité généralement employée est de 24 à 25 kilogrammes par 1000 kilogrammes de malt.

Pour l'ale de table, le moût reste 38 heures dans les grandes cuves, et 48 heures dans des tonneaux où se fait la fermentation, à la température ordinaire ; il est ensuite transvasé directement dans de petits tonneaux, pour être livré à la consommation. Quant à l'ale d'exportation, il est conservé souvent pendant plusieurs années dans des tonneaux, qu'on appelle tonneaux de garde ; il est ensuite soutiré, et livré au commerce, soit en tonneaux, soit en bouteilles.

La fabrication de l'ale a pris une très grande extension dans la ville de Burton-sur-Trent ; on y compte une trentaine de brasseries, dont quelques-unes emploient chaque année plus d'un million d'hectolitres de malt. La bière de Burton est de grande garde ; la force alcoolique est le plus souvent de 6 à 8 pour 100, elle va même parfois jusqu'à 14 pour 100.

ALÉATICO (*viticulture*). — Cépage originaire de la Toscane, d'où il a été répandu dans une grande partie des vignes européennes. C'est un excellent raisin noir, à chair ferme, sucrée et relevée d'un parfum de musc moins pénétrant, mais plus agréable que celui du muscat blanc. En même temps que c'est un bon raisin de table, il donne à la cuve un vin de liqueur estimé ; le plus souvent, en Italie, il est mélangé avec d'autres variétés dans le but de communiquer son parfum aux vins. Ce cépage est de fertilité moyenne ; d'après M. Pulliat, il doit être conduit à la taille courte qui n'en compromet pas la fertilité ; dans les régions du centre de la France, il doit être placé en espalier à bonne exposition, à raison de sa maturité tardive, et il importe qu'il soit mis à l'abri des pluies d'automne qui le détériorent facilement.

ALÉATOIRE (*droit rural*). — Se dit de toute convention dont les avantages et les pertes, soit pour toutes les parties, soit pour l'une ou plusieurs d'entre elles, dépendent d'un événement incertain. Les assurances sont des contrats aléatoires, et un agriculteur qui vend à l'avance une récolte sur pied avant sa maturité fait une vente aléatoire.

ALECTOR (*zoologie*). — Genre d'oiseaux gallinacés voisins des dindons, des paons et des faisans. Ils appartiennent à l'Amérique. Ils nichent sur les arbres dans les bois ; ils se nourrissent de bourgeons et de fruits. Ils s'habituent néanmoins assez facilement à la vie des basses-cours.

ALEMBROTH (*pharmacie*). — *Sel alembroth, sel de la sagesse, chlorohydrargirate ammoniacal.* On distingue deux sels de ce genre, le premier soluble, le second insoluble. Le premier est un sel double de bichlorure de mercure et de chlorhydrate d'ammoniaque, avec un excès de sel ammoniac. Il est employé pour les bains de préférence au sublimé corrosif (bichlorure de mercure), parce qu'il est plus soluble dans l'eau. C'est un agent dangereux.

Le second diffère du précédent en ce que, pour l'obtenir, on ajoute de l'ammoniaque à la dissolution du sel double, de manière à avoir un précipité que l'on lave et fait sécher. On donne à celui-ci le nom de mercure cosmétique, de lait mercuriel, de mercure précipité blanc ; il ne doit s'employer qu'à l'extérieur.

ALÈNE (*économie domestique*). — C'est une espèce de poinçon de fer, emmanché dans un morceau de bois rond, dont on se sert pour percer le cuir et le coudre. Une alène est plate, ronde ou carrée ; c'est l'instrument indispensable des cordonniers et des bourreliers ; il faut en faire usage pour percer les courroies en cuir des machines et des attelages ; toutes les fermes doivent en avoir.

ALÈNE (*pisciculture*), est aussi le nom vulgaire d'une espèce de raie à museau aigu.

ALÉNOIS (*botanique et culture maraîchère*). — On dit aussi cresson alénois. Nom vulgaire donné au passerage cultivé (*Lepidium sativum, Thlapsi sativum*), à raison de sa saveur un peu âcre et piquante, qui rappelle celle du cresson. C'est une plante annuelle de la famille des Crucifères, cultivée dans les jardins potagers, pour servir de fourniture dans les salades. La racine est pivotante, la tige s'élève de 30 à 35 centimètres ; les feuilles sont alternes, irrégulièrement lobées, tantôt arrondies, tantôt linéaires et entières. A Paris on le sème sur couche, de janvier à mars ; à partir du printemps, les semis se font en pleine terre sur plates-bandes, mais toujours en lignes, à une exposition fraîche et ombragée ; en été, il convient de procéder à de nouveaux semis tous les quinze jours, parce que la plante pousse très vite ; on en a ainsi continuellement qui soit propre à servir. Sa culture ne demande que des sarclages et des éclaircies, quand le plant est trop épais ; il faut aussi donner des arrosages abondants. On en possède trois variétés : le doré dont la feuille est d'un jaune blond, celui à large feuille, et enfin le frisé (fig. 218), qui est le plus généralement cultivé parce qu'il fait un plus joli ornement pour les salades. Cette plante est originaire de Perse où on

Fig. 218. — Port du Cresson alénois.

l'a trouvée croissant à l'état sauvage. Elle n'a aucun rapport avec le cresson véritable, si ce n'est sa saveur piquante et un peu âcre qui rappelle cell de la moutarde, d'où vient le nom de *nasitort* qu'on lui donne souvent.

ALÉOCHARES (*zoologie*). — Insectes formant un sous-genre parmi les coléoptères. Ils se rencontrent, sous le climat de Paris, principalement sur les champignons, dans les lieux humides et sous les pierres. Ils sont petits, à tête presque ronde, avec des antennes insérées entre leurs yeux et courbées en faucille, le corselet ovale ou carré, quatre pattes terminées en alène ; ils courent très vite.

ALÉSOIR (*technologie*). — Machine-outil qu'on trouve maintenant dans tous les ateliers de construction de machines agricoles, et qui est destinée à terminer les surfaces concaves des coussinets des corps de pompe, des cylindres des machines à vapeur. La pièce agissante est formée de burins en acier très dur, les uns pour dégrossir, les autres pour achever et polir, qui reçoivent à la fois un mouvement de rotation et un mouvement de translation, mouvements parfaitement réglés par des engrenages convenables. La pièce à aléser est solidement fixée sur un plateau très fort au moyen de supports à boulon, dont la position peut changer suivant les dimensions du cylindre. Cette machine-outil moderne donne un travail d'une régularité parfaite, mais exige une grande puissance motrice.

ALEUROMÈTRE (*technologie*). — Aleuromètre signifie mesureur de farine. C'est un instrument imaginé par M. Boland, auteur d'un *Traité pratique de boulangerie*, pour arriver à apprécier les propriétés panifiables d'une farine. Il repose sur la propriété du gluten des farines de céréales de se gonfler quand, après avoir été préalablement humidifié, il est soumis à l'action de la chaleur. On estime que plus le gluten est élastique, plus il se gonfle ; que plus est grand le volume qu'il occupe à la température à laquelle se fait la cuisson ordinaire du pain, meilleure sera la farine dont on l'a extrait, parce que cette farine donnera un pain bien levé, léger et agréable à manger, la compacité de la mie correspondant à un manque de digestibilité.

En conséquence, l'aleuromètre de M. Boland se compose d'un tube de cuivre creux AB (fig. 219), terminé à sa partie inférieure par une petite capsule *a* qui s'ouvre à vis, et à sa partie supérieure par un chapiteau A également à vis. Au centre du couvercle *e'* de ce chapiteau glisse une tige graduée C, portant 25 divisions égales à partir du piston circulaire D qui la termine dans l'intérieur du cylindre. Ce piston D est légèrement bombé. Quand la tige CD est abaissée de telle sorte que sa tête touche le couvercle *e'*, l'espace qui reste dans le cylindre de cuivre au-dessous de D et jusqu'en *a* a juste une longueur de 25, de telle sorte que, quand le piston monte à son maximum et que la tige est émergée de ses 25 divisions, il y a dans le cylindre de *a* à D une hauteur de 50 divisions.

Voici le mode d'emploi de l'aleuromètre :

On prépare une pâte formée de 30 grammes de farine et de 15 grammes d'eau ; on la malaxe dans le creux de la main, et on la retourne à plusieurs reprises en plongeant la main dans une cuvette pleine d'eau. On termine le lavage sous un filet d'eau qui enlève les dernières traces d'amidon. Il reste dans la main une boulette de gluten qu'on comprime fortement pour en faire sortir l'excès d'eau qu'il peut renfermer mécaniquement. Quand le gluten a été ainsi préparé avec soin, on le pèse ; il contient dans cet état 0,65 d'eau. On prend alors 7 grammes de ce gluten ; on le roule en boulette dans de l'amidon ou de la fécule pour lui ôter toute action adhésive, et l'on dépose la boulette dans la capsule B *a* de l'aleuromètre dont tout l'intérieur, y compris le dessous du piston D, a été à l'avance graissé légèrement avec du beurre. On visse l'appareil, en faisant affleurer la tête de la tige avec le couvercle *e'*. On introduit enfin l'instrument ainsi disposé dans le four à cuire le pain. Après trente minutes de cuisson, on n'a qu'à lire le nombre de divisions de la tige sorties, pour les ajouter à 25, et avoir le degré de la dilatation du gluten. En effet, pendant la cuisson, le gluten, sous l'influence de l'eau qu'il contient et qui se réduit en vapeur, s'est gonflé en se moulant dans le tube ; dans son développement, il parcourt d'abord l'espace libre ou 25 au-dessous du piston, et ensuite, par sa force expansive, il soulève celui-ci en mettant plus ou moins de degrés à découvert au-dessus du chapiteau.

Comme on n'a pas toujours à sa disposition un four à cuire le pain, on se sert avec avantage d'un petit fourneau construit par M. Salleron (fig. 221), et que chauffe une petite lampe à alcool. Dans ce fourneau est une chaudière A en cuivre rouge que l'on remplit jusqu'à 3 centimètres environ de sa partie supérieure avec de l'huile (toutes les huiles peuvent être employées, mais l'huile de pied de bœuf est préférable) ; on met alors le couvercle qui porte un cylindre en cuivre B, lequel doit être entièrement immergé dans l'huile. Dans le cylindre B on introduit un thermomètre spécial (fig. 220) gradué de 100 à 200 degrés centigrades. On allume la lampe. Quand le thermomètre marque 150 degrés, on l'enlève et on le remplace par l'aleuromètre préparé, comme il a été dit, pour le mettre dans le four. On laisse encore la lampe à esprit-de-vin brûler durant dix minutes et on l'éteint. Dix autres minutes après, c'est-à-dire au bout de vingt minutes en tout, l'opération est terminée ; le gluten CD s'est développé, et la tige graduée EF est sortie du nombre de degrés cherché. On retire de l'instrument un cylindre de gluten cuit qui représente exactement le squelette du pain qu'il pourrait former. Il peut arriver que le gluten, dans son expansion, n'atteigne pas le piston de la tige ; on doit alors considérer la farine comme impropre à toute panification. Aucune farine essayée n'a dépassé 50 degrés. Il arrive quelquefois que le cylindre de gluten se contracte immédiatement après qu'il a été formé,

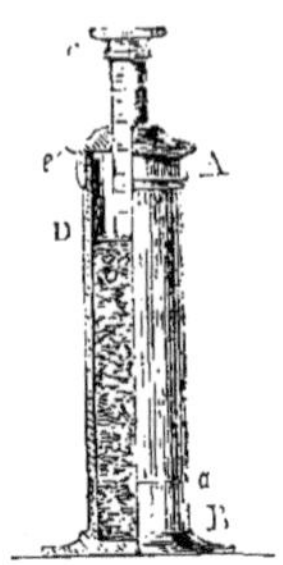

Fig. 219. — Aleuromètre Boland.

et qu'il ne présente plus un cylindre bien uni à sa sortie de l'aleuromètre ; on devra en conclure, selon la contraction observée, l'état d'altération des blés par l'humidité avant qu'ils eussent été

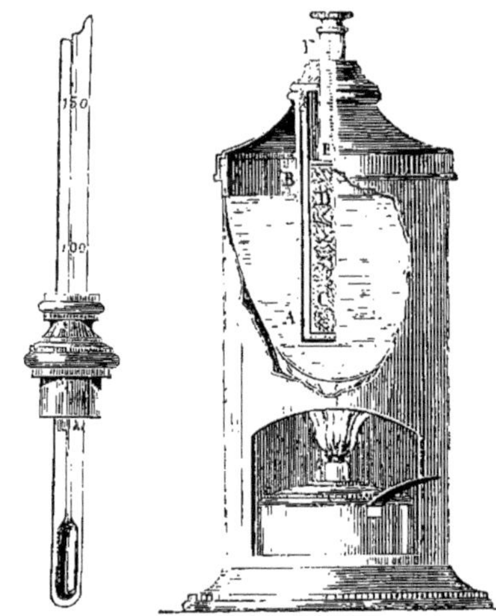

Fig. 220. - Thermomètre de l'aleuromètre Boland. Fig. 221. — Aleuromètre Boland avec bain d'huile.

convertis en farine. Pour l'exactitude des conclusions à tirer, il est important que le gluten ne reste dans l'aleuromètre que le temps qui a été indiqué.

Voici un tableau d'expériences faites par M. Boland :

	GLUTEN HYDRATÉ POUR 100 DE FARINE.	DILATATION DE 7 GRAMMES DE CHAQUE GLUTEN.
		degrés.
Farine d'Étampes...	33	29
— id.	33	35
— de Chartres..........	33	36
— de Brie...........	35	32
— id.	38	29
— de Bergues...	30	39
— id.	32	50
Gluten granulé en gros grains.	»	38
— en grains fins.	»	58

Il serait intéressant que des mesures aleurométriques fussent prises sur les blés par les cultivateurs et sur les farines par les négociants. Mais la culture et le commerce négligent de constater la qualité de leurs produits.

ALEURONE (*chimie agricole*). — Substance dont le nom vient du nom grec de la farine, et qui se trouve principalement dans le périsperme des graines, où elle peut exister à l'exclusion de l'amidon, ainsi qu'il arrive pour certaines graines oléagineuses. L'aleurone présente un aspect analogue à celui de l'amidon ; ce sont des grains très ténus, arrondis ou ovoïdes, ayant un diamètre de 3 à 12 millièmes de millimètre seulement. Elle est soluble dans l'eau, dans les acides, dans les alcalis, dans la glycérine ; mais l'alcool, l'éther et les huiles grasses ne la dissolvent pas ; une solution d'iode la colore en brun jaunâtre, et une solution légèrement acide d'azotate de mercure en rouge brique. Enfin, elle renferme de 9 à 10 pour 100 d'azote. Lorsqu'on la traite par divers réactifs, les uns acides, les autres alcalins, on en extrait des matières albuminoïdes analogues à la fibrine, à l'albumine, à la gliadine, de telle sorte qu'on a proposé de donner aux grains d'aleurone le nom de *granules de protéine*. On extrait l'aleurone particulièrement des noix de Para (*Bertholletia excelsa*), des semences de ricin, des pellicules des pommes de terre. On triture notamment les noix de Para avec de l'huile d'olive. On passe l'huile à travers un tamis à mailles très fines et on laisse déposer le liquide pendant 24 heures. L'aleurone est séparée à l'état d'une poudre blanche, qu'on purifie de la matière grasse adhérente par des lavages avec de l'alcool absolu et de l'éther. On a donné aussi à cette substance le nom de caséine végétale.

ALEVIN (*pisciculture*). — Nom donné aux jeunes poissons dont on se sert pour peupler les étangs, les rivières, etc. Ce nom est particulièrement donné aux jeunes carpes qui ont 10 à 15 centimètres de longueur.

ALEYRODE (*zoologie*). — Genre d'insectes ou pucerons hémiptères, ayant le corps mou, farineux (d'où vient leur nom qui signifie apparence de farine). Ils se trouvent sous les feuilles de la chélidoine commune ou grande éclaire.

ALEZAN (*économie du bétail*). — Dénomination de la robe des animaux domestiques et principalement du cheval, caractérisée par les poils d'un rouge plus ou moins ardent, sans mélange de poils d'une autre couleur. On distingue plusieurs nuances d'alezan : l'*alezan faure*, à poils d'un rouge jaunâtre ; l'*alezan clair*, dans lequel la couleur est moins intense ; l'*alezan cerise* ou *alezan acajou*, teinte rappelant celle du bois de ce nom ; l'*alezan châtain*, ou rouge brun foncé, analogue à la couleur de la châtaigne mûre ; l'*alezan foncé*, dont le brun est moins accentué que celui de la teinte précédente ; l'*alezan brûlé*, rappelant la couleur du café torréfié. La robe alezan se distingue de la robe bai en ce que, dans cette dernière, des poils noirs sont mélangés aux poils rouges.

ALÈZE (*hygiène*). — S'écrit quelquefois alèse, alaise, et consiste en un drap ou lé de toile plié en plusieurs doubles qu'on passe sous un malade pour le soulever et le tenir propre dans son lit. Une alèze est faite ordinairement de vieux linge.

ALFA (*botanique, culture*). — Mot arabe, introduit dans la langue française pour désigner plusieurs plantes vivaces de la famille des Graminées, croissant spontanément en Algérie, qui donnent des produits textiles d'une grande importance. Parmi ces graminées, le ligée sparte (*Ligeum spartum*) et la stipe tenace (*Stipa tenacissima*) occupent le premier rang ; ce sont, à vrai dire, ces deux plantes qui constituent réellement l'alfa.

Le ligée sparte, vulgairement appelée alvarde, appartient à la tribu des Phalaridées. C'est une plante jonciforme, dont les chaumes sont gazonnants; les feuilles sont grêles et très difficiles à rompre; chaque tige se termine par un épillet à deux fleurs hermaphrodites, entouré d'une feuille en forme de spathe conique. Le ligée croît surtout dans les bas-fonds un peu frais et dans les terres argileuses.

La stipe tenace, au contraire, vient dans les sols secs, arides et pierreux, sur les rocs et dans les sables. Cette plante se présente en touffes épaisses (fig. 222); ses feuilles, longues, souples et tenaces, sont planes ou enroulées en forme de jonc; les épillets sont disposés sur la tige en panicules analogues à celles des avoines.

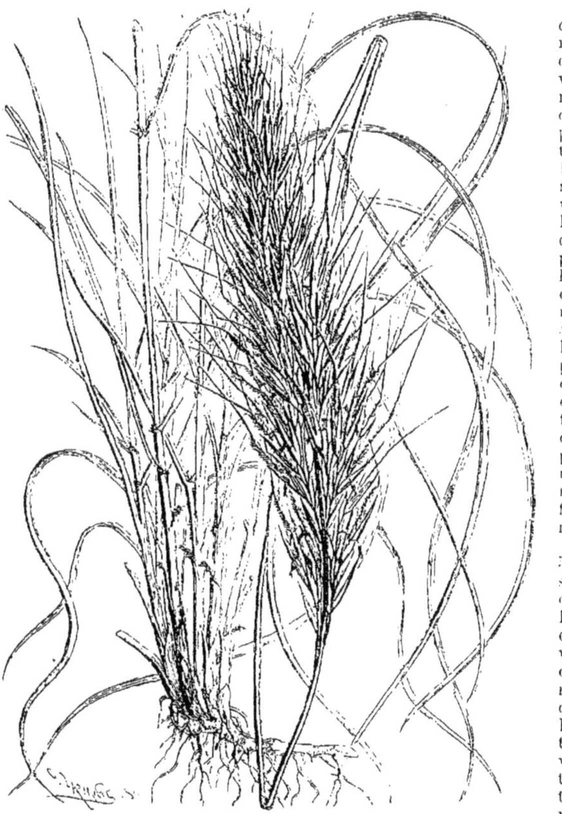

Fig. 222 — Alfa (*Stipa tenacissima*).

L'alfa croît spontanément dans plusieurs parties du midi de l'Europe, notamment en Espagne où il est désigné sous le nom de *espartero*. Mais on le rencontre surtout dans l'Afrique septentrionale, en Tunisie et en Algérie. Un agriculteur de notre colonie africaine, M. Bastide, qui a fait de cette plante une étude spéciale, cite les observations de M. Robert Johnston, d'après lesquelles la zone de l'alfa s'étend du 32ᵉ au 10ᵉ degré de latitude nord, et à une altitude variant depuis le niveau de la mer jusqu'à 1000 mètres. En Algérie, l'alfa se rencontre dans le Tell comme dans le Sahara; il est assez rare dans le Tell des départements d'Alger et de Constantine, mais plus fréquent dans celui du département d'Oran; il disparaît à la lisière de cette zone pour se retrouver plus abondant sur les hauts plateaux et, dans le Sahara, sur toute l'étendue du pays. Le ligée et la stipe sont mélangés en proportions variables suivant les zones et les terrains. La région la plus riche en alfa, dans toute l'Algérie, paraît être, dans le département d'Oran, le plateau supérieur, à une altitude moyenne de 900 mètres, sur une longueur de 400 kilomètres et une largeur de 170; là, il se développe d'une manière absolue, en étouffant presque toute autre végétation. Cette vaste surface a reçu le nom de *mer d'alfa*.

L'emploi de l'alfa pour la fabrication des ouvrages de sparterie remonte à la plus haute antiquité; on en trouve mention dans les ouvrages de Pline et de Strabon. De nos jours, l'introduction des fibres de cette plante dans la fabrication du papier lui a donné une importance tout à fait exceptionnelle. C'est en 1856 que l'industrie anglaise commença à employer l'alfa; elle faisait venir alors cette plante d'Espagne. L'Algérie est entrée dans ce trafic en 1862; l'exportation ne fut, la première année, que de 418000 kilogrammes; deux années plus tard, elle s'élevait à 3165000 kilogrammes; en 1870, elle atteignit 42218000 kilogrammes; en 1875, le port d'Oran, par lequel se fait le principal commerce d'alfa, en a exporté 57 millions de kilogrammes, et en 1876, 59 millions. L'Angleterre continue à être le principal débouché de l'alfa d'Algérie; l'Espagne, la Belgique en consomment une quantité assez notable, mais la France ne reçoit qu'une faible portion de l'exportation algérienne.

C'est sur une surface de plus de 5 millions d'hectares, principalement sur les hauts plateaux, que l'alfa est aujourd'hui exploité en Algérie. La végétation de la plante commence du 1ᵉʳ au 15 mars; elle s'achève vers la fin du mois de juin: cette époque est d'ailleurs avancée ou retardée suivant la quantité d'eau qui tombe pendant le printemps. D'après les observations de M. Bastide, de l'intérieur des tiges s'élèvent, dans le courant d'avril, des tiges qui se terminent par un épi très allongé, fleurissant en mai et portant annuellement la graine; celle-ci mûrit en mai et juin, se détache et tombe sur le sol vers le milieu de juillet; la germination se produit au printemps suivant. A partir de ce moment, il faut encore un mois pour que la plante acquière le degré de maturité nécessaire pour le bon emploi de ses tiges; ce degré se reconnaît à une petite courbe légèrement velue qui se forme à la base de la feuille. En même temps, la tige, qui était plate, se ferme et devient ronde pour se rouvrir de nouveau au moment de la reprise de la végétation, au mois d'octobre. C'est du mois de juillet au mois d'octobre que se fait avec le plus d'avantage la coupe des feuilles: plus tôt, il y a une perte dans le produit; plus tard, les brins deviennent cassants, et les pluies d'automne ayant détrempé la terre, il est difficile de ne pas arracher une partie des racines. Indépendamment du degré de maturité suivant l'époque à laquelle on a coupé l'alfa, les fibres présentent des qualités variables suivant la nature du sol, et suivant les circonstances météréologiques; sur certains points, on peut obtenir des alfas à fibres longues, soyeuses et fines, quoique tenaces, tandis qu'ailleurs les fibres sont grosses, rudes et cassantes.

Le plus souvent on arrache les feuilles d'alfa; mais la pratique la plus rationnelle est de faucher au ras du sol les vieilles touffes; on obtient ainsi une nouvelle végétation très régulière. La récolte est faite par des ouvriers arabes ou espagnols; ces derniers sont préférés par los colons algériens; l'ouvrier européen cueille de deux à trois quintaux par jour, tandis que l'indigène n'en cueille pas plus d'un. L'alfa, cueilli et mis en petites bottes par celui qui l'arrache, est porté sur un chantier. Là le produit est séché, ce qui demande trois à cinq jours en été et cinq à huit au printemps; la perte à la dessiccation est de 40 pour 100, quand l'alfa a été cueilli pendant sa végétation, et seulement de 15 à 18 quand sa maturité est complète. On en fait ensuite des paquets plus gros que les premiers, et on les transporte, dans une charrette, à un chantier central. Dans celui-ci, on procède d'abord à un triage fait par des femmes sur des tables; cette opération a pour but d'enlever les feuilles noires, moisies, qui sont impropres au travail de l'industrie, ainsi que les gaines arrachées par mégarde. Après ce triage, l'alfa est livré aux ouvriers qui doivent en faire des balles pressées. Les machines employées pour presser les balles varient beaucoup; quelquefois on a recours à des presses hydrauliques, d'autres fois à des presses à bras de divers modèles. Les balles cubiques sont liées avec des cercles en fer ou de l'alfa tressé en cordes. Le poids des balles est généralement de 150 à 175 kilogrammes. Quatre à cinq ouvriers font, dans une journée de travail, 50 à 60 balles. L'alfa qui n'est pas immédiatement mis en balles est conservé en meules sous les hangars du chantier.

L'alfa, à l'état naturel, dure environ soixante ans. Dans certaines parties du littoral algérien, une exploitation abusive l'a fait presque complètement disparaître. On peut le reproduire et se livrer à une culture raisonnée de cette précieuse plante. D'après les études faites, pendant plusieurs années, par M. Johnston, on peut reproduire l'alfa en suivant trois méthodes. La première méthode consiste à semer la graine à l'automne, sur une terre préparée par un léger labour, puis à tasser avec un rouleau. La plante paraît au bout de la troisième année, mais elle n'est bonne à être exploitée qu'après douze à quatorze ans; de quatre en quatre ans, il faut avoir soin d'éclaircir la plantation. — La deuxième méthode est la transplantation et la division des touffes, qui doit être pratiquée au moment des pluies d'automne. — Quant à la troisième méthode, c'est plutôt une méthode d'exploitation : elle consisterait à diviser un terrain planté en alfa en cinq ou six parties, correspondant au temps nécessaire pour que les plantes reprennent toute leur force de rendement, et à brûler chaque année, après la récolte, une de ces parties, de manière à se ménager une succession régulière de produits. Pendant les deux ou trois premières années qui suivent l'incinération, on peut faire pâturer l'alfa par le bétail sans inconvénients, et le champ se trouve naturellement fumé. C'est surtout dans les terres impropres aux plantes que comporte la culture algérienne, que l'alfa pourrait ainsi être implanté et cultivé régulièrement.

Sur place, l'alfa vaut 6 à 8 francs le quintal métrique; dans les ports, il est payé 9 à 12 francs.

Depuis quelques années, le commerce est venu demander à l'Algérie l'alfa sous un autre aspect, c'est ce que l'on appelle l'alfa blanc. Celui-ci est obtenu, soit naturellement, soit en choisissant les plus beaux brins, que l'on soumet, à diverses reprises, à l'action de la rosée et d'une dessiccation répétée; quelquefois on mouille directement l'alfa, pour remplacer la rosée. Le produit ainsi préparé a une valeur sensiblement plus élevée; il est payé jusqu'à 45 à 50 francs par 100 kilogrammes.

Les usages de l'alfa sont multiples. En dehors de son utilisation à la fabrication du papier et de sa valeur comme fourrage pour les chevaux et les bœufs, l'alfa est transformé de mille manières. M. Bastide a fait une énumération de ces usages que nous allons lui emprunter en partie. De tous temps, les objets dits de sparterie ont été préparés avec l'alfa. Autrefois on s'en servait pour le chauffage des fours et la toiture des cabanes; on s'en sert encore pour faire des couvertures aux meules de paille. De ses fibres, on prépare des liens pour les espaliers et les vignes, des cordes pour les attelages arabes, pour lier les gerbes de céréales, les fagots de bois, les balles de fourrages, des liens pour la greffe en fente et à écusson, des filets pour porter la paille ou le charbon. On en fait encore des bâts de bêtes de somme, des paniers, des cabas, des corbeilles, des tamis arabes pour le couscous. Les fibres tressées donnent des nattes, des tapis aux couleurs variées, des sacs arabes pour tous les usages, des cabas espagnols pour les céréales, des chaussures, des coiffures diverses. Enfin, les fibres sont tissées pour faire de la toile et des vêtements. Dans ce dernier emploi, pour transformer les fibres d'alfa en filasse, on les fait rouir dans l'eau pendant une vingtaine de jours, de manière à amener la désagrégation de la substance gommo-résineuse qui maintient solidement agglomérées les fibres de la plante; on le fait ensuite sécher à l'ombre, et on le bat pour séparer la filasse qui est d'ailleurs d'une très grande solidité. L'avenir augmentera certainement, dans de très grandes proportions, l'utilisation de l'alfa, et l'exploitation de ce produit entrera, pour une large part, dans la prospérité de notre colonie africaine.

ALFALFA. — Nom espagnol de la luzerne commune. Cette plante, introduite au Chili lors de l'occupation espagnole, en est revenue à diverses reprises sous le nom d'alfalfa. — On emploie quelquefois, à tort, le terme *alfalfa* pour désigner l'*alfa*, que les Espagnols appellent *espartero*.

ALFOLDY (*viticulture*). — Cépage originaire de Hongrie, dont le comte Odart décrit ainsi les raisins : « Les grains du raisin sont ovales, ou plutôt elliptiques, ou simplement oblongs, d'un blanc jaunâtre, très charnus et cependant assez juteux. »

ALFORT. — On désigne souvent sous ce simple nom la célèbre école vétérinaire qui a été fondée en 1766 à Maisons-Alfort, commune des environs de Paris, canton de Charenton, arrondissement de Sceaux, département de la Seine.

L'école d'Alfort, par sa proximité de Paris, peut avoir comme professeurs des hommes éminents. Claude Bourgelat, son fondateur, qui avait commencé par créer l'école vétérinaire de Lyon, est venu mourir à Alfort. Depuis cette époque, l'école a acquis un renom de plus en plus grand, et s'est placée très haut dans l'estime du monde savant par les travaux de ses professeurs et de ses anciens élèves. Après Bourgelat, elle a eu successivement pour directeurs Chabert, Girard, Yvart, Renault, Delafond, Magne, Reynal et Goubaux. Des savants illustres ou éminents ont fait partie du professorat; il suffit de citer Vicq-d'Azyr, Daubenton, Fourcroy, Dulong, Flourens, Huzard, Bouley, Lassaigne.

L'école est établie non loin des bords de la Marne, dans l'ancien château d'Alfort, qu'on appelait *Herefort* en 1363, et *Hallefort* en 1712. L'appropriation d'une école dans le parc d'Alfort a dû nécessiter et exige encore un grand nombre de constructions. Outre les bâtiments nécessaires à l'habitation et à l'instruction des élèves, il faut, en effet, joindre des écuries pour le traitement des chevaux, des étables, des bergeries, des porcheries, des chenils, pour l'observation des maladies des animaux des espèces bovine, ovine, porcine et canine.

Longtemps on avait reproché à Alfort de ne former que des vétérinaires aptes au traitement des chevaux; le gouvernement de la République s'est attaché à y introduire tous les moyens d'instruction et de recherches susceptibles de former des hommes connaissant à fond tous les animaux domestiques et les maladies qui peuvent les atteindre. Les règlements d'Alfort sont d'ailleurs les mêmes que ceux des autres écoles vétérinaires.

Le nombre des élèves admis à Alfort depuis 1763 jusqu'en 1881, est de 9500. L'école reçoit, chaque année, en moyenne 75 élèves qui y restent quatre ans; l'effectif réel est donc de 300 élèves. Chaque promotion fournit 30 vétérinaires militaires.

ALGAROBE, ALGAROBIA, ALGAROBIE, ALGAROBILLO, ALGAROVA, ALGAROVILLE, ALGARROBA, ALGARROBO (*botanique, commerce* et *agriculture*). — Le nom d'algarobies (*Algarobia* Bentham) a été donné à des plantes qui forment une section du genre Prosopis, caractérisé, dit M. Baillon, « par ses fruits en forme de gousses allongées, rectilignes ou arquées, cylindriques ou comprimées, à monocarpe charnu et pulpeux, à endocarpe dur, partageant le fruit en autant de loges qu'il y a de graines, et le rendant moniliforme ». Tous ces fruits sont appelés *algarobes* à cause de leur consistance et de la propriété qu'ils ont d'être propres à engraisser le bétail, du mot espagnol *algarroba*, nom de la caroube, fruit de l'*algarrobo* ou caroubier (*Ceratonia siliqua* L.). On distingue trois Prosopis : 1° P. d'Etienne (*Mimosa micrantha* Vaill.), signalé au Caucase, sans doute celui dont Littré et Robin disent (*Dictionnaire de Nysten*) qu'on extrait, dans l'Arkansas, une résine semblable à la gomme arabique par le goût, la couleur et la consistance; 2° P. à fleurs duveteuses (*Mimosa fuliflora* Dc.), dont le fruit est la petite algarobe ou algaroville, est une légumineuse des Antilles; 3° P. strombulifère, dont le fruit est une gousse contournée en spirale, donnant au Pérou une sorte de haricot résineux.

ALGÉRIE (*géographie agricole*). — L'Algérie occupe, à la partie septentrionale de l'Afrique, sur le littoral de la Méditerranée, une surface de 41 833 400 hectares. Le développement de ses côtes est de 1 000 kilomètres. Elle est divisée naturellement en trois régions qui s'étendent parallèlement au littoral de la Méditerranée : le Tell, les hauts plateaux et le Sahara. Elle est divisée administrativement en trois provinces ou départements : Alger, Oran et Constantine. Dans l'ensemble, le territoire civil, d'après la décision du 25 août 1880, comprend 11 184 200 hectares et le territoire militaire 20 651 200 hectares; on évalue en outre l'étendue du Sahara algérien à 10 millions d'hectares, le tout ayant une population de 2 867 000 habitants.

Le Tell est la partie la plus voisine de la mer; il occupe environ 14 millions d'hectares. Son climat est celui de la région méditerranéenne; il jouit d'une température très douce en hiver, et assez élevée en été, mais rafraîchie souvent par les vents de la mer. Il se termine, au sud, au massif montagneux de l'Atlas, qui le protège en partie contre les vents du désert appelés siroco. Traversé par une assez grande quantité de cours d'eau, il présente, au point de vue du régime des pluies, une certaine régularité; celles-ci commencent généralement au mois de septembre, pour s'arrêter en avril ou mai, et quelquefois en juin; pendant été, il ne tombe presque que des pluies d'orages. Le sol appartient, sur la plus grande partie du Tell, aux formations tertiaires et crétacées; la terre arable est, le plus souvent, argilo-marneuse ou siliceuse. Les céréales, surtout le blé, l'orge et le maïs, viennent très bien dans cette région; quant aux cultures arbustives, l'olivier, la vigne, le figuier, l'oranger, le citronnier, le caroubier, sont celles qui sont le plus importantes; elles donnent partout d'excellents fruits. Le Tell a été, en Afrique, le centre de la colonisation romaine; sous la domination turque, le pays était tombé dans un état d'abandon et de pauvreté absolu; depuis l'entrée en possession des Français, en 1830, des changements immenses ont été accomplis et s'accomplissent encore, comme on le verra tout à l'heure.

La région des hauts plateaux s'étend au sud du Tell; elle forme une succession de vastes plaines situées entre 600 et 1200 mètres d'altitude. Les chaleurs y sont sensiblement plus fortes en été que dans le Tell, mais les froids sont plus vifs en hiver. Au printemps, les hauts plateaux se couvrent d'une végétation vivace très abondante, utilisée pour la nourriture des innombrables troupeaux de moutons des Arabes. Mais cette production est loin d'être régulière; elle se réduit beaucoup dans les années sèches, et d'ailleurs son développement est le plus souvent entravé par l'incurie des indigènes.

Quant au Sahara, qui constitue la troisième région de l'Algérie, il est formé, dit M. Paul Marès, secrétaire de la Société d'agriculture d'Alger, auquel nous empruntons une partie de ces détails, par des plaines sans limites, souvent sans ondulations bien apparentes, plateaux immenses, à sol dur et caillouteux. A part quelques oasis très limitées, principalement situées sur la lisière nord, sauf quelques dépressions dans lesquelles poussent en hiver de bonnes herbes, rapidement broutées par les troupeaux des indigènes, le reste du Sahara n'offre que d'immenses solitudes, sans végétation arborescente, actuellement impossibles à habiter d'une manière permanente et seulement parcourues par les caravanes en hiver.

Le développement pris par l'Algérie, depuis sa conquête, ressort immédiatement de la comparaison de deux chiffres. En 1831, le commerce total (importations et exportations) avait une valeur de 7 984 000 francs; en 1876, il atteignait 380,063,000 francs. Tandis que, en 1831, les importations entraient pour 93,54 pour 100 dans le total du commerce, les exportations n'étant que 6,46 pour 100, en 1876 la proportion était devenue la suivante : importations, 56,71; exportations, 43,29 pour 100. Or, ce sont les produits de l'agriculture qui forment la plus grande partie des exportations algériennes.

Les céréales cultivées sont le blé, l'orge, l'avoine et le maïs. — L'étendue consacrée au blé était évaluée, en 1876, à 490 000 hectares cultivés par les Européens et 2 160 000 hectares cultivés par les indigènes. La production totale était de 14 085 000 quintaux métriques. Les trois quarts de la production sont en blé dur, le reste en blé tendre. L'un et l'autre sont très estimés par le commerce, à raison de la quantité considérable de gluten qu'ils renferment. Le rendement moyen par hectare est de 8,45 quintaux pour le blé tendre et de 7,27 pour le blé dur, dans les cultures européennnes, tandis qu'il n'est que de 5,56 et de 4,73 dans les cultures indigènes.

Pour l'orge, l'étendue cultivée par les Européens, qui ne dépassait pas 100 000 hectares, il y a une douzaine d'années, est actuellement de 320 000 hectares; les indigènes en cultivent 2 644 000 hectares. La production totale est de 21 700 000 quintaux métriques. Le rendement moyen est de 8,61 quintaux dans les cultures européennes, et de 5,92 dans les cultures indigènes.

L'avoine est presque exclusivement cultivée par

les colons, sur une étendue de 46000 hectares. Le maïs occupe 12000 hectares dans les cultures européennes, et 32000 dans celles des Arabes.

Dans la production totale des céréales, les Européens entrent pour 26.70 pour 100, et les indigènes pour 73,30. Une notable proportion des grains récoltés est exportée, soit sous forme de grain, soit sous celle de farine. En 1876, l'exportation des céréales de toutes sortes en grains, a été de 2068000 quintaux, et celle des farines de 62000 quintaux. Il est certain que, dans un avenir peu éloigné, la production et le commerce des céréales en Algérie atteindront des proportions encore plus considérables.

A côté des céréales, la vigne tend à prendre une grande importance. C'est surtout depuis la rapide extension des ravages du phylloxera en France que ce mouvement s'est accentué; il prend chaque année des proportions plus considérables. En 1866, la superficie des vignes plantées par les Européens, ne dépassait pas 8000 hectares; en 1876, elle était de 13000 hectares. En 1878, elle s'est élevée à 18000 hectares suivant les appréciations officielles, et à 22000 suivant d'autres évaluations, et la production a été de 338000 hectolitres. La vigne est une des cultures qui conviennent le mieux à l'Algérie. Dans les premières années qui ont suivi la plantation, la plupart des colons n'apportaient pas assez de soins à la fabrication du vin, et celle-ci ne donnait que des résultats médiocres; de grandes améliorations ont été apportées aux procédés de vinification, et la qualité des vins algériens s'est notablement élevée. Les vins rouges les plus estimés sont ceux des environs d'Oran, de Mascara, de Tlemcen, de Médéah et de Crescia; parmi les vins blancs, ce sont ceux des territoires de Bône et de Douéra, et les vins de dessert, secs et doux, des vignobles de Médéah et de Pélissier. — A côté de la vigne, l'industrie de la distillation a déjà pris un certain essor, et avec l'accroissement de la production du vin, elle augmentera aussi parallèlement.

L'olivier croît spontanément en Algérie; il s'y développe de lui-même sans culture dans le Tell. On obtient, chaque année, 90 à 100 millions de kilogrammes d'olives; la plus grande partie est récoltée par les indigènes. Les huiles d'olive algériennes ne le cèdent en rien aux huiles les plus renommées du midi de la France.

A côté de l'olivier, plusieurs autres arbres donnent des produits abondants et de haute qualité. Parmi les arbres indigènes, il faut citer, en première ligne, l'oranger, puis le citronnier, le cédratier, le figuier, le dattier; parmi les arbres exotiques acclimatés, le bananier. Les raisins, les figues et les dattes, parmi les fruits secs, sont appelés à jouer un rôle considérable dans le mouvement d'exportation.

Les légumes secs d'abord, puis maintenant les légumes verts, ont acquis une grande importance dans les cultures de la colonie. Les légumes secs sont principalement envoyés en France, en Angleterre, en Espagne et en Italie, à raison de 7 à 10 millions de kilogrammes par an. Quant aux exportations de légumes verts, elles offrent un intérêt croissant chaque année; elles se font surtout dans la saison d'hiver. Les primeurs d'Algérie sont recherchées dans toute l'Europe, et les grands marchés de consommation de Paris, Londres, Bruxelles, etc., leur sont ouverts.

Voici deux chiffres qui donneront une idée de l'accroissement du commerce des fruits et légumes: les exportations qui étaient de 1828000 kilogrammes en 1867, ont atteint 15200000 kilogrammes en 1876.

Quelques plantes textiles occupent un rang important dans les cultures algériennes. C'est d'abord le lin qui, cultivé sur une surface de 2400 hectares en 1866, en occupait 5600 en 1875. L'absence d'usines pour le teillage empêche jusqu'ici les colons de trouver un débouché pour les tiges; aussi ont-ils généralement abandonné le lin de Riga pour celui d'Italie qui produit une plus grande quantité de graines. Les lins d'Algérie sont, d'ailleurs, d'excellente qualité, tant au point de vue des tiges qu'à celui des graines.

Essayée depuis 1850 et vivement encouragée par le gouvernement, la production du coton prit un essor assez rapide au moment de la guerre de sécession aux États-Unis d'Amérique. La production annuelle qui était de 110000 à 150000 kilogrammes, s'éleva tout d'un coup, en 1864 à 473000 kilogrammes, en 1865 à 615,000 kilogrammes, en 1866 à 711000 kilogrammes. Mais elle retomba à 382,000 kilogrammes l'année suivante, pour décliner jusqu'à 36000 kilogrammes en 1874. Cette culture ne paraît convenir qu'à certains points très limités, principalement dans la province d'Oran; aujourd'hui elle est complètement abandonnée dans les provinces d'Alger et de Constantine; dans celle d'Oran, elle n'occupe pas plus de 200 hectares.

Aux plantes textiles, il convient de joindre l'alfa (voy. ce mot). Produit naturel du pays, il entre pour une part considérable dans le commerce d'exportation; aménagé convenablement, il sera une source de profits pour l'agriculture.

La culture du tabac est absolument libre. La plus grande partie des feuilles récoltées est vendue par les colons à la régie; l'importance de la production dépend naturellement des achats de l'administration. C'est en 1859 et 1860 que ceux-ci furent le plus élevés; ils diminuèrent ensuite jusqu'en 1866, où les colons et les indigènes ne cultivaient plus ensemble que 3500 hectares de tabac. La culture s'est relevée depuis, et elle a atteint 7000 hectares en 1876. La principale raison qui, à diverses reprises, a amené l'administration à réduire ses achats, était l'infériorité des tabacs récoltés; les principaux producteurs ont cherché à se créer d'autres débouchés, afin d'atténuer les effets de ces variations.

En même temps que des défrichements poursuivis avec ardeur augmentaient les surfaces productives, le bétail prenait aussi un accroissement considérable. Les tableaux suivants permettent de juger la progression de la population animale pendant les trois dernières périodes quinquennales :

	1867 — Têtes	1872 — Têtes	1876 — Têtes
Espèce chevaline.....	203681	127946	159058
— mulassière...	157024	129209	137367
— asine........	224866	120567	175778
Chameaux...........	183754	178612	185813
Espèce bovine.......	1114161	815863	1159683
— ovine........	8153782	5928687	9478253
— caprine......	3121371	2797939	3653547
— porcine......	51155	68969	57575

Il y a lieu de remarquer que le dénombrement de 1872 a été fait au lendemain de la grande insurrection du printemps de 1871, qui avait amené une perturbation complète dans une grande partie de la colonie. Les animaux de bât sont en bien plus grand nombre chez les indigènes que chez les Européens, ce qui s'explique par leur habitude invétérée de faire tous les transports à dos d'animaux. Les chevaux et les bœufs paraissent distribués d'une manière à peu près proportionnelle entre les Européens et les Arabes; quant aux troupeaux de moutons, ils appartiennent presque exclusivement à ces derniers.

Les chevaux qui peuplent l'Algérie, généralement confondus sous la dénomination de chevaux arabes, appartiennent à deux races distinctes: la variété arabe de la race syrienne ou asiatique, et la variété barbe de la race africaine. Ils se distinguent par des qualités connues et appréciées depuis longtemps, sur lesquelles il n'y a pas lieu d'insister ici. — L'âne d'Algérie appartient à la race égyptienne. — Les bêtes bovines appartiennent à plusieurs variétés de la race ibérique; la plus remarquable est celle dite de Guelma. On a fait, en Algérie, des importations de plusieurs races d'origine européenne, notamment de la race schwytz, et des races durham et charolaise. Les animaux indigènes donnent une viande de bonne qualité. — Les moutons algériens sont répartis entre deux races : la race mérinos et la race barbarine. Sous l'influence du climat et du mode d'exploitation des troupeaux par les Arabes, il s'est formé une variété de mérinos, désignée sous le nom de variété algérienne; cette race a certainement un grand avenir, des tentatives sérieuses d'amélioration ont été tentées, principalement par l'introduction, dans la colonie, de béliers de choix. Quant aux moutons barbarins, ils forment de nombreux troupeaux, surtout dans le sud de la colonie; il en est importé en France un grand nombre, chaque année, pour les besoins de la boucherie.

Cette esquisse de la production agricole de l'Algérie serait incomplète, si nous ne donnions pas quelques détails sur les richesses forestières de la colonie. Ce n'est que progressivement qu'on a pu évaluer l'étendue du domaine forestier. En 1877, l'administration des forêts estimait à 2280000 hectares la surface des forêts actuellement reconnues en Algérie, savoir : 158865 hectares de forêts de chêne-liège, livrés en toute propriété en 1870 à ceux qui étaient concessionnaires de l'exploitation; 74000 hectares livrés aux tribus et aux villages comme propriété communale; et 2052000 hectares formant le territoire forestier domanial, dont 576000 hectares dans la province d'Oran, 448000 dans celle d'Alger, et 1028000 dans celle de Constantine. Le chêne-liège, le chêne vert et le pin d'Alep sont les essences dominantes de ces forêts; le cèdre, le thuya, l'olivier sauvage viennent ensuite. Malheureusement, les forêts algériennes sont souvent atteintes par les incendies dus, soit à l'incurie, soit à la mauvaise volonté des Arabes. Ceux-ci ont la malheureuse habitude d'incendier les broussailles à la fin de l'été, afin d'obtenir au printemps une herbe verte et de jeunes pousses d'arbres dont leurs troupeaux sont friands. Ce déplorable système a amené la dénudation d'un grand nombre de plateaux et de versants. — L'industrie du liège prend une grande extension; les exportations de ce produit qui n'étaient que de 896000 kilogrammes en 1867, se sont accrues progressivement jusqu'à atteindre 4350000 kilogrammes en 1876; les lièges algériens sont très estimés à raison de l'épaisseur et de la régularité des planches qu'ils fournissent, de leur élasticité et de leur belle couleur. C'est surtout dans le département de Constantine que le chêne-liège domine. Le chêne, le cèdre, l'olivier, le thuya sont exploités pour donner des bois de construction, de menuiserie et d'ébénisterie. Les écorces à tan font aussi l'objet d'un commerce considérable. Enfin, les forêts présentent encore quelques bois de teinture qu'il faut signaler : le sumac, utilisé pour teindre en rouge le cuir du Maroc, le caroubier dont les graines donnent une teinture jaune, le grenadier dont l'écorce renferme aussi une teinture jaune. — Depuis quelques années, les variétés les plus utiles d'un arbre australien, l'*Eucalyptus*, ont été introduites en Algérie; plus de 2 millions d'arbres ont été plantés, et l'on peut considérer comme démontrée dans la colonie l'influence hygiénique de cette essence. — Les principaux massifs forestiers d'Algérie sont : dans la province de Constantine, au sud de Batna, 195500 hectares; dans la province d'Alger, au nord et à l'est de Djelfa, 90000 hectares; dans la province d'Oran, entre Daya et Tenira, 188400 hectares; à l'est de Saïda, 99350 hectares. — Dans le Sahara, le dattier est la principale ressource des indigènes; on évalue à 1877460 le nombre des dattiers existant aujourd'hui dans les oasis des tribus arabes; les fruits de ces arbres sont un des principaux objets d'échange avec les populations du Tell. — L'exploitation des forêts est consentie, soit par adjudication publique, soit de gré à gré; celle des forêts de chêne-liège est régie par une réglementation spéciale, elle ne peut être donnée que par voie d'adjudication publique, et la durée du bail ne peut pas dépasser quatre-vingt-dix ans. D'ailleurs toutes les concessions d'exploitation forestière en Algérie doivent être approuvées par des décrets du chef de l'État.

La population de l'Algérie comprend deux éléments tout à fait distincts, et parfois en opposition directe : l'élément européen et l'élément indigène. — La population agricole d'origine européenne était, en 1876, de 123301 habitants, sur un total de 353659 habitants européens en Algérie. Quant à la population agricole arabe, elle était de 2136424 âmes, sur un total de 2462936. — L'accroissement de la population agricole européenne se fait avec beaucoup de lenteur. Elle comptait, en 1862, 109808 âmes; ce chiffre s'est successivement élevé pour atteindre 118852 en 1875, et 123301 en 1876. La différence de ces deux dernières années montre que le mouvement d'augmentation s'accélère; de 1872 à 1877, 21900 cultivateurs ont émigré de France pour se fixer dans les nouveaux centres créés dans la colonie.

Les instruments de culture employés par les indigènes, ne sont le plus souvent que de vieux araires absolument primitifs, sans valeur comme sans efficacité réelle dans le travail de la terre. Quant aux colons européens, ils ont, au contraire, toutes les fois que leurs ressources le leur permettent, recours aux instruments perfectionnés de notre époque. Le tableau suivant montre l'extension que l'emploi des machines a prise entre leurs mains :

	1862	1876
	—	—
Charrues	15874	25247
Herses, rouleaux, semoirs	10996	16409
Chariots, charrettes et tombereaux	10637	15762
Faucheuses, râteaux à cheval, moissonneuses	43	547
Machines à battre à vapeur et à manège	129	612
Tarares, égrenoirs, hache-paille	1275	3086
Egrappoirs, fouloirs à raisin, pressoirs	»	710
Egrenoirs de coton, broyeurs de coton	»	577

L'organisation des usines agricoles a fait, en même temps, des progrès considérables. Il existe maintenant dans la plupart des grands centres de l'Algérie des minoteries, des fabriques de pâtes alimentaires, des brasseries, des distilleries parfaitement installées; plusieurs, parmi ces usines, fonctionnent à l'aide de machines à vapeur.

On estime que le matériel de culture de la colonie s'accroît d'une valeur de 1 million de francs par an.

La création des voies de communication est un des moyens les plus puissants d'accroître la production. L'Algérie n'aura que peu à peu les chemins qui lui sont nécessaires pour être parfaitement exploitée. Mais beaucoup de routes ont été déjà établies; celles construites au point de vue stratégique sont également utilisées par les cultivateurs. Plusieurs lignes de chemins de fer ont été créées; 687 kilomètres de voies ferrées sont aujourd'hui en exploitation, et 781 sont en construction. On étudie le projet de chemin de fer transsaharien, dû à M. l'ingénieur en chef Duponchel, et qui doit mettre l'Algérie en communication rapide avec l'intérieur du continent africain.

De grands travaux publics ont, d'un autre côté, été entrepris pour l'aménagement des eaux au point de vue de leur utilisation agricole et industrielle, ainsi que pour le dessèchement des terres insalubres. L'administration turque avait laissé se former et se développer, dans les plus riches plaines, des marais pestilentiels. Dès les premiers temps de la conquête française, l'urgence des dessèchements s'est manifestée. C'est par la ceinture de marais qui entourait le Sahel d'Alger que ces travaux ont été commencés. Des sommes importantes y ont été consacrées, mais elles ont produit une véritable transformation sur plusieurs points à peu près inhabitables de la colonie. Les principaux travaux d'assainissement exécutés jusqu'ici sont : dans le département d'Alger, les abords de la Maison-Carrée, les marais de la Rassauta, de Rouïba, de l'Oued-Djemmaa, de l'Oued-Terro, de l'Oued-Kerma, entre le Bou-Chemla et la Chiffa : le lac Halloula ; — dans le département de Constantine, les environs de Bone, la plaine des Beni-Urgine, le lac Feïd-el-Maïs, de Philippeville à Constantine, et les environs de Bougie ; — dans le département d'Oran, le lac des Gharabas et les marais de Brédéah. L'ensemble de ces travaux publics, sans compter les assainissements locaux faits par les colons, a coûté 5500000 francs. Des syndicats de colons se sont formés, sur un certain nombre de points, afin de poursuivre l'exécution d'autres travaux de dessèchement.

Les irrigations offrent un intérêt très considérable en Algérie. Partout où des arrosages peuvent être pratiqués au printemps, non seulement les récoltes sont assurées, mais un grand nombre de cultures, impossibles autrement, peuvent être abordées. Le procédé le plus simple pour se procurer l'eau nécessaire à l'irrigation, est de dériver, jusqu'au lieu où elle est employée, celle empruntée à la rivière la plus voisine ou aux sources qui affleurent. C'est ainsi qu'un nombre assez considérable de dérivations ont été entreprises sur la plupart des rivières algériennes. Les principales dérivations exécutées jusqu'à ce jour, et fonctionnant actuellement, sont les suivantes :

Dans le département d'Alger : les dérivations de l'Harrach (rive droite et rive gauche), de la Chiffa également sur ses deux rives, de l'Oued-El-Kébir, de Bou-Chemla, de l'Oued-Djemmaa, de l'Oued-El-Hachem, des Oueds Anasseur et Bouten, de l'Oued-Sly ;

Dans le département d'Oran, les dérivations d'Aïssa Mam, de l'Oued-El-Hammam, d'Aïn-Fekan, de l'Hillil ;

Dans le département de Constantine, les dérivations du Bou-Merzang et du Rummel.

La plus importante de toutes les dérivations des rivières d'Algérie est en voie de construction ; c'est celle du Chéliff. Cette rivière, la plus imposante de l'Algérie, débite à l'étiage, 1500 à 2000 litres par seconde dans les gorges situées entre Pontéba et le confluent de l'Oued-Fodda. Un barrage a été établi sur la rivière dans ces gorges ; il a 12 mètres de hauteur, et il forme la tête d'un canal à grande section qui conduit l'eau, sur la rive gauche, jusqu'à la plaine de Pontéba. A ce point, le canal se partage en deux branches. Son périmètre arrosable est de 9500 hectares.

Les canaux dont il vient d'être question sont loin de suffire aux besoins : on n'a pu en établir que sur les rivières les plus importantes, à cause du régime irrégulier à l'excès, de la plupart des cours d'eau d'Algérie. Ils coulent à pleins bords en hiver, tandis qu'ils sont à peu près à sec au moment de la saison des irrigations. La pensée est donc venue de construire, en barrant les vallées encaissées, de vastes réservoirs où s'emmagasinent les eaux durant l'hiver, pour être utilisées plus tard, au moment le plus propice.

Le premier barrage de ce genre, ou barrage-réservoir suivant le terme consacré, a été établi dans la gorge de l'Oued-Meurad, au sud de Marengo. D'autres ont été exécutés depuis lors, dont quelques-uns d'une très grande importance. Parmi les principaux, il faut citer ceux de l'Habra, du Sig, du Tlélat, et de la Djidiouia, dans le département d'Oran ; de l'Oued-Fodda et de l'Hamiz, dans celui d'Alger.

Les irrigations pratiquées au moyen de tous ces travaux, ou en voie d'organisation, s'étendent sur une superficie de 50000 hectares environ.

Il faut ajouter qu'un grand nombre de colons, notamment les maraîchers, utilisent autant que possible les eaux des sources plus ou moins profondes, en les captant dans des réservoirs ou des bassins alimentés par une ou plusieurs norias. Cette machine économique est d'un très grand usage dans la colonie. — Enfin, les sondages pour obtenir des eaux jaillissantes, sont en très grande faveur dans toute la colonie. Le service des mines met les engins nécessaires à la disposition des particuliers. De remarquables résultats ont été ainsi obtenus, notamment dans la plaine de la Mitidja. En outre, dans le sud de la province de Constantine, les sondages déjà exécutés ont ramené la fécondité dans plusieurs oasis de l'Oued-Rhir. Le relevé des travaux exécutés dans cette région, de 1856 à 1876, montre que l'on y a pratiqué 156 forages tubés représentant une longueur totale de 13 kilomètres et demi en profondeur. Ces sondages ont fourni 193 nappes ascendantes et 287 nappes jaillissantes qui débitent ensemble environ 200000 mètres cubes d'eau en vingt-quatre heures.

Les systèmes de culture adoptés en Algérie dépendent de l'eau qui est à la disposition des agriculteurs. Les colons qui jouissent de l'eau d'un canal ou de celle d'une rivière, ont entre les mains une source de prospérité et de richesse que les autres terrains ne pourront jamais acquérir. C'est pourquoi il est de la plus haute importance que toutes les eaux dont on peut disposer, soit dans les sources, soit dans les rivières, soient captées ou dérivées au profit des champs. Les grands travaux entrepris dans cette voie ne sauraient être trop multipliés dans notre colonie.

Les indigènes peuvent être partagés en deux classes : ceux qui cultivent le sol et les pasteurs. Les derniers se livrent particulièrement à la culture pastorale et à la transhumance. Quant aux premiers, ils se partagent les terres de la tribu ; d'une manière générale, chacun a la surface qu'il peut cultiver avec une charrue et deux bœufs, et il y fait venir des récoltes de céréales alternant avec la jachère ; quelquefois, mais rarement, les céréales sont cultivées sans interruption. Ce système de culture est des plus simples. Dans certaines circonstances, mais assez rares si l'on considère l'ensemble du pays, l'indigène alterne les céréales avec des plantes potagères.

Quant aux Européens, le système de culture le plus généralement adopté est aussi celui qui a pour base la production des céréales alternant avec la jachère. Les défrichements continuent à se faire sur une grande échelle ; une partie du travail de défrichement est payée immédiatement par la vente des palmiers nains qui couvraient le sol et dont l'industrie tire le crin végétal. Le tabac et le lin sont les plantes industrielles qui alternent le plus souvent avec les céréales, suivant les circonstances. Quant à la culture alterne, avec fourrages, céréales et plantes industrielles, on ne la rencontre que rarement ; elle est limitée à un petit nombre de propriétaires. D'ailleurs, dans beaucoup de localités, le climat s'oppose à l'adoption de cet assolement régulier; l'agriculteur, quand la saison est favorable, cherche à obtenir des fourrages de croissance rapide, afin d'augmenter la nourriture de son bétail. La production fourragère est la plus difficile, sous le climat algérien, dans les terres qui ne sont pas irriguées.

Les engrais sont peu abondants. Les indigènes n'emploient guère de fumier que pour leurs jardins. Quant aux Européens, les fumures sont faites à peu près exclusivement avec le fumier des exploitations ou dans les environs des villes, ceux achetés principalement aux casernes de cavalerie. L'emploi des engrais commerciaux est nul, jusqu'ici, à de rares exceptions près.

Quant aux modes d'exploitation, l'Algérie présente en plus grande proportion la culture directe par les colons aidés de leur famille, avec des ouvriers indigènes. Les propriétaires de grands domaines les afferment assez souvent à des fermiers européens. Dans d'autres circonstances, le propriétaire fait exploiter par des métayers indigènes. Le métayage se présente sous deux formes. Tantôt le propriétaire du sol fournit à l'indigène le terrain et la semence, et partage avec lui la récolte, après avoir prélevé la semence. Tantôt, le métayer est au cinquième; dans ce cas, il est appelé *khammès;* avec celui-ci, le bail n'est jamais établi que pour un an, à la volonté des deux parties. — Les ouvriers agricoles, tâcherons, journaliers, sont faciles à trouver, et se contentent d'un salaire peu élevé. Dans la province d'Oran, les ouvriers marocains et espagnols qui s'offrent aux cultivateurs, deviennent de plus en plus nombreux.

La constitution de la propriété a subi de nombreuses vicissitudes depuis la conquête de la colonie. Pour bien s'en rendre compte, il faut d'abord savoir que le territoire algérien est divisé administrativement en trois sortes de communes : les communes civiles ou de plein exercice, c'est-à-dire celles soumises aux règles du droit commun de la métropole ; les communes mixtes, qui renferment quelques établissements européens, et dont les unes ont une administration civile tandis que les autres sont sous l'autorité militaire; enfin, les communes indigènes, qu'on appelle aussi le territoire militaire, qui ne sont que peu ou pas habitées par les Européens et qui sont administrées militairement. Au 31 décembre 1878, on comptait 174 communes de plein exercice, 59 communes mixtes, dont 42 en territoire civil et 17 en territoire militaire, et 29 communes indigènes. Le territoire civil comprenait donc, à cette date, 233 communes et le territoire militaire 46. Mais il faut ajouter que ces dernières ont une beaucoup plus grande étendue que les premières, car le territoire civil ne compte que 11 184 200 hectares.

Au moment de la conquête, la propriété du sol comprenait, chez les Arabes, quatre classes : les terres Melk, les terres Habous, les terres Arch et Azels. — Les terres Melk étaient celles constituant la propriété d'un individu ou d'une famille, établie sur un titre ou sur une possession immémoriale; elles constituaient environ le dixième du pays. Les terres Habous étaient une portion des terres Melk consacrée par le propriétaire à un établissement religieux, à la condition que ses descendants en auraient l'usufruit perpétuel. Les terres Arch étaient celles appartenant d'une manière indivise à une tribu; elles étaient partagées chaque année entre les familles de cette tribu, et chacune y faisait la récolte pour son propre compte. Les terres Azels, qui faisaient partie des terres Arch, constituaient, avec les forêts, les biens domaniaux. — En prenant possession de l'Algérie, le gouvernement français se trouvait donc en présence de quatre sortes de propriétés. Une ordonnance royale de 1846 mit en demeure les propriétaires de terres Melk de faire valoir leurs droits auprès des administrations domaniales. Il en résulta qu'une certaine étendue de nouvelles terres fut disponible pour la colonisation; des achats directs avaient d'ailleurs été déjà faits aux propriétaires de terrains Melk par des Européens. En 1851, une loi spéciale, en confirmant aux indigènes tous les droits qu'ils pouvaient avoir antérieurement à la conquête, confirma l'ordonnance de 1846. Mais les terres Melk ne formant que la dixième partie du territoire de la colonie, on se trouva donc bientôt en présence des terres Arch, indivises et inaliénables. En 1863, intervint un sénatus-consulte qui consacra d'une manière absolue cette propriété, dans son état, entre les mains des indigènes, à l'exception de 900 000 hectares que l'Etat se réservait; et encore sur cette réserve, 689 500 hectares furent donnés aux indigènes. L'extension de la colonisation européenne était donc à peu près fatalement arrêtée. Mais, à la suite de l'insurrection de 1871, le séquestre fut mis sur le territoire d'un certain nombre de tribus. On put ainsi disposer d'une certaine quantité de terres que l'Etat put concéder à de nouveaux colons. Enfin, en 1873, une dernière loi intervint ayant pour but d'amener rapidement la constatation de la propriété pour toutes les terres Melk, et la constitution de la propriété individuelle ou familiale pour les terres Arch. Ce travail se poursuit. Lorsqu'il sera achevé, la plus grande partie du territoire de l'Algérie encore immobilisée entre les mains des tribus, pourra devenir terre de colonisation et passer chez les Européens. En même temps, par suite du retour fatal de vastes étendues au domaine, la colonisation pourra devenir plus active.

Celle-ci est maintenant régie par un décret du 30 septembre 1878 dont voici les principales dispositions :

Les terres domaniales comprises dans le périmètre d'un centre de population et affectées au service de la colonisation sont divisées en lots de villages et en lots de fermes. Le lotissement varie suivant les conditions du sol, sans toutefois que la contenance totale d'un lot de village puisse excéder 40 hectares et celle d'un lot de ferme 100 hectares. Les terres impropres à la culture, qui ne sauraient être utilement comprises dans le périmètre d'un groupe de population, peuvent être allotées en lots d'une étendue plus considérable, eu égard aux industries spéciales qui pourraient y être installées.

Le gouverneur général est autorisé à concéder les terres allotées aux Français d'origine européenne et aux Européens naturalisés ou en instance de naturalisation qui justifient, pour les lots de villages, de ressources jugées par lui suffisantes et, pour les lots de fermes, d'un capital disponible représentant 150 francs par hectare.

La concession est gratuite. Elle attribue au concessionnaire la propriété de l'immeuble, sous la condition suspensive de l'accomplissement des clauses ci-après déterminées. Le concessionnaire jouit immédiatement de l'immeuble et de ses fruits sans répétition en cas de déchéance.

Les demandeurs s'engagent à transporter leur domicile et à résider sur la terre concédée avec leur famille, d'une manière effective et permanente pendant les cinq années qui suivront la concession. Ils doivent, en outre, déclarer qu'ils ne sont et n'ont été ni locataires, ni cessionnaires, ni adjudicataires de terres domaniales. Peuvent être dispensés de la résidence, mais seulement pour les lots de fermes, les demandeurs qui s'obligent : 1° à installer et à maintenir, pendant les cinq années qui suivront la concession, une ou plusieurs familles de Français d'origine européenne ou d'Européens naturalisés ou en instance de naturalisation, à raison d'un adulte au moins par 20 hectares; 2° à employer en améliorations utiles et permanentes une somme représentant une dépense moyenne de 150 francs par hectare, dont le tiers au moins affecté à construire des bâtiments d'habitation et d'exploitation. A titre de récompense pour des services exceptionnels et dûment constatés, les indigènes naturalisés ou non peuvent être admis comme concessionnaires sans condition de résidence, sans que le lot qui leur serait attribué puisse excéder 30 hectares, quelle qu'en soit la destination.

Des terres domaniales peuvent être mises à la disposition temporaire des sociétés ou des particuliers qui prendraient l'engagement : 1° de peupler un ou plusieurs villages en assurant l'installation particulière des familles destinées à former le peuplement; 2° de transmettre gratuitement ces terres à ces familles dans le délai de deux ans, aux conditions prescrites comme il est dit ci-dessus et par lots limités, sans que ces sociétés ou particuliers puissent jamais devenir propriétaires des terres qui leur ont été remises à charge de transmission. Le peuplement doit être composé, pour les deux tiers, de Français immigrants, et, pour un tiers, soit de Français, soit d'Européens naturalisés ou en instance de naturalisation déjà fixés en Algérie. Par exception, et dans le but de favoriser l'établissement d'industries spécialement utiles, le gouverneur général peut autoriser la substitution d'immigrants étrangers européens aux immigrants français, mais dans la proportion des deux tiers seulement.

Les concessionnaires sous condition de résidence, qui sont restés sur le domaine pendant un an au moins, peuvent, aux conditions qui leur étaient imposées à eux-mêmes, céder la concession à tout Français d'origine européenne ou à tout Européen naturalisé ou en instance de naturalisation. L'acte de cession est soumis, suivant le territoire, à l'approbation du préfet ou du général commandant la division, qui statue dans le délai de deux mois. Si la décision du préfet ou du général commandant la division n'est pas intervenue dans ce délai, la cession est définitive.

Le cessionnaire peut, à son tour, céder la concession dans les formes et aux mêmes conditions que l'attributaire primitif, sans être toutefois astreint à ne rétrocéder ses droits qu'après un an de résidence.

Pendant la période de concession provisoire, les attributaires ne peuvent consentir d'hypothèque sur l'immeuble dont ils ont été mis en possession, qu'au bénéfice des prêteurs qui leur fournissent des sommes destinées : 1° aux travaux de construction, de réparation ou d'agrandissement des bâtiments d'habitation ou d'exploitation; 2° à des travaux agricoles constituant des améliorations utiles et permanentes; 3° à l'acquisition d'un cheptel. L'acte d'emprunt, dressé dans la forme authentique, constate la destination des fonds empruntés. L'emploi doit en être ultérieurement établi par quittances et autres documents justificatifs. En cas de vente à la requête du créancier hypothécaire, tous les enchérisseurs d'origine européenne sont admis à l'adjudication sous l'obligation de remplir les conditions imposées au concessionnaire primitif.

Si le prix de vente n'est pas absorbé par les créanciers, le concessionnaire est admis à réclamer, sur le reliquat du prix, une indemnité égale à la valeur estimative des améliorations utiles et permanentes réalisées par lui sur la terre concédée au moyen de ses ressources personnelles. L'indemnité est fixée par un arrêté du préfet ou du général commandant la division, suivant le territoire. Le recours, s'il y a lieu, doit être porté devant le conseil de préfecture, dans le délai de trois mois, à partir de la notification de l'arrêté.

Sont déchus de leurs droits : 1° le concessionnaire direct sous condition de résidence, qui ne s'est pas fait mettre en possession dans le délai de six mois, ou qui n'a pas installé sa famille dans le délai d'un an à partir du terme qui lui a été assigné par son acte de concession ; 2° le concessionnaire admis par application des articles 7 et 8, qui ne s'est pas installé avec sa famille dans le délai de six mois à partir du terme fixé dans l'acte de transmission notifié à l'administration par l'entremise du peuplement; 3° le concessionnaire indigène admis à titre de récompense exceptionnelle, qui ne s'est pas installé avec sa famille dans un délai de six mois à partir du jour où son admission lui a été notifiée; 4° le concessionnaire ou l'adjudicataire d'une concession à charge de résidence qui ne s'est pas installé dans le délai de trois mois à partir du jour où lui a été notifiée l'autorisation de cession ou trois mois après la date de l'adjudication; 5° le concessionnaire, cessionnaire ou adjudicataire, qui, après s'être installé sur sa concession, va habiter ailleurs, ou qui, au cours de la période quinquennale de concession provisoire, s'est absenté pendant plus de six mois sans y avoir été autorisé; 6° le concessionnaire admis en vertu et dans les termes de l'article 4 qui, dans un délai de six mois à dater du jour où son admission lui a été notifiée, n'a pas installé les familles composant l'effectif prescrit, ou qui, dans les deux ans à partir du même jour, n'a pas achevé les constructions exigées; 7° le concessionnaire qui, pendant six mois, laisserait incomplet l'effectif des familles prescrit par son titre; 8° l'adjudicataire d'une terre concédée avec dépense de résidence, qui se placerait dans l'un des cas prévus aux n°s 6 et 7; 9° le concessionnaire, cessionnaire ou adjudicataire admis comme étant en instance de naturalisation et dont la demande aurait été rejetée ou qui s'en serait désisté; 10° le concessionnaire, cessionnaire ou adjudicataire admis sur sa déclaration qu'il n'est et n'a pas été détenteur de terres domaniales et dont la déclaration serait reconnue mensongère.

Les attributaires de terres domaniales dans les conditions déterminées par le décret du 16 octobre 1871 ou par les décrets postérieurs sont admis, s'ils le requièrent, au bénéfice du décret de 1878, et obtiennent la substitution à leur titre de bail d'un titre de concession provisoire; le temps de résidence qu'ils ont accompli comme locataires sous promesse de vente est déduit du délai qui leur serait imposé comme concessionnaires à titre provisoire pour obtenir le titre définitif de propriété. Dans le cas où ils auraient usé de la faculté de transfert de leur bail à titre de garantie, leur demande doit être accompagnée de la quittance régulière des emprunts contractés ou du consentement des prêteurs bénéficiaires du transfert.

En cas de déchéance du concessionnaire au cours de la période de concession provisoire, ou s'il n'obtient pas la propriété définitive, la terre concédée fait retour au domaine, libre et franche de tout recours de la part du concessionnaire ou de ses ayants cause à quelque titre que ce soit, sauf en ce qui concerne les hypothèques qui auraient été consenties. Toute hypothèque qui aurait été consentie par le concessionnaire en dehors des conditions et des formes énoncées ci-dessus est radiée à la requête de l'administration des domaines.

Quant aux formalités à remplir par ceux qui veulent devenir colons en Algérie, elles peuvent se résumer ainsi : Dès que le demandeur a fait choix d'une des localités désignées à ce programme, il adresse au préfet du département ou au général chargé de l'administration du territoire, une soumission conforme à un modèle qu'on lui adresse sur sa demande, en y joignant un état de renseignements rempli par le maire de sa commune. Dans les quinze jours qui suivent la réception de cette pièce, le préfet ou le général fait connaître à l'intéressé si sa demande peut être accueillie ou non. Dans le premier cas, celui-ci reçoit un acte provisoire de concession qui lui donne droit au passage gratuit de Marseille en Algérie, et aux avantages accordés par les Compagnies des chemins de fer aux familles d'agriculteurs de la métropole qui se rendent comme colons en Algérie. Ces avantages consistent dans le transport des personnes à moitié prix de la troisième classe du tarif général, chaque émigrant ayant droit en outre au transport gratuit de 100 kilogrammes de bagages. Si tous les lots de la localité désignée par le pétitionnaire sont déjà pris lorsque la demande parvient à l'autorité compétente, il en est prévenu immédiatement, afin qu'il puisse porter son choix sur un autre point et renouveler sa demande. Le pétitionnaire admis est informé de l'époque à laquelle son installation peut avoir lieu, de façon qu'il n'éprouve aucune perte de temps ou d'argent. L'attributaire qui n'a pas pris possession de sa concession dans le délai de six mois, à partir de son admission, est déchu de ses droits.

Depuis quelques années, la colonisation a pris un grand essor en Algérie. Tandis que, de 1863 à 1870, quatre villages seulement avaient été créés, de 1871 à 1877, il a été créé 50 lots de fermes et 158 nouveaux villages.

Les impôts qui grèvent la production agricole en Algérie sont peu élevés. L'impôt foncier n'y existe pas; en outre, les taxes de consommation sur les tabacs, les boissons, etc., n'y ont pas été établies. C'est surtout par les octrois que les villes se font des ressources. — En ce qui concerne le régime douanier, la loi du 17 juillet 1867 a ordonné l'admission en franchise en France de tous les produits naturels ou fabriqués de l'Algérie.

Quant aux institutions établies pour activer le progrès agricole, elles sont encore peu nombreuses. Depuis l'année 1879, l'Etat a organisé des concours de prime d'honneur, et un concours annuel d'animaux reproducteurs, d'animaux gras, d'instruments et machines, et de produits agricoles. Les trois premiers concours ont eu lieu : en 1879 à Bone, en 1880 à Oran, et en 1881 à Alger. — Des chaires départementales d'agriculture ont été établies dans chacune des trois provinces. Mais il faudrait y organiser des établissements spéciaux d'enseignement agricole. L'ancienne bergerie de béliers mérinos, établie à Benchicao, a été transférée à Moutchebeur. — Au point de vue de la production chevaline, l'administration des haras de l'Algérie est régie par un colonel de remonte directeur, et par trois chefs d'escadron placés à la tête des établissements de Constantine, de Blidah et de Mostaganem. Cette administration possède 550 à 600 étalons; ils sont, pour la plupart, de race barbe pure; un sixième environ appartient à la race syrienne. — Enfin des sociétés d'agriculture et des comices ont été créés à Alger, à Constantine, à Oran et sur quelques autres points; ce sont autant de centres d'études qui rivalisent de zèle pour élucider les problèmes intéressant l'agriculture algérienne.

ALGÉRIEN (BÉTAIL). — Les cinq espèces, chevaline, asine, bovine, ovine et cameline, constituent la principale richesse en bétail de l'Algérie.

C'est aux races arabe et barbe qu'appartiennent les chevaux d'Algérie. La race arabe est principalement élevée par les tribus nomades ; quant à la race barbe ou berbère, elle est répandue dans les tribus sédentaires et chez les kabyles. Le cheval arabe est l'objet de soins qui ont maintenu, dans une grande pureté, la valeur de cette race.

Pour l'espèce bovine, les variétés qui peuplaient l'Algérie au moment de la conquête française, se rattachent à la grande race du bassin de la Méditerranée. Aujourd'hui, des importations assez nombreuses de bétail d'Europe ont amené de nombreux croisements avec ces animaux. Les bœufs indigènes se distinguent généralement par une taille moyenne, un pelage noirâtre sur la tête et les membres, fauve sur les côtes et le dos, la peau mince et des membres bien proportionnés. Parmi ces variétés, celle qui est la plus estimée est connue sous le nom de race de Guelma ; les caractères qui distinguent cette race ne paraissent pas bien définis. Quoi qu'il en soit, voici sur son origine, des détails intéressants qui nous ont été fournis par M. Hügel, secrétaire du Comice de Bône :

« Il y a quelques années à peine, le marché de Guelma était fréquenté par presque tous les acheteurs de l'Algérie et du littoral de la Méditerranée, non seulement par suite de l'abondance des animaux qui leur étaient présentés, mais aussi en raison de leurs qualités et de leur poids. Le bœuf dit de Guelma, en effet, était le plus bel animal de race bovine qui existât en Algérie, et son poids relativement considérable, ses formes parfaites, sa grande force musculaire, le faisaient rechercher pour l'exportation et surtout pour les travaux agricoles. De nombreux marchés s'étant créés et les voies de communication en permettant le facile accès, cette race s'est retrouvée partout, et le marché de Guelma n'en eut plus le monopole. Lorsqu'un marchand de la métropole chargeait un commissionnaire de lui procurer du bétail algérien, il lui mentionnait tout spécialement de n'acheter que du bétail race de Guelma. Cet usage s'est maintenu, et ce nom est resté à tous les animaux dont la taille et les formes se rapprochent du type primitif.

» L'arrondissement de Guelma, composé de vallées fertiles et de plateaux calcaires produisant des céréales en abondance, a été de tout temps en rapports directs avec les producteurs des régions de Tébeisa, Kreuchla, Aïn-Beïda, et en particulier avec la Tunisie et la vallée de la Medjerba. Il en est résulté, pour cette région, un apport considérable de tout le bétail de ces diverses contrées, et sans que Guelma en produisît en abondance, le type caractéristique du bœuf de la Medjerba s'y est propagé et maintenu pendant de longues années. »

Au moment de l'occupation de l'Algérie par les Français, les indigènes consacraient d'immenses surfaces à leurs troupeaux qui y trouvaient une nourriture abondante. En outre, ils n'abattaient que les animaux nécessaires à leur consommation. A cette époque, on pouvait leur acheter un bœuf pour 10 à 15 francs. Plus tard, en présence de l'enchérissement du prix de la viande en France, un mouvement commercial s'est produit, et des achats considérables sont effectués chaque année à destination de la métropole. Voici, pour les onze dernières années, le montant des exportations de bœufs d'Algérie en France, d'après les tableaux de l'administration des douanes:

	TÊTES		TÊTES
1870....	1 395	1876....	18 085
1871....	2 385	1877....	20 354
1872. ..	17 665	1878....	45 250
1873....	9 068	1879....	33 967
1874....	1 016	1880....	12 330
1875....	1 150		

La production des moutons, déjà immense en Algérie, est appelée à un avenir encore plus remarquable. De tous les herbivores domestiques, l'espèce ovine est celle qui peut donner, dans ce pays, les plus beaux bénéfices. Robuste et rustique, pouvant se nourrir et s'entretenir sur les terrains les plus arides, le mouton convient particulièrement à ce climat chaud et sec, et il peut prospérer dans des conditions qui sont défavorables aux autres animaux domestiques.

Les troupeaux algériens sont composés de diverses races plus ou moins précieuses, suivant leur origine et le sol sur lequel elles ont été élevées. Le littoral, composé de plaines fertiles, ne produit qu'un mouton de qualité médiocre, à laine grossière, qui le laisse dans une situation d'infériorité marquée, si on le compare aux moutons des hauts plateaux et du sud. Toutefois, des bergeries de mérinos ont donné, entre les mains d'éleveurs expérimentés, des résultats heureux. Dans les troupeaux des indigènes, ce sont surtout les moutons barbarins qui dominent. Il y a plusieurs variétés de cette race ; celle à grosse queue est la moins estimée. La race dite des hauts plateaux se distingue par les caractères suivants : tête grosse, encolure forte, membres volumineux, laine assez recherchée par le commerce, qui, chaque année, en exporte une grande quantité ; le poids de ces moutons varie entre 50 et 60 kilogrammes, donnant 25 à 30 kilogrammes de viande de bonne qualité.

Le commerce d'exportation des moutons a pris de très grandes proportions. En voici les nombres pour les onze dernières années :

	TÊTES.		TÊTES.
1870....	215 853	1876....	371 356
1871....	314 330	1877....	335 835
1872....	642 186	1878....	661 518
1873....	547 080	1879....	669 439
1874....	304 080	1880....	419 044
1875....	359 182		

L'engraissement du bétail, pour les bœufs comme pour les moutons, coïncide avec le moment des exportations ; celles-ci commencent en avril pour finir à la fin de juillet. « Trouvant, dit M. Hijgel, une herbe abondante et nutritive, le bétail algérien qui, pendant huit à neuf mois, est réduit à quelques brins d'herbe très clairsemés, prend la graisse à l'époque du printemps avec une extrême facilité. Mais vienne la mauvaise saison, c'est-à-dire celle des chaleurs de l'été qui en quelques jours dessèche tout ce qui vit, tarit les sources et laisse au bétail à peine de quoi subsister, l'amaigrissement commence pour ne s'arrêter qu'au printemps suivant, si, ce qui est fréquent, il n'a pas succombé avant. En entretenant le bétail à l'étable, en lui donnant des abris et surtout une partie du fourrage qu'il récolte abondamment, le cultivateur intelligent tire parti de toutes les ressources qui lui sont offertes. » C'est pour encourager les agriculteurs dans cette voie qu'aux concours d'animaux reproducteurs organisés en Algérie, le gouvernement a joint des concours d'animaux gras.

Les ânes et les mulets, de même que les dromadaires et les chameaux, sont exclusivement employés en Algérie comme bêtes de somme. Les indigènes se servent presque seuls de cette dernière espèce d'animaux.

ALGIDE (*médecine vétérinaire*). — Qualification d'un état maladif qui fait éprouver une vive sensation de froid. Ainsi, une fièvre algide est celle dans laquelle les accès commencent par des frissons et un refroidissement très vif.

ALGUES (*botanique et technologie*). — Classe de végétaux cryptogames cellulaires, qui vivent dans les eaux douces ou salées, ou dans des lieux très humides. Cette classe est très nombreuse ; elle n'est pas encore bien définie. D'un côté, quelques genres d'Algues se rapprochent beaucoup des champignons ; d'un autre côté, les Algues les plus simples se rapprochent tellement des animaux inférieurs qu'il est très difficile d'établir la limite séparant le règne végétal du règne animal. Le développement des Algues est très variable ; quelques-unes consistent en une réunion de quelques cellules ; d'autres, au contraire, se ramifient et atteignent des proportions très considérables : on en a mesuré qui n'atteignaient pas moins de 500 à 600 mètres de longueur. Entre ces deux extrêmes, on trouve tous les degrés intermédiaires. La coloration des Algues est aussi très variable. Quelques-unes sont d'un vert foncé, d'autres d'un vert tendre, d'autres bleues, jaunes ou rouges, avec des teintes très variables, suivant les espèces, pour chacune de ces couleurs. Longtemps on a cru que les Algues bleues, jaunes ou rouges ne renfermaient pas de chlorophylle ; des recherches mieux faites ont démontré qu'elles en contenaient, mais que la présence de la chlorophylle était voilée par une autre substance colorante. Les cellules d'un grand nombre d'Algues renferment de l'amidon ; dans quelques espèces, l'amidon est assez abondant pour rendre ces plantes utiles pour l'alimentation. Certaines espèces renferment aussi de l'iode et du brome, que l'industrie en extrait sur plusieurs points du littoral des mers. Quant à la répartition des Algues, on ne peut donner ici que des indications générales. Toutes les eaux, douces ou salées, en renferment en quantités plus ou moins considérables. Certaines Algues vivent dans toutes les eaux ; le plus grand nombre habitent soit les eaux douces, soit les mers. Quelques-unes se rencontrent sous le plus grand nombre des latitudes ; mais la plupart sont limitées à des parties spéciales du globe. Les Algues des mers du Nord ne se trouvent pas dans les mers tropicales, et réciproquement. La température des eaux paraît jouer un rôle considérable dans la répartition de ces plantes suivant les latitudes.

La classification des Algues n'est pas encore définitivement établie. D'après M. Decaisne, cette grande famille renferme six tribus :

1° Les *Floridées*, marines et très rarement d'eau douce, de couleur variant du rose au rouge brun, rarement verdâtres, souvent mucilagineuses, formées soit de filaments simples, soit d'une tige filamenteuse, soit enfin de frondes membraneuses. Quelques espèces, notamment le *Chondrus*, sont utilisées en Écosse pour l'alimentation publique.

2° Les *Phæosphorées* et *Fucacées*, appelées aussi varechs, algues marines, brunes ou olivâtres, mucilagineuses, de formes très variées, acaules. Les principaux genres sont le *Fucus* et le *Laminaria*. Ces Algues sont très répandues. En Europe, on les recueille en très grande quantité, soit pour l'alimentation des porcs, soit pour la fumure des terres. Les habitants du Chili mangent les frondes mucilagineuses de l'*Urvillea*.

Les *fucus* servent, sur les côtes de l'Océan atlantique, où on leur donne le nom vulgaire de *varech* et de *goémon* à l'extraction de l'iode. Les varechs sont incinérés, et les cendres sont traitées pour en retirer l'iode. Les quantités de cendres qu'on obtient par la combustion de 100 kilogrammes de varech s'élèvent de 4 kilog. 500 à 6 kilog. 500. Selon les espèces et selon que les feuilles sont nouvelles ou anciennes, la quantité relative d'iode varie depuis 8 grammes jusqu'à 122 grammes pour 100 kilogrammes de varech. Dans les feuilles nouvelles, il y a environ une fois plus d'iode que dans les feuilles anciennes. Les varechs les plus riches en iode sont le *Fucus digitatus stenolobus* et le *Fucus digitatus stenophyllus*. Dans les cendres, les parties solubles (sels de soude et de potasse) s'élèvent de la moitié aux deux tiers de leur poids.

Les fucus sont employés comme engrais sur les côtes de la Saintonge, de la Bretagne et de la Normandie. Les fucus saccharins (fig 223 et 224) sont les plus communs ; à l'état frais et simplement égouttés, ils dosent 0,54 pour 100 d'azote.

3° Les *Chlorosporées* et *Conferrées*, Algues vertes, marines ou d'eau douce, d'organisation cellulaire très simple. Les principaux genres sont l'*Ulva* et le *Conferva*. Plusieurs espèces renferment un mucilage qui les rend alimentaires. Les Conferves se rencontrent dans les eaux douces et stagnantes des climats tempérés.

4° Les *Vauchériées*, Algues vertes très grêles, formées d'un filament simple. Ces végétaux sont rattachés par quelques botanistes à la classe des Champignons.

5° Les *Synsporées*, Algues d'eau douce, consistant en cellules de formes très variées ou en tubes cloisonnés, renfermant de la matière verte granuleuse.

6° Les *Diatomées*, Algues microscopiques, végétant dans les eaux douces, saumâtres ou salées, le plus souvent de forme prismatique ou rectangulaire. Quelques espèces sont parasites d'autres

alternes, à fleurs groupées en grappes à l'aisselle des feuilles ou à l'extrémité des rameaux; ces fleurs sont campanulées, régulières et hermaphrodites. Le genre Aliboufier (*Styrax* Tournefort) appartient à la famille des Styracées, dont il est le type; il renferme une quarantaine d'espèces qui sont répandues sur la plus grande partie du globe: quelques-unes sont cultivées dans les jardins, ou sont intéressantes à raison des produits qu'elles fournissent. Ce sont:

1° L'Aliboufier officinal (*Styrax officinalis*). Cet arbre, qui atteint 4 à 7 mètres de hauteur, se trouve dans presque toutes les parties du bassin de la Méditerranée. Ses feuilles sont alternes, molles, ovales, blanchâtres et cotonneuses à leur partie inférieure; les fleurs sont blanches (fig. 225). Cet arbuste est cultivé dans les jardins du midi de la France, où il peut être mis en pleine terre, lorsqu'il a acquis une certaine vigueur. Il demande une terre de bonne qualité, un peu humide; il

Fig. 223 — Fucus saccharin denté. Fig. 224. — Fucus saccharin vésiculeux.

Algues. Ce sont les Diatomées fossiles qui forment le tripoli. Les Diatomées abondent dans les dépôts de guano.

Une autre classification a été proposée par Harvey. Elle consiste à diviser les Algues en trois classes d'après la couleur de leurs spores, savoir: les Mélanospermées, à spores olivacées; les Rhodospermées, à spores rougeâtres, et les Chlorospermées, à spores vertes.

ALHAGI. — Voy. Agul.

ALIBILE. — Se dit de la partie des aliments propre à être absorbée par l'organisme animal qui se l'assimile. *Alibile* se distingue d'*alimentaire* en ce que tout aliment est formé de deux parties, celle assimilable ou alibile, et celle non alibile rejetée au dehors sous forme d'excrétions solides ou liquides.

ALIBILITÉ. — Terme employé pour désigner la qualité d'un aliment de renfermer une plus ou moins grande proportion de substance alibile ou assimilable.

ALIBOUFIER (*botanique et horticulture*). — Arbres ou arbustes des régions tempérées et chaudes, de 3 à 4 mètres de hauteur, à feuilles ovales

doit être exposé au midi et abrité des vents. Sa multiplication se fait soit par graines semées en terrines sur couche aussitôt après leur maturité, soit par marcottes ou drageons.

De l'Aliboufier officinal, on retire, en Orient, par des incisions faites à l'écorce, un baume spécial, appelé *storax*, qui coule sous la forme d'une matière résineuse, durcissant à l'air en masse composée de parcelles luisantes blanches ou rougeâtres. Ce baume répand, surtout quand on le fait brûler, une odeur balsamique agréable. Il est employé comme parfum, et il entre dans quelques compositions pharmaceutiques. Le commerce en distingue deux espèces: le storax en larmes, ou storax calamite, qui se présente sous la forme de morceaux irréguliers, jaunâtres ou brunâtres, et d'une odeur balsamique très suave; le storax en pains, produit impur et peu estimé, affectant la forme de masses rougeâtres hétérogènes. La sciure et les débris de l'écorce et du bois d'Aliboufier sont aussi employés dans la parfumerie.

2° L'Aliboufier benjoin (*Styrax benzoinum*), originaire de l'Inde et des îles de la Sonde. C'est un arbre assez élevé. On en retire par incisions sur l'écorce un baume spécial appelé *benjoin*. Il coule sous la forme d'un suc blanc qui se colore en se solidifiant à l'air. Chaque arbre fournit environ 500 grammes de baume. Le benjoin est réuni, chauffé, puis coulé dans des caisses en bois dans lesquelles il est expédié au commerce. Le benjoin a une odeur balsamique très suave; il est employé dans la parfumerie, et dans la pharmacie où son usage est indiqué surtout dans les affections de la poitrine et de la vessie, ainsi que dans les douleurs rhumatismales.

3° L'Aliboufier glabre (*Styrax levigatum*), originaire de la Caroline. Il acquiert une plus grande taille que l'Aliboufier officinal, mais ses fleurs sont plus petites. Ses feuilles sont ovales-oblongues.

4° L'Aliboufier d'Amérique (*Styrax americana*), arbuste ne dépassant pas 4 à 5 mètres, à feuilles ovales, velues surtout en dessous, à fleurs blanches.

Ces deux dernières espèces peuvent être cultivées dans les jardins du midi de la France ou dans les orangeries, de la même manière que l'Aliboufier officinal.

ALICHONS (*mécanique*). — Planchettes fixées sur la circonférence des roues de moulin à eau. C'est en tombant sur ces planchettes que l'eau fait tourner les roues.

ALIDADE (*arpentage*). — Cet instrument vient d'un mot arabe qui signifie *la règle* et est employé dans la levée des plans à la planchette. Il consiste en une règle horizontale en bois ou en métal, munie à ses deux extrémités de deux plaques métalliques qui lui sont perpendiculaires et appelées *pinnules*. Ces deux plaques servent à viser les objets et à déterminer leur direction. Dans ce but, la pinnule à laquelle on applique l'œil est percée d'une fente verticale étroite ; la pinnule située du côté des objets à viser est percée d'une ouverture plus large au milieu de laquelle est tendu verticalement un fil très fin, ou bien se trouve placée une pointe. Pour viser un objet, on regarde par la fente de la première pinnule en faisant tourner la règle, jusqu'à ce que le fil ou la pointe de la seconde pinnule recouvre le milieu de l'objet. La direction étant ainsi trouvée, on conçoit que, si l'alidade est placée sur une planchette, on peut tracer une ligne le long de la règle. En faisant tourner l'alidade autour du centre de la planchette, on pourra successivement viser d'autres objets, tracer d'autres directions, et par suite obtenir les distances angulaires de tous les points visés. Les anciennes alidades sont remplacées dans les appareils perfectionnés par des lunettes à réticules.

ALIE, ALIER. — Noms vulgaires, dans quelques vieux patois français, de l'alise et de l'alisier.

ALIÉNATION (*droit rural*). — Est la vente d'un domaine, d'une terre, de la propriété d'un fonds quelconque. Tous ceux auxquels la loi ne l'interdit pas ont le droit d'aliéner. Le mineur et l'interdit ne peuvent pas aliéner leurs immeubles. Le tuteur ne peut aliéner les biens du mineur sans le consentement du conseil de famille ; le prodigue ne peut aliéner sans l'assistance d'un conseil judiciaire ; la femme, sans le consentement du mari ou l'autorisation de la justice. Le mari peut aliéner les biens de la communauté sans le concours de sa femme, mais non pas les immeubles personnels de celle-ci. Une personne peut aliéner ses biens en tout ou en partie à un de ses héritiers présomptifs, mais à la condition que cette aliénation ne cache point des libéralités ayant pour effet de frustrer un héritier à réserve ; celui-ci pourrait, à un moment donné, faire annuler l'aliénation, ou au moins la faire réduire de telle sorte qu'elle n'entame pas la réserve. De même une aliénation ne doit pas dépasser la quotité disponible, entre des parties successibles, sans donner recours à un rapport entre les héritiers.

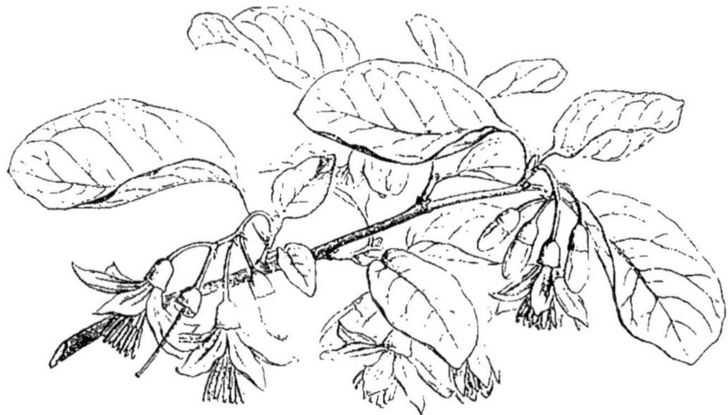

Fig. 225. — Rameau fleuri de l'Aliboufier officinal.

ALIFORME. — Se dit des organes qui affectent la forme d'ailes.

ALIGNEMENT (*arboriculture*). — On appelle alignement des plantations d'arbres faites sur les routes, les bords des canaux, etc. Les plantations d'alignement d'ornement sont celles qui sont établies sur les grandes voies ou dans les jardins des villes; en même temps qu'elles en sont l'ornement, elles contribuent dans une large mesure à la salubrité des grandes villes. Les plantations d'alignement forestières sont celles qui sont faites sur les routes, sur les bords des canaux, et dans lesquelles on laisse se développer les arbres, afin de les exploiter.

Dans les plantations d'alignement d'ornement, on s'inquiète peu du bois ; le principal but étant l'agrément, on recherche surtout les essences qui sont remarquables par leur port, l'ampleur de leur feuillage, etc. Celles qui sont le plus recherchées sont le platane, le marronnier d'Inde, le châtaignier, l'ailante, l'orme, l'érable. Des règles spéciales président à l'organisation et à l'entretien de ces plantations.

Le nombre des lignes d'arbres à établir sur une promenade ou un chemin est subordonné à sa largeur. Mais il est important de ne pas trop rapprocher les arbres les uns des autres. S'ils se rejoignent par les racines ou les branches avant d'être arrivés à leur développement complet, ils se gênent mutuellement, et ce développement est arrêté. La distance à établir dépend tant de la nature du sol que des essences arbustives. Les unes, en effet, s'étendent surtout en largeur, tandis que d'autres poussent en hauteur. La distance minimum, quand les arbres ne forment qu'une seule ligne, doit être de 4m,50 et de 6 mètres même pour quelques essences. Les distances doivent être augmentées quand les arbres sont sur plusieurs lignes; dans ce cas, ils peuvent être sans inconvénient, au point de vue de l'ornement ou de l'ombrage, espacés de 10 mètres. Lorsque les plantations sont longues, l'espacement maximum doit être observé, afin de ne pas nuire à la perspective.

Quant aux règles à suivre dans les plantations d'alignement, elles sont les mêmes que pour toutes les autres plantations, que l'on fasse des lignes d'arbres, des quinconces, des carrés, des lignes courbes, etc. Les soins d'entretien sont aussi les mêmes que pour les autres plantations, avec cette différence que les plantations urbaines ont toujours besoin d'arrosages copieux, et qu'elles doivent être protégées contre les travaux d'art qui sillonnent le sous-sol des grandes villes.

ALIGNER. — Faire un alignement dans les jardins, les parcs ou les champs: on aligne les plantations, les allées, les sentiers, les chemins. Lorsqu'il s'agit d'alignements d'une petite longueur, par exemple, sur des plates-bandes ou des planches cultivées, on les fait au cordeau. Pour les alignements plus longs, on emploie les jalons. Un jalon est placé à chacune des extrémités de la ligne à tracer. De l'un des jalons, on prend l'autre pour point de mire, et dans l'intervalle on fait placer, par un aide, des jalons intermédiaires, en partant de l'extrémité, de manière que successivement ces jalons se cachent les uns les autres. L'espace qui sépare chaque jalon est tracé au cordeau. On obtient ainsi une ligne droite continue.

ALIGOTÉ *(viticulture)*. — Cépage blanc, répandu dans une partie de la Bourgogne où il est aussi désigné par le nom d'*Alligotay*. Sa grappe est moyenne, conique et compacte; ses grains sont petits et presque sphériques. Ce cépage demande la taille courte; il est très sujet à être atteint par les gelées printanières; mais, lorsqu'il leur échappe, il donne une abondante récolte. Le vin qu'il produit est, d'après M. Ricaud, généralement assez alcoolique et acquiert rapidement une bonne qualité.

ALIGOUFIER. — Synonyme d'*Alibou fier* (voy. ce mot).

ALIMENT. — Toute matière qui, absorbée par un animal ou par un végétal, lui profite, c'est-à-dire entretient sa vie ou concourt à son développement, est un aliment pour cet animal ou ce végétal. L'ingestion dans le corps, et ensuite l'absorption (voy. ce mot) dans les cellules vivantes ne suffisent pas pour caractériser un aliment; une matière absorbable pourrait passer inutile ou bien produire un effet toxique ou nuisible. Il faut encore qu'il y ait emploi utile par l'être vivant. L'expérience prononce à cet égard, peut-être aussi l'habitude. Toutefois on a cherché la relation qui peut exister entre la composition de l'aliment et le rôle qu'il peut jouer. Cette composition peut être très complexe, et l'on ne saurait en général se borner à des analyses élémentaires qui n'indiquent rien sur la nature des principes immédiats contenus dans l'aliment. Des considérations de plusieurs ordres doivent être exposées sur ce sujet, mais ces considérations seront mieux placées plus loin; elles porteront alors sur l'ensemble des aliments. D'ailleurs, le mot est plus souvent employé au pluriel dans les applications agricoles.

Un aliment est lourd, léger, substantiel, selon les qualités qu'on lui reconnaît ou qu'on lui suppose; il est solide, fluide, liquide, selon sa consistance; il est azoté, s'il se trouve riche en azote; on le dit carboné, si c'est le carbone qui y domine à l'exclusion de l'azote, etc.

Le mot aliment est souvent pris au figuré. On dit: le bois est l'aliment du feu; — on donne du charbon pour aliment à une machine à vapeur; — les sciences sont l'aliment de l'esprit; — trouver l'aliment de ses passions, de sa haine, de son amour dans des luttes, des discussions, etc.

ALIMENTAIRE. — Se dit de tout ce qui est susceptible de constituer ou de donner un aliment, et s'emploie au propre ou figuré: on dit plante alimentaire, ration alimentaire, bol alimentaire, pension alimentaire, pompe alimentaire, etc. Ces diverses acceptions vont être examinées dans leurs rapports avec les choses de l'agriculture.

Les substances alimentaires pour les êtres vivants se présentent avec des qualités spéciales selon les genres et les espèces d'êtres auxquels elles sont destinées, ou encore selon leur origine.

Pour l'homme, elles sont animales ou végétales. Les matières alimentaires animales sont les œufs, le lait et ses dérivés (beurre, fromages), la viande des animaux domestiques ou sauvages, la chair des poissons, de quelques mollusques, crustacés, batraciens et reptiles; les matières végétales alimentaires sont celles qui sont extraites des plantes, et les plantes qui les fournissent sont à leur tour dites plantes alimentaires.

PLANTES ALIMENTAIRES. — Elles sont nombreuses; on peut les diviser en plusieurs classes, ainsi que l'a proposé M. Unger, suivi par M. Duchartre, mais en modifiant un peu les classes: 1° les végétaux donnant des grains féculents ou farineux avec un gluten plus ou moins abondant; 2° les végétaux donnant des tubercules féculents, mais peu ou pas de gluten; 3° les végétaux présentant des tiges d'où l'on extrait des produits féculents; 4° les végétaux principalement oléifères ou oléagineux dans les produits desquels domine une huile grasse ou un corps gras au milieu d'un mélange de divers autres principes immédiats sucrés, féculents, albuminoïdes; 5° les végétaux saccharifères ou lactifères que distingue l'abondance de la matière sucrée, soit dans leur fruit, soit dans leur tige ou leur racine; 6° les végétaux consommés pour les matières mucilagineuses qu'ils renferment; 7° les végétaux à fruits acidulés et sucrés, parfois un peu astringents, caractérisés par un mélange de sucre et d'acides, en proportions diverses; 8° les végétaux potagers ou susceptibles d'être consommés comme légumes, cultivés principalement pour les fruits; 9° les végétaux potagers également susceptibles d'être consommés comme légumes, mais cultivés principalement pour leurs parties herbacées; 10° les plantes employées principalement pour fournir des condiments. — Dans l'importante revue qui va suivre, ce sont les plantes non seulement d'Europe, mais encore du monde entier, qui successivement seront examinées en ce qui concerne leurs produits alimentaires pour l'homme.

I. *Plantes alimentaires à grains ou à fruits féculents.* — En tête de cette division il faut placer les *céréales* ou graminées contenant dans le périsperme ou albumen (voy. ce mot) de leurs graines, une grande quantité de grains d'amidon accompagnés de plus ou moins de gluten, et au premier rang les froments proprement dits: *Triticum sativum, hybernum, æstivum, turgidum, durum, polonicum*, c'est-à-dire tous les blés froments des régions tempérées dont les espèces et les variétés sont si nombreuses. En second lieu, il faut mettre les blés à grain vêtu ou épeautres: *Triticum amyleum, spelta, monococcum*. En troisième lieu, le seigle, *Secale cereale*. Il ne peut être question d'entrer ici dans aucun détail ni sur leur culture, ni leur description, puisque chacun a sa place distincte dans un dictionnaire de l'agriculture, mais il convient de faire un tableau des richesses alimentaires que l'homme possède pour donner satisfaction à tous ses besoins. Après les blés, viennent plusieurs céréales qui servent à la fois à la consommation humaine et de plus en plus à celle des animaux domestiques à mesure qu'on s'éloigne des premiers : l'orge commune (*Hordeum vulgare*), l'orge escourgeon (*Hordeum hexastichon*), l'orge éventail (*Hordeum zeocriton*), l'orge pamelle ou à deux rangs (*Hordeum distichon*). Il faut citer ensuite l'avoine ordinaire (*Avena sativa*) et l'avoine de Russie ou de Hongrie (*Avena orientalis*).

Dans les pays plus chauds que ceux à climats tempérés, on trouve comme céréales le riz (*Oryza sativa*), puis le maïs (*Zea maïs*), peut-être les deux céréales qui nourrissent le plus grand nombre d'hommes, le premier dans l'ancien monde, le second dans le nouveau.

Outre les céréales proprement dites, sont encore employés d'autres grains alimentaires en raison de la fécule contenue dans leur albumen, et à ce titre ils doivent être considérés comme des céréales de second ordre ; tels sont : le sarrasin (*Polygonum fagopyrum* et *tataricum*), le millet commun (*Panicum miliaceum*), et le millet à grappes (*Setaria italica*), employés en Europe ; différentes espèces de sorgho, principalement le *Sorghum vulgare*, très en usage en Afrique, ainsi que le teff (*Poa Abyssinica*), le dagusso ou tocusso (*Eleusine Tocusso*) ; puis dans l'Inde, pour constituer le *nut chanee*, les *Eleusine coracana* et *stricta*, le *Panicum frumentaceum*, le *Penicillaria spicata*, la paspale alimentaire ; et encore : dans le Népaul et en Chine, l'*Amarantus frumentaceus* et le *Polygonum emarginatum* ; dans la Nouvelle-Grenade, le Pérou, le Chili, le quinoa (*Chenopodium quinoa*) ; en Amérique, la zizanie.

D'autres plantes sont alimentaires en raison de la fécule amassée en quantité considérable dans l'embryon même des graines ; les principales appartiennent au groupe des Légumineuses. D'abord la fève (*Vicia faba* et *Faba vulgaris*), puis la lentille (*Ervum lens*), la vesce blanche (*Vicia sativa alba*), les haricots (*Phaseolus vulgaris, mungo, radiatus, lunatus, multiflorus*), le pois chiche (*Cicer arietinum*), le pois (*Pisum sativum*), les doliques (*Dolichos melanophthalmus, sesquipedalis, glycinoïdes, catjang, sinensis, niloticus, lubia, lablab, leucocarpus, perennis*), le *Soja hispida*.

A côté de ces Légumineuses féculentes, il faut placer maintenant les arbres qui produisent la châtaigne ou des fruits analogues et que l'on trouve aussi dans toutes les parties du monde. D'abord les châtaigniers (*Castanea vesca, americana, pumila, chinensis, argentea, tungurrut*), qui donnent la châtaigne proprement dite ; puis divers chênes (*Quercus esculus, ballota, ilex, alzima, Pyrami, persica*) qui fournissent des glands doux ; le *Bombax malabaricum*, le *Pachiria aquatica*, les *Carolinea insignis* et *princeps*, l'agati à grandes fleurs, le nénuphar des Égyptiens, qui fournissent des graines farineuses qu'on mange grillées comme la châtaigne. Il faut encore ajouter qu'une légumineuse arborescente de l'Australie, le *Castanospermum australe*, donne de grosses graines qui ressemblent à la châtaigne par le volume et la couleur et se mangent cuites de la même manière, et l'on peut y joindre le *Lecythis ollaria*, de la famille des Myrtacées, qui produit le fruit ligneux bien connu sous le nom de *marmite de singe*. Il faut encore en rapprocher la macre commune (*Trapa natans*) qui donne la châtaigne d'eau ou cornuille, comestible à la manière des châtaignes, et la macre à deux cornes (*Trapa bicornis*), qui, en Chine et au Thibet, joue un rôle important dans l'alimentation.

Quelques végétaux sont alimentaires à cause de la quantité de fécule qui se dépose dans le péricarpe de leur fruit. C'est ce qui se présente pour la banane à un certain degré de sa maturité et avant que l'amidon se soit transformé en matière sucrée. Le *Musa* est ainsi un arbre précieux à un double point de vue, et la banane un fruit aux emplois multiples pour la consommation des habitants des contrées où cet arbre prospère. L'arbre à pain (*Artocarpus incisa*) et le jack ou jaquier (*Artocarpus integrifolia*) jouent pour la même raison un grand rôle dans les moyens de subsistance de populations nombreuses.

II. *Plantes à tubercules, racines ou rhizomes farineux.* — Les tubercules farineux alimentaires sont nombreux et jouent un rôle considérable dans la subsistance des populations. Ce sont : la pomme de terre (*Solanum tuberosum*), la batate ou patate (*Convolvulus batatas*), le topinambour ou poire de terre (*Helianthus tuberosus*), le manioc (*Manihot utilissima*), qui donne la cassave et le tapioca, les ignames (*Dioscorea japonica, batatas, alata, bulbifera, Decaisneana*, etc.), les colocases (*Colocasia esculenta, macrorhiza, antiquorum*), l'*Arum Gouet* ou pied-de-veau, le *Caladium*, les tubercules du *Tacca pinnatifida*, plusieurs espèces d'oxalis (*Oxalis tuberosa, esculenta*, etc.), l'oca du Pérou (*Oxalis crenata*), la capucine tubéreuse (*Tropæolum tuberosum*), le cerfeuil bulbeux ou tubéreux (*Chærophyllum bulbosum*) et le cerfeuil de Prescott, l'alloco (*Ullucus tuberosus*), l'*Apios tuberosa* du Canada, le psoralier comestible ou lapic quotiane (*Psoralea esculenta*), la gesse tubéreuse (*Lathyrus tuberosus*), le *Maranta arundinacea* dont les rhizomes donnent l'*arrow-root*.

L'importance de ces diverses plantes alimentaires est certainement très variable : les unes sont consommées par des nations entières comme le légume féculent de tous les jours et font partie des repas de toutes les familles ; les autres sont exceptionnellement employées ou bien ne sont mangées que par des délicats ou des gourmets. Mais il convient de dire que l'agriculteur doit s'efforcer de varier les aliments qu'il fait consommer, et que le progrès de la civilisation doit conduire les hommes à mieux faire usage des ressources que la nature a mises à leur disposition pour assurer non seulement la durée, mais encore les jouissances de leur existence.

III. *Plantes à tiges féculentes.* — Les tiges de quelques végétaux présentent une moelle volumineuse ou un tissu analogue qui se remplissent d'une quantité de fécule assez grande pour qu'on puisse en faire l'extraction et la livrer au commerce comme matière alimentaire. Cette fécule constitue ce qu'on appelle le sagou. Les principaux sagoutiers sont des palmiers tels que le *Metroxylum Rumphii* ou *Sagus Rumphii* et le *Metroxylum læve* ou *Sagus læris*. Viennent ensuite le *Raphia pedunculata* (*Sagus farinifera*), le *Phœnix farinifera*, le *Mauritia flexuosa* (*Sagus americana*), puis des Cycadées (*Cycas revoluta, circinalis, inermis*, l'*Encephalartos*, dont la moelle nourrissante est appelée pain des Cafres, et le dion édulé du Mexique); enfin le balisier (*Canna edulis*).

IV. *Plantes oléifères.* — Les plantes alimentaires de cette classe contiennent, soit dans leurs graines, soit dans le péricarpe ou enveloppe charnue de leurs fruits, soit dans des tubercules souterrains, une huile grasse ou un corps gras mélangés à diverses substances, et principalement des matières féculentes, gommeuses, sucrées et albuminoïdes.

Parmi les plantes de la première section, c'est-à-dire dont les grains ou les fruits sont riches en huile, il faut citer : l'amandier (*Amygdalus communis*), les noyers (*Juglans regia, nigra, cinerea, baccata*), le pacanier (*Carya olivæformis*), l'avelinier (*Corylus avellana*), le noisetier franc (*Corylus tubulosa*), le hêtre (*Fagus sylvatica*), le pistachier (*Pistacia vera*). A côté de ces arbres fruitiers, on doit inscrire sur la liste des plantes alimentaires quelques Conifères : le pin des Alpes (*Pinus cembro*) et le pin pignon (*Pinus pinea*); puis l'araucaria (*Araucaria imbricata*), et ensuite, jouant un grand rôle, le cacaoyer (*Theobroma cacao*), divers palmiers, principalement les cocotiers (*Cocos nucifera* et *butyracea*) ; des myrtacées, parmi lesquelles le noyer du Brésil ou juvias (*Bertholletia excelsa*), des rhinobées d'où dépend le caryokar (*Caryokar butyrosum*). A côté de ces arbres ou arbrisseaux, il faut placer des plantes ayant un mode de végétation absolument différent : l'arachide ou pistache de terre (*Arachis hypogæa*) qui donne des tubercules et des graines huileuses qu'on mange crues ou cuites, les macres ou châtaignes d'eau (*Trapa natans, bispinosa, biscornis*); les nelumbos (*Nelumbium speciosum, luteum, andophyllum*); le colza (*Brassica oleifera*); la navette, le pavot ou œillette ; la cameline ; le *Madia sativa* du Chili.

Parmi les plantes à fruits dont le péricarpe est huileux, il faut placer en première ligne l'olivier (*Olea europæa*), puis le palmier de Guinée (*Elæis Guineensis*) ; ce sont deux des arbres les plus précieux que l'on connaisse ; l'huile d'olive, l'huile de palme sont employées en très grande quantité.

Enfin comme plante à tubercules oléifères, il faut citer le souchet comestible ou amande de terre (*Cyperus esculentus*) ; ses petits tubercules que l'on mange ou dont on fait une sorte d'orgeat très agréable, ont été souvent employés comme succédanés du café.

V. *Plantes saccharifères.* — Cette classe est à la fois très nombreuse et très importante en raison de l'étendue que présentent ses cultures. On doit y considérer deux sections distinctes : 1° celle des plantes à tiges, racines ou oignons saccharifères ; 2° celle des végétaux à fruits sucrés.

Au premier rang se trouvent les plantes dont l'exploitation est devenue l'objet d'une très grande industrie, celle de l'extraction du sucre. Tout d'abord la canne à sucre (*Saccharum officinarum, violaceum, sinense*) et ensuite la betterave (*Beta vulgaris*) ; à un rang inférieur, on rencontre successivement : l'érable à sucre (*Acer saccharinum*), plusieurs palmiers (*Borassus flabelliformis, Caryota urens, Phœnix sylvestris*), le sorgho sucré (*Holcus saccharatus*), ces derniers ne donnant plus de sucre exploitable industriellement parlant, pouvant être employés pour la fabrication de l'alcool. Il faut citer aussi l'agave d'Amérique, dont la sève donne la boisson connue sous les noms de pulque et de metl.

Comme plantes saccharifères, il faut encore placer ici, mais uniquement à cause du goût sucré que l'on constate en les mangeant : la carotte (*Daucus carotta*), le navet (*Brassica napus*), l'arracacha (*Arracacha esculenta*), l'oignon (*Allium cepa*), l'ail (*Allium sativum*), le poireau (*Allium porrum*).

Parmi les végétaux à fruits sucrés, il en est qui constituent le principal élément de l'alimentation de plusieurs peuples. Tels sont les bananiers (*Musa paradisiaca* et *Musa sapientium*), le dattier (*Phœnix dactylifera*), le figuier (*Ficus carica*).

A un rang secondaire, on trouve l'ananas (*Bromelia ananas*), le papayer (*Carica papaya*), le caroubier (*Ceratonia siliqua*), les opuntias donnant la figue d'Inde et la figue de Barbarie (*Opuntia vulgaris* et *Opuntia ficus indica*).

Au-dessous des arbres, mais souvent très importants, viennent se mettre des végétaux à fruits comestibles sucrés dont la culture est devenue très étendue, surtout en Europe : le melon (*Cucumis melo*), dont les variétés sont si nombreuses, les courges et potirons (*Cucurbita maxima, pepo, moschata*), le concombre (*Cucumis sativus*), les pastèques (*Citrullus vulgaris*).

VI. *Plantes utilisées pour leurs matières mucilagineuses et lactifères.* — Cette catégorie renferme plusieurs Algues, notamment le *Chondrus*, l'*Urvillea* et le *Conferva*, dont les frondes mucilagineuses entrent dans l'alimentation. Les lichens comestibles entrent aussi dans cette section, de même que le salep fourni par quelques *Orchis*. L'arbre à la vache (*Galactodendron utile*) fournit un liquide visqueux analogue au lait.

VII. *Plantes à fruits acidulés et sucrés, parfois un peu astringents.* — Cette classe est également très importante, soit que les fruits produits soient consommés dans leur état de nature, soit qu'ils soient préparés en conserves et confitures, soit enfin qu'ils servent à préparer des boissons telles que le cidre et le poiré. Elle comprend, en effet, le plus grand nombre des arbres et arbrisseaux des vergers et en outre de vastes cultures : la vigne (*Vitis vinifera*), le pommier (*Pirus malus*), le poirier (*Pirus communis*), le prunier (*Prunus domestica*), l'abricotier (*Prunus armeniaca*), le pêcher (*Amygdalus persica*), les cerisiers (*Prunus cerasus* et *Prunus avium*), les cognassiers (*Cydonia vulgaris* et *sinensis*), le néflier (*Mespilus germanica*), le bibasier (*Eriobotrya*), le sorbier ou cormier (*Sorbus domestica*), l'oranger à fruits doux (*Citrus aurantium*), le bigaradier ou oranger à fruit amer (*Citrus vulgaris*), le limonier (*Citrus limonium*), le cédratier (*Citrus medica*), le grenadier (*Punica granatum*), le jujubier (*Zizyphus vulgaris*), le cornouiller (*Cornus mas*), le groseillier ordinaire (*Ribes rubrum*), le groseillier à maquereau (*Ribes grossularia*), le groseillier cassis (*Ribes nigrum*), le framboisier (*Rubus idæus*), les fraisiers (*Fragaria vesca, elatior, collina, grandiflora, chilensis*, etc.), l'épine-vinette (*Berberis vulgaris*), le mûrier blanc et le mûrier noir (*Morus alba* et *nigra*).

Viennent ensuite des fruits peu connus en Europe et dont ont goûté seulement les voyageurs ; mais il convient d'ajouter que les voyages étant tous les jours plus faciles et par suite plus fréquents, il arrivera que les choses inconnues pour les générations actuelles seront vulgaires pour les générations futures. Il faut donc continuer cet inventaire des végétaux donnant des fruits acidulés et sucrés : les goyaviers (*Psidium piriferum* et *pomiferum*), l'avocatier (*Persea gratissima*), les mammeis (*Mamma americana* et *africana*), le pitanga et le jabuticaba (*Eugenia Michelii, cauliflora, ugni*), le sapotillier (*Achras sapota*), les anonas (*Anona squamosa, muricata, cherimolia*), l'icaquier (*Chrysobalanus icaco*), les plaqueminiers (*Diospyros kaki* et *Diospyros virginiana*), le mangostan (*Garcinia mangostana*), le *Zalacca edulis*, l'*Arenga saccharifera*, le cerisier du Sénégal (*Sapindus senegalensis*), le *Zizyphus lotus*, le safu du Congo (*Bursera*), le *Balanites ægyptiaca*, le manguier (*Mangifera indica*), le jamrose ou poire rose (*Jambosa vulgaris*) ; le litchi, le longan et le rambutau, fruits de trois arbres de la famille des Sapindacées (*Nephelium litchi, longanum, lappaccum*), le durier (*Durio zibethinus*), le tamarinier (*Tamarindus indica*), le cajou (*Anacardium occidentale*) appelé aussi à tort acajou (voy. ce mot), le bancoulier (*Aleurites triloba*), la passiflore comestible du Mexique, le pamplemousse.

VIII. *Plantes potagères alimentaires.*—Les plantes dites potagères sont celles qui fournissent ordinairement les mets que l'on appelle des légumes ou des salades et qui sont cultivées plus spécialement dans les jardins maraîchers. Elles fournissent à la consommation, soit de jeunes pousses, soit des inflorescences, soit des fleurs, soit des fruits, soit enfin des racines, des tiges ou seulement des feuilles. Leur nombre est déjà considérable, mais il tend encore à s'accroître par les acquisitions que fait chaque jour l'horticulture.

a. *Plantes à jeunes pousses comestibles.* — En premier lieu, dans cette section, il faut placer l'asperge (*Asparagus officinalis*), puis le champignon cultivé (*Agaricus edulis*, voy. le mot *Agaric*), le chou marin ou crambé (*Crambe maritima*), l'*Areca oleracea*, *glandæformis*, *humilis* et *sapida*; l'*Euterpe oleracea* et l'*Euterpe edulis*, le *Cocos oleracea*, le *Corypha umbraculifera*, *rotundifolia* et *australis*; le *Caryota urens*, le rondier (*Borassus flabelliformis*). — Les pousses printanières du colza, de la navette et des navets sont aussi employées comme légumes dans quelques pays.

b. *Plantes à inflorescences ou involucres comestibles.* — Dans cette division se trouvent deux des légumes les plus répandus : le chou-fleur (*Brassica oleracea botrytis*) dont la pomme est une jeune inflorescence dont l'axe et les ramifications sont devenus charnus; l'artichaut (*Cinara scolimus*) dont les têtes, que l'on mange, sont formées du support commun des jeunes fleurs et de la base des grandes bractées de l'involucre qui entoure l'inflorescence. Dans quelques pays on consomme en outre le gobbo, c'est-à-dire une excroissance qui se forme lorsqu'on courbe la tige de la plante d'artichaut à angle droit, rassemble les pétioles et qu'on butte de manière à faire blanchir. — Le chou brocoli (*Brassica cymosa*) présente trois variétés, le blanc, le violet et le violet noir hâtif, donnant des pommes employées comme celles du chou-fleur.

c. *Plantes dont les fleurs sont consommées.* — Les végétaux les plus importants de cette section sont : le câprier (*Capparis spinosa*) dont les boutons de fleurs cueillis jeunes forment les câpres ; la capucine (*Tropæolum majus*) dont les fleurs se mangent en salade ; l'*Abutilon esculentum* dont les fleurs cuites servent d'aliment au Brésil ; la bourrache (*Borrago officinalis*) dont les fleurs bleues servent à orner les salades; le houblon (*Humulus*) dont l'akène donne le principe amer de la bière et dont les jeunes pousses blanches et souterraines sont aussi employées comme légumes.

d. *Plantes potagères dont le fruit sert de légume.* — En tête de cette section se place la tomate ou pomme d'amour (*Solanum lycopersicum*) dont la culture se fait sur une échelle considérable; l'aubergine ou melongène (*Solanum melongena*) dont la consommation est durant l'été considérable dans le midi de l'Europe ; le gombo (*Hibiscus esculentus*) dont les capsules forment un légume assez employé quand elles sont jeunes; le *Benincasa cerifera* dont le fruit constitue un légume analogue au concombre; la chayotte (*Sechium edule*). Il faut y joindre le potiron bonnet d'électeur ou chou de Jérusalem, forme singulière de la courge pepone, dont la chair rappelle le goût du fond d'artichaut.

e. *Plantes potagères dont les racines sont consommées comme légumes.* — Les racines dont il s'agit dans cette section n'ont pas l'importance des racines obtenues dans la grande culture et dont la place a été marquée dans les sections précédentes, mais elles jouent cependant un certain rôle parmi les plantes alimentaires. Ce sont: le céleri (*Apium graveolens*), le chervis (*Sium sisarum*), le chou-rave (*Brassica*), le chou-navet, le chou-rutabaga, l'onagre (*Œnothera biennis*), le panais (*Pastinaca sativa*), le radis (*Raphanus sativus*), la rave (*Raphanus sativus oblongus*), le raifort (*Cochlearia armoracia*), les salsifis (*Tragopogon porrifolium*), la scorsonère d'Espagne (*Scorsonera hispanica*), la cardouille ou scolyme d'Espagne (*Scolymus hispanicus*).

f. *Plantes potagères dont les tiges ou les côtes sont comestibles.* — Cette section est moins importante, mais elle ne laisse pas que de présenter des végétaux intéressants ; ce sont : l'angélique (*Angelica archangelica*), le cardon (*Cinara cardunculus*), la rhubarbe (*Rheum undulatum*, *ribes*, *australe*).

g. *Plantes alimentaires principalement par leurs feuilles.* — De ces plantes les unes sont consommées après cuisson, comme les épinards; les autres sont employées crues en salade. Dans ces deux classes, elles sont très nombreuses et quelques-unes très importantes.

En première ligne viennent les très nombreuses variétés de choux (*Brassica oleracea*), choux cabus ou pommés, de Milan et de Bruxelles, etc. ; les oseilles (*Rumex acetosa*, *montanus*, *patientia*) ; les épinards (*Spinacia oleracea*), l'ansérine patte-d'oie ou serron, l'arroche (*Atriplex hortensis*), la baselle (*Basella alba*), le Pé-tsai (*Brassica chinensis*), la claytone perfoliée (*Claytonia perfoliata*), la morelle (*Solanum nigrum*), la moutarde à feuille de chou (*Sinapis brasseolens*), le pourpier (*Portulaca oleracea*), la tétragone (*Tetragona expansa*), les *Amarantus sylvestris* et *prostratus*, le *Phytolacca esculenta*, la laitue vivace (*Lactuca perennis*), les *Malva verticillata* et *rotundifolia*, le *Corchorus olitorius*.

Les salades ne présentent en quelque sorte que l'embarras du choix; il suffit de citer : la laitue (*Lactuca sativa*) aux innombrables variétés, principalement la laitue pommée (*Lactuca capitata*) et la laitue romaine ou chicon (*Lactuca longa*), appropriées à toutes les saisons ; la chicorée *barbe de capucin* (*Cichorium intybus*), la chicorée blanche ou frisée ou l'endive (*Cichorium endivia crispa*), la scarole (*Cichorium endivia latifolia*), la mâche ou doucette (*Valeriana locusta*), la mâche d'Italie ou régence (*Valeriana coronata*), le cresson de fontaine (*Sisymbrium nasturtium*), le cresson des prés (*Cardamine pratensis*), le cresson de terre (*Erysimum præcox*), le cresson alénois ou passerage cultivé (*Lepidium sativum*), le pissenlit ou dent de lion (*Taraxacum dens leonis*), la picridie cultivée (*Picridium vulgare*), la raiponce (*Campanula rapunculus*), la roquette (*Brassica eruca*), le perce-pierre (*Crithmum maritimum*).

IX. *Plantes employées principalement comme assaisonnement.* — Les plantes qui, à cause de leur saveur prononcée, du parfum qu'elles répandent, de leur odeur forte, sont employées pour l'assaisonnement des mets, doivent elles-mêmes être considérées comme servant à l'alimentation, et être placées parmi les plantes alimentaires. Au premier rang est la truffe (*Lycoperdon tuber*) ; ensuite il faut citer l'ail ordinaire (*Allium sativum*), l'ail d'Espagne ou rocambole (*Allium scorodoprasum*), l'ail d'Orient (*Allium ampeloprasum*), le basilic commun (*Ocimum basilicum*), le persil (*Apium petroselinum*), le cerfeuil (*Scandix cerifolium*), la ciboule (*Allium fistulosum*), la ciboulette, civette ou appétit (*Allium schœnoprasum*), le plantain corne de cerf (*Plantago coronopus*), l'échalotte (*Allium ascalonicum*), le fenouil (*Fœniculum*), l'estragon (*Artemisia dracunculus*), l'aurone et la petite absinthe, la marjolaine (*Origanum majoranoïdes*), la menthe ou baume des salades (*Mentha sativa*), la moutarde ou sénevé (*Sinapis nigra*), la nigelle aromatique ou quatre-épices (*Nigella sativa*), le piment (*Capsicum*), la pimprenelle (*Poterium sanguisorba*), la sarriette des jardins (*Satureia hortensis*), les spilanthes ou cresson de Para (*Spilanthes oleracea*) et cresson du Brésil (*Spilanthes fusca*), le thym (*Thymus vulgaris*), le gingembre (*Zengiber officinal*), la cannelle (*Cinnamomum*), le laurier-sauce (*Laurus nobilis*), le muscadier (*Myristica fragrans*), le girofler (*Caryophyllus aromaticus*), qui fournit les clous de girofle; la coriandre, l'anis (*Pimpinella anisum*), le cumin (*Cuminum cyminum*), la sauge (*Salvia officinalis*), la lavande (*Lavandula vera*), le romarin (*Rosmarinus offinalis*).

Un groupe à part doit être fait dans la même classe aux plantes dont quelques parties sont employées comme conserves stimulantes ou piquantes; ce sont les cornichons (le concombre vert petit et le concombre Picke's de France) que l'on fait confire au vinaigre, avec les jeunes épis des variétés de maïs dites maïs quarantain et maïs à poulet, les feuilles du perce-pierre ou criste marine, le piment, les petits oignons, des morceaux de chou-fleur, etc. La chenillette (*Scorpiurus*), à cause des formes singulières de ses fruits, est employée en mélange dans les fournitures de salade et dans quelques conserves au vinaigre.

La moutarde blanche (*Sinapis alba*) fournit la graine qui donne l'assaisonnement employé sur toutes les tables. Le poivre (*Piper nigrum*) est encore plus en usage.

Enfin il faut mettre au-dessus de toutes les plantes de cette classe les suivantes qui donnent lieu à des usages alimentaires de la plus haute importance, surtout les deux premières : l'arbre à thé (*Thea sinensis*), le caféier (*Coffea arabica*), l'*Erithroxylon Coca*. A cette catégorie, il faut joindre le houx du Paraguay, qui fournit le maté, remplaçant dans l'Amérique du Sud le thé de Chine. Mais on doit laisser complètement en dehors des plantes jouant un rôle alimentaire celles qui ne fournissent que des matières enivrantes, excitantes, stupéfiantes qui, si elles ne sont pas nuisibles à la santé publique, ne peuvent servir qu'au point de vue médicinal.

Ce long inventaire a une utilité agricole manifeste ; il montre aux cultivateurs dans quel cercle immense ils peuvent se mouvoir, soit pour produire des plantes d'un grand commerce, soit pour faire varier l'alimentation de leurs familles, du personnel rural, pour y apporter, le plus souvent à très peu de frais, une variété et des agréments qui peuvent agir efficacement pour attacher à la vie rurale. Sans aucun doute, il ne saurait être avantageux d'essayer, dans un même lieu, toutes les plantes dont l'usage alimentaire a été indiqué ; il y a la question des climats qui doit être tout d'abord résolue favorablement, pour qu'on cherche à faire une introduction, mais il est bon que toutes les ressources que présente la nature, soient placées dans leur ensemble sous les yeux de l'agronome qui s'occupe de la recherche des lois générales.

Si l'on essaye de classer par familles les plantes utiles pour l'homme au point de vue alimentaire, on arrive aux résultats suivants : les familles sont rangées dans l'ordre adopté dans son *Traité général de botanique*, par M. Decaisne, qui d'ailleurs a suivi la classification d'Adrien de Jussieu.

PLANTES DICOTYLÉDONES.

Famille des Composées ou Synanthérées.

Chicorée frisée.
— endive.
— scarole.
— sauvage.
Laitue.
Laitue romaine.
— vivace.
Picridie.
Pissenlit.
Salsifis.
Scolyme.
Scorsonère.
Artichaut.
Spilanthe.
Estragon.
Topinambour.
Cardon.
Madia.

Campanulacées.

Raiponce.

Valérianées.

Mâche ou Valérianelle.

Rubiacées.

Le Caféier

Convolvulacées.

Patate.
Ipomoea.

Borraginées

Bourrache.

Solanées.

Aubergine.
Coqueret.
Morelle.
Piment.
Pomme de terre.
Tomate.

Sésamées.

Sésame.

Labiées.

Basilic.
Marjolaine.
Menthe.
Sauge.
Lavande.
Romarin.
Sariette.
Thym.

Plantaginées.

Plantain corne de cerf.

Sapotées.

Sapotillier.

Ébénacées.

Plaqueminier.

Ilicinées.

Houx du Paraguay.

Oléinées.

Olivier.

Ampélidées.

Vigne.

Rhamnées.

Jujubier commun.
Lotos (*Zizyphus Lotus*).

Ombellifères.

Angélique.
Anis.
Arracacha.
Carotte.
Céleri.
Cerfeuil.
Cerfeuil musqué.
Chervis.
Coriandre.
Cumin.
Fenouil.
Panais.
Perce-pierre.
Persil.

Cornées.

Cornouiller.

Mésembrianthémées.

Tétragone.

Cactées.

Opuntia Ficus indica.

Ribésiacées.

Les Groseilliers.

Passiflorées.

Passiflore comestible.

Onagrariées

Œnothère.

Trapées.

Macre ou châtaigne d'eau.

Myrtacées.

Lécythis.
Noyer du Brésil (*Bertholletia*).
Jambosier (*Jambosa*).
Les Goyaviers.
Les Eugénias.
Le Girofiier.

Granatées.

Grenadier.

Rosacées.

Pimprenelle (tribu des Sanguisorbées).
Abricotier (tribu des Amygdalées).
Prunier —
Cerisier —
Pêcher —
Amandier —

Cognassier (tribu des Pomacées).
Néflier —
Bibasier —
Pommier —
Poirier —
Fraisier (tribu des Dryadées).
Framboisier —
Icaquier.

Légumineuses-Papilionacées.

Arachide.
Chenillette.
Dolique.
Fèves.
Gesse.
Haricot.
Haricot d'Espagne.
— de Lima.
Vesce.
Lentille.
Pois.
Pois chiche.
Châtaignier d'Australie.
Apios tubéreux.
Psoralier comestible.
Caroubier.
Tamarinier.
Agati.

Térébinthacées.

Le Pistachier.
Le Manguier.
Le Safu du Congo.
L'Anacarde.

Hespéridées.

Oranger vrai.
Bigaradier.
Cédratier.
Limonier ou Citronnier.
Limettier.

Erythroxylées.

La Coca.

Acérinées.

Érable à sucre.

Sapindacées.

Litchi (*Nephelium litchi*).
Cerisier du Sénégal (Savonnier).

Guttifères.

Le Mangoustan.
Les Mammei.

Camelliacées.

Caryocar.
Thé.

Tiliacées.

Les Corchorus.

Sterculiacées.

Bombax de Malabar.
Les Pachiras.
Cacaoyer.

Malvacées.

Gombo.
Durio.
Les Mauves.
Abutilon.

Tropéolées.

Les Capucines.

Oxalidées.

Les Oxalis.

Berbéridées.

Épine-vinette.

Myristicées.

Muscadier.

Simarubées.

Balanite d'Egypte

Anonacées.

Les Anonas.

Renonculacées.

Nigelle.

Nymphéinées.

Les Nelumbos.
Nénuphar des Egyptiens.

Papavéracées.

Pavot.

Crucifères.

Chou.
Chou crambé.
Chou de Bruxelles.
Cresson alénois.
— de fontaine.
— vivace.
Moutarde
Navet.
Pe-Tsaï.
Radis.
Raifort.
Rave.
Roquette.
Senebière.
Chou-fleur.
Brocoli.
Colza
Cameline.
Navette.

Capparidées.

Câprier.

Portulacées.

Claitone.
Pourpier.

Tétragonées.

Tétragone.

Basellées.

Ullucus tuberosus.
Baselle.

Chénopodées.

Arroche.
Bette ou poirée.
Betterave.
Epinard.
Quinoa.

Amarantacées.

Les Amarantes.

Phytolaccées.

Phytolacca.

Polygonées.

Oseille.
Rhubarbe.
Sarrasin.
Renouée.

Laurinées.

Avocatier.
Cannelle.
Laurier-sauce.

Cucurbitacées.

Benincasa.
Concombre.
Courge.
Giraumon.
Melon.
Pastèque.
Patisson.
Potiron.
Papayer.

Euphorbiacées.

Manioc.
Bancoulier.

Pipéracées.

Le Poivre.

Cannabinées.

Le Houblon.

Morées.

Les Jaquiers.
Le Figuier.
Les Mûriers.
L'arbre à la vache.

Juglandées.

Le Noyer.
Le Pacanier.

Cupulifères.

Châtaignier.

Chêne à glands doux.
Hêtre.

Corylacées

Les Noisetiers.

Conifères.

Pin Cembro.
Araucaria.

Cycadées.

Les Cycas.
Dion édulé.
Encephalartos.

PLANTES MONOCOTYLÉDONES.

Famille des Orchidées.

Orchis

Cannacées.

Maranta.
Balisier.

Zingibéracées.

Gingembre.

Musacées.

Bananier.

Broméliacées.

Ananas.

Amaryllidées.

Agave.

Taccacées.

Tacca à feuilles pennifères.

Dioscorées.

Les Iguames.

Asparagées.

Asperge.

Liliacées.

Ail.
Ciboule.
Civette.
Échalotte.
Oignon.
Poireau.
Rocambole.

Cypéracées

Souchet comestible.

Graminées

Maïs.
Blé-froment.
Epeautre.
Engrain.
Seigle.
Orge.
Avoine.
Escourgeon.
Riz.
Millet.
Teff.
Dacusso.
Les Sorghos.
Eleusine.
Panis.
Pénicillaire.
Canne à sucre.

Palmiers.

Les Sagoutiers.
Les Raphiers.
Les Dattiers.
Les Cocotiers.
L'Avoira (*Elais guineensis*).
Les Rondiers (*Borassus*).
La Caryote.
Le Zabacca.
L'Arenga.
Les Arecs.
Les Coryphas.

Aroïdées.

Les Colocases.
Arum.
Caladium.

PLANTES ACOTYLÉDONES.

Famille des Champignons.

Agaric.
Truffe.

Lichens.

Lecanora

Algues.

Fucus.
Chondrus.
Urvillea.

Sur 263 familles créées par les botanistes, il n'y en a que 81 qui renferment des plantes alimentaires pour l'homme.

PLANTES ALIMENTAIRES POUR LE BÉTAIL. — Toutes les plantes alimentaires pour l'homme le sont aussi pour les animaux domestiques qui constituent le bétail des exploitations agricoles; leur emploi est seulement une affaire de calcul; il s'agit de savoir s'il y a avantage à s'en servir. C'est ainsi que certains grains seulement, un petit nombre de racines et quelques-uns des fruits qui ont été énumérés à propos des plantes fournissant à l'homme des substances alimentaires, sont appliqués à la nourriture du bétail. Dès qu'on peut tirer d'une plante plus de bénéfices à d'autres usages, on ne la donne pas aux animaux de la ferme ou l'on cherche à produire d'ailleurs d'autres plantes qui, n'étant pas susceptibles d'être avantageusement utilisées pour les besoins de l'homme, ont par cela même un prix moindre et coûtent moins cher au cultivateur. On appelle plantes fourragères toutes celles qui sont spécialement alimentaires pour le bétail. En première ligne on place, parmi ces plantes, celles qui sont susceptibles d'entrer dans la formation des prairies que l'on fauche afin d'avoir du foin par le fanage, ou bien que l'on coupe pour les faire consommer en vert. Ce sont, en les rangeant par familles :

1. *Dans les Graminées :* l'agrostis traçante ou stolonifère, le fiorin des Anglais (*Agrostis stolonifera*), l'Agrostis d'Amérique, *Herd-grass* (voy. AGROSTIDE) :

L'avoine élevée ou fromental (*Avena elatior*);

Le brome des prés (*Bromus erectus, pratensis*);

La canche élevée et la canche flexueuse (*Aira*).

Le coracan, Tsada d'Agossa (*Eleusine caracana*);

La cretelle des prés (*Cynosurus cristatus*);

Le dactyle pelotonné (*Dactylis glomerata*);

L'élyme des sables (*Elymus arenarius*);

La fétuque des prés (*Festuca pratensis*), la fétuque ovine ou des brebis (*Festuca ovina*), la fétuque à feuilles menues (*Festuca tenuifolia*), la fétuque durette (*Festuca duriuscula*), la fétuque traçante (*Festuca rubra*);

La fléole, ou fléau des prés, *timothy* des Anglais (*Phleum pratense*);

La flouve odorante (*Anthoxantum odoratum*);

La houlque laineuse (*Holcus lanatus*);

L'ivraie vivace, ray-grass d'Angleterre (*Lolium perenne*): l'ivraie d'Italie ou ray-grass d'Italie (*Lolium italicum*); l'ivraie multiflore, pill de Bretagne, ray-grass Rieffel (*Lolium multiflorum*); ray-grass Bailly (*Lolium multiflorum submuticum*);

Le moha de Hongrie (*Panicum germanicum*);

L'orge bulbeuse (*Hordeum bulbosum*);

Le panis élevé ou herbe de Guinée (*Panicum altissimum*); le panis d'Italie ou millet à grappe (*Panicum italicum*);

Le paturin ou poa des prés (*Poa pratensis*); le paturin des bois ou à feuille étroite (*Poa nemoralis seu angustifolia*); le poa commun (*Poa trivialis*); l'herbe de la baie d'Hudson, bishop grass (*Poa fertilis vel nervosa*); le poa aquatique (*Poa aquatica*); le poa annuel (*Poa annua*); le poa glauque (*Poa glauca*);

L'alpiste ou phalaris roseau (*Phalaris arundinacea*);

Le vulpin des prés (*Alopecurus pratensis*); le vulpin des champs (*Alopecurus agrestis*); le vulpin genouillé (*Alopecurus geniculatus*);

Le téosinte (*Reana luxurians*);

Le maïs géant Caragua ou maïs-fourrage.

II. *Plantes fourragères de la famille des Legumineuses-papilionacées.*

L'ajonc, jonc marin, lande, landier, jan, brusc, genêt épineux (*Ulex europæus*); le petit ajonc (*Ulex nanus*);

L'anthyllis vulnéraire (*Anthyllis vulneraria*);

Le fenu-grec (*Trigonella fenum græcum*);

L'erservitier (*Ervum ervilia*);

La féverolle (*Faba vulgaris equina*);

Le galega ou rue de chèvre (*Galega officinalis*);

La gesse cultivée ou lentille d'Espagne (*Lathyrus sativus*); la gesse velue (*Lathyrus hirsutus*); la jarosse, gesse chiche, gessette, garousse, jarat, petite gesse, pois corme (*Lathyrus cicera*);

La lentille à une fleur, d'Auvergne (*Ervum monanthos seu Vicia monantha*); le lentillon (*Ervum lens minor*);

Le lotier corniculé (*Lotus corniculatus*); le lotier velu (*Lotus villosus*);

Le lupin blanc (*Lupinus albus*); le lupin jaune (*Lupinus luteus*);

La lupuline ou minette (*Medicago lupulina*);

La luzerne (*Medicago sativa*); la luzerne du Chili ou alfalfa; la luzerne rustique (*Medicago media*); la luzerne faucille ou luzerne de Suède (*Medicago falcata*);

Le mélilot de Sibérie (*Melilotus alba*); le trèfle de Bokhara (*Melilotus taurica*);

Le pois gris, bisaille, pois agneau, pois de brebis (*Pisum arvense*); le pois à cosse violette;

Le sainfoin, bourgogne, esparcette (*Hedysarum onobrychis*); le sainfoin à deux coupes, le sainfoin chaud (ou le sulla); le sainfoin d'Espagne (*Hedysarum coronarium*);

La serradelle (*Ornithopus sativus*);

Le trèfle commun, grand trèfle rouge, trèfle rouge de Hollande (*Trifolium pratense*); le trèfle blanc, petit trèfle de Hollande, fin houssy (*Trifolium repens*); le trèfle hybride, trèfle d'Alsike (*Trifolium hybridum*); le trèfle élégant (*Trifolium elegans*); le trèfle incarnat, farouche, trèfle de Roussillon (*Trifolium incarnatum*); le trèfle incarnat tardif; le trèfle incarnat blanc tardif; le trèfle de Molineri (*Trifolium Molinerii*);

La vesce commune (*Vicia sativa*); la vesce blanche, lentille du Canada (*Vicia sativa alba*); la vesce à gros fruit (*Vicia macrocarpa*); la vesce velue (*Vicia villosa*); la vesce multiflore (*Vicia cracca*); la vesce à bouquet ou fausse cracca.

III. *Plantes fourragères de diverses familles* ne servant pas à fournir du foin, mais donnant de la nourriture verte pour l'étable ou la bergerie, ou bien très propre à être mangée sur place.

Le bumas d'Orient (*Bumas orientalis*, crucifère);

La chicorée sauvage (*Cichorium intybus*, composée); la chicorée sauvage améliorée; la scarole de Sicile (*Cichorium endivia sylvestris*);

Le chou cavalier, chou à vaches (*Brassica oleracea vaccina* vel *procerior*, crucifère); le caulet de Flandre; le chou branchu ou chou à mille têtes du Poitou; le chou moellier; le chou vivace de Daubenton; le chou à faucher; le chou de Lannilis; le chou frisé vert du Nord, et chou frisé rouge du Nord (*Brassica oleracea fimbriata*); le chou navet; le chou turnep; le chou de Laponie; le chou navet hâtif; le chou rutabaga ou navet de Suède; le chou-rave; les gros choux cabus; le chou colza (*Brassica oleracea campestris*);

La consoude à feuille rude (*Symphytum asperrimum*, borraginée); la consoude hérissée (*Symphytum echinatum*); la buglosse toujours verte (*Anchusa sempervirens*);

Le millefeuille (*Achillea millefolium*, composée, voy. le mot ACHILLÉE);

La moutarde blanche (*Sinapis alba*, crucifère); la moutarde noire (*Sinapis nigra*); la moutarde des Pyrénées (*Sinapis pyrenaica*);

La navette, rabette (*Brassica napus sylvestris*, crucifère); la navette ordinaire ou d'hiver, la navette d'été ou quarantaine;

Le pastel (*Isatis tinctoria*, crucifère);

L'ortie dioïque;

La pimprenelle (*Poterium sanguisorba*, rosacée);

Le sarrasin vivace (*Polygonum cymosum*);

La spergule (*Spergula arvensis*, alsinée); la grande spergule (*Spergula maximum*);

L'anthyllide vulnéraire, l'astragale, la berce de Sibérie, la bistorte, le boucage à grandes feuilles, les bunias, le paspal, la sanguisorbe, la spirée, etc.

IV. *Fourrages racines.* — Nous réunissons ici les plantes qui sont cultivées dans le but de donner au bétail les racines bulbeuses ou les tubercules qu'elles forment dans la terre.

La betterave (*Beta vulgaris*); la disette, la betterave champêtre, la disette sur terre; la disette camuse; la disette d'Allemagne; la disette corne de vache; la betterave blanche à sucre ou de Silésie; la betterave blanche à collet rose; la betterave blanche longue hors de terre; la betterave grosse, jaune ordinaire; la globe jaune; la globe rouge; la jaune d'Allemagne; la jaune des Barres;

La carotte (*Daucus carota*, ombellifère); la carotte rouge; la carotte rouge pâle, à grosse tête; la carotte blanche; la carotte jaune; la jaune d'Achicourt; la grosse blanche de Breteuil; la carotte blanche à collet vert; la carotte rouge à collet vert;

Les navets et raves (*Brassica napus* et *Brassica rapa*, crucifères); la rave du Limousin ou rabioule; la rave d'Auvergne; la rave du Norfolk; le turnep; le navet à feuille entière à collet rouge; le navet jaune rond, ou rave jaune; le navet jaune d'Écosse; le navet long de campagne; le gros navet de Berlin;

Le panais (*Pastinaca sativa*, ombellifère); le panais rond;

La pomme de terre ou parmentière (*Solanum tuberosum*, solanée); la grosse blanche; la grosse jaune, la pomme de terre de Jeancé; la grosse jaune hâtive ou pomme de terre de Saint-Jean; la schaw; la segonzac; la pomme de terre de Rohan; l'igname; la chardon;

Les succédanées proposées pour remplacer la pomme de terre: l'olluco (*Ullucus tuberosus*), l'*Oxalis crenata*: la glycine apios (*Apios tuberosa*); la picquotiane (*Psoralea esculenta*);

Le raifort champêtre (*Raphanus sativus campestris*, crucifère);

Le topinambour (*Helianthus tuberosus*, composée).

Autres substances alimentaires pour le bétail. — Les autres substances alimentaires, pour le bétail, sont d'abord les pailles des céréales, puis les feuilles des arbres, notamment celles de vigne, d'orme, d'aune, de tilleul, de chêne, les glands, quelques fruits, tels que les caroubes; ensuite les résidus de diverses industries: ainsi le son provenant de la mouture des grains, les tourteaux provenant de l'extraction de l'huile des graines oléagineuses, les marcs de raisin, les pulpes de sucrerie et de distillerie, etc.

PENSION ALIMENTAIRE (*jurisprudence*). — C'est la somme nécessaire pour assurer des moyens de subsistance à une personne, eu égard à ses besoins et à ses habitudes. Elle est due, en vertu de la loi, seulement entre parents en ligne directe, entre époux non séparés, au donateur par le donataire. Pour fixer sa quotité, il est tenu compte de la situation de la personne qui doit la payer. Une pension alimentaire peut aussi être due soit par suite de donation entre vifs, soit par suite de testament; elle doit toujours conserver le caractère d'être consentie pour donner les aliments, c'est-à-dire des moyens de subsistance conformes aux situations respectives de celui qui la consent et de celui qui la reçoit. C'est un fait fréquent dans la vie rurale d'un grand nombre de contrées, soit de la part des descendants à l'égard de leurs ascendants, soit de la part de parents qui font le partage en donation de leurs biens entre leurs enfants à charge par ceux-ci de payer une pension alimentaire.

Régime alimentaire. — Règle que l'on suit pour l'usage des aliments.

Pour l'homme, un régime alimentaire est *maigre*, si l'on consomme exclusivement avec le pain, des légumes, des fruits, des œufs, du lait, du beurre, du fromage, des poissons; il est *gras*, quand, à ces aliments, on ajoute de la viande. Le régime est lacté, lorsque l'on fait principalement usage du lait.

Un régime alimentaire, pour être bon, doit remplir quelques conditions principales : 1° Il faut qu'il y ait association, dans des proportions déternées, d'une part des aliments albuminoïdes, quaternaires ou azotés, et d'autre part des aliments ternaires, féculents, cellulosiques ou graisseux. 2° L'ensemble des aliments doit contenir une quantité minimum de ces matières alimentaires qui dépend du poids et des propriétés idiosyncrasiques, de l'âge, du travail, des occupations de chaque individu; en même temps, il faut que les matières soient associées de telle sorte que, sous le plus petit volume possible, elles renferment tous les éléments indispensables. 3° Le régime doit varier avec les saisons et les climats, de telle sorte que le corps puisse subir sans trop de souffrance les influences extérieures. 4° Les aliments doivent être facilement digestibles, et être assez variés pour ne pas produire la satiété.

Pour le bétail, le régime alimentaire est *sec*, lorsqu'on le compose essentiellement de matériaux secs, tels que le foin, la paille, les grains, les tourteaux; il est *vert*, lorsqu'on donne aux animaux de la nourriture verte ou fraîche, des fourrages non fanés, frais ou ensilés, des racines, des pulpes, etc.

Le régime alimentaire du bétail doit être d'ailleurs modifié selon la spéculation que l'on a en vue : la production du lait, celle de la viande, celle du travail. Les aliments doivent être en rapport avec les résultats qu'on se propose d'obtenir. Dans tous les cas; il faut se garder de changer brusquement un régime alimentaire, afin d'éviter les accidents qui seraient la conséquence d'une modification faite sans aucune transition, par exemple lorsque le bétail passerait du régime sec au régime vert.

Rations alimentaires. — Tout être vivant dépense chaque jour une partie de sa propre substance, et si elle ne lui est pas restituée, il finit par périr. La ration alimentaire représente l'ensemble complexe des matériaux qui lui sont nécessaires pour qu'il se maintienne en pleine santé, qu'il puisse pourvoir à toutes ses dépenses ou consommations, à toutes les exigences du rôle qu'il est appelé à remplir. Pour apprécier une ration, il faut connaître ce qu'on attend de l'être vivant.

Considérons un animal adulte, un cheval par exemple, et supposons successivement ce cheval au repos ou à l'écurie, ou bien soumis à un travail déterminé, à traîner une charrue, à porter un cavalier. Dans le premier cas, on constatera que, par la respiration d'une part, par ses excrétions liquides ou solides d'autre part, et enfin par la perspiration à travers sa peau ou par divers organes, il perd des substances diverses que la science a reconnues contenir du carbone, de l'azote, de l'oxygène, de l'hydrogène, du phosphore, du soufre, du fer, de la potasse, de la soude, de la chaux, de la magnésie, etc. On constatera ensuite que, pour qu'il se conserve en état, c'est-à-dire, vers le même moment de chaque jour, avec le même poids, il faut lui avoir donné à consommer précisément les mêmes proportions de carbone, d'azote, d'oxygène, d'hydrogène, de phosphore, etc., qu'il a déversés au dehors. Si un seul de ces corps fait défaut, le cheval cessera de revenir au même poids; il dépérira chaque jour, jusqu'à ce que la mort s'ensuive. De là il résulte que tous les corps indispensables à l'entretien de la vie du cheval au repos, doivent être compris dans les aliments formant sa ration quotidienne divisée en deux ou plusieurs repas. La meilleure manière de reconnaître qu'une ration d'entretien est suffisante, consiste à vérifier que le poids de l'animal, pris chaque jour aux mêmes heures, reste invariable

Que si la bête, le cheval, pour prendre le même exemple, est soumis à un travail plus ou moins énergique, on constate par le passage à la balance qu'il faut accroître la ration pour maintenir un poids constant du corps. La ration de travail est donc plus grande que la ration d'entretien. De même, il faut augmenter la ration d'entretien, s'il s'agit d'un animal dont on veut accroître le poids ou le volume; ainsi les jeunes animaux, ou ceux mis à l'engraissement, ont besoin de rations plus fortes. Une vache en état de lactation ou de gestation se trouve également exiger des rations plus considérables qu'une vache entretenue simplement à l'étable ou dans la pâture.

Il y a donc diverses espèces de rations alimentaires : les rations d'entretien et les rations de production. C'est l'expérience des agriculteurs qui a prononcé sur leur détermination. Elle a démontré que, pour les mêmes sortes d'aliments, les rations sont d'une part proportionnelles au poids de l'animal, et d'autre part à la quantité de produits qu'il s'agit d'obtenir au delà du maintien du *statu quo*.

La pratique et des expériences scientifiquement conduites ont encore fait voir que l'on peut remplacer dans une ration alimentaire certaines substances par d'autres, non pas à poids égaux, mais par des poids multiples ou sous-multiples qui dépendent de la nature propre des substances employées.

Enfin, des expériences rigoureuses ont mis hors de doute que toute ration alimentaire, soit de l'homme, soit des animaux domestiques, doit renfermer :

1° Des matières azotées, auxquelles on a donné des divers noms : matières albuminoïdes, protéiques, etc. ;

2° Des matières analogues à l'amidon, au sucre, etc. ;

3° Des matières grasses ;

4° Des matières minérales : calcaires, potassiques, phosphatées, ferrugineuses, etc. ;

5° De l'eau en partie mélangée avec les aliments, en partie constituant les boissons.

Ces diverses matières doivent être entre elles dans certains rapports tels, que si l'une des matières est en excès, cette partie excédante est inutile ou peut même devenir nuisible. En outre, il faut que les substances alimentaires soient présentées dans la ration sous une forme qui les rende digestives et assimilables totalement, ou du moins partiellement, pour les organes de l'être vivant. L'expérience seule pouvait prononcer à cet égard. L'analyse chimique lui est venue en aide, et elle a permis de préciser les principales conditions auxquelles doivent satisfaire les substances alimentaires pour être complètement nutritives au triple point de vue de l'entretien du jeu des divers organes, du remplacement des excrétions et des déjections de tout genre, enfin de la production ou de l'accumulation de matériaux que l'élevage et l'engraissement des animaux domestiques se proposent d'obtenir. La physiologie a dû également intervenir afin de faire connaître le rôle de chacune des parties constituantes des aliments pour le bon fonctionnement de la respiration, de la circulation du sang, du renouvellement incessant des tissus de tous genres. Il faut aux êtres vivants de la matière ayant déjà revêtu la forme organique, ayant vécu précédemment. Spécialement pour l'homme, il convient que, dans la ration alimentaire, il se rencontre une certaine association de substances végétales et de substances animales. Mais bien des choses sont encore inconnues à cet égard. « La valeur alimentaire, dit excellemment M. Boussingault, varie nécessairement suivant les conditions dans lesquelles la nourriture est administrée, et l'on a constaté qu'il n'est pas indifférent de donner un seul aliment, ou de l'associer à tel ou à tel autre. Ce que la science indique, c'est que, pour qu'une ration soit aussi équivalente que possible à une autre, il faut que dans les deux rations il y ait non seulement les mêmes proportions de principes azotés, mais encore les mêmes proportions des principes analogues à l'amidon ou au sucre, et, de plus, la même proportion de matières grasses. En connaissant la constitution des substances alimentaires, on peut composer, avec des aliments d'ailleurs fort divers, des rations à peu près identiques, puisqu'elles renfermeront la même quantité et la même nature des matières digestibles. » Les équivalents que l'on peut substituer les uns aux autres dans les rations données aux hommes et aux animaux ne peuvent être déterminés que par une double étude, celle de leur composition chimique, celle de leur rôle physiologique.

Machines alimentaires. — Une machine alimentaire est celle qui fournit à un appareil quelconque, au moment voulu, la matière dont cet appareil a besoin pour fonctionner régulièrement. Une pompe qui donne l'eau à la chaudière d'une machine à vapeur pour remplacer l'eau vaporisée, est une pompe alimentaire; il en est de même de celle qui dans une distillerie amène l'eau nécessaire à la réfrigération ou bien le moût fermenté qui doit être distillé. Dans cette acception, le mot alimentaire est extrêmement souvent employé au propre et au figuré.

ALIMENTATION. — Action de fournir les choses nécessaires à la continuation d'un phénomène quelconque. Ainsi l'alimentation d'une machine, d'un canal, d'une plante, d'un être animé, d'une famille, d'une ville, d'une association, d'une usine, a pour but de leur fournir tous les éléments indispensables à l'accomplissement de leurs fonctions diverses et de toutes les manifestations qu'on en attend : mouvement, travail, production de matériaux de tous genres, utilisés surtout pour satisfaire les besoins et les désirs de l'homme.

Au point de vue agricole, il convient de considérer seulement l'alimentation des êtres organisés, végétaux et animaux. On confond souvent l'alimentation et la nutrition; celle-ci est du domaine du physiologiste; celle-là est réglée par l'économiste et l'administrateur. Dans l'étude de la nutrition, on doit s'occuper de ce que deviennent les divers aliments, de leurs transformations et des rôles spéciaux ou successifs de leurs principes constituants. Il s'agit, au premier chef, dans l'alimentation, de donner aux plantes, à l'homme, aux animaux, une nourriture qui revienne au plus bas prix possible pour en obtenir la plus grande somme des choses que l'agriculture se propose d'obtenir.

Le principe général de l'alimentation rationnelle consiste dans la substitution des aliments les uns aux autres, en se conformant à cette loi qu'il faut maintenir des rapports constants entre les éléments essentiels de la nutrition. Ce sont les recherches de M. Boussingault qui ont établi ce principe, de telle sorte que, désormais, on agit non plus au hasard et par routine, ainsi que cela avait lieu autrefois, mais en suivant des règles certaines. Cela est vrai, pour l'alimentation végétale comme pour l'alimentation animale. Pour la première on complète les éléments du sol par des engrais spéciaux pour donner satisfaction aux besoins des plantes; en vue de la seconde, on combine les rations alimentaires de manière que les substances azotées, les graines, les hydrates de carbone et les matières minérales, demeurent en quantité suffisante, en conservant entre elles les rapports les plus convenables à l'effet utile qu'on se propose d'obtenir.

Alimentation des plantes (*agriculture*). — Pour l'agriculture, l'alimentation des plantes a pour but de leur fournir tous les principes qu'elles ne trouvent pas naturellement ou en quantité suffisante, dans l'air, dans le sol et dans les eaux souterraines, et dont elles ont besoin pour produire les corps que l'on se propose d'obtenir par la culture. L'alimentation végétale est donc l'art de compléter la nourriture nécessaire aux plantes cultivées et que celles-ci puisent dans l'atmosphère et dans la terre. On donne le nom d'engrais à ce complément que l'agriculture doit leur procurer pour avoir des récoltes spéciales qui sont le but de son industrie. Pour résoudre ce problème de la détermination de l'engrais nécessaire, il faut connaître, d'une part, la composition de la récolte, et, d'autre part, la composition du sol et de tous les apports de l'air et des eaux; il faut, en outre, savoir si les corps contenus dans le sol ou dans les engrais sont dans un état qui permette d'espérer que la plante pourra s'en nourrir, c'est-à-dire se les assimiler dans la nature de ses besoins durant le temps où s'accompliront les phases de la végétation qui conduisent à la production recherchée.

Lorsqu'on soumet une plante quelconque à l'analyse chimique, on constate qu'elle renferme : 1° des matières cellulosiques ou ligneuses qui en constituent la charpente ou les cellules; 2° des matières au moins quaternaires, dites albuminoïdes; 3° des matières ternaires. Toutes ces matières organisées forment les principes immédiats des végétaux; lorsqu'on les soumet, dans leur ensemble surtout, à la combustion, elles laissent des cendres. Les parties qui ont brûlé sont constituées principalement par du carbone, de l'hydrogène, de l'oxygène et de l'azote; les parties qui restent dans les cendres sont formées par du soufre, du phosphore, du chlore, de l'iode, du fluor, du silicium, du potassium, du sodium, du calcium, du magnésium, du fer et du manganèse, tous ces corps étant combinés soit entre eux, soit avec de l'oxygène. Ces *éléments composants* se retrouvent dans la plupart des végétaux en proportions variables; les uns ou les autres existent dans les principes immédiats qu'on extrait des plantes. On est en droit de se demander si parmi ces corps simples que l'on constate par l'analyse chimique dans les végétaux, il n'en est pas quelques-uns qui s'y rencontrent par une sorte de hasard? Ils étaient dans le milieu où vivait la plante; ils se présentaient sous une forme telle qu'ils ont peut-être pu passer dans les tissus végétaux sans servir en rien à l'accomplissement des phénomènes vitaux. Des expériences directes faites par plusieurs savants, notamment par le prince de Salm-Hortsmar, et dans lesquelles on s'est attaché à écarter tantôt l'un, tantôt l'autre de ces corps, ont prouvé que l'exclusion, lorsqu'elle a été absolue, a toujours eu une conséquence fatale. Ainsi la végétation de l'avoine semée dans des pots faits en cire et contenant pour sol du sable tout à fait insoluble auquel on ajoute des composés où il manque un seul des éléments ci-dessus dénommés, cesse de s'accomplir d'une manière complète. Il faut entendre par là que la plante issue d'un grain ayant germé dans un tel milieu ne pourra pas fournir des grains qui, à leur tour, seront féconds. On conçoit qu'un grain apporte en lui-même tous les corps simples indispensables: mais c'est un minimum qui a besoin de trouver à se compléter dans le milieu où les phases de la vie végétale vont s'accomplir. Si l'alimentation ne livre pas ce complément, la stérilité doit finir pour apparaître dans la descendance, et c'est le résultat des expériences entreprises pour chercher les corps indispensables à la vie des plantes.

Mais on peut encore regarder comme douteuse la question de savoir s'il n'est pas quelque autre corps indispensable, qui demeure encore inconnu. Le lithium, par exemple, ne serait-il pas dans ce cas? N'ayant pas été recherché, ce corps peut s'être trouvé présent dans toutes les expériences faites jusqu'à ce jour. Toutefois il faut considérer comme certain que son rôle ne saurait être important, surtout au point de vue de la quantité. Quoi qu'il en soit, il convient encore d'ajouter que, à l'exception de l'oxygène, tous les corps qui viennent d'être dénommés ne servent pas isolément, dans leur état simple, à la vie des plantes. Ils doivent être entrés dans des combinaisons plus ou moins solubles dans l'eau, et ce sont ces combinaisons qu'il faut apporter pour assurer l'alimentation des récoltes à obtenir lorsque l'un de ces éléments simples vient à faire défaut dans le milieu où l'on cultive. Nous devons successivement passer en revue chacun des seize corps qui paraissent dans l'état actuel de nos connaissances et sous réserve de nouvelles découvertes probables, indispensables à la vie des végétaux, pour être en mesure d'indiquer les moyens de pourvoir à l'insuffisance de la nourriture naturelle des plantes.

1° *Carbone.* — La plupart des plantes cultivées sont dotées de parties vertes plus ou moins chargées de chlorophylle et qui, sous l'influence de la lumière, ont la propriété de décomposer l'acide carbonique existant dans l'air atmosphérique et d'en extraire le carbone. Telle est la source de la plus grande partie du carbone des récoltes. C'est un fait acquis depuis les recherches commencées dans le dix-huitième siècle, par Bonnet, Senebier, Priestley, Ingenhousz et continuées dans le dix-neuvième par un grand nombre de chimistes ou de physiologistes dont les travaux ont successivement perfectionné nos connaissances sur la question de l'assimilation du carbone par les végétaux, mais sans changer un principe qui a désintéressé les agriculteurs du soin de s'occuper de fournir du carbone à leurs cultures. Et cependant il est hors de doute que lorsque le sol arable ne renferme pas des matières carbonées, ou, pour employer l'expression agricole, de l'humus, en certaine quantité, il est peu fertile sinon stérile. C'est un des motifs pour lesquels le cultivateur ne veut pas renoncer à l'usage des fumiers faits avec de la litière pailleuse ou ligneuse en décomposition; c'est aussi une des raisons d'être de l'enfouissement des récoltes vertes. D'ailleurs les plantes qui n'ont pas de parties vertes prennent incontestablement du carbone dans les matières complexes, particulièrement hydro-carbonées du sol. Il n'y a pas de raison basée sur des expériences pour refuser aux plantes à parties vertes un mode de nutrition que l'on constate dans celles qui en sont dépourvues. L'acide carbonique qui existe dans la terre arable provient sans doute de la combustion lente des substances ulmiques, et il joue certainement son rôle dans l'alimentation par les racines. S'il est donc vrai que l'agriculteur n'a pas à pourvoir à l'alimentation des plantes qu'il cultive en fournissant du carbone à leurs organes foliacés, il ne doit pas néanmoins négliger d'augmenter l'humus de ses terres, et il ne faut pas le détourner de prendre ce soin.

2° *Oxygène.* — De tous les corps simples, l'oxygène est le seul qui, isolé, exerce une influence considérable sur la végétation. Si le sol dans lequel se développent les racines d'une plante vient à être privé d'oxygène, le dépérissement de cette plante ne tarde pas à se manifester. Telle est une des raisons de la nécessité des labours qui, non seulement émiettent le sol arable, mais encore l'aèrent. Cela est tellement vrai que lorsqu'on mélange un sous-sol dans lequel il se trouve de l'oxyde de fer au minimum d'oxydation avec la tranche arable fertile, celle-ci peut devenir infertile, à cause de l'action absorbante exercée sur l'oxygène contenu dans les pores de la terre. C'est aussi un des effets nuisibles des sulfures alcalins qui, pour passer à l'état de sulfates, doivent prendre de l'oxygène ambiant. D'un autre côté, la nécessité de la présence de l'oxygène dans un sol cultivé, explique les avantages du drainage qui fait circuler de l'air atmosphérique dans la terre. A ces divers points de vue, le rôle du cultivateur n'est point d'apporter directement le complément d'oxygène dont les récoltes ont besoin, il consiste seulement à faire que l'oxygène atmosphérique soit plus facilement introduit dans le sol et avec des proportions satisfaisantes. Si l'on s'y prend bien, la source atmosphérique est indéfinie et suffit à la végétation la plus luxuriante. Toutefois il ne faut pas confondre l'oxygène qui entre dans la plante à l'état gazeux avec celui que l'on peut nommer *nutritif* et qui y pénètre sous forme de combinaisons oxygénées que le végétal puise dans le sol. Les nitrates notamment peuvent jouer un rôle important dans les phénomènes d'alimentation végétale. Il est également possible qu'une partie de l'oxygène mis en liberté par la décomposition de l'eau et de l'acide carbonique soit utilisée. D'une part, la plante agit comme corps réducteur en dégageant de l'oxygène; d'autre part, elle exerce aussi une action comburante en absorbant le même corps. Dans les expériences les plus usuelles faites à ce sujet, l'observateur ne constate que la différence des deux effets contraires dont l'un est tantôt supérieur, tantôt inférieur, ou même égal à l'autre. L'agriculteur doit s'attacher à faire que son sol arable soit toujours bien assaini, c'est-à-dire suffisamment poreux pour que l'oxygène qui s'y trouve consommé puisse y être à temps remplacé.

3° *Hydrogène.* — L'hydrogène des plantes provient en partie de l'eau absorbée par les racines et par les feuilles, en partie des matières azotées des engrais et notamment des sels ammoniacaux. Il y en a toujours en quantité suffisante pour l'alimentation végétale, quand l'agriculteur a pourvu, soit à l'irrigation, soit à la fumure de ses terres.

4° *Azote.* — On a cherché à faire regarder comme une vérité établie cette hypothèse qu'il y a des plantes jouissant de la propriété exclusive d'être améliorantes, parce qu'elles se nourrissent directement dans l'atmosphère, qu'elles y prennent la totalité ou au moins la plus grande partie de l'azote qui entre dans la composition de leurs tissus ou de leurs principes immédiats. Un bon agriculteur doit s'arranger pour pourvoir, en matières azotées, à tous les besoins des récoltes qu'il se propose d'obtenir. Il ne doit pas du tout compter sur l'assimilation directe par les végétaux de l'azote atmosphérique, et il faut qu'il agisse comme si, chose encore douteuse, le sol ne finissait pas par gagner des principes azotés ayant pour origine l'azote aérien. La seule chose bien établie, d'abord par les expériences de Cavendish, puis par celles de Bergmann, de Brandes, de Liebig, de M. Boussingault, par les nôtres successivement vérifiées par des chimistes de tous les pays, c'est que dans l'atmosphère, particulièrement par l'effet de la foudre ou de l'électricité, il se produit et des composés nitreux et des composés ammoniacaux, donnant finalement du nitrate d'ammoniaque, lesquels composés azotés retombent avec les eaux météoriques sur le sol ou sur les plantes, et constituent un apport naturel incessant qui nourrit celles-ci. Mais l'agriculteur n'est pas maître de cet élément de fertilisation, et il ne doit pas y compter pour accroître ses récoltes. Il lui est imposé, s'il veut la prospérité de son exploitation du sol arable, de fournir à ce sol par des engrais azotés tout l'excédent d'azote nécessaire au supplément de produit qu'il veut obtenir au-dessus du produit naturel de la terre abandonnée à sa seule puissance de fertilité propre.

Il faut donc compléter par des apports d'engrais azotés les quantités de substances de cette espèce qui existent dans la couche de terre où les racines peuvent pénétrer, dans les eaux souterraines qui y affluent, dans les apports atmosphériques. Le fumier de ferme est le premier des engrais, mais il importe de remarquer qu'il ne provient en général que de l'exploitation elle-même et que, par conséquent, par lui-même. Il ne pourrait l'enrichir dans son ensemble; il ne contient, en effet, le plus souvent, qu'une fraction seulement des matières azotées contenues dans les récoltes faites dans l'exploitation elle-même. Sans aucun apport de matières fertilisantes (provenant d'ailleurs que de l'exploitation elle-même sans eaux souterraines ou d'irrigation, sans afflux de terres par inondations ou par cause torrentielle, etc.), nulle ferme ne peut se maintenir longtemps au même degré de production.

Les engrais azotés principaux complémentaires auxquels l'agriculteur peut avoir recours, en laissant de côté le fumier de ferme, sont : le sulfate d'ammoniaque, le nitrate de soude, le sang et la chair desséchés et tous les débris des boucheries et des clos d'équarrissage; les chiffons de laine, et les débris de toutes les industries travaillant les peaux et les autres organes animaux; les matières provenant des détritus ou déjections des animaux de basse-cour, des vers à soie, de l'homme; le guano, les débris de poisson; les tourteaux de graines oléagineuses; la poudrette, les balayures des rues des villes et des cours de ferme, les curages des étangs et des fossés, les algues marines, goëmons, etc. La richesse peut varier depuis 21 pour 100 jusqu'à moins de 1 pour 100.

5° *Soufre*. — Un petit nombre de principes immédiats des végétaux contiennent du soufre; telles sont les matières albuminoïdes et quelques essences. En général, il existe dans le sol et dans les fumiers des sulfates en quantité suffisante pour pourvoir aux besoins des plantes en soufre. Néanmoins l'agriculteur en ajoute souvent d'une manière efficace au moyen du plâtrage ou épandage de sulfate de chaux. Mais on ne regarde pas cette opération comme ayant spécialement pour but l'apport du soufre nécessaire aux récoltes.

6° *Phosphore*. — Il existe du phosphore ou des phosphates dans toutes les parties des végétaux, mais ils s'accumulent particulièrement dans les grains. Pour les terres cultivées depuis longtemps avec les seuls engrais provenant des étables de la ferme, la richesse première en matières phosphatées a parfois tellement diminué qu'il en est résulté une stérilité relative. C'est un fait signalé par sir Humphry-Davy, dès le commencement de ce siècle. On y a d'abord remédié par l'usage des os pulvérisés et du noir animal provenant des fabriques et des raffineries de sucre. C'était insuffisant. La découverte de nombreux et puissants gisements de phosphate fossile minéral a permis, depuis l'année 1855, de faire un usage de plus en plus considérable de phosphate de chaux pulvérisé ou bien de phosphate de chaux rendu plus soluble par le traitement préalable au moyen d'acide sulfurique, ce qui donne ce que l'on appelle des superphosphates. L'emploi des phosphates de chaux précipités que fournissent les fabriques de gélatine, du guano et du phospho-guano, est aussi un moyen très efficace de donner aux terres cultivées le complément de phosphore dont elles ont besoin.

7° *Chlore*. — Le chlore est un des corps les plus répandus dans la nature, puisqu'il est partie constituante du sel marin et du sel gemme, c'est-à-dire du chlorure de sodium, qu'on trouve dans les eaux de la mer ou dans des couches salines gisant dans le sein de la terre en maintes contrées. Les eaux pluviales en contiennent toujours, et il ne paraît pas qu'il fasse jamais défaut dans les cultures où il arrive au contraire qu'il se rencontre en proportions nuisibles. Peut-être le chlore est-il plus particulièrement nécessaire à la formation des graines et se trouve-t-il plus essentiel pour l'alimentation des plantes des terrains salés. Quoi qu'il en soit, le cultivateur n'a pas à chercher à pourvoir à son absence, quoiqu'il arrive qu'on se trouve assez bien d'addition de sel dans l'alimentation du bétail ou dans les purins.

8° *Iode*. — On ne rencontre l'iode en grande quantité que dans un petit nombre de familles de plantes, notamment dans les plantes aquatiques et marines, dans le cresson et surtout dans les algues. Souvent, il est associé au brome dans les cendres des varechs. On n'a pas à s'en préoccuper dans les cultures. Du reste, il se trouve de l'iode en proportion notable dans beaucoup de phosphates minéraux dont les agriculteurs font usage.

9° *Fluor*. — On a rarement signalé la présence du fluor dans les tissus végétaux, mais comme c'est un corps qui se trouve toujours dans les os et surtout les dents des animaux domestiques, on est conduit à admettre qu'il existe dans les végétaux dont ils se nourrissent. D'ailleurs, comme l'iode, il se rencontre dans un grand nombre de phosphates minéraux, et le cultivateur n'a pas à s'en préoccuper.

10° *Silicium*. — Dans toutes les terres arables et dans presque toutes les eaux souterraines, on trouve de la silice soluble, et le sable ou acide silicique, combiné avec quelques bases, forme une grande partie de l'écorce du globe terrestre. Le cultivateur n'a guère à s'occuper de pourvoir à l'absence du silicium. Les botanistes, d'un autre côté, paraissent vouloir l'effacer de la liste des corps simples absolument nécessaires à la végétation. Nous ne pouvons mieux faire que de citer les remarques de M. Baillon (*Dictionnaire de botanique*, article ALIMENTATION) sur cette question, au fond très importante, parce qu'on a cru qu'elle se rattachait d'une manière intime à celle de la verse des céréales. « Le silicium, dit M. Baillon, existe à peu près dans tous les végétaux. D'après Mohl, la silice se rencontre dans les parois des cellules épidermiques d'un grand nombre de phanérogames et de cryptogames, et les fibres libériennes fournissent toujours par la combustion un squelette siliceux. Les *Equisetum*, les *Calamus* et la plupart des graminées en possèdent une grande quantité. Tantôt elle est associée moléculairement à la cellulose des parois cellulaires et s'obtient par la combustion, à l'état d'un squelette qui conserve parfaitement la forme des cellules; tantôt elle est accumulée en masses plus ou moins volumineuses, comme dans les bambous, où elle forme les concrétions désignées sous le nom de *tabaschir*. Malgré la présence presque constante de la silice dans les végétaux, les botanistes sont à peu près tous d'accord pour l'exclure de la liste des corps indispensables à la nutrition de ces êtres. De nombreuses expériences ont montré que les plantes ordinairement riches en silice, comme le maïs, peuvent, sans inconvénient, en être complètement privées. Un pied de maïs, élevé par M. Knop, sans silice, fleurit et fructifia d'une façon normale et atteignit 50 grammes de poids sec. La racine contenait seulement quelques traces de silice, ses quinze feuilles 22 milligrammes, et la tige, un demi-milligramme. Un autre pied de la même plante, élevé de la même façon par M. J. Sachs, et qui atteignit un poids sec de 29gr,8, n'offrit que 30 milligrammes de silice, provenant, sans doute, dit l'observateur, du verre et des poussières qui s'amassaient sur la plante. Tandis que les pieds de maïs élevés en plein air contiennent ordinairement de 18 à 23 pour 100 de silice (sans doute dans leurs cendres?), ceux dont je viens de parler en contenaient seulement quelques dixièmes. Cependant les plantes avaient vécu d'une façon régulière, la tige et les feuilles restant droites et fermes. Le peu d'importance de la silice peut encore se déduire de ce fait que cette substance n'apparaît dans les parois cellulaires que lorsqu'elles ont atteint déjà leur entier développement. Quelques botanistes, notamment M. Knop (1862), ont admis que la silice contribuait à donner aux tissus des graminées la rigidité qui permet à ces plantes de rester dressées malgré leur faible diamètre, joint à une taille parfois très élevée. M. Knop attribuait les *blés couchés* à la pauvreté du sol en acide silicique. Cette opinion ne peut être admise en face des expériences que j'ai citées plus haut, dans lesquelles le maïs, privé de silice, offrait son port normal. On sait, en outre, que le même champ ne produit pas constamment des blés couchés, et ceux-ci coïncident ordinairement avec des pluies abondantes et une température assez chaude pour déterminer un allongement trop rapide du chaume. Dans le même terrain et la même année, les blés se couchent dans les points trop ombragés ou bien dans ceux où ils sont trop serrés, tandis que les pieds isolés et exposés davantage au soleil présentent leur rigidité habituelle, quoique la nature du sol soit la même. Une fumure trop abondante pourra encore déterminer le couchage du blé. En un mot, toutes les causes d'étiolement ou d'allongement trop rapide du végétal interviennent dans la production du phénomène. Enfin, lorsque les blés couchés se relèvent, ce sont les nœuds encore jaunes et tendres qui effectuent le mouvement, et non pas ceux qui sont déjà résistants et ont des feuilles à gaines épaisses et fermes. Cependant, il est vrai que la silice donne fréquemment une rigidité considérable aux parois cellulaires dans lesquelles elle est abondante, comme on le voit surtout dans les *Equisetum*, où elle rend l'épiderme propre à polir les métaux; mais cette rigidité ne paraît être, dans aucun cas, la cause déterminante et nécessaire du port spécial qu'affecte le végétal. D'après MM. Wicke et J. Sachs, la silice ne prendrait aucune part aux diverses réactions chimiques qui se produisent dans les végétaux, mais elle se déposerait dans les parois cellulaires molécule à molécule, dans l'état même où elle a été prise dans le sol. » Quoi qu'il en soit des questions ainsi posées et dont la solution n'est pas encore définitive, l'agriculteur emploie quelquefois le sable pour l'introduire dans les terres fortes argileuses, très compactes, afin d'en amener une certaine division physique qui rend la culture plus facile et plus productive.

11° *Potassium.* — La potasse existe en assez forte proportion dans toutes les cendres des végétaux qui ont poussé loin des bords de la mer ou des lacs salés. D'un autre côté, la rareté de la potasse dans une terre arable rend cette terre peu apte à produire la plupart des récoltes que le cultivateur tient le plus à obtenir; son absence absolue, soit dans le sol, soit dans les eaux souterraines, aurait pour conséquence la stérilité. Quelques cultures ont un plus grand besoin de potasse que d'autres; telles sont, par exemple, la vigne, les pommes de terre et le sarrasin. L'agriculteur doit très souvent pourvoir à un défaut de potasse en proportion suffisante; il y réussit par l'emploi des cendres de bois non lessivées, du chlorure de potassium et du sulfate de potasse que l'on trouve maintenant dans le commerce avec facilité depuis la découverte de gisements de sels potassiques dans le sein de la terre.

12° *Sodium.* — Beaucoup de savants soutiennent que le sodium ne se rencontre qu'accidentellement dans les cendres des végétaux de l'intérieur des continents; ils estiment que sa constance, en petites proportions, dans tous les végétaux, tient, non pas à la nécessité de ce corps pour la vie des plantes, mais seulement à ce que la soude, ou plutôt le chlorure de sodium, sont répandus dans l'atmosphère. Les vents arrachent à la surface des mers des poussières salines qui sont portées sur tous les points de la surface du globe où vivent des plantes. Donc, sauf dans les salicornes, et encore! la soude ne serait pas indispensable. Ce n'est pas la conclusion de M. de Salm-Hortsmar dans ses expériences sur l'avoine. Quoi qu'il en soit, il existe du chlorure de sodium ou de la soude dans les fumiers, surtout lorsqu'on ajoute du sel à la nourriture du bétail. L'agriculteur n'a pas à semer du chlorure de sodium; s'il le faisait, ce devrait être avec une grande discrétion, de peur d'amener la stérilité de ses champs. Les cendres des végétaux maritimes sont riches en soude.

13° *Calcium.* — L'analyse chimique dénonce la présence de la chaux dans toutes les cendres végétales et l'examen microscopique des cellules des plantes y fait reconnaître la présence des sels calcaires. D'un autre côté, les sols qui ne renferment pas de chaux sont infertiles, et, s'ils portent des récoltes, cela tient à ce que les eaux souterraines amènent aux racines des plantes des sels de chaux en dissolution. Enfin, on constate qu'en ajoutant à la plupart des terres arables, soit de la chaux caustique, soit du carbonate de chaux (de la marne calcaire), on en augmente la fertilité; il n'y a d'exception à cette règle que pour les sols crayeux où la végétation trouve surabondamment la chaux dont elle a besoin.

L'agriculteur apporte de la chaux aux plantes qu'il cultive, lorsqu'elles n'en trouvent pas assez facilement dans le milieu où s'accomplissent les diverses phases de la végétation, non seulement par le chaulage et par le marnage, mais encore par le plâtrage, et enfin par l'emploi des phosphates, des superphosphates, du guano et de beaucoup d'engrais commerciaux. Quant au fumier de ferme, il en contient en proportion des quantités mêmes qui existent dans les récoltes du domaine, quand le bétail n'est pas, en outre, nourri par des aliments achetés au dehors.

Outre son action nutritive directe pour les plantes, la chaux paraît jouer dans le sein de la terre arable un rôle particulier qu'on a défini en disant qu'elle rend assimilables par les végétaux quelques-uns des principes du sol qui autrement demeureraient inertes.

14° *Magnésium.* — On a cru, pendant longtemps, que la magnésie était non seulement inutile, mais encore nuisible à la végétation. Cela était vrai de la présence d'un excès de carbonate de magnésie dans un sol arable. Des expériences directes, notamment celles du prince de Salm-Hortsmar, ont montré que l'absence totale du magnésium rend un sol infertile. Toutefois l'agriculteur n'a pas à se préoccuper de fournir spécialement de la magnésie aux champs qu'il cultive. Le carbonate de magnésie accompagne le plus souvent le carbonate de chaux dans les marnes, de telle sorte que le chaulage et le marnage apportent presque toujours de la magnésie en même temps que de la chaux, et comme les plantes ne paraissent avoir besoin que de faibles proportions de magnésium, leur alimentation de ce côté est toujours suffisante quand on a pourvu à la nécessité de la chaux. Il y a d'ailleurs très souvent des sels de magnésium dissous dans les eaux souterraines.

15° *Fer.* — Comme le fer fait partie intégrante du sang de l'homme et des animaux domestiques, il ne saurait être mis en doute qu'il en existe dans les plantes. La recherche directe du fer dans les végétaux a confirmé cette vue à priori. D'un autre côté, on a constaté expérimentalement que, dans un sol absolument privé de fer, la végétation des plantes cultivées ne peut pas accomplir toutes ses phases nécessaires. Enfin, on fait mieux, on guérit les plantes de la chlorose en ajoutant des composés ferrugineux au sol dans lequel elles vivent. En général, il y a assez de fer dans le sol arable et l'on n'a pas à se préoccuper d'en apporter. Si cela est reconnu nécessaire ou utile, ce qu'on a de mieux à faire, c'est d'ajouter un peu de sulfate de fer au purin ou au fumier, tout au plus dans la proportion d'un millième. Quand le fer est à l'état de protoxyde dans la couche arable, il est souvent nuisible par suite de sa tendance à absorber l'oxygène de l'air confiné pour se peroxyder. On doit alors, avant de soumettre le sol à la culture, l'aérer par de nombreux labours. C'est pour cette raison qu'il ne faut mélanger que peu à peu le sous-sol au sol, lorsqu'on approfondit les labours dans les terrains où le fer peut exister au minimum d'oxydation. — L'oxyde de fer augmente dans les cendres des plantes venues sur les sols rouges ou ferrugineux, comme ceux que donnent la dolomie et la calamine ; on en a trouvé plus de 7 pour 100 dans les cendres des truffes récoltées dans la calamine.

16° *Manganèse.* — On soupçonne que le manganèse est indispensable à l'accomplissement de certaines phases de la végétation. Mais les expériences faites pour élucider la question n'ont pas été décisives. En fait, il y a des traces de manganèse suffisantes dans les sols arables qui contiennent du fer, et l'on ne cherche à ajouter directement et pour lui-même ce corps simple dans aucune culture.

17° *Autres corps peut-être utiles à l'alimentation des végétaux dans quelques circonstances spéciales.* — Il y a plusieurs autres corps simples qu'on rencontre parfois dans les cendres de diverses plantes, sans qu'il soit possible d'affirmer, dans l'état actuel de nos connaissances, qu'ils entrent réellement dans l'alimentation végétale. « Tels sont, dit M. Baillon qui a parfaitement résumé cette partie du problème : le lithium, que Bunsen a constaté par l'analyse spectrale dans beaucoup de plantes ; l'aluminium, qui se rencontre toujours dans les Lycopodiacées ; le cuivre, trouvé par Commailles dans le bois de l'oranger, les fruits, le bois, l'écorce des pins et des cèdres, et par Wicke, dans le *Polygonum aviculare*, le *Sisymbrium officinale*, etc., et les feuilles de mûrier, de chêne, de tilleul, de platane, de hêtre ; le zinc, que M. Risse a trouvé en quantité parfois très considérable dans presque toutes les plantes vivant sur un sol qui en contient. Le zinc paraît agir d'une façon remarquable sur certaines plantes. D'après M. Risse, les changements subis par le *Viola tricolor* et le *Thlaspi alpestre*, croissant sur des terrains riches en zinc, sont si considérables et si constants, qu'on a voulu en faire deux espèces distinctes sous les noms de *Viola calaminaria* et *Thlaspi calaminarium*. Si ces faits sont exacts, il serait intéressant d'étudier d'une façon plus approfondie l'action du zinc sur la végétation. Le cobalt, le nickel, le bore ont été constatés par M. Forchhammer dans le *Fucus vesiculosus* et le *Zostera marina* Le *Fucus* contenait, en outre, du strontium et du baryum. »

Dans un mémoire présenté à la Société d'agriculture, M. Delesse a insisté sur le rôle joué, dans la végétation, par l'oxyde de zinc. D'après les recherches de M. Raulin, cet oxyde est nécessaire au développement de certaines moisissures, et il quadruple même le poids de leur récolte ; d'un autre côté, lorsqu'il devient abondant, comme cela a lieu sur un sol de calamine, il peut déterminer, ainsi qu'il vient d'être dit, le développement de plantes spéciales. Toutefois, les plantes venues sur un sol de calamine tendent à éliminer l'oxyde de zinc, et leurs cendres n'en contiennent que de très faibles proportions. L'observation démontre, d'un autre côté, que la végétation est toujours faible sur un sol de calamine ; par conséquent, l'abondance de l'oxyde de zinc lui est nuisible. La pauvreté de la végétation est un indice qui sert aux mineurs, notamment dans le département du Gard, pour suivre les affleurements de la calamine.

L'oxyde de cuivre peut se rencontrer accidentellement dans les cendres des plantes. C'est ce qui a été constaté, en particulier, dans des truffes récoltées sur une calamine cuprifère.

Il faut se méfier des rencontres de hasard. La présence d'un corps simple dans les cendres provenant de l'incinération d'un végétal ne prouve nullement que ce corps a été absorbé par suite des besoins de la plante ; il a pu passer dans les cellules végétales comme corps concomitant ne jouant aucun rôle, et parce qu'il était simplement présent lors de l'absorption de la sève. Il a joué le rôle de témoin et il le jouera durant les phases diverses de la végétation ; de sa présence, il ne saurait être déduit qu'il est nécessaire. Les plantes puisent dans le sol tous les principes dont elles ont besoin, mais rien ne limite cette puissance d'absorption à tel ou tel corps. Seulement il est indispensable que ce corps ait été dissous pour pouvoir pénétrer dans les cellules végétales et être utile à l'alimentation. La première condition que doivent, en effet, remplir les matières alimentaires pour les végétaux, contenues dans le sol arable, c'est d'être solubles dans le liquide qui va tout à l'heure constituer la sève. Mais il ne faut pas une solubilité excessive qui aurait pour résultat de faire passer telle ou telle substance trop vite et en excès du sol dans les cellules végétales. Les matériaux doivent venir successivement en petite quantité dans le tissu végétal. S'ils sont trop solubles dans la sève, et en trop forte proportion, les sels sont absorbés en pure perte ; ils n'ont pas servi à produire les principes immédiats qu'on se proposait d'obtenir. S'ils ne jouissent pas d'une solubilité suffisante, ils demeurent à peu près inutiles. L'art du cultivateur doit consister à mettre à la disposition des plantes tous les principes qui leur sont utiles et dans des rapports entre eux susceptibles de satisfaire aux besoins actuels du végétal pour la production du principe immédiat que l'on se propose d'obtenir. C'est ainsi que des matériaux trop solubles doivent être exclus de l'alimentation végétale au même titre que des principes sous une forme trop peu soluble. Cette appréciation du mélange et de la solubilité convenables constitue maintenant une très forte partie de l'art du cultivateur.

ALIMENTATION DE L'HOMME. — Pourvoir à l'alimentation de l'homme, c'est lui fournir tous les aliments solides et liquides dont il a besoin pour réparer les pertes que son corps fait chaque jour ; c'est lui donner et sa nourriture et sa boisson d'une manière qui lui permette de toujours exercer, dans leur plénitude, ses facultés physiques et intellectuelles, et de lutter contre les causes de déperdition de ses forces provenant de l'extérieur. Pour l'enfant, l'alimentation doit pourvoir aussi au développement de son corps. Dans les exploitations rurales où l'on nourrit le personnel, on doit chercher le mode d'alimentation le plus économique qui permette de tirer des ouvriers la plus grande somme de travail, sans épuiser les forces et en conservant à tout le monde un état de santé vigoureuse, en même temps que la satisfaction d'être bien traité. La solution du problème varie selon les climats et les saisons, aussi selon les circonstances économiques locales. C'est l'expérience qui a prononcé sur le parti à prendre, mais elle n'a pas donné de formule absolue ; les choses ont bien changé d'ailleurs depuis que les voies de communication rapides se sont multipliées et ont fourni à la classe ouvrière des moyens faciles de se montrer exigeante.

Les dépenses que l'homme fait chaque jour étant complexes, son alimentation normale ne saurait être fondée sur l'emploi exclusif d'un seul principe, et elle doit varier avec le climat, les saisons et la manière de vivre ; elle ne doit être ni trop animalisée ni trop exclusivement composée de principes végétaux ; il faut qu'elle comporte, en outre, une quantité suffisante de principes minéraux. Cela résulte de l'observation des faits. On constate, en effet, qu'avec une nourriture exclusivement animale l'organisme dépérit ; qu'avec des aliments retirés seulement du règne végétal, les forces s'affaiblissent ; qu'enfin, en l'absence de principes minéraux suffisants, des désordres graves apparaissent dans quelques fonctions vitales. Il n'y a pas d'ailleurs d'aliment, même parmi ceux qui sont supposés complets, qui puisse être indéfiniment employé sans variation ; le dégoût finit par empêcher la nutrition de s'accomplir.

Pendant longtemps, on a considéré seulement les aliments plastiques et les aliments respiratoires, c'est-à-dire ceux qui servaient à la rénovation des tissus, et ceux qui étaient brûlés par l'oxygène aspiré par les poumons pour produire la chaleur nécessaire à la vie. Comme les choses ne se passent pas ainsi dans l'économie animale, attendu que les oxydations se produisent à peu près dans toutes les parties du corps, on ne doit distinguer les aliments les uns des autres que par la composition, sans s'occuper de leur rôle définitif. On a donc les matières quaternaires ou azotées, les matières ternaires non azotées ou hydrates de carbone, les corps gras, les sels et l'eau. La plupart des aliments usuels sont d'ailleurs complexes ou des mélanges d'espèces chimiques diverses ; ainsi le pain et le lait renferment des matières azotées et des hydrates de carbone (amidon et sucre), outre des corps gras, des matières minérales et de l'eau.

Pour que l'alimentation de l'homme soit normale, il faut un certain rapport entre l'azote des substances azotées (fibrine, albumine, etc.) et le carbone, qui, dans l'ensemble des aliments, est susceptible de se transformer en acide carbonique ; il faut en outre que la matière sèche alimentaire soit additionnée d'une quantité convenable d'eau. D'ailleurs une partie de l'hydrogène des aliments est susceptible de s'unir aussi à l'oxygène inspiré pour fournir de l'eau et de la chaleur, et de plus, le sucre et l'amidon peuvent fournir des matières grasses dans l'économie animale et remplacer jusqu'à un certain point les corps gras qui manqueraient dans les rations.

L'alimentation de l'homme ne se fait qu'avec des matières organiques susceptibles de produire de la chaleur, en se transformant au sein de l'économie en produits plus oxygénés. C'est l'inverse du phénomène que produit un végétal en emmagasinant de la chaleur solaire lorsque, sous l'influence de la lumière, il absorbe du carbone et met en liberté de l'oxygène. C'est ainsi qu'on a pu dire avec vérité que les animaux vivent de soleil.

Au point de vue de l'alimentation humaine, les matières azotées peuvent se partager en trois classes : 1° les matières albumineuses proprement dites, 2° les matières collagènes, 3° les matières azotées non protéiques.

Les premières matières se distinguent par ce caractère, c'est qu'elles sont essentiellement *protéiques*, c'est-à-dire transformables rapidement, surtout sous l'influence des sucs gastrique et pancréatique, en produits solubles et assimilables par l'organisme. Les principales sont, selon la nomenclature qu'en a faite M. Armand Gautier dans son *Traité de chimie appliquée à la physiologie :*

a. Les *albumines* des œufs d'oiseaux et de poissons, celles du plasma musculaire ; la *sérine* du serum du sang ; la *vitelline* du jaune de l'œuf des oiseaux et de l'œuf des mammifères ; la *globuline* ou l'*hématocristalline* ou *hémoglobine* du sang ; toutes ces substances étant solubles dans l'eau et coagulables pour la chaleur ; — *b.* la *caséine* des divers laits ; la *légumine* et peut-être l'*amandine* d'un grand nombre de plantes ; toutes ces substances étant solubles dans l'eau, non coagulables par la chaleur, précipitables par l'acide acétique ; — *c.* les *albumines coagulées*, la *musculine* ou *syntonine cuite*, substances insolubles dans l'eau, même dans l'eau acidulée par l'acide chlorhydrique ; — *d.* la *fibrine du sang ;* la *myosine* des muscles et la syntonine qui en dérive par l'action des acides et des bases ; la *fibrine du gluten ;* tous ces corps étant insolubles dans l'eau, mais solubles dans l'eau acidulée par un millième d'acide chlorhydrique ; — *e.* la *glutine* extraite du gluten, soluble dans l'alcool. Toutes ces matières renferment, pour 100 : 51,5 à 54 de carbone ; 7,1 à 7,5 d'hydrogène ; 14,6 à 16,8 d'azote ; 0,4 à 1,8 de soufre, et le complément en oxygène, sans que l'on puisse dire que l'origine animale ou végétale influe sur la composition. Elles sont analogues, mais non identiques : le carbone, l'azote, le soufre, y oscillent dans des limites restreintes. Ainsi dans la vitelline comparée à l'albumine, le carbone diminue, tandis que l'azote augmente : le contraire se présente dans la glutine. Peut-être la légumine et l'amandine devraient-elles être reportées dans la seconde classe, celle des collagènes, tant il est difficile de créer des distinctions scientifiquement tranchées, là où la nature n'en a pas fait. En ce qui concerne la richesse en soufre, on peut établir l'ordre décroissant suivant : blanc d'œuf, sérine du sang, fibrine et globuline, vitelline, caséine, albumine végétale coagulée, légumine. Pour la contenance en phosphore, l'ordre décroissant est le suivant : légumine, blanc d'œuf, fibrine, albumine du sang. M. Gautier ajoute que la caséine du lait, la vitelline, la glutine des céréales et la globuline se distinguent des autres matières précédentes en ce qu'elles ne contiennent pas de phosphore. Dans l'hémoglobine, il y a notamment du fer, dont la présence doit être plus fréquente qu'on ne le suppose généralement. La seule différence qu'on puisse établir entre les matières albuminoïdes proprement dites d'origine animale et celles d'origine végétale, c'est que les dernières se transforment un peu plus difficilement que les premières en liquides assimilables dans l'organisme.

La classe des matières protéiques *collagènes* embrasse celles qui, par la cuisson avec l'eau, sont susceptibles de donner de la gélatine ou un corps analogue. Les principales sont, toujours en suivant l'ordre établi par M. Gautier : l'*osséine* des os et des arêtes de poisson, et la *gélatine* qui en provient par la coction dans l'eau ; la substance qui forme les membranes des épithéliums ; la *cartilagéine* des cartilages, et la *chondrine* dans laquelle ils se transforment par l'ébullition ; l'*épidermose* de l'épiderme ; la matière de la corne et des cheveux : le tissu élastique. Dans ces matières, on trouve pour 100 : 49 à 50,5 de carbone ; 6,5 à 7,3 d'hydrogène ; 14,5 à 18 d'azote ; le complément en oxygène. Leur caractère propre, au point de vue de la composition, est qu'elles sont moins riches en carbone que les matières de la première classe.

Les matières azotées non protéiques ont une composition moins complexe que les matières des deux premières classes ; elles sont en général cristallisables, et elles paraissent provenir des précédentes par des oxydations successives et des dédoublements ; ce sont principalement : la *créatinine*, la *créatine*, la *xanthine*, l'*hypoxanthine* ou *sarcine*, la *carnine*, l'*acide urique*, la *leucine*, la *tyrosine*, la *caféine*, la *théobromine*, l'*asparagine*. Toutes ces matières paraissent aptes à subir dans l'organisme des oxydations graduelles, mais elles se retrouvent dans les urines et les autres produits d'excrétion ; elles sont moins riches en carbone que les matières albuminoïdes ; plusieurs d'entre elles jouent le rôle d'excitants par le goût et l'arome agréables qu'elles possèdent.

Les substances alimentaires auxquelles on a donné le nom d'*hydrates de carbone* sont : l'amidon, les sucres, la dextrine, les gommes, les celluloses ; elles forment la partie la plus abondante des céréales et par conséquent du pain ; elles peuvent se transformer partiellement en matières grasses, et, à cause de ce fait, on leur a donné le nom de matières adipogènes. Il convient d'en rapprocher l'alcool qui présente la réunion de l'eau avec un hydrocarbure, c'est-à-dire avec un corps éminemment combustible.

Les corps précédents peuvent jusqu'à un certain point remplacer dans l'alimentation les corps gras ; mais ceux-ci jouent un rôle déterminé dont l'importance est même marquée par la possibilité de leur création accidentelle dans l'économie, s'ils viennent à manquer parmi les aliments. Leur défaut absolu doit être rare, car ces corps gras se rencontrent dans toutes les céréales et constituent les graisses animales, les beurres animaux et végétaux, les huiles, les corps gras, tous corps dont les principes les plus importants sont : l'oléine, la margarine, la stéarine, la palmitine, ces substances n'étant autres que des combinaisons de la glycérine avec des acides gras après élimination d'une certaine quantité d'eau. Parmi les corps gras, il en est quelques-uns qui se font remarquer par la présence du phosphore ; ils constituent les graisses phosphorées de l'œuf, du sang, du cerveau, de la chair de poisson ; on leur a donné les noms de lécithine, de protagon, de myélocone, de cérébrote.

Les principales matières minérales de l'alimentation humaine sont : le chlorure de sodium, le carbonate de chaux, les phosphates et les sulfates de potasse, de soude et de chaux, les sels de fer et de magnésie, puis des traces de fluor, de silice, etc. Toutes ces matières existent dans les aliments ordinaires en proportions suffisantes, sauf le chlore et le sodium que l'homme de tous les temps et de tous les pays sait ajouter dans les substances qu'il mange ou qu'il boit, et qui sont si abondamment répandus dans la nature. Le potassium, le fer, le calcium, le magnésium, le silicium se rencontrent dans les eaux potables ou dans les substances végétales et animales, sous forme de bases à l'état de combinaisons avec l'acide carbonique, l'acide sulfurique, l'acide phosphorique, le chlore, ou bien avec des acides organiques. Le fluor est en petite quantité dans le lait, le sang, les céréales ; le phosphore a l'état de composés organiques dans la légumine, la lécithine et dans les phosphates alcalino-terreux : le soufre est absorbé avec les sulfates ou avec quelques matières albuminoïdes. Lorsque quelques-uns de ces corps viennent à manquer, on fait réparer leur défaut par l'emploi de médicaments alcalins, ferrugineux, phosphatés, sulfatés, magnésiens, iodurés, etc.

En tête de toute alimentation, il faut placer l'eau ; elle forme une fraction considérable du poids tant des aliments que des tissus du corps de l'homme ; elle est la base de toutes les boissons ; elle est excrétée sans cesse par les urines, par la perspiration, par la sueur.

Des expériences directes ont été faites pour déterminer les besoins de l'homme en aliments solides et liquides de toutes sortes. Il est bien connu que les consommations sont très variables d'un individu à un autre : tel est grand mangeur, tel autre est grand buveur. On ne doit, quand il s'agit de donner des indications utiles à l'agriculteur et dont il puisse tirer parti, s'occuper que des conditions générales, en laissant de côté les cas exceptionnels. Nous avons fait avec le plus grand soin, en 1847 et 1848, durant 25 jours entiers, toutes les déterminations directes qui permettent de résoudre le problème. Nos expériences, publiées trois fois dans le Journal d'agriculture que nous dirigions à cette époque, puis dans les *Annales de chimie et de physique*, enfin dans un livre intitulé : *Statique chimique de l'homme et des animaux*, paru en 1850 et depuis longtemps épuisé, ont donné des résultats qu'il nous est permis de citer, puisque toutes les publications faites depuis cette époque lointaine n'ont pas donné des chiffres sensiblement différents de ceux que nous avons obtenus. Nous pouvons regarder nos déterminations comme absolument vérifiées.

L'âge, le sexe, le genre des occupations, les saisons exercent des influences spéciales. Pour avoir une moyenne générale, nous avons fait cinq expériences de cinq jours chacune. Voici les résultats, pour chaque cas spécial, ramenés à une seule journée (24 heures), en ce qui concerne les quantités d'aliments et de boissons, les matières sèches ingérées, l'eau totale consommée, l'azote et le carbone absorbés.

I. Un homme de 29 ans, pesant (tous les vêtements enlevés) 47^{kil},5. — Expérience faite durant l'hiver. — L'homme travaillant beaucoup à des travaux intellectuels, surtout la nuit, faisant assez d'exercices physiques le jour. — Le poids total des ingestions par jour moyen a été de 2755 grammes ; les boissons ont été de 1643 grammes et les aliments solides de 1112 grammes. En desséchant les aliments solides et en tenant compte de l'eau, il a été consommé par 24 heures 756 grammes de matières solides sèches et 1999 grammes d'eau ; l'azote total ingéré a été de 27^{gr},9 par jour et le carbone de 366 grammes.

II. Le même homme, durant l'été suivant, avec des fatigues intellectuelles moindres, mais le même exercice physique, a ingéré en totalité, par jour de 24 heures, 2386 grammes se décomposant en 692 grammes d'aliments solides et 1694 de boissons, ou bien encore de 544 grammes de matières sèches et de 1842 grammes d'eau ; la consommation d'azote par 24 heures a été de 21^{gr},2 et celle du carbone de 265 grammes.

III. Un enfant mâle de 6 ans, pesant nu 15 kilogrammes, jouant selon les habitudes de son âge, a consommé par vingt-quatre heures 440 grammes d'aliments solides, 956 grammes de boissons, en tout 1396 grammes ; en d'autres termes, 327 grammes de matières sèches, 1069 grammes d'eau ; le tout contenant 7^{gr},9 d'azote et 154^{gr},3 de carbone.

IV. Un homme de 59 ans, pesant 58^{kil},7, durant le printemps, ne travaillant pas intellectuellement, mais ayant les occupations d'un garçon de bureau, a consommé en totalité, par vingt-quatre heures, 2710 grammes se décomposant en 981 grammes d'aliments solides et 1729 grammes de boissons, représentés par 708 grammes de matières sèches et 2002 grammes d'eau ; la consommation d'azote par vingt-quatre heures a été de 27^{gr},3, et celle du carbone de 331^{gr},8.

V. Une femme, âgée de 32 ans, pesant net 61^{kil},2, faisant un exercice modéré mais sans travail, a consommé en été et en totalité, par vingt-quatre heures, 2340 grammes, dont 904 d'aliments solides et 1436 grammes de boissons, ou bien 574 grammes de matières sèches et 1766 grammes d'eau ; la consommation d'azote, par vingt-quatre heures, a été de 22^{gr},4 et celle de carbone de 293 grammes.

De ces cinq expériences, il résulte que, par vingt-quatre heures, il a fallu :

	MATIÈRES SÈCHES TOTALES	EAU TOTALE	AZOTE TOTAL	CARBONE TOTAL	MATIÈRES SÈCHES PAR KILOGRAMME DU CORPS	AZOTE PAR KILOGRAMME DU CORPS	AZOTE POUR 100 DE MATIÈRES SÈCHES	CARBONE PAR KILOGRAMME DU CORPS	EAU PAR KILOGR. DU CORPS
	gram.	gram.	gram.	gram.	gram.	gram.	gram.	gram.	gram.
Un jeune homme (hiver).	756	1,999	27,9	366	15,9	0,587	3,7	7,71	42
Un jeune homme (été)...	544	1,842	21,2	265	11,4	0,446	3,8	5,58	38
Un enfant de 6 ans......	327	1,069	7,9	154	21,8	0,526	3,4	10,27	71
Un homme de 59 ans....	708	2,002	27,3	332	12,1	0,464	3,8	5,63	34
Une femme de 32 ans....	574	1,766	22,4	293	9,4	0,366	3,9	4,79	29
Moyenne...........	582	1,735	21,3	282	14,1	0,478	3,6	6,70	43

Il faut remarquer que les fortes dépenses en travail intellectuel ou physique entraînent une plus grande consommation d'azote et de carbone ; que, dans l'enfance, il y a surtout une plus forte consommation de carbone ; qu'une femme qui ne travaille ni physiquement ni intellectuellement, consomme relativement peu, malgré un poids considérable ; qu'en hiver la consommation est plus grande qu'en été.

Dans son *Traité de chimie appliquée à la physiologie* publié en 1874, M. Armand Gautier donne les caractères suivants pour les diverses alimentations de l'homme :

Une alimentation est *insuffisante*, si elle fournit à un adulte d'un poids moyen de 63 kilogrammes, et au repos, moins de 11 grammes d'azote et de 220 à 230 grammes de carbone par jour, c'est-à-dire seulement 0^{gr},174 d'azote et 3^{gr},65 de carbone par kilogramme de poids vif.

Une alimentation est *excessive*, quand elle fournit à l'organisme, dans les vingt-quatre heures, au delà de 0^{gr},349 à 0^{gr},365 d'azote et plus de 4^{gr},76 à 5^{gr},55 de carbone par kilogramme du poids du corps chez un homme qui ne fait qu'un exercice exempt de fatigue, et au delà de 0^{gr},489 d'azote et de 7^{gr},1 de carbone par kilogramme du poids du corps chez un homme qui fait un travail musculaire énergique durant sept à huit heures.

L'alimentation habituelle d'un adulte de 63 kilogrammes comporte, d'après M. Gautier :

	EN CARBONE	EN AZOTE
	gram.	gram.
Pour la ration ordinaire.....	280	20,00
Pour la ration de travail....	170	8,74
Ration d'un bon ouvrier....	450	28,74

M. Letheby, qui a publié en 1868 une étude approfondie des conditions de l'alimentation en Angleterre, s'exprime ainsi sur les rations *minima* que l'on peut imposer à l'espèce humaine (traduction de l'abbé Moigno) : « On peut dire d'une manière générale qu'un homme sain et vigoureux peut consommer en une année une quantité d'aliments solides qui, à l'état sec pèseraient 320 à 360 kilogrammes, ce qui ferait au maximum près d'un kilogramme par jour et au minimum 890 gr. La quantité d'eau (tant libre que combinée) est d'environ 2535 kilogrammes par jour. En poussant les recherches un peu plus loin, on trouve qu'un homme ne peut pas vivre à un régime de prison de 500 grammes de pain par jour avec de l'eau ; car, au bout de huit jours, il aurait perdu plus d'un kilogramme de son poids, et commencerait à donner des signes sensibles d'épuisement. Ce régime contient 37 grammes de matières azotées et 238 de matières carbonées (123^{gr},4 de carbone et 5^{gr},83 d'azote). Les pauvres couturières de Londres ne peuvent même subsister que tout juste dans un état de vitalité faible, avec une nourriture moyenne de 670 grammes de pain par jour et environ 28 de corps gras. Cette nourriture contient à peu près 57 grammes de matières azotées et 414 de matières carbonées, estimées sous la forme d'amidon (212 grammes de carbone et 8^{gr},7 d'azote). Dans les prisons militaires, où l'on donne aux prisonniers, par jour, pendant une détention de courte durée, 106 grammes de nourriture azotée et 651 grammes de nourriture carbonée (446 grammes de carbone et 16^{gr},5 d'azote), ils perdent souvent du poids et donnent des signes évidents de dépérissement ; de sorte que, pour une plus longue durée de la détention, on a jugé nécessaire d'augmenter la nourriture jusqu'à 133 grammes de matières protéiques et 788 de matières hydro-carbonées (560^{gr},7 de carbone et 20^{gr},5 d'azote). En effet, suivant M. Christison, les hommes détenus dans la prison de Pesth ne peuvent faire le travail de pomper de l'eau pour la prison avec un régime quotidien de 70 grammes de matières protéiques et 709 d'hydrates de carbone (463^{gr},1 de carbone et 16^{gr},2 d'azote). En outre, le docteur Edward Smith, dans ses recherches sur le régime des ouvriers adultes mâles du Lancashire et du Cheshire, pendant la famine du coton, et aussi des ouvriers de l'Angleterre nourris à bas prix, a trouvé que la quantité de nourriture tout justement suffisante pour soutenir l'existence, devait contenir 80^{gr},5 de matières azotées et 546 de matières carbonées (278^{gr},6 de carbone et 13 d'azote). Les quantités sont contenues dans 992 grammes de pain, que l'on regarde comme un régime de famine. »

D'après nos expériences, on a par vingt-quatre heures, pour un adulte de 63 kilogrammes soumis à une bonne alimentation :

En carbone.. 6^{gr},794 × 63 = 428 grammes,
En azote.... 0^{gr},478 × 63 = 30 grammes.

Ces expériences, publiées en 1849 dans les *Annales de chimie et de physique*, 3ᵉ série, t. XXV, ont donc les premières établi des faits qui sont devenus la base de toute alimentation rationnelle. Nous donnerons plus loin, après la revue de tous les systèmes d'alimentation suivis chez les différents peuples et particulièrement au sein des populations rurales, un tableau qui présentera l'ensemble de toutes les déterminations acquises, et permettra de bien voir entre quelles limites on a pu s'éloigner, dans la pratique, des règles que la science peut aujourd'hui formuler.

On conçoit qu'en composant diversement les rations avec des éléments variés, on peut, ainsi que cela s'est fait empiriquement jusqu'à ce jour, tomber sur des proportions plus ou moins différentes de celles que la théorie indique. L'aliment qui est en excès est rejeté hors de l'économie sans être utilisé; il peut même être nuisible. Maintenant que l'on connaît suffisamment la composition de toutes les substances alimentaires, il est facile de substituer un aliment à un autre, de telle sorte que l'alimentation fournisse toujours au corps les mêmes doses élémentaires nécessaires selon le climat et le travail ; on peut abaisser ou élever l'azote ou le carbone à volonté. L'expérience a démontré que, dans une bonne alimentation, les aliments doivent être azotés dans les rapports suivants :

Aliments azotés secs	5
Amidon sec ou corps analogues	16
Corps gras	6
Total	27

Pour un homme du poids de 63 kilogrammes, il faudra 14,1 × 63 = 888 grammes d'aliments secs, soit :

Aliments azotés secs	164
Amidon sec ou corps analogues	527
Corps gras	197
Total	888

A cette ration sèche quotidienne, qui contient en général naturellement les matières minérales nécessaires à l'économie, à l'exception du chlorure de sodium, il faut ajouter 16 grammes de ce dernier sel. Quant à l'eau donnée en boisson ou mélangée avec les aliments solides, elle sera, toujours pour un adulte de 63 kilogrammes, de 43 × 63 = 2709 grammes. Il sera bien de ne pas donner intégralement de l'eau pure, mais de remplacer celle-ci par du bouillon, du café et des boissons fermentées (vin, bière, cidre, etc.). Dans les conditions ordinaires, la proportion de un à deux litres de ces boissons doit suffire par jour.

Alimentation dans l'espèce chevaline. — Le mode d'alimentation du cheval varie considérablement selon les pays. Dans la plus grande partie de la France et du nord de l'Europe, les chevaux sont nourris avec du foin, de l'avoine, de la paille, durant la plus grande partie de l'année, si ce n'est durant l'année entière. Les jeunes chevaux, les juments, les chevaux de l'agriculture mangent en outre de l'herbe des prairies naturelles ou artificielles pendant quelques semaines. On ajoute à cette nourriture, dans beaucoup d'écuries, du son, des carottes et parfois des betteraves et des topinambours ou des navets, et même des pommes de terre. Ailleurs, à l'avoine on substitue l'orge, ou bien des vesces et des féverolles ; l'emploi du maïs est devenu assez fréquent. Les caroubes sont très usitées dans l'Europe méridionale. Ailleurs encore, le riz, les tiges des cannes à sucre, les tiges de sorgho, l'ajonc épineux, du genêt, de la bruyère, sont employés, et même on a recours à des tourteaux, ou bien à des boulettes de viande, à du pain, à des œufs, à du lait. Ce sont des animaux qui s'habituent en quelque sorte à toute alimentation, à la condition qu'on ne la change pas brusquement, et que d'ailleurs on la compose de telle sorte qu'elle soit suffisante pour le service qu'on exige.

Ce qui importe, pour l'alimentation du cheval comme pour la nourriture de l'homme, c'est qu'il y ait, quoique le dernier soit principalement carnivore et le premier principalement herbivore, un rapport convenable entre les divers principes des aliments. Ceux-ci sont :

1° Protéiques, ou encore albuminoïdes et peuvent être dits simplement azotés : il n'y a pas grande différence dans ces diverses manières de s'exprimer, car on passe de l'azote aux matières dites protéiques tout simplement en multipliant par 6,25 le dosage en azote ; on admet que les matières protéiques ou albuminoïdes d'origine végétale renferment 16 pour 100 d'azote ;

2° Glucosiques, c'est-à-dire qui sont d'une composition analogue à celle des sucres, de l'amidon, etc., ou encore qui sont formés de carbone et des éléments de l'eau ; ce qui les a fait nommer hydrates de carbone ;

3° Gras : leur composition est telle, qu'outre du carbone et des éléments de l'eau, il s'y trouve de l'hydrogène en excès, susceptible, estime-t-on, de fournir de la chaleur dans l'organisme, indépendamment de celle produite par le carbone ;

4° Minéraux : ils forment les cendres des végétaux qu'on incinère au contact de l'air.

Dans les végétaux qui servent à l'alimentation du cheval et des autres animaux domestiques, il y a en outre de la cellulose. On a supposé pendant longtemps qu'elle ne jouait aucun rôle dans l'alimentation. Il a été démontré par de nombreuses expériences qu'elle n'est pas entièrement expulsée du corps des animaux domestiques dans les excréments, et que, selon les circonstances, il s'en trouve une plus ou moins grande portion qui est assimilée.

Il résulte des expériences directes de M. Boussingault et de MM. Valentin et Brunner, expériences dont nous avons rapporté les détails dans notre livre sur la *Statique chimique de l'homme et des animaux*, que par kilogramme de son poids, un cheval consomme par 24 heures :

grammes
0,373 d'azote,
10,666 de carbone,
18,611 de matières sèches,
58,000 d'eau,
1,658 de matières minérales.

Dans les expériences dont il s'agit, l'alimentation se composait de foin, d'avoine, de paille et d'eau. Depuis qu'elles ont été faites, beaucoup d'autres ont été entreprises ; mais leurs résultats, quoique ayant de l'importance, ne changent pas les rapports ci-dessus établis, en ce qu'ils ont de fondamental. Ainsi, M. Wolf a déduit de ses recherches qu'un kilogramme de poids vif dans le cheval consomme par jour 2gr,5 de protéine, ce qui revient à 0gr,4 d'azote. Mais selon la nature des aliments, il pourra y avoir plus ou moins de matières carbonées dans les excréments solides, ce qui influe sur la quantité de carbone ingérée ; l'eau varie aussi beaucoup selon les causes qui agissent sur la perspiration, la transpiration et l'émission des déjections solides et liquides. Le poids des matières sèches consommées qui vient d'être indiqué, pourra être diminué avec l'usage d'aliments plus azotés ; il suppose ici une richesse de 2 pour 100 en azote. Or, il y a des fourrages plus riches, d'autres plus pauvres. Chaque cas particulier exige un examen attentif et une solution spéciale.

Il faut distinguer dans l'alimentation du cheval adulte, ce qui est nécessaire à l'animal pour son entretien à l'état de repos ou à l'écurie, pour son entretien quand il se transporte lui-même sans aucune charge additionnelle, quand il travaille en traînant ou en portant des fardeaux. Tenir compte de toutes les circonstances dans lesquelles le cheval est placé ou employé, s'arranger de manière à substituer aux aliments dont le cours est trop élevé, ceux dont le prix est plus bas, mais sans diminuer en rien la puissance de réparation complète que l'alimentation rationnelle doit établir et faire durer : tel est le but que doit constamment poursuivre l'administrateur qui dirige une écurie grande ou petite. Il ne saurait plus réussir en se contentant d'adopter les règles empiriques usitées jusque dans ces dernières années et reposant seulement sur des observations sans précision ou sur la routine. Les progrès de la chimie, de la mécanique et de la physiologie, en même temps que ceux de l'art de l'expérimentation, ont permis de faire la lumière sur cette partie importante de la zootechnie.

Tout d'abord on peut dire d'une manière générale que, dans une alimentation convenable faite avec les fourrages et les grains les plus usuels, alimentation que l'on diminue ou que l'on augmente, selon qu'on demande plus ou moins au cheval, les diverses matières qui entrent dans le total du poids sec supposé égal à 18, sont entre elles ainsi qu'il suit : matières protéiques, 3 ; matières glucosiques, 7 ; matières grasses, 1 ; cellulose, 5 ; matières minérales, 2 ; poids total sec, 18.

Mais quelle est la quantité de matières azotées ou protéiques qu'il faut administrer au cheval ? La formule la plus plausible, pour la solution de la question, qui ait été donnée jusqu'à présent, est celle qu'on trouve dans le rapport de M. Maurice Bixio sur l'alimentation, en 1877, des chevaux de la Compagnie des voitures de Paris. Nous reproduisons la substance de la démonstration de cette solution qui sera utile à tous ceux appelés à diriger une cavalerie.

La ration d'entretien p est la quantité d'aliments qui est nécessaire au cheval pour s'entretenir en bon état, en supposant qu'il ne fasse aucun travail et qu'il ne sorte pas de l'écurie.

La ration de transport p' est celle qu'il faut donner au cheval, en plus de la ration précédente, en supposant qu'au lieu de rester à l'écurie, il sorte et marche sans tirer un fardeau, mais en ayant simplement à transporter son propre poids à diverses allures, plus des harnais ou un cavalier.

Enfin la ration de travail p'' est celle qu'il faut donner au cheval en plus des deux rations précédentes pour produire un travail utile en tirant un fardeau.

La ration alimentaire réelle donnée au cheval étant P, on a donc :

$$(1) \qquad P = p + p' + p''.$$

D'un autre côté, si l'on désigne par M le poids du cheval et par A la quantité (à déterminer) de matières protéiques nécessaire pour entretenir 1 kilogramme de poids vif à l'état de repos, comme on admet que la quantité de protéine est proportionnelle au poids de l'animal, on aura pour la valeur de la ration d'entretien :

$$(2) \qquad p = MA.$$

Mais on sait que l'expression mécanique d'un travail T quelconque est le produit de la multiplication de l'effort exercé F par le chemin parcouru E, ce qui donne l'équation

$$(3) \qquad T = FE.$$

Si l'on appelle C le coefficient mécanique de l'unité alimentaire, c'est-à-dire le nombre de kilogrammètres produits par un kilogramme de protéine que l'on prend précisément pour unité de la valeur comparative des aliments, ce qui est permis lorsque ceux-ci ont des compositions analogues, on aura aussi très évidemment, lorsqu'une ration Q sera dépensée :

$$(4) \qquad T = QC.$$

Appelons maintenant B le coefficient de transport, c'est-à-dire l'effort constant que le cheval devra faire pour transporter un kilogramme, soit de son propre corps, soit d'un fardeau m, par exemple du harnais posé dessus, on aura :

$$F = (M + m) B ;$$

d'où, en vertu de l'équation (3),

$$T = (M + m) BE,$$

et, comme en vertu de l'équation (4), on a aussi, en faisant $Q = p'$:

$$T = p'C, \text{ d'où } p' = \frac{T}{C}$$

et encore :

$$(5) \qquad p' = \frac{(M + m) BE}{C}.$$

Si le cheval travaille nu, on fera $m = 0$, ou bien on lui donnera la valeur du poids du sac ou du cavalier dont il sera chargé.

Maintenant cherchons l'expression de p''. Pour cela désignons par N le poids de la voiture tirée et par D le coefficient de traction, c'est-à-dire l'effort constant que devra faire un cheval pour transporter, à une allure déterminée, 1 kilogramme de poids utile sur une chaussée déterminée ; on aura pour ce travail :

$$T = NDE,$$

et par conséquent :

$$(6) \qquad p'' = \frac{NDE}{C}.$$

Dès lors, en vertu des équations (1), (2), (5) et (6) :

$$P = MA + \frac{E[(M + m) B + ND]}{C}.$$

Telle est la formule à l'aide de laquelle on pourra déterminer la quantité P de protéine qu'il est nécessaire de donner à un cheval le jour où il travaille en tirant une voiture ; si le cheval tirait une charrue, on modifierait en conséquence la valeur (6) de p'' en décomposant NDE en deux parties : l'une l'effort de traction de labour multiplié par la longueur du labour ; l'autre l'effort de traction de la charrue devenue simple charrette, par le chemin parcouru jusqu'au champ.

Qu'on suppose maintenant que le cheval ne travaille que de deux jours l'un, il n'aura besoin, le jour de repos, que de sa ration d'entretien, et si pour aller à l'abreuvoir, au pansage, à la ferrure, il a quelques mouvements à faire, il lui faudra en outre une petite ration de transport facile à représenter en appelant E' le chemin parcouru le jour de repos. La ration alimentaire sera pour cette journée :

$$P' = MA + \frac{MBE'}{C}.$$

La ration totale de deux jours, sera donc :

$$P + P' = 2MA + \frac{M(E + E') B + E (mB + ND)}{C}.$$

Pour appliquer cette formule, il faut connaître les coefficients A, B, D, C.

On admet généralement qu'il faut à un cheval $0^{gr},3$ de protéine d'entretien par kilogramme de poids vif ; donc $A = 0^{k},0003$.

Un cheval qui transporte son propre poids, seul

ou avec un fardeau posé dessus, fait un effort de 100 grammes par kilogramme de poids porté au trot ; donc B = 0k,1.

Quant au coefficient de traction, il a été déterminé par le général Morin pour diverses natures et différents états de chaussées ; on aurait, en moyenne, D = 0,06 pour le trot et D = 0,03 pour le pas. Ce sont des valeurs approximatives plutôt trop fortes que trop faibles.

Quant au coefficient C, il résulterait des recherches de M. Sanson, qu'un kilogramme de protéine produit 1 600 000 kilogrammètres ; d'où C = 1 600 000.

Comme exemple d'application, nous reproduisons celui fourni par M. Bixio pour la ration de deux jours d'un cheval des voitures de Paris ; on a les valeurs suivantes :

M = 420 kilogrammes, poids du cheval.
A = 0,0003, coefficient d'entretien.
E = 50 000 mètres, chemin parcouru par jour de travail.
E′ = 300 mètres, chemin parcouru par le cheval quand il ne travaille pas.
E + E′ = 50 300 mètres.
B = 0,1.
m = 14 kilogrammes, poids du harnais.
N = 533 kilogrammes, poids moyen de la voiture.
D = 0,06, coefficient de traction pour un travail au trot sur une chaussée pavée.

On a alors pour la quantité de protéine à fournir en deux jours, dont un de repos :

$$\frac{2 \times 420 \times 0{,}0003 + 50\,300 \times 420 \times 0{,}1 + 50\,000\,(14 \times 0{,}1 + 533 \times 0{,}06)}{1\,600\,000}$$

et en effectuant les calculs 2k,364.

On a satisfait à cette condition, dans l'administration des voitures de Paris, en formant une ration de la manière suivante :

	kilogrammes		kilogrammes
Foin......	3,750	contenant en protéine	0,379
Paille.....	3,500	—	0,106
Avoine....	4,000	—	0,317
Son.......	0,200	—	0,028
Féverolles.	2,500	—	0,622
Maïs......	7,500	—	0,750
		Total....	2,202

Soit 2gr,6 de protéine ou 0gr,402 d'azote par jour et par kilogramme de poids vif.

S'il eût fallu constituer l'alimentation exclusivement avec de l'avoine, la quantité pour les deux journées se serait élevée à 28 kilogrammes. Mais l'expérience a démontré qu'il est impossible d'alimenter un cheval exclusivement avec de l'avoine, et qu'il convient de lui donner en même temps au moins du foin et mieux encore du foin, du son et de la paille ; avec d'autres grains on obtient de meilleurs résultats encore, et si les prix du marché y invitent, on peut diminuer considérablement la proportion du grain le plus cher pour le remplacer par un grain meilleur marché, en respectant seulement la loi du maintien de la protéine nécessaire au travail exigé de l'animal. Autre remarque importante : la richesse de l'avoine ou de tout autre grain, même de tout autre fourrage en matières protéiques, est loin d'être constante ; elle peut varier du simple au double et même plus selon les années, la provenance, la variété. D'où la conséquence que pour chaque lot nouveau d'aliments, on est réduit à la nécessité d'avoir recours à l'analyse chimique. C'est une nécessité que doivent accepter résolument tous ceux qui ont à nourrir un nombreux effectif.

A Paris, la Compagnie générale des voitures et celle des omnibus ont compris l'importance de pareilles déterminations ; elles les ont confiées à deux chimistes habiles, la première à M. Grandeau, la seconde à M. Müntz, et elles ont pu, grâce aux indications obtenues, faire des économies considérables. Baudement avait d'ailleurs commencé antérieurement des recherches de même ordre pour les chevaux d'un régiment de cavalerie.

D'après d'anciens règlements, qui sont encore en vigueur, la ration moyenne du cheval de troupe est représentée par les quantités suivantes :

	kilogr.
Foin........................	3,0
Paille de blé.................	2,0
Avoine......................	4,5

Il y a, en outre, 2 kilogrammes de paille pour litière. — La ration consommée par le cheval moyen de cavalerie représente, par conséquent, la composition suivante :

	kilogr.
Matières azotées...........	0,694
Matières grasses...........	0,271
Matières glucosiques........	4,855
Matières minérales..........	0,486
Celluloses..................	1,775
Eau........................	1,419
	9,500

Cette ration de 9kg,500, comme l'a remarqué M. Grandeau et comme en conviennent d'ailleurs la plupart des officiers de cavalerie, est trop faible. Les 694 grammes de matières ne correspondent qu'à 111 grammes d'azote par tête et par jour. Le rapport des matières azotées aux matières glucosiques est de 1/7, et celui des matières azotées aux matières grasses est de 2/61. Ce dernier rapport est assez convenable, mais les matières azotées sont un peu trop faibles par rapport aux matières glucosiques. L'alimentation du cheval de troupe pourrait être améliorée au double point de vue de la quantité et de la composition ; on pourrait y arriver par des substitutions avantageuses qui n'entraîneraient pas d'augmentation de dépenses et pourraient même donner lieu à des économies.

A la théorie qui vient d'être exposée pour calculer la ration d'après le travail demandé aux attelages, il peut être fait une grave objection de doctrine. On a prétendu conclure d'expériences que l'utilisation des matières azotées ne serait pas plus grande dans le travail que dans le repos, tandis que la combustion du carbone et de l'hydrogène augmenterait dans des proportions énormes. La preuve complète de cette interprétation des faits n'est pas donnée. Il est établi au contraire qu'il faut des aliments azotés à tout être vivant qui développe de grands efforts physiques. Dans tous les cas, des rapports qui varient peu existent toujours entre les diverses natures d'aliments protéiques, glucosiques, gras et même cellulosiques, dans une ration alimentaire satisfaisante. C'est pourquoi la formule propre à calculer la ration du cheval dans laquelle on n'a tenu compte que des matières protéiques, fournit néanmoins des indications précieuses, toujours vérifiées quand elles sont appliquées par un éleveur intelligent et sachant son métier. La nouvelle doctrine chasse devant elle les prescriptions de la routine, qui mesurait au volume la nourriture des animaux domestiques, ou bien qui se basait pour les substitutions des divers aliments sur des remplacements, volume pour volume ou, ce qui était moins mal, poids pour poids. Il n'est pas exact de comparer un moteur animal à une machine à feu, les aliments étant simplement du combustible ; il n'y a qu'une analogie lointaine en ce sens que, dans l'animal, comme dans la machine à feu, il y a de la chaleur produite et que la chaleur se transforme en force et donne du travail. Mais il est impossible d'affirmer que les matières azotées n'ont pas un rôle spécial dans la machine animale, tandis qu'il est certain qu'elles n'interviennent pas dans la machine à feu.

Lorsqu'une administration occupe plusieurs milliers de chevaux, au delà même de 10 000, comme la Compagnie des voitures de Paris, l'économie produite par l'alimentation rationnelle se chiffre par des dizaines de milliers de francs, et cela frappe l'attention ; les agriculteurs ne sont pas moins sensibles à des économies de centaines de francs. Par conséquent, ils s'inspireront des renseignements fournis par M. Bixio, en 1878 : « Les chevaux des omnibus de Londres n'ont pas reçu un grain d'avoine depuis quatre ans ; ils sont exclusivement nourris au foin, à la paille et au maïs. Les tramways et les omnibus de Berlin sont entrés très largement dans la voie de la substitution à l'avoine, des tourteaux, du maïs et des pois, et une fabrique spéciale est établie à Berlin pour fournir à l'alimentation des chevaux, un tourteau mélangé d'une série d'éléments divers. Les omnibus et tramways de Naples, Turin, Milan, vont au maïs, aux caroubes et à la féverole dans plusieurs de ces villes, avec exclusion complète de l'avoine. »

Les recherches entreprises à la Compagnie des omnibus de Paris, d'abord par M. Moreau-Chaslon, puis par M. Lavalard, avec le concours de M. Müntz, pour les expériences chimiques, conduisent à des conclusions analogues, avec plus de précision et d'utilité générale.

Le chemin parcouru chaque jour par le cheval des omnibus de Paris est moindre que celui des voitures ; il est seulement de 14 à 18 kilomètres. Quant au travail lui-même, il n'est pas évalué dans les rapports de la Compagnie où l'on ne trouve pas les données nécessaires pour le calculer d'après le poids des voitures, le nombre des voyageurs et l'état du pavé. Le poids des chevaux est compris entre 520 et 560 kilogrammes ; il est en moyenne de 540 kilogrammes. La ration qui permet, avec le travail qu'on lui demande, d'entretenir le cheval toujours en bon état et avec le même poids, a été ainsi composée en moyenne en 1879 :

	kilogrammes
Foin	4,145
Paille	4,740
Avoine	4,556
Maïs	3,408
Féveroles	0,618
Son et carottes	0,492
Orge	0,001

Pour vérifier la suffisance entière de cette alimentation, trois expériences du plus haut intérêt ont été entreprises et menées à terme par MM. Lavalard et Müntz. Elles ont consisté : la première, à vérifier sur un nombre considérable de chevaux (362), pendant un temps assez long (7 novembre 1878 au 7 avril 1879), qu'une ration à peu près identique à celle qui vient d'être indiquée maintient constant le poids de la cavalerie ; la seconde, qu'une augmentation, même assez faible de la ration, amène un accroissement de poids ; la troisième enfin, qu'une diminution également peu élevée dans l'alimentation a pour effet une déperdition dans le poids des chevaux. Dans les trois expériences de même durée et exécutées sur un effectif à peu près identique, le même travail était demandé aux chevaux.

La ration pour la première expérience avait été fixée par M. Lavalard aux quantités suivantes :

	kilogrammes
Avoine	4,600
Maïs	3,000
Féveroles	1,000
Foin	5,000
Paille	5,000
Son	0,400

Toutes les consommations ont été pesées et analysées, et il résulte des déterminations faites par M. Müntz qu'en fin de compte, chaque cheval a consommé par jour 18k,733, ainsi qu'il suit :

	kilogrammes
Avoine	4,851
Maïs	3,063
Féveroles	0,963
Foin	4,700
Paille	4,980
Son	0,519

Cette ration de 18k,733 contenait les principes suivants :

	kilogrammes
Eau hygrométrique des aliments	2,909
Matières minérales	1,063
Matières azotées (protéine)	1,595
Matières grasses	0,451
Matières glucosiques, amidon, etc.	9,582
Cellulose	3,152

Le poids moyen des chevaux étant resté continu et égal à 548 kilogrammes, la ration journalière par kilogramme de poids vif de cheval a donc été :

	grammes
Matières azotées	2,91
Matières grasses	0,82
Matières glucosiques, etc.	17,48
Cellulose	5,71

Les rapports des matières azotées à l'ensemble des matières glucosiques a été de 1 à 6. Quant à la consommation par jour et par kilogramme elle a été en carbone de 13gr,870 et en azote de 0gr,467.

Eh bien ! il a suffi qu'on augmentât de 30 grammes par jour la proportion de protéine par tête de cheval et de 40 grammes celle d'amidon, pour que le poids moyen du cheval s'accrût de 548 à 558 kilogrammes. Inversement, dans la troisième expérience, une diminution de 90 grammes de protéine par jour et par tête de cheval et de 1400 grammes environ des principes hydrocarbonés, a amené une réduction de 10 kilogrammes dans le poids moyen des chevaux. De là cette conséquence que les agriculteurs, en s'attachant seulement à conserver dans l'alimentation les quotités et les rapports des principes nutritifs qui viennent d'être indiqués, pourront toujours introduire dans l'alimentation des chevaux des substitutions des aliments moins chers aux aliments d'un cours accidentel trop élevé.

Mais il faut remarquer que la ration qui vient d'être démontrée nécessaire et suffisante est une ration de travail. Comment faut-il alimenter un cheval au repos ? Pour résoudre la question, il a été fait par M. Müntz deux expériences, l'une avec le tiers, l'autre avec la moitié de la ration de travail, en constatant le poids des chevaux chaque jour. Avec le tiers, les animaux ont diminué de poids ; avec la moitié, le poids s'en est accru. Donc la ration au repos est comprise entre les 4/12 et les 6/12 de la ration totale dans le travail ; d'où l'on a conclu que la ration d'entretien devait être portée aux 5/12 de la ration nécessaire et suffisante pour le travail d'un parcours de 14 à 18 kilomètres chaque jour avec la charge d'un omnibus attelé dans les conditions que tout le monde connait à Paris et portant le nombre moyen des voyageurs qui fréquentent ces véhicules.

Le travail utile produit doit être estimé dans chaque cas selon les formules précédemment données. D'après l'espace parcouru et l'effort exercé, ce calcul servira de mesure à la proportionnalité des rations.

La quantité d'azote que doit contenir la ration de simple entretien sera en conséquence de $0^{gr},194$ par kilogramme de poids, soit 19 grammes d'azote ou 121 grammes de protéine par 100 kilogrammes de poids vivant. On devra augmenter cette quantité dans la proportion du travail, des efforts de tirage ou d'allures que l'on voudra obtenir du cheval. On admet que, pour une même quantité de travail mécanique produite, il faut au trot quatre fois plus d'aliments azotés ou de protéine qu'au pas.

Pour déterminer l'alimentation à donner aux juments portières ou aux juments nourrices, il sera nécessaire d'ajouter une quantité proportionnelle au poids du fœtus porté ou du jeune poulain nourri. L'alimentation doit aussi être augmentée pour les étalons en raison des saillies qu'on leur fait faire, et en admettant que trois saillies pour l'étalon correspondent à une journée de travail.

Alimentation dans l'espèce asine. — La sobriété de l'âne est proverbiale ; elle n'est pas autant mesurée scientifiquement. S'il s'agit de la qualité des aliments sur laquelle l'âne est incontestablement moins difficile que le cheval, il n'y a pas d'opposition à faire. Mais les expériences manquent en ce qui concerne la composition chimique des rations les plus convenables à l'espèce asine : à l'ânesse, au baudet et à leurs produits. Mais rien n'autorise à dire que, pour la même quantité de travail effectif et par kilogramme de poids vif, il y ait moins de matières alimentaires dépensées dans l'espèce asine que dans l'espèce chevaline, notamment moins de matières soit azotées, soit hydrocarbonées ; seulement ces matières peuvent être incontestablement sous une forme plus grossière, d'où le nom d'animal rustique et frugal donné à l'âne ; mais il se trouverait mieux d'une meilleure nourriture. La possibilité de la substitution de fourrages grossiers à des fourrages plus délicats, voilà le caractère principal de l'alimentation de l'âne, de la mule et du mulet qui donnent, en conséquence, de la force moins coûteuse, et aussi sous une forme toute spéciale, puisque les bêtes asines et mulassières sont de meilleures bêtes de somme, surtout pour porter et ayant le pied plus sûr.

Alimentation dans l'espèce bovine. — L'alimentation dans l'espèce bovine est réglementée différemment selon l'un des trois buts à atteindre : obtenir du travail, faire du lait, produire de la viande.

Animaux de travail. — On emploie comme moteurs le bœuf et la vache. Ces animaux peuvent être nourris exclusivement avec du foin ou bien avec de l'herbe à l'état vert. On admet que l'alimentation doit être, dans les conditions habituelles, composée de telle sorte, que l'animal reçoive par kilogramme de poids vif et par 24 heures, 9 à 10 grammes de carbone, et $0^{gr},120$ d'azote. La quantité de travail produite par jour est variable selon la force de l'animal ; les calculs faits donnent de 1 à 2 millions de kilogrammètres pour chaque jour, selon les cas.

Dans la ration précédente, il faut qu'il y ait un certain rapport entre les matières azotées, les matières grasses et les hydrates de carbone ; il faut aussi une quantité suffisante de matières minérales ; enfin l'eau ne doit pas être considérable. On peut admettre aussi que la ration du bœuf au repos ne doit pas descendre au-dessous des 5/12 de celle du bœuf travaillant.

Le bon foin peut suffire pour nourrir le bœuf de travail et lui donner toute son énergie. Quand on emploie la nourriture verte, il est bon, pour éviter que l'alimentation soit trop aqueuse, d'y joindre de la paille hachée. Selon les circonstances économiques, on substitue en partie au foin des betteraves ou bien des pulpes de sucrerie ou de distillerie ; on mélange à ces aliments aqueux de la paille hachée, des menues pailles, des siliques de colza, des tourteaux. Comme règle pratique, on peut considérer qu'un mélange qui doserait $0^{gr},120$ à $0^{gr},150$ d'azote, soit $2^{gr},63$ de protéine par kilogramme de poids vif, fournira généralement tous les autres principes alimentaires en proportions convenables, et alors on ne s'occupe, pour régler l'alimentation, que de calculer les rations, de manière à donner la protéine en proportion suffisante. Sur une ration égale à 40, les matières protéiques, les matières grasses et les hydrates de carbone doivent être les uns avec les autres dans les proportions de 7 à 2 et à 31, d'après l'ensemble de toutes les expériences faites jusqu'à ce jour. On peut ajouter que le poids de la ration supposée desséchée doit être de 2 à 3 pour 100 du poids total de l'animal.

Les mêmes règles doivent être appliquées aux taureaux et aux vaches que l'on fait travailler. On augmente la ration en proportion du travail à obtenir. Les taureaux ont plus de vigueur que les bœufs, les vaches un peu moins. Il faut modérer le travail demandé aux vaches laitières, pour ne pas diminuer la puissance lactifère.

Les boissons diffèrent en quantité, selon l'état des aliments ; on conçoit qu'on ne doit pas donner à boire également selon que les aliments sont composés par exemple de foin à 14 pour 100 d'eau, ou bien de betteraves à 84 pour 100. En général, on laisse l'animal boire à sa soif et se régler lui-même d'après ses besoins.

Vaches laitières. — D'une expérience faite par M. Boussingault sur une vache qui a conservé le poids moyen de $468^{k},5$ et qui donnait par jour $8^{l},5$ de lait, il résulte que l'alimentation exigeait par 24 heures et par kilogramme de poids vif :

	grammes
Eau totale	153,5
Matières sèches	22,5
Matières minérales	1,9
Matières organiques sèches	20,6
Azote	0,430
Matières protéiques	2,688
Carbone	10,3
Hydrogène en excès	0,191

L'alimentation était faite avec 15 kilogrammes de pommes de terre, 7500 grammes de regain de foin et 60 litres d'eau pour boisson.

On voit que la consommation d'une vache laitière pour même poids ne diffère pas sensiblement de celle du bœuf de travail ; seulement les aliments doivent être plus aqueux ou bien accompagnés de boissons plus abondantes. Il paraît utile aussi d'ajouter en petite proportion de la graine de lin et une décoction très légère de graine de fenouil pour favoriser et accroître la production du lait. Il est incontestable que la nature des aliments influe tantôt sur la qualité, tantôt sur la quantité de lait fourni par les vaches, soit pour augmenter ou diminuer la proportion du beurre, par exemple, soit pour donner un arome estimé ou un goût qui déprécie, soit pour avoir plus ou moins de caséine ou de sucre, soit, ce qui se définit plus aisément, pour avoir un nombre de litres plus grand à chaque traite. Dans tous les cas, les vaches qui fournissent plus de 8 litres de lait par jour, doivent recevoir une alimentation qui accroisse pour chaque litre en plus, de 11 milligrammes, par kilogramme de poids vif sa ration en azote, évaluée à 430, c'est-à-dire d'environ un quarantième, les matières protéiques. Il faut en même temps 2 ou 3 grammes d'eau en plus par kilogramme de poids vivant, les autres principes étant naturellement consommés en proportions suffisantes, par le seul fait de leur présence nécessaire dans les rations.

L'alimentation préférable pour les vaches laitières est celle qui se fait avec des fourrages verts, soit aux pâturages, soit à l'étable ; la luzerne, les prairies naturelles, le trèfle, le mélange de trèfle et de ray-grass, la grande spergule, le maïs donné en vert, sont les meilleures nourritures, surtout lorsque toutes ces herbes ou matières vertes sont venues sur des terres saines et bien fumées. On doit se souvenir que la composition de tous ces fourrages verts est variable avec le temps et suivant les champs, ce qui rend assez délicate la conduite de l'alimentation. Avec les fourrages secs, les difficultés sont moindres ; on peut alors arriver à l'homogénéité pour de longs jours, mais il convient surtout de les employer dans des mélanges, soit avec des résidus industriels, soit avec des racines et des légumes. La paille hachée peut être ajoutée dans les rations ainsi que les balles de céréales, les sons, tous les farineux et les tourteaux de graines oléagineuses. Les pulpes de distillerie et les résidus de féculerie ne sont pas très favorables à la sécrétion du lait ; les résidus des brasseries sont meilleurs. Les betteraves, les chouxraves, les navets sont assez bons ; les carottes, les pommes de terre, les topinambours, les panais, viennent ensuite. Les matières fermentées sont mises à un rang inférieur ; il en est de même des lupins. Toutefois, les diverses alimentations, quand elles fournissent les principes nécessaires, parmi lesquels il ne faut pas oublier les phosphates à doses égales aux doses d'azote, exercent plutôt une action réelle sur la qualité que sur la quantité du lait ; celle-ci peut toujours être obtenue, si les matières sèches et les boissons sont dans un rapport convenable ; mais celle-là n'est jamais que le résultat d'une alimentation de choix.

Dans l'alimentation des vaches laitières, surtout dans les contrées où le lait est employé à la fabrication du beurre ou à celle des fromages délicats, on attache avec raison un assez grand prix au choix de la qualité des fourrages. Il est certain que les choux, les betteraves, quelques herbages, divers résidus industriels donnent aux matières intimes du lait, matières grasses ou caséine, un goût particulier qui en diminue la qualité et la valeur vénale. Il est également hors de doute que les herbes délicates, aromatiques des prairies naturelles de plusieurs provinces, notamment de quelques parties de la Normandie, contribuent à donner au beurre une finesse exceptionnelle qui fait le haut prix de ce beurre, par exemple de celui d'Isigny. On doit donc tenir grand compte de la qualité particulière de toutes les substances alimentaires administrées aux vaches laitières.

Engraissement. — L'alimentation, pour obtenir l'engraissement, ou même la mise en chair ou en viande des animaux de l'espèce bovine, doit commencer par l'emploi de celle qui était employée, en augmentant peu à peu la protéine et en diminuant au contraire, dans une mesure sagement dirigée, les hydrates de carbone. Dans beaucoup de contrées, l'engraissement des animaux adultes se fait avec de grands avantages dans les prairies aux herbes riches et succulentes ; on doit toutefois avoir soin de donner du bon foin aux animaux avant de les mettre au pré. Le trèfle et les vesces, mélangés avec du foin haché, les pommes de terre cuites, les betteraves coupées et un peu fermentées, puis les grains égrugés, les tourteaux et les grains oléagineux, les sons, les fèves, les pois, les vesces, les lupins, le maïs, toutes les graines légumineuses, les drêches de brasserie et les résidus des sucreries, des distilleries et des féculeries, sont avantageusement employés, en suivant cette règle : d'accroître la proportion des matières azotées ou protéiques, à mesure que l'engraissement approche de son terme. Le tableau suivant indique les rapports des divers principes nutritifs à trois époques de l'engraissement par kilogramme de poids vif et par jour :

	COMMENCEMENT DE L'ENGRAISSEMENT	PRINCIPALE PÉRIODE DE L'ENGRAISSEMENT	DERNIÈRE PÉRIODE DE L'ENGRAISSEMENT
	grammes	grammes	grammes
Substances sèches...	26,9	29,4	26,9
Substances protéiques............	3,5	4,3	7,8
Matières grasses....	1,14	1,5	1,55
Hydrates de carbone.	12,5	13,7	13,00
Azote..............	0,56	0,69	1,232
Rapport de la graisse à la protéine......	1/3	1/2,8	1/2,5
Rapport de la protéine aux matières sèches...........	1/7,08	1/6,37	1/3,45

Ces chiffres, qui sont les résultats d'expériences d'accord avec la théorie, n'ont pas besoin de commentaires.

Elevage. — L'alimentation des veaux commence par l'allaitement que l'on fait durer plus ou moins longtemps, selon que le lait a moins ou plus de valeur. En buvant en moyenne de 7 à 8 litres de lait par jour pendant cinq à six semaines, un veau augmente de 1 kilogramme à 1k,2 par 24 heures. Quand on le sèvre, il faut lui donner l'équivalent de cette nourriture. On ne fait pas le sevrage brusquement ; on donne au jeune animal de la farine de céréales ou de tourteaux délayée dans de l'eau tiède, et l'on met du foin à sa disposition pour qu'il s'habitue à en consommer. Si le veau ne doit pas teter, on lui donne d'abord du lait étendu d'eau chaude et l'on fait peu à peu des mélanges avec des farineux délayés dans de l'eau. Il faut s'arranger de telle sorte que par kilogramme de poids vif, il ait dans sa ration les mêmes proportions des divers principes nécessaires à la nutrition ; la partie de la ration qui chez la vache est employée à produire le lait, sert au développement du corps chez le veau. Trop souvent on nourrit avec parcimonie les jeunes animaux ; aussi n'obtient-on que des bêtes petites et chétives. En ayant soin d'augmenter la ration à mesure que l'animal grandit et en la proportionnant aux poids successifs constatés par la bascule, on fait une opération rationnelle et en même temps économique. L'abstinence dans laquelle on maintient trop souvent les animaux de l'espèce bovine est toujours nuisible. On doit régler d'ailleurs l'alimentation d'après la spéculation que l'on a en vue : génisse pour la reproduction et ensuite la production du lait, taureau, bœuf pour le travail ou l'engraissement, veau pour l'engraissement ; dans ce dernier cas, l'alimentation doit être intensive pour donner des résultats qui seront d'autant plus avantageux qu'ils auront été acquis plus rapidement. Cela se conçoit, puisque la simple ration d'entretien constitue une dépense qui n'a pas d'autre effet que de faire durer l'animal sans augmenter sa valeur.

Alimentation dans l'espèce ovine. — Pour l'espèce ovine, il n'y a pas à s'occuper de production de travail ; l'animal se développe, s'il est jeune ; il donne de la viande, si on l'engraisse ; il fournit la gestion ou l'allaitement, si l'on a affaire à une brebis. Quant à la laine, elle ne peut être considérée isolément ; elle se forme en même temps que la viande, et il est impossible de séparer dans l'alimentation la fraction qui est employée à son développement. Trois expériences que nous avons faites, en juillet et août 1849, sur un mouton mérinos nourri avec du foin et du son, nous ont fourni les relations suivantes pour les consommations par kilogramme de poids vif et par 24 heures :

	grammes
Matières azotées	3,48
Matières grasses	0,71
Hydrates de carbone	14,60
Matières minérales	2.00
Cellulose	7,51
Total des matières sèches	28,30
Azote	0,556
Carbone	13,2
Eau	56,4
Rapport des matières grasses aux matières azotées	1/4,8
Rapport des matières azotées à la somme des matières grasses et des hydrates de carbone	1/4,4

L'ensemble des matières organiques sèches digestibles étant représenté par 26, les matières azotées sont aux matières grasses et aux hydrates de carbone (ou extractif) comme 5 est à 1 est à 20.

Dans les autres recherches faites sur l'alimentation du mouton par divers agronomes ou chimistes, on n'est pas arrivé à des résultats notablement différents ; toutes les rations doivent, pour être satisfaisantes, tourner autour des chiffres qui précèdent, en forçant un peu la proportion des matières azotées en vue de la production de la viande, de la laine, du lait ou du développement des jeunes animaux.

Parmi les expériences faites postérieurement à celles que nous venons de résumer, il en est quatre qui ont une importance particulière et que nous devons encore citer; elles ont été exécutées en 1856-57 par M. Reiset :

1° Pendant une première période de 41 jours, 3 moutons pesant ensemble, à l'origine, 127 kilogrammes, ont été nourris en totalité avec 86^{kg},20 de betteraves cuites, 19^{kg},09 d'avoine en grain et 9^{kg},51 d'avoine moulue. Au bout de l'expérience, les trois bêtes ne pesaient plus que 112 kilogrammes; elles avaient ensemble perdu 15 kilogrammes. L'alimentation était donc insuffisante. Cette alimentation ne contenait en tout que 1161^{gr},88 d'azote, soit 0^{gr},236 d'azote par jour et par kilogramme.

2° Pendant 38 jours, deux des moutons précédents, pesant ensemble à l'origine 79 kilogrammes, ont été nourris en totalité avec 131^{kg},92 de betteraves cuites, 26^{kg},80 d'avoine en grain, 29^{kg},80 de son, et 27^{kg},70 de menue paille. Le poids est monté à 95 kilogrammes, soit un accroissement de 16 kilogrammes. Mais l'alimentation comprenait 0^{gr},517 d'azote par jour et par kilogramme.

3° Une troisième expérience sur les deux mêmes moutons a duré 72 jours. Le poids est passé de 95 kilogrammes à 116, avec un accroissement de 21 kilogrammes. Les aliments ont été composés en tout de 351^{kg},29 de betteraves cuites, 72^{kg},50 d'avoine en grain, 70^{kg},57 de son et 38^{kg},46 de menue paille, ce qui a correspondu à 0^{gr},507 d'azote par kilogramme et par 24 heures.

4° Enfin les deux mêmes moutons ont reçu dans 16 derniers jours 78^{kg},66 de betteraves cuites, 24 kilogrammes d'avoine en grain, 16 kilogrammes de son, 7^{kg},90 de menue paille. Le poids n'est monté que de 114 à 118 kilogrammes, et les moutons à la fin refusaient la même paille. La ration d'azote a été dans cette expérience de 0^{gr},498 par kilogramme et par 24 heures.

On voit par cette série d'expériences la nécessité du mélange des aliments et la limite de l'alimentation insuffisante pour le mouton.

L'alimentation des agneaux exige un foin savoureux et tendre ; si le foin n'est pas de très bonne qualité, il convient d'y ajouter d'autres aliments, notamment des farineux azotés. Pendant l'allaitement ou la production du lait, la brebis doit recevoir un supplément correspondant à la quantité de lait sécrétée, c'est-à-dire à un dixième en plus des matières azotées et des matières grasses. Pour la production de la viande ou l'engraissement, les mêmes nécessités s'imposent. Les béliers doivent recevoir des grains, notamment de l'avoine.

Toute nourriture verte à la pâture convient à l'espèce ovine, concurremment avec de la nourriture sèche ; les betteraves, les carottes, les navets, les pommes de terre, les topinambours, les turneps, les glands, les châtaignes, le son et les grains, la bonne paille, la paille hachée, les siliques de colza, les marcs de raisin, les résidus des distilleries, des sucreries, des féculeries, des brasseries, peuvent être employés en calculant les mélanges de manière à satisfaire à la formule expérimentale précédente et aux indications qui viennent d'être données, avec son application dans les différents cas.

Alimentation dans l'espèce porcine. — L'alimentation des animaux dans l'espèce porcine a pour but de produire aussi rapidement que possible de la chair et du lard ; les autres produits accessoires viennent sans qu'on s'en occupe. Des expériences faites par M. Boussingault permettent de préciser les relations des divers principes nutritifs dans une ration qui ne produit que de la viande, dans une ration produisant à la fois de la viande et de la graisse ; enfin dans une alimentation produisant 500 grammes d'accroissement de poids par jour. On en déduit les chiffres suivants pour l'alimentation par jour et par kilogramme de poids vif :

	ALIMENTATION FAISANT DE LA CHAIR SANS GRAISSE	ALIMENTATION FAISANT DE LA CHAIR ET DE LA GRAISSE	ALIMENTATION PRODUISANT UN ACCROISSEMENT DE POIDS DE 500 GRAMMES PAR JOUR
	gram.	gram.	gram.
Matières azotées	2,25	3,94	4,46
Matières grasses	0,19	0,75	0,86
Hydrates de carbone	19,66	28,04	23,36
Matières minérales	0,94	1,99	1,57
Somme des principes digestibles à l'état sec	23,04	34,72	30,25
Azote	0,35	0,62	0,71
Carbone	10,14	15,06	12,37
Rapport des matières grasses aux matières azotées	1/11,8	1/5,2	1/5,2
Rapport des matières azotées à la somme des matières grasses et des hydrates de carbone	1/8,82	1/7,3	1/5,4

On voit que le directeur d'une porcherie devra chercher à rapprocher l'alimentation de la dernière formule, dès qu'il voudra obtenir l'engraissement, passer du simple élevage à la production rapide.

Les porcs ne sont pas difficiles sur la nature des aliments ; ils mangent tout, matières animales et matières végétales : les eaux grasses, les pommes de terre, les farineux (notamment le maïs), les glands, tous les résidus des usines agricoles, le petit-lait des fromageries. Il faut éviter qu'ils avalent des déjections et des animaux nuisibles.

Alimentation chez les animaux de basse-cour. — On a peu d'expériences sur l'alimentation des animaux de basse-cour, mais tout fait supposer qu'en comparant les rations d'une manière approchée des indications fournies par les grands animaux domestiques, mais en forçant les doses, on obtiendra une alimentation convenable. Dans tous les cas, elle doit être proportionnelle au poids des bêtes, et sans aucun doute plus riche que celle résultant des formules déjà données, particulièrement pour les oiseaux qui font beaucoup de mouvements, et chez lesquels il y a en outre des produits accessoires tels que œufs et plumes.

Poules et coqs. — On admet généralement qu'on nourrit une poule moyenne avec un demi-hectolitre de menus grains par an, soit environ avec 100 grammes par tête et par jour, ou bien à 2 grammes d'azote. Mais le poids des animaux de l'espèce galline est très variable d'une race à l'autre ; ce poids varie de 750 grammes à 3, 4 et même 5 kilogrammes. D'ailleurs, ce sont des animaux omnivores, et il convient de leur fournir une alimentation mixte : avoine, sarrasin, maïs ; on donne aussi des pâtées confectionnées avec des pommes de terre et des résidus de farines faites avec de l'eau ou du lait caillé, puis des verdures, salades et oseille, et des légumes crus ou cuits de toutes sortes ; enfin on leur laisse prendre des vers et nourritures animales en leur livrant des cours et des fumiers à parcourir où ils vont chercher des insectes qui se logent ou dans la terre ou dans les interstices des pierres. On a proposé de forcer la dose des matières animales, mais c'est une pratique qui ne paraît pas avoir de bons résultats, au moins pour le bon goût des œufs et de la chair des volailles. Dans tous les cas, les gallophiles ont soin, pour les bêtes qui ne sont pas en liberté, de faire varier l'alimentation et d'augmenter ou de diminuer les doses, pour entretenir en bon état les animaux selon leur destination.

Pour l'engraissement, on force l'alimentation par l'emploi de nourritures très azotées et très farineuses qu'on administre de diverses manières pour en faire consommer un maximum.

La détermination directe et scientifique de la quantité des aliments consommés par les animaux de l'espèce galline n'ayant pas encore été faite, nous l'avons exécutée à la fin de mars et au commencement d'avril 1881, avec le concours de M. Lemoine, éleveur distingué d'animaux de basse-cour, dont l'établissement est à Cosne (Seine-et-Oise). Des lots formés de : 1 coq et 3 poules de la race de Crève-cœur : 1 coq et 4 poules de la race de La Flèche ; 1 coq et 3 poules de la race de Houdan ; 1 coq et 4 poules de la race de Dorking, ont été mis isolément dans des parquets pendant six jours. M. Lemoine a pesé chaque jour la nourriture donnée et mangée par les lots qui avaient été pesés à l'origine et qui ont été pesés à la fin de l'expérience ; les œufs pondus ont été recueillis et pesés. Des échantillons de toutes les nourritures ont été pris et analysés. Les résultats ont été les suivants :

Race de Crève-cœur :

	A L'ORIGINE	A LA FIN
	kilogr.	kilogr.
1 coq pesant	3,25	3,40
3 poules pesant ensemble	7,50	7,95
Poids du lot	10,75	11,35
Poids moyen par tête	2,69	2,84

NOURRITURE CONSOMMÉE	NOURRITURE A L'ÉTAT NORMAL	NOURRITURE A L'ÉTAT SEC	AZOTE DE LA NOURRITURE
	gram.	gram.	gram.
Grains	1785	1485	33,56
Riz	700	472	4,97
Pâtée	800	338	7,68
Totaux pour six jours	3285	2295	46,21
Soit par tête et par jour	136,8	95,6	1,93
Par tête et par kilogramme de poids vif	49,5	34,6	0,699

Il y a eu sur le lot une augmentation de 600 grammes de poids vif, soit 5,5 pour 100 du poids au commencement de l'expérience ; il a été pondu en outre 14 œufs pesant ensemble 958 grammes, et en moyenne 68gr,5 chacun.

Race de La Flèche :

	A L'ORIGINE	A LA FIN
	kilogr.	kilogr.
1 coq pesant	3,75	3,95
4 poules pesant ensemble	8,85	8,95
Poids du lot	12,60	12,90
Poids moyen par tête	2,52	2,58

NOURRITURE CONSOMMÉE	NOURRITURE A L'ÉTAT NORMAL	NOURRITURE A L'ÉTAT SEC	AZOTE DE LA NOURRITURE
	gram.	gram.	gram.
Grains	2100	1747	39,48
Riz	1350	910	9,59
Pâtée	950	401	9,12
Totaux pour six jours	4400	3058	58,19
Soit par tête et par jour	146,7	101,9	1,94
Par tête et par kilogramme de poids vif	57,5	39,9	0,761

Il y a eu sur l'ensemble du lot une augmentation de poids vif de 300 grammes, soit 2,5 pour 100 du poids au commencement de l'expérience : il a été en outre pondu 7 œufs pesant ensemble 426 grammes, ou en moyenne 70gr,9 chacun.

Race de Houdan :

	A L'ORIGINE	A LA FIN
	kilogr.	kilogr.
1 coq pesant	2,60	2,45
3 poules pesant ensemble	7,50	7,51
Poids du lot	10,10	9,96
Poids moyen par tête	2,52	2,49

NOURRITURE CONSOMMÉE	NOURRITURE A L'ÉTAT NORMAL	NOURRITURE A L'ÉTAT SEC	AZOTE DE LA NOURRITURE
	gram.	gram.	gram.
Grains	1250	1040	23,50
Riz	1200	809	8,52
Pâtée	800	338	7,68
Totaux pour six jours	3250	2187	39,70
Soit par tête et par jour	135,4	91,3	1,65
Par tête et par jour de kilogramme de poids vif	54,2	36,5	0,660

Il y a eu dans l'ensemble du lot une diminution de poids vif de 140 grammes, soit une perte de 0,7 pour 100 du poids au commencement de l'expérience ; il n'a été pondu que 4 œufs pesant ensemble 276 grammes, ou en moyenne 68gr,9 chacun.

Race de Dorking :

	A L'ORIGINE	A LA FIN
	kilogr.	kilogr.
1 coq pesant	3,60	3,90
4 poules pesant	9,95	10,85
Poids du lot	13,55	14,75
Poids moyen par tête	2,71	2,95

NOURRITURE CONSOMMÉE	NOURRITURE A L'ÉTAT NORMAL	NOURRITURE A L'ÉTAT SEC	AZOTE DE LA NOURRITURE
	gram.	gram.	gram.
Grains	1975	1643	37,13
Riz	1100	742	7,81
Pâtée	1400	591	13,44
Totaux pour six jours	4475	2976	58,38
Soit par tête et par jour	186,4	124	2,43
Par tête et par jour pour un kilogramme de poids vif	65,2	43,8	0,894

Il y a eu sur l'ensemble du lot une augmentation de poids vif de 1200 grammes, soit une augmentation de 9,7 pour 100 du poids au commencement de l'expérience; en outre il a été pondu 21 œufs pesant ensemble 1310 grammes, ou en moyenne 62gr,4 chacun.

Il convient d'ajouter que les grains donnés aux volailles étaient formés d'un mélange par trois parties égales de froment, d'avoine et de sarrasin. Le riz était du riz déjà cuit. Enfin la pâtée était composée de moitié pommes de terre cuites et moitié farine d'orge et de son en parties égales. Ces diverses nourritures contenaient pour 100 à l'état normal :

	EAU	AZOTE
Froment	16,79	1,90
Avoine	14,67	1,96
Sarrasin	18,94	1,77
Riz cuit	32,59	0,71
Pâtée	57,76	0,96

On remarque que la quantité de matières azotées consommées par jour a correspondu dans ces quatre expériences à 1gr,93, 1gr,94, 1gr,65, 2gr,43 par jour et par tête. Dans la troisième expérience (race de Houdan) la dose des matières azotées a été trop faible; aussi y a-t-il eu amaigrissement des poules et plus faible production d'œufs. La ration était insuffisante, non pas pour le poids total qui était dans les conditions ordinaires, mais pour la puissance nutritive. On remarquera, en outre, que les quantités de matières azotées consommées par kilogramme de poids vif sont plus fortes que celles constatées pour l'homme et pour les animaux domestiques dans les expériences citées dans le cours de cette étude sur l'alimentation.

Dindons. — Après l'entretien dans un herbage, il faut avoir recours à la bonne mise en chair par des pâtées que l'on rend très excitantes et nourrissantes en y faisant entrer de la mie de pain, des œufs durs, des oignons, des orties, de l'herbe à mille-feuilles, du lait caillé égoutté.

Canards. — Ces animaux aiment à chercher leur nourriture en barbotant; mais pour les engraisser, il faut forcer leur alimentation par l'emploi de patées mixtes où l'on fait entrer toutes sortes de graines et de matières animales, notamment des chrysalides de vers à soie, si l'on en a à sa disposition. Cela ne doit pas empêcher de laisser les canards chercher beaucoup d'animaux de tous les genres, jusqu'au jour où l'on prend le parti de les enfermer pour les empâter.

Oies. — Le pâturage est la principale source de la nourriture des oies; on les mène aux champs, en troupeaux, comme les moutons. Mais en même temps qu'elles cherchent elles-mêmes une partie de leurs aliments parmi les plantes qu'elles préfèrent, par exemple la sauge, il convient de leur fournir divers grains, tels que de l'orge et du sarrasin. Puis, lorsqu'on veut les engraisser, on augmente les matières protéiques, en ayant recours à l'avoine et au lait caillé, puis aux farines de sarrasin, de pois et de maïs dont on fait des patées avec diverses herbes excitantes ou aromatiques. Enfin on procède à l'empâtement. On fait consommer ainsi à l'oie plus d'un kilogramme de farine ou de grain égrugé en un jour. Il est vrai qu'on obtient des animaux pesant de 8 à 10 kilogrammes, et dont le foie a un poids qui va jusqu'à plus de 500 grammes.

Pigeons, ramiers, colombes, tourterelles. — L'alimentation des pigeons se fait avec de la vesce, des lentilles, des pois, des féveroles, du millet, de l'orge, du maïs, du chènevis, du sarrasin, du seigle et avec toutes les criblures de grains; ces oiseaux consomment très avidement des pépins de raisins; ils mangent aussi volontiers des pommes de terre bouillies et écrasées. Mme Millet-Robinet évalue à 10 litres de menus grains la consommation annuelle d'un pigeon, ce qui, vu le dosage moyen des grains en azote, donne au moins 400 milligrammes d'azote par jour et par tête pour un poids de 200 grammes, soit 2 grammes d'azote pour 1 kilogramme de poids vivant. A côté de cette donnée générale, on peut placer ici deux expériences directes de M. Boussingault, sur une tourterelle du poids moyen de 187 grammes, nourrie avec du millet. Il a trouvé en 24 heures la consommation suivante :

	PAR TÊTE ET PAR JOUR	PAR KILOGRAMME DE POIDS VIF ET PAR 24 HEURES
	grammes	grammes
Millet à l'état normal	16,75	89,56
Millet desséché	15,19	81,23
Eau bue	6,38	34,11
Eau consommée totale	7,94	39,44
Carbone	6,99	37,38
Azote	0,50	2,67
Matières azotées	3,13	16,69

Par l'analyse du contenu des jabots de quatre ramiers tués à Compandré-Valcongrain (Calvados), par M. Victor Chatel, et qui contenaient : trois des débris de feuilles de colza, un des grains de blé, nous avons trouvé en azote dans chaque jabot :

	grammes
	0,432
	0,683
	0,413
	0,532
Moyenne.	0,515

Ces résultats sont identiques à ceux trouvés par M. Boussingault dans l'étude de l'alimentation d'une tourterelle.

On peut donc regarder comme un fait bien acquis que les oiseaux, poids pour poids, consomment généralement plus que les mammifères.

Volatiles divers. — On élève encore dans les basses-cours, en liberté, ou dans des cages, plusieurs autres oiseaux recherchés, soit en France, soit en Angleterre, soit dans quelques autres pays; tels sont le faisan, la pintade, la perdrix, la caille, le paon, le cygne, le hocco, l'agami, le marail, le goura. On les nourrit avec des grains ou avec des pâtées, mais on n'a guère étudié leur alimentation.

Lapins. — La nourriture donnée au lapin influe sur le développement et le goût de sa chair. Avec des aliments bien choisis, on parvient à obtenir la qualité en même temps que la quantité. Toutes les plantes des prairies artificielles, la chicorée sauvage, le serpolet, lui conviennent; il faut éviter les herbes mouillées. L'hiver, on donne aux lapins des regains de prés naturels ou artificiels et des racines de toutes sortes, carottes, betteraves, navets, panais, pommes de terre, topinambours, etc. Dans toutes les saisons, on doit leur fournir de l'eau très claire, mais en petite quantité. Au moment de l'engraissement on peut ajouter un peu de son à leur provende. On affirme que le lapin est produit très économiquement. On n'a pas fait d'expériences pour démontrer le rapport de l'alimentation avec les résultats obtenus.

ALIMENTATION PUBLIQUE (*économie politique*). — Pourvoir à la subsistance des populations a été de tout temps une préoccupation constante des gouvernements et des municipalités. Le problème n'a été résolu que du jour où l'on a compris que la liberté et la sécurité du commerce combinées avec une bonne viabilité et une grande facilité de tous les moyens de transport étaient les seuls moyens efficaces à employer. Laisser passer le commerce honnête et assurer qu'il passera toujours malgré les actes du commerce déshonnête, garantir la liberté sur les halles et les marchés, veiller sur la santé publique, poursuivre les fraudes et les falsifications et les faire condamner sévèrement sans nuire à ce qui est loyal: telle est la seule protection qu'il faut demander à l'autorité. Quant à la charger de s'occuper des approvisionnements et de régler les prix des principaux aliments, c'est une chose à laquelle il n'est permis de songer que dans des circonstances absolument anormales et heureusement transitoires, telles que des blocus et des guerres.

Les gouvernements doivent assurer l'instruction, la bonté des chemins, la sécurité des transactions: ils doivent aussi encourager tous les progrès, tous les essais utiles, toutes les œuvres de bien public. Ainsi les associations coopératives pour la fabrication du pain, pour l'abatage du bétail et la vente de la viande, pour l'achat et la revente des épices, des objets de lingerie et de vêtement, peuvent être avantageusement soutenues dans quelques villes et surtout dans celles où il existe de grandes usines. Mais ce ne doit jamais être qu'à titre d'œuvres particulières, dans lesquelles l'autorité publique n'a pas à intervenir, si ce n'est pour garantir la liberté de tous. L'État ne peut se constituer ni fabricant, ni marchand, à une exception près, c'est qu'il vendra très cher en faisant de très gros bénéfices et qu'il exercera un monopole absolu, comme pour le tabac. Cela doit rester une rare exception. Lorsque l'agriculture a des débouchés ouverts et fait des transactions nombreuses par elle-même ou par le commerce libre, l'alimentation publique est assurée dans les meilleures conditions. Toutes les douanes, tous les octrois sont des entraves qu'il faut réduire à un minimum. C'est ce que font les peuples bien administrés. Aller à l'encontre, c'est perpétuer les luttes stériles, grever les prix des subsistances, multiplier les chances contraires à la sûreté de l'alimentation générale.

ALIMENTS (PRÉPARATION ET ADMINISTRATION DES) (*économie rurale*). — On peut voir au mot ALIMENTATION que l'homme et les divers animaux domestiques élevés par l'agriculteur exigent des aliments complexes et variables. En outre, les substances alimentaires ne deviennent pas des aliments sans une certaine préparation préalable. Ainsi, par exemple, le blé, qui est alimentaire, doit être transformé en farine, puis en pain, pour devenir un aliment. Enfin c'est dans un but de spéculation que l'on nourrit le bétail, et il faut pouvoir atteindre ce but de la manière la plus avantageuse pour les directeurs de chaque entreprise et pour l'intérêt public. La bonne préparation et l'administration la plus judicieuse des aliments sont donc des problèmes à résoudre dans un pays tout entier et dans les diverses exploitations qui s'y rencontrent; nous allons résumer les faits acquis en ce qui concerne le bétail.

ALIMENTS DU BÉTAIL. — La préparation et l'administration des aliments du bétail sont choses simples en comparaison des soins que demande l'alimentation des agglomérations humaines. Le plus souvent on se contente de donner aux animaux domestiques leurs aliments à l'état naturel.

Tout d'abord, dans la pâture, ils broutent l'herbe sur pied; le plus souvent ils sont abandonnés dans des enclos où ils ont toute liberté de manger à leur faim. On prend seulement quelquefois des dispositions pour que les animaux ne restent pas trop longtemps sur la même place afin que l'herbe ne soit pas tonsurée de trop près; on fait passer plus ou moins vite un troupeau sur un champ en le conduisant au moyen de chiens dressés à ce manège, ou bien on attache les bêtes à des piquets que l'on change de place et autour desquels elles paissent. D'autres fois on n'estime pas que les animaux ont une nourriture suffisante dans un pré, et on leur apporte un supplément qui consiste généralement en racines ou en tubercules qu'on laisse entiers ou bien que l'on coupe en tranches avec un coupe-racines. On apporte aussi, mais plus rarement, des tourteaux ou du son, et l'on peut même faire des barbotages dans des auges. Enfin on dispose parfois des pierres de sel que les animaux viennent lécher à leur convenance. Mais c'est surtout dans les écuries, les étables, les bergeries et les porcheries que se distribuent les aliments avec des soins particuliers.

Le foin et l'avoine sont aujourd'hui pour ainsi dire les seuls aliments qui sont donnés aux animaux sans autre préparation que de placer devant eux les portions qui leur sont destinées, et encore prend-on quelquefois la précaution d'écraser ou d'aplatir l'avoine afin qu'aucun grain n'échappe à la digestion dans le corps des animaux dont l'appareil masticatoire serait en mauvais état. Pour bien faire consommer la paille de manière que toutes les parties alibiles en soient utilisées, il faut la hacher; on doit pulvériser ou concasser les tourteaux; il convient de concasser les grains d'un volume un peu considérable ou qui sont trop durs, tels que sont souvent le maïs, les fèves, les féveroles, les lupins, les gros pois. Les betteraves, les navets, les turneps, les topinambours, les carottes, les panais, sont avantageusement coupés en tranches ou en languettes selon que les animaux auxquels on les destine appartiennent à l'espèce bovine ou bien à l'espèce ovine. Des mélanges sont souvent préférables à l'emploi des aliments isolés; la nourriture devient plus appétissante et elle est plus rapidement assimilée si elle a été préalablement soumise à une fermentation ou à une cuisson. On peut employer plus avantageusement les pulpes de sucrerie ou de distillerie, les drèches de brasserie, les résidus de féculerie, si ces aliments en général très aqueux sont mélangés de corps secs, tels que des balles de céréales, des siliques de colza, même du foin haché, foin qui serait peut-être autrement dédaigné par le bétail s'il lui est arrivé d'avoir été rentré dans de mauvaises conditions. Pour pouvoir faire consommer certains fourrages durs ou épineux, par exemple l'*ajonc* (voy. ce mot), il est nécessaire de les soumettre préalablement à un écrasage ou un hachage. Enfin l'ensilage de certains fourrages verts, tels que le maïs et le sorgho, ne peuvent bien se faire avec tous les avantages qu'on en attend qu'à la condition de les hacher auparavant. Dans toutes les exploitations agricoles, on rencontre maintenant un plus ou moins grand nombre d'instruments ou d'appareils affectés pour la préparation des aliments de tous les animaux domestiques.

Les avantages de l'emploi de ces appareils mécaniques sont reconnus par tous les agriculteurs éclairés. La division des aliments au moyen d'instruments spéciaux permet de faire consommer certains produits qui, sans cette précaution, seraient en partie perdus. C'est pour remplir ces divers buts qu'ont été inventés les hache-paille, les coupe-racines, les dépulpeurs, les concasseurs, etc. La division des aliments permet aussi de faire des mélanges pour assurer l'absorption de denrées qui, isolées, seraient mal digérées ou même refusées par le bétail. La mise en mouvement de ces appareils demanderait une main-d'œuvre considérable; pour parer à cet inconvénient, plusieurs constructeurs établissent des dispositions spéciales qui doivent être signalées. On emploie comme moteurs ou des manèges ou des machines à vapeur, et l'on s'arrange pour faire marcher par le même arbre de couche des machines à battre, des tarares, des trieurs, des barattes, même de petits moulins pour faire les moutures nécessaires à tous les besoins de la ferme.

M. Bodin, constructeur aux Trois-Croix, près de Rennes (Ille-et-Vilaine), a imaginé une transmission de mouvement spéciale que représente la figure 226. Un manège A, mû par un ou deux chevaux, communique le mouvement à une transmission B qui, par un système de poulies et de courroies x, y, z, actionne en même temps un concasseur de tourteaux ou de grains C, un hache-paille D, et un coupe-racines E. Ce système est simple et ne demande pas une grande force motrice.

La figure 227 montre une installation de ce genre usitée en Angleterre; elle est due aux constructeurs Wood et Cocksedge. L'appareil de transmission est au centre d'un cercle dont deux diamètres perpendiculaires ont à leurs extrémités: l'un le manège et un hache-paille; l'autre, un coupe-racines et un concasseur-aplatisseur de grains.

On peut aussi installer un manège spécial dans un bâtiment d'exploitation au-dessous de la chambre aux instruments diviseurs des aliments (fig. 228). Ce manège, d'une grande simplicité, mû par un seul cheval ou un âne, commande par sa grande roue deux pignons dentés C et D sur l'axe desquels tournent deux arbres reliés aux murs opposés en H et en F. Ces deux arbres portent chacun deux poulies I, K, M et O, sur lesquelles s'enroulent des courroies sans fin qui, traversant le plancher supérieur, font mouvoir soit des hache-paille X, soit des coupe-racines U, soit des concasseurs S et R, dans lesquels sont préparés les aliments destinés aux animaux.

Dans les exploitations agricoles qui possèdent des machines à vapeur locomobiles servant principalement au battage des grains, ces machines à vapeur peuvent être utilisées pour mettre en mouvement les appareils servant à la préparation des aliments. La figure 229 représente une installation de ce genre faite sur la propriété de Saint-Priest-Taurion (Haute-Vienne), par son propriétaire, M. Teisserenc de Bort. A proximité de la vacherie est un corps de bâtiment dont le rez-de-chaussée communique avec celle-ci. Sur le plancher du premier étage sont installés des coupe-racines, des hache-paille, des dépulpeurs, des nettoyeurs de grains, des trieurs, qui sont mis en mouvement par des courroies sans fin se reliant à des poulies portées par un arbre de couche qui court dans toute la longueur de la pièce. Cet arbre de couche est mû par la machine à vapeur. Au-dessous de chaque appareil est ménagé dans le plancher un trou, muni d'une trappe. La nourriture hachée et préparée tombe, par ces ouvertures, dans des wagonnets à trois roues; quand ceux-ci sont pleins, ils sont poussés sans difficulté à proximité des mangeoires des animaux.

Ces exemples montrent que les dispositions de ce genre peuvent être variées à l'infini; elles sont dépendantes des locaux dont on dispose, des instruments qui sont employés, du genre de nourriture adopté.

La force des appareils doit nécessairement être différente suivant l'importance de l'exploitation. Pour un petit nombre d'animaux, et cela a été le cas le plus fréquent pour les exploitations françaises pendant de longues années, on peut se contenter de hache-paille, de coupe-racines et d'autres

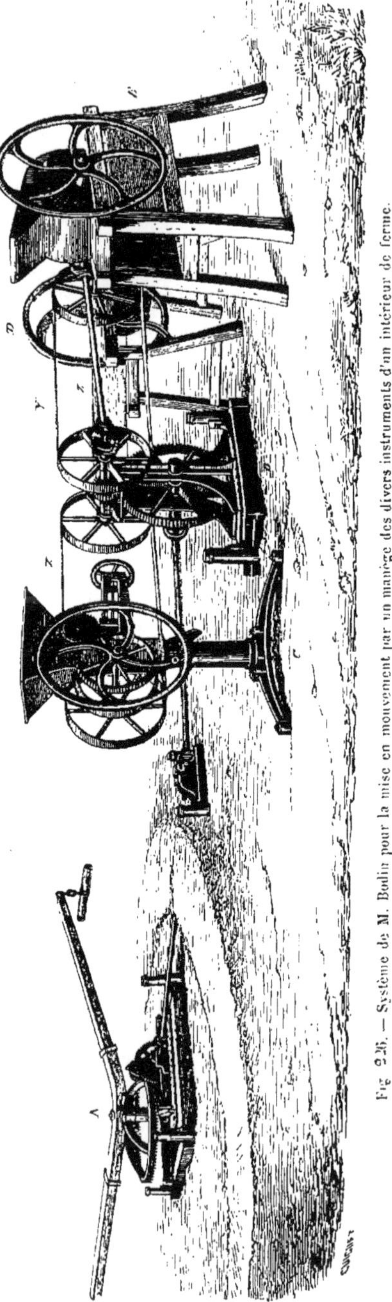

Fig. 226. — Système de M. Bodin pour la mise en mouvement par un manège des divers instruments d'un intérieur de ferme.

instruments analogues mus à bras. C'est ainsi

qu'ont été fabriqués les premiers instruments d'intérieur de ferme, notamment les coupe-racines et les hache-paille de Dombasle, à Nancy ; Bodin, à Rennes ; Pinet, à Abilly (Indre-et-Loire) ; Garnier, à Redon (Ille-et-Vilaine) ; Maréchaux, à Montmorillon (Vienne) ; Tritschler, à Limoges ; Peltier, à Paris ; Pécard, à Nevers. Lorsque le bétail a pris, dans nos fermes, plus d'importance, on a compris la nécessité des grands instruments pour

Fig. 227. — Système de Wood et Cocksedge pour la mise en mouvement d'appareils multiples par un manège.

lesquels il faut au moins un manège et même une machine à vapeur, et c'est ainsi que la maison Albaret, à Liancourt, a entrepris la construction d'appareils mus par la vapeur. Dès qu'une étable compte plusieurs dizaines de vaches ou de bœufs, et pour les écuries considérables, telles que celles des grandes entreprises de transport, il faut avoir recours à une installation mécanique complète dont le moteur est une machine à vapeur. La figure 230 donne un exemple d'une installation de

Fig. 229. — Chambre pour la préparation des aliments établie à Saint-Priest, chez M. Teisserenc de Bort.

Fig. 228. — Instruments marchant ensemble à l'aide d'un manège inférieur.

ce genre faite en Angleterre. Le mouvement est donné par une machine à vapeur verticale. Sur l'arbre de couche qu'elle met en marche, des poulies sont disposées pour commander plusieurs appareils : un moulin à farine, un aplatisseur et un dépulpeur, un coupe-racines, un concasseur, un hache-paille. En Angleterre, où la préparation mécanique des aliments a une grande importance, les constructeurs de ces instruments sont nombreux. On cite notamment pour les coupe-racines : MM. Bentall, Wood-Cocksedge, Samuelson ; pour les concasseurs de tourteaux : MM. Wood-Cocksedge, Nicholson, Mac-Gregor ; pour les aplatisseurs et les dépulpeurs : MM. Wood-Cocksedge, Turner et Bentall ; pour les moulins : MM. Turner, Barford et Perkins, etc. ; le hache-paille le plus réputé est celui d'Edwards.

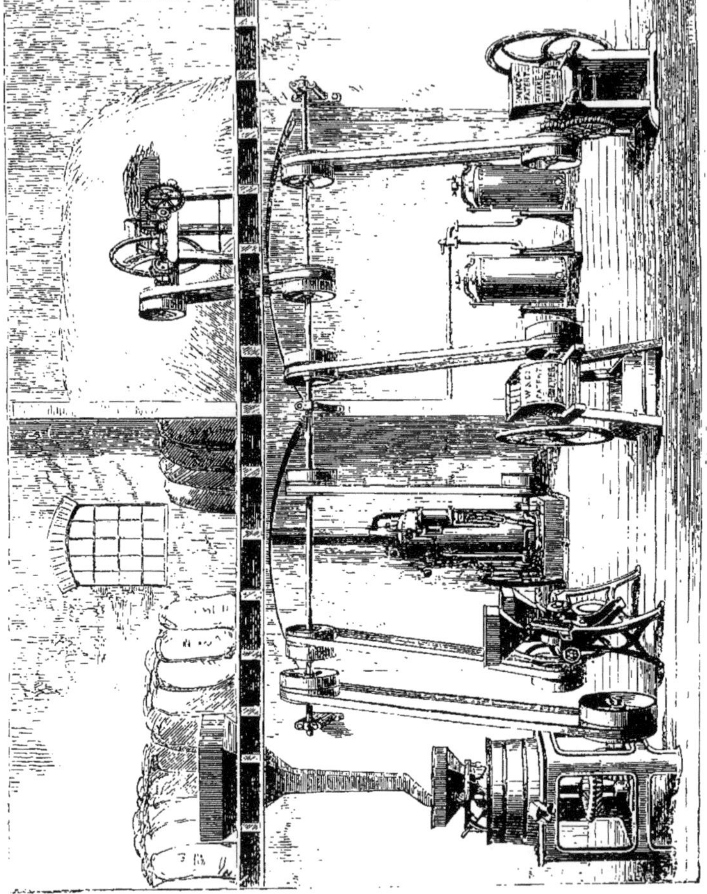

Fig. 230. — Installation, dans une grande ferme d'Angleterre, des appareils pour préparer les aliments du bétail.

Dans la figure 230, on aperçoit à droite un appareil pour la cuisson des aliments du bétail. L'usage de cuire au moins une partie de la nourriture se répand de plus en plus. Il n'était guère suivi autrefois que pour faire la cuisine des porcs. La cuisson se faisait, comme elle se pratique encore quelquefois, dans de grandes marmites placées au-dessus d'un fourneau ordinaire. Aujourd'hui on emploie de plus en plus le système de cuisson à la vapeur. C'est d'Angleterre que sont venus les premiers appareils de ce genre. Ils affectent des formes très différentes, mais ils sont toujours composés d'un générateur de vapeur et d'un ou plusieurs récipients, dans lesquels sont placés les légumes et les racines à cuire, communiquant avec le générateur par des tuyaux d'adduction de la vapeur. Le générateur est muni d'une soupape de sûreté, d'une pompe alimentaire, de robinets de niveau d'eau, pour qu'on puisse surveiller l'approvisionnement des cuves, etc. Le foyer présente une grande surface de chauffe, de sorte que la vapeur se forme très rapidement.

Le meilleur appareil connu en Angleterre est celui de Stanley, construit par Barford et Perkins. Il a été introduit en France par M. Pilter. Cet appareil est représenté par la figure 231. A droite et à gauche du générateur à vapeur, sont disposées une marmite à bascule et une cuve. Les légumes sont cuits dans la marmite, et le cuvier sert pour le foin, la paille et les grains. La marmite et la cuve sont en fer galvanisé ; on en construit dont le volume atteint 450 litres.

La figure 232 montre un autre modèle construit,

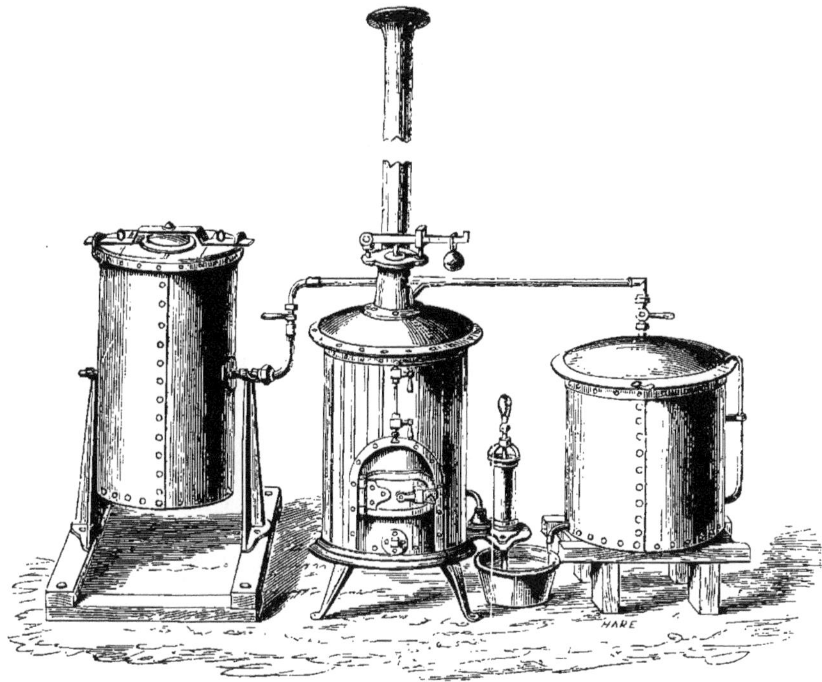

Fig. 231. — Appareil de Stanley pour la cuisson des aliments à la vapeur.

Fig. 232. — Générateur de vapeur avec ses deux marmites pour la cuisson, du système Fouché.

en France, par M. Fouché. Cet appareil, établi d'après les mêmes principes que celui de Stanley, en diffère en ce que les deux réservoirs placés à droite et à gauche du générateur, peuvent basculer, pour être vidés, sur les tourillons qui les portent.

C'est encore un appareil du même genre (fig. 233) qu'un habile agriculteur de l'Oise, M. Wallet, a installé dans sa ferme d'Haussu. Les pommes de terre ou les betteraves sont cuites dans deux cuves fixes, situées près du générateur de la machine à vapeur, qui est également fixe, et communiquant avec lui par des tuyaux. Chaque marmite est de la capacité de 6 hectolitres; la cuisson des tubercules et des racines s'y fait en vingt minutes.

On construit aussi des appareils à une seule marmite qui peuvent affecter des formes très diverses. M. Fouché, constructeur à Paris, fabrique le modèle que représente la figure 234. Le fourneau constituant chaudière pour la production de la vapeur en est la partie inférieure; le foyer est disposé de façon à vaporiser abondamment et rapidement. Sur cette partie inférieure s'adapte une cuve mobile qui, lorsqu'elle est placée comme le montre le dessin, se joint au fourneau par une gouttière garnie de chanvre. On la soulève à volonté en abaissant l'anse dont le point d'attache forme excentrique avec l'axe de la cuve. Comme le levier ainsi formé est très long, le poids de la cuve pleine devient insignifiant, et elle peut être enlevée aisément. La cuve suspendue sur son tourillon bascule

Fig. 233. — Appareil pour cuire des racines de la ferme d'Haussu.

facilement. Il y a lieu d'ajouter que le fond de la cuve est disposé de façon à bien diviser la vapeur dégagée dans la masse qu'il s'agit de cuire.

Les figures 235 et 236 représentent une installation de chaudière faite par M. Moissenet, dans les Moëres belges. La chaudière est en tôle, et elle a une capacité de 20 hectolitres. Elle est réunie à la machine à vapeur par un tuyau en cuivre. Le fond est double; dans l'intervalle circule, en forme d'hélice, le prolongement du tuyau d'adduction percé d'une multitude de petits trous pour le dégagement de la vapeur. Le fond supérieur sur lequel reposent les pommes de terre ou les racines à cuire, est lui-même percé à jour. Un robinet placé sous le double fond permet de recueillir, avec l'eau de condensation, les jus extraits des racines pendant la cuisson. Ces jus sont mélangés, dans des cuves spéciales, avec les racines cuites et avec des pailles hachées.

Les aliments, après avoir été préparés par une méthode ou par une autre, doivent être servis séparément ou réunis dans des proportions convenables. Voici quelques mélanges qui peuvent être employés avec succès.

Les pailles et les fourrages secs hachés sont unis

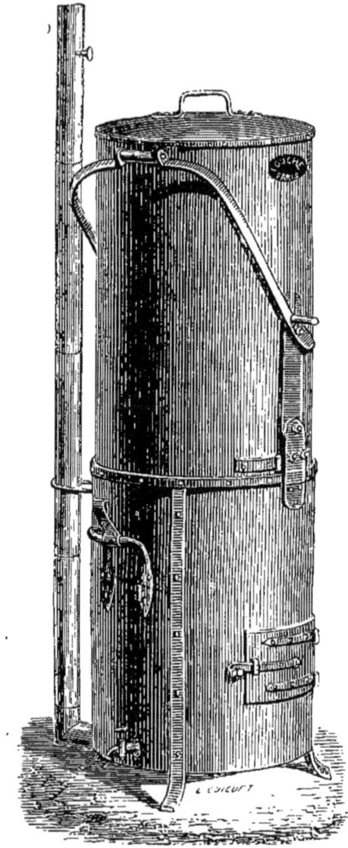

Fig. 234. — Appareil de M. Fouché à une seule cuve mobile pour la cuisson à vapeur des racines.

avec les résidus des sucreries, distilleries, brasseries, féculeries, dans la proportion d'un quart à un tiers en poids.

En dehors de ces résidus, si après avoir divisé la betterave au coupe-racines, on y ajoute trois ou quatre fois son volume de menues pailles ou de fourrages divers hachés, on obtient un mélange excellent, surtout s'il a fermenté quatre à cinq jours dans les fosses.

En Alsace, on prépare des aliments fermentés en plaçant dans des cuves, durant deux jours, des fourrages hachés et des racines divisées au coupe-racines, qu'on sale légèrement et qu'on charge pour les soumettre à la compression. Ce mélange fermenté est composé, pour 100 parties en poids, de 20 de fourrages coupés, 40 de navets, 300 de betteraves, 9 d'eau et 1/2 de sel. En général, on ne traite ainsi que des fourrages de qualité inférieure.

Pour transporter dans les étables, bergeries ou porcheries, les aliments préparés dans les petites exploitations, on se sert généralement de mannes en paille ou en osier dont on connaît le volume, de telle sorte que l'on sait à peu près la quotité de la ration que l'on donne aux animaux. Dans les grandes exploitations, l'emploi de wagonnets roulant sur de petits chemins de fer fixes ou portatifs, tend à devenir très répandu. Ces voies ferrées, d'un usage très commode, sont construites en France par MM. Suc, Decauville, Paupier Les wagonnets peuvent être introduits dans les étables et les bergeries jusqu'à proximité des mangeoires, des râteliers ou des auges, de telle sorte que la main-d'œuvre pour la distribution des aliments est devenue peu dispendieuse, plus commode et plus rapide. C'est un progrès réel dans l'organisation des exploitations rurales.

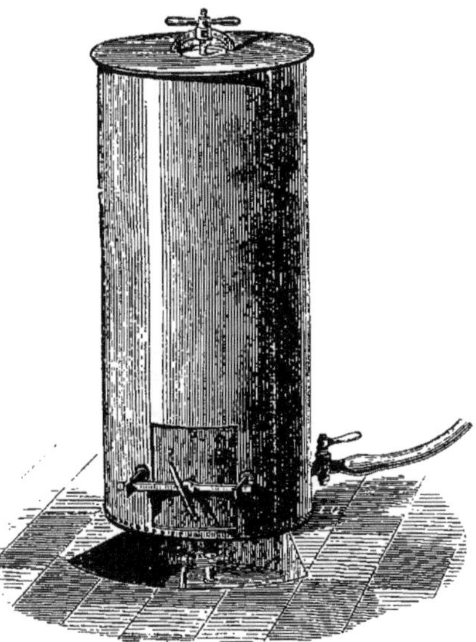
Fig. 235. — Cuve à cuisson pour bétail, à la ferme de M. Moissenet, aux Moëres belges.

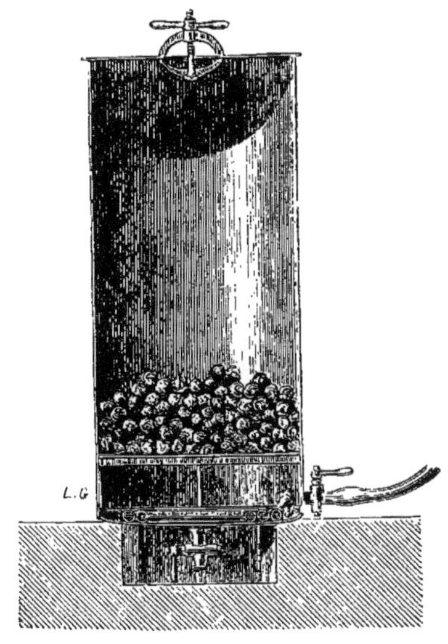

Fig. 236. — Coupe de la cuve à cuisson de la ferme de M. Moissenet.

ALIMOCHE (*zoologie*). — Vautours à tête blanche, appartenant au genre des vautours premptères ou à ailes tachetées de noir.

ALINETTE ou ALIGNETTE (*pisciculture*). — Baguette avec laquelle on embroche les poissons, notamment les harengs. — L'alignole est un filet dont on se sert pour pêcher les petits poissons de mer; sur les côtes de la Provence, on l'ourdit avec des fils retors assez forts pour pouvoir prendre des bonites, des thons, des espadons, etc. Il a la forme d'une simple nappe avec flotte et plombs, qu'on établit près de la surface de l'eau.

ALIOS (*géologie agricole*). — On appelle alios une sorte de poudingue grossier, tantôt mou, mais parfois aussi très dur et constituant alors une véritable roche, qui se trouve former le sous-sol imperméable de vastes terrains sableux. L'alios est dans quelques cas à une profondeur assez faible de 30 à 80 centimètres; on le trouve parfois à une profondeur plus considérable. Il se présente surtout dans les landes de Gascogne, en bancs peu épais, mais il arrive aussi que son épaisseur atteint plusieurs décimètres. Il est constitué par un grès cimenté par de l'oxyde de fer et des matières organiques; la richesse en oxyde de fer est très variable. L'alios paraît être produit par les matières organiques de la surface, qui, étant dissoutes dans les eaux d'infiltration, se concentrent et se déposent souterrainement dans la couche sableuse, par suite de l'évaporation de l'eau.

Voici d'abord les résultats de quatre analyses qui ont été faites par M. Jacquot et M. Linder, sur des échantillons d'alios pris sur quatre points différents de la Gironde.

Le premier échantillon était un alios peu consistant et de couleur noirâtre, provenant de Saint-Alban; — le deuxième un alios très friable et de couleur noire, pris près de la station de Pierroton; — le troisième un alios très consistant et de couleur brunâtre venant de la station de Gazinet; — le quatrième un alios très friable et d'un brun très foncé, pris dans une excavation à 1 kilomètre de la station de Pierroton. Les deux premières analyses sont de M. Jacquot; les deux autres de M. Linder:

	I	II	III	IV
Sable quartzeux.....	93,80	91,70	81,40	92,30
Peroxyde de fer.....	1,80	1,60	15,00	3,50
Matière organique...	3,10	4,10	1,10	3,00
Eau...............	1,30	2,60	2,50	1,20
Totaux........	100,00	100,00	100,00	100,00

L'examen minéralogique du sable qui forme l'alios des landes de Gascogne a montré qu'il est composé surtout de débris siliceux. On y distingue notamment du silex gris ou noirâtre, brun ou blond, du silex zonaire, du quartz meulière, du quartz hyalin, du quartz rouge ou noir, un pouding quartzeux à ciment ferrugineux. Il y a, en outre, des parties argileuses ou kaolinisées, provenant de la décomposition de roches feldspathiques. D'après M. Linder, ces débris proviennent de terrains feldspathiques et cristallins, ainsi que des étages supérieurs de la craie et des calcaires lacustres terrestres.

L'alios ne se forme pas seulement sous le sable fin des Landes, mais aussi sous le sol graveleux et caillouteux du Médoc. M. Léon Périer a étudié l'alios de Montgrand qui présente une masse friable, de couleur marron ou brun noir, à grain moyen, et contenant quelques cailloux qui lui donnent la structure d'un poudingue. Cet alios renfermait 90,66 pour 100 de sable, 1,17 d'argile, 2,73 d'oxyde de fer et 3,07 de matières organiques. — Une variété rousse de cet alios du Médoc renfermait seulement 1,94 pour 100 de matière organique.

M. Baudrimont a donné la composition de l'alios jaune-brun de Cestas. Il renferme 97,30 de sable quartzeux et 2,70 de matières organiques.

M. Chevreul a fait des expériences sur plusieurs échantillons d'alios, qui renfermaient une quantité notable de carbonate de chaux, en proportion telle que, à poids égal décomposé par l'acide chlorhydrique, ils donnaient un volume d'acide carbonique représenté par 14, lorsque le volume du même gaz, dégagé par le grès de Fontainebleau, était représenté par 21.

L'alios se rencontre dans les divers sables du bassin parisien, et notamment dans les sables tertiaires moyens des environs d'Ermenonville. Divers échantillons pris dans la forêt de Chantilly par M. Clavé, et analysés par M. Delesse et M. L. Durand-Claye, présentaient des consistances très variables. A 20 centimètres de profondeur, l'alios était sans consistance ; à 45 centimètres, il était friable, et à 60 centimètres bien cimenté. La proportion de matières organiques variait entre 4 et 10 pour 100, celui qui était le plus cimenté en renfermant le moins. Dans tous il y avait de l'oxyde de fer, mais peu de magnésie et de chaux. Le sable quartzeux formait 90 à 94 pour 100 de la masse.

Des roches semblables à l'alios des landes forment le sous-sol des terres sablonneuses du nord de l'Allemagne, notamment dans les landes de Lunebourg, aux environs de Mecklembourg, sur les rives de la mer Baltique, surtout près de Memel, vers la frontière de la Prusse et de la Russie. Suivant M. G. Berendt, l'alios est intercalé dans le sable des landes de la Prusse qui appartient à l'alluvion ancienne. On le rencontre de 30 à 70 centimètres de profondeur, et son épaisseur varie de 30 centimètres à 1 mètre ; il ne renferme pas plus de fer que le sable qui lui est associé ; sa couleur brune ou noirâtre paraît devoir être attribuée à des matières organiques. — Enfin, l'*ahl* des plaines sableuses du Danemark présente la même composition que l'alios des Landes ; il est donc vraisemblable que ces deux grès se sont formés de la même manière, par l'infiltration de sels organiques fournis par la décomposition des végétaux développés à la surface du sol.

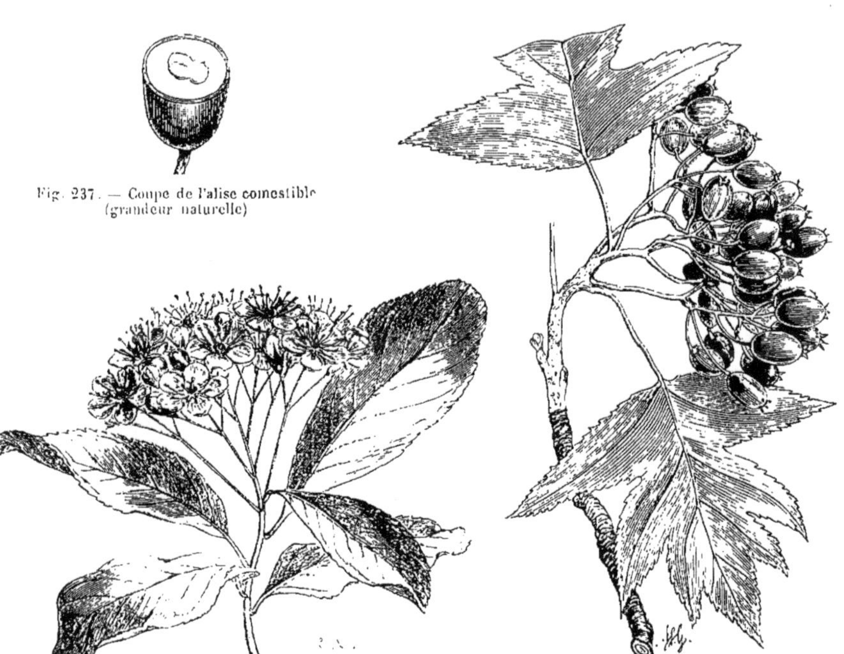

Fig. 237. — Coupe de l'alise comestible (grandeur naturelle)

Fig. 238 — Inflorescence de l'Alisier de Bourgogne.

Fig. 239. — Fruits comestibles de l'alisier torminal.

ALIPATA (*botanique*). — Arbre vénéneux des îles Philippines qu'on croit être l'*Excæcaria agallocha* L., donnant le bois d'agalloche vrai.

ALIQUOTE. — On n'emploie cet adjectif féminin que dans la locution *partie aliquote*, c'est-à-dire partie contenue un certain nombre de fois juste dans un tout. Le pouce est partie aliquote du pied, le douzième ; le décigramme est partie aliquote du gramme, le dixième.

ALISE. — L'alise, nommée aussi alose, est le fruit de l'alisier. Elle se présente sous la forme d'une drupe à noyau, rouge-brun, de la grosseur d'une petite cerise, à goût légèrement aigrelet. Les alises sont disposées en corymbe composé à l'extrémité des rameaux (fig. 239). Les oiseaux, notamment les grives et les merles, sont très friands de l'alise. Le fruit de l'alisier torminal (fig. 237) est surtout comestible ; celui des autres alisiers n'a que peu de pulpe autour des noyaux osseux (1 à 5). Pour pouvoir manger les alises, il faut les cueillir en octobre et les laisser blêtir à la manière des nèfles. Elles sont astringentes et antidysentériques. Quand on les fait fermenter, on peut, par la distillation, en extraire de l'alcool ; on peut aussi s'en servir pour la fabrication du vinaigre.

ALISIER (*botanique et sylviculture*). — Arbre indigène en France, à tronc élevé, à branches nombreuses et bien garnies, à feuilles grandes, simples, lobées et souvent dentées. Ce genre est caractérisé par ses fleurs hermaphrodites blanches, réunies en corymbe composé, à l'extrémité des rameaux (fig. 238). — L'alisier (*Cratægus*), qu'on écrit aussi alizier, appartient à la tribu des Pomacées, dans la famille des Rosacées. Ce genre, très voisin du poirier, renferme plusieurs espèces que l'on rencontre communément dans un grand nombre de forêts en France, et qui se distinguent surtout par leurs feuilles. Les espèces indigènes sont au nombre de trois, savoir :

1° L'alisier torminal (*Cratægus torminalis*), appelé aussi alisier des bois, aigretier, alisier tranchant, anier, tormigue. C'est un arbre de 8 à 9 mètres, à feuilles grandes, découpées en plusieurs lobes inégalement dentés ; à fleurs blanches qui s'épanouissent en mai et juin.

2° L'alisier blanc ou à longues feuilles (*Cratægus longifolia* ou *Pyrus aria*), communément allouchier ou alouche de Bourgogne, sorbier des Alpes, droullier (fig. 238). Le tronc est très droit, les feuilles sont ovales-allongées, entières, finement dentées, cotonneuses en dessous ; les fleurs sont blanches et les fruits d'un beau rouge.

3° L'alisier à feuilles larges ou de Fontainebleau (*Cratægus latifolia*) (fig. 240), à feuilles larges et arrondies, pointues, épaisses, sinuées et blanches à leur face inférieure. Les fleurs blanches sont odorantes. Cet arbre atteint une hauteur de 10 mètres.

Dans les parcs, on cultive aussi l'alisier de Népaul (*Cratægus nepalensis*), à feuilles épaisses, ovales, oblongues, atteignant une longueur de 20 centimètres, de couleur vert foncé à la face supérieure, et d'un beau blanc à la face inférieure. C'est un grand arbuste qui résiste assez bien aux hivers ordinaires du climat de Paris.

Les forestiers classent les trois espèces d'alisier indigènes parmi les essences subordonnées des forêts, c'est-à-dire celles qui, quoique répandues sur une étendue assez restreinte, sont remarquables par leurs dimensions ou par les qualités du bois qu'elles fournissent. Ces espèces appartiennent à la région tempérée des forêts ; elles peuvent vivre sur les hautes montagnes, mais leur croissance y est lente, et souvent elles dégénèrent en arbustes. Au contraire, dans les plaines et sur les coteaux, leur végétation est très prospère. Les expositions du levant et du couchant paraissent être celles qui leur conviennent le mieux. Les sols calcaires ou argileux assez profonds sont favorables à ces arbres, mais ils viennent mal tant dans les sables secs que dans les fonds humides et marécageux. Les racines sont pivotantes, quand le terrain est suffisamment profond ; elles sont traçantes dans les terres légères ; elles pénètrent aussi très bien dans les fentes des rochers. La croissance des alisiers est lente ; ils deviennent fertiles à l'âge de vingt ans, et ils se développent jusqu'à quatre-vingt-dix à cent ans ; à partir de ce moment, la croissance est presque nulle, jusqu'à l'âge de deux cents ans qui paraît être le terme de la vie de ces arbres.

Le bois des alisiers est blanc ou légèrement jaunâtre et remarquable par sa dureté. Son grain est très serré, il est susceptible de recevoir un très beau poli et prend bien la teinture. Ce bois est très estimé par l'ébénisterie, la marqueterie, la lutherie et la tabletterie, qui en font, soit des meubles, soit des objets de certaine valeur, comme des instruments de musique. On l'emploie aussi dans les gros ouvrages de charronnage ; à raison de sa dureté, il est recherché pour la fabrication des dents de roues, des écrous, des vis, etc. En Bourgogne, on se sert beaucoup du bois de l'allouchier ou alisier blanc pour faire les vis des pressoirs. Comme chauffage, le bois d'alisier est aussi très estimé, et il donne un excellent charbon, voisin de celui du meilleur chêne. Le stère de bois d'alisier pèse de 781 à 885 kilogrammes, et l'hectolitre de charbon 22 kilogrammes.

Fig. 240. — Port de l'Alisier à larges feuilles ou de Fontainebleau.

Les alisiers sont recherchés dans les parcs et les jardins paysagers, tant à raison de leur feuillage, que de la grande quantité de belles fleurs dont ils se chargent au printemps. On les multiplie soit de graines, soit par marcottes et rejetons, soit enfin par la greffe. Ce dernier procédé est surtout employé quand on cherche à accélérer la croissance de ces arbres. Les greffes en écusson, en fente, en incrustation et en pied, peuvent réussir. On peut greffer l'alisier sur le poirier, le cognassier, le néflier et surtout sur l'aubépine; celui de Fontainebleau est aussi quelquefois greffé sur l'alisier blanc. M. Charles Baltet recommande de greffer l'alisier sur aubépine rez terre, pour éviter la difformité d'un sujet plus étroit que la greffe, et la végétation de pousses affamantes sur le sauvageon. D'après ses indications, il faut rejeter du rameau-greffon les yeux de la base qui se développeraient mal, et ceux du sommet qui sont trop disposés à fleurir.

ALISMACÉES (*botanique*). — Famille de plantes monocotylédones, vivant dans les lieux humides, marécageux ou même dans l'eau. Dans cette famille, les plantes qui seules intéressent le cultivateur, sont l'alisme, la sagittaire, le butôme ou jonc fleuri et la triglochine. La plupart des plantes de cette famille renferment un suc âcre.

ALISME (*botanique, horticulture*). — Plante vivace, herbacée, habitant le bord des eaux ou les lieux marécageux. Le genre Alisme (*Alisma*), vulgairement fluteau, renferme un petit nombre d'espèces. La plus commune est l'*Alisma plantago* Linné, connu sous le nom de plantain d'eau, pain de grenouilles, etc. C'est une belle plante à feuilles cordiformes, ovales-aiguës, disposées en rosette, à inflorescence rameuse, avec fleurs d'un blanc rose. La tige se présente sous la forme d'un rhizome souterrain, terminé en bulbe; on lui a, pendant longtemps, attribué des propriétés qu'elle n'a pas contre l'hydrophobie. On doit signaler aussi l'*Alisma damasonium* ou *stellatum*, appelé communément étoile d'eau, étoile ou flûte du berger, et l'*Alisma angustifolia* dont les racines sont mangées par les Kalmouks.

Cette plante est très commune sur les bords des étangs, des mares, dans les prairies marécageuses. Elle est regardée comme mauvaise pour la santé du bétail, et comme altérant la qualité du fourrage dans lequel elle se trouve en certaine proportion. — On la cultive dans les jardins, pour orner les bords des ruisseaux, les pièces d'eau, etc. Suivant M. Vilmorin, on multiplie aisément l'alisme d'éclats à l'automne et au printemps, mais le plus souvent de graines, que l'on sème d'avril en juin, dans des pots non submergés, ou dont le fond seul baigne dans l'eau; dès que le plant s'est suffisamment développé, on le repique en terrine ou dans des pots tenus également le pied dans l'eau, et on le met en place peu de temps après. La graine est très fine; par conséquent, elle doit être très peu recouverte ou même simplement appliquée contre la terre. Quand l'eau est très profonde, on maintient les pots ou les paniers qui renferment le plant, par un moyen quelconque, élevés au-dessus du niveau de l'eau.

ALIZARI (*commerce*). — Nom donné par le commerce à la racine entière de la garance. On distingue le plus souvent ces racines d'après leur provenance; on dit : alizaris d'Avignon, d'Alsace, de Chypre, de Smyrne, de Perse, de Naples. Les alizaris d'Avignon étaient divisés en deux catégories: alizaris palus et alizaris rosés, suivant les terres où la plante avait poussé. Les premiers venaient des terres dites palus, anciens marais, riches en détritus organiques, et qui donnaient des racines rouges, tandis que les autres natures de terre produisent des racines rosées. Le commerce des alizaris est devenu presque nul, par suite de la propagation de l'emploi de l'alizarine artificielle dans toutes les teintureries. L'alizarine représente, en effet, la principale matière tinctoriale de la racine de garance; sa fabrication économique par d'autres procédés a anéanti en France la culture de la garance qui avait acquis une grande prospérité, principalement dans le département de Vaucluse.

ALIZARINE (*industrie agricole*). — Matière colorante, d'un rouge orangé, extraite des racines de la garance ou préparée artificiellement avec l'anthracène. Elle a été découverte dans la garance en 1826, par Robinet et Colin. Quand elle est pure, elle est absolument identique, qu'elle soit extraite de la garance ou qu'elle soit préparée avec l'anthracène. C'est un exemple, heureusement rare pour l'agriculture, de la possibilité de tirer des laboratoires quelques-uns des principes immédiats qui existent dans les plantes et que la culture avait, durant longtemps, exclusivement produites.

L'alizarine se présente sous la forme d'une substance inodore, insipide, neutre aux réactifs colorés, mais se comportant comme un acide faible vis-à-vis des bases. L'alizarine ($C^{14}H^8O^4$) cristallise facilement : en paillettes minces, d'un jaune doré, quand elle est hydratée; en aiguilles brillantes et prismatiques terminées par des biseaux aigus, longues et minces, d'une couleur rouge tirant sur le jaune, quand elle est anhydre. Elle fond vers 215 degrés et se sublime sans résidu entre 215 et 240 degrés en vases clos. Peu soluble dans l'eau froide, un peu plus dans l'eau chaude, elle se dissout facilement dans l'alcool, l'éther, l'essence de térébenthine, les huiles de goudron, l'esprit de bois, l'acide sulfurique concentré, etc.; ces solutions sont de couleur jaune ou rouge-brun, suivant les dissolvants. Avec les tissus mordancés l'alizarine donne toutes les couleurs que la garance peut fournir; avec les mordants d'alumine, les couleurs sont rouges ou roses; avec ceux de fer, elles sont noires et violettes. Ces couleurs possèdent une grande résistance à l'action de la lumière, de même qu'à celle de l'acide azotique faible et à celle des bains de savon bouillants. Le pouvoir tinctorial de l'alizarine est environ 95 fois supérieur à celui de la garance.

Pour extraire de la garance l'alizarine, qui s'y trouve mélangée avec 30 pour 100 environ de purpurine, le procédé le plus simple est celui indiqué par Schwartz en 1856. On se sert, comme matière première, d'un extrait alcoolique de garancine, réduit en poudre fine. Une feuille de papier à filtrer, couverte d'une légère couche de cet extrait, est placée sur une plaque en tôle munie d'un manche qui permet de la rapprocher ou de l'éloigner à volonté du feu; on chauffe de manière à ne pas altérer le papier. L'extrait était entré en fusion, le papier s'imbibe d'une matière résineuse brune, tandis que de l'alizarine très pure se dépose à la surface, sous la forme de cristallisations de couleur jaune orangé.

En vue d'obtenir de l'alizarine suffisamment pure pour le commerce, on peut recourir, soit à la méthode de MM. Verdeil et Michel, soit à celle de M. Kopp.

La découverte de la préparation de l'alizarine au moyen de l'anthracène a été faite, en 1868, par MM. Graebe et Liebermann. Le principe de cette fabrication, qui a porté un coup si fatal à une branche prospère de l'agriculture, consiste à oxyder directement l'anthracène, soit par l'acide azotique, soit par un mélange de bichromate de potasse et d'acide sulfurique ou d'acide acétique cristallisable, puis on fait réagir le brome sur ce composé, et l'on fait chauffer avec une solution de potasse caustique; après refroidissement, on dissout le produit dans l'eau, on filtre et on neutralise la liqueur par un léger excès d'acide chlorhydrique, qui précipite l'alizarine. — Dans l'industrie, on remplace les premières opérations par les suivantes : l'anthracène est chauffé avec l'acide sulfurique, puis oxydé par le peroxyde de manganèse; on ajoute un lait de chaux, puis on chauffe sous pression avec la potasse caustique; le liquide est ensuite neutralisé par l'acide chlorhydrique.

ALIXIA ou **ALYXIA** (*botanique*). — Plante de la famille des Apocynées, tribu des Plumériées, dont le nom signifie *plante qu'il faut éviter*. On distingue l'*Alixia gynopogon*, l'*A. daphnoida;* l'A. à feuilles de Fragon. Ce sont des arbrisseaux dont le dernier surtout est aromatique; on extrait de son écorce un *camphre* qui forme des cristaux blancs sublimables vers 80 degrés, solubles dans l'eau chaude, dans l'alcool, l'éther, l'essence de térébenthine, l'acide acétique et les alcalis.

ALIZIER. — Nom vulgaire donné au micocoulier dans quelques parties du midi de la France. — Le nom d'*alisier* (*Cratægus*) est aussi quelquefois, mais à tort, écrit alizier.

ALKANNA (*botanique technologique*). — Plantes appartenant à la famille des Borraginées, de la tribu des Lithospermées, réunies aux *Anchusa* par la plupart des auteurs. On en connaît une vingtaine d'espèces, parmi lesquelles on doit signaler l'*Alkanna tinctoria*, dont la racine constitue l'orcanette. On en retire une belle matière colorante rouge qui fournit un magnifique bleu sous l'action des alcalis. Il faut aussi citer l'alkanna d'Avicenne qui donne le henné des Egyptiens; c'est une Salicariée.

ALKÉKENGE (*botanique et horticulture*).— Plante herbacée et vivace, croissant spontanément dans beaucoup de haies et de vignes. Elle appartient à la famille des Solanées; elle est à racines fibreuses, articulées et traçantes, à tige velue et rameuse, à feuilles entières, ovales et aiguës, à fleurs jaunes, solitaires et opposées aux feuilles, à fruits en forme de baies rouges et charnues. L'alkékenge (*Physalis alkekengi* de Linné), appelée aussi *coqueret*, baguenaude, coccigrolle, coccigrue, coquerelle, herbe à cloque, lanterne, physalide, croît communément dans les terrains calcaires cultivés où elle se multiplie très rapidement par ses rhizomes qui s'étendent dans le sol. Les fleurs et les feuilles sont employées, ainsi que les racines, comme apéritives; quant aux baies, qui ont une saveur légèrement acide, elles passent pour être apéritives et cathartiques. On les connaît vulgairement sous les noms de cerise d'huile ou de suif, cerise de Mahon, mirabelle de Corse. On en fait usage dans quelques pays pour colorer le beurre en rouge. On les sert sur les tables en Suisse et en Espagne. On fait entrer le jus de ces baies dans le sirop de chicorée. On extrait des racines et des feuilles un principe amer auquel on a donné le nom de physaline.

Fig. 241. — Alkékenge jaune douce ou coqueret comestible.

On connaît plusieurs espèces de physales, coquerets ou alkékenges. — Le coqueret comestible (fig. 241) ou alkékenge jaune douce (*Physalis pubescens*, ou bien encore *edulis*) est originaire de l'Amérique méridionale. En serre et dans les jardins du Midi, il est vivace; mais il est traité comme annuel dans la culture potagère. Il forme, dit le *Bon jardinier*, d'assez fortes touffes de 0m,70 à 1 mètre et donne en abondance des fruits juteux, jaune orange, de la grosseur d'une cerise, enveloppés dans le calice; leur saveur légèrement acide les fait rechercher dans les pays méridionaux; au Chili on en fait des confitures. On sème en mars sur couche et sous cloche ou châssis pour repiquer en place, à bonne exposition, dans le courant de mai. Cette plante peut être aussi multipliée très facilement par la division des racines à l'automne, en octobre et novembre, ou bien au printemps.

On connaît sous le nom de *tomate du Mexique* une autre espèce (*Physalis mexicana*) qui a une certaine importance au Mexique et aux îles espagnoles et qui est remarquable par sa vigueur; elle a des fleurs jaunes avec une forte macule brune au centre; elle donne des baies de la grosseur d'une belle prune moyenne, présentant à la maturité un vert jaunâtre lavé d'une faible teinte violette; ces baies ont presque exactement le goût des tomates.

M. Paillieux a introduit en France une troisième espèce, l'alkékenge du Pérou (*Physalis peruviana*), dont les fruits, d'une saveur agréable, se mangent crus ou confits au sucre. On la cultive comme la précédente à la manière des tomates. On récolte les fruits à partir du commencement de septembre; on reconnaît leur maturité à ce que leur calice se dessèche comme une feuille morte; ils se conservent jusqu'en janvier.

L'alkékenge passe pour avoir des propriétés fébrifuges. La physaline a été employée comme succédanée de la quinine. Il est assez facile de la préparer en traitant par l'eau froide les feuilles de la plante. On agite vivement l'extrait aqueux avec du chloroforme, à raison de 2 grammes par litre, jusqu'à ce que ce dissolvant ait enlevé à l'extrait toute son amertume. Par un repos prolongé le chloroforme laisse déposer la physaline.

ALKERMÈS (*pharmacie*). — Est un mot qui s'emploie comme substantif ou comme adjectif pour désigner des compositions ou des élixirs dans lesquels il entre du *kermès animal*, c'est-à-dire des coques de cochenille. L'électuaire ou confection alkermès a pour formule : cannelle, 24 ; kermès animal, 24 ; santal citrin, 15 ; corail rouge, 25 ; sirop de kermès, 500. — On donne le nom d'élixir alkermès, ou celui d'alkermès liquide des Italiens, à une liqueur stomachique très estimée à Florence et à Naples. On prend : cannelle, 23 ; macis, 15 ; girofle, 4 ; muscade, 4 ; alcool à 33 degrés, 3800. On laisse digérer pendant cinq jours, on distille et on ajoute : sucre, 6000 ; eau distillée de roses, 2500 ; eau ordinaire, 3000. On colore avec une teinture aqueuse de cochenille alunée, on clarifie et filtre. Quelques-uns y ajoutent de l'ambre ou des feuilles d'or, des perles, du musc et des bois aromatiques.

ALLÆANTHUS (*botanique*). — L'*Allæanthus Zeylanicus* est un arbre lactescent, à feuilles alternes, dont le liber sert à faire du papier, des étoffes grossières et des sacs.

ALLAGOPAPPUS (*botanique*). — Arbrisseau des Canaries, glabre, glutineux, à feuilles alternes, étroites, entières ou denticulées, souvent très rapprochées, appartenant au genre des Composées-Inuloïdées. On dit aussi *allagopappe*.

ALLAIRE (*biographie agricole*). — Sylviculteur et agronome. Né à Saint-Brieuc, le 20 janvier 1742, Allaire (Julien-Pierre) fut, dès l'âge de 24 ans, receveur général des domaines et bois de la généralité de Limoges. Devenu bientôt administrateur général, il occupa ce poste jusqu'à la Révolution. Réintégré dans l'administration des forêts de l'État lors de sa reconstitution, il fut un des administrateurs généraux jusqu'à sa mort, le 26 janvier 1816. Allaire a été élu membre titulaire de la Société nationale d'agriculture en 1803. Chargé spécialement du contentieux et du repeuplement des bois, Allaire a rendu, dans ce poste, d'importants services à l'administration des forêts ; il a fait, en 1814, dans les forêts des bords du Rhin, un voyage dont la relation n'a pas été publiée.

ALLAISE. — Amas de sable dans une rivière, formant une barre ou une sorte de barrage.

ALLAITEMENT (*économie du bétail*). — Fonction des mères, dans l'ordre des Mammifères, de nourrir leurs petits avec le lait de leurs mamelles. L'allaitement commence à partir du moment où le petit est sorti du sein de sa mère, et il est prolongé pendant un temps qui varie suivant les espèces. La cessation de l'allaitement est le sevrage. La période de l'allaitement doit être considérée, pour les animaux domestiques, soit au point de vue des mères, soit à celui des petits.

La condition indispensable pour un bon allaitement, chez les mères, est une hygiène rationnelle, accompagnée d'une nourriture abondante et propre à favoriser la sécrétion du lait, de telle sorte que le petit puisse se développer dans des conditions normales, sans que sa mère souffre de le nourrir. Quand il s'agit d'animaux de trait, particulièrement des juments, on peut les faire travailler quelque temps après le part ; mais le travail doit être relativement facile, et en même temps il importe de donner un excédent de nourriture en rapport avec le travail demandé. Le bon entretien des litières, les soins de propreté pour les mamelles, entrent aussi en ligne de compte dans l'allaitement. Il est d'une grande importance pour la santé du petit, qu'il n'ait pas à ingérer un lait échauffé, par conséquent moins nutritif, et qui même peut provoquer des altérations dans son organisme. Mais il faut distinguer entre le lait échauffé et le premier lait appelé quelquefois *colostrum* ; ce premier lait est séreux et jaunâtre ; il exerce sur les organes du jeune animal une action purgative propre à les débarrasser et à les préparer à recevoir un lait plus substantiel. — Les causes qui peuvent amener soit la diminution, soit la cessation de la sécrétion du lait sont multiples : l'affection qui atteint, dans ce cas, la mère est appelée *agalaxie* (voy. ce mot), et celle-ci doit recevoir des soins en conséquence.

En ce qui concerne les petits, ils doivent être soumis à une hygiène rigoureuse, afin de bien profiter du lait de leur mère. Une habitude presque générale est de les faire cohabiter avec celle-ci. C'est une pratique qui peut avoir des inconvénients ; le principal est que le jeune animal pouvant teter à toute heure du jour et de la nuit, ne s'habitue pas à un régime régulier, et souvent fatigue sa mère à l'excès. Il est plus sage de placer, quelques jours après sa naissance, le petit dans un local séparé, rapproché de sa mère, si l'on veut, de telle sorte que celle-ci puisse le sentir et même le lécher, mais sans qu'il puisse atteindre les mamelles. A des heures fixes, on réunit la mère et le petit pendant un temps déterminé, pour les séparer ensuite, lorsque celui-ci s'est repu. Cette méthode présente l'avantage de ne pas fatiguer inutilement la mère et permet, en outre, de préparer le sevrage, en augmentant progressivement la quantité d'aliments donnés aux jeunes animaux, et en diminuant dans la même proportion le temps pendant lequel on les laisse en contact avec la mère.

Quand les mères sont excellentes nourrices, leurs mamelles se remplissent quelquefois d'une plus grande quantité de lait que celle nécessaire à la nourriture du petit. Il arrive que ce lait s'écoule naturellement ; mais le plus souvent il reste dans les mamelles : dans ce cas, il en distend les parois gonflées outre mesure, et c'est pour l'animal une cause de souffrance. Le seul moyen d'obvier à cet accident, est de traire la mère quand le fait se produit, et qu'il est bien certain qu'elle a du lait en excès. Il est d'ailleurs rare qu'on laisse les veaux absorber tout le lait de leur mère.

La règle qui doit guider pour la durée de l'allaitement, est l'évolution complète des dents caduques chez le petit. Tant que toutes ces dents n'ont pas poussé, le sevrage serait prématuré, car les organes digestifs ne sont pas encore suffisamment prêts pour se contenter exclusivement d'une nourriture végétale. En partant de ce principe, l'allaitement doit durer : pour les races chevalines, de 6 à 8 mois ; pour les races bovines, de 4 à 5 mois ; pour les races ovines, de 4 mois à 4 mois et demi ; pour les races porcines, de 6 semaines à 2 mois ; pour les races canines, de 6 semaines à 2 mois. Le sevrage doit toujours se faire progressivement, de manière à habituer le jeune animal à passer du régime lacté au régime d'adulte.

A l'allaitement naturel, quand le jeune sujet tète sa mère, on substitue parfois l'allaitement artificiel. Ce mode consiste à faire boire le lait dans un vase. Il est surtout adopté pour les veaux et les *agneaux* (Voy. ce mot). Il présente le double avantage qu'on peut mesurer la quantité de lait administré et y ajouter ou même y substituer d'autres substances alimentaires.

ALLAMAND (*biographie*). — Jean-Nicolas-Sébastien Allamand naquit à Lausanne en 1713 et devint pasteur protestant à Leyde où il a parcouru toute sa carrière scientifique et où il est mort le 2 mars 1787. Il a été un des professeurs les plus estimés de la célèbre université de sa ville d'adoption. C'est à lui que les marins hollandais, au retour de leurs lointaines excursions, rapportaient les objets d'histoire naturelle qu'ils avaient recueillis. Il les déterminait et en enrichissait soit le jardin botanique, soit les collections de l'Université de Leyde où sa mémoire est vénérée.

ALLAMANDA (*botanique et horticulture*). — Genre de plantes de la famille des Apocynées, importé des régions tropicales et équatoriales de l'Amérique du Sud, formant des arbrisseaux sarmenteux, un peu grimpants, avec feuilles lancéolées, en verticilles écartés ou bien opposés. Cinq ou six espèces jouent un rôle distingué dans l'horticulture de serre, surtout à cause de leurs très belles fleurs disposées en forme de grandes campanules, tantôt axillaires, tantôt en panicules terminales, et généralement du jaune le plus vif.

La plus anciennement introduite est l'*Allamanda cathartica*, originaire de la Guyane: elle a été nommée ainsi par Linné, qui l'a dédiée au professeur Allamand, à cause de ses propriétés émétiques et purgatives. Allamand l'a employée contre les coliques de plomb. On lui donne encore les noms de *Allamanda grandiflora*, d'Orélie, d'*Aurelia grandiflora*, d'*Echites salicifolia*. De juin à la fin de l'automne, elle donne de grandes et belles fleurs d'un jaune pâle, campanulées. Ses feuilles lancéolées sont en verticilles écartés. Elle exige beaucoup de chaleur et de fréquents arrosements, dans des pots ou un sol léger bien drainé; on la multiplie par marcottes et par racines.

L'*Allamanda nobilis*, originaire du Brésil septentrional, a le même port que la précédente, mais avec des fleurs du double plus larges, et d'un jaune vif.

L'*Allamanda neriifolia* ou à feuilles de laurier-rose, a été importée du Mexique. Ses feuilles sont oblongues, acuminées, courtement pétiolées et d'un bel effet ornemental. La plante fournit, dès qu'elle a atteint 30 à 50 centimètres de hauteur, d'abondantes fleurs campanulées, d'un jaune vif strié de carmin, disposées en bouquets terminaux. Elle demande aussi une terre légère mais substantielle, et de nombreux arrosages; on la multiplie de boutures sur couche chaude.

C'est sous la forme d'un magnifique arbrisseau de 1m,50 à 2 mètres, à feuilles sessiles, verticillées par 3 ou par 4, quelquefois simplement opposées, lancéolées, aiguës et glabres, que se présente l'*Allamanda Schottii*, introduit du Brésil. Il donne des fleurs campanulées, d'un jaune vif lavé de rose à l'extérieur, de 5 à 6 centimètres de diamètre. On cultive cette espèce en serre chaude, comme la précédente et aussi comme les *Allamanda verticillata*, *violacea* et *Handersonii* dont l'horticulture de luxe s'est successivement enrichie.

ALLANTOÏDE (*anatomie*). — Membrane du fœtus dont le développement précède celui du placenta, et qui sert de conducteur aux vaisseaux établissant une liaison entre l'embryon et sa mère, de manière à changer son mode de nutrition. L'allantoïde affecte la forme d'une vésicule qui disparaît plus ou moins rapidement suivant les espèces. Les vaisseaux qu'il renferme deviennent plus tard les vaisseaux ombilicaux ou placentaires.

ALLANTOÏDIEN (*anatomie*). — Qualification donnée aux vaisseaux que renferme l'allantoïde, et aux liquides qui sont contenus dans ces vaisseaux.

ALLANTOÏNE (*chimie agricole*). — L'allantoïne est une matière qui cristallise en prismes brillants, incolores et d'un aspect vitreux, ayant pour formule chimique $C^4H^6A^2O^3$, soluble à froid dans 160 fois son poids d'eau, beaucoup plus soluble à chaud: donnant une solution insipide, sans action sur les couleurs végétales; décomposable par l'action de la chaleur et se transformant en divers autres composés soit par l'action des alcalis, soit par celle des acides. L'allantoïne peut notamment donner de l'urée et un acide spécial, l'acide allanturique, quand on la chauffe avec de l'acide chlorhydrique ou de l'acide azotique. Avec les oxydes métalliques, il y a des doubles décompositions résultant du remplacement d'un atome d'hydrogène par un atome du métal; les combinaisons formées ont reçu le nom d'allantoates; ainsi l'allantoate d'argent a pour formule $C^4H^5Az^2O^3Ag$. On a de même des allantoates de cadmium, de zinc, de plomb, et divers allantoates mercuriques.

L'allantoïne a été découverte par Vauquelin dans le liquide de l'amnios de la vache, puis par Lassaigue, dans le liquide allantoïque du même animal; plus tard, Wöhler l'a rencontrée dans l'urine des veaux. On la produit artificiellement en chauffant de l'acide urique avec de l'eau et du peroxyde de plomb. C'est en raison de l'existence de ces composés salins qu'on appelle quelquefois l'allantoïne *acide allantoïque*.

ALLÉE (*art des jardins*). — Chemins tracés dans les jardins, les parcs ou les forêts, pour permettre de se rendre d'un point à un autre et pour transporter les produits. Les allées peuvent être considérées, soit au point de vue de l'utilité, soit à celui de l'architecture ou de la décoration des jardins.

Sous le premier rapport, les règles à suivre dans le tracé des allées sont très simples. Celles-ci doivent être suffisamment multipliées pour les besoins de la culture, tout en tenant compte de la perte de terrain qu'elles entraînent; être dirigées en ligne droite, être assez larges pour le passage des brouettes, des arrosoirs ou des pompes d'arrosage, etc. On les divise en allées principales et en allées secondaires. Les premières sont généralement en terre battue recouverte d'un cailloutis: leur largeur est trois à quatre fois plus considérable que celle des allées secondaires qui s'embranchent sur elles et dont le sol est généralement gazonné, en vue de diminuer les frais d'entretien. Les allées principales sont le plus souvent bombées en dos d'âne, c'est-à-dire que leur partie médiane est plus élevée que les côtés, de manière à assurer un écoulement régulier des eaux pluviales. Dans les jardins potagers, les allées sont généralement bordées par des arbres fruitiers.

En ce qui concerne les jardins d'agrément et les parcs, la forme et la direction des allées varient suivant le style adopté pour dessiner ces jardins ou ces parcs. Dans les jardins de grand style français, les allées sont généralement rectilignes, se coupant à angles droits ou suivant des angles tels que les parties du parc ou du jardin qu'elles entourent présentent une forme géométrique régulière; les allées circulaires ou elliptiques sont les seules lignes courbes qui entrent dans les combinaisons de l'architecte.

Les dimensions des allées doivent être en rapport avec l'architecture et les proportions des bâtiments que les jardins accompagnent; les principaux axes doivent être communs aux bâtiments et aux jardins. Les allées-terrasses doivent être parallèles aux bâtiments. En un mot, le tracé des allées dans les jardins réguliers fait partie intégrante de l'architecture; il doit être dominé et réglé par les lois de celle-ci; l'art consiste à bien combiner les jardins avec les constructions et à tirer de cette combinaison les effets les plus heureux.

Les règles à suivre sont tout autres, dans les jardins paysagers modernes et dans les parcs qu'on appelle de style anglais; ici les lignes droites sont bannies, et les lignes courbes sont seules admises. La règle qui domine la forme de ces allées, c'est qu'il faut, dans un jardin paysager, tracer autant d'allées commodes et spacieuses qu'il y a d'objets intéressants à voir, et dissimuler autant que possible ces chemins dans le paysage. En outre, les allées ne doivent pas présenter les sinuosités multipliées que parfois le mauvais goût tend à leur donner ; elles doivent, au contraire, toujours affecter la forme de courbes correctes à grand rayon. On distingue, dans ce genre, plusieurs sortes d'allées dont les caractères distinctifs vont être rapidement indiqués.

L'allée d'arrivée est celle qui mène de l'entrée du jardin aux bâtiments d'habitation. Elle doit toujours présenter une largeur de 2 mètres à 2^m,50, et affecter une forme légèrement courbe, sans que celle-ci soit trop accusée, afin que la longueur du chemin à parcourir ne soit pas augmentée dans des proportions trop grandes. Le plus souvent, cette allée entoure une pelouse à peu près elliptique. Son importance est capitale dans le tracé du jardin.

En ce qui concerne les allées de promenade, elles doivent conduire naturellement et agréablement à un but déterminé ; elles ne doivent pas être trop multipliées, ni présenter de trop grandes sinuosités, et surtout il faut éviter qu'elles occupent dans le paysage une place considérable, principalement quand il s'agit d'un jardin uni à un parc. Leur largeur dépend de leur importance : elle doit varier, dans les allées destinées à être parcourues en voiture, entre 5 à 6 mètres pour les plus larges, et 3 mètres pour les plus étroites. Il faut éviter que les allées de promenade présentent une courbe uniforme qui serait aussi monotone qu'une ligne droite ; les courbes alternes sont imposées par la nécessité de varier les aspects ; mais on ne doit pas en abuser, car l'excès des sinuosités sans cause nécessaire est une preuve de très mauvais goût. L'amorcement des allées secondaires sur les allées principales doit être fait aussi naturellement que possible, en évitant les angles droits. Ces dernières allées sont plus étroites que les allées principales ; elles doivent être ombragées, afin d'être plus agréables aux promenades, et ne pas dominer dans le paysage. Quant aux sentiers, ils doivent être tout à fait couverts, toutes les fois qu'on le peut.

Dans les anciens jardins paysagers, on se préoccupait beaucoup de ce qu'on appelait l'allée de ceinture, c'est-à-dire faisant le tour de la propriété, et bordée extérieurement d'épais massifs de manière à ramener toutes les vues sur l'intérieur du parc. Les architectes modernes proscrivent cette manière de faire, excepté dans les jardins de faible étendue entourés de murs ou situés au milieu d'un paysage peu intéressant ; dans les grands jardins et parcs, ils s'ingénient, au contraire, à étendre, par des percées bien combinées, la vue aussi loin que possible. Quand cette allée de ceinture est imposée par la dimension du jardin, elle permet d'y augmenter la promenade, mais il faut qu'elle soit complètement isolée des murs.

On appelle *allées couvertes* des allées qui sont surmontées par un treillage sur lequel on fait courir des plantes grimpantes qui le garnissent de manière à intercepter les rayons du soleil. Ces allées, très communes en Italie et dans le midi de la France, sont plus rares dans les régions septentrionales. — Les *allées creuses* sont celles qui sont comprises entre deux talus assez élevés, soit que cette disposition soit naturelle, soit qu'elle ait été provoquée par le travail de l'architecte. On produit sur les talus une végétation vigoureuse par des semis et des plantations, et l'on forme ainsi des allées qui produisent un effet exceptionnellement agréable. La pente d'un demi-angle droit est celle qui est la plus convenable pour les talus des allées creuses. — Les *allées en pente* doivent être dessinées de manière que le centre de la courbe qu'elles forment soit le même que celui du monticule ou de la colline où elles sont tracées. Quand on veut relier deux monticules, il faut faire, en partant de leur base, une allée à deux courbes opposées, concentriques à chacune de ces hauteurs. — Les allées tracées aux bords des ruisseaux, des pièces d'eau, etc., ne doivent pas en suivre tous les contours avec servilisme ; elles doivent être dirigées, en suivant des courbes à grand rayon, vers les points les plus remarquables, de manière à varier les aspects.

Quelle que soit l'allée que l'on trace, il est indispensable de garder un parallélisme rigoureux entre les deux bordures ; la conservation de ce parallélisme doit entrer au premier rang des travaux d'entretien. Rien n'est plus disgracieux à l'œil qu'une allée dont les bordures présentent des zigzags au gré de la végétation des plantes qui les forment ; c'est la preuve la plus tangible de l'incurie et de la paresse. — Quant à l'orientation, elle doit varier suivant les circonstances : l'essentiel est que les allées soient abritées contre les grands vents dominants, et surtout les vents froids, et qu'elles soient ombragées contre le soleil.

Il est nécessaire que les allées soient construites avec soin, pour ne pas être dégradées par l'action des intempéries. Les travaux à faire varient suivant qu'il s'agit des grands parcs publics ou des parcs et jardins privés. Dans les promenades publiques, les allées qui sont très fréquentées, doivent être établies avec le plus grand soin, et doivent posséder une solidité qui leur permette de résister aux multiples causes de désagrégation auxquelles elles sont soumises. Le plus souvent, les allées de ces promenades sont macadamisées ; dans quelques circonstances, et pour celles destinées aux piétons, on emploie l'asphalte ; cette dernière substance est principalement adoptée dans les parcs en Angleterre. — L'entretien des chaussées est plus facile dans les jardins et les parcs privés où ne circulent presque pas de lourdes voitures. Sauf dans les terrains légers à l'excès, il est rare que l'on doive recourir à un empierrement pour faire les grandes allées. Il suffit le plus souvent de bien dessiner le relief du sol, de bomber le milieu de l'allée, mais sans excès, afin de ménager l'écoulement latéral des eaux pluviales, et de battre fortement la surface avant de répandre le sable. La couche de sable qui recouvre le sol doit avoir une épaisseur de 5 centimètres, afin qu'elle ne se mélange pas constamment avec la terre et ne disparaisse rapidement. Le sable de rivière dont on peut faire plusieurs catégories, suivant sa grosseur, en le passant au tamis, est celui qui convient le mieux ; quant au sable de carrière, il ne doit être employé qu'à défaut d'autre ; le sable calcaire est, de tous, celui qui convient le moins En Angleterre, on emploie fréquemment un gravier rugueux jaunâtre, provenant de la désagrégation des rochers des îles de la Manche. C'est au printemps ou à la fin de l'hiver que les allées doivent être recouvertes de sable.

Les allées *enherbées* sont celles sur lesquelles on laisse ou l'on fait pousser de l'herbe. Elles sont surtout adoptées dans les parcs de très grande étendue pour les allées extérieures. Elles sont d'un entretien plus facile que les allées sablées ; mais il faut les tenir propres et en regarnir les places qui se dénudent. On leur reproche de mouiller par la rosée les pieds des promeneurs Cet inconvénient est évité en traçant, de chaque côté de l'allée, un petit sentier en terre battue ou recouverte de sable.

ALLELUIA (*botanique*). — Nom vulgaire donné à une plante herbacée, l'oxalide (*Oxalis acetosella*), appelée aussi surelle. Le nom d'alleluia lui vient de ce qu'elle fleurit vers l'époque ordinaire de la fête de Pâques.

ALLEMAGNE (*géographie agricole*). — L'Allemagne forme une grande partie de l'Europe centrale Elle s'étend sur une surface de 54 047 700 hectares et se divise en 26 royaumes, grands-duchés, duchés, principautés, villes libres ou pays d'empire, de la manière suivante :

	hectares
Royaume de Prusse	34 824 600
— Bavière	7 586 300
— Saxe	1 499 300
— Wurtemberg	1 950 400
Grand-duché de Bade	1 508 400
— Hesse	768 000
— Mecklembourg-Schwerin	1 330 400
— Mecklembourg-Strelitz	293 008
— Sax-Meimar	359 300
— Oldenbourg	641 400
Duchés de Brunswich	369 000
— Saxe-Meiningen	246 800
— Saxe-Altembourg	132 200
— Saxe-Cobourg-Gotha	196 200
— Anhalt	234 700
Principautés de Schwarzbourg-Rudolfstadt	94 200
— Schwarzbourg-Sonderhausen	86 200
— Waldeck	113 500
— Reuss (branche aînée)	31 600
— Reuss (branche cadette)	82 900
— Schaumbourg-Lippe	34 000
Villes libres : Lubeck	28 300
— Brême	25 500
— Hambourg	40 700
Pays d'Empire : Alsace-Lorraine	1 450 800

La population totale s'élève, d'après le recensement de décembre 1875, à 42727000 habitants. C'est une population moyenne de 79 habitants par 100 hectares ou par kilomètre carré. Les territoires des villes libres sont les plus peuplés ; ils renferment : Hambourg 949, Brème 557 et Lubeck 191 habitants par kilomètre carré. Les pays les plus peuplés sont ensuite le royaume de Saxe où l'on compte 184 habitants pour la même surface ; la principauté de Reuss (branche aînée), 149 ; le grand-duché de Hesse, 115 ; Reuss (branche cadette), 111 ; le duché de Saxe-Altenbourg, 110 ; le grand-duché de Bade, 100. La Prusse n'a que 74 habitants pour la même surface, et la Bavière 66. Au point de vue de la densité de la population, l'Allemagne tient le cinquième rang en Europe, après la Belgique, la Hollande, les Iles-Britanniques et l'Italie ; la France ne vient qu'au sixième rang. — La population adonnée à la production agricole, est estimée à 30 pour 100 environ de la population totale, dans l'ensemble de l'Allemagne.

Au point de vue du climat, l'Allemagne se divise en trois grandes zones. — La première, au nord, est la zone du littoral : elle s'étend sur la mer du Nord et sur la Baltique ; elle est limitée par des dunes sableuses d'une vaste étendue, dont une grande partie est formée par des sables mouvants ; à l'extrémité occidentale de cette zone, principalement dans le bassin de la partie inférieure du Rhin, sont les marches, célèbres par leur fertilité, et dont le sol est presque complètement formé par des alluvions ou des atterrissements des grands fleuves qui se jettent dans la mer du Nord. — La deuxième zone est celle du centre, constituée en grande partie par de vastes plaines, dans lesquelles on rencontre alternativement des terrains sableux, granitiques, tourbeux et marécageux. Des landes d'une vaste étendue couvraient autrefois une grande partie de cette zone ; elles ont été successivement mises en culture, parfois avec beaucoup de peine et de sacrifices. C'est dans cette zone que le travail agricole s'est le plus développé. — La troisième zone coupe l'Allemagne dans toute sa largeur depuis les sources de l'Oder jusqu'à la Meuse ; c'est la zone montagneuse. Elle comprend la chaîne des Sudètes, l'Erzgebirge, la forêt de Thuringe, le Vogelsberge, etc. Elle forme la ligne de partage des eaux : c'est la région essentiellement forestière ; les nombreuses vallées qu'elle renferme sont d'une assez grande fertilité.

Très également arrosée dans son ensemble par ses nombreux cours d'eau, possédant des terres fertiles en assez grande étendue, favorisée dans ses régions moyennes par la variété des coteaux et des vallées, l'Allemagne, malgré sa situation nord-est, jouit d'un climat tempéré, sans trop longue durée de la saison d'hiver. Elle doit cet avantage à sa position géographique au centre de l'Europe et surtout à la façon dont elle est traversée d'un côté par des montagnes, tandis que dans l'autre partie elle est bornée par des contrées maritimes.

Appuyé au sud sur les Alpes orientales elle confine à l'Italie et aux régions méridionales de l'Europe. Dans son ensemble le pays présente une déclivité régulière de la base du système alpique aux rivages de la mer du Nord et de la mer Baltique. Les plateaux de la Bavière, du Wurtemberg, du duché de Bade, sont plus élevés que les vallées de l'Allemagne centrale, ce qui fait que la température s'y trouve rafraîchie par la hauteur des montagnes. La contrée s'abaisse du sud au nord, par gradins inégaux, pour aboutir aux immenses plaines du Hanovre, du Mecklembourg et de la Poméranie. Le climat qui devrait être très rude dans ces pays est maintenu à un degré moyen par le voisinage de la mer. Ainsi les effets de l'altitude compensent ceux de la latitude et placent l'Allemagne sous un ciel de température à peu près égale. C'est ainsi que dans toute la partie comprise du Rhin à l'Oder, la température annuelle demeure entre 8 et 9 degrés. Dans le reste du pays ses oscillations varient suivant le relief du sol.

Dans la région des hauts plateaux, les pluies sont plus abondantes que dans les plaines septentrionales ; mais à un point de vue tout à fait général, on peut dire que d'un bout à l'autre de l'Allemagne, les variations locales dans l'ensemble des météores s'écartent peu les unes des autres, entre les Alpes et la mer du Nord, entre le Rhin et le Niémen, bien que pendant l'hiver, du côté de l'est, la température moyenne soit plus basse en hiver et les pluies moins abondantes que du côté de l'ouest.

L'utilisation du sol, au point de vue agricole, dans les diverses parties de l'Allemagne, est indiquée dans le tableau qui suit. La surface totale de chaque partie étant désignée par 100, les diverses natures de production sont représentées par les chiffres suivants :

	TERRES ARABLES ET JARDINS	PRAIRIES ET PATURES	BOIS ET FORÊTS	SURFACE IMPRODUCTIVE
Prusse	50,1	18,3	23,1	8,5
Bavière	42,2	19,8	32,0	6,0
Saxe	52,4	13,1	30,5	4,1
Wurtemberg	47,6	17,0	30,6	4,8
Bade	37,2	17,5	33,4	11,9
Hesse	49,8	13,0	32,7	4,5
Mecklembourg	53,5	15,0	13,3	18,2
Autres parties de l'Allemagne	43,2	15,3	19,7	21,8

Le Mecklembourg, la Saxe et la Prusse sont les parties de l'Allemagne qui renferment la plus grande proportion de terres arables ; les prairies et les pâturages se rencontrent en plus grande proportion dans la Bavière, la Prusse, le grand-duché de Bade et le Wurtemberg. Les parties les plus boisées sont les grands-duchés de Hesse et de Bade, puis la Bavière.

Sous le rapport de la richesse de la production agricole, l'Allemagne méridionale est beaucoup mieux partagée que l'Allemagne du Nord. Les royaumes de Saxe, de Bavière et de Wurtemberg ont fait, à cet égard, les plus grands progrès. La vallée du Rhin peut être placée au même rang. Il suffit d'indiquer ici que c'est dans ces parties que la culture du froment et de l'orge s'est le plus développée : le seigle est, au contraire, la principale céréale de la Prusse. C'est aussi dans l'Allemagne méridionale que les cultures industrielles ont pris le plus d'extension, et que par concomitance se sont surtout développées les usines agricoles qui transforment les produits de ces cultures. Les régions du sud et du sud-est de l'Allemagne sont aussi celles qui sont le plus riches en forêts, et celles en même temps où l'exploitation des bois est faite suivant la méthode la plus rationnelle. La viticulture n'a qu'une faible importance ; le climat septentrional d'une grande partie du pays s'oppose à la maturation des raisins ; c'est seulement dans les vallées du bord du Rhin et de la Moselle que la vigne réussit ; quelques crus ont une légitime renommée.

Par un grand nombre d'autres denrées agricoles, l'Allemagne occupe un des premiers rangs en Europe. La culture du lin et celle du chanvre y sont très répandues, notamment dans les plaines du Hanovre et de la Prusse proprement dite. Les betteraves alimentent de nombreuses fabriques de sucre. Le houblon suffit à la consommation des innombrables brasseries qui prospèrent sur tous les points du territoire. Le tabac ne fournit pas aux millions de fumeurs allemands, bien que sa récolte atteigne plus de 50 000 tonnes dans les diverses provinces. Les vergers, les potagers, les jardins de fleurs ont pris une réelle importance économique dans la production annuelle, surtout autour des grandes villes, comme Francfort, Erfurt, Bamberg, Hambourg, etc.

L'élevage du bétail se fait sur une grande échelle dans une partie de l'Allemagne, surtout dans l'Allemagne méridionale. C'est dans cette partie que l'élevage des races bovines a pris le plus d'extension ; le mouton est surtout l'animal des provinces plus pauvres qui constituent une partie de la Prusse. Quant aux races porcines, leurs représentants sont à peu près répandus d'une manière égale dans les diverses parties du pays.

La petite propriété était jadis très faiblement représentée en Allemagne. Partout de grands domaines se partageaient le territoire. Mais un mouvement économique s'est produit en sens inverse. On a vu peu à peu les vastes héritages échoir à des seigneurs presque tous absents de leurs terres et dépensant plus que leurs revenus, être hypothéqués dans une proportion variant de la moitié aux trois quarts, être vendus par autorité de justice, pour devenir le partage de nombreux propriétaires. Les terrains de l'Allemagne sont divisés aujourd'hui, comme ceux de la France, en biens de toute grandeur. Cependant le morcellement n'y est pas encore aussi complet. Ainsi, en Prusse, la petite propriété n'est guère représentée que dans les provinces rhénanes où la législation française a longtemps prévalu. La moitié du sol de tout l'empire appartient encore à des propriétaires ayant encore au moins 75 hectares et en moyenne 314 hectares. Mais la terre, comme les idées, se démocratise, et le morcellement continue sa marche ascendante. Les économistes considèrent favorablement cet état de choses, car on a constaté que dans tous les pays fertiles de l'Allemagne, le rendement du sol est beaucoup plus fort pour les petites propriétés que pour les grandes, l'État même, le plus puissant propriétaire, étant celui qui retire de ses domaines le plus faible revenu.

L'empire d'Allemagne, constitué en 1871, avec les pays énumérés plus haut et quelques annexions violentes, telles que celles du Schleswig-Holstein et de l'Alsace-Lorraine, est surtout une unité militaire. L'administration des royaumes, grands-duchés, etc., qui le constituent, est restée indépendante ; elle varie suivant ces pays, de même que l'organisation des mesures prises en vue du développement de l'agriculture, notamment en ce qui concerne l'enseignement, les associations agricoles, le crédit, etc. Le mouvement de la propriété et des systèmes de culture varie également dans des proportions considérables, que nous indiquerons séparément pour chacun des pays. Toutefois, il faut ajouter ici quelques détails sur une mesure qui a été adoptée d'une manière générale dans presque tout l'empire et qui est relative aux moyens d'obvier au parcellement excessif des exploitations rurales.

C'est du Wurtemberg que ce mouvement est parti dès 1850. Les dispositions législatives, actuellement en vigueur, autorisent les propriétaires dont les terres sont enclavées les unes dans les autres, ou situées à une distance plus ou moins grande du centre de l'exploitation, à échanger leurs parcelles de manière à constituer, autant que possible, des fermes d'un seul tenant. A cet effet, des commissions, dont l'action peut s'exercer sur une assez grande surface, ont été établies pour les demandes collectives en réunion de parcelles ou en consolidation, suivant le terme adopté en Allemagne, qui pourraient leur être adressées. Des délégués de ces commissions sont envoyés sur les lieux, pour entendre les propriétaires, concilier leurs intérêts, si c'est possible, procéder à l'arpentage et à l'estimation des parcelles. Il n'est pas nécessaire que le consentement de tous les propriétaires intéressés soit donné : il suffit que les trois quarts demandent la réunion des parcelles pour que celle-ci devienne obligatoire pour tous. Chaque intéressé peut assister aux opérations des délégués, afin de les contrôler. Quand le travail est achevé, si des oppositions s'élèvent contre les nouvelles délimitations, ces oppositions sont soumises à l'examen de tous les propriétaires qui décident, par un vote à la majorité, de leur rejet ou de leur acceptation. La décision des délégués de la commission peut être portée devant la commission tout entière, et même, comme en Prusse, être renvoyée devant la cour de cassation. Les réclamations contre les erreurs commises par la commission dans l'appréciation des titres de propriété ou autres, sont prescrites dans un délai de quatre ans. Toutefois, il faut dix ans pour la prescription, si l'un des intéressés vient à découvrir un document authentique qu'il n'aurait pu produire pendant le travail de la commission, ou bien s'il demande de faire entendre des témoins qui, cités dans l'instruction, n'avaient pu être trouvés ou répondre à l'appel. Les avantages de la réunion des parcelles sont multiples : ils diminuent les frais d'exploitation, permettent de faire des chemins ruraux bien adaptés aux besoins du sol, et rendent souvent à la culture des surfaces occupées par les clôtures, les fossés, etc., qui étaient improductives ; enfin, ils mettent fin aux contestations sur les limites entre les propriétés contiguës.

L'Allemagne est depuis longtemps unifiée au point de vue du commerce international. L'union douanière des États allemands est désignée sous le nom de *Zollverein*. Jadis le revenu des droits de douane était partagé entre les États confédérés : aujourd'hui il fait partie des recettes du Trésor de l'empire, de même que les droits sur les objets de consommation d'origine ou de fabrication allemande, tels que sucre de betterave, sel, tabac, eau-de-vie et bière. Toutefois, la Bavière, le Wurtemberg et le grand-duché de Bade ne versent pas dans les caisses de l'empire les sommes provenant des droits perçus sur les spiritueux et sur la bière. Quelques parties de l'Allemagne ne sont pas comprises dans le Zollverein, quoique faisant partie de l'empire. Ce sont les territoires des ports de Hambourg et d'Altona, de Brême, de Bremerhaven, de Geestermunde et de Bracke, ainsi que quelques communes du grand-duché de Bade sur la limite du grand-duché de Hombourg. Par contre, le grand-duché de Luxembourg et la commune autrichienne de Jungholz sont compris dans l'union douanière allemande. — Après être entré dans la voie des dégrèvements de tarifs de douane, l'empire d'Allemagne est revenu en 1879 au régime des tarifs élevés. Parmi les diminutions de tarif les plus importantes qui avaient été opérées, il faut citer, en 1872, la diminution des droits sur les vins, de 45 fr. à 20 fr. par 100 kilogr., la libre entrée des fontes, et en 1877 la suppression complète de tous les tarifs sur les fers, les aciers et les machines. Tous les anciens tarifs ont été rétablis, et quelques-uns surélevés d'une manière notable.

ALLIACÉ. — Qualification d'une chose qui tient de l'ail ou qui a rapport à l'ail. Ainsi, on dit une plante alliacée, une odeur alliacée, un goût alliacé. — Link avait proposé de faire, pour le genre *Allium* dans la famille des Liliacées, une tribu spéciale dite des Alliacées. Cette division n'a pas été adoptée par les botanistes.

ALLIAGE. — Résultat de l'union de deux ou de plusieurs métaux, obtenue par la fusion, et dont la masse est bien homogène dans toutes ses parties. Lorsque le mercure est un des métaux employés, l'alliage prend le nom d'amalgame. Le laiton, le bronze, le métal des cloches, celui des instruments de musique, le chrysocale, l'argent et l'or monnayés, les métaux employés pour les monnaies d'appoint, l'or et l'argent des orfèvres et des bijoutiers, le maillechort, le métal de l'outillage des marchands de vin et de la robinetterie, le métal des caractères d'imprimerie, les plaques fusibles des machines à vapeur, la soudure des plombiers, sont les principaux alliages dont on fait usage dans les arts et dans l'industrie.

Les alliages sont binaires, ternaires, quaternaires, etc., selon qu'ils sont composés de deux, trois, quatre, etc., métaux. Ils peuvent être constitués par des combinaisons en proportions définies ou par des mélanges. La preuve qu'il peut s'y trouver des proportions définies, est donnée par ce fait que, si l'on abandonne à un refroidissement lent et tranquille un alliage fondu, on peut obtenir des cristaux bien déterminés, en s'arrêtant au moment où le thermomètre plongé dans l'alliage reste stationnaire pendant quelque temps. En outre, on constate pendant le refroidissement d'un bain métallique mixte, que les combinaisons définies ou les métaux isolés se solidifient successivement en se superposant d'après l'ordre de leurs densités. C'est le phénomène connu sous le nom de *liquation*, mis quelquefois à profit pour obtenir la séparation des métaux, notamment celle du plomb et de l'argent. Aussi est-il nécessaire, pour avoir un alliage homogène, d'agiter continuellement la masse pendant le refroidissement.

Les alliages n'ont pas exactement les mêmes propriétés que les métaux qui les constituent. Ils sont, en général, moins ductiles, plus durs, plus tenaces, plus résistants que le plus ductile des métaux qui en font partie. C'est la principale raison de l'emploi dans les arts, par exemple, du bronze à la place du cuivre, et des alliages d'or et d'argent à la place de ces deux métaux purs.

ALLIAIRE (*botanique*). — Plante herbacée, de la famille des Crucifères, à feuilles dentées ou presque entières, à fleurs blanches disposées en grappe terminale, à fruits en silique allongée et grêle. Le genre *Alliaria* est voisin des genres *Velar* et *Sisymbrium*, dont il a été séparé par Adanson. L'alliaire est commune, en France, au pied des murs et des rochers, ainsi que dans les haies et les endroits ombragés. Elle répand une odeur d'ail très prononcée, d'où lui vient son nom. Les feuilles étaient employées autrefois comme dépuratives et diurétiques, et les graines ont servi à faire des cataplasmes, car elles sont émollientes et donnent une assez forte quantité d'huile. Cependant les essais industriels qu'on a tentés pour l'extraire ont échoué jusqu'ici. Le suc de la plante est âcre. Quelques personnes en mettent des feuilles dans les ragoûts; mais cette plante est maintenant très peu employée.

ALLICANTE (*viticulture*).— S'écrit généralement *Alicante*. — Ville et port important du midi de l'Espagne, qui a donné son nom à un vin de liqueur estimé. Dans les départements du Var et des Bouches-du-Rhône, on appelle aussi de ce nom un cépage qui n'est autre que le grenache. Dans le département de Tarn-et-Garonne, on donne la même dénomination à un cépage très voisin du grenache ou granache. Ces cépages produisent entre les mains des bons viticulteurs, des vins tout à fait comparables aux bons alicantes d'Espagne.

ALLIER (*chasse*). — Filet à grandes mailles dont on se sert pour prendre les oiseaux, particulièrement pour capturer les perdrix.

ALLIER (*sylviculture* et *botanique*). — Synonyme dans quelques pays d'*alisier* (voy. ce mot). — On désigne sous le nom d'allier de Suisse l'*Agaricus geotropus*, et sous celui d'allier des montagnes l'*Agaricus allianus*.

ALLIER (département de l') (*géographie agricole*). — Le département de l'Allier, dont la superficie est de 730837 hectares, a été formé, en 1790, de la presque totalité de l'ancienne province du Bourbonnais, et en outre de quelques parties de la Basse-Auvergne; les cantons de Saint-Pourçain et de Chantelle et la partie sud du canton de Cusset appartiennent à cette ancienne province. Il est divisé en quatre arrondissements, comptant 28 cantons et 317 communes.

C'est un des départements de la France centrale. Il est borné au nord par le département de la Nièvre, à l'est par les départements de Saône-et-Loire et de la Loire, au midi par celui du Puy-de-Dôme, au sud-ouest par celui de la Creuse, au nord-ouest par celui du Cher. Sa plus grande longueur dans le sens de l'ouest à l'est, est d'environ 130 kilomètres; sa plus grande largeur est de 91 kilomètres. La circonférence totale est de 480 kilomètres environ. Ses limites sont pour la plus grande partie artificielles; cependant elles sont naturelles en quelques endroits : ainsi au sud-est, les monts de la Madeleine servent de délimitation entre les départements de l'Allier et de la Loire; ensuite, à l'est, le cours de la Loire sert de ligne de séparation, sur près de 80 kilomètres; d'autre part, la rivière de l'Allier est limite au nord-est entre les départements de l'Allier et de la Nièvre sur environ 20 kilomètres; puis le cours du Cher sépare les départements du Cher et de l'Allier, au nord-ouest, et ceux de l'Allier et de la Creuse, au sud-ouest.

On estime que l'altitude moyenne de tout le département est d'environ 350 mètres, mais elle varie de plus de 1000 mètres d'un point à un autre. Le point culminant est le Puy de Montoncel qui se partage entre les trois départements de l'Allier, du Puy-de-Dôme et de la Loire. Son altitude est de 1292 mètres.

En traversant du sud au nord le département auquel elle donne son nom, la rivière de l'Allier la partage en deux parties dont les caractères, au point de vue de la configuration du sol, sont parfaitement tranchés. A l'est, c'est-à-dire sur la rive droite, se trouvent l'arrondissement de la Palisse et environ la moitié de l'arrondissement de Moulins; à l'ouest, c'est-à-dire sur la rive gauche, sont la seconde partie de l'arrondissement de Moulins, puis les arrondissements de Montluçon et de Gannat.

Le département appartient entièrement au bassin de la *Loire*, et c'est dans ce grand fleuve que, directement ou indirectement, il déverse toutes les caux. On y compte d'ailleurs de très nombreux cours d'eau. L'Allier et le Cher y ont ensemble 191 kilomètres navigables, et il faut y ajouter trois canaux ayant un développement de 95 kilomètres : le canal du Berry, qui est parallèle au Cher, comprend dans le département 27 écluses sur une longueur de 26 kilomètres; le canal latéral à la Loire va sur la rive gauche du fleuve de Digoin à Briare; le canal de Roanne à Digoin limite le département à l'est.

Un grand nombre d'étangs, de réservoirs, de marais augmentent les masses d'eau qui sont retenues dans le département et qui pourraient y trouver dans l'agriculture beaucoup plus d'applications qu'on ne leur en donne jusqu'à présent. Les étangs y occupent plus de 4500 hectares, et ils sont en général poissonneux ; quelques-uns servent à l'entretien des canaux d'irrigation et même des canaux de navigation.

En raison de son voisinage des hautes montagnes de l'Auvergne et du Forez, le climat du département de l'Allier est en quelque sorte excessif, c'est-à-dire qu'il présente de très grandes chaleurs et de très grands froids; de plus les changements de température d'un jour à l'autre sont brusques et considérables. Les hivers y sont longs et se prolongent parfois jusque dans le mois d'avril. Il y tombe de la neige dès avant le mois de décembre jusqu'à la fin de février et quelquefois jusqu'en mars. Quant aux quantités de pluie tombées, elles varient considérablement dans les divers lieux et d'une année à l'autre Ainsi en 1874, on a mesuré à Moulins 598 millimètres d'eau pluviale, et à Montmarault 530 millimètres seulement, tandis que, en 1878, on a trouvé à Moulins 788 millimètres, et à Montmarault 999 millimètres. Le vent d'ouest est surtout accompagné des pluies les plus abondantes, parfois torrentielles. Les vents du sud et de l'est sont froids, parce qu'ils passent, pour y arriver, par-dessus des montagnes glacées. Les orages sont fréquemment accompagnés de grêle, et particulièrement en juin et juillet, ils sont calamiteux. D'une manière générale, on peut dire que le climat de Moulins est le même que celui de Paris, avec un hiver un peu plus froid et un été un peu plus chaud. L'insolation y est un peu plus forte avec une nébulosité moindre. Gannat a une altitude beaucoup plus élevée que Moulins, 345 mètres; son climat se rapproche davantage de celui de Clermont. Les saisons y sont plus tranchées, et l'insolation y est plus forte. Le raisin et les fruits y réussissent bien.

Le cadastre achevé en 1844 donne la répartition suivante de toutes les terres du département :

	hectares
Terres labourables	473 998,12
Prés	78 417,48
Vignes	16 994,07
Bois	73 387,93
Vergers, pépinières et jardins	5 447,30
Oseraies, aulnaies, saussaies	340,20
Carrières et mines	21,35
Landes, pâtis, bruyères, etc	20 636,41
Étangs	4 759,42
Abreuvoirs, mares, canaux d'irrigation	542,81
Châtaigneraies	698,01
Canaux de navigation	151,37
Propriétés bâties	3 050,61
Total de la contenance imposable	678 144,81
Routes, chemins, places publiques, rues	21 732,32
Rivières, lacs, ruisseaux	6 839,57
Forêts et domaines non productifs	23 981,85
Cimetières, églises, presbytères, bâtiments publics	83,02
Autres objets non imposables	55,27
Total de la contenance non imposable	52 692,03
Superficie totale cadastrée	730 836,84

Les terres labourables occupaient, lors de l'achèvement du cadastre, les 64 centièmes de la superficie totale du département. La répartition des terres entre les diverses sortes de culture se modifie lentement avec le temps. Pour apprécier le mouvement qui se produit, nous prendrons comme point de départ la répartition suivante donnée par la statistique agricole de 1852 pour les quatre arrondissements et l'ensemble du département.

	ARRONDISSEMENTS DE				
	MOULINS	MONTLUÇON	GANNAT	LA PALISSE	TOTAUX POUR LE DÉPARTEMENT
	hect.	hect.	hect.	hect.	hect.
Céréales	80 116	84 375	41 006	64 370	269 867
Racines et légumes	3 558	3 621	3 432	6 342	16 983
Cultures diverses	2 471	1 520	1 264	1 289	6 544
Prairies artificielles	7 687	2 919	9 672	7 163	27 441
Jachères	64 269	56 760	13 058	26 408	160 465
Totaux des terres labourables	158 101	149 195	68 432	105 572	481 300

On voit que la proportion des terres labourables a passé de 1844 à 1852 de 64 à 65,85 pour 100, et elle s'élève même au delà de 71 pour 100 dans l'arrondissement de Montluçon.

Les autres terres étaient ainsi réparties d'après la statistique de 1852 :

	ARRONDISSEMENTS DE				
	MOULINS	MONTLUÇON	GANNAT	LA PALISSE	TOTAUX POUR LE DÉPARTEMENT
	hect.	hect.	hect.	hect.	hect.
Prairies naturelles	27 036	20 138	4 509	16 775	68 438
Vignes	3 996	3 703	5 249	4 081	17 029
Pâturages	9 175	3 120	1 680	5 150	19 125
Superficies diverses	59 352	32 182	21 969	30 286	143 789
Surfaces cadastrées	257 846	208 914	102 086	164 991	730 837

Les superficies diverses comprennent les bois et les forêts, les terres incultes, les chemins, les étangs et les cours d'eau, ainsi que les surfaces bâties.

Les prairies naturelles ont une importance assez grande dans tous les arrondissements, sauf dans celui de Gannat; on peut y joindre, en partie au moins, les pâturages qui quelquefois sont fauchés.

L'enquête de 1862 ne donne pas séparément les divers arrondissements, mais elle fournit les détails suivants sur l'ensemble du département :

	hectares
Céréales	266 453
Racines et légumes	25 984
Cultures diverses	3 009
Prairies artificielles	31 267
Fourrages consommés en vert	2 342
Jachères mortes	154 943
Total des terres labourables	483 998

La proportion des terres labourables à la superficie totale du département a passé de 65,85 en 1852 à 66,22 en 1862; l'accroissement n'est pas rapide, mais il se continue depuis 1844. Quant aux autres surfaces, elles se répartissaient ainsi qu'il suit en 1862 :

	hectares
Prairies naturelles.............	68 815
Vignes.........................	15 200
Pâtis.........................	20 665
Superficies diverses...........	142 159
Surface cadastrée totale....	730 837

Les principaux changements mis en évidence par la comparaison des chiffres de ce tableau avec ceux de 1852, consistent d'abord dans une augmentation de plus de 5000 hectares dans les emblavures en froment, et dans un accroissement de 6000 hectares dans les plantations de pommes de terre; mais les emblavures en seigle et en avoine ont diminué.

L'étendue des prairies naturelles n'a pas changé, mais les prairies artificielles ont augmenté de 4000 hectares environ. La partie faible de l'agriculture du département est l'énorme surface que continuent à occuper les jachères mortes. Du reste de grands progrès n'apparaissent pas encore au point de vue des assolements. Il faut continuer l'étude des faits pour mettre en évidence une tendance culturale nouvelle.

Le rapport sur la grande enquête agricole de 1866 en ce qui concerne le département de l'Allier est des moins bien faits de cette grande publication. On n'y trouve qu'un petit nombre de renseignements positifs, et il est vraiment regrettable que cette entreprise considérable n'ait pas été dirigée par un homme de science qui aurait forcé les rapporteurs à répondre à toutes les questions posées et surtout à préciser les faits, de telle sorte qu'on eût pu y puiser pour l'Allier les mêmes documents qu'on y rencontre, par exemple, pour le département de l'Aisne. Quoi qu'il en soit, nous en extrayons le tableau suivant relativement à la répartition des terres entre les divers arrondissements :

	ARRONDISSEMENTS DE				
	MOULINS	MONTLUÇON	GANNAT	LA PALISSE	LE DÉPARTEMENT ENTIER
	hect.	hect.	hect.	hect.	hect.
Terres labourées.......	147 756	133 913	63 536	101 173	446 378
Vignes......	4 212	3 690	5 001	3 206	16 089
Prés........	29 468	19 551	6 673	18 477	74 169
Pâturages ...	18 471	16 699	2 708	9 858	47 736
Bois........	32 038	18 935	13 088	16 892	80 953
Etangs......	2 564	883	229	1 029	4 705
Terres diverses	23 337	15 333	10 851	11 290	60 807
Totaux..	257 846	208 914	102 086	161 991	730 837

On commence à constater que l'étendue des terres labourées a diminué d'une matière notable, de 35 000 hectares environ, tandis que les prés et pâturages ont pris une extension qui compense pour plus des deux tiers le décroissement des labours.

C'est surtout sur les pâturages, plus que sur les prairies qui donnent du foin fauché, que cette augmentation est constatée ; la création des herbages a été, en effet, un des principaux signes du progrès agricole dans l'Allier, et elle a eu pour conséquence un accroissement notable dans l'élevage du bétail. Le développement de l'élevage ressortira d'ailleurs des renseignements qui sont réunis plus loin dans cette notice.

Ce fait se confirme en s'accentuant, d'après la statistique officielle de 1873, qui fournit le tableau suivant :

	hectares.
Céréales......................	192 760
Racines et légumes............	28 055
Cultures industrielles...........	3 065
Prairies artificielles............	47 197
Fourrages consommés en vert ..	8 185
Cultures diverses et jachères...	153 051
Total des terres labourables...	432 313

	hectares.
Vignes.......................	13 542
Prairies naturelles et vergers...	65 574
Pâturages et pacages..........	11 454
Bois et forêts.................	79 103
Terres incultes................	59 484
Superficies bâties, voies de transport, etc..................	69 367
Total..........	298 524
Superficie cadastrée...	730 837

Il est probable que, dans cette dernière évaluation, on a compris sous la rubrique de *terres incultes* une partie des terres considérées comme pacages dans l'enquête agricole de 1866; c'est la seule manière d'expliquer les grands écarts des chiffres officiels des deux époques; on conçoit d'ailleurs que, dans les appréciations des terrains, on puisse faire confusion.

Lorsque, par exemple, il y a sécheresse, on ne trouve pas qu'il y ait lieu de faucher certains prés, qui, alors, deviennent des pacages. D'autres fois, si la saison a été favorable, des pièces de terre qui n'étaient que des pâturages, portent assez d'herbe pour qu'on trouve convenable de la couper et d'en faire du foin. Des recensements faits dans ces deux circonstances donnent des résultats très différents; il est absolument nécessaire, dans les statistiques agricoles, de rapprocher les résultats obtenus à diverses époques, afin de pouvoir en tirer des conclusions vraies sur la situation d'une localité.

Quoi qu'il en soit, un progrès très important, celui du remplacement de la culture du seigle par celle du froment, est mis en évidence par tous les documents officiels qui sont unanimes à cet égard.

Ainsi la production totale du froment, dans le département de l'Allier, a quintuplé depuis le commencement du siècle; elle a passé de 200 000 hectolitres à plus d'un million, avec des emblavures simplement doubles en surface, et la production totale du seigle est restée la même avec des emblavures moitié moindres. Enfin la production totale de l'avoine est de cinq à six fois plus considérable avec une étendue de culture simplement doublée. « Le blé du Bourbonnais, qui autrefois ne produisait que peu de farine, dit M. Heuzé dans le volume des primes d'honneur de 1869, a des qualités qui maintenant le font rechercher par la meunerie des environs de Paris et du Lyonnais. Il est cultivé sur d'importantes surfaces dans les cantons de Bourbon, Cérilly, Lurcy-Lévy, Souvigny, Gannat, Escurolles, Saint-Pourçain, Chantelle, Jaligny et Varennes-sur-Allier. Le seigle est surtout cultivé dans les terres sablonneuses et granitiques appartenant aux cantons de Chevagnes, le Montet, Hérisson, Huriel, Marcillat, Montmarault, la Palisse et Mayet-de-Montagne. L'avoine est cultivée très en grand dans les cantons de Bourbon, Lurcy-Lévy, Huriel, Escurolles, Varennes-sur-Allier et Jaligny. Les cantons de Gannat et de Chantelle sont ceux qui produisent le plus d'orge. » C'est un fait évident de soi que les rendements doivent considérablement varier d'un canton à l'autre dans un pays présentant des situations aussi différentes que les divers cantons du département de l'Allier. « Dans les parties basses de la plaine de la Limagne, de l'arrondissement de Gannat, dit M. de Larminat, longtemps président de la Société d'agriculture de Moulins, les froments rendent jusqu'à 25 et 30 hectolitres par hectare; dans les terres d'alluvion et dans celles qui ont été amendées par la chaux ou la marne, ils s'élèvent encore jusqu'à 18 ou 20, tandis que dans les terrains tertiaires où le progrès agricole n'a pas encore pénétré, mal cultivés, mal fumés, souvent pourris par les eaux que le sous-sol ne laisse pas s'infiltrer, les seigles ne rendent pas plus de trois ou quatre fois leurs semences et ne payent pas un travail qui a été la plupart du temps inintelligent, c'est vrai, mais presque toujours âpre et persévérant. » D'après l'enquête agricole de 1866, la répartition proportionnelle de la production des céréales entre les quatre arrondissements du département serait la suivante :

ARRONDISSEMENTS	FROMENT	SEIGLE	ORGE	AVOINE
Moulins	34,7	25,0	19,0	41,2
Montluçon	14,1	47,5	12,6	20,6
Gannat	31,6	11,2	62,2	20,3
La Palisse	19,6	16,3	6,2	17,9
Le département	100,0	100,0	100,0	100,0

On peut, d'après tous ces faits, dire avec vérité que le jugement porté en 1860 sur l'agriculture du département de l'Allier par Léonce de Lavergne dans son *Economie rurale de la France* a cessé d'être vrai en 1881. Voici ce jugement : « L'ancien Bourbonnais, aujourd'hui département de l'Allier, occupe à peu près le même rang que le Nivernais dans l'échelle de la richesse, quoique doué de plus grandes ressources naturelles. On n'y trouve rien de comparable aux montagnes du Morvan. La belle vallée de l'Allier le traverse du sud au nord et en forme la plus grande partie; le reste se partage entre la vallée de la Loire et celle du Cher. Peu de pays sont plus propres à la culture; il n'en a guère profité. Quoiqu'il soit le berceau de la maison royale de Bourbon, il avait été bien négligé sous l'ancien régime; il s'est relevé depuis 1815, mais beaucoup plus par l'industrie que par l'agriculture. Un peu plus éloigné de Paris que le Nivernais, il n'a pas eu les mêmes débouchés. D'immenses étendues de terres incultes s'y maintiennent encore. L'assolement biennal est universellement suivi, des jachères occupent la moitié des terres arables. Le seigle, qui s'accommode plus que le froment d'une culture arriérée, *forme la plus grande partie des emblavures*, et ne donne en moyenne que 5 à 6 fois la semence. La culture se fait par des métayers, et ces métayers sont des plus pauvres. Le département de l'Allier possède maintenant un chemin de fer. Il a, de plus, des établissements industriels, destinés au plus grand avenir. L'arrondissement de Montluçon, un des plus riches de France en mines de houille, grandit rapidement en activité et en population. Ce département possède une vaste source de richesse dans ses eaux minérales, notamment celles de Vichy, d'un usage universel pour les maladies des classes opulentes. Dans les environs immédiats de Vichy, l'agriculture est arrivée à une prospérité extraordinaire, qui coïncide avec une extrême division de la propriété. » Aujourd'hui la culture du seigle n'occupe plus que 46 000 hectares environ, et celle du froment s'est étendue sur plus de 80 000 hectares. Les terres incultes ont diminué d'un bon tiers, et les jachères ont été réduites au moins dans la même proportion.

Outre les céréales, l'Allier produit quelques autres plantes alimentaires, principalement des pommes de terre et des haricots.

Partie de 5000 hectares environ vers 1820, la culture de la pomme de terre s'est élevée jusqu'à 35 000 hectares en 1843; mais ce maximum a rapidement disparu : depuis vingt ans, l'étendue consacrée à cette plante varie entre 15 000 et 22 000 hectares. La production annuelle oscille actuellement entre 2 à 3 millions d'hectolitres de tubercules, avec un rendement moyen de 100 à 130 hectolitres par hectare.

La culture des haricots n'embrasse guère que 3000 hectares; celle des fèves, 300; celle des pois, 350. Quant à la culture maraîchère, elle commence seulement à se répandre, et l'horticulture proprement dite est encore un luxe assez rare.

Presque toutes les statistiques donnent des chiffres erronés en ce qui concerne l'étendue des bois et forêts; ainsi dans celle de l'enquête de 1866, on trouve les nombres suivants :

	hectares
Arrondissement de Moulins	32 038
— Montluçon	18 935
— Gannat	13 088
— la Palisse	16 892
Le département	80 953

On trouve des étendues totales bien différentes dans les mesures cadastrales rapportées précédemment. Mais, en outre, la statistique spéciale dressée par l'administration forestière elle-même, et publiée à l'occasion de l'Exposition universelle de 1878, la seule à laquelle on puisse maintenant prêter confiance, fournit un total de 90 669 hectares dont 21 389 appartiennent à l'État, 921 à des communes, 481 à des établissements publics, et enfin près des trois quarts ou exactement 61 878 hectares à des particuliers. Il y a 16 forêts domaniales; le nombre de communes propriétaires de forêts est de 8 pour 727 hectares, et 194 hectares appartiennent à 21 sections communales; le département n'est pas propriétaire de bois. Aucune forêt de l'Allier n'est en sol calcaire.

« Les bois de l'État, disait M. de Larminat en 1859, sont traités en futaies ou en taillis. Les premiers sont soumis à un aménagement régulier qui a réglé la possibilité et la succession des coupes, et dans lequel des éclaircies successives préparent les coupes de régénération. Le peuplement de quelques-unes de ces forêts est remarquable; elles fournissent dans les années de vinée une assez grande quantité de merrain qui est exporté sur les bords de la Loire. Les taillis de l'État sont, suivant leur nature, aménagés de 20 à 30 ans et exploités en charbon et en bois de chauffage. Les bois des particuliers sont presque exclusivement en taillis et généralement soumis à une très courte révolution, ordinairement de 15 ans. Outre le besoin de jouir, une des causes qui ont fait adopter un terme aussi court, était la valeur qu'avaient les charbons pour les usines du département ou celles du département de la Nièvre. Depuis quelques années, l'usage beaucoup plus répandu du charbon de terre a fait baisser considérablement le prix du charbon de bois, et les propriétaires seront peut-être forcément obligés d'augmenter l'âge de leurs coupes pour y trouver du bois de bûche d'une dimension qui puisse être acceptée par le commerce. » Cette prévision était exacte, et les propriétaires forestiers sont de plus en plus entrés dans la voie de la réforme qui leur était signalée comme le salut pour la prospérité forestière du département.

La culture de la vigne a une importance assez grande dans le département; on y cultive les cépages rouges pour les vins rouges, et les cépages blancs pour les vins blancs; d'ailleurs, de très grandes différences séparent ces deux sortes de cultures dans le dressement, la conduite et le soutènement des ceps.

Pour les vins rouges, on emploie trois cépages, selon les localités : le lyonnais ou gamay, le bourguignon et la mondeuse ou parsagne, que l'on appelle *la vache* dans les localités où elle est usitée (de Saint-Germain des Fossés à Cusset). On dresse les ceps très près de terre, sur deux ou trois petites cornes, portant chacune un seul sarment taillé à un, deux ou trois yeux. Le plus souvent les cépages rouges sont munis d'échalas. Les ceps sont placés en ligne au milieu de petits billons, tantôt bombés, tantôt en cuvette ou gouttière, selon l'époque de la culture. Les bonnes récoltes sont de 30 à 36 hectolitres par hectare. Les meilleurs vins rouges proviennent de Saint-Pourçain et surtout des garennes d'Ussel; ils valent en général deux fois plus que les vins blancs, qui manquent d'alcool.

Les vignes blanches sont plantées en planches séparées par des sentiers, et sont disposées en berceaux soutenus par des treillages horizontaux ou un peu bombés que portent des échalas. Les ceps garnissent les deux bords des berceaux que l'on forme avec les sarments attachés sur les traversines et les longrines reposant sur les échalas. Les cépages blancs sont le tressalier et le saint-pierre ou épinette blanche. Les bonnes vendanges de vins blancs donnent de 60 à 80 hectolitres par hectare. Les vins blancs les plus estimés sont ceux des vallées de la Sioule et de la Bouble, notamment ceux de Saint-Pourçain, de la Chaise (commune de Monétay), de Creuzier-le-Vieux et Creuzier-le-Neuf; ils étaient connus dès le treizième siècle, et l'on assure qu'ils furent plus tard réservés pour la table de Henri IV à cause de leur bonne qualité relative; leur renommée tenait de l'époque; alors que les moyens de transport à de grandes distances manquaient, il se faisait plus facilement des réputations locales parfois usurpées; d'ailleurs c'était d'un bon exemple que sur la table d'un Bourbon parussent des produits du Bourbonnais.

Les vignes de l'Allier n'étaient pas encore atteintes par le phylloxera au printemps de 1881.

La production fruitière est assez importante dans le département. On peut signaler surtout les cultures de pêchers et de cerisiers dans l'arrondissement de Gannat. Les poires de Souvigny (canton de l'arrondissement de Moulins) sont estimées. Le cidre de Saint-Palais et de Viplaise a de la réputation. Les noyers sont très répandus dans l'arrondissement de Gannat et fournissent des noix pour la consommation fruitière ou pour l'extraction de l'huile. Les châtaigniers, assez communs dans les sols siliceux et granitiques, donnent des châtaignes très estimées, surtout à Saint-Palais, Viplaise, Saint-Désiré et Saint-Sauvier.

Les cultures industrielles sont encore peu développées dans l'Allier, et elles n'y prennent pas un grand essor.

La culture de la betterave a pris de l'extension; faite sur quelques centaines d'hectares seulement, il y a quinze ans environ, elle occupe maintenant quelques milliers d'hectares.

On a vu la difficulté de bien préciser dans le passé l'étendue des prairies du département, soit naturelles, soit artificielles, et particulièrement de donner avec une approximation digne de quelque confiance la surface arrosée. Cette difficulté n'apparaît que pour ceux qui comparent les diverses statistiques et cherchent où peut être la vérité.

A côté de cette appréciation, il est utile de citer cette conclusion de l'enquête agricole de 1866 : « Les progrès du département ont été importants sous toutes les formes. Depuis longtemps, on y a introduit des guanos et engrais artificiels en très grandes quantités. On a obtenu avec la poudre d'os et le noir animal d'immenses résultats. On suit généralement dans le pays l'assolement triennal. La jachère a été remplacée par des cultures fourragères. Les trèfles, les luzernes et les sainfoins sont cultivés sur d'immenses étendues. On a converti en prairies de nombreux étangs et desséché de très grands marais. Dans le seul arrondissement de la Palisse, on a drainé plus de 800 hectares, et, au moyen de la formation d'un syndicat, on a assaini dans la vallée de Valençon une étendue qui n'est pas moindre de 2500 hectares. De très belles irrigations ont été pratiquées dans plusieurs arrondissements de l'Allier, et toutes avec un égal succès. »

Ainsi la situation actuelle des cultures fourragères dénote un progrès véritable, surtout si l'on se reporte à vingt ou trente ans en arrière. Ce fait ressort d'ailleurs de la comparaison des statistiques successives du bétail qui se trouvent résumées dans le tableau suivant :

	1840	1852	1862	1866	1873	1877
	têtes	têtes	têtes	têtes	têtes	têtes
Espèce chevaline..	10421	9204	9457	11318	10826	11869
Anes et ânesses..	1932	3324	4609	22343	8336	5609
Mules et mulets..	495	494	295	420	466	311
Espèce bovine...	113454	148584	191391	209168	200267	195046
Esp. ovine	507508	483952	415591	450977	355520	331262
Espèce caprine...	13366	25059	27115	23648	23449	19313
Esp. porcine....	74866	75489	103874	99881	97798	107499

L'élevage du cheval n'est pas très répandu dans l'Allier, ce qui se conçoit, puisque les travaux des champs se font presque exclusivement avec des bœufs. L'espèce chevaline n'est pas très remarquable, cependant elle s'est notablement améliorée, grâce à la multiplication des étalons du gouvernement. La race du pays n'est pas distinguée. Elle a la tête trop forte, la croupe trop resserrée; mais elle est sobre et très énergique et elle fournit aux remontes des sujets qui ont de la valeur. L'élevage fait des progrès; il prend même faveur chez les métayers qui, en produisant le gros cheval amélioré, commencent à obtenir de bons prix de leurs animaux, au double profit des propriétaires et des colons.

Les ânes sont petits et chétifs.

Le département, au point de vue de l'administration des haras, ressort du dépôt d'étalons de Cluny, qui fait partie du sixième arrondissement d'inspection générale.

L'espèce bovine forme les gros bataillons du bétail du Bourbonnais; c'est par elle que s'effectuent la plupart des travaux agricoles. L'ancienne race bourbonnaise était résistante aux plus rudes fatigues et, par conséquent, essentiellement propre au travail; mais placée dans des conditions très distinctes selon les arrondissements, et en contact de voisinage avec d'autres races plus nombreuses et d'aptitudes plus variées, elle a subi de fréquents croisements : dans l'arrondissement de Gannat, avec les races d'Auvergne, notamment avec les Salers; dans celui de Montluçon, avec la race limousine; dans les arrondissements de Moulins et de la Palisse, avec la race charolaise, à laquelle elle ressemblait beaucoup, particulièrement par sa robe blanche, et avec la nouvelle race nivernaise où le sang durham a joué un rôle améliorateur considérable. Le sang durham mis directement aussi dans les bêtes bovines du Bourbonnais les a transformées; on ne peut plus guère les distinguer aujourd'hui de celles de la race dite nivernaise. L'amélioration du bétail suit celle des cultures fourragères. C'est en fin de compte la race charolaise améliorée qui domine maintenant dans l'arrondissement de Moulins, dans presque tout celui de la Palisse, et dans une partie des arrondissements de Gannat et de Montluçon.

Dans le Bourbonnais, le bétail bovin est soumis au régime mixte de la stabulation pour l'hiver et du pâturage pour l'été. « La stabulation, dit M. de Garidel, commence vers le 1er novembre, un peu plus tôt pour les bœufs de travail ou d'engrais, un peu plus tard pour les autres animaux. Les jeunes bêtes sont sorties des étables et mises au pâturage à la fin de mars ou au commencement d'avril, les vaches un peu après, puis les bœufs les derniers, à la fin de mai ou au commencement de juin. Les veaux sont généralement laissés en liberté aux champs avec leur mère; ceux que l'on veut élever tètent jusqu'à l'âge de six ou huit mois, quelquefois plus; les autres sont vendus à la boucherie à six semaines ou deux mois. A deux ans et demi les bouvillons les moins bons et ceux dont on n'a pas besoin pour en faire des bœufs de travail, sont livrés au commerce; ils se vendent depuis le commencement d'août jusqu'à la fin d'octobre, la plus grande partie pour Saône-et-Loire. Les meilleurs sont conservés dans les fermes au nombre de deux ou quatre chaque année, suivant l'importance du domaine, dressés, puis complètement livrés au travail de 3 à 5 ou 6 ans; ils sont alors vendus comme bœufs de trait ou comme bœufs d'embouche ou bien livrés à l'engraissement. Les bœufs obtenus par ce système d'élevage sont excellents, ils sont extrêmement recherchés dans toutes les forêts. »

Les bêtes à laine du pays sont petites, mais très rustiques; elles sont en rapport avec la nature du sol qui produit l'herbe, et avec l'étendue des pâturages. L'élevage les modifie par des croisements, soit avec la race mérinos, soit avec les races anglaises, southdown ou dishley, et cela assez heureusement quand la nourriture du troupeau peut être rendue suffisamment abondante et riche par la transformation des cultures. Le nombre des bêtes à laine diminue, mais leur poids s'accroît et leur précocité augmente.

Les chèvres sont nombreuses, comme cela se conçoit dans un pays très accidenté; à Montmarault, où l'industrie fromagère et laitière est d'ailleurs assez développée, on fait avec le lait de chèvre un fromage estimé qu'on appelle roujadoux ou boudajoux et chevrotin.

Les porcs du Bourbonnais sont beaucoup envoyés dans les pacages, et ils appartiennent en conséquence à une race rustique et bonne marcheuse. On leur fait entreprendre de longs parcours pour les vendre hors du département. Les croisements avec la race craonnaise et les races anglaises sont employés pour accroître la précocité.

L'entretien des animaux de basse-cour donne lieu à une industrie assez importante, particulièrement autour de Vichy et des autres stations d'eaux minérales. On évalue à 700 000 ou 800 000 le nombre de volailles de tous genres qui existent dans le département.

La grande étendue des bois et des pâturages où les abeilles trouvent une nourriture facile rend l'industrie apicole assez profitable. On porte à 30 000 le nombre des ruches donnant chacune en moyenne 21 kilogrammes de cire et 3kg,5 de miel.

La conclusion de l'enquête agricole de 1866, en ce qui concerne le bétail, doit être considérée comme vraie dans son ensemble: « L'amélioration des bestiaux n'a pas fait de moindres progrès que celle des cultures. Presque partout la race charolaise a été introduite; elle existe en nombre très considérable dans le département. La race durham est elle-même très répandue; du reste, les éleveurs nombreux dans le pays pour les races bovines charolaise et durham, et pour les races ovines southdown et dishley, ont prouvé suffisamment par leurs succès dans les concours le perfectionnement des races élevées dans le département de l'Allier. »

Si l'on réduit tous les animaux domestiques de l'Allier en têtes de gros bétail, on trouve que dans le département, il y a environ 4 dixièmes de gros bétail par hectare; ce n'est pas un chiffre considérable, mais il est au-dessus de ce que possèdent beaucoup d'autres départements. Cela correspond à un poids vif de 140 à 180 kilogrammes par hectare. La production du fumier donné par ce bétail est insuffisante pour entretenir une grande fertilité. Il faut des apports de matières fertilisantes venant du dehors ou du sous-sol. Jusqu'à présent, il a été seulement fait des chaulages et des marnages qui, bien que d'une grande efficacité, sont encore insuffisants pour transformer complètement l'agriculture. Comme tout se tient dans les classes rurales, la population de l'Allier est au-dessous de la moyenne générale de la France, et cela témoigne d'une infériorité agricole qui s'atténue avec le temps, mais qui existe encore malgré les progrès accomplis dans les dernières années. Ces progrès sont mis en évidence par la comparaison des douze recensements de la population faits depuis 1821. Il y a eu, en 60 années, un accroissement de 126 000 habitants, soit de 31 pour 100 du nombre actuel. C'est ce qui résulte du tableau suivant qui donne pour chaque recensement quinquennal la population des arrondissements et du département:

	ARRONDISSEMENTS DE				
	MOULINS	MONTLUÇON	GANNAT	LA PALISSE	LE DÉPARTEMENT
1821.....	83 226	69 806	61 783	65 210	280 025
1826.....	82 837	70 138	63 177	68 125	284 577
1831.....	86 837	75 703	61 143	71 574	298 257
1836.....	90 582	79 050	66 024	73 614	309 270
1841.....	90 323	79 795	66 323	74 920	311 361
1846.....	95 261	86 912	68 669	78 668	329 510
1851.....	97 002	92 518	68 398	78 840	336 758
1856.....	100 215	103 514	68 039	80 473	352 241
1861.....	102 236	105 243	67 075	81 878	356 432
1866.....	108 710	114 722	65 895	86 837	376 164
1872.....	113 871	123 368	66 133	87 410	390 812
1876.....	118 563	131 310	65 727	90 183	405 783

Sans exception, tous les arrondissements de l'Allier avaient au dernier recensement une population plus grande que de 1821 à 1836; seul, l'arrondissement de Gannat n'a pas présenté un accroissement continu; il est arrivé à son maximum en 1851; depuis lors, sa population décroît, et elle est devenue en 1876 inférieure à ce qu'elle était en 1836.

Ainsi on constate ce fait que l'arrondissement dont l'agriculture est le plus riche, malgré quelques parties faibles, se trouve être à la fois le plus peuplé et le seul où il y ait décroissance de la population.

On peut évaluer la population rurale à plus des trois quarts de la population totale, et estimer que les familles employées aux occupations des champs ne doivent pas former un effectif inférieur à 250 000 dont 60 000 chefs de famille, en nombres ronds, se répartissant ainsi:

Propriétaires agriculteurs......	9 500
Fermiers....................	8 500
Métayers....................	17 000
Régisseurs et maîtres valets....	500
Journaliers..................	24 500
Total..................	60 000

L'exploitation du sol est faite par 35 500 propriétaires exploitant eux-mêmes, fermiers, métayers, régisseurs ou maîtres valets travaillant sous les ordres des propriétaires. Le nombre des journaliers tend à diminuer, ou, en d'autres termes, il devient plus difficile pour la culture de se procurer de la main-d'œuvre auxiliaire. Aussi le taux des salaires des ouvriers agricoles tend de plus en plus à s'élever, mais il est encore loin d'atteindre celui qu'on rencontre dans d'autres contrées. Ainsi la journée des hommes en temps ordinaire est comprise entre 1 fr. 50 et 2 fr. 50, et en temps de moisson, entre 3 et 5 francs; celle des femmes en temps ordinaire est entre 1 franc et 1 fr. 25, et en temps de moisson entre 1 fr. 50 et 1 fr. 75. Dans la plupart des exploitations, les journaliers sont nourris. Quant aux gages des agents à l'année, ils sont: pour les maîtres valets, de 400 à 500 fr.; pour les bouviers et les bergers, de 300 à 400 fr.; pour les domestiques de ferme, charretiers, etc., de 250 à 300 francs; pour les servantes, de 150 à 200 francs. Tous ces agents sont logés et nourris. Ils sont engagés à la Saint-Jean (24 juin), jour où se tiennent les assemblées qu'on appelle la *loue* et qu'on désignait autrefois sous le nom de *foire aux domestiques*.

Le nombre des métayers est presque égal au total des fermiers, régisseurs et propriétaires qui exploitent eux-mêmes. Le trait caractéristique de l'administration culturale du Bourbonnais est, en effet, le métayage; on peut même dire qu'il est dominant, car l'étendue des terres soumises à ce régime est certainement le double de l'étendue occupée par les fermiers ou les propriétaires agriculteurs; ceux-ci appartiennent presque tous à la catégorie des petits propriétaires. La grande et la moyenne propriété comprennent généralement plusieurs domaines confiés à des fermiers ou à des métayers, et constituant le plus souvent autant d'exploitations distinctes. Les fermiers généraux n'exploitant pas eux-mêmes, intermédiaires entre les propriétaires et les métayers, représentant parfois plusieurs propriétaires et réglant leurs affaires avec les métayers, en rançonnant pour la plupart les uns et les autres, se rencontrent de moins en moins. Sauf quelques exceptions, le fermier général ne se souciait guère de la situation des métayers dont la misère était cependant digne de pitié; il favorisait l'absentéisme du propriétaire en l'allégeant de tous ses devoirs envers ses tenanciers, et il était dur envers les colons pour leur faire payer l'espèce de subordination dans laquelle son rôle de subalterne le tenait vis-à-vis des grands possesseurs du sol.

Pour les concours régionaux, le département de l'Allier appartient à la région du Centre, qui comprend les départements de l'Allier, du Cher, de l'Indre, d'Indre-et-Loire, de Loir-et-Cher, du Loiret et de la Nièvre. Trois concours régionaux ont été tenus à Moulins en 1862, 1869 et 1877. Les grandes primes d'honneur y ont été attribuées: en 1862, à M. Larzat, à Loriges, dans le canton de Saint-Pourçain; en 1869, à MM. Riant frères, à Vieure, dans le canton de Bourbon-l'Archambault; en 1877, à M. Achille Farjas, au Deffand, près de Saint-Pourçain. Dans ce dernier concours, le prix cultural des fermiers a été, en outre, décerné à M. Ramin, à Jaligny.

Les concours plus restreints, mais plus multipliés, faits par les soins des comices ou des sociétés d'agriculture, ont aussi exercé une heureuse influence sur les progrès agricoles, en signalant les hommes les plus dévoués et les efforts les plus heureux. Les principales associations agricoles du département sont les sociétés d'agriculture et d'horticulture de l'Allier, et les comices de Montluçon, de la Palisse et de Gannat. La Société d'agriculture de l'Allier se distingue par des discussions souvent très approfondies sur les questions agricoles.

Une chaire départementale d'agriculture a été créée en 1880, et donnée au concours à M. Jouffroy, répétiteur à l'Ecole d'agriculture de Grignon.

L'excitation à accomplir des améliorations n'a donc pas manqué au département, et elle a produit des résultats. D'abord la jachère qui régnait naguère en souveraine, est en général remplacée aujourd'hui par des plantes fourragères. On suit l'assolement quadriennal dans toutes les localités où l'on peut compter sur la réussite du trèfle et où la récolte du froment est assurée. Dans les terres à seigle, après avoir obtenu quelques récoltes de cette céréale, on livre la couche arable à une sorte de végétation spontanée qui fournit un pâturage qu'on utilise principalement pour les bêtes à laine, pendant plusieurs années. Partout on comprend la nécessité d'augmenter les ressources fourragères. Un autre signe de progrès est le développement qu'a pris dans l'Allier la fabrication des instruments d'agriculture. Sur un grand nombre des exploitations on a remplacé la charrue en bois qui ouvrait la terre sans la retourner, par des charrues perfectionnées, et la herse en bois a fait place à des herses à dents en fer. Sur 30 000 charrues environ qui se trouvent dans le département, on en compte environ 12 000 à avant-train et il reste tout au plus 18 000 anciennes charrues du pays. Le battage au fléau cède aussi peu à peu le pas au battage à la machine. En 1881, on peut citer les fabriques d'instruments: à Moulins, de MM. Berger et Barillot, Bruel, Moreau et Pinaud; à Gannat, celles de MM. Bascan-Barthelain et Lesbre père et fils; à Vichy, de M. Petillat; à Varennes, de M. Meunier. Deux entrepreneurs de battage à vapeur, MM. Berthier et Debeaud, se sont établis à Coulanges. La Société d'agriculture de Moulins a acheté un appareil de labourage à vapeur et l'a confié à un mécanicien qui s'est fait entrepreneur du labourage moyennant un prix déterminé. Enfin de grandes améliorations sont introduites dans les bâtiments des exploitations agricoles et des habitations rurales. Aux bouveries et aux vacheries trop étroites, mal aérées, sans écoulement convenable pour le purin, aux chaumières ouvertes à tous les vents, commencent de plus en plus à succéder des bâtiments bien conçus, construits en bons matériaux, convenablement couverts. La misère recule en vérité.

La création de voies de communication nombreuses, la multiplication et le perfectionnement des chemins et des routes ont amené de nouveaux débouchés et ont assuré le développement de la prospérité. Il s'y trouve onze routes nationales, d'une longueur totale de 500 kilomètres; neuf routes départementales ayant un développement de 240 kilomètres; soixante-deux chemins vicinaux de grande communication présentant une longueur de 1706 kilomètres; trente-quatre chemins vicinaux d'intérêt commun d'une longueur de 403 kilomètres; enfin 6360 chemins vicinaux ordinaires ayant un développement de 11418 kilomètres. Le réseau vicinal présente un total de 13526 kilomètres, mais il offre encore malheureusement des lacunes sur plus de 8000 kilomètres; 5500 kilomètres seulement sont à l'état d'entretien ou à l'état de viabilité.

On a vu plus haut, lors de la description des cours d'eau du département, que les deux rivières navigables ont ensemble une longueur de 191 kilomètres, et les trois canaux une longueur de 95 kilomètres, ce qui fait en tout 286 kilomètres de voies navigables.

En n'y comprenant pas les chemins industriels, les chemins de fer du département de l'Allier en pleine exploitation au 31 décembre 1879, présentaient une longueur totale de 342 kilomètres terminés et 43 kilomètres en construction ; ils étaient ainsi répartis :

Réseau de Paris à Orléans

Bourges à Montluçon	21721	180113 m.
Montluçon à Moulins et Archambault	87859	
Commentry à Gannat	42728	
Montluçon à Limoges	21802	

Réseau de Paris-Lyon-Méditerranée

Nevers à Roanne	90943	162016 m.
St-Germain-des-Fossés à Vichy	8959	
Montchanin à Moulins	35368	
St-Germain-des-Fossés à Clermont	26746	

Le chemin de Vichy à Thiers, de 13440 mètres, appartenant au réseau de Paris-Lyon-Méditerranée, et le chemin de Tours à Montluçon, de 29323 mètres, appartenant au réseau de l'Etat, sont actuellement en construction.

A ces chemins de fer d'intérêt général, il faut encore ajouter 40 kilomètres environ de chemins industriels d'intérêt privé, deCommentry, de Bezenet et de la mine de Bert ; ce dernier sert notamment au transport des houilles jusque sur le canal latéral à la Loire.

Le département exporte principalement en produits agricoles : des céréales, des bestiaux, des vins, des bois de mâture et de chauffage, des fourrages, du chanvre, des noix ; il importe des vins, des eaux-de-vie et des liqueurs. Il est, en résumé, plus producteur que consommateur.

ALLIEZ (*culture potagère*) — Nom vulgaire donné aux lentilles dans quelques parties des Alpes, notamment aux environs d'Embrun (Hautes-Alpes).

ALLIONZA (*viticulture*). — Cépage italien répandu, de temps immémorial, dans le vignoble de Bologne. Sa grappe, de forme pyramidale, est longue ; ses grains sont gros et sphériques. Il donne un vin sec, corsé, qui gagne beaucoup en vieillissant. Avec une taille très allongée, on obtient de très beaux produits de ce cépage.

ALLOCHÉZIE (*médecine vétérinaire*). — Sortie des excréments par une ouverture accidentelle de l'intestin ou par un anus artificiel.

ALLOCHROMASIE. — Ce mot est employé pour désigner, soit le changement des couleurs, soit la vision des couleurs autrement qu'elles sont.

ALLOMORPHIE. — Métamorphose ou passage d'une forme à une autre forme tout à fait différente. La transformation des larves des coléoptères ou des lépidoptères en insectes parfaits est une allomorphie.

ALLONGE (*médecine vétérinaire*). — Boiterie du cheval déterminée par un écart violent des membres postérieurs. Les animaux affectés d'allonge semblent traîner le membre qui est atteint. Le traitement à employer est dans le repos et dans des lotions émollientes sur les membres, puis des frictions toniques, quand les lotions n'ont pas réussi à faire disparaître le mal.

ALLOPATHIE. — Méthode médicale qui consiste à administrer aux malades des médicaments de nature à provoquer des accidents morbides autres que ceux dont le sujet est atteint.

ALLOUCHIER. — Nom vulgaire de l'Alisier blanc (voy. ALISIER). Ce nom lui vient de ce que son bois très dur est très propre à faire les alluchons des roues d'engrenage et des vis de pressoir.

ALLUCHON (*technologie*). — On appelle alluchon une dent qui ne fait pas corps avec la roue sur laquelle elle est montée. Les alluchons remplacent les dents entaillées dans la roue. On les construit généralement en bois lisse et dur, comme l'alisier, le cormier, et quelquefois en fer ou en fonte. On les fait entrer dans des mortaises pratiquées sur la roue ; la partie qui pénètre dans les mortaises est appelée la queue de l'alluchon ; l'autre extrémité, qui est dite la tête, est saillante et forme engrenage. La queue est clavetée fortement. La force et l'épaisseur des alluchons se règlent d'après la pression à laquelle ils doivent être soumis. Quant à la forme qu'on leur donne, elle dépend de l'appareil sur lequel ils sont fixés ; le principe qui doit guider dans le choix de cette forme, est que l'engrenage et le dégagement doivent se faire librement, sans arrêt ni frottement inutile. Les appareils agricoles dans lesquels on rencontre généralement des alluchons sont les pressoirs, moulins, rouets, etc.

ALLUMETTES (*technologie*). — On appelle allumette une petite tige combustible dont une des extrémités est généralement enduite d'une substance plus inflammable. La tige est, le plus souvent, en bois ou en chènevotte ; mais elle est aussi, parfois, en fibres textiles enduites de stéarine ; c'est le cas des allumettes-bougies. Quant à la matière plus inflammable, c'est tantôt du soufre pur, et alors l'allumette prend feu quand on la met en contact avec une flamme ou un corps incandescent ; tantôt une pâte de phosphore ordinaire, tantôt enfin une composition de phosphore amorphe. Le phosphore ordinaire peut prendre feu par friction sur un corps dur et sec quelconque, tandis que le phosphore amorphe doit être frotté sur une surface enduite d'une préparation spéciale dans laquelle le chlorate de potasse entre pour une forte proportion. Les allumettes ont remplacé, dans les usages journaliers, les briquets et les autres anciens procédés usités pour obtenir du feu. Les allumettes simplement soufrées coûtent moins cher que les autres, et elles sont recherchées dans les cuisines et dans tous les autres lieux où le feu de la cheminée et des fourneaux est entretenu d'une manière à peu près constante. Lorsqu'on est en présence d'une flamme, on peut se servir d'allumettes en papier.

La fabrication des tiges des allumettes est une industrie agricole qui, dans quelques contrées, a une grande importance. C'est en Autriche et en Scandinavie qu'elle s'est principalement développée. En France, on emploie, pour la fabrication des allumettes, les bois tendres, peuplier, tremble, bouleau, tilleul et quelquefois les résineux. Mais dans la plupart de ces arbres, les fibres sont courtes, par la présence d'un grand nombre de nœuds, de telle sorte qu'on ne peut faire que des allumettes de très petite dimension.

La principale cause de l'extension de la fabrication des allumettes, en Autriche, c'est que le pin de ce pays, *Pinus austriaca*, a des fibres très longues sans nœuds, et offre un grand nombre de parties qu'on peut fendre en fragments droits, et qui peuvent être facilement débitées à l'aide de machines.

Dans son rapport sur l'Exposition universelle de 1855, M. Stas a donné, sur l'origine et le développement de cette industrie, des détails qui méritent d'être analysés. C'est Etienne Romer qui, en Autriche, réussit le premier dans la confection des tiges d'allumettes à l'aide d'une machine d'une simplicité extrême. Cette machine n'était autre chose que le rabot ordinaire muni d'un fer particulier construit par l'ouvrier chargé de débiter le bois. Ce fer a la forme générale d'une mèche ordinaire ; seulement, à la place du tranchant, son extrémité inférieure se termine par une partie recourbée. On ménage dans cette partie trois, quatre ou cinq trous cylindriques qu'on perce d'outre en outre à l'aide d'un foret. Le fer le plus convenable paraît être celui à trois trous. Par le travail de la lime, on transforme ces ouvertures en emporte-pièces qui doivent pénétrer dans le bois et le débiter en petites baguettes cylindriques. La forme des trous peut être ronde ou carrée, suivant que l'on veut obtenir des allumettes cylindriques ou rectangulaires.

Pour faire les baguettes, on scie le pin en grosses

bûches de 70 à 85 centimètres de longueur. La pièce de bois est fixée sur un établi, où elle est égalisée avec un rabot ordinaire. Puis on fait passer le rabot, muni du fer aux emporte-pièces, qui vient d'être décrit. Enfin, les sillons produits par cet instrument sont planés avec le rabot ordinaire. On obtient ainsi de petites baguettes dont on forme des bottes destinées à être coupées. On lie ces bottes avec plusieurs ficelles qui sont espacées convenablement, de telle sorte que, après le découpage, chaque ficelle se trouve au centre d'un paquet de bois d'allumettes. Le couteau qui sert à couper les bottes est formé par une lame dont l'une des extrémités est mobile autour d'un axe, de manière à former un levier tranchant. La longueur des tiges d'allumettes ainsi obtenues varie de 5 à 7 centimètres. Un ouvrier assidu peut facilement produire, à l'aide du bois brut, 400000 à 450000 tiges d'allumettes dans une journée de travail.

On a essayé, à diverses reprises, en Autriche, de remplacer le rabot spécial guidé par la main de l'ouvrier par des machines plus compliquées, mais ces machines n'ont pas pu détrôner l'industrie qui vient d'être décrite, pour plusieurs raisons. La première est que les petites baguettes confectionnées avec ces machines ne présentaient pas la même régularité que dans le travail fait à la main. Une autre raison, non moins importante, c'est que le prix de revient du travail était plus élevé. Cela tenait à des circonstances spéciales et locales. Enfin, dans les lieux où se fait le débitage du bois, le salaire est extraordinairement faible. Ce sont les populations habitant les forêts qui font tout le travail de préparation des allumettes; elles y trouvent une occupation domestique qui, pour les vieillards et les enfants, assure un salaire qu'ils ne pourraient gagner dans le travail des bûcherons.

Quelques constructeurs fabriquent aujourd'hui des machines spéciales pour le débitage des bois d'allumettes. Parmi ces machines, on a beaucoup remarqué à l'Exposition universelle de 1867, celle exposée par M. Rimailho, de Paris. La fabrication des allumettes avec cette machine est tout à fait distincte du procédé autrichien, en ce sens qu'elle coupe les morceaux de bois à la longueur voulue avant de les débiter en allumettes. La machine est formée par deux rabots marchant alternativement, de telle sorte que chaque coup de rabot sur le bloc de bois forme une série d'allumettes cylindriques.

C'est dans les grandes forêts de la Haute-Autriche, de la Bohême et de la forêt Noire du Wurtemberg que sont fabriquées les tiges d'allumettes employées par les nombreuses usines de l'empire d'Autriche et de la plus grande partie de l'Allemagne.

La fabrication des allumettes a pris aussi une très grande extension en Suède. La plus grande partie des allumettes suédoises sont faites sans soufre ni phosphore; elles ne peuvent s'allumer que par la friction sur une des plaques de la boîte qui les renferme. L'enduit fixé à l'une de leurs extrémités est principalement composé de chlorate et de chromate de potasse, et la plaque de la boîte est recouverte d'une couche de phosphore amorphe. Le bois le plus généralement employé pour cette fabrication est le tremble. Les allumettes sont le plus souvent carrées. Pour préparer le bois, on fait d'abord passer les planches sur un tour spécial qui les divise en bandes dont la largeur est égale à la longueur que doivent avoir les allumettes, et dont l'épaisseur est la même que celle des allumettes. Ces bandes sont ensuite divisées en pièces qui ont la même largeur que l'épaisseur de la bande. On obtient ainsi des allumettes à section parfaitement carrée.

L'industrie des allumettes remonte, en Suède, à l'année 1842; les produits sont aujourd'hui connus dans le monde entier. Pour l'année 1876, la valeur de l'exportation des allumettes suédoises a dépassé 9 millions de francs. Le nombre des fabriques va d'ailleurs toujours en augmentant: elle était de 13 en 1865, de 24 en 1870 et de 38 en 1876. Dans cette dernière année, le nombre des ouvriers employés dans ces fabriques était de 4000; sur ce total on comptait 1900 femmes. La plus importante fabrique est celle de Jonkoping qui occupe, à elle seule, environ 1800 ouvriers; cette seule fabrique a livré au commerce 84 millions de boîtes d'allumettes en 1870, 184 millions de boîtes en 1875 et 200 millions de boîtes en 1876.

En France, un impôt de consommation a été établi sur les allumettes en 1871. La loi du 2 août 1872 a ensuite créé le monopole de la fabrication au profit de l'État. Ce monopole, qui est entre les mains de la direction générale des contributions indirectes, a été concédé par elle à une compagnie à la suite d'une adjudication publique. Cette compagnie possède onze usines, dont deux à Marseille et trois à Paris. Elle fabrique des allumettes en bois et des allumettes-bougies. La fabrication occupe environ un millier d'hommes et cinq mille ouvrières. Elle consomme à peu près 20 à 25000 mètres cubes de bois.

L'importation en France d'allumettes étrangères se réduit aux deux types des allumettes autrichiennes et des allumettes suédoises en bois. Quant à l'exportation, elle porte surtout sur les allumettes-bougies.

ALLURES (*zoologie*). — Les allures sont les divers modes de locomotion des animaux terrestres. Il convient de distinguer, au point de vue agricole, les allures chez l'homme et chez les quadrupèdes.

Allures de l'homme. — Les principales allures de l'homme sont la marche, la course, le saut et le galop.

La *marche* est l'allure la plus simple et la plus usitée pour l'homme. Elle est caractérisée en ce que, sur un terrain plat, le corps ne quitte jamais le sol. En avançant alternativement le pied droit et le pied gauche, l'homme fait peser le poids du corps d'un membre sur l'autre, de sorte que le corps est continuellement porté en avant. Il résulte des recherches de M. Marey, professeur au Collège de France, que l'intensité de la pression des pieds sur le sol varie avec la vitesse de la marche et avec la grandeur des pas; elle n'est pas seulement égale au poids du corps que le pied doit soutenir; mais un effort plus grand se produit, à un moment donné, pour imprimer au corps les mouvements de soulèvement et de progression. D'autre part, le corps éprouve, sous forme d'oscillations régulières, la réaction des appuis de chaque pied sur le sol, et les différents points du corps subissent cette réaction à des degrés divers. Ces oscillations sont verticales ou horizontales, de sorte que la trajectoire que suit chaque point du corps est une courbe très complexe. De plus, le corps s'incline et se redresse à chaque mouvement d'une des jambes. Enfin, les membres antérieurs animés d'un balancement alternatif, atténuent les influences qui, à chaque moment, tendent à dévier le corps de la ligne droite suivant laquelle on veut se diriger. Lorsqu'un homme monte sur un terrain fortement incliné, sur un escalier, les foulées successives des pieds empiètent les unes sur les autres ; chaque pied repose encore sur le sol, quand l'autre s'est déjà posé en avant. Au contraire, quand il descend un plan incliné ou un escalier, les mouvements alternatifs se succèdent comme sur un sol plan.

Dans la *course*, les pieds foulent alternativement le sol à des intervalles égaux, comme dans la marche ; mais elle diffère de celle-ci, en ce que le corps quitte le sol, à chaque pas, pendant un instant. Ce temps de suspension ne provient pas de ce que le corps, projeté en l'air, quitte le sol, mais de ce que les deux jambes se retirent du sol, par l'effet de leur flexion, au moment où le corps est à son maximum d'élévation. On distingue, d'après la vitesse, plusieurs espèces de courses: le pas gymnastique, le trot, la course proprement dite. Elles diffèrent suivant la force et la brièveté des appuis sur le sol, en même temps que par la longueur des pas. Pendant la course, le tronc subit des oscillations verticales et horizontales analogues à celles qui se produisent pendant la marche, mais plus accentuées.

Le *saut* n'est pas un mode régulier de locomotion, mais il est quelquefois nécessaire. Il consiste à soulever le corps par une flexion énergique des jambes, soit simplement dans la direction verticale, soit à la fois verticalement et horizontalement. Le saut peut être exécuté sur les deux pieds ou sur un seul pied. Son amplitude dépend de l'énergie de l'effort des muscles des jambes : cet effort est d'ailleurs combiné avec une projection du tronc en avant.

Le *galop* est une allure irrégulière. Il est produit par des bonds saccadés, dans lesquels le même pied est toujours tenu en avant. L'homme ne l'emploie presque jamais, parce que cette allure est très fatigante ; les enfants l'adoptent quelquefois dans leurs jeux.

Allures des quadrupèdes. — Les allures du cheval qui est l'animal de trait par excellence, sont les plus importantes à connaître ; ce sont aussi celles qui ont été le plus étudiées. Quand le cheval marche, chaque pied se lève et se pose alternativement; au moment où le pied se pose, on entend un bruit qui est appelé battue, et le pied laisse sur le sol une marque qui est appelée foulée et désignée aussi quelquefois par le nom de trace ; l'ensemble des traces forme la piste. Le cheval a trois allures : le pas, le trot, le galop; toutes les autres allures, soit naturelles, soit apprises, dérivent de ces trois types. Les allures ont été l'objet de nombreuses observations ; pendant longtemps, l'œil et l'oreille ont seuls servi pour ces observations. Dans ces dernières années, M. Marey a imaginé des appareils enregistreurs qui ont permis de mesurer avec précision la marche des membres dans chacune des allures, et d'en garder de véritables diagrammes. Pour suivre l'allure d'un quadrupède, on suppose que l'animal est divisé en deux ; on appelle bipède antérieur la réunion des deux pieds de devant, et bipède postérieur celle des deux pieds de derrière. On divise aussi quelquefois l'animal dans le sens de la longueur; dans ce cas on a deux bipèdes latéraux ; le droit formé par les deux pieds de droite ; le gauche qui est la réunion des deux pieds de gauche.

Le pas (fig. 212) est l'allure la plus lente du cheval ; il est caractérisé par quatre battues également espacées. Les pieds se lèvent successivement et se posent dans l'ordre de leur lever. Les bipèdes antérieur et postérieur marchent alternativement. Si, par exemple, le pied droit de devant est levé le premier, le pied gauche de derrière vient ensuite, puis le pied gauche de devant, et enfin le pied droit de derrière. Les traces laissées par les pieds de droite et ceux de gauche forment deux lignes parallèles. Les pistes de droite et de gauche alternent régulièrement sur ces lignes. A l'allure normale, la piste du pied de derrière vient recouvrir exactement celle du pied de devant. Le corps du cheval ne quitte pas le sol, il est toujours soutenu par deux membres formant une diagonale : pied antérieur droit et pied

Fig. 212. — Cheval au pas.

postérieur gauche ; pied antérieur gauche et pied postérieur droit. L'oreille entend quatre battues régulières : quand le cheval est droit, ces battues sont égales ; si le cheval boite, une des battues est plus forte. Lorsque le pas est accéléré ou dans les descentes, les foulées des pieds postérieurs anticipent sur celles des pieds antérieurs ; dans le pas ralenti, ainsi que dans les montées, au contraire, elles ne les atteignent pas. Lorsque le cheval tire

Fig. 213. — Cheval au trot.

une charge, les battues se font entendre comme dans le pas ordinaire ; mais les membres sont placés obliquement par rapport au sol, et inclinés en avant dans le poser. Dans le pas ordinaire, l'intervalle entre deux foulées successives du même côté est égal, le plus souvent, à la taille du cheval mesurée au garrot. Un cheval qui a un bon pas parcourt environ 115 mètres par minute.

Dans l'allure du trot (fig 213), le cheval lève et pose les membres en diagonale, deux par deux. Par exemple, le membre droit antérieur se lève et se pose en même temps que le membre gauche postérieur, et le membre gauche antérieur en même temps que le membre droit postérieur. Le trot a deux battues qui sont régulières, quand le trot est normal, et plus ou moins accélérées, suivant que l'animal s'avance au grand ou au petit trot. Dans l'intervalle de deux battues successives, l'animal est, pendant un instant, suspendu en l'air. On a longtemps discuté sur la durée respective de cette

Fig. 244. — Cheval galopant à droite.

suspension et de l'appui ; d'après les résultats des observations graphiques de M. Marey, il existe une grande variété dans ces durées relatives. Ainsi, pour certains chevaux, la durée de l'appui est deux fois plus longue que la suspension ; pour d'autres,

Fig. 245. — Cheval à l'amble.

la trace de suspension est à peine visible. M. Marey a, en outre, constaté que le moment où le corps de l'animal est au bas de son oscillation verticale, coïncide précisément avec celui où les pieds ne touchent pas le sol, ce qui démontre que le temps de suspension ne tient pas à ce que le corps du cheval est projeté en l'air, mais à ce que les quatre jambes sont fléchies pendant ce court instant. Le maximum de hauteur du soulèvement du corps correspond, au contraire, à la fin de l'appui des membres ; le soulèvement commence un peu après chaque double battue et continue pendant toute la durée de l'appui. Dans la piste du trot, les foulées sont doubles, car le pied postérieur vient toujours prendre la place de l'antérieur du même côté. Comme dans la piste du pas, les foulées des pieds de droite et de gauche sont disposées sur deux lignes parallèles, et elles alternent parfaitement entre elles. On dit que le trot est bas et raccourci, quand la foulée du pied postérieur ne vient pas rejoindre celle du membre antérieur ; c'est ce que l'on observe ordinairement au départ de l'animal ou quand il passe du pas au trot. Au contraire, le trot est relevé et allongé, quand la foulée du membre postérieur anticipe sur celle du membre antérieur. On appelle trot décousu, celui dans lequel chaque battue est, en quelque sorte, dédoublée, parce que les deux pieds en diagonale ne posent pas exactement en même temps sur le sol ; dans ce cas, c'est généralement le membre postérieur qui est en retard sur le membre antérieur. La vitesse d'un cheval de cavalerie au trot est, en général, de 330 à 350 mètres à la minute ; les grands trotteurs font jusqu'à 500 mètres ; après un entraînement spécial, cette vitesse peut atteindre 1000 mètres.

Le galop (fig. 244) est la plus rapide des allures du cheval. Il est caractérisé par l'enlevé de la partie antérieure de l'animal ou avant-main, sur la partie postérieure ou arrière-main, et par l'impulsion de la masse en avant par la détente des jarrets. On distingue d'abord deux sortes de galop : celui à droite et celui à gauche, qui diffèrent en ce que le pied de devant qui pose à terre le dernier, est le pied de droite ou celui de gauche. Au galop, le cheval est successivement à terre ou en l'air. Le mouvement se décompose de la manière suivante : le cheval galopant à droite, le membre antérieur gauche se lève le premier, puis simultanément les trois autres membres ; à ce moment, le corps du cheval ne touche plus le sol. Le poser s'effectue en trois battues : la jambe gauche postérieure, qui a lancé le corps en avant, pose à terre la première, puis simultanément le membre antérieur gauche et le postérieur droit qui soutiennent la masse, et enfin le membre antérieur droit. Dans le galop à droite, les membres de droite dépassent toujours ceux de gauche. Dans le galop à gauche, l'inverse se produit. Tel est le galop normal ou galop naturel, qui est aussi appelé galop à trois temps, pour le distinguer du galop de manège ou galop à quatre temps, qui est caractérisé par un léger intervalle entre la battue de la jambe antérieure gauche et celle de la jambe postérieure droite, battues qui se font simultanément dans le galop normal à droite. Entre la troisième battue du galop normal et la première du pas de galop qui va suivre, il règne un silence dont la durée est à peu près égale à celle des trois battues prises ensemble. L'expérience a montré depuis longtemps, et les recherches récentes de M. Marey ont prouvé que la pression des pieds sur le sol est beaucoup plus énergique dans le galop que dans les autres allures. En effet, l'animal doit non seulement supporter le poids de son corps, mais encore lui imprimer de violentes impulsions ; l'énergie la plus grande paraît appartenir à la première battue. La piste du galop varie avec la vitesse de l'allure. Le galop des manèges, dit galop raccourci, est caractérisé en ce que les pieds postérieurs font leur empreinte en arrière de celle des pieds antérieurs ; dans le galop de vitesse, au contraire, les empreintes des pieds postérieurs viennent en avant de celles des pieds antérieurs, dans des proportions d'autant plus grandes que la vitesse est plus considérable. Dans le galop de course, que l'on a regardé longtemps comme une allure spéciale, l'espace que le cheval couvre ainsi en une enjambée peut être réellement prodigieux, et dépasser une longueur de 14 à 15 mètres. D'après les notations de ce galop faites par M. Marey, cette allure est en réalité un galop à quatre temps ; toutefois les battues postérieures se suivent à de si courts intervalles que l'oreille n'en perçoit plus qu'une seule, mais les battues des membres antérieurs sont notablement plus dissociées et peuvent être entendues séparément. Un autre caractère du galop de course, c'est que le plus long silence a lieu pendant la durée des appuis postérieurs ; quant au temps de suspension, il paraît être extrêmement bref.

Le cheval en marche passe d'une allure à l'autre avec une grande rapidité ; l'observateur même le plus attentif ne peut que très difficilement se rendre compte de la manière dont la transition se produit. La méthode de M. Marey a donné le moyen de décomposer ces mouvements. Ainsi, elle a permis de déterminer que, dans le passage du pas au trot, le caractère dominant de cette transition, indépendamment de l'accroissement de rapidité des mouvements, consiste en ce que les battues postérieures gagnent de vitesse sur les battues antérieures, de sorte que la battue postérieure gauche, par exemple, qui pendant le pas s'effectue sensiblement au milieu de la durée de l'appui du membre antérieur droit, arrive graduellement à coïncider avec le début de cet appui, et avec la battue elle-même, quand le trot est établi. Inversement, quand le cheval passe du trot au pas, les battues diagonales qui coïncident, se séparent de plus en plus; dans cette transition, c'est l'arrière-main qui retarde. — Lorsque le cheval passe du trot au galop, le trot devient tout d'abord un peu décousu, par le retard du pied postérieur, et l'avance du pied antérieur sur lequel l'animal galope, de sorte que deux des battues diagonales qui, dans le trot, coïncidaient, laissent entre elles le plus grand intervalle. Un changement inverse produit la transition du galop au trot. Enfin, le passage du galop à quatre temps au galop à trois temps se produit par une anticipation croissante des battues de l'arrière-main. — La vitesse du galop ordinaire est de 380 à 400 mètres à la minute ; celle du galop de course peut dépasser 1500 mètres, mais elle ne peut être soutenue que pendant quelques minutes.

Après avoir décrit les allures normales, il convient de donner quelques détails sur les allures artificielles et sur les allures défectueuses.

Au premier rang des allures artificielles se place l'*amble* (fig. 215). C'est un trot irrégulier, caractérisé par le jeu alternatif des membres latéraux ; les deux membres de droite se lèvent et se posent ensemble ; les deux membres de gauche alternent avec eux. L'oreille n'entend que deux battues à chaque pas, les deux membres du même côté frappant ensemble le sol. L'appui du corps est donc latéral. Cette allure est naturelle à quelques races de chevaux ; elle paraît normale chez plusieurs autres quadrupèdes, notamment chez le chameau et le dromadaire ; le balancement régulier du corps de ces animaux en est le résultat. Dans l'amble, les pistes des membres postérieurs dépassent celles des membres antérieurs. — L'amble rompu diffère de l'amble en ce que les membres latéraux se lèvent successivement, les postérieurs dépassant les antérieurs ; il y a alors quatre battues se succédant deux par deux. Cette allure est celle de quelques bidets dont on force la vitesse. L'amble rompu est aussi désigné par le nom de traquenard.

Le *pas relevé* est un pas très accéléré qui se fait en quatre temps à peu près égaux, comme le pas ordinaire, mais avec une plus grande vitesse. C'est l'allure ordinaire des bidets normands et bretons.

Aux allures irrégulières se rattache encore l'*aubin* qui est spécial aux chevaux usés. Dans cette allure, le cheval trotte du devant et galope du derrière, ou inversement galope du devant et trotte du derrière.

Toutes les allures qui viennent d'être décrites peuvent devenir défectueuses. Ainsi l'allure est traînée quand le cheval ne relève pas assez les pieds ; il est alors exposé à buter. Le cheval qui glisse ses membres près du sol en les portant en avant, rase le tapis ; il a de la vitesse, mais il peut se blesser dans les chemins accidentés. Le cheval se berce, quand il se balance de droite et de gauche, soit qu'il soit trop large ou trop lourd ; il se coupe, quand les membres en action frappent les membres voisins à l'appui ; il se croise, quand ses extrémités, au lieu de s'avancer parallèlement, s'entre-croisent ; il billarde quand ses membres décrivent un arc de cercle en dehors. Enfin, l'un des plus graves défauts d'un cheval dans ses allures est la boiterie soit d'un, soit de deux pieds.

Aux allures se rattachent les mouvements sur place. Les principaux sont : le cabrer, ou mouvement par lequel le cheval porte tout le poids de son corps sur les membres postérieurs ; le saut, dans lequel le cheval s'enlève pour passer pardessus un obstacle élevé ; la ruade, ou l'enlevé de l'arrière-main sur l'avant-main ; enfin le reculer qui est un déplacement successif du corps, que l'action des membres porte en arrière. Le mécanisme de chacun de ces mouvements est toutefois complètement distinct de celui des allures.

ALLUVIONS *(géologie et agrologie)*. — On appelle alluvions les dépôts formés par les matières plus ou moins volumineuses entraînées par les eaux de rivières et abandonnées par elles, soit sur leurs rives, soit sur le sol qu'elles couvrent au moment de leurs crues. Ces matières proviennent des roches que les rivières traversent dans leur cours supérieur. Les débris les plus volumineux que les eaux entraînent sont abandonnés d'abord, puis à mesure que la force du courant diminue, les sables plus ou moins gros, et enfin les parties les plus ténues où le plus souvent l'argile domine. Les dépôts d'alluvion sont formés par des couches superposées, d'épaisseur et de composition variables suivant les parties du parcours du fleuve et suivant les natures diverses de roches sur lesquelles le fleuve ou ses affluents ont passé depuis leur source. Ils constituent à la surface du globe des terrains d'une étendue souvent considérable, qu'on a divisés en deux classes suivant la date de leur formation, et auxquels on a donné le nom de terrains d'alluvions anciennes et terrains d'alluvions modernes. Le mode de formation de ces deux sortes de terrains ne présente pas de différence ; leur âge et leur composition servent à les distinguer.

Alluvions anciennes. — Les terrains d'alluvions anciennes, qu'on désigne aussi par le nom de terrains quaternaires ou de diluvium, se divisent en plusieurs périodes qui sont caractérisées par leur ancienneté relative et par les espèces d'animaux antédiluviens dont les ossements s'y rencontrent. Ces divisions sont les suivantes :

1° Des dépôts formés sur place aux dépens des roches sous-jacentes par l'action des eaux qui les recouvraient, dans des dépressions isolées et qui paraissent antérieures au creusement des vallées. Ces dépôts sont le plus souvent constitués par une agglomération de fragments de calcaire jurassique ou de craie, réunis ou agglutinés par un ciment de même nature, ou par des argiles grasses souvent mélangées de grès assez gros, ou enfin par des roches éboulées, de natures diverses.

2° Le diluvium gris, renfermant des ossements de mammouth et de rhinocéros, constitué par des terrains de transport formés par des galets roulés de calcaire jurassique, souvent mêlés à des calcaires glaiseux, à des graviers, des sables verts et des autres formations tertiaires. Ces dépôts couvrent de nombreuses vallées à des hauteurs diverses, notamment dans le bassin de la Seine.

3° Le diluvium rouge, au-dessus du précédent, constitué par une argile rougeâtre, mélangée de cailloux ; mais la plupart des cailloux qu'il renferme sont anguleux, ce qui semble indiquer qu'ils n'ont pas été roulés. On considère ces dépôts comme résultant de l'action de désagrégation exercée par des sources ferrugineuses et acides qui ont dissous les parties solubles des roches sur lesquelles elles ont jailli.

4° Des limons de couleur gris jaunâtre, argilo-sableux et calcaires, qui s'étendent par-dessus les couches précédentes et qui paraissent avoir été charriés par de grands fleuves et déposés régulièrement. On y trouve des débris du renne et des coquilles terrestres, en assez grande abondance.

5° Une autre couche de limon, jaune ou brun, qui est formé d'un mélange, en proportions variables, de sable et d'argile, et qui est caractérisé par l'absence presque absolue de carbonate de chaux.

6° Une dernière couche d'un dépôt calcaire blanchâtre, formé sur les flancs d'un certain nombre de vallées, et que les géologues attribuent à d'anciennes sources chargées de carbonate de chaux qui se déposait successivement.

Les différents sols formés par les alluvions anciennes ont, au point de vue agricole, des valeurs très diverses ; mais ils forment une proportion très considérable de terres arables en France et dans une grande partie de l'Europe : « Au sud de la barrière que le plateau central de la France élève entre le nord et le midi, dit le comte de Gasparin dans son *Cours d'agriculture*, les terres sont généralement calcaires et contiennent presque toujours de la chaux ; elles ne deviennent purement siliceuses que par l'évidente superposition de couches transportées, montrant encore par leurs cailloux roulés la preuve de l'événement qui les a entraînés plus récemment que le fond du terrain. Au nord et à l'ouest de cette barrière, les terres sont siliceuses ou glaiseuses ; cette disposition n'a d'exception que dans les bassins fermés qui ont été mis à l'abri de la débâcle, ou dans les terres d'alluvion provenant de dépôts de montagnes voisines et d'une nature différente, dépôts dont il est toujours facile alors d'indiquer l'origine. Ce plateau a donc bien réellement servi de barrière aux matières siliceuses qui venaient du nord et qui ont pu pénétrer plus loin vers le midi, jusqu'aux Pyrénées, par l'absence de cette barrière vers cette partie de la France. Au nord, tous les terrains participent plus ou moins de cette nature, et si la glaise ne se présente pas à la surface, c'est qu'elle a été recouverte ou enlevée par des courants partis de montagnes calcaires plus rapprochées. Une immense nappe de débris glaiseux (argilo-siliceux) a été étendue sur l'Allemagne, la Flandre, nos provinces septentrionales et occidentales. Au midi, au contraire, les dépôts siliceux n'ont pénétré que par certaines ouvertures (la vallée du Rhône par exemple), et tout le reste de la surface du pays doit sa formation aux matières calcaires transportées des chaînes des Alpes. » Il faut ajouter que, dans quelques contrées de la basse vallée du Rhône, le diluvium est caractérisé par une énorme quantité de cailloux roulés ; c'est sous cette forme qu'il constitue en presque totalité les terrains dont la Crau d'Arles est la partie la plus célèbre.

De ce qui vient d'être dit, il résulte que les terrains d'alluvions anciennes sont caractérisés, dans le plus grand nombre des cas, par l'absence de calcaire. Quant aux proportions d'argile et de sable qui y entrent, elles sont très variables ; suivant que les courants étaient plus ou moins rapides, ils laissaient déposer l'un ou l'autre de ces éléments en plus ou moins grande quantité. Enfin le sous-sol des terrains d'alluvions anciennes est dépourvu de terreau, et dans beaucoup de circonstances, ainsi que l'a fait remarquer Puvis, il est superposé à une couche de marne à une profondeur variable.

Quant à l'origine de ces alluvions, elle doit être attribuée, ainsi que cela ressort de ces détails, au passage, sur une grande partie de l'Europe, d'une grande nappe d'eau dont l'âge géologique est difficile à déterminer, mais qui paraît coïncider à peu près avec le grand soulèvement de la chaîne des Alpes. M. Daubrée a montré, par les expériences auxquelles il s'est livré, que les chocs multipliés au sein des eaux arrivent à désagréger les roches les plus solides, telles que les roches feldspathiques, et à modifier profondément la composition du limon qui en provient. On conçoit dès lors comment se sont formés les dépôts meubles qui forment, à la période actuelle, une grande portion de la terre arable dans un si grand nombre de régions.

Alluvions modernes. — Les cours d'eau qui sillonnent actuellement la surface du globe jouent le même rôle que les anciens grands courants des périodes géologiques. En exerçant une érosion plus ou moins active, suivant leur pente et leur débit, sur les roches qu'ils traversent, ils en emportent les débris plus ou moins gros qu'ils déposent dans les vallées. Ces dépôts constituent ce que l'on appelle les terrains d'alluvion. Ils se forment, soit sur le fond des cours d'eau, soit sur les terres voisines, quand, par suite des crues, les rivières débordent. C'est surtout dans la partie la plus basse de leur cours que les rivières laissent déposer le limon qu'elles entraînent ; en effet, dans cette partie, le courant devient moins violent, souvent même il est presque annulé par l'effet de la marée. Aussi voit-on beaucoup de fleuves déposer non loin de leur embouchure des alluvions abondantes, au milieu desquelles leurs eaux ne peuvent plus parfois s'écouler qu'avec peine. C'est ce qui se produit, en France, pour le Rhône ; dans l'Europe centrale, pour le Rhin ; en Egypte, pour le Nil ; en Amérique, principalement pour le Mississipi. Les alluvions formées dans le lit des cours d'eau ou dans les canaux sont quelquefois assez abondantes pour en exhausser sensiblement le niveau et amener une gêne pour la navigation ; on lutte contre elles par des dragages ou par les travaux de barrage qui ont pour but d'élever le niveau du plan d'eau. Quant aux dépôts formés sur les terres riveraines des cours d'eau, au moment des crues, ils sont généralement peu épais, et souvent mélangés de terreau que l'eau arrache sur un point pour le transporter plus loin.

La composition des dépôts d'alluvion varie, pour un même fleuve, dans des limites très élevées, suivant les saisons et suivant l'influence que leurs affluents exercent sur les crues qui les déterminent. On conçoit, en effet, facilement que les affluents d'un fleuve, traversant des roches de natures différentes, entraînent en plus grande proportion telle ou telle nature de terre, qui, suivant les limites dans lesquelles cet affluent a grossi, domine ou est rare dans le limon que charrie le fleuve. Pour n'en citer qu'un exemple, les riverains de la basse Durance, en Provence, savent parfaitement distinguer la provenance des limons de la rivière, qui sont tantôt jaunes et tantôt rouges, suivant les affluents qui ont le plus contribué à les former.

Les études sur les limons des divers fleuves et rivières sont encore très incomplètes ; il serait très utile de connaître la nature et la quantité des matières terreuses que chaque cours d'eau entraîne. Tout ce que l'on sait, c'est que, suivant les saisons, il y a, dans le plus grand nombre, des différences très considérables dans la proportion de limon qu'elles entraînent. La fonte des neiges, au printemps, dans les montagnes, près des sources des cours d'eau, est un des principaux agents de désagrégation des roches superficielles, et de l'entraînement de leurs débris. C'est principalement pour cette raison que l'on déplore la dénudation des flancs des montagnes et des coteaux, et que l'on encourage le gazonnement ou le reboisement de ces pentes. Une des rivières dont les eaux ont été le plus étudiées, au point de vue des matières qu'elles transportent, est la Durance ; c'est aussi une de celles qui entraînent le plus de matières terreuses.

De tout ce qui précède, il résulte que la fertilité des terrains d'alluvion doit être très variable : elle dépend, en effet, de causes multiples. Quelques terres d'alluvion sont très notablement riches ; telles sont celles des vallées du Nil, du Pô, de la Garonne ; d'autres, au contraire, n'ont qu'une fertilité médiocre, telles sont celles des alluvions de la Durance. Mais tous les sols qui ont cette origine sont remarquables par leur état meuble, et conséquemment par la facilité qu'ils présentent aux travaux de culture.

A côté des alluvions naturelles, il faut placer les alluvions artificielles, dans lesquelles on forme, au-dessus d'une terre impropre à la culture, un sol arable susceptible de porter des récoltes variées. Le colmatage, pratiqué sur le bord de quelques fleuves, constitue l'ensemble des opérations qui permettent d'atteindre ce résultat.

ALMANACH. — L'almanach, dont le nom vient du mot *man* qui, chez les Orientaux, signifie lune, est un calendrier renfermant les divisions de l'année, l'indication des fêtes et des principaux phénomènes astronomiques. Par extension, ce nom s'applique à un petit livre renfermant, outre le calendrier qui en devient l'accessoire, des notices sur différents sujets, des historiettes, des recettes utiles, etc. Son origine remonte à la plus haute antiquité : les Perses, les Chaldéens, les Grecs, de même que les anciens Chinois, en faisaient usage. Pendant longtemps, dans les almanachs, même dans ceux destinés aux habitants des campagnes, on ne trouvait, à la suite du calendrier, que des choses frivoles, des exemples basés sur des préjugés et des erreurs, des prédictions faites au hasard sur les phénomènes météorologiques, etc. Aujourd'hui les almanachs destinés aux cultivateurs se sont heureusement transformés ; dans l'*Almanach de l'agriculture*, que nous publions chaque année, nous avons voulu leur présenter, sous une forme concise, l'ensemble des préceptes les plus utiles, propres à leur rappeler les travaux qu'ils ont à exécuter chaque mois, leur donner une revue générale de tous les progrès et de toutes les idées qui, chaque année, ont préoccupé le monde agricole, en dégageant celles-ci de toutes les phrases puériles qui pourraient en rabaisser le sens.

L'almanach est principalement destiné aux classes les moins éclairées ; il doit donc être écrit dans un style clair et simple ; mais ce serait une grave erreur que de croire qu'il est nécessaire d'employer à l'égard des cultivateurs des phrases et des locutions enfantines, déguisant souvent la vérité, comme si les cultivateurs étaient incapables d'envisager la lumière en face. L'almanach doit être un annuaire à bon marché, mais un annuaire utile, destiné à pénétrer sous le toit de tous les travailleurs des campagnes et à y porter la vérité : son rôle, quoique modeste, est donc d'une réelle importance. Ce ne serait pas le comprendre que de l'envisager à un autre point de vue.

ALOCASIE (*horticulture*). — Plante de la famille des Aroïdées, originaire de Bornéo, cultivée dans les serres de l'Europe pour la beauté de ses feuilles. Les principales espèces d'alocasie qu'on y rencontre sont les suivantes : *Weitchii*, *Lowii*, *zebrina*, mais surtout l'*A. metallica* ou à reflets métalliques. Ses feuilles, arrondies et radicales, ont une longueur de 40 centimètres sur une largeur de 30 ; leur face supérieure est d'une belle teinte bronzée, tandis que la face inférieure est d'un pourpre foncé. — Ces plantes demandent la serre chaude humide, et elles doivent être cultivées en terre de bruyère.

ALOÈS (*horticulture*). — Les aloès sont des plantes vivaces, le plus souvent ligneuses, cultivées dans les jardins, principalement à raison de la consistance charnue et des formes bizarres de leurs feuilles. Les aloès se trouvent aussi bien dans l'ancien que dans le nouveau monde ; ces plantes forment un genre qui a donné son nom à la tribu des Aloïnées, dans la famille des Liliacées. Les racines sont formées par de grosses fibres fasciculées ; la tige, parfois frutescente, mais souvent arborescente, est presque toujours simple ; les feuilles sont très rapprochées, épaisses et charnues, quelquefois un peu épineuses, et affectent des formes très variées ; les fleurs sont réunies en grappe à l'extrémité de leur pédoncule, dressées ou pendantes (fig. 246).

Le genre aloès (*Aloe*) renferme un très grand nombre d'espèces ; le botaniste Kunth n'en a pas décrit moins de 172. La plupart d'entre elles se rencontrent dans les collections de quelques amateurs de plantes grasses, nom sous lequel on désigne, en horticulture, la catégorie de plantes ornementales à laquelle les aloès appartiennent. Leur introduction en Europe remonte à la fin du quinzième siècle. Un certain nombre d'espèces sont plus particulièrement cultivées dans les jardins, et c'est sur celles-ci qu'il convient particulièrement d'insister. Ce sont les suivantes :

1° L'aloès vulgaire (*Aloe vulgaris*), originaire du cap de Bonne-Espérance, que l'on rencontre aussi dans l'Inde, et qui a été transporté dans la partie septentrionale de l'Afrique, d'où il s'est répandu dans une grande partie du bassin de la Méditerranée, jusque dans le midi de l'Europe ; cette espèce est cultivée aujourd'hui en Amérique, aux Antilles, et dans l'Italie méridionale en Sicile, ainsi que dans l'île de Malte.

2° L'aloès soccotrin (*Aloe soccotrina*), originaire de l'île de Socotora et des bords de la mer Rouge, se distingue par des feuilles lancéolées, à dentelures blanches et épineuses ; ses fleurs, disposées en épi, sont rouges.

3° L'aloès de l'île de Bourbon (*Aloe purpurea*), à tige élevée, à feuilles larges, planes, pendantes et bordées de rouge ; ses fleurs sont jaune verdâtre.

4° L'aloès mitre (*A. mitræformis*), appelé aussi aloès à épi, originaire du Cap, à feuilles ovales, aiguës, rassemblées en forme de mitre, épineuses sur le bord ; ses fleurs sont en épi et rouges.

5° L'aloès féroce (*A. ferox*), originaire du Cap, à tige haute et à feuilles longues, épineuses sur les deux faces ; les fleurs sont rouge safran. C'est une des plus grandes espèces.

6° L'aloès à ombelle (*A. umbellata*), à feuilles oblongues-lancéolées, marquées de bandes, munies d'épines sur les côtés ; ses fleurs, disposées en ombelle, sont pendantes et d'un beau rouge safran. Cette espèce est originaire du Cap.

7° L'aloès à éventail (*A. plicatilis*), à tige frutescente, à feuilles ramassées au bout des branches, obtuses, lisses et molles, à fleurs rouges, avec les extrémités d'un vert jaunâtre. Cette espèce est originaire du Cap.

8° L'aloès perroquet (*A. variegata*), à tige courte, à feuilles imbriquées sur trois rangs presque en spirale, dressées et aiguës, concaves en dessus, lisses, d'un vert foncé, avec des taches blanches rangées par bandes transversales; à fleurs d'un rouge vif, avec l'extrémité rose. C'est une des espèces les plus recherchées.

9° L'aloès nain (*A. humilis*), plante de proportions plus faibles que les précédentes, à feuilles

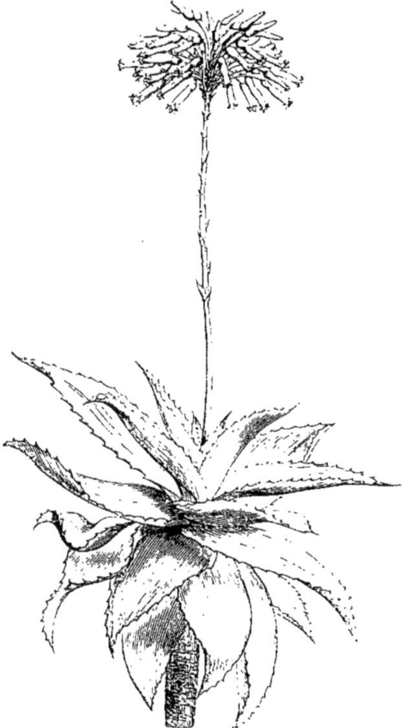

Fig. 216. — Port de l'Aloès vulgaire.

épaisses, épineuses sur le bord et sur le dos; à fleurs en grappe, rouges et vertes au sommet.

10° L'aloès perlé (*A. margaritifera*), espèce presque acaule, à feuilles dressées, presque planes en dessus et convexes en dessous, parsemées de tubercules saillants, à fleurs verdâtres.

Dans leur pays d'origine, les aloès vivent en plein soleil, dans des sols arides et desséchés, et ne reçoivent le plus souvent d'autre eau que celle des abondantes rosées des nuits tropicales; cette eau se condense et est gardée en réserve dans les sortes de cuvettes que forment les feuilles de la plupart des espèces. Dans les serres, la culture des aloès est assez facile. On les plante dans des pots remplis d'une terre légère et nutritive. Pendant l'été, on les place en plein air, à bonne exposition ensoleillée, et on leur donne des arrosages modérés. Pour l'hiver, on les rentre dans une serre tempérée ou dans une bonne orangerie, et on les laisse entièrement à sec. Au printemps, on les change de pots suivant la grosseur de la plante, et on les remet en plein air.

On extrait des feuilles charnues de la plupart des espèces un suc avec lequel on prépare la substance connue en médecine sous le nom d'aloès et qui est employée pour ses propriétés purgatives et anthelminthiques. Cette substance a un goût amer très prononcé et présente une odeur aromatique spéciale; sous l'action d'une forte chaleur, elle fond d'abord, puis se décompose; elle est employée dans la médecine vétérinaire, comme dans la médecine humaine. On distingue dans le commerce trois sortes principales d'aloès : l'aloès succotrin ou soccotrin, extrait de l'aloès soccotrin qui croît sur les bords de la mer Rouge et des parties voisines de la mer des Indes; l'aloès hépatique, qui arrive principalement des Barbades, en gourdes ou calebasses de 25 à 30 kilogrammes, ou des Indes, en caisses de 100 à 150 kilogrammes, et qui est extrait le plus souvent de l'aloès vulgaire; enfin l'aloès caballin, qui se présente en masses noirâtres et à odeur empyreumatique, vient du Cap et est principalement produit par l'aloès en épis. C'est le moins employé.

La méthode adoptée pour retirer le suc des feuilles de l'aloès varie suivant les pays. D'après les voyageurs, les Hottentots du Cap font des incisions aux feuilles sur pied, et reçoivent le suc sur d'autres feuilles couchées autour de la plante; ou bien ils coupent les feuilles, et les placent dans des tonneaux au fond desquels le suc se rassemble; celui-ci est ensuite versé dans une chaudière en fer, où il est concentré par l'action de la chaleur. D'autres fois, les feuilles macèrent préalablement dans l'eau, et l'on procède ensuite à l'évaporation. — A l'île de Cuba, on cultive aux environs de la Jamaïque, l'aloès vulgaire sur une assez grande échelle. C'est pendant les mois de mai et d'avril, à l'heure la plus chaude de la journée, que se fait la récolte du suc des feuilles. Celles-ci, après avoir été détachées par leur base, sont passées dans un entonnoir en bois dont les parois sont percées de trous, à leur partie inférieure, pour laisser tomber le liquide dans une grande auge longue de 12 mètres environ, sur une profondeur de 40 centimètres seulement. Ces feuilles sont étendues sur les parois de l'entonnoir par rangs parallèles, leur plaie étant tournée vers le fond. On les laisse égoutter sans les presser. Le liquide des augets est versé ensuite dans un récipient où il séjourne jusqu'à ce que la quantité recueillie soit suffisante pour qu'on en puisse faire utilement l'évaporation. Celle-ci est pratiquée dans des chaudières de cuivre, et elle est poussée jusqu'à ce que le produit ait acquis une consistance solide. Quant aux feuilles, après avoir été retirées des entonnoirs, elles sont employées comme engrais.

Dans le langage vulgaire, on donne souvent le nom d'aloès, mais d'une manière très impropre, aux fibres textiles extraites de l'agave d'Amérique, et quelquefois même à cette dernière plante. (Voy. AGAVE.)

Raspail a préconisé, il y a une trentaine d'années, l'emploi de l'aloès pour préserver les végétaux des insectes et les animaux domestiques de la vermine et des mouches qui les tourmentent. L'aloès est dissous dans l'eau à raison de 1 gramme au plus par litre : avec un pinceau ou une brosse, on humecte soit les tiges des végétaux, soit le corps des animaux. Les insectes auraient, pour cette solution amère, une telle aversion que, d'après les expériences de Raspail, ils n'attaquent jamais les corps qui en ont été lotionnés.

ALONZOA (*horticulture*). — Arbuste de la famille des Scrofularinées, originaire du Chili, recherché dans les jardins pour son feuillage ornemental

On en cultive deux espèces : 1° l'*Alonzoa Warscewiczii*, arbuste atteignant 1 mètre, à rameaux assez grêles, nombreux et dressés, à feuilles lancéolées, à fleurs en grappe d'un rouge très vif, s'épanouissant pendant une grande partie de l'été ; 2° l'*Alonzoa incisæfolia*, ainsi nommé de ses feuilles incisées ou découpées, arbuste très rameux et buissonneux. Ces deux arbustes peuvent être laissés en plein air pendant l'été, mais on doit les rentrer à l'orangerie pendant l'hiver. La multiplication se fait par boutures ou par semis : on sème au commencement du printemps, pour placer à demeure au bout de six semaines ou de deux mois.

ALOPÉCIE *(médecine vétérinaire)*. — Chute partielle ou totale des poils des animaux. L'alopécie n'est pas une perte absolue et irrémédiable des poils ; elle peut être guérie. Le plus souvent, elle est consécutive de plusieurs maladies de la peau, notamment de la gale. L'alopécie étant la conséquence d'une altération constitutionnelle dans l'état de la santé, on la fait disparaître en traitant convenablement la maladie qui en est la cause. Quant au traitement direct, il varie suivant les circonstances dans lesquelles la maladie se présente ; s'il y a de l'inflammation, il faut la combattre d'abord par des lotions émollientes, puis par des lotions légèrement stimulantes.

ALOSE *(pisciculture)*. — Le genre Alose appartient à la famille des Cupéidés qui renferme le hareng, les sardines, l'anchois, etc. Les caractères généraux du genre consistent en ce que le corps assez élevé est comprimé latéralement, avec une carène dentelée à la région ventrale ; la bouche est largement fendue et garnie de dents très fines ; la mâchoire inférieure est plus avancée que la supérieure ; il n'y a pas de dents sur la langue ni sur les palatins. La nageoire dorsale est peu développée, la nageoire anale est très basse, la caudale très fourchue. Une paupière adipeuse protège l'œil. On distingue l'alose commune (*Alosa vulgaris*) et l'alose finte ou feinte (*Alosa finta*).

L'alose commune (fig. 247) ou Clupée alose, est un poisson voyageur assez estimé. On la trouve sur nos côtes de l'Océan et de la Méditerranée ; au commencement du printemps, elle quitte les eaux saumâtres pour aller frayer dans les eaux douces. On la prend dans la Loire, la Seine, le Rhône, le Rhin, ainsi que dans plusieurs de leurs affluents. On la rencontre à une très grande distance des embouchures. Ainsi on la pêche jusque dans les départements suivants : Yonne, Côte-d'Or, Haute-Saône, Jura, Savoie, Isère, Haute-Loire ; pour arriver dans ce dernier département, les aloses ont dû faire un trajet de 800 kilomètres. On trouve l'alose dans le Guadalquivir, en Espagne ; dans le Volga, en Russie. Sa longueur est de $0^m,30$ à $0^m,70$ et plus. Son poids atteint de 2 à 3 kilogrammes. Elle se nourrit de vers, d'insectes et de petits poissons. Elle dépose ses œufs en mai et juin. Une femelle produit de 50 000 à 100 000 œufs. L'alose ne mange pas dans les eaux douces, et paraît tirer toute sa nourriture de la mer ; aussi est-elle recherchée pour la table à l'époque de l'émigration, et très peu estimée au contraire au moment du retour. Le dos de l'alose commune est d'un vert bleuâtre ; les flancs et le ventre sont argentés avec des reflets cuivrés. Une tache irrégulière d'un vert très foncé ou noirâtre se montre vers l'épaule en arrière des ouïes. On l'appelle vulgairement : poisson de mai, en Lorraine ; sabre dans la Loire-Inférieure ; gatte, à Vienne ; alaouse dans le Gard ; coulacqua, dans les Basses-Pyrénées ; lacia, à Nice.

L'alose feinte ou finte (fig. 248) est plus petite. Elle a une longueur de $0^m,30$ à $0^m,50$ et pèse un demi-kilogramme seulement ; elle a la forme plus allongée que l'alose commune à laquelle elle ressemble beaucoup. Le dos est d'un gris bleuâtre plus ou moins foncé ; les flancs et le ventre sont argentés. Une grande tache noire s'étale sur l'épaule, et elle est suivie de 4 à 6 taches plus petites, en général arrondies et d'un noir plus ou moins foncé. Elle habite les mêmes eaux que l'alose vulgaire ; elle paraît plus tard dans les rivières ; elle fraie, en grand rassemblement, au centre des cours d'eau, pendant les mois de juin et de juillet. Sa chair n'est pas estimée. Elle s'appelle communément : gatéon, à l'Ile-de-Ré ; jacquin, dans la Vendée ; alouse à Châtellerault, dans la Vienne.

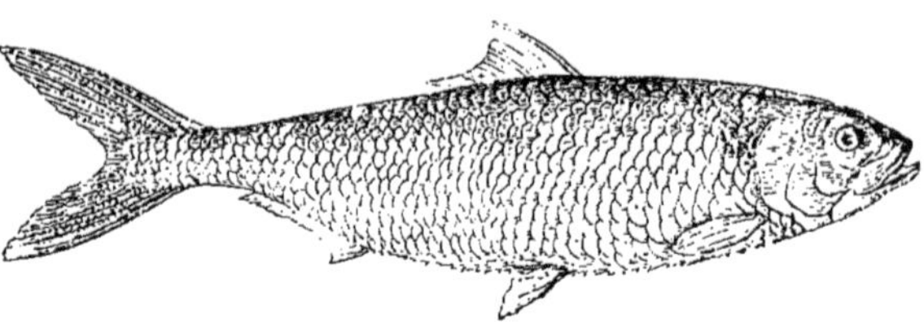

Fig. 247. — Alose commune.

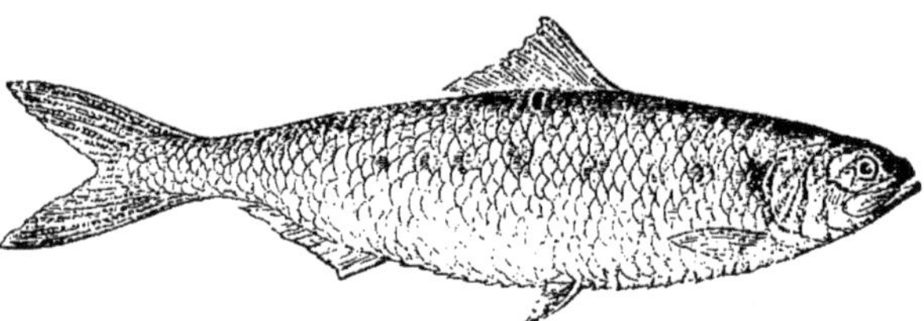

Fig. 248. — Alose finte.

Les pêcheurs s'emparent de l'alose en tendant des filets au travers des fleuves ; ou bien ils descendent les cours d'eau en les traînant derrière leurs bateaux pour intercepter complètement la rivière. La construction de barrages sur la plupart de nos fleuves a contribué à faire disparaître ou du moins à limiter considérablement les voyages des aloses qu'on trouve aujourd'hui en quantité beaucoup moins grande qu'autrefois. Ce poisson est toujours consommé à l'état frais en France ; dans quelques contrées de l'Europe septentrionale, notamment en Russie, on le sèche suivant des procédés analogues à ceux employés pour le hareng. En Russie, on pêche de grandes quantités d'aloses, principalement dans le Volga, où il existe une espèce (*Clupea pontica*) qui, dit-on, est meilleure et plus forte que la nôtre ; il y aurait peut-être avantage à essayer de la transporter aux embouchures de nos fleuves. L'Amérique paraît posséder une espèce d'alose très estimée qu'il serait bon d'acclimater en Europe. Ce poisson se rencontre aussi très abondamment en Chine et aux Indes.

ALOUETTE (*zoologie, chasse*). — L'alouette est un petit oiseau de la famille des Conirostres, dans l'ordre des Passereaux (règne animal de Cuvier), répandu dans tout l'ancien continent, surtout en Europe et en Asie, et que l'on rencontre dans toutes

Fig. 249. — Alouette commune.

les parties de la France. L'alouette se distingue par la forme du pied. Le pouce est très écarté, et son ongle, droit et fort, est souvent plus long que le doigt lui-même. C'est un oiseau marcheur, qui ne perche pas, et qui vit, à terre, dans les grandes

Fig. 250. — Alouette huppée.

plaines couvertes de moissons. C'est, en outre, un oiseau insectivore, qui se nourrit presque exclusivement de vers, de chenilles, d'insectes de toutes sortes sous leurs diverses formes ; à ce titre, il est très estimé des cultivateurs auxquels il rend de grands services.

Au printemps, les alouettes vivent isolées ; elles font leurs nids dans les sillons des champs cultivés, entre deux mottes de terre ; le fond du nid est en terre, et il est fermé avec des brins d'herbe. La femelle y dépose quatre ou cinq œufs, dont l'incubation dure quinze jours ; au bout de deux semaines après leur naissance, les petits peuvent courir et vaquer eux-mêmes à leur nourriture. Il y a deux ou trois couvées par an, suivant que la saison est plus ou moins favorable. Après le temps des couvées, les alouettes vivent en bande et s'engraissent rapidement dans les guérets. Le mâle a un chant très agréable ; le matin, dès l'aube, il s'élance verticalement dans l'air, et jette au soleil levant ses notes joyeuses. Le vol des alouettes est très élevé.

Les naturalistes ne sont pas d'accord sur les mœurs des alouettes au point de vue des migrations ; mais il est certain qu'on en rencontre sur le sol français pendant toutes les saisons. Ce qui paraît le plus probable, c'est que les alouettes, tout en n'émigrant que rarement, descendent du nord au midi quand l'hiver arrive, mais qu'elles remontent dès qu'il commence à devenir moins rigoureux.

On distingue plusieurs espèces d'alouettes, qui sont :

1° L'*alouette commune* ou alouette des champs (fig. 249), qui compte 16 à 18 centimètres de longueur, se distingue par les caractères suivants : bec noir ou brun, langue dure et fourchue, plumes de la tête cendrées, avec le milieu des plumes noir ; bande plus ou moins pâle, cendrée, transversale sur le derrière de la tête ; gorge jaune et parsemée de taches brunes ; dos de même couleur que la tête ; les côtés de couleur rousse jaunâtre ; pieds et doigts bruns, ongles noirs. Chaque aile a dix-huit grandes plumes, et la queue est composée de douze plumes. Cette espèce peut se prêter à la captivité.

2° L'*alouette des bois*, qui vit dans les bois au moment des amours et qui perche sur les grosses branches. Cette espèce se distingue de la précédente, parce qu'elle est plus petite, et que son corps est plus gros proportionnellement à sa longueur, de même que par un cercle de plumes blanches formant une sorte de couronne à la partie supérieure de la tête. Elle s'en distingue aussi par la voix et le chant qui imite celui du merle. On l'appelle vulgairement cugelier.

3° L'*alouette huppée* (fig. 250), dont le principal caractère distinctif est dans une sorte de crête de plumes hérissées au sommet de la tête. Cette espèce est moins sauvage que les autres, et elle se rapproche volontiers des chaumières et des grands chemins. Elle habite, comme l'alouette commune, les champs cultivés. On la désigne aussi sous le nom d'alouette cochevis.

4° La *grosse alouette* ou calandre, qui atteint presque la taille d'une grive ; elle n'habite que les contrées méridionales, où elle est d'ailleurs peu répandue.

L'alouette est un gibier très estimé, souvent désigné par les chasseurs sous le nom de mauviette. On lui donne la chasse suivant plusieurs méthodes : au fusil, aux filets, aux collets ; chaque automne, on lui fait une guerre acharnée.

La chasse au fusil se pratique le plus souvent au miroir, en procédant de la manière suivante : Par une matinée où le soleil luit, le chasseur place dans un champ un miroir de verre ou de métal propre à réfléchir les rayons du soleil ; puis il se se place à l'affût derrière une haie. Son aide remue le miroir à l'aide d'une longue corde. L'alouette, naturellement très curieuse, est attirée par cet objet brillant autour duquel elle vient voltiger, pour se livrer d'elle-même aux coups du chasseur. Cette chasse est peu fatigante, fructueuse et facile.

Le miroir peut aussi servir pour prendre les alouettes au filet ; l'engin dont on se sert alors est la nappe, dans laquelle on place quelques alouettes qui servent d'appelants.

La chasse au filet se fait encore, soit avec le filet carré qui est tendu en plein champ comme une véritable souricière dans laquelle on chasse doucement les alouettes ; soit au traîneau, pendant la nuit, dans les chaumes ; soit avec le filet appelé tonnelle murée. Quant aux collets, ils sont tendus avec précaution dans les champs fréquentés par ces oiseaux.

Dans quelques vignobles, on appelle *alouette* le bois de la vigne que la taille doit faire disparaître.

ALOYAU (*zootechnie et commerce de la boucherie*). — Pièce de la chair du bœuf ou de la vache, qui se trouve à la partie supérieure des reins de l'animal et qui en forme le râble ou le travers. C'est la partie qui vient immédiatement après la culotte et avant les côtes. C'est en dessous et vers la ligne du dos que se trouvent le filet et le faux-filet délimités en bas par le creux ou la cavité de la région du flanc. Pour en faire le maniement, on doit appliquer la main droite sur les reins, en engageant le pouce dans la cavité ou le creux du flanc. La main étant ainsi placée perpendiculairement à la ligne d'ensemble des apophyses transverses des vertèbres lombaires, on apprécie quelle est l'épaisseur des couches diverses recouvrant ces apophyses. Cette épaisseur doit être aussi considérable que possible. Le filet des bêtes de boucherie est la partie musculaire intérieure de la région lombaire, dont les muscles extérieurs forment le râble ou aloyau ; le faux-filet est intermédiaire.

ALPACA (*zoologie*). — Nom d'une espèce de lama, originaire de la Cordillère des Andes, notamment des plateaux du Pérou, où sur quelques points elle est domestique, et où elle est recherchée pour la production de la viande et la laine. D'après Isidore-Geoffroy Saint-Hilaire, l'alpaca descend de la vigogne qui a été modifiée par la domestication ; pour d'autres naturalistes, et notamment pour les naturalistes anglais, c'est une espèce spéciale. Quoi qu'il en soit de cette opinion, l'alpaca se reproduit en domesticité, identique à lui-même. C'est un animal (fig. 251) qui mesure environ 1 mètre de longueur depuis la tête jusqu'à l'extrémité de la croupe, et de 85 à 95 centimètres de hauteur des pieds au garrot. Son corps est couvert d'une toison de laine d'une grande finesse, dont les brins atteignent en moyenne une longueur de 35 centimètres ; cette laine est droite, brillante, douce, nerveuse et élastique. Le poids de la toison varie de 2 à 6 kilogrammes, suivant les circonstances ; il atteint même parfois 8 à 9 kilogrammes. C'est vers le cou, les épaules, le dos, les flancs, la croupe et les cuisses que la toison prend le plus grand développement ; elle y forme de longues mèches qui tombent de chaque côté du corps ; la tête et le ventre sont presque nus. La laine est de couleur brun fauve ; la tête et le ventre sont blancs. L'alpaca est un animal doux et timide, qui se laisse facilement conduire par ceux qui le soignent. Sa nourriture est celle du mouton. Depuis une quarantaine d'années, on importe en Europe une quantité assez considérable de laine d'alpaca ; c'est d'abord dans les manufactures anglaises que cette laine a été employée à la fabrication de tissus spéciaux, légers et brillants ; on en fait également aujourd'hui une consommation importante dans les manufactures du nord de la France.

Fig. 251. — Alpaca.

L'alpaca donne une excellente viande de boucherie. Quant à son cuir, qui présente beaucoup de solidité et qui se tanne facilement, on en fait des harnais et des chaussures très résistantes.

De nombreux essais ont été tentés pour domestiquer cet animal au Pérou, mais cette entreprise n'a pas réussi d'une manière absolue. Ces animaux vivent sur les hauts plateaux de la Cordillère à l'état sauvage, jusqu'à une hauteur de 5000 à 6000 mètres au dessus du niveau de la mer. La difficulté principale de la domestication est dans les soins minutieux dont ils ont besoin, et qui demandent beaucoup d'adresse et de patience ; les Indiens, qui s'incorporent en quelque sorte à leurs troupeaux, peuvent seuls donner ces soins, car ils peuvent vivre à des altitudes qui sont inhabitables pour ceux qui ne sont pas nés dans ces hautes régions.

Les tentatives d'acclimatation de l'alpaca en Europe n'ont pas été heureuses. A plusieurs reprises, des troupeaux ont été créés en Angleterre, en Hollande, en France ; par suite de circonstances diverses, ils ont successivement disparu ; mais leur entretien a démontré que cet animal pouvait vivre et se multiplier sous nos climats.

L'*alpalama* est le produit du croisement de l'alpaca avec le lama ; cet animal présente la taille plus grande de ce dernier, avec la laine du premier. — L'*alpavigogne* est obtenu en croisant l'alpaca avec la vigogne ; sa laine est presque aussi fine que celle de la vigogne et atteint la longueur de celle de l'alpaca. Le gouvernement péruvien a décerné une récompense nationale à un simple curé, don S. Cabrera, qui avait formé et entretenu un troupeau d'alpavigognes.

ALPAGE ou **ALPÉE**. — Nom donné, en Suisse, aux pâturages des hautes montagnes. Les prairies pâturées situées dans les cols ou les vallons sont dites des alpées, aussi bien que celles des plateaux ou des cimes. C'est surtout aux terrains communaux que cette expression est appliquée.

ALPES (département des Basses-) (*géographie agricole*). — La partie du massif des Alpes, dont on a fait en 1790 le département des Basses-Alpes, appartenait depuis 1740 à la Provence ; auparavant elle était à la Savoie. On lui a donné son nom parce que ses cimes, quoique très élevées, sont cependant moins hautes que celles du département voisin que, par opposition, l'on a appelé département des Hautes-Alpes. Il a une superficie de 695418 hectares, et il est divisé en 5 arrondissements, 30 cantons et 251 communes.

Au point de vue de la configuration physique, ce département, extrêmement accidenté, est surtout montagneux, avec quelques vallées étroites et un petit nombre de plaines Son ensemble forme une masse qui, si elle était continue, constituerait un énorme bloc de 750 mètres d'épaisseur au-dessus du niveau de la mer.

Tout cette masse montagneuse dans son sol et son sous-sol n'est composée que de terrains secondaires, tertiaires ou diluviens; on n'y trouve guère que des calcaires, des marnes et des grès.

Mais ce sont les eaux de surface qui, dans ce pays si mouvementé, jouent le rôle le plus important, soit pour féconder le sol, quand elles sont judicieusement aménagées, soit pour le dévaster par leurs divagations terribles que l'homme, malgré tous ses efforts, ne peut plus comprimer, lorsqu'elles se sont élancées en torrents furieux. Les nombreux cours d'eaux des Basses-Alpes appartiennent à deux bassins seulement, celui du Rhône et celui du Var. C'est surtout par la Durance que le Rhône est l'évacuateur des Basses-Alpes.

Ainsi les cours d'eau sont considérables dans le département; mais ils ont le terrible défaut d'être dévastateurs, parce qu'ils agissent comme des torrents qui se précipitent et enlèvent tout ce que leurs flots peuvent rouler, c'est-à-dire le sol de toutes les vallées et souvent des blocs considérables. La Durance seule est flottable de Sisteron à Rousset (commune de Gréoulx) sur une longueur totale de 58 kilomètres. C'est à les contenir et à en modérer la chute que doivent être employés tout l'art de l'ingénieur, toute la science du forestier, auxquels il appartient de retenir par des barrages les eaux dans la montagne et d'empêcher celle-ci de s'écrouler avec les torrents, en en solidifiant la surface par des plantations et des gazonnements.

Dans les montagnes, au-dessous des neiges perpétuelles, si un manteau blanc couvre la terre durant six mois, et force les habitants à demeurer isolés du reste du monde, la température devient douce et même chaude en été. Mais à cause de la variété des altitudes et des expositions, à cause aussi des vents qui passent sur les hauts sommets alpins, rafraîchissant souvent rapidement l'atmosphère, on y est soumis à des alternatives brusques. Les pâturages prospèrent, mais les autres récoltes sont aléatoires. Outre la rigueur de la température, les courants aériens exercent sur la végétation une influence souvent nuisible; les grands vents du nord-ouest règnent dans la vallée de la Durance, et dessèchent la terre, qu'ils condamnent à l'aridité.

Dans l'état actuel des choses, les montagnes sont pour la plupart nues et stériles ; les terres y sont plus glaiseuses et schisteuses que calcaires, et chaque jour les pluies les entraînent dans les torrents dont les eaux en sont rendues troubles et limoneuses. Sur les coteaux, il y a un sol arable assez profond, généralement calcaire et caillouteux, reposant sur un sous-sol contenant un grand nombre de cailloux roulés; ce sont les mêmes qu'on rencontre sur les plateaux. Les alluvions des vallées de la Durance, du Verdon et des autres rivières, peuvent donner des terres fécondes, d'une culture facile, susceptibles de porter de belles prairies et de riches récoltes en tous genres, quand on peut les fixer et les mettre à l'abri par des endiguements bien faits, des dévastations produites par les eaux en furie.

Le cadastre, achevé en 1843, donne la répartition suivante des terres du département :

	hectares
Terres labourables	157 925,90
Prés	33 927,25
Vignes	13 940,62
Bois	107 170,77
Vergers, pépinières et jardins	378,80
Oseraies, aulnaies, saussaies	2 832,20
Carrières et mines	4,50
Landes, pâtis, bruyères, etc	310 813,31
Etangs	2,56
Abreuvoirs, mares, etc	27,30
Châtaigneraies	[illegible]64,72
Olivets, amandiers, mûriers, etc.	2 142,63
Propriétés bâties	904,66
Total de la contenance imposable	631 235,25
Routes, chemins, places publiques, rues	6 656,07
Rivières, lacs, ruisseaux	22 441,80
Forêts, domaines non productifs	8 846,72
Cimetières, églises, presbytères, bâtiments publics	44,03
Autres surfaces non imposables	26 194,64
Total de la contenance non imposable	64 183,26
Superficie totale du département	695 418,51

La superficie des terres labourables était de 22,71 pour 100, par rapport à l'étendue totale; ce département est ainsi, à cet égard, placé dans les régions agricoles les plus déshéritées.

Ce n'est que bien lentement que la répartition des terres entre les différentes sortes de cultures s'y modifie avec le temps. La statistique agricole de 1852 fournit un premier élément de comparaison ; on y trouve la répartition suivante pour chacun des arrondissements :

	ARRONDISSEMENTS DE					
	BARCELONNETTE	SISTERON	DIGNE	FORCALQUIER	CASTELLANE	TOTAUX POUR LE DÉPARTEMENT
	hect.	hect.	hect.	hect.	hect.	hect.
Céréales	5 034	16 137	31 352	16 656	17 985	87 164
Racines et légumes	305	557	3 673	2 595	976	8 106
Cultures diverses	76	108	260	90	64	607
Prairies artificielles	1 592	1 338	5 401	1 130	1 871	11 332
Jachères	3 725	9 064	20 089	13 278	8 071	54 227
Totaux des terres labourables	10 732	27 204	60 784	33 749	28 967	161 436

La proportion des terres labourables n'a augmenté, en vingt ans, que dans le rapport de 22,71 à 23,21, mais elle est de 31,48 dans l'arrondissement de Forcalquier, de 26,04 dans celui de Sisteron, de 25,42 dans celui de Digne, pour tomber à 9,32 dans celui de Barcelonnette.

Les autres terres étaient réparties comme il suit, d'après la statistique de 1852 :

	ARRONDISSEMENTS DE					
	BARCELONNETTE	SISTERON	DIGNE	FORCALQUIER	CASTELLANE	TOTAUX POUR LE DÉPARTEMENT
	hect.	hect.	hect.	hect.	hect.	hect.
Prairies naturelles..	21155	3216	3343	1597	4155	33466
Vignes....	162	2619	5759	4792	997	11320
Pâturages.	50775	38082	112520	30524	64070	295971
Superficies diverses..	32324	33270	56026	34894	30180	186699
Superficies cadastrées	115154	104472	239071	107191	129527	695419

Les superficies diverses comprennent les bois et les forêts, les terres incultes, les chemins, les lacs, les étangs et les cours d'eau, ainsi que les surfaces bâties.

Les prairies naturelles paraissent avoir la même étendue qu'en 1842; il en est de même des vignes. Mais on donne aux pâturages une telle superficie, qu'il est à croire que les auteurs de la statistique de 1859 n'ont pas prêté aux mots la même signification que les auteurs du cadastre de 1842 ; ceux-ci ont peut-être appelé landes, pâtis, bruyères, les terres que ceux-là ont décorées du titre de pâturages. Il y aura lieu d'ailleurs d'étudier avec soin et de comparer entre elles les diverses évaluations des surfaces occupées par les prairies fauchables et de rechercher la part des irrigations.

L'enquête agricole de 1862 ne donne pas séparément les divers arrondissements ; elle fournit les détails suivants sur l'ensemble du département :

	hectares
Céréales	88745
Racines et légumes	9105
Cultures diverses	610
Prairies artificielles	14007
Fourrages consommés en vert	1003
Jachères mortes	49855
Total des terres labourables	169322

Les principaux changements qu'on aperçoit consistent dans un certain accroissement des emblavures en froment, avec une diminution correspondante dans celles du seigle, et plus d'importance donnée à la culture des prairies artificielles, ainsi qu'à celle des légumes et des plantes fourragères.

Les jachères ont diminué et la proportion des terres labourables par rapport à la superficie totale du département a augmenté depuis 1843 de 22,71 à 24,34 pour 100 ; ce n'est pas un fort accroissement, mais il faut faire attention qu'il s'agit du plus pauvre département de France, et d'ailleurs on serait bien heureux que ce mouvement de progrès se fût maintenu. — Les autres surfaces se répartissent ainsi qu'il suit en 1862 :

	hectares
Prairies naturelles	32310
Vignes	8943
Pâtis	274796
Superficies diverses	216048
Surface cadastrée totale	695419

C'est l'immensité des pâtis et des terres improductives qui doit continuer surtout à appeler l'attention : elle atteint en étendue les deux tiers de la superficie du département.

Lors de la grande enquête agricole de 1866, la commission départementale a donné une nouvelle statistique pour la répartition des terres ; on doit la considérer comme une répartition rectifiée ; elle peut être ainsi formulée :

	hectares
Terres labourables	149303
Vignes	13579
Oliviers	2825
Prés	15024
Bois	106472
Autres cultures	1639
Pâtures et vagues	335010
Sol des propriétés bâties	1011
Routes, chemins, graviers, cours d'eau, etc.	70556
Surface totale	695419

L'étendue des terres dénommées labourables a diminué, et l'on a surtout fait subir une énorme réduction à l'étendue des prés qui n'est plus portée qu'à 15000 hectares environ au lieu de 32000 à 34000, nombre inscrit dans toutes les statistiques antérieures.

Les chiffres de l'enquête de 1866 sont, à quelques variantes près, ceux acceptés par la statistique internationale de 1873, qui nous fournit le tableau suivant, d'abord pour les terres labourables :

	hectares
Céréales	77224
Racines et légumes	14977
Cultures industrielles	3185
Prairies artificielles	10466
Fourrages consommés en vert	1725
Cultures diverses et jachères	44800
Total des terres labourables	152377

Le rapport de la surface des terres labourables à la superficie totale du département n'est plus que de 21,91 pour 100. L'agriculture des Basses-Alpes, dans son ensemble, n'est donc pas en progrès, mais quelques parties peuvent avoir été notablement améliorées. Quoi qu'il en soit, voici comment la statistique internationale de 1873 répartit les autres terres à côté des terres labourables :

	hectares
Vignes	16200
Prairies naturelles et vergers	15247
Pâturages et pacages	54124
Bois et forêts	111500
Terres incultes	291710
Superficies bâties, voies de transport, etc	51261
Total	543042
Superficie cadastrée	695419

Pour trouver la vérité de manière à ne pas laisser d'incertitude dans l'esprit, il faut étudier en particulier chaque grande culture du département.

Depuis soixante ans, la culture du froment s'est maintenue en faveur ; elle a même pris un accroissement de quelques milliers d'hectares, tandis que les cultures du méteil, du seigle, de l'orge, ont diminué. La principale réduction se trouve dans la culture du seigle et dans celle du méteil, ce qui correspond à une amélioration notable dans l'alimentation générale, car elle prouve que le pain doit être devenu plus blanc. Les emblavures en avoine restent variables entre 5500 et 13000 hectares. Dans leur ensemble les céréales n'occupent plus que 73000 hectares environ dans les trois dernières années ; mais nulle part il n'y a peut-être autant de variation d'une année à l'autre. Il faut noter d'ailleurs que ni le sarrasin, ni le maïs, ni le millet ne jouent le moindre rôle dans les cultures du département. Les céréales d'hiver sont seules habituelles, ce qui s'explique à cause de la durée des hivers. Les ensemencements doivent être faits avant la venue des neiges, pour être productifs.

L'étendue consacrée aux pommes de terre, qui dépassait à peine 4500 hectares en 1820, s'est rapidement accrue de 1830 à 1835, et elle atteignait 17000 hectares vers 1840. Mais ce maximum a été tout à fait passager. Depuis 1845, la surface cultivée en pommes de terre a été, chaque année, de 10000 à 13000 hectares. La production a suivi des oscillations analogues ; elle a varié, depuis cinquante ans, entre 215000 et 800000 hectolitres. Elle est actuellement de 400000 à 600000 hectol. suivant les années, avec un rendement moyen de 30 à 55 hectolitres par hectare.

La statistique internationale de 1873 attribue une étendue de 1354 hectares à la culture des légumes secs dans les Basses-Alpes, avec un rendement moyen de 10 hectolitres à l'hectare, ce qui correspond à un produit total de 13540 hectolitres.

L'enquête agricole de 1866 dit que la surface mise en légumes secs est de 1600 hectares. Les deux évaluations doivent être regardées comme s'accordant dans les limites de l'approximation que l'on peut demander à des estimations de ce genre.

D'après la statistique internationale de 1873, les cultures maraîchères ou la production des légumes frais de toute espèce occupaient une surface totale de 1850 hectares dont la récolte brute valait de 1700 à 1900 francs par hectare, soit en totalité plus de 3 millions de francs.

Il faut placer ici l'indication d'une récolte assez importante dans les Basses-Alpes, celle des truffes. Un grand nombre de truffières ont été créées par des plantations de chênes. En moyenne, de 1875 à 1880, on a tiré annuellement des Basses-Alpes de 300000 à 400000 kilogrammes de truffes, soit une valeur de 3 à 4 millions de francs par an. Cette production tend à s'accroître. Les truffes des Basses-Alpes sont assez estimées.

Les cultures industrielles n'occupent que peu de place dans le département : elles portent sur le chanvre, la cardère, autrefois la garance et enfin l'olivier. En 1862, il y avait 180 hectares plantés en garance ; peu à peu, par suite de l'avilissement du prix de ce produit causé par la découverte de l'alizarine artificielle dont la fabrication a fini par remplacer complètement l'alizarine naturelle (Voy. le mot *Alizarine*), le paysan des Alpes a diminué ses cultures : il faisait encore 88 hectares de garance en 1877 ; il n'en cultive plus du tout en 1881 ; la quantité moyenne de racines de garance obtenue par hectare était de 2500 kilogrammes. C'est une perte considérable pour la partie méridionale du département, que la suppression d'une culture qui était, au temps de sa prospérité, très rémunératrice.

Il n'y a que quelques hectares, de 10 à 20, cultivés en chardons à foulon.

Le chanvre est surtout cultivé pour les besoins locaux.

Quant à la culture des betteraves, elle est faite principalement en vue de la nourriture du bétail ; quoiqu'elle ne donne pas des rendements élevés, elle prend néanmoins quelque faveur.

On a pu voir dans les relevés officiels, précédemment donnés, que les chiffres attribués à l'étendue forestière des Basses-Alpes varient beaucoup. Les évaluations cadastrales faites en 1862 avaient donné 116018 hectares de bois, les évaluations de 1877 publiées dans la statistique forestière de M. Mathieu, à l'occasion de l'Exposition universelle de 1878, ont fourni 128052 hectares ; le domaine forestier augmente par les reboisements. L'étendue totale se répartit ainsi

BOIS	hectares
Appartenant à des particuliers	69297
Appartenant à l'État	577
Appartenant au département, aux communes et sections	58138
Appartenant à des établissements publics.	40
Total	128052

Les forêts communales ou sectionales soumises au régime forestier, et à ce titre considérées comme susceptibles d'aménagement ou d'une exploitation régulière, ont une étendue de 49289 hectares.

Sur le domaine forestier des Basses-Alpes, il y a 111119 hectares en sol calcaire et 16933 hectares seulement en sol non calcaire, soit 86 pour 100 en sol calcaire.

Des travaux importants de reboisement et de gazonnement ont été faits dans le département des Basses-Alpes en vertu de l'exécution des lois du 28 juillet 1860 et du 8 juin 1864. Ces travaux ont consisté en reboisements facultatifs dans les forêts domaniales, les forêts des communes et celles des particuliers ; en reboisements obligatoires entraînant parfois l'expropriation pour cause d'utilité publique, quand l'administration forestière rencontrait une résistance qu'elle ne pouvait vaincre, ce qui n'est arrivé que très rarement ; enfin en travaux de barrages rustiques nombreux, dont l'efficacité a été très remarquable.

En résumé, 6306 hectares ont été reboisés ou gazonnés en dix-huit années. L'État a dû acquérir 4230 hectares de terrain dont 394 hectares seulement par expropriation publique, le prix moyen d'achat étant de 75 francs par hectare.

Afin de pourvoir au repeuplement de telles surfaces, il faut avoir recours à de grandes quantités de graines forestières et de graines de prairies, ou bien à une foule de plants venus en pépinières. L'administration forestière fait centraliser dans un magasin à Digne les graines de pin sylvestre et de pin cembro, qui sont séchées préalablement au soleil par les soins de ses agents, ou bien que ceux-ci achètent simplement aux habitants. Outre plusieurs pépinières volantes établies provisoirement dans les périmètres à reboiser, il existe quatre pépinières permanentes.

Les travaux effectués dans plusieurs périmètres des Basses-Alpes peuvent être cités comme des modèles du genre ; leur succès a été complet et fait le plus grand honneur aux forestiers qui les ont dirigés et conduits à terme.

C'est d'abord le périmètre de Faucon qui comprend les bassins de réception de Faucon et du Bourget, dans la vallée de l'Ubaye, au-dessus de Barcelonnette. On a dû y construire le plus grand barrage qu'on ait encore fait dans les Alpes. L'ensemble de tous les travaux n'a pas coûté moins de 250000 francs. Mais le but a été atteint.

Les périmètres des Sanières, de Destourbes (sur la rive gauche du Verdon) aux abords de Castellane, du Labouret, de Seyne ou du travers de la Colle, de Saint-Pons, doivent être également cités comme des exemples qui montrent l'heureuse alliance des efforts combinés des agents du corps des eaux et forêts et du corps des ponts et chaussées.

D'après la statistique internationale de 1873, les châtaigniers occupaient 476 hectares produisant de 20 à 25 hectolitres de châtaignes par hectare, soit en tout de 9000 à 12000 hectolitres de châtaignes. On dit que le châtaignier donne surtout de beaux fruits aux environs de Braux et d'Annot.

La même statistique indique 2825 hectares d'oliviers produisant en moyenne 26 hectolitres d'olives par hectare ou en tout 71000 hectolitres environ. Les oliviers de Lure et de Manosque sont très beaux. Les variétés cultivées sont le gros et le petit *Lanet;* on les retrouve surtout à Manosque, Oraison, Volx, Villeneuve et aux Mées.

Le véritable arbre fruitier des Basses-Alpes est la vigne. L'étendue du vignoble y a considérablement varié. Elle est du reste assez difficile à évaluer.

Le phylloxera a presque entièrement envahi les arrondissements de Digne, Forcalquier et Sisteron. Tout n'est pas détruit néanmoins; on lutte contre le fléau et même on replante des vignes pour remplacer celles qui ont succombé.

La vigne, dans le département, occupe surtout les terrains d'alluvion qui se trouvent à droite et à gauche de la Bléone depuis Digne jusqu'aux Mées, près des bords de la Durance jusques et y compris le canton de Manosque; les cantons de Valensole et de Riez, les meulières à l'ouest de Manosque et autour de Forcalquier, les grès verts de Sisteron lui offrent aussi d'excellents terrains où sa culture se développe. Dans l'enquête agricole de 1866, les déposants portent à 30 ou 35 hectolitres le rendement moyen d'un hectare. Les vins des cantons de Manosque et de Valensole, ceux surtout des Mées, sont recherchés comme vins chauds, colorés, solides, et ayant du bouquet. Les principaux cépages, surtout dans les plantations nouvelles, sont le grenache et le mourvèdre; on trouve encore, d'après le docteur Guyot, le bouteillan, le catalan, le bruno, l'olivette, le spagnen ou gros noir d'Espagne, le crussen, en cépages rouges; et, en blancs, l'aramon blanc, la clairette, l'agni, le muscat, la madeleine, le pascal et l'aubier vert.

Parmi les arbres à fruits, il en est plusieurs dont la culture est très répandue : tels sont les amandiers, les noyers, les figuiers, les pruniers, les cerisiers, les pêchers, les pommiers, les poiriers.

L'amandier se rencontre non seulement dans les vignes, mais encore dans les terres où l'on cultive les céréales. Le noyer n'est guère planté que dans les mauvais sols et là où le climat est trop froid pour l'amandier. Le prunier est, dans certains cantons, l'objet d'un grand commerce pour la préparation des pruneaux dits improprement de Brignoles, pruneaux fleuris, pistoles ou prunes plates, etc. La variété la plus estimée est celle du perdrigon violet ; c'est elle qui est surtout employée pour les fabriques de pruneaux de Digne dont la renommée, qui se maintient, remonte jusqu'au milieu du dix-septième siècle.

Comme dernière production des cultures arbustives, il faut citer encore celle de la feuille du mûrier. L'industrie séricicole a toujours eu une certaine importance dans les Basses-Alpes, quoiqu'elle n'y ait jamais été faite sur une très grande échelle ; mais dans un pays très pauvre, de minimes richesses sont un grand bienfait. Aussi y a-t-on lutté énergiquement contre toutes les maladies qui ont assailli les vers à soie. Le système des petites éducations en montagnes avec des graines soumises à la sélection selon la méthode de M. Pasteur, a donné d'excellents résultats, surtout sous l'impulsion de l'intelligent et habile directeur de la ferme-école de Paillerols, M. Raybaud-l'Ange.

Il a été dit plus haut que les statistiques officielles ont, durant longtemps, estimé à 32 000 hectares et plus l'étendue des prés du département.

La statistique internationale de 1873 donne les nombres suivants qui nous paraissent revenir à des déterminations se rapprochant de la vérité :

	ÉTENDUE	PRODUIT MOYEN PAR HECTARE	PRODUIT TOTAL
	hectares	kil.	kil.
Prairies artificielles (trèfle, sainfoin, luzerne, etc.).....	10 466	1 840	19 250 000
Prés naturels..................	15 247	1 180	17 973 100

La principale difficulté d'évaluation pour l'étendue des prairies, c'est qu'il y a beaucoup de terres enherbées, très bonnes pour le pâturage, mais qui ne peuvent être fauchées que dans des années exceptionnelles, et encore partiellement; elles sont seulement très propres à servir de nourriture pour les troupeaux transhumants. Parmi les plantes fourragères formant ce qu'on appelle des prairies artificielles, le sainfoin à deux coupes est celui qui a donné les meilleurs résultats et qui s'est le plus propagé. « Son introduction, dit l'enquête de 1866, a été un bienfait pour le département. Diverses communes dont le sol s'est trouvé très propre à cette culture, ont réalisé de grands bénéfices. Cependant on s'aperçoit que ces mêmes sols produisent moins et semblent se lasser de cette culture. Le sainfoin n'est coupé qu'une seule fois dans les terrains secs. Le rendement, très variable selon les sols et les années, va de 800 à 4000 kilogrammes par hectare. Il est quelquefois mangé sur pied dans les terres voisines du passage de troupeaux transhumants, son pâturage étant alors vendu aux conducteurs de ces troupeaux. La vente de la graine est aussi, dans certains cas, un revenu pour les fermes. On fait encore quelquefois des vesces, et l'on cultive aussi pour le bétail des courges en même temps que des betteraves, mais ces plantes fourragères ne réussissent bien que dans les terrains arrosés. »

L'irrigation, c'est la force productive par excellence ; c'est, pour ainsi dire, toute l'espérance de l'agriculture des Basses-Alpes. Le département compte 1221 canaux, d'une longueur totale de 1180 kilomètres, ayant arrosé au plus une surface de 10 500 hectares, n'en irriguant généralement chaque année que 8000 à 9000, pouvant arroser en tout 19 000 hectares, mais ne l'ayant jamais fait, faute des travaux nécessaires.

Le reboisement et le gazonnement des montagnes ne peuvent guère s'accorder avec l'ancien système de pâturage, et l'impulsion qui leur a été donnée doit avoir eu pour conséquence la diminution du bétail. C'est ce qui résulte du tableau suivant dont les colonnes proviennent du rapprochement des diverses statistiques officielles :

	1840	1852	1862	1866	1873	1877
	têtes	têtes	têtes	têtes	têtes	têtes
Espèce chevaline...	5 580	8 130	6 238	5 726	5 741	5 200
Anesses et ânes....	7 636	7 617	7 599	8 731	6 923	6 200
Mulets et mules...	11 690	13 738	14 882	15 631	15 740	11 750
Espèce bovine....	13 558	10 891	11 816	9 501	8 106	6 630
Espèce ovine...	382 579	401 845	360 989	357 407	270 000	266 260
Espèce caprine...	21 057	31 925	46 019	31 054	32 111	27 710
Espèce porcine....	35 635	44 652	46 094	39 529	35 081	37 400

Il ne saurait être contesté, à la vue de ce tableau, que le nombre des animaux domestiques diminue dans ce département ; mais tous ceux qui ont, à plusieurs reprises, visité le pays sont, par contre, unanimes à reconnaître que le bétail est dans un meilleur état et qu'il y a eu progrès tant dans l'élevage que dans l'engraissement.

L'élevage du cheval n'est pas très en faveur dans le département ; il ne résiste pas très bien aux grandes chaleurs dans les parties basses, et en montagne, il n'a pas le pied très sûr. Le cheval du pays est médiocre, sans caractère, très bigarré, sans origine bien définie, importé de toutes parts.

Comme animal de travail, le mulet se rencontre presque partout, mais c'est principalement dans le nord du département, et en particulier dans les cantons de Saint-Paul, de Barcelonnette et de Seyne que se concentre le commerce des animaux de l'espèce asine. On vient de tous côtés s'approvisionner dans les foires de cette contrée montagneuse, dont les maquignons sont aussi en relation d'une part avec le Piémont, d'autre part avec le Poitou. Les cultivateurs bas-alpins achètent les jeunes mulets âgés de six mois environ, connus sous le nom de fédons, qu'on leur amène pour faire consommer l'excédent de leurs fourrages; ils les revendent ensuite, souvent aux mêmes maquignons qui les leur avaient procurés, pour qu'ils puissent être livrés aux besoins de l'agriculture. Le département produit aussi de jeunes mulets, qui seraient plus recherchés si l'on y faisait davantage de sacrifices pour se procurer de belles juments poulinières et des baudets de race.

Les animaux de l'espèce bovine qu'on élève dans les Basses-Alpes ne se font remarquer que par la rusticité et la sobriété. Les bœufs sont employés généralement pour les labours concurremment avec les mules; les vaches, en très petit nombre dans la plaine, rendent de grands services dans la montagne, où l'on en retire du lait et du travail.

Les moutons des Basses-Alpes forment une race spéciale dit race de Barcelonnette dont la laine est assez grossière, mais dont la viande est d'excellente qualité. Les troupeaux sédentaires, formés de bêtes de la race des Alpes, vivent dans les garrigues, sur les terres labourables et dans les vignes après les vendanges; ils rentrent dans chaque village, pour l'hiver; leur laine est filée durant les veillées de l'hiver; le lait de leurs brebis se t à faire des fromages, dont quelques-uns à saveur piquante sont renommés. Les fromages de Castellane, de Thorame, de Valensole, sont particulièrement connus; certaines préparations leur donnent leurs qualités particulières. On n'évalue qu'à 550 000 kilogrammes environ la production de la laine des troupeaux sédentaires. Quant aux troupeaux qui *estivent* chaque année sur les montagnes pastorales, ils appartiennent pour les deux tiers au moins aux plaines de la basse Provence. Ils commencent à arriver au mois de mai; ils s'en vont en septembre; ils forment des bandes de 100 000 à 200 000 têtes. Les montagnes pastorales les plus renommées sont celles d'Allos, de Loure, de Larda, du Lauzanier, du Grand-Puy, dans la commune de Seyne, toutes celles des bassins de l'Ubaye et du Verdon. Elles sont louées, pour les quatre ou cinq mois que dure la transhumance, de telle sorte que les propriétaires en retirent de 1 franc à 1 fr. 25 par tête ovine. Les bergers des troupeaux transhumants se livrent aussi à la fabrication de fromages qui sont transportés dans la Basse-Provence lorsque les moutons quittent les montagnes alpines.

Quant à l'espèce porcine du pays, elle a pour qualité d'être très rustique et de pouvoir chercher sa nourriture au dehors.

Les basses-cours sont assez mal peuplées dans le département; on n'y compte guère que 250 000 à 300 000 têtes de volailles.

L'apiculture n'est pas non plus très florissante; on n'évalue qu'à 15 000 ou 20 000 le nombre des ruches, avec une production de 35000 kilogrammes de miel et 10000 kilogrammes de cire. Le miel est blanc et assez estimé.

Et l'homme! Dans ces lieux où la vie est sévère et dure, la population humaine a toutes les vertus qu'imposent des labeurs incessants pour subsister durant la bonne saison, et que commandent des privations rigoureuses durant plusieurs mois de règne pour la neige qui ferme les chemins et couvre les chaumières. On doit plutôt s'étonner de rencontrer des familles humaines groupées dans des villages inaccessibles que se plaindre de la rareté de la population. Au pied des montagnes, dans les vallées, sur les coteaux réchauffés par un soleil bienfaisant, dans les plaines malheureusement trop rares et trop étroites, où l'irrigation permet de riches récoltes, la vie devient plus facile et appelle les laboureurs qui ne reculent pas devant les dangers que les torrents leur font souvent courir.

Le tableau suivant donne, pour les cinq arrondissements et pour le département, les résultats des douze recensements quinquennaux effectués depuis 1821. Voici ce tableau :

ANNÉES DES RECENSEMENTS	ARRONDISSEMENTS DE					LE DÉPARTEMENT
	BARCELONNETTE	SISTERON	DIGNE	FORCALQUIER	CASTELLANE	
1821	18 252	25 253	50 225	33 720	21 860	149 310
1826	18 372	25 942	51 870	34 314	22 557	153 063
1831	18 783	26 243	51 915	35 849	23 101	155 893
1836	18 709	26 043	55 032	35 703	22 953	159 045
1841	18 561	25 561	52 045	36 118	23 770	156 055
1846	18 284	26 111	52 215	36 231	23 831	156 675
1851	17 707	25 385	50 679	35 098	23 201	152 070
1856	17 026	24 442	49 525	35 551	23 126	149 670
1861	16 743	23 497	48 540	35 449	22 139	146 368
1866	15 960	22 752	49 024	34 263	20 993	143 0[illegible]0
1872	15 322	22 511	47 306	33 969	20 221	139 332
1876	14 701	22 551	46 940	33 633	19 335	136 166

Sauf dans l'arrondissement de Forcalquier où la population est à peu près la même en 1876 qu'au point de départ, il y a eu partout décroissance, avec des alternatives de relèvement dans les arrondissements de Digne, Sisteron, Castellane; avec continuité dans celui de Barcelonnette.

On peut dire que presque toutes les familles des habitants sont propriétaires dans les Basses-Alpes; les plus pauvres ont un petit lopin de terre. Les mots de grande, de moyenne, de petite propriété, n'ont pas la même signification que dans l'immense majorité des autres départements. On appelle, en effet, grande propriété celle qui occupe plus de 20 hectares de terres cultivées, et dans l'ensemble des propriétés 3 pour 100 seulement appartiennent à cette première catégorie. On appelle moyenne propriété celle qui contient de 5 à 20 hectares de terres cultivées, et cette catégorie ne forme que 16 pour 100 de la propriété totale. La petite propriété est au-dessous de 5 hectares; elle constitue 80 pour 100 des domaines. Dans la plupart des cas, chaque propriété est formée de plusieurs parcelles non contiguës. Les nombres qui précèdent ont été relevés dans l'enquête agricole de 1866. Depuis cette époque, le mouvement s'est encore accentué dans le sens du morcellement de la propriété susceptible d'être cultivée comme terres labourables, ou bien d'être mise en vignes ou en prairies.

La plupart des communes se composent de plusieurs hameaux et d'un grand nombre de campagnes isolées. La population est peu agglomérée. Près des gros villages, les propriétés sont excessivement morcelées; les pièces de terre n'ont souvent que quelques ares; la petite culture y domine, et elle est très intensive par la facilité qu'ont les habitants de se procurer des fumiers au moyen des détritus des forêts communales.

D'après la statistique internationale de 1873, il y avait à cette époque, dans les Basses-Alpes, un total de 29 283 exploitations rurales occupant ensemble en terres cultivées, en vignes et en prés, une superficie de 184 824 hectares, ce qui correspond à une étendue moyenne de 6 hectares 30 ares par exploitation.

Sur cet ensemble d'exploitations agricoles, il y

en aurait eu 26349, soit 90 pour 100, sous le régime du faire valoir direct par les propriétaires eux-mêmes, pour une surface totale de 136303 hectares, soit 73,9 pour 100, ou un peu moins des trois quarts de toute l'étendue des domaines cultivés du département. L'étendue moyenne de chaque faire valoir direct n'était donc que de 5 hect. 20. Par conséquent, c'est la petite culture qui caractérise, dans les Basses-Alpes, ce mode d'exploitation du sol, de telle sorte qu'on peut dire que ce sont surtout les petits propriétaires qui cultivent eux-mêmes leurs biens.

Dans un grand nombre de cas, tous les travaux agricoles s'effectuent à bras d'homme, et l'on comprend, dès lors, combien l'outillage est simple. Cependant, le matériel aratoire s'est perfectionné par l'introduction des charrues Dombasle dans les exploitations où on laboure au moyen des animaux. On s'y sert aussi de la charrue Bonnet et de la herse. La petite culture laboure ses terres avec la bêche ou louchet. Pour le travail des vignes, on emploie la houe fourchue appelée *bèchare* et la houe pleine. On coupe les céréales à la faucille ou à l'aide de la faux garnie d'un râtelet. Les machines à battre sont encore peu répandues; la plupart des graines sont égrénées par le dépiquage ou foulage. On cite plusieurs entrepreneurs de battage par machine, à Riez. L'assolement est biennal ou triennal; c'est-à-dire blé et jachère, ou bien deux blés de suite et jachère. Cependant on commence à substituer à la jachère des cultures fourragères. Les progrès marchent partout, lentement, sans doute; ils sont sensibles dans les parties basses et arrosables.

Dans l'organisation des concours régionaux, le département appartient à la région du sud-est, qui comprend les départements des Basses-Alpes, des Hautes-Alpes, de la Drôme, de l'Isère, de la Savoie, de la Haute-Savoie et de Vaucluse. Des concours régionaux ont eu leur siège à Digne en 1861, 1867 et 1875. Dans ces concours, les grandes primes d'honneur ont été obtenues: en 1861, par M. Raybaud-l'Ange, directeur de la ferme-école de Paillerols; en 1867, par M. Félix Gueyraud, à Gréoulx, près de Pontoise; en 1875, la prime d'honneur n'a pas été décernée.

Les principales associations agricoles du département sont: la Société centrale d'agriculture des Basses-Alpes et les Comices agricoles de Barcelonnette, Sisteron et Forcalquier.

La ferme-école de Paillerols, située dans la commune des Mées, a rendu des services signalés à la contrée. Son directeur, M. Reybaud-l'Ange, a pris une part active à la propagation de la méthode de M. Pasteur, pour la confection des graines de vers à soie, et a formé de nombreux et excellents élèves. Cette ferme, tout à fait remarquable, a remporté, en 1861, la prime d'honneur des fermes-écoles. Elle est la plus grande, on pourrait même dire la seule grande exploitation du département, car elle a une étendue de 435 hectares. Elle unit les plus belles cultures de la Provence aux importantes productions fourragères des cultures à blé et à bétail. Elle présente aussi de très remarquables plantations arbustives et fruitières.

La chaire d'agriculture du département des Basses-Alpes n'a pas encore été mise au concours. L'enseignement fera pénétrer l'activité intellectuelle dans tout le département; il y a lieu de constater, d'ailleurs, que l'instruction est plus avancée dans les parties hautes du pays; on y sait davantage lire et écrire.

Le complément des avantages de l'enseignement est une bonne viabilité. De ce côté, il y a encore beaucoup à faire dans les Basses-Alpes, malgré d'incontestables progrès.

Grâce aux voies de communication perfectionnées, le département exporte de plus en plus, et c'est le propre du caractère de ses habitants de vouloir vendre le plus possible sans acheter, pour ainsi dire, si ce n'est le minimum des objets nécessaires à la subsistance des populations. Les denrées agricoles qu'il expédie au dehors sont des huiles, des prunes, pruneaux, pistaches, fruits frais, secs ou confits, du miel et de la cire, des truffes, des plantes aromatiques et médicinales, des graines, des pâtes alimentaires, des légumes secs, des mulets, bœufs, moutons, brebis, chèvres, des fromages, des laines, des peaux. Il importe des poulains et de jeunes mulets du Poitou, du sel, du sucre, des denrées coloniales, de la houille. En devenant plus industriel et commerçant, il ne cessera pas d'être essentiellement agricole, et son agriculture en sera plus prospère.

ALPES (*département des* **HAUTES**-) (*géographie agricole*). — Le département des Hautes-Alpes doit son nom à ce qu'il renferme un grand nombre des montagnes les plus élevées du massif des Alpes françaises. Il a été formé, en 1790, de la partie sud-est du Dauphiné, comprenant les territoires de Gap, d'Embrun et de Briançon, soit 538253 hectares, et d'une petite partie de la Provence, soit 20668 hectares. Sa superficie totale est de 558961 hectares. Il est divisé en trois arrondissements, 24 cantons et 189 communes.

Le département est borné: au nord, par la Savoie; au nord-est et à l'est, par l'Italie; au midi, par les Basses-Alpes; au sud-est, par la Drôme; au nord-ouest, par l'Isère. Il est situé entre 45° 8′ et 44° 11′ de latitude boréale, et entre 3° 1′ et 4° 42′ 45″ de longitude orientale.

L'altitude moyenne de l'ensemble du département est de 940 mètres, c'est-à-dire que la masse totale est celle d'un immense prisme continu ayant pour base la superficie du département et 940 mètres de hauteur; c'est-à-dire ayant en hauteur 190 mètres de plus que les Basses-Alpes. Le point le plus élevé du département est à 4103 mètres, au mont des Arsines, dans la commune de la Pisse; le point le plus bas est à Ribiers, dont l'altitude n'est plus que de 530 mètres.

Dans aucune contrée, on ne trouve un terrain plus déchiqueté, présentant des cimes plus abruptes séparées par des vallées plus profondes, par des gorges plus agrestes, par des abîmes plus épouvantables. En haut, des glaciers immenses où la vie est absolument éteinte, plus loin, des crêtes complètement dénudées; deci, delà, d'autres sommets qui portent des pâturages. Nulle part des plaines, seulement des vallées parfois fécondes, donnant de riches récoltes, mais sur d'étroits espaces d'où l'on aperçoit d'immenses colosses qui semblent menacer le ciel. Dans ce chaos terrible des plus gigantesques bouleversements, l'homme a trouvé des régions agricoles où il n'a pas craint de placer sa tente et de chercher à produire sa nourriture. Ces régions sont célèbres; elles conservent leurs noms en dépit de toutes les appellations administratives. Ce sont le Briançonnais, l'Embrunois, le Queyras, le Gapençais, la Vallouise, le Champsaur, le Valgodemar, le Dévoluy.

Les Hautes-Alpes forment une espèce d'enceinte irrégulière dont le bassin supérieur de la Durance constitue la plus grande partie. Au nord, à l'est et à l'ouest, domine une ligne sinueuse d'arêtes couvertes, pour la plupart, de neiges perpétuelles et de glaciers; cette ligne ferme, en quelque sorte, le département en ne laissant d'issue que vers le sud, par où s'échappe la Durance. Le bassin de cette rivière occupe, dans le département, 429000 hectares; il ne reste que 130000 hectares pour le bassin du Drac, et pour celui de l'Aygues.

Outre les rivières et les torrents, le département des Hautes-Alpes présente un grand nombre de lacs, mais leur superficie est rarement de plus d'un hectare. Tous ces lacs sont à de grandes altitudes; ils sont alimentés par la fonte des neiges ou des glaciers qui les dominent. Souvent la neige les recouvre. Néanmoins, dans la plupart, on trouve des truites, et le lac de la Roche-sous-Briançon contient quelques carpes.

Les marais n'occupent guère dans les Hautes-Alpes qu'une superficie de 120 hectares dont 65 appartiennent aux communes. Les herbes qu'ils produisent en assez grande abondance sont employées comme litière ou comme engrais. On n'estime pas qu'il y aurait utilité à changer cette destination par un dessèchement qui ne ferait que livrer à la culture des terres de mauvaise qualité dont le produit serait peut-être inférieur à celui obtenu dans l'état actuel des choses.

Dans son ensemble, d'après le cadastre qui a été achevé en 1844, le département présente la répartition suivante pour son sol si accidenté :

	hectares
Terres labourables	90 549,33
Prés	28 966,23
Vignes	5 408,81
Bois	94 661,72
Vergers, pépinières et jardins	410,55
Oseraies, aulnaies, saussaies	591,43
Carrières et mines	7,04
Landes, pâtis, bruyères, etc	250 839,52
Etangs	2,43
Abreuvoirs, mares, etc.	11,73
Propriétés bâties	741,06
Total de la contenance imposable	477 889,85
Routes, chemins, places publiques, rues	5 720,62
Rivières, lacs, ruisseaux	12 398,17
Forêts, domaines non productifs	27 194,86
Cimetières, églises, presbytères, bâtiments publics	36,73
Autres surfaces non imposables	34 720,32
Total de la contenance non imposable.	81 070,70
Superficie totale du département	558 960,55

Sur la surface totale, les glaciers occupent environ 5500 hectares, dont 5000 dans l'arrondissement de Briançon et 500 dans celui d'Embrun.

Les terres labourables n'occupaient, lors de la confection du cadastre, que 16,20 pour 100 de toute la superficie du département. Voici un autre tableau qui est extrait de la statistique agricole de 1852 :

	ARRONDISSEMENTS DE			
	BRIANÇON	EMBRUN	GAP	TOTAUX POUR LE DÉPARTEMENT
	hect.	hect.	hect.	hect.
Céréales	5 155	7 492	32 398	45 045
Racines et légumes	693	705	2 329	3 727
Cultures diverses	97	212	366	675
Prairies artificielles	434	2 196	6 079	8 709
Jachères	3 153	6 148	24 651	35 952
Totaux des terres labourables	9 532	16 753	65 823	92 108

On voit clairement que les cultures qui indiquent quelques progrès ou quelque bien-être deviennent relativement plus importantes à mesure que l'on descend de l'arrondissement de Briançon à celui d'Embrun et enfin à celui de Gap.

Le progrès sur l'ensemble du département n'a été que dans la proportion de 16,20 à 16,48, en ce qui concerne les terres labourables. Mais l'infériorité des arrondissements montagneux d'Embrun, et surtout de Briançon, est rendue manifeste.

Les autres terres étaient ainsi réparties d'après la statistique de 1852 :

	ARRONDISSEMENTS DE			
	BRIANÇON	EMBRUN	GAP	TOTAUX POUR LE DÉPARTEMENT
	hect.	hect.	hect.	hect.
Prairies naturelles	29 380	20 120	14 490	63 990
Vignes	257	1 873	3 058	5 188
Pâturages	63 522	62 454	70 670	196 646
Superficies diverses	61 282	44 253	93 586	199 121
Surfaces cadastrées	163 981	145 523	249 457	558 961

Les prairies naturelles ont, comme on le voit, une importance plus grande dans les arrondissements de Briançon et d'Embrun que dans celui de Gap.

L'agriculture dans les diverses parties des Hautes-Alpes présente une extrême variété; on y trouve les genres de production de plusieurs climats en quelque sorte superposés à de petites distances. Mais sauf en ce qui concerne l'herbe et le bois, on ne doit pas compter rencontrer de gros chiffres pour les terres productives du pays, ni par conséquent de grands changements d'une époque à l'autre. C'est du reste ce qu'on peut déjà conclure des nombres précédemment cités relativement à 1844 et 1852, et ce qui est de nouveau mis en évidence par les suivants, extraits de la statistique de 1852 :

	hectares
Céréales	48 093
Racines et légumes	4 120
Cultures diverses	408
Prairies artificielles	9 296
Fourrages consommés en vert	117
Jachères mortes	31 581
Total des terres labourables	93 615

La proportion des terres labourables à la superficie totale du département a passé de 16,20 pour 100 en 1844, à 16,48 pour 100 en 1852, enfin à 16,74 pour 100 en 1862. L'accroissement est faible, mais il se maintient continu.

Quant aux autres surfaces, elles se répartissaient ainsi en 1862 :

	hectares
Prairies naturelles	67 590
Vignes	5 242
Pâtis	186 149
Superficies diverses	206 365
Surface cadastrée totale	554 961

L'étendue des prairies naturelles aurait augmenté d'une manière notable ; mais on verra plus loin pourquoi il est possible qu'on ait pu considérer comme prés secs des gazons qui ne peuvent servir que pour donner des pâtures et non pas du foin fauchable.

Dans la statistique internationale de 1873, on trouve le tableau suivant :

	hectares
Céréales	82 370
Racines et légumes	4 595
Cultures industrielles	247
Prairies artificielles	10 652
Fourrages consommés en vert	»
Cultures diverses et jachères	40 406
Total des terres labourables	138 276

La proportion des terres labourables à la superficie totale du département est devenue 21,15 pour 100, ce qui impliquerait une augmentation considérable et peu probable ; il y a certainement une grosse erreur dans cette statistique, surtout en ce qui concerne les céréales, qui sont portées au double environ de la vérité. Du reste, pour les autres terres, dont voici le tableau, il doit y avoir aussi des erreurs, notamment en ce qui concerne l'évaluation des prairies naturelles :

	hectares
Vignes	5 520
Prairies naturelles et vergers	27 300
Pâturages et pâcages	120 522
Bois et forêts	98 371
Terres incultes	110 416
Superficies bâties, voies de transports, etc.	58 553
Total	420 685
Superficie cadastrée	558 961

Les emblavures en céréales donnent un total de 44 000 à 45 000 hectares; comme l'assolement, généralement pratiqué, est biennal ou triennal, et que, dans les deux cas, on sème habituellement le blé sur jachère, on aura compris, dans la rédaction de la statistique internationale de 1873, sous un même chiffre, toutes les terres consacrées aux céréales comme emblavées la même année, et l'on aura ainsi inscrit un nombre double du nombre réel. Le froment gagne insensiblement du terrain, tandis que les autres céréales n'augmentent pas ou perdent un peu.

La surface consacrée aux pommes de terre, dans le département des Hautes-Alpes, n'était, pendant la première moitié du siècle actuel, que de 1500 à 1600 hectares par an. A partir de 1852, elle s'est élevée tout d'un coup, d'après les documents officiels, à près de 5000 hectares pour redescendre bientôt à 4000 environ; c'est entre 3500 et 4500 hectares que cette surface oscille actuellement. La production totale en tubercules est montée de 200 000 hectolitres en 1820, à un maximum de 973 000 hectolitres en 1854; elle varie actuellement, suivant les années de récolte plus ou moins abondante, entre 600 000 et 900 000 hectolitres. Quant au produit moyen accusé par la statistique, il varie entre 140 et 250 hectolitres par hectare.

La production des légumes a pris de l'extension dans la partie méridionale du département depuis l'ouverture des voies ferrées; l'irrigation est favorable aux cultures maraîchères dans toutes les vallées où les alluvions sont profondes, et qui offrent des abris contre les vents froids.

Les racines, telles que les choux, les navets, les carottes, ne sont guère cultivées que pour les besoins du ménage, rarement pour la nourriture du bétail. Cependant, dans les parties méridionales du département, la culture des betteraves prend un peu d'extension.

Les plantes industrielles sont peu répandues dans le département; les plantes textiles sont surtout cultivées pour les besoins du producteur, et non pas en vue du commerce. Le chanvre, principalement dans les terrains irrigués, est surtout usité; on lui donne trois arrosages pendant l'été.

La seule culture vraiment industrielle des Hautes-Alpes, après la production de l'herbe pour la nourriture du bétail, est celle de la vigne.

Les cépages cultivés dans les Hautes-Alpes sont comme dominants le mollard et le clairette, et ensuite le grenache, le spanenk (dit aussi espanin), le petit pineau blanc, le plant du four, le chaillant et le muscat. Ni trop sucrés, ni trop capiteux, les vins obtenus sont légers, d'un goût agréable et de belle couleur. Ils sont généralement consommés dans le pays et leur placement y est facile, car ils ne suffisent pas à la consommation locale. Les crus les plus estimés sont ceux de Châteauneuf-de-Chabre, Châteauvieux, Jarjayes, Lettret, Mereuil, Neffes, Orpierre, Remollon, Rousset, Valserres et Ventavon, principalement dans les cantons de Ribiers, Tallard, Serres, Gap et Chorges.

La culture des arbres à fruits a pris du développement depuis 1866, époque à laquelle elle n'était encore l'objet d'aucuns soins spéciaux et ne fournissait guère que des produits consommés sur place. L'amandier est commun dans les vallées du Buech et de Veynes. Il y a beaucoup de noyers à Gap, Orpierre, Pigottier, Saint-Oban-d'Oze, et ils sont parfois remarquables par leurs dimensions. Les pommiers, les poiriers et les pruniers sont très cultivés dans les parties tempérées des vallées, et notamment dans le Champsaur, où les pommes de Calville sont très belles. Les prunes servent à la confection des pruneaux. Dans le Briançonnais et dans le Queyras, les haies présentent fréquemment un arbrisseau appelé prunier de Briançon (*Prunus Brigantiaca*), dont les fleurs sont blanches et les fruits lisses ressemblent à de petites prunes. Ces fruits ne sont pas mangeables, mais on extrait des amandes une huile estimée dans le pays.

La culture des mûriers se fait sur une faible échelle, et ce sont les petites éducations de vers à soie qui sont pratiquées, particulièrement avec de la graine envoyée d'ailleurs et qui a été soumise aux procédés de sélection de M. Pasteur. La maladie des vers à soie a amené d'abord une diminution dans les éducations, mais l'amélioration n'a pas tardé à se produire.

On n'est bien fixé sur le domaine forestier des Hautes-Alpes que depuis 1877 par la statistique forestière publiée par M. Mathieu. Ce domaine occupe 108 964 hectares, soit 19 pour 100 de la superficie totale du département.

Les bois et forêts des communes et sections de communes soumis au régime forestier s'élèvent à 80 610 hectares; il n'y a que 2214 hectares qui ne soient pas compris dans cette catégorie.

L'œuvre du reboisement accomplie dans les Hautes-Alpes depuis 1860, est assez importante, mais seulement en ce qui concerne les travaux obligatoires.

Pour fournir les plants nécessaires au reboisement, il y avait en 1875 dans les Hautes-Alpes 5 pépinières permanentes d'une surface totale de 11 hectares environ, savoir : 2 à Gap, 1 à Saint-Jean-Saint-Nicolas, 1 à Serres et 1 à Veynes. En outre il existait à Briançon un établissement pour emmagasiner les graines du pin à crochets et du pin sylvestre préparées par les soins des agents forestiers en régie au soleil ou bien achetées par eux aux habitants. C'est d'ailleurs dans les Hautes-Alpes que l'on trouve aux meilleures conditions toutes les graines nécessaires au service du reboisement dans la région des Alpes.

Depuis 1875, l'œuvre du reboisement et de la restauration pastorale dans les Hautes-Alpes a reçu une nouvelle impulsion par suite des encouragements donnés à la création des fruitières; on verra plus loin ce qui a été enfin accompli et les résultats obtenus.

Les périmètres les plus importants ou les plus remarquables des reboisements et des estimations de torrents du département sont ceux de Remollon, de la Sigouste, du Sapet-et-Devezet; les deux premiers sont domaniaux.

La question pastorale est intimement liée dans les Hautes-Alpes à la question forestière. C'est pour y accroître les pâturages que l'homme y a déboisé, et en cela il s'est profondément trompé; il a donné au problème de l'entretien du bétail une solution erronée que l'on doit complètement retourner aujourd'hui par la transformation du mode d'exploitation.

On a vu combien les diverses statistiques diffèrent dans leurs évaluations des surfaces occupées par les prairies dans le département. Pour la production fourragère non mangée sur pied, il n'y a de succès véritable que si l'on peut arroser. Le fourrage ne paye pas ses frais sans l'emploi de l'eau. L'irrigation est d'ailleurs nécessaire à presque toutes les cultures à cause des sécheresses et des grandes chaleurs des étés trop courts qui ne sont pour ainsi dire précédés d'aucun printemps. Aussi l'emploi des canaux d'arrosage est-il très ancien dans toutes les parties du département.

Le rendement moyen de toutes les prairies des Hautes-Alpes est de 3000 kilogrammes de foin à l'hectare, dans les conditions actuelles. La quantité totale de foin recueilli dans une bonne année ne dépasse pas 65 millions de kilogrammes, c'est-à-dire juste ce qu'il faut pour nourrir convenablement durant huit mois de l'année 30000 têtes de gros bétail ; le département compte l'équivalent du double : il n'a donc pas assez, au moyen des prairies fauchables seules, pour entretenir ses animaux domestiques pendant la longue saison où le pâturage n'est pas possible. Aussi est-on obligé d'avoir recours à une foule de subterfuges pour résoudre le problème. Les choses changeraient complètement avec une autre économie pastorale, et surtout si un bon aménagement des prés avec de l'eau et de l'engrais permettait de doubler le rendement en foin, ce qui est réalisé par les agriculteurs de progrès, pouvant irriguer et ayant assez de capitaux pour se procurer ou faire tous les engrais nécessaires.

L'étude de la production fourragère des Hautes-Alpes serait loin d'être complète, si, après les prairies naturelles et artificielles, on ne considérait pas les pâturages. Suivant l'altitude, on distingue les pâturages de printemps et d'automne et les pâturages d'été; ils appartiennent tous aux communes. Les premiers s'étendent par larges bandes le long de toutes les vallées.

Les pâturages d'été, situés à une plus grande altitude, ont une superficie au moins deux fois plus grande que les premiers et qui dépasse 100000 hectares. Leur entretien et leur amélioration se rattachent étroitement à la question de la formation et de l'extinction des torrents. Ils sont, comme les premiers, abandonnés surtout aux moutons indigènes ou transhumants.

Les divers recensements effectués depuis 1840 accusent pour le bétail des Hautes-Alpes le mouvement suivant :

	1840	1852	1862	1866	1873	1877
Espèce chevaline...	4 289	5 161	6 160	5 649	6 608	6 140
Anesses et ânes....	6 873	5 906	5 379	6 890	5 713	5 837
Mulets et mules...	8 534	8 153	8 592	8 585	8 561	7 530
Espèce bovine....	29 573	29 082	29 535	27 506	25 632	21 597
Espèce ovine...	25 653	233 368	279 585	283 712	262 055	281 7[illegible]6
Espèce caprine...	18 163	21 053	20 416	22 448	21 345	21 081
Espèce porcine.....	16 703	18 637	22 122	20 225	22 269	20 150

Les chevaux et les mulets sont dans les Hautes-Alpes importés des départements voisins. Les mulets et les ânes sont très employés comme animaux de trait, dans la partie méridionale du département, qui, au point de vue de l'administration des haras, dépend du dépôt d'étalons d'Annecy, lequel fait partie du sixième arrondissement d'inspection générale. Mais on ne fait pas l'élevage de l'espèce chevaline ou mulassière, quoiqu'il y en ait un certain commerce, principalement dans les foires ; on spécule surtout sur les jeunes chevaux et mulets qui viennent du dehors.

Les races bovines piémontaise, savoisienne, suisse et la race locale sont celles qui dominent dans les Hautes-Alpes. On compte que sur une population bovine de 22000 têtes, il y a 14000 vaches, 3000 bœufs et 5000 veaux. La race locale n'est pas spécialisée ; on lui demande à la fois travail, viande et lait. Toutefois, pour sa taille, cette race convient parfaitement à un pays si montagneux ; petite et agile, elle gravit aisément les pentes escarpées et elle sait aller trouver sa nourriture dans les sols les moins garnis d'herbe. Le lait des vaches dans le Briançonnais est transformé en beurre et en fromage qui sont exportés. Les veaux sont conduits très jeunes dans la Provence. Les bœufs de travail âgés sont vendus après qu'ils ont été engraissés. Les vaches sont employées pour les attelages dans toute la partie montagneuse ; elles sont plus rares dans la partie méridionale du département. La production moyenne du lait pour toute l'année n'est que de 2 à 3 litres par jour ; on obtient près de 5 litres par jour en moyenne pendant les 210 jours de la lactation. Les meilleures vaches se trouvent autour de Gap, de Briançon et d'Embrun, où le litre de lait à moitié écrémé se vend de 20 à 25 centimes. Viennent ensuite les vaches du Bas-Champsaur, dont le rendement en lait atteint de 1100 à 1200 litres, puis celles du Briançonnais qui donnent de 900 à 1000 litres, enfin celles des vallées latérales de la Durance dans l'Embrunais, celles de Crévoux, Vars, Freyssinières, etc., qui ne produisent pas plus de 600 litres par an. L'industrie fromagère est restée trop longtemps dans un état pitoyable. Dans trois localités seulement, on savait, il y a quelques années, fabriquer des fromages commerciaux d'une manière avantageuse. Ce sont les communes de Champoléon, Orcières et Fontguillarde en Queyras, dont les fromages façon Gex ont un débouché assuré pour le Var et principalement Toulon ; ils se vendent de 140 à 160 francs les 100 kilogrammes, et leur fabrication paye le lait de 10 à 11 centimes le litre. Quant à l'élevage des veaux, il paye le lait à peu près 9 centimes. On a l'habitude de conserver les veaux de trente-cinq jours à trois mois, selon que les pratiques suivies dans les laiteries donnent des résultats plus ou moins favorables, et l'on estime que 10 litres de lait donnent 1 kilogramme de viande.

Pour la bonne fabrication du fromage de Gex, il est nécessaire d'opérer à la fois sur une assez forte quantité de lait, d'où l'idée d'avoir recours à des associations, lorsque chaque cultivateur ne produit pas tout le lait nécessaire à des résultats avantageux. Les associations dites fruitières commencent à se répandre dans les Hautes-Alpes, elles forment un progrès corrélatif du reboisement et de l'extension des irrigations.

L'administration des forêts les a soutenues De larges subventions ont permis de bâtir quatre fruitières modèles qui ont été ouvertes en 1877 à Orcières, Chabottes, Guillaume Peyrouse et Ristolas, et qui sont établies dans des conditions répondant aux perfectionnements les plus récents introduits dans l'industrie de la fabrication du fromage de gruyère. Ces fruitières prospèrent.

L'entretien de l'espèce ovine joue, dans les Hautes-Alpes, un rôle prédominant, puisqu'on n'y compte pas moins de 260000 têtes ovines, ou l'équivalent de 25000 têtes bovines ; la population moutonnière se maintient d'ailleurs à peu près uniformément, comme on peut le voir, par le développement des recensements faits depuis 1840 et qui a été donné plus haut. Les spéculations les plus diverses sont adoptées selon les lieux. Elles ont pour objet l'engraissement, la production de la laine, du lait ou des fromages, la vente des agneaux. Les bêtes à laine les plus répandues ont une toison longue et commune, mais elles sont rustiques et elles supportent le climat des parties montagneuses. La race mérinos a été introduite en 1804, à Mereuil, dans le canton de Serres, par un agriculteur nommé de Bardel; elle a pris quelque développement dans toute la partie méridionale du département.

Dans les communes privées de montagnes pastorales, on achète, à l'automne, des moutons de deux ans, et on les revend engraissés, au printemps, après qu'on leur a fait consommer le foin qu'on avait pu emmagasiner. Au contraire, dans les communes pauvres en prairies, mais riches en pâturages d'été, les localités voisines envoient des agneaux pour les entretenir pendant l'estivage, ou bien on y conduit des moutons soit indigènes, soit venant de Provence, pour y faire leur engraissement.

Dans les communes à la fois pourvues de prairies fauchables et de pelouses d'été, on nourrit des brebis dont on élève les agneaux pour les vendre à l'âge de six mois ou d'un an; mais ce sont des endroits privilégiés et rares. C'est par suite de ces conditions particulières qu'il s'opère de commune à commune, de vallée à vallée, une migration générale de bêtes ovines, à chaque changement de saison, de manière à donner la meilleure satisfaction possible à tous les intérêts.

A côté de l'espèce ovine se place dans les Hautes-Alpes l'espèce caprine, mais elle est dix fois moins nombreuse; elle sert surtout pour la consommation des familles.

L'élevage de l'espèce porcine se développe peu à peu dans le département au fur et à mesure que le cultivateur y mange plus de viande. La race que l'on rencontre à peu près partout est commune et très défectueuse; on commence à l'améliorer sous le rapport de la conformation et de la précocité. On n'élève et n'engraisse d'ailleurs que pour la consommation locale.

Les basses-cours sont généralement mal soignées; on ne compte pas plus de 180000 têtes de volailles de toutes sortes; les oies sont très rares; on ne rencontre guère de dindons que dans le canton de Roisans.

On compte de 13000 à 15000 ruches dans le département; chaque ruche donne en moyenne 1 kilogramme de cire, et de $1^{kg},5$ à $1^{kg},8$ de miel. Ce miel est roux ou blanc; on recherche celui du Briançonnais, qui est très blanc et grenu.

En ramenant par un calcul d'équivalents tout le bétail des Hautes-Alpes à de grosses têtes, on ne trouve guère en tout que 80000 têtes de gros bétail, ou 14 têtes par 100 hectares. C'est un signe de culture très pauvre et qui accuse une trop faible production de fumier. Cependant l'emploi des engrais commerciaux commence à y être connu, mais dans des proportions tout à fait insignifiantes.

L'habitant des Hautes-Alpes est très sobre, très travailleur; il n'aime pas à acheter; il produit avant tout pour satisfaire autant que possible à tous ses besoins par les denrées qu'il obtient lui-même. Il aime mieux prodiguer ses forces que de dépenser son argent. Aux prises avec un climat très rude, une nature le plus souvent ingrate, il lutte avec courage. Il sait se soustraire à toutes les passions, même à celle de fumer du tabac. Il se contente parfois d'un pain dont la cuisson date de plusieurs mois, pour raison d'économie; il cuit dans le four banal de la commune ou du hameau, pour tout l'hiver, au mois de septembre; le pain demande une sorte de sabre pour le couper, mais il se trempe bien. Dans tous les cas, ce pain nourrit. D'ailleurs le paysan des Hautes-Alpes est plus instruit, plus indépendant d'esprit que dans beaucoup d'autres contrées, ce qui tient sans doute aux longues heures de méditations solitaires auxquelles il est condamné. La vie patriarcale est la sienne. Il voyage d'ailleurs assez volontiers, et il ne craint pas les lointaines émigrations, mais toujours avec la pensée du retour dans le pays natal. On cite des maisons bâties par des paysans qui ont été chercher et ont rencontré la fortune dans le nouveau monde, puis sont revenus se reposer au sein de leurs chères montagnes. Néanmoins la population diminue, comme on le constate par le tableau suivant des douze recensements officiels opérés depuis 1821:

ANNÉES DES RECENSEMENTS	ARRONDISSEMENTS DE			LE DÉPARTEMENT
	BRIANÇON	EMBRUN	GAP	
1821....	28418	28458	65542	121418
1826....	29655	29153	66521	125329
1831....	29636	30828	68638	129102
1836....	30839	31289	69034	131162
1841....	31005	32441	69138	132584
1846....	30893	32402	69805	133100
1851....	30982	32340	68716	132038
1856....	30840	32296	66420	129556
1861....	29487	31007	64606	125100
1866....	27741	30312	64064	122117
1872....	27094	28908	62896	118898
1876....	27180	28611	63303	119094

Le mouvement de la population était encore ascensionnel à partir de 1826 jusqu'en 1841, dans l'arrondissement de Briançon, et jusqu'en 1851 dans les arrondissements d'Embrun et de Gap. Depuis lors, la diminution s'est accentuée, et la population est partout moindre qu'il y a soixante ans. Nulle part en France, sauf dans les Basses-Alpes, elle n'est aussi raréfiée.

D'après les résultats du dénombrement de 1876, publiés par le ministère de l'intérieur, la population urbaine était, en 1876, de 13251 habitants contre 12678 en 1872. Quant à la population rurale, elle était de 105813 en 1876 contre 106220 en 1872. C'est une légère augmentation de la population urbaine, comprenant celle des villes ayant des agglomérations de plus de 2000 âmes, contre une faible diminution de la population rurale, mais l'état du département n'en est pas modifié. Le sexe masculin présentait sur le total 61412 âmes contre 57682 du sexe féminin.

La majorité de la population, vouée aux travaux de l'agriculture, est elle-même propriétaire du sol qu'elle cultive. « Les neuf dixièmes des ouvriers agricoles, dit la Commission départementale de l'enquête de 1866, sont propriétaires. » Une grande partie du département appartient aux communes. Quant à la propriété particulière, elle est divisée en 816000 parcelles environ pour 26000 propriétaires, soit 31 parcelles en moyenne par propriété.

On considère comme grandes propriétés celles qui contiennent 25 hectares et au-dessus, comme moyennes propriétés celles qui présentent de 10 à 25 hectares; les petites propriétés ont en moyenne 5 hectares. Les 94 centièmes du sol cultivé appartiennent aux petits propriétaires, 5 centièmes aux moyens propriétaires, 1 centième seulement aux grands.

Les propriétaires exploitent en général par eux-mêmes. La proportion entre la grande, la moyenne et la petite culture est la même qu'entre la grande, la moyenne et la petite propriété.

Pour suppléer à l'insuffisance de la main-d'œuvre indigène, on a recours à des ouvriers ou à des domestiques étrangers; environ 2000 ou 3000 ouvriers piémontais viennent se louer, dans les hautes régions alpines, pour la saison des travaux agricoles. Quant à remplacer les bras de l'homme par des machines, c'est chose bien difficile dans un tel pays. Les seuls progrès accomplis sous ce rapport sont la substitution de l'araire Dombasle ou de ses dérivés à l'ancien araire, qui est cependant encore très employé dans plusieurs parties du département, et qui consiste souvent en une sorte de tourne-oreille; la planchette ou *ouiller* dont il est muni se déplace chaque fois qu'en change de raie ; cet usage s'explique à cause des labours en terrains présentant de grandes déclivités. La bêche, la pioche et la houe sont toujours employées pour labourer des terres situées sur des points inaccessibles aux animaux ; le montagnard expose souvent sa vie pour aller cultiver quelques ares au milieu des rochers et des précipices. Les céréales sont coupées généralement avec la faucille et égrenées à l'aide du fléau ou du rouleau en pierre ou du dépiquage par les mulets. Toutefois, quelques agriculteurs commencent à employer tous les instruments perfectionnés usités ailleurs, et l'on trouve, à Gap, deux dépôts des meilleures machines agricoles. Les concours régionaux et ceux des comices ont, dans les Hautes-Alpes comme partout en France, exercé leur heureuse influence, et nous en avons vu la preuve jusque dans les villages situés aux plus grandes altitudes.

Le département des Hautes-Alpes appartient, dans l'organisation des concours régionaux, à la région du sud-est, qui comprend les départements des Basses-Alpes, des Hautes-Alpes, de la Drôme, de l'Isère, de la Savoie, de la Haute-Savoie et de Vaucluse. Trois concours régionaux ont été tenus à Gap, en 1862, 1869 et 1876. Les grandes primes d'honneur ont été attribuées, en 1862, à M. Allier, directeur de la ferme-école de Berthaud ; en 1869, à M. Martin, à la Rochette. En 1876, la prime d'honneur n'a pas été décernée, mais des prix culturaux ont été attribués : pour les propriétaires, à M. Emile Samuel, à Trescléoux ; pour les fermiers, à M. Jean Roux, à Montmaur; pour les métayers, à M. Chevally, à Gap.

La ferme-école de Berthaud (commune de Ventavon), fondée en 1849, a été supprimée en 1881.

Dans le département on ne compte qu'une société d'agriculture à Gap et un comice agricole, dit de la Durance, à Tallard. M. Camille Allier a été nommé au concours professeur d'agriculture du département en 1880.

Les bons exemples et l'enseignement agricole trouvent des intelligences ouvertes à tous les progrès, et cela bien plus qu'on ne le pense. On aime à expérimenter, lorsqu'on est loin de tout et que l'on est conduit à discuter souvent dans les loisirs forcés de trop longs hivers. C'est ainsi que l'on cherche à supprimer les jachères. Toutefois l'assolement suivi par le cultivateur des Hautes-Alpes est toujours ou biennal ou triennal, et le blé succède généralement à la jachère. Les terres des exploitations sont divisées en 6 ou 9 soles ; chaque sole est occupée trois ans avec le sainfoin, auquel on joint la lentille des prés, le trèfle et la luzerne, quand on peut irriguer. C'est le progrès qui s'est le plus répandu. Dans le Champsaur et le Valgodemar on suit souvent ce qu'on appelle l'assolement *ternaire:* 1° une jachère ; 2° un seigle ; 3° une orge et une avoine. Dans la vallée de Ristolas, l'orge est remplacée par une fève. On a pratiqué le drainage à l'aide de tranchées en pierres dans les terrains humides. Pour détruire les mauvaises herbes, on a recours à l'écobuage dans le Champsaur. Mais une préoccupation constante des habitants des vallées est surtout de se défendre contre les torrents ; ils en protègent les berges à l'aide de paniers en osier de forme conique qu'ils couchent après les avoir remplis de pierres ; les osiers en prenant racine s'entrelacent entre les graviers; les essences utilisées pour ces travaux sont : le saule marceau, le saule amandier, l'osier commun, l'osier des vanniers, l'osier laurier, l'osier à feuilles hastées.

Le plus grand soin des habitants des Hautes-Alpes est de se suffire à eux-mêmes, d'exporter des produits de leur sol et de n'importer que les denrées indispensables qu'ils ne peuvent absolument pas obtenir eux-mêmes. Ils exportent principalement des denrées agricoles, une petite quantité de grains, beaucoup de pommes de terre, des fromages, des fruits, de la laine, des peaux de bêtes fauves diverses, du suif, du miel, de la cire, des draps communs, des graines de mélèze, des bois, des plantes médicinales, tinctoriales et odorantes ; il faut y joindre aussi divers produits minéraux, marbres, ardoises et une petite quantité de métaux. On rencontre beaucoup de mines d'anthracite et de bancs de gypse qui donnent lieu à des exploitations importantes ; plusieurs huileries extraient l'huile des noix dans le Gapençais et le Champsaur. Les importations consistent en sel, en denrées coloniales, en combustibles minéraux, en sucres, vins et liqueurs, et enfin en objets d'habillement, en meubles, etc. Les voies de communication sont encore très insuffisantes pour un commerce plus développé, quoiqu'elles se soient perfectionnées depuis quelques années.

ALPES-MARITIMES (département des) *(géographie agricole)*. — Le département des Alpes-Maritimes a été créé en 1860, après le traité qui a cédé à la France le duché de Savoie et le comté de Nice, alors province du royaume de Sardaigne. On l'a composé du comté de Nice, d'une petite partie de la principauté de Monaco (territoire de Roquebrune et de Menton), de l'arrondissement de Grasse, enlevé au département du Var, et qui était naguère un morceau de l'ancienne Provence. Il doit son nom à la situation des montagnes qui constituent la plus grande partie de son territoire et qui descendent par étages vers la Méditerranée.

Déjà, de 1797 à 1814, le comté de Nice avait appartenu à la France, et, en 1795, il avait été érigé une première fois en département français sous le nom d'Alpes-Maritimes, mais avec d'autres limites.

Le département est composé de trois arrondissements : ceux de Puget-Théniers, Nice et Grasse ; il renferme 26 cantons et 152 communes. Le climat, l'altitude, l'exposition, déterminent la production agricole, dans le département des Alpes-Maritimes, bien plus que la nature du sol. La terre arable y est de nature très variable : ici argileuse ou argilo-siliceuse ; là-bas, calcaire avec plus ou moins d'argile, de sable ou de pierres caillouteuses; ailleurs, granitique, ailleurs encore, schisteuse. Mais on trouve partout telle ou telle culture des pays froids et secs, ou des contrées chaudes et humides, selon la disposition des lieux ou le voisinage de cours d'eau ou de la mer.

Les quatre zones culturales qu'on peut distinguer dans les Alpes-Maritimes sont les suivantes : 1° la zone pastorale ; 2° la zone des céréales ; 3° la zone de l'olivier ; 4° la zone de l'oranger. Elles sont constituées non par le terrain, mais par le climat que déterminent la protection et l'altitude des montagnes.

Le cadastre du département n'a pas encore été établi. La statistique agricole de 1862 a pour la première fois donné une évaluation des étendues occupées par les diverses cultures :

	hectares
Céréales	32022
Racines et légumes	5277
Cultures diverses	531
Prairies artificielles	1712
Jachères mortes	9897
Total des terres labourables	49439

D'après cette évaluation, les terres labourables n'eussent occupé que 13,20 pour 100 de la superficie totale du département. Les autres terrains eussent été occupés ainsi qu'il suit :

	hectares
Prairies naturelles	7 495
Vignes	16 168
Pâturages et pacages	97 388
Superficies diverses	203 910
Surface totale	374 400

L'enquête agricole de 1866 n'a jeté aucune lumière sur la question. Mais la statistique internationale de 1873 a fourni des nombres qui doivent être pris en considération. En ce qui concerne les terres labourables, on a d'abord :

	hectares
Céréales	39 106
Racines et légumes	5 634
Cultures industrielles	16 449
Prairies artificielles	1 218
Fourrages consommés en vert	1 327
Cultures diverses et jachères	10 030
Total des terres labourables	73 764

La proportion des terres labourables par rapport à la superficie totale du département devient dans la nouvelle statistique 19,70 pour 100, ce qui se rapproche évidemment de la possibilité.

Le reste du territoire du département présentait la répartition suivante :

	hectares.
Vignes	9 662
Prairies naturelles et vergers	49 513
Pâturages et pacages	90 000
Bois et forêts	90 418
Terres incultes	35 161
Superficies bâties, voies de transport, etc	55 912
Total	300 696
Superficie totale	374 400

L'étendue des terres ensemencées en céréales chaque année est actuellement de 33 000 à 34 000 hectares, et elle n'a guère varié pendant une période de vingt années. Les trois quarts sont en froment, mais sa culture n'augmente pas, et il en est de même de l'avoine ; s'il y a tendance à accroissement, c'est pour les cultures du méteil, du seigle, du maïs et de l'orge.

Dans aucun autre département, on ne récolte aussi peu d'avoine, et il en est peu où la production de l'orge et des autres grains secondaires soit aussi faible. L'assolement biennal, céréales et jachère, est presque partout appliqué à cette production, qui, privée d'engrais, reste absolument misérable et demeure réfugiée dans toute la zone septentrionale et les hauts plateaux, comme on l'a vu précédemment. Les engrais sont consacrés aux autres cultures, à toutes celles qui donnent de plus gros produits en argent : aux oliviers, aux plantes destinées à la parfumerie, aux orangers et autres arbres fruitiers, aux jardins, aux cultures maraîchères. On peut dire approximativement que la culture des céréales occupe 12 500 hectares dans l'arrondissement de Grasse, 15 500 dans celui de Puget-Théniers, et 5500 dans celui de Nice. Les jachères s'étendent à peu près sur les mêmes surfaces, mais on commence à y faire des cultures dérobées, notamment de haricots, et à semer aussi dans le froment du trèfle, et surtout du sainfoin. La petite culture ne suit pas d'assolement, et il en est de même pour tous les cultivateurs qui ont entre leurs mains des terres profondes, limoneuses et de bonne qualité de la zone maritime. Dans les terres arables qu'on peut arroser et sur lesquelles on ne fait pas de cultures florales, on suit un assolement quadriennal ainsi combiné : 1re année, pommes de terre, fèves, maïs, etc. ; 2e, froment suivi par des haricots la même année ; 3e, froment ; 4e, avoine, vesce, etc.

La culture des pommes de terre a une assez grande importance, particulièrement pour les variétés précoces ; on en expédie beaucoup, surtout de Grasse et des environs, vers le littoral. C'est ce qui explique pourquoi les rendements définitifs en tubercules par hectare sont assez faibles.

La pomme de terre est cultivée à peu près dans toutes les parties du département. Le maïs est surtout produit dans les vallées du Ponthieu et de la Bévéra, de la Tinée et de la Vésubie ; le maïs quarantain est semé après la moisson dans les contrées chaudes du pays.

D'après la statistique internationale de 1873, la culture des légumes secs occuperait environ 1000 hectares, et celle des légumes frais de toute nature une surface égale. Les deux cultures sont combinées. « Le haricot *(fayoou)*, dit M. Heuzé, est consommé en vert ou en sec. Il est très cultivé dans les terres arrosables à Nice, Touet-du-Var, Contes et Roquesteron. On le sème en culture spéciale ou en culture dérobée après la moisson. Il fournit des haricots verts depuis le mois de mai jusqu'au mois de décembre. Les haricots verts de Bezaudun et d'Utelle sont très estimés. La lentille est principalement cultivée à Breil, Villeneuve-d'Entraunes, Auvare, Saorge et Moulinet. On vante les lentilles qu'on récolte à Tourrettes. Le pois chiche ou pois pointu *(césé)* est plus particulièrement cultivé dans les vallées du Var et de l'Estéron. Les fèves qu'on récolte dans les vallées du Paillon, du Var et de la Vésubie, de la Tinée sont très recherchées. »

Mais l'arrondissement de Grasse a une culture industrielle toute spéciale et très importante ; c'est celle qui se rapporte aux fleurs destinées à la parfumerie. D'après l'enquête agricole de 1866, les principales sont : la rose, le géranium, le jasmin, la violette double ou violette de Parme, la tubéreuse, la menthe, la cassie, la fleur d'oranger, qui comprend la fleur douce et la fleur amère ou bigarade. Les violettes sont surtout cultivées dans le territoire de Vence ; mais leur culture tend aussi à se généraliser dans celui de Grasse, quoiqu'il y ait dans ce dernier beaucoup d'orangers ; on les cultive principalement au Cannet et à Vallauris. Le cassier se trouve à Cannes et le jasmin à Grasse.

On cultive à Nice toutes les fleurs mentionnées pour l'arrondissement de Grasse ; la culture de la violette surtout a pris un développement considérable ; on y récolte aussi beaucoup de fleurs d'oranger.

Toutes ces cultures ont pour but de fournir les feuilles ou les fleurs qui sont les matières premières nécessaires à la fabrication des parfums, ou, en d'autres termes, à la préparation des odeurs et des essences. On obtient les parfums suivants : *rosé*, par la rose et le géranium ; *jasminé*, par le jasmin et le muguet ; *orangé*, par les fleurs et les feuilles de l'oranger, les fleurs d'acacia ; *tubérosé*, par la tubéreuse et la jonquille ; *violacé*, par la violette, le réséda, la cassie, l'iris de Florence ; *menthacé*, par la menthe et le basilic. On sépare les parfums : par la *distillation*, pour la rose, la fleur et la feuille de l'oranger, les feuilles du géranium rosat ; par la *macération*, pour la rose, la violette, la cassie, la fleur d'oranger, le réséda, la lavande, le thym, le romarin ; par l'*absorption* ou l'*enfleurage*, pour le jasmin et la tubéreuse ; par l'*expression*, pour l'orange, le citron, le cédrat et la bergamote. On divise les odeurs en *suaves*, celles du lis, de la rose et du jasmin ; en *aroma-*

tiques, celles du laurier, des labiées, etc. Environ 1500 hectares sont consacrés dans le département à la culture des fleurs pour la parfumerie. Quelques-unes donnent jusqu'à 6000 à 7000 francs de produits par hectare.

Les vignes et les oliviers forment deux des plus importantes cultures arbustives de la contrée, et il est néanmoins presque impossible de dire quelles surfaces elles occupent, attendu qu'elles se trouvent ensemble souvent dans la même parcelle. L'olivier y rapporte de 800 à 1000 francs bruts et de 550 à 750 francs nets par hectare et par an : l'hectare s'y vend à 5 pour 100 du produit net, c'est-à-dire de 7000 à 15000 francs. La culture du rosier rapporte de 1000 à 1500 francs bruts par hectare et de 700 à 1100 francs nets ; mais ce produit est bien moins assuré, moins durable, et le capital de la terre ne s'y proportionne point.

La culture des rosiers n'occupe guère plus de 170 hectares. Celle de la vigne s'étend sur une surface bien autrement importante, quoiqu'il soit difficile de donner une appréciation bien exacte à cause du mode de culture en jouelles très usité à côté du système de culture en plein, c'est-à-dire dans lequel le terrain est entièrement consacré à la vigne sans cultures intercalaires.

C'est sur la rive droite du Var, à la Gaude, dans le canton de Vence, que l'on trouve le vignoble et le vin les plus remarquables du département. La vigne y est conduite à un long bois abaissé en trajectoire et attaché à un long roseau (*Arundo donax*) fixé sur les têtes des souches, mode de palissage très ingénieux et économique.

S'il est difficile, à cause de l'inextricable enchevêtrement de toutes les cultures, de préciser l'étendue occupée par la vigne, il n'est guère plus aisé de mesurer avec exactitude la superficie que couvrent les oliviers, quoiqu'ils forment parfois dans le département de véritables forêts.

Les bonnes olivettes, surtout quand elles réussissent, quand elles échappent aux maladies et aux insectes, donnent des bénéfices remarquables.

La région dans laquelle se développe la culture des oliviers s'étend vers le nord dans les Alpes-Maritimes jusqu'à 40, 50 et même 60 kilomètres du rivage de la Méditerranée suivant les accidents du terrain ; elle ne dépasse pas en moyenne 400 mètres, mais sur quelques points très abrités, elle atteint 600 et parfois 800 mètres d'altitude.

Les orangers occuperaient en tout de 200 à 300 hectares, si l'on supposait qu'ils fussent réunis ; mais ils sont disséminés dans un grand nombre de jardins ; on peut en compter de 40000 à 50000 dans le département. Ils ont une grande importance à Cannes, au Cannet, à Antibes, à Vallauris, à Vence, à Nice, à Menton. Ils peuvent y prospérer en pleine terre jusqu'à une altitude de 200 à 300 mètres.

Le citronnier ou limonier occupe à peu près la moitié de la surface donnée à l'oranger dans le département ; on le cultive principalement le long de la côte à partir de Villefranche, en remontant jusqu'à la frontière d'Italie, c'est-à-dire à Villefranche, Beaulieu, Roquebrune-Castellar, Sainte-Agnès, Monaco, Ciste et Menton, en choisissant les endroits abrités des vents du nord et du nord-est et les anfractuosités des rochers exposés au midi ; il peut fleurir et fructifier sous les grands oliviers. On y récolte quatre sortes de citrons ou limons : les *graneti* sont ceux qu'on récolte au printemps ; les *verdaini* sont récoltés en été et donnent lieu à un assez grand commerce d'exportation ; les *prime fiou* sont ceux qui proviennent des premières fleurs, et les *seguade fiou* ceux qui sont donnés par les secondes fleurs. On estime que le produit brut d'un hectare de citrons ou limons peut être de 9000 à 10000 francs.

Le figuier joue aussi un rôle important dans les cultures d'arbres fruitiers des Alpes-Maritimes, principalement dans les zones occupées par l'oranger et l'olivier. On estime surtout les figues des cantons de Villefranche, de Nice, de Levens, de Vence, de Roquestéron, de Puget. On y cultive beaucoup de variétés, et l'on obtient deux récoltes chaque année, une en été qui donne les fruits développés au printemps, appelés premières figues, et une en automne fournissant les secondes figues.

Le jujubier, le pistachier, le grenadier, même le dattier, sont encore dans le département des arbres fruitiers spéciaux dont les produits sont assez recherchés, mais sans être l'objet d'un commerce important. Il en est de même du néflier du Japon, dont les fruits sont estimés sur les marchés de Nice, Cannes et Menton en septembre et en octobre, du cerisier, du groseillier, du framboisier, de l'azérolier, de l'amandier, du pêcher, de l'abricotier, de l'arbousier, du prunier, du coignassier, du poirier, du pommier Tous ces arbres et arbustes se trouvent dans le plus grand nombre des jardins de la zone maritime et sur les flancs des collines de la région montagneuse bien exposées au soleil et abritées contre les vents. En outre, dans les vallées alpines, le noyer est assez répandu, et dans la zone des céréales on rencontre de belles châtaigneraies. Il n'est pas de contrée en France où les fruits soient aussi variés et aussi abondants, répartis d'ailleurs dans presque toutes les saisons de l'année. Leur commerce déjà considérable doit prendre plus d'extension à mesure que se développent les voies de communications rapides, toutes les tables d'Europe pouvant être appelées à jouir des primeurs venues dans le département des Alpes-Maritimes.

Il faut encore citer les caroubiers qui occupent une dizaine d'hectares sur le littoral et qui fournissent surtout une nourriture excellente pour les chevaux, et enfin les mûriers qui y sont rarement groupés en cultures séparées, mais s'y trouvent disséminés au nombre d'environ 2000 pieds depuis les rives de la Méditerranée jusqu'à une assez grande altitude dans toutes les vallées.

Les arbres forment la splendeur du département. A côté de ceux qui sont utiles par leurs produits, se placent ceux qui se font remarquer par leurs beautés ornementales : le palmier dattier, l'eucalyptus, le faux poivrier, l'olivier odorant, l'acacia blanchâtre, le wigandia à grandes feuilles, et tant d'autres importés de toutes les parties du monde. Et nous n'avons pas encore parlé des vastes forêts qui couvrent ses montagnes.

La statistique spéciale dressée par l'administration forestière en 1878, accuse un chiffre de 94017 hectares, soit le quart du territoire total du département. Sur ce chiffre, 521 appartiennent à l'Etat, 49089 aux communes, et 44407, c'est-à-dire près de la moitié, à des particuliers. Il n'existe pas de forêts appartenant à des établissements publics non plus qu'au département. Les forêts domaniales sont au nombre de 2 ; 104 communes sont propriétaires de bois pour 39624 hectares. La plus grande partie des forêts des Alpes-Maritimes, soit 94 pour 100, est en sol calcaire.

Il s'est fait dans le département des travaux de reboisement de quelque importance, 30 communes ou établissements publics ont déclaré vouloir reboiser ou gazonner 1995 hectares, et 23 particuliers 131 hectares, soit en tout 2126 hectares ; sur cette surface, 2029 hectares ont été reboisés, et la dépense totale a été de 464183 francs, soit de 228 francs environ par hectare. Les principaux massifs forestiers sont ceux de Codraze, Lévens, l'Escarène, la Peillé, Lucéram, Sospel, Moulinet, Breil, Saorge, Bollène, Lantosque, Roquebillère, Saint-Martin-Lantosque, Saint-Etienne, Saint-Dalmas-Sauvage, Valdeblore.

Les pâturages occupent un espace à peu près égal à celui sur lequel s'étendent les forêts dans la région alpestre et dans la région alpine. Il est probable que d'immenses forêts de mélèzes et de pins occupaient autrefois la majeure partie de la région pastorale actuelle.

Voici les divers recensements du bétail qui ont été effectués depuis le traité de 1861 et la nouvelle constitution des Alpes-Maritimes :

SPÈCES.	1862	1866	1873	1877
	têtes.	têtes.	têtes.	têtes.
Chevaline..	3204	4437	3900	5700
Mulassière.	8897	9935	8933	9000
Asine.....	6327	8119	6523	7312
Bovine....	19546	17204	17795	14270
Ovine.....	148180	119911	105605	102015
Caprine...	39431	27318	33337	39540
Porcine...	16223	10777	10029	9740

Tout ce bétail, qui équivaut à 52000 grosses têtes seulement, a besoin au minimum de 170 millions de kilogrammes de foin par an ; on a vu plus haut que les prairies naturelles n'en donnent guère que 60 millions, c'est-à-dire le tiers. Ainsi s'explique la nécessité absolue du pâturage. Il faut cependant tenir compte des prairies artificielles, quoique les documents annuellement publiés par l'administration de l'agriculture n'accusent aucune production pour ces prairies. Il y a des trèfles et des luzernes dans les terres labourables ; on trouve du sainfoin dans la partie montagneuse ; dans certaines jachères on cultive, comme récolte fourragère, un mélange d'avoine, de vesce, de gesse et de lentilles, etc. Tout cela fournit bien un total de 2000 hectares environ, ce qui augmente d'un quart environ la quantité de fourrage que l'on peut emmagasiner pour le bétail.

Les chevaux du département sont principalement assez employés par les villes et villages du littoral où affluent les étrangers, et qui demandent plus d'attelages de luxe que d'attelages de travail. Les bêtes mulassières, qu'on tire généralement de Guillestre (Hautes-Alpes), sont les animaux de trait ou de somme qu'emploie l'agriculteur, qui a aussi recours aux ânes et aux ânesses, principalement dans toutes les contrées alpestres ou alpines où les fourrages sont rares. Les Alpes-Maritimes ressortent du dépôt d'étalons de Perpignan, qui fait partie du cinquième arrondissement d'inspection générale des haras.

Les bêtes bovines diminuent en nombre dans le département ; elles appartiennent à la race piémontaise, à la race tarentaise et aux diverses races suisses ; il n'y a pas de race spéciale aux Alpes-Maritimes. Ce sont surtout des vaches qu'on entretient pour la production du lait, du beurre ou du fromage. Les vaches des environs de Nice restent à demeure parce que le lait qu'elles donnent est toujours rémunérateur ; mais les autres sont successivement amenées dans les pâturages d'été, d'automne, d'hiver et de printemps, selon d'antiques usages qu'il est intéressant de constater dans leurs traits les plus généraux. Les troupeaux de bêtes ovines et caprines que, dans le comté de Nice, on appelle des avérages, sont également soumis à des changements analogues et parfois se rencontrent dans les mêmes pâturages avec les troupeaux de vaches, mais le plus généralement ils en sont séparés.

Quant à l'élevage des porcs, il est très souvent la conséquence de la fabrication du fromage avec le lait produit par les vaches.

La basse-cour n'a qu'une importance secondaire dans le département ; aucune des statistiques faites jusqu'à ce jour n'y accuse plus de 50000 à 55000 têtes de toutes espèces : espèce galline, canards, oies, dindons, pigeons. Et même les canards, les oies et les dindons y sont pour ainsi dire à l'état d'exception. Une grande partie des volailles que l'on consomme à Nice, Cannes et Menton, provient de Gênes, du Piémont, de la Bresse et du Languedoc ; les œufs sont généralement importés du Piémont ; on n'estime pas à plus de 2 millions d'œufs par an ceux pondus dans les Alpes-Maritimes. On peut dire que l'élevage des animaux de basse-cour est à créer dans la contrée.

Les ruches en activité paraissent diminuer considérablement. En 1862, on comptait 61000 ruches ; en 1866, environ 15000 ; en 1872, seulement 7500, et en 1877 l'Annuaire statistique de 1880 ne dit plus que 4300 produisant 8600 kilogrammes de miel et autant de cire. Le miel obtenu est très parfumé, et celui qu'on nomme miel de Candolent et que fournissent les abeilles, dans le canton de Saint-Martin-Lantosque, est très renommé.

Tel est le pays et tels sont les moyens d'action des habitants pour en tirer parti par l'agriculture. Leur tâche est rude partout, sauf sur la zone étroite du littoral où un climat splendide prodigue les richesses végétales et qui sert d'hivernage pour les heureux de la terre ou les malades du monde entier, à la seule condition qu'ils puissent payer très cher l'hospitalité qui leur est accordée ou plutôt vendue. Sauf dans l'arrondissement de Puget-Théniers où règne sans adoucissement l'âpreté des hautes régions, la population ne cesse de s'accroître ; il est vrai que les recensements ne datent pour l'ensemble du département que de 1861 ; ils ont donné les résultats suivants :

ANNÉES DES RECENSEMENTS	ARRONDISSEMENTS DE			LE DÉPARTEMENT
	PUGET-THENIERS	NICE	GRASSE	
1821....	»	»	61496	
1826....	»	»	63367	»
1831....	»	»	65488	»
1836....	»	»	66383	»
1841....	»	»	65164	»
1846....	»	»	66159	»
1851....	»	»	67753	»
1856....	»	»	66422	»
1861....	23956	102568	68054	194978
1866....	24013	104913	69892	198818
1872....	23400	105360	70277	199037
1876....	23009	106925	73670	203604

L'accroissement de la population est dû surtout à la venue des étrangers, qui s'établissent d'une manière durable dans la zone du littoral des arrondissements de Nice et de Grasse.

Le dénombrement fait en 1876, d'après les professions, a donné un total de 100953 pour la population vouée à l'agriculture, d'où il suit que la population agricole serait de 49,5 pour 100 de la population totale.

Sur 100 domaines labourables, 83 sont exploités directement, 5 par des fermiers à prix d'argent et 12 par des colons partiaires. La petite culture domine partout aussi bien que la petite propriété. Sur une surface cultivée totale de 102939 hectares, il y en aurait 61480 à l'exploitation directe, soit 60 pour 100 ; 21951, soit 21 pour 100 en fermage ; enfin 19505 ou 19 pour 100 en métayage ; le fermage occuperait les plus grandes exploitations. L'étendue moyenne de toutes les exploitations agricoles est de 3 à 4 hectares.

Dans tous ces systèmes de culture, ne se trouve pas compris le système pastoral, qui reste en quelque sorte immuable, même en ce qui concerne les salaires. Mais ailleurs, les gages des ouvriers et des aides de la culture, dans toutes les exploitations rurales proprement dites, ont subi de considérables augmentations ; ils ont doublé ou même triplé depuis 30 à 40 ans

Les bâtiments ruraux sont établis d'une manière suffisante en général, et même très convenablement en ce qui concerne les distilleries d'essence. Quant aux machines agricoles et aux instruments aratoires perfectionnés, ils sont jusqu'à présent peu employés.

Pour les concours régionaux le département des Alpes-Maritimes appartient à la région du sud, qui comprend les départements des Alpes-Maritimes, de l'Aude, des Bouches-du-Rhône, de la Corse, du Gard, de l'Hérault, des Pyrénées-Orientales et du Var. Deux concours régionaux ont eu leur siège à Nice, en 1865 et en 1874. La grande prime d'honneur a été décernée, en 1865, à M. Bernard père, à Nice En 1874, le concours de la prime d'honneur et des prix culturaux n'a pas donné de résultat; mais la prime spéciale aux fermes-écoles a été attribuée à M. Méro, directeur de la ferme-école de Saint-Donat-la-Paoûte. Cette ferme-école a disparu par la mort de son fondateur, en la même année 1874. Une station agronomique fonctionne dans de bonnes conditions à Nice, et produit des résultats appréciés. Un jardin d'études végétales existe à Antibes et est placé sous la savante et intelligente direction de M. Naudin, membre de l'Institut et de la Société nationale d'agriculture.

Ce jardin est une succursale du Muséum d'histoire naturelle de Paris; il a été donné à l'État par Mme Thuret, et il porte le nom de villa Thuret.

Trois sociétés d'agriculture et d'horticulture fonctionnent à Nice, à Cannes et à Grasse. Une chaire départementale d'agriculture a été créée en 1881.

C'est exclusivement l'agriculture qui fait l'importance du commerce et de l'industrie. L'huile, les parfums et les essences, les fruits, les primeurs et les conserves de légumes, les fleurs, enfin les bois, forment les principaux objets de toutes les transactions. Des usines nombreuses sont surtout consacrées à la fabrication de l'huile et à la distillation des essences. C'est par les ports de Villefranche et de Nice que se fait le commerce d'importation et d'exportation. Dans l'intérieur du pays, il existe un assez grand nombre de voies de communication en bon état.

ALPESTRE (*botanique*). — Qualification donnée, d'une manière générale, à tout ce qui est propre, a rapport ou appartient aux Alpes. On dit *Mœurs alpestres, plantes alpestres.* On applique souvent cette qualification, non seulement aux plantes que l'on trouve dans les Alpes, mais encore à toutes celles qui croissent sur les montagnes élevées. Les plantes alpestres sont très nombreuses, et l'on en trouve appartenant à la plupart des familles végétales. Beaucoup, parmi ces plantes, sont cultivées, dans les jardins ou les parcs, pour l'ornementation des grottes ou des rochers artificiels dont la création est devenue fréquente.

ALPHANET, ALPHANETTE, ALPHANESSE — Nom donné à un oiseau de proie du nord de l'Afrique, employé en fauconnerie, pour la chasse de la perdrix au vol. C'est le faucon tunisien. — On écrit aussi *Alfanet*.

ALPHITE. — Farine d'orge grillée dont les Grecs faisaient des gâteaux fort en usage parmi le peuple.

ALPHITOBIE. — Genre d'insectes coléoptères de toutes provenances, mais de la famille des Mélasomes, habitant l'Europe et vivant dans la farine.

ALPHITOMORPHE. — Genre de champignons microscopiques ressemblant à de la farine répandue sur les feuilles auxquelles ils s'attachent, et plus connus sous le nom d'*Erysiphes*.

ALPHITOSCOPE. — Appareil servant à essayer les farines, spécialement celles d'orge. Il consiste en une simple loupe. Il est peu usité et il est préférable d'avoir recours à des expériences microscopiques complètes.

ALPICOLE. — Qui vit sur les Alpes ou qui habite les Alpes.

ALPIN (*zoologie*). — Nom vulgaire de l'Accenteur des Alpes, petit oiseau qui se rapproche beaucoup de la fauvette, mais qui s'en distingue par un bec plus fort. L'alpin habite les montagnes des Pyrénées et des Alpes, et il descend quelquefois de ces dernières dans les plaines de Provence, pendant les froids de l'hiver. C'est un oiseau insectivore, et à ce titre utile à l'agriculture. On le désigne aussi sous le nom de *pégot*.

ALPINI (*biographie agricole*). — Né à Morestica, petite ville de l'État de Venise, en 1553, Prosper Alpini devint médecin et botaniste célèbre. Il doit être surtout signalé pour des études très remarquables sur les plantes qu'il lui avait été donné d'observer pendant un séjour de plusieurs années en Egypte. Il est le premier auteur européen qui ait parlé du café et décrit la caféine, qu'il avait étudiée dans le jardin d'un bey, où la plante avait été importée. Il a aussi mieux fait connaître l'arbrisseau qui fournit le baume de la Mecque ou *balsamum* des anciens. Il est mort, en 1617, à Padoue, où il dirigeait le jardin des plantes de la ville.

ALPINIACÉES. — Famille de plantes de la classe des Monocotylédones, que l'on connaît aussi sous le nom de Zingibéracées, Amomées, Sectaminées. Ce sont des herbes vivaces, à rhizome rampant ou tubéreux, rarement à racines fibreuses, acaules ou à tige simple. Les feuilles sont radicales ou alternes, simples. Les fleurs, irrégulières et nues, sont disposées en épi, en grappe ou en panicule. Ces plantes croissent, pour la plupart, entre les tropiques, et surtout en Asie. Leurs racines contiennent diverses huiles volatiles, des principes aromatiques ou amers spéciaux, une quantité plus ou moins considérable d'amidon, et quelquefois une matière colorante jaune.

ALPINIE (*horticulture*). — Groupe de plantes de la famille qui vient d'être indiquée. Leurs fleurs sont hermaphrodites, irrégulières, mais d'une grande beauté; il en est de même de leur port général; aussi les *alpinies* sont fort recherchées pour l'ornement des serres chaudes. Ce groupe a été dédié au botaniste Prosper Alpini. Leurs rhizomes sont doués en général de propriétés aromatiques stimulantes. On en compte une vingtaine d'espèces toutes originaires de l'Asie tropicale; elles sont appelées les herbes indiennes et leurs racines fournissent le *grand* et le *petit galanga* de la Chine, ou le *souchet babylonique* que, dans l'Inde, on emploie comme assaisonnement dans la plupart des mets, et dont on retire aussi une huile essentielle usitée en parfumerie. La principale est l'Alpinie penchée ou retombante (*Alpinia nutans*); elle est magnifique. Sa tige, haute d'environ 3 mètres, est couverte d'un duvet soyeux court; ses feuilles oblongues-lancéolées, acuminées, ciliées de poils roussâtres, brièvement pétiolées, ont une longueur de 30 à 40 centimètres et une largeur de 11 à 14. Elle présente une inflorescence multiflore, nutante, d'abord renfermée dans deux grandes spathes coriaces, tombantes, avec son rachis et ses pédoncules duvetés. Le limbe intérieur de la corolle est divisé en trois segments ovales, dont le médian est plus large et plus aigu, et qui sont blancs ou rosés vers l'extrémité. Le limbe intérieur ou labelle est grand, ovale, élargi, prolongé vers le sommet, qui est échancré et crénelé, de couleur orangé avec des lignes divergentes d'un beau rouge. La floraison se fait au printemps et en été. On cultive l'alpinie en grands pots contenant une terre argileuse mélangée d'un sixième de tourbe et d'un quart de sable. Au printemps et en été il faut lui donner beaucoup d'eau, et on doit l'ombrager pendant les ardeurs du soleil. Cette belle plante a été importée du Bengale par Banks, en 1792.

ALPISTE (*botanique, culture*). — Plante fourragère, appartenant à la famille des Graminées, et qui est cultivée à la fois pour le fourrage qu'elle fournit et pour ses graines. Les espèces les plus remarquables du genre Alpiste (*Phalaris*) sont les suivantes:

1° L'alpiste des Canaries (*Phalaris canariensis*) est originaire des îles Canaries, mais acclimatée en Europe depuis 1788, et elle accomplit toutes les phases de sa végétation sous le climat de Paris. Cette plante (fig. 252), désignée vulgairement sous le nom de *millet long*, est annuelle; ses feuilles sont grandes et d'un beau vert; les fleurs sont disposées en épis ou en panicules, avec panachures de blanc et de vert. Sa graine qui est jaunâtre et ressemble par sa forme à celle du lin, est spécialement recherchée pour la nourriture des oiseaux de volière et il s'en fait une grande consommation; elle est vulgairement appelée graine d'oiseau, graine de Canarie. La farine de l'alpiste donne une colle très gluante qui a été utilisée pour apprêter certains tissus. Lorsqu'on la récolte pour sa graine, on obtient une paille un peu dure, mais que l'on peut néanmoins employer pour la nourriture des bêtes à cornes et des chevaux. Si l'on veut obtenir surtout du bon fourrage, il faut faucher l'alpiste au moment où les panicules commencent à se développer; on a alors un bon foin ou bien un fourrage que l'on peut consommer en vert; on peut avoir de 5000 à 5500 kilogrammes de foin par hectare. Le rendement en graine est de 14 quintaux métriques.

L'alpiste vient dans les sols secs et sablonneux, de moyenne fertilité. On peut le semer depuis le mois d'avril jusqu'au mois de juillet; dans ce dernier cas, on peut avoir un excellent fourrage tardif. On réussit d'autant mieux que les terres ont été bien fumées; on sème sur un simple labour. La quantité de semence à employer est de 25 litres par hectare, lorsque l'on cultive la plante en vue de la production de la graine, et de 30 à 40 litres, quand on la cultive comme plante fourragère. Le plus souvent les semailles sont faites à la volée; mais il est avantageux de semer en lignes, surtout dans le Nord, car la graine mûrit alors plus rapidement; c'est un grand avantage dans les climats où les jours froids arrivent rapidement à l'automne.

Cretté de Palluel est le premier agronome qui ait donné quelques renseignements sur la culture de l'alpiste; il ensemença cette plante en 1788, et il reconnut que les bêtes à cornes en consommaient le fourrage avec plus d'avidité que le millet commun. Peu cultivée pendant la première moitié du siècle, cette plante a été, en 1850, l'objet de nouvelles études. Dezeimeris la fit entrer dans une des listes qu'il avait formées, de mélanges fourragers hâtifs à semer pendant l'été en culture dérobée, principalement dans les années de disette fourragère. La rapidité de la végétation de l'alpiste pendant les mois chauds le rend très propre à entrer dans un mélange de plantes fourragères destinées aux semis tardifs. La proportion de l'alpiste dans ces mélanges fourragers peut être très variable.

Durant les dernières années (1878 à 1880), il a été importé annuellement en France de 1 200 000 à 1 500 000 kilogr. de graines d'alpiste, provenant principalement d'Italie, de Turquie et d'Algérie; cela correspond à la récolte faite sur un millier d'hectares environ.

Il ne faut pas confondre l'alpiste des Canaries, avec l'aspiste phléoïde, plante assez commune dans les champs et les prés. Cette dernière n'appartient aux alpistes que par ses épis formés par le rapprochement contre la tige des pédoncules courts et

Fig. 252. — Alpiste des Canaries.

rameux qui portent les fleurs; ses autres caractères sont ceux des fléoles.

2° L'alpiste roseau (*Phalaris arundinacea*) se distingue de l'autre espèce par des feuilles étroites et planes et par une inflorescence en panicule étalée. Cette plante (fig. 253) vient très bien dans les terrains humides et même au milieu des étangs; mais elle peut également se développer

Fig. 253. — Alpiste roseau.

dans les terres sèches et pierreuses; elle donne un bon fourrage, quoique un peu dur.

Quelques variétés d'alpiste à feuilles panachées sont cultivées dans les jardins comme plantes d'ornement.

ALPUGE. — Se disait autrefois, dans un certain nombre de localités, d'une terre laissée en friche.

ALQUE (*ornithologie*). — Groupe d'oiseaux palmipèdes renfermant les genres Pingoin, Macaron et Géorophynque.

ALQUIÈRE (*métrologie*). — Mesure de capacité usitée pour les liquides en Portugal, et valant environ 13 litres et demi.

ALQUIFOUX (*minéralogie*). — Nom donné par les potiers au sulfure de plomb ou galène qu'ils emploient au vernissage des poteries communes. Pour le vernissage, le sulfure de plomb est réduit en poudre et délayé dans l'eau de manière à former une bouillie claire; puis on y ajoute une matière colorante destinée à donner la couleur brune ou verte. La poterie, après avoir subi un commencement de cuisson, est plongée dans cette bouillie, où elle se couvre d'une mince couche. Après dessiccation, la pièce est soumise au feu; sous son action, le vernis fond et adhère fortement à toutes les parties de la surface. Le vernissage à l'alquifoux est une mauvaise pratique pour la fabrication des ustensiles qui doivent recevoir des aliments ou des boissons. Ces objets doivent être rejetés par les agriculteurs.

ALSACE-LORRAINE (*géographie agricole*). — Ce pays a été pris, en 1871, par l'empire d'Allemagne, à cinq des plus beaux départements agricoles de la France: à ceux du Bas-Rhin et du Haut-Rhin, pour l'Alsace; à ceux de la Meurthe, de la Moselle et des Vosges, pour la Lorraine. — Le département du Bas-Rhin, formé des arrondissements de Strasbourg, Saverne, Schlestadt et Wissembourg, d'une contenance totale de 455345 hectares, a été absorbé tout entier. — Le département du Haut-Rhin était formé des arrondissements de Mulhouse, Colmar et Belfort; son étendue était de 410772 hectares; il n'est resté à la France que le territoire de Belfort, soit 61 000 hectares; l'ancien arrondissement de Belfort en contenait 126057; il en a donc perdu 65057, et l'Allemagne a pris, sur l'ancien département du Haut-Rhin, 349772 hectares. — Le département de la Moselle était formé des arrondissements de Metz, Thionville, Sarreguemines et Briey, d'une étendue totale de 536889 hectares; l'Allemagne a pris les trois premiers arrondissements en entier, et, sur l'arrondissement de Briey, 5400 hectares; cet arrondissement, en effet, pour passer au département actuel de Meurthe-et-Moselle, a été réduit de 118900 hectares à 113500 seulement; ce qui a été enlevé par l'Allemagne à ce département s'élève donc à 423389 hectares. — L'ancien département de la Meurthe était composé des arrondissements de Nancy, Château-Salins, Lunéville, Sarrebourg et Toul; l'Allemagne a pris les arrondissements de Château-Salins et de Sarrebourg, moins 22100 hectares, qui ont été répartis: 2800 sur le nouvel arrondissement de Nancy et 19300 sur celui de Lunéville; l'Allemagne a donc pris à l'ancien département de la Meurthe 199304 hectares. — Enfin, l'Allemagne a encore pris au département des Vosges le canton de Schirmeck, d'une étendue de 23000 hectares, en réduisant ce département à 585300 hectares seulement. — L'ensemble de la conquête allemande a donc été de 805117 hectares pour l'Alsace, et 645693 pour la Lorraine, soit en tout 1450810 hectares, qui forment maintenant le gouvernement d'Alsace-Lorraine (voy. le mot ALLEMAGNE).

Avant l'annexion à l'Allemagne, la population spécifique était de 129 habitants pour le Bas-Rhin et le Haut-Rhin, de 84 pour la Moselle et de 70 pour la Meurthe, le tout par kilomètre carré ou 100 hectares; la population spécifique moyenne était, en conséquence, de 107 par kilomètre carré pour toute l'Alsace-Lorraine; c'était une population très dense plaçant cette province à la suite des cinq départements les plus peuplés de la France. D'après la table dressée par Léonce de Lavergne pour l'ordre de richesse intrinsèque des départements, le Bas-Rhin était le 10e, le Haut-Rhin le 12e, la Meurthe le 14e et la Moselle le 17e, et de Lavergne disait de l'Alsace « que nulle part, excepté en Flandre, la culture n'occupait, proportionnellement, autant de bras, ne se livrait à des productions plus variées. »

Cela était vrai surtout de la plaine environnant Strasbourg, et il n'y avait guère à reprocher à cette agriculture intensive, que l'excès du morcellement des héritages en parcelles trop petites et non contiguës.

Dans son remarquable rapport sur les départements du Bas-Rhin et du Haut-Rhin, rapport qui est le meilleur de tous ceux auxquels a donné lieu l'enquête de 1866, M. Tisserand a résumé la production agricole de l'Alsace à cette date, c'est-à-dire à une époque qui a précédé de peu de temps l'annexion à l'Allemagne. Il a donné les chiffres suivants pour représenter le produit brut total de denrées livrées par les exploitations rurales à la consommation générale :

	hectolitres.
Froment	778 000
Méteil	194 000
Seigle	453 000
Orge	1 073 000
Sarrasin	6 000
Maïs	30 000
Avoine vendue par l'agriculture	72 000
Légumineuses	62 000
Pommes de terre	5 000 000
Vin	1 498 000
Graines oléagineuses	145 000
	kilogrammes
Tabac	9 802 000
Garance	900 000
Chanvre et lin (filasse)	9 810 000
Houblon	1 238 000

M. Tisserand a calculé, en se servant du prix moyen des diverses denrées agricoles fourni par l'enquête agricole, que l'ensemble de tous ces produits végétaux présentait une valeur totale de 140 millions de francs, dont 81 pour le Bas-Rhin et 59 pour le Haut-Rhin. Il faut ajouter 8 millions pour le produit des bois et forêts, et la valeur des produits animaux qui dépassait certainement 46 millions de francs, soit 27 pour le Bas-Rhin et 19 pour le Haut-Rhin. La partie faible de l'agriculture alsacienne était l'entretien du bétail; on n'y élevait pas suffisamment. On comptait, dans les deux départements, 79 000 têtes pour l'espèce chevaline, 200 000 têtes pour l'espèce bovine, 90 000 têtes seulement pour l'espèce ovine, enfin 150 000 pour l'espèce porcine. Comme corrélation, les prairies n'occupaient pas une surface suffisante. L'agriculture aurait eu besoin de chevaux plus forts et de juments plus grandes et plus vigoureuses. La race bovine, constituant le bétail le plus répandu, provenait surtout de la Suisse; on comptait 64 têtes par 100 hectares de terres cultivées et de prairies dans le Bas-Rhin, et 53 dans le Haut-Rhin; mais ces têtes étaient d'un faible poids. La population ovine y était surtout peu nombreuse et diminuait chaque année, mais l'élevage du porc y était en pleine prospérité. Bref, en récapitulant tous les chiffres, M. Tisserand constatait que la production entière de l'agriculture alsacienne atteignait, sur un territoire de 867 000 hectares, une valeur de 190 millions de francs, se répartissant ainsi par hectare moyen :

	BAS-RHIN francs	HAUT-RHIN francs
Produits végétaux	186	153
Produits animaux	59	47
Totaux	245	200

Le produit moyen par hectare, pour les deux départements, montait à 220 francs. M. Tisserand résumait la situation en ces termes : « Pas de terre inculte, à proprement parler, en Alsace ; la jachère n'y existe que de nom ; et quoique, par suite de sa configuration, de l'existence d'une grande chaîne de montagnes et de la nature d'une certaine partie de son sol, près des rives du Rhin, l'Alsace soit obligée d'avoir le tiers de sa surface couvert de bois, dont le faible produit abaisse considérablement la moyenne générale, elle ne laisse pas cependant d'obtenir un produit fort élevé. »

L'appréciation en valeur des produits a l'inconvénient de dépendre du temps; elle ne donne pas des résultats comparables d'une année à l'autre, à moins qu'on ne tienne compte des variations des prix des unités; il convient d'y joindre celle en quantité. La voici pour l'Alsace, en 1866, d'après M. Tisserand, en rendements par hectare (semence non déduite) :

	BAS-RHIN hectol.	HAUT-RHIN hectol.
Froment	21	19 à 20
Méteil	19	18
Seigle	20	20
Orge	29	27
Sarrasin	22	15
Maïs	21	15
Avoine	31	30
Pommes de terre	180	120
Betteraves	30 000 kilog.	25 000 kilog.

Les terres, en Alsace, avaient une très grande valeur en 1866; dans les arrondissements de Strasbourg et de Schlestadt, les prix à l'hectare étaient de 3000 à 10 000 francs pour les terres arables; de 4000 à 12 000 francs pour les prés; de 6000 à 15 000 francs pour les vignes; — dans les arrondissements de Saverne et de Wissembourg, ils variaient, selon les classes, de 2000 à 5000 francs pour les terres arables; de 1500 à 6000 francs pour les prés, de 3000 à 7000 francs, pour les vignes. Le métayage n'existait pas; les prix de location payés par les fermiers variaient de 100 à 150 francs pour les terres arables; il s'élevait jusqu'à 200 francs par hectare pour les vignes.

La situation agricole de la Moselle se trouvait être, à en juger par les résultats de l'enquête agricole de 1866, un peu moins bonne que celle du Haut-Rhin. Le sol y était exclusivement exploité soit par des fermiers, soit par des propriétaires. Le prix de location à l'hectare variait de 10 à 120 francs, ce dernier taux ne s'appliquant guère qu'à de petites propriétés louées en détail et par étendues moindres de 10 hectares. Les prix de vente à l'hectare, selon les classes des terres, variaient de 900 à 2400 francs pour la grande propriété; de 1100 à 2800 pour la moyenne; de 1700 à 4000 pour la petite. On regardait comme grandes propriétés toutes celles ayant plus de 60 hectares; comme moyennes, celles de 15 à 60; comme petites, celles au-dessous de 15. Il y avait tendance au morcellement et recherche de la terre. Les rendements moyens étaient, par hectare :

	hectolitres
Blé	16
Méteil	20
Seigle	20
Orge	24
Avoine	23
Pommes de terre	150

		kilogrammes
Trèfle		4000
Luzerne		5000
Sainfoin		2500
Betteraves	25 000 à	30 000

Les cultures industrielles du colza, du tabac, du chanvre prenaient de l'importance; l'usage de la jachère diminuait; de nombreux instruments perfectionnés étaient introduits dans les exploitations, et le bétail s'améliorait. La situation était généralement prospère. Il en était de même dans les arrondissements du département de la Meurthe qui ont été annexés à l'Allemagne; ils présentaient une grande analogie avec le département de la Moselle.

Sur 310000 hectares de terres labourables, la Moselle en comptait, en nombres ronds, 98000 en froment, 2000 en méteil, 12000 en seigle, 18000 en orge, 30000 en pommes de terre; il restait 88000 hectares pour les prairies artificielles et les cultures industrielles ou diverses, et encore quelques jachères. Les prés avaient une étendue de 47000 hectares environ; les irrigations prenaient de l'extension. Les vignes, d'une étendue de 6000 hectares, avaient une grande valeur dans la vallée de la Moselle, sur les coteaux bien exposés. Le bétail formait la partie faible de cette agriculture, car on ne comptait que 67000 têtes de l'espèce chevaline, 108000 de l'espèce bovine; 160000 de l'espèce ovine, 18500 de l'espèce caprine, et 107000 de l'espèce porcine; l'espèce asine était très peu nombreuse, et l'espèce mulassière à l'état d'une rare exception. Les bois et les forêts occupaient une vaste surface, près de 100000 hectares, et les cultures fruitières et jardinières une étendue assez grande, environ 12000 hectares

Les voies de communication de tous genres et les chemins de fer étaient nombreux, et en bon état, dans tous les arrondissements de la Moselle et de la Meurthe qui ont été annexés à l'Allemagne, de même que dans les deux départements du Bas-Rhin et du Haut-Rhin.

Les départements du Bas-Rhin, du Haut-Rhin et de la Moselle appartenaient à la région nord-est de la France dans l'organisation des concours régionaux agricoles.

Dans le Bas-Rhin, deux concours régionaux ont eu leur siège à Strasbourg, en 1859 et 1866. Dans le premier concours, la grande prime d'honneur a été décernée à M. Barthelémé, à Sand, et dans le second à M. Schattenmann, au Thiergarten, près de Bouxwiller.

Deux concours régionaux ont eu lieu à Colmar, en 1860 et 1867. La grande prime d'honneur du Haut-Rhin a été décernée, en 1860, à M. Stœcklin, à Colmar, et, en 1867, à M. Rudolph, à Ensisheim.

La ville de Metz a été le siège de deux concours régionaux, en 1861 et en 1868. Les lauréats de la grande prime d'honneur de la Moselle ont été : en 1861, M. Georges Dorr, à Saint-Avold, et, en 1868, M. et Mlle Robin, à Sierck.

Sous l'impulsion de Coste, professeur au Collège de France, l'établissement de pisciculture de Lœchlebrunn (Haut-Rhin), créé en 1850, fut remplacé, en 1852, par celui d'Huningue, situé à une petite distance du premier. En même temps qu'il était destiné à produire des alevins pour être répartis dans les diverses régions de la France, il devait constituer un laboratoire où l'on étudierait l'application des découvertes relatives à la multiplication des poissons, et où les nouveaux appareils seraient expérimentés et perfectionnés. Ce programme continue à être rempli; l'établissement d'Huningue est aujourd'hui sous la direction du gouvernement allemand.

Après l'exposé de la situation de l'Alsace-Lorraine antérieurement à l'annexion à l'Allemagne, il faut dire, au point de vue agricole bien entendu, l'état que cette province présente depuis que ce grand événement politique s'est produit. *L'Elsasz und Lotheringen*, selon que disent les Germains, occupe une superficie totale de 1450810 hectares. Elle est divisée en trois *Bezirks* qui correspondent à peu près à l'ancienne division française en départements; ce sont : 1° la Haute-Alsace, composée de 384 communes, composant l'ancien département du Haut-Rhin, moins les quatre cantons formant le territoire de Belfort; la superficie est de 351231 hectares; 2° la Basse-Alsace, composée de 560 communes et formée de l'ancien département du Bas-Rhin, plus les cantons de Schirmeck et de Salles, du moins la partie située dans la vallée de la Bruche, et qui appartenait au département des Vosges, le tout composé de 752 communes et ayant une étendue de 477436 hectares; 3° la Lorraine, formée par des cantons ou des parties diverses des anciens départements de la Moselle et de la Meurthe, le tout d'une superficie de 622143 hectares. Chacune des trois divisions est administrée par un *Bezirks-President* ayant des pouvoirs analogues à ceux des préfets français. Le Bezirk se subdivise en cercles (*Kreis*) ayant à leur tête un *Kreisdirector* (directeur de cercle). Un cercle est plus petit qu'un ancien arrondissement ou sous-préfecture; on en compte 22.

Il a été fait, en janvier 1873, un recensement général du bétail de l'État : cette opération n'avait pas été recommencée jusqu'en 1881. On a obtenu les nombres suivants :

CERCLES	BÊTES CHEVALINES	MULETS ET ANES	BÊTES BOVINES	BÊTES PORCINES	BÊTES OVINES	BÊTES CAPRINES
Altkirch	3682	10	28769	12887	11058	2142
Mulhouse	4688	33	19614	7457	11184	2569
Thann	1302	92	12710	5698	3542	4012
Guebwiller	3675	381	13123	8158	4219	1939
Colmar	5939	558	16946	8929	3805	3762
Ribeauvillé	1837	96	13807	4131	1182	3179
Totaux pour la Hte-Alsace	21133	1170	104969	47260	35020	19314
Schlestadt	5869	15	19991	8486	1907	3755
Erstein	8756	11	20223	9253	2115	1146
Molsheim	3284	12	18800	5547	5108	3664
Strasbourg (v.)	2202	10	2118	1359	97	557
Strasbourg (c.)	10771	10	30126	9921	9008	916
Saverne	6460	7	37198	18599	16226	2306
Haguenau	4122	12	19490	6013	6856	1517
Wissembourg	4061	8	28294	9210	5539	1693
Totaux pour la B.-Alsace	45525	85	176240	68388	40856	14444
Sarrebourg	6745	25	21850	17580	12142	3452
Sarreguemines	3490	10	20226	3251	10969	3734
Château-Salins	14516	25	19811	21074	28001	2802
Forbach	6440	24	20157	16136	14668	3741
Boulay	8053	64	17383	22027	15056	2126
Metz (ville)	725	4	164	58	3	34
Metz (camp.)	14068	305	16673	31404	14915	2947
Thionville	9447	75	21002	28727	13532	4194
Totaux pour la Lorraine	65524	532	137275	150857	109266	22791
Totaux pour l'Alsace-Lorraine	130172	1787	418484	266505	191142	56579

Tous ces nombres sont un peu inférieurs à ceux constatés avant la guerre de 1870-71, et personne ne saurait s'étonner d'un tel résultat.

Le pays n'a pas de races locales qui lui soient spéciales. Dans une grande partie de l'Alsace, des importations nombreuses de vaches suisses ont été faites à diverses reprises, à peu près à toutes les époques. En Lorraine, les races bovines désignées sous les noms de vosgienne et de meusienne, peuplaient le plus grand nombre des étables. A partir de 1860 environ, le conseil général du département de la Moselle et les comices agricoles de Metz et de Thionville commencèrent des essais pour l'amélioration de la population bovine en Lorraine; dans ce but, ils firent acheter dans les lieux d'origine, des animaux reproducteurs de races perfectionnées, et ils les revendirent aux agriculteurs avec une diminution assez sensible du prix d'achat; c'est ainsi que des taureaux et des vaches des races durham et hollandaise ont été introduits dans un assez grand nombre d'exploitations. Interrompue pendant plusieurs années, cette méthode de propagation des animaux améliorés a été reprise, et elle a continué à donner des résultats avantageux.

Quant à la répartition agricole des terres, elle est ainsi donnée, pour 1878, par les documents statistiques allemands :

CERCLES	TERRES ARABLES	PRAIRIES	PATURAGES	VIGNES	FORÊTS	SURFACES BÂTIES	TERRAINS VAGUES	CHEMINS	EAUX	TOTAUX
	hectares	hectares	hectares	hectares	hectares	hectares	hectares	hectares	hectares	hectares
Altkirch	30 711	12 856	1 288	211	17 428	404	596	1 297	511	65 362
Mulhouse	32 987	6 409	72	1 209	18 537	692	706	1 136	1 157	62 005
Thann	8 562	9 174	6 554	686	24 584	312	1 606	690	195	52 363
Guebwiller	21 904	4 881	2 927	2 574	19 900	417	1 097	805	797	58 302
Colmar	28 912	6 610	2 928	3 107	18 686	702	2 454	1 722	1 263	66 384
Ribeauvillé	8 291	6 982	3 391	4 229	19 418	248	2 327	846	183	45 915
Totaux pour la HAUTE-ALSACE	134 397	46 912	17 160	12 016	118 553	2 775	8 786	6 496	4 136	351 231
Schlestadt	23 714	9 669	1 308	4 777	19 932	438	886	1 189	1 236	63 149
Erstein	25 139	8 425	1 871	1 105	9 239	436	536	732	2 300	49 783
Molsheim	19 162	6 887	4 062	3 296	35 773	377	2 606	1 267	274	74 004
Strasbourg (ville)	2 861	482	15	2	2 090	470	592	251	1 055	7 818
Strasbourg (campagne)	38 090	8 252	808	2 102	3 601	562	814	1 174	756	56 102
Saverne	41 029	13 921	646	1 614	39 573	524	824	1 986	337	100 481
Haguenau	23 228	7 836	323	428	29 539	437	1 414	1 405	1 264	65 904
Wissembourg	28 857	8 305	519	782	18 758	481	301	1 521	668	60 192
Totaux pour la BASSE-ALSACE	202 380	63 777	9 552	14 136	158 508	3 665	8 003	9 525	7 890	477 436
Sarrebourg	38 755	13 294	420	75	43 149	273	1 014	1 705	2 139	100 824
Sarreguemines	36 629	7 966	286	54	31 130	276	1 145	1 174	509	79 469
Château-Salins	60 135	12 540	535	1 372	18 424	356	424	2 147	1 310	97 243
Forbach	41 754	9 767	228	117	15 131	304	693	1 702	479	70 175
Boulay	46 529	6 887	245	154	15 426	263	462	1 261	286	71 513
Metz (ville)	21	»	»	»	»	63	420	65	81	651
Metz (campagne)	69 915	8 526	1 308	3 457	18 631	528	1 654	2 625	960	107 604
Thionville	56 781	6 507	1 097	1 028	21 912	311	877	2 224	921	94 664
Totaux pour la LORRAINE	350 519	65 487	4 120	6 257	166 803	2 377	6 6S3	13 203	6 688	622 143
Totaux pour l'ALSACE-LORRAINE	687 296	176 176	30 832	32 409	443 864	8 817	23 478	29 224	18 714	1 450 810

De ce tableau résulte la répartition proportionnelle suivante des diverses natures de terres :

	HAUTE ALSACE	BASSE ALSACE	LORRAINE	ALSACE-LORRAINE
Terres arables	38,26	42,39	56,34	47,37
Prairies	13,36	13,35	10,52	12,14
Pâturages	4,88	2,01	0,66	2,12
Vignes	3.42	2,95	1,06	2,23
Bois et forêts	33.75	33,19	26,81	30,59
Surfaces bâties	0.78	0,76	0,38	0,60
Terres vagues	2,53	1,77	1,04	1,66
Routes et chemins	185	1,93	2,12	2.01
Eaux	1,17	1,65	1,07	1,28
Totaux	100,00	100,00	100,00	100,00

L'Alsace-Lorraine produit toutes les céréales : froment, orge, seigle, avoine, épeautre; la Basse-Alsace surtout a d'excellentes terres à blé. L'orge est cultivée avec succès pour la brasserie notamment l'orge chevalier, pour la propagation de laquelle il est fait de sérieux efforts. La culture de la pomme de terre donne de bons et abondants produits.

La culture du maïs se répand chaque année davantage, moins pour récolter du grain que pour obtenir du fourrage vert. La production des fourrages est désormais un des principaux soucis de l'agriculteur lorrain et alsacien. Non seulement les prairies naturelles, pour un dixième environ constituées en vergers, mais encore les prairies artificielles, trèfle ordinaire, trèfle incarnat, luzerne, sainfoin, sont de mieux en mieux soignées; on y ajoute beaucoup de maïs-fourrage, et des cultures de racines, betteraves, navets, carottes, panais. Parmi les plantes industrielles, il faut surtout signaler le houblon, le tabac, la moutarde, le pavot, le chanvre et le lin.

La répartition des terres entre les diverses cultures a été la suivante en 1878 ·

	HAUTE ALSACE	BASSE ALSACE	LORRAINE	ALSACE-LORRAINE
	hectares.	hectares.	hectares.	hectares.
Froment	31 809	57 280	102 608	191 697
Epeautre	608	411	113	1 132
Méteil	2 379	2657	2824	7 860
Seigle	12 739	11 148	16 692	40 579
Orge	18 391	29 978	12 994	61 363
Avoine	7 922	9 866	75 154	92 942
Sarrasin	938	41	26	1 005
Millet	12	»	»	12
Maïs	2 634	2 104	45	4 783
Fèves, haricots, pois, etc.	2 633	7 687	7 024	17 344
Pommes de terre	20 509	34 531	31 875	86 915
Topinambours	12	639	22	673
Betteraves, autres racines, choux, etc.	11 063	33 929	6 492	51 484
Colza et autres Crucifères oléagineuses	1 636	4 058	1 401	7 095
Œillette	9	110	24	143
Lin	41	171	283	495
Chanvre	552	2 622	917	4 091
Tabac	24	2 474	37	2 535
Houblon	207	4 166	121	4 494
Chicorée	2	48	45	95
Prairies artificielles	16 735	24 078	44 015	84 828
Totaux	130 855	227 998	302 712	661 565

D'après ce tableau, il n'y aurait eu que 25 700 hectares, soit un peu moins de 4 pour 100 des terres arables, en jachères.

En 1878, la récolte totale du blé froment, pour l'Alsace-Lorraine, a été de plus de 2 millions de quintaux métriques ou 2683000 hectolitres, ce qui correspond à un rendement moyen de 11 hectolitres seulement à l'hectare. Il n'y avait pas plus d'un hectare en blé de printemps contre 80 hectares en blé d'hiver. Il faut ajouter encore 10000 quintaux d'épeautre, 83000 quintaux de méteil, 375 000 quintaux de seigle, 624 000 quintaux d'orge; en tout la province a donc fourni en céréales pour la consommation humaine, 3100000 quintaux métriques de grains. L'orge seule est principalement emblavée au printemps; pour 1 hectare emblavé en orge à l'automne ou en hiver, 90 hectares sont en orge d'été; le rendement moyen a été de 11 quintaux à l'hectare en 1878.

Des efforts ont été faits pour propager la culture de l'orge Chevalier, qu'on sème à la fin de l'automne; l'Alsace trouve un débouché facile pour ses orges dans les nombreuses brasseries que possède le pays.

C'est la Lorraine surtout qui cultive l'avoine, à elle seule trois fois plus que l'Alsace : la production totale de l'Alsace-Lorraine dépasse ordinairement 2 millions d'hectolitres Le millet et le sarrasin ne sont cultivés qu'exceptionnellement. Le maïs, presque inconnu en Lorraine, occupe de 4000 à 5000 hectares en Alsace; il a donné un rendement de 14 quintaux métriques à l'hectare en 1878.

Les cultivateurs de l'Alsace-Lorraine attachent une grande importance à la production de la paille des céréales, soit pour en faire de la litière, soit pour s'en servir comme nourriture pour leurs chevaux. Ils ont obtenu en 1878, en moyenne par hectare, de 2350 à 2500 kilogrammes de paille pour le froment, l'épeautre, le méteil et le seigle, mais de 1200 à 1500 kilogrammes seulement pour l'orge et l'avoine, de 1000 à 1600 pour le sarrasin et le maïs.

Les graines de légumineuses sont très cultivées dans cet État; les pois principalement dans la Basse-Alsace, les lentilles en Lorraine, les haricots en Lorraine et dans la Basse-Alsace, les vesces en Lorraine et surtout dans la Haute-Alsace, le lupin en Lorraine. Ces diverses cultures occupent les superficies totales et donnent les produits totaux et proportionnels qu'indique le tableau suivant :

	SURFACES CULTIVÉES	PRODUITS TOTAUX	RENDEMENTS PAR HECTARE
	hectares	quintaux	quintaux
Pois........	3 026	23 359	9,70
Lentilles....	1 166	9 329	7 99
Haricots.....	1 584	18 694	11,78
Féveroles....	7 995	159 891	20,06
Vesces.......	2 194	25 243	11,51
Lupin.......	192	796	4,15
Totaux..	16 157	237 312	»

Les cultures diverses occupent 1187 hectares.

La paille de toutes ces récoltes de légumineuses donne en outre une masse fourragère s'élevant à 273000 quintaux métriques, soit 1600 kilogrammes par hectare.

On a vu plus haut les étendues cultivées en pommes de terre; le rendement moyen n'a été en 1878 que de 5500 kilogrammes ou 87 hectolitres par hectare; ce n'est guère plus que la moitié d'une récolte moyenne. Les topinambours, qui ne sont cultivés en quantité un peu notable que dans la Basse-Alsace, ont donné un rendement moyen de 7390 kilogrammes à l'hectare. La culture des autres racines a fourni les résultats suivants en 1878 :

	SURFACES CULTIVÉES	PRODUITS TOTAUX	RENDEMENTS PAR HECTARE
	hectares	quintaux	kilogrammes
Betteraves...	19 054	3 991 642	209,39
Carottes	1 595	170 623	106,98
Raves......	24 822	1 700 324	68,56
Choux-raves.	256	28 822	112,58
Choux.......	3 454	666 560	198,17
Totaux.	49 181	6 557 971	»

Les autres racines diverses sont réparties sur 2303 hectares.

La Lorraine ne cultive que la huitième partie environ des betteraves récoltées dans l'État entier; la Basse et la Haute-Alsace se partagent le reste à peu près par moitié, mais il y en a un peu plus dans la Basse-Alsace. Pour les carottes, la Basse-Alsace produit la moitié, la Haute-Alsace et la Lorraine, chacune un quart.

La Basse-Alsace cultive les sept huitièmes des raves. La Lorraine ne fait que la trentième partie des raves et la huitième partie des choux-raves. La culture des choux est à peu près de 3 à 4 et à 5 pour les 3 provinces : Lorraine, Haute-Alsace, Basse-Alsace. Pour toutes les racines fourragères, sauf les choux-raves, la Basse-Alsace a la prédominance.

Sur les 7005 hectares cultivés en graines oléagineuses, la culture du colza en a occupé 6850, et les deux tiers se trouvaient dans la Basse-Alsace, la Lorraine et la Haute-Alsace ayant chacune un dixième; le rendement moyen du colza a été de 10 quintaux métriques par hectare. 16 hectares seulement ont été consacrés à la cameline, 143 à l'œillette (pavot), 239 à la moutarde, et cela presque totalement dans la Basse-Alsace. Le rendement moyen par hectare a été de 7 à 8 quintaux pour la cameline et le pavot, de 10 pour la moutarde.

Parmi les plantes textiles, le chanvre seul a une assez grande importance, surtout en Basse-Alsace qui fait les trois quarts de la production totale de l'État. Il y a eu en 1878, en tout 12030 quintaux de chanvre peigné et 870 quintaux de lin. La graine de lin obtenue a été de 2650 quintaux et le chènevis s'est élevé à 2770 quintaux.

La culture du tabac est presque entièrement dans la Basse-Alsace; la production totale en 1878 a été de 4 031 650 kilogrammes, soit de 1745 kilogrammes à l'hectare.

C'est aussi la Basse-Alsace qui produit la plus grande partie du houblon, 8 environ contre 4 dans la Haute-Alsace et 3 dans la Lorraine. En 1878, la récolte totale en houblon a été de 4 235 500 kilogrammes, soit de 912 kilogrammes à l'hectare.

La culture de la chicorée pour fournir une poudre qu'on a beaucoup, dans le pays, l'habitude de mélanger au café, se fait presque exclusivement en Basse-Alsace et en Lorraine. La production totale en 1878 a été de 918300 kilogrammes, soit de 9980 kilogrammes à l'hectare.

La production fruitière est considérable en Alsace-Lorraine; les arbres fruitiers sont partout: dans les jardins, les vergers au bord des routes, comme clôture.

Les pommiers, les pruniers, puis les noyers, sont les arbres qui donnent les produits les plus importants; les poiriers et les cerisiers viennent ensuite, et enfin les châtaigniers.

Cette production fait beaucoup de progrès, et il y a une tendance marquée à substituer les bonnes espèces aux mauvaises et aux communes; on a fait aussi des essais pour les plantations des bords des routes en arbres fruitiers. On estime que les vergers n'occupent guère moins de 18 000 hectares.

Les vins d'Alsace et de Lorraine continuent à être justement estimés. Les vendanges de 1878 ont donné les résultats suivants :

	ÉTENDUE DES VIGNOBLES	VINS RECOLTÉS	RENDEMENT PAR HECTARE
	hectares	hectolitres	hectolitres
Haute-Alsace.....	12016	457 264	38,05
Basse-Alsace.....	14 136	364 936	25,81
Lorraine.........	6 257	300 402	48,01
Alsace-Lorraine .	32409	1 122 602	34,64

La production du vin était une des grandes richesses du département du Haut-Rhin. Le docteur Guyot estimait, en 1864, que la vigne y produisait le tiers du revenu agricole total; elle donnait davantage et plus sûrement que le houblon; le rendement moyen dépassait 50 hectolitres à l'hectare. Sur la production entière, les vins rouges n'entraient pas pour plus de 1/200e.

Dans le Bas-Rhin, la culture de la vigne est, en général, la même que dans le Haut-Rhin : toutefois les rendements moyens y sont plus élevés. Le docteur Guyot les estimait en 1861 à 60 hectolitres par hectare, et il évaluait que la production en vignoble était environ le cinquième de tout le revenu agricole du département. Comme qualité, ces vins se plaçaient, dans leur ensemble, au-dessous de ceux du Haut-Rhin.

Le département de la Moselle, qui n'avait que 5000 à 6000 hectares de vignes en 1863, produisait des vins généralement plus estimés que les précédents. La récolte viticole formait le dixième du revenu total agricole du département. « La Moselle, dit le docteur Guyot, est un vrai pays à vins légers, délicats, hygiéniques et alimentaires. » Le rendement moyen était de 80 hectolitres à l'hectare pour les grosses races, de 60 pour les races mixtes et de 40 pour les petites races ou fins cépages. Les vignobles des environs de Metz étaient des mieux cultivés, et un grand nombre de perfectionnements dans la culture de la vigne et dans la vinification y ont pris naissance. Les vins les plus estimés du pays sont ceux de Scy, Lorry, Ancy, Argancy, Guénétrange. Ils doivent leur juste réputation au bon choix du cépage et aux soins judicieux employés pour leur confection.

Dans la partie du département de la Meurthe prise par l'Allemagne, il ne se trouvait aucun vignoble important. Les bons vins de Thiaucourt, de Pagny, etc., sont restés à la France.

L'Alsace-Lorraine produit en foin une masse fourragère capable de nourrir par an 331 250 têtes de gros bétail. Les prairies artificielles entrent pour le tiers dans cette production. La Lorraine se fait remarquer par ses cultures de luzerne, la Basse-Alsace par ses trèfles, la Haute-Alsace par ses sainfoins. Les rendements dépassent parfois, dans l'ensemble du pays, 5000 kilogr. de fourrage sec pour le trèfle et pour la luzerne, 4700 kilogr. pour les prairies permanentes, 3600 kilogr. pour le sainfoin, 3000 kilogr. pour les prairies artificielles à graminées. Les pâturages sont assez maigres.

L'organisation des associations agricoles varie suivant les districts. En Alsace, chaque arrondissement possède un comice agricole qui se subdivise en comices cantonaux; les comices d'arrondissement forment, en outre, une fédération départementale, centralisée dans les sociétés d'agriculture de la Haute-Alsace et de la Basse-Alsace. En Lorraine, les comices d'arrondissement ont une vie propre, sans subdivisions et sans fédération. A cette organisation, il faut ajouter plusieurs associations libres, parmi lesquelles il faut citer l'Académie de Metz, la Société des sciences de Strasbourg, la Société industrielle de Mulhouse, la Société d'histoire naturelle de Colmar, plusieurs Sociétés d'horticulture et de viticulture, à Strasbourg, à Mulhouse, à Colmar, des sociétés spéciales d'aviculture, d'apiculture, de pisciculture, une Société protectrice des animaux.

Le gouvernement de l'empire allemand s'est attaché fortement à encourager l'agriculture de l'Alsace-Lorraine; il a voulu surtout en assurer l'amélioration par le développement de l'instruction. M. Paul Müller a fait connaître en 1879, dans une communication adressée à la Société nationale d'agriculture de France, l'organisation des services agricoles de l'Alsace-Lorraine.

L'année budgétaire commence au 1er avril. Les dépenses n'ont pas beaucoup varié depuis 1871 dans leur ordonnancement général, mais elles se sont un peu élevées cependant, surtout à cause de la création de quelques postes de hauts fonctionnaires, parmi lesquels il faut signaler celui de vétérinaire supérieur confié à M. Zundel, dont l'intelligente action s'est heureusement montrée pour la conservation du bon état sanitaire du bétail.

Toutes proportions gardées, ces dépenses pour l'agriculture dans l'Alsace-Lorraine sont environ sept fois plus considérables que celles faites en France.

Outre le budget ordinaire, le gouvernement allemand consacre des allocations extraordinaires aux travaux publics agricoles; ils ont principalement en vue, d'après des renseignements qui nous ont été fournis par M. Paul Muller, la correction du cours de l'Ill, l'amélioration du régime de ses affluents et des autres cours d'eau. La correction du cours de l'Ill rendra à la culture des étendues considérables de terrains actuellement improductifs et mettra les contrées riveraines à l'abri des inondations. La régularisation des eaux exige la construction de réservoirs dans les vallées. Aujourd'hui il existe déjà des réservoirs dans le val d'Orbey, les vallées de Munster, de la Doller et de la Lench. Au budget de 1880 est inscrite une somme de 261 000 francs pour la correction des cours d'eau, et au budget de 1881 une somme de 280 000 francs. Outre ces crédits, portés comme dépense extraordinaire, figurent 107 500 de dépenses ordinaires pour le payement du personnel et les frais ordinaires. Le personnel se compose de quatre ingénieurs agricoles et quatre conducteurs. L'État n'entreprend ou ne subventionne que les travaux d'utilité générale. Ainsi, en 1881, il a consacré plus de 180 000 francs à l'Ill. La correction de l'Ill comprend le redressement du cours d'eau de la rivière et la fixation d'un lit d'eaux moyennes et de hautes eaux par l'établissement de digues. La largeur du lit et la hauteur des digues sont fixées en raison du débit des eaux moyennes et des plus grandes crues connues. Les frais se sont élevés jusqu'aujourd'hui à 60 000 francs par kilomètre. — L'État supporte la moitié des frais de correction de l'Ill; le département, les communes et les propriétaires riverains l'autre moitié. Les propriétaires constitués en syndicat payent le quart, et la répartition de leur part contributive se fait en proportion de l'avantage obtenu. Les premiers ouvrages ont parfaitement résisté; aussi les populations riveraines sont-elles unanimes à demander la continuation des travaux. Tout le territoire compris entre Erstein et la Wantzenau, d'une superficie de 25 000 hectares, sera protégé contre les inondations. A elle seule, la ville de Strasbourg obtiendra un avantage décuple de la dépense. Les crues seront réglées, les prairies seules seront inondées.

Les eaux sont principalement utilisées par l'industrie dans les vallées; dans toute l'Alsace-Lorraine, on compte 1907 moteurs produisant une force de 28 000 chevaux vapeur. Du samedi au dimanche soir, on abandonne l'eau à la culture. On a fait des prises d'eau aux canaux dans l'intérêt de l'agriculture. Ainsi, dans le Haut-Rhin, à l'écluse 43 du canal du Rhône au Rhin, existe une prise d'eau qui, après avoir alimenté une papeterie, irrigue 10 hectares. Ce sont des exemples à imiter par les autres gouvernements.

ALSÉIS. — Genre d'arbres et d'arbustes du Brésil et de Panama, glabres ou velus, à feuilles opposées, pétiolées, oblongues-lancéolées, acuminées, avec petites fleurs odorantes blanches ou jaunes, unisexuées, en épis paniculés. Ce genre appartient à la famille des Rubiacées, tribu des Cinchonées.

ALSÉODAPHNÉ. — Arbres à feuilles alternes, coriaces, penninerves, à fleurs en grappes composées de cymes latérales ou unies à l'aisselle des écailles du bourgeon. D'après M. Baillon, on connaît sept à huit espèces de ce genre appartenant aux Lauracées, et qui est originaire des régions chaudes de l'Asie.

ALSIDIE. — Algues appartenant à la tribu des Floridées (voy. le mot *Algues*), que l'on rencontre sur les rochers de la Méditerranée et de l'Adriatique.

ALSINE (*botanique*). — Genre de plantes auquel appartient la plante annuelle, herbacée, désignée le plus souvent sous les noms de morgeline, mouron blanc, *mouron des oiseaux*, qui est recueillie aux environs des villes pour la nourriture des oiseaux de volière ou de cage. Elle pousse avec facilité dans tous les terrains. Ce genre est le principal d'une tribu de la famille des Caryophyllées à laquelle a été donné le nom d'*Alsinées*, et dont la fleur est caractérisée par la forme du calice, qui est composé de cinq pièces séparées, souvent même étalées. Un grand nombre de plantes de cette tribu se trouvent en France, mais la plus répandue est l'*Alsine media*, de Linné, ou mouron des oiseaux.

ALSODÉES, ALSODINÉES (*horticulture*). — Plantes appartenant à la famille des Violariées, caractérisées par des fleurs régulières, à pétales imbriqués à la base et ouvertes au sommet, formant des arbres ou arbrisseaux qui proviennent de Madagascar. On les multiplie par boutures, et on les entretient dans les serres chaudes en terre franche mêlée de terre de bruyère.

ALSOPHILA (*horticulture*). — Nom d'une grande fougère arborescente, originaire de l'Australie méridionale, encore très peu répandue dans les serres de l'Europe. Elle atteint une hauteur de 10 à 12 mètres; son tronc droit et robuste, dont le diamètre est quelquefois de 1 mètre, porte à sa partie supérieure une large touffe terminale de frondes découpées, qui forment une couronne de 4 à 6 mètres de diamètre. Cette fougère demande la serre tempérée.

ALSTON (*biographie horticole*). — Charles Alston naquit, en 1683, dans l'ouest de l'Écosse. Il devint médecin et botaniste célèbre, et contribua beaucoup à fonder la renommée de la faculté d'Edimbourg, dont le jardin fut mis sous sa direction. Il avait été, à Leyde, l'élève de Boerhaave. Son principal ouvrage, consacré aux plantes cultivées dans ce jardin, contribua aussi aux progrès de la botanique et de l'horticulture. Il est mort en 1760.

ALSTONIE, ALSTONIÉES (*horticulture*). — Le docteur Mutis, botaniste de la Nouvelle-Grenade, a dédié à Alston un très bel arbre des îles septentrionales de l'Océanie et de l'Asie tropicale, et le nom scientifique a adopté la dénomination proposée. Ce genre a donné son nom à la tribu des Alstoniées, formée dans la famille des Apocynées par d'anciennes espèces du genre *Echites;* elles sont caractérisées par des follicules coriaces, par des graines aplaties et couvertes, à chaque extrémité, d'un bouquet de cils allongés. Les fleurs hermaphrodites ont un calice régulier à cinq divisions plus ou moins profondes, visibles dans le bouton. Elles sont disposées en grappes à cymes. Les feuilles sont opposées ou verticillées. Les Alstoniées donnent un suc laiteux ; elles ont une écorce très amère et sont susceptibles de diverses applications, soit par leur bois, soit par leurs sucs extractifs. L'espèce la plus anciennement connue est l'*Alstonia scholaris*, ou l'Alstonie des écoliers, ainsi nommée parce que son bois sert à faire des règles et des planchettes employées dans les écoles. On lui a aussi donné les noms de *Pala, Lignum scholare, Echites scholaris*, *Allemanda verticillata*. On trouve cet arbre dans l'Inde, à Java, aux Philippines, à Timor. Son écorce, d'une amertume qui rappelle celle de la gentiane, est considérée comme extrêmement tonique et vermifuge; elle donne une infusion employée contre les dyspepsies, les dysenteries et les fièvres intermittentes. Les fruits sont très étroits et très longs ; ils atteignent jusqu'à plus de 30 centimètres. Une autre espèce est l'*Alstonia constricta* dont l'écorce a été proposée comme succédanée du quinquina. D'autres plantes auxquelles on a donné le nom d'Alstonies appartiennent à des genres voisins. La culture se fait en serre chaude, avec une atmosphère humide durant la période d'activité de la végétation, dans un sol composé de terre de bruyère mélangée d'un quart de terre franche.

ALSTROEMER (*biographie agricole*). — Jonas Alstrœmer, né à Alingsas (Suède), en 1685, a exercé une influence considérable sur l'agriculture et l'industrie de son pays natal. Après plusieurs voyages en Angleterre, en Hollande, en Allemagne, il fit tous ses efforts pour introduire en Suède les industries et le commerce qu'il avait vus en pleine activité dans ces pays. Il fit connaître les plantes utiles à la teinture, et contribua au développement de la culture de la pomme de terre ; il introduisit des troupeaux de moutons d'Espagne et d'Angleterre, et même des chèvres d'Angora. Il créa des raffineries de sucre, et sous son influence, les manufactures de drap et d'autres tissus de laine prirent une rapide extension. Toutes ses créations n'eurent pas le même succès; mais longtemps avant sa mort qui arriva en 1761, il put en voir plusieurs prospérer. Sa famille fut ennoblie et il fut élu membre de l'Académie des sciences de Stockholm.

Son fils Claude, baron d'Alstrœmer, né en 1734, mort en 1794, s'adonna à la botanique, en même temps qu'à l'agriculture. Il fut élève de Linné. On lui doit l'introduction de la culture, dans les jardins d'Europe, du lis des Incas, auquel Linné donna son nom (*Alstrœmeria*). Il fut élu, en 1788, associé étranger de la Société nationale d'agriculture de France.

ALSTROEMÈRE (*horticulture*). — Genre de la famille des Amaryllidées, renfermant un grand nombre de plantes vivaces remarquables par la beauté de leurs fleurs, et cultivées, à ce titre, dans les serres des jardins d'Europe. La plupart de ces plantes sont originaires du Pérou et du Chili. Ce nom a été donné à ce genre de plantes par Linné, en l'honneur du botaniste Alstrœmer (*voy. ce mot*). Ces plantes sont caractérisées par une tige pleine et dressée, une racine fibreuse fasciculée, des fleurs grandes de plusieurs centimètres et durant fort longtemps. Le genre renferme une vingtaine d'espèces, dont les plus remarquables sont les suivantes :

1° L'alstrœmère pèlerine (*Alstrœmeria peregrina*) appelée communément lis des Incas, originaire du Pérou. Elle a une racine semblable à une griffe d'asperge ; sa tige s'élève à une hauteur de 35 à 50 centimètres ; ses feuilles sont sessiles, contournées, lancéolées ; ses fleurs, qui s'épanouissent de juin en octobre, sont blanches, inégales, rayées et lavées de rose foncé, et à divisions ouvertes. Cette plante est en végétation pendant presque toute l'année, et fleurit souvent deux fois.

2° L'alstrœmère à fleurs rayées (*A. Ligtu*), originaire aussi du Pérou. Sa tige est droite, un peu spatulée de rouge; ses feuilles sont spatulées et petites; ses fleurs, disposées en ombelle, sont blanches, rayées de rouge, et exhalent une odeur agréable. Dans son pays d'origine, on tire de ses racines une fécule qui est employée comme aliment.

3° L'alstrœmère à fleurs pâles (*A. pallida*); sa tige est assez grêle; ses feuilles sont linéaires et dentées; ses fleurs, en ombelle, sont rose pâle, mêlées de rouge et de jaune.

4° L'alstrœmère orange (*A. aurantiaca*), originaire du Chili. Ses feuilles sont d'un vert luisant. Ses fleurs, très grandes, sont d'une belle couleur jaune orangé, avec des rayures pourpres.

5° L'alstrœmère à fleurs changeantes (*A. versicolor*), originaire du Chili. Ses tiges atteignent une hauteur de 1 mètre; les feuilles sont linéaires, obtuses et contournées au-dessus de la base; les fleurs, disposées en ombelle, sont d'un rose pâle, avec quelques divisions plus étroites de couleur jaune rayée de rose.

6° L'alstrœmère perroquet (*A. psittacina*), originaire du Mexique. Ses tiges atteignent 50 à 70 centimètres de hauteur. Les feuilles sont lancéolées-spatulées. Quant aux fleurs, elles sont d'un beau pourpre violet, avec des taches vertes et violet noir au sommet.

Toutes ces espèces doivent être cultivées à peu près de la même manière. Leur multiplication peut se faire soit par graines, soit par séparation des racines, qu'il faut opérer avec soin, en prenant garde de les blesser, car elles sont d'une grande fragilité. Les semis se font en pots, dans une terre substantielle, légère, soit au printemps, soit à l'automne. Le plant est repiqué au deuxième printemps; si la plante a été entourée de bons soins, elle peut fleurir dès cette deuxième année.

L'exposition à l'air se fait au mois de mai; dès que les plantes commencent à fleurir, il faut redoubler de précaution, afin de mettre les fleurs, dont le tissu est très délicat, à l'abri des vents, du grand soleil et de la pluie. Les arrosements doivent être assez fréquents durant l'été, mais modérés; on les suspend pendant l'hiver. La plupart des espèces se conservent bien sous un châssis froid, à l'abri de la gelée et de l'humidité; quelques-unes peuvent même passer l'hiver en pleine terre, sous le climat de Paris, avec un simple abri de litière ou de feuilles sèches. Toutefois, il est préférable de les maintenir constamment en pots, ce qui rend plus faciles les précautions à prendre pour les fleurs; dans ce cas, on change, tous les deux ou trois ans, la terre des pots.

ALTAVELLA, ALTAVELLE ou **ALTAVÈLE** (*pisciculture*). — On appele *Raja altavela*, *Trigon altavela*, *Pteroplatea altavela* et souvent tout simplement *Tavela*, un poisson de mer que l'on rencontre surtout à Naples, et qui est remarquable par le grand développement de ses nageoires pectorales. Il se rapproche beaucoup de la raie pastenague. Lorsqu'il se meut au sein des eaux, les deux nageoires pectorales ont l'aspect de deux voiles agitées par le vent, ce qui lui a fait donner le nom de *raie à grandes voiles*. Les nageoires pelviennes sont peu développées et arrondies; il n'y a pas de nageoire dorsale. Les mâchoires sont armées de petites dents pointues qui ne s'étendent pas jusqu'à l'angle de la bouche. Les yeux sont assez grands. La région caudale porte un aiguillon denticulé sur ses bords. Le dessus du corps est d'un brun roussâtre uniforme, le dessous est blanc et bordé de roux. La chair de ce poisson est recherchée; elle présente une saveur agréable.

ALTENSTEINIA (*botanique*). — Genre de plantes appartenant à la famille des Orchidées, dédié par Humboldt et Bonpland au baron d'Altenstein, auteur d'observations intéressantes sur les végétaux. Ce sont des herbes à racine tubéreuse, à tige feuillée, à épis denses. Elles habitent l'Amérique tropicale.

ALTÉRANT (*médecine vétérinaire*). — Qualification des médicaments qui, par des actions physiologiques, changent peu à peu l'état des liquides et des solides de l'organisme animal. Ils dénaturent le sang et les humeurs diverses, les rendent moins propres à la nutrition, ainsi qu'au développement des produits accidentels. Les médicaments altérants appartiennent soit aux toniques, soit aux excitants, soit aux relâchants; les alcalis y occupent une grande place, de même que les préparations de mercure, d'iode, d'arsenic. Enfin, la saignée doit aussi être classée parmi les agents altérants.

ALTÉRATIF (*médecine vétérinaire*). — Qualification donnée autrefois à certains remèdes qui n'exercent pas, sur l'économie animale, une action rapide, mais qui amènent insensiblement la disparition des humeurs morbides. Ainsi, les toniques, les laxatifs, les diurétiques, etc., sont, à des points de vue divers, des remèdes altératifs.

ALTÉRATION. — Ce mot est employé dans plusieurs acceptions. — Il se dit d'abord d'un changement, le plus souvent en mal, dans la nature ou dans la manière d'être des choses. Ainsi on dit, dans ce sens : altération du sang, altération d'un vin, altération de produits agricoles qui ont perdu, pour une cause ou une autre, leur état normal. — Il se dit aussi de l'état dans lequel se trouve un animal qui éprouve la sensation de la soif. — Par extension, il s'applique aux terres qui manquent de l'eau nécessaire à une vigoureuse végétation des plantes. On dit, dans ce cas, qu'un champ est altéré, comme on dit aussi que les plantes qui y végètent sont altérées. Cette expression est employée d'une manière spéciale lorsqu'il s'agit de terres qui sont soumises à des arrosages périodiques.

ALTERNANTHERA (*horticulture*). — Genre de plantes originaires de Chine, appartenant à la famille des Amarantacées, et cultivées dans nos jardins comme plantes d'ornement. Elles se présentent sous la forme de petites plantes vivaces, touffues, à feuillage coloré diversement, qui forment de charmantes bordures pour les corbeilles et les plates-bandes; on les espace de 10 à 15 centimètres en tous sens. Ces plantes sont également recherchées pour la mosaïculture. On en cultive quatre espèces : l'*A. paronychioides*, à feuilles étroites, passant du blanc rosé ou du rouge orange au brun, puis au vert; l'*A. sessilis*, à feuillage rose panaché de vert; l'*A. spatulata*, à feuillage vert violacé, panaché de rose; l'*A. atropurpurea*, à feuillage pourpre foncé, d'une grande sensibilité. Le feuillage de ces plantes prend souvent, pendant l'hiver ou dans la culture en serre, un aspect vert ou verdâtre; pour que le coloris des feuilles se développe avec des tons vifs bien accentués, la lumière et la chaleur des mois de juillet et d'août leur sont nécessaires dans le plus grand nombre des jardins d'Europe. Elles peuvent servir de sujets d'étude dans les recherches relatives à l'influence de la lumière sur la coloration des feuilles.

ALTERNAT. — Succession de cultures variées sur un même sol. On dit l'alternat des cultures pour désigner la méthode suivant laquelle les diverses récoltes se succèdent sur les terres d'une ferme, en d'autres termes, la méthode qui préside à la pratique de l'assolement dans une exploitation rurale. Cette expression est aussi quelquefois appliquée comme synonyme de *culture alterne*.

ALTERNE. — Se dit, en botanique, des feuilles insérées des deux côtés de la tige, à intervalles égaux, mais sans être jamais en face les unes des autres; et en agriculture, de la méthode de culture qui fait succéder diverses récoltes, dans un même champ, à intervalles réguliers.

Prise dans ce sens général, la culture alterne remonte à la plus haute antiquité; les ouvrages des anciens auteurs grecs et latins qui sont venus jusqu'à nous, constatent que, de leur temps, la nécessité de faire alterner les cultures était reconnue par tous les agriculteurs. Dans ce sens, la théorie de la culture alterne se confond avec celle des assolements. Au dix-huitième siècle, l'expression de culture alterne a été prise, principalement en Angleterre, dans un sens plus restreint. On entendait par cette expression le système de culture qui consiste à transformer alternativement les terres arables en prairies ou en pâturages et réciproquement. « On ne peut pas élever trop haut, disait John Sinclair, les avantages que présente la culture alterne. Il n'y a que ceux qui ont essayé cette méthode qui peuvent connaître l'immense amélioration qu'on apporte dans les produits, en convertissant en prairies les terres anciennement cultivées, et en mettant en culture les anciens pâturages... En adoptant cette méthode, et en la conduisant judicieusement, les récoltes sont toujours abondantes, et le sol est tenu dans un état de fertilité toujours croissant. » Les promesses que renfermait ce programme n'ont pu être réalisées par les faits, car elles ne tenaient pas compte de la nécessité absolue, reconnue plus tard, de rendre au sol les principes que toutes les cultures, quelles qu'elles soient, lui enlèvent toujours en plus ou moins grande quantité. La culture alterne, définie comme elle vient de l'être, a été modifiée par la transformation des pâturages plus ou moins permanents en prairies dites artificielles qui fournissent des récoltes plus abondantes que celles des prairies naturelles presque exclusivement composées de plantes graminées. Le développement de ce système de culture a puissamment contribué au progrès de la production ; car il a permis d'entretenir dans les exploitations rurales un bétail plus abondant et d'accroître la masse des engrais disponibles pour les diverses cultures. Il a été la dernière étape qui a précédé la fixation des lois de la restitution au sol des principes que les récoltes lui enlèvent.

ALTERNER. — Faire succéder, dans un champ, ou sur l'ensemble des terres d'une exploitation rurale, plusieurs récoltes les unes aux autres, dans un ordre régulier. Par exemple, si l'on y cultive successivement des betteraves, du blé, de l'avoine et du trèfle, ces plantes alternent les unes avec les autres.

ALTERNIFLORE. — Se dit d'un végétal dont les fleurs sont alternes.

ALTERNIFOLIÉ. — Signifie ayant les feuilles alternes.

ALTERNIPÈDE. — Animal dont les pattes sont alternativement de deux couleurs différentes.

ALTERNIPENNÉ ou **ALTERNATIPENNÉ.** — Se dit des feuilles pennées dont les folioles sont alternes sur le pétiole commun ou la nervure médiane.

ALTHÉA (*botanique*). — Genre de plantes de la famille des Malvacées, renfermant deux espèces principales, intéressantes au point de vue agricole. Ces espèces sont : la guimauve (*Althea officinalis*), et la passe-rose ou rose trémière (*A. rosea*), qui est aussi désignée par le nom d'Alcée (voy. ce mot).

ALTHEN (*biographie agricole*). — Jean Althen, né en Perse en 1711, a été le créateur de la culture et de l'industrie de la garance dans le midi de la France. Proscrit de son pays, arrêté par les Arabes, vendu comme esclave et conduit en Anatolie, il parvint à s'échapper et à gagner le port de Marseille. Il se mit à étudier l'agriculture méridionale, et après diverses tentatives de tous genres, il crut avoir constaté que la culture de la garance réussirait aux environs d'Avignon. Il se procura de la graine de Smyrne, la multiplia, et donna l'exemple des succès que l'on pouvait espérer.

En effet, la garance a été, jusqu'au delà du milieu du dix-neuvième siècle, une grande richesse et une cause de prospérité pour le département de Vaucluse. Quoique la découverte de l'alizarine artificielle (voy. le mot ALIZARINE) soit venue détruire la fortune du pays, c'est avec justice qu'une statue a été élevée à la mémoire d'Althen en face du vieux palais des Papes, à Avignon. Il finit pauvre et ignoré, en 1774, laissant dans la misère une fille qui mourut à l'hôpital d'Avignon en 1821. C'est une raison de plus pour que son nom reste honoré de ceux qui ne pensent pas que la richesse soit le principal titre à la gloire et aux honneurs.

ALTICOPE. — Genre d'insectes coléoptères de la tribu des Charançons, que l'on rencontre dans diverses parties de l'Europe.

ALTIMÉTRIE. — Mesure des hauteurs. Mot mal fait, parce qu'il est formé de deux racines, l'une grecque, l'autre latine ; il faut lui préférer l'expression *hypsométrie*. Il est souvent d'une grande utilité, en agriculture, de connaître la différence de niveau de deux points, la hauteur d'un arbre, etc. Quelques-uns des procédés qui permettent de déterminer les hauteurs ont été décrits au mot *agromètre*. Pour les arbres, on emploie un appareil spécial, le dendromètre. Les mesures de différences de hauteur de deux ou plusieurs points sont du ressort de l'arpentage, quand il s'agit de différences assez faibles. Lorsque l'on veut mesurer, au contraire, des différences de niveau plus considérables, on doit avoir recours au baromètre.

ALTINGIE (*horticulture*). — Magnifique arbre vert de la famille des Conifères, à feuilles alternes glauques en dessous, persistantes, accompagnées de deux stipules. Ses fleurs sont monoïques : les mâles sont réunies en un bouquet présentant une centaine d'étamines ; les femelles sont disposées en chatons agglomérés, formant par leur ensemble un cône dur, deux fleurs se trouvant dans chaque écaille, le stigmate en tête. Les fruits, réunis en capitule, sont des capsules qui s'ouvrent par la partie supérieure et laissent échapper des graines dont la plupart sont stériles, une seule fertile, ayant une forme anguleuse ailée avec un albumen peu abondant. En Chine et dans les Indes, ces arbres sont riches en substances résineuses balsamiques. A cause de la difficulté de se procurer des semences fertiles, on les multiplie par bouture, en pleine terre, dans le midi de l'Europe, en orangerie partout ailleurs. L'*Altingia excelsa* est le Liquidambar Altingia. On le confond souvent avec l'*Araucaria excelsa* et avec le *Colymbia excelsa*, le *Colymbia Cunninghami*.

ALTIROSTRE (*ornithologie*). — Se dit des oiseaux dont le bec est plus large que long. — S'applique quelquefois à une tribu de l'ordre des oiseaux grimpeurs.

ALTISE (*entomologie agricole*). — Nom générique de plusieurs insectes, de la tribu des Chrysoméliens, dans l'ordre des Coléoptères, qui sont redoutés par les agriculteurs pour les ravages qu'ils exercent dans plusieurs cultures d'une grande importance. Les altises sont des insectes très petits, dont la longueur varie, suivant les espèces, de 1 millimètre et demi à 6 millimètres. On les désigne sous les noms vulgaires de puces de terre, tiquets, pucerons, puces de jardin, puces de vigne, etc. On en connaît un grand nombre d'espèces, dont les mœurs sont à peu près les mêmes.

Les altises se distinguent par les caractères suivants : tête très petite, munie de deux antennes filiformes, très rapprochées à leur base et insérées entre les deux yeux ; corps ovalaire ou sphérique ; élytres brillant le plus souvent de couleurs métalliques brunes, noires, bleues, vertes ou bronzées ; cuisses postérieures très renflées, ce qui leur permet d'exécuter des sauts très puissants, atteignant quelquefois plus de 20 centimètres. Les premiers accouplements de ces insectes ont lieu aux mois d'avril ou de mai ; les femelles déposent leurs œufs au revers des feuilles sur lesquelles elles forment des groupes de 15 à 30 œufs, d'un jaune clair, plus longs que larges. Ceux-ci éclosent huit à dix jours après la ponte. Les larves, à peu près linéaires, sont d'abord d'un jaune pâle, puis elles prennent une teinte gris jaunâtre ; elles atteignent en quinze jours tout leur développement, et elles ont alors 5 à 6 millimètres de longueur. Pendant leur croissance, elles changent deux fois de peau ; au moment de se métamorphoser en nymphes, elles se laissent tomber par terre. C'est là que s'opère leur dernière transformation qui se fait au bout de huit à dix jours. A l'état de nymphe, les larves sont de couleur jaune d'ocre, et ressemblent à de petits grains de blé dont une extrémité est noircie. La seconde génération se fait le plus souvent vers le mois de juillet et d'août ; dans la région méridionale de la France et lorsque l'été est chaud, il se produit aussi une troisième génération, au commencement du mois de septembre. Dès les premiers froids de l'automne, les altises cherchent un refuge, soit dans les murailles de clôture, soit dans les herbes sèches, soit sous l'écorce de quelques arbres. Pendant l'hiver, elles ne sont pas toujours engourdies d'une manière absolue, mais elles ont une vie très peu active ; elles sont le plus souvent blotties dans leurs retraites, et elles n'absorbent que très peu de nourriture. Elles reprennent de l'activité au printemps, pour recommencer le cycle de leurs transformations. C'est à l'état de larves, comme à celui d'adultes, que les altises exercent leurs ravages sur les plantes cultivées. Elles s'attaquent surtout aux feuilles, en mangeant la pellicule inférieure, et en formant des galeries tournantes dont la pulpe les nourrit. Ces galeries sont visibles à l'œil nu, lorsque l'insecte les a abandonnées, et que la pellicule s'est décolorée.

Les principales espèces d'altises sont :

1° L'altise potagère (*Altica oleracea*), appelée encore altise bleue, se distingue par la couleur bleue de tout son corps ; les antennes seules sont noires. Ce bleu, toujours brillant, est quelquefois un peu verdâtre. Sa longueur est de 1 millimètre et demi. Cet insecte est principalement nuisible pour les choux, les raves, les radis et autres crucifères des jardins. C'est surtout au moment de la levée des plantes qu'il exerce ses ravages, en mangeant les premières feuilles et en coupant les tiges encore tendres ; il s'attaque aussi aux fleurs, aux feuilles et aux fruits des plantes déjà grandes. Ses dégâts commencent au printemps, et se poursuivent pendant toute cette saison et l'été. — Cette espèce s'attaque aussi aux champs de colza, où elle prend quelquefois un énorme développement ; dans ces circonstances, elle ronge les feuilles de la plante et elle en fait avorter les siliques, au point de perdre complètement la récolte d'huile. Mais il ne faut pas la confondre avec l'altise à tête dorée, qui appartient au genre Psylliode, et qui attaque aussi les champs de colza et de betteraves.

2° L'altise du chou (*A. brassicæ*), qui se distingue par sa couleur noire, avec une ponctuation fine et serrée, et deux petites lignes jaunâtres sur chaque élytre. Son corps est raccourci et convexe, le corselet est plus court que large ; les antennes sont noires, ainsi que les pattes, dont les tibias et les tarses sont d'un roux brunâtre. La longueur de l'insecte parfait est de 1 millimètre 1/4. L'altise du chou s'attaque principalement aux choux des jardins, ainsi que son nom l'indique, dès le commencement du printemps et pendant tout l'été.

3° L'altise des bois (*A. nemorum*), noire, finement pointillée, dont la longueur atteint 2 millimètres. La tête est petite ; les antennes sont filiformes et assez longues ; le thorax, plus large que la tête, est arrondi sur les côtés ; les élytres, ovales, sont deux fois aussi larges que le thorax, et portent sur leur partie médiane une bande jaune, quelquefois blanchâtre, un peu infléchie ; les cuisses sont très fortes. Cette espèce vit dans les bois, et elle s'attaque aussi, dans les jardins, aux choux, aux navets et aux autres plantes crucifères des potagers.

A cette espèce se rattachent plusieurs autres altises, dont les principales sont l'altise noire (*A. atra*), l'altise de la mauve (*A. malvæ*), l'altise de la jusquiame (*A. hyposcyami*), l'altise à antennes brunes (*A. fuscicornis*), l'altise à pattes brunes (*A. fuscipes*), qui nuisent, dans les jardins, aux mauves, aux roses trémières et à quelques autres plantes ornementales.

4° L'altise de la vigne (*A. ampelophaga*). C'est une des plus grandes espèces qui habitent la France. Elle mesure 4 à 6 millimètres de longueur, sur 2 millimètres de largeur. Son corps (fig. 254) est ovalaire, convexe ; quelquefois il est entièrement bleu, mais le plus souvent d'un vert bleuâtre métallique ; les antennes sont noires ; le corselet affecte une forme carrée et se distingue par un sillon transversal ; les élytres sont parsemées de nombreux petits points ; les cuisses postérieures sont fortement renflées, et l'insecte s'en sert pour faire des sauts puissants. La larve (fig. 255) est formée de douze articles portant des ponctuations régulières ; sa longueur atteint 5 à 6 millimètres. Cette espèce infeste, depuis un temps immémorial, les vignobles du midi de l'Espagne, notamment de l'Andalousie ; elle a d'abord envahi, en France, le département des Pyrénées-Orientales ; puis du Roussillon, elle a gagné le Languedoc et la Provence ; mais dans cette province, elle exerce moins de ravages que dans les deux premières. Enfin, en 1872, on a signalé la présence de l'altise dans les vignobles de la vallée de la Garonne, notamment dans le département de la Haute-Garonne. Depuis

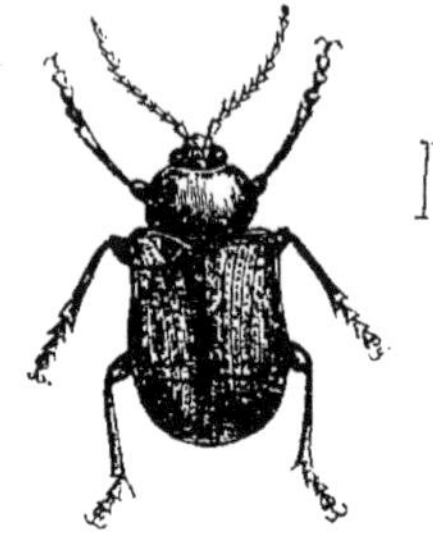

Fig. 254. — Altise de la vigne grossie six fois.

Fig. 255. — Larve de l'altise de la vigne, grossie

Fig. 256. — Feuille de vigne attaquée par l'altise.

quelques années, cet insecte a fait aussi son apparition dans les vignes de l'Algérie, où l'on est obligé d'en poursuivre la destruction.

C'est principalement sur les jeunes pousses de la vigne, sur les nouveaux bourgeons, au fur et à mesure qu'ils se développent, que l'altise est le plus répandue. Elle ronge les parties vertes à mesure qu'elles paraissent, laboure les jeunes écorces en divers sens, et se jette surtout sur les feuilles qu'elle dépouille de leur parenchyme. Toutes les feuilles entamées par l'insecte sont bientôt percées de plusieurs grands trous (fig. 256), les nervures sont découpées et mises à nu ; le squelette de la feuille prend l'aspect d'une véritable dentelle. Les feuilles les plus développées sont attaquées comme les jeunes, mais leur tissu plus fort offre une plus grande résistance. C'est surtout sur les cépages précoces que l'altise exerce ses ravages. — Le naturaliste Dunal, qui a fait une étude spéciale de l'altise de la vigne, affirme qu'elle aurait des ennemis naturels dans plusieurs ichneumons, et surtout dans la punaise bleue, qui en ferait une grande destruction, tant à l'état de larve qu'à l'état d'insecte parfait. Toutefois, les résultats que ces parasites peuvent obtenir, ne sont pas tels que l'altise cesse de ravager les vignobles de la partie méridionale de la France.

Destruction des altises. — Un grand nombre de procédés ont été proposés pour détruire l'altise potagère, ainsi que celle du chou. Dans les plates-bandes de jardins et sur les couches, on a employé avec succès des décoctions de plantes âcres ou fétides, telles que tabac, noyer, sureau, etc., ainsi que des eaux chargées de chaux éteinte, de cendres, de suie. Mais les arrosages avec ces liquides ne donnent pas toujours des résultats certains, et ils doivent être répétés souvent. Des cultivateurs, en enterrant à fleur de terre, au milieu de leurs semis, des pots de terre vernissée, de 15 à 20 centimètres de profondeur, à ventre bombé, y ont recueilli de grandes quantités d'insectes, et sont parvenus à en réduire assez le nombre pour ne plus avoir à se plaindre de leurs ravages.

Dans la grande culture, on conseille de brûler, dans les champs de colza et de navets, des feuilles de plantes âcres à moitié sèches, qui se consument sans flamme, et donnent une fumée abondante qui atteint un grand nombre d'insectes. Ces brûlis doivent être disposés de distance en distance, de telle sorte que la fumée rase la surface du sol. Ils doivent être renouvelés tous les quinze à vingt jours. On a aussi employé un mélange de terre ou de sable et de naphtaline ou de coaltar, à raison de 10 kilogrammes de cette substance pour 100 kilogrammes de sable. On fait un mélange intime, qu'on répand à la volée dans le champ infesté par les altises, à raison de 500 kilogrammes environ par hectare. Ce procédé peut aussi être employé avec succès sur les semis des jardins potagers. — En Normandie et dans le nord de la France, où les altises font de grands ravages dans les champs de colza, on a imaginé, lorsque les semis sont faits en lignes, de faire passer entre celles-ci, le matin, lorsque les insectes sont encore engourdis par le froid de la nuit et la rosée, des appareils secoueurs dont la partie inférieure est munie d'une boîte dans laquelle tombent les altises. Les insectes ainsi ramassés sont immédiatement brûlés. Ce procédé a donné, dans beaucoup de circonstances, d'assez bons résultats. — Enfin, lorsque les méthodes qui viennent d'être indiquées, n'ont pas été assez efficaces pour arrêter la grande pullulation des altises, il reste une dernière ressource, c'est l'alternance des cultures, et le remplacement des colzas, des lins, des navets, etc., durant quelques années, par des plantes que ces insectes n'attaquent pas. Il est cependant utile d'ajouter que, parfois, des pluies froides ou quelques jours de grande chaleur font périr un nombre très considérable de larves et d'insectes parfaits ; on se trouve ainsi rapidement débarrassé de leurs dégâts.

L'altise de la vigne est chassée par des moyens spéciaux. C'est en 1829 que l'on aurait, pour la première fois, constaté d'une manière sensible ses dégâts dans l'Hérault. De nombreux procédés ont été tour à tour essayés. Il résulte des observations faites avec le plus de soins que l'on doit commencer à faire la chasse aux altises dès qu'elles apparaissent dans un vignoble. La chasse à l'entonnoir, faite au printemps, paraît avoir donné les meilleurs résultats. Elle est ainsi décrite par Dunal : « Des femmes ou des enfants vont d'une souche à l'autre, munis d'un entonnoir en fer blanc (fig. 257), échancré et très évasé, semblable à un grand plat

Fig. 257. — Entonnoir pour recueillir les altises.

à barbe, percé par son fond. Son tube, assez court, plonge dans un petit sac en toile qu'on y fixe, au moyen d'un cordon, et qu'on enlève à volonté. On place cet instrument sous chaque souche, en faisant passer le tronc de cette dernière dans l'échancrure de l'entonnoir Cela fait, on secoue les branches de la souche ; les altises qui s'y trouvent sautent ou se laissent tomber sur l'évasement supérieur de l'entonnoir : on les dirige aussitôt d'un coup de main dans le tube qui termine l'instrument, et elles arrivent dans le sac fixé au bas de ce tube ; dès qu'elles y sont parvenues, on serre la partie supérieure du sac au moyen d'un cordon disposé pour cet effet et l'on va répéter la même opération sur une autre souche. C'est le matin, de très bonne heure, qui est le moment le plus opportun pour faire cette chasse ; les altises sont alors moins actives, tandis que, dans le milieu du jour, elles se servent souvent de leurs ailes pour échapper au danger. » — Un moyen spécial pour la destruction des larves et des œufs a donné aussi de bons résultats : il consiste à enlever les feuilles de vignes sur lesquelles les œufs ont été déposés ou qui sont déjà devenues la proie des larves ; cette chasse doit être faite avec soin. On a aussi essayé de faire périr l'insecte par le feu pendant l'hiver : à cet effet, on entretient, à côté des vignes, des plantes buissonnantes, dans lesquelles les altises vont se réfugier pour passer la mauvaise saison ; on coupe et on brûle les tiges et les branches de ces plantes. — Enfin, M. Cazalis-Allut a fait connaître le système adopté par un propriétaire de Balaruc-les-Bains qui se servait de jeunes poulets pour faire la chasse aux altises et à leurs œufs ; une couvée de poulets, que l'on avait habituée à se nourrir de ces insectes, fut transportée dans une vigne, et la purgea si bien des altises, que le propriétaire loua ensuite ses poulets à plusieurs de ses voisins. La perdrix fait aussi une guerre active aux altises ; c'est une des raisons pour lesquelles on devrait propager cet oiseau dans les pays viticoles ravagés par ces insectes.

ALUCITE (*entomologie agricole*). — Insecte lépidoptère de petites dimensions, célèbre, depuis un siècle, par les ravages que sa larve a exercés, à diverses reprises, dans les grains de céréales, notamment des blés, des seigles et des orges.

Réaumur publia les premières observations faites sur cet insecte, dans un mémoire paru en 1736. L'alucite a été étudiée successivement par plusieurs entomologistes. En 1850, Doyère en a donné une monographie complète.

D'après les observations recueillies par M. Doyère, quatorze départements étaient, en 1850, désolés par l'alucite, mais à des degrés différents. C'étaient, en commençant par le Midi, ceux des Basses-Pyrénées, des Landes, du Gers, de la Haute-Garonne, de Lot-et-Garonne, de Tarn-et-Garonne, de la Charente, de la Charente-Inférieure, de la Vienne, d'Indre-et-Loire, de l'Indre, du Cher, de la Nièvre et de l'Allier. Les plus grands dégâts avaient leurs foyers aux deux extrémités et au milieu de cette chaîne. C'est surtout, toujours d'après les observations de M. Doyère, sur les terrains calcaires que l'insecte paraît s'être le plus développé. Depuis 1850, l'alucite n'a que rarement exercé des ravages considérables ; elle n'a pas pris une grande extension en dehors de la zone qui vient d'être indiquée.

Description de l'alucite. — L'alucite, que, par corruption, on appelle la lucite dans le Berri, appartient au groupe des Hétérocères, dans la grande famille des Lépidoptères. Sa synonymie a subi de nombreuses vicissitudes. Réaumur l'avait appelée la teigne des blés, par opposition à un autre insecte, la fausse teigne des blés. Dans la classification de Linné, la fausse teigne de Réaumur devint la teigne des blés (*Tinea cerealella*) et l'alucite reçut le nom d'alucite des grains (*Alucita granella*). Olivier, en 1789, plaça l'alucite à côté de la fausse teigne dans le genre créé par Fabricius, et l'appela alucite des céréales (*Alucita cerealella*). Latreille, à son tour, en 1816, fit un nouveau changement dans la classification et plaça l'alucite dans le genre Œcophore. Enfin, en 1830, Treitschke créa le genre *Butale*, et deux ans plus tard Duponchel y fit entrer l'alucite qui porte, depuis ce temps, dans les classifications entomologiques, le nom de butale des céréales (*Butalis cerealella*).

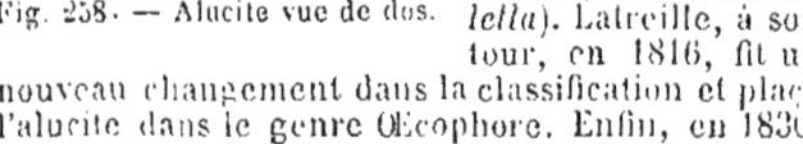

Fig. 258. — Alucite vue de dos.

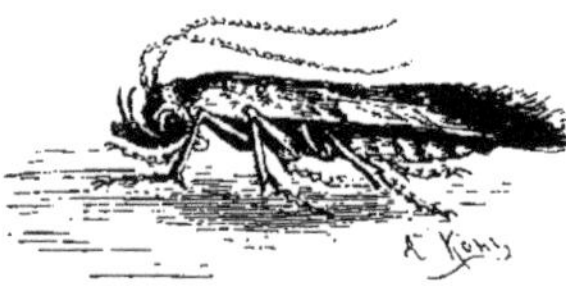

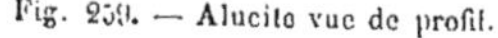

Fig. 259. — Alucite vue de profil.

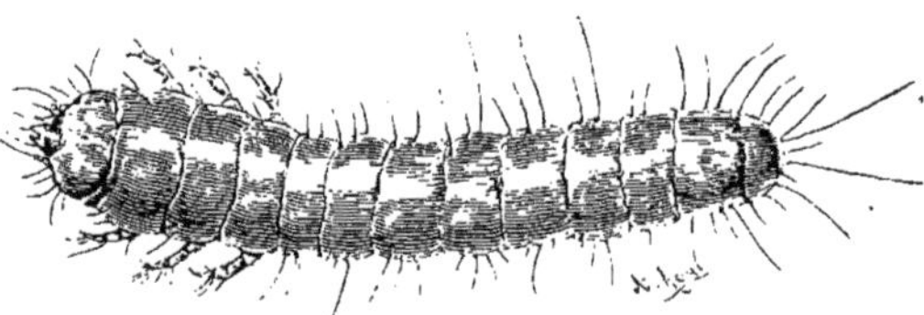

Fig. 264. — Chenille de l'alucite grossie douze fois.

A l'état adulte, l'alucite (fig. 258) est un papillon de 6 à 9 millimètres de longueur, étroit et allongé. Les ailes, rapprochées bord à bord, sont couchées sur le dos, et y forment, suivant l'expression de Doyère, un petit plancher ou un toit presque plat (fig. 259). Les ailes supérieures sont de couleur cannelle pâle, et les inférieures sont cendrées et bordées d'une frange de poils au côté interne. Les antennes sont très longues et redressées au-dessus de la tête. Les pattes sont à cinq articulations, comme le montre la figure 260, et leur extrémité

Fig. 260. — Patte de l'alucite.

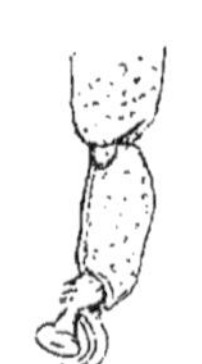

Fig. 261. — Extrémité de la patte.

se termine par un double crochet (fig. 261). L'alucite femelle (fig. 263) est plus longue que le mâle ; l'abdomen est très développé, avec un seul faisceau

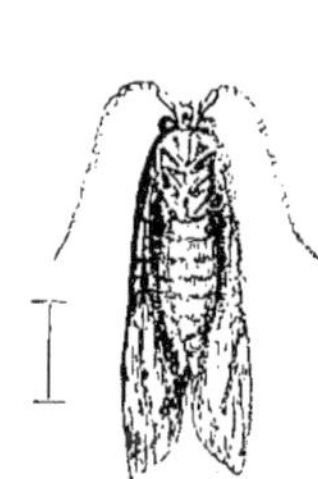

Fig. 262. — Alucite mâle vue en dessous.

Fig. 263. — Alucite femelle vue en dessous.

d'écailles à son extrémité ; sa coloration est uniforme et blanchâtre. Quant à l'alucite mâle (fig. 262), son abdomen est mince et effilé, terminé par deux faisceaux symétriques d'écailles, et marqué à la base d'une teinte de gris ardoisé très apparente.

Les œufs pondus par la femelle sont de couleur orange et oblongs. Chaque femelle en pond de 70 à 80. Ces œufs sont disposés au nombre de 10 à 15, peu adhérents. L'éclosion a lieu au bout de quatre à huit jours, suivant la température. Les femelles les déposent, soit dans l'intérieur des tas de grains, soit sur les épis, dans les granges ou dans les meules, ou même dans les champs, lorsque les récoltes sont encore sur pied.

Au sortir de l'œuf, la chenille (fig. 264) est longue d'un millimètre environ et grosse comme un cheveu ; elle est d'un rouge vif. Elle perd bientôt cette couleur, pour devenir blanche, à l'exception de la tête qui est brune. A peine née, la chenille pénètre dans un grain bien sain, d'où elle ne doit sortir qu'à l'état

.e papillon. Elle se développe dans ce grain en se ıourrissant de sa substance jusqu'au moment où lle a atteint son complet développement. A peine ntrée dans le grain par une ouverture presque mperceptible qu'elle perce dans le sillon ventral, a larve se dirige en ligne droite vers l'embryon, ar un petit boyau qui lui sert de première nourriture. Elle attaque ensuite l'embryon, puis la ıasse du grain. Le germe du grain étant détruit, elui-ci devient inerte, et la larve s'y développe ans danger. Sa vie active dans le grain dure ainsi, 'après Duhamel, environ quatre à cinq semaines. .u moment de se transformer en chrysalide, la arve trace, suivant Réaumur, avec ses mandibules, n cercle sur l'écorce et en découpe le pourɔur, sans toutefois détacher le couvercle ; ce ouvercle lui sert d'abri. Après cette opération, la arve se file un cocon soyeux et s'y enferme. La hrysalide, transformée en insecte parfait, enfonce vec sa tête le couvercle qui la protégeait, passe u dehors une partie de son corps, se débarrasse e sa dernière tunique, dégage ses ailes et s'envole l'état de papillon. Doyère a contredit ces observations ; le fait n'a d'ailleurs pas d'importance au ıoint de vue pratique.

Lorsque les papillons sont sortis, ils s'accouplent, t les femelles se mettent à pondre dès que la empérature s'élève au-dessus de 20 degrés.

Des observations précises n'ont pas été faites sur a durée de ces métamorphoses. Duhamel estimait ue le cycle tout entier de la vie de l'insecte pouait s'accomplir en cinquante jours. Toutefois, il 'admettait que deux générations, l'une d'été, 'autre d'automne. D'après Doyère, le nombre des ;énérations doit être plus considérable. « Dans un as de grains dévorés par l'alucite, dit-il, il y a oujours des chenilles prêtes à se transformer en hrysalides, et, quelques jours plus tard, en papilons. Je n'ai jamais mis du blé alucité dans une tuve de 25 à 30 degrés centigrades, sans obtenir les papillons en quinze jours ou trois semaines. ,es volées doivent se produire de la même manière lans les tas de gerbes ou de grains ; et si la temɔérature s'élève moins haut, elles doivent seulement se succéder avec moins de rapidité. Des œufs ui avaient été déposés du 1er au 15 août, dans des ılés provenant de l'Institut agronomique, et par :onséquent sains, m'ont donné des papillons du 25 ıu 30 novembre, quoique le bocal fût resté penlant tout ce temps dans une pièce non chauffée. Dans un tas, où la température s'élève spontanénent et n'éprouve que peu de variations par l'influence atmosphérique, le développement eût été ɔeaucoup plus rapide, sans nul doute. D'après cela, e ne vois aucune raison pour ne pas admettre que les œufs pondus en août puissent être l'origine de volées qui pondront elles-mêmes en octobre ou au commencement de novembre, et que les chenilles ssues de celles-ci trouveront, dans l'hiver et le rintemps suivants, le temps et les conditions de léveloppement nécessaires pour qu'elles arrivent à leur état parfait en mai ou en juin. Une quatrième génération pourrait même se produire dans les leux mois suivants. »

Ces détails montrent qu'il peut y avoir deux lieux de développement de l'alucite : les granges et les champs. Dans les grains en tas dans les granges ou les greniers, les chrysalides passent l'hiver et, au printemps, se transforment en papillons. Ceux-ci s'échappent par les fenêtres et gagnent les champs où ils vont déposer leurs œufs sur les épis formés. D'autres larves, transportées dans les champs avec les blés de semence, se développent au moment de l'épiage des céréales ; les papillons qui en sortent se multiplient sur les épis qui les entourent. On comprend comment, grâce à cet ensemble de circonstances favorables, l'alucite peut parfois se multiplier dans des proportions telles qu'il en résulte de véritables désastres pour les agriculteurs. C'est à Duhamel que l'on doit les premières preuves de ces deux origines des papillons, et par suite des œufs d'alucite. La première a été établie par des observations directes. En observant les tas de grains, Duhamel a vu que les papillons les abandonnent, pendant les mois de juin et de juillet, au coucher du soleil, pour se diriger vers toutes les issues, et que, après être sortis, ils gagnent la campagne ; c'est ce qu'on appelle les *volées d'alucites*. Comme on lui objecta que personne ne les avait jamais vues sur les récoltes, il annonça que la raison de cette absence devait se trouver dans les habitudes nocturnes de l'espèce, et il n'hésita pas à aller la chercher dans les champs au milieu de la nuit. Il y trouva sur les épis mêmes les papillons accouplés ou pondant. Toutes les autres explications de la multiplication de l'alucite et de son passage d'une récolte à une autre, qui ont été données à diverses reprises, ne reposent sur aucune observation sérieuse.

Ravages de l'alucite. — On a vu que chaque larve d'alucite attaque un seul grain de blé ; mais elle le détruit complètement. D'une part, ce fait de la destruction absolue du grain attaqué, et d'autre part, la succession rapide des générations d'alucites, sont les deux causes principales de l'étendue des ravages que ces insectes peuvent occasionner. Doyère a calculé que, dans les conditions ordinaires favorables au développement des alucites, un hectolitre de blé de semence alucité à raison d'un couple seulement sur 100 grains, pourrait, en une seule année, amener la production de 1 650 000 couples exigeant, pour arriver à l'état de papillons, 3 300 000 grains de blé, c'est-à-dire plus de deux hectolitres, sans compter les dégâts produits par les larves qui périssent avant d'arriver à leur dernière métamorphose. Ainsi, dans cette supposition, qui est loin d'être exagérée, la perte serait du cinquième ou du sixième d'une bonne récolte, dès les mois d'avril et de mai, si l'on emploie deux hectolitres de semence par hectare.

Les papillons de l'alucite ayant le vol assez soutenu, quand on sème du blé infecté, on n'expose pas seulement sa propre récolte, mais aussi celle des champs voisins jusqu'à d'assez grandes distances. Duhamel a montré qu'une récolte peut rapporter des champs un grain attaqué sur seize, et que, si les circonstances favorisaient complètement la multiplication de l'insecte, il pourrait s'y produire, dès la seconde génération, quinze fois plus de chenilles qu'elles n'y trouveraient de grains à dévorer.

Il n'est donc pas étonnant que, dans certaines circonstances, l'alucite se soit développée dans des proportions réellement fantastiques. L'enquête ouverte par le ministre de l'agriculture sur les dégâts constatés en 1848 et 1849 fournit, à cet égard, des renseignements pleins d'intérêt. Le ravage s'est élevé à 25 pour 100 de la récolte dans les cantons de l'Allier atteints, et les propriétaires qui avaient négligé leurs blés ont tout perdu. Dans le Cher, la perte s'est élevée du quart au tiers de la récolte pour tout le département, et à 45 pour 100 en moyenne pour la circonscription de Bourges. Dans l'Indre, elle a atteint 80 pour 100 en moins de vingt jours pour quelques parties du département ; dans l'arrondissement d'Issoudun, elle a été de 50 pour 100 dans les années 1811, 1825 à 1828, 1846 à 1849.

Le grain attaqué par la larve de l'alucite conserve son aspect net et sa forme ordinaire. Le trou pratiqué au fond du sillon médian est à peu près imperceptible ; même lorsque tout l'intérieur est rongé, et qu'il ne reste plus que la pellicule externe, rien ne décèle à l'œil la présence de l'ennemi. Dans les tas en grenier aussi bien que dans les gerbes, l'apparition seule du papillon est la marque du mal. Toutefois deux indices certains peuvent guider l'observateur. Le premier est la perte de poids subie par le grain attaqué ; on a vu du blé descendre, dans ce cas, au poids de 50 kilogrammes par hectolitre : dans cet état, le grain surnage dans l'eau. Le deuxième indice se révèle au maniement du grain ; celui qui est attaqué par l'alucite cède sous la pression du doigt, tandis que le grain normal résiste. On peut aussi reconnaître la présence de l'alucite par le caractère suivant : si, dans un

Fig. 265. — Grains de blé attaqués par l'alucite.

tas de gerbes, on soupçonne l'insecte, on n'a qu'à en projeter quelques-uns sur le sol ; s'il en échappe des papillons, c'est un signe certain de l'infection ; on doit se hâter de battre et de vendre. Il faut toutefois ajouter que tous les grains d'où sont sortis des papillons d'alucite sont complètement perdus, soit que les larves les aient consommés en entier, soit qu'elles n'en aient dévoré qu'une partie ; ce qui reste est souillé par la dépouille et les déjections de l'insecte qui infectent la farine. De même les grains qui renferment encore des larves d'alucite ne donnent qu'une farine détestable. Les grains alucités sont rejetés même par les volailles et les petits rongeurs.

Pendant longtemps, on a considéré l'échauffement des grains en tas comme un signe certain de la présence de l'alucite. Mais il n'y a là qu'une coïncidence fortuite. En effet, si l'on rencontre des alucites dans des grains échauffés, on en trouve aussi dans des grains complètement sains sous ce rapport. Toutefois, les œufs et les larves profitent, pour leur développement, de l'élévation de température due à l'échauffement. Duhamel a constaté, par des expériences répétées, que tant que les larves n'ont dévoré qu'une partie du grain, une chaleur, même considérable, peut s'y développer, mais que celle-ci diminue à mesure que les chrysalides se forment, et qu'elle cesse lorsque les papillons commencent à sortir. Ces variations régulières proviennent de ce que l'action combinée de l'air, de la chaleur et de la lumière devient sans effet sur la masse farineuse du grain, à mesure que celle-ci est détruite par la larve.

Destruction de l'alucite. — Le meilleur moyen de préserver une récolte de l'alucite est de ne semer que du blé bien sain ; pour y arriver, on le plonge pendant quelque temps, avant la semaille, dans un bain de sulfate de cuivre, en vue de tuer les chenilles qui pourraient exister dans quelques grains.

Quant aux moyens de destruction des chenilles de l'alucite dans les grains récoltés, les principaux qui ont été préconisés sont le chauffage du grain, l'ensilage et le choc dans des appareils mécaniques.

Le chauffage des grains a été l'objet d'essais nombreux qui n'ont donné que des résultats médiocres, pour ne pas dire nuls. Il est, en effet, assez difficile de chauffer régulièrement de grandes quantités de grains à une température suffisante pour tuer la larve de l'alucite, et trop peu élevée pour porter atteinte à la faculté germinative ou aux qualités du grain au point de vue de la boulangerie. La température qui paraît suffisante pour tuer les larves de l'alucite est celle de 50 ou 52 degrés centigrades prise dans le tas de grains ; c'est entre 65 et 70 degrés que le blé sain perd le pouvoir de germer dans les conditions hygrométriques ordinaires ; celui qui a été bien séché peut supporter, sans s'altérer, jusqu'à 75 à 80 degrés. Or, dans les étuves qui ont été proposées pour le chauffage des grains, on ne pouvait se maintenir qu'avec les plus grandes difficultés entre ces deux limites.

L'ensilage des grains a été principalement préconisé par Doyère ; c'est la conservation des grains en vases clos. Voici le résumé des conclusions auxquelles il était arrivé : du blé sec, ensilé dans des conditions propres à le mettre à l'abri de l'humidité extérieure, se conservait comme du sable ou de la craie ; la plupart des blés, dans leur état naturel, sont assez secs pour pouvoir être ensilés sans danger, et avec la dessiccation artificielle, soit par la chaleur, soit par la chaux, il devient possible d'ensiler un blé quelconque, même sans en connaître l'humidité, car il suffit d'en enlever l'excès probable par une proportion maximum de chaux au cinquième du volume ; enfin, la maçonnerie, dans des terrains convenablement choisis, la tôle et diverses poteries, peuvent fournir des vases absolument sûrs et aussi économiques qu'on ait le droit de l'exiger. Toutefois, sauf dans les grandes manutentions civiles ou militaires, le procédé de l'ensilage d'après le système Doyère n'a pas pris une grande extension.

Le choc dans des appareils mécaniques est le troisième moyen de destruction de la larve de l'alucite. Ce procédé a été un des premiers employés par les cultivateurs ; mais on se contentait de projeter avec force le blé contre un mur ou de le faire tomber d'une assez grande hauteur ; il fallait répéter souvent l'opération pour arriver à des résultats sérieux. Le même principe fut appliqué par le docteur Herpin à la construction d'un tarare insecticide qui reçut, sur le rapport de Guérin-Méneville, une médaille d'or de la Société nationale d'agriculture ; c'était un tarare ordinaire agrandi, et pourvu d'engrenages combinés de manière à donner aux ailes une vitesse de 2000 mètres à la circonférence ; mais ce tarare n'a été que très peu employé. Dès 1844, on constata que le blé provenant de la machine à battre était à peu près complètement débarrassé des larves d'alucite ; l'expérience démontra que lorsque le grain est frappé, dans le battage, par des organes doués d'une vitesse d'environ 800 mètres, le choc détruit les larves de l'insecte. Or, c'est ce qui se produit dans le plus grand nombre des machines à battre. La diffusion des batteuses mécaniques a donc été un des meilleurs moyens de lutter contre la propagation de l'alucite, et en fait, depuis que ces machines sont presque universellement répandues, et depuis que les battages se font beaucoup plus tôt, peu de temps après la récolte, les ravages de l'insecte ont été réduits dans une très grande proportion. On n'a plus entendu parler qu'exceptionnellement de ces invasions subites qui, auparavant, désolaient des contrées entières. Le passage des grains au tarare et au trieur complète d'ailleurs l'action de la machine à battre.

L'alucite a un ennemi dans un petit insecte parasite, appartenant aux Chalcidites, et qui a été signalé par Réaumur : c'est le *Pteromalus boucheanus*. Cette petite mouche pond ses œufs dans le corps de la larve, mais surtout de la chrysalide

Les foyers de propagation de l'alucite qui existent en France et qui ont été signalés plus haut, ne sont pas les seuls qui soient connus. En 1850, des alucites ont été recueillies principalement sur des orges, dans quelques localités de la province de Valence, en Espagne.

ALUDEL. — Terme employé par les anciens chimistes pour désigner une série de tubes en poterie s'emboîtant les uns dans les autres et servant à faire des sublimations.

ALUINE ou **ALUYNE.** — Vieux mot synonyme d'absinthe (*voy. ce mot*).

ALULE. — Extrémité de l'aile d'un oiseau, ou, en entomologie, écaille qui se trouve à l'origine de l'aile de quelques insectes diptères.

ALUMELLE (*technologie*). — Outil servant à gratter ou à polir le buis, l'écaille et la corne, et qui forme aussi la partie tranchante des rabots.

ALUMINAIRE. — Terme de minéralogie désignant les pierres volcaniques qui contiennent de l'alun tout formé, et notamment celles de la Tolfa.

ALUMINATE (*chimie agricole*). — On donne le nom d'aluminate à tout composé d'alumine et d'une base puissante. Les seuls aluminates alcalins et alcalino-terreux bien connus sont :

1° L'aluminate de potasse qu'on nomme aussi aluminate de potassium ; il a pour formule :

$$Al^2O^3,K^2O + 3H^2O = Al^2O^4K^2 + 3H^2O.$$

On l'obtient en faisant dissoudre dans de la potasse de l'alumine précipitée par le carbonate d'ammoniaque ; si l'on en opère la dissolution dans le vide de la machine pneumatique, on peut l'obtenir à l'état de cristaux. Par l'action d'une grande quantité d'eau on peut en séparer l'alumine et obtenir un aluminate plus alcalin soluble.

2° L'aluminate de soude ou de sodium ayant pour formule :

$$2Al^2O^3,3Na^2O = Al^4O^9Na^6.$$

On le prépare industriellement en chauffant au rouge 1 partie de carbonate de soude et 2 parties de baucite (minerai de Baux ou alumine hydratée) finement pulvérisée.

3° L'aluminate de baryum ayant pour formule :

$$Al^2O^3,BaO + 4H^2O = Al^2O^4Ba + 4H^2O.$$

La chaux paraît former avec l'alumine plusieurs aluminates. Le rubis spinelle est un aluminate de magnésie. La gahnite, ou aluminate de zinc ; l'hercynite ou aluminate de fer, la cymophane ou aluminate de glucine, existent dans la nature à l'état de pierres précieuses ; les trois premiers cristallisés en octaèdres réguliers, le dernier en prisme rhomboïdal droit ; ils ont tous été reproduits artificiellement par Ebelmen. Ces corps n'ont pas d'intérêt direct pour les agriculteurs ; il est seulement important de constater que l'alumine se combine facilement avec les alcalis.

ALUMINE (*chimie agricole*). — Base salifiable qui n'est autre qu'un composé d'aluminium et d'oxygène, qu'on appelle aussi oxyde d'aluminium et dont la formule chimique est Al^2O^3($Al^2 = 13{,}68 \times 2 = 27{,}36$, $O^3 = 8 \times 3 = 24$, soit encore dans 100 d'alumine 53,27 d'aluminium et 46,73 d'oxygène). C'est un corps très répandu dans l'écorce du globe terrestre ; en combinaison avec l'acide silicique ou silice, il constitue, soit les poteries communes, soit l'argile, et par conséquent une très grande partie des terres arables. Toutefois, directement et isolé, il ne joue aucun rôle dans l'agriculture ; on ne l'a jamais signalé d'une manière certaine dans les cendres des végétaux. Il doit son nom à ce qu'il entre dans la composition d'un sel très anciennement connu, de l'alun, en latin *alumen*.

L'alumine se présente sous plusieurs états. On doit distinguer : 1° l'alumine qu'on prépare dans les laboratoires à l'état d'hydrate ou de combinaison avec de l'eau, à l'état soluble, et enfin à l'état insoluble ; 2° l'alumine constituant divers minéraux ou pierres précieuses que l'on trouve dans la nature ou que l'on sait maintenant produire artificiellement. Dans ces divers cas, les propriétés physiques et organoleptiques de l'alumine sont différentes, mais ses propriétés chimiques sont identiques dès qu'elle est rendue susceptible d'entrer dans des combinaisons chimiques. Elle est indécomposable par la chaleur seule, inattaquable par l'hydrogène, l'oxygène, l'azote, le chlore, le brome, l'iode, le soufre, le phosphore, etc. Elle est susceptible de se combiner, d'une part, avec les bases énergiques, de manière à former des aluminates, et, d'autre part, avec les acides forts, en donnant naissance à des sels d'alumine. Elle a la propriété caractéristique de former un beau bleu quand on la chauffe avec de l'azotate de cobalt. Elle est un des corps les plus réfractaires que l'on connaisse à l'action de la chaleur ; cependant elle devient fusible au chalumeau à hydrogène et oxygène ; elle constitue alors un liquide parfaitement fluide, étirable en fils, et qui, refroidi, constitue une masse vitreuse tellement dure qu'elle peut facilement couper et rayer le verre.

On prépare l'alumine à l'état d'hydrate en traitant une dissolution étendue d'alun ou d'un autre sel soluble d'oxyde d'aluminium par l'ammoniaque en excès, lavant à grande eau dans un flacon, et jetant enfin la matière sur un filtre, quand l'eau de lavage est absolument pure. On obtient ainsi une masse gélatineuse blanche qui est un hydrate d'alumine ($Al^2O^3, 3^2H^2O$), lorsqu'elle a été desséchée à l'air. Si on la conserve dans l'eau, elle agit très fortement sur les principes colorants et en général sur toutes les matières organiques : elle donne alors naissance à ce qu'on appelle des *laques*, qu'on emploie dans la peinture, dans la teinture, et qui se produisent quand on plonge dans un bain de matières colorantes les étoffes mordancées à l'alumine. Cette propriété de fixer les matières organiques a son importance au point de vue agricole ; en effet elle a pour conséquence la fixation d'un assez grand nombre de matières utiles aux plantes dans les terres argileuses. Dans son état gélatineux, ou s'il a été desséché à une chaleur modérée, l'hydrate d'alumine est facilement dissous par les acides forts et par les alcalis.

On a proposé d'employer l'hydrate d'alumine gélatineux sous forme de cataplasmes ; il faut alors produire le précipité au sein de liquides albumineux, gélatineux ou amylacés. Les anciens employaient sous le nom de *terres bolaires* ou *sigillées*, de *bol d'Arménie*, de *bol oriental*, des argiles blanches, grises ou rougeâtres, dont l'action est analogue à celle de l'hydrate gélatineux d'alumine.

Quand on calcine l'hydrate d'alumine, il perd peu à peu son eau, mais la totalité de l'eau n'est chassée qu'à une température rouge. On obtient une poudre blanche qui devient peu soluble dans les acides ; son meilleur dissolvant est alors l'acide sulfurique étendu de son poids d'eau. Cette alumine calcinée devient aussi plus réfractaire à l'attaque des alcalis. Elle happe à la langue quand on la porte à la bouche, à cause de son attraction pour l'humidité, absolument comme cela arrive pour l'argile desséchée.

Si l'on maintient l'hydrate d'alumine pendant 24 heures dans de l'eau bouillante, il se transforme en un nouvel hydrate ($Al^2O^3, 2H^2O$) insoluble, comme l'alumine calcinée, dans les acides et les alcalis étendus.

En maintenant, au contraire, durant plusieurs jours, du biacétate d'alumine dans de l'eau bouillante, et en chassant ensuite l'acide acétique par l'évaporation, mais avec la précaution de remplacer par de l'eau l'acide volatilisé, on finit par avoir une véritable dissolution d'alumine soluble dont l'étude n'est pas encore complète, mais qui doit intéresser, parce que ce fait prouve que l'alumine ou ses isomères peuvent posséder des propriétés encore obscures qui ne sont pas sans rapport avec les modifications des terres arables en présence des matières organiques et du purin du fumier ou des étables.

Si l'alumine est abondante dans la nature à l'état de combinaison, elle s'y trouve assez rare à l'état de pureté. Cristallisée et incolore, elle constitue les pierres précieuses appelées des *corindons*. Le plus souvent, ces pierres sont colorées par divers oxydes étrangers en quantités très faibles, et reçoivent divers noms suivant leur aspect extérieur. On distingue les corindons hyalins ou diaphanes, les corindons lamelleux ou harmophanes, et les corindons granulaires.

La propriété commune des corindons hyalins est de former des cristaux appartenant au système rhomboédrique, d'avoir une densité considérable de 3,95 à 4,16, ou environ 4, et de posséder une dureté qui n'est dépassée que par celle du diamant et du bore cristallisé. Le corindon hyalin incolore est le *saphir blanc;* on donne le nom de *rubis* à celui qui est rouge cramoisi ou rouge rose; il s'appelle *saphir oriental*, s'il est bleu d'azur ; *saphir indigo*, s'il est bleu indigo; *améthyste*, s'il est pourpre ou violet; *topaze orientale*, s'il est jaune; *émeraude orientale*, s'il est vert, et cette dernière variété est la plus rare, surtout quand la teinte en est belle. Les corindons hyalins ont une cassure conchoïde, éclatante; ils jouissent de la double réfraction ; quand ils sont taillés en *cabochons*, c'est-à-dire sur une surface arrondie et perpendiculairement à l'axe, ils présentent, si on les place entre l'œil et une vive lumière, une étoile à six rayons, connue des anciens et décrite par Pline sous le nom d'*astérie*. Les corindons hyalins employés en bijouterie viennent du Pégu dans l'Inde.

Les corindons lamelleux sont d'un gris brunâtre ou jaunâtre ou verdâtre, rarement rose; la cassure assez brillante est lamelleuse. On les trouve au Saint-Gothard, à Mozzo (Piémont), en Chine, au Thibet, à Ceylan, au Pégu, et dans le fer oxydulé de Jellivara (Suède). Les matières étrangères y sont plus considérables que dans les précédents; elles peuvent y entrer pour 7 à 16 pour 100.

Le corindon granulaire n'est autre que l'*émeri ;* l'alumine cristallisée y est mélangée d'oxyde de fer, de silice, de chaux, de magnésie, d'eau combinée, le tout dans une proportion qui va de 14 à 32 pour 100. A cause de sa dureté, il sert à user et à polir un grand nombre d'objets : le fer, l'acier, le verre, les glaces, les cristaux naturels. Le papier de verre est du papier imprégné de colle-forte et saupoudré d'émeri. Cette substance importante a une couleur gris de fumée, gris bleuâtre, gris foncé; sa cassure est mate, opaque, seulement translucide sur les bords. La dureté est son principal caractère. On la trouve à l'île de Naxos, près d'Éphèse, dans les Indes, et enfin à Schwartzenberg, en Saxe.

On rencontre aussi, dans la nature, des hydrates d'alumine, notamment la *gibbsite* ($Al^2O^3, 3H^2O$), le *diaspore* (Al^2O^3, H^2O), la *bauxite* ($Al^2O^3, 2H^2O$) qui existe dans le département du Var.

L'alumine cristallisée en forme de pierre précieuse a été obtenue artificiellement dans les laboratoires par Ebelmen, H. Sainte-Claire Deville, Gaudin, Debray, de Sénarmont, en cristaux ressemblant absolument au rubis, à l'émeraude, etc.

La formule Al^2O^3 a été adoptée pour l'oxyde d'aluminium parce qu'il présente de grandes analogies avec divers oxydes métalliques pour lesquels l'existence simultanée de plusieurs degrés d'oxydation ne permettait aucun doute sur leur constitution, notamment le sesquioxyde de fer (Fe^2O^3). C'est dans les sels d'alumine, qu'on appelle aussi sels d'oxyde d'aluminium ou simplement sels d'aluminium, que l'analogie des propriétés avec les sels des sesquioxydes métalliques se manifeste. Parmi ces sels, il faut distinguer surtout l'alun ordinaire (ou sulfate double de potasse et d'alumine), l'alun ammoniacal, l'alun de soude, puis le sulfate et l'acétate d'alumine. C'est surtout l'alun potassique qui a des usages nombreux dans l'industrie, principalement dans la teinture. Pour l'agriculteur, le point essentiel à retenir est que l'alumine se trouve dans les argiles, les marnes, les feldspaths, les micas, et dans un grand nombre d'autres minéraux; elle donne à toutes les combinaisons dans lesquelles elle entre une partie de ses propriétés plus ou moins affaiblies.

ALUMINEUX (*chimie*). — Signifie qui contient ou est imprégné d'alun. On dit terre alumineuse, eau alumineuse, terrain alumineux.

ALUMINIUM (*chimie*). — Jusqu'en 1827 l'alumine fut classée parmi les corps simples parce qu'on n'avait pas encore pu la décomposer. C'est au chimiste allemand Wœhler que revient l'honneur d'avoir le premier démontré qu'elle est formée d'oxygène et d'un métal, et d'avoir isolé l'aluminium, puis constaté qu'il possède toutes les propriétés des métaux, mais il ne l'avait obtenu qu'en très petite quantité; il était réservé à Henri Sainte-Claire Deville de découvrir en 1854 les moyens de préparer l'aluminium d'une manière industrielle et d'en faire une étude complète.

L'aluminium est un métal blanc bleuâtre, inaltérable à l'air et sous l'action de l'eau, quelle que soit la température. Il est sans odeur et sans saveur lorsqu'il est pur; mais s'il contient du silicium, il a la même odeur que la fonte de fer. Il a une dureté et une ténacité comparables à celles de l'argent, et il est susceptible de prendre un beau mat comme ce dernier métal. Il est bon conducteur de la chaleur et de l'électricité. Sa chaleur spécifique est de 0,218. Il a une grande sonorité; lorsqu'on frappe un lingot d'aluminium, suspendu à l'extrémité d'un fil, on entend un son analogue à celui que rend une cloche de verre. Sa densité est 2,56 seulement, c'est-à-dire quatre fois moindre que celle de l'argent. A cause de cette faible densité, de son inaltérabilité à l'air et de sa grande ténacité, on s'en sert pour faire divers bijoux et pour fabriquer des lorgnettes et des longues-vues Sa température de fusion est intermédiaire entre celle du zinc et de l'argent; on l'évalue à 700 degrés. Il n'est pas sensiblement volatil aux températures obtenues dans les hauts fourneaux.

C'est un métal précieux par la résistance qu'il offre à l'action de beaucoup de corps. Ainsi il ne brûle qu'à une très haute température dans l'oxygène pur, et il est beaucoup moins oxydable que le fer. Le soufre ne l'attaque que très difficilement, et il résiste à l'action de l'hydrogène sulfuré qui noircit l'argent. Le charbon, l'azote, le phosphore, l'arsenic sont sans action sur lui; mais à une température plus ou moins élevée, il se combine avec le chlore, le brome, l'iode, le silicium et le bore. Il ne s'amalgame pas avec le mercure, mais il forme des alliages avec la plupart des métaux; avec le cuivre notamment il donne un bronze très dur, très malléable, d'un beau jaune d'or, qu'on emploie pour faire des coussinets de machines ou qu'on utilise dans l'orfèvrerie et la fabrication de divers objets d'art. Les acides sulfurique et azotique concentrés ne l'attaquent pas à froid, mais ils le dissolvent lentement à chaud. L'acide chlorhydrique, soit gazeux, soit en dissolution dans l'air, l'attaque avec une grande facilité et donne du chlorure d'aluminium ou du chlorhydrate d'alumine. Les solutions de potasse et de soude le dissolvent et donnent des aluminates (voy. ce mot).

On prépare en grand l'aluminium par le procédé qu'a donné Henri Sainte-Claire Deville et qui consiste à décomposer le chlorure double d'aluminium par le sodium en employant la cryolithe (fluorure double d'aluminium et de sodium) comme fondant. On fait un mélange de 12 parties de chlorure double, de 2 de sodium et de 5 de cryolithe, et l'on opère dans un four à reverbère. La réaction qui se produit est la suivante :

$$NaCl, Al^2Cl^3 + 3Na = 2Al + 4NaCl.$$

Pour 3 kilogrammes de sodium, on obtient environ 1 kilogramme d'aluminium.

Parmi les composés que fournit l'aluminium, il faut mettre en première ligne l'oxyde d'aluminium ou alumine (voy. ce mot), puis les chlorures et les fluorures d'aluminium, et enfin les sels d'alumine.

Le chlorure d'aluminium se présente en masse cristalline, transparente et incolore (s'il est pur), ambrée (s'il contient un peu de fer). Il fond vers 200 degrés et se volatilise rapidement. Il est déliquescent. Quand on l'expose à l'air, il répand d'épaisses fumées et s'empare de la vapeur d'eau contenue dans l'atmosphère. Il se dissout dans l'eau en dégageant une grande quantité de chaleur; la dissolution, qui est le chlorhydrate d'alumine, ne peut pas servir à obtenir du chlorure d'aluminium anhydre, car lorsqu'on l'évapore à siccité, elle se décompose en alumine et acide chlorhydrique qui se dégage. On ne peut y arriver qu'en faisant passer du chlore sec au rouge sur une pâte formée d'alumine et de charbon. Si l'on additionne la pâte de sel marin, on peut former un chlorure double d'aluminium et de sodium. L'iodure, le bromure, le fluorure d'alumine ont des propriétés analogues au chlorure. On trouve au Groënland, dans le fiord d'Arksak, un gisement considérable de fluorure double d'aluminium et de sodium qu'on appelle la cryolithe et qui est employé comme fondant, ainsi qu'il vient d'être dit, dans la métallurgie de l'aluminium.

Les principaux sels d'alumine sont le sulfate, l'azotate, l'acétate, le tartrate, le benzoate, les phosphates, les silicates. Beaucoup ont une grande tendance à former des sels doubles avec les sels alcalins; il en est ainsi surtout du sulfate d'alumine qui donne l'alun. Quelques-uns sont solubles, les autres insolubles. Parmi ces derniers se trouvent les silicates qui constituent l'argile et les poteries.

Les sels d'alumine solubles ont une saveur douce, puis astringente; leurs dissolutions dans l'eau, quand elles sont traitées par l'ammoniaque ou par un carbonate alcalin, donnent un précipité blanc gélatineux; la potasse et la soude y produisent le même précipité, mais qui est soluble dans un excès de réactif. Quand on ajoute du sulfate de potasse à une dissolution concentrée et chaude d'un sel d'alumine, il se dépose pendant le refroidissement des cristaux octaédriques d'alun.

Tous les sels d'alumine, chauffés au chalumeau avec un peu d'azotate de cobalt, prennent une coloration d'un beau bleu caractéristique.

Le *sulfate d'alumine* ($3SO^3, Al^2O^3 = (SO^4)^3, Al^2$) a une réaction acide très marquée. Il cristallise difficilement en lamelles minces, d'un aspect nacré. Il a une forte saveur astringente. Il est soluble à froid dans le double de son poids d'eau, presque insoluble dans l'alcool. A l'état cristallin, il renferme une quantité d'eau, variant selon la température à laquelle les cristaux se sont formés, de 48 à 59 pour 100, ou 18 à 27 équivalents. Quand on le soumet à l'action de la chaleur, il perd son eau de cristallisation, puis il se décompose en alumine qui demeure et en acide sulfurique qui se volatilise. Ses dissolutions concentrées sont décomposées par le carbonate de chaux et par le zinc, en donnant naissance à de l'acide carbonique et à de l'hydrogène qui se dégagent, et à la formation de sous-sulfates. La propriété de ses dissolutions concentrées de donner de l'alun avec les sels de potasse vient d'être constatée; elle est caractéristique. On le prépare en traitant à chaud les argiles qui ne contiennent pas de fer, le kaolin notamment, par de l'acide sulfurique concentré. On le trouve aussi tout formé dans la nature. Il est employé pour le collage des papiers communs et pour le mordançage dans la teinture. Il reçoit d'assez nombreuses applications médicales à cause de son action astringente et modificatrice sur les tissus organiques.

Le *sulfite d'alumine* est très soluble dans l'eau; on l'obtient en traitant par l'acide sulfureux l'alumine précipitée de ses sels. On l'a utilisé dans la fabrication du sucre pour la défécation du jus de betterave; il agit alors par son acide sulfureux qui empêche la fermentation du jus, et par son alumine qui précipite les matières albuminoïdes.

L'*azotate d'alumine* s'obtient en traitant l'alumine hydratée par l'acide azotique. En évaporant la liqueur maintenue fortement acide, on peut avoir de beaux et volumineux cristaux d'azotate d'alumine contenant 15 équivalents d'eau de cristallisation.

Il existe plusieurs *phosphates d'alumine*. On obtient le phosphate neutre d'alumine ($Al^2O^3, Ph^2O^5 = 2PhO^4, Al^2$) en précipitant par le phosphate de soude ordinaire un sel neutre d'alumine. C'est une matière blanche gélatineuse, soluble dans la potasse et dans les acides, excepté dans l'acide acétique, ce qui permet de la séparer des phosphates de chaux et de magnésie; il suffit d'ajouter à la dissolution de ces phosphates dans de l'acide azotique ou chlorhydrique étendu, de l'acétate d'ammoniaque, pour avoir un précipité de phosphate neutre d'alumine assez facile à laver. Quand on ajoute de l'ammoniaque à une dissolution acide de phosphate d'alumine, on obtient un phosphate plus basique qui existe, combiné au fluorure d'aluminium, dans le minéral appelé la *wawellite*. Il existe aussi dans la nature divers phosphates doubles à base d'alumine : l'*amblygonite* est une combinaison de phosphate d'alumine et de lithine avec les fluorures d'aluminium et de sodium: la *childrénite* est un phosphate double d'alumine et de fer ou de manganèse; la *turquoise* est un phosphate double d'alumine et de cuivre. Les phosphates d'alumine se rencontrent très souvent, soit dans la terre arable, soit dans les engrais.

L'acide carbonique ne paraît pas se combiner avec l'alumine pour faire des *carbonates*.

L'alumine gélatineuse traitée par une solution d'acide oxalique donne par l'évaporation une masse amorphe déliquescente, qui est l'*oxalate d'alumine*, et dont la saveur est à la fois douceâtre et astringente. En traitant de l'alumine en gelée par du sel d'oseille, on obtient un sel gommeux qui est l'oxalate double d'alumine et de potasse.

L'*acétate d'alumine* se présente également en masse gommeuse déliquescente; sa saveur est styptique et astringente. On l'obtient en traitant l'hydrate d'alumine par du vinaigre, ou bien, par double décomposition, en versant de l'acétate de plomb dans du sulfate d'alumine.

Le *tartrate d'alumine* est aussi en masse gommeuse, mais non déliquescente. On l'obtient en traitant l'hydrate d'alumine par une dissolution d'acide tartrique; on dissout aussi l'alumine en gelée par le tartrate neutre ou le bitartrate de potasse; on a alors des sels doubles. Le tartrate d'alumine paraît exister naturellement dans le *Lycopodium clavatum*.

On obtient des *citrates d'alumine* par l'action de l'acide citrique sur l'alumine hydratée, en masses gommeuses, déliquescentes, acides et astringentes.

Le *benzoate d'alumine* se présente en masse cristalline, quand on évapore le traitement de l'alumine en gelée par une solution bouillante d'acide benzoïque. Ce sel est employé à l'état de solution comme grand modificateur des tissus ulcérés, surtout avec écoulements fétides. On a aussi proposé pour les mêmes usages du tannate d'alumine, de l'hypochlorite d'alumine, des mélanges de dissolution de sulfate d'alumine et de sulfate de zinc. Le motif de ces applications est toujours basé sur les propriétés essentielles des sels d'oxyde d'aluminium comme astringents et antiputrides.

Les *silicates d'alumine* sont extrêmement nombreux et très abondamment répandus dans la nature. Il faut distinguer d'abord les silicates anhydres, ensuite les silicates hydratés et enfin les silicates doubles. Les silicates anhydres sont les moins importants; ils constituent quelques minéraux qui ont reçu les noms d'*andalousite*, de *dysthène* ou *cyanite*, de *macle*, de *sillimanite;* leur formule est $(Al^2O^3)^3$, $(SiO^3)^2$. Les silicates hydratés constituent les kaolins et les argiles; les premiers, si importants pour la fabrication de la porcelaine, les autres formant une très grande partie des terres arables. La formule générale est $SiO^3,Al^2O^3,2H^2O$. Les silicates doubles sont les plus nombreux; il suffit de dire qu'ils renferment la classe si variée des feldspaths, qui sont des silicates doubles et multiples (souvent triples et quadruples), d'alumine, de potasse, de soude, de magnésie, les micas, l'amphibole comprenant le jade, etc. Avec le silicate de glucine, le silicate d'alumine donne des minéraux très remarquables, parmi lesquels se trouvent les émeraudes, le béryl, l'aigue-marine, l'euclase, les grenats, la cordiérite ou iolithe.

ALUN et **ALUNS** (*chimie agricole*). — L'alun proprement dit, ou ordinaire, ou encore alun potassique, est un sel très anciennement connu qui se présente en cristaux du système octaédrique régulier, en cubes ou en octaèdres, selon la température où la cristallisation se produit; ces cristaux sont souvent très volumineux et s'effleurissent faiblement à l'air et seulement à la surface. On sait, depuis Margraff, que c'est un sulfate double d'alumine et de potasse avec 24 équivalents d'eau de cristallisation :

$$3(SO^3),Al^2O^3+SO^3,K^2O+24H^2O=(SO^4)^3Al^2+SO^4K^2+24H^2O.$$

Il est incolore, a une saveur sucrée, puis astringente, et une réaction acide.

Il n'est pas, à proprement parler, délétère, mais on ne pourrait pas impunément en prendre à l'intérieur une certaine quantité, à cause de l'action tannante qu'il exerce sur les tissus. Sa densité est 1,71. Il est beaucoup plus soluble à chaud qu'à froid; 100 parties d'eau en dissolvent 3,29 à 0°, 9,52 à 10°, 22 à 30°, 31 à 60°, 90 à 70°, 357 à 100°. Quand on le soumet à une température de 72 degrés, il fond dans son eau de cristallisation; si on le laisse alors refroidir, il conserve sa transparence et prend l'aspect d'une masse vitreuse; dans cet état il est identique avec l'alun qu'on appelle *alun de roche*. Si on le chauffe à des températures croissantes, il perd successivement son eau de cristallisation; à 200° il n'en retient plus qu'un demi-équivalent. Au rouge il devient anhydre. Pendant sa dessiccation il se boursoufle et forme une sorte de champignon blanc, spongieux, qui s'élève au-dessus du creuset dans lequel on opère. C'est alors ce qu'on appelle de l'alun calciné. A une température élevée, il se détruit complètement, et il ne reste qu'un composé d'alumine et de potasse. Quand on calcine au rouge, en vase clos, un mélange d'alun avec un tiers de son poids d'une matière organique réduite en charbon (sucre, miel ou farine), on obtient, après le refroidissement, un mélange poreux qui, projeté dans l'air humide, s'enflamme spontanément, et porte le nom de *pyrophore de Homberg*.

Ce sel est recherché dans la teinture à cause de la propriété qu'il possède de former des laques avec les matières colorantes, et il est préféré, pour cet usage, au sulfate d'alumine, parce qu'il est plus facile de l'obtenir pur. Il est employé pour clarifier les eaux courantes, parce que les carbonates alcalins et le bicarbonate calcique y donnent des précipités insolubles. Il est aussi en usage pour la conservation des cuirs, pour le collage de la pâte à papier avec la gélatine, pour la clarification des suifs, dont il précipite les débris membraneux qui s'y trouvent en suspension. C'est par son intermédiaire qu'on prépare un grand nombre de laques servant surtout pour les papiers peints. Il est utilisé, en médecine, comme astringent antiseptique et comme caustique. On l'emploie en gargarisme contre les aphthes; on l'insuffle dans la gorge, à l'état de poudre fine, dans les cas d'angine; quand il a été déshydraté par la calcination, il sert en chirurgie pour ronger les chairs baveuses et nettoyer les ulcères.

Les dissolutions d'alun sont précipitées par la potasse, par la soude, par l'ammoniaque, par les sous-carbonates alcalins, par l'eau de chaux.

Jusqu'au quinzième siècle, l'Europe tirait l'alun de Syrie, où on le fabriquait à Rocca (aujourd'hui Edesse). C'est pour cela qu'on le connaissait sous le nom d'alun de Roche. On continue à lui donner le nom de sa provenance; ainsi, on dit alun de Rome, alun d'Angleterre, alun d'Allemagne, alun de Picardie, alun de Liège, alun de Paris.

On le fabrique au moyen de l'alunite, des schistes et des argiles.

L'alunite peut être regardée comme une combinaison naturelle d'alun ordinaire anhydre et d'alumine hydratée. En la chauffant au rouge naissant, elle perd son eau et se transforme en alumine insoluble et en alun calciné ordinaire qu'on dissout par de l'eau et qu'on fait cristalliser. Tel est le procédé de fabrication de l'alun de Rome.

Pour fabriquer l'alun avec les schistes alumineux qui renferment des substances charbonnées, bitumineuses, des argiles, du sulfate de fer, quelquefois de la potasse (surtout si l'argile contient du feldspath), on doit calciner ces matières en les mélangeant avec du combustible, si cela est nécessaire; on reprend par l'eau après la calcination; les eaux de lavage concentrées laissent d'abord déposer du sulfate de fer; ensuite les eaux mères, mélangées avec des sels de potasse, donnent l'alun. Les résidus de cette fabrication laissent des cendres souvent employées comme engrais.

On prépare l'alun avec les argiles, en attaquant celles-ci dans des fours à réverbère avec de l'acide sulfurique; on lessive, ce qui donne du sulfate d'alumine, lequel, avec un sel de potasse, fournit l'alun par voie de concentration et de cristallisation lente.

L'alun ordinaire est devenu le type d'un groupe de composés ayant une composition analogue, isomorphes entre eux, dans lesquels, soit la potasse, soit l'alumine, peuvent être remplacées en totalité ou en partie par des corps de propriétés analogues: la potasse, par la soude, par l'ammoniaque, par des ammoniaques composées, par les oxydes de rubidium et de thallium; — l'alumine, par les sesquioxydes de fer, de manganèse ou de chrome, à ce point qu'un cristal d'un alun peut grossir dans une dissolution d'un autre alun.

Les principaux aluns sont, après l'alun potassique ou ordinaire :

L'alun sodique :

$$(3\,(SO^3),\,Al^2O^3 + SO^3,\,Na^2O + 24\,H^2O) ;$$

L'alun ammoniacal :

$$(3\,(SO^3),\,Al^2,O^3 + SO^3,\,AzH^6,\,H^2O + 24\,H^2O) ;$$

L'alun de chrome à base de potasse :

$$(3\,(SO^3),\,Cr^2O^3 + SO^3,K^2O + 24\,H^2O) ;$$

L'alun de chrome à base d'ammoniaque :

$$(3\,(SO^3),\,Cr^2O^3 + SO^3,\,AzH^6,H^2O + 24\,H^2O) ;$$

L'alun de fer à base de potasse :

$$(3\,(SO^3),\,Fe^2O^3 + SO^3,K^2O + 24\,H^2O),\ \text{etc.}$$

On a aussi préparé plusieurs aluns à bases organiques, tels que les aluns d'amylamine, d'éthylamine, de méthylamine, etc.

L'alun sodique a des propriétés chimiques analogues à celles de l'alun potassique ; mais ses cristaux, abandonnés au contact de l'air, s'effleurissent rapidement en poussière, de telle sorte qu'on ne peut les conserver facilement ; il est très soluble dans l'eau qui, à 16 degrés, en dissout plus que son poids. On le rencontre à l'état natif dans les Andes, province de Saint-Jean, au nord de Mendoza.

L'alun ammoniacal est souvent substitué à l'alun potassique dans les applications industrielles ; il lui ressemble beaucoup, et il se comporte de la même manière en présence de l'eau et sous l'action de la chaleur ; seulement, par la calcination, il laisse un résidu d'alumine pure. Il se distingue de l'alun potassique en ce que, mélangé avec un alcali, il laisse dégager de l'ammoniaque sous l'action de la chaleur. On le rencontre à l'état natif, mais en petite quantité, à Tchermig, en Bohême.

On donne le nom d'alun fibreux à un minéral qui est composé de sulfate d'alumine et de sulfate de magnésie, ce dernier étant souvent remplacé par du sulfate de protoxyde de manganèse.

Quelques composés d'alun sont employés en médecine.

Les *collutoires alunés* se font avec 4 grammes de poudre d'alun, 20 grammes de miel blanc ou de glycérine.

Les *gargarismes astringents* se préparent avec 8 grammes de roses rouges, 250 grammes d'eau bouillante ; on fait infuser une heure, on passe et l'on y ajoute 32 grammes de miel rosat et 1 gramme d'alun.

On appelle *pilules d'Helvétius*, des pilules faites avec 2 grammes d'alun, 1 gramme de sang-dragon et du miel rosat en quantité suffisante. On leur donne aussi le nom d'alun dragonisé ou d'alun teint de Mynsicht.

On fait une *potion alumineuse astringente* avec 100 grammes d'eau de roses, 2 à 4 grammes d'alun, 300 grammes de sirop de sucre ; on prend par cuillerée à bouche.

L'*eau hémostatique de Pagliari* est préparée par l'ébullition de 50 grammes d'alun, 250 grammes de benjoin et 5 litres d'eau.

On prépare le *cataplasme alumineux* des Anglais, très employé contre les engelures, avec deux blancs d'œuf et 40 centigrammes d'alun. En imprégnant de la filasse avec ce mélange, on a ce qu'on appelle l'étoupade de Moschati ; on y ajoute généralement un peu d'eau-de-vie camphrée ou du laudanum.

On appelle *vin de Fismes* une teinture préparée avec du jus de sureau ou d'hièble et de l'alun, telle qu'elle renferme par litre 30 grammes d'alun. On colore parfois les vins avec un litre de cette teinture pour un hectolitre. C'est une pratique blâmable, quoiqu'elle donne aux vins de la solidité. Les préparations d'alun sont bonnes à employer quand elles sont prescrites par le médecin, parce que celui-ci a besoin de réparer des lésions organiques ; elles ont pour effet de modifier la constitution des tissus, et cela est nuisible quand les tissus sont dans leur état normal et qu'il ne convient pas de les altérer.

L'alun ammoniacal est parfois employé par les pâtissiers, particulièrement pour préparer avec du blanc d'œuf les crèmes de quelques gâteaux ; ils se servent, pour avoir 10 litres de crème, de 40 blancs d'œufs et d'environ 20 grammes d'alun ammoniacal. Le résultat est de coaguler l'albumine en lui donnant un aspect graisseux et mat. Les pâtissiers incorporent d'ailleurs aux blancs d'œufs battus une liaison composée de gélatine, de jaunes d'œufs, de lait et de sucre. Cette pratique est surtout dangereuse quand on opère dans des vases en cuivre, que l'alun ammoniacal peut attaquer pour donner des sels de cuivre vénéneux.

L'alun ammoniacal ou l'alun de potasse sont également très souvent employés pour verdir les épinards et les haricots et leur donner de la fermeté ; pour préparer des conserves de cornichons ; pour fabriquer quelques bonbons ou diverses confitures ; enfin les boulangers s'en servent dans la panification, surtout en vue de pouvoir faire à la farine de froment, l'addition de farines de féveroles, de haricots, de lentilles qui manquent d'élasticité et de plasticité. On a vu, en effet, que l'alun sous l'action de la chaleur se gonfle et donne un produit qui conserve le volume considérable obtenu. Ce sont des procédés coupables et qui deviennent dangereux toutes les fois que les aliments alunés sont placés dans des vases de cuivre ou de zinc.

ALUNAGE. — Opération consistant à tremper un tissu dans une dissolution d'alun, afin que les couleurs qu'on y appliquera puissent s'y fixer.

ALUNATION. — Expression employée dans les arts pour indiquer l'opération par laquelle on forme l'alun.

ALUNER. — C'est imprégner un corps d'une dissolution d'alun, ou le tremper dans un liquide de cette nature. On alune les étoffes pour que les matières colorantes puissent s'y fixer d'une manière solide. Un papier a été aluné quand on l'a traité par une dissolution d'alun pour l'empêcher de boire.

ALUNERIE. — Une alunerie est une fabrique d'alun.

ALUNEUX. — Qui contient naturellement de l'alun. On dit terrain aluneux, contrée aluneuse, *matière aluneuse*. Si l'alun a été ajouté à une substance, on dit *matière alunée*.

ALUNIÈRE. — Est le lieu, la mine, d'où l'on tire l'alun.

ALUNIFÈRE. — Qui porte ou contient de l'alun.

ALUNITE. — Substance pierreuse qui n'est autre qu'un sous-sulfate d'alumine et de potasse ($2\,Al^2O^3,\,K^2O + SO^3 + 6\,H^2O$), et qu'on trouve quelquefois en masses cristallines, de couleur grise, rougeâtre ou jaunâtre, au mont Dore, à la Tolfa près de Rome, etc. Cette pierre est assez dure, d'une densité de 3,5 à 4. Après la calcination elle est partiellement soluble dans l'eau et donne l'alun (voy. ce mot).

ALUNOGÈNE. — Sulfate d'alumine hydraté qu'on trouve dans les solfatars en masses fibreuses ou écailleuses et auquel on donne aussi le nom d'*alun de plume*, d'*halotrichite*.

ALURNE. — Insecte coléoptère herbivore, à corselet rouge et élytres jaunes ayant près de 3 centimètres de longueur, que l'on trouve à Cayenne.

ALUTÈRE. — Genre de poissons de la famille des Chismopnées, ayant un corps comprimé et allongé, avec une peau couverte de petits grains serrés. On distingue l'Alutère monoceros dans les mers de la Chine, du Japon et du Brésil, long de 30 centimètres environ, et d'une chair non estimée; et l'Alutère Kleinien, habitant les mers de l'Inde.

ALVARELHAO (*viticulture*). — Cépage noir commun dans la partie inférieure du vignoble du Douro, en Portugal. Il entre pour une très large part dans la fabrication des vins de Porto. Sa grappe est moyenne, peu serrée et rameuse, à pédoncule long, un peu herbacé; ses grains sont moyens, presque égaux et ellipsoïdes, à chair ferme et juteuse. La souche est de vigueur moyenne, à écorce adhérente et épaisse. Ce cépage, très précoce, mûrit en Portugal, à la fin d'août; sa production est abondante. D'après Villa Maïor, 100 kilogrammes de grappes donnent 62 kilogrammes de moût renfermant 26kil,660 de sucre, à maturité complète. On en connaît deux variétés, l'une à pédoncule vert, l'autre à pédoncule rouge; cette dernière est appelée aussi pied de perdrix ou pied rouge. Dans la région de Basto, province de Minho, ce cépage porte le nom de Lacaia.

ALVÉOLAIRE. — Qualification de ce qui a rapport à des alvéoles. On dit arcades alvéolaires pour désigner la réunion des alvéoles des dents; artère ou veine alvéolaire, pour désigner les vaisseaux de la circulation du sang dans les alvéoles des dents.

ALVÉOLE. — Ce mot est pris dans plusieurs acceptions. Il se dit d'abord des petites cellules que construisent les abeilles, les guêpes et quelques autres animaux pour déposer leurs œufs, leur miel, leurs provisions, etc. (voy. ABEILLE). On appelle aussi alvéoles, les cavités des mâchoires dans lesquelles les dents sont enchâssées par leurs racines. Enfin, en botanique, les alvéoles sont les cavités formées dans le réceptacle des fleurs de certaines plantes de la famille des Composées; les bords de ces alvéoles se relèvent autour de la base de chaque ovaire en lames tantôt continues, tantôt déchiquetées en languettes membraneuses irrégulières. Le réceptacle est, dans ce cas, dit alvéolé.

ALVÉOLINE. — Genre de Foraminifères renfermant une dizaine d'espèces, la plupart fossiles et propres aux terrains crétacés et tertiaires.

ALVÉOLITE. — Polypier fossile, pierreux, épais, arrondi ou allongé, formé de couches concentriques, que l'on trouve dans un sablon calcaire du village d'Auvers, dans la vallée de l'Oise, ayant une longueur qui n'excède pas 5 millimètres.

ALVIER (*sylviculture*). — Nom vulgaire donné quelquefois, dans les Alpes, à l'une des espèces de pins qui y sont répandues, le pin Cembro. Cet arbre est aussi appelé anvier, tinier, arole, par les montagnards.

ALVIN. — Voy. ALEVIN.

ALVINAGE (*pisciculture*). — Se dit tantôt de l'alevin, tantôt des jeunes poissons pris dans les filets, et que les pêcheurs rejettent à l'eau comme peu propres à la vente. Les règlements de pêche déterminent les dimensions que doivent avoir les mailles des filets pour obvier à la destruction du jeune poisson.

ALVINIERS ou **ALVINIÈRES** (*pisciculture*). — Se dit des petits étangs placés à la tête ou dans le voisinage des grands, pour y conserver les jeunes poissons, jusqu'à ce qu'ils aient acquis assez de vigueur pour échapper aux poissons destructeurs ou pour se défendre. Ce système d'étangs à alevins est encore très peu pratiqué en France.

ALYDE. — Insecte hémiptère hétéroptère, voisin des punaises.

ALYSICARPUS. — Genre particulier de sainfoin (*Hedysarum salicifolium*, *bupleurifolium*, *vaginale*, *glumaceum*, etc.), se distinguant par une gousse cylindrique articulée et un calice presque régulier, campanulé, persistant, à cinq découpures.

ALYSIE (*entomologie*). — Insecte du genre des Ichneumons, dans la famille des Lépidoptères. Son corps, qui a une longueur de 5 millimètres, est absolument noir; les pattes sont noires, et les antennes un peu velues. Cet insecte présente un intérêt agricole, parce qu'il fait la guerre aux chlorops, redoutables pour les céréales. Les alysies déposent leurs œufs dans les larves de chlorops, et ils en arrêtent ainsi la multiplication. Le docteur Herpin, dans ses recherches sur les parasites des céréales, a observé que si l'on fait éclore dans des récipients fermés les insectes que contiennent les tiges et les épis des orges ou des froments, on obtient un nombre d'alysies aussi élevé que de chlorops, ce qui tend à démontrer que la moitié environ de ceux-ci sont détruits, avant l'éclosion, par les larves d'alysie qui les dévorent.

ALYSSE (*horticulture*). — Plante de la famille des Crucifères, qui constitue, dans les jardins des régions tempérées, une des plus belles espèces ornementales cultivées en pleine terre. Le genre alysse (*Alyssum*) renferme deux espèces qui sont l'une et l'autre recherchées.

La première, l'alysse saxatile, est vulgairement désignée par les noms de corbeille d'or, de thlaspi jaune. C'est, dit Vilmorin, à qui nous empruntons la figure 266 qui représente cette espèce, une plante sous-ligneuse, vivace et touffue, à branches diffuses, à feuilles lancéolées et blanchâtres, produisant au mois de mai des fleurs nombreuses d'un jaune doré très éclatant, disposées en bouquets. Elle est susceptible de changer beaucoup en dimensions, suivant le climat. On en cultive aussi une variété à feuilles panachées. Elle vient très bien dans la plupart des sols, principalement dans ceux qui sont pierreux et un peu secs. La multiplication se fait par éclats, par marcottes ou par graines; celles-ci doivent être semées dès leur maturité. Il faut repiquer au printemps, en terre un peu légère, pour mettre les jeunes plants en place à l'automne suivant.

Fig. 266. — Alysse corbeille d'or.

La deuxième espèce, l'alysse odorante ou maritime, est indigène en France. C'est une plante annuelle, de petite taille, touffue, haute de 20 centimètres, à feuilles lancéolées, d'un vert cendré. Elle se couvre, de juillet en novembre, de petites fleurs odorantes, disposées en grappes allongées. Elle est cultivée, soit en bordures, soit en corbeilles, soit en plates-bandes; dans toutes ces circonstances, quand la venue est régulière, la plante produit un très gracieux effet. Le mode de multiplication généralement adopté est le semis sur place, qui se pratique au printemps, en avril et mai, ou bien au commencement de l'automne.

L'aubriétie deltoïde a été considérée par quelques botanistes comme une espèce du genre Alysse.

ALYTE. — Nom donné au crapaud accoucheur, reptile batracien de la famille des Anoures.

ALYXIA (*horticulture*). — Arbrisseau de la famille des Apocynées, quelquefois grimpant, à feuilles persistantes, à fleurs odorantes axillaires ou terminales, solitaires ou disposées en forme d'épis ou de cymes. On en connaît trois espèces originaires de l'Australie et de l'Asie : l'Alyxie gynopogon, l'A. daphnoïde, l'A. à feuilles de Fragon. Ces arbustes atteignent de 1 à 2 mètres et sont cultivés en serre tempérée ou en orangerie bien éclairée, en terre de bruyère, avec arrosements assez fréquents en été ; la multiplication se fait par bouture. L'écorce mondée de cet arbuste ressemble à de la cannelle blanche, avec une odeur de mélilot et une saveur aromatique amère ; elle est employée, à Batavia, contre les fièvres pernicieuses.

ALZATEA. — Arbre du Pérou, appartenant à la famille des Célastracées, à feuilles opposées et à petites fleurs réunies en corymbes.

AMACOZQUE (*ornithologie*). — Oiseau à pied fendu, de la taille d'une tourterelle, ayant les jambes d'un rouge pâle, les ongles et le bec noirs, le dessous du corps blanc, le dos et la queue mélangés de noir et de blanc. Il vit au Mexique, au bord des marais, et se nourrit d'insectes et de vermisseaux.

AMADOTTE (*arboriculture*). — Poire jaune, plate, sèche et musquée, à saveur astringente, légèrement acidulée. Elle est ainsi appelée de la dame Oudotte, en Bourgogne, où elle a été trouvée au dix-septième siècle. L'arbre qui la donne est vigoureux et productif. Le fruit mûrit en octobre et devient assez gros. C'est une poire à cuire ou à sécher au four.

AMADOU (*technologie*). — Substance spongieuse qui prend feu facilement et continue à brûler, lorsqu'il y est tombé une étincelle ou lorsqu'on en a approché un corps quelconque chauffé à une température rouge sombre. L'amadou avait une très grande importance lorsqu'on ne se procurait du feu qu'avec une pierre à fusil et un briquet ; on l'emploie beaucoup moins depuis que s'est répandu universellement l'usage des allumettes chimiques. On s'en sert avec succès pour arrêter les écoulements sanguins ; cette propriété de l'amadou a été découverte en 1750 par Brossard, chirurgien à la Châtre en Berry. C'est un produit que l'on prépare avec toute substance végétale, celluleuse, tenace, susceptible de se feutrer sous l'action du marteau. On emploie comme matière première divers champignons, tels que le polypore amadouvier et le polypore ongulé (*Polyporus igniarius* et *P. fomentarius*), plus rarement le polypore faux amadouvier (*Polyporus dryadeus*) ; divers autres champignons, le *Boletus Ribis*, le *B. torulosus*, l'*Agaricus quercinus*, la base de quelques *Lycoperdon*, par exemple celle du *L. lycoperdon giganteum* (vesse-de-loup), des fleurs ou des feuilles à duvet spongieux, celles du *Gnaphalium italicum*, de l'*Atractylis gummifera*, de l'*Andromachia igniaria*, de l'*Æchinops strigosus*, de l'asclépiade élevé, de l'*Onoperdum viride*, de l'hermas gigantesque, de l'arbre à pain, du bananier. Ces matières sont employées pour la fabrication de l'amadou en Espagne, en Sicile, au Mexique et dans quelques autres pays. Il en est de même de la moelle de la *Ferula communis*, du lichen radiciforme. On nomme amadou blanc celui que l'on fait avec certains byssus ou les xylostroma. L'amadou de Panama est fait avec le duvet que l'on trouve au-dessous des feuilles de *Metastoma sericea*. On peut employer au même usage les feuilles sèches de nos *Verbascum* (bouillon-blanc). A l'île de France on fait l'amadou avec le liber de l'afoulh (*Ficus terebrata*). Nos paysans en préparent avec du papier à sucre, des toiles d'araignées, du vieux linge brûlé et étouffé.

La principale fabrication se fait avec les polypores, surtout avec le *Polyporus ignarius* que l'on récolte au mois d'août ou de septembre. On enlève d'abord avec un couteau l'écorce extérieure du champignon, puis la partie spongieuse qui est au-dessous. C'est cette dernière qui seule est utile. On la coupe en tranches minces que l'on bat avec un maillet jusqu'à ce que la substance se mette aisément en morceaux, si on la tire avec les doigts. On complète l'opération, afin de rendre la matière très combustible, en la faisant bouillir dans une forte lessive de nitrate de potasse ; on la fait sécher, on bat de nouveau, et l'on remet une seconde fois dans la lessive. Pour rendre l'amadou plus facile à s'allumer, on le roule quelquefois dans de la poudre à canon, c'est ce qui fait la différence de l'amadou noir et de l'amadou roussâtre. On peut employer, pour augmenter la combustibilité, une dissolution de chlorate de potasse au lieu de celle de salpêtre.

L'amadou des chirurgiens doit être choisi épais, souple et moelleux. L'imprégnation avec le nitre ne nuit pas à sa propriété d'arrêter les hémorrhagies.

En Franconie, on fait des vêtements très chauds avec de grandes pièces d'amadou qu'on évite alors de salpêtrer.

AMADOUVIER (*botanique*). — On donne le nom d'amadouvier au polypore amadouvier (*Polyporus* ou *Boletus igniarius*), champignon qu'on rencontre, ainsi que le polypore ongulé (*Polyporus* ou *Boletus fomentarius*), sur les troncs des vieux arbres, et plus particulièrement des chênes, des hêtres et des tilleuls. Ces champignons ou agarics ont la forme d'un pied de cheval, et sont fixés latéralement (fig. 267). L'écorce du polypore ongulé est très dure et marquée d'impressions circulaires qui indiquent son âge : l'intérieur est rouge, fibreux, com-

Fig. 267. — Amadouvier.

posé de tubes qui adhèrent à la partie corticale. Le polypore amadouvier est moins ligneux, plus mou, plus élastique ; aussi est-il préféré ; il demande un battage bien moins prolongé pour donner un produit commercial. Il faut citer encore le polypore faux amadouvier (*Polyporus dryadeus, Boletus pseudo-igniarius*) dont la couleur est plus pâle et la consistance plus molle ; il a été analysé par Braconnot qui y a trouvé de la fongine, une matière sucrée incristallisable, une matière adipeuse jaune, de l'acide acétique, un acide végétal qu'il a appelé *bolétique*, et des matières minérales contenant de la potasse, de la chaux, de l'acide phosphorique.

AMAGA (*botanique*). — Arbre des îles Philippines (Océanie) dont le bois a la teinte noire de celui de l'ébène et peut servir aux mêmes usages; il n'est pas d'ailleurs encore déterminé.

AMAIGRISSEMENT. — Diminution du poids du corps des animaux domestiques. Cet état est décelé non seulement par la perte du poids, mais par des signes extérieurs dont les principaux sont la diminution du volume du tronc et des membres, les saillies du squelette sur la peau, etc. Une alimentation insuffisante ou de mauvaise qualité, l'excès du travail, l'absence de sommeil et enfin l'état de maladie, sont les principales causes de l'amaigrissement. En les faisant disparaître, on peut ramener les animaux à l'embonpoint normal. C'est surtout par une bonne alimentation (voy. ce mot) qu'on prévient l'amaigrissement et les conséquences qu'il entraîne par la dépréciation de la valeur des animaux.

AMAILLADE (*pêche*). — Filet fait en tramail, c'est-à-dire formé de trois rets superposés et tendus sur des piquets.

AMAIRADE (*pêche*). — Filet du Languedoc ressemblant au manet, à mailles assez étroites, tendu de manière à faire des plis, tantôt dans le sens vertical, tantôt dans le sens horizontal; il est garni de lest et de flottes suffisantes pour le tenir dressé au-dessus du fond.

AMALAGO ou **AMOLAGO** (*botanique*). — Sorte de poivrier de la côte de Malabar (Hindoustan), appelé par Linné *Piper malamiri*, et que l'on rapporte au bétel.

AMALGAME. — Nom générique donné aux alliages formés avec le mercure, c'est-à-dire aux combinaisons du mercure avec d'autres métaux. Ainsi, on dit : amalgame d'étain, pour alliage de mercure et d'étain ; amalgame d'argent, pour alliage de mercure et d'argent, etc. Les amalgames présentent les caractères de véritables combinaisons chimiques; leur production est accompagnée de développement de chaleur; leur densité est plus grande que la densité moyenne des éléments qui les constituent. Leur formation s'opère souvent, aux températures ordinaires, par le simple contact du mercure avec un métal. Les amalgames sont employés dans diverses industries. On s'en sert notamment pour certaines sortes de dorure et d'argenture, de même que pour l'étamage des glaces.

AMALIQUE (ACIDE) (*chimie*). — Si l'on fait passer un courant de chlore à travers une bouillie de caféine et d'eau, il se forme, entre plusieurs substances, un acide particulier auquel on a donné le nom d'acide amalique.

AMALOUASSE (*ornithologie*). — Nom vulgaire donné, en Sologne, à la pie-grièche grise. — Dans le même pays, l'*Amalouasse-gare* est le gros-bec.

AMANDAIE. — Lieu planté d'amandiers.

AMANDE (*arboriculture, économie domestique*). — Ce mot est pris dans trois acceptions. Dans son sens le plus général, c'est une partie de la graine des plantes. — Dans un sens plus restreint, l'amande est la graine des fruits charnus à une seule graine renfermée dans un noyau osseux. — Enfin, on appelle encore de ce nom le fruit de l'amandier.

I. — En botanique, l'amande de la graine est la masse de toutes les parties contenues dans les téguments de la graine. Le plus souvent, cette masse est formée par trois parties distinctes : le ou les cotylédons, l'embryon et l'albumen. Cette dernière partie, qu'on appelle encore endosperme, est plus ou moins développée ; elle manque même totalement dans un certain nombre de graines. Dans celles-ci l'albumen est remplacé par les cotylédons. — L'embryon est une petite plante en miniature, que l'on appelle aussi plantule. Quant au corps cotylédonaire, terme qui désigne l'ensemble des cotylédons, il représente les premières feuilles, et il fournit sa première nourriture à l'embryon. — En résumé, l'amande de la graine est constituée par les organes rudimentaires de la plante, et les réserves de nourriture formées par la nature pour son premier développement.

II. — En arboriculture, l'amande est la graine des fruits charnus à une seule graine renfermée dans un noyau osseux. Ainsi, les graines du pêcher, de l'abricotier, du noisetier, de l'amandier, etc., sont des amandes. Dans la classification des arbres cultivés, on désigne généralement par le nom d'arbres à fruits à noyau, ceux dont les fruits présentent cette structure.

III. — L'amande, fruit de l'amandier, est un drupe vert et duveteux, ovoïde, aplati et pointu au

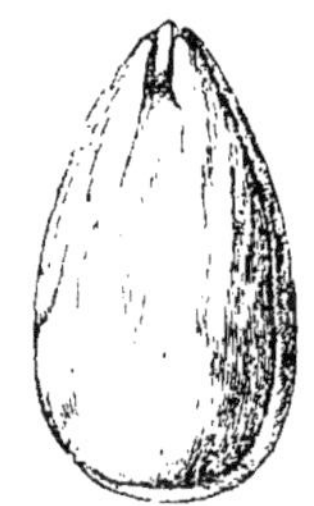

Fig. 268. — Amande nue.

Fig. 269. — Amande recouverte de son enveloppe.

sommet. Il a de 30 à 35 millimètres de longueur sur 18 à 25 de largeur. La chair ou mésocarpe est peu épaisse, dure et coriace, et s'ouvre à la maturité. Elle recouvre un noyau, ligneux et rugueux à l'extérieur, mais lisse à l'intérieur, qui renferme la graine ou amande. Dans cette graine, l'embryon occupe l'extrémité de la pointe de l'amande, et en dessous les deux cotylédons sont disposés en deux masses charnues ; un tégument plus ou moins épais recouvre le tout. Dans le langage ordinaire, le nom d'amande est donné à la graine, et le mésocarpe reçoit celui d'enveloppe ou cuirasse. Les figures 268 et 269 montrent une amande nue et une amande recouverte de son enveloppe.

L'amande est un fruit sec, et par conséquent se conserve avec facilité. Aussi son commerce a-t-il présenté de tout temps beaucoup d'activité. La valeur des diverses variétés est loin d'être la même. On les divise en deux grandes catégories : les amandes douces et les amandes amères.

Le groupe des amandes amères ne comprend qu'une seule variété ; l'amande amère, de grosseur moyenne, à coque assez dure, caractérisée par le goût qu'elle présente.

Le groupe des amandes douces renferme, au contraire, un assez grand nombre de variétés dont les plus importantes sont :

1° L'amande *princesse*, appelée aussi amande sultane, amande à la reine, à coque très mince et à fruit gros très estimé ;

2° L'amande *des dames*, ou encore à la dame, ou mi-fine, à coque un peu moins fine que la précédente ;

3° L'amande *matheronne*, à coque dure, mais présentant un fruit d'une belle grosseur ;

4° L'amande *Molière* ou amande race, à coque dure et à fruit allongé, de grosseur moyenne ;

5° L'amande *à flots* ou à trochets, à fruit régulier et de grosseur moyenne ; sa coque est assez tendre ;

6° L'amande *commune*, à fruit gros, allongé et à coque dure ;

7° L'amande *pistache*, à fruit beaucoup plus petit que celui des variétés précédentes, presque cylindrique ; on l'appelle aussi amande verte.

D'après M. Boulay, les amandes douces, dépouillées de leur coque, renferment, sur 100 parties : 54 d'huile jaunâtre et très douce, non siccative, 24 d'albumine, 6 de sucre, 3 de gomme, 5 de pellicules extérieures et 5 de parties fibreuses. Les amandes amères contiennent, en outre, un alcaloïde spécial, l'amygdaline, qui, en se décomposant en présence de l'eau, donne naissance à l'acide cyanhydrique, à de l'essence d'amandes amères et à de la glycose.

Les amandes sont employées à l'alimentation, et entrent dans un assez grand nombre de préparations pharmaceutiques, ménagères et industrielles.

Pour la consommation, les amandes sont fraîches ou sèches. Les amandes fraîches sont celles qui sont récoltées avant leur maturité, mais après la formation complète du fruit, de telle sorte que la coque peut être facilement coupée au couteau. Les amandes sèches sont celles qu'on a laissées mûrir sur l'arbre ; la maturité, qui a généralement lieu en août, se reconnaît à ce que le péricarpe s'ouvre de lui-même et laisse apercevoir le fruit. On détache les fruits de l'arbre à l'aide de cannes de Provence, qui forment des gaules légères et ne blessant pas les rameaux. Après la récolte, on fait sécher les amandes à coque tendre, en les exposant pendant plusieurs heures au soleil ; puis on procède à l'écalage, c'est-à-dire on enlève les enveloppes que l'on garde pour les faire manger au bétail pendant l'hiver. Les amandes fines, princesses, dames, sont livrées au commerce dans leurs coques.

Quant aux amandes destinées aux usages industriels, elles sont dépouillées de leur coque par les premiers acheteurs, et elles portent le nom d'amandes cassées. Ce travail est payé par les coques qui constituent un excellent combustible. Les amandes cassées sont divisées en plusieurs catégories, et portent les dénominations suivantes :

Amandes de Milhau, allongées et aplaties, à pellicule mince, de couleur jaune sale ;

Amandes triées à la main, de forme régulière, à pellicule mince jaune pâle ;

Amandes de flots de Provence, larges, longues et bombées, à pellicule épaisse et rougeâtre ;

Amandes douces de Provence, légèrement arrondies ;

Amandes d'Espagne ou de Malaga, larges et aplaties, de grosseur moyenne, à pellicule jaune ou rougeâtre ;

Amandes de Chinon, allongées et aplaties, à pellicule mince, ridée, de couleur jaune brun.

L'hectolitre d'amandes en coques pèse en moyenne 56 kilogrammes. Quant à la proportion des coques et des amandes, elle varie de 10 à 16 kilogrammes d'amandes nues pour un hectolitre d'amandes en coques. C'est le rapport du cinquième au tiers du poids total.

La France, l'Espagne, l'Italie, l'Algérie sont les principaux pays qui fournissent les amandes au commerce. En France, la Provence est le principal centre de production des amandes ; le Languedoc et le Roussillon en récoltent aussi, mais en moins grande proportion ; enfin, on en recueille quelque peu en Touraine. Les amandes triées à la main viennent surtout de Provence ; ce sont, parmi les amandes cassées, celles qui sont le plus estimées.

On fait usage des amandes dans la confiserie et la pâtisserie, dans la pharmacie et dans la parfumerie.

Dans la confiserie, les amandes douces sont employées pour faire des dragées, des pralines, des nougats et des préparations analogues ; les amandes amères entrent dans la fabrication des massepains et pâtisseries analogues. On en fait aussi une liqueur, dite crème des belles.

Le lait d'amandes, le sirop d'orgeat, la pâte amygdaline, des potions huileuses et émollientes, sont les principales préparations pharmaceutiques dans lesquelles entrent les amandes.

Enfin, on extrait de ces fruits, pour la parfumerie, une huile douce d'amandes, une pâte d'amandes et l'essence d'amandes amères.

Huile douce d'amandes. — Pour la fabrication de cette huile, on emploie, soit des amandes douces, soit des amandes amères ; on donne même quelquefois la préférence à ces dernières, à cause de leur prix moins élevé. Les amandes amères sont mondées, c'est-à-dire débarrassées de leur pellicule, en les frottant dans un sac de toile rude, puis en les criblant. La manipulation est très simple ; il suffit de broyer fortement les amandes, puis de les presser à froid. Le rendement ordinaire en huile est de 38 à 40 pour 100 du poids des fruits. La fabrication se fait dans les centres de production.

L'huile d'amandes est très fluide et presque inodore ; elle est de couleur jaune clair et de saveur assez agréable. Sa densité est de 0,92 à 15 degrés centigrades. Elle s'altère assez facilement et devient rance. Elle est soluble dans l'éther, mais très peu dans l'alcool.

En médecine, l'huile d'amandes rend des services, comme émollient et laxatif, dans les maladies inflammatoires des poumons et du canal digestif.

Les tourteaux ou marcs, résidus de la fabrication de l'huile avec des amandes amères, servent à la préparation de l'essence d'amandes amères.

Pâte d'amandes. — La pâte d'amandes est constituée par la farine que l'on obtient en desséchant les tourteaux qui restent après la fabrication de l'huile d'amandes. On y ajoute des huiles ou des essences parfumées pour préparer des savons et des cosmétiques.

Liqueur d'amandes. — Cette liqueur, qu'on désigne aussi par le nom de crème des belles, se prépare comme il suit : On broie dans un mortier, jusqu'à ce qu'elles soient réduites en pâte, 210 grammes d'amandes amères mondées, puis on fait macérer cette pâte pendant quinze jours dans 6 litres de forte eau-de-vie de Cognac, en agitant tous les matins ; ensuite, on ajoute 2 kilogrammes de sucre, 5 centigrammes d'essence de rose, et 50 grammes d'eau de fleur d'oranger ; après filtration, on met en bouteilles.

Essence d'amandes amères. — L'essence d'amandes amères (C^7H^6O) n'est pas autre chose que l'aldéhyde benzoïque ou l'hydrure de benzoïle. Elle se présente comme un liquide incolore, réfractant la lumière, ayant une densité de 1,043, bouillant à 180 degrés, très inflammable et brûlant avec une flamme fuligineuse. Elle se dissout dans 30 parties d'eau et en toutes proportions dans l'alcool et l'éther. Son odeur rappelle celle de l'acide prussique ; sa saveur est brûlante. Elle agit avec énergie sur l'économie animale et on doit la considérer comme très vénéneuse. Exposée à l'air ou à l'influence d'un corps oxydant, elle se transforme en acide benzoïque. On a $C^7H^6O+O = C^7H^6O^2$ = acide benzoïque. On la prépare en distillant de l'eau sur des feuilles de laurier-cerise ou sur des amandes amères préalablement écrasées et débarrassées de leur huile par la pression. On ne doit faire la distillation qu'après une digestion des tourteaux dans l'eau à froid durant douze à quinze heures, car elle ne se développe dans les amandes amères que par suite d'une transformation de l'amygdaline qui préexiste. On peut encore l'obtenir par diverses autres réactions sur lesquelles il est inutile de s'étendre dans un dictionnaire de l'agriculture.

AMANDE DE TERRE. — Nom vulgaire donné quelquefois au souchet comestible.

AMANDÉ. — Se dit de tout aliment auquel on a donné le goût de l'amande. On dit : crème amandée, boisson amandée, pour désigner une crème ou un breuvage dans lesquels on a introduit un lait d'amandes, c'est-à-dire des amandes broyées

AMANDIER (*arboriculture fruitière*). — L'amandier (*Amygdalus*) est un arbre fruitier, qui atteint 6 à 8 mètres de hauteur, à branches peu nombreuses et rapprochées, lisses, prenant tout son développement à la limite qui sépare, dans l'hémisphère nord, la région climatérique de l'olivier de celle de la vigne. Cet arbre paraît originaire de l'Asie et du nord de l'Afrique et avoir été importé en Europe par les Romains. Il est cultivé en Espagne, en Italie et dans le midi de la France, où, dans beaucoup de localités, il tient une place importante après l'olivier. Le bassin de la Méditerranée paraît être le véritable centre de la production de l'amandier. C'est vers le milieu du seizième siècle que cet arbre a été introduit en France. — En dehors de l'amandier commun qui est cultivé pour ses fruits, plusieurs autres espèces sont recherchées dans les parcs et les jardins comme arbres ou arbustes d'ornement.

Fig. 270. — Port de l'Amandier.

Le genre Amandier a donné son nom à la tribu des Amygdalées, dans la famille des Rosacées. Au siècle dernier, Tournefort et Linné, dans leurs classifications des plantes, en avaient fait un genre spécial. Plus tard, d'autres botanistes, à la suite de Knight, réunirent l'amandier et le pêcher dans un seul genre dont ces deux arbres et leurs espèces formaient deux groupes. Plus récemment encore, on a soutenu que ces deux arbres appartiennent à la même espèce, et que le pêcher provient directement de l'amandier, par une série de variétés intermédiaires. Enfin, quelques botanistes modernes, notamment M. Baillon, ont fait avec l'amandier une section du genre *Prunus*, très voisine du genre Pêcher. Mais M. Decaisne a maintenu la séparation de ces genres, en faisant ressortir les différences que nous allons résumer brièvement et qui indiquent en même temps les caractères de chaque genre : 1° les proportions relatives des deux arbres diffèrent beaucoup, l'amandier devenant beaucoup plus gros que le pêcher ; de vieux amandiers, dans le midi de la France, atteignent 2 mètr. de circonférence, tandis que la circonférence des plus gros pêchers ne dépasse pas 60 centimètres ; — 2° les feuilles sont, en moyenne, d'un tiers plus longues et de couleur plus foncée dans le pêcher que dans l'amandier ; — 3° la couleur des fleurs est d'un blanc rosé dans l'amandier, tandis qu'elle est rouge pourpre dans le pêcher, et ce n'est qu'exceptionnellement qu'elle devient rosée ; — 4° les noyaux de l'amandier sont lisses et simplement percés de trous, tandis que ceux du pêcher sont profondément sillonnés.

La figure 270 représente le port de l'amandier ; la figure 271, un bourgeon à bois épanoui ; la figure 272, un rameau en fleur ; la figure 273, la coupe verticale d'une fleur ; la figure 274, un fruit complet, et la figure 275, le même fruit dont une moitié du mésocarpe a été enlevée. La floraison de l'amandier est très précoce ; elle se produit du mois de janvier aux premiers jours de mars ; il en résulte que, dans les expositions peu favorisées, les fleurs sont souvent atteintes par la gelée. La récolte des fruits est, par suite, aléatoire, dans les régions où les dernières semaines de l'hiver sont froides. Il en résulte que, en France, l'amandier ne prospère que dans la région méridionale ; même, d'après le comte de Gasparin, dans quelques parties de la basse vallée du Rhône, notamment à Orange, une récolte sur trois est perdue par l'effet du froid.

Le genre *Amygdalus* renferme cinq espèces :

1° L'Amandier nain (*Amygdalus nana*), originaire d'Orient, petit arbrisseau de $1^m,50$ environ de hauteur, à feuilles très glabres, linéaires et dentelées.

Fig. 271 — Bourgeon à bois de l'Amandier.

à fleurs rosées axillaires : cette espèce renferme deux variétés, l'une dite de Géorgie, et l'autre à feuilles dentelées ;

2° L'Amandier de Sibérie (*A. Siberica*), petit arbrisseau à rameaux diffus, bruns, à feuilles pétio-

Fig. 272. — Rameau fleuri de l'Amandier.

lées, glabres, vertes en dessus, pâles en dessous, à fleurs rose pâle ;

3° L'Amandier pédonculé (*A. pedunculata*), arbrisseau grêle, à branches et rameaux effilés, brun foncé, à feuilles glabres pétiolées et à fleurs roses ;

4° L'Amandier d'Orient ou argenté (*A. orientalis*, *A. argentea*), arbrisseau de 3 à 4 mètres, à rameaux

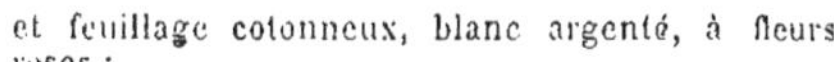

et feuillage cotonneux, blanc argenté, à fleurs roses ;

5° L'Amandier commun (*A. communis*), arbre de taille moyenne, à feuilles oblongues, lancéolées, aiguës, à fleurs blanches ou blanc rosé, à fruit ovoïde comprimé. Cette espèce comprend un certain nombre de variétés qui se distinguent les unes des autres surtout par la forme des fruits ; ces variétés sont indiquées au mot AMANDE.

L'Amandier nain et l'Amandier d'Orient sont cultivés dans les jardins comme arbrisseaux ou arbustes d'ornement, soit à raison de leur belle floraison, soit pour leur feuillage. Ils demandent une exposition au soleil et une bonne terre chaude et légère. On les multiplie de drageons et de noyaux. — On a obtenu deux variétés d'amandier nain :

Fig. 273. — Coupe de la fleur de l'Amandier.

l'une à fleurs doubles qui doit être reproduite par la greffe ; l'autre, moitié plus basse que le type primitif, à fleurs larges d'un rouge carmin vif.

L'Amandier commun est le seul qui soit cultivé pour la production des fruits.

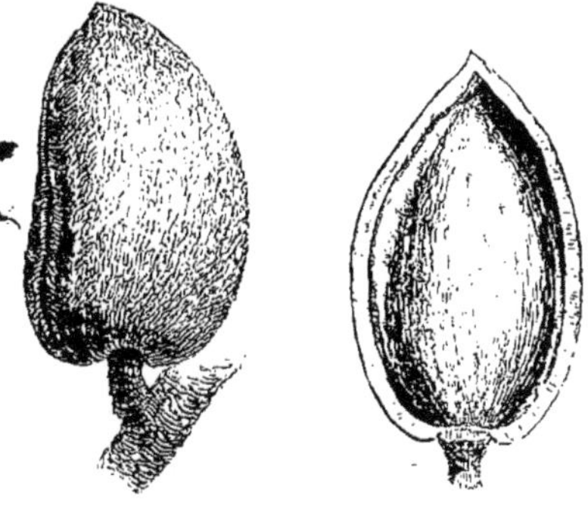

Fig. 274. — Fruit de l'Amandier.

Fig. 275. — Coupe du mésocarpe du fruit de l'Amandier.

Culture de l'Amandier commun. — L'amandier vient bien sur le plus grand nombre des terrains ; toutefois, les terres calcaires et sèches, un peu profondes, sont celles qui lui conviennent le mieux ; il prospère aussi sur les collines pierreuses, pourvu que la terre soit assez profonde ; il vient mal dans les fonds humides. On a, dans le Midi, souvent constaté un avantage à le placer dans les sols exposés aux vents et même sur les points les plus froids, parce que sa floraison est ainsi retardée et que les gelées printanières sont moins redoutables pour l'arbre.

La multiplication de l'amandier se pratique par graines, par boutures et par greffes.

Pour faire les semis, il faut choisir les amandes les plus belles et les plus pleines, celles surtout qui tombent naturellement de l'arbre par suite de leur parfaite maturité. Elles sont stratifiées avant l'hiver, c'est-à-dire disposées par lits, sur des couches de terre ou de sable, dans des caisses ou dans des pots qui sont placés en plein air ou dans un cellier. A la fin de l'hiver, les valves de la coque sont entr'ouvertes et le germe sort de l'amande. Les fruits germés sont mis en pépinière dans des petites fosses parallèles, larges de 15 à 20 centimètres, profondes de 25 centimètres, et séparées les unes des autres par une distance de 60 centimètres, de manière à constituer des allées qui permettent de faire facilement les travaux d'entretien. Les amandes sont espacées, dans les fosses, de 15 à 20 centimètres. On les recouvre de 5 centimètres de terre, ou un peu plus, lorsque celle-ci est très légère. Le semis des graines se fait aussi quelquefois dans la pépinière avant l'hiver; dans ce cas, il faut les enterrer plus profondément, de manière que la levée des plants soit un peu retardée. Mais cette méthode présente moins de chance de succès que la précédente.

Le jeune plant se développe rapidement; dans le courant de l'été, il atteint une hauteur de 60 centimètres à 1 mètre. Il peut être greffé à la fin de cette saison. La greffe est une opération à laquelle il est à peu près indispensable d'avoir recours; car il n'est jamais certain que l'amande semée reproduise exactement la variété d'où elle est sortie. La greffe à employer est celle à écusson à œil dormant.

Au lieu de semer en pépinière, on peut aussi semer immédiatement dans le verger, à la place que l'arbre doit occuper. On évite ainsi la transplantation, et l'on obtient des plants plus rustiques et plus robustes. Mais on ne peut pas donner aussi facilement les soins d'entretien, et les jeunes plants courent des risques qui sont évités dans la pépinière.

C'est à la fin de leur deuxième année que les jeunes plants greffés peuvent être transplantés à la place définitive qu'ils doivent occuper. La fin de l'automne, coïncidant avec l'arrêt de la sève, est le meilleur moment. Le terrain doit avoir été labouré à la fin du printemps, aussi profondément que possible. En même temps, on prépare les trous destinés à recevoir les plants; ces trous, profonds de 60 à 75 centimètres et larges de 60 centimètres à 1 mètre, doivent être espacés de 5 à 7 mètres en tous sens. Le verger renfermera, dans le premier cas, environ 400 arbres à l'hectare, et dans le deuxième, 200 arbres; en espaçant les trous de 6 mètres, on peut planter 300 arbres. Les jeunes amandiers sont transplantés avec tout leur chevelu; les racines, bien étendues, sont enveloppées et recouvertes, avec précaution, de terre ameublie. Le succès de la transplantation dépend de l'habileté avec laquelle cette opération est faite.

Le verger d'amandier ne réclame pas beaucoup de soins; il suffit, chaque année, de remuer le sol par un labour et d'enlever les branches mortes. Les agriculteurs soucieux de la production de leurs arbres, les fument et les soumettent à une taille régulière; quelques vergers reçoivent même des arrosages au printemps. Les avantages de la taille, que l'on pratique comme pour l'olivier, c'est-à-dire en donnant aux arbres la forme de vases, ne paraît pas exercer une grande influence sur la production des fruits.

L'amandier commence à fleurir à l'âge de quatre ou cinq ans.

Les vieux amandiers peuvent être rajeunis en rabattant les branches charpentières à 50 ou 60 centimètres du tronc. C'est au commencement de l'hiver qu'il faut faire cette opération.

M. Yvaren, membre de la Société d'agriculture de Vaucluse, estime à 400 francs par hectare les frais de premier établissement d'un verger d'amandiers, en supposant 300 plants par hectare, achetés à raison de 60 francs le cent à l'âge de trois ans et greffés.

Greffe de l'amandier. — Le plus généralement, l'amandier est greffé en pied sur franc; il peut aussi être greffé sur prunier. Cette dernière méthode a pour but de retarder la floraison et de soustraire en partie l'arbre au danger des gelées printanières; mais ce but n'est pas toujours atteint.

Sur les jeunes sujets d'un an, la greffe en écusson en pied est celle qu'on doit adopter.

On emploie aussi quelquefois, en Provence, la greffe en tête pour greffer la variété princesse sur la variété ordinaire.

M. Charles Baltet conseille d'élaguer les ramifications à la place destinée à l'écusson, un mois avant le greffage.

Produits de l'amandier. — Les opérations de la récolte des fruits ont été indiquées au mot AMANDE. Le produit de l'arbre varie suivant son âge et suivant l'année. On estime, en général, qu'un arbre adulte, en année moyenne, donne 5 à 6 kilogrammes d'amandes cassées ou dépouillées de leurs coques, soit 15 à 18 kilogrammes de fruits bruts. Dans les bonnes années, les gros amandiers donnent beaucoup plus. Le prix des amandes varie, suivant les espèces, du simple au triple : la moyenne des dernières années a été de 150 à 300 francs par 100 kilogrammes pour les amandes princesses.

Le bois de l'amandier est dur, lourd et plein; sa densité varie de 0,933 à 1,141. Il prend un très beau poli, mais il est extrêmement raide et fort disposé à se gercer. Sa couleur est brun-marron, et il est veiné; l'aubier est blanc, peu épais, nettement limité. Les rayons sont étroits et produisent de fines taches ou maillures blanchâtres très apparentes. Ce bois est employé en ébénisterie, principalement pour la marqueterie; c'est, en outre, un excellent combustible.

Ennemis de l'amandier. — Cet arbre peut être attaqué par la plupart des insectes qu'on trouve sur les Amygdalées. Mais ceux qui lui sont le plus nuisibles sont les chenilles du Bombyx feuille-morte et de la Piéride de l'alisier. On les combat en détruisant leurs bourses pendant l'hiver, et en purgeant les branches avec soin.

Dans les sols humides, l'amandier est parfois sujet à la gomme et au chancre. — Parmi les végétaux parasites, celui qui lui fait le plus de tort est le gui, qu'il faut extirper en entaillant profondément les branches sur lesquelles il s'est fixé.

AMANDINE. — Matière azotée existant dans les amandes et analogue à la Légumine (voy. le mot ALBUMINOÏDE, p. 169).

AMANDON. — Mot employé dans le midi de la France pour désigner les amandes encore vertes.

AMANITE (*botanique*). — Nom d'un groupe de champignons appartenant au genre Agaric (*voy. ce mot*), et qui renferme deux des principaux représentants de ce genre, l'oronge et la fausse oronge. Quelques botanistes, notamment Haller, ont fait des Amanites un genre spécial.

AMANITINE. — Substance qui constitue le principe toxique de l'*Agaricus muscarius* et de l'*Agaricus bulbosus*, et probablement de la plupart des champignons vénéneux : c'est un narcotique très violent à petites doses. L'amanitine se présente sous la forme d'un liquide brun, très soluble dans l'eau, également soluble dans l'alcool et l'éther; ce dernier dissolvant peut l'enlever à l'eau. Elle a une odeur repoussante rappelant celle de l'aconine. Elle est volatile sans décomposition. Elle donne des combinaisons insolubles avec le tannin, le bichlorure de mercure et l'acétate de plomb. Elle réduit le chlorure d'or. On l'obtient en soumettant les agarics à la presse, faisant bouillir le liquide, le traitant ensuite par le tannin. Le tannate formé est décomposé à son tour par la chaux, et le liquide qui en résulte, après diverses purifications par un mélange d'alcool et d'éther, finit par fournir l'amanitine dont l'analyse n'est pas encore satisfaisante.

AMANOA et **AMANOIER** (*botanique*). — Arbres ou arbustes, parfois grimpants, appartenant à la famille des Euphorbiacées, à feuilles alternes, à fleurs petites, groupées en cymes. Ils habitent les régions chaudes de l'ancien et du nouveau continent; les botanistes en distinguent un assez grand nombre d'espèces. Le bois de ces arbres est très dur.

AMANSIE (*botanique*). — Genre d'algues de la famille des Rhodomélacées, caractérisé par une fronde membraneuse dure, se fixant aux roches par une sorte de griffe arrondie. Les espèces connues de ce genre habitent les mers de l'Inde (voy. ALGUES, p. 228).

AMARACUS (*botanique*). — Genre de plantes originaires de la Grèce, appartenant à la famille des Labiées. On en connait deux espèces. L'*Amaracus tomentosus*, ou dictame de Crète, a joui d'une grande réputation, dans l'antiquité, comme plante aromatique; ses propriétés sont analogues à celles de la sauge et du romarin; on estimait surtout celui qui croissait sur le mont Ida.

AMARANTACÉES (*botanique*). — Famille de plantes dicotylédones, renfermant plusieurs tribus et dont l'Amarante est le type. Les plantes de cette famille sont herbacées ou forment des arbrisseaux à feuilles simples non stipulées, à fleurs à calice de trois à cinq sépales, et à corolle nulle; les étamines, au nombre de cinq, sont hypogynes, et opposées aux sépales; l'ovaire est uniloculaire; le fruit est ordinairement membraneux. La plupart des Amarantacées sont originaires des régions tropicales; elles se rencontrent abondamment en Amérique.

AMARANTE (*horticulture*). — Plante herbacée annuelle ou bisannuelle, originaire de l'Inde, cultivée dans les jardins à raison de la beauté de ses fleurs qui, quoique desséchées, conservent la vivacité de leurs couleurs. L'Amarante est le type de la famille des Amarantacées. Cette plante pousse en touffes épaisses, dont les tiges atteignent une hauteur de 75 centimètres à 1 mètre; elles sont recherchées pour former ou orner les grandes corbeilles et les plates-bandes.

Le genre Amarante (*Amarantus*, qu'on écrit quelquefois *Amaranthus*) renferme cinq espèces connues :

1° L'Amarante queue de renard (*A. caudatus*). Elle se distingue par ses feuilles ovales, oblongues et

Fig. 276. — Amarante queue de renard.

rougeatres, et par ses fleurs disposées en longues grappes pendantes (fig. 276) cramoisies; la floraison a lieu de juin à septembre. Il y a une variété à fleurs jaunes. Pour atteindre tout son développement, cette plante demande beaucoup d'espace et d'air, ainsi que des engrais assez abondants, dans une terre meuble.

2° L'Amarante gigantesque (*A speciosus*). Cette espèce atteint quelquefois une hauteur de 2 mètres. Ses feuilles, alternes et longuement pétiolées, sont teintées ou lavées de rouge; ses fleurs, de couleur pourpre cramoisi, sont agglomérées le long des rameaux en épis dressés et allongés; elles se développent de juillet en septembre.

3° L'Amarante sanguine (*A. sanguineus*). Cette espèce se distingue par la couleur rouge de sang de ses tiges et de ses feuilles, larges et ovales. Les fleurs sont pourpres et forment de petites grappes.

4° L'Amarante mélancolique (*A. melancholicus*). C'est une plante de plus petite dimension que les précédentes. Elle a un assez grand nombre de variétés qui se distinguent par la couleur des feuilles et des fleurs. Les principales sont : l'Amarante tri-

Fig. 277. — Amarante mélancolique très rouge.

colore, dont les feuilles, rouges à la base, sont rouges au sommet, avec taches jaunes sur le limbe; les feuilles sont d'un vert clair; — l'Amarante bicolore jaune et verte, dont les feuilles sont de ces deux couleurs; — l'Amarante bicolore rouge, dont les feuilles sont d'un rouge carminé vif et rouge sombre; — l'Amarante très rouge (fig. 277), dont le feuillage est extrêmement remarquable par la richesse de son coloris. Dans ces variétés, les fleurs sont nombreuses, réunies en grappes serrées sur les tiges et les rameaux, mais beaucoup moins belles que les feuilles. C'est pour la richesse de couleur de celles-ci que les Amarantes mélancoliques sont recherchées.

5° L'Amarante à feuilles de saule (*A. salicifolius*). Cette espèce, récemment introduite par Veitch, se distingue par des feuilles larges et rubanées dont la couleur passe successivement du vert à l'orange et enfin au rouge ferrugineux. Un grand nombre de variétés ont été créées dans les cultures de M. Ch. Huber, à Hyères (Var); elles sont peu fixes, mais généralement très ornementales.

On doit modifier la culture des amarantes suivant les espèces. Pour les trois premières qui viennent d'être décrites, on sème les graines, soit en pépinière dans la première quinzaine de mai, soit sur place dans la deuxième quinzaine; les plants à demeure doivent être espacés de 40 à 50 centimètres, pour qu'ils prennent tout leur développement. On peut aussi semer sur couche en avril, repiquer encore sur couche, et mettre à demeure fin de mai. — Les Amarantes mélancoliques sont plus délicates; il leur faut un terrain très sain, léger, et une exposition chaude; on les sème de la même manière que les autres. D'après Vilmorin, elles réussissent volontiers dans les jardins situés aux bords de la mer et sur les dunes.

Les anciens avaient consacré l'Amarante aux morts, et ils en plantaient souvent sur les tombeaux comme symbole de l'immortalité. Dans le langage des fleurs, cette plante est le symbole de la fidélité et de la constance. Son aspect velouté lui a fait donner le nom vulgaire de passe-velours. A l'Académie des jeux floraux de Toulouse, une amarante d'or est adjugée, chaque année, à l'auteur de la meilleure ode.

L'*Amarante crête-de-coq* est une espèce du genre Célosie, appartenant à la famille des Amarantacées.

AMARANTINE ou **AMARANTOÏDE** (*horticulture*). — Plante herbacée de la famille des Amarantacées, à tige rameuse, atteignant une hauteur de 40 à 50 centimètres, cultivée dans les jardins pour son inflorescence remarquable par les écailles ou bractées colorées enveloppant le calice des fleurs. La forme et la durée de ces écailles, qui rappellent celles de l'immortelle, ont fait donner à cette plante le nom d'immortelle à bouquets, d'immortelle à boutons : on l'appelle aussi bouton de bachelier. On cultive deux espèces d'amarantine.

1° L'Amarantine violette (*Gomphrena globosa*), à fleurs d'un violet luisant, disposées en capitules globuleux solitaires ou réunis en groupes de deux ou trois à l'aisselle des feuilles. Celles-ci sont opposées, ovales ou oblongues. On a obtenu par la culture trois variétés de cette plante qui diffèrent par la couleur des inflorescences : l'Amarantoïde blanche, l'Amarantoïde couleur de chair, et enfin la variété panachée, à fleurs blanches striées de violet.

2° L'Amarantine orange (*G. aurantiaca*), qui se distingue de la précédente par ses fleurs d'un beau jaune orangé luisant, et par ses feuilles légèrement velues d'un vert pâle. C'est une espèce beaucoup plus délicate.

La première espèce est originaire des Indes orientales, et la seconde du Mexique. L'une et l'autre sont annuelles.

Les Amarantines sont recherchées pour la décoration des corbeilles et des plates-bandes; elles sont aussi cultivées en pots. D'après Vilmorin, il leur faut un sol léger, ou au moins sain, riche en humus, et une exposition chaude. Les semis se font sur couche à la fin de mars et en avril; on repique sur couche et l'on place à demeure à la fin de mai ; les plantes doivent être espacées de 25 à 30 centimètres. La floraison, qui commence en juillet, se prolonge jusqu'en septembre et même en octobre.

AMARARE (*entomologie*). — Genre de Coléoptères tétramères habitant le Brésil.

AMAREL. — Nom vulgaire, dans le Languedoc, d'une espèce de cerisier, à fruit noir et amer, connu aussi sous le nom de bois de Sainte-Lucie.

AMARELLA (*botanique*). — Arbrisseau volubile de l'Afrique tropicale, appartenant à la famille des Rubiacées, et qui a été séparé des Gentianes par Linné.

AMARINE. — Nom vulgaire donné, dans le sud-est de la France, à l'osier jaune et à plusieurs espèces de plantes ou arbustes du genre *Salix*. On dit aussi *amarinié*, *amarinier*, *amarino*. — C'est aussi le nom d'un alcaloïde qu'on obtient en faisant agir l'ammoniaque sur l'essence d'amandes amères (voy. le mot *Amande*). Ce corps a pour formule $C^{21}H^{18}Az^{2}$; il est insipide, offre cependant à la longue une légère amertume, bleuit le papier de tournesol humide, est insoluble dans l'eau, mais soluble dans l'alcool bouillant et dans l'éther; sa dissolution alcoolique laisse déposer des cristaux en forme d'aiguilles. Il se combine avec la plupart des acides pour donner des sels très peu solubles, à l'exception de l'acétate qui est très soluble et constitue une masse gommeuse.

AMARONE (*chimie*). — Substance cristallisable qu'on obtient en traitant par l'ammoniaque l'essence d'amandes amères, et en distillant les produits obtenus. Cette substance ($C^{12}H^{22}Az$) prend une belle couleur rouge sous l'action de l'acide sulfurique.

AMAROU. — Nom vulgaire donné, en Provence et en Languedoc, à plusieurs espèces de plantes adventices dont les graines, mêlées au blé, communiquent au pain un goût d'amertume. Le pied-d'oiseau, la gesse sans feuille, la nielle, la saponaire, sont les principales plantes possédant cette propriété nuisible.

AMARUM DULCE. — Nom latin de la douce-amère ou *Solanum dulcamara*.

AMARYLLIDÉES (*botanique*). — Famille de plantes monocotylédones qui renferme un grand nombre d'espèces recherchées pour l'ornementation des jardins. Les plantes de cette famille sont généralement bulbeuses, à feuilles linéaires ou lancéolées formant une gaine à leur base. Le périanthe des fleurs est formé de trois sépales et de trois pétales colorés; les étamines sont généralement épigynes ; l'ovaire est infère à trois loges, renfermant des ovules nombreux ; le fruit est une capsule s'ouvrant en trois valves. La plupart des Amaryllidées sont originaires des régions les plus chaudes du globe; quelques-unes seulement sont indigènes dans les régions tempérées, notamment en Europe. Les principaux genres de cette famille sont l'Amaryllis, le Narcisse, l'Agave, l'Alstrœmère, le Galanthus ou Perce-Neige, la Nivéole, etc. Quelques plantes de cette famille renferment un suc âcre spécial.

AMARYLLIS (*botanique, horticulture*). — Plantes herbacées vivaces qui forment le type de la famille des Amaryllidées. Ces plantes, à racines bulbeuses, sont originaires des régions tropicales de l'hémisphère sud, en Asie, en Afrique et en Amérique ; elles ont été importées en Europe pour la culture dans les jardins et dans les serres. Elles sont recherchées, le plus souvent, à raison de la couleur éclatante de leurs fleurs, réunies en ombelles plus ou moins fournies, au sommet d'une hampe.

Le genre *Amaryllis* est caractérisé par un périanthe à six divisions égales ou presque égales. Les étamines, au nombre de six, sont à filets libres; l'ovaire est infère à trois loges; le fruit est une capsule contenant des graines à testa sec et mince. Les espèces de ce genre, auquel quelques botanistes ont réuni plusieurs sous-genres, sont assez nombreuses. On en cultive principalement sept, sur lesquelles il faut donner quelques détails. Ces espèces sont :

1° L'*Amaryllis belladone* (*A. belladona*), originaire du cap de Bonne-Espérance, à bulbe volumineux. La hampe, qui est nue, atteint une hauteur de 80 centimètres à 1 mètre; les fleurs, d'un rose tendre, exhalent une odeur agréable. La floraison a lieu d'août en octobre. La culture a obtenu plusieurs variétés de cette plante, notamment : l'Amaryllis belladone à *feuilles larges*, dont les fleurs sont blanches ou d'un rose pâle; la variété *rosée parfaite*, dont la base du périanthe est d'un blanc pur, les fleurs étant lavées de rose tendre; la variété *spectabilis bicolor*, dont la moitié supérieure des fleurs, d'un blanc pur, est striée de rose carminé foncé passant à l'amarante; la variété *speciosa purpurea*, dont les fleurs allongées sont d'une belle couleur pourpre. Toutes ces variétés peuvent être cultivées en pleine terre jusque dans le nord de la France, à la condition qu'on les recouvre, pendant l'hiver, d'une couche de litière ou de feuilles. Il leur faut un terrain profond et sain, léger et sableux. La meilleure exposition est celle du midi. Les oignons doivent être plantés à la distance de 30 centimètres et à une profondeur de 25 à 30 centimètres. Il ne faut les changer de place, d'après Vilmorin, que tous les trois ou quatre ans. La multiplication se fait au moyen de la division des caïeux, pratiquée au moment de l'arrachage ou de la replantation, après la dessiccation des feuilles, vers les mois de juin ou de juillet. Les caïeux fleurissent au bout de trois ou quatre ans, et atteignent leur complet développement après huit ans.

2° L'*Amaryllis à rubans* (*A. vittata*), originaire de l'Amérique méridionale. Sa hampe s'élève de 40 à 60 centimètres; les fleurs sont blanches ou rose clair, et elles sont marquées de trois stries plus foncées. La floraison a lieu en juin et juillet. On en a obtenu une variété très belle à *fleurs rouges* (*A. vittata rubra*). En outre, quelques horticulteurs ont fait avec succès un grand nombre d'hybridations de cette espèce avec d'autres espèces, et ont créé des hybrides très variés. — La culture de cette espèce et de ses variétés demande à peu près les mêmes soins que celle de l'Amaryllis belladone. Toutefois, Vilmorin donne, pour la plantation, quelques conseils spéciaux qui peuvent se résumer ainsi : sur une plate-bande exposée au midi on creuse une fosse de 40 à 50 et même 75 centimètres; on garnit le fond de 15 à 20 centimètres de gravier ou d'escarbilles pour assurer l'écoulement des eaux; on recouvre d'une quantité double de terre légère et sableuse; on plante les oignons en lignes espacées de 30 centimètres et à 25 centimètres dans les lignes, en les enfonçant fort peu, de telle sorte que leur collet ne soit pas recouvert de plus de 2 centimètres de terre.

3° L'*Amaryllis de Guernesey* (*A. Sarniensis*), originaire du Japon. Sa hampe atteint 30 à 50 centimètres, et ses fleurs sont d'un rouge cerise vif. Sa culture est la même que pour l'Amaryllis à rubans, mais les oignons ne doivent pas être distants de plus de 20 centimètres.

4° L'*Amaryllis atamasco* (*A. atamasco*), qui vient de l'Amérique septentrionale. C'est une des plus petites espèces; ses fleurs sont blanches striées de rose. On la cultive en pots ou en pleine terre. Dans ce dernier cas, les bulbes sont espacés de 10 à 15 centimètres. La multiplication se fait de préférence au printemps; les caïeux devenant rapidement nombreux, la plante doit être rajeunie tous les quatre à cinq ans.

5° L'*Amaryllis blanche* (*A. candida*). Cette espèce, originaire du Pérou et de la Plata, dépasse rarement la hauteur de 15 centimètres. Ses fleurs sont d'un blanc pur éclatant, verdâtre à la base; elles se développent de juillet en octobre. La culture est la même que pour l'espèce précédente, avec laquelle celle-ci présente beaucoup d'analogie.

6° L'*Amaryllis jaune* (*A. lutea*). Cette espèce, qu'on appelle vulgairement narcisse d'automne, lis

Fig. 278. — Amaryllis jaune.

narcisse, est indigène dans l'Europe méridionale. Sa hampe atteint 10 à 15 centimètres (fig. 278); les fleurs, qui se développent en septembre et octobre, sont d'un jaune doré. Cette plante vient bien dans la plupart des terrains, mais elle préfère les sols légers; elle est le plus souvent cultivée en bordure. La transplantation et la multiplication se font de juin en août. La plante est assez rustique, mais dans les hivers rigoureux il convient de la recouvrir avec des feuilles ou de la litière. On peut obtenir une floraison hors de terre à l'automne, en arrachant, en été, les bulbes adultes, et en les conservant sur des tablettes.

7° L'*Amaryllis lis Saint-Jacques* (*A. formosissima*), originaire de l'Amérique méridionale. Cette plante, appelée vulgairement Croix de Calatrava, se distingue par la couleur des fleurs, d'un rouge écarlate foncé, et par la disposition de la hampe, qui ne porte qu'une ou deux fleurs. On la cultive en pots ou en pleine terre; elle aime un sol léger. Vilmorin conseille le mode de culture suivant : planter les bulbes au printemps en pleine terre saine, et les arracher à l'automne pour les conserver, pendant l'hiver, sur des tablettes, dans un lieu bien sec, à l'abri de la gelée. On peut soumettre cette amaryllis à la culture forcée d'hiver sur carafes remplies d'eau, suivant la méthode adoptée pour les jacinthes. La multiplication se fait par séparation des caïeux.

Dans le langage des fleurs, l'Amaryllis est le symbole de l'éclat, de ce qui brille.

AMARYTHRINE (*chimie*). — Substance ayant une saveur douce et amère, très soluble dans l'eau, moins soluble dans l'alcool et insoluble dans l'éther, qui prend naissance quand on expose à l'air, pendant quelques jours, l'acide érythrique, lequel s'extrait des lichens. L'amarythrine devient d'un rouge foncé et vineux sous l'action de l'ammoniaque.

AMAT (*métrologie*). — Poids employé à Batavia pour les grains; il est égal à 123 kilogrammes.

AMA-TSJA. — Nom japonais, qui veut dire thé du ciel, d'une plante de la famille des Saxifragées, l'*Hydrangea Thunbergii*, dont l'infusion est considérée au Japon comme ayant les propriétés du thé.

AMAUROSE (*médecine vétérinaire*). — Diminution ou perte de la vue déterminée par une paralysie du nerf optique ou de la rétine. Cette maladie, qui atteint surtout l'homme, a été également observée chez quelques animaux domestiques, particulièrement chez le cheval. Elle y est d'autant plus difficile à apercevoir qu'elle n'entraîne pas une altération apparente des parties constituantes de l'œil. La paralysie du nerf optique est le plus souvent provoquée par une lésion de ses racines ou de la pupille. La maladie peut affecter ou bien les deux yeux ou un seul. Lorsque l'affection est ancienne, le globe de l'œil finit par prendre des proportions plus réduites. Au bout de quelque temps, la cécité de l'œil malade devient complète. Pour reconnaître qu'un cheval en vente est atteint d'amaurose, il faut examiner avec soin l'état des yeux, puis étudier la manière dont il relève les membres et dresse les oreilles en tous sens pour suppléer par l'ouïe et le toucher à la perte de la vue. Si l'on soupçonne le cheval de n'être amaurotique que d'un œil, on le fait marcher après avoir couvert l'œil sain, en le dirigeant contre des obstacles; s'il marche la tête élevée et les oreilles dressées, s'il trébuche, on peut être certain que l'œil est perdu.

Les principales causes de l'amaurose chez le cheval sont les coups sur la tête, les refroidissements subits, les saignées trop copieuses, ainsi que les grandes hémorrhagies. Quant au traitement, l'oculistique vétérinaire n'en connaît pas encore d'efficace. Cette maladie n'étant pas classée parmi les vices rédhibitoires, il est d'autant plus important de s'assurer que le cheval n'en est pas atteint au moment de l'achat.

L'amaurose a reçu le nom vulgaire de *goutte sereine*.

AMAUROTIQUE. — Se dit d'un cheval atteint d'amaurose (*voy. ce mot*).

AMAZIE (*médecine vétérinaire*). — Terme employé pour désigner, chez des femelles de la classe des mammifères, l'absence de mamelles.

AMAZONE (*équitation*). — Se dit de la femme habile à monter à cheval, et de la longue robe de drap qu'elle revêt,

AMAZONE (*ornithologie*). — Classe de perroquets du nouveau continent, formée par Buffon, et caractérisée par une queue courte et égale, le plumage vert, avec du rouge au fouet de l'aile et du jaune sur la tête.

AMAZONITE (*minéralogie*). — Pierre précieuse, appelée aussi jade vert foncé. C'est un feldspath d'un vert foncé, opaque, très dur et susceptible d'un beau poli, servant à faire beaucoup d'objets de luxe. On le trouve en Amérique, sur les bords du fleuve des Amazones, d'où le nom qui lui a été donné.

AMBAÏBA (*botanique*). — Nom indien d'un arbre appartenant au genre *Cécropia*, dans la famille des Urticées. Son bois est poreux et très inflammable ; les naturels s'en servent pour obtenir du feu par un frottement rapide. Son fruit est comestible. En français, cet arbre est appelé *Coulequin*. Pour faire du feu, les Indiens agitent vivement, dans un trou fait dans un morceau d'ambaïba, une cheville d'un bois fort dur, autour de laquelle se dévident sans fin deux ou trois tours d'une petite corde, comme dans l'archet des tourneurs.

AMBALAM (*botanique*). — Arbre de la côte de Malabar, qui paraît avoir beaucoup d'analogie avec l'hévi ou arbre de Cythère (*Spondias cytherea*). Son fruit est agréablement acide.

AMBARE (*botanique*). — Grand arbre de l'Inde dont on mange les fruits, en les faisant confire dans du jus de citron ou du vinaigre, avec divers piments, pour former un assaisonnement connu sous le nom d'*achar*. Les achars ou achards de Batavia et de l'île de France sont renommés ; leur nom a été donné, par extension, en Europe, aux préparations analogues faites avec diverses parties de plusieurs plantes.

AMBARVALES (*histoire de l'agriculture*). — Fêtes célébrées par les anciens Romains, en l'honneur de Cérès, pour appeler sur les récoltes la protection de cette déesse. Ces fêtes se célébraient par des promenades autour des champs, après le sacrifice d'un animal domestique, taureau, brebis ou truie ; elles étaient publiques ou privées. On les faisait à deux époques de l'année : au printemps, pour obtenir le développement régulier des récoltes, et en été, dans le but de demander la conservation des grains et des fruits.

AMBASSE (*pisciculture*). — Espèce de poisson du genre Centropome, dont la longueur est de 30 centimètres environ, et que les habitants de l'île Bourbon recherchent pour le préparer de la manière adoptée en Europe pour les anchois ; ils l'emploient aussi pour relever la saveur de certains mets.

AMBATTAGE (*technologie*). — Opération ayant pour effet de garnir une roue de son bandage ou d'un cercle.

AMBAVILLE ou **AMBLAVILLE** (*botanique*). — Résine ou baume qu'on appelle aussi baume de fleurs jaunes, et qui découle du millepertuis lancéolé (*Hypericum lanceolatum*). On en fait une tisane qui passe pour être dépurative du lait et qui est fréquemment employée par les mères avant de commencer l'allaitement.

AMBEL (*botanique*). — Espèce de nénuphar de l'Inde (*Nymphæa lotus*), croissant abondamment dans les rizières, et que quelques auteurs regardent comme étant le Lotus figuré sur les monuments égyptiens.

AMBÉLANIE et **AMBÉLANIER** (*botanique*). — Genre de plantes de la famille des Apocynées. C'est un arbuste de la Guyane, donnant un fruit qui devient comestible, quand on l'a fait tremper dans l'eau, pour le débarrasser du suc vénéneux et laiteux qu'il renferme.

AMBERBOA (*horticulture*). — Nom donné quelquefois à la Centaurée musquée (*Centaurea moschata*), plante herbacée annuelle, dont la tige peut atteindre une hauteur de 50 centimètres, et qui donne, de juin en septembre, des fleurs blanches, violettes ou légèrement purpurines, à odeur de musc.

AMBIANT. — Qualification de ce qui enveloppe et embrasse complètement un être ou une chose. Ainsi l'on dit milieu ambiant, air ambiant, température ambiante. L'influence des milieux ambiants est très grande, principalement sur les êtres organisés, animaux ou végétaux.

AMBIGÈNE (*botanique*). — Qualification du calice d'une fleur, dont la partie extérieure présente l'aspect ordinaire d'un calice, et dont la partie intérieure ressemble à une corolle. Tels sont les calices des ornithogales, des passiflores, etc.

AMBINUX (*botanique*). — Arbres de la famille des Euphorbiacées, originaires des régions tropicales de l'Asie et de l'Océanie. On les désigne aussi sous le nom d'Aleurites. Plusieurs espèces sont connues ; les plus remarquables sont : 1° l'Abrami, dont on extrait, dans l'extrême Orient, une huile très estimée pour vernir les bois et rendre les étoffes imperméables ; 2° le Bancoulier des Moluques, qui donne la noix de Bancoul.

AMBLE. — Allure spéciale à quelques races de chevaux et à plusieurs autres quadrupèdes, et caractérisée par le jeu alternatif des bipèdes latéraux (voy. ALLURES).

AMBLEUR. — Se dit du cheval qui va à l'amble.

AMBLIGONITE (*minéralogie*). — Minéral formé par un phosphate double d'alumine et de lithine. Il a été trouvé en Saxe, disséminé dans le granit ; mais il est rare. Il est d'un blanc verdâtre, demi-translucide.

AMBLYCARPE ou **AMBLYOCARPE** (*botanique*). — Genre de plantes herbacées à feuilles alternes, de la famille des Composées, communes sur les bords de la mer Caspienne.

AMBLYCÉPHALE (*entomologie*). — Genre d'insectes orthoptères voisins des cigales, ayant pour type la cigale verte.

AMBLYGONON (*botanique*). — Section du genre Renouée (*Polygonum*), qui renferme une seule espèce, la Renouée d'Orient, originaire d'Asie, et aujourd'hui assez répandue dans les jardins. Cette plante, vulgairement appelée Monte-au-ciel, Bâton-de-cardinal, est droite et rameuse, et atteint 2 à 3 mètres. Ses fleurs, grandes et rouges, sont disposées en nombreux épis pendants. La Renouée d'Orient produit un assez bel effet dans les massifs; elle est presque naturalisée dans les départements méridionaux. Ses graines, semées au mois de mars, sont repiquées sur place en avril ou mai. Presque tous les sols lui conviennent, quoiqu'elle vienne mieux dans ceux qui sont un peu frais.

AMBLYMÈRE (*entomologie*). — Insecte hyménoptère, appartenant à la famille des Chalcidiens. Ce genre renferme un assez grand nombre d'espèces, dont la plupart habitent l'Angleterre.

AMBLYODE (*botanique*). — Genre de plantes de la famille des Mousses, dont le caractère est d'avoir une coiffe cuculliforme ; le péristome est double à dents courtes et obtuses : les fleurs mâles et femelles sont terminales. On en connaît plusieurs espèces, dont les principales sont : 1° l'*Amblyodum longisetum*, à feuilles ovales-lancéolées ouvertes, qu'on trouve en France et dans presque toute l'Europe ; 2° l'*A. uliginosum*, à feuilles linéaires obtuses, qui se rencontre en Allemagne ; 3° l'*A. dealbatum*, à feuilles lancéolées, qui croît en Ecosse.

AMBLYOPE (*histoire naturelle*). — Qualification

des animaux dont les yeux sont très petits, ou dont la vue est très faible.

AMBLYOPHIS (*histoire naturelle*). — Espèce d'infusoires, de couleur verte, qu'on trouve vivant isolément au fond des marais ou dans les infusions d'herbes aquatiques qui ont été conservées durant longtemps.

AMBLYOPOGON (*botanique*). — Synonyme de Centaurée.

AMBLYPTÈRE (*ornithologie*). — Espèce d'engoulevent, vivant au Brésil.

AMBLYS (*entomologie*). — Genre d'insectes hyménoptères, appartenant à la famille des Mellifères.

AMBON (*botanique*). — Arbre indéterminé de l'Inde, qui ressemble au néflier. Le fruit présente une chair délicate; mais il renferme un noyau dont l'amande est vénéneuse.

AMBORA, AMBORELLA, AMBORÉES (*botanique*). — Genre de plantes appartenant à la famille des Monimiacées. Ce sont des arbres croissant aux îles Mascareignes et à Madagascar, où ils sont connus sous le nom de Tambourissa. Les fruits d'Ambora fournissent un suc rouge analogue au rocou, mais ils ne sont mangés que par les oiseaux

AMBOTAY (*botanique*). — Nom donné à un *Anona* de la Guyane, arbrisseau de 2m,50 à 3 mètres, à fleurs petites et verdâtres. L'écorce, qui a une saveur amère et piquante, est employée pour traiter les ulcères malins.

AMBRANLOIRE (*génie rural*). — Cheville en bois arrondie en forme de poignée, usitée dans les anciennes charrues tourne-oreilles. Cette cheville, de 30 à 35 centimètres de long, est employée pour serrer la charrue sur l'avant-train; elle est munie d'un cordeau quand elle n'est pas à coins sur celui-ci.

AMBRE (*technologie*). — Ce nom est appliqué à des corps de nature tout à fait distincte. — L'*ambre jaune* ou *succin* est une matière solide, résineuse, de couleur jaune, transparente ou translucide, que l'on trouve tantôt en masses peu considérables, tantôt en poussière dans les sables, les argiles ou les lignites des terrains tertiaires supérieurs. Il brûle facilement; il est facile à polir. Son frottement sur la laine y développe rapidement l'électricité dite résineuse ou négative. On le regarde comme produit de l'oxydation de végétaux antédiluviens. Quand on le chauffe dans une cornue, il se boursoufle, puis laisse dégager de l'acide succinique, une huile et plusieurs hydrocarbures. — L'*ambre gris* est une substance aromatique, de couleur cendrée, légère, que l'on trouve à la surface de l'Océan ou sur les rivages, principalement dans les mers tropicales. On le considère comme une concrétion intestinale des baleines et des cachalots. A raison de son odeur agréable, il est recherché dans la parfumerie. Quand on le traite par l'alcool bouillant, celui-ci dissout une matière cristallisable qui se dépose par le refroidissement et qu'on appelle l'*ambréine*; cette dernière substance traitée par l'acide sulfurique se transforme en acide *ambréique*.

On a encore donné le nom d'*ambre blanc* ou de baleine au *sperma ceti*, matière qui est la partie concrète d'une huile existant dans une cavité située en avant et au dehors de la boîte crânienne du cachalot et non point de la baleine, comme son nom semblerait l'indiquer. C'est de ce liquide que M. Chevreul a retiré un principe immédiat qu'il a nommé *céline*, et dont la formule chimique est: $C^{32}H^{64}O^{2}$.

AMBRETTE (*horticulture*). — Nom donné à diverses plantes cultivées dans les jardins. L'Ambrette jaune est la Centaurée odorante; — l'Ambrette musquée est le Ketmie musqué, originaire de l'Inde. — On appelle aussi Poire d'ambrette une variété de poire qui présente parfois l'odeur du musc ou de l'ambre.

AMBRINA, ou **AMBROISIE**, ou **AMBROISINE** (*botanique*). — Plante de la famille des Chénopodées, originaire du Mexique; c'est une espèce d'Ansérine (*Chenopodium ambrosioides* de Linné), connue sous le nom vulgaire de *thé du Mexique*. Cette plante est annuelle, feuillue et rameuse, atteignant 30 à 40 centimètres de hauteur; toutes ses parties exhalent une odeur aromatique agréable. On l'emploie en infusions comme tonique ou stomachique; on l'a préconisée contre les maladies nerveuses. L'ambroisie est assez fréquemment cultivée dans les jardins, non comme plante d'ornement, mais pour l'odeur de ses feuilles, en la semant dans les potagers ou le long des haies.

AMBROSIA ou **AMBROSIE** (*botanique*). — Genre de plantes monoïques, de la famille des Composées, herbacées ou sous-frutescentes, croissant spontanément dans la région méditerranéenne et dans quelques parties de l'Amérique. Deux espèces sont employées en médecine: l'*Ambrosia artemisiæfolia*, des Etats-Unis et du Mexique, qui est considérée comme fébrifuge; 2° l'*Ambrosia maritima*, des bords de la Méditerranée, qui est employée comme tonique et stomachique.

AMBROSIACÉES (*botanique*). — Tribu de la famille des Composées ou Synanthérées formée par quelques botanistes, et dont le genre principal est l'Ambrosie.

AMBROSINI (*biographie agricole*). — Barthélemy et Hyacinthe Ambrosini ont été deux frères, naturalistes célèbres, qui ont occupé successivement au dix-septième siècle, la chaire de botanique à l'Université de Bologne. On leur a dédié l'Ambrosinie.

AMBROSINIE (*botanique*). — Genre de plantes de la famille des Aroïdées, formant la tribu des Ambrosiniées, qui croît dans la Sicile et en Afrique; il a été dédié à Barthélemy Ambrosini. Les Ambrosinies sont remarquables par leurs racines tubéreuses et charnues; la fleur est unique et verdâtre, au sommet d'une hampe.

AMBULACRE et **AMBULACRES** (*horticulture et zoologie*). — En horticulture, on nomme ambulacre un lieu planté d'arbres disposés en rangées régulières plus ou moins espacées, de manière à faciliter la promenade. — En zoologie, on appelle ambulacres les saillies cylindriques qui recouvrent la face inférieure des échinodermes marins et qui servent à leur locomotion.

AMBULANCE. — Établissement provisoire formé pour les premiers soins à donner à des blessés ou à des malades, et que l'on doit organiser chaque fois qu'un grand nombre de personnes doivent être réunies accidentellement. Les agriculteurs qui entreprennent de grands travaux de défrichement, d'assainissement, de mouvements de terrains; ceux qui veulent abattre des arbres par la dynamite ou faire sauter des rochers, qui entreprennent de curer les étangs ou de faire des opérations quelconques par l'emploi de machines hâtivement montées, de faire la chasse à des animaux nuisibles, doivent préparer des espèces d'ambulances, c'est-à-dire avoir au moins des nécessaires contenant les principaux ingrédients et instruments propres à faire un premier pansement pour des foulures ou des blessures, ou bien encore pour des piqûres ou morsures de bêtes venimeuses. Un remède appliqué immédiatement enlève le plus souvent tout danger sérieux.

AMBULIE (*botanique*). — Plante herbacée du Malabar (Hindoustan), de la famille des Scrofulariées, dont toutes les parties ont une saveur amère, et qui est recherchée comme fébrifuge. C'est le Manga-Nari. Les botanistes modernes rapportent l'Ambulie au genre *Limnophila*.

AMÉCER (*viticulture*). — Expression vulgaire employée aux environs de Paris, pour désigner l'opération qui consiste à enlever, sur les ceps de vignes, peu après la vendange, les sarments faibles ou broutilles, en ne laissant sur chaque pied que deux ou trois gros rameaux sur lesquels on effectue la taille plus tard. Ces broutilles sont généralement employées pour le chauffage.

AMEILHON (*biographie agricole*). — Né à Paris le 7 avril 1730, Hubert-Pascal Ameilhon a consacré sa vie tout entière aux belles-lettres et à l'étude de la littérature ancienne. Au point de vue agricole, il a entrepris, sans la mener à bonne fin, l'histoire de l'agriculture ancienne comparée avec la pratique moderne; la partie de ce travail qui est relative à l'emploi des engrais a été communiquée à la Société nationale d'agriculture dont Ameilhon a été membre. Il appartenait aussi à l'Institut, dans l'Académie des inscriptions et belles-lettres. Il est mort le 13 novembre 1811.

AMÉIVA (*zoologie*). — Reptile saurien du Brésil (*Lacerta ameiva*), ressemblant au lézard, dont il a les mœurs et les habitudes.

AMÉLANCHE. — Nom donné au fruit comestible de l'amélanchier commun. C'est de ce mot qu'est dérivé le nom générique de cet arbrisseau. Ce fruit, assez bon à manger, est arrondi et charnu ; il a une saveur douce et succulente ; il est d'un noir bleuâtre, et sa grosseur est en général celle d'un pois.

AMÉLANCHIER (*arboriculture*). — Arbrisseau, originaire de l'Europe, de l'Amérique boréale et de l'Asie, cultivé dans les jardins comme arbuste d'ornement. L'Amélanchier (fig. 279) appartient à la tribu des Pomacées, dans la famille des Rosacées, et il est voisin de l'Alisier et du Poirier. Ses feuilles sont alternes et ordinairement simples; les fleurs sont disposées en grappes ou en épis ; les fruits sont des baies monospermes. — On en distingue plusieurs espèces : 1° l'Amélanchier commun (*Aronia vulgaris*), arbrisseau de 2m,50 à 3 mètres, à feuilles ovales, arrondies, blanchâtres en dessous; ses baies sont comestibles; il se trouve sur les lieux rocailleux en France et en Algérie, spécialement sur les sols rocheux et escarpés ; il s'élève dans les Vosges jusqu'à une altitude de 800 mètres ; — 2° l'Amélanchier du Canada (*A. canadensis*) ou à grappes, qui atteint 3 à 4 mètres de hauteur, à rameaux rougeâtres et à feuilles oblongues; il habite l'Amérique du Nord, principalement la Virginie et le Canada ; son fruit est comestible ; son bois est blanc veiné de rouge; on le place dans les jardins comme arbre d'ornement ; — 3° l'Amélanchier à épi (*A. spicata*), plus petit que le précédent, à feuilles plus rondes et à fleurs plus tardives ; le fruit, qui est comestible, est rouge et de la grosseur d'une prunelle ; c'est aussi une des espèces ornementales recherchées dans les jardins d'agrément; — 4° l'Amélanchier de Crète, qu'on trouve sur le mont Ida ; — 5° l'Amélanchier à feuilles de sorbier (*A. sorbifolia*); les feuilles sont pennées, et les fruits sont noirs.

Le terrain qui convient le mieux à l'Amélanchier est une terre franche, légère ; mais cet arbre vient bien dans la plupart des sols. La multiplication se fait soit par graines semées au printemps, après avoir été stratifiées pendant l'hiver, soit par la greffe. C'est sur l'Aubépine blanche que l'Amélanchier se greffe le mieux, soit en écusson, soit en fente, soit enfin en couronne. M. Charles Baltet recommande de choisir, pour la greffe, des sujets jeunes et vigoureux, et d'opérer celle-ci aussi près du sol que possible.

Fig. 279. — Rameaux florifères et fructifères de l'Amélanchier commun.

Le bois de l'Amélanchier est sans emploi spécial dans l'industrie. Sa densité varie, d'après les observations faites à l'École forestière de Nancy, entre 0,914 et 0,976.

AMELIN (*biographie agricole*). — Propriétaire-cultivateur, élu membre de la Société nationale d'agriculture, mort au mois d'octobre 1810 ; ses travaux sont restés absolument obscurs.

AMÉLIORABLE. — On dit quelquefois d'un terrain qu'il est peu améliorable pour indiquer qu'il serait difficile de le rendre plus productif. C'est un mot que n'admet pas l'Académie française.

AMÉLIORANT (*économie rurale*). — Qui est propre à accroître la fécondité du sol. On dit *culture améliorante* par opposition à *culture épuisante*, lorsqu'on veut désigner un système de culture susceptible de rendre un domaine de plus en plus productif. Tout bon système de culture est nécessairement améliorant, car pour continuer à obtenir autant d'une terre, il faut en augmenter la fertilité ;

un équilibre précis serait impossible à garder entre le point où elle produirait un peu moins et celui où elle donnerait un peu plus. Ce n'est pas faire chose utile que de disposer les esprits à se payer de mots; aussi insisterons-nous sur la question. Une culture peut être épuisante, mais alors elle est mauvaise, car celui qui l'exécute, s'il est fermier, détruit le bien qui ne lui appartient pas, et s'il est propriétaire, concourt à la ruine de son pays; en rendant moins productive une partie du sol de la patrie, il diminue la somme des subsistances ou des produits divers qui forment la richesse générale; il fait donc une action condamnable. Tout traité d'agriculture judicieusement ordonné ayant, par la force des choses, pour but de tracer les règles pour bien cultiver, ne saurait manquer de dire comment il faut s'y prendre pour améliorer une terre ou un domaine, et comment on doit faire pour ne pas en causer la ruine. Dire qu'un traité d'agriculture est un traité d'agriculture améliorante est donc commettre un pléonasme, et, de la part de son auteur, c'est donner une preuve de suffisance.

Par suite du règne d'idées fausses, on a aussi proposé de partager les plantes cultivées en deux classes : les plantes améliorantes, les plantes épuisantes. Les dernières seraient, dans cette manière de voir, les céréales et les plantes industrielles; les premières seraient principalement les plantes fourragères. En fait, toutes les récoltes, quelles qu'elles soient, sont épuisantes dès qu'on les exporte du domaine qui les a produites, et lorsqu'on ne restitue pas intégralement à la terre tous les principes minéraux et azotés dont elles sont composées; les principes hydro-carbonés seuls, parce qu'ils viennent de l'atmosphère en plus grande partie, peuvent être à peu près impunément exportés, et encore ne faut-il pas pousser à l'extrême cette opération. Il arrive bien que certaines cultures laissent la couche supérieure du terrain plus riche, ou, en d'autres termes, plus fertile pour d'autres récoltes à faire, mais alors les couches profondes ont été diminuées d'autant. Ainsi la luzerne ramène du fond de la terre arable, quelquefois de plusieurs mètres de profondeur, des principes qui sont accumulés sur la surface dans les débris de la végétation. Cela n'empêche pas que l'ensemble du terrain aura été diminué de toute la récolte fourragère exportée, laquelle se compose en partie du sol lui-même. Il faudra restituer, pour maintenir la fertilité dans son état primitif, à moins seulement que des eaux souterraines ne ramènent naturellement dans le sous-sol tous les principes soutirés par la plante. C'est de la même manière qu'une plantation forestière peut être considérée comme une culture améliorante de la surface; les nombreuses racines des arbres vont chercher à de grandes profondeurs des principes utiles que la chute des feuilles vient annuellement accumuler à la surface du sol, où une décomposition se produit, avec ce résultat que les météores incorporent, dans la couche supérieure du terrain, un grand nombre de matériaux dont la richesse est constatée par les cultures qui suivent les défrichements.

AMÉLIORATEUR. — Ce mot a été proposé pour caractériser un cultivateur s'occupant d'introduire dans son exploitation tous les progrès susceptibles d'accroître la valeur de ses terres, et d'augmenter ses récoltes et ses profits. Ce mot est inutile; il n'est admis, ni par l'Académie française, ni par les bons écrivains.

AMÉLIORATION (*économie rurale*). — Changement en mieux, ayant pour résultat de laisser une chose en meilleur état. Se dit particulièrement de tout ce qui est fait pour mettre un fonds de terre, un domaine, une exploitation agricole, dans un état plus prospère et de plus grande et avantageuse production. On distingue cependant les améliorations utiles et celles d'agrément: les premières sont entreprises en vue d'un accroissement de revenu; les secondes ne concernent que des jouissances de luxe : par exemple, la construction de beaux bâtiments, la création d'un grand parc, l'ouverture d'avenues dans une forêt, le déplacement de terrains pour dégager un point de vue lointain, l'établissement de pièces d'eau, etc. Les améliorations qui ont pour but l'accroissement du revenu et celui du produit méritent surtout de fixer l'attention. On les divise généralement en quatre classes : 1° améliorations culturales temporaires, mais ayant le caractère d'une certaine durée; 2° améliorations foncières d'un caractère permanent; 3° améliorations relatives au cheptel vivant ou au bétail; 4° améliorations du cheptel mort ou des machines, ou encore du matériel agricole.

Les améliorations culturales temporaires ou permanentes ne sont pas dépendantes des systèmes de culture employés pour les réaliser; ceux-ci varient selon la nature du sol auquel on a affaire, selon les circonstances économiques au milieu desquelles une entreprise agricole se trouve placée, selon les capitaux dont dispose l'agriculteur qui les dirige. Les améliorations en elles-mêmes doivent être distinguées des procédés qui servent à les produire; elles existent, parce qu'on les constate, et les seules preuves qu'on peut donner de leur réalité, c'est une augmentation de revenu ou un accroissement de puissance de production. Pour le directeur de l'entreprise lui-même, il trouve dans les livres de sa comptabilité, s'il en tient, au moins dans les résultats qu'il touche du doigt, la démonstration de la réalité de ce genre d'améliorations. Mais pour des tiers l'évidence n'est pas la même. Aussi faut-il avoir recours à des expertises, non seulement pour établir le fait, mais encore pour apprécier le degré de l'importance des avantages acquis. C'est à ce procédé des expertises que la législation anglaise a recours pour déterminer les indemnités auxquelles peut avoir droit un fermier qui a fait des améliorations temporaires dont il n'a pu encore trouver la rémunération au moment où il quitte le domaine qu'il exploitait. Sans l'espoir de ces indemnités si justement dues, le fermier, se sachant au bout de son bail, supposant, souvent avec raison, que son propriétaire, loin de lui tenir compte des améliorations faites par une bonne culture, voudra au contraire en profiter, soit pour augmenter le loyer de la terre, soit pour la reprendre de ses mains, fait ce qu'on a appelé de la culture épuisante, c'est-à-dire use et abuse de la fertilité acquise par le domaine. Le règlement des indemnités au fermier sortant est donc le grand obstacle à la conservation des améliorations d'une nature temporaire. La difficulté est moindre en ce qui concerne les améliorations permanentes, qui ont un caractère matériel tangible, augmentent réellement la valeur du fonds, sont constituées par des travaux tels que des constructions de bâtiments, des drainages ou des irrigations. En effet, les propriétaires sachant bien que la valeur foncière de leur domaine en est augmentée, n'hésitent pas le plus souvent à faire les avances des capitaux nécessaires à leur exécution, et les fermiers ou métayers, de leur côté, sont disposés à en payer l'intérêt ou à prendre à leur charge une part de la dépense, surtout celle de la main-d'œuvre et des transports.

Dans les pays où, comme cela a lieu en Angleterre et dans le pays de Galles, on ne rencontre guère qu'u seul mode d'exploitation du sol, celui du fermage, on a pu arriver à une solution légale de la question, non pas seulement du maintien, mais encore du développement de toutes les améliorations culturales. Il ne saurait en être de même en France, où une grande partie des exploitations rurales est placée sous le régime du métayage; une partie plus considérable encore, la petite propriété, est sous celui de la culture directe. Ce qui manque aux petits cultivateurs pour faire certaines améliorations, ce sont les capitaux, et cependant c'est la petite culture qui certainement s'est améliorée le plus en France, en ce sens qu'elle est arrivée à faire produire à la terre des quantités de denrées plus considérables que la moyenne ou la grande culture. C'est ce que démontrent les monographies agricoles de chaque département. Pour développer les améliorations dans le plus grand nombre des domaines, il faudrait donc, pour la France, que le capital pût aller à la petite culture ou autrement dit à la petite propriété, car le plus souvent le petit propriétaire se confond avec le petit cultivateur, qui donne si énergiquement son travail, arrive par l'emploi de ses bras à faire des merveilles, et ne s'arrête que devant les moyens d'amélioration qui demandent de trop grosses dépenses, ou bien qui ne peuvent être entrepris que par suite de l'association et de l'entente des possesseurs des petits morceaux de terre. Comment en serait-il autrement pour des travaux de drainage ou d'irrigation, qui exigent le passage à travers les héritages voisins; pour l'emploi d'animaux reproducteurs d'élite qui doivent servir pour un nombre de têtes femelles plus considérable que ne peut en entretenir une petite exploitation; pour des machines à battre, à moissonner, ou autres, qui, pour être parfaites, doivent être d'une puissance qui dépasse les forces des petites et souvent même des moyennes cultures?

Toutes les améliorations agricoles exigent chez les cultivateurs une certaine somme de connaissances assez complexes et variées, un niveau d'instruction assez élevé; cette condition, à la fin du dix-neuvième siècle, est loin d'être encore suffisamment remplie, mais chaque jour amène des progrès.

La routine aveugle a fait place peu à peu à la foi dans le progrès; on ne nie plus, dans aucun rang des populations agricoles, la possibilité d'obtenir de meilleurs résultats qu'autrefois en faisant autrement. Les savants sont désormais respectés; si l'on résiste encore à leurs conseils, on finit par s'y rendre. Les professeurs d'agriculture rencontrent des auditoires sympathiques; les concours sont fréquentés par tous les membres des familles agricoles qui discutent les avantages possibles de chaque chose nouvelle : plante, semence, machine, animal, engrais. Le doute ou le scepticisme absolu sont remplacés par l'esprit de curiosité ou de recherche. C'est une amélioration morale qui facilite beaucoup l'adoption des améliorations matérielles. Dans les pays très avancés, en Angleterre par exemple, les choses en sont arrivées à ce point que celui qui fait une amélioration agricole est certain désormais, de par la loi, d'être reconnu créateur d'une chose utile, portant profit, et propriétaire du *mieux* dont il est l'auteur. Il était nécessaire d'arriver à cet état légal dans un pays entièrement soumis au régime du fermage d'une part, et d'une propriété placée souvent, d'autre part, entre les mains de tenanciers considérables et forcés à pratiquer l'absentéisme. Depuis longtemps on comprenait en Angleterre que les améliorations agricoles s'arrêteraient promptement si les fermiers n'obtenaient pas la sécurité. Ce n'est pas ici le lieu de faire l'histoire des législations successives proposées pour résoudre la question, ni même d'exposer dans ses détails l'économie de la loi dite *des fermages*, votée en 1875 par le parlement britannique, et mise en exécution depuis 1876; il faut seulement y prendre ce qui concerne la définition et la nomenclature des diverses améliorations agricoles dont elle a sanctionné la reconnaissance, comme devant servir de base pour le règlement des indemnités dues au fermier sortant. Ces améliorations sont partagées en trois classes : 1° celles d'une durée s'élevant au moins à vingt ans; 2° celles d'une durée s'élevant au moins à sept ans; 3° celles dont la durée est au moins de deux années. Elles sont ainsi spécifiées :

Améliorations de première classe. — Ces améliorations sont partagées en treize groupes ainsi qu'il suit :

1. Drainage de la terre.
2. Érection ou agrandissement de bâtiments.
3. Établissement de pâturages permanents.
4. Création et plantation d'oseraies.
5. Création de prairies arrosées et travaux d'irrigation.
6. Création de jardins.
7. Création ou réparation de routes ou de ponts.
8. Création ou réparation de canaux, étangs, puits ou réservoirs, ou de travaux pour conduites d'eau destinées aux usages agricoles ou domestiques.
9. Création de clôtures.
10. Plantation de houblonnières.
11. Plantation de vergers.
12. Défrichement de terres vagues.
13. Colmatage de la terre.

Une nomenclature de ce genre doit varier d'un pays à un autre. Ainsi, la création ou la plantation de vignobles, le reboisement ou le gazonnement de certaines terres, devront être regardés comme des améliorations de première classe en France, tandis que les haies ou clôtures n'y sont parfois considérées comme devant être non pas conservées, mais supprimées. La création d'olivettes ou plantations d'orangers, de pommiers, d'amandiers, de pruniers, sont des améliorations d'une haute importance dans un grand nombre de contrées.

Améliorations de deuxième classe. — On en compte de six sortes :

1. Emploi des os pulvérisés non dissous sur le sol.
2. Marnage de la terre avec du carbonate de chaux.
3. Emploi dans le sol de l'argile calcinée.
4. Emploi de l'argile ordinaire.
5. Chaulage.
6. Marnage avec des marnes autres que le carbonate de chaux pur.

N'y aurait-il pas lieu de comprendre parmi les améliorations de cette classe les labours profonds et les défoncements, l'assainissement des marais, l'épierrement des champs, l'enlèvement de rochers? Quelques-uns même de ces travaux doivent être considérés comme constituant des *améliorations foncières de nature permanente.* Les plantations pour la fixation de dunes, les travaux de défense contre les inondations et ceux qui ont pour but de conquérir des terrains sur la mer sont du même ordre, et il importe de les citer comme particulièrement dignes d'encouragements.

Au lieu de signaler seulement l'emploi des os pulvérisés non dissous, il conviendrait également de citer l'usage des phosphates minéraux en poudre non traités par l'acide sulfurique, qui produisent les mêmes effets à dosage d'acide phosphorique égal.

La transformation des cultures, qui a pour résultat la suppression des planches bombées et leur remplacement par des planches ordinaires, en d'autres termes la substitution de la culture à plat à la culture en billons plus ou moins étroits; l'établissement des semailles en lignes; l'introduction des cultures sarclées et particulièrement des racines, qui ne peuvent réussir que dans une terre bien ameublie et amenée à un grand état de fertilité; celle des prairies artificielles durant plusieurs années, méritent certainement d'être considérées comme des améliorations culturales de seconde classe.

L'épierrement et le nivellement des champs, la suppression de fossés inutiles, ont pour résultat de permettre l'emploi des machines à faucher et à moissonner et de diminuer par conséquent les frais dans les exploitations rurales.

Tous ces travaux concourent à faciliter la culture. Ce sont de réelles améliorations, qui profitent à la fois aux propriétaires et aux tenanciers, car les premiers ont un fonds d'une plus grande valeur, et les autres obtiennent des produits, soit en plus grande quantité, soit avec plus de profits. L'alliance du propriétaire foncier et de l'exploitant est favorable aux intérêts particuliers et aux intérêts généraux.

Une culture permanente telle que celle d'une prairie, d'un vignoble, d'une olivette, peut avoir été améliorée par un assainissement, par des amendements, des phosphates, de la marne. Il faut en tenir compte dans l'appréciation de la valeur des domaines.

Améliorations de troisième classe. — Ces améliorations sont celles qui disparaissent le plus vite par l'incurie ou la mauvaise volonté ; ce sont les suivantes :

1. Application sur la terre d'engrais artificiels ou autres achetés au dehors.

2. Consommation sur le domaine par les bêtes à cornes, les moutons ou les porcs, de tourteaux ou autres substances alimentaires non produits sur l'exploitation.

Le principe de l'amélioration des domaines agricoles, par l'apport des matières fertilisantes venant du dehors pour augmenter la richesse du sol et pour remplacer en même temps les matières enlevées à la terre par l'exportation de quelques-unes des récoltes, est ainsi parfaitement posé.

Approfondir la couche arable et en augmenter la puissance de production par l'incorporation d'une plus grande quantité de substances fertilisantes, c'est doublement améliorer une terre, à la condition que le rendement des récoltes en soit accru, c'est-à-dire qu'il n'y ait pas de causes telles qu'un état physique particulier ou la présence d'eaux nuisibles, qui s'opposent à l'obtention de meilleurs résultats culturaux. Il y a aussi, pour chaque terre, un point de fécondité qu'on ne peut guère dépasser, du moins dans les circonstances où cette terre se trouve, et qui sont constituées par le climat, l'exposition, etc.

Amélioration du matériel des fermes. — Il est indispensable de mettre le matériel d'une exploitation au niveau des améliorations culturales. Le degré d'avancement d'une culture marche avec la perfection des instruments et des machines. De l'araire on est passé à la charrue simple, à la charrue Brabant double, à la charrue bisoc, trisoc et même polysoc, et on y a joint les extirpateurs et les scarificateurs, les déchaumeurs, les butoirs, les herses, les houes à cheval, les rouleaux de diverses espèces, les semoirs, les râteaux à cheval, les machines à faucher et à faner, les machines à moissonner, les machines à lier, les machines à charger les récoltes sur les charriots qui doivent les transporter. Une partie de ces instruments et machines est, dans quelques exploitations, mise en mouvement par la vapeur, et il viendra une époque où l'électricité jouera aussi son rôle dans ce matériel d'extérieur de ferme.

Pour les travaux d'intérieur de ferme, il a été inventé un grand nombre de machines dont l'emploi constitue une amélioration considérable, tant pour la rapidité et la perfection apportées à la préparation des denrées de vente et de consommation, que pour la réduction des frais, et, enfin, pour la santé des agents et des ouvriers de la culture. Il suffit de nommer les machines à battre, à manège ou à vapeur, les tarares, les coupe-racines, les hache-paille, les concasseurs et beaucoup d'autres encore. Le matériel des laiteries, celui servant à faire la nourriture des animaux, ont éprouvé des modifications profondes qui sont toutes des améliorations utiles. De petits chemins de fer, avec leur matériel roulant, servent au transport des denrées agricoles dans l'intérieur comme à l'extérieur des exploitations rurales.

Les écuries, les étables, les bergeries, les porcheries, les basses-cours, les hangars, les greniers, les caves, présentent aussi des aménagements nouveaux, en vue surtout de donner aux animaux domestiques une existence plus salubre et aux denrées agricoles une meilleure conservation. Les mêmes améliorations doivent être signalées dans les industries annexées aux exploitations : distilleries, féculeries, brasseries, huileries, minoteries, sucreries, magnaneries, fromageries. Partout, l'outillage est perfectionné et économise la main-d'œuvre. Partout aussi on recueille de plus en plus, avec soin, tous les résidus de la transformation des matières végétales ou animales pour les appliquer à l'agriculture et en faire des engrais.

L'amélioration de la fosse à purin et de la fosse à fumier est l'objet de la préoccupation des agriculteurs progressistes ; mais, dans la majorité des cas, c'est encore de ce côté qu'il y a le plus à faire.

On doit aussi regretter que le logement des familles des ouvriers ruraux ne soit pas encore arrivé à être mieux aménagé au point de vue de la propreté et de l'aération des locaux. Les couchers dans les écuries restent très mal entretenus le plus souvent. Il y a cependant de grands progrès ; on ne trouve plus les bouges qui étaient autrefois partout ; ces lits superposés dans d'obscures salles où couchaient pêle-mêle les enfants, les hommes, les femmes et les animaux ; ces chambres sans lumière, sans ventilation, et horriblement fétides. Mais que d'améliorations à faire pour que de jolis et salubres cottages soient partout des demeures rurales, pour que, surtout, on trouve quelque place pour des occupations intellectuelles, pour des bibliothèques remplaçant les cabarets.

Amélioration des animaux domestiques. — Depuis la moitié du dix-neuvième siècle, il s'est fait une sorte de révolution dans l'élevage de tous les animaux domestiques. On ne les entretenait, le plus souvent, que pour produire de l'engrais : ils étaient ce qu'on appelait un mal nécessaire. Les rares comptabilités qu'on essayait de tenir accusaient partout un déficit pour le compte des écuries, des étables, des bergeries. Les basses-cours n'étaient que des accessoires insignifiants. Les fromageries, de même que la vente du lait ou du beurre, ne donnaient pas de résultats de quelque importance. Mais, depuis cette époque, les prix de vente de tous les produits animaux, de la viande, des œufs, du beurre, du lait, du fromage, ont doublé et plus ; seul, le prix de la laine a plutôt baissé. Quelle a été la conséquence de ce fait important ? La production de plus en plus considérable de toutes les denrées animales, sauf de la laine. On trouve des bénéfices de plus en plus grands dans des spéculations où l'on ne rencontrait que des pertes. En même temps qu'on a fait naître, entretenu, engraissé plus d'animaux domestiques donnant les substances que le commerce payait le mieux, on a cherché les moyens d'avoir un bétail susceptible de mieux produire et en plus grande quantité et en meilleure qualité. Le moyen principal employé pour réussir a été l'emploi de reproducteurs ayant l'aptitude spéciale, c'est-à-dire mieux conformés pour donner, soit de la viande, soit du travail, soit du lait. La recherche d'animaux reproducteurs d'élite a amené forcément la création d'étables, de bergeries ou d'écuries où l'on s'est attaché à faire naître des bêtes d'élite. Le com merce des reproducteurs est devenu une industrie avantageuse. On peut dire que, chez tous les peuples agriculteurs, il y a eu une très grande et très rapide amélioration dans les animaux de ferme. Les progrès de la basse-cour ont suivi. Les concours agricoles partout institués ont donné une grande impulsion à ce mouvement. La création des associations dites fruitières a introduit l'amélioration du bétail jusque dans les contrées qui paraissaient devoir résister le plus longtemps au progrès.

Le perfectionnement de la comptabilité rurale encore trop peu répandue, est une dernière amélioration à introduire; elle démontrera les avantages de toutes celles qui viennent d'être signalées. Mais c'est à cette innovation qu'il convient de s'arrêter ici ; car dire comment on réalise les améliorations, c'est le but successif de tous les articles de ce dictionnaire.

AMÉLIORER (*économie rurale*). — Rendre une chose meilleure. En agriculture, on dit que des travaux ou des systèmes de culture améliorent le sol, lorsqu'ils ont pour résultat d'accroître les récoltes qu'on lui demande. On améliore une métairie en faisant réparer des bâtiments qui tomberaient en ruine, en en faisant fumer les terres. On améliore un bétail au point de vue de la production de la viande, de celle du lait, de celle de la laine, en faisant que les animaux soient susceptibles de fournir ces denrées en plus grande quantité ou de meilleure qualité. Une prairie est améliorée, quand elle a été mise en état, ou de donner plus de foin, ou de fournir une herbe de qualité préférable pour les animaux dont elle forme la nourriture. On améliore les semences, celles des céréales par exemple, par une sélection des grains les plus gros, les plus mûrs, les mieux faits parmi tous ceux d'une récolte, ou bien par l'introduction de variétés douées de propriétés recherchées. On améliore également une machine, un instrument, en les rendant plus aptes à remplir leur destination. On dit aussi améliorer le sort d'une population, le régime des ouvriers d'une ferme, pour signifier que cette population, ces ouvriers, arrivent à une situation morale ou matérielle meilleure que par le passé.

AMELLA (*arboriculture*). — Variété du Mûrier blanc, caractérisée par des feuilles ovales et épaisses, et ne donnant que très peu de fruits. Cette variété se rencontre surtout dans les Cévennes.

AMELLE (*botanique*). — Arbrisseaux ou plantes herbacées du cap de Bonne-Espérance, dont plusieurs espèces sont recherchées en Europe comme plantes d'ornement. Ce genre appartient à la tribu des Astérées, dans la famille des Composées. Les principales espèces cultivéess ont l'Amelle annuelle et l'Amelle lychnitis. Elles demandent l'orangerie et la terre de bruyère ; elles craignent l'humidité. On les multiplie par boutures.

AMELLAOU (*arboriculture*). — Nom vulgaire donné, dans le midi de la France, à une variété d'Olivier.

AMELLIÉ (*arboriculture*). — Nom vulgaire donné, dans le Languedoc, à l'Amandier commun.

AMÉNAGEMENT. — Le mot aménagement, dans le sens général, s'applique à toute organisation ayant pour but de mettre dans un ensemble chaque partie à la place la plus convenable. Ainsi, on dit l'aménagement des bâtiments d'une ferme pour indiquer que ces bâtiments sont répartis rationnellement suivant leur destination propre ; aménagement d'une étable, d'une écurie, pour signifier la disposition donnée à ces constructions. Ce mot s'emploie aussi pour désigner le système adopté en vue de l'exploitation des bois et forêts, et pour spécifier l'ensemble des mesures prises afin de bien utiliser les eaux d'une région ou d'un pays. Ces deux acceptions importantes méritent d'être développées. Dans un ordre d'idées moins général on appelle aménagement des eaux d'une ville, d'un domaine, les dispositions par lesquelles se font la direction et la distribution des eaux d'une cité ou d'une propriété.

I. L'aménagement, en *sylviculture*, consiste à régler l'exploitation d'une forêt dans le plus grand intérêt du propriétaire et de la consommation. M. Tassy a proposé de joindre à cette notion celle du rapport annuel qui, dans un bon aménagement, doit être aussi soutenu et aussi avantageux que possible. Le but de l'aménagement est de disposer la production des forêts de telle sorte qu'elle demeure subordonnée aux fluctuations de la demande, c'est-à-dire que la forêt renferme une quantité à peu près constante de produits exploitables disponibles ou sur le point de le devenir; en d'autres termes, c'est régulariser la production annuelle du sol forestier. C'est ce que M. Puton, directeur de l'École forestière de Nancy, a résumé dans la définition suivante : l'aménagement a pour but de déterminer le matériel d'exploitation qui convient le mieux aux intérêts du propriétaire, et de régler la quotité, l'ordre et la marche des coupes annuelles qui, tout en laissant intact ce matériel, constituent la production annuelle.

Le problème est donc complexe, car sa bonne solution a pour résultat de n'extraire chaque année, d'une étendue déterminée de forêts, qu'une quantité de bois égale à l'accroissement moyen de cette forêt. Pour y arriver, il faut déterminer ce qu'on appelle la possibilité de la forêt, c'est-à-dire la quantité dont naturellement s'accroît chaque année sa production. Il est évident que les conditions de solution de ce problème sont multiples ; les principales sont la nature du terrain, celle des essences qui forment la forêt, les débouchés offerts pour les ventes, enfin la situation du propriétaire de la forêt. On comprend, en effet, que les exigences du propriétaire vis-à-vis du sol forestier doivent varier suivant que celui-ci est un simple particulier, un établissement public, ou enfin l'État. On voit ainsi comment l'aménagement des forêts se distingue de leur culture proprement dite. Comme M. Tassy l'a fait observer avec juste raison dans ses *Études sur l'aménagement des forêts*, tandis que la culture des forêts puise tous les principes qui la constituent dans les faits naturels qu'elle se borne à classer d'une manière rationnelle, l'aménagement traite des moyens d'approprier ces faits aux usages de la société; la première est une science d'observation, et la seconde est une science de combinaison.

Quelles sont les règles à suivre pour établir ces combinaisons qui doivent être considérées comme un élément indispensable de prospérité dans l'économie forestière? Les unes sont générales et s'appliquent à toutes les natures de forêts; les autres sont spéciales aux divers modes d'exploitation des bois, en taillis, en futaies, etc.

Au premier rang des règles générales se place la connaissance de la forêt, sa statistique, suivant l'expression de M. Tassy qui a puissamment contribué à élucider les problèmes de l'aménagement. L'éminent forestier a formé cinq groupes des principaux faits qui doivent être mis tout d'abord en relief dans l'ordre suivant :

Dans le premier groupe : le nom, l'origine, la position géographique et administrative, les limites, les tenants, la contenance générale, la contenance du sol boisé ou susceptible de le devenir, les enclaves, les vides et clairières, les lacs, étangs ou marais, les cours d'eau naturels ou artificiels, navigables ou flottables, les rigoles et les fossés d'assainissement, les routes et chemins, et autres moyens de vidange, les maisons forestières, les scieries, les constructions diverses, la configuration et la nature du sol, les mines et carrières, le climat, le peuplement, les pépinières, le règne animal.

Dans le deuxième : les dommages auxquels la forêt est exposée; la surveillance, l'entretien des voies de transport.

Dans le troisième : le prix des travaux dans la localité, les dépenses afférentes à l'exploitation, à la surveillance, à la réparation des voies de transport, à l'entretien des maisons, scieries, etc., des pépinières, des plantations, des fossés d'assainissement, des limites, etc.

Dans le quatrième : l'exposé de l'aménagement en vigueur, le débit et le prix des bois, les produits en nature, les produits en argent, les produits accessoires, les produits indirects.

Dans le cinquième : les droits d'usage, les servitudes d'intérêt public, les lieux de consommation, le prix des bois aux lieux de consommation, la différence entre ce prix et celui en forêt.

La valeur et l'importance relative des renseignements compris dans chacun de ces groupes, ressortent de leur énoncé même, sans qu'il soit besoin d'insister davantage. Le résultat qu'on doit en tirer est la formation du parcellaire, c'est-à-dire la division de la forêt en portions homogènes quant à l'âge, aux essences et aux conditions de la végétation, de telle sorte que chacune de ces portions soit susceptible d'être soumise à un traitement uniforme.

La deuxième règle générale est relative à l'exploitabilité. Les forestiers entendent par cette expression l'état dans lequel se trouve un arbre, une forêt, au moment où l'on peut retirer de son exploitation les plus grands avantages. La connaissance de cet état est la principale source de bénéfice pour le propriétaire de la forêt; elle doit donc servir toujours de base à l'aménagement. L'exploitabilité absolue varie suivant les essences, car celles-ci ont des accroissements qui sont loin d'être uniformes; mais il ne faut pas la confondre avec la durée naturelle des arbres. L'âge qui correspond à l'exploitabilité absolue est indiqué, pour chaque espèce d'arbre, par des signes naturels que le forestier doit étudier à fond. Quant à l'exploitabilité relative aux produits les plus utiles, elle est beaucoup plus difficile à déterminer; mais elle ne doit pas, à son tour, être confondue avec l'exploitabilité relative à la rente la plus élevée. Cette dernière est celle qui sert généralement de base à l'aménagement des forêts des particuliers; mais celui des forêts de l'État doit être guidé, en même temps, par d'autres principes, à raison du caractère spécial des propriétés de l'État qui doivent être gérées d'après les règles de l'intérêt général.

Le plan d'exploitation est la troisième règle générale de l'aménagement des forêts ; il consiste à déterminer la durée de la révolution, la quotité et la marche des coupes successives. Les éléments du plan d'exploitation sont donnés par les travaux préliminaires qui viennent d'être indiqués; ce plan définit complètement l'aménagement adopté. La base du plan d'exploitation consiste à faire revenir, autant que possible, chaque parcelle en tour de régénération à l'époque correspondant à son âge d'exploitabilité.

C'est ici qu'interviennent les lois particulières de l'aménagement des forêts, suivant qu'elles sont exploitées en taillis sous futaies, en futaies pleines, etc. Il n'y a pas lieu d'y insister ici, autrement que pour signaler l'importance des réserves, c'est-à-dire des parties non abattues des coupes, maintenues sur pied en vue de l'augmentation du capital.

La théorie de l'aménagement ayant été exposée dans ses règles générales, il faut indiquer maintenant les principales circonstances que peut présenter son application pratique. Lorsqu'une forêt est d'une étendue restreinte, l'aménagement peut y être pratiqué immédiatement sur l'ensemble de sa surface; mais si, par son étendue, par sa situation, par ses débouchés, elle présente plusieurs parties nettement tranchées, il est souvent avantageux de la distribuer en plusieurs masses, pour chacune desquelles un aménagement est organisé. On peut aussi former des sections qui seront soumises à un mode spécial d'exploitation. Les sections portent quelquefois le nom de séries ; ou bien dans les sections on peut former des séries, destinées à fournir une suite de coupes annuelles. Toutes ces opérations dépendent des circonstances locales, de l'état des bois au moment où leur aménagement est organisé. En outre, les nécessités des vidanges des coupes peuvent amener des résolutions particulières, qui doivent être également provoquées par les frais de transport des bois, par les besoins de la consommation en bois de diverses espèces. — En résumé, l'aménagement rationnel des forêts a pour résultat leur amélioration; l'étude préliminaire des conditions du sol et des arbres a pour but d'indiquer ce qui doit être fait pour assurer une production plus élevée.

II. *L'aménagement des eaux* en génie rural est l'ensemble de toutes les mesures à prendre pour déterminer le meilleur usage des eaux publiques et pour les empêcher d'être nuisibles. Dans ces dernières années seulement le problème a été envisagé avec cette universalité. Pendant longtemps on ne s'est occupé des eaux courantes que pour en faire généralement des moyens de transport, des routes qui marchent, selon l'expression de Pascal ; puis on a dans quelques contrées essayé d'en obtenir, soit de la force motrice pour les moulins et quelques usines, soit une action fertilisante sur les terres trop sèches pour produire de plus abondantes récoltes ; enfin on a compris que les eaux stagnantes étaient nuisibles à la santé publique, et on a posé les questions du dessèchement des étangs, de l'assainissement des terres marécageuses, du drainage des terres arables. Un danger continuait d'ailleurs à planer sur toutes les contrées habitées ou cultivées : à des périodes de temps inégales, de terribles inondations bouleversent les vallées, et d'une manière incessante l'écorce des montagnes desséchées descend dans les plaines, phénomène qui produit la double destruction des hautes et des basses régions. Comment empêcher les inondations, comment arrêter l'éboulement des montagnes? Alimenter les centres de population en eaux salubres, enlever les eaux des égouts, les eaux nuisibles des usines, ce sont encore des soins qui rentrent dans ce que l'on doit entendre par l'aménagement général des eaux.

La longue habitude de l'usage finit par créer un droit de propriété auquel il est difficile de toucher : c'est ainsi que le long emploi des cours d'eau, soit pour le flottage, soit par la navigation, a créé une servitude pour tous les riverains et pour l'État lui-même ; celui-ci a été conduit à entretenir toutes les rivières flottables ou navigables, de manière à fournir une constante viabilité. Les choses en sont venues à ce point, que les centres de population qui jouissent des bienfaits de la navigation, s'opposent souvent à ce qu'on enlève dans les rivières ou les fleuves la moindre goutte d'eau pour d'autres usages, et notamment pour l'agriculture. Des usines qui se sont établies sur les cours d'eau pour utiliser la puissance des chutes ont aussi créé des servitudes à leur profit ; elles s'opposent à ce qu'on puisse distraire toute quantité d'eau, alors que la conséquence serait une diminution de la force motrice à laquelle elles sont habituées. Enfin, lorsqu'une ville ou un bourg sont accoutumés à se servir, pour les usages domestiques ou industriels, d'un cours d'eau quelconque, ils s'opposent aussi à ce qu'on puisse le détourner pour tout autre usage, et en même temps à ce qu'on puisse le polluer, en y jetant des matières quelconques. L'importance de conserver le poisson est un nouvel intérêt qu'il faut aussi concilier dans tout règlement relatif à l'aménagement d'un cours d'eau. La sécurité publique est néanmoins l'intérêt d'ordre supérieur qui domine, de telle sorte qu'avant tout, l'État doit ordonner et diriger les travaux qui ont pour but de rendre les inondations moins dangereuses. Le reboisement et le gazonnement des montagnes, l'extinction des torrents, la création de réservoirs et de barrages dans les hautes vallées, ont pu être ordonnés par le Gouvernement comme des travaux publics d'utilité générale.

L'État est d'ailleurs devenu propriétaire de toutes les eaux flottables ou navigables; il s'est réservé d'en faire la concession pour la construction de canaux, susceptibles d'être utilisés pour l'irrigation, pour le colmatage, pour la submersion des vignes, pour des usages domestiques ou industriels, et enfin pour la création de forces hydrauliques. Mais cette concession, il ne la fait pas sans des conditions que doivent remplir les concessionnaires, soit particuliers, soit compagnies, soit associations syndicales. Protecteur des intérêts de tous, il approuve les tracés et les dimensions des canaux, les travaux d'art qu'ils exigent, et il homologue les tarifs de toutes les redevances à payer par les usagers. Comme c'est affaire d'intérêt général que les canaux soient bien construits et parfois exécutés longtemps avant que l'emploi de l'eau puisse donner des bénéfices, il construit lui-même les canaux, ou bien il donne de larges subventions aux concessionnaires. Ce sont des points que les lois doivent régler, soit d'une manière générale, soit selon les cas particuliers. La législation intervient pour déterminer dans quelles circonstances il peut y avoir expropriation des immeubles pour donner passage aux canaux; elle indique le mode de surveillance auquel toutes les associations syndicales doivent être soumises, lorsque celles-ci sont formées, soit pour l'exploitation de canaux, soit pour l'exécution de travaux de défense contre les inondations, ou bien contre les érosions de la mer dont la surveillance des mouvements doit aussi entrer dans l'aménagement général des eaux d'un pays.

La nécessité pour toutes les populations agglomérées de se procurer de l'eau pour boisson, a conduit l'État à admettre que les communes pourraient acheter des sources et les amener par des aqueducs ou tuyaux, pour le passage desquels le droit d'expropriation leur serait accordé. Comme, d'un autre côté, il est indispensable que les agglomérations humaines puissent se débarrasser de toutes leurs immondices et eaux d'égout, des mesures doivent être prises pour que, malgré les oppositions individuelles, des égouts puissent diriger les eaux nuisibles jusqu'aux endroits où l'épuration ou bien l'utilisation pourront être faites sans nuire à la santé publique.

Enfin, des dispositions législatives particulières ont été prises pour encourager les dessèchements des marais et des étangs, ainsi que l'assainissement des terres humides et insalubres, soit par le curage des fossés destinés à enlever les eaux nuisibles, soit par les travaux de drainage.

Sur toutes ces questions il y a des lois spéciales, de même que les genres de travaux à effectuer sont différents. Il suffit d'indiquer ici le principe général qui doit dominer : c'est la sécurité publique et la meilleure utilisation possible en vue du bien de tous, sans permettre à aucun intérêt particulier de dominer les intérêts généraux, en facilitant, en encourageant même, la formation des associations qui, seules, peuvent accomplir sur chaque point d'un territoire les divers travaux dont l'ensemble doit aboutir à résoudre ce problème que l'on tire des eaux tout le bien qu'elles peuvent produire, quand elles sont bien dirigées, en évitant tous les maux qu'elles causent lorsqu'elles sont abandonnées à elles-mêmes.

AMÉNAGER. — Aménager une forêt, c'est en déterminer l'exploitation d'après les règles prescrites par la science forestière (voy. AMÉNAGEMENT).

AMENDEMENT et **AMENDEMENTS** (*agriculture*). — La question de l'amendement et des amendements des terres est une des plus confuses de l'économie rurale. La limite entre les amendements et les engrais ne saurait être bien tracée, et, d'un autre côté, il n'est pas facile de dire en quoi l'amendement diffère de l'amélioration.

Le *Dictionnaire de l'Académie française* s'exprime ainsi : « Amendement se dit, en agriculture, de tout ce qui contribue à rendre un terrain meilleur et plus fertile. Les amendements naturels sont l'air, l'eau, la lumière, la chaleur, etc. Les labours, les sarclages, le mélange des terres, les engrais, etc., sont des amendements artificiels. » Cette définition manque de précision et d'exactitude. L'air, l'eau, la lumière, la chaleur, sont des agents susceptibles d'amender une terre; les labours, les sarclages, sont des opérations qui, également, contribuent à la modifier en mieux; les engrais sont des substances qui en augmentent la fertilité. En confondant toutes ces choses, on n'éclaircit pas la question. L'eau n'est pas un amendement plus naturel qu'artificiel, car on l'amène le plus souvent sur le sol par des travaux dus à l'art de l'homme. L'air est partout et vivifie tous les sols; l'auteur de la définition du *Dictionnaire de l'Académie* a sans doute voulu parler de l'aération des diverses parties de la terre à amender par ce procédé. Il faut, dans tous les cas, pour changer en mieux la constitution d'un sol, une action directe de la volonté de l'homme, à moins qu'on ne s'en rapporte à l'action du temps, c'est-à-dire à des météores qui modifient peu à peu l'écorce du globe.

On doit distinguer deux choses : l'amendement qui est un résultat, et les amendements qui sont des moyens d'obtenir ce résultat.

L'amendement d'un sol est principalement un changement en mieux dans sa constitution. Les amendements sont les moyens à employer pour réaliser cette modification. Ces moyens peuvent être de deux sortes : 1° des agents ou des procédés qui en modifient seulement la constitution physique ; 2° des matières qui en changent en même temps la constitution physique et chimique.

L'abbé Rozier, dans son cours complet ou *Dictionnaire universel d'agriculture* (1785), a donné la définition que paraît avoir adoptée, avec quelques variantes, l'Académie française. « C'est donner, dit-il, à la terre, un degré de perfection de plus pour augmenter ses produits. Tous les corps, dans la nature, servent mutuellement à s'amender les uns et les autres par leur union et par leurs mélanges, lorsqu'ils sont dans une proportion convenable. Il y a deux sortes d'amendements, les *naturels* et les *artificiels*. J'appelle amendements naturels les effets du soleil, de l'air, de la pluie et des gelées, enfin, de tous les météores. » Après quelques explications (entachées de tous les préjugés qu'on avait à son époque en raison de l'état peu avancé de la physique et de la chimie) sur la manière dont le soleil agit en échauffant la terre, sur le rôle de l'air plus ou moins pur, d'après lui, sur les montagnes ou dans les plaines, sur l'action de la pluie, de la rosée et de la neige, l'abbé Rozier passe à l'étude des amendements artificiels, et il ne pense pas pouvoir mieux faire que de s'appuyer sur les expériences de Tillet, membre de l'Académie des sciences. Ces expériences ont consisté à récolter du blé durant trois années consécutives (1771, 1772 et 1773), dans 44 vases de 33 centimètres de diamètre en haut, de 28 centimètres de diamètre au fond, et ayant 24 centimètres de hauteur. Ces vases étaient tous enfoncés dans le sol jusqu'à un travers de doigt de leur bord supérieur, afin que la terre du champ ne se mêlât point avec l'espèce de terre renfermée dans le pot, et ils étaient disposés à des distances égales de 24 centimètres les uns des autres, sur plusieurs rangs séparés par des sentiers de 50 centimètres de largeur. Tillet y avait mis de la terre labourable, de l'argile, des retailles de diverses pierres, des sables de diverses rivières, des marnes, des mélanges divers de ces matières, et en outre, dans un certain nombre, du fumier ou enfin de la paille hachée. Il a donné une appréciation plus ou moins vague des récoltes obtenues, sans songer à avoir recours à la balance ou à tout autre instrument de mesure. D'ailleurs, les sols factices par lui préparés étaient tous faits avec des substances mal définies, comme le prouvent les spécifications qui viennent d'être employées, et qui sont empruntées au texte même du mémoire de Tillet. Tel était alors l'état des sciences agricoles.

Les conclusions ne pouvaient que se ressentir de l'indétermination des moyens d'expérience. En résumé, la végétation n'a été bonne que dans les sols d'une certaine consistance physique et pourvus d'une humidité sans excès. « D'après les expériences de Tillet, conclut l'abbé Rozier, nous pouvons dire que les amendements doivent avoir pour but de faire contracter à la terre la qualité de ne retenir l'eau que dans la proportion exacte qui convient à chaque espèce de grain; que si la terre est trop compacte et retient l'eau en surabondance, elle pourrira les racines; que si cette terre se dessèche, les racines n'ont plus la force de la pénétrer, et la plante languit en raison des obstacles qu'elle doit vaincre et qu'elle ne peut surmonter; que si la terre est trop légère, la sécheresse détruit la plante; et que, au contraire, si la saison est pluvieuse jusqu'à un certain point, la plante prospère, parce que la terre ne retient que l'eau nécessaire à la végétation des plantes qui lui sont confiées. » Ainsi, c'est un état physique convenable, surtout au point de vue de son humectation justement suffisante, qu'il faut donner au sol arable par les amendements; telle est surtout la conclusion de l'abbé Rozier, qui ajoute avec raison que cet état doit être différent pour les jardins potagers et fruitiers, ou les prairies naturelles et artificielles, ou les terres à blé et celles destinées aux petits grains, ou les vignes, ou les forêts, etc. Dire ce qu'il faut faire dans chaque cas particulier, ce serait répéter, à l'occasion des amendements, tous les principes qui doivent diriger l'agriculteur dans chaque culture spéciale.

Seulement, il faut bien retenir que la terre ne diminue pas de valeur en vieillissant, qu'au lieu de devenir plus stérile de siècle en siècle, elle s'améliore, au contraire, par une longue bonne culture. La conclusion générale et définitive de l'abbé Rozier est que : « dans tous les genres d'amendements quelconques, on doit se proposer : 1° de rendre la terre susceptible de ne conserver que la quantité d'eau convenable à la végétation et à la nourriture de telle ou telle plante, suivant sa qualité; 2° de créer le terreau ou humus dans la plus grande quantité possible, parce que le terreau est la seule terre végétale; 3° que la terre, considérée sans son union avec le terreau, n'a aucune propriété pour la végétation, sinon de faire l'office d'une éponge qui retient l'eau, et la laisse s'échapper en dessus lorsque la chaleur l'attire, ou laisse échapper cette eau en dessous comme les sables purs, si des portions d'argile ne la retiennent. En un mot, l'eau et le terreau sont l'âme de la végétation, et leur exacte proportion le but de tous les amendements. »

Un agronome français très instruit, Puvis, qui a consacré une partie de sa longue vie à l'étude de la question, et qui a publié, à partir de 1811, divers mémoires, puis, vers 1850, un traité complet en trois parties sur les amendements, s'exprime ainsi : « Amender le sol, c'est modifier sa composition de manière à le rendre plus fécond. Cette définition, qui pourrait s'étendre aux engrais chargés d'humus ou de substances animales qui modifient bien aussi la composition du sol, se restreint, dans le sens adopté par l'agriculture française, aux substances qui agissent sur le sol ou les végétaux, sans contenir une quantité notable de matières animales ou végétales. Les engrais, nous dit-on, servent à la nutrition des plantes, mais il en est de même des amendements, et ceux qui fournissent au sol des substances qui lui manquent pour être fécond, et aux végétaux des terres et des composés salins qui entrent comme éléments essentiels dans leur composition, leur charpente et leurs produits, doivent bien aussi être regardés comme nutritifs. Ainsi la chaux, la marne, et tous les composés calcaires employés en agriculture, puisqu'ils fournissent la chaux et les composés qui entrent quelquefois pour moitié dans les principes fixes des végétaux, doivent être considérés comme aliments, ou, ce qui revient au même, comme fournissant une partie de la substance des végétaux. Ainsi encore, les cendres de bois, les os pilés, le noir d'os, qui fournissent à la végétation les phosphates calcinés salins qui composent un sixième des cendres, ou principes fixes des tiges végétales, et les trois quarts des cendres des grains, doivent être et sont certainement nutritifs. Il semblerait donc que les amendements auraient, sur les engrais animaux, l'avantage de fournir aux végétaux spécialement les terres et les composés salins qui entrent dans leurs principes fixes. Au moyen des nitrates et des bicarbonates, dont ils provoquent la formation, ils leur fournissent encore le carbone, l'oxygène et l'azote, principes volatils Aussi les sols amendés exerçaient encore, avec plus d'énergie que les sols engraissés, leur puissance d'absorption sur les principes atmosphériques qui entrent dans la composition des végétaux; ils remplissent ainsi l'un des grands buts que doit se proposer l'agriculteur, de tirer beaucoup de l'atmosphère et le moins possible du sol. »

Comme il arrive bien souvent aux hommes qui ont beaucoup creusé une question, Puvis avait fini par comprendre presque toute l'agriculture dans les amendements. Il adoptait pleinement l'idée que l'agriculteur qui n'a qu'un sol limité auquel il puisse demander des récoltes, doit le ménager pour en prendre des éléments dans l'atmosphère, qu'aucune borne tangible ne limite à son action, ce qui est une vue théorique bien plus qu'une vérité démontrée. Puvis ajoutait encore : « La plupart des sols, pour être portés au plus haut point de fécondité, ont donc besoin des amendements; les engrais donnent beaucoup de vigueur aux produits foliacés, mais multiplient les plantes adventices, soit en favorisant leur croissance, soit en portant leurs graines sur le sol, et ils font souvent verser les récoltes lorsqu'ils sont très abondants. Les amendements aident plus particulièrement à la formation des grains, donnent plus de consistance aux tiges des végétaux et les empêchent de verser; mais c'est dans l'emploi simultané de ces deux moyens de fécondité qu'on parvient à donner au sol toute l'activité dont il était susceptible. Ils sont nécessaires l'un à l'autre, doublent réciproquement leur action, et partout où on les emploie ensemble, la fécondité va sans cesse croissant au lieu de diminuer. La plus grande partie des amendements sont des composés calcaires; leur effet se prononce sur tous les sols qui ne contiennent point de chaux, et les trois quarts peut-être des sols français sont dans ce cas. Ces sols non calcaires, quelles que soient la culture et la quantité d'engrais qu'on leur donne, ne sont pas propres à tous les produits, sont souvent froids et humides et se couvrent d'herbes nuisibles; les amendements calcaires, en y portant la chaux qui leur manque, facilitent la culture, détruisent les mauvaises herbes et rendent le sol propre à tous les produits. On a appelé les amendements des stimulants; on les a ainsi qualifiés parce qu'on a cru que leur effet consistait uniquement à stimuler le sol et les végétaux; cette qualification n'est pas juste, elle a conduit à les envisager sous un faux point de vue; il semblait qu'ils n'apportaient rien au sol ni aux végétaux, et cependant leur effet principal consiste à donner aux plantes les principes qui leur manquent. Ainsi, le grand effet des amendements calcaires tient à ce que, d'une part, ils donnent au sol le principe calcaire qu'il ne contenait pas et qui lui est nécessaire pour pouvoir développer toute son action sur l'atmosphère, pour y puiser les principes de la végétation, et, d'autre part, à ce qu'ils fournissent aux végétaux eux-mêmes la quantité de chaux dont ils ont besoin pour leur charpente et leur constitution intime. On donnerait donc une définition des amendements plus générale et plus spéciale même que celle qui précède, en disant qu'amender le sol c'est lui donner les principes dont il a besoin et qu'il ne contient pas. »

La première partie du *Traité des amendements* de Puvis est intitulée *Essai sur la marne*. Après avoir cherché à définir les terrains auxquels la marne convient, l'auteur indique ses gisements et en fait une classification, puis il démontre l'ancienneté de l'usage de la marne et cite Pline, Varron, Bernard Palissy; il expose ensuite l'usage qu'on en fait dans les divers pays, les conditions à remplir pour en obtenir les plus grands effets, et les services considérables rendus par la pratique du marnage. — La seconde partie du traité est intitulée *Essai sur la chaux*. Après avoir passé en revue les produits minéraux qui contiennent de la chaux et qui sont utilisés en agriculture, il fait l'histoire des divers emplois de la chaux parmi les anciens et chez les différents peuples. La nature des sols auxquels convient la chaux, la description comparative de tous les procédés de chaulage, la discussion de l'époque, de la proportion, du renouvellement, de l'action des chaulages sont ensuite exposées. L'auteur s'attache enfin à étudier l'influence tant directe qu'indirecte de la chaux sur la vie des plantes et examiner si elle n'a pas pour effet de faire absorber par les végétaux d'autres principes provenant, soit du sol, soit des engrais, soit des eaux, soit enfin de l'atmosphère. Sur ce sujet, les faits indiqués sont en général bien observés, mais ils sont expliqués par des théories souvent tout à fait erronées, particulièrement en ce qui concerne la formation des principes salins par la vie végétale sous l'influence de la chaux. — La troisième partie du traité de Puvis est intitulée *Des diverses espèces d'amendements*, et sous ce titre il s'occupe successivement du plâtre, du sulfate de fer, des plâtras, du falunage, de l'emploi des cendres de bois, des os moulus, du noir d'os, du phosphate de chaux, des cendres de tourbe et de houille et des cendres pyriteuses, des tangues, des cendres de varech, du sel marin et des autres sels (alcalins ou ammoniacaux), du mélange des terres, de la tourbe, de l'argile brûlée et de l'écobuage. Dans cette revue il étudie, chaque fois que l'occasion s'en présente, le rôle de la présence de l'humus et la convenance de compléter par du fumier l'action de ces divers moyens de fertilisation. Il est incontestable que tous les corps qui viennent d'être énumérés peuvent accroître les qualités d'une terre et corriger quelques-uns de ses défauts. Mais c'est là le propre de l'agriculture presque tout entière, elle serait alors la science des amendements.

Le comte Adrien de Gasparin, avant de traiter des amendements dans son *Cours d'agriculture*, a, avec raison, voulu se rendre compte de ce qu'on pouvait regarder comme le type d'une terre parfaite. Après examen, il répond à peu près en ces termes : « C'est la terre où les plantes trouvant un ferme appui, sont soustraites aux alternatives de sécheresse et d'humidité, conservent constamment la juste quantité d'eau nécessaire à leur végétation, rencontrent tous les éléments de nutrition que doit donner le sol; c'est encore une terre d'une assez faible ténacité pour qu'elle puisse être cultivée aux moindres frais possibles, ayant assez de profondeur pour que l'eau surabondante ne puisse nuire aux racines des plantes, placée enfin dans des conditions telles par ses abris et son exposition que le froid de l'hiver ne puisse nuire aux plantes qui y sont cultivées. » Tout ce qui, en conséquence, peut contribuer à suppléer à l'absence d'une de ces qualités ou à son développement est un amendement. Ainsi les moyens d'augmenter l'humidité du sol par des eaux souterraines ou par l'irrigation; les moyens d'enlever l'eau en excès, ou l'assainissement et le drainage ; la neutralisation des matières nuisibles, telles que le sel, les acides, les sels de fer, s'ils sont en excès; les moyens de modifier la ténacité, tels que le marnage, le colmatage, le mélange de diverses terres; les moyens de modifier l'action de la chaleur du soleil, en diminuant ou en augmentant sa coloration, ou par la création d'abris, etc., sont des amendements pour le comte de Gasparin; ils se bornent à compléter les propriétés physiques; les compléments des principes composants des sols sont pour l'illustre agronome des engrais qui peuvent être organiques ou minéraux; dans ce dernier cas, il accorde qu'on peut leur donner le nom d'amendements stimulants.

D'après M. Heuzé, dans l'*Encyclopédie de l'agriculteur*, « on donne le nom d'amendements aux substances que l'on mêle aux terres arables et aux opérations que l'on y exécute dans le but de modifier leur nature et leurs propriétés physiques ». Cela est assez exact, mais on ne peut pas admettre ce que M. Heuzé dit ensuite : « Amender un sol, c'est accroître sa puissance sans augmenter sa richesse. » L'accroissement de puissance veut évidemment dire augmentation de puissance de production; comment alors le terrain n'aurait-il pas en même temps une plus grande valeur, une plus grande richesse? L'auteur a-t-il voulu exprimer l'idée que les principes nécessaires aux plantes n'existeraient pas forcément en proportions plus fortes dans un sol plus riche; ce serait nier que le marnage, qui introduit de la chaux dans le sol, augmente les principes nécessaires à la vie des plantes, c'est-à-dire, ce serait nier l'évidence. Il y a cependant quelque chose de vrai à dégager de cette obscurité. Amender une terre, c'est modifier plus ou moins complètement sa constitution, tandis que, par une fumure, par des engrais, on augmente seulement sa puissance productive, en lui laissant son caractère primitif, et tandis que, également par les travaux ordinaires de labours, on met seulement en action la fertilité qui était en elle à l'état plus ou moins latent.

Quoi qu'il en soit, M. Heuzé partage en trois sections les amendements ainsi qu'il suit : *Section I.* Moyens d'augmenter la cohésion d'une terre : A, emploi de l'argile; B, emploi de l'argile calcinée; ce sont deux des améliorations placées par la législation anglaise sur les fermages parmi les améliorations de première classe. — *Section II.* Moyens d'augmenter la perméabilité du sol : A, emploi des pierres; B, emploi du sable; C, emploi des laitiers des forges; D, emploi des schistes. — *Section III.* Moyens d'augmenter la fraîcheur des terres arables : A, emploi des cailloux; B, emploi des plantations; C, plombage. — *Section IV.* Moyens de diminuer l'humidité d'un terrain : A, du dessèchement; B, labours profonds; C, du colmatage.

Tous ces procédés employés selon les lieux et les circonstances pour accroître la fertilité d'une terre font essentiellement partie de l'agriculture proprement dite ; leur exposition constitue des chapitres spéciaux qui doivent se trouver nécessairement à leur place alphabétique dans tout dictionnaire de l'agriculture.

Dans l'enseignement de l'école d'agriculture de Grignon, M. le professeur Caillat a introduit cette idée que les amendements étaient toutes les substances variées que l'on ajoute aux terres arables dans le but de leur amélioration, et il en a fait trois classes ainsi qu'il suit :

1re classe. — *Amendements minéraux:* SECTION I. *Amendements modifiants :* 1, le sable; 2, l'argile calcinée; 3, l'argile non calcinée; 4, les marnes. — SECTION II. *Amendements assimilables :* 1, le plâtre; 2, la chaux; 3, les cendres (cendres neuves, charrées, cendres diverses); 4, la suie; 5, les amendements salins (le sel ordinaire, le nitrate de potasse, le nitrate de soude, le chlorhydrate de chaux, le sulfate de soude, les lignites pyriteux ; ces derniers pouvant être placés dans la troisième classe des amendements minéro-organiques, si l'on considère les débris de lignites comme substances organiques).

2e classe. — *Amendements organiques ou engrais:* SECTION I. *Engrais minéraux :* 1, le sang; 2, les chairs ou boyauderies; 3, les excréments divers (d'hommes, d'animaux, d'oiseaux, la colombine, le guano, l'urine, le purin, le lisier); 4, la laine, les poils, les crins, etc.; 5, la corne; 6, les os pilés. — SECTION II. *Engrais végétaux :* 1, le seigle; le sarrasin, la spergule, les lupins, les vesces, les pois, les trèfles, etc.; 2, les tourteaux de colza, navette, etc.; 3, les plantes marines, fucus, varechs, algues, le goëmon ; 4, les torvillons, le tan, etc. — SECTION III. *Engrais mixtes :* fumiers divers, de chevaux, de bêtes à cornes, de moutons, de porcs, d'oiseaux de basse-cour, etc.

3e classe. — *Amendements minéraux-organiques :* noir animal, noir animalisé, noir sang, poudrette ordinaire, poudrette inodore, composts divers, engrais chimiques, boues des rues, sable ou limon de mer avec des herbes marines et coquillages, tourbes, etc.

Une telle classification embrasse tous les engrais qui deviennent simplement une sous-classe d'amendements. Sous prétexte de différencier, elle ne fait qu'établir une plus grande confusion.

M. Dehérain, un des successeurs de M. Caillat à Grignon, a envisagé la question, dans son *Cours de chimie agricole*, d'une tout autre manière; il désigne « sous le nom d'amendements les substances destinées à rendre solubles, et par suite assimilables par les végétaux, les principes contenus dans la terre arable, qui dans les conditions normales sont insolubles et par suite inutiles ». Par conséquent toutes les opérations qui ont pour résultat dernier de favoriser l'assimilation par les végétaux des substances contenues dans le sol arable sont des amendements, du moins dans l'ordre d'idées adopté par M. Dehérain. Aussi met-il la *jachère*, l'*écobuage* à côté du *chaulage*, du *marnage* et du *plâtrage*, et il exclut des amendements les nitrates, les sels ammoniacaux et les phosphates.

M. Isidore Pierre, dans sa *Chimie agricole*, prend encore un autre parti; il appelle *amendements* les opérations appelées à modifier la constitution *physique* ou *chimique* du sol. En conséquence il s'occupe successivement des opérations qui ont pour but d'ameublir le sol et d'en faciliter la désagrégation, c'est-à-dire, des diverses sortes de labours; du brûlis et de l'écobuage des terres; des irrigations et du colmatage; du drainage, du chaulage, du marnage, du terrage, du falunage, de l'emploi des sables coquilliers, de la vase de mer, de la tangue, du trez, du merl ou *marl;* des curures de mares, d'étangs, de fossés, de rivières. Pour M. Isidore Pierre, les autres substances que l'on mélange avec le sol, sont des engrais, notamment les récoltes que l'on enfouit à l'état vert, quoiqu'il soit bien manifeste qu'elles modifient la constitution physique du sol, ainsi que le font d'ailleurs tous les fumiers pailleux.

Après cette revue des diverses manières si opposées de comprendre les amendements, on conçoit que, dans son *Dictionnaire d'agriculture*, M. P. Joigneaux ait pu dire : « Définir le sens de ce mot, si souvent employé par les cultivateurs et les agronomes, n'est pas chose facile. Nous ne trouvons nulle part, dans aucun livre, une définition qui nous satisfasse. » Il est vrai que M. Joigneaux se hâte d'ajouter une définition spéciale qui, à son tour, ne résistera peut-être pas à la critique. « Pour nous, dit-il, l'amendement est ce qui prépare le sol à produire, tandis que l'engrais est ce qui nourrit la plante. » Voici les preuves que donne M. Joigneaux : 1° Les labours permettant à l'air et au soleil de pénétrer dans la terre, d'y opérer toutes sortes de combinaisons mal connues, de rendre productif ce qui était improductif, les labours sont des amendements. — 2° Quand on ouvre des tranchées ou des fossés dans une terre argileuse, humide, marécageuse, quand on y pratique le drainage par conduits souterrains, on obtient une terre assainie qui produit de plus abondantes et meilleures récoltes qu'auparavant; donc le drainage souterrain ou par rigoles à ciel ouvert, est un amendement. — 3° Si un terrain, quoique bien fumé, ne produit que de maigres récoltes parce qu'il est sec, on en tire de belles moissons par des arrosages, par l'irrigation; donc les arrosages, l'irrigation sont des amendements, parce qu'ils donnent à la terre l'eau qui dissout les principes nutritifs des végétaux, dit M. Joigneaux; mais c'est aussi parce que l'eau nourrit la plante. — 4° Si dans un terrain très argileux, qu'on ne peut travailler pour y faire des semailles, on ajoute du sable qui le divise en s'y incorporant à l'argile, on parvient à faire un sol assez meuble pour porter toutes sortes de récoltes; donc le sable est un amendement. — 5° Il en est de même du feu qui, par l'écobuage, divise l'argile ; donc le feu est un amendement. — 6° Quand un terrain est tellement poudreux que le vent en emporte la surface dans ses tourbillons, ou quand il est tellement léger ou poreux que l'eau le traverse comme elle ferait d'un crible, on peut le fixer, le plomber par un coup de rouleau de manière à lui permettre de conserver les graines qui y germent, y poussent leurs racines et l'engazonnent ; donc le plombage ou roulage est un amendement. — 7° Si un terrain est couvert de mottes dures sur lesquelles on ne peut semer, on peut les briser en les laissant exposées aux gelées de l'hiver, ou bien en y faisant passer le rouleau Crosskill ; donc la gelée de l'hiver ou bien le croskillage sont des amendements. — 8° La végétation devient plus rapide, plus luxuriante, après une pluie d'orage; donc l'électricité, dit M. Joigneaux, est un amendement. Ceci est plus contestable, car le phénomène d'une pluie d'orage est bien complexe pour oser affirmer que tous ses effets sont dus à l'électricité du tonnerre. — 9° Sous un climat rude, on rend un sol froid plus susceptible de porter une belle végétation, en le noircissant par du charbon en poudre ; donc la couleur noire est un amendement. — 10° Quand un terrain est brûlant et se dessèche si facilement que les plantes y dépérissent, on peut le rendre plus frais, y maintenir de l'humidité, en le couvrant de pierrailles blanches ou grisâtres; donc les pierrailles sont des amendements. — 11° Si l'on a une terre récemment défrichée où les récoltes ne peuvent venir à cause de l'acidité provenant de débris végétaux en décomposition amoncelés à la surface par la suite des siècles, on peut la rendre très fertile par de la chaux, par du calcaire, par du phosphate de chaux; donc la chaux, le calcaire, le phosphate de chaux sont des amendements. Oui, mais ils entrent aussi dans la constitution des plantes, et par conséquent ils sont tout aussi bien des engrais. — M. Joigneaux cite ensuite des corps que les agronomes appellent généralement des amendements, mais qui, selon lui, ne sauraient recevoir cette qualification.

Ainsi : 1° On a placé le plâtre parmi les amendements : « C'est une grosse erreur, dit M. Joigneaux. Un amendement favorise la végétation de toutes les plantes cultivées, tandis que le plâtre ne favorise que le développement de deux familles de plantes, des Papilionacées et des Crucifères : des Papilionacées qui comprennent le trèfle, la luzerne, le sainfoin, les pois, les haricots, les fèves, les lentilles, etc.; des Crucifères qui comprennent le chou, le navet, la navette, le colza, le chou-rave, le rutabaga, la moutarde, le radis, etc. Le plâtre ne produit pas d'effet sur les autres végétaux. C'est un engrais qui convient à certaines plantes et ne convient pas à certaines autres; voilà tout. » Il faut objecter toutefois qu'on ne voit pas bien pourquoi il n'y aurait pas d'amendements spéciaux pour certaines plantes, comme il y a des engrais qui leur conviennent. Est-ce qu'il n'y a pas de végétaux qui réclament pour prospérer des sols d'une certaine constitution physique, des sols frais par exemple, ou ce qu'on appelle de la terre de bruyère, etc.? — 2° « Les agronomes, dit également M. Joigneaux, considèrent les marnes comme des amendements. C'est encore une erreur. Elles peuvent, il est vrai, agir comme amendement, en raison de l'argile qu'elles contiennent, et lier, par exemple, les terres trop légères, mais c'est surtout comme engrais qu'elles agissent. Nous n'en voulons qu'une preuve. Les marnes fraîchement tirées de l'intérieur de la terre sont souvent nuisibles à l'état frais, et cependant l'argile qu'elles renferment est dans de bonnes conditions pour donner du liant aux sols légers. Lorsque, au contraire, elles ont subi pendant une ou deux années l'influence de l'air et du soleil, elles produisent des effets remarquables. Pourquoi cela? C'est qu'évidemment des créations se sont produites, des combinaisons se sont opérées, et ces marnes se sont converties, de terre stérile qu'elles étaient d'abord, en terre végétale. » Malgré ces observations assez spécieuses, il y a quelque chose de singulier à voir placer le chaulage parmi les amendements, et les marnes, qui le plus souvent agissent par l'élément calcaire qu'elles contiennent, parmi les engrais. Rien ne démontre mieux que cette contradiction la difficulté pour les meilleurs esprits de se prononcer sur la matière. — 3° M. Joigneaux prétend enfin que c'est commettre une nouvelle erreur que de considérer les terres rapportées comme un amendement. « Si ces terres étaient usées, dit-il, ou de mauvaise qualité, elles ne produiraient rien; elles ne produisent qu'autant qu'elles sont chargées de nourriture pour les végétaux. » L'expression de *terres rapportées* et celle de *marnes* sont très vagues ou du moins ne désignent que des choses complexes, dont le rôle ne peut être toujours identique, parce qu'elles ont une composition variable. Même en l'absence de matières assimilables directement et immédiatement par les plantes, elles peuvent exercer une action physique de division dans le sol. Bosc a dit avec raison dans le *Dictionnaire* de Déterville, que tout engrais est un amendement du sol, mais que les amendements, c'est-à-dire les améliorations, ne sont pas des engrais.

Mais est-il bien utile pour les progrès de l'agriculture de chercher à faire des distinctions souvent subtiles dans cette matière? Les agronomes anglais ne l'ont pas pensé, et, selon nous ils ont eu raison. Sir Humphry Davy et ses illustres successeurs, tous les traités, dictionnaires et encyclopédies d'agriculture ne parlent que d'engrais (*manures*), d'améliorations (*improvements*), et sous ce titre ils s'occupent de marnage, de chaulage, de drainage, d'apports de terres argileuses et autres, etc. (voy. le mot *Améliorations*). C'est aussi le parti auquel s'est arrêté M. Boussingault dans son *Traité d'économie rurale* : « L'industrie du cultivateur, dit l'illustre agronome, peut avoir plus d'influence sur les terres que sur les autres agents de la végétation. Améliorer un sol, c'est modifier sa constitution, ses propriétés physiques, afin de les mettre en harmonie avec le climat et les exigences de la culture. » On améliore, on amende, s'il l'on veut, un champ quelconque, soit par des transports de terres qui diminuent son état argileux ou sa légèreté, soit par d'autres travaux, soit enfin par les engrais qui sont eux-mêmes tous les agents dont dispose le cultivateur pour réparer, conserver, augmenter la fécondité du sol.

AMENDER (*agriculture*). — Amender une terre, un champ, c'est corriger leurs défauts, faire les opérations nécessaires pour les rendre meilleurs, c'est-à-dire pour les mettre en état de produire des récoltes supérieures par la qualité ou par la quantité, ou même sous ces deux rapports. On amende une terre par des labours, par des sarclages, par le drainage, l'écobuage, ou bien en lui incorporant du fumier ou d'autres engrais, de la marne, de l'argile, du sable, selon la convenance des modifications qu'il faut lui apporter en vue du résultat à obtenir. Amender, en agriculture, c'est surtout modifier la constitution physique et chimique d'un sol pour lui enlever des défauts connus, tels que : manque de calcaire, une trop grande ténacité, une imperméabilité excessive, ou, au contraire, trop peu de cohésion, un excès d'humidité, trop peu de profondeur, un excès de perméabilité.

AMENER LA TERRE. — Expression vulgaire employée dans quelques localités pour désigner l'ameublissement du sol arable.

AMÉNIE (*botanique*). — Genre d'insectes diptères, dont deux espèces sont connues. Elles habitent l'Australie, et sont remarquables par la beauté de leurs couleurs.

AMÉNORRHÉE. — On dit quelquefois aménie. Suppression de la menstruation pour cause morbide.

AMENTACÉES (*botanique*). — Famille de plantes dicotylédones, caractérisées par leurs fleurs apétales, disposées en chaton. Les fleurs paraissent généralement au printemps avant les feuilles, qui sont alternes et munies de stipules. Cette famille renferme un grand nombre d'arbres forestiers communs en Europe; il faut citer principalement le chêne, l'orme, le bouleau, le hêtre, le noisetier, le charme, l'aune, le saule, le peuplier, etc.

AMENTIFÈRE (*botanique*). — Se dit des plantes dont l'inflorescence est en chaton.

AMENTIFORME (*botanique*). — Qualification d'organes pouvant affecter la forme de chatons.

AMER. — Qualification de ce qui présente de l'amertume au goût. On dit qu'une liqueur est amère, qu'un mets est amer, etc. — Le mot amer est employé quelquefois comme substantif, notamment pour désigner la vésicule du fiel du bœuf et de quelques autres animaux.

Les *amers*, en médecine vétérinaire, sont les substances médicamenteuses toniques, d'origine végétale, ayant une saveur amère. Le principe amer y est tantôt simple, comme dans la gentiane, la chicorée, le quassia; tantôt composé, c'est-à-dire réuni à un aromate, comme dans la camomille, l'absinthe, etc. Les amers sont d'un usage quotidien dans la médecine vétérinaire.

AMERA. — Nom indien d'une espèce de monbin (*Spondias*)

AMÉRI. — Nom donné à l'*Indigofera tinctoria*.

AMERICANA (*viticulture*). — Ce nom générique sert souvent à désigner le cépage *Isabelle*, qui a été longtemps la vigne américaine la plus répandue en Europe.

AMERIMNE, AMERIMNUM. — Groupe de plantes légumineuses. — Dalbergiées contenant quelques espèces du genre Dalbergia.

AMERINA. — Genre de plantes de la famille des Borraginées, créé pour des arbres ou des arbrisseaux originaires d'Amérique, à feuilles opposées ou ternées, à fleurs axillaires en corymbes. — Le même mot d'amerina est employé pour désigner l'olivier de Bohême ou *chalef*, qu'on a considéré comme un saule.

AMÉRIQUE (*géographie agricole*). — L'Amérique est cette vaste partie du globe terrestre sur laquelle Christophe Colomb a le premier abordé le 12 octobre 1492, et dont on lui doit la découverte, quoique, par une injustice trop fréquente dans l'histoire, on lui ait donné le nom d'un autre que celui du véritable inventeur. Elle s'étend depuis le pôle boréal jusqu'aux régions glaciales du pôle austral, en traversant l'équateur. Elle forme en quelque sorte un double continent dont les deux parties sont reliées par une longue série d'isthmes.

Le premier continent, qu'on appelle l'Amérique du Nord, comprend le Canada, les États-Unis et le Mexique, depuis la latitude boréale de 75 degrés jusqu'à celle de 18 degrés. La largeur en longitude vers le nord n'est pas moindre que 145 degrés, soit de 25° à 175° à l'ouest du méridien de Paris; elle n'est plus que de 70 degrés sur le cinquantième degré de latitude (de 60 à 130 degrés ouest); elle descend à 35° sous le trentième degré de latitude (de 85 à 120 degrés ouest); enfin le continent se termine en une sorte de langue de terre vers le quinzième degré de latitude nord. Les principales îles qui s'y rattachent sont le Groënland, Terre-Neuve, Saint-Pierre et Miquelon, l'île du Prince Édouard, les Bermudes.

L'Amérique centrale, qui comprend le Guatémala, le Honduras, la république de San-Salvador, le Nicaragua et la république de Costa Rica, commence au dix-huitième degré de latitude au nord de l'équateur pour finir au dixième degré au delà de l'isthme de Panama; elle n'occupe qu'une largeur d'environ 20 degrés en longitude; mais il convient d'y joindre les Antilles, comprenant Cuba, Porto-Rico, la Jamaïque, Saint-Domingue et Haïti, la Guadeloupe, la Martinique, etc.

L'Amérique du Sud s'étend du douzième degré de latitude boréale au cinquantième degré de latitude australe où elle se termine en pointe. Sa plus grande largeur en longitude est de 48 degrés (de 36 degrés à 84 degrés ouest). Elle comprend : la Colombie, le Vénézuéla, les Guyanes anglaise, hollandaise et française, la république de l'Équateur, le Pérou, la Bolivie, le Brésil, le Chili, la confédération Argentine, le Paraguay, l'Uruguay, la Patagonie. Il faut y compter encore les îles de la Trinité, Malouines, la Terre de Feu, les îles Lobos, Chiloé, etc.

La longueur totale de l'Amérique, depuis les régions arctiques jusque vers les régions antarctiques, est de plus de 14 000 kilomètres. Elle est bornée au nord par l'Océan glacial arctique, le détroit et la mer de Behring; à l'ouest par le grand Océan ou océan Pacifique, qui la sépare de l'Asie et de l'Australie; au sud par le détroit de Magellan qui la sépare de la Terre de feu; à l'est par l'océan Atlantique qui la sépare de l'Afrique et de l'Europe. Sa surface totale pour la terre ferme, c'est-à-dire les îles non comprises, est de 3645 millions d'hectares, soit à peu près 4 fois celle de l'Europe; son altitude moyenne est de 284 mètres.

D'immenses chaînes de montagnes s'élèvent dans le nouveau monde. Les principales sont : dans l'Amérique du Nord, les montagnes Rocheuses à l'ouest et les monts Alléghanys à l'est, et au midi les Cordillères du Mexique; dans l'Amérique du Sud, les Andes ou Cordillères et les montagnes du Brésil. « La grande masse centrale des Andes depuis le quatorzième jusqu'au vingtième degré de latitude sud, dit Arago, est partagée en deux chaînes ou cordillères parallèles, entre lesquelles se trouve une vallée fort étendue et très élevée. L'extrémité sud de cette vallée est traversée par la rivière Desaguadero; au nord existe le fameux lac de Titicaca, d'une étendue égale à environ 25 fois celle du lac de Genève. Les rives du Titicaca formaient la partie centrale de l'empire des Incas. C'est dans une des îles de ce lac que Manco-Capac était né; c'est là qu'on trouve les plus beaux restes des monuments élevés par les Péruviens au temps de leur antique civilisation. La Cordillère occidentale, celle que dans le pays on nomme la Cordillère de la côte, sépare la vallée du Desaguadero et le bassin du lac de Titicaca des rives de la mer Pacifique. Cette chaîne renferme plusieurs volcans actifs, tels que le Gualatieri (6693 mètres d'altitude), le volcan d'Arequipa (6190 mètres d'altitude), etc. Quant à la Cordillère orientale, elle sépare la même vallée des immenses plaines des Chiquitos et Moxos, et les affluents des rivières Beni, Mamore et Paraguay qui se jettent dans l'océan Atlantique, de ceux du Desaguadero et du lac de Titicaca (3872 mètres d'altitude). De part et d'autre de la masse centrale, la chaîne des Andes se prolonge d'un côté jusqu'à l'isthme de Panama, et de l'autre jusqu'au détroit de Magellan; elle se partage parfois en trois branches, par exemple vers les hautes plaines de Pasco et de Huanuco, et elle présente des renflements qui s'élargissent et forment de puissants contreforts, comme sont les promontoires de Cordova, de Salta, de Jujuy, de Cochambaba, etc. »

Les hautes cimes des Cordillères des Andes sont bien plus élevées au-dessus du niveau moyen des mers que les cimes des chaînes de montagnes de l'Europe; ainsi Aconcagua (Chili) est à 7281 mètres d'altitude; Sahama (Bolivie) à 7012 mètres; Perinacota (Bolivie) à 6614 mètres; Pomarcpe (Bolivie) à 6613 mètres; Chimborazo (Pérou) à 6530 mètres; Nevado de Sorata (Bolivie) à 6490 mètres; Nevado de Illimani (Bolivie) à 6456 mètres; Gayambeorca (Pérou) à 5919 mètres; Chipicani (Pérou) à 5670 mètres; Pichu-Pichu (Pérou) à 5670 mètres; Pyramides d'Hinissu (Pérou) à 5315 mètres; Inchocaio (Pérou) à 5240 mètres; Cerro de Potosi (Pérou) à 4888 mètres; Nevado del Corazon (Pérou) à 4814 mètres. Ces immenses cimes sont, pour la plus grande partie, plongées dans les régions des neiges éternelles, les mots *razo* et *nevado* signifient d'ailleurs *neige* et *couvert de neige*. Il convient toutefois d'ajouter que, pour plusieurs de ces hauteurs, il y a des incertitudes en ce qui concerne les nombres à adopter. Ainsi pour le pic d'Illimani, M. Jourdanet, dans son Tableau des altitudes des cordillères des Andes de l'Amérique méridionale, donne 7694 mètres, et la Connaissance des temps 6445; Arago a adopté le chiffre de 6456 qui est à peu près le même que ce dernier. Pour le Sorata (pic Ancohun) M. Jourdanet a adopté 7314 mètres, et la Connaissance des temps 6487 mètres, Arago 6470 mètres. Pour Aconcagua, Arago a mis 7291 m. la Connaissance des temps 6834. Les voyageurs qui ont fait ces déterminations sont de Humboldt, Pentland et Pissis. Quelles que soient les causes des différences, il reste acquis que cette chaîne des Andes a une altitude qui n'est dépassée que par celle de quelques montagnes de l'Asie.

Les Andes reçoivent divers noms selon les pays qu'elles traversent : ainsi on dit Andes patagoniques (de 54 à 44 degrés de latitude sud), Andes du Chili et de Bolivie ou Potosi (de 44 à 20 degrés),

Andes du Pérou (de 20 à 1°,50'), Andes de l'Équateur et celles de la Colombie ou de la Nouvelle-Grenade, sous l'équateur et jusque vers Panama. Du grand massif se détachent, vers l'est, plusieurs chaînes secondaires. Tout d'abord les Andes du Venezuela où l'on trouve les pics de Sierra-Nevada dont l'altitude est de 4580 mètres, de Mucuchias (4230 mètres) dans l'État de Merida ; Apure (3795 m.) dans l'État de Zamora ; Rosas (3511 mètres) dans l'État de Barquisimeto, etc. Vient ensuite le système des Andes du Brésil où l'on distingue trois branches, la Cordillère centrale ou do Espinhaço ou encore de Mantiqueira, la Cordillère orientale ou maritime, et enfin la Cordillère occidentale ou des Vertentes. La première Cordillère présente les cimes les plus élevées; elles se rencontrent surtout dans la partie nommée Serra d'Itatiaca dont l'altitude moyenne est de 3140 mètres. Au nord du Brésil est le système montagneux de Parima commun avec les Guyanes et le Venezuela.

« M. de Humboldt, dit Arago, évalue à 195 mètres la hauteur moyenne des basses terres de l'Amérique méridionale. L'exhaussement produit par la répartition des Andes sur toute la surface de ce pays serait de 126 mètres ; il faut ajouter 24 mètres pour les petits groupes de montagnes situées à l'est des Cordillères, pour la chaîne côtière du Venezuela, la Sierra Parima, voisine du haut Orénoque et les plateaux du Brésil. On arrive ainsi à une valeur de 345 mètres pour la hauteur moyenne de l'Amérique méridionale. »

De l'autre côté de Panama, le système des Andes se relève et forme d'abord les Cordillères du Veragua, de Costa-Rica et de Guatemala, puis le plateau mexicain d'où s'élèvent de nombreuses cimes et qui s'abaisse par une pente peu sensible du sud vers le nord. Toutefois il n'y a pas identité, comme le remarque M. Jourdanet, entre l'aspect des montagnes du Mexique et celles de l'Amérique méridionale : ici une chaîne unique ou des chaînes nettement définies par des crêtes non interrompues; là bas au contraire confusion des chaînes sans crêtes régulières. Les plus hautes altitudes sont: Popocatepetl, 5410 mètres; pic d'Orizaba, 5400 mètres; Intaccihualt, 4790 mètres ; Nevado de Toluca, 4600 mètres ; Nevado de Colima, 4304 mètres; Malinche (Puebla), 4120 mètres ; Cofre de Perote, 4090 mètres ; Cerro Ajusco, 3900 mètres.

Dans la partie supérieure de l'Amérique du Nord, au delà du Mexique, les chaînes de montagnes n'ont plus que des hauteurs faibles ; c'est à peine si quelques-unes atteignent une altitude de 2000 mètres dans les montagnes Rocheuses et les trois quarts seulement dans les monts Alleghanys ou Apalaches. Le mont Washington n'a que 1912 mètres d'altitude ; le mont Lafayette que 1676 mètres, et le mont Mansfield dans le Vermont que 1324 mètres. Quant au Canada, il n'offre relativement que des collines. « La hauteur primitive des basses terres de l'Amérique septentrionale peut être évaluée à 144 mètres. Les masses montagneuses du Mexique et du Guatemala, et les montagnes Rocheuses réparties sur tout le pays, donneraient un exhaussement de 81 mètres. Quant aux Alleghanys ou Apalaches, ils ne donneraient qu'un exhaussement de 3 mètres. La hauteur moyenne de l'Amérique septentrionale peut donc être évaluée à 228 mètres. Comme les deux parties du nouveau continent ne sont pas d'égale étendue, que l'Amérique du Sud a une surface de 1767 et l'Amérique du Nord (y compris l'Amérique centrale) de 1878 millions d'hectares, il en résulte que la hauteur moyenne du nouveau monde n'est que de 285 mètres au-dessus des eaux de l'Océan. »

Un des principaux caractères du nouveau monde, après la singulière disposition de ses montagnes, est l'étendue, ou mieux l'immensité de ses nombreux cours d'eau. Les plus considérables se rencontrent dans l'Amérique du Nord. Ainsi le bassin de l'océan Glacial présente le fleuve Mackensie d'une longueur de 4000 kilomètres et le Nelso qui, avec le Saskatchewan, en compte 2200 et reçoit la rivière Rouge du Nord de 1100 kilomètres d'étendue. Un petit nombre de fleuves seulement et relativement peu étendus se jettent dans l'océan Pacifique ; ce sont : le Yucon de 800 kilomètres ; le Fraser de 600 ; le Columbia avec le *Snake river* de 2100 ; le Sacramento de 700 ; le Colorado de l'ouest de 2100 ; le Rio Grande de Santiago de 600. C'est dans l'océan Atlantique, en raison de la disposition même des plus hautes montagnes qui s'élèvent à l'ouest et présentent une déclivité vers l'est et le nord-est, que vont se déverser les principaux fleuves des États-Unis, du Canada, du Mexique ; on trouve d'abord le Saint-Laurent qui sert d'écoulement au lac Supérieur, puis aux lacs Michigan, Huron, Erié et Ontario, et qui depuis l'extrémité occidentale du lac Supérieur jusqu'à son embouchure dans le golfe auquel il a donné son nom, présente un parcours de 3300 kilomètres. Le Connecticut a 200 kilomètres ; l'Hudson 400 ; le Delaware également 400 ; le Susquehannah, avec sa branche orientale, 600 ; le Potomac 600 ; le Roanoke 400 ; le Santu 600 ; le Savannah 500 ; l'Appalachicola 800 ; le Mobile 600. Le Mississipi présente une longueur de 5000 kilomètres, et son affluent le Missouri 4900 ; mais, si l'on mesure le parcours depuis la source du Missouri jusqu'à l'embouchure du Mississipi dans le golfe du Mexique, on a un développement de 7200 kilomètres ; il faut ajouter que les autres affluents de ce fleuve immense comptent : la Rivière plate 1900 kilomètres ; l'Arkansas 3400 ; la Rivière Rouge 2500 ; l'Ohio (avec l'Alleghany) 2200. En descendant encore vers le sud, et alors que le continent se rétrécit, on trouve la Trinité avec 800 kilomètres, le Brazos de 1200 ; le Colorado de l'est de 1100 ; le Rio Grande del Norte de 2800 ; le Saint-Jean du Nicaragua de 200.

Dans l'Amérique du Sud, l'énorme altitude de la chaîne des Andes, située d'ailleurs le long de la côte occidentale, fait diriger tous les fleuves vers la mer des Antilles ou l'océan Atlantique. On trouve d'abord dans les États de Colombie, la Magdalena avec un parcours de 1500 kilomètres. Ensuite se présente l'Orénoque qui a un développement de 2400 kilomètres et est surtout remarquable par ses nombreux tributaires, dont quelques-uns ne le cèdent en grandeur ni au Rhin, ni au Rhône, ni au Tage, tels que le Ventuari, le Caura, la Caroni, le Guaviare, le Meta et l'Apure ; on sait d'ailleurs que, par une disposition particulière du plateau équinoxial, l'Orénoque communique avec le fleuve des Amazones, au moyen du Cassiqmari et du Rio Negro. Mais avant l'embouchure des Amazones, on trouve, se déversant dans l'océan Atlantique, plusieurs fleuves qui ont leur source dans les montagnes de la Guyane : l'Essequibo d'une étendue de 700 kilomètres, le Corentin de 500 kilomètres, le Maroni de 600, l'Oyapock de 300. La rivière des Amazones est le plus grand fleuve du monde, elle n'a pas moins de 6000 kilomètres de parcours et possède de nombreux et vastes affluents parmi lesquels le Rio Negro a 1100 kilomètres, l'Ucayali 900, le Japura 1100, le Purus 2000, le Madeira 3300, le Tajajos 2000, le Xingu 1800, le Tocantins 2000. Plus bas sur le côté du Brésil on trouve encore le Paranalyba de 1000 kilomètres et le San Francisco de 2100 kilomètres. Plus loin encore au delà de l'Urugay on rencontre l'embouchure du Rio de la Plata qui, depuis les sources du Parana, a un parcours de 4000 kilomètres et qui reçoit le Paraguay de 2400 kilomètres, le Pilcomago de 1680, le Salado de 1600, l'Uruguay de 1200. Le continent devient de plus en plus étroit, surtout quand on atteint la Patagonie ; le Cobuatcofu (Rio Colorado) n'a plus que 900 kilomètres, le Limay-Leofu (Rio Negro) que 800, le Chapal que 600, le Descado que 500, le Santa-Cruz que 400. On n'est plus alors qu'à 200 kilomètres du détroit de Magellan.

Le nouveau monde présente aussi, surtout l'Amérique du Nord, d'immenses lacs qui ajoutent beaucoup à la puissance de la production, en contribuant avec les fleuves à apporter la fécondité au milieu des terres. D'abord sous la cercle polaire arctique on trouve le lac du Grand-Ours de 2 millions d'hectares, et un peu plus bas, par 63 degrés de latitude boréale, le grand lac de l'Esclave ayant une superficie de 3100000 hectares. Le lac Winnipeg sur le territoire de la baie d'Hudson, par 53 degrés de latitude, a 2500000 hectares Les cinq lacs qui se communiquent pour se continuer par le fleuve Saint-Laurent, sont inégalement immenses; le lac Supérieur à 8360000 hectares, le lac Michigan 6190000, le lac Huron 6130000, le lac Erié 2460000, le lac Ontario 1890000. L'ensemble des cinq lacs donne une superficie totale de 25030000 hectares, soit environ les deux tiers de celle de la mer Caspienne. Dans l'Amérique centrale on ne peut citer comme important que le lac de Nicaragua d'une étendue de 1597000 hectares. Dans l'Amérique du Sud, les grands lacs sont moins nombreux que dans l'Amérique du Nord; on ne signale guère que ceux de Maracaïbo, de Valencia et de Titicaca, celui-ci ayant une superficie de 990000 hectares.

On trouve, dans le nouveau monde, tous les climats possibles, depuis les frimas les plus froids jusqu'aux chaleurs les plus brûlantes, depuis les plus grandes humidités jusqu'aux sécheresses les plus extrêmes. Vers les pôles, des nuits et des jours, qui durent alternativement quelques heures et des mois entiers; vers l'équateur, des jours et des nuits d'une égalité à peu près constante. Là bas de longs hivers et de courts étés, ici des printemps presque éternels. A cause des altitudes extrêmement changeantes, les climats les plus divers se rencontrent parfois dans le même pays. Dans l'Amérique du Nord, le climat est en général plus rude qu'en Europe sous la même latitude; on y constate des températures plus extrêmes.

Toutes les cultures prospèrent dans le nouveau monde : cultures forestières, céréales, racines, plantes textiles, plantes sucrières, oléifères, résineuses, odoriférantes, fruitières de tous genres, médicinales, donnant les épices les plus variées, fournissant des couleurs de tous genres. Les raffinements de la civilisation la plus avancée y ont trouvé des satisfactions inattendues.

Lorsque les Européens l'envahirent, ils y trouvèrent, à côté de quelques régions habitées par des populations vivant en sociétés régulières et stables, cultivant la terre et s'adonnant à l'industrie et au commerce, de vastes espaces couverts d'une admirable végétation absolument fortuite, naturelle, où les hommes n'avaient jamais paru que par bandes sauvages ne vivant presque que par la pêche ou la chasse.

Les premiers conquérants s'occupèrent, avant tout, de profiter des richesses du nouveau monde; y prendre les métaux précieux qui y abondaient, les pierres de prix, les produits végétaux les plus curieux, et opérer par la dévastation plutôt que par une exploitation réglée, ce fut l'entraînement général. On commença ensuite des défrichements de forêts des centaines de fois séculaires, non pas méthodiquement, mais par le feu, et, par exemple, pour avoir du caoutchouc, on coupa les arbres au lieu d'y pratiquer une simple incision. Mais avec le temps, des idées de bonne culture sont venues et ont établi peu à peu leur règne; les cultivateurs du nouveau monde, aux prises avec les nécessités, ont même inventé des cultures nouvelles pour obtenir à meilleur compte de grandes récoltes.

De l'Amérique on tire aujourd'hui tous les produits végétaux et animaux de l'ancien monde et beaucoup d'autres encore qui étaient absolument inconnus de l'antique civilisation européenne, asiatique ou africaine. La découverte des moyens de communication rapides et économiques à travers les terres et les mers impose d'ailleurs à tous les peuples la nécessité de se mettre au courant de tous les progrès, et il est dans la force des choses que la consommation s'adresse toujours à la production la plus économique.

Mais aucun homme réfléchi n'admettra qu'il y ait quelque part une terre qui puisse indéfiniment produire sans restitution. Les champs nouvellement défrichés de l'Amérique, après quelques années de grande fertilité, redeviendront ce que sont tous les champs du vieux monde. Partout il faut le travail et la sueur du laboureur : les climats différents exigent des procédés différents dans les détails, mais les principes généraux restent les mêmes. La fertilité de la terre américaine n'est pas exceptionnelle ; elle n'est pas plus grande que celle de la terre d'Europe, d'Asie ou d'Afrique ; elle y est soumise aux mêmes lois. Quand on a pris dans un sol ce qui s'y trouve, on l'a vite épuisé, comme d'une bourse où plonge la main pour retirer sans rien rapporter. D'ailleurs, il faut savoir prendre son parti de ce qui est. L'agriculture américaine se développe chaque jour, en délaissant les terres déjà épuisées pour aller dévorer la récolte accumulée dans les terres neuves ; elle atteindra vite le bout ; il faudra qu'elle revienne sur ses pas, et elle sera dans les conditions ordinaires des cultivateurs des vieilles terres.

En même temps, la population s'accroît aussi dans le nouveau monde; les consommateurs s'y multiplient, et bientôt plus vite que la production. L'équilibre sera vite rompu. Juste retour des choses d'ici bas, selon une expression toujours vraie. Dans tous les cas, bien connaître la situation est le principal intérêt des agriculteurs.

Tout d'abord vont être ici réunis les renseignements sommaires relatifs aux possessions des divers pays d'Europe en Amérique, quelles que soient, bien entendu, la forme et la nature des gouvernements. Tous les nombres statistiques qui vont être cités se rapportent à la période de 1871-1881.

Les possessions anglaises sont considérables, surtout dans l'Amérique du Nord.

Il y a tout d'abord le *Dominion of Canada* ou la puissance du Canada :

	SURFACE	POPULATION 1871	POPULATION 1881
	hectares	habitants	habitants
Haut-Canada ou Canada occidental ou Ontario.	27 914 000	1 620 000	1 913 460
Bas-Canada ou Canada oriental ou Québec..	50 077 000	1 191 000	1 358 477
Nouvelle-Ecosse.	5 628 000	387 000	440 600
Nouveau Brunswick....	7 076 000	285 000	321 130
Prince Edward Island.	563 000	94 000	107 800
Manitoba, au bord du lac Winnipeg.........	3 620 000	12 000	49 500
Columbie britannique (y compris Vancouver).	92 200 000	33 000	130 000 (ensemble)
Territoires du N.-O....	643 100 000	60 000	
Dominion of Canada...	830 178 000	3 682 000	4 350 960

Sur l'ensemble, la densité de la population n'est encore que de 0,5 par 100 hectares, mais elle s'élève à 17 habitants sur l'île du Prince Edouard, à 7 dans la Nouvelle-Ecosse, à 6 dans le Haut-Canada et à 2 dans le Bas-Canada. La population a augmenté de 669000 habitants en 10 ans, de 1871 à 1881.

Les autres possessions anglaises, dans l'Amérique, sont les suivantes :

	hectares	habitants
New Foundland (Terre Neuve)...	10 411 400	161 000
Iles Bermudes	10 000	13 000
Bahamas	1 396 000	39 000
Jamaïque	1 085 900	558 000
Iles Vierges (Virgin Islands)	14 800	6 000
Santa-Christophe et Anguilla	17 600	28 000
Antigua	25 100	35 000
Dominica	75 400	25 000
Santa-Lucca	61 400	33 000
Santa-Vincent	38 000	35 000
Barbados	43 000	162 000
Trinité (Trinitad)	454 400	109 000
Autres Antilles	220 000	70 000
Honduras	3 000 000	24 000
Guyane britannique	22 100 000	215 000
Iles Falkland ou Malouines	1 681 000	1 000
Totaux pour les possessions britanniques en Amérique autres que la puissance Canadienne	40 637 000	1 522 000
Totaux généraux pour les colonies anglaises en Amérique	870 815 000	5 204 000

La densité moyenne par 100 hectares (1 kilomètre carré) n'est que de 0,6, mais elle s'élève à 377 à Barbados, 159 à Saint-Christophe et Anguilla, à 139 à Antigua, à 130 aux îles Bermudes, à 92 à Saint-Vincent, 54 à Sainte-Lucie, 51 à la Jamaïque, 41 aux îles Vierges, etc. On donne parfois le nom d'Indes occidentales britanniques à l'Honduras et à la Guyane anglaise.

Les seuls autres Etats de l'ancien monde qui aient des possessions en Amérique sont l'Espagne, les Pays-Bas, le Danemark et la France.

L'Espagne possède :

	hectares	habitants
Cuba (avec île de Pins, etc.)	11 883 000	1 400 000
Puerto-Rico, etc	931 000	666 000
Totaux	12 814 000	2 066 000

La densité de la population, par 100 hectares, est de 12 habitants pour Cuba, de 72 pour Puerto-Rico, de 16 en moyenne.

Les possessions américaines des Pays-Bas sont les suivantes :

	hectares	habitants
Antilles (Saint-Martin)	8 000	8 000
Curaçao, etc	105 000	35 000
Surinam (Guyane néderlandaise)	11 932 000	69 000
Totaux	12 045 000	112 000

La population spécifique par 100 hectares est de 0,9 pour l'ensemble, de 100 habitants pour Saint-Martin, de 33 pour Curaçao, de 0,6 pour Surinam.

Le Danemark possède :

	hectares	habitants
Une partie du Groënland	9 000 000	10 000
Antilles	35 800	38 000
Totaux	9 035 800	48 000

La densité spécifique moyenne par 100 hectares n'est que de 0,5; elle s'élève à 38 habitants pour les Antilles danoises.

Enfin, les possessions françaises, en Amérique, sont les suivantes :

	hectares	habitants
Saint-Pierre et Miquelon	23 500	5 000
Guadeloupe et dépendances (avec Saint-Barthélemy)	167 300	185 000
Martinique	98 700	163 000
Guyane	7 700 000	27 000
Totaux	7 989 500	380 000

Les populations spécifiques par 100 hectares sont : de 21 habitants pour Saint-Pierre et Miquelon, où il y a d'ailleurs une population flottante ; de 111 pour la Guadeloupe, de 165 pour la Martinique, de 0,4 pour la Guyane, de 4 pour l'ensemble de toutes les colonies américaines.

Les territoires sous la domination ou le protectorat d'Etats européens est donc en Amérique de 912 709 300 hectares, avec une population totale de 7 710 000 habitants.

Les Etats indépendants de l'Amérique du Nord répartissent, pour les terres arctiques :

	hectares	habitants
Partie du Groënland non danois	211 000 000	10 000
Autres terres	130 000 000	?
Partie des grands lacs	12 000 000	»

Viennent ensuite les Etats-Unis d'Amérique, dans lesquels il faut distinguer 38 Etats confédérés, 10 territoires et une partie des grands lacs. On a les nombres suivants :

	hectares	habitants
38 Etats confédérés	541 300 000	49 475 000
10 territoires	392 300 000	820 000
Partie des grands lacs	13 300 000	»
Totaux	946 900 000	50 295 000

Les 38 Etats sont : Maine, New-Hampshire, Vermont, Massachusetts, Rhode Island, Connecticut, New-York, Pennsylvania, New-Jersey, Delaware, Maryland, district de Columbia, Virginia, North-Carolina, South-Carolina, Georgia, Florida, Alabama, Mississipi, Louisiane, Texas, Virginie occidentale, Tennessee, Kentucky, Ohio, Indiana, Illinois, Michigan, Wisconsin, Arkansas, Missouri, Kansas, Colorado, Iowa, Nebraska, Minnesota. La densité moyenne de la population, en 1880, y était de 9 à 10 habitants par 100 hectares.

Les dix territoires sont : Montana, Dakota, Wyoming, New-Mexico, Indian country (pays indien), Washington, Arizona, Idaho, Utah, presqu'île d'Alaska. La population spécifique n'était, en 1880, que de 0,2 par 100 hectares.

On ne saurait trop rappeler ici que c'est par une ellipse sujette à causer bien des erreurs que souvent on parle des Etats-Unis de la grande république américaine comme s'ils constituaient tout le nouveau monde. Dans cet article il est question d'une vue d'ensemble sur tout le continent américain, des études spéciales sur ses parties les plus importantes viennent à leurs places respectives.

Dans la partie méridionale de l'Amérique du Nord et dans l'Amérique centrale, on trouve comme Etats indépendants :

	hectares	habitants
Mexique	192 100 000	9 343 000
Guatemala	10 600 000	1 191 000
San-Salvador	1 900 000	482 000
Nicaragua	15 100 000	300 000
Costa-Rica	5 600 000	190 000
Haïti	2 400 000	572 000
Saint-Domingue	5 300 000	250 000
Totaux	233 000 000	12 328 000

La population spécifique est, pour l'ensemble, de 6 habitants par 100 hectares ; elle monte à 25 pour San-Salvador, 24 pour Haïti, et 11 pour Guatemala.

Les Etats indépendants de l'Amérique du Sud, sont :

	hectares	habitants
Etats-Unis de Colombie	83 000 000	3 000 000
Venezuela	113 800 000	1 784 000
République de l'Equateur	65 000 000	1 146 000
Pérou	112 000 000	3 050 000
Bolivie	127 500 000	2 000 000
Chili	35 000 000	2 136 000
Brésil	883 700 000	11 109 000
Paraguay	23 800 000	294 000
Uruguay	18 700 000	447 000
République Argentine avec la Patagonie	297 800 000	2 400 000
Terre de Feu et dépendances	7 300 000	1 000
Totaux	1 767 600 000	27 367 000

La population spécifique pour tout cet ensemble ne s'élève qu'à 1,5 par 100 hectares; dans le pays le plus peuplé, le Chili, elle n'est que de 6 habitants.

En récapitulant, on trouve, pour le nouveau monde tout entier, y compris toutes les îles, une surface totale de 4214 millions d'hectares, et une population de 98 millions d'habitants seulement.

Outre tous les produits que peut produire l'ancien monde, on tire de l'Amérique, pour être dirigées sur les vieux continents, un grand nombre de denrées précieuses inconnues à l'ancienne civilisation. Les principaux objets d'exportation provenant de l'agriculture sont : les céréales, les animaux vivants, les viandes de tous genres, les graisses, les laines, les peaux, les os, les pelleteries et les fourrures, les plumes, le sucre, le café, le cacao, le maté, le tabac, la vanille, les épices les plus diverses, les fruits les plus variés, les bois de construction, les bois de teinture, les bois d'ameublement, le caoutchouc, les résines, le coton, le jute et beaucoup d'autres textiles, l'indigo, la cochenille, le quinquina, la salsepareille, le guano, le nitrate de soude, des machines pour exécuter rapidement les récoltes, des fourches et des instruments à main. En échange, le vieux monde envoie surtout des boissons et des objets manufacturés. L'étude de chaque pays peut seule faire connaître la puissance de chaque production et les besoins de chaque consommation.

Il importe d'ailleurs de rappeler ici que dès la découverte de l'Amérique, les continents, selon les expressions si bien trouvées par M. Boussingault qui a vu les terres conquises à la civilisation, les continents ont échangé ce qui manquait au bien-être de leurs habitants; si l'agriculture de l'ancien monde doit, sans aucun doute, une partie de ses progrès à l'introduction de quelques plantes venues des régions tempérées des Andes, en retour l'Amérique en a reçu le froment et les animaux domestiques. Le lama était l'unique animal capable de servir aux transports, espèce d'ailleurs fort peu intéressante à cause de sa faiblesse et de la qualité inférieure de sa chair. Aussi a-t-il disparu devant le mouton amené d'Europe. »

Il est bien remarquable d'avoir à constater que parmi les cultures dont l'immense prospérité aux États-Unis effraye le plus les agriculteurs européens qui redoutent la concurrence étrangère, il se trouve précisément la seule plante alimentaire que l'ancien monde ait donnée au nouveau. Quelques grains de froment importés et semés vers 1530 ont été l'origine de ces riches moissons que l'on admire aujourd'hui dans presque tous les États du Nord et du Sud, et que les irrigations rendent si magnifiques dans quelques régions chaudes. L'ancien monde a encore donné au nouveau la canne à sucre, le café, la vigne (*Vitis vinifera*), le cotonnier, c'est-à-dire des plantes dont la culture fournit des produits d'une consommation considérable. L'ancien monde n'a reçu du nouveau, parmi les plantes jouant un grand rôle, soit dans l'alimentation, soit dans la vie sociale, que la pomme de terre, le maïs, le topinambour, le tabac et le quinquina

En ce qui concerne les animaux domestiques également l'ancien monde a beaucoup plus donné au nouveau qu'il n'en a reçu. Deux animaux domestiques seulement sont en Europe d'origine américaine, le dindon et le canard musqué. En revanche l'Amérique a reçu le cheval et l'âne, le chameau, le bœuf ordinaire (*Bos Taurus*), le mouton, le porc, le coq et les poules des basses-cours européennes. « L'alpaca, le lama, que les montagnards du Pérou et du Chili, dit M. Boussingault (*Mémoire d'agronomie*, t. III, p. 77), utilisaient en lui faisant porter de légers fardeaux, disparurent presque partout devant le cheval, l'âne, le mulet, possédant à un bien plus haut degré la force et l'agilité. Les lamas n'avaient pas dépassé l'équateur; aussi, au Mexique ainsi que dans le Cundinamarca, une classe nombreuse de la population fonctionnait comme des bêtes de somme. La seule viande de boucherie qu'on y consommait provenait du chien. » D'un autre côté, Alexandre de Humboldt, dans son *Essai politique sur la Nouvelle Espagne* (t. III, p. 223), donne ces détails qui achèvent de peindre la situation de l'Amérique au moment de la conquête : « Les Mexicains n'avaient pas songé à réduire à l'état de domesticité les deux bœufs propres à la partie septentrionale du nouveau continent (*Bos americanus*, *Bos moschatus*); ils n'avaient pas davantage tiré parti des brebis sauvages de la Californie, ni des chèvres de Monterey. Parmi les variétés de chiens qui appartiennent au Mexique, une seule, le *techichi*, servait à la nourriture de l'homme; on le châtrait pour l'engraisser avant de l'envoyer au marché. Sans doute, le besoin d'animaux domestiques se faisait moins sentir à une époque où chaque famille ne cultivait qu'une petite étendue du terrain, et où une grande partie du peuple se nourrissait presque exclusivement de végétaux. » Combien les choses sont changées! Dans les vastes solitudes où avant la conquête erraient, pour être la proie du lion et du jaguar, çà et là, le cerf tacheté, le dain, le cabiai, le pécari, se sont multipliés de nombreux troupeaux qui font la richesse des fermes ou des *hatos* élevés dans les *Manos*. Des milliers et des millions de bêtes chevalines, asines, mulassière, bovines, vivent dans d'immenses et riches pâturages et fournissent de la viande et d'autres produits animaux pour le monde entier. L'ancien monde a appris l'agriculture à l'Amérique qui profite des leçons reçues au point d'en donner à son tour et de sévères pour ceux qui résistent aux progrès amenés par les découvertes de la science; il faut marcher en avant.

AMERON (*botanique*). — Nom vulgaire donné, dans quelques parties de la France, à des plantes amères dont les graines peuvent, lorsque le blé n'en a pas été purgé, communiquer au pain un goût d'amertume. Telles sont notamment l'*Iberis amara*, le *Muscari comosum*.

AMÉTHYSTE (*minéralogie*). — Quartz hyalin violet, qui doit cette couleur à une faible proportion d'oxyde de manganèse. Les plus belles améthystes viennent du Brésil, de l'Espagne et de l'Inde. — On a donné le nom d'améthyste orientale au corindon hyalin violet.

AMÉTHYSTÉE (*horticulture*). — Plante herbacée annuelle, originaire de Sibérie, cultivée dans les jardins pour ses corymbes de fleurs bleues odorantes. La tige atteint 30 à 35 centimètres. On sème les graines au printemps sur place, principalement à l'exposition du nord. Cette plante est rapportée à la famille des Verbénacées ou à celle des Labiées.

AMETHYSTUS (*histoire de l'agriculture*). — Nom donné dans Ovide, à une vigne dont le jus passait pour ne pas enivrer.

AMETZ. — Nom vulgaire du chêne, dans le pays basque.

AMEUBLIR, AMEUBLISSEMENT. — Action de diviser la terre arable, afin de la rendre plus perméable à l'action des agents météoriques. L'ameublissement du sol est une des principales opérations pratiques de l'agriculture; il a pour but, en effet, de former pour les graines un lit favorable où elles trouvent les conditions normales de leur développement, ainsi que de permettre jusqu'aux racines des plantes l'accès des agents extérieurs. L'ameublissement est obtenu soit par des travaux de culture multipliés dans lesquels des instruments spéciaux divisent le sol, soit par le mélange avec celui-ci d'amendements qui en corrigent la nature trop compacte.

Toutefois, il faut éviter un excès d'ameublissement ; c'est un danger qui est assez fréquent dans les jardins. Si la terre était rendue trop légère, les racines des plantes ne pourraient pas s'y fixer avec une vigueur suffisante et la couche superficielle pourrait être enlevée par les vents violents, ainsi qu'il arrive dans les dunes des bords de la mer. (Voy. AMENDEMENTS.)

AMEULONNER. — C'est former des meules ou des meulons avec les foins ou les pailles coupées, en vue de les conserver ou de les mettre à l'abri des intempéries. Les meules affectent des formes variées suivant les habitudes locales et les circonstances spéciales des exploitations rurales.

Les meulons sont de petites meules temporaires formées avec les foins, quand ils viennent d'être coupés et qu'ils ont commencé à se dessécher, en vue de les mettre, pendant la nuit et les jours humides, à l'abri des orages et des pluies et d'en assurer la dessiccation. Les formes et les dimensions des meulons varient beaucoup suivant les localités ; mais leur formation exige de nombreux ouvriers, qu'il n'est pas toujours facile de réunir pour faire cette importante opération. Un agriculteur du département du Loiret, M. Couteau, a imaginé, en 1879, un appareil qui permet de faire les meulons rapidement et avec peu de monde. Cet appareil est représenté par les figures 280 à 282 dans les différentes phases de l'opération.

Fig. 280. — Chariot à meulons de M. Couteau.

Fig. 281. — Chargement du meulon sur le chariot.

Le chariot à meulons de M. Couteau, appelé aussi ambilloteuse ou meulonneuse, consiste en un bâti en bois monté sur deux roues et traîné par un cheval. Les deux roues sont indépendantes l'une de l'autre ; l'essieu transversal est supprimé, et chaque roue repose sur un petit essieu fixé au bâti. Celui-ci porte une caisse sans fond et n'ayant que trois côtés, celui de l'arrière étant supprimé. La partie supérieure de chaque face est munie d'un rebord sur lequel un ouvrier peut monter. Le fond de la caisse est remplacé par six chaînes en fer parallèles, dont les extrémités sont attachées à deux rouleaux placés l'un à l'avant et l'autre à l'arrière. Le rouleau de l'avant est fixe; quant à celui de l'arrière, il est monté à charnière sur le côté droit du bâti, et il est mobile à l'extrémité gauche. Il entre, de ce côté, dans une rainure coudée qui le supporte. En outre, il peut pivoter sur lui-même à l'aide d'un petit levier. Les maillons extrêmes des chaînes entrant dans des crochets fixés sur ce rouleau, les chaînes se décrochent quand on le fait tourner, et leur extrémité tombe sur le sol. Le mécanisme présente donc la plus grande simplicité; une seule pièce est mobile, c'est le rouleau d'arrière.

Fig. 282. — Déchargement du meulon.

Le fourrage étant disposé en andains, on fait avancer le chariot entre deux andains. Deux ouvriers, l'un à droite, l'autre à gauche, ramassent le foin avec leur fourche et le jettent dans la caisse. Celle-ci se remplit progressivement, ainsi que le montre la figure 281. Le chariot peut contenir 70 à 80 bottes de fourrage. Lorsque le meulon est près d'être achevé, un des ouvriers monte sur la caisse et en modèle la partie supérieure. Lorsque le chariot est rempli, on arrête le cheval. Si ce meulon doit être déposé sur place, un des ouvriers fait tourner le rouleau d'arrière, les chaînes se détachent et le rouleau descend sur le sol. Le même ouvrier fait ensuite pivoter ce rouleau sur sa charnière (fig. 282) et l'on fait avancer le cheval. Le mouvement du chariot entraîne les chaînes, et le meulon reste à la place qui lui a été choisie. Dès qu'il est dépassé, on remet le rouleau en place et l'on rattache les chaînes. Le chariot peut recommencer à fonctionner.

Cette description montre qu'il suffit de deux hommes et d'un cheval pour le travail. D'après les essais multipliés auxquels M. Couteau s'est livré, leur travail équivaut à celui de huit hommes suivant la méthode ordinaire.

Un des grands avantages de l'emploi du chariot à meulons est qu'on peut placer ceux-ci à volonté sur les bords des chemins, aux extrémités des prairies, éviter de les faire sur des places humides, etc. En effet, quand le chariot est chargé, on peut transporter le meulon où l'on veut. Dans tous les cas, le travail se fait rapidement et avec une grande économie.

Le chariot à meulons est vendu par M. Dudouy, à Paris; son prix est assez élevé. C'est un appareil dont le coût est rapidement retrouvé par l'économie qu'il assure dans la main-d'œuvre. Il est le complément naturel des faucheuses mécaniques, des machines à faner, des râteaux à cheval, dont l'usage devient de plus en plus général dans le plus grand nombre des exploitations agricoles.

AMEUTEMENT, AMEUTER (*chasse*). — Se dit de l'action de réunir les chiens en meute pour la chasse. On dit que les chiens sont ameutés, c'est-à-dire mis en meute de manière à pouvoir chasser ensemble.

AMHAT. — Nom donné à une variété de dattier à fruit rouge, et qui croît au Caire.

AMHERSTIE (*botanique*). — Arbre de la famille des Légumineuses, originaire de l'Inde, remarquable par sa magnifique inflorescence en grappes dont la longueur dépasse 1 mètre, et par ses fleurs de couleur écarlate, munies de bractées également colorées. Ces fleurs servent dans les cérémonies du culte bouddhiste.

AMIA (*pisciculture*). — Nom donné à une espèce de poisson du genre Liche que l'on trouve dans la Méditerranée, à Nice, à Marseille et à Cette, ayant environ un demi-mètre de longueur et un tronc de 12 centimètres de hauteur. — On donne aussi quelquefois le nom d'amia à la pélamide sarde ou commune.

AMIABLE (*jurisprudence rurale*). — Une contestation se termine à l'amiable, quand il se produit conciliation entre les parties sans l'intervention de la justice. Dans la plupart des circonstances, les agriculteurs trouvent profit à terminer de cette manière les différends qui peuvent s'élever entre eux ou les personnes auxquelles ils ont affaire : ils évitent ainsi des pertes considérables d'argent et de temps.

AMIANTACÉ, AMIANTOÏDE. — Qualifications des substances qui ont de la ressemblance avec l'amiante.

AMIANTE (*minéralogie*). — Substance minérale qui est une variété d'*asbeste* et dont le nom, tiré de deux mots grecs, signifie : qui ne peut être souillé ou gâté. Cette substance, en effet, est inaltérable par le feu ordinaire et par beaucoup d'agents chimiques. C'est un silicate double ou triple de magnésie, de fer et parfois de chaux, qui se rattache minéralogiquement à l'amphibole ou au pyroxène. Elle se présente sous la forme de filaments très déliés, n'étant pas très adhérents les uns aux autres, doux, flexibles et soyeux, le plus ordinairement d'un blanc laiteux, quelquefois d'un blanc verdâtre, ou bien encore d'une couleur fauve. L'amiante peut se tisser pour la confection d'étoffes, surtout si on le mêle avec du lin ou du chanvre ; lors même que le fil végétal qui a servi au tissage est détruit par le feu, le tissu reste formé et conserve de la flexibilité. « Les anciens, dit le *Dictionnaire de l'Académie française*, brûlaient les corps dans de la toile d'amiante. » Cette substance peut aussi servir à faire pour les lampes à alcool des mèches incombustibles, ou bien pour préparer la charpie nécessaire aux amputations. Quand les filaments sont anguleux, cassants, ou bien entrelacés les uns dans les autres, la matière rentre dans les autres variétés d'asbeste. On trouve de l'amiante dans presque tous les gisements très nombreux où se rencontre l'asbeste, en Savoie, en Corse, en Hongrie, dans le Tyrol, en Sibérie, au Cap de Bonne-Espérance, à Baltimore, etc. Les applications jusqu'à présent ne sont pas en rapport avec l'importance des gisements. L'agriculture n'a pas encore tiré grand parti d'une substance qui pourrait être utilisée principalement pour éloigner les dangers d'incendie.

AMIATITE (*minéralogie*).— Synonyme d'hyalite, quartz résinite qui se présente sous forme de concrétions transparentes globuliformes dans les roches volcaniques.

AMIBES. — Les amibes forment un genre d'animalcules voisin des Infusoires que l'on rencontre surtout dans les eaux stagnantes des mares et des étangs, contenant des matières organiques en décomposition. Les Amibes sont généralement transparentes, souvent colorées en rouge ou en vert par des particules contenues dans leur masse. Elles se meuvent à l'aide d'expansions plus ou moins fines qu'envoie çà et là la substance de leur corps, et qui rentrent ensuite dans la masse de l'animalcule. On en a fait une étude développée qui a conduit à en distinguer un grand nombre d'espèces rangées dans les protozoaires *amœbiens*.

AMICIE (*botanique*). — Genre de plantes herbacées ou arbustes originaires de l'Amérique, appartenant à la famille des Légumineuses-Papilionacées. Les feuilles sont généralement à deux paires de folioles, avec de larges stipules caduques ; les fleurs sont réunies en grappes axillaires.

AMICTE (*entomologie*). — Genre d'insectes diptères, voisin des taons, qui renferme deux espèces vivant en Afrique.

AMIDALIQUE, AMIDOLIQUE. — Se dit des médicaments qui doivent leurs propriétés générales à la présence de l'amidon. On dit une pâte, une bouillie amidoliques.

AMIDES. — Terme de chimie appliqué à des corps qu'on obtient en enlevant deux équivalents d'eau aux sels ammoniacaux. Ainsi l'acétamide (voy. ce mot) est de l'acétate d'ammoniaque moins deux équivalents d'eau ; l'oxamide est de l'oxalate d'ammoniaque, moins deux équivalents d'eau. Avec les acides monobasiques on a des monamides, avec les acides bibasiques des diamides, etc. L'acétamide est une monamide ; l'oxamide est une diamide. Il n'y a pas d'intérêt pour l'agriculture, du moins dans l'état actuel des choses, à entrer dans de plus grands développements sur ce sujet.

AMIDINE. — Corps qui se forme lorsqu'on abandonne à lui-même, au contact de l'air, de l'empois d'amidon.

AMIDOGÈNES (*chimie*). — On a donné le nom d'amidogène à un radical hypothétique AzH^4 qui se comporterait à la manière des corps simples pour constituer des corps divers et notamment des amidons ; l'ammoniaque serait un amidure d'hydrogène $AzH^4 + H^2 = AzH^6$.

AMIDOLÉ. — Se dit des médicaments préparés par extraction, et renfermant des amidons.

AMIDON (*chimie agricole et technologie*). — Encore un mot dont la définition a besoin d'être refaite avec précision. Le *Dictionnaire de l'Académie française* dit que l'amidon « est une espèce de fécule qu'on retire particulièrement de l'orge et du blé et qu'on fait sécher pour l'employer à différents usages. » De là il résulte que, pour se rendre compte de ce qu'est l'amidon, il faut connaître ce que c'est que la fécule. A ce dernier mot, l'Académie donne cette définition : « La fécule est une poudre blanche assez semblable à l'amidon, qui se précipite au fond du suc exprimé de certaines racines ou de certains grains. » Donc,

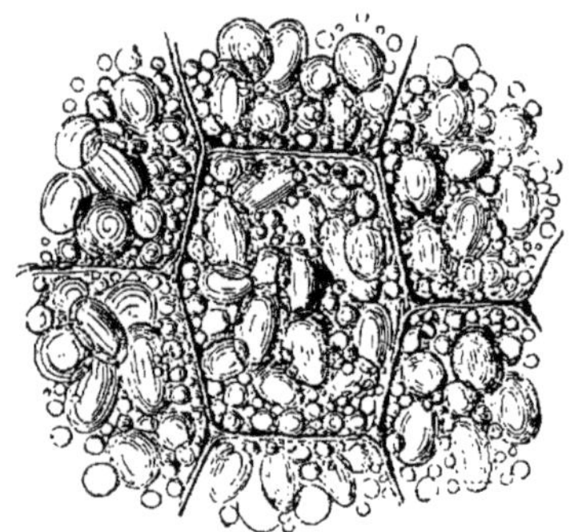

Fig. 283. — Granules de matière amylacée accumulés dans le blé.

l'amidon est de la fécule, et la fécule est de l'amidon Voilà tout ce qu'enseigne l'Académie française

Pour Littré, fécule et amidon sont deux synonymes parfaits, du moins en chimie, car dans l'usage, selon l'emploi qu'on fait de la matière amylacée, on donne à chaque mot une acception différente. Ainsi, l'amidon désigne surtout la matière amylacée extraite des céréales et qui est employée dans les arts et l'industrie, et la fécule la matière amylacée que l'on extrait de certaines racines ou de divers végétaux pour s'en servir dans l'alimentation.

C'est un principe immédiat qui se trouve déposé dans divers organes d'un grand nombre de plantes. Il se présente sous forme de grains, granules ou globules, brillants, de formes et de dimensions variables, arrondis ou ovoïdes, souvent polyédriques, quelquefois contournés ou bifurqués irrégulièrement, mais toujours composés de couches concentriques. Les figures 283, 284 et 285, dessinées

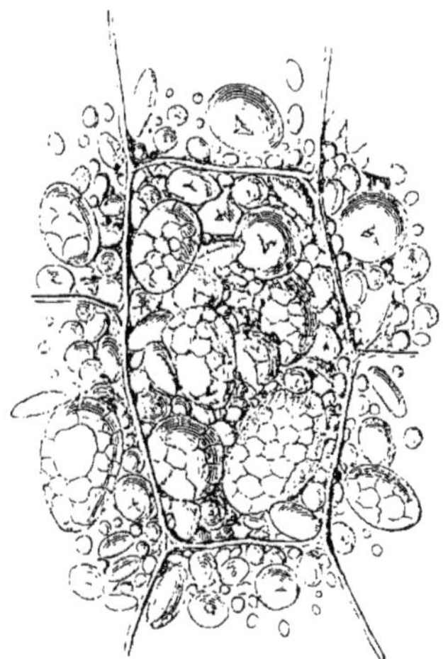

Fig. 284. — Granules de matière amylacée accumulés dans le maïs.

par M. Baillon, montrent l'aspect des granules d'amidon accumulés dans le blé, le maïs, les pommes de terre. Il n'y a pas de raison, ni au point de vue de la composition chimique, ni à celui de la physio-

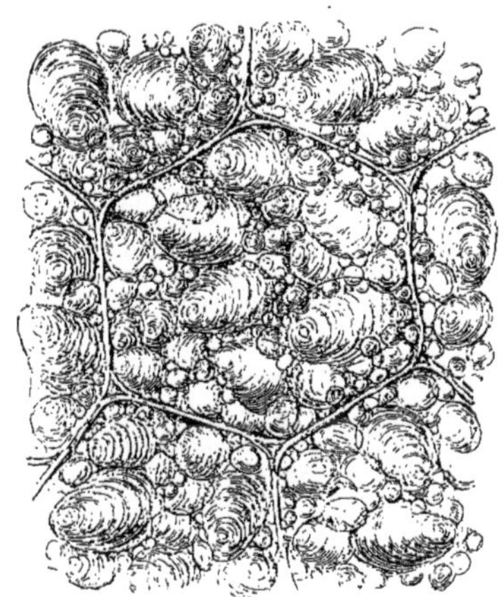

Fig. 285. — Granules de matière amylacée accumulés dans la pomme de terre.

logie végétale, pour donner un nom différent aux granules représentés par ces trois figures. En effet, au point de vue chimique, on trouve que les granules extraits du blé, du maïs ou de la pomme de terre, une fois qu'ils ont été isolés et purifiés des matières étrangères qui les entourent dans le végétal, ont tous, dans leurs différentes parties, la même composition représentée par la formule $C^6H^{10}O^5$ (C = 12, H = 1, O = 16, ou bien C = 75, H = 6,25, O = 100, d'où il résulte d'après la formule C = 44,44, H = 6,17, O = 49,31, le tout faisant 100). D'un autre côté, physiologiquement, ils paraissent tous être, au moins au début, une vésicule dont l'accroissement se fait par couches concentriques, se superposant de l'intérieur à l'extérieur, c'est-à-dire par voie centripète. On aperçoit à la surface des grains une sorte d'ouverture que l'on a improprement appelée *hile* et qui semble former un sac ou un canal.

La matière qui se produit ainsi dans les organes des plantes et y constitue les granules d'amidon ou de fécule, est ce qu'on appelle la matière amylacée; elle a reçu ce nom des anciens (*amylum* chez les Latins, ἄμυλον chez les Grecs, de α privatif et μύλη, meule), parce que, d'après Dioscoride, on l'obtenait sans faire usage des meules, sans broyage; c'était surtout avec le blé que les Égyptiens et les Crétois la préparaient pour s'en servir comme médicament ou pour en faire de l'empois

Cette matière, isolée et purifiée, constitue une poudre blanche, sans saveur, sans odeur, insoluble dans l'eau (quand elle n'a pas été fortement broyée), dans l'alcool et dans l'éther; inaltérable dans l'air si elle est convenablement séchée; se colorant en bleu plus ou moins foncé avec une dissolution aqueuse d'iode. Elle absorbe facilement l'humidité de l'air, surtout si elle a été préalablement desséchée à 150 degrés. Elle retient des quantités d'eau d'hydratation variables avec la température de la dessiccation. Séchée dans le vide entre 100 et 140 degrés, elle est anhydre et a pour formule $C^6H^{10}O^5$, comme il a été dit plus haut. Séchée également dans le vide, mais à 20 degrés, elle a 9,2 pour 100 d'eau : $C^6H^{10}O^5,H^2O$. Séchée encore à 20 degrés, mais dans l'air à 60 degrés d'hygroscopicité, elle renferme 18 pour 100 d'eau : $C^6H^{10}O^5,2H^2O$. Abandonnée à l'air humide à 20 degrés, elle contient 35 pour 100 d'eau : $C^6H^{10}O^5,5H^2O$. Sortant de l'eau et abandonnée sur une plaque de platine, elle contient 45,33 pour 100 d'eau et a pour formule : $C^6H^{10}O^5, 15H^2O$.

Quand on les broie avec un peu d'eau froide dans un mortier à parois rugueuses, les granules de matière amylacée abandonnent à l'eau une partie qui se dissout, tandis qu'une sorte d'enveloppe reste indissoute. On peut filtrer la partie soluble; elle est précipitée par l'alcool et elle devient bleue par l'iode. Si l'on concentre la liqueur par la chaleur, l'évaporation de l'eau laisse une masse gommeuse ou gélatineuse qui forme, au bout de quelques jours, une pâte opaque soluble en partie seulement dans l'eau froide.

Les granules de matière amylacée se gonflent lorsqu'ils sont maintenus dans de l'eau chauffée de 75 à 100 degrés; l'eau pénétrant à travers le hile distend les couches successives des granules et les brise; on finit par avoir une masse gélatineuse qu'on appelle *empois*.

L'empois dévie à droite le plan de polarisation de la lumière polarisée; il est bleui par l'iode; il se transforme à la longue, à l'air, en acide lactique, et à l'ébullition, partiellement en glycose.

Les colorations bleues que donne la matière amylacée avec l'iode sont souvent appelées iodure d'amidon; les composés qui se sont formés sont décolorés par l'action de la chaleur, par l'éther, par l'alcool, par le sulfure de carbone, par l'iodure de potassium, par l'azotate d'argent. Si l'on ne chauffe que durant quelques instants à 100 degrés, la dissolution bleue d'iodure d'amidon se décolore, mais elle reprend sa coloration par un refroidissement rapide, et l'on peut répéter l'expérience à plusieurs reprises.

La potasse et la soude déterminent la très prompte formation de l'empois à froid; elles donnent naissance à de l'amidon soluble, puis à de la dextrine, si l'on chauffe. La chaux, l'eau de baryte, les liqueurs ammoniacales, donnent lieu à des combinaisons spéciales.

L'acide sulfurique, malgré son degré de concentration, fournit aussi de la dextrine ou de la glycose avec la matière amylacée : c'est le principe de la saccharification acide. L'acide azotique étendu la transforme, à chaud, en acide oxalique. L'acide azotique fumant fournit de la xyloïdine ou du pyroxam avec la matière amylacée.

Sous l'action de la diastase, entre 65 et 80 degrés, la matière amylacée se transforme entièrement en dextrine et en glycose; il est probable que ce phénomène se produit lorsque durant la vie de la plante la matière amylacée disparaît des organes des végétaux où l'on en avait constaté l'existence.

La levûre de bière, la gélatine, la salive, le suc pancréatique, et plusieurs autres liquides de l'économie animale ainsi que le gluten, ont la propriété de transformer, dans de certaines conditions, la matière amylacée en glycose.

Les utricules que forme la matière amylacée sont très dissemblables selon les plantes, et, de plus, dans le même végétal, selon les organes où ils sont déposés; les dimensions diffèrent autant que les formes, mais elles sont toujours beaucoup moindres que 1 millimètre. En outre, des matières étrangères les imprègnent ou les baignent, et c'est ainsi que certaines fécules sont vénéneuses ou impropres à l'alimentation en raison de leur amertume : telles sont celles de la bryone, du crotontyglion, des marrons d'Inde, etc.

On trouve des granules de matière amylacée dans tous les végétaux à un moment donné; les organes dans lesquels ils s'accumulent de manière à former des dépôts utilisables sont les suivants :

1° Les graines des Graminées, des Légumineuses, des Polygonées (froment, seigle, orge, avoine, riz, maïs, pois, haricots, vesces, fèves, féverolles, lentilles, sarrazin, etc.);

2° Les fruits des Hippocastanées, Amentacées, etc. (marrons d'Inde, châtaignes, glands de chêne, etc.);

3° Les tubercules des Solanées, Oxalidées, Dioscorées (pommes de terre, *Oxalis crenata*, patates, etc.);

4° Les racines des Orchidées (salep), des Iridées, des Renonculacées, etc. (la bryone, le manioc, la guimauve, les carottes);

5° Les bulbes des Liliacées, des Colchicacées, etc.;

6° Les tiges des Cycadées;

7° L'écorce des Simarubées (ailantes);

8° Les bourgeons axillaires et les inflorescences (choux de Bruxelles, choux-fleurs), etc., etc.

Il convient d'ajouter que l'on rencontre aussi de la matière amylacée dans plusieurs tissus de l'organisme animal, dans la rate, les reins, le foie, l'épithélium de l'amnios et du placenta, et dans les cellules épidermiques de quelques autres organes. C'est à Claude Bernard que revient l'honneur de cette découverte importante; il a appelé *glycogène*, ou matière *glycogène*, ou encore *zoamyline*, l'amidon animal qu'il avait retrouvé dans le foie, après avoir constaté que cet amidon avait la même composition que la matière amylacée des végétaux.

La liste des plantes féculentes alimentaires a été donnée au mot *Alimentaire* (voy. p. 25). Le tableau suivant indique les proportions de matière amylacée que l'on a rencontrées dans 100 parties des principaux grains et de quelques farines parfaitement desséchées :

Blé, grain	de	52	à 56
Id., farine		56	67
Seigle, grain		45	47
Id., farine		55	61
Orge, grain		38	39
Id., farine		64	65
Avoine	de	28	à 57
Maïs, grain		65	67
Id., farine		77	78
Sarrasin, grain		43	45
Id., farine		64	65
Riz		85	87
Haricots		37	38
Pois		38	39
Lentilles		39	40

Ces nombres expliquent suffisamment le choix que l'industrie fait du blé, du maïs et du riz pour la préparation industrielle de l'amidon.

Quelle que soit la plante d'où elle provient, la matière amylacée a la même composition et également les mêmes propriétés chimiques, de telle sorte qu'on ne peut distinguer, *chimiquement parlant*, les granules de telle ou telle origine. De plus, au point de vue de la formule ($C^6H^{10}O^5$), elle est isomère avec la cellulose, et, en outre, avec une matière amyliforme à laquelle on a donné le nom d'*inuline*, que l'on trouve dans les topinambours, les racines d'asphodèle, les tubercules du dahlia, les bulbes de colchique, les racines de l'aunée (*Inula Helesnium*), le lichen d'Islande, les algues (*fucus, varechs*).

L'inuline, au lieu de se colorer en bleu par l'iode, en reçoit une légère teinte brune; en outre, elle est soluble dans l'eau bouillante, et sa solution dévie à gauche le plan de polarisation, et, par suite de l'ébullition prolongée ou de l'action des acides, elle se transforme en lévulose. Son étude doit être faite indépendamment de celle de l'amidon.

Les granules de matière amylacée extraits des divers végétaux ne diffèrent les uns des autres que par quelques-unes de leurs propriétés physiques, par la cohésion, par leurs formes, par leurs dimensions; l'emploi du microscope est indispensable pour les distinguer.

Lorsqu'on regarde au moyen de cet instrument des granules de matière amylacée en les éclairant avec de la lumière polarisée et qu'on a soin d'interposer entre les granules et l'œil un cristal de spath d'Islande, on y aperçoit le plus souvent une croix noire dont les branches partent des hiles. Ce phénomène présente des aspects différents, selon l'origine des granules; il est souvent difficile à constater, surtout lorsque les granules sont très petits.

Les dimensions des granules donnent souvent des moyens de discerner leur origine. On évalue ces dimensions en millièmes de millimètre qu'on peut mesurer avec le micromètre au moyen de microscopes puissants. Voici une table des longueurs proportionnelles, d'après Payen :

	millièmes de millimètre
Tubercules de pommes de terre de Rohan	185
Racine de Colombo (*Menispermum palmatum*)	180
Rhizomes du *Canna gigantea*	175
— du *Canna discolor*	150
— de *Maranta arundinacea*	140
Sagou	140
Bulbes de lis	115
Tubercules d'*Oxalis crenata*	100
Fèves	75
Lentilles	67
Haricots	63
Pois	50
Froment	50
Bulbes de jacinthes	45
Tubercules de patates	45
Tubercules d'*Orchis latifolia*	45
Maïs	30
Graines de sorgho rouge	30
Tiges de *Cactus peruvianus*	30
Graines de *Naias major*	30
Graines d'*Aponogetum distachium*	23
Tiges de *Ginkgo biloba*	22
Grains de *Panicum italicum*	16

	millièmes de millimètre.
Tiges d'*Echinocactus erinaceus*	12
Pollen de *Rupia maritima*	11
Graines de *Panicum miliaceum*	10
Tiges de cactus (*Mamillaria discolor*)	8
Racines de panais	7
Graines de betterave	4
Graines de *Chenopodium quinoa*	2

Mais on va voir qu'il ne faut pas regarder ces nombres comme représentant rigoureusement la vérité. Dans la même plante il peut y avoir des granules des dimensions les plus diverses.

On a proposé d'utiliser la très grande différence que présentent les volumes des granules de matière amylacée pour en faire la distinction, par exemple, pour reconnaître ceux de la pomme de terre d'avec ceux du froment. Pour cela on triture les granules dans un mortier d'agate, puis on jette la matière sur un filtre, et l'on y fait passer un peu d'eau. Si l'on a affaire à des granules de blé, ils n'ont pas été brisés par le pilon à cause même de leur finesse, et, en conséquence, ils n'abandonnent rien à l'eau. S'il s'est agi, au contraire, de granules de pommes de terre, ils ont été réduits en particules plus fines par le pilon, et ces particules sont entraînées par l'eau à travers le filtre. D'où la conséquence que, si l'on ajoute un peu d'iode à l'eau de filtration, elle ne bleuira que si les granules soumis à l'expérience proviennent de pommes de terre. C'est là une opération qui exige beaucoup d'habileté de la part du manipulateur, et il est encore préférable d'avoir recours à l'examen par le microscope. Mais il importe, pour cela, de faire une remarque préalable.

Il faut distinguer, selon la classification adoptée par M. Baillon: 1° les grains simples; 2° les grains composés dépourvus d'enveloppe commune générale; 3° les grains composés pourvus d'une enveloppe commune générale; 4° les grains tardivement composés, c'est-à-dire formés de couches communes plus ou moins nombreuses enveloppant ordinairement un petit nombre de grains partiels; 5° les grains multiples ou agrégés. « Cette distinction, dit M. Baillon, facile à faire quand on suit l'évolution, devient impossible quand le développement est parfait. A ce moment, il arrive que les grains simples, composés vrais, ou tardivement composés, ou multiples de la première catégorie, remplissent complètement la cellule, s'unissent les uns aux autres par pression réciproque et ne forment plus, pour ainsi dire, qu'une masse dure et presque cornée. C'est donc étrangement s'abuser que de vouloir reconnaître les différentes espèces de fécules au moyen de mesures micrométriques. L'observation la plus simple montre, en effet, que la même cellule peut contenir des grains de toutes les dimensions. Les tableaux où l'on voit les fécules les plus employées classées par ordre de grandeur de grains ne méritent donc pas une confiance absolue; tout au plus indiquent-ils les dimensions moyennes des grains les plus nombreux. On tirerait, à notre avis, un bien meilleur parti de la forme, de la présence de la cavité centrale, de la plus ou moins grande netteté des couches concentriques, de ce que l'on nomme généralement le hile, et des lignes plus ou moins rayonnantes qui se dirigent de cette cavité vers la périphérie du grain. Il est utile de dire que ces lignes sont le résultat de la dessiccation du grain d'amidon. Perdant de l'eau, ses couches se contractent et se déchirent dans les points les moins résistants. »

Toutes ces observations sont utiles, car la nécessité de reconnaître l'origine de certaines farines s'offre souvent dans les industries agricoles; or, la constitution des granules de matière amylacée est naturellement la première indication à laquelle on doit avoir recours. C'est pour en faciliter l'usage qu'on a imaginé de classer les granules d'après leur aspect.

MM. Berg et Schmidt ont proposé la classification suivante :

I. *Granules isolés n'offrant pas de stratification manifeste.* — Dans ce groupe sont les granules du riz, du maïs, du fruit du *Rumex Patientia*. Les granules sont polyédriques avec un hile central.

II. *Granules réunis en groupes et grains composés sans stratification manifeste.* — Dans ce groupe on doit ranger les granules de l'avoine, de la salsepareille, de la racine de squine, de glaïeul, de *Dioscorea*, de *Bryonia*, de *Begonia*, de *Richardsonia*, d'*Arum maculatum*, de *Phleum asperum*.

III. *Granules aplatis à strates superposés en forme de ménisques.* — Les granules de la matière amylacée d'un grand nombre de Scitaminées, de Marantacées et d'Oxalidées se rangent dans ce groupe.

IV. *Granules aplatis à strates concentriques, isolés, discoïdes.* — Les granules du froment et de l'orge sont dans ce groupe; ils ont la forme de lentilles biconvexes, épaisses au centre, minces sur les bords, et munies de cercles concentriques réguliers.

V. *Granules aplatis à strates concentriques, elliptiques, ovoïdes ou irréguliers, avec hile punctiforme prenant la forme d'une étoile ou d'une fente transversale sous l'influence de la dessiccation.* — Les granules de la pomme de terre, du sagou, du galanga, de l'arrow-root du Chili, du *Maranta arundinacea*, appartiennent à ce groupe.

VI. *Granules aplatis à strates concentriques, elliptiques, ovoïdes ou irréguliers, avec hile plus ou moins large allongé dans le sens du grand axe.* — Dans ce groupe se rangent les granules des Viciées et des Phaséolées.

VII. *Granules sphéroïdes à stratification peu marquée.* — Le type des granules de ce groupe est le granule du *Manihot utilissima*.

Mais, pour reconnaître les diverses matières amylacées, rien ne vaut l'image elle-même; seulement il faut une habitude du microscope qu'on n'acquiert que par la pratique. Aussi, pour aider ceux qui auront besoin d'y avoir recours, nous plaçons ici les figures que nous avons fait dessiner avec la plus scrupuleuse attention par M. Gobin, sous notre direction, et avec le concours de M. Jacques Barral, des granules des matières amylacées les plus usuelles. Nous avons relevé au micromètre tous les détails, toutes les dimensions que nous allons donner; c'est un travail complètement neuf; nous avons seulement eu recours, comme comparaison, aux figures qu'ont publiées Payen, le docteur Saugerres, M. Pelletan et le docteur de Lanessan. Les grossissements sont considérables, puisque l'unité de nos mesures est le millième de millimètre; ils sont de 300 fois en diamètre. Payen a fait sur ce sujet des études restées classiques; mais ses dessins sont pris très souvent sur des granules modifiés par des réactifs; ils ne fournissent pas la nature exacte. Le docteur Saugerres a voulu surtout être utile aux personnes appelées à reconnaître les falsifications qu'on fait subir aux fécules et à les distinguer les unes des autres; il s'est attaché dans ses dessins à représenter le contour spécial de chaque utricule; il n'a fourni que des esquisses insuffisantes; il faut la physionomie elle-même, ainsi que l'a observé M. Baillon. Nous avons cherché à saisir cette physionomie sur le fait, et à la reproduire dans nos gravures.

La figure 286 représente les granules du blé (*Triticum sativum*); ils offrent une forme sphérique, elliptique, ovoïde, en losange, selon le mode sous lequel on les regarde avec le microscope; le hile est rarement apparent; les dimensions sont comprises, d'après le docteur Saugerres, entre 33 et 56 millièmes de millimètre pour le grand diamètre, et 16 et 28 pour le petit; nous avons trouvé dans nos mesures 40 pour le maximum et 15 pour le minimum.

Les granules du seigle (*Secale cereale*) sont (fig. 287) sphériques, ovoïdes, elliptiques, naviculaires, souvent ridés et opaques au centre, fine-

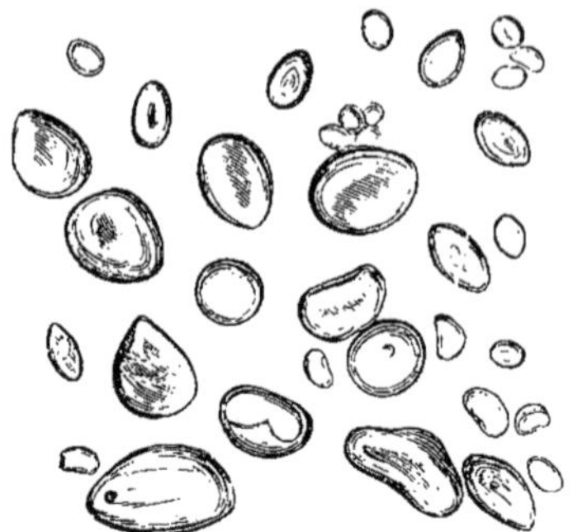

Fig. 286. -- Granules de matière amylacée du blé.

Fig 287. — Granules de matière amylacée du seigle.

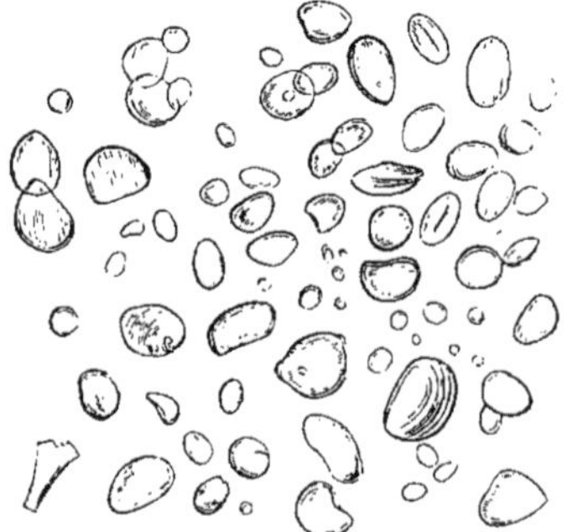

Fig 288. — Granules de matière amylacée de l'orge.

ment striés à la circonférence. Le hile en est souvent visible. Nous avons trouvé dans nos mesures 35 millièmes de millimètre au maximum et 10 au minimum; c'est un peu moins que pour le blé. D'après le docteur Saugerres, les dimensions seraient comprises entre 43 et 53 pour le grand diamètre, 13 et 18 pour le petit.

Les granules de l'orge (*Hordeum vulgare*) se

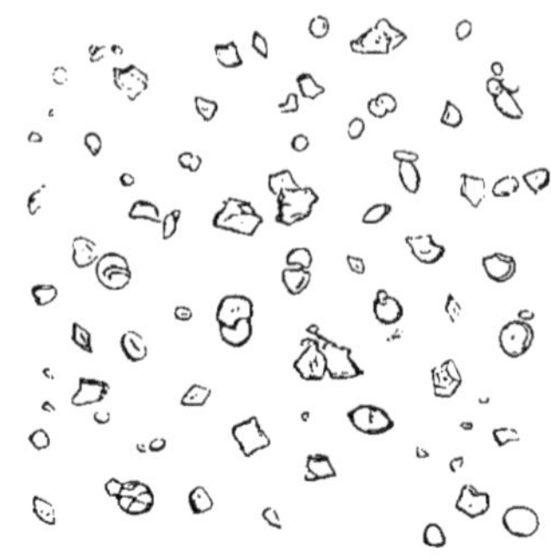

Fig. 289. — Granules de matière amylacée de l'avoine.

Fig. 290. — Granules de matière amylacée du riz.

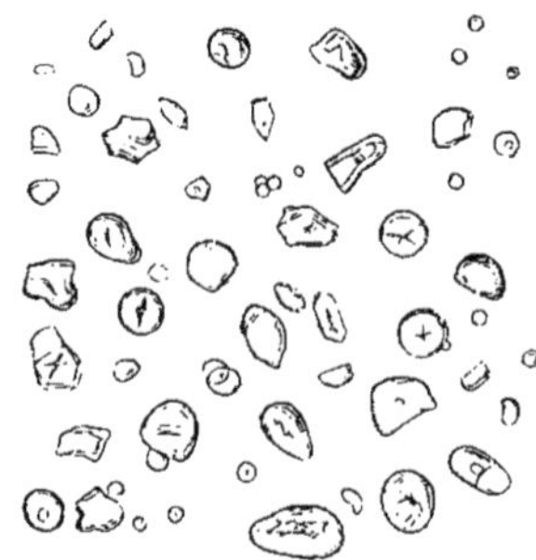

Fig. 291. — Granules de matière amylacée du maïs.

rapprochent beaucoup (fig. 288) de ceux du froment, mais les grains sont plus petits, plus bosselés, et quelques-uns sont ridés. Le hile est quelquefois apparent. Nos mesures ont donné 25 pour le diamètre maximum et 10 pour le minimum. D'après le docteur Saugerres, le grand diamètre a de 25 à 33, et le petit de 10 à 13 millièmes de millimètre.

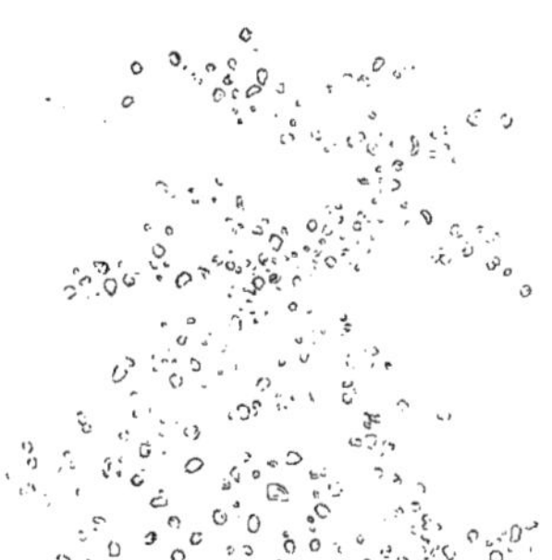

Fig. 292. — Granules de matière amylacée du sarrasin.

Fig. 293. — Granules de matière amylacée de la pomme de terre.

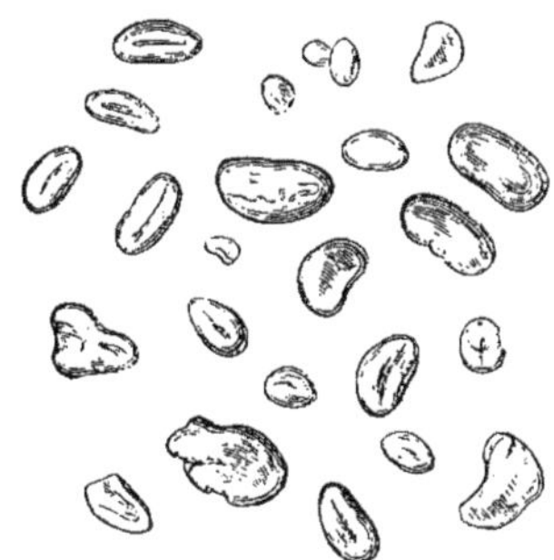

Fig. 294. — Granules de matière amylacée du pois.

Dans l'avoine (*Avena sativa*), les granules (fig 289) sont très petits, tantôt sphériques ovoïdes, elliptiques, tantôt semilunés ou naviculaires; ils sont souvent couverts de sillons proéminents qui leur donnent un aspect polyédrique. Nous avons mesuré 10 millièmes de millimètre pour le diamètre maximum, 3 pour le minimum; ces nombres

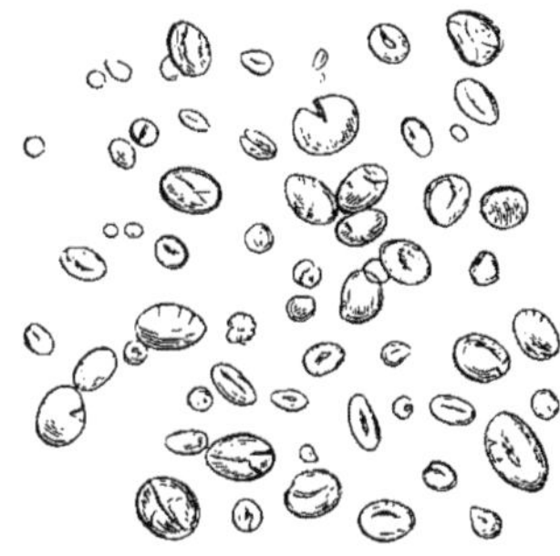

Fig 295. — Granules de matière amylacée du pois chiche

Fig. 296. — Granules de matière amylacée du haricot.

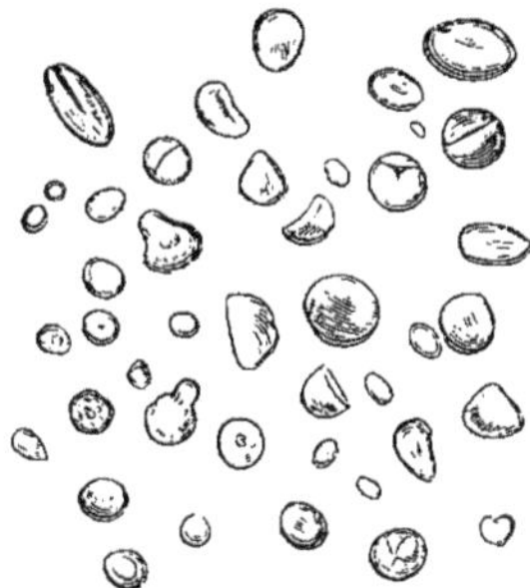

Fig. 297. — Granules de matière amylacée de la vesce

ne s'éloignent pas de ceux du docteur Saugerres, qui dit que le grand diamètre est en moyenne de 11 et le petit diamètre de 3 millièmes de millimètre

Les granules du riz (*Oryza sativa*) sont le plus souvent polygonaux et polyédriques (fig. 290), rarement sphériques ou ovoïdes; leurs dimensions sont très petites; nos mesures ont donné pour les diamètres 5 au maximum et 2,5 au minimum; le docteur Saugerres a trouvé entre 5 et 8 pour le grand diamètre, et 3 seulement pour le petit. Le hile est quelquefois apparent.

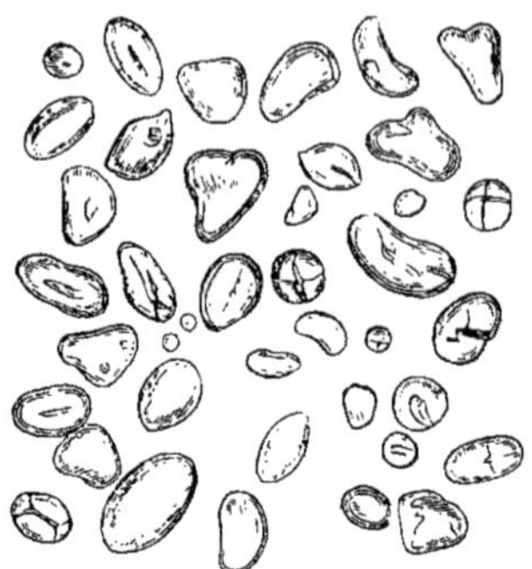

Fig. 298. — Granules de matière amylacée de la fève.

Les granules du maïs (*Zea maïs*) sont généralement polygonaux (fig. 291); ils présentent un hile parfaitement marqué, tantôt étoilé, tantôt cruciforme, d'autres fois semiluné, souvent entouré d'un cercle qui paraît lui servir d'anneau. Ils ont pour la plupart la forme hexagonale; ils se réunissent quelquefois en groupe par un de leurs côtés et prennent l'aspect de ruches d'abeilles. Nos mesures ont donné pour le diamètre 25 au maximum et 13 au minimum. D'après le docteur Saugerres, le

Fig. 299. — Granules de matière amylacée de la féverolle

grand diamètre est en moyenne de 20, et le petit diamètre de 13 millièmes de millimètre.

Les granules (fig. 292) du sarrasin (*Polygonum fagopyrum*) ont une forme assez irrégulière; ils sont en général polygonaux, tantôt sphériques, quelquefois ovoïdes; le hile parfois étoilé est souvent très visible; ils sont petits. Nos mesures ont donné 5 pour le diamètre maximum, 2,5 pour le minimum. Le docteur Saugerres dit que le grand diamètre n'a que 10 et le petit diamètre que 6 millièmes de millimètre en moyenne.

La pomme de terre (*Solanum tuberosum*) a des granules très grands, caractérisés par des zones concentriques, partant du hile et s'élargissant à mesure qu'elles s'en éloignent. Ces granules (fig. 293) sont elliptiques, sphériques, ovoïdes ou triangulaires; ils sont quelquefois soudés les uns aux autres. Par les stries concentriques qu'ils présentent, ils ressemblent souvent à des écailles

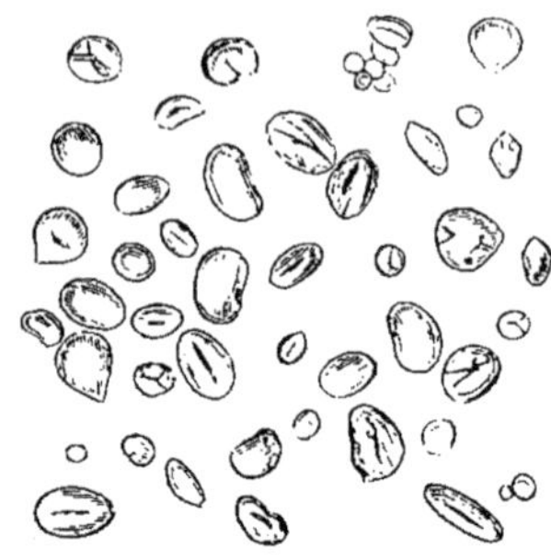

Fig. 300. — Granules de matière amylacée de la lentille.

d'huitres. Ce sont les plus grands que nous ayons mesurés, après ceux du sagou. Nous avons 65 pour le diamètre maximum, 20 pour le minimum. D'après le docteur Saugerres, le grand diamètre serait généralement compris entre 46 et 57, et le petit entre 18 et 33 millièmes de millimètre.

Les granules de pois (*Pisum sativum*) sont en général arrondis, elliptiques, ovoïdes (fig. 294); ils sont aussi parfois deltoïdes, à angles arrondis et présentent quelques rides superficielles, ils sont

Fig. 301. — Granules de matière amylacée de la châtaigne.

rarement soudés deux à deux. Le hile n'est que peu souvent apparent. Nos mesures ont donné pour le diamètre 30 au maximum et 3,5 au minimum. D'après le docteur Saugerres, le grand diamètre serait généralement compris entre 36 et 43 et le petit diamètre entre 2 et 35 millièmes de millimètre.

Le pois chiche (*Ciser arietinum*) a des granules (fig. 295) plus petits que les précédents, mais très analogues; cependant ils ne sont jamais soudés ensemble, ils sont plus petits, et les rides qu'on remarque à leur surface sont en général plus profondes. Le hile est quelquefois apparent. Nos mesures ont donné pour le diamètre 25 au maximum et 10 au minimum. Le docteur Saugerres dit que le grand diamètre est en général de 21 à 35 et le petit de 11 à 20 millièmes de millimètre.

Les granules (fig. 296) des haricots (*Phaseolus vulgaris*) sont assez grands, en général ovoïdes ou

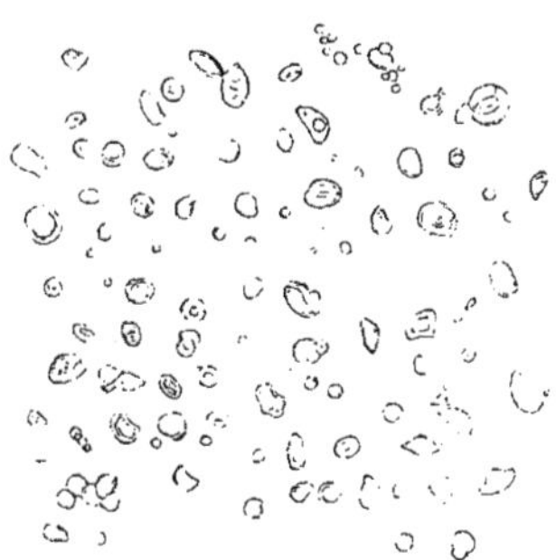

Fig. 302. — Granules de matière amylacée du marron d'Inde.

elliptiques, fortement ridés; ils se déchirent facilement. Le hile est souvent apparent. Nos mesures ont donné pour le diamètre 40 au maximum et 20 au minimum. D'après M. Saugerres, le grand diamètre est en moyenne de 40 et le petit de 25 millièmes de millimètre.

Les granules de vesce (*Vicia sativa*) (fig. 297) sont sphériques ou elliptiques; ils ont le hile apparent. Nous avons trouvé pour le diamètre 22,5 au maximum et 5 au minimum; ces détermina-

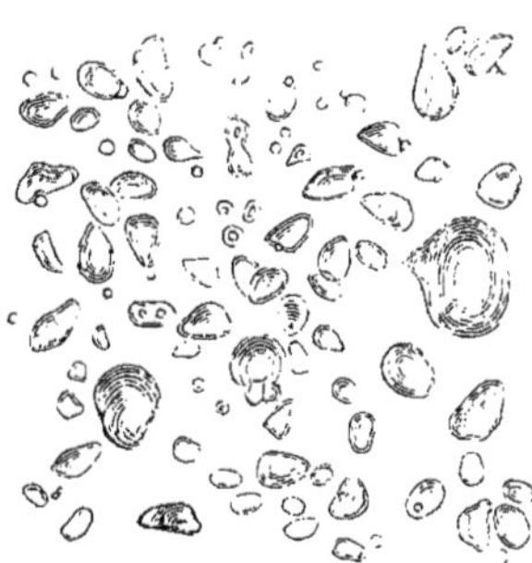

Fig. 303. - Granules de matière amylacée du gland de chêne

tions très exactes ne sont pas conformes à celles de M. Saugerres, qui dit que leurs dimensions sont de 36 à 45 pour le grand diamètre, de 16 à 25 pour le petit.

Quoique les granules de la fève (*Vicia faba*) ressemblent beaucoup aux précédents, ils ont cependant (fig. 298) un aspect particulier; ils sontelli p-tiques, ovoïdes ou deltoïdes avec les angles arrondis. Le hile est assez souvent apparent. Nos mesures ont donné pour le diamètre 35 au maximum et 10 au minimum, nombres inférieurs aux dimensions données par M. Saugerres, qui accuse de 30 à 43 pour le grand diamètre, et de 18 à 26 pour le petit.

La féverolle (*Vicia faba minor*) a des granules (fig. 299) encore assez semblables aux précédents, parfois soudés deux à deux, avec des rides moins nombreuses, mais plus profondes. Le hile est rarement apparent. Nos mesures du diamètre ont donné

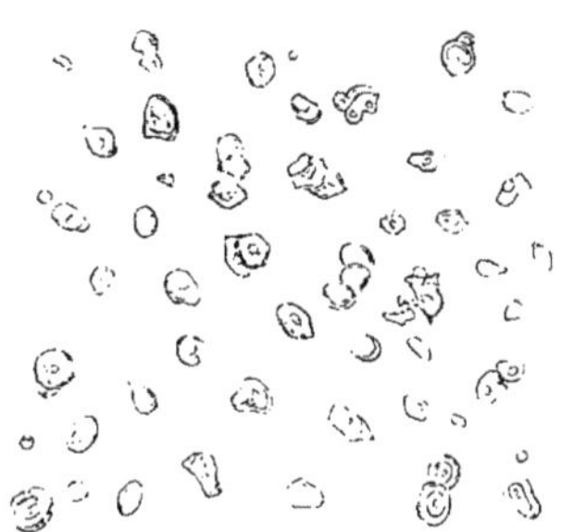

Fig. 304. — Granules de matière amylacée du cacao.

40 au maximum et 25 au minimum. M. Saugerres dit que les dimensions sont en général de 41 à 50 pour le grand diamètre et de 16 à 26 pour le petit.

La lentille (*Ervum lens*) présente des granules (fig. 300) sphériques et ovoïdes; on aperçoit rarement le hile. Nos mesures du diamètre ont donné 20 au maximum et 10 au minimum.

Les granules (fig. 301) des châtaignes (*Castanea vesca*) sont sphériques, ovoïdes, cordiformes ou elliptiques, et dans ce dernier cas, ils sont souvent

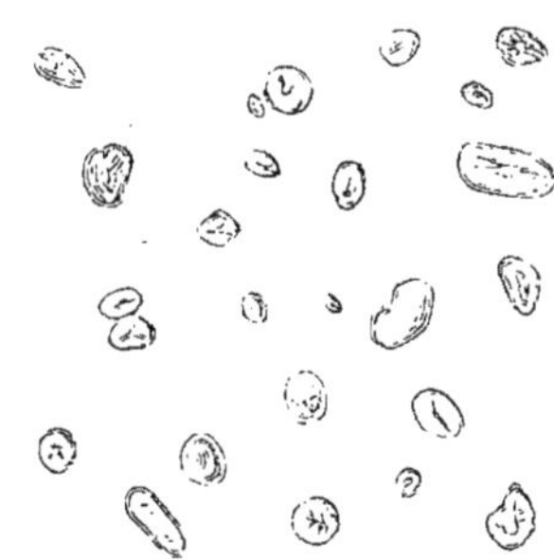

Fig. 305. — Granules de matière amylacée du café.

déprimés vers leur milieu; ils sont rarement ridés, et le hile est peu apparent. Nos mesures ont donné pour le diamètre 15 au maximum et 5 au minimum. D'après M. Saugerres le grand diamètre serait en général compris entre 16 et 30 et le petit entre 8 et 13.

Les granules (fig. 302) du marron d'Inde (*Æsculus hippocastanum*) sont ovoïdes, elliptiques, en losange, et parfois, par suite de la rupture de leur enveloppe, ils affectent la forme d'un dé à coudre; le hile est le plus souvent très visible avec des plissures aux environs. Nos mesures ont donné pour le diamètre 10 au maximum et 5 au minimum. Les chiffres de M. Saugerres sont plus élevés ; il dit que le grand diamètre est en général compris entre 13 et 21 et le petit entre 8 et 11.

Dans le gland de chêne (*Quercus robur*), les granules (fig. 303) sont elliptiques, trapézoïdes, cordiformes, ovoïdes, piriformes ; le hile y est quelquefois visible, et les rides sont peu nombreuses et superficielles. Nos mesures du diamètre ont donné 30 au maximum et 2,5 au minimum. D'après M. Saugerres, les dimensions seraient en général de 18 à 30 pour le grand diamètre et de 8 à 13 pour le petit.

Fig. 306. — Granules de matière amylacée de la racine de chicorée.

Les granules (fig. 304) du cacao (*Theobroma cacao*) sont très petits, sphériques, elliptiques, ovoïdes, polygonaux. Quelques-uns se soudent deux à deux de manière à représenter le chiffre 8 ; d'autres fois ils se réunissent au nombre de trois. Le hile est presque toujours apparent. Nos mesures ont donné pour le diamètre 10 au maximum et 2,5 au minimum. D'après le docteur Saugerres, en général, le grand diamètre serait de 8 et le petit diamètre de 3.

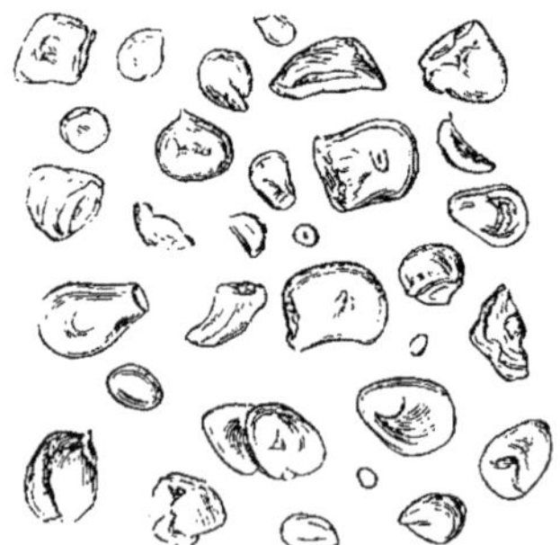

Fig. 307. — Granules de matière amylacée du tapioca.

Dans le café (*Coffea arabica*), les granules (fig. 305) sont presque tous sphériques, avec le hile très apparent. Nos mesures micrométriques ont donné 25 au maximum et 10 au minimum pour le diamètre.

Les granules (fig. 306) de chicorée (*Cichorium intybus*) sont rarement sphériques, ordinairement ovoïdes, quelquefois triangulaires avec les angles arrondis ; ils sont parfois cloisonnés ou ridés en forme de croix. Nos mesures micrométriques ont donné 12,5 au maximum et 5 au minimum pour les dimensions du diamètre.

Le tapioca (*Janipha manihot*) a des granules de formes très variées (fig. 307) ; ils sont sphériques, elliptiques, cordiformes, piriformes ou campaniformes (en forme de cloche, de poire ou de bonnet phrygien). Le hile est très grand et entouré de cercles concentriques assez symétriquement disposés. Les granules sont parfois réunis ensemble. Nos mesures micrométriques du diamètre ont donné 30 au maximum et 10 au minimum. D'après M. Saugerres, les dimensions du grand diamètre seraient en général comprises entre 23 et 46 et celles du petit entre 13 et 16.

Fig. 308. — Granules de matière amylacée du salep.

Les granules (fig. 308) du salep (*Orchis mascula*) sont assez petits, sphériques, ovoïdes, cordiformes ou elliptiques, avec un hile très visible, quelquefois rayonné. Souvent sur le même granule on rencontre deux hiles soudés ensemble et ayant chacun leur orifice distinct. Nos mesures micrométriques du diamètre ont donné 20 au maximum et 10 au minimum. D'après le docteur Saugerres, le grand diamètre serait en général de 20 et le petit de 16 millièmes de millimètre.

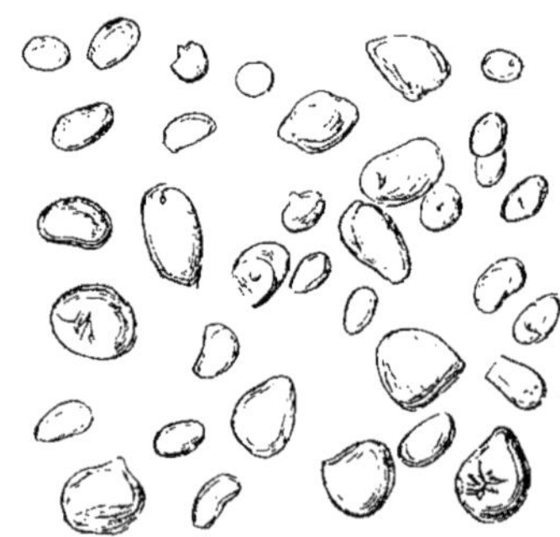

Fig. 309. — Granules de matière amylacée de l'arrow-root.

Les granules (fig. 309) de l'arrow-root (*Marantha arundinacea*) ressemblent beaucoup à ceux du tapioca ; ils affectent souvent la forme d'un gland ; ils ont le hile très apparent, rayonné tantôt en étoiles, tantôt en croix ou en croissant. Nos mesures micrométriques faites sur un échantillon venu de Bermude ont donné 31 au maximum pour le diamètre et 10 au minimum.

Les granules (fig. 310) de sagou (*Sagus genuinus*) sont très grands, sphériques ou elliptiques, et dans ce dernier cas souvent rétrécis à une de leurs extrémités; le hile, de dimensions très fortes, est entouré de zones concentriques bien caractérisées. Ce sont les plus grands que nous ayons rencontrés. Nos mesures micrométriques du diamètre ont donné 90 au maximum et 40 au minimum.

La racine de panais a de petits granules (fig. 311), quelques-uns en bourrelet. La dimension moyenne est seulement de 7 millièmes de millimètre.

Fig. 310. — Granules de matière amylacée du sagou.

Les granules (fig. 312) du millet (*Panicum miliaceum*) sont principalement polyédriques, avec le hile apparent. Nos mesures micrométriques ont donné pour le diamètre 5 seulement au maximum et 1 au minimum.

Les effets de la lumière polarisée sur les granules de matière amylacée sont surtout remarquables, lorsque les granules sont assez gros et présentent un hile très apparent. Tels sont ceux de la fécule de pomme de terre (fig. 313); la croix noire partant du hile y est très nette. Cette croix caractéristique est aussi très manifeste sur les granules d'arrow-root, du haricot; elle est très nette, mais fugitive sur les granules de la lentille; on la voit plus difficilement sur ceux du froment et des pois; nous n'avons pas pu l'observer sur ceux de l'orge, du riz, du sagou. L'observation est d'autant plus difficile que les granules sont de plus petites dimensions et offrent des hiles moins visibles. La quantité de lumière absorbée par les appareils est de plus en plus considérable à mesure que les grossissements doivent être plus grands, et il y a là une limite à l'emploi de la polarisation pour différencier les granules d'après leur origine.

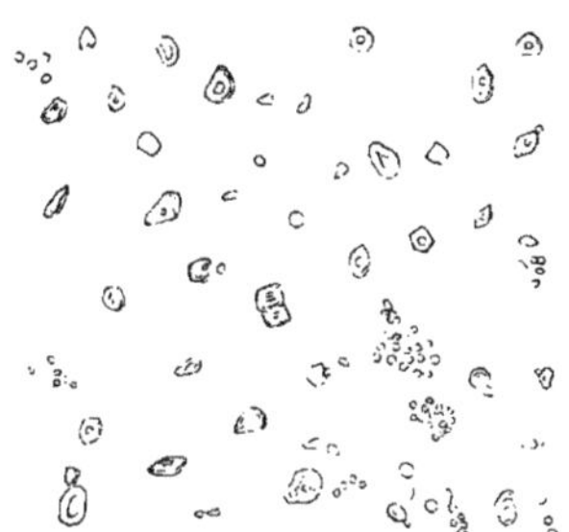

Fig. 311. — Granules de matière amylacée de la racine de panais.

Les manipulations diverses auxquelles les matières amylacées sont soumises pour fournir les produits multiples préparés par l'industrie et livrés au commerce, sous les noms les plus différents, ne changent pas assez la constitution de *tous* les granules pour qu'on ne puisse pas en retrouver quelques-uns avec tous leurs caractères. Il en existe un assez grand nombre dans le pain le mieux fait et le plus cuit. On rencontre des granules de cacao dans le cacao le mieux torréfié, dans le chocolat, ceux du café dans le café brûlé et moulu, et dans ce dernier on peut déceler les granules de chicorée. Le microscope est ainsi un excellent instrument pour faire connaître toutes les fraudes. Cependant il faut qu'on soit habitué à son usage. On doit d'ailleurs toujours prendre la précaution de bien dessiner un assez grand nombre de granules parmi ceux qu'on veut déceler, et de comparer ensuite ces dessins avec ceux que l'on fait directement sur des granules que l'on a préparés soi-même avec des produits non douteux. On peut en outre admettre, avec le docteur Saugerres, que : dans les Crucifères le granule est sphérique; dans les Ombellifères, sphérique et elliptique; dans les Légumineuses, sphérique, elliptique et ovoïde; dans les Graminées, sphérique, elliptique

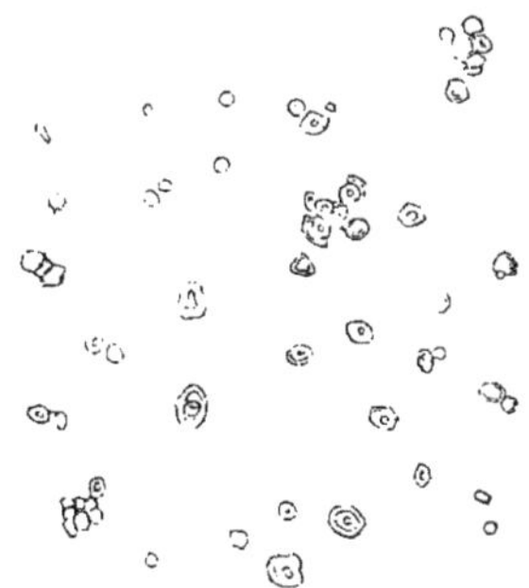

Fig. 312. — Granules de matière amylacée du millet.

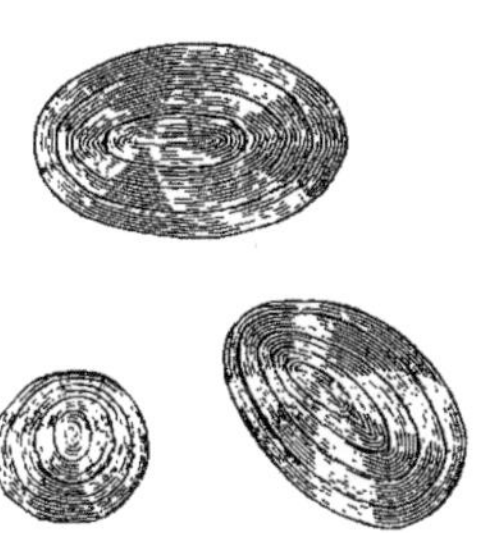

Fig. 313. — Granules de matière amylacée de la pomme de terre, vus à la lumière polarisée.

et polygonal; que, dans les plantes oléagineuses, l'utricule sphérique ou elliptique se montre presque toujours couvert de petits tubercules.

L'extraction de la matière amylacée se fait sur une grande échelle dans l'industrie pour les besoins des arts, de la médecine et de la consommation alimentaire. Elle s'opère d'après des méthodes variant selon les matières premières d'où on la retire, et la fabrication des produits se modifie selon le but que l'on veut obtenir, en même temps que ces produits portent aussi des noms différents. D'une manière générale on appelle des *amidons* les produits amylacés retirés des céréales et des graines légumineuses, des *fécules* les produits extraits des tubercules, des racines, des tiges de divers végétaux. Les usines dans lesquelles se font les amidons avec les céréales reçoivent la dénomination d'*amidonneries;* celles où l'on fabrique les fécules, ainsi que des produits jouant dans les arts le même rôle que l'amidon de céréales quoique de provenance absolument différente, et affectant les mêmes formes, reçoivent le nom de *féculeries.* L'arrow-root, le sagou, le salep, le tapioca, etc., sont des fécules alimentaires.

On comprend facilement que les procédés de fabrication diffèrent selon l'origine de la matière amylacée, en raison des substances étrangères qui l'accompagnent et qui sont évidemment de nature bien différente, par exemple dans les graines des céréales et dans la pomme de terre, outre que l'on voit manifestement que le travail auquel on devra soumettre le végétal sera bien différent, la mouture dans un cas, le râpage dans l'autre. Il convient ici de s'occuper seulement des amidonneries, c'est-à-dire des usines où l'on opère sur des farines en vue d'avoir l'amidon proprement dit devant servir d'empois pour l'industrie et l'économie domestique, de poudre pour la parfumerie, ou bien recevoir diverses applications en pharmacie et en thérapeutique. Pour extraire l'amidon, on ne peut opérer que par des procédés chimiques qui détruisent le gluten imprégnant la matière amylacée, ou par des procédés de lavages mécaniques qui permettent de séparer le gluten et les autres matières étrangères des grains.

On n'extrait généralement l'amidon que du blé, du riz, du maïs et de la féverole. En France, c'est surtout avec le blé qu'on le fabrique; cependant depuis 1875 il s'est monté des usines pour en faire avec le riz. Le plus souvent les amidonniers achètent des blés altérés, ou du moins des blés que repousse la meunerie. En Angleterre, on prépare l'amidon surtout avec le riz, et aux États-Unis d'Amérique avec le maïs.

La fabrication de l'amidon a été longtemps soumise en France à une réglementation sévère défendant d'employer d'autres matières que des résidus de mouture, des déchets non utilisables pour la panification, et d'opérer ailleurs que dans des emplacements désignés par la police. Elle est enfin devenue une industrie libre, pouvant s'approvisionner à sa guise, soumise seulement aux décrets relatifs aux établissements insalubres, et dont le dernier est du 22 avril 1879. Les amidonneries qui opèrent par fermentation sont rangées dans la première classe des établissements insalubres, comme ayant l'inconvénient de donner lieu à des odeurs et à des émanations nuisibles à la santé publique et à causer l'altération des eaux; celles qui opèrent par *suppuration* du gluten et sans fermentation sont rangées dans la seconde classe, et l'on ne retient contre elles que le grief d'altération des eaux.

Le procédé par fermentation ou procédé chimique est le plus anciennement employé. Le grain est grossièrement broyé, soit à la meule, soit au moyen d'une paire de cylindres cannelés, tournant horizontalement et en sens inverse. La poudre obtenue est soumise à diverses opérations qu'on appelle la trempe, le lavage du son, le rafraîchissement, le rinçage, le passage, le remêlage et le lavage des blancs, et qui s'opèrent dans des tonneaux défoncés ou bernes. Pour faire la trempe, on remplit un tonneau à moitié avec de l'eau pure à laquelle on ajoute, selon la saison froide ou chaude, une plus ou moins grande proportion d'eau sure, c'est-à-dire d'une eau provenant d'une précédente opération, et on achève le remplissage du tonneau avec le produit de la mouture, en remuant le tout à la pelle. Cette mise en trempe dure plus ou moins longtemps, de quinze à vingt-quatre jours, selon la force du ferment; on abrège en remuant de temps en temps. On procède ensuite au lavage du son, qui se fait en versant dans un tamis de crin profond placé au-dessus d'un tonneau, deux ou trois seaux d'une trempe achevée qu'un ouvrier remue avec ses bras, en y ajoutant deux ou trois fois autant d'eau claire. Le tamis (fig. 314) est muni d'un axe vertical dont la partie

Fig. 314. — Tamis à main pour séparer l'amidon du son.

inférieure porte deux palettes horizontales P qui frottent la matière au-dessus de la toile métallique. Le mouvement de rotation autour de l'axe est imprimé à ces palettes par la manivelle L. Tout le liquide du lavage passe dans le tonneau en entraînant l'amidon ; on continue tant que ce liquide est blanchâtre. Les résidus qui restent sur les tamis sont employés à la nourriture des bestiaux. Quand un tonneau est plein d'eau de lavage, on laisse déposer, puis on enlève avec une sébile toute l'eau qui surnage le dépôt, et l'on ajoute de l'eau fraîche à la place, en remuant et laissant ensuite reposer une nouvelle journée, après laquelle on opère de même. Toutes les eaux surnageantes sont gardées dans des vases de terre; il s'y forme un dépôt qui est employé spécialement à la nourriture des volailles. On continue le rafraîchissement tant qu'il y a du gros. On fait ensuite le rinçage avec un seau d'eau fraîche en triturant; puis, après un repos de courte durée, on enlève la partie supérieure qui donne par son dépôt l'amidon commun. On réunit alors plusieurs dépôts de fonds de tonneaux en un seul, de manière à former une couche de $0^m,30$ d'épaisseur environ qu'on rince encore et délaye au-dessus d'un tamis de soie avec de l'eau fraîche, pour qu'un dernier dépôt d'amidon fin se fasse dans une futaille bien propre. Le passage des blancs est alors terminé, et l'on procède au démêlage qui se fait en broyant avec une pelle de bois dans un même tonneau, plusieurs blancs ensemble avec de l'eau claire, de manière à obtenir une masse liquide qui puisse passer à travers un tamis de soie de forme ovale, placé sur deux barres appuyées sur les bords d'un autre tonneau, jusqu'à ce que celui-ci soit rempli. Quarante-huit heures après, on enlève toute l'eau qui surnage au-dessus du blanc solide; il y a encore de l'eau blanche que l'on recueille pour en obtenir par un repos plus prolongé l'amidon et le mettre dans un autre mélange. Quant au dépôt solide, on le rince encore en masse et on l'enlève pour le mettre à égoutter dans des paniers d'osier garnis de toile. Après vingt-quatre heures, le tassement s'est fait dans les paniers qui sont montés au séchoir, sorte de grenier bien aéré, dont l'aire du plancher est établie en plâtre blanc, et qui est entretenue dans un état de grande propreté. Le contenu des paniers est versé sur le plâtre et y forme des masses carrées qu'on peut facilement rompre à la main en quatre ou en plus grand nombre de morceaux. Lorsqu'on juge que ces morceaux sont assez solides, on les enlève avec une sorte de truelle, et on les met, en les superposant, à l'essui, c'est-à-dire sur des planches minces, posées les unes au-dessus des autres sur des traverses qui garnissent toutes les fenêtres et les hangars des amidonneries. Après la dessiccation à air libre, on râtisse les pains sur toutes leurs faces et on les porte à l'étuve; les débris obtenus servent à faire de l'amidon commun. L'étuve est une pièce garnie de planchettes et à circulation d'air chaud; on a soin de la chauffer du dehors de manière à éviter toute fumée qui altérerait la teinte de l'amidon. On voit que ce procédé est très simple, mais qu'il a l'inconvénient d'être long, de demander beaucoup de manipulations et d'amener la perte de tout le gluten du blé, gluten détruit dans la fermentation acide qui se produit par la trempe. Pour assurer cette fermentation, lorsqu'on n'a pas encore d'eaux sures, on emploie de la levûre de bière et du levain de pain délayé dans de l'eau et laissés ensemble au moins quarante-huit heures avant de s'en servir. Les anciens amidonniers se servent aussi assez souvent de dissolutions alcalines faibles pour faire un lavage avant le démêlage, afin de blanchir les produits; ils ont soin toujours d'achever par un lavage à l'eau très pure avant la dessiccation.

Le procédé mécanique le plus usité qu'on a substitué au procédé chimique, consiste à laisser le grain de blé se gonfler par un trempage de quelques jours dans l'eau, à le réduire en pulpe et à épuiser celle-ci par un filet d'eau sous une trituration faite sur un tamis, de telle sorte que le liquide qui passe à travers ce tamis entraîne l'amidon et que le gluten reste au-dessus avec le son. Le trempage du blé se fait dans de grandes cuves en bois où on e laisse complètement immergé durant deux ou trois jours, selon que la température ambiante permet de l'amener plus ou moins vite à un état tel que chaque grain se laisse facilement écraser entre les doigts sous la forme de pulpe. A ce moment, on en effectue le lavage pour le débarrasser de la poussière et de toutes les matières étrangères qui se trouvent toujours dans les grains du commerce. On exécute ce lavage en faisant écouler le grain à travers un cylindre rotatif recouvert d'une toile métallique grossière, incliné légèrement par rapport à l'horizon, muni intérieurement d'une disposition héliçoïdale pour forcer le grain à avancer, et en outre partiellement immergé dans l'eau. Le grain parfaitement nettoyé tombe dans un entonnoir d'où il descend entre deux cylindres cannelés, tournant en sens contraire, qui l'écrasent en pulpe. Celle-ci est livrée à un large disque horizontal en cuivre, muni de petits trous et garni d'un rebord à sa circonférence. Sur ce disque tournent autour du centre deux meules avec des grattoirs, et tandis que cet appareil promène, en la malaxant, la pulpe composée de l'amidon, du son, du gluten et de tous les autres principes immédiats du grain, des filets d'eau tombent et forment un liquide laiteux entraînant l'amidon à travers deux tamis successifs qui retiennent la plus grande partie du son et du gluten. Le liquide tenant l'amidon en suspension avec quelques autres parties étrangères assez fines pour échapper aux tamis, peut être traité de deux manières différentes. Dans la première méthode on le laisse se rendre dans de grandes cuves, où par un repos suffisamment prolongé il se fait un dépôt de toutes les matières non solubles sous plusieurs couches superposées. On obtient de l'amidon de première qualité en recueillant à part les couches blanches inférieures; on prépare de l'amidon de seconde et de troisième qualité, en remettant en suspension dans l'eau et en soumettant de nouveau au tamisage les couches supérieures. La seconde méthode employée consiste à substituer aux cuves une série de tables faiblement inclinées, 1 millimètre par mètre par exemple, et ayant une largeur de 1^m,10 environ; leur développement total en longueur peut être de 80 à 100 mètres, mais elles sont disposées les unes au-dessous des autres et inclinées en sens inverse, de telle sorte que le liquide laiteux descende de l'une à l'autre. Ces tables sont en bois ou en maçonnerie bien mastiquée. Le liquide qui s'écoule en nappe peu épaisse abandonne le long de son parcours, et par ordre de densité, l'amidon qu'il tient en suspension, le plus lourd en haut, le plus léger vers le bas. Au bout de vingt-quatre heures, on a sur les tables une couche d'amidon de 10 à 15 centimètres d'épaisseur que l'on peut recueillir; on ne rejette pas d'ailleurs les eaux qui s'écoulent de la dernière table; on les conduit dans de grandes cuves où, par un repos prolongé, elles déposent encore de l'amidon. Le produit recueilli au haut du plan incliné est le plus pur. Quels que soient les procédés employés pour obtenir la couche d'amidon, on découpe celle-ci en gâteaux que l'on fait égoutter dans des baquets percés de trous et doublés de toile, et que l'on renverse ensuite sur des carreaux épais en plâtre, pour que les pains formés acquièrent une consistance telle qu'on puisse les casser à la main en fragments rectangulaires qu'on doit soumettre à la dessiccation. On arrive aussi à ce résultat en employant le turbinage, c'est-à-dire des appareils hydro-extracteurs dans lesquels on porte les gâteaux relevés de dessus les plans inclinés. C'est le parti que l'on prend dans les amidonneries récemment montées. Quant à la dessiccation, elle se fait tantôt entièrement à l'air libre, dans des séchoirs ouverts; tantôt en commençant par l'exposition à l'air durant trois ou quatre jours pour finir par des étuves chauffées progressivement jusqu'à 60 degrés, température qu'on ne doit pas dépasser. On a construit des étuves continues et méthodiques dans lesquelles les pains d'amidon descendent, en passant successivement dans des régions de plus en plus chaudes. Quant aux résidus restés sur le tamis d'extraction, on peut les livrer directement à l'alimentation du bétail, ou bien en extraire les grains d'amidon qui y restent encore emprisonnés en les abandonnant préalablement à la fermentation acide dans des cuves, selon le procédé chimique qui a été d'abord décrit.

On a pensé qu'au lieu de perdre le gluten par la fermentation acide, ou bien de ne l'obtenir que mélangé avec le son ou diverses matières étrangères, comme cela arrive par les procédés du broyage, on pourrait faire une opération avantageuse en le séparant en même temps que l'amidon. Telle est l'invention de M. Martin qui, en même temps qu'amidonnier, s'est fait fabricant de gluten, produit recherché pour faire des pains conseillés pour les malades diabétiques. La méthode repose sur l'expérience bien connue des chimistes, et qui consiste en ce que, quand on malaxe dans la main, ou dans un linge, une pâte avec de la farine de blé, on sépare le gluten qui reste dans la main ou dans le linge sous forme de matière élastique, de l'amidon qui s'échappe avec l'eau pour se déposer dans la terrine où l'on amène l'eau de lavage. Pour employer ce procédé, il faut préalablement réduire le blé en farine et en extraire le son par le blutage. On fait ensuite une pâte par l'addition d'une partie d'eau à deux parties de farine. Cette pâte est enfin travaillée dans un appareil particulier appelé amidonnière (fig. 315), et dont les fig. 316 et 317 donnent une coupe transversale et une vue en dessus. L'appareil consiste en une auge FF formée de deux compartiments symétriques; chaque fond est un demi-cylindre, dont une partie est fermée par une toile métallique en cuivre CC, et au-dessous se trouve une autre auge DD chargée de faire gouttière. Dans l'intérieur de chaque compartiment est disposé un cylindre cannelé en bois BB,B'B', destiné à rouler sur le fond et sur la toile métallique. L'axe de chaque cylindre se relie par deux bras en fer à un arbre horizontal AA' auquel une manivelle *aa'* peut communiquer un mouvement alternatif demi-circulaire. Entraîné par le mouvement de l'arbre, chaque cylindre cannelé décrit à son tour, sur le fond de l'auge, un mouvement oscillatoire de va-et-vient qui lui en fait parcourir toutes les parties, tandis que des jets d'eau fournis par une canalisation supérieure *hh* arrosent constamment la pâte soumise à l'appareil. A l'extrémité de chaque gouttière, sont disposés des tuyaux de décharge *dd* qui emmènent l'eau chargée d'amidon dans une cuve G, tandis que le gluten reste sur les toiles. On opère ensuite comme dans les méthodes précédentes, pour recueillir l'amidon soit dans des cuves, soit sur des tables, le purifier et le dessécher. L'inconvénient du procédé Martin est qu'il n'est applicable qu'au blé pur; mais d'après Payen il fournirait pour 100 kilogrammes de farine, 40 à 42 kilogrammes d'amidon de première qualité, 18 à 20 d'amidon de deuxième qualité, et enfin 32 kilogrammes de gluten égoutté.

Lorsque les pains d'amidon sortent des étuves, on les abandonne quelque temps à eux-mêmes avant de les livrer au commerce; sans cette précaution ils se briseraient trop facilement. Il faut que l'amidon, pour être accepté comme étant de première qualité, se présente sous forme de petits prismes basaltiques ou d'aiguilles de plusieurs centimètres de longueur se prolongeant de la surface au centre des pains. La forme lenticulaire des granules de la matière amylacée du blé paraît propre à la constitution de l'*amidon en aiguilles*. Dès qu'il s'y trouve des matières étrangères, les pains sont formés de prismes très courts, très fragiles, se réduisant facilement en fine poussière, et donnent ce qu'on appelle l'*amidon marron*. Pendant la dessiccation, l'amidon est enveloppé d'une feuille de papier maintenue par une ligature de manière à lui conserver toute sa blancheur.

L'amidon réduit en poudre par le concassage ou la mouture, et ensuite passé au tamis de soie ou dans une bluterie, constitue ce qu'on appelle la poudre de riz. On le colore en bleu pour l'azurer en faisant arriver en même temps dans la bluterie un peu de poudre d'outremer, ou bien telle autre poudre ayant la couleur ou l'odeur qu'on veut lui donner. On peut aussi colorer ou parfumer l'amidon en l'humectant avec une dissolution convenable à l'eau ou à l'alcool, tandis qu'il est encore en gâteaux; puis on le malaxe avant de commencer la dessiccation. On pulvérise ensuite les pains desséchés.

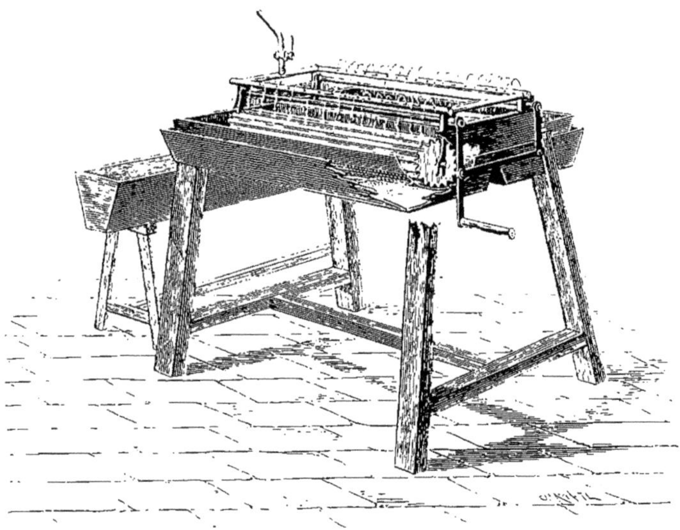

Fig. 315. — Amidonnière Martin.

On fabrique l'amidon de riz, soit avec le riz lui-même, soit avec des brisures qui coûtent moins cher que les grains entiers. Après le broyage, on ajoute de l'eau, et la bouillie est introduite dans une turbine à laquelle on donne une vitesse rotative de 1000 tours environ par minute. L'amidon de riz se dépose sur les parois du tambour sous forme d'une couche solide de plusieurs centimètres d'épaisseur, tandis que la cellulose et les matières azotées restent en suspension dans l'eau au centre du tambour. Un appareil de $0^m,70$ de diamètre peut entraîner environ 20 kilogrammes d'amidon en dix minutes. L'amidon recueilli dans les tambours centrifuges est soumis à la dessiccation selon les mêmes procédés que l'amidon de froment. Les matières restées au centre des tambours sont entraînées avec l'eau et déposées dans des cuves où on les recueille pour en faire des tourteaux propres à l'alimentation des animaux domestiques.

On peut aussi fabriquer l'amidon de riz par les mêmes moyens que l'amidon de maïs; ils consistent à hydrater les grains dans des citernes ou des cuves contenant de l'eau tiède à laquelle on a préalablement mélangé un agent chimique convenable. Cet agent peut être un alcali ou un acide; il a pour but de détruire ou d'amollir tout au moins la matière résino-albumineuse donnant aux grains leur dureté. L'alcali est adopté pour le riz. La lessive caustique préférable se compose de 25 kilogrammes de chaux, 50 kilogrammes de carbonate de soude et 450 kilogrammes d'eau.

L'acide sulfurique est le réactif qui convient le mieux pour le maïs; on emploie une eau acidifiée

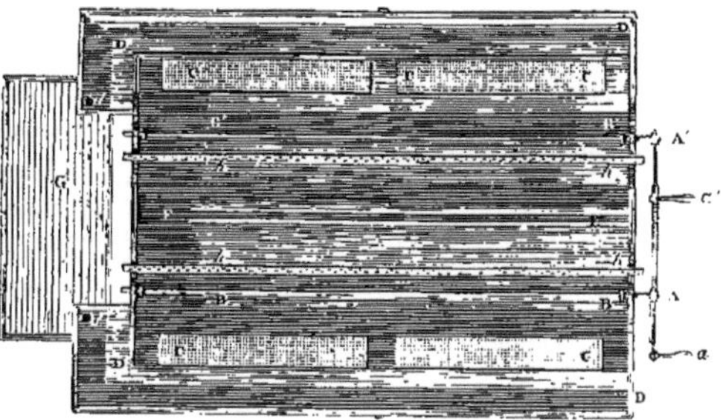

Fig. 316. — Vue en dessus de l'amidonnière.

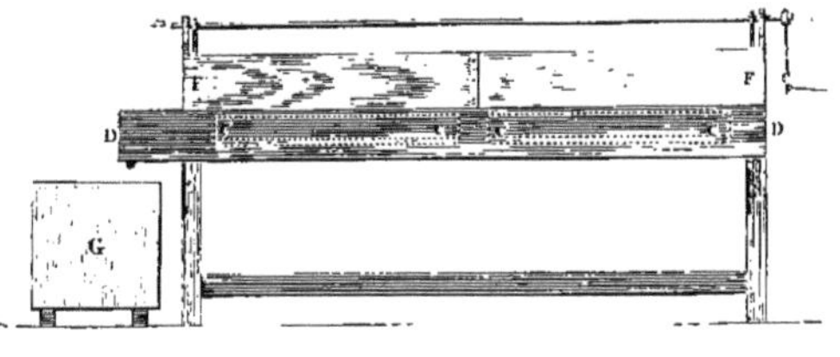

Fig. 317. — Coupe transversale de l'amidonnière.

à 2 ou 3 pour 100 seulement. Lorsque les grains sont assez ramollis, on les broie dans des moulins horizontaux ayant, au-dessus de l'œillard de la meule courante, un robinet qui permet de mouiller à volonté. La matière broyée est portée par une pompe, à la sortie des meules, dans une cuve de bois munie d'un agitateur dont les palettes ne descendent qu'aux trois quarts de la profondeur; de là, le liquide est déversé dans un tamis de soie qui enlève les gros sons alors que les autres produits sont déversés sur une table de dépôt où on les agite pour les faire reverser par une pompe dans un deuxième tamis plus fin. L'eau chargée d'amidon est envoyée sur une seconde table de dépôt; la matière déposée passe par un troisième tamis, suivi d'une troisième table qu'on laisse se remplir. Le produit est enfin lavé dans une cuve à agitateur, une dernière fois; on forme alors des gâteaux et l'on procède à la dessiccation comme pour l'amidon de blé. Les résidus sont livrés aux bestiaux après le repos, soit à l'état vert, soit sous forme de tourteaux qu'on étuve.

On fabrique aussi de l'amidon avec les haricots, les fèves et les féverolles, en opérant par les mêmes procédés qui viennent d'être indiqués pour le riz et le maïs; selon la dureté des grains on augmente ou diminue la force des liqueurs alcalines ou acides employées pour le trempage.

Un industriel, M. de Callias, a indiqué un procédé pour préparer de l'amidon avec les marrons d'Inde; il consiste à râper les marrons sans les décortiquer, à les laver sur des tamis pour extraire la plus grande partie de la matière amylacée, à passer les fragments d'écorce échappés à la râpe entre deux cylindres lamineurs en fonte animés de vitesses différentes, qui déchirent les cellules et donnent une pulpe qu'on passe également au tamis. La matière amylacée est ensuite purifiée par les moyens ordinaires des amidonniers. Le produit obtenu est applicable aux mêmes usages que l'amidon de blé, et il fournirait même un empois plus volumineux. Mais les marrons d'Inde ne constituent pas une récolte assez régulière pour fournir des matières susceptibles d'alimenter constamment une usine.

Usages. — L'amidon sert principalement dans l'industrie et l'économie domestique à la confection des empois et à l'apprêt du linge blanchi; il sert à fabriquer la dextrine et le leïocomme. Son prix, selon sa qualité, est compris entre 50 et 80 francs les 100 kilogrammes.

Réduit en poudre fine, il constitue la fleur d'amidon, la fleur de riz, la fleur de maïs blanc, qu'emploie la parfumerie. Appliqué sur la peau, l'amidon en poudre y détermine une sensation de fraîcheur agréable. On saupoudre avantageusement avec l'amidon toutes les parties de la peau excitées ou rubéfiées par tout contact irritant; s'il y a des suintements ou des excoriations, il est bon d'ajouter à la poudre d'amidon de la poudre de quinquina ou de la poudre d'écorce de chêne; ces mélanges sont utiles pour prévenir ou pour guérir chez les enfants les rougeurs et les excoriations produites par leurs déjections. L'emploi de la poudre d'amidon doit être fait aussi pour les brûlures légères, pour calmer l'excitation qui suit le passage du rasoir sur la peau. Un peu de poudre de camphre peut y être ajoutée. On fait aussi des lavements soit avec l'amidon cru, soit avec l'amidon bouilli dans l'eau. Enfin on se sert contre les diarrhées rebelles d'un loch fait avec 32 grammes de blanc d'œuf, 32 de sirop de Tolu, 8 d'amidon de blé et 4 de cachou. On s'en sert aussi parfois pour confectionner des cataplasmes ou pour fixer les bandages en cas de fractures. Enfin les bains à l'amidon, 500 grammes à 2 kilogrammes d'amidon pour un grand bain, sont émollients et donnent de la souplesse à la peau. On consomme en France annuellement 11 à 12 millions de kilogrammes d'amidon de blé, riz ou maïs, dont la moitié vient de l'étranger.

AMIDONNÉ. — Objet trempé dans une dissolution d'amidon. On dit bandage amidonné, toile amidonnée.

AMIDONNER. — Enduire d'amidon.

AMIDONNERIE. — Fabrique d'amidon (voy. la description à ce dernier mot).

AMIDONNIER. — Fabricant ou marchand d'amidon.

AMIDURE (*chimie*). — Nom proposé pour des corps encore hypothétiques provenant de combinaisons avec un métal d'un radical formé d'azote et d'hydrogène (AzH^4) ; Gay-Lussac, Thenard et M. Dumas en estiment l'existence comme très probable.

AMIE (*pisciculture*). — Voy. AMIA.

AMINE (*entomologie*). — Genre d'insectes diptères qu'on trouve surtout aux environs de Paris. Il comprend une seule espèce.

AMINÉEN (*histoire de l'agriculture*). — Le vin aminéen était fort estimé des Romains dans l'antiquité. Pline le préférait à tous les autres à cause de la force qu'il acquérait en vieillissant. Les vignes qui le produisaient étaient situées à Aminæa, dans un canton de la Campanie, où une peuplade émigrant de la Thessalie en Grèce était venue s'établir en y transportant les vignes de son pays.

AMINES (*chimie*). — Les amines sont des corps qui dérivent de l'ammoniaque en en conservant le caractère essentiel de basicité; elles forment des sels; ce sont des ammoniaques composées auxquelles on assimile théoriquement tous les alcaloïdes naturels ou artificiels. On distingue les *monamines*, les *diamines*, les *triamines*, les *tétramines*: les premières sont celles qui dérivent d'un équivalent d'ammoniaque; les secondes celles qui dérivent de deux équivalents d'ammoniaque; les troisièmes celles qui dérivent de trois; les quatrièmes celles qui dérivent de quatre. Dans chacune de ces quatre classes, il faut considérer encore les amines primaires, secondaires et tertiaires.

Les monamines primaires sont celles qui dérivent d'un équivalent d'ammoniaque (AzH^6) par la substitution d'un radical à un équivalent d'hydrogène (H^2). Ainsi la méthylamine est $AzH^6 - H^2 + C^2H^6 = C^2H^{10}Az$; — l'éthylamine est $AzH^6 - H^2 + C^4H^{10} = C^4H^{14}Az$; — l'amylamine est $AzH^6 - H^2 + C^{10}H^{22} = C^{10}H^{26}Az$, etc. Les radicaux C^2H^6, C^4H^{10}, $C^{10}H^{22}$, sont des hydrogènes carbonés qui, eux-mêmes, sont des radicaux d'alcools bien établis, dans lesquels l'hydrogène peut être aussi remplacé par du chlore, par du brome, par de l'iode ou par des composés divers, sans que le caractère basique disparaisse complètement, mais il va en s'affaiblissant considérablement. On voit, d'après cela, le nombre considérable d'amines qui peuvent exister.

Dans les monamines secondaires, c'est deux fois le radical qui est substitué à deux équivalents d'hydrogène dans l'ammoniaque ordinaire, pour donner une nouvelle base. Dans les monamines tertiaires, c'est tout l'hydrogène de l'ammoniaque qui est remplacé par le même radical ou par des radicaux différents à la fois.

La leucine est une monamine primaire; la pipéridine et la conine sont des monamines secondaires; la nicotine, la morphine, la codéine, sont des monamines tertiaires.

On distingue aussi les diamines, qui dérivent de deux équivalents d'ammoniaque, et, par conséquent, renferment Az^2 au lieu de Az comme dans les amines, en trois classes : les primaires, les secondaires et les tertiaires. L'urée est une diamine primaire; on regarde la quinicine, la cinchonine, la brucine, la strychnine, comme étant des diamines tertiaires. La créatine est une triamine, elle renferme Az^3. On a été d'ailleurs conduit, une fois la théorie posée, à admettre des tétramines et des pentamines, qui renferment Az^4 et Az^5.

Il faut, pour terminer cet aperçu, constater comment on distingue des amines les acides qui dérivent de l'ammoniaque ou des sels ammoniacaux. Dans les amides (voy. ce mot), la substitution à l'hydrogène de radicaux acides a détruit le caractère fondamental de l'ammoniaque, c'est-à-dire son affinité pour les acides. Aussi, quand on fait bouillir avec de la potasse une amine et une amide, on constate que la première ne s'altère pas, tandis que la seconde dégage de l'ammoniaque avec production d'un sel de potasse. C'est une réaction caractéristique qui provient de ce que l'amide est alors dédoublée en ammoniaque et en un radical oxygéné.

AMINEUR (*histoire de l'agriculture*). — On appelait ainsi anciennement les ouvriers agricoles chargés, dans les greniers à sel, de faire la distribution des quantités nécessaires aux usages de la ferme. Le nom vient de *minot*, qui est une vieille mesure de capacité très usitée en France pour les matières sèches. Le minot de sel employé par ces ouvriers valait quatre boisseaux ou cinquante-deux litres.

AMINTE (*entomologie*). — Insecte diptère, voisin des faunies. Son genre a été établi sur plusieurs espèces. On rencontre fréquemment une d'elles sur les fleurs des ombellifères.

AMIRAL (*pisciculture*). — Linné a donné le nom de *conus amiralis* à un coquillage univalve qu'on pêche sur les côtes de la mer des Indes et qui est très recherché des naturalistes à cause de ses couleurs brillantes et du grand nombre de ses variétés.

AMIRÉ (*arboriculture fruitière*). — Nom de deux espèces de poires appelées l'*amiré roux* et l'*amiré Johannet*. Le mot *amiré* vient, dit-on, de *Ameria*, aujourd'hui *Amelia*, localité avoisinant Viterbe, près de Rome, et qui possédait, selon Pline, certaines variétés de poires dites *amérines*. — L'amiré roux est le synonyme de la poire archiduc d'été. C'est un excellent fruit, de petite grosseur, demi-fin, fondant, juteux, et qui est cultivé spécialement dans les environs de Tours. L'*amiré Johannet* est le nom donné à une petite poire, ventrue, régulière, légèrement obtuse, jaune clair, parsemée de points roux, se colorant souvent de rose pâle. On l'appelle ainsi parce qu'elle peut se manger à la Saint-Jean. On la trouve en abondance aux environs de Paris et notamment dans la région de Fontainebleau.

AMIROLE (*botanique*). — Genre de plantes de la famille des Sapindacées.

AMMA (*métrologie*). — Anciennement nom donné à une mesure de longueur qui valait, chez les Hébreux et les Égyptiens, 21^m,6, et chez les Grecs 18 mètres. — Dans les Indes orientales, aujourd'hui, c'est le nom d'un poids équivalant à 3^{gr},78.

AMMANNI (*botanique*). — Genre de plantes de la famille des Lythrariées, comprenant quarante espèces environ habitant la zone équatoriale avec prédilection pour les endroits aquatiques. Ce nom leur a été donné en souvenir de Amman, qui a écrit un livre sur les végétaux de la Russie.

AMMANTHUS (*botanique*). — Plante formant une section du genre Chrysanthemum. Elle comprend deux espèces crétoises.

AMMATOCÈRE (*entomologie*). — Genre d'insectes coléoptères tétramères de la famille des Longicornes.

AMMÉLIDE (*chimie*). — Lorsqu'on fait bouillir de la mélamine ou de l'amméline avec des acides ou des alcalis étendus, il se forme de l'ammoniaque et un nouveau composé qui est l'ammélide et qui a pour formule $C^{12}Az^9H^9O^6$. C'est une substance blanche, amorphe, insoluble dans l'eau, l'éther et l'alcool. Ce dernier corps la précipite en flocons blancs. Traitée par la potasse à chaud, elle se convertit en cyanate et en ammoniaque. Elle a été découverte par Liebig, étudiée par Laurent et Gerhardt. Elle ne rend pas de services à l'agriculture.

AMMÉLINE (*chimie*). — Substance blanche qui accompagne la mélamine dans une de ses réactions. Elle est insoluble dans l'eau, l'alcool et l'éther; elle est soluble dans les alcalis caustiques. Elle donne avec les acides des sels cristallisables. On la considère comme un alcaloïde artificiel. Découverte par Liebig, elle n'a reçu aucune application en agriculture. Sa formule est $C^6Az^5H^5O^2$.

AMMI (*botanique*). — Plante herbacée annuelle, assez commune dans les blés et les vignes de l'Europe méridionale. Elle appartient à la famille des Ombellifères. Les graines de deux espèces de cette plante, l'ammi commun ou vrai (*Ammi majus* ou *verum*), et l'ammi visnague (*A. visnaga*), sont employées en pharmacie comme carminatifs; elles ont une saveur un peu amère, une odeur faible, mais agréable.

AMMOBATE (*entomologie*). — Genre d'insectes hyménoptères, de la famille des Mellifères, assez répandus dans les contrées sablonneuses.

AMMOBIUM (*horticulture*). — Plante annuelle et vivace, originaire de l'Australie, de la famille des Composées, cultivée comme plante d'ornement dans les jardins à sols sablonneux. Ses tiges rameuses atteignent environ 50 centimètres de hauteur. Les fleurs, disposées en capitules larges, sont blanches et munies d'un involucre à écailles imbriquées, d'un blanc nacré, égalant presque le disque qui est jaune. La floraison est abondante et continue de mai en septembre. Cette plante peut former des plates-bandes bien fournies. On sème les graines au printemps sur couche pour repiquer ensuite, ou à l'automne en pépinière pour faire hiverner la plante sous châssis; dans ce dernier cas, la floraison est plus hâtive.

AMMOBROMA (*botanique*). — Plante du Mexique qui croît dans le sable, et dont les Indiens errants sont très friands. Elle appartient à la famille des Lennoacées et forme plusieurs tribus, dont l'une, représentée par l'*Ammobroma sonoræ*, constitue des parasites qui vivent sur des racines et dont la nature n'a pas encore été déterminée d'une façon exacte. Cette dernière plante a une tige d'orobanche, enfouie dans le sable, s'épanouissant en un réceptacle portant des fleurs à six divisions. Son fruit est une capsule.

AMMOCÈTE BRANCHIALE. — Larve de la lamproie fluviatile. On la trouve dans les rivières, principalement dans les petits cours d'eau que les lamproies recherchent au moment du frai.

Les ammocètes ont le corps allongé, traversé de stries obliques; la peau est visqueuse et peu épaisse, d'un gris verdâtre sur le dos, argentée sous le ventre. Les nageoires dorsales sont basses. La bouche affecte la forme d'un fer à cheval; elle est entourée de papilles divisées en rameaux. La taille de ces poissons varie de 10 à 17 centimètres. Lorsque les connaissances des ichthyologistes étaient encore peu avancées, ils considéraient ce poisson comme une espèce distincte de la lamproie.

AMMOCHLOA (*botanique*). — Genre de graminées, à épillets serrés, formant, au sommet des chaumes, des capitules entourés de glumes à la base, comprenant deux ou trois espèces originaires des parties sablonneuses de l'Afrique boréale et de la Palestine, dans la Turquie d'Asie.

AMMODENDRON (*botanique*). — Genre de plantes de la famille des Papilionacées, de la tribu des Sophorées. Ses fleurs sont violettes; elles ont un calice à lobes égaux; mais les deux supérieurs sont légèrement soudés et l'étendard est récurvé. Les étamines sont libres. D'après M. Baillon, les trois espèces connues semblent n'être que des variétés d'une seule.

AMMODROME (*ornithologie* et *entomologie*). — C'est un genre de passereaux conirostres qui se rassemblent habituellement dans les îlots bas et couverts de roseaux, notamment sur les côtes de l'Océan atlantique. — Le même nom est donné à un genre d'insectes hyménoptères de la famille des Mutiliens, très abondants dans l'Amérique méridionale.

AMMODYTE (*pisciculture*). — Genre de poissons qui ont donné leur nom à la famille des Ammodytidés, dans la tribu des Malacoptérygiens pseudapodes. Ce sont de petits poissons de 10 à 30 centimètres de longueur, suivant les espèces, qui vivent dans l'océan Atlantique et dans la Méditerranée. On en connaît trois espèces : l'ammodyte lançon, l'ammodyte équille et l'ammodyte cicerelle; cette dernière est commune dans la Méditerranée. Ce sont des poissons assez recherchés et estimés pour leur chair. Sur les côtes de la Manche, on les prend à marée basse, en soulevant le sable avec des pelles ou des crochets; sur quelques points du littoral de la Normandie, on emploie une sorte de pioche emmanchée d'un long bâton, qu'on appelle charrue et dont le chercheur d'ammodytes se sert pour creuser des sillons dans le sable.

AMMODYTIDÉS (*pisciculture*). — Famille de poissons de la tribu des Malacoptérygiens pseudapodes. Elle est caractérisée par un corps allongé, à peu près cylindrique, une tête large et conique munie d'une grande bouche, les ouïes à grande fente, la ligne latérale placée haut, la nageoire dorsale longue et composée de rayons articulés simples, la nageoire caudale libre et fourchue. Cette famille ne renferme que le genre Ammodyte.

AMMOGÈTON (*botanique*). — Genre de plantes de la famille des Composées, tribu des Chicoracées. On n'en connaît bien qu'une seule espèce. C'est une plante vivace de l'Amérique boréale, sans tige et à feuilles radicales. Ses fleurs sont jaunes. Son synonyme est *Troximon*.

AMMONIAC (*chimie*). — C'est un adjectif qui ne s'emploie que dans deux circonstances; on dit *gaz ammoniac* et *sel ammoniac*. La première expression sert à désigner l'ammoniaque à l'état gazeux. La seconde est très anciennement usitée pour dénommer le sel d'ammoniaque que l'on trouvait naguère le plus communément dans le commerce, le chlorhydrate d'ammoniaque.

AMMONIACAL (*chimie*). — Adjectif spécifique dont on se sert pour désigner un corps ou une qualité qui se rapportent à la présence de l'ammoniaque. On appelle *sels ammoniacaux* tous les sels d'ammoniaque. Un liquide est ammoniacal lorsqu'il renferme de l'ammoniaque en dissolution, mais en liberté, c'est-à-dire non complètement saturée par un acide. Une odeur, une saveur sont ammoniacales, lorsqu'elles rappellent la saveur chaude ou l'odeur piquante de l'ammoniaque. On rend une liqueur ammoniacale en y ajoutant une dissolution d'ammoniaque dans l'eau.

AMMONIAQUE (*chimie agricole*). — L'ammoniaque ou *alcali volatil* (voy. ce mot, p. 169) est un des agents chimiques les plus anciennement connus et les plus employés. C'est encore un des réactifs les plus usités dans les laboratoires et dans l'industrie, en même temps qu'un des corps les plus importants de la nature pour la végétation. On lui a donné son nom parce qu'on l'a extraite d'abord du sel ammoniac que dans l'antiquité on préparait en Libye près du temple de Jupiter Ammon. Si l'on n'avait égard qu'à sa composition élémentaire, elle devrait porter le nom d'azoture d'hydrogène. Mais il convient d'ajouter immédiatement que ce qu'on appelle vulgairement ammoniaque n'est qu'une dissolution du gaz ammoniac dans l'eau.

Propriétés de l'ammoniaque. — Le gaz ammoniac a été découvert en 1612 par Kunckel, puis étudié par Priestley; Scheele en a reconnu la nature, et Berthollet, en 1785 seulement, en a déterminé la composition exacte. Près de deux siècles d'efforts dus à de grands chimistes ont été nécessaires pour qu'il fût bien connu. Il provient de la combinaison d'un volume de gaz azote avec 3 volumes de gaz hydrogène, se condensant en 2 volumes de gaz ammoniac; cette manière de représenter sa composition suffit aux agriculteurs, car elle fournit tous les chiffres nécessaires à retenir. En effet, on a :

$$\begin{array}{rl} 0{,}9713 = & \text{densité de l'azote.} \\ 0{,}0692 \times 3 = 0{,}2076 = & \text{3 fois la densité de l'hydrogène.} \\ \hline \text{Total...}\ 1{,}1789 & \end{array}$$

Or la densité du gaz ammoniac trouvée par l'expérience est de 0,596 dont le double 1,192 ne diffère de 1,1789 que de 0,0131, erreur négligeable. D'un autre côté les trois nombres :

$$0,9713 + 0,2076 = 1,1789$$

sont entre eux comme les suivants :

$$14 + 3 = 17,$$

d'où il résulte que 14 étant Az, 3 étant H^3, la formule AzH^3 est celle de l'ammoniaque ; dans cette manière de voir l'équivalent de l'hydrogène est 12,50, celui de l'oxygène étant de 100; si l'on adopte pour l'hydrogène un équivalent moitié ou 6,25, on doit doubler l'exposant de H et prendre AzH^6 pour la formule de l'ammoniaque.

Le gaz ammoniac est incolore, d'une odeur vive et piquante, d'une saveur âcre; il provoque les larmes. Un litre de ce gaz pèse 0gr,770; sa densité est d'environ les six dixièmes de celle de l'air. Il bleuit la teinture de tournesol rougie par les acides, verdit le sirop de violette ou même un bouquet de violettes, colore en rouge brun la teinture de curcuma. Il agit ainsi comme les alcalis fixes dont il partage les propriétés en présence de l'eau et des acides pour donner des sels ammoniacaux. Il se liquéfie à —40 degrés sous la pression d'une atmosphère, à +10 degrés sous la pression de 6 atmosphères et demie. A —75 degrés le liquide se solidifie; cette solidification est facile quand on le fait évaporer rapidement dans le vide. Le gaz ammoniac a la propriété d'être absorbé par un grand nombre de corps: par le charbon de bois qui en prend 90 fois son volume ou 10 pour 100 de son poids, à la température de zéro, mais qui l'abandonne dans le vide ou sous l'influence de la chaleur; — par le chlorure d'argent qui en prend 320 fois son volume ou 15 pour 100 de son poids ; — par l'eau qui en dissout 1147 fois son volume à zéro et 783 à 15 degrés ; cette dernière dissolution se fait avec violence lorsqu'on introduit un peu d'eau dans une éprouvette ou une cloche contenant du gaz ammoniac pur. Un morceau de glace introduit dans du gaz ammoniac fond rapidement en absorbant le gaz.

L'eau saturée de gaz ammoniac est ce qu'on appelle vulgairement l'ammoniaque liquide et ce qui est vendu sous ce nom dans le commerce. Comme elle abandonne, soit par l'action d'une température de 70 degrés, soit par l'exposition dans le vide, tout le gaz ammoniac qu'elle contient, on admet généralement que l'ammoniaque liquide n'est qu'une simple dissolution dans l'eau. En même temps que l'eau dissout du gaz ammoniac, elle s'échauffe. Si l'on refroidit la dissolution, on trouve que le liquide a augmenté de volume ou que, en d'autres termes, la densité a diminué. La table suivante donne les proportions d'ammoniaque en poids contenues dans les liqueurs ammoniacales de diverses densités :

			densités
1	d'ammoniaque	pour 100	0,9959
5	—	—	0,9790
10	—	—	0,9593
15	—	—	0,9414
20	—	—	0,9251
25	—	—	0,9106
30	—	—	0,8976
35		—	0,8864

La détermination de la densité par l'aréomètre ou le densimètre donnera, d'après cette table, la richesse d'une liqueur ammoniacale. L'ammoniaque ordinaire du commerce marque généralement 21 degrés à l'aréomètre de Cartier et contient environ 20 pour 100 de gaz ammoniac. La dissolution a l'odeur pénétrante du gaz ammoniac et agit de la même manière sur les couleurs végétales. A —40 degrés elle se fige, devient opaque et perd son odeur. Elle doit être enfermée dans des flacons fermés à l'émeri, parce qu'elle attaque et détruit le liège ; une dissolution d'ammoniaque mal bouchée absorbe de l'acide carbonique et forme du sous-carbonate d'ammoniaque. Elle sert à tous les usages qui sont suscités par les propriétés de l'ammoniaque.

On utilise la grande solubilité du gaz ammoniac dans l'eau, sa facile liquéfaction et sa grande chaleur de vaporisation pour produire des froids intenses. C'est ce qui se fait dans les *appareils Carré* qui se composent essentiellement d'un cylindre contenant la dissolution d'ammoniaque dans l'eau et d'un récipient pour la condensation du gaz ammoniac que l'on chasse du cylindre par la chaleur; la pression qui se produit dans l'intérieur du récipient suffit pour amener la liquéfaction du gaz, qu'on fait ensuite volatiliser en refroidissant le cylindre contenant l'eau et où se régénère la dissolution, et ainsi de suite.

Le gaz ammoniac est également soluble dans l'alcool et dans l'éther.

Le gaz ammoniac est décomposé par la chaleur et par une série d'étincelles électriques; on peut ainsi doubler son volume, ce qui résulte de sa composition indiquée au commencement de cet article. Il ne brûle pas au contact de l'air et d'un corps enflammé; mais dans un mélange de 4 volumes de gaz ammoniac et de 3 volumes d'oxygène une bougie ou une étincelle électrique détermine une forte détonation. Un pareil mélange gazeux sous l'action de l'éponge de platine donne naissance à de l'azotite d'ammoniaque et même à de l'acide azotique.

L'acide chlorhydrique gazeux et le gaz ammoniac se combinent à mélanges égaux en donnant naissance à un corps blanc, le sel ammoniac qui se précipite. Une baguette trempée dans de l'acide chlorhydrique produit des fumées blanches au-dessus de tout corps qui dégage de l'ammoniaque.

Le chlore, le brome, l'iode agissent avec énergie sur le gaz ammoniac pour mettre en liberté de l'azote et former des chlorhydrates, bromhydrates et des iodhydrates d'ammoniaque. Sur du charbon au rouge, le gaz ammoniac fournit du cyanhydrate d'ammoniaque et de l'hydrogène. Les métaux le décomposent au rouge en hydrogène et en azote.

La dissolution d'ammoniaque dans l'eau est un caustique énergique, qui attaque la peau en produisant une sensation de cuisson, et ensuite une cautérisation profonde; ses émanations produisent des ophthalmies et sont toxiques par suite de l'inflammation exercée sur les muqueuses. Cette même dissolution dissout le chlorure d'argent et l'oxyde de cuivre. Ce qu'on appelle l'eau céleste s'obtient en versant un excès d'ammoniaque dans une dissolution d'un sel de cuivre ; l'oxyde de cuivre se précipite d'abord, mais il se redissout dans un excès d'alcali volatil. Lorsqu'on verse de l'ammoniaque liquide sur de la planure de cuivre placée dans un entonnoir, de telle sorte qu'il y ait en même temps contact de l'air, il se produit une double oxydation du cuivre et de l'ammoniaque, et l'on obtient une liqueur ayant la propriété de dissoudre la cellulose et d'attaquer diverses matières animales; on donne à cette liqueur le nom de *réactif de Schweitzer*.

Caractères des sels ammoniacaux. — L'ammoniaque se combine avec tous les acides en donnant des sels cristallisables. Les principaux, ceux qui jouent un rôle qu'il importe de connaître en agriculture, sont le sel ammoniac ou chlorhydrate d'ammoniaque, le sulfate d'ammoniaque, l'azotate, les phosphates, les carbonates, le sulfhydrate, l'acétate, l'oxalate, le tartrate, le citrate, le malate d'ammoniaque.

Les sels ammoniacaux se reconnaissent d'abord en ce que, en les triturant avec de la chaux caustique, on obtient immédiatement un dégagement de gaz ammoniac reconnaissable à son odeur, à son action sur le tournesol rougi et par les fumées blanches qu'il donne avec le gaz chlorhydrique. La potasse, la soude, la baryte, etc., dégagent également le gaz ammoniac; avec les alcalis faibles, il faut aider le dégagement par la chaleur. En outre, dans les dissolutions des sels ammoniacaux, on obtient : avec l'*acide tartrique* en excès, un précipité blanc de bitartrate d'ammoniaque; — avec l'*acide hydrofluocilicique*, un précipité blanc gélatineux; — avec le *sulfate d'alumine*, un précipité blanc peu soluble d'alun ammoniacal; — avec l'*acide phosphomolybdique* en dissolution dans l'acide chlorhydrique, un précipité jaune, lequel est soluble dans la potasse; — avec le *chlorure deplatine*, un précipité jaune de chlorure ammoniaco-platinique, presque insoluble dans l'alcool, et qui par la calcination ne laisse que du platine pur. Il faut d'ailleurs ajouter que les sels ammoniacaux ne donnent pas de précipité avec l'acide chlorique, l'acide perchlorique, avec les carbonates alcalins, les sulfures alcalins et le cyanoferrure de potassium, ce qui permet d'achever leur distinction d'avec tous les autres sels connus.

Sources de l'ammoniaque. — L'ammoniaque existe dans l'air atmosphérique, dans les eaux de pluie, dans les eaux courantes, dans l'eau des lacs et des mers. Sa présence dans tous ces grands méats est due à deux causes : ou bien l'ammoniaque provient des émanations terrestres, ou bien elle est formée dans l'atmosphère par l'électricité qui la sillonne incessamment. L'expérience directe prouve en effet que le passage de l'étincelle électrique à travers de l'air humide donne naissance à du nitrate d'ammoniaque par suite d'un triple phénomène : décomposition de l'eau qui met en liberté de l'hydrogène, combinaison de celui-ci avec de l'azote pour donner de l'ammoniaque, combinaison de l'oxygène aérien avec de l'azote pour donner de l'acide azotique. Le sel ainsi produit incessamment est entraîné par les eaux météoriques vers la surface de la terre où il entre, en partie au moins, dans les organismes végétaux et fournit de la matière azotée à tout ce qui vit à la surface de notre planète. La décomposition des matières organiques rend à l'atmosphère une partie de l'ammoniaque originairement due à l'électricité qui paraît être la source fondamentale de toutes les combinaisons azotées existant sur le globe.

Toutes les matières animales et végétales en décomposition, les urines, les déjections diverses, le fumier, dégagent de l'ammoniaque par leur exposition à l'air où l'on retrouve du carbonate d'ammoniaque.

Il se fait de l'ammoniaque toutes les fois que le fer s'oxyde dans l'air humide; il prend aussi naissance dans l'action de l'acide azotique étendu sur le fer et le zinc. Il existe de petites quantités d'ammoniaque dans presque toutes les variétés naturelles de sesquioxyde de fer, et dans beaucoup d'argiles.

Il se dégage du sulfhydrate d'ammoniaque dans la décomposition des matières organiques qui contiennent du soufre, ainsi que dans la distillation des os, de la houille et de la tourbe.

On trouve du chlorhydrate d'ammoniaque dans l'urine humaine, la fiente de quelques animaux, particulièrement dans celle des chameaux, dans les environs des volcans et dans les fissures de certaines mines de houille en combustion.

On rencontre du sulfate d'ammoniaque en petite quantité dans quelques schistes alumineux et dans les eaux contenant de l'acide borique.

Le carbonate d'ammoniaque se dégage des urines en putréfaction.

Propriétés de quelques sels d'ammoniaque. — Les deux principaux sels d'ammoniaque, au point de vue agricole, sont le chlorhydrate et le sulfate; ils dosent pour 100, le premier 31,80, le second 25,65 d'ammoniaque, ou bien le premier 26,18, le second 21,12 d'azote. Ces nombres expriment leur degré de richesse, lorsqu'on veut les employer comme engrais; ils indiquent le maximum qu'on peut obtenir par la vérification d'un échantillon soumis à l'analyse. Ce n'est qu'à partir de 1842, après les expériences faites par Schattenmann, puis par Kuhlmann, qu'on reconnut que ces sels avaient une haute valeur fertilisante, celle de 10 000 kilogrammes de bon fumier, à raison de 300 à 400 kilogrammes de chacun d'eux; jusqu'alors on avait regardé les sels ammoniacaux comme des poisons pour la végétation.

Le chlorhydrate d'ammoniaque, appelé aussi muriate, étant en général proportionnellement plus cher que le sulfate, est rarement employé par les agriculteurs. Tel qu'il se rencontre dans le commerce, il forme des pains moulés dans des vases sphériques; il est incolore, ou quelquefois grisâtre, translucide, sonore, à cassure fibreuse et élastique, ce qui explique pourquoi il est difficile à pulvériser. Il se volatilise sans se décomposer au-dessous du rouge sombre, et ses vapeurs donnent des cristaux qui s'associent de manière à représenter parfois des barbes de plume serrées les unes contre les autres. Il est soluble dans à peu près trois fois son poids d'eau froide, dans son poids d'eau bouillante, dans huit fois son poids d'alcool. Il se décompose, quand on le chauffe avec du fer, du zinc, de l'étain; il se forme alors des chlorures métalliques et il se dégage de l'hydrogène et de l'ammoniaque; c'est en raison de cette propriété qu'on s'en sert comme agent de décapage dans l'étamage, le zincage, et pour pratiquer les soudures, parce qu'il fait disparaître les oxydes se formant pendant l'opération. Ses autres applications industrielles ont lieu dans la fabrication des couleurs et des toiles peintes En médecine, on l'emploie soit à l'extérieur, soit à l'intérieur, en raison surtout de son action sédative. Pour l'extérieur, on fait des lotions avec des dissolutions de 50 à 60 grammes de sel pour 500 grammes d'eau ; à l'intérieur, on peut en administrer jusqu'à 15 grammes par jour, contre les engorgements des muqueuses; mais cette proportion est la plus forte; on ne peut guère prendre à la fois plus de 1 gramme dans une potion ou infusion, à trois reprises espacées de vingt à trente minutes; on ajoute pour 1 gramme de sel, 8 grammes de sirop d'écorces d'orange et 20 grammes d'une infusion de mélisse ou de menthe. On prépare les flacons de sel volatil anglais en les remplissant d'un mélange de carbonate de potasse et de chlorhydrate d'ammoniaque; il se fait, par double décomposition lente, du chlorure de potassium qui est fixe et du carbonate d'ammoniaque volatil qui se dégage et donne son odeur piquante particulière.

On fabrique partout aujourd'hui le chlorhydrate d'ammoniaque, mais naguère on le tirait d'Égypte où on le préparait en sublimant dans de grandes cornues en verre la suie provenant de la combustion de la fiente de chameau, ce qui lui donnait la forme des pains auxquels on s'était habitué. Comme le commerce est essentiellement routinier, on opère encore aujourd'hui par sublimation, en soumettant à l'action de la chaleur un mélange de chlorure de sodium et de sulfate d'ammoniaque, qui donne, par double échange, du sulfate de soude qui reste fixe et du chlorhydrate d'ammoniaque qui se volatilise et se condense sur la partie restée froide du vase où se fait la réaction. On le fabrique aussi en saturant par l'acide chlorhydrique une dissolution ammoniacale telle que celle provenant de la distillation de la houille. On fait cristalliser et l'on purifie par la sublimation. Mais il est inutile de s'étendre, au point de vue agricole, sur ces divers procédés.

Le sel ammoniacal le plus important pour l'agriculture est le sulfate qui résulte de la combinaison de 17 d'ammoniaque et de 49 d'acide sulfurique normal. Ce sel est cristallisé sous la forme de prismes incolores à six pans, terminés par des pyramides à six faces. Il a une saveur vive, amère et piquante; sous l'action de la chaleur, il décrépite, puis fond à 140 degrés, passe à l'état de bisulfate quand on le chauffe au delà de 180 degrés, se décompose en azote pur et bisulfate d'ammoniaque, si on le chauffe davantage encore. Enfin, au rouge il donne de l'azote, du soufre et de l'eau. Il est insoluble dans l'alcool, soluble à + 15 degrés dans deux fois son poids, et à + 100 degrés dans son simple poids d'eau. Il a la propriété de s'unir à un grand nombre de sels et notamment aux sulfates métalliques pour donner des sels doubles, par exemple avec le sulfate d'alumine pour former l'alun ammoniacal (voy. le mot *Aluns*). On le connaît sous le nom de sel ammoniac secret de Glauber, mais il est maintenant inusité en médecine. Ses principaux usages sont son emploi comme engrais et son emploi dans l'industrie chimique pour la préparation des principaux sels ammoniacaux. Il est, en effet, le sel d'ammoniaque que l'on fabrique le plus habituellement, à cause de la facilité avec laquelle il cristallise et se conserve pour être soumis à tous les transports. On le prépare en neutralisant les liqueurs ammoniacales par l'acide sulfurique, ou bien en faisant arriver dans une dissolution de cet acide les vapeurs ammoniacales, ainsi qu'on le verra plus loin.

L'azotate ou nitrate d'ammoniaque contient 35 pour 100 d'azote; il est donc remarquable à cet égard, mais son prix élevé empêche qu'il ne soit employé comme engrais. C'est le *nitrum flammans* des anciens; en effet, projeté dans un creuset chauffé au rouge, il se décompose avec ignition et production d'une flamme jaune. Il est isomorphe avec le salpêtre ordinaire, c'est-à-dire qu'il cristallise comme le nitrate de potasse. Il a une saveur piquante; il est un peu déliquescent, soluble dans la moitié de son poids d'eau à 18 degrés, soluble presque en toute proportion à chaud. Quand il se dissout dans l'eau, il produit un grand abaissement de température, de + 10 degrés à — 15 degrés par exemple; pour ce motif, il est très employé comme réfrigérant, d'autant plus que, si l'on évapore sa dissolution, on peut le faire recristalliser et l'employer indéfiniment. Il fond vers 200 degrés; il se décompose entre 240 et 250 degrés en eau et en protoxyde d'azote. Il est très oxydant. Fondu, il brûle la plupart des métaux et les matières organiques. On le prépare en saturant l'acide azotique par l'ammoniaque et en concentrant le liquide. Il se produit quand l'hydrogène naissant se trouve en contact avec de l'acide azotique. On a vu qu'il y en a de petites quantités dans l'air atmosphérique et par suite dans les eaux pluviales.

Il existe plusieurs phosphates d'ammoniaque; on les obtient par la combinaison directe de l'ammoniaque avec divers acides phosphoriques, ou bien par des doubles décompositions. Au point de vue agricole, ils présentent cette particularité remarquable qu'ils renferment à un haut dosage l'acide phosphorique et l'azote sous forme ammoniacale, c'est-à-dire sous forme immédiatement soluble, les deux principaux d'entre les éléments de la végétation, les deux corps les plus recherchés pour accroître la fertilité d'une terre. Il faut signaler surtout le phosphate neutre qui dose 24,05 d'azote et 54,15 d'acide phosphorique pour 100; le phosphate basique, dont la richesse est de 27 d'azote et 49,6 d'acide phosphorique pour 100, le tout immédiatement soluble. C'est ce qui a conduit à proposer ces sels à l'horticulture sous le nom d'agent floral. Le haut prix de ces sels empêche leur application en grand, du moins en agriculture. Gay-Lussac a proposé l'emploi des dissolutions des phosphates ammoniacaux pour rendre les tissus incombustibles; mais cet usage ne s'est pas encore répandu. Le phosphate ammoniacal neutre ordinaire forme un sel double avec le phosphate de soude; on l'appelle aussi sel microcosmique, sel de phosphore, sel fusible des urines. Si l'on cherchait à faire des sels doubles avec les phosphates de potasse, on obtiendrait réellement les sels renfermant les principes essentiels de la fertilisation. Le phosphate ammoniaco-magnésien, qui a la propriété d'être très peu soluble dans l'eau et qui, en conséquence, se forme assez facilement par précipitation quand la dissolution d'un sel de magnésie est mélangée à celle d'un phosphate en présence de l'ammoniaque, a été conseillé pour engrais par M. Boussingault, et il est quelquefois employé en agriculture; son usage est appelé à se développer. Il faut enfin ajouter que l'on se sert en médecine du phosphate neutre d'ammoniaque contre les maladies aiguës ou chroniques qui dépendent de la diathèse urique.

Il existe un grand nombre de combinaisons de l'acide carbonique avec l'ammoniaque. Il faut signaler surtout le sesquicarbonate d'ammoniaque ou sel volatil d'Angleterre, ou encore le carbonate d'ammoniaque des pharmaciens, et le bicarbonate. Le premier de ces sels se présente dans le commerce sous la forme d'une masse blanche, translucide, à texture fibreuse, à saveur urineuse, ayant l'odeur spéciale de l'ammoniaque; dans cet état, il n'est pas pur, il renferme toujours une certaine quantité de bicarbonate, ce qui n'empêche pas de s'en servir, soit dans les laboratoires, soit en médecine, soit dans la pâtisserie et la boulangerie où il est employé pour rendre plus légères les pâtes des pâtisseries et des pains de beurre, à cause de sa volatilité. Le sesquicarbonate s'obtient pur, en cristaux volumineux prismatiques, si l'on fait dissoudre le carbonate du commerce dans de l'ammoniaque caustique concentrée à 30 degrés Cartier et qu'on laisse cristalliser; il renferme 23,5 d'ammoniaque, 45,5 d'acide carbonique et 31,0 d'eau, le tout faisant 100; il doit être conservé dans des vases bien fermés, parce que, sous l'influence de l'air, il passe à l'état de bicarbonate. Quant à ce dernier, on l'obtient en saturant par un courant d'acide carbonique une solution aqueuse d'ammoniaque ou de sesquicarbonate; il cristallise en beaux rhomboèdres inaltérables à l'air, solubles dans trois fois leur poids d'eau et n'exhalant qu'une légère odeur ammoniacale; il renferme 21,5 d'ammoniaque, 55,7 d'acide carbonique et 22,8 d'eau; l'eau bouillante en dégage de l'acide carbonique. Le bicarbonate d'ammoniaque est maintenant employé dans de grandes usines pour la fabrication du bicarbonate de soude; c'est le procédé qu'on désigne sous le nom de la soude à l'ammoniaque. On obtient le carbonate d'ammoniaque du commerce en chauffant au rouge naissant un mélange de deux parties de craie ou carbonate de chaux avec une partie de chlorhydrate ou de sulfate d'ammoniaque; au début de l'opération, il se dégage de l'eau et de l'ammoniaque, mais bientôt on voit le carbonate se sublimer et se condenser sur la partie froide de l'appareil. Ce même sel se produit à l'état impur dans la distillation sèche des os, de la corne et en général des matières animales; c'est ainsi que sont préparés certains composés anciennement connus, le sel volatil de corne, l'esprit de soie crue, l'esprit volatil aromatique huileux de Sylvius, les gouttes céphaliques anglaises.

Le sesquicarbonate est le véhicule de plusieurs aromes, notamment de celui du tabac. Il agit comme excitant contre les défaillances, la syncope, la migraine; le sel volatil anglais se prépare avec du carbonate d'ammoniaque transparent, mis en fragments dans un flacon avec quelques gouttes d'une essence agréable. Le guano répand l'odeur ammoniacale, à cause du dégagement de sesquicarbonate servant en outre de véhicule à un corps spécial, l'acide avique de M. Chevreul, ayant l'odeur propre des oiseaux. On fait diverses infusions, sirops, teintures, élixirs, potions, avec quelques grammes de sesquicarbonate d'ammoniaque dans un litre et divers ingrédients, mélisse, gentiane, rhum, qui en masquent plus ou moins la saveur. Il paraît, répandu en très petite quantité dans l'air, agir favorablement sur la végétation des plantes des serres.

Parmi les autres sels d'ammoniaque qu'il peut être utile de signaler, il convient d'abord de citer les *sulfhydrates* d'ammoniaque, dont l'odeur d'œufs pourris est bien connue et qui servent de réactif dans les laboratoires pour déceler plusieurs métaux; — l'*acétate* d'ammoniaque (voy. ce mot, p. 55), employé en médecine contre quelques maladies épidémiques; — l'*azotate* d'ammoniaque qui existe dans le guano; — le *valérianate* d'ammoniaque qui est employé surtout pour mettre en jeu l'action de l'un des principes immédiats les plus énergiques de la racine de valériane, usité contre des maladies d'innervation; — le *succinate*, le *benzoate*, le *citrate* d'ammoniaque dont on se sert parfois en médecine, mais qui sont aussi employés dans les laboratoires, le citrate, notamment dans le dosage de l'acide phosphorique; — l'*urate* d'ammoniaque qu'on rencontre dans les urines.

Fabrication de l'ammoniaque. — Les sources d'où l'on tire l'ammoniaque sont très limitées quant à présent; ce sont les eaux ammoniacales du gaz, les urines putréfiées, les eaux vannes des dépôts des vidanges, les eaux de condensation de la fabrication du noir d'os. S'il arrive que des agriculteurs peuvent se procurer ces liquides et les amener dans leurs exploitations à bon marché, ils feront bien de les appliquer directement sur leurs terres, ou tout au moins de les emmagasiner dans des fosses, comme le font depuis des siècles les cultivateurs flamands, notamment dans les environs de Lille. Pour se rendre compte de la convenance de l'opération, ils n'auront qu'à déterminer la richesse en ammoniaque des liquides mis à leur disposition, et à calculer si le coût de revient de l'unité de poids d'ammoniaque sera plus faible que le prix d'achat d'un kilogramme d'ammoniaque dans le sulfate d'ammoniaque, dans le guano ou dans les autres engrais commerciaux. Les agriculteurs ne devront faire l'exploitation des eaux ammoniacales pour en tirer des sels commerciaux qu'autant qu'ils ne pourraient pas utiliser sur leurs propres terres toutes les quantités mises à leur disposition.

Pour préparer l'ammoniaque avec ces diverses

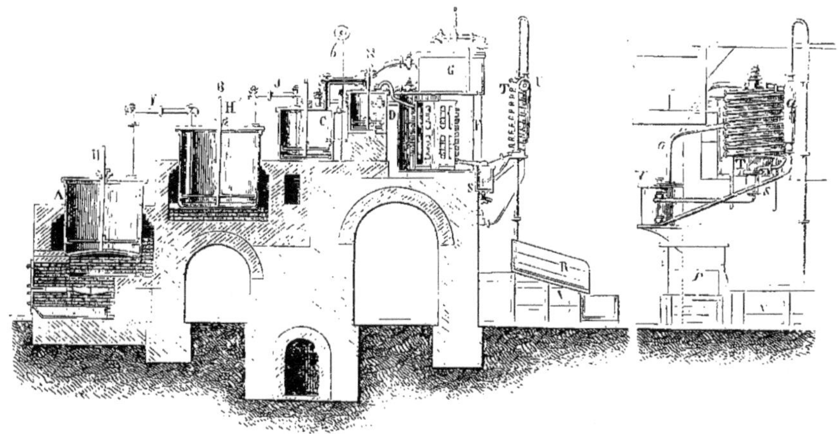

Fig. 318. — Coupe verticale de l'appareil Mallet pour la fabrication du sulfate d'ammoniaque.

Fig. 319. — Élévation en bout de l'appareil Mallet.

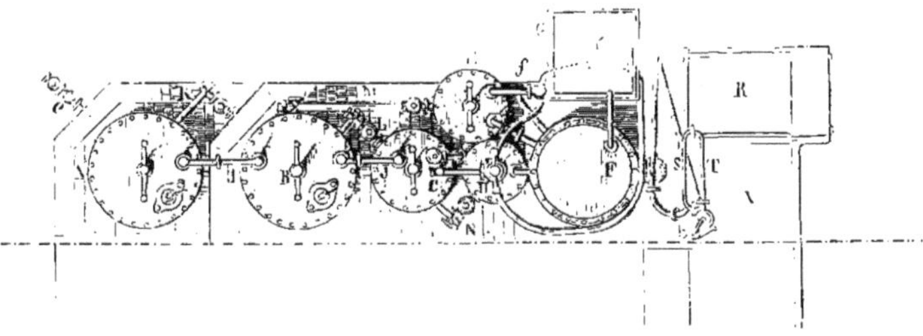

Fig. 320. — Plan de l'appareil Mallet.

matières premières, on fait agir la chaux qui met en liberté l'ammoniaque plus ou moins saturée par divers acides, et à l'aide de la chaleur on la sépare de l'eau qui la dissout. Les appareils dont on se sert et qui ont été pour la première fois employés par M. Mallet, sont fondés sur les mêmes principes que ceux qui sont appliqués à la distillation de l'alcool (voy. le mot DISTILLATION.); nous en empruntons les figures et la description au *Précis de chimie industrielle* de Payen, parce que c'est une fabrication aujourd'hui tout à fait connexe de l'agriculture. L'appareil Mallet est représenté en coupe verticale par la figure 318, en bout par la figure 319 et en plan par la figure 320. Une chaudière A, ayant 2000 litres de capacité, est montée directement sur un foyer et est munie d'un agitateur H dont la tige verticale passe dans une boîte à étoupes qui permet le mouvement de rotation donné à volonté par une double manivelle, tout en empêchant les fuites. Le couvercle de cette chaudière est percé d'un trou d'homme susceptible d'être fermé hermétiquement par un obturateur, et en outre il s'y trouve adapté un tube I recourbé en siphon et dont la seconde branche verticale est fixée par un ajutage à bride sur le couvercle de la seconde chaudière B, où elle plonge jusqu'à 25 centimètres du fond. La seconde chaudière est en tout semblable à la première, mais elle est plus élevée; elle est également munie d'un agitateur H', d'un trou d'homme à fermeture hermétique et d'un siphon J dont la longue branche plonge dans un vase C sur le couvercle duquel est adapté un tube plongeur terminé par un entonnoir qui sert à y introduire un lait de chaux. Ce vase C communique avec un vase semblable D par un robinet à trois voies Z; la longue branche de ce siphon *b'* introduit et fait barboter la vapeur dans le vase C'; celui-ci porte sur son couvercle un tube vertical qui se recourbe horizontalement et sert à conduire la vapeur aqueuse et ammoniacale dans un serpentin à enveloppe close F disposé dans un bac en tôle renfermant de l'eau ammoniacale froide. Les liquides condensés dans le serpentin s'écoulent dans le vase S et de là dans le vase Y, tandis que les vapeurs remontent dans le serpentin T refroidi par l'air ambiant. Ce serpentin, dont la température est toujours au moins de 80 degrés, condense une certaine quantité de liquide qui se rend dans le vase S et ensuite dans Y. Les vapeurs non condensées se rendent par le tube U dans un bac en bois doublé de plomb dans lequel on met de l'acide sulfurique à 53 degrés. Le vase de jauge G reçoit les eaux ammoniacales brutes destinées à chaque opération et communique, au moyen d'un robinet placé à la partie inférieure, avec la bâche de chargement, et par un autre robinet *f*, avec la chaudière E, qui renferme le lait de chaux destiné à décomposer les sels ammoniacaux. — Pour faire fonctionner l'appareil, on charge pour la première fois seulement directement les chaudières A et B aux trois quarts de leur capacité avec de l'eau ammoniacale brute. Dans ce but on remplit le vase G et on ajoute la quantité de chaux éteinte nécessaire pour opérer la décomposition des sels ammoniacaux. On mélange à l'aide de l'agitateur du vase E, puis on fait couler dans la chaudière B, au moyen du tuyau M (fig. 382), et de là dans la chaudière A. On recommence pour charger la chaudière B; puis on remplit à moitié d'eau le laveur C et on verse de l'eau ammoniacale dans le bac F. Le feu est ensuite allumé sous la chaudière A, et le liquide qu'elle renferme entre bientôt en ébullition; l'ouvrier fait tourner de temps en temps les agitateurs H et H'. L'ammoniaque se dégage, et, entraînant de la vapeur d'eau, pénètre dans la chaudière B, dans le liquide de laquelle elle barbotte; la chaleur qu'elle dégage amène l'échappement de l'ammoniaque de ce liquide. La vapeur ammoniacale des deux chaudières passe dans le premier laveur C, et de là dans le second D, où elle abandonne une grande partie de l'eau qu'elle entraînait. Elle pénètre dans le serpentin du bac F; là une nouvelle quantité d'eau se condense et cède sa chaleur au liquide ammoniacal brut qui entoure le serpentin; ce liquide dégage une petite quantité de vapeurs alcalines qui se rendent par un tuyau dans le liquide brut du vase de jauge G qu'elles enrichissent. Quant au liquide condensé dans le serpentin F, il tombe dans le vase S et de là dans le vase Y. L'ammoniaque, mêlée d'une moins grande proportion de vapeur d'eau, monte dans le deuxième serpentin T, où elle abandonne encore une certaine quantité d'eau entrainant de l'ammoniaque. Après avoir traversé le serpentin, elle est reçue dans le vase V, contenant de l'acide sulfurique à 53 degrés; là elle se condense à l'état de sulfate d'ammoniaque. Il importe à la fois de ne pas refroidir trop fortement l'ammoniaque et de lui enlever la plus grande quantité possible de vapeur d'eau, afin que la plus forte portion de sa chaleur serve à faciliter la concentration de la liqueur de sulfate brut. On arrive ainsi, avec des produits gazeux à la température de 80 degrés environ, et de l'acide sulfurique à 53 degrés Baumé, à retirer, sans avoir besoin d'évaporer les dissolutions de sulfate d'ammoniaque, du sel qui, après avoir été séché sur des plaques, est bon à être livré au commerce. — Les liquides condensés dans les serpentins F et T sont rassemblés, comme on l'a vu, dans le vase Y; ils sont montés dans le laveur D au moyen de la pression même de la vapeur ammoniacale dans l'appareil. En effet, si l'on manœuvre le robinet à trois eaux Z, la vapeur vient presser à la surface du liquide dans le vase Y, et le fait monter par le tube *o* dans le deuxième laveur D; lorsque cette opération est terminée, en tournant le robinet Z on rétablit la marche normale de l'appareil. — Lorsque la première chaudière A est épuisée d'ammoniaque, le liquide trouble qu'elle contient est évacué par le tuyau de vidange *e* (fig. 320), qui le conduit en dehors de l'usine, à l'égout s'il est possible. Ce liquide est remplacé par celui que renferme la deuxième chaudière B; dès que celle-ci est vide, une nouvelle charge d'eau ammoniacale brute mêlée de chaux y est introduite de la chaudière E. Pour charger cette dernière, on ouvre le robinet *f* et on fait couler le liquide du vase jauge G dans le bac F, lequel, étant plein, déverse le liquide brut dans la chaudière E; on ferme alors le robinet, on introduit la chaux et on mélange au moyen de l'agitateur. La charge est ainsi prête à être introduite dans la chaudière B. — Il faut ajouter qu'à l'aide des robinets N et L et de tuyaux disposés pour rendre le nettoyage facile, on peut faire écouler le liquide du second laveur D dans le premier C, et de celui-ci dans la deuxième chaudière B, lorsque ces vases deviennent trop pleins. L'opération peut être continuée indéfiniment. — Lorsque l'acide sulfurique du bac V est saturé d'ammoniaque, le sulfate cristallisé est enlevé au moyen de pelles en bois, et il est étendu sur les égouttoirs R qui sont en bois doublé de plomb. Afin qu'il n'y ait aucune perte des produits ammoniacaux gazeux, le tuyau *b* (fig. 318) qui est muni d'un robinet, permet de diriger dans un autre appareil les vapeurs dégagées par les chaudières pendant ce travail. — L'ammoniaque préparée comme il vient d'être indiqué, renferme toujours des hydrocarbures volatils à basse température, qui se séparent au fur et à mesure de la saturation dans le bac V et viennent surnager à la surface; on les enlève par un écumage avec des pelles en bois à rebords. Mais pour éviter des émanations fort désagréables, qui se produisent surtout lorsque les eaux ammoniacales sont mélangées de goudron par suite d'une décantation imparfaite, il est bon de couvrir les bacs de saturation pendant toute la durée de l'opération. On met l'espace compris entre la surface du liquide et le couvercle en communication, par un gros tuyau, avec un conduit se rendant dans une grande cheminée dont les parois, portées à une haute température, permettent de brûler les vapeurs infectes. — On peut, au lieu de faire du sulfate d'ammoniaque, et en condensant l'ammoniaque brute dans de l'eau renfermée dans des vases en grès disposés les uns à la suite des autres, obtenir directement de l'ammoniaque liquide ou alcali volatil; mais ce produit est impur et jaunit peu à peu, en raison des substances empyreumatiques qu'il renferme, surtout quand on a recours aux eaux du gaz d'éclairage comme matière première.

Le sulfate d'ammoniaque, préparé comme il vient d'être indiqué, est le produit que demande l'agriculture. Les cultivateurs n'en achetaient pas volontiers au prix de 30 francs les 100 kilogrammes jusque vers 1850; ils en recherchent presque avidement au prix de 50 francs en 1881, et ils en trouvent difficilement les quantités dont ils estiment qu'ils auraient besoin pour compléter l'action fertilisante de leurs engrais. C'est donc un produit dont la fabrication les intéresse d'une manière toute particulière.

Les eaux ammoniacales du gaz marquent de 2 degrés à 2°,5 à l'aréomètre de Baumé et contiennent de 1k,33 à 1k,66 d'ammoniaque par 100 litres, ce qui correspond à un rendement en sulfate d'ammoniaque cristallisé de 5k,16 à 8k,40 par hectolitre de liquide.

Les urines humaines putréfiées, qui n'ont pas été étendues d'eau, renferment pour 100 litres une quantité d'ammoniaque de 700 à 800 grammes correspondant de 2k,72 à 3k,10 de sulfate d'ammoniaque.

Dans les eaux vannes des vidanges, nous n'avons trouvé en 1879 que 0k,33 d'ammoniaque par hectolitre, ce qui correspond à 1k,28 de sulfate d'ammoniaque; cette richesse diminue à mesure qu'on prend l'habitude de déverser plus d'eau dans les lieux d'aisances.

Dans la calcination des os en vases clos pour fabriquer le noir animal des raffineries, on obtient pour 400 kilogrammes d'os environ 100 litres d'eaux ammoniacales renfermant en moyenne 7k,5 d'ammoniaque pouvant donner environ 30 kilogrammes de sulfate d'ammoniaque.

Les nombreux et considérables usages de l'ammoniaque et des sels ammoniacaux, tant pour la grande industrie que pour l'agriculture, ont suscité des recherches bien souvent répétées, mais, jusqu'au moment où cet article est écrit, sans aucun succès pratique, entreprises dans le but de fabriquer de l'ammoniaque avec l'azote de l'air atmosphérique. Si l'on parvenait à résoudre économiquement ce difficile problème, on aurait fait faire un immense progrès à l'art de fertiliser la terre par les engrais. Deux voies ont été tentées à notre connaissance. Dans l'une, on a eu recours à l'électricité, en essayant d'imiter la nature qui, par le tonnerre, produit de l'azotate d'ammoniaque; dans l'autre, on s'est appuyé sur ce que les azotures, notamment ceux de carbone et de titane en présence de la vapeur d'eau, ou, ce qui revient au même, de l'hydrogène à l'état naissant, dégagent de l'ammoniaque, tandis que, soit le carbone, en présence d'une base telle que la baryte, soit le titane, reconstituent de leur côté sous l'action d'un courant d'azote ou d'air atmosphérique du cyanogène (azoture de carbone) et de l'azoture de titane. Le métal principal serait indéfiniment régénéré, et dans l'idée des inventeurs, la production de l'ammoniaque ne coûterait presque rien, ce que l'expérience n'a pas encore vérifié.

Dosage de l'ammoniaque. — L'importance de doser rapidement et avec une grande approximation l'ammoniaque qui existe à l'état libre ou combiné dans une terre, dans un liquide, dans un engrais, ne saurait échapper à tous ceux qui s'occupent d'agriculture, puisque l'ammoniaque agit énergiquement sur la végétation.

Pour doser l'ammoniaque, il faut la dégager du milieu où elle se trouve en la dirigeant dans un volume d'eau connu. Cela fait, il suffit d'employer les procédés alcalimétriques pour en déterminer exactement la proportion (voy. le mot *Alcalimétrie*, p. 171). Il convient seulement de noter ici que 49 d'acide sulfurique normal correspondent exactement à 17 d'ammoniaque et 14 d'azote. Mais comment dégager l'ammoniaque pour la recueillir dans de l'eau pure? On sait que les alcalis fixes, la potasse, la soude, la chaux, mélangés avec une matière ammoniacale, chassent immédiatement l'ammoniaque sous l'action de la chaleur; mais ces bases puissantes ont, en outre, la propriété d'opérer sur les matières organiques azotées, pour y produire de l'ammoniaque non préexistante, de telle sorte que si, en même temps que de l'ammoniaque, il existe dans un mélange de la matière organique azotée, on obtiendra, par l'action de la chaleur avec la potasse, la soude, la chaux et d'autres alcalis encore, plus d'ammoniaque qu'il ne s'y en trouvait préalablement formé, et qu'on sera même exposé à trouver de l'ammoniaque dans un corps où il n'en existait pas. M. Boussingault a démontré que si, au contraire, on se sert de la magnésie, la plus petite erreur n'est pas à craindre. « Les cas, dit l'illustre chimiste agronome, où il est utile de doser l'ammoniaque sans en provoquer une formation accidentelle par l'action des réactifs, sont extrêmement fréquents; pour la plupart ils se rattachent aux questions les plus importantes de l'agriculture et de la physiologie. C'est pourquoi j'ai décrit dans ses moindres détails un procédé qui, pour la généralité des applications, la facilité d'exécution et l'exactitude, satisfait à toutes les exigences de la science. » Pour les mêmes raisons, nous croyons devoir reproduire ici la description du procédé de M. Boussingault; tous les agriculteurs ayant passé par les écoles d'agriculture pourront l'exécuter avec exactitude et utilité. L'appareil à employer (fig. 321) consiste en un ballon B placé sur un bain de sable et dont la capacité doit être double, au moins, du volume de la matière et de l'eau qu'on doit y faire bouillir. Au ballon est ajouté un bouchon traversé par un tube *t* fixé par un caoutchouc à un serpentin en étain établi dans une cloche renversée R, servant de réfrigérant. A l'orifice inférieur du serpentin est un petit appendice en verre *e* dont l'extrémité pénètre dans une fiole *b* d'une capacité connue indiquée par un trait sur le goulot. Lorsqu'on présume que la quantité d'ammoniaque dégagée par la distillation atteint 1 centigramme, il convient de recevoir le liquide distillé dans un verre à pied divisé par zones de 10 centimètres cubes, au fond duquel on met assez d'eau acidulée avec de l'acide sulfurique pour que le bout de l'appendice y pénètre de 4 à 5 millimètres. L'eau et l'acide doivent être exempts d'ammoniaque. C'est dans ce liquide acide que se condenseront les vapeurs ammoniacales qui apparaissent au commencement de la distillation. La matière étant dans le ballon *b*, si elle est liquide, on introduit la magnésie et on agite; si elle est en poudre, comme du terreau, de la terre végétale, ou un engrais solide, on ajoute de l'eau exempte d'ammoniaque, on agite, puis on introduit la magnésie; on agite de nouveau; on ajuste le bouchon traversé par le tube *t* établissant la communication avec le serpentin; on pose le ballon sur le bain de sable et l'on chauffe soit au gaz, soit à la lampe à alcool, soit au charbon; quand l'ébullition commence, on modère le feu. Pour préparer la magnésie, qui est l'agent principal de l'opération, on prend du carbonate de magnésie du commerce (*magnesia alba*) qu'on lave à grande eau, qu'on sèche à l'étuve et dont on chasse l'acide carbonique en le chauffant dans un creuset à une température n'excédant pas celle du rouge naissant, parce qu'il importe de ne pas donner trop de cohésion à la magnésie, et parce que, d'ailleurs, une forte calcination changerait en chaux les traces de carbonate calcaire que renferme quelquefois la *magnesia alba* du commerce. « Dans l'opération, deux cas peuvent se présenter, dit M. Boussingault : celui où, par sa nature, la matière que l'on distille n'émet pas d'acide carbonique, celui où elle en émet. Quand il n'y a pas d'émission d'acide carbonique, on peut, par les liqueurs titrées, doser directement base et même de l'acide carbonique libre. C'est pour prévenir cet inconvénient que, lorsque l'on dose l'ammoniaque d'une eau de source, d'une eau de rivière, on met dans le ballon cucurbite B beaucoup plus de potasse qu'il n'en faudrait pour décomposer les minimes quantités de sels ammoniacaux contenues dans l'eau; c'est surtout pour retenir l'acide carbonique, pour empêcher qu'il ne communique de l'acidité au liquide distillé et qu'il n'occasionne une perturbation dans le dosage. En effet, pour doser l'ammoniaque dans l'eau condensée sortie du réfrigérant, on met dans cette eau une pipette d'acide sulfurique normal dont on connaît la capacité de saturation. On sait que, pour former un sulfate, l'acide exigerait 2125 centigrammes d'ammoniaque (pour 6125 centigrammes d'acide sulfurique normal), et l'on sait aussi, car on a pris le *titre* de l'acide, que cette saturation

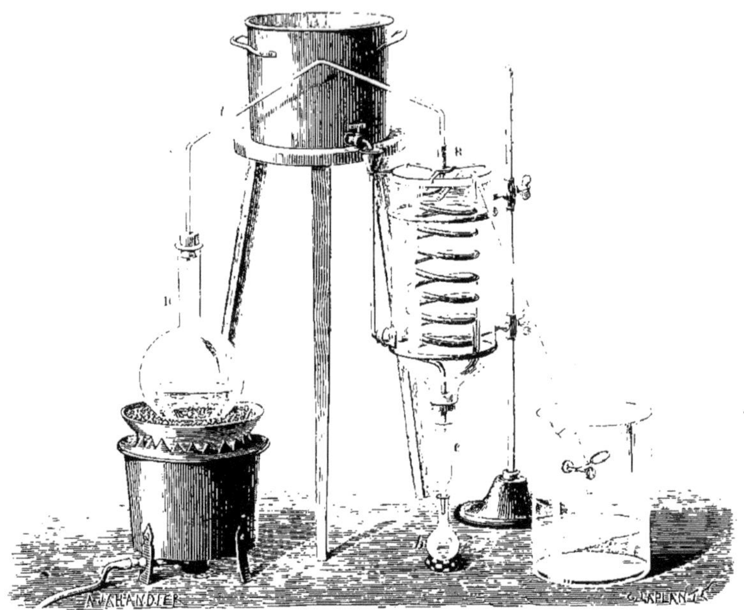

Fig. 321. — Appareil de M. Boussingault pour doser l'ammoniaque dans les terres arables.

l'ammoniaque dans les 50 ou 100 premiers centimètres cubes de liquide réunis dans le récipient; puis dans une seconde, dans une troisième prise, jusqu'à ce qu'on ne trouve plus d'ammoniaque. Si, au contraire, il y a émission d'acide carbonique pendant la distillation, il faut, après en avoir recueilli un volume égal au tiers du volume de l'eau mise dans le ballon B, procéder à une nouvelle opération, c'est-à-dire rechercher et doser l'ammoniaque dans le liquide distillé. Cette seconde opération devient obligatoire lorsqu'on détermine l'ammoniaque *toute formée* dans le terreau, le purin, les liqueurs ayant subi la fermentation alcoolique, matières qui, toutes, contenant de l'acide carbonique, en portent dans le produit de la distillation, et rendent très incertain le dosage par la méthode volumétrique. En voici la raison : la magnésie n'a pas, comme la potasse ou la chaux, la propriété de retenir énergiquement l'acide carbonique; il arrive alors que, par la distillation, ce n'est pas de l'ammoniaque caustique que l'on a dans l'eau condensée, mais du carbonate de cette est effectuée par un certain volume d'une liqueur alcaline faite arbitrairement, par exemple, par 32 centimètres cubes d'une faible solution de potasse. Si, en faisant bouillir dans le ballon B une matière dissoute ou délayée dans l'eau, avec de la magnésie, il n'y a pas dégagement d'ammoniaque, l'eau recueillie dans le récipient ne contiendra pas autre chose que l'acide sulfurique qu'on aura ajouté, cet acide restera libre, et, pour le saturer, il faudra encore employer 32 centimètres cubes de la dissolution alcaline. Toutefois, pour qu'il en arrive ainsi en l'absence d'une apparition d'ammoniaque, pour que, suivant l'expression consacrée, on retombe sur le titre, il ne faut pas qu'il sorte du ballon un acide qui s'ajouterait à l'acide sulfurique normal. Or, quand la matière sur laquelle on agit émet de l'acide carbonique, parce que la magnésie ne le retient pas en totalité, cet acide passe dans le récipient, se réunit à l'acide normal, et alors la saturation de la liqueur distillée demande plus de 32 centimètres cubes de solution alcaline. En un mot, on trouve plus d'acide que l'on n'en a ajouté. On comprend aussitôt l'erreur que peut occasionner cet accident. Dans une seconde opération, le liquide recueilli est distillé avec assez de potasse pour fixer tout l'acide carbonique et saturer l'acide sulfurique que l'on avait mis dans le récipient; il ne passe plus à la distillation que de l'ammoniaque, la seule substance azotée que contenait le liquide; la potasse même, en grand excès, ne saurait donner lieu à une production d'alcali volatil. Afin de prévenir toute perte d'ammoniaque pendant la distillation, il est essentiel que l'eau abandonnée dans le serpentin sorte froide de l'appendice *e*. A cet effet, il faut renouveler l'eau du manchon R, en ouvrant le robinet (qui communique avec un réservoir d'eau supérieur), en même temps que l'on fait fonctionner le siphon que montre la figure 383. L'eau froide, au moyen d'un tube terminé par un entonnoir, parvient au fond du manchon R et pousse l'eau tiède vers le siphon, que l'on ouvre ou ferme en pinçant ou en déserrant le tube de caoutchouc placé au bas de la branche la plus longue. » C'est dans le même appareil qu'on opère lorsqu'on peut employer de la potasse ou de la chaux au lieu de magnésie, c'est-à-dire lorsqu'il n'y a pas de matières organiques dans la matière ammoniacale à doser. D'ailleurs, il est utile d'ajouter que l'on a une très faible richesse à déterminer; on devra employer des liqueurs normales ou titrées qui seront elles-mêmes affaiblies au dixième. Tous ces détails sont essentiels à connaître, car le dosage de l'ammoniaque toute formée a une importance considérable pour la solution d'un grand nombre de questions d'agriculture et d'hygiène.

Proportions d'ammoniaque contenues dans les terres, les eaux, le purin, l'air, etc. — C'est à M. Boussingault que l'on doit les premières déterminations des quantités d'ammoniaque toute formée qui existent dans la terre arable; il n'y a constaté que de 2 à 11 millièmes d'azote par kilogramme, mais il a trouvé 88 milligrammes dans un terreau et 120 milligrammes dans un autre terreau plus riche. Dans la tourbe, la proportion d'ammoniaque est plus forte encore; M. Boussingault a trouvé 256 milligrammes par kilogramme. Il faut bien noter qu'il y a en outre, dans ces matériaux, de l'azote à l'état de matière organique ou à l'état d'azotate (nitrate).

Dans un guano qui contenait 8 pour 100 d'azote total, M. Boussingault a trouvé 6,93 d'ammoniaque toute formée correspondant à 5,7 d'azote, c'est-à-dire que les trois quarts de l'azote total étaient à l'état d'ammoniaque; cette proportion varie en plus ou en moins.

Les poudrettes sont très variables dans leur composition. Dans une poudrette de Bondy préparée depuis deux ans et qui renfermait en tout 1,53 pour 100 d'azote, M. Boussingault a trouvé 592 centigrammes d'ammoniaque pour 100, ce qui correspond à 488 centigrammes d'azote, c'est-à-dire que le tiers de l'azote total était seulement à l'état d'ammoniaque toute formée. — Dans une poudrette préparée par M. Chodzko, en évaporant à l'air libre les matières des vidanges au moyen d'un bâtiment de graduation analogue à ceux dont on fait usage dans les salines pour concentrer les eaux faiblement salées, on a trouvé une quantité d'azote totale de 4,20 pour 100. M. Boussingault y a dosé l'ammoniaque toute formée, et il n'y en a constaté qu'une quantité de 653 centigrammes correspondant à 54 centigrammes d'azote, de telle sorte que le huitième seulement de l'azote y était à l'état d'ammoniaque et précisément à la même dose que dans la poudrette de Bondy.

M. Boussingault a voulu connaître la richesse en ammoniaque toute formée de l'eau vanne du dépotoir de la Villette, c'est-à-dire de la partie liquide des matières fécales de Paris que l'on envoyait, en 1862, de la Villette aux bassins de Bondy pour être transformée en poudrette. Cette eau renfermait par litre en tout 4gr,42 d'azote. M. Boussingault y a dosé par litre 5gr,24 d'ammoniaque correspondant à 4gr,32 d'azote; on peut donc dire que la presque totalité de l'azote de cette eau se trouvait à l'état d'ammoniaque. Cela est encore vrai en 1881; seulement la richesse totale diminue chaque année à cause de l'addition de plus en plus considérable d'eau dans les fosses d'aisances, comme on l'a dit plus haut à l'occasion de la fabrication du sulfate d'ammoniaque.

Le purin, les eaux vannes des lieux d'aisances non additionnés d'eau ne sont pas autre chose que l'urine des animaux domestiques et des hommes. Lorsque les urines viennent d'être émises, elles ne renferment que peu d'ammoniaque toute formée; l'azote qui s'y trouve combiné est principalement à l'état d'urée et secondairement à l'état d'acide urique, d'acide hippurique, quelquefois d'albumine. M. Boussingault a trouvé les résultats suivants pour 1000 parties :

NATURE DES URINES	AZOTE TOTAL	AZOTE A L'ÉTAT D'AMMONIAQUE	AMMONIAQUE TOUTE FORMÉE
1. Enfant de 8 mois	3,20	0,29	0,34
2. Enfant de 8 ans	6,94	0,23	0,28
3. Homme de 20 ans	16,04	0,93	1,14
4. Homme de 40 ans	18,40	1,15	1,40
5. Autre	15,70	1,04	1,27
6. Autre	12,20	0,61	0,74
7. Femme diabétique	10,20	1,11	1,35
8. Homme de 35 ans (graveleux)	5,85	0,34	0,42
9. Jeune homme de 17 ans (graveleux)	19,44	1,36	1,66
10. Vache	13,30	0,05	0,06
11. Autre	18,10	0,08	0,10
12. Autre	15,14	0,07	0,09
13. Cheval	16,25	0,00	0,00
14. Autre	12,04	0,03	0,04
15. Autre	17,31	0,00	0,00
16. Chameau	28,84	0,03	0,04
17. Eléphant	3,06	0,92	1,12
18. Rhinocéros	5,11	0,66	0,80
19. Lapin	6,89	0,12	0,15
20. Autre	5,00	0,00	0,00
21. Autre	7,94	0,02	0,03
22. Serpent	162,44	7,03	8,57

On voit que, d'une manière générale, les urines examinées immédiatement après leur émission ne renferment que très peu d'ammoniaque toute formée; l'azote de cette ammoniaque n'est alors qu'une très faible proportion, le plus souvent de 1 pour 100, de l'azote total combiné dans les urines. — Quelques remarques, d'ailleurs, sont à faire sur les urines du tableau. Les urines 1, 2, 3 et 4 ont été rendues le matin à jeun; les urines 6 et 7 après le déjeuner; les urines 8, 9, 10, 11, 12, le matin; c'est l'urine du jeune homme atteint de gravelle (n° 9) qui a présenté le plus d'ammoniaque. Les urines du cheval (nos 13, 14 et 15) n'ont pas présenté d'ammoniaque, ou seulement une quantité très faible; il en a été de même de l'urine du chameau (n° 20) malgré sa grande richesse en matière azotée. Il n'est pas certain que l'urine de l'éléphant (n° 17) n'était déjà putréfiée à cause de la difficulté qu'on a à la recueillir au Jardin des Plantes de Paris. L'urine du rhinocéros (n° 18), après celle de l'éléphant, contenait, de toutes les urines analysées, la plus forte proportion d'ammoniaque; cet animal était nourri avec du riz et des carottes. Les urines du lapin (nos 19, 20 et 21) ne contiennent que peu d'ammoniaque. L'urine du serpent (n° 22) est remarquable; le python, dont l'urine a été recueillie et aussitôt analysée, était nourri avec de la chair de cheval et des lapins, et, dans l'espace d'une année, il avait mangé 22 kilogrammes de viande en 61 repas. Son urine, très homogène, d'un blanc jaunâtre, offrait une pâte assez ferme pour être coupée en morceaux ; elle était principalement composée d'acide urique.

Il est intéressant d'ajouter que la bouse de vache et le crottin de cheval ne renferment que peu d'ammoniaque toute formée, du moins au moment de l'émission. M. Boussingault n'a trouvé, dans 1 kilogramme de bouse d'une vache nourrie avec du remoulage et du foin de luzerne, que 21 centigrammes d'ammoniaque ; et dans 1 kilogramme de crottin d'un cheval nourri avec du foin et de l'avoine que 27 centigrammes d'ammoniaque ; ce crottin dosait à l'état normal, en tout, 3,25 d'azote pour 100

La présence de l'ammoniaque dans les eaux pluviales a été signalée, pour la première fois, par Brandes, en 1825; Liebig a, plus tard, confirmé ce fait, mais, jusqu'en 1851, on admettait que c'était surtout dans les pluies d'orage que l'alcali volatil existait; on n'avait pas démontré la permanence du phénomène, et surtout on ne s'était pas occupé d'introduire dans la question la notion de quantité sans laquelle, comme l'a remarqué M. Boussingault, « il est absolument impossible de se former une idée tant soit peu exacte de ce que 1 hectare de terre reçoit d'azote assimilable par les eaux météoriques. » Sous les auspices d'Arago et ensuite de l'Académie des sciences, nous avons pu analyser les matières dissoutes dans toutes les eaux pluviales reçues durant un an, de fin juillet 1851 à fin juin 1852, à l'Observatoire de Paris.

La maladie, puis la mort d'Arago (1853), ont malheureusement mis fin à nos recherches, du moins en ce qui concerne leur continuité.

Voici, en ce qui se rapporte à l'ammoniaque, les résultats que nous avons obtenus :

MOIS	AMMONIAQUE TOUTE FORMÉE PAR LITRE	AMMONIAQUE TOMBÉE AVEC L'EAU PLUVIALE PAR HECTARE
	milligr.	kilogr.
Juillet 1851	3,77	3,15
Août	4,42	1,04
Septembre	3,04	0,77
Octobre	1,03	0,53
Novembre	2,50	1,01
Décembre	6,85	1,17
Janvier 1852	2,53	1,27
Février	9,65	1,62
Mars	1,47	1,43
Avril	3,53	0,75
Mai	1,14	0,76
Juin	1,83	1,29
Moyenne et total pour un an	2,65	14,79

Il faut tout d'abord remarquer que les chiffres ci-dessus résultent de la détermination de l'ammoniaque dans la totalité des eaux de chaque mois, et non pas dans quelques échantillons pris isolément chaque mois ; la moyenne 2,65 n'est pas, en conséquence, simplement la moyenne des douze nombres de la colonne des quantités d'ammoniaque par litre d'eau; cette moyenne serait 3,23; le nombre 2,65 pour l'année a été obtenu en tenant compte des quantités relatives tombées, les dosages des plus grandes pluies devant naturellement dominer sur les autres. Nous avons donc une moyenne véritable. Cela posé, il résulte du tableau que les eaux pluviales sont très différemment riches en ammoniaque et que cette richesse est variable avec la saison et avec la quantité d'eau pluviale tombée. Ainsi, il y a un minimum évident en octobre 1851. C'est alors que les eaux pluviales ont contenu le moins d'ammoniaque et qu'elles en ont, en même temps, moins apporté sur le sol.

Les premières pluies, surtout si elles sont peu intenses, contiennent plus d'ammoniaque que les pluies qui leur succèdent et que les pluies très abondantes. D'ailleurs, il arrive que les eaux pluviales recueillies dans une grande ville renferment, le plus souvent, plus d'ammoniaque que celles tombées en rase campagne; c'est ce que nous avons constaté en analysant comparativement les eaux recueillies à l'Observatoire de Paris et celles reçues à Brunoy au milieu du parc de M. Christofle. Ici nous n'avons eu, en moyenne, que les deux tiers de ce que nous trouvions à l'Observatoire de Paris; nous parlons de l'ammoniaque par litre d'eau.

Ces faits sont généraux et ils ont été constatés identiquement par tous les chimistes qui se sont, après nous, occupés de la question. Nous avons eu la bonne fortune, après avoir éprouvé maintes critiques, puis des revendications de priorité basées sur des déterminations isolées qui n'avaient aucun rapport avec le caractère spécial de nos recherches, de voir nos résultats pleinement confirmés dans toutes leurs parties essentielles par un grand nombre de chimistes. M. Boussingault, le premier, en a vérifié l'exactitude en les étendant à toutes les eaux météoriques et aux eaux des fleuves, des rivières et des sources. MM. Lawes et Gilbert, en Angleterre, ont étudié les eaux pluviales tombées sur les cultures de leur célèbre station agronomique de Rothamsted. M. Bineau, à Lyon, M. Marchand, à Fécamp, qui avaient trouvé de l'ammoniaque dans des eaux de pluie, ont constaté l'exactitude de la constance du fait. Trente années après nos premiers travaux, toutes les recherches entreprises, soit à Paris, soit dans un grand nombre d'autres localités disséminées en Europe et en Amérique, font retrouver des dosages pareils aux nôtres, avec les réserves que nous avions mises dans nos conclusions, une grande ville et certaines grandes usines devant être considérées comme d'immenses tas de fumiers répandant de l'ammoniaque dans l'atmosphère, comme font aussi les volcans, comme fait également le tonnerre. Les eaux pluviales n'ont qu'un rôle, celui de balayer, de nettoyer les couches aériennes qu'elles traversent en tombant (voy. le mot *Air*, p. 145). Le premier balayage est toujours celui qui renferme la plus grande partie des immondices atmosphériques. Aussi en multipliant les eaux, c'est-à-dire en prenant successivement des eaux de pluie dans une période de jours pluvieux, on les trouve en général de moins en moins riches en ammoniaque, de telle sorte que, en agissant ainsi, si l'on prend la moyenne des résultats, on affaiblit la valeur numérique de la moyenne en augmentant le nombre des expériences. Pour obtenir une véritable moyenne locale, il faut faire entrer la masse pluviale de la prise d'échantillon en appoint dans le calcul, ainsi que nous avons fait pour l'année complète où *toutes* les eaux de pluie ont été analysées.

M. Boussingault a nettement constaté que les eaux pluviales des campagnes contiennent moins d'ammoniaque que celles des villes.

Il a fait 52 dosages du 27 mai 1853 au 18 octobre de la même année, et il a obtenu comme moyenne $0^{mgr},86$, le minimum étant de 0,06 et le maximum 3,38. En janvier 1854 dans une très forte pluie, il a trouvé $3^{mgr},08$ par litre. Au Liebfrauenberg, il n'a eu, sur une quantité d'eau totale de 1755 litres reçus en 77 fois, que $909^{mgr},12$, soit $0^{mgr},52$ par litre, le minimum étant de zéro (une seule fois) et le maximum de $7^{mgr},21$. MM. Lawes et Gilbert, à Rothamsted, en Angleterre, ont trouvé $0^{mgr},97$ par litre pour la moyenne de l'ammoniaque des eaux pluviales reçues ainsi à la campagne de mars 1853 à mai 1854.

M. Boussingault a trouvé, au contraire, que les eaux de brouillard et de rosée sont riches en alcali volatil. Dans la rosée, il a obtenu 4^{mgr},32 d'ammoniaque par litre d'eau reçue, et dans les brouillards, depuis 2^{mgr},56 jusqu'à 137^{mgr},85 par litre d'eau. M. Boussingault a éliminé les résultats fournis par les brouillards de ceux des eaux pluviales; dans nos recherches nous avons pris toutes les eaux de nos grands udomètres, et nos résultats renferment, par conséquent, ceux des brouillards; aussi avons-nous eu soin de rappeler que nous parlions des eaux météoriques en général, lorsque nous nous occupions des apports de l'atmosphère à la terre.

Ce qui est bien remarquable, c'est la proportion relativement très faible d'ammoniaque que contiennent les eaux des fleuves, des rivières et des sources; c'est M. Boussingault qui a découvert et mis le fait en évidence. Ces eaux renferment de 4 à 5 fois moins d'ammoniaque que l'eau de pluie. Néanmoins, malgré la faiblesse du dosage constaté, M. Boussingault a calculé qu'un fleuve tel que le Rhin porte à la mer, par année, près de 6 millions de kilogrammes d'ammoniaque. On a cherché combien l'eau de mer renferme d'ammoniaque. M. Marchand a trouvé, à deux lieues au large, devant Fécamp, 0^{mgr},57 d'ammoniaque par litre d'eau de mer; M. Boussingault, 0^{mgr},2 dans l'eau prise près de la plage de Dieppe. Malgré cette faible proportion, comme l'Océan recouvre les trois quarts de la surface du globe et présente des milliers de mètres de profondeur en maints endroits, si l'on envisage sa masse, on doit le considérer comme un immense réservoir d'ammoniaque. Il est probable qu'il y a comme une sorte de circuit perpétuel, par évaporation des eaux, de l'ammoniaque de l'Océan vers l'atmosphère, puis de celle-ci vers le sol par les pluies, et des fleuves dans la mer. Les eaux pluviales, avant de former des fleuves, laissent une partie de leur ammoniaque dans le sol qui la retient, ou bien en abandonnent aussi à l'air, dans les phénomènes d'évaporation de l'humidité à la surface de la terre. La végétation, enfin, en absorbe une autre partie. Si cette manière d'expliquer les faits est probable, il faut qu'il y ait constamment de l'ammoniaque dans l'air atmosphérique, mais la proportion devra en être variable. Voici les nombres qui ont été constatés dans 100 mètres cubes d'eau :

Par M. Grager	42	milligrammes
Par M. Kemp	78	—
Par M. Fresenius	17	—
Par M. Isidore Pierre, une fois.	420	—
Par le même une autre fois..	65	—

Ainsi, la généralité de la présence de l'ammoniaque dans l'écorce du globe, dans les eaux qui en baignent la surface, dans l'atmosphère qui l'entoure, est un fait hors de doute. C'est M. Chevreul qui, le premier, a constaté la présence de l'ammoniaque dans une eau potable; cette découverte a été faite par l'illustre chimiste en 1811, alors qu'il étudiait le principe colorant du bois de campêche. Tandis que les eaux courantes, telles que celles de la Seine, n'en contiennent que 0^{mgr},12 ou 0^{mgr},16, selon qu'on les prend le même jour à Paris au pont d'Austerlitz et au pont de la Concorde, les eaux de la Bièvre, petit affluent sur les bords duquel sont établies de nombreuses industries, en renferment 2^{mgr},61. Cela explique pourquoi certaines eaux qui ont traversé des villages sont plus fertilisantes quand on les emploie en irrigations que les eaux de source. Ces dernières sont, de toutes, les moins riches en ammoniaque, comme cela devait être prévu, à cause de la faculté d'absorption de la terre pour l'ammoniaque. Les eaux des sources, généralement, ne présentent que quelques centièmes de milligrammes d'ammoniaque par litre. A l'encontre, les eaux de quelques puits, selon les terrains, selon leur position par rapport à des lieux habités d'où partent des infiltrations, ont assez souvent de forts dosages en ammoniaque, mais les variations sont très grandes: ainsi M. Boussingault a trouvé de 30 à 40 milligrammes par litre dans trois puits des environs de l'Hôtel de Ville et du quai de la Mégisserie de Paris, environ 4 milligrammes dans un puits de Montargis, 3^{mgr},5 dans le puits d'une ferme des environs de Haguenau, 0^{mgr},23 dans l'eau du puits de Grenelle, 0^{mgr},06 dans l'eau du puits de la ferme de Bechelbronn. — Les eaux minérales renferment, comme les eaux de puits, de l'ammoniaque toute formée. M. Boussingault en a trouvé, par litre, 2 milligrammes dans la source sulfureuse d'Enghien, et 0^{mgr},88 dans l'eau de la source de Niederbronn.

Il reste encore à examiner une eau météorique, celle provenant de la fusion de la neige. Dans un litre d'eau de neige tombée à Paris dans le mois de mars 1853, M. Boussingault a trouvé 0^{mgr} 70 d'ammoniaque. « La neige, dit-il, en séjournant sur un champ, produit d'excellents effets; c'est ce qu'admettent les cultivateurs. Elle retarde le refroidissement de la terre en la protégeant contre le rayonnement nocturne, souvent si intense; elle agit alors comme un écran. J'ai vu, dans un hiver rigoureux, un thermomètre couché dans la neige descendre à — 12 degrés, pendant une nuit où l'air était calme et le ciel étoilé, tandis qu'un autre thermomètre, qui reposait sur le sol, se maintenait à — 3°,5, les deux instruments étant séparés par une couche de neige de 1 centimètre seulement. La neige pourrait bien encore produire un autre effet utile : celui de condenser comme un réfrigérant, et de retenir, à la manière des corps poreux, certaines substances volatiles émanant de la terre. Ainsi, en mars, je ramassai, immédiatement après sa chute, de la neige qui recouvrait une terrasse. Trente-six heures après, dans un jardin contigu à la terrasse, je pris avec précaution de la neige déposée sur la terre végétale. Dans l'eau provenant de la fusion de ces neiges, j'ai dosé en ammoniaque par litre :

	milligr.
Eau de la neige ramassée sur la terrasse	1,78
Eau de la neige ramassée dans le jardin	10,34

» Il semble de la dernière évidence que l'ammoniaque trouvée en si grande proportion dans la neige du jardin provenait, pour la plus grande partie, des vapeurs émanant du sol. »

La généralité de la présence de l'ammoniaque dans toutes les eaux qui jouent un rôle en agriculture est donc maintenant parfaitement démontrée.

Usages de l'ammoniaque. — On a vu les usages nombreux auxquels sont employés les sels ammoniacaux. Il reste à signaler ceux de l'ammoniaque isolée, soit à l'état de gaz, soit à l'état de dissolution dans l'eau ou d'alcali volatil. Dans ce dernier état, c'est un des réactifs les plus usités des laboratoires de chimie. On s'en sert pour mettre en émulsion la matière nacrée, brillante, des écailles d'ablettes et pour en enduire l'intérieur des globules de verre destinés à former les perles fausses (voy. le mot *Ablette*, p. 32). L'industrie de la teinture emploie aussi l'ammoniaque pour aviver certaines couleurs, et on en fait usage, au lieu d'urine putréfiée, pour développer, au contact de l'air, la couleur de l'orseille. Dans l'économie domestique, on doit employer l'alcali volatil pour faire disparaître les taches faites sur les vêtements avec les acides, mais il faut agir immédiatement et laver.

Les applications de l'ammoniaque, en médecine humaine et en médecine vétérinaire, sont assez nombreuses. D'abord, à l'état gazeux, on s'en sert comme stimulant énergique pour ranimer les personnes atteintes de syncope, d'asphyxie, d'anesthésie éthérique ou chloroformique, mais on doit agir avec réserve. Le gaz ammoniac paraît produire de bons effets pour guérir diverses lésions oculaires ou pour combattre des affections goutteuses ou rhumatismales, la coqueluche et même la phthisie. C'est ainsi que la *Grotte d'ammoniaque*, près de Naples, les étables et les salles où s'effectue l'épuration du gaz d'éclairage, sont indiquées comme ayant des propriétés curatives spéciales.

A l'état de dissolution concentrée dans l'eau, deux usages sont importants pour les agriculteurs. Le premier est celui de la cautérisation des plaies, principalement dans le cas de morsures d'animaux enragés, de vipères, de serpents, de scorpions, de guêpes, d'abeilles; il convient d'opérer très promptement. Le second usage est relatif à la guérison de la météorisation, c'est-à-dire à la tension considérable du ventre produite par l'accumulation considérable de gaz dans le tube alimentaire des solipèdes et des ruminants. On emploie, pour un bœuf ou une vache, 5 à 6 grammes d'ammoniaque dans de l'eau froide; pour un mouton, 20 à 30 gouttes; on doit introduire de force la solution par une sorte de tube muni d'un piston; l'ammoniaque absorbe les gaz acide carbonique et sulfhydrique, et la tension du rumen disparaît. Dans le cas d'ivresse, une petite cuillerée à bouche d'ammoniaque dans un verre d'eau sucrée fait disparaître les effets de l'ivresse. C'est au médecin à juger s'il doit faire administrer à l'intérieur des potions ammoniacales à des malades, pour profiter de son action excitante, sudorifique, antispasmodique, fluidifiante. A l'extérieur, on peut l'employer pour son action vésicante, soit sur des compresses, soit dans des pommades; les doses doivent être déterminées par les hommes de l'art. Il ne faut pas oublier que l'ammoniaque mal ordonnée peut agir, par ses propriétés toujours énergiques, comme ferait un poison.

AMMONIAQUE (GOMME) (*botanique*). — Cette gomme se rencontre sous la forme de grains blancs, jaunes ou rougeâtres, ou bien encore sous celle de gâteaux mêlés de sable ou de sciure de bois. Elle a une odeur alliacée désagréable. Elle se ramollit à la main. Elle s'émulsione dans l'eau. Elle abandonne à l'alcool des deux tiers aux trois quarts d'une résine dont la composition peut être représentée par la formule $C^{8}H^{9}O$. Elle renferme, en outre, un cinquième environ de son poids d'une gomme soluble dans l'eau, de 2 à 4 pour 100 de bassorine, et enfin de 4 à 7 pour 100 d'une huile volatile. Dans le commerce, elle est en larmes ou en masse; la première sorte est préférée, quoique la seconde possède une odeur plus forte. On l'attribue aux exsudations que donne une plante connue sous le nom d'*Heracleum gummiferum*, qui paraît commune dans la Parthie, mais on pense aussi qu'elle serait produite par une *Ferula ammorafera*. On l'a souvent confondue avec une gomme qu'on récolte au Maroc et qui provient du *Ferula tingitana*. Elle est employée à l'intérieur sous forme de lait, de pilules, de teinture et de potion; à l'extérieur, sous celle d'emplâtre, et dans des collyres et des savons. Comme les autres gommes du groupe des gommes fétides, elle passe pour avoir une action fondante et résolutive.

AMMONIAQUES COMPOSÉES (*chimie*). — On donne le nom d'ammoniaques composées à des corps qui jouent, comme l'ammoniaque ordinaire, le rôle de bases et forment des sels bien définis au point de vue de la formule, en ce qu'une partie de l'hydrogène est remplacée par un radical composé. Les ammoniaques composées portent le nom d'*amides* (voy. ce mot). Les plus importants sont la méthylamine, l'éthylamine, la propylamine. Mais, par des considérations théoriques et par le jeu des formules, on peut faire entrer dans une seule espèce tous les alcalis organiques ou alcaloïdes, en les assimilant à l'ammoniaque comme type primitif, analogues aux sels ammoniacaux ordinaires. Ces ammoniaques composées diffèrent de l'ammoniaque ordinaire. Beaucoup d'entre les alcaloïdes naturels, p. 192, pour ne pas dire tous (Voy. ce mot), prennent leur place dans la classification des amines; d'ailleurs, la théorie a conduit à les préparer artificiellement. C'est ainsi que le laboratoire des chimistes se substitue à la vie des plantes ou à celle des animaux pour former des composés que, d'abord, on ne retirait que des corps ayant vécu.

AMMONIMÈTRE (*chimie agricole*). — Instrument imaginé par M. Bobierre, qui lui a donné ce nom, pour faire des dosages d'azote dans les engrais tels que guano, sang, chair, tourteaux, sulfate d'ammoniaque, c'est-à-dire dans lesquels l'azote n'est combiné qu'à l'état de matière organique ou à l'état de sel ammoniacal. Ce procédé repose sur les mêmes principes que les dosages d'azote par le procédé que l'on appelle la *chaux sodée;* il a seulement pour but de simplifier l'outillage. Pour juger et son degré d'utilité et dans quels cas on doit l'employer, il convient de bien connaître tous les procédés de dosages de l'azote, et sa description ne doit être donnée qu'à la suite de leur exposition. Mais il faut noter qu'il est mal nommé, car il mesure l'azote et non l'ammoniaque qui est dans une combinaison, à moins que celle-ci ne soit un sel ammoniacal; c'est, à bien parler, un azotimètre.

AMMONITE (*minéralogie*). — Mollusque fossile céphalopode, à volute très recourbée et généralement aplatie. Ce fossile est un de ceux qui servent à caractériser quelques terrains de l'époque géologique secondaire et de la craie. La taille des Ammonites, qu'on appelle aussi cornes d'Ammon ou de bélier, varie depuis quelques millimètres jusqu'à plusieurs décimètres de circonférence.

AMMONIUM (*chimie*). — On a donné le nom d'ammonium à un radical qu'on n'a pas encore isolé et qui aurait pour formule AzH^{4}. Ce serait l'oxyde d'ammonium qui entrerait dans les sels ammoniacaux. Ce qui appuie cette manière de voir, c'est la formation d'une sorte d'amalgame que l'on obtient en mettant en contact un sel ammoniacal et une dissolution aqueuse d'ammoniaque avec du mercure, et faisant agir soit l'électricité, soit un métal qui décompose l'eau, tel que le potassium ou le sodium; dans cet amalgame, un métal particulier qui serait l'ammonium AzH^{4}, semble exister. D'un autre côté, l'analogie entre les sels de potasse, de soude, etc., se comprend mieux lorsqu'on suppose des sels d'oxyde d'ammonium que des sels ammoniacaux, à cause de la nécessité de faire intervenir l'eau dans les sels des oxacides; de même l'analogie des chlorures, iodures, bromures, etc., des divers métaux d'une part, et le chlorure, l'iodure, le bromure, etc., d'ammonium est parfaite, tandis que le chlorhydrate d'ammoniaque, par exemple, a une formule qui ne ressemble nullement à celle du chlorure de potassium, malgré l'analogie des propriétés chimiques des deux sels. L'agriculteur n'a pas besoin d'entrer dans ces questions théoriques; il est seulement nécessaire qu'il soit averti de leur existence pour pouvoir consulter avec utilité certains livres de chimie.

AMMONIURE (*chimie*). — Nom donné à toute combinaison du radical métallique hypothétique *ammonium* avec un métal quelconque (voy. AMMONIUM). — On connaît l'ammoniure de mercure, que l'on considère aussi comme un amalgame d'ammonium (voy. AMALGAME), et comme un hydrure ammoniacal de mercure; on l'obtient en faisant passer un courant électrique à travers un globule de mercure placé dans une capsule de chlorhydrate d'ammoniaque légèrement humide; le globule de mercure augmente de volume et prend une consistance butyreuse. — On appelle *ammoniure de* fer le dépôt métallique, semblable à de l'acier poli, qu'on obtient en faisant passer un courant électrique dans une dissolution d'un sel de protoxyde de fer et de chlorhydrate d'ammoniaque.

AMMOPHILE (*entomologie*). — Genre d'insectes hyménoptères, de la famille des Fouisseurs de Cuvier, vivant principalement dans les sables et comprenant plusieurs espèces (*Ammophila* ou *Sphex sabulosa, holosericea, hirsuta, argentata*).

AMMOPHILES (*botanique*). — Groupe de plantes vivaces croissant en abondance dans les sables maritimes de l'Europe, et qui appartiennent à la famille des Graminées. Leurs fleurs sont réunies en épillets biflores, comprimés latéralement et convexes sur les deux faces. Leurs feuilles sont enroulées, coriaces, presque piquantes. L'inflorescence présente un long épi composé. Ces plantes possèdent des rhizomes longuement rampants, qui font qu'on les emploie pour donner de la fixité aux terrains mouvants, aux dunes des bords de la mer. L'espèce la plus commune est l'*A. arundinacea*, nommée aussi *Arundo arenaria*.

AMMOPÉTNODYTE (*ornithologie*).— Oiseau courant dans les sables, comme l'autruche.

AMMOPHORE (*entomologie*). — Insecte coléoptère hétéromère, de la famille des Mélasomes, existant au Pérou.

AMNIOS (*anatomie animale*). — Membrane interne qui enveloppe le fœtus; elle est mince et diaphane; elle renferme un liquide appelé l'eau de l'amnios, dans lequel le jeune sujet est plongé. Ce liquide, de couleur jaunâtre ou blanchâtre, est de nature excrémentitielle; il ne remplit que des usages d'ordre purement physique. Il préserve le fœtus de l'action immédiate de l'utérus, et réciproquement. — En *botanique*, on appelle amnios la partie du sac embryonnaire qui reste autour de l'ovule végétal après que celui-ci s'est formé; il se change rapidement en tissu cellulaire pour entrer dans la composition de l'albumen (voy. ce mot).

AMNIOTIQUE (*médecine vétérinaire*). — Se dit de ce qui a rapport à l'amnios ou à ses liquides.

AMNISQUE (*entomologie*). — Grands insectes coléoptères tétramères, de la famille des Longicornes, habitant l'Amérique du Nord.

AMODIATION, AMODIER (*économie rurale*). — Expressions employées dans quelques régions de la France, comme synonyme d'affermer (voy. ce mot). Ainsi on dit amodier une ferme pour la donner à bail. — Celui qui donne un domaine à bail est appelé amodiateur, et celui qui le prend à bail est dit amodiataire.

AMOEBIENS (*zoologie*). — Les Amœbiens (*Amœba*) nommés aussi Amœbes et Amibes (voy. ce mot), sont des animalcules qui vivent dans les eaux contenant de la matière organique en voie de décomposition. Ils sont formés d'un corps dit protoplasmique, c'est-à-dire ayant la forme la plus rudimentaire de la matière vivante, mais déjà pourvu d'un noyau et émettant de sa masse des expansions ou des espèces de pattes ou pseudopodes qui rentrent dans la masse. Les uns ont le corps nu et sont ce qu'on appelle des gymno-amœbiens; les autres ont le corps partiellement muni d'une enveloppe, ce sont des théco-amœbiens. Ils paraissent se reproduire soit par la bipartition, soit par la division du noyau, en un certain nombre de corpuscules qui sortent du corps de l'amœbe et deviennent des organismes semblables à leur parent. On distingue d'abord l'*Amœba princeps* qui se présente comme une cellule nucléée nue, émettant des pseudopodes obtus qu'il a le pouvoir de rétracter et qui lui servent pour la locomotion et la préhension de la matière qu'il choisit pour sa nourriture et qu'il absorbe par endosmose; il vit dans l'eau douce. A côté se groupent un grand nombre d'espèces : en premier lieu, l'*Amœba coli*, qui cause une vive inflammation sur les points de la muqueuse du gros intestin, où il s'amasse par milliers; il amène la dysenterie et il peut la communiquer; on le détruit par la quinine. On connaît encore l'*Amœba terricola*, qui vit dans la terre, et l'*Amœba diffugia oblonga*, qui vit dans l'eau saumâtre et dont une partie du corps est recouverte d'une enveloppe dense; la partie nue de la membrane peut seule émettre des pseudopodes. — Ces animalcules protozoaires, appelés par quelques naturalistes *Protoplasta, Infusoria, Rhizopoda, Lobosa*, doivent être signalés aux agriculteurs puisqu'ils peuvent occasionner des maladies graves et sont parfois le sujet de l'insalubrité d'eaux qu'on prend en boissons.

AMOISONNEMENT (*droit rural*). — Droit autrefois prélevé sur la moisson.

AMOLA (*métrologie*). — Mesure de capacité en usage pour les liquides à Gênes, d'une contenance de $8^{lit},7$.

AMOMACÉES ou **AMOMÉES** (*botanique*). — Famille de plantes monocotylédones, voisine de celle des Scitaminées, et caractérisée par des anthères biloculaires. La plupart des plantes de cette famille sont des plantes herbacées vivaces, à racines tubéreuses souvent ligneuses; les fleurs sont munies de bractées et forment des épis sortant de terre.

AMOME (*botanique, horticulture*). — Plantes des régions de l'ancien monde, appartenant à la famille des Zingibéracées, à rhizomes chargés de racines adventives, à feuilles distiques, à inflorescence radicale en épi. Les graines, renfermant des principes aromatiques, sont employées en parfumerie ou en médecine. On en distingue plusieurs espèces, dont les principales sont: 1° l'Amome Maleguete, originaire de la côte occidentale d'Afrique, et qui fournit la substance connue dans le commerce sous le nom de poivre Maleguete; 2° l'Amome très grand, originaire de Malaisie, qu'on appelle aussi Amome cardamome, et dont les fruits ont les mêmes usages que ceux du vrai Cardamome; 3° l'Amome aromatique, qui vient de l'Inde, et dont les fruits sont charnus.

Dans les jardins, on appelle souvent *Amome des jardiniers*, une plante ornementale, la Morelle faux piment, recherchée pour son port et ses fruits, d'une coloration remarquable, mais dangereux à raison du principe vénéneux qu'ils renferment.

AMOMIE (*arboriculture*). — Nom vulgaire du mûrier blanc (*Morus alba*).

AMOMUM. — Nom vulgaire de la morelle faux piment (*Solanum pseudo-capsicum*).

AMONT. — Côté d'un cours d'eau d'où vient l'écoulement. Le bief d'amont est la partie située au-dessus d'un barrage.

AMOORA (*botanique*). — Grands arbres de l'Asie tropicale appartenant à la famille des Méliacées, tribu des Trichiliées. Leurs fleurs sont polygames-dioïques; les fleurs mâles se présentent en panicules, les femelles en épis ou en grappes. Le fruit est une grosse baie à graines volumineuses.

AMORCE (*pêche et chasse*). — Le mot amorce s'applique à tout ce qui sert à attirer, à appeler ou à faire obtenir un résultat. C'est ainsi que la poudre à canon ou une matière fulminante peuvent être des amorces; c'est ainsi qu'il y a aussi des amorces morales; qu'un commencement de construction s'appelle une amorce. Pour la pêche et la chasse, les amorces sont des appâts destinés à attirer les poissons ou les oiseaux, en leur offrant une nourriture dont ils sont friands et qui les fait tomber dans un piège ou sous le coup des armes de leurs ennemis. Les grains divers, surtout cuits, les détritus organiques, les vers, le tout préparé de manière à faire des aliments recherchés par les animaux que l'on veut prendre, sont propres à composer des amorces qu'on varie d'après l'étude des goûts ou des instincts de chaque espèce.

AMORETTI (*biographie agricole*). — L'abbé Charles Amoretti, né dans le duché de Gênes en

1740, a passé la plus grande partie de sa vie à Milan, où il a été, durant quinze ans, secrétaire de la société formée pour l'encouragement de l'agriculture ; il est mort dans cette ville le 25 mars 1816. Il avait été élu membre étranger de la Société nationale d'agriculture de France en 1788. On lui doit un grand nombre d'ouvrages sur la géographie, l'histoire naturelle et les arts, et une traduction des *Elementa rei rusticæ* de Mitterbacher.

AMOREUX (*biographie*). — Médecin né à Beaucaire, mort en 1824 à Montpellier, où il était bibliothécaire de la Faculté de médecine. On lui doit plusieurs ouvrages sur l'agriculture et la médecine vétérinaire. Les principaux sont : un *Traité de l'olivier*, paru en 1784 ; un *Traité sur les haies destinées à la clôture des prés, des champs*, etc. (1787) ; un *Précis historique sur l'art vétérinaire* (1810).

AMORI. — Nom donné quelquefois, aux environs de Toulouse et dans le département de la Haute-Garonne, aux moutons attaqués par le tournis.

AMORPHA (*horticulture*). — Arbrisseau à feuilles composées, de la famille des Légumineuses-Papilionacées, originaire de l'Amérique, cultivé dans les jardins comme plante d'ornement. On en connaît huit à dix espèces. La principale est l'amorphe frutescent (*Amorpha fruticosa*), arbrisseau de pleine terre, de 2 mètres à $2^{m},50$ de hauteur, convenant pour les bosquets. Ses feuilles, pennées, aiguës, ressemblent beaucoup à celles de l'indigotier ; les fleurs, disposées en épi, petites, de couleur violâtre, fleurissent au mois d'août. Cet arbrisseau n'est que demi-rustique dans le nord de la France.

AMORPHE. — Qualification d'une substance, d'un corps, d'un organe, d'un minéral, dont la structure n'est pas déterminée et régulière, ou cristalline.

AMORPHOCÉPHALE (*entomologie*). — Genre d'insectes coléoptères tétramères, de la famille des Curculionites, à tête difforme, qu'on rencontre en Italie, en Illyrie et en Nubie.

AMORPHOCÈRE (*entomologie*). — Genre d'insectes coléoptères tétramères, de la famille des Curculionites, ayant des cornes informes, qu'on rencontre en Cafrerie.

AMORPHOPE (*entomologie*). — Genre d'insectes orthoptères, de la famille des Acridiens, ayant des pattes informes, qu'on trouve à Cayenne.

AMORPHOPHALLUS (*horticulture*). — Plante ornementale de la famille des Aroïdées, originaire de Cochinchine et récemment importée en Europe. Les racines sont formées par de gros tubercules pesant environ 3 kilogrammes et qui n'émettent chacun qu'une seule feuille gigantesque d'un vert livide, marbrée de blanc et de rose. Sa hauteur varie de 1 mètre à $1^{m},50$, et son diamètre est de 1 mètre à $1^{m},25$; le limbe est divisé en plusieurs branches, et il s'étale en forme de parasol. Les tubercules, retirés de terre, doivent être gardés, pendant l'hiver, dans un lieu sec et aéré ; au mois d'avril, on les plante soit sur couche, soit directement en place, suivant le climat du lieu. Les feuilles se développent assez facilement dans la plus grande partie de l'Europe.

AMORPHOSOME (*entomologie*). — Genre d'insectes coléoptères pentamères, ayant le corps informe, qu'on rencontre au cap de Bonne-Espérance.

AMORPHOZOAIRE (*zoologie*). — Division du règne animal comprenant les éponges et les genres voisins.

AMORTISSEMENT. — Ce mot est usité dans plusieurs acceptions. — C'est d'abord l'action d'affaiblir, ou de rendre plus tendre, ou de priver d'âcreté. Ainsi on dit l'amortissement d'un coup, l'amortissement de viandes qu'on rend plus tendres, l'amortissement de plantes herbacées auxquelles on enlève un goût âcre. — En deuxième lieu, l'amortissement est l'extinction graduelle d'une charge, d'une dette. On amortit un emprunt, par exemple, en restituant chaque année, avec les intérêts, une partie du capital. On dit, dans le même sens, caisse d'amortissement, fonds d'amortissement. Une dette qui peut être éteinte par amortissement, est dite amortissable. — Enfin, dans l'ancienne législation, l'amortissement était le droit payé au seigneur par les établissements de mainmorte auxquels des propriétés étaient concédées. Il servait à compenser les droits de mutation perdus dans l'avenir pour le seigneur, puisque les biens de mainmorte ne pouvaient pas être aliénés.

AMOSELLE (*arboriculture*). — La poire amoselle est aussi appelée bergamotte de Hollande et bergamotte d'Alençon. C'est un fruit mûrissant en hiver et se conservant jusqu'à la fin du printemps suivant. Il est de grosseur moyenne, arrondi, déprimé aux deux extrémités ; avec une queue longue, un œil enfoncé, une peau épaisse d'un jaune verdâtre, lavée de roux au soleil, et parsemée de points fauves ; sa chair, demi-cassante, présente une eau abondante, sucrée et légèrement parfumée. L'arbre qui la porte est à peu près pyramidal.

AMOTES. — Nom donné, dans quelques colonies espagnoles, aux patates (*Batatas edulis*). On dit aussi camotes.

AMOUILLANT (*économie du bétail*). — Qualification d'une vache qui vient de vêler ou qui est sur le point de vêler. Cette expression est principalement usitée en Normandie et en Picardie, et d'une manière générale dans les pays d'herbages où la production du lait présente une grande importance.

AMOUILLE. — Se dit du colostrum de la vache.

AMOUR (POIRE D') (*arboriculture*). — Nom donné à une très grosse poire qu'on appelle aussi poire Trésor, ayant la peau jaune, striée, marbrée de fauve, à chair blanche, mi-fondante, très juteuse, non pierreuse, sucrée, mais sans parfum ; très bonne comme fruit à compote, deuxième comme fruit à couteau ; mûrissant de novembre au commencement de février. L'arbre vient mieux sur franc que sur cognassier ; il est de fertilité moyenne et doit être surtout placé en espalier à cause de la grosseur de ses fruits.

AMOUR (POMME D') (*culture maraîchère*). — Nom vulgaire de la tomate.

AMOUR EN CAGE. — Nom vulgaire de l'alkekenge avec son fruit (voy. ALKEKENGE).

AMOURETTE. — Nom vulgaire donné à quelques plantes des champs se faisant remarquer par un port gracieux. Ainsi, on appelle simplement *amourettes*, un certain nombre de brizes : l'*amourette des prés* est le lychnide ou fleur de coucou ; l'*amourette moussue* est une espèce de saxifrage (*Saxifraga hypnoides*). — En terme de boucherie, on donne ce nom à la partie de la moelle épinière du veau et du mouton dont on fait des garnitures dans la préparation de certains mets.

AMOURIER. — Nom vulgaire donné au mûrier, noir ou blanc, dans une partie de la Provence et du Languedoc.

AMOUROCHE (*botanique*). — Nom vulgaire de la camomille puante (*Maruta cotula*).

AMPA (*botanique*). — Nom donné à plusieurs plantes de Madagascar, à feuilles plus ou moins rudes, parmi lesquelles on doit citer un figuier velu et plusieurs Urticées.

AMPÈDE (*entomologie*). — Genre d'insectes coléoptères pentamères, de la famille des Sternones, nommé aussi taupin.

AMPÉLIDÉES (*botanique*). — Famille de plantes dicotylédones, renfermant des arbres et arbrisseaux sarmenteux, généralement grimpants, à tiges et à rameaux noueux. Les fleurs hermaphrodites sont petites, verdâtres, en grappes, panicules ou thyrses ; la corolle à quatre ou cinq pétales est insérée en dehors d'un disque entourant la base de l'ovaire. Les feuilles sont pétiolées, simples, palmées ou digitées. Cette famille est d'une grande importance pour l'agriculture, car la vigne est une des plantes qui en font partie. La plupart des Ampélidées sont originaires de la zone intertropicale des deux continents; la culture a considérablement étendu l'aire de la vigne. Les principaux genres appartenant à cette famille sont la Vigne, le Cissus, l'Ampélopside.

AMPÉLINE (*chimie*). — Liquide d'aspect huileux ne se solidifiant pas à —20 degrés, mais se décomposant, par la distillation, en eau, en charbon et une autre huile; très soluble dans l'eau ainsi que dans l'alcool et l'éther; ayant de l'analogie avec la créosote. Les acides, le sel marin, le phosphate de soude, le sel ammoniac, précipitent cette substance de sa dissolution aqueuse. Elle a été obtenue par Laurent dans la distillation sèche des schistes bitumineux. L'acide nitrique le décompose en produisant de l'acide oxalique et un corps résineux. — L'action de l'acide nitrique bouillant concentré sur les huiles de schiste donne naissance à de l'acide picrique et à de l'acide *ampélique*, corps solide, incolore, inodore, fondant vers 260 degrés, insoluble dans l'eau, très soluble dans l'alcool et l'éther, se combinant avec les bases pour donner des sels cristallisables. Cet acide a pour formule $C^7H^6O^3$ et est isomère avec l'acide salicylique.

AMPÉLIS (*ornithologie*). — Nom donné d'abord à l'oiseau jaseur, *Ampelis garrulus*, parce qu'il se nourrit de raisins. Il a été ensuite appliqué à d'autres petits oiseaux, dont les raisins forment aussi la nourriture, tels que les becfigues. On appelle maintenant *Ampelinés* une sous-famille d'oiseaux de la famille des Bacciphores, de l'ordre des Dentirostres, à bec déprimé, renfermant les genres Cotinga, Averano, Jaseur, Piauhau, tersine, Philabure.

AMPÉLITE (*minéralogie*). — Schiste argileux composé de silicate d'alumine et de carbone avec des proportions variables de soufre et de fer. Cette roche se rencontre dans les terrains de transition, parfois en couches assez importantes. On en distingue deux espèces: l'ampélite schiste alumineux ou alunifère et l'ampélite graphique.

L'ampélite alumineux est d'un noir brillant, se désagrégeant facilement à l'air en se couvrant d'efflorescences salines. Dans quelques pays, on en extrait de l'alun; dans les régions viticoles où il est abondant, on s'en sert dans les vignes, soit comme engrais, soit pour détruire les insectes. Cette roche se rencontre dans le Jura et les Alpes.

L'ampélite graphique, qui est un silicate d'alumine renfermant 10 pour 100 de carbone, est employé pour fabriquer les crayons de charpentier; il laisse une trace noire sur le bois ou la pierre. On l'appelle vulgairement pierre noire, pierre des charpentiers. Cette roche est abondante en Normandie entre Alençon et Séez.

AMPÉLODESME (*botanique*). — Plantes de la famille des Graminées, très voisines des *Arundo*, dont elles ont le port, mais dont elles diffèrent principalement par leurs glumes subulées; elles se rencontrent dans la région méditerranéenne.

AMPÉLOGRAPHIE (*viticulture*). — Description de la vigne et des caractères qui distinguent ses diverses espèces ou variétés. Ce mot vient du grec ἄμπελος, qui signifie vigne et γράφειν qui signifie décrire. Plusieurs ouvrages consacrés à la description des cépages, portent le nom d'ampélographies; tels sont notamment: l'*Ampélographie universelle*, par le comte Odart; l'*Ampélographie*, par Victor Rendu; l'*Essai d'une ampélographie universelle* publié en italien par le comte de Rovasenda et traduit en français par MM. F. Cazalis et G. Foex. Des ampélographies locales ont également été publiées. D'autres ouvrages, sans porter le même titre, sont de véritables ampélographies; tel est le *Vignoble*, par MM. Mas et Pulliat.

AMPÉLOPSIDE (*viticulture*). — Arbrisseaux sarmenteux, grimpants, appartenant à la famille des Ampélidées. Ces plantes ont le port et l'inflorescence de la vigne; les feuilles sont décussées, les fleurs vert pâle ont peu d'apparence, avec un calice monosépale, presque entier. Les fruits, en forme de baies, renferment deux ou quatre graines. Dans la fleur, le disque est tout à fait confluent avec l'ovaire. Les plantes atteignent souvent un très grand développement. Les espèces d'Ampélopsides connues sont originaires de l'Amérique septentrionale ou de la Chine. Ce sont :

1° L'Ampélopside vigne-vierge (*Ampelopsis hederacea*), dont les tiges atteignent jusqu'à 20 mètres de hauteur et se fixent, par des racines adventives, sur les objets environnants. Les feuilles sont nombreuses, divisées en folioles palmées et dentées, vertes, glabres sur les deux faces et luisantes; les fleurs, petites et en grappes, s'épanouissent en juin et juillet; les baies sont noires. Elle est originaire de l'Amérique septentrionale.

2° L'Ampélopside velue (*A. hirsuta*), se distingue de la précédente par des feuilles velues sur les deux faces et une floraison plus hâtive. Elle vient aussi de l'Amérique septentrionale.

3° L'Ampélopside bipennée (*A. bipinnata*), à tige arborescente, atteignant 5 mètres, et pouvant s'élever à d'assez grandes hauteurs, lorsque les branches trouvent à s'appuyer sur des arbres ou des rochers. Les feuilles sont bipennées, à folioles incisées; les fleurs, en grappes pédonculées, s'épanouissent de juillet en septembre, les baies sont globuleuses et jaunâtres. Cette espèce, qui se plaît dans les sols riches et frais, est commune dans la Virginie, le Kentucky et jusque dans les États du sud de l'Amérique septentrionale.

4° L'Ampélopside à feuilles en cœur (*A. cordata*), à feuilles cordiformes, aiguës et dentées, avec nervures velues en dessous; les fleurs s'épanouissent en avril et en mai, en grappes pédonculées. Cette espèce aime les sols un peu profonds et légèrement humides. Elle est répandue le long des rivières et des cours d'eau, dans l'Amérique septentrionale, depuis la Pensylvanie jusque dans les Carolines.

5° L'Ampélopside à feuilles de vigne (*A. serjaniæfolia*), à tige arborescente et à feuilles lobées, ou plus souvent quinquéfoliées, à grosses racines tubéreuses. Ces racines, lorsqu'elles sont encore jeunes, sont charnues et renferment une matière mucilagineuse abondante; lorsqu'elles sont devenues ligneuses, elles contiennent un principe âcre et amer. Cette espèce est originaire de la Chine septentrionale.

6° L'Ampélopside à feuilles d'aconit (*A. aconitifolia*), très voisine de la précédente, et originaire également de la Chine septentrionale, s'en distingue par des feuilles pennatifides. Le développement de cet arbrisseau est également plus grand. On cultive deux variétés de cette espèce, qui diffèrent seulement par des folioles plus ou moins laciniées.

Les Ampélopsides sont recherchées dans les jardins comme plantes d'ornement, à raison de leur végétation rapide et de leur grand développement, pour garnir les tonnelles, couvrir les murs, etc. La première des espèces qui viennent d'être décrites, est principalement recherchée dans ce but. Les terrains frais sont ceux qui leur conviennent le mieux. La multiplication est d'ailleurs facile soit par graines, soit par marcottes ou boutures.

A la suite de la destruction d'une grande étendue de vignes par le phylloxera, on a cherché tous les moyens de reconstituer les vignobles. Un botaniste distingué, M. Lavallée, membre de la Société nationale d'agriculture, a proposé d'étudier les Ampélopsides, notamment celles d'origine chinoise, au point de vue de leur résistance au puceron dévastateur, et de la greffe des fins cépages français sur ces plantes. Les essais de culture faits sur ses indications ont montré que les Ampélopsides ne sont pas attaquées par le phylloxera; quant à la greffe des vignes françaises sur les ampélopsides, les expériences ne sont encore, en 1881, ni assez nombreuses, ni d'assez longue durée pour donner des résultats absolument concluants.

AMPERÉE (*botanique*). — Plante de la famille des Euphorbiacées, dont les fleurs sont monoïques, à tiges ligneuses, souterraines, constituant des sous-arbrisseaux à la Nouvelle-Hollande.

AMPEUTRE. — Nom vulgaire donné parfois à l'épeautre, plante céréale cultivée dans une grande partie de la France.

AMPHACANTHE (*pisciculture*). — Poisson ainsi nommé parce que sa nageoire est épineuse des deux côtés; il appartient à la famille des Teuthies; il est commun dans la mer Rouge et l'océan Indien; on le rencontre fréquemment sur les marchés de l'Ile de France.

AMPHASIE (*entomologie agricole*). — Insecte de la famille des Carabiques, dans l'ordre des Coléoptères pentamères. Signalé spécialement dans l'Amérique septentrionale, cet insecte ne paraît pas exercer une action nuisible sur les plantes cultivées.

AMPHIÆMANTHÉES (*botanique*). — Division de la famille des Composées.

AMPHIARTHROSE (*anatomie animale*). — Articulation formée par l'union de deux surfaces planes ou presque planes, qui sont contiguës en partie et réunies par du tissu fibreux. L'exemple le plus remarquable de ces articulations, qu'on appelle aussi symphyses, est dans les articulations des vertèbres pour former la colonne vertébrale.

AMPHIBICORISE (*entomologie*). — Genre d'insectes hémiptères hétéroptères, comprenant les punaises aquatiques, et qui courent à la surface de l'eau sans s'y enfoncer. On dit aussi *Amphibiocorises*.

AMPHIBIE. — Qualification des êtres organisés qui peuvent vivre dans deux éléments, dans l'air et dans l'eau. Ce mot s'applique aux végétaux comme aux animaux. — Parmi les animaux, ceux qui peuvent respirer indifféremment l'air ou l'eau, tels que les protées, sont réellement amphibies; ceux qui vivent habituellement dans l'eau quoique ne respirant que l'air, comme les grenouilles, les phoques, etc., sont dits aussi par extension amphibies. — Les plantes amphibies sont celles qui se développent dans l'eau ou hors de l'eau, comme la renouée, ou celles qui, croissant sur les bords des eaux, peuvent rester vivantes, malgré une inondation de quelque durée.

Les *Amphibies* forment une section des Carnassiers dans l'ordre des Mammifères; on les appelle aussi du nom de cétacés.

AMPHIBIENS (*zoologie*). — Classe d'animaux vertébrés, qui se place, dans la classification, entre les classes des Poissons et des Reptiles proprement dits; on les appelle aussi batraciens. La grenouille peut être considérée comme le type de cette classe. Dans la classification de Cuvier, les amphibiens ou batraciens formaient un ordre de la classe des Reptiles.

AMPHIBLESTRIE (*botanique*). — Nom employé pour désigner une fougère, le *Pteris latifolia*.

AMPHIBOLE. — Ce mot est pris dans diverses acceptions.

En *minéralogie*, l'amphibole est une substance minérale complexe, très dure, de texture prismatique, essentiellement formée de silice, de chaux et de magnésie, avec des oxydes de fer et de magnésie. Elle se rencontre dans un assez grand nombre de terrains primitifs et de transition. On en connaît plusieurs espèces dont les principales sont : l'amphibole blanche ou hémolite, dont une variété forme l'amiante; l'amphibole verte ou amphibolite. Les amphiboles sont utilisées dans les arts de la tabletterie et de la marqueterie.

En *zoologie*, on donne le nom d'amphibole : 1° à un genre de coléoptères pentamères; 2° à un genre de mollusque testacé univalve; 3° à une famille d'oiseaux de l'ordre des Passereaux, à laquelle on donne aussi le nom d'amphibolins.

En *botanique*, on appelle amphiboles une section formée dans la grande famille des Algues.

AMPHIBOLINS (*ornithologie*). — Famille d'oiseaux de l'ordre des Passereaux. Les oiseaux de cette famille ont quatre doigts aux pattes, deux dirigés en avant, deux dirigés en arrière; le postérieur interne est versatile.

AMPHIBOLITE (*minéralogie*). — Variété d'amphibole dont la couleur varie du vert au noir, suivant la proportion d'oxyde de fer qu'elle renferme. C'est une roche très dure, de texture lamellaire. Unie avec d'autres roches, elle forme divers composés qu'il importe de signaler : avec le granit, la syénite d'Égypte; avec le feldspath, la diorite, le trapp, le trachyte, l'ophyte; avec le calcaire, l'hémithrène. L'amphibolite se rencontre dans les terrains primitifs et les sols volcaniques.

AMPHIBOLOCARPÉES (*botanique*). — Nom donné à un groupe de la famille des Fougères.

AMPHICARPE (*botanique*). — Qualification d'une plante qui donne deux sortes de fruits différents, soit par la forme, soit par l'époque de leur maturité.

AMPHICARPIDE (*botanique*). — Fruit formé d'un gynophore charnu, dont la surface est parsemée d'akènes (voy. ce mot). La fraise est le type de cette espèce de fruit.

AMPHICÉMANTHÉES (*botanique*). — Division de la famille des Composées.

AMPHICOME (*horticulture*). — Plante herbacée, vivace par sa racine, cultivée dans les jardins comme plante d'ornement. Originaire de l'Inde, elle appartient à la famille des Broméliacées. La tige est droite et atteint une hauteur de 40 centimètres. Ses fleurs sont composées; elles sont tubuleuses, de couleur rose chair, sauf le tube de la corolle qui est orangé. L'amphicome peut être gardé en pleine terre dans toute saison dans le midi de la France, sous bâche froide dans la région septentrionale. La multiplication peut se faire par graines ou par éclats du pied.

AMPHICOME (*entomologie*). — Genre d'insectes coléoptères pentamères, de la tribu des Scarabéides, vivant sur les fleurs dans les pays méridionaux; ils ressemblent aux hannetons, dont ils diffèrent surtout par les mâchoires, la languette et la saillie du labre.

AMPHICORES (*entomologie*). — Annélides très voisines des Amphitrites et qui s'en distinguent par des points noirs à leurs extrémités.

AMPHICRANE (*entomologie*). — Genre d'insectes coléoptères tétramères, de la famille des Xylophages, que l'on rencontre au Brésil.

AMPHICRANIE (*entomologie*). — Genre d'insectes coléoptères pentamères, de la famille des Lamellicornes, ayant la tête bifurquée, qu'on rencontre au Chili.

AMPHICYRTE (*entomologie*). — Genre d'insectes coléoptères tétramères, de la famille des Crysomélines, qu'on rencontre en Californie.

AMPHIDASE (*entomologie*). — Genre d'insectes lépidoptères, de la famille des Nocturnes, tribu des Phalénites, habitant l'Europe.

AMPHIDESME (*zoologie* et *entomologie*). — Nom donné à un genre de mollusques acéphales, de la famille des Mactracés, répandus dans toutes les mers, et à un genre d'insectes coléoptères tétramères, de la famille des Longicornes.

AMPHIDESMION (*botanique*). — Fougères de l'Amérique tropicale, appartenant à la tribu des Alsophilées (voy. ALSOPHILA).

AMPHIDESMITES (*zoologie*). — Famille de mollusques acéphales de la classe des Conchifères, ayant un double ligament cardinal, et dont l'amphidesme est le type.

AMPHIDIUM ou **AMPHORIDIUM** (*botanique*). — Genre de mousses, de la famille des Zygodontées, tribu des Grimmiacées, qu'on rencontre sur les pierres. Elles sont de taille moyenne, forment des entrelacements moelleux au toucher, de couleur claire à la surface et noirâtre à l'intérieur, avec des capsules prenant, lors de la maturité, l'apparence d'une amphore.

AMPHIDONAX (*botanique*). — Herbe de la famille des Graminées, tribu des Arundinacées, qu'on rencontre au Bengale.

AMPHIDORE (*entomologie*). — Genre d'insectes coléoptères hétéromères, qu'on trouve au Chili.

AMPHIDOXE (*botanique*). — Herbe de l'Afrique australe, appartenant aux Composées-Inuloïdées, ayant l'aspect du *Gnaphalium*.

AMPHIGAMES. — Nom donné, par quelques botanistes, à la classe du règne végétal qui comprend les lichens, les champignons et les algues. Ce serait une division des cryptogames. Ce mot est employé aussi pour désigner, en dehors de toute classification, les végétaux à génération douteuse.

AMPHIGÈNE (*minéralogie*). — Substance minérale, de couleur blanche, qu'on rencontre fréquemment dans les roches ignées ou dans les laves des volcans. Dure et le plus souvent cristalisée, elle est formée par un silicate d'alumine et de potasse. Cette substance est aussi appelée leucite ou leucolite.

AMPHIGÉNITE (*minéralogie*). — Variété de basalte dans laquelle l'amphigène remplace en grande partie le feldspath.

AMPHIGLOSSE (*botanique*). — Arbrisseau de l'Afrique australe, à rameaux épineux, à feuilles petites et raides, appartenant aux Composées-Inuloïdées.

AMPHILEPTE (*zoologie*). — Genre d'infusoires polygastriques, pourvus d'un intestin avec deux orifices distincts.

AMPHILOCHIE (*botanique*). — Arbres du Brésil, à feuilles opposées, pétiolées, coriaces, à fleurs terminales en épis, appartenant aux Vochysianées.

AMPHILOPHE (*botanique*). — Lianes qu'on rencontre surtout au Mexique et au sud du Brésil, appartenant à la famille des Bignoniacées, tribu des Eubignoniées.

AMPHIMALLE (*entomologie*). — Genre d'insectes coléoptères pentamères, de la famille des Lamellicornes, présentant des deux côtés des poils laineux, appartenant à la France.

AMPHININE (*zoologie*). — Genre de reptiles batraciens ressemblant à des salamandres et qu'on trouve en Amérique dans la vase des étangs. Ils sont inoffensifs. Ils ont un corps très allongé, atteignant parfois un mètre de longueur, avec quatre pieds très courts, très séparés les uns des autres, et ayant, selon les espèces, deux ou trois doigts.

AMPHINOME (*zoologie*). — Genre d'Annélides qu'on rencontre surtout dans les mers de l'Inde. Les amphinomes, parmi lesquelles il faut citer les espèces suivantes : *Terebella staba*, *Terebella caronculata*, *Terebella rostrata*, *Terebella complanata*, et qu'on appelle aussi des *Aphrodita*, ont un corps allongé, plus ou moins aplati, dont chaque articulation a une paire de branchies en forme de touffes et de petites plumes, et une bouche sans mâchoires avec une tête ornée de filaments charnus.

AMPHIODON (*ichthyologie*). — Genre de poissons de la famille des Clupéoïdes, ayant des dents nombreuses, coniques et pointues.

AMPHION (*zoologie* et *entomologie*). — Crustacé de l'ordre des Stomapodes, trouvé dans l'océan Indien. — Nom donné aussi à un genre d'insectes coléoptères tétramères, de la famille des Longicornes, tribu des Lamiaires, existant en Colombie.

AMPHIONYQUE (*entomologie*). — Genre d'insectes coléoptères tétramères, de la famille des Longicornes, tous exotiques.

AMPHIOXIENS (*pisciculture*). — Dernière famille de la classe des Poissons, caractérisée par un squelette réduit à une corde, un système nerveux rudimentaire, des appareils digestif, circulatoire et respiratoire très simplifiés. La bouche est disposée en suçoir, et les branchies sont placées sur les parois d'un sac commun situé entre la bouche et l'œsophage. Cette famille, qui porte aussi le nom de Branchiostomidés, ne comprend que deux genres : l'amphioxus ou branchiostome, et l'épigonichthys. Ces poissons habitent la mer et se trouvent dans le voisinage des côtes ou dans les étangs salés; on les pêche en draguant dans le sable ou dans la vase.

AMPHIOXUS (*pisciculture*). — Petit poisson marin, de 5 à 7 centimètres de longueur, qu'on rencontre sur les côtes de l'Europe et de l'Amérique. C'est le moins parfait de tous les animaux vertébrés, au point que quelques naturalistes y ont vu un intermédiaire entre les poissons et les mollusques. Il a été l'objet de nombreuses études. Le corps est allongé et comprimé, avec peau lisse et transparente. L'amphioxus fréquente les fonds sablonneux ou les étangs du littoral, qui communiquent avec la mer; il se nourrit d'infusoires et de détritus organiques. On en rencontre des espèces spéciales à la mer des Indes et aux côtes du Brésil et du Pérou.

AMPHIPODE (*zoologie*). — Genre de Crustacés ayant les yeux sessiles et immobiles, les mandibules munies d'une pulpe, les appendices sous-caudaux très apparents et ressemblant à des pieds-nageoires ou fausses pattes, d'où vient leur nom, qui signifie *pieds douteux*. Ces crustacés nagent et sautent avec agilité, toujours de côté. Les uns habitent les ruisseaux et les fontaines, les autres les eaux salées. Ils comprennent les crevettes, les mélites, les talites, les phronymes, etc.

AMPHIPOGON (*botanique*). — Plante de l'Australie tempérée, appartenant à la famille des Graminées, tribu des Pappophorées, à fleurs en épi, formant des involucres.

AMPHIPORE (*zoologie*). — Genre d'annélides de la famille des Gyratriciens, existant dans la mer Rouge.

AMPHIPRION (*ichthyologie*). — Genre de poissons dont le nom signifie à double scie ; ils appartiennent à la famille des Sciénoïdes; ils sont communs dans l'Inde et passent pour être herbivores.

AMPHIROÉ (*zoologie*). — Genre de Polypes qu'on rencontre dans un grand nombre de mers, et qui sont articulés et à rameaux épars, les articulations étant séparées les unes des autres par une substance nue et cornée.

AMPHISBÈNE (*zoologie*). — Genre de serpents d'Amérique et des Antilles, ayant le corps tout d'une venue et la queue arrondie presque aussi grosse que la tête, de telle sorte qu'ils peuvent marcher dans les deux sens, d'où leur nom qui signifie double marcheur. Comme ils ont les yeux très petits, il est assez difficile de distinguer de quel côté est la tête. Ils ont tout le corps et la queue revêtus de bandes circulaires, séparées par des sillons étroits, et composées chacune d'écailles carrées sous le ventre, rectangulaires ou ovales sur le dos. Ils se nourrissent d'insectes et surtout de fourmis.

AMPHISCEPS (*entomologie*). — Insectes hémiptères de la famille des Cigales.

AMPHISCIENS. — On donne ce nom aux hommes, aux animaux et aux végétaux de la zone torride, qui, par la situation géographique de la région qu'ils habitent, projettent leur ombre, en un temps de l'année, vers le midi, et en l'autre, vers le nord. Cette expression vient de deux mots grecs (*amphi*, qui veut dire des deux côtés, et *skia*, ombre).

AMPHISILE (*ichthyologie*). — Genre de poissons ayant le dos cuirassé de larges pièces écailleuses.

AMPHISPHORE (*botanique*). — Champignon caractérisé par un sporange globuleux, déprimé, renfermant des spores dont les unes sont fusiformes et les autres globuleuses.

AMPHISTAURE (*entomologie*). — Insectes coléoptères pentamères, de la famille des Lamellicornes, voisins des Cétoines.

AMPHISTOME (*helminthologie agricole*). — Nom donné par Rudolphi à une sorte de ver intestinal plat de l'ordre des Trématodes, à cause de la disposition des pores ou suçoirs qui sont placés parallèlement. On le trouve fréquemment dans l'estomac des ruminants. Des individus de cette espèce ont été aussi observés, en 1877, par Claude Bernard et M. Georges Barral, dans du suc salivaire provenant d'un bœuf, et qui avait été abandonné à lui-même pendant un mois dans un flacon bouché et à moitié rempli. Ils avaient l'extrémité du corps élargie et munie d'une ventouse. Ils mesuraient 1 centimètre et demi de longueur, et ils ont été reconnus pour appartenir au genre de l'*Amphistomum conicum*.

AMPHITHALÉE (*botanique*). — Arbrisseaux ordinairement soyeux ou velus, à feuilles simples et entières, à petites fleurs pourpres ou roses, appartenant à la famille des Légumineuses, tribu des Génistées.

AMPHITHOÉ (*zoologie*). — Genre de Crustacés amphipodes voisin des crevettes.

AMPHITRITE (*zoologie*). — Genre de vers marins appelés aussi annélides tubicoles et pinceaux de mer, qui ont pour caractère d'avoir la tête garnie de deux pièces d'un brillant métallique et semblables à des peignes. Leur corps est en forme de cône allongé et se termine ordinairement par une queue longue et tubuleuse. Les anneaux qui composent le corps portent de chaque côté un faisceau de soies raides ou de filaments charnus. Les branchies, en forme de panache de plume, sont attachées sur la partie antérieure du corps. Les amphitrites se construisent, avec des grains de sable ou des fragments de coquilles agglomérés, des tuyaux qu'ils habitent. Les espèces sont assez nombreuses. Les unes transportent leurs tubes avec elles; telles sont: l'*A. auricoma*, dont les peignes brillent comme de l'or, et qu'on trouve dans toutes nos mers jusqu'au Groënland; l'*A. capensis*, de la mer du Sud. Les autres habitent des tuyaux factices fixés à différents corps; telles sont: l'*A. ostrearia*, qui recouvre les coquilles d'huîtres de tubes poreux construits en sables fins et assez solides; l'*A. alveolata*, qui vit en société et forme avec du sable des masses compactes composées d'un grand nombre de tubes assez semblables aux alvéoles des abeilles; on trouve des amphitrites sur nos côtes. Linné les a appelées *Sabella alveolata*.

AMPHITROPE (*botanique*). — Qualification de l'embryon dont les deux extrémités sont recourbées et se dirigent vers le hile. Les embryons des Crucifères et de la plupart des Légumineuses sont amphitropes.

AMPHONIX (*entomologie*). — Genre d'insectes lépidoptères de la famille des Crépusculaires.

AMPHORE (*technologie*). — Vase à deux anses, dont les Grecs, et plus tard les Romains, se servaient pour conserver le vin, l'huile, etc. — Le même nom était donné, chez les Romains, à l'unité des mesures de capacité; sa contenance correspondait à 19^{lit},41. L'amphore était subdivisée en 2 urnes, 3 boisseaux, 40 setiers, etc.

En *botanique*, on appelle amphore la valve inférieure de fruits qui s'ouvrent en travers à l'époque de la maturité. Tel est celui du mouron des oiseaux (*Anagallis arvensis*).

AMPHORINE D'ALBERT (*ichthyologie*). — Mollusque découvert près de l'île Bréhat (Côtes-du-Nord), parmi les goémons. C'est un vrai bijou de la nature, dit l'éminent naturaliste Moquin-Tandon, qui s'est caché sous le nom d'Alfred Fredol, et qui le décrit ainsi : « L'animal est allongé, avec une tête plus grosse et surtout plus haute que le corps, et la queue effilée et très pointue. Il possède quatre cornes inégales, disposées comme celles des colimaçons; il a deux yeux petits, violets, placés, non pas au bout des grandes cornes, mais à leur base et en arrière. Les appendices branchiaux, au nombre de douze, et sur deux rangs, ne ressemblent en rien à ceux des autres Céphalés. Ils sont alternativement fusiformes ou ovoïdes, les uns petits, les autres grands; les premiers semblables à des urnes lacrymales; et les seconds à des amphores. Ce mollusque paraît légèrement rugueux et d'un blanc mat. La partie moyenne de ses cornes est d'un jaune d'or. Un cercle de la même couleur se trouve vers l'extrémité supérieure des branches, et donne à leur forme l'apparence d'un couvercle qui fermerait une ouverture à bord coloré. Sur la ligne médiane du dos, il existe une série de taches jaunes. »

AMPHYSE (*entomologie*). — Genre d'insectes coléoptères, hétéromères, de la famille des Mélasomes, dont on trouve des espèces au Brésil et au Chili.

AMPLECTIF. — Qualification des organes qui en enveloppent un autre d'une manière complète. En botanique, on appelle préfoliation amplective, celle dans laquelle les feuilles naissantes sont complètement enfermées dans celles qui les ont précédées. L'iris en offre un exemple remarquable.

AMPLEXATILE (*botanique*). — Se dit de la radicule lorsqu'elle embrasse le reste de l'embryon. Quelques Graminées en fournissent des exemples.

AMPLEXICAUDE (*zoologie*). — Se dit de l'animal dont la queue est complètement enveloppée par une membrane tendue entre les cuisses.

AMPLEXICAULE (*botanique*). — Se dit d'organes qui enveloppent la tige d'une plante. Cette qualification s'applique aux feuilles, aux pétioles, aux pédoncules, etc.

AMPLEXIFLORE (*botanique*). — Se dit d'un organe qui embrasse la fleur. Cette qualification est principalement appliquée aux écailles du réceptacle des fleurs composées, par exemple, la pâquerette, etc.

AMPO. — Sorte d'argile ferrugineuse que les indigènes des îles de la Sonde font torréfier pour la manger.

Labillardière a vu vendre, dans quelques villages de l'île de Java, de petits gâteaux rouges et carrés que les naturels nomment *tana-ampo* et qui n'étaient qu'une glaise rougeâtre. — L'usage de manger de la terre glaise se rencontre fréquemment chez les peuples sauvages; de Humboldt, dans ses *Tableaux de la nature*, en a cité de nombreux exemples. Sur les bords de l'Orénoque, les Otomaques mangent une argile d'un gris jaune; en Guinée, les nègres mangent une terre jaunâtre qu'ils nomment *caouac*; on a constaté le même fait dans la Nouvelle-Écosse et dans plusieurs parties du Pérou, notamment à Popayan. Dans les régions du nord, à l'extrémité de la Suède, on extrait de la terre des dépôts d'infusoires pour les consommer directement, ou bien pour les mélanger au pain. Durant la guerre de Trente ans on eut recours à cette alimentation en Poméranie.

AMPONDRE (*botanique* et *technologie*). — Nom donné aux gaines des feuilles et aux spathes des palmiers qu'on rencontre principalement à Madagascar. On fait de ces organes des ustensiles soit pour recevoir l'eau des pluies et la conserver, soit pour la préparation des aliments.

AMPOULE. — En *médecine vétérinaire*, c'est une tumeur formée par un épanchement de sérosité entre le derme et l'épiderme. La tumeur est produite par le soulèvement de l'épiderme. L'ampoule reconnaît pour causes principales une brûlure légère, le frottement réitéré sur une surface dure, enfin et surtout l'application de substances vésicantes. Elle est assez rare chez les animaux domestiques, surtout sur les surfaces recouvertes de poils, car la sérosité s'écoule facilement par les ouvertures de l'épiderme. Le traitement de l'ampoule consiste à pratiquer une ouverture sur la tumeur pour faire sortir la sérosité.—En *botanique*, on appelle ampoules les corpuscules qui se forment sur les racines de quelques plantes aquatiques, et qui leur permettent de surnager, ou bien les vésicules pleines d'air que présentent certaines algues. — En *chimie*, une ampoule est une petite fiole en verre, à ventre très renflé et à col allongé; on s'en sert dans les analyses de matières organiques.

AMPOULETTE. — Nom vulgaire donné, dans le midi de la France, à la valérianelle, mâche ou doucette.

AMPULEX (*entomologie*). — Insecte de la famille des Fouisseurs, dans l'ordre des Hyménoptères, commun à l'Ile de France, où il est utile par la guerre qu'il fait aux blattes.

AMPULLACÈRE (*zoologie*).— Mollusque gastéropode de la Nouvelle-Zélande, à coquille ventrue, fermée par un opercule corné et qu'on appelle aussi *amphibole* (voy. ce mot).

AMPULLAIRE (*zoologie*). — Genre de Gastéropodes pectinibranches, de la famille des Trochoïdes, caractérisé par une coquille ronde ventrue, à spire courte comme celle de la plupart des hélices, avec des stries d'accroissement généralement visibles ; la plus grosse espèce, l'Ampullaire idole, habite le Mississipi.

AMPUTATION (*médecine vétérinaire*). — Opération chirurgicale qui consiste à séparer du corps un membre ou une partie de membre, un muscle, une partie saillante, un organe quelconque. L'amputation des membres suit, le plus souvent, des accidents et des maladies; dans ces circonstances, elle est rarement pratiquée sur les animaux domestiques. En effet, la valeur de ces animaux est, dans la plupart des cas, trop diminuée par cette opération, pour qu'il ne soit pas plus avantageux de les abattre immédiatement. Il en est autrement de certaines amputations d'organes accessoires qui sont faites volontairement par les éleveurs ou les propriétaires d'animaux. Ainsi on ampute la queue des agneaux et quelquefois celle des chiens ou des chevaux; on ampute les oreilles de certains chiens de garde; on coupe encore les cornes des animaux bovins et ovins. Enfin, il peut être utile de faire l'amputation d'organes atteints par des affections qui peuvent compromettre le reste de l'organisme; ainsi on peut faire l'amputation de la langue, celle des mamelles, etc. L'ablation des testicules pour châtrer les animaux mâles, est une véritable amputation qui est une des formes de l'opération connue sous le nom de castration.

Les amputations de la queue, de l'oreille, ne sont pas compliquées et peuvent être pratiquées par les agriculteurs eux-mêmes; il suffit d'employer un instrument tranchant bien affilé et de faire l'incision nettement et avec rapidité. Quant à celle des cornes, elle est pratiquée avec une scie.

Mais les amputations des membres et d'organes malades exigent la main du vétérinaire; celles-ci sont, en effet, des opérations graves auxquelles on ne doit recourir qu'en toute connaissance de cause, après avoir constaté l'inutilité des autres moyens et l'existence de chances suffisantes de succès. Leurs principaux avantages consistent à débarrasser l'animal d'une altération qui met sa vie en danger, et à substituer une plaie régulière à une plaie irrégulière.

Les amputations se font, lorsqu'il s'agit des membres, par deux méthodes: la première consistant à enlever, par une incision circulaire, les masses molles qui entourent l'os, et à scier celui-ci; la deuxième consistant à désarticuler le membre malade. Les principaux instruments employés sont des couteaux de diverses longueurs, des bistouris, des scies, des pinces, des ciseaux, etc. Pour panser les plaies, on se sert de fils cirés pour lier les vaisseaux sanguins, de charpie, de bandelettes agglutinatives, de bandes de toile, etc. Pour faire l'opération, il faut coucher les animaux sur une litière préparée spécialement (voy. ABATAGE). L'amputation est, d'ailleurs, une opération qui réussit facilement sur le plus grand nombre des animaux domestiques.

AMPUTATION (*arboriculture*). — On pratique souvent de véritables amputations sur les arbres forestiers ou fruitiers : ces opérations peuvent avoir des buts très divers. Pour les arbres fruitiers, l'amputation des branches est faite en vue d'accélérer ou d'augmenter la production des fruits; elle a reçu le nom de *taille*. Pour les arbres forestiers, l'amputation de certaines branches est recommandée en vue de donner plus de vigueur à l'arbre ou de régulariser sa forme; on appelle cette opération *élagage*. — Enfin, pour toutes les natures d'arbres, la section du tronc, soit en vue de lui assurer plus de vigueur, soit pour y greffer une autre espèce, est une véritable amputation qui porte le nom de *rabattement*. A chacune de ces natures d'opérations président des règles spéciales.

AMSONIE (*horticulture*). — Plante herbacée vivace, de la famille des Apocynées, originaire de la Caroline, employée quelquefois dans les jardins pour orner les endroits frais et ombragés des rocailles ou des cascades. La tige atteint une hauteur de 50 à 80 centimètres; les feuilles sont alternes et lancéolées; les fleurs, disposées en cymes terminales, s'épanouissent de mai en juillet. On en cultive deux espèces : l'Amsonie à feuilles de saule, dont les fleurs sont d'un bleu clair, et l'Amsonie à larges feuilles, dont les fleurs sont bleu pâle. La terre qui leur convient est celle de bruyère tourbeuse et fraîche. La multiplication se fait par graines ou par divisions de racines à l'automne ou au printemps. Les semis se pratiquent avantageusement au printemps, dans des terrines, pour mettre les jeunes plants en place à l'automne ou au printemps suivant.

AMULETTE. — On donne ce nom à un objet quelconque que l'on porte sur soi ou que l'on fait porter à un animal, comme préservatif de maladies, de blessures, de la mort, de maléfices.

Le mot amulette dérive du mot latin *amuletum*, et c'est pour cette raison que le *Dictionnaire de l'Académie française* l'a fait d'abord du masculin, pour finir, après plusieurs grands écrivains, par adopter le féminin.

L'emploi des amulettes est répandu, de temps immémorial, chez tous les peuples. Il est une conséquence de l'esprit de superstition qu'il est difficile de détruire, car il se transmet de génération en génération et prend l'enfant dès son âge le plus tendre pour ne pas abandonner tout à fait l'homme mûr, même le plus instruit. Pascal p rtait une amulette. Que de personnages illustres ne se séparent pas de leurs amulettes, même à la fin du dix-neuvième siècle! Il serait peut-être difficile de trouver une femme qui n'en porte pas au moins dans quelque circonstance. Il ne faut pas croire que ce soit dans les campagnes, parmi les cultivateurs, que l'usage des amulettes soit le plus fréquent. Dire qu'il est absurde et même démontrer que la présence de tel ou tel objet sur la poitrine, suspendu au cou, attaché autour des bras ou des jambes, ou tout simplement placé dans la poche, ne peut rien contre un accident fortuit, contre une balle ou un éclat d'obus, contre un déraillement de train d'un chemin de fer, contre un naufrage, contre la chute du tonnerre, n'empêchera pas une croyance mystérieuse à l'idée que l'on attache à la possession d'une amulette. Une mère, une sœur, une amante, sont toujours là pour dire, à l'annonce d'un malheur qui a frappé un fils, un frère, un fiancé : il ne portait pas sa médaille, sa bague, le portrait, le souvenir qui lui avait été remis. Pour faire disparaître la superstition des amulettes, il n'y a guère que la voie expérimentale qui puisse être employée. On verra alors que les malheurs redoutés pour les hommes ou pour le bétail ne frappent pas plus souvent en présence qu'en absence des amulettes, témoins inoffensifs des événements qu'ils sont supposés devoir influencer.

On ne doit pas confondre l'amulette avec le talisman; celui-ci peut être portatif, et, d'ailleurs, il est supposé avoir la vertu, non pas d'empêcher un malheur ou de guérir un mal, mais de faire arriver un événement même à une autre personne. Un charme, un enchantement, sont aussi choses différentes; ils supposent des paroles prononcées, des gestes, des objurgations jetées contre des personnes, des animaux ou même des objets, tels que des bâtiments ou des récoltes.

Les amulettes sont aussi variées et aussi nombreuses que les superstitions des hommes. Elles appartiennent à tous les règnes de la nature. Nous en citerons quelques-unes, soit d'après le *Dictionnaire des sciences médicales*, soit d'après les faits que nous avons pu constater dans les campagnes.

L'émeraude, la calcédoine, le corail, la turquoise, et beaucoup d'autres *minéraux* suspendus au cou, portés au doigt, préservent de l'épilepsie, des cauchemars, des chutes, de la foudre, de la grêle, ou bien facilitent le sevrage chez les nourrices.

On emprunte au règne animal, pour faire des amulettes : les excréments du loup contre la colique; la tête de la vipère contre l'esquinancie; les dents d'un chien enragé contre la rage; les toiles d'araignée contre la fièvre quarte; la peau d'un veau marin contre la foudre (amulette dont était muni l'empereur Auguste); la fiente de serpent contre les fièvres malignes, etc.

Le *Dictionnaire des sciences médicales* donne la nomenclature suivante des amulettes empruntées au règne végétal : l'oseille, le plantain contre les scrofules; le séneçon malaxé entre les doigts et suspendu au cou contre la morsure des scorpions; la racine d'asperge appliquée sur une dent malade pour que celle-ci puisse être arrachée sans douleur; la racine de pivoine, de pyrèthre contre l'épilepsie chez les enfants; des marrons placés dans la poche du pantalon contre les hémorrhoïdes et contre les crampes; un collier de liège attaché au cou des vaches pour arrêter la sécrétion du lait; des sachets de safran sur l'estomac contre le mal de mer; dans le Finistère, un petit morceau de pain noir pour éloigner de l'enfant qu'on porte au baptême toutes les maladies; pour guérir les maux de gorge, une branche de prunier attachée à la cheminée; l'osier franc contre les dislocations des membres; une racine de colchique pendue au cou et tombant sur la poitrine contre les sueurs nocturnes; le trèfle à quatre feuilles contre une foule de maux.

Des écritures et des figures diverses sont très employées comme amulettes. Pour préserver leurs chevaux de l'atteinte des balles ou pour les garantir contre les maladies, les Arabes suspendent au cou de leurs coursiers des versets du Coran cousus entre deux plaques de cuir plus ou moins ornées. Les Grecs modernes, lorsqu'ils sont malades, écrivent le nom de la maladie dont ils sont atteints sur un papier triangulaire qu'ils suspendent à la porte de leur chambre; la tête d'un agneau passe, en Espagne, pour préserver de l'atteinte des balles; la figure d'un lion gravée en or, lorsque le soleil est dans la constellation du lion, est un amulette contre la morsure des scorpions, la figure d'un bélier gravée avec celle du dieu Mars est un préservatif contre les maux de tête, et celle d'un taureau contre l'esquinancie; l'ourlet du suaire d'un mort porté sur les reins préserve de la colique; le don d'un sou et d'un morceau de l'habit d'un malade à un médecin assure la guérison; un sachet de linge neuf contenant du sel, une toile d'araignée et de l'oignon, est une amulette contre la fièvre quarte; la corde d'un pendu, un objet qui a touché un bourreau immédiatement après une exécution, guérissent de beaucoup de maux, et particulièrement du mal de tête. Il y a aussi des anneaux magiques ayant la puissance de guérir d'une foule de maux, et notamment de la goutte, surtout s'ils renferment un morceau du nombril d'un enfant. Enfin, un grand nombre de médailles, d'objets bénits, de ceintures ou de vêtements qui ont touché des choses sacrées, ont des vertus surnaturelles pour guérir des maladies incurables au point de vue de la médecine humaine, ou pour protéger contre des épidémies les hommes et le bétail.

L'expérience seule peut démontrer l'erreur de tant de superstitions. Néanmoins, il faut l'avouer, les amulettes agissent en bien sur les imaginations, sur les esprits faibles; elles donnent la patience et soutiennent le malheureux; elles font affronter le danger. En agriculture, elles ont leur rôle; elles n'exercent une mauvaise influence que lorsqu'elles empêchent d'avoir recours à la science du médecin ou du vétérinaire. Ayez donc, si vous voulez, des amulettes, mais surtout usez de toutes les découvertes et de tous les progrès sérieux.

AMURGUE (*technologie*). — Résidu de la fabrication de l'huile d'olive. C'est la lie provenant de la dépuration par repos de l'huile. Cette expression remonte aux anciens Romains, qui employaient l'amurgue dans la médecine humaine et dans l'art vétérinaire, soit en topique, soit en onctions. Pline, Caton, Virgile, ont conseillé l'emploi de l'amurgue après son mélange avec des lies de bon vin et de l'eau où avaient macéré des graines de lupin, comme le meilleur préservatif contre la gale des moutons. On a quelquefois confondu à tort l'amurgue avec le marc d'olives. Aujourd'hui, ce résidu est adopté dans la fabrication des savons communs.

AMYCTÈRE (*entomologie*). — Genre d'insectes coléoptères tétramères, de la famille des Curculionites, qu'on rencontre à la Nouvelle-Hollande.

AMYDE (*zoologie*). — Famille de l'ordre des Chéloniens, formée par Oppel, et qui renferme les tortues de mer et d'eau douce.

AMYDÈTE (*entomologie*). — Genre d'insectes coléoptères pentamères du Brésil.

AMYGDALAIRE (*minéralogie*). — Qualification de la structure des rochers qui renferment des parties minérales en forme d'amande.

AMYGDALE (*anatomie animale*). — Les amygdales sont deux glandes en forme d'amande situées au fond et de chaque côté de la gorge, dans un enfoncement que bornent en avant et en arrière les piliers du voile du palais. Ces glandes sécrètent dans l'arrière-bouche, par de petites ouvertures, un liquide demi-visqueux et demi-transparent. Elles sont sujettes à des inflammations spéciales causées le plus souvent par des refroidissements subits; ces inflammations deviennent des angines lorsqu'elles sont aiguës.

AMYGDALÉ, AMYGDALINÉ. — Se dit d'un arbre ou d'un arbuste qui ressemble à un amandier.

AMYGDALÉES (*botanique*). — Tribu de la grande famille des Rosacées, renfermant des plantes à tiges ligneuses, à rameaux quelquefois garnis d'épines, à feuilles simples, entières ou dentées, à fleurs hermaphrodites axillaires, disposées en grappes, en corymbe ou en ombelle, à calice tombant, à cinq pétales, à étamines nombreuses, à carpelle généralement unique, avec un ovaire à deux ovules; le fruit est une drupe. Les tiges produisent de la gomme. Cette tribu renferme un grand nombre d'arbres recherchés pour leurs fruits dont la culture a obtenu une multitude de variétés, et pour leur bois, employé par l'ébénisterie et la menuiserie. Les principales espèces qu'elle renferme sont l'amandier, le pêcher, l'abricotier, le prunier, le merisier, le cerisier.

AMYGDALIN. — Qualification de préparations dans lesquelles on fait entrer des amandes. On dit une pâte amygdaline, un savon amygdalin.

AMYGDALINE et **ACIDE AMYGDALIQUE** (*chimie*). — L'amygdaline se présente sous forme de cristaux prismatiques transparents solubles dans 12 parties d'eau à 10 degrés et environ autant d'alcool, insolubles dans l'éther, donnant dans la bouche la saveur des amandes amères. Elle a la propriété de faire naître dans ces amandes l'essence particulière qu'on en retire (voy. ce mot, p. 329). Elle dévie à gauche le plan de polarisation de la lumière. Chauffée avec de la potasse ou avec de l'eau de baryte, elle fournit l'*acide amygdalique*, lequel est déliquescent, très soluble dans l'eau, insoluble dans l'alcool absolu et l'éther, un peu soluble dans l'alcool aqueux, donnant des sels se présentant à l'état gommeux. L'amygdaline a pour formule $C^{20}H^{27}AzO^{11}$, l'acide amygdalique $C^{20}H^{26}O^{12}$. L'amygdaline se prépare en traitant le son d'amandes amères par de l'alcool à 95 centièmes et faisant distiller la dissolution obtenue. Elle existe non seulement dans les amandes, mais aussi dans les feuilles de laurier-cerise, les jeunes pousses de plusieurs espèces de pruniers, et généralement dans les végétaux qui, par la distillation, fournissent de l'acide prussique.

AMYGDALITE (*médecine vétérinaire*). — Inflammation des amygdales, due le plus souvent à un brusque changement de température. Elle se manifeste au dehors par un gonflement de la région de l'arrière-bouche, et par l'empâtement de la langue, ainsi que par la rougeur de la gorge et la difficulté éprouvée par les animaux à avaler les aliments et les boissons. La maladie est généralement peu grave, mais elle peut dégénérer en abcès. Dans les cas ordinaires, le traitement consiste dans la diète et dans des boissons émollientes ou adoucissantes prescrites par le vétérinaire. S'il y a formation d'abcès, celui-ci est traité suivant la méthode indiquée pour ce genre d'affection (voy. le mot ABCÈS).

AMYGDALOÏDE (*minéralogie*). — Roches d'origine volcanique renfermant de petits corps blancs qui affectent la forme d'amandes. Ces nodules sont généralement constitués par de l'agate, de la calcédoine, du spath calcaire. D'après Lyell, leur origine est due à des infiltrations aqueuses qui se sont produites pendant ou après le refroidissement de la lave, dans des cavités renfermant d'abord des bulles de gaz ou de vapeur; la forme de ces cavités est due à ce que ces bulles se sont souvent allongées sous l'effet de la coulée de la lave.

AMYLACÉ. — La matière amylacée est un principe immédiat qui se trouve déposé dans divers organes d'un grand nombre de plantes (voy. AMIDON, p. 559).

AMYLÈNE (*chimie*). — Hydrogène carboné (C^5H^{10}), se présentant comme un liquide incolore, ayant une odeur éthérée assez agréable, très mobile, très léger, bouillant de 31 à 40 degrés, brûlant avec une belle flamme blanche. On l'obtient en condensant par le froid les vapeurs qui se dégagent quand on chauffe de l'alcool amylique avec du chlorure de zinc. Il se produit dans la distillation sèche des acétates, de l'acide oléique, de la résine, du boghead, etc. (voy. ALCOOL, p. 198). L'amylène a été appelé valérène par quelques chimistes.

AMYLIQUE (*chimie*). — L'alcool amylique ($C^5H^{12}O$) est l'*huile essentielle de pommes de terre*; il se présente comme un liquide incolore, très fluide, d'une odeur nauséabonde très caractéristique, ayant 0,812 pour densité, bouillant à 132 degrés se solidifiant à — 20 degrés. Il est très peu soluble dans l'eau, mais très soluble dans l'alcool ordinaire et dans l'éther. Il donne lieu, quand on le met en présence des divers agents chimiques, à des réactions analogues à celles des corps de la classe des alcools (voy. le mot ALCOOL, p. 176). Son aldéhyde est le valéral ($C^5H^{10}O$). L'éther amylique ($C^{10}H^{22}O$) a une odeur suave; il bout vers 112 degrés. Par l'oxydation, il fournit l'acide valérique ou valérianique ($C^5H^{10}O^2$). Le radical *amyle* (C^5H^{11}), dont on admet l'existence dans les dérivés de l'alcool amylique, n'a pas été isolé. — L'alcool amylique prend naissance en plus ou moins grande quantité dans la plupart des fermentations qui produisent l'alcool de vin. C'est ainsi qu'il existe dans les eaux-de-vie de pommes de terre, de betteraves, de marc, de seigle; il constitue la portion bouillant vers 130 degrés; par conséquent, on le trouve dans les derniers produits des rectifications de l'alcool. Pour le préparer, on agite avec de l'eau les huiles essentielles des distillations pour enlever l'alcool ordinaire; on décante l'huile surnageante, et on la dessèche sur du chlorure de calcium; on la soumet ensuite à une nouvelle rectification en condensant à part les vapeurs qui passent avant 128 degrés et qui donnent de l'alcool butylique. On condense aussi à part les vapeurs produites quand la température de la distillation dépasse 132 degrés.

M. Berthelot a fait la synthèse de l'alcool amylique en combinant l'amylène avec l'acide chlorhydrique et substituant ensuite à l'hydracide les éléments de l'eau.

D'après des recherches de M. Pasteur et de quelques autres chimistes, l'alcool amylique obtenu par la distillation serait formé de la réunion de plusieurs alcools, dont l'un inactif sur la lumière polarisée, un autre dextrogyre, un troisième lévogyre.

L'alcool amylique est employé pour la préparation de divers composés chimiques, notamment de l'iodure et du chlorure d'amyle, de plusieurs matières colorantes, de l'acétate et du valérate d'amyle (donnant, à l'état de dissolution alcoolique, l'essence de poire et l'essence de pomme); il sert aussi à l'extraction de la paraffine, qu'il enlève aux goudrons qui en contiennent.

AMYLOÏDE (*médecine vétérinaire*). — Qualification d'une dégénérescence des tissus ou des organes amenée par une infiltration d'une substance sédimenteuse, homogène et translucide, qui ressemble à de la cire. On la rencontre dans la plupart des parties du corps, mais surtout dans le foie, les ganglions lymphatiques, la rate, les reins. Il s'y forme une concrétion dont le noyau est entouré de couches concentriques. Le dépôt se produit d'abord dans les tissus des petits vaisseaux sanguins, de sorte qu'ils sont rétrécis et que, le passage du sang étant en partie intercepté, il y a décoloration des organes et diminution des fonctions. Ces dégénérescences n'ont encore été observées que rarement chez les animaux domestiques; elles paraissent plus fréquentes chez les oiseaux, notamment les faisans. Le développement des dégénérescences amyloïdes entraine le plus souvent un profond marasme chez les animaux qui en sont atteints.

AMYNTHIE (*entomologie*). — Genre de lépidoptères diurnes, de la tribu des Piérides.

AMYRIDE (*botanique*). — Arbres ou arbustes caractérisant le groupe des Amyridées, dont toutes les parties sont couvertes de ponctuations glanduleuses qui sécrètent une résine odorante. Ces plantes sont originaires des Antilles et des régions voisines en Amérique. On en connaît une dizaine d'espèces dont les plus remarquables sont : l'*Amyris balsamifera*, plante aromatique et stimulante qui passe pour produire le bois de citron du commerce; l'*A. hexandra*, qui fournirait la gomme élémi de Nevis; l'*A. sylvatica*, qui produirait une sorte de résine élémi.

AMYRIDÉES ou **AMYRADACÉES** (*botanique*). — Groupe de plantes dicotylédones, arbustives, originaires de l'Amérique, que Jussieu a placé dans les Térébinthacées; Bentham et Hooker parmi les Burséracées; M. Baillon, avec MM. Triana et Planchon, parmi les Rutacées. Ces plantes ont un ovaire à une seule loge et deux ovules anatropes. L'*Amyris* en est le type.

AMYRINE (*chimie*). — Principe immédiat que l'on extrait de la résine élémi, laquelle est fournie, soit par l'amyris, soit par l'arbre à brai (*Canarium album*). C'est une substance blanche, cristallisable sous forme d'aiguilles incolores douées de la double réfraction, insoluble dans l'eau, très soluble dans l'éther, le chloroforme, le sulfure de carbone, peu soluble à froid dans l'alcool, mais très soluble à chaud. Elle fond vers 177 degrés et peut être sublimée partiellement. On représente sa composition par la formule $C^{25}H^{42}O$. Mais il y a encore des recherches à faire sur cette substance pour qu'elle soit bien connue.

ANABACERTHIES (*ornithologie*). — Oiseaux grimpeurs de l'ordre des Passereaux, habitant les forêts de l'Amérique du Sud.

ANABÆNA (*botanique*). — Genre d'algues qui vivent, les unes dans les marécages, les autres sur la terre humide, les autres encore sur les bords de la mer. Elles présentent un trichome moniliforme simple, articulé, enveloppé d'une substance gélatineuse abondante.

ANABAINE (*botanique*). — Genre de Conferves de la tribu des Oscillariées présentant des filaments libres, rampants, simples, moniliformes; ces conferves constituent la plante gélatineuse qui tapisse souvent le bassin de la place publique de Dax et qui se rencontre dans diverses eaux thermales.

ANABAPTISTES (*histoire de l'agriculture*). — C'est un mot que nous n'eussions pas mis dans ce dictionnaire; mais dans l'*Encyclopédie de l'agriculteur* de MM. Moll et Gayot il a été traité par un agriculteur éminent, Félix Villeroy; il convient donc de dire que la secte religieuse connue sous le nom d'anabaptistes et datant du seizième siècle, a exercé une action favorable sur les progrès de l'agriculture en Allemagne. Leur religion leur interdisant d'exercer d'autre profession que celle de cultivateur, ils se firent fermiers. Villeroy peint leurs mœurs sévères, leur vie patriarcale, avec le plaisir d'un témoin de bonnes actions, et il rapporte qu'ils furent, jusque dans les premières années de ce siècle, des agriculteurs si remarquables, que, dans le pays de Deux-Ponts, on croyait qu'on ne pouvait trouver un bon fermier autre qu'un anabaptiste; mais il a vu les choses changer de face La décadence des anabaptistes commencée, en une crise violente, vers 1822, accélérée lors de la maladie des pommes de terre, paraît un fait accompli. Leur rôle favorable sur les progrès de l'agriculture n'est plus qu'un souvenir historique.

ANABAS (*ichthyologie*). — Genre de poissons de la famille des Leptosomes. On les rencontre dans l'Inde, où les jongleurs s'en servent pour amuser le peuple, parce qu'ils peuvent rester plusieurs jours hors de l'eau.

ANABASE (*botanique*). — Petits arbrisseaux appartenant à la famille des Chénopodées, que l'on trouve en Espagne et sur les bords de la mer Caspienne.

ANABASITTE (*ornithologie*). — Genre d'oiseaux voisin des Sittelles ou Torche-pots, vivant dans l'Amérique du Sud.

ANABATE (*ornithologie*). — Genre d'oiseaux de l'ordre des Passereaux, de la famille des Ténuirostres.

ANABÈNE (*zoologie*). — Reptile qui grimpe sur les arbres.

ANABLEPS (*ichthyologie*). — Poisson voisin des loches, commun à la Guyane; son nom signifie qui lève les yeux; vulgairement on l'appelle *gros-œil*.

ANABOLIE (*entomologie*). — Genre d'insectes névroptères, voisin des phrygams, vivant en Europe.

ANACA (*ornithologie*). — Perroquet du Brésil, aux couleurs vives, où dominent le vert et le rouge.

ANACALISE (*entomologie*). — Insectes articulés de l'ordre des Chélopodes et dont la morsure est dangereuse.

ANACALYPTE (*botanique*). — Genre de mousses de la famille des Pothées; elles sont de couleur jaune et présentent une coiffe en forme de cuiller reposant sur le sommet d'une capsule qui offre, à la maturité, un péristome de 16 dents réunies à la base en une membrane; elles sont de petite taille et vivent exclusivement sur la terre.

ANACAMPSÈRE (*botanique*). — Petites plantes herbacées, à feuilles épaisses et charnues, de la famille des Portulacées, vivant dans l'Afrique australe.

ANACAMPSIDE (*entomologie*). — Insectes de l'ordre des Lépidoptères nocturnes, qui se logent dans les fentes des écorces des arbres. Ces insectes ressemblent beaucoup aux teignes. L'espèce la plus connue est la teigne du peuplier, qui est commune en Europe.

ANACAMPTIDE (*botanique*). — Plante vivace de la famille des Orchidées. Ce genre renferme trois espèces qui sont spontanées en Europe; la plus commune est l'Anacamptide pyramidale, que l'on rencontre sur les pelouses des forêts.

ANACAMPTODON (*botanique*). — Genre de mousses de la famille des Fabroniées, se présentant en touffes serrées, d'un beau vert, sur les détritus humides qui remplissent les cicatrices laissées sur le tronc des hêtres par la chute des branches. Elles ont des feuilles ovales-lancéolées dont le tissu est à cellules rectangulaires, avec un péristome dont les dents sont courbées, d'où vient le nom de ces plantes qui signifie *courbé en dehors*.

ANACANDAÏA (*zoologie*). — Serpent de Surinam, espèce de boa, dont la longueur atteint parfois 10 mètres.

ANACANDÉ (*zoologie*). — Petit serpent de l'île de Madagascar, dont le diamètre est celui d'un tuyau de plume.

ANACANTHE (*entomologie*). — Genre d'insectes coléoptères longicornes qu'on trouve au Brésil.

ANACANTHE (*ichthyologie*). — Genre de poissons cartilagineux, voisin des raies; leur queue, longue et grêle, n'a ni nageoire ni aiguillon; on en trouve, dans la mer Rouge, une espèce dont le dos est garni d'une peau rude et chagrinée.

ANACARDE. — Fruit de l'anacardier. Son nom lui vient de la forme de son amande, qui ressemble à un cœur; elle est aplatie, noire et brillante. Le fruit porte aussi le nom de noix d'acajou (voyez le mot ACAJOU); il était autrefois employé en médecine.

ANACARDE ou **ANACARDIER** (*botanique*). — Genre de plantes qui a donné son nom à la famille des Anacardiées (que des botanistes regardent comme une simple tribu des Térébinthacées). Ce sont des arbres ou des arbustes des climats tropicaux. Leurs feuilles sont alternes et simples; les fleurs sont disposées en grappes ou cymes souvent ramifiées et terminales; elles sont polygames et irrégulières : « Sur leur réceptacle convexe, dit M. Baillon, elles portent un calice de cinq sépales allongés, rapprochés en préfloraison quinconciale, et une corolle de cinq pétales allongés, rapprochés d'abord les uns des autres, puis recourbés en dehors, imbriqués ou tordus dans le bouton. L'androcée est constitué par huit ou dix étamines, disposées sur deux verticilles, monadelphes à la base. Toutes sont petites et stériles, sauf une seule, qui est longue, exserte, pourvue d'une anthère fertile. Le gynécée est supère ; il se compose d'un ovaire uniloculaire, surmonté d'un style latéral, simple, à extrémité supérieure chargée latéralement de papilles stigmatiques. Dans l'ovaire on trouve un placenta situé du côté opposé à l'étamine fertile portant un ovule anatrope, suspendu au sommet du funicule

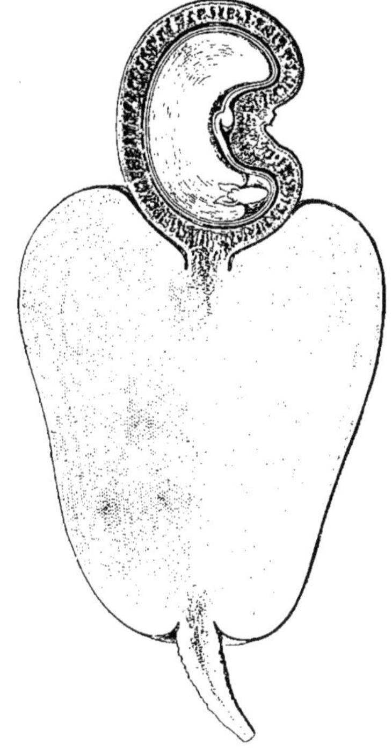

Fig. 322. — Fruit de l'Anacardier

et dirigeant son micropyle en haut et en dedans. Le fruit est un akène réniforme, inséré sur le pédoncule hypertrophié qui est devenu une masse piriforme charnue. Il contient une graine dont les téguments recouvrent un gros embryon charnu, sans albumen. »

Il y a plusieurs espèces d'Anacardier; la plus importante est l'Anacardier d'occident (*Anacardium occidentale*) appelé aussi *Acajou à pommes, Acajou à fruit, Acajuba occidentalis, Cassuvium pomiferum, Anacarde faux acajou.* C'est un très bel arbre originaire des Indes orientales, maintenant cultivé à peu près partout entre les tropiques. Il donne un fruit piriforme (fig. 322) connu sous le nom de pomme d'acajou, qui n'est autre chose que le pédoncule même de la fleur, très accru et devenu succulent. Le pédoncule hypertrophié se mange comme un fruit bacciforme ; il produit par la fermentation du vin et une liqueur alcoolique agréable: il y a même du vinaigre d'anacarde ; au Brésil, on nomme quelquefois cette pomme la salsepareille des pauvres, en lui accordant des propriétés sudorifiques. Le véritable fruit, celui qui résulte de l'accroissement de l'ovaire, est une noix comprimée, appelée *noix d'acajou* que que l'on voit à la partie supérieure de la pomme dans la figure 322; elle est, en effet, superposée et faiblement enchâssée à la partie supérieure du fruit charnu. L'embryon ou *amande* est comestible, doux, oléagineux; on le mange cru, desséché, grillé, rôti, ou confit; on en extrait aussi l'huile douce d'anacarde. Les vacuoles du péricarpe renferment une substance caustique qui tache le linge d'une manière indélébile et qu'on emploie comme encre à marquer; on s'en sert dans les pays chauds pour détruire les verrues et les cors, tonifier les ulcères rebelles, modifier les substances dartreuses. C'est un suc qu'on ne doit pas manier sans précaution ; lorsqu'on grille les noix d'anacarde, il donne des vapeurs qui excitent la toux, enflamment la gorge et les voies respiratoires, mais qui auraient la propriété de modifier avantageusement les ophthalmies chroniques tenant à un état scrofuleux. L'écorce de l'arbre est un bon astringent qu'on emploie en décoction, en gargarisme et contre les aphthes; elle laisse écouler une gomme appelée en France *gomme d'acajou*, et en Angleterre *cashew gum*, ayant des propriétés analogues à celles de la gomme arabique ; elle sert à lustrer les meubles et à préparer une solution dont les libraires brésiliens enduisent les livres pour les préserver des attaques des insectes.

On ne doit pas confondre avec l'Anacardier d'occident, d'autres plantes telles que l'*Anacardium latifolium* ou *orientale*, l'*A. officinarum*, l'*A. longifolium* qui appartiennent au genre *Semecarpus.*

ANACARDIACÉES, ANACARDIÉES (*botanique*). — Famille de plantes dicotylédones, tirant leur nom de l'Anacardier, et autrefois confondues dans les Térébinthacées. Elles sont caractérisées par M. Baillon ainsi qu'il suit : « Gynécée à un ou plusieurs carpelles, avec un seul d'entre eux fertile dans sa portion ovarienne. Loge unique, uniovulée. Ovule à direction très variable, ayant toujours primitivement le micropyle dirigé en haut. Graines à albumen nul ou peu abondant. Feuilles simples ou composées. » Les Anacardiées sont des arbres ou des arbustes à feuilles alternes ou rarement opposées, ordinairement sans stipules. Elles sont souvent riches en principes résineux ou gommeux, aussi donnent-elles lieu à un assez grand nombre d'usages; elles produisent des fruits, des résines, des matières astringentes ou colorantes, des bois d'ébénisterie. A cette famille appartiennent en effet les Mangiers (*Mangifera*), les Pistachiers (*Pistacia*), les Sumacs (*Rhus*), les *Comocladia, Gluta, Holigarna, Semecarpus* et *Schinus.*

ANACARDIQUE (ACIDE) (*chimie*). — Acide découvert dans le péricarpe des noix d'acajou (voy. ANACARDIER), se présentant sous la forme d'une masse blanche, cristallisée, développant une odeur particulière vers 100 degrés, commençant à se décomposer au delà de 200 degrés, insoluble dans l'eau, soluble dans l'alcool et l'éther, donnant avec les bases des sels cristallisables, produisant, avec l'acide nitrique, une substance jaune et divers composés encore mal déterminés.

ANACHARIS (*entomologie*). — Genre d'insectes hyménoptères, de la famille des Gallicoles, habitant l'Europe.

ANACOLE (*entomologie*). — Genre d'insectes longicornes, habitant le Brésil.

ANACOLUPPE (*botanique*). — Plante de l'Inde qui est probablement une Verbénacée et que l'on mélange au poivre; elle aurait la propriété de guérir l'épilepsie et la morsure du serpent naja.

ANACOMPTIS (*botanique*). — Arbre de Madagascar dont le fruit laiteux sert à faire cailler le lait.

ANACYCLE (*botanique*). — Genre d'herbes annuelles ou vivaces appartenant à la famille des Composées, tribu des Anthémidées, à feuilles alternes, présentant des capitules pédonculés, ordinairement radiés et hétérogames; les fleurs du rayon sont femelles, blanches, jaunes ou pourprées; les fleurs du disque sont hermaphrodites et toujours jaunes. On en connait un assez grand nombre d'espèces. L'*A. radiatus*, à fleurs radiées, jaunes en dessus, rouges en dessous, et à disque jaune, abonde dans les moissons du midi de la France; il a été introduit dans les jardins sous le nom d'*Anthemis purpurin*. Il faut citer aussi l'*A. pyrethrum*, fournissant une racine fusiforme, charnue, qui a une saveur brûlante et que l'on désigne souvent sous le nom de pyrèthre vrai ou de pyrèthre romain; il est employé contre les rhumatismes et les maux de dents. L'*A. aureus* sert en Europe aux mêmes usages que la camomille.

ANACYSTE (*botanique*). — Genre d'algues, du groupe des Palmellées, présentant des individus unicellulaires isolés, gélatineux, qui contiennent les gonidies colorées. L'*A. marginata* habite certaines eaux thermales; l'*A. parasitica* vit sur les *Cladophora* des étangs, et l'*A. Grevillei* sur les tiges mortes d'Asparagus.

ANADÈNE (*ornithologie*).—Oiseau voisin du coucou et appelé vulgairement *boubou*.

ANADROME (*pisciculture*). — Se dit des saumons, des esturgeons, et généralement de tous les poissons qui remontent de la mer dans les fleuves.

ANADYOMÈNE (*zoologie*). — Genre de polypiers composés d'articulations flexibles régulièrement disposées et formant des branches de substance verte, sillonnées de nervures symétriques semblables à une broderie; on les désigne vulgairement sous le nom de *mousse de Corse*.

ANAÉROBIE. — Nom donné par M. Pasteur aux végétaux vibrioniens (bactéries) qui vivent sans oxygène libre, sans air, mais absorbent l'oxygène à l'état de combinaison, par rapport aux aérobies (voy. ce mot) qui vivent au contact de l'air. A ce sujet, M. Pasteur s'est exprimé en ces termes: « Je ne crois pas à la possibilité indéfinie de la vie sans air. La vie sans air me semble comparable à la parthénogénèse. Dans ce dernier phénomène, une femelle fécondée par un mâle donne des femelles qui engendrent spontanément sans accouplement nouveau. Mais la stérilité des femelles des générations successives arrive plus ou moins vite, si la fécondation sexuelle ne recommence. De même, l'oxygène de l'air, après avoir excité directement les cellules des anaérobies de la levûre de bière, par exemple, les rend aptes à reproduire tout à fait à l'abri de l'air. C'est ce qui constitue, à proprement parler, le caractère anaérobie. Mais cette faculté de reproduction sans air à la suite de l'excitation sur les premières cellules par l'oxygène de l'air, excitation comparable à celle de la fécondation par les spermatozoïdes, s'éteint après un certain nombre de générations successives de cellules, et, pour raviver la faculté de reproduction des cellules devenues stériles, il faut qu'une excitation nouvelle par l'oxygène ait lieu. Alors peut recommencer la vie sans air, et ainsi de suite. » Les vues de M. Pasteur ont été postérieurement vérifiées par des expériences directes de M. Denys Cochin.

ANAGALLIDE et **ANAGALLIS** (*botanique et horticulture*). — Vulgairement *mouron*, genre de plantes de la famille des Primulacées, vivaces, tantôt en herbes dressées, ou couchées, à feuilles opposées, simples et entières, à fleurs axillaires pédonculées, originaires de la région méditerranéenne et des contrées froides de l'Europe et de l'Asie; tantôt au contraire originaires de l'Algérie et se présentant en tiges sous-ligneuses à la base, à ramifications touffues, tétragones, à feuilles verticillées par 3 ou 4, lancéolées-aiguës. Le nom vient du grec ἀναγελάω, faire rire, par allusion à la propriété que les anciens lui attribuaient de guérir la mélancolie. On en distingue plusieurs espèces parmi lesquelles quelques-unes doivent être signalées.

I. *Anagallis arvensis* (fig. 323) appelé vulgairement menuchon, menuet, miroir du temps; il est le mouron mâle des paysans, quand les fleurs sont rouges, et le mouron femelle, lorsque les fleurs sont bleues. Dans le premier cas, il est l'*A. cœrulea* de quelques auteurs, et dans le second l'*A. phœnicea*. C'est le *pimpernel* des Anglais. C'est une petite plante qu'on trouve dans les champs et dans presque tous les lieux humides. Sa tige se ramifie dès la base, et les bourgeons axillaires des cotylédons peuvent s'allonger en rameaux portant

Fig. 323. — Port de l'*Anagallis arvensis*.

feuilles et fleurs; ses rameaux sont grêles. Les pédoncules floraux, plus longs que les fleurs, sont grêles, anguleux, d'abord rectilignes, puis ils se recourbent et s'enroulent après la floraison; les sépales sont lancéolés et membraneux au sommet; les étamines, velues à la base, ont des anthères cordiformes; le style est simple, le stigmate capité; le fruit, de la grosseur d'un pois, a un péricarpe mince et membraneux et donne des graines légèrement rugueuses à leur surface, irrégulièrement triangulaires, avec un large hile déprimé; ces graines sont vénéneuses pour les serins. — Cette plante tue les chiens à faible dose. Lorsqu'on mâche ses feuilles, on éprouve d'abord la sensation d'une saveur douce, mais bientôt elle devient amère et âcre, et elle peut donner lieu à des accidents d'inflammation. C'est donc une plante suspecte et dont on doit proscrire l'usage, quoique dans quelques pays on la mêle aux salades. Il est à remarquer que les oiseaux évitent d'en manger les feuilles et les graines, et que les bestiaux la laissent ordinairement intacte.

II. *Anagallis fruticosa.* — C'est le mouron frutescent, appelé aussi en latin : *A. collina, A. grandiflora, A. Monelli, A. Vilmoreana*; en français : mouron de Barbarie, mouron à grandes fleurs, anagallide frutescente. Cette plante (fig. 324) annuelle et vivace offre une tige sous-ligneuse à la base, à ramifications couchées, étalées, puis dressées, touffues, hautes de 25 à 30 centimètres, avec des fleurs nombreuses, solitaires au sommet de pédoncules axillaires, filiformes, longs de 2 à 4 centimètres et se succédant pendant longtemps sur toute la longueur des rameaux. Les fleurs, d'une couleur rouge vermillon brique, plus foncée au centre, ont un diamètre de 15 millimètres, et présentent un calice à 5 sépales étalés, lancéolés, dressés après la floraison, avec corolle en roue à tube presque nul, à limbe partagé en 5 lobes arrondis; 5 étamines à filets duveteux égalant le pistil qui est de moitié plus court que la corolle. Il existe une variété à fleur double. Il faut à cette plante une terre franche, légère et substantielle, des arrosements fréquents en été; mais elle craint

Fig. 324. — *Anagallis fruticosa.*

l'humidité en hiver, et on la conserve en serre tempérée. Elle a donné naissance aux variétés suivantes : mouron à grandes fleurs roses (*A. grandiflora rosea*), mouron à grandes fleurs carnées (*A. grandiflora carnea*), mouron à grandes fleurs lilas (*A. grandiflora lilacea* ou *A. monelli lilacea*), mouron à grandes fleurs bleues de Philips (*A. Philipsii*); cette dernière variété possède des fleurs larges de 18 millimètres, d'un bleu intense ou bleu de cobalt, contrastant agréablement avec les étamines dont les anthères sont jaunes avec des filets d'un rouge pourpre et munis de papilles. Les semis fournissent des variétés avec des fleurs de teintes très variées, pourpre, violacé ou ardoisé, fauve, rougeâtre et autres encore, mais sans fixité. « Tous ces mourons, disent MM. Vilmorin-Andrieux, sont des plantes d'une élégance exceptionnelle, ce qui les rend précieux au point de vue ornemental; ils conviennent parfaitement à la formation des corbeilles et des massifs, et en groupant plusieurs variétés on en obtient au moment de la floraison des tapis charmants. » On peut semer: 1° Fin août, en pépinière; on repique le plant en petits pots qu'on hiverne en serre ou sous châssis; on met en place en avril en terre saine, meuble et légère, à 0m,10 ou 0m,50 de distance; la floraison se prolonge de mai en septembre. — 2° En mars-avril, sur couche; on repique sur couche pour mettre en place fin mai; les premières fleurs paraissent en juillet, la floraison se prolonge en septembre. — 3° En avril-mai, sur place, en terre légère; la floraison commence en août et se prolonge jusqu'en automne. On peut multiplier les mourons par boutures qu'on fait en juillet-août; l'hiver on les conserve sous châssis, près de la lumière, en évitant l'excès d'humidité par une aération fréquente; on met en pleine terre au printemps.

III. Il faut encore citer l'*Anagallis latifolia* ou *indica*, dont les fleurs bleues sont marquées de pourpre; l'*Anagallis crassifolia* ou mouron à feuilles épaisses, tiges rampantes, assez commun en France; l'*Anagallis linifolia* ou mouron à feuilles de lin, originaire du Portugal; l'*Anagallis tenella* ou mouron délicat, à fleurs rosées, qui exige un sol tenu constamment humide pendant l'été.

ANAGALLIDIUM (*botanique*). — Genre de Gentianacées, de la tribu des Chironiées, herbe vivace de l'Asie moyenne, à tiges dichotomes, portant des feuilles ovales et obtuses, les inférieures longuement pédonculées, les supérieures sessiles.

ANAGLYPHE (*botanique*). — Genre d'arbrisseaux à rameaux allongés, couverts de poils courts, roides, à feuilles alternes, originaires de l'Afrique australe, de la famille des Composées-Inuloïdées.

ANAGLYPTE (*entomologie*). — Genre d'insectes coléoptères tétramères longicornes, vivant en France.

ANAGROS (*métrologie*). — Mesure de capacité pour les grains, employée dans quelques parties de l'Espagne.

ANAGYRE (*botanique*). — Arbrisseau de la famille des Légumineuses, du groupe des Papilionacées, tribu des Podalyriées. On le rencontre assez communément en Algérie, en Espagne, en Italie, en Grèce, et çà et là en Provence. Il présente des fleurs jaunes, avec une macule violette vers le centre; la corolle est papilionacée, avec un étendard arrondi et plus court que les autres pétales qui demeurent rapprochés; on compte dix étamines libres et périgynes; les fleurs sont disposées en grappes terminales. Les feuilles sont alternes, digitées, trifoliées, accompagnées de deux stipules réunies en un seul corps. L'espèce la plus connue est l'*Anagyris fœtida* que l'on appelle arbre puant, bois puant. Lorsqu'on froisse ses feuilles, elles répandent une odeur très désagréable. Les fleurs jaunes sont disposées en grappes axillaires ou latérales. Le fruit est une gousse, d'environ 1 décimètre de long, presque semblable à celle du haricot d'Espagne. Cette ressemblance est d'autant plus fâcheuse que les graines de l'anagyre fétide renferment un principe vénéneux et peuvent occasionner de graves accidents. Les graines sont ovales, presque réniformes, lisses, glabres, jaunes ou violacées à la surface. Cet arbrisseau atteint de 1 à 3 mètres de hauteur; quelquefois on en fait des haies. On le cultive peu comme plante d'ornement; sous le climat de Paris, il exigerait le séjour de l'orangerie pendant l'hiver. Ses feuilles sont quelquefois employées en médecine comme succédanées du séné.

ANAÏTE (*entomologie*). — Genre d'insectes lépidoptères nocturnes dont une espèce, l'Anaïte triple-raie, est très commune aux environs de Paris.

ANAL. — Terme d'anatomie, signifiant qui a rapport à l'anus. On dit les veines anales et les nageoires anales.

ANALAMPE (*entomologie*). — Genre d'insectes coléoptères pentamères habitant le Brésil.

ANALCIME (*minéralogie*). — Silicate double d'alumine et de soude hydraté qu'on trouve dans les volcans, cristallisant dans le système cubique, rayant le verre; il est ondulé, généralement à grains fins.

ANALEPTIQUE. — Terme de médecine applicable à ce qui tend à rétablir les forces. Une nourriture qui fortifie est analeptique. Les analeptiques sont les agents restituant à la nutrition, par l'intermédiaire du sang, les matériaux qui lui manquent pour qu'elle s'effectue d'une manière complète et régulière. On distingue quatre groupes d'analeptiques: les protéiques, les gras, les féculents et enfin les sucrés et gommeux. La combinaison de ces aliments constitue la diète analeptique que le médecin ou le vétérinaire ordonnent pour le régime alimentaire à suivre (voy. le mot ALIMENTATION).

ANALGES (*zoologie*). — Acariens de la tribu des Sarcoptides qui vivent sur le corps des oiseaux de volière, au fond de leurs plumes, des matières excrétées par la peau, sans causer de dommage aux téguments.

ANALLANTOÏDIENS (*zoologie*). — Animaux vertébrés n'ayant pas d'allantoïde (voy. ce mot, p. 334).

ANALOPONOTE (*zoologie*). — Genre de reptiles sauriens habitant Saint-Domingue, ayant la peau du dos entièrement dépourvue d'écailles.

ANALOTE (*entomologie*). — Genre d'insectes coléoptères tétramères habitant le Brésil.

ANALYSE (*économie rurale*). — L'analyse est une opération par laquelle on cherche à distinguer les uns des autres, à séparer, à reconnaître les composants d'une chose quelconque. On dit aussi bien analyse mentale, analyse grammaticale, qu'analyse *chimique* et analyse *botanique*, ou encore analyse *physique* et analyse *minérale*. Il ne s'agit de traiter ici de l'*analyse* qu'en ce qui peut être utile à l'agriculture, c'est-à-dire pour tout ce qui est relatif aux plantes, aux matières alimentaires et aux boissons, aux eaux, aux terres et aux engrais. Néanmoins il est bon de constater que l'analyse au point de vue chimique peut être *qualitative* ou *quantitative*, c'est-à-dire s'occuper seulement des moyens de reconnaître les composants sans s'inquiéter des proportions, ou bien déterminer les rapports des poids des principes recherchés. L'analyse peut être aussi *élémentaire* ou *immédiate*. Dans le premier cas, elle ne fait connaître que les proportions des corps simples : azote, carbone, hydrogène, oxygène, phosphore, soufre, etc., contenus dans la substance soumise à l'analyse, sans s'occuper de la manière dont ces corps sont groupés à l'état de combinaisons diverses; dans le second cas, elle recherche les composés immédiats eux-mêmes. Cette dernière analyse, sur laquelle M. Chevreul a insisté avec raison et dont il a donné les méthodes, n'est pas assez pratiquée. On donne aussi des noms spéciaux aux procédés d'analyses, selon les moyens qu'on emploie pour les effectuer: ainsi, on dit analyse *au chalumeau*, analyse *spectrale*, analyse *volumétrique*, analyse *eudiométrique*, pour des analyses dans lesquelles on a recours au chalumeau, au spectroscope, à la mesure des volumes par des liqueurs titrées, à l'eudiomètre pour l'analyse des gaz. Enfin les procédés d'analyse, quand ils n'ont pour but que de doser un corps spécial, un alcali, l'alcool, l'acide acétique, le vinaigre ou généralement un acide, l'eau, le sucre, l'urée, reçoivent des noms particuliers; on a alors l'alcalimétrie (voy. ce mot), l'alcoométrie (voy. ce mot), l'acétimétrie, l'acidimétrie (voy. ce mot), l'hydrotimétrie, la saccharimétrie, l'urométrie; on a également des appareils appelés alcalimètres, alcoomètres, etc.

Les problèmes qui se présentent à résoudre pour l'agriculteur sont multiples; ils peuvent se ramener aux points principaux suivants :

I. — Étant donné le foin d'une prairie, déterminer les différentes plantes qui s'y trouvent et constituent la flore de la prairie; donner aussi les proportions dans lesquelles ces diverses plantes se trouvent pour composer le fourrage? La solution de ce problème appartient à l'analyse *botanique* qui exige des connaissances approfondies des caractères des plantes, et pour laquelle il convient de s'aider par un herbier.

II. — Faire connaître, autant que cela est possible, la richesse d'un fourrage ou d'un aliment. — Tout d'abord la solution du problème I guidera en partie pour celle de ce problème II, car les plantes fourragères commencent à être bien étudiées, particulièrement au point de vue utilitaire. Chaque article de ce Dictionnaire qui les concerne éclairera sur la question ; même chose est à dire pour tout ce qui est relatif aux aliments. Mais dans un assez grand nombre de cas, il peut être nécessaire d'être renseigné sur la richesse d'une substance alimentaire pour l'homme ou pour les animaux, en matières azotées, en matières grasses, en matières amylacées ou sucrées, etc. Dans la même plante, selon les années et selon les terrains dans la même année, de même que selon les cultures, cette richesse varie. Il est très souvent utile de la déterminer. Il faut alors employer les procédés analytiques propres à bien doser chaque substance

III. — Déterminer la richesse d'une plante en produits utiles. — C'est un problème que l'on est appelé à résoudre en une foule de circonstances. Ainsi que contient un blé en farine, quelle est sa richesse en gluten et en amidon, combien en obtient-on de farine blutée à tel ou tel degré? Les mêmes questions sont faites pour toutes les céréales, et pour le maïs on peut souvent demander quel est son dosage en matières grasses. Dans les pommes de terre, on a besoin de savoir le rendement en fécule, pour les betteraves la richesse en sucre, pour les graines oléifères ou les olives le rendement en huile? Dans tous ces cas et dans beaucoup d'autres analogues, il faut faire une recherche spéciale du principe immédiat qui est demandé par le commerce, l'industrie ou les arts.

IV. — Rechercher la richesse et la pureté d'un produit commercial. — Lorsqu'on doit simplement s'occuper de doser un principe immédiat connu dans une plante ou un organe d'une plante, le problème est généralement facile. On va directement au but par des méthodes bien vérifiées et qui sont bien indiquées pour chaque cas particulier. Mais la tâche se complique singulièrement lorsqu'on ne sait pas de quelle plante un produit a été extrait, et surtout si l'on est exposé à opérer sur un produit provenant de mélanges inconnus ou de falsifications. Ainsi dans la farine, les vins, les alcools, le lait, les huiles, le beurre, il peut avoir été ajouté des corps étrangers ou mélangé plusieurs sortes ignorées. Des méthodes analytiques spéciales ont dû être imaginées pour toutes les circonstances prévues ou que la poursuite de la fraude a fait découvrir; mais il est à chaque instant nécessaire que le chimiste varie ses méthodes anciennes ou en invente de nouvelles, en appelant d'ailleurs à son aide toutes les autres sciences et les instruments de précision et de multiplication dus aux progrès de l'optique, de la mécanique et de la physique en général. Dans un ouvrage technique bien fait, ces diverses questions doivent être étudiées lorsqu'on fait l'histoire de chaque objet; il n'y a pas de méthode applicable dans toutes les circonstances.

V. — Déterminer les qualités spéciales aux produits industriels. — Pour une matière colorante il faut connaître sa puissance tinctoriale; pour une matière textile, il importe de déterminer la résistance de ses fibres, leur ténacité avant ou après le blanchiment. Ces opérations se font par des moyens mécaniques bien connus. Le problème de la pureté de la fibre est plus délicat. On doit avoir recours à divers dissolvants et à l'examen au microscope pour distinguer les fibres les unes des autres.

VI. — Déterminer la richesse d'une terre arable et trouver les matières fertilisantes dont elle a principalement besoin. — Pour résoudre la question, on a l'habitude de s'y prendre de deux manières. On fait ce qu'on appelle l'analyse physique et aussi ce que l'on nomme l'analyse chimique d'une terre arable. Cela ne veut pas dire qu'on détermine d'une part, ses propriétés physiques, et, d'autre lart, ses propriétés chimiques. On entend seulement par ces expressions que, dans le premier cas, on se sert de moyens physiques ou mécaniques pour mettre en évidence et déterminer ses principes constituants, et que, dans le second cas, on a recours à des réactions chimiques pour arriver également à connaître les principes qui la composent. Quant aux propriétés physiques elles-mêmes, telles que cohésion, ténacité, hygroscopicité, qui devraient être le but de l'étude physique des terrains, on n'a guère l'habitude de s'en enquérir par l'expérience; on se contente d'aperçus vagues qui sont ceux sur lesquels repose en général la classification des terres arables. En un mot, la véritable analyse physique n'existe pas dans l'économie rurale du dix-neuvième siècle; il sera montré comment elle devrait se pratiquer alors qu'on fera l'étude des terrains agricoles. Quant à l'analyse vraiment mécanique, et que l'on appelle à tort analyse physique, elle repose essentiellement sur la séparation, au moyen des lavages qui divisent les divers corps mélangés dans le terrain en ordre de densités décroissantes, les corps les plus grossiers et les plus lourds allant au fond de l'eau, ou plutôt, à la suite d'une forte agitation, gagnant les premiers le fond des vases, et les corps les plus ténus ou les plus légers ne tombant que les derniers ou restant plus longtemps en suspension dans le liquide. On doit, d'ailleurs, avoir fait passer la terre, préalablement desséchée à l'air, puis grossièrement pilée, à travers un tamis qui retient les pierres. Si l'on a pesé 1 kilogramme de terre desséchée et qu'on pèse ensuite les trois lots formés : petites pierres, partie impalpable et dépôt sableux, on a les éléments de l'analyse improprement appelée physique. Quant à l'analyse chimique, elle se propose, soit dans la partie impalpable, soit dans le dépôt sableux, soit dans les pierres, de déterminer l'acide carbonique et, par conséquent, le calcaire, puis ce qui est insoluble et ce qui est soluble dans les acides forts, et ensuite dans les parties dissoutes, la chaux, la magnésie, la potasse, la soude, le sesquioxyde de fer, l'alumine, l'acide phosphorique, l'acide sulfurique, le chlore, la silice soluble. Dans une partie de la terre pulvérisée et desséchée, on doit d'ailleurs doser l'azote, puis, dans une autre partie, la matière organique ou l'humus. Les chimistes habitués aux opérations plus délicates des laboratoires rechercheront l'azote à l'état d'ammoniaque, celui à l'état de nitrate ou azotate, puis la lithine et les autres corps dont ils pourront, par des recherches qualitatives, soupçonner l'existence en quantités pondérables. Les principes les plus importants de toute terre arable sont le calcaire, l'acide phosphorique, la potasse, les matières organiques, les matières azotées; c'est à l'absence de ces principes qu'il faut pourvoir par des additions convenables d'engrais. On consultera avec profit l'ouvrage de M. Paul de Gasparin sur la détermination des terres arables dans le laboratoire, pour effectuer les opérations qui viennent d'être indiquées.

VII. — Quelles sont, au point de vue géologique et minéralogique, les roches qui se rencontrent dans un terrain ou le constituent? — Pour résoudre la question, il faut avoir recours à deux méthodes qui se prêtent un concours mutuel. La détermination des propriétés physiques, telles que la densité, la dureté, la forme cristalline, la couleur, l'action sur la lumière par réflexion, et par réfraction, etc., doit être d'abord employée ; il faut aussi essayer les propriétés organoleptiques, c'est-à-dire l'action sur le goût, sur le toucher, sur la langue. La seconde recherche est celle des propriétés chimiques : comment la matière se comporte-t-elle avec les dissolvants, avec les acides, avec les bases, à froid, à chaud ? Quels sont les effets que l'on constate au chalumeau ? On obtient ainsi des premières indications qui suffisent souvent pour fixer la nature du minéral à déterminer. Il faut parfois avoir recours à une analyse chimique quantitative complète, mais alors c'est l'affaire d'un homme de science voué aux recherches de laboratoire. L'agronome a seulement besoin de savoir si le terrain sur lequel il doit opérer est argileux, calcaire, siliceux, granitique, d'alluvion. La constitution géologique de la contrée où se trouve un terrain est le meilleur document qu'il puisse consulter.

VIII. — Déterminer la richesse de divers matériaux. — L'agriculteur a besoin de connaître ou plutôt de pouvoir déterminer la valeur ou la richesse de divers matériaux qu'il emploie fréquemment : de la chaux, pour savoir si elle est grasse ou maigre, et trouver la nature et la quotité des matières étrangères; de la marne, du plâtre, du ciment, d'un alcali, d'un acide. Tous les essais à faire, réduits à leur plus grande simplicité, mais sans exclure une complète exactitude, doivent être décrits à leur place.

IX. — Faire la vérification des engrais commerciaux. — Les engrais se vendent généralement soit avec la garantie d'un dosage numériquement indiqué en azote, en acide phosphorique, en potasse, soit avec la garantie d'être d'une nature déterminée, savoir : guano du Pérou, tourteau, sang, os frais et os calcinés, chair, sulfate d'ammoniaque, nitrate de soude, sulfate, carbonate ou chlorure de potassium, etc. Dans ce dernier cas, il arrive très souvent que le titre est garanti. Il faut encore ajouter que, en ce qui concerne le dosage en azote, on distingue trois sortes de combinaisons, en garantissant un titre spécial pour l'azote à l'état de sel ammoniacal, pour l'azote à l'état de nitrate, enfin pour l'azote à l'état de matière organique. On fait aussi, dans la garantie du titre d'un engrais en acide phosphorique, plusieurs distinctions ; on détermine : 1° l'acide phosphorique total ; 2° celui qui est à l'état immédiatement soluble dans l'eau ; 3° l'acide phosphorique soluble dans le citrate d'ammoniaque ; la différence du dosage n° 1 et du dosage n° 3 donne la quantité d'acide phosphorique dit à l'état insoluble.

Ces distinctions reposent sur l'idée que l'on se fait que l'azote ou l'acide phosphorique n'auront pas le même degré d'efficacité immédiate lorsqu'ils seront introduits dans le sol arable, et que, par conséquent, on doit le vendre à des prix différents, selon les cours; ainsi le prix de l'azote à l'état de sel ammoniacal suivrait le cours du sulfate d'ammoniaque, celui de l'azote à l'état de nitrate, celui du nitrate de soude, les marchands poussant à augmenter le prix de tous les principes qui sont sous un état plus soluble. — Lorsqu'un titre est garanti, l'analyse à faire doit consister dans la détermination pondérale exacte de la quantité de l'élément promis; il faut avoir soin d'opérer sur un échantillon pris sur l'ensemble de la livraison et préalablement bien pulvérisé; on devra d'ailleurs remarquer qu'il y a, dans toutes les analyses, une erreur possible, et que, par conséquent, il faut admettre une tolérance qui ne doit pas être moindre que 0,25 pour 100. Les procédés de dosage sont décrits à l'occasion de l'histoire de chaque élément ou principe immédiat de la matière fertilisante. — Lorsqu'il s'agit d'un engrais désigné par un nom bien connu, la vérification à faire doit consister à rechercher si cet engrais, du tourteau ou du guano, par exemple, a bien toutes les propriétés qui lui appartiennent comme corps spécial, en un mot, si c'est bien du tourteau ou du guano, et s'il n'y a pas eu de falsification commise par addition d'une substance qui en modifierait les qualités et l'efficacité ; des analyses élémentaires pour déterminer l'azote, l'acide phosphorique, la potasse, les matières organiques, les matières minérales, l'eau contenue, peuvent être très utiles, mais on devra prendre garde de commettre la faute de considérer comme ayant même signification ou une signification proportionnelle, des résultats numériques identiques ou proportionnels, lorsqu'ils ne se rapporteront pas à des matières analogues; ainsi, un même dosage d'azote dans des os ou dans du tourteau de coton, par exemple, ne saurait signifier que l'on peut substituer un des engrais à l'autre, ou qu'ils doivent être achetés au même prix. L'analyse des engrais est un excellent contrôle quand on en fait un usage judicieux: mais on ne saurait la regarder comme un régulateur soit des marchés, soit des opérations culturales.

X. — Analyser les eaux. — Les eaux employées, soit comme boissons, soit à l'alimentation des machines à vapeur ou de diverses opérations industrielles, soit, enfin, en irrigations ou arrosages, doivent être soumises à des essais ou analyses ayant pour but de faire connaître si elles ne renferment aucune matière nuisible et si elles possèdent les qualités spéciales aux usages auxquels on les destine. On doit surtout y rechercher le carbonate et le sulfate de chaux, les sels alcalins, les matières organiques, les gaz qui s'y trouvent dissous, et, lorsqu'elles doivent servir comme boisson pour les hommes ou pour le bétail, s'il ne s'y rencontre pas quelque principe toxique. La méthode analytique à suivre par le chimiste pour la détermination des proportions dépend des résultats donnés par une analyse qualitative qui doit toujours être faite préalablement. Pour les eaux qui doivent être bues, il importe de les étudier au microscope afin de s'assurer si elles ne renferment pas d'animalcules dangereux pour la santé, ainsi que cela arrive trop souvent dans des eaux de mares, d'étangs ou de puits.

Remarque générale. — Toutes les analyses, quelles qu'elles soient, exigent une grande habitude chez les opérateurs, et, qu'on s'en souvienne bien, elles ne répondent jamais qu'aux questions que ceux-ci se sont adressées; il peut se trouver, dans la substance analysée, des matières qui n'aient pas été recherchées; c'est ainsi que des découvertes sont faites et enrichissent la science de corps nouveaux.

ANAMÉNIE (*botanique*). — Genre de plantes de la famille des Renonculacées, dont les feuilles vésicantes remplacent les cantharides au cap de Bonne-Espérance. On distingue : 1° l'*Anemeina coriacea*, ou *Adonis capensis*, nommée aussi *Knowltonia rigida;* 2° l'*A. laserpitifolia*, ou *Knowltonia vesicatoria.*

ANAMIRTE (*botanique*). — Genre de plantes de la famille des Ménispermées qu'il importe de signaler parce que la seule espèce que l'on connaisse a pour fruits ce qu'on appelle la *coque du Levant*. C'est une liane vigoureuse, à tiges sarmenteuses, grimpantes, à feuilles alternes et pétiolées, à fleurs, les unes mâles, les autres femelles, petites et très nombreuses, disposées en grappes composées (fig. 325). L'écorce est épaisse et de couleur cendrée à la surface, de consistance spongieuse comme celle du liège, et couverte de fissures irrégulières plus ou moins profondes. Elle a un grand nombre de synonymes: *Anamirta cocculus*, *A. racemosa*, *A. paniculata*, *Menispermum cocculus*, *M. lacunosum*, *M. heteroclitum*, *M. monadelphum*, *Cocculus populifolius*, *C. lacunosus*, *C. suberosus*, *Grana orientes*, *Cocculi Indi*, *Cocculæ officinarum*, *Cocculi de Levante*. Elle est originaire de l'Inde. Les fruits (fig. 326 et 327) sont formés de deux ou trois carpelles globuleux un peu allongés et réniformes, glabres à la surface, noirâtres. Sous la première enveloppe, qui n'a pas d'amertume, il se trouve une deuxième écorce blanche renfermant

Fig. 325. — Rameau florifère de l'*Anamirta cocculus*.

Fig. 326. — Fruit de l'Anamirte (coque du Levant).

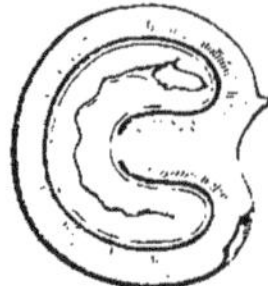

Fig. 327. — Coupe longitudinale de la coque du Levant.

une amande oléagineuse, jaunâtre, semi-lunaire, entièrement amère. Du péricarpe on extrait un principe amer, la *ménispermine* qui est vomitive, et de l'albumen un principe vénéneux, la *picrotoxine* ($C^{12}H^{14}O^5$). C'est ce dernier principe qui rend très dangereux l'emploi que l'on fait de la coque du Levant pour empoisonner le poisson et pour donner à la bière de l'amertume. Ce dernier usage est puni en Angleterre d'une amende de 5000 fr. pour le brasseur et de 12500 fr. pour celui qui lui vend la drogue. L'emploi du poisson tué par la coque du Levant ne laisse pas que d'être dangereux pour ceux qui consomment le produit de cette pêche frauduleuse.

ANAMIRTINE (*chimie*). — Matière grasse qui se trouve dans la coque du Levant, fusible à 36 degrés, et que l'on obtient en traitant le fruit de l'anamirte par l'éther bouillant. La dissolution dans l'éther laisse déposer l'anamirtine en groupes cristallins denditriques par l'évaporation.

ANAMIRTIQUE (*chimie*). — L'acide *anamirtique* s'obtient par l'action prolongée des alcalis hydratés sur l'anamirtine; il se sépare de la glycérine et de l'acide anamirtique ($C^{35}H^{63}O^3,H^2O$) qui cristallise en aiguilles fines, est fusible à 32 degrés, et a une saveur butyreuse. Cet acide fournit des *anamirtates* avec les bases, et il est susceptible de donner un éther volatil ($C^4H^{10}O,C^{35}H^{63}O^3$).

ANAMPSÈS (*ichthyologie*). — Poissons de la famille des Labroïdes, vivant dans la mer Rouge et l'océan Indien.

ANANAIE (*botanique*). — Nom vulgaire du Roucouyer (*Bixa orellana*).

ANANAS (*culture fruitière*). — Nom par lequel on désigne : 1° un fruit exquis qui rappelle à la fois, par son odeur et sa saveur, la pomme, la fraise et la pêche; 2° la plante qui produit ce fruit. Parfois on retire encore des feuilles de l'ananas une fibre textile, mais en général les ananas cultivés dans ce dernier but ne donnent pas de fruits ; tel est l'*Ananas pigna* qui, à Manille notamment, sert à faire des fils et des tissus divers assez estimés ; les Broméliacées textiles devront être étudiées à leur place. Le *Bromelia ananas* forme un genre de la famille des Broméliacées ; c'est une plante probablement originaire des Antilles, mais elle est maintenant cultivée en pleine terre dans toutes les régions chaudes du globe, et en outre en serre dans un grand nombre de riches jardins de l'Angleterre et du reste de l'Europe.

De la racine ou souche de la plante naissent de longues feuilles en forme de gouttière, divergentes, disposées de manière à former une sorte de gerbe à demi étalée ; les feuilles sont parfois bordées d'espèces d'aiguillons courbés en avant. Du centre de la gerbe des feuilles sort une tige ou hampe, courte et robuste, qui ne se montre ordinairement qu'à la troisième année et qui soutient d'abord l'inflorescence, puis le fruit. Chaque fleur sessile, violacée, se trouve à l'aisselle d'une courte bractée qui devient succulente et colorée comme l'ovaire lui-même pour faire partie du fruit. Les fleurs forment un épi plus ou moins serré. Chacune se transforme en une baie. Si les fleurs sont rapprochées, les baies finissent par constituer une seule masse frutescente qui n'est en réalité qu'une agrégation d'un nombre plus ou moins grand d'ovaires, soudés entre eux ainsi qu'avec les bractées charnues ; de là résulte une surface relevée de saillies polygonales, ce qui fait prendre à l'ananas une ressemblance marquée avec un cône de pin, et lui a fait donner en anglais le nom de *pine-apple* ou pomme de pin. A la partie supérieure de l'inflorescence, les dernières bractées sont dépourvues de fleurs et se développent en feuilles qui forment une sorte de couronne ou de collerette au-dessus du fruit (fig. 328).

L'ananas vulgaire (*Bromelia ananas* ou *Ananassa vulgaris*) constitue l'espèce la plus importante et la plus répandue. Son fruit, appelé *pomme d'ananas* ou *pain de sucre*, forme une masse jaunâtre, ovoïde, ellipsoïde ou globuleuse. On en extrait un jus riche en matières sucrées et aromatiques, ainsi qu'en acides végétaux, notamment en acide malique. Elle est cultivée en pleine terre dans toutes les régions chaudes du globe, et en serre dans tous les autres pays. Les fleurs de cette espèce sont bleues, terminales, réunies en épi très serré. Elles ont chacune un calice épanoui au-dessus de l'ovaire. Ce calice est composé de

Fig. 328. — Ananas surmonté de sa couronne.

trois folioles extérieures desséchées et d'un tube intérieur coloré et pétaloïde, divisé en trois lobes, garnis de trois petites écailles à leur base interne. Les ovaires sont très rapprochés. Le fruit est une baie à trois loges contenant plusieurs graines, mais la culture fait souvent avorter ces graines. Les baies en mûrissant s'unissent les uns aux autres et composent un seul fruit jaunâtre au dehors, blanchâtre en dedans. Le sommet est couronné d'une touffe de feuilles qui, étant mise en terre, produit une nouvelle plante.

On possède maintenant plus de 50 variétés d'ananas, parmi lesquelles on signale surtout : 1° l'Ananas commun ou de la Martinique, plante de moyenne grandeur, avec feuilles larges et glauques, bordées de dents fines et régulières ; le fruit ovale pèse parfois jusqu'à 2 kilogrammes ; il est le plus recherché par les confiseurs et les glaciers ; — 2° l'Ananas de la Jamaïque dont on connaît plusieurs sortes : le noir, le violet, remarquable par la couleur de ses feuilles et de son fruit qui atteint souvent une hauteur de 30 centimètres ; celui à feuilles lisses avec fruit pyramidal bronzé, très gros, obtenu des graines du précédent ; l'aurore, à feuilles marquées sur chaque bord d'une large bande plus violacée que le reste de la surface, et un fruit plus épais dans le haut que dans le bas ; il y en a plusieurs variétés dont l'une, l'Ananas Louise de Broye, est remarquable par une collerette d'œilletons au-dessous du fruit ;

— 3° l'Ananas de Cayenne à feuilles épineuses, à fruit gros et allongé, presque égal en qualité à celui de la Martinique, mais plus tardif; — 4° l'Ananas de Cayenne à feuilles lisses, très gros, pyramidal, très estimé ; l'Ananas Charlotte Rothschild, celui comte de Paris, celui duchesse d'Orléans, en sont des sous-variétés très estimées, à raison de leur précocité ; l'Ananas comte de Paris notamment se développe en 18 à 20 mois; — 5° l'Ananas du Mont-Serrat, fruit très gros, très estimé en Amérique, très tardif; — 6° l'Ananas d'Enville, plante trapue, à feuilles glauques, blanchâtres, munies de larges épines, à fruit pyramidal, très gros, d'abord violacé, ensuite jaune orangé, à gros grains saillants, d'assez bonne qualité ; on en connaît plusieurs sous-variétés : l'Enville princesse royale, l'Enville Mme Gontier, l'Enville Pelvillain ; — 7° l'Ananas pain de sucre, à feuilles larges et très dentelées, fruit haut, mais peu épais, d'un jaune orangé, estimé ; on a un ananas pain de sucre brun, un autre bronze, un autre à feuilles rayées ; — 8° l'Ananas de la Providence, plante très vigoureuse, à feuilles larges bordées de très petites épines, à fruit très gros, presque sphérique, assez bon ; en Angleterre on en distingue plusieurs sous-variétés, new, red, royal, white Providence. Pine-apple ; — 9° l'Ananas d'Otaïti, à gros fruit rond, avec la sous-variété d'Otaïti gros cœur, dont la chair est jaune ; — 10° l'Ananas de Java à feuilles rayées ; — 11° l'Ananas poli blanc, à fruit pyramidal.

Les semis d'ananas fournissent un grand nombre de variétés ; une fois qu'on a fait choix d'une variété, on la reproduit de boutures faites avec sa couronne ou avec les œilletons du bas de sa tige. Une plante provenant de graine donne ordinairement son fruit la quatrième ou la cinquième année ; la multiplication de boutures demande deux à trois ans pour fournir le fruit. La culture à l'air libre est facile dans les pays très chauds, à la Jamaïque, à la Havane, à la Guadeloupe, à Cayenne, à Java, etc.; il faut seulement choisir des endroits humides et frais. Quelques essais tentés en Algérie, notamment à Staouéli, ont donné d'assez bons résultats. On ne peut pratiquer sa culture qu'au moyen des serres chaudes ou dans les bâches dans les régions tempérées. Il y a lieu de distinguer plusieurs modes de culture : 1° culture sur couches et sous châssis ; 2° culture en pleine terre sous vitrages de serres ; 3° culture par chaleur du fond.

I. *Culture sur couches et sous châssis.* — C'est le mode de culture le plus habituel, c'est surtout celui du midi de la France ; il comprend : la préparation des boutures et celle de la terre ; les soins de culture de la première année, ceux de la deuxième année, ceux de la troisième ou de la récolte. Nous suivrons les indications pratiques fournies d'une part par M. Dumas, ancien jardinier-chef de la ferme-école de Bazin (Gers), et par M. Naudin ; et d'autre part, par l'examen que nous avons fait des remarquables cultures d'ananas pratiquées au potager du palais de Versailles, depuis plus de trente ans, par M. Hardy, directeur de l'École nationale d'horticulture.

1° *Des boutures.* — L'époque la plus convenable pour faire des boutures est de juillet à septembre. On peut prendre les œilletons qui se trouvent à la couronne du fruit, lorsque la plante est très vigoureuse, mais les œilletons pris à la base des plantes mères donnent en général des sujets plus forts et, par suite, des fruits plus beaux. Pour ne pas laisser de cicatrice nuisible sur la plante mère, au lieu d'enlever les œilletons à la main, on fait bien de les détacher délicatement avec un instrument bien tranchant. On enlève sur les boutures toutes les feuilles à partir de la base et en montant jusqu'à ce qu'on rencontre à leur aisselle de petites racines déjà développées ou des rudiments de racines tendant à se développer. Puis avec un greffoir ou une serpette on pratique immédiatement au-dessous de ce qu'on peut alors appeler le collet de la bouture une coupe bien nette en forme de biseau. Cela fait, on met les boutures en place, chacune dans un pot séparé, à 5 ou 6 centimètres de profondeur. La terre qui convient le mieux est une bonne terre de bruyère. Les pots ont environ 10 centimètres de diamètre et 20 de hauteur. On met au fond un tison ou de petits cailloux pour que le drainage se fasse bien à l'époque des arrosages. On tasse de la terre jusque vers le milieu du pot, on place la bouture dans l'axe et l'on ajoute de la terre en la tassant avec précaution pour ne pas endommager les racines qui commenceraient à se développer, jusqu'à 1 centimètre du bord. Lorsque l'empotage est fait, on prépare une couche pour recevoir les pots ; on donne à cette couche 30 centimètres d'épaisseur environ, et l'on y aligne tous les pots. On donne alors un fort bassinage de manière à faire arriver l'eau jusqu'au bas du collet de la plante et à hâter ainsi le développement des jeunes racines.

On peut aussi opérer le bouturage non pas dans des pots, mais sur une couche formée par moitié de fumier vieux et par moitié de fumier neuf bien mélangés, couche à laquelle on donne une épaisseur de 40 à 50 centimètres et que l'on charge de 25 centimètres de terre de bruyère, et on la couvre de coffres vitrés. Lorsque la température intérieure, d'abord assez élevée, n'est plus que de 35 degrés, on y plante les œilletons ou les couronnes à 5 ou 6 centimètres de profondeur et 15 centimètres de distance en tous sens. On arrose et l'on met les châssis sur les coffres. On ombre contre le soleil, à l'aide de paillassons qu'on a soin d'enlever si le ciel est couvert. On opère ainsi jusqu'à la reprise complète qui a lieu au bout de quinze à vingt jours. Lorsque le plant est bien enraciné, on donne de l'air en soulevant graduellement le châssis, on laisse arriver aussi plus de lumière et l'on bassine fréquemment, mais en évitant de verser de l'eau dans le cœur de la plante. Si l'on craint que la couche se refroidisse trop vite, on maintient la température par des réchauds ou des accots, en subordonnant les opérations aux circonstances météorologiques extérieures.

2° *Culture de la première année.* — Lorsqu'on a employé des pots pour le bouturage, on doit changer ces derniers et en prendre de plus grands pour y mettre les plants en suivant les mêmes soins que précédemment, et en laissant également une plus grande distance entre les pots dans la couche, afin qu'ils aient plus d'air et que leur déplacement soit plus facile au moment où il deviendra nécessaire. On les tient dans un ombrage léger, mais constant, dès le matin, afin d'éviter les coups de soleil qui brûleraient les plantes, tout en ayant soin d'assurer la circulation de l'air, et en donnant, durant tout l'été, deux ou trois bassinages, selon qu'il fait moins ou plus chaud ; on n'a recours à des arrosages complets que tous les quinze jours à peu près. En octobre ou novembre on fait une nouvelle couche de 50 à 60 centimètres de hauteur avec des feuilles sèches, en établissant tout autour des réchauds si des gelées surviennent ; on y transporte les pots d'ananas, lorsque la fermentation de la couche s'est produite à un degré convenable ; on laisse une distance suffisante entre les pots et entre ceux-ci et les bords du coffre pour que l'air circule convenablement et que le soleil parvienne aux plants durant tout l'hiver. Si la température devient rigoureuse, on renouvelle les réchauds autour des couches, on abrite par des paillassons, et l'on ne donne des bassinages qu'avec précaution à cause des gelées.

Si l'on n'a pas mis les boutures d'ananas en pots,

on laisse les plants sur la couche jusqu'en novembre ; mais dès le mois d'octobre on a préparé une nouvelle couche avec moitié de fumier vieux mais non usé et moitié de feuilles sèches, en recouvrant de tannée, de sciure de bois ou de mousse, suivant les commodités locales ; on procède à la transplantation lorsqu'on est assuré que la température n'y dépasse pas 33 à 35 degrés. La transplantation se fait dans des pots de 10 à 15 centimètres de diamètre préalablement remplis de terreau de la couche et de terreau de feuilles neuf mélangé par parties égales, en ayant soin d'enlever les plants un à un de l'ancienne couche sans endommager les racines et en gardant une petite motte ; on retranche seulement quelques feuilles de la base. Les pots sont alors enfoncés dans la tannée par rang de taille, et on pose les châssis jusqu'à la reprise. On élève des réchauds de fumier autour des coffres, en remaniant ceux-ci avec addition de fumier neuf, pour entretenir une température constante de 18 à 22 degrés. On couvre les vitraux de paillassons pour empêcher la déperdition de chaleur, mais on aère durant quelques heures si le temps est doux.

3° *Deuxième année.* — Pour le premier mode de culture, les soins, durant la deuxième année, sont les mêmes que pendant la première. On rempote de nouveau, s'il est besoin ; on augmente la distance entre les rangs, en raison du développement des plantes ; on bassine régulièrement, en tenant les châssis un peu plus fermés. On peut arroser au pied une ou deux fois par semaine, mais il est préférable de bassiner plus souvent que de donner des arrosages trop abondants. A l'automne on refait les couches pour passer l'hiver, en les rendant un peu plus fortes et l'on rempote encore, si on le juge nécessaire, pour bien loger les plantes.

Dans l'autre mode de culture, dès qu'arrive le mois de mars, on fait une quatrième couche de 0m,65 d'épaisseur, composée comme précédemment de fumier neuf, de fumier frais et de feuilles sèches, et capable de conserver une température suffisante jusqu'à l'automne. On y dépose des coffres de 90 centimètres de hauteur, pour que les plantes qui y seront placées et qui devront désormais grandir rapidement, y trouvent l'espace qui leur sera nécessaire. On charge la couche de 25 centimètres de terre de bruyère et on met les châssis sur les coffres, en élevant des accots pour bien conserver la chaleur. Cette couche reçoit les mêmes soins que si elle était garnie de plantes, mais ce n'est que lorsque la température de la couche est descendue à 37 degrés, qu'on dépote les ananas pour les y planter en pleine terre à raison de 36 plants par coffre de 4 mètres de longueur sur 1m,10 de largeur. « Pour faire cette plantation, dit M. Naudin, on dégarnit de terre le collet de chaque plante, on enlève quelques-unes des feuilles inférieures pour faciliter la sortie des racines nouvelles, et l'on plante avec la motte, qu'on recouvre de quelques centimètres de terre neuve. Ceci fait, il convient d'étendre un paillis un peu épais sur toute la surface de la couche, entre les plants, sans quoi une notable partie de l'eau des arrosages coulerait en suivant la pente de la couche et se perdrait à terre. Les ananas mis en place, on donne une bonne mouillure avec de l'eau tiédie, et on pose les châssis. Cette plantation se faisant en avril, il est inutile de couvrir les vitraux de paillassons pendant la nuit. En été les soins généraux consistent à arroser fréquemment et à donner beaucoup d'air, du moins autant que la température extérieure le permet, ce dont on juge quand on a un peu d'habitude de cette culture, tout en tenant compte des années plus ou moins chaudes et du climat qu'on habite. En somme, l'ananas veut être tenu dans un milieu toujours chaud et humide. Si le plant a été convenablement soigné, il doit avoir pris tout son développement en octobre et être prêt à porter fruit. »

4° *Troisième année.* — C'est l'année attendue, l'année rémunératrice, celle où se fait la fructification et la récolte.

Dans la première culture, lorsque les plants ont bien passé l'hiver, on refait les couches au printemps de manière à pouvoir les couvrir de coffres à deux panneaux d'un déplacement facile si l'on veut renouveler ces couches. Les coffres ont une hauteur de 1 mètre du côté du nord et de 90 centimètres du côté du sud ; cette différence de 10 centimètres dans la hauteur des deux panneaux opposés suffit pour amener l'inclinaison que nécessite l'écoulement des eaux et pour rendre plus directe l'action des rayons solaires sur toute l'étendue de la couche. On charge la couche de 20 à 25 centimètres de bonne terre de bruyère ; on pratique à 20 centimètres du bord du coffre et à une distance de 40 centimètres en tous sens les uns des autres, des trous de la dimension des mottes qui sont dans les pots. On brise les mottes en ayant soin de ne pas endommager les racines qui ont toujours contracté avec la terre une certaine adhérence, et l'on recouvre les plants jusqu'aux premières feuilles, tout en conservant un petit godet au pied de chaque plant pour faciliter les arrosages. On donne alors un fort bassinage pour laver les feuilles, en s'arrangeant pour que l'eau arrive aux racines ; on remet les châssis de telle façon que le haut de la plante soit le plus près possible du verre. On doit redoubler de soins pour que les plants ne souffrent en quoi que ce soit. Lorsque les fruits commencent à mûrir, on cesse les bassinages parce qu'il ne faut pas que l'ananas ait été mouillé pour être bon ; on se contente d'arroser les plantes au pied lorsqu'elles en ont besoin.

Dans l'autre méthode on prépare aussi à l'automne de la deuxième année une nouvelle couche de 50 centimètres d'épaisseur et toujours composée de feuilles et de fumier mélangé et qu'on recouvre de 25 centimètres de tannée. Les plantes sont alors enlevées, à l'aide d'un outil, de dessus la couche où elles ont passé l'été, en procédant avec une grande attention pour conserver toutes les racines ; après avoir enlevé quelques-unes des feuilles du bas, on les replante dans des pots de 20 à 25 centimètres d'ouverture. On plonge ces fruits dans la tannée de la nouvelle couche : on met en place les coffres de 90 centimètres de hauteur et l'on couvre de châssis qu'on tient fermés durant une quinzaine de jours, en ombrant s'il fait du soleil et en étendant en outre des paillassons pendant la nuit. Il importe de tenir la terre dans un degré moyen d'humidité. On réchauffe le sol par des accots de fumier chaud, on aère convenablement en évitant tout refroidissement. Les pieds ne tardent pas à pousser du cœur leur inflorescence, à former, puis à ouvrir leurs fruits, plus tôt ou plus tard selon leurs variétés plus ou moins hâtives et tardives et aussi suivant les soins qu'on aura donnés. Ces soins sont assez compliqués avec les couches, les coffres, les châssis, les dépotages et rempotages exigés, et encore pour bien terminer la fructification, doit-on à la fin, dans les climats de Paris, de Londres, de Belgique et de Hollande, porter les pots, pour les derniers mois, dans une serre chauffée par des tuyaux de thermosiphon. Le principe de la culture est d'empêcher la formation du fruit jusqu'à ce que la plante soit assez forte pour en produire un d'une grosseur convenable ; pour cela on doit ménager la chaleur et la lumière dans la jeunesse et donner assez d'humidité pour que les feuilles acquièrent un grand développement. Quand cela est obtenu, on doit augmenter la chaleur, surtout celle du milieu où sont placées les racines, en donnant suffisamment d'eau à la terre et non plus au feuillage. Le fruit dès lors se forme et atteint la grosseur voulue.

II. *Culture dans les serres.* — La culture dans les bâches, sur des couches ou sur des châssis, donne de très bons résultats dans tout le midi de la France, mais dans le Nord il faut recourir à l'emploi des serres; aussi a-t-on construit des serres spéciales, dites serres à ananas. On y fait la culture en pleine terre dans des bâches chauffées par des tuyaux de thermosiphon. Les bâches ont 2m,50 à 2m,60 de largeur, une hauteur de 60 centimètres, et telle longueur que l'on désire selon l'importance de la culture à entreprendre; des sentiers longitudinaux de 70 centimètres servent à faire le service. Les tuyaux d'eau chaude circulent dans toute la longueur au fond de la bâche dans laquelle on fait la couche exactement comme dans les systèmes de culture précédemment décrits, c'est-à-dire avec du fumier et des feuilles sèches, et par dessus de mètres; c'est par ces sentiers que se font les travaux d'entretien des plantes. Le sentier, qu'on voit sur la droite du dessin, est creusé plus profondément dans le sol, afin que le vitrage soit rapproché autant que possible des pieds d'ananas; la hauteur du sol de la bâche étant de 1m,80 au-dessus de ce sentier, l'ouvrier monte sur un escabeau pour donner les travaux de culture. Au-dessous du plancher de la bâche règne un espace vide dans lequel courent deux tuyaux T de thermosiphon de 15 centimètres de diamètre; deux autres tuyaux semblables T' sont superposés sur l'un des côtés de la serre. De distance en distance, des tuyaux I traversent la bâche, afin de permettre d'injecter dans le sous-sol les quantités d'eau nécessaires pour maintenir l'humidité convenable à la terre. Le long des parapets de la bâche, dans l'allée de gauche, sont disposés des supports en fer, pour soutenir trois ou quatre rangées de fils de fer destinés à maintenir les feuilles et à les empêcher de dé-

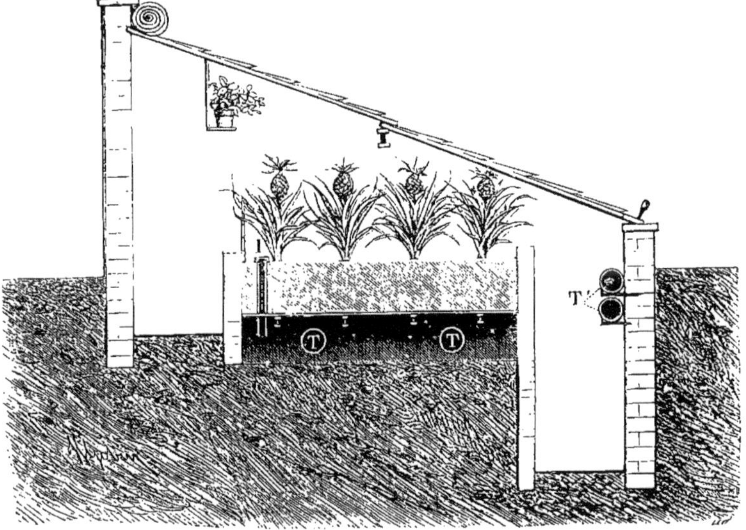

Fig. 329. — Coupe transversale d'une serre à ananas.

la tannée pour les pots, ou de la bonne et riche terre de bruyère pour les pieds en pleine terre. On ménage la température de manière à aller graduellement de 20 à 35 degrés. Les châssis de la serre sont disposés de manière à pouvoir couvrir, ombrer et aérer selon les besoins. Dans les premières serres à ananas, on ne chauffait les bâches que latéralement; le chauffage du fond a été un progrès inspiré par l'incitateur des systèmes de culture qui vont être indiqués. Il est bien entendu d'ailleurs que toute serre à ananas peut recevoir des pots de fraisiers sur des tablettes, des cultures de bananiers ou de vignes le long du sentier de service. Mais il est bon que les pieds d'ananas soient rapprochés du vitrage pour jouir de la pleine lumière au moment voulu et dans la juste mesure des besoins de la végétation.

Les figures 329 et 330 représentent, en coupe transversale et en plan, un modèle de serre à ananas, proposé par M. Hardy, directeur de l'École nationale d'horticulture de Versailles, où la culture des ananas est pratiquée sur une grande échelle depuis de nombreuses années. La bâche dans laquelle les ananas sont placés en pleine terre a une largeur de 2 mètres; de chaque côté de la serre court un sentier longitudinal large de 70 centi- border sur l'allée. A la partie supérieure, du même côté, court une tablette sur laquelle sont placés des pots de fraisiers. La couverture est formée de deux panneaux, composés chacun de cinq vitres; pour l'aération, ces panneaux tournent autour de la partie centrale en s'ouvrant, l'un en haut, l'autre en bas. Pour ombrer, on peut se servir de paillassons qu'on déroule plus ou moins à l'aide d'une ficelle passant sur une poulie fixée à la partie supérieure de la serre. Dans la bâche, les lignes d'ananas sont espacées de 50 centimètres, et les pieds sont distants de 80 centimètres dans les lignes, en quinconce, comme le montre la figure 392; par cette disposition, on ménage la place, et les feuilles peuvent prendre tout leur développement sans se gêner mutuellement. — Quant à l'appareil de chauffage, le mieux est de le placer dans un appentis attenant à la serre. L'exposition la plus convenable pour la serre est celle du midi ou du levant.

III. *Système de culture par chauffage de fond.* — Cette méthode est une grande simplification du système français; d'abord employée en Allemagne à Hambourg par M. Lothré, elle a été appliquée ensuite en Angleterre par M. Inghram, jardinier de la reine. Ce procédé consiste à cultiver l'ananas dans une serre ou dans un simple coffre vitré; on dispose les choses de manière à pouvoir chauffer par dessous. Dans le coffre ou sur le plancher de la serre, on fait une couche de 65 centimètres d'épaisseur composée de bonne terre ordinaire mélangée de 40 pour 100 de terre de bois ou de terreau neuf; on achève la partie supérieure de la couche en y ajoutant moitié de fumier vieux, mais capable de donner encore un peu de chaleur. C'est dans ce mélange qu'on plante l'ananas avec toutes ses racines et en conservant un ou deux œilletons au collet pour la reproduction de l'année suivante. On doit veiller à ce que la température ne s'élève pas trop, mais il n'y a plus ni changements de couches, ni rempotages, une fois que l'on a fait la plantation à la sortie des premiers pots qui ont servi à faire la multiplication. On prétend pouvoir même obtenir des ananas la seconde année au bout de sept ou huit mois de culture. La lenteur de la fructification dans les autres procédés proviendrait de ce qu'on emploie des œilletons enlevés trop jeunes et ayant été insuffisamment nourris. Il faut que la chaleur de fond soit modérée, mais continue; en outre il faut le plus possible de lumière et de chaleur solaires.

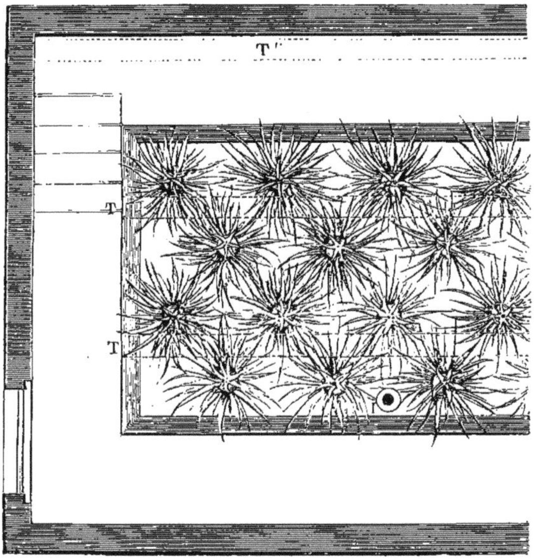

Fig. 330. — Plan d'une serre à ananas.

Insectes nuisibles aux ananas. — La culture de l'ananas est souvent contrariée par un petit insecte du genre Cochenille vulgairement appelé pou et qui donne une population nombreuse au bas des feuilles inférieures de la plante. Il faut le détruire soit par l'emploi d'une décoction de tabac, soit au moyen d'une légère lessive de potasse ou de savon noir. Le *Bon jardinier* conseille aussi d'avoir recours à l'huile d'olive à petite dose. On opère de la manière suivante : « Après avoir ôté le plus gros des ordures et des débris des insectes attachés aux feuilles, on prend de l'huile d'olive fine au bout d'un petit pinceau qu'on passe sur tous les endroits où l'on soupçonne qu'il y a des insectes ou des œufs; une heure ou deux après, on lave les plantes à grande eau, et on les met sécher renversées ou couchées au grand air, le talon exposé au soleil.»

Usages de l'ananas. — L'ananas est consommé soit en nature, soit sous forme de compote et de conserve. On fait avec le jus qu'on en extrait de la limonade, préconisée contre les affections légères de poitrine, ou bien, après fermentation du jus, une liqueur enivrante qui passe pour être fortifiante, et provoquer l'émission des urines. Il faut néanmoins éviter l'abus de ce fruit, surtout quand il n'a pas atteint une complète maturité. Les femmes enceintes doivent s'en abstenir.

Il y a une exportation assez considérable d'ananas des îles Lucayes ou de Bahama pour l'Angleterre. C'est du 1er juin au 15 juillet que dure la saison d'importation des ananas en Europe, et principalement à Londres. La traversée est en moyenne de 31 à 35 jours entre les îles Bahamas et Londres. Le nombre des cargaisons arrivant directement des îles Bahamas à Londres est de 9 à 11 ; chaque vaisseau apporte en moyenne 48 000 ananas; 1300 fruits environ pèsent une tonne Néanmoins, c'est par New-York que se fait le plus grand commerce des ananas des Indes occidentales, et notamment de Cuba, Saint-Barthélemy, et des îles Lucayes; en 1871, il y a été importé 449 418 douzaines d'ananas, d'une valeur de 1 046 900 francs. Les prix y varient de 3 fr. 75 à 5 fr. par douzaine.

Le commerce des ananas conservés est devenu également assez important. Pour faire les conserves, les ananas sont coupés en tranches minces; les fruits doivent être très sains, avec une circonférence moyenne de 30 à 35 centimètres. Les ananas sont pelés et coupés en tranches dans la cour des exploitations agricoles. Dans une seule ferme, on pèle jusqu'à 20 000 ananas par jour, pour remplir 12 675 boîtes métalliques. Les boîtes sont ensuite plongées dans un sirop de sucre. Les couvercles de ces boîtes étant soudés, on les introduit, par 400 ou 500 à la fois, dans des cuves où elles sont soumises à l'action de la vapeur surchauffée; après que la température a été assez élevée pour amener le sirop à l'ébullition, ce que l'on constate par une petite ouverture laissée dans les couvercles et qui permet à la vapeur de s'échapper, les boîtes sont hermétiquement closes; lorsqu'elles sont refroidies, elles sont prêtes à être livrées au commerce.

Depuis quelques années la culture de l'ananas a pris beaucoup d'extension à la Jamaïque; le climat de quelques parties de l'île lui est très favorable, et les fruits y deviennent très beaux. Les ananas de choix y valent sur place 11 à 15 francs la douzaine. Le mode de culture est différent de celui des îles Lucayes : tandis que dans ces dernières on met 50 000 plants par hectare, à la Jamaïque on n'en met pas plus de 12 000 En admettant que le produit soit de 10 000 fruits, au bout de seize à dix-huit mois, on obtient, au prix moyen de 60 centimes la pièce, un produit brut de 6000 francs. — Les îles Açores produisent aussi, surtout à Saint-Michel, des ananas très estimés et qui trouvent un placement très avantageux en Angleterre. Les fruits sont généralement beaucoup plus développés, et l'on en a obtenu du poids de 5 à 6 kilogrammes. Ils se vendent à des prix très élevés; d'après M Simmonds (*Tropical agriculture*, 1877), les beaux ananas de première qualité rapportent au producteur de 20 à 25 francs chacun; des fruits exceptionnels ont été vendus jusqu'à 75 francs la pièce Aussi les plus grands soins sont-ils pris pour leur transport; on les emballe isolément dans des caisses spéciales en bois, garnies intérieurement, et disposées de telle sorte que le fruit puisse en être enlevé sans subir aucune avarie. — La culture de l'ananas, introduite par les Portugais dans les Indes orientales en 1591, y a pris un très grand développement, principalement au pied des monts Himalaya et dans l'Anam; dans les provinces de Tenasserim, l'ananas s'est si bien naturalisé qu'il y est comme indigène; il donne des fruits si abondants qu'aux mois de juin et de juillet le chargement d'un bateau ne coûte pas plus de 2 à 3 francs. Les navires chargés d'ananas pour Londres viennent surtout d'Éleuthera. Les fruits sont emballés dans de petites caisses, disposées par couches alternatives avec de la glace, au nombre de plusieurs milliers par navire. La vente a lieu aux enchères publiques à Londres.

ANANCYLE (*entomologie*). — Genre d'insectes coléoptères longicornes, habitant Java.

ANANDRE, ANANDRAIRE, ANANDRIQUE (*botanique*). — Plantes qui manquent d'organes mâles.

ANANDRIE (*botanique*). — Genre de plantes de la famille des Composées, voisin des Tussilages, à l'état vivace en Sibérie.

ANANSIE (*zoologie*). — Grosse araignée adorée par les nègres de la Côte d'Or, qui lui attribuent la création de l'homme.

ANANTHE, ANANTHÈRE (*botanique*). — Qui est sans fleur.

ANANTHÉRIX (*botanique*). — Nom donné à un genre de plantes de la famille des Asclépiadacées.

ANAPANGIE (*botanique*). — Nom quelquefois donné aux fougères du genre *Gymnopteris*.

ANAPÈRE (*entomologie*). — Genre d'insectes diptères vivant en parasites sur les hirondelles.

ANAPHALE (*botanique*). — Genre de plantes de la famille des Composées-Inuloïdées, à achaines aigrettées, fleurs stériles. L'*A. margaritacea* est répandue dans l'Amérique du Nord et l'Asie orientale.

ANAPHE (*entomologie*). — Genre de très petits insectes hyménoptères indigènes.

ANAPHIE (*zoologie*). — Genre d'Arachnides trachéennes habitant la Caroline du Sud.

ANAPHRODISIE (*médecine vétérinaire*). — Frigidité génitale que l'on est quelquefois obligé de combattre chez les animaux qu'on veut appeler à l'acte de la reproduction; on emploie à cet effet la médication aphrodisiaque.

ANAPLECTE (*entomologie*). — Genre d'insectes orthoptères vivant dans les régions centrales de l'Amérique.

ANAPORÉES, ANAPORINÉES (*botanique*). — Nom donné à une tribu de plantes de la famille des Aroïdées.

ANARÈTE (*entomologie*) — Genre d'insectes diptères vivant sur les pins.

ANARHINQUE (*ornithologie*). — Genre d'oiseaux échassiers habitant la Nouvelle-Zélande.

ANARNAK (*zoologie*). — Cétacé du genre Narval, qui habite les mers du Groënland.

ANARRHINE (*botanique*). — Genre de plantes de la famille des Scrofulariacées-Antirrhinées, constituant des herbes bisannuelles ou vivaces, à feuilles radicales souvent en rosettes, et à petites fleurs en grappes spiriformes. On rencontre souvent, dans le midi de la France, l'*A. bellidifolium*.

ANARRHIQUE LOUP (*pisciculture*). — Le poisson (*Anarrichos Lupus*), regardé par Lacépède comme le vrai loup de l'Océan, est commun dans les mers du Nord, mais se rencontre assez rarement sur nos côtes. Il appartient à la famille des Blenniidés où il forme un genre spécial représenté par une seule espèce. Il a $0^m,80$ à $1^m,50$ de longueur, $0^m,16$ de hauteur du tronc et $0^m,07$ d'épaisseur. Sa tête assez développée fait le cinquième environ de la longueur totale; elle présente un museau saillant, une bouche largement fendue, pourvue de lèvres épaisses, armée de fortes canines en haut, de dents crochues en bas, et en outre de plusieurs rangées de dents internes de diverses grosseurs. Il a les yeux arrondis entourés de pores assez larges. Sa peau est épaisse. Valenciennes lui a compté 76 vertèbres. Il est d'un gris jaunâtre ou verdâtre, plus foncé chez les grands individus avec 5 à 10 bandes brunâtres assez larges qui descendent perpendiculairement de la région dorsale sur les flancs. Il est construit pour la lutte et la résistance. Sa chair n'est pas en grande estime.

ANARTE (*entomologie*). — Genre d'insectes lépidoptères appartenant au groupe des Nocturnes, mais volant cependant très rapidement en plein jour, au soleil; ce sont des papillons de petite taille qui habitent l'Europe.

ANARTHRIE (*botanique*). — Genre de plantes de la famille des Restiacées, consistant en herbes à chaumes comprimés, et originaires d'Australie.

ANAS (*zoologie*). — Nom donné par Linné au genre Canard.

ANASARQUE. — Mot employé pour désigner l'infiltration séreuse généralisée du tissu cellulaire extérieur; c'est un accident que l'on observe à la suite des fièvres, des cachexies, des maladies cancéreuses et tuberculeuses, des maladies de cœur.

ANASPE (*entomologie*). — Genre de coléoptères hétéromères, famille des Trachélides, tribu des Mordellones, très petits, ayant des antennes simples qui vont en grossissant, des yeux échancrés, quatre tarses antérieurs. Ils se trouvent sur les fleurs, dont ils sucent le miel, et sur les feuilles des arbres, qu'ils dévorent. On en distingue plusieurs espèces (*A. frontalis, lateralis, thoracea, flava, atra*).

ANASTATICÉES, ANASTATIQUES (*botanique*). — Plantes de la famille des Crucifères, comprenant la sirose (*Anastatica*), plante qui, après dessiccation, reprend tout son éclat quand on la met dans l'eau; de là lui vient son nom, qui signifie résurrection.

ANASTOME (*zoologie*). — Genre de mollusques gastéropodes dont la spire, au dernier moment de son accroissement, se renverse dans une position opposée à celle que l'on constate dans les autres espèces d'hélices.

ANASTOMOSE. — Terme d'anatomie qui signifie l'abouchement d'un vaisseau dans un autre; il s'emploie aussi bien en anatomie végétale qu'en anatomie animale. — S'anastomoser veut dire se joindre par anastomose. — Les anastomoses ont pour but de faciliter la circulation dans les vaisseaux, les veines, les canaux.

ANATASE (*minéralogie*). — Minéral qu'on a trouvé dans l'Oisans et au Brésil, fragile, rayant la chaux phosphatée, mais étant rayé par le quartz. L'anatase est d'un brun foncé ou d'un beau bleu. C'est de l'oxyde de titane souvent presque pur.

ANATHÈRE (*botanique*). — Section du genre Andropogon, de la famille des Graminées, offrant des épillets caractérisés par la fleur supérieure hermaphrodite ou unisexuée, mutique, et par la glumelle supérieure ordinairement nulle. L'*A. muricatum* est appelé vulgairement vétivert; ses racines sèches exhalent une odeur aromatique dont on peut retirer une huile essentielle par la distillation. Il faut la cultiver en serre chaude.

ANATHROTE (*entomologie*). — Genre d'insectes coléoptères pentamères.

ANATIDE, ANATIN, ANATINÉ (*ornithologie*). — Qui tient du canard.

ANATIFE (*zoologie*). — Genre d'animaux articulés, de l'ordre des Cirrhipèdes, classe des Crustacés. Il présente une coquille à 5 ou 7 valves principales, et quelquefois un très grand nombre de petites, la plupart triangulaires ou trapézoïdes, réunies par une membrane qui forme comme le manteau de l'animal. Le nom d'anatife, par abréviation d'anatifère, provient de ce que les anciens avaient supposé qu'il donnait naissance aux canards (Anas). Fixé par son tube charnu, l'anatife ne peut se mouvoir que par l'allongement et le raccourcissement de ce tube, et par ses mouvements de flexion en tous sens. Il en existe plusieurs espèces (*Lepas anatifera, L. pollicipes, L. aurita* ou *leporina*). On en rencontre dans presque toutes les mers.

ANATIGRALLE (*ornithologie*). — Genre d'oiseaux palmipèdes ayant pour type l'oie de Gambie.

ANATINE (*zoologie*). — Genre de mollusques acéphales testacés, de la famille des Enfermés, ayant les valves reliées par un tégument qui va de l'une à l'autre.

ANATOLE (*entomologie*). — Genre d'insectes lépidoptères.

ANATOLIQUE (*entomologie*). — Genre d'insectes coléoptères hétéromères, de la famille des Mélasomes, habitant l'Asie.

ANATOMIE (*histoire naturelle*). — Ce mot, qui vient du grec et qui veut dire *coupe à travers*, est pris dans deux acceptions très diverses : il signifie l'art de séparer les diverses parties du corps humain, d'un animal, d'un végétal, pour en connaître la structure, les rapports respectifs ; il signifie aussi l'ensemble des connaissances que l'on acquiert par tous les moyens propres à mettre en évidence les secrets de la constitution des êtres vivants, c'est-à-dire la science de la structure du corps et de leurs organes ; c'est alors l'*anatomie générale*, qui ne doit pas être confondue avec la *physiologie*, science des fonctions, et que Haller appelait l'anatomie vivante, *anatomia animata*. On distingue d'ailleurs : l'anatomie *humaine*, qui s'occupe exclusivement de l'espèce humaine ; l'anatomie *animale* ou *vétérinaire*, qui étudie les organes des animaux ; l'anatomie *comparée*, qui recherche les rapports et les différences existant entre la structure des organes de l'homme et celle des organes des animaux ; l'anatomie *chirurgicale*, qui étudie les diverses parties du corps en vue de déterminer les routes les plus avantageuses que le chirurgien ou le vétérinaire devra faire parcourir aux instruments dans les opérations qu'ils sont appelés à pratiquer ; l'anatomie *pathologique*, qui fait connaître les altérations produites par les maladies dans les diverses parties du corps ; l'anatomie *végétale*, qui étudie la structure interne des diverses parties des plantes, elle a reçu le nom de *phytotomie* ; l'anatomie générale a aussi été appelée *zootomie*. Enfin, un grand nombre de divisions ont été faites dans la science anatomique : il y a l'anatomie spéciale du cheval, du bœuf, des moutons, des porcs, des oiseaux, des poissons, des insectes, etc., etc. Par d'autres épithètes on a aussi caractérisé la direction imprimée à la science anatomique : ainsi l'anatomie *embryologique* compare les organes d'une même espèce à des divers âges et la série des métamorphoses d'une espèce à celle d'une autre espèce ; l'anatomie de *texture* s'occupe plus particulièrement des tissus organisés et a été appelée *histologie* ; à un point de vue général et élevé, on a dit : anatomie *philosophique* et aussi *anatomie transcendante*, pour définir l'étude des raisons de la structure et de la disposition relative des organes dans toutes les espèces vivantes. L'anatomie *plastique* ou des beaux-arts, ou des formes, a également une grande importance ; elle s'est longtemps bornée à étudier les membres et les muscles vus à l'extérieur, à établir leurs relations de longueur et de largeur, d'épaisseur ; mais on a fini par comprendre que pour bien saisir et bien rendre les expressions si diverses d'un être vivant, il fallait connaître aussi l'anatomie intérieure.

Ce sont les résultats de ce vaste ensemble de connaissances accumulées par les recherches et le génie des plus grands naturalistes, depuis Aristote jusqu'à Claude Bernard, qu'il importe aux agriculteurs de pouvoir appliquer. Il ne pourrait être question pour eux de passer en revue, même d'une manière rapide, les découvertes fécondes qui s'accentuèrent dès que les observateurs se firent en même temps expérimentateurs. Ils ont besoin de savoir seulement le côté pratique de ces découvertes, pour mieux tirer parti de l'élevage des animaux domestiques et de la récolte des plantes utiles, pour se mettre aussi en garde contre tous les ennemis de chaque espèce, pour guérir les blessures du bétail ou celles des végétaux. C'est à chaque étude particulière qu'ils trouveront les faits dont ils ont besoin.

Pour mettre en évidence les dispositions et les propriétés des organes du corps, on emploie des procédés généraux parmi lesquels on doit placer en première ligne la dissection, puis les injections, la macération, l'emploi des réactifs chimiques. On fait ainsi ce qu'on appelle une préparation anatomique, dans laquelle on doit s'attacher à isoler les parties que l'on veut particulièrement étudier, et à les faire ressortir pour que l'on puisse les examiner sous toutes leurs faces, à l'œil nu d'abord, à la loupe, puis au microscope, afin qu'aucun détail ne puisse échapper. Il faut ensuite, lorsque la préparation est bien réussie, la fixer d'une manière durable pour que l'étude ne soit pas en quelque sorte éphémère, et qu'elle puisse encore être renouvelée, non pas pour un seul mais pour tous, et pour qu'un travail difficile et délicat, ayant exigé souvent beaucoup de temps, n'ait pas besoin d'être recommencé à chaque fois. Le dessin, la gravure, la photographie, puis la conservation des pièces naturelles elles-mêmes, mises à l'abri de la destruction par des agents embaumeurs, ou bien leur reproduction artificielle par la plastique ou la cire, sont devenus d'un puissant secours pour l'avancement et la propagation de la science. Des musées ont été institués qui renferment toutes ces représentations ; ils ne sont pas assez nombreux, et ceux qui existent dans quelques chefs-lieux de département, bien rarement d'arrondissement, sont généralement très incomplets. C'est là cependant sur des objets grands comme nature, tout au moins, ou bien, dans beaucoup de cas, fortement agrandis, que l'on peut étudier, comparer et acquérir des connaissances susceptibles d'être mises en pratique dans les exploitations rurales.

Ce qui est vrai pour les animaux des divers ordres peut se dire des végétaux, pour les études anatomiques. On opère par les mêmes procédés pour faire les préparations ; le grossissement par le microscope est seulement encore plus nécessaire. Mais là aussi, on ne devient savant et habile que par la pratique, en s'appuyant, pour bien appliquer et à plus grande raison pour aller de l'avant, sur les travaux déjà acquis et qui sont reproduits par de bons dessins ou de bonnes photographies. L'anatomie est surtout une affaire de description exacte ; or, rien ne vaut comme d'avoir la nature même sous les yeux.

Les dissections exigent l'emploi d'un outillage spécial. Pour les grands animaux, il faut un certain nombre d'instruments tranchants, des scalpels, des sécateurs, des scies, de formes et de dimensions les plus variées, outre des pinces de diverses grandeurs, pour écarter les parties, des crochets ou érignes pour les maintenir dans les positions convenables, des engins multiples pour les soulever, des moyens de recueillir les liquides et d'opérer les lavages. Il faut aussi les instruments nécessaires pour pouvoir faire ou des insufflations d'air ou des irrigations de divers liquides susceptibles de se solidifier dans les parties molles ou de les colorer, afin de les distendre, de les rendre mieux visibles. On doit aussi avoir les alcalis, les acides, les agents chimiques divers, nécessaires pour que les parties dures se macèrent, deviennent molles et susceptibles d'être maniées dans tous les sens pour faciliter l'étude. Les locaux doivent être convenablement disposés, surtout s'il s'agit de grands animaux, et il faut des amphithéâtres tels que ceux des écoles vétérinaires ou des écoles de médecine.

Pour les préparations relatives à l'anatomie végétale, les moyens d'action ont rarement besoin d'être aussi grandioses; la table du micrographe suffit souvent avec un petit nombre de bocaux et de réactifs; mais il faut un art du dessin très expérimenté et très souple pour les délicatesses souvent excessives de la nature.

Dans l'anatomie humaine, aussi bien que dans l'anatomie vétérinaire ou même dans l'anatomie végétale, on distingue plusieurs divisions selon les organes que l'on étudie. Ainsi l'*ostéologie* (de ὀστέον, os, et de λόγος, science) s'occupe des os; la *syndesmologie* (σύνδεσμος, ligament) est l'étude des ligaments et des articulations, nommée aussi *arthrologie* (ἄρθρον, articulation); — l'*aponévrologie* est l'étude des aponévroses et autres parties du tissu fibreux; — la myologie (μυῶν, muscle), celle des muscles; — la *splanchnologie* (σπλάγχνον, viscère), celle des viscères ou organes de la digestion, de la respiration, de la fonction urinaire, de la reproduction; — l'*angéiologie* (αγγεῖον, vaisseau), celle du cœur et des vaisseaux sanguins; — la *névrologie* (νεῦρον, nerf), celle du cerveau, de la moelle épinière, de tous les centres et cordons nerveux; — l'*esthésiologie*, celle des organes des sens annexés au système nerveux.

Pour les végétaux, l'anatomie s'occupe également de l'étude de la cellule ou utricule, élément primitif essentiel de leur organisation, puis de l'étude des tissus composant les cellules ou tissus cellulaires, de celle des vaisseaux ou tissus vasculaires. Les matériaux digérés dans les tissus et qui leur donnent les propriétés pour lesquelles ils sont recherchés, sont mis en évidence par l'anatomie végétale; ce sont des formations solides baignées par le liquide qui remplit les cavités des tissus vivants et qui contient à l'état de solution des matières très diverses. C'est ainsi qu'on trouve le nucléus appelé aussi cytoblaste, la chlorophylle, la fécule, l'inuline, les cristaux minéraux, calcaires et autres. Toutes les parties des végétaux sont tour à tour signalées aux agriculteurs dans ce qu'elles ont d'intéressant pour leur profession, soit à l'occasion de chaque culture, soit au fur et à mesure que les mots se présentent dans leur ordre alphabétique. Il en est de même pour les diverses espèces de vaisseaux que distinguent les anatomistes et qui sont caractérisés par les marques imprimées sur leurs parois par des lignes épaisses : vaisseaux spiraux ou trachées; vaisseaux annelés ou annulaires; vaisseaux réticulés; vaisseaux rayés; vaisseaux ponctués; canaux ou vaisseaux laticifères, contenant l'espèce d'émulsion qu'on appelle le latex et qui constitue le caoutchouc dans quelques espèces.

L'anatomie, dans l'homme, les animaux et les plantes, était pratiquée dans une haute antiquité, du temps d'Hérophile et d'Érasistrate; mais l'usage des dissections fut perdu après Galien, et toutes les recherches anatomiques firent une longue éclipse. Au XIVe siècle seulement on fit à Milan la première dissection publique d'un cadavre humain; au commencement du siècle suivant, d'abord à Montpellier et ensuite à Paris, on put assister à une pareille expérience. D'ailleurs à partir du XVIe siècle jusqu'à la fin du XVIIIe, ce n'est guère que sur le corps humain que les anatomistes ont fait leurs études.

Les progrès ne devinrent considérables que lorsque naquit l'anatomie comparée que cultivèrent avec tant de gloire Daubenton, Vicq d'Azyr, Cuvier, Geoffroy Saint-Hilaire, Blainville. Sans l'anatomie, l'histoire naturelle serait demeurée stérile, et l'agriculture n'eût pu accomplir la plupart de ses progrès.

Parmi les dissections doivent être placées les vivisections, qui sont des dissections sur les animaux vivants. Les naturalistes pratiquent surtout celles-ci avec le secours des anesthésiques, et ce sont elles qui ont permis à la physiologie de prendre rang, au dix-neuvième siècle, parmi les sciences constituées, en lui permettant de saisir sur le vif le mécanisme des fonctions des organes chez les animaux, et par analogie chez l'homme, car les lois sociales et les mœurs interdisent de poursuivre de semblables opérations sur le corps humain vivant.

ANATOMISTE. — Un anatomiste est un homme savant ou habile dans l'anatomie.

ANATROPE (*botanique*). — Mot qui signifie : réfléchi ou retourné et par lequel on caractérise la graine, l'ovule, le raphé des plantes.

ANAULACE (*entomologie*). — Genre d'insectes coléoptères pentamères, de la famille des Carabiques, habitant Java.

ANAUXITE (*minéralogie*). — Substance d'un bleu verdâtre, en masse cristalline grenue, avec éclat nacré, qu'on rencontre en Bohême, et qui est un silicate d'alumine hydraté avec un peu de manganèse et de protoxyde de fer.

ANAXAGOREA (*botanique*). — Arbres ou arbrisseaux à feuilles alternes, souvent coriaces, à fleurs axillaires, dont on connaît plusieurs espèces asiatiques et américaines, et qui appartiennent aux Anonacées, tribu des Anonées.

ANAXÉTON (*botanique*). — Petits arbrisseaux à rameaux étalés, originaires du cap de Bonne-Espérance, appartenant aux Composées, tribu des Inuloïdées.

ANCÉE (*zoologie*). — Genre de crustacés isopodes, vivant dans les profondeurs de la mer, aux environs de Nice.

ANCHE (*technologie*). — Conduit par lequel la farine passe du moulin dans la huche.

ANCHIE (*agriculture*). — Nom vulgaire de l'arachide ou pistache de terre (*A. hypogæa*).

ANCHIÉTÉE (*botanique*). — Arbustes grimpants, de la famille des Violacées, offrant la même organisation générale que les violettes communes. La racine de l'*A. salutaris* est employée, au Brésil, comme purgative et dépurative.

ANCHIÉTINE (*chimie*). — Principe actif de l'écorce de la racine de l'*A. salutaris*. Pour l'obtenir, on réduit l'écorce fraîche en une bouillie qu'on laisse fermenter à l'air; on épuise ensuite par l'acide chlorhydrique, qui dissout l'anchiétine et qu'on précipite en traitant par l'ammoniaque. Elle cristallise en aiguilles d'un jaune paille, inodores, mais d'une saveur répugnante; elle est insoluble dans l'eau et l'éther, mais soluble dans l'alcool.

ANCHIFLURE (*technologie*). — Trou fait par un ver dans la douve d'un tonneau, au-dessous d'un cercle.

ANCHILOPS. — Nom donné à une petite tumeur se produisant dans le grand angle de l'œil, au voisinage du sac lacrymal.

ANCHOIS (*pisciculture*). — Genre de poissons appartenant comme l'alose, le hareng, la sardine, à la famille des Clupéidés. Il n'y a lieu de s'occuper que de l'anchois vulgaire (*Engraulis encrasichorius*, *Halerula*, *Clupea encrasichorius*); on l'appelle aussi amplova, anxova, goulard. Le nom d'*encrasichorius* signifie en grec qui a le fiel dans la tête; on croyait, en effet, dans l'antiquité que ce poisson avait les parties amères dans la tête; cette croyance erronée est encore répandue parmi les pêcheurs; mais il est vrai qu'en détachant la tête, comme le font adroitement les femmes avec l'ongle pour la préparation des conserves, on entraîne en même temps le foie, le fiel, les entrailles.

Ce petit poisson (fig. 331) est allongé, un peu plus épais vers le dos que vers l'abdomen, légèrement conique, d'une longueur de 15 à 20 centimètres. Sa tête un peu aplatie, le cinquième de la longueur totale, a la forme d'un losange très allongé, avec un museau proéminent et pointu; la bouche est très ouverte, la mâchoire finement dentée; le diamètre de l'œil est le quart de la tête et l'iris est argenté; la fente des ouïes très longue s'avance sous le milieu de l'œil. Il présente une ligne longitudinale d'une cinquantaine d'écailles. La nageoire dorsale commence le milieu de la longueur totale; la caudale est fourchue, l'anale très basse. Quand il sort de l'eau, ce poisson a le dos verdâtre et le ventre argenté; peu d'instants après,

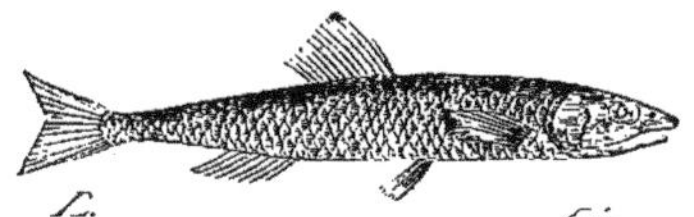

Fig. 331. — Anchois vulgaire.

il devient d'un bleu souvent très foncé, presque noir, dans la région supérieure du corps. Il est extrêmement vorace et se nourrit de petits crustacés, d'œufs et d'insectes de mer, dont il absorbe de grandes quantités.

Il se trouve sur toutes nos côtes, mais en bien plus grande quantité dans la Méditerranée. On dit qu'on le pêchait autrefois sur la côte de Bretagne; aujourd'hui on ne trouve plus dans le Finistère que la sardine anchoitée. On le pêche surtout à Antibes, à Fréjus, à Saint-Tropez, à Cannes, en Corse, en Sicile. Il existe d'ailleurs dans un grand nombre d'autres mers chaudes ou tempérées. La pêche se fait ordinairement durant les nuits sombres et sans lune du mois d'avril au mois de juillet. On emploie pour cela une *rissolle*, grand filet de 65 mètres de longueur sur 8 à 9 mètres de hauteur, à mailles assez serrées pour que les anchois ne puissent pas passer au travers, mais s'y prennent entre les ouïes et les pectorales de manière à y rester accrochés. Deux ou trois hommes montent sur un petit bateau qu'on appelle un *fastier* et qui porte à son extrémité un farillon ou réchaud. La lumière attire les petits poissons en foule. Lorsqu'on estime qu'il y a une masse suffisante réunie, les risoliers mettent doucement le filet à l'eau de manière à entourer le fastier. Cela fait, on plonge subitement le réchaud dans l'eau, et les pêcheurs montés sur le fastier font en outre le plus de bruit qu'ils peuvent avec leurs pieds et en battant l'eau. Les anchois effrayés se sauvent à la hâte tout autour, et ils sont pris dans les mailles du filet que l'on relève. Parfois un seul coup de filet en fournit des milliers.

On mange rarement les anchois à l'état frais; on les consomme à l'état de salaison. Après l'enlèvement de la tête et des intestins, on les lave, on les fait égoutter, puis on les range dans des barils par lits successifs, en mettant des couches alternatives de sel et de poissons. Le sel que l'on emploie contient 1 pour 100 de son poids d'ocre rouge, pratique qui ne s'explique que parce que l'on donne ainsi à la marchandise une certaine parure à laquelle le commerce s'est habitué et qui est le caractère des bons anchois de Provence dont l'arête dorsale est très fine; partout on fait maintenant des anchois de Provence, c'est-à-dire avec du sel rougi à l'ocre.

ANCHOMÈNE (*entomologie*). — Genre de coléoptères pentamères, tribu des Carabiques, ayant le corselet en forme de cœur tronqué, de petite taille, un peu aplatis, ordinairement verts ou cuivrés, communs dans les lieux humides, notamment sur les bords de la Seine.

ANCHONE (*entomologie*). — Genre d'insectes coléoptères tétramères, voisin des charançons, habitant l'Amérique.

ANCHONIÉES (*botanique*). — Les Anchoniées sont des plantes qui forment une tribu de crucifères. — Les *Anchonium* sont des herbes vivaces dont il existe deux ou trois espèces en Orient; elles sont tomenteuses ou glanduleuses, avec fleurs disposées en grappes feuillées et fruits en siliques munies d'étranglements.

ANCHORELLE (*zoologie*). — Genre de Crustacés voisin des Lernées, vivant en parasites sur les branchies d'un certain nombre de poissons.

ANCHUSE (*agriculture et horticulture*). — Genre de plantes de la famille des Borraginées. On donne aussi à ces plantes le nom de Buglosses, de deux mots grecs qui signifient langue de bœuf, parce que leurs feuilles ressemblent, par leur forme et par leur âpreté, à la langue d'un bœuf. Ce sont des herbes annuelles ou vivaces, hérissées de poils et dont les fleurs sont disposées en grappes terminales unilatérales réunies en corymbes. On en distingue plusieurs espèces parmi lesquelles il y a lieu de signaler seulement l'Anchuse toujours verte (*Anchusa sempervirens*) et l'Anchuse d'Italie ou paniculée (*Anchusa italica*), la première comme fourrage qui n'est pas sans mérite, la seconde comme plante de corbeille au milieu des pelouses à cause de ses fleurs d'un beau bleu.

L'Anchuse toujours verte est vivace; elle est d'une grande précocité; elle commence à donner des fleurs bleues ordinairement, sous le climat de Paris, vers les premiers jours d'avril. A cette époque, ses tiges ont déjà acquis une longueur de 50 à 60 centimètres, et peuvent être coupées pour la nourriture des vaches. D'un autre côté, les feuilles d'automne se conservent pendant l'hiver presque sans altération, et les bêtes à cornes les mangent assez volontiers. C'est donc une plante fourragère qui mérite l'attention. — Elle se multiplie soit par semis, soit par division du pied. Pour qu'elle produise beaucoup, il faut des terres profondes et fraîches, particulièrement argileuses.

L'Anchuse d'Italie ou paniculée atteint une hauteur de 1 mètre et est assez forte; mais son feuillage est étroit, rare, d'une verdure terne, ne produit pas d'effet. Au contraire, ses fleurs sont d'un beau bleu d'azur remarquable; elles sont disposées en grappes paniculées à l'extrémité du rameau; les corolles ont une largeur d'environ 1 centimètre. La floraison dure depuis la fin du printemps jusqu'au milieu de l'été, et dans les grands parterres la plante tient très bien sa place. Elle est d'ailleurs rustique et vient dans tous les terrains et à toute exposition, soit par les semis, soit mieux par éclats ou par division des touffes, au printemps ou à la fin de l'été. Si l'on emploie la reproduction par semis, on doit la faire en pépinière d'avril à août; on repique en place à l'automne ou au printemps à 50 ou 60 centimètres de distance. Les terres profondes et salpêtrées, mais saines, conviennent particulièrement à l'Anchuse d'Italie, propriété qu'elle partage avec la bourrache. Elle réussit très bien dans les jardins au bord de la mer et sur les dunes.

ANCHUSÉES (*botanique*). — Sous-tribu des Borraginées ayant les akènes attachés au réceptacle par une surface concave, renflée sur les bords, et dont la corolle est munie d'appendices superposés à ses lobes. Elle comprend les six genres suivants : 1° les Nonnea; 2° les Bourraches; 3° les Psilostemons; 4° les Consoudes; 5° les Anchuses ou Buglosses, dont la racine est l'*orcanette*; 6° les Lycopsis. — Le nom d'Anchuse signifie fard, parce que les racines de quelques-unes de ces plantes donnent un suc rouge qui a servi naguère à co-

-orer la peau. Aussi a-t-on donné ce nom à divers végétaux qui ne sont plus classés dans cette tribu.

ANCHUSINE (*chimie*). — On a donné le nom d'anchusine à une matière colorante d'un rouge noir, fondant à 60 degrés et dégageant ensuite de belles vapeurs violettes, qui est contenue dans l'orcanette ou racine d'une anchusée (voy. ce mot). On la prépare en épuisant l'orcanette, réduite en poudre, par du sulfure de carbone, en distillant les liqueurs réunies, puis traitant le résidu par de l'eau qui contient 2 pour 100 de soude caustique. La matière colorante se dissout; on la précipite de nouveau par l'acide chlorhydrique; on l'obtient très belle après vingt-quatre heures de repos.

ANCHYLOSTOME (*zoologie*). — Helminthe propre à l'espèce humaine, habitant le duodénum et les deux tiers supérieurs du jéjunum. C'est un petit ver cylindrique, transparent dans son quart antérieur, jaunâtre, rougeâtre ou brunâtre dans les trois quarts postérieurs, ayant une tête qui porte un appareil corné au-dessus de la bouche et armé de quatre fortes dents.

ANCILLAIRE (*zoologie*). — Genre de mollusques qui présente des coquilles très recherchées des amateurs. Les Ancillaires sont voisins des Olives et des Porcelaines et ont été placés par Cuvier parmi les Buccinoïdes.

ANCIPITÉ. — Terme de botanique employé pour désigner toute partie d'une plante comprimée sur ses deux faces ou présentant deux sortes de tranchants.

ANCISSE (*zoologie*). — Genre de crustacés isopodes habitant l'Amérique du Nord.

ANCISTRE (*botanique*). — Plantes d'orangerie de la famille des Rosacées, à tiges retombantes ou rampantes, originaires du Pérou. On en fait des infusions contre les hémorrhagies.

ANCISTROCARPUS (*botanique*). — Arbres ou arbustes de l'Afrique tropicale occidentale, appartenant à la famille des Tiliacées.

ANCISTROCÈRE (*entomologie*). — Genre d'insectes hyménoptères voisin des guêpes, commun en France.

ANCISTROCLADUS (*botanique*). — Arbustes grimpants, à feuilles alternes, entières, coriaces, dont le fruit a une graine remarquable par son embryon entouré d'un épais albumen farineux, habitant les régions les plus chaudes de l'Asie et de l'Océanie tropicales, appartenant à la famille des Diptérocarpées.

ANCISTRODÈRE (*entomologie*). — Genre d'insectes coléoptères tétramères, de la famille des Longicornes, habitant le Mexique.

ANCISTROSOME (*entomologie*). — Genre d'insectes coléoptères pentamères, voisin des hannetons, habitant le Pérou.

ANCISTROTE (*entomologie*). — Genre d'insectes coléoptères tétramères longicornes, habitant le Brésil.

ANCOEUR (*art vétérinaire*). — On dit aussi avant-cœur. Nom vulgaire donné à toute tumeur ayant son siège sur le poitrail du cheval.

ANCOLIE (*horticulture*). — Les Ancolies (*Aquilegiæ*, à cause de la conformation des pétales en bec crochu ou serres de l'aigle) sont des herbes vivaces et rustiques, formant un genre de la famille des Renonculacées. Elles ont des tiges souterraines donnant naissance, chaque année, à des rameaux aériens chargés de feuilles alternes, pétiolées, à limbe généralement décomposé et terné. Les fleurs sont solitaires ou disposées en cymes; elles sont hermaphrodites et régulières; le calice présente cinq sépales libres dans le bouton, et la corolle cinq pétales. L'androcée comprend huit à dix verticilles d'étamines, et le gynécée cinq carpelles libres superposés aux pétales. A la maturité, chaque carpelle devient un follicule; les graines, sous un triple tégument, présentent un petit embryon situé au sommet d'un albumen charnu. Ces plantes croissent dans les régions tempérées de l'hémisphère boréal de l'ancien et du nouveau monde. On en connaît un grand nombre d'espèces.

Fig. 332. — Floraison de l'Ancolie vulgaire.

La principale espèce est l'Ancolie vulgaire (*Aquilegia vulgaris*), très fréquemment cultivée dans les jardins en France, où elle est connue sous un grand nombre de noms : Aiglantine, Ancholie, Bonne-Femme, Clochette, Colombine, Galantine, Gant de Notre-Dame, Gonneau, Manteau royal. Ses fleurs sont très belles (fig. 332), avec leurs cinq nectaires en forme de cornets recourbés et alternant avec les pétioles; on dirait une réunion de clochettes chinoises ou une sorte de *marotte*, ce qui explique pourquoi elle est devenue le symbole de la folie. Elles paraissent de mai à juillet, avec les nuances les plus variées, bleues, pourpres, roses, blanches.

Cette plante est assez commune dans les bois montueux, les prairies élevées et sur la lisière des forêts de la plus grande partie de l'Europe centrale; elle est broutée par les brebis et les chèvres, mais généralement délaissée, à l'état frais, par les autres animaux, qui la mangent néanmoins sans difficulté lorsqu'elle est sèche. Les abeilles percent le tube des pétales pour extraire le suc mielleux des fleurs. Ses divers organes ont de l'âcreté, et c'est la raison pour laquelle on en a fait de nombreuses applications en médecine, en lui attribuant des propriétés antiscorbutiques, détersives, diaphorétiques, diurétiques, sudorifiques; on employait principalement sa racine pour guérir l'ictère et combattre les douleurs néphrétiques. On faisait usage d'émulsions préparées avec ses semences qui sont d'un noir luisant, répandant une odeur assez forte et tenace lorsqu'on les pile dans un mortier pour favoriser, dit-on, l'éruption des pustules dans la petite vérole, et la résolution de la rougeole. Les vétérinaires se servent également de cette émulsion pour faciliter la sortie du claveau. Avec les

Fig. 333. — Ancolie des jardins double variée de Vilmorin.

pétales de la fleur, on peut faire un sirop de couleur bleue que rougissent les acides et verdissent les alcalis, et qui est employé, dans les laboratoires, comme réactif propre à remplacer le sirop de violette.

La culture de l'Ancolie commune se pratique beaucoup dans les jardins; elle convient à l'ornementation; on lui fait atteindre 1 mètre de hauteur. On en tire un bon parti dans les plates-bandes et dans les clairières des bosquets. Il lui faut de préférence une terre substantielle et une position ombragée. On la multiplie d'éclats ou de graines semées de mai à juillet; on repique les jeunes plantes en pépinière bien exposée, et on les met en place en automne ou au printemps. La reproduction par les graines a fait naître un grand nombre de variétés à fleurs panachées, striées, bordées ou pointées d'une couleur secondaire à fleurs petites, penchées ou dressées ou même à fleurs doubles ou pleines. Il faut attribuer ces dernières, que l'on recherche surtout pour l'ornement (fig. 333), à la transformation des étamines en pétales. « Dans les fleurs d'Ancolies appelées capuchonnées (fig. 334), il n'est pas rare, dit Vilmorin-Andrieux, de rencontrer jusqu'à 5 séries de cornets régulièrement emboîtés dans chacun des cinq pétales extérieurs, ce qui rend ces fleurs excessivement curieuses. Chez celles appelées Ancolies étoilées ou Ancolies hybrides, les cornets sont transformés en série de pétales à peu près plans et étalés. Enfin, on cultive des variétés grandes et des variétés naines qui ont tantôt des fleurs penchées, tantôt des fleurs dressées qui appartiennent à la section des capuchonnées ou à celle des étoilées. » Toutes ces variétés à fleurs bleues ou bleuâtres fleurissent de mai en juin. On en a obtenu une, à fleurs simples roses, qui est intéressante par son large feuillage panaché ou bariolé de jaune sur fond vert. Ces races capuchonnées, étoilées, hybrides, panachées, et aussi toutes celles à coloris particulier, ont été fixées, et les semis les reproduisent assez fidèlement. Cependant, pour avoir toujours des plantes identiques, il est préférable d'opérer la multiplication par la division des pieds à la fin de l'été, ou mieux au premier printemps.

Après l'Ancolie des jardins, il y a encore diverses espèces qui méritent d'être signalées; ce sont :

1° L'Ancolie des Alpes (*Aquilegia alpina*). Ses tiges, de 30 centimètres, sont peu rameuses; les feuilles, profondément lobées-dentées; les fleurs simples, grandes, pendantes, d'un bleu clair, se succèdent de juillet en août; il faut espacer de 30 à 35 centimètres et avoir recours à un sol formé d'un mélange de terre de bruyère et de terre ordinaire; l'exposition doit être demi-ombragée.

Fig. 334. — Ancolie capuchonnée.

2° L'Ancolie de Sibérie (*Aquilegia siberica*). Les tiges sont nombreuses, touffues, dressées, avec une hauteur de 30 à 40 centimètres; les feuilles radicales touffues, les feuilles caulinaires assez rares; les fleurs grandes, doubles, toujours bleues, avec une macule blanche au sommet des pétales, parfois un peu jaunâtre. La culture de cette espèce, qui se fait dans un mélange, par moitié, de terre de jardin et de terre de bruyère, avec un espacement de 35 à 40 centimètres, a produit quelques variétés dont les couleurs sont noir, lie de vin, lilas rougeâtre.

3° L'Ancolie de Fischer (*Aquilegia jucunda*). Elle est très voisine de la précédente, mais elle se distingue par la beauté et la grandeur de ses fleurs, largement ouvertes et offrant un calice d'un bleu vif avec une corolle mi-partie de blanc et de bleu.

4° L'Ancolie du Canada (*Aquilegia canadensis*). Elle a des fleurs plus étroites, pendantes, d'un rouge assez vif à l'extérieur, d'un jaune verdâtre à l'intérieur. Il en existe deux variétés, l'une plus grande (50 centimètres), l'autre plus petite (30 centimètres).

5° L'Ancolie odorante (*Aquilegia fragrans*). Ses tiges, très rameuses et buissonnantes, atteignent

70 centimètres. Ses fleurs, simples et grandes, sont d'un blanc carné ou lilas, et répandent une odeur agréable.

6° L'Ancolie de Skinner (*Aquilegia Skinneri*), originaire du Guatemala. Elle a aussi de hautes tiges (75 centimètres), dressées, avec des feuilles triternées. Ses fleurs, renversées, présentent de longs cornets d'un rouge vif en dehors, jaune sur le limbe.

7° L'Ancolie arctique (*Aquilegia arctica* ou *formosa*). Elle a encore des fleurs plus grandes que la précédente, et très vivement colorées.

8° L'Ancolie à longs éperons (*Aquilegia lespotieras*). Elle a de grandes fleurs d'un beau jaune d'or.

9° L'Ancolie remarquable (*Aquilegia spectabilis*). Elle porte de nombreuses fleurs renversées, surmontées de cinq éperons enroulés, croisés et colorés d'un vert gai au sommet, avec des sépales violets, maculés de vert, des pétales violets et d'un jaune vif.

Avec ces espèces on peut obtenir de nombreuses variétés; les hybridations sont faciles. En multipliant par éclats, soit en automne, soit de bonne heure au printemps, on fixe les variétés, et l'on a de beaux pieds si l'on repique dans une terre ferme, à une exposition un peu abritée. Les semis peuvent se faire en plein jardin dans l'automne de l'année qui a vu mûrir les graines, soit au printemps suivant. On repique les jeunes plants en pépinière saine et bien exposée, et l'on met en place en automne ou au printemps.

ANCYLANTHE (*botanique*). — Genre de plantes de la famille des Rubiacées, qu'on trouve à Angola.

ANCYLE (*zoologie et entomologie*). — Nom donné à un genre de mollusques gastéropodes, à coquille mince et transparente, dont on rencontre plusieurs espèces dans les eaux douces. C'est une *Patella lacustris*. — Nom donné également à un genre d'insectes hyménoptères.

ANCYLÈGUE (*entomologie*). — Genre d'insectes orthoptères, voisin des sauterelles, habitant Java.

ANCYLOCÈRE (*entomologie*). — Genre d'insectes tétramères longicornes, habitant l'Amérique.

ANCYLOCLADE (*botanique*). — Genre de plantes de la famille des Apocynées, et qui n'est autre que le Willughbeia.

ANCYLOCLAIRE (*entomologie*). — Genre d'insectes coléoptères pentamères, voisin des buprestes, habitant l'Europe.

ANCYLODON (*ichthiologie*). — Genre de poissons de la famille des Sciénoïdes, vivant à la Guyane.

ANCYLOGNATHE (*entomologie*). — Genre d'insectes coléoptères hétéromères, de la famille des Mélasomes, habitant le cap de Bonne-Espérance.

ANCYLOGNIE (*botanique*). — Genre de plantes de la famille des Acanthacées, tribu des Ruelliées; herbes vivaces originaires du Brésil et du Pérou.

ANCYLOMÈRE (*zoologie*). — Genre de Crustacés amphipodes (voy. ce mot).

ANCYLONOTE (*entomologie*). — Genre d'insectes coléoptères tétramères longicornes, voisin des lamies et des cérambyx, habitant le Sénégal.

ANCYLONYQUE (*entomologie*). — Genre d'insectes coléoptères pentamères, de la famille des Lamellicornes, voisin des hannetons.

ANCYLOPÈRE (*entomologie*). — Espèce de pyrales.

ANCYLORHYNQUE (*entomologie*). — Genre d'insectes coléoptères tétramères, voisin des charançons, habitant le Brésil.

ANCYLOSCÈLE (*entomologie*). — Genre d'insectes hyménoptères mellifères, habitant l'Amérique du Sud.

ANCYLOSTERNE (*entomologie*). — Genre d'insectes coléoptères tétramères longicornes, voisin des cérambyx, habitant l'Amérique.

ANDA (*botanique*). — Plante de la famille des Euphorbiacées (*Anda brasiliensis*, *Gomesii*, *Johannesia princeps*), originaire du Brésil, où ses graines sont employées comme purgatives; elles fournissent aussi une huile dont on se sert pour se frotter le corps, pour l'éclairage et la peinture; l'eau dans laquelle l'écorce, qui est vénéneuse, a macéré est employée pour faire mourir le poisson.

ANDAIN (*agriculture*). — Ce mot est employé dans deux sens. Il signifie la rangée d'herbes vertes qu'un faucheur forme en abattant avec sa faux l'herbe d'une prairie, ou du trèfle, de la luzerne, du sainfoin: il exprime quelquefois l'étendue du pré qu'il dénude à chaque pas qu'il exécute en fauchant. On dit aussi qu'on dispose une céréale fauchée en *andain*, quand toutes les javelles sont déposées sur le sol de manière à former une ligne continue dans laquelle toutes les tiges coupées sont bien parallèles les unes aux autres. On détruit les andains quand on éparpille le fourrage avec des fourches ou avec une machine à faner pour en faciliter la dessiccation.

ANDALOUS (*zootechnie*). — « Cheval andalous, dit Littré, nom du cheval d'Espagne de l'ancienne race des Genets. » Il appartient (fig. 335) au type svelte et léger; il procède certainement du cheval arabe. » C'est, dit M. Richard (du Cantal), un joli cheval, aux formes gracieuses, potelées et arrondies, qui en font un beau type de manège. Sa robe est généralement noire. Son corps est arrondi, son encolure est forte et rouée; sa tête est peu développée; ses avant-bras sont courts et ses paturons longs; il a les pieds petits, les talons hauts et les jarrets ordinairement coudés. Il a beaucoup de souplesse et d'élégance sous le cavalier, mais ses allures sont raccourcies, mais il n'est propre qu'à la selle, de telle sorte que son élevage diminue. »

De son côté, M. Gayot s'exprime ainsi: « La race bigourdane améliorée a ses racines dans l'ancien cheval navarrin (l'Académie dit navarrois), émanation lui-même de la race andalouse. » Et ailleurs il développe sa pensée sur cette dernière race en ces termes: « Le cheval andalous, directement sorti de sang oriental et maintenant si fort oublié, a été, pendant huit siècles, le représentant le plus élevé et le plus digne du cheval arabe en Europe. Mais en spécialisant son aptitude, on avait spécialisé sa structure, et quand le mode d'emploi s'est modifié, on a dû l'abandonner et s'adresser de nouveau à ses auteurs pour en obtenir le cheval anglais de pur sang. Ce dernier a bientôt trois cents ans d'existence et montre une forme nouvelle bien opposée à celle de l'Andalousie. » Le vrai cheval andalous est celui du bon cavalier, or le bon cavalier devient rare; la demande diminue, l'élevage aussi. C'est la loi de toute production, de tout commerce. Le Genêt, ou cheval andalous, demeure le type du petit cheval espagnol, bien proportionné, propre à franchir les obstacles et à servir pour la cavalerie légère.

ANDALOUSIE (*géographie agricole*). — La vieille Andalousie est cette vaste partie du midi de l'Espagne, d'une étendue de plus de 8 millions d'hectares, qui a pour limites naturelles: au sud, la Méditerranée et l'Océan, à droite et à gauche du détroit de Gibraltar; à l'ouest, les frontières du Portugal; au nord, la chaîne de la Sierra Morena; à l'est, les montagnes de Segura et de Cazorla. Elle est hérissée de montagnes, sillonnée de vallées profondes, arrosée de nombreux cours d'eau, le Guadalquivir, le Guadairo, le Guadajoz, le Grande, l'Adra, l'Almanzora. La terre y est fertile, et toute culture est possible et abondante dans les parties qui peuvent recevoir l'irrigation; les mines et les carrières y sont partout riches en minéraux de tous genres. Depuis bien des siècles l'agriculture s'y fait suivant les mêmes routines. Le riz est cultivé dans tous les sols qui peuvent s'irriguer copieusement; les céréales, avec ou sans arrosement, se rencontrent partout : les blés durs à barbe, le maïs, l'orge, plus rarement le seigle. Il n'y a de prairies naturelles que dans les terres arrosées, où les luzernes réussissent aussi admirablement. Dans les terres sèches, non cultivées, le bétail trouve de vastes pâturages lorsque la sécheresse ne brûle pas l'herbe. Dans les terrains arrosés, les haricots, les arachides, les pommes de terre, tous les légumes, la betterave viennent avec le plus grand succès. On a essayé la culture de la canne à sucre ; elle n'a pas fourni de bons résultats parce que les hivers, quoique doux en général, y sont encore trop froids pour cette plante. Les orangers, les caroubiers, les figuiers, les grenadiers, la vigne, donnent des fruits en abondance. Le câprier, l'olivier, les palmiers nains croissent spontanément. C'est une contrée admirablement pourvue de toutes les richesses végétales et susceptible de nourrir le bétail le plus varié ; il ne lui manque que des agriculteurs progressistes et des capitaux.

L'Andalousie est maintenant partagée en deux capitaineries générales contenant chacune quatre provinces civiles. La capitainerie de Séville, à l'ouest, présente les provinces de Séville, Cordoue, Cadix et Huelva ; la capitainerie de Grenade, à l'ouest, est formée des provinces de Grenade, Jaen, Almeria et Malaga. Nommer cette dernière province, c'est rappeler un des plus importants vignobles de l'Espagne, à côté duquel il faut placer celui de Xérès, dans la province de Cadix. L'étendue totale des vignobles de l'Andalousie, au moment où le phylloxera a commencé son invasion en Espagne, était de 166 000 hectares, produisant environ 4 millions d'hectolitres de vin, dont plus de la moitié dans les provinces de Malaga et de Cadix.

ANDALOUSITE (*minéralogie*). — Minéral d'abord découvert dans les montagnes du Forez, et qu'on a rencontré depuis dans un grand nombre de contrées. C'est un silicate d'alumine, contenant parfois de petites quantités de potasse, chaux, magnésie, oxydes de fer et de manganèse. L'andalousite se présente en cristaux rhomboïdaux droits, et elle est ordinairement rouge de chair ou grisâtre, translucide et avec l'éclat vitreux sur les bords ; elle raye le quartz.

ANDANA (*pisciculture*). — Pêche à la nasse pratiquée sur les côtes d'Espagne.

ANDARINI (*technologie*). — Pâte de vermicelle réduite en grains analogues à ceux des anis.

ANDELLE (*sylviculture*). — On dit bois d'andelle pour bois de hêtre.

ANDERS (*art vétérinaire*). — Nom donné dans la haute Auvergne à une maladie cutanée des veaux et attribuée à une alimentation insuffisante.

ANDERSON (*biographie agricole*). — Fils de cultivateurs des environs d'Edimbourg, Jacques Anderson, né à Hermiston, en 1739, résolut, quoique très jeune, après avoir lu, sans pouvoir bien le comprendre, l'*Essai sur l'agriculture* de Hume, de faire des études complètes de toutes les sciences. Il suivit tous les cours publics alors ouverts, et il devint un des hommes les plus savants de l'Angleterre, sans cesser de se livrer à la pratique agricole. Il est mort en 1808. On lui doit plusieurs ouvrages importants sur l'économie rurale, et il a écrit un grand nombre d'articles sur les choses agricoles dans le *Weekly Magazine* d'Edimbourg et le *Monthly Review* où il signait le plus souvent de pseudonymes empruntés à l'antiquité. On cite principalement : ses *Essais* sur les plantations et sur l'agriculture, ses recherches sur les troupeaux et l'amélioration des laines, sa correspondance avec le général Washington, diverses études sur l'histoire naturelle, la météorologie, les dessèchements, et sur les moyens de développer l'industrie et l'agriculture.

ANDERSONIE (*botanique*). — Genre de plantes de la famille des Epacridées, formant des arbris-

Fig. 335. — Cheval andalous.

seaux très rugueux dans l'Australie méridionale.

ANDES (*géographie agricole*). — Les Cordillères des Andes forment une immense chaîne de montagnes de l'Amérique (voy. AMÉRIQUE, p. 319).

AND-GUZ (*métrologie*). — Mesure de 43 centimètres de longueur employée dans quelques parties des Indes occidentales.

ANDILLY (pêche d') (*arboriculture fruitière*). — Ancienne variété de pêche, qui doit son nom à la commune d'Andilly, dans le canton de Montmorency (Seine-et-Oise), patrie de Robert Arnauld d'Andilly. Dans son *Abrégé des bons fruits* (4ᵉ édit., 1740), Merlet la décrit en ces termes : « La pesche d'Andilly est très grosse, ronde, charnue, blanche dehors et dedans, qui est comme une Persique blanche, belle et bonne. » Aujourd'hui, on ne trouve plus cette pêche, et il n'est pas possible de dire si elle a été conservée dans les collections sous un autre nom.

ANDIRE (*botanique*). — Genre de plantes de la famille des Légumineuses-Papilionacées, présentant un assez grand nombre d'espèces qu'on rencontre dans l'Amérique tropicale. Ce sont des arbres dont l'écorce, le bois, les fruits sont fréquemment employés dans les pays chauds comme vermifuges et évacuants sous les noms de pomme, d'amande, d'écorce ou de bois d'Angelin ou d'Angelim. On distingue : l'*Andira anthelminthica*, arbre du Brésil, 2° l'*Andira inermis* ou *Geoffroya inermis* dont le bois est le bois palmiste sauvage des Antilles, et l'écorce la geoffrée des Antilles ou de la Jamaïque, évacuant énergique, qui à haute dose est un poison narcotique ; 3° l'*Andira retusa* dont l'écorce est la geoffrée de Surinam ; 4° l'*Andira vermifuga* ou *Geoffroya vermifuga* dont les semences sont employées comme vermifuges au Brésil.

ANDOC. — Sarment de vigne, garni de feuilles et de grappes que les vignerons, dans le midi de la France, coupent au moment de la vendange pour le suspendre au plancher de leur habitation, et en manger plus tard les raisins.

ANDORRE (*géographie agricole*). — Petit État indépendant situé sur les limites de l'Espagne et du département de l'Ariège, d'une superficie de 49 500 hectares et comptant environ 12 000 habitants. Le val d'Andorre consiste en trois vallées montagneuses situées sur le versant méridional des Pyrénées et arrosées par des affluents du Sègre, qui lui-même se jette dans l'Èbre. Il est placé sous le protectorat de la France et sous la juridiction ecclésiastique de l'évêque d'Urgel. Son territoire est principalement couvert de pâturages et de vastes forêts de sapins. L'élevage des troupeaux forme la principale occupation des Andorrans.

ANDOUILLE (*économie domestique*). — Pièce de charcuterie que l'on fait en remplissant un boyau de porc bien dégorgé et lavé, avec d'autres boyaux également bien préparés et coupés en longs filets, avec de la chair coupée de même, le tout assaisonné avec du sel, du poivre et des plantes aromatiques pilées.

ANDOUILLERS (*vénerie*). — Petites cornes qui viennent au bois du cerf, du daim et du chevreuil et constituent la principale arme défensive du cerf.

ANDOUILLETTE (*économie domestique*). — On fait les andouillettes en remplissant les boyaux avec un hachis de fraise de veau ou de porc et une tétine de veau, le tout convenablement cuit et épicé. Les andouillettes de Troyes sont renommées.

ANDRACHNÉ (*botanique*). — Nom donné à des plantes très différentes. — L'*Andrachne frutescens* est un arbre qui appartient au genre *Arbutus* (arbousier), que l'on rencontre dans l'Europe orientale et en Asie, et qui diffère peu de l'arbousier commun. — Les Andrachnés forment aussi un genre de plantes voisin des *Phyllanthus* et appartenant à la famille des *Euphorbiacées* ; elles ont des fleurs régulières et monoïques, présentent un calice à cinq sépales avec cinq étamines superposées et un ovaire rudimentaire dans la fleur mâle, triloculaire et surmonté d'un style à trois branches dans la fleur femelle. Le fruit est une capsule renfermant ordinairement six graines. Ce sont des herbes, des sous-arbrisseaux ou même des arbustes que l'on rencontre dans les régions chaudes et tempérées de toutes les parties de la terre. — On distingue particulièrement l'*Andrachne telephioides*, herbe commune dans les régions méditerranéennes, en Grèce, en Syrie, dans le nord de l'Afrique, et que les paysans emploient comme diurétique et dépurative ; l'*Andrachne cadishaw*, arbre vénéneux dont on applique les feuilles, dans l'Inde, sur les ulcères rebelles et de mauvaise nature.

ANDRASPE (*botanique*). — Synonyme d'Androsace.

ANDRÉ (*biographie agricole*). — Émile André naquit en 1790 à Schnepfenthal (Saxe-Cobourg-Gotha). Après des études d'histoire naturelle où il s'était distingué, il s'adonna surtout à la sylviculture, et dirigea plusieurs domaines forestiers en Autriche On lui doit plusieurs ouvrages, notamment : des études sur les moyens les plus avantageux à employer pour retirer des forêts le revenu le plus élevé et le plus durable (1826 et 1832).

ANDRÉES, ANDRÉÆACÉES, ANDRÉOÏDES (*botanique*). — Plantes de la classe des Mousses, qui se rencontrent sur les rochers siliceux ou granitiques.

ANDRÈNE, ANDRÉNÈTE, ANDRÉNITE (*entomologie*). — Genres d'insectes hyménoptères mellifères, comprenant un grand nombre d'espèces dont la plupart sont européennes

ANDRÉOSSI (*biographie agricole*). — Né à Paris en 1633, mort à Castelnaudary en 1688, François Andréossi, mathématicien et ingénieur, s'occupa du canal du Languedoc, comme employé de Riquet. On a voulu enlever à ce dernier la gloire d'avoir été le promoteur et l'heureux exécuteur de cette grande entreprise ; tout ce qu'il est juste de dire, c'est que Andréossi a contribué à cette œuvre glorieuse.

ANDREUSIE ou **ADDREWSIE** (*botanique*). — Nom donné parfois à plusieurs plantes, telles que les *Thibaudia*, les *Centaurella*, les *Myoporum*, en l'honneur du botaniste Andrews.

ANDRIALE ou **ANDRYALE** (*botanique*). — Herbes bisannuelles ou vivaces, à duvet dur et étoilé ou laineux épais, de la famille des Composées-Chicoracées, qu'on rencontre dans la région méditerranéenne de l'Europe occidentale, les îles Canaries et l'Afrique boréale.

ANDRIOPÉTALE (*botanique*). — Arbres habitant l'Amérique tropicale et l'Australie, formant un genre appartenant à la famille des Protéacées. Ils ont des fleurs disposées régulièrement en grappes axillaires ou terminales.

ANDROCÉE (*botanique*). — Nom donné à l'ensemble des organes mâles ou étamines de la fleur. L'androcée que Littré estime qu'il serait plus grammatical d'écrire andrœcie, comprend une étamine dans les saules, amomes, etc., qui sont monandres ; deux étamines dans les jasmins, les lilas, les valérianes, etc., qui sont *diandres*, etc. L'étamine se compose de deux parties : le *filet* ou pédicule plus ou moins allongé, l'*anthère* ou sac à une ou plusieurs loges contenant le *pollen* ou poussière fécondante. Les androcées reçoivent un grand nombre de qualifications selon la disposition des étamines et de leurs parties les unes par rapport aux autres ; un androcée peut être monadelphe, diadelphe, etc. ; gynandre ; à un, deux, trois verticilles, etc., etc. Dans un grand nombre de plantes on obtient par la culture la transformation de l'androcée en pétales, et l'on dit alors que la fleur est double.

ANDROCTONE (*zoologie*). — Genre de scorpions parmi lesquels plusieurs espèces peuvent faire à l'homme des piqûres mortelles ; ils vivent dans les régions chaudes de l'Asie ; ils ont cinq yeux de chaque côté de la tête, dont trois plus gros et deux plus petits, une queue et une vésicule très volumineuses, des dents nombreuses à leurs peignes.

ANDROCYMBE (*botanique*). — Herbes bulbeuses du cap de Bonne-Espérance, formant un genre de la famille des Mélanthacées.

ANDROGRAPHIS, ANDROGRAPHIDÉES (*botanique*). — Plantes herbacées, annuelles ou vivaces, quelquefois suffrutescentes, de la famille des Acanthacées, employées dans l'Asie tropicale à cause de leur amertume et de leur vertu stomachique et antidysentérique.

ANDROGYNE. — Terme formé de deux mots grecs qui signifient *homme* et *femme*. Il est employé ordinairement comme synonyme d'hermaphrodite; mais les botanistes distinguent les plantes androgynes, qui ont les sexes dans des fleurs séparées, quoique sur la même plante, d'avec les hermaphrodites qui ont les sexes réunis dans la même fleur.

ANDROMACHIE (*botanique*). — Plantes de la famille des Radiées ; au Pérou, on tire de toute la plante, mais surtout de ses jeunes pousses un duvet qui est employé comme amadou et comme styptique.

ANDROMÈDE (*botanique et horticulture*). — Genre de plantes de la famille des Ericacées, très voisin des bruyères. Ce sont des arbustes du nord de l'Amérique et de l'Asie, à l'exception d'une seule espèce, l'Andromède à feuilles de pouliot (*Andromeda polifolia*), qui est de l'Europe moyenne. Leurs fleurs, hermaphrodites et régulières, sont en grappes pendantes et dressées, blanches, roses, ou d'un carmin vif; la corolle en est globuleuse ou campanulée; elle persiste autour du fruit, qui est une capsule à cinq loges polyspermes. Elles font un effet assez joli même en boutons qui tranchent sur un feuillage généralement d'un vert sombre. Les feuilles sont alternes, durent longtemps, quoique caduques le plus ordinairement.

Quelques espèces sont rustiques et peuvent résister en pleine terre dans nos jardins; les autres réclament l'abri de l'orangerie durant l'hiver. Toutes redoutent les rayons du soleil pendant les heures chaudes de la journée; on doit les placer à une exposition septentrionale ou demi-ombragée. Il leur faut à toutes de la terre de bruyère. On les multiplie par la séparation des touffes ou bien par marcottes, par semis quand on peut faire mûrir les graines. D'après M. Louis Leroy, on peut avoir des fleurs presque toute l'année, en choisissant des espèces qui se succèdent dans l'ordre suivant : *Andromeda caliculata*, à fleurs blanches, pour avril et mai; — *A. axillaris*, à fleurs blanches en grappes et feuillage très foncé, pour mai et juin; — *A. floribunda*, d'un blanc très pur, mais plante très délicate, pour juin ; — *A. lucida*, à fleurs abondantes d'un blanc rosé, pour mai et juin; — *A. Mariana*, à rameaux pourpres et fleurs blanches en cloches, pour juillet; — *A. polifolia*, à fleurs légèrement carminées, pour juin et juillet; — *A. Japonica*, à fleurs en grelots blancs sur un feuillage d'un beau vert persistant, pour l'automne et tout l'hiver.

L'espèce *A. Mariana*, désignée aussi sous les noms de *A. pulchella*, *Lyonia Mariana*, *Leucothea Mariana*, tue le bétail. On la rencontre dans le Maryland; elle est âcre et irritante; quand on secoue les graines et les pétioles, on obtient une poudre qui est employée comme sternutatoire.

L'espèce *A. ovalifolia*, arbuste du Népaul, est une plante également dangereuse pour le bétail.

L'espèce *A. arborea*, appelée aussi *Lyonia arborea*, *Oxydendrum arboreum*, donne un fruit acide que les Américains désignent sous le nom de *Saur tree* ou *Sorel tree*, en le comparant à la groseille; on en fait une décoction rafraîchissante qui calme la soif et qu'on emploie dans les cas de fièvre et d'inflammation. Les feuilles ont une saveur amère et astringente. L'écorce et les branches, très riches en tannin, servent à teindre en noir dans le Tennessee.

L'*A. polifolia*, qui croît dans le nord de l'Europe, est employée, en Russie, pour donner aux soieries une couleur noir brillante; elle est âcre et dangereuse pour le bétail.

On rencontre encore, dans les serres, les espèces *A. cassinefolia*, à feuilles de cassiné; *A. marginata*, *A. buxifolia*, *A. chinensis*, qui constituent de jolis arbrisseaux d'orangerie.

ANDROMÉDÉES (*botanique*). — Plantes formant une section de la famille des Ericacées, devant son nom à l'*Andromeda*, qui en forme un genre.

ANDROPADE (*ornithologie*). — Merle d'Afrique.

ANDROPÉTALE (*botanique*). — Pétale provenant d'une étamine métamorphosée, ainsi qu'il arrive dans la Rose et dans un grand nombre de fleurs doubles.

ANDROPOGON (*botanique*). — Genre de plantes de la famille des Graminées, auquel on a aussi donné le nom vulgaire de barbon plat, caractérisé par des épillets biflores. La fleur inférieure est stérile et portée par un pédicule allongé ; la fleur supérieure est fertile, soit hermaphrodite, soit unisexuée. La base de l'épillet est munie de deux glumes qui persistent et s'épaississent après la floraison ; les glumelles sont plus courtes que les glumes. Ces graminées sont répandues dans toutes les régions chaudes et tempérées du globe. On en a décrit, dit M. Baillon, environ 180 espèces; il faut citer celles qui donnent lieu à des usages médicinaux, agricoles ou domestiques. Quelques-unes sont assez communément désignées sous le nom de chiendent, mais on ne doit pas les confondre avec le chiendent le plus ordinaire qui porte la désolation dans les cultures européennes, lequel n'est autre que le *Triticum repens*.

I. L'*Andropogon muricatus* ou *squarrosus* a une racine douée d'une odeur forte et aromatique, rappelant celle de la myrrhe, employée comme parfum et pour préserver les vêtements des insectes. C'est le *vétiver;* il ne développe bien son parfum que lorsqu'il est humecté. Cette plante, très répandue dans les Indes orientales, est seulement cultivée en serre chaude en Europe; elle y prend d'ailleurs une végétation vigoureuse. On lui donne parfois le nom de chiendent des Indes.

II. L'*Andropogon Iwarancusa*, désigné aussi sous le nom de *Terankus*, est une herbe à tige souterraine vivace, dont les divisions, de la grosseur d'une plume de corbeau, sont marquées de cicatrices annulaires au niveau desquelles naissent un grand nombre de racines adventives très fines. Les rameaux atteignent la hauteur de l'homme et sont remplis d'une substance spongieuse légère. Cette plante fournit une huile aromatique très estimée par les Indiens comme étant très stimulante.

III. L'*Andropogon calamus aromaticus* serait, d'après Boyle, le roseau aromatique de la *Bible* et celui de Dioscoride. Il est cultivé dans l'Inde. On en obtient le *Grass oil of Nemaur* des Anglais, employé pour le traitement des affections rhumatismales. Cette huile est quelquefois vendue comme huile de géranium rosat et comme huile de Spicanard.

IV. L'*Andropogon Schœnanthus* est une plante vivace cultivée dans tous les jardins de l'Inde et de l'Arabie, à cause de l'odeur très agréable qu'exhalent ses feuilles et ses jeunes pousses. Toutes ses parties sont aromatiques; sa saveur est chaude et amère. Les feuilles fraîches sont journellement employées en infusion pour préparer une boisson analogue au thé. Sous les climats européens on la cultive en serre-chaude.

V. L'*Andropogon citratus* est le *Lemon-grass* des Anglais; il a des feuilles plus larges que le précédent avec lequel on l'a souvent confondu. On substitue quelquefois ses racines au vétiver, mais leur odeur est plus faible, plus fugace.

VI. L'*Andropogon Eriophorus* ou *lanigerum* produit le schœnanthe officinal, qui fait partie de la thériaque et du diascordium.

VII. L'*Andropogon Nardus* est le *Ginger-grass* des Anglais; il constitue une des espèces désignées autrefois en médecine sous le nom de Nard.

VIII. L'*Andropogon insularis* est très commun aux Antilles où il se multiplie comme notre chiendent; il est employé comme vulnéraire, détersif et diurétique.

Quelques auteurs placent aussi dans le genre des Andropogons l'Ischœmum et les Sorghos, mais ce sont deux genres spéciaux de la même tribu de la famille des Graminées.

ANDROPOGONÉES (*botanique*). — Plantes formant une tribu de Graminées.

ANDROSACE (*botanique et horticulture*) — Genre de plantes de la famille des Primulacées ressemblant beaucoup aux primevères, dont elles sont, en quelque sorte, des diminutifs. On dit aussi *Androselle*. Ce sont de petites herbes de 5 à 7 centimètres de hauteur qu'on rencontre dans presque toutes les régions montagneuses de l'hémisphère boréal. Les unes sont vivaces par leurs racines, les autres sont annuelles. Leurs feuilles sont disposées en rosettes, quelquefois en une sorte de bouclier, d'où le nom d'androsace, qui signifie *bouclier d'homme*. Les fleurs sont solitaires et disposées en cyme ou en ombelle à l'extrémité d'un long pédoncule.

Elles sont de couleurs très variées, présentant du jaune, du lilas, du bleu, du pourpre. On a proposé d'appeler *Arctia* les plantes dont les fleurs sont solitaires, et de réserver le nom d'*Androsace* à celles dont les fleurs sont en ombelles involucres; mais elles ne font réellement qu'un seul genre. Les corolles sont hypocratériformes. Le fruit est une capsule uniloculaire polysperme.

Les Androsaces sont très recherchées pour orner les rochers factices. Leur floraison a lieu de mars à juillet, selon les lieux, les années et les espèces. Elles se plaisent à l'exposition du nord.

Il leur faut une terre de bruyère un peu tourbeuse, mais bien drainée. MM. Vilmorin-Andrieux disent qu'un terreau de feuilles, additionné d'un vingtième environ d'ardoise pilée et d'autant de charbon de bois calciné et pulvérisé, leur convient également bien. On les sème, d'avril à juillet, en terre de bruyère contenue dans des pots ou dans des terrines placés à l'ombre ou à demi-ombre. Dès que les jeunes plants sont suffisamment développés, on les repique dans des pots à fond drainé que l'on laisse hiverner sous des châssis froids, mais très souvent aérés, afin de les maintenir à l'abri des transitions brusques de température et d'excès d'humidité. Au printemps, on les met en place dans le sol définitif. A l'automne, ou aussitôt après la floraison, on peut les multiplier d'éclats ou au moyen de leurs rameaux, qui rampent sur le sol et s'y enracinent de distance en distance. Après les avoir éclatés, on les plante dans des pots contenant de la terre de bruyère, et que l'on place à l'ombre en entretenant dans le sol une fraîcheur constante.

Les principales espèces cultivées dans les jardins sont les suivantes :

1. L'Androsace velue (*A. villosa*), herbe vivace des Pyrénées, très gazonnante, à petit feuillage lancéolé, réuni en rosette, ayant des hampes de 4 à 5 centimètres, se terminant par une collerette de folioles elliptiques, d'où naît une ombelle de petites fleurs blanches à gorge purpurine ou jaunâtre.

2. L'Androsace helvétique (*A. helvetica*), herbe vivace formant un gazon très dense, à feuilles très rapprochées, pointues, à fleurs blanches terminales, sessiles, commune dans les Alpes du Dauphiné.

3. L'Androsace de Vitali (*A. Vitaliana*), à tige rameuse, haute de 6 à 10 centimètres, à fleurs solitaires, tubuleuses, à gorge dilatée, d'un jaune orangé.

4. L'Androsace lactée (*A. lactea*), très gazonnante, à feuilles nombreuses, étroites, d'un vert gai, avec fleurs d'un blanc pur, disposées en ombelle au sommet, et à pédoncules élevés de 5 à 10 centimètres, avec corolle à gorge jaune.

5. L'Androsace laineuse ou sarmenteuse (*A. lanuginosa* ou *sarmentosa*), à tiges rameuses couvertes, ainsi que les feuilles, d'un duvet satiné, long, épais, tomenteux, avec pédoncules élevés de 10 à 15 centimètres, portant des fleurs disposées en ombelle

Fig. 336. — Androsace ou Androselle laineuse.

(fig. 336), à involucre à folioles linéaires spatulées, à grande corolle d'un lilas nervé ou bleuâtre, à lobes presque arrondis et entiers.

6. L'Androsace à fleurs carnées (*A. carnea*), herbe peu élevée, à fleurs rouges assez grandes.

7. L'Androsace grandiose (*A. maxima*), dont les hampes poilues, hautes de 25 à 30 centimètres, portent de belles fleurs blanches à gorge jaune.

On cite encore l'A. filiforme, l'A. du Nord (*A. septentrionalis*), l'A. à faux jasmin (*Lehmanniana*), l'A. allongée (*A. elongata*), l'A. à feuilles obtuses (*A. obtusifolia*), l'A. linéaire, l'A. carénée, l'A. imbriquée, l'A. cylindrique, dont il est inutile d'indiquer les différences.

Ces plantes passent pour être de puissants diurétiques, et elles sont employées en décoction contre les affections calculeuses, les rétentions d'urine, la leucorrhée et la gonorrhée.

ANDROSCÉPIE (*botanique*). — Genre de plantes originaires de l'Inde, de la famille des Graminées, voisin des Anthisteria, ayant au moins cinq épillets centraux dont les deux supérieurs sont fertiles, et les trois inférieurs mâles ou neutres.

ANDROSÈME (*botanique*). — L'Androsème est un arbuste indigène, rustique, touffu, de 50 à 60 centimètres de hauteur, fleurissant pendant une grande partie de l'été; il appartient au genre *Hypericum* ou *Millepertuis*; c'est l'*Hypericum androsœmum* nommé encore *A. officinale*, ou vulgairement Herbe des grands bois, Parcœur, Toute-Saine, parce qu'on lui attribue diverses propriétés bienfaisantes. Ses tiges rameuses portent des feuilles opposées, sessiles, ovales, épaisses, glabres, parsemées de glandes transparentes, ce qui les fait paraître perforées; elles prennent, à l'automne, une belle teinte rouge.

Les fleurs sont jaunes et sont disposées en cyme ombelliforme terminale. Les fruits sont des baies noires et luisantes. Cet arbuste se plaît dans tous les terrains fertiles et un peu humides. On le cultive comme plante d'ornement, en le multipliant par semis ou mieux par séparation des pieds, ce qui se fait à l'automne ou en hiver. On se sert des feuilles pour faire des cataplasmes contre les brûlures et pour arrêter les hémorrhagies. Les fruits sont purgatifs. Les paysans estiment que la plante tout entière est vulnéraire, résolutive et bienfaisante contre la rage.

ANDROSTEMME (*botanique*). — Herbe acaule de l'Australie, formant un genre de la famille des Hémodoracées, voisin des Conostylis.

ANDROTRICHON (*botanique*). — Genre de plantes de la famille des Cypéracées, tribu des Scirpées, qu'on rencontre à l'île Sainte-Catherine et au Brésil méridional.

ANE (*zootechnie*). — L'âne est pour l'agriculteur une bête de somme ; pour le naturaliste, il constitue une espèce particulière de l'ordre des *Pachydermes*, de la famille des *Solipèdes*, du genre *Cheval*, selon la définition donnée par Cuvier. Une étude sur l'*espèce asine* considérée au point de vue agricole, c'est-à-dire de l'élevage et de l'emploi de l'animal selon son âge et son sexe, doit embrasser tout ce qui concerne l'ânon, l'ânesse, l'âne mâle, le baudet ; elle doit former un ensemble, comme les études sur les espèces bovine, chevaline, ovine, porcine, caprine. Ici il importe seulement de caractériser l'âne au point de vue du rang qu'il occupe et du rôle qu'il joue dans la vie rurale. Buffon a écrit sur ce sujet quelques pages admirables ; ce sont celles d'un maître observateur presque inimitable et dont les descriptions resteront vraies tant que les espèces qui peuplent la terre demeureront identiques à elles-mêmes.

L'âne (fig. 337) a la tête relativement volumineuse, les oreilles longues, larges et épaisses. La ligne dorsale depuis la nuque jusqu'au sacrum est droite. La croupe est courte et peu large. Les membres sont volumineux et assez longs. La robe est épaisse et assez dure, elle est couverte de poils assez longs, d'un gris plus ou moins clair, virant souvent au blanc sale ; elle présente une raie cruciale de poils plus foncés le long du dos et sur la région des épaules, ou d'un noir tournant au roux. Quoi qu'il en soit, sur le sommet de la tête, la nuque et l'encolure, il ne se trouve qu'une crinière rudimentaire, composée de crins rares, courts et fins. La queue est dépourvue de ces crins sur plus de la moitié supérieure de sa longueur et ils sont courts et peu abondants sur le reste. Les poils sont en général d'un gris argenté autour des lèvres, sur les parties postérieures du ventre, dans la région des aines et à la face interne des cuisses. Le sabot a une forme ou cylindrique ou légèrement conique, la plus grande base du tronc de cône étant supérieure. Les châtaignes ou plaques cornées à la face interne des avant-bras ont une couleur noire de nuance vive ; elles n'existent que sur les membres antérieurs.

Fig. 337. — Anes communs.

Il n'est pas douteux que, toute proportion gardée, eu égard au poids, l'âne comme animal de bât est plus fort que le cheval ; celui-ci ne porte que de 100 à 150 kilogrammes sur son dos, et dans ces conditions on ne saurait pas lui demander de parcourir plus de 50 kilomètres par jour. « En Espagne, dit M. Hervé Mangon, dans les chemins difficiles de la montagne, on le charge ordinairement de 120 kilogrammes. Cette charge serait excessive pour les ânes de petite taille et mal nourris de la plupart de nos campagnes, s'il s'agissait de parcourir de longs trajets ; mais j'ai vu souvent ces pauvres bêtes faire allègrement 2 à 3 kilomètres de suite, avec des charges de plus de 100 kilogrammes. » Nous avons constaté que dans les Alpes, des ânes vont chercher à plus de 2 kilomètres d'altitude et redescendent dans la plaine des charges de 70 à 80 kilogrammes de fourrage ou de fumier. Un âne de petite taille, attelé au manège, fait un travail journalier de 300 000 à 400 000 kilogrammètres.

ANE (POIRE D') (*arboriculture fruitière*). — Nom d'une poire d'été qui provient d'un poirier très fertile et très répandu dans l'Anjou. Le fruit est très allongé, la peau est verte du côté de l'ombre, d'un rouge vineux sombre du côté frappé par le soleil ; la chair, verdâtre, est fondante, sucrée, assez fortement acide et un peu astringente. L'arbre, greffé généralement sur franc, acquiert de grandes dimensions et forme de beaux plein-vent; il est cultivé en plein champ; très rustique et très vigoureux, il est très anciennement connu. Son produit est considérable, quoique ce ne soit qu'un fruit de 3e qualité pour la table, et de 2e pour la cuisson. Il n'est pas rare de trouver, dans l'Anjou, des poiriers de cette espèce qui comptent plusieurs siècles d'existence.

ANÉANTISSEMENT (*médecine vétérinaire*). — Prostration absolue des forces; dernier degré d'abattement des animaux, produit par des maladies graves ou une action débilitante prolongée; état de faiblesse extrême dans lequel il y a privation momentanée de toute force et suspension de l'exercice des facultés (voy. le mot ABATTEMENT).

ANÈDE (*entomologie*). — Genre d'insectes coléoptères hétéromères, voisin des ténébrions, habitant l'Amérique.

ANÉE (*métrologie*). — Charge que peut porter un âne. — C'était autrefois, dans quelques provinces, une mesure de volume. L'anée, pour les liquides, contenait 80 pintes de Paris, ou 76lit,19; l'anée, pour le blé, était composée de 6 bichets de 50 livres chacun, c'est-à-dire valait 2 hectolitres pesant ensemble 150 kilogrammes.

ANEÏMIA (*botanique*). — Genre de plantes cryptogames de la famille des Fougères; leurs sporanges sont placées sur les découpures latérales géminées des frondes. Parmi ces petites plantes, que l'on rencontre dans l'Amérique australe tropicale et au cap de Bonne-Espérance, on distingue l'*A tomentosa* qui exhale une odeur suave de myrrhe et est regardée comme excitante.

ANÉLASTE (*entomologie*). — Genre d'insectes coléoptères pentamères serricornes, habitant l'Amérique du Nord.

ANÉLOPTÈRES ou **ANÉLYTRES** (*entomologie*). — Se dit des insectes à quatre ailes, dont les supérieures n'ont jamais la consistance d'élytres et peuvent, par conséquent, se déployer; ils forment un ordre comprenant les lépidoptères, les hyménoptères, les névroptères et les diptères.

ANÉMAGROSTIDE (*botanique*). — Section de plantes du genre Agrostis, caractérisée par la présence du pédicelle de la fleur supérieure à la base de la glumelle supérieure.

ANEMÈRE (*entomologie*). — Genre d'insectes coléoptères tétramères, de la famille des Curculionites.

ANÉMIE. — Abaissement du nombre des globules du sang au-dessous du nombre normal. Le mot signifie, d'après son étymologie grecque, privation du sang. Le nombre normal des globules du sang de l'homme étant de 127 pour 1000, l'état anémique commence vers 113: il y a alors chlorose; si le chiffre s'abaisse à 80 ou 60, il y a chlorose confirmée; on constate alors une pâleur extrême et un trouble plus ou moins considérable dans toutes les fonctions. On combat l'anémie par l'emploi des ferrugineux, des amers, du quinquina, et, généralement, de tous les toniques. — L'anémie se rencontre, avec les mêmes caractères, chez tous les animaux, et elle doit être souvent attribuée à une mauvaise hygiène, à une nourriture insuffisante, à la privation de la lumière, à l'inspiration d'un air impur dans les écuries, les étables ou les bergeries. On la combat, comme chez l'homme, par des toniques, et surtout en réformant l'hygiène et l'habitation du bétail.

ANÉMIE (*entomologie*). — Genre d'insectes coléoptères hétéromères de la famille des Taxicornes, habitant le Sénégal.

ANÉMIQUE. — Qui est atteint d'anémie.

ANÉMOGRAPHE (*météorologie*). — Instrument automatique qui enregistre un ou plusieurs des caractères des divers vents: la direction, la durée, la vitesse, la force, l'intensité, cette dernière étant estimée par le nombre de mètres parcourus en une seconde ou bien par la pression exercée sur un mètre carré. Les instruments qui donnent directement la pression du vent sont encore imparfaits; on ne peut considérer comme anémographes suffisants que ceux qui fournissent la direction à tous les instants, et par conséquent tous les changements de sens des courants atmosphériques et le temps pendant lequel chaque direction subsiste. Le meilleur est celui qui a été installé par M. Renou à l'observatoire météorologique du Parc de Saint-Maur, près de Paris. Une girouette est supportée par un flotteur placé sur un liquide, et dont l'axe vertical est celui autour duquel la girouette peut tourner. Cet axe vertical est aussi celui d'un cylindre droit sur lequel on enroule une feuille de papier. Parallèlement à une arête de ce cylindre que nous supposerons d'abord immobile, se trouve un fil qui est vertical et le long duquel une horloge fait descendre en vingt-quatre heures, et d'un mouvement uniforme, un crayon appuyant sur le cylindre. Si le cylindre est immobile, le crayon tracera une ligne droite; mais si le cylindre, entraîné par la girouette, est dévié à droite ou à gauche de sa position initiale, que l'on devra avoir choisie de telle sorte qu'elle soit avec l'axe de la girouette dans le plan du méridien, le crayon tracera, en descendant, une ligne courbe à droite et à gauche de la ligne droite primitive. Quand le papier sera déroulé de dessus le cylindre, le rapport de chaque écartement à la largeur totale sera l'angle de la direction du vent; la largeur pourra d'ailleurs être divisée en 360 degrés, de telle sorte qu'on pourra lire la direction angulaire du vent à chacune des minutes des vingt-quatre heures, si la verticale du papier est divisée en 1440 parties égales, correspondant chacune à l'une des 1440 minutes qui se trouvent en 24 heures. Cet instrument marche très bien quand le flotteur est assez bien équilibré pour obéir à tous les mouvements de la girouette sans être entraîné, par l'impulsion donnée, au delà de l'écart réel du vent régnant avec la position initiale. L'eau qui supporte le flotteur a l'inconvénient de geler, mais on peut à sa place employer de l'eau additionnée d'alcool, des dissolutions salines ou même de l'huile.

On doit recommander, dans l'intérêt des progrès de la météorologie agricole, l'installation des anémographes, surtout sur les plateaux et les collines qui ne sont dominés par aucune saillie du sol, si ce n'est de très loin. Dans tous les lieux bas, où les autres observations peuvent être très bonnes, celles du vent sont plus ou moins entachées d'erreurs locales.

Il peut être nécessaire de placer les girouettes, même mobiles sur des flotteurs, au haut de mâts très élevés ou bien d'édifices peu abordables, ou encore de coteaux d'une grande altitude; dans ces cas, l'enregistrement peut être fait avantageusement par un système électrique, les girouettes faisant l'office de la main du télégraphiste, qui place un index sur les diverses parties d'un cadran, les mêmes positions étant enregistrées par le récepteur avec la plus grande fidélité. On peut ainsi connaître la direction des courants d'air qui règnent à de grandes hauteurs, car les enregistreurs électriques ont l'avantage de pouvoir être placés à tel endroit qui paraît le plus convenable pour relever les observations.

ANÉMOMÈTRE (*physique météorologique*). — Instrument propre à mesurer la force du vent ou d'un courant de gaz dans un tuyau de conduite; son nom vient de ἄνεμος, vent, et μέτρον, mesure. Son principe est de faire résistance au vent par un obstacle dont le plus ou moins grand dérangement peut servir de mesure à la force du courant gazeux. Ainsi, une plaque de métal rectangulaire verticale, mobile autour d'une ligne horizontale supérieure, sera soulevée plus ou moins selon que le vent sera plus ou moins fort ; son écartement de la verticale sera fonction de la force du vent. De même un tube en forme d'U, rempli en partie d'eau ou de mercure, si une de ses branches est recourbée horizontalement, pourra servir d'anémomètre, parce que le vent, en s'engouffrant dans la branche horizontale, fera monter le liquide dans l'autre branche verticale d'autant plus haut que le vent sera plus fort. Les anémomètres les plus employés sont à rotation et sont des sortes de moulins à vent ; ils ont l'avantage de pouvoir être enregistreurs du nombre de tours effectués, d'où, par le calcul, on conclut la vitesse, et, par suite, si la densité est connue, on a la pression exercée sur l'unité de surface. On conçoit qu'il est très facile, par une communication de mouvement, de placer un compteur à côté d'un moulinet à ailettes, et ensuite d'ajouter au compteur un enregistreur ; ce sont là de simples combinaisons mécaniques faciles à exécuter par les habiles constructeurs d'instruments de précision que l'on trouve aujourd'hui en France, en Angleterre, en Allemagne, aux États-Unis d'Amérique. Il faut d'ailleurs remarquer que les instruments mesureurs de vitesse ou de pression qui sont introduits dans un courant fluide ou élastique, tel que le courant d'air d'une galerie de mine, celui d'une cheminée d'appel ou d'un ventilateur dont la direction est fixe et connue, ont à résoudre un problème bien moins difficile que celui que l'on se pose lorsqu'il s'agit des courants d'air naturels de l'atmosphère, puisque alors il y a des variations de direction parfois incessantes ; il y a alors des complications imprévues de vitesse, de direction, non seulement dans le sens horizontal, mais encore dans le sens oblique ou vertical, de densité, et les instruments construits pour des circonstances déterminées ne sauraient bien fonctionner pour les cas imprévus, extraordinaires, qui sont précisément les plus intéressants à étudier pour la météorologie agricole.

ANÉMOMÉTROGRAPHE (*météorologie*). — On dit plus souvent par abréviation anémographe (voy. ce mot).

ANÉMONE (*botanique et horticulture*). — Genre de la famille des Renonculacées, de la série des Renonculées. Ce sont des herbes vivaces, à tige souterraine, souvent charnue et présentant des ramifications auxquelles on a donné le nom de *pattes*, à cause de leur forme généralement aplatie. Elles croissent dans les régions froides et tempérées du globe, en plus grand nombre dans l'hémisphère boréal que dans l'hémisphère austral. Leurs feuilles sont alternes, lobées ou découpées ; les fleurs sont souvent solitaires et terminales, ou bien réunies, deux au plus, en cymes ; elles sont toujours entourées d'un involucre plus ou moins éloigné de la fleur, et composé de folioles assez profondément découpées.

Le nom de ces plantes vient du grec ἄνεμος, vent, par allusion à la graine plumeuse et légère de quelques espèces, qui devient facilement le jouet des vents, ou bien aux localités d'une haute altitude et exposées aux vents où poussent la plupart des espèces. Dans le langage des fleurs, l'Anémone signifie l'abandon.

Le genre Anémone est partagé en plusieurs sections qui comprennent les anémones proprement dites, dont les graines sont plus ou moins cotonneuses et non aristées ; les pulsatilles, dont les graines sont munies d'un arête longue et plumeuse ; les hépatiques, dont les graines sont lisses. On y a joint aussi les adonides (voy. ce mot). Un grand nombre de ces plantes sont remarquables comme plantes d'ornement, et, à ce titre, leur culture est très répandue. Beaucoup aussi abondent dans les pâturages agrestes ; elles sont plus ou moins vénéneuses pour l'homme et les animaux, surtout à l'état frais ; la chèvre seule paraît s'en accommoder.

Les espèces cultivées sont nombreuses ; voici les principales :

1° L'Anémone des fleuristes (*A. coronaria*) convient particulièrement pour la formation des bordures et pour la décoration des plates-bandes ; elle est rustique et donne des fleurs d'un riche coloris. La souche de la plante, ou la patte, sorte de tubercule aplati, noirâtre, souvent rameux, donne naissance à des racines qui partent de toutes parts et deviennent fibreuses et profondes, tandis que s'élèvent des tiges d'abord garnies de feuilles

Fig. 338. — Anémone des fleuristes à fleurs simples.

assez élégantes, toutes radicales, pétiolées, d'un vert gai ; sur les tiges, à une hauteur de 25 à 35 centimètres, se trouve la fleur ou corolle terminale, en coupe ouverte, et au-dessous un involucre ou collerette, formée de 2 ou 3 petites feuilles vertes inégalement soudées à la base et profondément divisées au sommet. Cette jolie plante (fig. 338) présente des variétés nombreuses, à fleurs simples ou à fleurs doubles, dont la couleur varie à l'infini : du blanc le plus pur, cette couleur peut passer au rouge vif, au bleu violet, au rouge cramoisi ou écarlate. La hampe florale est légèrement duveteuse en haut, glabre à sa partie inférieure. Elle fleurit dès le printemps ; au moyen de plantations successives convenablement combinées, d'arrosements fréquents précédant les chaleurs, d'abris bien choisis pendant les froids, on peut arriver à en obtenir des fleurs durant presque toute l'année. Par le semis et par des cultures bien entendues, on a multiplié les variétés, et l'on a des anémones simples, demi-doubles et doubles. Les simples et les demi-doubles sont plus rustiques et plus hâtives que les doubles. Pour avoir des fleurs en novembre et décembre, il convient de planter de la mi-juillet au commencement d'août. On arrose abondamment si le temps est sec, et l'on a soin de garantir les plantes contre les gelées.

Les propriétés qui viennent d'être exposées expliquent la faveur dont jouissent les anémones ; leurs fleurs font un très bel effet dans les bouquets, outre que, d'ailleurs, fraîchement coupées et en boutons, elles se conservent assez longtemps dans l'eau. Il faut encore ajouter que les anémones servent aussi à garnir avec succès le fond des massifs de rosiers en tiges et de tous les arbustes clairsemés ou couvrant mal le sol. Leur culture est devenue une spécialité très en vogue chez les amateurs qui ont créé pour elle un langage spécial.

Parmi les plus belles variétés de l'*A. coronaria*, on peut citer la *Brillante*, d'un rouge éblouissant ; la *Gloire de Nantes*, à fleurs violet bleu ; la *Mauve claire*, à fleurs mauve tendre.

La terre qui convient le mieux aux anémones, est une bonne terre de jardin fertilisée de préférence avec des gazons retournés et pourris, du vieux fumier de vache, du terreau de feuilles ou de vieilles couches démolies, terre d'ailleurs très saine, légère, profonde, plutôt franche que siliceuse, très anciennement fumée, et, si l'on a à redouter de l'humidité, très bien drainée.

La terre doit être bien préparée et bien ameublie. Comme les pattes sont très fragiles, on plante avec précaution à la main, soit en ligne, soit en quinconce, à une distance de 20 à 25 centimètres, et pour les doubles de 10 à 15 seulement. On a soin de s'arranger pour que l'œil ou les yeux soient dirigés en haut.

La plantation des pattes d'anémone se fait ordinairement soit à l'automne, de la mi-septembre à la mi-octobre, soit à la fin de l'hiver ou au printemps, de la mi-janvier à la mi-mars. La première méthode est préférable, mais à la condition, dans la région du Nord, de planter en bonne exposition, et de couvrir, pendant les grands froids, avec de la mousse, de la fougère, des paillassons ou des branchages qu'on a soin d'enlever chaque fois que le temps le permet. La floraison a alors lieu dès le mois d'avril, et même plus tôt, si la plantation est faite au pied d'un mur bien exposé, et elle se prolonge jusqu'à la mi-juin. Les pattes plantées au printemps fournissent des pieds qui fleurissent un peu plus tardivement et ne sont pas aussi beaux. Les plantations faites dès le 1er septembre sont celles qui réussissent le mieux pour les anémones doubles.

Une fois la végétation des anémones terminée, ce qui se reconnaît à ce que leurs feuilles jaunissent et se dessèchent, on doit arracher les pattes, les laisser se ressuyer à l'ombre ou au grand air, puis les rentrer dans un local sec et sain où on les conserve soit sur des tablettes, soit dans des paniers, des tiroirs, des caisses. Si, au lieu d'arracher les pattes, on les laisse en place après la maturité, il n'est pas rare, s'il survient de la fraîcheur ou des pluies à la fin de l'été, d'obtenir une seconde floraison à l'automne. D'ailleurs, comme les pattes se conservent très bien d'une année à l'autre et même durant deux ans, il est bon d'en garder pour en faire des plantations successives pour le cas où l'on voudrait avoir des floraisons en diverses saisons.

On a constaté que, pour ces floraisons hors saison, il est préférable d'employer des pattes arrachées depuis longtemps, parce que les pousses ont alors moins de tendance à s'emporter et à s'affoler que celles provenant de pattes récemment arrachées.

La multiplication des anémones s'obtient soit par le semis, soit par la division des pattes. Pour ce dernier moyen, on casse les ramifications ou cuisses qui sont pourvues chacune d'un œil ou bourgeon terminal, et l'on a à faire une véritable plantation. Pour les semis, on les effectue en pots, en terrines, ou, ce qui est le plus ordinaire, en pépinière bien exposée et en terre douce et légère. On opère soit au printemps, soit en juin et juillet.

Les graines étant cotonneuses et sujettes à se pelotonner, on les divise en les frottant avec du sable, avant de les mettre en terre. On sème clair et l'on recouvre les graines d'une couche de 5 millimètres d'épaisseur de terreau bien consommé et passé à un crible fin ; la levée se fait dans un espace de temps qui varie de deux à six semaines après le semis, selon les circonstances météoriques. Pour combattre les inconvénients de la sécheresse et pour entretenir la terre propre, il est bon de répandre, par-dessus le semis, de la mousse finement hachée, de menus branchages, de la paille longue fixée au sol par de petits crochets, ou, enfin, de la vieille tannée en couches très peu épaisses, de 2 à 3 millimètres seulement. On arrose légèrement autant de fois que cela est nécessaire pour maintenir le sol dans son même état. Pendant l'hiver, on garantit les plants de la gelée au moyen d'une couche de litière.

Fig. 339. — Anémone Sylvie.

2° L'Anémone œil-de-paon (*A. pavonina, A. hortensis flore pleno*) est une plante vivace de l'Europe méridionale, qui diffère de la précédente par ses feuilles trilobées, incisées et dentées, d'un vert gai, et par ses fleurs moins grandes, d'un *rouge cinabre*, ayant 4 à 6 centimètres de diamètre, et formé d'un grand nombre de pétales étalés, les uns très bien conformés sur un rang extérieur, les autres lancéolés ou linéaires aigus, se confondant parfois avec des étamines non transformées.

3° L'Anémone étoilée (*A. stellata*) est confondue, par beaucoup d'auteurs, avec la précédente, et par eux regardée comme étant simplement une variété ou une forme d'*A. hortensis*. Cependant, ses fleurs ont des caractères spéciaux.

4° L'Anémone Sylvie (*A. nemorosa*) est aussi vulgairement appelée Renoncule des bois, Fleur du Vendredi-Saint, Pâquette, Fausse-Anémone, Bassinet blanc, Bassinet purpurin. C'est une plante indigène vivace (fig. 339) à rhizomes souterrains, allongés et rameux, à tige simple, grêle, atteignant au plus 15 à 20 centimètres, avec collerette à 3 folioles incisées dentées, et une fleur gracieusement inclinée ou parfois dressée, composée d'un grand nombre de pétales d'un blanc pur ou rosé, quelquefois violacé; les pétales les plus extérieurs, au nombre de 6, sont ovales et plus développés que ceux du centre. Cette jolie plante fleurit en mars-avril; elle croît abondamment dans les bois clairsemés de terrains siliceux et argilo-siliceux de la France, et elle en fait l'ornement dès le premier printemps. Elle convient à la décoration des rocailles dans les lieux abrités et ombrageux, à la formation des bordures dans les lieux frais et légèrement couverts, et dans les terres tourbeuses légères et fraîches. On plante les souches d'août en octobre en espaçant les pieds à une distance de 10 à 15 centimètres.

Elle est âcre et vénéneuse et peut causer des hémorrhagies au bétail, ce qui lui a fait donner le nom d'herbe sanguinaire.

5° L'Anémone Sylvie jaune ou Fausse renoncule (*A. ranunculoides* ou *lutea*) est une espèce voisine de la précédente, dont elle diffère en ce qu'elle est presque glabre et en ce qu'elle produit des fleurs d'un beau jaune d'or.

6° L'Anémone de l'Apennin (*A. apennina*), vivace en Italie et en Corse.

7° L'Anémone à fleurs de narcisse (*A. narcissiflora*), commune dans les Alpes.

8° L'Anémone fraise (*A. fragifera*), vivace dans les Alpes.

9° L'Anémone à feuilles palmées (*A. palmata*), fleurit de mai à juin dans l'Europe méridionale.

10° L'Anémone sauvage (*A. sylvestris*), nommée aussi Renoncule des bois, est extrêmement vénéneuse. Elle porte de grandes fleurs blanches dont les sépales, au nombre de 5 ou 6, sont ovales-obtus, un peu velus; l'involucre est formé de trois feuilles pétiolées; les feuilles radicales présentent un limbe à cinq parties et sont dentées.

11° L'Anémone des Alpes a comme variété l'Anémone sulfurée (*A. alpina* et *sulfurea*).

12° L'Anémone de Sibérie (*A. siberica*) a un involucre à feuilles présentant un pétiole court.

13° L'Anémone du Japon (*A. japonica*, *A. japonica elegans*, *A. japonica hybrida*, nommée aussi *Clematis polypetala*) est vivace au Japon.

14° L'Anémone à feuilles de vigne (*A. vitifolia*) est vivace au Népaul.

15° L'Anémone pulsatille (*A. pulsatilla* ou *Pulsatilla vulgaris*) et vulgairement nommée Coquelourde, Coquerelle, Herbe du vent, Teigne-œuf, Fleur de Pâques, Passe-fleur, Fleur aux dames, est indigène.

16° L'Anémone des prés ou Pulsatille nouée (*A. pratensis*, *Pulsatilla pratensis*, *Pulsatilla nigricans*) ne vient pas en France; elle se rencontre dans les plaines sèches et sablonneuses de l'Allemagne, de la Russie, du Danemark, de la Turquie d'Asie.

17° L'Anémone des montagnes (*A. montana*) ne diffère des précédentes que par ses feuilles peut-être moins finement dentées.

18° L'Anémone de Haller (*A.* ou *Pulsatilla Halleri*) a la tige et le feuillage recouverts d'un duvet soyeux argenté.

19° L'Anémone printanière (*A.* et *Pulsatilla vernalis*) présente une hampe de 20 centimètres, couverte de poils fauves, il en est de même du feuillage à folioles ovales arrondies, à sommet bifide.

20° L'Anémone hépatique (*A. hepatica*, *Hepatica triloba*) est appelée vulgairement Hépatique des jardins, Hépatique trilobée, Herbe de la Trinité, Trinitaire. Elle est indigène dans les bois montagneux. Elle donne des fleurs dès la fin de l'hiver, en février et mars.

ANÉMONÉES (*botanique*). — Tribu de la famille des Renonculacées, créée par de Candolle, pour les genres : *Adonis*, *Anemone*, *Hamadryas*, *Hepatica*, *Hydrastis*, *Knowltonia*, *Tetractis*, *Thalictrum*.

ANÉMONINE (*chimie*). — C'est une substance solide, blanche, cristallisable, neutre au tournesol, peu soluble dans l'eau et dans l'éther, soluble dans l'alcool bouillant, n'ayant pas d'odeur, se ramollissant vers 150 degrés, dégageant de l'eau, des vapeurs âcres, tandis qu'il reste une matière jaune, laquelle se décompose, à son tour, vers 300 degrés, en laissant un résidu charbonneux. Elle est représentée par la formule $C^{15}H^{12}O^{6}$. Elle est vénéneuse. On l'extrait en distillant avec de l'eau la pulsatille, la sylvie ou l'anémone des prés. L'eau distillée recueillie laisse déposer, au bout de quelques semaines, une matière blanche qui est l'anémonine et qu'on purifie par des cristallisations répétées dans l'alcool.

ANÉMONIQUE (ACIDE) (*chimie*). — Les alcalis ont la propriété de dissoudre l'anémonine et de la transformer en matière acide qui paraît être l'acide anémonique $C^{15}H^{14}O^{7}$, c'est-à-dire l'anémonine plus un équivalent d'eau. Peut-être cet acide existe-t-il tout formé dans l'eau distillée d'anémone; peut-être aussi y a-t-il deux acides anémoniques.

ANÉMOSCOPE. — Instrument propre à indiquer la direction du vent. Il consiste généralement en une plaque verticale mobile autour d'un axe également vertical et prenant naturellement la direction du vent: c'est la girouette. La plaque se met au-dessus et au centre d'un cercle horizontal sur lequel sont indiqués les points cardinaux. Le meilleur anémoscope est un simple ruban placé au haut d'une potence; il prend toujours la direction du vent; il ne faut pas le mettre au bout d'une perche parce qu'il s'enroulerait autour. (Voy. les mots ANÉMOGRAPHE et ANÉMOMÈTRE.)

ANÉMOTROPE (*technologie*). — Nom donné quelquefois à tout moteur à vent.

ANENTÉRÉS (*zoologie*). — Famille d'infusoires polygastriques caractérisée par l'absence du tube intestinal.

ANÉRÈTE (*entomologie*). — Genre d'insectes coléoptères pentamères lamellicornes, habitant l'Amérique du Nord.

ANÉROÏDE (*physique*). — Le mot anéroïde signifie sans liquide; il est appliqué à désigner un baromètre sans mercure, fondé uniquement sur l'élasticité des métaux, qui est sensible sous les variations de la pression atmosphérique.

ANERPONTES (*ornithologie*). — Oiseau de la famille des Grimpereaux, de l'ordre des Passereaux.

ANÉSIS (*zoologie*). — Cheval appartenant à la race arabe, naguère très recherché mais devenu très rare.

ANESSE (*zootechnie*). — Femelle de l'âne (voy. ce mot).

ANESTHÉSIE. — Ce mot, d'après son étymologie grecque, signifie privation de sensibilité. Le phénomène peut être général ou local; en d'autres termes, la suppression de la sensibilité peut être produite pour toutes les parties du corps, ou bien seulement pour quelques organes, pour la peau, pour les muscles, pour un membre. Tantôt elle est un effet de maladie, tantôt elle est le résultat de l'emploi accidentel ou momentané d'un agent susceptible de l'engendrer. Comme exemple d'anesthésie causée par une maladie, on peut citer l'amaurose (voy. ce mot) et la surdité. Mais les faits d'anesthésie les plus importants à considérer sont ceux qui sont produits intentionnellement dans le but de supprimer, pour un temps seulement, la sensibilité. Leur découverte a été un grand bienfait pour l'humanité, puisqu'elle a permis de supprimer la douleur pendant les opérations chirurgicales. L'espoir d'épargner au patient dont on va couper une jambe la souffrance physique au moment même où la souffrance morale est si grande, remonte à une haute antiquité; cet espoir n'a été exaucé définitivement qu'en 1846, après la découverte, par les Américains Jackson et Morton, de l'éthérisation, c'est-à-dire de l'inhalation de vapeurs d'éther par les voies respiratoires. On se souvint alors de l'action *hilarante* du protoxyde d'azote, et l'on songea à passer en revue l'action analogue que pourraient exercer d'autres corps facilement volatils, les divers éthers, le chloroforme, le chloral, le sulfure de carbone. Parmi tous ces corps, le chloroforme s'est trouvé le plus approprié au but qu'on poursuit en pratiquant l'anesthésie générale pour pouvoir effectuer de graves opérations chirurgicales sans soumettre le patient à la douleur. Pour obtenir des anesthésies locales, on emploie par applications sur des régions déterminées du corps, un mélange réfrigérant de l'éther ou du sulfure de carbone que l'on fait évaporer rapidement, du chloroforme sous forme de liniment, un courant d'acide carbonique, l'électricité, l'hypnotisme, etc., selon les circonstances et les effets qu'on se propose de produire.

« En vétérinaire, dit M. Zundel, l'indication de l'anesthésie ne ressort pas, comme cela a lieu chez l'homme, de la nécessité d'épargner les douleurs à l'animal. Sans doute, le devoir de l'opérateur est de faire souffrir l'animal le moins possible; mais l'éthérisation, dans la chirurgie des animaux, a surtout en vue les intérêts de l'opérateur et ceux de l'opération. Annihiler les moyens de défense de l'animal, l'empêcher de se nuire à lui-même par de trop violents mouvements de résistance, le forcer à garder la position la plus favorable à l'opérateur et à l'opération, telle est, d'après M. Bouley, une fin qu'on peut se proposer en vétérinaire. »

Les cas spéciaux où l'anesthésie préalable des animaux destinés à être soumis à une opération chirurgicale doit être recommandée, sont les suivants : réduction des fractures des membres et des luxations des grandes articulations ; — réduction de la hernie inguinale étranglée, des hernies simples, de la matrice, du vagin, du rectum ; — éventration ; — castration des animaux irritables et d'un grand prix ; — opérations du pied, principalement pour le javart et le clou de rue ; — ablation des tumeurs ; — opérations diverses à faire dans la bouche, la région dentaire, sur l'œil ; — parturitions difficiles dans le cas de positions contre nature ou de monstruosités du fœtus. — Par l'anesthésie, en effet, on annule les violentes contractions auxquelles se livrent les animaux, et qui ont parfois pour résultat de rendre l'opération très dangereuse pour l'animal et pour le vétérinaire ou ses aides, de la contrecarrer même complètement.

L'anesthésie locale n'a encore guère eu d'application en chirurgie vétérinaire, mais les anesthésiques peuvent exercer un rôle utile dans quelques traitements médicaux, par exemple, du vertige essentiel ou abdominal, du tétanos, de la chorée, etc.

L'anesthésie générale est très-employée en physiologie depuis les belles recherches de Claude Bernard. Elle permet aux vivisections de s'exécuter sans douleurs, et aux observations biologiques de se faire avec un calme complet sur tous les animaux.

On pratique l'éthérisation, sur les animaux domestiques, de la manière la plus simple, au moyen d'une éponge ou de tampons d'étoupes fortement imbibés d'éther ou de chloroforme qu'on applique à l'orifice des naseaux. L'air attiré par l'inspiration, en traversant les tampons, se charge de vapeurs anesthésiantes. Pour opérer, il est bon de coucher les animaux (voy. ABATAGE); l'opérateur est alors plus commodément placé pour diriger plus tard l'administration du remède, et les animaux s'endorment d'ailleurs plus rapidement.

Il y a lieu de noter que l'odeur de l'agent anesthésique pénètre dans tous les tissus de l'économie, les imprègne complètement et y persiste longtemps même après que les symptômes d'anesthésie ont disparu ; le lait et la viande contractent, paraît-il, l'odeur de l'éther et du chloroforme au point qu'on ne pourrait pas les livrer à la consommation.

ANESTHÈTE (*entomologie*). — Genre d'insectes coléoptères tétramères longicornes, habitant la France.

ANET, ANETH, ANETHUM (*botanique et agriculture*). — Genre de plantes de la famille des Ombellifères. Ce genre n'a pas été conservé ; les espèces qu'il contenait ont été réparties dans des genres différents ; tels sont : le fenouil ou aneth doux (*Fœniculum vulgare*) ; — le carvi (*Anethum segetum*), qui est un *Carum* et dont les graines sont employées par les Allemands pour mettre dans le pain comme *cumin* ; — l'aneth odorant (*A. graveolens*), qui est un *Peucedanum*

C'est ce dernier qui est ordinairement cultivé en France, principalement dans le Midi, sous le nom d'aneth. On lui donne aussi les noms de *Pastinaca anethum*, de *Salinum anethum*, de *Fenouil puant*, d'*Ecarlate*. C'est une plante annuelle originaire d'Orient, qui peut atteindre une hauteur de 60 centimètres à 1m,50. Ses feuilles sont décomposées en lobes linéaires, ses fleurs sont jaunes ; le fruit est lenticulaire, comprimé par le dos avec carpelles à cinq côtes filiformes et graine un peu convexe. On sème, aussitôt après la maturité de la graine, dans une terre bien meuble, à une exposition chaude. La plante pousse ensuite sans exiger de soins particuliers. Ses différentes parties reçoivent des applications, principalement comme assaisonnement, pour donner de la saveur aux mets et les rendre plus digestibles.

On cueille les sommités fleuries au commencement de l'été, les feuilles avant la floraison ; on les dessèche afin de les conserver pour les usages médicinaux ; la dessiccation en diminue peu l'odeur. On cueille les graines ou akènes à l'automne, et on les emploie comme épice pour confire les cornichons au vinaigre ; elles sont excitantes ; on les ajoute aussi aux viandes qu'on fait mariner. Ces graines sont employées par les confiseurs à la place d'anis. On peut en extraire, par la distillation, une huile qui conserve l'odeur de la plante et qui jouissait naguère d'un grand renom, surtout auprès des gladiateurs, qui lui prêtaient la propriété d'assouplir leurs membres et de les fortifier. On en retire aussi une eau distillée employée contre les coliques et les débilités et flatuosités de l'estomac, principalement chez les enfants ; on les emploie en décoction à raison d'environ 8 grammes par litre d'eau ; cette décoction sert aussi à arrêter le hoquet, les vomissements. Quatre gouttes d'huile essentielle d'aneth dans 15 grammes d'huile d'amandes douces sont un bon remède contre le hoquet et contre les coliques des enfants ; c'est un moyen dont se servent habituellement les nourrices en Angleterre.

En médecine vétérinaire, on les recommande contre les coliques venteuses du bétail ; on fait bouillir, à cet effet, 30 grammes de graines environ dans 3 à 4 litres d'eau par tête de l'espèce bovine, la moitié pour les moutons.

Les feuilles, les fleurs, les graines sont encore employées en cataplasmes ou pour faire les lavements.

ANÉTHOL (*chimie*). — L'anéthol ($C^{10}H^{12}O$) constitue la partie cristallisable de l'essence d'anis.

ANÉTIE (*entomologie*). — Genre d'insectes coléoptères tétramères longicornes, habitant l'Europe.

ANETTE (*botanique*). — Nom vulgaire du *Lathyrus tuberosus* dont la racine est une bonne nourriture pour les porcs, et qui d'ailleurs donne un bon fourrage.

ANEURE (*botanique*). — Plantes à fleurs blanches ou jaunes formant une section du genre *Chorispora*.

ANEURE (*entomologie*). — Genre d'insectes hémiptères hétéroptères, voisin des brachyrhynques, habitant l'Europe.

ANEURHYNQUE (*entomologie*). — Genre d'insectes hyménoptères, voisin des diapries, habitant l'Europe.

ANÉVRYSME (*zoologie*). — Tumeur produite sur le trajet d'une artère. Le verbe grec d'où dérive anévrysme signifie *dilater*. La tumeur qui constitue l'anévrysme est pleine de sang liquide ou concrété; elle est distincte du canal de l'artère avec laquelle elle communique, et elle est consécutive à la rupture partielle ou totale des tuniques artérielles. La lésion dite anévrysme actif du cœur est une hypertrophie des parois de cet organe.

On dit qu'un anévrysme est *vrai* lorsque la tumeur est formée par la dilatation des membranes de l'artère; on dit qu'il est *faux* lorsque la tumeur est produite par un épanchement du sang hors de l'artère.

On distingue aussi les anévrysmes en spontanés et en traumatiques, ceux-ci étant la suite d'une blessure et étant d'ailleurs toujours faux.

Entre les anévrysmes vrais, dans lesquels toutes les tuniques artérielles, également dilatées, commencent à former les parois de la tumeur sanguine, et les anévrysmes faux, on a placé les anévrysmes mixtes. Ce sont ceux qui résultent de la dilatation d'une ou de deux des tuniques avec division ou rupture de l'autre ou des deux autres; on les distingue en internes ou externes. Dans les internes, la tunique interne forme le sac anévrysmal saillant à travers la division des deux autres; dans les externes, la tunique externe ou celluleuse est dilatée.

On a encore ajouté à cette classification les anévrysmes ankystés, kystogéniques et disséquants, lorsque les sacs des tumeurs sont formés par des tuniques de formation nouvelle ou des kystes diversement placés.

Les anévrymes traumatiques ont été divisés en faux primitifs, diffus, non circonscrits, et en faux consécutifs, circonscrits, sacciformes, selon que le sang fait irruption en dehors du canal vasculaire, immédiatement après la blessure, pour se répandre dans le tissu cellulaire environnant, ou bien selon que sa sortie n'a lieu qu'après la cicatrisation de la tunique celluleuse, qui alors lui oppose une barrière.

En résumé, les anévrysmes artériels peuvent être ramenés à quatre classes : 1° circonscrits sacciformes; 2° circonscrits fusiformes; 3° diffus primitifs; 4° diffus consécutifs.

A ces distinctions il faut ajouter les anévrysmes artérioso-veineux, qui se subdivisent en varices anévrysmales et en anévrysmes variqueux sacciformes; ils sont formés lorsqu'une artère et une veine adjacente sont mises en communication par suite de la blessure de leurs tuniques respectives.

Les anévrysmes spontanés n'ont été constatés que rarement chez les animaux, tandis qu'ils sont très communs dans l'espèce humaine, et constituent des affections artérielles dans toutes les parties du corps.

La rupture des anévrysmes amène généralement une mort foudroyante; une guérison spontanée est malheureusement très rare. Il faut avoir recours aux hommes de l'art pour les traiter. Pour les animaux domestiques, et spécialement le cheval, les anévrysmes se manifestent surtout dans l'artère grande mésentérique, quelquefois dans la petite mésentérique et les autres vaisseaux de l'aorte postérieure, plus rarement de l'artère cœliaque.

L'anévrysme traumatique survient parfois à la suite de la piqûre de la carotide du cheval.

Dans beaucoup de tumeurs anévrysmales du cheval on constate, au sein de la cavité du vaisseau dilaté, la présence d'un ver, du *Strongylus armatus*. On a alors donné à ces anévrysmes le nom de vermineux; ils sont souvent la cause des coliques de l'espèce chevaline. L'helminthe dont il s'agit paraît jouer un rôle actif dans l'affection, alors qu'il est à l'état d'hématozomie et durant ses métamorphoses. L'anévrysme vermineux n'est pas, du reste, grave chez le cheval.

Il est très rare qu'en médecine vétérinaire on ait à traiter un anévrysme vrai. Les moyens employés sont, pour les anévrysmes internes, la saignée, la diète, les purgatifs; pour les externes, en outre, les réfrigérants, les astringents, la compression médiate ou immédiate, la ligature de l'artère malade soit au-dessus, soit au-dessous, soit à la fois en dessus et en dessous, simultanément, de la tumeur; l'acupuncture, la galvanopuncture, les injections de perchlorure de fer.

Quant aux expressions d'anévrysmes du cœur, d'anévrysmes dentaires, d'anévrysmes des os, il faut les rejeter comme impropres. Ce sont des épaississements ou des affaiblissements des parois du cœur, ou bien des tumeurs de la mâchoire, du tibia, de l'humérus, etc., des tumeurs érectiles ou pulsatiles qui dérivent d'altérations de divers organes.

ANFORA (*métrologie*). — Mesure de capacité pour les liquides, employée en Italie, et valant 418 litres.

ANFRACTUOSITÉ (*anatomie*). — Ce mot s'emploie surtout au pluriel pour signifier les enfoncements sinueux qui séparent les circonvolutions du cerveau, ou bien ceux qui se trouvent à la surface de certains os. On dit les anfractuosités cérébrales, les anfractuosités des os. — En *géologie*, il y a les anfractuosités des rochers, celles des montagnes; les huîtres construisent leurs coquilles dans des anfractuosités.

ANGALA (*ornithologie*). — Oiseau grimpeur du Sénégal.

ANGALADE (*arboriculture*). — Châtaigne des environs de Périgueux, plus grosse, mais moins savoureuse que la châtaigne commune.

ANGE (*pisciculture*).—L'Ange (*Squatina angelus*, *Squalus squatina*, *Ithesia squatina*), appelé aussi Ange de mer, appartient au genre Squatin, de la famille des Squatinidés, du sous-ordre des Squales, de l'ordre des Sélaniens, dans la section des Plagiostomes. On lui donne les noms vulgaires d'Angelot, Mordache, Bourget, Martrame, Angel, Antjou, selon les lieux où on le pêche. Il se rencontre sur presque toutes nos côtes, tant de l'Océan que de la Méditerranée; il est commun dans le bassin d'Arcachon, plus rare dans les eaux de Cette. Il est ovovivipare. La femelle porte de treize à vingts petits. Il a une longueur de 1 mètre à $1^m,50$, quelquefois 2 mètres; il est souvent apporté sur les marchés, mais sa chair n'est pas estimée; sa peau est employée à la confection des fourreaux, des étuis, et pour le polissage du bois et de l'ivoire. Le foie produit une grande quantité d'huile. Ce poisson est très vorace. Il a une forme caractéristique. Sa tête est ronde, plus large que le tronc, qui est aplati; les nageoires qui l'entourent se développent de chaque côté comme des ailes. La bouche est énorme; les dents sont nombreuses, mais variables d'un individu à un autre; de Blainville en a trouvé jusqu'à vingt rangées à la mâchoire supérieure et autant à la mâchoire inférieure; elles sont au nombre de cinq dans chaque rangée verticale. L'Ange a les yeux petits. La teinte générale de son corps est, en dessus, d'un vert brunâtre, avec de petites taches plus ou moins foncées, blanches chez les jeunes. Il se cache dans les fonds, surtout dans la vase et le sable, pour guetter sa proie. On le pêche à la ligne. Les pêcheurs de Dieppe en prennent beaucoup dans les eaux de Brighton et de Hastings.

ANGE (POIRE D') (*arboriculture fruitière*). — Cette

poire a été décrite par tous les pomologistes, Merlet, Duhamel, Calvet, Poiteau, Decaisne, Leroy (d'Angers). On lui donne aussi le nom de petite Mouille-Bouche, petite Verdette de Muscat vert; de poire Desse, poire Dosse, poire de Bontoi; c'est la poire de Notre-Dame, d'Olivier de Serres. C'est un fruit de premier ordre pour la table et pour les conserves; il mûrit de la fin d'août à la fin de septembre. Cette poire est de grosseur moyenne ou petite, de forme un peu variable, mais habituellement plutôt turbinée-arrondie qu'oblongue ou ovoïde, ventrue; à peau verte, parsemée de points arrondis entremêlés de taches fauves; à queue longue enfoncée dans le fruit, droite ou arquée; à chair blanche, fine, fondante, très juteuse, granuleuse près des loges, fraîche, sucrée, acidulée, avec un parfum un peu anisé. L'arbre est assez vigoureux, très fertile, très propre à former des plein-vent; il prend bien sur franc, mal sur cognassier. C'est un arbre très répandu aux environs de Paris, dans la Brie, dans l'Orléanais, dans la Gironde. Les confiseurs du Bordelais en font un grand usage.

ANGED (*ichthiologie*). — Nom arabe d'un grand poisson de la mer Rouge du genre Chanos.

ANGÉIOLOGIE. — Partie de l'anatomie qui traite des vaisseaux; elle comprend trois parties : l'*artériologie*, ou description des artères; la *phlébologie*, ou description des veines; l'*angioleucologie*, ou description des vaisseaux lymphatiques.

ANGÉLICINE (*chimie*). — Substance brillante que l'on extrait de la racine d'angélique, et qui a pour formule $C^{18}H^{30}O$. Pour l'obtenir, on épuise la racine fraîche par l'alcool bouillant, et l'on concentre la solution alcoolique. Celle-ci se partage en deux couches; on lave la couche supérieure avec de l'eau et on la distille avec de la potasse. On obtient une essence qui, purifiée, est l'angélicine; le résidu donne ce qu'on appelle de la cire d'angélique.

ANGÉLICIQUE ou **ACIDE ANGÉLIQUE** (*chimie*). — Corps solide (C^5H^8O) qui fond vers 46 degrés et bout à 185 degrés, que l'on extrait de la racine d'angélique, que l'on prépare également au moyen de l'essence de camomille romaine et qu'on peut aussi retirer de l'huile de croton. — Il suffit, pour l'agriculteur, de connaître l'existence de ce composé, qu'on sépare d'ailleurs de la racine d'angélique par la distillation d'un extrait de racine préparé en présence de l'acide sulfurique, chargé de mettre en liberté, dans la réaction, l'acide angélique.

ANGELICO (*ampélographie*). — Nom, dans la Gironde, d'un cépage de la tribu des Musquettes du comte Odart; synonyme, d'après M. Pulliat, de la Muscadelle du Bordelais.

ANGELIM, ANGELIN (*botanique*). — On donne ce nom à des écorces, des bois, des fruits employés comme vermifuges et évacuants, et qui proviennent des Andirées (voy. ce mot). — C'est aussi le nom vulgaire de l'Andira.

ANGELINE (*chimie*). — Corps azoté ayant pour formule $C^{10}H^{13}AzO^3$, qui a été retiré de la résine brésilienne appelée angeline, laquelle provient du *Ferreira spectabilis*. On regarde l'angeline comme identique à la ratahnine qu'on a trouvée dans la racine du ratahnia.

ANGÉLIQUE (*botanique et agriculture*). — Genre de plantes de la famille des Ombellifères, tribu des Sésélinées. Ce genre a été divisé en deux : le genre Angélique et le genre Archangélique. C'est ce dernier qui contient l'angélique employée par les liquoristes et confiseurs, à cause de l'essence et des divers principes immédiats de ses semences et de ses racines.

I. — Le genre Angélique (*Angelica*) est ainsi caractérisé par M. Baillon : « Calice nul ou à dents légèrement proéminentes. Corolle à pétales entiers, acuminés et involutés au sommet. Disque charnu, à bords entiers. Fruit ovale, à face dorsale plus ou moins comprimée et parcourue par trois côtes primaires saillantes et non ailées, à face commissurale bordée de deux côtes latérales transformées en ailes membraneuses. Bandelettes solitaires dans chaque vallécule. Columelle bipartite. Ce genre renferme environ 18 espèces, originaires des régions tempérées et presque arctiques de l'hémisphère boréal; quelques-unes cependant ont été trouvées à la Nouvelle-Zélande. Ce sont des herbes relativement élevées, à feuilles pennées et décomposées en segments larges et dentés, à fleurs disposées en ombelles composées, multiradiées et pourvues d'in-

Fig. 310. — Pied d'Angélique officinale encore jeune.

volucre et d'involucelles, formés de bractées, peu nombreuses ou nulles dans le premier, ordinairement très nombreuses dans les derniers. »

La principale espèce de ce genre est l'Angélique sauvage ou des bois (*A. sylvestris*, *Imperatoria angelica*); c'est une plante très élevée, commune dans les bois en France. Elle paraît posséder des propriétés antispasmodiques; on l'emploie en Suède pour combattre quelques affections nerveuses et notamment l'hystérie; on se sert de sa graine pulvérisée pour détruire les poux. Elle est susceptible d'être employée dans l'industrie, soit pour la tannerie et la mégisserie, à cause du tannin qu'elle contient; soit pour la teinturerie, à cause de la belle couleur jaune d'or que ses feuilles peuvent donner à la laine. Les abeilles qui butinent ses fleurs passent pour produire un miel balsamique.

Fig. 341. — Branche d'Archangélique en plein développement.

On peut citer encore l'angélique de Razoul (*A. Razoulsii* ou *ebulifolia*), l'angélique des montagnes ou des Alpes (*A. montana*), l'angélique luisante (*A. lucida*), l'angélique des Pyrénées (*A. Pyrenæa*, *Selinum Pyrenæum*), l'angélique scabre (*A. scabra*, *Selinum scabrum*). Toutes ces plantes vivaces fleurissent en juillet et août; la plupart peuvent servir à l'ornement des ruisseaux dans les jardins paysagers, où elles forment des buissons assez pittoresques. Il leur faut des terres profondes et un peu fraîches; on sème leurs graines aussitôt après la maturité, et elles se sèment souvent d'elles-mêmes autour des pieds mères.

II. — Les Archangéliques, c'est-à-dire les angéliques supérieures, ne diffèrent du genre précédent que par deux caractères : leur disque ondulé sur les bords et leurs bandelettes en nombre indéfini dans les vallécules; tout le reste est semblable. « On en connaît cinq espèces, dit M. Baillon, de l'Amérique, de l'Asie boréale et de l'Europe tempérée et méridionale. Ce sont des herbes la plupart élevées. » On cite l'archangélique noir pourpre (*A. atro-purpurea*) commune aux États-Unis; une autre du Canada, et surtout l'archangélique officinale ou de Bohême (*A. officinalis* ou *sativa*) cultivée en France. Ses tiges, vertes, épaisses, cannelées, creuses, recouvertes d'une enveloppe filamenteuse, atteignent souvent 1m,50 de hauteur et 6 centimètres de diamètre. Les feuilles, d'un beau vert, sont très découpées, très grandes, deux fois pennées et alternes; elles sont très odorantes; elles se fanent et tombent en automne, sous l'influence des premiers froids, pour reparaître au printemps; en séchant, elles perdent leurs propriétés aromatiques.

Leurs fleurs sont blanches ou couleur de sureau, disposées en ombelles composées. Leur ovaire est adhérent et donne naissance à des fruits composés, presque toujours, de deux carpelles qui se séparent à maturité. Ce sont des akènes de forme oblongue, de couleur pâle jaunâtre; les fleurs s'épanouissent en juillet et août. Les feuilles et les fleurs de cette belle plante (fig. 340 et 341) sont odorantes; toutes ses parties sont aromatiques. Elles renferment une huile volatile, excitante, tonique, exhalant une odeur fortement aromatique, un acide spécial et un principe amer. L'huile aromatique se trouve aussi bien dans les graines, dans les feuilles, dans les tiges, que dans les racines. La saveur de toutes les parties est douce d'abord, puis chaude, musquée, piquante. Les racines (fig. 342) consistent dans un corps central conique plus ou moins régulier, tronqué à une extrémité, quelquefois aux deux bouts, portant un grand nombre de branches cylindro-coniques, longuement atténuées, plus ou moins tordues les unes sur les autres en faisceau cylindroïde, grisâtres ou noirâtres à la surface, plus pâles à l'intérieur.

L'Archangélique est originaire du nord de l'Europe; elle y croît naturellement dans les endroits humides. Elle réussit en grande culture dans les terrains pas trop mouillés, arrosés à un moment convenable, non compacts, profonds, riches en potasse.

Elle est fournie au commerce par la Bohême; elle vient aussi des Alpes, des Pyrénées, et l'on a essayé sa culture dans divers pays, notamment à Niort, à Chateaubriant, à Orsay. Mais le sol éminemment potassique et volcanique de la Limagne d'Auvergne, et surtout celui des jardins maraîchers qui entourent la ville de Clermont-Ferrand, sont ceux qui semblent le mieux lui convenir. En fait, c'est là que se concentre aujourd'hui la culture de l'angélique sur une grande échelle, et c'est à Clermont que se préparent les angéliques vendues dans le commerce sous des noms auxquels s'attache une renommée complètement factice ou usurpée.

On sème la graine d'angélique dans un coin de champ au mois de décembre ou au mois de février au plus tard, en ayant soin de tenir le semis bien propre, et on le couvre d'un terreau sableux. La levée se fait au bout d'un mois environ. On répand les graines par petites pincées, en lignes distantes de 15 centimètres. Une pépinière de quelques mètres de surface suffit pour fournir le plant d'un hectare. On arrache le plant par une journée humide du mois de juillet ou d'août, et on le transplante dans un champ facile à inonder, dans lequel on a préalablement pris une récolte d'oignons, de choux et de pommes de terre, et qui aura, en outre, été fumé et ameubli convenablement, principalement à la bêche dans les cultures maraîchères de Clermont. On plante en lignes à 60 centimètres au carré, soit 16 700 pieds à l'hectare. Avant ou pendant l'hiver, on fume de nouveau la plantation, mais cette fois en couverture. Au printemps, dès qu'on peut entrer dans la terre, pour la travailler, on enterre le fumier à la pioche. On donne ensuite des binages répétés aussi longtemps qu'on peut entrer dans la plantation. On arrose par immersion; on ne doit pas songer à se servir de l'arrosoir, à cause du développement que prend la plante et aussi parce que, par des arrosages à la main, on ne mettrait jamais assez d'eau à la fois. A l'automne de la première année et au printemps

Fig. 342. — Racine d'Archangélique officinale ou des confiseurs.

de la seconde année, on opère entre les lignes et entre les pieds, dans chaque ligne, un bon labour à la fourche, et on couvre le terrain d'une bonne couche de terreau. Selon la précocité de la plantation, la récolte se fait cette seconde année en juin, juillet et en août. La coupe des tiges a lieu rez terre et en biseau; on laisse la partie centrale si les plantes doivent rester pour produire encore la troisième année. On peut récolter de 10000 à 12000 kilogrammes de tiges d'angélique par hectare; on obtient un bon produit des feuilles, des racines et des graines, que l'on fait sécher. On récolte les graines quand elles sont mûres, au mois d'août; on coupe les ombelles et on les expose pendant quelques jours au soleil; on sépare ensuite les graines, on les nettoie, et on les conserve dans des sacs ou des tiroirs fermés. On fait quelquefois des semis en pépinière, en ne séparant pas les graines des ombelles quand elles sont arrivées à leur complète maturité. On coupe les pédoncules à une longueur de 30 centimètres environ, et on les pique en terre sur une plate-bande bien préparée: le vent détache les graines, qui tombent sur le sol, y germent et donnent des plants nouveaux; cela réussit surtout dans les jardins entourés de haies vives ou de murs. Un hectolitre de graines d'angélique pèse de 14 à 16 kilogrammes, et 1 gramme compte de 150 à 180 graines.

La tige d'angélique est recherchée par les confiseurs et donne lieu à un commerce important. Confite dans du sucre, elle est employée par les pâtissiers et principalement par les fabricants de pain d'épices. Clermont-Ferrand est le centre de cette production, qui atteint une moyenne de 100000 kilogrammes par an. La tige d'angélique, dépouillée de ses feuilles, est blanchie et cuite de façon à pouvoir être pelée et séparée de son enveloppe filamenteuse. Pour lui donner de la consistance, on la fourre en mettant les petites tiges dans les grandes. Pour la faire reverdir, on la fait bouillir à petit feu dans de l'eau pure durant plusieurs heures. On met dans un sirop de sucre chaud à 22 degrés Baumé, et on la conduit ainsi, de 2 degrés en 2 degrés, jusqu'à 36 degrés, en chauffant deux fois de suite le sirop à chaque opération. La tige est alors confite, et il n'est plus besoin que de l'égoutter, de la glacer ou de la candir pour la livrer à la consommation, soit sous la forme ronde d'angélique fourrée, d'angélique plate ou de débris. On obtient environ 1 kilogramme d'angélique confite avec 1k,500 de tiges vertes. Les tiges vertes peuvent être mises à l'eau-de-vie; les tiges confites, vu l'emploi qu'en font les pâtissiers et les fabricants de pain d'épices, forment une sucrerie agréable.

Les hampes florales de l'angélique blanchies dans l'eau bouillante, pelées et coupées en tronçons, servent de pain aux habitants des régions polaires. On affirme que c'est un mets qui préserve des fièvres de marais dans ces régions pendant leur été si court, mais si chaud.

Les graines d'angélique sont utilisées de la même manière que les graines d'anis; on en fait des infusions ou des teintures alcooliques; elles servent à la confection de liqueurs de table, et notamment du *vespetro*. Mais le plus souvent, dans ce but, on emploie la racine, dite racine du Saint-Esprit; c'est la partie la plus active de la plante; elle contient une huile volatile, une matière analogue à la cire, une résine, de l'acide malique, des acides spéciaux, du sucre, de la gomme, de l'amidon, de l'acide pectique, des matières azotées. On s'en sert à l'état de poudre, d'infusion, de teinture; elle entre dans un grand nombre de compositions pharmaceutiques et d'élixirs stomachiques.

L'angélique est l'emblème de l'inspiration. Les anciens poètes se couronnaient de son feuillage; c'est aussi l'emblème de la mélancolie.

ANGELN (*zootechnie*). — Variété de race bovine danoise, très remarquable par son aptitude laitière. A l'âge de cinq à six ans, la vache d'Angeln atteint un poids vif de 450 kilogrammes. Le rendement moyen en lait est de 2500 à 3000 litres par an; ce lait est d'une richesse remarquable en beurre. On cite des vaches dont le rendement a dépassé 3750 litres par an. — Les caractères de cette variété se rapprochent de ceux de la race hollandaise, mais avec un moindre développement. La tête est légère, l'encolure grêle et assez mal attachée; la couleur de la robe est jaune, brun ou pie.

ANGÉLONIE (*botanique*). — Genre de plantes de la famille des Scrophulariées, tribu des Hémimérídées, originaires de l'Amérique méridionale, dont on connaît un assez grand nombre d'espèces. Leurs fleurs ont un calice quinquéfide et une corolle à cinq lobes arrondis. L'*Angelonia salicariæfolia*, à feuilles de Salicaire, est employée à Caraccas, comme en France la violette. L'*Angelonia Gardneri* à fleurs d'un beau violet, ponctuées de pourpre à l'intérieur, se cultive dans les serres; ses feuilles exhalent une forte odeur de citronelle.

ANGELOT (*économie rurale*). — Nom d'un fromage de Normandie auquel on a donné de petites dimensions et la forme d'un cœur ou d'un carré. Fabriqué dans la vallée d'Auge, ce fromage était appelé primitivement augelot.

ANGEOLEMENT. — Léger binage qu'on donne aux plantations en Bretagne.

ANGÉRONE (*entomologie*). — Genre d'insectes lépidoptères nocturnes, voisin des phalènes, vivant sur le prunier en Europe.

ANGEVIN (BŒUF) (*zootechnie*). — Les marchands de bœufs et les bouchers avaient autrefois l'habitude de donner le nom de bœufs angevins aux bêtes bovines engraissées en Anjou et amenées sur le marché de Paris. On les appelait aussi bœufs choletais. Ces qualifications tendent à disparaître pour être remplacées par les véritables appellations des races.

ANGEVIN (CHEVAL) (*zootechnie*). — Variété de chevaux formée par le croisement de l'ancienne population chevaline de l'Anjou avec le pur-sang anglais, et avec le cheval anglo-normand. Les animaux de cette variété ne présentent pas une homogénéité parfaite ; mais les bons chevaux angevins se distinguent, d'après M. Gayot, par une conformation régulière, une tête expressive et bien attachée, un corps ample et près de terre, la croupe horizontale, les membres solides, les allures vives et régulières, un tempérament robuste. La taille varie de celle du cheval de cavalerie légère à celle du cheval de cavalerie de ligne. Cette population chevaline s'est beaucoup accrue depuis trente ans.

ANGEVIN (PORC) (*zootechnie*). — Nom donné quelquefois à la race porcine craonnaise, parce que la ville de Craon appartenait à l'ancienne province d'Anjou.

ANGIANTHE (*botanique*). — Genre de la famille des Composées-Inuloïdées, constituant des herbes tomenteuses ou glabres de l'Australie.

ANGIDION (*botanique*). — Plantes acaules, tubéreuses, à feuilles plissées, du genre Cymbidium.

ANGINE (*médecine vétérinaire*). — Le mot angine vient du latin *angire*, suffoquer, étrangler. Il est employé communément pour désigner une inflammation de la muqueuse de l'arrière-bouche et du larynx. On dit aussi angine de poitrine ou angine du cœur pour désigner une lésion fonctionnelle localisée dans la région du cœur et derrière le sternum. Mais ordinairement c'est une maladie de la gorge, fréquente chez les animaux domestiques ainsi que chez l'homme. Elle est caractérisée par la gêne et les souffrances des organes de la respiration et de la déglutition. Elle est souvent la conséquence ou l'accompagnement d'autres maladies, par exemple de la fièvre typhoïde, de diverses fièvres éruptives (rougeole, scarlatine), de la morve, des maladies charbonneuses, de la clavelée, du scorbut, de rhumatismes, etc. Mais souvent aussi elle est un accident spécial qui ne se lie pas à un trouble général de l'économie. On comprend dès lors qu'on doive distinguer plusieurs sortes d'angines. En demeurant au point de vue spécial de l'agriculteur, on doit considérer : 1° l'angine qui a son siège dans les voies alimentaires et qui a pour conséquence la gêne de la déglutition : c'est l'angine gutturale ; 2° l'angine qui affecte les voies respiratoires et a pour symptôme principal la difficulté de respirer : c'est l'angine laryngée. Très souvent les deux maladies s'accompagnent. Lorsque les angines restent simples, elles n'ont rien d'alarmant ; elles sont des maladies graves lorsque l'inflammation est concomittante avec le développement de taches, de fausses membranes, que rejette le malade ; elles sont alors couenneuses, croupales, diphthériques, malignes.

L'angine gutturale est dite simplement pharyngée quand elle se borne aux parois du pharynx ; on lui donne le nom de pharyngite apostématique si elle se termine par la formation d'un abcès dans la paroi postérieure du pharynx ; on dit qu'elle est granuleuse lorsqu'elle est accompagnée de la formation de granulations de formes et de dimensions diverses à la surface de la muqueuse. Si elle affecte seulement les amygdales et le voile du palais, on lui donne le nom d'angine tonsillaire, d'amygdalite, d'esquinancie.

L'angine laryngée est œdémateuse ; elle constitue un œdème de la glotte lorsque se présente un gonflement œdémateux de la muqueuse qui tapisse l'ouverture supérieure du larynx par l'infiltration séreuse ou purulente du tissu cellulaire sous-jacent.

Tous les animaux domestiques sont sujets aux angines.

L'angine pharyngo-laryngée est commune surtout chez les chevaux, assez fréquente chez les porcs et les chiens, plus rare dans l'espèce bovine et l'espèce ovine, tout à fait rare chez l'âne et le mulet. On la constate en voyant l'inflammation de la gorge, la forte coloration en rouge des muqueuses de la bouche et du nez, la formation de mucosités filantes, en entendant une toux spéciale. Quelquefois elle est accompagnée de cornage. Dans les cas bénins la maladie dure de six à huit jours ; si elle est plus grave, elle dure une quinzaine ; elle se guérit le plus souvent par une espèce de crise catarrhale. Elle ne devient guère parfois gangréneuse que chez le porc. Rarement elle devient chronique ; les vétérinaires déclarent ne rencontrer que très peu de cas d'angine granuleuse.

Pour traitement on emploie des boissons en abondance à la température ordinaire et des aliments de facile déglutition, des gargarismes à l'eau miellée avec un peu d'alun, ou bien avec des eaux acidulées. Il convient d'ailleurs d'appeler le vétérinaire et d'exécuter ses prescriptions.

L'angine diphthérique correspond au croup de l'espèce humaine ; elle s'observe surtout chez le porc, quelquefois seulement chez le cheval, les bêtes bovines et ovines, sur les volailles, sur le chat. Aux symptômes d'une angine ordinaire se joignent des fausses membranes qui rendent la respiration très difficile. Les animaux deviennent très dangereusement malades ; il faut se hâter de les mettre entre les mains des hommes de l'art, car on n'a que peu d'heures à soi pour amener la résolution ou pour faire les opérations qui empêcheront l'asphyxie. Cette angine apparaît notamment sur les chevaux qui ont séjourné dans des granges ou des écuries incendiées. Les poussières des routes, les brusques changements dans la température, des refroidissements rapides, sont les causes générales des angines qui d'ailleurs, on ne doit pas l'oublier, se transmettent par contagion.

ANGIOCARPE (*botanique*). — Fruit recouvert d'un organe étranger, tel que celui des Conifères.

ANGIODIASTASE, ANGIOGÉNIE, ANGIOGRAPHIE, ANGIOLOGIE, ANGIOTOMIE (*anatomie*). — Dilatation, formation, description, étude, dissection des vaisseaux. On dit plus souvent angéiologie (voy. ce mot), au lieu d'angiologie.

ANGIOPTÈRE (*botanique*). — Genre de Fougères de la famille des Marattiacées, originaires de Taïti, dont plusieurs espèces sont cultivées dans les serres d'Europe. Les Taïtiens se nourrissent des rejetons et des côtes encore tendres de l'*Angiopteris erecta* ; ils aromatisent l'huile de coco dont ils se servent pour s'oindre le corps, avec ses feuilles broyées. L'*Angiopteris erecta* a une taille énorme ; ses frondes découpées en folioles ont une longueur qui s'élève jusqu'à 4 mètres sur une largeur presque égale ; c'est une magnifique plante de serre chaude, à laquelle on ne peut reprocher que de prendre trop de place.

ANGIOSPERME (*botanique*). — Qui appartient à l'*angiospermie*.

ANGIOSPERMIE (*botanique*). — Expression tirée de deux mots grecs signifiant semences placées dans un vase ; c'est le nom donné par Linné à un ordre de plantes didynames (à quatre étamines) dont les graines sont revêtues d'un péricarpe distinct.

ANGIOSPORE (*botanique*). — Nom par lequel on désigne les Champignons, tels que les Truffes et les Lycoperdons, dont les spores se développent dans l'intérieur du tissu du réceptacle.

ANGIOSTOME (*zoologie*). — Genre de vers de la famille des Anguillulidés, classe des nématoïdes. Ils sont très petits et se développent, soit dans la terre humide, soit comme parasites enkystés dans le corps de divers animaux, tels que les limaces et les lombrics.

ANGIVILLER (*biographie agricole*). — Le comte Charles-Claude Labillarderie d'Angiviller, après avoir été un des gentilshommes attachés à l'éducation des enfants de France, ce qui le fit connaître de Louis XVI, se lia étroitement avec Turgot. Il fut, dès le commencement du règne de Louis XVI, nommé maître des requêtes, conseiller d'État, surintendant des bâtiments royaux, puis intendant du jardin du Roi, en survivance de Buffon. Il devint membre de l'Académie des sciences, puis membre associé en 1780, et membre titulaire en 1788 de la Société nationale d'agriculture. La Révolution le précipita de sa haute situation ; il dut s'exiler en 1791 et ses biens furent saisis. Il est mort en Allemagne en 1810 dans un couvent de moines.

ANGLAIS (ANIMAUX DOMESTIQUES) (*zootechnie*). — Dans aucun autre pays on ne s'est autant occupé qu'en Angleterre de l'amélioration, du perfectionnement des animaux domestiques des espèces les plus importantes : chevaline, bovine, ovine, porcine, galline, canine. Cependant quand on a dit qu'une bête est de race anglaise, on est loin d'avoir suffisamment spécifié. En effet, dans chaque espèce, il existe en Angleterre plusieurs races parfaitement distinctes et ayant des aptitudes très souvent spéciales. — Ainsi, dans l'espèce chevaline, on a les races de Clydesdale, de Suffolk, de pur sang (*thoroughbred*, de race parfaite), de chasse, de carrosse, poney. — Dans l'espèce bovine, les races courtes-cornes (durham), hereford, devon, puis de Sussex, longues-cornes, de Jersey, de Guernesey, de Norfolk et Suffolk sans cornes, se partagent à des degrés divers, et selon leurs aptitudes spéciales, la faveur des agriculteurs. — L'espèce ovine a les nombreuses races de Leicester (dishley), de Cotswold, de Lincoln, puis du Kent, des marais de Romney, de Devon et autres races à longue laine, d'Oxfordshire-downs, de Shropshire, de Southdowns, de Hampshire et autres races à laine courte. — Dans l'espèce porcine, on distingue d'abord les animaux de grande race blancs, puis ceux de petite race blancs, ceux de petite race noirs, enfin ceux de Berkshire. — La basse-cour anglaise ne présente pas de nombreuses races spéciales à l'Angleterre ; il faut citer seulement les races gallines de Dorking et de combat et les canards d'Aylesbury. — Dans l'espèce canine, l'Angleterre compte de nombreuses races qui lui appartiennent en propre : le lévrier à poils ras, le limier (bloodhound), le chien pour renards (foxhound), le harrier et le beagle, le chien à loutres, le terrier à poils ras, le pointer, le setter, le springer, le cocker, le clumber, le Sussex, le retriever, le bulldog-mastiff, le pug, le King-Charles. — Depuis deux siècles, l'Angleterre s'est adonnée à la transformation des races d'animaux domestiques de manière à obtenir des sujets répondant absolument à l'emploi qu'on voulait en faire, à la vitesse, à la force, à la facilité de l'engraissement, à la production du lait ou de la laine, à tous les sports, à tous les jeux, de telle sorte que dans toutes les espèces, il y a plusieurs races vraiment anglaises. Pour une seule bête seulement, il n'est pas nécessaire d'employer une autre appellation pour que la désignation par le mot anglais ne laisse aucune incertitude ; c'est pour le cheval.

ANGLAIS (CHEVAL) (*zootechnie*). — Le cheval anglais, c'est le pur sang, le cheval parfait, le cheval de sang, le cheval noble, le *thoroughbred ;* c'est le cheval de course par excellence. Son origine remonte au règne de Charles II. Déjà antérieurement on s'était occupé en Angleterre, avec une sorte de passion, des courses de chevaux. Sous Jacques Ier, Charles Ier, même Cromwell, le goût des chevaux rapides s'était propagé, et les courses avaient pris faveur dans la nation. Mais c'est aux croisements des anciens chevaux des Iles britanniques avec des chevaux venus principalement de l'Afrique, de la Turquie d'Asie, et plus tard de l'Arabie, qu'on doit la création de l'admirable cheval anglais qui est élevé maintenant dans un grand nombre d'écuries d'élite dans toutes les parties du monde civilisé. Les reproducteurs importés en Angleterre pour faire les croisements sont pris généralement parmi les barbes du Maroc et de Fez, les turcs de Smyrne et autres ports du Levant, les arabes des déserts voisins de la Syrie. Le pur sang est dû à des croisements, mais à des croisements faits dans un ordre d'idées bien déterminées et rigoureusement suivies, en ayant recours à des sélections judicieuses, et surtout en enregistrant les qualités des ancêtres pour en faire des titres à la recherche et à la conservation des descendants. Tout cheval montrant des qualités exceptionnelles et doué à un haut degré des caractères reconnus distinctifs des aptitudes à la vitesse, à l'énergie, à la résistance, devint tête de souche, eut des titres de noblesse ; les saillies furent payées à prix d'or ; ses descendants acquirent de grandes valeurs ; les *pedigrees*, le *stud-bock* furent fondés. Le succès a consommé l'emploi persévérant de cette méthode à prendre pour générateurs les étalons et les juments remplissant le mieux les conditions exigées, à choisir toujours les produits répondant le mieux à l'idéal proposé. Dès le commencement du dix-huitième siècle la race anglaise était créée, et elle jouit depuis lors de la plus grande solidité. Les courses et les fortunes considérables qu'elles permirent d'élever en furent et en sont encore le principal soutien. La pureté du sang n'a existé à l'origine pour aucune des grandes familles du cheval anglais de race noble jusqu'à l'établissement des pedigrees que le stud-book a commencé seulement à donner à partir du milieu du dix-huitième siècle. Les métissages ont été nombreux. Ce sont des étalons provenant de Turquie, de Perse, d'Arabie, des États barbaresques qui, mis sur des juments bien choisies mais de races quelconques, ont fait les souches, et de nouvelles importations ont amélioré encore les premiers produits dans le sens voulu. Il faut adopter cette conclusion d'un mémoire de J. H. Huzard, publié en 1830 : « L'expression des chevaux anglais de pur sang veut dire seulement chevaux provenant d'un métissage très ancien et très suivi avec les races d'Orient. » Les registres qui jouissent d'une authenticité reconnue pour tout ce qui se rapporte à la généalogie des chevaux *thoroughbred*, tels que le *stud-book*, les *Racing-Calendars*, etc., donnent soigneusement la généalogie de la mère, mais ils désignent les descendants d'après le père. Les Arabes adoptent un système différent en dénommant les descendants d'après la mère. « Ces deux usages, dit David Low, sont fondés sur cette supposition que les qualités des parents sont reproduites dans leurs enfants. Les éleveurs anglais adoptent le moyen le plus naturel, qui est de compter d'après celui des deux parents dont l'influence s'étend le plus, eu égard au nombre d'individus auxquels il communique ses qualités. Ces deux méthodes ne diffèrent pas beaucoup, quant au résultat, car un individu mâle possédant certaines qualités, les tient ordinairement, conformément à une loi très régulière, d'un autre individu mâle, qui les a lui-même possédées. Il semble, toutefois, que l'établissement d'un système rationnel de généalogie devrait être fondé sur l'origine des deux parents. » Cette observation est très juste ; mais lorsqu'on a commencé en Angleterre à créer la race *thoroughbred,* on employait souvent des juments dont la généalogie était absolument inconnue, et cela a même duré assez longtemps; d'où l'habitude de citer surtout les pères, d'autant plus que ceux-ci avaient davantage acquis une grande réputation.

La figure 343 représente le portrait très exact d'un beau pur sang, Kettledrum, provenant des écuries du colonel Towneley et qui a été vainqueur du Derby en 1861 ; il était né en 1858, par Rataplan, de Hybla, née en 1846 elle-même d'Otisina par le Provost, ayant pour mère Otis par Bustard, et celui-ci ayant pour mère Gaythurst par Election. Hybla avait été payée 26000 francs ; ce n'est pas un prix rare pour les bons reproducteurs; on cite des chiffres jusqu'à dix fois plus élevés.

La régularité et la beauté des proportions distinguent les chevaux de pur sang. Leurs caractères ont été parfaitement donnés par J. B. Huzard dans un mémoire approuvé en 1817 par l'Académie des sciences sur le rapport du baron Sylvestre. Le temps n'a apporté aucun changement au portrait : « Ils sont grands ; ils ont de 1^{m},50 à 1^{m},62 ; ils ont la tête forte et sèche, les yeux grands, les oreilles longues, l'encolure un peu longue, la poitrine haute, un peu étroite ; le garrot bien sorti, le ventre peu développé, les membres larges, les articulations fortes, surtout les genoux et les jarrets, les épaules plates très inclinées, de telle sorte que le bras est presque vertical et qu'il ne forme qu'un angle léger avec l'avant-bras ; ce dernier est en général un peu long; le bassin est peu incliné, de manière que la croupe est horizontale et la queue attachée haute ; la croupe est tranchante et porte une petite éminence antérieurement près les reins ; la cuisse est longue et bien musculeuse, enfin les paturons et les pieds sont bien conformés. Telle est la réunion des qualités qui distinguent le cheval de course ; il y a en outre celles propres à tous les chevaux qu'on appelle de race : les éminences osseuses et musculaires bien prononcées, bien distinctes, la peau fine, point de poils aux extrémités. Leur couleur dominante est le bai avec des marques en tête et des balzanes sans aucun mélange de poils. Ceux même qui, sans avoir de balzanes, ont les extrémités moins foncées que le reste de la robe, sont regardés comme d'un sang moins pur. Ce qui distingue plus particulièrement ces animaux, c'est l'inclinaison très remarquable de l'épaule et la direction presque horizontale du bassin. Si l'on faisait passer une ligne parallèle à la direction de ces deux parties, on aurait un angle dont le sommet serait en haut et l'ouverture en bas, et qui serait beaucoup plus ouvert dans cette race que dans toute autre. La direction de ces parties, en formant cet angle très ouvert, sert probablement à la rapidité de la course en rendant l'animal capable d'embrasser plus de terrain à chaque élan. Des chevaux taillés ainsi pour des mouvements très étendus et très énergiques, ne doivent point avoir cette souplesse que l'on recherche tant dans le cheval destiné à la selle ; aussi n'y sont-ils presque jamais employés. Dès l'âge de deux ans, quelquefois même à dix-huit mois, on commence à les exercer à courir, et même à les mener aux courses. On continue ensuite à les y mener tous les six mois ou tous les ans, et dans les intervalles on ne fait que les exercer et les préparer. Ceux qui remportent des prix continuent à courir jusqu'à ce qu'ils ne puissent plus le faire sans désavantage, ou servent à la reproduction. Les plus renommés saillissent les plus belles juments et sont très recherchés ; les moins célèbres servent à donner des produits de moindre prix, en améliorant les classes inférieures. Les juments sont toujours alliées avec des étalons au moins leurs égaux en qualités. »

Fig. 343. — Étalon de pur sang anglais, vainqueur du Derby en 1861.

La formation de la race des chevaux anglais *thoroughbred*, d'origine mélangée, mais ramenée à un type commun et capable de transmettre ses caractères aux animaux qui en proviennent, a des rapports importants avec l'histoire des races de chevaux de tous les pays. Les chevaux anglais sont employés sur une vaste échelle pour communiquer un sang supérieur aux races inférieures non seulement en Angleterre, mais encore dans toute l'Europe et en Amérique. « C'est ainsi, dit avec raison David Low, que les gros chevaux usités pour la selle, pour la chasse, pour la cavalerie, pour les innombrables voitures légères de toutes sortes, quelquefois même pour l'exploitation des terres sablonneuses, ont vu successivement modifier leurs caractères par un mélange plus ou moins considérable de ce qu'on est convenu d'appeler le sang. » Seulement le succès est d'autant plus grand qu'on a recours à des reproducteurs plus beaux et meilleurs.

ANGLAISE (GREFFE) (*arboriculture*). — On exécute cette greffe en taillant le sujet en biseau au-dessus d'un bourgeon ; ensuite au moyen d'une serpette ou d'un couteau spécial, on refend verticalement le sujet vers le tiers supérieur de son diamètre, comme le montre la figure 344. Le greffon est taillé de la même manière. On n'a plus alors qu'à rapprocher le greffon du sujet en ayant soin de bien engager les languettes du premier dans les fentes du second, avec cette précaution de faire coïncider les écorces le mieux possible. Les parties sont ensuite maintenues en contact à l'aide d'une ligature fortement serrée. Cette greffe en fente anglaise est regardée comme s'appliquant parfaitement bien au greffage des cépages français sur les cépages américains conseillés pour la replantation des vignes détruites par le phylloxera.

Fig. 344. — Greffe à l'anglaise.

ANGLAISER (*hippiatrique*). — C'est pratiquer une opération inventée par les maquignons anglais et qui consiste à couper les muscles abaisseurs de la queue d'un cheval. — On dit qu'un cheval est anglaisé lorsqu'il a subi cette opération qui a pour résultat, les muscles releveurs se trouvant alors sans antagonistes, de faire que le port de la queue est horizontal. L'opération ne laisse pas que de présenter des dangers, et elle ne remplit pas toujours le but que l'on se propose. Le port horizontal de la queue n'est un signe de distinction chez le cheval que lorsqu'il est naturel.

ANGLE (*zoologie*). — On appelle angle l'écartement de deux lignes qui se coupent. Lorsque deux lignes sont perpendiculaires, c'est-à-dire se coupent de manière que les angles formés par l'intersection soient égaux, les angles sont dits droits. Un angle plus grand que l'angle droit est dit obtus ; plus petit, il est dit aigu. — Dans l'art des constructions et dans les mouvements de terrain, un angle est rentrant lorsque le sommet, c'est-à-dire le point d'intersection des lignes, pénètre dans l'intérieur de la forme ; l'angle, au contraire, est sortant, lorsque le sommet fait une saillie plus ou moins grande.

En *zootechnie*, on appelle angle facial l'angle formé chez les quadrupèdes par le plan de l'os frontal avec celui de l'os occipital ou de la situation du trou occipital. Cet angle joue, avec les dimensions relatives des parties qui constituent la boîte crânienne, un rôle important dans les classifications zoologiques modernes. Il est mesuré avec des compas spéciaux ou avec des crâniomètres.

ANGLES (BŒUF D') (*zootechnie*). — Variété de la race bovine d'Aubrac, habitant principalement le département du Tarn. Cette variété est, d'après Baudement, le type d'Aubrac avec une certaine tendance à une plus grande finesse de l'ossature, avec des cornes plus déliées et plus longues, des membres plus fins et plus hauts, un pelage plus pâle. Depuis quelques années, le bœuf d'Angles, comme celui de la race d'Aubrac, a été rendu plus précoce par une alimentation plus abondante, tout en restant un bon bœuf de travail.

ANGLESEY (*géographie agricole*). — Ile et comté du Pays de Galles.

ANGLETERRE et PAYS DE GALLES (*géographie agricole*). — L'Angleterre et les pays de Galles (c'est en employant toujours le pluriel que les Anglais parlent de ce pays) forment une région agricole toute spéciale dans le Royaume-Uni de la Grande-Bretagne et de l'Irlande. Cette région doit être étudiée à part. Du reste dans le gouvernement britannique, elle occupe aussi une place séparée. Lorsqu'on est conduit à étudier les institutions anglaises au point de vue de son agriculture, on ne tarde pas à reconnaître que l'Angleterre et les pays de Galles sont absolument séparés et de l'Écosse et de l'Irlande pour toutes les choses rurales. Ce sont des pays juxtaposés et qui n'ont point fait fusion. Les associations agricoles, les foires, les marchés, ont dans chaque contrée leur autonomie spéciale. Quand on connaît l'Angleterre agricole, on ne sait rien de l'Écosse ou de l'Irlande, et réciproquement. Du reste, dans toutes les publications statistiques, dans toutes les enquêtes rurales, on fait toujours une séparation complète de l'Angleterre et des pays de Galles d'une part, et des autres parties des Iles britanniques. C'est à l'Angleterre proprement dite que de Lavergne a consacré la plus grande partie de son étude classique sur l'économie rurale des trois royaumes.

L'Angleterre a une surface totale de 13183965 hectares, les pays de Galles, de 1915082 hectares ; l'étendue des deux pays considérée ensemble est de 15099047 hectares.

Nous parlerons tout de suite des îles qui ne sont rattachées à aucun comté, c'est-à-dire de l'île de Man et des îles du canal (Jersey, Guernsey, etc.).

L'île de Man, située à égale distance des côtes d'Irlande et de la Grande-Bretagne, a une superficie de 58800 hectares ; elle est très montagneuse ; son sommet le plus élevé est le Snaefell, de 610 mètres d'altitude. Elle présente de rares troupeaux de moutons sur ses collines ; dans ses vallées se font des cultures de céréales. La plus grande partie du sol appartient à de petits propriétaires qui le cultivent eux-mêmes ; d'ailleurs la pêche, la navigation et l'exploitation des mines occupent ses habitants. Sa population a été trouvée aux divers recensements : de 40081 en 1821 ; de 41000 en 1831 ; de 47977 en 1841 ; de 52387 en 1851 ; de 52401 en 1861 ; de 54042 en 1871 ; de 53392 en 1881. L'île reçoit à chaque automne plus de 100000 visiteurs.

Les îles de la Manche ou du canal, très voisines des côtes de France, mais appartenant à la Grande-Bretagne, sont celles de Jersey, Guernsey, Alderney, Serk, Herm et quelques îlots ; leur sol est essentiellement granitique. Alderney ou Aurigny, qui n'a que 777 hectares de superficie avec 2000 habitants, est une dépendance de Guernsey ; elle a donné son nom à une race bovine, fameuse par ses qualités laitières (voy. ALDERNEY, p.). Guernsey n'a elle-même que 6473 hectares, avec 32000 habitants. Elle ne comptait que 20000 âmes au commencement du siècle ; à tous les recensements elle a présenté un accroissement de population. C'est la petite culture et la petite propriété qui caractérisent son agriculture très prospère, et qui rivalise avec celle de l'île de Jersey. Cette dernière, dont la superficie est de 11 630 hectares, contient une population très dense, soit de 400 à 500 habitants par 100 hectares ou kilomètre carré, soit environ sept fois plus que la densité moyenne de la population en France. Les divers recensements de la population ont donné : 28 600 habitants en 1821; 36 572 en 1831; 47 544 en 1841; 57 020 en 1851; 55 613 en 1861; 56 627 en 1871; 52 455 en 1881.

La prospérité agricole des îles de Man et du canal tient non seulement à la sagesse et au travail de leurs habitants qui ont trouvé moyen de féconder un sol qui était loin d'être naturellement très fertile, mais aussi et surtout à ce qu'elles n'ont connu ni mauvais gouvernements, ni révolutions, ni guerres. L'Angleterre a respecté leur constitution propre, leur a laissé toute liberté, et, pour se les attacher, elle a secondé tous les efforts d'amélioration, dus à l'initiative propre des habitants en les protégeant contre toute attaque étrangère. « Le développement local, livré à lui-même, dit Léonce de Lavergne, a pris la forme de la petite propriété et de la petite culture; il aurait pu en prendre d'autres, qui auraient réussi également. Je crois cependant que, par d'autres voies, les îles seraient difficilement parvenues à nourrir une pareille population. Dès que le capital ne leur manque pas, la petite propriété et la petite culture deviennent pour ainsi dire productives à l'infini. Un grand empire ne pourrait être organisé tout à fait ainsi, il y faut une plus grande variété de conditions humaines. Ces îles n'ont ni à se gouverner, ni à se policer, ni à se défendre; elles n'ont qu'à être heureuses, et elles le sont; bonheur petit et monotone, sans doute, mais antique et digne du respect. Elles n'ont brillé ni par les arts, ni par la politique, ni par la guerre; leur rôle est plus modeste. Ruches industrieuses et paisibles, elles montrent ce que peut à la longue le travail sans entraves. »

Le loyer de la terre est très élevé dans les îles de Man et du canal; il s'élève de 200 à 500 francs et plus par hectare selon la position des champs, et il ne peut être payé que par des récoltes intensives; aussi les cultures sont très variées et portent sur les seuls végétaux qui peuvent donner, vu le climat, de grands produits. La petite culture seule peut y réussir. Les exploitations de 5 à 6 hectares passent pour être importantes; celles de 20 à 25 hectares, pour être très grandes, et elles sont de rares exceptions. Les cultures maraîchères sont fréquentes.

La culture des grains n'occupe dans l'île de Man que le quart, et dans les îles de la Manche que le septième du domaine agricole proprement dit; tout le reste appartient à la production des racines et à celle du fourrage coupé ou mangé en vert sur pied.

Les rendements sont très élevés, grâce à l'emploi de grandes fumures; les engrais de mer, les varechs et les cendres de varech sont très en usage, ainsi que les engrais commerciaux, surtout les phosphates. Mais les engrais animaux jouent aussi un grand rôle, ce que l'on constate d'abord par la proportion considérable des terres occupées par la production fourragère, et ce qui est ensuite vérifié par les recensements annuels du bétail qui constatent un nombre relativement très élevé d'animaux domestiques.

Ainsi dans l'île de Man on trouve constamment depuis 1869, époque à laquelle nous avons pu remonter pour les détails statistiques officiels, de 5000 à 6000 têtes de l'espèce chevaline, et de 18 000 à 20 000 têtes bovines, 50 000 à 60 000 têtes ovines, et enfin de 3000 à 4000 porcs. Il y a donc en moyenne plus de trois quarts de tête de gros bétail par hectare cultivé ou ensemencé.

Mais à Jersey les choses se présentent d'une manière qui fait bien davantage ressortir la richesse de son agriculture. En effet, on y constate de 2000 à 2500 têtes de l'espèce chevaline, plus de 11 000 têtes de l'espèce bovine, 5000 à 6000 têtes de l'espèce porcine. Il ne s'y trouve, il est vrai, que 300 ou 400 têtes ovines. Mais il ne résulte pas moins des recensements annuels que, par hectare cultivé ou engazonné, on entretient à Jersey 2 têtes de gros bétail.

A Guernsey et dans les petites îles voisines, la richesse en bétail est la même; on y compte toujours, depuis 15 ans, de 1500 à 1800 têtes chevalines, 7000 têtes bovines, 1000 têtes ovines, 4500 à 6500 têtes porcines, soit plus de 2 têtes de gros bétail par hectare cultivé ou engazonné.

Ni l'Angleterre, ni les pays de Galles ne sont remarquables par la nature de leur sol; l'éclat de leur agriculture est dû tout entier à l'activité industrielle de leurs habitants.

La diversité des situations de sol et de climat, non moins que celle de la puissance intellectuelle développée pour effectuer la culture, amènent nécessairement des différences dans les résultats obtenus qui ne sont que la résultante des effets produits par des causes très complexes. Il importe de tenir compte de toutes ces causes, et c'est dans ce but qu'il faut signaler les phénomènes climatologiques de l'Angleterre et des pays de Galles.

Le caractère général du climat de cette région, c'est qu'il présente, à latitudes semblables, une température plus élevée que le continent, et qu'en outre les extrêmes de chaleur et de froid y sont moins considérables. En outre, les côtes ouest sont plus chaudes que les côtes est.

En ce qui concerne l'Angleterre, la répartition des terres était la suivante en 1881.

	hectares	PROPORTIONS CENTÉSIMALES
1. Grains (blé, orge, avoine, seigle, fèves, pois)	2 819 188	21,37
2. Récoltes vertes (pommes de terre, turneps, rutabagas, betteraves, carottes, choux, choux-teraves, navets, vesces et autres récoltes vertes à l'exception du trèfle et autres herbes)	1 186 191	8,99
3. Trèfle, sainfoin et autres herbages en assolement	1 032 325	7,82
4. Prairies permanentes ou herbages non rompus en assolement (non compris les communaux et les terres en montagnes)	4 621 100	35,03
5. Chanvre	260	0,01
6. Houblon	26 302	0,20
7. Jachères nues et terres arables non ensemencées	301 683	2,29
8. Vergers	72 315	0,55
9. Jardins maraîchers	17 008	0,12
10. Pépinières	4 090	0,03
11. Bois	793 745	6,02
Total des terres produisant	10 874 816	82,43
Autres terres (villes, communaux, landes de montagnes, marais, etc.)	2 317 130	17,57
Superficie totale de l'Angleterre	13 191 946	100,00

Ainsi en ce qui concerne l'Angleterre proprement dite, le sol agricole et sylvicole occupe plus de 82 pour 100 de la surface totale du pays; mais le fait le plus caractéristique, c'est la grande proportion de la *permanent pasture*, qui n'est pas moindre de 35 pour 100 de toute l'étendue du royaume.

La culture des grains diminue, la surface consacrée à la production de la nourriture du bétail augmente; ce fait s'accentue chaque année. Ce n'est pas toutefois de la même manière que les choses se présentent dans tous les comtés; la culture herbagère domine, c'est-à-dire occupe les deux tiers et plus de la surface en production agricole, dans les 21 comtés suivants : Northumberland, Cumberland, Durham, Westmoreland, York (nord et ouest ridings), Lancaster, Chester, Derby, Stafford, Leicester, Salop (Shropshire), Worcester, Hereford, Monmouth, Gloucester, Witts, Dorset, Somerset, Devon et Cornwall; c'est en fait tout l'ouest de l'Angleterre. Les autres comtés, ceux de l'est, peuvent être appelés granifères; ils sont aussi au nombre de 21 : York (est riding), Lincoln, Nottingham, Rutland, Huntingdon, Warwick, Northampton, Cambridge, Norfolk, Suffolk, Bedford, Benks, Oxford, Berks, Hants, Hertford, Essex, Middlesex, Surrey, Kent et Sussex. Quoique le nombre des comtés soit le même dans les deux catégories, la partie herbagère est plus grande que la partie granifère dans la proportion de 53 à 47.

La caractéristique agricole des pays de Galles est également la prédominance des cultures fourragères et particulièrement de la *permanent pasture*. Nous avons dit que l'on y distingue deux grandes divisions : la Galle du Nord et celle du Sud; dans cette dernière la proportion des prairies est beaucoup plus élevée; les comtés de Caermarthen et de Pembrocke renferment plus de 50 pour 100 de leur surface totale en *permanent pasture*.

La répartition des terres dans les pays de Galles était la suivante en 1881 :

	hectares	PROPORTIONS CENTÉSIMALES
1. Grains (blé, orge, avoine, seigle, fève, pois)	195 338	10,21
2. Récoltes vertes	50 443	2,63
3. Trèfle, sainfoin et autres en assolement	134 217	7,02
4. *Permanent pasture*	735 242	38,45
5. Chanvre	5	»
6. Jachère nue	12 665	0.66
7. Vergers	1 213	0,06
8. Jardins maraîchers	264	0,02
9. Pépinières	136	0,01
10. Bois	65 928	3,44
Total des terres en production agricole	1 195 451	62,50
Autres terres (villes, communaux, landes de montagnes, etc.)	716 887	37,50
Superficie totale des pays de Galles	1 912 338	100,00

L'étendue de la partie inculte de la principauté de Galles est considérable, puisqu'elle forme plus de 31 pour 100 du pays, tandis qu'en Angleterre elle n'est que de 17 pour 100; c'est que les mines, les carrières, les montagnes y tiennent une très grande place. Dans cette presqu'île hérissée de hauteurs, il n'y a guère, au point de vue agricole, que quatre bons côtés, ceux de Flint, d'Anglesey, de Denbigh et de Pembroke, contre quatre médiocres : Glamorgan, Caermarthen, Montgomery et Caernavon, et contre quatre mauvais : Brecknock, Cardigan, Merioneth et Radnor. Mais ce qui doit frapper l'attention, c'est que pour 1 hectare de céréales, il y a 4 à 5 hectares en prairies permanentes ou artificielles; en Angleterre, la proportion des prairies n'est que de 2 hectares contre 1 de céréales. Cette prédominance de la prairie est d'ailleurs un fait qui s'accentue dans les pays de Galles, comme en Angleterre.

Plus encore que dans l'Angleterre proprement dite, la jachère nue est extrêmement réduite dans le pays de Galles.

Dans toute l'Angleterre, c'est particulièrement la culture du froment qui diminue, celle des autres céréales augmente plutôt qu'elle ne décroît.

La culture des pommes de terre n'est pas non plus en accroissement en Angleterre et dans les pays de Galles; elle se maintient sur une surface de 140000 à 150000 hectares, avec une certaine tendance à diminuer; la surface plantée en pommes de terre n'est qu'environ les trois cinquièmes de celle qui est consacrée aux fèves et aux pois ensemble. De grandes importations du dehors en maintiennent les prix à un niveau qui n'encourage pas la culture, d'autant plus que les espèces précoces surtout sont avantageusement introduites par le commerce.

Les racines cultivées pour la nourriture du bétail jouent un rôle de premier ordre dans l'agriculture anglaise. Les turneps et les rutabagas ou navets de Suède, les raves et navets de tous genres, mais surtout les turneps forment dans beaucoup de comtés le pivot de l'économie rurale; ils sont considérés par les agronomes comme l'agent le plus actif du progrès, comme le signe caractéristique d'une culture avancée. On en obtient de 45000 à 75000 kilogrammes par hectare. Les betteraves communes, qui ne sont pas cependant négligées, n'occupent qu'une aire environ cinq fois moindre. La culture des carottes est relativement une exception; celle des choux, des choux-raves, de la navette, etc., n'est qu'un appoint, mais parfois assez important; il en est de même de la culture des vesces, du lupin et de toutes les plantes pouvant donner des fourrages consommés en vert ou fournissant des grains pour le bétail. La luzerne n'est pas commune; le sol ne peut pas se prêter à sa culture. Il n'en est pas de même du trèfle, du sainfoin, du ray-grass, qui entrent dans tous les assolements de l'agriculture britannique et y occupent une place tout aussi considérable que les racines et autres cultures vertes; c'est ce que l'on appelle en France les prairies artificielles. En résumé, l'ensemble des cultures fourragères dans les terres labourées des fermes couvre une étendue qui est à peu près les cinq septièmes de la surface consacrée aux grains.

A côté des cultures de racines et des prairies artificielles, on voit une énorme surface qui n'est pas labourée, mais qui n'en est pas moins productive; c'est celle occupée par la *permanent pasture*. On peut dire qu'en Angleterre et dans les pays de Galles, tout ce qui reçoit le nom de *pasture* est réellement cultivé, en ce sens que les mauvaises plantes en sont extirpées, que les fientes du bétail y sont répandues, que l'on draine convenablement les parties qui deviendraient marécageuses, que l'on apporte des engrais pulvérulents ou bien de la nourriture excédante pour le bétail, ce qui revient indirectement à faire une restitution des matériaux exportés par la vente des animaux, par le lait, par la laine. Cette partie du domaine agricole se développe graduellement, presque d'année en année.

Selon les années et les localités, on fait plus ou moins de foin sur les prairies artificielles, mais on peut dire que, sur l'ensemble de l'Angleterre et des pays de Galles, 60 pour 100 des trèfles, sainfoins, etc., sont transformés en foin. Dans quelques comtés, tels que ceux de Bedford, Berks, Buckingham, Chester, Derby, Durham, Hants, Kent, Lancaster, Leicester, Norfolk, Oxford, la proportion de la fenaison l'emporte de plus des trois quarts sur la proportion du pâturage. Ailleurs, c'est le contraire qui se présente : la partie des prairies artificielles livrée à la consommation en vert l'emporte, parfois même de beaucoup, sur celle transformée en foin; c'est ce qui arrive notamment dans les comtés de Cornwall, Cumberland, Devon, Lincoln, Nottingham, Westmoreland, York (Est et Nord Ridings). La production du foin par les prairies artificielles, si l'on considère surtout la grande étendue qu'elles occupent et les forts rendements de 7000 à 10000 kilogrammes de fourrage sec que l'on obtient, est donc beaucoup plus grande qu'il n'apparaît d'après l'appréciation faite par de Lavergne, un peu à vol d'oiseau et sans documents précis à l'appui. Dans tous les comtés des pays de Galles, à l'exception de ceux de Brecon, Cardigan et Carmarthen, la fenaison l'emporte sur le pâturage, en ce qui concerne les prairies artificielles.

Quant aux prairies permanentes, l'inverse se présente presque partout ; il n'y a d'exception que pour les comtés d'Essex, de Middlesex et de Hartford.

Les cultures industrielles ne jouent qu'un rôle tout à fait insignifiant dans l'agriculture anglaise. La production du lin n'occupe guère que 3000 hectares en Angleterre, et elle est à peu près inconnue dans les pays de Galles. Le houblon seul est très cultivé dans un petit nombre de comtés, principalement dans le Kent, où il s'étend sur environ 17000 hectares ; dans les autres comtés, il n'y a guère que 10000 hectares consacrés à cette plante ; ce sont, dans l'ordre d'importance, ceux de Sussex, pour 4000 hectares ; de Hereford, pour 2500. Dans les comtés de Salep, Suffolk, Nottingham, Gloucester, Essex, Berks, Hereford et Lincoln, la statistique ne constate que quelques hectares en houblon. C'est une culture qui donne souvent de très gros produits par hectare. Les houblonnières du Kent, surtout, sont une grande richesse pour la contrée ; on les appelle le vignoble de l'Angleterre. La bière est, en effet, la boisson nationale. Mais le houblon et l'orge produits sur le territoire britannique sont loin de suffire à la consommation intérieure ; il faut avoir recours à une importation considérable ; d'ailleurs, il en est de même pour le blé et la plupart des autres grains. La population anglaise est trop nombreuse pour être nourrie exclusivement par son propre sol ; il lui faut avoir recours à l'étranger, et son agriculture est dirigée surtout de manière à fournir la plus grande quantité possible des aliments d'origine animale, ceux qui sont le plus nécessaires aux habitants de la Grande-Bretagne. C'est ainsi que s'explique la proportion si forte des prairies permanentes et artificielles, et des racines que l'on trouve dans toutes les fermes. L'assolement de Norfolk, qui a été universellement adopté, donne satisfaction à ce besoin du pays. Les terres arables, celles que remue la charrue, sont divisées en quatre soles : — 1re année : racines, principalement navets, turneps, rutabagas ; — 2e année : céréales de printemps (orge et avoine) ; — 3e année : prairies artificielles (trèfle, sainfoin, ray-grass, etc.) ; — 4e année : blé. Assez généralement cet assolement est transformé en quinquennal, en ce sens qu'on laisse les prairies artificielles occuper la terre pendant deux ans. Une ferme de 80 hectares est alors ainsi divisée : 40 hectares en prairies permanentes ; 8 en racines (pommes de terre, turneps, etc.) ; 8 en orge et en avoine ; 8 en prairies artificielles de première année ; 8 en prairies artificielles de deuxième année ; 8 en blé. On voit que le blé n'est plus appelé qu'à couvrir le dixième du domaine agricole de l'Angleterre, le cinquième du domaine labouré.

Les vergers sont, en général, compris dans les terres gazonnées ou les terres arables. Cependant pour la production des fruits à noyaux, à pépins, à grappes, on compte à part 72000 hectares ; il y en a 49000 dans les six comtés de Hereford, Devon, Somerset, Kent, Worcester et Gloucester ; les autres comtés n'en comptent guère chacun que quelques centaines d'hectares. Les jardins maraîchers dont l'étendue totale ne dépasse guère 16000 hectares, sont particulièrement placés dans les comtés de Middlesex, Essex, Kent, Worcester, York, qui en ont la moitié ; le reste est disséminé dans les autres cantons, souvent par très petites surfaces. Les gros légumes sont surtout consommés en Angleterre, où l'on ignore généralement les avantages de la variété des cultures maraîchères françaises pour l'alimentation des populations ; des pommes de terre, des pois, des choux, des oignons, tels sont les légumes habituels des tables anglaises, et une grande partie est fournie par l'importation. On ne sait pas faire les salades ; dans les riches maisons seulement on consomme, en les faisant venir principalement de France, tous les autres légumes verts.

Le domaine forestier qui ne s'étend, en nombre rond, que sur 663000 hectares, dont 587000 en Angleterre et 65000 dans les pays de Galles, c'est-à-dire sur la treizième partie seulement du territoire total, tend plutôt à s'accroître qu'à diminuer, mais, en résumé, varie très peu. Les défrichements ont cessé ; les replantations sont encore assez rares malgré la hausse du prix du bois ; les nouvelles forêts, créées depuis 1875, ont une surface totale d'environ 60000 hectares. Elles sont situées dans les comtés de Berks, Cumberland, Dorset, Herefort, Monmouth, Surrey, Sussex, Cardigan, Carnavon et Pembroke.

La grande affaire de l'agriculture anglaise étant l'élevage et l'engraissement du bétail, il importe d'en connaître le nombre et la qualité. Les divers recensements annuels faits, dans chaque mois de juin, donnent, pour l'Angleterre, le tableau résumé suivant :

ANNÉES	ESPÈCE CHEVALINE	ESPÈCE BOVINE	ESPÈCE OVINE	ESPÈCE PORCINE
	têtes	têtes	têtes	têtes
1869	1141996	3706641	19821863	1629550
1870	977707	3757134	18940256	1813901
1871	962840	3671064	17530407	2078504
1872	962548	3901663	17910904	2347512
1873	979012	4173635	19169851	2141417
1874	1007398	4305540	19859758	2058781
1875	1031776	4218470	19114634	1875357
1876	1097545	4076410	18320091	1924033
1877	1070208	3979630	18330377	2114751
1878	1088999	4034552	18444004	2124722
1879	1100707	4128940	18445522	1771081
1880	1092272	4158046	16828646	1697914
1881	1094103	4160085	15382856	1732280

Le recensement de l'espèce chevaline ne porte que sur les chevaux exclusivement employés pour les travaux agricoles, ainsi que sur les chevaux non dressés et les juments consacrées à la reproduction ; sur la population chevaline recensée, et qui est en nombre rond de 1100000 têtes, il y a 800000 chevaux de la première catégorie, et 300000 de la seconde. En totalité, si l'on supputait les chevaux employés par le commerce, la brasserie, les industries diverses et par le carrossage, la chasse, la selle, on trouverait au moins le double, soit 2200000 têtes de l'espèce chevaline, comme cela a été vérifié plusieurs fois. Cela étant, tandis que le gros bétail reste à peu près stationnaire, ou du moins n'augmente que très peu depuis 1876 et 1877, époque où les épizooties ont fortement sévi sur les étables, on constate une diminution notable dans la population ovine qui, en dix ans, a décru de plus de 4 millions de têtes. Quant à l'espèce porcine, elle est soumise constamment à des alternatives d'augmentation et de diminution, selon des influences commerciales complexes ; il y a lieu de noter d'ailleurs que, dans les recensements des porcs, on ne tient pas compte de ceux qui sont élevés par des ménages d'ouvriers en dehors de l'agriculture proprement dite.

En somme, l'agriculture anglaise élève tout le

bétail qu'elle peut nourrir, et il y a peu de progrès à attendre de ce côté, à moins qu'on ne découvre quelque moyen d'accroître fortement la production fourragère. Quant à la qualité du bétail, à sa précocité, à sa puissance lactifère, les progrès de l'élevage anglais sont continus, et ils se développent dans la voie ouverte par les Bakewell et les Collins. Ce n'est pas le lieu de décrire ici les transformations de chaque espèce d'animaux domestiques, mais il n'était pas possible de ne pas les rappeler. L'histoire de chaque race, d'ailleurs, en témoigne.

Quant aux pays de Galles, ils ont offert le mouvement suivant dans les animaux domestiques de 1869 à 1881 :

ANNÉES	ESPÈCE CHEVALINE	ESPÈCE BOVINE	ESPÈCE OVINE	ESPÈCE PORCINE
	têtes	têtes	têtes	têtes
1869	132 165	589 108	2 720 911	171 675
1870	116 131	604 749	2 706 479	198 547
1871	117 176	596 588	2 706 415	225 456
1872	118 266	602 738	2 867 144	238 317
1873	120 273	612 857	2 966 862	211 174
1874	123 523	665 105	3 064 696	213 754
1875	124 711	651 274	2 951 810	203 348
1876	128 363	638 805	2 863 144	215 488
1877	129 638	616 209	2 862 013	230 720
1878	132 087	608 189	2 924 806	218 387
1879	136 391	643 815	2 873 460	192 757
1880	134 895	651 714	2 718 316	182 093
1881	137 767	655 345	2 466 945	191 792

Une augmentation certaine dans la population chevaline; des alternatives en plus et en moins, mais avec tendance à l'accroissement, dans l'espèce bovine; une diminution marquée dans l'espèce ovine; des alternatives dans la population porcine; tels sont les traits caractéristiques du mouvement de l'élevage dans les pays de Galles où, d'ailleurs, se reflètent tous les progrès de l'agriculture anglaise en ce qui concerne les qualités que l'on recherche dans le bétail amélioré. Le fait le plus essentiel consiste en ce qu'il faut de moins en moins de temps pour produire la même quantité de viande, de telle sorte qu'on peut estimer actuellement que le tiers de la population bovine, la moitié de la population ovine et la totalité de la population porcine tombent chaque année sous le couteau du boucher ou du charcutier, alors qu'il y a cinquante ans, le quart seulement de la première, le tiers de la deuxième et la moitié de la troisième fournissaient de la viande à la consommation. En même temps, le poids de toutes les bêtes s'est accru d'un cinquième au moins. Il y a moins de nourriture fourragère employée pour le simple entretien de la vie des animaux, le développement complet étant obtenu en moins de temps.

Des résultats analogues ont été produits pour la basse-cour, qui donne davantage et de plus belles volailles. L'incubation artificielle s'est répandue. La pisciculture a fait également des progrès. Quoique le poisson d'eau douce joue dans un pays dont les côtes maritimes ont un très grand développement pour l'étendue des terres, un rôle moins considérable que dans les Etats dont presque toutes les parties sont éloignées de la mer, on s'occupe de repeupler les rivières et d'empêcher les déjections des villes et des usines de corrompre les eaux fluviales.

En soixante ans, la population a plus que doublé en Angleterre, et à peu près doublé dans les pays de Galles. Et cependant il y a eu chaque année une émigration plus forte que l'immigration. La totalité des émigrants d'Angleterre et des pays de Galles a été, dans les dix dernières années, de 970 565 individus ; l'immigration ne s'est élevée qu'à 800 603, de telle sorte que la perte par l'émigration n'a été en dix ans que de 169 962.

La densité moyenne de la population est de 186 habitants par 100 hectares ou par kilomètre carré pour l'Angleterre, et de 74 pour les pays de Galles; elle n'est que de 70 en France.

La continuité de l'accroissement de la population est due à l'excédent permanent des naissances sur les décès et à la fécondité des mariages.

Il faut ajouter, comme trait caractéristique, que les habitations sont de mieux en mieux disposées en Angleterre au point de vue de la salubrité et de ce que l'on appelle le confortable. Les maisons isolées pour les familles sont à tous égards préférables aux agglomérations de nombreuses familles sous le même toit; à tous les points de vue, la vie verticale, si l'on peut parler ainsi, est préférable à la vie horizontale, dans laquelle les familles sont superposées comme dans des ruches. Aussi, en Angleterre et dans les pays de Galles, le nombre des maisons s'accroît en même temps que se développe la population.

Mais comment sont constituées la propriété agricole et la culture ? C'est une question essentielle à résoudre. La grande propriété domine, en ce sens qu'une forte partie du sol cultivé est entre les mains d'un petit nombre de *landlords*, mais néanmoins la moyenne et la petite propriété jouent un rôle assez important, bien plus considérable qu'on ne le suppose généralement. On peut admettre que le quart du domaine agricole, dans l'Angleterre et les pays de Galles réunis, est entre les mains de la très grande propriété, comptant seulement 440 possesseurs du sol avec une moyenne de 6250 hectares; qu'un autre quart est entre les mains de la grande propriété constituée par 1250 individus ayant chacun une moyenne de 1250 hectares ; que le troisième quart est possédé par la moyenne propriété comptant 18 300 individus ayant chacun une moyenne de 150 hectares; que le dernier quart enfin appartient à la petite propriété formée de 239 000 individus ayant chacun 12 hectares en moyenne. Dans ces calculs, on a exclu 800 000 propriétaires fonciers possédant chacun moins d'un acre (40 ares) et que l'on doit considérer comme des propriétaires de maisons. Le nombre des propriétaires s'est accru depuis trente ans. En 1851, à l'époque où de Lavergne faisait ses recherches sur l'agriculture anglaise, il ne s'élevait pas à 200 000. Depuis lors, il est vrai, la population a plus que doublé, tandis que le nombre des propriétaires ne s'est guère accru que du quart: il n'en est pas moins vrai que la petite et la moyenne propriété gagnent du terrain. Mais quelques membres de la pairie possèdent des provinces entières, et cela frappe l'esprit. « Les terres immenses de l'aristocratie britannique, dit de Lavergne, se trouvent principalement dans les régions les moins fertiles. Les vastes propriétés du duc de Northumberland sont situées en grande partie dans le comté de ce nom, un des plus montueux et des moins productifs; celles du duc de Devonshire, dans le comté de Derby, et ainsi de suite. C'est surtout dans de pareils terrains que la grande propriété est à sa place; elle seule peut y produire de bons effets. Les parties les plus riches du sol britannique, les comtés de Lancaster, de Leicester, de Worcester, de Warwick, de Lincoln, sont un mélange de grandes et de moyennes propriétés. Dans un des plus riches, même au point de vue agricole, celui de Lancaster, c'est la moyenne et presque la petite propriété qui dominent. » Dans tous les cas la terre ne change pas souvent de mains quoiqu'il y ait constamment des ventes, mais en assez petit nombre, lesquelles permettent à ceux qui se sont enrichis dans le commerce ou dans l'industrie de devenir propriétaires terriers. Ce n'est pas le paysan qui, comme en France, achète principalement les terres des domaines dont la division se produit. Le morcellement est rare.

Le revenu terrier, après s'être constamment élevé chaque année jusqu'à 1877, où il a atteint son apogée, a diminué les années suivantes. Mais y avait-il des raisons suffisantes d'accroître successivement le taux des fermages ? Certainement non. La réaction devait nécessairement se produire.

L'immense majorité des terres est en Angleterre et dans les pays de Galles sous le système du fermage. La culture directe par les propriétaires est l'exception. Mais si la grande propriété l'emporte, il n'en est pas de même de la grande culture. Les vastes domaines sont divisés en fermes nombreuses.

D'après les statistiques du bétail, on évalue comme il suit la force productive des grandes et des petites fermes : 1° le nombre de chevaux nécessaires pour la culture est moindre pour les grandes fermes que pour les petites ; pour les dernières, il ne faut que 5 chevaux pour cultiver 100 hectares, tandis que pour les premières on doit employer 9 chevaux ; 2° le nombre des bêtes bovines par hectare diminue à mesure que les fermes deviennent plus grandes, en même temps que le nombre des bêtes ovines augmente ; 3° le nombre de têtes de gros bétail nourries par la même surface diminue à mesure que la ferme a plus d'étendue, ce qui revient à démontrer qu'en Angleterre la petite culture est plus productive que la grande, et que les fermes sont d'autant mieux fumées qu'elles sont plus petites.

L'agriculture galloise présente le même phénomène que l'agriculture anglaise, savoir : la population chevaline et la population bovine y sont plus denses dans les petites fermes que dans les grandes ; mais la population ovine, qui augmente à mesure que les fermes sont plus étendues en Angleterre, ne fait que s'y maintenir dans toutes les exploitations des pays de Galles, à peu près au même chiffre, qui est toutefois plus élevé qu'en Angleterre. Enfin, chose bien remarquable, l'agriculture anglaise entretient en moyenne deux tiers de tête de gros bétail par hectare, et l'agriculture galloise près de neuf dixièmes de tête. C'est là la force de l'agriculture anglaise en général ; c'est ce qui explique le haut rendement des cultures et notamment celui du blé. Ces résultats sont obtenus par la solidarité qui s'est établie entre les trois classes qui possèdent ou exploitent le sol, les propriétaires, les fermiers, les ouvriers. On a vu que les propriétaires de surfaces supérieures à 4 hectares ne s'élèvent pas à plus de 180000, nombre très faible dont le revenu terrier moyen n'est pas inférieur à 8000 francs ; mais il en est dont le revenu est de plusieurs dizaines de millions, de telle sorte qu'en éliminant les gros propriétaires, on peut estimer que la masse a un revenu terrier de 4000 à 5000 francs, correspondant à une valeur en terre 30 fois plus considérable, soit de 120000 à 150000 francs.

Cette classe de propriétaires ne vit pas en étrangère pour les intérêts agricoles ; au contraire, elle prend une part active à la vie rurale. C'est dans son sein que sont choisis les magistrats et tous les administrateurs des comtés, pour rendre la justice en première instance, et s'occuper de tout ce qui concerne la voirie, les bâtiments publics, les institutions de bienfaisance si nombreuses en Angleterre.

Les fermiers tenanciers, qui sont beaucoup plus nombreux que les propriétaires, cultivent le sol avec un capital tout à fait indépendant de celui du propriétaire, et dont le chiffre moyen est de 800 francs à 1000 francs par hectare. Plusieurs milliers de ces fermiers possèdent une fortune de plus de 200000 francs chacun ; ils ont reçu une éducation libérale complète. Il y a eu des ligues entre les ouvriers pour arriver à l'augmentation des salaires et à l'amélioration de leur sort ; il y en a eu aussi entre les fermiers pour mettre une digue à l'élévation continue du taux des fermages. Mais ces antagonismes forcés finissent toujours par des concessions mutuelles qui, en définitive, donnent satisfaction aux griefs bien fondés, en repoussant les exagérations. Les fermiers savent qu'il est de leur intérêt que les ouvriers trouvent, dans la situation qui leur est faite, un bien-être suffisant pour y demeurer. Quant aux propriétaires, ils ont aussi intérêt à la continuité et à la sûreté de leurs rentes foncières, qu'il ne faut pas compromettre par des exigences hors de propos. Le système général de *tenance* est le bail à volonté indéfiniment continué, par tacite reconduction et qui n'est brisé que par un avertissement préalable donné six mois à l'avance. Les changements de ferme ont lieu à la fin de mars et à la Saint-Michel. En fait, ils ne sont pas très nombreux ; les avertissements sont rarement donnés, quoiqu'il y ait assez de changements pour que des hommes nouveaux arrivent avec des idées différentes de celles qui dirigeaient les anciens, dont les uns sont morts, les autres se retirent des affaires ou, moins fréquemment, s'en vont ailleurs en changeant d'exploitation. A la suite d'une agitation énergique, les fermiers ont obtenu un acte du Parlement, de 1875, leur reconnaissant un droit légal à une indemnité pour les engrais non épuisés et pour les améliorations accomplies par eux et à leurs frais. La position des fermiers est ainsi consolidée ; il leur incombe d'ailleurs le soin d'administrer les affaires de la commune, de même que celles du comté sont confiées aux propriétaires ; ils administrent ou inspectent les maisons des pauvres, surveillent les travaux de voirie. Ils ont des habitations bien tenues où les femmes trouvent à s'occuper avec un confortable convenable et qui indique des goûts relevés ainsi qu'une bonne éducation. Elles aussi ont leur rôle dans le village et dans les maisons d'école, tandis que leurs maris font partie des jurys et jouent leur rôle dans les affaires publiques. C'est cet ensemble de liens librement consentis qui fait la conservation et la prospérité de l'agriculture anglaise.

Les ouvriers ruraux font leur partie dans cette vie heureuse des familles qui exploitent la terre. Ceux-ci ne possèdent pas, en général, d'autre capital que le mobilier de leurs cottages, et leur connaissance bien complète de tous les détails des travaux agricoles ; ils donnent leur travail sans ménager leur peine. Une chose à remarquer comme caractéristique, c'est que toutes les familles d'ouvriers ruraux sont nombreuses. On est fier d'avoir beaucoup d'enfants dans les fermes, comme on est fier de posséder un nombreux bétail. En France, le souci de l'établissement des enfants, de leur avenir, met à la torture le père et la mère de famille. La fécondité est considérée, en Angleterre, comme une richesse. Le travail ne manque jamais à personne ; les manufactures et les usines demandent tous les jours un plus grand nombre de bras, et, d'ailleurs, les colonies sont ouvertes à l'activité britannique, et l'émigration est considérée comme une ressource plutôt pleine de bonnes chances que redoutable. Il est vrai que l'on n'économise pas dans les familles d'ouvriers agricoles. Chez les paysans français, la caisse d'épargne est en faveur, ou bien le bas de laine, jusqu'à ce qu'on achète un lopin de terre ; chez le paysan anglais ou gallois on dépense au jour le jour, sans guère songer au lendemain. J'ai toujours vécu, dit le paysan ou l'ouvrier, mes enfants trouveront comme moi leur subsistance, et ils auront aussi de bons jours, si parfois il y en a de cruels à passer. Quant à la vieillesse, n'y a-t-il pas l'assistance publique ? La loi des pauvres, en effet, est la grande cause de cette indifférence du bas peuple anglais pour la misère.

La faim n'est pas à redouter, même où il y a le plus d'enfants. La taxe que les Anglais payent pour l'entretien des pauvres est considérée comme une soupape de sûreté pour la société. Il serait à peu près impossible de la remplacer. Mais ce n'est pas ici le lieu de discuter les graves questions que le paupérisme soulève. Il suffit de dire que le nombre moyen des pauvres secourus est annuellement de 800 000 pour l'Angleterre et les Galles; il a dépassé un million pendant la crise cotonnière. Sur les pauvres inscrits, le huitième environ appartient à la métropole, le reste aux districts.

La situation améliorée des ouvriers agricoles est un fait relativement assez récent; longtemps surtout dans les comtés du sud, les salaires étaient insuffisants, l'instruction presque nulle, la difficulté d'aller chercher fortune ailleurs extrêmement grande, presque absolue. Tout cela est maintenant passé. Les ouvriers agricoles ont partout conquis leur indépendance, et si la main-d'œuvre est devenue plus rare et plus chère, elle est aussi meilleure, et les machines suppléent autant que possible à la rareté des bras pour les travaux de la moisson, de la fenaison et des sarclages. Les trois classes des intéressés à la bonne culture de la terre sont en quelque sorte associés de manière à fonder, pour l'Angleterre et les pays de Galles, un système cultural tout spécial où chacun a son rôle bien marqué et ses droits bien définis tant par la loi, pour ce qui est de son domaine, que par des usages librement établis et justifiés par l'expérience graduelle. Les propriétaires ont intérêt à conserver les fermiers, qui savent mieux qu'eux tirer parti de la culture du sol. Ceux-ci trouvent une rémunération généralement plus avantageuse de leurs capitaux et de leurs soins que s'ils devenaient eux-mêmes propriétaires, et ils comprennent qu'ils doivent créer une situation convenable à leurs ouvriers, qui ont les plus grandes facilités pour trouver du travail dans l'industrie, s'ils ne rencontrent pas dans les fermes des satisfactions au moins équivalentes. Cette triple alliance du propriétaire, du fermier et de l'ouvrier, pour remplir chacun sa fonction bien déterminée en vue de la meilleure et de la plus profitable exploitation du sol, ne se rencontre nulle part qu'en Angleterre; elle donne le produit maximum avec le nombre d'agents minimum. La population qui concourt au résultat final, qui est effectivement occupée aux travaux agricoles, n'est pas plus du dixième de la population totale; elle était naguère de plus du cinquième.

Deux des classes qui contribuent à la prospérité de l'agriculture anglaise, les propriétaires et les fermiers, doivent posséder une instruction spéciale aussi parfaite que possible; tous en comprennent la nécessité. Nulle part les ouvrages scientifiques agricoles ne sont aussi nombreux et n'ont autant de succès; on les trouve dans toutes les fermes, ainsi que les journaux agricoles. Le fermier et le propriétaire anglais lisent et étudient tout ce qui peut contribuer à améliorer l'agriculture et l'élevage des animaux domestiques. Aussi nulle part les concours et les expositions agricoles ne sont autant visités qu'en Angleterre. Mais l'enseignement agricole spécial n'est donné que dans un seul établissement, le Royal agricultural College de Cirencester, dans le Gloucestershire.

Le collège de Cirencester a été fondé en 1845, sous les auspices du prince Albert; il est établi dans une ferme appartenant à lord Bathurst et ayant une contenance de 200 hectares, dont 180 sont en terres arables. Cette école a des laboratoires et des étables remarquables; on y fait des cours sur toutes les branches de l'agriculture, de l'horticulture et de l'élevage du bétail au double point de vue pratique et scientifique, ainsi que sur la chimie, la géologie, la physique, la botanique, la zoologie, la mécanique, le génie rural, la médecine vétérinaire, la comptabilité, le commerce, l'administration des biens, l'architecture et l'art des constructions. Le prix de la pension est de 3125 francs par an, sans compter 1000 francs de droits d'examen et de diplôme; le nombre des élèves est de 70. A côté du Collège royal d'agriculture, il faut citer comme établissement scientifique spécialement voué aux recherches agricoles la célèbre Station agronomique de Rothamsted, que M. Lawes a illustrée par de nombreux travaux, dont un grand nombre ont été effectués avec la collaboration de M. Gilbert. Fondé en 1839, dans le but de vérifier sur le terrain la valeur comparative des divers engrais du commerce et d'éclairer les résultats des expériences par l'analyse chimique, le laboratoire de Rothamsted acquit bientôt une grande célébrité par l'originalité des recherches qui y étaient exécutées. Une souscription publique faite en 1854 reconnut les services rendus et fournit les fonds pour la construction d'un bâtiment bien approprié aux expériences entreprises; M. Lawes a de son côté donné un capital de deux millions et demi de francs pour que les intérêts annuels de cette somme puissent perpétuer l'entretien du laboratoire. C'est un magnifique exemple de dévouement à la science agricole. Rothamsted est à 45 kilomètres de Londres, à Harpenden, près de Saint-Albans, dans le comté de Hertford.

L'initiative privée est la source de presque toutes les institutions dont l'agriculture anglaise est pourvue. C'est à cette initiative qu'est due la fondation des nombreuses associations agricoles qui ont pris en main la cause des améliorations dans les cultures, dans le matériel des fermes, dans les animaux domestiques de tous les genres. A la tête de ces associations se trouve la Société royale d'agriculture d'Angleterre, qui, fondée en 1838, a obtenu en 1839 une charte royale d'incorporation, ce qui équivaut à une ordonnance de reconnaissance d'utilité publique. Elle étend sa juridiction sur tous les comtés de l'Angleterre et des pays de Galles. Elle ne reçoit pas de subvention de l'État; elle se soutient par les cotisations de ses membres et par les allocations des villes et des comtés où elle fait successivement ses concours annuels, dont le succès est immense. Les plus grands noms de l'Angleterre font partie de la Société royale, qui compte plus de 8000 membres. Outre les expositions de bétail, les concours d'instruments souvent accompagnés d'expériences importantes, les expositions de divers produits agricoles, solennités qui ont lieu tous les ans au mois de juillet, elle fait aussi des concours de fermes avec distribution de primes d'honneur; elle propose et décerne des prix pour des mémoires sur diverses questions agricoles, mémoires qu'elle publie dans son journal paraissant tous les six mois.

D'autres sociétés spéciales à des comtés exercent aussi une grande influence. Il faut citer encore plusieurs cercles de fermiers, des sociétés spéciales pour la laiterie ou pour diverses races ou catégories d'animaux, pour des concours d'animaux engraissés. Parmi ces dernières, il faut faire surtout mention de celles de Birmingham et du *Club de Smithfield*. Le club de Smithfield, dont le premier secrétaire a été Arthur Young, et le premier président le duc de Bedford, a été fondé en 1798; il fait à Londres, tous les ans, depuis 1799, au mois de décembre, avant les fêtes de Noël, des concours d'animaux gras avec exposition d'instruments. Ces concours ont exercé et continuent à avoir une très favorable influence sur les progrès de l'amélioration du bétail en vue de la production de la viande.

Ces diverses institutions agricoles remplissent une partie du rôle qui est dévolu, en France, au ministère de l'agriculture, qui n'existe pas dans le gouvernement britannique.

L'ensemble de toutes les charges directes est, en nombres ronds, de 489 millions de francs pour l'agriculture anglaise, ou de 33 francs par hectare.

ANGLETERRE (POIRES D'). — On distingue deux poires d'Angleterre, l'une d'été, l'autre d'hiver. La première commence à mûrir à la mi-septembre; elle est assez petite, à queue longue et arquée, à peau d'un vert olivâtre ou terne, parsemée de points et de taches fauves; sa chair est fondante, sucrée et agréable; elle vient sur un arbre vigoureux, très propre à former des plein vent; elle se vend beaucoup dans les rues de Paris. La seconde est assez volumineuse et constitue un fruit d'hiver plutôt bon à cuire qu'à manger cru. Elle est ventrue, avec peau d'un vert pâle, parsemée de gros points, de taches ou de marbrures fauves; sa queue est arquée et insérée à fleur du fruit, un peu sur le côté. Sa chair est très blanche, cassante, à granulations assez grosses, accumulées dans le voisinage de l'œil. Elle est d'une longue conservation et vient sur un arbre pyramidal, vigoureux et fertile.

ANGLEURIE (*entomologie*). — Genre d'insectes diptères habitant l'Europe.

ANGLO-ARABE (CHEVAL) (*zootechnie*). — Le cheval anglais (voy. ce mot), appelé pur sang ou *thorougbred*, n'est autre que le résultat de sélections successives de premiers croisements de chevaux arabes ou analogues avec des juments britanniques choisies à cause de leurs aptitudes à la vitesse. Aux meilleures des juments issues des premiers croisements, il a toujours été donné soit des chevaux arabes purs, soit des étalons issus des types les plus célèbres de la race devenue le *thourougbred*. Quand aujourd'hui on croise un pur sang anglais avec une jument arabe, ou réciproquement, un étalon arabe avec une jument *thourougbred*, on ne fait pas autre chose que continuer la race anglaise, sans faire réellement des chevaux anglo-arabes qu'on ne saurait regarder comme constituant une race à part. Cela dit, il faut convenir que les anglo-arabes sont parfois très remarquables. Tel s'est présenté à l'exposition chevaline internationale de 1878, à Paris, *Drouze* (fig. 345), bai très brun, né en 1867, appartenant au grand-duc Nicolas de Russie, ayant obtenu la première prime de la catégorie des étalons anglo-arabes âgés de 3 ans et au-dessus; au défilé final du concours, il a fait l'admiration des spectateurs à cause de la beauté de ses formes et de ses allures.

Fig. 345. — *Drouze*, étalon anglo-arabe.

ANGLO-NORMAND (CHEVAL) (*zootechnie*). — Le cheval anglo-normand est obtenu par le croisement de l'étalon de pur sang anglais (*thoroughbred*) avec la jument de race normande. Le cheval anglo-normand est aujourd'hui celui qui est presque exclusivement produit en Normandie, notamment dans deux grands centres d'élevage : le premier, constitué par les pâturages des départements du Calvados et de la Manche, d'où sortent les animaux de la plaine de Caen; le second, formé par la région du département de l'Orne, qui porte le nom de Merlerault, comprenant une partie des arrondissements d'Alençon et d'Argentan.

Le cheval anglo-normand est surtout un cheval de service de luxe; c'est le cheval carrossier le plus recherché; il fait aussi un excellent cheval de selle. De l'ancienne race normande, il a conservé l'ampleur et l'étoffe, modifiées par l'élégance provenant du sang anglais. La tête busquée a disparu, l'encolure a pris de la grâce, le garrot est élevé, l'arrière-main est forte, la poitrine a plus d'ampleur; les membres n'ont plus la grosseur de l'ancienne race, mais ils n'ont pas la gracilité du type anglais; la peau est souple, recouverte d'un poil assez fin et assez court; la couleur générale de la robe est le bai brun. En même temps qu'une vitesse considérable, surtout à l'allure du trot, le cheval anglo-normand a beaucoup de fond, ce qui lui permet de résister à un service assez prolongé. C'est principalement sous l'influence de l'administration des haras et des écoles de dressage créées sous son impulsion, que l'élevage du cheval anglo-normand a pris, depuis quarante ans, une très grande extension. Mais il faut prendre garde de recourir à un excès d'infusion du pur sang; cette méthode amène à la production de chevaux qui perdent assez rapidement les bons caractères du croisement pour arriver à n'être plus que de réels chevaux de pur sang. Quelques hippologues ont créé dans l'élevage du cheval anglo-normand des catégories formées par des calculs ayant pour base la plus ou moins grande proportion de sang anglais qu'elles possèdent; ces subtilités ne reposent, en réalité, que sur des hypothèses auxquelles manque l'évaluation rigoureuse des faits; nous n'y insisterons donc pas. Il suffira de dire que le cheval anglo-normand de la plaine de Caen est plus spécialement propre à l'attelage, et que celui du Merlerault est surtout un cheval de carrosserie; ils se distinguent l'un de l'autre par une ligne de dessus plus longue dans la première variété que dans la seconde. La figure 346 représente un type d'anglo-normand d'attelage de carrosse.

Sous le nom de *demi-sang*, l'étalon anglo-normand a été répandu par l'administration des haras dans la plupart des dépôts qu'elle entretient en France, en vue de croisements avec les races locales.

Fig. 346. — Cheval anglo-normand.

ANGOBERT (POIRE D') (*arboriculture fruitière*). — Poire d'hiver appelée aussi poire Dagobert, à Gobert, mansuette solitaire, beurré de Semur, poire de Sainte-Catherine. Elle vient sur un arbre très vigoureux quand il est greffé sur cognassier et pouvant être mis en pyramide, mais qu'il est préférable de placer en espalier à cause du volume des fruits. Cette poire, très grosse, généralement turbinée, bosselée, fortement ventrue vers l'œil, a la peau d'un jaune obscur, ponctuée et marbrée de fauve, lavée de roux clair du côté du soleil. Sa chair est blanche, demi-fondante, pierreuse vers le centre, juteuse, sucrée, douce, avec un arrière-goût musqué. Elle mûrit de la fin de janvier en mars.

ANGOBERT (*zoologie*). — Oiseau palmipède habitant la Perse et ressemblant au canard; son bec est noir; un cercle blanc entoure ses yeux; son cou qu'il redresse habituellement est d'un roux jaunâtre; ses ailes offrent un mélange de blanc, de rouge et de noir.

ANGOISSE (POIRE D') (*arboriculture*). — Ce fruit vaut mieux que la déplorable réputation que lui fait le *Dictionnaire de l'Académie française* en le définissant : « Sorte de poire si âpre et si revêche au goût qu'on a peine à l'avaler. » En fait, c'est un fruit à cuire, mais mangeable cru, quoique très graduleux. M. Decaisne le décrit ainsi : « Fruit d'hiver petit ou moyen, turbiné ou arrondi, à queue droite ou arquée; à peau jaune parsemée de gros points et recouverte de nombreuses taches ou marbrures rudes de couleur fauve ou ferrugineuse, rarement teintée de rouge au soleil; à chair cassante, astringente, mûrissant en hiver, se conservant jusqu'en mars. » Il est produit par un arbre de plein vent, très fertile, très anciennement connu, dès le onzième siècle, à Angoisse, en Périgord. L'astringence du fruit le fait un peu prendre à la gorge et l'a disqualifié dans l'opinion publique, mais il charge énormément l'arbre et rend de très grands services comme fruit à cuire, ou par la dessiccation, ou bien comme fruit à poiré ou à faire du raisin. La poire d'angoisse est commune en Bretagne, dans le Perche, le Berri, la Brie. On connaît de nombreux individus qui mesurent plus de 2 mètres de circonférence à 3 mètres au-dessus du sol à la naissance des branches.

ANGOISSE (*médecine vétérinaire*). — Etat d'anxiété, d'inquiétude extrême dans lequel se trouve parfois un animal; il est incapable de se mouvoir. L'angoisse est alors accompagnée d'un resserrement dans la région épigastrique; il y a difficulté de respirer et grande tristesse.

ANGOLA (*géographie agricole*). — Sous le nom de province d'Angola, les Portugais comprennent la partie de la côte occidentale d'Afrique qu'ils ont naguère découverte, et qui leur est encore soumise, du moins de nom; c'est l'ancien Congo de la Nigritie, la Guinée inférieure, ou encore, ainsi que disent les auteurs portugais, le *Guiné Portuguez*. Ce pays s'étend depuis 5° 12′ jusqu'à 18 degrés de latitude australe, et vers l'est jusqu'à 500 ou 600 kilomètres de la côte. Cette vaste contrée africaine comprend quatre royaumes: Loango (en partie district de Cabinda), Congo proprement dit, Angola et Benguela. Les fleuves Zaïre, Loge, Cuanza et Cumene, forment les limites naturelles des quatre royaumes, où l'on trouve encore le Licundo, l'Ambrige, le Lifune, le Dande, le Bengo, le Cuvo, le Cutumbello, le Bero et de nombreuses rivières torrentielles, dévastatrices durant la saison des pluies, à la fin de mars et avril, ou lors des orages de septembre à novembre; complètement à sec, au contraire, pendant les mois de juin, juillet et août, qui constituent l'hiver. Dans ces régions tropicales, on trouve la flore la plus variée, selon qu'on est près des côtes, qu'on va au loin dans les plaines, ou encore qu'on s'élève jusqu'à des altitudes de 1500 à 2000 mètres. La flore y est d'une richesse admirable, et elle fournit aux serres d'Europe une très grande partie de leurs plantes nouvelles: arbres nains et arbres gigantesques, végétaux d'ornement de tous genres, qui seront encore longtemps, pour les botanistes voyageurs, l'objet de conquêtes intéressantes. Les lacs sont aussi assez nombreux dans l'Angola, et présentent une végétation palustre exubérante, mais une atmosphère funeste aux Européens; ils sont habités par des crocodiles et des hippopotames; un nombreux gibier parcourt d'ailleurs le pays, et on y rencontre beaucoup d'antilopes.

ANGOLI (*zoologie*). — Nom donné par Buffon au Caunangoli, poule sultane de Madras.

ANGOPHORE (*botanique*). — Genre de plantes de la famille des Myrtacées-Leptospermées comprenant des arbres et arbrisseaux de l'Australie orientale, différant des eucalyptus par des pétales distincts et par les dents un peu saillantes du calice. Leur fruit a une forme analogue à celle d'un vase, ce qui leur a valu leur nom.

ANGORA (*géographie agricole* et *zootechnie*). — Angora est l'ancienne *Ancyra*, ville de l'Asie Mineure. Elle est maintenant chef-lieu d'un district de l'Anatolie (Turquie d'Asie). Elle intéresse l'agriculture parce qu'on y trouve des espèces d'animaux à longs poils soyeux. On connaît le chat, la chèvre, le lapin d'Angora.

Le *chat d'Angora* (fig. 347) a les poils extrêmement longs et soyeux; c'est là son caractère tout spécial, car, quoi qu'on en ait dit, il est très susceptible d'attachement; il ne reprend quelque chose de son caractère sauvage que lorsqu'il est maltraité ou négligé. Alors il devient méfiant et farouche. Mais si on le caresse et le soigne, il est doux et familier. Ses poils de dessous le ventre descendent quelquefois jusqu'à terre; ceux du cou forment une large et belle fraise. Tous, ils sont généralement blancs, mais quelquefois gris, fauves ou tachetés. L'animal a les lèvres et la plante des pieds couleur de chair. C'est une bête justement recherchée qui doit sa beauté à l'influence du climat du pays dont il est originaire.

Fig. 347. — Chat d'Angora.

Les *chèvres d'Angora* (fig. 348) ont aussi le poil long, soyeux, fourré, très fin, très propre à la fabrication de tissus se rapprochant beaucoup des tissus de soie. La mèche atteint jusqu'à 75 centimètres de longueur et descend du dos jusqu'au sol; elle se détache d'elle-même au printemps; elle est noire ou blanche. C'est un animal très doux et caressant; il ne craint pas les froids très rigoureux, quoiqu'il soit originaire d'un pays chaud, mais il redoute beaucoup l'humidité. Il a la peau très fine, la chair grasse, succulente, exempte de toute odeur spéciale. Ses oreilles sont longues et pendantes. Chez les femelles, les cornes sont contournées en spirale de chaque côté de la tête; chez les mâles, elles s'élèvent obliquement en spirale à pas très ouverts. « Il ne faut alimenter la chèvre d'Angora, dit M. Sacc, qu'avec des fourrages secs; c'est là son unique exigence, car elle mange de tout avec avidité et s'engraisse avec de la paille et des branches de sapin, auxquelles la chèvre commune ne touche pas. Son lait est gras, abondant, et sans goût désagréable. Chaque bête donne environ 2 kilogrammes d'une laine soyeuse d'autant plus fine que l'animal est plus jeune, et valant environ 6 francs le kilogramme; elle est très recherchée pour la confection des velours d'Utrecht, qu'on emploie pour couvrir les meubles; elle doit cette préférence à une propriété dont elle jouit seule entre toutes les fibres textiles, celle d'être souple et brillante sans se laisser écraser et feutrer par l'usage; de plus, à raison de sa structure particulière, on ne peut la tacher avec des corps gras, parce que, les laissant glisser sur sa surface ferme et lisse, elles les laisse passer dans la doublure des meubles. L'angora joue encore un rôle très important dans la confection des tissus mêlés, autant parce qu'il leur donne du corps et de l'éclat que parce qu'il se laisse teindre avec toutes les matières colorantes indifféremment, ce qui n'est le cas pour aucun de ses congénères, car les couleurs qu'on emploie pour le coton ne se fixent pas sur la laine, et celles qui sont bonnes pour la laine ne conviennent pas toutes à la soie. Les chèvres d'Angora font un à deux petits par an; la toison de ce dernier est frisée et d'une si remarquable finesse qu'elle pourrait servir à fabriquer d'admirables pelleteries. La peau des adultes est employée, garnie de sa laine, à faire des tapis de pied vraiment inusables..... Ces animaux sont aussi faciles à conduire et aussi doux que des moutons, en sorte que leur substitution à la chèvre commune est désirable sous tous les rapports. » Il existe un troupeau de chèvres d'Angora à la bergerie de Moudjebeur, dans l'arrondissement de Médéah, province d'Alger. Ce troupeau, dont l'origine remonte à un cadeau du sultan au gouvernement français, comprend 35 à 40 têtes. Leur toison est vendue facilement, chaque année, à de hauts prix. On les traite de la même manière que les moutons mérinos du troupeau. On peut acheter des chevreaux angora à Moudjebeur.

Le *lapin d'Angora* (fig. 349) a le poil long, soyeux, fin, ondoyeux, légèrement frisé, d'un blanc gris-

On n'en dégarnit pas cette région chez la femelle, qui se l'arrache elle-même pour en ouater l'intérieur de son nid aux approches de la mise bas. Le chaponnage du mâle est une excellente pratique qui profite à la production autant qu'à la qualité

Fig. 348. — Chèvres d'Angora.

perle ou roux clair très abondant. L'animal perd facilement une grande partie de ses poils au printemps et à l'automne; on l'en dépouille au moyen d'un peigne ou à la main; la récolte se vend avantageusement pour les usages de la chapellerie. Cette race

de la soie. On connaît que le moment de récolter celle-ci est venu quand elle se frise et se pelotonne. Les adultes, et plus encore les vieux, fournissent une plus grande quantité de poils que les jeunes. Là est l'intérêt à laisser vieillir ces derniers

Fig. 349. — Lapin d'Angora.

n'est pas élevée pour sa chair, mais pour sa peau seulement; elle est entretenue pendant toute l'étendue de sa longévité, et jusqu'à 7 ou 8 ans. Sur certaines bêtes, on peut faire quatre récoltes de poils par an. « L'arrachage ou le peignage, dit M. Gayot, se fait particulièrement sur le dos, le cou, les côtes, les cuisses, sous le ventre, le poil est plus grossier.

jusqu'à la limite la plus avancée. » C'est à cause du dépouillement périodique des animaux, qui les rend frileux, sensibles aux changements atmosphériques, qu'il faut entretenir les lapins d'Angora en troupes qui maintiennent, par leur nombre, la température des clapiers, sur lesquels on doit en outre exercer une surveillance continue pour conserver les toisons en bon état et distribuer des soins qui rendent le petit troupeau bien soumis. Avec la soie on peut d'ailleurs, après l'avoir cardée et filée au grand rouet, confectionner toutes sortes d'objets, tels que gants, bas, chaussons, genouillères, plastrons, si l'on ne veut pas vendre à la chapellerie.

ANGORA (POIRE D') (*arboriculture*). — Ce fruit a été trouvé par Tournefort, qui l'a vu sur des poiriers, sur la route d'Angora à Brousse. Il est commun sur le marché, à Constantinople. C'est une grosse poire mûrissant à la fin d'octobre, juteuse, d'une saveur douce un peu herbacée. Elle est donnée par un arbre très précoce. Son signalement, d'après M. Decaisne, est le suivant : « Fruit d'automne, gros ou très gros, turbiné ou ventru ; à peau d'un jaune pâle, parsemée de petits points verdâtres ou bruns, généralement dépourvue de marbrures ; à queue très renflée et plissée à son insertion sur le fruit ; à chair fondante, granuleuse, sucrée, peu parfumée. »

ANGOUMOIS (*arboriculture fruitière*). — Variété d'abricotier (voy. ce mot, p. 30).

ANGOUMOIS (PORC) (*zootechnie*). — Nom donné, quelquefois, aux porcs de race craonnaise, élevés dans l'Angoumois, mais sans qu'aucun caractère spécial permette de les considérer comme constituant une race distincte.

ANGOURE (*botanique agricole*). — On dit aussi Agoure, Agourre, Angourre, Angure. Ce sont les noms vulgairement donnés par les cultivateurs à la Cuscute densiflore (*C. densiflora*, *C. epilinum*), plante qui vit en parasite sur les tiges du lin. On la rencontre fréquemment, surtout en Allemagne ; elle s'attache aux tiges du lin, les rapproche les unes des autres à l'aide de ses rameaux et en forme des touffes plus ou moins volumineuses qui sont bientôt frappées de mort. On l'appelle encore barbe de morue, bourreau du lin, cheveux de Vénus, cheveux du diable, crémaillère, goutte de lin, lin de lièvre, lin maudit, rache, raisin barbu, rogne, ruble, teigne. Ces noms vulgaires indiquent bien son aspect et ses funestes propriétés. On la détruit aisément si l'on surveille les champs de lin pour arracher les tiges qui en sont atteintes, aussitôt qu'elle devient visible. On la prévient en ne semant que des graines de lin bien épurées.

ANGREC (*botanique* et *horticulture*). — Genre de plantes épiphytes de la famille des Orchidées, très voisines des Vandas, remarquables par la beauté et la grandeur de leurs fleurs qui comptent au rang des plus brillantes Orchidées : à ce titre, elles sont très recherchées pour orner les serres. Les principales espèces sont l'Angrec ivoire (*Angræcum eburneum*), de l'île Bourbon ; l'*A. sesquipedale*, de Madagascar, dont l'éperon atteint jusqu'à 40 centimètres ; l'*A. superbum*, à fleurs moitié plus petites. Ces végétaux doivent être cultivés en serre chaude, dans des caisses remplies d'un mélange de terre tourbeuse et de mousse. — Les feuilles de l'*A. fragrans* sont très aromatiques, et employées, sous le nom de thé de Bourbon ou de Faham, aux mêmes usages que le thé de Chine.

ANGUIDÉES (*zoologie*). — Reptiles ophidiens dont l'orvet est le type.

ANGUIFORMES (*zoologie*). — Groupe de reptiles ophidiens comprenant notamment l'Amphisbène (voy. ce mot, p. 387).

ANGUILLARD (*zoologie*). — Nom donné à un protée de la classe des batraciens, à un gobi de la Chine et à une silure, ces deux derniers de la classe des poissons.

ANGUILLE (*pisciculture*). — Genre de poissons de la famille des Anguillidés, qui joue un assez grand rôle dans l'alimentation publique, mais dont l'histoire, quoiqu'il soit connu de toute antiquité et ait toujours fourni une nourriture assez recherchée, est loin d'être complète. Les naturalistes sont divisés sur son mode de reproduction, et ses espèces ou variétés sont loin d'être bien caractérisées.

L'Anguille (*Anguilla vulgaris*, *Muræna anguilla*) a une longueur qui dépasse souvent 1 mètre, une circonférence qui atteint 15 centimètres, et un poids très variable qui peut s'élever au-delà de 3 kilogrammes. Elle présente une tête comprimée, arrondie en dessus avec un museau assez allongé, des yeux circulaires, des mâchoires garnies de dents en cardes fines, la mâchoire supérieure plus courte que l'inférieure (fig. 350). L'os ou *vomer* qui sépare les fosses nasales porte aussi des dents. Le corps, allongé comme celui du serpent, est comprimé vers la queue ; la peau est épaisse et très résistante, et on y trouve cachées de petites écailles recouvertes d'une matière visqueuse sécrétée par des glandes latérales ; le nombre des vertèbres dépasse parfois 130. L'anguille n'a pas de nageoires ventrales ; les pectorales sont petites, assez proches de la tête, et insérées au-dessus de la fente des ouïes qui est perpendiculaire à la longueur du poisson ; la nageoire dorsale et l'anale se prolongent longuement pour se réunir à la caudale, et former une bande étroite, peu élevée, qui, en général s'élargit, se rapprochant de la queue. La coloration est très variable, plus foncée sur le dos, plus claire sous le ventre, du brun foncé au gris jaunâtre, selon les espèces. Quant à celles-ci, il en a été admis un grand nombre qui ne sont souvent déterminées que par le poids plus ou moins considérable des poissons pêchés en divers lieux.

On distingue généralement : 1° l'Anguille à bec moyen (*Anguilla mediorostris*) ou *verniaux* des pêcheurs, *swig-eel* des Anglais, *coureuse* des pêcheurs de la Seine, ayant la tête large vers les yeux mais s'apointissant assez brusquement ; elle a le dos vert olivâtre, les flancs jaunâtres, le ventre blanchâtre, les nageoires brunâtres excepté l'anale qui est ordinairement blanche et bordée de rose ; — 2° l'Anguille à large bec (*Anguilla latirostris*), ou pimponeau des pêcheurs, *glut-eel* des Anglais, commune surtout à l'embouchure des égouts, dans la retenue des ports, dans les eaux saumâtres, dans les parcs à huîtres ; elle a les mâchoires très développées, avec des dents plus fortes que dans les autres espèces ; ses yeux paraissent grands, les nageoires dorsale et l'anale sont plus reculées ; la coloration est d'un brun jaunâtre plus ou moins foncé sur le dos ; — 3° l'Anguille à long bec (*Anguilla acutirostris*), *sharp-nosed-eel* des Anglais, dont la tête est plus grêle et le museau plus comprimé, plus pointu que dans les autres espèces ; la nageoire pectorale est grise, le dos et les flancs sont verdâtres, le ventre blanchâtre ; — 4° l'Anguille plat-bec (*Anguilla platycephala*), anguille chien des pêcheurs, *grig-eel* des Anglais, ayant le museau plus aplati et obtus en forme de bec de canard ; l'œil est plus petit que dans les autres espèces ; la coloration est d'un gris jaunâtre ; — 5° l'Anguille de Kiener (*Anguilla Kieneri*), ayant des yeux énormes, se rencontrant souvent dans les ports de la Méditerranée.

Les noms et les espèces admises changent avec les localités. On a l'*accerine* qui est assez petite dans les marais de Chiozza, près de Venise ; le *guiseau*, à tête courte, mais assez large, vers l'embouchure de la Seine. Les pêcheurs de Cette distinguent l'anguille fine, le Pougaou, le Ressot et la Thaoudella qui ne se trouve que dans l'étang de Thau. Vers l'embouchure du Rhône, on distingue les anguilles d'après leurs qualités ; le baron de Rivière, dans un mémoire publié par la Société nationale d'agriculture en 1840, les définit de la manière suivante : 1° l'Anguille fine, ainsi nommée tant qu'elle est petite, mais qui peut devenir fort grosse et qui prend le nom de *pougaou* dès qu'elle a acquis le poids de 500 grammes ; c'est la meilleure et la plus estimée ; 2° la bomarenque, qui est d'une qualité presque égale à la précédente, mais qui reste toujours petite, car son poids ne dépasse guère 120 grammes ; 3° la pounchurote, que l'on croit être la même que l'espèce appelée lufru ; elle devient grosse comme un pougaou, elle lui est un peu inférieure, mais elle est encore très bonne ; 4° l'Anguille grossière, désignée sous le nom de margagnon ou lachinan, de soufflard, d'après Duhamel-Dumonceau ; c'est la plus mauvaise ; sa chair est grossière, coriace et adhérente à l'arête ; elle se vend moitié prix des autres. Dans l'anguille fine, le corps est plus gros que la tête, celle-ci a le museau pointu et aplati ; les yeux sont gris et brillants, les ouïes noires. Dans l'anguille grossière, le corps est au contraire moins gros que la tête, et le museau est obtus. Le baron de Rivière ajoute que l'anguille fine est d'une grande sobriété, tandis que le margagnon est très glouton et vorace.

Au printemps, les petites anguilles quittent en troupes innombrables les eaux saumâtres et font la montée dans les eaux douces. Ces anguillettes sont appelées *montinettes* en Picardie, *civelles* sur les bords de la Seine, *bonirons* dans le Gard et les Bouches-du-Rhône. On peut en prendre comme *alevin*, les renfermer dans des réservoirs et les expédier au loin pour empoissonner des eaux où les migrations n'en amènent pas naturellement. Les montées se disséminent dans les rivières, les canaux, les ruisseaux, en s'arrêtant de préférence dans les cours d'eau où elles trouvent des pierres, des trous, des abris ombrés pour se cacher. Les anguilles font souvent des migrations sur terre à des distances assez considérables en choisissant des endroits humides bien herbeux où elles puissent trouver des refuges propices pour se dissimuler. C'est ainsi que quelquefois les laboureurs en tuent avec la charrue. Elles mangent le frai des poissons, les petits poissons, des vers, des larves, des insectes, des coquillages, les colimaçons, les grenouilles, les petits reptiles, des matières animales et végétales ; on dit qu'elles sont friandes de pois verts ; elles se jettent avec voracité sur les chairs et les cadavres en décomposition dans l'eau ; elles attaquent les petits quadrupèdes et les oiseaux aquatiques. Toutes ces mœurs ont été bien décrites par Pline, et les siècles ont passé sans que rien y soit changé. Elles se développent assez vite, croissent de 2 à 3 centimètres par an et plus ; elles vivent des années, de 8 à 25, selon les observations les mieux faites. Elles redescendent quelquefois vers la mer, mais elles restent le plus souvent dans les eaux douces où elles trouvent facilement leur subsistance.

La pêche des anguilles est fructueuse ; elle s'effectue à la main, à la ligne, à la nasse, aux filets, au râteau ou herse de fer, à la vermée ou peloton de fil très fort le long duquel on a enfilé à l'aide d'une aiguille un grand nombre de vers, au moyen de barrages, par le piétinement de la vase quand on a vidé un étang, etc. On doit agir par un ciel sombre et couvert, ou mieux encore orageux, par la pluie, et la nuit. C'est au mois d'octobre que la pêche est la plus abondante, lorsque l'anguille qui craint le froid quitte les eaux trop fraîches pour aller vers la mer où la gelée ne la saisira pas. Elle paraît avoir de grands instincts pour discerner les circonstances qui sont les plus propices à son existence. Quand la pêche a été très abondante, on met les anguilles dans des réservoirs, des viviers flottants appelés *marottes*, *boutiques*, *bascules*, *serves*, et qui ne sont que des caissons en bois et en forme de bateaux percés de petits trous, et dont le couvercle est muni d'une trappe étroite par laquelle on saisit les poissons qu'on veut prendre. Au lieu de garder les anguilles vivantes, on en fait des conserves de différentes natures, et cela pour les anguilles les plus petites comme pour les plus grandes. On opère surtout par des salaisons, que l'on effectue de diverses manières : la salaison simple, le marinage, le fumage

Fig. 350. — Anguilles communes.

La salaison simple s'effectue dans une fosse quadrangulaire dont le fond et les parois sont pavés soigneusement de manière à être étanches. On étale au fond de la fosse une couche de sel gris, et l'on fait ensuite des lits alternatifs d'anguilles bien étendues et bien serrées les unes contre les autres et de sel. Quand le tas ou la meule a atteint la partie supérieure de la fosse, on recouvre avec un plancher en bois sur lequel on met une charge de poids ou de pierres pour comprimer la masse et y laisser le moins de vide possible. En contact avec les anguilles humides, le sel forme une saumure qui pénètre et glace celles-ci, tandis que l'excédent s'écoule au fond de la fosse. Au bout de quinze jours la pénétration est assez complète pour qu'on démonte la meule et mette des anguilles en barils pour l'expédition.

Pour faire les anguilles marinées, on commence par abattre la tête et la queue, puis on coupe les plus grosses en tronçons à peu près égaux ; les morceaux sont enfilés dans des broches ainsi que les anguilles moins fortes en faisant faire à celles-ci des zigzags. Les broches garnies sont rôties à un feu vif ; il s'écoule une graisse qui est employée à divers usages, notamment à l'éclairage et à la friture des anguilles qui sont plus petites. Les anguilles rôties ou frites sont déposées dans des corbeilles où elles se refroidissent, et ensuite empilées dans des barils où on laisse le moins de vide possible ; on arrose d'ailleurs avec un mélange de sel et de vinaigre, dans la proportion de 2 kilogrammes de sel et 19 kilogrammes de vinaigre.

Pour préparer les anguilles fumées ou mieux séchées, on commence par faire une salaison par immersion, en jetant les anguilles vivantes dans la saumure salée recueillie au fond des meules décrites plus haut pour la salaison simple. L'anguille vivante se pénètre, dit-on, plus complètement de la liqueur conservatrice. A sa sortie du bain, l'anguille est lavée à l'eau tiède, puis suspendue au plafond d'une chambre chauffée, sans faire de fumée. On ne laisse pas le poisson durcir à la sécheresse, ou rancir à l'humidité. Quand il est au point convenable, on l'empile dans des caisses pour l'exportation ou on le conserve dans de la paille.

La peau des anguilles dépouillées est très tenace ; elle est employée notamment pour faire des ligatures. Dans la Tartarie on s'en sert, après l'avoir huilée, pour tenir lieu de verres aux fenêtres.

ANGUILLIDÉS (*ichthyologie*). — La famille des poissons *anguillidés* appartient à l'ordre des Apodes ; elle comprend deux genres : les Anguilles et les Congres. Les Anguillidés ont le corps allongé serpentiforme, arrondi en avant, comprimé vers la queue, revêtu d'une peau n'ayant que de très petites écailles qui y sont cachées, enduit d'un mucus épais. La tête est longue et présente des mâchoires dentées, la langue libre, des narines à deux orifices éloignés l'un de l'autre et situés en avant de l'œil. L'anus est placé loin de la tête. L'ouverture des ouïes est très petite. Dans l'anguille, la mâchoire supérieure est plus courte que l'inférieure ; elle est, au contraire, plus longue dans le congre.

ANGUILLIER (*zoologie*). — Nom vulgaire du canard souchet, qui vit dans les marais et dont la chair est très recherchée.

ANGUILLIÈRE (*pisciculture*). — On donne ce nom soit à un réservoir dans lequel on conserve les anguilles vivantes, soit encore à une espèce de filet en forme de grande chausse que les mariniers et usiniers attachent aux vannes et aux déversoirs des étangs ou des cours d'eau pour prendre les anguilles. Les réservoirs peuvent être formés de simples tonneaux ou cuviers qu'on remplit d'eau en partie et que l'on place dans des celliers ou dans des caves, où ils sont tout naturellement à l'abri de la lumière ; quand on les fait surnager dans l'eau, il faut les couvrir avec des planches et les mettre dans des endroits ombragés ; ces réservoirs servent quelquefois à faire dégorger les anguilles trop grasses, mais le plus souvent ils n'ont d'autre objet que d'emmagasiner les anguilles afin de les avoir à sa disposition pour la consommation ; on les y nourrit avec des débris de matières animales ou végétales. Les filets en forme de chausses ou de grands bas présentent une entrée large et se terminent en un cul-de-sac ; les mailles du filet sont de plus en plus serrées à mesure qu'on approche de l'extrémité ; c'est un engin très meurtrier, parce que les poissons poussés par le courant s'accumulent et sont serrés dans le bout ; on appelle aussi cet instrument de pêche un guideau.

ANGUILLIFORMES (*zoologie*). — Famille de poissons de l'ordre des Malacoptérygiens apodes (voy. ANIMAL (règne) comprenant les genres Anguille, Donxelle, Equille, Gymnarchus, Gymnote, Leptocéphale, Sarcopharynx.

ANGUILLULES (*zoologie et agriculture*). — Les anguillules, ou petites anguilles, sont de très petits vers, autrefois confondus avec les vibrions, et qui font partie de la classe des animaux qui ont la propriété de se dessécher et de rester à l'état sec un temps indéfini sans donner le moindre signe de vie, mais sans périr, et de reprendre le mouvement et la vie sous l'influence de l'humidité ; aussi les appelle-t-on, comme les rotifères et les tardigrades, des animaux ressuscitants. On en trouve dans la terre humide, les eaux stagnantes, les moisissures On en distingue plusieurs espèces, parmi lesquelles les plus importantes sont l'anguillule du vinaigre (*Anguillula aceti*), celle de la colle (*A. glutinis*), celle du blé niellé (*A. tritici*). Cette dernière est celle qui intéresse le plus l'agriculture ; elle a été observée pour la première fois en 1743 par Needham, mais on en doit la meilleure monographie au docteur Davaine, qui en a bien décrit les mœurs en la soumettant à de nombreuses expériences, et qui a donné des moyens très pratiques et efficaces de la détruire et d'arrêter ses ravages.

L'anguillule du blé niellé est un ver appartenant à la classe des vers nématoïdes qui vivent en parasite ; elle peut être considérée comme le type du genre Anguillule créé et défini par Ehrenberg. L'appareil reproducteur y est prédominant ; et l'on y constate l'absence d'un appareil spécial pour la respiration, fonction qui s'accomplit probablement par la peau, dont la faculté d'absorption est très développée. Il ne s'y trouve pour la circulation qu'un organe rudimentaire, un système nerveux très peu développé, un simple canal très long et se terminant par un cul-de-sac. Le parenchyme qui est contenu dans le tube mésentérique et qui entoure l'intestin, paraît remplir les fonctions de transformation et d'élimination des substances introduites dans l'économie, et remplacer le foie et le rein qui font défaut. Il y a des anguillules mâles et femelles. Avant d'être à l'état de ver, elles sont à l'état de larve ; celle-ci n'a pas de sexe ; avant la larve, existe l'œuf qui est mâle ou femelle et qui est pondu par l'anguillule femelle ; celle-ci est ovipare ; ses œufs ont dû être fécondés par l'accouplement avec l'anguillule mâle. Un grain de blé niellé renferme 8000 à 10 000 larves qui forment une poudre blanche, sèche, remplaçant la fécule, constituant des myriades d'anguillules mortes en apparence. Cette farine est absolument impropre à la nourriture de l'homme et aux emplois industriels, mais elle n'est pas nuisible pour la santé. L'inconvénient de cette nielle, c'est qu'elle se propage d'année en année et finit, si l'on n'y prend pas garde, par faire avorter les moissons. La *nielle* est une maladie spéciale au froment ; on ne la rencontre point sur l'orge, le seigle ou l'avoine.

La larve de l'anguillule, d'après M. Davaine, présente les caractères suivants qu'on ne peut reconnaître qu'à l'aide d'une bonne loupe ou du microscope. Corps filiforme, cylindrique, élastique, long de $0^{mm},8$, large de $0^{mm},012$ à $0^{mm},015$, un peu atténué aux deux extrémités; tégument lisse, non plissé ou strié d'une manière visible, tête continue avec le corps; bouche ronde; une baguette pharyngienne; intestin non distinct, masqué par une substance grenue; espace vide formant une lunule au milieu de la longueur du corps; pas d'anus visible; queue plus amincie que la tête et terminée en pointe courte. Aucun indice de sexe. Mouvements ondulatoires d'une grande agilité, quelques jours après leur naissance, si le milieu dans lequel elles se trouvent est convenablement humide. Apparence de mort par la dessiccation. Résurrection par l'humidité. Cette propriété n'existe pas chez les anguillules adultes, mâles ou femelles.

L'anguillule mâle est semblable à la larve par la forme générale du corps, les deux extrémités étant relativement plus atténuées que chez celle-ci. La longueur est de $2^{mm},3$, la largeur de $0^{mm},1$. Les caractères du mâle sont: tégument très finement strié; bouche ronde; une baguette pharyngienne; bulbe œsophagien très près de la bouche, suivi d'un renflement stomacal; intestin flexueux dans un mésentère tubuleux droit; anus presque terminal imperforé; vaisseau longitudinal flexueux; testicule et canal déférent tubuleux amples; pénis presque terminal, simple, court, formé de deux pièces latérales et d'une moyenne plus petite, exsertile entre deux ailes membraneuses, longitudinales, minces. Assez grande vivacité et agilité, avec des attitudes diverses. Il se transporte d'un endroit à un autre dans la galle que l'anguillule a produite, mais dont il ne sort pas. Il ne périt qu'après la femelle.

L'anguillule femelle est beaucoup plus volumineuse que le mâle. Sa longueur varie de 3 millimètres à $4^{mm},50$; sa largeur est de $0^{mm},25$. Son ovaire est tubuleux, continu avec la trompe; sa matrice distincte et courte; le vagin assez long; la vulve est à $0^{mm},3$ ou $0^{mm},4$ de l'extrémité caudale. Les œufs sont oblongs, à coque membraneuse, avec une longueur de $0^{mm},8$. Une femelle donne de 1200 à 1500 œufs. Elle est ordinairement contournée en spirale, non susceptible de locomotion; sa tête seule est capable de mouvements variés.

Ces notions posées, il convient de définir la maladie du blé que causent les anguillules. « La tige du blé attaqué par ces vers, dit le docteur Davaine, est ordinairement plus basse que les tiges du même âge; elle est tortue, nouée, rachitique. Ses feuilles sont communément d'un vert bleuâtre, recoquillées en différents sens, tantôt froissées et sinueuses, tantôt tournées en spirale ou présentant assez bien la figure d'un tire-bourre. L'épi, dans les blés très malades, est maigre, desséché, et ne montre que des rudiments, soit des balles qui doivent envelopper le grain, soit du grain même destiné à s'y former. Dans les blés où l'avortement s'annonce moins à l'extérieur, le chaume est assez droit, l'épi est formé, les feuilles sont peu tortillées; les balles, quoique plus courtes et plus éparpillées que celles du blé sain, subsistent en entier; mais au lieu de renfermer un petit corps blanc et velouté à son sommet, si c'est vers le temps de la floraison, elles ne contiennent qu'un grain vert, terminé brusquement en pointe et assez semblable à un petit pois qui commence à se former dans la cosse. Ces grains verts ont souvent deux pointes bien marquées, quelquefois ils en ont trois, quelquefois ils forment deux ou trois grains distincts. Ils contiennent à l'intérieur une matière blanchâtre, pulpeuse, qui est un amas d'anguillules Les grains, verts d'abord, deviennent bruns, puis noirs à l'extérieur. La substance intérieure se dessèche, et pourrait être prise à la simple vue pour de la farine. Ces grains ressemblent aux grains de la plante appelée vulgairement nielle des blés (*Lychnis* ou *Agrostemma githago*, voy. les mots AGROSTÈME ou AGROSTEMMINE, p. 130). » C'est de Tillet qui a distingué la maladie de la nielle de la carie, et il l'a appelée avortement, rachitisme; mais il n'a pas reconnu la présence de l'anguillule dans son blé avorté, de telle sorte qu'il n'a pu arriver à se rendre compte de la propagation du mal ni découvrir un moyen de l'arrêter. Les choses ont changé depuis les travaux de M. Davaine. « Lorsqu'on sème un grain de blé niellé sec, dit-il, il ne germe ni ne végète, mais il se gonfle, se ramollit et se pourrit; les myriades de larves qu'il contient retrouvant la vie par l'humidité qui a pénétré jusqu'à elles, percent la coque ramollie et s'éloignent; mais elles périssent infailliblement si elles ne rencontrent quelque plante de blé à l'état herbacé. Or, dans les semailles, le grain de blé niellé tombant auprès du grain sain, les anguillules trouvent bientôt la jeune plante que celui-ci a produite; elles pénètrent dans les gaines des feuilles qui forment alors la tige, se portent de l'une à l'autre et de l'extérieur à l'intérieur; elles séjournent pendant un long espace de temps entre ces feuilles engainées, et, si la saison est humide, elles montent à mesure que la tige croît et s'élève. L'épi de blé, avant de paraître au dehors, se forme et reste longtemps enfermé dans les gaines des feuilles les plus centrales; les anguillules, libres dans ces gaines, le rencontrent et s'introduisent entre les parties qui le composent. Pour que l'invasion des anguillules soit suivie de la production de la nielle, il faut que la rencontre ait lieu à une époque très rapprochée de la formation de l'épi, et cela arrive lorsque celui-ci n'a encore que quelques millimètres de longueur et que les diverses parties qui constitueront la fleur ont encore la forme d'écailles; alors les anguillules en contact avec l'épi s'introduisent dans ces écailles très molles et faciles à pénétrer, et déterminent la production de la nielle; lorsque ces écailles ont acquis la forme des diverses parties qui constituent la fleur du blé, les anguillules ne pénètrent plus dans leur parenchyme et la nielle ne peut plus être produite. Avant de pénétrer dans la substance de l'épi, les anguillules ne prennent aucun développement; après s'y être introduites, elles arrivent promptement à l'état adulte. On rencontre parmi elles des mâles et des femelles. Celles-ci pondent un grand nombre d'œufs, dans lesquels on aperçoit bientôt un embryon. Après quelques jours, l'embryon perce la coque de l'œuf et, sans subir aucun changement ultérieur, il vit à l'état de larve dans la cavité qui renferme ses parents. Pendant que les anguillules qui ont pénétré dans l'épi naissant prennent de l'accroissement, le parenchyme qui les renferme se développe en une excroissance arrondie, qui constitue le grain niellé. A l'époque de la maturité du blé, les anguillules adultes ont achevé leur ponte, les œufs se sont développés et les embryons sont éclos; alors les parents périssent, leurs téguments et leurs organes se réduisent à des lambeaux méconnaissables, et les anguillules de la nouvelle génération ne tardent pas à se dessécher dans l'espèce de galle qui les renferme et qui constitue le grain niellé, et la fécule est remplacée par des milliers de larves mortes en apparence, mais prêtes à ressusciter dès qu'elles retrouveront de l'humidité. Les anguillules de la nielle n'ont pas un an de vie active. Dans les larves nouvelles, cette vie active cesse avec la maturité du grain, ce qui constitue une durée moyenne d'un mois au plus. Elles retrouvent leurs manifestations vitales lorsque le grain confié à la terre, à l'époque des semailles, s'humecte, se ramollit et leur donne issue ; ils vivent alors dans la terre, puis dans la plante de blé, jusqu'à la formation de l'épi nouveau, c'est-à-dire depuis octobre jusqu'en avril. La vie active de la larve est donc de sept mois. Dans le courant d'avril, l'épi se forme et l'anguillule passe à l'état adulte. Vers la fin de juillet, la ponte est finie et l'adulte périt : cette seconde période de la vie de l'anguillule de la nielle dure environ trois mois. Il est évident que ces diverses phases vitales varient suivant les contrées et suivant le temps qui est nécessaire au développement, à la maturité du blé. Les anguillules parvenues dans une jeune plante, ont besoin d'humidité pour s'élever dans la tige qui se développe et pour atteindre l'épi naissant. Lorsqu'il n'existe pas d'humidité suffisante entre les feuilles qui forment la tige herbacée, les vers ne peuvent se porter de l'une à l'autre et arriver jusqu'à l'épi; aussi, par un temps sec, on les trouve immobiles à l'intérieur de la jeune plante, quoiqu'elle soit encore verte et qu'elle s'accroisse. Une saison sèche est donc contraire à l'invasion des anguillules dans l'épi et au développement de la nielle. D'un autre côté, les anguillules ne peuvent plus pénétrer dans le parenchyme de l'épi récent dès que les diverses parties qui doivent constituer la fleur du blé ont acquis un certain degré de développement. C'est dans le mois d'avril que l'épi, encore rudimentaire, offre ce développement et résiste à la pénétration des anguillules ; l'humidité de la saison qui suit cette époque, plus tôt sous un climat méridional, plus tard sous un climat plus septentrional que celui de Paris, n'a plus d'influence sur la production de la nielle ; c'est celle du premier printemps qui la favorise. Tous les épis d'une même souche ne sont pas affectés au même degré ; il s'en trouve même qui échappent complètement à la nielle. Les premières pousses, celles que rencontrent d'abord les anguillules après leur sortie du grain niellé, peuvent être envahies par un grand nombre de ces vers, et leur épi peut être complètement infecté, tandis que les tiges du même pied qui se sont formées plus tard, ne reçoivent que quelques retardataires, et n'en reçoivent même aucune ; l'épi qui en provient sort alors parfaitement sain. » M. Davaine a obtenu des épis intacts de plantes envahies par un grand nombre d'anguillules, en coupant successivement les premières tiges herbacées au collet de la racine. Il est possible que tous les grains d'un même épi ne soient pas niellés, qu'il en reste de complètement sains; mais tout grain envahi est entièrement perdu.

Il est donc démontré que c'est par le voisinage de grains niellés avec des grains sains que la maladie se propage au moment où la germination des semences forme des plantes nouvelles. Le mélange des grains niellés avec les grains sains dans la semence est la cause la plus fréquente de l'extension de la maladie. Il faut donc nettoyer rigoureusement les blés de semence, séparer entièrement les épis atteints de la nielle. Si cela n'a pu être fait, il faut avoir recours à un traitement particulier découvert par M. Davaine, après qu'il a pu constater que les chaulages à la chaux ou au sulfate de cuivre sont insuffisants pour détruire les larves d'anguillules. Ce procédé sûrement efficace consiste à laisser séjourner durant vingt-quatre heures le blé de semence dans un liquide acide formé de 150 parties d'eau ordinaire et d'une partie d'acide sulfurique. Cette liqueur tue toutes les larves; sans doute elle fait perdre leur faculté germinatrice à un certain nombre de grains de blé ; il faut donc augmenter un peu la quantité de semence, si l'on n'a pas pu avoir du blé absolument pur. Dans tous les cas, il faut avoir soin, dans les localités affectées de la nielle, de ne pas jeter les criblures sur les fumiers, ni de donner les petits grains aux poules ; celles-ci ne touchent pas aux grains niellés qui, recueillis avec les balayures de cour, retournent aux champs en passant par le tas de fumier. Il faudrait brûler tous ces débris, ou au moins les faire passer au four de la cuisson du pain lorsque sa température est encore de 100 degrés environ. La précaution la plus sage est enfin de ne pas faire succéder le blé au blé dans les assolements. Comme les anguillules ressuscitées meurent en l'absence de jeunes plants de blé dans les champs, on est certain que la succession de cultures différentes sur le même sol fait disparaître le fléau.

ANGUINOÏDES (*zoologie*). — Nom donné aux ophidiens ayant pour type l'orvet.

ANGUINOLE (*arboriculture*). — Variété de guigne blanche à peau colorée d'un côté.

ANGUIS (*zoologie*). — Nom latin qui signifie serpent et qu'on applique à un genre d'ophidiens comprenant l'orvet appelé aussi borgne (*Anguis fragilis*) ; il passe à tort pour être venimeux (voy. Animal (règne).

ANGULA (*métrologie*). — Mesure de longueur équivalant à 2 centimètres environ et usitée aux Indes.

ANGULEUX (*zootechnie*). — Un animal est anguleux, a les formes anguleuses, lorsque son corps offre des saillies excessives, des sortes d'angles. Beaucoup de chevaux pur sang, les bœufs d'Auvergne et ceux du Morvan, ont les formes anguleuses, quoique ce soient des animaux renommés pour diverses aptitudes. Ce n'est donc pas un défaut, quand il n'y a pas excès; c'est un état dû au développement des éminences des os, au moyen desquelles les puissances musculaires sont accrues par l'appui qu'y trouvent les muscles.

ANGULIROSTRES (*ornithologie*). — Famille de l'ordre des Passereaux comprenant les espèces à bec anguleux et pointu.

ANGULOA (*botanique*). — Herbes épiphytes du Pérou et de la Nouvelle-Grenade, appartenant aux Orchidacées, sous-famille des Vandées, donnant des fleurs remarquables avec anthère en forme de casque.

ANGURIE (*botanique hort.*). — On dit aussi Angourie, pour désigner un genre de plantes de la famille des Cucurbitacées, de la tribu des Cucumérinées. Ces plantes sont herbacées ou frutescentes, très sarmenteuses, pubescentes ou velues. Elles ont des fleurs dioïques. Le fruit présente une pulpe assez abondante ; il est oblong ou ovoïde et renferme un grand nombre de graines comprimées. On en distingue environ quarante espèces, parmi lesquelles : 1° l'angurie à feuilles pédiformes (*Anguria pedata*) dont les semences sont émulsives et la pulpe est employée en cataplasmes émollients : aux Antilles on mange ses fruits confits au vinaigre ou comme les concombres; — 2° l'angurie trilobé (*Anguria trilobata*) dont le fruit est aussi employé dans l'alimentation. — Le mot d'anguria est encore en usage pour désigner le *Cucumis anguria* ou *Cucurbita citrullus*, ou pastèque, melon d'eau, arbouse, batier, melon de Moscovie, dont le fruit est recherché en Provence pour faire des confitures ou des fruits confits mélangés par tranches à d'autres fruits expédiés par le commerce à peu près dans le monde entier. De ses pépins on retire une huile douce et agréable employée comme condiment.

ANGUS (race bovine d') (*zootechnie*). — La race bovine d'Angus est d'une forte stature et une des plus estimées du nord de l'Ecosse. Ses principaux caractères (voy. fig. 351) sont d'être sans cornes, à pelage noir, d'avoir la tête légère et effilée, les membres courts et déliés, le dessus du corps large et horizontal, la peau souple, élastique et couverte d'un poil soyeux, d'être en tous points conformée pour l'engraissement. On lui donne parfois le nom de race d'Aberdeen, mais dans ce comté on trouve une autre race locale pourvue de cornes, qui ne prend pas d'extension, et avec laquelle les Angus ne doivent pas être confondus.

Cette race sans cornes, en raison de ses aptitudes, s'est, depuis la fin du dix-huitième siècle, de plus en plus répandue d'Angus (comté de Forfar) dans les nombreux herbages des comtés d'Aberdeen, de Kinkardine, de Fife, de Nairn, de Banff, de Kinross, de Clackmannan, d'Elgin, de Perth, c'est-à-dire dans toute la région orientale des basses terres (*lowlands*) de l'Écosse ; elle y a trouvé des éleveurs habiles qui ont amélioré la culture en même temps que les races d'animaux domestiques, en pourvoyant à la fois à l'augmentation de la nourriture par le développement de la culture des turneps et à l'emploi de bons reproducteurs dus à une intelligente sélection. La race d'Angus est restée pure en s'améliorant ; lorsqu'on a recours à des croisements avec les durhams (courtes-cornes), c'est en vue de faire seulement des animaux de boucherie avec les produits. Aussi tout en étant façonnés pour former une race spéciale de boucherie hautement estimée, les angus ont conservé une grande fécondité, leur vigueur originelle, et toute la rusticité compatible avec leur destination ; ils sont renommés par leur douceur. Leur taille s'est développée grâce à un régime alimentaire abondant.

Les bœufs d'Angus pèsent, en moyenne courante, de 380 à 400 kilogrammes ; bien engraissés, ils pèsent moyennement 550 à 600 kilogrammes ; mais souvent ils atteignent des poids bien plus élevés ; ainsi on a vu au concours international d'animaux de boucherie de Poissy en 1857, un lot de 10 bœufs d'Angus, nés et élevés en Ecosse, dont 7 âgés de trois ans, pesaient en moyenne 792 kilogrammes par tête, et les 3 autres âgés de quatre ans et huit mois avaient un poids moyen de 1088 kilogrammes. Le rendement moyen de six d'entre ces bœufs abattus à Paris, a donné pour 100 de poids vif :

Les quatre quartiers	68,0
Suif	8,9
Cuir	5,4
Issues et sang	7,4
Intestin, fèces, déchets	10,3
Poids vif	100,0

Le rendement de ces animaux, âgés de trois ans deux mois, a été en viande nette (4 quartiers) de 71 pour 100 du poids vif, et un autre, âgé de quatre ans huit mois, a donné 72 pour 100, le chiffre le plus élevé qu'on ait constaté. Ces nombres attestent quels poids considérables peuvent atteindre les beaux animaux de cette race et quelle est leur puissance d'assimilation. Il convient d'ajouter que tous leurs muscles sont partout également développés, compacts et fermes, bien marbrés de graisse, quand l'engraissement est convenable ; « qu'ils prennent, dit Baudement, sur toute la région dorsale en particulier, une épaisseur qui donne une grande valeur aux animaux dans un pays où le roastbeef est recherché. La chair des angus est d'un goût exquis, fort estimée en Angleterre, comme l'est d'ailleurs celle de toutes les races écossaises, et payée au marché métropolitain un prix plus élevé que ne l'est celle des autres races. La graisse est elle-même d'un tissu serré et fin, pleine de saveur et d'arome. Les qualités des angus comme consommateurs complètent leurs qualités de conformation et de structure. Ils ne le cèdent qu'aux durhams en précocité. » Les mesures des animaux d'Angus prises par Baudement donnent les nombres suivants pour leurs diverses proportions selon les âges :

Fig. 351. — Jeune taureau de la race d'Angus, âgé de dix-huit mois, faisant partie du lot envoyé par M. Mac-Combie à l'Exposition universelle de 1878, à Paris.

	BŒUFS GRAS	TAUREAUX	VACHES
	mètres	mètres	mètres
Hauteur au garrot	1,48 à 1,60	1,36 à 1,48	1,25 à 1,36
Longueur de la nuque à la queue	2,08 à 2,65	2,07 à 2,45	1,90 à 2,23
Circonférence thoracique	2,65 à 3,15	2,04 à 2,49	2,04 à 2,23

D'après les renseignements fournis à Baudement par les principaux éleveurs du pays, notamment par les célèbres Watson et Mac-Combie, sur les soins donnés aux angus, le bétail est mis à l'herbe au printemps dès que la saison le permet; il est rentré pendant l'hiver et placé dans des étables ou des *straw-yards*. Dans quelques contrées, les veaux prennent le lait au seau, peu après qu'il a été tiré de la mamelle de la vache; ils en reçoivent, selon le cas, de 9 à 14 litres par jour, durant trois mois environ, si la ferme fait la spéculation de la vente du lait, et plus longtemps, si l'élevage est la principale industrie; on emploie quelquefois, comme nourriture supplémentaire, le thé de foin, en le mélangeant au lait et à divers farineux. Mais dans un grand nombre des exploitations, on s'arrange pour que la même vache soit tetée durant huit ou neuf mois par divers veaux, selon la coutume suivante. Les vaches destinées à nourrir mettent bas vers le mois de janvier ou de février; chacune d'elles allaite, outre son veau, un autre veau acheté chez un petit fermier du voisinage, pour qui le lait est le produit principal. Placés l'un à droite, l'autre à gauche de la vache laitière, ces deux veaux tettent pendant quinze ou vingt minutes et épuisent la mamelle. A mesure qu'ils grandissent, ils reçoivent en outre du foin, des pommes de terre coupées en tranches, des soupes, des aliments appropriés à leur âge. Vers le mois de mai ils sont sevrés, et deux autres veaux les remplacent immédiatement auprès de la même vache, en prenant le lait trois fois par jour, le matin avant que la vache soit conduite au pâturage, au milieu de la journée, et le soir quand la vache rentre. Eux-mêmes, ils sont mis à l'herbe vers midi, et reviennent de l'herbage vers le soir en même temps que la vache. Cette seconde paire de veaux est sevrée vers le mois d'août. La vache reçoit alors un dernier nourrisson, que la saison avancée ne permet pas de préparer pour l'élevage, mais qui est placé en stalle et engraissé pour la boucherie; la vache est bientôt tarie, après avoir ainsi allaité cinq veaux. Chez d'autres éleveurs, la vache nourrit son propre veau durant huit ou neuf mois, et après le sevrage, les jeunes animaux reçoivent pour le premier hiver qui suit, des turneps et de la paille avec une ration de 900 grammes de tourteau par jour. Au printemps, ils sont mis à l'herbe sur bons fonds; l'hiver suivant, ils ne reçoivent plus de supplément de tourteau, ils sont nourris comme le reste du troupeau avec des turneps et de la paille; on a soin de mesurer la ration des turneps aux génisses, pour que, chez elles, la tendance à l'engraissement ne prenne pas le dessus sur leurs facultés reproductives. C'est vers deux ans que les jeunes vaches reçoivent le taureau et vers trois ans qu'elles donnent le premier veau. Le bétail gras est vendu en grande partie vers trois ans; mais dès l'âge de deux ans, il en est qui sont en état d'être abattus. Les bêtes préparées pour la boucherie sont mises à l'herbe au printemps et changées fréquemment de pâturage pour exciter leur appétit. Vers le milieu du mois d'août, alors que dans la partie de l'Ecosse où prospère la race d'Angus la végétation cesse d'être assez vigoureuse, les animaux les plus avancés sont mis au straw-yard; tous y sont introduits au mois de novembre. Les animaux de boucherie reçoivent, dans le straw-yard, outre les turneps et les foins des prairies artificielles, 2 kilogrammes par tête d'un mélange par parties à peu près égales de tourteau et de grain ou de farine. Les animaux achevés sont expédiés sur les marchés d'Edimbourg et de Glasgow, et surtout de Londres où leur viande est très recherchée.

La supériorité des bêtes bovines d'Angus pour leurs aptitudes à l'engraissement, particulièrement dans les croisements avec les durhams, est incontestable. On l'a constatée bien des fois dans divers concours, notamment au club de Smithfield où elle a emporté plusieurs fois la coupe d'honneur, et encore à l'Exposition universelle de Paris, en 1878, où la troupe amenée par Mac-Combie a été jugée digne du grand prix des races de boucherie; la figure que nous donnons a été faite d'après une photographie du meilleur taureau amené dans cette solennité. Néanmois, la race d'Angus reste confinée dans la contrée que nous avons délimitée; elle y compte seulement une population de 300000 têtes, le quart environ de la population bovine totale de l'Ecosse. « Il lui faut, dit M. R. de la Tréhonnais, des conditions spéciales de sol et de climat; elle n'est pas cosmopolite comme la race durham; elle a des attaches climatériques, hygiéniques et alimentaires, qui n'existent guère que dans les comtés de Forfar, d'Aberdeen et un peu dans les plus voisins. D'ailleurs très rebelle à tous les changements, parce qu'elle a une très grande force reproductrice. Ainsi les croisements avec les durham n'ont pas de cornes et ils conservent le pelage noir. » Néanmoins la couleur peut varier, et elle varierait certainement si les éleveurs n'avaient pas soin de veiller à sa conservation, et de repousser tous les reproducteurs qui présenteraient la moindre tache blanche et qui n'auraient pas une robe entièrement du noir le plus pur.

ANGUSTURE (*botanique*). — On dit quelquefois *angosture*, et on appelle ainsi, dans le commerce, deux écorces: l'une, l'angusture vraie, est l'écorce du *Galipea febrifuga*, ou *Cusparia febrifuga*, *Angustura trifoliata*, *Bonplandia trifoliata*. C'est un arbre haut de 12 à 25 mètres, que Bonpland a signalé le premier dans le Venezuela; son écorce est employée comme stimulante et fébrifuge; — l'autre, l'angusture fausse, est l'écorce du Vomiquier (*Strychnos nux vomica*), qui renferme de la strychnine et de la brucine, c'est-à-dire des poisons très violents. Pour l'emploi de l'angusture, il faut avoir soin de vérifier si l'écorce n'a pas le goût de la strychnine qui est caractéristique.

ANHALONIE (*botanique*). — Plante du genre *Mamillaria*, dont on mange le fruit en Amérique, présentant des tubercules subfoliacés et des graines tuberculeuses assez grandes.

ANHALT (*géographie agricole*). — Voy. ALLEMAGNE.

ANHAMME (*entomologie*). — Genre de coléoptères tétramères longicornes, habitant Java.

ANHÉMASE (*médecine vétérinaire*).—On a donné le nom d'anhémase à une maladie épizootique qui, dans les Deux-Sèvres, a sévi sur les mulets et en a fait périr un grand nombre, surtout dans les premiers jours après leur naissance. Elle est caractérisée par la fréquence et la petitesse du pouls, par l'accélération de la respiration, par des excréments secs et noirs. A l'autopsie, le sang était d'une couleur rose pâle, séreux, dépourvu de fibrine, toujours liquide. On a employé avec quelque succès, pour la traiter, des boissons sucrées ou miellées, additionnées de quelques gouttes d'éther, des lavements émollients, et l'entretien des sujets dans une douce température. Son nom signifie privé de sang (voy. ANÉMIE).

ANHÉMIE (*médecine vétérinaire*). — Voy. ANÉMIE.

ANHINGA (*ornithologie*). — Oiseau de l'ordre des Palmipèdes qu'on trouve fréquemment sur les côtes maritimes du Brésil, à la Guyane, à Cayenne, au Sénégal. L'anhinga (*Plotus melanogaster*) a le col allongé, une petite tête, un bec droit, grêle, très pointu, les pieds gros et courts; il marche assez difficilement, mais il vole très haut et plonge admirablement et longtemps. Il perche et fait son nid sur les arbres, mais il se nourrit de poissons. Il a à peu près la grosseur du canard, mais le cou plus long. Il a la peau très épaisse et la chair très grasse, mais avec un goût huileux peu agréable.

ANHYDRE (*chimie*). — Vient de ἀν privatif et ὕδωρ, eau : qui ne contient pas d'eau. On dit qu'un acide, qu'une base, qu'un sel sont anhydres, quand ils ont été privés d'eau ; ainsi, de la potasse, de l'acide sulfurique, du sulfate de chaux ou plâtre peuvent être hydratés, c'est-à-dire combinés avec de l'eau, ou bien ils peuvent exister sans en contenir. De même, de l'alcool peut être plus ou moins hydraté, ou bien anhydre.

ANHYDRIDE (*chimie*). — On donne souvent le nom d'anhydride à un acide anhydre ; ainsi l'acide sulfurique anhydre est un anhydride.

ANHYDRITE (*minéralogie*). — Minéral qui n'est autre que du sulfate de chaux anhydre, tandis que le gypse ou plâtre est du sulfate de chaux avec deux équivalents d'eau. On trouve l'anhydrite, auquel on donne aussi les noms de karsténite, de gypse anhydre, de pleugite, de bardiglione, de pierre de tripes, à l'état ou cristallin, ou fibreux, ou saccharoïde. Sa dureté est plus grande que celle du marbre de statuaire ; sa densité est de 2,9. C'est une pierre généralement blanche, demi-transparente, très fréquemment cristallisée, mais souvent en masses compactes concrétionnées. Elle existe en abondance dans les Alpes. Elle ne donne pas de plâtre. Elle est connue à Milan sous le nom de marbre bardiglio de Bergame.

ANI (*ornithologie*). — Oiseau grimpeur auquel on donne le nom vulgaire de bout de tabac, à cause de son plumage ; il est commun au Brésil, au Mexique, à la Guyane. Les anis vivent en troupes assez nombreuses. On en distingue plusieurs espèces (*Crotophaga major*, *ambulatoria*, etc.).

ANIARE (*entomologie*). — Genre d'insectes coléoptères hétéromères taxicornes.

ANICILLO (*arboriculture*). — Nom donné au *Piper anisatum*, trouvé par Humboldt dans l'Orénoque, qui fournit le bois d'anis ; la décoction de ses baies sert à laver les plaies et les ulcères.

ANICOT (*botanique*). — Nom vulgaire des tubercules de l'*Œnanthe pimpinelloides* qui servent souvent d'aliment.

ANIER (*botanique*). — Nom vulgaire donné au *Cratægus torminalis* (voy. ALISIER, p. 265).

ANIGOSANTHE (*botanique et horticulture*). — Genre de plantes de la famille des Hœmodoracées dont quelques espèces peuvent faire l'ornement des serres chaudes et des serres tempérées. Parmi elles on doit surtout citer l'anigosanthe à grappes (*Anigosanthus pulcherrimus*), plante vivace de la Nouvelle-Hollande méridionale, à racines fibreuses, à longues feuilles étroites, ensiformes, presque semblables à celles des asphodèles d'Europe, mais d'une verdure grisâtre ; de leur centre sortent de fortes tiges de 0m,60 à 0m,80 de hauteur, velues, terminées par une large inflorescence qui offrent cette singularité que ses rameaux forment autant de grappes serrées de fleurs tubuleuses, ou peu velues, d'un jaune vif à l'extérieur, d'un blanc presque pur à l'intérieur. — On en connaît une espèce dont les fleurs sont chargées de poils roux, plumeux, épais ; une autre à fleurs d'un rouge amaranthe ; une autre encore à fleurs rouge feu. — Les anigosanthes peuvent être mis en pleine terre l'été ; on doit les rempoter en octobre pour leur faire passer l'hiver sous châssis. On les multiplie de drageons. Il leur faut des arrosages fréquents pendant la floraison.

ANIL ou **ANIR** (*botanique*). — L'indigoture *anil* ou *anir* (*Indifera tinctoria*) est cultivé aux Indes, à la Louisiane, à Guatemala, pour servir à l'extraction de l'indigo. C'est un sous-arbrisseau d'un mètre, à tiges dressées, à feuilles avec 3 à 7 paires de folioles ovales, donnant des fleurs pourpres, qui ne peut être entretenu en Europe que dans les serres chaudes.

ANILEMA (*botanique*). — Genre de plantes commélynacées, formant de nombreuses espèces d'herbes rameuses, dressées, diffuses, ou rampantes, en Asie, Afrique, Australie, ayant des feuilles munies d'une gaine entière, des fleurs terminales, disposées en panicule, et portées sur des pédicelles bibractéolées.

ANILIDE (*chimie*). — On donne ce nom à un sel d'aniline moins de l'eau. Les anilides correspondent aux Amides (voy. ce mot, p. 558).

ANILINE (*chimie*). — Cet alcaloïde, découvert en 1826 par Unverdorben, dans les produits de la distillation sèche de l'indigo, est aussi appelé phénylamine. Son rôle industriel est devenu important depuis qu'on a trouvé le moyen d'en dériver un grand nombre de matières colorantes remarquables par leur éclat. L'aniline se présente comme un liquide incolore, d'une odeur désagréable, d'une saveur âcre, ayant une densité de 1,031, bouillant à 184°,8, brunissant au contact de l'air en absorbant de l'oxygène. Elle est très peu soluble dans l'eau, mais elle se dissout dans l'alcool, dans l'éther et dans les essences. Elle donne avec les acides, des sels qui cristallisent très nettement ; elle précipite de leurs dissolutions salines, l'alumine, l'oxyde de fer et l'oxyde de zinc ; elle agit comme une base analogue à l'ammoniaque ; c'est, en effet, la première ammoniaque composée que l'on ait découverte (voy. les mots AMINES, p. 370, et AMMONIAQUES COMPOSÉES, p. 382). Elle a pour formule $C^{12}H^{14}Az$, en admettant $H = 6{,}25$. Elle se rattache à la benzine et au phénol (acide phénique), par la manière dont elle se comporte en présence des agents physiques et étrangers. Elle n'existe pas dans la nature ; elle est un produit de la distillation de tous les goudrons, et après l'avoir trouvée dans le goudron provenant de la distillation sèche de l'indigo (*anil*), on a constaté sa présence dans le goudron de houille. On ne l'obtenait que difficilement à l'état de pureté par des distillations fractionnées, jusqu'au jour où M. Béchamp a imaginé de la préparer au moyen de la réduction de la nitrobenzine (essence de mirbane des parfumeurs) par l'acide acétique et le fer ; il faut, en effet, enlever l'oxygène à la nitrobenzine qui peut être représentée par la formule $C^{12}H^{10}AzO^{4}$, et y fixer de l'hydrogène pour avoir l'aniline ($C^{12}H^{14}Az$). Cela est devenu une industrie importante depuis qu'en 1856 Perkin a fait connaître son violet d'aniline. Depuis, on a découvert qu'en oxydant l'aniline, on obtient une autre base, la rosaniline (fuchsine), qui donne des sels cristallisés d'un beau vert doré, dont les dissolutions sont rouges. Puis on a trouvé du bleu, du violet, du vert, du noir, qui présentent des éclats divers et nouveaux, en variant les oxydants et les proportions de rosaniline et d'aniline employées. Cela a été, pour l'art de la teinture, une grande conquête, quoique la solidité des couleurs nouvelles soit loin d'être satisfaisante. Quelquefois on emploie comme oxydants des corps vénéneux qui peuvent entrer dans les étoffes teintes, si la préparation des matières tinctoriales n'a pas été suivie de purifications convenables ; c'est ainsi qu'il y a eu des accidents d'empoisonnement par le contact prolongé de quelques parties du corps avec des étoffes teintes au moyen de couleurs dérivées de l'aniline. Il importe d'être averti de la possibilité de ce danger. L'usage du rouge, dit fuchsine, doit être proscrit de la vinification.

ANILOCRES (*zoologie*). — Genre de crustacés de l'ordre des isopodes vivant en parasites sur les poissons, notamment dans la Méditerranée.

ANIMAL (*zoologie*). — On appelle animal tout être doué de vie, c'est-à-dire qui naît directement ou indirectement d'un ancêtre, se développe ou grandit en se déplaçant, soit en totalité, soit au moins par partie, dans le but de satisfaire des besoins, de saisir sa proie, d'attaquer ou de combattre des ennemis. Tout animal est muni d'organes, en nombre plus ou moins considérable, pour pouvoir accomplir ses diverses fonctions, parmi lesquelles les deux plus importantes sont la *reproduction*, en vue du maintien de la perpétuité de l'espèce, et la *nutrition* des individus. Il est doué de sens au moyen desquels il se met en communication avec le monde extérieur, d'une part pour connaître et sentir, d'autre part pour manifester sa volonté.

Tous ces caractères de l'animal sont, aussi loin que se portent dans le passé les souvenirs de l'homme, demeurés toujours les mêmes, et ils persévèrent pour chaque espèce toujours identiques à eux-mêmes dans les innombrables générations qui se sont succédé depuis que la terre est habitée dans les conditions actuelles de sa surface. Dans ces limites il est acquis que l'immobilité des animaux se maintient non seulement au point de vue de l'organisation physique, mais encore au point de vue des habitudes et des mœurs. La transmission se fait des parents aux enfants sans aucun changement; ceux-ci agissent comme ceux-là agissaient; aucune amélioration ne se manifeste; l'expérience des ancêtres ne profite pas aux descendants. C'est ainsi que l'homme se sépare complètement des animaux. Il est perfectible. Les enfants sont autre chose que leurs aïeux; ils savent davantage; ils transmettent plus qu'ils n'ont reçu. Cette différence essentielle a été expliquée en excellents termes par M. J. B. Dumas : « Il y a quelques milliers d'années, arrêté sur les bords de la mer, nu, armé de sa seule pensée, l'homme contemplait avec une curieuse audace cette immensité qui l'attirait et ce globe ardent de feu, sortant des flots le matin pour s'y replonger le soir, après avoir décrit sa courbe dans les cieux; cependant le ver à soie dans son cocon et l'abeille dans sa ruche procédaient déjà machinalement à leurs monotones travaux. Aujourd'hui, vainqueur de l'Océan, l'homme, en se jouant, fait le tour de la terre en quelques semaines, et le cours du soleil dévoilé obéit aux calculs de l'astronomie; tandis que le ver à soie construit encore son étroite prison en balançant sa tête d'un mouvement automatique, et que l'abeille façonne de la même cire, la même cellule, en la même forme géométrique dont notre raison connaît la loi et dont son instinct ignorera toujours le secret. »

Ainsi les hommes apprennent, découvrent et inventent, puis communiquent à leurs successeurs ce qu'ils ont acquis; s'ils ne transforment pas essentiellement leurs organes, ils les perfectionnent. Il y a plus. Ils peuvent faire varier dans de certaines limites les espèces animales, et c'est là chose capitale pour l'économie rurale. Ils arrivent à accroître ou à diminuer telle ou telle production dans un animal, telle ou telle aptitude physique; ainsi ils savent rendre une race plus laitière, diminuer les os, supprimer les cornes, considérablement augmenter les dimensions du foie, changer les proportions relatives des diverses parties du corps; atrophier un organe, en exalter un autre; développer une aptitude physique, modifier les qualités d'une production, telle que celle de la laine, de manière à développer des toisons plus fines, plus soyeuses, ou bien plus lourdes, plus tassées. Le pouvoir de l'homme sur les animaux va jusqu'à rendre héréditaires les qualités qu'il a fait acquérir à une race. Des résultats analogues et plus considérables même sont obtenus sur les animaux. Donc l'homme se perfectionne et assouplit la matière vivante à ses besoins, à la condition de respecter, de suivre des lois que l'expérience lui fait découvrir. Voyons les deux exemples choisis par M. Dumas, pour montrer d'une manière saisissante les différences qui séparent l'homme des animaux. Dans l'éducation du ver à soie, le bon choix des reproducteurs, l'éclosion cellulaire fournissent de la graine saine d'où naissent des générations plus robustes, susceptibles d'échapper, moyennant des soins intelligents, aux maladies qui menacent l'espèce, et de donner des cocons plus nombreux et plus lourds pour une dépense déterminée de feuilles de mûrier. L'agriculteur ayant étudié et comparé les diverses races d'abeilles, a pu élever celles qui donnent le miel le plus abondant et les mettre dans les conditions d'une production plus avantageuse, en habituant les populations de ses ruches perfectionnées à travailler non plus pour elles seulement, mais surtout pour celui qui les dirige à leur insu.

ANIMAL (RÈGNE). — On peut distinguer dans la nature quatre règnes ou ensemble d'êtres bien distincts : 1° le règne *minéral*, qui ne renferme que des corps bruts, susceptibles parfois de s'accroître par des juxtapositions, mais ne vivant pas par eux-mêmes : *lapides crescunt*, a dit Linné; — 2° le règne *végétal*, dont le caractère propre est de croître sous l'influence de la vie, en naissant d'un germe, d'un bourgeon, d'une cellule première, en s'assimilant et en organisant la matière minérale par des réductions continues : *vegetabilia crescunt et vivunt*, a dit Linné; les végétaux sont des corps essentiellement réducteurs, disent les chimistes modernes; — 3° le règne *animal* comprenant tous les êtres qui naissent, se développent et consomment de la matière, particulièrement par combustion, enfin éprouvent des sensations par l'intermédiaire d'organes spéciaux ou sens; Linné a dit : *animalia crescunt, vivunt et sentiunt*; — 4° le règne humain renfermant tous les êtres ayant en plus que les animaux la propriété de perfectionner les sensations, et ainsi de dominer dans une certaine mesure les autres règnes de la nature.

Dans le végétal, la cellule est formée d'une matière d'une composition centésimale analogue au sucre et à la fécule, ne contenant que du carbone, de l'hydrogène et de l'oxygène, constituant des espèces de vases à parois immobiles, mais se vidant ou se remplissant par exosmose ou endosmose; les cellules peuvent se modifier, s'allonger, former des fibres, se disposer en séries, donner naissance à des vaisseaux; des matériaux divers peuvent s'y déposer par une sorte d'incrustation. Ce liquide nourricier qu'on y rencontre provient du milieu extérieur, sol, eau, atmosphère; il se modifie dans le trajet qu'il parcourt, et dans les organes qu'il traverse il devient l'objet d'un travail donnant naissance à divers produits immédiats caractéristiques.

Chez l'animal, la cellule, en prenant les formes les plus variées, est douée d'une grande plasticité et est de composition quaternaire, c'est-à-dire provenant de la combinaison de l'azote avec du carbone, de l'hydrogène et de l'oxygène. Elle prend les formes les plus diverses, se renouvelle constamment, est souvent animée de mouvements vibratiles, se transforme en fibres tantôt élastiques, tantôt résistantes, parfois molles et contractiles, d'autres fois allongées et constituant des canaux. Un liquide nourricier y circule; il existe en permanence, en charriant des principes qui proviennent en partie de l'alimentation extérieure, en partie des organes eux-mêmes, de manière à apporter les matières nouvelles qui doivent être assimilées et à emporter celles qui doivent être excrétées. Cette mobilité de la matière dans les animaux, cette propriété de pouvoir y être accumulée sous des formes diverses selon les espèces et selon les parties du corps dans la même espèce, sont particulièrement utilisées par les agriculteurs;

elles servent aussi à distinguer les unes des autres les centaines de milliers d'espèces animales qui peuplent la terre et que la science a su grouper pour mettre l'homme en situation de se reconnaître au sein d'une innombrable diversité. Les classifications ne peuvent avoir rien d'absolu ; elles ne sont que des moyens artificiels de rapprocher les uns des autres, en des groupes harmoniques, les animaux qui présentent les analogies les plus complètes ; aux extrémités des groupes doivent exister nécessairement des espèces qui participent à deux ou à plusieurs par quelques-unes de leurs propriétés; mais la lumière n'en apparaît pas moins, grâce au flambeau d'une bonne classification, au milieu de l'obscurité dans laquelle autrement fourmillent tous les êtres animés quand on ne possède pas un moyen de mettre de l'ordre dans un désordre apparent. Après de nombreuses tentatives faites souvent par des hommes illustres, parmi lesquels il faut citer surtout Linné, Lamarck, Georges Cuvier, de Blainville, Milne Edwards, on est arrivé, de perfectionnements en perfectionnements, à un tableau du monde animal satisfaisant dans son ensemble et qu'il est utile que les agriculteurs aient sous les yeux, tel que M. H. Milne Edwards a fini par le donner.

Quatre embranchements embrassent tous les animaux ; ce sont ceux des *Vertébrés*, des *Annelés*, des *Mollusques* et des *Zoophytes*.

Les animaux VERTÉBRÉS ou *ostéozoaires* qui composent le PREMIER EMBRANCHEMENT, doivent cette appellation à ce caractère de leur squelette de présenter comme la partie la plus importante une sorte de gaine dorsale résultant de la réunion de pièces annulaires appelées vertèbres; c'est cette gaine qui sert de principal support au système nerveux très développé de l'animal, lequel se compose, outre les nerfs et les ganglions, d'un cerveau, d'un cervelet, d'un cordon rachidien ou moelle épinière traversant la gaine des vertèbres. La charpente osseuse fournit d'ailleurs des points d'attache aux principaux muscles et se compose de pièces liées les unes aux autres et disposées de manière à protéger les organes essentiels ou bien à servir de bases et de leviers pour la locomotion. L'appareil de la circulation est ainsi logé de manière à pouvoir être très complet ; le cœur offre au moins deux réservoirs distincts ; le sang est rouge ; les membres sont le plus souvent au nombre de quatre, et il n'y en a jamais davantage ; presque toutes les parties du corps sont paires et disposées symétriquement par rapport à un plan médian longitudinal ; enfin des organes distincts sont logés dans la tête pour la vue, l'ouïe, l'odorat et le goût. Ce sont les animaux les plus parfaits, mais aussi ceux dont les organes sont les plus nombreux et les plus compliqués.

On partage l'embranchement des vertébrés en deux *sous-embranchements :* celui des *Allantoïdiens* et celui des *Anallantoïdiens* (voy. ces deux mots).

Les *vertébrés allantoïdiens* ont la respiration pulmonaire dès la naissance; ils n'ont jamais de branchies; le fœtus est pourvu d'un allantoïde et d'un amnios (voy. ces deux mots). Ce sous-embranchement comprend *trois* classes : les *Mammifères*, les *Oiseaux* et les *Reptiles*.

Les vertébrés *anallantoïdiens* ont la respiration branchiale pendant toute la vie, ou au moins pendant le jeune âge. Ils ne présentent ni allantoïde ni amnios. Ce sous-embranchement comprend *deux* classes : les *Batraciens* et les *Poissons*.

Le SECOND EMBRANCHEMENT est celui des animaux ENTOMOZOAIRES OU ANNELÉS, qui ne présentent point de squelette intérieur et par conséquent diffèrent absolument de ceux du premier embranchement ou des vertébrés. Les muscles s'attachent tous aux téguments extérieurs qui sont formés d'anneaux placés à la file et plus ou moins mobiles les uns sur les autres, les anneaux pouvant acquérir une dureté souvent très grande et constituer alors une sorte de squelette ou d'étui extérieur. On peut, par conséquent, diviser le corps des annelés en une série de tronçons homologues et plus ou moins semblables entre eux. Il n'y a point d'axe cérébro-spinal. Le système nerveux est central, mais médiocrement développé; il se compose, en général, d'une série de petits centres médullaires, nommés ganglions, et réunis par paires sur la ligne médiane du corps, de façon à embrasser d'abord l'œsophage et à constituer ensuite une longue chaîne droite, qui commence à la tête, mais plus loin est placée à la face ventrale du corps, au-dessous du tube digestif; il n'y a pas de cerveau ni de moelle épinière. Les divers organes sont symétriquement disposés par rapport à un plan médian; ils sont moins nombreux et moins perfectionnés que chez les vertébrés; l'appareil de la circulation est très incomplet ; le sang est presque toujours blanc ; les membres sont en général très nombreux.

On partage les annelés en deux *sous-embranchements :* les *Articulés* et les *Vers*.

Les *annelés articulés* ou *arthropodaires* ont ce caractère général que leur corps est pourvu d'organes de locomotion articulés et que leur système ganglionnaire est très développé ; ils ont encore une construction complexe et relativement perfectionnée. Ils sont divisés en *quatre* classes : les *Insectes*, les *Myriapodes*, les *Arachnides*, les *Crustacés*.

Le sous-embranchement des *vers* présente des animaux annelés dont le corps est dépourvu d'organes de locomotion articulés. Le système ganglionnaire est peu développé, parfois rudimentaire. L'organisation est beaucoup moins parfaite que parmi les articulés. Les vers sont partagés en *six* classes : les *Annélides*, les *Helminthes* ou *Nématoïdes*, les *Rotateurs*, les *Turbellariés*, les *Trématodes*, les *Cestoïdes*.

Le TROISIÈME EMBRANCHEMENT du règne animal comprend les MOLLUSQUES OU MALACOZOAIRES ; il est surtout caractérisé par la disparition d'un certain nombre des organes des animaux précédents, par la simplification de la structure. Il n'y a point de squelette articulé, ni intérieurement ni extérieurement. Le corps, au lieu de se développer en longueur, suivant une ligne droite, affecte une position courbe ou spirale, de telle sorte que la bouche et l'anus, au lieu d'en occuper les deux extrémités, sont plus ou moins rapprochés. Il n'y a point d'axe cérébro-spinal. Le système nerveux est composé de ganglions dont la réunion forme une série placée d'abord sur le côté dorsal et ensuite sur le côté ventral du tube digestif; cette série constitue bien un collier œsophagien, mais non pas une longue chaîne médiane. Le corps est mou et recouvert d'une peau ou enveloppe flexible et contractile, qui tantôt reste nue, tantôt se revêt de plaques cornées ou calcaires qu'on appelle des coquilles, et même en développe dans son intérieur sans que ces plaques ou coquilles soient mobiles les unes sur les autres. Les principaux organes sont symétriquement placés par rapport à la ligne médiane courbe du corps. Le sang est blanc ; l'appareil de la circulation est souvent plus complet que dans l'embranchement des animaux annelés; au contraire, les organes des sens sont presque toujours moins complets; dans un grand nombre, il n'y a point d'yeux, dans aucun il n'existe d'organe spécial pour l'odorat. On n'y rencontre presque jamais de membres pour la locomotion.

L'embranchement des mollusques est divisé en deux *sous-embranchements :* les *Mollusques proprement dits* et les *Molluscoïdes*.

Dans les *mollusques proprement dits*, le système nerveux est composé de plusieurs ganglions réunis par des cordons médullaires; la génération y est seulement ovipare. On y distingue *quatre* classes : les *Céphalopodes*, les *Ptéropodes*, les *Gastéropodes*, les *céphales*.

Chez les *molluscoïdes*, le système nerveux est rudimentaire ou nul, et la reproduction s'effectue en général par des bourgeons aussi bien que par des œufs. On distingue *deux* classes d'animaux molluscoïdes : les *Tuniciers*, les *Bryozoaires*.

Le QUATRIÈME ou dernier EMBRANCHEMENT comprend les ZOOPHYTES, c'est-à-dire les *animaux plantes*. Leur caractère principal consiste en ce que les différentes parties du corps, au lieu de se ranger par rapport à un plan médian ou à une ligne médiane, se groupent autour d'un point central ou d'une ligne verticale, de manière à affecter une disposition radiaire ou sphérique plus ou moins complète. Il n'y a de squelette articulé ni à l'intérieur, ni à l'extérieur. Le système nerveux est seulement rudimentaire, ou bien il fait absolument défaut. Toutes les parties de l'économie chez ces animaux sont d'une simplicité extrême, et leur ressemblance avec les plantes est tellement grande que pendant longtemps on a méconnu leur véritable nature, et on les a considérés comme appartenant au règne végétal. Cependant quelques organes essentiels à la vie animale s'y retrouvent d'une manière très distincte et sont disposés d'une manière plus ou moins radiaire par rapport à un axe ou à un centre, soit dans les animaux à l'état adulte, soit dans leur jeune âge seulement.

On partage l'embranchement des zoophytes en deux *sous-embranchements :* les *Radiaires* ou *animaux rayonnés* et les *Sarcodaires*.

Le corps des *animaux rayonnés* offre une disposition radiaire bien prononcée, soit dans son ensemble, soit dans ses principales parties. On y constate presque toujours des appendices de préhension, tels que des tentacules disposés en couronne autour de la bouche. Ce sous-embranchement comprend *trois* classes : les *Échinodermes*, les *Acaléphes* et les *Polypes* ou *Coralliaires*.

Chez les *sarcodaires*, le corps présente une disposition plutôt sphérique que rayonnée, qui se déforme souvent par les progrès de l'âge; on n'y trouve presque jamais d'appendices de préhension. On partage ce sous-embranchement en *deux* classes : les *Infusoires proprement dits* et les *Spongiaires*.

Le règne animal, envisagé ainsi du haut en bas de l'échelle, c'est-à-dire à partir des animaux les plus parfaits placés au-dessous de l'homme, jusqu'à ceux qui n'ont plus que des organes rudimentaires, se trouve donc former vingt-six classes, sur chacune desquelles il conviendra de donner des indications rapides, en choisissant des exemples plus spécialement agricoles.

ANIMALCULES. — Mot employé pour désigner un très petit animal, qu'on ne peut bien voir à l'œil nu. L'usage de microscopes de plus en plus puissants a reculé la limite de la petitesse extrême des êtres qu'on regardait d'abord comme ayant une taille si faible qu'ils échappaient à la connaissance de l'homme. Dès le milieu du dix-huitième siècle l'application de ces instruments à l'examen du vinaigre et de dissolutions de divers liquides provenant de corps organisés, fit découvrir une quantité innombrable d'êtres vivants dont on ne soupçonnait pas l'existence et qui avaient tous les caractères des animaux : naissance provenant d'ancêtres, mouvement, développement par des organes de nutrition, sensations témoignées par l'action de sens mettant les individus en relation avec le monde extérieur : c'étaient les animalcules infusoires, les animalcules spermatiques. On en a plus tard constaté un grand nombre dans l'air atmosphérique, dans les eaux marécageuses, puis dans les eaux courantes, dans la plupart des liquides animaux. Quelques-uns ont à peine deux ou trois millièmes de millimètre de longueur, et néanmoins de très grandes différences les séparent les uns des autres; il en est de beaucoup d'espèces très distinctes. Le mot animalcule n'a ainsi désormais qu'une signification vague, sans portée scientifique. L'agriculteur doit retenir que l'on ne connaît pas de limite inférieure à la petitesse des êtres vivants.

ANIMALE (MATIÈRE). — Toute matière ou substance qui entre dans la constitution d'un animal ou qui provient des animaux est dite une matière animale. — On dit des huiles et des graisses *animales*, par opposition aux huiles et aux graisses végétales, ces dernières étant extraites des plantes; de même on dit aussi acides *animaux* et acides *végétaux* selon l'origine des acides : ainsi l'acide oxalique extrait de l'oseille est végétal, l'acide lactique extrait du lait des animaux est animal. — Les principaux produits animaux que fournit l'agriculture sont : les viandes, les suifs, les huiles de diverses parties du corps, les os, les peaux et cuirs, les laines, les poils et les crins, les boyaux, les cornes, le sang, le lait, le beurre, les fromages, les œufs, les plumes, les cocons de soie, le miel, la cire d'abeille.

ANIMALISATION. — Opération par laquelle on combine ou mélange des matières animales avec d'autres matières d'origine végétale ou minérale.

ANIMALISÉ. — On dit qu'un engrais est animalisé quand il est formé de matières fertilisantes d'origine minérale ou d'origine végétale qui ont été mélangées ou combinées avec des matières animales. Il ne faut pas confondre avec le *noir animal* qui est du noir d'os, provenant de la carbonisation des os en vases clos et de leur pulvérisation subséquente, le noir animalisé qui n'est autre que le produit de l'absorption de matières animales par du noir obtenu avec des matières végétales ou minérales.

ANIMALITÉ. — Mot qui signifie l'ensemble des attributs et des facultés par lesquels les animaux se caractérisent et se séparent d'une part de l'homme, d'autre part des végétaux et des animaux.

ANIMAUX ALIMENTAIRES (*économie domestique*). — Voy. le mot ALIMENTAIRE.

ANIMAUX AUXILIAIRES (*économie rurale*). — On appelle auxiliaires, les animaux qui aident l'homme dans ses travaux ou dans ses plaisirs. Ils sont en assez grand nombre; ce sont d'abord le cheval, l'âne, le chien; ils donnent du travail dans les manèges, ils servent aux transports. Le chien, en outre, est un gardien fidèle, et parfois un intelligent collaborateur de l'homme pour la surveillance et pour la chasse. Ce sont les auxiliaires les plus importants qu'on rencontre en France. Le dromadaire, le chameau, l'éléphant, puis le renne, en Asie, en Afrique, dans le nord de l'Europe, rendent des services considérables comme bêtes de somme. Quelques autres sont aussi des auxiliaires importants, quoiqu'on les envisage principalement comme étant alimentaires: tels sont le bœuf, le buffle, l'yak, l'arni. Enfin, l'agriculture emploie encore, mais sous des climats plus différents de ceux de l'Europe, l'hémione, le dauw, le zèbre, le couagga. Ailleurs encore, le lama, l'alpaca et même le mouton, quoiqu'ils soient principalement des animaux alimentaires et industriels, sont utilisés comme auxiliaires pour les transports.

Le chat et le furet sont considérés, par divers auteurs, comme des auxiliaires. Ils ne méritent cette qualification, qui pourrait être donnée également à beaucoup d'insectes, que parce qu'ils s'opposent à la multiplication d'animaux nuisibles ; le chat à celle des rats et des souris, le furet à celle des lapins. — Les insectes mellifères sont regardés comme de précieux auxiliaires pour la fécondation des plantes.

Parmi les oiseaux, il est un auxiliaire précieux dans les régions chaudes de l'Amérique, pour la garde et la police des basses-cours : c'est l'agami (voy. ce mot, p. 81); son acclimatation en Europe n'a pas encore réussi. En Afrique, l'autruche sert aux transports. En Europe, le faucon n'est plus guère dressé pour la chasse.

ANIMAUX DE BASSE-COUR (*économie rurale*). — La partie des dépendances de toute exploitation rurale dans laquelle se fait l'élevage des petits animaux domestiques à plumes ou à poils est ce qu'on appelle la basse-cour. Cet élevage a principalement pour but la production de la viande, des œufs, du duvet, et accessoirement de poils et de peaux. Les animaux à plumes constituent la volaille; ce sont les coqs et les poules, les dindons, les pintades, les faisans, les paons, les canards, les oies, les cygnes. Le lapin est le seul des animaux à poils qui soit adopté généralement dans les basses-cours; on cite seulement à côté le léporide issu du croisement du lièvre mâle et de la lapine. On peut encore entretenir, mais plutôt comme animaux d'ornement que de produit fructueux, divers autres oiseaux, tels que le hocco, le marail, le goura, l'agami (voy. ce mot, p. 81). Le colombier dans lequel on élève les pigeons domestiques est une annexe avantageuse de beaucoup de basses-cours. Les habitations des volailles étaient naguère reléguées dans des coins perdus; elles étaient mal exposées, mal soignées, malpropres. Aussi les résultats étaient médiocres ou onéreux; on ne supportait l'élevage des animaux de basse-cour que comme un objet de luxe qu'on entretenait seulement pour la consommation des menus grains non vendables, on ne leur livrait aucun espace particulier. La ménagère n'était encouragée dans les soins qu'elle prodiguait à ses volailles, que par la satisfaction de livrer de temps en temps à la table de la famille quelque bonne pièce succulente. Aujourd'hui la production des œufs et des volailles de toutes espèces est devenue fructueuse; aussi on ne leur ménage plus autant l'espace et la nourriture; on a des gazons, des arbres, des pièces d'eau, des matériaux minéraux tels que cendres et pierres calcaires, des fumiers ou des terreaux pour le becquetage. On sait en outre que la propreté est indispensable au succès de l'élevage et de l'engraissement. En en tirant meilleur parti, on s'est mis à aimer leurs ébats et à se repaître avec plaisir de leur vue. Les volières font en conséquence partie de beaucoup de basses-cours qui confinent aux jardins d'agrément et aux parcs; là on a de grandes espèces, telles que les perdrix, la caille, le colin, les colombes et les tourterelles, divers perroquets, des perruches; puis on a des moyennes espèces de cage et de volière, telles que l'étourneau, le sansonnet, le merle, le geai; enfin viennent les petites espèces pour lesquelles la cage seule convient, le serin, le rossignol, le rouge-gorge, le bouvreuil, le chardonneret, la linotte, le pinson. Parmi les oiseaux qu'on n'élève pas, mais qu'on engraisse dans certaines basses-cours, de manière à en faire même une industrie lucrative, sont les grives et les ortolans. Mais tout cela n'est qu'accessoire; le grand produit des basses-cours, en France surtout, est celui de la poule et du dindon, puis au second plan celui de l'oie et du canard. Dans tous les cas il est nécessaire de mettre la basse-cour, au moyen d'un bon chien de garde et de pièges bien disposés, à l'abri des surprises des animaux maraudeurs, tels que le renard, la belette, la fouine, le furet, le putois, grands dévastateurs des poulaillers.

ANIMAUX DOMESTIQUES (*économie rurale*). — On ne doit admettre comme véritablement domestiques que les animaux qui appartiennent en quelque sorte à la maison de l'homme, qui sont admis à faire partie de l'intérieur même du ménage. Ils connaissent la demeure à laquelle ils sont habitués; ils y reviennent lorsqu'ils en sont écartés. Ils reconnaissent le maître, c'est-à-dire celui qui leur donne des soins ou qui commande. Cette faculté de montrer un attachement pour le lieu où ils vivent et pour les personnes dont ils partagent l'habitation n'est pas particulière à des individus isolés; elle est partagée par tous les êtres de la même espèce, à ce point que si des générations entières sont abandonnées à l'état sauvage, l'homme pourra toujours ramener à l'état domestique les générations suivantes, à quelque moment que ce soit.

L'état de domesticité est ainsi absolument différent de celui d'apprivoisement qui peut s'appliquer à des animaux non domestiques, parmi lesquels un individu est parfois susceptible de s'attacher exceptionnellement à un homme ou à une maison, alors que tous ses congénères et ses descendants resteront absolument rebelles à toute tentative faite pour les attacher et qu'ils chercheront d'ailleurs à s'échapper dès qu'ils trouveront le moyen de reconquérir la liberté. Il n'y a de domesticité véritable parmi les animaux que lorsque la soumission à l'homme se transmet de génération en génération, sans qu'il soit nécessaire de renouveler des efforts pour asservir une génération subséquente de l'espèce. Mais un fait qui domine et peut-être explique le phénomène, c'est que la nourriture et le gîte sont préparés pour les animaux domestiques, que ceux-ci s'en souviennent et ont par conséquent l'intelligence suffisante pour avoir l'idée de se nourrir et de s'abriter, avec celle de rechercher le lieu où ils ont la certitude de trouver la satisfaction de ces deux besoins essentiels, suffisante aussi, du moins chez certaines espèces, pour y joindre des sentiments de reconnaissance et d'affection.

Le nombre des espèces domestiques est très limité; Isidore Geoffroy Saint-Hilaire, dans un travail approfondi sur ce sujet, n'en compte que 47, savoir: 21 dans la classe des mammifères, 17 dans celle des oiseaux, 2 dans celle des poissons, et enfin 7 dans celle des insectes. En voici la nomenclature:

Dans la CLASSE DES MAMMIFÈRES: ordre des *carnassiers:* 1° le chien, 2° le furet, 3° le chat; — ordre des *rongeurs:* 4° le lapin, 5° le cobaie ou cochon d'Inde; — ordre des *pachydermes:* 6° le porc, 7° le cheval, 8° l'âne; — ordre des *ruminants:* 9° le chameau proprement dit ou à deux bosses, 10° le dromadaire ou chameau à une bosse, 11° le lama, 12° l'alpaca, 13° le renne, 14° la chèvre, 15° le mouton, 16° le bœuf, 17° le zébu ou bœuf à une bosse, 18° le gyall ou bœuf des jongles, 19° l'yak, 20° le buffle, 21° l'arni.

Dans la CLASSE DES OISEAUX: ordre des *passereaux:* 22° le serin des Canaries; — ordre des *gallinacés:* 23° le pigeon, 24° la tourterelle à collier, 25° le faisan commun, 26° le faisan à collier, 27° le faisan argenté, 28° le faisan doré, 29° la poule, 30° le dindon, 31° le paon, 32° la pintade; — ordre des *palmipèdes:* 33° l'oie commune, 34° l'oie de Guinée, 35° l'oie du Canada, 36° le canard commun, 37° le canard musqué ou de Barbarie, 38° le cygne.

Dans la CLASSE DES POISSONS: ordre des *malacoptérygiens:* 39° la carpe vulgaire, 40° la carpe dorée ou dorade de la Chine, ou encore vulgairement le poisson rouge.

Dans la CLASSE DES INSECTES: ordre des *hyménoptères:* 41° l'abeille ordinaire, 42° l'abeille ligurienne, 43° l'abeille à bandes; — ordre des *hémiptères:* 44° la cochenille du Nopal; — ordre des *lépidoptères:* 45° le bombyx ou ver à soie du mûrier, 46° la saturnie ou ver à soie du ricin, 47° la saturnie ou ver à soie de l'ailante.

Il est à peine besoin de dire que l'état de domesticité est très différent dans ces diverses espèces et qu'il a des degrés infinis. Peut-on même dire que, par exemple, la carpe et le poisson rouge sont des animaux domestiques; ils ne viennent certainement pas volontairement dans les bassins où on doit les confiner pour qu'ils ne s'éloignent pas sans qu'on puisse espérer leur retour. Quant aux vers à soie, ils ne sont présents à domicile, que parce que leur graine y est apportée et qu'après l'éclosion on leur fournit leur nourriture e protège leurs mues successives et la ponte qui assure la perpétuité de l'espèce. Les faisans, s'ils sont élevés par l'homme, ont une grande tendance à prendre leur essor dans les bois, et après tout c'est ce que l'homme désire, puisqu'il ne se propose que d'en faire un gibier. Pour quelques espèces, pour le lapin, par exemple, l'état de domesticité est bien forcé; le lapin de la bassecour n'est pas éloigné du lapin de la garenne; il n'a certes guère d'attachement pour sa prison. D'autre part, est-ce que l'éléphant n'aurait pas quelque droit à être regardé comme un animal domestique? Il se prête, quand on a de bons égards envers lui, à tous les caprices de l'homme, et, par son intelligence, par la facilité avec laquelle il apprend toutes sortes d'exercices, par son adresse, par sa force, par sa bravoure même, il rend de grands services sous les climats qui conviennent à sa nature. Le goéland à manteau noir, qui passe en grandes bandes sur nos côtes océaniques d'octobre à décembre, est un oiseau qu'on peut aussi élever dans les basses-cours et les jardins où il devient utile pour la destruction des mollusques. Dans tous les cas, la domestication d'espèces nouvelles est difficile, et il ne paraît pas que le nombre des animaux susceptibles d'asservissement puisse beaucoup s'accroître. On peut introduire des espèces domestiques d'un pays dans un autre, en faire l'acclimatation (voy. ce mot, p. 51), comme on peut le faire, et comme on le fait parfois bien involontairement au grand détriment de l'agriculture; l'utilité pratique ou la satisfaction de plaisirs sont les deux seuls motifs avouables de ces tentatives. Pour les abeilles, par exemple, il y aura peut-être lieu (voy. le mot ABEILLES, p. 29) d'augmenter le nombre des espèces données comme domestiques par Isidore Geoffroy Saint-Hilaire, et d'en tenter l'acclimatation en France, selon leur degré d'utilité au point de vue de la production du miel.

ANIMAUX INDUSTRIELS (*économie rurale*). — Ce sont les animaux qui, pendant leur vie principalement, fournissent à l'homme des produits recherchés par le commerce ou par l'industrie.

Les premiers, les plus importants de ces animaux, sont les moutons, pour les laines qu'ils produisent, puis les chèvres; viennent ensuite les alpacas et les vigognes. Tous ces animaux donnent les matières premières de tissus qui forment la partie la plus essentielle des vêtements de l'homme et de l'ameublement de ses habitations. L'alpavigogne, fruit du croisement de l'alpaca et de la vigogne, sera peut-être aussi appelé à vivre dans nos montagnes pour y donner une laine précieuse, soit pour la fabrication du drap, soit pour la chapellerie.

Il convient de citer aussi la production des crins. Ils donnent lieu à un assez grand commerce, et ils proviennent surtout des queues et de la crinière des chevaux vivants, secondairement des poils de l'étrillage de ces animaux, et enfin des queues de vaches. Le chameau, le dromadaire, le lama, l'yack, le buffle, le lapin, peuvent aussi être considérés comme des animaux industriels par suite de la récolte que l'on fait de leurs poils à diverses époques de leur existence.

Les fourrures, comme les peaux et pelleteries, sont les dépouilles d'animaux pour la plupart sauvages et abattus par la chasse.

Dans la classe des oiseaux, les oies, les autruches, parfois les dindons, fournissent des plumes dont la récolte est, pour une grande part, l'objet spécial de leur élevage.

L'exploitation industrielle des abeilles et des vers à soie forme deux branches importantes de l'agriculture qui, toutes deux, reposent sur l'élevage des insectes, l'apiculture et la sériciculture. — De temps immémorial, les abeilles ont été soignées par l'homme en raison du miel et de la cire qu'elles peuvent lui fournir en prenant leur nourriture sur les fleurs des champs et la rapportant dans les ruches qu'elles construisent dans les endroits les plus propices à leur travail fait en commun. L'abeille noire ou ordinaire (*Apis mellifica*), et l'abeille jaune ou italienne (*Apis ligustica*), parmi toutes les espèces connues (voy. le mot ABEILLES, p. 29), sont surtout cultivées; l'industrie apicole est d'ailleurs partout en pleine prospérité. — Quant à l'industrie séricicole, après des désastres causés en Europe par des maladies qui ont été de véritables fléaux, elle se relève.

Le principal insecte producteur de soie, est, en Europe, le bombyx du mûrier (*Sericaria mori*) ou encore ver à soie du mûrier. Mais plusieurs autres bombyx sont employés à la production de soies de diverses qualités, dans d'autres pays, et ont été essayés en Europe avec plus ou moins de succès. Ce sont : le ver à soie de l'ailante glanduleux ou faux vernis du Japon (*Attacus cynthia*); le ver à soie du chêne de la Chine (*A. Pernyi*); le ver à soie du chêne du Japon (*A. yama-maï*). Ces deux vers vivent en plein air sur tous les chênes, mais ils sont élevés principalement sur le chêne tauzin (*Quercus tozza*). On peut signaler encore le ver à soie du ricin (*A. arindia*), puis diverses espèces qui ne sont guère encore que des objets d'études, telles que les *A. mylitta*, *cecropia*, *luna*, *Prometheus*, *Polyphemus*, *aramis*, *aurota*, qui vivent sur les arbres les plus divers : peupliers, saules, pruniers, camphriers, etc.

A côté de ces catégories d'insectes dont l'industrie tire un parti si considérable, il faut encore citer les cynips, qui produisent des galles variées, notamment les cynips de la noix de galle du chêne, dont les galles sont si utiles, par le tannin qu'elles contiennent, pour faire l'encre et les teintures noires; puis les cocciens, d'abord la cochenille du cactus nopal, ou graine d'écarlate (*Coccus cacti*), produisant la matière colorante dite carmin; puis la lécanie vermillon (*Lecanium vermilio*), donnant la graine rouge de Provence.

Quant à l'idée d'utiliser la soie des araignées pour en faire des tissus, elle n'a encore donné lieu qu'à des tentatives curieuses, mais dénuées d'applications industrielles avant de l'avenir.

ANIMAUX MÉDICINAUX (*économie rurale*). — Ce sont, comme le nom l'indique, les animaux qui sont employés à divers usages en médecine, ou qui fournissent des produits utilisés en thérapeutique.

Les os d'un grand nombre de mammifères étant soumis à une ébullition prolongée, fournissent la *gélatine*, qui sert à faire la colle forte, la colle à bouche, la colle de Flandre, à préparer des tablettes alimentaires, à enrober certains médicaments qu'on prend alors renfermés dans ce qu'on appelle des capsules et ovules.

L'*huile animale de Dippel*, qui était usitée autrefois dans le traitement des maladies nerveuses, est obtenue par la distillation des matières animales azotées.

La *pepsine* se retire de la caillette des ruminants, et principalement de celle des moutons. C'est le bœuf qui fournit les trois autres ferments digestifs usités en pharmacie et qui sur les indications de Claude Bernard ont été réunis à la pepsine pour constituer la *pandigestine* ; la *ptyaline* est extraite du suc salivaire ; la *pancréatine* du pancréas; la *phéninversine* des glandes qui tapissent les parois internes de l'intestin grêle.

Le *thé de bœuf* qu'on donne aux convalescents

est un bouillon obtenu avec un morceau de bœuf sans gras.

L'*axonge* est de la graisse de porc préparée pour entrer dans la composition de beaucoup de pommades et d'onguents.

La couche épaisse de lard qui se trouve sous la peau de la baleine fournit l'*huile de baleine ou de poisson*; le lard des marsouins donne l'*huile des marsouins*. La tête des cachalots qui, comme les animaux précédents, appartiennent à l'ordre des mammifères cétacés, fournit le *blanc de baleine* ou *sperma ceti*, naguère employé en potions contre les pneumonies, les coliques néphrétiques, aujourd'hui encore usité comme adoucissant dans certaines maladies de la peau; c'est aux cachalots qu'on attribue aussi la production de l'*ambre gris* (voy. ce mot), substance odorante employée dans quelques maladies inflammatoires et dans la fièvre typhoïde.

Parmi les ruminants se trouvent les chevrotains, qui fournissent le *musc* employé comme antispasmodique et sudorifique, et parmi les pachydermes le daman du Cap, qui donne l'*hyraceum*, doué de propriétés excitantes.

Des animaux carnassiers appelés civettes d'Afrique et civettes de l'Inde, on retire le parfum *civette* ou *viverreum*, qui est réputé comme antispasmodique. Dans l'ordre des rongeurs, le castor fiber fournit le *castoreum* qui est employé comme stimulant et agit vivement sur le système nerveux.

La classe des poissons présente un petit nombre d'animaux médicinaux donnant des huiles de foie assez employées en thérapeutique; l'huile de foie de morue est la plus estimée; viennent ensuite l'huile de foie de raie et l'huile de foie de squale.

Naguère, la thérapeutique avait souvent recours aux divers reptiles pour frapper l'imagination plutôt que pour obtenir des effets d'une utilité directe. Ainsi, dans certaines parties de la France, on trouve encore des têtes de vipères dans les pharmacies. Ces sortes de préparations doivent disparaître devant la diffusion des sciences. On faisait autrefois, avec la couleuvre à collier, des bouillons vantés contre les rhumatismes; les sauriens geckos sont encore aujourd'hui employés dans quelques contrées comme remède contre les maladies de la peau.

Les préparations pharmaceutiques faites autrefois avec les batraciens, par exemple avec les grenouilles, sont maintenant inusitées.

La classe des insectes continue, en revanche, à fournir à la médecine des ressources encore assez employées et d'une application plus sérieuse. Au premier rang se place la cantharide officinale (*Cantharis vesicatoria*) qui vit de préférence sur les frênes, mais que l'on trouve aussi sur les troënes, les lilas et les chèvrefeuilles; elle agit sur la peau par une substance particulière qu'elle sécrète, et exerce aussi une action particulière sur la vessie et les organes génitaux. Le mylabre de la chicorée et plusieurs méloés ont des propriétés vésicantes analogues à celles de la cantharide et peuvent la remplacer. — La cétoine dorée passe, dans quelques parties de la Russie, pour être un spécifique contre la rage. — En Suède, les paysans font mordre les verrues qu'ils portent aux doigts par la sauterelle à sabre, dectique verrucivore, qui dégage une salive brune et âcre. — La coque, connue sous le nom de *tréhala* ou *tricala*, est produite, en Perse et en Syrie, sur des rameaux d'échinops par le larin subrugueux (*Larinus subrugosus*); elle est employée dans les bronchites catarrhales, en décoction à la dose de 15 grammes pour un litre d'eau. Les cochenilles qui vivent sur le coccus nopal, sur le chêne, sur les racines du *Scleranthus perennis* ne servent guère, en pharmacie, que pour colorer des bonbons et des pastilles, ou pour entrer dans la préparation de quelques sirops. Les grains de kermès, grains d'écarlate, grains de kermès animal, sont des cochenilles de chêne. C'est encore une cochenille (*Coccus lacca*) qui, par sa piqûre sur certaines plantes telles que les *Ficus indica* et *religiosa*, l'*Aleurites laccifera* et *Rhamnus jujuba*, produit la matière résineuse, faiblement amère et astringente, qu'on appelle *laque en grains* lorsqu'elle est simplement séparée des rameaux, *laque en bâtons*, si elle est encore adhérente à ces rameaux, *laque en écaille* ou *en tablettes* si elle a été fondue et coulée dans des moules. — Le puceron chinois (*Aphis sinensis*) fait naître en piquant les feuilles du *Dystilium racemosum* des coques appelées *galles de Chine* qui sont employées comme puissant astringent. Les coques des pistachiers servent au même usage; elles consistent en excroissances que produisent sur les pistachiers les piqûres du puceron de la pistache (*Aphis pistaciæ*), elles portent dans le commerce, suivant leurs formes, les noms de caroubes et de baisonges. — Les galles ou noix de galle produites sur divers arbres, notamment sur les chênes et les églantiers, sont dues aux piqûres des cynips; elles sont aussi employées, à cause de leurs propriétés astringentes. — Les abeilles et les mélipones produisent le miel et la cire; celle-ci, unie à l'huile d'amandes douces, constitue les cérats, et elle sert aussi à préparer le cold-cream, le diachylon, l'emplâtre diapalme, les onguents canet, basilicum, de la mère, etc. Quant au miel, il est employé comme laxatif ou comme méat pour appliquer divers médicaments plus ou moins actifs contre les maux de gorge, les aphtes et les ulcérations de diverses natures.

Dans la classe des crustacés, on ne peut guère signaler, comme animaux médicinaux, que les écrevisses, dont on fait du bouillon qui passe pour être analeptique, c'est-à-dire pour être apte à ranimer les forces des convalescents. On le conseille quelquefois dans la phthisie pulmonaire. Les concrétions calcaires blanches de l'estomac qui ont reçu le nom vulgaire d'*yeux d'écrevisse*, à cause de leur forme, sont employées comme absorbant contre les aigreurs de l'estomac; elles peuvent être remplacées par la craie et la magnésie calcinée.

La classe des annélides présente la sangsue grise ou médicinale (*Hirudo medicinalis*), la sangsue verte ou officinale (*Sanguisuga officinalis*), la sangsue truite ou interrompue (*Sanguisuga interrupta*), beaucoup moins employées aujourd'hui qu'autrefois pour opérer des saignées locales.

Dans la classe des gastéropodes, on ne peut guère signaler que le limaçon ou hélice vigneronne (*Helix pomatica*); on en fait des bouillons, des pâtes, des sirops que l'on conseille aux malades atteints de bronchite ou de phthisie.

Enfin, dans la classe des spongiaires, on trouve les éponges, qui ont des usages assez nombreux. Calcinées de telle sorte qu'elles atteignent une teinte brunâtre, elles sont employées contre le goitre et les scrofules. On prépare les éponges à la *cire* ou à la *ficelle* pour les introduire dans des plaies et mettre à profit leurs propriétés absorbantes.

ANIMAUX MORTS (*économie rurale*). — Longtemps les animaux morts dans les campagnes, soit de maladie, soit de vieillesse, ou par accident, ont été, le plus souvent, enfouis en terre ou bien simplement abandonnés sur le bord des fossés des chemins ou au milieu des champs, le tout au détriment de la santé et en causant de grandes pertes pour la richesse des terres. Afin de tâcher de mettre fin à ces pratiques, la Société nationale d'agriculture a ouvert un concours sur les meilleurs moyens d'utiliser les animaux morts, et le prix a été décerné, en 1830, à Payen, dont le mémoire, aussitôt publié, a fait faire de grands progrès à la question.

Désormais, il n'est plus permis à un agriculteur

un peu instruit de ne pas utiliser tous les débris d'animaux, et si la pratique de l'enfouissement des animaux morts des maladies charbonneuses est encore suivie, elle est entourée de précautions que les découvertes de M. Pasteur sur les causes de ces maladies ont fait prescrire; il serait même peut-être mieux d'y renoncer pour avoir recours à la cuisson préalable, et ensuite à la transformation, soit en engrais, soit en divers produits industriels. La cuisson complète suffit pour détruire tous les êtres infiniment petits qui peuvent indéfiniment donner le charbon lorsqu'ils sont introduits, par un moyen quelconque, dans le sang d'un être vivant.

L'incinération a le même avantage, mais elle détruit la matière organique en pure perte pour l'agriculture. L'enfouissement, même à plusieurs mètres de profondeur, laisse subsister éternellement les germes d'un mal contagieux et mortel. Les vers de terre ramènent ces germes à la surface du sol où ils peuvent exercer leur action néfaste. A part le procédé d'enfouissement recommandé par Payen, pour le cas d'animaux morts de maladies charbonneuses ou d'empoisonnement par des morsures venimeuses, toutes les indications que le chimiste agronome éminent a recommandées sont judicieuses pour l'utilisation des animaux morts.

Elles méritent d'être résumées dans leurs parties essentielles pour les agriculteurs, en laissant de côté les moyens à employer dans les établissements spéciaux, tels que les clos d'équarrissage, les boyauderies, les fabriques de noir animal, les fabriques d'engrais ou de produits chimiques, etc. Leur application est plus ou moins importante, selon que le bétail joue, dans une exploitation rurale, un rôle plus ou moins considérable. Lorsqu'il n'y a qu'un très petit nombre d'animaux morts, chaque année, on doit se borner aux procédés les plus simples; il ne peut être question de faire des frais d'établissement d'appareils de préparation des débris que lorsqu'il y a une agglomération d'animaux vivants assez grande; l'association pour l'établissement de ces appareils doit être, autant que possible, volontaire; elle peut être aussi municipale, puisque les municipalités doivent intervenir dans le cas de maladies contagieuses et d'épizooties. (Voy. le mot ABATAGE, p. 10 et 11).

1. *Dépècement des animaux morts.* — « Tous les animaux, dit Payen, doivent être dépouillés et dépecés de la même manière. On coupe le plus près possible de leur racine les crins, et l'on arrache les fers des pieds lorsqu'il y a lieu. L'animal, étendu à terre ou sur une table, est maintenu sur le dos, le ventre tourné vers l'opérateur; celui-ci, à l'aide d'un couteau bien affilé, pratique une incision longitudinale dans toute l'épaisseur de la peau, et même un peu plus avant, depuis le milieu de la mâchoire inférieure, traversant en ligne droite le cou, la poitrine et le ventre jusqu'à l'anus; il incise de même la peau des quatre membres, dans le sens de leur longueur, en coupant à angle droit la première incision, et s'arrêtant près de chacune des extrémités, où se fait une incision circulaire. Saisissant alors de la main la moins exercée un des côtés de la peau dans l'incision longitudinale, il la détache successivement sur le ventre, la poitrine, le cou, les jambes et les parties latérales, à l'aide de coupures qui s'insinuent entre la peau et la chair; on doit avoir le soin, surtout si l'on manque d'habitude et que l'animal soit maigre, de diriger le tranchant de la lame vers les muscles dont on entame toujours quelques portions, afin d'éviter que la peau ne puisse être endommagée. Dès que toutes les parties ci-dessus indiquées sont dénudées, on retourne l'animal sur le ventre, afin d'achever de le dépouiller. La queue, fendue par la première incision, est développée; sa partie intérieure, osseuse et charnue, est tranchée aussi loin que possible de sa racine, afin de laisser plus d'étendue à la peau. On continue de séparer celle-ci de toute la région du dos, à laquelle elle adhère encore; arrivé vers la tête, on tranche les oreilles près de leur insertion, et l'on termine l'opération en dépouillant toute la partie postérieure de la face. Dans les localités où la proximité des tanneries, mégisseries, maroquineries, etc., permet d'expédier à ces établissements les peaux toutes fraîches, on laisse, sans la dépouiller, toute la partie interne de la queue; les oreilles, et même les lèvres, peuvent également être laissées adhérentes à la peau, de peur de l'endommager en les extrayant. Les écorcheurs de profession le font à dessein pour rendre la peau plus lourde, parce qu'elle se vend au poids. Lorsque, au contraire, les peaux doivent être expédiées à des distances un peu plus grandes il faut extraire soigneusement toutes les parties charnues. Après que l'animal a été dépouillé, on enlève toutes les parties intestinales, les viscères de la poitrine et le diaphragme, que l'on dépose non loin de là; on désarticule les quatre pieds, après avoir relevé les tendons, afin d'éviter de les couper en tranchant le jarret et le genou; on désarticule ensuite les jambes de derrière en coupant les muscles qui leur correspondent le plus près possible de l'insertion aux os du bassin; les jambes de devant sont séparées de même, et l'on s'occupe alors d'enlever toutes les chairs sur ces diverses parties, en mettant à part les plus beaux morceaux, lorsqu'ils sont susceptibles de servir d'aliments; les chairs extraites entre les côtes, dans les vertèbres du cou et dans toutes les parties anfractueuses de la tête, sont en petits lambeaux ou raclures. »

Pour la séparation de toutes les matières animales mises de côté par le dépècement et qui ne doivent pas être employées dans l'alimentation, il est bon d'employer de l'eau phéniquée dans les opérations, afin d'éviter la production des germes dangereux pour l'opérateur; c'est une précaution indispensable à prendre lorsqu'on a affaire à des animaux morts d'affections contagieuses et notamment charbonneuses.

Lorsqu'il ne se trouve personne capable de bien dépouiller un animal mort, on peut suivre un procédé plus simple pour permettre de l'utiliser comme nourriture, soit pour les hommes, soit pour les porcs, les chiens ou les poules. On commence par ouvrir le ventre de l'animal, on en tire les boyaux, qu'on met à part pour les utiliser comme engrais; on coupe ensuite l'animal en six ou huit morceaux, de manière que chacun de ceux-ci puisse entrer dans la chaudière des appareils à cuire les aliments qui doivent être compris dans l'outillage de toutes les exploitations rurales (voy. ALIMENTS, p. 257); on remplit la chaudière à moitié avec de l'eau que l'on fait chauffer jusqu'au commencement de l'ébullition; à ce moment, on met dans la chaudière un des morceaux, et on laisse continuer l'ébullition jusqu'à ce que le poil puisse être arraché facilement; on retire alors le morceau échaudé, et on a soin d'arracher promptement les poils en les saisissant entre la lame d'un couteau et le pouce, et en ratissant ensuite avec le même couteau. On fait échauder, et on prépare de la même manière tous les morceaux de l'animal. Ces morceaux peuvent être ensuite salés pour en faire la conservation, ou bien on devra en achever la cuisson pour les employer en nourriture immédiate. Quant à l'eau dans laquelle on aura fait bouillir les diverses parties de l'animal pour les échauder, on la passera dans un linge clair, afin d'en séparer les poils, et on la mêlera avec du son, des recoupes, etc., pour la faire servir à la nourriture des porcs. On peut admettre comme fait absolument certain que l'ébullition détruit tous les germes ou virus susceptibles de devenir nuisibles à l'homme ou aux animaux domestiques par leur dissémination.

II. *Sang.* — Le sang écoulé par une saignée ou celui qu'on trouve coagulé dans l'intérieur du corps d'un animal ne doit jamais être perdu. Il faut le recueillir dans un vase pour en faire soit de l'engrais, soit un aliment. Pour faire un engrais, le mieux est de mélanger le sang avec environ huit fois son poids de terre qu'on a fait sécher au feu; avec 4000 à 5000 kilogrammes de mélange on peut donner une bonne fumure à un hectare de terre. Quand le sang est frais et provient d'une bête saine, on peut l'employer à faire un pain très nutritif en pétrissant de la farine de blé avec ce sang au lieu d'eau; on fait cuire ce pain à la manière ordinaire. On peut le manger frais, ou bien le conserver en le coupant par tranches qu'on fait dessécher au four pour s'en servir ensuite au fur et à mesure des besoins.

III. *Peaux.* — Les peaux forment la partie des animaux morts dont on fait généralement l'usage le plus facile et le plus avantageux, depuis celles des taupes et des rats jusqu'à celles des grands animaux. Si les établissements dans lesquels les tanneurs, les mégissiers ou autres industriels travaillent les peaux sont peu éloignés, on peut les leur envoyer à l'état frais; elles y seront prises au poids ou à la pièce, selon les espèces. Si ces établissements sont éloignés, on doit préparer les peaux pour les conserver à l'état vert ou à l'état sec. Il faut, dans les deux cas, en éliminer d'abord toutes les parties charnues ou grasses. Pour les garder à l'état vert, on les imprègne d'un lait de chaux léger obtenu avec 1 kilogramme de chaux délayé dans 40 litres d'eau environ. Pour les conserver à l'état sec, on leur fait d'abord subir une demi-dessiccation, en les étendant à l'air; on peut ensuite ou les soumettre à l'action de l'acide sulfureux en les suspendant dans une chambre close où l'on brûle du soufre; ou bien les imbiber d'une dissolution de sel marin et d'alun dans laquelle on les fait tremper; ou bien, enfin, les traiter par une dissolution phéniquée. Les peaux de bœufs, bouvillons, vaches, génisses, chevaux, mulets, ânes, veaux, se vendent aux tanneurs et hongroyeurs, celles de chèvres, chevreaux, moutons tondus, agneaux, cerfs, biches, aux mégissiers; les plus belles parmi celles des chèvres et des moutons, aux maroquiniers; celles des moutons dont on n'a pas enlevé la laine aux négociants laveurs de laine; celles des lapins et des lièvres aux chapeliers, sans autre préparation que d'avoir été desséchées en prenant garde que le sang ou tout autre liquide animal se répande sur les poils; les autres peaux se vendent aux fourreurs. Les peaux à poils ras, telles que celles des chevaux, bœufs, ânes, mulets, etc., qui ne s'emploient généralement que débarrassées de leurs poils, peuvent être débourrées facilement par les gens de campagne en plongeant ces peaux dans de la lessive qui a servi au lavage du linge ou dans un lait de chaux à 3 pour 100; le poil s'enlève facilement en raclant avec un couteau. Les peaux sont ensuite desséchées pour être vendues; le produit du débourrage peut servir pour rembourrer les selles, fabriquer des couvertures grossières ou pour engrais; dans ce dernier cas, on a recours avec avantage à leur torréfaction.

IV. *Graisses.* — Les matières grasses des animaux n'ont pas d'utilité dans les engrais, mais elles ont une valeur industrielle assez grande, de telle sorte que les agriculteurs doivent chercher à les extraire des animaux morts; ils peuvent en tirer un bon parti. Il y a d'abord la graisse qu'on peut enlever dans le dépècement. On doit la rechercher sous la peau, autour du cœur et de l'intestin, près des parois internes, entre le péritoine et les parties inférieures de l'abdomen, dans l'épaisseur du mésentère et du médiastin, enfin entre les gros muscles. Il y a ensuite la graisse qu'on peut extraire des os.

Lorsqu'on a retiré les premières parties grasses par le dépècement, on les taillade en fragments de la grosseur des amandes avec un couteau ou un hachoir; ces fragments sont introduits dans une chaudière que l'on chauffe de manière à obtenir la fusion de la graisse qui s'écoule du tissu adipeux, la chaleur faisant dilater et crever les cellules non entamées par le couteau. A l'aide d'une écumoire, on enlève les lambeaux de tissu cellulaire et on en extrait la graisse par la pression; les débris dégraissés servent à animaliser la nourriture des chiens.

Un autre procédé, pour la fonte des suifs, est encore employé avec avantage; il consiste à mettre dans la chaudière de l'eau aiguisée par 3 pour 100 de son poids environ d'acide sulfurique, et à faire bouillir les matières grasses brutes avec cette eau acidulée dans la proportion de deux parties de matières grasses pour une partie d'eau. On laisse déposer lorsque les cellules sont suffisamment attaquées; le suif surnage, on l'enlève et le passe au tamis. Les débris qui restent sur le tamis forment ce qu'on appelle des *cretons;* on s'en sert pour la nourriture des chiens de garde ou de berger. Il se dégage, pendant cette opération, des vapeurs âcres, désagréables, qu'il faut diriger dans une cheminée qui tire bien. La graisse ainsi obtenue peut servir à des usages alimentaires; en outre, si elle est ferme, on l'utilise dans la fabrication des chandelles ou dans la préparation des cuirs hongroyés; si elle est molle ou presque huileuse, comme celle des chevaux, on l'emploie pour imprégner les harnais et les souliers, pour alimenter les lampes; si elle est de consistance moyenne, pour le graissage des moyeux des roues de voitures, etc.

Les parties creuses des os et les portions spongieuses des apophyses contiennent une matière grasse qu'on extrait également en la faisant liquéfier sous l'eau par la chaleur; on doit préalablement couper en tranches de quelques millimètres d'épaisseur les parties celluleuses des gros os, telles que les bouts arrondis qui se trouvent dans les articulations ou jointures, ce qui se fait facilement avec une scie à main; le corps de l'os est concassé avec la tête de la hache, de manière qu'il soit fendu et que la *moelle* soit mise à nu. On peut d'ailleurs traiter de même tous les os qui servent journellement dans le pot-au-feu, mais sans attendre trop longtemps, parce que la graisse se fixerait dans le tissu osseux, qui ne serait plus imprégné de l'eau qui s'oppose, dans les os frais, à l'infiltration de la matière grasse. On ne fend, on ne soumet au travail de la scie pour en faire des fragments susceptibles d'être traités pour l'extraction de la graisse, que les os qui, en raison de leurs formes, peuvent être vendus aux tabletiers.

Les os de la partie inférieure des membres des bœufs, vaches, moutons, chevaux, sont aussi traités à la scie, et on les soumet séparément à l'ébullition pour obtenir les huiles dites de pieds de bœufs, de pieds de moutons, de pieds de chevaux.

Les divers os qui peuvent servir à l'extraction des matières grasses, outre les os de travail et les os hachés, sont: les os de têtes de bœufs, dits canards; les parties osseuses, légères, qui remplissent l'intérieur des cornes, dites cornillons; celles du même genre qui sont insérées dans les onglons des bœufs et des vaches; les os plats et minces des épaules de moutons; ceux des jambes, qui sont trop peu épais pour servir à la tabletterie.

On fait d'abord bouillir l'eau qui doit remplir la chaudière à moitié; on ajoute ensuite les os coupés, de telle sorte qu'ils soient couverts d'eau de la hauteur du quart de la chaudière; on continue l'ébullition en remuant avec une forte pelle trouée;

au bout d'une demi-heure, on arrête l'ébullition par l'addition d'un peu d'eau froide, et l'on écume la graisse avec une cuillère. On enlève ensuite les os avec une pelle, et on se sert de la même eau pour faire une deuxième opération avec d'autres fragments d'os, et ainsi de suite. L'eau gélatineuse obtenue peut servir pour préparer la soupe des porcs.

V. *Os*. — Les os privés de graisse sont vendus aux fabricants de gélatine, aux fabricants de noir animal, enfin, aux tablettiers ; ces derniers recherchent surtout les os plats des épaules, les os cylindriques des gros membres et les parties les plus larges et les plus solides des côtes des bœufs et des vaches. Les agriculteurs peuvent faire un excellent engrais en concassant ou pulvérisant les os avec des moulins à cylindres cannelés. La poudre d'os est estimée par tous les cultivateurs habiles.

VI. *Crins, poils, laine, soies, plumes*. — Toutes ces substances sont conservées par une dessiccation dans un four modérément chauffé, c'est-à-dire à une température telle qu'il ne puisse en résulter aucune altération. Il est bon, à la fin de la dessiccation, de brûler un peu de soufre dans le four pour dégager l'acide sulfureux ; cela se pratique facilement en mettant au milieu de la sole deux brasiers sur lesquelles on place un vase quelconque percé de quelques trous, et dans lequel on a mis une mèche soufrée allumée. On ensache dès que le soufre a fini de brûler.

Il est bon de rendre imperméables les toiles dans lesquelles on renferme les plumes, en les frottant avec un morceau de cire que l'agriculteur peut faire lui-même en fondant ensemble 3 parties de cire et une partie de galipot. On ne conserve que les plumes qui peuvent servir pour les lits ou pour écrire, etc. ; les plumes défectueuses sont utilisées comme engrais. Payen donne le moyen suivant pour préparer les plumes à écrire : « On fait chauffer sur une plaque de tôle, ou dans une marmite en fonte, du sable ou du grès, jusqu'à ce qu'une bouilloire ou une cafetière pleine d'eau et placée dans le sable soit échauffée au point de l'ébullition ; alors on retire ce vase et on plonge le tuyau des plumes dans le sable ; on laisse les plumes en cet état pendant un quart d'heure à peu près ; alors on les retire successivement et aussitôt on frotte fortement le tube avec un morceau de serge ou de gros drap. Les plumes d'oies et de corbeaux ainsi préparées sont d'une très bonne qualité ; elles se taillent et se fendent bien ; on peut même se servir, pour le même usage, des plumes de canards, de poules, etc., quoiqu'elles soient de bien moins bonne qualité. »

Les crins longs, tels que ceux de la queue des chevaux dits à tous crins, sont mis à part comme ayant plus de valeur que les crins courts ; ceux-ci ne servent qu'à filer des cordes ou à rembourrer des coussins, les meubles de siège, les selles des chevaux, etc. ; les premiers s'emploient dans la confection des étoffes de luxe. Les crins à rembourrer sont d'abord mis en tresses, puis exposés à la vapeur d'eau bouillante afin que, après le refroidissement, ils conservent les formes ondulées qui assurent l'élasticité.

Les soies de cochon que l'on arrache après l'échaudage des porcs peuvent être assimilées aux crins courts et vendues aux bourreliers, aux fabricants de meubles et apprêteurs de crins.

La bourre formée de poils enlevés aux peaux, comme il a été dit plus haut, sert à fabriquer des feutres pour le doublage des navires.

VII. *Cornes, sabots, ergots, onglons*. — Ces diverses parties des animaux sont assemblées pour la vente de manière à assortir celles qui ont les mêmes dimensions et les mêmes couleurs à peu près ; les plus grands et les moins colorés de ces objets ont le plus de valeur, surtout quand ils n'offrent pas de déchirure. On met à part les cornes et les sabots peu colorés, mais difformes ; on fait aussi un lot des petits ergots et des rognures ou fragments de petites dimensions. Les sabots, cornes et ongles entiers sont achetés par des aplatisseurs qui les préparent pour la fabrication des peignes et autres objets en corne ; ceux qui sont défectueux servent à faire la poudre et la râpure de corne blonde ou brune : les déchets, menus fragments et petits ergots servent à la fabrication du prussiate de potasse. La poudre et la râpure de corne sont employées pour la fabrication des objets en corne fondue ; elles peuvent être préparées par l'habitant des campagnes qui n'a qu'à user, avec une râpe, les fragments de corne à transformer. Il est ensuite possible d'utiliser la râpure soit comme engrais puissant, soit pour faire des galettes par pression à chaud, avec un quart de râpure et des fragments de cornes diverses ; ces galettes sont achetées par les tablettiers.

L'habitant des campagnes peut aussi se livrer à l'aplatissage des cornes et des ergots, parce que ces objets ont une valeur trois à quatre fois plus grande que celle des cornes et des ergots à l'état brut. On ne doit faire l'aplatissage qu'autant qu'on peut obtenir des plaques d'une étendue de 7 à 8 centimètres en tous sens. On supprime les bouts des cornes avec une scie, et on les fend ensuite, de même que les ergots, dans leur courbure interne ; on les chauffe alors dans de l'eau maintenue à l'ébullition durant une demi-heure ; à ce moment, quand l'état d'amollissement est suffisant, on étend toutes les parties avec des tenailles, et on soumet les morceaux à une forte pression entre deux plaques de fer ou de fonte.

VIII. *Fers et clous*. — Les fers plus ou moins usés dont sont munis les pieds des chevaux, des bœufs, ânes et mulets, au moment où ils meurent ou sont abattus, doivent être enlevés, car lors même qu'ils ne peuvent plus être forgés pour reservir, ils donnent, quand on en chauffe trois ou quatre à la fois, et qu'on les corroye ensemble au marteau, un fer d'excellente qualité. Les clous arrachés des pieds des animaux morts s'emploient aussi utilement sous le nom de rapointés pour hérisser les pièces de bois qui doivent être recouvertes de plâtre ou de mortier ; on s'en sert aussi, surtout en Auvergne, pour ferrer les sabots ou pour fixer les lattes avec lesquelles on palisse les arbres à fruit le long des murailles, et en général pour tous les usages dans lesquels on emploie les clous à tête.

IX. *Tendons*. — Les tendons ou parties fibreuses qui attachent les muscles aux os, et qu'on appelle vulgairement des *nerfs*, sont en général enlevés en les tranchant au ras de leur point d'attache au moyen d'un couteau dont on fait passer la lame entre eux et les os ; on les suit, autant qu'on le peut, dans la chair musculaire, en y laissant le moins possible de celle-ci. Ces parties des animaux morts sont généralement employées à la fabrication de la gélatine ou colle forte, et on les joint, pour cet usage, aux rognures de peaux, aux oreilles, pénis, pattes de chats, de chiens, etc. On les traite par un lait de chaux durant 8 à 15 jours ; on les fait ensuite sécher pour les livrer au commerce. Ces diverses matières peuvent d'ailleurs servir, quand elles sont à l'état frais, pour faire des gelées dans les ménages ; il faut, pour cela, les couper en tranches minces, puis les soumettre à une longue ébullition avec 8 à 10 fois leur poids d'eau et quelques assaisonnements ; on passe à travers un tamis et on laisse refroidir ; la masse se prend en une gelée savoureuse. Le nerf de bœuf est le nom vulgaire de la partie épaisse du bord supérieur libre du ligament jaune élastique cervical postérieur du bœuf et du cheval ; c'est par suite d'une erreur populaire que cette partie est prise pour le pénis ou membre génital du bœuf, arraché et desséché. — On se sert aussi des nerfs de bœuf pour faire des cordes, des ligatures et des instruments de supplice.

X. *Issues, boyaux, vidanges.* — Les parties internes des animaux morts, telles que le foie, les poumons, la cervelle, le cœur, ainsi que les déchets des boyaux, doivent être hachées le plus menu possible, et ensuite mélangées, ainsi que la vidange des intestins, avec de la terre sèche, dans la proportion de 1 partie de ces diverses matières avec 7 à 8 parties de terre. Le tout est mélangé plusieurs fois et conservé en un compost recouvert de terre, lequel constitue, après s'être transformé en une sorte de terreau, un excellent engrais. Ces mêmes matières animales peuvent aussi être employées à la production des asticots.

Quant aux *intestins grêles* ou boyaux longs et droits, et aux *cæcums* ou boyaux courts, naturellement fermés d'un bout, ils servent, les uns et les autres, à la fabrication des boyaux insufflés, de la baudruche, des cordes harmoniques ou des cordes mécaniques, à raquettes, à fouets, d'arçon, etc., que l'on prépare dans les usines dites boyauderies. Les agriculteurs peuvent les préparer de manière à les vendre avantageusement à ces usines Pour cela, après avoir dégraissé les boyaux en les raclant avec un couteau, mais en prenant bien soin de ne pas les entamer, on les rince on les passant entre les doigts pour en faire sortir le plus d'eau possible; on les étend ensuite sur des cordes pour les sécher, et quand la dessiccation est opérée à moitié, on les expose dans une chambre à l'action du gaz sulfureux obtenu par la combustion du soufre; on achève ensuite la dessiccation par un étendage, et on les expose encore une fois aux vapeurs de la combustion d'une mèche soufrée, avant de les emballer, en les pliant avec précaution dans des caisses pour leur expédition. Les pis de vache, coupés au ras de la tétine, sont préparés de la même manière pour être vendus aux fabricants de biberons pour l'allaitement artificiel.

XI. *Résumé.* — Toutes les parties des animaux morts peuvent être avantageusement employées, soit par l'industrie, soit au moins pour la fabrication des engrais. Les dangers de leur usage sont nuls par la cuisson dans l'eau bouillante ou dans la vapeur à deux ou trois atmosphères de pression; la dessiccation permet de les conserver avant de s'en servir; les enterrer purement et simplement, c'est faire une perte considérable et ce n'est pas éviter le danger de la communication des maladies contagieuses.

ANIMAUX NUISIBLES (*économie rurale*). — On doit comprendre sous ce nom tous les animaux qui portent préjudice à l'homme, soit parce qu'ils s'attaquent à lui directement, soit parce qu'ils s'en prennent aux animaux domestiques, aux provisions, aux habitations humaines, soit enfin parce qu'ils détruisent les récoltes en empêchant certaines productions végétales. La première classe des animaux nuisibles peut d'ailleurs être subdivisée en deux catégories : les animaux qui peuvent blesser l'homme accidentellement, ceux qui nécessairement agissent d'une manière fâcheuse sur le corps de l'homme, soit par un organe spécial, soit parce que leur chair ne saurait, sans danger, être employée à l'alimentation. Il y a aussi à considérer les diverses natures de récoltes : céréales, racines, cultures sarclées diverses, fourrages, plantes industrielles, arbres fruitiers et forestiers.

Ces diverses classes d'animaux, contre lesquels l'agriculteur doit lutter, doivent être passées en revue pour le mettre en garde contre des obstacles à la prospérité des exploitations rurales dans les divers pays Cette étude a un intérêt pratique considérable, car pour chaque objet le nombre des animaux nuisibles est limité. Lorsque le cultivateur rencontrera un ennemi contre lequel il faudra combattre, son premier soin devra être de consulter le paragraphe de cet article qui concerne la récolte atteinte; il sera fixé sur un petit nombre d'espèces; ses recherches seront dès lors limitées à déterminer l'individu d'après les renseignements qu'il aura sous les yeux ou qu'il trouvera en recourant à quelques articles spéciaux. Sa tâche sera ainsi rendue très facile et il pourra agir en outre efficacement à coup sûr.

I. *Animaux accidentellement nuisibles à l'homme lui-même.* — Les animaux, le plus souvent, fuient devant l'homme plutôt qu'ils ne le cherchent pour l'attaquer; le lion, le tigre, l'ours, le loup, sont les principaux; rarement ils engagent la lutte les premiers. D'autres espèces animales, de grande ou de petite taille, vivant à l'état libre ou à l'état domestique, dans l'air ou dans l'eau, peuvent blesser avec leurs défenses, leurs cornes, leurs dents, leurs griffes, leurs becs, leurs ergots, les piquants dont leur corps est couvert. Mais ils ne deviennent nuisibles que fortuitement, par exemple, quand ils sont poursuivis, irrités par des blessures, et qu'ils cherchent à se défendre ou à s'échapper. Au point de vue agricole, il est inutile d'insister sur les dangers que l'homme va lui-même chercher le plus souvent en vue de se donner le plaisir de la chasse ou de la pêche.

Animaux essentiellement nuisibles à l'homme. — Ce sont des animaux toxicophores ou vénénifiques, ou bien des animaux parasites; les premiers ont un organe qui sécrète un venin, organe simple ou multiple dont le siège est tantôt à la bouche, tantôt sous la peau, sur un membre du corps ou à l'extrémité abdominale; les autres sont épizoaires ou entozoaires, c'est-à-dire se logent dans la peau ou dans l'intérieur du corps. Enfin, il en est dont la chair est toxique.

Il n'y a ni mammifères ni oiseaux munis d'organe sécrétant un venin. On avait cru longtemps que l'ornithorynque paradoxal, qui habite la Nouvelle-Orléans et appartient à l'ordre des Monotrèmes (voy. ANIMAL (*règne*) faisait exception à cette règle, mais l'erreur a été reconnue.

Dans la classe des reptiles, l'ordre des Ophidiens renferme plusieurs genres qui peuvent causer rapidement la mort en inoculant un venin au moyen d'un appareil spécial (voy. ANIMAL (*regne*) : tels sont les genres bothrops, céraste, crotale, naja, vipère.

La classe des batraciens présente des animaux, tels que les crapauds, les salamandres et les tritons, qui possèdent des follicules sous-cutanés ou des tubercules verruqueux laissant suinter une humeur toxique.

Dans la classe des poissons, il faut d'abord citer la fausse carangue, la sarde à dents de chiens, plusieurs serranus, la grosse sphyrène, dont la chair est toxique en toutes circonstances, sans compter ceux en très grand nombre dont la chair devient nuisible par suite de la fermentation. Il y a ensuite les poissons électriques, tels que les gymnotes et les torpilles, qui possèdent un appareil spécial dont ils se servent pour donner des décharges successives qui engourdissent et font périr l'homme ou les animaux avec lesquels ils se trouvent en contact dans l'eau. Mais il n'est pas prouvé qu'il existe des poissons susceptibles de déverser un venin en pratiquant les blessures affreuses que leurs dents et leurs aiguillons permettent de faire, et qui suffisent pour expliquer les suites dangereuses de leurs atteintes.

Le monde innombrable des insectes en renferme beaucoup qui sont toxicophores et nuisibles, pourvus d'un organe buccal de succion, évacuant du venin par un appareil spécial, vivant en parasites sur les corps: ainsi sont les abeilles, les bourdons, et les guêpes, parmi les hyménoptères porte-aiguillons ; les poux, les puces, les punaises, les naucores, les nèpes, les réduves, les chrysops, les cousins, les stomoxes, les taons, l'hippobosque, la mouche ttestsé, ayant des organes de succion, parmi les hémiptères et les diptères.

C'est à l'état d'êtres parfaits qu'agissent ces divers insectes et beaucoup d'autres encore. Il en est qui, sous leur premier état de larve, vivent pour nuire dans l'intérieur du corps, comme les cutérèbres, les céphalémyies, les hypodermes, les œstres. Enfin, des espèces à l'état de chenilles, éjaculent des liquides âcres ou ont des poils caduques qui pénètrent dans le derme de la peau et y produisent des démangeaisons, ou bien causent des accidents en s'introduisant accidentellement dans les cavités naturelles, telles que l'aglosse (voy. ce mot.

Dans la classe des myriapodes, il faut citer les scolopendres qui, à cause de leurs morsures et de leur appareil vénénifique, causent des maladies douloureuses.

Un grand nombre d'animaux de la classe des arachnides sont nuisibles à l'homme, parmi les grandes et les petites espèces, telles que les latrodectes, les mygales, les scorpions, les argas, les trombidiés, les acariens, et surtout, le sarcopte de la gale (voy. ACARIENS.

Dans les autres classes du règne animal, il n'en est pas qui ne renferment des espèces plus ou moins nuisibles, et qui par leur action directe ou par leur chair ne puissent causer une fièvre ortiée remarquable ; cela arrive pour divers crustacés, plusieurs annélides, tous les nématoïdes (voy. ANIMAL (*règne*), puis les ténioïdes, qu'il suffit de nommer pour signaler les ténias ou vers solitaires. Si, dans les classes des mollusques céphalopodes, ptéropodes, gastéropodes, acéphales, on rencontre beaucoup d'animaux comestibles, il en est qu'il faut se garder de consommer, surtout à de certaines époques. A mesure que l'on descend dans les classes inférieures du règne animal, les connaissances positives deviennent plus rares en ce qui concerne l'action sur l'homme ; cependant il est certain que, dans la classe des acalèphes, par exemple, les méduses, et dans celle des polypes, les actinies, peuvent produire des démangeaisons vives ou même des éruptions, lorsque ces animaux sont mis en contact avec les téguments humains ou maniés sans précaution.

Pour lutter contre ces animaux et contre les conséquences des blessures qu'ils peuvent avoir faites ou les maladies qu'ils peuvent avoir causées, l'homme a d'abord la chasse, la pêche, par les armes qui tuent ou par les pièges qui réduisent à l'impuissance de nuire ; il se sert aussi du poison approprié à la nature de l'être dont il se propose de se débarrasser. Il annule les effets des venins par l'emploi immédiat de l'ammoniaque, et si le traitement ammoniacal est trop tardif, par des cautérisations et des médications qui ont pour but de supprimer, de contre-balancer les actions délétères. L'application de pommades convenables, sulfureuses, mercurielles, opiacées, etc., selon les cas, tue les parasites et calme les démangeaisons de la peau. L'emploi des vomitifs ou des purgatifs débarrasse des parasites intérieurs de l'organisme. D'ailleurs, par des soins de la personne et de l'habitation, et par l'usage d'ingrédients appropriés, on parvient à beaucoup diminuer le nombre des animaux nuisibles ; il est des espèces, parmi les grandes surtout, dont les peuples avancés en civilisation ont pu purger complètement leurs territoires.

II. *Animaux nuisibles aux animaux domestiques.* — Il faut mettre au premier rang les grands mammifères qui attaquent le bétail au pâturage ou bien dans les écuries, les étables et les bergeries, puis ceux qui s'en prennent aux animaux de basse-cour. Après les bêtes féroces qu'on ne trouve plus en Europe, mais qui se rencontrent en Afrique et en Amérique, après le lion, le tigre, le chacal, la hyène, la panthère, on trouve en Europe, assez rarement, l'ours, mais plus ou moins fréquemment le loup, le renard, le chat sauvage, le putois, la fouine, la belette. La loutre dépeuple les viviers. Le rat tue les poussins, les pigeonnaux et les jeunes lapins, comme le renard poursuit toutes les volailles. Le blaireau mange parfois les abeilles et le miel tout à la fois.

Les oiseaux qui s'en prennent aux animaux domestiques, principalement à ceux de la basse-cour et du colombier, sont nombreux : il faut citer l'aigle, le vautour, l'épervier, l'autour, le faucon commun, le circaète. Plusieurs espèces mangent surtout des grenouilles, du frai de poisson ou se nourrissent de poisson : tels sont les busards, les hérons, le butor, le biset, le cormoran ordinaire, le puffin cendré, les goélands, les harles, les grèbes, les plongeons. L'abeillerole (*Merops apioster*) est très nuisible aux abeilles au printemps, dans le midi de la France.

Les reptiles venimeux n'épargnent pas les animaux domestiques, mais ils causent peu de ravages en Europe.

De nombreux insectes analogues à ceux qui tourmentent l'homme, infligent aussi leurs morsures ou piqûres aux animaux domestiques ou de basse-cour. A cet égard se distinguent surtout les taons, le chrysops aveuglant, l'hématopote pluvial, le stomoxe, l'hippobosque, les puces, les punaises des pigeonniers, les cousins, les moustiques, les simulies, tous insectes qui causent des tourments souvent insupportables et produisent des piqûres parfois dangereuses ; les ampoules de ces piqûres doivent être lavées avec de l'alcool ou de l'eau ammoniacale ; l'emploi de l'eau phéniquée est également assez souvent efficace pour hâter la guérison. D'autres insectes s'établissent comme parasites, soit à l'état de larves, soit à l'état adulte, dans la peau, dans l'estomac ou dans diverses cavités naturelles des animaux domestiques : ainsi font les œstres, la céphalémyie du mouton, le sarcophage de la campagne, le mélophage du mouton, les poux, les ricins. Des soins de propreté, l'emploi de pyrèthre, des pommades sulfureuses ou mercurielles, le pétrole, la benzine, l'essence de térébenthine, des médicaments intérieurs, sont les moyens usités pour détruire ces divers ennemis du bétail et des animaux de basse-cour. D'ailleurs, les insectes s'attaquent les uns les autres, et il arrive ainsi qu'un grand nombre sont nuisibles par cela seul qu'ils détruisent les espèces dont l'homme tire utilité. Ainsi les abeilles ont beaucoup d'ennemis parmi les insectes ; elles doivent particulièrement redouter : le méloé varié, dont les larves ou triongulins s'accrochent à leurs corps sur les fleurs et les font périr ; les frelons, qui mangent le miel et qu'il ne faut pas irriter, parce qu'ils s'élancent en troupe sur l'agresseur et lui font des piqûres très dangereuses par leur nombre ; le sphinx à tête de mort, qui, dans les départements méridionaux, se gorge de miel et chasse des ruches les abeilles découragées ; les fausses teignes de la cire, parmi lesquelles la grande gallérie de la cire ou papillon des paysans apiculteurs des environs de Paris, et la petite gallérie, très répandue dans les ruches du Midi ; le philanthe apivore, le clairon des ruches, la cétoine du chardon. Certains insectes s'attaquent aux araignées et sont ainsi nuisibles parce que les araignées sont principalement utiles par la guerre qu'elles font aux insectes qui nuisent à l'homme : quelques genres d'hyménoptères fouisseurs sont dans ce cas : par exemple, le tripoxylon, les pélopées, les pompiles ; ces derniers font d'ailleurs à l'homme des piqûres très douloureuses. Du reste, comme on peut le constater dans la description du règne animal, il n'est pas d'espèce qui n'ait ses ennemis, ses parasites, dans d'autres espèces. La nature vivante donne le spectacle d'éternels combats.

L'homme intervient pour sauver tous les êtres dont il a besoin ; il a recours alors aux mêmes moyens d'action qu'il applique pour se défendre lui-même. Quelquefois par de fausses manœuvres, par l'abus de quelques pratiques qui, sagement employées ne produiraient que du bien, il multiplie certaines espèces qui deviennent des fléaux contre lesquels il doit entreprendre des luttes souvent difficiles.

Parmi les acariens nuisibles aux animaux domestiques, on doit mentionner les ixodes ou tiques qui s'attaquent aux oreilles des chiens de chasse ou de berger, et les sarcoptes qui déterminent les pustules de la gale sur le cheval, le porc, la chèvre, le mouton, etc. Des lotions de benzine ou d'essence de térébenthine les détruisent.

La classe des helminthes fournit un grand nombre de parasites qui causent parfois les plus terribles désordres dans l'intérieur du corps des animaux domestiques.

Les cysticerques des ténias se trouvent dans la chair du porc et du bœuf, et y causent la ladrerie. Les chiens sont aussi très sujets aux ténias, parmi lesquels le plus redoutable est le ténia échinocoque dont les cysticerques farcissent souvent le foie du mouton et du bœuf. La chair de porc est parfois parsemée de kystes renfermant des trichines enroulées qui peuvent causer des maladies très graves chez un grand nombre d'animaux. On ne saurait trop recommander la cuisson complète de tous les animaux morts pour arrêter la propagation de ces fléaux. Les ténias se trouvent aussi dans les poissons de certains lacs.

III. *Animaux nuisibles aux plantes et aux récoltes.* — Les animaux de taille plus ou moins grande qui causent au milieu des récoltes les dégâts les plus considérables, sont d'abord le gibier à poils et ensuite ceux qu'on a justement appelés la peste des champs ou les rongeurs, vivant souterrainement ou se creusant des galeries dans le sol. Tels sont les ours, les sangliers, les cerfs, les daims, les chevreuils, les lièvres, les lapins, les écureuils, les blaireaux, les loirs, les marmottes, les taupes, les rats, les souris, les mulots, les campagnols, les hamsters. Les agriculteurs et les fermiers ont droit, dans certains cas, à des dommages-intérêts de la part des propriétaires ou des locataires des chasses voisines de leurs exploitations, en raison des dégâts causés aux récoltes par le gibier; ils peuvent aussi, dans d'autres circonstances, détruire eux-mêmes ce gibier sur leurs champs par les armes à feu ou par les pièges. Quant aux autres mammifères nuisibles, on les chasse par des procédés culturaux, par l'enfumage, par l'empoisonnement; c'est ce dernier procédé qu'on applique principalement aux rongeurs qui font invasion dans les caves et les greniers. Les souris, les mulots, les campagnols, sont des animaux qui, dans une grande partie de la France, causent le plus de mal aux fermiers. On les détruit surtout par le poison.

Parmi les oiseaux, il en est aussi de nuisibles aux récoltes en terre. En premier lieu on doit citer les pigeons, qui vivent de pois, de fèves, de haricots, de navettes, de glands, de fraises sauvages, de bourgeons, de jeunes feuilles : les colombiers sont soumis à des règlements particuliers pour l'époque des semailles. Puis viennent les moineaux, le bouvreuil, le bec-croisé, le gros-bec vulgaire, le verdier, le pinson, le chardonneret, les corbeaux, la pie. Mais plusieurs de ces oiseaux ont parfois une certaine utilité, en ce sens que, s'ils dévorent des grains, des fruits, ils se nourrissent aussi d'insectes. Il en est d'eux comme de la taupe, que beaucoup d'agronomes rangent parmi les animaux utiles à cause des insectes nombreux dont elle purge les champs en même temps qu'elle soulève la terre, dérange les semailles ou déracine les plantes en creusant ses galeries. C'est une question de mesure entre les inconvénients et les avantages; l'animal est nuisible ou utile selon que le mal qu'il fait l'emporte sur le bien produit ou réciproquement. En somme, il y a plutôt lieu à protéger l'existence des oiseaux qu'à s'occuper de la destruction des espèces avines qui portent à l'agriculture quelque préjudice.

C'est surtout parmi les animaux articulés, parmi les vers et les mollusques, que se trouvent les plus nombreux ennemis de l'agriculture, de l'horticulture et de l'arboriculture. Quand ces animaux subissent des métamorphoses, tantôt sous une seule de leurs formes, tantôt sous toutes leurs formes à la fois, ils sont nuisibles : larves, chenilles, animaux adultes, causent des dégâts souvent désastreux.

Il importe de signaler les ennemis des principales sortes de récoltes ou de cultures :

1° *En ce qui concerne les céréales*, il y a d'abord, dans la classe des insectes qui leur sont nuisibles : parmi les *coléoptères*, le zabre bossu, les amares, qui en sont voisins, les taupins ou maréchaux, qui renferment les agriotes et les élatériens; les hannetons ou vers blancs, les anisoplies, les calandres (charançons), l'aiguillonier (voy. ce mot, p. 135), les lemas; — parmi les *orthoptères*, les acridiens ou criquets, appelés aussi, mais à tort, des sauterelles; — parmi les *hyménoptères*, la céphe pygmée; — parmi les *lépidoptères*, la teigne des grains, l'alucite des céréales (voy. ALUCITE, p. 318 et suiv.), les noctuéliens, comprenant les agrotis ou communément vers gris, le *Leucania zeæ* et l'*Orobena frumentalis;* — parmi les *diptères*, les chlorops, la mouche de l'orge, la cécidomye du froment, les oscines; — parmi les *hémiptères*, le *Thrips cerealium.* — Les procédés culturaux et la destruction directe sont des moyens employés pour empêcher ces divers animaux d'être dévastateurs ou pour en limiter le nombre à ce point qu'ils cessent d'être nuisibles; on varie l'application selon chaque cas particulier.

Dans la classe des myriapodes, on rencontre, comme animaux nuisibles aux céréales, le *Blaniulus guttulatus*, l'*Iulus terrestris*, l'*Iulus punctatus*, le *Polydermus complanatus*, qui se rassemblent souvent en très grand nombre autour des grains ensemencés, et les dévorent avec rapidité lorsque ces grains ramollis doivent bientôt germer. Il importe de traiter les semences par le sulfate de cuivre pour empêcher ce désastre.

Les anguillules (voy. ce mot, p. 441), dans la classe des nématoïdes, causent aussi de grandes dévastations que l'on prévient en traitant les semences par de l'eau acidulée avec de l'acide sulfurique.

Dans la classe des mollusques gastéropodes, on rencontre la limace agreste ou loche qui, dans les années humides, se multiplie en grand nombre et dévore les blés au moment où ils sortent de terre; la limace grise ou lochette fait aussi parfois beaucoup de dégâts. On n'a guère contre ces animaux d'autres ressources que la destruction directe.

2° *En ce qui concerne les cultures des grains secondaires, tels que pois, haricots, lentilles, féverolles, vesces*, etc., on trouve, comme animaux nuisibles, les mêmes mammifères et les mêmes oiseaux que pour les céréales et la plupart des autres cultures. C'est parmi les insectes que se trouvent leurs principaux ennemis spéciaux. Il faut citer d'abord les bruches, qui attaquent le pois, le pois-chiche, les fèves, les lentilles, les vesces, et deviennent parfois si nombreuses qu'il est absolument nécessaire d'avoir recours à l'alternance de la culture de ces légumineuses avec celle d'autres plantes de familles différentes; on doit d'ailleurs passer les graines de semence à la vapeur de sulfure de carbone pour détruire les larves qui s'y trouvent et qui multiplieraient l'insecte ravageur. Quelques apions se mettent dans les gousses des vesces, des lentilles, des pois. La pyrale des pois rend ceux-ci véreux à l'arrière-saison, tandis que la bruche attaque les pois précoces. Le barynote obscur dévore les fèves; deux bourdons, celui des mousses et le terrestre (*Apis muscorum* et *Apis terrestris*), attaquent leurs fleurs pour y prendre le pollen et amènent souvent l'avortement de la graine; le puceron noir des fèves se multiplie parfois en très grande abondance sur leurs tiges; la noctuelle potagère y cause de grands ravages; les larves de la tipule potagère mangent leurs racines; dans les cultures du Midi, les larves du lixe rétréci s'introduisent dans leurs tiges, les dessèchent et les font périr. Les vesces sont attaquées par la coccinelle globuleuse. — Il y a lieu de noter que, dans la culture des lentilles, on doit craindre, au moment des semis, les pigeons, très avides de cette graine; au moment de la levée, les blaniules guttulés, qui dévorent les germes dès qu'ils apparaissent; pendant la végétation, le sitone rayé, les pucerons, les bruches; cette plante paraît avoir autant d'ennemis acharnés que le haricot s'en trouve exempt, si l'on excepte toutefois les altises et la sauterelle verte.

3° *En ce qui concerne la culture des racines et tubercules: betteraves, carottes, navets, turneps, panais, pommes de terre, topinambours*, les animaux nuisibles spéciaux sont aussi surtout les insectes. Le silphe obscur dévore les racines des betteraves; l'atomaire linéaire en attaque les jeunes plants et en détruit les feuilles. Les parties aériennes ou souterraines de ces plantes si précieuses dans l'agriculture de tant de pays sont encore sujettes aux attaques des vers gris et des vers blancs (larves des noctuelles et des hannetons); à la dévastation des altises (*Altica oleracea*, *brassicæ*, *nemorum; Psylliodes chrysocephala*, *napi*), aux attaques des taupins ou maréchaux, du *Cassida nebulosa*, de l'*Hylemia coarctata*, de l'*Anthomya conformis*, de la tipule des potagers et enfin, dans une autre classe d'animaux nuisibles, de plusieurs myriapodes des genres *Blaniulus* et *Iulus*. Des charançons dévorent les navets, qui sont aussi attaqués par la casside nébuleuse, plusieurs altises (voy. ce mot), les chenilles des piérides ou papillons blancs, la punaise des légumes (*Strachia oleracea*), les chenilles de deux noctuelles (*Agrotis segetum* et *A. exclamationis*), rongent les racines des turneps. Les chenilles de la teigne dépresselle et de la teigne de la carotte, vivent dans les ombellules des carottes et des panais, liées par des fils de soie, et en dévorent les fleurs et les graines. Les feuilles des panais sont attaquées par le *Tephritis onopordinis*, qui est peu nuisible aux racines. Les carottes sont encore atteintes par les vers blancs, les courtilières, les larves des taupins, celles de la psylomie, peut-être par des arachnides du genre chiridion, certainement par les limaces et les mammifères rongeurs. — Le topinambour passe pour n'avoir guère d'autres ennemis que les lapins sauvages. Mais la pomme de terre, en novembre, est attaquée par un grand nombre d'animaux: d'abord, en Amérique, par le doryphora (chrysomèle du genre *Leptinotarsa decemlineata*), puis, en Europe, par les vers blancs des hannetons, les courtilières, les chenilles du sphinx à la tête de mort (*Acherontia atropos*), les vers gris de quelques noctuelles, le puceron (*Aphis*) des solanées.

4° Sur les *choux* et en général les *plantes potagères* et *maraîchères*, vivent un grand nombre d'animaux nuisibles parmi lesquels, après quelques mammifères déjà signalés, il faut surtout placer les divers insectes, en se bornant à ceux qui sont nuisibles à un degré notable, car ceux que l'on y rencontre accidentellement sont presque innombrables. Dans l'ordre des coléoptères, tribu des Curculioniens, on trouve le *Ceutorhynchus sulsicollis* le *Lixius octolineatus*, les *Baridius chlorizans*, *picinus* et *cuprirostris*, dont les larves creusent des galeries dans les racines et les tiges, et provoquent parfois des sortes de galles au collet des choux. Quand on a consommé les têtes, les feuilles ou les bourgeons (choux de Bruxelles), il faut arracher et brûler les tiges. Ces insectes attaquent aussi les raves et les navets des potagers. — La larve du taupin des graminées (*Agriotes spulator* ou *graminicolis*) vit indistinctement aux dépens du collet et des racines du blé, du seigle, de l'orge et des graminées des prairies, et dévore également la partie centrale de plusieurs plantes potagères telles que les navets et les pommes de terre, et surtout les salades.

Dans le même ordre d'insectes, les altises (voy. ce mot, p. 315) causent de grands dégâts sur les choux et beaucoup d'autres plantes des champs et des jardins. — Dans l'ordre des hémiptères se réunissent pour attaquer les choux et un grand nombre d'autres plantes potagères: l'*Aleyrodes chelidonii*, revêtu d'une substance blanche, qui vit tant sur le chou que sur la calcédoine ou grande éclaire; les pucerons du chou et de la rave (*Aphis brassicæ* et *A. rapæ*) qui vivent sur la face inférieure des feuilles; viennent encore, parmi les pentatomes ou punaises des jardins, la punaise des légumes (*Strachia oleracea*) et la punaise ornée ou des choux (*Strachia ornata*) qui criblent les choux de piqûres et sont très nuisibles à toutes les crucifères des jardins potagers. — Dans l'ordre des diptères, on trouve les anthomyes sur les choux, les navets, les raves, les oignons, et la pegomye sur l'oseille; les larves de ces mouches font pourrir les plantes; dans les jardins potagers, il faut brûler les racines des plantes atteintes. — Dans l'ordre des lépidoptères, se signalent, par les grands ravages qu'ils causent sur les choux, dans les potagers et dans les champs, les chenilles des trois piérides ou papillons blancs (*Pieris brassicæ*, *rapæ* et *napi*), auxquels on doit faire, avec des filets à papillons, une chasse active. Les chenilles de plusieurs noctuelles (*Hadena brassicæ*, *oleracea*, *chenopodii*, *atriplicis*) sont un des plus grands fléaux des potagers; elles attaquent les choux, les choux-fleurs, les épinards, l'oseille, toutes les plantes basses; on ne saurait leur faire une guerre trop acharnée. La pyrale fourchue ou botys forfical (*Pionea forficalis*) est aussi extrêmement commune dans les jardins potagers, et sa petite chenille cause de notables dommages aux choux; on la poursuit par des aspersions de chaux en poudre ou de lessive concentrée de savon noir.

Il faut maintenant ajouter que l'apion des chardons attaque les involucres des artichauts, auxquels la casside verte est également très nuisible; — que l'apion violet et l'apion rouge attaquent l'oseille, ce dernier en produisant des galles sur les tiges; — que la coccinelle argus vit aux dépens des melons, concombres, potirons, citrouilles; — que deux criocères attaquent les plants d'asperges cultivés pour graines; — que la criocère brune s'attaque aux plantations de ciboules, d'aulx et d'oignons; — que dans les potagers la casside verte est très nuisible aux artichauts, et la casside nébuleuse aux betteraves rouges, aux navets et aux radis; — que l'athalie des épines vit sur les crucifères et divers légumes, en causant souvent de grands dégâts; — que les ailantes sont nuisibles à beaucoup de plantes des jardins; — que les chenilles de la vanesse belle-dame sont quelquefois nuisibles aux artichauts et à quelques plantes potagères; — que la noctuelle-point-d'exclamation ronge les laitues, les chicorées, les scaroles, les artichauts, outre un grand nombre de racines; — que la chenille de la noctuelle fiancée, qui hiverne sous les feuilles sèches, attaque la laitue, l'oseille, l'épinard, les choux d'hiver, le chou-fleur, etc.; — que les chenilles de l'*Hadena chenopodii* et de l'*H. atriplicis* nuisent, la première aux épinards, la seconde à l'oseille; — que la grande chenille de la *Xylina exoleta* mange toutes sortes de plantes, et notamment les laitues; — que la teigne assectelle (*Acrolepia assectella*) et la pyrale biceinturée (*Eudemis bicinclana*) sont très nuisibles aux aulx et poireaux cultivés dans les jardins; — que la tipule des potagers ronge les radicelles des laitues et d'un grand nombre d'autres plantes; — que les larves de diverses anthomyes vivent dans les oignons, les raves, le chou, etc., et les pourrissent; — que les feuilles de l'oseille sont attaquées par les larves de la pegomyie; — que la phytomyze géniculée donne une larve qui détruit les feuilles du chou, des capucines, etc.

5° Relativement aux *prairies artificielles et naturelles, et d'une manière générale aux herbages*, les animaux les plus nuisibles sont les taupes, les rats, les mulots, les campagnols, puis les fourmis, les vers blancs ou larves de hannetons, la courtilière ou taupe-grillon, les criquets, improprement appelés sauterelles; — viennent ensuite divers insectes qui attaquent principalement une ou plusieurs des plantes fourragères. Ainsi le colaspe noir ou négril est très nuisible, dans le Midi, aux luzernes, qui sont assez sujettes à être détruites par l'apion grêle et par les larves d'un diptère, de l'agromyze à pattes noires, et par celles de la phytonome variable et de la phytonome gris-de-souris.

Le trèfle est spécialement attaqué par la barynote obscure, par la larve de l'hylaste, par plusieurs apions, par l'eumolpe obscur (*Bromius obscurus*). D'autres insectes sont à la fois nuisibles aux luzernes et aux trèfles; le bombyx du trèfle, la coccinelle globuleuse, le colias soufré et le colias souci, ces deux derniers à un faible degré. — Sur le sainfoin, on ne signale qu'un insecte l'*Aphis onobrychidis;* ce puceron, qui apparaît au mois de mai, au-dessous des épis des fleurs, ne semble pas nuire beaucoup à la récolte. — Pour tous les ennemis des prairies, il faut ou leur faire la chasse, en tenant compte de leurs mœurs spéciales, ou bien avoir recours à des procédés culturaux parmi lesquels il faut, de temps en temps, placer l'alternance des cultures. — Sur l'ajonc vit une bruche spéciale.

6° Les *plantes industrielles* telles que le *colza*, et autres oléifères, les *plantes textiles*, le *houblon*, etc., ont aussi, dans le règne animal, leurs ennemis particuliers. Les insectes nuisibles au colza sont notamment très nombreux; on cite la teigne ou *Ypsolophus xylostei*, dont la chenille vit dans les siliques; le charançon assimilé (*Ceuthorhynchus assimilis* ou *Cripidius brassicæ*) qui fait beaucoup de mal; plusieurs altises (voy. ce mot, p. 315); le méligèthe bronzé ou nitidule bronzée; une cécidomye; puis viennent la noctuelle-point-d'exclamation qui attaque, outre plusieurs autres plantes, le colza et les œillettes; l'altise à tête dorée (*Psylliodes chrysocephala*) qui s'en prend non seulement aux colzas, mais encore aux lins, au point de détruire parfois des récoltes entières. — Un thrips (ordre des thysanoptères) produit la maladie dite brûlure de lin, qui est fréquente dans toute la France. — Une pyrale cause beaucoup de mal aux cultures de chanvre. — Le ver blanc du hanneton attaque le pavot-œillette; il attaque également la persinie et le pastel; à ce dernier sont encore nuisibles la chenille de la piéride du chou et les sauterelles. — Lorsque la culture de la garance était prospère, un de ses principaux ennemis était la chenille d'un lépidoptère, le *Sphinx gallii*. — Les têtes de la cardère à foulon sont attaquées par une pyrale (*Pyralis dipsacana*).

Les insectes nuisibles au cotonnier sont nombreux. On cite principalement : la sauterelle voyageuse (*Acridium migratorium*), la punaise noire (*Cimex suturalis*), la courtilière (*Gryllotalpa vulgaris*), l'apate moine (*Apata monachus*), l'érodie bossue (*Erodius gibbus*), une noctuelle (*Noctua gossypii*). — Le tabac est attaqué par la punaise grise (*Cimex griseus*) et la punaise bleue (*Cimex cœruleus*), par la sauterelle verte (*Locusta veridissima*), par le ver blanc. — Le principal ennemi de la canne à sucre, dans l'Inde, est la fourmi blanche ou termite. — Le houblon est attaqué par un grand nombre d'insectes, parmi lesquels les plus redoutables sont : le ver blanc, la courtilière, l'altise ou puce de terre, qui crible de trous les jeunes feuilles au printemps, le puceron vert (*Aphis humuli*), la chenille de l'hépiale (*Hepialus humuli*), qui vit dans ses racines, la mouche verte, qui ronge les feuilles et pique les cônes, les fourmis, qui détruisent les jeunes pousses, les feuilles et les fleurs; on cite aussi les chenilles de plusieurs papillons tels que l'*Hypena rostralis*, le paon de jour (*Vanessa Io*), une pyrale du genre grapholithe ou de Wœber.

Il convient de constater d'ailleurs que, parmi les oiseaux, les pigeons ramiers, les corneilles et les pies déchiquètent et dévorent les feuilles du colza durant l'hiver; que les grives, les merles, les tourterelles et les pigeons ramiers en attaquent les siliques lorsque les graines que celles-ci contiennent sont presque mûres; la petite limace grise s'en prend aux jeunes feuilles à l'automne. Le mulot est un grand ennemi du pavot. Les campagnols, les mulots et les courtilières font de grands dégâts dans les cultures d'arachides. Dans les safranières, les rats et les mulots causent de grands dommages en s'attaquant aux bulbes; les lièvres et les lapins mangent les fleurs et coupent les feuilles. — Le colimaçon dévore les feuilles du pastel. Les mulots font de grands dégâts dans les cultures de cardères. Les limaces nuisent beaucoup au tabac dans les années pluvieuses. Dans les printemps humides, elles empêchent le développement des jeunes pousses du houblon. Les rats font parfois de grands dégâts dans les cultures de cannes à sucre.

7° Les *cultures jardinières* rencontrent, parmi les animaux, un grand nombre d'ennemis. Ce sont d'abord les rongeurs, parmi les mammifères. — Les limaces et les colimaçons parmi les gastéropodes; parmi les crustacés, les cloportes, qui s'abritent sur les murs et les troncs d'arbres, dans les fentes des écorces, derrière les espaliers et sous les pots à fleurs, rongent un grand nombre de plantes, de fruits, de bulbes, de racines; il faut les écraser ou les détruire par l'eau bouillante. — Dans la classe des myriapodes, on rencontre les Iules, notamment l'*Iulus fragariarum* ou *blanuilus*, qui s'introduit dans la fraise et en dévore la pulpe; en outre, le *Geophilus carpophagus* loge quelquefois dans les prunes, les abricots et même les pêches; dans la classe des arachnides se trouvent plusieurs espèces d'acarus vivant en grand nombre aux dépens des fruits de beaucoup de végétaux; il faut citer l'acarus tisserand que les jardiniers considèrent comme étant la cause de la maladie qu'ils appellent la *grise*. L'insecte, très petit, se cramponne à un mince tissu soyeux dont il recouvre les feuilles; celles-ci deviennent jaunâtres ou grisâtres en dessus, avec des parties plus claires formant des marbrures; leurs bords sont repliés et roulés en dessous, la face inférieure étant blanchâtre et un peu luisante; on combat efficacement ce mal par des injections de sulfocarbonate de potassium. Les acarus qui produisent ces effets sur les divers végétaux paraissent varier avec les espèces cultivées dans les jardins; on est ainsi conduit à admettre, avec le docteur Boisduval, les acarus du dahlia, des haricots, du *Convolvulus volubilis*, des melons, du rosier, du tilleul, des jacinthes, du camélia, du dracæna, du ricin, des cactées, des champignons, des cyclamens, du laurier-tin, du seringa, des feuilles des vignes. Mais c'est dans la classe des insectes que l'on compte le plus grand nombre des ennemis des cultures des jardins.

Dans l'énumération qui va être faite, on comprend les fraisiers, les groseilliers, les framboisiers, ainsi que les arbustes d'ornementation et les haies, enfin, toutes les plantes de serre aussi bien que celles de pleine terre. Les arbres fruitiers proprement dits feront l'objet d'un paragraphe spécial.

Il faut d'abord citer les insectes qui nuisent au jardin dans son ensemble, quelles que soient les cultures qu'on y adopte de préférence. Ce sont particulièrement les divers hannetons et les larves ou vers blancs dont ils procèdent; les gazons, les arbustes, les racines de la plupart des plantes en éprouvent de grands dégâts. Les courtilières, qui se plaisent dans les terres bien ameublies et bien fumées, sont dans le même cas; elles mangent beaucoup de racines et de feuilles tendres. Les perce-oreilles (*Forficula auricularia*) rongent les pétales et les étamines de toutes les fleurs et dévorent tous les fruits. Les fourmilières doivent être détruites, parce que les fourmis, en faisant leurs provisions de graines, puisent à tous les semis. Les larves de plusieurs allantes vivent sur un grand nombre de plantes; ce sont des insectes hyménoptères de l'espèce des tenthrèdes (voy. ANIMAL (*règne*).

La punaise noire a quatre taches blanches (*Cydnus bicolor*), de l'ordre des insectes hyménoptères, mange toutes espèces de plantes, surtout les jeunes pousses et les fruits qu'elle suce. Le puceron des poteries (*Forda myrmecaria*) vit au milieu des fourmis et se rencontre surtout dans la poterie des serres, quelquefois dans les pots à fleurs des jardins, au pied des cactus, des fuchsias, etc.; du reste, il n'y a guère de plantes qui n'ait pour ennemi plus ou moins acharné et parfois mortel, un puceron ou aphidien.

Les thrips sont également dangereux d'une manière générale; le thrips des serres est particulièrement redouté des horticulteurs, surtout dans les serres, où il détruit les orchidées, les héliotropes; les cinéraires; beaucoup de fougères ne peuvent pas le supporter; on le combat par les procédés insecticides. La cochenille des serres (*Dactylopius adonidum*) cause aussi de très grands dégâts; elle ne respecte guère que les orchidées.

Il convient maintenant de signaler les ennemis spéciaux des principales cultures horticoles.

Le silphe nègre ou alpin, mange les fraises dans les Alpes et les Pyrénées. — Les larves de l'otiorhynque sillonné rongent les racines des fraisiers en même temps que celles des cinéraires, des primevères, des saxifrages, et même de la vigne dans quelques localités. — Les mères guêpes attaquent particulièrement les fleurs des groseilliers cassis et à maquereau. Les groseilliers sont encore endommagés par la larve de la selandrie noire, de l'emphyte, de la macrophye, de la tenthrède noire, de la sesie à forme de tipule, d'une phalène spéciale (*Abraxus grossulariata*). Les feuilles de framboisier et de groseillier sont mangées par la chenille de la noctuelle potagère. La punaise grise des jardins (*Cœrpocoris baccarum*) se tient de préférence sur les groseilliers et les framboisiers. — Un kermès, appelé par les jardiniers pou ou punaise des ananas, est un fléau pour les serres où l'on cultive cette plante; on est obligé de sacrifier les pieds malades pour éviter la multiplication de l'insecte nuisible (voy. ANANAS, p. 399).

De nombreux insectes attaquent les roses et les rosiers. La cétoine strictique fait avorter les roses. Plusieurs tenthrèdes (*Hylotoma rosarum*, *Athalia rosæ*) sont très nuisibles aux rosiers et doivent être pourchassés avec soin. Les larves du némate à ailes blanches (*Nematus albipennis*) rongent en troupes les feuilles des rosiers. Les larves de plusieurs emphytes vivent sur les rosiers, et celles de l'acronycte à trois dents, genre de noctuelle, leur sont très nuisibles.

Les chenilles de plusieurs pyrales (*Tortrix Bergmanniana*, *Tortrix rosana*, *Tmetocera ocellana*, *Grapholita cynosbana*) roulent les feuilles des rosiers ou vivent à l'intérieur des boutons de rose; il faut enlever et brûler les organes attaqués. La typhlocybe du rosier, ou cigale des charmilles, pond sur les feuilles du rosier, des roses trémières, des ricins, des aubépines, etc., et les pique d'un grand nombre de petits trous; on la combat par des injections de jus de tabac. Plusieurs pucerons (*Aphis rosæ*, *A. rosarum*) sont très nuisibles aux rosiers, attaquent les feuilles, atrophient les jeunes branches, empêchent les boutons de fleurir; ils doivent être poursuivis par tous les moyens mis à la disposition des jardiniers. Un kermès (*Aspidiotus rosæ*) fait aussi beaucoup de mal aux rosiers; on doit le poursuivre en nettoyant les tiges à la brosse avant l'évolution des bourgeons.

L'apion bronzé est très nuisible, dans les jardins, aux roses trémières et aux mauves. Il en est de même de plusieurs altises (*Altica malvæ*, *A. fuscicornis* ou à antennes brunes, *A. fuscipes* ou à pattes brunes) (voy. ALTISES, p. 315). Les chenilles de l'Hespérie (*Syrichtus malvæ*) sont aussi parfois nuisibles aux roses trémières dans les jardins.

On trouve des ennemis des lis, des hémérocalles et des fritillaires, dans la criocère rouge (*Crioceris merdigera*); des menthes, dans la casside équestre; des reines-marguerites et des œillets dans la noctuelle-point-d'exclamation; de la graine des œillets, dans la noctuelle proprette (*Dianthecia compta*). Les pieds d'alouette des jardins sont dévorés par les chenilles de deux noctuelles (*Hecatera cappa* et *Chariclea delphinii*). Les chenilles hivernantes de la noctuelle orpheline ou compagne (*Triphæna orbona* ou *comes*) rongent les primevères, les oreilles-d'ours, les juliennes, les giroflées, etc.; celles de la noctuelle craintive (*Phlogophora meticulosa*) attaquent les primevères; celles de la noctuelle épuisée (*Xylina exoleta*), les pavots, les scabieuses, les œillets; celles de l'*Hadena chenopodii*, les œillets d'Inde, les reines-marguerites, les géraniums; celles de l'*Hadena atriplicis*, les amarantes; celles de l'*Hadena oleracea*, les dahlias; celles de la teigne de la julienne (*Plutella porrectella*), les parties les plus tendres de cette plante, les fleurs de l'*Hesperis matronalis* et les extrémités des rameaux florifères des campanules; celles de la tipule des potagers, les reines-marguerites, les balsamines, les œillets, les dahlias. On trouve, sur la jusquiame et l'arroche, la pegomyie (*Pegomyia hyoscyami*). La larve de la phytomyze géniculée détruit les feuilles de julienne, de giroflée, de capucine.

L'apion grêle attaque les lilas. La chenille du *Lycæna Læ ia* nuit aux baguenaudiers des jardins; celle de la zeuzère ou coquette, aux lilas et aux troènes; celle du dilobe à tête bleue aux arbustes des avenues, des parcs et des haies; celle de la *Tortrix cratægana* ou *xylosteana* est très polyphage et se rencontre sur l'aubépine, beaucoup d'arbres, rarement les chèvrefeuilles. L'yponomeute variable vit sur les haies et notamment le prunellier et l'aubépine. La teigne *Gracilaria syringella* est très commune dans les jardins, sur les lilas et seryngas. La psylle du buis y détruit les bourgeons en y logeant un grand nombre de larves dévastatrices. Le kermès *Aspidiotus nerii*, appelé vulgairement pou ou punaise du laurier-rose, produit des coques lenticulaires blanchâtres, abondantes, sous les feuilles des lauriers-roses d'orangerie; il vit aussi sur les arbousiers, les magnoliers, les acacias, les coronilles, les câpriers, les lierres.

8° Les *arbres fruitiers* sont également attaqués par un grand nombre d'animaux nuisibles. Les plantations des jeunes arbres sont rongées durant l'hiver, alors que la neige couvre le sol, par les lièvres et les lapins; on les protège en badigeonnant ces arbres avec une sorte de bouillie faite avec de la chaux éteinte et de la suie, dont l'odeur repousse les rongeurs. Les rats et les souris dévorent les bourgeons des espaliers au printemps, et plus tard les fruits ; on les détruit par des appâts empoisonnés ; il faut aussi boucher toutes les anfractuosités dans lesquelles ils trouvent des refuges. Un grand nombre d'oiseaux causent des dommages considérables en mangeant les fruits ; on se garantit de leurs ravages soit par des filets à mailles suffisamment serrées, au moment de la maturité des fruits, soit en employant des épouvantails qu'on doit changer assez souvent pour que les oiseaux ne s'y habituent pas, soit en suspendant aux branches des arbres, au moyen de ficelles, des miroirs à double face assez rapprochés les uns des autres.

Mais ce sont les insectes qui attaquent de la manière la plus dangereuse les divers arbres fruitiers. Quelques-uns s'en prennent à tous les arbres, mais beaucoup n'attaquent que certaines espèces et deviennent ainsi des ennemis spéciaux de tels ou tels arbres : tels sont le frelon, la guêpe vulgaire et la guêpe germanique.

Parmi les insectes nuisibles à tous les arbres fruitiers, à l'état de larves ou à l'état adulte, il faut citer les hannetons. Les larves du hanneton commun (*Melolontha vulgaris*) connues sous le nom de mans, vers blancs, turcs, coupent les racines des arbres et en amènent la mort; les insectes, parfois, dévorent les feuilles. Il faut détruire ceux-ci par la chasse directe ; ceux-là en créant des appâts par des semis de laitues faits en mai sur les plates-bandes d'arbres fruitiers ; en visitant chaque jour les jeunes laitues fanées, on peut écraser un grand nombre de larves. — Les chenilles du gazé (*Leuconea cratægi*) passent l'hiver en société, sous des toiles, au bout des branches des arbres, avec des feuilles sèches emprisonnées ; il faut couper ces toiles et les brûler avant la dispersion des chenilles. — Plusieurs bombyx sont également très nuisibles aux arbres fruitiers par leurs larves; ainsi la *livrée des jardiniers* (*Bombyx neustria*) fournit de nombreuses chenilles qui rongent toutes les feuilles et toutes les espèces d'arbres fruitiers. Il en est de même des chenilles du bombyx cul-brun (*B. chrysorrhea*), du bombyx zig-zag ou disparate, dont la ponte des œufs s'opère en août sur les troncs, de l'orgye antique, qui fournit plusieurs générations d'avril à octobre. La grosse chenille verte du grand paon de nuit (*Attacus piri*) est également nuisible aux arbres fruitiers, mais à un moindre degré. Il en est de même du bombyx feuille-morte (*Lasiocampa quercifolia*). Les chenilles des noctuelles : ambiguë, rougeâtre, stable, trapézine, dépouillent, en mai, les arbres fruitiers des vergers de leurs premières feuilles. — La phalène défeuillante (*Hibernia defoliaria*) a aussi des chenilles qui dévorent les jeunes feuilles ; les chenilles de la phalène hyémale (*Cheimatobia brumata*) attaquent les bourgeons. La chenille de la pyrale de l'aubépine (*Tortrix cratægana*), très commune en certaines années dans les pépinières, roule et réduit en dentelle, au mois de mai, les feuilles du plus grand nombre des arbres fruitiers. — La punaise noire à quatre taches blanches (*Cydnus bicolor*) suce les jeunes pousses et quelquefois les fruits. — La cétoine stictique ou drap mortuaire (*Oxythyrea stictica*) fait avorter les fleurs des arbres à fruits. — Enfin, plusieurs scolytes font périr les arbres fruitiers en creusant des galeries dans l'écorce et le bois.

Les insectes qui n'attaquent que certaines espèces d'arbres fruitiers sont encore bien plus nombreux.

Sur la Vigne, on rencontre le bupreste étroit (*Apilus angustulus*) dont la larve vit en Provence dans les sarments de vigne et empêche leur développement. Le sinoxylon à six dents, le sinoxylon hérissé, la xyloperthe sinuée, criblent les sarments ou présentent des larves qui creusent des galeries dans la partie médullaire des vignes du Midi et de l'Algérie. — Le rhynchite vert, surnommé urbec, diableau, velours vert, et le cnerohine géminé, sont très nuisibles aux vignes en roulant les feuilles ou dévorant les bourgeons. — Le rhynchite bacchus, tout soyeux et d'un rouge violacé, contourne les feuilles. On lui donne le nom d'attelabe de la vigne. — Plusieurs otiorhynques (charançons nocturnes) s'attaquent soit aux racines, soit aux bourgeons des vignes, et il importe d'en empêcher la multiplication en en faisant la chasse pour les brûler, ou bien en arrosant avec une solution de sulfocarbonate de potassium le sol dans lequel ils se réfugient pour fuir la lumière. — La callidie à une bande (*Callidium unifasciatum*) attaque les tiges de la vigne. — L'eumolpe de la vigne ou l'écrivain (*Bromius vitis*) est extrêmement nuisible dans les vignobles; il crible les feuilles et les jeunes grappes de petits traits qui ressemblent à de l'écriture de musique; ses larves creusent des galeries dans les racines et font périr le cep; on combat sa multiplication en employant comme engrais les tourteaux oléagineux. Dans le midi de la France et de l'Algérie, les larves d'une altise (*Altica ampelophaga*) font souvent de grands ravages en mangeant les feuilles basses et les jeunes grappes (voy. le mot Altise, p. 315). — Une sauterelle vraie (*Ephippigera vitium*) passe pour être nuisible aux vignes quand elle se multiplie en excès. — Le criquet à ailes rouges bordées de noir (*Œdipoda germanica*) ne cause que peu de dégâts quoiqu'il soit assez commun, à l'automne, dans les vignobles. — La chenille du sphinx de la vigne (*Deilephila elpenor*) ne produit que peu de mal. — Il n'en est pas de même de la pyrale de la vigne (*Œnophthira pilleriana*) dont les larves sont parfois un véritable fléau dans les vignobles; on les détruit par l'eau bouillante, suivant le procédé Raclet. — La pyrale de la grappe (*Cochylis roserana*) fait de grands ravages dans certains vignobles et dans les raisins de treille ; il faut la pourchasser et la détruire. — La punaise bleue (*Zicrona cœrulea*) est très nuisible aux vignobles des environs d'Alger. — La cigale sanglante (*Tibicina hæmatodes*) cause quelque mal dans les vignobles des Charentes. — La typhlocybe à pattes vertes (*Kybos smaragdulus*) ou *Typhlocyba viridipes*) est une très petite cicadelle vivant par myriades sur les feuilles de vignes, qu'elle crible de piquetures. — Le *Phylloxera vastatrix* constitue un fléau véritable contre lequel on lutte par la submersion, par le sulfure de carbone, le sulfocarbonate de potassium et l'emploi de cépages résistants provenant d'Amérique, comme le puceron terrible. — Enfin, pour terminer cette trop longue liste, il faut encore citer un kermès (*Lecanium vitis*) très nuisible aux vignes de treille et qu'on détruit en brossant les ceps avec soin et en brûlant les débris obtenus.

L'Olivier et l'olive ont aussi, parmi les insectes, des ennemis dangereux, quoique les espèces en soient moindres que pour la vigne. — L'hylésine de l'olivier (*Hylesinus oleiperda*), qu'on appelle aussi ciron et taragnon, attaque, dans le midi de la France, l'arbre sur pied, et en détruit le bois. — L'otiorhynque méridional (*Otiorhynchus meridionalis*) ronge les feuilles et les bourgeons des oliviers. — La teigne oléelle (*Atemelia oleella*) et la teigne oliviella (*Dasycera oliviella*) exercent de grands ravages dans le midi de la France. La première teigne attaque les feuilles, la seconde vit en chenille dans le noyau de l'olivier et en sort au mois d'août en perforant l'olive pour se laisser tomber et se chrysalider sur la terre dans une coque de soie. — La psylle de l'olivier (*Psylla oleæ*) vit à l'aisselle des feuilles et à la base des grappes de l'olivier ; ses larves couvertes d'un duvet blanc, sucent la sève au point de faire avorter les fleurs. — Le kermès ou pou de l'olivier (*Lecanium oleæ*) est un fléau dans le midi de la France; il couvre de coques les feuilles de l'olivier; il faut couper les branches trop atteintes, employer pour les autres des injections avec un lait de chaux phéniqué. — La mouche de l'olivier (*Dacus oleæ*) cause les plus grands désastres dans les vergers d'olivier où elle pénètre. Cette petite mouche, aux yeux d'un vert changeant, pond sur l'olive, dont la pulpe se remplit de petits vers. Il faut se hâter de cueillir et de porter au moulin toutes les olives piquées, pour éviter de nouvelles générations. — C'est à la multiplication que le cultivateur doit s'opposer par tous ses efforts contre tous les insectes nuisibles.

La psylle du FIGUIER (*Homotoma ficus*), commune sur les cultures des côtes de la Méditerranée, est détruite, dans les pays plus septentrionaux, par les hivers rigoureux; ses larves et ses nymphes se logent sur le dessous des feuilles et attaquent les jeunes figues. — Le kermès (*Lecanium caricæ*) très commun sur les figuiers, leur fait perdre leurs feuilles et leurs fruits. On doit frotter les écorces avec un gant de crin pour y détruire les œufs qui y sont déposés.

Deux zygènes ou sphinx-béliers (*Procris pruni* et *Aglaope infausta*) attaquent les AMANDIERS dans le Midi, et constituent quelquefois, la seconde surtout, appelée zygène malheureuse, un fléau pour les plantations. Leurs chenilles dépouillent les arbres; elles s'en prennent aussi aux pruniers. Il faut secouer les arbres en étendant des toiles au-dessous, et détruire toutes les chenilles qui tombent. — La pyrale de Wœber (*Grapholitha Wœberiana*) présente une chenille qui se loge entre l'écorce et l'aubier des amandiers, et y creuse des galeries en déterminant une sécrétion gommeuse; on la retrouve aussi sur les pruniers, les cerisiers, les pêchers, les abricotiers; il faut écorcer et goudronner les parties attaquées. — Le puceron de l'amandier (*Aphis amygdali*) est très nuisible au printemps en mettant obstacle à la floraison; il attaque aussi le pêcher. On le pourchasse par tous les moyens employés contre les pucerons.

L'otiorhynque de la livèche (*Otiorhynchus ligustici*) est très nuisible aux PÊCHERS en espalier. — La teigne du pêcher (*Cerostoma persicellum*), ou vereau des arboriculteurs, présente des chenilles qui lient les feuilles des pêchers avec des fils soyeux et les minent à l'intérieur; il faut couper et brûler les feuilles attaquées. — Deux pucerons (*Aphis persicolla* et *A. persicæ*) sont très nuisibles sur les pêchers en empêchant les fonctions des feuilles. — Le kermès ou punaise du pêcher (*Lecanium persicæ*) fait beaucoup de mal, surtout en attirant les fourmis par le miellat qu'il dépose sur les branches des arbres, qu'on doit brosser, nettoyer et, au besoin, badigeonner avec un lait de chaux phéniqué.

La cétoine dorée (*Cetonia aurata*) et la cétoine noire (*Cetonia morio*) s'attaquent aux ABRICOTS, aux prunes, aux poires hâtives dans l'extrême midi de la France. — Le rhynchyte conique et celui de l'Alliaire (*Rhynchites conicus* et *R. alliariæ*) nuisent aux abricotiers de plein vent ainsi qu'aux poiriers, pommiers et pruniers. Ce sont les coupe-bourgeons des jardiniers. — La forficule auriculaire ou grand perce-oreille dévore les fleurs, les jeunes pousses et même les fruits de l'abricotier, du pêcher et du prunier. — La chenille de la pyrale contaminée lie et plie, avec des fils soyeux, les feuilles de l'abricotier, du prunier, du pommier et du poirier.

Les PRUNIERS sont plus spécialement attaqués par le rhynchite cuivré (*Rhynchites cupreus*) dont les femelles percent les jeunes fruits pour pondre et entaillent le pédicule de telle sorte que le fruit tombe; il faut détruire ce dernier. — Le cimbex huméral entaille les pétioles des feuilles et des jeunes branches des pruniers pour y pondre ses œufs, d'où il sort de fausses chenilles qu'il faut détruire. — Les chenilles de la sésie en forme de cousin (*Sesia culiciformis*) vivent sous l'écorce des pruniers et des pommiers. — Les chenilles de l'acronycte à trois dents (*Acronycta tridens*) sont très nuisibles aux pruniers, aux poiriers et aux pommiers. — La chenille de la phalène du groseillier mange les feuilles et les fleurs des pruniers. — Une espèce de pyrale très commune, la *Penthina prunana*, est le fléau des pruniers en détruisant et les fleurs et les feuilles; elle attaque aussi les cerisiers. On doit la poursuivre par tous les moyens de destruction employés par les arboriculteurs: enlèvement par le sécateur des branches attaquées, injections d'eau bouillante ou d'agents toxiques. — Le carpocapse des prunes a une chenille qui remplit les fruits d'une sorte de marmelade brune d'un aspect repoussant; elle attaque aussi les abricots de plein vent. — L'yponomeute du prunier (*Yponomeuta padella*) anéantit complètement la récolte des prunes pendant plusieurs années, jusqu'à ce que les intempéries ou les parasites en détruisent beaucoup. — Le puceron du prunier (*Aphis pruni*) est très nuisible, principalement aux arbres qui portent la mirabelle et la reine-claude; il sécrète un miellat abondant qui poisse les feuilles et arrête leurs fonctions. Il attaque quelquefois l'abricotier.

Deux cétoines, la trichie à bandes (*Trichius fasciatus*) et la trichie française (*T. gallicus*) sont parfois nuisibles aux fleurs des POIRIERS et des POMMIERS. — Les larves de trois charançons, de la phyllobie argentée, phyllobie du poirier et phyllobie du bouleau, dévorent les feuilles de ces deux arbres fruitiers. — La femelle de l'anthonome des pommiers pond ses œufs dans les boutons à fleurs des pommes, ce qui fait que ces boutons deviennent roux et avortent. — L'anthonome du poirier agit de la même manière à l'égard des poiriers; les jardiniers nomment *ver d'hiver* la larve contenue au printemps dans le bouton à fleur de ces arbres. — Le petit capricorne noir (*Cerambyx cerdo*) a une larve qui vit dans les tiges des pommiers, des cerisiers et des groseilliers. — La larve de la saperde à échelons (*Saperda scalaris*) vit dans les cerisiers et les poiriers. — Pour empêcher les dégâts causés par ces divers insectes, il faut une chasse intelligente et des soins assidus donnés aux arbres. — Les larves d'une tenthrède (*Lyda piri*) sont très nuisibles aux poiriers en espalier et en quenouille; il faut les brûler ou les détruire par des seringages avec des lessives caustiques ou de l'eau émulsionnée avec du pétrole. — Les femelles du cèphe comprimé (*Cephus compressus*) déposent leurs œufs sur les bourgeons des poiriers, qui ne tardent pas à être dévorés par les larves naissantes. — Les vieux troncs et les branches des pommiers sont attaqués par les chenilles de la sésie en forme de mutille, et de la sésie en forme de cousin. — La chenille de la zeuzère ou coquette vit dans les branches des poiriers, des pommiers et des cognassiers. Il faut couper et brûler les branches atteintes, et saisir les papillons qui volent le soir. — La pyrale (*Tortrix Holmiana*) fait parfois beaucoup de tort aux pommiers en quenouille; elle attaque aussi les autres pommiers et les poiriers. Sa chenille plie et réunit les feuilles en paquets qu'il faut couper et brûler. Il en est de même des chenilles de la pyrale contaminée (*Teras contaminana*) et de la pyrale blanche (*Teras boscana* ou *cerasana*). — La chenille de la carpocapse des pommes (*Carpocapsa pomanella*) est le principal ver des fruits véreux; elle peut passer des pommes aux poires et plus rarement aux noix. Il faut détruire le ver dans tous les fruits atteints pour empêcher le papillon de se former au printemps. — Les pommiers sont attaqués par deux yponomeutes désastreux (*Yponomeuta malivorella* et *malinella*) dont les chenilles, nombreuses et voraces, éclosent au printemps et tapissent les parties atteintes d'une sorte de toile en soie blanche; on ne saurait trop se hâter d'écraser et de brûler ces ennemis des vergers. De grands dégâts sont dus aussi aux chenilles de la teigne à fourreau du poirier (*Coleophora hemerobiella*) qui couvrent de taches noires les feuilles des poiriers et aussi des pommiers; toutes les feuilles attaquées doivent être enlevées et brûlées en mai et septembre. — Les chenilles de la teigne aspérelle (*Cerostoma asperellum*) lient et rongent aussi les feuilles des poiriers et des pommiers. Il faut les détruire par le même moyen.

Le tigre ou tingis du poirier (*Tingis piri*) vit en familles nombreuses sous la face inférieure des feuilles de l'arbre; les larves, les nymphes et les adultes, les sucent; les piqûres déterminent un grand nombre de petites élévations brunes. Il faut couper les feuilles attaquées sans les secouer et les brûler immédiatement sur un réchaud. — Les poiriers, surtout ceux en espalier ou en quenouille, sont attaqués par deux espèces de psylles (*Psylla piri* ou *rubra* et *Psylla pirisuga* ou *aurantiaca*); les feuilles sont piquées par les premières, les bourgeons par les secondes; il faut les détruire, comme les pucerons, par les insufflations de matières insecticides, par la peinture, par le badigeonnage. — Parmi les pucerons, le plus nuisible est le puceron lanigère du pommier (*Schizoneura lanigera*), difficile à atteindre par les insecticides ordinaires à cause du duvet cireux dont il est couvert, à cause de sa multiplication excessive sur les jeunes rameaux qu'il suce; il amène la mort des arbres si on ne le combat pas énergiquement, et cependant avec de grandes précautions, pour ne pas atteindre en même temps les pommiers, par des flambages et par des lotions ou des badigeonnages faits avec des agents toxiques, tels que lait de chaux phéniqué, émulsion de pétrole rectifié dans huit fois son volume d'eau, etc. — Le kermès coquille (*Lecanium conchyforme* ou *aspidiotus*), ou cochenille en écaille de moule, est le principal *tigre sur bois* des jardiniers; il vit par milliers sur les écorces, les pétioles des feuilles, le pédoncule des fruits et les fruits eux-mêmes des poiriers, et aussi, mais en troupes moins nombreuses, des pommiers et des pruniers. Il importe de le détruire, surtout sur le vieux bois, par des badigeonnages exécutés l'hiver. — On poursuit de la même manière un autre kermès aussi très nuisible au poirier, le *Lecanium piri*. — Les femelles de la sciare du poirier (*Sciara piri*) pondent dans les fleurs du poirier; les petites larves pénètrent dans l'ovaire; les fruits, en grossissant, tombent calebassés; il faut les ramasser et les brûler. On doit agir de la même manière en ce qui concerne les cécydomyes des poiriers (*Cecidomya nigra*, *piri* et *piricola*) qui produisent des effets analogues et dont on a grand tort de laisser les calebasses sur le sol des vergers et des jardins.

Outre les insectes nuisibles déjà désignés à propos des autres arbres fruitiers, les CERISIERS ont aussi des ennemis particuliers. — L'anthonome des drupes (*Anthonomus druparum*) pond dans les boutons à fleurs des cerisiers et des merisiers. — La femelle d'un charançon (*Balaninus cerasorum*) perce les jeunes cerises qui viennent de nouer, et la larve issue de l'œuf déposé ronge l'amande. — Une mouche à grandes ailes avec quatre bandes noires (*Ortalis cerasi*) a une larve, dit *ver des cerises*, qui vit dans la pulpe du fruit; elle attaque rarement les cerises aigres, peu les cerises anglaises, beaucoup les cerises à pulpe douce, bigarreaux et guignes.

Sous les feuilles et sur les jeunes branches des orangers, citronniers, mandariniers, limonadiers et cédratiers, vivent les larves du kermès, pou ou punaise des orangers (*Lecanium hesperidum*). Il en résulte la maladie dite la fumagine. On combat ce mal par des brossages, des projections de liquides alcalins ou phéniqués, des fumigations, etc. Mais la cochenille des citronniers et des orangers (*Dactylopius citri*) cause des ravages plus considérables dans le midi de la France, où les femelles promènent partout leurs flocons cireux et leur miellat, d'où résulte une fumagine plus grave sur les feuilles, les tiges et les fruits. On emploie les mêmes moyens de lutte que contre le kermès. — En Algérie, une mouche spéciale (*Ceratitis hispanica*) compromet, dans certaines années, la récolte des oranges; la femelle de cette mouche pique, pour pondre, les oranges à moitié mûres; celles-ci tombent rapidement dès que les larves s'y développent; on doit les ramasser et les brûler.

L'apodère (*Apoderus coryli*) nuit beaucoup aux COUDRIERS en déposant ses œufs au sommet des branches sur lesquelles vivent plus tard des larves. — Le polydrose brillant (*Polydrosus micans*) présente des larves qui vivent dans les bourgeons du NOISETIER et y causent le plus grand mal. — La larve de la saperde linéaire (*Oberea linearis*) creuse le canal médullaire des pousses de noyer et de noisetier, et cause la mort des rameaux attaqués. — La chenille de la carpocapse (*Carpocapsa splendana*) attaque les AMANDES, les NOIX et surtout les CHATAIGNES, dont la récolte est compromise en se composant alors de ce qu'on appelle des *marrons véreux* qu'il faut détruire par le feu. — La teigne (*Gracilaria juglandella*) détruit, au printemps, les feuilles de noyer en les roulant en cornets.

Dans les autres classes d'animaux, il n'y a à citer, comme nuisibles aux arbres fruitiers, que le géophile (*Geophilus carpophagus*) qui attaque surtout les pêches, les prunes et les abricots, et qui appartient à l'ordre des chilopodes, classe des myriapodes; — puis les escargots comestibles (*Helix pomatia*, *H. aspersa*), de la classe des gastéropodes, qui sont nuisibles surtout aux vignes, quand ils sont en grande abondance. C'est par la récolte directe qu'on empêche les dégâts qu'ils peuvent produire.

9° Il faut considérer à part, pour signaler les animaux qui leur sont nuisibles, les *arbres et arbrisseaux économiques*, tels que les mûriers, le câprier, le chêne-liége, les saules à osier.

Les MURIERS sont attaqués par le clyte bélier (*Clytus arietis*) et les locustes ou sauterelles vraies; celles-ci font souvent de très grands ravages en se jetant sur les mûriers après l'enlèvement des moissons. Elles mangent toutes les feuilles et rongent jusqu'à l'écorce des jeunes rameaux. On emploie avec succès, pour les détruire, un troupeau de dindes sous les arbres qu'on secoue; les sauterelles tombent et servent de nourriture aux dindes.

Les CAPRIERS sont particulièrement atteints par les piqûres de la punaise ornée (*Strachia ornata*).

Sur le CHÊNE-LIÉGE, plusieurs insectes causent des dégâts; il faut citer : le capricorne de l'aliornoque (*Hammasticherus velutinus* et *H. miles*); puis le termite à cou jaune (*Calotermes flavicollis*).

Les terrains dans lesquels prospèrent le mieux les osiers et les saules sont aussi, en général, propices à la multiplication d'un grand nombre d'animaux. La grosse limace rouge, qui s'attaque aux jeunes pousses, le ver blanc du hanneton qui ronge les racines, puis une foule d'insectes qui s'en prennent à toutes les parties aériennes de la plante dans ses diverses espèces, et plus ou moins nuisibles selon l'utilité qu'on en tire : le charançon (*Cryptorhynchus lapathi*) dont les larves creusent des galeries dans les troncs des saules; le capricorne à odeur de rose (*Aromia moschata*) dont la larve vit dans les osiers; la rhamnusie (*Rhamnusium salicis*) dont la larve présente des mœurs analogues; — le capricorne noir chagriné (*Lamia textor*), ayant une grosse larve qui creuse l'aubier et le cœur des saules et des osiers; — deux saperdes (*Saperda populnea* et *oculata*) détruisant en partie les saules et les osiers; une chrysomèle (*Lina populi*) et deux galéruques (*Adimonia capreæ* et *alni*) rongent les feuilles des saules et des osiers; — plusieurs némates se trouvent dans des galles sur les saules; la tenthrède noire et la tenthrède verte ont des larves qui leur sont assez nuisibles, quoiqu'elles soient souvent carnassières d'insectes vivants; — la sésie apiforme (*Trochilium apiforme*) attaque le bois d'une manière grave; — les larves de l'aphrophore écumeuse (*Aphrophora spumaria*) sucent et épuisent les parties tendres des saules et des osiers; — un kermès (*Lecanium salicis*) attaque le tronc des saules. — Tous ces insectes doivent être chassés, ramassés, si cela est possible, et brûlés ou détruits par des injections.

10° Les *arbres forestiers* ont de nombreux ennemis dans le règne animal, surtout parmi les insectes.

Sur les chênes on trouve d'abord : le cerf-volant (*Lucanus cervus*) dont les larves vivent dans des galeries creusées dans le vieux bois; — le bupreste bleu (*Agrilus cyanescens*); — le scolyte pygmée et le scolyte embrouillé (*Scolytus pygmæus* et *S. intricatus*); puis le tomique poilu (*Tomicus villosus*) qui creusent des galeries dans les arbres; — l'attelabe curculionide, qui dépose ses œufs au sommet des branches dans lesquelles vivent ultérieurement les larves; — le brachydère lusitanique et le polydrose cervin qui dévorent les bourgeons; — le prione couvert de cuir (*Prionus coriarius*) dont les larves vivent dans l'intérieur des jeunes branches; — le capricorne noir (*Cerambyx cerdo*) qui a les mêmes mœurs; — la callidie variable; — le clyte arqué et le clyte bélier dont les larves perforent le bois; — le capricorne yeux de paon (*Mesosa curculionides*) qui a les mêmes mœurs; — l'altise potagère qui se jette aussi sur les pousses des jeunes arbres; — le bombyx du chêne qui vit des feuilles des arbres; le cossus gâte-bois (*Cossus ligniperda*) qui vit dans la partie inférieure des troncs; — l'oporabie diluée dont les chenilles vivent surtout sur les chênes; — la typhlocybe (*Typhlocyba quercus*) qui vit sur le tronc et sur les feuilles du chêne; — le kermès (*Lecanium reniforme*) qui s'attaque aux troncs.

Sur les hêtres on rencontre, comme insectes nuisibles : le bupreste bleu et le bupreste grêle; — le rhynchite du bouleau et le rhynchite vert, ce dernier surnommé aussi *urbec*, *diableau*, *velours-vert*; — le cnéorhine géminé, qui vit aux dépens des bourgeons; — le polydrose brillant; — le phyllobie du bouleau; — l'orcheste du hêtre dont les larves rongent l'épiderme du dessous des feuilles; — le prione couvert de cuir; — la callidie variable; — le clyte bélier et le clyte mystique.

Sur le bouleau on cite : le bupreste bleu; — le rhynchite vert et le rhynchite du bouleau; — la phyllobie du bouleau; — le clyte à quatre points; — la saperde à échelons; — la chrysomèle bronzée; — la galéruque du saule; — le cimbex de la vitelline; — la tenthrède septentrionale.

Les ormes et ormeaux sont spécialement attaqués par le bupreste rutilant, dont les larves creusent des galeries sous l'écorce; — par le scolyte destructeur; — par le clyte bélier; — par la rhamnusie du saule; — par la saperde ponctuée; — par la galéruque de l'orme; — par la grande tortue (*Vanessa polychloros*); — par le bombyx zig-zag; — par le cossus gâte-bois; — par la typhlocybe ou cigale moucheron vert; — par le puceron (*Schizoneura lanigera*).

L'aulne a particulièrement pour ennemis : le rhynchite du bouleau; un orcheste (*Orchestes alni*); une callidie (*Callidium alni*); la chrysomèle bronzée; une galéruque (*Agelastica alni*); le cimbex de la vitelline (*Trichiosoma vitellinæ*).

Sur le charme on signale : le rhynchite du bouleau; — sur le frêne : deux hylésines (*Hylesinus fraxini* et *H. oleiperda*); une tenthrède (*Selandria fraxini*); la zeuzère du marronnier d'Inde, qui attaque aussi les houx; deux cigales (*Cicada plebeja* et *Tettigia orni*).

Sur le châtaigner : le hanneton à corselet fauve (*Melolontha hippocastani*); — sur le marronnier d'Inde : une zeuzère (*Zeuzera æsculi*), l'acronycte du platane; — sur les tilleuls : la rhamnusie du saule; le capricorne yeux de paon; le bombyx zig-zag; l'orgye antique; le cossus gâte-bois; l'acronycte du platane; un puceron (*Aphis tiliæ*); un kermès (*Lecanium tiliæ*); — sur les sycomores : le clyte bélier et la saperde à échelons; — sur les platanes : l'*Acronycta aceris*; sur les bourdaines, alaternes et fusains : deux yponomeutes (*Yponomeuta evonymella* et *Y. plumbella*)

Sur les peupliers et généralement les trembles, les insectes nuisibles spéciaux sont : un rhynchite (*Rhynchites populi*); le charançon de la patience (*Cryptorhynchus lapathi*); le cosson linéaire; la rhamnusie du saule; le capricorne yeux de paon; deux saperdes (*Saperda archarias* et *S. populi*); deux chrysomèles (*Lina populi* et *L. tremulæ*); la galéruque de l'aulne; des némates; la sésie apiforme (*Trochilium apiforme*); un bombyx (*Liparis salicis*), le cossus gâte-bois.

On trouve aussi plusieurs espèces d'insectes spécialement nuisibles aux arbres d'essences résineuses, savoir : aux Pins : un petit hanneton (*Amphimallus pini*); un bupreste (*Calcophora mariana*) dont les larves attaquent les pins, dans les Landes, sur le pourtour méditerranéen et en Algérie; la vrillette molle (*Anobium molle*) dont la femelle pond ses œufs dans les jeunes pousses des pins, et dont les larves, après l'éclosion, font périr les rameaux attaqués; le tomique à deux dents (*Tomicus bidens*), et le sténographe (*Tomicus stenographus*); le brachydère poilu et le brachydère lusitanique; le cnéorhine géminé; le cléone glauque; l'œstynome édile; le termite lucifuge, qu'on trouve dans les souches des pins des Landes; la petite tenthrède (*Lophyrus pini*); le sphinx (*Sphinx pinastri*) ayant une chenille nuisible quelquefois aux pins, mais surtout aux pins de Corse (*Pinus pinaster*); la processionnaire du pin (*Bombyx pityocampa*), en France sur les pins, en Algérie sur les Cèdres : — aux Pins maritimes, l'ergate forgeron; — aux Pins sylvestres, la noctuelle du pin (*Trachea piniperda*); deux retinies (*Coccyx* ou *Retinia turionana* et *Retinia buoliana*); — aux Pins et Sapins, l'hylurgue du pin (*Hylurgus piniperda*) et l'hylurgue gâte-bois (*H. ligniperda*) qui creusent des galeries dans le liber et qui, à l'état parfait, coupent les jeunes pousses; un charançon (*Hylobius abietis*); le pissode remarquable (*Pissodes notatus*) et le pissode du pin (*Pissodes pini*); le spondyle buprestoïde; le xylotrupe porte-faix (*Xylotrupes bajulus*); la rhagie mordante et la rhagie chercheuse; le sirex jouvenceau et le sirex géant; — aux Sapins, le tomique typographe et le tomique chalcographe; le puceron des strobiles (*Adelges strobilobius*); — aux Mélèzes et aux Pins, le tomique du pin (*Tomicus laricis*); aux mélèzes, l'*Hylobius pineti*; — aux épicéas et aux sapins, un puceron (*Adelges abietis*); — aux arbres résineux en général, les larves de trois tenthrèdes, champêtre, des prés et à tête rouge (*Lyda campestris*, *L. pratensis* et *L. erythrocephala*).

Pour terminer cette nomenclature, il faut encore ajouter que tous les arbres forestiers, à peu près sans distinction d'essence, sont sujets aux attaques de la valgue hémiptère, de la tenthrède des bois, du bombyx noir ou nonnette, des phalènes défaillante, orangée, leucophaire, progemmaire, hyémale, de la pyrale verte. Les mœurs très variées de ces nombreux insectes, les époques différentes de la ponte des œufs, de l'éclosion des larves, de la métamorphose en insectes adultes, montrent combien la loi sur l'échenillage, qui ne s'occupe que d'une seule époque de l'année, est insuffisante pour protéger les arbres des vergers, des parcs, des bois, des forêts. Les soins de surveillance doivent être incessants et les procédés de destruction extrêmement divers.

IV. *Animaux nuisibles aux habitations et aux provisions.* — Les rats et les souris sont tout d'abord à signaler comme très nuisibles dans les maisons. La souris (*Mus musculus*) doit être détruite avec des pièges ou par les chats. Le rat de grenier (*Mus tectorum*) ne se trouve qu'à la campagne, dans les fermes isolées ; on le détruit par les mêmes moyens que le surmulot (*Mus decumanus*) qui infeste les villes, est carnivore et extrêmement vorace ; les trous qu'il pratique dans les caves compromettent la solidité des maisons. On emploie contre lui les pièges, les chiens ratiers, la pâte phosphorée, les appâts empoisonnés par la strychnine ou l'acide arsénieux.

Dans les bois qui servent aux constructions, à la fabrication des meubles et aux divers usages domestiques, peuvent vivre un grand nombre d'insectes qui en altèrent la force et en amènent la destruction. — Le coléoptère appelé limexylon naval, parce qu'il cause souvent de grands ravages dans les chantiers de constructions maritimes, se trouve dans les bois du nord-est de la France ; sa larve vit dans les chênes abattus ou encore sur pied, mais déjà malades, et dans les charpentes qui en proviennent. — Les anobies sont d'autres coléoptères également nuisibles à tous les bois d'œuvre ; ils sont vulgairement appelés *vrillettes*, à cause des trous qui semblent percés à la vrille que creusent les femelles pour la ponte de leurs œufs dans les parquets, les boiseries, les portes, les meubles. Dans ces trous se développent les larves dites *vers de bois* et dont la présence est décelée par de petits tas de fine vermoulure jaunâtre. Les adultes volent et peuvent pénétrer partout. Une chaleur de 100 degrés peut les détruire. La vrillette opiniâtre (*Anobium pertinax*), la vrillette striée (*A. striatum*), la vrillette à mosaïque (*A. tessellatum*) sont nombreuses dans les maisons. Elles simulent la mort quand on les touche. La vrillette du pain (*A. paniceum*) perfore, outre les bois ouvrés, les livres, tous les papiers, les herbiers, les plantes sèches des herboristes, les restes secs du pain, les pains à cacheter, les biscuits des soldats et des marins, les bâtons de réglisse ; elle s'introduit, grâce à sa petitesse, dans les tonneaux, les caisses, même les bocaux.

La larve du lycte canaliculé vit dans l'intérieur du bois des chênes abattus et cause souvent de grands dégâts dans la charpente des toitures ; on doit pourchasser et écraser l'adulte qui vole dans les maisons et peut y propager les dommages ; l'étuvage préalable des charpentes des toitures est à recommander. — Les larves du dryopthore limebois criblent de leurs galeries les bois secs de toutes les essences et les réduisent en vermoulure. — La callidie couleur de sang (*Callidium sanguineum*) perfore et sillonne de nombreuses galeries les parquets et généralement tous les bois de chêne de service. — La larve de la gracilie pygmée ronge les bois des treillages, les cercles des tonneaux, les paniers d'osier. — Le termite lucifuge attaque les poutres des planchers, les meubles, toutes les matières ligneuses, les papiers, le linge ; il est très nuisible dans les maisons des Charentes, du Bordelais, de l'Algérie ; il en est de même du termite à cou jaune (*Cœlotermes flavicollis*). — La chenille de l'aphomie sociale attaque le liège et les livres. — Le sulfure de carbone peut détruire tous ces insectes.

La larve du ténébrion ou ver de la farine (*Tenebrio molitor*) vit dans la farine et le biscuit. On trouve souvent ses débris et ceux des adultes dans le pain. Il faut écraser ces insectes ou les tuer par l'eau bouillante. La calandre du blé (*Sitophilus granarius*), petit charançon sans ailes, fait de grands dégâts dans les greniers où l'on conserve le grain ; on le détruit par des mouvements répétés et de fortes secousses, ou bien par l'emploi de la vapeur du sulfure de carbone. Depuis qu'on ne conserve que rarement les blés d'une année sur l'autre, la multiplication de cet insecte a beaucoup diminué. — La calandre du riz (*Sitophilus orizæ*) attaque les riz emmagasinés ; on la détruit par les mêmes moyens que celle du blé. — La chenille de l'alucite des céréales (*Alucita cerealella*) et celle de la teigne des grains (*Tinea granella*) qui étaient autrefois un véritable fléau dans les greniers de réserve, peuvent encore être très nuisibles dans quelques cas exceptionnels (voy. ALUCITE). — Le chlorops à lignes et le chlorops brillant sont des mouches très nuisibles aux froments et aux seigles ; ils se réunissent parfois en nombre immense sur les plafonds des granges et des greniers, sur les terres des vieilles maisons ; de là ils peuvent se répandre, pour leurs pontes, sur les jeunes blés, et causer de grands ravages.

Le leptine est un petit coléoptère qui se rencontre dans les granges et les greniers : on le trouve aussi dans les nids des poulaillers et des colombiers ; c'est un fléau pour toutes les matières animales dont on veut faire des provisions ou des collections ; on doit écraser les adultes avec soin. — Les larves des dermestes causent également beaucoup de dégâts dans les peaux, les poils, les plumes, les cornes, les cordes à boyaux, les vessies, les objets en baudruche que l'on veut conserver. Il faut citer surtout le dermeste du lard, très nuisible aux viandes et aux peaux, et qui abonde dans les salaisons et les charcuteries mal tenues ; le dermeste renard, qui est le fléau des magasins de pelleteries ; le dermeste des peaux (*Attagenus pellio*) dont les larves dévorent les plumes et les fourrures ; l'anthrène des musées, dont les larves ravagent les plantes, les fourrages, les collections d'oiseaux et celles d'insectes. Les vapeurs de sulfure de carbone, la benzine, l'acide phénique ou bien le passage à l'étuve des objets attaqués peuvent le détruire. — Il en est de même pour les psoques, et notamment le pou ou psoque des livres (*Atropos divinatoria*) qui est commun dans les livres, les papiers et les collections d'insectes ; le psoque pédiculaire (*Cæcilius pedicularius*) est très abondant dans les maisons et aux abords des magasins, où il cherche à pénétrer à l'automne.

Les blattes ou cancrelats sont un fléau des maisons et des navires ; ces insectes dévorent toutes les substances alimentaires, les vêtements, les papiers, s'introduisent dans tous les endroits où on place les provisions, pour y commettre, pendant la nuit, leurs déprédations. On les pourchasse avec succès au moyen d'insufflations de poudre de pyrèthre dans les cavités où ils se cachent durant le jour. On doit signaler la grande blatte (*Periplaneta americana*), kakerlac des marins, qui infecte surtout les navires, les docks, les serres. — La blatte des cuisines (*P. orientalis*), nommé cafard, ravet, bête noire, qui pullule chez les restaurateurs, dévore toutes les victuailles non enfermées sur lesquelles elle court ; elle est commune dans les cuisines, les boulangeries, les forges et les cages de machines à vapeur, où elle mange les chiffons à graisser. Elle se réfugie le jour dans les soupiraux des caves, les fentes des parquets et des murailles, sous les marches des escaliers et les gonds des portes. — La blatte d'Allemagne (*Blatta* ou *Phyllodromia germanica*) qui se rencontre dans les maisons de quelques villes du Nord, et à Paris, dans quelques magasins et restaurants ; elle peut vivre au dehors sous les feuilles des arbres, et elle a la possibilité de voler, ce qui rend difficile de l'atteindre avec la poudre de pyrèthre. — Le grillon du foyer (*Grillus domesticus*) est plutôt incommode par les cris qu'il fait entendre que par les dégâts qu'il cause; il se réfugie derrière les plaques des cheminées, dans les fentes des murs des cuisines et des fours de boulangerie. On le capture en l'attirant dans des vases pleins d'eau ou de lait.

La guêpe commune et la guêpe germanique (*Vespa vulgaris* et *V. germanica*) sont très incommodes, à l'automne, dans les maisons, où elles recherchent avec avidité toutes les matières sucrées. Dans les boucheries des villages, elles dépècent les viandes crues; on leur abandonne ordinairemet un foie sur lequel elles s'acharnent à cause du sucre qu'il renferme naturellement, et l'on peut ainsi les prendre pour les détruire.

Les fourmis qui s'introduisent dans les maisons s'attaquent à toutes les provisions, et surtout aux matières sucrées, fruits, confitures, biscuits, etc. On les détruit en plaçant sur le chemin parcouru par les fourmis ouvrières, et le plus près possible des fourmillières, des éponges que l'on imbibe d'une dissolution sucrée; quand l'éponge est bien pleine de fourmis, on la plonge dans de l'eau bouillante, et on la fait de nouveau servir d'appât. La fourmi de Pharaon (*Monomorium Pharaonis*), de très petite taille, est particulièrement vorace; elle dévore rapidement le sucre, le chocolat, les fruits secs. Le lépisme du sucre ou petit poisson d'argent (*Lepisma saccharina*) mange toutes les provisions des garde-manger, les matières sucrées, les linges empesés par l'amidon. Il faut l'écraser avec soin.

Parmi les pyrales, il en est plusieurs qui font beaucoup de dégâts dans les maisons. Telles sont la pyrale de la graisse (*Aglossa pinguinalis*) et la pyrale cuivrée (*Aglossa cuprealis*) dont les chenilles se nourrissent surtout de substances animales grasses, et la pyrale de la farine ou à ventre relevé (*Asopia farinalis*) dont la chenille vit surtout dans les plantes sèches, et notamment dans celles qu'on conserve pour faire des tisanes. Il faut écraser les chenilles et les papillons.

Les chenilles de plusieurs teignes causent beaucoup de dégâts dans les habitations en s'attaquant à toutes les matières d'origine animale employées pour l'ameublement ou pour le vêtement. Ainsi, la teigne tapissière (*Tinea tapetzella*) ronge les étoffes de laine en magasin; la teigne fripière (*T. sarcitella*) dévore les vêtements de laine; la teigne des pelleteries (*T. pellionella*) coupe les poils des fourrures et attaque les collections de papillons; la teigne du crin (*Tineala biselliella*) occasionne de grands dégâts dans les crins des matelas et des fauteuils; la teigne à front jaune (*Œcophora flavifrontella*) dévore les plumes des parures, les duvets d'oreillers et ceux des lits de plume, les collections d'oiseaux et d'insectes. Tous ces insectes sont lucifuges; ils se laissent tomber au battage quand on aère et expose à la lumière les objets attaqués. On peut alors les détruire; ils sont tués d'ailleurs par les vapeurs de benzine et surtout le sulfure de carbone.

Les mouches sont aussi nuisibles ou tout au moins importunes dans les maisons. Elles y souillent les murailles, les plafonds, les aliments. Il faut les détruire par la poudre de pyrèthre, par les papiers empoisonnés, par les pièges de tous genres qu'on a imaginés dans ce but. Il faut surtout écarter des habitations les fumiers et tous les dépôts des détritus des ménages. Il convient surtout de signaler la mouche domestique (*Musca domestica*) qui est la plus commune; la mouche corbeau (*M. corvina*); la mouche des urinoirs (*Techomyza fusca*) dont les larves vivent dans l'urine humaine corrompue. Cette mouche peut être détruite par l'eau bouillante et par des injections de pétrole. La mouche à viande (*Sarcophaga*) nuit beaucoup à la conservation de la viande qu'on doit protéger par des toiles en fil de fer.

Dans la classe des crustacés, on doit signaler comme particulièrement nuisibles dans les maisons, les porcellions, notamment le *Porcellio scaber*, qui se roulent à demi en boule et vivent dans les lieux humides, dans les caves, dans les souterrains. Ils attaquent particulièrement les bouchons.

La classe des gastéropodes présente la grande limace grise des caves (*Limas antiquorum*) qui ronge et souille de sa bave les légumes conservés dans les caves. Il faut avoir soin de l'écraser.

V. *Animaux nuisibles comme s'attaquant aux espèces qui protègent les récoltes ou les produits utiles.* — Il s'agit ici d'une nocuité indirecte. Ainsi les insectes hyménoptères fouissent, creusent ou maçonnent des nids dans lesquels ils amassent des araignées qui sont utiles parce qu'elles se nourrissent d'insectes nuisibles; on doit notamment signaler le tripoxylon potier, dont les nids sont creusés dans les rosiers et les sureaux; — les pélopies, qui collent leurs nids terreux sous les corniches, dans les toitures, dans les pigeonniers, aux pierres, aux rochers, aux arbres; — les pompiles, qui font leur nid, soit dans la terre, soit dans le vieux bois. Il faut détruire tous ces nids et écraser les adultes de ces insectes en évitant les piqûres que causent les fouisseurs, et qui sont souvent très douloureuses. — Ainsi encore, certaines fourmis sont nuisibles parce qu'elles écartent et tuent les insectes utiles se nourrissant de pucerons et de gallinsectes.

ANIMAUX SAUVAGES (*économie rurale*). — On nomme ainsi les animaux qui vivent absolument abandonnés à eux-mêmes, par opposition à ceux qui vivent en domesticité. La liste de ces derniers, donnée plus haut, est courte; celle des animaux sauvages embrasserait, à 47 espèces près, le règne animal presque tout entier. Il y a, du reste, des degrés dans la sauvagerie; quelques animaux sauvages se laissent plus ou moins approcher par l'homme, d'autres sont très farouches et le fuient, d'autres l'attaquent et sont féroces.

On cherche à accroître le nombre des animaux domestiques dans les jardins d'acclimatation (voy. ce mot, p. 51); mais la domestication est un problème absolument différent de celui qui consiste à amener peu à peu une espèce à vivre sous un climat différent de celui sous lequel elle a pris ses mœurs. On peut acclimater des animaux qui, néanmoins, demeurent sauvages. Pour les domestiquer, il est parfois nécessaire d'en faire l'acclimatement, s'ils appartiennent à des régions dont les conditions météorologiques présentent de grandes dissemblances avec celles où l'on veut les introduire et les réduire, en outre, à l'état domestique.

Isidore Geoffroy Saint-Hilaire a donné la liste suivante des espèces étrangères à la France d'animaux sauvages qu'on pourrait peut-être essayer de domestiquer :

Rongeurs : l'agouti (voy. ce mot, p. 102), il s'est reproduit dans quelques jardins zoologiques; — le cabiai, le paca.

Pachydermes : soit le tapir ordinaire (*Tapirus americanus*) du Brésil et de la Guyane, soit le tapir pinchague des Cordillères; — l'hémione, le dauw.

Ruminants : La vigogne, le mouflon à manchettes, les antilopes, la gazelle; leur reproduction a eu lieu avec succès dans plusieurs ménageries; le bison musqué.

Marsupiaux : Les grands et les petits kangourous, dont les essais ont réussi dans plusieurs parties de l'Europe, le phascolome.

Passereaux : diverses fringilles.

Pigeons : diverses colombes et le goura.

Gallinacés : les hoccos, le marail, le lophophore, le napaul.

Echassiers : l'agami (voy. ce mot, p. 81).

Palmipèdes ; la bernache, l'oie d'Egypte, l'oie des Sandwich, le canard à éventail, le canard de la Caroline, le céréopse, dont des essais ont été tentés avec quelque succès.

Inailés : le dromée ou casoar de la Nouvelle-Zélande, le nandou.

Ces divers animaux sauvages pourraient être répartis ainsi qu'il suit, selon les climats où ils se trouvent vivre naturellement :

1° Ceux qui habitent des régions dont le climat est le même que celui de la France, ou en diffère peu : la bernache (Europe), le canard de la Caroline (Amérique);

2° Ceux des régions intertropicales ou voisines des tropiques : l'agouti, le cabiai, le paca, tous trois de l'Amérique méridionale; les tapirs, de l'Amérique méridionale et de l'Asie; l'hémione, de l'Inde; les antilopes et les gazelles, d'Afrique; les fringilles et diverses colombes, de l'Afrique et de l'Inde; le goura, de l'Océanie; les hoccos, de l'Amérique méridionale et de l'Amérique centrale; le marail, de l'Amérique méridionale; le lophophore et le napaul, de l'Inde; l'agami, de l'Amérique méridionale; l'oie des Sandwich, d'Afrique; le canard à éventail, de l'Océanie; le nandou, de l'Amérique méridionale;

3° Ceux qui habitent les régions tropicales, mais à une grande altitude, et qui, par conséquent, tant rapprochés qu'ils soient de l'équateur, ne vivent pas sous un climat chaud : la vigogne, des Cordillères;

4° Ceux qui habitent des régions tempérées, mais appartiennent à l'hémisphère austral, et où, par conséquent, les saisons sont inverses de celles de l'hémisphère boréal : le dauw, de l'Afrique australe; les grands et les petits kangourous, le phascolome, diverses fringilles et colombes, le céréopse, le dromée, tous de l'Australie;

5° Ceux des pays froids ou régions arctiques : le bison musqué, du pays des Esquimaux.

Les nombreuses expériences entreprises depuis le milieu du dix-neuvième siècle, particulièrement en Afrique, donnent, en outre, la certitude que l'autruche peut être élevée en domesticité, même dans l'Europe méridionale, et y devenir un animal de nos fermes. C'est certainement, pour l'Algérie, la conquête animale la plus importante de l'agriculture moderne. Il est bien moins démontré que jamais le rhinocéros puisse être utilement enlevé à la vie sauvage, quoiqu'on ait cité des cas où l'on a pu en apprivoiser et les habituer à suivre librement des troupeaux de bœufs.

ANIMAUX UTILES (*économie rurale*). — Dès que l'homme se sert d'un animal pour en tirer un avantage, une satisfaction quelconque, cet animal est regardé comme utile. Le degré d'utilité est extrêmement variable; il dépend de la nature et de l'importance des services que l'animal peut rendre, et de l'application qui en est faite. Au point de vue de l'économie rurale, on peut considérer dix genres d'utilité, et classer, en conséquence, les animaux en dix groupes : 1° Les *animaux auxiliaires*, parmi lesquels sont principalement ceux qui donnent du travail ou le concours de leur intelligence ; 2° les *animaux alimentaires*, ou qui servent à la nourriture de l'homme; 3° les *animaux industriels*, ou ceux qui fournissent des produits employés dans l'industrie ou le commerce; 4° les *animaux médicinaux*, ou qui sont employés en médecine; 5° les *animaux d'ornement*, ou ceux qui servent à orner les demeures, les jardins, les parcs; 6° et 7° les *animaux destructeurs d'animaux nuisibles*, qu'on pourrait aussi appeler *animaux protecteurs*, et qui interviennent pour débarrasser l'homme de ses propres ennemis ou des ennemis de ses récoltes; 8° les animaux détruisant les matières organiques en voie de décomposition; 9° les animaux servant pour la parure; 10° les animaux employés comme apprêts pour la pêche. Cette classification ne repose que sur des considérations d'un ordre purement économique. Il en résulte que le même animal peut appartenir à un, à deux ou à plusieurs groupes, s'il est susceptible de rendre des services d'ordres différents.

I. — Des indications suffisantes ont été données sur les *animaux auxiliaires* (voy. ce mot).

II. — En ce qui concerne les *animaux alimentaires*, un tableau en a été dressé au mot ALIMENTAIRE (p. 231); il n'y a guère à y ajouter que pour signaler quelques acclimatements qui pourraient être tentés et qui ont été commencés au Jardin d'acclimatation de Paris. D'ailleurs, le *Dictionnaire de l'agriculture* s'adresse aux cultivateurs et aux éleveurs de tous les pays civilisés; il ne saurait s'astreindre à ne parler que des animaux susceptibles d'habiter l'Europe. Plusieurs antilopes paraissent devoir entrer un jour dans l'alimentation générale, notamment le canna (*Orcas boselaphus*) que l'on rencontre principalement au cap de Bonne-Espérance, et le condonne (*Antilope strepsiceros*) de l'Afrique occidentale; elles sont de grande taille, et leur chair a beaucoup d'analogie avec celle du veau ou avec celle du cerf; on cite encore le nilghaut (*Antilope picta*) mais qui a une taille plus faible que les précédentes.

Parmi les rongeurs, on place aussi, comme étant alimentaires, le mara et le paca, qui peuvent rendre les mêmes services que les agoutis et le cabiai. L'ordre des marsupiaux présente les grands et les petits kangourous ainsi que les phascolomes, qui pourraient être pour nos basses-cours des hôtes précieux et constituer dans nos bois un nouveau gibier. A côté des cochons se placeraient encore utilement les différentes espèces de tapirs qui habitent les régions chaudes de l'Amérique, de l'Inde et de la Chine; ils fournissent une chair excellente et de très bons cuirs.

La classe des oiseaux peut être augmentée, au point de vue alimentaire, de quelques importantes acquisitions. Ce sont d'abord, parmi les gallinacées, les hoccos et le marail, ce dernier pouvant réussir certainement sous le climat de Paris. On peut espérer quelques conquêtes parmi les oiseaux d'eau, notamment le céréopse, l'oie des îles Sandwich, la bernache armée ou oie d'Égypte. Comme nouveau gibier, on pourrait multiplier divers faisans indiens, puis les colins de la Californie, de Virginie et du Brésil, la perdrix gambra ou perdrix de roche d'Algérie. Il arrivera un jour où le casoar et le nandou d'Amérique pourront, avec l'autruche, être considérés comme d'importants oiseaux de boucherie.

Le tableau des animaux alimentaires tel qu'il a été donné en ce qui concerne les classes des reptiles, des batraciens, des poissons, est à peu près complet; pour les poissons, on pourrait citer beaucoup d'espèces secondaires, mais il a paru convenable de se borner aux principales; on pourrait seulement signaler les anchois (voy. ce mot, p. 406). En ce qui concerne les insectes, les seuls vraiment utiles comme alimentaires, sont les abeilles; il convient cependant de noter que les peuples de l'Orient mangent frits ou salés les criquets ou grandes sauterelles (*Acridium peregrinum*). Il n'y a rien à ajouter relativement aux espèces alimentaires dans la classe des crustacés, des mollusques gastéropodes (escargots), enfin, des mollusques acéphales (huîtres, moules, etc.).

Sur les 26 classes du règne animal, 9 seulement fournissent des espèces alimentaires pour l'homme. Les autres servent de pâtures réciproques aux autres êtres vivants.

III. — Il n'y a rien à ajouter à l'article relatif aux *animaux industriels*.

IV. — La même observation est applicable aux *animaux médicinaux*.

V. — Les *animaux d'ornement*, appelés aussi *animaux accessoires*, n'ont certainement qu'une utilité tout à fait secondaire. Cependant il convient de les signaler, car on ne saurait négliger, même en économie rurale, ce qui plaît aux yeux ou apporte des distractions. Tous les êtres qui peuvent égayer ou orner les habitations, les jardins, les parcs, ont une valeur relative.

Parmi les mammifères, on peut citer à cet égard le cerf cochon (*Cervus porcinus*) d'une croissance rapide; le cerf axis, d'un pelage remarquable; le cobaie domestique ou cochon d'Inde; le mouflon à manchettes, les gazelles, le bubale, le nilghaut, la gigantesque antilope canna ou élan du Cap.

La classe des oiseaux est celle qui renferme le plus d'espèces ornementales. Depuis longtemps sont connus : le serin des Canaries ou canari; la tourterelle à collier, le faisan argenté et le faisan doré, le paon, l'oie de Guinée et l'oie du Canada, les cygnes blancs et noirs. Mais pour nos demeures, pour nos volières, pour nos bassins, on peut encore conquérir le napaul et le lophophore, le pigeon goura, les colombes maillées, le canard de la Caroline, la canard à éventail ou sarcelle de la Chine.

Il est intéressant de connaître les oiseaux que l'on peut choisir pour habiter les cages ou les volières qui donnent tant de gaieté aux salons et aux jardins. Nous en avons emprunté la liste suivante à l'*Histoire naturelle des oiseaux de cage*, du docteur Bechstein, et à l'*Ornithologie du salon*, de M. Boulart.

Ce sont d'abord les perroquets et les perruches, notamment le perroquet Jaco, la jolie petite perruche ondulée de la Nouvelle-Hollande et la calopsitte, puis le pic épeichette, le torcol, le martin-pêcheur, la sittelle, les grimpereaux, les pies-grièches, les étourneaux, le merle rose, le moineau friquet, le bouvreuil, le bec-croisé, le gros-bec, le cardinal de Virginie, les bengalis, les verdiers, les pinsons, les linottes, la fringille-cabaret, le chardonneret, les serins, les spizes, les paroares, les bruants, les alouettes, les pipis, les bergeronnettes, les hochequeues, les loriots, les merles, la grive ou mauviette, le mauvis, le rouge-gorge, le rossignol, les rouges-queues, les tariers, le mouchet-chanteur, les divers genres de fauvettes, les rousserolles, le troglodyte mignon, le pouillot, les roitelets, les mésanges, le bec-figue et autres gobe-mouches. Par les vives couleurs, par les chants, par les mœurs si variées, tous ces oiseaux forment la plus charmante distraction des habitations rurales.

Grâce au développement qu'a pris l'étude de la nature, qui a donné des notions positives sur les conditions de la vie des animaux, on est parvenu, depuis le milieu du dix-neuvième siècle, à conserver, dans de petites quantités d'eau, sans avoir besoin de renouveler celle-ci, un grand nombre d'animaux aquatiques. Le goût des aquariums s'est répandu, et on peut y compter aujourd'hui un grand nombre de poissons, même des batraciens, des reptiles, des mollusques, des crustacés, des radiaires, des zoophytes, comme des animaux d'ornement. Naguère on n'y entretenait guère que des dorades de la Chine, cyprins dorés, ou poissons rouges. Aujourd'hui on y fait vivre, soit dans des bassins, soit dans des vases souvent exigus, outre beaucoup de plantes, un grand nombre d'espèces animales!

Si l'aquarium est à eau douce, on y entretient, parmi les poissons de petite taille, l'ablette et les ables, le chabot, l'épinoche, le gardon, le goujon, la loche, la vaudoise ou dard, le véron; parmi ceux de grande taille, l'alose, l'anguille, le barbeau, la brême, le brochet, la carpe, la tanche, la perche. Il est bien entendu qu'on ne mettra pas les espèces à appétit vorace, comme les perches, les brochets, les anguilles, les épinoches, avec les espèces faibles et inoffensives.

Parmi les reptiles, les tritons ou salamandres d'eau, et parmi les batraciens, les axolotls et les grenouilles, peuvent exciter la curiosité dans les aquariums d'eau douce où l'on mettra aussi quelques mollusques, annélides, crustacés, etc., tels que des planorbes, des lymnées, des néphélis, des aulastomes, des daphnies, des cypris. On pourra aussi entretenir dans l'aquarium d'eau douce quelques insectes d'eau et des animaux de presque toutes les classes du règne animal.

Dans les localités voisines de la mer, sur toutes les côtes du littoral maritime, on pourra aussi avoir des aquariums d'eau salée et multiplier extraordinairement les distractions que peuvent donner la vue et l'étude de tant d'êtres qui vivent, soit dans les profondeurs de l'Océan, soit sur les rochers que le flux et reflux de la mer couvre ou découvre tour à tour. Les blennies, les gobies, les épinoches de mer, les athérines, les hippocampes, sont les poissons marins les plus curieux pour les petits aquariums d'eau salée, en y joignant des coquillages et une foule d'autres animaux marins des autres classes. C'est une indication qu'il suffit de donner aux agriculteurs qui habitent non loin de l'Océan et qui veulent profiter de ce voisinage pour orner et animer les habitations de l'intérieur des terres. On n'a pas encore, en agriculture, assez emprunté à la mer.

VI. — Il y a des *animaux protecteurs du gibier et des animaux domestiques, parce qu'ils sont les ennemis de ceux qui les attaquent*. Le chien occupe le premier rang dans cette classe d'animaux utiles; le chat occupe le second rang comme défenseur des habitations. Parmi les insectes, il faut citer le reduve masqué (*Reduvius personatus*), espèce très utile dans les maisons pour détruire les punaises de lit et les mouches domestiques; mais cet insecte ne doit être saisi qu'avec précaution, car il fait, avec son rostre buccal acéré, des piqûres venimeuses, et, à ce titre, est rangé parmi les insectes nuisibles à l'homme. Enfin, il convient de signaler l'araignée des maisons (*Tegenaria domestica*) qui étend ses toiles aux encoignures des murs, des solives des plafonds, etc. « Il ne faut pas, dit avec raison M. Maurice Girard, enlever ces toiles dans les granges, les écuries, les étables, les bergeries, etc., car les araignées qui les habitent détruisent la mouche domestique, des mouches nuisibles aux grains (*Chlorops*, *Oscinis*), des diptères tourmentant beaucoup le bétail, les œstres, les hypodermes, les céphalémyies, qui éclosent souvent là où sont renfermés les animaux domestiques dans lesquels vivent leurs larves. » D'autres araignées, la dyctine des villes (*Dyctina civica*), les pholques, tendent leurs toiles sur les murailles ou dans les encoignures des maisons, et détruisent beaucoup de petits diptères.

VII. — Les *animaux protecteurs des récoltes* comme attaquant les animaux qui leur sont nuisibles sont en grand nombre, mais ils sont loin d'être suffisants pour sauvegarder les biens de la terre Certaines espèces utiles à un point de vue deviennent nuisibles dans des circonstances déterminées C'est souvent une affaire de quantité; il faut garder un certain équilibre entre les espèces ennemies, pour que celle qui viendrait à dominer ne puisse pas se retourner contre les satisfactions des besoins de l'homme. Il appartient aux cultivateurs de veiller sur la multiplication des espèces dont il doit se servir, en pesant la somme des méfaits et celle des services qu'il en attend. La meilleure étude des animaux utiles et nuisibles considérés sous ce point de vue, a été publiée par M. Maurice Girard. Nous résumerons les parties essentielles des catalogues qu'il a dressés à ce sujet pour servir de guide aux instituteurs qui doivent donner aux enfants des écoles primaires des leçons de conduite à l'égard de tous les êtres innombrables au milieu desquels le paysan doit vivre et contre lesquels il doit si souvent lutter.

Dans la classe des mammifères, il faut considérer comme utiles quelques chauves-souris qui sont insectivores; particulièrement les rhinolophes (*Rhinolophus unihastatus* et *bihastatus*), qui se rencontrent souvent en hiver suspendus à la voûte des carrières; les vespertilions, c'est-à-dire la sérotine, la noctule, la pipistrelle et le *Vespertilio auritus*, enfin l'oreillard et le murin, qui purgent d'insectes l'atmosphère des forêts, des champs, des jardins, de tous les lieux habités, lorsque vient la nuit. — Les hérissons mangent beaucoup d'insectes et de limaces, et quoiqu'ils se nourrissent aussi de quelques fruits et légumes, ils sont plus utiles que nuisibles dans les jardins. — Les musaraignes sont des insectivores précieux qu'on a souvent le tort de détruire en les confondant avec les souris et les mulots, ou bien en leur attribuant par erreur des propriétés venimeuses; on distingue la musaraigne des sables, la musaraigne carrelet, le *Sorex fodiens*, la musaraigne d'eau; celle-ci, outre des insectes, des vers et des limaces, dévore aussi malheureusement de petites grenouilles et des tritons. — Les taupes (*Talpa europœa* et *Talpa cœca*) sont nuisibles dans les jardins et les prairies où elles pullulent en trop grand nombre, à cause des désordres qu'elles introduisent dans les cultures, mais elles sont utiles en détruisant les vers blancs dont les dégâts sont parfois de véritables ruines pour la culture.

La classe des oiseaux renferme beaucoup d'espèces utiles à cause de la chasse incessante qu'ils font aux insectes; malheureusement ils détruisent aussi bien les insectes utiles que les insectes nuisibles; mais comme ces derniers prédominent en général, le rôle des oiseaux, surtout au printemps où ils poursuivent plus activement toutes leurs proies afin d'apporter de la nourriture à leurs couvées, est plutôt bienfaisant que malfaisant pour l'agriculture. Les passereaux et les grimpeurs surtout sont à signaler pour les avantages qu'ils produisent, bien qu'à l'automne ils soient destructeurs de beaucoup de fruits. — Les oiseaux de basse-cour peuvent être employés pour débarrasser les champs d'une grande quantité de vermine; on a imaginé dans ce but ce qu'on appelle les poulaillers roulants. — Le gibier à plumes est protégé par les lois sur la chasse pendant les mois où il est le plus utile pour la destruction des insectes. — Les rapaces soit diurnes, tels que la cresserelle et la cresserine, soit nocturnes, tels que la chevêche commune, le chat-huant, l'effraye, le hibou commun, le hibou brachyote, le petit-duc, vivent d'insectes, de mulots et de campagnols; toutefois la cresserine détruit aussi de petits reptiles utiles; le chat-huant attaque les chauves-souris qui sont utiles, mais aussi les écureuils qui sont nuisibles. — Parmi les grimpeurs, les pics, les torcols et les coucous ont leur utilité comme destructeurs d'insectes. On regarde les coucous comme étant d'excellents échenilleurs; malheureusement ils nuisent aux becs-fins, en introduisant un œuf dans le nid de ces derniers; le jeune coucou, déjà d'une plus forte taille à la naissance, gêne les petits becs-fins, les jette hors du nid, en grandissant, ou tout au moins les affame en consommant leur nourriture. Les torcols mangent surtout les fourmis. Les pics, tels que le pic noir, le pic épeiche, l'épeichette, le pivert, détruisent les larves qui vivent dans le bois des arbres des forêts. — Les passereaux utiles sont très nombreux, mais quelques-uns ont en même temps une action nuisible. Ainsi le rollier détruit beaucoup d'insectes, mais il s'attaque en même temps aux grenouilles. Les pies-grièches mangent une grande quantité d'insectes, mais elles tuent aussi les petits oiseaux dans leurs nids. — Les gobe-mouches, les hirondelles, les martinets, sont exclusivement insectivores — L'engoulevent (*Caprimulgus europœus*), surnommé le crapaud-volant, est extrêmement utile, parce qu'il se nourrit exclusivement de papillons nocturnes, bombyciens, noctuelles, phalènes, pyrales, teignes dont les chenilles font un grand mal aux récoltes. — Le merle d'eau et le merle noir détruisent beaucoup d'insectes; ils mangent en automne quelques baies de conifères. — Les grives, quoique souvent insectivores, sont parfois nuisibles, les unes parce qu'elles mangent des baies et des raisins en automne, les autres parce qu'elles disséminent sur les arbres des baies de gui dont elles se nourrissent. — Le rouge-gorge, le rossignol sont toujours insectivores et très utiles. — Il en est de même de la gorge-bleue, du rouge-queue de muraille, du tithys, du merle de roche, du motteux, du traquet ordinaire, du traquet tarier, du traine-buisson, qui appartiennent à la même tribu des becs-fins, mais sont moins communs; le merle de roche (*Petrosimpla saxatilis*) a l'inconvénient de manger des figues en automne. — Les fauvettes sont d'une grande utilité; elles recherchent au printemps avec avidité, pour leurs petits, les chenilles des pyrales et des teignes; quand elles becquètent les cerises, c'est pour en extraire le ver ou larve du diptère *Ortalis cerasi*. — Le troglodyte, les roitelets, les sitelles, le grimpereau ordinaire, l'échelette, la huppe ou puput, sont à peu près exclusivement insectivores. — Les mésanges, tout en détruisant beaucoup d'insectes, ont le grave inconvénient d'être des oiseaux cruels et de manger les œufs des petits passereaux; la charbonnière vient, en outre, percer durant l'hiver les ruches de paille pour dévorer les abeilles; le jaseur (*Ampelis garrulus*) mange des bourgeons et du raisin. — Les bergeronnettes, les hoche-queues, les pipits, vivent en familles, dévorent beaucoup d'insectes; quelques espèces suivent les troupeaux, d'autres fréquentent les champs surtout au moment des labours ou bien les chanvres nouveaux ou les prairies récemment fauchées, en se nourrissant beaucoup plus d'insectes et de larves que de graines. — Les alouettes, les moineaux, le bouvreuil, le bec-croisé, le gros-bec, le verdier, le pinson, le chardonneret, la linotte, le sizerin, se nourrissent en partie d'insectes, en partie de bourgeons, de baies, de graines, de fruits; ils sont donc parfois utiles, parfois nuisibles; cela varie beaucoup selon les localités et dépend du nombre des familles; on s'en défend par des épouvantails et même par des coups de fusil, quand ils causent trop de dégâts, comme les verdiers dans les chènevières. — Les bruants sont surtout insectivores; parmi eux, l'ortolan (*Emberiza hortulana*) est engraissé pour la table. — Les corbeaux sont omnivores; s'ils mangent des insectes adultes et des larves, ils dévorent aussi beaucoup de graines, de fruits, de racines, et même parfois des œufs et de jeunes oiseaux. Ils vivent généralement en troupes, sauf le grand corbeau (*Corvus corax*), qui d'ailleurs est devenu rare en France. La corneille, le freux, le choucas, la pie, le geai, mangent beaucoup d'insectes, surtout des vers blancs et des hannetons: de ce côté, ils sont utiles, mais sous les autres rapports ils sont nuisibles; quelques-uns, le geai surtout, rendent le service de disséminer les graines des arbres forestiers. — L'étourneau (*Sturnus vulgaris*) vit en troupes et suit les troupeaux qu'il délivre de leur vermine, mais il est nuisible dans le midi de la France où il mange les olives. — Le martin roselin (*Pastor roseus*) et le martin triste (*Acridotheres tristis*) dévorent les criquets dévastateurs. — Pour la destruction des limaces, on peut avec avantage introduire dans les jardins le vanneau (*Vanellus cristatus*) et la mouette rieuse (*Larus ridibundus*).

Dans la classe des reptiles, plusieurs espèces

dévorent les insectes sans se nourrir de végétaux. Les lézards, celui des murailles, celui des souches, le lézard vert, le lézard vivipare, le lézard ocellé, sont ainsi très utiles et doivent être introduits dans les jardins. Le tropidosaure algérien et le caméléon ont les mêmes mœurs. Les geckos ont aussi la même utilité, surtout pour la destruction des mouches. Le seps chalcide, l'orvet et le gongyle ocellé mangent non seulement des insectes, mais aussi des limaces.

Pour faire la guerre aux insectes et aux limaces, plusieurs batraciens doivent être considérés comme ayant une grande utilité. Ainsi sont le crapaud calamite, le crapaud commun, le crapeau panthérin (*Bufo calamita, vulgaris, pantherinus*); ils ont le défaut de saisir les abeilles comme les autres insectes et doivent être chassés du voisinage des ruches. Le crapaud accoucheur (*Alytes obstetricans*), le pélodyte ponctué, le sonneur à ventre couleur de feu (*Bombinator igneus*), le crapaud brun (*Pelobates fuscus*), le crapaud à pattes à couteaux (*Pelobates cultripes*), le discoglosse jouent un rôle utile pour la destruction des insectes. Il en est de même des grenouilles (*Rana agilis, R. fusca, R. viridis*), et aussi de la rainette (*Hyla viridis*) qui se tient dans les bois et s'attache aux feuilles des arbres au moyen de ses pattes dont les extrémités se terminent par de petites ventouses.— Les salamandres et les tritons détruisent beaucoup d'insectes et de limaces.

La classe des insectes compte plusieurs espèces qui vivent en s'attaquant aux insectes nuisibles aux récoltes.

Ainsi les cicindèles, la champêtre, l'hybride, la sylvatique, la germanique, la maritime et celle des rivages, poursuivent les insectes vivants et les dévorent dans tous les champs, particulièrement dans les lieux secs et sablonneux, dans les bois, dans les gazons et les chanvres, sur les plages et dans les dunes, selon les espèces, ainsi que l'indiquent les noms qui leur sont donnés. — Parmi les carabes, le procruste chagriné attaque surtout les limaces et les colimaçons dans les champs et les vignobles, les chenilles dans les bois. — Les carabes détruisent beaucoup de hannetons, et sont très utiles les uns dans les champs, les autres dans les jardins pour protéger les légumes, d'autres encore dans les pépinières et dans les bois. — Les nébries détruisent beaucoup de larves et de mollusques, principalement de mollusques nuisibles aux cressonnières. — Les calosomes font une chasse active aux chenilles en grimpant le soir aux arbres; le calosome sycophante est particulièrement utile dans les parcs et dans les bois pour détruire les chenilles du bombyx processionnaire du chêne; le calosome inquisiteur fréquente les bois et les vergers. — Les brachins se nourrissent de larves de petite taille; ils ont la propriété d'émettre une vapeur corrosive qui s'échappe avec une légère explosion. — Les féronies sont des carnassiers actifs dans tous les champs ou dans les forêts, avec la propriété de passer par d'étroits interstices. — Le drypte échancré, les harpales, les amares s'attaquent surtout aux petits insectes; ils sont répandus dans les champs, dans les jardins, et dans les rues des villages et des petites villes. — Les staphylins détruisent beaucoup d'insectes et de limaces; leur abdomen est muni de deux vésicules qui sécrètent une matière volatile d'odeur éthérée. — Les philonthes attaquent les chenilles, les larves ainsi que les cadavres et détritus animaux — Les oxypores détruisent les larves qui gâtent les champignons comestibles. — Les homalotes font la guerre aux larves de tomiques des pins. — Il est des silphes qui ont surtout la propriété de détruire les chenilles et les limaces. — Les lampyres ou vers luisants, surtout à l'état de larves, vivent de limaces, de colimaçons et de chenilles. — Le dictyoptère couleur de sang vit de diverses larves nuisibles au bois de chêne. — Le drile jaunâtre vit exclusivement dans les coquilles des colimaçons, dont il dévore le mollusque. — Les téléphores détruisent les chenilles, les larves des tenthrédiniens et les pucerons. — Les malachies ou cocardiers se posent à l'état adulte dans les champs cultivés, sur les céréales, sur les graminées des prairies; leurs larves sont carnassières et détruisent sous les écorces des arbres les insectes nuisibles au bois. — Les clairons dévorent sur les pins les larves qui les attaquent; plusieurs espèces jouent le même rôle sur d'autres arbres. — L'opilon mou, le corynète bleu, les nécrobies, d'autres coléoptères des genres *Ips*, *Hypophlœus*, *Brachytarsus*, *Aulonium*, *Bitoma*, *Sylvanus*, *Cerylon*, *Rhizophagus* détruisent les larves lignivores sous les écorces, les calandres et les cochenilles, les pucerons qui attaquent les arbres verts ou ceux à feuilles caduques. — Les coccinelles ou bêtes à bon Dieu ne vivent, surtout à l'état de larves, que de pucerons, de cochenilles et de petites chenilles. — Les mantes et les empuses sont très carnassiers à l'état d'adultes, de larves et de nymphes, et chassent sur les plantes et les arbustes tous les insectes vivants. — Les libellules ou mouches-dragons passent dans l'eau leurs premiers états et, quand elles sont devenues adultes, chassent exclusivement les insectes vivants qu'elles déchirent entre leurs mandibules; mais quelques grandes espèces sont nuisibles près des ruches d'abeilles. — Les gomphes, l'anax beau, les œschnes, les caloptéryx, les agrions, détruisent beaucoup d'insectes, surtout de petite taille. — Les panorpes adultes volent sur les herbes et les buissons et percent les insectes avec des pinces buccales allongées en bec. — Les fourmilions attaquent les insectes dans les lieux secs: leurs larves creusent des entonnoirs dans la terre fine et surtout dans le sable et y font des pièges pour les insectes qu'elles guettent. — Les ascalaphes à l'état de larves ont les mêmes mœurs que les fourmilions; les adultes sont également insectivores. — Les hémérobes vivent sur les arbres et y dévorent surtout les pucerons, les cochenilles, les psylles; on les appelle souvent demoiselles terrestres, demoiselles à yeux d'or. — Les guêpes solitaires sont utiles en accumulant dans leurs nids des larves ou des chenilles; on doit citer surtout parmi elles les eumènes, le discèle à bandes, les odynères qui détruisent les larves des charançons des luzernes, les chenilles des tinéides, des noctuelles nuisibles. — D'autres hyménoptères dits fouisseurs ont des mœurs analogues et, en approvisionnant les nids qu'ils creusent de beaucoup d'insectes, surtout de pucerons, sont très utiles à l'agriculture. Tels sont les cercéris, les crabrons, les oxybèles, les mimèses, le psen noir, le pemphrédon lugubre, le passalèque grêle, le diodonte petit, le spilomène troglodyte. — Quelques fouisseurs ont des proies plus variées pour l'approvisionnement de leurs nids: ainsi, la melline des champs accumule dans ses nids creusés dans la terre sablonneuse, toutes sortes de diptères; — le goryte à moustaches enlève les larves de l'aphrophore écumeuse; — l'astate œil de bœuf approvisionne ses terriers avec des larves de punaises des bois; — le tachyte pompiliforme y emporte les chenilles des petits lépidoptères; le tachyte obsolète et le tachyte tarsin enlèvent les larves des criquets; — le sphex à bandes blanches et le sphex africain poursuivent les acridiens ou criquets adultes; — les bembex dont les nids sont formés sur les talus sablonneux et sur les dunes poursuivent les diptères d'assez grande taille; — les ammophiles traînent dans leurs terriers les chenilles des bombyciens et des phaléniens; — le chlorion, aux Antilles, et l'ampulex à la Réunion, enterrent dans leurs trous pour la nourriture de leurs larves, les blattes ou cancrelats. — Parmi les insectes des plus utiles, il faut encore placer les hyménoptères parasites ou carnassiers internes vivants dont les femelles, au moyen d'une sorte de tarière, introduisent leurs œufs dans un grand nombre d'insectes qui sont rongés en dedans et meurent sans postérité. Tels sont le chasmode pleurant, les ichneumons, les trogues, qui attaquent les grandes chenilles nuisibles aux chênes; le crypte à tarses blancs, le mésostène gladiateur, le tryphon élégant, le tryphon des guêpes, les ophions, l'anomalon circonflexe, le panisque à ailes glauques, les campoplexs, les pimples, qui font la guerre aux larves des tenthrèdes, des guêpes, des pyrales, des noctuelles, des buprestes, de la processionnaire, etc., et sont ainsi les protecteurs d'un grand nombre d'essences forestières et de beaucoup d'arbres fruitiers. — Les braconiens déposent un grand nombre d'œufs dans la même chenille ou larve, et les jeunes larves écloses amènent la mort de l'être nuisible qui leur a servi de berceau. C'est ainsi que le microgaster aggloméré détruit la chenille de la piéride du chou; que le microgaster remarquable attaque les chenilles des noctuelles et des pyrales des prairies artificielles; que l'élasse à petites antennes détruit le puceron lanigère des pommiers, que plusieurs espèces du genre aphidie font une guerre efficace aux pucerons de divers végétaux. — Le parasitisme des chalcidiens débarrasse les grains du fléau de la calandre; celui du ptéromale amène la mort de la chenille de la piéride des choux. Les entedons sont surtout des parasites efficaces contre les larves des diptères qui attaquent les légumes. Les eulophes détruisent beaucoup de chenilles d'yponomeutes, d'arpenteuses, de pyrales; une espèce particulièrement pond ses œufs dans ceux de la pyrale de la vigne, qui a aussi pour ennemi le céraphron fourmi. Les insectes du genre téléas pondent dans les œufs de beaucoup de bombyciens nuisibles qu'ils font périr dans leur germe. Les évaniens (évanie à ventre pendu, fène chercheur, fêne lancier) sont des parasites des blattes. Les cynips figites détruisent comme parasites, plusieurs diptères et particulièrement la mouche des maisons, qui est aussi attaquée par le réduve masqué. — Les anthocoris sont des hémiptères qui font une guerre acharnée aux pucerons. — Parmi les diptères, les asiles, les dasypogons, les volucelles, les syrphes, sont des carnassiers utiles par la guerre qu'ils font à un grand nombre d'insectes vivants, aux charançons, aux frêlons, aux guêpes, aux pucerons, aux pyrales, etc. — Les conops vivent dans le corps des guêpes. — Les mouches entomobies ou tachinaires sont très utiles dans les prairies, les cultures potagères, florales et arbustives, parce qu'elles pondent leurs œufs à la surface des chenilles dans lesquelles leurs larves s'enfoncent pour en ronger le corps; ainsi font les échinomyies, les némorées, les tachines, qui détruisent beaucoup de chenilles d'où l'on voit souvent alors sortir une nuée de mouches au lieu du papillon nuisible. — On doit, en agriculture, bien se garder de détruire ces insectes auxiliaires; il faut au contraire les propager, les importer même dans les cultures, car les espèces utiles pour la destruction qu'elles peuvent faire des espèces nuisibles sont capables de former des armées assez nombreuses pour combattre la bonne cause agricole.

La classe des myriapodes renferme quelques espèces utiles comme protectrices des plantes qu'elles débarrassent des animaux nuisibles. Ainsi le pollyxène à queue en pinceau, de l'ordre des chilognathes, très fréquent dans les bois et les vignobles, sous les écorces, la mousse et les feuilles tombées, paraît poursuivre surtout les pucerons. Ainsi encore, dans l'ordre des chilopodes, la lithobie tenailles, qui se tient sous les pots à fleurs et les feuilles mortes, détruit les chenilles et les limaces; la scutigère en forme d'araignée fait la chasse aux cloportes et à beaucoup d'insectes nuisibles aux bois; la scolopendre mordeuse, dont les morsures sont malheureusement venimeuses, est très carnassière de larves et de limaces; les cryptops jouent le même rôle sous les feuilles mortes et les mousses.

Dans la classe des arachnides se trouvent un grand nombre d'espèces protectrices des récoltes, et l'on peut dire que les animaux utiles y dominent sur ceux qui sont nuisibles. En premier lieu, il faut citer les araignées; l'agriculteur ne doit pas les détruire; elles font aux insectes une guerre acharnée. Viennent ensuite les scorpions dont il faut d'ailleurs éviter les morsures, et les galéodes qui font un grand carnage d'insectes vivants; l'obisie à pinces qui mange les insectes vivant de matières végétales sèches et qui peut protéger les livres des bibliothèques et les plantes des herbiers; le chélifère cancroïde qui fait la chasse aux mouches domestiques; le trombidion satiné ou araignée rouge des jardins qui détruit les thrips et les acariens tisserands, l'oribate marron qui rend les mêmes services en se tenant sous les pierres. — Aucun de ces arachnides ne doit être chassé des jardins, quoique quelques trombidiens vivent en parasites en se fixant à la peau et constituent les rougets, les leptes d'automne, souvent désagréables à l'homme par les démangeaisons qu'ils causent.

VIII. *Animaux détruisant ou dispersant les matières organiques en putréfaction ou en décomposition.* — Les histers ou escarbots, de l'ordre des insectes coléoptères, vivent, ainsi que leurs larves, dans les charognes, les excréments, les détritus végétaux, les champignons décomposés, et en amènent la disparition dans le sol; celui-ci se trouve fertilisé, et l'atmosphère n'est plus soumise à une cause d'infection prolongée. Ces histers sont : *Hister quadrimaculatus*, *cadaverinus*, *merdarius*, *stercorarius*. — Les scarabées sont utiles en détruisant rapidement et en dispersant dans la terre, pour la fertiliser, les excréments des animaux herbivores. Tels sont les scarabées pilulaires ou rouleurs de boules et les gymnopleures qui roulent en boule les déjections des chevaux et des ruminants et les enterrent. Le sisyphe de Schæffer agit de la même manière sur les excréments de l'homme. D'autres scarabées ne façonnent pas de boules, mais ils sillonnent les déjections de galeries et creusent en dessous le sol pour y disséminer les matières excrémentitielles. Ainsi font le bousier lunaire, l'onthophage taureau, l'onthophage cénobite, les aphodies, les géotrupes. — Les nécrophores ou fossoyeurs sont utiles en enterrant les petits cadavres dans lesquels ils pondent et que leurs larves dévorent. — Quelques silphes activent la destruction des cadavres d'animaux dans les bois et dans les champs.

IX. *Animaux servant de parure.* — Ces animaux forment une classe à part; ils ne sont pas l'objet d'un grand commerce, et ce ne sont que leurs débris qui sont utilisés; ils servent quelquefois dans leur intégrité et après leur mort pour ajouter, par leurs brillantes couleurs, un charme de plus aux parures éclatantes des femmes. Ainsi les colibris, parmi les oiseaux, sont employés pour orner les chapeaux. Ainsi encore, parmi les insectes, le petit hanneton azuré, qui vit sur les saules au sud de la Loire, sert pour les parures et pour être placé au milieu des fleurs artificielles; il en est de même de plusieurs chrysomèles et de quelques coléoptères, en raison de leur éclat métallique.

X. *Animaux employés comme appâts pour la pêche.* — A cause de leur nombre quelquefois immense, les éphémères, de l'ordre des insectes névroptères, peuvent être utilisés comme engrais: elles forment d'excellents appâts ou *manne* pour les poissons. — Les larves des phryganes qui vivent dans l'eau, où elles s'entourent de débris divers pour en former des fourreaux protecteurs, sont d'excellentes amorces pour la pêche à la ligne flottante ou à la ligne de fond; on les nomme souvent *charrées, porte-bois, porte-sable*. — Les larves des diptères ou mouches à viande, nommées *asticots*, sont aussi employées pour la pêche à la ligne. — La larve aquatique du chironome plumeux, dite *ver de vase*, sert comme amorce pour la pêche, ou est employée pour nourrir les alevins des poissons, et notamment de ceux qu'on élève dans les aquariums.

Parmi les crustacés, les pagures servent d'excellentes amorces pour la pêche des squales.

Les lombrics ou vers de terre, de la classe des annélides, forment de bonnes amorces pour la pêche; on les regarde aussi comme utiles, surtout dans les terres fort argileuses, parce qu'ils y produisent une sorte de drainage et y rendent l'aération plus facile. Ces animaux toutefois peuvent nuire dans les terrains où l'on a enfoui des cadavres atteints du charbon, parce qu'ils ramènent à la surface du sol, comme l'a prouvé M. Pasteur, des germes de maladie que le bétail peut absorber en pâturant.

ANIMAUX (POLICE DES) (*droit rural* et *administration*). — La propriété, l'entretien, la vente, la poursuite des animaux ont donné lieu à des lois et à des règlements qu'il importe que l'agriculteur connaisse, parce que des devoirs lui sont imposés, d'où il incombe pour lui de nombreuses responsabilités en même temps qu'il peut exercer des droits dont la limite doit être définie. La sécurité publique, l'intérêt général de l'agriculture, des considérations d'ordre moral même, ont fait adopter des mesures de diverses natures qui vont être exposées sous le rapport des obligations des propriétaires d'animaux domestiques, de leurs droits, de la police sanitaire, de la destruction des animaux nuisibles, de la conservation et de la protection des animaux de diverses catégories.

I. *Obligations des propriétaires d'animaux*. — D'après l'article 1385 du Code civil, « le propriétaire d'un animal, ou celui qui s'en sert, pendant qu'il est à son usage, est responsable du dommage que l'animal a causé, soit que l'animal fût sous sa garde, soit qu'il fût égaré ou échappé. » D'après le § 14 de l'article 471 du Code pénal, seront punis d'amende depuis 1 franc jusqu'à 5 francs inclusivement « ceux qui auront laissé passer leurs bestiaux ou leurs bêtes de trait, de charge ou de monture sur le terrain d'autrui avant l'enlèvement de la récolte. » Les propriétaires de chèvres conduites en commun sont solidairement responsables des dommages qu'elles causent. — Celui dont les volailles passent sur la propriété voisine et y causent des dommages, est tenu de réparer ces dommages. Celui qui les a soufferts peut même tuer les volailles, mais seulement sur le lieu, au moment du dégât, et sans pouvoir se les approprier. — Les propriétaires sont astreints d'obéir à tous les arrêtés préfectoraux ou municipaux sur la police des animaux.

II. *Droits des propriétaires*. — Lorsque des animaux non gardés ou dont le gardien est inconnu ont causé du dommage, le propriétaire lésé a le droit de les conduire sans retard au lieu de dépôt désigné par le maire qui, s'il connaît la personne responsable du dommage, lui en donne immédiatement avis. Si les animaux ne sont pas réclamés, et si le dommage n'est pas payé dans la huitaine du jour où il a été commis, il est procédé à la vente sur ordonnance du juge de paix, qui évalue les dommages

Les animaux, pour toutes les questions légales, sont assimilés aux meubles, à moins de dispositions législatives contraires pour des cas particuliers.

Tout propriétaire a le droit de détruire ou de faire détruire, mais seulement sur ses possessions, tous les animaux nuisibles, en se conformant aux lois et règlements de police sur la chasse.

III. *Droits et devoirs des administrations*. — Les préfets peuvent, après avoir pris l'avis des Conseils généraux et des Conseils d'arrondissement, déterminer par des arrêtés les conditions sous lesquelles les chèvres peuvent être conduites ou tenues au pâturage.

En ce qui concerne les mesures à prendre en cas d'épizootie, ainsi que celles qui garantissent le bétail indigène de l'invasion de maladies contagieuses, la loi du 21 juillet 1881 a remplacé les anciens règlements, surannés pour la plupart, et qui n'étaient plus au courant de la science. Une partie même de la loi nouvelle, celle qui concerne l'enfouissement des animaux abattus, aurait besoin d'être revisée, car on sait maintenant que ce procédé n'empêche pas la propagation de l'infection des maladies charbonneuses.

IV. *Destruction des animaux nuisibles*. — Il appartient au propriétaire et au fermier de repousser et de détruire, même avec des armes à feu, les bêtes fauves portant dommage à ses propriétés; en outre, les préfets et sous-préfets peuvent ordonner en tout temps des chasses et battues contre les animaux nuisibles et malfaisants autres que ceux formant gibier. Mais la nomenclature des animaux ainsi définis n'a pas été faite rigoureusement. Il n'y a nulle contestation en ce qui concerne les loups, les renards, les blaireaux; on pourrait élever des doutes sur le classement des sangliers; mais, en fin de compte, leur nocuité a paru l'emporter sur leurs propriétés alimentaires. Il n'en est pas de même des cerfs, des biches et des lapins, que des arrêts du conseil d'Etat du 1er avril 1881 ont refusé de regarder comme essentiellement nuisibles et comme rentrant, à ce titre, dans la catégorie des animaux visés par la loi du 19 pluviôse an V, qui a posé le principe des battues officielles, et dont les lois postérieures de 1844 et de 1874, sur la chasse, ne sont, à ce point de vue, que la consécration.

Quant aux oiseaux essentiellement nuisibles dont la destruction doit être permise, la nomenclature n'en a pas été bien faite, légalement du moins et jusqu'à présent. D'après M. Millet, qui a beaucoup éclairé ces questions, les oiseaux nuisibles qu'on doit pouvoir détruire en *tout temps* sont: les aigles (fauve ou grand aigle, criard ou petit aigle, aigle botté, bonelli ou à queue barrée), l'autour vulgaire, le balbuzard fluviatile, les buses (vulgaire, pattue ou archibuse), le catharte alimoche (vulgairement vautour blanc) le circaète Jean-le-Blanc, le grand corbeau, le grand-duc, l'épervier vulgaire, les faucons (commun ou pèlerin, émerillon), le gypaëte barbu, les milans (royal, noir), les pigeons (ramier, colombin ou petit ramier, biset), le pigargue ordinaire, les vautours (moine ou arian, fauve ou griffon). — En outre, temporairement et suivant des nécessités locales que l'autorité préfectorale aurait à apprécier, la destruction serait autorisée pour: le corbeau choucas, le corbeau corneille ou corneille noire, le corbeau freux, le corbeau mantelé ou corneille mantelée, le geai, la pie. — Quant aux autres oiseaux, ils seraient tous considérés comme utiles, et l'on ne permettrait la chasse, pendant un temps limité, que pour un nombre déterminé de ceux qu'on appellerait *oiseaux-gibier*, et dont voici la nomenclature: I. *Passereaux:* cincle-plongeur (vulgairement, merle d'eau), grives, merles. — II. *Gallinacés:* caille, faisan, ganga-cata (vulgairement, gélinotte des Pyrénées), gélinotte lagopède (vulgairement perdrix blanche des Pyrénées), perdrix (grise, rouge, bartavelle, gambra ou de roche), tétras (coqs de bruyère ou de bouleau), tourterelle. — III. *Échassiers :* avocette, barges, bécasseaux, bécasse, bécassines, chevaliers, combattant, courlis, échasse, flammant, foulques, grues, huîtrier, outardes, pluviers, poules d'eau, râles, sanderling, spatule, tourne-pierre, vanneaux. — IV. *Palmipèdes :* canards, cygnes, grèbes, harles, macreuses, oies, plongeons, sarcelles. — La chasse aux oiseaux ne devrait être permise qu'au fusil ; tous autres moyens de chasse, tels que filets, lacets, gluaux, pièges et engins de toutes sortes, devraient être formellement prohibés. Légalement, le droit facultatif d'ordonner cette prohibition appartient à l'autorité préfectorale.

V. *Conservation des animaux utiles.* — La principale mesure générale prise pour la conservation des animaux utiles autres que les animaux domestiques que chaque propriétaire élève selon les avantages qu'il en retire, est celle qui limite le temps de la chasse et celui de la pêche. Cependant on peut demander plus. Dans un grand nombre de pays, il existe des lois et règlements contre la destruction des oiseaux : Amérique, lois de 1870 et de 1871; Autriche, loi du 31 décembre 1868; Grande-Bretagne, lois des 21 juin 1869 et 12 août 1872; Prusse, loi du 11 mars 1850; Suisse, loi du 24 février 1841, etc. En Belgique, en vertu de la loi du 28 février 1882 et du décret du 1er mars suivant, il est défendu en tout temps, même en temps de chasse, de prendre, de tuer ou de détruire, d'exposer en vente, de vendre, d'acheter, de transporter ou de colporter les oiseaux insectivores, ainsi que leurs œufs ou couvées. Les oiseaux insectivores ainsi toujours protégés par la loi belge, sont : l'accenteur mouchet ou traîne-buisson, les fauvettes, les gobe-mouches ou becfigues, le grimpereau, les hirondelles, les hoche-queue, bergeronnettes ou lavandières, l'hippolaïs ou contrefaisant, les mésanges, les pouillots ou becs-fins, le roitelet huppé, le rossignol, le rouge-gorge, les rouge-queue, thythis et rossignol de muraille, la sittelle ou torche-pot, les traquets, tariers et motteux, le troglodyte ou roitelet. Il ne peut y avoir de dérogation à la règle que par une autorisation spéciale motivée par intérêt scientifique ou public. Il est défendu d'ailleurs, par la loi belge, pour prendre les oiseaux non regardés comme insectivores, d'employer la chouette, le hibou ou autres oiseaux de proie nocturnes, et de se servir d'engins enduits de glu ou de matières analogues. Enfin, il est interdit de prendre des oiseaux au moyen de filets lorsque le sol est couvert de neige.

VI. *Protection des animaux.* — Les animaux étant assimilés aux choses par la législation, le propriétaire peut en user et en abuser. Cependant une limite a été mise à ce droit, en France, par la loi de 2 juillet 1850, dite loi Grammont, relative aux mauvais traitements exercés envers les animaux domestiques. L'article unique de cette loi est ainsi conçu : « Seront punis d'une amende de 5 à 15 fr., et pourront l'être d'un à cinq jours de prison, ceux qui auront exercé publiquement et abusivement des mauvais traitements envers les animaux domestiques. — La peine de la prison sera toujours appliquée en cas de récidive. — L'article 483 du Code pénal (définissant la récidive) sera toujours applicable. »

ANIMÉ. — Résine odorante, d'un jaune de soufre, qui découle d'incisions faites au tronc de l'*Hymenæa courbaril.* On l'appelle aussi animé vraie et animé d'Orient, parce qu'on extrait, au Brésil, d'un autre arbre, l'*Hymenæa martiana*, une résine qu'on appelle animé d'Occident. — La gomme ou résine animé est employée dans la fabrication des vernis ; on s'en sert aussi pour faire des fumigations contre les affections catarrhales.

ANIS (*agriculture et économie domestique*) — On donne habituellement le nom d'anis à une plante de la famille des ombellifères, qui n'est autre que le *Pimpinella anisum* ou l'*Anisum officinale;* on l'appelle vulgairement *boucage* ou *anis vert*. C'est une plante annuelle (fig. 352), originaire du Levant. Ses tiges atteignent une hauteur de 35 centimètres ; ses feuilles sont à trois folioles; ses fleurs sont en ombelles blanches. Le fruit est la seule partie employée; il est gros comme deux têtes d'épingle, allongé, pédiculé, *vert*, sillonné ; il a une odeur aromatique particulière et une saveur sucrée. On peut en extraire une huile essentielle complexe qui explique les usages de ce produit. La culture de l'anis officinal se fait en France, principalement en Touraine, dans le Languedoc et en Provence. Les terres qui paraissent le mieux lui convenir doivent être saines, légères et suffisamment calcaires. Il lui faut l'exposition du midi. On donne deux ou trois labours avant de répandre la se-

Fig. 352. — Anis officinal d'Albi.

mence. On sème à la volée, vers le mois d'avril, sur des planches bien ameublies et bien amendées. Le semis doit être clair. On sarcle à plusieurs reprises, et l'on éclaircit si les plants sont trop serrés. Une fois que l'anis a atteint 20 centimètres, il ne réclame plus d'autres soins. On commence la récolte en septembre ; mais les fruits ne viennent pas tous à maturité à la même époque ; il faut enlever successivement les têtes lorsqu'elles prennent une teinte foncée; on les réunit toutes dans un local très aéré, afin de favoriser leur dessiccation ; on les bat ensuite au fléau sur une toile, et l on passe au van pour avoir les graines d'anis bien propres; on les conserve dans des sacs. On obtient en général de 500 à 800 kilogrammes par hectare; la vente se fait pour les liquoristes et les confiseurs dans les cours de 100 à 150 francs les 100 kilogrammes. Le poids d'un hectolitre de graines est en moyenne de 35 kilogrammes.

On distingue dans le commerce plusieurs sortes d'anis : 1° l'anis de Russie, qui est le plus petit de tous et le moins estimé; il arrive par Odessa; on lui reproche d'être un peu âcre ; — 2° l'anis d'Espagne, d'Italie, de Sicile, qui est très recherché pour la fabrication de l'anisette ; — 3° l'anis de Malte, de grosseur moyenne, très employé dans la confiserie pour la fabrication des dragées d'anis; — 4° l'anis d'Albi ou du Tarn, qui est très aromatique et le plus blanc de tous; — 5° l'anis de Touraine, qui est le plus gris et le plus doux; — ces deux derniers servent surtout dans les pâtisseries. Les expéditions se font dans des balles de poids variant selon les localités, depuis 50 jusqu'à 160 kilogrammes.

Les graines d'anis sont excitantes, carminatives; elles sont employées pour stimuler les voies digestives et pour combattre les flatuosités. On peut employer des hydrolats, des alcoolats, à raison de 10 à 15 pour 100 d'anis en poudre, une cuillerée de miel avec une pincée de poudre d'anis, etc. Ainsi, on obtient de l'eau d'anis en faisant distiller 10 litres d'eau avec 2 kilogr. 500 d'anis sec, pour obtenir 5 litres d'eau parfumée. D'un autre côté, on prépare la teinture d'anis en faisant macérer à froid pendant quatre jours 500 grammes d'anis vert dans 1 kilogr. 500 d'alcool, puis en passant et filtrant. Si l'on reverse sur le marc 2 kilogr. de trois-six faible, et qu'on passe après cinq à six jours de digestion à une douce chaleur en exprimant fortement, on a une deuxième teinture beaucoup plus forte, mais moins agréable que la première.

Le mot d'anis, suivi d'une épithète, s'applique à diverses autres plantes dont le fruit sert à des usages analogues. Ainsi : l'anis âcre, anis aigre ou faux anis est le cumin (*Cuminum cyminum*); — — l'anis doux, l'anis de France, l'anis de Paris, est le fenouil (*Anethum fœniculum*, voy. ANET, p. 420); — l'anis bâtard, l'anis des Vosges, est le cumin des prés ou carvi (*Carum carvi*); — l'anis des Indes, l'anis de la Chine, l'anis étoilé, est la badiane anizée (*Illicium anisetum*).

On fabrique des bonbons dits anis de Verdun ou de Dijon en enrobant de sucre, à la manière des dragées ordinaires, les grains d'anis ou anis verts. Les anis surfins de Flavigny (Côte-d'Or) sont des grains d'anis recouverts d'un glacé de sucre qu'on prépare de la grosseur d'un pois ou d'une noisette.

ANIS (ESSENCE OU HUILE D') (*technologie* et *chimie*). — Cette matière s'obtient par la distillation des grains avec de l'eau, ainsi que cela se pratique pour les huiles essentielles. Telle qu'elle se rencontre dans le commerce, elle est blanche, d'une saveur piquante et d'une odeur agréable. Elle se solidifie en grande partie à la température de + 8 degrés. Elle sert à la préparation des liqueurs; en médecine, elle est employée pour masquer la saveur des médicaments.

La portion concrète de cette essence peut être facilement séparée de la portion liquide au moyen de la pression entre des doubles de papier joseph; elle forme plus des trois quarts de la masse totale. Après plusieurs cristallisations dans l'alcool à 85 degrés, et par plusieurs pressions successives, on obtient une matière cristallisée en paillettes d'un grand éclat, d'une odeur d'anis plus agréable que celle de l'huile brute, très friable à zéro, fusible à + 18 degrés, volatile à 222 degrés, et ayant une composition représentée par la formule $C^{10}H^{12}O$; c'est l'*anéthol* (voy. ce mot, p. 626); elle est identique à la matière concrète que l'on peut extraire des essences brutes de badiane et de fenouil. — De cette matière dérivent, sous l'action des divers réactifs : son isomère, l'*anisoïne*, provenant de l'action de l'acide sulfurique, du perchlorure d'étain, etc.; l'*acide anisique* ($C^{8}H^{8}O^{3}$), provenant de l'action de l'acide azotique; l'*acide anisamique* ($C^{8}H^{7}AzO^{3}$), l'*éther anisique* ($C^{9}H^{10}O^{3}$), l'*alcool anisique* ($C^{8}H^{10}O^{2}$), l'*anisine* ($C^{8}H^{8}O^{5}$), l'*anisol* ($C^{7}H^{8}O$), l'*acide anisurique* ($C^{10}H^{11}AzO^{4}$, analogue à l'acide hippurique, etc. — L'*anisulmine* est un produit brun qu'on obtient en traitant par la potasse les grains d'anis préalablement épuisés par l'eau, l'alcool, l'éther, et précipitant la dissolution alcaline par l'acide acétique.

Ces faits ne sont cités que pour montrer à l'agriculteur combien on peut préparer de produits différents avec un seul et même principe immédiat extrait de l'organe d'un végétal.

ANISACANTHES (*botanique*). — Petits arbrisseaux australiens, glabres, vivant sur les bords de la mer, à feuilles alternes, étroites, entières, planes ou cylindriques, et à fleurs axillaires, sessiles; appartenant à la famille des Salsolacées.

ANISACTIS (*botanique*). — Plantes du genre *Daucus*, de la famille des Ombellifères

ANISANTHES (*botanique*). — Genre de plantes de la famille des Graminées, dont le port rappelle celui de l'avoine, formant une herbe annuelle originaire des montagnes de Téchorak.

ANISARTHRIE (*entomologie*). — Genre d'insectes coléoptères pentamères.

ANISARTHRON (*entomologie*). — Genre de coléoptères tétramères longicornes, voisin des cérambyx, vivant en Autriche.

ANISÉIE (*botanique*). — Genre de plantes de la famille des Convolvulacées, herbacées ou suffrutescentes, des régions tropicales.

ANISER. — C'est donner à une chose le goût de l'anis, soit par la présence de cette graine, soit par l'addition d'un extrait d'anis. Une boisson peut être anisée par quelques gouttes d'essence d'anis.

ANISETTE (*technologie*). — Liqueur qu'on prépare principalement avec de l'alcool, de la graine d'anis, du sucre et plus ou moins d'eau. Les formules employées sont assez nombreuses.

On obtient l'*anisette ordinaire* en prenant : anis étoilé, 125 grammes; amandes amères, 125; iris de Florence en poudre, 65; coriandre, 125. On contuse et on fait macérer les matières dans 4 litres d'alcool à 85 degrés pendant huit jours. On ajoute alors 2 litres d'eau et on distille jusqu'à ce qu'on ait retiré 4 litres de produit auxquels on ajoute un sirop fait à froid avec 3 kilogrammes de sucre et 2 litres d'eau. On mélange le tout et on ajoute de l'eau pour compléter 10 litres. — On peut aussi opérer en prenant 5 litres d'esprit d'anis (voy. ALCOOLATS, p. 185), et en les ajoutant à 20 litres d'alcool à 85 degrés, puis à un sirop de 66 litres d'eau et 12 kilogrammes de sucre; on mélange bien, on colle, et, après un repos suffisant, on filtre.

L'*anisette surfine* de Bordeaux se prépare en prenant : anis vert, 500 grammes; badiane, 1750; fenouil de Florence, 437; coriandre, 437; bois de sassafras, 437; ambrette (voy. p. 539), 417; thé impérial, 187. On contuse, puis on fait macérer le tout durant quatorze heures dans 38 litres d'alcool à 85 degrés. On ajoute 19 litres d'eau, on distille jusqu'à épuisement presque complet; on ajoute au précédent 19 litres d'eau et on rectifie pour retirer 36 litres seulement. On fait d'ailleurs un sirop préparé à chaud avec 56 kilogrammes de sucre et 24 litres d'eau. On mélange après le refroidissement, et on ajoute 50 centilitres d'infusion d'iris et 2 litres d'eau de fleurs d'oranger. On complète enfin avec de l'eau pour parfaire 1 hectolitre. On colle, et après le repos on filtre. — On peut encore varier les proportions des matières premières, mettre des racines d'angélique et des zestes de citron ou d'orange, avant la distillation et après le mélange avec le sirop, ajouter quelques centilitres d'eau de girofle, de cannelle, etc., pour donner à des anisettes spéciales un caractère particulier.

ANISOCHETUS (*botanique*). — Herbes annuelles ou vivaces appartenant à la famille des Labiées, originaires du continent indien, dont les fleurs forment un long épi cylindrique. L'*Anisochetus carnosus* est employé, dans l'Inde, dans les affections catarrhales et les maladies des enfants. On se sert de son suc, mêlé à de l'huile de sésame et à du sucre, pour faire des liniments réfrigérants.

ANISODACTYLE (*ornithologie* et *entomologie*). — On a donné ce nom à la tribu des oiseaux sylvains ou habitant les bois (passereaux, grimpants et pigeons) qui ont trois doigts devant et un derrière; parmi les trois doigts de devant, l'externe est toujours dirigé en avant, mais le pouce est quelquefois versatile. — On appelle aussi de ce nom un genre d'insecte coléoptère de la tribu des carabides, voisin du genre harpale. — L'anisodactyle marqué se trouve sur les pierres dans les champs; il est long de 12 à 13 millimètres. — Le mot grec ανισος signifie inégal.

ANISODE (*botanique*). — Herbe vivace du Népaul, cultivée dans les jardins botaniques, appartenant à la famille des Solanacées. Ses feuilles florales, géminées, donnent naissance à des pédoncules terminés par une fleur d'un vert jaunâtre, passant au pourpre.

ANISODON (*botanique*). — Genre de mousses de la famille des Fabroniacées, formant des gazons épais, propre au continent américain.

ANISODONTE (*botanique*). — Plantes de la famille des Labiées, appartenant au genre Marrubium.

ANISOGONION (*botanique*). — Genre de fougères de la tribu des Aspléniées, originaires des régions tropicales de l'Asie.

ANISOLÈME (*zoologie*). — Genre d'annélides testicoles de la famille des Sabelles (voy. ANIMAL (*règne*), p. 116), vivant à l'île Maurice.

ANISOMÈLE (*botanique*). — Plantes herbacées ou suffrutescentes de la famille des Labiées, croissant en Australie et dans l'Inde, employées parfois comme stomachiques; telle est l'*Anisomela malabrica*, nommé aussi *Ajuga fructuosa, Nepeta malabrica, Stachys mauritiana*.

ANISOMERA (*botanique*). — Genre de Phytolaccacées.

ANISONIN (*entomologie*). — Genre de coléoptères pentamères lamellicornes, voisin des hannetons, vivant au cap de Bonne-Espérance.

ANISOPELME (*entomologie*). — Genre d'insectes hyménoptères de la famille des Ichneumoniens. Ils pénètrent dans les maisons dans le but de déposer leurs œufs dans le corps des larves des ptines et des vrillettes (voy. *Animaux utiles*, p. 468).

ANISOPHYLLÉES (*botanique*). — Plantes de la famille des Rhizophorées, constituant des arbres et des arbustes de l'Asie et de l'Afrique tropicales. Leurs fleurs, souvent polygames, sont disposées en épis axillaires simples. On a donné le nom d'*Anisophyllum* à plusieurs groupes d'autres végétaux, et notamment à plusieurs plantes du genre euphorbe (*Anisophyllum pilulíferum, hypericifolium, ipecacuahna, maculatum, peplis, thymifolium*); mais il convient de conserver seulement la première définition.

ANISOPLIE (*entomologie*). — Genre de coléoptères pentamères lamellicornes, voisin des hannetons, nuisibles dans les champs (voy. *Animaux nuisibles*, p. 456). L'*Anisoplia arvicola* ou *agricola*, long de 8 à 15 millimètres, est noir bronzé; l'*Anisoplia horticola*, de même longueur environ, est d'un vert foncé très brillant.

ANISOPOGON (*botanique*). — Genre de Graminées, tribu des Avénacées, ayant le port de l'avoine, qu'on trouve en Australie et dans l'Afrique australe.

ANISOSCÈLE (*entomologie*). — Genre d'insectes hémiptères, famille des Lygéens, originaire d'Amérique, remarquable par la dilatation de ses pattes postérieures en une sorte de large feuille; il est d'un rouge brun foncé.

ANISOSPERME (*botanique*). — Plante de la famille des Cucurbitacées, dont une espèce donne, au Brésil, des graines employées comme purgatives.

ANISOSTICHUS (*botanique*). — Genre de Bignoniacées dont l'*Anisostichus capreolata*, des États-Unis, vit en pleine terre sous le climat de Paris, et se couvre, vers la fin de mai, de fleurs d'un rouge lie de vin, lavées de jaune à la face extérieure du tube.

ANISOTOME (*entomologie*). — Genre d'insectes coléoptères, de la famille des Clavicornes, remarquables par une sorte de massue qui termine les antennes. Leur longueur est d'environ 2 millimètres. Ils se trouvent sous les écorces des arbres et dans les champignons.

ANISSILO (*botanique*). — Plante du Chili nommée vulgairement *mouchu*, passant pour être carminative et appartenant à la famille des Ombellifères.

ANIXIE (*botanique*). — L'*Anixia villosa* est un champignon qui vient en automne, sur la terre, sous les feuilles mortes; il a un péridium recouvert d'un duvet blanc, qui s'ouvre au sommet; il est rempli d'une substance gélatineuse dans laquelle se trouvent les spores.

ANJOU (*géographie agricole*). — Ancienne province de France située entre le Maine, la Bretagne, le Poitou, la Touraine, et qui forme aujourd'hui le département de Maine-et-Loire et une portion des départements de la Mayenne, de la Sarthe et d'Indre-et-Loire. Elle avait pour capitale Angers, et, pour villes principales, Baugé, Beaupréau, Brissac, Château-Gontier, Cholet, Craon, Saumur. La race porcine craonnaise et la race bovine choletaise sont demeurées célèbres.

Tacite, après César, appelle Andecavi le peuple qui habitait l'Anjou et qui fut toujours renommé par sa bravoure. Le pays était d'ailleurs couvert de forêts qui ne furent défrichées que successivement. La misère la plus grande fut longtemps son partage. Pendant dix siècles, tout manque ou à peu près. « Encore au douzième siècle, dit M. Célestin Port, dans l'introduction de son beau dictionnaire de Maine-et-Loire, l'esclavage, ou, comme on dit, le servage est la loi des populations rurales. Avec la terre, tous les travailleurs sont vendus et les enfants partagés entre les maîtres, laïques ou ecclésiastiques, comme des objets mobiliers: les pauvres se donnent d'eux-mêmes, et les familles trop nombreuses se partagent à proportion de leur misère. Là même où quelques indigènes s'établissent comme hôtes ou colons, le lopin de terre qui les nourrit se fixe à sa glèbe et à son étroit service. Tel, libre ici comme propriétaire, subit le servage comme tenancier, sous le nom si débattu de *collibert* particulier aux contrées de l'ouest; et des chevaliers même *milites* sont donnés avec le domaine dont ils sont hébergés. » La prospérité n'est venue qu'avec l'établissement successif de la liberté des personnes. Des guerres terribles dévastèrent la contrée du douzième au treizième siècle. Alors commença réellement une ère nouvelle. La culture de la vigne notamment se développa et apporta la richesse sur tous les coteaux et tout le long de la Loire et de ses affluents de la rive gauche. Puis se firent les plantations des arbres fruitiers, qui ont pris une si grande extension. La culture des lins et des chanvres, déjà importante au treizième siècle, prit un développement considérable au dix-septième; les céréales, les cultures maraîchères, les plantes fourragères, furent particulièrement soignées; l'élevage et l'engraissement du bétail achevèrent de fonder une situation qui a mis l'agriculture de l'Anjou au premier rang de l'agriculture française.

ANKER (*métrologie*). — Nom d'une mesure de capacité usitée en Danemark, en Russie et dans plusieurs parties de l'Allemagne, variant de 36 à 42 litres selon les lieux.

ANKYLOSE (*médecine vétérinaire*). — Diminution ou impossibilité absolue des mouvements d'une articulation naturellement mobile. Cette affection, d'une guérison extrêmement difficile, est surtout fâcheuse chez les animaux de travail; elle déprécie beaucoup les chevaux qui en sont atteints. Elle frappe surtout le genou, le jarret, les articulations des vertèbres du dos et des reins; elle est le résultat ou la suite de maladies diverses des articulations.

ANKYLOSTOME (*zoologie*). — Genre de vers nématoïdes (voy. ANIMAL (*règne*), p. 116) qui habitent le duodénum et le jéjunum de l'homme. Ils ont 3 à 4 millimètres de longueur, la bouche ouverte au côté dorsal, des dents crochues au fond de la bouche, du côté abdominal; ils sont fixés souvent, en nombre considérable, sur la muqueuse de l'intestin.

ANNA (*métrologie*). — Mesures de capacités, de poids et de monnaies, usitées dans les Indes.

ANNAL, ANNALE, ANNAUX (*jurisprudence*). — Se dit d'une durée d'un an et d'un jour: possesseur annal, prescription annale, droits annaux.

ANNATO. — Nom sous lequel on désigne quelquefois le rocou ou roucou, matière colorante extraite de la pellicule rougeâtre qui enveloppe les semences du rocouyer (*Bixa orellana*). Le rocou est souvent employé sous ce nom pour colorer le beurre et certains fromages, notamment ceux de Hollande.

ANNEAU (*histoire naturelle*). — Se dit de tout cercle formé d'une matière plus ou moins solide, plus ou moins dure, et qui est en général destiné à servir d'attache.

Le mot s'applique aux cercles placés les uns à la suite des autres dans les animaux du second embranchement du règne animal; les annélides présentent la succession d'un grand nombre d'anneaux.

Des reptiles, par exemple des serpents, sont regardés vulgairement comme possédant des anneaux quand on trouve sur leur corps des raies circulaires d'une couleur différente de celle des parties voisines.

L'*anneau crural* est une ouverture circulaire située à la partie moyenne de l'arcade de la cuisse et donnant passage à diverses artères. — L'*anneau ombilical* est l'ouverture circulaire qui donne passage aux vaisseaux constituant le cordon ombilical.

La *greffe en anneau* se fait en appliquant sur un végétal en pleine sève une portion d'écorce en forme de cercle et garnie d'un œil ou bourgeon à la place d'une portion annulaire de l'écorce de ce végétal qu'on a enlevée préalablement. — La chenille livrée dépose parfois des œufs dans une bandelette formant un anneau autour des branches des arbres.

ANNEAU (*économie du bétail*). — L'*anneau nasal* s'applique à la cloison nasale des taureaux, dans le but de les dompter, de les maîtriser et de les con-

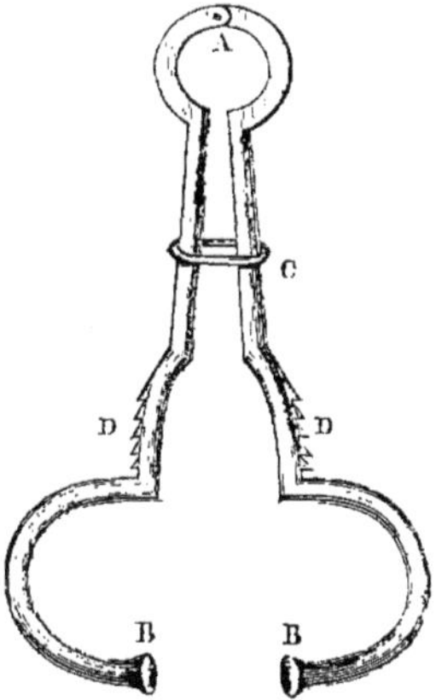

Fig. 353. — Moraille ou mouchette italienne ouverte.

duire sans qu'ils puissent être dangereux. Cet instrument a reçu les formes les plus variées. En général, les *anneaux* passent par un trou préalablement percé dans la cloison du nez, au-dessus du mufle; on donne le nom de *pinces*, de *morailles*, de *mouchettes*, aux instruments qui ne font que serrer la cloison sans la traverser. Lorsque la pince ou l'anneau sont en place, on y passe une longe qui suffit, en général, pour gouverner l'animal;

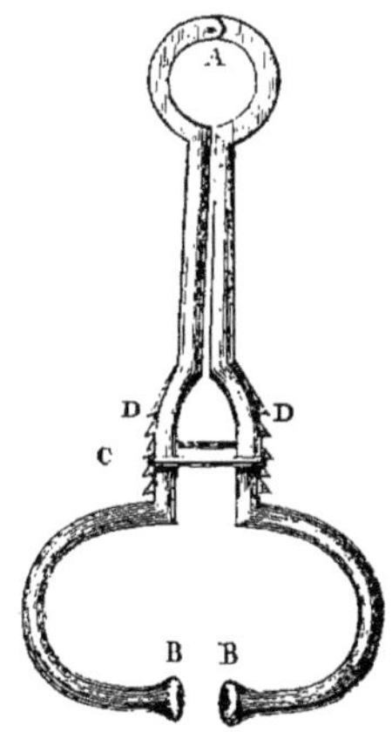

Fig. 354. — Moraille italienne maintenue fermée par l'anneau coulant.

mais si le taureau est très méchant, il faut avoir recours à un bâton conducteur.

La moraille italienne (fig. 353 et 354) se compose de deux branches unies d'un côté par une charnière A et qui se terminent chacune à l'autre extrémité par un demi-cercle finissant en forme de tampon ou de bouton. Les deux tampons BB peuvent être rap-

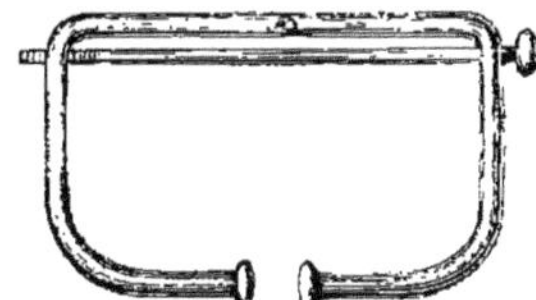

Fig. 355. — Pince hollandaise à vis.

prochés et maintenus contre la cloison nasale au moyen d'un coulant C qu'on arrête dans les encoches DD; les deux figures 353 et 354 montrent comment cet appareil peut être serré dans le nez

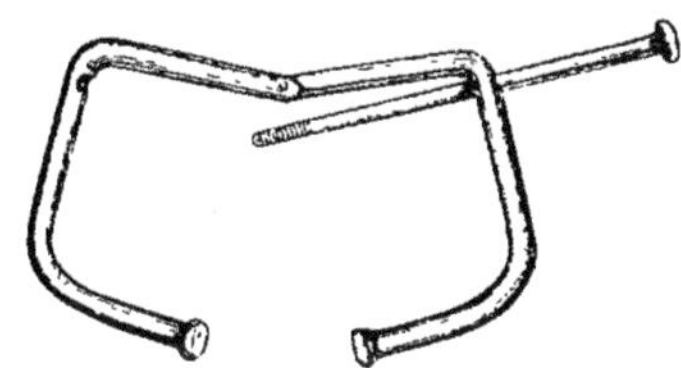

Fig. 356. — Mouchette en anneau ayant les pinces écartées.

sans qu'on ait à percer la membrane nasale, ce qui, chez quelques sujets, amène de la suppuration.

Au lieu de la moraille à coulant, on se sert aussi, en Hollande et en Angleterre, d'une pince dont les deux branches sont rapprochées par une vis qu'il faut maintenir par un écrou (fig. 355).

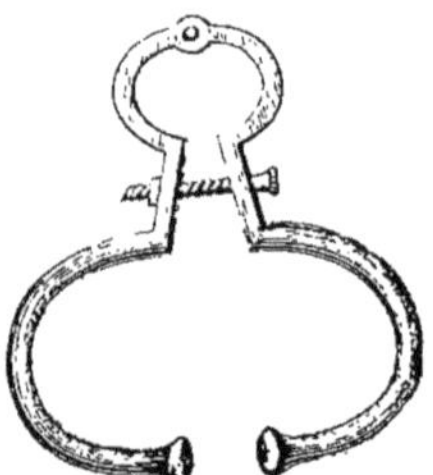

Fig. 357. — Mouchette en anneau ayant les pinces fixées par une tige à vis.

Les mouchettes peuvent aussi avoir la forme de demi-anneaux (fig. 356 et 357); ils sont mobiles

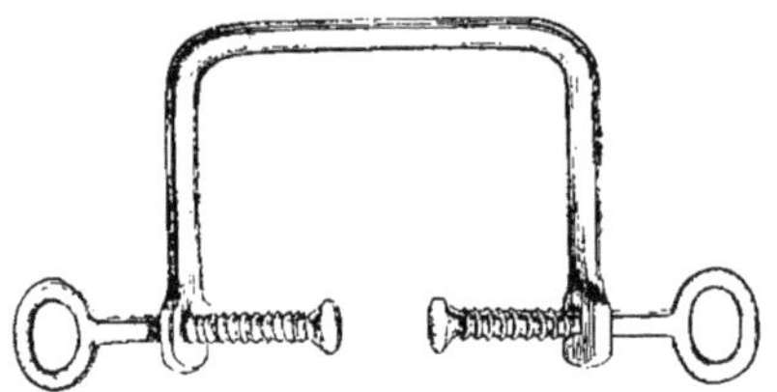

Fig. 358. — Mors nasal pour conduire les bêtes bovines avec des guides.

autour d'une charnière, et on maintient les branches rapprochées au moyen d'une tige à vis contre

Fig. 359. — Anneau nasal anglais, à charnière, ouvert.

le cartilage du nez, et les deux boutons terminaux.

Pour le dressage des jeunes bœufs ou pour conduire des attelages bovins avec des guides, on peut

Fig. 360. — Anneau nasal anglais, à charnière, fermé par une vis.

donner à l'appareil la forme d'une sorte de mors nasal (fig. 358); les deux branches qui portent les tampons sont rapprochées l'une de l'autre au moyen du pas de vis qu'elles portent en passant chacune

Fig. 361. — Anneau nasal anglais, à charnières, fermé par une virole taraudée.

Fig. 362. — Percement de la cloison nasale d'un taureau avec un trocart.

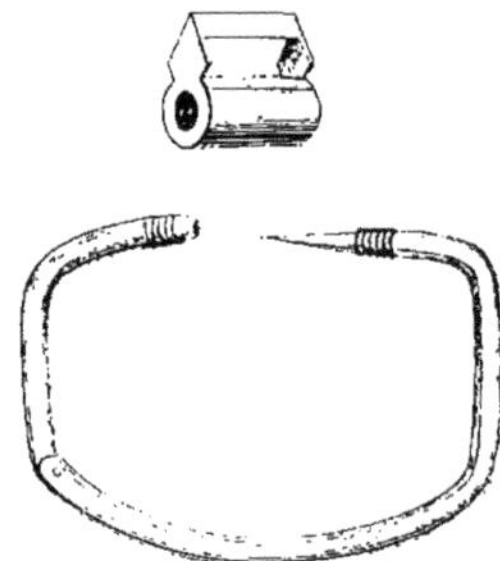

Fig. 363. — Anneau nasal avec pointe aiguë et virole détachée.

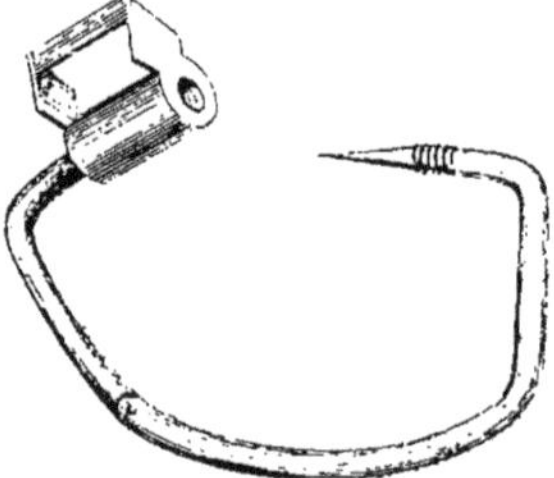

Fig. 364. — Anneau nasal avec pointe aiguë et virole en place.

dans une sorte d'écrou terminant l'anneau de chaque côté.

Les anneaux fixes, c'est-à-dire qui sont placés une fois pour toutes, sont les plus employés, malgré leur inconvénient d'exiger le percement de la cloison nasale. L'anneau rond à charnière est le plus simple, et il est préféré par le plus grand nombre des éleveurs anglais. Il est représenté ouvert et fermé par les figures 359 et 360 ; il a 5 centimètres de diamètre intérieur, et environ 1 centimètre d'épaisseur. Il doit être fait en acier poli.

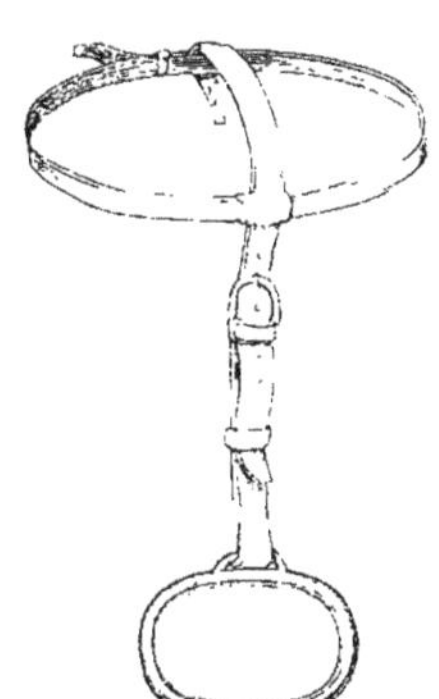

Fig 365. — Anneau d'Alsace avec sa courroie de bouclement.

Fig. 366. — Tête de taureau bouclé.

Fig. 367. — Appareil Vigan pour maîtriser les taureaux.

Fig. 368. — Taureau bouclé avec l'appareil Vigan.

Il est composé de demi-anneaux assemblés par une charnière d'un côté et pouvant se réunir, de l'autre côté, soit par des surfaces en biseau, soit par pénétration, et être alors, après le placement, fixés par une vis noyée dans l'épaisseur. L'anneau peut alors tourner dans tous les sens sans gêner l'animal et sans lui causer aucune douleur. Pour le fermer, on peut aussi employer la disposition que montre la figure 361, dans laquelle on voit que l'anneau qui s'ouvre également au moyen d'une charnière, est arrêté, après sa fermeture, par une virole taraudée.

Les anneaux s'appliquent après qu'on a transpercé la cloison nasale avec un trocart (fig. 362), ou bien au moyen d'une pince en emporte-pièce qui fait dans le cartilage un trou d'un diamètre légèrement plus grand que l'épaisseur de l'anneau, ou bien encore avec d'autres instruments tranchants et même avec une tige de fer chauffée au rouge. Pour opérer, on tient l'animal fixé par la tête à un arbre, à un travail, ou bien à un fort grillage, en faisant porter, par un aide, la tête en haut et en arrière; on perce la cloison nasale à l'endroit convenable, on passe l'anneau ouvert, on le ferme et on le fixe par un rivet, par la vis, par la virole.

On fabrique des anneaux qui évitent, par leur mode de construction, le percement du diaphragme du nez. Les figures 363 et 364 représentent un de ces anneaux dû à M. Percheron, vétérinaire à Orléans. Une des branches de l'anneau est terminée par une pointe aiguë triangulaire qui opère la perforation sans le secours d'aucun bistouri et trocart. On a vissé dans l'autre extrémité une virole qui porte elle-même un petit anneau; on rapproche les deux parties de l'anneau nasal en faisant tourner les branches autour de la charnière, de manière à faire pénétrer la pointe dans la virole, qu'on fait tourner dans le double pas de vis pour fermer, serrer et fixer.

Le petit anneau, qui doit être tourné à la partie supérieure, sert au passage d'une courroie pour pouvoir opérer ce qu'on appelle le bouclement du taureau selon le mode alsacien. La figure 365 représente l'anneau fermé avec sa courroie, qui est assez longue pour qu'on puisse relever l'anneau et le fixer par un nœud frontal aux cornes de l'animal (fig. 366); c'est ce qu'on appelle le *bouclement* du taureau, dont on est désormais absolument maître. Cette opération doit se faire lorsque l'animal est assez jeune et n'est pas encore devenu redoutable.

L'emploi des anneaux, lorsqu'il est judicieusement fait, réduit les animaux à la plus complète obéissance et les habitue à la douceur. Un des meilleurs moyens d'en faire usage est de se servir de l'appareil Vigan (fig. 367). Il se compose d'une courte hampe emmanchée dans une douille qui se prolonge en s'amincissant et qui porte une poignée à son extrémité. A 20 centimètres de la poignée existe un crochet descendant à angle droit, fixé à queue d'aronde et arasé. La hampe joue en longueur dans son anneau cousu sur une pièce de cuir destinée à s'attacher aux deux cornes de l'animal. A l'extrémité opposée à la douille se trouve un arrêt en fer dans lequel passe une sangle en cuir. La figure 368 représente un taureau bouclé avec l'appareil Vigan et conduit par un enfant. La hampe fait l'office d'un levier dont le point d'appui est l'occiput de l'animal; le crochet est passé dans l'anneau nasal; la sangle fait le tour du corps et maintient la hampe abaissée d'un bout de manière à élever à l'autre bout la tête de l'animal. Le taureau, ne pouvant pas baisser la tête, n'est plus en état de nuire; on gradue le serrage de la sangle de manière à ne gêner ses mouvements qu'autant qu'il est nécessaire.

On peut faire des anneaux très simples pour les placer sans aucune peine dans la cloison nasale. Tel est celui de Rueff. Cet anneau (fig. 369 et 370) est articulé par une charnière, de manière que les deux moitiés peuvent tourner sur elles-mêmes et former un S dont les deux extrémités sont tranchantes et effilées, mais peuvent aussi se superposer pour faire un anneau complet. L'opérateur saisit à la main cet S par son centre, perce la cloi-

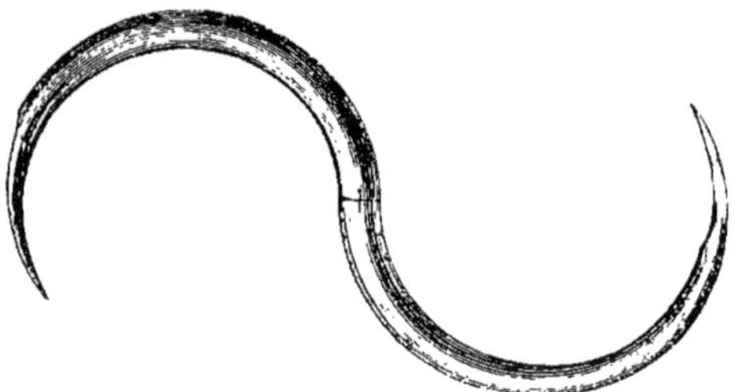
Fig. 369. — Anneau Rueff, ouvert pour le percement de la cloison nasale.

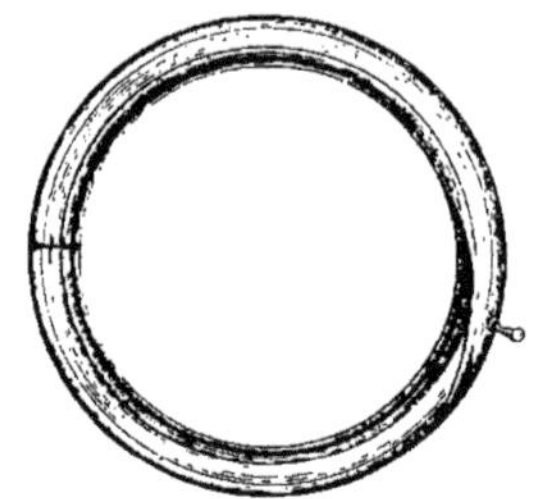
Fig. 370. — Anneau Rueff, fermé après le percement de la cloison nasale.

Fig. 371. — Bâton conducteur avec chaîne.

Fig. 372. — Bâton conducteur avec porte-mousqueton.

Fig. 373. — Bâton conducteur avec crochet en S.

son nasale avec une des extrémités, fait avancer l'anneau jusqu'au milieu du premier demi-cercle, et referme le cercle en fixant réunies les deux extrémités au moyen d'une vis qui se loge dans les deux trous à pas de vis percés d'avance.

Pour conduire les animaux, on peut très souvent se servir simplement d'une longe dont un bout passe à travers l'anneau nasal; mais cette longe ne permet pas toujours de les gouverner. Il est préférable d'adopter un bâton long de 1m,50 environ, et ayant à son extrémité, bien fixés par une douille en fer, soit une chaîne avec traverse (fig. 371), soit un crochet à ressort ou à mousqueton (fig. 372), soit enfin un crochet en S (fig. 373). On passe facilement les crochets de ces bâtons dans l'anneau nasal, alors que l'animal est encore dans sa stalle; on le détache ensuite; le plus fougueux devient très soumis.

ANNÉE (*économie rurale*). — On donne le nom d'année à un circuit de temps contenant un nombre de jours tel que les mêmes phénomènes de la végétation et de l'agriculture se représentent aux époques analogues de ce circuit. Comme le soleil seul règle les saisons, il a été naturel de prendre pour longueur de l'année la durée du mouvement de *translation apparente* du soleil autour de la terre. Malheureusement cette durée ne fut pas obtenue de bonne heure avec exactitude, et en outre elle n'est pas exprimée par un nombre exact de jours. De là vient qu'il y a eu et qu'il y a encore des années ayant des nombres de jours très différents selon les peuples; on trouve en effet des années qui ont depuis 304 jusqu'à 366 jours. Il importe de bien définir les diverses espèces d'années.

Année tropique. — Le temps que le soleil emploie pour revenir au même équinoxe est ce qu'on appelle l'année *tropique;* sa durée exacte exprimée en jours solaires moyens est de 365j 5h 48m 51s,6. L'année tropique est la même chose que l'année solaire ou l'année astronomique.

Année sidérale. — On appelle année *sidérale* le temps que le soleil emploie pour revenir à la même étoile. L'année sidérale exprimée en jours solaires est de 365j 6h 9m 10s,37 ; elle surpasse donc l'année tropique de 20m 18s,77. Ce fait provient de ce que l'équinoxe du printemps qui sert de point de départ à l'année tropique n'est pas fixe dans l'espace: il rétrograde, en effet, chaque année de l'orient à l'occident de 50″,3 par suite de la précession des équinoxes, mais ce mouvement de précession mettra 25 765 ans à s'accomplir pour que l'équinoxe du printemps ait successivement parcouru tous les points de l'équateur du monde.

Années synodiques. — Une année synodique est celle qui ramène la terre à une même longitude avec une planète. On aurait ainsi diverses années synodiques si l'on considérait le mouvement de la terre par rapport aux planètes et les intervalles de temps qui la ramèneraient à une même longitude avec chacune des autres planètes.

Année civile. — L'année tropique est la seule année qui ramène tous les ans les mêmes phénomènes agricoles aux jours de même dénomination, et conséquemment on a dû l'adopter dans la vie civile. Mais on vient de voir que malheureusement elle renferme, outre 365 jours, une fraction de jour égale à 5h 48m 51s,6, soit de 0j,242,264, ou d'un peu moins d'un quart de jour. Cette fraction a été longtemps embarrassante; elle a donné lieu à mille difficultés dans le règlement du temps, à une foule de complications dans les calendriers. Ainsi, par exemple, les pontifes romains chargés de régler le temps se trompèrent plusieurs fois, prolongèrent la durée de la magistrature de leurs amis, abrégèrent celle de leurs ennemis, éloignèrent ou avancèrent les échéances selon leurs avantages, etc. Néanmoins on conçoit la nécessité de faire coïncider l'année civile avec l'année astronomique. Si, par exemple, l'année civile est réglée à 365 jours solaires, à chaque période de quatre ans, il arrivera que l'équinoxe de printemps et par suite tous les jours de l'année auront retardé d'un jour; au bout d'un siècle le retard sera de 25 jours, et ainsi de suite. Au bout de quelques siècles, la température du mois de mars se fera sentir dans les mois alors improprement appelés mois d'été; au bout d'un certain nombre de siècles, tous les jours de l'année se seront confondus; il n'y aura plus d'anniversaire possible; aucune règle ne pourra être posée pour aucun acte de la vie humaine; l'histoire aura cessé d'être compréhensible.

Divisions de l'année civile. — Pour régler dans l'année la succession des jours de travail et de repos, on a trouvé commode de réunir un certain nombre de jours en une unité qui se compose en général de sept jours et qu'on a appelée une *semaine*. Les Romains ont eu les calendes, les nones et les ides. Les Grecs avaient les décades. Lors de la confection du calendrier républicain, on avait proposé l'emploi des décades, dont les jours portaient les noms de primidi, duodi, tridi, quartidi, quintidi, sextidi, septidi, octidi, novidi, decadi. Mais l'usage des décades n'a pas été adopté par les populations. Celui de la semaine a continué à prévaloir. Le premier jour de la semaine, d'après une convention de tous les peuples, est le dimanche; les autres jours sont successivement, lundi, mardi, mercredi, jeudi, vendredi, samedi qui est le dernier. Mais cette unité est trop petite pour fixer les événements et particulièrement les fêtes qui jouent un grand rôle dans la vie de toutes les nations. On a eu recours au *mois*. Cette subdivision de l'année est fondée sur la série des phases que subit périodiquement la lune. En grec les mots μήνη et μὴν signifient lune et mois, et νουμηνία veut dire nouvelle lune ou premier jour du mois. Or, la durée totale des quatre phases de la lune est de 29j,53; de là une durée de 29 et 30 jours assignée aux mois. Les Egyptiens avaient douze mois de 30 jours et ensuite cinq jours complémentaires; c'est aussi ce qui avait été fait en 1793 pour le calendrier républicain. Les Grecs et les Juifs avaient douze mois alternativement pleins ou caves, c'est-à-dire de 30 et de 29 jours. Les douze mois des Romains sont devenus ceux du monde civilisé moderne; janvier mars, mai, juillet, août, octobre, décembre ont 31 jours; avril, juin, septembre et novembre, 30; février tantôt 28, tantôt 29, afin de parfaire pour l'année 365 ou 366 jours. On appelle d'ailleurs ordinairement année une durée de douze mois sans avoir égard à l'époque où elle commence ou à l'époque où elle finit.

Année commune et *année bissextile.* — On appelle année commune l'année de 365 jours et année bissextile celle de 366 jours; dans toute année bissextile le mois de février a 29 jours.

Année météorologique. — L'année météorologique devant tenir compte des quatre saisons, en commençant par l'hiver, ne saurait coïncider avec l'année astronomique ou civile. Elle est variable selon les climats et les régions. Pour la France, elle commence le 1er de décembre, l'hiver météorologique se composant des mois de décembre, de janvier et de février; les mois de mars, avril et mai, formant le printemps; ceux de juin, juillet et août, l'été; enfin ceux de septembre, octobre et novembre, l'automne.

Année agricole. — L'année agricole commence aux semailles pour finir après la moisson.

Année viticole. — Elle comprend l'espace de temps qui s'écoule entre deux vendanges successives.

Année scolaire. — C'est le temps qui s'écoule depuis la rentrée des classes jusqu'aux vacances.

Qualifications des années au point de vue agricole. — Une année est dite bonne, fertile, abondante, quand les récoltes en blé, en vin, etc., ont été elles-mêmes satisfaisantes ; la qualification d'année passable, médiocre, mauvaise, stérile, est corrélative à des résultats agricoles de même ordre. Une année moyenne est celle où les produits de la terre correspondent à la moyenne entre ceux des bonnes et des mauvaises années. Une demi-année est celle où la récolte n'est que la moitié de ce qu'elle doit être dans une année meilleure. Enfin une année est dite pluvieuse, sèche, froide, chaude, orageuse, selon la prédominance des phénomènes atmosphériques qui ont influé sur les récoltes et les travaux des champs.

ANNELÉS (ANIMAUX) (*zoologie*). — Les annelés forment le second embranchement du règne animal (voy. ce mot, p. 118).

ANNÉLIDES (*zoologie*). — Les animaux annélides constituent la première classe du sous-embranchement des vers dans le deuxième embranchement du règne animal formé des annelés ou entomozoaires.

ANNESLEA, ANNESLIA (*botanique*). — Le premier nom est employé pour désigner l'euryale, plante aquatique de la Chine. On a aussi donné le même nom à un genre de Ternstrœmiacées, qui sont des arbres toujours verts, originaires de la Malaisie. — L'Anneslia est, sous un nom générique différent, la même plante que l'*Acacia Houstoni* ou l'*Houstonia*, arbrisseau de la famille des Gentianées, originaire de l'Amérique septentrionale.

ANNEXE. — Se dit de tout ce qui est rattaché à une chose principale, ou bien de ce qui lui est joint. En droit féodal, une annexe était un domaine attaché à une seigneurie sans en dépendre. — En administration religieuse, une annexe est une succursale d'une paroisse, d'une cure. — En administration municipale, une annexe est un hameau dépendant d'une commune. — En mécanique agricole, les annexes sont les chaînes, les palonniers, les coutres, les cordages, en général, toutes les pièces accessoires d'une charrue, d'un semoir, et généralement de toute machine. On doit recommander aux agriculteurs de donner le plus grand soin à l'entretien des annexes des machines, car le succès des opérations de la culture en dépend le plus souvent. — En administration rurale, on appelle annexes des usines ou des industries jointes aux exploitations agricoles ; une sucrerie, une distillerie, une féculerie, une huilerie, une minoterie, une scierie, une magnanerie, sont les annexes les plus fréquentes des fermes.

ANNONE. — Chez les Romains, l'annone (*annona*) était l'ensemble des denrées nécessaires, pendant une année, à la vie, et particulièrement le blé. On a donné aussi le nom d'annone à une variété de blé rougeâtre.

ANNUAIRE (*économie publique*). — On donne le nom d'annuaire à tout ouvrage qui se publie chaque année et qui donne surtout des tables ou des renseignements relatifs aux choses dont on a souvent besoin : statistique, commerce, phénomènes astronomiques, météorologiques, agricoles, administration publique. L'Annuaire du *bureau des longitudes*, celui de l'*économie politique*, l'annuaire du *commerce* (Didot-Bottin), les divers annuaires départementaux peuvent être souvent consultés avec utilité par les agriculteurs.

ANNUEL (*économie rurale*). — Tout phénomène qui revient tous les ans à la même époque est annuel. La moisson, les vendanges, se font annuellement. On dit d'une plante qui naît et meurt dans le cours d'une année, après avoir donné son fruit, qu'elle est annuelle ; ainsi le blé, le seigle, l'orge, l'avoine, le sarrasin, etc., etc., sont des plantes annuelles. Ordinairement on se sert, en botanique, du signe astronomique ☉ qui représente le soleil, pour indiquer les plantes annuelles ; — du signe astronomique ♂ qui représente la planète Mars, dont la révolution dure environ deux ans, pour indiquer que les plantes sont bisannuelles, c'est-à-dire naissent la première année pour ne mourir que la seconde, après avoir fructifié ; — du signe ♃ qui représente la planète de Jupiter, dont la révolution dure environ 12 ans, pour indiquer que les plantes sont vivaces, c'est-à-dire durent plusieurs années, sans conserver cependant leurs tiges, qui reparaissent tous les ans au printemps ; — du signe astronomique ♄ qui représente Saturne, dont la révolution est de près de 30 années, pour désigner les arbres ou les arbrisseaux.

ANNUITÉ (*économie publique et agricole*). — On donne le nom d'annuité à une somme que l'on paye tous les ans et qui représente, soit simplement le revenu d'un certain capital, soit très souvent à la fois le taux du revenu annuel et la somme qu'il faut lui ajouter pour amortir en un nombre d'années convenu le capital prêté, emprunté, ou dû pour une cause quelconque. C'est par le payement d'annuités que se libèrent les propriétaires ou agriculteurs qui ont fait des emprunts au crédit foncier. L'avantage de ce mode de libération consiste en ce qu'une faible augmentation du taux de l'intérêt permet de reproduire le capital primitif en un nombre d'années de 30, 40, 50, grâce à l'accumulation des intérêts composés de la somme versée en sus de l'intérêt convenu.

ANNULAIRE. — Qui a la forme d'un anneau. On dit l'incision annulaire pour désigner la coupure en forme d'anneau qu'on pratique, dans certaines circonstances, dans l'écorce des arbres.

ANNULINE. — Nom donné à une espèce de conferve, *Conferva rivularis*.

ANODE (*botanique*). — Genre de plantes de la famille des Malvacées, originaires des régions chaudes de l'Amérique. Ces plantes sont herbacées, annuelles, et quelques variétés sont cultivées dans les jardins d'Europe.

ANODIN. — Ce mot signifie littéralement sans douleur, et s'applique à la désignation des médicaments susceptibles de calmer les souffrances, tels que les narcotiques et les émollients.

ANODONTE (*zoologie*). — Mollusque acéphale testacé (voy. ANIMAL (*regne*), p. 116) vivant dans les eaux douces d'Europe. C'est la moule des étangs, à laquelle un pied très large permet de ramper sur le sable ou la vase. On en connaît plusieurs espèces, parmi lesquelles il convient de citer l'anodonte dilatée, qui atteint 12 à 15 centimètres, et dont les valves, minces et légères, servent pour l'écrémage du lait.

ANOMA (*botanique*). — L'*Anoma moringa* est un arbrisseau de la famille des Légumineuses, dont les feuilles et les fleurs passent pour être propres à guérir les affections nerveuses, en Cochinchine et à Java.

ANOMAL. — Qualification de tout ce qui est irrégulier ou contraire aux règles ordinaires, de tout ce qui a une apparence contradictoire avec des faits antérieurement observés. — En botanique, on appelle *fleurs anomales* les fleurs polypétales et de forme irrégulière et mal déterminée, telles que le réséda, la balsamine, la violette.

ANOMALIE. — Chose irrégulière. Il y a anomalie dans les animaux ou dans les plantes, lorsqu'on y rencontre des organes n'ayant pas la structure ordinaire.

ANOMALURE (*zoologie*). — Genre de mammifères rongeurs, remarquables par une large membrane qui s'étend entre les membres sur les flancs, et qui leur permet de voler d'arbre en arbre. Ils sont originaires de Fernando-Pô, d'où ils ont été rapportés par Fraser.

ANOMIE (*zoologie*). — Genre de mollusques acéphales testacés, voisins des huîtres, communs dans la plupart des mers. L'espèce la plus commune, l'anomie pelure d'oignon, est mangée, comme l'huître, par les habitants des côtes de la Méditerranée, de l'Océan, de la Manche.

ANOMOTHÈQUE (*botanique*). — Herbe de la famille des Iridées, et qu'on trouve au cap de Bonne-Espérance.

ÂNON (*zoologie*). — L'ânon est le petit de l'âne (voy. p. 415). — On donne aussi le nom d'ânon à un poisson, au gade œglefin ou morue de Saint-Pierre.

ANONA, ANONE (*botanique agricole*). — Arbres ou arbrisseaux originaires des régions chaudes des deux continents, formant un genre de plantes de la famille des Anonacées, à laquelle ils ont

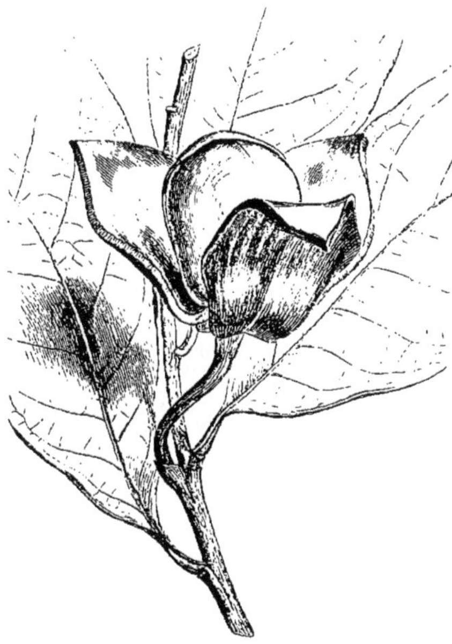

Fig. 374. — Rameau florifère de l'*Anona muricata*.

donné leur nom. On dit aussi *annones*. Leurs feuilles sont alternes, simples et sans stipules; leurs fleurs sont terminales, solitaires ou groupées en cyme. Les fruits, charnus, forment une masse arrondie ou ovale, pulpeuse, souvent odorante, dont le poids atteint parfois deux kilogrammes : les fruits de quelques espèces sont très estimés, et celles-ci sont cultivées dans les régions chaudes. Ces fruits sont désignés par les noms de corossols et de cachymans.

On compte environ cinquante espèces d'anones. Les principales sont :

1° L'*A. muricata*, originaire des Antilles, dont les fruits très volumineux sont connus sous le nom de gros corossols, de sappadilles et de cœurs de bœuf. Ils sont recherchés et donnent, en s'acidifiant, un vinaigre de bonne qualité. La fleur est grande et régulière; la figure 374 représente un rameau florifère de cette espèce.

2° *A. cherimolia*, que les Péruviens appellent chérimolier; les fruits de cette espèce sont très estimés; le vin de corossol des Antilles est fabriqué avec le jus de ce fruit soumis à la fermentation. Celui-ci est sphérique, de la grosseur d'une pomme.

3° L'*A. squamosa*, des Antilles, dont le fruit est l'atte ou pomme-cannelle. On fabrique, avec le jus, une liqueur acide agréable, analogue au cidre; les jeunes fruits sont astringents, et les graines, réduites en poudre, sont employées contre les insectes nuisibles.

4° L'*A. palustris*, qui croît sur les plages de l'Amérique méridionale, depuis les Antilles jusqu'au Brésil : le fruit est à peine comestible, et le bois, très léger, sert aux mêmes usages que le liège.

5° L'*A. reticulata*, dont le fruit est également peu estimé ; le suc de la plante est narcotique et vénéneux.

Les premières espèces qui viennent d'être indiquées sont cultivées aux Antilles et dans l'Amérique méridionale, et elles y ont l'importance de nos arbres fruitiers. La plupart des espèces ont été importées en Europe comme arbres ou arbustes d'ornement. Ces plantes demandent la serre chaude ou l'orangerie, et elles doivent être placées dans un mélange de terre de bruyère et de terre franche; il faut leur donner des arrosages fréquents.

On désigne quelquefois par le nom d'*A. triloba* une plante de la même famille, mais appartenant à un autre genre; c'est l'asiminier à trois lobes (*Asimina triloba*), originaire de l'Amérique septentrionale, cultivé en pleine terre dans quelques jardins d'Europe.

ANONACÉES (*botanique*). — Famille de plantes dicotylédones, ligneuses, à feuilles alternes, dépourvues de stipules, à fleurs presque toujours polypétales et polycarpicées. Ce sont des arbres ou arbustes originaires des pays chauds, principalement de l'Amérique tropicale; quelques-uns sont cultivés pour leurs fruits. Cette famille renferme, d'après M. Baillon, quatre tribus : les Anonées, les Miliusées ou Phœantées, les Monodorées et les Eupomatiées. C'est entre ces groupes que se répartissent les vingt-neuf genres aujourd'hui connus. Les principaux produits des plantes de cette famille sont des épices, des aromates, des substances médicinales, et surtout des fruits comestibles qui jouent un rôle important dans l'alimentation, pour les régions où croissent ces arbres.

ANONCE (*zootechnie*). — Nom donné, dans quelques parties de la Provence, notamment dans la Crau, aux moutons antenais.

ANOPLOURES (*entomologie*). — Ordre d'insectes parasites tels que les poux (voy. ANIMAL (*regne*), p. 446).

ANORCHIDE (*zootechnie*). — Qui n'a pas de testicules. — Cet état se rencontre assez souvent dans la race chevaline et dans l'espèce bovine. Dans le cheval anorchide, les testicules, au lieu d'être descendus dans les bourses, sont restés dans l'abdomen ou seulement engagés dans l'ouverture supérieure de chaque anneau inguinal.

ANOREXIE (*médecine vétérinaire*). — Terme employé quelquefois pour désigner l'inappétence ou absence d'appétit.

ANORMAL. — Qui est contraire aux règles. On dit : des actes anormaux, une conduite anormale.

ANOSPORE (*botanique*). — Herbe de la famille des Cypéracées, qui croît dans l'Inde.

ANÔTE. — Nom vulgaire de l'aubépine.

ANOTTE. — Nom donné, en Bourgogne, à la gesse tubéreuse (*Lathyrus tuberosus*).

ANOUGUE. — Nom vulgaire donné par les paysans du département du Var aux jeunes bêtes à laine depuis la première tonte jusqu'à l'âge de deux ans et demi.

ANOUIL. — Nom vulgaire donné autrefois, dans le Médoc, aux jeunes bœufs destinés à être employés aux travaux de labour.

ANOURES (*zoologie*). — Ordre d'animaux de la classe des Batraciens (voy. ANIMAL (*règne*), p. 668), et comprenant les crapauds, les grenouilles, les rainettes, etc.

ANSE. — On donne ce nom à toute partie d'un objet qui est courbée en arc : on dit l'anse d'un seau, les anses d'un panier. — On appelle aussi *anse* une petite baie d'un lac ou de la mer un peu enfoncée dans les terres. — Dans la fabrication des filets de chasse ou de pêche, on appelle une *anse* la ficelle dont on noue les extrémités en commençant le filet, et que l'on accroche à un clou.

ANSELLIA (*botanique* et *horticulture*). — Genre de plantes de la famille des Orchidées, originaires de la côte occidentale d'Afrique. On signale surtout l'*Ansellia africana*, qui est curieuse à cause de ses fleurs, d'un jaune verdâtre, chamarrées de pourpre noir.

ANSER (*zoologie*). — Nom latin donné au genre *oie*.

ANSÉRINE (*botanique* et *horticulture*). — Genre de plantes herbacées à feuilles alternes, parfois larges et anguleuses (ressemblant à la patte palmée de l'oie, d'où vient le nom), à fleurs hermaphrodites, appartenant à la famille des Chénopodées. Plusieurs de ces plantes sont communes dans les régions tempérées; elles sont vivaces ou annuelles. Le genre ansérine (*Chenopodium*) renferme un très grand nombre d'espèces. Parmi les plus remarquables sont l'ansérine fausse ambroisie ou thé du Mexique (voy. AMBRINA, p. 337) et le quinoa (*C. quinoa*); cette dernière espèce, originaire du Pérou, y est cultivée pour ses graines farineuses, qu'on mange en gâteaux, en potage, etc., et pour ses feuilles, qui forment un légume vert analogue à l'épinard; d'après Vilmorin, on pourrait, dans les très bonnes terres et dans les exploitations bien pourvues de fumier, utiliser le quinoa comme fourrage vert excellent pour les vaches.

Il faut citer encore l'ansérine anthelminthique, à laquelle sont attribuées des propriétés vermifuges; — l'ansérine botrys, appelée aussi herbe à printemps et ansérine à épis, dont toutes les parties exhalent une odeur pénétrante, agréable, et que la médecine emploie comme stomachique et expectorant; les graines de cette espèce sont connues en général, dans le commerce, sous le nom de *graines d'Ambroisie;* — l'ansérine belvédère ou à balais (*Chenopodium scoparia*), dont les fleurs sont vertes comme les feuilles, ayant un port pyramidal qui la fait utiliser dans l'ornementation des jardins. En Chine, on mange les fruits et les racines avec la viande; les feuilles sèches y servent à envelopper les fruits, les poissons, les viandes; les feuilles sèches y sont souvent mêlées au tabac; — l'ansérine arbrisseau, l'ansérine maritime ou blandette, l'ansérine murale, appelée aussi senille et vraie patte d'oie; — l'ansérine soyeuse, donnant de la soude; — l'ansérine blanche, appelée encore dragelinc, gragelinc, herbe aux vendangeurs, senousse, passe pour être sédative, rafraîchissante; on l'emploie contre les hémorrhoïdes; ses graines sont employées pour faire les aspérités que l'on voit dans les peaux de chagrin; — l'ansérine Bon-Henri, appelée aussi épinard sauvage, patte d'oie triangulaire, serron, est émolliente et vulnéraire; on mange les feuilles et les jeunes pousses à la manière des épinards; — l'ansérine glauque est assez recherchée par les chevaux et les vaches; — les moutons et les vaches se nourrissent de l'ansérine polysperme; — l'ansérine pourprée ou à feuilles d'arroche (*Chenopodium atriplicis*) est une plante vigoureuse, recouverte, sur les jeunes ramifications et les jeunes feuilles, d'une sorte de poussière cristalline d'un beau rose violacé ou violet purpurin qui la fait rechercher pour l'ornementation; ses fleurs sont assez insignifiantes, mais très nombreuses; — enfin, l'ansérine fétide, dite aussi arroche puante, herbe de bouc, herbe puante, olivaire, senicle, vulvaire, passe pour être antihystérique; elle colore en jaune citron la laine, sous l'action d'un mordant au sel d'étain.

On sème les ansérines cultivées en avril et en mai, sur place ou en pépinière: dans ce dernier cas, on repique le plant dès qu'il a pris assez de force, à des distances de 50 ou 60 centimètres; on peut aussi semer sur couche en avril, repiquer en couche, puis planter à demeure en mai. Les ansérines sont dans toute leur beauté de juillet à septembre.

Dans le langage des fleurs, l'ansérine à balai signifie déclaration de guerre.

ANTENAIS, ANTENOIS, ANTANAIS. — Appellation des jeunes animaux des races ovines dans la deuxième année de leur existence, c'est-à-dire âgés de douze à vingt-quatre mois. Les mâles sont des antenais et les femelles des antenaises. L'antenais a ses deux premières dents d'adulte, et il conserve ce nom jusqu'à ce que les premières mitoyennes soient sorties.

ANTENNAIRE (*horticulture*). — Plante vivace de la famille des Composées, dont les tiges atteignent une hauteur de 50 centimètres, à feuilles linéaires lancéolées et à fleurs blanches en corymbe entourant un petit disque de couleur jaune soufre. L'antennaire perlée (*Antennaria margaritacea*), appelée aussi immortelle blanche ou de Virginie, est très rustique; elle est cultivée dans les jardins pour les corbeilles et les plates-bandes; elle vient bien sous la plupart des climats, pourvu qu'elle soit placée à une bonne exposition au soleil. On la multiplie par la division des pieds ou d'éclats en mars. Ses fleurs servent à la confection des bouquets perpétuels et des couronnes mortuaires.

ANTENNES (*zoologie*). — Organes articulés qui garnissent la partie antérieure ou supérieure de la tête des insectes, des myriapodes, des crustacés. Leur conformation est très variable, de même que leur longueur. Ils se composent d'un nombre plus ou moins considérable de petits articles placés bout à bout. Ils affectent en général la forme de cornes grêles et flexibles. Les naturalistes admettent, depuis Huber, que les antennes sont des organes de tact et peut-être aussi d'audition. Elles présentent une constitution extrêmement diverse. Ainsi, elles ressemblent aux cornes de la race bovine longues cornes, chez les sauterelles; à des plumes, chez le bombyx paon de nuit; à de petites massues, chez le pansu cornu; à une série de petites lamelles superposées comme les feuillets d'un livre, chez la cantharide vésicante; à de longs fils, chez le grillon domestique, etc. Il n'en existe qu'une paire chez les insectes et les myriapodes; mais, en général, on en trouve deux paires chez les crustacés.

ANTÉVERSION (*médecine vétérinaire*). — Changement de position de l'utérus par une inclinaison qui ramène le fond en avant et repousse le col en arrière sur le rectum. Cette affection est traitée par des bandages, le repos, et par un traitement approprié lorsqu'il se produit une inflammation des organes.

ANTHAL (*métrologie*). — Mesure de capacité usitée en Hongrie, et qui équivaut à 50 litres et demi.

ANTHELMIE (*botanique*). — Plante vénéneuse, appelée aussi brainvillière, que l'on rencontre dans l'Amérique méridionale, et qui est une espèce de spigélie.

ANTHÉMIS (*botanique* et *horticulture*). — Genre de plantes de la famille des Composées, annuelles ou vivaces, à fleurs radiées, à feuilles découpées, cultivées comme étant plus ou moins aromatiques ou bien pouvant former d'assez jolies plantes de plate-bande; ce sont des herbes rameuses originaires des régions tempérées de l'Asie et de l'Europe. Leurs fleurs ressemblent aux reines-marguerites; elles ont les fleurons généralement blancs, quelquefois jaunes. « Ce genre a pour caractère, dit M. Baillon, des capitules multiflores, hétérogames; les fleurs de la circonférence femelles, ligulées et unisériées, quelquefois nulles ou légèrement tubuleuses; celles du centre hermaphrodites, tubuleuses et quinquédentées; un involucre formé d'un petit nombre de bractées imbriquées; un réceptacle plus ou moins convexe et pourvu de paillettes membraneuses: des achaines arrondis ou légèrement tétragones, striés ou lisses; une aigrette tantôt nulle, tantôt membraneuse et très courte, entière ou divisée en deux parties, tantôt en forme d'auricule. Il convient d'en signaler quelques espèces particulièrement remarquables.

1° L'anthémis des teinturiers (*A. tinctoria*) est plus

Fig. 375. — *Anthemis nobilis* ou Camomille romaine.

ou moins velue, a une tige très rameuse, buissonnante, pouvant s'élever à plus de 1 mètre, très florifère. Les capitules ont de 30 à 40 rayons et un diamètre de plus de 4 centimètres; les rayons sont d'un jaune le plus souvent très vif, mais ils peuvent aussi être d'un jaune pâle et quelquefois tout à fait blanc. Cette espèce vient bien dans tous les terrains sains et secs et à toutes les expositions aérées et éclairées, même les plus chaudes. Elle sert avec avantage à l'ornementation des grands massifs et des terrains arides et accidentés des jardins paysagers. On la sème d'avril en juillet en pépinière; le plant est repiqué en pépinière, puis on place au printemps suivant, à 50 ou 60 centimètres de distance. La floraison a lieu de juin-juillet en août. Les fleurs et les feuilles donnent une teinte jaune citron solide.

On l'appelle vulgairement œil-de-bœuf, chrysanthème multicaule.

2° L'anthémis camomille romaine ou des jardins (*A. nobilis*) (fig. 375) est très commune en France; son élévation est moindre que celle de l'espèce précédente. Ses tiges sont plus ou moins étalées sur le sol. Ses feuilles alternes sont d'un vert intense, pennatifides, à segments lancéolés aigus. Ses fleurs ont environ 2 centimètres de diamètre et ont une odeur pénétrante; elles présentent des demi-fleurons d'un blanc argenté, entourant un disque un peu bombé à la maturité, et jaunâtre. Par suite de l'élongation des fleurons, les capitules peuvent devenir demi-flosculeux; on a alors l'anthémis ou camomille à fleurs doubles ou pleines, en forme de petites têtes, d'abord d'un blanc verdâtre, puis blanches.

Cette plante est cultivée en grand pour bordures, surtout dans les jardins potagers; elle vient bien à toutes les expositions dans les sols frais et légers, mais sains, sans quoi elle est exposée à périr en hiver; c'est pour ce dernier motif qu'on en conserve quelques pieds en pots sous châssis. Comme la variété à fleurs doubles est stérile, on la multiplie par éclats du pied, qui se font de préférence tous les deux ou trois ans au printemps, en espaçant les pieds d'environ 20 à 25 centimètres. Pour avoir de belles bordures, il faut les rabattre chaque année à la fin de l'hiver. Les fleurs se succèdent de juin en août; elles possèdent des qualités fébrifuges, antispasmodiques. Elles sont employées, en médecine vétérinaire, pour les bestiaux; on en fait des infusions. On les récolte après leur entier développement et on les fait sécher; il suffit de deux pincées par litre d'eau bouillante pour avoir ce qu'on appelle le thé des vétérinaires, dont on se sert contre le part languissant, l'inappétence, les maladies vermineuses, les indigestions venteuses, etc.

3° L'anthémis des champs (*A. arvensis*), vulgairement appelée œil-de-vache, croît dans les moissons et donne des fleurs ayant des qualités analogues aux précédentes.

4° L'anthémis fétide (*A. cotula* ou *Maruta fœtida*), vulgairement appelée amouroche, bouillot, camomille puante, chamaran, maroune, maroute, queneron, est moins usitée; elle vient le long des chemins; ses feuilles teignent en jaune citron. Dans le pays de Caux, on fait des balais avec les tiges sèches.

5° L'anthémis purpurin (*A. purpurascens*, *Anacycus radiatus*) croît à l'état sauvage dans les moissons du midi de la France. Elle peut être cultivée en bordure dans les jardins secs et chauds; elle fait assez bon effet. Les graines doivent être semées soit en place ou en pépinière en avril et mai, soit sur couche en mars et avril. Dans le premier cas, la floraison a lieu de juillet-août en septembre, dans le second, de juin en juillet. Ses touffes s'élèvent de 25 à 50 centimètres de hauteur.

6° L'anthémis d'Arabie ou cladanthe prolifère (*A. arabica*, *Cladanthus proliferus*) donne des touffes atteignant de 50 à 60 centimètres de hauteur. Ses fleurs odorantes sont disposées en capitules sessiles à l'aisselle et au sommet des rameaux; un rang de demi-fleurons d'un jaune orangé entoure un disque presque plat, portant des fleurons d'un jaune moins foncé. En semant tardivement en mai-juin, on obtient une floraison qui dure d'août-septembre jusqu'aux gelées.

On donne souvent le nom d'anthémis à la matricaire et à divers pyrèthres et chrysanthèmes.

ANTHÈRE (*botanique*). — Partie supérieure de l'étamine dans les fleurs. Elle affecte, le plus souvent, la forme de renflements constituant des sacs qui renferment la matière fécondante appelée pollen. Suivant le nombre de ces sacs ou loges, l'anthère est uniloculaire, biloculaire, quadriloculaire.

Au moment de la fécondation, les loges deviennent déhiscentes, c'est-à-dire s'ouvrent pour laisser sortir le pollen, soit par un trou, soit par une fente qui se produit dans la paroi. Lorsque la déhiscence a lieu par une fente, elle peut se produire de haut en bas ou transversalement. Dans le premier cas, la déhiscence est dite longitudinale (lis, tulipe); dans le second cas, elle est dite transversale (alchemille). Lorsque la déhiscence a lieu par un trou, ce trou s'appelle pore et peut être au sommet de chaque loge, comme dans la pomme de terre, les azalées, ou à sa base. Dans les Berberis et les Monimia, il y a sur chaque loge de l'anthère, une sorte de soupape qui se soulève à un certain âge pour laisser échapper le pollen. Les deux loges de l'anthère sont séparées l'une de l'autre par un corps de structure et d'aspect divers qu'on appelle le connectif. La couleur des anthères est le plus souvent jaune ou jaunâtre.

ANTHÉRICÉES (*botanique*). — Genre de plantes herbacées ou sous-frutescentes des régions chaudes de l'Europe, de l'Australie et du cap de Bonne-Espérance, appartenant à la famille des Liliacées, tribu des Hyacinthinées. Leurs racines sont fibreuses-fasciculées. Les feuilles inférieures sont filiformes, linéaires-lancéolées, quelquefois charnues et ordinairement velues. Leurs fleurs sont réunies en grappes ou en panicules. On cultive plusieurs de ces plantes dans les serres d'Europe. — L'anthéric (*Anthericum*) passe pour avoir une racine purgative. On attribue à cette plante la propriété de rendre les os fragiles. On a aussi donné le nom d'anthéric à la scille et à la phalangère.

ANTHÉRIDIES (*botanique*). — On donne le nom d'anthéridies aux organes mâles des plantes cryptogamiques.

ANTHÉROZOÏDES (*botanique*). — Les anthérozoïdes sont les cellules reproductives mâles et munies de cils vibratils que l'on rencontre dans les cryptogames. « Au moment de la fécondation, dit M. Baillon, l'anthéridie (voy. ce mot) se courbe, s'appuie sur l'oogonie et produit en général un processus tuberculeux ou tube fécondateur qui traverse la paroi de l'oogonie; le protoplasma qui remplissait l'anthéridie se vide à l'intérieur de l'oogonie, souvent sous la forme de corpuscules très agiles. » Ces corpuscules sont analogues aux spermatozoïdes des animaux. On trouve des anthérozoïdes dans le groupe des saprolégniées, parmi les champignons; dans les vaucheria et les fucus, parmi les algues; puis dans les hépatiques, les mousses, les fougères, etc. C'est à eux qu'appartiendrait absolument le rôle fécondateur. Il y a fusion, dans le phénomène de la fécondation cryptogamique, de la substance de l'anthérozoïde avec celle de la cellule femelle.

ANTHÈSE (*botanique*). — On désigne par ce nom l'instant de la floraison, le moment de l'épanouissement des fleurs, le moment de l'ouverture des loges des anthères.

ANTHIAS (*pisciculture*). — Magnifique poisson de la Méditerranée, appelé aussi *barbier*, appartenant à la famille des Percidés. Il est surtout remarquable par l'éclat des teintes que présente sa coloration. Le corps est ovale, couvert de grandes écailles ciliées; sa longueur est de 12 à 18 centimètres. Sa chair se rapproche de celle des serrans.

ANTHICE (*entomologie*). — Nom d'un insecte coléoptère microscopique qui vit sur les fleurs, dont les principales espèces sont originaires d'Afrique.

ANTHIDIE (*entomologie*). — Genre de petits insectes de la famille des Mellifères, se trouvant en général dans les pays chauds. Les régions tempérées du midi de la France et de l'Italie possèdent l'anthidie à cinq crochets et l'anthidie florentine.

ANTHISTIRIA, ANTHISTIRIÉES (*botanique*). — L'*Anthistiria* forme un genre de Graminées qui a donné son nom à la tribu des Anthistiriées, qui comprend toutes les Andropogonées (voy. p. 414) dans lesquelles les quatre épillets inférieurs, mâles ou neutres, entourent comme d'un involucre annulaire les épillets du centre; en outre, les épis, composés de sept ou d'un plus grand nombre d'épillets hétérogames, sont entourés de gaines ou de bractéoles. Ce sont des plantes des régions chaudes de l'ancien monde et de l'Australie.

ANTHOCERCIS (*botanique* et *horticulture*). — Arbrisseaux appartenant à la famille des Scrofulariacées, qui peuvent être employés à l'ornementation des jardins, mais qui ne viennent en pleine terre que dans le climat de l'oranger. Dans le Nord, on ne les cultive que dans les orangeries, et on les y multiplie de marcottes ou de boutures. Ces arbrisseaux sont glabres ou tomenteux, à poils étoilés, à feuilles entières ou paucidentées. On en connaît plusieurs espèces originaires de l'Australie. L'anthocercis visqueux (*A. viscosa*) atteint une hauteur de 2 à 3 mètres; son feuillage obovale est persistant; il est remarquable par ses fleurs blanches, un peu verdâtres, semblables, par la forme et la grandeur, à celles d'une campanule moyenne. Une autre espèce, l'anthocercis des rivages (*A. littorea*), a une taille moins élevée, un feuillage plus petit et des fleurs jaunes.

ANTHOFLE. — Nom donné au fruit développé ou drupe du giroflier. On l'appelle aussi clou matrice, mère de girofle. Les anthofles sont confits au sucre et mangés comme digestifs, surtout dans les voyages maritimes.

ANTHOGÉNÉSIE. — Fait de l'existence dans une espèce animale d'une forme évolutive anthogénésique.

ANTHOGÉNÉSIQUE. — Forme ailée et toujours femelle des homoptères (*pucerons, phylloxeras*, etc.) sous laquelle l'animal pond simultanément des œufs de deux sortes, les uns donnant des mâles, les autres donnant des femelles, de même que d'un bourgeon floral naissent des organes mâles ou étamines, et des organes femelles ou pistils.

ANTHOLOME (*botanique*). — Arbre de la famille des Tiliacées, dont on connaît deux espèces, vivant à la Nouvelle-Calédonie.

ANTHOLYZE (*botanique* et *horticulture*). — Les antholyzes sont des plantes bulbeuses de l'Afrique australe, ayant le port des glaïeuls, appartenant à la famille des Iridacées. On en rencontre diverses espèces dans quelques jardins d'amateurs, notamment les *Antholyza cunonia, prœalta* et *œthiopica*, dont les fleurs sont remarquables, mais un peu moins belles et plus irrégulières que celles des glaïeuls.

ANTHONANTHINE (*chimie*). — Nom donné à la matière colorante jaune des fleurs.

ANTHOPHORE (*entomologie*). — Genre d'insectes de l'ordre des Hyménoptères (Voy. ANIMAL (*règne*), p. 416), dont le nom signifie qu'ils volent sur les fleurs; ils font entendre dans l'air un bourdonnement assez fort; ils voltigent rapidement d'une fleur à l'autre en en enlevant le pollen. Ils sont remarquables par des mandibules unidentées au côté interne et à palpes maxillaires composées de six articles distincts; le côté externe des pattes et des tarses postérieurs est garni de poils raides, souvent très allongés. L'anthophore des murs est commun dans les environs de Paris où il construit sur les murailles des tuyaux cylindriques au fond desquels se trouve le nid.

ANTHORA. — Voy. ACONIT (p. 61).

ANTHRACÈNE (*chimie*). — L'anthracène est un carbure d'hydrogène ($C^{14}H^{10}$) qui se rencontre dans les portions de goudron de houille qui passent après la naphtaline. Il intéresse malheureusement les agriculteurs, parce qu'il est la matière première avec laquelle on fabrique l'alizarine artificielle.

ANTHRACITE (*technologie*). — Charbon minéral ou fossile ayant, comme la houille, une origine végétale, mais presque entièrement privé de principes pyrogénés volatils. Il tire son nom du mot grec *anthrax* qui signifie charbon. On le trouve dans les terrains de transition, parmi les roches schisteuses et arénacées, au-dessous des houilles, formant parfois des veines au milieu de celles-ci. Il est vulgairement appelé *charbon de pierre*. Il est compact et dur, brillant, a une densité assez grande qui se rapproche de 2. Il brûle assez difficilement, avec une flamme faible, sans se coller ni se ramollir, mais en dégageant beaucoup de chaleur (7000 à 7300 calories). Plusieurs variétés ont l'inconvénient de décrépiter et de se réduire en petits fragments à la première impression du feu. Néanmoins, on peut l'employer avantageusement comme combustible une fois que, en attisant le feu, on a vaincu la difficulté de l'allumage, et en s'arrangeant pour empêcher les obstructions des grilles. Il renferme 90 pour 100 de carbone et seulement 8 au plus de matières minérales ou cendres. On s'en sert pour le chaffage des chaudières, pour la cuisson de la chaux, et, lorsqu'il n'a pas le défaut de décrépiter, pour le chauffage domestique, et dans les hauts fourneaux pour l'extraction du fer. Son emploi pour la fabrication de la chaux a rendu de grands services à l'agriculture. Ses gisements sont très nombreux en Angleterre, dans toute l'Europe, en Amérique. Les principaux en France sont situés dans la Mayenne, la Sarthe, Maine-et-Loire, l'Isère, la Savoie, les Bouches-du-Rhône, les Hautes-Alpes. On estime à 13 francs la valeur de la tonne. La quantité annuellement extraite, de 1875 à 1880, a été, en France, de 1 à 2 millions de tonnes.

ANTHRACNOSE (*viticulture*). — On désigne, sous le nom d'anthracnose, les altérations des tissus de la vigne qui se manifestent extérieurement par des taches noires sur toutes les parties vertes du cep, jeunes rameaux, nervures des feuilles, raisins verts. Cette maladie cryptogamique détermine le rabougrissement des sarments, le recoquillement des feuilles, la cessation de la croissance du raisin; la récolte est quelquefois complètement perdue. La cause du mal est attribuée à la propagation de champignons microscopiques parasites appartenant au groupe des pyrénomycètes ou hypoxylées, surtout au *Phoma vitis*, peut-être au *Sphaceloma ampelium*.

D'après les études de MM. Fabre, Dunal, Planchon, Von Thumen, on doit distinguer trois formes principales d'anthracnose: la *maculée*, la *ponctuée*, la *déformante*. Dans l'anthracnose maculée, les sarments, et quelquefois les ramifications de la grappe, les grains de raisin, ont des taches circulaires constituant le *dry rot* des Américains; ce sont de véritables érosions qui rabougrissent ou dessèchent l'organe attaqué. Dans l'anthracnose ponctuée, on constate sur les sarments de petites pustules saillantes, d'abord rougeâtres ou noirâtres lorsque leur pointe s'élève en cône hors du péridermе soulevé, puis devenant blanchâtres au centre, après que les spores ont été versées au dehors. Enfin, dans l'anthracnose déformante, les feuilles sont chiffonnées, subissent une sorte de détersion. Le parasitisme se présente souvent à la fois sur les tissus déjà morts et sur ceux qui sont encore vivants. Il exerce surtout ses ravages sur les vignes plantées en sols bas, sous les climats brumeux et dans les années humides. Les cépages qui en sont le plus fréquemment atteints sont, dit M. Gustave Foex, la *carignane*, la *clairette*, le *brun fourca* et le *téoulier*, chez les *Vitis vinifera*; la *pauline*, qui l'a pour ainsi dire à l'état endémique, et le *jacquez* parmi les *Vitis æstivalis*; le *solonis* parmi les *Vitis riparia*.

Les remèdes proposés contre l'anthracnose sont l'hydrate de chaux répandu à l'état pulvérulent sur les vignes durant l'été; le soufre en fleur ou en poudre fine qu'on doit appliquer dès la première apparition du champignon en renouvelant le traitement tous les huit à dix jours jusqu'à la cessation du mal; enfin et surtout, d'après M. Reich, le badigeonnage des souches, à la fin de l'automne ou pendant l'hiver, avec une dissolution de sulfate de fer faite avec 2 kilogrammes de ce sel pour 4 litres d'eau, cette liqueur étant appliquée à l'aide d'éponge ou de chiffons sur les souches en ayant soin de ménager les bourgeons.

ANTHRAX. — Terme de médecine tiré du grec et signifiant *charbon*. C'est une tumeur inflammatoire de volume variable, qui débute dans l'appareil glandulaire pilo-sébacé, s'étend au derme périphérique et au tissu cellulaire sous-jacent en déterminant la mortification d'une partie de ces tissus. Elle est plus souvent accompagnée de symptômes généraux graves. Elle reste circonscrite, très dure, d'un rouge foncé, causant des douleurs analogues à celles que produisent les brûlures. La peau devient violacée ou noirâtre, surtout chez les vieillards, et au sommet de la tuméfaction, lorsque la peau s'y mortifie ou s'ouvre. Plusieurs trous se forment, qui laissent sortir du pus sanguinolent; la gangrène peut s'y mettre. Elle ne doit pas être confondue, d'une part, avec le furoncle ou clou vulgaire qui, abandonné à lui-même, se termine par suppuration ou par la naissance d'un bourbillon bénin

Fig. 376. — *Anthurium magnificum.*

qu'on peut extraire; d'autre part, avec le charbon, affection presque toujours maligne qui se manifeste par une altération profonde avec production d'une ou de plusieurs tumeurs cutanées inflammatoires, ayant un caractère propre, et qui se communique à tous les animaux domestiques, et même aux oiseaux. L'anthrax se produit particulièrement à la nuque, sur le dos, le thorax, les fesses. On doit traiter l'anthrax, dès son début, par des cataplasmes et appeler un médecin pour les soins ultérieurs et surtout pour l'incision de la tumeur, qui doit être faite de bonne heure.

ANTHRÈNE (*entomologie*). — Genre de coléoptères pentamères très petits, dont on connaît plusieurs espèces habitant l'Europe. Ces insectes se rencontrent quelquefois par milliers sur les fleurs, où on pourrait les prendre pour des gouttelettes d'eau. L'anthrène destructeur est un ennemi redoutable pour les collections d'histoire naturelle.

ANTHURIUM (*horticulture*). — Les anthuriums forment une sous-tribu importante dans la famille des Aroïdées; on en connait plus de deux cents espèces originaires de la région équatoriale de l'Amérique, notamment du Brésil, du Mexique, de la Nouvelle-Grenade. Ce sont des plantes ornementales extrêmement remarquables par la beauté de leur feuillage avec tons métalliques et diversement colorés dans leurs différentes parties, ainsi que par l'élégance et l'éclat de leurs fleurs. Les spathes, libres et déroulées jusqu'à la base, sont vertes ou diversement colorées, étalées ou réfléchies; les fleurs hermaphrodites, sessiles sur le spadice, ont quatre sépales imbriqués; les fruits, de couleur variable, bacciformes, renferment une ou deux graines à albumen farineux. Les tiges sont courtes ou allongées, quelquefois grimpantes. Parmi les espèces les plus remarquables, on cite l'*A. magnificum* (fig. 376) dont les feuilles gigantesques, d'un vert foncé avec des veines d'argent, ont 1 mètre de longueur sur 60 centimètres de largeur; les *A. scherzerianum, andreanum, crassifolium, reflexum, regale, cordatum*, etc., plus ou moins grands, avec des feuilles d'un vert noir, souvent panachées, et des inflorescences écarlates accompagnées de larges spathes de même couleur, le tout produisant le plus brillant effet. Toutes ces plantes doivent être cultivées dans les serres.

ANTHUSINÉS (*zoologie*). — Groupe ou sous-famille d'oiseaux caractérisé par l'alouette des prairies ou pipit.

ANTHYLLIDE, ANTHYLLIDÉES, ANTHYLLIS (*agriculture*). — Les Anthyllidées forment, dans la famille des Légumineuses, un groupe dont le type est le genre *Anthyllis*. Ces plantes sont des arbrisseaux ou des herbes vivaces suffrutescentes, à feuilles pennées, quelquefois unifoliolées, à stipules petites ou nulles, à fleurs diversement groupées, quelquefois solitaires, jaunes, purpurines ou blanches, avec calice coloré tubuleux, renflé et devenant vésiculeux, étamines diadelphes. Elles ont un fruit indéhiscent ou à peine déhiscent, formant une gousse dont les formes variables ont permis de diviser le genre en sections, dont la principale est celle de l'*A. vulneraria;* la gousse, glabre, y est droite ou légèrement arquée, demi-ovale, sans étranglement, et renferme de 1 à 3 graines.

L'anthyllide vulnéraire (*A. vulneraria heterophylla*) est la *vulnéraire* des paysans, le *trefle jaune* des sables. C'est une plante fourragère (fig. 377) très répandue en Allemagne, et que l'on estime aussi en France. Toute la plante est employée à l'extérieur contre les contusions, et à l'état d'infusion à l'intérieur dans les cas de chute, de coups, etc. Elle entre, ainsi que l'*A. montana*, dans la composition des *vulnéraires* ou *thés suisses*, désignés aussi sous le nom de *Faltrank*.

Les fleurs de la vulnéraire sont ordinairement jaunes, en capitules serrés, avec calice à dents inégales; les folioles terminales sont très grandes. La floraison a lieu de mai à juillet. La plante convient aux prés secs et calcaires, aux pâturages élevés, aux lieux arides. On sème au printemps dans une céréale, ou bien au mois d'août, sur un chaume de blé ou d'avoine ameubli par un hersage vigoureux; dans ce second mode de culture, le produit plus tardif vient faire suite, l'année suivante, au trèfle incarnat. Le fourrage qu'on obtient est très nutritif, abondant; ses tiges, presque pleines, peuvent se conserver longtemps à l'état vert, même après la floraison. Il est mangé avec appétit par les chevaux, mais il paraît surtout propre à la nourriture des vaches, dont il augmente la production laitière.

Fig. 377. — Port de l'Anthyllide vulnéraire.

On cultive assez souvent, dans les jardins du Midi, comme arbuste d'ornement, l'Anthyllide barbe de Jupiter (*A. barba Jovis*), dont les feuilles sont soyeuses, argentées et persistantes; sous le climat de Paris et du nord de la France, on doit le rentrer en orangerie pendant l'hiver.

ANTICOEUR (*zootechnie*). — On donne le nom d'*anticœur* ou d'*avant-cœur* à toute tumeur qui naît au poitrail du cheval, et le plus souvent à une tumeur charbonneuse qui occupe la pointe du sternum. Cette tumeur s'observe surtout chez les chevaux qui ont la partie antérieure du sternum saillante, et qui sont employés comme animaux de trait. Elle devient dangereuse quand le sternum est attaqué, parce que cet os, très spongieux, se carie facilement. — On donne aussi le nom d'anticœur à un maniement double ou pair placé, chez les animaux de l'espèce bovine, dans un endroit très rapproché de celui connu sous le nom de poitrine; il entoure l'angle de l'épaule depuis un peu avant le bord antérieur de celui-ci jusque vers la partie moyenne de la face interne du bras.

ANTIDOTE. — Contrepoison; médicament ayant la propriété de prévenir ou de combattre les effets d'un poison, d'un venin, d'une maladie contagieuse. Le mot signifie *ce qui est donné contre*. Le travail est l'antidote de l'ennui.

ANTIGONE (*botanique*). — Genre de plantes de la famille des Polygonées, formant des sous-arbrisseaux grimpants, à feuilles alternes pétiolées, et à fleurs en grappe simple. Ils sont originaires du Mexique.

ANTILAITEUX. — Se dit des médicaments et des plantes qui ont pour propriété de diminuer la sécrétion du lait. Les diurétiques, les purgatifs, les sudorifiques, sont des antilaiteux.

ANTILLES (*géographie agricole*). — Les Antilles font partie de ces îles presque innombrables qu'on a appelées longtemps en France et qu'on appelle encore en Angleterre les Indes occidentales, et qui sont situées entre le 10e degré de latitude boréale et le tropique du Cancer, et comprises entre le 62e et le 82e degré de longitude ouest. Toutes les îles de ce grand archipel se trouvent dans la moitié boréale de la zone torride. Elles se divisent en grandes Antilles, petites Antilles, et îles Lucayes ou de Bahama. C'est le vrai pays de la production des denrées longtemps dites coloniales : sucre, café, coton, tabac, piments, indigo, gingembre, rocou, aloès, sassafras; des ananas, des noix de coco, grenades, noix d'acajou, mangues, goyaves, bananes, cacao, etc. C'est aux Antilles et non en Afrique que croît le mancenillier, arbre célèbre dans les légendes, et qui doit son action toxique à son latex vénéneux. C'est encore dans ces contrées que pousse le papayer (*papayera carica*), dont le suc laticifère amène la digestion des viandes, comme la pepsine animale. Ces îles présentent ensemble une superficie de 24 600 000 hectares; les grandes Antilles seules occupent 20 700 000 hectares.

Les grandes Antilles se composent, en descendant du nord vers l'Equateur, et marchant de l'ouest à l'est, de l'île de Cuba, à laquelle il faut joindre l'île des Pins; de la Jamaïque, avec ses trois annexes des îles du Petit-Cayman, du Grand-Cayman et de Cayman-Brac; de Haïti ou Saint-Domingue; de Porto-Rico.

On rencontre ensuite les îles Vierges, comprenant l'île du Passage, Vicques, Saint-Thomas, Saint-Jean, Anegada, Tortola, Gorde, Sainte-Croix, Sombrero, Anguilla, Saint-Martin, Saint-Barthélemy, Saba, Saint-Eustache.

Les petites Antilles proprement dites ou îles du Vent comprennent : Barboude, Saint-Christophe, Nevis, Antigoa, Montserrat; la Basse-Terre et la Grande-Terre formant la Guadeloupe; la Désirade, Marie-Galante, les Saintes, les Aves, la Dominique, la Martinique, Saint-Vincent, la Barbade, les Grenadilles, dont les deux plus grandes sont Bequilla et Cariacou; la Grenade, Tabago, la Trinité

Plus au sud et à l'ouest sont les îles sous le Vent : Oruba, Curaçao, Bonaire, les Roques, Orchilda, Tortuga, Blanquilla, Margarita.

Au-dessus des Antilles, au nord, les îles Lucayes ou de Bahama présentent successivement : Grande Bahama, petit Abaco, grand Abaco, Eleuthera, Nouvelle-Providence, Saint-André, îles du Saint-Esprit, île Cat. San-Salvador, île Rum, Exuma, Yuma, Crooked, Acklin, Plana, Marigana, les Caïques, les îles Inagues, les îles Turques.

Le climat de toutes ces îles est à la fois très chaud et très humide. La température y est très constante, de 26 à 27 degrés en moyenne; les variations ne sont généralement pas supérieures à 3 ou 4 degrés, sauf dans quelques localités exceptionnelles, situées à une assez forte altitude ou placées sous l'action des vents. C'est la saison des pluies qui remplace ce qu'on peut appeler l'hiver.

Sur les côtes méridionales de Porto-Rico, de Haïti et de la Jamaïque, la saison des pluies commence au milieu d'avril ou au commencement de mai, et elle dure jusqu'à la fin de novembre, avec une interruption de six semaines environ en juin et juillet dans les deux premières îles, et en août et septembre dans la dernière; pendant cette saison, les pluies tombent avec une extrême violence pendant deux ou trois heures chaque jour, et souvent elles sont accompagnées d'orages. La saison sèche dure de novembre en avril; le ciel reste absolument serein, sans pluies ni orages.

Sur la côte septentrionale de ces îles, la différence entre les deux saisons est moins tranchée; à Cuba, la pluie est plus régulièrement distribuée dans toute l'année; toutefois la période de juillet à septembre est la plus humide, et elle est caractérisée par des orages torrentiels. — Dans les petites Antilles, la longue saison sèche commence à la fin de novembre ou au commencement de décembre, et dure jusqu'à la fin d'avril; elle est suivie d'une petite période humide de six ou sept semaines pendant laquelle la pluie tombe presque chaque jour; pendant le mois de juin, le temps revient au sec; les grandes pluies commencent en juillet et sont constantes jusqu'en novembre, mais en diminuant d'intensité à partir du mois d'août, de telle sorte que juillet est la véritable saison des grands orages.

Les petites Antilles, à l'exception de la Trinité et de Tabago, se trouvent dans la région des grands cyclones, qui y sont souvent la cause de dommages considérables. La saison des pluies amène chaque année le triste cortège des fièvres et des maladies spéciales aux régions tropicales, terribles surtout pour les Européens.

Les petites Antilles paraissent être formées de roches volcaniques, avec recouvrement par des couches calcaires, dont l'épaisseur très variable peut s'élever jusqu'à 300 mètres environ. Le tuf volcanique perce souvent à travers le banc de chaux carbonatée qui le recouvre, et paraît à la surface du sol en divers endroits. Les îles calcaires sont les Lucayes, Saint-Thomas, les îles Vierges, Sainte-Croix, Anguilla, Saint-Barthélemy, la Barboude, Antigoa, la Grande-Terre de la Guadeloupe, Marie-Galante, la Desirade, les Saintes, la Barbade, Tabago. Les autres îles présentent un sol plus particulièrement granitique, avec des alternances volcaniques et calcaires.

La population totale des îles des Indes occidentales est d'environ 4 195 000 habitants, dont la moitié appartient à la race noire; l'autre moitié est principalement composée de mulâtres, la race blanche pure n'étant guère qu'une exception, sauf cependant dans Cuba et Porto-Rico; les créoles sont les individus de race blanche nés de parents de race européenne. Quant à la race indienne indigène, qui occupait l'archipel avant la conquête par les Européens, elle n'est plus représentée que par quelques familles réfugiées dans une ou deux des plus petites îles.

A l'exception de Haïti, toutes les îles des Indes occidentales sont des possessions européennes; la plus importante est Cuba.

L'île d'Haïti ou de Saint-Domingue mesure 644 kilomètres dans sa plus grande longueur, avec une largeur moyenne de 160 kilomètres. Sa surface totale est de 7 700000 hectares, dont 2 400000 forment, à l'ouest, la *république d'Haïti*, avec une population de 572000 habitants; la densité moyenne de la population y est de 25 habitants par kilomètre carré ou 100 hectares. A l'est, la *république de Saint-Domingue*, pour une superficie totale de 5300000 hectares, ne compte que 250000 habitants; la densité moyenne de la population n'y est que de 5 habitants par 100 hectares. La plus grande partie de l'île est couverte d'épaisses forêts donnant de l'acajou, du bois de fer, du bois de campêche, du bois de cèdre, etc. Les plus grandes villes sont : Port-aux-Princes, avec 30000 habitants, San-Domingo, avec 16000, Haïti, avec 10000. Les principaux objets d'exportation y sont le café, puis les bois, et notamment le bois de campêche.

ANTILOPE (*zoologie*). — Genre de quadrupèdes de l'ordre des ruminants (voy. ANIMAL (*règne*), p. 416), qui a pour caractère distinctif, dit Georges Cuvier, des cornes creuses, rondes, marquées d'anneaux saillants ou d'arêtes en spirales, et dont les chevilles osseuses sont solides intérieurement. Ces animaux appartiennent tous à l'ancien monde; on n'en trouve que deux en Europe, le saïga et le chamois; tous les autres sont asiatiques ou africains. Ils sont en général doux et sociables, vivent par grandes troupes et se laissent très bien apprivoiser. On en compte un grand nombre d'espèces.

La plupart de ces animaux ne sont pas bien connus, et leur histoire complète n'intéresse que très secondairement l'agriculture.

ANTIMOINE (*chimie*). — L'antimoine est un métal qui existe dans un grand nombre de pays, à l'état natif, allié à d'autres métaux ou bien à l'état d'oxyde et surtout de sulfure. Il a été décrit au quinzième siècle par Basile-Valentin à l'état isolé. Il n'a d'intérêt pour l'agriculture qu'en raison de quelques-unes de ses combinaisons dont on fait usage en médecine humaine ou vétérinaire. Son nom latin étant *stibium*, on a adopté le symbole Sb pour le représenter dans les formules chimiques; on a $Sb = 122$, l'équivalent de l'hydrogène étant l'unité, dans les formules qui représentent les équivalents; on dit souvent combinaisons stibiées pour combinaisons antimoniales, quand on veut désigner des composés où entre l'antimoine. Il est blanc d'argent, très cassant, a une densité de 6,715, fond à 450°, se volatilise au rouge blanc, cristallise par refroidissement lent en rhomboèdres. Allié aux autres métaux, il leur donne de la dureté; il entre dans la composition du métal d'Alger, du métal de la reine, des caractères d'imprimerie et de quelques autres alliages (voy. ALLIAGE, p. 389).

Il donne deux composés avec l'oxygène, l'oxyde d'antimoine (SbO^3 dans la notation par équivalents, Sb^2O^3 dans la notation atomique) et l'acide antimonique (SbO^5 ou Sb^2O^5 selon le mode de notation qu'on adopte). Ces deux composés se combinent de manière à former l'antimoniate d'antimoine. L'oxyde d'antimoine est une base qui se combine avec les acides de manière à fournir des sels d'antimoine, qui ont la propriété caractéristique, quand ils sont solubles, de fournir avec les alcalis un précipité blanc, soluble dans un excès de réactif, et avec l'acide sulfhydrique un précipité rouge orangé de sulfure d'antimoine, soluble dans les sulfures alcalins. En outre une lame de fer ou de zinc précipite l'antimoine en poudre noire. L'émétique est un tartrate double de potasse et d'oxyde d'antimoine.

L'antimoine se combine avec le chlore en produisant de la chaleur et de la lumière; c'est une sorte de combustion. Il se dissout très lentement dans les acides chlorhydrique et sulfurique concentrés et chauds. L'acide azotique le transforme en acide antimonique dont le mode d'agir se rapproche de celui de l'acide phosphorique. Cet acide antimonique fournit des antimoniates parmi lesquels il faut citer l'antimoniate de potasse qui est employé en médecine, et qui est l'*antimoine diaphorétique* des pharmaciens.

L'eau régale dissout l'antimoine et donne du chlorure d'antimoine qu'on obtient aussi en traitant le sulfure d'antimoine par l'acide chlorhydrique, ou en distillant de l'antimoine avec du bichlorure de mercure. Le chlorure d'antimoine ou *beurre d'antimoine* est employé en médecine comme caustique. C'est un corps solide, transparent, incolore, fondant à 73°, bouillant vers 230°. Il absorbe rapidement l'humidité et tombe en déliquescence; avec un grand excès d'eau, il est décomposé et fournit un oxychlorure d'antimoine employé en médecine comme vomitif et qui est la *poudre d'algaroth* des pharmaciens. Un courant de chlore sec qui passe sur de l'antimoine chauffé donne du perchlorure.

Il existe dans les terrains anciens des filons de sulfure d'antimoine (*stibium*). C'est un corps solide, gris de plomb, cristallisable en prismes droits à base rhombe, très fusible et qu'on peut ainsi séparer du quartz et des autres roches avec lesquelles il est mélangé. On l'obtient à l'état amorphe et de couleur jaune orangé par le passage de l'acide sulfhydrique dans une dissolution de chlorure d'antimoine. Le fer réduit le sulfure d'antimoine en s'emparant du soufre et mettant l'antimoine en liberté; on obtient ainsi ce qu'on appelle le régule martial d'antimoine. On peut réduire aussi le sulfure par un mélange de carbonate de soude et de charbon pour préparer l'antimoine métallique qui a besoin d'être purifié, car il contient toujours de l'arsenic.

Le sulfure d'antimoine se combine en plusieurs préparations avec l'oxyde du même métal. Le *kermès minéral* est un mélange de sulfure et d'oxyde cristallisé qu'on peut obtenir en faisant bouillir pendant trois quarts d'heure du sulfure d'antimoine réduit en poudre fine avec du carbonate de soude et de l'eau; par le refroidissement le kermès se dépose; il est employé comme expectorant. L'oxyde et le sulfure d'antimoine peuvent être fondus ensemble et donner selon les proportions, en se combinant avec les silicates terreux : le *verre d'antimoine* qui est rouge et transparent; le *crocus* qui est d'un rouge jaune et opaque; le *foie* d'antimoine qui est d'un brun foncé et également opaque; le *soufre doré d'antimoine* quand on traite par l'acide chlorhydrique la dissolution froide qui a laissé déposer le kermès, c'est un sulfure à excès de soufre. Ces divers composés sont employés, soit dans la médecine vétérinaire, soit pour produire l'émétique.

Tous les composés d'antimoine jouent dans l'économie animale le rôle de vomitifs, de vermifuges et de sudorifiques.

ANTIMONIAUX. — On appelle antimoniaux les médicaments dont le principe actif est l'antimoine. — Une préparation antimoniale est celle dans laquelle il entre un composé d'antimoine soluble ou non soluble. On fait des tablettes et des pastilles antimoniales, c'est-à-dire contenant du sulfure d'antimoine porphyrisé et lavé, pour les employer contre les maladies cutanées, contre les rhumatismes, contre la goutte.

ANTIMONIÉ, ANTIMONIFÈRE. — Qui contient de l'antimoine.

ANTIPATHE (*zoologie*). — Genre de polypes coralliens connus vulgairement sous le nom de corail noir.

ANTIPÉDICULEUX, ANTIPHTHIRIAQUE, ANTIPHTHIRIQUE. — Se dit de toute substance propre à faire périr les poux; telle est l'*eau arsenicale* employée contre les poux des moutons et qui se compose de : acide arsénieux, 100 grammes; savon vert, 2 kilogrammes; eau, 15 litres.

ANTIPÉRISTALTIQUE. — On appelle ainsi un mouvement de contraction s'opérant d'arrière en avant dans l'estomac et le tube intestinal, c'est-à-dire repoussant les matières chymeuses de bas en haut, au lieu de les pousser d'avant en arrière ou vers l'anus, selon leur marche normale.

ANTIPHLOGISTIQUE. — Ce mot signifie propre à combattre les inflammations. L'emploi des saignées, l'usage de boissons aqueuses, amylacées, acidules ou mucilagineuses, des bains tièdes, des émollients, les sangsues, la diète sont des moyens antiphlogistiques; un traitement, un régime antiphlogistiques consistent à soumettre un malade à l'application continue de quelques-uns de ces agents ou de ces procédés.

ANTIPSORIQUE. — Médicament employé contre la gale, ainsi que l'indique ce mot tiré du grec. Les médicaments de ce genre le plus souvent employés sont le soufre, le sulfure de potassium, l'acide sulfureux, l'acide arsénieux et le sulfate de fer (ce qui constitue le bain Tessier), le goudron, l'huile de cade, les préparations mercurielles et antimoniales. On seconde les bons effets des antipsoriques appliqués localement, par des évacuants donnés à l'extérieur.

ANTIPUTRIDE. -- Synonyme d'antiseptique, ce qui est contraire aux putréfactions. — On appelle eau antiputride de Beaufort, une limonade minérale préparée avec quelques gouttes d'acide sulfurique.

ANTIRABIQUE. — Qui s'emploie contre la rage.

ANTIRHÉE (*botanique*). — Genre de plantes de la famille des Rubiacées, formant des arbres et des arbustes des îles Mascareignes, de la Chine et de l'Australie. Les feuilles sont opposées ou verticillées par trois, munies de stipules: les fleurs, axillaires, sont groupées en cyme. L'*Antbirhœa Cunninghamia verticillata* est connue sous le nom de bois de Losteau ou de faux Simarouba, des îles Bourbon et Maurice; on se sert, dans le pays, de la racine et de l'écorce pour arrêter les hémorrhagies; son bois est susceptible d'un beau poli.

ANTIRRHINÉES (*botanique*). — Genre de plantes de la famille des Scrofulariacées, dont le caractère propre est d'avoir une corolle personnée, c'est-à-dire à deux lèvres, dont la supérieure est dressée, et dont l'inférieure, étalée, présente trois lobes parmi lesquels le médian, plus petit, porte un *palais* large et barbu qui forme la gorge.

Ce sont des plantes annuelles ou vivaces, rarement ligneuses, mais rameuses à la base. Les feuilles sont opposées à la partie inférieure des tiges et alternes à la partie supérieure. Les fleurs sont assez remarquables; elles sont solitaires ou disposées en cymes à l'aisselle des bractées qui terminent la tige. La principale espèce est l'*Antirrhinum majus* (fig 378), vulgairement appelé *muflier*, grand mufle de veau, gorge de lion, gueule de lion, gueule de loup, muflande, mufleau, mufle de bœuf, mufle de chien, mufle de lion, mufle de loup, pantoufle, tête de mort. C'est une très jolie plante, très buissonnante, élevée de 50 à 75 centimètres, garnie de fleurs très nombreuses et à couleurs très variables. La forme de ces fleurs justifie le nom de muflier, et la plupart des noms que lui ont donnés les jardiniers.

Ces plantes sont vivaces, mais fleurissent dès la première année. Elles sont faciles à cultiver, réussissent dans toutes les terres, mais particulièrement dans celles qui renferment de vieux plâtras. Elles sont employées pour la décoration des plates-bandes, des corbeilles et des massifs; elles se prêtent très bien à l'ornementation des rocailles, des vieux murs, des ruines; leurs fleurs coupées se conservent assez bien en vases et en bouquets. On en a obtenu un grand nombre de variétés ou races, notamment le muflier à grandes fleurs (fig. 378 et 379) et le muflier nain ou tom-pouce (fig. 380). Les races les plus jolies sont dénom-

Fig. 378. — Antirrhine à grandes fleurs.

mées par leurs couleurs ; on a: rouge violacé nuancé de rouge et de feu, pourpre cramoisi, bicolore, rose et blanc ou rouge et blanc, panaché de jaune et blanc, violet marginé blanc, caryophylloïde panaché rouge ou jaune, etc. Le bouturage est indispensable pour perpétuer sûrement les coloris que l'on tient à conserver; cependant, les semis les reproduisent dans une certaine

Fig. 379. — Inflorescence de l'antirrhine.

proportion. C'est également par boutures que l'on multiplie les variétés à fleurs doubles.

Les graines de muflier sont d'une germination très capricieuse et parfois assez lente, et, en outre, elles sont très fines. Il convient de ne les couvrir que très peu ou de les appuyer seulement sur le sol : « On peut, disent MM. Vilmorin-Andrieux, faire les semis à différentes époques :

« 1° En août, en place, ou préalablement en pépinière; dans ce dernier cas, on repique le plant près d'un mur, au midi, et on le protège contre les gelées continues de 3 à 4 degrés, soit avec des feuilles sèches, soit avec de la paille, etc., et on le met à demeure au printemps, en espaçant les pieds d'environ 40 à 60 centimètres;

» 2° De juin en juillet, en pépinière en planche;

on repique également en pépinière à bonne exposition, et l'on met en place au printemps;

» 3° En mars-avril, en pépinière, au pied d'un mur au midi; on repique en place dès que le plant s'est suffisamment développé; on peut également repiquer en pépinière d'attente et planter à demeure lorsque les fleurs commencent à se montrer A

Fig. 380. — Antirrhine naine.

l'aide de ces semis successifs, on peut se procurer une floraison presque non interrompue depuis juin jusqu'aux gelées. »

Les semis de printemps donnent des plantes qui fleurissent dans l'année même; les plants des semis d'automne ne fleurissent que l'année suivante. Sous les climats du nord, il convient d'hiverner les mufliers sous châssis, surtout pour les abriter de l'humidité prolongée de l'hiver.

ANTISCORBUTIQUE. — Se dit des agents qui servent contre le scorbut. Les feuilles du cochléaria et du cresson, les racines du raifort et un grand nombre de plantes crucifères sont regardées comme antiscorbutiques.

ANTISEPTICISME. — On appelle ainsi la méthode qui, dans l'hygiène, la médecine, la chirurgie et l'art vétérinaire, cherche à prévenir la putréfaction dans les maladies, les plaies, les fractures et les opérations violentes que l'on fait subir aux hommes et aux animaux. Il ne faut pas confondre l'antisepticisme et la désinfection. Ce dernier mode a pour but d'enlever à l'atmosphère ambiante, à l'air confiné dans une écurie, une étable ou une bergerie, aux meubles d'un appartement, aux harnais, aux divers tissus organiques, à un corps quelconque en décomposition, les gaz fétides et dangereux dont ils peuvent être infectés. L'antisepticisme, dont l'application est récente, repose sur la théorie dite des germes, issue des travaux de MM. Pasteur, Tyndall, Davaine, Lemaire, Coze, Feltz, Billroth (de Berlin), Toussaint, Roberts Burdon, Sanderson, Greenfield, Woch.

Les micro-organismes innombrables qui flottent sans cesse dans l'atmosphère, sous les formes les plus variées, sont des germes vitaux qui attendent un milieu propice pour se développer et amener la décomposition des tissus qui les reçoivent. La putréfaction qu'ils causent est pour eux le développement de la vie. Mais si l'on prend des précautions suffisantes pour exclure ces germes ou pour les mettre hors d'état de nuire, comme l'ont fait les physiologistes modernes, ces formes animées ne se produisent pas. Ce qui rend si dangereuses les lésions, les piqûres, les morsures, c'est que la peau étant lacérée, l'air vient en contact avec la chair nue et y apporte une infinité de germes qui, en se multipliant, exercent une action putréfiante sur l'organisme. Partant de cette considération, Lister, un habile chirurgien écossais, professeur à l'Université d'Édimbourg, se mit à chercher une substance qui, sans être un caustique trop violent, fût capable de détruire les germes ou d'anéantir leur nocuité, et il la trouva dans une dilution d'acide carbonique et l'application d'agents antiputrides, comme l'acide phénique et l'acide thymique, appartenant tous les deux à la grande famille chimique des phénols. Des essais furent faits sur la méthode de l'antisepticisme de Lister, en 1876 et 1877, par Claude Bernard même, au point de vue des opérations physiologiques, et poursuivis par M. Georges Barral, sur l'initiative et la surveillance de cet illustre savant. C'est à cette époque que fut proclamée en France l'efficacité de cette méthode, et que, dans le même ordre d'idées, on fut conduit à des résultats analogues dans l'art vétérinaire, la médecine et l'hygiène.

On a donc tout lieu de croire que dans les affections qui présentent des caractères zymotiques, c'est-à-dire où la fermentation des liquides du corps joue un certain rôle, c'est au développement de germes qu'il faut attribuer ce rôle néfaste. Les parasites, peu nombreux d'abord, se multiplient bientôt aux dépens de l'individu, qu'ils finissent par envahir et par tuer, s'ils ne meurent eux-mêmes d'abord. Il y a lieu d'espérer qu'on parviendra à détruire ces microbes, comme on les appelle, ou tout au moins à anéantir leur action putréfiante, ou bien à les faire servir eux-mêmes à la préservation de l'individu attaqué. Les belles découvertes de M. Pasteur, faites dans cette direction, donnent la preuve qu'on pourra modifier bientôt tous ces germes et s'en servir pour garantir les animaux comme l'homme, par l'inoculation, dans les fièvres et les autres maladies présentant un caractère aigu. C'est ainsi que vacciner l'homme, la poule, le mouton, le bœuf, selon les méthodes de Jenner et de Pasteur, c'est faire de l'antisepticisme dans l'intérieur des corps vivants, comme Lister le pratique à l'extérieur et sur les plaies.

ANTISEPTIQUE. — Tout moyen susceptible d'arrêter ou d'empêcher le développement des putréfactions ou des fermentations, de la gangrène, des suppurations et des plaies de mauvaise nature, est dit antiseptique : le froid, le vide, la dessiccation sont des moyens antiseptiques. — Les substances antiseptiques sont celles qui ont la propriété de s'opposer par leur présence à l'altération des matières organiques, particulièrement des matières organiques azotées; les principales de ces substances sont l'acide sulfureux et les sulfites, le chlore, le charbon de bois pulvérisé, le sel marin, la teinture d'iode, les sels de fer, les sels d'alumine, les sels de cuivre, ceux de mercure, l'acide salicylique, l'acide benzoïque, l'acide borique, et les composés organiques, l'alcool, les phénols minéraux dont l'acide phénique extrait par distillation du goudron de houille est le type, les phénols végétaux extraits des essences des Labiées, comme le thym, le romarin, la sarriette et dont l'acide thymique ou thymol est le représentant le plus usuel, la créosote, le tannin, l'huile de goudron, l'huile de lin, l'écorce ou la poudre de quinine, le camphre. — On fait des cataplasmes, des gargarismes, des potions antiseptiques.

ANTISPASMODIQUE. — Qui sert contre les spasmes ou les états spasmodiques. Les gommes fétides, le camphre, et toutes les plantes qui en contiennent, l'essence de térébenthine, les sauges, les menthes, les mélisses, la fleur de tilleul, les éthers, les eaux distillées de lis, de muguet, de fleur d'oranger, les éthers et les teintures éthérées, et dans le règne minéral, les oxydes de zinc et de bismuth sont les principaux antispasmodiques auxquels on a recours.

ANTOFLE. — Voy. *Anthofle* (p. 486).

ANTOISER. — Se dit de l'opération de mettre le fumier en tas.

ANUS. — L'anus ou fondement est l'orifice extérieur par lequel se termine la partie de l'intestin nommée rectum; il est entouré d'un muscle constricteur, le sphincter, qui le tient fermé et ne cède qu'aux efforts destinés à expulser les matières fécales. Il est maintenu dans sa position par deux ligaments qui émanent du rectum et le fixent aux premiers os coccygiens. Il faut examiner les jeunes animaux à leur naissance afin d'obvier à l'imperfection de l'anus qui se présente quelquefois, surtout chez les agneaux. Il faut remédier à ce vice par incision cruciale qu'il convient de confier à un vétérinaire auquel on devra d'ailleurs avoir recours pour toutes les maladies de l'orifice anal.

ANXIÉTÉ. — État de gêne, de difficulté de respirer, de trouble, d'agitation. On dit que les animaux sont dans l'anxiété, lorsqu'on les voit s'agiter, se tourmenter, et lorsque leurs yeux témoignent de l'inquiétude. Les coliques violentes, les angines, les phlegmasies, l'approche du part, causent de l'anxiété aux animaux.

AORTE (*anatomie*). — L'aorte est la plus considérable des artères; elle est destinée à porter le sang rouge dans tous les organes. Elle présente des différences assez marquées selon les divers animaux. Chez l'homme, elle sort du ventricule gauche du cœur, où elle est solidement fixée par ses fibres et sa membrane celluleuse à une sorte d'anneau tendineux qui borde l'ouverture aortique de ce ventricule, la membrane interne étant seule commune au cœur et à l'artère. L'aorte passe entre les deux oreillettes, et se dirige un peu vers la tête, en allant en haut et à droite (*aorte ascendante*), puis elle se recourbe de droite à gauche et d'avant en arrière, passe obliquement au devant de la colonne vertébrale, et se recourbe de nouveau de haut en bas (*crosse de l'aorte*) sur le côté gauche de cette colonne, le long de laquelle elle descend ensuite verticalement (*aorte descendante*) pour sortir de la poitrine et descendre dans l'abdomen jusqu'au devant de la quatrième ou cinquième vertèbre lombaire, où elle se termine par les deux iliaques primitives. Elle prend successivement le nom d'*aorte pectorale* et d'*aorte abdominale* pendant son parcours dans la poitrine et dans l'abdomen. L'aorte, dans son long trajet, donne naissance à diverses artères importantes : dans la poitrine on trouve, chez l'homme, l'*innominée*, la *carotide* et la *sous-clavière gauche*; dans l'abdomen, les *diaphragmatiques inférieures*, le *tronc cœliaque*, les *mésentériques*, les *lombaires*. — Chez les grands mammifères, le tronc commun qui sort du ventricule gauche et est l'origine de toutes les artères n'a pas reçu de nom particulier; les divisions de ce tronc s'appellent *aorte antérieure* et *aorte postérieure*. La première donne l'artère *brachiale droite* ou *brachio-céphalique* qui fournit les carotides et les artères du membre antérieur droit, et l'artère brachiale gauche. La seconde fournit l'aorte thoracique qui devient abdominale au delà du diaphragme. — L'aorte des oiseaux ne diffère pas notablement de celle des mammifères. — Dans les crocodiles, l'aorte a deux crosses, la gauche naissant du ventricule droit, et la droite du ventricule gauche; ces deux crosses se réunissent pour former l'aorte proprement dite. Il en est de même chez les serpents, mais les deux ventricules communiquent par des trous de leur cloison. — Dans les tortues les deux crosses viennent à un ventricule unique; la crosse droite donne le sang à la tête. — Dans les poissons, l'aorte est formée par la réunion des veines branchiales. — Sur les lézards, deux troncs naissent du ventricule commun et se bifurquent de manière à donner naissance à quatre branches, dont les deux gauches vont s'unir chacune à l'une des deux droites, ce qui fait deux aortes s'unissant ensuite en une seule aorte abdominale. — Dans les mollusques gastéropodes et chez les crustacés, le vaisseau qui sort du cœur distribue le sang dans tout le corps de l'animal.

AOÛT (TRAVAUX AGRICOLES DU MOIS D') (*économie rurale*). — Le mois d'août impose au directeur de toute exploitation rurale des occupations multiples et d'une importance considérable. Ces occupations sont variables selon les climats. C'est le mois des moissons pour le nord de la France, c'est bientôt celui des vendanges pour le Midi. Il est surtout le mois des fruits; néanmoins, dans le langage général, l'août signifie la moisson; on dit, d'après le *Dictionnaire de l'Académie française* : « *Faire l'août*, pour faire la moisson. Nous voilà bien avant dans l'août. On a promis telle somme à ce valet *pour son août*, c'est-à-dire pour la peine d'avoir moissonné. » Ce mois s'appelait d'abord Sextilis; en l'an 730 de Rome, le Sénat décida qu'en mémoire des nombreux services rendus par Auguste à l'empire pendant le mois *sextilis*, ce mois s'appellerait Augustus, d'où, par contraction, août.

Ce mois est souvent le plus chaud de l'année; il n'est pas en général très pluvieux. Les orages y sont fréquents.

Direction de l'exploitation. — Nous avons résumé en ces termes dans le *Bon Fermier* le devoir du chef des entreprises agricoles durant le mois d'août : « La surveillance du chef de l'exploitation rurale, avons-nous dit, doit être incessante : dans la plupart des contrées, de nombreuses moissons sont encore à couper ou à rentrer, et déjà il faut s'occuper des labours qui prépareront la campagne prochaine. Outre les déchaumages et autres labours à commander, il faut songer à faire faire bientôt des transports de fumier, de chaux, de marne; dans beaucoup de lieux, à ensemencer des récoltes dérobées, des fourrages, des pépinières; à faire des défrichements; à exécuter le rouissage du chanvre et du lin; à acheter des moutons pour pâturer les chaumes et commencer bientôt l'engraissement. L'examen des moissonneurs payés à la tâche, le règlement de leurs comptes, les soins que demandent les battages, qu'on est obligé de faire en plein air dans beaucoup d'endroits et pour certaines cultures, absorbent également beaucoup de temps. Enfin, et surtout, il faut mettre les récoltes à l'abri dans les meilleures conditions. On a souvent à lutter contre une température déjà froide et pluvieuse; le cultivateur doit alors redoubler d'activité. Si le fourrage se gâte, si des grains germent ou se détériorent, c'est le fruit d'une année de travail, l'intérêt des capitaux de la ferme qui se trouvent compromis par une négligence. »

Soins donnés au bétail. — On continue à envoyer les bêtes à cornes prendre une partie de leur nourriture dans les prés; quelquefois on les fait pâturer sur les chaumes; mais il est préférable d'abandonner ceux-ci aux moutons. On conduit chaque matin ces derniers d'abord sur l'ancien pâturage, de manière qu'ils n'arrivent pas affamés sur les chaumes; l'abondance de cette nourriture qui leur plaît pourrait occasionner de graves accidents. Les porcs sont encore menés au pâturage. Les attelages ont des travaux très fatigants à faire; il faut les bien nourrir et leur donner des rations d'avoine et de bon fourrage. On ne doit pas tarder à sevrer les poulains nés de janvier à mai ou à juin. — On conduit les oies et les dindons dans les chaumes, mais en leur donnant le soir un supplément de nourriture verte, particulièrement de la laitue. On choisit les jeunes coqs à réserver pour la reproduction, et l'on achève de chaponner tous les autres. On met en réserve comme provision d'hiver la plus grande quantité des œufs; c'est l'époque des pontes les plus abondantes; on sépare les poules des coqs, afin d'avoir des œufs non fécondés, qui sont d'une conservation plus certaine. — On surveille les ruchers pour empêcher les papillons de déposer les œufs dans les gâteaux. On fait une récolte de miel.

Potager et verger. — On sème, au commencement du mois, les derniers haricots pour consommer en vert, toutes les salades d'hiver, les carottes et les navets pour en avoir en hiver, et les épinards qui donneront jusqu'aux froids. On repique, à la fin du mois, les choux semés en juillet; on renouvelle les planches des fraisiers des quatre saisons, qui ont donné pendant deux ans. Dans les vergers, on récolte les prunes, les abricots-pêches, quelques pêches, les figues, les amandes, les noix vertes et une grande variété de poires et de pommes. On termine les palissages.

Travaux de culture. — On donne le dernier labour de jachère après avoir terminé la moisson. On fait quelques binages, si cela est nécessaire, dans les cultures sarclées. On procède au déchaumage des terres qui viennent d'être moissonnées pour faire germer les graines abandonnées sur le sol. On charroie les fumiers, la marne, la chaux, dans les champs. et on en fait l'épandage. Il faut aussi commencer les labours des terres destinées à recevoir du colza, des navets, de la navette, etc., après avoir fumé. On sème le colza, la navette d'hiver, la gesse chiche ou jarosse, la lentille ers, la gaude, le sarrasin, le trèfle incarnat, la spergule, le mélange des fourrages hâtifs qui pourront fournir une récolte en octobre. On plante les bulbes de safran.

On récolte le méteil, l'épeautre, les orges et l'avoine de printemps, les pois semés sans engrais à la suite d'une céréale fumée, les pois gris, les lentilles, le millet, la moutarde noire, la cardère, le chanvre. On fait une nouvelle coupe de trèfle, de sainfoin, de luzerne. On récolte aussi la graine de luzerne. On peut commencer la récolte des maïs fourrages. On s'occupe du rouissage et du teillage du lin et du chanvre.

Partout où l'on a de l'eau, on continue l'irrigation des prés. On établit les chantiers de drainage dans les champs moissonnés qui ont besoin d'être assainis.

On fait des binages autour des mûriers. Dans les vignes, on pratique le relevage de l'épamprement. On fait, s'il y a lieu, des soufrages contre l'oïdium. On donne un fort binage aux oliviers. On commence la récolte des olives de table destinées à être conservées. Les amandes se récoltent à la fin du mois, lorsque leur enveloppe charnue s'ouvre d'elle-même pour laisser apercevoir l'amande.

Travaux forestiers. — On fait ramasser les feuilles du charme, de l'érable, du frêne, du micocoulier, de l'orme, des peupliers, des saules, des tilleuls, qui commencent à tomber et sont un bon aliment pour le bétail. On coupe aussi de jeunes branches dans le même but. On commence la récolte des semences du bouleau, le creusement des trous pour les plantations d'automne.

AOUTER (*économie rurale, arboriculture*). — Dans beaucoup de lieux, aoûter, c'est faire la moisson. Dans le langage des jardiniers, aoûter est l'équivalent de mûrir, parce que beaucoup de fruits achèvent leur maturation dans le mois d'août.

En arboriculture, on dit que les arbres aoûtent leurs branches, lorsque les bourgeons se transforment en bois, ce qui arrive ordinairement en août. Le moment où le phénomène se produit est celui qu'il faut choisir pour couper et préparer les boutures et les greffes à œil dormant. On hâte l'aoûtement artificiellement par l'application de la chaleur, en refusant l'eau aux arbres ou aux arbustes en pots, en rognant les extrémités des branches, en pratiquant la ligature, l'incision annulaire de la branche, en coupant à quelque distance de sa base le pétiole des feuilles inférieures, en général, par tous les moyens qui peuvent arrêter ou gêner le mouvement végétatif.

AOUTERONS. — On donne ce nom aux moissonneurs dans quelques parties de la France.

APATE (*entomologie*). — Genre d'insectes coléoptères tétramères, de la famille des Xylophages, renfermant plusieurs espèces, dont la plus remarquable est l'apate capucin, noir foncé, long de 6 à 10 millimètres, assez commun, en France, sur les troncs d'arbres coupés.

APATITE (*minéralogie*). — Minéral qui se présente en prismes hexagonaux, ou bien en masses compactes, granuleuses ou fibreuses, et qui n'est autre que de la chaux phosphatée avec du fluorure et du chlorure de calcium. On rencontre l'apatite principalement dans les mines d'étain et dans les filons de fer magnétique. La proportion de phosphate de chaux est de 90 à 92 pour 100, et il y a de 8 à 9 de fluochlorure de calcium. La densité du minerai est de 3,18 à 3,25. Quelques variétés sont phosphorescentes. On rapporte à l'apatite les rognons ou nodules de phosphate de chaux qui sont employés en agriculture après pulvérisation.

APÉRITIFS. — Moyens hygiéniques ou médicamenteux de nature à augmenter l'appétit, c'est-à-dire la possibilité de fournir à la nutrition des matériaux alimentaires utiles. L'emploi de ce moyen est nécessaire quand le désir des aliments, au lieu de renaître, après l'achèvement des digestions, est remplacé soit par de l'indifférence ou une sorte d'inertie, soit même par de la répugnance, en d'autres termes, par l'anorexie (voy. ce mot). L'exercice, le changement d'air, l'hydrothérapie, les amers tels que le quinquina, la gentiane, le quassia amara, le houblon, la centaurée, l'aulnée, l'absinthe, le columbo, le simarouba, la rhubarbe, la noix vomique, la fève de Saint-Ignace, sont, pour l'homme, des apéritifs; mais ils doivent, pour la plupart, être pris avec précaution. Pour le bétail, il est avantageux d'avoir recours à des poudres farineuses contenant des aromates, du fenouil par exemple. Les bons foins sont apéritifs.

APÉTALE (*botanique*). — Plantes dicotylédones à fleurs monopérianthées, dépourvues de pétales et par conséquent de corolle. Telles sont les amarantacées, les aristolochées, les santalacées, les laurinées, les nyctaginées, les polygonées, les tymélées.

APHANES (*botanique*). — Plante de la famille des Rosacées, appartenant au groupe de l'Alchemille. — L'*Aphanes arvensis*, vulgairement appelée percepierre et petit pied de lion des champs, est employée en teinture et comme plante astringente.

APHELANDRA (*botanique*). — Genre de plantes de la famille des Acanthacées, formant des arbustes des régions tropicales de l'Amérique. Les feuilles sont opposées et représentent parfois des marbrures blanches ou jaunes dont les lignes suivent les nervures. Les fleurs, rouges et remarquables, sont accompagnées de bractées membraneuses et bractéoles étroites, et elles sont disposées en épis tétragones, axillaires et terminaux. Plusieurs plantes de ce genre sont très ornementales et entretenues dans des serres chaudes. Telles sont les *A. tetragona*, *fulgens*, *aurantiaca*, *squarrosa*, *Leopoldi*. Il faut des arrosements fréquents. On les multiplie par boutures.

APHÉLIE (*botanique*). — L'*Aphelia cyperoides* est une herbe cespiteuse de l'Australie méridionale, à feuilles radicales filiformes, à tige nue, avec épi terminal.

APHIDIENS (*entomologie*). — Ce sont les pucerons, insectes hémiptères homoptères (voy. ANIMAL (*règne*).

APHIDIPHAGE (*entomologie*). — On donne ce nom à une famille de Coléoptères qui, à l'état de larves, détruisent un grand nombre de pucerons. A cette famille appartiennent les coccinelles

APHODIE (*entomologie*). — Genre d'insectes coléoptères pentamères, de la famille des Lamellicornes. Il renferme un grand nombre d'espèces. La plupart vivent dans les excréments et les fumiers. Les plus répandues sont l'aphodie fossoyeur (*Aphodius fossor*), long de 10 à 12 millimètres, et l'aphodie du fumier (*A. fimetarius*), long de 6 à 8 millimètres Ces espèces sont d'un noir brillant.

APHONIE. — Privation de la voix. Les oiseaux chanteurs sont atteints d'aphonie pendant la mue. Les chiens qui ont une maladie du larynx sont temporairement dans l'aphonie. Artificiellement, comme l'a démontré M. Paul Bert, on peut obtenir l'aphonie par la section des ligaments inférieurs de la glotte, appelés communément cordes vocales du larynx, sans que l'animal en éprouve même quelque malaise. C'est ainsi que l'on procède dans les vivisections.

APHRODISIAQUES. — On appelle ainsi les substances propres à exciter les organes de la reproduction. On regarde comme ayant cette propriété les baumes, les résines, les essences, le musc, le safran, les cantharides; leur usage peut être pernicieux, sans être d'un effet bien certain.

APHRODITES (*zoologie*). — Genre d'annélides de l'ordre des Errants ou Dorsibranches (voy ANIMAL (*règne*), p. 446) parmi lesquels on distingue surtout l'aphrodite hérissée, remarquable par l'éclat des couleurs des faisceaux soyeux qui naissent sur ses côtes. Elle a ainsi une sorte de manteau aussi riche que le plumage des colibris ou le feu de quelques pierres précieuses. C'est de là que vient le nom du genre qui signifie qu'il est dédié à Vénus. Les pêcheurs donnent le nom de tunique de mer à l'aphrodite hérissée qui a une longueur de 18 à 20 centimètres.

APHTE. — Un aphte est une petite ulcération blanchâtre qui se développe sur la membrane muqueuse de la bouche et du tube digestif. Chez les didactyles, c'est-à-dire chez les animaux dont le pied se divise en deux doigts, les aphtes peuvent se présenter non seulement dans la cavité buccale, mais encore dans les bronches, l'œsophage, la caillette, sur le bout du nez, sur le mufle, autour des mamelles et dans la région digitée des pieds, entre les onglons et à leur couronne. Les aphtes donnent la sensation des brûlures; c'est de là que vient leur nom, le mot grec ἅπτειν signifiant *brûler*. Ils sont appelés *discrets*, quand ils se montrent isolés; on les dit *confluents*, quand ils sont multiples, et dans ce cas ils constituent le plus souvent une complication d'une autre maladie; s'ils sont indépendants d'une autre affection, ils sont *idiopathiques*, et ils sont *symptomatiques* si leur existence se lie à un état maladif plus ou moins grave. Tout aphte présente quatre périodes. Dans la première, dite érythémateuse, on voit de petites élévations rougeâtres; dans la seconde, dite d'éruption, apparaissent de petites vésicules transparentes; dans la troisième, qui est celle d'ulcération, les vésicules s'ouvrent, laissent échapper un liquide; puis les ulcères apparaissent et s'étendent en largeur, en présentant un bourrelet à la base; enfin arrive la quatrième période qui est celle de cicatrisation; on ne voit plus alors que de petites taches rouges qui ne tardent pas à s'effacer.

Les aphtes simples ne constituent qu'une légère maladie. Dans les deux premières périodes, on a recours aux gargarismes émollients, avec tisane d'orge miellée; plus tard on emploie les caustiques; il suffit de toucher avec une petite goutte d'acide chlorhydrique pur ou alcoolisé, ou bien d'alcool, d'eau de Cologne ou de phénol, de thym, ou bien encore de déposer à la surface un peu d'alun calciné en poudre, il se produit une cuisson vive qui disparaît bientôt. Les lotions avec de l'eau aiguisée d'acide sulfurique sont très efficaces sur les aphtes des mamelles et des pieds chez les vaches. L'eau de Rabel qu'on recommande souvent n'est pas autre chose que de l'alcool aiguisé avec de l'acide sulfurique. Quand les aphtes sont confluents, on doit appeler le médecin ou le vétérinaire dont les prescriptions seront faites d'après la nature de la maladie qui accompagne les aphtes.

APHTEUX. — Qui a le caractère ou est accompagné des aphtes. On dit un mal aphteux, une éruption aphteuse. — La fièvre aphteuse, ou cocotte, ou encore stomatite aphteuse, est rangée parmi les maladies contagieuses donnant lieu à l'application des dispositions de la loi sur la police sanitaire (voy. ANIMAUX (*police des*), p. 473), en ce qui concerne les espèces bovine, ovine, caprine et porcine. Cette maladie, sans avoir en général d'issue fatale pour les animaux, cause un grand préjudice à l'agriculture parce qu'elle frappe souvent tout le bétail d'une contrée et qu'elle cause l'amaigrissement des bêtes, la cessation ou une forte diminution de la production du lait, l'impossibilité d'obtenir du travail. Elle commence par de la fièvre, de la tristesse, de l'inappétence, des frissons; la peau est chaude, le mufle sec, la marche pénible; le lait diminue; les animaux ont le piétinement douloureux. Dès le second jour, mais quelquefois le troisième jour seulement, les aphtes apparaissent confluents; ils empêchent la mastication, les animaux boitent, les vaches refusent de se laisser traire à cause des douleurs vives que le toucher des trayons leur fait éprouver. La rupture des vésicules s'opère le troisième ou le quatrième jour; les ulcères suppurent, et la matière qu'ils abandonnent peut transmettre le mal; le lait lui-même devient nuisible, si on ne le fait bouillir avant de le consommer. Il faut employer contre ce fléau, sur toutes les parties où les aphtes apparaissent, les émollients, les calmants, puis les caustiques légers. Il faut surtout une très grande propreté.

APHYE (*pisciculture*). — L'aphye pellucide (*Aphya pellucida*) est un petit poisson de la famille des Gobiidés, excessivement commun d'Antibes à Menton où on l'appelle *nonnat*. Il est de petite taille; il n'a que de 4 à 5 centimètres de longueur; son corps est transparent. Il est l'objet, dans les Alpes-Maritimes, d'une pêche spéciale, principalement très abondante au printemps.

APHYLLE (*botanique*). — Signifie sans feuilles, mais ne s'applique qu'aux plantes qui, ayant ordinairement des feuilles, en sont privées par suite d'un accident de végétation.

API (POMME D') (*arboriculture*). — La pomme d'api est un fruit recherché; elle est petite, sphérique, avec aplatissement du côté de l'œil et du côté du pédoncule; sa peau est mince, à fond jaune-paille ou blanc de cire que recouvre presque complètement du côté de l'insolation une couche de carmin brillant, finement ponctuée de gris clair; sa chair est blanche, faiblement verdâtre sous la peau, avec une eau abondante, bien sucrée, d'un goût suave et d'une saveur rafraîchissante; elle est considérée comme de première qualité et est à maturité de janvier à mai; elle était connue dès la fin du seizième siècle; elle est donnée par un arbre d'une fertilité remarquable, qui, greffé au ras de terre, fournit d'assez beaux plein-vent, mais que l'on cultive ordinairement en cordon. Cette pomme d'api s'appelle aussi pomme api ordinaire, api rose, api rouge d'hiver, api fin.

On doit distinguer trois autres apis : l'api d'été, l'api étoilé, l'api noir.

La pomme *api d'été*, nommée encore cardinale d'été et rouge d'été, est plus grande que la précédente; elle est également spiroïdale avec double aplatissement à l'œil et au pédoncule qui sont tous deux enfoncés dans des cavités. La peau, onctueuse, unie, mince, à fond jaune clair, est lavée en partie d'un rouge vif et brillant. Sa chair blanchâtre est assez ferme, avec eau sucrée et faiblement parfumée. Ce n'est qu'un fruit de seconde qualité; il mûrit dans la dernière quinzaine d'août et dans le courant de septembre. L'arbre qui le porte est très fertile.

La pomme *api étoilé* a une forme pentagonale qui est celle d'une étoile quand on la regarde au-dessus. Le pédoncule est long, tandis qu'il est court dans les deux pommes précédentes, et l'œil est à fleur, au lieu d'être enfoncé. La peau est fine, mince, jaune d'or ou nuancée de vert, semée de petits points blancs, nuancée de rouge brique sur la face insolée. Sa chair, d'un blanc verdâtre, est croquante et donne une eau abondante, sucrée, acidule, rafraîchissante, mais sans parfum; c'est un fruit de deuxième qualité, étant à maturité de février à avril. Il est donné par un arbre extrêmement fertile, à rameaux longs et grêles, qu'il faut cultiver en cordon ou en buisson.

La pomme *api noir* est petite, globuleuse, avec œil et pédoncule enfoncés dans leurs cavités respectives; sa peau est mince, unie, lisse, à fond jaune mat que recouvre une couche d'un rouge terne et noirâtre ardoisé. Sa chair est d'un blanc verdâtre, tendre, a une eau abondante, sucrée, avec une saveur agréable rappelant celle de l'api commun. La maturité a lieu de décembre à avril. L'arbre qui la fournit est très fertile, a les rameaux forts et peut être cultivé en plein-vent aussi bien qu'en cordon et en buisson.

Toutes les pommes d'api sont recherchées à cause de leur coloris. On donne quelquefois le nom d'api panaché à la reinette panachée. Enfin on nomme *double-api, gros-api, gros-api rouge*, une pomme également appelée pomme Dieu, pomme de rose, décrite par les plus anciens pomologistes, qui a une forme analogue à celle des apis précédents, mais est beaucoup plus grosse. Sa peau, mince, lisse, jaune-paille, est parsemée de points jaunâtres cerclés de vermillon. Elle est à maturité de février à avril. L'arbre greffé en tête pour plein-vent convient aux vergers, mais on peut aussi lui donner des formes naines; sa culture est très profitable.

APIAIRES (*entomologie*). — Nom d'une famille d'insectes de l'ordre des Hyménoptères (voy. ANIMAL (*règne*), p. 416), qui comprend les abeilles. On a aussi appelé ces insectes des mellites, des mellifères, ou encore des anthophiles ou amateurs de fleurs. On distingue les apiaires solitaires et les apiaires sociales. Dans les premières, chaque famille pourvoit isolément à la conservation de sa postérité : on distingue les acanthopes, les anthidées, les cératines, les mégachiles, les nomades, les oxées, les panurges, les rophites, les xylocopes. Dans les secondes sont les genres abeille, bourdon, euglosse, mélipone, etc. Ces insectes volent de fleur en fleur pour recueillir le miel dont ils se nourrissent, ainsi que leurs larves.

APICIFIXE. — Terme de botanique employé pour caractériser des anthères attachées très près de leur sommet au filet staminal.

APICILAIRE. — Terme de botanique employé pour désigner une déhiscence placée au sommet d'un organe. On dit aussi une déhiscence apicale.

APICOLE (*économie rurale*). — Ce qui a rapport à l'élevage des abeilles. On dit industrie apicole, pour désigner celle qui entretient des abeilles en vue d'obtenir du miel et de la cire. Un écrivain apicole est un auteur d'écrits sur l'élevage des abeilles.

APICRA (*horticulture*). — Groupe de plantes de l'Afrique centrale, à feuilles indurées, très aiguës, très rapprochées les unes des autres, souvent disposées en spirale, et comprenant les *Aloe spiralis, foliolosa, imbricata, imbricata glaucescens* et *pentagona* (voy. ALOES.

APICULTEUR (*économie rurale*). — Celui qui élève des abeilles (*voy.* ce mot.

APICULTURE (*économie rurale*). — Art d'élever des abeilles pour obtenir du miel et de la cire ayant les meilleures qualités et dans les conditions les plus avantageuses au point de vue de la quantité relative des deux produits et du plus grand bénéfice à réaliser dans l'opération. Toute apiculture productive est basée sur la connaissance approfondie des mœurs des insectes mellifères. A cet égard l'article consacré à l'abeille (voy. p. 18 à 29) présente l'ensemble des notions nécessaires et suffisantes à un bon apiculteur. L'habitation d'une colonie d'abeilles est une ruche. Plusieurs ruches réunies constituent le rucher qui est le théâtre de l'apiculture.

On dit d'une apiculture qu'elle est rationnelle, pastorale, fixiste, mobiliste.

L'apiculture *rationnelle* est celle qui repose entièrement, dans la conduite de l'élevage des abeilles, sur l'obéissance absolue aux lois de la nature dégagées par de rigoureuses observations ou des expériences bien faites et vérifiées. Tout système d'apiculture pastorale, fixiste, mobiliste, ou même mixte, doit être rationnel. On peut faire de l'apiculture rationnelle avec toutes sortes de ruches. Le fondement de toute apiculture rationnelle repose sur ce principe que, dans une ruche bien organisée, le soin de multiplier le nombre des habitants est exclusivement dévolu à un seul individu qui est la reine ou abeille mère. Après sa fécondation par un mâle ou faux bourdon, la mère peut à volonté faire agir ou non sur l'œuf qu'elle doit pondre la liqueur séminale déposée dans ses organes. Dans le premier cas, une ouvrière naîtra de l'œuf; dans le second cas, un mâle; par conséquent l'ouvrière seule a un père et une mère, mais le mâle n'a qu'une mère. De là il résulte que, dans le croisement de deux races d'abeilles, les ouvrières sont métisses, et que les mâles sont toujours de la race maternelle. D'après cette loi on sait comment on doit s'y prendre pour propager, selon la théorie de Dzierzon, qui en a fait la découverte, une race douée de propriétés déterminées. Ainsi de l'union d'une reine de race jaune ou italienne avec un faux bourdon de race noire ou française naissent des ouvrières ou des reines métissées, mais des mâles jaunes ou de race italienne pure comme leur mère. L'apiculteur doit d'ailleurs avoir soin de diriger le peuplement de ses ruches conformément à la meilleure production de miel, de cire, d'essaims qu'il se propose d'obtenir. Il faut qu'il veille à l'alimentation constante de ses colonies, soit par le genre de plantes florifères qu'elles butineront, soit par l'apport direct de matières appropriées, alors que la saison ou le climat ne permet pas que les insectes pourvoient eux-mêmes à la recherche de leur nourriture dans de bonnes conditions. C'est en réalité l'apiculteur qui est le roi des ruches; les reines-abeilles, les ouvrières, les faux bourdons ne doivent être que des agents inconscients.

L'apiculture est dite *pastorale*, lorsque l'apiculteur fait voyager ses ruches pour les porter successivement près de champs fleuris nouveaux où les abeilles trouveront les matériaux dont elles ont besoin selon l'état de leurs travaux. Depuis un temps immémorial les Égyptiens transportent leurs ruches par bateaux le long du Nil en s'arrêtant dans les lieux où ils trouvent de la verdure et des fleurs. En Autriche, notamment dans les environs de Vienne, les apiculteurs, après que les fleurs mellifères printanières du voisinage des ruches sont épuisées, transportent les essaims ailleurs afin de faire une seconde récolte sur les fleurs de bruyère, par exemple dans les plaines de Wagram pour les apiculteurs de Vienne.

L'apiculture *fixiste* est celle que suivent les éleveurs d'abeilles dont les ruches sont à rayons fixes, faisant corps avec la paroi, comme dans l'antique ruche vulgaire à une seule pièce. Il ne faut pas croire, du reste, que les partisans des ruches fixes se soient condamnés à renoncer à tous progrès. Ils ont rendu la ruche elle-même mobile, tout en respectant la fixité des rayons; pour cela ils l'ont formée de deux ou d'un plus grand nombre de compartiments superposés et indépendants les uns des autres; ils ont inventé les ruches à hausses et à chapiteau.

Les ruches dites à *rayons mobiles* sont regardées comme étant l'expression la plus parfaite de l'habitation des abeilles industrielles, comme réalisant les plus grands progrès. Leurs partisans représentent que l'apiculture *mobiliste* doit être regardée comme le *nec plus ultra* du progrès, si l'on pouvait supposer que les progrès ne sont pas indéfinis. Mais au fond, il faut admettre, avec M. Hamet, que la meilleure ruche est celle qu'on sait le mieux conduire, et ajouter les remarques judicieuses suivantes de M. Balbiani : « On peut faire de l'apiculture parfaitement rationnelle avec toutes sortes de ruches, voire même avec la vulgaire ruche en cloche ou celle faite d'un morceau de bois creux. Il faut, en effet, soigneusement distinguer en apiculture entre ces deux choses : système de ruche et méthode d'exploitation. On peut employer des méthodes apicoles différentes avec un même système de ruche, et réciproquement la même méthode de culture avec des ruches de systèmes fort divers. Mais quelle différence souvent dans le temps et la peine qu'exigent certaines opérations, suivant qu'elles sont faites avec telle ou telle ruche. Aussi l'invention de la ruche à hausses, dont on peut, suivant les besoins, agrandir ou diminuer la capacité par un procédé fort simple et bien connu, a été un progrès marqué sur la ruche d'une seule pièce ou ruche vulgaire, par la facilité avec laquelle elle permet de faire la réunion des colonies, qui donne des populations fortes et productives, ou la division d'une population trop nombreuse en deux ou plusieurs colonies au moyen de l'essaimage artificiel par divisions. S'agit-il, d'un autre côté, de chercher dans une ruche la reine vieille pour la remplacer par une mère plus jeune et plus féconde, ou pour substituer à l'ancienne mère une mère d'une autre race, la ruche à rayons mobiles, qui permet d'enlever et d'examiner séparément chaque rayon, rendra cette opération bien plus facile que la ruche à hausses la mieux construite où elle ne pourra s'effectuer le plus souvent sans détruire ou endommager un certain nombre de rayons. Par contre, la ruche à rayons mobiles présente l'inconvénient d'être plus délicate à manier et d'exiger un temps plus long pour faire la récolte et la plupart des autres opérations. Quelques apiculteurs éclectiques ont cherché à combiner les avantages des deux systèmes en construisant des ruches dites *mixtes*, c'est-à-dire dont une partie est destinée à recevoir des rayons mobiles et l'autre des rayons fixes. Telle est la modification de la ruche à chapiteau, où le corps de la ruche reçoit, comme à l'ordinaire, des rayons fixes, tandis que le chapiteau est muni intérieurement de cadres mobiles. La ruche vulgaire elle-même, si répandue dans un grand nombre de localités de la France, peut être ainsi transformée en ruche mixte, en pratiquant une ouverture à la partie supérieure et en la surmontant d'une boîte ou de tout autre récipient garni de rayons mobiles. Les partisans du mobilisme pourraient même, à l'imitation de ce qui s'est fait dans beaucoup de localités de l'Allemagne, transformer complètement la ruche vulgaire en ruche mobile, en pratiquant, à droite et à gauche de la paroi intérieure, des rainures ou en y fixant des traverses destinées à recevoir des barrettes ou des cadres. » Dzierzon, le plus zélé propagateur de l'apiculture mobiliste, a présenté cette transformation de la ruche vulgaire en ruche mobile comme le plus grand progrès de l'apiculture.

L'adoption des bonnes ruches mobiles permet de renoncer à la routine de l'étouffage et de tirer de grands profits de l'apiculture même pastorale. M. Sourbé, dans son traité d'apiculture mobiliste, montre quels avantages on peut recueillir du système. « Supposons, dit-il, deux propriétés distantes d'une dizaine de kilomètres l'une de l'autre. L'une donne du miel d'acacia ou de sainfoin, qui vaut 2 francs le kilogramme, tandis que la seconde ne fournit que du miel de bruyère coté sur place à 30 centimes le kilogramme. Un gâtinais routinier tue impitoyablement, en les étouffant, les abeilles qui donnent le miel d'acacia. Cette manière de faire, qui est journellement pratiquée, lui permet de vendre une plus grande quantité de miel surfin, puisque, en étouffant ses abeilles, il n'est pas obligé de leur laisser une partie de la récolte qui leur serait nécessaire pour se nourrir pendant l'hiver. L'année suivante il demandera au rucher de la bruyère de nouvelles butineuses pour faire la récolte de l'acacia, sauf à les sacrifier encore après. Cette pratique s'appelle l'étouffage. Elle consiste à demander des essaims à une contrée qui ne produit que des miels communs, pour les étouffer après leur avoir fait récolter des miels surfins. Dans ce calcul, les étouffeurs du Gâtinais s'imposent volontairement une double perte : d'abord celle de l'essaim, qui représente une somme de 15 à 20 francs; en second lieu, ils sacrifient aussi les rayons de cire pour les fondre. — Un apiculteur mobiliste ne s'y prendrait pas comme l'étouffeur, pour tirer le meilleur parti des deux flores. Comme lui, il enlèverait tout leur miel aux abeilles qui butinent sur les fleurs d'acacia ; mais il se garderait bien, soit d'étouffer ses abeilles, soit de détruire leurs rayons. En conservant ses abeilles, il ne sacrifie pas son capital; en ne détruisant pas leurs rayons, il ne les oblige pas à en construire de nouveaux, opération dispendieuse qui leur coûte à la fois, et beaucoup de temps et beaucoup de miel. Il résulte, en effet, d'expériences faites par Huber, que les abeilles sont obligées de manger 11 kilogrammes de miel pour produire un seul kilogramme de cire. Or la cire ne valant que de 3 fr. 50 à 4 francs le kilogramme, il en résulte qu'en sacrifiant 1 kilogramme de rayons, on perd 11 kilogrammes de miel qui, à raison de 2 francs le kilogramme, représentent 22 francs. En agissant ainsi, sans parler du temps qu'on fait perdre aux abeilles, on sacrifie donc, pour 4 francs, un produit dont la fabrication en a coûté 22. Les Américains et les Allemands, pour éviter toute perte de temps, ne laissent même pas construire aux abeilles leurs premiers rayons, du moins en entier. Ils sont parvenus, dans ce but, à construire des rayons artificiels, ou plutôt la cloison médiane des rayons, en laissant seulement aux abeilles le soin d'achever les cellules. »

Une condition essentielle pour que l'apiculture soit florissante, c'est que les abeilles puissent trouver dans les champs une abondante nourriture le plus tôt possible au printemps, tout l'été et le plus tard possible en automne. L'apiculteur doit y pourvoir par des ensemencements spéciaux, si la contrée ne fournit pas naturellement des fleurs d'une manière continue. Il est donc utile de connaître les fleurs sur lesquelles les abeilles butinent le miel et le pollen dans les différentes saisons. La flore apicole française a été ainsi établie par M. Sourbé :

Printemps : abricotiers, amandiers, butome ombellé (vulgairement, butome en ombelle, jonc fleuri), cerisiers, consoudes ou symphites, fraisiers, glycine ou wistérie de la Chine, marronniers, navette, pawlonia impérial, pêchers, pommiers, robinier faux acacia (vulgairement acacia blanc) roses, sureau, tilleul, véronique, vipérine.

Été : ajonc épineux, asclépiade de Syrie (vulgairement apocyn à ouate, herbe à la ouate, plante à soie, plante à la soie, herbe à soie), bourrache, châtaigniers, colza, héliotrope, lavande, luzerne, mélilot, mélisse, pouillot-thym, réséda, rose trémière (alcée, passe-rose, bourdon de Notre-Dame, etc.), sainfoin, sarrasin (blé noir), sarriette des montagnes, sauge silarée (orvale, toute-bonne, etc.), saule blanc ou saule commun, thym, trèfle, viorne ou laurier-tin.

Automne : aster multiflore, bruyère (commence en été), hélianthe (tournesol, grand soleil).

Toutes les plantes ne sont pas également mellifères, et à cet égard les abeilles, par leurs préférences, donnent des indications précieuses dont les recherches directes faites sur les matériaux contenus dans les fleurs ont vérifié la justesse. Les abeilles recueillent trois sortes de substances : le nectar, le pollen, la propolis, par des organes spéciaux (voy. ABEILLE, p. 27). Dans presque toutes les fleurs on trouve des organes particuliers appelés *nectaires* et qui contiennent le nectar ; ces organes sont placés le plus souvent au fond des fleurs, parfois dans des pétales ou des sépales prolongés en cornet, où ils forment un verticille spécial de feuilles transformées. Le nectar est surtout abondant par les temps doux, un peu humides ; il est plus rare par les temps froids, secs, avec les vents du nord. Il est plus rare encore, sauf dans les fleurs mélinées comme celles de la bourrache et de la guimauve, après les pluies fortes et prolongées. Le temps humide ou sec, le climat, influent donc sur la récolte que les abeilles peuvent faire. Au lieu de nectar, les abeilles font provision des sécrétions végétales sucrées que l'on appelle vulgairement des miellats, des miellées ; elles lèchent ces sécrétions, ainsi que diverses mannes qui sont des exsudations végétales ; il en est de même pour les sucres ou mélasses des fabriques, et pour les sécrétions sucrées de beaucoup d'aphidiens. Les tiges des ronces d'hiver, les feuilles de chêne vert, de tremble, de saule, d'épicéa, laissent couler de la miellée ; les mélèzes et les frênes produisent des mannes ; les érables et les palmiers des sèves sucrées. Ce sont là des matières premières bien différentes pour la préparation du miel dont la qualité de celui-ci dépend ; mais il faut ajouter que les divers insectes melligènes, avec les mêmes nectars, ne donnent pas des miels identiques. Toutefois plus les fleurs ont d'arome, plus les miels sont parfumés. Il arrive aussi que si le nectar des fleurs contient des matières toxiques, le miel produit peut être dangereux pour la consommation. M. Maurice Girard signale commes plantes que les apiculteurs doivent éloigner des ruchers les *Aconitum lycothonum* et *napellus*, la ciguë du Levant (*Cocculus suberosus*), l'*Azalea pontica*, le *Rhododendron ponticum*, les *Kalmia angustifolia*, *latifolia* et *hirsuta*, l'*Andromeda mariana*.

Le pollen est indispensable autant que le miel à la nourriture des abeilles ; il en forme la partie azotée, et surtout pour l'alimentation du couvain, les ouvrières font un mélange de pollen et de miel. Le pollen est formé des granules fécondants mâles, contenus dans les sacs spéciaux des anthères. Les abeilles le récoltent des mêmes fleurs que le nectar et le mettent de même en réserve dans les alvéoles des ruches.

Le miel et la cire sont le résultat modifié par le travail effectué par les abeilles sur les matières qu'elles ont rapportées du dehors. Quant à la propolis, elle n'est pas mise en réserve par les insectes ; elle sert comme de mastic pour boucher les interstices qui pourraient donner passage à des courants d'air, pour fermer l'accès de la lumière, pour endurcir les cadavres des animaux qui se sont introduits dans les colonies, tels que escargots, limaces, mulots, sphinx à tête de mort, et qui sont trop gros pour être transportés au dehors. Elle est surtout récoltée sur les bourgeons des peupliers, des bouleaux, des ormes et de quelques arbres verts.

M. Maurice Girard résume en ces termes les conditions que doit remplir une plante pour qu'elle mérite les frais d'une culture spéciale par les apiculteurs : « Sa floraison doit être de longue durée ; elle doit produire du nectar, même par les temps relativement secs, et ce nectar doit être de bonne qualité ; elle ne doit pas être difficile sur la nature du sol, afin qu'elle puisse prospérer dans les terrains sans valeur. » Ces conditions ne peuvent pas être réunies facilement. Aussi fait-on de grandes différences entre les diverses plantes au point de vue de leur puissance mellifère. Un apiculteur de l'Aube, M. de Layens, a dressé la table suivante pour 33 plantes divisées en 5 groupes où le plus mellifère étant représenté par 5, le moins mellifère l'est par 1 ; on a le groupement suivant : (5) *Pastinaca sativa*, *Salvia pratensis*, *Origanum vulgare*, *Echium vulgare*, *Trifolium pratense*, *Melilotus arvensis* ; — (4) *Angelica silvestris*, *Scrophularia aquatica*, *Mentha rotundifolia*, *Onobrychis sativa*, *Verbena officinalis* ; — (3) *Cirsium arvense*, *Lappa tomentosa*, *Heracleum spondylium*, *Lotus corniculatus*, *Gypsophila repens*, *Centaurea jacea*, *Taraxacum dens-leonis*, *Sinapis alba*, *Lappa minor* ; — (2) *Mentha aquatica*, *Stachys palustris*, *Brunella vulgaris*, *Daucus carota*, *Centaurea paniculata*, *Stachys recta*, *Teucrium chamædrys*, *Leontodon autumnalis*, *Cirsium lanceolatum* ; — (1) *Eryngium campestre*, *Polygonum hydropipar*, *Polygonum aviculare*, *Eupatorium cannabidum*.

Le même apiculteur a donné une liste des plantes mellifères vivaces, ou de celles qui repoussent d'elles-mêmes, qu'il est bon de planter en abondance autour des ruchers, et qui fleurissent, sans semis annuels, dans les différents mois de l'année :

Février, mars : noisetier (*Corylus avellana*).

Mars, avril, mai : pervenche (*Vinca minor*).

Mars, avril : érable (*Acer oppulifolium*), romarin (*Rosmarinus officinalis*), pulmonaire (*Pulmonaria officinalis*), les saules en général (*Salix capræa*, *fragilis*, etc.).

Avril, mai : pulmonaire tubéreuse (*P. tuberosa*), faux ébénier (*Cytisus laburnum*), anis des Vosges (*Bunium carvi*), épine noire (*Prunus spinosa*), baumier (*Populus balsamifera*).

Mai, juin : sauge sauvage (*Salvia pratensis*), vipérine (*Echium vulgare*), langue de chien (*Cynoglossum officinale*), *C. montanum*, acacia (*Robinia pseudo-acacia*), houblon (*Medicago lupulina*), trèfle blanc (*Trifolium montanum*), troëne (*Ligustrum vulgare*), anis à grandes feuilles (*Pimpinella magna*), asphodèle blanc (*Asphodelus albus*), *A. fistulosus*, épine-vinette (*Berberis vulgaris*), faux sycomore (*Acer platanoides*), érable (*A. campestre*), chèvrefeuille des jardins (*Lonicera caprifolium*), alisier (*Sorbus torminalis*), cognassier (*S. aria*), sorbier (*S. aucuparia*), aubépine (*Cratægus oxyacantha*), *Cistus umbellatus*, *C. medon*.

Juin, juillet : sauge officinale (*Salvia officinalis*), *Lycium barbatum*, raiponce (*Phyteuma orbiculare*), *P. spicatum*, verge d'or (*Solidago virga aurea*), *Cistus ladaniferus*, *C. Monspeliensis*.

Juillet, août : sauge verticillée (*S. verticillata*), lavande (*Lavandula spica*), menthe crépue (*Mentha rotundifolia*), marjolaine (*Origanum vulgare*), serpolet (*Thymus serpillum*), sarriette des montagnes (*Satureia montana*), mélisse (*Melissa officinalis*), hysope (*Hyssopus officinalis*), véronique (*Veronica spicata*), *V. salicifolia*, *V. virginica*, panais (*Pastinaca sativa*), *Echinops ritro*, *Epilobium spicatum*,

E. rosmarini-folium, joubarbe des toits (*Sempervivum tectorum*), *S. montanum*.

Août, septembre : aster (*Aster amellus*), *A. oppositifolius*, *A. bellidiastrum*, *A. tripolium*, caroubier (*Ceratonica siliqua*).

Avec les indications qui précèdent, l'apiculteur sait la conduite qu'il doit tenir pour fournir aux abeilles la nourriture naturelle. Son rôle est tout tracé en dehors de la direction du rucher lui-même et des mesures à prendre pour protéger les abeilles contre leurs ennemis, ou pour remédier aux maladies dont elles sont atteintes. L'étude des ruches permettra de résoudre ces problèmes.

Il reste cependant une question à traiter ici. Un bon hivernage est le chef-d'œuvre de l'apiculteur; mais il arrive que, l'hiver passé, les abeilles peuvent avoir à souffrir, au printemps, de la reprise trop tardive de la végétation, ou bien de la persistance d'un mauvais temps prolongé. Il faut alors préparer une nourriture artificielle afin d'exciter à une production active de couvain et d'obtenir une population forte, toute prête dès que le moment propice viendra, à utiliser la première récolte du nectar des fleurs, qui est la plus abondante. On a généralement recours, dans ce but, à du miel pur ou plus ou moins dilué dans de l'eau, qu'on présente aux abeilles comme aliment, ou bien à une solution de sucre de canne ou de glycose. Mais cette ressource ne fournit pas aux colonies la nourriture azotée qui existe dans le pollen. La production du couvain diminue si la provision du pollen déposé dans les alvéoles est épuisée. Les œufs et le lait sont, d'après les expériences de M. Hilbert, deux excellents succédanés du pollen. On donne le lait cuit et mélangé avec une solution de sucre; le miel ne convient pas parce qu'il fait coaguler le lait. Le contenu de l'œuf est intimement mélangé avec du sucre dissous dans de l'eau. « Ces deux mélanges, dit M. Balbiani, remplacent parfaitement la bouillie prolifique naturelle préparée avec du miel, du pollen et de l'eau. On a remarqué que les abeilles ne prennent du mélange d'œuf et de sucre que la quantité strictement nécessaire à la préparation de la pâtée offerte aux larves, tandis qu'elles emmagasinent dans les cellules une certaine quantité d'un mélange de lait et de sucre, comme elles le font pour le pollen lui-même. » Ce mode d'alimentation artificielle peut rendre des services dans beaucoup de circonstances.

APIE (*zoologie agricole*). — Genre de crustacés qu'on trouve en quantité considérable, surtout aux environs de Paris, à la suite d'inondations ou de grandes pluies, dans les flaques d'eau des ornières, dans les fossés et les mares. Les chaleurs arrivant, les eaux s'évaporent, les mares se dessèchent, et ces crustacés disparaissent. Pendant des années, on n'en voit plus trace; puis, sous l'influence de circonstances identiques, tout d'un coup, de nouvelles générations se montrent, pour s'éteindre ensuite. Le zoologiste Siebold a prouvé que les œufs de ces apies pouvaient, pendant très longtemps, conserver leur puissance germinatrice.

APIINE (*chimie*). — Principe immédiat que l'on retire du persil (*Apium petroselinum*), en le faisant bouillir dans l'eau, passant dans un linge et laissant refroidir. On lave, par l'alcool et l'éther, la gelée qui se dépose, et l'on obtient une matière pulvérulente, sans odeur ni saveur, hygroscopique, cristallisable, fusible à 228 degrés, se solidifiant par le refroidissement; ses dissolutions aqueuses ont la propriété de prendre une couleur rouge de sang avec le sulfate de protoxyde de fer. L'apiine ($C^{27}H^{32}O^{16}$) se décompose quand on la fait bouillir avec de l'acide chlorhydrique étendu, en *apigénine* ($C^{15}H^{10}O^{5}$) et en glycose.

APIOL (*chimie*). — Substance qu'on extrait par la distillation des graines de persil avec de l'eau, ou qu'on épuise par l'alcool pour traiter ensuite l'extrait par l'éther qui dissout l'apiol et laisse l'apiine. C'est un corps cristallisable ($C^{12}H^{14}O^{4}$), fusible à 30 degrés, insoluble dans l'eau, soluble dans l'alcool et l'éther, produisant, à la dose de 1 gramme, une excitation cérébrale légère, analogue à celle que cause le café; on a proposé son emploi contre les fièvres.

APION (POMME D') (*arboriculture*). — Cette pomme est depuis longtemps très connue dans le midi de la France, où l'arbre qui la fournit est ordinairement cultivé en haute tige. Elle est d'une grosseur au-dessous de la moyenne, sensiblement aplatie aux extrémités, avec un pédoncule assez long et un œil ouvert placé dans une cavité large et profonde. Sa peau unie, lisse, d'un jaune brillant, est semée de gros points d'un roux clair. Sa chair est jaunâtre, fine, et donne une eau très sucrée et très imprégnée d'un parfum rappelant celui des confitures de coing. Sa maturité a lieu de février à mai, et c'est un fruit de première qualité. On l'appelle aussi apion jaune, apium, api jaune.

APIOS (*agriculture* et *horticulture*). — Herbes vivaces volubiles, à feuilles composées de deux à sept folioles munies de stipules et de stipelles, formant un genre de plantes de la famille des Légu-

Fig. 381. — Apios tubéreux.

mineuses-papilionacées. Elles sont de l'Amérique boréale et de l'Asie tempérée. Une espèce surtout est intéressante, l'apios tubéreux (*Apios tuberosa*), qu'on a aussi appelé glycine apios (fig. 381). Elle présente des racines grêles, très allongées, successivement traçantes, sur lesquelles se développent, de distance en distance, des renflements ou sortes de tubercules arrondis pouvant acquérir la grosseur d'un œuf, et qui sont assez nombreux et même assez riches en principes immédiats féculents, sucrés et mucilagineux, pour qu'on ait proposé de les employer comme succédanés de la pomme de terre. Dans quelques parties de l'Amérique on en fait usage comme d'un très bon tonique.

D'après ce que rapporte M. Vilmorin, dans une riche terre de jardin, le produit de l'apios a été, au bout d'une année en moyenne, de 600 à 700 grammes par pied; dans une terre de jardin plus maigre et en plein champ, au bout de deux ans, il s'est réduit à un tubercule du poids de 30 à 40 grammes par plante. Mais ce qui est surtout un obstacle à sa culture en grand, c'est l'inconvénient qu'il présente d'étendre ses coulants à plusieurs mètres de distance de la plante mère, et d'avoir des tubercules qui restent quelquefois deux ans en terre avant de donner naissance à des tiges. On ne le cultive que comme plante d'ornement. Il prospère indistinctement dans tous les terrains calcaires et légers. Il rend quelques services dans les jardins pour la garniture des treillages, de la base des tonnelles et des berceaux. Dans le jeune âge, les tiges sont couvertes de poils soyeux et blanchâtres: elles deviennent glabres plus tard, volubiles, et atteignent de 2 à 4 mètres de hauteur. Ses feuilles alternes présentent de 5 à 7 folioles ovales-aiguës: les fleurs sont petites, d'une couleur pourprée sombre; elles exhalent une odeur très suave. La floraison a lieu de juillet en août. Chacune des fleurs offre un calice campanulé à 5 divisions inégales, avec une corolle de forme analogue à celle de certains haricots, présentant un étendard plié longitudinalement et réfléchi, une carène allongée en forme de faux et roulée en spirale au sommet, 10 étamines et 1 style filiforme surmonté d'un stigmate échancré; la gousse est linéaire, légèrement arquée en faux, et contient de nombreuses graines sans arille. On multiplie l'apios par la replantation des tubercules, qu'on fait tous les deux ou trois ans, à l'automne ou mieux au printemps. On sépare les tubercules, et on les plante aussitôt à 40 ou 50 centimètres de distance les uns des autres, et à 15 ou 20 centimètres de profondeur. — En Grèce, le nom d'apios était celui du poirier, et l'on a donné ce nom à plusieurs plantes médicinales ou alimentaires ayant des tubercules charnus plus ou moins semblables à une poire : à l'apios faux ou bâtard (*Lathyrus tuberosus*), à la châtaigne de terre (*Bunium*), à l'euphorbe d'Orient (*Euphorbia apios*).

APIOSPORIUM (*botanique*). — Genre de champignons voisins des Erysiphes, ayant un réceptacle piriforme pulvérulent à l'extérieur et des spores globuleuses incolores mélangées à une substance gélatineuse. Ils se présentent sous forme de taches noires ou olivâtres. Plusieurs espèces croissent sur le pommier, le chêne et les feuilles de cornouillier; les plus communes viennent sur les bois des saules et des sapins.

APIPHILE (*économie rurale*). — Amateur d'abeilles ou celui qui s'adonne à des études d'apiculture.

APIUM (voy. ACHE, p. 57). — L'*Apium vulgare* ou *petroselinum* est le persil, l'*A. graveolens* est le céleri.

APIVORE. — Qui mange ou détruit les abeilles.

APLANIR, APLANISSEMENT (*économie rurale*). — On dit aplanir un chemin, une montagne, un champ, une prairie, un terrain, pour exprimer qu'on doit en supprimer les inégalités qui rendent le chemin raboteux, la montagne infranchissable, le champ inégal, la prairie accidentée, le terrain plein ou de cavités ou de sommités irrégulièrement disposées. L'aplanissement des routes, des chemins, des montagnes, est l'œuvre, le plus souvent, de l'administration publique, mais l'aplanissement d'un champ, d'une prairie, d'un terrain à mettre en culture, appartient à l'économie rurale proprement dite.

Pour que l'emploi des machines soit efficace et économique, il est nécessaire que les cultures se fassent à plat. Ainsi, les semoirs, les houes multiples, les machines à faucher et à faner, les râteaux à cheval, les machines à moissonner, ne peuvent bien donner tous leurs effets qu'à la condition qu'elles opèrent dans des champs aussi unis que possible; les irrigations exigent aussi des prairies bien unies pour que l'eau puisse en atteindre toutes les parties. Pour exécuter l'aplanissement, qu'on peut appeler aussi le nivellement, il faut combler les fonds et supprimer les montuosités, enlever, et souvent faire sauter les pierres par la dynamite.

On nivelle les planches bombées après que les champs ont été assainis par le drainage, en se servant simplement de la charrue, qu'on dirige de manière à verser la terre dans les parties creuses. Dans les terrains très inégaux, il faut avoir recours à la machine spéciale qu'on appelle une ravale et avec laquelle il est possible qu'un attelage enlève et transporte de la terre de l'endroit où elle est trop haute pour aller la déverser dans l'endroit où elle manque. Mais quand les différences de niveau sont trop grandes, quand il y a des accidents de terrain trop considérables, il faut effectuer de véritables terrassements et, alors, avoir recours à la pioche, à la pelle et à la brouette ou au tombereau.

APLATISSEUR (*mécanique agricole et économie rurale*). — On appelle aplatisseur un instrument qui est destiné à écraser les grains que l'on veut donner à consommer au bétail, de manière à rompre l'enveloppe extérieure sans pulvériser ni même réduire en plusieurs parties la totalité de la graine. Le but que l'on veut atteindre est surtout d'empêcher que, par suite d'une mastication incomplète, ainsi que cela peut arriver pour des animaux âgés ou gloutons, le grain pénètre dans les appareils de la digestion sans avoir été entamé, et sorte dans les déjections sans avoir été utile à la nutrition. C'est surtout à aplatir l'avoine donnée aux chevaux que ces instruments sont employés.

Fig. 382. — Aplatisseur de graines.

Ils consistent, comme le montre la figure 382, en une grande poulie en fonte montée sur l'arbre moteur, et qui est mise en mouvement, soit par une manivelle, soit par une poulie, laquelle est actionnée par une courroie au moyen d'un manège ou d'une machine à vapeur. C-tte grande poulie entraîne, par sa jante, une poulie plus petite également en fonte, qui lui est tangentielle. On rapproche plus ou moins cette dernière poulie de la grande au moyen d'une glissière horizontale portant les coussinets dans lesquels tourne son axe de rotation. Cette glissière permet de presser la petite poulie contre la grande au moyen d'un ressort dont la tension est réglée par une vis à volant que montre la figure.

Le frottement de la grande roue contre la petite suffit pour entraîner celle-ci. Les grains d'avoine qui tombent entre les deux circonférences et qui y descendent d'une trémie supérieure, sont seulement aplatis sans éprouver aucun effet de broyage. Un distributeur règle le débit de la trémie; il se compose d'un petit cylindre cannelé sur le prolongement de l'axe duquel est fixée une poulie reliée par une courroie à une deuxième poulie concentrique à la petite roue aplatisseuse, et qui fait le même nombre de tours que cette dernière. Chacune de ces cannelures se remplit de grain, puis, par suite de la rotation, se vide au-dessus du point de jonction de la grande et de la petite roue de l'appareil. Les grains aplatis tombent dans un conduit qui les mène dans un récepteur.

Cet instrument, inventé en Angleterre, et qu'on appelle le plus souvent aplatisseur de Turner, est surtout en usage dans les écuries où l'on a de vieux chevaux.

APLECTE (*entomologie*) — Genre de Lépidoptères nocturnes vivant, pour la plupart, en France, mais rares aux environs de Paris. Les deux principales sont l'aplecte teinte (*Aplecta tincta*) et l'aplecte nébuleuse (*A. nebulosa*).

APLOMB. — On appelle aplomb la direction suivie par un corps qui tombe sur le sol en obéissant aux lois de la pesanteur. Cette acception générale est facilement comprise pour indiquer l'aplomb d'une masse inerte; mais lorsqu'il s'agit d'un animal, il faut y joindre un autre élément, celui de la stabilité sur les membres qui le portent. L'animal est d'aplomb lorsqu'il repose sur ses membres en parfait état d'équilibre. Cet équilibre est stable, lorsque l'animal est au repos; il est instable, lorsque celui-ci est en locomotion. L'aplomb dépend donc de la conformation des membres; il est parfait, lorsque ceux-ci sont réguliers; il est défectueux, si les membres ne sont pas bien constitués. Aucun animal n'étant aussi important que le cheval, pour traîner ou porter des fardeaux, les conditions de son équilibre ont été principalement étudiées, et la connaissance des aplombs est devenue une partie importante de la science de l'extérieur du cheval.

Des définitions nombreuses ont été données des aplombs du cheval. Bourgelat appelait les aplombs la distribution régulière du poids du corps sur les quatre membres et même sur la circonférence des sabots. Pour Lecoq, Richard, etc., on doit entendre par aplombs la direction que suivent les membres pour que le corps soit supporté de la façon la plus solide et la plus favorable à l'exécution des mouvements. Ces définitions peuvent être considérées comme exactes lorsque le mot est pris dans son acception rigoureuse; mais dans la pratique ce sens a dévié, et l'on entend d'une manière générale, en hippiatrique, par aplombs la direction des membres du cheval par rapport au sol, que cette direction soit régulière ou vicieuse, qu'elle soit favorable ou non à l'action des membres. Il y a donc des aplombs réguliers et des aplombs vicieux qu'il est important de connaître pour juger un cheval et en apprécier la valeur.

Fig. 383. — Aplomb régulier du membre antérieur de face.

Fig. 384. — Aplomb régulier du membre antérieur de profil.

Fig. 385. — Aplomb régulier du membre postérieur vu par derrière.

Fig. 386. — Aplomb régulier du membre postérieur de profil.

Aplombs réguliers. — L'aplomb régulier est celui qui assure un équilibre parfait dans la masse du cheval, qu'il soit en repos ou en mouvement. D'après la constitution du cheval, l'avant-main ou bipède antérieur, c'est-à-dire l'ensemble des membres antérieurs, est principalement destiné à soutenir le corps, tandis que les membres postérieurs doivent surtout agir comme propulseurs. Pour déterminer les aplombs réguliers, deux systèmes sont en présence : 1° celui de Bourgelat, généralement adopté; 2° celui, plus moderne, du général Morris.

Le système de Bourgelat consiste dans la comparaison de la direction des diverses parties des membres avec des lignes verticales venant de points déterminés de la partie supérieure du corps. Le cheval est d'abord placé, c'est-à-dire que ses quatre pieds reposent sur le sol de manière à constituer les quatre angles d'un parallélogramme régulier. Ceci dit, examinons successivement les aplombs des membres antérieurs et postérieurs.

Les membres antérieurs sont considérés de face et de profil. — De face, ils sont d'aplomb quand une verticale, partant de la pointe de l'épaule, partage le membre en deux parties égales et symétriques (fig. 383). De profil, deux conditions doivent être remplies : la première est que le membre soit tout à fait renfermé entre deux lignes verticales, abaissées, la première de la pointe de l'épaule, et la deuxième du sommet du garrot; la seconde condition est qu'une troisième verticale, partant du sommet de l'avant-bras, partage le membre antérieur et arrive à terre en arrière du talon (fig. 384).

Pour les membres postérieurs, ils sont vus par derrière et de profil. — Par derrière, une verticale abaissée de la pointe des fesses (fig. 385), doi partager tout le membre en deux parties égales et symétriques. De profil, l'aplomb régulier doit remplir deux conditions (fig. 386) : d'abord que le membre soit contenu entre deux verticales dont l'une part de la pointe des hanches et l'autre de la pointe des fesses; ensuite, qu'une troisième verticale, abaissée à la hauteur de la pointe des fesses et en avant, où existe la cavité cotyloïde, arrive à terre en passant sur les quartiers du sabot.

Fig. 387. — Cheval trop ouvert du devant.

Fig. 388. — Cheval trop serré du devant.

Fig. 389. — Cheval panard de devant.

Fig. 390. — Cheval cagneux de devant.

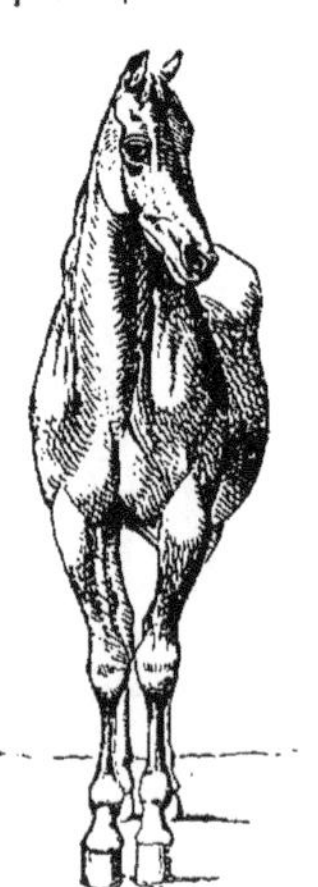

Fig. 391. — Cheval genou-de-bœuf.

Fig. 392. — Cheval cambré de devant.

Le système du général Morris repose sur ce qu'il appelle la loi de similitude des angles, et qui se rapporte à l'ensemble des proportions du corps régulier du cheval.

Pour l'établir, il s'appuie sur les directions des diverses parties du corps. Les directions de la tête, de l'épaule, de la cuisse, des paturons, forment quatre lignes parallèles; les directions de l'encolure, du bras, de l'os de la hanche, de l'os de la jambe, forment quatre autres lignes parallèles. Il en résulte que les lignes menées suivant ces deux ordres de directions doivent, si elles sont suffisamment prolongées, former, lorsqu'elles se rencontrent, des angles semblables. Deux conditions sont nécessaires pour que l'animal ait des aplombs réguliers : la première est que tous les axes d'un bipède latéral se trouvent dans un même plan vertical; la deuxième est que les deux catégories de lignes se coupent à angle droit. Il en résulte que les rayons verticaux des membres sont toujours la base de triangles rectangles, tous semblables, puisque tous leurs côtés sont respectivement parallèles. Ce point de départ permet de déterminer d'une manière mathématique la direction des membres du cheval, et en même temps il sert de point de départ pour se rendre compte des aplombs défectueux. Dans son enseignement zootechnique, M. Sanson a adopté le système du général Morris, auquel il a appliqué la dénomination de loi de parallélisme des axes, en s'appuyant sur les corrélations anatomiques qui sont telles que, dans un organisme normal, tous les axes mécaniques des membres sont exactement parallèles entre eux.

Fig. 393. — Cheval campé du devant. Fig. 394. — Cheval sous lui du devant. Fig. 395. — Cheval brassicourt.

Pour résumer les détails à donner sur les aplombs réguliers, il faut ajouter que les aplombs, tels qu'ils viennent d'être déterminés, sont ceux du cheval régulier. Quelquefois le dressage s'applique, pour obéir à une mode plus ou moins passagère, à les modifier dans une certaine proportion; c'est ainsi que, dans plusieurs cas, on cherche à donner au cheval de service ou de luxe, les caractères du cheval campé de derrière ou légèrement sous lui du devant. Mais ce sont là des aplombs artificiels qu'il ne faut pas confondre avec des défectuosités organiques entraînant les aplombs irréguliers qu'il nous faut maintenant décrire.

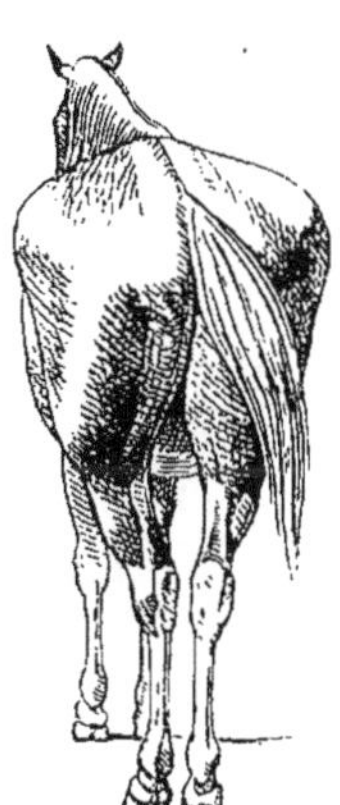

Fig. 396. — Cheval à genou creux. Fig. 397. — Cheval trop ouvert du derrière. Fig 398. — Cheval serré du derrière.

Aplombs irréguliers. — Les aplombs sont irréguliers, soit dans les membres antérieurs, soit dans les membres postérieurs. Pour les uns et pour les autres, ces irrégularités sont constatées en considérant les membres de face, ou en les examinant de profil; elles ont reçu des dénominations spéciales qui doivent être expliquées, et qui s'appliquent à des défauts soit des membres tout entiers, soit de quelqu'une de leurs parties.

Les membres antérieurs vus de face peuvent présenter six aplombs irréguliers, savoir : 1° *trop ouvert du devant*, lorsque les membres, au lieu d'être perpendiculaires au sol, s'écartent de haut en bas; une ligne verticale abaissée de la partie antérieure de la pointe de l'épaule, laisse le genou et le boulet en dehors (fig. 387); les chevaux trop ouverts du devant ont généralement la poitrine étroite; — 2° *trop serré du devant* (fig. 388), lorsque les pieds étant trop rapprochés, la verticale abaissée de la pointe de l'épaule passe en dehors; la base de sustentation est rétrécie, et l'appui se fait sur les quartiers externes des sabots; — 3° *panard de devant* (fig. 389), lorsque la verticale abaissée de la pointe de l'épaule laisse en dehors la pince, tournée sur le côté; le cheval décrit, en marchant, un arc de cercle en dehors avec les membres antérieurs; c'est ce que les Allemands désignent sous la dénomination de maître de danse; — 4° *cagneux de devant*, défaut opposé au précédent, la pince étant tournée en dedans (fig. 390); ce défaut entraîne des difficultés dans la marche, car le cheval se coupe au boulet et même au genou; ces deux défauts peuvent d'ailleurs appartenir à tout le membre, suivant que le genou est tourné en dehors ou en dedans; — 5° *genou-de-bœuf* (fig. 391), lorsque le genou est porté en dedans de la ligne d'aplomb; la ligne de support est brisée, et la base de sustentation est affaiblie, de telle sorte que les genoux tendent à se toucher dans la marche, particulièrement aux allures vives; — 6° *cambré* (fig. 392), lorsque les genoux sont, au contraire, écartés; ce défaut, qui est d'ailleurs assez rare, est moins grave que le précédent; cependant le résultat est encore le manque de solidité de l'animal en marche.

Lorsque les membres antérieurs sont vus par le côté ou de profil, il y a encore six allures irrégulières qu'il faut principalement signaler. Ce sont les suivantes : 1° *Cheval campé du devant* (fig. 393), lorsque la pince est en avant de la verticale abaissée de la pointe de l'épaule; l'appui se fait sur le talon, et les allures sont raccourcies, par suite du rejet du centre de gravité à la partie postérieure du corps; — 2° *cheval sous lui du devant*, défaut opposé au précédent, la verticale abaissée de la pointe de l'épaule laissant la pince en arrière (fig 394), l'appui se fait complètement sur la pince; le cheval manque de solidité, bute souvent, et en tous cas a les allures basses; — 3° *cheval brassicourt* (fig. 395), dans lequel l'articulation du genou est portée en avant, de telle sorte que celui-ci devient arqué; c'est souvent un défaut de naissance; lorsque le défaut se produit pendant le service, on dit que le cheval s'est arqué; dans tous les cas, la déviation du genou s'accentue avec l'âge, et lorsqu'elle a atteint un certain degré, elle enlève toute solidité à l'animal qui en est atteint; — 4° *cheval à genou creux* (fig. 396), lorsque le genou est en arrière de la ligne verticale abaissée de la pointe de l'épaule; ce défaut ne devient grave que lorsqu'il est exagéré; cette défectuosité tend alors à faire buter l'animal, et rend ses allures lentes; — 5° et 6° ***bas jointé du devant*** et ***droit jointé du devant***, suivant que le

Fig. 399. — Cheval panard du derrière.

Fig. 400. — Cheval cagneux du derrière.

boulet est trop rapproché ou trop écarté de la verticale abaissée du sommet du garrot; dans l'un et l'autre cas, l'appui manque de solidité, mais les allures sont régulières; dans le second cas, on dit aussi que le cheval est bouleté ou bouté.

Les aplombs irréguliers des membres posté-

Fig. 401. — Cheval sous lui du derrière.

Fig. 402. — Cheval campé du derrière.

rieurs sont déterminés suivant que l'on considère ces membres par derrière ou de profil.

Il y a six aplombs irréguliers des membres examinés par derrière : 1° *Cheval trop ouvert du derrière* (fig. 397); les verticales abaissées de chaque côté à partir de la pointe des fesses, tombent en dedans des deux pieds; ce défaut ralentit la marche, les pieds décrivant des arcs de cercle sur les côtés; — 2° *cheval trop serré du derrière* (fig. 398); les verticales abaissées de la pointe des fesses tombent en dehors des pieds; le résultat principal de ce défaut est de rétrécir la base de sustentation de l'animal; — 3° *panard du derrière* (fig. 399), lorsque les pinces sont tournées en dehors ainsi que la partie inférieure du jarret; — 4° *cagneux du derrière* (fig. 400), lorsque, au contraire, les pinces sont tournées en dedans; l'appui n'est pas sûr, et il y a tendance à la rotation sur la pince; — 5° *jarrets clos* ou *crochus*, lorsque les jarrets sont en dedans de la verticale abaissée de la pointe des fesses; les allures du cheval sont raccourcies, et sa marche est embarrassée; il écarte les membres d'une manière exagérée en marchant; — 6° *jarrets trop ouverts*, étant en dehors de la verticale abaissée de la pointe des fesses; la marche est gênée dans les allures vives, mais le cheval est solide aux allures lentes.

Fig. 403. — Cheval bouleté du derrière. Fig. 404. — Cheval à jarret droit.

Fig. 405. — Cheval droit-jointé du derrière. Fig. 406. — Cheval bas-jointé du derrière.

Les aplombs irréguliers des membres postérieurs vus de profil sont également au nombre de six. — Ce sont : 1° le cheval *campé du derrière* (fig. 402), lorsque les membres sont inclinés d'avant en arrière, le jarret étant trop rejeté en arrière de la verticale abaissée de la pointe des fesses; — 2° *sous-lui du derrière* (fig. 401), lorsque les membres sont inclinés d'arrière en avant, la pince étant en avant de la verticale abaissée de la pointe de la hanche; les jarrets engagés sous la masse portent tout le poids du corps; l'appui se fait sur les talons, ce qui fatigue beaucoup l'animal; — 3° *bouleté* (fig. 403), lorsque les boulets sont portés en avant, par suite d'une trop grande inclinaison des canons; — 4° *jarret droit* (fig. 404), lorsque les jarrets ne présentent pas l'inclinaison normale; — 5° *droit-jointé du derrière* (fig. 405), les paturons étant trop droits, et par suite le boulet étant trop rapproché de la verticale abaissée de la pointe des fesses; — 6° *bas-jointé du derrière* (fig. 406); les paturons sont trop inclinés, et le boulet s'éloigne dans des proportions exagérées de la verticale abaissée de la pointe des fesses.

Tels sont les aplombs irréguliers dits de plain pied, c'est-à-dire pour le cheval au repos. Ces vices entraînent des irrégularités dans la marche, plus ou moins grandes, suivant qu'ils sont plus ou moins accentués. Le cheval qui est bien d'aplomb marche en ligne, c'est-à-dire que les membres se fléchissent et s'étendent dans le sens même du mouvement; si on le regarde par derrière, le membre postérieur couvre le membre antérieur correspondant; si on le regarde par devant, le membre antérieur couvre le postérieur. Suivant que le cheval est panard, cagneux, etc., il peut forger, se couper, se croiser, s'atteindre, se déferrer, butter. — Le cheval forge, lorsque la pince du pied postérieur touche le fer du pied antérieur, ce qui produit un bruit particulier analogue à celui du marteau tombant sur l'enclume; — il se touche, lorsque le pied du membre en mouvement heurte le dedans du membre à l'appui, en usant le poil et en le salissant; — le cheval se coupe, s'il y a plaie au point touché; — il s'entre-taille, lorsque des plaies se montrent aux deux membres; — il se croise, lorsque les pieds de devant se rapprochent trop dans la marche, au point quelquefois de passer l'un devant l'autre. Le cheval qui se croise, forge, s'atteint, est exposé à se déferrer. Le cheval bas-jointé est sujet à butter, c'est-à-dire à faire des faux pas sur les inégalités du sol, et par suite à tomber et à se couronner. — Au moyen d'une bonne ferrure, on peut parer à un grand nombre des inconvénients qui résultent des aplombs irréguliers.

APLOPÉRISTOMÉES (*botanique*). — Famille de mousses contenant des genres à péristome simple ou composé d'un seul rang de dents.

APLOSPORÉES. — Famille des Algues dont les spores sont simples et isolés. — On écrit aussi Haplosporées.

APLUDA (*botanique*). — Genre de graminées de la tribu des Andropogonées (voy. ANDROPOGON, p. 413), appartenant aux régions chaudes de l'Asie et de la Nouvelle-Calédonie, mais dont quelques-unes sont cultivées en Europe.

APLYSIE (*zoologie*). — Genre de mollusques gastéropodes (voy. ANIMAL (*règne*), p. 146), autrefois connu sous le nom de lièvres marins, à cause de la forme de ses tentacules, possédant une glande particulière susceptible de verser une humeur âcre ; des bords du manteau suinte un liquide pourpre foncé dont l'animal colore l'eau de la mer lorsqu'il veut échapper à un danger. De là vient le nom qu'on lui a donné et qui signifie saleté. Chez la plupart des aplysies, les œufs sont disposés en longs filaments que les pêcheurs désignent sous le nom de vermicelle de mer.

APOCARPÉ (*botanique*). — Nom donné aux fruits constitués par un carpelle libre, comme ceux des Légumineuses, ou formés de carpelles distincts et libres comme ceux des renoncules et des fraisiers.

APOCYN ou **APOCIN** (*horticulture*). — Genre de plantes de la famille des Apocynées, dont le nom signifie contre les chiens ou tue-chien. Ce sont des herbes vivaces, dressées et rameuses, à feuilles opposées et glabres. Les fleurs sont groupées au sommet des rameaux ou sur le côté des branches, en grappes ou cymes plus ou moins ramifiées. On les trouve dans le midi de l'Europe et plus souvent en Asie et dans l'Amérique septentrionale. « Le réceptacle de ces fleurs, dit M. Baillon, est légèrement concave, et sur ses bords s'insèrent un calice à cinq divisions et une corolle monopétale, légèrement périgyne, campanulée, à cinq divisions tordues. L'androcée se compose de cinq étamines, alternes avec les divisions de la corolle, insérées à sa base et incluses. Les anthères sont biloculaires, introrses, déhiscentes par deux fentes longitudinales et pourvues à leur base d'appendices stériles. Au centre du réceptacle, on trouve un gynécée, composé de deux carpelles, libres dans leur portion ovarienne et réunis à leur sommet de manière à former un style unique, dilaté, stigmatifère à son extrémité conique, pourvu plus bas d'une couronne visqueuse qui sert à retenir le pollen... Le fruit se compose de deux follicules, et les graines, chargées de poils à leur extrémité ombilicale, renferment un embryon entouré d'un albumen charnu. » Plusieurs espèces présentent de l'intérêt.

1° L'apocyn gobe-mouches (*Apocynum androsæmifolium*, ou à feuilles d'androsème (voy. ce dernier mot), croît dans l'Amérique du Nord, depuis la Caroline jusqu'à la baie d'Hudson, sur la lisière

Fig. 407. — Apocyn gobe-mouches.

des forêts et au pied des haies. Cette plante (fig. 407) a une tige haute de 0m,50 à 2 mètres, simple à la base, se ramifiant ensuite assez abondamment surtout au sommet. Ses branches glabres sont souvent teintées de rouge du côté le plus exposé au soleil. Les feuilles sont ovales-aiguës. Les fleurs, d'un rose tendre, sont petites, un peu odorantes, réunies en cymes. C'est par l'odeur aromatique et miellée de ses fleurs, que cet apocyn a la singulière propriété d'attirer les mouches et d'en faire prisonnières un grand nombre. Pour sucer le miel, les mouches se posent sur le bord de la corolle et se penchent à l'intérieur; elles introduisent alors le pavillon de leur trompe entre les filets des étamines, et elles le promènent le long du stigmate jusqu'au-dessous des anthères, dans la partie où celles-ci sont soudées entre elles. Lorsque se relevant, les mouches veulent se retirer, leur trompe se trouve serrée et comme prise dans un piège: plus elles font d'efforts pour recouvrer leur liberté, et plus elles s'emprisonnent, pour finir par mourir. De là le nom vulgaire de la plante. Il n'est pas rare de voir plusieurs mouches prises ainsi dans une même fleur d'apocyn. Toutefois l'abeille, dont la trompe est lisse et ne s'élargit pas à son extrémité, échappe à ce sort funeste. La floraison de cet apocyn a lieu de juillet en septembre. Il lui faut l'ombre, un abri contre le soleil et les grands vents, un terrain léger et un peu frais, la terre de bruyère même un peu tourbeuse. On peut le reproduire par graines en ayant soin de faire hiverner les jeunes plantes sous châssis froid ou en orangerie; on peut aussi les multiplier au printemps par la division des rhizomes. Toute la plante est gorgée d'un suc laiteux abondant, et des tiges on a pu extraire un principe amer auquel on a proposé de donner le nom d'apocyne, mais qui est mal connu, une matière colorante, une huile volatile et du caoutchouc. Le suc irrite la peau. On a employé la racine en poudre à la place de l'ipécacuanha dont on lui donne quelquefois le nom.

2° L'*Apocynum cannabinum* reçoit le nom vulgaire de chanvre indien; il présente des fibres corticales tenaces, susceptibles d'être employées, soit pour la corderie, soit pour la fabrication du papier. Il porte des fleurs blanches; son suc est vomitif et purgatif.

3° L'*Apocynum venetum* ou *compressum* qu'on trouve en Italie est vénéneux; il porte le nom de tue-chien de Venise. Son usage dans la pharmacie devient de moins en moins fréquent.

APOCYNÉES ou **APOCYNACÉES** (*botanique*). — Famille de plantes dicotylédones présentant tous les caractères généraux du genre *Apocynum* qui lui a donné son nom. Elle renferme principalement des arbres élevés ou des arbrisseaux volubiles, rarement des plantes herbacées et vivaces. Ces plantes sont à suc généralement laiteux, renfermant quelquefois des caoutchoucs, très souvent vénéneux. Elles sont très voisines des Loganiées, des Asclépiadées, des Rubiacées et des Oléinées. Elles habitent principalement la zone intertropicale de l'ancien et du nouveau continent. Les principales espèces à signaler sont le *Collophora utilis*, dont le suc est riche en caoutchouc ; — l'*Allamanda cathartica* (voy. p. 269), le *Carissa xylopicron*, le *Plumiera alba*, dont le suc amer est employé comme purgatif ou comme dépuratif; — la *Tanghinia venenifera*, le *Cerbera ahouai*, au suc âcre et très vénéneux; le *Cerbera salutaris*, au suc seulement laxatif; le *Carissa carandas*, le *Carissa edulis*, le *Carpodinus dulcis*, l'*Ambelania* (voy. p. 336), le *Pacouria*, le *Couma*, le *Tabernæmontana utilis*, au suc acide, sucré ou onctueux, souvent très recherché comme aliment. Un grand nombre de ces plantes sont ornementales et conviennent, selon les lieux d'où elles proviennent, à la pleine terre, à l'orangerie, à la serre tempérée ou à la serre chaude. Le laurier-rose est un des plus beaux arbustes et des plus répandus de cette famille.

APODE (*histoire naturelle*). — Signifie littéralement qui est sans pieds ou sans pattes, ainsi que cela a lieu chez les serpents parmi les reptiles; chez les larves de beaucoup d'insectes, et chez un grand nombre d'annélides et de nématoïdes ; — mais se dit aussi des poissons qui sont privés de nageoires ventrales, tels que les anguilles, les congres, les murènes, les lamproies, etc. (voy. ANIMAL (*règne*), p. 446 à 449, et ANGUILLES, p. 139). — On donne également en botanique le nom d'apodes à des groupes de plantes parmi les agarics, les hydnes, les polypores, dont le réceptacle se compose d'un chapeau sans pied.

APODE, APOS, APUS (*ornithologie*). — On donne vulgairement le nom d'apode, à cause de la brièveté de ses pieds, au martinet noir ou grand martinet (*Hirundo apus*). — Plusieurs autres espèces d'hirondelles ont reçu les noms d'apos et d'apus, ainsi que l'oiseau de paradis, toujours à cause de l'exiguïté des pieds.

APODÈRE (*entomologie*). — Insecte coléoptère curculionien ou rhynchophore, court, à élytres carrés, à tête allongée et rétrécie à la base, à rostre épais, portant des antennes de douze articles qui s'épaississent au bout en une massue serrée. L'apodère du noisetier (*Apoderus coryli*) est d'un beau rouge de sang, avec le dessous du corps, la tête et les jambes noirs.

APOGON (*pisciculture*). — Genre de poissons de la famille des Percidés à laquelle appartient la perche. L'apogon commun existe surtout dans la Méditerranée, de Marseille à Nice. Il est de petite dimension, 11 à 12 centimètres de longueur et 3 à 4 de hauteur au tronc; il a une bonne chair. Son corps est rougeâtre, plus foncé vers le dos, plus clair et argenté vers le ventre, avec des mouchetures de points noirs; ses nageoires sont rouges.

APOÏCA (*entomologie*). — Insecte hyménoptère, dont le genre est très voisin de celui des Polistes et qu'on rencontre surtout au Brésil.

APONÉVROSE (*anatomie*). — Membrane blanche, très résistante, luisante, d'un reflet nacré, prenant la forme des membres dont elle recouvre et maintient les muscles dans la position qui leur appartient. Les aponévroses sont de véritables tendons aplatis; elles en ont la constitution fibreuse. Elles attachent les muscles aux parois du ventre, à celles de la poitrine, et elles forment des gaines autour des régions musculaires de la jambe et de l'avant-bras.

APONÉVROTIQUE. — Tissu qui a la nature, la contexture des aponévroses.

APONÉVROTOMIE (*art vétérinaire*). — Dissection des aponévroses. Ce terme s'applique aussi à la section de l'aponévrose du long fléchisseur de l'avant-bras dans le but de redresser les chevaux arqués.

APONOGÉTACÉES (*botanique*). — Famille de plantes monocotylédones voisines des Alismacées, des Joncaginées et des Potamées, renfermant les genres *Aponogeton* et *Ouvirandra* qui appartiennent à l'Inde, à l'Afrique tropicale et à Madagascar. — Souvent on rapporte ces plantes à la famille des Alismacées (voy. p. 266).

APONOGÉTON (*horticulture*). — Herbes aquatiques vivaces, à rhizome tubériforme qui s'enfouit dans la vase et d'où naissent des feuilles longuement pétiolées, à limbe elliptique, d'un vert gai, venant flotter à la surface de l'eau.

On doit signaler surtout une espèce dont la naturalisation est maintenant acquise pour les jardins, à Montpellier d'abord et même à Paris, l'aponogéton à deux épis ou *Aponogeton distinctus* (fig. 408). Les fleurs sont portées par des pédoncules qui se renflent et se bifurquent à leur sommet, de manière à former, pour ainsi dire, deux épis. Elles exhalent une odeur extrêmement suave. La corolle est nulle; mais elle est remplacée par « deux sortes de bractées ovales, entières, dit M. Vilmorin, qui sont blanches, ainsi que le rachis charnu et concave qui les porte, et sur les bords duquel elles naissent alternativement. La longueur des épis est d'environ 10 à 12 centimètres, souvent 5 seulement. A la base de chaque bractée se développent des faisceaux de fleurs portant de 6 à 12 étamines et de 2 à 5 pistils. Les anthères, qui sont d'un pourpre brun, contrastent avec la coloration de l'inflorescence et augmentent la bizarrerie de cette plante. » La floraison de l'aponogéton a lieu de mai

Fig. 408. — Aponogéton à deux épis.

en juillet; elle se prolonge parfois jusqu'en septembre-octobre.

On la multiplie par la division des rhizomes ou par semis; ceux-ci doivent être faits après la maturité des graines, dans du sable ou du limon de rivière renfermé dans des pots qu'on tient à quelques centimètres au-dessous de l'eau. Pour conserver les plantes durant l'hiver, il convient de les enfoncer sous l'eau à l'époque des gelées.

APOPHYSE. — Terme d'anatomie signifiant *qui naît de*, et qu'on applique à la désignation des principales parties saillantes des os. Parmi ces parties saillantes, les unes sont pourvues d'une surface articulaire et servent aux articulations des os; les autres sont des points d'attache pour des ligaments, des muscles, des tendons. — En botanique, on appelle apophyse le renflement qui existe à la base de l'urne dans certains genres de mousses.

APOPLECTIQUE. — Qui a rapport à l'apoplexie. Un tempérament apoplectique est celui qui expose à l'apoplexie. L'expression est peu usitée en médecine vétérinaire.

APOPLEXIE. — Ce mot indique qu'un être vivant, homme ou animal, est frappé de stupeur, et il est employé pour désigner particulièrement une maladie caractérisée par une privation soudaine plus ou moins complète, étendue et durable, du sentiment et du mouvement, sans que la respiration et la circulation soient interrompues. La paralysie est produite par un épanchement du sang dans les membranes cérébrales, dans les ventricules du cerveau, ou dans la substance même de l'encéphale. Quelquefois, au lieu de sang, on trouve une sérosité plus ou moins abondante dans les ventricules cérébraux ou dans l'arachnoïde; alors l'apoplexie est dite séreuse. Par analogie avec la lésion qui caractérise le plus ordinairement l'apoplexie cérébrale, on appelle apoplexie toute affection ayant pour caractère essentiel la formation brusque d'un foyer sanguin dans un organe quelconque. C'est ainsi qu'on dit apoplexie pulmonaire, apoplexie musculaire, apoplexie du cœur, du foie, de la rate, de l'utérus, du placenta. — On observe l'apoplexie cérébrale chez le cheval, le bœuf, le porc, le mouton et le chien, mais elle y est moins commune que chez l'homme. Quand les animaux atteints d'apoplexie sont propres à la consommation, il faut les abattre plutôt que de chercher à les sauver par une médication quelconque. S'il s'agit du cheval, il faut agir promptement par des révulsifs énergiques, les grands cataplasmes de moutarde, les frictions avec l'essence de térébenthine ou avec de l'eau ammoniacale, des lavements avec des décoctions de tabac, etc. Les soins du vétérinaire sont indispensables et doivent être tout de suite provoqués.

APORIA (*botanique*). — Champignon du groupe des Hystérinés, famille des Sphériacés.

APOSTASIACÉES, APOSTASIÉES (*botanique*). — Famille de plantes monocotylédones très voisine des Orchidées par la fleur, en différant par la présence de trois étamines au lieu d'une seule, et par la déhiscence valvaire de la capsule. Elle renferme l'*Apostasia*, dont les espèces, d'ailleurs peu nombreuses, sont des herbes à tiges grêles et à fleurs penchées qui habitent les forêts montagneuses de Java. On trouve quelques autres Apostasiées au Népaul et à Pénang.

APOTHÉRIES (*botanique*). — Appareils organiques de la fructification des lichens.

APPAREIL. — C'est l'assemblage d'objets différents destinés à remplir une fonction; on distingue, dans les animaux, l'appareil de la circulation, celui de la digestion, celui de la respiration, celui de la locomotion, etc. — En chirurgie, c'est l'ensemble de tous les objets nécessaires pour faire une opération ou un pansement, ou pour maintenir un membre blessé dans une situation qui amènera sa guérison. — En économie rurale, comme en technologie, c'est une réunion d'instruments disposés pour atteindre un but déterminé. On dit appareil pour la cuisson des aliments du bétail, appareil de distillation, appareil de condensation, etc. — En jardinage, c'est l'application des moyens destinés à panser et à guérir les plaies d'un arbre.

APPAREILLAGE. — Réunion de deux animaux destinés à travailler ensemble, à faire partie du même attelage. Il faut, pour qu'on obtienne tout l'effet utile possible d'un attelage, et pour éviter les accidents, que les deux animaux aient autant que possible le même âge, la même force, le même tempérament. De cette manière seulement l'usure des deux sujets est la même. L'un ne se décharge pas de toute peine sur l'autre, ou bien n'a pas un excès d'ardeur qui serait dépensé en pure perte ou annulé par la froideur ou la résistance du compagnon mal appareillé.

APPAREILLEMENT, APPATRONNEMENT (*zootechnie*). — Choix de deux animaux de sexes différents pour les livrer à la reproduction dans le but d'obtenir des produits dont les qualités soient supérieures à celles des ascendants, ou dont les défauts soient moindres que ceux du père et de la mère. La pratique de l'appareillement est fondée sur la loi expérimentale de l'hérédité, dans les descendants, des caractères essentiels des ancêtres. Elle consiste à réunir deux individus semblables par leur conformation et par leurs aptitudes principales. — On a aussi proposé le mot *appariement*, mais il est peu usité.

On a admis longtemps qu'on pouvait faire l'appareillement par opposition, c'est-à-dire en faisant choix de reproducteurs dans lesquels les défauts de l'un seraient compensés par les défauts opposés de l'autre, en sorte que le produit serait une résultante moyenne et régulière de deux organismes différents. Cette doctrine est erronée. L'expérience démontre que, dans le plus grand nombre des cas, les défectuosités inverses ne sont pas compensées; l'une et l'autre se reproduisent intégralement.

Le véritable principe de l'appareillement efficace a été énoncé en ces termes par M. Sanson, qui a parfaitement discuté tous les faits connus jusqu'à ce jour : « Il y a un mode de reproduction, dit-il, capable de rendre l'hérédité infaillible, et par conséquent de servir de base solide pour l'institution d'une méthode véritablement industrielle, c'est-à-dire dont les résultats puissent être exactement prévus dans les entreprises zootechniques. Ce mode est celui dans lequel l'hérédité individuelle et l'atavisme convergent au lieu d'être divergents; c'est celui dans lequel les individus accouplés, étant le plus possible semblables entre eux, sous le rapport des formes ou de l'aptitude à reproduire, sont en même temps de la même race et aussi de deux familles, ou d'une seule, dans lesquelles ces formes ou cette aptitude se sont montrées constamment depuis plusieurs générations. Plus le nombre de celles-ci est grand, plus le résultat est sûr. » C'est par erreur que, dans beaucoup de contrées, on se figure que l'on peut donner de la taille aux produits en employant, par exemple, de grands étalons avec de petites femelles. C'est la nourriture, et non pas l'appareillement, qui donne de la taille et du développement aux races.

L'appareillement transmet, en les renforçant, les qualités des ancêtres, quand il est fait d'après les vrais principes. Une autre erreur a encore été enseignée : c'est que, par l'appareillement, on peut faire procréer les sexes à volonté. Les recherches qui ont été faites à cet égard donnent les conclusions suivantes : avec un mâle jeune, on a plus de femelles que de mâles; avec un mâle moyen, les rapports égaux entre les deux sexes; avec un mâle vieux, plus de femelles; d'un autre côté, avec une femelle, jeune ou vieille, on a plus de mâles, une femelle d'âge moyen donnera indifféremment les deux sexes. Or, qui ne voit que cela revient à dire que les deux sexes se balancent, et, pour en arriver là, il était inutile de faire des formules. C'est aussi à peu près les mêmes conséquences qu'on peut déduire de l'influence de la force relative des deux sexes. La vérité est qu'on ne sait rien sur ces questions d'appareillement des âges et des forces relatives des deux reproducteurs accouplés.

APPAREILLER. — C'est réunir des animaux de telle sorte qu'ils soient, autant que possible, pareils l'un à l'autre. Une paire de chevaux bien appareillés pour la conduite d'une voiture acquiert, par cela même, une plus grande valeur. Dans un escadron, dans un régiment, les chevaux doivent être très bien appareillés pour assurer la bonne exécution des manœuvres. Les attelages de mules, de bœufs, doivent aussi être bien appareillés.

APPARENT (*entomologie*). — Nom donné au *Liparis salicis*, insecte lépidoptère très commun sur les saules et les peupliers. La chenille vit en mai et juin; sa chrysalide se trouve dans les feuilles ou dans les crevasses de l'écorce; le papillon apparaît à la fin de juin et en juillet.

APPÂT (*chasse et pêche*). — Pâture disposée pour attirer les animaux terrestres ou aquatiques vers le piège qu'on leur tend (voy. AMORCE, p. 383).

En ce qui concerne la chasse, les appâts sont la viande, les fruits, les noix, la farine, les croûtons de pain imbibés de graisse de porc. Il est bon d'imprégner ces dernières matières d'une odeur forte pour attirer les animaux d'une grande distance, et d'une substance antiseptique pour empêcher la putréfaction trop rapide des matières animales ou azotées. On prend d'ordinaire, à cet effet, du camphre, de l'essence de térébenthine, de l'huile d'anis, de l'iris. Pour garnir les pièges que l'on tend contre les animaux nuisibles, loups, renards, fouines, putois, belettes, rats, on se sert des mêmes appâts en y cachant le poison. Ainsi une pomme ou une poire que l'on coupe en deux pour y placer de la noix vomique et que l'on rapproche ensuite, est utilement employée contre les belettes. Un petit oiseau mort, une taupe, servent bien contre les oiseaux de proie. On fait diverses pâtées empoisonnées pour servir d'appâts, et en même temps, de moyen de destruction contre tous ces animaux, ainsi que contre les rats, les souris, les mulots.

En ce qui concerne la pêche, on emploie comme appât ou amorce un assez grand nombre d'animaux morts dont la liste a été donnée au mot *Animaux utiles* (voy. p. 468). Pour attirer les grosses espèces carnivores, on emploie aussi les petits poissons en choisissant les espèces selon la nature des animaux poursuivis. Des débris de chair de poisson ou de viande conviennent également. On fait d'ailleurs des pâtées avec ces débris, des farines diverses et des substances odorantes ou excitantes. Il existe une foule de recettes pour composer ces appâts, de même que ceux destinés à attirer les animaux terrestres. Beaucoup de préjugés et de superstitions président à ces confections sans avoir souvent le moindre fondement. On aime à se tromper, on se trompe aussi souvent que les animaux que l'on veut atteindre. La seule chose vraie, c'est qu'il faut offrir aux animaux que l'on poursuit les objets dont ils sont gourmands en y cachant l'hameçon, ces objets fussent-ils purement artificiels à condition qu'ils fassent illusion. C'est ainsi qu'on fait des appâts avec des poissons ou des batraciens artificiels. Les ordonnances et règlements de police de la pêche ont d'ailleurs édicté certaines prohibitions contre l'emploi de plusieurs appâts et de quelques poisons dans les eaux douces et salées, afin de préserver les poissons contre une destruction inepte.

APPÂTER. — Attirer avec un appât. On appâte des oiseaux, du poisson, des souris, etc., en leur présentant de la pâture pour les attirer dans des pièges.

APPAUVRISSEMENT (*économie rurale*). — Ce mot est employé en économie rurale pour signaler une diminution de fécondité. On dit qu'il y a appauvrissement du sang d'un animal, d'une famille, d'une race, lorsque l'on constate une dégénérescence, qu'elle provienne d'une mauvaise nourriture, d'une mauvaise hygiène ou d'abus quelconques dans la reproduction; on ne peut y remédier que par un changement de système. — Il y a appauvrissement d'une terre lorsqu'on y observe une diminution de fertilité qui est due, lorsqu'on emploie les même procédés de culture, à l'épuisement partiel d'un ou de plusieurs principes essentiels à la production des récoltes, et qui n'ont pas été remplacés par les fumures; le remède est dès lors indiqué. Toute terre mal fumée s'appauvrit.

APPEAU. — Instrument à vent avec lequel on imite le cri des oiseaux qui, croyant entendre leurs semblables, accourent et tombent dans le piège qui leur est tendu, sous le fusil du chasseur ou dans le filet de l'oiseleur. Il se compose en général d'une anche semblable à celle de l'orgue, et dont le son varie selon la forme et les dimensions de l'embouchure, de manière à donner à peu près le cri de la caille, de l'alouette, de la perdrix, etc. A son défaut, les chasseurs se servent souvent d'une feuille de lierre ou d'un morceau d'écorce de cerisier amincie qu'ils appliquent contre les lèvres. Si, alors, on n'imite pas absolument le cri des oiseaux, on excite assez fortement leur curiosité pour en attirer un grand nombre.

APPELANT. — Nom d'un oiseau vivant attaché ou renfermé dans une cage, et dont le cri appelle les oiseaux de son espèce que veut prendre l'oiseleur.

APPENTIS (*architecture rurale*). — Demi-comble ou construction en charpente ou en fer s'appuyant contre une muraille et parfois soutenue par des piliers ou des poteaux pour supporter une couverture à un seul égout ou pente, et faite généralement en matériaux légers, ardoises, zinc, carton bitumé, mais parfois aussi en tuiles ou en plomb. C'est une sorte de demi-hangar sous lequel il est commode d'abriter des voitures, des instruments, du bétail, du bois, mais sous lequel on peut aussi créer des logements ou dépendances des exploitations, par exemple des poulaillers, des toits à porcs, des celliers. On repousse souvent les appentis parce qu'ils sont faits de manière à donner aux bâtiments un aspect peu gracieux, et qu'ils ôtent du jour lorsque des fenêtres s'ouvrent sur les murailles auxquelles ils sont attachés; mais on peut facilement remédier à cet inconvénient dans un bon système de construction. Ce sont les appentis faits après coup et comme au hasard qui nuisent à la bonne tenue des fermes.

APPERT (*biographie agricole*). — François Appert a rendu à l'économie rurale de grands services par l'invention de son procédé de préparation pour les conserves de toutes sortes de viandes et de légumes à l'abri du contact de l'air. Né vers la fin du dix-huitième siècle, il est mort en 1840. Il s'était adonné à la chimie, et il a fait de ses études diverses applications heureuses à l'économie domestique. Il eut aussi l'idée de l'avantage que pouvait produire le chauffage des vins pour leur conservation.

APPÉTENCE. — Désir instinctif pour un objet capable de satisfaire un besoin ou de flatter les sens. Le goût pour certains aliments ou certaines boissons constitue une appétence qui n'est pas en rapport avec les vrais besoins de l'organisme, et dont ceux qui soignent le bétail doivent tenir compte. L'appétence que les animaux présentent quelquefois pour de la terre, du linge, du plâtre, des poussières de murailles, du vieux cuir, constitue le symptôme d'un état maladif de l'appareil alimentaire dont le vétérinaire doit s'occuper.

APPÉTIT (*culture maraîchère*). — Nom vulgairement donné, suivant les contrées, à la ciboule, à la civette, à l'échalotte et à la rocambole.

APPÉTIT. — Se dit particulièrement du désir de manger, de prendre avec empressement et avec goût des aliments. En général, un bon appétit est un des caractères d'une bonne santé chez les animaux. Les cultivateurs cherchent avec raison à exciter, à réveiller l'appétit des bestiaux en changeant les aliments, en les saupoudrant de sel, en y mêlant quelques plantes aromatiques ou apéritives, afin que les bêtes prennent la totalité des rations qui doivent être absorbées pour qu'elles satisfassent aux tâches qu'on en exige, ou bien aux productions de lait, de viande qu'on en attend. La faim n'est pas l'appétit, elle est le besoin, tandis que l'appétit est le goût empressé de la nourriture.

APPLICATA. — Ce mot sert à désigner les objets appliqués sur le corps des animaux domestiques. Le collier, les harnais, la selle, les couvertures, la ferrure, sont des applicata, aussi bien que les diverses choses qu'on peut mettre à la surface du corps par raison d'hygiène.

APPRIVOISEMENT. — Action de rendre doux, moins farouche, familier, un animal qui était disposé à fuir ou à attaquer (Voy. ANIMAUX DOMESTIQUES, p. 450, et ANIMAUX SAUVAGES, p. 468).

APPROCHE (*arboriculture*). — On appelle greffe par approche celle qu'on effectue entre deux branches de deux arbres ou arbrisseaux voisins, en mettant en contact ces deux branches sur une certaine étendue après avoir enlevé l'écorce sur cette partie, et en

Fig. 409. — Préparation du sujet et du greffon dans la greffe par approche.

serrant fortement avec un lien. La figure 409 montre la manière dont on prépare le sujet et le greffon sur les points qui doivent être réunis. Dans la figure 410 on voit l'opération achevée. Les deux végétaux peuvent continuer à vivre de leur vie propre, mais si l'on sépare la branche

Fig. 410. — Greffe par approche.

greffée de son pied, en la coupant au-dessous de la ligature, elle reçoit alors la vie de l'arbre avec lequel elle fait corps désormais, tout en conservant ses qualités propres. Cette section ne doit être faite que lorsque la soudure de la greffe est complète.

APPROFONDISSEMENT (*économie rurale*). — Action d'approfondir des fossés, un labour. Il faut souvent rendre des fossés plus profonds afin d'assurer l'écoulement des eaux nuisibles, et d'obtenir un drainage efficace; cette nécessité se présente lorsque, dans une pièce de terre, il y a encore quelques parties mouillantes. Quant à l'approfondissement du labour, il doit se faire peu à peu dans toutes les terres où la roche n'empêche pas la charrue de pénétrer, et proportionnellement aux engrais dont on peut disposer. Les champs ordinairement labourés profondément sont les plus fertiles, et peuvent seuls porter avec bénéfice certaines récoltes, par exemple les betteraves.

APPROPRIATION (*économie rurale*). — Action d'approprier, de rendre propre à une destination du bétail, une terre, une exploitation rurale, un atelier d'intérieur de ferme, une étable, une bergerie, une écurie, une porcherie, un chantier de battage du grain. Savoir bien faire les appropriations est une des principales qualités qui font le bon agriculteur.

On ne réussit, en effet, dans une appropriation quelconque, qu'autant qu'on se rend bien compte de deux choses : des ressources de l'objet à approprier, et de la destination spéciale qu'il doit recevoir. Un animal, la culture d'une plante, un ensemble d'instruments mal appropriés ou imposés à un sol, à un climat, à des habitudes industrielles, agricoles, commerciales, économiques, qui ne leur conviennent pas, réussissent difficilement et ne donnent pas de résultats susceptibles de rémunérer les dépenses et les efforts occasionnés. Il faut donc un grand tact, uni à beaucoup de connaissances et d'expérience, pour se mettre dans des conditions de réussite propres à rendre l'entreprise profitable. On ne peut pas, à cet égard, prescrire de règles. C'est affaire d'homme capable ou incapable.

Quelques auteurs ont confondu l'appropriation avec l'amélioration; c'est ignorer la valeur des mots et la distinction nécessaire des choses. Il y a, dans l'amélioration, une suite de faits à accomplir dans une voie déterminée, et en consultant des expériences successives dont on attend les résultats pour avancer davantage ; tandis que l'appropriation implique une création, une organisation due à un esprit d'initiative qui prévoit les conséquences et dispose de l'avenir.

En ce qui concerne le bétail, l'appropriation doit tenir compte des aptitudes et des exigences des animaux en même temps que du développement qu'ils sont susceptibles de prendre, et des produits qu'ils peuvent donner eu égard aux ressources de la localité, à ses habitudes, à ses voies de communication et à ses débouchés ; elle doit pouvoir apprécier les conditions du climat et du sol, de manière à éviter les accidents d'élevage causés par des intempéries à prévoir d'après la météorologie locale.

Pour une exploitation rurale, l'appropriation à adopter dépend tout d'abord de la situation du domaine. Il est évident qu'on ne saurait prendre les mêmes dispositions au midi qu'au nord, dans un pays de plaine ou de montagnes, là où la culture de la vigne est avantageuse, et là où, au contraire, on ne peut compter que sur des pommiers ou bien du houblon ; dans une région de pâturage ou dans une région à céréales, ou encore dans un lieu propice à des cultures industrielles et à la portée d'usines capables d'employer les produits récoltés; non loin de grands centres de population ou bien dans un pays peu habité ; si l'on se trouve à portée de canaux d'irrigation ou de cours d'eau dont on peut user facilement, ou bien sur des coteaux ou dans des plaines que n'arrose guère que l'eau pluviale. Quelles sont les ressources en marne, en chaux, en engrais? Comment et à quelles conditions trouve-t-on la main-d'œuvre? Sur quel combustible peut-on compter, et quels sont les matériaux de construction qu'on peut employer?

Il faut savoir tout étudier, tout prévoir, tout combiner pour faire une appropriation satisfaisante, même quand il s'agit d'une entreprise moins considérable que celle d'une grande ferme, par exemple, lorsqu'il est question seulement d'un champ à défricher ou même à mettre en telle ou telle culture. Le parti qu'on doit prendre dépend de la distance aux bâtiments, de la nature du sol, de l'état des routes et des chemins, de la superficie et de la position topographique, etc.

Pour approprier un logement quelconque d'animaux domestiques, il faut bien se rendre compte des bénéfices à attendre du genre de spéculation qu'on doit adopter : production de lait, de fromage, de beurre, d'animaux reproducteurs ou d'animaux engraissés; la possibilité d'avoir recours au pâturage ou à la stabulation, de la nature des aliments qu'on devra faire consommer, du mode de surveillance qu'on devra employer, des difficultés ou des facilités de se procurer de l'eau et de ses qualités.

L'appropriation d'un atelier quelconque, de battage et de nettoyage des grains ou de tous autres instruments de ferme, demandera aussi beaucoup de réflexion et de prévoyance; quels moteurs devront être employés, quelles sont les issues les plus faciles, quel dégagement aura la poussière, où tomberont les divers produits, comment on disposera un arbre de couche pouvant mettre en mouvement des machines secondaires? Faut-il préférer la fixité ou la mobilité des divers engins? Convient-il d'avoir des machines simples ou à effets multiples? Et s'il s'agit de la moisson ou de la fenaison, quelle sera l'appropriation qu'on adoptera pour le relai des attelages et des hommes, pour le javelage ou la mise en moyettes, pour la rentrée en grenier ou la mise en meule. — A chaque opération agricole, il faut une appropriation spéciale. Le succès en dépend.

APPROUVÉ. — On appelle *étalon approuvé* un cheval reproducteur appartenant à un particulier, et qui a reçu un certificat d'approbation délivré par le directeur des haras sur la proposition des inspecteurs de cette administration, certificat constatant qu'il est propre à concourir, avec les étalons de l'État, à l'amélioration de la race chevaline. L'approbation est constatée par un titre délivré au nom du ministre de l'agriculture, par le directeur des haras; elle n'est valable que pour un an, mais elle peut être renouvelée aussi longtemps que l'étalon est jugé propre au service de la reproduction.

Les chiffres des primes d'approbation sont ainsi fixés : de 500 à 3000 francs pour les chevaux de pur sang; de 400 à 1500 francs pour les chevaux de demi-sang; de 300 à 800 francs pour les chevaux de trait. Pour être proposés à la prime, les étalons doivent être âgés de quatre ans au moins, avoir subi des épreuves publiques pour les deux premières catégories, et avoir une taille de 1^m 46 pour les chevaux arabes de pur sang; de 1^m,50 pour les chevaux anglo-arabes; de 1^m,51 pour les chevaux anglais de pur sang; de 1^m,52 pour les chevaux de demi-sang; de 1^m,54 pour les chevaux de trait. La totalité de la prime n'est payée que si l'étalon a sailli, savoir : l'étalon de pur sang, 30 juments; celui de demi-sang, 40; celui de trait, 50. Au-dessous de ces chiffres, un décompte est fait proportionnellement aux juments saillies. Aucune portion de prime n'est payée pour l'étalon qui n'a pas sailli la moitié du nombre des juments qui lui est dévolu.

APPROVISIONNEMENT (*économie politique agricole*). — L'utilité d'approvisionnements généraux de subsistances faits par le gouvernement ou les administrations publiques n'apparaît plus avoir de raison d'être dès qu'un pays se trouve doté d'un réseau perfectionné de voies de communication.

L'administration de la guerre seule peut avoir besoin, dans ses magasins, d'un approvisionnement destiné à pourvoir à une consommation de quelque durée. Mais des magasins généraux dans lesquels l'État ou les municipalités entreposeraient des provisions de grains, de farine, de denrées quelconques, ne sauraient rendre de services alors que la liberté la plus complète préside à toutes les transactions et à tous les transports, à ce point qu'on peut regarder les questions de distances comme de nulle importance; elles se résument, en effet, à un léger accroissement du prix de chaque denrée lorsque celle-ci manque en un lieu où elle doit être expédiée d'une autre localité, quelque éloignée qu'elle soit.

D'ailleurs, le télégraphe fait partout, à chaque instant, connaître la situation, de telle sorte que le nivellement des cours pour les denrées de grande consommation se produit nécessairement, en tenant compte des frais de transport. Les dépenses de magasinage sont devenues inutiles; les provisions sont partout où il y a des vendeurs ou du commerce. C'est la meilleure garantie contre le retour des disettes. L'agriculture aurait-elle quelque avantage à ce que l'on rouvrît des magasins généraux? Le premier résultat serait bientôt un avilissement des cours, ou tout au moins un obstacle sérieux à leur relèvement aux époques où l'on est encore incertain de l'avenir d'une prochaine récolte. En présence de magasins pleins, nul n'oserait entreprendre d'acheter un peu cher. Le producteur ne trouverait donc pas de preneurs. Il n'en est pas de même lorsqu'il n'y a de réserves que chez tout le monde. Si l'on voit celles-ci diminuer, on sait qu'il faut aviser, et la concurrence remplit alors sa fonction naturelle.

Il ne doit plus y avoir, dans les sociétés modernes, que les approvisionnements des ménages, et encore en quantités très limitées et pour de courts termes, les envois du commerce étant partout très expéditifs et rapides, même durant les hivers les plus rudes, qui sont le seul obstacle aux transactions, bien entendu en faisant abstraction des temps de guerre, pour lesquels tout est trouble et malheur, quoi qu'on fasse.

Les seules provisions que l'on doive conseiller de faire aux agriculteurs, sont d'abord les denrées provenant de leurs cultures et qui sont nécessaires à la consommation de leurs exploitations, à moins qu'ils ne trouvent avantageux, en raison de hauts prix dus à une qualité exceptionnelle, d'en faire le remplacement. Ce sont ensuite les denrées coloniales et les denrées accessoires de toute consommation ménagère; on trouve souvent bénéfice à acheter par quantités assez grandes, et par conséquent pour la consommation de plusieurs mois; l'association entre familles voisines pour faire de tels achats à prix réduit doit être particulièrement conseillée. En résumé, beaucoup d'approvisionnements dans les ménages, effectués avec la liberté et sous le régime d'une concurrence intelligente, mais pas d'approvisionnement officiel, administratif, municipal, gouvernemental.

APPUI. — Le mot appui est pris dans des acceptions très diverses. — En mécanique, le point d'appui d'un levier est le point fixe sur lequel porte une barre rigide alors que la puissance agit à l'extrémité du plus grand bras, tandis que la résistance est opposée à l'extrémité du bras le plus petit. — En architecture rurale, on fait dans les jardins des murs d'appui, c'est-à-dire à la hauteur de 1^m,20 ou de l'appui naturel, pour établir des espaliers nains, pour enclore les melonnières, pour couper la différence de niveau du terrain; on couvre ces murs de tablettes de pierre sur lesquelles on place des pots de fleurs d'un effet agréable. — En hippiatrique, on nomme temps d'appui, en terme d'allures des animaux, le temps pendant lequel un animal laisse son pied posé sur le sol pendant sa marche; le temps d'appui d'un membre malade est toujours plus court que celui des autres membres; et c'est l'examen attentif de cette différence qui permet de reconnaître une faible boiterie; plus une allure est rapide, plus le temps d'appui des membres est précipité. — En hippologie, l'appui du mors de la bride s'appelle les barres du cheval; il est dit léger, quand la bouche est fine et la tête légère à la main; il est lourd, quand la bouche est dure et que l'animal pèse à la main.

APPUYÉE (RÉCOLTE) (*économie rurale*). — On appelle ainsi dans quelques contrées les froments, les seigles et les avoines, à demi versés, ou dont les épis s'appuient les uns sur les autres : c'est signe d'abondance de grain, outre que cet état de la céréale présente l'avantage de faire périr en dessous les herbes parasites en les privant de lumière.

ÂPRE et **ÂPRETÉ.** — On dit qu'une chose est âpre ou offre de l'âpreté lorsqu'elle cause une impression désagréable sur le toucher, sur le goût ou sur l'ouïe par les inégalités de sa surface ou la rudesse de son action. — Une surface osseuse est âpre lorsqu'elle a des rugosités, et cela dénote souvent une maladie des os. — L'âpreté des chemins, l'âpreté du froid ou de la saison, signifient que les chemins sont rudes et incommodes à parcourir et que le froid exerce sur le corps une action vive et piquante. — Une voix est âpre, quand elle a des accents rudes à l'oreille. — Les fruits tels que les nèfles, un certain nombre de poires, les coings, sont âpres au goût, parce qu'ils exercent une action acerbe, souvent astringente sur le sens du goût. On a voulu établir une relation entre l'âpreté ou la douceur d'un fruit et sa couleur; le jaune aurait signifié l'âpreté; mais il y a autant de faits pour que contre, et cette prétendue loi n'a pas de fondement. — L'argile est âpre à la langue, sur laquelle elle exerce une action en quelque sorte crispante.

APRION (*zoologie*). — Nom donné à un poisson du genre squale marin, et à un insecte orthoptère voisin des sauterelles.

APRON (*pisciculture*). — Poisson de la famille des percidés, qu'on trouve dans le Rhône et ses affluents, Saône, Ouche, Ognon, Doubs, Ain, Isère, Gard. Il a de 17 à 18 centimètres de longueur et de 2 à 3 d'épaisseur. Sa chair est estimée. Il se nourrit de larves d'insectes et de petits poissons. Il est assez vigoureux. On le nomme vulgairement: dauphin, à Dijon; roi-poisson ou roi des poissons, sur les bords de la Saône; sorcier, sur le cours de l'Ain et du Rhône; anadélo, dans le Gard. Son corps allongé est couvert d'écailles petites et rudes; sa tête est aplatie, le museau avance au-dessus de la bouche, sa langue est lisse et ses dents sont en retour sur les mâchoires; ses nageoires sont bien développées, les dorsales assez éloignées l'une de l'autre. Il paraît fraire depuis décembre jusqu'en avril.

APTENODYTE (*ornithologie*). — Oiseau vulgairement appelé *manchot*, dont les ailes sont courtes et sans pennes et qui n'a qu'un ongle à la place du pouce; il appartient à la famille des plongeurs, ordre des palmipèdes.

APTÈRE. — Terme d'histoire naturelle qui signifie sans ailes et se dit d'un certain nombre d'insectes et de quelques graines.

APTÉRIENTHE AVEUGLE. — Poisson de la Méditerranée chez lequel il n'existe aucun vestige de nageoires pectorales et où la dorsale et l'anale sont extrêmement basses. Il a une longueur de près d'un demi-mètre, mais moins d'un centimètre d'épaisseur et de hauteur.

APTÉROGYNE (*entomologie*). — Insectes hyménoptères des pays chauds, de la famille des mutilliens, dont les mâles sont seuls pourvus d'ailes.

APTÉRYX (*ornithologie*). — Oiseau de la grosseur d'une poule, vivant à la Nouvelle-Zélande, ayant le bec long et droit, à pointe renflée; les ailes presque nulles, garnies de quelques plumes peu apparentes et terminées par un ongle acéré et robuste, la queue absente; il fait son nid dans les endroits marécageux et n'y pond qu'un œuf de la grosseur de celui du canard.

APTINE (*entomologie*). — Genre d'insectes coléoptères pentamères, dans la famille des carabiques, vivant en Europe. La principale espèce, l'aptine des Pyrénées, a le corps noir avec des élytres à côtes; elle se rencontre sous les pierres.

APTITUDE (*zootechnie*). — L'aptitude est une disposition naturelle à quelque chose. Dans les animaux domestiques, c'est, selon les espèces et les races, une disposition naturelle à donner de la vitesse, du travail, de la viande, du lait, de la graisse, de la laine, du poil, de la soie, des œufs, de la plume, etc.; c'est encore une faculté de tirer un meilleur parti des aliments.

Dans l'espèce chevaline, on distingue les races d'après leur aptitude à courir très vite, ou bien à conduire de lourds fardeaux. — Dans l'espèce asine, l'aptitude principale est de porter. — Dans l'espèce bovine il y a l'aptitude à travailler au joug; puis l'aptitude à donner rapidement de la viande, ce qu'on appelle la précocité; enfin l'aptitude à donner beaucoup de lait. — Dans l'espèce ovine, on distingue l'aptitude à donner du lait, à donner de la laine, à donner de la viande plus hâtivement. — Dans l'espèce caprine, on recherche surtout l'aptitude laitière, mais il y a aussi dans certaines races l'aptitude à produire une toison soyeuse estimée. — Dans l'espèce porcine, outre l'aptitude à donner rapidement tout son développement, il y a celle à produire plus de lard, et celle à donner plus de chair. — Dans les volailles, il y a chez les unes plus d'aptitude à pondre, chez d'autres plus d'aptitude à engraisser, chez d'autres encore une disposition particulière à couver. — C'est l'individualité qui domine dans ces sortes de facultés. Cependant on retrouve les unes ou les autres à un plus haut degré chez telles ou telles races; les aptitudes deviennent héréditaires et l'on peut les développer en prenant, pour les accoupler, des individus qui les possèdent déjà à un très haut degré. On doit en conséquence, quand on fait la spéculation de l'élevage, bien surveiller les aptitudes des sujets, et quand on achète des reproducteurs pour peupler ses écuries, ses étables, ses bergeries, ses porcheries, sa basse-cour, s'inquiéter avec sollicitude des aptitudes spéciales des familles d'où procèdent les animaux que l'on veut introduire dans son bétail pour le continuer, le développer, l'améliorer.

APUS (*zoologie*). — Genre de crustacés branchiopodes (voy. Animal (*règne*), p. 446), habitant les mares, les fossés, les eaux dormantes, se trouvant souvent en quantités innombrables, et quelquefois enlevés par les vents violents, pour retomber sous forme de pluie. Ils ont de 2 à 3 centimètres et ont jusqu'à 60 paires de pattes nageoires. Ils se nourrissent de petits têtards et servent eux-mêmes de nourriture à l'oiseau appelé hoche-queue ou lavandière.

AQUARIUM (*économie domestique*). — Vase, bassin ou réservoir, petit ou grand, mobile ou fixe, destiné à un appartement, à une serre, ou bien à un jardin, à un parc, rempli d'eau douce ou d'eau salée, et disposé pour entretenir des plantes ou des animaux vivant habituellement soit dans l'eau d'un ruisseau, d'une rivière, d'un étang, d'un lac, ou bien dans la mer. On construit ces bassins en toutes sortes de matériaux, selon leurs dimensions et leur destination. Mais il y a lieu de donner au mot *aquarium* un sens particulier, afin de ne pas le confondre avec toute espèce de pièce d'eau ou vivier C'est un bassin dans lequel on peut faire la culture de certaines plantes ou l'élevage de divers animaux aquatiques, soit dans un but ornemental ou de profit, soit dans un but de curiosité ou d'étude.

Dans les appartements, l'aquarium le plus usité est fait avec des plaques de verre ou des glaces assemblées et mastiquées de manière à former un réservoir parfaitement étanche. La partie supérieure peut être laissée à l'air libre. On peut aussi, pour empêcher les poussières de nuire, mettre un couvercle en forme de cage de verre, comme pour les petites serres à bouture. Les faces latérales permettent de voir ce qui se passe dans ce petit océan. Les meilleures formes que l'on puisse employer sont la rectangulaire et la polygonale, ainsi que le montre la figure 411; elles varient selon l'importance, la richesse, l'ornementation qu'on veut donner à l'appareil. Les glaces peuvent être verticales ou inclinées, mais il faut qu'elles soient d'autant plus épaisses et fortes qu'elles ont à supporter une plus grande pression. La carcasse qui maintient les glaces doit, en conséquence, être très solide.

Une bonne disposition à adopter est celle qui consiste à faire jaillir du centre un jet d'eau qui retombe en pluie fine dans le bassin; l'eau s'aère ainsi sans cesse, et c'est une condition essentielle pour maintenir les animaux aquatiques en bon état de santé. C'est pour le même motif qu'il convient de joindre la culture d'une plante à l'entretien des animaux. L'eudore (*Elodea canadensis*), de la famille des Hydrocharidées, qui convient très bien pour observer l'émission de l'oxygène par les parties vertes des plantes sous l'action de la lumière, est celle qui réussit le mieux dans les aquariums d'appartement pour maintenir l'équilibre entre la vie animale et la vie végétale. Les cyprins sont les poissons qu'on place le plus souvent dans ces appareils, les seuls dont le succès y soit complètement assuré.

On a construit de très grands aquariums sur le même plan que ceux de salon, dans le but de montrer aux visiteurs des grandes expositions internationales les curiosités des populations aquatiques. Tels ont été les aquariums des Expositions de Paris en 1867 et 1878 et de Vienne en 1873.

On pourrait utiliser les grands aquariums d'eau douce pour l'étude des espèces qui pourraient être entretenues avec avantage dans nos rivières dépeuplées.

Tandis que les aquariums précédemment décrits sont surtout destinés à l'étude de la vie animale, les aquariums de serre sont particulièrement disposés pour recevoir des végétaux exotiques.

Il faut, dans les climats septentrionaux, que ces aquariums soient abrités contre le froid par une toiture de verre, et même que leur eau soit chauffée au moyen d'un thermo-siphon dont les tuyaux circulent au fond des bassins. On les place généralement en relief sur le parquet des serres afin que les plantes soient à la portée de l'œil et de la main. On leur donne la forme d'une cuve ou d'une vasque dont la paroi a une hauteur d'au moins 0m,50 et qu'on peut porter avec avantage à 1 mètre ou celle d'appui.

Les plus beaux aquariums de serre que l'on peut citer, sont ceux de Kew, de Sydenham, de Chatsworth, en Angleterre, et celui du Muséum d'histoire naturelle, à Paris.

Les aquariums d'eau de mer ont un grand intérêt pour l'étude du monde sous-marin. On les construit comme ceux d'eau douce, en les remplissant d'eau salée. L'eau naturelle est celle qui convient le mieux; on peut cependant faire une eau de mer artificielle suffisamment bonne en faisant dissoudre par hectolitre d'eau ordinaire : chlorure de sodium, 2700 grammes; chlorure de magnésium, 367; chlorure de potassium, 76; bromure de magnésium, 3; sulfate de magnésie, 230; sulfate de chaux, 141. Il faut avoir soin de remplacer de temps en temps l'eau évaporée, pour que le degré de salure ne devienne pas trop considérable. Avant de peupler l'aquarium, on doit y disposer des tas de sable, des graviers, des galets, quelques fragments de roches, et y fixer diverses plantes marines telles que le rhodymenia pourpre, la mousse chandrille, la coraline rose, l'ulva verte. Le mieux est de prendre dans la mer, pour les transporter dans l'aquarium, des fragments de roches auxquels ces plantes sont adhérentes. Quand la végétation est bien établie, on introduit les espèces animales, qui sont en nombre extrêmement considérable, et parmi lesquelles M. Millet cite particulièrement les buccins, les sèches, les actinies les clios, les ptéropodes, les sertulaires, les labres, les pectinaires, les phyllides, etc.

Il existe, au jardin zoologique de Londres, un aquarium marin qui contient 7 mètres cubes d'eau de mer. Le jardin d'acclimatation de Paris renferme un aquarium plus remarquable encore. Il consiste en un bâtiment rectangulaire de 40 mètres de longueur sur 10 de largeur, offrant une rangée de 14 réservoirs alignés du côté du nord. Ils ont chacun une capacité d'environ 900 litres. Dix sont remplis d'eau salée, quatre d'eau douce. Ils ont la forme cubique et sont construits en ardoises d'Angers, éclairés par le haut, fermés par devant avec des glaces de Saint-Gobain, ce qui permet de voir

Fig. 411. — Aquarium polygonal pour appartement.

l'intérieur au moyen de la lumière transmise à travers une épaisse lame d'eau, avec une sorte de demi-jour verdâtre analogue aux faibles clartés perçues dans les régions sous-marines. Dans chaque bac s'élèvent, sur le fond, d'ailleurs garni de sable, une série de petits rochers disposés en amphithéâtre d'une manière pittoresque et garnis d'une végétation aquatique qui complète la vie animale et l'entretient, de même qu'elle en est entretenue. Dans le sable et dans les anfractuosités des rochers, certains animaux trouvent les retraites dont ils ont besoin. L'eau n'est jamais changée complètement, mais elle circule au moyen d'un appareil qui la met en mouvement sans trop de rapidité, et fait descendre l'eau de mer d'un cylindre supérieur dans les bacs pour l'y remonter, en réalisant en quelque sorte le mouvement perpétuel des flots de l'Océan. — On a construit plus récemment un certain nombre d'aquariums qui ont de plus vastes dimensions, de telle sorte que celui du jardin d'acclimatation n'occupe plus le premier rang.

AQUATILE (*botanique*). — Une plante aquatile est une plante qui vit dans l'eau, flottant à la surface ou submergée. Les plantes qui vivent particulièrement dans les fleuves et les rivières sont dites fluviatiles.

AQUATIQUE (*économie rurale*). — Ce mot sert à désigner à la fois un sol plein d'eau ou marécageux, et tout être vivant qui croît ou se nourrit dans l'eau. Ainsi on dit terrain aquatique, plantes aquatiques, animaux aquatiques, oiseaux aquatiques.

I. — Les *terrains aquatiques* sont en général improductifs ou ne donnent guère lieu qu'à des récoltes de roseaux, ce qui, dans quelques pays, vient en aide à l'agriculteur en lui fournissant une matière importante pour faire ses litières, ou même pour disposer à l'état de couverture sur certains sols, particulièrement pour protéger des semis contre de grands vents ou empêcher les mauvais effets de la montée du sel par capillarité. Pour en tirer le meilleur parti possible, si l'on ne se résout pas à les assainir par le drainage et à les transformer en terres arables ou en prairies, il convient d'y propager certaines espèces de plantes dont la nomenclature sera donnée ci-après.

II. — Les *animaux aquatiques* sont très nombreux; on peut même affirmer que la plus grande partie des êtres animés habite au sein des eaux, soit temporairement, soit continuellement; beaucoup ont un grand intérêt agricole. Les conditions de leur existence varient presque à l'infini, ainsi qu'il est facile de s'en rendre compte en examinant, au point de vue de l'habitat, successivement, toutes les diverses classes du règne animal (Voy. p. 117 à 119). — Dans la classe des *mammifères*, trois ordres, ceux des amphibies, des cétacés et des siréniens (*f*, *m* et *n*) ont le corps disposé non pour la marche, mais pour la natation. Ils sont des objets de chasse ou de pêche.

L'organisation aquatique est moins prononcée dans la classe des oiseaux, qui sont surtout conformés pour vivre dans les airs; les oiseaux aquatiques ne sont guère constitués que pour la natation à la surface de l'eau, au-dessous de laquelle ils ne font que de courts plongeons. Beaucoup sont élevés dans les basses-cours qui sont dans ce but pourvues de pièces d'eau; les autres sont l'objet de chasses qui rencontrent des amateurs passionnés. — Dans la classe des *reptiles*, plusieurs ordres sont organisés pour vivre exclusivement dans l'eau. Ils sont ou paludéens, ou fluviatiles, ou marins. On les utilise par la chasse ou par la pêche. — Tous les *batraciens* sont aquatiques dans le jeune âge. Quelques-uns servent à la consommation humaine. Ils sont capturés par des pêcheurs. — La classe des *poissons* n'offre aucun animal destiné à vivre dans l'air. Tous, ou presque tous, ils peuvent servir, soit comme aliments, soit pour fournir des produits industriels, soit tout au moins pour donner des engrais. Beaucoup donnent lieu à un élevage constituant une branche de la pisciculture. — Tous les *insectes*, au contraire, sont aériens. — Il en est de même des animaux des deux classes suivantes: les *myriapodes* et les *arachnides*. — Mais les *crustacés* sont aquatiques; plusieurs donnent lieu à des établissements importants d'aquiculture. — Les *annélides* sont, pour la plupart, destinés à vivre dans l'eau; néanmoins, la terre est l'habitat d'un certain nombre d'entre eux. On fait l'élevage des sangsues, ce qui constitue l'hirudiniculture.

La classe des *nématodes* renferme surtout des parasites qui vivent aux dépens des vertébrés; quelques-uns sont organisés pour vivre dans divers liquides; presque tous sont des animaux nuisibles. — Les *turbellariés* vivent surtout dans l'eau; ils n'ont guère d'utilité directe en agriculture. — Les *trématodes* sont organisés pour être aquatiques ou pour vivre comme des parasites dans le corps d'un grand nombre d'animaux, notamment de mammifères et d'oiseaux élevés par l'agriculture, à laquelle ils portent de graves préjudices; il faut surtout lutter contre le mal qu'ils produisent. — Les *cestoïdes* vivent aussi dans le corps d'un grand nombre d'autres animaux auxquels ils nuisent fortement. — Les *céphalopodes* et les *ptéropodes* sont aquatiques. Plusieurs de ces mollusques donnent lieu à une pêche profitable, surtout au point de vue industriel. — Quelques familles seulement, parmi les *gastéropodes*, vivent hors de l'eau; parmi les aquatiques, plusieurs espèces sont pêchées pour servir d'aliment. — Toutes les autres classes, les *acéphales*, les *tuniciers*, les *bryozoaires*, les *échinodermes*, les *acalèphes*, les *polypes*, les *infusoires* et les *spongiaires* ne présentent que des animaux vivant exclusivement dans l'eau douce ou salée. Des branches importantes de l'aquiculture sont consacrées à l'élevage de plusieurs espèces. Ainsi l'ostréiculture et la myticulture sont devenues des industries aquicoles importantes pour la production des huîtres et des moules parmi les acéphales. Les ascidies de la classe des tuniciers, les oursins de la classe des échinodermes, donnent lieu, sur les bords de la Méditerranée, à des exploitations d'élevage pour entretenir les marchés, où les consommateurs les recherchent pour la table. Les coralliaires et les spongiaires donnent lieu à des entreprises industrielles. — Le monde des eaux, le monde de la mer surtout, joue donc un rôle considérable; les animaux aquatiques sont probablement plus nombreux que les animaux aériens, dans la proportion, tout au moins, de l'étendue des surfaces aqueuses qui l'emporte sur celle des surfaces continentales du globe terrestre.

III. — Les *plantes aquatiques* sont moins nombreuses et moins variées dans leur organisation que les plantes terrestres; néanmoins, elles présentent entre elles des différences assez considérables. Leur emploi comme engrais se fait de temps immémorial, leur usage dans l'ornementation des jardins est relativement une nouveauté. On peut les partager en quatre groupes, d'après leur manière de végéter.

1° Les PLANTES SUBMERGÉES vivent constamment sous l'eau et ont tous les organes complètement submergés ou à peu près. Elles sont peu ornementales et elles n'ont qu'un emploi horticole limité. Elles ont toutefois l'avantage d'entretenir l'eau dans un certain état de salubrité qui la rend plus susceptible de servir en même temps à la vie animale.

En voici la liste : *Caulinia fragilis*, diverses espèces de *Ceratophyllum*, diverses espèces de Chara, plusieurs espèces d'élatine; *Elodea canadensis*, qui a l'inconvénient d'être très envahissante dans les bassins et les cours d'eau, mais l'avantage d'être très résistante dans les petits aquariums; *Hottonia palustris*, plusieurs espèces d'*Isoetes*, *Lemna trisulca;* diverses espèces de *Myriophyllum*, *Naias major*, plusieurs espèces de *Potamogeton*, *Stratiotes aloides*, *Utricularia*, *Vallisneria spiralis*, *Zannichellia palustris*.

2° Les PLANTES FLOTTANTES OU NAGEANTES sont celles qui, traversant l'épaisseur des eaux, viennent développer leurs feuilles et ouvrir leurs fleurs en surnageant à la surface. Ce sont les plus remarquables des aquatiques. En voici la liste dressée par M. Vilmorin : *Aira aquatica*, *Alisma natans*, aponogéton à double épi, *Calla* des marais, plusieurs espèces de callitriche et d'élatine, *Glyceria fluitans*, *Hydrocharis morsus-ranæ*, *Hydrochleis Humboldtii*, *Jussiœa grandiflora*, *Lemna minor* (lentille d'eau), *Lemna polyrrhiza*, macre-châtaigne d'eau, *Marsilia quadrifolia*, *Myriophyllum*, nénuphar (*Nymphœa*) blanc, nénuphar jaune, *Pistia stratiotes*, *Polygonum amphibium*, *Pontederia crassipes*, diverses espèces de *Potamogeton*, renoncule aquatique, *Salvinia natans*, *Villarsia nymphoides*.

3° Les PLANTES ÉMERGÉES ont le pied dans l'eau; mais leurs tiges, leurs feuilles, leurs fleurs s'élèvent au dehors à une certaine hauteur, ainsi qu'il arrive pour les suivantes: acore odorant (*Acorus calamus*), acore à feuilles de graminée, *Aira aquatica*, *Alisma plantago* (flûteau ou plantain d'eau), *Arundo phragmites*, butome, jonc fleuri, calla d'Ethiopie (*Richardia*) calla des marais, *Caltha palustris*, plusieurs espèces de carex, *Choin marisque*, ciguë aquatique, cresson de fontaine, plusieurs espèces de *Cyperus*, plusieurs espèces d'élatine, divers *Eleocharis*, eupatoire à feuilles de chanvre, fléchière ou sagittaire, flèche d'eau commune, *Glyceria fluitans*, *Hippuris vulgaris*, *Hottonia palustris*, *Houttenynia cordata*, *Hypericum elodes*, *Iris pseudacorus*, *I. fulva*, *I. Monnieri*, divers joncs, *Littorella lacustris*, *Marsilia quadrifolia*, massette (*Typha latifolia*), menthes aquatiques, ményanthe (trèfle d'eau), *Myriophyllum*, *Nasturtium amphibium*, *Nelombo*, oseille patience, oseille à longues feuilles, paturin aquatique, *Phalaris* roseau, *Phormium tenax*, *Phragmites communis*, *Polygonum amphibium*, *Pontederia cordata*, sagittaire à fleurs doubles, sagittaire de la Chine, *Saururus cernuus*, divers *Scirpus*, scrofulaire aquatique, séneçons aquatiques, *Sium latifolium*, diverses espèces de *Sparganium*, spirée ulmaire, *Thalia dealbata*, diverses espèces de triglochin, *Typha angustifolia*, *T. minima* (à petit épi), *Veronica beccabunga*, *V. anagallis*.

4° Les PLANTES AMPHIBIES se développent indistinctement le pied, tantôt dans l'eau, tantôt dans la terre imbibée d'eau ou simplement humide; on doit remarquer que quelques plantes de ce groupe peuvent être considérées comme appartenant à la limite du précédent, ce qui donne lieu à plusieurs répétitions. Quoi qu'il en soit, en voici la liste: Acore odorant, *Aira cæspitosa*, *Alisma* (plantain d'eau), *Alopecurus*, *Anagallis tenella*, plusieurs espèces d'*Angelica*, *Arundo donax* et plusieurs autres espèces, plusieurs espèces d'aster, *Athyrium Filix femina*, *Athyrium Thelipteris*, benoîte des ruisseaux, plusieurs espèces de *Bidens*, plusieurs espèces de *Buphthalmum*, plusieurs espèces de *Calamagrostis*, calla d'Éthiopie (*Richardia*), calla des marais, *callitriche*, *Caltha palustris* (souci des marais), *Caltha* à fleurs doubles, *Caltha* à fleurs monstrueuses; plusieurs espèces de cardamine, de *Carduus* et de *Carum*; *Cerastium aquaticum*, *Choin marisque*, *Circea*, cirse oléracé, plusieurs espèces de *Cirsium*, *Comarum palustre*, consoude officinale; plusieurs espèces de *Cracca*, de *Cyperus*, de *Drosera*, d'*Eleocharis*; *Elodes epiloba* hérissé ou rose; plusieurs espèces d'*Equisetum* et d'*Eriophorum*; eupatoire à feuilles de chanvre; plusieurs espèces de *Galium*, de gentianes, de *Glyceria*; gratiole officinale; plusieurs espèces d'*Helosciadium*, d'hémérocalles et *Funkia*, d'*Heracleum*; *Hippuris*, *Houttuynia cordata*, *Hydrocotyle*; plusieurs espèces d'inula; *Iris pseudacorus*, *I. fulva*, *I. Monnieri*, *Isnardia palustris*; plusieurs espèces d'isolepis, de joncs; *Latyrus palustris*, *Leersia oryzoides*, *Ligusticum*; plusieurs espèces de *Littorella*; livèche du Péloponèse; plusieurs espèces de *Lobelia*, *Lotus uliginosus*; plusieurs espèces de *Luzula*; *Lychnis flos-cuculi*; plusieurs espèces de *Lycopodium*, de *Lycopus*, *Lisimachia*, de *Lythrum*; *Malachium aquaticum*; *Marsilia*, *Melica* (*Molinia*) *cærulea*; plusieurs espèces de *Mentha*, de *Meum*, de *Mimulus*; *Montia*, *Myosotis palustris*; plusieurs espèces de *Nasturtium*; nummulaires, œnanthe, oryza, oseille patience, oseille à longues feuilles (*Rumex hydrolapathum*), osmonde royale, *Panicum crus-galli*, *P. oryzinum*, *Parnassia palustris*; plusieurs espèces de *Paspalum*, de *Pedicularis*; *Peplis*; plusieurs espèces de persicaire, de pétasites, de *Peucedanum*, *Phalaris*, roseau panaché, *Phellandrium*; plusieurs espèces de *Phleum*; *Phragmites*, *Pilularia*, *Pinguicula*, *Polygonum amphibium* et autres; *Polypogon monspeliense*; plusieurs espèces de *Potamogeton*; *Ptarmica vulgaris*, *Ptychotis*, *Pulegium*, *Pulicaria*; plusieurs renoncules, plusieurs espèces de roripa, de roseaux, de rumex; salicaire (*Lythrum salicaria*); *Samolus*; plusieurs sanguisorbes, saponaire officinale, plusieurs sortes de sarracénie; *Saururus cernuus*; plusieurs saxifrages, plusieurs espèces de *Schœnus*, de *Scorzonera*, de *Scrofularia*, de *Scutellaria*, de *Sedum*, de *Senecio*, de *Sium*, de *Solidago*, de *Sonchus*; spirée ulmaire, plusieurs stachys, *Statice limonium*; plusieurs espèces de *Stelleria*, de *Teucrium*, de *Thalictrum*, de *Triglochin*, *Tripolium vulgare*; plusieurs tussilages, diverses utriculaires; *Vaillantia*, plusieurs espèces de valériane, de *Verbascum*, de véronique, de *Viola*, *Wahlembergia*; plusieurs espèces de *Xanthium*.

Le plus grand nombre de ces plantes aquatiques n'existent dans le commerce ni en graines ni en plantes, mais on en trouve toujours quelques-unes dans les terrains mouillés, les fossés, les mares, les rivières, où elles croissent spontanément, de telle sorte que leur propagation est généralement facile.

AQUEDUC (*génie rural*). — D'après l'étymologie le mot veut dire: canal construit pour conduire de l'eau d'un lieu à un autre, mais on ne l'applique en général qu'à une construction d'une certaine importance ayant exigé des travaux d'art plus ou moins considérables, et qui a pour but de faire passer l'eau à travers des chemins, des vallées, des montagnes, soit souterrainement, soit à ciel ouvert en tranchée ou en remblai et sur des arches plus ou moins nombreuses. Dans tous les temps, de grands travaux ont été exécutés pour conduire de l'eau dans les cités populeuses, et les Romains ont légué aux âges futurs des monuments célèbres qui n'avaient pas d'autre destination. Mais les agriculteurs font souvent eux-même des aqueducs de moindre importance pour amener des eaux, soit sur leurs champs ou leurs prairies, soit aux bâtiments de l'exploitation pour les besoins du bétail et du ménage. Ils les construisent, soit en maçonnerie, soit en béton, ou bien encore ils emploient des tuyaux de poterie ou de métal. Ce qui les intéresse tout d'abord, c'est de se rendre compte des dimensions de l'aqueduc, eu égard à la quantité d'eau qu'il pourra conduire. L'équation suivante suffit pour résoudre d'une manière satisfaisante les diverses questions qu'ils peuvent avoir à se poser:

$$l = \frac{v}{50\,h\,\sqrt{h\,p}},$$

dans laquelle équation, l est la largeur de l'aqueduc, h l'épaisseur de la lame d'eau courante, v le débit par seconde, p la pente moyenne par mètre. Selon qu'on se donne trois quelconques des quantités l, v, h, p, on peut de l'équation tirer la valeur de la quatrième.

Dans la construction des aqueducs, l'agriculteur doit avoir soin de prendre des matériaux qui lui permettent d'obtenir l'étanchéité, les fuites ayant pour résultat non seulement de diminuer le débit, mais encore de détériorer l'aqueduc lui-même et le terrain sur lequel il est assis. Il conviendra le plus souvent de se servir d'un bon béton fait avec du mortier hydraulique; on maintiendra au besoin le béton par une maçonnerie à laquelle on donnera une solidité d'autant plus grande que la section mouillée du canal correspondra à un plus grand volume d'eau. La fondation surtout sera épaisse si l'on se trouve dans un terrain léger; ce terrain devra être recouvert dans toute la section de l'aqueduc d'une couche d'argile d'une épaisseur de $0^m,05$ à $0^m,06$ battue au pilon.

Pour les traversées de cours d'eau, de vallées, de routes, on peut adopter, quand il serait trop coûteux d'établir des arches en maçonnerie et des piliers, la méthode des ponts suspendus ou bien celle des siphons. Les siphons employés sont des conduits cylindriques en ciment, en maçonnerie ou en fonte qui doivent être parfaitement étanches. Du reste, pour exécuter ces sortes de travaux, les agriculteurs qui en auront fait la conception devront avoir recours à des hommes du métier.

AQUEUX. — Ce qui a la nature de l'eau, ou bien ce qui contient beaucoup d'eau. On dit la partie aqueuse du sang. Des fruits, des légumes, des pains sont aqueux, lorsqu'ils renferment beaucoup d'eau et ont en conséquence moins de saveur ou de goût: ainsi une poire est aqueuse. Lorsque des météores concernent l'eau ou ses transformations diverses, on dit qu'ils sont aqueux; tels sont la pluie, la neige, le brouillard, la rosée, le givre, les orages.

AQUICOLE. — Qui se rapporte à la culture des eaux. On dit des établissements aquicoles, des recherches aquicoles.

AQUICULTURE (*économie rurale*). — L'aquiculture est la culture des eaux, comme l'agriculture est la culture des champs; mais tandis que celle-ci est aussi ancienne que la présence de l'homme sur le globe terrestre, celle-là est relativement moderne. Elle n'est certainement faite méthodiquement que depuis le milieu du dix-neuvième siècle, qui l'a vue se fonder sur des études physiologiques et des expériences méthodiques.

Elle comprend d'abord deux grandes divisions : 1° la culture dans les eaux, soit douces, soit salées, des plantes aquatiques; 2° la culture des animaux; celle-ci se subdivise également en élevage d'animaux d'eau douce et en élevage d'animaux marins, de telle sorte qu'il convient ainsi de traiter successivement trois matières principales dans cet article. Auparavant, il faut encore mettre en évidence plusieurs autres points de vue auxquels l'agriculteur doit souvent se placer.

On peut se proposer, en aquiculture, de donner à une espèce cultivée, par une nourriture spéciale ou des soins appropriés, des qualités particulièrement recherchées; dans ce but, on place les animaux qu'on élève dans des espaces limités où ils sont constamment surveillés et dans lesquels on peut leur administrer une nourriture qu'ils ne trouveraient pas dans le milieu où ils sont confinés. On fait alors de l'*aquiculture domestique*, en comparant cette méthode à celle de l'engraissement du bétail en stabulation. D'autres fois, tout en maintenant les animaux aquatiques en captivité, on les laisse chercher eux-mêmes leur nourriture, qui se produit dans le milieu qu'on leur a donné pour habitation: on fait alors une opération analogue à celle de l'élevage des animaux domestiques dans les pâturages: c'est l'*aquiculture naturelle*. Enfin, on se propose aussi, dans d'autres circonstances, de favoriser simplement la multiplication des animaux aquatiques à l'état de liberté, comme on s'attache sur terre, dans diverses localités, à multiplier le gibier à poil ou à plume: c'est ce qu'on peut appeler l'*aquiculture sauvage*.

Mais il faut encore distinguer le cas où l'on ne se contente pas de prendre l'animal plus ou moins avancé en âge pour l'élever, le nourrir et l'amener à l'état demandé par les besoins de la consommation, celui où l'on part de l'œuf fécondé naturellement ou artificiellement pour l'amener à l'état adulte ou marchand; on fait alors de la *pisciculture* fluviale ou maritime, s'il s'agit de poisson d'eau douce ou d'eau de mer; de l'*ostréiculture*, si l'on fait naître et élève des huîtres; de la *mytiliculture*, si l'on fait des moules, etc. Ce sont autant de sujets auxquels seront consacrées des études spéciales; c'est à leur enseignement et à leur diffusion dans toutes les parties de la France que M. Chabot-Karlen, après des recherches patientes et laborieuses, a consacré une mission qui lui a été confiée par le ministère de l'agriculture.

En ce qui concerne l'*aquiculture animale maritime*, on doit dire qu'elle est devenue, en France, une grande industrie produisant une somme considérable de richesses. Le nombre des établissements tels que parcs, claies, viviers, pêcheries, etc., dépasse 32000 sur nos côtes, en 1882, et occupe plus de 200000 individus. On peut citer, comme établissements d'aquiculture intéressants, la ferme aquicole de Port-de-Bouc, où des bars et des muges sont élevés à l'état de stabulation complète; celui d'Audeuze, dans le bassin d'Arcachon, où réussit l'élevage du muge, de l'anguille et accessoirement du bar. Les viviers et les réservoirs ainsi destinés aux éducations n'étaient, en 1867, qu'au nombre de 25 seulement; on en comptait plus de 1500 en 1882. Beaucoup d'entre eux étant établis dans d'anciens marais salants, ont souvent une étendue qui permet à certains crustacés, aux mollusques, aux plantes, de se développer en abondance; le fretin qu'on y introduit directement de la mer à certaines époques, y trouve une nourriture suffisante à son complet développement. Il paraît plus simple et plus avantageux d'agir ainsi que d'introduire des œufs, d'en faire la fécondation, d'essayer l'éclosion. L'aquiculture sauvage ou domestique, en ce qui concerne la mer, paraît ainsi bien plus certaine que la pisciculture.

Parmi les crustacés, les homards et les langoustes paraissent seuls pouvoir devenir l'objet d'un élevage industriel; le bas prix des crabes ne semble pas faire espérer qu'on puisse, avec bénéfices, faire les frais d'une exploitation un peu importante; la petitesse des crevettes, mise en regard de la grande quantité d'eau et de nourriture qu'elles exigent, fait obstacle à leur élevage. M. Halna du Fretay est parvenu, aux îles Glenans, sur les côtes du Finistère, à conserver dans un réservoir contenant environ 4800 mètres cubes d'eau, jusqu'à 30000 crustacés à la fois, sans subir une mortalité de plus de 1,5 à 2 pour 100. Il peut y maintenir captives des langoustes durant plus de six mois, sans qu'elles perdent de leurs qualités. Ce résultat est obtenu par un système de cloisons et de vannes qui, divisant le réservoir, permettent d'y établir, à chaque marée, des courants violents et de sens variables, selon les besoins, de telle sorte que le renouvellement de l'eau se fait avec la plus grande régularité. La figure 412 montre l'ensemble du réservoir de l'île Saint-Nicolas. Son approvisionnement est alimenté par les pêches du littoral; il est d'ailleurs favorisé par l'abondance des crustacés aux îles Glenans. Le système a pour but principal de conserver ces animaux jusqu'au moment où la vente présente les plus grands avantages. En 1878, la vente a été de près de 24000 homards et langoustes (13000 homards et 11000 langoustes) dont les deux tiers ont été envoyés à Paris, et le dernier tiers en Allemagne. L'île Saint-Nicolas est distante de 15 kilomètres environ de l'établissement de Concarneau qui appartient à l'État. Les entreprises agricoles se multiplient d'ailleurs sur les côtes de l'Océan comme sur celles de la Méditerranée, sur le littoral français comme sur le littoral étranger.

La production des huîtres et des moules est devenue l'objet de grandes industries spéciales. Quant aux mollusques et aux rayonnés divers, ils commencent à être élevés pour les besoins des marchés, notamment à Brégaillon, près de Toulon, où l'on rencontre en particulier l'oursin comestible très estimé sur les bords de la Méditerranée. L'établissement de Brégaillon, créé par M. Malespine, consiste en un vaste parc, de 300 mètres de longueur sur 150 mètres de largeur, avec une étendue totale de 4 hectares et demi. La figure 413 montre l'ensemble des dispositions adoptées. Grâce à une double enceinte de piquets, espacés les uns des autres, d'une dizaine de mètres, la surface est divisée en un certain nombre de carrés, dans lesquels la profondeur de l'eau varie de 1m,50 à 2m,75; chacun de ces carrés est destiné à une production spéciale : ici aux huîtres, plus loin aux moules, ailleurs aux divers genres de mollusques les plus estimés sur les bords de la Méditerranée, clovisses, praires, oursins, etc. Mais la production des moules et celle des huîtres occupent le premier rang. Les huîtres sont élevées dans des boîtes et sur des claies spéciales. Quant aux moules, il suffit de tendre entre les piquets des cordages sur lesquels le naissain se dépose, ainsi, d'ailleurs, que sur les piquets eux-mêmes, pour former, au bout de deux ans environ, des grappes continues bonnes à être exploitées. Au centre du parc, sont disposés plusieurs pontons : sur l'un d'eux est une cabane de garde, sur un autre est disposé un hangar qui sert à abriter les ouvriers pour le triage des coquilles et la préparation pour la vente. Autour des pontons, sont disposés quelques viviers grandes de destruction accidentelle. Cet élevage est encore pratiqué, comme il paraît l'avoir été toujours, sans aucune modification importante.

» En Chine, où depuis longtemps la pisciculture est faite sur la plus vaste échelle, elle s'adresse également à des poissons herbivores; seulement, ce sont des espèces plus faciles encore peut-être que les nôtres quant aux moyens d'existence, et ayant une croissance plus rapide. Mais qu'est-ce que la carpe et la tanche? Deux poissons de peu de valeur qui, par conséquent, ne peuvent tenter l'industrie au delà de certaines limites, et ne permettent pas de songer à faire des dépenses un peu considérables pour leur élevage. On a donc pensé à d'autres animaux plus estimés, les salmonides, et c'est sur eux qu'ont porté surtout des essais de multiplication, encouragés par l'idée que ces précieux poissons, devenus de plus en plus rares dans beaucoup de nos cours d'eau, y existaient autrefois en grande abondance.» — Il est incontestable que

Fig. 412. — Réservoir à crustacés de l'île Saint-Nicolas.

dans lesquels sont conservés des poissons ou des crustacés qui y grandissent. Cette industrie est extrêmement prospère, en même temps qu'elle assure la conservation des espèces comestibles dont les sujets ne sont pêchés qu'après avoir atteint leur complet développement et rempli leurs fonctions pour la reproduction de l'espèce.

L'*aquiculture animale dans les eaux douces* ne s'occupe guère que des poissons, à l'exception des sangsues, dont l'élevage donne lieu à une industrie aquicole spéciale, l'*hirudiniculture*. « La pisciculture dans nos pays, dit M. Léon Vaillant, professeur au Muséum d'histoire naturelle, dans son Rapport sur l'aquiculture à l'Exposition universelle de 1878, a de tout temps été faite pour la carpe, la tanche, etc., poissons de préférence herbivores, se contentant d'eaux peu fréquemment renouvelées, fixant leurs œufs aux tiges de végétaux aquatiques, conditions qui, d'une part, permettent de rassembler ces animaux en grand nombre dans un espace relativement petit, et, en second lieu, font que leur évolution dans l'œuf s'opère avec des chances moins le poisson, dit encore M. Vaillant, dont nous devons abréger l'exposé, tend à disparaître des eaux douces. En ce qui concerne les premiers développements, c'est-à-dire depuis la ponte jusqu'à l'éclosion, l'aménagement de la plupart des cours d'eau y apporte de grands obstacles. Le curage des canaux, en enlevant les plantes sur lesquelles un grand nombre d'espèces fixent leurs eaux, nuit à leur propagation, et il serait désirable que le faucardage fût réglementé convenablement de même que la pêche, la protection de la reproduction étant aussi nécessaire que celle des adultes. La conservation des frayères sur le sable serait également nécessaire. Il faudrait, enfin, que les barrages qui coupent les cours d'eau fussent munis d'échelles qui permettraient aux saumons de remonter les courants aussi haut que leur instinct les y pousse. La fécondité extrême des poissons est telle, que leur développement serait assuré par la nature, malgré les besoins carnassiers des certaines espèces, si l'homme n'était pas un destructeur d'autant plus terrible qu'il agit souvent avec inconscience.

Dans les premiers temps de la vie, les jeunes poissons recherchent de préférence les infusoires qui se développent avec abondance sur les débris de végétaux immergés; lorsqu'on supprime le flottage dans les cours d'eau, lorsqu'on défriche de vastes espaces, on diminue les moyens de subsistance de l'alevin. L'écoulement des ruisseaux pour l'irrigation des prairies détruit sur beaucoup de points les jeunes poissons, surtout lorsqu'on ne s'attache pas à empêcher l'assèchement complet des cours d'eau. On devrait exiger l'établissement de maçonneries encadrant les vannes de prise pour régler l'écoulement, de manière qu'il restât toujours une quantité d'eau susceptible d'offrir un refuge temporaire aux poissons. Le déversement des égouts et des diverses eaux provenant des usines dans les ruisseaux et les rivières cause aussi une mortalité déplorable qui, ajoutée à l'usage des engins prohibés et à l'emploi d'agents tels que la coque du Levant, la chaux, la dynamite, explique la diminution croissante des poissons, alors qu'on aurait tant d'intérêt à seconder l'action de la nature pour leur multiplication. »

L'aquiculture naturelle employée pour le repeuplement des cours d'eau ne paraît pas pouvoir donner des résultats de quelque importance; elle consiste à jeter dans les rivières un grand nombre de poissons à l'état d'alevins, ayant perdu la vésicule ombilicale, et à abandonner ces animaux à leurs propres forces. On n'a pas de chiffres positifs pour indiquer dans quelle mesure le repeuplement a pu être fait par cette méthode, notamment dans la Seine-Inférieure. Il n'en est pas de même pour l'aquiculture qui, basée sur la fécondation artificielle, se propose l'élevage dans des espaces limités, jusqu'à ce que les animaux aient pris la taille voulue pour être marchands. Des succès assez nombreux ont été obtenus en Auvergne par MM. Rico, Berthoule, de Féligonde; en Seine-et-Oise, par MM. de Buber et de Béhague; en Hongrie, par M. le baron Simon Révay, etc. Les procédés mis en pratique dans ces diverses exploitations sont à peu près ceux indiqués par Coste pour la fécondation des œufs et les soins à prendre de l'alevin dans les premiers temps de son développement jusqu'à la résorption de la vésicule ombilicale, qui est l'époque critique de sa vie.

A l'état de nature, les jeunes salmonides, déjà carnivores, vivent d'infusoires, de petits crustacés, etc. Le mieux serait de pouvoir se procurer ces animalcules en quantité suffisante, mais il est difficile de le faire, et l'on se contente, en général, d'une alimentation composée d'animaux ou de débris d'animaux morts. Il serait plus avantageux de leur offrir des proies vivantes, telles que les petits poissons communs que l'on confond sous le nom de *blanchaille*, dont quelques pisciculteurs font aujourd'hui la multiplication dans des bassins spéciaux, simultanément avec la multiplication des salmonides. C'est ce qui a lieu, notamment dans le Puy-de-Dôme et dans le Gers. Pour avoir la blanchaille, il faut avoir soin d'entretenir une végétation aquatique; le règne animal et le règne végétal devront toujours, dans les eaux comme sur terre, se prêter un mutuel concours, la continuité du dégagement de l'oxygène étant liée à l'absorption de ce gaz, comme la continuité de l'assimilation du carbone est liée à la combustion indéfinie.

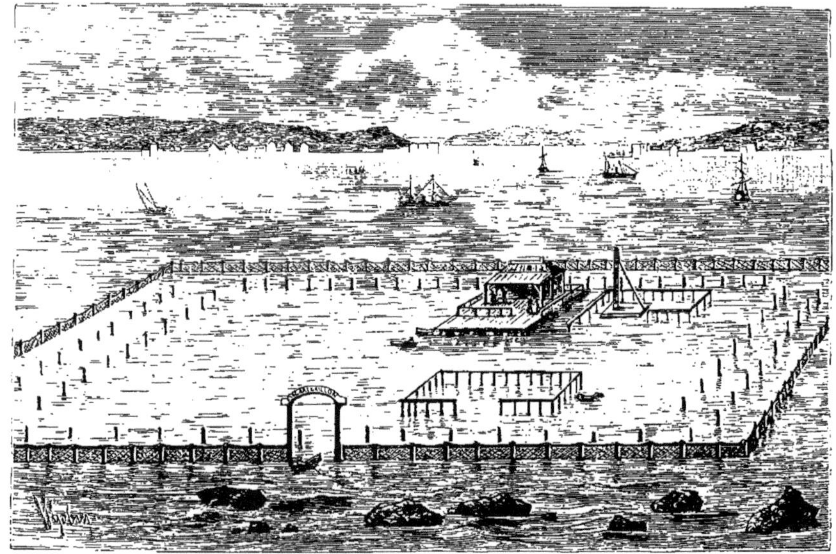

Fig. 413. — Parc de Brégaillon, dans la rade de Toulon.

L'aquiculture végétale a donc une grande importance, non pas seulement au point de vue ornemental et horticole, mais encore sous le rapport de sa nécessité pour rendre réellement féconde l'aquiculture animale.

Les plantes aquatiques aiment en général un sol argileux mélangé de sable fin et de terre bourbeuse. Il faut, lorsque cela est possible, les planter dans du limon de rivière ou, à son défaut, dans une bonne terre à blé. On les multiplie soit par le semis des graines que donnent quelques espèces, soit plus souvent par la séparation, la division ou le fractionnement des touffes, souches, coulants, rhizomes, tubercules ou bulbilles qu'il est facile de se procurer. Cette dernière opération se pratique pour le mieux au moment où les plantes sont en végétation, par exemple, sous le climat de Paris, en avril et en mai, parce que les divisions ou multiplications se trouvent ainsi aussitôt placées dans des conditions identiques à celles où se trouvaient les pieds mères. « Lorsqu'on veut faire un semis de plantes aquatiques, disent MM. Vilmorin-Andrieux, on prend un pot, ou plutôt une terrine percée qu'on emplit de terre franche ou argilo-sableuse ; on répand les graines sur la surface en les recouvrant suivant leur grosseur ; on dispose ensuite par-dessus une faible couche de sable (2 à 3 millimètres environ), et l'on arrose. Le semis fait, on transporte la terrine dans une autre terrine plus grande qui doit contenir de l'eau en quantité variable, selon que l'on opère sur une espèce flottante, émergée ou amphibie. En général, les graines des plantes submergées et des plantes flottantes doivent être semées étant mûres, et placées, dès ce moment, à 2 ou 3 centimètres au-dessous du niveau de l'eau. Si l'on ne pouvait pas les semer tout de suite, il conviendrait de les conserver à l'abri du froid, dans de l'eau additionnée de charbon de bois calciné et pilé, dans de l'argile ou glaise à poterie, dans du sable, du petit gravier ou du poussier de charbon entretenus mouillés, en lieu obscur et frais de préférence. Quant aux graines des plantes émergées, elles peuvent être maintenues, après le semis, à plusieurs centimètres au-dessus du niveau de l'eau, de manière qu'il n'y ait que la base seule de la terrine qui soit baignée. » Une grande partie des espèces amphibies peuvent être semées comme les espèces émergées, les autres peuvent l'être simplement en pépinière, en terre fraîche et à l'ombre. Lorsque les plantes se sont suffisamment développées, on les repique en pots, en bacs ou en paniers, et l'on place ceux-ci, suivant la nature des semis, ou complètement sous l'eau, où seulement le pied plongeant dans l'eau. La plantation est dès lors très facile, s'il s'agit de pièces d'eau ou de bassins autour desquels on peut circuler.

Quand la profondeur est par trop considérable, on place, de distance en distance, de grands pots, des paniers, des baquets ou des tonneaux qu'on élève au besoin sur des trépieds ou des blocs de pierre ou de béton ; on les remplit de la même terre dont la nature a été indiquée plus haut. On procède ensuite à la plantation en disposant les espèces d'après leur grandeur respective et le but que l'on se propose. Ainsi, on peut mettre au milieu du réservoir des massettes, et successivement par rang de taille, du centre à la circonférence, les autres plantes, soit émergées, soit amphibies, et, dans les intervalles qu'on laisse entre elles, on place les espèces flottantes. On obtient ainsi de très jolis effets. On peut de même facilement décorer les bords des rivières et des grandes pièces d'eau. Quant aux parties trop profondes où l'on ne peut établir des trépieds ou des élévations pour recevoir les plantes, on peut les garnir avec des espèces principalement choisies parmi les sortes traçantes, plantées ou semées dans des paniers que l'on jette de distance en distance et que l'on soutient d'ailleurs au moyen de flotteurs de liège, de bois, ou de toute autre nature.

Enfin, en ce qui concerne les aquariums d'appartement, dont les dimensions sont ordinairement très restreintes, on ne peut guère en faire l'ornementation qu'avec des plantes submergées n'exigeant que peu de nourriture ; il suffit d'une couche de quelques centimètres de terre argilo-sableuse, de limon ou de vase de rivière, à laquelle on mélange du poussier de charbon, et que l'on recouvre de sable ou de gravier.

On y construit aussi, assez souvent, de petits rochers dans l'intérieur desquels on ménage des cavités que l'on remplit de la même terre, et dans lesquelles on peut placer à demeure des espèces flottantes ou émergées ; on peut aussi mettre, dans les mêmes cavités, des plantes élevées en pots, et qu'on y maintient tant qu'elles sont en bon état. Pour éviter le dépôt des conferves sur les verres des aquariums, on doit couvrir l'eau ou les côtés les plus éclairés avec un canevas qui tamise la lumière, parce que l'obscurité est peu favorable au développement de ces végétations.

On achève de rendre agréables les aquariums et d'y entretenir une eau salubre, en y ajoutant des limnées, des planorbes, des anodontes et quelques petits poissons. La lumière et la chaleur doivent d'ailleurs être proportionnées dans les aquariums à la nature des végétaux aquatiques qu'on y cultive. Les plus belles plantes des aquariums, les nymphéacées et les nélombiacées exigent beaucoup de lumière ; dans leurs sites naturels, elles évitent toujours les eaux ombragées ; il faut donc, dans les serres, les placer sous les verres les plus transparents et les mieux exposés à la lumière solaire. Pour les plantes de provenance tropicale, l'eau doit être chauffée de manière à avoir une température constante de 27 à 29 degrés ; à l'époque de la floraison, on peut momentanément élever la température à 30 ou 32 degrés ; par contre il convient, en hiver, d'abaisser la température à 18 ou 20 degrés et même un peu au-dessous pour laisser reposer les plantes.

AQUIFÈRE. — Qui porte ou contient de l'eau. Un terrain est aquifère ; cela arrive souvent pour le sous-sol ; on recherche les couches souterraines aquifères pour y faire aboutir les puits et y puiser de l'eau avec les pompes.

AQUIFOLIACÉES (*botanique*). — Famille de plantes dicotylédones, nommées aussi les Ilicinées dont le genre houx (*Ilex aquifolium*) est le type. Elle ne comprend que des arbres ou arbrisseaux à feuilles persistantes, simples, dépourvues de stipules, tantôt alternes, tantôt opposées, souvent coriaces et quelquefois épineuses. L'apalachine appartient à cette famille.

AQUILAIRE (*botanique*). — Genre de plantes de la famille des Thyméléacées qui a donné son nom à la série des Aquilariées. Ce sont des arbres ou des arbustes à feuilles sans stipules, penninervés, à fleurs axillaires latérales ou terminales disposées en ombelles. On en connaît plusieurs espèces ; l'une d'elles, l'*Aquilaria agullocha*, donne le bois d'aigle ou de calambai faux ; une autre, l'*Aquilaria malaccensis* ou *secundaria*, le garo, appelé aussi vulgairement bois d'aloès, mais qu'il ne faut pas confondre avec l'aloès ordinaire (voy. p. 286). Ces deux bois sont résineux et odorants ; ils peuvent être brûlés comme aromates ; on s'en sert aussi pour fabriquer des objets d'ébénisterie, des chapelets et des bijoux.

AQUILARIÉES, AQUILARINÉES (*botanique*). — Famille de plantes dicotylédones composées d'arbrisseaux indigènes de l'Inde et des îles de la Sonde, comprenant les deux genres gyrinops et aquilaria.

AQUILEGIA (*horticulture*). — Voy. ANCOLIE, p. 408 à 410.

AQUITAINE (RACE BOVINE D') (*zootechnie*). — Nom donné à l'une des races bovines dites dolichocéphales ou à crâne allongé, dans la classification donnée par M. Sanson. Elle se distingue par son ample corpulence, la grandeur de la taille et la couleur blonde du pelage. Elle s'étend dans la plus grande partie du sud-ouest de la France ; elle se subdivise en quatre variétés : agenaise, garonnaise, limousine et lourdaise.

ARA (*ornithologie*). — Les aras forment une famille de perroquets remarquables par leur grosseur et la beauté de leur plumage. Ils présentent une longue queue étagée et pointue ; les joues sont dénudées ; la tête est ornée d'une très belle huppe. Le bec, dont la mandibule supérieure est mobile, est fort et crochu. Ils habitent entre les tropiques. Ils volent en troupes et se perchent sur les branches les plus élevées des arbres. Ils se nourrissent de graines et de fruits. Ils sont parés des plus riches couleurs, avec les reflets de l'azur, de la pourpre et de l'or. On en distingue plusieurs espèces : l'ara macao, qui atteint plus de 1 mètre de l'extrémité du bec à celle de la queue, l'ara aracango, l'ara tricolor, l'ara bleu, plus petit que le précédent et que l'on importe le plus souvent en Europe. Tous ils ont la voix rude, criarde et désagréable.

ARABE (BÉTAIL) (*zootechnie*). — Les races d'animaux domestiques élevées par les Arabes dans l'Afrique septentrionale, notamment en Algérie, sont peut-être les plus rustiques qui existent. Pour se perpétuer, la plupart n'ont pas à lutter seulement contre un climat souvent extrême, mais surtout contre l'absence absolue de soins, de quelque nature qu'ils soient, de la part des indigènes. L'Arabe, en effet, n'a le plus souvent de souci que pour son cheval, qui est son compagnon de voyage et de guerre. — Quelques détails suffiront sur les principales races des espèces cameline, asine, bovine, porcine et de basse-cour.

L'Arabe élève deux races de chameaux : celle du Tell et celle du Sahara, plus connue sous le nom de Mehari. La première est de grande taille; la seconde, plus petite, a les membres grêles, mais d'une solidité à toute épreuve; elle est remarquable par son extrême sobriété et par ses allures vives; elle fournit les chameaux de course, ceux qui sont montés par les guerriers, dans un grand nombre de tribus.

L'âne d'Afrique est de très petite taille; sa hauteur est rarement supérieure à 1 mètre; il est généralement gris foncé. Le dos est presque tranchant, la poitrine est étroite, l'encolure mince, les membres grêles. Cet animal, d'une sobriété extrême, présente une très grande force de résistance aux travaux les plus durs. C'est la bête de somme la plus généralement employée dans les villes. Il sert aux Kabyles pour presque tous les travaux agricoles. — Les mulets arabes sont aussi notablement plus petits que les mulets français; ils sont employés, au même titre que les ânes, pour les travaux agricoles et comme bêtes de somme.

Le bœuf africain est de très petite taille, de pelage fauve ou noirâtre; la tête est munie de cornes fines, le corps est court, la croupe large et longue, les membres sont bien musclés. Son développement est lent; à l'âge de cinq à six ans, l'animal ne pèse en moyenne que 250 kilogrammes. Le bœuf est courageux et dur au travail; sa viande est d'assez bonne qualité. La vache est mauvaise laitière. Une variété, connue sous le nom de race de Guelma, formée dans la région de ce nom, où les pâturages sont plus abondants, a pris un plus grand développement; le bœuf adulte atteint le poids de 400 kilogrammes. Les tribus de l'intérieur des terres élèvent peu de bœufs; ce sont celles du littoral, plus sédentaires, qui se livrent surtout à cet élevage. Dans les conditions ordinaires, les bœufs élevés par les indigènes, en Algérie, leur sont achetés par les colons, qui les engraissent soit pour la boucherie, soit pour l'exportation, après les avoir employés aux travaux agricoles. Des croisements très nombreux du bœuf arabe avec la plupart des races d'Europe, ont été essayés par les colons. On a fait ainsi des arabe-durham, des arabe-charolais, des arabe-garonnais, des arabe-schwitz, etc. Le résultat obtenu a été de produire des animaux plus gros et plus précoces; mais la plupart de ces croisements n'ont pas une grande fixité. Des tentatives d'amélioration de la race arabe par la sélection, aidée d'une alimentation abondante, ont été poursuivies, avec succès, par quelques colons.

La population ovine arabe est formée par le mélange d'un grand nombre de races. Sur le littoral et dans le Tell, d'une part, la race barbarine, d'autre part, la race mérinos; dans le Sahara, la race dite des hauts plateaux, dans laquelle on distingue deux variétés, l'une à face blanche, l'autre à face noire. Des croisements très nombreux de ces races ont eu lieu de temps immémorial, de telle sorte qu'il y a une population métisse très nombreuse dont la plupart des variétés sont souvent désignées par les appellations des tribus. L'élevage du mouton est la principale industrie des tribus pastorales; il est pratiqué encore comme aux temps les plus reculés. Depuis l'occupation française en Algérie, des efforts très nombreux ont été faits pour améliorer les troupeaux algériens, surtout au point de vue de la production de la laine. C'est par l'introduction de mérinos d'Europe que l'on a principalement cherché à atteindre ce but.

L'incurie des Arabes, relativement aux approvisionnements de fourrages, est telle que, dans les années de sécheresse, il leur arrive de perdre plus de la moitié de leurs troupeaux; ce sont ce qu'ils appellent des années de peaux, parce que, dans ce cas, leur principale ressource est dans la vente des peaux des animaux morts. Les colons algériens achètent aux Arabes de grandes quantités de moutons qui sont engraissés sur leurs exploitations pour être expédiés en Europe. Cette exportation dépasse souvent 500000 têtes par an.

La variété de chèvres d'Afrique, connue sous le nom de chèvre maltaise, est exploitée sur une assez grande échelle; elle est précieuse à raison de ses qualités laitières.

C'est seulement dans les tribus sédentaires que l'on rencontre quelques élevages de races porcines, et encore sur une échelle très restreinte, quoique la proportion ait augmenté depuis l'arrivée des Français en Algérie. La cause en est toute religieuse; on sait, en effet, que l'usage de la viande de porc est interdite par la loi de Mahomet.

Par contre, les Arabes élèvent en quantité relativement considérable les oiseaux de basse-cour, surtout les poules. Il est vrai que les poulaillers, surtout chez les tribus nomades, sont tout à fait rudimentaires. Ils consistent simplement en un lacis de menus branchages formant une sorte de petit dôme qu'on place sur le sol et qui ne fournit aux bêtes qu'un abri tout à fait insuffisant contre le soleil et les intempéries. La poule bédouine est de petite taille, mauvaise pondeuse, et elle fournit une chair assez médiocre. — L'autruche est un oiseau d'un grand rapport, par ses plumes, tant dans l'Arabie proprement dite que dans plusieurs parties de l'Afrique; des fermes spéciales d'autruches ont été créées, en Algérie, depuis quelques années.

ARABE (CHEVAL) (*zootechnie*). — Le cheval qu'on appelle arabe est celui qui présente les aptitudes développées par le régime auquel les guerriers arabes ont soumis leurs coursiers depuis une époque un peu antérieure à l'ère chrétienne. Les principaux centres de production des plus beaux chevaux arabes sont maintenant en Syrie et en Perse, mais principalement en Syrie, quoiqu'on trouve d'excellents étalons de cette race dans tous les pays musulmans, depuis la Perse jusqu'au Maroc, en passant par l'Arabie, l'Égypte, la Turquie et l'Algérie. C'est de l'un ou de l'autre de ces pays qu'ont été importés les chevaux arabes employés dans l'Europe occidentale pour y améliorer l'espèce chevaline. Le cheval arabe a servi à faire le cheval anglais de pur sang (voy. ce mot, p.).

Le cheval arabe (fig. 414), pur de toute alliance hétérogène, a la physionomie à la fois douce et fière, la plus noble, la plus belle que les chevaux puissent présenter. Sa taille varie, en Orient, de 1m,45 à 1m,56, la moyenne se rapprochant plus du premier nombre que du second. « Il est bien proportionné, dit le général Daumas; il a les oreilles courtes et mobiles, les os lourds et minces, les joues dépourvues de chair, les naseaux larges comme la gueule du lion, les yeux beaux, noirs et à fleur de tête, l'encolure longue, le poitrail avancé, le garot saillant, les reins ramassés, les hanches fortes, les côtes de devant longues, et celles de derrière courtes, le ventre évidé, la croupe arrondie, les testicules serrés et bien sortis, les rayons supérieurs longs comme ceux de l'autruche et garnis de muscles comme ceux du chameau, les saphènes peu apparentes, la corne noire, d'une seule couleur, les crins fins et fournis, la chair dure, et la queue très grosse à sa naissance, déliée à son extrémité. Il doit avoir, en résumé : *quatre choses larges* : le front, le poitrail, la croupe et les membres ; *quatre choses longues* : l'encolure, les rayons supérieurs, le ventre et les hanches; *quatre choses courtes :* les reins, les paturons, les oreilles et la queue.

Fig. 114. — Cheval arabe.

Toutes ces qualités dans un bon cheval, disent les Arabes, prouvent d'abord qu'il a de la race, et aussi qu'il est, à coup sûr, un bon coureur, car sa conformation tient tout ensemble de celle du lévrier, de celle du pigeon et de celle du mehari (chameau coureur).

» La jument doit prendre : du sanglier, le courage et la largeur de la tête; de la gazelle, la grâce, l'œil et la bouche ; de l'antilope, la gaieté et l'intelligence ; de l'autruche, l'encolure et la vitesse ; de la vipère, le peu de longueur de la queue.

» Un cheval de race se connaît à d'autres signes encore. Ainsi, on ne pourrait le décider à manger l'orge dans une autre musette que la sienne ; il aime les arbres, la verdure, l'ombrage, l'eau courante, jusqu'à hennir de joie à l'aspect de ces objets; rarement il boit avant d'avoir troublé l'eau, et si des obstacles de terrain s'opposent à ce qu'il le fasse avec les pieds, quelquefois il s'agenouille pour le faire avec la bouche : à chaque instant il crispe les lèvres, ses yeux sont toujours en mouvement, il abaisse et relève alternativement les oreilles, et tourne son encolure à droite ou à gauche comme s'il voulait parler ou demander quelque chose. Si, à tous ces caractères, un cheval joint la sobriété, celui qui le possède peut se considérer comme ayant deux ailes. Un tel cheval ne consentira jamais à saillir sa mère, sa sœur ou sa fille. »

Les soins que donne l'Arabe à son cheval expliquent ces caractères. Le coursier arabe fait partie intégrante de la famille nomade; il est le compagnon aimé, caressé du musulman; il ne le quitte pas. « Jeune poulain à la mamelle, dit M. Sanson, en outre des caresses constantes de tous les habitants de la tente, il reçoit, en supplément du lait de sa mère, du lait de chamelle, et, dès que ses dents peuvent les triturer, des rations d'orge concassée et ramollie dont la quantité augmente à mesure qu'il grandit. Après le sevrage, qui s'opère pour ainsi dire naturellement, il paît les meilleures herbes autour de la tente, mais l'orge devient sa principale nourriture. Dès que ses reins offrent assez de résistance, il porte le cavalier et commence les exercices gradués qui doivent le conduire à ce haut degré de puissance qu'il atteint à l'âge adulte. Monté d'abord par un enfant, pour de petites courses, il devient ensuite la monture de l'adolescent, puis de l'homme fait, du guerrier, ce qui est en quelque sorte une éducation mutuelle de l'homme et du cheval. Il est façonné peu à peu à endurer sans souffrance la soif et la faim, condition indispensable des hasards de la vie nomade. Et ce qui domine dans tous les exercices, c'est la sollicitude constante dont ses membres, et surtout ses articulations, sont l'objet, pour lui éviter les accidents qui pourraient en altérer l'intégrité. » Les chevaux élevés séculairement dans ces conditions reçoivent de leurs ascendants, et transmettent à leurs descendants, sans aucun des défauts que la consanguinité, évitée avec soin, pourrait amener, les fortes qualités qui impriment leur puissance dans les races où le sang arabe est introduit.

ARABETTE, ARABIS (*botanique* et *horticulture*). — Genre de plantes de la famille des Crucifères et de la tribu des Cheiranthées. Ce sont des herbes annuelles ou vivaces, indigènes dans les Alpes, sur les hautes montagnes du midi de l'Europe, et que l'on retrouve aussi dans les régions boréales de l'Asie et de l'Amérique. Elles forment des touffes de 15 à 25 centimètres de hauteur dont toutes les tiges se terminent par une grappe de fleurs blanches ou roses. Les feuilles sont alternes, les radicales souvent spatulées, les caulinaires sessiles, et elles sont parsemées de poils fourchus et étoilés. Les fleurs régulières et hermaphrodites ont un calice à 4 sépales ordinairement égaux, mais les latéraux sont quelquefois gibbeux à la base ; la corolle a 4 pétales disposés en croix, 6 étamines, dont 2 plus courtes ; les anthères sont d'un jaune doré. Le fruit est une silique linéaire et comprimée avec deux valves planes, munies de côtes, et les graines nombreuses disposées en une ou deux séries. On en compte une soixantaine d'espèces ; les unes sont employées comme plantes d'ornement, les autres sont de quelque utilité en médecine. Les fleurs des arabettes, comme celles de beaucoup de plantes printanières, sont très recherchées des abeilles.

1° L'arabette des Alpes (*Arabis alpina* ou *verna*), appelée aussi arabette printanière et corbeille d'argent, est un des principaux ornements des jardins au sortir de l'hiver, à cause de sa rusticité et de sa floraison précoce. On la cultive soit en massifs, soit en bordures serrées le long des plates-bandes. On espace les pieds d'environ 30 à 40 centimètres, et on l'associe au doronic du Caucase, dont les fleurs sont d'un jaune vif, ou à la saxifrage rose de Sibérie, qui fleurissent en même temps, de manière à obtenir, avec le beau blanc des fleurs d'arabettes, des contrastes d'un charmant effet.

On doit la semer d'avril en juillet en pépinière ; on repique en pépinière, et on met le plant en place préférablement en automne. On multiplie aussi l'arabette par la division des touffes ; pour cela, après que la floraison est passée, on partage chaque touffe en autant de fragments qu'on veut avoir de nouveaux pieds, et on les plante en pépinière où on les laisse jusqu'en automne afin de les mettre en place à cette époque ; quelquefois on recule la mise en place jusqu'au printemps, mais alors on doit transporter la plante en motte pour ne pas nuire à la floraison. On peut aussi faire la multiplication par boutures. Pendant l'été on paille le sol pour éviter l'excès de la sécheresse et pour conserver la vigueur des pieds. MM. Vilmorin-Andrieux ont fait de cette espèce une jolie variété à feuilles panachées et marginées de blanc jaunâtre sur fond vert (*Arabis verna foliis variegatis*) qui fait très bon effet en bordures ou bien plantée sur les glacis et les rocailles ; on ne la multiplie que d'éclats ou de boutures afin de maintenir la constance de sa panachure.

2° L'arabette du Caucase (*A. caucasica* ou *albida*) se cultive comme la précédente, dont elle diffère par sa pubescence tomenteuse, blanchâtre, et par ses feuilles peu dentées. Elle est également employée comme plante d'ornement, et l'on y rattache des variétés à feuilles panachées et marginées de blanc, ou de blanc jaunâtre et de vert, qui sont mélangées avec succès aux cultures de l'arabette des Alpes, telles que l'*A. mollis*, l'*A. lucida*, l'*A. bellidifolia* (à fleurs de pâquerette), etc.

3° L'arabette des sables (*A. arenosa*) (fig. 415), qui est bisannuelle, a pour principal mérite d'être extrêmement précoce, et de fleurir avant que l'époque de la plantation des fleurs ordinaires soit arrivée. Elle vient bien dans toutes les terres des jardins, ainsi que sur les rocailles, où elle se ressème naturellement. Ses fleurs sont blanches ou lilas. Elle croît dans les lieux ombragés et humides, dans les Vosges, le Jura, les Alpes, les Pyrénées. Ses graines sont employées comme stimulantes. On doit la semer à la fin de l'été en pépinière et la repiquer à demeure en octobre, en espaçant de 45 à 50 centimètres les pieds qui tallent tout l'hiver et fournissent au printemps des touffes larges

Fig. 415. — Arabette des sables.

de 30 à 40 centimètres, qui se couvrent de myriades de fleurs en mars, avril et mai.

4° L'arabette de Chine (*A. chinensis*) fournit un médicament excitant qui passe pour être un bon répercussif des phlegmasies locales, et qu'on appelle *aliverie*; il est très employé par les Indiens.

5° L'arabette polymorphe (*A. sagittata*), haute de 20 à 120 centimètres, est commune au printemps dans les bois, les prés, les lieux pierreux de toute l'Europe, remarquable par ses petites fleurs blanches et par ses siliques, qui renferment de petites graines ovales. De celles-ci on extrait une huile analogue à celle de navette et de cameline. La plante fraîche est stimulante. Elle donne au lait des vaches une saveur désagréable.

6° Les arabettes glabres, perfoliées, ciliées, velues, ont des propriétés analogues à celles de la précédente. L'*A. glabra* n'est autre que la *tourette*, appelée aussi moutarde blanche et moutardin ; elle est antiscorbutique. L'arabette velue donne un suc qui guérit les aphtes et tue les vers.

7° L'arabette de Thaliens (*A. Thaliana*) se rencontre au printemps dans les champs sablonneux de médiocre qualité ; sa tige rameuse porte de très petites fleurs blanches. Elle est rebutée du bétail, sauf des brebis.

ARABIDÉES et **ARABIDINÉES** (*botanique*). — On donne ces noms à un groupe ou à une tribu de plantes de la famille des Crucifères, compris parmi les Cheiranthées, qui ont pour type les arabettes, et qui présentent des siliques étroites et allongées, des graines généralement bisériées et des cotylédons accombants.

ARABIE (*géographie agricole*). — L'Arabie est cette vaste contrée asiatique dont l'intérieur est très mal connu, et qui est comprise entre le 34° et le 12° degré de latitude boréale, et entre le 30° et le 57° degré de longitude orientale. Sa superficie est d'environ 260 millions d'hectares. Elle est bornée à l'est par le golfe Persique, au sud par la mer d'Oman et le golfe d'Aden, à l'ouest par la mer Rouge, au nord par la Syrie et l'Algezireh (Mésopotamie). Elle forme la presque totalité de la péninsule du sud-ouest de l'Asie. Elle ne compte guère que 5 millions d'habitants.

ARABINE (*technologie*). — Principe immédiat soluble dans l'eau qui constitue la presque totalité de la gomme arabique. C'est un composé de sels d'un acide particulier et de potasse et de chaux. Cet acide serait l'acide gummique de M. Frémy, et aurait pour formule $C^{12}H^{22}O^{11}$; on pourrait l'appeler aussi *acide arabique*. On l'isole en ajoutant de l'acide chlorhydrique à une solution concentrée de gomme arabique, et en précipitant par de l'alcool. Le précipité desséché devient vitreux; il perd de l'eau entre 120 et 130 degrés, et devient isomérique avec l'amidon et la cellulose. Sa dissolution dévie à gauche le plan de polarisation.

ARABINOSE (*chimie agricole*). — Matière ayant le goût sucré, mais non fermentescible, cristallisable, que l'on prépare en faisant digérer au bain-marie de la gomme arabique avec de l'acide sulfurique étendu et en arrêtant la réaction, lorsque la rotation du plan de polarisation, vers la droite, n'augmente plus. On neutralise alors la dissolution par du carbonate de baryte, et on évapore jusqu'à consistance sirupeuse. On dissout par de l'alcool à 90 degrés centésimaux, et on chasse ensuite l'alcool du liquide décanté par la distillation. La masse sirupeuse laisse déposer des cristaux d'arabinose ($C^6H^{12}O^6$).

ARABIQUE (GOMME) (*chimie* et *technologie*). — La gomme arabique découle naturellement de plusieurs espèces d'acacias, principalement de l'*Acacia arabica* (voy. ce mot, p. 46). Elle se présente comme une substance solide, blanche ou rousse, soluble dans l'eau, sans saveur, d'une cassure vitreuse, se fendillant par son exposition à l'air.

ARABLES (TERRES) (*agriculture*). — On dit que des terres sont arables lorsqu'elles sont susceptibles d'être facilement labourées pour être ensuite ensemencées. Une terre en prairie, couverte en bois ou bien en bruyères, en fougères, en plantes adventices quelconques (voy. ce mot, p. 71), ne devient terre arable qu'après qu'elle a été défrichée, soit par le retournement de la prairie, soit par l'arrachage des arbres, la destruction des plantes adventices ou tout au moins leur enfouissement. Une terre arable doit avoir été soumise à un certain nombre de travaux de culture qui ont pour but de la rendre meuble et de soumettre toutes ses parties à l'action des agents atmosphériques et des météores; elle doit, en outre, avoir reçu des matières fertilisantes, du fumier, des amendements qui ont été incorporés avec elle. Généralement, elle a été soumise à l'épierrement, si elle contenait des pierres ou des roches susceptibles de s'opposer au passage des instruments aratoires; en outre, elle a été drainée, si elle retenait de l'eau qui la rendait marécageuse.

On a proposé plusieurs classifications des terres arables. Elles peuvent se résumer en trois principales : classification physique, classification physiologique ou par la flore spontanée, et enfin classification chimique. Au fond, dans ces trois classifications la chimie intervient : seulement l'idée maîtresse de la première procède de la mécanique, celle de la deuxième de la botanique, et celle de la troisième de la composition minérale.

D'après M. Paul de Gasparin, les caractères qui suffisent pour déterminer une terre arable, au point de vue physique, sont au nombre de trois : la continuité, la ténacité et l'immobilité. Tous les degrés de l'échelle des diverses sortes de terres peuvent être spécifiés par ces caractères, et l'on peut arriver aux trois caractères contraires des précédents, c'est-à-dire la discontinuité, la friabilité et la mobilité. C'est après l'enlèvement des pierres que ces caractères doivent être définis ; la détermination de ce lot a une grande importance au point de vue économique, car le lot pierreux étant en général inerte, occupe dans le sol la place de parties actives, et en diminue d'autant la fertilité ; mais s'il est gênant pour les travaux de culture, il n'a pas d'influence réelle sur la consistance du sol. Seulement la densité de la terre est accrue par la présence des pierres, et par conséquent, de plus grands efforts sont nécessaires pour en soulever et en transporter le même volume.

La classification physiologique repose sur la nature des plantes qui croissent spontanément sur le sol. Chacun sait, par exemple, que des différences profondes séparent la flore des terrains calcaires de celle des terrains siliceux. A cet égard, le comte de Gasparin a proposé une classification établie d'après la proportion de carbonate de chaux existant dans le sol ; il y aurait cinq classes de terres, suivant qu'elles renfermeraient plus de 70, de 30 à 70, de 20 à 30 pour 100, de 1 à 20, et moins de 1 pour 100 de carbonates. Chacune de ces classes serait divisée en familles et en espèces, de telle sorte que l'on arriverait à renfermer dans un total de 80 espèces toutes les terres du monde, divisées en cinq séries. Mais les terres humifères échapperaient à cette classification, et formeraient une classe spéciale dont le dosage en matières organiques réglerait les familles. Toutefois, il faut ajouter que ces 80 espèces ne s'appliquent pas toutes à des terres arables, et qu'il faut en éliminer quelques-unes comme constituant des sols non cultivables.

Quant à la classification chimique, elle est fondée sur la richesse du sol en aliments propres aux besoins des végétaux cultivés, et principalement en aliments minéraux : acide phosphorique, potasse, chaux et magnésie. M. Paul de Gasparin, s'appuyant sur ce fait que les autres principes sont généralement en quantité suffisante dans le sol, a proposé d'ordonner la classification chimique des terres arables d'après la proportion d'acide phosphorique qu'elles renferment, savoir : terrain très riche, quand il contient plus de 2 millièmes d'acide phosphorique; terrain riche, quand il en contient 1 à 2 millièmes; terrain moyennement riche, quand il en contient de 1 demi-millième à 1 millième ; terrain pauvre, quand il en contient moins de 1 demi-millième. Ces quatre classes pourraient être subdivisées en espèces d'après le dosage en potasse.

Pour les praticiens, la consistance du sol sera toujours le caractère dominant, et la classification naturelle, au point de vue du laboureur, sera celle qui exprime les résistances que rencontre la charrue. Le point de vue de l'agronome est tout à fait différent ; il ne peut adopter que la classification qui découle des combinaisons intimes entrant dans la composition des terres arables.

ARABOUTAN — Nom donné à l'arbre qui fournit le bois du Brésil (*Cæsalpinia echinata*).

ARACACHA ou **ARRACACHA** (*agriculture*). — On dit aussi *aracaria* ou *arracaria* et *aracatcha*. C'est le nom d'herbes vivaces, glabres ou légèrement pubescentes et souvent élevées, de la famille des Ombellifères, tribu des Amminées (voy. AMMI, p. 370). Elles forment un genre voisin des *Conium*, et elles sont caractérisées par des feuilles diversement décomposées et des fleurs disposées en ombelles, avec involucre nul ou bractées foliiformes et involucelles généralement formés de nombreuses petites bractées. On en connaît une douzaine d'espèces dans les Andes et les régions méridionales de l'Amérique du Nord. La principale est l'*Aracacha esculenta*, dont la racine ou le rhizome charnu constitue un aliment très employé dans plusieurs États du nouveau monde.

« Dans la Nouvelle-Grenade, dit M. Boussingault (*Mémoires d'agronomie*, t. III, p. 58), on trouve à côté de la pomme de terre, par conséquent sous le même climat, dans le même terrain, une plante des plus robustes, l'aracacha, dont la racine entre pour une forte proportion dans l'alimentation indienne. On en voit de belles plantations dans les localités dont la température moyenne et constante est comprise entre 15 et 22 degrés. A Bogota, la plante donne des graines au bout de huit à neuf mois. A Ibagué, la maturité s'accomplit en six mois, mais on en récolte assez rarement la graine, parce qu'on la reproduit par bouture en talon; on coupe le collet de la racine de manière que la partie charnue devienne la base d'une touffe de pétioles. Cette base circulaire est divisée en segments que l'on met en terre en les espaçant de 60 centimètres. Les bourgeons pétiolaires apparaissent au bout de quelques jours; leur croissance est rapide, le sol est promptement garni. La récolte a lieu avant la floraison, et, comme pour la carotte, la racine est d'autant plus délicate, plus savoureuse, qu'elle est plus jeune. A Caracas, où l'aracacha a été introduit, on l'arrache à l'âge de trois mois. C'est au volume des touffes, à une légère chlorose que prennent les feuilles extérieures, que l'on reconnaît la période où la plante tend à monter en graine, c'est alors que l'on fait la récolte; les racines pivotantes, plus ou moins bifurquées, pèsent 2 à 3 kilogrammes. » La récolte de l'aracacha peut, dit-on, dépasser 40000 kilogrammes par hectare.

On peut regarder cette racine comme intermédiaire, par ses propriétés nutritives, entre la carotte et la pomme de terre; on la prépare, comme cette dernière, pour tous les usages domestiques. On mange, sous le nom de *Cepa*, les ramifications de la racine principale. Enfin, on s'en sert pour nourrir les animaux domestiques, notamment les porcs.

ARACARI (*ornithologie*). — Oiseau du genre des toucans et de l'ordre des grimpants, qui habite les régions les plus chaudes de l'Amérique et notamment le Brésil. Il a la queue étagée, un plumage ordinairement vert, avec du rouge ou du jaune sur la poitrine; un bec assez gros, arqué et dentelé latéralement en scie. Il se nourrit de fruits et d'insectes.

ARACHIDE (*agriculture*). — Les *Arachis* forment un genre de plantes appartenant à la famille des Légumineuses-papilionacées, tribu des Hédysarées. Ce sont des herbes à trois folioles au moins à chaque feuille, à épis de fleurs jaunâtres. M. Baillon en définit les caractères ainsi qu'il suit : « Calice tubuleux, étroit, à sépale antérieur libre; les quatre autres unis. Pétales très inégaux; étendard épaissi, gibbeux sur le dos; carène longuement atténuée et rostrée. Étamines formant un tube clos, quelquefois réduites à neuf, à anthères dissemblables. L'ovaire, presque sessile, devient longuement stipité après la floraison, s'infléchit jusque dans le sol, où le fruit, toruleux, épais et indéhiscent, mûrit ses deux ou trois graines oléagineuses, à testa mince et friable, à embryon rectiligne, à radicule non arquée. »

Fig. 416. — Port de l'arachide.

On en connaît six ou sept espèces, dont l'une, l'*Arachis hypogœa*, est cultivée sur une grande échelle dans les pays chauds, notamment au Brésil, au Mexique, dans les diverses Républiques de l'Amérique du Sud, aux Antilles, sur la côte de la Sénégambie et de Guinée, au Sénégal, aux Indes, en Sicile, en Algérie, en Espagne; elle est connue sous le nom d'arachide, arachine, arachie; fève, pois, pistache, châtaigne, noisette de terre; groundnut, earth-nut; cahahuata. Sa culture, essayée en France au commencement du dix-neuvième siècle, ne s'y est pas développée; mais comme elle est faite avec succès dans le royaume de Valence, en Espagne, grâce à l'irrigation, il est probable qu'elle réussirait dans diverses régions du midi français, si l'on y avait l'eau en quantité, et si l'on appliquait les bons procédés qui en assurent une récolte abondante. Toutefois, le commerce maritime apporte en Europe des quantités d'arachides considérables qui font que les huileries en sont presque toujours suffisamment pourvues.

L'anomalie que l'arachide (fig. 416) présente pendant sa végétation, rend cette plante particulièrement remarquable. Sa tige s'élève à une hauteur de 25 à 35 centimètres, en donnant naissance à des ramifications ayant une longueur égale. La base de la tige est arrondie; sa partie supérieure est quadrangulaire. Les rameaux ont à chaque pétiole une paire de stipules lancéolées. Les feuilles alternes, un peu duveteuses en dessous, lisses en dessus, sont composées de deux paires de folioles obovales. Les fleurs jaunes, ordinairement géminées, naissent à l'aisselle des stipules et sont portées par de petits pédoncules. Après la fécondation, le stipe des fleurs femelles s'allonge peu à peu et s'élève en dessus du tube calicinal qui persiste sous forme de pédoncule, tandis que l'ovaire se courbe vers la terre en s'effilant et s'allongeant rapidement pour pénétrer, au bout de cinq à six jours, dans le sol et s'y enfoncer. Alors le fruit se développe et, à une profondeur de 10 centimètres environ, atteint tout son accroissement. Il forme alors une gousse (fig. 417) oblongue, réticulée, presque cylindrique, de 2 à 3 centimètres de longueur, contenant deux graines ayant chacune la grosseur d'une petite amande de noisette d'une couleur de chair, renfermant une substance blanche, farineuse et oléagineuse d'un goût qui rappelle celui de la noisette, soit à l'état cru, soit à l'état cuit. La richesse de cette amande en huile explique les usages des fruits de l'arachide. On en fait des émulsions rafraîchissantes et adoucissantes; on les mange, à la Nouvelle-Espagne, soit sous forme de pralines, soit en faisant des gâteaux avec du sucre, gâteaux auxquels on attribue des vertus aphrodisiaques. La graine, torréfiée et moulue, est souvent employée dans le chocolat. Mais le principal usage est la fabrication d'une huile qui est bonne, soit pour l'alimentation, soit pour la fabrication des savons, l'éclairage, le graissage des machines. Les tourteaux qui proviennent de l'extraction de l'huile servent avec avantage dans les fumures ou pour l'engraissement des animaux domestiques. Les tiges de l'arachide donnent d'ailleurs un bon fourrage.

Fig. 417. — Fruit de l'arachide.

Les terres qui conviennent le mieux à la culture de l'arachide sont celles d'alluvion; les terres légères ou sablonneuses fournissent des graines un peu moins riches en huile que les terres d'alluvion plus fortes. Dans tous les cas, il faut bien fumer et arroser. Nous avons recueilli, dans un voyage en Espagne, des renseignements précis sur les procédés de culture suivis avec accès dans la plaine de Valence; ces renseignements ont été contrôlés par MM. Robillard et Marti, qui ont bien voulu nous envoyer des notes sur le même sujet. On devra se rapprocher des indications suivantes pour tenter de nouveau la culture de l'arachide en France.

La préparation à donner au sol qui doit recevoir l'arachide varie suivant les plantes qui, dans l'assolement, ont précédé celle-ci. Si l'arachide suit un blé, il faut donner un premier labour de 25 à 30 centimètres de profondeur, puis répandre le fumier sur lequel on fait un deuxième labour, en formant des sillons de 15 centimètres de hauteur. Cette dernière préparation suffit dans le cas où l'arachide a été précédée par une plantation de riz ou des cultures fourragères. Généralement, le fumier d'écurie est celui qui est adopté, à raison de 40 à 50 000 kilogrammes par hectare; on a aussi recours à l'engrais humain, à raison de 2000 kilogrammes par hectare, ou au guano du Pérou, dont on répand 300 kilogrammes pour la même surface.

Les semailles se font en mai ou juin, suivant la récolte qui a précédé. La graine employée est celle du pays; elle est écorcée et, par ce fait, son volume se réduit à 37 pour 100 environ du volume primitif. Pour ensemencer 1 hectare, on emploie 1 hectolitre de graine décortiquée, quantité qui correspond approximativement à 2 kilogrammes et demi de graine non décortiquée. Avant la semaille, on donne un arrosage au sol, puis on le divise en planches de 3 à 4 mètres de largeur. Après avoir parfaitement ameubli la surface par deux ou trois coups de herse, on ouvre, avec la charrue, des sillons distants de 30 à 35 centimètres et profonds de 10 centimètres. On jette la semence au fond des raies, alternativement de deux en deux, et on la recouvre par un coup de charrue sur le côté du sillon. La semence est levée au bout de quinze jours. Une vingtaine de jours après, on procède à un sarclage pour enlever les mauvaises herbes, s'il en est poussé, on rechausse avec la terre des sillons intermédiaires, puis on donne un arrosage. Tous les vingt jours environ, on donne un nouvel arrosage, suivant l'état du sol; mais il convient de ne pas abuser de l'eau tant que la plante n'a pas fleuri. Dans l'intervalle des arrosages, on fait des sarclages, et on rechausse au besoin les lignes de plantes.

La récolte se fait du milieu d'octobre au milieu de novembre. La maturité de la plante est indiquée par la teinte jaune que prennent les feuilles. L'arrachage des tiges s'exécute avec facilité à la main. On les laisse pendant quelques jours couchées sur le sol, exposées à l'action du soleil; au bout de ce temps, la terre adhérente aux racines et aux gousses se détache facilement en la frappant sur une planche. Les gousses sont séparées des tiges par des femmes auxquelles ce travail est généralement confié. Les gousses isolées sont nettoyées sur un crible, séchées au soleil, et enfin enfermées dans des récipients d'une capacité de plus de 1 hectolitre, pour être conservées à la ferme jusqu'au moment de la vente. La paille est mise en bottes pour la nourriture des troupeaux.

Le rendement varie suivant les sols, la fumure, les conditions météorologiques. On obtient en général 60 à 80 hectolitres de gousses par hectare, et 2400 bottes de paille. Les gousses sont vendues 12 fr. l'hectolitre. Un hectolitre pèse en moyenne 38 kilogrammes. Le rendement en huile est de 11 à 12 kilogrammes; le reste forme les tourteaux qui renferment une proportion d'huile variable avec la puissance des presses.

Les frais sont considérables, car cette culture demande beaucoup de main-d'œuvre. Le compte de culture est évalué de la manière suivante par M. Robillard :

Dépenses	francs	
Défoncement d'hiver	75,00	
Fumier (12 500 kilogr.)	156,25	
Façons qui précèdent la semaille et semaille	78,15	870,90
187 journées pour buttages, sarclages et arrosages jusqu'à l'arrachage	374,00	
Arrachage, séchage et mise en sacs	187,50	
Produits		
Gousses	960,00	1085,00
Paille	125,00	
D'où bénéfice		214,10

Les ennemis de cette culture sont surtout les souris, les rats et les mulots.

Dans la province de Valence, la production annuelle d'arachides s'élève à environ 20 millions d'hectolitres qui servent à faire de l'huile sur place ou sont exportés en France et en Angleterre.

La France importe annuellement de 55 à 60 000 tonnes d'arachides en gousses et 5000 à 6000 tonnes d'arachides décortiquées. Les rendements obtenus dans les fabriques de Marseille sont de 30 à 32 pour 100 en huile et 68 à 70 en tourteaux pour les arachides brutes ; de 39 à 42 pour 100 en huile, et 58 à 61 en tourteaux par les arachides décortiquées. Les chimistes n'ont jusqu'à présent trouvé, dans l'arachide, aucun principe immédiat spécial ou caractéristique. Voici les résultats des analyses du tourteau d'arachides décortiquées faites par trois chimistes différents : MM. Corenwinder, Décugis et le docteur Muter :

	CORENWINDER	DÉCUGIS	Dr MUTER
Eau	12,00	12,85	9,60
Matières grasses	9,60	6.20	11,80
Matières azotées	41,62	48,44	31,90
Matières sucrées, amylacées, etc	32,48	27,09	37.80
Cellulose	?	?	4,30
Matières minérales ou cendres	4,30	5.42	4,60
Totaux	100,00	100,00	100,00
Azote pour 100	6,66	7,75	5,10
Acide phosphorique pour 100	1,07	1,59	?

Les tourteaux d'arachides non décortiquées contiennent surtout plus de cellulose et de cendres ; quant aux arachides elles-mêmes, elles ne diffèrent des tourteaux qui en proviennent que par un excès de matières grasses.

ARACHNIDES (*zoologie*). — Animaux constituant la troisième classe du sous-embranchement des articulés dans l'embranchement des entomozoaires ou annelés du règne animal.

ARACHNOÏDE (*anatomie*). — Membrane mince et transparente ressemblant à une toile d'araignée, qui enveloppe le cerveau, le cervelet, la moelle allongée et la moelle épinière, et est une des trois méninges. Elle forme une sorte de sac sans ouverture composé de deux feuillets séreux superposés et pouvant glisser l'un sur l'autre. Elle est placée entre les deux autres méninges, l'extérieure ou *dure-mere*, l'intérieure ou *pie-mere*. Le feuillet qui est en rapport avec la dure-mère est dit pariétal ; celui qui glisse sur la pie-mère est appelé feuillet viscéral. Entre le feuillet viscéral et la pie-mère se trouve un espace occupé par le liquide céphalo-rachidien ou arachnoïdien. L'arachnoïde paraît avoir principalement pour fonction de faciliter les changements de rapports nécessités par les mouvements de la colonne vertébrale relativement à la moelle épinière, et d'empêcher celle-ci d'être blessée. De même que les autres séreuses, l'arachnoïde peut devenir le siège d'une irritation plus ou moins intense que l'on a appelée *méningite* ou *arachnoïdite*.

ARACHNOÏDIEN. — Qui a rapport à l'arachnoïde. On dit feuillet arachnoïdien pariétal et feuillet arachnoïdien viscéral. Il peut y avoir des hémorragies intra-arachnoïdiennes, extra-arachnoïdiennes et sous-arachnoïdiennes.

ARACHNOTHÈRE (*ornithologie*). — Oiseau de l'ordre des passereaux, qu'on rencontre dans l'archipel des Indes et qui se nourrit d'araignées. Le bec, assez fort, est sans dentelure.

ARACK ou **RACK**. — Liqueur spiritueuse qu'on fait aux Indes, en Perse, chez les Arabes (Voy. ALCOOL, p. 175), par la fermentation de liqueurs sucrées très diverses et ensuite la distillation.

ARAGO (*biographie agricole*). — François Arago, né à Estagel (Pyrénées-Orientales) le 26 février 1786, est mort à Paris le 2 octobre 1853. Ce fut un physicien et astronome illustre. Toutefois, ses découvertes, quelque remarquables qu'elle soient, sur la polarisation colorée, sur les rapports de l'aimantation et de l'électricité, et sur le magnétisme de rotation, non plus que ses études sur la constitution physique des planètes, n'autoriseraient pas à placer son nom dans le *Dictionnaire de l'agriculture*, si Arago n'avait pas composé d'admirables notices scientifiques sur les principaux phénomènes météorologiques, qui jouent un si grand rôle en économie rurale. Il faut citer surtout les notices sur le tonnerre, sur l'électricité atmosphérique, sur la température du globe terrestre, sur la pluie, sur les puits artésiens.

ARAGOA (*botanique*). — Arbrisseau de l'Amérique centrale, de la famille des Scrofulariacées, tribu des Véronicées.

ARAGON (*géographie agricole*). — Province d'Espagne, qui a formé naguère un royaume important, et dont la superficie est d'environ 4 656 500 hectares. Elle comprend aujourd'hui les trois provinces civiles de Saragosse (1 711 200 hectares), Huesca (1 522 400) et Teruel (1 422 900). La population totale y était, en 1870, de 929 000 habitants. L'Aragon touche à la France par sa frontière septentrionale ; il est limité à l'ouest par la vieille Castille et la Navarre, au sud par la nouvelle Castille, à l'est par la Catalogne. C'est surtout un pays de plaines que traverse l'Èbre et qu'entourent des montagnes de tous les côtés. Les principales productions de ces provinces essentiellement agricoles sont le blé, l'orge, le maïs, le vin, les olives, la soie, la laine. Le canal impérial d'Aragon, dont l'origine remonte au seizième siècle, est tracé parallèlement à l'Èbre ; il commence à Tudela pour se rendre à Torrero ; il a 85 kilomètres de longueur ; il est principalement consacré aux irrigations qui se répandent effectivement sur 28 000 hectares et ont beaucoup augmenté la richesse du pays. Le vignoble s'étendait en 1878 sur une surface de 85 900 hectares, dont 46 600 dans la province de Saragosse, 32 500 dans celle de Huesca et 6800 dans celle de Teruel. On a depuis lors fait des plantations nouvelles sur une assez grande échelle malgré l'invasion phylloxérique. Le rendement moyen est estimé être de 22 hectolitres environ. Les vins d'Aragon sont analogues à ceux du Languedoc, mais présentent plus de force alcoolique. Soumis au vinage et expédiés en France, ils servent à des coupages.

ARAGONITE (*minéralogie*). — Chaux carbonatée cristallisée en prismes droits, à base rectangle, et identique par sa composition chimique au spath d'Islande, qui est cristallisé en rhomboèdres.

ARAIGNE (*chasse*). — Filet employé principalement pour la chasse des grives et des merles. On donne à l'araigne la forme d'un losange. On le monte sur deux perches portées par deux hommes qui le présentent obliquement aux oiseaux et les enveloppent ; ou bien encore on attache chacune des deux extrémités à un bâton que l'on fixe peu solidement sur deux branches d'arbre. Il faut que

s oiseaux, en venant donner dans le filet, le fas-
nt tomber facilement, à cause du peu de solidité
e l'attache, et se trouvent enveloppés dans ses
lis comme dans une sorte de toile d'araignée.
es mailles ont $0^m,03$ de largeur; le fil dont elles
nt faites est délié et retors en deux: les propor-
ons adoptées varient en largeur de $2^m,30$ à $2^m,64$,
en hauteur de $1^m,65$ à 2 mètres; on le peint en
rt ou en brun pour qu'il soit peu visible.

ARAIGNÉE (*zoologie* et *économie rurale*). — On
nne vulgairement le nom d'araignée à tout ani-
al articulé armé de huit pattes, n'ayant pas d'ai-
s, tirant de son corps un fil avec lequel il peut
suspendre ou bien former des pièges ou des
cons. Le nom d'*Aranéide* est meilleur et est
lopté par les entomologistes.

Les aranéides forment une division de la classe
s arachnides (voy. ANIMAL (*règne*). Leur corps
t composé de deux divisions principales: 1° la tête
unie au thorax et constituant un céphalothorax
ique; 2° l'abdomen, qui est globuleux et mou
adhère, par un pédoncule mince, à la première
vision du corps. Le céphalothorax porte, en
ant, des yeux simples au nombre de 2 à 8; la
uche est placée au-dessous d'une sorte d'avan-
ment ou lèvre supérieure, et au-dessus d'une
vre sternale et d'une languette membraneuse
velue; la bouche elle-même consiste en deux
andibules ayant la forme de pinces monodac-
les pourvues d'un seul onglet, en deux mâ-
oires et en deux palpes articulés. L'onglet des
andibules est très dur, pointu, percé d'un trou
nnant passage au venin dont l'araignée se sert
ur engourdir ou tuer la proie dont elle se nourrit.
s mandibules, nommées chélicères, forcipules,
tennes-pinces, serres, ont des couleurs très di-
rses, brun foncé, vert métallique, bleu d'acier ou
uré. L'animal se sert de ses mandibules pour
isir sa proie, la blesser, introduire le venin dans
plaie; la victime est sucée, ou bien elle est
alaxée, ramollie par la salive et introduite
ns l'ouverture buccale et l'œsophage. Les palpes ou bras palpaires présentent cinq articles.

Les palpes des mâles sont gros, volumineux, et
se terminent par une massue arrondie ou ovale,
creusée en capsule; ceux des femelles sont plus
petits et ont, à l'extrémité, un crochet en griffe.
C'est avec les palpes que les mâles recueillent le
sperme et fécondent les femelles. Sur le céphalothorax sont attachées les huit pattes des aranéides,
ordinairement composées de sept articles et terminées par des griffes ou crochets. Ces pattes sont plus
ou moins grosses et longues, selon que les espèces
sont coureuses, voyageuses, sauteuses ou sédentaires.

L'abdomen est mobile par son attache sur le céphalothorax; il est enveloppé d'une peau tendue,
sans segments appréciables; il est revêtu de poils
et d'un duvet fin; il se termine par un anus et par
4 ou 6 mamelons charnus qui constituent les filières
Quatre de ces filières sont charnues, percées d'un
trou, et fournissent la soie; les deux autres sont velues et semblent être des tentatules ou palpes. Cet
appareil est entouré d'un cercle membraneux et
rentre dans l'abdomen ou en sort rapidement pour
jeter la soie et former un fil, à la volonté de l'aranéide. A la partie inférieure et antérieure de l'abdomen se trouvent deux ou quatre ostéoles qui sont
des ouvertures respiratoires, et, entre ces fentes,
sont placés les organes de la génération. La circulation et la respiration ont lieu par un vaisseau dorsal
ramifié et par des poumons et des trachées. Les
œufs sont diversement colorés; ils sont enveloppés
d'un cocon ordinairement filé par la femelle.

Les araignées jouent en agriculture un rôle important par la chasse qu'elles pratiquent contre les
insectes nuisibles, tant aux récoltes qu'aux animaux
domestiques, pour la consommation qu'elles en
font. Les toiles d'araignée sont la meilleure protection qu'on peut avoir contre la propagation des phylloxeras ailés. Les fils et les toiles d'araignée que
l'on voit répandus en nombre immense, dans
la campagne, sur le sol, sur les herbes, sur les
pierres, sur les arbres, que les vents et les brouil-

Fig. 418. — Araignée des jardins (*Epeira diadema*).

lards agglomèrent et amoncellent, qui brillent dans les airs d'une blancheur éclatante, que les paysans appellent des fils de la Vierge, ne sont pas autre chose que des cordages ténus produits par les araignées et qui nettoient l'atmosphère et le sol d'innombrables insectes à l'état de larves ou à l'état parfait.

Les araignées sont toutes zoophages, et elles méritent la protection de l'homme qui, ignorant ou imbu de préjugés sans fondement, leur fait souvent une chasse funeste à ses intérêts. Elles ont d'ailleurs un grand nombre d'ennemis naturels qui se chargent suffisamment de mettre des bornes à l'excès de leur multiplication. Tels sont beaucoup d'oiseaux, les écureuils, les lézards, les grenouilles, les crapauds, plusieurs hyménoptères fouisseurs. On dit qu'une brebis des steppes de la Russie déterre les tarentules pour les manger.

Les araignées peuvent supporter de très longs jeûnes sans périr; beaucoup vivent plusieurs années malgré de durs hivers; elles ne subissent pas de métamorphoses, mais seulement elles changent de peau, c'est-à-dire éprouvent des mues. On peut les manger sans inconvénient; quelques peuples sauvages recherchent une grande espèce d'épéire comme un aliment délicat; il arrive bien souvent qu'en mangeant du raisin on absorbe inscіemment de petits théridions. Au Brésil et au Kamtchatka on réduit les araignées en poudre pour consommer cette poudre comme aphrodisiaque. Les toiles d'araignées sont hémostatiques et arrêtent bien le sang qui s'écoule de petites plaies.

ARAIGNÉE (*médecine vétérinaire*). — Nom donné vulgairement à une maladie des mamelles, qui consiste dans une simple inflammation de la peau de ces organes.

ARAIGNÉES DE MER (*zoologie*). — On donne vulgairement le nom d'araignées de mer à plusieurs sortes d'animaux qui, par leur conformation ou par leur aspect, présentent de l'analogie avec les araignées ou aranéides. — Ce sont principalement les crabes maïdes, de la classe des Crustacés (ordre des Décapodes, voy. ANIMAL (*règne*), p. 447). On doit citer surtout, comme étant très répandus sur les côtes de France, dans les eaux de l'Océan et de la Méditerranée, le maïa squinade et verruqueux (*M. squinada* et *verrucosa*), l'araignée de mer longue patte (*Leptopus longipes*) et les inachus parmi lesquels l'*Inachus scorpio*, qu'on trouve parmi les fucus. Le maïa squinade est livré à la consommation. Sur sa carapace, on trouve plusieurs parasites : la *Polysiphonia variegata*, petite floridée à couleur de rubis, le *Plocassium coccineum*, qui est rose et présente des ramilles en forme de doigts fermés, la *Céramie élégante*, des *corallines*. — On donne aussi le nom d'*araignées de mer* aux poissons du genre Vive (*Trachinus vipera*, *T. drago*, *T. araneus*). Les aiguillons des vives déterminent parfois des accidents très graves. Les vives s'enfoncent dans le sable et s'y cachent en partie, notamment la petite vive; sur nos plages de l'ouest, elles sont redoutées des pêcheurs de crevettes. La chair des grandes espèces est estimée. Elles se nourrissent de substances animales.

ARAIRE (*mécanique agricole*). — L'araire est un instrument de labour dans lequel la force motrice, le plus souvent un bœuf ou une vache, un cheval, une mule ou un mulet, un âne, est directement appliquée à l'organe destiné à remuer le sol, et qu'un homme dirige. Ce mot vient du latin *arare* (labourer); il doit être employé au masculin. C'est, à proprement parler, l'instrument primitif qui, par des progrès successifs, s'est transformé dans la charrue, *carruca* des Romains; chez ces derniers, l'instrument de labour ainsi nommé était caractérisé par ce fait qu'il avait des roues. Cette distinction est généralement adoptée parmi les modernes. L'araire et la charrue sont maintenant deux instruments de labour munis des mêmes organes, à cela près que le dernier possède en plus des roues, c'est-à-dire un avant-train plus ou moins compliqué. Faire l'histoire de l'araire et de la charrue, ce serait répéter celle du labourage. Pour le cultivateur du dix-neuvième siècle, qui appartient aux régions civilisées, les deux mots sont à peu près synonymes en ce sens que, si l'on enlève les roues ou l'avant-train d'une charrue, on transforme celle-ci en araire, sauf qu'il faut, en outre, lui appliquer un régulateur de traction. C'est à cette définition que s'est arrêté Mathieu de Dombasle, lorsqu'il a dit : *l'araire est une charrue simple ou sans avant-train.* Mais pour le cultivateur ancien, pour celui des pays non encore éclairés au dix-neuvième siècle, pour les Arabes, par exemple, afin de ne pas citer quelques parties de la France dont le matériel agricole n'a pas changé depuis des centaines d'années, l'araire est toujours composé de l'age (voy. ce mot, p. 88) qui sert de timon, du sep, qui ressemble à un sorte de coin dans lequel est engagée une forte broche en fer terminée en pointe et qui sert de soc, enfin d'un mancheron. Le soc, dans cet instrument très médiocre et très primitif, ne fait pour ainsi dire qu'égratigner la terre; souvent il est en bois et se confond avec le sep, de telle façon que l'araire est tout simplement constitué par un soc, un age et un mancheron. C'est encore l'enfance de l'agriculture. On a successivement ajouté à cet instrument primitif le versoir, le coutre, le régulateur; on a créé la charrue.

Parmi les instruments perfectionnés, il n'y a plus d'araire proprement dit; dans le langage vulgaire, les deux mots, araire et charrue, sont à peu près synonymes. Il convient mieux d'employer le mot seul de charrue en le faisant suivre d'un qualificatif : charrue sans avant-train, charrue à avant-train, charrue tourne-oreille, charrue légère, charrue profonde, charrue brabant-double, charrue à défoncer, etc., etc. L'emploi d'un véritable araire dans une exploitation, du moins comme instrument principal de labour, est le signe d'une agriculture arriérée.

ARALIA (*horticulture*). — Genre de plantes de la famille des Araliacées, qui sont herbacées, vivaces ou ligneuses, avec feuilles alternes, simples, composées-pennées, digitées et généralement dépourvues de stipules; avec fleurs en ombelles, tantôt solitaires, tantôt réunies en cymes. On en connaît une trentaine d'espèces des régions chaudes ou tempérées de l'Amérique et surtout de l'Asie. Les principales sont :

1° L'aralia papyrifère (*A. papyrifera*), originaire de Chine, et qui mérite de prendre place dans les jardins paysagers de nos climats; elle a d'énormes feuilles palmatilobées; son inflorescence ombelliforme atteint jusqu'à 1 mètre de diamètre. Ses fleurs sont petites, verdâtres, disposées en panicules. Avec sa moelle on fabrique le papier de Chine. Sur les bords de la Méditerranée, la plante est rustique, mais elle succombe à — 7 ou 8 degrés; il convient donc, dans tout le reste du pays, de la rentrer vers le milieu de l'hiver dans une serre tempérée. On la multiplie de boutures; on doit la maintenir, pendant l'été, à l'abri du soleil.

2° L'*Aralia spinosa* est vulgairement appelée angélique épineuse ou en arbre. C'est un arbrisseau de 2 à 4 mètres, à tige épineuse, à grandes feuilles épineuses tripennées, à petites fleurs d'un blanc sale et formant une large panicule divisée en petites ombelles. Il lui faut une terre légère, fraîche, à une exposition moitié ensoleillée. On la multiplie de rejetons ou de tronçons de racines. Son bois sert, en Virginie, à préparer une teinture adoptée contre les dents cariées et les coliques violentes. L'infusion de son écorce est employée contre les rhumatismes.

3° L'aralia de Chine (*A. sinensis*) a de grandes

feuilles pubescentes qui ne sont épineuses que dans leur jeunesse. Deux morceaux de son vieux bois frottés ensemble servent à faire du feu.

4° L'aralia de Siebold (*Fatsia japonica*), originaire du Japon, constitue une plante assez rustique très employée pour la décoration des jardins pittoresques. Son feuillage persistant, d'un vert lisse, est découpé comme celui du platane. On met la plante en pleine terre durant l'été; on relève à l'automne et on l'hiverne en orangerie ou en serre froide; on la multiplie de boutures de tiges et de jeunes bourgeons en serre chaude et sous cloche.

5° Les feuilles ou l'écorce de l'*A. ortophylla* sont, en Chine, considérées comme apéritives, diurétiques et diaphorétiques; ses cendres sont usitées contre l'hydropisie.

6° La racine de l'*A. nudicaulis* ou à tige nue est appelée salsepareille du Canada, salsepareille de Virginie; elle est légèrement sudorifique; on l'emploie souvent pour falsifier la salsepareille.

7° L'aralia à feuilles épaisses (*A. crassifolia*), de la Nouvelle-Zélande, présente une tige frutescente de 1 mètre de hauteur avec des feuilles lisses, épaisses, allongées-dentées, simples dans les jeunes plantes, ternées et spatulées dans les plantes adultes; elle fournit, en mai, des fleurs en grappes terminales.

8° L'*A. umbellata* croît à Amboine (îles Moluques); il en découle une gomme-résine jaunâtre qui répand, lorsqu'on la brûle, une odeur agréable.

9° L'*A. palmata* donne une écorce qui est employée, en Chine, contre l'hydropisie et la gale.

Tous les aralias méritent d'être expérimentés en Europe.

ARALIACÉES (*botanique et horticulture*). — Les Araliacées forment une famille de plantes dicotylédones voisine des Ombellifères; le genre Aralia en est le type. Ces plantes constituent des arbres, des arbustes et quelquefois des herbes à feuilles alternes, simples ou composées, avec des fleurs presque insignifiantes; mais elles se font remarquer par la beauté de leur feuillage toujours vert, ce qui a fait importer d'Asie et particulièrement de Chine, dans nos cultures, les espèces non originaires d'Europe. Elles ont presque la même inflorescence en ombelles que les Ombellifères, et aussi presque la même structure des fleurs, avec cette différence qu'elles présentent un ovaire comprenant un plus grand nombre de carpelles, 5, 10 et même 15; le fruit est ordinairement une baie contenant autant de graines qu'il y avait primitivement de carpelles; les graines sont pourvues d'un albumen charnu. Les Araliacées les plus répandues dans les cultures européennes appartiennent aux genres *Aralia, Cussonia, Gilibertia, Hedera, Panax, Paratropia, Sciadophyllum*. Le lierre appartient au genre Hedera.

ARAMON (*ampélographie*). — Cépage très répandu dans les vignes des départements du midi de la France, principalement de la zone méditerranéenne. On lui donne aussi, en Provence et en Languedoc, les noms d'ugni noir, d'uni noir, d'uni nègre, de plant-riche, de porte-vin, de gros bouteillan, de révalaïré ou rédallaïré, d'arramont. A son bourgeonnement, il présente un duvet blanc, et une légère teinte rosée s'étend sur le revers de la feuille naissante. Ses sarments sont forts, allongés et présentent des entre-nœuds de longueur moyenne. Ses feuilles sont grandes et plus larges que longues, glabres à leur face supérieure, garnies, à leur revers, d'un duvet un peu laineux, avec des dents courtes et un peu aiguës et un pétiole fort de moyenne longueur. La grappe est ordinairement très grosse, longue, avec un pédoncule assez long et assez grêle, des grains très gros, presque sphériques, à la peau mince et peu résistante, d'un noir rougeâtre, à la chair molle, juteuse, assez sucrée et d'une saveur peu relevée. Ce cépage est surtout remarquable par sa grande production; on obtient en moyenne, en coteaux et dans de mauvaises terres, de 35 à 40 hectolitres; mais dans les plaines, dans de bonnes terres, on récolte 100 ou 200 ou même 300 hectolitres et au delà par hectare, d'un vin sans doute peu coloré, et qui souvent n'a pas grande force, mais qui est assez recherché par le commerce.

ARANÇADA (*métrologie*). — Mesure agraire espagnole, équivalant à un peu plus de 38 ares.

ARANÉIDES (*zoologie*). — Voy. ARAIGNÉE.

ARARIBA (*botanique et technologie*). — L'*Arariba rubra* est un arbre du Brésil oriental dont l'écorce, rouge à l'intérieur, est employée par les Indiens pour teindre la laine en rouge. Cet arbre n'a pas été encore bien déterminé. On suppose que la poudre d'arariba n'est autre que celle dite d'araroba et encore de goa, qui proviendrait d'une cæsalpine, le *Ceutrolobium tomentosum*, poudre employée contre certaines affections de la peau.

ARATOIRE (*économie rurale*). — Ce qui sert ou appartient à l'agriculture. On dit l'art aratoire, les travaux aratoires, les instruments aratoires, spécialement pour désigner l'art, les travaux, les instruments qui s'appliquent au labour des champs.

ARAU (*mécanique agricole*). — On donne dans quelques pays le nom d'arau à l'ancien araire des Romains, disposé de telle sorte que le sep soit très allongé; on s'en sert surtout aujourd'hui comme binot, en Belgique, en Angleterre, dans le Poitou et dans quelques autres parties du centre de la France. Ce n'est, en réalité, qu'une charrue à biner ou parfois à buter qui a subi des modifications successives au fur et à mesure que la construction des instruments de labour s'est perfectionnée et qu'on ne retrouve dans sa forme primitive que dans les contrées arriérées.

ARAUCARIA (*horticulture*). — Les *araucaria* sont de très beaux arbres, très élevés, pyramidaux, constituant un genre de la tribu des Araucariées, de la famille des Conifères. Ils forment de vastes forêts dans les régions tropicales ou subtropicales de l'Amérique australe et des îles de l'Océanie. Leurs rameaux sont disposés par verticilles nombreux presque horizontaux, avec feuilles en spirale. Les fleurs sont dioïques, rarement monoïques. Les fruits forment de gros cônes subglobuleux; ils accomplissent leur maturation en deux années: ils sont parfois comestibles. On en fait deux sous-genres, les *Colymbea* et les *Entacta*, caractérisés par le mode de germination des graines, hypogée pour les *Colymbea*, épigée pour les *Entacta*.

Les araucarias du premier sous-genre sont l'imbriqué ou du Chili, puis ceux du Brésil ou de Bidwill. L'*A. imbricata* (fig. 419) a un aspect remarquable et peut atteindre une hauteur de 50 mètres dans son pays d'origine. Son tronc vertical donne naissance à des verticilles de 3 à 8 branches, d'abord légèrement ascendantes, puis horizontales et même retombantes, qui sont hérissées dans tous les sens de larges feuilles imbriquées, raides, très aiguës, piquantes, d'un vert sombre. Les cônes, presque sphériques, ont de 12 à 15 centimètres de diamètre; les graines sont comestibles et ont une longueur de 2 à 3 centimètres. Cet arbre est délicat et souffrant sous le climat de Paris; il réussit très bien, et même fructifie en Bretagne et en Angleterre; il se multiplie parfaitement de graines, assez difficilement de boutures. Les plus grands que l'on connaisse en France ont atteint 20 mètres. L'*A. brasiliensis* et l'*A. Bidwillii*, qui ont un feuillage moins raide et moins dur que l'imbriqué, exigent l'orangerie ou la serre froide sous le climat de Paris.

Les espèces du groupe *Entacta* sont aussi très remarquables. L'araucaria de Norfolk (*A.* ou *Entacta excelsa*) est une des plus belles conifères que l'on connaisse; dans les conditions climatériques qui lui conviennent, dans son île natale, c'est un arbre gigantesque de 60 à 70 mètres de hauteur, et de 6 à 9 mètres de circonférence. Ses branches, disposées en étages superposés, forment une pyramide d'une verdure douce à l'œil, gracieuse, imposante. Sous le climat de Paris, il lui faut l'oran-

Fig. 119. — Port de l'araucaria.

gerie. Les Araucarias de Rule, de Cunningham, de Cook (*A.* ou *Entacta Rulei, Cunninghamii, Cookii*), sont aussi des arbres très élégants, très droits, d'une croissance rapide, mais ils ne réussissent qu'en serre ou bien dans le midi de l'Europe et en Algérie.

C'est aux araucarias que l'île de Norfolk doit le nom de *l'île des Pins.*

ARAUCARIÉES (*horticulture*). — Tribu de conifères, renfermant deux genres d'arbres (Araucaria et Dammara), dont plusieurs espèces sont très recherchées dans l'horticulture ornementale. Ces arbres sont originaires des parties chaudes et tempérées de l'hémisphère austral. Les feuilles sont alternes, à anthères multiloculaires; les écailles des chatons femelles ne portent qu'un seul ovule, et, par suite, qu'une seule graine. Les embryons sont à deux ou à quatre cotylédons.

ARAUCE (*viticulture*). — Nom donné, dans les vignobles de l'est, à l'arçon ou sarment de vigne, qu'on courbe pour lui faire produire plus de fruits.

ARAUJA (*horticulture*). — Plante ligneuse, grimpante, de la famille des Asclépiadées, formant, au Brésil, des sous-arbrisseaux volubiles, blanchâtres, à feuilles farineuses en dessous, glauques en dessus, à fleurs réunies en cymes dichotomes, extra-axillaires. L'arauja blanchâtre (*Physianthus albens*) passe l'hiver en pleine terre dans le midi et dans l'ouest de la France. Sous le climat de Paris, on le livre à la pleine terre en mai; il fleurit tout l'été, jusqu'aux gelées. Ses fleurs blanches lavées de rose, à limbe ondulé ou crispé, sont odorantes. On multiplie cette plante de boutures en terre légère; une serre tempérée et de la terre ordinaire mêlée de terreau lui conviennent.

ARBALÉTRIER (*ornithologie*). — Nom donné, dans le midi de la France, au martinet noir.

ARBITRAGE (*jurisprudence agricole*). — On nomme ainsi une juridiction instituée pour une affaire particulière et qui est confiée à de simples personnes auxquelles les parties en discussion conviennent de s'en rapporter absolument. On ne saurait trop engager les agriculteurs à adopter ce moyen de trancher leurs différends, moyen imposé par la loi dans quelques circonstances spéciales où il est ordonné par jugement d'un tribunal.

En terme de bourse, on désigne, sous le nom d'arbitrage, une opération qui consiste à vendre une valeur que l'on croit atteinte par des causes de baisse, pour la remplacer par une valeur que l'on suppose devoir être l'objet d'un mouvement de hausse.

ARBITRAL. — On dit un jugement arbitral, une sentence arbitrale, pour indiquer un jugement, une sentence prononcée par des arbitres.

ARBITRE. — C'est le nom que l'on donne à un juge choisi par les parties dans un compromis ou désigné par la justice pour porter un jugement sur une question en litige. Un ou plusieurs arbitres peuvent être chargés d'un arbitrage.

ARBOIS (*sylviculture*). — Un des noms vulgairement donnés au faux ébénier ou cytise des Alpes.

ARBOIS (*viticulture*). — Canton du département du Jura, dont les vignes produisent un vin estimé.

ARBORESCENT (*botanique*). — Qualification donnée à tout végétal qui a les caractères d'un arbre, ou bien dont les tiges ou les rameaux prennent la consistance de ceux des arbres.

ARBORETUM (*horticulture*). — On donne le nom latin d'*arboretum* à un jardin pittoresque qui n'embrasse que la culture des arbres et des arbrisseaux réunis souvent dans un but scientifique, et afin d'en faire ou d'en compléter l'étude. Un arboretum est en général réputé d'autant plus riche qu'il contient un plus grand nombre d'espèces, tant indigènes qu'exotiques. Toutefois, il y a des spécialités dans ce genre d'arboriculture : ainsi des arboretums sont entièrement composés d'espèces à feuilles caduques ; d'autres, d'espèces à feuilles persistantes; quelques-uns d'arbres de familles spéciales, etc. ; dans divers arboretums, on trouve la réunion d'espèces caractérisées par des particularités, par exemple, d'exiger la terre de bruyère, ou de n'être que des arbustes ou des arbrisseaux. L'*arboretum* de Segrez (Seine-et-Oise), établi par M. Alphonse Lavallée, a acquis une grande renommée.

ARBORICULTEUR. — Celui qui s'occupe de la culture des arbres.

ARBORICULTURE (*économie rurale*). — Cette expression s'applique à la grande division de l'agriculture, qui a pour objet la culture des arbres, arbrisseaux et arbustes, ou, en d'autres termes, de toutes les plantes ligneuses. On distingue, dans l'arboriculture, quatre divisions :

1° L'*arboriculture forestière*, qui comprend les règles à suivre pour la production des arbres ou arbrisseaux destinés à donner du bois; elle s'applique à la plantation ou à l'aménagement des *bois et forêts*, et porte le plus souvent le nom de *sylviculture;*

2° L'*arboriculture d'ornement*, qui s'étend à toutes les espèces ligneuses employées pour l'ornement des parcs, des jardins, des habitations, des serres;

3° L'*arboriculture fruitière*, qui embrasse la culture de toutes les plantes ligneuses entretenues pour la production des fruits, soit fruits de table, soit fruits oléagineux, soit encore fruits destinés à la fabrication des boissons fermentées : la culture de la vigne, ou viticulture, et celle des poiriers ou des pommiers à cidre s'y trouvent comprises ;

4° L'*arboriculture économique*, qui comprend la culture de toutes les espèces ligneuses employées ou pour un but économique, comme les haies et les plantations en lignes des routes et places publiques, ou pour obtenir des produits employés dans l'industrie, comme le mûrier, le sumac, le chêne-liège, le câprier.

Chaque espèce, dans chaque branche de l'arboriculture, réclame des soins de culture particuliers pour la plantation, pour la taille, pour les travaux à donner au sol, pour les récoltes à prendre. L'ensemble des prescriptions relatives à ces travaux constitue la matière des traités d'arboriculture.

ARBORISATION. — Tout dessin simulant des arbres, et qu'on remarque sur certains minéraux.

ARBOUSE (*économie rurale*). — Fruit de l'arbousier des Pyrénées; on le mange dans le midi de la France, ou bien on en tire de l'eau-de-vie par la fermentation. — On donne aussi le nom d'arbouse au fruit de la courge (*Cucurbita citrullus*), appelée pastèque, melon d'eau, melon de Moscovie, courge d'Astrakan et artichaut de Jérusalem. On dit aussi *arbousse et arbouste*.

ARBOUSIER (*horticulture, arboriculture*). — Le genre Arbousier appartient à la famille des Éricinées. Il comprend des arbres, arbrisseaux ou arbustes dont les fleurs sont pentamères, avec un calice de cinq sépales en préfloraison quinconciale et une corolle campanulée et globuleuse. Les étamines sont au nombre de dix; elles sont rangées sur deux verticilles. Les anthères sont munies d'une corne à la base. L'ovaire est supère avec cinq loges. Les ovules sont anatropes. Le fruit constitue une baie polysperme. Les graines ont

Fig. 420. — Inflorescence de l'arbousier.

un albumen charnu. L'inflorescence est en grappes et les feuilles sont alternes (fig. 420). Les principales espèces d'arbousier sont : 1° L'*arbousier commun* ou *des Pyrénées* (*Arbutus unedo*) ou *olonier*. Il est appelé communément *arbre aux fraises* ou *fraisier en arbre*. C'est un arbuste que l'on rencontre fréquemment dans l'Europe méridionale et l'Asie septentrionale. Les fruits sont globuleux, couverts de saillies verruqueuses. De loin, ils ressemblent à des fraises, mais ils n'en ont pas la saveur et la délicatesse. Malgré cela, ils forment un dessert assez agréable, et, depuis quelques années, le commerce des primeurs de Paris en demande une certaine quantité à la région pyrénéenne. — 2° L'*arbousier des Alpes* (*Arbutus alpina*) est un arbuste couché des montagnes. Les feuilles sont ovales et aiguës. Les fruits sont noirs et non comestibles. — 3° L'*arbousier arbre de corail* (*A. andrachne*) est un arbuste oriental. Il se distingue des deux autres par des feuilles ovales, entières, rarement dentées. Les fruits sont globuleux et d'un rouge vif. Ils sont toxiques avant la maturité, émollients et fébrifuges lorsqu'ils sont mûrs. C'est surtout un arbre d'ornement. — 4° L'*arbousier des Canaries* ou à feuilles de laurier (*A. laurifolia* ou *canariensis*) est rustique seulement dans les parties les plus chaudes du climat méditerranéen. — 5° L'*arbousier tomenteux* (*A. tomentosa*), simple arbrisseau de 2 à 3 mètres, est un peu cotonneux, présente des fleurs blanches en panicules pendantes. — 6° L'*arbousier pétiolé* (*A. petiolaris*) nourrit, au Mexique, une phalène qui donne une soie dont on fait des cravates à Mexico. — Plusieurs autres arbousiers pourraient encore être cités, mais ils n'offrent qu'un intérêt de curiosité. — La bousserole (*A. uvaursi*) est devenue le type d'un genre spécial. — Les feuilles des arbousiers sont astringentes et tannantes.

ARBRE (*botanique, agriculture, arboriculture, horticulture*). — Tout végétal dont la durée embrasse un nombre d'années considérable, qui présente à la base une tige ligneuse, nue et simple, portant à une hauteur plus ou moins grande une couronne formée ou d'un faisceau de feuilles ou d'un grand nombre de branches subdivisées en rameaux sur lesquels les feuilles sont fixées, est un arbre.

Les arbres forment deux groupes naturels distincts : celui des monocotylédonés et celui des dicotylédonés.

Les *monocotylédonés* ont pour patrie les régions tropicales; en dehors de ces régions ils ne font que végéter. Leur tige, droite et cylindrique, s'élance comme un fût de colonne ; elle est composée d'une masse de tissu cellulaire mou dans lequel sont implantés verticalement des tissus fibreux dont l'ensemble constitue le ligneux.

Les fibres de chaque année nouvelle, développées au centre de la tige, rejettent vers la circonférence, comme une sorte de poussée, les fibres des années antérieures, et c'est ainsi que se produit l'accroissement en diamètre. En même temps, le bourgeon terminal, qui se trouve à l'extrémité verticale de la tige, se développe en s'élevant d'une petite hauteur et en augmentant en épaisseur par suite de l'accroissement excentrique de la tige qui le supporte. C'est une sorte de disque qui, chaque année, se superpose aux disques antérieurement formés, de telle façon que, si l'on pouvait déterminer sur la partie extérieure de la tige les points de soudure des disques les uns aux autres, on aurait un moyen de reconnaître l'âge de l'arbre monocotylédoné subissant ainsi un double accroissement dans le sens horizontal et dans le sens vertical.

Le tronc des arbres monocotylédonés reçoit le nom de *stipe* à cause de sa conformation. — Parmi les principaux, il faut citer les dattiers, les palmiers, les cocotiers, les sagoutiers.

Les arbres *dicotylédonés* peuplent toutes les régions tempérées; ils se trouvent dans les forêts des continents européen, asiatique et américain.

Au lieu de présenter une tige cylindrique, ils ont, en général, une tige plus large à la base qu'à mesure que l'on s'élève, et offrent une couronne composée d'un grand nombre de branches se subdivisant en rameaux sur lesquels les feuilles se trouvent fixées. Cette couronne constitue ce qu'on appelle la tête ou la cime de l'arbre. Ce mode d'accroissement de la tige est, en outre, très différent de celui que l'on rencontre dans les monocotylédonés. Quand on pratique une section horizontale à un point quelconque de la tige, on trouve, dans la section circulaire que l'on obtient, trois parties distinctes : à la circonférence, l'*écorce ;* au centre, le *canal médullaire* ou la *moelle ;* dans l'espace intermédiaire, le *bois* ou *corps ligneux*. — L'écorce est comme la peau de l'arbre; elle se compose du tissu herbacé, des couches corticales et du liber, qui se trouvent superposés les uns sur les autres, comme les feuillets d'un livre. — Le canal médullaire a des dimensions plus grandes dans les jeunes tiges; son diamètre se rétrécit d'année en année, de sorte qu'il devient, à la longue, presque imperceptible. Il est rempli, le plus ordinairement, dans le sens de sa longueur, de vaisseaux aériens, qui servent à la circulation de l'air dans toutes les parties du végétal. — Le corps ligneux se divise en deux parties plus ou moins distinctes, suivant les espèces : l'*aubier*, ou bois imparfait, qui touche immédiatement au liber, et le *bois dur*, ou bois parfait, qui est enveloppé par l'aubier. Ces deux parties sont chacune formées de couches concentriques qui sont comme autant d'étuis coniques emboîtés les uns dans les autres.

La sève élaborée chaque année forme, entre le liber et l'aubier, une espèce de couche liquide qu'on appelle le *cambium* et que l'on peut considérer comme étant du ligneux à l'état liquide. Tous les ans, le cambium se décompose, d'une part en liber, et d'autre part en aubier, tandis que, en même temps, le liber de l'année précédente se transforme en couche corticale, et la couche d'aubier la plus ancienne passe, dans la plupart des cas, à l'état de bois parfait; il se produit ainsi deux cônes concentriques, l'un de liber, l'autre d'aubier.

Pour donner à l'arbre le cambium, les filaments qu'on nomme le chevelu, qui garnissent les racines dans lesquelles se ramifie l'extrémité inférieure de la tige, s'introduisent entre les molécules de la terre et y pompent les sucs nécessaires à la végétation du végétal; cette sève, aspirée par les feuilles, est élaborée dans leurs tissus, et s'y charge, par la décomposition de l'acide carbonique sous l'action de la lumière et de la chaleur solaires, de principes fortement carburés; alors elle est transformée en cambium et revient envelopper le ligneux tout entier d'une couche qui est destinée à lui conserver sa vitalité et à accroître les dimensions de l'arbre. Les couches concentriques de ligneux peuvent ainsi servir à déterminer l'âge du végétal (voy. AGE, p. 103). — A mesure que les arbres dicotylédonés avancent en âge et qu'ils gagnent en hauteur, leurs branches inférieures végètent de plus en plus faiblement, et même finissent par périr. Il en résulte que la partie inférieure de la tige se dénude et forme un *tronc* plus élevé en même temps que son diamètre s'accroît.

L'homme peut favoriser ou gêner cette dénudation par le mode de culture, et avoir des arbres basse tige, mi-tige ou haute tige; le tronc acquiert une hauteur plus considérable quand les arbres sont groupés que lorsqu'ils sont isolés. On comprend, en effet, que sous le couvert des forêts, où les cimes empêchent la lumière de parvenir, les branches inférieures, soustraites à l'action solaire vivifiante, doivent finir par languir, puis dépérir et enfin mourir. Ce phénomène se produit d'autant plus facilement que la conformation des cimes permet aux arbres d'être plus rapprochés les uns des autres.

Les dimensions des arbres sont très variables. On trouve les plus grands arbres dans les forêts du nouveau monde. On a mesuré des *Sequoia Wellingtonia* de 150 mètres de hauteur dans la Sierra-Nevada. On cite, en Australie, un *Eucalyptus colossea* ayant 140 mètres de hauteur, et un *Eucalyptus amygdalina* qui, ayant une circonférence de 27 mètres à 1m,30 à partir du sol, s'élevait à la prodigieuse hauteur de 165 mètres.

Les arbres et arbrisseaux doivent être, au point de vue des applications, par conséquent au point de vue agricole, partagés en quatre classes qui vont faire l'objet d'une étude particulière.

PREMIÈRE CLASSE. ARBRES ET ARBRISSEAUX FORESTIERS. — Ils sont surtout cultivés pour leur bois, et ils se partagent en deux groupes principaux : les bois feuillus et les conifères.

Les *feuillus* ont les feuilles aplaties, relativement larges et presque toujours *caduques*, c'est-à-dire que les feuilles tombent et se renouvellent tous les ans. Toutefois, l'olivier et le chêne vert, qui ont des feuilles persistantes, sont des arbres feuillus.

On compte, parmi les arbres de nos forêts, 24 espèces principales appartenant au groupe des feuillus. Ce sont : l'alisier, l'aune, le bouleau, le charme, le châtaignier, le chêne, le chêne-liège, l'érable, le frêne, le hêtre, le merisier, le micocoulier, le néflier, l'olivier, l'orme, le poirier, le pommier, le robinier, le saule, le sorbier, le tilleul, l'yeuse. Lorsque la main de l'homme n'intervient pas, ces diverses espèces sont mélangées. Pour une plus abondante production du bois, il convient d'ailleurs de réunir dans une forêt deux ou trois espèces, par exemple, du chêne et du hêtre, du chêne et du charme, etc. En outre, le traitement en massif est nécessaire pour en obtenir de bons résultats.

Les *conifères* ont pour caractère le plus ordinaire de présenter les feuilles acuminées, rondes, à nervures simples, ne se renouvelant que partiellement chaque année, de telle sorte que les arbres sont toujours *verts;* le mélèze fait exception à cette dernière règle, car tous les ans il perd ses feuilles. On les appelle aussi *résineux* parce qu'ils ont la propriété d'excréter une sorte de liquide plus ou moins épais d'où l'on extrait de la résine. Ils se distinguent enfin des arbres du premier groupe par l'absence dans leurs couches ligneuses de vaisseaux aériens. On compte, en France, dans les forêts, onze espèces résineuses principales, savoir : le cèdre, l'épicéa, le mélèze, le pin d'Alep, le pin embro, le pin laricio, le pin maritime, le pin mugho, le pin sylvestre, le pin Weymouth, le sapin.

Outre les 35 essences principales ci-dessus énumérées, on rencontre encore secondairement dans les forêts, parmi les arbres à feuilles caduques : l'aubépine, le bourgène ou bourdaine, le cornouillier, le cytise, le fusain, le noisetier, le noyer, le peuplier, le planère, le platane, le prunier, le sureau, le vernis du Japon; et parmi les arbres à feuilles persistantes : le cyprès, l'éphèdre, le genévrier, l'if, le thuya, comme résineux; le houx, le buis, le troène.

Les arbres forestiers reçoivent diverses dénominations qui rappellent ou leurs usages, ou leurs situations, ou quelque fait de leur abatage. La nomenclature suivante est empruntée à M. Frezard.

Arbres arsins. — Ce sont des arbres auxquels on a mis le feu pour les faire périr, genre de délit devenu rare.

Arbres d'assiette. — Arbres marqués d'une empreinte spéciale destinée à désigner la partie de forêt où les coupes doivent être effectuées.

Arbres de bordure. — On appelle ainsi, ou bien les arbres laissés, lors des coupes, pour border les routes, chemins et ruisseaux qui traversent les forêts, ou bien pour border les routes afin de donner de l'ombrage aux voyageurs; les principales essences affectées à ce dernier usage sont le marronnier, l'orme, le peuplier d'Italie, le platane, le tilleul.

Arbres de brin. — On désigne par ce nom les arbres venus de graine; ils sont généralement droits et toujours isolés.

Arbres chablis. — Arbres renversés par les vents.

Arbres de délit. — Ce sont ceux qui ont été coupés ou enlevés en contravention dans les bois de l'Etat, des communes et des particuliers; les délits ainsi commis ne sont pas considérés comme délits communs; les *délinquants* sont punis de peines spécifiées par le code forestier.

Arbres déshonorés. — Arbres dont on a coupé frauduleusement la cime ou les branches, ce qui constitue un délit puni de la même amende que si l'on avait coupé les arbres par le pied.

Arbres écorcés. — Ce sont ceux dont on a enlevé l'écorce pour en faire du tan; cette opération s'effectue en France, au printemps, sur les chênes encore sur pied.

Arbres éhoupés. — Arbres dont on a coupé la cime ou une partie des branches.

Arbre encroué. — Arbre qui, au moment de l'abatage, tombe sur un autre.

Arbre en étant. — Arbre qui est encore sur pied, par opposition à arbre abattu.

Arbres faux-ventés. — Arbres qu'on a fait tomber par des cordages ou d'autres engins pour faire croire qu'ils ont été abattus par le vent, ce qui constitue un délit assez rare.

Arbre à laye. — Arbre qu'on laisse pour repeupler les taillis.

Arbres de lisière. — On dit aussi *arbres parois* pour désigner les arbres que les forestiers laissent entre les arbres *pieds-corniers* et qui sont marqués du côté de la vente.

Arbres de lumière. — On donne ce nom ou bien à des arbres qui ne peuvent supporter aucun couvert, parce que la lumière est plus impérieusement nécessaire à leur végétation, tels que les bouleaux, les chênes, les pins; ou bien à des arbres qu'on laisse pour guider les arpenteurs dans le travail du relevé des surfaces coupées.

Arbre en mannequin. — Arbre que l'on conserve dans un *mannequin* ou *panier* pour pouvoir le planter à volonté dans une saison quelconque.

Arbres de marine.— Arbres désignés dans les coupes effectuées chaque année dans les forêts domaniales comme jugés propres aux constructions navales et dont la délivrance peut être faite directement par les agents forestiers à la marine.

Arbres marqués en réserve.—Arbres marqués au moyen d'un marteau spécial afin que les adjudicataires d'une coupe les respectent, parce qu'ils ne font pas partie de la vente; leur abatage serait puni d'une amende édictée par le code forestier.

Arbres parois. — Arbres qui servent de limites entre une coupe vendue et le reste de la forêt; ils sont marqués d'une manière particulière et compris parmi les réserves.

Arbres pieds-corniers. — Arbres qui se trouvent aux angles des coupes; ils sont marqués en réserve sur les faces regardant les lignes qui viennent aboutir au sommet de chaque angle.

Arbres de rejet. — Arbres provenant du rejet d'une souche; comme chaque souche produit ordinairement plusieurs rejets, ils ont généralement des tiges plus ou moins contournées.

Deuxième classe. Arbres et arbrisseaux d'ornement. — Employés pour la décoration des parcs et des jardins, ces arbres peuvent être aussi divisés en essences à feuilles caduques et en essences à feuilles persistantes; ils peuvent être résineux et non résineux, comme ceux de la première catégorie; ils sont seulement beaucoup plus nombreux. On peut les appeler aussi arbres d'agrément. Ce sont tous les arbres, arbrisseaux, arbustes, tant indigènes qu'exotiques, et dont on fait pour ainsi dire chaque jour des introductions nouvelles dans les jardins et dans les parcs.

On pourrait en compter plusieurs milliers tant en espèces qu'en variétés et sous-variétés. « La place, dit avec beaucoup de sens M. Du Breuil, que l'on réservera à chaque arbre (une fois satisfaites les conditions de sol et de climat) sera déterminée par son port, son aspect. Les espèces à forme régulière et pyramidale, comme les peupliers d'Italie, les sapins, ne devront être employées qu'avec ménagement et discrétion. On en formera de petits groupes destinés à faire opposition à la forme arrondie des autres masses d'arbres. Lorsqu'il s'agira de grands massifs, on devra éviter d'y mélanger un trop grand nombre de feuillages différents. Il faudra, au contraire, réunir les arbres qui présentent, sous ce rapport, le plus d'analogie. Le contraste est souvent d'un effet pittoresque, mais il ne faut pas qu'il soit trop divisé; il ne doit exister qu'entre les grandes masses. Ceci s'applique, à plus forte raison, aux arbres à feuilles persistantes qu'on ne doit grouper qu'entre eux. Ils étoufferaient d'ailleurs les espèces à feuilles caduques qu'on essayerait de leur associer. Quant aux arbres et arbrisseaux remarquables par leurs fleurs et leurs fruits, on devra leur réserver de préférence les massifs placés dans le voisinage des habitations, afin de pouvoir jouir constamment de leur aspect. Il faudra, pour la plantation de ces massifs, faire en sorte qu'ils présentent des fleurs ou des fruits pendant tout le temps de la belle saison.

On se sert, pour la plantation des grands parcs, de la plupart des arbres et arbrisseaux forestiers, et les soins qu'on doit leur donner sont à peu près les mêmes dans tous les cas. Ces soins sont indiqués pour chaque espèce particulière. En ce qui concerne les arbres et arbrisseaux connus spécialement pour cet usage, on consultera utilement la classification suivante faite d'après l'époque de la floraison ou de la maturité des fruits, en commençant par les espèces à *feuilles caduques :*

Février et mars. — *Rhodora canadensis*, fleurs pourpres.

Février à avril. — *Ribes malvaceum*, fleurs roses.

Mars. — *Prunus myrobolana*, *Andromeda calyculata*, *Raphiolepis sinensis*, fleurs blanches.

Mars, avril. — *Persica vulgaris d'Ispahan*, *flore pleno*, fleurs roses. — *Dirca palustris*, fleurs jaunâtres. — *Lonicera tatarica*, fleurs roses.

Avril. — *Magnolia Yulan*, fleurs blanches. — *Paulownia imperialis*, fleurs bleues. — *Amygdala argentea*, fleurs roses. — *Armeniaca sibirica*, fleurs roses. — *Pyrus asticifolia* et *sinaica*, fleurs blanches. — *Amelanchier vulgaris*, fleurs d'un blanc soufré. — *Anthyllis barba Jovis*, fleurs jaunes. — *Ribes aureum* et *palmatum*, fleurs jaunes. — *Ribes sanguineum*, fleurs roses. — *Weigelia rosea*, fleurs roses. — *Ribes albidum*, fleurs blanches et roses. — *Fothergilla alnifolia*, fleurs blanches. — *Prunus incana*, fleurs roses. — *Prunus spinosa flore pleno* et *chamæcerasus*, fleurs blanches. — *Wistaria sinensis*, fleurs bleues.

Avril et mai. — *Cercis siliquastrum* et *canadensis*, fleurs roses. — *Edwardsia grandiflora*, fleurs jaunes. — *Magnolia auriculata*, fleurs blanches. — *M. Soulangiana*, fleurs blanches violacées. — *Cerasus pumila*, fleurs blanches. — *Cotoneaster vulgaris*, fleurs jaunâtres. — *Cydonia japonica*, fleurs blanches ou rouges. — *Halomodendron argenteum*, fleurs rosées. — *Ribes speciosum*, fleurs rouges. — *Spirea hypericifolia*, fleurs blanches. — *Prunus prostrata* et *glandulosa*, fleurs roses. — *P. cocomilla*, fleurs blanches. — *Robinia ferox*, fleurs jaunâtres.

Avril à juin. — *Staphilea pinnata*, fleurs blanches. — *Magnolia discolor*, fleurs blanches pourprées. — *Coronilla emerus*, fleurs jaunes. — *Magnolia gracilis*, fleurs pourprées. — *Clematis bicolor*, fleurs blanches à fond pourpre.

Avril à novembre. — *Clematis florida*, fleurs blanches.

Mai. — *Æsculus hippocastanum*, fleurs blanches rosées. — *Cerasus virginiana*, fleurs blanches. — *Æsculus rubicunda*, fleurs rouges. — *Cerasus padus*, fleurs blanches. — *Cratægus nepalensis* et *linearis*, fleurs blanches. — *Cratægus oxycoccina* et *oxyrosea plena*, fleurs roses. — *Pavia lutea*, fleurs jaunes. — *Pavia Ohiotensis*, fleurs blanches. — *Salix pentandra*, fleurs jaunes. — *Sorbus hybrida*, *americana* et *sambucifolia*, fleurs blanches. — *Caragana frutescens*, *grandiflora*, *altagana* et *jubata*, fleurs jaunes. — *Cornus florida*, fleurs jaunes. — *Cytisus Admi*, fleurs roses, rouges et jaunes. — *Halesia tetraptera*, fleurs blanches. — *Pavia rubra*, fleurs jaunes. — *Pistacia narbonensis*, fleurs roses. — *Pyrus spectabilis* et *sempervirens*, fleurs roses. — *Pyrus microcarpa*, fleurs blanches. — *Syringa vulgaris*, fleurs violettes ou blanches. — *Syringa* de Marly, Royal, *Josikæa*, *Rothomagensis*, *saugeiana*, fleurs violet pourpre. — *Tamari gallica*, fleurs blanc-pourpre. — *Tamari indica* et *tetrandra*, fleurs pourprées. — *Amelanchier ovalis* et *canadensis*, fleurs blanches. — *Azalea calendulacea*, fleurs jaunes. — *Caragana chamlagu*, fleurs jaunes. — *Cytisus albus*, fleurs blanches. — *Fontanesia phillyr*, fleurs blanches. — *Lonicera pyrenaica*, fleurs roses. — *Lonicera xylosteum*, fleurs jaunâtres. — *Myrica gale*, fleurs jaunâtres. — *Robinia hispida*, fleurs roses. — *Syringa persica* et *persica laciniata*, fleurs pourpre clair. — *Tamarix germanica*, fleurs pourpre clair. — *Spiræa crenata*, *ulmifolia* et *chamædryfolia*, fleurs blanches. — *Viburnum opulus*, fleurs blanches. — *Amygdalus nana*, fleurs roses. — *Azalea pontica*, fleurs jaunes. — *Azalea liliiflora*, fleurs blanches. — *Azalea prolifera*, fleurs roses. — *Azalea Smithiana*, fleurs pourpres. — *Caragana pygmæa*, fleurs jaunes. — *Xanthorrhiza apiifolia*, fleurs brunes. — *Clematis azurea*, fleurs bleues. — *Clematis montana*, fleurs blanches.

Printemps. — *Acer napolitanum*, fleurs jaunâtres. — *Cydonia lusitanica*, fleurs blanches. — *Forsythia viridissima*, fleurs jaunes. — *Bignonia pandorea*, fleurs rosées. — *Pæonia papaveracea*, *Moutan*, *arborea rosea*, fleurs roses.

Mai et juin. — *Robinia spectabilis*, *Robinia tortuosa*, *Cratægus crus-galli*, *Spiræa opulifolia*, *Staphylea trifoliata*, fleurs blanches. — *Halesia diptera*, fleurs blanches. — *Calycanthus floridus*, *glaucus*, *lævigatus*, fleurs brunes. — *Vaccinium amarum*, fleurs blanches. — *Clianthus puniceus*, fleurs pourpre. — *Cytisus biflorus*, *Weldeni*, *volgaricus*, fleurs jaunes. — *Cytisus filipes*, *Daphne alpina* et *altaica*, fleurs blanches. — *Ononis fruticosa*, *Lonicera caprifolium*, fleurs rouges.

Mai à juillet. — *Capparis spinosa*, fleurs blanches. — *Bignonia capreolata*, fleurs rouges.

Juin. — *Gymnocladus canadensis*, fleurs blanches. — *Elæagnus angustifolia*, fleurs jaunâtres. — *Cladrastis tinctoria*, fleurs banches. — *Kœlreuteria paullinoides*, fleurs jaunes. — *Magnolia umbrella* et *macrophylla*, fleurs blanches. — *Magnolia cordata*, fleurs jaune verdâtre. — *Nyssa villosa*, *aquatica*, *candicans*, *angulisans*, fleurs verdâtres. — *Ptelea trifoliata*, fleurs verdâtres. — *Punica granatum flore pleno*, fleurs rouges. — *P. lutea*, fleurs jaunes. — *Chionanthus virginica*, *Cornus sanguinea*, *Sambucus rotundifolia* et *nigra laciniata*, fleurs blanches. — *Cytisus sessifolia*, fleurs jaunes. — *Punica nana*, fleurs rouges. — *Spiræa sorbifolia*, *Lindleyana*, *ariæfolia*, *lanceolata*, fleurs blanches. — *Spiræa bella* et *Douglasii*, fleurs roses. — *Spiræa salicifolia*, fleurs rosées. — *Vaccinium arboreum*, *Philadelphus coronarius*, *inodorus*, *pubescens*, *grandiflorus*, *Viburnum nudum* et *plicatum*, *Stewartia pentagyna*, *Viburnum lentana* et *pyryfolium*, *Vaccinium pensylvanicum*, *Itea virginica*, fleurs blanches.

Juin et juillet. — *Liriodendron tulipifera* et *tulipifera integrifolia*, fleurs jaune pâle. — *Robinia hybrida*, fleurs roses. — *Dyospiros virginiana* et *lotus*, fleurs verdâtres. — *Maclura aurantiaca*, fleurs vertes. — *Pistachia terebinthus*, fleurs purpurines. — *Melia azedarach*, fleurs violettes. — *Amorpha Lewisii*, fleurs violet foncé. — *Andromeda speciosa*, fleurs violet foncé. — *Stewartia malachodendron*, fleurs blanches. — *Viburnum prunifolium* et *lentago*, fleurs blanches. — *Colutea orientalis*, fleurs rouges. — *C. alepica*, fleurs jaunes. — *Cytisus nigricans*, *capitatus*, *austriacus*, fleurs jaunes. — *Cytisus purpureus*, fleurs rouges. — *Atragene alpina*, fleurs bleues. — *A. sibirica*, fleurs blanches. — *Gelsemium nitidum*, fleurs jaunes. — *Daphne gnidium*, fleurs blanches rosées. — *Daphne tartonraira*, fleurs jaunâtres. — *Mandevilla suaveolens*, fleurs blanches. — *Periploca græca*, fleurs pourpres.

Juin et août. — *Paliurus acu eatus*, fleurs jaunes. — *Artemisia arborescens*, fleurs jaunes. — *Clematis crispa*, fleurs rougeâtres. — *C. virginiana*, fleurs blanches.

Juillet. — *Tilia argentea*, fleurs jaunes. — *Evonymus atropurpureus*, fleurs brunes. — *Amorpha pumila* et *glabra*, fleurs violacées. — *Cephalanthus occidentalis*, fleurs blanches. — *Styrax officinale* et *lævigatum*, fleurs blanches. — *Andromeda racemosa*, fleurs blanches. — *Azalea glauca, nudiflora* et *viscosa*, fleurs blanches. — *Hydrangea arborescens* et *nivea*, fleurs blanches.

Juillet et août. — *Robinia vicosa*, fleurs roses. — *Pavia macrostachya*, fleurs blanches. — *Spartianthus junceus*, fleurs jaunes. — *Andromeda cassinefolia*, fleurs blanches. — *Nandina domestica*, fleurs blanches. — *Hypericum prolificum* et *balearicum*, fleurs jaunes. — *H. pyramidatum*, fleurs roses. — *Clematis flammula*, fleurs blanches.

Août. — *Broussonetia papyrifera. Celtis Missisipiensis*, fleurs rouges. — *Styphnolobium japonicum*, fleurs blanches. — *Amorpha fruticosa*, fleurs d'un bleu violacé. — *Andromeda marginata*, fleurs roses. — *Prinos verticillatus*, fleurs rouges. — *Symphoricarpos parviflora*, fruits rouges. — *S. racemosa*, fruits blancs. — *Clethra alnifolia, tomentosa* et *paniculata*, fleurs blanches. — *Hydrangea japonica, Hortensia, involucrata* et *involucrata flore pleno*, fleurs roses. — *Bignonia grandiflora*, fleurs rouges. — *Clethra acuminata*, fleurs jaunes.

Printemps et été. — *Kerria japonica*, fleurs jaunes.

Été. — *Magnolia acuminata*, fleurs jaunes verdâtres. — *Ornus europæa* et *rotundifolia*, fleurs blanches. — *Rhus coriaria*, fleurs vertes. — *R. thypinum*, fleurs rouges. — *R. cotinus*, fleurs roses en panaches. — *Vitex agnus castus* et *latifolia*, fleurs violettes. — *Berberis canadensis, nepalensis, lucida, empetrifolia*, fleurs jaunes. — *Andromeda axillaris*, fleurs blanches. — *Berberis buxifolia, cratægina, aristata* et *sinensis*, fleurs jaunes. — *Colutea arborescens*, fleurs jaunes. — *Deutzia crenata* et *canescens*, fleurs blanches. — *Genista candicans* et *ætnensis*, fleurs jaunes. — *Lonicera Ledebourii*, fleurs rouges. — *Vitex incisa*, fleurs bleues. — *Atraphaxis spinosa*, fleurs blanches. — *Azalea procumbens*, fleurs roses. — *Cistus laurifolius* et *populifolius*, fleurs blanches. — *C. ladaniferus*, fleurs blanches à fond brun. — *C. purpureus* et *symphytifolius*, fleurs rouges. — *Evonymus nanus*, fleurs brunes. — *Hydrangea quercifolia*, fleurs blanches. — *Origanum sipyleum*, fleurs violettes. — *Pinkneya pubescens*, fleurs blanches. — *Potentilla fruticosa*, fleurs jaunes. — *Rubus rosæfolius*, fleurs blanches. — *Satureia montana*, fleurs blanches. — *Spiræa decumbens* et *prunifolia flore pleno*, fleurs blanches. — *Leycesteria formosa*, fleurs blanc rosé. — *Lycium fuchsioides*, fleurs rouges. — *Akebia quinata*, fleurs rouges. — *Jasminum revolutum* et *pubigerum*, fleurs jaunes. — *Lonicera iberica*, fleurs jaunes. — *Passiflora cærulea*, fleurs bleues. — *Rosa bracteata, Roxburghi, moschata simplex, Banksiana*, fleurs blanches. — *Rosa multiflora rosea*, fleurs rosées. — *R. multiflora coccinea*, fleurs rouges. — *Lavatera arborea*, fleurs violettes. — *Ligustrum japonicum*, fleurs blanches. — *Symphoricarpos mexicana* fleurs roses. — *Clematis aristata*, fleurs blanches.

Août et septembre. — *Acacia julibrizin*, fleurs d'un blanc rosé. — *Aralia spinosa* et *sinensis*, fleurs blanches. — *Escallonia floribunda*, fleurs blanches. — *E. rubra*, fleurs rouges. — *Hibiscus syriacus*, fleurs blanches ou pourpres. — *Jasminum heterophyllum*, fleurs jaunes. — *Spiræa tomentosa*, fleurs rosées. — *Bignonia radicans*, fleurs rouges.

Juillet en septembre. — *Magnolia glauca*, fleurs blanches. — *Phlomis fruticosa*, fleurs jaunes. — *Magnolia Thomsonia*, fleurs blanches.

Juin en septembre. — *Rubus odoratus*, fleurs roses. — *Clematis viticella*, fleurs pourpres.

Mai en septembre. — *Jasminum fruticans* et *humile*, fleurs jaunes.

Mai en octobre. — *Cratægus corallina*, fleurs blanches, fruits rouges.

Septembre — *Benthamia frugifera*, fruits remarquables. — *Benzoin odoriferum*, fruits rouges. — *Vitex arborea*, fleurs bleuâtres.

Août en octobre. — *Lagerstrœmia indica*, fleurs blanches.

Juillet en octobre. — *Jasminum officinale*, fleurs blanches.

Septembre en octobre. — *Gordonia lasianthus*, fleurs blanches.

Été en automne. — *Diervilla canadensis*, fleurs jaunâtres. — *Lonicera balearica*, fleurs violettes. — *L. dioica, Fraseri, pilosa* et *pubescens*, fleurs jaunes. — *L. periclymenum*, fleurs d'un blanc rosé. — *L. sinensis*, fleurs blanches et jaunes. — *L. bachipoda*, fleurs pourpres.

Printemps à l'automne. — *Coronilla glauca*, fleurs jaunes.

Automne. — *Cratægus azarolus*, fleurs rouges ou jaunes. — *Morus rubra*, fruits rouges. — *Sorbus aucuparia*, fruits rouges. — *Cornus alba*, fruits blancs. — *C. cærulea*, fruits bleus. — *Evonymus verrucosus* et *nepalensis*, fleurs rouges. — *Pyrus coronaria* et *baccata*, fruits rouges. — *Rhus glabrum*, fruits rouges. — *Xanthoxylum fraxineum*, fruits rouges. — *Zizyphus sativa* et *sinensis*, fruits jaunes. — *Callicarpa americana*, fruits rouges. — *Lycium europæum barbarum*, et *sinense*, fruits rouges. — *Viburnum edule*, fruits rouges. — *Hamamelis virginica*, fleurs jaunes. — *Celastrus scandens*, fruits rouges. — *Clematis cirrhosa*, fleurs verdâtres. — *Wistaria frutescens*, fleurs bleues.

Juin en novembre. — *Rubus fruticosus flore pleno*, fleurs blanches.

Décembre en février. — *Daphne mezereum*, fleurs blanches ou rouges.

Novembre en avril. — *Clematis calycina*, fleurs blanches.

Les arbres et arbrisseaux ont été, autant que possible, dans chaque catégorie, rangés par ordre de grandeur. Les époques de floraison ou de fructification ornementale sont indiquées pour le climat de Paris; elles peuvent retarder ou avancer pour les régions plus boréales ou plus méridionales.

Les arbres et arbrisseaux ornementaux à *feuilles persistantes* sont moins nombreux que les précédents; la liste suivante est établie sur les mêmes principes de classification pour les mois de l'année.

Janvier. — *Arbutus unedo*, fleurs roses et beaux fruits rouges.

Janvier en mars. — *Daphne laureola*, fleurs verdâtres.

Février en avril. — *Erica herbacea*, fleurs roses.

Février en mai. — *Rosmarinus officinalis*, fleurs blanches.

Mars en avril. — *Arbutus andrachne*, fleurs blanches. — *Camelia japonica*, fleurs variant du blanc au rouge. — *Viburnum tinus*, fleurs rosées.

Mars en mai. — *Epigæa repens*, fleurs carnées. — *Daphne pontica*, fleurs verdâtres.

Avril. — *Spiræa levigata*, fleurs blanches.

Avril en mai. — *Illicium anisatum*, fleurs jaunâtres. — *I. floridanum*, fleurs rouge brun. — *Mahonia fascicularis* et *intermedia*, fleurs jaunes. — *Daphne Cneorum*, fleurs roses ou blanches. — *Ledum palustre*, fleurs blanches. — *Leiophyllum thymifolium*, fleurs blanches.

Mai. — *Cerasus caroliniana*, fleurs blanches. — *Cerasus laurocerasus*, fleurs blanches. — *Pistaccia lentiscus*, fleurs purpurines. — *Rhododendron azaloides*, fleurs roses. — *Andromeda poliifolia*, fruits roses. — *Kalmia glauca*, fleurs roses. — *Oxycoccos europæus*, fleurs rouges.

Printemps. — *Andromeda tomentosa*, fleurs blanches. — *Mahonia aquifolia*, fleurs jaunes. — *Ephedra monostachya*, fleurs rouges. — *Mahonia repens*, fleurs jaunes. — *Vaccinium vitis idæa*, fleurs rougeâtres. — *Mitchella repens*, fleurs blanches.

Avril en juin. — *Daphne collina*, fleurs roses.

Mai en juin. — *Cerasus lusitanica*, fleurs blanches. — *Rhododendron Catawbiense* et *Catesbæi*, fleurs roses. — *R. altaclarense*, fleurs rouges. — *R. Ponticum*, fleurs violacées.

Juin. — *Kalmia latifoli a*, fleurs rosées. — *Rho-*

dodendron fastuosum flore pleno, fleurs roses. — *R. violaceum*, fleurs violacées. — *R. punctatum*, fleurs carnées. — *R. caucasicum*, fleurs blanches. — *R. ferruginosum*, fleurs roses. — *R. hirsutum* et *Chamæcistus*, fleurs rouges. — *Vaccinium arctostaphylos*, fleurs rosées.

Juin en juillet. — *Lyonia arborea*, fleurs blanches. — *Ephedra distachya*, fleurs en chatons. — *Kalmia angustifolia*, fleurs rouges. — *Rhododendron maximum*, fleurs roses.

Juillet. — *Andromeda mariana*, fleurs blanches.

Juillet et août. — *Santolina chamæcyparissus* et *tomentosa*, fleurs jaunes.

Août. — *Ceratonia siliqua*, fleurs pourpres.

Juin en août. — *Buplevrum fruticosum*, fleurs jaunes.

Été. — *Photinia glabra*, fleurs blanches. — *Cneorum tricoccum*, fleurs jaunes. — *Erica vulgaris* et *tetralix*, fleurs roses ou blanches. — *E. Mediterranea*, *multiflora*, *scoparia* et *multicaulis*, fleurs roses. — *Gaultheria cordifolia*, fleurs blanches. — *Lavendula spica* et *stœchas*, fleurs bleues. — *Ledum latifolium*, fleurs blanches. — *Menziesia poliifolia*, fleurs pourpres. — *Pernettia mucronata*, fleurs blanches rosées. — *Lonicera sempervirens*, fleurs rouges. — *Ruscus androgynus*, fleurs blanches jaunâtres. — *Erica ciliaris*, fleurs pourpres.

Juin à septembre. — *Bejaria racemosa*, fleurs roses. — *B. ledifolia*, fleurs rouges. — *Hypericum calycinum*, fleurs jaunes.

Août en septembre. — *Viburnum odoratissimum*, fleurs blanches. — *Gaultheria Shallon*, fleurs blanches.

Septembre. — *Banera rubiæfolia*, fleurs pourpres. — *Arctostaphylos uva ursi*, fruits rouges. — *Gaultheria procumbens*, fleurs rouges.

Octobre. — *Baccharis halimifolia*, fleurs blanches.

Mai en octobre. — *Polygala chamæbuxus*, fleurs jaunes.

Juin en octobre. — *Teucrium fruticans*, fleurs bleues violacées.

Novembre. — *Eriobotrya japonica*, fleurs blanches.

Juillet à novembre. — *Magnolia grandiflora*, *oxoniensis*, *stricta*, *longifolia*, *obtusifolia*, *præcox*, *rotundifolia*, *tomentosa*, *tardiflora*, *maxima*, fleurs blanches.

Été et automne. — *Nerium oleander*, fleurs roses ou blanches.

Automne. — *Ilex aquifolium*, fruits rouges. — *Juniperus oxycedrus*, fruits rouges. — *J. Phœnicea*, fruits jaunes. — *Ilex opaca*, fruits rouges. — *Shepherdia reflexa*, fleurs blanches. — *Cratægus pyracantha*, fruits rouges. — *Evonymus americanus*, fruits rouges. — *Ruscus racemosus*, fleurs rouges. — *Ulex europæus*, fleurs jaunes. — *Empetrum nigrum*, fruits blancs. — *Erica cinerea*, fleurs pourpres ou blanches. — *Ruscus aculeatus*, fruits rouges. — *Cotonaster buxifolia*, fruits rouges.

Décembre. — *Garrya elliptica*, fleurs blanches.

Hiver. — *Rhododendron Dahuricum*, fleurs rouges violacées.

Printemps à l'automne. — *Lonicera etrusca*, fleurs rouges.

Octobre à mars. — *Mahonia glumacea*, fleurs jaunes.

Ces arbres, selon leurs espèces, doivent être plantés, les uns dans de la terre de bruyère, les autres dans des sols consistant en un mélange convenable de sable et d'argile; ils ont aussi besoin de plus ou de moins d'humidité, par conséquent, d'arrosages plus ou moins fréquents; ils exigent, enfin, une exposition tantôt méridionale, tantôt septentrionale, avec un abri; ce sont des questions qui ne peuvent être résolues que dans l'histoire de chaque espèce. Pour effectuer les plantations, il faut prendre des sujets assez jeunes, âgés seulement de trois à quatre ans et ayant, par conséquent, une faible hauteur. On adopte la forme d'un quinconce plus ou moins régulier, en prenant soin de ne pas trop rapprocher les sujets. Lorsqu'on effectue la plantation, on craint toujours de trop espacer; plus tard, on s'aperçoit que les arbres se gênent, et on hésite à faire des sacrifices, car on s'attache aux végétaux qu'on a fait naître et grandir; les massifs donnent ainsi beaucoup à désirer. Il est préférable de laisser, entre les arbres et les arbrisseaux, tout le terrain qu'ils devront couvrir par suite de la croissance des branches. L'effet des premières années est moins beau, mais on est bien récompensé plus tard par la magnificence de la végétation.

Il importe, pendant les premières années, de défendre les jeunes plantations contre les inconvénients de la sécheresse, en pratiquant des arrosages modérés; on opère, en outre, des binages dans les sols argileux, et l'on couvre de feuilles sèches les sols sableux. Il n'est jamais inutile d'employer de temps en temps du fumier ou des engrais à doses modérées. Des labours à l'aide de fourches à dents plates sont aussi effectués avantageusement, chaque année, à la fin de l'hiver; on évite ces labours, en général, dans les sols en terre de bruyère, afin de ménager ces derniers, mais il est préférable de labourer et de faire des apports de terre nouvelle, si l'on veut avoir de beaux massifs. Il faut d'ailleurs enlever soigneusement tous les nids de chenilles, supprimer les branches sèches, couper ou raccourcir, pendant l'hiver, celles qui pendent sur les chemins ou donnent aux arbres une forme disgracieuse.

TROISIÈME CLASSE. ARBRES FRUITIERS. — On donne le nom d'arbres fruitiers à ceux dont les fruits servent à l'alimentation (voy. PLANTES ALIMENTAIRES, p. 231 à 237; et ALIMENTS composés de fruits, p. 257 et 263). On divise ces arbres en trois catégories principales, selon les usages ou la structure de leurs fruits : 1° arbres ou arbrisseaux dont les fruits sont propres à donner des boissons fermentées; 2° arbres à fruits de table; 3° arbres à fruits oléagineux. Mais il apparaît tout de suite que quelques-uns appartiennent aussi bien à une catégorie qu'à une autre, ou tout au moins à deux. M. Du Breuil donne la classification suivante :

Les arbres ou arbrisseaux qui, en Europe, donnent des boissons fermentées sont : la vigne, le pommier, le poirier, le cormier.

Les arbres à fruits de table sont : 1° ceux à fruits à pépins : poiriers, pommiers, coignassiers, orangers, citronniers, grenadiers; — 2° ceux à osselets : néfliers, azéroliers; — 3° ceux à noyaux : abricotiers, amandiers, cerisiers, cornouilliers, jujubiers, pêchers, pistachiers, pruniers; — 4° ceux à fruits en baie : épine-vinette, framboisiers, figuiers, figuiers d'Inde, groseilliers, vignes; — 5° ceux à fruits nuculaires : noisetiers, noyers; — 6° ceux à fruits en capsule : châtaigniers; — 7° ceux à fruits en légume : caroubiers.

Enfin, les arbres à fruits oléagineux sont : l'olivier, le noyer, le noisetier, l'amandier, le hêtre.

M. Carrière pense avec raison qu'on doit accroître cette liste et y comprendre : les *Chænomeles* (coignassiers du Japon), les *Benthamias*, les aliziers, les bibaciers (néfliers du Japon, *Eriobotrya japonica*), les Eugenias (et *Jambosa*), les goyaviers (*Psidium latthyanum*, *pomiferum* et *piriferum*), les anoniers (ANONA, voy. ce mot, p. 483), les assiminiers, les papayers (*Carica papaya*), le casimirier (*Casimiroa edulis*), les kakis (*Diospyros*), les capoltins, les arbousiers, les *Myricas*, les *Pernettyas*, les *Gaultherias*, les *Artostaphylos*, les ronces (*Rubus*), les mûriers, les *Eleagnus*, les *Mahonias*, les vaccinées, (myrtilles ou airelles, voy. ce dernier mot, p. 151). Quelques-uns de ces arbres fruitiers ne sont encore cultivés que très exceptionnellement, mais ils méritent tous d'être essayés sous les climats si nombreux que présente la France.

Les arbres fruitiers d'Europe ont été, de la part de Thouin, l'objet d'une autre classification qui peut être utile pour l'agriculteur cherchant à augmenter les productions de son sol, et surtout à les varier. Cette classification est la suivante :

I. *Arbres fruitiers venant en forêts.* — A. *à fruits juteux :* airelle (myrtille de marais, à feuilles de buis, canneberge, et groseillier (sauvage à grappes et à baies solitaires, croissent dans les zones froide ou tempérée de l'Europe, donnent des fruits propres à faire des confitures et des boissons ; — ronce (en arbrisseau, tomenteuse, bleuâtre, des rochers) et framboisier ordinaire, croissent sur les montagnes, donnent des fruits rafraîchissants et propres à faire des liqueurs ; — rosier (églantier des haies, pomifère, à gros cul, des Alpes, à fruits pendants), croissent partout en terrains plus secs qu'humides, donnent des fruits mangeables après les gelées ; — arbousier ordinaire, croît dans le midi de la France et de l'Europe ; — épine-vinette des haies, croît dans la zone tempérée d'Europe ; — cornouiller à fruits rouges et à fruits jaunes) alisier à feuilles longues et à feuilles rondes, allouchier, de Fontainebleau), néflier des bois, cormier des forêts, poirier sauvage, pommier sauvage, merisier des bois, prunier sauvage. croissent dans les bois de la zone tempérée de l'Europe. — B. *à fruits secs :* pin (à pignons, cembro), le premier vient dans le midi de la France et de l'Europe, le second sur les montagnes ; — chêne (liège, de Grammont, à glands doux), croissent dans le midi de la France et de l'Europe ; — coudrier des bois, hêtre et châtaignier des forêts, appartiennent à la zone tempérée de l'Europe.

II. *Arbres fruitiers de rase campagne.* — A. *à fruits à baies :* mûrier noir, des zones tempérées et chaudes de l'Europe ; — figuier domestique, du midi de la France et de l'Europe ; — groseillier (à grappes, à maquereau), vigne à vin, des zones tempérées de France et d'Europe. — B. *à fruits à osselets :* néfliers à gros fruits, de la zone tempérée de l'Europe ; — azerolier (ordinaire, d'Italie, de Barbarie, du Levant), du midi de la France et de l'Europe ; — plaqueminier de Padoue, cultivé dans la partie méridionale de l'Italie. — C. *à fruits à pépins :* pommier et poirier à cidre et à fruit doux, coignassier ordinaire, cultivés dans la zone tempérée de l'Europe ; grenadier ordinaire, du midi de la France et de l'Europe. — D. *à fruits à noyaux :* olivier cultivé et jujubier commun, arbres du Midi ; — cerisier (ordinaire, guignier, bigarreautier), des zones tempérées et chaudes de l'Europe ; — prunier (mirabelle, rognon de coq, Sainte-Catherine, damas de Tours, quetsche), en culture dans la plus grande partie de l'Europe ; — abricotier (ordinaire, alberger), pêcher des vignes, viennent dans les régions chaudes et tempérées ; — amandier (amer, doux, tendre), du midi de la France et de l'Europe ; — noisetier (franc, avelinier), des zones tempérées et chaudes de l'Europe ; — noyer (commun, de Saint-Jean, à grappes, de jauge, anguleux), en plaine, dans les zones tempérées. — E. *à fruits capsulaires :* châtaignier marronnier, cultivé en plaine et sur les montagnes, dans les parties tempérées et chaudes de l'Europe ; — pêcher-pavie, à longues grappes, rare en France. — F. *à fruits légumineux :* caroubier ordinaire, cultivé dans le midi de l'Europe.

III. *Arbres fruitiers des vergers et des jardins.* — A. *à fruits pulpeux :* épine-vinette (sans pépins, à fruits bleus, à larges feuilles), dans les jardins de France, d'Angleterre et d'Allemagne ; — cerisier (de Cerasonte, de Hollande, d'Angleterre, de France), prunier (reine-claude, mirabelle, drap d'or, de Virginie, perdrigon violet, de monsieur), dans tous les jardins d'Europe ; — abricotier (d'Alexandrie, blanc, de Hollande, noir, panaché, pêche, de Portugal, précoce, violet), dans les jardins des zones tempérées et chaudes de l'Europe ; — pêcher (amande, cerise, pavie, brugnon, teton de Vénus, mamelière), dans un grand nombre de jardins ; — laurier avocayer, en pleine terre dans le royaume de Valence ; — assiminier à trois lobes, dans les jardins de France ; — anone dacrimoila, dans le royaume de Valence ; — plaqueminier (de Virginie, de la Chine), dans quelques jardins d'Europe ; — néflier sans noyau, azerolier du Canada, dans les jardins de la zone tempérée d'Europe ; — pommier (api, calville, rambour, reinette, fenouillet, posloptre), poirier (bergamotte, beurré, blanquette, bon chrétien, doyenné, muscat, orange, rousselet, virgouleuse), cultivés en espaliers, buissons, quenouilles, plein-vent ; — oranger (sauvageon, de Portugal, riche-dépouille, turc, chinois, pompadour, chadec, pamplemousse, bergamotte), limonier (doux, de Florence), citronnier (cédrat, pomire, balotin), cultivés en pleine terre dans les jardins les plus chauds de l'Europe, dans des vases ou en caisses, dans les régions moins chaudes, pour être rentrés dans des serres ou des orangeries durant l'hiver ; — le goyavier des Antilles, culture essayée dans quelques jardins d'Europe ; — vigne (chasselas, corinthe, morillon, muscat, bourdelas), cultivée en treilles, espaliers, berceaux, dans les jardins des zones tempérées ou chaudes, sous châssis ou serres, dans les climats froids. — B. *à fruits secs :* noyer (blanc, mikory, pommier), pistachier (mâle, femelle), dans un assez grand nombre de jardins d'Europe.

Arbres à fruits à noyaux. — Ce sont des arbres dont les fruits sont formés d'une chaire molle ou résistante plus ou moins juteuse enveloppant une partie solide et dure qui renferme l'amande.

Arbres à fruits à pépins. — Arbres dont les fruits sont formés d'une chair résistante, molle ou juteuse, enveloppant des semences. Ces arbres sont moins délicats que ceux des fruits à noyaux ; ils vivent plus longtemps, aiment un sol plus frais, plus compact et une exposition moins chaude. On distingue, parmi ces arbres fruitiers, les *arbres à fruits à couteau, à fruits à cuire* et *à fruits à cidre.*

Arbres fruitiers de plein vent. — Ce sont des arbres abandonnés à eux-mêmes, sans avoir contre le vent aucun abri, particulièrement aucun mur ; ils ne sont soumis qu'à une taille légère.

Arbres fruitiers en quenouille. — On appelle ainsi les arbres qui sont garnis de branches depuis le collet de leurs racines jusqu'au sommet de leur tige, de manière à présenter une forme conique. On cultive les quenouilles dans les jardins où, sur un petit espace, on veut réunir le plus d'individus possible. On donne aussi le nom de quenouille à un poirier qui sort de la pépinière pour devenir une pyramide.

Arbres fruitiers en fuseau. — Arbres auxquels on ne laisse que de courts rameaux fruitiers et qui peuvent être plantés très serrés.

Arbres fruitiers en espalier. — On doit entendre par espalier des arbres cultivés à l'abri d'un mur et dont les branches sont étendues et attachées contre ce mur. Ces arbres peuvent être taillés de manière à affecter les formes les plus variées.

Arbres fruitiers en contre-espalier. — On entend par cette expression les arbres dont les branches sont étendues et fixées soit sur un treillage, soit sur des fils de fer, mais à l'air libre et à une certaine distance des murs sur lesquels sont ceux en espalier. Les arbres peuvent aussi alors recevoir des formes variées, par exemple, celles de *palmettes* comme en espalier.

Arbres fruitiers en buissons, colonnes, gobelets, vases, entonnoirs. — Ce sont des formes qu'on obtient par la taille et qui se rapprochent de celle d'un cône renversé entièrement vide.

Arbres fruitiers en girandoles, en éventail, en pyramides. — Formes que donne la taille et qu'on obtient en forçant les branches à être régulièrement étagées et espacées pour laisser entre elles des vides favorables à la fructification.

Arbres fruitiers nains, demi-tiges et tiges. — Les arbres nains ou basses tiges sont ceux qui, greffés dans la pépinière rez-terre, sont rabattus, lors de la plantation, à quelques centimètres au-dessus de la greffe, afin de servir à faire des espaliers, des buissons ou des éventails. — Les arbres demi-tiges sont ceux qu'on ne fait ramifier qu'à partir de 1 mètre à 1m,60, pour former ensuite des vases, des éventails ou plus souvent des espaliers. — Les arbres tiges ont une hauteur d'environ 2 mètres à 2m,30 sous les branches; cette forme sert pour les arbres de plein-vent ou pour ceux en espalier sur des murailles élevées.

Arbres fruitiers en cordons. — Les arbres fruitiers sont disposés en cordons lorsqu'ils ne sont, en quelque sorte, que le prolongement de la tige sur laquelle on ne laisse que des brindilles pour porter les fruits. Le cordon peut être horizontal, vertical, oblique. Dans le premier cas, à une hauteur de 1 mètre à 1m,50, par exemple, en un même point de la tige verticale, on fait allonger, le long d'un fil de fer en sens inverse, deux branches sous-mère qui, à leur partie supérieure, donnent des branches coursonnes, celles-ci fournissant des sarments. Dans le second et le troisième cas, on ne laisse qu'une tige appliquée verticalement ou obliquement, à la surface d'une muraille, sur laquelle elle jette, à droite et à gauche, les coursons.

Arbres fruitiers sur franc. — Un arbre non greffé, qu'il ait été obtenu par semis, par marcotte ou par bouture, est dit *franc de pied*. On appelle *arbre sur franc* l'arbre qui a été greffé sur un sujet provenu de semis d'une espèce congénère ou d'une variété de la même espèce. On donne le nom de *sauvageons* ou bien aux jeunes plants d'arbres sauvages qu'on tire des bois pour les planter en pépinière, ou bien aux plants de diverses variétés d'arbres fruitiers provenant de semis; les sauvageons sont destinés à être greffés au moyen d'espèces cultivées. On dit qu'un arbre est *franc sur franc* lorsqu'on a d'abord greffé sur une espèce congénère une espèce cultivée, et, une seconde fois, sur le produit de la première greffe, une autre espèce cultivée. Ces opérations ont pour but d'améliorer les fruits produits par les arbres.

QUATRIÈME CLASSE. ARBRES ÉCONOMIQUES. — Cette catégorie comprend les arbres et les arbrisseaux dont les produits sont employés, dans l'économie domestique et dans l'industrie, à divers usages dont quelques-uns ont la plus grande importance pour les services rendus. Thouin a donné, pour ces arbres, une classification que nous adoptons avec quelques modifications. Elle a pour but d'indiquer aux agriculteurs et propriétaires l'usage qu'ils peuvent se proposer de faire de leurs arbres, mais non pas l'emploi commercial des bois, qui exige des débits spéciaux selon les applications qu'on décide.

1° *Arbres pour médicaments, aromates ou parfums.* — Les quinquinas (*Cinchona*) dont l'écorce fournit la quinine et autres alcaloïdes précieux. — Le genévrier commun (*Juniperus communis*), dont les baies servent à aromatiser les liqueurs spiritueuses. — Le câprier (*Capparis spinosa*), dont les boutons des fleurs sont employés comme assaisonnement. — Les jasmins, les rosiers et les cassies, arbrisseaux et sous-arbrisseaux dont les fleurs servent à la préparation des parfums ou à l'extraction d'essences d'un grand prix. — L'arbre à thé, dont les feuilles sont employées pour faire une boisson d'un usage presque universel. — L'*Erythroxylum coca* donne des feuilles employées à la mastication. — Le *Laurus camphora* donne le camphre. — Le cacaoyer (*Theobroma*) fournit le cacao, matière première du chocolat.

2° *Arbres et arbustes fournissant des huiles industrielles ou de la cire.* — Noyer (*Juglans regia* et *Juglans regia serotina*), donnant l'huile de noix; — hêtre des forêts (*Fagus sylvatica*), fournissant l'huile de faîne; — genévrier oxycèdre (*Juniperus oxycedra*), donnant l'huile de cade; — cornouiller sanguin (*Cornus sanguinea*), fournissant une huile à brûler; — le cocotier (*Lodoicea cocus nucifera*), palmier qui, en Amérique, produit une très grande quantité d'huile, particulièrement au Vénézuéla; — le *Ceroxylon andicola*, très abondant dans la Cordillère australe de la Nouvelle-Grenade, donnant la cire de palmier; — le *Myrica cerifera*, très commun à la Louisiane et dans les régions tempérées des Andes, produisant des baies d'où, par l'ébullition, on extrait jusqu'à 25 pour 100 de cire; — le cirier de Pensylvanie (*Myrica pensylvanica*), ayant des propriétés analogues au précédent; — le suiffier de la Chine (*Croton sebiferum*), cultivé dans quelques jardins du Midi pour le suif que fournissent les graines.

3° *Arbres et arbustes fournissant des matières tannantes.* — Le chêne, le sapin, le bouleau, l'aune, le châtaignier, fournissent en Europe les principales écorces d'où l'on extrait le tan. — Les sumacs (*Rhus coriaria*, *R. glabra*, *R. pentaphylla*), les écorces de divers acacias, le myrthe commun (*Myrtus communis*), la noix d'arec (*Areca catechu*), le manguier (*Mangifera india*), le badamier (*Terminalea catalpa*), le palétuvier (*Rhizophora mangle*), le moureiller (*Malpighie spicata*), le bancoulier (*Aleurites triloba*), le bauhinier (*Bauhinia variegata*), le mirobolan citrin (*Terminalia chebula*), etc., fournissent les matières tannantes que, dans le commerce, on appelle de la vallonnie, du sumac, du gambier, du cachou, etc.

4° *Arbres et arbustes fournissant des matières résineuses, gommeuses ou balsamiques.* — Le pin maritime (*Pinus maritima*), le pin d'Alep (*Pinus alepica*), le térébinthe de Provence (*Pistacia terebinthus*), le mélèze d'Europe (*Pinus larix*), fournissent la résine, la térébinthe; plusieurs acacias (*Acacia vera* et *arabica*), le *Cedralus odorata*, le *Cassuvium pomiferum*, le *Calophyllum Calaba*, le *Feronia elephantum*, etc., donnent les gommes; — un frêne (*Fraxinus calabriensis*) fournit la manne du commerce; — le houx commun (*Ilex aquifolium*) donne la glu; — l'arbre à caoutchouc de la Guyane (*Hevea guyanensis*), le *Ficus elastica*, le *Siphonia elastica*, le *Jatropha elastica*, etc., exsudent le caoutchouc; — l'*Isonandra percha* fournit la gutta-percha; — les *Balsamodendrum* et les *Myrospermum* donnent les baumes et l'encens.

5° *Arbres et arbustes fournissant des matières tinctoriales.* — Dans cette catégorie, les espèces sont très nombreuses, surtout parmi les exotiques; il faut citer : le nerprun (*Rhamnus catharticus* et *R. infectoria*), le chêne kermès (*Quercus coccifera*), le chêne tauzin (*Q. tauza*), le sumac fustet ou fustet (*Rhus cotynus*), l'épine-vinette vulgaire (*Berberis vulgaris*), le mûrier (*Morus nigra*, *M. alba*, *M. tinctoria*), l'*Hematoxylon campechianum* (bois de campêche ou bois d'Inde), le *Cæsalpinia crista* (bois de Fernambouc), le *C. brasiliensis* (bois du Brésil), le *C. echinatus* (bois de Sainte-Marthe et de Nicaragua ou de Lima), le *C. sappan* (bois de sapan ou du Japon), le *Pterocarpus santalinus* (bois de santal), le rocouyer (*Bixa orellana*). Le noir, le bleu, le jaune, le rouge, sont facilement obtenus en teinture par les décoctions des bois de ces arbres.

6° *Arbres et arbrisseaux textiles.* — Tilleul des bois (*Tilia europæa*), le mûrier (*Morus alba* et *papyrifera*), le cotonnier (*Gossypium herbaceum* et *fulvum*), le cocotier (*Cocos nucifera*), l'*Arenga saccharifera*, d'où on extrait le gomuto, le *Caryota urens*, d'où on extrait le kitool, fournissent la matière première d'un grand nombre de tissus et de cordages.

7° *Arbres et arbrisseaux fournissant de la matière cellulaire élastique.* — Le chêne-liège (*Quercus suber*), l'*Ochroma lagopus*, le *Bombax criber*, le

B. gossypium, l'*Anona palustris*, le *Pterocarpus suberosus*, donnent de la matière ligneuse avec laquelle on fabrique les bouchons. — On obtient du papier, ou bien l'on fait des pirogues ou divers objets d'économie domestique avec le liber ou la moelle du mûrier à papier (*Broussonetia papyrifera*), de l'*Artocarpus musica*, de l'*Aralia papyrifera*.

8° *Arbres ou arbrisseaux à feu.* — Toutes les matières ligneuses peuvent servir à alimenter le feu, mais toutes n'ont pas les mêmes qualités. Les bois à brûler les plus estimés sont ceux de chêne, de hêtre, de charme, d'alisier, de bouleau, d'érable, de frêne, de sorbier. — L'aune blanc est recherché pour le chauffage des fours. — Tous les bois peuvent servir à faire du charbon, mais celui-ci peut être plus ou moins bon. — La bourdaine, le peuplier-tremble, le saule, le tilleul, donnent des charbons qui peuvent être, surtout le premier, employés pour la fabrication de la poudre. — Les cendres de l'aune, du charme, des érables, du frêne, de l'orme, du sapin, du saule, donnent beaucoup de potasse. La salicorne-arbrisseau fournit des cendres riches en soude. — On n'emploie les produits des arbres pour le feu que lorsqu'on ne peut pas autrement en tirer un meilleur parti.

9° *Arbres pour les charpentes rurales.* — Dans les campagnes on emploie, pour faire des charpentes, tous les bois ayant des dimensions convenables; ceux qui sont les moins chers et chargent moins les murs, sont : le saule (*Salix alba* et *caprea*), le peuplier (*Populus alba, nigra, tremula*), le bouleau (*Betula alba*), l'érable (*Acer pseudo-platanus, platanoides, opulifolia*), le pin (*Pinus sylvestris* et *maritima*), le cyprès ordinaire (*Cupressus sempervirens*).

10° *Arbres pour les charpentes urbaines.* — Le chêne (*Quercus robur, pedonculata, haliferos, tauza*), le châtaignier (*Fagus castanea*).

11° *Arbres fournissant les mâtures et autres bois des constructions navales.*—Sapin (*Abies taxifolia* et *picea*), pin (*Pinus rubra, elata, laricio*), mélèze (*Pinus larix*).

12° *Arbres pour la menuiserie.* — « Dans les pays, dit Thouin, où les espèces de bois sont peu nombreuses, on n'est pas difficile sur le choix, et l'on emploie à la menuiserie grossière tous ceux qu'on a sous la main, tels que le marronnier, le tilleul, le hêtre. Mais lorsqu'il s'agit d'établir des meubles, des boiseries, des parquets propres et recherchés, on prend de préférence les suivants : le *Melia* ou lilas des Indes (*Azedarach*), le platane (*Platanus orientalis* ou *occidentalis*), le merisier (*Prunus sylvestris*), le prunier (*P. incitisia* et *domestica*), l'amandier (*Amygdalus communis*), le poirier (*Pyrus sylvestris*), le pommier (*P. malus sylvestris*), le robinier ou faux acacia (*Robinia pseudo-acacia*), le chêne vert ou yeuse (*Quercus ilex*), le noyer ordinaire (*Juglans regia*).

13° *Pour le charronnage.* — Le frêne (*Fraxinus excelsior* et *ornus*), le micocoulier (*Celtis occidentalis*), l'orme (*Ulmus campestris* et *tortuosus*), le charme (*Carpinus betulus*), le platane tortillard (*Platanus nodosus*), servent pour le gros charronnage; — le cornouiller (*Cornus mas*), le coudrier des bois (*Corylus sylvestris*), l'épine blanche (*Cratægus oxyacantha*), le houx commun (*Ilex aquifolium*), fournissent des bois pour les petits ouvrages, les échelons d'échelle, les ridelles de voitures.

14° *Pour l'ébénisterie.* — L'ébénisterie demande des bois ayant le grain coloré, fin, serré, susceptibles de prendre un beau poli. On trouve en France : l'alisier (*Cratægus aria, torminalis, azarolus*), le néflier (*Mespinus germanica*), le cytise ou faux ébénier (*Cytisus laburnum*), le mûrier (*Morus alba* et *nigra*), l'abricotier (*Prunus armeniaca*), le nerprun (*Rhamnus catharticus*), l'alaterne (*R. alaternus*), le jujubier (*R. ziziphus*), le tamaris de Narbonne (*Tamarix gallica*), le lilas ordinaire (*Syringa vulgaris*), l'obier des bois ou viorne (*Viburnum opulus*), le thuya (*Thuya orientalis* et *occidentalis*), le sureau ordinaire (*Sambucus nigra*), l'aliboufier de Provence (*Styrax officinalis*), le staphylier ou nez-coupé (*Staphylea pinnata*), le grenadier ordinaire (*Punica granatum*), l'if ordinaire (*Taxus baccata*), le caroubier d'Italie (*Ceratonia siliqua*), le gainier de Judée (*Cercis siliquostrum*), le sorbier des oiseaux (*Sorbis aucuparia*), le cormier des bois (*S. domestica*), le pistachier (*Pistacia atlantica*). Le nombre de ces arbres, qui viennent en Europe, s'accroît chaque jour, et d'ailleurs il y a beaucoup de bois d'ébénisterie introduits par le commerce. L'acajou (voy. ce mot, p. 47) n'a été importé qu'à la fin du siècle dernier; l'acajou d'Haïti est celui qui a la couleur la plus vive, les fibres les plus fines et les plus serrées.

15° *Pour le tour.* — Les meilleurs arbres pour le tour poussent en terrains secs, sur les montagnes. Ce sont : le buis en arbre (*Buxus sempervirens*), le fusain des bois (*Evonymus europæus*), le mahaleb ou bois de Sainte-Lucie (*Prunus mahaleb*), l'argalou de Provence (*Rhamnus paliurus*), le filaria (*Phyllirea media* et *latifolia*), le laurier franc (*Laurus nobilis*), le genévrier commun (*Juniperus communis*), le lentisque ordinaire (*Pistacia lentiscus*), la vigne ordinaire (*Vitis vinifera*), l'olivier (*Olea sylvestris* et *sativa*), le myrte commun (*Myrtus communis*), le citronnier (*Citrus indica*), l'oranger (*C. aurantium*).

16° *Pour l'industrie des mines, des chemins de fer, des télégraphes.* — Le gros de la consommation pour les mines se compose de perches de chêne et surtout de pin et de sapin. — Pour les traverses de chemins de fer, l'essence la plus estimée est le chêne; on emploie aussi le hêtre, le charme, le pin, le sapin, à la condition de prendre la précaution d'injecter. — La presque totalité des poteaux télégraphiques est en pin ou sapin injecté au sulfate de cuivre: les pins laricio ou de lord Weymouth sont exclus des fournitures de l'administration des télégraphes.

17° *Pour la boissellerie.* — Pour faire les pelles, les écopes, les seaux, les sébiles, les sabots, on emploie surtout : le bouleau blanc (*Betula alba*), l'aune commun (*Betula alnus*), le hêtre (*Fagus sylvatica*), le charme (*Carpinus betulus*), le noyer (*Juglans regia*), le saule blanc (*Salix alba*). — Pour les fourches, les manches de fouet, on préfère le micocoulier; pour la tonnellerie, le châtaignier et le chêne.

18° *Pour la vannerie.* — Les tiges d'un an de l'osier (*Salix vitellina, rubeus, helix, ligustrina, aurista, viminalis, amygdalina, cinerea*) servent à faire les vans, les corbeilles, les paniers pour les usages domestiques.

DÉSIGNATIONS SPÉCIALES DONNÉES A DES ARBRES. — Dans les usages agricoles, et dans tous les pays, on désigne très souvent beaucoup d'espèces ligneuses en ajoutant une épithète au mot *arbre*. Il est utile d'avoir une liste complète de ces noms avec leur signification précise. Duchesne, puis M. Baillon, ont dressé à ce sujet des listes que nous leur empruntons, en les modifiant seulement au point de vue des applications agricoles.

ARBRE A L'AIL. — On désigne ainsi plusieurs arbres ou arbrisseaux exhalant l'odeur d'ail ou une odeur fétide : le *Cardana alliodara*, plusieurs *Cassia*, le *Petiveria alliacea*, les *Seguiera* (Phitolaccacées).

ARBRE D'AMOUR. — C'est le gainier de Judée (*Cercis siliquastrum*).

ARBRE AUX ANÉMONES. — Arbre de la Floride (*Calycanthus floridus*), de la famille des Rosacées; avec les jeunes branches, on fait une liqueur; avec les feuilles, on teint en jaune et en brun.

ARBRE D'ANGOLAM. — L'*Alangium hexapetalum* ou à six pétales, appartenant à la famille des Myrtacées, dont on mange le fruit, et dont la racine sert comme purgatif hydragogue.

ARBRE D'ARGENT. — Le *Protea argentea*, au cap de Bonne-Espérance, d'après M. Baillon ; — le chalef (*Elæagnus angustifolia*), d'après Duchesne.

ARBRE AVEUGLANT. — L'*Excœcaria agallocha*, appelé encore vulgairement *calambac*, appartenant à la famille des Euphorbiacées ; donnant un bois employé surtout en parfumerie, et qui répand des vapeurs d'une odeur pénétrante. On peut faire des torches avec sa racine, et avec le bois des boîtes et divers petits objets de luxe.

ARBRE DES BANIANS. — Le *Ficus bengalensis* et plusieurs figuiers de l'Asie tropicale. Cet arbre donne du caoutchouc.

ARBRE DU BAUME. — Le *Balsamodendron gileadense*, arbre donnant le baume de la Mecque ou de Giléad. — On donne aussi ce nom au *Bursera gummifera* ou gommier des Antilles.

ARBRE A BEURRE. — C'est l'illipé ou *Bassia butyracea* de l'Inde. On retire des amandes, par expression, le *beurre de Galam*, qui est alimentaire et, sur la côte de Coromandel, sert aussi de savon. On mange les fruits et les fleurs. — C'est aussi, d'après M. Baillon, le *Pentadesma*.

ARBRE A BOURRE. — Nom donné à l'*Areca crinita* et à plusieurs Bombacées.

ARBRE A BRAI. — Arbre de Manille fournissant une résine employée dans les constructions navales (*Canarium album*).

ARBRE DU BRÉSIL. — Le *Cæsalpinia brasiliensis*.

ARBRE A CAFÉ. — Le *coffee-tree* des Américains ou chicot du Canada (*Gymnocladus dioica*).

ARBRE A CALEBASSES. — Le calebassier (*Crescientia cujete*).

ARBRE A CANNELLE. — Le *Laurus quixos*, du Pérou.

ARBRE A CAOUTCHOUC. — L'*Hævea caoutchouc*, le *Jatropha elastica*, dans l'Amérique méridionale ; le *Ficus mirica*, l'*Artocarpus integrifolia*, dans les Indes orientales.

ARBRE DE CARONY. — Le *Galipea casparia* ou *febrifuga*, dont l'écorce est l'angusture vraie (voy. p. 445).

ARBRE DU CASTOR. — Le *Magnolia glauca*, de l'Amérique du Nord.

ARBRE A CHANDELLES. — Le *Croton sebiforum*.

ARBRE A CHAPELETS. — Le *Melia azedarach* ou lilas des Indes, et l'*Abrus precatorius* ou réglisse des Antilles.

ARBRE A CHOU. — L'*Andira* ou *Geoffroya inermis* ou sans épines de la Jamaïque.

ARBRE DU CIEL ou **ARBRE DE GERDON.** — Le *Gingko biloba* du Japon.

ARBRE A CIRE. — On donne principalement ce nom au *Myrica cerifera*, arbre très commun à la Louisiane, dit M. Boussingault, et dans les régions tempérées des Andes. Les baies de cet arbre rendent 25 pour 100 d'une cire verte dont M. Chevreul a constaté la saponification. On donne aussi ce nom, dit M. Baillon, au *Ceroxylon andicola*, au *Rhus succedaneum*, au *Ligustrum glabrum*, à l'*Hibiscus syriacus*, qu'on rencontre en Chine.

ARBRE DES CONSEILS. — Le *Ficus religiosa*, arbre donnant du caoutchouc dit glu des Indiens.

ARBRE DE CORAIL. — On donne ce nom à l'arbousier d'Orient ou andrachne (*Arbutus andrachne*), et à l'érythrine des Antilles (*Erythrina corallodendron*). On fait des haies avec ces arbres, et leur charbon peut servir à la fabrication de la poudre.

ARBRE A CORDES. — Plusieurs figuiers, dit M. Baillon, des îles Mascareignes, dont l'écorce sert à faire des liens solides.

ARBRE A COUIS. — Le calebassier (*Crescentia cucurbitina*), dont le bois sert à faire des plats, des assiettes, des verres, mais dont le fruit, nommé *couis*, a une chair vénéneuse.

ARBRE DE CYPRE. — Le *Pinus halepensis* ou pin de Jérusalem, en Orient ; le cyprès chauve (*Taxodium distichum*), à la Louisiane ; le *Cordia gerascanthus*, ou à feuilles de verveine, aux Antilles.

ARBRE DE CYTHÈRE. — Le monbin (*Spondias cytheræa* ou *dulcis*), dont le fruit sert à faire des confitures à l'île de France.

ARBRE DÉSALTÉRANT. — Le *Phytocrene gigantea*, de l'empire Birman, donnant une sève potable.

ARBRE DU DIABLE. — Le mabouyer (*Morisonia americana*). C'est aussi le sablier (*Hura crepitans*), vulgairement appelé aussi *pet du diable*; la sève laiteuse de cet arbre, appelée *ajuapar*, est justement redoutée, dit M. Boussingault ; elle empoisonne l'eau des rivières.

ARBRE DE DIEU. — Le *Ficus religiosa*.

ARBRE DU DRAGON. — Le dragonnier (*Dracœna draco*).

ARBRE D'ENCENS. — Le balsamier (*Amyris ambrosiaca*), à odeur d'ambroisie, donnant l'encens de Cayenne ou résine tacamaque, que l'on emploie comme astringente dans la diarrhée, et dont on se sert en parfumerie.

ARBRE A ENIVRER. — Le *Galega sericea*, *piscatoria*, *littoralis*, dont la racine, râpée et mélangée avec un peu de mie de pain, sert à former des boulettes employées pour enivrer le poisson.

ARBRE A ÉPONGES. — L'*Acacia furcma*.

ARBRE D'ÉPREUVE. — Le *Physostigma venenosum*, au Gabon.

ARBRE DE FER. — Le *Mesuea ferrea* donnant, dans l'Inde, un bois très dur. — Le *Stadmannia ferrea*, à l'île Maurice.

ARBRE A LA FIÈVRE. — Les *Vismia guianensis* et *cayennensis*.

ARBRE A LA FLÈCHE. — L'*Aloe triangularis*, avec la tige duquel les Hottentots font des flèches.

ARBRE DE LA FOLIE. — L'*Amyris carana* dont on mange, au Mexique, les feuilles et les fruits, et qui donne la résine caragne.

ARBRE AUX FRAISES. — C'est l'*Arbutus unedo*, appelé aussi dans les Pyrénées *fraisier en arbre* et *olonier* (voy. ARBOUSIER, p. 531).

ARBRE A FRANGES. — Le *Chionanthus virginica*.

ARBRE A LA GALE. — Le lierre du Canada (*Rhus radicans* ou *R. toxicodendron vulgare*).

ARBRE A GALLES DE L'INDE. — L'*Acacia bambolah*.

ARBRE DE GERDON. — Le *Gingko biloba*.

ARBRE A LA GLU. — Le *Sapium ancuparium* ou *Hippomane biglandulosa*, dont le suc sert à prendre les perroquets, et auquel on donne le nom de glu d'Amérique.

ARBRE A LA GOMME. — L'*Eucalyptus resinifera*, le *Metiosideros costata*.

ARBRE AUX GRIVES. — On donne vulgairement ce nom à des azeroliers, des alisiers, plusieurs sorbiers, et notamment au *Sorbus aucuparia*.

ARBRE A HUILE. — Le *Terminalia catappa* ou de Malabar ; l'*Aleurites cordata* ou *dryandra cordata* (*Elæococca verrucosa*).

ARBRE IMMORTEL. — L'*Erythrina indica*, l'*Endrachium madagascariense*.

ARBRE IMPUDIQUE ou **INDÉCENT.** — Le *Pandanus odoratissimus*, dont les longues feuilles sont employées, à Madagascar, au même usage que les feuilles de vigne en France.

ARBRE DE JUDÉE. — On dit aussi *arbre de Juda*. — Ce n'est autre, en France, que le gainier de Judée (*Cercis siliquastrum*) ou *arbre d'amour*. — Aux Antilles, c'est, d'après M. Baillon, le *Kleinhovia hospita*.

ARBRE AU KERMÈS. — Le *Quercus coccifera*.

ARBRE A LAIT.—Le *Tabernæmontana utilis* ou de *Demerara*, dont on fait écouler, par incision, un lait très bon à manger. Cet arbre appartient à la famille des Apocynacées.

ARBRE A LA LAQUE DE MALABAR. — Le *Butea frondosa* (*Erythrina monosperma*), qui donne une résine rouge nommée *Maduga* et ressemblant à la gomme laque.

ARBRE AUX LIS.— Le tulipier et plusieurs *Magnolia* de l'Amérique boréale.

ARBRE DE MAI. — Le *Panax quinquefolium* ou *Ginseng*.

ARBRE A LA MAIN. — Le *Chiranthodendron platanoides* du Mexique.

ARBRE DE MANITAS. — Un *Cheirostemum* révéré au Mexique, dans la ville de Tolma, à cause de son antiquité.

ARBRE A MARIE. — Le *Toluifera balsamum*.

ARBRE AU MASTIC. — L'*Amyris elemifera* donnant la gomme élémi (voy. AMYRIDE, p. 391).

ARBRE DE MATACHAN. — L'arbre à vernis (*Melanorrhœa usitata*).

ARBRE A LA MATURE. — L'*Uraria longifolia*.

ARBRE A LA MIGRAINE. — Le *Premna scandens*.

ARBRE DE MILLE ANS. — Le baobab (*Adansonia digitata*).

ARBRE DE MOÏSE. — Le buisson ardent (*Mespilus pyracantha*), dont les fruits rougeâtres sont estimés.

ARBRE DE MORT. — Le mancenillier (*Hippomane mancenilla*).

ARBRE MOUCHE. — Le *Weinmannia macrostachya*, à l'île Maurice.

ARBRE DE NEIGE. — Le *Chionanthus vigininica*, et le *Viburnum opulus* (sureau d'eau et des marais).

ARBRE ORDÉAL. — L'arbre d'épreuve du Gabon (*Physostigma venenosum*).

ARBRE A L'OSEILLE. — L'*Andromeda arborea*.

ARBRE DES PAGODES. — Le *Ficus religiosa*.

ARBRE A PAIN. — On a généralement donné le nom d'arbre à pain à l'*Artocarpus incisa* de la Nouvelle-Hollande. L'arbre à pain des Cafres est le *Zamia cafra*.

ARBRE A PAPIER.— Le mûrier à papier (*Broussonetia papyrifera*).

ARBRE DE PARADIS. — Le *Thuya occidentalis* et l'*Elæagnus augustifolia*.

ARBRE A PAUVRE HOMME. — L'orneau (*Ulmus campestris*).

ARBRE A PERRUQUE. — Le fustet (*Rhus cotinus*).

ARBRE A LA PISTACHE. — Le nez coupé (*Staphylea trifoliata*).

ARBRE PLUVIEUX. — Le *Cæsalpinia pluviosa*.

ARBRE AUX POIS. — Le *Caragana arborescens*.

ARBRE A POIS CAFRES. — L'*Erythrina corallodendron*, appelé aussi *arbre de corail*.

ARBRE POISON. — Le mancenillier, l'antiar, le sumac vénéneux.

ARBRE AU POIVRE. — Le *Vitex agnus-castus* ou faux poivrier, et le *Selinus molle* ou poivrier d'Amérique.

ARBRE PUANT. — L'*Olax zeylanica*, le *Sterculia fœtida*, l'*Anagyris fœtida* (voy. ANAGYRE, p. 395).

ARBRE A LA PUCE. — Le sumac vénéneux (*Rhus toxicodendron*).

ARBRE AUX QUARANTE ÉCUS. — Le *Gingko biloba* ou *Salisburia adiantifolia*.

ARBRE AUX QUATRE ÉPICES. — Le *Ravensara aromatica* dont les feuilles fraîches se mettent dans les ragoûts, et dont l'amande des fruits nommés *noix de girofle*, *noix de Madagascar*, *noix de Ravensara*, est employée comme épice dans l'Inde.

ARBRE AU RAISIN. — Le raisinier (*Coccoloba uvifera*).

ARBRE ROUGE. — L'*Erythrophlœum* de Guinée.

ARBRE DE LA SAGESSE. — Le bouleau (*Betula alba*).

ARBRE AU SAGOU. — Le sagoutier (*Sagus Rumphii*) ou palmier du Japon, dont le tronc, ainsi que cela arrive pour plusieurs autres palmiers des Moluques et des Philippines, et de diverses parties de l'Amérique tropicale, renferme de l'amidon qu'on extrait.

ARBRE SAINT. — Le lilas des Indes (*Melia azederach*), ou encore margousier.

ARBRE DE LA SAINT-JEAN. — L'*Hypericum perforatum* ou millepertuis.

ARBRE DE SAINT-THOMAS. — Le *Bauhinia variegata*, ainsi nommé parce que les chrétiens de l'Inde avaient la croyance que ses fleurs avaient été teintes du sang de saint Thomas pendant son martyre.

ARBRE DE SAINTE-LUCIE. — Le *Cerasus mahaleb*.

ARBRE A SALADE. — L'*Olax zeylanica*, qui est aussi l'arbre puant, mais dont on mange les feuilles dans les salades, à Ceylan.

ARBRE A SANG. — *Vismia cayennensis*, à latex rouge.

ARBRE AUX SAVONNETTES. — Le savonnier (*Sapindus saponaria*). — Le *Sapindus Rarak*.

ARBRE AUX SAVONS. — Le quillai (*Quillaja saponaria*), dont l'écorce pulvérisée est employée pour nettoyer le linge et les vêtements.

ARBRE A SEL. — L'arecque singe (*Areca madagascariensis*).

ARBRE A SERINGUE. — L'*Hevea guianensis* ou *Siphonia* caoutchouc.

ARBRE AUX SERPENTS.—L'*Ophioxylon serpentinum*, à cause de l'aspect de ses racines. C'est aussi le serpentaire ou couleuvrine de Virginie (*Aristolochia serpentaria*), que l'on emploie, en Amérique, contre la morsure des serpents.

ARBRE DE SOIE. — L'*Acacia julibrizin* et le *Celtis micrantha*. — L'*Asclepias gigantea* est le faux arbre à soie.

ARBRE A SUIF. — Le gluttier ou porte-suif (*Stillingia sebifera*, *Croton sebiferum*, *Sapium sebiferum*), en Chine; le *Pentadesma butyraceum*, en Guinée; le *Myristica kombo*, au Gabon.

ARBRE A TAN. — Le *Weinmannia macrostachya*, à l'île Maurice (c'est aussi l'arbre mouche).

ARBRE DE THÉOPHRASTE. — Le coquemollier.

ARBRE A TOUCAS. — « Un arbre de la province de Para, au Brésil, et de la Guyane française, dit M. Baillon. Son fruit est très oléagineux; son écorce fournit une excellente étoupe à calfater les navires, et son tronc, gros, élevé et bien droit, est propre à la mâture. »

ARBRE TRISTE. — Le *Nyctanthes arbor tristis*.

ARBRE AUX TULIPES. — Le tulipier (*Liriodendron tulipifera*).

ARBRE A LA VACHE. — Le *Piratinera utilis* (*Galactodendron dulce*) ou le *palo de leche*, l'arbre à lait de Caracas. Ce lait végétal a été étudié par M. Boussingault, qui y a constaté la présence de matières grasses et de matières azotées très analogues aux matières fibrineuses.

ARBRE A VELOURS. — C'est le veloutier ou la pittone argentée (*Tournefortia argentea*), arbrisseau recouvert d'un duvet blanc, soyeux et argenté.

ARBRE AU VERMILLON. — Le *Quercus coccifera*.

ARBRE A VERNIS. — Le *Melanorrhœa usitata*, l'*Aleucites cordata*, le *Rhus vernix*, vernis de la Chine.

ARBRE A VESSIE. — Le baguenaudier (*Colutea arborescens*).

ARBRE DE VIE. — Le *Thuya ortusa* ou *Cupressus arbor vitæ*.

ARBRE DU VOYAGEUR. — Le ravelan (*Revelana madagascariensis*).

ARBRES AU POINT DE VUE CHIMIQUE ET INDUSTRIEL. — Le mot arbre est souvent appliqué, par assimilation, à des objets qui n'appartiennent pas au règne végétal.

Arbre de couche. — En mécanique, on appelle ainsi un cylindre solide horizontal, de quelques centimètres de diamètre, dont l'axe est supporté par des tourillons sur lesquels il peut prendre un mouvement de rotation. Ce cylindre, d'une longueur plus ou moins grande, reçoit son mouvement de la machine motrice. On y adapte en différents points des poulies qui font corps avec lui et prennent le même mouvement de rotation. Au moyen de courroies, chaque poulie peut transmettre ce mouvement à une machine spéciale, avec des vitesses qui dépendent du rapport des diamètres des poulies. Un arbre de couche est donc un arbre de transmission de mouvement; il peut être en bois, mais il est plus souvent en fer ou en acier. Les arbres de couche servent, dans les ateliers agricoles, afin de pouvoir mettre en mouvement, par la même machine motrice, une machine à battre, un tarare, un hache-paille, et en général tous les instruments des fermes.

Arbres chimiques de Saturne, de Diane, de Mars. — On donne ces noms à des cristallisations qui ont l'apparence arborescente et qu'on obtient en faisant déposer les cristaux sur des supports qui peuvent figurer les branches, alors que les cristaux figurent les feuilles. — L'arbre de Saturne est formé par des cristallisations de plomb qu'on obtient en mettant des fils de zinc dans une dissolution d'acétate de plomb. — L'arbre de Diane ou philosophique est formé par des cristallisations d'un amalgame d'argent qu'on produit en mettant un amalgame d'argent dans le mélange de deux dissolutions de nitrate d'argent et de nitrate de mercure. — L'arbre de Mars ou de fer est dû à des cristallisations qu'on obtient en plongeant un cristal de sulfate de fer dans la dissolution d'un mélange de carbonate et de silicate de potasse et de protoxyde de fer. — L'arbre de Jupiter est dû à la précipitation de l'étain par le zinc.

Arbre de vie (anatomie). — C'est la saillie verticale des parois antérieure et postérieure du col du vagin, saillie d'où partent plusieurs colonnes plus petites ou rugosités en forme de feuillets ou de nervures saillantes.

ARBRE-COURBÉ (POIRE) (*pomologie*). — Poire provenant des semis de Van Mons, volumineuse, à peau jaune clair, à chair blanche, à eau extrêmement abondante, acidule, d'une saveur agréable, mûrissant fin septembre ou commencement d'octobre. Elle vient sur un arbre de fertilité moyenne, prenant difficilement la forme de pyramide; la greffe prend mieux sur franc que sur cognassier.

ARBRISSEAU (*botanique* et *agriculture*). — Végétal ligneux ne dépassant guère une hauteur d'environ trois fois celle de l'homme, c'est-à-dire 5 à 6 mètres, vivant pendant un nombre considérable d'années, se ramifiant assez bas et souvent donnant des branches dès sa sortie de terre. — Les lilas, les noisetiers, les arbousiers, les groseilliers, les framboisiers, la vigne, les lauriers-roses, les chèvrefeuilles, les rhododendrons, sont des arbrisseaux. — Lorsqu'ils donnent des branches dès leur sortie de terre, on dit que les arbrisseaux sont buissonnants et constituent des buissons. — Comme les arbres, ils produisent des bourgeons qui restent fermés pendant l'hiver et s'ouvrent au printemps pour émettre de nouvelles pousses.

ARBRISSEAU (SOUS-) (*horticulture*). — On donne ce nom à tout végétal ligneux qui est très bas et dont la tige n'acquiert sa consistance ligneuse que dans sa partie inférieure, en restant herbacée dans la plus grande portion de ses ramifications, cette portion n'ayant pas eu, avant l'hiver, l'énergie végétative suffisante pour se lignifier, s'*aoûter* avant les froids; les bourgeons ne passent pas l'hiver, ils s'allongent en nouvelles pousses immédiatement après leur sortie de la tige. — La sauge officinale et la lavande sont des sous-arbrisseaux.

ARBUSTE (*botanique*). — Ce mot, employé surtout dans le langage vulgaire, a reçu diverses acceptions parmi lesquelles il suffit, pour les besoins de l'agriculture, de retenir qu'il sert à désigner tout végétal plus ou moins ligneux et bas ayant une hauteur de 35 centimètres à 1 mètre, vivant pendant un nombre d'années assez considérable. — Le daphné, le fusain, le troène, sont des arbustes.

ARBUTINE (*chimie agricole*). — Corps cristallisable que l'on extrait des feuilles de busserole ou raisin d'ours (*Arctostaphylos uva ursi*) en épuisant les feuilles par l'eau bouillante. Elle est amère et a pour formule $C^{12}H^{16}O^{7}$.

ARC (GREFFE EN) (*arboriculture*). — Ce mode de greffe s'exécute sur tige, en pliant le greffon en arc et en l'unissant au sujet par approche (voy. ce mot, p. 509).

La greffe en arc n'est applicable que pendant que le sujet est en sève, soit à la montée de celle-ci avec un greffon ligneux, soit au commencement de l'été avec un greffon herbacé. On en distingue deux sortes: la greffe en arc avec un œil ou bourgeon terminal, et la greffe en arc avec un rameau.

ARCACÉES (*zoologie*). — Famille de Mollusques comprenant les arches, les cucullées, les nucules, les pétoncles et les trigonies.

ARCANGÉLIQUE. — Voy. ANGÉLIQUE, p. 422.

ARCANSON. — Brai sec, colophane, galipot liquéfié dans des chaudières et filtré, puis coulé dans des moules que l'on prépare dans les fabriques où l'on traite les résines extraites des pins.

ARCAS (*entomologie*). — Insectes lépidoptères diurnes, voisins des lycènes.

ARC-BOUTANT (*architecture rurale*). — Construction en forme d'arc ou pièce de bois dont la destination est de soutenir un mur ou un objet quelconque susceptible de tomber ou de céder à un effort.

ARCEAU, ARCHET, ARÇON. — Noms sous lesquels on désigne, dans quelques contrées, les rameaux d'arbres fruitiers ou les sarments de vigne que l'on a recourbés en forme d'anses de panier, dans le but d'augmenter la production des fruits par les obstacles apportés ainsi à la circulation de la sève.

ARC-EN-CIEL (*météorologie*). — Météore lumineux en forme d'arc appelé aussi *iris*, présentant les couleurs du prisme et que l'on aperçoit dans le ciel, lorsque l'observateur a le soleil en pleine lumière derrière lui et un nuage se résolvant en pluie par devant. Ce phénomène n'a aucune signification agricole; il n'annonce aucun fait favorable ou défavorable aux récoltes. Il s'explique dans tous ses détails, et de la manière la plus simple et la plus complète, par les lois de l'optique découvertes par Descartes et Newton. Il est le résultat de la réflexion, de la réfraction et de la dispersion des rayons lumineux qui, partant du soleil, viennent pénétrer dans les gouttes de pluie, y subissent une ou plusieurs réflexions pour ressortir, en se réfractant et en se dispersant de nouveau vers l'observateur. Les rayons lumineux reviennent ainsi en sens inverse de la première route parcourue. Tous les rayons lumineux solaires ne peuvent pas produire le météore: en effet, la plupart de ceux qui sortent des gouttes de pluie sont dispersés en tous sens dans l'espace, et ils ne peuvent agir sur la rétine de l'observateur de manière à y donner la sensation d'une image déterminée. Mais il en est qui constituent, tant à l'entrée dans les sphères pluviales qu'à leur sortie de ces sphères, des faisceaux parallèles dont l'intensité reste sensiblement la même à des distances considérables de la pluie. Newton a donné à ces rayons le nom d'efficaces. Le pro-

·lème peut être soumis au calcul, les indices de éfraction de l'eau pour les rayons diversement olorés étant connus. Le calcul prouve qu'il peut y voir efficacité lumineuse : 1° pour les rayons ayant ubi une réflexion dans l'intérieur des gouttes de luie, lorsque les rayons incidents provenant du oleil font, avec les rayons émergents, un angle e 42°1'40" pour les rayons rouges, qui sont les noins réfrangibles, et de 40°17' pour les rayons iolets, qui sont les plus réfrangibles; les rayons rangés, jaunes, verts, bleus, indigos étant internédiaires ; 2° pour les rayons ayant subi deux réflexions dans les sphéroïdes liquides, lorsque les ayons incidents provenant du soleil font, avec les ayons émergents de la pluie, un angle de 54° 9' our les rayons violets, et de 50°59' pour les ayons rouges, les rayons indigos, bleus, verts, aunes et orangés, faisant des angles intermé·liaires.

De là il résulte que l'ensemble des rayons réfracés de la première catégorie sont dispersés sur un ône dont l'axe fait un angle moyen de 40 degrés environ, et ceux de la deuxième catégorie sur un ône d'un angle moyen de 52 degrés. Par conséquent, l'observateur pourra voir deux arcs colorés : ° l'un, intérieur, d'une épaisseur de 42° 1' 40" - 0°17', plus 30' à cause du diamètre solaire, soit, n tout, de 2°14' 40"; dans cet arc, les couleurs eront disposées ainsi qu'il suit : violet, indigo, leu, vert, jaune, orangé, rouge, le rouge étant l'extérieur, le violet à l'intérieur; 2° l'autre, exérieur, à 11 degrés en dessus du premier, d'une épaisseur de 54° 9' — 50° 59', plus 30' pour le dianètre du disque solaire, ou, en tout, de 3° 40'; lans cet arc, les couleurs sont disposées inverement, c'est-à-dire que le rouge est à l'intéieur et le violet à l'extérieur. Comme, à chaque éflexion, une certaine quantité de lumière est perdue, le second arc est moins lumineux que e premier; d'ailleurs, occupant une zone plus arge, il ne saurait présenter pour chaque coueur qu'un éclat moins intense. Le plus souvent on n'aperçoit pas l'arc-en-ciel extérieur. La théorie lémontre qu'il peut y avoir des rayons efficaces correspondant à 3, 4, 5 réflexions successives, et que, par suite, on pourrait observer simultanément plus de deux arcs-en-ciel; mais, probablement à cause de leur affaiblissement extrême, on n'en a jamais signalé la perception.

Lorsque le soleil est à l'horizon, le centre des arcs est lui-même à l'horizon, et, dans ce cas, l'arcen-ciel se montre sous la forme d'un demi-cercle; c'est ce qui arrive soit au lever, soit au coucher du soleil, pour un observateur situé en plaine. Pour des hauteurs croissantes du soleil, l'arc-enciel a une amplitude moindre qu'une demi-circonférence; chacun des deux arcs devient invisible pour des hauteurs solaires de 42 et de 53 degrés.

Par contre, quand l'observateur est situé sur une très haute montagne, sur un pic étroit, il peut voir plus d'une demi-circonférence et même un cercle complet, si la pluie tombe à une distance peu considérable. La production du phénomène dépendra uniquement de la position de l'observateur, par rapport au soleil et par rapport à la nuée qui se résout en pluie. Deux personnes éloignées ne peuvent pas voir le même arc-en-ciel. L'arc-enciel se déplace avec l'observateur lui-même.

Le phénomène de l'arc-en-ciel peut être produit par la lumière de la lune; il peut l'être également par la lumière solaire réfléchie sur un lac ou sur la surface de la mer. D'un autre côté, on peut voir aussi le phénomène sur une pluie artificielle, par exemple, sur la gerbe qui tombe d'un jet d'eau ou d'une cascade, lorsque l'on a le soleil derrière soi. Enfin, quand l'arc-en-ciel ordinaire est bien éclatant, on observe parfois des bandes colorées soit au dedans de l'arc intérieur, soit en dehors de l'arc extérieur. On nomme ces bandes des arcs-en-ciel surnuméraires; leur explication repose sur les lois de la diffraction de la lumière.

ARCEUTOBIUM (*botanique*). — Genre de Loranthacées, ayant les caractères généraux des guis, et dont on trouve plusieurs espèces tant en Europe qu'en Amérique. Les fleurs sont dioïques ; le fruit, bacciforme et monosperme, s'ouvre avec élasticité à sa maturité pour projeter la graine qu'il contient. On connaît surtout en France, notamment près de Sisteron et de Forcalquier, l'*Arceutobium oxycedri* que l'on trouve parasite sur les *Juniperus communis* et *oxycedrus*; il présente de petites tiges de 5 centimètres au plus, en touffes serrées, plusieurs fois dichotomes comme une petite salicorne.

ARCHASTRE (*zoologie*). — Astéries pourvues d'un anus central et de deux rangs de tentacules à la face inférieure.

ARCHIDIACÉES, ARCHIDIÉES, ARCHIDIUM (*botanique*). — Mousses vivaces qu'on rencontre assez souvent dans les champs et les broussailles humides des régions méridionale et moyenne ; une seule, l'*Archidium alternifolium*, est européenne. Ce sont de très petites plantes se ramifiant immédiatement au-dessous du sommet, dressées dans le jeune âge, se couchant en vieillissant.

ARCHIDUC CHARLES (Poire) (*pomologie*). — Cette poire, obtenue à Mons au milieu du siècle dernier, est de première qualité; elle a une grosseur au-dessus de la moyenne, le pédoncule court, l'œil placé au fond d'un évasement assez vaste et assez profond, la peau d'un jaune citron, faiblement lavée de rose du côté du soleil, la chair blanche, très fondante et très juteuse, très délicate et savoureuse, et à eau très abondante. Elle mûrit d'octobre à novembre. L'arbre est faible, de moyenne fertilité, prospère moins bien sur cognassier que sur franc.

ARCHIDUC D'ÉTÉ (Poire) (*pomologie*). — Poire décrite, au dix-septième siècle, par Merlet, petite, sphérique, à long pédoncule, à œil ouvert presque saillant, à peau épaisse d'un jaune d'or ponctué de fauve, à chair d'un blanc jaunâtre, mal fondante, juteuse, mais pierreuse, à eau abondante, acidule, avec arrière-goût d'anis agréable. Elle mûrit de la mi-juillet à la mi-août. Elle vient sur un arbre assez fort, excessivement fertile ; il lui faut le plein-vent, et le franc lui convient mieux que le cognassier.

ARCHIMÈDE (*biographie agricole*). — Un des plus puissants génies dont l'humanité s'honore. Archimède naquit à Syracuse vers l'an 287 avant l'ère chrétienne ; il fut tué, en l'an 212, par un soldat romain, lors de la prise de cette ville, après un long siège, où il a achevé de s'illustrer. L'agriculture doit conserver son nom à cause de quelques-unes de ses inventions et de ses découvertes. Il a inventé la vis sans fin, la vis creuse, à l'aide de laquelle on élève l'eau par le simple mouvement de rotation de la machine qu'on appelle *vis d'Archimède*, les moufles, c'est-à-dire les combinaisons de poulies au moyen desquelles on élève les plus lourds fardeaux. Sa découverte la plus importante, au point de vue des applications agricoles, est celle de ce *principe*, dit d'*Archimède* « qu'un corps plongé dans un fluide perd une partie de son poids égale au poids du fluide qu'il déplace. » C'est sur ce principe que repose l'explication de la natation dans l'eau, du vol dans les airs, de la navigation fluviale et maritime par les navires et les bateaux, de la navigation aérienne par les ballons, de tous les instruments (aréomètres, alcoomètres, etc.) qui servent à comparer les densités respectives des liquides.

ARCHINE (*métrologie*). — Mesure de longueur usitée en Russie et valant 711 millimètres ; on dit aussi *Arschin*.

ARCHITECTE (*administration rurale*). — Artiste ou ingénieur qui compose les plans d'une construction quelconque, en détermine les distributions et les proportions, surveille l'exécution et les dépenses. — On dit *architecte paysagiste*, pour désigner celui qui s'occupe de l'établissement des parcs et des jardins. — L'architecte règle les mémoires des entrepreneurs et des ouvriers, et fixe les àcomptes à payer relativement à l'avancement des travaux. En général, ses honoraires sont arrêtés de gré à gré avec celui qui commande l'exécution: en moyenne, on les limite à 5 pour 100 du montant des dépenses pour plans, devis, conduite de travaux, vérification et règlement des mémoires; à 2 1/2 pour 100 pour plan seulement ou conduite d'exécution sur plan d'un autre; à 1 1/2 pour 100 ou 6 francs par vacation, pour vérification et règlement de mémoires. — L'architecte qui conduit les travaux est responsable, pendant dix ans, de tous les vices de solidité, et, quand il a fait les plans, de tous les vices qui sont la conséquence des indications qui y sont données. Pour ce motif, les agriculteurs ont intérêt à avoir recours au ministère des architectes.

ARCHITECTURE RURALE. — Art de construire, de disposer, d'orner les bâtiments destinés aux exploitations rurales ou à l'habitation dans les campagnes. Au fond, les principes de l'architecture rurale ne sont pas différents de ceux de l'architecture générale, car tout bon architecte doit connaître les conditions auxquelles il est nécessaire que satisfassent les bâtiments qu'il est chargé d'élever. Malheureusement, dans les écoles des beaux-arts, on ignore à peu près absolument les choses de l'agriculture; par conséquent, les écuries, les étables, les bergeries, les poulaillers, de même que les bâtiments destinés aux machines agricoles, à l'emmagasinage et à la conservation des denrées, aux industries annexées aux fermes, et enfin à l'habitation des cultivateurs et de leurs agents, sont en général exécutés sous la direction d'hommes qui doivent racheter, par une étude spéciale préalable à toute exécution, l'ignorance dans laquelle ils ont été laissés. Les articles du *Dictionnaire de l'agriculture* consacrés aux diverses constructions rurales leur viendront efficacement en aide. Il n'y a pas d'ailleurs de principes généraux à établir, si ce n'est qu'on fait erreur en regardant comme admissible qu'on doit moins soigner ce qui concerne une construction rurale qu'une construction urbaine: il est exact seulement qu'on ne doit pas faire de luxe inutile; mais quant à la qualité des matériaux employés, elle doit être tout aussi bonne. Il faut d'ailleurs chercher les meilleures conditions hygiéniques, se mettre à l'abri de l'humidité remontante des sous-sols, et dans des terrains solides non susceptibles de glissement. Enfin, comme dans les campagnes les terrains sont d'un prix moins élevé que dans les villes, on ne doit pas autant ménager l'espace, et il est inexcusable de ne pas donner aux pièces et aux dégagements toute l'étendue nécessaire en surface et en hauteur, comme de ne pas choisir les expositions les mieux appropriées à chaque destination.

ARCHON (*entomologie*). — Insecte coléoptère pentamère de la famille des Lamellicornes.

ARCINELLE (*zoologie*). — Nom donné à des mollusques appartenant soit au genre Carne, soit au genre Cardite.

ARÇON (*viticulture*). — On donne ce nom à un sarment, taillé à long bois sur six à huit yeux, que l'on courbe de manière que la pointe soit plus basse que la naissance. En général, on attache ce sarment à son origine sur un premier échalas, et on fixe la pointe sur un second échalas en faisant prendre au sarment la forme d'un arc de cercle. Lorsque la souche est très élevée, on courbe le sarment sur cette souche elle-même en lui faisant faire à peu près une circonférence ou en le fixant sur un échalas; l'arçon ainsi formé porte, dans la Gironde, le nom d'aste. Ce procédé a pour but d'empêcher que les yeux de la base du sarment ne s'affaiblissent ou même ne s'éteignent, à cause de la propriété que la sève présente de s'élancer aux parties supérieures d'une branche droite.

ARCOPOEGE (*entomologie*). — Insecte coléoptère trimère voisin des psélaphes.

ARCTIC CHIMOERA (*ichthyologie*). — Nom donné à la chimère monstreuse, appelée aussi rat de mer et roi des harengs, que l'on trouve surtout dans les mers arctiques, mais que l'on rencontre parfois aussi sur les côtes de la Méditerranée.

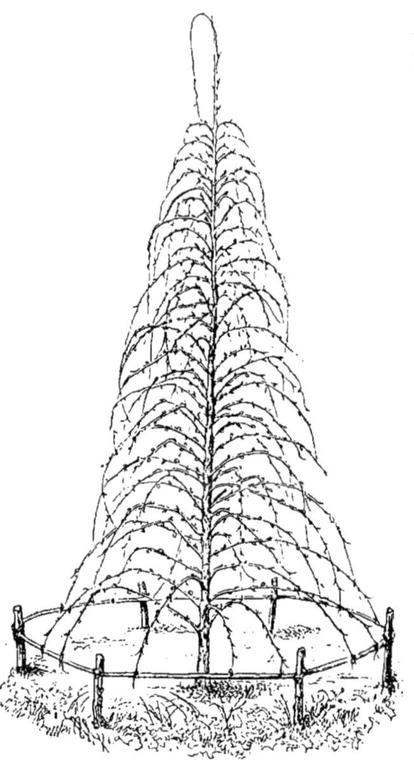

Fig. 121. — Poirier en pyramide à branches arquées.

ARCTIE (*entomologie*). — Genre d'insectes lépidoptères nocturnes, comprenant un grand nombre d'espèces communes aux environs de Paris, et dont les chenilles sont très velues.

ARCTIUM (*botanique*). — L'*Arctium majus*, *A. lappa*, *Lappa bardana*, *Lappa glabra*, n'est autre chose que la bardane, qui appartient à la famille des Composées, tribu des Cinarées, sous-tribu des Carduinées. C'est une plante bisannuelle s'élevant à 1 mètre environ, et se distinguant par ses involucres, chargés d'une pubescence ayant quelque ressemblance avec une toile d'araignée. Les bardanes croissent en France dans les mauvais terrains. Les graines sont diurétiques; les racines et les feuilles dépuratives et usitées en médecine humaine et en médecine vétérinaire. En Suisse, on mange les racines, les feuilles et les jeunes pousses.

ARCTOCORIS (*entomologie*). — Genre d'insectes hémiptères, voisin des punaises.

ARCTOPE (*botanique*). — Herbes vivaces, à feuilles appliquées contre le sol, que l'on trouve au Cap et qui appartiennent à la tribu des Saniculées dans la famille des Ombellifères.

ARCTOSTAPHYLOS (*horticulture*). — Genre de petits arbrisseaux du nord et des hautes montagnes de l'Europe et de l'Amérique, communément appelés *busseroles* et *raisins d'ours*, étalés sur le sol, à feuilles persistantes et à fleurs blanches à grappes terminales, appartenant à la famille des Éricacées et ne différant des autres *Arbutus* que par l'ovaire (voy. ARBOUSIER, p. 531). Les deux espèces les plus répandues sont la busserole commune (*Arbutus uva ursi*), du nord de l'Europe, des Alpes et des Pyrénées, à feuilles coriaces assez semblables à celles du buis, et dont les baies sont d'un rouge vif; et la busserole des Alpes (*Arbutus alpensis*), analogue à la précédente, mais dont les baies sont noires; ce sont des plantes de rocailles qui demandent la terre de bruyère.

ARCTOTHÈQUE (*botanique*). — Herbe vivace, rampante, tomenteuse ou laineuse, à feuilles alternes, pinnatifides, de l'Afrique australe, et qui appartient à la famille des Composées.

speciosa, etc.), toutes remarquables et recherchées pour la richesse du coloris, qui varie du jaune pâle au rouge orangé.

ARCTOTIDÉES (*botanique*). — Tribu de Composées dont le type est l'arctotide (*Arctotis*).

ARCTUVINE (*chimie agricole*). — En faisant bouillir l'arbutine (voy. ce mot) avec de l'acide sulfurique étendu, on obtient son dédoublement en glucose et en hydroquinone pour laquelle on a proposé le nom d'arctuvine; sa formule est $C^6H^6O^2$.

ARCURE (*arboriculture*). — Opération consistant à incliner vers le sol les branches des arbres fruitiers en leur faisant prendre la forme d'arcs de cercle, et ayant pour but de hâter la fructification des sujets qui, par excès de vigueur, produisent surtout du bois. On a, en effet, observé depuis longtemps que les boutons à fleurs ne se forment que sur les branches peu vigoureuses. Les Chartreux du Luxembourg, près de Paris, qui avaient d'immenses vergers où ils cultivaient beaucoup de poiriers dont la fructification se faisait attendre, imaginèrent, vers le milieu du dix-huitième siècle, d'en arquer les branches en suspendant une pierre à l'extrémité de chacune d'elles. Le moyen réussit complètement; il fut perfectionné par Fanon et par Cadet de Vaux, qui employèrent des ligatures. Pour un poirier en pyramide ou en cône, par exemple, on place (fig. 421) un cerceau à la base de l'arbre, en le fixant à des piquets et en lui donnant un diamètre qui dépasse celui de l'arbre de 20 à 30 centimètres, et à ce cerceau on attache, par des ficelles, les extrémités des branches inférieures en les courbant en arc de cercle; on courbe de même les branches latérales supérieures en les attachant successivement sur la rangée des branches inférieures. Pour un poirier en espalier, on courbe tous les rameaux latéraux de chaque branche étendue en cordon (fig. 422). Cette opération, toutefois, ne doit être appliquée que temporairement; elle épuise les arbres; on ne doit s'en servir que pour quelques ramifications seulement d'arbres trop vigoureux.

Fig. 422. — Poirier en palmette à branches arquées.

ARCTOTIDE (*horticulture*). — Genre de plantes souvent acaules, vivaces ou bisannuelles, tomenteuses, à feuilles radicales dentées ou roncinées, à fleurs remarquables par les belles teintes jaune ou jaune orangé de leurs capitules, et dont le disque présente une couleur foncée, généralement d'un pourpre brun. Ce sont des plantes de l'Afrique australe et de l'Abyssinie, dont plusieurs espèces ont été introduites en Europe; elles conviennent particulièrement aux jardins méridionaux; sous le climat de Paris, elles ne sont qu'à moitié rustiques, mais on les y cultive néanmoins en pleine terre autant qu'en pots. On les sème au printemps, sur couche chaude et sous châssis; on les repique à exposition bien éclairée, en place, si la saison est assez chaude, ou bien sur couche.

Ces plantes forment de jolies bordures le long des plates-bandes, ou bien en groupes et petits massifs isolés. La plus belle espèce connue est l'arctotide acaule (*Arctotis acaulis*), qui présente un grand nombre de variétés (*A. tricolor*, *undulata*,

ARCYPTÈRE (*entomologie*). — Insectes orthoptères, voisins des grillons et des sauterelles.

ARDEB (*métrologie*). — Mesure de capacité usitée en Égypte et sur les bords de la mer Rouge, et valant: 271 litres, à Alexandrie; 284 litres, à Rosette; 10^{lit},6, à Massouah; 4^{lit},4, à Gondar.

ARDÈCHE (département DE L') (*géographie agricole*). — Ce département doit son nom à la rivière de l'Ardèche qui y prend sa source et y a la plus grande partie de son parcours du nord-ouest au sud-est, mais seulement dans sa partie méridionale. Il a été formé, en 1790, de presque tout le Vivarais, dont il n'a été distrait que le canton de Pradelles pour la Haute-Loire. Sa superficie est de 552 665 hectares, un peu inférieure à celle d'un département moyen. Il est très allongé dans le sens du nord au midi ; ainsi, il a environ 130 kilomètres de longueur contre 80 kilomètres dans sa plus grande largeur de l'est à l'ouest. Il se termine en pointe au nord ; sa largeur est de 25 kilomètres sous le parallèle d'Annonay, de 40 sous celui de Tournon, de 60 sous celui de Largentière, de 65 sous celui d'Aubenas, de 70 sous celui de Privas.

Il est divisé administrativement en trois arrondissements, 31 cantons et 339 communes.

Le département présente un véritable chaos de montagnes qui s'abaissent rapidement vers l'est ou le sud-est, pour déverser dans le Rhône la plupart des torrents qui en découlent ; cependant, un petit nombre de cours d'eau, dans la partie septentrionale de l'arrondissement de Largentière, vont se jeter dans la Loire et dans l'Allier.

Les montagnes de l'Ardèche sont extrêmement pittoresques, surtout à cause des fréquentes et curieuses coulées volcaniques qu'elles présentent. Elles font partie de la grande chaîne des Cévennes. Il faut distinguer surtout le Mézenc, auquel se rattachent les montagnes dites souvent du Tanargue, la chaîne des Boutières et le Coiron.

Le réseau des cours d'eau du département est complexe ; en même temps, il est susceptible de pourvoir à un grand nombre d'irrigations, mais avec des intermittences qui dépendent des variations extrêmes des débits. Les accidents nombreux du terrain où les vallées profondes découpent les hautes montagnes, font aussi que les températures sont extrêmement différentes entre deux localités souvent assez peu distantes l'une de l'autre. Au sud, le bassin de l'Ardèche se rapproche du Gard par son climat et ses productions ; au nord, il ressemble au Forez. Les parties les plus élevées du pays participent du climat froid aux changements brusques et souvent pénibles de l'Auvergne, tandis que les parties basses ont le climat méditerranéen, modéré ou chaud et essentiellement agréable.

La physionomie de la contrée est très curieuse au point de vue agricole. Nous croyons devoir reproduire la description qu'en a donnée un agronome, enfant du pays, M. Destremx. « On rencontre dans l'Ardèche, dit-il, beaucoup de petites villes et de nombreuses agglomérations rurales. Les montagnes, couvertes de châtaigniers, reposent agréablement l'œil pendant les sécheresses de l'été ; beaucoup sont plantées de vignes et de mûriers, et la terre y est retenue par de nombreuses terrasses. De temps en temps on aperçoit des points verdoyants appendus sur le flanc des montagnes : c'est une prairie rafraîchie par un suintement d'eau, puis c'est une gorge solitaire avec un petit ruisseau qu'accompagne une luxuriante verdure ; de temps en temps, c'est une source jaillissante qui forme autour d'elle une charmante petite oasis. Partout le terrain est morcelé, partout il est précieux, car il a été fait de main d'homme ; c'est à force de travail qu'on a élevé ces murs à pierre sèche si remarquablement construits, pour retenir la terre légère qu'une pluie eût entraînée ; c'est avec de la sueur humaine qu'on a rendu fécond ce sol fait de rochers pulvérisés ; c'est avec une ténacité sans exemple qu'on a défendu ce champ contre les orages du ciel, qu'on y a porté chaque année, à dos d'homme, l'engrais sans lequel il fût resté stérile. Dans d'autres pays, c'est le sol qu'on a amélioré ; ici, c'est le sol qui a été créé ; mais après avoir apporté faix à faix, quelquefois même au sommet d'une montagne, la terre végétale, il a fallu la féconder, la planter, et surtout la défendre contre les pluies torrentielles qui menacent toujours de l'entraîner. Tous ces travaux surhumains attachent le paysan au sol, le lui font aimer, non seulement en raison des sueurs dont il l'a arrosé, mais à cause de la sollicitude que sa conservation lui impose ; il sait qu'après avoir fait son champ, quelques années de négligence peuvent l'appauvrir pour longtemps, et qu'un mur écroulé et un orage peuvent le lui emporter en quelques instants et pour toujours. Le morcellement du sol est poussé jusqu'à son extrême limite ; on le mesure à la toise et non à l'hectare. »

Au point de vue agricole le département est partagé en quatre zones : la première constituée par la vallée du Rhône, et qu'on peut appeler *zone viticole;* la deuxième, un peu plus élevée, qui est la *zone des céréales*, et où le mûrier vient bien : la troisième, la *zone arborescente*, dans laquelle le seigle et la pomme de terre sont les cultures principales, et où le châtaignier est l'arbre dominant ; enfin la quatrième, la *zone pastorale*, qui comprend les cimes les plus élevées, sur lesquelles les pâturages alternent avec de vastes forêts. L'industrieuse ville d'Annonay est un des plus grands centres de fabrication industrielle dans le midi de la France.

Le cadastre achevé en 1847 donne la répartition suivante des terres du département :

	hectares
Terres labourables	134758,88
Prés	44750,65
Vignes	28430,70
Bois	97174,45
Vergers, pépinières et jardins	2053,63
Oseraies, aulnaies, saussaies	2138,12
Carrières et mines	2,38
Abreuvoirs, mares, canaux d'irrigation	5,60
Landes, pâtis, bruyères, etc	153711,56
Etangs	0,19
Olivets, amandiers, mûriers, etc	156,02
Châtaigneraies	64032,23
Propriétés bâties	1381,27
Total de la contenance imposable	523596,58
Routes, chemins, places publiques, rues	8791,58
Rivières, lacs, ruisseaux	13193,34
Forêts, domaines non productifs	2027,28
Cimetières, églises, presbytères, bâtiments publics	54,44
Autres surfaces non imposables	1,70
Total de la contenance non imposable	24068,34
Superficie totale cadastrée	552664,92

Les terres labourables occupaient ainsi, lors de la confection du cadastre, les 24 centièmes seulement de toute l'étendue du département.

La statistique agricole de 1852 donne la répartition suivante pour les trois arrondissements du département et pour le département tout entier :

	ARRONDISSEMENTS DE			
	TOURNON	PRIVAS	LARGENTIÈRE	TOTAUX POUR LE DÉPARTEMENT
	hect.	hect.	hect.	hect.
Céréales	33674	25054	15763	74491
Racines et légumes	9967	5233	3549	18749
Cultures diverses	972	505	345	1822
Prairies artificielles	2540	2318	308	5166
Jachères	11882	15307	11068	38257
Totaux des terres labourables	59035	48417	31033	138485

De 1847 à 1852, la proportion des terres labourables du département tout entier a passé de 24 à 25 pour 100 ; cette proportion est notablement plus forte dans les arrondissements de Tournon et de Privas, mais beaucoup plus faible dans l'arrondissement de Largentière. Les autres terres étaient d'ailleurs ainsi réparties d'après la statistique de 1852 :

	ARRONDISSEMENTS DE			
	TOURNON	PRIVAS	LARGENTIÈRE	TOTAUX POUR LE DÉPARTEMENT
	hect.	hect.	hect.	hect.
Prairies naturelles....	18 018	8 480	16 560	43 058
Vignes..............	6 102	9 620	13 923	29 645
Pâturages.	36 556	47 720	60 715	144 991
Superficies diverses ...	65 866	60 116	70 484	196 466
Surfaces cadastrées	185 577	174 373	192 715	552 665

Les superficies diverses comprennent les bois **et** les forêts, les terres incultes, les chemins, les étangs ou lacs et les cours d'eau, ainsi que les surfaces bâties.

L'enquête de 1862 fournit les détails qui suivent sur les cultures pour tout le département :

	hectares
Céréales	81 674
Racines et légumes............	25 431
Cultures diverses	772
Prairies artificielles............	7 082
Fourrages verts................	1 934
Jachères mortes	31 303
Total des terres labourables...	148 196

La proportion des terres labourables à la superficie du département s'est élevée à 26,8 pour 100 à cette nouvelle époque. Le progrès a donc été, à cet égard, continu, quoique lent. Quant aux autres superficies, elles donnent lieu à la récapitulation suivante, qui ne manifeste pas de changements heureux, sauf en ce qui concerne la diminution des terres incultes :

	hectares
Prairies naturelles.............	41 434
Vignes	17 348
Mûriers.........................	14 099
Pâtis...........................	137 001
Superficies diverses............	194 587

La statistique de 1873 fournit des chiffres qui accusent la continuité du double progrès de l'accroissement de l'étendue des terres entrant dans le domaine labourable et l'augmentation des prairies artificielles. En voici le résumé :

	hectares
Céréales.........................	83 755
Racines et légumes..............	30 075
Cultures industrielles	1 810
Prairies artificielles............	10 013
Fourrages consommés en vert...	1 553
Cultures diverses et jachères...	27 124
Total des terres labourables.	154 330

La proportion des terres labourables a atteint 28 centièmes. Les autres terres sont ainsi réparties dans la statistique de 1873 :

	hectares
Vignes	33 068
Châtaigneraies..................	53 093
Prairies naturelles et vergers...	50 320
Pâturages et pacages............	70 393
Bois et forêts	89 627
Terres incultes.................	53 908
Superficies bâties, voies de transport, etc......................	47 917
Total..........	398 335

Quelle a été réellement la marche du progrès de la culture des céréales dans l'Ardèche? L'accroissement des emblavures est certain, mais sur quelles espèces s'est-il porté? Nulle part peut-être on ne trouve, d'une année à l'autre, des variations aussi considérables. Cela tient sans doute à ce que le cultivateur est soumis à des influences météorologiques extrêmes qui le forcent à prendre tout d'un coup la résolution de changer la destination de ses terres et à ne respecter que très secondairement les règles des assolements.

La production des céréales dans le département de l'Ardèche est même dans les années les plus abondantes, inférieure à la consommation; dans les années ordinaires, le déficit peut être évalué à un tiers.

La culture des pommes de terre a commencé à prendre de l'importance, dans l'Ardèche, vers 1820; si l'on s'en rapporte aux publications du ministère de l'agriculture, on n'obtenait que de 8 à 30 hectolitres de rendement par hectare, jusqu'au delà de 1840. Mais cette production a pris un accroissement notable et donne en général de bons résultats.

A la production en grains et en pommes de terre il faut ajouter celle en légumes secs. D'après les trois mentions qui en sont faites dans les statistiques du ministère de l'agriculture, la surface en haricots, fèves, lentilles, pois et autres légumes secs, était de 686 hectares en 1852, de 667 en 1862, de 847 en 1873, donnant moyennement par an 10 000 hectolitres en tout. C'est un faible appoint.

Il n'en est pas de même des châtaignes; elles sont, dans le Vivarais, une ressource considérable. Les châtaigneraies occupent, dans l'Ardèche, une grande surface : le cadastre de 1847 donne 64 032 hectares; la statistique de 1852 dit 58 558 hectares, dont près de la moitié dans l'arrondissement de Largentière; d'après la statistique de 1862, il n'y a plus que 57 702 hectares, et enfin, d'après celle de 1873, que 53 093.

Les châtaigneraies tendraient donc à diminuer. Le rendement moyen en châtaignes est de 19 hectolitres par hectare, et la production moyenne annuelle de 1 million d'hectolitres. Ces châtaignes constituent une part considérable des fameux marrons de Lyon. Parfois, sous les châtaigniers, on cultive du seigle. Les travaux faits pour obtenir ainsi une récolte dérobée augmentent la production des arbres.

La culture des légumes frais de toute nature prend une importance croissante dans le département : faite sur 1 millier d'hectares vers 1850, elle s'étend à environ 4500 hectares en 1880, en choux, carottes, navets, asperges, artichauts, salades, melons, courges, tomates, etc., le tout d'une valeur de près de 3 millions de francs.

Les cultures industrielles sont peu importantes. Elles n'occupent toutes ensemble, en y comprenant le colza et le chanvre, que 800 hectares. Les mûriers seuls y jouent, y ont joué surtout un rôle de premier ordre pour la nourriture des vers à soie. Ils avaient été introduits dans les Cévennes dès la fin du quinzième siècle; Olivier de Serres fit de grands efforts pour en propager la culture autour de lui; ses conseils furent suivis: peu à peu les plantations de mûriers s'exécutèrent dans les plus petites parcelles de terre.

« Il n'y a nulle part, dit Léonce de Lavergne, rien de plus admirable que cette culture. Les montagnards portent sur leur dos la terre et l'engrais dans des creux de rochers, et retiennent par des terrasses artistement construites, un sol toujours prêt à s'échapper. » Dans les vallées et les prairies, les mûriers furent aussi peu à peu introduits. On évaluait, en 1852, à 4500 hectares l'étendue qu'ils occupaient; elle était de 14 000 hectares en 1862, de 16 000 en 1867.

Cette dernière surface pouvait contenir 3 200 000

pieds d'arbres, produisant 640000 quintaux métriques de feuilles pouvant servir à la production de 3200000 kilogrammes de cocons, ou de 256000 kilogrammes de soie. C'était l'apogée. La crise séricicole est venue faire tomber cette prospérité, que M. Pasteur, par son invention du système de grainage cellulaire et de vérification au microscope, parvient à relever malgré des circonstances économiques déplorables.

Les surfaces couvertes par les arbres sont énormes dans l'Ardèche. On vient déjà de voir que les châtaigniers et les mûriers comprennent ensemble environ 70000 hectares. Il y a maintenant à apprécier les bois et forêts.

La statistique spéciale dressée par l'administration forestière et publiée à l'occasion de l'Exposition internationale de 1878, donne comme étendue de bois et forêts, au département, une contenance totale de 100358 hectares. Sur ce chiffre 3503 appartiennent à l'État, 11013 à des communes, 39 à des établissements publics, et enfin plus des trois quarts, ou exactement, 85773 hectares à des particuliers. Une partie des forêts de l'Ardèche, soit 38531 hectares, ou 38 pour 100 de la totalité, sont en sol calcaire ; le surplus, 61827 hectares, ou 62 pour 100, sont plantés en sol non calcaire. Le reboisement a été rendu obligatoire, sur six périmètres, d'une étendue de 2417 hectares.

Il faut ajouter aux cultures arbustives de l'Ardèche, les noyers, les oliviers, les arbres fruitiers divers, qui occupent ensemble environ 1280 hectares, puis les vignes, bien plus importantes. Les noyers sont assez productifs, mais on en arrache plus qu'on n'en plante, à cause de la lenteur de leur végétation. L'olivier ne vient que dans la partie méridionale du département ; il n'y occupe pas 400 hectares. Les autres arbres fruitiers à noyau et à pépins occupent environ 700 hectares donnant un produit annuel qu'on peut évaluer à un demi-million de francs. La multiplication des voies ferrées le feront augmenter, de même que celui des légumes de primeur.

Le vignoble de l'Ardèche a bien souvent, et dans de larges proportions, varié d'étendue.

Naguère importantes, les vendanges sont devenues de plus en plus misérables depuis 1873, et ce fait explique pourquoi la culture de la vigne occupe une étendue de plus en plus faible ; elle a cessé d'être rémunératrice. Dans une grande partie du département, la vigne est cultivée en jouelles, qu'on y appelle des *treillons* ou *treilloux*, c'est-à-dire en bordures de cultures intercalaires, ou en garniture sous les mûriers ou arbres fruitiers, le long des bords saillants des nombreux gradins ou terrasses qui s'étagent aux flancs des montagnes. On a mis des vignes dans les fentes de tous les rochers ; elles deviennent ce qu'elles peuvent, en produisant plus, sans engrais, dans les terrains calcaires que dans les terrains granitiques ; mais ceux-ci sont supérieurs quand on y a le concours de fortes fumures. Le phylloxera est venu apporter le désarroi parmi tous les calculs, toutes les espérances. Les clos les plus célèbres du pays sont détruits. Que fera la reconstitution que l'on tente avec énergie ? L'avenir prononcera, c'est tout ce que l'on peut dire. Les vins les plus renommés étaient ceux de Saint-Peray, de Cornas, de Saint-Joseph, de Limony.

Après les arbres et les arbustes, l'herbe occupe, dans le département de l'Ardèche, les plus grandes surfaces : plus de 35 pour 100 de l'étendue du département. D'après la statistique cadastrale de 1847, on comptait alors 44751 hectares de prés fauchés. D'après la statistique agricole de 1852, il s'en trouvait 43058 hectares répartis entre les trois arrondissements, et subdivisés d'ailleurs en prés secs et en prés arrosés.

Cette étendue ne paraît pas avoir augmenté depuis 40 ans, car les variations que les diverses évaluations successivement données accusent, ont tantôt en plus, tantôt en moins.

Les prés arrosés les plus productifs se rencontrent dans les environs de Joyeuse, Largentière, Chomerac, Rochemaure, ainsi que dans les alluvions des vallées du Rhône et de l'Ardèche.

« Les meilleures prairies irriguées, dit M. Heuzé, produisent jusqu'à 6000, 8000 et même 10000 kilogrammes de foin par hectare. Les luzernières soumises à l'arrosage donnent de 8000 à 12000 kilogrammes de foin ; on les fauche quatre à cinq fois. Le trèfle irrigué est fauché deux fois ; le sainfoin ne produit ordinairement qu'une coupe. »

Les quantités de foin ne pourraient guère nourrir que de 25000 à 35000 têtes de gros bétail annuellement. Il faut y joindre d'abord les récoltes fourragères vertes que l'on fait sur environ 2000 hectares ; la rave est semée en culture dérobée ; le *raifort de l'Ardèche* est un très gros radis que l'on cultive pour l'alimentation des bêtes bovines ; le topinambour vient bien dans les terres sablonneuses.

Mais une autre ressource importante est tirée des feuilles des bois, des secondes feuilles des mûriers, et enfin et surtout des pâturages des terres herbues non cultivées, telles que les prés non fauchables, les garrigues, les landes, les pâtis, etc. Ces pâturages étaient évalués à 153712 hectares par la statistique cadastrale, à 144901 par la statistique agricole de 1852, à 137000 par celle de 1862. Leur étendue a diminué, parce que c'est sur elle qu'a été prise, en grande partie, l'augmentation des terres labourables.

Tel est, en définitive, le théâtre sur lequel vit le cultivateur du Vivarais et sur lequel il entretient ses animaux domestiques, dont il convient de connaître l'importance au point de vue du nombre et des espèces. Le tableau suivant donne six dénombrements successifs :

	1840 — têtes	1852 — têtes	1862 — têtes	1866 — têtes	1873 — têtes	1877 — têtes
Espèce chevaline...	6040	6737	7068	9912	8636	9042
Anesses et ânes....	1566	1855	2466	2535	2717	2111
Mulets et mules...	11005	9057	8030	7614	9759	9736
Espèce bovine....	45690	48 18	79292	75049	54490	65416
Espèce ovine ...	282148	260047	293598	374687	253311	228586
Espèce caprine ...	39304	61453	106571	101291	104161	97386
Espèce porcine....	46864	63680	99557	85706	80753	74270

Le nombre des animaux des espèces de trait, chevaline, asine et mulassière, est en progrès. La population bovine paraît se maintenir à travers diverses fluctuations ; il n'en est pas de même de la population ovine, qui semble décroître. L'espèce caprine a pris un grand développement. L'espèce porcine a eu un accroissement notable, mais subit maintenant une diminution.

Les bêtes bovines sont en plus grand nombre dans l'arrondissement de Tournon, qui en compte trois fois plus que celui de Largentière, et cinq fois plus que celui de Privas. Les principales races sont celles du Mézenc et d'Aubrac.

Les bêtes à laine sont de petite taille et ne donnent qu'une laine grossière. Les meilleures se rencontrent dans les environs de Largentière. Les plus nombreux troupeaux existent dans l'arrondissement de Privas, qui renferme la moitié environ de toute la population ovine du département. Dans la belle saison, il arrive, sur le mont Mézenc, un assez grand nombre de troupeaux transhumants du bas Languedoc.

Les porcs donnent lieu à un commerce important

dans le département. On les nourrit pendant plusieurs semaines avec les litières des vers à soie.

Les basses-cours de la partie méridionale du département sont importantes; elles fournissent une assez grande quantité d'œufs au commerce.

Au point de vue de l'administration des haras, l'Ardèche ressort du dépôt d'étalons de Rodez.

Le miel d'Orgnac, dans le canton de Vallon, est très estimé.

Si l'on réduit tous les animaux domestiques de l'Ardèche en têtes du gros bétail, on ne trouve pas qu'il y ait plus de 2 dixièmes de tête par hectare moyen dans le département, ou un poids vif de 70 à 90 kilogrammes. La quantité de fumier produite par ce bétail est insuffisante pour entretenir la fertilité des terres. Cependant on fait encore peu d'usage des engrais commerciaux; les phosphates et les tourteaux commencent à être essayés depuis 1880 avec des succès qui encouragent les cultivateurs à s'en servir.

La population urbaine ne dépasse pas 58000, tandis que la population rurale s'élève à 315000. L'industrie minérale n'occupe guère que 7 à 8000 ouvriers. L'industrie de la soie compte au moins 25000 ouvriers et ouvrières; c'est la grande industrie du département; elle en fait la richesse; elle occupe un grand nombre de femmes. La papeterie, la mégisserie, la tannerie, et quelques autres usines, donnent aussi du travail à la population rurale. Il faut néanmoins compter encore 80000 adultes mâles occupés aux champs.

Un grand nombre de petits propriétaires n'ont pas de domestiques et font tous les travaux par eux-mêmes ou avec les membres de leurs familles. Les domestiques mâles employés à l'année ont des gages qui s'élèvent de 200 à 400 fr.; les servantes reçoivent de 150 à 200 fr.; dans les fermes et les métairies, tous les domestiques mangent avec les maîtres. Les journaliers non nourris sont payés de 3 fr. à 3fr,50, et les journalières de 1fr,50 à 2fr,50; lorsqu'ils sont nourris, les salaires descendent à 1fr,50 ou 2 fr. pour les hommes, et à 1 fr. ou 1fr,50 pour les femmes. Ces salaires sont deux fois plus élevés que 40 à 50 ans auparavant, c'est-à-dire de 1830 à 1840. On se plaint généralement des exigences croissantes des ouvriers ruraux.

La petite propriété et la petite culture dominent dans le département. L'étendue moyenne générale ne dépasse pas 8 hectares; les terres sous le faire valoir direct occupent la moitié des terres arables (les forêts non comprises); les fermes, quatre dixièmes, les métairies, un dixième seulement du domaine cultivé.

Le fermage est le mode d'exploitation le plus général pour les propriétés de quelque étendue. Les baux sont de trois, six ou neuf ans, avec facilité du *dédit à mi-terme* de part et d'autre. Le taux du fermage varie de 50 à 125 fr. par hectare, selon les classes, pour les terres labourables, et de 90 à 200 francs pour les prairies. Exceptionnellement les terres d'alluvion sont affermées, à la Voulte et à Largentière, jusqu'à 180, 200 et 250 fr. l'hectare, et les prairies arrosables, à Chomérac, jusqu'à 300 et 350 fr.

Le métayage est adopté presque exclusivement dans quelques cantons, particulièrement dans la zone moyenne, et notamment à Joyeuse et à Bourg-Saint-Andéol. Les baux sont faits pour un an, le bailleur et le preneur devant se prévenir six mois à l'avance en cas de rupture. En fait, on trouve beaucoup de familles de grangers qui sont sur le même domaine depuis de nombreuses générations. Les anciens usages sont respectés dans le Vivarais, surtout dans la montagne.

La valeur des terres est très variable, selon les localités; ainsi, pour les terres labourables, elle varie depuis 600 fr. sur la commune de Saint-Agrève, jusqu'à 5000 sur les communes de Rochemaure et des Vans, et 6000 fr. sur celle de Largentière; pour les prairies arrosées, elle monte à 8000 sur Largentière. Les mûreraies se vendent de 3 00 à 9000 fr. l'hectare; les châtaigneraies de 1000 à 2500 fr.; les landes de 150 à 600 fr. On attache un grand prix à la possession des terres bien exposées, et sur les rampes rocheuses placées à une bonne exposition.

Trois concours régionaux ont eu leur siège dans le département: à Privas, en 1865; à Annonay, en 1873, et à Aubenas, en 1882. La prime d'honneur a été attribuée, en 1865, à M. Léonce Destremx, agriculteur au Colombier, arrondissement de Largentière; en 1873, à M. Régis Rouveure, à Beauregard, commune de Saint-Cyr, dans l'arrondissement de Tournon; en 1882, à M. Fournat de Brézenaud, à Quintenas, dans l'arrondissement de Tournon. Des prix culturaux ont, en outre, été décernés, en 1873, à M. Poudevignes, aux Vernades, commune de Rosières, dans l'arrondissement de Largentière, et en 1882, à M. Jacquemet-Bonnefont pépiniériste horticulteur à Annonay, dans l'arrondissement de Tournon. Le prix d'honneur des irrigations a été décerné à M. Verny, à Saint-Didier, près Aubenas. Pour les concours régionaux, le département de l'Ardèche appartient à la région de l'Est central. La principale association agricole est la Société d'agriculture de l'Ardèche, dont le siège est à Privas.

L'assolement biennal, toujours usité dans les parties arriérées de la montagne, et qui consiste en une succession indéfinie du seigle d'automne à la jachère, commence néanmoins à être modifié; on fait des pommes de terre à la place de la jachère; on adopte aussi des soles de trèfle ou de sainfoin, et le froment remplace une forte partie du seigle. Il y a encore abus de céréales, mais les plantes fourragères gagnent du terrain; quand on sème du sainfoin à la place du trèfle, on le fait durer deux ans. Le fumier est insuffisant; le fourrage est insuffisant. Pour litière, on a recours aux feuilles d'arbres, aux genêts, aux bruyères, aux buis. Quant aux engrais commerciaux, ils ne sont qu'essayés; l'emploi seul du plâtre a pris de l'extension.

Les instruments aratoires ont encore besoin d'être beaucoup améliorés. La moisson et la fauchaison se font à bras, mais les bonnes machines ont néanmoins fait leur apparition dans les plaines. Les bâtiments sont encore généralement bien défectueux sous le rapport des matériaux employés et de l'hygiène des hommes et du bétail. Mais de la plaine, le progrès monte, même à cet égard, vers la montagne. Le bétail et les divers produits animaux, les vins, les bois, les truffes, les eaux minérales, les soies, un grand nombre de produits des usines et fabriques d'Annonay, donnent lieu à un trafic toujours croissant.

Pour ce trafic, il faut noter tout d'abord 206 kilomètres de cours d'eau navigables, savoir : 66 kilomètres pour l'Ardèche, 140 kilomètres du Rhône.

Le département compte 8 routes nationales d'une longueur totale de 478 kilomètres, et 20 routes départementales ayant un développement de 816 kilomètres. Il y a, en outre, 7587 kilomètres de chemins vicinaux. L'établissement de 7 chemins de fer présentant, en 1882, un développement de 258 kilomètres, a doté le département de communications rapides tant avec le nord que le midi de la France.

ARDENNAIS (CHEVAL) (*zootechnie*). — Le cheval ardennais est petit, adroit, robuste; il a le pied sûr et résiste admirablement aux privations et à la fatigue. Ces qualités l'ont fait depuis longtemps tenir en grande estime, quoiqu'il ne fût pas ce qu'on appelle distingué. On a cherché à l'améliorer, surtout à le grossir, et dans ce but on a eu recours à des croisements; on n'a guère réussi qu'à altérer les qualités de la race, c'est-à-dire l'énergie et la résistance dans tous les travaux qu'on en exigeait. Les caractères du cheval ardennais, dont la fig. 423 donne le type, est d'avoir le cou busqué et la tête carrée des béliers gravés sur les monuments égyptiens. L'œil est proéminent, les oreilles sont courtes et bien plantées, les épaules plates. Le poitrail est un peu étroit, le garrot élevé, la membrure forte et régulière. Les hanches sont un peu cornues, les cordes tendineuses larges et bien détachées, les jarrets petits et légèrement crochus. La taille est d'environ 1m,52. C'est un cheval court et ramassé, très propre à la cavalerie légère. On trouve les meilleurs poulains ardennais aux foires de Namur et de Givet. Les districts qui fournissent les meilleurs chevaux sont ceux de Bastogne, Arlon et Neufchâteau. Les chevaux ardennais de Bastogne, dans la fertile vallée de l'Ourthe, sont surtout renommés. Durant l'hiver on nourrit le cheval dans l'Ardenne avec de l'avoine, du foin et un peu de son ; en été, son travail terminé, le cheval cherche sa nourriture dans des pâturages souvent plus riches en genêts et en fougères qu'en herbe. Les bons étalons de Bastogne sont très recherchés à des prix qui varient de 3000 à 5000 fr.; les bonnes juments se vendent environ 1500 francs, les poulains et les pouliches de six à sept mois, 500 à 600 francs. A cause des bons soins qu'il reçoit, le cheval ardennais est doux et tranquille.

ARDENNAIS (MOUTON) (*zootechnie*). — Le mouton ardennais est de petite taille et donne peu de viande et peu de laine, mais sa chair est de bonne qualité et très estimée. On a tenté l'amélioration de la race par le croisement avec les mérinos et les dishley. Des succès ont été obtenus dans cette voie, mais le petit mouton ardennais pur continue à être recherché pour la délicatesse de sa chair.

ARDENNAISE (RACE BOVINE) (*zootechnie*). — On donne le nom de race ardennaise ou de race meusienne à la population bovine des provinces belges de Liège, de Namur et du Luxembourg, du grand duché de Luxembourg, des provinces rhénanes, des départements français des Ardennes, de la Marne, de la Meuse et de Meurthe-et-Moselle, c'est-à-dire, selon l'expression de M. Sanson, du bassin supérieur et moyen de la Meuse. Sa constitution porte les caractères du sol sur lequel on la trouve, sol en général formé d'un schiste argileux peu fertile. L'ossature de tous les animaux est fine, mais la conformation est rarement régulière. Les vaches sont petites, minces de corps, pointues aux fesses, presque sans pis, avec une tête effilée, des cornes aiguës, des hanches étroites, des sabots secs et droits, des jambes fines et nerveuses. Elles sont médiocrement laitières, moins sur les plateaux, davantage au bord des cours d'eau. Elles sont d'ailleurs très agiles. L'aptitude à l'engraissement est assez faible, mais peu exploitée dans le pays, les veaux mâles étant généralement livrés de bonne heure à la boucherie. On a cherché à améliorer cette race, mais surtout par les croisements, et sans faire des sélections qui, sans doute, auraient donné de bons résultats. Il en est résulté qu'on a, dans cette région, des bêtes bovines sans caractère défini, n'appartenant pas en réalité à une race bien fixée. Le pelage est extrêmement variable, blanc, rouge, à taches brunes ou grises, avec les oreilles souvent bordées de noir ou de rouge.

La sobriété des animaux de la race ardennaise est seulement générale, sans doute à cause du dur régime auquel le bétail est soumis, système d'élevage qui n'engendre pas la richesse.

Fig. 423. — Cheval ardennais.

ARDENNE (*géographie agricole*). — On donne ce nom à la région très accidentée et presque entièrement couverte de forêts que traverse la Meuse. Cette région confine, d'un côté, au plateau de l'Argonne, constitue la partie nord du département français des Ardennes, et s'étend ensuite en Belgique. L'Ardenne est le massif formé par la roche argileuse, par l'ardoise. Elle occupe, en France, la zone septentrionale des arrondissements de Mézières, Sedan et Rocroi, sur une surface d'environ 150000 hectares; en Belgique elle couvre une superficie de 420000 hectares sur une faible partie des provinces de Namur et de Liége, et sur la presque totalité de la province du Luxembourg. Cette région apparaît sous forme de croupes ondulées et de plateaux superposés; ces plateaux sont déchirés par des crevasses profondes, ont les flancs abruptes, de telle sorte que les communications y sont difficiles. La population y est très clairsemée; le bétail y a un aspect particulier qui semble emprunter son caractère à la nature sauvage et sévère de la contrée. On dit l'Ardenne belge et l'Ardenne française. La *forêt des Ardennes* s'étend sur les deux pays; elle n'occupe plus qu'une partie de l'Ardenne. Sous les Romains, elle était beaucoup plus vaste et se prolongeait jusqu'au Rhin.

ARDENNES (DÉPARTEMENT DES) (*géographie agricole*). — Ce département, d'une superficie totale de 523289 hectares, doit son nom à l'antique forêt des Ardennes qui couvre encore la partie septentrionale de son territoire. Il présente une série de plateaux souvent profondément ravinés, superposés les uns au-dessus des autres, mais dont l'altitude n'est jamais considérable.

La région méridionale comprend la plus grande partie des deux arrondissements de Vouziers et de Rethel. Elle présente d'abord les plateaux crayeux appelés *monts de Champagne* et *monts de craie*, quoique leur altitude moyenne ne dépasse pas 125 mètres ; leur point culminant, d'une altitude de 205 mètres, s'élève au sud des sources de la Retourne, près de Dricourt. Cette chaîne de monts s'étend de Vaux-Champagne à Séchault, dans la direction du nord-ouest au sud-est. Vers le nord-est, elle est escarpée et sillonnée de ravins étroits, tandis que, au sud-ouest, elle forme un grand plateau mamelonné. A peu près parallèlement à cette chaîne s'en trouve une seconde, composée de *gaize*, roche tendre, facile à entamer par les influences atmosphériques, et donnant lieu à des escarpements prononcés ; elle s'étend de Noirval à Apremont en formant une sorte d'arête avec pentes plus douces vers le versant sud-ouest, plus rapides sur le versant nord-est ; c'est ce qu'on appelle les *montagnes de l'Argonne*.

Entre les monts de craie et les monts d'Argonne se trouve une large dépression à sol argileux, sableux ou marneux, dans laquelle coule l'Aisne, et qui forme la région nommée l'*Axone*.

Au sud-ouest de la chaîne des monts de craie s'étend ce qu'on appelle la *Champagne ardennaise;* les ravins onduleux qu'on y rencontre portent le nom de *Houles*. C'est dans cette partie du département qu'on rencontre les villages les plus pauvres. La vallée de l'Aisne présente, au contraire, des terres très fertiles. Au delà de l'arête gaizeuse des monts de l'Argonne, et au nord-est, le sol est constitué en grande partie par des roches calcaires des terrains jurassiques, et forme un vaste massif traversé par de nombreuses vallées plus ou moins resserrées et se terminant au nord par une falaise qui se dresse de Louvergny à Tailly, et au pied de laquelle s'étend une grande plaine argileuse, vers les confins des arrondissements de Vouziers et de Mézières.

La région centrale se trouve au nord de celle qui vient d'être décrite ; elle comprend une succession de nombreux plateaux qui s'étagent depuis Rumigny, au sud de Rocroi, jusqu'à Mézières, puis vers Sedan et Mouzon, sur la rive gauche de la Meuse. Dans ces plateaux, qui forment une ramification des monts Faucilles, se trouvent, au sud-est, les gorges profondes qu'on appelle les *Défilés de l'Argonne*. Quelques buttes élevées s'y rencontrent à Marlemont, entre Rumigny et Signy-l'Abbaye, et au sud de Sedan; cette dernière butte, la plus élevée de toute la région, n'a qu'une altitude de 346 mètres. Dans cette zone, la plus riche, la mieux cultivée, et que l'on appelle aussi la *région des beaux sites*, se trouve le *Vallage* ou le pays des *Quatre vallées*, célèbre par la culture des arbres fruitiers, qui s'étend dans le canton de Nouvion (arrondissement de Rethel), sur les communes de Vaux-Montreuil, du Chenois et d'Aubencourt.

La région septentrionale constitue l'Ardenne française ; elle s'étend depuis le plateau de Rocroi, dont la plus haute altitude, au Signal des Marquisades, est de 401 mètres, passe par Renwez et Sedan pour arriver jusqu'au delà de Carignan, où l'altitude n'est plus que de 337 mètres. Le plateau de Rocroi, en se prolongeant vers Signy-le-Petit, présente de vastes espaces dénudés qu'on appelle des *Riezes*. Les cantons de Monthermé, de Fumay, de Givet, forment un territoire qui s'avance au cœur de la Belgique. Les points les plus élevés de cette région sont : la *Croix-Scaille* (504 mètres d'altitude), à 8 kilomètres des Hautes-Rivières, la bergerie des *Haies-d'Hargnies* (492 mètres), la *Haute-Butte* (491 mètres), la *Croix des Hauts-Bulteaux* (490 mètres), la *Haute-Manise* (469 mètres). Au delà de Fumay, les hauteurs s'abaissent rapidement dans le canton de Givet, où la forteresse de Charlemont n'est plus qu'à l'altitude de 215 mètres. Dans ces plateaux, au milieu des forêts, se rencontrent par places, au milieu des landes, des marais appelés *Fagnes*, quelquefois transformés en tourbières, puis les gorges profondes où coulent la Meuse et la Semoy.

Le territoire du département, considéré au point de vue hydrographique, appartient aux deux bassins de la Seine et du Rhin. Toute la partie située au midi d'une ligne de partage, qui se dirige du nord-ouest au sud-est, de Signy-le-Petit à Andevanne, en passant par Marlemont, le Chesne et Buzancy, appartient au bassin de la Seine, dans laquelle elle déverse ses eaux, soit directement par l'Oise, soit indirectement par l'Aisne. La partie située au nord de cette ligne de partage, et qui est la plus petite, jette ses eaux dans la Meuse, qui va les porter dans le Rhin.

Le cadastre achevé en 1837 donne la répartition suivante de toutes les terres du département :

	hectares
Terres labourables	297 960
Prés	53 268
Vignes	1 744
Bois	103 976
Vergers, pépinières et jardins	10 942
Oseraies, aulnaies, saussaies	439
Carrières et mines	64
Landes, pâtis, bruyères, etc	12 727
Etangs, abreuvoirs, mares et canaux d'irrigation	455
Canaux de navigation	302
Propriétés bâties	1 655
Total de la contenance imposable	483 532
Routes, chemins, places publiques, rues	1 038
Rivières, lacs, ruisseaux	2 996
Forêts, domaines non productifs	26 145
Cimetières, églises, presbytères, bâtiments publics	130
Autres surfaces non imposables	98
Total de la contenance non imposable	39 757
Superficie totale cadastrée	523 289

Les terres labourables, d'après le cadastre, occupaient en 1837 une superficie formant 56,94 pour 100 de l'étendue totale du département.

La statistique agricole de 1852 fournit les chiffres suivants pour chacun des cinq arrondissements et le département tout entier :

	ARRONDISSEMENTS DE					
	ROCROI	MÉZIÈRES	SEDAN	RETHEL	VOUZIERS	LE DÉPARTEMENT
	hect.	hect.	hect.	hect.	hect.	hect.
Céréales	14 109	26 252	25 873	49 486	56 059	171 839
Racines et légumes	1 509	2 259	1 695	1 768	2 743	9 974
Cultures diverses	568	966	1 052	6 632	1 281	10 499
Prairies artificielles	5 261	5 808	7 644	19 110	12 592	50 415
Jachères	5 936	7 499	6 812	18 868	18 625	57 740
Totaux des terres labourables	27 443	42 784	43 076	95 864	91 300	300 467

La proportion des terres arables a passé en quinze ans de 56,94 à 57,41, ce qui n'est qu'un changement sans importance, mais elle est très variable d'un arrondissement à l'autre ; de 38,82 dans l'arrondissement de Rocroi elle s'élève à 78,38 plus du double, dans celui de Rethel.

Les autres terres étaient ainsi réparties d'après la statistique de 1852 :

	ARRONDISSEMENTS DE					
	ROCROI	MÉZIÈRES	SEDAN	RETHEL	VOUZIERS	TOTAUX POUR LE DÉPARTEMENT
	hect.	hect.	hect.	hect.	hect.	hect.
Prairies naturelles	12 446	10 569	8 836	7 035	12 362	51 248
Vignes	»	»	95	640	869	1 604
Pâturages	4 218	1 752	1 384	743	1 837	9 934
Superficies diverses	40 502	39 784	26 751	17 541	34 773	160 036
Surfaces cadastrées	83 576	98 483	79 831	122 308	139 091	523 289

Les superficies diverses comprennent les bois, les forêts, les terres incultes, les chemins, les étangs et les cours d'eau, ainsi que les surfaces bâties.

Les prairies naturelles ont une importance à peu près égale dans les arrondissements de Sedan et de Rethel d'un côté et de moitié plus grande dans ceux de Rocroi, Mézières et Vouziers. Dans leur ensemble, elles sont restées à peu près avec la même étendue qu'en 1837.

L'enquête de 1852 fournit les détails suivants pour l'ensemble du département :

	hectares
Céréales	178 471
Racines et légumes	16 085
Cultures industrielles	3 102
Prairies artificielles	51 635
Fourrages consommés en vert	2 096
Jachères mortes	50 697
Total des terres labourables	302 086

La seule différence notable à signaler depuis 1851 consiste dans une augmentation de 7000 à 8000 hectares pour les terres en culture et en une diminution d'une égale étendue sur les jachères.

Quant aux autres surfaces, elles se répartissaient ainsi en 1862 :

	hectares
Prairies naturelles	53 290
Vignes	1 350
Pâtis	6 425
Superficies diverses	160 138
Surface cadastrée totale	523 289

Pour trouver une nouvelle statistique agricole officielle sur les Ardennes, il faut arriver à 1873 ; c'est la dernière qui ait été faite jusqu'en 1882 ; elle donne les chiffres suivants :

	hectares
Céréales	174 312
Racines et légumes	16 325
Cultures industrielles	7 539
Prairies artificielles	42 912
Fourrages consommés en vert	8 535
Cultures diverses et jachères	64 608
Total des terres labourables	314 231

Trois faits sont à signaler : un accroissement notable dans l'étendue des terres consacrées aux cultures industrielles, à cause du succès des sucreries et des distilleries fondées sur l'emploi des betteraves ; une augmentation de la culture des fourrages consommés en vert correspondant à une diminution parallèle des prairies artificielles ; en fin de compte un accroissement des terres labourables dont la proportion dépasse 60 pour 100 de la superficie totale du département. Les autres surfaces sont évaluées ainsi qu'il suit par la statistique de 1873 :

	hectares
Vignes	1 108
Prairies naturelles et vergers	57 028
Pâturages et pacages	8 373
Bois et forêts	121 174
Terres incultes	2 069
Superficies bâties, voies de transport, etc.	20 306
Total	209 058
Superficie cadastrée	523 289

La surface laissée inculte dans les Ardennes est très petite, de 2000 à 3000 hectares au plus sur 523 289 ; c'est insignifiant, surtout lorsque l'on considère la nature absolument ingrate de certains terrains. L'Ardennais est patient et laborieux, cela explique le bon parti qu'il a tiré du sol sur lequel il est né ; selon les circonstances plus ou moins favorables à la vente de telles ou telles céréales, il donne plus ou moins d'extension à leur culture, de telle sorte que la sole des jachères est ainsi nécessairement variable malgré les prescriptions des baux, tandis que la sole des céréales augmente, ou inversement.

Le département produit en général plus de grains qu'il n'en faut pour sa consommation, et ces grains sont de bonne qualité ; ils ont du poids.

L'orge des Ardennes est recherchée par les brasseurs ; on cultive le plus ordinairement l'orge de printemps. En général, les pailles des céréales y sont très résistantes, et l'on admet que la verse est beaucoup moins fréquente, dans les terres de la Champagne que dans les autres contrées. L'espèce de froment la plus cultivée est le *blé de la rivière d'Aisne* ; on y a introduit avec succès le blé bleu et divers blés anglais. On fait très rarement des blés de printemps. On ne cultive l'épeautre, qu'on appelle blé rouge, que dans les mauvais sols. Les terres incultes ou *savarts* qui servent de pacages sont de temps à autre ensemencées en seigle ou en avoine.

La culture des pommes de terre a fait des progrès dans les Ardennes ; on y obtient de bons produits et d'un rendement satisfaisant : ainsi l'étendue consacrée à la plantation a passé en un demi-siècle de 4000 à 13000 hectares.

Les pommes de terre produites sont consommées dans le département tant par les hommes que par le bétail.

Parmi les plantes industrielles, la betterave occupe maintenant le premier rang. Vers 1850 on ne cultivait guère que la betterave fourragère, et même sur une petite échelle. Vers 1860 la culture de la betterave à sucre (betterave de Silésie à chair et à peau blanches et à collet rose) s'est répandue à la suite de l'importation de l'industrie sucrière dans le pays. Elle s'est bientôt développée assez rapidement.

En 1882, il existait dans le département dix fabriques de sucre situées à Charleville, Seraincourt, Ecly, Saint-Germainmont, Acy-Romance, Amagne, Douzy, Lechêne, Attigny, Vouziers, produisant de 6 à 10 millions de kilogrammes de sucre et de 4 à 6 millions de kilogrammes de mélasse. Il s'y trouvait en outre sept distilleries montées d'après le système Champonnois. L'emploi de la pulpe pour l'engraissement du bétail y avait donné une forte impulsion à l'élevage des animaux domestiques. « La pulpe des sucreries dans le département des Ardennes, a dit en 1879 M. Tisserand dans son rapport sur le concours de la prime d'honneur du département, suffit à l'engraissement de près de 4000 bœufs par an. »

Les autres plantes industrielles cultivées dans le département sont la chicorée, les plantes oléagineuses (colza, navette, œillette, caméline), les plantes textiles (lin, chanvre, à la fois pour la graine et pour les fibres), le houblon. Elles occupaient naguère ensemble 1800 hectares, dont 1000 environ étaient consacrés au chanvre, 200 au lin, 300 au colza, 300 aux cultures industrielles diverses. Mais à mesure que la culture de la betterave à sucre a pris plus d'importance, l'étendue des terrains consacrés à la culture des autres plantes industrielles a diminué.

La production du houblon reste très restreinte dans les Ardennes, quoique la fabrication de la bière y soit importante.

Les légumes secs sont cultivés assez en grand dans les Ardennes, notamment les haricots, les fèves, les pois et les lentilles, principalement quand on n'a pas pu exécuter à temps les semailles d'automne et qu'on est réduit à faire des cultures de printemps ; leur production occupe ainsi une étendue très variable d'une année à l'autre.

La culture des légumes, qui est généralement développée seulement dans les jardins potagers et maraîchers, se fait aussi en plein champ, dans les sols riches et fertiles qui avoisinent principalement la vallée de l'Aisne, dans le canton d'Attigny ; elle donne lieu à un commerce d'exportation assez important ; elle s'étend sur une surface de 2000 à 3000 hectares.

Une des plus grandes industries agricoles des Ardennes est certainement l'exploitation des bois. Ce n'est que récemment que l'on a été bien fixé sur l'étendue des bois et forêts du département ; les chiffres notés dans les statistiques de 1837, de 1850, 1861 et 1873, ne sont pas d'accord entre eux, et ils ne s'accordent pas non plus avec ceux de la statistique spéciale dressée par l'administration forestière et publiée à l'occasion de l'Exposition universelle de 1878. Cette statistique, qui paraît définitive, donne pour l'étendue totale des bois et forêts des Ardennes 131 879 hectares, soit 25 pour 100 du territoire départemental. Sur ce total, 23 774 hectares appartiennent à l'État, 36 090 à des communes, 512 à des établissements publics, et enfin plus de la moitié ou exactement 71 503 aux particuliers. Il y a 13 forêts domaniales ; le nombre de communes propriétaires de forêts est de 222 pour 35979 hectares, et 111 hectares appartiennent à cinq sections communales ; le département n'est pas propriétaire de bois. La distribution des forêts selon la nature minéralogique du sol est la suivante : 44 077 hectares sont en sol calcaire ; 87 202 hectares sont en sol non calcaire.

Il est d'usage, dans les Ardennes, de faire l'exploitation des coupes de bois avec sartage ou essartage, procédé qui consiste à incinérer la surface exploitée pour pouvoir y semer du seigle que l'on récolte en même temps qu'on fait le repeuplement par semis ou plantation. Le sartage se fait à feu courant ou à feu couvert sur un millier d'hectares environ chaque année, le rendement moyen étant de 18 hectolitres de seigle.

Le département est à la limite de la culture de la vigne ; on ne la trouve guère que dans les arrondissements de Vouziers et de Rethel, à peu près sur une égale étendue, et elle tend à décroître bien plus qu'à augmenter.

Les vins de Ballay, Chestres, Neuville, Quatre-Champs, Saint-Lambert, Senuc et Toges sont estimés quand il y en a. Les vendanges ne sont productives que dans les années chaudes. Le raisin cesse de mûrir, dans la plupart des années, au-dessus d'une ligne passant par Novion-Porcien et Mouzon.

On fait du cidre et du poiré, surtout du cidre dans le département, principalement dans les arrondissements de Rethel et de Vouziers. Mais cette production est peu importante, quoique dans quelques années elle soit notablement supérieure à celle des vignes du département ; elle présente, d'ailleurs, une plus grande régularité.

Le chiffre de 50 000 hectolitres est considéré comme moyen : il correspond à l'existence de 20 000 arbres. Dans les vergers, on plante généralement 200 pommiers ou poiriers par hectare, quand on ne demande pas au sol d'autre production. Mais on ne dépasse pas 100 pieds, lorsqu'on veut obtenir quelque récolte en même temps que des fruits. Le plus souvent les arbres sont plantés en ligne sur la limite des champs et le long des chemins. Outre les pommiers et les poiriers, on rencontre des cerisiers, des pruniers et un certain nombre de noyers ; tous ces arbres ensemble doublent au moins le nombre des pommiers. L'étendue totale des vergers de tous genres est d'environ 2000 hectares, donnant en général un peu d'herbe, plus rarement quelques cultures intercalaires. Les fruits produits donnent lieu à un commerce assez considérable à l'état frais. Ils servent aussi à préparer des confitures qui s'exportent assez loin, ainsi que quelques liqueurs alcooliques.

Il faut encore citer les oseraies parmi les cultures arbustives de quelque importance. Elles couvrent environ 600 hectares dont la moitié dans l'arrondissement de Vouziers. Elles produisent de l'osier pour la grosse vannerie, les menus ouvrages et le jardinage.

La production fourragère occupe une grande place dans le département ; elle s'étend sur 87 000 hectares environ, dont près de 50 000 hectares de prairies naturelles et 37 000 de prairies artificielles (trèfle, luzerne, sainfoin).

La superficie totale livrée à la production du foin paraît diminuer ; on a défriché des prairies pour en faire des terres labourables afin d'augmenter la culture de la betterave. Il y a environ 8000 hectares de prés arrosés et 42 000 hectares de prés secs. L'arrondissement de Vouziers est le plus riche en prés ; viennent ensuite les arrondissements de Rocroi, Rethel et Sedan ; celui de Mézières est le plus pauvre. Beaucoup de progrès pourraient encore être faits au point de vue de l'aménagement des eaux, tant pour mieux arroser les prairies situées aux abords des cours d'eau, que pour assainir celles qui sont marécageuses. Les prés arrosés rendent de 3500 à 4500 kilogrammes de foin; les prés secs de 2500 à 3000 kilogrammes.

L'emploi des pulpes des betteraves de sucrerie et de distillerie, l'usage des racines diverses n'ont pas pris un développement susceptible de combler le déficit de la production fourragère. Aussi faut-il s'attendre à voir le bétail décroître dans le département. C'est ce qui résulte d'ailleurs du rapprochement suivant des chiffres fournis par les diverses statistiques officielles depuis 1840; d'ailleurs, il faut remarquer qu'un pays ne passe pas par d'effroyables désastres tels que ceux de l'année terrible 1870-1871, sans que son agriculture ne reçoive un contre-coup fatal; il y a plutôt lieu de s'étonner que le mal n'ait pas été plus grand.

	1840	1852	1862	1866	1873	1877
	têtes	têtes	têtes	têtes	têtes	têtes
Espèce chevaline...	56 923	53 648	56 427	57 171	50 191	51 523
Anes et ânesses..	2 361	1 800	1 854	2 468	1 810	1 521
Mulets et mules...	340	178	92	78	213	208
Espèce bovine....	99 169	86 391	103 498	76 572	93 319	92 241
Espèce ovine...	404 903	585 194	506 595	547 046	410 971	389 446
Espèce caprine...	6 081	8 281	11 489	17 317	19 214	15 067
Espèce porcine....	53 418	50 625	60 843	54 328	71 854	60 069

Dans les arrondissements de Rocroi, Mézières et Sedan, les agriculteurs produisent et élèvent des chevaux. Les juments travaillent pendant la gestation et l'allaitement, mais elles ne sont en général soumises, durant ce temps, qu'à un travail modéré. On fait naître, autant que possible, dans les mois de janvier et de février, parce que c'est l'époque où les attelages sont le moins occupés, et alors les mères peuvent avoir le temps de se remettre des fatigues de la parturition. On sèvre les poulains vers l'âge de six mois, et l'on commence à les faire travailler modérément à l'âge de deux ans ou deux ans et demi. Dans les arrondissements de Vouziers et de Rethel, on ne produit généralement pas le cheval; on se livre à l'élevage; on a l'habitude d'acheter des poulains aux foires de Carignan, de Rocroi et de Neuf-Château: dans cette dernière on trouve particulièrement le poulain de l'Ardenne belge. Les poulains ainsi achetés, étant bien nourris et ayant peu travaillé, sont revendus à d'assez bons prix à l'âge de 5 ou 6 ans. Le département appartient à la circonscription du dépôt d'étalons de Montierender qui fait partie du premier arrondissement d'inspection générale des haras.

On a tenté l'amélioration de l'espèce bovine dans les Ardennes par une foule de croisements qui n'ont pas bien réussi; on paraît assez satisfait de l'emploi des taureaux *famenois* de race hollandaise dans les arrondissements de Vouziers, de Sedan, de Rocroi et de Mézières, et de taureaux normands dans l'arrondissement de Rethel. La spéculation principale dans l'arrondissement de Rocroi est celle de la production du beurre et du fromage; on vend les veaux dès l'âge de quinze jours; on n'y fait que dans une petite proportion l'engraissement des bœufs à la pâture. Dans les arrondissements de Rethel et de Vouziers, on engraisse souvent les veaux en leur donnant le lait de plusieurs vaches, et en les expédiant ensuite sur Paris; on engraisse aussi les vaches réformées. Dans les arrondissements de Mézières et de Sedan, on se livre spécialement à l'engraissement des bœufs, partie au pâturage, partie à l'étable, en se servant particulièrement des drèches des brasseries qui sont nombreuses dans le pays. Les engraisseurs s'approvisionnent dans les foires de Carignan, de Montmédy, de Stenay, etc.; ceux qui emploient la drèche renouvellent leurs étables trois ou quatre fois par an, et leur spéculation ne s'arrête jamais; ceux qui ont recours à la pâture, achètent après la fenaison, vendent à la sortie des herbes les bêtes qui ont le mieux profité, et achèvent les autres à l'étable.

Les bêtes ovines sont entretenues pour l'élevage, pour la production de la laine et pour l'engraissement des moutons destinés à la boucherie. C'est dans les arrondissements de Rethel et de Vouziers que l'on entretient surtout des troupeaux propres à la production de la laine et qui sont constitués par des métis-mérinos; dans les autres arrondissements on fait plus volontiers les moutons propres à l'engraissement, et dans les terrains secs et élevés les moutons ardennais, très estimés pour la boucherie. La laine se vend ordinairement après lavage à dos.

L'élevage du porc ne se fait que sur une petite échelle, mais tous les cultivateurs engraissent chez eux le nombre de porcs nécessaire à la consommation du personnel de la maison. La race la plus estimée et la plus répandue est la race lorraine; on a introduit les croisements anglais avec succès. La race dite ardennaise, celle dite champenoise, sont sans qualités caractéristiques.

L'élevage et l'engraissement des animaux de basse-cour laissent beaucoup à désirer dans les Ardennes; ils se développent. On ne compte dans les fermes qu'environ 8500 dindes et dindons, 50000 oies, 50000 canards, 600000 poules et poulets, 175000 pigeons. Les oies sont, par le poids qu'elles atteignent, les volailles les plus précieuses du pays. L'éducation des abeilles pourrait être plus développée; on n'entretient dans le département que de 20000 à 30000 ruches.

On admet la production annuelle du fumier suivante: 6400 kilogrammes par tête chevaline et bovine; 4400 kilogrammes par tête mulassière; 2700 kilogrammes par tête asine; 200 kilogrammes par tête ovine; 700 kilogrammes par tête caprine; 1900 kilogrammes par tête porcine. On peut donc estimer à 1037000 tonnes la quantité de fumier totale annuellement produite, ce qui ne donne que 3 tonnes par hectare de terre labourable, ou moins du tiers de ce qui serait nécessaire à une fumure ordinaire des champs cultivés, en ne laissant rien pour les prés et les cultures arbustives. Les agriculteurs ardennais cherchent à obvier à la pénurie des fumiers par l'emploi des vidanges et des boues des villes, par celui des tourteaux et de tous les résidus des usines, notamment des eaux provenant du lavage des laines; ils ont recours aussi au marnage, au chaulage, aux plâtres et aux cendres pyriteuses. Quant aux nodules de phosphate de chaux dont la pulvérisation occupe un grand nombre de moulins, particulièrement dans l'arrondissement de Vouziers, ils ne sont que très peu employés dans les Ardennes, peut-être parce que les phosphates sont naturellement répandus à doses suffisantes dans les terres arables de la contrée; ils sont seulement une grande richesse pour les propriétaires des terrains où existent des bancs phosphatiques.

La population ardennaise est très laborieuse et elle a tiré bon parti de son sol sous un climat parfois assez rude. Mais d'effroyables malheurs sont venus plusieurs fois l'accabler, ainsi qu'il arrive, hélas! dans les temps de guerre aux habitants des pays frontières des Etats où les gouvernements croient que le recours aux armes peut réparer les fautes commises. Voici, pour chaque arrondissement et pour le département tout entier, les résultats des recensements quinquennaux de la population depuis 1821 ·

ANNÉES DES RECENSEMENTS	ARRONDISSEMENTS DE					LE DÉPARTEMENT
	ROCROI	MÉZIÈRES	SEDAN	RETHEL	VOUZIERS	
821	40 704	58 632	52 084	60 013	55 552	266 985
826	42 152	62 556	54 588	64 128	58 200	281 684
831	43 807	63 737	57 919	65 845	59 314	290 622
836	46 156	69 294	62 233	67 341	60 837	306 861
841	49 838	73 376	66 027	68 487	61 439	319 167
846	51 407	75 285	67 183	70 574	62 374	326 823
851	52 416	76 018	69 740	70 999	62 123	331 396
856	50 874	74 008	68 297	68 221	60 738	322 038
861	52 670	790:5	70 613	66 112	60 631	319 111
866	51 617	81 178	70 744	64 393	58 932	326 864
872	50 076	83 600	69 305	61 330	55 906	320 217
876	51 055	88 094	72 726	597·5	55 122	326 782
881	»	»		»	»	333 675

Après une augmentation continue constatée par es recensements successifs, on voit la guerre de Crimée, puis la guerre d'Italie, exercer leur influence le dépression sur les recensements de 1856 et de 1861 ; la marche ascendante de la population reprend, ainsi qu'on le constate en 1866, mais la guerre néfaste de 1870-1871 fait sentir son influence déprimante sur le recensement de 1872. L'accroissement reprend dans les recensements de 1865 et 1881.

Dans le département, il est vrai, la population est en majorité rurale. En nombre rond, un quart des habitants appartient à la population urbaine, les trois quarts forment la population rurale. Mais il ne faut pas admettre que cette dernière soit entièrement vouée aux occupations agricoles ; les professions industrielles dominent dans le département.

La population vouée à l'agriculture n'est que le tiers environ de la population totale. Les fermiers sont l'exception dans les Ardennes ; la majorité des agriculteurs sont propriétaires du sol qu'ils cultivent. Le métayage est presque inusité, sauf dans l'arrondissement de Sedan, où il y a une centaine de colons. Les grands propriétaires exploitent rarement eux-mêmes, les moyens le plus souvent, les petits presque toujours.

La propriété est non seulement très divisée, mais encore très morcelée. Les proportions entre les cultures sont les mêmes que pour les propriétés, savoir : pour la grande culture et la grande propriété, un dixième ; pour la moyenne, trois dixièmes ; pour la petite, six dixièmes. On définit grande propriété, celle au-dessus de 40 hectares ; moyenne propriété, celle de 10 à 40 hectares ; petite propriété ou culture, celle au-dessous de 10 hectares.

Le nombre des exploitations de la première catégorie ne dépasse pas 1100 ; le nombre des exploitations de la deuxième, 4500 ; le nombre des exploitations de la troisième, 11 000, ce qui fait un total de 19 600 exploitations, travaillant 1 456 000 parcelles. Environ 70 pour 100 des ouvriers agricoles sont petits propriétaires et travaillent pour autrui, en même temps qu'ils cultivent leurs champs.

Le taux du loyer était en moyenne de 50 à 60 francs pour les terres de première classe, de 40 francs pour celles de deuxième, et de 30 francs pour celles de troisième. La durée habituelle des baux est de 9 à 12 ans ; le payement se fait le plus habituellement en argent. Dans les locations, les prés sont confondus avec les terres arables, et ils occupent environ le sixième de la surface totale. Quelques très bonnes terres sont exceptionnellement louées de 100 à 200 francs l'hectare, notamment dans le canton de Renwez pour la culture de la chicorée à café.

Les prix de vente des terres sont en moyenne de 3000 francs pour la première classe, de 2000 francs pour la deuxième, et de 800 francs pour la troisième. Les meilleures peuvent se vendre jusqu'à 5000 francs, dans les arrondissements de Rethel et de Vouziers ; les mauvaises, dans l'Ardenne et la Champagne, tombent à 400 et même 300 francs.

Les salaires dans les exploitations rurales ont une tendance continue à s'élever. L'usage plus fréquent des machines ne fait pas diminuer les salaires, mais il obvie au manque des bras et à l'exagération de la hausse de la main-d'œuvre. Les instruments perfectionnés, charrues, herses, rouleaux, scarificateurs, machines à faucher et à moissonner, machines à battre, ont été introduits successivement dans presque tous les cantons. En 1880, il y avait 46 machines à vapeur agricoles, de la force totale de 202 chevaux-vapeur. Les bâtiments d'exploitation sont en général assez mal construits et laissent beaucoup à désirer pour l'hygiène des habitants et du bétail.

Pour les concours régionaux agricoles, le département des Ardennes appartient à la région du nord-est, formée par les sept départements des Ardennes, de l'Aube, de la Marne, de la Haute-Marne, de Meurthe-et-Moselle, de la Meuse et des Vosges. Trois concours ont eu leur siège dans le département : en 1862, à Charleville ; en 1870, à Mézières ; en 1879, à Charleville. La prime d'honneur a été décernée : en 1862, à M. Adolphe Gérard de Melcy, à Chatel-Chéhéry, canton de Granpré, arrondissement de Vouziers ; en 1870, à M. Namur-Fromentin, à Coucy, canton de Rethel ; en 1879, à M. Jeanjan-Lorin, à Carignan, arrondissement de Sedan. En outre, des prix culturaux ont été attribués, en 1870, à M. Jules Gérard de Melcy, à Chatel-Chéhéry ; et en 1879, à M. Fagot-Neveux, propriétaire-agriculteur à Mazerny, canton d'Omont, dans l'arrondissement de Mézières. — Le département ne possède ni ferme-école, ni école pratique d'agriculture ; une chaire départementale d'agriculture a été créée en 1881. Les principales associations agricoles du département sont les comices agricoles de Rethel, Rocroy, Sedan et Vouziers.

Le département des Ardennes possède 290 kilomètres de voies navigables, formées par la Meuse et deux canaux. Il compte sept routes nationales, d'une longueur totale de 387 kilomètres ; il possède 213 kilomètres de routes départementales. Il a, en outre, un développement de 5577 kilomètres de chemins vicinaux, se répartissant comme il suit : 930 kilomètres de chemins de grande communication ; 1381 kilomètres de chemins d'intérêt commun ; 3266 kilomètres de chemins ordinaires ou de petite communication. Il reste encore malheureusement 1690 kilomètres de chemins vicinaux à l'état de lacune. Lorsque ces chemins seront construits, l'ensemble des voies de terre à l'état d'entretien constituera un total de 6176 kilomètres ; à ce point de vue, il sera un peu au-dessus de la moyenne générale de la France.

Les voies ferrées ont beaucoup accru les moyens de communication dans les Ardennes ; elles comptent 334 kilomètres en exploitation et 103 kilomètres environ en construction ou à construire.

Toutes les voies de communication ont eu pour effet de développer d'une manière notable les exportations des denrées qui intéressent l'agriculture : celles des phosphates bruts ou pulvérisés, des ardoises, des bois, des grains, des bestiaux, des chevaux, des porcs, du sucre, du miel, de la cire de la bière, des liqueurs, des fruits, de la laine, des peaux. La conséquence sera forcément l'amélioration des procédés de culture. Déjà s'est accomplie une transformation avantageuse des assolements, par l'emploi des cultures fourragères et la diminution progressive de l'étendue des jachères mortes.

ARDENT. — Ce mot s'emploie pour indiquer qu'un animal, doué d'une grande énergie ou d'une activité remarquable, est en même temps difficile à retenir. Un *cheval ardent*, ou qui a de l'*ardeur*, tend à aller souvent plus vite qu'on ne veut, un *chien ardent* à la chasse poursuit souvent le gibier avec trop d'activité. Les animaux ardents doivent être traités avec ménagement et adoucis par les paroles et les caresses; la brutalité les rend irascibles, rétifs, vicieux et dangereux.

Le mot ardent venant d'un verbe latin qui signifie *brûler*, on dit qu'un animal a le *poil ardent* lorsqu'il a le poil roux. — Le substantif *ardent* se dit aussi des exhalaisons enflammées qui paraissent ras de terre le long des eaux stagnantes pendant les saisons chaudes; *des ardents se voient souvent sur les marais.*

ARDISIA (*horticulture*). — Arbustes à fleurs à grappes axillaires, à feuilles alternes, simples et sans stipules, originaires de l'Asie et de l'Afrique. Le fruit est une baie à une seule graine renfermant un albumen charnu. L'*Ardisia humilis* est employée à Ceylan contre la fièvre, sous le nom de *badulam*. — On cultive en serre chaude dans de la terre de bruyère mélangée de terreau, soit par semis, soit par des boutures, plusieurs variétés: l'*Ardisia crenata* à fleurs rosées en corymbe convexe, à fruits rouges ou à fruits blancs nombreux et d'un bel effet: l'*Ardisia paniculata* et l'*Ardisia crenulata*, tous deux à fleurs roses.

ARDISIÉES (*botanique*). — Tribu de la famille des Myrsinées, qui forment une section des Primulacées; elle comprend les genres *Ardisia, Badula, Omostemum, Monoporus* et *Walleria*.

ARDOISE (*géologie et technologie*). — Roche dure qui se distingue par la facilité que l'on trouve à la séparer en feuillets plans ou en plaques minces, résistantes, imperméables à l'eau, peu altérables à l'air. La région naturelle que l'on appelle l'Ardenne doit son nom à ce qu'elle renferme en grande quantité le schiste propre à la fabrication des plaques d'ardoise. Les schistes ardoisiers se trouvent autour des massifs anciens et font partie des terrains de transition à leurs divers étages; on les rencontre dans le terrain inférieur ou cambrien, dans le terrain moyen ou silurien, dans le terrain pénéen, dans le terrain anthraxifère, dans le terrain supérieur ou silurien, dans le terrain jurassique, dans le terrain nummulitique. Ils constituent des couches ordinairement presque verticales ou peu inclinées sur l'horizon, rarement horizontales. On les exploite suivant leur position, tantôt à ciel ouvert, tantôt par galeries souterraines; c'est une affaire industrielle. Dans l'agriculture, il importe surtout de connaître les qualités et les usages des ardoises.

Les ardoises sont des silicates multiples, c'est-à-dire des combinaisons de l'acide silicique ou silice, principalement avec l'alumine, puis en proportions variables avec du protoxyde de fer, de la chaux, de la magnésie, de la potasse, de la soude et une certaine quantité d'eau que ne peut pas dégager la simple température de 100 degrés. Elles ont une densité assez grande, comprise, selon les provenances, entre 2,8 et 3,2. Elles présentent généralement un reflet spécial, mais une couleur variable; le plus souvent, elles sont d'un gris noir ou bleuâtre, mais elles peuvent aussi être verdâtres, violettes ou rougeâtres, avec un grand nombre de modifications dans les teintes; elles sont parfois d'une couleur très uniforme, parfois aussi piquées de grains noirs quartzeux ou feldspathiques. Elles présentent à la rupture et à l'écrasement de très grandes résistances, comparables à celles offertes par le bois de chêne. Leur résistance à la rupture, déjà très forte pour de faibles épaisseurs de 2 à 4 millimètres, augmente très rapidement avec des épaisseurs plus grandes. En général on donne aux feuillets ardoisiers une épaisseur de $2^{mm},5$ à 4 millimètres. Les bonnes ardoises doivent être bien sonores, à grain fin, serré, uniforme, très unies, sans écorchures ni fêlures. Une des conditions les plus nécessaires qu'elles doivent remplir, c'est de ne pas être spongieuses, de peu s'imbiber d'eau; autrement elles ne pourraient pas durer longtemps; on s'assure qu'elles remplissent cette qualité en les pesant préalablement, les mettant plusieurs heures à tremper dans l'eau et les pesant de nouveau, après les avoir essuyées; il ne faut pas que leur poids ait sensiblement augmenté. On peut encore plonger une ardoise par sa tranche à moitié dans l'eau; si elle est bonne, l'eau ne l'humectera que de 5 à 6 millimètres au plus au-dessus de son niveau, comme on pourra le constater par le changement de couleur; la hauteur de l'humectation sera une mesure de la défectuosité du feuillet ardoisier. Les bonnes ardoises doivent aussi pouvoir se couper facilement avec les tranchoirs et être percées sans s'érailler.

Les usages auxquels les ardoises sont employées sont extrêmement nombreux; elles servent surtout pour la couverture des toits. Les ardoises d'Angers durent, à cet usage, de 25 à 30 ans, celles de Fumay, près d'un siècle. Les ardoises servent encore à faire des éviers, des cuves à huile, à eau et à acides, des urinoirs, des réservoirs, des caisses à fleurs, des bassins, des baignoires, des fontaines, des caniveaux, des gargouilles, des plinthes, des carrelages, des dallages, des clôtures, des tablettes, des tables, des cheminées, des appuis de croisées, des marches d'escaliers, des rayons, des trottoirs, des monuments tumulaires, des étiquettes de jardins. Elles servent à faire des planchettes ou des tableaux susceptibles de recevoir des écritures ou des dessins qu'on trace à la craie ou avec d'autres crayons, que l'on peut facilement effacer pour les remplacer par de nouveaux caractères; cet usage des ardoises ne saurait trop être répandu dans les exploitations agricoles pour transmettre des ordres ou des avis dans les diverses parties des fermes aux agents chargés des différents travaux.

Les ardoises reçoivent divers noms selon leurs dimensions et selon les carrières d'où elles proviennent. On leur donne des longueurs comprises entre $0^m,21$ à $0^m,60$, des largeurs de $0^m,13$ à $0^m,36$, des épaisseurs de $0^m,0026$ à $0^m,0060$. On peut obtenir, mais non couramment, des dimensions plus grandes en longueur ou largeur. Les poids dépendent nécessairement des dimensions. Pour les toitures, on doit les placer de telle sorte qu'elles ne puissent pas être enlevées par le vent; elles ne doivent donc pas être trop minces, trop légères, et il faut qu'elles se recouvrent successivement du bas vers le haut, en étant d'ailleurs fixées par des pointes dans des voliges à leur partie supérieure.

ARDOISÉ (*zootechnie*). — Qui a un reflet se rapprochant de celui de l'ardoise. S'applique surtout à la nuance de la robe des animaux domestiques; on dit, par exemple, un cheval d'un gris ardoisé.

ARDUINI (*biographie agricole*). — Louis Arduini, agronome italien, né à Padoue en 1739, fut successivement professeur de botanique à l'Université de cette ville, et directeur du jardin d'agriculture. On lui doit, outre la traduction du mémoire de Tessier sur la carie des blés, plusieurs ouvrages sur l'éducation des abeilles, sur la culture des plantes tinctoriales, sur le chou de Laponie, sur les applications de la technologie à l'agriculture. Il fit avec succès, en 1810, des travaux sur l'extraction du sucre du sorgho sucré, après avoir publié un ouvrage de son aïeul sur cette question. Il est mort à Padoue en 1833.

ARE (*métrologie*). — Unité de mesure de superficie adoptée pour les champs, et qui est un carré de 10 mètres de côté; elle contient 100 mètres carrés. C'est la mesure légale prescrite en France pour tous les actes réguliers et officiels, devant faire autorité en justice. Ses sous-multiples sont le déciare ou 10 mètres carrés, et le centiare ou le mètre carré lui-même. Un seul multiple est en usage, c'est l'hectare ou 100 ares, ou encore 10000 mètres carrés.

AREAU (*mécanique agricole*). — Nom donné à l'araire dans l'Angoumois ou pays d'Angoulême.

AREC ou **AREQUIER** (*arboriculture*). — Genre de palmier ayant donné son nom à la tribu des Arécinées. Les arecs sont certainement les arbres les plus importants de cette tribu; ils présentent des stipes élevés, rigides, quelquefois flexueux, inermes ou armés d'aiguillons, avec des feuilles toutes terminales et régulièrement pennées. Ils sont monoïques. « Les fleurs mâles, dit M. Baillon, ont un calice à trois sépales courts, unis à la base et imbriqués dans le bouton; une corolle à trois pétales valvaires; un androcée de six à douze étamines, superposées aux divisions du périanthe. Les fleurs femelles ont également un périanthe à six divisions imbriquées et disposées sur deux rangs; un androcée rudimentaire et un gynécée composé d'un ovaire uni-triloculaire. Le fruit est une drupe fibreuse, à une seule graine qui contient sous ses téguments un albumen ordinairement ruminé, corné et très dur, avec un petit embryon presque basilaire. » On en connaît environ douze espèces, parmi lesquels il faut citer : 1° l'*Areca catechu*, appelé aussi areca Fauvel, qu'on regarde comme originaire des îles de la Sonde, mais que l'on trouve dans toutes les régions chaudes de l'Asie et de l'archipel Indien. Il a une hauteur de 12 à 18 mètres. On l'appelle vulgairement *arec-bétel* et *aréquier*. L'écorce sert à la fabrication des cordages et des tissus grossiers employés à l'emballage. Le bourgeon terminal est mangé comme légume, ainsi que celui de plusieurs espèces du même groupe, sous le nom de *chou palmiste*. Le fruit a une chair blanche qui est également comestible. Il forme ce qu'on appelle la *noix d'arec* (fig. 424), ou *noix de bétel*. Ce fruit est de la grosseur d'un œuf de poule; il est, à la maturité, jaune ou safrané; sa chair est molle et plus ou moins entremêlée de fibres coriaces. La noix d'arec, appelée aussi *noisette d'Inde*, *aveline d'Inde* ou *chofool*, est depuis la plus haute antiquité l'objet d'un commerce important. Sa pulpe constitue le *pinangue* des Indiens. La décoction de l'amande sert à préparer le *cachou*. La noix, cueillie avant la maturité, grillée et pulvérisée, fournit un dentifrice estimé. On fait, avec l'amande coupée en petits morceaux, avec de la chaux vive et avec le poivre bétel, un masticatoire très employé dans toute la région tropicale, colorant la salive en rouge, et produisant une sorte d'ivresse chez les personnes qui ne sont pas habituées à son usage. Enfin, on fait aussi entrer la noix d'arec dans un électuaire liquide employé contre les constipations. — 2° L'*Areca alba*, palmiste blanc ou commun de Madagascar, de Bourbon et de Maurice, est cultivé pour son bourgeon terminal; il a une dizaine de mètres de hauteur. — 3° L'*Areca rubra*, ou palmiste rouge, qui se distingue par la teinte rouge des pétioles et des rachis de ses énormes feuilles; c'est un des plus beaux palmiers à cultiver pour l'ornement des serres chaudes; il n'est pas délicat; il lui faut une terre légère, mais substantielle; sa hauteur dépasse souvent 12 mètres. — 4° L'*Areca crinita*, vulgairement palmiste-bourre, de l'île Bourbon, de 10 à 12 mètres de hauteur, remarquable par l'abondance des feuilles dont sa tête est composée et le large renflement bulbiforme du bas de sa tige. — 5° L'*Areca lutescens*, ou arec-poison, arec jaunâtre, dont les fruits sont très amers. — 6° L'*Areca sapida*, de la Nouvelle-Zélande, qui n'a que 4 ou 5 mètres de hauteur; il offre une rusticité qui lui donne de l'intérêt pour l'horticulture du midi de l'Europe.

Fig. 424. — Noix d'arec.

ARÉCINÉES (*botanique*). — Tribu de palmiers caractérisée par des ovaires généralement à trois loges, c'est-à-dire à trois carpelles intimement soudés. Les fruits sont bacciformes ou légèrement drupacés. Les fleurs ou spadices sont latérales, naissant, soit aux aisselles des feuilles, soit au-dessus des cicatrices qu'elles laissent après leur chute. Les fleurs, tantôt monoïques, tantôt dioïques, sont sessiles sur les rameaux du spadice. Les feuilles sont ordinairement divisées en pinnules plans ou rédupliqués, très rarement bipinnés. Les arécinées renferment des palmiers de toute grandeur, depuis la taille la plus exiguë jusqu'à des arbres de 30 mètres et plus de hauteur. Cette tribu comprend les genres : *Areca*, *Arenga*, *Bentinckia*, *Caryota*, *Calyptrocalyx*, *Ceroxylon*, *Chemædorea*, *Dypsis*, *Euterpe*, *Geonoma*, *Hyophorbe*, *Hyospathe*, *Iguanura*, *Iriartea*, *Kentia*, *Kunthia*, *Leopoldinia*, *Manicaria*, *Morenia*, *Œnocarpus*, *Orania*, *Oreodoxa*, *Reinhardtia*, *Scaforthia*, *Wallichia*. Beaucoup de ces palmiers sont cultivés; d'autres ne sont guère connus que par de rares échantillons qu'on rencontre dans les serres européennes.

ARÉNAIRE (*botanique*). — Plante qui vit dans le sable.

ARENARIA (*botanique*). — Herbes annuelles ou vivaces appartenant à la famille des Caryophyllées-alsinées, appelées vulgairement sublines, comprenant un grand nombre d'espèces parmi lesquelles l'*Arenaria maritima* est employée en topique contre les panaris, et l'*Arenaria peploides* fournit par la fermentation une sorte d'aliment dont se nourrissent les Islandais.

ARENBERG (POIRE D') (*pomologie*). — Bel et bon fruit, mûrissant de novembre à janvier, turbiné, ventru, à pédoncule court; à œil moyen, placé au fond d'une cavité profonde; à pédoncule court, oblique, ordinairement inséré au-dessous du sommet du fruit; à chair demi-fine, blanche, fondante, très juteuse; à eau sucrée, acidulée; parfumée, légèrement astringente; à peau jaune, couverte de larges taches ainsi que de marbrures fauves, lavée de rouge du côté du soleil; l'arbre qui le porte est très fertile.

ARENBERGIA (*botanique*). — Herbes de la famille des Gentianacées qu'on rencontre près de Vera-Cruz, ayant les tiges glauques et ramifiées, des fleurs en forme de corymbes d'un rose pâle.

ARENG ou **ARENGA** (*arboriculture*). — Genre de palmiers de la tribu des Arécinées, qu'on rencontre dans l'Inde méridionale, la Malaisie, les Moluques, les Philippines. Ils sont monoïques, sur des spadices différents. Les étamines sont en nombre indéfini; l'ovaire, à trois loges, donne naissance à une baie trisperme dont les graines sont entourées d'un testa épais et très dur. Le stipe est généralement volumineux, annulé après la chute des pétioles, et composé, avant la chute des feuilles, d'un amas de fibres noires et raides, entremêlées d'un réseau de fibres plus molles qui constituent ce qu'on appelle un *capillitium*. Les frondes sont terminales et très grandes, à pinnules auriculées à la base. Les spadices, également très grands, naissent à l'aisselle des feuilles sur les arbres adultes; la floraison se prolonge toute une année. Les baies globuleuses qui forment les fruits ont une chair qui contient une sève susceptible de donner des démangeaisons insupportables; il faut les manier avec précaution. Ils sont monocarpiques; après une seule fructification, le tronc ne tarde pas à se dessécher. On connaît plusieurs espèces de ces beaux palmiers, dont la culture se fait sur une grande échelle en terre irriguée dans toutes les parties chaudes de l'Inde et dans l'archipel Indien. Les plus importants sont l'*Arenga obtusifolia*, et surtout l'*Arenga saccharifera*. Ce dernier, dans les serres d'Europe, acquiert des proportions colossales; ses feuilles ont plusieurs mètres de longueur. L'*Arenga saccharifera* ou *Arenga gomatus*, appelé aussi palmier à sucre, palmier condiar, lautar ou loutar et gommier, est extrêmement utile dans les Indes, à cause des nombreux usages auxquels on emploie ses diverses parties. La moelle du tronc fournit du sagou en abondance. Le capillitium de la base des pétioles donne des fibres qui servent à faire des câbles, des nattes et des tissus grossiers. Par suite de l'incision des spadices, il s'en écoule en grande quantité une sève sucrée qui peut fermenter et fournit un vin nommé *vin de saguere;* de cette sève, on extrait aussi un sucre brun nommé gaulaitam. Le fruit vert, sec et confit au sucre, passe pour être stomachique, pectoral et fortifiant. On donne le nom d'eau *infernale* à l'eau dans laquelle on fait infuser les jeunes fruits, à cause de son action sur la peau.

ARÉNICOLE (*zoologie*). — Ver de la classe des Annélides (voy. ANIMAL (*règne*), p. 147), qui s'enfouit profondément dans le sol, très connu sur les plages maritimes de France; il a 25 à 30 centimètres de longueur, est de couleur foncée et porte sur le dos 13 paires de branchies en houppes d'un rouge vif; il répand, quand on le saisit, un liquide jaune qui tache fortement les doigts.

ARÉOMÈTRE (*physique agricole*). — L'étymologie grecque de ce mot signifie mesure de légèreté. On

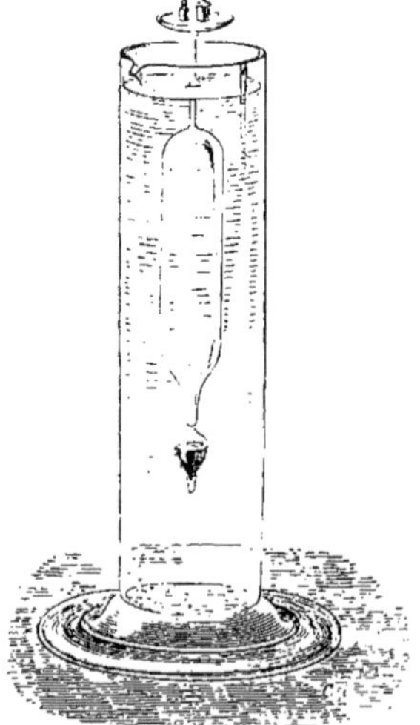

Fig. 425. — Aréomètre de Farenheit.

appelle aréomètres les instruments qui servent à mesurer ou à comparer le poids spécifique, ou, ce qui revient au même dans la pratique, la densité des corps, c'est-à-dire le poids sous l'unité de volume. Ils reposent sur le principe qu'Archimède (voy. ce mot, p. 791) a découvert, et qui consiste en ce qu'un corps, plongé dans un liquide, perd de son poids une quantité égale au poids que pèse un volume de ce liquide qui remplirait le volume déplacé. Pour faire équilibre au poids déterminé, on peut employer un volume constant et un poids variable, ou bien un poids constant et un volume variable. De là deux classes d'aréomètres.

1° *Aréomètre de Fahrenheit à volume constant et à poids variable.* Cet instrument est employé pour comparer la densité d'un liquide quelconque à celle de l'eau. Il se compose (fig. 425) d'un cylindre inattaquable par les liquides sur lesquels on veut opérer. Ce cylindre est surmonté d'une tige sur laquelle est marqué un point de repère et qui porte un petit plateau; à l'autre extrémité est une petite boule qui contient du lest, pour que l'instrument conserve une position verticale dans les liquides où on le plonge. Supposons que l'instrument pèse un poids Q; on verra, par l'expérience, qu'il faudra sur le plateau un poids p pour faire affleurer le point de repère dans l'eau pure. Il est évident que le poids de l'eau qu'il a déplacée est $Q + p$; c'est aussi le volume de l'instrument jusqu'au repère. Si on le plonge, après l'avoir essuyé, dans un autre liquide, dans de l'huile par exemple, on trouvera que, pour le faire affleurer, il faudra poser un poids p' sur le plateau. Le poids du volume de l'huile déplacée sera évidemment $Q + p'$. Si d est la densité ou le poids spécifique de l'huile, on aura :

$$Q + p' = (Q + p)\,d\,;$$

d'où :

$$d = \frac{Q + p'}{Q + p}.$$

2° *Aréomètre à volume constant et poids variable de Nicholson.* Cet instrument (fig. 426), qu'on attribue à Nicholson, mais qui a été inventé par le physicien Charles, est destiné à donner soit la densité d'un liquide, exactement comme le précédent, soit aussi la densité des corps solides. Il ne diffère de l'aréomètre de Fahrenheit qu'en ce que la boule qui contient le lest a la forme d'un petit vase sur lequel on peut fixer au besoin le corps solide dont il s'agit de trouver la densité. Supposons qu'il soit nécessaire d'employer un poids P pour faire affleurer l'instrument dans l'eau pure jusqu'au point de repère. On fait une deuxième expérience, dans laquelle on met le corps solide sur le plateau; il ne faut plus qu'un poids p pour amener l'affleurement. Il est évident que le corps pèse $P - p$. L'aréomètre, ainsi employé, est une véritable balance. On ôte le corps du plateau supérieur et on l'assujettit dans le petit vase inférieur; on ajoute alors sur le plateau supérieur des poids marqués jusqu'à ce qu'il y ait de nouveau affleurement; supposons qu'on trouve p' : dès lors, le volume du corps sera $p' - p$. Par conséquent, la densité cherchée sera :

$$\frac{P - p}{p' - p}.$$

Si le corps était plus léger que l'eau, on retournerait le vase inférieur pour l'y placer.

3° *Aréomètre à poids constant et à volume variable de Baumé, pour les dissolutions salines et les acides plus denses que l'eau.* Cet instrument est formé d'une tige cylindrique ordinairement en verre, lestée à sa partie inférieure par de la grenaille de plomb ou du mercure que renferme un appendice globulaire (fig. 427). Quand on le fait plonger dans un liquide, la partie immergée de la tige est d'autant plus longue que le liquide a une moindre densité, puisque le liquide déplacé doit toujours avoir un poids égal au poids même de l'appareil. On dispose le lest de telle sorte que, dans l'eau pure, l'instrument enfonce jusqu'à l'extrémité supérieure de la tige, et on marque *zéro* au point où il s'arrête. Le chimiste Baumé a proposé de faire une dissolution de 15 parties en poids de sel

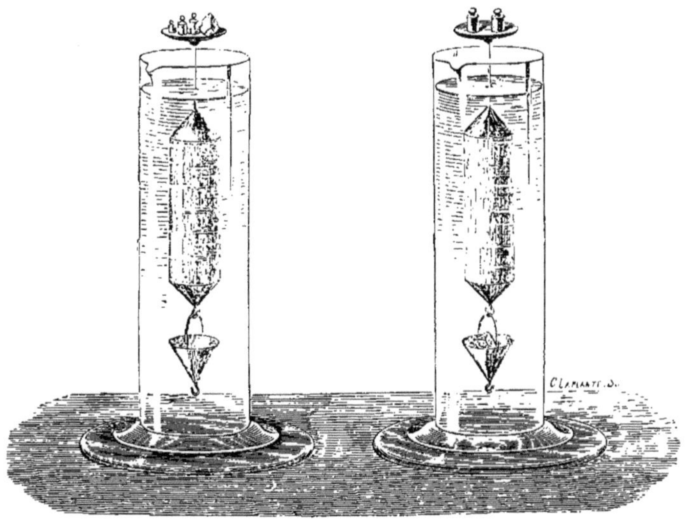

Fig. 426. — Aréomètre de Nicholson.

marin et de 15 d'eau ; l'aréomètre plongé dans cette dissolution, affleure en un point plus bas où l'on marque 15° ; on divise l'intervalle de 0° à 15° en 15 parties égales, et on achève la graduation en prolongeant les divisions jusqu'au bas de la tige.

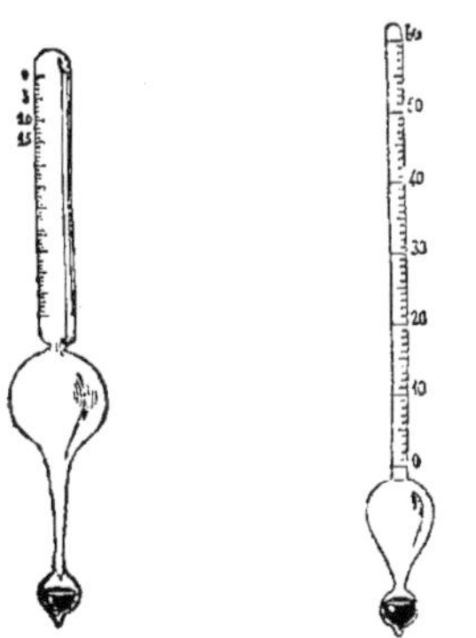

Fig. 427. — Pèse-sel de Baumé. Fig. 428. — Pèse-esprit de Baumé.

On donne à cet instrument les noms de *pèse-sel*, *pèse-acide*, *pèse-sirop*, *pèse-vinaigre* de Baumé, selon ses usages. Il est, en effet, généralement employé pour déterminer la concentration plus ou moins forte d'une dissolution saline ou d'une combinaison d'un acide avec l'eau. Le pèse-sel de Baumé s'arrête à 60° dans l'acide sulfurique monohydraté, à 36° dans l'acide azotique, à 26° dans l'acide muriatique ou chlorhydrique du commerce.

4° *Aréomètre à poids constant et à volume variable de Baumé, pour les liqueurs ou les esprits moins denses que l'eau.* Pour comparer les liquides d'une densité moindre que l'eau, Baumé a construit un *pèse-esprit* ou *pèse-éther* qui est fait de telle sorte que, plongé dans une dissolution de 10 parties en poids de sel marin et de 90 d'eau, le point d'affleurement se trouve vers le bas de la tige. On marque zéro à ce point (fig. 428). On place ensuite l'aréomètre dans l'eau pure à la température de 12°,5 et on marque 10 au nouveau point d'affleurement. On partage l'intervalle en 10 parties égales, et on prolonge les divisions au-dessus pour avoir une graduation plus ou moins étendue, selon les usages auxquels on destine l'instrument que l'on construit. Avec un aréomètre ainsi gradué, on a 65° dans l'éther anhydrique, 47°,5. dans l'alcool absolu, 22°,5 dans la dissolution ammoniacale ou d'alcali volatil à 0,92 de densité. Les expressions d'alcool à 36°, d'alcool à 40°, indiquent que le pèse-esprit de Baumé affleure aux divisions 36° ou 40° dans les alcools hydratés ou eaux-de-vie essayées. (Voy. les divers pèse-esprit du commerce au mot *Alcoomètre*, p. 194 à 208.)

On voit que les aréomètres de Baumé sont gradués d'après des règles de pure convention. Les chiffres inscrits sur leurs tiges n'ont aucun rapport avec la densité des liquides dans lesquels on les plonge ; ils indiquent seulement du plus ou du moins. On ne peut arriver à connaître la densité réelle que par des calculs plus ou moins compliqués, qui ne sont d'ailleurs exacts que si l'on opère à des températures connues, et les ramène à la température de 4°,1 pour la densité de l'eau et de 0° pour les autres liquides. Des tables ont été publiées pour suppléer à la nécessité des calculs ; elles n'ont pas une très grande utilité dans les applications agricoles, pour lesquelles, dans chaque cas particulier, pour ainsi dire, il y a des aréomètres spéciaux, tels que les *œnomètres* pour les moûts de vin, les *galactomètres* pour le lait, les *oléomètres* pour les huiles, et, d'une manière générale, les densimètres pour les densités de tous les liquides. Les aréomètres de Baumé ont aussi le grave défaut que l'échelle de ceux destinés aux liquides plus denses que l'eau n'a pas le même point de départ que celle des aréomètres destinés aux liquides moins denses : l'eau distillée affleure à 0° dans le premier cas et à 10° dans le second ; en outre, la graduation correspond à une division en 15 parties de la tige entre les affleurements dans l'eau pure et la dissolution saline à 15 pour 100 en poids pour les pèse-sels, et à une division en 10 parties entre les affleurements dans l'eau pure et une dissolution à 10 pour 100 de sel en poids. Il n'y a pas de continuité entre ces deux graduations. On a proposé de modifier ces systèmes arbitraires et de placer les graduations des deux sortes d'aréomètres à poids constant sur une même tige plus longue. Ces améliorations sont possibles, mais sans grande importance. Il ne s'agit, dans cette matière, que d'approximations pour lesquelles on s'entend suffisamment sans qu'il y ait lieu d'apporter des changements qui n'aboutiraient qu'à de plus nombreuses confusions.

ARÊTE (*botanique*). — Filet grêle, droit et raide, parfois très développé, qui prolonge quelquefois le sommet de la paillette, quelquefois sa nervure médiane, ou encore quelques-unes de ses nervures latérales. C'est ce qu'on appelle vulgairement *barbe* du blé, du seigle, de l'orge, etc.

ARÊTE (*zoologie* et *zootechnie*). — Nom vulgairement donné aux parties osseuses, allongées et pointues, du squelette des poissons — On dit que la queue d'un cheval est en arête, quand elle est dégarnie de crins. — L'arête, en *hippiatrique*, est aussi une maladie de la peau qu'on observe dans la région des tendons, à la partie inférieure et postérieure des membres du cheval ; elle se manifeste par des croûtes qu'on fait disparaître en employant une pommade composée d'une partie de sous-acétate de cuivre et de 4 parties d'axonge.

ARETHUSA (*horticulture*). — Genre d'orchidées de la tribu des Aréthusées, constituant une herbe aphylle, à racine tubéreuse, à scape simple, terminée par une fleur solitaire rose. L'*Arethusa bulbosa* habite l'Amérique du Nord ; ses bourgeons sont employés pour déterminer la résolution des tumeurs et pour combattre les maux de dents.

ARÉTHUSÉES (*horticulture*). — Tribu de plantes de la famille des Orchidées, qui compte une quarantaine d'espèces, parmi lesquelles sont surtout remarquables les *Sobralias*, par leur taille gigantesque et par la beauté et la singularité de leurs fleurs, et les *Vanilles*, dont le parfum a une si grande valeur et dont les longues tiges sarmenteuses forment de véritables lianes atteignant même le sommet des arbres élevés. Plusieurs autres genres, les *Caladenia*, les *Alopogon*, les *Arethusa*, les *Pterosylis*, etc., peuvent servir pour l'ornementation des jardins de plein air dans le midi de l'Europe et des jardins d'hiver dans le Nord.

ARGALI (*zootechnie*). — D'après Buffon, l'argali de Sibérie (*Ovis ammon*) n'est autre que le mouflon. C'est une espèce de grand mouton sauvage qui habite les montagnes de la Sibérie méridionale et de toute l'Asie. Il a une forte taille et des cornes de très grandes dimensions, même chez les femelles. Sa queue est très courte. Il est très agile et saute avec une adresse remarquable de rochers en rochers. Sa chair est très recherchée des habitants des contrées où il vit.

ARGALON (*horticulture*). — Nom donné dans le sud-est de la France au paliure (*Paliurus australis* et *Paliurus aculeatus*), très souvent employé pour composer des haies, et, dans le département de l'Aube, au *Rhamnus cathartica*.

ARGAN (*botanique*). — Arbrisseau épineux de la famille des Sapotacées. Les feuilles sont alternes, petites et coriaces, sur des tiges épineuses. Les fleurs sont latérales, nombreuses et pédonculées, hermaphrodites, pentamères, à double calice. Le fruit est une drupe monosperme avec une graine charnue. Cette plante (*Argania sideroxylon, Sideroxylon spinosum*) est d'une grande utilité au Maroc. On mange les fruits et on les donne au bétail, notamment aux chèvres. Avec les noyaux d'argan broyés, on fabrique une huile employée à l'éclairage et dans l'industrie. Le bois sert dans l'ébénisterie et les constructions. La racine, qu'on fait bouillir avec du lait, est employée comme antidote contre la morsure des serpents. Dans l'Inde, on emploie la plante pilée avec de l'huile comme un bon antiscorbutique.

ARGANE (BOIS D') (*botanique*). — Nom vulgaire du *Sideroxylum spinosum*.

ARGAS (*zoologie*). — Genre d'Arachnides trachéens (voy. ANIMAL (*règne*), p. 447), famille des Holètres, tribu des Acarides. Les palpes de ces petits animaux malfaisants n'engainent pas le suçoir. — L'argas bordé (*Ixodes reflexus*) est d'un jaune pâle avec des lignes de sang foncé ; il se rencontre sur les pigeons, dont il suce le sang. — L'argas de Perse, que les voyageurs désignent sous le nom de punaise venimeuse de Miana, est d'un rouge sanguin clair ; il est très redouté en Orient où il paraît très commun.

ARGÉ (*entomologie*). — Insecte lépidoptère diurne du genre Satyre (voy. ANIMAL (*règne*), p. 447).

ARGÉMONE (*botanique* et *horticulture*). — Herbes annuelles d'Amérique, à suc laiteux, à feuilles alternes, dentées-spinescentes, de la famille des Papavéracées. Leur organisation florale est analogue à celle des pavots. Les fleurs sont régulières et hermaphrodites ; le calice a 2 ou 4 sépales caducs ; la corolle forme deux verticilles composés chacun de 2 ou 4 pétales caducs ; les étamines

Fig. 429. — Argémone à grandes fleurs.

sont très nombreuses et hypogynes. Le gynécée se compose d'un ovaire à rayons stygmatiques superposés aux placentas, qui sont chargés de nombreux ovules. La capsule qui constitue le fruit renferme un grand nombre de graines, avec un embryon entouré d'un albumen charnu et oléagineux.

Il faut citer surtout : 1° l'argémone du Mexique (*Argemone mexicana*), dont le latex jaune renferme de la morphine et qui est dépurative et purgative. Les propriétés de l'huile extraite de ses graines paraissent se rapprocher beaucoup de celles de l'huile de ricin. La tige de la plante s'élève à 60 ou 80 centimètres ; elle est glauque et munie de petits aiguillons. Les feuilles alternes et sinuées présentent des bords dentés, épineux, avec des marbrures blanches à la face supérieure. Les pétales et les étamines sont jaunes ; quatre stigmates, d'un noir pourpre, sont étalés en croix. La capsule est hérissée, à 5 côtes. — 2° L'argémone à fleurs jaune d'ocre (*Argemona ochroleuca*) est une variété de la précédente; elle a les fleurs d'un jaune plus intense et plus orangé. Ses tiges sont plus courtes, 50 à 60 centimètres seulement, et c'est la raison pour laquelle on la préfère pour composer des plates-bandes et des corbeilles. On sème sur couche de mars en avril; on repique en couche ou en pots; on plante à demeure en mai; on peut aussi semer sur place en avril-mai; on a des fleurs de juillet en août. — 3° L'argémone à grandes fleurs (*Argemona grandiflora*), dit aussi à fleurs blanches (fig. 129), est une plante d'un vert glauque, à feuilles assez grandes, un peu épineuse, atteignant 0m,70 à 1 mètre, avec des fleurs terminales d'un diamètre de 8 à 10 centimètres, longuement pédonculées. Le calice, formé de 2 ou 3 sépales caducs terminés en pointe, simule dans le bouton une marmite renversée ayant les pieds en l'air. La corolle, d'un blanc pur, a ses pétales chiffonnés avant l'épanouissement, puis largement obovés et un peu verdâtres à la base. Les nombreuses étamines, plus courtes que la capsule, sont à filets jaune pâle et à anthères jaune orangé. Le style, presque nul, est couronné par 4 ou 5 stigmates concaves et purpurins. La capsule, d'un vert glauque, est un peu épineuse et présente de 4 à 5 côtes. Cette plante, très buissonnante, produit un très bon effet dans les massifs et les plates-bandes, et elle vient très bien dans tous les terrains sains, un peu secs et dans les expositions aérées et chaudes. On sème en mars sur couche, on repique en pots qu'on laisse sur la couche, on met en place vers le 15 mai, en laissant de 40 à 50 centimètres entre les pieds. Les semis sur place, qu'on fait en avril et mai, sont sujets à fondre quand le printemps est humide. Les fleurs se succèdent très belles de juillet à septembre. La plante se ressème parfois d'elle-même; les graines, qui germent à l'automne, donnent des pieds détruits pendant l'hiver, mais les graines qui ne lèvent qu'au printemps fournissent souvent des plantes très vigoureuses. Les argémones reçoivent souvent les noms de chardon béni des Américains, de figuier infernal des Espagnols, de pavot du Mexique, à cause de leurs piquants, de la forme des fruits et de leurs propriétés toxiques.

ARGENT (*chimie* et *technologie*). — Le nom de ce métal, connu et employé depuis une très haute antiquité, signifie blancheur. La couleur propre de l'argent est jaunâtre; mais, par suite de son grand pouvoir réfléchissant, il paraît parfaitement blanc; à l'état pulvérulent, il est d'un gris clair. Ce métal est susceptible de prendre un très beau poli; il n'a ni odeur ni saveur; il est, après l'or, le plus ductile et le plus malléable de tous les corps. Sa dureté est comprise entre celle de l'or et celle du cuivre. Sa densité est de 10,5. Il fond à la température de 1000 degrés environ, et se volatilise à une température peu supérieure en émettant des vapeurs verdâtres. Sa chaleur latente de fusion est de 21,07, sa chaleur spécifique de 0,05701. Il cristallise dans le système régulier et prend la forme du cube, de l'octaèdre, du dodécaèdre; ses cristaux se rencontrent dans la nature ou peuvent être obtenus par la fusion et par voie électrique. Il est inaltérable dans l'oxygène ordinaire, dans l'air pur, dans l'eau. A une très haute température, il absorbe l'oxygène; à l'état de fusion, il dissout jusqu'à 22 fois son volume d'oxygène, et il perd du gaz en reprenant sa forme solide, ce qui constitue le phénomène connu sous le nom de rochage. Il n'est attaqué ni par l'azote ni par l'hydrogène, mais il se combine directement avec le chlore, le brome, l'iode, le soufre, le sélénium, le phosphore et l'arsenic.

La production annuelle a doublé tout au moins depuis trente ans; elle s'est plus vite développée que les besoins de la consommation, d'où la baisse du prix du métal, dont la valeur moyenne était devenue, en 1880, inférieure à 200 francs par kilogramme.

ARGENT (*économie sociale*). — Le mot argent est employé, au figuré, pour désigner toute espèce de monnaie, quel que soit le métal dont elle est composée. D'une manière plus générale encore, le mot indique le capital mis en circulation. L'agriculture a besoin de capital, c'est-à-dire d'argent; mais peu importe la forme que peut revêtir l'argent dont elle devra disposer, cette forme fût-elle le crédit. Avoir de l'argent, c'est, dans cette manière d'entendre le mot, avoir les moyens de faire toutes les transactions utiles à la profession d'agriculteur, que ce soit en payant en espèces, en billets de banque, en échange de denrées ou autres valeurs quelconques. La question de l'argent est alors celle du capital, ou encore du crédit.

ARGENT (POIRE D') (*pomologie*). — Fruit d'été, petit, turbiné, mûrissant en août; à queue droite, ou légèrement inclinée, insérée dans l'axe du fruit et dans un léger enfoncement; à œil à fleur du fruit, placé au milieu d'un léger aplatissement, entouré de petites bosses; à peau lisse d'un jaune verdâtre pâle; à chair blanche, fine, demi-fondante, avec eau sucrée légèrement parfumée. Ce fruit n'a que l'inconvénient d'être trop petit; il est porté par un arbre très fertile, propre à former des pleins-vents.

ARGENTINE (RÉPUBLIQUE) (*géographie agricole*). — La Confédération ou République Argentine, qu'on appelle souvent en Europe la Plata, est une vaste contrée de l'Amérique du Sud, située entre 20° et 55° de latitude méridionale et entre 58° et 72° de longitude à l'ouest du méridien de Paris. Cette immense plaine, dont on estime que la superficie est d'environ 311 millions d'hectares, ou de six fois celle de la France, confine à l'est avec le Brésil et l'État oriental de l'Uruguay; au sud-est, avec l'océan Atlantique; au midi, le détroit de Magellan; à l'ouest, le Chili; au nord, la Bolivie et le Paraguay. Au milieu de cette vaste plaine, herbeuse au sud, boisée au nord, s'élève un gros massif montagneux isolé, constitué par les chaînes ou sierras de San-Luis et de Cordova. L'immense terrain qui descend doucement des montagnes vers l'ouest, du côté de Buenos-Ayres, forme la pampa. Entre ce massif et la chaîne des Andes, existe une plaine sablonneuse et saline, couverte de maigres taillis. Quand on se rapproche de la mer, on rencontre de nombreuses lagunes d'eau douce ou salée et de grands pâturages de qualité supérieure. La pente générale de la plaine est doucement inclinée des Andes à l'Atlantique. Vers l'est coulent deux énormes fleuves nés dans le Brésil, le Parana et l'Uruguay, qui, par leur réunion, forment l'estuaire ou rio de la Plata, un des plus grands fleuves du monde. D'ailleurs, la République Argentine compte de nombreux cours d'eau, qui expliquent l'importance de ses pâturages, et parmi lesquels il faut citer le rio de la Plata, l'Uruguay et le Parana, le rio Paraguay, le Salado, le rio Terme o, le rio Primero, le rio Colorado, le rio Negro. Sur les bords de tous les cours d'eau on rencontre une luxuriante végétation. Au pied des Cordillères s'épanouit une flore de la plus grande richesse. Si l'agriculture n'est pas extrêmement prospère, il faut s'en prendre aux hommes et non pas à la nature, qui a prodigué à cette contrée la fertilité du sol et la splendeur du climat. Il y a là un champ extrêmement vaste pour l'émigration européenne, notamment pour des colons français.

La République Argentine comprend maintenant 14 provinces civiles et 4 territoires. Les provinces ou États confédérés sont :

	hectares
Buenos-Ayres	21 520 400
Santa-Fé	11 725 900
Entre Rios	11 378 900
Corrientes	12 526 500
Cordoba	21 701 900
San-Luis	12 089 000
Santiago del Estero	10 893 300
Mendoza	15 574 700
San-Juan	10 399 800
Rioja	11 078 600
Catamarca	24 230 900
Tucuman	6 225 900
Salta	15 584 700
Jujuy	9 390 500
Total	194 927 000

Quant aux territoires nationaux, qui sont plutôt des déserts, et où vivent surtout les Indiens, ce sont :

	hectares
Gran Chaco	29 700 000
Misiones	3 850 000
Pampa	35 000 000
Patagonie	48 000 000
Total	116 550 000

La population totale de la République est en 1882, en nombres ronds, de 3 millions d'habitants, dont 100 000 dans les territoires. La plupart des habitants des provinces du littoral sont d'origine européenne; l'élément indien domine dans Corrientes et les provinces de l'intérieur, surtout dans celles de Santiago del Estero et de Catamarca. Il y a, tous les ans, une immigration qu'on doit évaluer à 40 000 têtes en moyenne.

De son immense étendue, la République Argentine n'a encore qu'une très faible partie livrée à la culture, moins d'un demi-million d'hectares, en 1882. Les principales cultures sont le froment, le maïs, la luzerne, puis les pommes de terre, l'orge, les haricots, l'arachide, la vigne, la canne à sucre, le tabac, le manioc, les arbres à fruits. Mais l'élevage des animaux domestiques, en raison des vastes pâturages que le pays présente, constitue la principale industrie agricole de la Confédération. D'après une statistique publiée en 1876 par le gouvernement Argentin, à l'occasion de l'Exposition universelle de Philadelphie, on peut admettre l'évaluation suivante :

	TÊTES	VALEUR TOTALE francs
Chevaux et juments	4 000 000	90 000 000
Anes	300 000	1 500 000
Bêtes à cornes	14 000 000	400 000 000
Espèce ovine	56 000 000	421 000 000
Chèvres	3 000 000	13 500 000
Espèce porcine	260 000	3 000 000

Les principaux produits agricoles exportés par la République Argentine en 1879 étaient les suivants; ce sont surtout des produits animaux :

	KILOGR.	VALEUR en francs
Laine	91 954 000	108 000 000
Peaux de vache	2 337 000	40 700 000
Peaux de mouton	25 000 000	20 000 000
Peaux de cheval	318 000	1 460 000
Autres peaux	»	4 000 000
Suif	15 600 000	10 000 000
Crins	2 400 000	3 800 000
Viande salée	32 300 000	14 000 000
Animaux	»	10 000 000
Plumes d'autruche	55 000	5 000 000
Os	»	2 500 000

Les trois quarts des exportations sont à destinations européennes. Les produits que l'on importe sont des vins et des objets manufacturés. On a commencé l'établissement d'un court réseau de chemins de fer.

ARGILE (*chimie agricole*). — On donne le nom d'argile à un silicate d'alumine hydraté (SiO^2, $Al^2O^3,2H^2O$); cet hydrate de silicate d'alumine est le plus souvent mélangé d'oxyde de fer, de chaux, de magnésie, de potasse et de soude, quelquefois d'oxyde de cuivre et d'oxyde de manganèse; toutes ces substances y sont accidentelles (voy. le mot ALUMINE, p. 321). La proportion de la silice ou acide silicique est de 24 à 65, celle de l'alumine de 14 à 40, celle de l'eau de combinaison de 11 à 36; les autres matières ne forment guère, toutes ensemble, plus de 1 à 2 pour 100, à l'exception toutefois de l'oxyde de fer, dont la proportion, dans quelques espèces, peut s'élever jusqu'à plus du tiers du poids total. C'est à cause de cette composition très variable des silicates d'alumine hydratés qu'on leur a donné des noms différents : kaolins, argiles à poterie, glaises, terres à foulon ou argiles smectiques (halloysite, lithomarge, allophane), bols et ocres (terres de Sienne, d'Ombre, de Cologne, etc., argiles riches en oxyde de fer). Leur variété de composition provient surtout de la différence de leur origine géologique.

Toutes les argiles ont pour propriété chimique essentielle commune, d'être plus ou moins attaquables par les acides, et de donner naissance alors à des sels d'alumine (voy. ce dernier mot), tandis que de la silice est mise en liberté, mais en partie à l'état soluble. Elles ne perdent pas leur eau de constitution par la dessiccation simple à la température de 100 degrés; elles ne commencent à abandonner cette eau qu'à la température rouge.

Les argiles ont des propriétés organoleptiques et physiques communes plus ou moins prononcées. Leur caractère le plus frappant consiste en ce que, quand elles sont sèches, elles happent plus ou moins à la langue, et adhèrent fortement aux corps humides. Cette propriété est due à la grande affinité des argiles sèches pour l'humidité qu'elles absorbent; leur capillarité explique aussi, comme l'a démontré M. Chevreul, pourquoi elles absorbent les corps gras ou huileux. Par l'insufflation de l'haleine, elles répandent une odeur particulière, mais seulement quand elles sont impures, ferrugineuses, peut-être pyriteuses et bitumineuses. Dans tous les cas, les argiles se délayent facilement dans l'eau, et elles forment alors une sorte de bouillie, quelquefois transparente, toujours très lente à se déposer. Elles sont faciles à couper, à rayer avec l'ongle, et susceptibles de se polir. Quand on les mélange à plus ou moins d'eau, elles forment une pâte souvent très liante, plastique, facile à malaxer et à recevoir et à garder les formes qu'on lui a imprimées; cette pâte est extensible, ductile, présente une certaine ténacité. Par son exposition à l'air, elle se dessèche, en diminuant de volume et en éprouvant un retrait considérable; elle se fendille en tous sens, surtout lorsque la dessiccation se fait rapidement. Mais, par une nouvelle humectation, elle reprend toutes les propriétés qu'elle avait auparavant. La plasticité, la ténacité, la cohésion des argiles se trouvent diminuées par le mélange avec du sable ou des matières pierreuses : on fait alors facilement la séparation de l'argile par le délayage dans l'eau et par la lévigation. Quand on met de l'argile dans l'eau, et qu'on agite avec un bâton ou une baguette de verre, l'argile proprement dite entre en suspension; sous forme impalpable, tandis que toutes les parties pierreuses, sableuses ou siliceuses, tombent au fond du vase et y demeurent; on peut séparer l'argile, alors qu'elle est encore suspendue dans l'eau, en faisant écouler cette eau par la décantation. Le liquide obtenu laisse déposer l'argile. Au besoin, on fait une seconde lévigation pour enlever les dernières parties siliceuses et avoir l'argile tout à fait isolée. Quand le dépôt impalpable ne se forme pas facilement, on peut hâter sa précipitation par l'addition de quelques dix-millièmes d'un sel calcaire ou magnésien.

L'argile absolument pure est blanche; sa densité est de 2,5; cette densité peut être modifiée, ainsi que la couleur, par la présence de matières étrangères. Lorsque l'eau est éliminée et qu'il ne reste que de la silice et de l'alumine combinées, la matière est devenue inattaquable par les acides; elle est, en outre, devenue très dure; elle donne des étincelles sur le briquet, mais elle est absolument infusible; on dit qu'elle est *réfractaire*. Pour avoir une matière fusible, il faut la présence de bases étrangères à l'alumine; en d'autres termes, les silicates doubles, triples, etc., sont seuls fusibles. L'argile forme la base des poteries et des verres, qui sont des silicates doubles ou triples d'alumine et d'autres bases. L'argile entre donc en mélange avec du sable ou silice et divers sels des bases : chaux, potasse, soude, oxyde de plomb, etc., dans la pâte ou composition qui, sous l'action de la chaleur, formera la combinaison spéciale recherchée par l'industrie et le commerce.

L'argile pure est absolument infertile. Les argiles ne peuvent devenir des terres arables (voy. ce mot, p. 523) qu'après leur mélange avec d'autres corps, et un certain nombre de préparations physiques données par les instruments de culture.

Les argiles sont déposées en couches souvent continues, horizontales, ou inclinées plus ou moins légèrement, imperméables à l'eau, qui glisse à la surface; elles forment alors très souvent un obstacle très considérable à la culture des terres qui sont au-dessus; leur existence dans le sous-sol et la profondeur de leur gisement doivent toujours être recherchées avec soin pour juger un terrain au point de vue agricole. Lorsqu'il s'agit d'établir des fondations pour asseoir des constructions de bâtiments, il ne faut pas les faire reposer sur des couches d'argile ou même dans l'argile, surtout si les lits d'argile sont inclinés; car les constructions seraient exposées à glisser, à descendre vers la vallée, et elles ne pourraient être assurées d'aucune stabilité durable.

Les argiles se rencontrent assez rarement dans les terrains primitifs; elles se trouvent plus souvent dans ceux qui font la transition aux terrains secondaires, et surtout dans les terrains calcaires secondaires et dans les atterrissements. Elles semblent toutes avoir été produites par voie aqueuse et par suite de la dégradation de roches aux dépens desquelles elles se sont formées, pour être mises en suspension et ensuite se déposer sur le fond du lit que le liquide recouvrait.

Le kaolin est une des argiles les plus pures de la nature; il provient de la décomposition du feldspath, silicate double d'alumine et de potasse, qui, sous l'influence prolongée de l'eau, se dédouble en silicate de potasse soluble, en silice et en silicate d'alumine hydraté. Il constitue la matière première essentielle de la fabrication de la porcelaine, à cause de sa pureté. On classe quelquefois le kaolin à part des argiles, parce qu'il n'a, avec l'eau, qu'une faible plasticité. Les kaolins les plus connus en France sont ceux de Saint-Yrieix, dans la Haute-Vienne; des environs d'Alençon, à Maupertuis et à Chauvigny; des environs de Bayonne, du bourg de Pieux, près de Cherbourg; de Saint-Bonnet, dans le département de la Loire; — en Angleterre, on cite ceux de Cornouaille; — il en existe des gisements importants en Saxe, puis en Chine et au Japon. — On rencontre quelquefois d'autres argiles très pures, également infusibles comme le kaolin; telles sont l'argile collyrite, trouvée en Thuringe et en Hongrie; puis l'argile cimolithe, tirée de l'île de Cimolis, près de l'île de Milo, par les anciens, qui s'en servaient pour dégraisser les étoffes; on l'emploie encore aujourd'hui, à la place de savon, pour laver le linge, mais elle n'a pas l'onctuosité des terres à foulon.

Les argiles qui portent vulgairement ce dernier nom sont celles qu'on appelle *smectiques* (d'un mot grec qui signifie savon); elles ne forment avec l'eau qu'une pâte peu liante; elles ont essentiellement la propriété d'absorber par capillarité la matière grasse du drap et des laines qu'on foule dans l'eau et l'argile smectique avec de lourds pilons de bois. Elles sont toutes extrêmement onctueuses, sans happer fortement à la langue. Les plus renommées de ces argiles sont celles d'Issoudun (Indre), de Villeneuve (Isère), de Rittennau (Alsace), de Woburn (Angleterre), de l'île de Skye (Écosse), d'Osmundberg (Suède), etc. On doit, pour s'en servir, les débarrasser préalablement par le lavage des matières pierreuses qu'elles renferment souvent. Elles sont diversement colorées par des matières étrangères qui les rendent plus ou moins friables. — L'argile appelée *savon de montagne* est très tendre et grasse au toucher; elle prend, par la raclure, un éclat gras et happe très fortement à la langue; on la trouve en Angleterre et en Pologne. — L'argile *lithomarge*, appelée aussi *moelle de pierre*, se délite dans l'eau sans former de pâte, mais elle happe à la langue; elle est souvent nuancée des plus belles couleurs.

Les argiles *plastiques* sont compactes, douces, presque onctueuses; elles sont généralement grises, elles ont surtout la propriété de former avec l'eau une pâte liante, tenace, que les ouvriers appellent *pâte longue*, par opposition avec les argiles qui donnent une *pâte courte*, c'est-à-dire qui se brise très vite, quand on veut l'allonger en boyau et lui faire supporter une partie de son poids. Elles sont infusibles au feu de porcelaine, et se distinguent ainsi de celles qui servent à la fabrication des poteries et faïences grossières. Ce sont les argiles ou *glaises des potiers*. Quand elles sont blanches et conservent après la cuisson la forme qu'on leur a donnée, et sans avoir éprouvé de fusion, elles constituent la *terre de pipe*. Elles sont employées, à cause de leur infusibilité, à faire des étuis ou gazettes pour cuire les porcelaines. On s'en sert pour fabriquer les briques réfractaires et pour faire les creusets où l'on fond le verre et les métaux. Les plus renommées sont celles d'Abondant, près de la forêt de Dreux, de Maubeuge, de Montereau, de Forges-les-Eaux, en France; du Devonshire et du Shropshire, en Angleterre, etc., etc.

Les argiles *figulines* ont presque toutes les qualités extérieures des argiles plastiques, mais elles ont un peu moins de compacité. Elles s'en distinguent par une fusibilité parfois assez grande, due surtout à la présence de la chaux, de l'oxyde de fer ou du sulfate de fer, qu'elles contiennent souvent en assez forte proportion. Elles constituent la *terre glaise des sculpteurs*. Elles servent à faire les poteries grossières et à glaiser les bassins dans lesquels on veut conserver l'eau. Les plus célèbres sont celles d'Arcueil, de Vaugirard, de Vanves près Paris, et celles de Saxe.

Les *argiles marneuses* sont un mélange d'argile proprement dite et de carbonate de chaux; elles sont caractérisées par la propriété qu'elles présentent de faire effervescence avec les acides, même faibles, tels que le vinaigre, mais surtout avec l'acide nitrique, qui en dissout à froid souvent plus de la moitié de la masse. Elles se délayent d'ailleurs facilement dans l'eau, où elles entrent en suspension; par leur dépôt, elles font une pâte peu liante. Au feu, elles fondent avec plus ou moins de facilité, selon la proportion de chaux qu'elles renferment. Elles peuvent servir à l'amendement des terres qui manquent de calcaire. Elles sont très diversement colorées, blanchâtres, jaunâtres, d'un gris plus ou moins foncé, verdâtres. Quelquefois elles happent à la langue, ou bien elles sont smectiques; telle est celle dite pierre à dégraisser ou argile marne marbrée de Montmartre. Elles sont très répandues dans la nature.

On rencontre des argiles *feuilletées*, qui ont toutes les propriétés des autres argiles, mais sont en outre composées de feuillets qui se détachent avec facilité par l'action alternative de la sécheresse et de l'humidité; elles se distinguent des schistes parce qu'elles se délayent dans l'eau et font pâte avec elle. — Les *argiles* dites *légères* doivent leur faible densité à la partie siliceuse très fine qu'elles contiennent; elles se délayent dans l'eau, mais elles n'ont presque pas de liant.

Les *argiles ocreuses* ont les propriétés des autres argiles, mais elles ne font pas du tout pâte avec l'eau. Elles deviennent plus ou moins rouges par l'action du fer, et elles peuvent acquérir des propriétés magnétiques. Elles contiennent beaucoup de fer. L'*argile ocreuse rouge* en renferme 25 pour 100 de son poids. La *sanguine* est de l'argile ocreuse rouge, plus ferrugineuse encore, et qui peut servir à faire des crayons. Le *bol d'Arménie* ressemble beaucoup à la sanguine, mais est d'un rouge moins vif. La *terre d'Ombre* est une argile où se trouvent de l'hydrate de peroxyde de fer et de peroxyde de manganèse. Il y a un très grand nombres d'*ocres jaunes* qui sont aussi des argiles ferrugineuses; elles renferment souvent une forte proportion de silice. Elles portent le nom de leur lieu d'origine, comme la terre de Sienne, par exemple. Quand on les calcine dans des fours à réverbère, on en fait des ocres rouges. Elles sont employées comme matières premières pour divers genres de peintures.

Ainsi, les argiles ont de nombreuses applications utiles à l'agriculture, mais elles ne constituent pas par elles-mêmes des terres cultivables.

ARGILEUX (*économie rurale*). — On appelle terrain argileux, terre argileuse, un terrain, une terre dont l'argile forme une importante partie constituante. Quand l'argile y entre dans la proportion de 40 pour 100 et au-dessus, la terre devient très difficile à travailler. Ces déterminations ne doivent être faites qu'après une dessiccation prolongée de la terre à la température de 100 degrés, et ensuite la pulvérisation dans un mortier avec un pilon de bois, de manière à ne pas casser les pierres qui peuvent s'y rencontrer. On opère par lévigation, comme il a été dit au mot *argile;* on pèse ensuite les deux lots, *sable* et *impalpable*, après les avoir soumis à une nouvelle dessiccation. On peut opérer aussi avec des appareils spéciaux. On ne constate généralement qu'une très faible ou insignifiante effervescence d'acide carbonique dans les terrains exclusivement argileux. L'absence de calcaire et la grande proportion d'argile rendent ces terres incultivables, même par l'incorporation de fumier, de terreau ou généralement d'humus. Si la proportion d'argile est un peu au-dessous de la limite de 40 pour 100, on peut tirer partie du terrain, à la condition de la présence ou de l'addition de 2 à 5 pour 100 de carbonate de chaux; celui-ci constitue alors ce que les cultivateurs appellent une terre très forte, qui se fendille par la dessiccation et donne, par les labours, de grosses mottes durcissant à l'air sec, mais pouvant fondre sous la pluie.

ARGILO-CALCAIRE (*économie rurale*). — Un terrain est argilo calcaire lorsqu'il est essentiellement formé d'un mélange d'argile et de carbonate de chaux. Si ce mélange est intime, si l'argile domine sur le calcaire, si le mélange n'est pas accompagné de 30 pour 100 de sable au moins, on a affaire à une véritable marne incultivable, à moins de l'apport et de l'incorporation d'une grande quantité de sable. L'introduction du fumier s'y ferait autrement en pure perte. Les labours ne pourraient détruire la ténacité excessive et amener une mobilité suffisante. Les terres de cette nature sont des plus mauvaises.

ARGILO-SILICEUX (*économie rurale*). — On dit qu'un terrain est argilo-siliceux, lorsqu'il est composé d'un mélange d'argile et de silice ou de sable plus ou moins grossier, la proportion de sable s'élevant à 70 pour 100 ou environ. Si, dans un tel terrain, il se rencontre de 2 à 5 pour 100 de carbonate de chaux, on peut avoir une terre arable d'excellente qualité, au moyen d'engrais et d'humus. Elle n'est pas trop tenace et a assez de mobilité, selon les justes remarques de M. Paul de Gasparin, dans son excellent ouvrage sur la *Détermination des terres arables dans le laboratoire*, pour que les racines des plantes puissent y prospérer, être entourées d'assez d'air et recevoir, par capillarité, la quantité d'eau nécessaire à leur évaporation, à la condition que le sous-sol ne soit pas imperméable.

ARGOT ou **ERGOT** (*jardinage*). — Nom donné à l'extrémité des branches mortes par suite du cassement ou du pincement. Ces bois morts doivent être coupés avec une serpette bien acérée, afin de faire apparaître une cicatrice franche qui empêchera les chancres de se former.

ARGOUSIER (*horticulture*). — Grand arbrisseau épineux des bords de l'Océan, appelé aussi griset (*Hippophae rhamnoides*), appartenant à la famille des Éléagnées, qu'on peut employer avec avantage soit sous forme de massifs, soit en pieds isolés dans les recoins négligés des jardins, pour rehausser, par sa teinte grisâtre, la verdure d'autres arbustes. On en fait aussi des haies productives.

ARIA. — Nom donné à l'alisier blanc.

ARIDE (*économie rurale*). — Qui est sec, dépourvu de toute humidité. Comme la présence d'une certaine quantité d'eau est indispensable à la vie des plantes, un terrain aride est stérile. Mais la stérilité, l'infertilité d'un sol peuvent être dues à d'autres causes que l'aridité. — Une saison aride est une saison sèche. De même un climat aride est un climat sans pluie, où l'air n'a pas d'humidité.

ARIDITÉ (*économie rurale*). — C'est une sécheresse prolongée. L'aridité du sol, celle d'un climat ou d'une saison, entraînent l'absence de la production végétale, mais c'est à tort qu'on prend quelquefois la stérilité comme synonyme de l'aridité; la stérilité, l'infertilité peuvent avoir d'autres causes que la sécheresse. On dit l'aridité du désert, celle d'une contrée, pour exprimer l'absence d'eau dans le désert, dans la contrée. On peut combattre l'aridité d'un sol par l'irrigation.

ARIÈGE (DÉPARTEMENT DE L') (*géographie agricole*). — Ce département doit son nom à la rivière de l'Ariège qui le traverse de part en part. Il a été formé, en 1790, de l'ancien comté de Foix et du bas Comminges, qui dépendaient de la Gascogne, de presque tout le Couserans, du Castillonnais, du diocèse de Mirepoix ou Minervois, et de quelques autres communes du Languedoc, qui composaient la seigneurie de Donezan. L'ancien comté de Foix a constitué plus des quatre cinquièmes du département nouveau; le Couserans a composé la presque totalité de l'arrondissement de Saint-Girons; le Minervois forme le canton de Mirepoix; le Donezan, le canton de Quérigut; le bas Comminges, la plus grande partie du canton de Sainte-Croix; le Castillonnais, le canton de Castillon. Sa superficie est de 489387 hectares; c'est un des petits départements français.

On peut considérer trois zones bien distinctes dans le département : la basse Ariège, l'Ariège centrale et la haute Ariège. La première zone embrasse l'arrondissement de Pamiers, depuis le département de la Haute-Garonne jusqu'à Varilhes, point où commence la zone montagneuse moyenne. Les nombreux cours d'eau qui arrosent la contrée, l'Ariège, l'Hers, la Lèze, l'Arize et leurs multiples affluents, souvent bordés de belles plantations de peupliers et de platanes, donnent une végétation luxuriante. Toutes les cultures réussissent. Dans la deuxième zone, qui comprend les territoires qui s'étendent de Varilhes à une ligne allant de Castillon vers Ax, l'agriculture est encore facile dans les vallées ; mais, sur les versants des montagnes, il ne faut plus compter que sur les prairies et les pâturages, et, pour les grandes hauteurs, que sur les forêts. Quant à la troisième zone, ou haute Ariège, qui embrasse la partie la plus méridionale du département, elle est le pays des solitudes sauvages, des forêts silencieuses, dominées durant de longs mois par des neiges qui parfois ne fondent pas, même entre deux hivers. Il n'y a plus, comme récolte, que du seigle, des pommes de terre, entre des plantations résineuses, et, à côté ou plus haut, des pâtures servant à la transhumance du bétail, qui arrive l'été des régions plus basses alors vouées à la sécheresse.

Au point de vue géologique, les terres de l'arrondissement de Pamiers appartiennent aux terrains tertiaires et d'alluvion ; celles de l'arrondissement de Foix, à la craie, au grès vert et au granit ; celles de l'arrondissement de Saint-Girons, aux terrains tertiaire inférieur, crétacé jurassique et schisteux.

Le cadastre achevé en 1843 donne la répartition suivante de toutes les terres :

	hectares
Terres labourables	144 614
Prés	36 901
Vignes	12 419
Bois	90 935
Vergers, pépinières et jardins	1 643
Oseraies, aulnaies, saussaies	1 053
Landes, pâtis, bruyères, etc.	140 015
Étangs	882
Mares, canaux d'irrigation, abreuvoirs, etc.	6
Châtaigneraies	1 051
Propriétés bâties	1 455
Total de la contenance imposable	430 974
Routes, chemins, places publiques, rues	5 717
Rivières, lacs, ruisseaux	3 175
Forêts et domaines non productifs	49 080
Cimetières, églises, presbytères, bâtiments publics	78
Autres objets non imposables	363
Total de la contenance non imposable	58 413
Superficie totale cadastrée	489 387

Les terres labourables occupaient ainsi, lors de la confection du cadastre, 29,54 pour 100 de la superficie du département.

La statistique agricole de 1852 donne la répartition suivante des cultures pour les trois arrondissements et pour le département tout entier :

	Arrondissements de Pamiers	Saint-Girons	Foix	Totaux pour le département
	hect.	hect.	hect.	hect.
Céréales	43 576	17 844	26 697	88 117
Racines et légumes	6 262	5 069	8 778	20 109
Cultures diverses	1 239	1 345	953	3 537
Prairies artificielles	7 024	4 219	1 563	12 806
Jachères	16 291	4 548	8 192	29 031
Totaux des terres labourables	74 392	33 025	46 183	153 600

On voit bien que l'arrondissement de Pamiers est relativement de beaucoup le plus cultivé et le plus cultivable. Quant à l'ensemble du département, depuis la confection du cadastre, il présentait un certain accroissement en terres labourables, 31.38 pour 100, au lieu de 29,54.

Les autres terres étaient ainsi réparties, d'après la statistique de 1852 :

	Arrondissements de Pamiers	Saint Girons	Foix	Totaux pour le département
	hect.	hect.	hect.	hect.
Prairies naturelles	3 415	20 302	12 172	35 889
Vignes	9 217	1 891	1 645	12 753
Pâturages	13 662	46 472	69 293	129 427
Superficies diverses	28 166	48 383	81 189	157 718
Surfaces cadastrées	128 852	148 073	210 462	489 387

Les superficies diverses comprennent les cultures arborescentes autres que la vigne, les bois et les forêts, les terres incultes, les chemins, les étangs et les cours d'eau, ainsi que les surfaces bâties. Dans l'arrondissement de Saint-Girons, on comptait 11 hectares de marais susceptibles d'être desséchés.

L'enquête de 1862 fournit les détails suivants pour l'ensemble du département :

	hectares
Céréales	88 212
Racines et légumes	20 759
Cultures diverses	1 848
Prairies artificielles	14 836
Fourrages consommés en vert	1 253
Jachères mortes	25 579
Total des terres labourables	152 487

L'étendue des terres arables n'a pas augmenté depuis 1852.

Quant aux autres surfaces, elles se répartissaient ainsi en 1862 :

	hectares
Prairies naturelles	37 130
Vignes	11 734
Pâturages non fauchables	123 738
Superficies diverses	164 298
Surface cadastrée totale	489 387

L'enquête agricole de 1866 n'a fourni aucun document nouveau sur la répartition des cultures dans le département. La statistique internationale de 1873 a donné, au contraire, quelques chiffres intéressants, qui permettent de constater un accroissement dans l'étendue consacrée à la production agricole, de mieux comparer avec le passé et d'arriver plus près de l'exactitude dans les appréciations.

Voici d'abord le tableau résumé de l'étendue des terres soumises à l'action de la charrue :

	hectares
Céréales	90 576
Racines et légumes	27 693
Cultures industrielles	1 658
Prairies artificielles	15 493
Fourrages consommés en vert	1 964
Cultures diverses et jachères	23 253
Total des terres labourables	160 637

La proportion des terres labourables atteint à peu près 33 centièmes ; elle a gagné de 3 à 4 centièmes depuis l'exécution du cadastre. Les autres terres, d'après la même statistique, étaient ainsi réparties :

	hectares
Vignes	14 765
Prairies naturelles et vergers	21 834
Pâturages et pâcages	79 568
Bois et forêts	157 840
Terres incultes	42 268
Superficies bâties, voies de transport, etc.	12 475
Total	328 750
Superficie cadastrée	489 387

Les emblavures en froment ont augmenté, tandis que celles en seigle diminuaient ; la décroissance de la culture du seigle a continué, même durant les dernières années. Mais l'ensemble des cultures de céréales tend plutôt à occuper moins de place dans le département qu'à s'accroître.

Le département ne produit pas assez de grains pour sa consommation ; il est obligé d'en importer parfois autant qu'il en récolte. Mais les grains qu'il fournit sont de bonne qualité.

La production de l'orge est très importante, comme on peut le voir par les tableaux qui précèdent. Celle du millet, qui n'y est pas mentionnée, ne s'étend que sur moins de 200 hectares, et elle n'y est guère avantageuse.

Le froment, le méteil, le seigle, sont surtout cultivés comme céréales d'hiver. Les autres céréales sont emblavées au printemps. Le seigle est surtout la culture de la région montagneuse. Le maïs est principalement répandu dans l'arrondissement de Pamiers, et le sarrasin le long de la vallée de l'Ariège.

La culture des pommes de terre a pris une grande importance dans le département depuis un demi-siècle, et elle donne de bons rendements.

Les légumes secs, principalement les haricots et les fèves, secondairement les lentilles et les pois, apportent un appoint assez considérable à l'ensemble des denrées destinées à la consommation humaine. Environ 8000 hectares sont consacrés à cette production, et le rendement moyen est de 10 hectolitres par hectare. Quant aux légumes frais, choux, carottes, navets, artichauts, tomates, etc., ils ne sont guère cultivés que sur une surface variant entre 1500 et 2000 hectares chaque année. Les betteraves ne sont cultivées que pour le bétail, sur une superficie de 500 à 600 hectares, et le rendement moyen n'est guère que de 15 000 à 20 000 kilogrammes à l'hectare.

Les cultures industrielles sont tout à fait accessoires ; elles ne portent que sur le lin, le chanvre et le colza. La culture du colza décroît fortement.

Les cultures arbustives sont plus importantes dans l'Ariège que les cultures industrielles, quoique les transactions auxquelles elles donnent lieu n'aient pas encore pris le développement que permettra le perfectionnement des voies de communication.

La statistique spéciale dressée par l'administration forestière, et publiée à l'occasion de l'Exposition universelle de 1878, fournit un total de 160 321 hectares, dont 76 591 appartiennent à l'État, 26 189 à des communes, 53 à des établissements publics et, enfin, plus d'un tiers, ou, exactement, 57 485, à des particuliers. Il y a 51 forêts domaniales ; le nombre de communes propriétaires de forêts est de 336 pour 161 forêts, représentant 25 886 hectares. Les forêts sectionales sont de 5 pour 303 hectares. Le département n'est pas propriétaire de bois. Les forêts de l'Ariège sont en sol calcaire dans la proportion de 31 pour 100 et en sol non calcaire pour le surplus.

Depuis vingt ans, des travaux de reboisement ont été effectués par les communes ou par les particuliers. L'étendue qu'ils ont déclaré vouloir reboiser ou gazonner s'élevait à 4248 hectares. A la fin de 1875, on comptait 239 hectares reboisés ou gazonnés par les communes, et 568 par des particuliers. Des subventions ont été accordées pour ces travaux par l'État et par le département, ainsi que pour la formation de fruitières.

Les désastres causés par les gelées et les grêles, et la crainte que les météores inspirent à juste titre aux agriculteurs, ont restreint l'extension de la culture de la vigne dans l'Ariège. D'ailleurs, cette plante n'y donne pas de bons résultats, au point de vue particulièrement de la quantité.

Il n'y a ni mûriers ni oliviers dans l'Ariège. Les châtaigniers occupent environ 120 hectares. Il y a des noyers et des amandiers en bordure dans l'arrondissement de Foix. Dans les vignes de la plaine de Pamiers, on compte de nombreux pêchers et amandiers. On trouve aussi quelques vergers dans l'arrondissement de Pamiers ; ailleurs, les arbres fruitiers sont disséminés dans les haies, dans les vignes ou sur le bord des champs. En résumé, la production fruitière n'est pas considérable ; elle a pris quelque développement depuis l'établissement des chemins de fer, qui a permis l'exportation des fruits, notamment des pommes, des noix et des amandes, pour les grandes villes voisines.

La production fourragère est celle qui occupe la plus grande surface après les bois et forêts et les céréales. On peut l'estimer à 55 000 hectares, tout compris. Elle s'est surtout développée pour ce qui concerne les prairies artificielles ; mais, pour les prairies naturelles, elle est demeurée à peu près stationnaire, du moins en ce qui concerne l'étendue.

Sur les 37 000 hectares de prairies permanentes, il y aurait 7271 hectares arrosés, d'après la statistique spéciale publiée en 1879 par le ministère des travaux publics. Sur cette étendue arrosée, on compterait seulement 55 hectares dont l'irrigation est due à des cours d'eau navigables et flottables ; la presque totalité, par conséquent, soit 7216 hectares, serait irriguée par des cours d'eau non navigables ni flottables. Il n'y aurait pas plus de 11 hectares de jardins maraîchers arrosés. « Dans le département de l'Ariège, dit le document officiel, l'arrosage des prairies permanentes naturelles est appliqué à des terrains dont la déclivité est très considérable. Par suite, aucun travail d'aménagement ne devient nécessaire pour opérer l'arrosage, et il suffit de simples rigoles creusées à la bêche pour conduire les eaux, sans le secours d'ouvrages d'art, sur toute la surface arrosable. Les mêmes rigoles, combinées avec les pentes naturelles du terrain, assurent l'assainissement du sol. En ce qui concerne les jardins maraîchers, les eaux sont également dirigées par de petites rigoles, pour, de là, être jetées à la pelle sur les terrains à arroser. »

Les meilleures prairies sont fauchées ordinairement deux fois par an ; elles sont situées dans les arrondissements de Foix et de Saint-Girons. Les rendements moyens sont très satisfaisants.

En ajoutant la production de 1500 hectares en fourrages verts, on n'aurait pas pour bien nourrir plus de 40 à 50 000 têtes de gros bétail, et le département en compte beaucoup plus. Mais il faut ajouter que l'Ariège possède environ 124 000 hectares de pâturages non soumis à la fauchaison. Une assez grande partie est située dans les hautes montagnes ; on n'y envoie le bétail qu'après la fonte des neiges. Une partie aussi est arrosée par de petits cours d'eau. On y trouve, çà et là, des granges et des cabanes qui sont habitées, pendant la belle saison, par les bergers et les vachers, et qui servent aussi d'asile aux troupeaux par les mauvais temps. Quoi qu'il en soit, les ressources fourragères ne permettent pas qu'on entretienne un nombre d'animaux domestiques plus considérable que celui qui est relevé par les statistiques faites jusqu'à ce jour et dont voici l'ensemble :

ANNÉES	ESPÈCES						
	CHEVALINE	ASINE	MULASSIÈRE	BOVINE	OVINE	CAPRINE	PORCINE
	têtes	têtes	têtes	têtes	têtes	têtes	têtes
1840	10 339	7 523	2973	80 140	379 033	6 320	50 425
1852	8 042	7 473	2055	70 048	425 798	7 921	63 499
1862	7 568	5 041	2045	95 409	423 147	13 567	72 571
1866	9 874	11 031	2755	84 603	408 005	5 833	50 951
1873	8 313	10 898	2631	87 488	350 826	7 009	59 791
1875	7 170	12 530	1395	89 150	338 820	5 995	55 000
1876	»	»	»	91 190	343 835	6 120	60 095
1877	7 275	11 975	1450	92 395	348 865	7 120	60 170
1878	7 170	10 485	1428	89 110	323 949	5 283	54 347
1879	7 717	8 603	1343	81 543	287 461	4 643	49 590

Sauf en ce qui concerne l'espèce chevaline et l'espèce ovine, il y a eu depuis trente ans augmentation dans le nombre ; il y a, pour toutes les espèces, amélioration dans la qualité des animaux, par suite de soins plus attentifs dans le choix des reproducteurs et les procédés d'élevage, sans qu'il y ait eu sur une échelle notable introduction de reproducteurs de races étrangères au pays.

L'élevage de l'espèce chevaline n'est pas en progrès, parce que les agriculteurs se plaignent de ne pas trouver des prix suffisamment rémunérateurs pour leurs jeunes chevaux ou leurs poulains. Le sang arabe a été introduit dans le pays, où l'on distingue la race navarrine, qui est la plus estimée, et la race ariégeoise proprement dite. On reproche aux chevaux de cette dernière race d'avoir une conformation un peu anguleuse et de présenter une taille trop faible, 1m,18 seulement ; mais, pour la selle et comme chevaux de trait léger, ils sont estimés, d'autant plus qu'ils ont des allures dégagées, de l'énergie et de la sobriété. Au point de vue de l'administration des haras, l'Ariège ressort du dépôt d'étalons de Tarbes, qui fait partie du quatrième arrondissement d'inspection générale.

L'élevage de l'espèce asine est plus avantageux que celui du cheval, quoiqu'il ne donne pas de grands bénéfices ; aussi est-il plus prospère. Les bêtes asines ont principalement une robe noire ; elles présentent une bonne conformation. Les jeunes bêtes mulassières sont en général vendues à l'âge de six mois ; on les exporte en grande partie pour l'Espagne.

L'entretien de l'espèce bovine donne des bénéfices dans l'Ariège, soit qu'on fasse travailler les animaux, soit qu'on en vende les veaux ou les élèves, soit enfin qu'on fasse du lait ou de l'engraissement. C'est ce qui explique pourquoi la population bovine s'accroît plus encore par le poids individuel des animaux que par leur nombre. Les étables, pour la plupart, n'ont que des bêtes ariégeoises. Cependant « on rencontre, dit M. Heuzé, dans les cantons de Quérigut, d'Ax et de Tarascon, des vaches et des bœufs qui ont une robe fauve plus ou moins foncée, avec une ligne blanchâtre sur l'épine dorsale, et qui appartiennent à la race espagnole désignée sous le nom de race de la Cerdagne ». La race ariégeoise est bonne laitière, très bonne travailleuse, dure à la fatigue. Les bœufs ont l'allure du pas presque aussi rapide que l'allure du pas des chevaux. Les formes sont ramassées ; la taille ne dépasse guère 1m,20 pour les vaches, 1m,30 pour les taureaux. On distingue deux tribus principales ; la race de Saint-Girons, dont la robe est d'un gris châtain tirant sur le brun ; la race de Tarascon, ou du canton de Massat, dont le pelage est d'un gris foncé ; on l'appelle aussi race de la montagne. En général, les vaches quittent les vallées au mois de mai, pour aller séjourner dans les hautes altitudes jusqu'en octobre. Les veaux qui naissent dans la montagne sont vendus à l'âge de six mois, les autres à l'âge de deux mois.

L'industrie fromagère est importante ; on emploie, pour faire les fromages, du lait de vache ou du lait de brebis. Le fromage de la Bastide-de-Sérou et celui de Caplong, fabriqué dans les montagnes qui avoisinent Alos, dans le Saint-Gironnais, sont estimés ; ils sont faits avec le lait de vache ; le premier ressemble au fromage de Sassenage. Les fromages d'Aurant, de Gestiès et de Camarade sont faits avec du lait de brebis. Ces fromages sont ordinairement enveloppés dans des feuilles de châtaignier ; il s'en vend beaucoup à la foire de Tarascon.

L'espèce ovine, qui décroît en nombre dans le département, à cause du peu de bénéfices que donne son élevage depuis la baisse du prix des laines, appartient à la race lauragnaise pour la plaine, à la race ariégeoise, qui domine (voy. ARIÉGEOIS (MOUTON, p. 569)), et enfin à la race mérinos ou métis-mérinos, qui est plus rare.

L'élevage de l'espèce porcine est en général assez fructueux dans le département. « Les bêtes porcines, dit M. Heuzé, y sont assez diverses. Les unes sont noires, de haute taille, avec des oreilles assez droites ; leur conformation est bonne. Les autres sont pies, avec des oreilles tombantes. Quelques-unes sont grises ou rousses. Les premières sont les plus répandues, mais si elles sont tardives, leur chair est excellente ; on accroît leur qualité en les croisant avec les races anglaises précoces. Les secondes sont moins recherchées, néanmoins elles se vendent bien sur les marchés. Les porcs à robe grise sont communs dans le canton de Massat. »

L'élevage de la volaille se fait avec succès dans tout le département ; mais, dans l'arrondissement de Pamiers surtout, la volaille est l'objet d'un commerce considérable et d'une exportation de plus en plus active. On compte qu'il y a 283 000 poules et poulets, 50 000 pigeons, 40 000 oies, 22 000 canards, 7000 dindes ou dindons. Les oies appartiennent, pour la plupart, à la race dite de Toulouse. D'une manière générale, tous les produits de la ferme se vendent de mieux en mieux, et le commerce du beurre et des fromages a pris une extension croissante.

Le nombre des ruches varie de 14 000 à 20 000. La production du miel est annuellement de 25 000 à 30 000 kilogrammes, et celle de la cire d'environ moitié.

La quantité d'animaux domestiques entretenus dans le département correspond à environ 3 dixièmes de tête de gros bétail par hectare. La quantité de fumier obtenue est insuffisante pour une culture productive. Les agriculteurs progressifs emploient des engrais du commerce, particulièrement des chiffons de laine et des débris de corne dans les vignes. Mais généralement les fumiers sont mal tenus, desséchés en été par le soleil, lavés par les pluies durant l'automne et l'hiver, laissant écouler leur purin dans les cours des fermes ou dans les chemins. L'usage des composts calcaires s'est répandu ; on se sert du plâtre sur les prairies artificielles, de la chaux ou de la marne, surtout dans l'arrondissement de Pamiers.

L'habitant de l'Ariège se distingue par son activité, son énergie et son adresse dans le travail ; il aime ses montagnes, est attaché à son village. On cite les mœurs pastorales de ce que l'on appelle la Suisse gironnaise de la vallée de Bethmale. Les mêmes familles se succèdent séculairement comme métayers sur les mêmes domaines. Durant l'été, une partie des habitants des villages ou des hameaux de la vallée d'Oust monte vers les plateaux supérieurs. Malgré tout, la population, dont l'accroissement s'était manifesté assez régulièrement à chaque recensement quinquennal, de 1821 à 1851, décroît depuis cette époque, ainsi qu'il résulte du tableau suivant, donnant le nombre des habitants dans chaque arrondissement et dans le département :

ANNÉES DES RECENSEMENTS	ARRONDISSEMENTS DE PAMIERS	SAINT-GIRONS	FOIX	LE DÉPARTEMENT
1821	69 388	82 956	82 534	234 878
1826	73 135	87 630	87 167	247 932
1831	73 753	90 085	89 892	253 730
1836	77 758	91 094	91 684	260 536
1841	78 756	94 551	92 300	265 607
1846	80 766	95 318	94 451	270 535
1851	82 197	92 567	92 671	276 435
1856	80 491	86 094	84 733	251 318
1861	80 373	85 871	85 606	251 851
1866	78 852	86 103	85 481	250 436
1872	77 692	84 970	83 636	246 298
1876	77 477	83 882	83 436	244 795
1881	»	»	»	240 601

La rétrogradation est telle que le dénombrement de 1881 redescend presque aux chiffres de 1821 ; ils sont aussi bas pour les arrondissements de Saint-Girons et de Foix; ils ne se maintiennent supérieurs que pour celui de Pamiers.

Le département est essentiellement rural ; la plus grande ville, Pamiers, ne compte pas plus de 9000 habitants, et il y a en tout 22 villes seulement de plus de 2000 habitants.

Tous les habitants de la campagne ne sont pas voués aux professions agricoles, mais on peut compter que, sur 204 000 habitants des villages, il y en a 180 000 voués aux professions agricoles, 39 000 à l'industrie, 7400 au commerce, 7600 aux professions libérales, et 6000 sans profession.

On voit que la majorité des cultivateurs du département appartient à la classe des propriétaires qui cultivent par eux-mêmes. Les fermiers et les métayers sont la minorité. Si l'on se borne aux terres arables, on trouve qu'elles sont divisées en 27 000 exploitations, dont 22 000 sont cultivées par les propriétaires eux-mêmes, 1800 par des fermiers, 3200 par des métayers. La contenance moyenne des exploitations ariégeoises est de 7 hectares 30 ares, et, par conséquent, elle est au-dessous de la moyenne de toute la France, qui s'élève à 10 hectares et demi. Déjà, dans le département, un domaine de 20 hectares constitue une grande exploitation ; la moyenne culture est de 5 à 20 hectares; la petite au-dessous de 5 hectares. Les grands propriétaires, en général, ne cultivent pas eux-mêmes ; on a la preuve de ce fait dans cette constatation que la moyenne étendue des exploitations directes est de 5 hectares 30 ares ; celle des métairies, de 11 hectares 40 ares, et celle des fermes, de 22 hectares 10 ares. Les proportions des étendues totales des exploitations sont de 58 pour 100 pour le faire-valoir direct, de 20 pour les fermes et de 22 pour les métairies. Chose remarquable, les terres sont plus morcelées dans la montagne que dans la plaine; c'est dans la montagne que le paysan ariégeois se dispute davantage la propriété, parce que l'herbe et le bois sont de véritables richesses pour l'habitant des montagnes. Le prix des terres est assez élevé pour les terres labourables, les prairies naturelles, les vignes, mais surtout pour les prairies arrosées. Quant au taux de la main-d'œuvre, quoiqu'il ait beaucoup augmenté depuis quelques années, il est sensiblement inférieur à celui que l'on constate dans beaucoup d'autres départements.

Dans les hautes régions, la culture est toute pastorale ; on suit en général, dans les plaines, un assolement triennal composé de froment d'automne, maïs et jachère ; ou bien un assolement biennal comprenant froment et maïs. Les successions de cultures sont soutenues par une sole occupée par de la luzerne ou du sainfoin. Les cultivateurs du pays connaissent la nécessité d'un bon assainissement des terres ; on trouve beaucoup de fossés à ciel ouvert, ou bien des claies garnies de cailloux. On sait qu'un bon assainissement du sol permet de remplacer, pour le labourage, les petits billons par des planches plus ou moins larges. Les charrues ont été perfectionnées et traînées par des bœufs. Dans la montagne, les champs isolés situés sur les parties déclives et les terrasses ou gradins sont labourés à bras. On a introduit, dans diverses exploitations, des scarificateurs, des houes à cheval, des coupe-racines, même des machines à faucher et des machines à battre. Toutefois, le battage des céréales est encore fréquemment exécuté par les métiviers, qui reçoivent comme salaire du sixième au neuvième du grain obtenu. L'agriculture ne compte encore dans le département que 6 machines à vapeur d'une force totale de 23 chevaux. Les foins et les pailles sont conservés en meules rondes. Les habitations sont assez mal distribuées, mal aérées ; elles sont, le plus souvent, construites en cailloux roulés, reliés à l'aide d'un mortier de chaux et de sable ; elles sont couvertes en ardoises ou en tuiles. Les cailloux qui proviennent des épierrements faits dans les champs cultivés, forment çà et là des tas de pierres considérables qu'on appelle des margues ; on s'en sert pour faire des murs qui remplacent les haies, ou bien encore pour soutenir les terres et faire des terrasses en gradins sur les pentes des coteaux.

Dans la division de la France pour les concours régionaux agricoles, le département de l'Ariège appartient à la région du sud-ouest, comptant les sept départements de l'Ariège, de la Haute-Garonne, du Gers, des Landes, de Lot-et-Garonne, des Basses-Pyrénées et des Hautes-Pyrénées. Trois concours régionaux ont eu lieu à Foix ; en 1859, en 1866 et en 1875. En 1859, la prime d'honneur a été décernée à M. d'Usech, agriculteur, à Soulé, près Saint-Ybars. En 1866, elle a été attribuée à M. Lefèvre, directeur de la ferme-école de Royat, commune de Montant, dans l'arrondissement de Pamiers. En 1875, elle n'a pas été décernée ; mais le prix cultural réservé aux propriétaires exploitant directement a été attribué à M. Caussou, agriculteur, à Dreuilhe, canton de Lavelanet. — Le département de l'Ariège possède une ferme-école en pleine prospérité à Royat ; une chaire départementale d'agriculture a été créée en 1880. Les principales associations agricoles sont la Société d'agriculture de l'Ariège et les Comices de Foix, de Saint-Girons et de Pamiers ; des concours assez importants sont dirigés par ces associations, notamment des concours d'animaux de boucherie.

Une impulsion considérable a été donnée au progrès agricole ; celui-ci est surtout développé par l'établissement des voies de communication perfectionnées qui ont agrandi le commerce et l'industrie. Les fers au bois de l'Ariège sont renommés. On y trouve beaucoup de marbres, d'abondantes carrières de pierres de taille à Gudas, des carrières d'ardoise à Celles, Siguer et Unac, des carrières de pierres à aiguiser les faux, très dures, à Aleu, des plâtrières à Crampagna, Arignac et Bédeillac, une mouture de talc à Luzenac. Sans compter les eaux minérales, qui attirent beaucoup d'étrangers, il convient de citer, comme industries importantes au point de vue agricole, des brique-

4° L'aristoloche à tête d'oiseau (*Aristolochia galeata* ou *ornithocephala*) est du Brésil; elle réussit au midi, où elle fleurit en août et septembre; ses sarments sont grêles, ses feuilles réniformes, glauques et lisses; elle porte de très grandes fleurs, d'une forme bizarre, réticulées de lignes pourpre noir sur fond violacé pâle.

5° L'aristoloche clématite (*Aristolochia clematitis*), appelée aussi vulgairement aristoloche des vignes, guillebaude, poison de terre, pommerasse, ratalie, ratelaire, rataline, sarrasine, est commune dans les vignes, les buissons, les haies, les terres calcaires incultes; elle donne tous les ans naissance à des rameaux aériens dressés et simples, anguleux, d'une longueur d'environ 50 centimètres, portant des feuilles alternes et des fleurs à l'aisselle des feuilles et réunies en bouquets. Sa souche, de la grosseur d'une plume d'oie, rampe sous le sol et est chargée de fines racines de couleur jaunâtre. On se sert de la souche pour faire des infusions, des poudres, des teintures alcooliques employées contre la goutte et les rhumatismes, et aussi pour favoriser la parturition. On ne doit l'employer qu'avec une grande précaution et à faible dose.

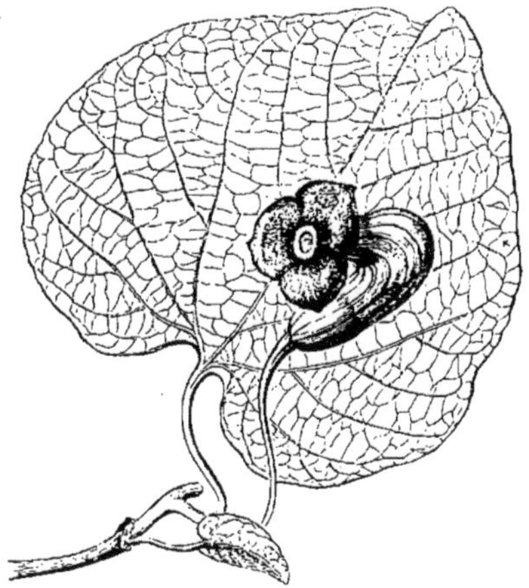

Fig. 433. — Aristoloche siphon.

6° L'aristoloche serpentaire ou officinale (*Aristolochia serpentaria*) est la véritable vipérine ou couleuvrine de Virginie, dont la racine, dite racine à serpent, est usitée, soit dans la médecine humaine, soit dans la médecine vétérinaire, comme excitante et sudorifique; elle est employée contre la morsure des serpents.

7° L'aristoloche à grandes lèvres (*Aristolochia labiosa*, *cymbifera*, *ringens*) croît au Brésil et est cultivée en serre chaude en Europe comme plante ornementale; sa tige, volubile, sarmenteuse, est couverte d'une couche subéreuse; ses feuilles réniformes sont obtuses; elle donne, en juillet et octobre, de très grandes fleurs, bilabiées, à lèvre supérieure en forme de casque, d'un jaune pâle veiné de carmin foncé. Sa racine a une odeur pénétrante et désagréable, analogue à celle de la rue, une saveur forte, amère et aromatique; elle sert au Brésil contre les ulcères et, en général, aux mêmes usages que la serpentaire.

8° La grande aristoloche (*Aristolochia grandiflora*, *gigantea*, *arborescens*) est très répandue aux Antilles, à Guatemala, à Porto-Rico; on l'appelle *tue-cochon*; elle empoisonne le bétail. Sa racine est emménagogue, excitante. Ses fleurs sont très grandes, mais dégagent une odeur repoussante de charogne; elles ont un nimbe cordiforme de $0^m,16$ de largeur, taché de violet foncé, et un lobe terminé par une lanière de $0^m,32$. On la multiplie de boutures en serre chaude.

9° L'aristoloche mort aux serpents (*Aristolochia anguicida*) a des fleurs petites, une racine très vénéneuse, employée contre la morsure des serpents, et formant sans doute l'*apinel* des Mexicains. « Au point de vue ornemental, il faut lui préférer, dit M. Naudin, l'*Aristolochia picta*, de Caracas, à cause de la belle coloration bleue, réticulée de blanc jaunâtre, des bractées florales, dont le limbe ovale, plan, étalé, et de même grandeur que les feuilles (7 à 8 centimètres de long sur 4 à 5 de large), porte en outre, vers le centre, une large macule jaune orangé, qui contraste agréablement avec le bleu qui l'entoure. » Dans les serres chaudes, on a aussi introduit, de la côte occidentale d'Afrique, l'*Aristolochia goldiæana*, grande liane frutescente, dont les fleurs gigantesques font un grand effet; elles consistent en un long cornet de près de $0^m,40$, coudé brusquement vers le milieu de sa longueur et s'évasant graduellement en une coupe presque régulière à trois lobes acuminés; extérieurement, cette curieuse bractée est jaunâtre et a de grosses nervures d'un pourpre noir; intérieurement, elle est d'un jaune sombre, avec des marbrures de rouge brun. Malheureusement, les fleurs répandent une odeur nauséabonde.

ARISTOLOCHIACÉES (*botanique*). — Famille de plantes dicotylédones, monopérianthées et hermaphrodites. Ce sont des herbes vivaces, à rhizome rampant et quelquefois tubéreux, ou bien des plantes suffrutescentes ou frutescentes et fréquemment volubiles. La tige, simple, ramifiée ou renflée au niveau des nœuds, a, dans les espèces ligneuses, une écorce subéreuse, un bois dépourvu de zones et qui est divisé en segments cunéiformes par de larges rayons médullaires. Les feuilles sont alternes et simples; les fleurs, généralement axillaires, sont solitaires ou disposées, soit en grappes, soit en épis de cymes. On a fait trois sous-ordres dans cette famille : les Aristolochiées, les Azarées et les Bragantiées, dont quelques espèces sont employées dans les jardins ou dans les serres comme plantes d'ornement.

ARISTOLOCHIÉES (*botanique*). — Plantes formant un sous-ordre des Aristolochiacées, qui renferme les genres *Holostylis* et *Aristolochia*. Le nom d'Aristolochiées a été souvent donné à la famille des Aristolochiacées.

ARISTOLOCHINE et **ACIDE ARISTOLOCHIQUE** (*chimie agricole*). — Les aristoloches contiennent certainement des principes actifs auxquels sont dus les effets que ces plantes produisent. On a extrait de l'*Aristolochia clematitis*, en la distillant avec de l'eau, une essence particulière, en même temps qu'un acide volatil qu'on a appelé acide aristolochique; en épuisant la racine par de l'eau et traitant l'extrait par la méthode ordinaire employée pour l'extraction des alcaloïdes, on a obtenu l'aristolochine ou clématidine, dont la composition n'est pas encore bien connue.

ARISTOTE (*biographie agricole*). — Les agriculteurs doivent tenir en vénération cet homme de génie, à cause de ses travaux immortels sur les plantes et sur les animaux. Né en Macédoine, à Stagire, l'an 384 avant Jésus-Christ, il est mort à Chalcis, en Eubée, à l'âge de soixante-deux ans, victime des persécutions de ses contemporains et dans l'exil, mais en laissant des œuvres que l'on consulte et médite toujours avec profit.

ARISTOTÉLIE (*botanique* et *horticulture*). — Genre de plantes de la famille des Tiliacées, dont les fleurs régulières ont un réceptacle ouvert sur les bords duquel s'insère un calice de cinq sépales valvaires dans le bouton. Le fruit est une baie à trois ou quatre loges, contenant un nombre variable de graines qui, sous leurs téguments, renferment un albumen charnu et épais. Ce sont des arbustes du Chili, de la Nouvelle-Zélande et de la Tasmanie, parmi lesquels l'*Aristotelia Macqui* a été

Fig. 434. — Port de l'aristotélie.

introduit en Europe. Ses feuilles sont opposées ou subopposées (fig. 434); ses fruits sont acidulés et rafraîchissants; son écorce est astringente et noircit le fer; ses feuilles contiennent aussi beaucoup de tannin. Toute la plante sert à teindre en noir; elle est fébrifuge et passe pour être excellente dans les cas de fièvre de mauvaise nature.

ARITHMÉTIQUE (*enseignement agricole*). — L'arithmétique est la science des nombres, et est constituée par l'ensemble des règles au moyen desquelles on acquiert l'art de compter exactement. Quelques auteurs ont donné à des traités d'arithmétique le nom d'arithmétique agricole. Il n'y a pas d'arithmétique agricole, mais on peut choisir, pour exemples des calculs ou des comptes à effectuer, les applications à l'agriculture. Il est désirable qu'il en soit surtout ainsi dans les écoles primaires des campagnes; il faut souhaiter également que, dans l'enseignement général secondaire, au lieu de ne considérer que les problèmes arithmétiques dont le commerce, les arts, l'industrie, réclament la solution, on introduise les problèmes agricoles relatifs aux rendements des récoltes, à l'élevage et à l'entretien ou à l'engraissement du bétail, aux constructions rurales, au règlement des comptes entre les directeurs des exploitations et leurs employés ou ouvriers, aux revenus que peuvent donner les diverses natures de propriétés rurales. Cette direction imprimée à l'enseignement de l'arithmétique rendrait de très grands services à la cause du progrès de l'agriculture.

ARKOSE (*géologie*). — Roches formées aux dépens des roches primitives désagrégées, dont les diverses parties ont été consécutivement agglutinées ou consolidées par un ciment siliceux. Les arkoses ont ainsi une composition très complexe et variable. Les unes sont friables, les autres granitoïdes et résistantes, au point de pouvoir être exploitées pour faire des meules de moulin ou pour construire des cheminées de hauts-fourneaux. On en trouve principalement en Auvergne à Avallon (dans l'Yonne), à Pontivy (dans le Morbihan), dans les départements de l'Allier, de la Nièvre, de la Côte-d'Or, de Saône-et-Loire, de la Dordogne.

ARLEQUIN (*zoologie*). — Nom donné à plusieurs animaux dont le corps présente des couleurs disparates. — Ainsi un oiseau (*Trochilus multicolor*) est le *colibri Arlequin*. — Trois insectes également ont la même désignation : l'*Arlequin doré* est le nom donné à la chrysomèle céréale (*Chrysomela cerealis*), insecte coléoptère tétramère; — l'*Arlequin velu* est la cétoine velue (*Cetonia hirta*), insecte coléoptère pentamère; — l'*Arlequin de Cayenne* est l'acrocine longimane (*Cerambyx longimanus*), insecte coléoptère de la tribu des Lamiaires. — Parmi les Crustacés, l'arlequin est la porcelaine dite *Cypræa histrio*, et la fausse arlequine, la porcelaine dite *Cypræa arabica*, de l'ordre des Décapodes (voy. ANIMAL (*Regne*), p. 447 à 449.)

ARLÉSIEN (MOUTON) (*zootechnie*). — Les moutons arlésiens forment la plus grande partie des grands troupeaux qui sont élevés dans la plaine caillouteuse de la Crau et dans la Camargue, en Provence. Cette variété a été constituée par les anciennes races du pays, améliorées par la race mérinos. Les moutons arlésiens sont rustiques. Les troupeaux sont envoyés, pendant l'été, sur les montagnes des Alpes, et reviennent passer l'hiver et le printemps dans la plaine.

ARMADILLE (*zoologie*). — Crustacé isopode (*Oniscus armadilla*), abondant en Italie et qui constitue les cloportes du commerce. Il a le corps poli, brillant, convexe, présentant à la portion postérieure des appendices à peine distincts; il se roule en boule quand on le touche.

ARMAGNAC (*géographie agricole*). — Partie de l'ancienne Gascogne comprise aujourd'hui dans les départements du Gers, des Landes et de Lot-et-Garonne, et dont le nom est conservé dans le commerce agricole, parce qu'on l'applique à un de ses principaux produits, une eau-de-vie très estimée, prenant rang après les premiers cognacs. Le commerce a établi les trois divisions territoriales suivantes, qui sont placées dans l'ordre donné aux crus : le *bas Armagnac*, limité à l'est par la chaîne des coteaux qui sépare le bassin de l'Adour de celui de la Garonne; il comprend les eaux-de-vie des communes de Cazaubon, Honga, Castex et Estang, dans le Gers; et de Labastide-d'Armagnac, Créon, Lapange et Portebosq; 2° la *Ténarèze*, comprenant le canton d'Eauze et la partie ouest du canton de Montréal, dans le département du Gers, ainsi que la partie du département de Lot-et-Garonne qui s'étend de Sos aux confins du Gers; 3° le *haut Armagnac*, commençant à la partie est du canton de Montréal, et comprenant les cantons de Condom, Valence, Vic-Fezenzac, Jégun et partie de celui de Montesquiou. — Les vignes de l'Armagnac ont été ravagées par le phylloxera. La production des eaux-de-vie, qui s'élevait, en année moyenne, à 120000 hectolitres, à 50 ou 52 degrés centésimaux, est tombée, par suite du fléau, à un chiffre insignifiant. C'est une richesse considérable anéantie à recréer en entier.

ARMAILLADE (*pêche*). — Voy. AMAIRADE.

ARMAND (*art vétérinaire*). — Remède propre à rendre à un cheval malade l'appétit et les forces. Sorte de bouillie composée de pain, de verjus, de miel rosat, de vinaigre, de sel, de cannelle en poudre, de clou de girofle, de muscade, de cassonade.

ARMARINTE (*botanique*). — Nom vulgairement donné au cachrys, plante de la famille des Ombellifères.

ARMATURES (*architecture rurale*). — Pour consolider les maçonneries ou les charpentes, on doit souvent avoir recours à des pièces de bois ou de fer qui reçoivent le nom d'armatures. Les principales armatures, pour les murailles, sont des pièces de fer auxquelles on donne la forme d'S ou celle d'X, et qu'on place à l'extrémité des poutres afin d'empêcher l'écartement des murs. On emploie des armatures en bois pour augmenter la puissance de résistance des poutres ou poutrelles à longue portée; ce sont des pièces de bois que l'on assemble sur les parties qu'on estime devoir être trop faibles pour supporter les pressions auxquelles elles seront soumises. Dans un grand nombre de bâtiments ruraux, on emploie des armatures pour les charpentes des toitures et des greniers chargés de récoltes.

ARME. — On nomme ainsi tout instrument de défense ou d'attaque dont l'homme, les animaux ou les plantes peuvent être munis. — Les agriculteurs, pour porter des armes blanches ou des armes à feu, doivent se conformer aux règlements d'administration publique qui défendent de porter sur soi les armes prohibées (poignards, stylets, couteaux-poignards, cannes à épées, pistolets de poche, etc.), à moins d'une autorisation spéciale du maire de sa commune, pour cause de défense personnelle, ou bien aux règlements relatifs aux armes de chasse.

ARMÉ. — Se dit de tout animal ou végétal pourvu d'aiguillons ou d'épines. — On se sert de préférence de végétaux armés, tels que le robinier, les ronces, l'aubépine, pour former des clôtures susceptibles d'être un obstacle contre les animaux errants ou les maraudeurs.

ARMENIACA (*arboriculture*). — Voy. ABRICOTIER, p. 38.

ARMÉNIE (*géographie agricole*). — Depuis le quatorzième siècle, l'Arménie n'a plus d'existence politique; elle a été partagée entre trois puissances : la Turquie, qui en a la plus grande part ; la Russie, à laquelle est échue la province d'Erivan, et la Perse, qui a eu l'Aderbaïdzan occidental ou ancienne Atropatène. Elle conserve un caractère agricole qui mérite qu'on la signale. C'est une région élevée, qui forme la partie occidentale du plateau de l'Iran, et qui présente plusieurs chaînes de montagnes, parmi lesquelles le mont Ararat, le mont Giaour, les monts Médiques ou Zagros, les monts Alleghen, etc., avec des sommets de 3000 à 4200 mètres. De magnifiques fleuves, le Tchorock, le Cyrus ou Kour, l'Araxe, l'Euphrate, donnent à l'Arménie une grande humidité, en même temps qu'il règne dans les vallées une très haute température. Les villes de Trébizonde, Erzeroum, rivan, Urumiah, sont justement célèbres. La flore de l'Arménie fournit une espèce remarquable de rhubarbe ou glycyrrhiza, dont les racines sont très grosses, et des pavots utilisés pour l'alimentation. Sa faune se distingue par un grand nombre d'oiseaux, beaucoup de cigognes et de cailles, ainsi que par divers quadrupèdes, la marmotte, le castor, le blaireau, le renard, les ours, le loup et le loup-cervier, le chamois, et par le mouton d'Erzeroum, dont la queue charnue est énorme et pèse parfois plusieurs kilogrammes.

ARMENTAIRE, ARMENTEUX (*économie du bétail*). — Qui se rapporte au gros bétail, ou bien renferme des troupeaux nombreux; on dit une contrée armenteuse.

ARMER UN ARBRE. — C'est, en terme forestier ou en arboriculture, entourer un arbre d'épines par le pied, afin d'empêcher les animaux de s'y frotter et d'en endommager l'écorce; c'est le protéger par une armure.

ARMER (S') (*équitation*). — On dit, en terme d'équitation, qu'un cheval *s'arme*, quand il cherche à se soustraire au mors, à la bride ou à toute autre action exercée par le cavalier. On empêche un cheval de s'armer par la douceur, par la patience et par l'observation de la cause qui le porte à se mettre en défense. Le cheval qui s'arme cherche en général à se soustraire à l'action du mors qui le gêne, en allongeant son encolure, en abaissant ou en relevant la tête, en portant le nez au vent.

ARMERIA (*horticulture*). — L'armeria commune, statice, gazon d'Espagne ou d'Olympe (*Armeria vulgaris*, *Statice armeria*) est une plante vivace, rustique, indigène, de la famille des Plombaginées, très propre à faire des bordures en terrain léger et frais. Elle présente des tiges couvertes de nombreuses feuilles linéaires, formant un gazon agréable sur lequel s'élèvent, de mai à juillet, de nombreuses fleurs capitulées, rouges, roses ou blanches, portées sur de longs pédicules grêles (fig. 435). On la multiplie facilement par éclats. Elle a l'inconvénient d'être un appât pour les vers blancs. Comme l'*Armeria vulgaris* s'élève à plus de 0m,33, on lui préfère communément, pour les bordures, une variété (*Armeria maritima* ou *Statice pubescens*), dont les feuilles sont courtes et dont les tiges ne dépassent pas 0m,15 de hauteur. — L'armeria de Mauritanie ou faux armeria (*Statice pseudo-armeria* est aussi recommandé pour les bordures, pour les massifs et les rocailles ; au-dessus de ses feuiles lancéolées, étalées, s'élèvent des tiges hautes de 0m,40 à 0m,50, terminées par

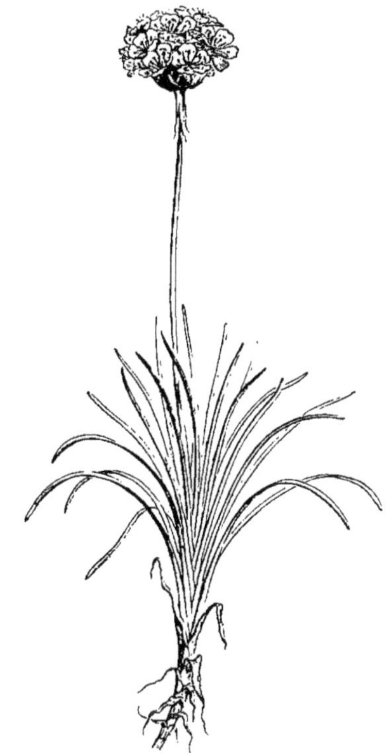

Fig. 435. — Port de l'armeria.

des fleurs du plus beau rose, formant des têtes sept à huit fois plus grosses que celles du gazon d'Olympe. On la multiplie par division des pieds, au printemps, ou par semis sur couche en mars-avril; on repique en mai.

ARMOISE (*horticulture*). — Voy. ABSINTHE, p. 42.

ARMOL (*horticulture*). — Nom vulgaire de l'arroche des jardins.

ARMURE (*arboriculture*). — On appelle armure tout appareil destiné à protéger les arbres contre l'attaque des animaux, la malveillance des hommes, la violence des vents, le choc des instruments aratoires. On emploie dans ce but des épines qu'on maintient par des liens (fig. 436), et souvent par des pieux ou pieds-droits (fig. 437), des cordes de paille, qu'on enroule en spirale autour de la tige (fig. 438) jusqu'à une hauteur au-dessus du sol telle que l'écorce ne puisse plus être endommagée, soit par les animaux, soit par les instruments de labour. Contre la violence des vents, il faut protéger les jeunes arbres, surtout par des tuteurs convenablement enfouis par le bas, ou bien auxquels on donne du pied comme cela est représenté dans la figure 439 ; on ajoute souvent une sorte de corset formé de tringles en bois ou en fer, tel que celui représenté par la figure 440 et qui est usité pour les arbres des promenades de Paris; on voit au pied le système de grilles en fer qui permet l'arrosage et certains travaux de piochage et de drainage, en empêchant en même temps le sol d'être foulé et tassé par les promeneurs.

Fig. 436. — Arbre revêtu d'une armure en épines.

Fig. 437. — Arbre armé par des pieux.

ARNAVAOU. — Nom donné dans le midi de la France au paliure épineux.

ARNÉBIE (*botanique* et *horticulture*). — Genre de plantes de la famille des Borraginées, qui ont la gorge de la corolle nue; les fruits, glabres et lisses, sont composés de quatre achaines ovales, tronqués à leur base, imperforés. Ce sont des herbes qu'on rencontre surtout dans l'Asie Mineure. Quelques espèces (*Arnebia perennis* et *Arnebia tingens*) ont des racines rouges, qui renferment une matière tinctoriale qu'on substitue quelquefois à l'orcanette. L'arnébie échioïde (*Arnebia echioides*), originaire d'Arménie et du Caucase, jouit d'une grande faveur dans les parterres de la Russie, de l'Angleterre et de l'Allemagne; elle se plaît dans les terres franches, mais drainées, et dans les lieux à demi ombragés; elle présente des fleurs assez grandes, d'un beau jaune vif, avec cinq macules cramoisies à l'origine des lobes de la corolle, sur un feuillage d'un vert foncé; la plante est de petite taille et produit beaucoup d'effet; on la multiplie facilement de graines et d'éclats de pied.

ARNEZ (*mécanique agricole*). — Nom donné à l'araire dans les environs de Toulouse.

ARNI (*zoologie*). — Bovidé d'Asie à cornes en croissant.

ARNICA ou **ARNIQUE** (*botanique*). — Genre de plantes appartenant à la famille des Composées, tribu des Sénécionidées. Ce sont des herbes vivaces, à tiges dressées, ordinairement simples ou peu ramifiées supérieurement, à feuilles souvent ramassées à la base des tiges et opposées, entières ou dentées. Les fleurs et capitules sont femelles à la circonférence et ligulés, hermaphrodites et tubuleux au centre. On en connaît une dizaine d'espèces, appartenant aux régions montagneuses ou froides et tempérées de l'hémisphère boréal, en Europe, en Asie, et en Amérique. La plus importante est l'arnique des montagnes (*Arnica montana, doronicum, oppositifolium, cineraria, cernua*), appelée aussi bétoine des montagnes et des Vosges, doronic d'Allemagne, panacée des chutes, plantain des Alpes et des Vosges, pulmonaire de montagne, tabac des Savoyards, des Vosges, des montagnes, quinquina des pauvres, etc. « Elle croît, dit M. Baillon, dans les régions montueuses de l'Europe. En France, on la rencontre dans les prairies des hautes montagnes, où elle recherche les terrains siliceux et granitiques, ou même dans les plaines des parties plus septentrionales, telles que le Loiret, la Sologne, etc. C'est avec ses capitules, dont les fleurs odorantes sont d'un beau jaune, qu'on prépare les médicaments à base d'*arnica*, et notamment la teinture (voy. ALCOOLIQUE. p. 252), qui est un vulnéraire des plus populaires. Leur infusion est tonique et stimulante ; à haute dose, elle produirait, a-t-on dit, mais peut-être à tort, des effets analogues à ceux de la noix vomique, ce qui la rendrait utile dans les fièvres à forme adynamique. »

Fig. 438. — Arbre entouré d'une armure en paille tressée.

ARNICINE (*chimie agricole*). — Alcaloïde qui paraît être la substance active des teintures d'arnica, et qu'on extrait des fleurs de l'*Arnica montana* par les procédés habituellement employés pour obtenir les alcaloïdes d'origine végétale.

ARNOGLOSSE (*ichthyologie*). — Poisson du genre Pleuronecte, assez commun dans la Méditerranée, à Nice et à Cette notamment, mais de petite taille et rejeté souvent par les pêcheurs avec le fretin ou poisson de rebut.

ARNOGLOSSE (*botanique*). — Nom grec du plantain.

ARNOISON (*viticulture*). — Nom donné dans Indre-et-Loire au pineau blanc Chardonay.

Fig. 439. — Arbre armé par des tuteurs inclinés.

AROBA (*métrologie*). — Mesure de capacité pour les liquides en usage en Espagne et en Portugal, et dont la contenance varie de 10 à 16 litres selon la localité.

AROÏDÉES (*botanique* et *horticulture*). — Famille de plantes monocotylédones, pour la plupart herbacées et vivaces par leurs rhizomes ou leurs racines tuberculeuses, qui, dans quelques espèces, prennent un grand développement et se remplissent de fécule. Les feuilles sont le plus souvent élargies, ovales ou triangulaires, et remarquables par leurs nervures et par leurs dimensions. Les inflorescences consistent en épis plus ou moins allongés, présentant les fleurs femelles à la partie inférieure et les fleurs mâles à la partie supérieure. De la base de l'épi, qui a reçu le nom de spadice, s'élève une grande bractée sessile ou spathe, ordinairement colorée, qui enveloppe l'inflorescence et s'ouvre en forme de cornet au moment de la floraison. Le fruit est une baie contenant une ou plusieurs graines dont le périsperme est farineux. Ces plantes appartiennent principalement à la zone torride, mais quelques espèces sont propres à l'Europe. Quelques-unes sont cultivées sur une grande échelle pour l'extraction de la fécule de leurs rhizomes ou tubercules. Un grand nombre sont des plantes d'ornement, recherchées pour les jardins; telles sont les suivantes: *Acore* (voy. p. 65), *Amorphophallus* (voy. p. 535), *Anthurium* (voy. p. 488), *Arum*, *Caladium*, *Calla*,

Fig. 440. — Armure en fer pour les arbres d'avenues.

Colocasia, *Dieffenbachia*, *Orontium*, *Pistia*, *Pothus*, *Richardia*, *Scindapsus*, *Tornelia*.

AROMADENDRON (*botanique*). — L'*Aromadendron elegans* est un arbre du genre des Magnolias, qui jouit à Java d'une grande réputation, comme fournissant, par ses feuilles prises en décoction, un médicament stomachique, tonique et stimulant.

AROMATE (*chimie agricole*). — Toute substance qui dégage une odeur agréable est un aromate. En général, les aromates sont extraits des diverses parties des végétaux, des semences, des racines, de l'écorce, du bois, des feuilles, des fleurs, des fruits.

Les aromates sont employés, soit dans la parfumerie, soit dans l'art culinaire, soit enfin en médecine. Les pays chauds donnent les plantes qui fournissent les aromates les plus énergiques. — Les aromates retirés du règne animal sont: l'ambre gris (voy. p. 337), le castoréum, la civette, le musc. — Les principaux aromates végétaux sont: les baumes, la muscade, la cannelle, le storax, l'encens, le genièvre, la girofle, le poivre, l'anis (voy. 474), le genièvre, le gingembre, l'iris de Florence, la sauge, le romarin, la lavande, la mélisse ou citronnelle, la marjolaine, la menthe, le serpolet, le thym, la badiane, la vanille, le santal, l'aloès, le galenga, le bois de Rhodes, la cascarille. — Il conviendra d'ailleurs de consulter les paragraphes consacrés aux plantes alimentaires (voy. p. 231 à 238) employées principalement comme assaisonnement ou pour condiment dans la cuisine.

AROMATIQUE. — Cette qualification s'applique à ce qui est de la nature des aromates, présente une odeur forte et agréable.

— En *chimie*, on donne le nom de *composés aromatiques* à l'ensemble des corps extrêmement nombreux qui peuvent être produits, soit directement, soit indirectement, au moyen de la benzine, et qui peuvent régénérer cet hydrocarbure en vertu de réactions simples et régulières. Ces composés constituent la *série aromatique*, à laquelle il suffit de dire ici qu'appartiennent des corps importants pour certains usages agricoles, tels que le phénol, le thymol, l'acide salicylique, l'acide benzoïque, etc.

— En *agriculture*, un rôle considérable est joué par les *plantes aromatiques;* ce sont elles qui donnent aux fourrages l'odeur appétissante qui les fait rechercher par le bétail et les qualités toniques qui font que les rations alimentaires sont utilement consommées en vue de la production pour laquelle elles sont administrées: travail, viande, lait. Lorsque les foins ne sont pas suffisamment aromatiques, les bêtes les mangent souvent avec dégoût et n'en profitent pas; aussi cherche-t-on à exciter l'appétit des animaux domestiques par l'emploi de quelques farineux aromatisés par des plantes odorantes. Presque toutes ces plantes appartiennent aux familles des Labiées, des Ombellifères, des Composées et des Crucifères. On vend un grand nombre de mélanges aromatiques, principalement en Angleterre, pour améliorer la nourriture du bétail. Les agriculteurs peuvent facilement les préparer eux-mêmes.

— En *médecine*, et par suite en pharmacie, les aromatiques se divisent en plusieurs sections, d'après M. Fonssagrives, ainsi qu'il suit: 1° les aromatiques *éléopténiques*, dont le principe est une huile essentielle, et qui sont journellement employés comme antispasmodiques, nervins et vermifuges; telles sont les essences de thym, de lavande, de cajeput, de néroli, de marrube, d'anis, de fenouil, de citron; — 2° les aromatiques *camphrés*, dont le camphre, extrait du *Laurus camphora*, est le type, et qui comprennent les Labiées et les Chénopodées à camphre; — 3° les aromatiques *amers*, qui comprennent l'absinthe, la camomille, l'aurone femelle, la tanaisie; — 4° les aromatiques *musqués*, comprenant la civette, l'ambre, la muscatelline, la mauve musquée, le *Mimulus moschatus*, les graines d'ambrette (*Hibiscus abelmoschus*), l'ambroisie ou thé du Mexique (*Chenopodium ambrosioides*); — 5° les aromatiques *résineux* ou *cinnamiques*, parmi lesquels se rangent le benjoin, la myrrhe, l'encens ou oliban, le styrax, le baume du Pérou et le baume de Tolu; — 6° les aromatiques *pyrogénés*, comprenant tous ceux qui sont produits par la distillation sèche, tels que les goudrons, la créosote, l'eupione, la naphtaline, la benzine, le coaltar, les huiles empyreumatiques, telles que l'huile animale de Dippel, l'huile empyreumatique de succin, le pétrole, la benzine. — On attribue en général aux substances aromatiques la propriété de constituer des désinfectants, des antiputrides, des antiseptiques, et il est, en effet, exact que ces substances éloignent les parasites et détruisent les germes des êtres infiniment petits qui amènent la putréfaction, la décomposition des organismes que la vie a abandonnés.

Parmi les médicaments aromatiques, il faut signaler : 1° les *espèces aromatiques*, que l'on compose en prenant parties égales de feuilles de sauge, de thym, de serpolet, d'hysope, d'origan, d'absinthe et de menthe. On emploie ce mélange sous forme d'infusion dans l'eau. — 2° Les *bains aromatiques*. On prend 1000 grammes des espèces aromatiques, et on les fait infuser dans 12 litres d'eau bouillante. On passe, on exprime et on ajoute à l'eau du bain. — 3° Les *lotions aromatiques* s'effectuent au moyen d'une solution alcoolique de quelques gouttes d'essences de menthe, de lavande et de romarin dans de l'alcool à 32 degrés; on ajoute 50 grammes de cette solution alcoolique dans 5 litres d'une infusion de thym. — 4° Pour faire le *vin aromatique*, on met dans un litre de vin rouge 125 grammes du mélange des espèces aromatiques, et on laisse macérer durant huit jours, on passe et on exprime, puis on filtre; dans la liqueur, on ajoute 60 grammes d'alcoolat vulnéraire (voy. ce mot, p. 185).

AROME. — On donne ce nom à tout principe odorant agréable qui se dégage des matières d'origine organique, par exemple, des fleurs, du café, du thé. Les aromes peuvent être fixés par les graisses, par les huiles, par l'alcool, par l'eau ; c'est la volatilité directe des principes odorants qui explique la sensation qu'ils font éprouver à l'odorat sans qu'il y ait visibilité préalable; mais il est parfois nécessaire qu'un véhicule les transporte sur le nerf olfactif; tel est, par exemple, le rôle que joue l'ammoniaque pour le tabac. Il arrive aussi que les aromes ne se développent que par le dédoublement de principes inodores en composés odorants. Les aromes sont, le plus souvent, très complexes, parfois fugitifs, et c'est un des problèmes les plus difficiles que l'agriculteur ait à résoudre, que de placer ses cultures dans des conditions telles que les aromes des récoltes aient le développement qui fait que ces récoltes soient davantage recherchées.

ARONDE (*architecture rurale*). — Vieux nom de l'hirondelle, qui n'est guère usité que dans la locution assemblage à queue d'aronde, pour désigner une pièce de bois taillée par un bout en forme de queue d'hirondelle, de manière à être assemblée avec une autre pièce de bois présentant une entaille de forme correspondante. Les deux pièces de bois sont ainsi solidement unies l'une à l'autre.

ARONDE (*zoologie*). — Genre de Mollusques de la classe des Acéphales (voy. ANIMAL (*Règne*), p. 447), qu'on nomme aussi des avicules, et dont la coquille a une certaine ressemblance avec la queue des hirondelles. L'espèce la plus célèbre est l'aronde aux perles (*Mytilus margaritiferus*) qui, dans son intérieur, renferme les perles d'Orient, et dont la coquille est aussi revêtue en dedans de la nacre employée pour faire toutes sortes de bijoux.

ARONDE, ARONDELLE, ARONDEAU, ARONDELET (*zoologie*). — Noms donnés à l'hirondelle dans quelques provinces du Nord.

ARONDELLE DE MER (*ichthyologie*). — Poisson volant, habitant la Méditerranée, nommé aussi le Dactyloptère volant, ayant cette merveilleuse organisation de pouvoir, à sa volonté, nager au sein des eaux ou prendre son essor dans les airs, à cause des longues ailes dont il est muni en même temps que de nageoires.

ARONIA (*arboriculture*). — Voy. AMELANCHIER, p. 338.

ARONISSE. — Nom du chêne kermès aux environs de Montpellier.

ARPENT (*métrologie*). — Nom de la mesure agraire autrefois employée dans une grande partie de la France pour évaluer les surfaces des champs. Cette mesure n'était pas la même dans des contrées même très voisines, de telle sorte qu'il en résultait de grandes difficultés et des confusions fâcheuses dans les transactions auxquelles la vente ou le partage des terres pouvaient donner lieu.

L'arpent de Paris était un carré de 10 perches de côté, la perche linéaire parisienne ayant 18 pieds ou 3 toises de longueur. Il en résultait que l'arpent de Paris contenait 100 perches carrées, ou bien 32 400 pieds carrés, ou bien 900 toises carrées.

L'arpent dit des eaux et forêts, ou d'ordonnance, était un carré de 10 perches de côté, chaque perche ayant une longueur de 22 pieds. Il en résultait que l'arpent d'ordonnance contenait 100 perches carrées des eaux et forêts, ou bien 48 400 pieds carrés.

Dans d'autres lieux, on avait l'arpent commun, composé de 100 perches carrées, la perche linéaire étant de 20 pieds ; l'arpent commun mesurait donc 40000 pieds. Tel était, par exemple, l'arpent de Montargis, celui de la Brie ou de la Beauce. — L'arpent d'Auvergne mesurait 67 600 pieds carrés.

Voici une table de correspondance des arpents les plus connus avec le système métrique, c'est-à-dire avec l'are :

	ares
Arpent de France ou des eaux et forêts...	51,07
Arpent de Paris..........................	34,19
Arpent commun..........................	42,21
Arpent d'Auvergne........................	71,33
Arpent de Resigny (Aisne).............	4,31
Arpent de Chatellerault (Vienne)........	69,95

Sous le même nom, on désignait donc une unité agraire qui pouvait varier de 1 à 17.

ARPENTAGE. — C'est l'art de mesurer la contenance d'un champ, ou, d'après l'ancien langage, de déterminer combien ce champ renferme d'arpents. Pendant longtemps, on s'est borné à faire sur le terrain les opérations strictement nécessaires pour résoudre le problème, sans s'occuper de conserver aucune trace de ces opérations, sans tenir compte des inégalités du terrain, et en supposant que tout est réduit à un plan horizontal. On a senti plus tard le besoin d'avoir la figure exacte des champs mesurés, ce qui a conduit à faire le lever des plans et à en distinguer les diverses parties par des teintes conventionnelles. Enfin, l'importance de connaître l'inclinaison des diverses terres, leur exposition et toutes les sinuosités des terrains, a été appréciée, et l'on a exécuté des nivellements plus ou moins minutieux.

A l'arpentage élémentaire proprement dit ont été ainsi joints le lever et le lavis des plans, ainsi que le nivellement, pour constituer les traités complets d'arpentage, où l'on décrit en conséquence tous les procédés, tous les instruments propres à résoudre un grand nombre de questions plus ou moins complexes et délicates, dont quelques-unes touchent même à la géodésie, c'est-à-dire à la mesure de la terre. C'est dans cette catégorie de procédés et d'instruments perfectionnés que doit être rangé l'agromètre décrit dans ce dictionnaire (voy. p. 126); il faut d'ailleurs, pour résoudre quelques-uns des problèmes de l'arpentage ainsi compris, avoir recours à la trigonométrie ou à d'autres branches des mathématiques.

Dans l'arpentage proprement dit, il n'est besoin que de quelques principes de la géométrie la plus élémentaire et d'instruments d'une extrême simplicité. Tout cultivateur doit pouvoir faire l'arpentage de ses champs, pour régler convenablement l'ordre de ses cultures et se rendre bien compte de l'étendue de chaque pièce de terre consacrée aux diverses récoltes.

Tout champ, quelque compliquée qu'en soit la forme, peut toujours être divisé, pour les opérations d'arpentage, en triangles, en rectangles ou en trapèzes, et il suffit de savoir mesurer des longueurs de lignes droites et de mener des perpendiculaires, pour arriver à connaître l'étendue des champs ayant les formes les plus irrégulières, ce qui est rare.

Pour la surface d'un triangle (fig. 441), il faut uniquement savoir qu'on l'obtient en prenant la

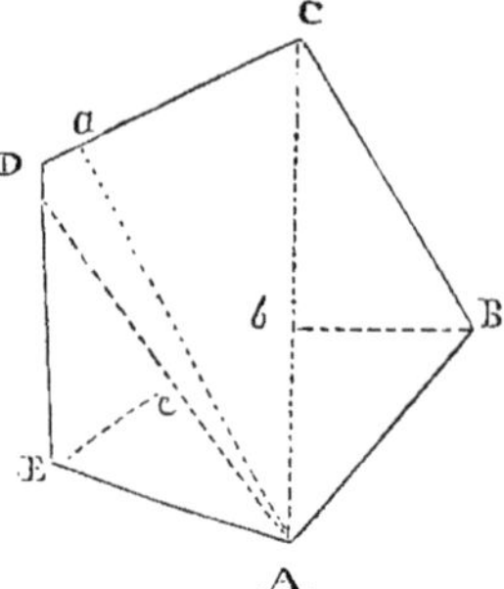

Fig. 441. — Mesure d'une surface décomposée en triangles.

moitié du produit de la base par la hauteur. Ainsi le polygone ABCDE peut être décomposé en trois triangles, ABC, ACD, AED. La surface du triangle ABC sera obtenue en multipliant la base AC par la hauteur Bb, et en divisant le produit par 2. En additionnant ensemble les surfaces des triangles, on a la surface totale. Si quelque obstacle s'oppose à ce que l'on puisse mesurer la hauteur, on obtient la surface au moyen de la mesure des longueurs des trois côtés et en employant la formule

$$S = \sqrt{p(p-a)(p-b)(p-c)},$$

dans laquelle S est la surface cherchée, et p la demi-somme des trois côtés du triangle ayant pour longueurs respectives a, b et c.

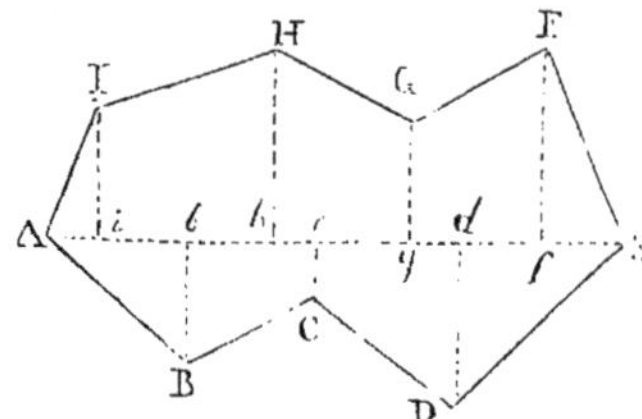

Fig. 442. — Arpentage d'un champ en triangles et trapèzes.

Au lieu de faire la décomposition d'un champ en triangles, on peut opérer en traçant sur le terrain une ligne qui le divise en deux parties, et en abaissant sur cette direction des perpendiculaires de tous les sommets des angles. Soit le champ ABCDEFGHI (fig. 442), on trace la ligne AE, et on abaisse les perpendiculaires Ii, Bb, Hh, Cc, Gg, Dd, Ff. On a alors décomposé le champ en triangles et en trapèzes ; les mesures des bases et des hauteurs suffisent pour avoir les surfaces ; il faut seulement se rappeler ici que la surface d'un trapèze est donnée par le produit de sa hauteur par la moitié de la somme de ses deux bases parallèles.

Dans le cas où le pourtour polygonal du champ serait formé de lignes courbes au lieu de lignes droites, on pourrait toujours décomposer les lignes courbes en parties assez petites pour les assimiler sans erreur sensible à des droites devenant les côtés de trapèzes suffisamment multipliés. C'est ainsi que dans le champ ABCD (fig. 443), la ligne courbe BC est divisée en petits segments par six perpendiculaires abaissées sur la ligne CD. La somme de

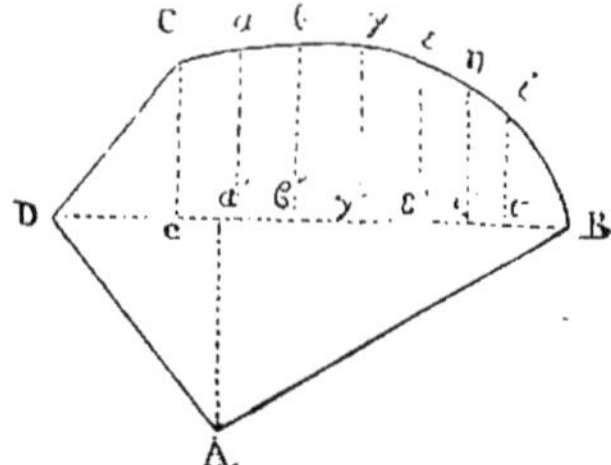

Fig. 443. — Arpentage d'un champ limité par des lignes courbes.

toutes les surfaces partielles donnera la surface totale cherchée.

Le cas le plus difficile sera celui où l'on ne pourra pas pénétrer dans l'intérieur de la surface

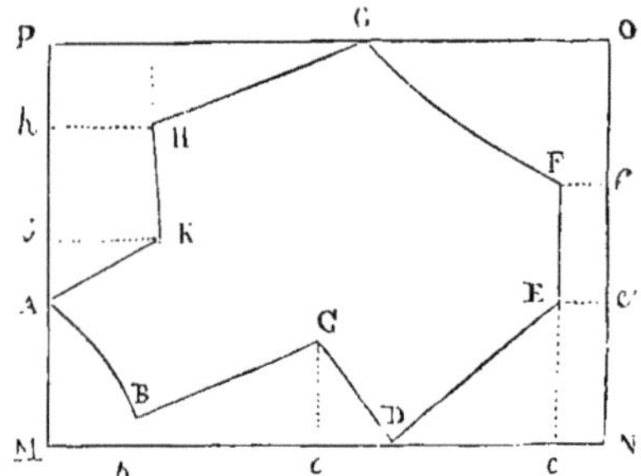

Fig. 444. — Arpentage d'un champ inaccessible.

à arpenter, laquelle sera, par exemple, couverte d'arbres ou d'eau, comme le polygone ABCDEFGHK (fig. 444). Alors on résoudra le problème de son arpentage, en la circonscrivant par un rectangle

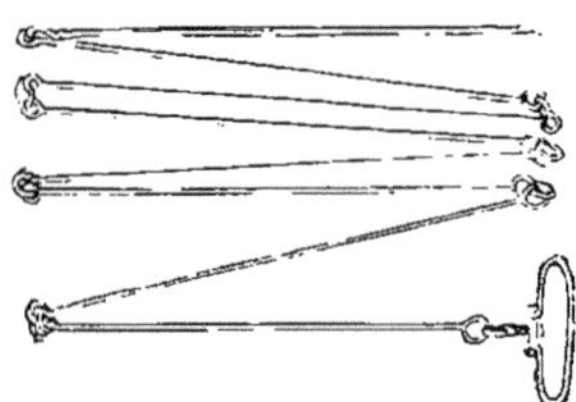

Fig. 445. — Chaîne d'arpenteur.

MNOP ; le produit des longueurs des deux côtés de ce rectangle donnera une surface totale dont on retranchera la somme des surfaces des triangles, des rectangles ou des trapèzes du pourtour formés en abaissant les perpendiculaires Bb, Cc, Ee

Eé, Ff, Hh, Jj, de chacun des sommets sur les côtés du rectangle.

Dans toutes les circonstances qui viennent d'être décrites, et qui sont les seules que l'on rencontre en agriculture, il suffit d'employer la chaîne métrique, des fiches en fer, des jalons et l'équerre d'arpenteur.

La *chaîne d'arpenteur* la plus ordinaire a 10 mètres de longueur, et elle est formée (fig. 445) de

Fig. 446. Fiche pour l'arpentage.

50 chaînons de gros fil de fer de 3 millimètres 1/2 de diamètre, s'accrochant par leurs extrémités à de petits anneaux du même fil de fer, remplacés de mètre en mètre par des anneaux en cuivre. Les anneaux ont leurs centres distants de 0m,20, de telle sorte qu'il y a 5 chaînons par mètre. Le milieu de la chaîne décamétrique est indiqué, soit par un anneau en cuivre plus gros, soit par une petite fiche. Deux poignées, dont la longueur est prise sur les derniers chaînons, terminent la chaîne et servent à la transporter et à la manœuvrer. Comme l'instrument ne peut être tendu horizontalement, à cause de son poids, on lui donne une longueur de 5 à 10 millimètres en plus des 10 mètres. On doit la vérifier de temps en temps, soit au moyen d'un ruban décamétrique qui sert d'étalon, soit au moyen d'une longueur de 10 mètres, tracée une fois pour toutes sur une muraille. On ramène la chaîne à la longueur voulue en rendant les anneaux plus ou moins allongés, et en ayant soin de bien redresser les chaînons qui peuvent être courbés dans le service. Dans le cadastre, on accorde une tolérance de 2 centi-

Fig. 447. — Jalon d'arpentage.

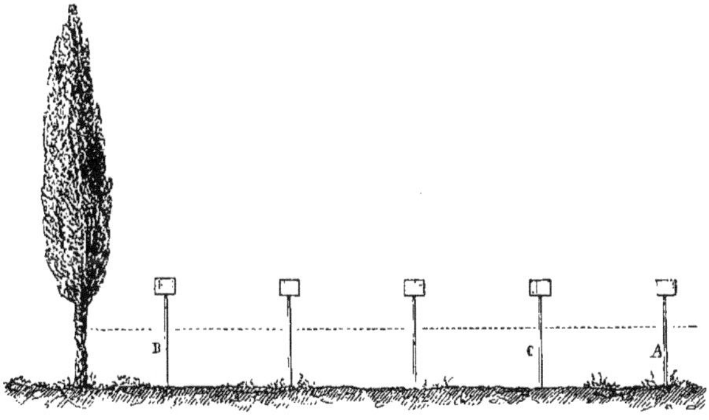

Fig. 448. — Mesure d'une ligne droite.

mètres sur les 10 mètres de la chaîne.

Les *fiches* (fig. 446) accompagnent la chaîne par paquets de dix; elles sont formées de tiges en gros fil de fer, terminées en pointe à l'extrémité qui doit pénétrer dans la terre, et courbées en anneau ou boucle pour servir de poignée à l'autre extrémité. Elles servent à marquer les points d'arrivée de la chaîne, lorsque celle-ci doit être portée plusieurs fois sur la ligne à mesurer. Il est bon de les munir d'un petit ruban rouge pour les rendre plus visibles dans les champs cultivés. Elles ont une longueur de 0m,30. Pour mesurer une distance sur un terrain incliné, il faut tenir la chaîne horizontalement, sans s'inquiéter de l'inclinaison; lorsqu'on mesure une longueur dans une descente rapide, le porte-chaîne doit tendre le décamètre horizontalement et laisser échapper de la main qui tient l'anneau une fiche qui s'enfonce verticalement dans le sol.

Le mesurage s'effectue par deux hommes : le chaîneur, qui a la responsabilité de l'opération, et le porte-fiches. Celui-ci doit toujours déplacer son corps en dehors de l'alignement, afin que le chaîneur puisse plus facilement apercevoir les jalons et diriger la mise en place des fiches ; le porte-fiches, qui doit planter les fiches, a la main gauche sur la ligne à mesurer. On doit observer que la poignée d'avant, étant placée extérieurement à la fiche, tandis que celle d'arrière est placée intérieurement, il en résulte qu'on fait une erreur égale au diamètre de la fiche, plus au double de l'épaisseur du fil de la poignée; cette erreur en moins est compensée par la longueur supplémentaire de 5 à 10 millimètres de la chaîne. Lorsque 10 fiches ont été posées, on a mesuré une portée; le porte-fiches doit alors les reprendre des mains du chaîneur, qui a soin de tenir compte du nombre des portées, des chaînées et des portions de chaînées que l'on a trouvées.

Les *jalons* (fig. 447) sont des morceaux de bois ferrés à l'extrémité qui doivent être enfoncés en terre, et fendus à l'autre extrémité pour recevoir un morceau de papier. C'est avec les jalons que l'on prend les alignements. Il faut, lorsque les objets dont on veut mesurer la distance sont assez éloignés, placer entre eux un nombre suffisant de jalons pour diriger les chaîneurs. Il faut d'ailleurs avoir soin de se créer un repère au delà du dernier jalon, tel qu'un arbre ou une maison, afin qu'on ne s'écarte jamais de la ligne droite (fig. 448). Pour tracer la ligne droite qui sépare le point A de l'arbre que représente la figure, on vise cet arbre, et on place successivement des jalons B, C, etc., en prenant soin que ces jalons se cachent les uns les autres, lorsque du point A on regarde l'arbre ; si l'un des jalons paraît à droit ou à gauche, il n'est pas dans l'alignement, et on l'y fait rentrer. Pour bien faire un alignement, il faut toujours être accompagné d'un aide.

Outre le mesurage des distances, on trace des perpendiculaires sur le terrain, puisque les longueurs de celles-ci entrent dans le calcul des produits qui fournissent les surfaces. C'est ce que l'on fait au moyen de l'*équerre d'arpenteur*. Celle-ci se compose (fig. 449) d'un prisme droit en cuivre, le plus souvent à base octogonale, ou à huit faces ou pans. Les faces du prisme, parallèles deux à deux, sont percées de fentes que l'on nomme des pinnules, et par lesquelles on fait passer le plan de visée. Les faces portent, de deux en deux, une ouverture plus large appelée fenêtre ou croisée, et qui est divisée en deux parties égales par un fil très fin. Lorsque la fenêtre est à la partie supérieure d'une pinnule, elle est placée à la partie inférieure de la pinnule de la face suivante. Il est évident, d'après cela, que les deux lignes de visée des quatre pinnules dont les fenêtres sont placées de la même manière sont bien perpendiculaires l'une à l'autre On conçoit dès lors facilement l'usage de cet instrument. A l'extrémité inférieure de l'équerre, se trouve une douille destinée à un pied en bois de $1^{m},50$ de hauteur, qui a la forme prismatique et qui est terminé par une pointe en fer destinée à le fixer dans la terre. Ce bâton est divisé dans sa hauteur en décimètres et centimètres, pour qu'on puisse vérifier la chaîne en cas d'accident, ou pour permettre de mesurer des fractions de mètre. Il est muni d'un petit fil à plomb, pour qu'on ait la certitude de lui donner une position verticale. Afin de mettre deux pinnules opposées dans un alignement déjà tracé par des jalons, on fait tourner le bâton, mais non pas l'équerre, dans la douille de laquelle le bâton entre à frottement dur. On a alors, pour les deux pinnules de même nature, la ligne de visée perpendiculaire à la première, et sur laquelle on place des jalons jusqu'au sommet d'où la perpendiculaire doit partir; on a dû promener l'équerre sur la base jusqu'au point convenable pour apercevoir le sommet dont il s'agit. La douille se dévisse, se retourne et se place dans l'intérieur de l'équerre qu'on met dans un étui quand on a fini de s'en servir. Par cet instrument, on peut toujours vérifier si les lignes jalonnées sont bien perpendiculaires.

Fig. 449. — Équerre d'arpenteur.

On voit qu'en résumé l'outillage pour effectuer un arpentage est très simple : une équerre coûte de 4 francs à 6 fr. 50; un pied d'équerre, 2 francs; une chaîne, avec son jeu de fiches, 2 fr. 50 à 4 fr. 50; chaque jalon, 2 francs. On ne saurait trop conseiller aux agriculteurs d'avoir cet outillage dans leur matériel d'exploitation, pour régler leurs ensemencements et leurs plantations.

ARPENTER. — Arpenter un terrain, c'est en mesurer la surface. Pour résoudre ce problème il faut beaucoup marcher en diverses directions ; aussi l'on dit que quelqu'un arpente un domaine, quand il le parcourt en tous sens à grands pas. On peut mesurer une longueur d'une façon approximative en faisant de grands pas auxquels on cherche à donner la valeur du mètre.

ARPENTEUR. — Un arpenteur est celui qui exerce la profession de mesurer les terrains; il faut, en effet, une certaine habitude pour opérer avec exactitude et trouver des résultats qui, dans deux arpentages successifs de la même surface, ne diffèrent que de quantités négligeables. On dit généralement géomètre-arpenteur, parce que, à l'exécution des travaux d'arpentage, les gens du métier joignent ceux du lever des plans et du nivellement, qui sont compliqués et demandent des connaissances plus étendues en géométrie et une pratique plus grande du maniement des instruments de précision.

ARPENTEUSE (*entomologie*). — Nom donné à un sous-genre des Phalènes qui appartient aux insectes Lépidoptères nocturnes (voy. ANIMAL (*Regne*), p. 447). Les arpenteuses, quand elles marchent, se fixent d'abord par les pattes antérieures, et elles élèvent ensuite leur corps en forme de boucle pour rapprocher l'extrémité postérieure de celle qui est fixée; elles répètent ce mouvement comme si elles mesuraient le terrain. Elles ont le corps grêle, la trompe molle et peu allongée, les palpes inférieures petites et presque cylindriques, le thorax uni, les ailes amples et étendues ou en toit aplati. Les chenilles n'ont, le plus souvent, que dix pattes.

ARPULI (*botanique*). — Nom du *Cassia sophera*.

ARQUÉ (*hippiatrique*). — On dit qu'un cheval est arqué lorsque ses membres antérieurs présentent une courbure résultant de ce que les genoux sont portés en avant *accidentellement*. Ce défaut détermine chez le cheval une grande disposition à s'abattre et à se couronner, par suite du défaut d'aplomb qui en est la conséquence (voy. APLOMB, p. 501). Il est dû à l'usure ou à un excès de fatigue.

ARQURE (*arboriculture*). — Voy. ARCURE, p. 51[illegible].

ARRACHAGE (*agriculture*). — Opération consistant à enlever du sol les plantes dont les racines doivent être récoltées ou doivent être emportées parce qu'elles seraient nuisibles ou gênantes si elles restaient dans la terre. L'arrachage est principalement une opération habituelle de grande culture pour les betteraves, les pommes de terre, les navets et les turneps, les carottes, les topinambours, le chanvre, le lin. On fait aussi l'arrachage des souches des arbres qu'on a coupés ; l'arrachage des plantes nuisibles, telles que le chiendent;

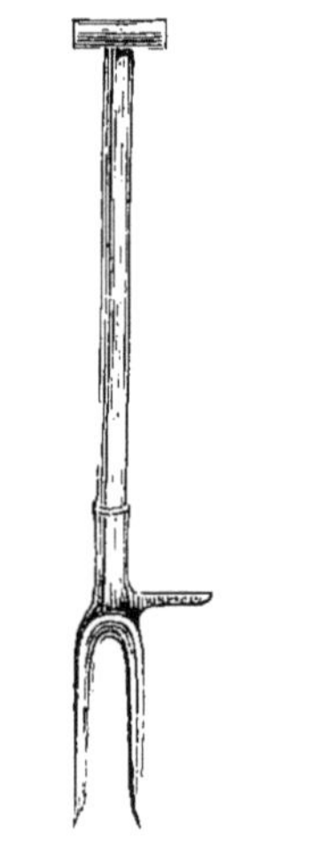

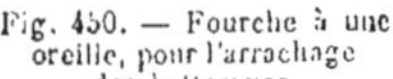

Fig. 450. — Fourche à une oreille, pour l'arrachage des betteraves.

Fig. 451. — Fourche à deux oreilles pour arracher les betteraves.

l'arrachage des vignes, lorsqu'on veut les supprimer ou les remplacer.

Pendant longtemps, l'arrachage s'est pratiqué au moyen des bras de l'homme, aidés de simples outils tels que la bêche, la fourche, la pioche, le pic, et, dans bien des cas, on continue à opérer ainsi. Cependant, des machines spéciales commencent à être usitées, principalement dans la grande culture.

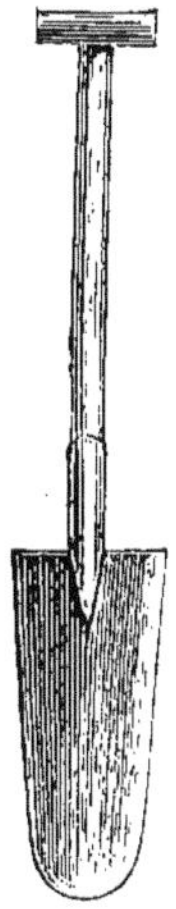

Il fait ensuite levier avec le manche, puis il soulève d'une main la racine entre les deux branches de la fourche, tandis que, de l'autre main, il saisit les feuilles au ras du collet, tire fortement, et, après une secousse pour faire tomber le plus de terre possible, il abandonne la racine pour aller à la suivante, et ainsi de suite. L'objection contre l'emploi de la fourche consiste en ce qu'il arrive parfois que les ouvriers, pour s'aider et opérer plus vite et simplifier l'arrachage en soulevant moins de terre, piquent la betterave avec les pointes. Mais l'usage de la bêche, que prescrivent certains sucriers dans leurs traités

Fig. 452. — Bêche pour l'arrachage des betteraves.

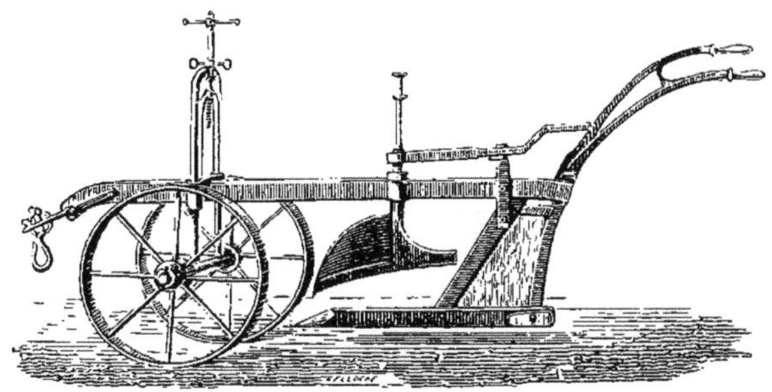

Fig. 454. — Arrachoir de betteraves de Lefebvre-Flamant.

Arrachage des betteraves. — C'est surtout pour l'arrachage des betteraves à sucre qu'il est nécessaire de prendre des précautions, afin de ne pas blesser la racine, ce qui en amène l'altération plus rapide et entraîne une diminution de sa richesse en sucre cristallisable, principalement quand elle est mise dans des silos. Pour cette raison, aussi bien que pour tâcher d'aller plus vite et de rendre l'opération moins coûteuse, on a avec les cultivateurs, n'est pas non plus sans inconvénient, car l'ouvrier coupe souvent avec sa bêche, lorsqu'il l'enfonce trop obliquement, une partie de la racine, et la perte éprouvée est alors plus grande que celle qui résulte de la piqûre par les deux dents de la fourche. Dans les terres très fortes, ou durant les années sèches, on se sert de l'outil spécial représenté par la figure 453, et qui est beaucoup plus lourd que la bêche, puisqu'il pèse environ 2 kilogrammes au lieu de 1150 à 1250 grammes; il porte deux oreilles, de telle sorte qu'on puisse facilement l'enfoncer du pied sans risquer d'ailleurs de le casser, ainsi qu'il arrive pour la bêche ordinaire.

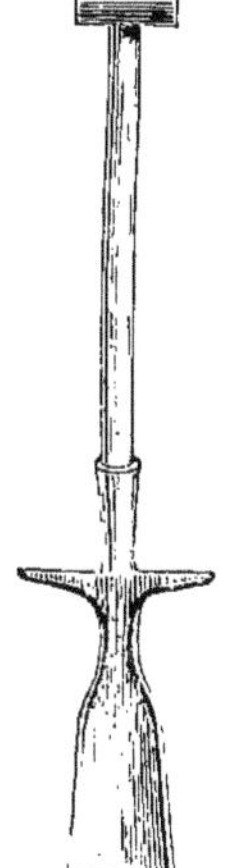

Fig. 453. — Bêche à deux oreilles pour l'arrachage des betteraves.

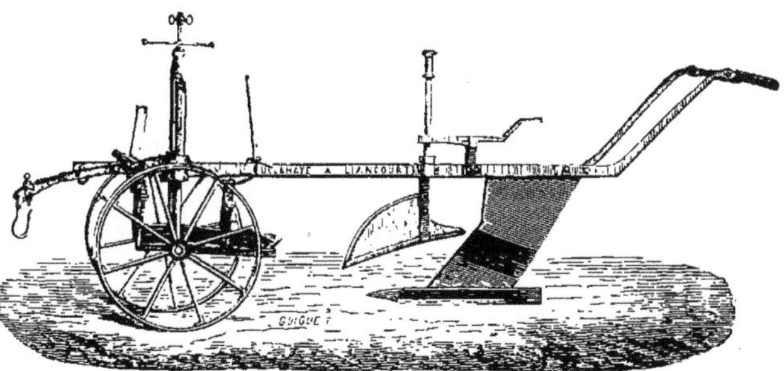

Fig. 455. — Arrachoir de betteraves de Delahaye-Tailleur.

propose des prix pour des instruments perfectionnés qui feraient mieux que l'arrachage à la main. Celui-ci se pratique à l'aide de la fourche (fig. 450 et 451) ou de la bêche (fig. 452). La fourche porte une ou deux oreilles en fer qui permettent à l'ouvrier d'appuyer avec le pied pour enfoncer les deux branches de l'instrument des deux côtés de la betterave pendant qu'il appuie sur le manche.

Dès 1873, nous avons assisté sur la ferme de M. Robert, à Seelowitz, en Moravie, à un concours de machines à arracher les betteraves; douze machines étaient présentées pour se disputer des prix dont la valeur s'élevait jusqu'à 2500 francs, ce qui montre l'importance attachée à l'invention par les grands fabricants de sucre et par les agriculteurs qui cultivent la betterave sur plusieurs centaines d'hectares dans les pays où la main-d'œuvre est rare et chère. On a d'abord commencé par se servir de la charrue sous-sol de Dombasle, montée sur avant-train à cet effet, afin de lui donner plus de stabilité; ce moyen s'applique à l'arrachage de toutes les racines fourragères, carottes, navets,

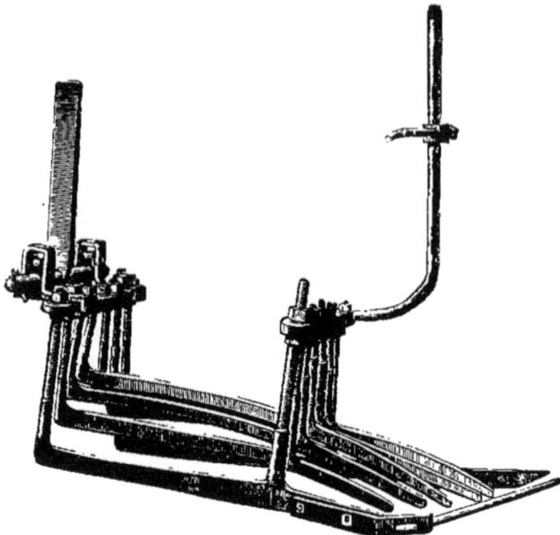

Fig. 456. — Coupe-collets de l'arrachoir de betteraves de Delahaye.

rutabagas, topinambours, parce qu'on peut faire pénétrer l'instrument jusqu'à 35 centimètres de profondeur et passer au-dessous de toutes ces plantes sans raccourcir le pivot d'une manière dommageable. On a ensuite construit une charrue spéciale pour le même objet, et en partie imitée

rave, plus une petite palette dite pulsateur, à la place où est habituellement le coutre de la charrue ; elle est destinée à faire tournoyer la betterave arrachée par le soc, et que l'on maintient, à cet effet, dans un plan faisant un angle convenable avec la tige plantée sur l'age.

M. Delahaye, constructeur à Liancourt (Oise), a repris l'arrachoir de Lefebvre-Flamant pour le perfectionner (fig. 455), en le munissant d'un coupe-collets fixé entre les deux roues de l'avant-train par une tige à demeure, et pouvant se relever ou s'abaisser à l'arrière par une tige mobile que l'on arrête par un crochet à une hauteur convenable. Pour faire mieux comprendre cet instrument additionnel, on l'a dessiné sur une plus grande échelle (fig. 456); il se compose d'une série de tringles mobiles dans la verticale et qui s'appuient sur les feuilles, et, en outre d'une lame d'acier horizontale très coupante. Pendant l'opération, les tringles s'élèvent ou s'abaissent par leur élasticité, selon la hauteur et la résistance qu'offrent les feuilles, les pétrissent, les égalisent et les amènent au niveau des collets que la lame postérieure tranche alors horizontalement à la hauteur désirée. Il faut, pour que cet instrument opère bien, que les betteraves tiennent assez fortement dans le sol, qu'elles ne sortent pas beaucoup de terre, et qu'elles ne soient pas placées à des distances trop rapprochées dans les lignes.

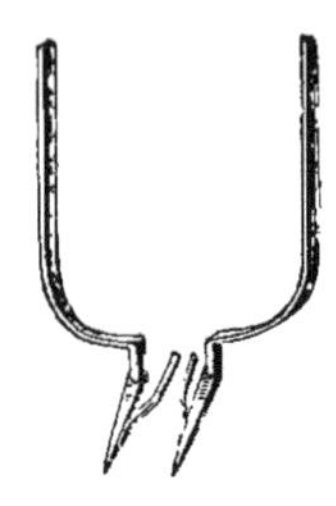

Fig. 458. — Fourches de l'arrachoir d'Olivier-Lecq.

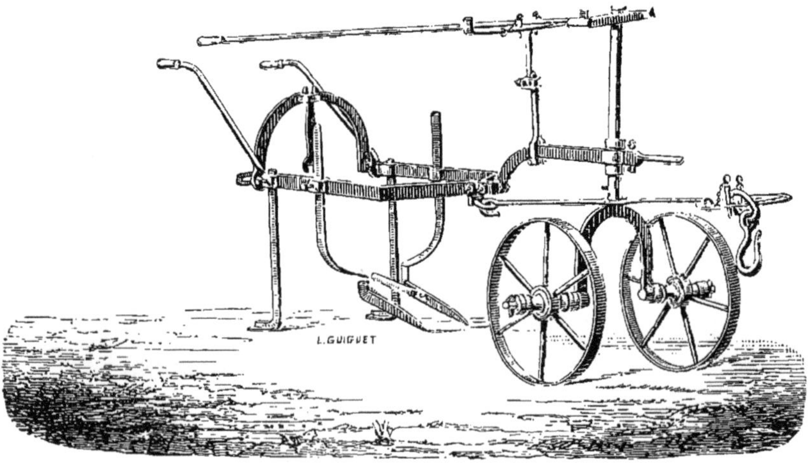

Fig. 457. — Arrachoir de betteraves d'Olivier-Lecq.

de la charrue sous-sol de Dombasle; c'est un constructeur de la Somme, M. Lefebvre-Flamant, qui a eu l'idée de ce nouvel appareil (fig. 454) qui se compose d'un age reposant sur un avant-train du système Brabant, portant un fer ou soc terminé par une pointe qui pénètre en terre sous la bette-

Au lieu d'un soc sous-soleur, on a muni les arrachoirs à cheval de véritables fourches; c'est ce qu'a fait d'abord M. Eveloy, constructeur à Amancourt, près de Compiègne (Oise), dont le système a été perfectionné par M. Olivier-Lecq, de Templeuve (Nord). L'instrument représenté par la fig. 457 se compose d'un long bâti en fer, reposant à sa partie antérieure sur un avant-train, et se bifurquant à la partie postérieure pour se relier à deux mancherons. Sur chaque côté, à l'arrière, est fixée une tige en fer verticale, recourbée inférieurement et se terminant en pointe aciérée destinée à pénétrer dans le sol en dessous de la betterave; chaque pointe porte une oreille ou éperon qui se relève et se rapproche de l'autre, ainsi que le montre la figure 458, pour faciliter la rupture du pivot et le soulèvement de la betterave. Tout à fait à l'arrière de l'age, sont placés deux patins qui s'appuient sur le sol et servent à régler l'enfoncement des fourches concurremment avec l'avant-train, que l'on soulève plus ou moins avec un levier. Après le passage de l'arrachoir, les betteraves restent en place quoique déplantées, et, généralement, elles ne sont pas froissées, parce que les pointes des fourches sont suffisamment écartées.

M. Olivier fait précéder, lorsqu'on le désire, l'arrachoir par un coupe-collets que représente la figure 459, et qui consiste en un banc d'une longueur de 3 mètres environ, porté sur deux roues en fer, et sur lequel peuvent s'asseoir quatre ou six enfants de 12 à 15 ans. Au milieu du banc est placé l'avant-train, pour attacher le cheval qui doit conduire l'instrument au milieu des betteraves non arrachées. En avant du marchepied du banc est placée parallèlement une tige qui porte des leviers coudés, se terminant en haut par une poignée, en bas par une rasette ou couteau. Ces leviers sont plus ou moins éloignés les uns des autres, selon l'écartement des lignes de betteraves; à cet effet, ils sont mobiles le long de la tige qui les porte et sur laquelle on les fixe à volonté par une douille, de manière qu'ils puissent tourner sous l'action de la main des enfants chargés de les manœuvrer par la poignée qu'ils tiennent à la main. La pointe dont est armée chaque rasette

Fig. 459. — Coupe-collets de M. Olivier-Lecq.

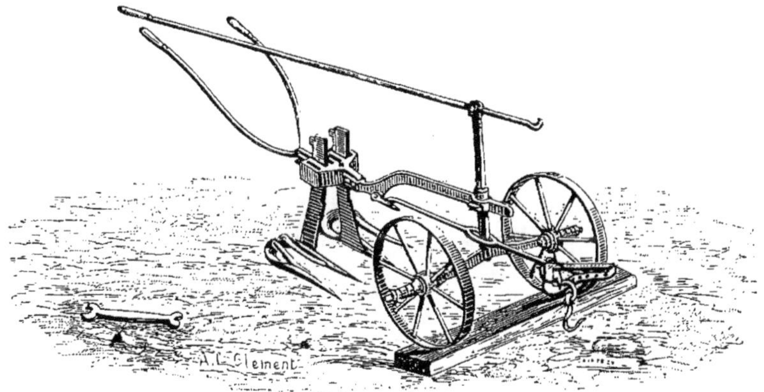

Fig. 460. — Arrachoir de betteraves d'Olivier-Lecq, à double fourche.

écarte les feuilles des betteraves, de manière que chaque enfant puisse bien régler la coupe des collets. L'arrachoir des racines passe ensuite, et les betteraves soulevées de terre peuvent être enlevées facilement par les ouvriers chargés de les mettre en tas ou de les jeter dans les tombereaux qui doivent les transporter jusqu'aux sucreries.

grande solidité ; ils sont généralement destinés à soulever à la fois deux rangs de racines. Un premier type est celui de la maison Siedersleben, de la province d'Anhalt. Il se compose (fig. 461) d'un chariot en fonte BC muni de deux paires de roues ; l'avant-train peut être dirigé, au moyen du gouvernail G fixé en F, par un homme placé derrière l'in-

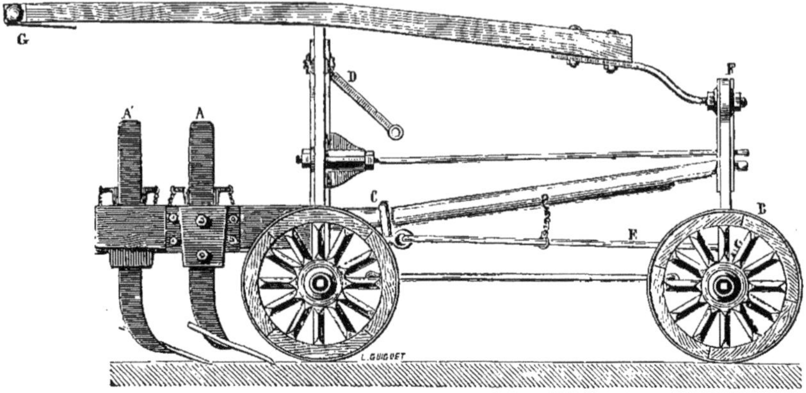

Fig. 461. — Arrachoir de betteraves, système Siedersleben.

Lorsque la terre n'est pas trop forte, on peut essayer d'arracher deux betteraves à la fois par la même machine : c'est l'opération que M. Olivier-Lecq propose de faire au moyen de l'arrachoir spécial que représente la figure 460, dans laquelle on voit que deux tiges métalliques très fortes portent deux fourches qui ne diffèrent pas de celles

strument. A l'arrière-train sont deux étriers dans lesquels sont fixés solidement les socs AA' au moyen de cales et de vis. La traction se fait directement sur l'appareil arracheur au moyen de la tige de fer E. Pour tourner au bout des lignes, on relève cet appareil au moyen d'un petit treuil muni d'une manivelle D. On doit régler l'instrument de telle

Fig. 462. — Arrachoir de betteraves, système Cartier.

précédemment décrites, mais qui peuvent être écartées l'une de l'autre selon la distance des lignes sur lesquelles les racines ont été semées. Les roues sont mobiles sur l'essieu, de manière qu'on peut toujours les écarter convenablement afin qu'elles roulent entre les lignes.

Les arrachoirs de betteraves sont très usités en Allemagne ; ils se font surtout remarquer par leur

sorte que les roues roulent entre deux lignes, celles de l'arrière-train marchant dans les traces des roues de l'avant-train. Pour qu'on puisse facilement obtenir ce résultat, chaque roue est munie d'un essieu indépendant de la roue opposée et glissant dans un manchon placé au bas du bâti ; des encoches y sont réservées à diverses distances ; il suffit de placer une clavette traversant le manchon et une des encoches pour que la roue ne change plus de position. Pour faire varier l'écartement des socs selon la distance adoptée dans le semis, il suffit de placer les socs dans l'une ou l'autre des trois mortaises dont chaque étrier est muni. Quant à la profondeur à laquelle doit plonger l'arrachoir selon la longueur des betteraves, on la détermine en fixant les socs plus ou moins bas et de telle sorte que la pointe des socs coupe l'extrémité des pivots des racines.

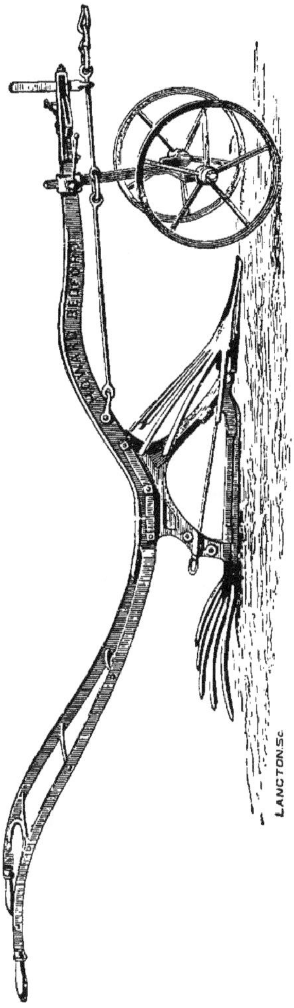

Fig. 463. — Arrachoir de pommes de terre, système Howard.

L'arrachoir de Siedersleben a été introduit en France vers 1872 par M. Emile Cartier, fabricant de sucre à Nassandres (Eure), et il a été ensuite construit de façon à être allégé; l'arrachoir de M. Cartier (fig. 462) pèse 225 kilogrammes, au lieu de 255, poids de l'arrachoir allemand. Il travaille de la même manière et laisse les racines en place après que leur pivot a été coupé et qu'elles ont été seulement soulevées; les ouvriers ramasseurs n'ont aucun effort à faire pour les enlever en les prenant par le collet.

L'arrachoir de Zimmerman, constructeur à Halle-sur-Saale, est, en Allemagne, le rival du précédent. Il n'en diffère que par des détails pour le règlement des distances et de la profondeur des socs, et par la facilité de soulever l'appareil afin de tourner au bout des lignes. Les arrachoirs alle-

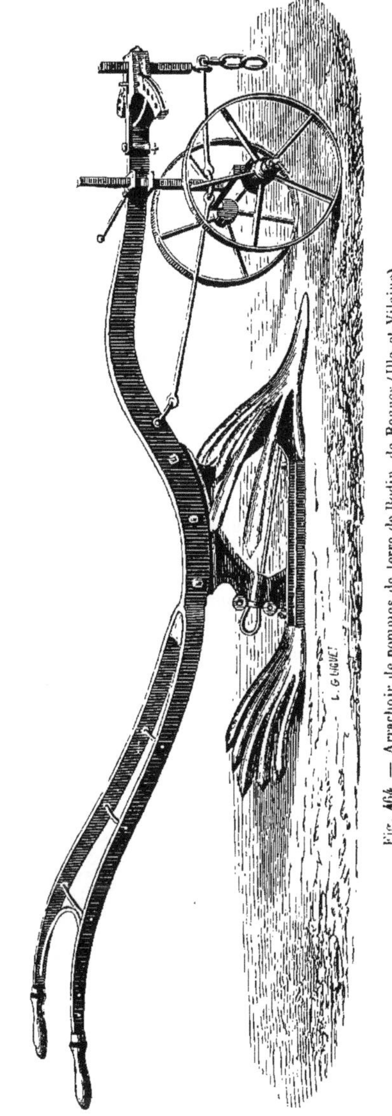

Fig. 464. — Arrachoir de pommes de terre de Bodin, de Rennes (Ille-et-Vilaine).

mands travaillent non pas seulement pour rendre l'enlèvement des betteraves plus rapide, sinon plus économique, mais encore pour donner un véritable labour de sous-solage au champ, sans que sa surface soit retournée, afin que les voitures qui doivent emporter la récolte puissent circuler sans rencontrer d'obstacle.

La quantité de travail que font par jour les arracheurs de betteraves est variable selon la nature du sol. Le prix en varie entre 200 et 350 francs, selon le poids et selon qu'ils arrachent un seul rang ou deux rangs à la fois. On estime qu'ils peuvent faire de 1 hectare 50 ares à 2 hectares, avec des attelages de 2 ou de 4 bêtes, selon les difficultés du travail. Le résultat n'est pas une grande économie dans le coût de l'opération; mais, quand la main-d'œuvre fait défaut, quand il est nécessaire d'aller vite, il y avait intérêt véritable pour les sucreries et pour les cultivateurs de betteraves, à profiter des arrachoirs mécaniques, même dans l'état où ils se trouvaient en 1882.

Arrachage des pommes de terre. — Pour arracher les pommes de terre, on se contente le plus souvent de piocher le terrain pour le rendre plus meuble, de soulever ensuite la touffe en rassemblant les tiges ou fanes dans la main, et de secouer pour détacher les tubercules et les mettre à la surface du champ où on les ramasse pour les ensacher. On peut employer la bêche ou la fourche pour atteindre le même résultat; mais, en grande culture, il est avantageux d'avoir recours à des arrachoirs mécaniques. Le plus anciennement répandu est celui de Howard (fig. 463); ce n'est pas autre chose qu'une charrue fouilleuse ordinaire, à soc allongé, avec deux versoirs à claire-voie qui vont chercher les tubercules dans le sous-sol et les font monter jusqu'à la partie supérieure des tringles, tandis que la terre émiettée tombe à travers; le second versoir, dont les tringles sont plus rapprochées, recommence et perfectionne le travail du premier. Les tubercules sont ainsi parfaitement ramenés, assez bien nettoyés, à la surface du champ, qui est par surcroît bien ameubli.

L'arrachoir anglais a été imité par les constructeurs français, tout d'abord par la fabrique de M. Bodin, à Rennes (fig. 464), qui n'a fait que modifier légèrement les tringles des versoirs; puis par M. Peltier (fig. 465), qui a supprimé le versoir d'arrière et l'avant-train; puis par M. Bajac (fig. 466), dont l'arrachoir est beaucoup plus léger que les précédents et possède néanmoins une grande stabilité.

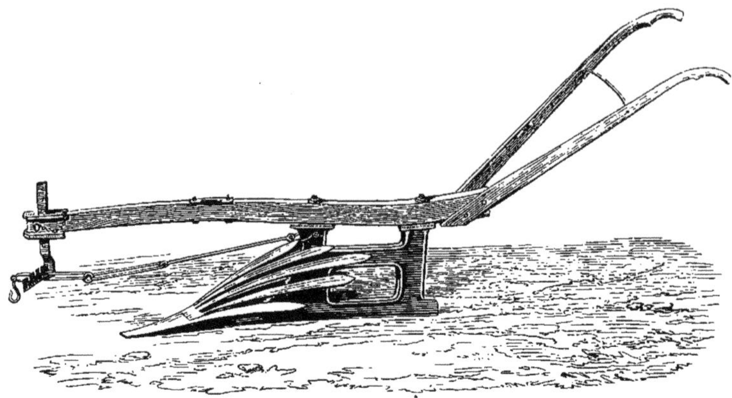

Fig. 465. — Arrachoir de pommes de terre de Peltier (Paris).

Fig 466. — Arrachoir de pommes de terre de Bajac (Oise).

Ces arrachoirs de pommes de terre ne coûtent que de 130 à 155 francs; ils peuvent être attelés d'une bête ou de deux bêtes selon le terrain; ils permettent de récolter environ 1 hectare 20 ares par journée de 10 heures.

On construit en Angleterre des arrachoirs de pommes de terre plus parfaits et faisant plus de travail; on reproche aux précédents de ne pas déterrer tous les tubercules et de donner ainsi un déficit dans la récolte. Le type de la nouvelle machine est représenté par la figure 467, qui représente l'arrachoir de pommes de terre de MM. Coleman et Morton. Une pelle horizontale coupe le sol, tandis qu'une série de fourchettes saisissent les tubercules et les jettent hors de terre. Le tout est mis en mouvement par un système d'engrenage que font mouvoir les roues motrices et qui est renfermé dans une caisse pour être à l'abri des chances de détérioration. Une roue tranchante sert à diriger les roues motrices et à empêcher le glis-

Fig. 467. — Arrachoir de pommes de terre, système Coleman et Morton.

;ement latéral que tendrait à produire la rotation les fourchettes. Les roues peuvent être écartées à les distances variables suivant les récoltes. Un grand peigne latéral sert à arrêter les tuber- :ules jetés hors du sol, tout en laissant passer la erre au travers. Une vis ixée à l'avant-train pernet de régler l'enfoncement de l'appareil, dont e prix est de 400 à 425 rancs, et qui, avec deux hevaux, récolte un hectare et demi par jour.

Arrachage des racines 'e chicorée, des turneps, tc. — Pour faire des rrachoirs propres à lever de terre ces diverses écoltes, on se contente ouvent d'armer les charues fouilleuses d'un soc rolongé en forme d'arête de poisson, ou bien 'attacher au talon d'une barrue à toutes fins une ge verticale avec une etite pelle latérale qui ouille la terre. C'est ce ue l'on fait en Belgique i surtout en Angleterre, ù l'on arrache les turneps au moyen de mahines armées de couteaux pour couper les euilles, de socs en forme e pelle pour les soulever l trancher en outre le ivot. Les arrachoirs de e genre les plus estimés ont ceux de Hunter, à laybole, en Écosse; ils font deux rangées à la ois.

Arrachage des vignes et des souches d'arbres. — 'arrachage des vignes est une opération que l'on ffectue pour pourvoir à leur remplacement quand lles sont devenues trop vieilles pour une bonne roduction; on y a eu recours, hélas! trop souvent, epuis 1867, pour enlever les souches tuées par le phylloxera. On se sert, à cet effet, de leviers dont le petit bras porte une pince ou une corde attachée à la souche à enlever, ou bien d'une chèvre ou d'un tour ou cabestan. On doit avoir préalablement fouillé autour de la souche, pour couper quelques racines qui rendraient le travail trop difficile. La machine représentée par la figure 468, et qui a été imaginée par un viticulteur de la Côte-d'Or, M. Lamblin, donne une idée des appareils qui peuvent être employés dans ce but. Cet arra-

Fig. 468. — Machine de M. Lamblin, pour arracher la vigne.

choir se compose d'un bâti placé sur deux roues et deux pieds, et qui forme une sorte de pyramide destinée à supporter un levier dont les deux bras ont une longueur inégale. Au bras le plus court est attachée une chaîne qui se termine par une cisaille destinée à saisir le cep; à l'extrémité du bras le plus long est fixée une corde sur laquelle les ouvriers tirent verticalement pour abaisser ce bras de levier, ce qui fait monter l'autre bras, qui emporte par la cisaille la souche à arracher. Cette machine ne revient qu'à 150 francs et fournit un excellent travail, moitié moins coûteux que l'arrachage par la pioche. Quant aux souches des arbres qu'on a abattus, il est facile de les réduire en morceaux qu'on peut enlever sans peine en employant la dynamite. L'opération de l'enlèvement des grosses souches était naguère tellement coûteuse, qu'elle n'était pas toujours pratiquée pour les produits retirés du sol; on les y laissait pourrir. Maintenant, par la dynamite, on peut les faire sauter en éclats sans que l'opération soit ni coûteuse, ni dangereuse, ni longue.

Arrachage du chiendent et des mauvaises herbes. — Pour détruire, dans les terres arables, les mauvaises herbes vivaces, notamment le chiendent, l'agrostide stolonifère, etc., on a construit des appareils spéciaux connus sous le nom d'extirpateurs. Le plus répandu parmi ces appareils, celui qui a servi de modèle dans tous les pays, est l'extirpateur écossais de Coleman (fig. 469). Il consiste en un bâti en fer supporté par trois roues, une en avant et deux en arrière. Un levier central, qui peut être arrêté en diverses positions, au moyen d'une goupille, à différents degrés d'un arc de cercle dans lequel il se meut, permet de régler l'entrure de pieds articulés, de manière à les lever ou à les abaisser, en s'appuyant sur le bâti. Le levier central agit sur un axe unique auquel sont fixées des bielles qui se raccordent à l'extrémité supérieure des tiges portant les dents ou pieds. Ceux-ci sont formés par des lames aplaties et aiguisées pour couper les racines dans toute l'épaisseur du sol où elles pénètrent. Les plus petits modèles ont cinq pieds; les plus grands modèles ont sept pieds. On peut y ajouter deux leviers latéraux qui agissent sur l'axe des roues, de manière à régler l'inclinaison de l'appareil dans les terrains accidentés. Les extirpateurs à cinq dents exigent deux à trois chevaux, suivant la nature des terres, et ils coûtent 215 à 325 francs; ceux à sept dents doivent être traînés par quatre chevaux, et ils coûtent de 370 à 500 francs. — L'arrachage des mauvaises herbes est un des buts qu'on se propose dans les labours de déchaumage, exécutés après la moisson des céréales.

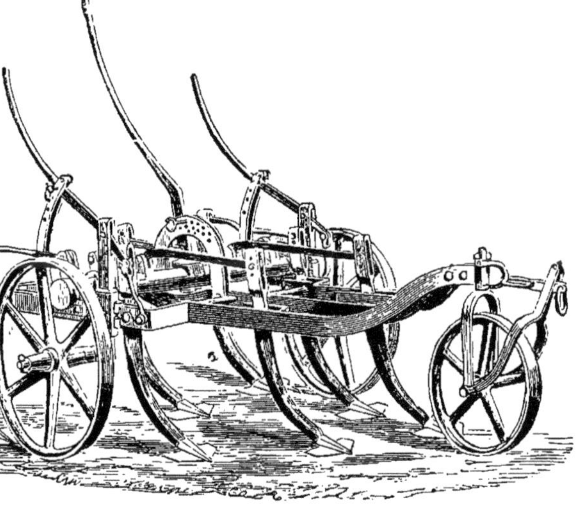

Fig. 469. — Extirpateur Coleman pour arracher les mauvaises herbes.

ARRACHEMENT (*économie rurale*). — Le *Dictionnaire de l'Académie française* n'admet pas le mot arrachage, quoique ce mot ait prévalu dans le langage agricole; il faudrait donc dire l'arrachement des arbres au lieu de l'arrachage. — Le mot arrachement est employé en chirurgie vétérinaire pour spécifier un procédé spécial d'opérer la castration; ce procédé consiste à découvrir les testicules et à les arracher; c'est ainsi qu'on castre les jeunes coqs, les jeunes agneaux, les jeunes veaux; cet arrachement, bien pratiqué, ne cause ni hémorrhagie, ni accident d'aucune sorte.

ARRACHER (*économie rurale*). — En agriculture, le mot arracher est appliqué ou bien à l'opération d'enlever une récolte, ou bien à celle de la destruction d'une végétation. Ainsi, on arrache les arbres morts, la vigne, les mauvaises herbes, pour en débarrasser une terre; s'il s'agit d'enlever un arbre ou en général un végétal quelconque pour le replanter ailleurs, on se sert du mot *lever des terres* pour les plantes, de celui de *déplanter* pour les arbres. — Pour les mauvaises herbes, il faut les arracher au plus tard quand elles sont en fleur, et ne pas attendre qu'elles aient porté graine, car les champs seraient de nouveau salis; de même que si, dans la pratique de l'arrachage, on laisse des racines de plantes vivaces, on doit considérer qu'on n'a fait qu'un nettoyage incomplet de la terre.

ARRACHIS (*sylviculture*). — On appelle *arrachis de bois* une terre qui était en culture forestière et dont on a fait le défrichement complet, avec enlèvement de toutes les souches. — On dit faire l'*arrachis* des arbres, des perches, des plants, pour exprimer l'opération d'arrachage. L'ordonnance des eaux et forêts de 1669, confirmée par divers arrêts subséquents, interdit sous des peines sévères l'*arrachis* frauduleux des plants d'arbres, et punit l'arrachis d'arbres fait par un adjudicataire qui n'est pas autorisé par le cahier des charges à le pratiquer. Il y a souvent avantage pour le propriétaire à faire faire l'arrachis de la culée des arbres, et à y obliger l'adjudicataire d'une coupe, surtout dans les hautes futaies; en effet, les vieilles souches produisent rarement de bons jets, et l'enlèvement du pivot, en divisant les racines, les rend plus propres à la reproduction.

ARRACHIS (PLANT EN) (*horticulture*). — On donne le nom de *plant en arrachis* à celui qui a été levé sans terre et dont les racines sont à nu. On obtient du plant en arrachis soit dans les pépinières, soit en pleine campagne ou dans les bois. Le premier est le plus estimé.

Pour lever le plant en arrachis dans les pépinières, on prend d'une main une poignée de jeunes plants que l'on serre plus ou moins selon leur délicatesse, et, de l'autre main, on soulève avec une houlette, une bêche ou une fourche la portion de terre sur laquelle ils se trouvent. Lorsque la terre est bien divisée, on enlève le jeune plant, en le secouant légèrement et en évitant de le soumettre à aucun effort qui pourrait endommager les racines. Si la terre n'est pas bien meuble, le plant obtenu n'a pas de chevelu, et il est dès lors de qualité inférieure, parce qu'il reprend plus difficilement.

Les jeunes plants en arrachis qui sont en pleine végétation, tels que ceux des fleurs, des salades, des légumes, dont on fait des planches ou dont on garnit des plates-bandes, ne doivent être levés du semis qu'au fur et à mesure qu'on peut les replanter, afin que l'exposition à l'air ne puisse pas trop les dessécher; on les arrose copieusement, aussitôt qu'ils sont en place, et on continue à le faire jusqu'à ce que la reprise soit complète, en les abritant d'ailleurs par des feuillages ou des paillassons contre les coups de soleil. Quant aux plants en arrachis qu'on doit expédier, il faut les emballer avec quelques précautions. On se sert de paniers à claire-voie garnis avec de l'herbe fraîche ou de la mousse humectée; dans le cas d'arbres verts résineux, il est bon de tremper les racines, dès qu'on les lève de terre, dans un baquet où l'on a délayé ensemble de la terre franche et de la bouse de vache à la consistance d'un mortier clair; on fait ensuite des bottes qu'on enveloppe de mousse et qu'on renferme dans des caisses percées de plusieurs trous, pour que l'air puisse y pénétrer et pour éviter les moisissures.

ARRACHOIR (*mécanique agricole*). — Nom donné à tout instrument destiné à opérer ou à faciliter l'arrachement des souches d'arbres, de la vigne ou des récoltes diverses (voy. ARRACHAGE, p. 580).

ARRACK. — Voy. ARACK.

ARRAGE (*droit rural*). — Ancien droit de terrage ou de champart, déclaré rachetable en 1790.

ARRAGONE (*horticulture*). — Nom vulgaire de la julienne cultivée ou des jardins (*Hesperis matronalis*), de la famille des crucifères.

ARRATCHO. — Nom de la folle-avoine dans une partie de la Guyenne.

ARRAYAN (*botanique*). — Myrte du Pérou, à fleurs purpurines.

ARRÉMON (*ornithologie*). — Genre d'oiseaux de l'ordre des passereaux dentirostres, voisin des moineaux ordinaires, commun dans l'Amérique méridionale. C'est l'oiseau silencieux de Buffon.

ARRENTEMENT (*économie rurale*). — Action de donner ou de prendre à rente; ce mot est employé à la place de *fermage*.

ARRÉRAGES (*économie rurale*). — Ce sont des rentes ou des termes de fermage en retard.

ARRÉRAILLES (*économie rurale*). — Semences de mars; mot employé par Olivier de Serres.

ARRESTERON (*botanique*). — Nom vulgaire d'un champignon comestible (*Hydnum sinuatum*), que l'on rencontre surtout dans les Pyrénées et qui est assez recherché.

ARRÊT (*horticulture*). — On appelle ainsi un petit ados, le plus souvent en terre, quelquefois en maçonnerie, qui coupe transversalement une allée de jardin qui est en pente assez rapide; cet ados a pour but d'arrêter les eaux qui ravineraient l'allée et de les rejeter en dehors, le mieux dans une rigole latérale. On multiplie d'autant plus les arrêts, que la pente de l'allée est plus forte. Au lieu de pratiquer des arrêts sur les allées, il est mieux de les bomber en ménageant deux rigoles latérales.

ARRÊT (*sylviculture*). — On appelle arrêt l'ensemble des pieux traversés de pièces de bois qu'on place dans les petites rivières pour arrêter le bois qu'on y jette à bûches perdues.

ARRÊT (*hippiatrique*). — C'est le passage du mouvement à l'inaction pour un cheval qui était en action. On appelle *demi-arrêt* le mouvement de la main que fait le cavalier pour prévenir sa monture, sans l'arrêter, qu'il va la faire passer d'une allure décidée à une allure moins vive, ou bien lui imposer un changement de direction. Il faut éviter d'arrêter brusquement les chevaux, parce qu'on les ruine en agissant ainsi; il faut toujours procéder avec des ménagements qui, d'ailleurs, assurent plus l'obéissance que ne saurait le faire la violence.

ARRÊT (*chien d'*). — En terme de chasse, c'est le chien qui arrête le gibier. Un chien est en arrêt, lorsqu'il reste immobile parce qu'il voit le gibier, ou bien parce qu'il le sent près de lui.

ARRÊT DE LA SÈVE (*horticulture*). — Opération qui consiste à opposer un obstacle à l'ascension de la sève ou bien à amener le ralentissement de cette ascension. On la pratique soit pour obtenir des fruits plus précoces et plus savoureux, soit pour mieux répartir la sève dans les différentes parties du végétal en la faisant refluer. Les moyens à employer sont: le pincement, l'ablation ou l'arcure. Ce dernier moyen a été décrit (voy. p. 545). L'ablation et le pincement s'effectuent principalement sur les pêchers, les abricotiers, les vignes, les melons, les pois. Quand on enlève une branche, on force en effet la sève à se porter en plus grande abondance dans les voisines. En coupant très court les branches d'un arbre, on fait grossir le tronc. Le pincement des vignes est utile dans le Nord, pour hâter la maturité des raisins. Si on l'opère sur les pois, immédiatement après la floraison, on obtient des légumes plus précoces.

ARRÊTE-BOEUF (*agriculture*). — Nom vulgaire donné à l'*Ononis spinosa* appelée aussi bugrane, mauvaise plante de la famille des Légumineuses, commune dans les terres calcaires mal sarclées, et dont les racines très longues et très résistantes arrêtent les attelages lorsqu'on laboure les champs qui en sont infestés. On en fait l'arrachage par les mêmes procédés que pour le chiendent. Quelquefois on utilise cette plante pour retenir les terres sur les talus des fossés ou des tranchées de chemins de fer. Les moutons, les chèvres et surtout les ânes en mangent les feuilles.

ARRHÉNATÈRE (*botanique* et *agriculture*). — Nom scientifique donné au fromental ou avoine élevée (*Avena elatior* ou *Arrhenatherum avenaceum*), plante de la famille des Graminées.

ARRHÉNODE (*entomologie*). — Genre de coléoptères tétramères, voisin des charançons.

ARRIÈRE-FAIX (*zootechnie*). — Nom donné aux enveloppes du fœtus, expulsées de l'utérus pendant ou après la parturition.

ARRIÈRE-FLEUR (*agriculture*). — On appelle ainsi toute floraison qui se produit après l'époque ordinaire. On voit souvent, après une sécheresse prolongée du printemps ou de l'été, apparaître sur quelques arbres des fleurs, qui peuvent faire espérer une seconde récolte dans la même année, mais qui aboutissent bien rarement à une fructification. Lorsqu'on opère des pincements sur la vigne, ou bien quand les chenilles ont dévoré les premières feuilles des arbres, il se montre des fleurs tardives. En empêchant par un moyen quelconque la floraison de se produire en son temps, on peut l'obtenir plus tard, en donnant à la plante la chaleur et l'humidité qui lui sont nécessaires.

ARRIÈRE-FOIN (*agriculture*). — Synonyme de regain.

ARRIÈRE-GRAISSE (*économie rurale*). — Ce nom est donné aux engrais qui restent en terre après l'enlèvement d'une récolte pour laquelle on a fait une forte fumure. C'est une fertilité qu'on a donnée à la terre et qui n'a pas été épuisée. Dans quelques pays règne l'usage de faire payer, à dire d'experts, l'arrière-graisse par le fermier entrant au fermier sortant; de cette manière on évite l'inconvénient trop fréquent de voir les terres épuisées pendant les dernières années de leur jouissance, par les fermiers qui quittent une exploitation. On a aussi résolu le même problème en assurant aux fermiers une participation à la plus-value des terres acquise pendant la durée de leur bail, par suite d'un accroissement de fertilité des terres constaté par expertises.

ARRIÈRE-PANAGE (*sylviculture*). — Délai pendant lequel on tolère que des bestiaux, notamment des porcs, restent dans les bois après que l'époque du panage ou de la dépaissance pour laquelle le droit a été payé se trouve passée.

ARROBE (*métrologie*). — Mesure de poids usitée dans les colonies espagnoles et portugaises et dont la valeur est de 11 kilogrammes.

ARROCHE (*botanique* et *horticulture*). — Nom donné à diverses plantes qui croissent souvent au bord des eaux. L'arroche des jardins est l'*Atriplex hortensis*; l'arroche fraise, le *Blitum capitatum* ou blette à fleurs en tête; l'arroche halime ou en arbrisseau, le *Chenopodium halimus*; l'arroche puante, le *Chenopodium vulvaria*. Quelques-unes sont employées comme plantes potagères, d'autres sont ornementales. Elles appartiennent à la famille des Chénopodées. — L'arroche des jardins, ou bonne-dame ou encore follette, passe pour être originaire de Tartarie; mais elle est depuis longtemps cultivée dans les jardins potagers du nord de l'Europe. C'est une forte plante annuelle à tige dressée, rameuse, haute de 1m,50 à 2 mètres, portant des feuilles sagittées de la grandeur de la main; on en distingue plusieurs variétés qui ne diffèrent guère que par la couleur des feuilles: telles sont l'arroche verte, d'un vert intense; l'arroche blanche, d'un vert tirant sur le jaune; l'arroche rouge, d'une couleur pourprée. On en fait usage comme légumes pour remplacer les épinards. On peut en faire des semis successifs de mars à septembre, et elle a l'avantage de fournir à la consommation des feuilles pendant les chaleurs de l'été. L'arroche très rouge (*Atriplex hortensis ruberrimum*) est employée quelquefois avec avantage, mélangée aux arbustes nouvellement plantés ou pour donner de la variété et un aspect plus touffu à des bosquets clairsemés. En la semant sur place, du 15 juin au 1er juillet, dans des terres légères, bien exposées, on peut en obtenir de jolis effets, à cause de son beau feuillage et de sa hauteur; les fleurs sont sans corolle; le fruit est ovoïde.

ARRODE. — Nom donné à l'arroche des jardins.

ARROSAGE (*agriculture* et *horticulture*). — Un arrosage, c'est une quantité d'eau pure ou d'un liquide soit fertilisant, soit insecticide, que l'on répand sur un champ ou sur une partie d'un jardin. On donne un, deux, trois, quatre arrosages pour fournir aux plantes la quantité d'eau nécessaire à leur végétation, ou pour compléter celle qu'elles reçoivent d'une manière insuffisante par les pluies et les autres météores, ou bien encore pour accroître l'effet de celle qui arrive souterrainement. Le nombre des arrosages et leur abondance dépendent des cultures auxquelles on les applique, du climat sous lequel on opère et du terrain dans lequel on se trouve.

Lorsque les arrosages doivent être très abondants, on les donne au moyen de rigoles qui amènent les eaux d'un canal alimenté lui-même par un cours d'eau, souvent par une rivière ou même par un fleuve: c'est ce qu'on appelle établir des irrigations, qui peuvent se produire par submersion ou par imbibition et infiltration latérale, qui peuvent aussi être presque courantes, tout en devant éviter d'avoir la force de raviner. Les arrosages par irrigation se font ordinairement une fois ou deux fois par semaine pour les prairies dans le Midi, et ne durent chaque fois que de trois à six heures; ils répandent alors, pendant ce temps, par mètre carré de 60 à 120 litres d'eau; cela équivaut à un débit de 30 à 60 litres d'eau par seconde pendant six heures pour un hectare de superficie. Dans d'autres contrées, les arrosages durent sur les prés pendant plusieurs jours, plusieurs semaines même; la quantité d'eau répandue est aussi plus considérable. C'est l'expérience séculaire, la pratique continue des choses de l'agriculture qui ont conduit à adopter telle ou telle règle selon les lieux et les cultures. Voici quelques exemples empruntés au département des Bouches-du-Rhône.

Pour les blés et les avoines, on donne deux ou trois arrosages, en avril ou durant la première quinzaine de mai, selon que la sécheresse a été plus ou moins grande; chaque arrosage est de six litres par seconde et par hectare pendant six heures, ce qui correspond à un volume de $30 \times 60 \times 60 \times 6 = 648\,000$ litres ou bien à une tranche d'eau de 0m,0648.

Pour les luzernes, on donne un arrosage de 30 litres pendant six heures, tous les douze jours, soit en tout $30 \times 60 \times 60 \times 6 \times 15 = 9\,720\,000$ litres, c'est-à-dire 15 tranches de 0m,0648 de hauteur chacune, ou une hauteur totale de 0m,972, en tout.

Sur les prairies naturelles, selon les canaux, depuis le 1er avril jusqu'au 30 septembre les arrosages sont au nombre de 12, 23, 29, 13 ou se composent en totalité, pour la saison, de 12, 23, 29, 43 tranches égales de 131, 68, 54, 37 millimètres de hauteur d'eau. On met de trois à six heures pour faire arriver chaque tranche. On opère de la même manière pour les pommes de terre, pour les haricots, pour tous les légumes des jardins maraîchers; mais ces cultures n'ont qu'un nombre de tranches déterminé par la durée de la végétation: plus de semaines se prolonge celle-ci, plus il est donné d'arrosages.

Les cultures arbustives reçoivent aussi des arrosages, souvent la vigne deux ou trois fois, les oliviers deux fois par an, en juin et en août; pour ces derniers, on emploie chaque fois par hectare un débit de 60 litres par seconde pendant deux heures un quart, soit, par arrosage, un volume d'eau de $60 \times 60 \times 60 \times 2,25 = 486\,000$ litres, ce qui correspond à une tranche d'eau d'une hauteur de 0m,0486 pour chaque arrosage, ou, en d'autres termes, environ 1000 mètres cubes d'eau par hectare d'oliviers arrosé.

Pour effectuer ces grands arrosages, il y a des hommes spéciaux qu'on appelle des irrigateurs et qui sont habitués à régler les écoulements pour donner les quantités d'eau nécessaires à chaque opération. L'eau étant souvent très rare dans le Midi, son usage est sévèrement réglementé; chacun ne peut s'en servir rigoureusement qu'à son tour, lorsqu'elle est amenée par des canaux. Si l'on est obligé de la puiser ou de l'élever par des pompes ou des norias, elle revient encore à un prix assez élevé pour qu'on la ménage et qu'on n'en dépense que proportionnellement aux produits que son emploi peut donner.

Quand la végétation est en repos, on ne fait pas en général d'arrosages; cependant il y a des pays où l'on met l'eau sur les prés, même en hiver. Les plantes cultivées en serres et en pots sont arrosées toute l'année, mais plus dans la saison chaude que dans la saison froide. Dans tous les cas, on ne doit pas se servir d'eau très froide pour arroser. La température la plus convenable est celle de 20 à 22°.

Dans la culture maraîchère, lorsqu'on a l'eau en abondance, on arrose ou par infiltration ou par submersion. Dans ces deux cas, on fait arriver l'eau dans des rigoles plus rapprochées dans le premier cas, les plantes étant sur les billons, plus éloignées dans le second cas, les plantes étant sur de petites planches, où l'on répand l'eau en la puisant dans une rigole latérale avec une écope. On arrête l'eau dans les rigoles au moyen de petites vannes en bois qu'on soulève quand la terre a suffisamment bu ou bien quand on en a répandu suffisamment. Le premier procédé est aussi suivi pour les arrosages avec les eaux d'égout, alors qu'on ne veut pas que ces eaux mouillent les feuillages.

Lorsqu'on n'a pas l'eau en abondance, on la répand par des instruments spéciaux ou arrosoirs manœuvrés à bras, qui permettent de ne donner aux plantes que des quantités mesurées. Pour que les arrosages soient moins dispendieux, il faut s'arranger pour que les ouvriers aient le moins de chemin possible à parcourir pour aller puiser l'eau avec l'arrosoir et la porter jusqu'aux plantes qui doivent recevoir l'arrosage. C'est dans ce but qu'on multiplie les bassins dans les jardins maraîchers. Il est bon de faire en sorte que l'eau puisse y arriver par la chute naturelle, par une rigole ou au moyen d'un tuyau. On s'arrange dans ce but pour que le puits, la rivière ou généralement l'origine de l'eau, par exemple le grand bassin dans lequel on l'emmagasine, soit placé au point le plus élevé du jardin. Au moyen de robinets ou de vannes convenables, on fait communiquer les petits bassins les uns avec les autres. Dans les jardins maraîchers de Paris, on se sert avec avantage de tonneaux que l'on enterre en maintenant le bord extérieur à 0m,30 au-dessus du sol; on choisit de préférence les pipes à huile cerclées en fer, parce qu'elles ont plus de durée. On les place aux extrémités des planches, et toujours de telle façon que les jardiniers n'aient jamais plus de 30 mètres à parcourir pour aller puiser l'eau. Des pompes au besoin font arriver l'eau dans les tonneaux; elle circule dans des conduits le plus souvent en grès, dont les joints sont soigneusement faits avec du mastic de fontainier; les conduits sont placés de côté le long des sentiers et communiquent avec les tonneaux au moyen de robinets.

Dans des positions privilégiées, l'eau arrive dans les conduits sous une certaine pression. Alors on la répand au moyen de tuyaux que l'on visse sur des prises ménagées de distance en distance sur les conduits de distribution, et l'on se sert de deux robinets: l'un près de la conduite permet à l'eau d'arriver dans le tuyau; il reste ouvert tout le temps de l'usage du tuyau; l'autre robinet est près de la lance de distribution et sous la main de l'ouvrier chargé d'arroser. Il faut éviter les ravinements que produirait un jet trop fort. L'arrosage doit toujours être donné avec art, très souvent sous forme de pluie fine, parfois de manière à constituer des bassinages ou bien à faire des rosées artificielles; cela est particulièrement nécessaire pour les semis afin de faciliter la levée des jeunes plantes, et pour les arbres en espalier afin d'activer et de soutenir leur végétation dans les grandes chaleurs; mais on évite d'employer les bassinages lorsque le soleil frappe trop fortement les plantes.

ARROSEMENT (*économie rurale*). — Action de répandre de l'eau ou d'arroser, sans spécifier par quel moyen l'eau sera répandue et sans s'occuper ni de la quantité d'eau à répandre ni du nombre de fois qu'on répétera l'opération, ni de sa durée. — On dit l'arrosement d'une contrée, par exemple de l'Egypte. — On emploie souvent à la place les uns des autres, les mots *arrosement, arrosage, irrigation*, comme s'ils étaient synonymes. Dans une langue bien faite, il n'y a pas de synonymies; chaque mot a sa signification propre, mais il arrive que des nuances seulement séparent les diverses significations. L'*irrigation* implique l'existence de canaux destinés à amener le liquide pour arroser une surface; l'*arrosage* doit être employé pour un temps donné à imbiber un corps; l'*arrosement* est l'action de mouiller une surface en y déversant de l'eau.

ARROSER (*économie rurale*). — C'est répandre de l'eau ou tout autre liquide sur un objet quelconque. — On dit au figuré d'une rivière qu'elle arrose une ville parce qu'elle la traverse.

ARROSOIR (*outillage horticole et agricole*). — On appelle arrosoir un instrument destiné à transporter l'eau et à la répandre sur les plantes pour leur donner des arrosages. Il consiste (fig. 470) en un vase soutenu par une anse et muni d'un col que surmonte une pomme, c'est-à-dire une plaque souvent un peu bombée et percée d'un grand nombre de petits trous. Le col part du bas du récipient, afin qu'en penchant celui-ci on puisse avoir un jet assez puissant, dont la force est

Fig. 470. — Arrosoir à pomme.

mesurée par l'excès de hauteur du niveau de l'eau dans le vase sur l'orifice du col ou la pomme. Une sorte de couvercle ferme l'instrument du côté du col, pour que le déversement du liquide ne se fasse que par la pomme. L'arrosoir peut être en poterie, en fer-blanc, en zinc, en tôle galvanisée,

Fig. 471. — Arrosoir de maraîcher.

en cuivre; ces deux dernières matières sont préférées à cause de leur solidité; la tôle est plus légère, mais moins résistante que le cuivre. La contenance ordinaire des arrosoirs est de 10 litres. La forme et la hauteur varient. Pour que l'instrument soit commode à manier, il ne faut pas que la hauteur dépasse 0m,35 à 0m,40. Le débit doit être prompt et régulier, ce qu'on obtient par l'inclinaison de la pomme et la symétrie dont elle est percée.

L'arrosoir des maraîchers (fig. 471) a 0m,42 de hauteur, du fond à la partie supérieure; sa largeur est de 0m,27 à la partie la plus ample, c'est-à-dire depuis l'attache inférieure de l'anse jusqu'à la prise du col dans la panse. A sa base inférieure, le vase a un diamètre de 0m,22, et, à sa base supérieure, un diamètre de 0m,16, ce qui est aussi le diamètre de la pomme, dont la flèche de courbure est de 0m,03. La pomme a 7 rangées de trous, la plus grande rangée en comptant 80, les autres rangées en proportion; mais, dans la partie basse des deux premières rangées, les trous ne sont pas percés, afin que la gerbe ait plus de force et afin d'éviter de baver. Le diamètre des trous est de 0m,002; le col qui porte la pomme a un diamètre de 0m,055. On fait quelquefois la pomme plus petite et le col plus long; on diminue le nombre des rangées de trous et on réduit aussi leur diamètre. Enfin, on peut donner aux arrosoirs la forme cylindrique, ou à base circulaire ou à base ovale.

Fig. 472. — Arrosoir avec l'orifice brise-jet de Raveneau.

A la pomme circulaire, on peut substituer divers ajutages, qui ont pour but de disposer les trous de tel ou tel côté pour faire divers arrosages spéciaux. On la remplace aussi par des goulots, pour arroser des pots ou des pieds de plantes sans toucher au feuillage. Enfin, on peut aussi se servir d'ajutages qu'on place sur le col de l'arrosoir, et qui n'ont qu'un petit orifice en avant duquel se trouve une petite languette en cuivre (fig. 472), qui brise le jet d'eau et le répand en une lame pluviale; c'est le brise-jet de Raveneau (voy. AJUTAGE, p. 181). On a une gerbe qui embrasse un espace circulaire avec la pomme d'arrosoir (fig. 161); le jet forme une nappe (fig. 474) avec les ajutages-Raveneau. Pour éviter que la terre ne se tasse pendant l'arrosage, on doit donner à l'arrosoir un mouvement de va-et-vient plus ou moins rapide. Le goulot permet de verser plus d'eau à la fois sur le même point. Le brise-jet donne le moyen d'avoir une nappe d'une largeur plus ou moins grande, selon la position que l'on donne à l'arrosoir; on peut la rendre assez étroite pour n'arroser que le pied d'une plante dans un pot, si l'on ne baisse que très peu le bec de l'arrosoir; la nappe s'élargit à mesure que l'on incline celui-ci; elle peut avoir ainsi une largeur de 2 mètres et atteindre à une distance plus grande encore en avant, ce qui dispense de marcher dans les plates-bandes et dans les corbeilles pour y faire arriver l'eau. En plaçant les ajutages-Raveneau au bout d'arrosoirs-seringues (fig. 475), on peut atteindre très facilement dans tous les sens les feuilles des arbres, et par conséquent détruire les pucerons qui s'y logent, en arrosant avec des décoctions ou dissolutions de tabac, d'absinthe ou d'autres insecticides. Selon la position qu'on donne à la seringue, on arrose alternativement le dessus et le dessous des feuilles suivant qu'on lance la nappe en montant ou en descendant.

Fig. 473. — Effet d'arrosage avec une pomme d'arrosoir.

Fig. 474. — Arrosages avec brise-jet sur des arrosoirs ou des seringues-arrosoirs.

Les arrosoirs peuvent être modifiés de mille manières différentes, selon leur destination. Pour atteindre les arbres de haut-vent, on peut se servir de l'arrosoir-pompe de M. Bronswick; on voit (fig. 476) en A la tige du piston que l'on manœuvre à la main, le corps de pompe B étant placé sur l'arrosoir, et le conduit D se rendant directement vers le col de l'arrosoir, que l'on arme de l'ajutage convenable pour avoir un jet en papillon, en biseau, en éventail, selon le but à atteindre. Avec cet instrument, on peut purger facilement les arbres des chenilles processionnaires ou autres, en les atteignant par de l'eau de savon.

Fig. 475. — Seringue-arrosoir de M. Raveneau pour la destruction des pucerons.

Afin de ne pas tasser la terre au pied des plantes, le jardinier qui opère avec le goulot est obligé de se baisser en se courbant, ce qui lui impose souvent une fatigue extrême. Pour obvier à ce grave inconvénient, M. Leyrisson a proposé un système très simple. A (fig. 477) est l'anse de l'arrosoir, B l'ouverture par laquelle il se remplit, C le col ou tuyau, D le petit bec ou goulot usuel pour l'échappement de l'eau quand l'instrument fonctionne à l'ordinaire, E une poignée pour faire basculer l'instrument. F un petit tuyau très court, dans lequel M. Leyrisson introduit un tuyau un peu long FG, recourbé à son extrémité G; GH est un boyau de cuir ou de toile dont l'extrémité H a une petite armature dans laquelle on peut placer au besoin un bouchon de liège pour arrêter momentanément l'écoulement de l'eau, lorsqu'on ne veut pas arroser, par exemple entre le moment où l'on a puisé l'eau et celui où il s'agit de la fournir à une plante. Dans le tuyau GH, on introduit un tampon formé de tiges d'herbes dont on a enlevé les feuilles, afin d'en faire une fermeture partielle qui empêche le jet de se produire avec pression.

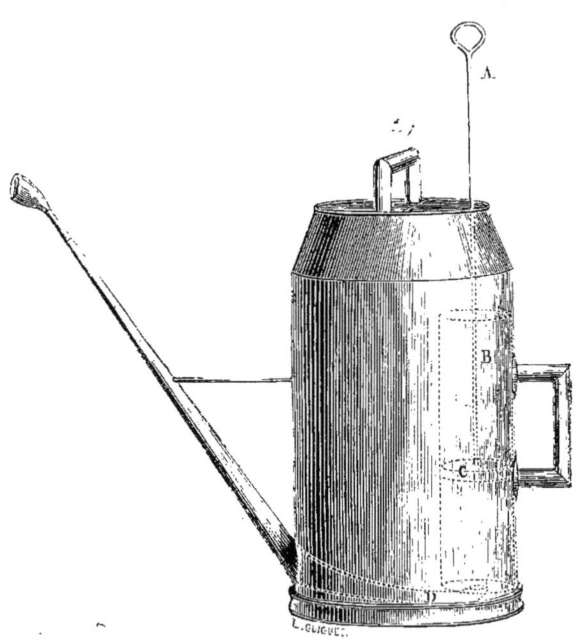

Fig. 476. — Arrosoir-pompe à main de Bronsvick.

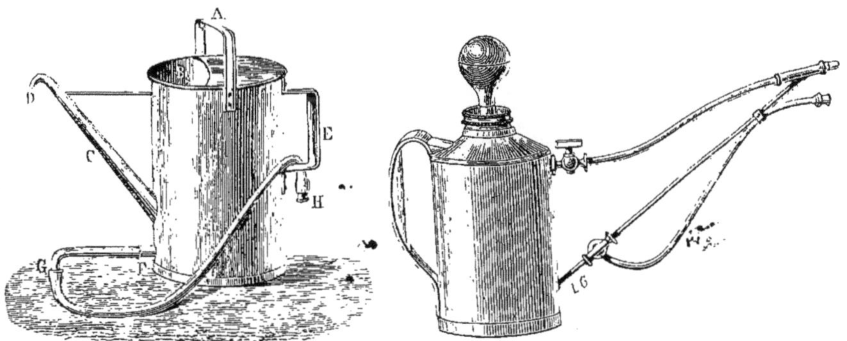

Fig. 477. — Arrosoir Leyrisson.

Fig. 478. — Arrosoir insufflateur.

Dès lors, l'arrosage s'effectue d'une manière expéditive, en enlevant le bouchon qui ferme l'ouverture H, en plaçant cet orifice au point où l'on veut répandre l'eau, et en tenant l'arrosoir suspendu par l'anse A. Lorsque l'arrosoir est vidé aux trois quarts à peu près, la pression devient trop faible pour que le liquide passe facilement, mais on rétablit cette pression en inclinant l'instrument. On peut d'ailleurs, en enlevant les tuyaux F et GH, et en plaçant un bouchon en F, reconstituer un arrosoir ordinaire, et également supprimer le bec recourbé D et introduire dans le col C un tampon plus ou moins serré en brins de paille, afin de donner à l'écoulement de l'eau la lenteur qui peut être utile en certaines circonstances.

Selon les besoins, on peut rendre les arrosoirs pneumatiques, c'est-à-dire susceptibles d'arrêter leur jet sous l'action de l'air, en les munissant d'un petit piston qui sert d'obturateur et qu'on soulève ou abaisse par le mouvement du doigt. On peut aussi, par l'action de l'air, distribuer l'eau soit en poussière très fine, soit en jet sous forme de pluie. Pour cela, on prend (fig. 478) un arrosoir ordinaire, que l'on munit d'un double tuyau et que l'on surmonte d'une boule en caoutchouc. Pour remplir l'arrosoir, on dévisse la garniture de la partie supprimée; on la rétablit quand le vase est plein. Si l'on veut alors lancer l'eau en poussière très fine, les deux robinets sont mis en travers et on enlève l'ajutage qui ferme le tube supérieur; il n'y a plus qu'à faire des pressions successives sur la boule en caoutchouc. Pour obtenir un seul jet continu, on met en long la clef du robinet supérieur. Pour avoir un jet en forme de celui de la pomme d'arrosoir, on tourne la clef du robinet inférieur et on donne des pressions successives à la boule de caoutchouc.

Cet instrument, dont on peut varier la forme d'un grand nombre de manières, est propre surtout à l'arrosage des serres et des salons où l'on veut en-

Fig. 479. — Arrosoir-pompe brouette de Noël.

Fig. 480. — Tombereau-arrosoir anglais.

tretenir des plantes toujours en bon état de végétation.

On va des petits aux grands instruments d'arrosage selon les besoins; ainsi, dans les grands jardins, on peut employer avec avantage les pompes-arrosoirs sur brouette que construit Noël (fig. 479), et qui ont l'avantage d'envoyer à toute hauteur, et presque à toute distance, le jet d'arrosage en puisant l'eau dans un bassin par un tuyau d'aspiration. Au moyen d'un levier, l'ouvrier donne d'une main un coup de piston, tandis qu'il dirige sa lance de l'autre main; il aspire l'eau et la refoule pour arroser sans la moindre difficulté, et transporte sa brouette successivement auprès de chaque bassin. Avec des tuyaux d'aspiration assez longs, il peut très vite arroser toutes les parties d'un jardin.

Dans les grandes exploitations rurales, on se sert des pompes Noël ou de pompes analogues pour l'arrosage des fumiers. Pour la grande culture, l'arrosage des prés, des luzernes et des récoltes qui ont besoin d'engrais liquides, se fait avec des tonneaux montés sur des chariots, munis à la partie postérieure d'un appareil d'épandage, et portant d'ailleurs la pompe à main qui sert à les remplir au moyen d'un tuyau d'aspiration enroulé sur le tombereau. Tel est le tombereau à engrais liquide de Baker (fig. 480), très usité en Angleterre, et dont la forme peut être variée d'une foule de façons. C'est ainsi que l'on répand le purin dans un grand nombre de fermes. Un autre tombereau, avec distributeur pour le purin, est celui de la maison Crosskill (fig. 481); il est construit en France par la fabrique Bodin, de Rennes: la caisse est en fonte, et, à la condition de lui donner de temps en temps quelques couches de peinture, elle est d'une durée indéfinie; la pompe placée à l'arrière est à clapets; elle travaille même lorsque des menues pailles sont mélangées au purin; le distributeur placé à l'arrière se compose d'une sorte de bac percé de trous qu'on peut ouvrir en plus ou moins grand nombre pour régler l'arrosage. Son prix est de 800 francs.

Fig. 481. — Tombereau distributeur de purin.

Pour l'arrosage des pelouses, ou pour répandre le purin, M. Beaume, constructeur à Boulogne, près de Paris, fait de véritables tonneaux munis d'une pompe de remplissage (fig. 482); leur contenance est de 800 à 1200 litres; ils coûtent de 600 à 650 francs.

Fig. 482. — Tonneau à arrosage et à purin de Beaume.

Aux environs des villes, les agriculteurs trouvent très avantageux d'acheter les vidanges chez les habitants, d'envoyer les chercher et de les répandre directement sur le sol pour les enfouir immédiatement par un labour. A cet effet, on emploie un tonneau, tel que celui construit par M. Lefebvre, de Trye-Château (Oise). La pompe est construite de telle sorte qu'elle fait le vide dans les tonneaux, au lieu d'aspirer le liquide des fosses, ce qui répand les mauvaises odeurs des matières ; quand l'air est enlevé du tonneau, l'ouverture d'un robinet suffit pour que le tuyau d'aspiration amène les vidanges dans le tonneau. L'adjonction d'une pompe à incendie au tonneau augmente l'utilité de l'instrument pour les fermes. On met à l'arrière un distributeur de l'engrais quand on veut le répandre ; on modifie ce distributeur selon l'état plus ou moins liquide de la vidange. Le même tonneau peut servir à arroser avec de l'eau et du purin.

On peut enfin, dans les fermes, faire usage du chariot qui sert au transport ordinaire des denrées. Pour cela, on enlève les joues du chariot pour y placer de grands tonneaux à purin de la contenance de 18 hectolitres que l'on conduit dans les champs. C'est la disposition adoptée par M. Moissenet pour l'arrosage dans les moëres françaises ; M. Moissenet dispose à l'arrière (fig. 483), au-dessous d'un gros robinet, un plan incliné fait en planches garnies de chevilles sur lesquelles le purin s'éparpille pour former une vaste gerbe à son arrivée sur le sol.

Fig. 483. — Chariot de M. Moissenet portant un tonneau pour l'arrosage avec le purin.

ARRONFLE, ARROUSSE. — Nom de la lentille cultivée dans quelques parties de la France.

ARRONSE. — Nom donné à l'arroche des jardins.

ARROW-ROOT (*économie domestique*). — Ce nom en anglais signifie *flèche-racine* et sert à désigner une fécule que l'on extrait principalement du rhizome du *Maranta arundinacea*, que les Indiens regardaient comme un spécifique contre les flèches empoisonnées. L'arrow-root se prépare en râpant la racine, laissant tomber la pulpe dans l'eau en la soumettant à des lavages successifs, et, enfin, à la dessiccation. Il se présente sous la forme d'une poudre grisâtre, craquant sous le doigt comme la fécule, à grains assez fins avec hile apparent (voy. AMIDON, p.) ; il est doux au toucher, il absorbe beaucoup d'eau et est très propre à la préparation des bouillies pour les enfants et les convalescents, grâce à sa saveur et à son odeur particulières. Celui qui vient de la Jamaïque est le plus estimé. Malheureusement cet aliment est souvent falsifié, et, d'ailleurs, dans le commerce, on en distingue plusieurs sortes, qui sont extraites de plantes différentes. Ainsi, le *Curcuma angustifolia* donne l'arrow-root de Travancore ; le *Canna coccinea* fournit l'arrow-root de *Tolomane* ou de *tous les mois* ; le *Tacca pinnatifida* sert à faire l'arrow de Taïti, qu'on appelle *tavoulou* à Madagascar. On fabrique en outre des contrefaçons d'arrow-root avec le *Jatropha manioc*, l'*Arum maculatum* et la pomme de terre.

ARROZIE (*botanique*). — Genre de Graminées-oryzées. Une espèce du Brésil est appelée riz sauvage.

ARS (*art vétérinaire*). — Sillon peu marqué qui loge la veine dite de l'ars, et qui forme la limite entre le poitrail et le membre antérieur du cheval. La peau présente en cet endroit plusieurs plis qui facilitent les mouvements d'extension du membre. Il arrive que des excoriations s'y produisent par suite de la fatigue et de la poussière ; on dit alors que le cheval est *frayé aux ars*. On doit laver les frayures avec des lotions tièdes d'eau de guimauve et du vin contenant une décoction tannante d'écorce de chêne.

ARSENIC (*chimie agricole*). — Corps simple, signalé par les savants les plus anciens, mais dont les propriétés principales n'ont été bien connues que vers le milieu du dix-huitième siècle, à la suite des travaux des chimistes Brandt et Macquer. Le mot grec *arsenica* signifie vainqueur de l'homme, ce qui rappelle les propriétés délétères de la plupart des composés arsenicaux. Le vulgaire appelle le plus souvent arsenic l'acide arsénieux, qui est une combinaison du corps simple avec l'oxygène. Il importe d'éviter cette confusion.

ARSIN. — Voy. ARBRE, p. 532.

ARSINOÉ (*entomologie*). — Genre d'insectes coléoptères pentamères carabiques, à ailes tronquées, du cap de Bonne-Espérance.

ARSOLUH (*métrologie*). — Mesure indienne de capacité pour les grains valent 0,3 du litre.

ARSURE (*économie rurale*). — Maladie des champs de pastel produite par la sécheresse.

ART. — Méthode de faire une opération suivant certaines règles. — L'art vétérinaire est l'art de soigner les animaux domestiques pour les guérir de leurs maladies. — Les arts agricoles sont les méthodes ou les procédés à suivre pour effectuer les diverses opérations de l'agriculture.

ARTANTHE (*botanique*). — Groupe de plantes du genre Piper, comprenant, entre autres espèces, le matico (*Piper angustifolium* ou *Artantha elongata*). C'est un arbrisseau des Andes et du Pérou, à branches grêles, à nœuds saillants et à jeunes rameaux chargés d'un fin duvet de couleur variable. Les fleurs sont réunies en épis ou en chatons; les fruits, glabres et peu volumineux, sont bacciformes. Les feuilles, portées par un court pétiole, sont oblongues - lancéolées (fig. 481), acuminées au sommet, parsemées de points pellucides, avec un duvet fin et velouté. Ce sont les feuilles qui sont employées en médecine. Elles ont donné à l'analyse une essence vert clair, cristallisable, d'une odeur analogue à celle du cubèbe, et un principe amer qu'on a appelé maticine. Réduites en poudre, elles s'emploient pour arrêter les hémorrhagies, ce qui les a fait appeler *herbes du soldat*. Le matico a encore la réputation d'être très efficace contre les écoulements blennorrhéiques, en agissant comme le copahu et le cubèbe.

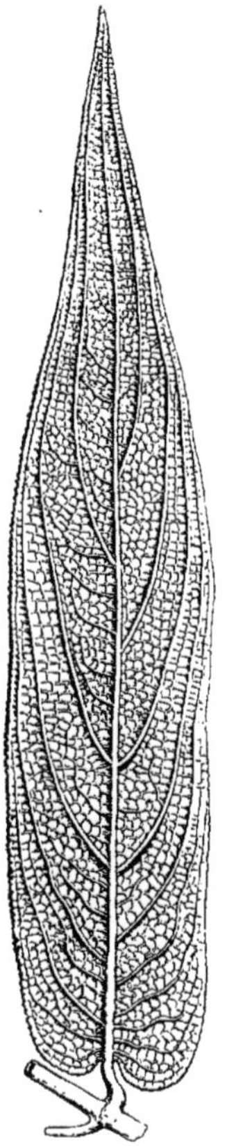

Fig. 481. — Feuille de l'Artanthe.

ARTEMA SALINA (*zoologie agricole*). — Genre de crustacés découvert par M. Certes en mars 1878. A cette époque, il fit recueillir des eaux salées dans des chotts de la province de Constantine, en Algérie, pour les évaporer et conserver les sédiments secs. Le 9 avril 1881, il plaçait ces résidus dans de l'eau de pluie filtrée et y voyait bientôt se développer non seulement de nombreux infusoires, mais des larves qui grandirent et présentèrent tous les caractères de l'*A. salina*. Ce crustacé n'existe que dans les eaux des marais salants.

ARTÉMISE (*culture maraîchère*). — L'*Artemisia dracunculus* est l'estragon (voy. ABSINTHE, p. 42).

ARTÉMISIÉES (*botanique*). — Groupe de plantes de la tribu des Sénécionides, dans la famille des Composées, ayant les fleurs en capitules discoïdes, celles de la circonférence ordinairement femelles, celles du centre hermaphrodites, à corolle cylindrique et à style bifide.

ARTÉMISIOÏDES (*botanique*). — Section du genre Piqueria, présentant des capitules à trois ou quatre fleurs, enveloppées d'un involucre à bractées acuminées ou obtuses, sur des tiges frutescentes, ordinairement glabres, avec des feuilles glabres et pétiolées.

ARTÈRE (*anatomie*). — Les artères sont des vaisseaux qui conduisent le sang, soit du ventricule droit du cœur aux poumons, soit du ventricule gauche aux autres parties du corps. Le système artériel peut être assimilé à deux arbres dont les troncs se détachent de la base du cœur, et qui ont des branches nombreuses, émettant à leur tour un grand nombre de branches plus petites. Un de ces troncs naît du ventricule droit et se ramifie dans l'intérieur des poumons: c'est l'*artère pulmonaire*, qui, avec ses divisions, forme les artères de la petite circulation, chargées de porter aux poumons le *sang noir* qui doit y subir l'influence de l'air. L'autre tronc a son origine au ventricule gauche et se termine dans toutes les parties du corps : c'est l'*aorte* (voy. ce mot, p. 493); avec ses divisions, il forme les artères de la grande circulation qui distribuent le *sang rouge* dans tous les organes. Les deux systèmes, complètement distincts chez l'adulte, communiquent largement entre eux durant la vie utérine par le *canal artériel*, qui continue le tronc de l'artère et aboutit à l'aorte. — Les artères de l'un et de l'autre système sont des tubes cylindriques ramifiés, à parois épaisses, d'un calibre de plus en plus petit à mesure qu'on s'éloigne du cœur. Ces parois sont élastiques; elles se dilatent lorsque le sang y est poussé par le cœur; en revenant ensuite sur elles-mêmes, lorsque le cœur cesse d'imprimer son impulsion, elles obligent le sang à circuler dans tous les tissus, à les arroser en quelque sorte; il en résulte un battement qui constitue le pouls. Elles sont formées de trois membranes ou tuniques: une externe, *celluleuse;* une moyenne, *fibreuse*, et une interne, *séro-muqueuse;* c'est le tissu fibreux de la membrane moyenne qui donne à l'artère son élasticité.

Par analogie, la rue ou la route principale d'une ville ou d'une contrée sont des artères; on dit l'artère d'un système d'irrigation pour désigner le canal principal.

ARTÉRIALISATION. — Transformation du sang veineux ou noir en sang artériel ou rouge, dans son passage à travers les poumons.

ARTÉRIEL (*anatomie*). — Qui appartient aux artères. Le sang rouge est nommé sang artériel parce qu'il est charrié par les artères. — Le système artériel est l'ensemble des artères considérées depuis leur origine, au cœur, jusqu'à leur terminaison dans les divers organes. — Le canal artériel est le tronc vasculaire, qui n'existe que dans le fœtus, et par lequel l'artère pulmonaire, après avoir fourni deux branches aux poumons, se termine dans l'aorte près de sa crosse; après la naissance, il s'oblitère et se convertit en un cordon fibreux.

ARTÉRIOLE (*anatomie*). — Très petite artère.

ARTÉRIOTOMIE (*chirurgie vétérinaire*). — Saignée faite aux artères, qui se pratique quelquefois sur les animaux. Chez le cheval et le porc, on la fait aux artères de la queue; chez le cheval, on la pratique aussi sur les artères temporales superficielles, et, chez le bœuf, sur les artères auriculaires. Cette opération paraît produire de bons effets contre les affections de l'encéphale. On doit choisir, pour la pratiquer, de très petites artères, afin d'éviter un jet de sang trop fort et trop difficile à arrêter. C'est d'ailleurs une question de savoir s'il y a avantage à tirer du sang artériel au lieu de sang veineux.

ARTÉRITE. — Maladie inflammatoire des artères, en général bornée à la membrane externe ou tunique celluleuse.

ARTÉSIEN (MOUTON) (*zootechnie*). — N'est autre que le mouton flamand.

ARTÉSIEN (PUITS) (*génie rural*). — On appelle puits artésien tout puits foré par des sondes et d'où l'eau jaillit naturellement de nappes souterraines. Les premiers puits d'eaux jaillissantes ont été obtenus dans l'Artois, d'où le nom qu'ils ont reçu.

ARTHANITE (*botanique*). — Nom vulgaire du *Cyclamen europæum*, appelé aussi pain de pourceaux ou marron de cochons, parce que ces animaux en sont très friands.

ARTHOMIE (*botanique*). — Genre de lichens de la tribu des Graphidées.

ARTHRALGIE (*médecine vétérinaire*). — Douleurs dans les articulations, névralgie articulaire.

ARTHRIMIUM (*botanique*).— Genre de champignons trichosporés, ayant de petits filaments simples et noirs avec de grands spores, et formant de petites taches noires et saillantes sur les feuilles mortes des carex.

ARTHRITE (*médecine vétérinaire*). — Maladie inflammatoire des tissus fibreux et séreux des articulations. Les arthrites sont contractées par les animaux de travail, particulièrement par les chevaux, à la suite d'excès de fatigue : elles causent des boiteries lentes à guérir ; elles peuvent aussi résulter d'une lésion extérieure. Ce sont des affections bornées à l'articulation sur laquelle la cause extérieure a agi. Elles sont fixes, continues, régulières. On les combat par des astringents et des émollients; par des cautérisations cutanées au fer rouge, si le mal tend à devenir chronique. — On a confondu à tort l'arthrite avec le rhumatisme articulaire et la goutte, deux maladies qui frappent aussi les articulations, mais qui sont générales, qui se déplacent et ont des causes internes. — Dans l'arthrite simple, les douleurs peuvent être accompagnées de fièvre ; on a alors recours à des calmants pris à l'intérieur.

ARTHRITIQUE. — Se dit des maladies qui attaquent les jointures ou articulations et des médicaments employés pour les combattre.

ARTHROBOTRYS (*botanique*). — Genre de champignons trichosporés, formant de petites touffes d'une transparence cristalline, qu'on trouve sur des murailles humides, et de la vase d'égouts au moment où elle se dessèche.

ARTHRODIE (*anatomie*). — Nom donné à toute articulation dont le jeu est étendu en tous sens, où les os sont peu emboîtés, et dont le mouvement s'opère surtout par glissement. L'articulation du bras avec l'épaule, l'articulation temporo-maxillaire, les articulations des os du carpe (poignet), sont des arthrodies.

ARTHROPODAIRES (*zoologie*). — Animaux ayant des organes de locomotion articulés et formant le premier sous-embranchement du deuxième embranchement du règne animal (voy. ce mot, p. 661).

ARTHROPODE (*botanique*). — Plantes herbacées de la famille des Liliacées, originaires d'Australie, dont on cultive quelques espèces dans les jardins d'Europe.

ARTHROPOGON (*botanique*). — Genre de Graminées, tribu des Andropogonées, qu'on rencontre au Brésil.

ARTICHAUT (*culture potagère*). — On donne le nom d'artichaut à plusieurs plantes; mais l'artichaut commun, dont il est fait une grande consommation et un commerce considérable, est le *Cynara scolymus*, connu et cultivé depuis longtemps. Il est regardé comme une forme obtenue par la culture du cardon sauvage; c'est l'opinion que soutient M. Alph. de Candolle. Il appartient à la famille des Composées, tribu des Cynarées. C'est une grande plante vivace (fig. 485), herbacée, à grosse tige molle, d'un gris verdâtre, rayée dans le sens de la longueur, avec de très longues feuilles à grandes dentelures de chaque côté de la nervure principale; les feuilles sont d'un gris un peu verdâtre. Chaque tige se termine par une grosse tête grise, formée de feuilles pointues, serrées, qui ressemble à un énorme bourgeon et qui n'est autre que le capitule floral. C'est cette tête ou inflorescence de l'artichaut que l'on sert sur les tables avant la floraison ; on le voit dans son état marchand dans la figure 486, et en coupe longitudinale (fig. 487); on y distingue : le *fond* ou porte-

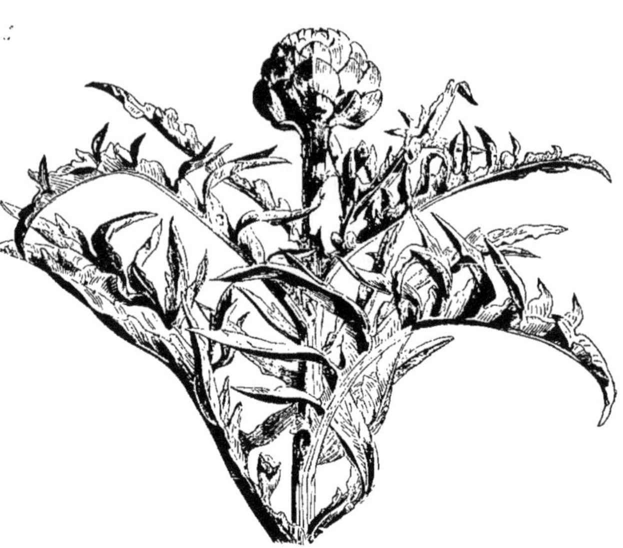

Fig. 485. — Port de l'artichaut commun.

Fig. 486. — Tête d'artichaut.

feuille, vulgairement appelé cul d'artichaut, qui est le réceptacle charnu portant les fleurs; les *feuilles* ou bractées, ou écailles, à base charnue de l'involucre; le *foin*, ou la masse des fleurs non épanouies. On mange le réceptacle et la partie charnue des écailles.

Les fleurs, serrées les unes contre les autres, grandissent, tandis que la touffe écailleuse des bractées s'ouvre, et l'on voit alors sortir de l'invo-

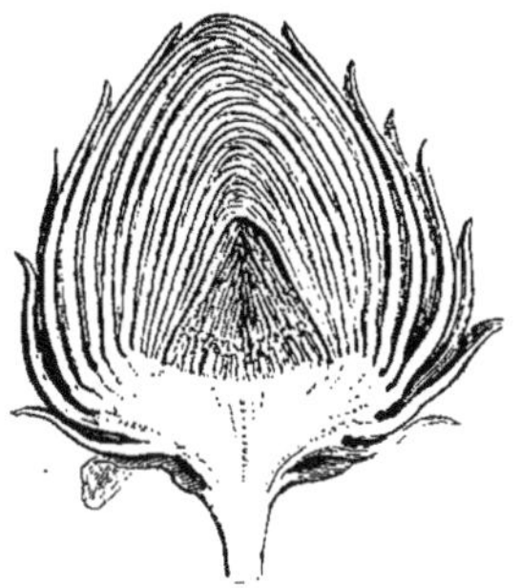

Fig. 487. — Coupe de la tête d'artichaut.

lucre une gerbe fournie et étalée (fig. 488), qui présente une sorte de touffe de fleurons nombreux d'un violet bleuâtre et d'un joli aspect. Chacun des fleurons, examiné à part, est une fleur parfaite, que montrent, dans son port et en coupe longitudinale, les figures 489 et 490. La corolle est formée d'un long tuyau blanchâtre terminé par une étoile à cinq pointes de couleur violette; tout autour est une collerette de petits poils raides, et, au dedans,

Fig. 488. — Artichaut en fleur.

un groupe serré d'étamines; enfin, au centre, un long filament blanchâtre, fourchu à son extrémité, et tenant par le bas à une sorte de graine ovale, placée sous la touffe de poils, constitue le pistil. Lorsque les fleurs se flétrissent, le long filament du pistil tombe, et il ne reste que la petite graine qui mûrit et devient le fruit couronné de la touffe de poils étalée (fig. 491). Puis, la tête d'artichaut s'ouvre tout à fait, les graines se détachent et le vent qui frappe les touffes de poils les emporte au loin et les sème; la figure 492 représente la graine séparée des poils, et la figure 493 en donne une coupe. On doit faire la récolte de la graine un peu avant sa complète maturité, pour en empêcher l'essaimage naturel.

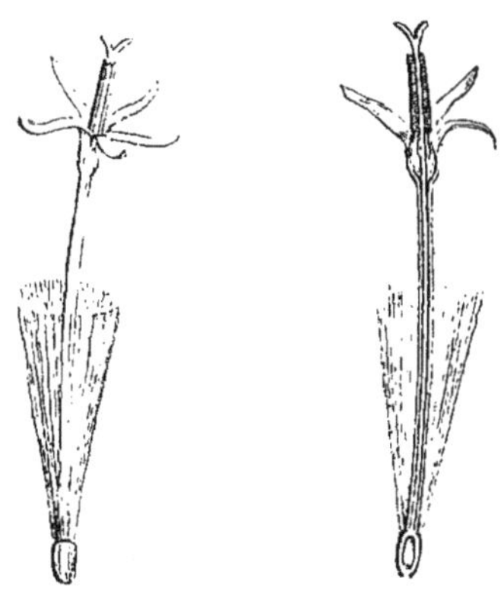

Fig. 489. — Fleuron d'artichaut. Fig. 490. — Coupe du fleuron.

On multiplie l'artichaut de deux manières : ou par le semis de la graine, ou par œilletons. Les soins de culture diffèrent d'ailleurs selon les climats.

Le semis s'effectue en février ou en mars, sur couche tiède ou sous châssis, soit en pots, soit en plein terreau; on met en place les jeunes plants lorsque les intempéries ne sont plus à redouter, en espaçant à des distances de $0^m,75$ à 1 mètre. On peut aussi semer en place, vers la fin d'avril ou au commencement de mai, aux mêmes distances et en planches, en mettant deux ou trois graines par fossette, pour ne laisser plus tard qu'un plant; ce semis doit être ensuite terreauté. Il est entendu que les semis doivent être plus hâtifs dans le Midi que sous le climat de Paris. Les semis ont l'inconvénient d'être toujours aléatoires; ils ne reproduisent pas exactement les caractères des races, ou, du moins,

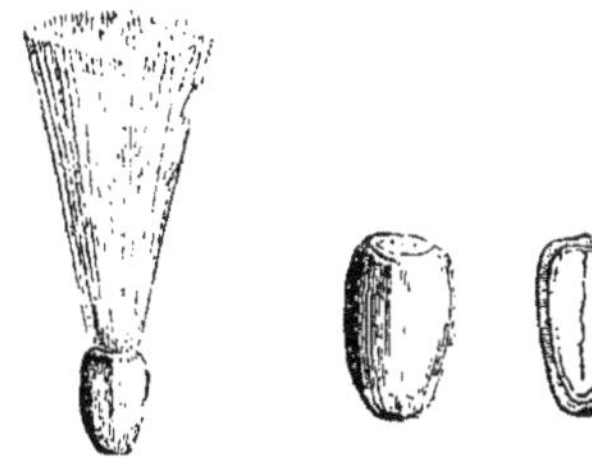

Fig. 491. — Fruit de l'artichaut. Fig. 492. — Graine de l'artichaut. Fig. 493. — Coupe de la graine.

ils ne donnent très souvent qu'un petit nombre de sujets identiques au type d'où ils sortent, mais ils peuvent fournir des races nouvelles utiles à conserver et à propager.

La multiplication par les œilletons donne toujours les mêmes produits. A Paris, l'œilletonnage se fait au printemps, ailleurs on le pratique en automne; dans chaque lieu, on choisit l'époque qui paraît la plus favorable à l'obtention de produits plus beaux et plus précoces. Partout on prend les œilletons sur d'anciens pieds encore vigoureux au moment de la reprise de la végétation. On déchausse à cet effet les pieds avec la bêche, sans les arracher, de manière à mettre à nu le collet et les premières racines; on éclate à la main les rejetons naissants en gardant autant que possible un talon ou portion du collet de la souche. On trouve généralement 10 à 12 pousses nouvelles; on en laisse 2 ou 3 pour continuer l'ancien pied; les autres constituent les œilletons de reproduction.

A Paris, et dans toute la région septentrionale, on opère de la manière suivante. On a dû labourer avec soin et bien fumer le terrain destiné à devenir une *artichautière*. On nettoie bien avec la serpette les œilletons, on écrase le talon s'il y a des lambeaux, en raccourcissant les feuilles à la longueur de $0^m,16$; il est bon que la plaie du talon ait le temps de se sécher un peu avant qu'on le remette en terre, mais il ne faut pas que les feuilles se fanent trop. On plante à une profondeur de $0^m,08$ avec un plantoir, en échiquier, en faisant les trous à une distance de $0^m,75$ dans les terres un peu maigres, à 1 mètre dans les terres où l'on espère une vigoureuse végétation. On met deux œilletons à $0^m,12$ l'un de l'autre, afin de former une touffe. On ménage un petit bassin autour du plant, et on arrose immédiatement pour le bien fixer en terre. On met en jauge dans la serre à légumes les œilletons qu'on ne peut pas planter tout de suite; le plant peut se conserver ainsi en bon état pendant plusieurs jours. Si le temps est sec, on continue d'arroser toutes les quarante-huit heures, jusqu'à ce que l'on constate que les plantes poussent bien. On ameublit ensuite la terre au moyen d'un binage. Avec des binages et des arrosages suffisants, on obtient de presque toute la plantation nouvelle une première récolte à l'automne.

On ne doit pas non plus ménager les arrosages, les sarclages et les binages aux anciennes plantations. Si l'on retarde les plantations nouvelles jusqu'en juillet ou en août, on n'obtient du fruit qu'au printemps suivant. Plus tôt on a planté, plus est abondante la récolte d'automne. Comme une plantation d'artichauts n'est guère en plein rapport que durant quatre ans, il faut à chaque troisième année s'occuper d'en préparer une de remplacement.

Aussitôt après la récolte, on coupe au ras de a terre les tiges qui ont donné des fruits; on coupe aussi les extrémités des feuilles les plus longues, pour laisser l'action du soleil réchauffer la terre autour des plantes. On laboure ensuite entre les rangs d'artichauts, et on butte autour des pieds, afin de les préserver de l'atteinte de la gelée. Dans le cas où les gelées peuvent être fortes, on couvre chaque touffe avec des feuilles ou de la litière pour les protéger contre les froids. Dans le courant de mars, quelques jours après que les fortes gelées ne sont plus à craindre, on enlève les paillis, on défait les buttes et on donne un labour. En avril, on procède à l'œilletonnage, ainsi qu'il a été dit, en laissant à chaque pied 2 ou 3 des œilletons les plus vigoureux. Malgré tous les soins qu'on a pu prendre, il arrive que les plantations sont détruites durant les hivers très rigoureux. Aussi, « les jardiniers prudents, fait observer M. Naudin, rentrent-ils dans la serre aux légumes ou dans un cellier, avant les froids, un certain nombre de pieds d'artichauts, qu'ils y plantent, près à près, dans une terre légèrement humide. Avec quelques soins et des aérages donnés à propos, les artichauts y passent aisément l'hiver. On les replante au printemps, et il n'est pas rare de les voir fructifier un mois ou six semaines plus tôt que ceux qui sont restés en place dans le jardin. » Dans tous les cas, le semis donne le moyen de refaire les plantations détruites par les hivers rigoureux.

Comme les racines des artichauts ne s'étendent pas très loin, on peut planter les œilletons à la troisième année d'existence de l'artichautière entre ceux que l'on doit détruire l'année suivante. Au moment d'arracher les vieux artichauts, le terrain se trouve ainsi garni de jeunes plants en plein rapport. Il est bien cependant de transporter de temps en temps l'artichautière sur un autre point du jardin.

On peut facilement avancer l'époque de la production des artichauts. On en fait de deux manières la *culture forcée*.

1° Dans le courant de novembre, on relève les artichauts en mottes que l'on plante dans un coffre. On entoure le coffre d'un réchaud de fumier pendant les gelées. On couvre les panneaux des coffres pendant la nuit, et on donne de l'air pendant le jour dès que le temps le permet. Les artichauts ainsi traités produisent en avril.

2° On force sur place de la manière suivante, indiquée par M. Courtois-Gérard : « Dans la première quinzaine de février, on enlève la terre des sentiers qui entourent la planche à environ $0^m,50$ de profondeur, et on la remplace par un réchaud de fumier neuf; après quoi on met des cerceaux de loin en loin en travers de la planche, de manière à servir de support aux paillassons qu'on emploie pour couvrir les artichauts pendant la nuit et par le mauvais temps; puis on couvre le sol avec du fumier chaud, afin d'activer la végétation. On remanie les réchauds tous les dix ou quinze jours, en ajoutant chaque fois plus ou moins de fumier neuf, selon l'état de la température. »

La facilité des transports donne maintenant moins d'intérêt qu'avant l'établissement des chemins de fer à la culture forcée des artichauts, car on peut avoir presque partout les têtes d'artichaut récoltés *dans le Midi*. La culture des artichauts se fait de deux manières dans la région des oliviers, selon qu'on est dans un terrain non arrosable, ou bien dans un terrain situé dans la zone d'un canal d'irrigation.

En Provence, dans les terres arrosables, l'œilletonnage s'effectue à l'automne, après les premières pluies, qui ont permis à la plante desséchée durant l'été de commencer à végéter. Les œilletons sont d'abord plantés en pépinière dans un terrain défoncé à $0^m,40$ ou $0^m,50$ de profondeur, à $0^m,10$ de distance en tous sens. Six semaines ou deux mois après, les jeunes plants sont mis en place. On donne deux ou trois binages jusqu'en mai, et, si le printemps n'a pas été trop sec, on a une récolte en mai ou en juin. Pendant l'été, les plants se dessèchent, mais ils repoussent après les pluies d'automne. On donne alors un fort binage, on enlève les œilletons qui sont de trop et on fume. Au printemps suivant, de mars en mai, la plantation donne d'abondants produits; cette production se continue ainsi durant 3, 4 ou même 5 ans. Alors l'artichautière est épuisée, et il faut la rétablir ailleurs.

En terrain arrosé, dans la région la plus chaude des oliviers, en basse Provence et dans le Roussillon, on récolte des artichauts dès le mois de novembre et en décembre, janvier et février. On opère de la manière suivante : Au mois de mai, on arrache tous les pieds qui ont fructifié, et on éclate les œilletons, très nombreux dans la race cultivée dans le pays; on les plante en pépinière dans un sol bien préparé, et on arrose une ou deux fois pour bien assurer la reprise; lorsque celle-ci est bien faite, on livre la plantation à elle-même jusqu'en juillet sans lui donner d'eau, en laissant les feuilles jaunir et se dessécher. Vers le milieu de juillet, on enlève les plants pour les mettre en place dans une bonne terre, bien défoncée et bien fumée; on les arrose abondamment après la plantation, et on renouvelle l'arrosage tous les huit jours, à moins qu'il ne survienne des pluies. On met au pied des touffes des engrais actifs, tels que de la colombine, du guano, du sang desséché; on arrose aussi le terrain avec des engrais liquides, si l'on en a à sa disposition, de manière à activer fortement la végétation; on donne également plusieurs sarclages et binages. Lorsque ces opérations ont été bien faites, on récolte des artichauts dès le mois de novembre. Lorsqu'on redoute des froids, on butte les plantes avec de la terre du côté d'où le froid peut venir, en exposant l'autre côté de telle sorte qu'il soit bien frappé par le soleil. On rabat d'ailleurs les feuilles en forme de chapeau au-dessus des jeunes fruits, afin qu'ils ne soient pas atteints par la moindre gelée blanche, et, dans les localités sujettes aux gelées, on ne doit faire la culture hivernale des artichauts que sur des ados et des côtières, au pied d'un mur exposé au midi.

L'artichaut est cultivé dans toutes les parties de la France, et, comme les climats sont très divers, on a adopté des races appropriées aux localités. Les plus importantes de ces races sont : l'artichaut *gros vert de Laon* (fig. 494), dont les capitules sont très gros et présentent des écailles larges, peu serrées les unes contre les autres, divergentes et très charnues a la base; c'est la race qui est la plus cultivée aux environs de Paris, et notamment à Aubervillers; 2° l'artichaut *camus de Bretagne*, l'artichaut *camard* et *gros camus d'Angers*, présentant un capitule de grosseur moyenne, de forme globuleuse, aplati au sommet, avec les écailles serrées, élargies en cône obtus, de consistance moyenne, assez charnues a la base; 3° l'artichaut *de Niort*, dont les capitules sont plus gros et présentent des écailles plus charnues que les précédents: sa culture, faite sur une grande échelle dans les départements de l'Ouest, et principalement ceux des Deux-Sèvres et de la Vendée, donne des produits qui alimentent un commerce d'exportation assez considérable; 4° l'artichaut *vert de Provence*, presque aussi gros que l'artichaut vert de Laon, mais à écailles moins charnues, un peu épineuses à leur pointe, et formant dans leur ensemble une sorte de cône; cette race est très estimée pour être mangée à la poivrade; 5° l'artichaut *violet*, particulièrement propre au Midi pour les terrains arrosés, dont les capitules sont relativement petits, de forme ovoïde; la couleur violette des écailles tend à disparaître à mesure que le fruit grossit; elles se terminent par une échancrure profonde et elles sont armées d'une épine très courte; cette variété est estimée particulièrement pour être mangée à la poivrade. — On peut citer encore, comme variétés à cultiver : l'artichaut de Saint-Laud, soit oblong, soit rond; l'artichaut camard mucroné de Bretagne, l'artichaut gris de Perpignan, etc. Grâce aux chemins de fer, les artichauts sont devenus l'objet d'un commerce assez considérable, soit dans l'intérieur de la France, soit pour l'exportation. A Paris même, on reçoit des artichauts des provenances les plus diverses : en janvier ceux d'Alger; peu après, ceux de la Provence, puis de Bordeaux et de Montauban; plus tard viennent ceux d'Angers, de la Bretagne et des environs de Niort; enfin les cultures de Senlis, de Compiègne, de Noyon et des autres contrées septentrionales envoient les leurs en juillet, août, septembre, et à l'automne, de telle sorte qu'on peut dire que les artichauts y sont devenus un légume de tous les temps, avec cette seule différence qu'à certaines époques ils sont plus abondants et plus ou moins propres à telle ou telle consommation. Le rendement d'une artichaudière dans la culture en grand des environs d'Angers est de 3000 douzaines par hectare dont le prix payé au cultivateur est de 1 franc la douzaine.

Fig. 494. — Artichaut gros vert de Laon.

Partout les mulots font un mal considérable aux plantations d'artichauts; il faut les détruire par des pièges, et s'ils sont en trop grand nombre, par le poison.

Les pommes d'artichaut peuvent être conservées pendant l'hiver; pour cela, on coupe les tiges dans toute leur longueur et on les plante dans la serre à légumes; les têtes se maintiennent fraîches très longtemps. On peut même planter dans la serre des pieds entiers, en supprimant seulement une partie des feuilles: les fruits continuent à grossir et demeurent excellents.

Dans plusieurs pays, on ne consomme pas seulement les capitules; on mange, de la même manière que les cardons, les pousses des vieux plants, dans ce but, on les empaille à la fin de l'été pour les blanchir. En Italie, on courbe la plante à angle droit, en rassemblant les pétioles, et l'on butte de manière à faire blanchir; il en résulte une bosse, d'où le nom de *gobbo* donné par les Italiens à la partie ainsi obtenue; le gobbo se sert cru et est mangé avec du sel.

On donne souvent, mais à tort, le nom d'artichaut à des plantes très différentes de l'artichaut commun dont la culture vient d'être décrite ; ainsi:

L'*artichaut du Canada* est le topinambour (*Helianthus tuberosus*); on l'appelle aussi *artichaut de terre*.

L'*artichaut d'Espagne* est le *Cucurbita clypeata*, ou *Melopepo hypeiformis;* on l'appelle aussi *artichaut de Jérusalem*, *patisson* et *bonnet d'électeur* ou *de prêtre*. C'est aussi le *Cucurbita radiata*; enfin, on donne encore le même nom à l'arbouse (voy. ce mot, p. 778).

L'*artichaut des Indes* est la patate (*Batatas edulis*).

L'*artichaut de Barbarie* est le potiron turban, appelé aussi *giraumon* (*Cucurbita manema*).

L'*artichaut sauvage* est le *Carlina vulgaris*, l'*Onopordum acanthium*, et la joubarbe des toits (*Sempervivum majus* ou *tectorum*); dans ce dernier cas, on dit aussi *artichaut des toits*.

ARTICHAUTIÈRE (*culture potagère* et *économie domestique*). — Se dit d'un terrain planté en artichauts et du vase servant à faire cuire ce légume.

ARTICLE (*botanique*). — On appelle articles les parties superposées d'un végétal dont la réunion constitue un organe, mais qui peuvent se séparer à un moment donné : ainsi, les parties du fruit qui contiennent chacune une semence et qui se séparent les unes des autres à la maturité, ainsi qu'il arrive pour les fruits des *Helysarum* et des *Coronilla*, parmi les Légumineuses, et pour ceux du *Raphanus raphanistrum* parmi les Crucifères. — En mycologie, on désigne par le mot article une cellule issue d'une autre cellule dont elle est séparée par une cloison.

ARTICLES (*zoologie*). — Ce sont les parties du corps qui sont mobiles les unes sur les autres dans les insectes, les myriapodes, les arachnides et les crustacés (voy. ANIMAL (règne).

ARTICULAIRE. — Qui a rapport aux articulations; on dit, dans les animaux, capsules articulaires, ligaments articulaires, artères et veines articulaires, plaies articulaires, rhumatisme articulaire, apophyses articulaires des vertèbres. — En botanique, les feuilles articulaires sont celles qui naissent des nœuds ou des articulations de la tige ou de ses ramifications.

ARTICULATION (*physiologie*). — Jointure de deux ou de plusieurs parties d'un animal ou d'un végétal. — Chez l'homme et les animaux domestiques, ce sont les parties osseuses qui présentent des articulations; celles-ci sont mobiles (diarthroses), immobiles (synarthroses), mixtes (amphiarthroses). Dans chacune de ces espèces, on rencontre plusieurs genres. Parmi les premières, on distingue des emboîtements de têtes sphériques ou ellipsoïdales dans des cavités analogues, des sortes de poulies, de charnières, de pivots; dans les secondes, on trouve des sutures avec engrenages ou juxtapositions; dans les troisièmes, des surfaces superposées, mais liées par des cartilages, des muscles, des membranes ou des tissus fibreux. — Chez les végétaux, ce sont les points où s'effectue la séparation entre deux organes ou deux parties d'un même organe. L'articulation est marquée parfois par un étranglement qui la rend très visible, parfois par un renflement plus ou moins prononcé. On dit vulgairement que les points de séparation constituent des nœuds, lorsqu'il y a épaississement. Certaines articulations sont, chez les végétaux, le siège de mouvements plus ou moins étendus, notamment chez la sensitive, l'*Hedysarum girans* et plusieurs autres Légumineuses. — Chez les animaux domestiques, les articulations peuvent être atteintes de nombreuses plaies ou affections, ankylose, arthrite, etc., pour lesquelles il faut toujours consulter le vétérinaire.

ARTICULÉ. — Qui est pourvu d'articulations : os articulés, tiges articulées.

ARTICULÉS (ANIMAUX) (*zoologie*). — Les animaux articulés ou anthropodaires forment le premier sous-embranchement des entomozoaires ou annelés qui constituent le deuxième embranchement du règne animal.

ARTIFICIEL. — Ce qui est obtenu par art. — En agriculture, les prairies artificielles sont celles qui ne sont pas formées de plantes fourragères poussant naturellement, et qu'on obtient par des semis souvent renouvelés : tels sont les trèfles, les luzernes, les sainfoins. — L'allaitement artificiel consiste à faire boire le lait aux jeunes animaux, au lieu de leur laisser teter leur mère.

ARTIGNE (*médecine vétérinaire*). — Nom donné dans une partie de l'ancienne Gascogne à une sorte de colique stercoreuse à laquelle les bœufs sont sujets et que l'on traite par des lavements émollients.

ARTOCARPE (*botanique*). — Genre de plantes de la famille des Ulmacées, dont on connaît une vingtaine d'espèces dans les régions tropicales de l'Asie et de l'Océanie; le nom signifie littéralement *fruit-pain*. Ce sont des arbres à suc laiteux, à bois peu consistant, à feuilles alternes, à fleurs monoïques, disposées en glomérules sur des réceptacles distincts; celui des mâles en forme d'épi cylindrique, garni sur sa surface extérieure de fleurs sessiles; celui des femelles, tubuleux, très concave, creusé comme une sorte de puits sur le réceptacle commun de l'inflorescence.

Parmi les espèces d'artocarpes les plus importantes, il faut signaler l'*Artocarpus incisa* ou *communis*, qui est l'*arbre à pain* proprement dit, et qui est aussi nommé *rima*, *Iridaps rima*, *Soccus granosus*, *Rademachia incisa*, grand arbre pouvant atteindre 15 à 20 mètres de hauteur, commun dans les îles de la mer du Sud (Taïti, l'archipel des Amis, îles de la Société, etc.). Son tronc devient gros comme le corps d'un homme; il possède : un latex visqueux et latescent, employé à faire de la glu, une écorce textile, un bois employé, quoique peu résistant, à la construction des cases et des pirogues; mais il est surtout cultivé pour ses fruits globuleux et gros comme la tête d'un homme, qu'on coupe en tranches un peu avant la maturité pour les manger, après les avoir fait bouillir ou griller, ou chauffer sous la cendre; c'est une nourriture saine et substantielle. Les fleurs fraîches servent à faire une conserve pulpeuse à saveur aigrelette. Avec les fleurs mâles desséchées, on prépare de l'amadou. L'artocarpe du Brésil et l'artocarpe hétérophylle donnent aussi des fruits et des amandes comestibles.

ARUM (*botanique et horticulture*). — Genre type des plantes de la famille des Aroïdées (voy. ce mot, p. 575), que l'on appelle souvent les *gouets*. — Plusieurs espèces sont intéressantes pour l'horticulture ou la médecine.

1° L'arum tacheté ou à feuilles maculées (*Arum maculatum* ou *vulgare*, ou *pyrenaicum*) est une herbe vivace très commune en France, où elle a reçu un grand nombre de dénominations vulgaires dont voici l'énumération d'après le répertoire de Duchesne : « Aron, baratte, batàs, cheval bayard, chevalet, cholette, chou-poivre, claujot, contre-feu, cornet, épiteste, fuseau, giraude de moine, giron, gouet, grand giron, herbe à pain, langue de bœuf, manteau de la sainte Vierge, manteau de sainte Marie, marquette, membre d'évêque, mourride, pain de crapaud, pain de lièvre, pain de pourceau, picotin, pied de bœuf, pied de veau, pileste, pilon, pirette, racine amidonnière, religieuse, serpentaire, serpentine, thoureux, vaquette, vit de chien, vit de prêtre. » La tige souterraine, tubéreuse, courte, épaisse, de couleur blanchâtre, contient un suc très âcre mélangé à beaucoup de fécule. Les feuilles sont toutes radicales et longuement engainantes; elles se développent à la fin de l'hiver et présentent un limbe ovale, aigu, sagitté à la base, d'un vert luisant parfois tacheté de noir, à lobes courts, obtus et un peu divariqués. Du centre des feuilles des plus grosses souches se dégage, au printemps, l'inflorescence, qui se compose d'une spathe jaune verdâtre, souvent avec un liseré de violet, renflée à la base et s'étalant en cornet au-dessus du renflement; elle entoure un spadice dressé portant au-dessus des étamines plusieurs cercles de filaments, et elle se termine par une sorte de massue cylindrique d'un violet livide. Aux fleurs femelles succèdent des baies disposées en épis oblongs et compacts, et qui deviennent d'un rouge vermillon à la maturité; celle-ci a lieu en juillet, et alors les feuilles jaunissent et se dessèchent. On multiplie cette plante très facilement par la séparation des souches à la fin de l'été et en automne. Elle croît dans tous les sols frais et ombragés. Elle peut servir à décorer beaucoup de parties de parcs ou de jardins où peu de plantes réussissent, notamment sous bois et sous les massifs d'arbustes. Les feuilles et les racines fraîches ont une action rubéfiante et même vésicante ; on peut en employer le suc pour modifier avantageusement la surface des vieux ulcères. Ses infusions sont purgatives, vénéneuses à doses concentrées. Le principe basique de la racine disparaît par la dessiccation ; aussi on peut faire, avec la racine desséchée, de l'amidon, des bouillies, du potage, des galettes; on la donne souvent aux cochons. Elle sert, dans quelques pays, pour blanchir le linge.

2° L'*Arum italicum*, ou gouet d'Italie, est une espèce qui ressemble beaucoup à la précédente ; les feuilles sont en cœur, hastées, veinées et maculées de blanc; elles apparaissent dès l'automne et persistent en hiver. L'inflorescence paraît en avril et mai. Le spadice est de couleur blanc jaunâtre ou jaune de beurre, d'où son nom vulgaire de *bitte de beurre* donné à la plante; il porte des filaments au-dessus et au-dessous des étamines. Les baies arrivent à la maturité en juillet. Cet arum convient aux lieux rocailleux et couverts. On le multiplie par semis des graines ou par la séparation des souches.

3° L'*Arum crinitum*, appelé aussi *Arum muscivorum, Dracunculus crinitus*, est le gouet chevelu vulgaire ; il est aussi désigné quelquefois sous le nom d'attrape-mouches. Il est originaire de la Corse. La souche est assez grosse, aplatie, noirâtre. Les feuilles pédiaires, très grandes, sont pourvues de graines allongées, dont la réunion forme une fausse tige haute de 0m,30 à 0m,35, marbrée et tachée de noir pourpre, du milieu desquelles émergent de grands spadices dont les spathes, en forme de cornet, sont longues de 0m,22 à 0m,25, ventrues à la base, d'un rouge veineux ou de sang caillé livide, se resserrent ensuite, puis s'élargissent plus haut en un large limbe incliné ou horizontal, tapissé intérieurement de soies violettes dirigées de haut en bas. Chaque spathe exhale une odeur cadavérique qui attire certains insectes, notamment le dermeste gris et la mouche de la viande. On multiplie cet arum par la séparation des souches à l'automne et au printemps; on peut faire des semis en pots ou terrines d'avril en juillet en tenant ces pots à l'abri pendant l'hiver. Il faut un sol léger, un peu humide, profond. On doit protéger les touffes par une couverture de feuilles ou de litière, et, en cas de trop fortes gelées, conserver des tubercules sur des tablettes dans les orangeries ou lieux bien abrités. On plante aux expositions ombragées. On obtient de beaux effets, à cause du feuillage vert foncé assez élégant et des bizarreries de la forme des fleurs.

4° L'*Arum dracunculus* (*Dracunculus vulgaris*) est le gouet serpentaire, qui habite l'Europe méridionale comme le précédent. La floraison a lieu en juin-juillet. La culture et la multiplication de cet arum sont les mêmes que pour le précédent. L'effet produit est très beau; mais, à cause de son odeur désagréable, il convient d'éloigner cette plante des habitations.

On donne souvent à tort le nom d'arum à des *Colocasia*, des *Caladium*, des *Xanthosomes*, des *Typhonium*, des *Richardia*, des *Dieffenbachia*, toutes plantes formant des genres spéciaux dans la famille des Aroïdées.

ARUNDINACÉES (*botanique*). — Tribu de Graminées, généralement de haute taille, dans laquelle les fleurs sont ordinairement couvertes ou entourées à la base de poils longs et mous. Elle comprend les genres *Ammophila* (voy. p. 383), *Ampelodesmos* (voy. p. 385), *Amphidonax* (voy. p. 387). *Arundinaria, Arundo, Calamagrostis, Deyeuxia, Pentapogon, Phragmites*.

ARUNDINAIRE (*botanique et horticulture*). — Genre de Graminées de la tribu des Arundinacées, très voisin du genre des *Arundo*. On en connaît une quinzaine d'espèces qui habitent les pays chauds des deux mondes. La seule qui ait été introduite dans nos cultures est l'arundinaire à feuilles en faux (*Arundinaria falcata*), qui fleurit assez souvent, surtout dans l'ouest de la France. Cette plante (fig. 195), appelée aussi *bambou du Népaul* (*Bambusa falcata, Thamnocalamus Falconeri*), peut atteindre 5 à 6 mètres de hauteur, et est une des plus remarquables que l'on possède pour l'ornementation des jardins paysagers, en produisant le plus bel effet sur les pelouses, les vallonnements, les talus et les rochers. Mais elle n'est que demi-rustique sous le climat de Paris, où elle ne peut passer l'hiver qu'en orangerie; dans les départements de l'ouest, elle se cultive avec quelques succès; elle brave tous les frimas au sud du 43e degré de latitude. Elle ne se distingue des bambous que par le nombre des étamines, qui sont au nombre de 3 et très courtes, tandis que les fleurs des bambous ont 6 longues étamines et un seul style très allongé. Elle est vivace. Ses tiges sont ligneuses, buissonnantes, flexueuses, lisses, noueuses, d'un vert jaunâtre ou d'un jaune paille; elles portent

Fig. 195. Arundinaire falciforme.

sur un des côtés de chaque nodosité un faisceau de petits rameaux également noueux et flexueux. Les feuilles sont alternes, distiques, engainantes, rubanées, d'un beau vert tendre, lancéolées et aiguës, et ont une longueur de 0m,15 sans excéder 0m,15 de largeur. Chaque année, de nouvelles tiges plus grandes s'ajoutent à celles des années précédentes en superposant leur joli feuillage. Cette plante exige une terre substantielle, meuble, mais peu sablonneuse, saine, avec une exposition chaude, mais bien aérée. On les reproduit au moyen des rejets émis chaque année sur la souche, et que l'on peut séparer au printemps. Le mieux est de faire la séparation à l'automne et de planter en pots avec de la terre de bruyère que l'on hiverne sur une couche ou dans une serre, en enterrant les pots dans de la bonne tannée nouvelle. Les tiges sont creuses, résistantes et d'un beau poli. Dans le midi de la France, cette plante passe très bien l'hiver en terre: il en est de même au bord de la mer. Mais, sous le climat de Paris, il faut la garantir contre les grands froids en accumulant des feuilles sèches ou de la litière autour des touffes. On doit signaler aussi l'*Arundinaria macrosperma*, qui est arborescente dans l'Amérique septentrionale, où ses chaumes atteignent 10 à 12 mètres de hauteur, sont garnies de feuilles distiques et présentent de très belles fleurs en vaste panicule ramifiée.

ARUNDINE (*botanique*). — Plantes herbacées de la famille des Orchidacées, originaires de l'Inde.

ARUNDINELLA (*botanique*). — Plantes de la famille des Graminées, tribu des Panicées, dont on connaît une centaine d'espèces, qui appartiennent à toutes les régions chaudes du globe, et particulièrement au Brésil et à l'Inde orientale. Les épillets, solitaires ou géminés, sont réunis en une panicule composée. Le fruit est un caryopse ovale, arrondi et glabre.

ARUNDO (*botanique* et *horticulture*). — Genre de Graminées comprenant environ dix-sept espèces aquatiques, élevées et quelquefois frutescentes, des régions chaudes et tempérées du globe. Ce sont de grandes plantes vivaces, ayant de fortes tiges feuillues, fistuleuses, entrecoupées de nœuds, peu ou point ramifiées, qui se terminent par des panicules soyeuses. Deux espèces seulement intéressent l'horticulture : 1° l'*Arundo donax*, ou *roseau à grenouilles*, appelé aussi canne de Provence, roseau des jardins, présente des tiges de 3 à 6 mètres de hauteur, ligneuses, creuses et articulées; ses feuilles, rubanées, aiguës, sont d'un vert glauque; en août apparaissent ses élégantes fleurs en panicules pourpres, qui, malheureusement, fructifient rarement de manière à donner des graines mûres. Les plantes sont plus vigoureuses quand le climat est plus chaud. Dans tous les cas, il lui faut une terre argileuse, profonde et humide, surtout le bord des eaux. On fait la multiplication par la séparation des jets latéraux. On ne doit couper les tiges qu'au printemps, à l'époque où commencent à se montrer les nouvelles tiges. Dans le Midi, la culture de l'*Arundo donax* est souvent avantageuse; on la pratique à cause des longues cannes ligneuses, solides et légères, qu'elle fournit pour faire des clôtures-abris contre le vent, pour donner des lignes à pêcher, etc. Une variété très jolie de ce roseau de Provence est le roseau panaché (*Arundo donax variegata*), que l'on rencontre fréquemment dans les jardins. Elle a l'inconvénient de rester faible et d'être difficile à conserver. — 2° Le roseau de Mauritanie ou de l'Algérie (*Arundo Mauritanica*) a les tiges plus grêles et moins hautes, 2^{m},50 à 3 mètres seulement; ses feuilles sont planes, lancéolées, glauques; ses fleurs paraissent en abondance en septembre-octobre et présentent une panicule étroite, d'un blanc rosé, puis roussâtre, de 0^{m},30 de longueur. Les usages et les soins de culture sont les mêmes que ceux de l'*Arundo donax*.

ARURE (*métrologie*). — Nom employé dans quelques provinces pour désigner la surface qu'une charrue peut labourer en un jour. — C'était aussi, chez les Egyptiens et les Grecs, une mesure agraire équivalant à environ 2 ares 36 centiares.

ARVENSIS. — On nomme *plantæ arvenses* les plantes qui vivent dans les champs cultivés en céréales (bluets, coquelicots, etc.).

ARVICOLA. — Nom donné au campagnol.

ARVICOLE. — Laboureur qui vit dans les champs cultivés en céréales.

ARVICULTURE. — On donne quelquefois ce nom à la science des travaux relatifs à la culture du blé. — Un arvicole est celui qui vit dans des champs cultivés (le mot latin *arvicola* signifie laboureur).

ARZEL (*hippiatrique*). — Cheval ayant les deux pieds de derrière blancs et le chanfrein blanc.

ASAGRÆA (*botanique*). — On a proposé de donner le nom du botaniste Asagray à plusieurs plantes, mais on ne l'a conservé qu'à un genre de Légumineuses-Papilionacées appartenant au groupe des Psoralées, de la série des Galégées, dont on ne connaît qu'une espèce, l'*Asagræa spinosa*, arbrisseau de la Californie dont les rameaux sont souvent épineux, les feuilles éparses, simples, sessiles, un peu charnues.

ASARET (*botanique*). — Genre de plantes de la famille des Aristolochiacées. Ce sont des herbes vivaces à tiges souterraines, à rameaux rampants, à feuilles simples, opposées, couvrant la terre de touffes qui abritent des fleurs pédonculées apparaissant au printemps à l'extrémité des jeunes rameaux de l'année. Le fruit est une capsule déhiscente, qui renferme de nombreuses graines pourvues d'un arille le long de leurs replis. Ces plantes habitent toutes les régions septentrionales. On en compte une dizaine d'espèces, parmi lesquelles on distingue surtout les asarets d'Europe et du Canada. L'*Asarum europæum* (fig. 196) se rencontre fréquemment en Lorraine, dans les Vosges, dans la Côte-d'Or, dans la Loire, dans le Puy-de-Dôme, dans les Pyrénées, dans les endroits ombragés. Les deux feuilles supérieures sont portées par un long pétiole cylindrique, pubescent, canaliculé, d'un vert sombre en dessus, pâles et glabres en dessous. La fleur, solitaire, se dégage de l'intérieur des deux grandes feuilles, en forme d'entonnoir;

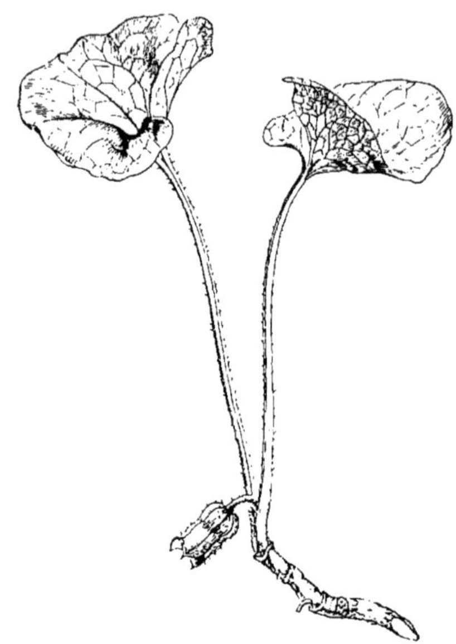

Fig. 196. — Port de l'asaret.

elle est d'un vert veineux, tacheté de pourpre brunâtre. On en récolte les feuilles durant l'été pour les usages médicinaux; les souches s'arrachent au printemps et en automne pour les mêmes usages; elles ont une odeur forte, camphrée et une saveur poivrée. Les feuilles et les racines sont purgatives et vomitives; on les a beaucoup employées à la place de l'émétique ou de l'ipécacuanha; on s'en sert encore contre les vers et contre les fièvres, et, dans la médecine vétérinaire, contre le farcin. On fait, avec la racine sèche, une poudre sternutatoire, soit seule, soit mêlée à la poudre de muguet, de bétoine, de marjolaine, d'euphorbe, etc.; elle fait la base de la poudre de Saint-Ange. D'après le répertoire de Duchesne, on l'appelle vulgairement : cabaret, Girard-Roussin, nard commun, nard sauvage, nœud sauvage de Girard-Roussin, oreille d'homme, oreillette, panacée des fièvres quartes, rondelette, rondelle. Le nom de *cabaret* lui vient de l'habitude qu'avaient autrefois les ivrognes d'en mâcher les feuilles pour provoquer un vomissement en avalant le suc pour se débarrasser l'estomac et continuer ensuite à boire. Il y a des exemples d'empoisonnement par l'asaret. Quant à l'*Asarum canadense*, qu'on rencontre dans nos jardins botaniques, et que les Américains appellent *gingembre sauvage*, il a les fleurs plus grandes et couvertes d'un duvet tomenteux, des souches plus aromatiques; la plante paraît avoir des propriétés organoleptiques moins énergiques que celle d'Europe.

ASARINE (*botanique*). — Nom donné à l'*Antirrhinum asarina*, espèce de muflier (voy. ANTIRRHINÉES, p. 491). Dans le commerce, les racines de l'asarine sont quelquefois mélangées à celles de l'*Asarum europæum;* mais elles ont une odeur différente et leur corps ligneux est garni de longues radicelles, ce qui permet de les distinguer.

ASARINE, ASARONE, ASARITE (*chimie agricole*). — Substance solide contenue dans l'*Asarum europæum*. On l'obtient en distillant les racines sèches de l'asaret avec de l'eau; elle se condense en partie sur le col de la cornue, en partie sous forme de gouttelettes huileuses à la surface de l'eau, et qui finissent par se concréter. Elle fond à 40°, distille à 280°; elle présente l'odeur du camphre. Elle a pour formule $C^{20}H^{26}O^{5}$, est insoluble dans l'eau, soluble dans l'alcool, l'éther et les essences. Elle se colore en rouge par l'acide sulfurique et se convertit en acide oxalique par l'acide nitrique.

ASARINÉES (*botanique*). — Mot employé par divers botanistes pour désigner les Aristolochiacées. — On dit aussi quelquefois *Asaroïdées*.

ASBESTE (*minéralogie*). — Substance minérale plus ou moins flexible, d'un aspect soyeux, qui ne s'altère pas au feu (voy. AMIANTE).

ASCAGNE (*zoologie*). — Espèce de singe du genre des Guenons, brun olivâtre en dessus, gris en dessous; ayant le visage bleu, le nez blanc, une moustache noire, une touffe blanche devant chaque oreille.

ASCALABOTES (*zoologie*). — Genre de grands reptiles sauriens, de la famille des Geckos (voy. ANIMAL (*règne*).

ASCALAPHE (*entomologie*). — Insectes névroptères assez jolis, du genre Fourmilier, ayant l'aspect des libellules; le type est l'ascalaphe d'Italie, qu'on trouve en France aux environs de Fontainebleau.

ASCALONIE (*culture maraîchère*). — Échalotte (*Allium ascalonicum*) (voy. AIL).

ASCARIDES (*zoologie*). — Genre de vers intestinaux de la classe des Helminthes (voy. ANIMAL (*règne*), qui ont une grande ressemblance avec les vers de terre. Les plus connus sont le lombric des intestins qu'on trouve sans différence sensible dans l'homme, le cheval, l'âne, le bœuf, le cochon, etc.; il est blanchâtre ; il peut causer des maladies graves, surtout chez les enfants; 2° l'oxyure vermiculaire qui se fixe particulièrement à la marge de l'anus et où il cause des démangeaisons insupportables. On détruit ou on expulse les ascarides par des purgatifs, tels que l'huile de ricin, par des lavements d'infusions d'absinthe, de semen-contra, d'un grand nombre de plantes vermifuges, par des médicaments mercuriaux ou arsenicaux employés seulement sous la direction du médecin, par des lotions locales avec les vermifuges organiques ou minéraux.

ASCARINA (*botanique*). — Genre de plantes frutescentes ou sous-arborescentes, de la famille des Chloranthacées, originaires de la Polynésie, ayant une saveur aromatique et âcre.

ASCENDANTS (*physiologie*). — En BOTANIQUE, le terme d'ascendant est appliqué à tout ce qui s'élève : les liquides absorbés par les racines et qui montent dans la tige d'une plante, constituent la *sève ascendante;* — une *tige ascendante* est celle qui, d'abord horizontale, se redresse ensuite; — un *ovule ascendant* est celui qui, attaché sur le côté de l'ovaire, se dirige vers le sommet de cet organe; — les *étamines ascendantes* sont celles dont le filet, d'abord courbe, se dresse; — une *métamorphose ascendante* est celle qui fait passer un organe à un état supposé plus élevé, par exemple, une feuille à l'état de pétale. — En ÉCONOMIE DU BÉTAIL, un ascendant est un reproducteur qui a laissé l'empreinte de ses caractères dans les générations qu'il a produites; les bons éleveurs attachent la plus grande importance à la généalogie de leurs animaux, principalement dans les espèces chevaline et bovine; dans les achats des taureaux et des chevaux-étalons, on s'informe toujours de leurs ascendants, parce qu'il est établi que les qualités se transmettent et se conservent d'autant mieux que les races sont plus anciennes et ont gardé des caractères plus constants.

ASCENSION (ILES DE L') (*géographie agricole*). — Ile de 7000 hectares de superficie, découverte le 20 mai 1501 (jour de l'Ascension) par les Portugais, située entre le cap des Palmes, le Brésil et l'île Sainte-Hélène, par 7° 56′ de latitude méridionale et 16° 45′ de longitude à l'ouest du méridien de Paris. Elle est constituée par un rocher volcanique et présente une double cime d'une altitude de 865 mètres, la montagne Verte. On y trouve une graminée, *Aristida Ascensionis*, et une fougère, *Conchites Ascensionis*, plantes spéciales dénommées par Linné. Sous son climat, chaud mais sain et constant, toutes les plantes tropicales peuvent être cultivées. On y rencontre en grande abondance la grande tortue verte, pesant de 200 à 400 kilogrammes; on en prend environ 3000 par an. Les oiseaux y sont extrêmement nombreux.

ASCHENBORNIA (*botanique*). — Arbuste du Mexique, à rameaux hérissés, de la famille des Composées, tribu des Eupatoriées, sous-tribu des Agérates (voy. ce mot).

ASCHISTODON (*botanique*). — Genre de mousses du Chili.

ASCHURSONIA (*botanique*). — Genre de champignons pyrénomycètes, à stroma charnu, appartenant aux pays chauds.

ASCIDIE (*botanique*). — On donne le nom d'ascidies à des organes en forme de cornets ou de gobelets, d'urnes, d'ampoules, que portent certaines feuilles de *Nepenthes*, de *Sarracenia*, de *Cephalotus*, d'*Utriculaires*.

ASCIDIE (*zoologie*). — Animaux mollusques de la classe des Tuniciers (voy. ANIMAL (*règne*), Les ascidies peuvent être simples, c'est-à-dire isolées et supportées par une longue tige, ou bien composées, c'est-à-dire réunies à plusieurs sur un corps solide. Parmi les composées, se trouve le genre Cynthie, qui renferme la *Cynthia microscomus*, servant d'aliment sur les bords de la Méditerranée. Il faut citer aussi le *Pyrosoma atlanticus*, ascidie des mers équatoriales, qui se voit de très loin, à cause de la lumière qu'il émet.

ASCIES (*entomologie*). — Genre d'insectes diptères athéricères, tribu des Syrphides. Ils ont l'abdomen rétréci à sa base et en forme de massue; l'espèce la plus commune, et qu'on trouve presque partout, est l'*Ascia podacreca* ou *Syrphus podagricus*.

ASCITE (*médecine vétérinaire*). — Maladie consistant dans un épanchement de liquide séreux dans la cavité du péritoine. On dit quelquefois hydropisie ascite. Son caractère est une tuméfaction du bas-ventre, égale et régulière, mais susceptible de fluctuation sous la pression ou le changement de position qui fait varier l'emplacement occupé par le liquide. Cette maladie, assez rare chez le cheval et le bœuf, est fréquente chez le mouton, le lapin, le chien et le chat. Elle est parfois un simple symptôme de la maladie de quelque viscère important, et alors elle disparaît avec celle-ci. D'autres fois, elle est essentielle, c'est-à-dire qu'elle ne se rattache à la lésion d'aucun organe; on l'attribue alors à des refroidissements subits. On la traite en faisant résorber l'épanchement par l'emploi des purgatifs et des diurétiques;

quelquefois on a recours à des ponctions qui ne peuvent être opérées que par des vétérinaires exercés.

ASCLÉPIADACÉES (*botanique*). — Famille de plantes qu'on a formée avec une section des Apocynées. « Ce sont, dit M. Baillon, des herbes vivaces ou quelquefois frutescentes, des arbustes souvent grimpants ou des arbres. Leur racine est quelquefois bulbeuse et comestible. Leurs feuilles sont opposées, rarement verticillées ou alternes, simples, très entières, souvent munies de glandes sur le pétiole ou à l'origine du limbe et accompagnées de stipules à peine développées ou réduites à une ligne de poils. Les fleurs axillaires, ou, plus ordinairement, extra-axillaires, sont solitaires ou en corymbes, grappes ou ombelles. Ces fleurs, de couleur fort variable (rouge, jaune orangé, blanc ou rarement bleu), et quelquefois fort belles, exhalent un parfum parfois suave, mais qui, dans certaines espèces, est d'une odeur fétide. Leurs fruits, composés de deux (rarement un seul, par avortement) follicules, deviennent quelquefois charnus et comestibles. Leur écorce et leurs aigrettes fournissent quelquefois des substances textiles. Mais leurs propriétés les plus énergiques résident dans leur latex, ordinairement riche en caoutchouc et qui rend ces plantes toxiques, stimulantes, évacuantes, et souvent dangereuses, comme le sont beaucoup d'Apocynacées (voy. ce mot, p. 506). » On a partagé cette famille en cinq tribus : *Asclépiadées, Gonolobées, Périplocées, Scamonées, Stapéliées*, d'après la forme de l'androcée. La première et la dernière tribu fournissent seules des plantes utilisées en horticulture.

ASCLÉPIADE (*botanique, horticulture et technologie*). — Genre de plantes vivaces qui font le type des Asclépiadacées. On en connaît d'assez nombreuses espèces, toutes originaires d'Amérique, et dont quelques-unes ont été introduites en Europe. Leur nom signifie qu'elles ont été dédiées au dieu de la médecine (Esculape), à cause de leurs propriétés médicinales. Il faut signaler surtout les espèces suivantes :

1° L'asclépiade incarnat ou à couleur de chair (*Asclepias incarnata* ou *amœna*) présente une souche non traçante, d'où s'élèvent des tiges dressées, peu rameuses, un peu lavées de rouge, hautes de 1^m à 1^m,30. Les feuilles sont opposées, lancéolées, glabres, amincies et aiguës au sommet. Les fleurs apparaissent d'août à septembre et sont en ombelles de couleur rouge pourpre rosée ; elles répandent une odeur de vanille. Le fruit est ovoïde, parcheminé, glabre. Il faut à cette plante une terre légère, fraîche, avec une exposition au soleil. On la multiplie d'éclats ou de graines semées de mai à juillet en pépinière, pour repiquer le plant également en pépinière, et mettre en place en automne ou au printemps à une distance de 0^m,40 entre les pieds.

2° L'asclépiade de Cornuti (*Asclepias Cornuti* ou *syriaca*), appelé aussi herbe à la ouate, herbe à coton, présente une souche souterraine très traçante, d'où s'élèvent, à une hauteur de 1^{m}40 à 2 mètres, des tiges pubescentes grisâtres, munies de feuilles opposées, ovales-obtuses, cotonneuses en dessous. La floraison a lieu en juillet-août. Les fleurs, très nombreuses, sont blanches, lavées de rougeâtre, assez élégantes et d'une odeur miellée agréable ; elles sont disposées en ombelles au sommet de pédoncules extra-axillaires plus courts que les feuilles, avec calice à 5 lobes, corolle à 5 divisions un peu épaisses, 5 étamines formant une petite couronne de 5 pièces capuchonnées, émettant du fond de leur cavité une corne courbée sur le stigmate ; le fruit, folliculaire mais mollement épineux, renferme un grand nombre de graines lenticulaires terminées par une aigrette chevelue, soyeuse, nacrée, formant une sorte de ouate. Cette plante est très rustique et convient à l'ornementation des massifs d'arbustes clairsemés, particulièrement en terrains rocailleux, dans les grands jardins. On lui donne les mêmes soins de culture qu'à la précédente. Ses tiges paraissent textiles, mais elles ne sont pas employées dans l'industrie, non plus que le coton des graines, à cause de la difficulté d'en faire le filage. En perforant les diverses parties de la plante, on obtient un suc laiteux qui, en se durcissant, produit une sorte de caoutchouc. On rencontre dans les jardins l'*Asclepias princeps* et l'*Asclepias speciosa* ou *Douglasii*, qui sont très voisins du *Cornuti*, un peu plus élevés et moins traçants.

3° L'asclépiade tubéreux (*Asclepias tuberosa*) présente des racines fibreuses, partant d'une souche tubéreuse d'où s'élèvent des tiges pubescentes d'une hauteur de 0^m,60, rameuses au sommet, à ramifications plus ou moins dressées ou étalées. Les feuilles, opposées ou ternées, sont ovales et atténuées aux deux extrémités. Cette plante porte de très belles fleurs, d'un brun jaune orangé ou rouge safrané, disposées en ombelles qui forment tantôt une panicule, tantôt un corymbe. Le fruit est oblong, pubescent, ponctué aux deux bouts. Ce qui convient le mieux pour bien réussir cette jolie plante, c'est une terre de bruyère un peu tourbeuse et une exposition demi-ombragée. On s'en sert en Amérique contre les affections chroniques des voies respiratoires.

4° L'asclépiade de Curaçao (*Asclepias curassarica*) étant originaire des Antilles, demande en hiver la serre chaude sous le climat de Paris. Les nègres des Antilles en emploient la racine sous le nom de faux-ipécacuanha, comme purgatif et vomitif.

5° L'asclépiade blanc (*Asclepias alba*) est le dompte-venin (*Asclepias vincetoxicum*) des anciens, l'ipécacuanha des Allemands ; toute la plante teint la laine non alunée en olive pâle, la soie en jaune faible.

ASCLÉPIADÉES (*botanique*). — Plante formant une tribu parmi les Asclépiadacées ; leur type se trouve dans les Asclépiades. Beaucoup de botanistes embrassent sous leur nom les autres tribus des Asclépiadacées.

ASCLEPIADINE (*chimie agricole*). — Principe amer et vomitif contenu dans l'*Asclepias vincetoxicum*.

ASCLÉPION (*chimie agricole*). — Matière amorphe qu'on extrait en traitant par l'éther le précipité que donne par l'action de la chaleur le suc laiteux de l'*Asclepias syriaca*.

ASCOBOLUS (*botanique*). — Genre de champignons discomycètes, ayant les spores d'un brun violacé foncé, et que l'on mange quelquefois en France.

ASCOLEPIS (*botanique*). — Herbes à racines fibreuses, parfois bulbeuses, à chaumes dressés, que l'on trouve en Abyssinie, à Java et au Bengale, et qui appartiennent aux Cypéracées.

ASCOPHORE (*botanique*). — Genre de champignons microscopiques, voisin des moisissures dans la tribu des Hypomycètes. L'*Ascophora amicedo* forme de petits groupes sur les matières végétales et animales, telles que le pain et la vieille colle.

ASCYRUM (*botanique*). — Sous-arbrisseaux de la famille des Hypéricées, ayant de petites feuilles entières et des fleurs jaunes ordinairement groupées par trois au sommet des rameaux ; ils se trouvent dans l'Amérique boréale et aux Antilles.

ASELLAS (*zoologie*). — Nom donné au genre Merlan parmi les poissons. — On appelle aussi de ce nom un petit crustacé d'eau douce qui se trouve fréquemment dans les mares des environs de Paris. C'est le type du genre des Asellotes. Il est long de 0^m,012 à 0^m,015 ; il est de couleur brune, tachetée de gris et de jaunâtre en dessus, cendrée en dessous. Il sort au printemps de la vase où il a passé l'hiver.

ASELLOTES (*zoologie*). — Animaux formant une section du genre des Cloportes parmi les crustacés isopodes (voy. ANIMAL (*règne*). Ils ont quatre antennes très apparentes, sétacées, terminées par une tige à plusieurs articulations, deux mandibules, quatre mâchoires, une queue d'un seul segment avec deux appendices au bout. Cette section comprend les sous-genres *Asellus*, *Onisiada*, *Jæra*.

ASÈME (*entomologie*). — Coléoptère longicorne vivant sur les pins, d'une couleur noire et de 15 à 18 millimètres de longueur.

ASIDE (*entomologie*). — Insecte coléoptère hétéromère appartenant au genre Blaps, que l'on rencontre dans les lieux sablonneux, ayant le corps ovale, peu allongé, le corselet transversal presque carré, avec les bords latéraux arqués. L'aside grise (*Asida grisea*), d'un gris terreux, longue de 0m,012, se rencontre aux environs de Paris.

ASIE (*géographie agricole*). — Le plus vaste des trois continents de l'ancien monde, l'Asie a une surface d'environ 4200000000 d'hectares, c'est-à-dire de quatre à cinq fois la superficie de l'Europe ; elle est, par rapport à la superficie du continent africain, à peu près comme 4 est à 3 ; elle est seulement un peu moins du tiers des cinq parties du monde, et un peu plus des huit centièmes de la surface totale du globe. La partie continentale de l'Asie est séparée de l'Europe par les monts Ourals, le cours du fleuve Oural, une portion occidentale de la mer Caspienne et la crête du Caucase. Ses autres limites sont : au nord, l'océan Glacial ; à l'est, le grand Océan ; au sud, la mer des Indes ; à l'ouest, la mer Rouge, le détroit de Suez, la mer Méditerranée, la mer de Marmara et la côte méridionale de la mer Noire. En outre, au territoire asiatique appartiennent un grand nombre d'îles, dont quelques-unes, celles de l'archipel Indien, sont regardées par divers géographes comme faisant partie de l'Océanie. Cet immense continent est compris entre 78° et 1° 15′ de latitude boréale, et entre 29° 6′ et 188° 13′ de longitude orientale. Son point central, en tenant compte des grandes péninsules qu'il présente en divers sens, est situé par 44° 30′ de latitude et 85° de longitude est, non loin du lac Ayar, entre les chaînes de Thian-Chan et l'Altaï. Il n'y a pas moins de 10 630 kilomètres du détroit de Behring à l'isthme de Suez, de 9600 kilomètres de Suez à Nanking, de 6820 kilomètres du cap Taimoura au cap Comorin. La périphérie totale est d'environ 63 500 kilomètres, dont 27 670 appartiennent aux frontières terrestres et 35 830 au littoral maritime, savoir : en Asie Mineure, 3260 ; en Arabie, 6670 ; en Indoustan, 6350 ; en Indo-Chine, 8150 ; en Malacca, 3480 ; en Corée, 2000 ; en Kamtchatka, 3250 ; en Tchou-Kotsk, 2670. Ce vaste territoire renferme 55 0/0 environ de la population du globe, soit 800 à 810 millions d'habitants. La densité moyenne de la population y est de 15 habitants par 100 hectares, c'est-à-dire près de 7 fois celle de l'Amérique du Nord. Elle est très inégalement répartie dans les diverses régions ; les unes sont très peuplées, les autres à peu près désertes. On y trouve tous les climats, depuis ceux de la zone glacée jusqu'à ceux de la zone torride, tous les terrains géologiques, les plus hautes altitudes, de vastes plaines ou plateaux et de grands espaces situés au-dessous du niveau moyen des mers. D'après de Humboldt, une surface de plus de 560 000 hectares, située aux environs de la mer Caspienne, se trouve à un niveau inférieur à celui de l'Océan. La mer Caspienne elle-même présente une dépression de 18 à 25 mètres. Le niveau du lac de Tibériade est à plus de 100 mètres, et celui de la mer Morte à plus de 400 mètres au-dessous du niveau moyen de l'Océan.

La masse compacte de terre ferme que présente l'Asie donne un trait caractéristique à la distribution de la chaleur dans ce vieux continent. « Dans l'intérieur de l'Asie, dit de Humboldt dans son *Cosmos*, Tobolsk, Barnaul sur l'Obi et Irkoutsk ont les mêmes étés que Berlin, Munster et Cherbourg : mais à ces étés succèdent des hivers dont l'effrayante température moyenne est de — 18°,5 à — 20°. Pendant les mois d'été, on voit le thermomètre se maintenir des semaines entières à 30° et 31°. Ces climats continentaux ont été, à bon droit, nommés excessifs par Buffon. Jamais, dans aucune partie du monde, pas même dans le midi de la France, en Espagne ou aux îles Canaries, je n'ai trouvé d'aussi bons fruits et surtout d'aussi belles grappes de raisin que sur les bords de la mer Caspienne par 46° 21′ de latitude. La température moyenne de l'année y est d'environ 9° ; celle de l'été monte à 21°,2, comme à Bordeaux ; mais, en hiver, le thermomètre y descend à — 25° et à — 30°. Il en est de même à Kislar, sur l'embouchure du Térek, quoique cette dernière ville soit encore plus méridionale qu'Astrakan, par les latitudes d'Avignon et de Rimini. Les grandes chaînes de montagnes de l'Asie y exercent aussi une influence marquée sur les conditions de la vie. Elles partagent la surface terrestre en vallées profondes et étroites, parfois circulaires, encaissées comme entre des remparts, qui individualisent, en quelque sorte, les climats comme en Asie Mineure. On se trouve alors, ainsi qu'on le constate surtout dans les steppes de l'Asie septentrionale, dans des conditions toutes spéciales, par rapport à la chaleur, à l'humidité, à la transparence de l'air, à la fréquence des vents et des orages. Cette configuration, ajoute de Humboldt, a exercé de tout temps une puissante influence sur les productions du sol, le choix des cultures, des mœurs, les formes gouvernementales et même sur les inimitiés des races voisines. » Nulle part on ne trouve des oppositions aussi grandioses que celles offertes par les vastes plateaux asiatiques, à côté des plus hautes chaînes de montagnes du globe, par des vallées vivifiées par des fleuves fécondants, à côté de plaines où la sécheresse maintient une stérilité éternelle. Les côtes orientales y sont, à latitudes égales, comme dans le nouveau monde, beaucoup plus froides que la région occidentale. Les climats extrêmes qu'on y rencontre sont mis en évidence par le tableau suivant, qui donne les températures maxima et minima extrêmes dans quelques localités asiatiques et fait voir quels excès de froid et de chaud y doivent supporter les plantes et les animaux, surtout sous les latitudes élevées ; tandis que, au contraire, à mesure qu'on s'approche de l'équateur, les différences entre les minima et les maxima extrêmes diminuent :

Localités	Latitude	Longitude	Minima extrêmes	Maxima extrêmes	Différences
Iakoutsk......	62° 2′ N	127° 23′ E	—58° 0	+30° 0	88° 0
Nijné-Taguilsk	57 56	57 48	—51 5	+35 0	86 5
Irkoutsk.....	52 17	101 56	—44 0	+27 5	71 5
Pékin........	39 54	114 9	—15 6	+43 1	58 7
Bagdad.......	33 20	42 2	— 5 0	+48 9	53 9
Nangasaki....	32 45	127 32	— 3 0	+32 2	35 2
Ambala.......	30 25	74 25	— 0 3	+34 4	34 7
Bénarès......	25 19	80 35	+ 7 2	+44 6	37 4
Canton.......	23 8	110 56	— 2 2	+35 6	37 8
Macao........	22 11	111 14	— 3 3	+34 6	37 9
Madras.......	13 4	77 54	+17 8	+40 0	22 2
Singapore....	1 17	101 30	+21 7	+31 7	10 0

On aperçoit encore dans ce tableau que dans quelques lieux, et sous des latitudes moyennes, les maxima sont plus considérables que près de la zone torride ; l'influence calorifique de la configuration de l'Asie est, par exemple, bien manifeste à Macao et à Canton, lorsque les vents d'ouest et du nord-ouest baignent le vaste continent couvert de neige. A Canton, par exemple, le thermomètre n'a pas atteint le point de la congélation, que, par l'effet du rayonnement d'un ciel sans nuages, on y trouve de la glace sur les terrasses des maisons, dans des lieux qui sont entourés de palmiers et de bananiers. C'est que l'intérieur d'un vaste continent s'échauffe à l'excès en été par l'action du soleil; en hiver, au contraire, il se couvre longtemps d'un vaste manteau de neige. Ces deux phénomènes ne se reproduisent pas sur les côtes maritimes ou dans les îles. Dans la zone équatoriale, l'étendue des eaux est proportionnellement plus grande que celle des terres, et c'est par cette raison qu'Humboldt a parfaitement expliqué comment il se fait que sous les tropiques asiatiques les températures extrêmes de l'été soient moins élevées que dans l'intérieur du continent.

Les conditions climatériques de l'Asie expliquent comment on peut y trouver une flore si riche en végétaux susceptibles de donner des produits alimentaires et médicinaux. M. Liétard a très bien résumé cette richesse de productions dans un tableau que nous reproduisons par extraits. — Le blé est cultivé à peu près dans toutes les régions tempérées et tropicales, jusqu'à l'Altaï et l'Amour; l'avoine, l'orge, le seigle, sont fournis par les mêmes pays et les régions inférieures de la Sibérie; le sarrasin a la même aire; le dourah, le sorgho, ont la même aire que le blé à peu près; le riz est cultivé surtout dans les régions du sud et de l'est jusqu'en Perse; le maïs, dans l'Anatolie et l'Asie orientale; le sagou est obtenu dans l'Inde et le Japon; la cannelle dans la Chine, l'Indo-Chine, le Japon et Ceylan; le café est cultivé non seulement dans l'Arabie, mais encore dans la presqu'île de Malacca et sur les côtes de l'Hindoustan; le thé est récolté dans le Japon, la Chine et certaines parties de l'Inde; les fruits les plus variés se trouvent presque partout. Les plus belles cultures de la vigne se rencontrent dans l'Asie occidentale méditerranéenne. Parmi les produits médicinaux, on trouve surtout de nombreuses substances résineuses et gommeuses: le baume, à la Mecque; le cachou, dans l'Inde; la manne, en Syrie; la gomme adragante, dans l'Anatolie; la gomme-gutte, dans la Chine, l'Indo-Chine, Ceylan, et l'Hindoustan. On récolte l'opium dans presque toute l'Asie tempérée et l'Hindoustan; le quinquina, dans l'Hindoustan et à Ceylan; la rhubarbe dans la haute Asie.

La faune n'est pas moins variée que la flore, mais elle est mal connue pour certaines parties du continent, par exemple pour la Chine. — Dans le monde sibérien, on rencontre surtout des carnassiers, des rongeurs et des ruminants. L'ours blanc, le renard polaire, sont les plus septentrionaux; puis l'ours brun, qui arrive jusqu'à la limite des forêts: viennent ensuite le renne et l'élan, qui pénètrent dans la région forestière. Parmi les oiseaux, on rencontre surtout ceux qui se nourrissent de bourgeons de conifères. — Dans les environs du lac Baïkal, on rencontre l'ours arctique, une petite espèce de loup, le renne, l'élan, le cerf, le sanglier, le musc, le castor, la loutre, un grand nombre de rongeurs, le rat des steppes, l'hermine, le lièvre, la vipère. — L'antilope saïga et l'argali parcourent la Daourie et les vastes plaines de la Sibérie du sud-ouest. — Le tigre et de nombreux singes apparaissent dans plusieurs provinces de la Chine et au Japon. — La poule des sables (*Syrrhaptes paradoxus*) et le *Tetrao caucasicus* caractérisent le bassin arabo-caspien; on y trouve aussi de nombreux rongeurs, peu de carnasssiers. L'antilope, le chameau, le cheval, l'hémione sont communs dans la Dzoungharie et la Mongolie. — En Perse, le guépard et le chacal sont communs; le lion ne se rencontre plus que dans les environs du bassin inférieur du Chat-el-Arab. — L'Asie Mineure est surtout caractérisée par la présence du lynx roux, du chat sauvage et du chat-pard. Dans l'Himalaya, jusqu'à 3500 mètres d'altitude, les ours, les léopards, les tigres se réfugient dans les cavernes des forêts; un grand nombre de singes et une multitude d'oiseaux aux brillantes couleurs habitent les arbres; au delà de 4500 mètres, les oiseaux et les mammifères deviennent rares; on ne voit plus guère que les antilopes et les animaux à musc. — Les bandes d'yaks, les troupes de chevaux sauvages, de gazelles, et de grands moutons, parcourent les vallées de la haute Asie. — Dans l'Hindoustan et l'Inde d'au delà du Gange, les animaux de tous genres sont nombreux; le paon et les perroquets sont communs, ainsi que beaucoup de reptiles, ophidiens ou sauriens; les gavials sont au Gange ce que les crocodiles sont au Nil. — En Arabie, les animaux domestiques sont plus variés que partout ailleurs: le dromadaire, le chameau ordinaire, les célèbres chevaux de Nedjed, de grands ânes, de magnifiques chèvres, des moutons, des gazelles, servent à l'homme; l'autruche est chassée à travers le désert. — C'est dans les montagnes de la chaîne du Kara-Koroum que la vie animale se manifeste aux plus hautes altitudes, jusqu'au delà de 6200 mètres d'après les frères Schlagintweit. — C'est en Asie que paraît être le lieu le plus élevé, habité par les hommes; c'est Kursok, à 4541 mètres d'altitude; on y trouve aussi Gya, à 4129 mètres, et Mouktinath, à 4012 mètres. — L'agriculture n'est avancée qu'en Chine, au Japon et dans quelques rares parties de l'Asie Mineure. Les irrigations passent pour être remarquablement développées et exécutées en Chine. L'Arabie, la Perse et les Indes présentent aussi des irrigations bien entendues. Ce qui manque surtout en Asie, ce sont les voies de communication perfectionnées. Le Japon a 120 kilomètres de chemins de fer.

L'Asie Mineure présente en petit presque toute la flore de l'Asie entière, dont elle est presque une réduction; elle fournit à l'alimentation le blé, l'orge, surtout le maïs, l'huile d'olives, le sésame, des dattes, des figues, des raisins, et, à la thérapeutique, l'opium, le safran, la scammonée, le tabac, etc. Les moutons et les chèvres y ont une importance exceptionnelle; ils fournissent non seulement le lait et le fromage, mais aussi la presque totalité de la viande de boucherie.

ASILE (SALLES D') (*économie publique*). — Une salle d'asile, d'après le décret du 21 mars 1855, qu'elle soit publique ou libre, est un établissement d'éducation où les enfants des deux sexes, de deux à sept ans, reçoivent les soins que réclame leur développement moral et physique. L'élevage et l'éducation de l'espèce humaine ne devraient pas moins préoccuper l'agriculteur que l'élevage et l'éducation des animaux domestiques. Il n'en est pas malheureusement ainsi. Il faut réagir contre l'abandon dans lequel sont laissés, dans la plupart des campagnes, les jeunes enfants après qu'ils ont cessé de recevoir les soins que la mère prodigue naturellement pendant l'allaitement; une fois le sevrage accompli, lorsque le jeune être marche tout seul, surtout lorsque les soins d'une nouvelle maternité détournent la mère de la surveillance des premiers nés, les petits enfants de deux à sept ans sont trop souvent abandonnés à l'isolement, à l'oisiveté, aux mauvais exemples, pendant une grande partie du jour, dans des conditions parfois contraires absolument à une bonne hygiène, par les parents obligés d'aller prendre part au loin aux travaux des champs. L'installation des salles d'asiles pourvoit à de si graves inconvénients, et elle donne une grande sécurité aux familles en même temps qu'à la société. Des décrets, des règlements, des circulaires émanés de l'autorité, des manuels spéciaux, donnent tous les détails nécessaires à la bonne direction qui doit leur être imprimée On réunit du matin au soir, pendant un nombre d'heures qui varie avec la saison, de 20 à 150 enfants, dans un local qui doit avoir été construit et disposé selon les règles d'une bonne hygiène. Ce local est simplement composé d'une salle, d'une cour et d'un préau; dans la cour, quelques arbres; dans la salle, quelques bancs en gradins, un lit de repos, un boulier compteur, un poêle, deux chaises pour la directrice et son aide, quelques images ou tableaux sur les murailles. La directrice doit surveiller, dès leur arrivée, la propreté des enfants, leurs vêtements et la nourriture qu'ils apportent dans de petits paniers; elle doit faire doucement aux parents, s'il y a lieu, des observations à ce sujet, pour arriver à des réformes, ou mieux elle doit les faire à un comité de patronage dont on ne saurait qu'approuver la formation au moins dans chaque canton rural, comité dans lequel se montrerait dans sa féconde intensité l'esprit de dévouement et de charité des femmes et des jeunes filles des familles dans l'aisance. Quant aux exercices susceptibles d'occuper les loisirs des enfants, auxquels on laisserait toujours le temps de se livrer à un sommeil nécessaire, ils sont d'une grande simplicité, mais disposés d'après des indications hygiéniques au moral et au physique que l'expérience a vérifiées : gestes, mouvements rythmés des pieds et des mains, évolutions, promenades dans la salle dans le préau, dans la cour, chants bien choisis, historiettes morales, leçons de calcul pratique à l'aide du boulier-compteur, explication de choses usuelles, travaux manuels, le tout entrecoupé par deux ou trois petits repas. Un médecin doit visiter l'asile une fois par semaine au moins, et tenir un registre dans lequel des pages d'observations sont consacrées spécialement à chaque enfant. Malheureusement, de telles institutions sont encore trop rares dans les villages; mais nous en avons vu fonctionner, en Angleterre notamment, et produire les meilleurs résultats. C'est là que commence une affection indissoluble entre les classes rurales.

ASILE et **ASILIQUE** (*entomologie*). — Genre d'insectes diptères de la famille des Tanystomes, ayant pour caractères de présenter une trompe saillante dirigée en avant, la gaine du suçoir presque cornée, les palpes petits. Ces insectes volent en bourdonnant, sont carnassiers et très voraces; ils sont rangés, à cause de la guerre qu'ils font aux mouches, aux tipules, etc., parmi les insectes utiles (voy. p. 471) Leurs larves vivent dans la terre. On les divise en deux sections : les asiliques (*Asilici*) et les *Hybotinis*. Les *Asiliques* ont la tête transverse, les yeux latéraux et écartés entre eux, la trompe aussi longue que la tête, la partie située au-dessus de la bouche (épistome) toujours barbue; ils se rencontrent dans les jardins, les prés, les champs, où ils volent avec rapidité sur la fin de l'été; ils font entendre un bourdonnement assez fort. Cette section se divise en sous-genres, dont les principaux sont les asiles proprement dits, les dasypogons, les diœtries, les gonypes, les lophries. — Les asiles proprement dits ont les antennes de la longueur de la tête; le premier article de la tête est plus long que le second; le dernier, pointu au bout, est terminé par un stylet très distinct en forme de soie, l'abdomen forme un cône allongé, très pointu chez les femelles. La larve vit dans la terre sablonneuse, où elle se transforme en nymphe. Ils chassent et sucent les insectes dans les allées des bois et sur les routes bien exposées au soleil. Les plus fréquents sont l'asile cendré (*Asilus forcipatus*), long de $0^m,015$, d'un gris cendré, aux ailes obscures, très commun dans les bois et les jardins en automne; et l'asile-frelon (*Asilus craboniformis*) que l'on voit dans la figure 497. Il est long de $0^m,025$. Il a la tête jaune, les antennes noirâtres, le thorax d'un jaune brunâtre, les trois premiers segments de l'abdomen d'un noir velouté, le premier

Fig. 497. — Asile frelon

et le troisième avec un point blanc de chaque côté; les autres segments sont jaunes. Les ailes sont jaunâtres et tachetées de noir sur le côté interne. Il est commun dans toute l'Europe et vit aux dépens des chenilles et autres insectes qu'il suce avec énergie.

ASIMINIER (*botanique* et *horticulture*). — Arbrisseau de la famille des Anonacées (voy. p. 483),

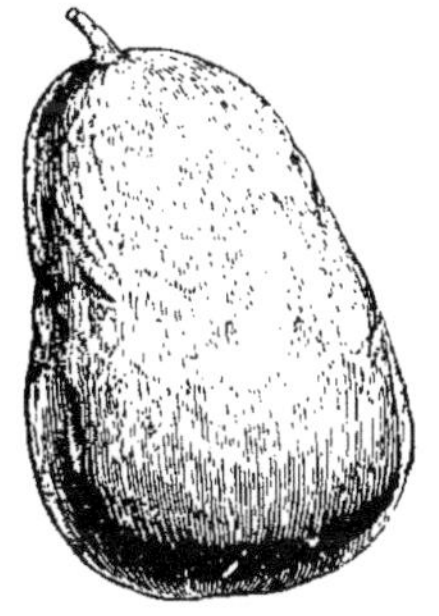
Fig. 498. — Fruit de l'asiminier.

originaire de l'Amérique. L'asiminier trilobé (*Asimina* ou *Anona*, ou encore *Uraria* (*riloba*) atteint une hauteur de $1^m,50$ à 5 mètres, et présente des feuilles obovales, lancéolées, pointues; il donne, en mai et juin, des fleurs d'un pourpre très brun; il ne fructifie pas sous le climat de Paris. En Pensylvanie, il fournit un à trois fruits (fig. 498) par groupe de fleurs, lesquels sont divergents, oblongs, verts, fondants, mais un peu fades; ces fruits servent à préparer une boisson fermentée. On fait avec les graines une poudre employée contre la vermine des enfants. On cultive l'asiminier dans les jardins, où il donne des fleurs avant les feuilles. L'asiminier trilobé est multiplié de graines ou de boutures de racines. On l'élève en terre de bruyère, un peu ombrée, pour être planté ensuite en terre franche un peu fraîche. On cultive de la même manière l'*Asimina grandiflora* et l'*A. parviflora*, qui diffèrent du premier par des fleurs plus grandes ou plus petites.

ASINE (ESPÈCE) (*zootechnie*). — La description de l'âne et de son rôle dans l'économie rurale a été donnée précédemment (voy. ANE, p. 415). On peut appeler l'âne un équidé asinien. Il en existe deux types : l'âne africain ou nilotique (*Equus asinus africanus*), l'âne européen ou hispano-atlantique (*Equus asinus europæus*). On doit à M. Sanson d'en avoir fondé la distinction sur la forme de la tête.

Espèce asine d'Afrique. — C'est en Égypte que l'on constate la plus ancienne utilisation des ânes. « La race asine orientale, dit M. Piétrement, a été domestiquée dans la vallée du haut Nil par les indigènes de cette région, c'est-à-dire par les Nubiens, ancêtres des anciens Égyptiens.... L'âne a toutefois pénétré de bonne heure dans l'Inde, sans doute avec les Koushites, et la loi de Manou ne laisse aucun doute sur l'antiquité de son utilisation chez les Indous. Il s'est donc très anciennement répandu dans une aire géographique qui s'étendait au moins depuis le Gange jusqu'à l'océan Atlantique. » Aujourd'hui, son aire géographique embrasse la plus grande partie de la surface du globe habitable par les hommes. Sa diffusion a été aidée puissamment par ses qualités; il n'y a guère de limites à son élevage que la froideur des climats; c'est en effet essentiellement un animal des pays chauds, mais sa rusticité lui permet de résister à d'assez hautes latitudes septentrionales.

Il est *dolichocéphale*, c'est-à-dire que la face ovale présente une longueur sensiblement plus grande que sa largeur maximum. Il a les frontaux étroits et les arcades orbitaires relevées horizontalement vers leur bord antérieur; l'orbite est petit et le lacrymal sans dépression; l'arcade incisive est petite, mais pourvue de dents longues et à cornet très profond; le profil est un peu arqué, depuis le sommet du crâne jusqu'au niveau des orbites, droit dans le reste de son étendue. Les oreilles longues et larges sont, au repos, un peu divergentes, mais elles se dressent dès qu'une circonstance quelconque attire l'attention de l'animal. La robe est d'un gris souris; elle est toujours pourvue, le long de l'épine dorsale, d'une raie de poils plus foncés, de nuance rousse, traversée en croix, au niveau des épaules et du garrot, d'une raie semblable. La crinière est courte. Les crins en sont de la même couleur que ceux de la croix de la robe, ainsi que ceux de l'extrémité de la queue et ceux qui occupent la face postérieure des boulets. Sa taille est petite, très souvent au-dessous d'un mètre; elle s'élève au plus à $1^m,30$. Il est remarquable par sa patience, sa force, sa longévité, et surtout par la facilité avec laquelle il peut supporter la soif et la faim; il accepte pour ainsi dire toute nourriture, des branches dures aussi bien que l'herbe tendre. Il va lentement, mais sans jamais broncher, même sur les terrains les plus difficiles et les plus escarpés. — On doit distinguer la race commune et la race égyptienne.

La race asine africaine commune est disséminée dans toutes les parties de l'Asie, de l'Europe, de l'Afrique; elle est surtout nombreuse en Algérie et dans l'Italie méridionale. Sa taille dépasse rarement 1 mètre. « Ces ânes, que l'on nomme grisons et bourricauts, dit M. Sanson, ont les naseaux étroits, les lèvres minces, la bouche petite, les joues fortes; l'oreille longue, mais mince et dressée; l'œil petit, au regard calme; la physionomie douce et modeste. L'encolure est mince, le dos court et tranchant; la poitrine étroite; l'épaule courte et peu inclinée; l'avant-bras et la cuisse sont minces; les canons grêles et peu fournis de crins; le pied est petit, cylindrique, à talons hauts. La robe est peu variée; le plus généralement, elle est d'un gris plus ou moins foncé, avec une raie noire ou rousse s'étendant de l'encolure à la queue, et coupée au niveau des épaules et du garrot par une autre transversale de même nuance. Des marques semblables forment des sortes de zébrures le long des membres. Cela semble être le pelage ordinaire de la race, conservé par le plus grand nombre de ses descendants. Toutefois on rencontre des individus de robe alezane ou bai brun, ayant le pourtour des lèvres et celui des yeux de nuance plus claire, et la face inférieure du ventre d'un blanc sale, qui se prolonge à la face interne des cuisses. » Nul animal n'est plus remarquable pour la sobriété, la docilité, la patience, et cependant, le plus souvent, il est abreuvé de mauvais traitements qu'on ne saurait trop flétrir.

Les plus beaux ânes de la *race égyptienne* se trouvent dans la haute Égypte, où ils sont les les seuls animaux employés pour les travaux agricoles et tous les transports. Ils atteignent la taille la plus haute du type, soit $1^m,30$ environ. Leur robe est généralement de nuance claire, parfois d'un blanc presque pur, surtout chez ceux qui sont un peu avancés en âge. Cette race ne s'étend pas au delà de son pays d'origine.

Espèce asine européenne hispano-atlantique. — Cette espèce est *brachycéphale*, c'est-à-dire que la face n'a qu'une hauteur très peu plus grande que sa plus grande largeur. Elle habite actuellement le Poitou, la Gascogne, la Catalogne, les îles Baléares, l'Italie. Son centre de première apparition est certainement le bassin méditerranéen septentrional. Elle est en outre répandue un peu partout, se mélangeant avec la race commune africaine, et servant aux mêmes usages, à l'état d'individus isolés, employés soit pour la production du lait d'ânesse, soit surtout pour les transports, mais secondairement, après le bœuf et le cheval. Sa grande fonction, dans ses pays d'habitat, est de servir avec le cheval, soit par ses femelles, soit surtout par ses mâles, alors appelés baudets, à la production de métis provenant du croisement des espèces chevaline et asine. Les frontaux, dit M. Sanson, sont larges et plats, avec des arcades orbitaires très larges, à bord antérieur relevé, ployées vers leur partie moyenne suivant un angle obtus en forme de V ouvert, et hérissées, sur ce même bord, d'aspérités osseuses très accusées. L'orbite, relativement petit, fait une forte saillie par son arcade, qui se prolonge beaucoup sur le plan de sa face. Les lacrymaux sont sans dépression. L'œil, qui est petit, paraît cave et donne à l'animal une physionomie sombre, sournoise, qui s'accentue par suite des mauvais traitements qu'on lui fait subir. L'arcade incisive est grande, pourvue de dents longues, à cornet très profond. Le profil droit se termine par une sorte de pan coupé à angle presque droit au-dessus des naseaux. La face est triangulaire, à base large. Les oreilles sont longues, larges, épaisses, toujours pendantes sur le côté, couvertes à l'intérieur et sur leurs bords de longs poils. La robe est toujours d'un brun plus ou moins foncé, avec des poils fins d'un gris argenté autour des lèvres et des paupières, ainsi qu'à la face interne et supérieure des cuisses, dans la région des aines. Sur tout le reste du corps, les poils sont toujours grossiers, assez longs, parfois frisés. La crinière est rudimentaire. Les crins de la queue sont peu nombreux, mais ceux des extrémités des membres les entourent et sont assez longs pour recouvrir entièrement le sabot, qui est petit, cylindrique et à talons très hauts. La taille est d'au moins 1m,30, et beaucoup plus grande en moyenne que chez l'âne africain. On distingue la race commune, la race de la Gascogne, de la Catalogne et de l'Italie, la race du Poitou.

L'âne de la *race européenne commune* présente les caractères qui viennent d'être décrits, mais sans distinction dans les individus et avec une conformation généralement incorrecte, qui se détériore par suite d'un élevage abandonné au hasard, sans choix des ascendants, et comme conséquence d'une alimentation insuffisante, malgré les services incessants qu'on en exige.

La *race de la Gascogne, de la Catalogne et de l'Italie* présente des sujets d'une plus grande valeur que la précédente, d'une conformation plus régulière, bien proportionnés, mais leur corps est un peu étroit et les membres sont un peu grêles. Sa taille est en générale voisine de 1m,40. La robe n'est pas bien garnie de poils. Son élevage est assez soigné pour la production des mulets ; les agriculteurs qui s'y livrent importent chez eux très souvent la race poitevine ; l'inverse ne se présente jamais.

La *race du Poitou* (fig. 499) est partout la plus estimée, et on l'importe dans toutes les contrées où l'on veut améliorer ou introduire l'industrie mulassière. « L'âne du Poitou, dit M. Sanson, a les naseaux petits, les lèvres épaisses, fortes; la tête longue et large, par conséquent très forte, à extrémité mousse; les oreilles longues, épaisses, larges, volumineuses; l'œil petit et fortement ombragé, ce qui lui donne une physionomie sombre. Il est de taille plus ou moins grande. Sa hauteur varie entre 1m,40 et 1m,48. Il est généralement épais, trapu, à croupe arrondie, quoique toujours courte, et à membres volumineux, terminés par des sabots petits, à talons hauts et serrés. Sa robe est toujours de nuance foncée, depuis le bai brun jusqu'au noir mal teint et au noir foncé, avec le bout du nez et le dessous du ventre d'un gris argenté. La plupart des baudets sont, en Poitou, velus comme des ours. C'est là une des beautés les plus estimées par les connaisseurs. » Les bons baudets du Poitou, appelés aussi bourriquets, valent couramment plusieurs milliers de francs.

Fig. 499. — Baudet-étalon de la race du Poitou.

Élevage.—L'élevage de l'âne se fait, soit pour avoir des animaux employés à la production du lait ou du travail, soit surtout pour obtenir des ânesses ou des baudets destinés à l'industrie mulassière. Les mulets résultent de l'accouplement des ânes avec les juments; les bardots, de celui des chevaux avec les ânesses. L'élevage des bardots ne se fait guère sur une grande échelle qu'en Sicile; celui des mulets est une source de grande prospérité pour les pays où les agriculteurs s'y livrent avec des soins intelligents. Quant à la production de l'âne pour l'âne lui-même comme bête de somme, elle est le plus souvent abandonnée, pour ainsi dire, à la nature; quand, au surplus, on n'en contrarie pas la marche par de mauvaises pratiques. L'ânesse porte douze mois; on voit donc facilement à quelle époque on doit attendre son fruit. Le mieux serait de le faire naître au printemps, pour donner à la mère une bonne alimentation herbagère. Dès la naissance de l'ânon, on devrait le laisser téter sa mère; ce serait empêcher la plupart des accidents que la méthode contraire provoque. Il est d'une grande importance que les petits n'aient pas froid; aussi il est bon de les couvrir de lainages. Une fois le premier mois passé, le tempérament rustique de l'animal brave tous les accidents. On commet souvent la grave erreur de faire jeûner la mère dans les derniers mois de la gestation ; c'est la principale cause des avortements ou de la mauvaise venue des ânons. Tous les excès sont un mal.

ASLA (*métrologie*). — Ancienne mesure de superficie en usage en Égypte et en Asie, notamment chez les juifs et valant 127m,8063.

ASMONICH (*botanique*). — Écorce amère et très astringente récoltée au Pérou sur le *Cinchona rosea*.

ASOPE (*entomologie*). — L'*Asopus luridus* est un insecte hémiptère du genre Pentatome ; il est souvent abondant dans les vergers, surtout sur les cerisiers, dont il suce les fruits mûrs et qu'il infecte de son odeur désagréable. Il est jaune en dessous, jaunâtre en dessus et pointillé de noir avec reflets bleuâtres.

ASOPIE (*entomologie*). — L'asopie de la farine se trouve dans toute l'Europe, dans l'intérieur des maisons de juin en août, principalement dans les sous-sols, fixée contre les murs et les plafonds. C'est une pyrale microlépidoptère qui vit non pas dans la farine, comme on l'a cru longtemps, mais dans les plantes sèches telles que celles que l'on conserve pour en faire des tisanes.

ASPALATHE (*botanique*). — Le nom d'aspalathe (*Aspalathus*) a été donné à un genre de Légumineuses-papilionacées, qui habitent le Cap de Bonne-Espérance. Ce sont des arbrisseaux, souvent éricoïdes, quelquefois épineux ou charnus, à feuilles simples ou trifoliées, sans stipules, ayant des fleurs blanches, jaunes, rouges ou bleues selon les espèces. — On a aussi appliqué ce nom au cytise, à des genets épineux, à des bois d'ébénisterie ou odorants, à l'ébène, au bois de Rhodes, au *Caragana frutescens* ou acacia de Sibérie.

ASPALAX (*zoologie*). — Nom parfois donné au rat-taupe (*Spalax*).

ASPARAGINE (*chimie agricole*). — Principe immédiat cristallisable qui a été découvert par Vauquelin et Robiquet dans les jeunes pousses d'asperges, et que l'on a trouvé depuis dans les racines de réglisse, de guimauve, de grande consoude, dans les feuilles de belladone, dans les jeunes pousses de houblon, dans les tiges étiolées des vesces, des pois, des haricots, des fèves et des lentilles semés dans une cave, dans les tiges étiolées de plusieurs légumineuses, dans le trèfle, par exemple, dans les bourgeons de platane. C'est donc une substance très répandue dans les végétaux. Cristallisée, elle a pour formule $C^4H^8Az^2O^3 + H^2O$. Les cristaux sont durs et cassants, inaltérables à l'air; chauffés à 100 degrés, ils perdent l'eau de cristallisation qu'ils contiennent. Ils sont peu solubles dans l'eau froide, plus solubles dans l'eau chaude, insolubles dans l'alcool absolu, l'éther, les huiles grasses et les essences. Les acides et les alcalis, au contraire, les dissolvent facilement. La solution de l'asparagine dans l'eau a une saveur légèrement acide. Cette substance peut être considérée comme une diamide malique.

ASPARAGINÉES (*botanique*). — Famille secondaire de plantes de la grande famille des Liliacées. Les Asparaginées sont quelquefois arborescentes ; elles ont des racines tubéreuses ou fibreuses; elles ont le périgone plus ou moins profondément divisé, les fruits bacciformes. Les genres principaux sont : *Asparagus*, *Convallaria*, *Cordyline*, *Dianella*, *Dracœna*, *Polygonatum*, *Ruscus*.

ASPARAGOPSIS (*botanique*). — Nom donné à un genre d'algues de la famille des Dasyées, présentant des rameaux dressés sur lesquels s'insèrent, à la façon des barbes d'une plume, des ramuscules pénicillés. Ces algues se rencontrent sur les rivages méditerranéens de l'Égypte, aux îles Canaries et aux îles Philippines. — On donne aussi le même nom à des plantes herbacées ou frutescentes, à feuilles éparses, squamiformes, plus ou moins rapprochées et souvent transformées en épines, qui forment un groupe voisin des asparagus. Ce sont des plantes de l'Afrique et de l'Inde orientale.

ASPARAGUS (*botanique et horticulture*). — Genre de plantes vivaces qui a donné son nom aux Asparaginées. En tête il faut placer l'*Asparagus officinalis*, ou asperge cultivée ; vient ensuite l'*Asparagus acutifolius*, ou asperge sauvage; espargon sauvage, roumecounil, commun dans les terrains incultes du midi de la France. Ses pousses grêles, mais très longues, sont récoltées par les gens de la campagne qui les réunissent en bottes pour les porter sur les marchés où elles trouvent facilement acheteurs; les vaches, les chèvres et les moutons paraissent s'en nourrir avec plaisir; — l'*Asparagus albus* et l'*Asparagus aphyllus* ou *horridus*, qu'on rencontre en Orient, jouissent des mêmes propriétés ; — l'*Asparagus sarmentosus* a de grosses racines, que l'on mange dans l'Inde, après les avoir fait cuire dans du lait; l'infusion de ces racines passe pour empêcher la petite vérole de devenir confluente; — l'*Asparagus sylvaticus* sert à garnir les haies épineuses; — l'*Asparagus verticillatus* présente des tiges, grêles, il est vrai, mais flexueuses et fournissant de nombreux rameaux, qui s'enchevêtrent en montant au moyen de tuteurs à 2 ou 3 mètres; les dernières divisions ressemblent à des aiguilles de conifères; il en résulte des touffes épaisses d'une verdure d'un aspect particulier, rehaussée en automne par de nombreuses baies rouges semblables d'ailleurs à celles de l'asperge commune; cette asperge verticillée est rustique dans toute la France, mais sa verdure dure plus longtemps dans les jardins du Nord que dans ceux du Midi.

ASPARTIQUE (Acide) (*chimie agricole*). — Cet acide a été obtenu en faisant bouillir de l'asparagine avec des alcalis. Il a pour formule $C^4H^7AzO^4$; il donne des aspartates avec les bases. Il se produit dans l'action de l'acide sulfurique sur la crème du lait, l'albumine du blanc d'œuf, la corne et les matières albuminoïdes d'origine végétale.

ASPE, ASPIUS ALBURNUS ou **ASPIUS ALBURNOÏDES, ASPE ABLE** (*pisciculture*). — Noms donnés à l'ablette commune (voy. Ablette, p. 31).

ASPEGRENIA (*botanique*). — Herbe épiphyte, du Pérou, à tiges cylindriques et fleurs fasciculées, appartenant aux Orchidacées, sous-famille des Malaxidées.

ASPERCETTE (*agriculture*). — Synonyme d'esparcette, nom souvent donné au sainfoin par les agriculteurs.

ASPERGE (*agriculture potagère*). — Cette plante herbacée vivace, originaire des contrées maritimes de l'Asie et de l'Europe, a été introduite dans les cultures il y a plusieurs siècles ; d'abord dans les jardins comme accessoire, elle a pris avec le temps une importance croissante, au point de devenir l'objet spécial de la production de quelques localités; enfin des jardins maraîchers elle a passé pour ainsi dire dans la grande culture, en ce sens qu'on a créé par exemple des aspergeries de plusieurs hectares dans des contrées arrosées du midi de la France. L'asperge cultivée comestible (*Asparagus officinalis*) se compose d'un rhizome souterrain, duquel sortent tous les ans des turions ou bourgeons qui s'élèvent verticalement à 1 mètre ou 1m,50 et deviennent les tiges aériennes de la plante. Les feuilles sont petites et blanchâtres, analogues à des écailles ; à leur aisselle sont des rameaux florifères ou des ramuscules verts et filiformes. Les fleurs sont axillaires et solitaires, comme on le voit dans le rameau florifère que représente la figure 500; elles sont régulières et dioïques. Celles qui n'avortent pas donnent un fruit rouge, qui est une baie globuleuse et triloculaire (fig. 501), renfermant quelques graines qui, sous leurs téguments épais et noirâtres, contiennent un albumen corné, au sein duquel est un petit embryon arqué. Les graines servent à la reproduction des aspergeries que l'on crée par semis. Les turions sont la partie utile de la plante; il faut les couper à leur sortie de terre, le matin, quand ils sont tendres et succulents; ils constituent alors l'asperge (fig. 502) servie sur les tables après cuisson dans l'eau bouillante.

L'asperge a été perfectionnée par la culture au point de vue de la production des turions, mais elle a peu changé. On distingue plusieurs variétés, dont les principales sont la *verte* ou *commune*, dite aussi d'Aubervilliers; — la *violette de Hollande*, dont l'extrémité est violette ou rougeâtre et dont on cite plusieurs sous-variétés connues sous le nom des localités où elles se sont produites: telles sont les asperges de Gand, de Marchiennes, d'Ulm, de Besançon, d'Orléans, de Vendôme, etc.; elles rentrent toutes dans la variété de Hollande; celle d'Ulm est un peu plus grosse et plus précoce; — l'asperge d'*Argenteuil*, qui est plus grosse et plus productive que celle de Hollande, d'où elle provient par des sélections judicieuses dans les semis effectués par M. Louis Lhérault. On en distingue trois variétés: la *hâtive*, de quelques jours plus précoce que celle de Hollande; la *tardive*, qui est la plus profitable, à cause de l'abondance des produits savoureux, et qui dure plus longtemps, de telle sorte que son nom ne vient pas de ce qu'elle est un peu en retard sur les autres asperges, mais signifie qu'elle continue à produire quand les autres ont déjà depuis longtemps cessé de donner; la *moyenne* ou *intermédiaire*, recommandable par sa beauté, mais moins caractérisée pour l'abondance de la production.

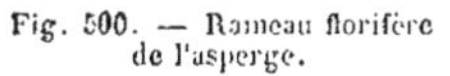

Fig. 500. — Rameau florifère de l'asperge.

L'asperge se multiplie de graines. On sème quelquefois sur place, mais le plus souvent on l'élève d'abord en pépinière, et ensuite on établit les aspergeries en plantant les griffes ou pattes venues par le semis (fig. 503). L'enlèvement des griffes se fait, au bout d'un an, de février en avril; quelquefois on attend deux ans, mais il est préférable de planter des griffes d'un an, de première qualité.

La formation de la pépinière demande des soins attentifs. Tout d'abord elle doit avoir une étendue proportionnelle au nombre de griffes qu'on veut obtenir, en comptant qu'on ne peut pas avoir plus de 70 griffes par mètre carré de semis. On ne donne pas plus de 1^{m},30 de largeur à la planche qui doit recevoir le semis et on ménage de chaque côté un sentier. Le terrain choisi ne doit pas être ombragé; il doit être en terre bien saine, sablonneuse et légère, si on le peut. On le couvre en mars d'une couche de bon terreau d'une épaisseur de 0^{m},15 à 0^{m},20, et additionné d'un vingtième environ de son poids de colombine ou de guano du Pérou et autant de cendres lessivées; on le laboure en le défonçant jusqu'à 0^{m},50, et en ayant bien soin de mélanger le terreau avec la terre de la manière la plus intime qu'il est possible. Il faut faire cette opération par un temps sec; il est préférable de la retarder jusqu'à la fin d'avril que de l'exécuter

Fig. 501. — Rameau fructifère de l'asperge.

par un temps pluvieux. La terre doit d'ailleurs avoir été débarrassée au besoin, par un passage à la claie, de toutes les pierres, racines ou mauvaises herbes qu'elle pouvait contenir; elle doit être dans l'état qui convient pour faire le rempotage des fleurs. On nivelle ensuite le terrain et on y passe le râteau sans le tasser.

Fig. 502. — Turion d'asperge.

On fait le semis en février ou mars, à la volée ou en lignes. Dans le premier cas, on s'efforce de répandre les graines bien uniformément sur le sol, de telle sorte qu'elles se trouvent éloignées de 3 à 4 centimètres les unes des autres, puis l'on recouvre d'une couche de 4 centimètres environ de terreau, et par-dessus, enfin, on établit un paillis. Dans le second cas, on trace au cordeau ou avec un extirpateur à trois dents de petits sillons de 3 centimètres de profondeur, espacés de 25 à 30 centimètres, dans toute la longueur du terrain, et on y répand les graines en les éloignant de 4 à 5 centimètres. On recouvre la graine en faisant passer le dos de la herse sur le champ; quelquefois on couvre tout ce terrain d'une couche de terreau comme dans le premier cas, et d'un paillis léger fait avec du fumier non consommé. Quelquefois, auparavant, on plombe le terrain et on donne un bassinage si la sécheresse est trop grande. Au bout de cinq ou six semaines, les plantes lèvent; dans l'intervalle, on surveille tous les jours le terrain pour l'arroser si sa surface se dessèche et pour détruire toutes les herbes parasites qui pourraient se montrer. Quand les jeunes plantes apparaissent, il faut avoir soin de les défendre contre tous les animaux nuisibles, les limaces d'abord, les insectes criocères ensuite, lorsque les feuilles se montrent; on doit constamment surveiller pour tuer immédiatement ces animaux. Dès que le plant a atteint une hauteur de 5 centimètres, on fait une première éclaircie, en enlevant

Fig. 503. — Griffe d'asperge d'un an.

les plantes les plus faibles, de manière à laisser un écartement moyen de 6 centimètres. On donne d'ailleurs tous les arrosages nécessaires. On continue les mêmes soins, en éclaircissant toutes les trois semaines, jusqu'à ce que l'écartement moyen soit de 10 à 12 centimètres. Après l'éclaircissement définitif, on fait un léger binage, en prenant garde de toucher et surtout d'endommager les racines qui sont très délicates; on répand ensuite sur le sol une légère couche de terreau bien criblé et mélangé de cendres lessivées; on enlève toutes les mauvaises herbes dès leur apparition, et, si les arrosages nécessaires produisent un encroûtement du sol, on répète les binages. En opérant avec ces précautions, minutieuses sans doute, mais que l'on ne doit pas négliger si l'on réfléchit qu'il s'agit d'obtenir des griffes dont la plantation donnera des aspergeries d'une longue durée, on est assuré d'avoir, au mois de septembre, un plant de 0m,45 à 0m,60 de hauteur, et même davantage, avec trois ou quatre tiges sur le même pied et de très belles racines. Vers la fin d'octobre ou le commencement de novembre, les jeunes tiges sont devenues jaunes; on les coupe à deux ou trois centimètres au-dessus du sol, en s'arrangeant de manière à ne rien endommager dans les plants, puis on donne un léger coup de râteau, et on laisse la pépinière passer l'hiver. C'est depuis le mois de février jusqu'au mois d'avril qu'on enlève les griffes, soit pour les vendre, soit pour procéder à la mise en place des griffes dans l'aspergerie. Celle-ci est diversement disposée, selon le mode de culture qu'on adopte. Il y a lieu de distinguer : 1° la culture en fosses profondes, soit par planches, soit par carrés; 2° la culture en plein champ, selon le système d'Argenteuil, avec récoltes intercalaires; 3° la culture forcée, en pleine terre, en couches ou en serres chauffées.

Culture par planches ou par carrés. — Deux choses préalables doivent être faites: la préparation elle-même du terrain de l'aspergerie; la confection de la terre qui doit couvrir les asperges.

Le terrain de l'aspergerie doit être parfaitement sain, laisser très bien égoutter les eaux, meuble sur une profondeur de 0m,70 et purgé de toutes les pierres ainsi que de toutes les mauvaises plantes et racines. Un sol argileux et humide ne convient jamais. On défonce à l'automne qui précède la plantation; on enlève toute la couche superficielle sur une épaisseur de 25 à 30 centimètres pour la transporter ailleurs, et, à la place, on répand une forte quantité de bon fumier d'étable, de manière à garnir tout le sol sur une épaisseur de 10 centimètres; on enterre au bout de peu de jours, par un beau temps, ce fumier par le profond labour, en ayant soin de le bien amalgamer avec la terre. Les choses restent en l'état jusqu'au mois de mars ou d'avril. Entre temps, on a dû préparer la terre qui devra servir à recouvrir les plantations. Ce doit être un bon terreau ou compost, que l'on fait dans une large fosse au moyen de lits successifs et alternatifs de débris végétaux de toutes sortes, de bon fumier d'étable presque consommé, de cendres lessivées et de sable de bruyère. On recoupe le tout au bout de trois ou quatre mois, puis on le met en tas pendant quelque temps, et on le passe à la claie pour avoir une matière bien homogène. Ce terreau,

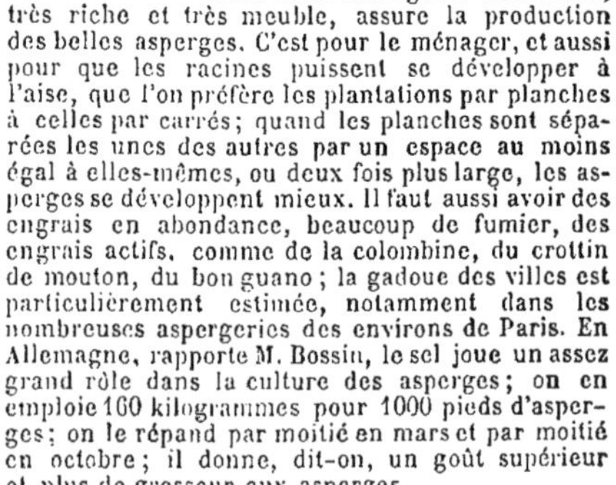

très riche et très meuble, assure la production des belles asperges. C'est pour le ménager, et aussi pour que les racines puissent se développer à l'aise, que l'on préfère les plantations par planches à celles par carrés; quand les planches sont séparées les unes des autres par un espace au moins égal à elles-mêmes, ou deux fois plus large, les asperges se développent mieux. Il faut aussi avoir des engrais en abondance, beaucoup de fumier, des engrais actifs, comme de la colombine, du crottin de mouton, du bon guano; la gadoue des villes est particulièrement estimée, notamment dans les nombreuses aspergeries des environs de Paris. En Allemagne, rapporte M. Bossin, le sel joue un assez grand rôle dans la culture des asperges; on en emploie 160 kilogrammes pour 1000 pieds d'asperges; on le répand par moitié en mars et par moitié en octobre; il donne, dit-on, un goût supérieur et plus de grosseur aux asperges.

Aussitôt avant la plantation, on couvre l'emplacement d'une couche de 5 à 6 centimètres de très bonne terre légère mélangée de moitié de terreau neuf très consommé, en ayant soin que le fond reste 15 à 18 centimètres en contre-bas de l'encaissement ou fosse que l'on a antérieurement formée; le mieux sera que cette fosse constitue une planche de 2 mètres de largeur. Pour mettre en place, on tire une ligne au cordeau à 0m,33 de distance du bord, et, de 0m,66 en 0m,66, on fait de petites buttes de terreau; on reporte le cordeau à 0m,66 de distance, et l'on établit de même les petites buttes. Alors on prend les griffes et on les étend doucement, une à une, sur chaque butte de terreau, en répandant par-dessus les racines la bonne terre spéciale qu'on apporte dans un panier. Quand toute la planche est plantée, on répand uniformément une couche de bonne terre jusqu'à 7 ou 8 centimètres au-dessus des griffes, puis l'on donne un léger coup de râteau. Durant le printemps et l'été, il n'y a plus qu'à enlever les mauvaises herbes, à exécuter de légers binages, et à donner de bons arrosements avant que la terre se dessèche même à la surface. Pour avoir une bonne réussite, on doit mettre un petit tuteur à chaque touffe lorsque les tiges ont atteint une hauteur de 0m,50 à 0m,60, en attachant celles-ci avec des brins de jonc, pour éviter que les vents ne les rompent. Après chaque grande pluie, on renouvelle les binages. A la fin d'octobre ou au commencement de novembre, on coupe à 5 ou 6 centimètres au-dessus du sol, sans rompre ni déchirer, de crainte d'endommager les rudiments des pousses de l'année suivante. On jette ensuite sur toute la planche une couche de fumier consommé d'une épaisseur d'environ 3 centimètres, que l'on mêle légèrement au moyen d'une fourche avec la superficie du terrain. Au mois de mars suivant, par un beau jour, on met une couche de la terre préparée sur une épaisseur de 6 centimètres et on donne un bon coup de râteau. Dès la fin de mars ou les premiers jours d'avril, les asperges se montrent partout, très belles et grosses; mais on ne doit encore en couper que très peu et pendant une quinzaine de jours au plus, pour ne pas affaiblir la plantation. La véritable récolte ne doit commencer que la troisième année depuis la plantation des griffes. On continue à donner les mêmes soins tous les ans, c'est-à-dire que l'on fait des binages en enlevant toutes les mauvaises herbes; on fait aussi des apports de bonne terre et de fumier, qu'on incorpore avec la surface du terrain au moyen des dents du râteau, et on met des tuteurs quand les vents peuvent briser les tiges, mais sans arroser, à moins de très grandes sécheresses. On fera bien, dans tous les cas, d'éviter de marcher dans les asperges, afin de ne pas s'exposer à écraser les têtes. Toutes ces précautions ne peuvent être bien prises que dans les cultures en planches, et c'est la principale raison qui fait préférer les planches aux carrés. M. Loisel affirme d'ailleurs que, avec le système qui vient d'être décrit, une aspergerie peut être très utilement productive pendant trente ans; il proscrit toutes les cultures intercalaires.

Culture de plein champ. — On ne fait pas toujours les plantations des griffes avec des écartements aussi grands que ceux qui viennent d'être indiqués. Voici la méthode de culture décrite par MM. Decaisne et Naudin : « Le terrain sur lequel on veut établir l'aspergerie est d'abord défoncé, puis divisé en planches de 1m,30 de largeur. De deux planches contiguës, l'une est creusée à 0m,40 de profondeur, et la terre est rejetée sur la planche d'à côté, à laquelle on ne touche pas. On forme ainsi alternativement une planche creuse ou fosse et une planche relevée en billon. Cette planche en saillie est utilisée par des cultures intercalaires d'une prompte venue. En février on fume abondamment le fond des fosses, en y répandant, sur 0m,15 d'épaisseur, du fumier de couche à demi consommé, qu'on bat à la fourche et qu'on tasse avec les pieds. On remet sur ce fumier 0m,10 de la terre qu'on avait déposée sur la planche d'à côté, puis on plante les griffes, sur trois rangs et en quinconce, dans chaque fosse, en commençant par la ligne du milieu. Les deux lignes latérales sont à 0m,45 de la ligne médiane, et par conséquent à 0m,20 des bords de la fosse. On laisse de même 0m,45 d'intervalle entre les griffes d'une même ligne. Ceci fait, on recouvre la plantation de 0m,10 de terre fine. Pendant la végétation, on donne de légers binages, qui ne consistent guère qu'à gratter la surface du sol, afin de ne pas atteindre les griffes, et on arrose s'il en est besoin. Nous devons faire observer qu'en plantant les griffes il faut faire attention de ne pas les mettre sens dessus dessous, c'est-à-dire le côté supérieur en bas et réciproquement, parce qu'en croissant ces griffes s'enfonceraient de plus en plus profondément dans la terre. En automne, on coupe au ras du sol les tiges desséchées et on les enlève; on brise ou gratte la surface du terrain et on y répand un peu de fumier gras à demi consommé. En mars, nouveau binage, dans lequel on mêle le fumier à la terre, puis on recharge les planches de 0m,05 de terre. L'année d'après, on pourrait déjà récolter quelques asperges, mais il vaut mieux attendre à l'année suivante, qui est la quatrième à partir de la plantation, afin de laisser les plantes prendre de la force. Au printemps et en automne, on répète les binages indiqués ci-dessus, et on recouvre les fosses de 0m,15 à 0m,20 de terre, de telle sorte que les asperges se trouvent *buttées*. Cette opération peut se faire au commencement ou à la fin de l'hiver, mais toujours avant que les premiers turions sortent de terre. En avril, plus tôt ou plus tard, la récolte commence, et on coupe toutes les asperges, à mesure qu'elles paraissent jusqu'à la fin de juin; on cesse alors pour ne pas fatiguer le plant et on le laisse croître à volonté. En juillet, on décharge la fosse, en ramenant la terre sur les planches vides ou billons, et en n'en conservant que 0m,07 ou 0m,08 sur les griffes jusqu'au commencement de l'hiver, époque où il faudra donner une nouvelle fumure. L'asperge, en effet, est avide d'engrais, et on doit la fumer tous les ans pendant les cinq ou six premières années, après quoi on ne fume que tous les deux ans. Une aspergerie conduite de cette manière peut durer dix ans et plus. Faisons remarquer d'ailleurs que, dans les terres arides et légères, il vaut mieux planter les griffes en août qu'en mars, parce que la griffe prend tout de suite et s'attache au terrain. » Ce système de culture est celui qui est suivi dans beaucoup de localités des environs de Paris, à Epinay et à Bagnolet, par exemple. C'était celui d'Argenteuil, avant qu'on eût combiné la culture de l'asperge avec celle de la vigne. Les ados sont utilisés, pendant la belle saison, par des cultures de pommes de terre hâtives, de pois, de haricots, ou autres légumes d'une culture hâtive et dont les feuilles ne s'étendent pas trop. On peut mettre aussi, pendant sept à neuf ans, sur les ados, des groseilliers à grappes, à maquereaux ou des cassis, sans crainte de nuire aux asperges.

Système de culture d'Argenteuil. — La culture de l'asperge à Argenteuil est célèbre; elle donne de très beaux produits, auxquels on a reproché naguère de ne pas être toujours savoureux. Elle a été ainsi décrite par M. Dubost, directeur de l'Ecole d'agriculture de Grignon, après une visite des cultures jardinières de cette célèbre localité: « Il s'est produit, depuis le commencement du siècle, une véritable révolution dans la culture de l'asperge. On la faisait autrefois en plein champ, comme cela se pratique encore sur divers points de notre territoire. Vers 1818, le vigneron Lescot eut l'idée d'associer la culture de l'asperge à celle de la vigne, probablement pour combler les vides laissés par des ceps morts de vieillesse ou d'accident. Les résultats qu'il obtint frappèrent tous les yeux, et l'on ne tarda pas à constater que si la vigne souffre du voisinage de l'asperge, celle-ci gagne considérablement au contact de la vigne, et que, finalement, il y a plus de profit à associer les deux cultures qu'à les isoler. Cette révolution est depuis longtemps accomplie. Bien que la culture de l'asperge ait pris une grande extension à Argenteuil, on l'associe toujours, si ce n'est dans des cas exceptionnels, à la culture de la vigne. C'est au moyen de griffes obtenues par des semis dans des pépinières que se fait la plantation. Mais, contrairement à la pratique généralement suivie, cette plantation ne se fait qu'à une faible profondeur, 0m,10 à 0m,20 au plus. On fait une fosse de cette profondeur dont on garnit le fond de gadoue. Lorsqu'on y a déposé la griffe, on la recouvre de 0m,15 à 0m,20 de terre émiettée avec le plus grand soin. Au fur et à mesure que la plante se développe, on rejette dans la fosse la terre de déblai, en ayant la précaution de la maintenir constamment meuble. Vers la quatrième année, on peut commencer la récolte des turions, sans toutefois épuiser la plante. Vers la cinquième année, la culture est en plein rapport, et cette période dure ordinairement dix à douze ans. Non seulement les fosses sont alors comblées, mais on les surmonte encore d'une butte de terre bien meuble, qui est destinée tout à la fois à favoriser le développement des turions, à les protéger contre l'action de la lumière, et à permettre de les visiter en écartant la terre avec les mains, afin de se rendre compte de leur grosseur et du moment opportun pour la cueillette. On obtient ainsi des asperges de toute beauté, d'un volume parfois extraordinaire, et d'une valeur qui varie entre 25 centimes et 5 francs la pièce. Une botte de ces belles asperges se vend couramment 6 à 8 francs au commencement de la saison, c'est-à-dire à la fin d'avril; quand la botte se compose de pièces exceptionnelles, la valeur s'en élève même jusqu'à 25 et 30 francs. On estime qu'une griffe d'asperge cultivée dans la vigne rend moyennement un franc par an pendant sa période de plein rapport. On cite même des griffes qui ont donné jusqu'à 20 francs de produit annuel. En pleine terre, le produit annuel de chaque griffe serait à peine de moitié. On pourra se faire une idée de la richesse de cette culture, ainsi associée à la vigne, quand j'aurai dit qu'on peut planter jusqu'à 5000 griffes d'asperge par hectare de vigne, et tirer de ce seul produit 4 à 5000 francs environ. Toutes les vignes d'Argenteuil ne sont pas cependant plantées d'asperges. Cela tient à diverses causes. La plus importante, sans contredit, est la difficulté de la cueillette. Quand le moment de la récolte est venu, le vigneron et sa famille se multiplient. Dès quatre heures du matin, toute la population valide est dans les vignes, une hotte sur le dos. Il faut passer en revue toutes les griffes, afin de faire la cueillette à point. Cette cueillette se fait elle-même avec les plus grandes précautions, afin de ne pas endommager les asperges voisines. On découvre les monticules à la main, afin de bien isoler les turions que l'on veut cueillir. Quand la récolte est faite, on s'empresse de refaire la butte, afin de recouvrir complètement les asperges qui seront récoltées plus tard. C'est ainsi que les vignerons les plus soigneux se rendent compte chaque jour de la marche de la végétation dans chaque griffe, ou du progrès des turions sous chaque monticule. Ils savent exactement combien d'asperges pourront être récoltées dans un délai déterminé, leur grosseur et le jour probable de la cueillette. En parcourant les vignes de M. Louis Lhérault, nous étions émerveillés de voir cet habile praticien se diriger avec une parfaite sécurité de coup d'œil vers les buttes de terre qui cachaient les asperges les plus volumineuses et les plus rapprochées de l'époque de la cueillette. Le cultivateur qui aurait voulu attirer l'attention d'un visiteur sur quelques têtes d'une nombreuse étable, n'aurait pas agi avec plus de précision. La récolte faite ainsi dans la matinée, et chaque pied visité avec le plus grand soin, le reste de la journée est consacré à la préparation et au liage des bottes. Dans la soirée, les chevaux de la commune emportent le produit de la cueillette aux halles de Paris. Un seul cheval emporte ainsi le produit de la récolte journalière de plusieurs vignerons. Le vigneron arrive lui-même aux halles vers minuit, fait décharger et placer sa marchandise, la vend de quatre à sept heures du matin et rentre chez lui vers huit ou neuf heures. La vente se fait par lots de trois bottes au minimum. Si l'on réfléchit que la période de la récolte s'étend habituellement du 10 avril au 10 juin, et qu'elle coïncide ainsi avec les façons de printemps qu'il faut donner à la vigne, on conçoit que la production de l'asperge soit strictement limitée par les ressources en main-d'œuvre dont chaque famille dispose. La main-d'œuvre étrangère ne serait pas ici à sa place : le produit est trop délicat et de valeur trop haute, pour qu'on pût impunément confier au premier venu les manipulations qu'exige une telle culture. Les vignerons d'Argenteuil n'hésitent pas à faire appel à la main-d'œuvre étrangère pour la cueillette du raisin ; mais ils regardent la cueillette des asperges comme une opération réservée aux membres de la famille. Si l'asperge gagne au voisinage de la vigne et y acquiert des dimensions qu'elle est loin d'offrir en pleine terre, la vigne ne se comporte pas aussi bien au contact de l'asperge. Le produit des vins des vignes plantées d'asperges subit une notable diminution. Avec 3000 griffes d'asperge par hectare, la vigne ne donne plus guère que moitié d'une récolte; le produit s'abaisse des trois quarts quand il y a 5000 griffes d'asperge par hectare. Même avec une pareille diminution, le produit des deux cultures associées est encore très considérable : 1000 à 1500 francs de vin, 2000 à 3000 et même 4000 francs d'asperges; c'est un produit qui n'est pas à dédaigner pour un hectare de culture sous le climat du nord. L'asperge ne se succède pas d'ailleurs indéfiniment à elle-même. Quand on la cultive en plein champ, il faut dix ans d'intervalle entre l'arrachage et la plantation nouvelle. Dans les vignes, on peut faire deux plantations consécutives, en ayant soin de changer l'emplacement des griffes. On a ainsi une culture d'asperges qui dure trente ans, dont vingt environ sont de plein rapport. Après cette période, il faut une nouvelle plantation de vigne, avec la succession des cultures qu'elle comporte, pour assurer le succès d'une nouvelle rotation d'asperges. » La véritable raison du succès des jardiniers d'Argenteuil est le parti qu'ils ont pris d'employer la gadoue de Paris en très grande quantité, et de donner satisfaction au besoin considérable d'engrais de toute forte production; il faut ajouter leur habileté à bien choisir les griffes, et leur constance à prodiguer à la culture du plant tous les soins qu'elle exige ; il faut être habile et laborieux pour bien réussir.

Culture par semis en place. — On a recours à ce procédé pour ménager du travail et de la main-d'œuvre ; mais il a l'inconvénient de donner une plantation inégale, car il est impossible d'avoir par un semis une production de plants identiques Quoi qu'il en soit, on opère de la manière suivante. On prépare la terre comme pour mettre les jeunes griffes en place, mais en tenant la planche un peu moins profonde, de 0m,15 environ seulement au-dessous du terrain voisin. On tend le cordeau, et, de 0m,66 en 0m,66, on fait des trous de 0m,07 à 0m,08 de profondeur, que l'on remplit avec du bon terreau neuf, mais consommé. Lorsque la planche est ainsi préparée, on fait un petit enfoncement avec la main dans chaque trou, et on y place deux ou trois graines en recouvrant légèrement. On n'a plus alors qu'à surveiller l'apparition des mauvaises herbes pour les détruire et à arroser s'il fait sec. Quand les jeunes plants sont levés et sont parvenus à une hauteur de 0m,05 environ, on enlève les moins forts, en ne laissant à chaque place que celui qui paraît le plus vigoureux. D'ailleurs on donne durant tout l'été les mêmes soins que pour une plantation de griffes. A l'automne, on coupe les tiges à quelques centimètres au-dessus du sol et on étend sur toute la planche une couche de 5 ou 6 centimètres de terre préparée. On procède ensuite comme pour la culture par repiquage des griffes ; on peut faire une petite récolte la troisième année pendant une quinzaine de jours, mais on doit veiller à ne pas ainsi trop affaiblir le plant.

Culture des asperges vertes ou aux petits pois. — Les procédés de culture précédents donnent de grosses asperges qui sont blanches ou qui ne se colorent que par l'action de la lumière solaire en violet plus ou moins foncé ; on peut même colorer des asperges coupées en les exposant par bottes au soleil sous une cloche. Pour avoir des asperges vertes, il faut leur donner de la lumière et ne pas les produire trop grosses ; on obtient ce dernier résultat en rapprochant les griffes dans les planches. Du reste, on peut dire que dans toutes les aspergeries on obtient : 1° des *asperges blanches*, quand on les cueille avant qu'elles ne soient sorties de terre ; 2° des *asperges rougeâtres* ou *violacées*, lorsque la récolte se fait alors qu'elles ont dépassé de 0m,04 à 0m,05 la surface du sol ; 3° des *asperges vertes*, quand on les laisse monter à 0m,15. Pour faire spécialement des asperges vertes, on peut suivre le procédé de culture suivant indiqué par M. Louis Lhérault : on plante en planches, à plat et en lignes, celles-ci étant séparées entre elles d'une largeur de 0m,60. Dans les lignes, les griffes sont plantées à 0m,40 de distance les unes des autres et 0m,12 de profondeur. On tient le sol dans un état constant de propreté, d'humidité et d'engrais, comme dans les aspergeries ordinaires. Au mois de mars, on butte la plantation dans toute la longueur des lignes en formant des ados de 0m,20 de hauteur, par l'apport de 0m,05 de terre prise entre deux lignes. On laisse les asperges monter à 0m,15 ou même un peu plus au-dessus des ados avant d'en faire la cueillette.

Culture forcée des asperges sur place. — Le célèbre de la Quintinye est le premier qui se soit occupé des procédés de culture susceptibles de fournir des asperges hors saison. Les premières asperges ainsi obtenues ont paru en 1735 sur la table de Louis XIV. Le principe de cette culture consiste dans l'emploi d'un réchaud de fumier pour échauffer les planches d'asperges durant l'hiver. On fait dans ce but des planches d'un mètre de largeur seulement, que l'on éloigne de 0m,66 les unes des autres, de telle sorte qu'un réchaud sert pour deux, lorsqu'on veut forcer plusieurs planches. On plante en faisant un choix scrupuleux des griffes, en les plaçant dans les planches sur trois rangs à 0m,33 les uns des autres, une distance de 0m,17 restant alors entre les lignes extrêmes et les bords de la planche. On plante à 0m,33 dans le rang. On conduit les planches comme pour les cultures ordinaires pendant la première année, la deuxième et l'été de la troisième. On peut commencer le traitement dès le mois de novembre qui suit. On ouvre, de chaque côté de la planche et entre les planches, si l'on veut en forcer plusieurs, une tranchée de 0m,66 de largeur et de 0m,50 de profondeur, en transportant la terre assez loin pour qu'elle ne gêne pas le service, et en la remplaçant par du bon fumier chaud bien tassé et égalisé. On place alors des coffres sur toute la largeur de chaque planche, de telle sorte qu'on puisse mettre des fourneaux, puis des châssis, et par-dessus des paillassons à volonté. On élève le fumier à la hauteur des coffres et on met également une couche de fumier chaud dans l'intérieur des châssis sur les planches, après les avoir rechargées de 0m,10 de bonne terre. On entretient ainsi une température de 20 degrés dans la planche et sous le châssis. On couvre avec des paillassons s'il survient de grands froids. Au bout d'une quinzaine de jours, on soulève le fumier pour voir si quelques turions ne se montrent pas. Quand on aperçoit des turions, on enlève le fumier de l'intérieur des châssis ; le mieux est que les panneaux ne soient pas alors à plus de 0m,16 de la surface de la planche. Quand les asperges sont assez longues, on commence la récolte, qui peut se continuer jusqu'en mars, à la condition d'entretenir toujours la même température, en renouvelant au besoin le réchaud de fumier. Si le froid n'est pas trop vif, on découvre les châssis, pour que les asperges puissent profiter de la chaleur et de la lumière solaires et prendre un peu de coloration. Lorsqu'on s'aperçoit que les asperges diminuent sensiblement de grosseur, on laisse tomber la température en cessant de renouveler les réchauds, puis on les enlève complètement, en même temps qu'on ôte les châssis, puis les coffres. On rapporte la terre dans les tranchées, on bine légèrement et on recharge d'une couche de 0m,08 de bonne terre. Avec deux planches, chacune donnant pendant deux mois, on peut avoir des asperges durant tout l'hiver, la première servant depuis la mi-novembre jusque vers la mi-janvier, la seconde depuis cette époque jusque dans le courant de mars. Mais comme il est bon de ne pas forcer deux années de suite, il faut quatre planches pour avoir des asperges tous les hivers. Une fois le printemps arrivé, on donne les soins ordinaires que l'on prodigue aux aspergeries ordinaires, c'est-à-dire binages, râtissages, bons engrais, etc., en tenant sur les griffes une couche d'environ 0m,25 de bon terreau. On obtient de belles asperges blanches, sur lesquelles on fait naître un peu de coloration violette, par l'exposition des bottes à la lumière et sous cloche.

Culture forcée des asperges sur couche. — Cette culture donne des *asperges vertes* dites aux petits pois. En octobre, au plus tard, on monte une couche de 0m,60 à 0m,80 d'épaisseur en la composant d'un mélange de fumier d'écurie et d'étable susceptible de produire une température de 20 à 25 degrés. On charge la couche de quelques centimètres de terreau, et on y place les coffres munis de leurs châssis, en l'entourant d'ailleurs de réchauds de fumier. On doit avoir mis en pépinière du plant âgé de deux ans à sept ou huit ans. On enlève ce plant avec une fourche, en ayant soin de ménager les racines et de ne pas les faire éclater. On fait tomber la terre des racines. On prend alors les griffes une à une, on rapproche les racines en un seul faisceau, et on en coupe l'extrémité avec une serpette, après avoir fait tomber toute la terre qui y était adhérente. On pose debout les griffes sur la couche, en les rapprochant et les appuyant les unes contre les autres, de telle sorte que toutes les têtes soient à la même hauteur. On fait ensuite glisser du terreau sec entre les griffes et les racines ; on remplit ainsi le panneau, puis on pose les châssis, en ayant soin, dit M. Loisel, « qu'il se trouve assez d'espace entre les asperges et les carreaux pour qu'elles puissent pousser sans se courber ». On a soin, toutes les nuits, de couvrir les châssis avec de bons paillassons, que l'on double s'il y a de fortes gelées ; on les ôte le jour, quand le temps est beau et qu'il ne fait pas trop froid, pour donner aux asperges toute la lumière possible, afin de leur faire prendre une couleur verte. La récolte des turions peut commencer quinze jours environ après la mise en terre des griffes et durer un mois ; au bout de ce temps, le plant est épuisé et n'a plus aucune valeur. Cette culture, commencée en novembre, peut se prolonger jusqu'en février, au moyen de quatre panneaux mis sur des couches successivement bien préparées et remplies avec des griffes de deux ans, qui auront été la seconde année repiquées en pépinière à 0m,20 de distance. M. Louis Lhérault obtint ainsi, avec quatre panneaux, 30 bottes de petites asperges. On peut employer, pour ce système de production, les parties souterraines vivantes des vieilles griffes. Il faut de 100 à 500 griffes par panneau; chaque griffe donne en moyenne 10 asperges.

Fig. 504. — Cueilleur d'asperges.

Fig. 505. — Cueilleur d'asperges avec une hotte à pied mobile.

Culture forcée des asperges au moyen de divers chauffages. — On peut arriver à obtenir des asperges, soit grosses et blanches, soit petites et vertes, par les systèmes de chauffage les plus variés, en général par tous les moyens susceptibles de hâter la production des plantes. Ainsi on peut cultiver l'asperge en serres chauffées exclusivement par des tuyaux de thermosiphon qui circulent sous le plancher en briques de bâches, dans lesquelles les griffes sont plantées et forment des planches de 1 mètre de profondeur, soutenues par des murs en briques. On couvre par un double vitrage, pour bien conserver la chaleur. La température, au-dessous du plancher en briques, peut être portée à 70 ou 80 degrés, pour se répartir convenablement dans toute la masse au point convenable pour la pousse hâtive des turions. Du reste, selon les climats, les expositions que l'on peut avoir, l'adossement à des murs élevés au midi, il est possible de se placer dans des conditions propres à la culture de l'asperge pour ainsi dire en tout temps. Le prix de revient et les demandes de la consommation peuvent seulement régler l'importance de ces entreprises. De même on obtient des *asperges monstres* en les recouvrant isolément, à leur sortie de terre, dans des endroits bien exposés, au moyen de tubes longs de 0m,30 à 0m,40, et troués de distance en distance alternativement sur toutes les faces. On dit qu'on augmente ainsi la saveur en même temps que la grosseur des asperges, qui deviennent plus tendres et plus faciles à cuire. Mais le principal agent de la production abondante des plus beaux turions est le copieux emploi du fumier.

Cueillette et bottelage des asperges. — Quel que soit le système de culture employé, on se sert des mêmes moyens pour la récolte des asperges et pour leur mise en bottes avant de les expédier. Lorsqu'une asperge est sortie de terre d'une hauteur de 0m,05 ou environ, on la trouve en général bonne à cueillir. La cueillette des asperges doit commencer à l'aube du jour, à la rosée. L'asperge, aussitôt qu'elle a été cueillie, doit être placée à l'abri de l'air et du soleil. A cet effet, le cueilleur d'asperges part, muni d'un panier et portant sur le dos une hotte (fig. 504), dont la partie inférieure est garnie d'un petit double-fond, dans lequel il place son déjeuner. Au champ, il se débarrasse de la hotte pour faire la cueillette. Pour les femmes et les jeunes gens qui se chargeraient difficilement de la hotte remplie placée par terre, on munit la hotte d'un pied qui se développe (fig. 505), et que l'on abaisse ou remonte à l'aide d'une ficelle qui passe par-dessus la hotte.

Fig. 506. — Couteau à asperges Louis Lhérault.

Pour faire la cueillette, on se sert ordinairement d'un couteau à asperges; le plus usité actuellement (fig. 506) se compose d'une tige en fer, dont l'une des extrémités forme une petite fourche à deux dents qui sert à dégager l'asperge de la terre, et dont l'autre extrémité est disposée en forme de couteau à lame mince recourbée. On fait descendre de la main droite le couteau dans la terre le long de la tige que l'on tient de la main gauche;

quand on est arrivé à la profondeur voulue, on coupe, par un léger mouvement imprimé au couteau, tandis que de la main gauche on enlève très facilement l'asperge. Dans les terrains très

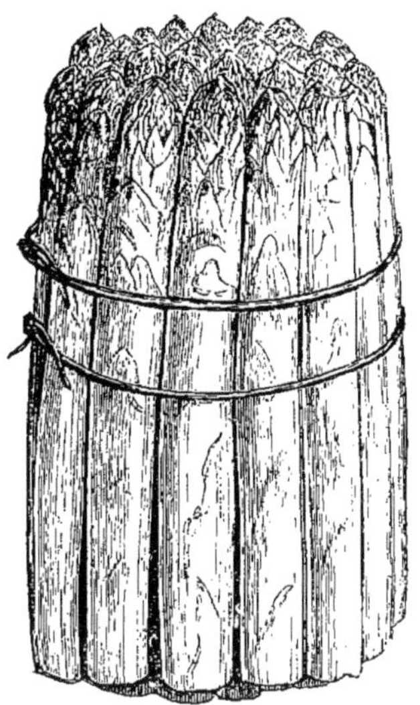

Fig. 507. — Forme de la botte d'asperges.

légers et très meubles, on se passe du couteau. On commence par dégager la tige avec la main ou avec une houlette, en prenant toutes les précautions nécessaires pour ne pas endommager les

Fig. 508. — Moule à botteler les asperges.

jeunes pousses; on fait ensuite passer l'asperge entre le pouce et les deux premiers doigts de la main droite, en descendant jusque sur la souche; à ce moment, un léger mouvement d'inclinaison, facile à donner quand on en a pris l'habitude, permet de la détacher de la souche; cette pratique, qui exige de l'habileté, a l'avantage sur l'emploi du couteau d'éviter la pourriture qui se produit parfois sur la section de la coupure et se communique de proche en proche jusqu'à la griffe, dont elle peut entraîner la perte. Lorsque le panier du cueilleur est rempli, il le vide avec précaution dans la hotte; dès que celui-ci est plein, il rentre et porte la récolte dans l'atelier de bottelage. La grosseur de la botte d'asperges est d'environ 0m,50 de circonférence mesurée vers le milieu. On lui donne la forme que représente la figure 507. Le poids moyen des bottes est de 3 kilogrammes pour les asperges blanches, de 1kg,5 pour les asperges vertes ou en petits pois, dont les dimensions sont aussi plus faibles. Pour parer les bottes, on a soin de placer les asperges les plus grosses et les plus longues à la circonférence, et de mettre les plus minces et les plus courtes dans l'intérieur. Afin de faire toutes les bottes égales, on se sert d'un moule. Le moule le plus usité aujourd'hui est formé (fig. 508) par un bâti portant deux planchettes verticales. L'une est fixe et en bois plein:

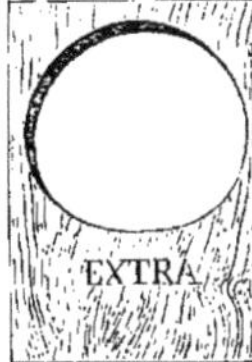

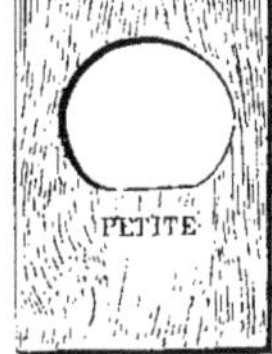

Fig. 509. — Calibres du moule à botteler.

l'autre est mobile et porte une ouverture demi-circulaire prolongée par deux verticales. En avant de la planchette fixe, on place dans une rainure une autre planchette portant une ouverture circulaire correspondant à la grosseur de la botte à faire. Trois planchettes différentes servent pour les trois grosseurs commerciales de bottes; le trou dont on les munit, a un diamètre vertical un peu plus faible que le diamètre horizontal; on prend cette précaution pour donner une base à la botte. Les trois calibres (fig. 509) correspondent aux dimensions de 11 centimètres sur 13, de 14 sur 15, de 15 et demi sur 17. La planchette mobile est également munie d'une deuxième planchette dont l'ouverture correspond au calibre de la botte. Le botteleur est assis sur une chaise basse devant le moule, et à ses côtés on place les asperges en tas, afin qu'il puisse les choisir sans peine. Lorsque la botte est achevée, on la lie au moyen de deux brins d'osier fin, distants de 0m,06 environ. Avec la serpette on égalise les bouts, puis on met la botte à laver.

On fait le lavage dans un baquet rempli d'eau. On y laisse la botte pendant près de deux heures, pour qu'elle se débarrasse de toute terre, puis on la brosse légèrement, et on la place dans l'égouttoir (fig. 510). La forme la plus convenable d'égouttoir est une claie dans laquelle sont fixées verticalement des barres distantes de 0m,20, inégalement hautes, et portant des échancrures demi-circulaires, dans lesquelles on place les bottes, inclinées pour que l'égouttage en soit plus facile.

Les asperges, cueillies le matin, sont bottelées, lavées et égouttées dans la même journée, et enfin emballées le soir même dans de grands paniers dans lesquels on fait le transport.

Culture et emballage des griffes commerciales. — Les plantations nouvelles d'asperges que l'on fait dans un grand nombre de localités où cette culture était naguère inconnue, la consommation considérable de griffes faite par l'industrie de la production forcée des asperges vertes, ont engagé les agriculteurs et les jardiniers à acheter des griffes au lieu de les faire eux-mêmes, et à se délivrer ainsi des travaux sans rémunération immédiate qu'exige toute création complète d'une aspergerie. Le cultivateur fait donc naître des griffes pour la vente et non pas seulement pour les utiliser dans ses propres cultures. Les meilleures griffes à employer pour la grande culture sont celles d'un an; on prétend que celles de deux ans s'expédient plus facilement et peuvent être transportées plus loin; mais cela n'est vrai que lorsqu'on les entasse sans précaution et sans arrangement méthodique dans des bourriches, parce que celles de deux ans sont plus dures et moins cassantes que celles d'un an. On peut faire les expéditions les plus lointaines des jeunes griffes sans aucun danger de détérioration, en prenant la précaution de les emballer, immédiatement après qu'elles ont été soigneusement arrachées, dans des caisses où on les place une à une avec de la mousse qui ne doit pas être mouillée. On les dispose de telle sorte qu'elles ne puissent être ni écorchées ni cassées, et dans la position qu'elles devraient occuper si on les plantait. Elles peuvent rester plus d'un mois avant d'être remises en terre au lieu d'arrivée. Un bon emballage est d'une très grande importance pour celui qui fait venir ses griffes de loin; un bon choix des griffes n'est pas moins nécessaire de la part des vendeurs consciencieux. Quand on procède à l'arrachage du plant de première année, qui est préférable pour les aspergeries que l'on veut faire durer, on doit prendre celles qui ont peu de racines, blanches, claires, bien nourries, dont l'œil est fort et montre qu'il est propre à donner une tige vigoureuse. On doit mettre de côté pour la production des asperges vertes les griffes dont les racines sont minces, maigres, allongées, avec un œil très petit.

Des porte-graines. — L'importance de bien choisir les pieds sur lesquels on doit récolter la graine des asperges pour en faire les semis, est reconnue par tous les agriculteurs; c'est à une bonne et intelligente sélection des sujets porte-graines que les cultivateurs d'Argenteuil doivent d'avoir des produits d'une beauté et d'une qualité vraiment exceptionnelles. Le premier principe que l'on doit suivre, c'est de ne récolter la graine que sur des pieds bien vigoureux, qu'on ne choisit pour en prendre la graine qu'après trois à cinq ans de production, et que par conséquent on a pu parfaitement étudier. Le second principe, c'est de ne pas couper de turions sur les pieds adoptés pour en prendre la graine, afin de laisser toute sa vigueur au sujet producteur de graine. Le mieux est d'avoir une planche spéciale pour les porte-graines; cette planche pourra n'avoir qu'une trentaine de pieds. On en aura enlevé tous les pieds qui ne paraîtront pas être satisfaisants pour l'objet que l'on a en vue. Les turions y apparaissent de bonne heure. Pour faire la graine des cultures hâtives et forcées, les turions sont vigoureux; pour la reproduction des belles et grosses asperges, on ne laisse qu'une tige sur le porte-graine adopté, pour qu'elle soit bien vigoureuse, et on la protège par un tuteur. C'est en octobre seulement que la petite baie qui constitue le fruit commence à rougir; la maturité complète n'est atteinte qu'en novembre et même décembre. C'est à ce moment qu'on en fait la récolte. On doit exercer une surveillance particulière pour que les ennemis des asperges n'atteignent pas l'aspergerie des porte-graines; on doit en outre chasser les oiseaux, notamment les grives, qui en sont avides. Sur le rameau, les baies doivent êtres nombreuses, si le plant est réellement puissant. On ne prend que les baies les plus grosses; elles sont dans la partie moyenne des rameaux. Dans les aspergeries qui ne sont pas destinées à la productions des graines, on fera bien de détacher les baies dès leur apparition, parce que leur maturité ne s'obtient jamais qu'aux dépens de la vigueur des racines du pied lui-même. Lorsque les baies sont récoltées, on les écrase dans l'eau et on lave deux ou trois fois pour enlever toute la partie pulpeuse; on laisse ensuite bien égoutter, et on fait sécher les graines en les étendant sur un papier durant une quinzaine de jours, avant de mettre dans des sacs de papier que l'on conserve dans un endroit bien sec. La graine est bonne pendant deux ou trois ans, mais on fait mieux de ne se servir que de graine récente. Aussitôt que la graine est récoltée, on ôte les tuteurs et on coupe toutes les tiges pour donner ensuite tous les soins ordinaires d'une bonne culture. La pulpe des baies sert quelque-

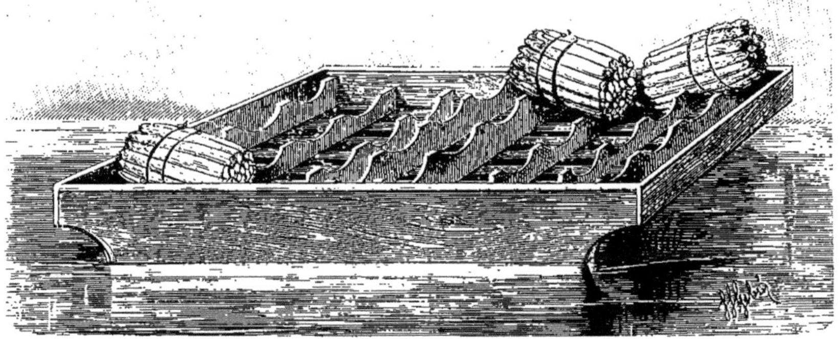

Fig. 510. — Égouttoir à asperges Louis Lhérault.

fois pour former un liquide employé à la coloration du beurre.

Animaux nuisibles aux aspergeries. — Les animaux nuisibles aux cultures d'asperges sont nombreux. Ce sont : les vers blancs, qui rongent les racines ; les courtillières, qui les coupent ; les limaces, les criocères, les pucerons, qui dévorent les tiges et les feuilles ; les taupes, qui bouleversent le terrain par les galeries souterraines qu'elles se creusent, en mettant souvent les griffes à nu, sans d'ailleurs s'en nourrir. Les taupes sont faciles à détruire, et on doit se hâter de le faire, soit en les guettant à l'affût, soit en leur tendant des pièges dans leurs galeries. On poursuit les courtillières pour les tuer ; on s'efforce d'écraser toutes les limaces ; on cherche avec soin les vers blancs pour les tuer aussitôt ; on peut prendre les criocères en secouant les tiges le matin dans une sorte de parapluie renversé ; dans tous les cas, on doit les écraser avec soin ainsi que les pucerons ou chenilles noires. On a proposé de cultiver des laitues dans les aspergeries pour attirer les limaces et les vers blancs et les détourner des plants d'asperges ; ce procédé aboutit quelquefois à multiplier les ennemis de cette culture au lieu d'en rendre la destruction plus facile. Une chasse attentive, quoique souvent pénible et difficile, est encore le meilleur moyen de protéger les cultures.

Emploi des asperges. — L'asperge constitue un légume très recherché. On la cuit dans l'eau avec un peu de sel, et, assaisonnée de plusieurs manières, elle donne des mets délicats et de facile digestion. On la mange à la sauce blanche, au jus, à l'huile et au vinaigre, à la sauce mayonnaise, à l'anglaise ou au beurre ; aux petits pois, dans les potages, dans les ragoûts, dans les œufs brouillés, dans les omelettes, comme accompagnement de la viande. Elle est diurétique. Elle doit probablement la plus grande partie de son activité à la présence de l'asparagine. Sa consommation a l'inconvénient de donner aux urines une odeur particulière et fétide, que l'on transforme ou masque par quelques gouttes d'essence de térébenthine mises préalablement dans le vase ; on a alors l'odeur de violette. Les pointes d'asperges servent à faire de l'extrait et du sirop dont on se sert comme médicaments. On fait aussi des tisanes et des extraits avec les racines d'asperges, que l'on pile et fait infuser. Le sirop diurétique se fait avec cinq racines : asperge, ache, fenouil, persil, petit houx ; on prend 100 grammes de chaque, 3000 grammes d'eau bouillante, 2000 grammes de sucre. On verse la moitié de l'eau bouillante sur les racines coupées ; on laisse infuser pendant douze heures, en remuant de temps en temps. On passe sans expression et on filtre le liquide. On verse le reste de l'eau sur les racines, pour faire une seconde infusion, qu'on passe en exprimant. Dans le produit de cette seconde infusion, on met le sucre ; on fait cuire et évaporer jusqu'à perte d'un kilogramme environ ; on ajoute alors la première infusion et on passe. L'asperge est surtout un condiment qui permet aux organes digestifs de prendre des forces ou de se réparer.

Richesse de la culture et importance du commerce des asperges. — Un pied d'asperge en plein rapport et cultivé convenablement donne annuellement de 15 à 20 asperges de première grosseur, ou le double au moins d'asperges de grosseur moyenne. Que l'on suppose seulement une production moyenne de 10 asperges par pied, et un espacement des pieds de 1 mètre, qui est celui adopté à Argenteuil ; on aura 10000 pieds à l'hectare et une production de 100000 asperges, soit 5000 bottes, à raison de 20 asperges par botte. Les bottes se vendant 60 centimes sur le lieu de production, le produit est de 3000 francs. Quelle que soit la défalcation que l'on fasse sur ce chiffre, il établit combien la culture des asperges est avantageuse. Aussi cette culture se propage-t-elle de plus en plus, surtout depuis l'établissement des chemins de fer. Du reste, la production ne fait que correspondre aux besoins croissants de la consommation. A Paris, on consomme, comme primeurs, durant l'hiver, 16000 bottes d'asperges blanches, du poids de 3 kilogrammes chacun, soit 48000 kilogrammes ; plus, 4000 bottes d'asperges vertes, de 1^{kg},5, soit 6000 kilogrammes ; en tout, 54000 kilogrammes. « Les asperges, dit M. Husson dans son livre sur les consommations de Paris, sont l'objet d'expéditions importantes. Dès le 15 mars, Perpignan et Toulouse en produisent en abondance Châtellerault, Romorantin et plusieurs autres pays, font des envois jusqu'à la fin de mai. » Ces arrivages lointains forment environ 670000 kilogrammes. Viennent ensuite les apports de ce que l'on appelle le rayon de Paris, soit : Paris et sa banlieue, puis Argenteuil, Sannois, Épinay, Saint-Gratien, Cormeilles, Herblay, Franconville, Suresnes, Puteaux, Montmorency, Saint-Ouen, Meaux, Orléans, Blois, Châteauroux, Amiens, Compiègne, le tout pour 9000000 de kilogrammes. Ces chiffres, relevés pour 1872, donnent une consommation totale de près de 10 millions de kilogrammes, pour une population qui était alors de 1800000 habitants. La consommation annuelle est certainement de 13 millions de kilogrammes en 1883, soit 5 à 6 kilogrammes par tête moyenne de population.

Pour la seule ville d'Argenteuil, le commerce des asperges qui n'était que de 30000 francs en 1850, dépasse en 1882 un million de francs ; il faut y ajouter la vente de 2 millions de griffes au prix moyen de 80 francs le mille.

ASPERGE DU CAP. — Nom donné aux pousses comestibles de l'*Aponogetum dystachyum* (voy. p. 507).

ASPERGERIE. — Terrain planté en asperges.

ASPERGETTES (*économie domestique*). — On nomme ainsi les pousses de l'ornithogale des Pyrénées ; on les mange aux environs de Genève.

ASPERGILLE, ASPERGILLÉES (*botanique*). — L'aspergille (*Aspergillus*), appelée vulgairement goupillon, appartient à la famille des Mucédinées. Le genre Aspergillus constitue une partie des taches de moisissures les plus répandues, sur l'homme, les animaux, sur les fruits gâtés, les sirops, les confitures. Il présente deux sortes de filaments tubuleux et cloisonnés, dont les uns sont stériles et couchés, dont les autres, fertiles, sont dressés et terminés par un renflement en forme de massue, duquel naissent en rayonnant des cellules qui portent des spores globuleuses, tantôt lisses, tantôt légèrement hispides, transparentes, grisâtres ou d'un vert bleuâtre ; elles sont souvent adhérentes les unes aux autres, en séries formant des chapelets. On en distingue plusieurs espèces : l'*Aspergillus glaucus*, constaté dans les organes respiratoires de plusieurs oiseaux ; l'*Aspergillus niger*, qui paraît jouer un rôle dans la fermentation gallique. — L'aspergillus est le type de la tribu des *Aspergillées*, qui comprend les genres : Alternaria, Aspergillus, Briarea, Bispora, Cladotrichum, Dactylium, Dendryphium, Gyrocerus, Gonatorrhodum, Septonema, Speira, Penicillum, Torula, Trimmatostroma.

ASPERME (*botanique*). — Ce nom, qui signifie sans graine, a été donné à un groupe de cryptogames comprenant les genres Byssus, Ceramium, Conferva, Lepra, Linckia, Nemella, Phyllona, Ulva.

ASPEROCOCCUS (*botanique*). — Algues ayant la fronde tubuleuse, formée de deux couches de tissus, l'intérieure à cellules écartées, disposées en double rangée, l'extérieure constituée par des cellules étroitement unies.

ASPERUGO (*botanique*). — Plantes de la famille des Borraginées, qui constituent une herbe couchée, annuelle, couverte de soies rigides, assez répandue dans l'Europe septentrionale et australe et dans l'Asie occidentale.

ASPÉRULE (*botanique* et *horticulture*). — Genre de plantes de la famille des Rubiacées, herbacées, suffrutescentes, dont les feuilles opposées sont accompagnées de stipules développées, et dont les fleurs sont réunies en cymes formant de faux corymbes à l'aisselle des feuilles ou à l'extrémité des rameaux. On en connaît plusieurs espèces communes en France, dans tout l'hémisphère boréal de l'ancien continent et en Australie. Il faut signaler : 1° l'aspérule odorante (*Asperula odorata*), que l'on appelle aussi vulgairement hépatique des bois, hépatique étoilée, hépatique odorante, muguet des bois, petit muguet, reine des bois, est une plante aromatique vivace, à souche traçante, présentant des tiges quadrangulaires à la base, glabres, dressées, ne dépassant pas 0m,20 de hauteur, portant des feuilles verticillées et donnant en mai de petites fleurs blanches, à odeur suave, et disposées en 2 ou 3 corymbes terminaux. Tous les terrains lui conviennent, mais particulièrement les terrains argileux et meubles; elle croît bien sous les arbres. On l'emploie pour orner les parties ombragées, pour remplir les parties nues des bosquets, à faire d'élégantes bordures, à garnir les glacis et les talus, à la culture en pots pour les appartements et les fenêtres. On la sème d'avril en juillet en pépinière; on repique le plant de nouveau en pépinière, pour le mettre en place à l'automne ou au printemps, à 0m,20 ou 0m,25 de distance. Comme sa graine est assez rare, on la multiplie le plus souvent par division des souches et par drageons d'août en automne ou au printemps. Sur les bords du Rhin et en Allemagne, on s'en sert pour aromatiser les liqueurs. En Allemagne, on fait infuser les parties vertes de la plante dans du vin blanc pour obtenir ce qu'on appelle le *vin de mai*. Elle fait partie des vulnéraires suisses. Le bétail en est friand, et on peut s'en servir pour aromatiser le foin. — 2° L'aspérule à l'esquinancie (*Asperula cynanchica* ou *multiflora*, ou encore *Galium cynanchicum*), appelée aussi herbe à l'esquinancie, rubéole, étrangle-chien, petite garance, garance de chien, donne des feuilles qui sont usitées en tisane ou en cataplasme dans le traitement de l'esquinancie. Ses feuilles, pubescentes vers le bas de la tige, sont glabres vers le haut, étroites et rudes sur les bords; les fleurs sont roses ou rosées, surtout en dehors, et se présentent en cymes terminales imitant des corymbes. Elle est commune dans toute la France, dans les collines arides et sur les côtes méridionales. La racine teint en rose. — 3° L'aspérule des champs (*Asperula arvensis*), ou aspérule bleue, est très abondante dans les jachères; elle est recherchée par le bétail. — 4° L'aspérule des teinturiers (*Asperula tinctoria*) a des racines qui ont un pouvoir tinctorial en rouge plus intense que celles des précédentes espèces; elles servent à teindre les laines et les crins.

ASPHALTE (*technologie*). — En minéralogie, on donne le nom d'asphalte à une substance amorphe, à cassure conchoïdale, de couleur noire ou brunâtre, brûlant après fusion avec une flamme très fuligineuse. On rencontre cette substance en un grand nombre de lieux, notamment sur les bords de la mer Morte ou *lac Asphaltique*. Elle a un éclat résineux et une densité de 1,1. Elle est une des quatre espèces de bitume connues. En général, elle se trouve dans le sol en amas qui imprègnent des roches calcaires. Lorsque la roche imprégnée de bitume est schisteuse, on dit qu'on a affaire à un schiste bitumineux. Dans l'industrie, on a pris l'habitude de désigner la roche imprégnée par le nom d'asphalte et la substance imprégnante par celui de bitume. Les calcaires imprégnés de bitume fournissent le mastic et la poudre asphaltique dont on recouvre les trottoirs ou les chaussées et dont on fait aussi des dallages, des carrelages, des revêtements verticaux pour les murailles, ou de toutes formes pour des ustensiles à contenir de l'eau ou des graines. La poudre asphaltique s'emploie en la chauffant et la comprimant pour faire des chaussées. Le mastic est un mélange de la roche asphaltique avec du bitume et souvent du sable; c'est aussi en la soumettant à l'action de la chaleur qu'on en fait l'application. La production totale des mines d'asphalte et de bitume en France est de 150 millions de tonnes, dont 20 à 25 en calcaire asphaltique et le reste en schistes bitumineux. Les principaux gisements sont ceux des Vosges, du Puy-de-Dôme, du Gard. Dans les constructions rurales, l'asphalte rend des services, surtout pour empêcher l'imprégnation dans le sol des purins et urines.

ASPHODÈLE (*botanique*, *horticulture* et *agriculture*). — Genre de plantes de la famille des Liliacées, dont on a voulu faire une famille spéciale sous le nom d'*Asphodélées*. Ce sont des herbes vivaces originaires du midi de l'Europe, et qu'on rencontre aussi fréquemment en Algérie. Leurs racines sont fibreuses, fasciculées, quelquefois tubéreuses. Les tiges sont simples; elles portent des feuilles alternes, linéaires ou triquètres, ensiformes, subulées, rectinerves; elles se terminent par des fleurs hermaphrodites, disposées en grappes simples ou ramifiées. Le fruit est une capsule à trois loges renfermant un petit nombre de graines anguleuses. On en connaît environ vingt espèces, parmi lesquelles il faut citer : 1° l'asphodèle rameux (*Asphodelus ramosus*), appelé aussi asphodèle mâle, asphodèle blanc, lusson, nunon, nunu, bâton royal. Son port, assez remarquable, et ses jolies fleurs, rendent cette plante (fig. 511) propre à l'ornementation des pelouses, des plates-bandes et des perspectives. Les feuilles, lancéolées, étalées, d'un vert sombre, ont près de 0m,65 de longueur. Les tiges, droites, nues, glabres, peu rameuses, s'élèvent d'environ 1 mètre, portant en mai plusieurs épis de fleurs nombreuses, blanches, ouvertes en étoile, dont les divisions sont marquées de lignes roussâtres. Le fruit est globuleux, vert, luisant et de la grosseur d'une cerise. Les racines, tuberculeuses (fig. 512), sont gorgées d'une substance amyloïde analogue à l'inuline, qui est assez abondante, de telle sorte qu'on a proposé de cultiver cette plante pour la production de l'alcool. D'après une expérience faite en Algérie, le poids moyen d'un pied serait de 3kg,5; par le râpage et la pression des tubercules frais, on obtiendrait 86 pour 100 de jus et 14 pour 100 de pulpe. Le jus fermenterait facilement, et, par la distillation, fournirait une quantité d'alcool à 100 degrés correspondante à 4l,68 par 100 kilogrammes de tubercules. L'auteur de l'expérience ne dit pas s'il a dû transformer en sucre la substance amyloïde par une action chimique préalable. Dans tous les cas, les résultats ne sont plus les mêmes quand on examine les racines qui ont vieilli; elles donnent alors, si on les pulvérise, une farine que l'on utilise pour en faire une sorte de pain, et qui peut aussi servir à faire une colle presque aussi bonne, dit-on, que celle faite avec de la farine de céréales. Les racines fraîches contiennent un principe âcre qui disparaît par la dessiccation ; les anciens s'en servaient en tisanes contre la toux, contre les convulsions, et comme diurétiques et emménagogues. Tous les terrains sains, mais surtout les terrains calcaires, lui conviennent. On sème d'avril en juin en pots; on repique le plant en pots, et on le met en place au printemps. Mais par ce système, il faut plusieurs années pour que les plantes soient en état de fleurir; aussi en fait-on le plus souvent la multiplication par œilletons munis de racines que l'on sépare au printemps de vieilles souches et que l'on plante avec un écartement de 0m,50. — 2° L'asphodèle jaune (*Asphodelus luteus*), appelé aussi bâton de Jacob et *asphodeline*, est une très belle plante pour la décoration des jardins. La tige en est très

Fig. 511. — Asphodèle rameux.

feuillée, s'élève à environ 1 mètre. « Les feuilles, réfléchies au sommet, disent MM. Vilmorin-Andrieux, sont jonciformes, trigones, sillonnées, dilatées à la base en une membrane mince qui embrasse la tige, les radicales réunies en touffe. Les fleurs, jaunes, géminées à l'aisselle de bractées

Fig. 512. — Racines tubéreuses de l'asphodèle rameux.

fauves, plus longues que les pédicelles, forment un épi assez serré, long de 0m,20 à 0m,40; elles paraissent en mai-juin. Cette plante vient à peu près sans soin dans presque toutes les natures de sol; ses touffes, qui ne font qu'augmenter en beauté à mesure qu'elles vieillissent, peuvent rester plusieurs années à la même place sans avoir besoin d'être renouvelées. » On la cultive comme la précédente. L'horticulture a obtenu une variété à fleurs pleines, qui est jolie et a d'ailleurs les mêmes propriétés que l'espèce d'où elle dérive; mais elle ne donne pas de graines et ne peut se reproduire que par la division des souches. — Les traditions populaires ont, dès l'antiquité, regardé l'asphodèle comme une plante dont on devait entourer les tombeaux, les mânes des morts devant se nourrir de ses racines.

ASPHYXIE (*physiologie* et *médecine vétérinaire*). — L'asphyxie, chez l'homme comme chez les animaux, est un état de mort apparente ou réelle, provoquée par la suspension des phénomènes respiratoires; le mot signifie *sans pouls*, mais la cessation des pulsations peut être amenée par d'autres causes. L'asphyxie doit être entendue seulement comme signifiant la suspension de ce double phénomène respiratoire : absorption de l'oxygène de l'air attiré du dehors par des mouvements appropriés pour produire l'hématose, exhalation d'acide carbonique produit pendant le travail de nutrition et accumulé dans le sang. Conséquemment, dans l'asphyxie, il y a désoxygénation du sang et accumulation excessive d'acide carbonique dans le liquide. Les causes de l'asphyxie peuvent être partagées en deux classes : 1° celles qui empêchent plus ou moins complètement l'accès de l'air respirable dans l'appareil respiratoire; 2° celles qui rendent le mélange gazeux respiré impropre à l'hématose du sang. De ces dernières causes, il faut exclure la présence dans l'air atmosphérique de principes toxiques tels que le gaz oxyde de carbone provenant de la combustion incomplète du charbon, l'acide sulfhydrique, qui constitue le *plomb* des vidangeurs, des vapeurs anesthésiques ou vénéneuses, ou irritantes. Il y a alors d'autres phénomènes que l'asphyxie, et, notamment, des empoisonnements. L'asphyxie proprement dite n'est guère produite dans cette classe spéciale que lorsque l'air atmosphérique est remplacé, en tout ou en grande partie, par de l'acide carbonique, ainsi qu'il arrive dans les locaux où il existe des liquides en fermentation, dans la grotte du Chien, dans certaines mares ou sources, sortant de bassins plus ou moins profonds, où le bétail vient se désaltérer et plonge la tête dans du gaz acide carbonique émis par l'eau tentatrice. Les premières causes agissent malheureusement bien plus fréquemment, ce sont : la *submersion* ou l'*immersion*, la *pendaison* ou la *suspension*, la *strangulation*, par l'*occlusion des conduits aériens*, par la *suffocation*, par la *météorisation*, par le *froid*, par la *foudre*. — Dans tous les cas, les symptômes sont successivement : gêne de la respiration, affaiblissement des sens, paralysie des organes locomoteurs, gonflement des veines de la tête et du cou, coloration en rouge foncé des muqueuses, inégalité des battements du cœur, faiblesse de plus en plus grande du pouls. — Il faut que le traitement soit promptement employé et sans attendre la venue de l'homme de l'art qu'on doit néanmoins appeler. Avant tout, il faut éloigner la cause qui a produit l'accident et chercher à rétablir la respiration. On cherche à insuffler de l'air dans les poumons, même au moyen de soufflets, en même temps qu'on exécute des pressions alternatives sur le corps. Sur les grands animaux, on peut pratiquer la trachéotomie. On excite la membrane du nez au moyen de l'ammoniaque. On fait de fortes frictions. On cherche à provoquer des vomissements par la titillation du pharynx. On donne des lavements avec la décoction de tabac et de sel ordinaire. On pratique la saignée lorsque l'on a rétabli la respiration et la circulation. — Les divers animaux résistent des temps bien différents avant de succomber à l'asphyxie; il ne faut pas hésiter à prolonger l'emploi des moyens susceptibles de rappeler la vie. — Les chevaux, le long des cours d'eau, soit sur des chemins de halage, soit pour traverser un courant, subissent parfois la submersion; des troupeaux de moutons sont quelquefois noyés; les inondations peuvent atteindre tous les animaux. Le plus souvent, il est bien difficile d'appliquer un traitement efficace, surtout quand la submersion a eu quelque durée. — La pendaison est rare chez les animaux, mais il peut y avoir strangulation en cas de compression circulaire du cou par les liens ou les moyens d'attache, d'où rétrécissement ou aplatissement de la trachée. — L'occlusion des conduits aériens peut être produite par l'introduction de corps étrangers dans la trachée, par le gonflement des amygdales et de la muqueuse du larynx, par des angines graves. On a vu des sangsues fixées dans l'arrière-bouche d'animaux pâturant dans des marais ou s'étant abreuvés à des eaux recelant ces annélides. Un breuvage administré maladroitement dans la trachée et les bronches peut causer l'asphyxie. — La suffocation peut être due à la compression de la poitrine, empêchant le mouvement des côtes et du diaphragme. — La météorisation qui se produit sur les ruminants, par suite de l'ingestion d'une trop grande quantité d'herbe fraîche, donnant naissance à des gaz abondants qui ballonnent les organes et refoulent le diaphragme, peut rendre la respiration impossible. On la combat par l'emploi du trocart. La tympanite du cheval donne lieu à des effets analogues. — Le froid peut suspendre les mouvements respiratoires; les animaux y résistent mieux que l'homme; on combat surtout l'engourdissement qu'il produit par des frictions faites d'abord avec de la neige. — La foudre peut frapper directement ou par choc en retour tous les animaux en arrêtant les mouvements respiratoires, qu'il faut tout de suite chercher à rétablir. — On ne doit pas confondre l'asphyxie avec l'apoplexie que causent les *coups de chaleur*, surtout chez les animaux très engraissés, et ceux qui ont été soumis à un travail excessif.

ASPHYXIE (*arboriculture*). — On applique, par analogie, le nom d'asphyxie à la maladie qui fait périr des arbres plantés trop profondément ou qui sont plantés dans un sol que l'on surcharge postérieurement d'un remblai. Alors l'air extérieur ne peut plus arriver aux racines, qui pourrissent et meurent. Des labourages profonds, qui rendent la terre meuble, peuvent remédier à ces accidents; mais le mieux est d'enlever l'excès de terre ou le remblai, si l'on veut avoir la certitude de sauver un bel arbre.

ASPIC (*zoologie*). — Nom donné à la vipère commune (*Coluber aspis*), que l'on trouve aux environs de Paris, à Montmorency et dans la forêt de Fontainebleau. — L'aspic des anciens est le serpent *haje*, ou naja haye, dont le venin est très actif, et qui donna la mort à Cléopâtre après la bataille d'Actium.

ASPIC (*botanique*). — Nom vulgaire donné à la lavande (*Lavandula spica*) et à l'alpiste des Canaries (*Phalaris canariensis*).

ASPIC (HUILE D'). — Huile essentielle de la lavande.

ASPICARPA (*botanique*). — Plantes de la famille des Malpighiacées, tribu des Gaudichaudiées, habitant les parties les plus méridionales et occidentales de l'Amérique du Nord, suffrutescentes, dressées, à feuilles opposées, à fleurs dimorphes. On cultive en serre chaude l'*Aspicarpa urens*, qui est un arbrisseau grimpant, presque ligneux, très poilu.

ASPICOTTUS. — Nom donné quelquefois au chabot de mer ou chaboisseau.

ASPIDIE (*botanique* et *horticulture*). — Genre de fougères du sous-ordre des Polypodiacées. On en connaît environ trois cents espèces. Parmi les plus remarquables pour l'ornementation, il faut citer tout d'abord l'aspidie à aiguillons (*Aspidium aculeatum*). Cette plante, à cause de son feuillage très élégant (fig. 513), est recherchée surtout pour les lieux rocailleux où elle se plaît. Son rhizome, très volumineux, donne naissance à une souche large d'où s'élèvent en touffes des frondes ou feuilles de $0^m,80$ à 1 mètre, de forme oblongue, finement

Fig. 513. — Aspidie à aiguillons.

découpées. Le pétiole est court, très écailleux; les pennules alternes, très rapprochées, sont constituées par des lobes décurrents à la base, avec des dents terminées par une pointe subulée. Les fructifications, très nombreuses, sont disposées sur deux ou trois rangs sous les lobes de la fronde. C'est une des plus belles et des plus rustiques fougères que l'on puisse cultiver en France, à la seule condition qu'elle soit à une exposition demi-ombragées et à l'abri des grands courants d'air, dans un sol argilo-siliceux et humide; elle réussit en pleine terre dans les jardins d'hiver non chauffés. — Sa variété subtripennée (*Aspidium aculeatum subtripennatum*) est aussi très élégante, mais atteint de moindres dimensions. — L'aspidie anguleuse (*Aspidium angulare*), qui a les lobes de ses frondes auriculés et brièvement pédicellés, est également très employée dans l'ornementation. — Ces trois fougères se multiplient ordinairement par la division des touffes en automne ou de bonne heure au printemps. — L'*Aspidium filix-mas* est la polystic fougère mâle; l'*Aspidium filix-fœmina* est l'athyrion; l'*Aspidium fragile* est la fougerole ou la cystoptéride fragile; l'*Aspidium rhœticum*, qu'on rencontre dans les Alpes, est appelé vulgairement capillaire blanc; l'*Aspidium* ou *Polypodium fragrans* est employé pour aromatiser les vêtements et donne une infusion connue sous le nom de thé de Sibérie. — Les feuilles d'un assez grand nombre d'aspidies sont employées en médecine comme apéritives, diurétiques, vulnéraires, les racines comme vermifuges. Beaucoup servent comme litière ou sont employées comme combustibles. Leurs cendres retournent à la terre comme très fertilisantes.

ASPIDISTRA et **ASPIDISTRÉES** (*botanique* et *horticulture*). — Les Aspidistrées forment un groupe des Asparaginées-liliacées, voisin des Smilacinées, et comprenant les genres *Aspidistra*, *Rhodea* et *Tupistra*. Le genre *Aspidistra*, qui a donné son nom au groupe, est formé de plantes herbacées acaules, ayant la tige souterraine : de la tige s'élèvent des feuilles engainantes et oblongues-lancéolées, tandis que de courts pédoncules se terminent par une seule fleur hermaphrodite, qui s'épanouit aussitôt qu'elle atteint la surface du sol. Ce sont des plantes pour la décoration des appartements. On signale surtout les *Aspidistra angustifolia, auropunctata, macrophylla* et *variegata* ou *punctata*. Cette dernière (fig. 514), appelée aussi aspidistrie du Japon (*Aspidistra elatior*), a de très belles feuilles lancéolées, onduleuses, luisantes, longues

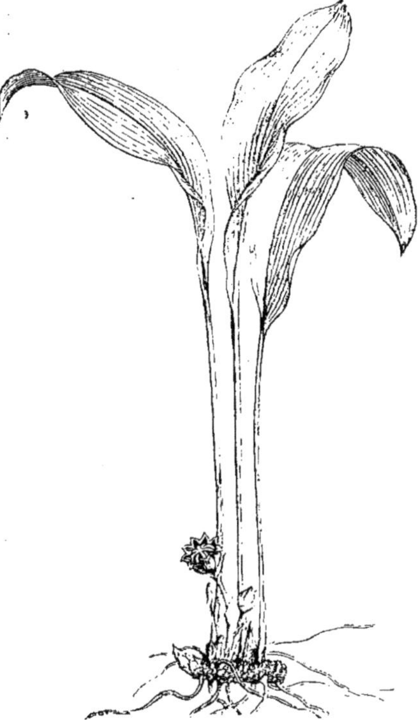

Fig. 514. — Aspidistrie du Japon.

de 0m,50 à 0m,70, larges de 0m,10 à 0m,12, d'un vert plus ou moins foncé, panachées de blanc, soutenues par un pétiole rigide comprimé ; la fleur violette est insignifiante. On la multiplie d'éclats ; la terre de bruyère lui convient ; c'est une plante de serre chaude ou tempérée. A cause de son feuillage coloré, elle se place au premier rang des plantes d'appartement, car elle est extrêmement rustique, ne craint ni le soleil ni la poussière, résiste à toutes les variations de la température, et ne demande d'autres soins que des arrosages propres à entretenir une humidité moyenne dans la terre où elle est plantée.

ASPIDOCARYA (*botanique*). — L'*Aspidocarya uvifera* est une liane de l'Himalaya. C'est la seule espèce connue d'un genre de plantes rapporté au groupe des Chasmanthérées dans les Ménispermacées.

ASPIDOGLOSSUM (*botanique*). — Genre de plantes de la famille des Asclépiadacées, tribu des Asclépiadées. Ce sont des herbes vivaces de l'Afrique australe, dressées, ordinairement petites, à feuilles étroites, à fleurs axillaires, pédonculées et fasciculées.

ASPIDOPHORE (*ichthyologie*). — Genre de poissons de la famille des Triglidés. L'aspidophore armé (*Aspidophorus cataphractus*), appelé vulgairement souris de mer, se rencontre, mais assez rarement, sur le littoral de l'Océan, à Cherbourg, Trouville, Dieppe, Boulogne, Dunkerque. Il a le corps en forme de pyramide allongée, et est cuirassé de plaques écailleuses. Sa tête, très large, est couverte de pièces osseuses ; son museau est épineux. Les nageoires dorsales, la caudale et les pectorales paraissent d'un brun plus ou moins foncé ; l'anale est blanchâtre vers la base, brunâtre dans le reste de son étendue ; les ventrales sont jaunâtres avec taches brunes. Il n'a pas plus de 0m,20 de longueur. On le mange en le faisant cuire à l'eau, après lui avoir coupé la tête.

ASPIDOPTERYS (*botanique*). — Genre de plantes de la famille des Malpighiacées, section des Hirées. Ce sont des arbrisseaux grimpants de l'Asie tropicale, à feuilles opposées entières et à fleurs disposées en grappes ramifiées de cymes axillaires ou terminales.

ASPIDOSPERMA (*botanique*). — Plantes de la famille des Apocynacées, tribu des Plumériées. Ce sont des arbres du Brésil, à rameaux étalés ou réfractés, à écorce ordinairement subéreuse, à feuilles éparses, sessiles ou pétiolées, ovales, à fleurs en cymes, à graines entourées d'une aile membraneuse, d'où leur nom qui signifie graine avec bouclier.

ASPIER. — Nom donné à la ruche dans quelques parties du Midi, et notamment dans les Landes.

ASPILATE (*entomologie*). — Insecte lépidoptère voisin des phalènes. L'aspilate pourpré (*Lythria purpuraria*) se trouve en Europe communément dans les endroits chauds et humides, surtout au printemps sur les *polygonum* et les *rumex*. La chenille est d'un vert foncé ou rougeâtre, la chrysalide forme une légère coque à la surface de la terre.

ASPILIA (*botanique*). — Genre de plantes de la famille des Composées-hélianthoïdées, de l'Amérique et de l'Afrique tropicales, notamment de Madagascar, constituant des herbes à feuilles opposées, à fleurs du rayon stériles, à capitules disposés en panicule, à corolles jaunes, à achaines non ailés.

ASPIRAN (*viticulture*). — Cépage appelé aussi spiran et dont le nom vient probablement du village d'Aspiran, situé à peu de distance des bords de l'Hérault, entre Paulhan et Clermont (le comte Odart dit Espiran). Il se rencontre dans les départements de l'Aude, du Gard et de l'Hérault. On y connaît l'aspiran noir, le gris et le blanc ; ce dernier est souvent appelé verdal. L'aspiran noir est est très estimé pour la table dans le Midi ; il y entre de la fin d'août au milieu d'octobre, pour une portion notable, dans l'alimentation publique ; il fournit aussi un vin vif, délicat, très bon pour la table, mais un peu faible pour le commerce. L'aspiran gris a presque les mêmes qualités que le noir. L'aspiran blanc est plus tardif et moins recherché. Ce cépage se plaît particulièrement dans les terrains rocailleux mais substantiels ; on lui applique la taille courte. La souche est de force et de fertilité moyennes, le bourgeonnement est d'un rouge violacé, duveteux, passant au vert grenat brillant ; les feuilles, glabres supérieurement, sont garnies d'un léger duvet lanugineux sur les nervures ; la grappe, au-dessus de la moyenne, porte des grains globuleux, assez gros, à peau épaisse mais assez translucide, à chair juteuse, sucrée et d'un parfum assez relevé.

ASPIRATEUR, ASPIRATION (*technologie agricole*). — On appelle aspirateur tout appareil destiné à enlever l'air d'un espace déterminé pour le projeter dans un autre espace et, généralement, dans le réservoir commun. On met une cheminée chargée de faire fonction d'aspirateur dans les étables et les écuries, afin de ventiler ces locaux et d'en renouveler l'air. On munit d'un aspirateur les machines à battre, afin d'enlever les poussières qui sont malsaines pour les ouvriers faisant le service de ces machines. Lorsqu'un ventilateur chasse avec force l'air dans une direction, par exemple pour le faire passer autour du grain qu'il s'agit de nettoyer dans un tarare, il y a aspiration ou appel et entraînement de l'air extérieur. De même, en hydraulique, on dit qu'il y a aspiration de l'eau par toute machine, pompe, turbine, rouet, qui entraîne ou élève l'eau, parce qu'il y a vide d'un côté et que la pression atmosphérique agit de l'autre côté pour pousser le liquide à remplir le vide formé par la machine. D'une manière générale, il y a aspiration lorsqu'un fluide, liquide ou gazeux, pouvant d'ailleurs entraîner des corps solides plus ou moins légers, est entraîné vers une direction déterminée par une cause physique qui le sollicite à se déverser. Le mouvement se propage de l'orifice de déversement aux parties les plus éloignées du fluide.

ASPLENIUM (*botanique*). — Genre de fougères polypodiacées, renfermant un grand nombre d'espèces de toutes les formes, présentant des sores allongés recouverts par un indusium plus ou moins caréné. On estime, comme plante d'ornement, l'*Asplenium nidus avis* (asplénie nid d'oiseau), originaire de l'Inde; les frondes sont grandes, entières, raides et luisantes, et elles forment comme une corbeille autour de la souche à demi enterrée. — L'*Asplenium adiantum nigrum* est le capillaire noir vulgaire, ou dorodille noire; l'*Asplenium germanicum* ou d'Allemagne a les mêmes propriétés que la rue des murailles, ou *Asplenium ruta-muraria*, appelée aussi dorodille des murailles; l'*Asplenium septentrionale* est désigné sous le nom de sauve-vie; l'*Asplenium serratum* ou asplénie dentée donne une racine usitée aux Antilles contre les obstructions et les diarrhées rebelles; l'*Asplenium trichomanes* est le capillaire rouge, ou polytric des boutiques. — Toutes ces fougères sont employées comme béchiques, diaphorétiques, pectorales, vermifuges et souvent substituées au capillaire vrai ou adiante (voy. p. 67).

ASPRÈLE, ASPRELLA, ASPRELLE. — On donne vulgairement le nom d'asprêle ou d'apprelle à l'*Equisetum arvense*, petite prêle qui cause ce qu'on appelle les queues de renard dans les tuyaux de drainage. — C'est aussi souvent le nom donné au grateron (*Galium aparine*). — Asprella ou asprelle est synonyme de Leersia, genre de plantes graminées, parmi lesquelles l'*Asprella oryzoides* ou *Leersia oryzoides* (*Poa palustris*), est très agréable aux troupeaux. — Enfin, *Asprella* est encore synonyme de *Psilurus* et de *Gymnostichum*. — De là des confusions fâcheuses dont le cultivateur doit être averti. — Les *Asprellinées* sont des Graminées qui ne comprennent que le genre Leersia.

ASPRO (*pisciculture*). — Voy. APRON, p. 512.

ASQUINI (*biographie agricole*). — Agronome italien né à Udine en 1726, mort en 1818. Auteur de quelques mémoires sur la culture de la vigne et diverses questions agricoles, il a introduit dans sa région la culture du mûrier et l'éducation des vers à soie, et il a propagé la culture des pommes de terre. En récompense des services qu'il avait rendus, il a été exempté d'impôts par le Sénat de Venise.

ASSA DOUX. — Nom ancien du benjoin.

ASSA-FOETIDA (*chimie agricole et vétérinaire*). — On dit aussi *Asa-fœtida*. C'est une gomme-résine qu'on obtient en Perse par incision de la racine de la *Ferula persica*, plante de la famille des Ombellifères. Le dictionnaire de l'Académie française le définit un végétal concret, résine du silphium, d'une odeur désagréable; et, au mot silphium, il met : gomme-résine de la Cyrénaïque très estimée des anciens. Il est démontré aujourd'hui que le silphium et l'assa-fœtida n'ont aucun rapport; l'Académie n'est pas au courant de l'état de la science. L'assa-fœtida se présente en larmes détachées ou en masses rougeâtres parsemées de larmes blanches. Elle a une saveur âcre et amère, une odeur forte, rappelant celle de l'ail, que quelques personnes ne peuvent supporter, et qui lui a fait donner le nom de *Stercus diaboli*. Sa densité est de 1,317. Elle se dissout dans l'alcool et dans le vinaigre; elle se mélange bien avec le jaune d'œuf. Distillée avec de l'eau, elle fournit une huile essentielle sulfurée. On s'en sert en médecine humaine et en médecine vétérinaire sous forme de substance molle ou sèche, d'émulsion, de teinture, en lavement, principalement contre les maladies nerveuses et les flatuosités. Cette gomme-résine excite l'appétit. En médecine vétérinaire, elle est très employée lorsque les animaux se dégoûtent de leurs aliments ou ont des digestions pénibles et venteuses; on les force à mâcher un mélange de l'assa-fœtida, d'ail, de sel et de poivre; on les force aussi à prendre des pilules composées de poudre d'assa-fœtida, de miel et de jaunes d'œufs. Dans le cas de maladies nerveuses, les doses sont de 4 à 8 grammes pour les gros animaux, comme les chevaux et les bœufs, et de 2 grammes pour les moutons et les chiens.

ASSAINISSEMENT (*agriculture et hygiène*). — L'assainissement est une opération ayant pour but de rendre sains des locaux ou des terres qui sont insalubres pour les hommes, les animaux domestiques ou les plantes.

Les procédés d'assainissement des locaux, habitations, écuries, étables, bergeries, cours de ferme, hameaux, villages, villes, consistent dans la désinfection, des soins de propreté, l'aération (voy. ce mot, p. 71). Les locaux peuvent être insalubres ou malsains, dangereux pour la santé des habitants et du bétail, soit parce qu'ils ont été infectés par une cause qu'on doit s'efforcer de faire disparaître, soit parce qu'ils sont placés sous une influence nuisible. S'il arrive une épizootie, il faut recourir à des moyens particuliers de désinfection, qu'on doit même appliquer préventivement, non seulement aux lieux où l'on loge les animaux, mais encore aux véhicules de transport et à tous les harnachements et mobiliers. Les vices de construction, l'amoncellement et le séjour de matières organiques en décomposition ou putréfaction, doivent être réparés ou évités, ou soumis à des soins particuliers. Quant aux causes générales d'insalubrité, ce sont des marécages ou des cours d'eau entraînant des matériaux nuisibles provenant d'usines ou d'égouts. Il faut avoir recours à des dessèchements généraux, à des plantations, à des absorptions par des terrains convenables et soumis à la culture. Les agriculteurs ne prennent pas en général assez de soins de leurs bâtiments d'exploitation ni des cours qui les entourent; il en est de même des municipalités des villages, qui laissent les voies publiques sans nettoyages ni lavages, ni écoulements, en tolérant d'ailleurs des dépôts d'immondices et de fumiers mal tenus. Ce n'est guère que dans les villes que les conseils de salubrité et d'hygiène et les commissions de logements insalubres font quelque bien. Ces institutions devraient être cantonales, et il appartient aux gouvernements de procéder à l'exécution des grands travaux qui pourraient soustraire des populations de contrées entières à des influences délétères, telles que les émanations paludéennes.

Les terres malsaines pour la végétation sont celles qui se trouvent envahies par des eaux stagnantes ou croupissantes, ou qui ne se renouvellent pas dans le sous-sol. On en fait l'assainissement par l'établissement de fossés ou de canaux d'écoulement et de dessèchement et par des travaux de drainage. Les labours profonds, rationnellement exécutés, et les marnages complètent ces opérations. On a vu des domaines improductifs se transformer et devenir extrêmement fertiles.

ASSAISONNEMENT (*économie domestique*). — On appelle ainsi tout ingrédient ajouté à un aliment pour en rehausser le goût, quelquefois l'odeur, dans le but de réveiller ou d'accroître l'appétit et de faciliter la digestion. On peut faire l'assaisonnement avec des condiments, des aromates, des acides, des toniques, des corps gras, des substances sucrées. Les condiments sont plus particulièrement des substances agissant sur le goût et exerçant une action excitante; les aromates influencent surtout l'odorat; les acides, les toniques peuvent avoir une action condimentaire ou aromatique, mais ils sont surtout recommandés pour leurs effets sur les organes digestifs. Les graisses et les matières sucrées, outre qu'ils rendent les aliments plus agréables, ont une influence alimentaire marquée et jouent un rôle important dans la nutrition. Toutes ces substances ont été signalées aux mots ALIMENTS (p. 257 et suiv.), et AROMATES et plantes AROMATIQUES (p. 576). Sans un bon assaisonnement, les aliments peuvent fatiguer non seulement les hommes, mais encore les animaux domestiques.

ASSARMENTER (*viticulture*). — C'est enlever les sarments après la taille de la vigne.

ASSEILLE. — Nom donné à de la grosse paille de seigle dont on couvre les toits et qui, plus souvent, est appelée du glui.

ASSEMBLER (*hippiatrique*). — Assembler un cheval, c'est le préparer, le disposer à exécuter la volonté du cavalier ou du conducteur, par une sorte d'avertissement à se tenir prêt à exécuter les ordres qu'il va recevoir. Que d'accidents on éviterait en ne manquant jamais d'agir ainsi, surtout à l'égard des chevaux ombrageux.

ASSEOIR (*hippiatrique*). — Asseoir un cheval, c'est le mettre sur les hanches ou reporter sur l'arrière-main une partie du poids du corps, afin de soulager l'avant-main et de rendre les mouvements plus libres et plus faciles, sans tomber dans un excès qui pourrait fatiguer les parties postérieures. Un cheval bien assis est celui dans lequel les efforts sont bien répartis entre les membres.

ASSIETTE (*hippiatrique*). — Un cavalier a une bonne assiette quand il adhère bien à la selle et a mis son corps dans une situation de complet équilibre sur sa monture.

ASSIETTE (*sylviculture*). — Faire l'assiette d'une vente, c'est marquer aux marchands les bois dont ils doivent faire la coupe. — De même, asseoir des ventes, c'est marquer le canton d'une forêt qui doit être coupé.

ASSIMILABLE (*physiologie*). — Toute substance susceptible de servir à la nutrition des animaux ou des végétaux, et de devenir partie intégrante de leurs organes ou de leurs tissus, est dite assimilable. Il peut y avoir des degrés dans la promptitude de leur absorption, ou bien elles ont besoin de recevoir des transformations physiques ou chimiques plus ou moins profondes, soit par la mastication et la déglutition pour les animaux, soit par les liquides séveux et les influences de la chaleur, du soleil, de l'air, pour les plantes; on dit, en conséquence, qu'elles sont ou immédiatement, ou facilement, ou lentement assimilables.

ASSIMILATEUR. — Organe qui concourt à l'assimilation (voy. ABSORPTION, p. 44 et ALIMENTATION, p. 240).

ASSIMILATION (*physiologie*). — L'assimilation est un phénomène commun à tous les êtres vivants, s'accomplissant chez tous de la même manière et aboutissant au même résultat ; ce phénomène a été parfaitement défini par M. Baillon, qui en a bien compris toute la généralité, en disant : « C'est celui par lequel des substances venues du dehors, puis modifiées ou non par l'organisme, et absorbées par le protoplasma des éléments anatomiques, sont incorporées à sa masse et se combinent avec ses principes immédiats, pour former une substance semblable à la sienne et jouissant des mêmes propriétés de tout ordre. » L'assimilation répare ainsi les pertes incessantes du protoplasma et pourvoit à sa rénovation. C'est un phénomène purement chimique, dont la nature intime est ignorée, mais qui consiste, d'une manière générale, dans la combinaison de principes immédiats nouveaux avec les principes immédiats préexistants dans le protoplasma. La substance nouvelle ainsi formée au moyen de principes immédiats non vivants, devient alors une substance vivante identique à la masse du protoplasma à laquelle elle est désormais assimilée. L'absorption avait mis les principes immédiats nécessaires au protoplasma en contact avec ce dernier. Les substances venues du dehors sont parfois susceptibles d'une assimilation immédiate, mais parfois aussi elles doivent être préalablement soumises à divers actes nutritifs propres à les transformer pour les rendre semblables à la nature variable des divers éléments anatomiques ; ces actes nutritifs peuvent différer, soit chez les animaux et les végétaux, soit même pour les espèces si nombreuses d'êtres vivants et pour leurs multiples organes, appelés à jouer des rôles spéciaux et déterminés. Dans tous les êtres organisés, le protoplasma des éléments anatomiques est exposé à des déperditions, à des oxydations, à des hydratations, à des dédoublements de ses principes immédiats, qui en diminuent la masse, et il finirait par être détruit si l'assimilation ne réparait pas ses pertes, à mesure que celles-ci se produisent. Le protoplasma des diverses cellules a des propriétés physiques et chimiques différentes, en relation avec des propriétés physiologiques également variées; il ne manifeste donc pas dans les diverses parties des corps vivants les mêmes affinités chimiques, et il ne se combine pas avec les mêmes substances. Chaque élément organique effectue parmi les substances assimilables que la circulation animale ou végétale lui apporte un choix inconscient, qui dépend de sa propre constitution chimique et qui est destiné à maintenir constante cette composition. Tel est, sur cette question, l'état des connaissances acquises; l'agriculteur y puise ce renseignement, c'est qu'il doit s'efforcer de trouver dans ses observations et ses expériences des indications sur les propriétés des aliments des plantes et des animaux qui les font plus ou moins rapidement assimilables, pour arriver mieux et plus vite à son but, qui est de créer des substances utiles à ses besoins et répondant aux demandes du commerce.

ASSIMILATRICE (FACULTÉ) (*physiologie*). — Toute matière organisée vivante possède la faculté assimilatrice, c'est-à-dire la propriété de rendre semblables à elle-même des substances venues du dehors et ayant primitivement une composition chimique différente de la sienne.

ASSIMINIER. — Voy. ANONA, p. 483, et ASIMINIER, p. 609.

ASSIS. — Nom donné par les Arabes au chanvre cultivé.

ASSISTANCE (*économie rurale*). — Aide, concours, secours, que l'on donne à une personne pour achever un travail, pour faire une entreprise, pour suppléer à un défaut de ses moyens d'existence, pour lutter contre une maladie. Dans les campagnes, l'assistance mutuelle, venant d'un mouvement du cœur, est fréquente, et elle s'exerce librement et spontanément dans presque tous les pays civilisés. On voit très souvent les cultivateurs d'un village ou d'un hameau se réunir pour faire les travaux des champs d'un voisin malade, d'une veuve, d'orphelins, et cela avant leurs propres travaux Les habitants aisés s'imposent en beaucoup de lieux, comme un devoir d'un ordre élevé, de secourir les pauvres, les malades, les infirmes; les femmes surtout font des visites dans lesquelles la charité est délicate, bienveillante, et relève ceux qui souffrent. Néanmoins l'initiative individuelle ne suffit pas pour qu'il n'y ait nulle part aucun infirme sans secours, et si la société ne doit rien à celui qui peut travailler, il lui est imposé et c'est son intérêt de protéger et de secourir ceux qui sont hors d'état de gagner leur vie parce qu'ils n'en ont pas la force. C'est ainsi que l'assistance doit être exercée par les autorités communales et départementales, sous la surveillance et la direction des gouvernements. Cela devient un devoir strict partout où la mendicité est interdite et punie comme un délit. Dans quelques pays, en Angleterre et en Danemark par exemple, la taxe des pauvres pourvoit aux dépenses nécessitées par l'assistance publique qui s'exerce dans toutes les paroisses, isolées ou unies conformément à des lois nombreuses. Dans d'autres pays, en Italie et en Suède notamment, la loi n'accorde l'assistance qu'aux enfants, aux vieillards et aux infirmes. En France, l'assistance publique est du ressort des bureaux de bienfaisance, des administrations des hospices et hôpitaux; il y a d'ailleurs des asiles pour les aliénés; en outre, les enfants abandonnés, trouvés, orphelins, que les familles ne peuvent complètement entretenir, sont assistés, et la médecine gratuite est établie dans un certain nombre de communes. L'assistance judiciaire, qui met les indigents en situation d'obtenir justice gratuitement, couronne les institutions destinées à secourir les populations. Bien des perfectionnements seraient à introduire dans cette organisation qui est surtout incomplète au point de vue rural. C'est à peine si le tiers des communes a la médecine gratuite pour les pauvres. Dans quelques départements seulement, à l'aide de l'institution des médecins cantonaux rémunérés par les subsides du conseil général, toutes les communes rurales et urbaines voient leurs malades pauvres assistés; dans la grande majorité des cas, les populations urbaines seules jouissent de l'avantage de voir leurs malades indigents recevoir des secours à domicile et être soignés gratuitement. Il n'y a guère en France (1883) que 1600 établissements hospitaliers comptant 170000 lits environ; les 100 millions de francs que dépensent annuellement ces établissements sont à peu près exclusivement consacrés aux malades des villes. Le nombre des bureaux de bienfaisance ne dépasse pas 14 000, c'est dire que la grande majorité des communes rurales n'en possède pas; leur nombre s'accroît d'une centaine chaque année; ils secourent annuellement 1 500 000 indigents et répandent (1883) des secours pour 32 millions de francs environ, avec des ressources qui s'accroissent d'environ 1 million chaque année depuis 1875. Le nombre des enfants assistés est d'environ 100 000, dont 40 000 sont secourus chez leurs parents, 57 500 sont placés à la campagne, et 2500 sont gardés dans les hospices; il est dépensé 9 millions de francs pour les deux dernières catégories, 4 millions seulement pour la première. Sur ces enfants assistés, 37 000 sont du département de la Seine; 11 000 sont secourus à domicile pour une somme de 700 000 francs; 26 000 sont placés à la campagne et coûtent 3 500 000 francs; quelques-uns seulement sont conservés dans les hospices. Viennent ensuite les départements du Rhône pour 3900 enfants assistés, des Bouches-du-Rhône pour 3400, du Nord pour 1300, de la Gironde pour 1000. Ces chiffres démontrent encore que l'assistance publique de l'enfance n'existe guère que dans les villes. L'organisation de l'assistance rurale en France est poursuivie par des esprits généreux qui finiront par réussir.

ASSOCIATION (*économie rurale*). — On appelle association l'union de personnes qui se joignent ensemble dans un but commun. Les associations sont fréquentes et nombreuses parmi les cultivateurs, et l'on doit presque dire que l'agriculture n'est pas possible sans des associations, de telle sorte que leur formation, en quelque sorte spontanée, remonte aux temps les plus reculés. Elles affectent les organisations les plus diverses, qui dépendent des mœurs, des conditions économiques locales, et surtout des intérêts communs pour la satisfaction desquels elles se sont constituées.

La culture du sol sur une surface un peu considérable ne peut se faire qu'à la condition de réunir le concours de plusieurs personnes. Le propriétaire, lorsqu'il exploite lui-même, est obligé de s'entendre avec des maîtres-valets, des charretiers ou bouviers, des bergers, des vignerons, des faucheurs, des ouvriers habitués à faire des sarclages ou autres travaux, selon le système cultural adopté. Les salaires qu'il donne, même lorsqu'il ne prend pas le parti de rémunérer ses aides proportionnellement au succès de ses diverses entreprises, représentent la part de ses collaborateurs dans l'œuvre qu'il dirige. C'est la forme d'association la moins parfaite, parce que chacun n'apporte pas toujours toute l'action utile qu'il pourrait développer. Les choses ne sont pas meilleures lorsqu'un fermier est substitué au propriétaire par un bail à taux d'argent, en laissant ce dernier presque absolument étranger à tout ce qui se fait sur le domaine qu'il a donné en location; cependant il y a encore dans ce mode d'exploitation de la terre deux associations, celle du propriétaire et du fermier, celle du fermier et de ses agents. Mais ces associations sont souvent entachées d'un vice provenant de ce que ceux qui y concourent ont des intérêts opposés. Les choses vont alors bien ou mal, selon les hommes, surtout selon l'intelligence, le savoir, le caractère, les ressources des chefs des entreprises. Il faut que les propriétaires aident les fermiers, facilitent certaines opérations de longue durée qui, comme le drainage par exemple, améliorent la terre au delà du terme fixé par le bail; la sécurité des contractants doit être réciproque et complète. L'association est plus intime entre les propriétaires et les agents de la culture par les contrats de métayage et de colonage partiaire; les contractants sont davantage intéressés au succès de l'œuvre, et dans beaucoup de pays les résultats sont très fructueux, surtout dans les pays où les spéculations sur le bétail font la base des entreprises agricoles. L'emploi d'un régisseur intéressé peut aider avantageusement le propriétaire qui exploite par lui-même ou par métayers, en le déchargeant d'une partie des soins qui exigeraient sa présence constante sur le domaine rural; c'est encore une forme spéciale d'association.

Le contrat de métayage, au lieu d'embrasser tous les genres de production agricole, peut n'être appliqué qu'à une culture spéciale, par exemple celle de la vigne. Il y a alors des associations très variées; le vigneron est ordinairement rémunéré selon le succès des vendanges. De même, il peut y avoir des associations limitées à une seule opération : pour la production des vers à soie, par exemple, l'un donnant la graine et la feuille, l'autre tout son temps et son travail jusqu'à l'obtention finale de la récolte et son partage. Une terre est livrée, dans quelques pays, par le propriétaire à des cultivateurs pour la culture d'une céréale, ou bien pour en faire le défrichement et la transformer en terre arable. On livre à des entrepreneurs l'exécution des travaux relatifs à une récolte, ou bien à l'entretien de certaines parties du matériel. Il y a des contrats de cheptel pour le bétail. Dans une grande exploitation, il y a des associés extrêmement nombreux et pour des opérations déterminées. Si l'on sort de l'exploitation d'un seul domaine, si l'on porte son attention sur les rapports que doivent entretenir forcément entre eux plusieurs cultivateurs voisins, on constate de nombreuses associations pour des buts très divers : associations pour la garde et la conduite des troupeaux dans les pâturages; — associations pour la destruction et la chasse des animaux dangereux ou nuisibles; — associations pour la garde ou la protection en commun de diverses récoltes, au moment où approche la maturité et où le maraudage est à redouter; — pour la location et la garde de chasses ou de pêches plus ou moins étendues; — associations pour l'achat ou la vente de denrées en commun, devenues avantageuses pour faire les transports à un tarif réduit sur les chemins de fer; — associations coopératives de consommation ; — associations pour l'achat, l'établissement, l'emploi d'instruments ou de machines (machines à battre, machines à labourer ou motrices à vapeur, forces hydrauliques, pressoirs, moulins) qui servent tour à tour ou simultanément aux cultivateurs d'un même rayon; — pour l'achat, l'entretien et l'usage d'un animal reproducteur mâle : étalon, taureau; — pour l'exécution de travaux de drainage sur des terres morcelées, pour l'exécution et l'entretien d'un chemin d'exploitation; — pour l'exploitation d'une forêt commune; — pour la fixation et l'utilisation des dunes sur le littoral de la mer; — associations fromagères, dites fruitières, pour tirer le meilleur parti possible du lait des vaches ou des brebis; — associations huîtrières pour l'exploitation de concessions du littoral maritime à l'effet d'y produire des mollusques, etc.

Dans certains cas les agriculteurs s'associent pour des entreprises qui demandent une direction unique ou exigent des connaissances et des études spéciales ; on les confie alors à quelques-uns choisis par élection ; les associés payent les dépenses proportionnellement à l'étendue de leurs terres intéressées dans l'affaire. On constitue ainsi des associations syndicales ou syndicats, ayant un caractère permanent ou transitoire, selon la nature du but poursuivi. Telles sont les associations syndicales pour irrigations; — pour travaux d'endiguement et de défense contre les inondations; — pour création et entretien de canaux de dessèchement ; — pour curage de cours d'eau ; — pour la lutte contre le phylloxera.

En agriculture, il y a, comme dans toutes les professions, des associations amicales ou de secours mutuels : ainsi entre les élèves d'une même école d'agriculture. Telles sont les associations des anciens élèves des écoles d'agriculture de Grignon, de Montpellier et de Grandjouan. A ce groupe on peut rattacher aussi des associations plus locales, telles que celles que P. Joigneaux a décrites ainsi : « Les cultivateurs forment entre eux des associations qui s'appellent tantôt confréries, tantôt sociétés de secours mutuels. Chaque sociétaire ou confrère s'engage, aux termes d'un règlement librement accepté, à verser, dans la caisse de l'association, une petite somme convenue, 50 centimes ou 1 fr. par mois. Lorsque l'un d'eux est malade et incapable de se livrer aux travaux de la culture, les cosociétaires se réunissent le dimanche matin, sur un ordre du président, et s'en vont labourer les champs, labourer les vignes ou faire les récoltes du malade. Le plus souvent, l'argent de la caisse est employé pour subvenir aux frais d'une petite fête annuelle qui réunit fraternellement les sociétaires autour d'une même table. Quelquefois, par exception, quand la société est nombreuse et, par conséquent, la caisse bien remplie, on se sert des fonds pour payer les visites de médecins et les médicaments. »

Une dernière catégorie d'associations, une des plus importantes parce qu'elle touche aux intérêts de l'ordre le plus élevé, aux intérêts du progrès, est celle des associations qui ont pour but de discuter, d'expérimenter, d'encourager les méthodes nouvelles, les inventions utiles, les moyens de lutter contre les fléaux de l'agriculture, ceux de tirer un meilleur parti des terres, de perfectionner enfin les hommes aussi bien que les choses en tout ce qui concerne la vie rurale. Ces associations sont les sociétés d'agriculture, les comices agricoles, les sociétés horticoles, les sociétés forestières, les sociétés d'acclimatation, les sociétés hippiques, les sociétés d'encouragement pour l'industrie laitière, pour l'amélioration des animaux reproducteurs de telle ou telle race. Les agriculteurs qui s'adonnent à une même branche d'exploitation se réunissent aussi pour discuter ou défendre leurs intérêts communs : ainsi existent des associations entre ceux qui cultivent la betterave et se livrent à l'industrie sucrière, ou bien à celle de la distillation, à la brasserie, à la culture de l'orge, à la culture du houblon. Les professeurs départementaux d'agriculture, les directeurs de stations agronomiques, ceux des orphelinats agricoles peuvent aussi se réunir pour chercher à améliorer les œuvres qu'ils poursuivent. En agriculture, l'isolement est faiblesse et stérilité; l'association donne puissance et fécondité.

ASSOLEMENT, ASSOLER (*agriculture*). — Assoler une exploitation ou un domaine, c'est en partager l'étendue en diverses divisions de cultures qu'on appelle des *soles* et qui sont destinées à porter successivement des récoltes différentes. Un assolement représente la division de la partie cultivée du domaine et l'ordre des cultures qui reviendront sur la même sole dans la série successive des années futures. La nécessité de l'établissement des assolements est fondée sur ce fait expérimental qu'en général une terre à laquelle on demande de porter plusieurs années de suite la même plante annuelle fournit des rendements décroissants, et finit même par refuser toute récolte de cette plante. On a constaté que cette stérilité relative n'était pas empêchée par l'emploi d'abondants engrais, même d'engrais de composition variée ; mais qu'elle cesse quand sur le même terrain on fait alterner des cultures de plantes différentes. Elle ne dépend donc pas exclusivement de l'épuisement du sol en principes fertilisants, puisque le remplacement de ces principes par des fumures convenables ne rend pas seul à la terre sa fécondité. Un alternat quelconque (voy. ce mot, p. 314) ne suffit pas non plus pour que l'on obtienne des résultats satisfaisants au point de vue des bénéfices à tirer d'une exploitation; il faut que l'alternat soit pratiqué d'une certaine manière qui change avec les conditions de sol, de climat, de situation économique, par rapport aux facilités de vente sur les marchés et aux besoins de la consommation. C'est pourquoi il y a un art des assolements qu'André Thouin le premier a bien défini de la manière suivante : « Art de faire succéder les cultures sur un même terrain de manière à en tirer constamment le plus grand produit, dans le moindre espace de temps possible, en ménageant l'épuisement du sol et la dose des engrais. »

L'ordre de succession des récoltes dans la même sole constitue la rotation des cultures. La durée de la rotation ou l'intervalle qui s'écoule jusqu'au retour de la même culture dans une sole dépend non pas du nombre des cultures diverses auxquelles le cultivateur a recours, mais du temps pendant lequel les cultures occupent le terrain. Ainsi avec du sainfoin que, par exemple, on ferait durer trois ans, trois cultures telles que blé, avoine et sainfoin, occuperaient cinq soles et donneraient une rotation de cinq années. L'assolement est défini par le nombre d'années nécessaire pour le retour de la même culture sur une sole; il est *biennal*, si une culture revient tous les deux ans; *triennal*, si elle revient tous les trois ans; *quadriennal*, si elle revient tous les quatre ans, et ainsi de suite. A côté des terres assolées, il y a, dans presque toutes les exploitations, une certaine étendue de terres en dehors de l'assolement; ce sont ordinairement des prairies permanentes, surtout des prairies arrosées, et des luzernières. On dit que ces terres *appuient* l'assolement parce qu'elles fournissent des fourrages servant à nourrir du bétail pour augmenter la masse de fumier susceptible d'être consacrée aux terres labourées.

La nécessité de ne pas cultiver tous les ans la même plante ou des plantes d'une même famille sur la même terre a été constatée de bonne heure. Elle est proclamée par tous les anciens agronomes, grecs et romains. Le premier assolement connu, celui que décrivent Xénophon, Théophraste, Virgile, Pline et tant d'autres auteurs à leur exemple, est l'*assolement biennal* comprenant deux soles : la jachère et une céréale d'hiver. De cette manière cependant on n'alterne pas les cultures, mais on empêche seulement deux céréales de se succéder sur la même terre, et on n'ensemence pas chaque année les mêmes champs. Mais la moitié des terres arables seulement est en production, et de plus on ne récolte que du grain, sans avoir de nourriture pour le bétail : celui-ci en est réduit aux pâturages des landes et aux prairies naturelles; en outre il y a peu de fumier produit. Un tel système de culture ne pouvait suffire aux besoins d'une civilisation un peu avancée, et à la subsistance des populations de contrées comptant un grand nombre d'habitants. Les agriculteurs romains, ayant fini par comprendre la nécessité d'augmenter le bétail et de le bien nourrir, eurent l'idée de ne plus conserver les jachères improductives, mais d'y cultiver des plantes ne demandant, pour accomplir toutes les phases de la végétation, que peu de temps et susceptibles de donner de bons fourrages. C'est ainsi que Caton et Varron enseignent d'y cultiver des fèves, des vesces, du lupin.

Si c'était mieux au point de vue de la production fourragère, ce n'était pas assez pour la production des grains dans un pays grand consommateur. Aussi l'*assolement triennal* fut-il bientôt inventé. Columelle donne le suivant : 1re année, navets; 2e année, froment; 3e année, fèves. Pline indique cet autre comme pratiqué dans la Campanie : 1re année, navets; 2e année, froment; 3e année, orge. L'alternat était bien entré dans les usages de la pratique, car dans le livre premier des *Géorgiques*, Virgile dit qu'aussitôt la moisson est-elle terminée, on doit labourer la terre pour lui demander une récolte fourragère avant la semaille prochaine.

Les assolements biennaux et triennaux, avec jachère complète ou avec demi-jachère et des récoltes dérobées, se partagèrent durant plusieurs siècles toutes les cultures européennes. Charlemagne, au neuvième siècle, prescrit dans ses *Capitulaires* aux intendants des domaines royaux d'employer un assolement à trois soles ainsi réglé : 1re année, jachère; 2e année, froment; 3e année, avoine. Il faut arriver au seizième siècle pour constater une modification et voir conseiller par Tarello un *assolement quatriennal*, avec intervention de trèfle et ray-grass, ainsi établi : 1re année, jachère complète ou nue; 2e année, froment d'hiver; 3e et 4e année, trèfle et ray-grass. Dès cette époque l'agriculture fait de très sensibles progrès dans un grand nombre de contrées, principalement dans les Flandres et en Angleterre. L'antique routine était désormais peu à peu vaincue, et les assolements se modifièrent selon les lieux, selon les systèmes de culture imposés par les circonstances économiques, la nature des terres et les climats.

Des idées à priori, des conceptions hasardées reposant le plus souvent sur des illusions ou des hypothèses, et manquant de vérifications expérimentales ou même que les faits contredisent, ont fait parfois propager ou adopter les cours de rotation en usage dans quelques pays. Il faut tant d'années pour que l'on puisse vérifier un phénomène agricole par des expériences directes; celles-ci sont compliquées par tant de perturbations qu'elles sont très difficiles à établir, même quand on opère par voie de comparaison sur des terrains identiques, et à plus forte raison si l'on met en regard des résultats obtenus sur des terres de nature différente. Il faut, en outre, considérer qu'une seule expérience exige un nombre d'années égal à celui qui représente la rotation, et que, par conséquent, il faut une série d'années considérable pour qu'on puisse apprécier réellement l'effet d'un assolement dont les soles sont nombreuses.

Quoi qu'il en soit, il importe qu'on connaisse les principaux assolements qui sont usités dans divers pays; cette nomenclature est surtout utile quand on rapproche les rotations adoptées de la situation économique et de la nature des terrains.

Assolements de 2 ans. — Une sole ou *saison* est en jachère nue ou complète, l'autre sole est en froment ou en seigle. — Un autre assolement biennal est celui où la sole de jachère reçoit sur toute son étendue ou sur partie seulement une plante qui n'occupe pas le terrain pendant tout le temps écoulé depuis la récolte précédente. — Un autre encore est celui où l'on sème un fourrage immédiatement après avoir retourné le chaume de la céréale pour le couper ou l'enfouir à l'automne. — Dans les pays industriels, on emploie des assolements tels que ceux-ci : 1re *année*, betteraves à sucre, chanvre, lin, tabac; 2e *année*, froment; la fumure est appliquée à la culture industrielle. — Dans le Tarn et la vallée de la Garonne, on a adopté, pour les terres d'alluvion, la succession suivante : 1re année, maïs; 2e année, froment.

Assolements de 3 ans. — I. 1re *année*, forte fumure et plantes sarclées, telles que pommes de terre, betteraves, carottes, navets; 2e *année*, fourrages verts en mélange : vesces, jarrosses, seigle, avoine, orge, maïs, spergule, etc.; 3e *année*, céréales d'hiver, telles que froment ou seigle. — On recommence la rotation en donnant toujours une forte fumure qui dure les trois ans. On a une récolte de racines fourragères ou de tubercules. Quant aux fourrages verts, on peut les fumer, si on le juge à propos, et semer, après avoir retourné la terre, les céréales d'hiver qui réussissent très bien.

II. 1re *année*, jachère nue; 2e *année*, froment; 3e *année*, avoine. La jachère reçoit trois ou quatre labours, et on la fume à la fin du printemps ou au commencement de l'été. Cet assolement est très usité en Beauce et dans le Gâtinais. En Picardie et dans la Beauce, on marne souvent la jachère pendant l'été, après l'avoir fumée, et assez souvent on complète la fumure par un parcage estival des troupeaux de bêtes à laine. Quelquefois, au lieu d'avoine, on fait un nouveau froment.

III. 1re *année*, jachère, dont un quart en trèfle et un quart en blé de mars; 2e *année*, froment d'hiver; 3e *année*, avoine sur les cinq sixièmes de la sole et orge sur un sixième. Cet assolement est soutenu par une culture de luzerne et de sainfoin d'une étendue totale au moins égale à celle d'une des soles de la rotation. C'est d'ailleurs ce que l'on fait dans toute la Beauce où les prairies permanentes sont rares. On supprime quelquefois toute jachère en mettant toute la sole en trèfle; on fume en rompant celui-ci.

IV. 1re *année*, sarrasin; 2e *année*, seigle et froment, chaque grain par moitié de la sole, si le terrain convient; 3e *année*, avoine d'hiver ou seigle. C'est l'assolement triennal de la Bretagne. Le sarrasin est semé en juin et récolté au mois de septembre. On fume la sole avant ou après le sarrasin. Le seigle ou le froment qui suivent sont semés en octobre ou en novembre. Très souvent dans la 3e sole, après la récolte de l'avoine d'hiver ou du seigle, on sème en culture dérobée des navets, dits *nabusseaux*, qui passent l'hiver et qu'on arrache au printemps lorsqu'ils sont en fleur. On en sème aussi quelquefois dans le sarrasin. On soutient d'ailleurs l'assolement dans toutes les métairies par des prairies naturelles. C'est ainsi qu'on peut entretenir un nombreux bétail.

V. 1re *année*, jachère nue; 2e *année*, maïs; 3e *année*, froment. C'est l'assolement des Landes; on fume la jachère.

VI. 1re *année*, maïs; 2e *année*, froment; 3e *année*, farouch ou trèfle incarnat. C'est l'assolement du pays basque. Le farouch est semé pendant l'été et récolté à la fin d'avril ou au commencement de mai. On fume ensuite avant de semer le maïs.

VII. 1re *année*, froment; 2e *année*, maïs ou avoine d'hiver; 3e *année*, fèves ou haricots. Dans cet assolement, adopté dans la vallée de la Garonne, le froment employé est le blé dit de Nérac. On fume après les fèves et les haricots.

VIII. 1re *année*, froment; 2e *année*, maïs; 3e *année*, farouch; assolement usité dans la plaine de Toulouse. On fume en rompant le trèfle incarnat.

IX. 1re *année*, jachère nue; 2e *année*, froment; 3e *année*, maïs. Assolement du bas Languedoc. On fume après le maïs.

X. 1re *année*, jachère nue; 2e *année*, seigle; 3e *année*, sarrasin. Assolement de la Sologne et du Berry. On fume la jachère. Parfois, après le seigle, on sème du colza d'hiver ou de la navette d'automne qu'on enfouit en vert au printemps suivant. Après le sarrasin, on sème aussi du ray-grass anglais ou du fromental que l'on fait consommer aux mois de mai ou de juin de l'année suivante par les bêtes bovines ou ovines.

XI. 1re *année*, fèves; 2e *année*, trèfle rouge sur moitié de la sole, vesces sur l'autre; 3e *année*, froment. Assolement du Boulonnais. On fume avant de semer les fèves. A la seconde rotation, on met en trèfle la partie qui dans la première était en vesces, et réciproquement.

XII. 1re *année*, colza; 2e *année*, froment; 3e *année*, avoine. Cet assolement se rencontre aux environs de Paris et de Lille, et çà et là en Picardie et en Brie, partout où l'on a de grandes quantités d'engrais dont on peut disposer pour le colza qui laisse la terre libre en juillet et permet de la labourer avant la semaille du froment.

XIII. 1re *année*, betteraves à sucre; 2e *année*, froment; 3e *année*, colza. Dans cet assolement qu'on rencontre aux environs de Lille, entre la récolte de colza et l'ensemencement de la betterave, on a tout le temps nécessaire pour fumer et pour faire tous les travaux nécessaires à la bonne végétation de la racine.

XIV. 1re *année*, pavot; 2e *année*, trèfle; 3e *année*, lin. Assolement suivi par la petite et la moyenne culture des environs de Cambrai.

XV. 1re *année*, froment; 2e *année*, trèfle; 3e *année*, chanvre. Assolement suivi en Alsace.

XVI. 1re *année*, tabac ou pavot, ou lin; 2e *année*, froment; 3e *année*, chanvre. Cet assolement est également adopté en Alsace. On fait souvent suivre le froment d'une récolte intercalaire, telle que navets, seigle en vert, trèfle incarnat.

XVII. 1re *année*, froment; 2e *année*, trèfle; 3e *année*, colza. Assolement du fermier Leroy, dans l'ancien département de la Moselle, fermier dont Mathieu de Dombasle a justement loué les travaux.

XVIII. 1re *année*, pommes de terre et navets avec fumier: 2e *année*, orge; 3e *année*, trèfle. Assolement pour terrain sablonneux du nord de la France.

XIX. 1re *année*, pommes de terre ou navets fumés; 2e *année*, sarrasin coupé pour fourrage ou spergule; 3e *année*, seigle. Assolement pour terrain sablonneux du centre de la France.

XX. 1re *année*, trèfle; 2e *année*, froment; 3e *année*, avoine. C'est l'assolement dont l'*Annuaire météorologique de Montsouris* a cherché à faire la statique chimique.

Assolements de 4 ans. — I. 1re *année*, pommes de terre et betteraves; 2e *année*, froment; 3e *année*, trèfle rouge; 4e *année*, froment. C'est l'assolement de Crud. Une fumure de 41 000 kilogrammes est appliquée à la première sole qui porte par moitié des pommes de terre et par moitié des betteraves fourragères.

II. 1re *année*, froment; 2e *année*, pommes de terre, navets, rutabagas; 3e *année*, avoine; 4e *année*, ray-grass d'Italie ou seigle cultivé comme fourrage vert. Assolement suivi à Belle-Isle-en-Mer, par M. Trochu, avec de fortes fumures, non seulement sur la première sole, mais encore sur les suivantes, quoique à moindre dose, en outre avec addition de sables coquilliers.

III. 1re *année*, méteil; 2e *année*, froment; 3e *année*, colza; 4e *année*, avoine d'hiver. Assolement pratiqué dans Indre-et-Loire, mais avec de minces résultats.

IV. 1re *année*, turneps; 2e *année*, orge; 3e *année*, trèfle seul ou associé au ray-grass; 4e *année*, froment. C'est l'assolement de Norfolk, célèbre pour les bons résultats que les Anglais en ont obtenus.

V. 1re *année*, pommes de terre, rutabagas ou navets; 2e *année*, seigle, avoine d'hiver ou escourgeon d'automne; 3e *année*, vesces, seigle en vert, moha de Hongrie, sarrasin ou autres plantes fourragères annuelles; 4e *année*, froment, seigle, avoine d'hiver ou avoine de printemps. C'est l'assolement de Norfolk généralisé.

VI. 1re *année*, jachère; 2e *année* seigle ou froment; 3e *année*, jachère; 4e *année*, avoine. Assolement des contrées sablonneuses de la Moselle et du Rhin, usité seulement dans les terres pauvres.

VII. 1re *année*, maïs; 2e *année*, froment; 3e *année*, chanvre; 4e *année*, froment. Assolement quatriennal des alluvions de la Garonne.

VIII. 1re *année*, lin; 2e *année*, trèfle; 3e *année*, chanvre; 4e *année*, froment. Assolement suivi dans la vallée de la Loire.

IX. 1re *année*, tabac; 2e *année*, froment; 3e *année*, trèfle; 4e *année*, chanvre. Assolement de la vallée du Rhin pour les terres réputées très fertiles. Quelquefois on remplace le chanvre de la quatrième sole par un second froment.

X. 1re *année*, chanvre; 2e *année*, froment; 3e *année*, trèfle; 4e *année*, tabac. C'est aussi un assolement des terres riches de l'Alsace.

XI. 1re *année*, chanvre; 2e *année*, tabac; 3e *année*, colza; 4e *année*, froment. Assolement très suivi dans les Flandres, exigeant des fumures abondantes et répétées, ainsi d'ailleurs que les précédents.

XII. 1re *année*, colza; 2e *année*, froment; 3e *année*, trèfle rouge, trèfle incarnat, vesces, navets; 4e *année*, avoine d'hiver, orge, sarrasin. Assolement adopté dans des terres de la Loire-Inférieure, autrefois en landes.

XIII. 1re *année*, froment ou seigle fumé; 2e *année*, moitié avoine et trèfle, moitié vesce de mars; 3e *année*, moitié trèfle, moitié orge ou avoine; 4e *année*, moitié vesce fauchée en vert, moitié vesce ou jarosse d'hiver fauchée en vert. Assolement quatriennal pour une exploitation entretenant beaucoup de bétail.

XIV. 1re *année*, moitié sarrasin et navets; 2e *année*, avoine et orge de mars; 3e *année*, moitié vesces d'hiver, moitié jarosse d'hiver; 4e *année*, méteil, seigle ou froment. Assolement pour une exploitation moins chargée de bétail.

XV. 1re *année*, moitié turneps et rave; 2e *année*, moitié orge et avoine, moitié sarrasin et navets; 3e *année*, moitié vesces, trèfle incarnat, lupins, lupuline et jarosse d'hiver, moitié pois moisard et jardereau de mars; 4e *année*, seigle, méteil ou froment avec fumure, et un vingtième de choux fumés. Assolement plus fourrager que le précédent.

XVI. 1re *année*, raves, topinambours, rutabagas, moutarde ou navette coupée en vert, choux de Laponie, pommes de terre; 2e *année*, moitié avoine, moitié orge ou avoine et trèfle; 3e *année*, moitié vesces et pois cornus d'hiver, moitié trèfle ou mélilot; 4e *année*, seigle, méteil ou froment. On s'arrange pour que le trèfle ne revienne pas sur le même terrain dans deux rotations consécutives.

XVII. 1re *année*, plantes sarclées sur une forte fumure; 2e *année*, céréales de printemps ou trèfle pour l'année suivante; 3e *année*, trèfle rompu en automne; 4e *année*, céréales d'hiver. Assolement très analogue au précédent, mais avec trèfle revenant tous les quatre ans.

ASSOLEMENTS DE 5 ANS. — I. 1re *année*, plantes sarclées sur une forte fumure; 2e *année*, céréales de printemps avec trèfle pour l'année suivante, mais pouvant parfois donner une coupe à la fin de l'automne; 3e *année*, trèfle à rompre à l'automne après trois coupes; 4e *année*, céréales d'hiver; 5e *année*, fourrages verts obtenus avec un mélange de vesces, d'avoine et d'orge, sur une légère fumure. Assolement très fourrager où les céréales n'occupent que les deux cinquièmes des terres.

II. 1re *année*, pommes de terre ou betteraves; 2e *année*, froment; 3e *année*, trèfle; 4e *année*, froment et navets dérobés; 5e *année*, avoine. Assolement adopté à Bechelbronn et dans une partie de l'Alsace où l'on emploie comme plante sarclée avec fumure, soit la pomme de terre, soit la betterave, selon les conditions économiques de l'exploitation. M. Boussingault en a fait une étude chimique remarquable, dans le but de comparer la quantité de matière organique contenue dans une suite de récoltes à celle de l'engrais consommé pour les obtenir.

III. 1re *année*, racines; 2e *année*, froment; 3e et 4e *années*, pâturage; 5e *année*, avoine. C'est l'assolement du comté de Glasgow. Le pâturage a pour base le ray-grass, parfois allié au trèfle rouge, au timotty, à la lupuline, au trèfle blanc.

IV. 1re *année*, betteraves ou navets; 2e *année*, céréales; 3e et 4e *années*, trèfle et ray-grass; 5e *année*, fèves. C'est l'assolement quinquennal du Norfolk. Le ray-grass est allié au trèfle. Le produit de la quatrième sole est fauché pour être transformé en foin, ou bien on le fait pâturer sur place par des bêtes bovines ou ovines.

V. 1re et 2e *années*, betteraves; 3e *année*, blé d'hiver; 4e *année*, trèfle; 5e *année*, blé d'hiver. C'est l'assolement adopté par M. Vallerand dans la ferme de Moufflaye (Aisne).

VI. 1re *année*, froment; 2e et 3e *années*, trèfle; 4e *année*, froment; 5e *année*, avoine. Assolement du Haut-Languedoc.

VII. 1re *année*, jachère; 2e *année*, froment; 3e *année*, trèfle; 4e *année*, froment; 5e *année*, maïs. Assolement du haut Languedoc, assez suivi dans les départements de l'Ariège et de l'Aude.

VIII. 1re *année*, jachère; 2e *année*, froment; 3e *année*, trèfle; 4e *année*, froment; 5e *année*, avoine de printemps. Assolement adopté à Roville par Mathieu de Dombasle.

IX. 1re *année*, turneps; 2e *année*, orge; 3e *année*, trèfle; 4e *année*, froment; 5e *année*, avoine. Assolement des terres argileuses du comté de Buckingham.

X. 1re *année*, colza; 2e *année*, froment; 3e *année*, pavot; 4e *année*, froment; 5e *année*, avoine. Assolement qu'on rencontre aux environs de Lille.

XI. 1re *année*, lin; 2e *année*, colza; 3e *année*, blé; 4e *année*, trèfle; 5e *année*, blé. Assolement également employé aux environs de Lille.

XII. 1re *année*, colza; 2e *année*, froment; 3e *année*, trèfle; 4e *année*, lin; 5e *année*, froment. Assolement usité aux environs d'Armentières.

XIII. 1re *année*, fèves; 2e *année*, froment; 3e *année*, pavot; 4e *année*, trèfle; 5e *année*, lin. Assolement qu'on rencontre dans l'arrondissement de Douai.

XIV. 1re et 2e *années*, garance; 3e *année*, froment; 4e *année*, trèfle; 5e *année*, froment. Assolement longtemps suivi aux environs de Haguenau, en Alsace.

XV. 1re *année*, seigle; 2e *année*, avoine avec fumier; 3e *année*, pommes de terre sans fumier; 4e *année*, avoine sans fumier; 5e *année*, on laisse pousser l'herbe et on a une prairie qui dure 14 ou 15 ans. On écobue ensuite et on recommence la rotation. Cet assolement est pratiqué dans l'Ardenne belge où le sol est maigre et formé de désagrégation de schistes et de grès. Vers la fin, la prairie est envahie par les genêts et la bruyère.

XVI. 1re *année*, pommes de terre sans engrais; 2e *année*, navets sans engrais; 3e *année*, orge sans engrais; 4e *année*, pommes de terre fumées; 5e *année*, orge avec graine de pré.

XVII. 1re *année*, lin ou colza sans fumure; 2e *année*, pommes de terre, ou navets, ou rutabagas, sans fumier; 3e *année*, orge ou pavot sans fumier; 4e *année*, trèfle non fumé; 5e *année*, blé non fumé.

XVIII. 1re *année*, avoine sans engrais; 2e *année*, betteraves non fumées; 3e *année*, blé sans engrais; 4e *année*, fèves binées avec ou sans engrais; 5e *année*, blé avec graines de pré.

XIX. 1re *année*, lin; 2e *année*, colza en lignes; 3e *année*, blé; 4e *année*, trèfle; 5e *année*, blé. On n'emploie pas d'engrais. — Les assolements XVI, XVII, XVIII, XIX sont employés pour succéder à des défrichements de vieilles prairies.

XX. 1re *année*, moitié jachère fumée, moitié légumes, le tout avec fumure; 2e *année*, blé dans lequel on sème du trèfle; 3e *année*, trèfle; 4e *année*, blé fumé sur trèfle rompu; 5e *année*, avoine. Assolement pour terres fortes employé par M. Pelte, dans l'ancien département de la Moselle.

XXI. 1re *année*, moitié vesce et jarosse de mars avec fumier, moitié pommes de terre sans fumier; 2e *année*, moitié seigle, moitié sarrasin et navets; 3e *année*, moitié pommes de terre, moitié avoine; 4e *année*, moitié avoine, moitié vesce, trèfle incarnat et jarosse avec fumure; 5e *année*, moitié sarrasin et navets, moitié seigle. Cet assolement est indiqué par de Morogues comme approprié aux terres sableuses.

XXII. 1re *année*, méteil, seigle ou froment, sur fumier; 2e *année*, choux de Laponie, topinambours; 3e *année*, moitié avoine semée avec du trèfle, moitié vesce de mars et pois cornus d'hiver, ces derniers à la place des topinambours; 4e *année*, moitié trèfle, moitié orge et avoine; 5e *année*, moitié trèfle défriché après la première coupe, moitié vesce et pois pour faucher en vert, afin qu'on puisse faire les travaux nécessaires à la culture des gros grains qui doivent succéder dans la sole. Assolement de de Morogues pour les terres argileuses.

XXIII. 1re *année*, demi-fumure, chaulage léger et sarrasin; 2e *année*, froment; 3e *année*, demi-fumure, semis de trèfle, sous orge et avoine; 4e *année*, trèfle; 5e *année*, froment. Assolement de quelques parties de la basse Normandie.

ASSOLEMENTS DE 6 ANS. — I. 1re *année*, pommes de terre avec fumure; 2e *année*, froment; 3e *année*, trèfle; 4e *année*, froment et navets dérobés; 5e *année*, pois; 6e *année*, seigle. Assolement introduit par Schwartz à Hohenheim,

II. L'assolement précédent peut être modifié de la manière suivante à cause de l'incertitude de la récolte de pois : 1re *année*, plantes sarclées sur une forte fumure ; 2e *année*, céréales de printemps avec trèfle ; 3e *année*, trèfle ; 4e *année*, céréales d'hiver ; 5e *année*, fourrages verts avec une fumure ordinaire ; 6e *année*, céréales de printemps.

III. 1re *année*, jachère ; 2e et 3e *années*, céréales ; 4e, 5e et 6e *années*, pâturage. C'est l'assolement dit du Mecklembourg.

IV. 1re *année*, racines ; 2e *année*, froment ; 3e *année*, orge ou avoine ; 4e et 5e *années*, pâturage ; 6e *année*, avoine. Assolement assez suivi en Angleterre,

V. 1re *année*, racines ; 2e *année*, froment ou orge ; 3e *année*, prairie artificielle fauchée ; 4e et 5e *années*, pâturage ; 6e *année*, avoine. Assolement du Northumberland.

VI. 1re *année*, jachère ; 2e *année*, froment ou seigle ; 3e *année*, orge ou avoine ; 4e, 5e et 6e *années*, pâturage. Assolement des terres pauvres du Berry.

VII. 1re *année*, jachère ; 2e *année*, froment ; 3e *année*, orge ; 4e *année*, avoine ; 5e et 6e *années*, pâturage. Assolement des terres meilleures du Berry.

VIII. 1re *année*, betteraves ; 2e *année*, seigle ; 3e, 4e, 5e et 6e *années*, pâturage. Assolement suivi dans les terres des Ardennes, terres pauvres s'enherbant d'ailleurs facilement.

IX. 1re *année*, jachère ; 2e *année*, seigle ; 3e, 4e, 5e et 6e *années*, genêts. Assolement de la Montagne-Noire.

X. 1re *année*, barjelade (mélange d'avoine et de vesce) ; 2e *année*, froment ; 3e et 4e *années*, sainfoin ; 5e *année*, froment ; 6e *année*, avoine d'hiver. Assolement de plusieurs parties du midi de la France.

XI. 1re *année*, navets ; 2e *année*, orge ; 3e *année*, trèfle ; 4e *année*, froment ; 5e *année*, vesce ; 6e *année*, froment ou avoine. Assolement adopté dans un assez grand nombre d'exploitations du comté de Norfolk.

XII. 1re *année*, betteraves ; 2e *année*, froment ; 3e *année*, betteraves ; 4e *année*, avoine ou orge ; 5e *année*, trèfle ; 6e *année*, froment. Assolement du Yorkshire.

XIII. 1re *année*, jachère ; 2e *année*, escourgeon ; 3e *année*, froment ; 4e *année*, fèves ; 5e *année*, trèfle ; 6e *année*, avoine. Assolement sexennal du Boulonnais.

XIV. 1re *année*, colza ; 2e *année*, froment ; 3e *année*, trèfle ; 4e *année*, avoine ; 5e *année*, lin ; 6e *année*, froment. Assolement sexennal de l'arrondissement de Lille.

XV. 1re *année*, betteraves ; 2e *année*, froment ; 3e *année*, pavot ; 4e *année*, froment ; 5e *année*, betteraves ; 6e *année*, froment. Assolement suivi aux environs d'Hazebrouck.

XVI. 1re et 2e *années*, garance ; 3e *année*, froment ; 4e *année*, betteraves ; 5e *année*, seigle ; 6e *année*, maïs. Assolement autrefois usité en Alsace dans la plaine de Bischwiller.

XVII. 1re *année*, betteraves ; 2e *année*, avoine ; 3e *année*, trèfle ; 4e *année*, froment ; 5e *année*, colza ; 6e *année*, froment. Assolement suivi à la ferme des Trois-Croix, par M. Bodin, près de Rennes.

XVIII. 1re *année*, colza d'hiver, biné avec soin sur défrichement de luzerne et jachère d'été après la récolte du colza ; 2e *année*, froment ; 3e *année*, trèfle ; 4e *année*, froment ou avoine ; 5e *année*, pommes de terre, ou betteraves, ou rutabagas, ou choux, avec fumier ; 6e *année*, avoine ou orge avec luzerne pour six ou sept ans. Assolement pour une terre végétale profonde et convenant à la luzerne.

XIX. 1re *année*, colza ou lin avec fumure ; 2e *année*, froment ; 3e *année*, fèves fumées et binées ; 4e *année*, avoine avec trèfle ; 5e *année*, trèfle ; 6e *année*, froment. Assolement pratiqué dans l'arrondissement de Douai.

XX. 1re *année*, tabac fumé ; 2e *année*, mélange de vesce, pois, fèves et céréales ; 3e *année*, colza fumé ; 4e *année*, céréale de mars et trèfle ; 5e *année*, trèfle ; 6e *année*, froment. Assolement employé dans l'arrondissement de Lille.

XXI. 1re *année*, pommes de terre avec fumure ; 2e *année*, avoine et trèfle ; 3e *année*, trèfle ; 4e *année*, seigle ; 5e *année*, seigle, puis spergule ; 6e *année*, seigle. Assolement employé en Campine.

XXII. 1re *année*, pommes de terre avec fumure ; 2e *année*, seigle également fumé, sur lequel on sème au printemps un mélange de lupuline et de navets ou de carottes pour fournir, après la récolte de céréales, une abondante nourriture au bétail ; 3e *année*, avoine et trèfle ; celui-ci mêlé encore de navets et de carottes ; 4e *année*, trèfle ; 5e *année*, trèfle retourné avant une dernière coupe ; 6e *année*, seigle. Autre assolement de la Campine.

XXIII. 1re *année*, jachère, récoltes sarclées et maïs-fourrage, le tout fumé ; 2e *année*, blé avec un mélange de 8 kilogrammes de trèfle ordinaire, 2 kilogrammes de minette, 2 kilogrammes de trèfle blanc, 12 kilogrammes de ray-grass, 1 kilogramme de houlque laineuse et 1 kilogramme de fléole ; 3e *année*, 2 coupes du fourrage précédemment semé dans le blé ; 4e et 5e *années*, pâturage ; 6e *année*, avoine,

XXIV. 1re *année*, récolte sarclée et fumée ; 2e *année*, blé ; 3e et 4e *années*, sainfoin ; 5e *année*, blé ; 6e *année*, seigle, avoine ou féveroles. Assolement pratiqué par M. de Bruno, dans l'Isère.

XXV. 1re *année*, lin, avec fumure ; 2e *année*, blé ; 3e *année*, colza ; 4e *année*, blé ; 5e *année*, avoine ; 6e *année*, seigle pour fourrage. Assolement pratiqué aux environs de Douai par M. Broy et cité par le comte de Gasparin.

Assolements de 7 ans. — I. 1re *année*, sarrasin et genêts ; 2e *année*, genêts gardés ; 3e et 4e *années*, genêts pacagés ; 5e *année*, avoine de mars ; 6e *année*, seigle, avec fumure ; 7e *année*, turneps et pommes de terre. Assolement de de Morogues, pour des terres sableuses ou usées.

II. 1re *année*, sarrasin ; 2e *année*, colza ; 3e *année*, froment ; 4e *année*, avoine ; 5e, 6e, 7e *années*, prairie. Assolement employé pour défrichement avec noir animal pour tous les sols dans la Loire-Inférieure, mais qui a ruiné la terre.

III. 1re *année*, colza ; 2e *année*, froment ; 3e *année*, trèfle ; 4e *année*, froment ; 5e *année*, pavot, ou lin, ou chanvre, ou cameline, ou tabac ; 6e *année*, froment ; 7e *année*, avoine. Assolement suivi dans la plaine de Lille pour les terres de consistance moyenne, fertiles, et que l'on fume abondamment.

IV. 1re *année*, colza ; 2e *année*, froment ; 3e *année*, trèfle ; 4e *année*, lin ; 5e *année*, froment ; 6e *année*, avoine ; 7e *année*, trèfle. Assolement également adopté avec fortes fumures dans la plaine de Lille.

V. 1re *année*, colza ; 2e *année*, froment ; 3e *année*, colza ; 4e *année*, froment ; 5e et 6e *années*, sainfoin ; 7e *année*, colza. Assolement qu'on rencontre dans la plaine de Caen avec fumures pour le colza.

VI. 1re, 2e et 3e *années*, chanvre ; 4e et 5e *années*, froment ; 6e *année*, trèfle ; 7e *année*, froment. Assolement de la fertile vallée du Graisivaudan (Isère), avec fortes fumures pour le chanvre.

VII. 1re *année*, betteraves, carottes, pommes de terre, avec fumier ; 2e *année*, céréales ; 3e *année*, trèfle ; 4e *année*, froment ; 5e *année*, vesces d'hiver et de printemps, maïs-fourrage et moha de Hongrie ; 6e *année*, colza, avec fumure ; 7e *année*, froment. Assolement de Grignon.

VIII. 1re *année*, récolte sarclée avec fumure ; 2e *année*, froment ; 3e, 4e, 5e et 6e *années*, sainfoin ; 7e *année*, froment. Assolement employé par M. de Bruno, dans l'Isère.

IX. 1re *année*, seigle après blé sur 0,30 de la

sole, blé après avoine sur 0,70; 2e *année*, trèfle incarnat après seigle sur 0,30; prairie artificielle composée d'un mélange de légumineuses vivaces sur 0,58; prairie semblable mais ravagée de plantes nuisibles et pour cette raison remise en culture et demi-jachère sur 0,12; 3e *année*, colza après trèfle incarnat et légumineuses diverses engagées de plantes nuisibles, suivis l'un et les autres d'une demi-jachère, sur 0,41 de la surface; prairie artificielle exempte de plantes adventices, sur 0,58; 4e *année*, blé après colza, sur 0,42; avoine après prairie artificielle, sur 0,58; 5e *année*, avoine et orge en proportions diverses, sur 0,42; blé après avoine, sur 0,58; 6e *année*, trèfle commun après blé, avoine et orge sur toute la sole; 7e *année*, blé après trèfle commun, sur 0,30, avoine après trèfle commun, sur 0,70. Assolement pratiqué par M. Mallet dans le canton de Bacqueville (Seine-Inférieure).

X. 1re *année*, plantes sarclées avec une forte fumure; 2e *année*, céréales de printemps avec trèfle; 3e et 4e *années*, trèfle; 5e *année*, céréales d'hiver; 6e *année*, mélange de vesces d'hiver et de seigle sur fumure ordinaire, pour être consommés en vert; 7e *année*, céréales d'hiver. Assolement indiqué par M. Richard (du Cantal).

Assolements de 8 ans. — I. 1re *année*, jachère sur 48000 kilogrammes de fumure; 2e *année*, froment; 3e *année*, orge; 4e *année*, trèfle; 5e *année*, avoine; 6e *année*, betteraves, avec 24000 kilogrammes de fumier; 7e *année*, froment; 8e *année*, avoine. Assolement de M. de Morel-Vindé, dans Seine-et-Oise.

II. 1re *année*, jachère fumée; 2e *année*, blé; 3e, 4e et 5e *années*, sainfoin; 6e et 7e *années*, froment; 8e *année*, maïs. Assolement de la plaine d'Alzonne (Aude).

III. 1re *année*, tabac; 2e *année*, colza; 3e *année*, froment; 4e *année*, trèfle; 5e *année*, froment; 6e *année*, lin; 7e *année*, froment; 8e *année*, avoine. Les 1re, 5e et 6e soles sont fortement fumées. Cet assolement se rencontre dans les environs de Lille.

IV. 1re *année*, fèves; 2e *année*, froment; 3e *année*, orge; 4e *année*, trèfle; 5e *année*, lin; 6e *année*, colza; 7e *année*, froment; 8e *année*, avoine. Dans cet assolement également employé aux environs de Lille dans des terres très fertiles, on fume les mêmes soles que pour le précédent.

V. 1re *année*, jachère fumée; 2e *année*, colza; 3e *année*, froment; 4e *année*, lin, avec fumure; 5e *année*, froment; 6e *année*, trèfle; 7e *année*, avoine; 8e *année*, pavots. Assolement des environs d'Hazebrouck.

VI. 1re *année*, colza; 2e *année*, froment; 3e *année*, colza; 4e *année*, froment; 5e et 6e *années*, sainfoin; 7e *année*, froment; 8e *année*, avoine. Assolement assez souvent employé dans la plaine de Caen.

VII. 1re, 2e et 3e *années*, garance; 4e et 5e *années*, froment; 6e et 7e *années*, sainfoin; 8e *année*, froment. Assolement autrefois employé dans les terres d'alluvions fertiles de Provence.

Assolements de 9 ans. — I. 1re *année*, colza fumé; 2e *année*, froment; 3e *année*, colza fumé; 4e *année*, froment; 5e, 6e et 7e *années*, sainfoin; 8e *année*, froment; 9e *année*, avoine. Assolement de la plaine de Caen, cité par Isidore Pierre.

II. 1re *année*, pommes de terre sur fumier; 2e *année*, avoine avec trèfle; 3e *année*, trèfle défriché en automne; 4e *année*, choux, turneps, moutarde, choux de Laponie; 5e *année*, seigle, méteil, froment; 6e *année*, vesce, jarosse, trèfle incarnat et pois cornus; 7e *année*, orge et escourgeon; 8e *année*, topinambours et betteraves sur fumier; 9e *année*, seigle, méteil, froment. Assolement proposé par de Morogues pour de bonnes terres, peu argileuses, bien fumées.

III. 1re *année*, sarrasin et pins; 2e, 3e et 4e *années*, pins gardés; 5e *année*, pins pacagés; 6e *année*, pins éclaircis; 7e *année*, pins arrachés; 8e *année*, avoine; 9e *année*, seigle sur fumier. Assolement proposé par de Morogues pour des terres sableuses, caillouteuses, arides.

IV. 1re *année*, fèves; 2e *année*, froment; 3e *année*, trèfle; 4e *année*, lin; 5e *année*, avoine; 6e *année*, trèfle; 7e *année*, lin; 8e *année*, froment; 9e *année*, escourgeon. Assolement en usage dans les environs de Valenciennes.

V. 1re *année*, sarrasin; 2e *année*, pommes de terre ou carottes; 3e *année*, lin ou froment; 4e *année*, seigle; 5e *année*, sarrasin; 6e *année*, avoine; 7e *année*, trèfle; 8e et 9e *années*, pâturage. Assolement des terres sableuses du Houtland (Flandre).

VI. 1re *année*, pommes de terre ou carottes; 2e *année*, orge, froment ou lin; 3e *année*, sarrasin; 4e *année*, seigle; 5e *année*, sarrasin ou avoine; 6e *année*, trèfle; 7e, 8e et 9e *années*, pâturage. Autre assolement des terres sableuses des Flandres.

Assolements de 10 ans. — I. 1re *année*, jachère; 2e et 3e *années*, céréales; 4e *année*, jachère; 5e et 6e *années*, céréales; 7e, 8e, 9e et 10e *années*, pâturage. Les jachères sont fumées. Cet assolement est suivi dans le Mecklembourg.

II. 1re *année*, jachère; 2e *année*, blé ou seigle; 3e *année*, orge ou avoine; 4e *année*, avoine fumée; 5e *année*, trèfle; 6e, 7e, 8e et 9e *années*, pâturage; 10e *année*, avoine. Assolement en usage dans le Wurtemberg.

III. 1re *année*, pommes de terre; 2e *année*, seigle; 3e *année*, avoine; 4e, 5e, 6e, 7e, 8e et 9e *années*, genêts; 10e *année*, seigle. Assolement adopté dans les montagnes du Tarn; on ne fume que les pommes de terre.

IV. 1re *année*, défrichement; 2e *année*, céréales; 3e *année*, jachère; 4e *année*, céréales; 5e *année*, jachère; 6e *année*, colza; 7e *année*, ray-grass; 8e et 9e *années*, pâturage; 10e *année*, céréales. Assolement employé par M. Lecouteux pour des défrichements en Sologne.

V. 1re *année*, maïs; 2e *année*, avoine; 3e et 4e *années*, trèfle; 5e *année*, froment; 6e *année*, fèves; 7e *année*, avoine; 8e et 9e *années*, sainfoin; 10e *année*, froment. Assolement décennal adopté sur les terres de bonne qualité du haut Languedoc.

VI. 1re *année*, chanvre; 2e *année*, froment; 3e *année*, trèfle; 4e *année*, lin; 5e *année*, chanvre; 6e *année*, froment; 7e *année*, orge; 8e *année*, chanvre; 9e *année*, froment; 10e *année*, avoine. Assolement des environs de Saint-Amand (Nord).

VII. 1re *année*, pavot; 2e *année*, vesce; 3e *année*, colza; 4e *année*, froment; 5e *année*, pavot; 6e *année*, trèfle; 7e *année*, pommes de terre; 8e *année*, lin; 9e *année*, fèves; 10e *année*, escourgeon ou blé. Assolement des environs de Bouchain.

VIII. 1re *année*, orge ou colza; 2e *année*, féveroles; 3e *année*, froment; 4e *année*, féveroles; 5e *année*, froment; 6e *année*, jachère de trèfle; 7e *année*, froment; 8e *année*, pommes de terre ou carottes; 9e *année*, avoine; 10e *année*, jachère. Assolement de polders tourbeux très fertiles des Flandres.

IX. Sur des terres de landes très éloignées de sa ferme de Lespinasse (Vienne), M. Moll a appliqué l'assolement suivant: 1re *année*, jachère ensemencée au moins une fois, et souvent deux, d'un mélange de 30 litres de sarrasin et de 4 kilogrammes de moutarde blanche, avec 2 hectolitres de noir animal et 100 kilogrammes de guano, le tout par hectare; on enfouissait, moins de deux mois après, la semaille; 2e *année*, colza fumé avec 4 hectolitres de noir et 100 kilogrammes de guano; 3e *année*, blé, avec 4 hectolitres de noir et 100 kilogrammes de guano; après la récolte, fumure verte avec navette enfouie au printemps; 4e *année*, avoine, avec 4 hectolitres de noir, et dans laquelle on semait 20 kilogrammes de ray-grass commun et 5 kilogrammes de trèfle blanc; 5e *année*, première pousse fructive, puis pâturage; 6e, 7e, 8e et 9e *années*, pâturage; 10e *année*, après défrichement pendant l'hiver et sur un seul labour, avoine, avec 2 hectolitres de noir.

X. Assolement décennal de de Morogues, pour des terres caillouteuses et arides: 1re *année*, sarrasin et pins; 2e, 3e et 4e *années*, pins gardés; 5e *année*, pins pacagés; 6e *année*, pins à éclaircir; 7e *année*, pins arrachés; 8e *année*, avoine; 9e seigle fumé; 10e *année*, turneps et pommes de terre.

XI. 1re *année*, pommes de terre avec forte fumure; 2e *année*, blé; 3e *année*, trèfle; 4e *année*, blé; 5e *année*, luzerne sur forte fumure; 6e, 7e, 8e et 9e *années*, luzerne; 10e *année*, blé sur défrichement de luzerne. C'est l'assolement décennal de Crud.

XII. 1re *année*, récolte sarclée fumée; 2e, 3e, 4e, 5e, 6e, 7e et 8e *années*, luzerne; 9e *année*, blé; 10e *année*, seigle, avoine ou féveroles. Assolement établi par M. Bruno dans l'Isère.

XIII. 1re *année*, chanvre sur fumier; 2e *année*, chanvre avec demi-fumure, et une nouvelle fumure après la récolte; 3e *année*, blé d'automne, dans lequel on sème du sainfoin au printemps; 4e, 5e, 6e, 7e, 8e, 9e et 10e *années*, sainfoin. Assolement établi dans la vallée du Graisivaudan (Isère).

Assolements de 11 ans. — 1re *année*, betteraves avec forte fumure; 2e *année*, blé ou orge de printemps, avec semis de sainfoin; 3e, 4e et 5e *années*, sainfoin; 6e *année*, blé; 7e *année*, betteraves, avec forte fumure; 8e *année*, betteraves avec demi-fumure; 9e *année*, blé; 10e *année*. trèfle; 11e *année*, blé. Assolement de M. de Virieu, près de Grand-Lemps (Isère), surtout en vue d'alimenter une distillerie de betteraves et d'entretenir un nombreux bétail.

Assolements de 12 ans. — I. 1re *année*, jachère; 2e et 3e *années*, froment, méteil ou seigle; 4e *année*, avoine; 5e *année*, jachère; 6e et 7e *années*, froment, méteil ou seigle; 8e *année*, orge ou avoine; 9e, 10e, 11e et 12e *années*, pâturage. Assolement duo-décennal du Mecklembourg,

II. 1re *année*, jachère fumée, souvent chaulée, et dans laquelle d'ailleurs on prend un millet et un sarrasin pour la nourriture du bétail; 2e *année*, froment d'hiver; 3e *année*, vesce et autres plantes fourragères; 4e *année*, froment; 5e *année*, choux branchus ou choux moelliers; 6e *année*, orge ou avoine; 7e *année*, trèfle; 8e, 9e, 10e et 11e *années*, genêts; 12e *année*, froment. Assolement du Bocage de la Vendée.

III. 1re *année*, barjelude (50 litres d'avoine et 150 litres de vesce par hectare), avec fumure; 2e *année*, froment; 3e, 4e et 5e *années*, trèfle arrosé; 6e *année*, froment; 7e, 8e, 9e et 10e *années*, luzerne; 11e et 12e *années*, froment. Assolement de M. Valayer, à Château-Blanc (Vaucluse).

IV. 1re, 2e et 3e *années*, garance; 4e *année*, froment; 5e, 6e, 7e, 8e et 9e *années*, luzerne; 10e et 11e *années*, froment; 12e *année*, avoine. Autre assolement suivi dans Vaucluse pour les palus ou terres fertiles, fraîches et profondes, et que le comte de Gasparin a décrit.

Assolements de 16 ans. — 1re *année*, genêts et sarrasin; 2e *année*, genêts gardés; 3e et 4e *années*, genêts pacagés; 5e *année*, avoine; 6e *année*, seigle fumé; 7e *année*, turneps et pommes de terre; 8e *année*, sarrasin et pins; 9e, 10e et 11e *années*, pins gardés; 12e *année*, pins pacagés; 13e *année*, pins éclaircis; 14e *année*, pins arrachés; 15e *année*, avoine; 16e *année*, seigle sans fumier. Assolement proposé par de Morogues pour des terres arides et caillouteuses, dans des pays où le bois n'a pas grande valeur, tandis que les branchages des pins sont très bons pour affourager les bêtes à laine durant l'hiver.

Assolements de 18 ans. — 1re *année*, orge en vert; 2e, 3e, 4e et 5e *années*, luzerne; 6e *année*, barjelude; 7e, 8e et 9e *années*, froment; 10e *année*, avoine; 11e *année*, orge en vert; 12e, 13e et 14e *années*, sainfoin; 15e, 16e et 17e *années*, froment; 18e *année*, avoine. Assolement suivi depuis longtemps dans la plaine du Vistu (Gard), où l'on fait usage de grandes quantités d'engrais.

Assolements de 20 ans. — 1re *année*, fumure avec 50 000 kilogrammes de fumier, pommes de terre, betteraves, chanvre; 2e *année*, froment; 3e *année*, trèfle; 4e *année*, froment; 5e *année*, fumure avec 60 000 kilogrammes de fumier par hectare, plantes sarclées; 6e *année*, froment; 7e, 8e, 9e et 10e *années*, sainfoin à deux coupes annuelles; 11e *année*, froment; 12e *année*, fumure avec 70 000 kilogrammes de fumier par hectare, plantes sarclées; 13e *année*, froment; 14e, 15e, 16e, 17e et 18e *années*, luzerne; 19e et 20e *années*, froment. Assolement proposé par M. Gueymard pour des terres riches et profondes de l'Isère, et combiné de telle sorte que successivement le trèfle, le sainfoin et la luzerne enfoncent plus profondément leurs racines dans le sol pour y prendre leur nourriture.

Assolements de 21 ans. — 1re *année*, sarrasin semé avec des genêts; 2e *année*, genêts gardés; 3e et 4e *années*, genêts pacagés; 5e *année*, avoine; 6e *année*, seigle fumé; 7e *année*, turneps et pommes de terre; 8e *année*, vesce, trèfle incarnat, lupins, jarosse ou jardereau; 9e *année*, seigle fumé; 10e *année*, sarrasin et pins; 11e, 12e et 13e *années*, pins gardés; 14e *année*, pins pacagés; 15e *année*, pins éclaircis; 16e *année*, pins arrachés; 17e *année*, avoine; 18e *année*, seigle fumé; 19e *année*, sarrasin et navets; 20e *année*, vesce, trèfle incarnat, lupins, mélilot, jarosse et jardereau de mars coupés en vert; 21e *année*, seigle sur fumier. Assolement proposé par de Morogues pour des terres sableuses arides, non trop caillouteuses, afin de combiner les avantages des genêts et des pins pour faire de longues jachères avec production de fourrages, qui ne laissent pas que d'être une ressource importante pour le bétail.

Assolements de 24 ans. — 1re *année*, défrichement; 2e *année*, seigle; 3e *année*, avoine; 4e *année*, sarrasin; de la 5e aux 19e et 20e *années*, pin maritime; 21e *année*, défrichement; 22e *année*, sarrasin; 23e *année*, blé ou seigle; 24e *année*, avoine. Assolement approprié aux terres légères de la Sologne, du Maine, du Berry et de la Bretagne. Si l'on possède une propriété se composant de 200 hectares de terres vaines et vagues, et si l'on se propose de défricher cette étendue en vingt-cinq années, on aura à exécuter annuellement les travaux suivants dont la description a été donnée par M Heuzé en ces termes: « 1re *année*, défrichement de 8 hectares et leur ensemencement en seigle; — 2e *année*, défrichement de 8 hectares; semis de 8 hectares de seigle et de 8 hectares d'avoine; — 3e *année*, défrichement de 8 hectares; semis de 8 hectares de seigle, de 8 d'avoine, de 8 de sarrasin et de 8 de pin maritime; — 4e, 5e, 6e et 7e *années*, mêmes travaux; — 8e *année*, mêmes travaux et premier éclaircissage des pins maritimes semés la 3e année; — 9e *année*, mêmes travaux et premier éclaircissage des pins maritimes semés la 4e année; — 10e *année*, mêmes travaux et premier éclaircissage des pins semés la 5e année; — 11e *année*, mêmes travaux; premier éclaircissage des pins semés la 6e année; deuxième dépressage des pins semés la 3e année; — 12e *année*, mêmes travaux; premier éclaircissage des pins semés la 7e année, deuxième dépressage des pins semés la 4e année; — 13e *année*, mêmes travaux; premier éclaircissage des pins semés la 8e année, 2e dépressage des pins semés la 5e année; — 14e *année*, mêmes travaux; premier éclaircissage des pins semés la 9e année, deuxième dépressage des pins semés la 6e année; — 15e *année*, mêmes travaux; premier éclaircissage des pins semés la 10e année, deuxième dépressage des pins semés la 7e année, troisième éclaircissage des pins semés la 3e année; — 16e *année*, mêmes travaux; premier éclaircissage des pins semés la 11e *année*, deuxième dépressage des pins semés la 8e année, troisième éclaircissage des pins semés la 4e année; — 17e *année*, mêmes travaux; premier éclaircissage des pins semés la 12e année, deuxième dépressage des pins semés la 9e année, troisième éclaircissage des pins semés la 5e année; — 18e *année*, mêmes travaux; premier éclaircissage des pins semés la 13e année, deuxième dépressage des pins semés la 10e année, troisième éclaircissage des pins semés la 6e année;— 19e *année*, mêmes travaux; premier éclaircissage des pins semés la 14e année, deuxième dépressage des pins semés la 11e année, troisième éclaircissage des pins semés la 7e année; — 20e *année*, mêmes travaux; premier éclaircissage des pins semés la 15e année, deuxième dépressage des pins semés la 12e année, troisième éclaircissage des pins semés la 8e année, exploitation de la pinière créée la 3e année; — 21e *année*, premier éclaircissage des pins semés la 16e année, deuxième dépressage des pins semés la 13e année, troisième éclaircissage des pins semés la 9e année, exploitation de la pinière créée la 4e année, défrichement de la pinière exploitée la 20e année; — 22e *année*, premier éclaircissage des pins semés la 17e année, deuxième dépressage des pins semés la 14e année, troisième éclaircissage des pins semés la 10e année, exploitation de la pinière créée la 5e année, défrichement de la pinière exploitée la 21e année, semis de sarrasin sur la partie défrichée l'année précédente: — 23e *année*, mêmes travaux; premier éclaircissage des pins semés la 18e année, deuxième dépressage des pins semés la 15e année, troisième éclaircissage des pins semés la 11e année, exploitation de la pinière créée la 6e année, défrichement de la pinière exploitée la 22e année, semis de sarrasin sur la partie défrichée l'année précédente, récolte du seigle ou du froment qui occupe la sole ensemencée la 22e année en sarrasin; — 24e *année*, mêmes travaux; premier éclaircissage des pins semés la 19e année, deuxième dépressage des pins semés la 16e année, troisième éclaircissage des pins semés la 12e année, exploitation de la pinière créée la 7e année, défrichement de la pinière exploitée la 22e année, semis de sarrasin sur la partie défrichée l'année précédente, récolte du seigle ou du froment semé la 23e année après le sarrasin, récolte de l'avoine ou du seigle semé sur la sole ayant porté l'année précédente une première céréale.» — L'ordre des travaux du domaine est désormais bien tracé. « On voit, dit M. Heuzé, que depuis la 2e jusqu'à la 21e année, on récoltera annuellement 8 hectares de seigle et 8 d'avoine; que, la 22e année, on aura à récolter 8 hectares de seigle, 8 d'avoine et 8 de sarrasin; que, la 23e année, on récoltera 8 hectares de froment. 8 de seigle, 8 d'avoine, 8 de sarrasin; que la 24e année, on récoltera 8 hectares de froment, 8 de seigle, 16 d'avoine et 8 de sarrasin En totalité, la 24e année, on récoltera 40 hectares en plantes alimentaires, ou le cinquième de l'étendue totale de l'exploitation. A cette époque, toutes les pinières auront été créées, et elles couvriront 152 hectares. En résumé, avec un faible capital, mais en comptant avec le temps et en s'appuyant sur le pin maritime, on parviendra, à l'aide de l'assolement de 24 ans, à quintupler la valeur d'une terre très médiocre, tout en réalisant annuellement des bénéfices importants, eu égard à la valeur vénale de la terre sur laquelle on opère. »

DÉLIMITATION DES ASSOLEMENTS. — On concevra que le nombre des assolements que l'on peut proposer soit pour ainsi dire incalculable, si l'on réfléchit qu'on peut imaginer des combinaisons deux à deux, trois à trois, quatre à quatre, etc., de plus de quarante plantes de grande culture, en ne mettant d'autre condition à leur possibilité que celle de respecter l'alternat, c'est-à-dire de rejeter les combinaisons qui ramèneraient trop tôt à la suite les unes des autres les mêmes cultures ou celles de plantes des mêmes familles. La culture des terres arables peut y être mêlée aux cultures forestières. Toutefois, une première limite s'impose: la durée de la rotation ne doit pas être tellement grande qu'un directeur d'exploitation ne puisse pas avoir l'espoir de revoir plusieurs fois s'accomplir le cycle de ses cultures. Les longs assolements sont nécessairement exclus des plans de culture des fermiers auxquels on ne consent d'ordinaire que des baux assez courts. Aux propriétaires seuls, il peut appartenir d'adopter des rotations de 9 à 12 années; encore les avantages de plus longs termes leur échappent-ils, à moins qu'il ne s'agisse de corporations perpétuelles. Aussi, a-t-on vu, dans le précédent tableau des assolements en usage dans la grande culture, que leur nombre décroît beaucoup dès qu'on arrive à des rotations de 7 à 8 ans.

ASSOLEMENTS LIBRES. — Employer un assolement libre, c'est se réserver de faire sur chaque pièce de terre d'un domaine telle culture qu'on reconnaîtra être plus avantageuse, vu l'état du marché, en tenant toujours compte: d'une part de la nécessité de l'alternat; d'autre part, de la possibilité de se procurer les engrais indispensables au remplacement des principes enlevés par les exportations; enfin, de la nature des terrains, des habitats des racines des plantes à diverses profondeurs du sol, et des conditions météorologiques de la localité. En faisant d'ailleurs produire au domaine le plus possible de récoltes fourragères pour l'entretien d'un nombreux bétail, on obtient beaucoup de fumier, outre que l'exportation de produits animaux est celle qui enlève le moins de principes fertilisants à un domaine.

ASSOLEMENTS DE LA CULTURE POTAGÈRE. — Dans la plupart des jardins, on ne suit pas un assolement régulier; on prend seulement la précaution de ne pas faire succéder plusieurs fois les mêmes plantes sur le même terrain; mais, à force d'engrais, et surtout quand on peut faire des arrosements abondants, on obtient les mêmes récoltes sur la même terre dans un temps relativement court. Dans les jardins maraîchers, on s'arrange surtout de telle sorte que la plante puisse accomplir les diverses phases de sa végétation dans les circonstances qui lui conviennent le mieux, en subissant de la manière la plus propice les opérations d'ensemencement, de contre-plantation et d'arrosage; on fait, en hiver et au printemps, les semis et repiquages sur couches à cloches ou à châssis. Les successions de cultures, sous le climat de Paris, sont ainsi établies, d'après la description qu'en donne M. Hardy, directeur de l'École d'horticulture de Versailles.

D'abord on a les cultures en costières. — *Première costière.* Vers le 15 février, on sème sur fumure des épinards, dans lesquels on plante du plant de choux-fleurs qui passe l'hiver sous cloches ou sous châssis; les épinards sont consommés en mai, les choux-fleurs en juin. On retourne la terre par un labour, et on plante de la chicorée rouennaise qu'on récolte à la fin d'août. On laboure et plante clair de la scarole levée en motte; dans la scarole, on sème, vers le 15 septembre, des mâches pour l'hiver. On obtient ainsi cinq récoltes différentes dans l'année. — *Deuxième costière.* Pendant la seconde quinzaine de février, on plante de la romaine verte, élevée l'hiver sous cloches, et on sème de la carotte hâtive; la romaine se récolte à la fin de mai, les carottes sont arrachées avant le 20 juin. On replante alors de la laitue grise ou rouge que l'on consomme à la fin d'août, et on sème des mâches pour janvier. On a ainsi quatre récoltes en un an.

Pour les cultures en carrés, on adopte les divers systèmes qui suivent : — *Premier carré.* En avril, on donne une fumure et un labour, puis on plante de la romaine blonde et de la laitue grise, pour contre-planter des cardons vers le 20 mai ; les salades sont récoltées en juillet ; on met un rang de choux de Vaugirard dans les sentiers des cardons ; ceux-ci sont consommés en novembre et décembre, les choux en hiver. — *Deuxième carré.* A la fin de novembre, on plante des choux d'York qu'on enlève à la fin de mai ; on laboure et sème des carottes de Crécy en plantant en même temps de la romaine blonde. On récolte la salade en août, les carottes à la fin de septembre. — *Troisième carré.* On repique vers le 1er avril du petit poireau de printemps semé sur couche ; on le récolte dans la première quinzaine de juillet ; on laboure et plante de la laitue grise, pour la récolter avant la fin de septembre ; auparavant, en août, on contre-plante dans la laitue du céleri pour le livrer à la consommation en hiver. — *Quatrième carré.* Au commencement d'avril, on plante du chou cœur-de-bœuf pour le livrer en juillet ; auparavant, en mai, on contre-plante dans les choux des cardons qu'on récolte avant le 25 août ; à cette époque, la terre est crochetée et on y sème des épinards pour l'hiver. — *Cinquième carré.* A la fin de novembre, on plante le chou cœur-de-bœuf, pour le récolter en juin suivant ; on laboure, et, au commencement de juillet, on sème des épinards pour l'hiver. — *Sixième carré.* En février, on plante sur fumure le chou plat, qu'on récolte vers le 15 août ; alors, on plante de la chicorée rouennaise et de la scarole, ou bien on sème des épinards pour l'hiver. — *Septième carré.* Au commencement de mars, on plante des choux-fleurs demi-durs élevés sous châssis, et on contre-plante de la romaine blonde ; celle-ci est coupée au commencement de juin, et les choux-fleurs sont récoltés au milieu du même mois ; on met alors de la chicorée rouennaise, que l'on récolte en août et dans laquelle on contre-plante du céleri pour octobre. — *Huitième carré.* Dans les premiers jours de mars, on sème des carottes demi-longues ou de Crécy, et on contre-plante, après la levée, de la romaine blonde ; celle-ci est coupée en mai ou juin, et les carottes sont récoltées en juillet. On fait succéder des chicorées et des scaroles ; dans celles-ci, on contre-plante de la laitue en août. Ces récoltes sont achevées à la fin de septembre. On prépare alors le terrain pour recevoir des choux d'York ou de cœur-de-bœuf. — *Neuvième carré.* On repique en octobre et novembre de l'oignon blanc qu'on récolte au 15 juin ; on laboure et sème des carottes hâtives, dans lesquelles on contre-plante de la romaine blonde ; après la récolte faite, en septembre, on sème des radis et de la raiponce, celle-ci pour l'hiver. — *Dixième carré.* Sur des épinards d'hiver labourés, on repique en avril l'oignon pâle pour le récolter en août. On plante ensuite des scaroles et des chicorées de Meaux pour septembre ; alors on sème des mâches pour l'hiver. — *Onzième carré.* En avril, on plante de la romaine et de la laitue pour le mois de juin ; on plante alors des choux de Milan pour septembre et octobre. — *Douzième carré.* En février, on sème des poireaux qu'on récolte fin juin ou en juillet, afin de planter alors du chou de Vaugirard pour l'hiver.

On cultive d'ailleurs en bordure les plantes qui doivent occuper le terrain un an ou deux ans, ou bien on leur consacre des carrés spéciaux, afin de ne pas trop multiplier sur le même terrain des récoltes qui se nuiraient réciproquement, le jardinier ayant soin de prendre en considération les époques de plantation et celles de production, pour pouvoir opérer librement, afin de donner toujours satisfaction aux besoins des localités dont il alimente les marchés.

Sur les raisons de l'adoption d'un assolement déterminé. — Il n'est pas de question plus controversée et sur laquelle on ait autant écrit que celle des assolements. Outre qu'elle tient une grande place dans tous les cours d'agriculture, elle a fait l'objet d'un grand nombre de traités spéciaux, et elle a même été considérée comme le fondement de l'agriculture. Il faut citer surtout les traités de Thaer, de Pictet, d'Yvart, de Thouin, de Schwartz, de Gasparin, d'Heuzé. Mais, jusqu'à M. Boussingault, on n'avait pas suffisamment étudié les rapports qui doivent exister entre les produits tirés de la terre et les restitutions dues au sol ; l'illustre agronome a cherché à faire la lumière par des expériences directes ; mais on a généralisé, malgré les réserves du maître, et d'une manière irréfléchie, les premiers résultats obtenus, de telle sorte que les erreurs ont continué à s'amonceler dans les doctrines en faveur ; elles forment une espèce d'obscurité qu'il importe de dissiper. L'expérience est le seul flambeau que l'on puisse employer pour se guider. Nulle théorie ne pourrait y suppléer. Donner beaucoup d'engrais, faire de nombreux travaux de culture, empêcher les plantes adventices et les animaux nuisibles de se multiplier d'une manière inquiétante, calculer constamment les profits obtenus, c'est la seule méthode certaine. Pour vérifier les assolements, il faut avant tout une bonne comptabilité, à laquelle les analyses chimiques peuvent apporter un concours, utile mais non toujours décisif.

Sur la prétendue nécessité du repos de la terre. — Dès qu'on eut constaté, dans la plus haute antiquité, qu'une terre à laquelle on demandait plusieurs années de suite une même récolte, finissait par la refuser, ou du moins la donnait d'une manière de plus en plus parcimonieuse, on résolut de l'abandonner à elle-même, c'est-à-dire de la laisser en *jachère*, *versaine* ou *verchère*. La première idée fut de dire que la terre qui avait produit éprouvait le besoin de se reposer. Et en effet, après la jachère, pendant laquelle surtout on laboure, on herse et on apporte des fumiers, la terre, en général, a retrouvé toute sa fécondité, et quelquefois plus. Ce prétendu repos n'est pas autre chose que la remise en état pour le terrain de donner de nouveau les mêmes récoltes ; on arrive à un résultat identique en cultivant dans le terrain une plante différente de celle qu'il refusait de produire.

De la prétendue sympathie ou antipathie des plantes. — L'explication de la nécessité du repos pour les terres arables étant reconnue erronée, on en a imaginé une autre. On a dit que certaines plantes, les céréales par exemple, sont antipathiques à elles-mêmes, c'est-à-dire ne peuvent se succéder indéfiniment sur un terrain ; si des plantes, comme les topinambours, par exemple, donnent tous les ans pendant de longues années de bons produits dans le même champ, c'est qu'elles sont sympathiques à elles-mêmes.

Cette théorie n'a plus été défendue dès le jour où l'on a reconnu qu'avec de bons soins de culture et de fortes doses d'engrais, on pouvait très souvent donner au sol la propriété de reproduire de suite la récolte pour laquelle on le prétendait fatigué ou antipathique.

Des excrétions des plantes. — On a cru avoir constaté que les racines des plantes ont des excrétions, que l'on a comparées aux matières excrémentitielles des animaux, mais le fait n'est pas parfaitement démontré. Quoi qu'il en soit, on a basé sur ce fait hypothétique une théorie des assolements. On a dit que les excrétions végétales, une fois déposées dans le sol, peuvent être tout aussi nuisibles à la plante qui les a produites que le seraient à un animal ses excréments, si on les lui présentait comme aliments. Par contre, en chaugeant d'espèces dans la culture, la plante nouvellement admise dans le sol profitera des excrétions de la plante précédente en les absorbant comme aliment. Mais le fait de l'excrétion fût-il bien démontré, « il y a bon nombre de plantes, fait observer M. Boussingault, qui alors végéteraient parfaitement dans un sol chargé de leurs matières excrémentitielles. Ainsi, la culture des céréales peut se soutenir dans certains cas sur le même sol ». M. Boussingault a vu, sur les plateaux des Andes, des terres à blé donnant annuellement, depuis plus de deux siècles, de bonnes récoltes de grains. Dans le Midi, le maïs se reproduit continuellement sur le même terrain sans aucun inconvénient, et, sur une grande partie de la côte du Pérou, la terre ne produit pas autre chose depuis une époque bien antérieure à la découverte de l'Amérique. A Santa-Fé, à Quito, les cultures de pommes de terre se suivent sans interruption, et nulle part elles ne donnent des produits de meilleure qualité. L'indigo, la canne à sucre, le pavot, le laurier à fleurs roses, le topinambour, présentent des faits analogues dans beaucoup de localités Les excrétions prétendues de ces plantes n'ont jamais été observées ; si elles existent, elles ne sont pas nuisibles, et on trouve toujours un ennemi bien tangible lorsqu'une plante finit par succomber sur un sol où elle a longtemps prospéré ; tel est le phylloxera pour la vigne.

De la théorie des assolements reposant sur la double hypothèse de plantes épuisantes et améliorantes et de plantes vivant plus particulièrement aux dépens de l'air. — Depuis longtemps déjà, mais surtout depuis le milieu du dix-neuvième siècle, les agriculteurs cherchent à expliquer la nécessité bien constatée, dans certains lieux, de faire succéder sur le même sol des récoltes différentes, par le besoin qu'auraient les diverses plantes de principes minéraux non identiques. L'une absorberait ce qu'une autre aurait laissé, de telle sorte que dans son ensemble la terre arable, au bout de la rotation des cultures, continuerait à présenter aux végétaux cultivés toutes les matières utiles dans les proportions les plus convenables. Les fumures, d'ailleurs, établiraient, s'il était besoin, l'équilibre, de concert avec l'atmosphère, qui pourvoirait à l'enrichissement de quelques familles végétales privilégiées. En effet, soutiennent les partisans de cette théorie, sur une succession de cinq cultures, par exemple, il y en aurait trois épuisantes (céréales et plantes industrielles) et deux améliorantes (fourrages). Les plantes améliorantes seraient chargées de rendre au sol ce que les épuisantes auraient enlevé. La fertilité des exploitations agricoles serait maintenue par la vertu propre des assolements et pourrait même se trouver accrue ; il n'y aurait pas lieu d'avoir recours pour cela à des engrais étrangers au domaine ; les fumiers de la ferme suffiraient, avec les emprunts que l'air se laisserait faire par une partie de l'assolement, mais qu'il refuserait impitoyablement aux autres.

On trouve maintenant habituellement dans un grand nombre d'ouvrages d'agriculture, des tableaux ayant pour objet de mettre sous la main des cultivateurs les données numériques dont ils peuvent avoir besoin pour les guider à maintenir ou accroître la fertilité de leurs terres, tout en leur demandant le maximum de récoltes qu'elles puissent porter. Parmi ces tableaux, les uns donnent la composition des plantes récoltées, les autres celle des engrais.

Le cultivateur, à l'aide des chiffres de ces tableaux, n'aurait plus qu'à faire des calculs : il a le poids brut de ses récoltes; il le multiplierait par les chiffres des tableaux, et il comparerait le résultat aux quantités introduites par ses engrais. Aucune analyse chimique nouvelle ne serait plus nécessaire. On trouverait tout de suite si un sol s'épuise ou bien s'il s'enrichit; on saurait s'il faut ajouter des phosphates, ou bien de la potasse, etc. On constaterait, il est vrai, que les principes azotés diminuent sous l'influence des soles de grains et de plantes industrielles, mais avec des soles de fourrages, on suppléerait au déficit ; l'incorporation d'une partie de l'air atmosphérique, dans quelques plantes fourragères améliorantes, viendrait tout à propos réparer le gaspillage fait par les cultures épuisantes.

Telle est en résumé la théorie sur laquelle repose l'emploi des tables usuelles qu'on met à la disposition des cultivateurs ; elle est basée sur la nécessité de la restitution au sol des matériaux que la culture lui enlève, ce qui est expérimentalement démontré, mais en même temps sur l'apport fait gratuitement de ces matériaux par une vertu propre des plantes améliorantes, ce qui est une pure hypothèse. Dans tous les cas, l'application exacte des tableaux généraux aux assolements pratiqués en divers lieux doit être contestée. Il y aurait danger pour les agriculteurs à y ajouter une foi absolue. En effet, on ne peut admettre que la composition d'une plante soit constante, tant en principes minéraux qu'en principes azotés ou autres, et il en est de même pour les fumiers. Par l'analyse d'un grand nombre de fumiers différents, j'ai constaté que la composition en varie du simple au double et même au triple ou au quadruple pour plusieurs éléments. Il en est de même en ce qui concerne les plantes. Ainsi, pour le blé, le dosage en matière azotées, en gluten, par exemple, peut varier du simple au triple. On constate des différences analogues pour la potasse ou l'acide phosphorique enlevés par toute récolte. Il n'y a pas de chiffres moyens que l'on puisse déclarer à priori applicables à une exploitation déterminée. Pour chaque cas particulier, des analyses nouvelles sont nécessaires. La *statique* des cultures d'une ferme ne saurait être établie sur des tableaux généraux, non plus d'ailleurs que celle de l'alimentation du bétail d'une étable, ou d'une bergerie. D'un champ à un autre, la composition des fourrages varie souvent du simple au quintuple en puissance nutritive pour les animaux domestiques.

Les partisans de la théorie des assolements à plantes amélioratrices prétendent que l'atmosphère fournit directement de l'azote à la végétation. Cette affirmation a pour point de départ les recherches de M. Boussingault, qui a du reste formulé avec prudence les conclusions que l'on peut tirer de ses analyses. L'illustre agronome ayant trouvé dans les récoltes, faites une certaine année à Bechelbronn, plus d'azote qu'il n'y en avait dans la tranche arable où puisaient les racines et dans les engrais, a conclu que l'excès constaté pouvait provenir ou bien directement de l'azote de l'atmosphère, ou bien des eaux souterraines, ou bien des combinaisons de l'azote aérien qui se produiraient en dehors de la végétation. Il s'est bien gardé de conclure expressément : « Les plantes fourragères prennent *directement* de l'azote dans l'atmosphère. » Bien au contraire, dans des expériences entreprises postérieurement, il a prouvé que les plantes fourragères, précisément celles qu'on suppose douées de la vertu de faire plus spécialement des emprunts à l'atmosphère, n'absorbent pas directement l'azote de l'air.

En réalité, une seule recherche a été faite d'une manière complète sur les assolements envisagés au point de vue chimique, ou plutôt au point de vue de la détermination des proportions respectives des matières organiques et minérales contenues dans les récoltes et dans les engrais. Du seul travail de M. Boussingault exécuté à Bechelbronn, on a fait une généralisation indéfinie et complètement illégitime. Il importe de reproduire les chiffres eux-mêmes, pour qu'on comprenne bien à quels termes la question est ramenée par un examen attentif. C'est de l'analyse, une fois faite, d'une part du fumier de Bechelbronn, d'autre part des pommes de terre, des betteraves, du froment et de l'avoine, en grains et en paille, du foin de trèfle et des navets obtenus en récolte dérobée que les conclusions ont été tirées, de la manière suivante, pour deux assolements quinquennaux commençant l'un par des pommes de terre, l'autre par des betteraves, et fournissant tous deux une récolte de navets après le froment de la quatrième sole et avant l'avoine de la cinquième.

Les récoltes ont été, par hectare :

Pommes de terre....	12800 kil. à 1,50 d'azote pour 100 de matière sèche.
Betteraves champêtres.	26000 kil. dosant 1,66 d'azote pour 100 de matière sèche.
Froment, grain.......	17 hectol. après les pommes de terre, 15 après les betteraves, 21 sur trèfle rompu ; chaque hectolitre pesant 79 kil.; la dose d'azote étant de 2,29 pour 100 de matière sèche.
Froment, paille.......	le produit en grain étant à celui en paille : : 44 : 100; le dosage en azote pour 100 de matière sèche étant de 0,35.
Foin de trèfle rouge..	5100 kilog. par hectare, dosant 2,06 d'azote pour 100 de matière sèche.
Navets...............	9550 kil. dosant, pour 100 de matière sèche, 1,680 d'azote.
Avoine, grain.........	32 hectolitres, du poids de 42 kil., soit 1344 kil. dosant 2,24 d'azote pour 100 de matière sèche.
Avoine, paille........	1800 kil., dosant, pour 100 de matière sèche, 0,38 d'azote.

Les analyses n'ont été faites que sur une récolte de chaque espèce, mais les chiffres obtenus ont été appliqués par les généralisateurs à toutes les années et à tous les lieux. Il en a été de même pour le fumier, dont il a été employé, sur la première sole de la rotation, 27 voitures, pesant chacune 1818 kilogrammes, soit 49080 kilogrammes, représentant 10161 kilogrammes d'engrais sec dosant 2 pour 100 d'azote pour 100 de matière sèche. Quoi qu'il en soit, voici les résultats de l'assolement avec pommes de terre :

NOMS DES RÉCOLTES DE CHAQUE SOLE	RÉCOLTES SÈCHES PAR HECTARE	MATIÈRES HYDRO-CARBONÉES	MATIÈRES AZOTÉES	AZOTE	SELS ET TERRE
	kilogr.	kilogr.	kilogr.	kilogr.	kilogr.
1. Pommes de terre........	3085	2660,7	300,9	46,3	123,4
2. Froment....	1148	948,9	171,6	26,4	27,5
Paille de froment........	2258	2011,4	58,5	9,0	158,1
3. Foin de trèfle	4029	3468,9	549,9	84,6	310,2
4. Froment....	1418	1172,1	211,9	32,6	34,0
Paille de froment........	2790	2521,9	72,8	11,2	195,3
Navets dérobés..........	716	582,3	79,3	12,2	54,4
5. Avoine.....	1064	388,0	151,4	23,3	42,6
Paille d'avoine.	1283	1184,4	33,2	5,1	65,4
Totaux des récoltes......	17791	15150,6	1629,5	250,7	1010,9
Fumier employé	10161	5566,3	1322,8	203,2	3271,9
Différences.....	+ 7630	+ 9584,3	+ 306,7	+ 47,5	— 2261,0

L'excédent des matières hydrocarbonées des récoltes sur celles du fumier s'élève à 54 pour 100 de la récolte sèche ; c'est une confirmation du fait bien connu de la fixation du carbone de l'acide carbonique aérien par les plantes. Quant à l'excédent d'azote, il ne forme que 0,26 pour 100 de la récolte absolument desséchée ; c'est une quantité si faible, qu'on est presque en droit d'en mettre en doute la réalité, et de la regarder comme restant dans les limites des erreurs de telles expériences.

Voyons maintenant les résultats de l'assolement de Bechelbronn, dont la rotation commence par la culture des betteraves, les récoltes étant ramenées au sec dans le vide à 100 degrés.

NOMS DES RÉCOLTES DE CHAQUE SOLE	RÉCOLTES SÈCHES PAR HECTARE	MATIÈRES HYDRO-CARBONÉES	MATIÈRES AZOTÉES	AZOTE	SELS ET TERRE
	kilogr.	kilogr.	kilogr.	kilogr.	kilogr.
1. Betteraves..	3172	2621,8	350,4	53,9	199,8
2. Froment....	1013	835,3	153,4	23,6	24,3
Paille de froment........	1993	1801,5	52,0	8,0	139,5
3. Foin de trèfle	4029	3468,9	549,9	84,6	310,2
4. Froment....	1418	1172,1	211,9	32,6	34,0
Paille de froment........	2700	2521,9	72,8	11,2	195,3
Navets dérobés..........	716	582,3	79,3	12.2	54,4
5. Avoine.....	1064	388,0	151,4	23,3	42,6
Paille d'avoine.	1283	1184,4	33,2	5,1	65,4
Totaux des récoltes.......	17478	14760,2	1652,3	254,2	1065,5
Fumier employé	10161	5566,3	1322,8	203,2	3271,9
Différences.....	+ 7317	+ 9193,9	+ 329,5	+ 51,0	— 2206,4

Les conséquences sont les mêmes que pour le premier assolement ; du reste, sauf pour les premières lignes et deux des dernières, les chiffres des deux tableaux sont les mêmes. L'excédent des matières hydrocarbonées des récoltes sur celles de l'engrais employé est encore de 54 pour 100 de la récolte sèche ; quant à l'azote gagné, il est un peu plus fort, mais seulement de 0,27 pour 100 de la récolte desséchée, ou encore moins de 3 pour 1000. On ne peut pas, selon nous, dans ces conditions, en regarder l'existence comme bien démontrée. Dans tous les cas, on n'a pas le droit d'appliquer les analyses de M. Boussingault, faites pour une ferme d'Alsace située dans des circonstances de sol et de fumure déterminées, à n'importe quel assolement établi sur d'autres sols, sous d'autres climats et avec l'emploi d'autres fumiers. Ainsi s'évanouit la base de doctrines qui ont fait écrire tant de livres et éclore tant de systèmes d'économie rurale absolument décevants.

Mais le gain d'azote dont certains assolements feraient bénéficier l'agriculture aux dépens de l'air atmosphérique, fût-il réel dans les célèbres expériences de M. Boussingault, qu'on ne saurait l'attribuer à une absorption directe de l'azote aérien en tant que gaz isolé. En effet, ce gain d'azote n'est, en vertu des chiffres précédents, que de 9k,85, soit moins de 10 kilogrammes par hectare. Or il est établi que les eaux météoriques, eaux pluviales, eaux de brouillard, eaux de rosée, apportent davantage. Dans nos expériences, exécutées de 1850 à 1853, nous avons trouvé 31 kilogrammes d'azote combiné sous forme de sels ammoniacaux, de nitrates, de matières organiques, pour l'apport des eaux pluviales de Paris sur un hectare. Pour les eaux pluviales tombées en pleine campagne, on trouve un peu moins, mais encore plus que les 10 kilogrammes de l'assolement de Bechelbronn. En Angleterre, en Allemagne, en Italie, dans un grand nombre de localités en France, aux États-Unis d'Amérique, on a obtenu des chiffres analogues aux nôtres, mais qui, naturellement, diffèrent les uns des autres selon les lieux, selon les circonstances météorologiques. Un chose est ainsi bien établie, par des expériences hors de contestation, toujours vérifiables et vérifiées, c'est la présence continuelle de sels ammoniacaux et de nitrates dans l'atmosphère. Mais la pluie les répand, avec plusieurs autres matières salines ou poussiéreuses, indistinctement sur toutes les cultures, et non pas sur tel ou tel assolement, non pas spécialement sur les plantes fourragères. Il convient d'ailleurs de remarquer ici que l'étude ci-dessus donnée de l'assolement de Bechelbronn accuse un apport de sels minéraux par les fumiers bien plus considérable que l'enlèvement par les récoltes; mais il faudrait reprendre cet examen par le détail, en considérant à part l'acide phosphorique, la potasse, etc., ce qui n'a pas été fait.

Une autre hypothèse, suscitée par l'idée d'expliquer le prétendu gain des assolements, met en jeu l'électricité qui doit rendre, dit-on, de l'azote à la terre; c'est la théorie de la nitrification de l'azote de l'air dans l'intérieur du sol, où il se fixerait sur des matières hydrocarbonées, ou bien encore dans l'intérieur des végétaux, où, sous l'influence électrique, l'azote pourrait se fixer sur les matières amylacées, sucrées ou analogues. Mais cela n'est pas prouvé par des expériences directes. Deux choses seulement sont expérimentalement démontrées : c'est d'abord que les matières azotées du sol peuvent se nitrifier; mais ce n'est pas là un enrichissement. C'est ensuite que des étincelles électriques, visibles ou non, traversent l'atmosphère et donnent lieu à des formations de nitrate d'ammoniaque par la combinaison des principes aériens de l'atmosphère. Cavendish, en effet, a réussi, il y a longtemps, en 1784, par une expérience célèbre, à produire de l'acide nitrique par l'action de l'étincelle électrique traversant l'air confiné enrichi d'oxygène. Mais si l'électricité intervient pour faire des nitrates et des sels ammoniacaux au sein de l'atmosphère, il faut encore convenir que, dans l'état de nos connaissances, l'intervention est la même pour tous les assolements.

En fait, tout système de culture dans lequel on n'apporte pas du dehors les matériaux rares dans le sol, destinés à remplacer ceux que les exportations des denrées agricoles produites enlèvent, finit par amener une diminution de fécondité. Cela est certain pour les matières azotées aussi bien que pour les phosphates et la potasse.

On ne peut nier que certaines cultures, trop fréquemment renouvelées, enlèvent au sol des éléments qui finissent par s'épuiser; de là vient, par exemple, comme sir Humphry Davy l'a signalé dès le commencement de ce siècle, la disparition de l'antique fertilité de la Sicile, par suite de la culture indéfinie du blé qui a enlevé tous les phosphates. C'est ainsi que la Sicile a cessé d'être le grenier de l'ancienne Rome. Dans le Nord, où le sol est généralement riche en phosphate, M. Corenwinder a constaté que la provision naturelle diminuait peu à peu par la continuité de récoltes épuisantes; il faut reconstituer cette fertilité en apportant des phosphates dans des terrains où ils font maintenant merveille, après avoir été longtemps inutiles. L'épuisement d'un élément dans une terre arable ne peut pas être réparé par l'alternance des récoltes, par un assolement quelconque; il n'est corrigé que par un apport direct de cet élément.

En résumé, les assolements à suivre doivent être déterminés par des considérations très variées, dépendant des circonstances où se fait chaque culture. On doit repousser comme dangereuse la confiance dans des tableaux indiquant comme applicables à un lieu déterminé la composition moyenne des récoltes et la composition moyenne du fumier. Il faut, dans chaque cas particulier analyser de nouveau tous les produits, si l'on veut préparer des conclusions sur lesquelles il soit possible de baser des opérations agricoles.

Explication vraie de la nécessité et de l'utilité des assolements, dans l'état des connaissances agricoles de la fin du dix-neuvième siècle. — Il est parfaitement vrai qu'on a bien constaté, dans un grand nombre de circonstances, la nécessité de ne pas faire porter indéfiniment à un même sol les mêmes récoltes. Mais cette obligation de l'alternat est justifiée par la présence et la multiplication des plantes adventices et des insectes nuisibles; ces derniers s'accumulent d'autant plus que la nourriture qui leur convient est mise plus longtemps à leur portée; quant aux plantes adventices, elles se développent en nombre d'autant plus grand que la culture qui occupe en même temps le sol leur donne davantage le moyens d'accomplir les diverses phases de leur végétation, en les protégeant même contre les causes de destruction. Mais si l'on fait alterner les récoltes, il arrive que les insectes meurent de faim en présence de plantes nouvelles dont ils ne peuvent se nourrir. Il faut au moins un intervalle d'un an pour anéantir par la famine les animaux nuisibles de tous les genres; de là l'invention de la jachère et de l'assolement bisannuel. Les soins de culture détruisent les plantes adventices ou parasitaires, ou bien il arrive que celles-ci sont étouffées par la végétation nouvelle que l'assolement introduit et qui n'a plus les mêmes époques pour s'accomplir. Du reste, on doit choisir les cultures de manière à prendre successivement dans les diverses couches du sol tous les sucs nourriciers, et de manière à ramener les matières fertilisantes du fond à la surface. Quant au choix des cultures, à la durée de l'assolement, une fois que les conditions précédentes sont remplies, ils ne peuvent être déterminés que par les considérations qui font adopter tel ou tel système cultural; l'assolement est une conséquence, il n'est pas une cause de détermination. C'est pourquoi les assolements sont si nombreux et si variés, comme le prouve la table qui en a été donnée d'après les observations faites dans les contrées les plus différentes.

ASSOMMEMENT. — Action d'abattre un animal en l'immolant au moyen d'un coup sur la tête appliqué avec un lourd instrument (voy. ABATAGE, p. 3).

ASSOMMOIR (*économie rurale* et *chasse*). — Bâton armé à son extrémité d'une masse en plomb ou en fer et dont on se sert pour assommer. — C'est aussi un piège qui assomme les bêtes qui s'y prennent, loups, renards, fouines, loirs, rats, oiseaux divers. C'est une planche chargée d'une pierre à une extrémité, et qui, en tombant par l'effet d'une détente, tue l'animal engagé au-dessous.

ASSOUPISSANTES (PLANTES). — Plantes ayant des propriétés narcotiques.

ASSOUPISSEMENT. — État de somnolence que l'on observe le plus souvent chez les animaux domestiques après un repas copieux, et alors qu'ils sont abandonnés à eux-mêmes et au repos. Cet état est avantageux dans le bétail d'engraissement; il peut être combattu chez les animaux de travail par des excitations extérieures. Lorsque l'assoupissement se manifeste dans d'autres circonstances que la digestion, il est un signe de maladie, et on doit soumettre les animaux à l'examen du vétérinaire.

ASSOUPLIR. — Assouplir une partie du corps d'un cheval, c'est la disposer par l'exercice à exécuter avec souplesse les mouvements qu'on doit en exiger.

ASSOUPLISSEMENT (*hippiatrique*). — Méthode de dressage dans laquelle on soumet à une sorte de gymnastique les membres, les épaules, les jarrets, et surtout l'encolure du cheval.

ASSUJETTIR (*économie du bétail* et *hippiatrique*). — Assujettir un animal domestique, c'est le disposer à obéir, à se laisser faire une opération, c'est le mettre aussi dans l'impossibilité de battre ou de frapper. On arrive à ce dernier résultat par les divers procédés décrits au mot ABATAGE (voy. p. 11 à 13). On doit employer la douceur et les caresses pour conduire les animaux, et notamment pour que les bœufs et les chevaux se laissent ferrer. Quand on n'y réussit pas, on a recours à un appareil appelé le travail pour faire le ferrage, et, pour les forcer à obéir, à divers instruments tels que ceux décrits au mot ANNEAU (p. 477 et suiv.). — En terme de manège, assujettir un cheval, c'est l'habituer à suivre une piste régulièrement à toutes les allures; assujettir la croupe d'un cheval, c'est la fixer avec la rêne du dedans et la jambe du dehors.

ASSUJETTISSEMENT (*art vétérinaire*). — Tout moyen par lequel on met dans l'impossibilité de frapper ou de mordre un animal que l'on veut soumettre à une opération ou à une expérience.

ASSURANCE (*économie rurale*). — On appelle contrat d'assurance un acte par lequel on s'engage à payer annuellement une certaine somme pour être garanti qu'on sera remboursé de pertes éventuelles que l'on peut courir par suite de sinistres ou de maladies. L'agriculteur doit faire un contrat d'assurance contre l'incendie possible de son habitation, de ses bâtiments d'exploitation, de ses récoltes engrangées ou mises en meules; il lui est, dans certains pays, très avantageux de faire un contrat d'assurance contre la grêle, dont ses récoltes sur pied peuvent être atteintes; enfin, il serait très utile de pouvoir contracter une assurance contre la mortalité du bétail. Comme toute autre personne d'ailleurs, le cultivateur peut contracter des assurances sur la vie, pour avoir la certitude de mettre sa vieillesse à l'abri du besoin ou de laisser, après sa mort, des ressources à des personnes qui lui sont chères. Les sinistres ne frappent pas tout le monde à la fois; il en est qui y échappent toujours, mais nul ne sait s'il n'aura pas la mauvaise chance d'être frappé. De là il résulte que si beaucoup de personnes se réunissent pour faire un fond de garantie contre telle ou telle éventualité qui pèse sur toutes, mais qui ne frappera qu'un petit nombre, il y aura dans ce fonds commun une somme suffisante et au delà pour indemniser ceux qui éprouveront le sinistre. C'est ainsi qu'il s'est formé des assurances contre l'incendie, contre la grêle, contre la mortalité du bétail, contre les accidents de chemins de fer, et enfin sur la vie. La compagnie administre pour tous les assurés. L'assurance est à prime fixe, quand la somme que l'assuré doit payer annuellement est déterminée et la même pour tout le temps de la durée du contrat. L'assurance est mutuelle, quand la prime à payer est déterminée par le nombre et l'importance des sinistres: parfois très faible, seulement ce qu'il faut pour payer les frais d'administration; parfois très élevée, si les assurés ont été gravement frappés. On appelle police d'assurance le contrat qui stipule le montant de la prime à payer, laquelle est plus ou moins forte selon la nature des objets à assurer et les risques qui en résultent; dans la police sont également mentionnés les engagements de la compagnie d'assurance, les conditions de payement des indemnités, les formalités à remplir en cas de sinistre. On ne saurait apporter trop d'attention à remplir scrupuleusement toutes les conditions de la police, pour ne pas s'exposer à la déchéance de ses droits. Pour plus de sûreté, on contracte des assurances avec une, deux ou trois compagnies. Mais il est des risques contre lesquels il est difficile de trouver des compagnies solides, par exemple ceux des inondations, puis les maladies du bétail, souvent même la grêle. Il faut, avant de s'assurer, s'informer du passé des compagnies dans le pays. Quant aux assurances sur la vie, elles sont basées sur les tables de mortalité qui indiquent la durée moyenne de la vie pour toute personne arrivée à un certain âge; la chance qu'elle a de vivre plus ou moins longtemps constitue l'enjeu qui est en faveur, tantôt de l'assuré, tantôt de la compagnie qui fait les assurances. On a proposé de rendre les assurances obligatoires, et de les mettre alors entre les mains de l'État; on espère que par ce moyen la prime à payer serait plus faible, et que les indemnités à recevoir seraient dans tous les cas plus certaines; cela n'est pas du tout prouvé; l'agriculture courrait de graves dangers à livrer à l'État l'administration de sa fortune, car c'est à cette conséquence qu'on aboutirait. Il convient de s'assurer contre l'incendie et la grêle aux meilleures compagnies; il en existe déjà de nombreuses; il importe en outre de chercher des combinaisons locales ou cantonales pour assurer d'une manière certaine son bétail contre les chances de mortalité par épizooties ou accidents divers. Tout cela est affaire d'initiative individuelle, et non pas affaire des gouvernements dont le rôle doit être seulement de protéger contre les fraudes par la surveillance des compagnies.

ASSURER (*équitation*). — Assurer un cheval, c'est lui faire une position telle qu'il ne bronche pas, et s'habitue à exécuter avec précision et régularité tous les mouvements qu'on peut lui demander. Un cheval est dit *assuré* quand il a cette habitude et qu'il possède la conformation la mieux appropriée au service de la selle.

ASTACUS (*zoologie*). — Nom grec et scientifique de l'écrevisse.

ASTARTÉ (*zoologie*). — Genre de mollusques acéphales bivalves, voisin du genre Vénus; on en trouve dans les mers du Nord et jusque dans la Méditerranée. C'est une belle coquille double à charnière avec ligament extérieur.

ASTARTEA (*botanique*). — Arbustes de l'Australie appartenant à la famille des Myrtacées.

ASTATE (*entomologie*). — Genre d'insectes Hyménoptères, ainsi nommés parce qu'ils sont toujours en mouvement. Ils ont les antennes grêles et filiformes, les mandibules arquées et bidentées, les jambes épaisses. Ils font leurs nids dans les chemins sablonneux dans le midi de l'Europe, et les approvisionnent avec des larves et des nymphes de punaises des bois.

ASTE (*viticulture* et *mécanique agricole*). — On donne dans le Médoc, le nom d'astes aux bourgeons contournés de la vigne. — Dans le département de la Haute-Garonne on appelle aste le timon de la charrue.

ASTELIA (*botanique*). — Herbes de Van-Diemen, de la Nouvelle-Zélande, de l'Amérique antarctique et des îles Sandwich, qui sont très souvent parasites sur des troncs d'arbres. Elles ont donné leur nom au petit groupe des Astéliées qu'on regarde comme voisin des Joncées. La tige est très courte; les fleurs disposées en grappes ou en panicules, semblent sortir d'une touffe de feuilles. On cultive l'*Astelia Banksii* pour la beauté de son port.

ASTEMMA (*botanique*). — Genre de Composées dont la seule espèce connue est un arbre très rameux des Andes de Quito dont les fleurs blanches sont disposées en corymbes paniculés.

ASTEMON (*botanique*). — Genre de plantes de la famille des Labiées. L'*Astemon graveolens* est un arbuste de la Bolivie à odeur désagréable.

ASTEPHANUS (*botanique*). — Plantes de la famille des Asclépiadacées qui ont donné leur nom au groupe des Astéphanées. Ce sont des sous-arbrisseaux du Cap, de Madagascar et de l'Amérique, volubiles ou couchés, à feuilles opposées, petites et glabres, à fleurs petites, pâles, réunies en cymes ou en ombelles.

ASTER (*botanique* et *horticulture*). — Genre de plantes qui a donné son nom à la tribu des Astéroïdées, de la famille des Composées. On dit souvent vulgairement astère, mais l'Académie et Littré ont rejeté cette désignation. Ce sont des plantes herbacées, vivaces ou frutescentes, très abondantes dans l'Amérique du Nord, rares dans les autres parties du monde. Leurs feuilles sont alternes, simples, entières ou dentées; les capitules sont solitaires, ou prédisposés en cymes plus ou moins corymbiformes, composés de deux sortes de fleurs : celles de la circonférence ligulées et femelles; celles du centre, tuberculeuses et hermaphrodites. On en connaît un grand nombre d'espèces; beaucoup ont été introduites dans les jardins à cause de leurs fleurs à disque jaune ou pourpré, avec rayons blancs, bleus ou violets. On emploie pour les plates-bandes les espèces de petite taille qui ont des capitules de grandeur moyenne à teintes bien franches; on réserve pour les pelouses et les jardins paysagers les espèces de haute taille qui donnent de belles touffes unies de petites fleurs. Toutes les espèces fournissent des fleurs coupées pour la confection des bouquets. Les asters préfèrent un sol léger, profond, un peu substantiel et frais; mais, à cause de leur rusticité, ils réussissent dans tous les terrains et à presque toutes les expositions; toutefois il ne leur faut ni l'ombre ni un couvert absolus; ils viennent bien en plein soleil, au bord de la mer, même dans les dunes. Quelques espèces sont presque aquatiques; d'autres prospèrent dans des lieux arides.

On multiplie les asters en semant la graine d'avril en juillet en pépinière; on repique encore en pépinière, pour mettre en place en automne ou au printemps. Malheureusement, beaucoup d'espèces ne donnent que des graines peu fertiles. Aussi on préfère opérer par la division des pieds ou par drageons. On peut faire la séparation des pieds ou en septembre-octobre ou en février-mars. Cette opération doit s'effectuer tous les deux ou trois ans, et il est bon de renouveler les touffes et de les changer de place. « Un des grands mérites des asters, disent MM. Vilmorin-Andrieux dans leur excellent livre sur les fleurs de pleine terre, est de pouvoir être facilement levés en motte, ce qui permet de les transplanter en pleine végétation, sans qu'ils en souffrent beaucoup. Il suffit, pour assurer leur reprise, de choisir pour cette opération le soir, ou bien un temps sombre et pluvieux; à défaut, il suffira d'ombrager pendant quelques jours les pieds transplantés et de les arroser copieusement. Cette rusticité permet d'élever et de laisser ces plantes dans la pépinière d'attente jusqu'au moment de leur floraison. Les jardiniers de Paris et des environs cultivent en grand certaines variétés d'asters dont ils approvisionnent les marchés aux fleurs. Ils divisent les touffes au printemps (février-mars); les éclats, souvent réduits à un simple drageon, sont plantés en pépinière à 0m,20 ou 0m,25, et quelquefois même jusqu'à 0m,50 de distance en tous sens, suivant la vigueur des variétés et le but qu'on veut atteindre. Dès que les tiges s'allongent de 10 à 15 centimètres, on pince leur extrémité pour les faire ramifier, et suivant les variétés ou selon qu'on veut avoir des plantes plus basses ou plus touffues, on fait subir un ou deux pincements aux ramifications, en n'abusant pas d'ailleurs de ce procédé, qui ne doit être appliqué que dans les cas exceptionnels, et sans abus. »

Les asters les plus employés et les plus recommandables sont les suivants : l'aster œil-de-Christ (*Aster amellus*), belle plante du Midi, d'une hauteur de 0m,50 à 0m,60 à tiges fermes et droites, rameuses au sommet (fig. 515), avec des capitules ayant de 5 à 6 centimètres de diamètre, avec des rayons d'une belle teinte bleu violacé et un disque jaune, fleurissant de juillet en septembre; — l'aster amelloïde (*Aster amellus latifolius* ou *amelloïdes*), plus trapu, avec des tiges plus pubérulentes, des feuilles plus ondulées et plus larges, une floraison plus tardive; on emploie souvent les feuilles comme résolutives et vulnéraires; elles servent aussi à teindre en jaune ou en brun; — l'aster des Alpes (*Aster alpinus*), à tiges plus petites, avec fleurs blanches solitaires, employé surtout pour les rocailles; — l'*Aster bicolor*, de petite taille, avec capitules d'un blanc rosé; — l'*Aster*

Fig. 515. — Aster œil-de-Christ.

grandiflorus, s'élevant jusqu'à 1 mètre, avec demi-fleurons d'un bleu violet, et disque jaune ou purpurin; les fleurs s'épanouissent en octobre, ce qui est un avantage parce que les jardins commencent à perdre leurs ornements; — l'aster lisse (*Aster lævis*), dont les tiges atteignent 2 mètres et dont les fleurs grandes, nombreuses et d'un lilas clair, apparaissent aussi en octobre; — l'aster rose, l'aster de la Nouvelle-Ecosse, l'aster amplexicaule, sont surtout remarquables par la partie supérieure de leurs longues tiges portant de belles fleurs en corymbes peu serrés et réguliers, de telle sorte qu'on s'en sert pour la décoration du milieu des massifs; — l'aster élégant (*Aster formosissimus*) est une forte plante de plus de 1 mètre de hauteur, donnant des fleurs un peu grandes, solitaires, d'un beau violet pourpre, qu'on rencontre en grande quantité sur les marchés de Paris du 15 septembre au 15 octobre; — l'*Aster bicolor* et l'*Aster Reeversii* n'atteignent que 0m,25 à 0m,30; ils portent de très nombreuses fleurs et sont assez propres à orner les balcons, les fenêtres, les jardinières des appartements; — l'aster gazonnant (*Aster cæspitosus*) convient pour former les bordures et pour garnir les vides qui se rencontrent dans les bosquets nouvellement plantés; — l'aster turbinellé, qui fleurit du 1er au 20 octobre, est une des plus jolies espèces; ses tiges sont très rameuses et garnies de fleurs nombreuses, consistant en capitules de 35 millimètres de diamètre formés de longues ligules d'un violet clair entourant un disque jaune passant au purpurin; chaque touffe a l'aspect d'une gerbe fleurie. — On donne souvent le nom d'asters à des plantes qui ne font pas partie de ce genre, par exemple à la pulicaire, à des aunées, à la reine-marguerite et à des cinéraires.

ASTERACANTHA (*botanique*). — Genre d'Acanthées, tribu des Barlériées, de l'Inde et de l'Afrique tropicale. Dans l'Inde, la racine de l'*Asteracantha* *longifolia* est regardée comme un excellent diurétique.

ASTERNALES (*anatomie*). — On nomme côtes asternales les côtes qui ne s'articulent pas directement avec le sternum, mais qui s'appuient simplement les unes sur les autres par leur partie inférieure; elles forment la plus grande partie de la cage de la poitrine.

ASTHME (*médecine vétérinaire*). — Maladie caractérisée par une difficulté de respirer, par l'essoufflement, le battement des flancs, et qu'on nomme la pousse chez le cheval, l'âne et autres solipèdes.

ASTICOT (*économie animale*). — Nom vulgaire donné à la larve de certaines mouches (*Musca carnaria, Cæsar, vivipara*). Les volailles qui en sont nourries pondent beaucoup, mais peu de temps, parce qu'elles engraissent rapidement. En associant les asticots au grain, on obtient une bonne nourriture de basse-cour. On s'en sert aussi comme appâts qu'on attache aux hameçons pour la pêche. On prépare des asticots en grand, en étendant à terre des débris de viande sur une épaisseur de 20 à 25 centimètres, et en recouvrant de paille. Les mouches, surtout la mouche à viande commune (*Musca canaria*), viennent y déposer leurs œufs. Au bout de quelques jours, la masse devient un composé grouillant d'asticots. On peut aussi suspendre sous un hangar un foie de bœuf ou de veau, au-dessus d'un pot rempli de son ; les larves ne tardent pas à tomber dans le son où l'on vient les prendre. Ces larves sont à peau solide et résistante, remplie d'une matière grasse et blanche.

ASTILBE (*botanique* et *horticulture*). — Plantes vivaces de la famille des Saxifragées, à racines traçantes, à feuilles radicales amples, deux fois partagées en trois; à pétiole muni, surtout à sa base, de nombreux poils velus; à tiges atteignant 1m,50 de hauteur, accompagnées de quelques feuilles semblables aux radicales et terminées par un grand épi paniculé formé de nombreuses petites fleurs d'un blanc jaunâtre. L'*Astilbe rivularis* est regardé comme une plante ornementale de premier ordre à cause de l'ampleur de ses panicules. Il forme dans les départements du centre, à Orléans, Tours, Angers, Nantes, des touffes ou des buissons remarquables. Dans le Nord, il faut le couvrir avec des feuilles sèches pendant les grands froids. Il est en végétation depuis le mois de mai jusqu'à la fin d'octobre; il fleurit en juillet et août. Il réussit dans les terres tourbeuses, fraîches, à une exposition demi-ombragée. Il se multiplie par la division des rhizomes, qui doit se faire au printemps.

ASTRAGALE (*anatomie*). — Os court, ayant la forme de la gorge d'une poulie, situé au-dessous du tibia, à la partie supérieure du pied, où il s'articule avec les os de la jambe.

ASTRAGALE (*botanique*). — Genre de plantes de la famille des Légumineuses-papilionacées, de la tribu des Galégées, ayant donné son nom à la sous-tribu des Astragalées. Les astragales croissent dans toutes les régions tempérées, mais principalement en Orient et dans l'Asie centrale. Ce sont des herbes, des sous-arbrisseaux ou de petits arbrisseaux trapus, très rameux, inermes ou chargés d'un très grand nombre de piquants formés par des pétioles persistants et indurés. Les feuilles sont le plus souvent imparipennées, sans stipules. Les fleurs naissent à l'aisselle des feuilles ou sur les côtés de la tige ; elles sont disposées en épis ou en grappes, quelquefois ombellifères ou solitaires. Le fruit est une gousse généralement divisée par une cloison qui sépare les graines. On en connaît un grand nombre d'espèces, dont quelques-unes ont des usages médicinaux, et dont d'autres sont employées comme plantes ornementales; les principales sont : l'astragale vrai (*Astragalus verus*), petit arbuste trapu et rameux, qui croît en Arménie, en Perse et dans l'Asie Mineure, et qui fournit la gomme adragante (voy. ce mot, p. 71). Ses feuilles sont composées de 16 à 18 folioles linéaires; ses stipules primitivement soyeuses, sont glabres à l'âge adulte, avec des pétioles durs et épineux. — L'astragale gommifère (*Astragalus gummifer*) donne la gomme pseudo-adragante vermiculée. — L'*Astragalus creticus* donne la gomme adragante vermiculée. — L'*Astragalus glyciphyllus* ou à feuilles de réglisse, et commun aux environs de Paris, est vulgairement appelé fausse-réglisse, réglisse bâtarde ou sauvage, racine douce, orglisse, chasse-vaches ; ses feuilles sont apéritives; sa racine peut remplacer celle de réglisse ; ses tiges, dans les prairies artificielles, donnent un bon fourrage. — L'*Astragalus bœticus*, ou café français, donne des graines qui, torréfiées, passent pour être le meilleur succédané du café. — L'*Astragalus exscapus*, qui croît dans les Alpes, donne une racine dont la décoction est employée par un assez grand nombre de médecins contre les accidents consécutifs de la syphilis. — L'astragale bigarré (*Astragalus varius* ou *virgatus*) présente des tiges de 0m,65, des feuilles pennées et soyeuses, des fleurs en longs épis, d'un bleu violet, marquées de jaune, qui paraissent en juin et juillet. Il lui faut une terre sablonneuse et une exposition chaude. On multiplie d'éclats ou de graines sur couche et à bonne exposition en pleine terre ; il faut repiquer le plant quand il est fort. — L'*Astragalus onobrychis* est cultivé par ses grappes de fleurs d'un bleu céleste. — L'astragale de Montpellier (*Astragalus monspesulanus*) a ses tiges complètement appliquées sur le sol et donne, en juin et juillet, des grappes de fleurs d'un rose violacé purpurin ou d'un violet rougeâtre, qui font bon effet sur les pelouses ; il convient aux coteaux calcaires et arides et aux parties chaudes et sèches des rocailles et des talus. On multiplie de semis en pépinière en pots; on plante les jeunes sujets avec leur motte. — L'astragale galégiforme (*Astragalus galegiformis*) est, au contraire, une grande plante vivace et rustique, dont les tiges, dressées en touffes hautes de 1 mètre, font assez bon effet dans les massifs d'arbustes des grands jardins. Il porte de juin à août, de très nombreuses grappes de fleurs effilées d'un blanc jaunâtre. On sème d'avril en juin en pépinière ; on repique en place au printemps suivant.

ASTRAGALÉES (*botanique*). — Sous-tribu des Galégées, comprenant les genres : *Astragalus, Biserrula, Calophaca, Caragana, Gueldenstædtia, Glycyrrhiza, Halimodendron, Oxyiropis*. Ce sont des herbes, arbustes ou arbres à fleurs à grappes, en épis, en ombelles ou parfois solitaires, mais toujours axillaires.

ASTRANCE (*botanique* et *horticulture*). — Genre d'Ombellifères, de la tribu des Saniculées, des Alpes, des Pyrénées, du Caucase. Ce sont des herbes vivaces, à souche gazonnante, compacte, à racines fibreuses noirâtres, à tige peu rameuse, glabre, atteignant de 0m,50 à 0m,60. Les feuilles, presque toutes radicales, sont longuement pétiolées; les fleurs sont petites, blanches, roses ou purpurines, réunies en ombelles irrégulièrement distribuées sur la tige, offrant à leur base d'élégantes collerettes formées de folioles d'un blanc rose qu'on prendrait pour de véritables fleurs, et qui forment la partie curieuse et ornementale de la plante. On distingue : l'*Astrantia major*, appelée aussi astrance élevée, radiaire, saniche femelle, commune dans les prairies des Alpes et des Pyrénées; on en connaît une variété à feuilles panachées de jaune ; — l'*Astrantia helleborifolia* ou *heterophylla*, ou astrance à feuilles d'ellébore ; — la petite astrance (*Astrantia minor*), appelée encore la petite radiaire. — Toutes les astrances sont propres à l'ornement des parterres et des teux rocailleux. Les astrances fleurissent en juin et juillet. Elles aiment les sols argileux et légèrement humides, ainsi qu'une exposition ombragée. On les multiplie le plus souvent par éclats à l'automne ou au printemps; la multiplication par semis est très éventuelle.

ASTRAPÆA (*botanique* et *horticulture*). — Genre de Buttnériacées, arbres ou arbrisseaux de Madagascar. L'astrapée à fleurs pendantes (*Astrapæa penduliflora*) est un arbre à rameaux divergents, à feuilles en cœur de 0m,22 à 0m,24 ; à pétioles longs de 0m,25 à 0m,40 ; à stipules caulinaires très grandes et ondulées, portant 40 à 50 fleurs rose pourpre, réunies en capitules suspendus à l'extrémité d'un long pédicule ; c'est un arbre de serre chaude, ayant besoin d'une terre substantielle et que l'on multiplie de boutures. — L'*Astrapæa viscosa* ou *Dombeya amelia* est un arbrisseau de 4 à 5 mètres, à feuilles en cœur, dentées et glabres, à fleurs blanches, d'un rose foncé au centre, réunies en têtes globuleuses. Il est aussi de serre chaude ; on le multiplie de boutures et dans une terre franche mélangée de terre de bruyère.

ASTRINGENT (*pharmacie*). — Ce mot signifie qui resserre. On dit un principe astringent, une substance astringente, un gargarisme astringent, des pilules astringentes, un onguent astringent, et généralement des *astringents*, pour désigner des médicaments ayant la propriété de déterminer une sorte de crispation dans les tissus avec lesquels on les met en contact, ou d'arrêter une évacuation quelconque en resserrant les orifices par lesquels elle se produit. Les astringents employés à l'extérieur sont particulièrement appelés styptiques. Ce sont des acides étendus, tels que l'acide sulfurique et l'acide acétique ; des sels, tels que l'alun, l'acétate de plomb, le sulfate de fer, le sulfate de zinc, puis le tannin et l'acide gallique, et, par suite, toutes les substances végétales qui en contiennent : la noix de galle, les feuilles de noyer, les ronces, le cachou, la gomme kino, le brou de noix, les coings, les racines de tormentelle, de fraisier, de bistorte, l'écorce de grenadier, l'écorce de chêne, les roses de Provins, etc. On emploie les astringents, dans la médecine vétérinaire, contre les entorses, la fourbure, les contusions, les hémorrhagies, les engorgements.

ASTROCARYUM (*botanique*). — Genre de palmiers de la tribu des Cocoïnées, couverts d'aiguillons sur toutes leurs parties, même sur les spathes et les spadices qui y sont renfermées. Leurs drupes sont jaunes ou orangées. Les plus communs sont les *Astrocaryum airi*, *chonta*, *murumuru*, *tucuma*, du Brésil et de la Bolivie, petits arbres de 4 à 8 mètres; on mange les fruits; les Indiens font des armes avec le bois et se servent des feuilles pour couvrir les cabanes.

ASYSTASIA (*botanique* et *horticulture*). — Genre d'Acanthacées, tribu des Ruelliées, de l'Asie tropicale, de l'Arabie, de l'Afrique australe et de Madagascar. L'asystasie de Coromandel (*Asystasia coromandeliana*) est une belle plante à tige rameuse ; à feuilles ovales, sinuées, échancrées en cœur à base ; à fleurs panachées, disposées en grappe unilatérale, paraissant d'août à novembre, avec corolle à tube jaune et limbe d'un beau bleu ; on la multiplie de boutures. Il lui faut la serre chaude, des arrosements fréquents pendant la végétation, une terre substantielle mais légère. — L'Asystasie grimpante (*Asystasia scandens*) présente des feuilles grandes, ovales, entières ; des fleurs en panicules terminales d'un blanc de crème nuancé de bleu. C'est une plante de serre chaude.

ATACCIA (*botanique* et *horticulture*). — Genre de plantes de la famille des Taccacées, originaire de la Malaisie et de l'Inde méridionale. On cultive dans les serres chaudes l'ataccia à crête (*Ataccia cristata*), curieuse à cause de ses larges feuilles ovales, d'un vert brun, à fortes nervures convergentes vers le sommet, dont la teinte sombre fait un certain effet au milieu de plantes d'une verdure plus normale. Ses racines sont tubériformes. Elle présente une inflorescence en ombelle de grosses fleurs brunes à six divisions un peu étalées ; cette ombelle se trouve au sommet d'un scape et est entourée d'un involucre de quatre grandes bractées également brunes. De nombreux pédicelles stériles, filiformes, bruns, de 0m,15 à 0m,25 de longueur, forment enfin une sorte de barbe qu'on a comparée à la chevelure de Méduse. On multiplie cette monocotylédone par division du rhizome. Pendant la période de sa végétation, il lui faut beaucoup d'eau ; elle a ensuite besoin d'un repos prolongé.

ATALANTIA (*botanique*). — Genre de Rutacées, série des Aurantiées. Ce sont des arbustes ou arbrisseaux inermes ou armés d'épines, que l'on trouve principalement en Chine ; leurs feuilles sont composées, unifoliées, coriacées, persistantes et très entières ; leurs fleurs, rarement solitaires, sont disposées en cymes ou en glomérules axillaires ; leurs fruits sont des baies globuleuses avec loges renfermant des graines à embryon charnu dépourvu d'albumen.

ATALAYA (*botanique*). — Genre de Sapindacées du groupe des Thouiniées. Ce sont des arbres ou des arbustes des régions chaudes de l'Océanie, à feuilles alternées, composées-pennées, à fleurs disposées en grappes.

ATAMISQUEA (*botanique*). — Genre de Capparidacées, représenté par l'*Atamisquea marginata*, arbuste du Chili, à feuilles linéaires écailleuses, ayant pour fruit une baie analogue à celle des câpriers.

ATAVISME (*physiologie animale* et *végétale*). — Tendance des descendants à retourner vers leurs ancêtres. Il en résulte que, pour juger les qualités, les aptitudes probables d'un être nouveau quelconque, il importe de réunir sur ses aïeux tous les renseignements possibles.

Chez les végétaux, l'effet principal de l'atavisme est de maintenir la pureté des types et de faire, par exemple, rétrograder les hybrides vers le type primitif. Dans tout individu qui va naître d'une graine, il y a une force d'atavisme qui le portera à ressembler au type de l'espèce, et une force d'idiosyncrasie qui tendra à lui donner des caractères propres ou particuliers. Pour essayer de créer des races nouvelles, il faut que l'homme, par ses soins spéciaux, s'attache à faire prédominer la seconde vue sur la première.

Chez les animaux, l'atavisme n'est pas l'hérédité qui est la transmission immédiate des propriétés de l'ancêtre au descendant ; c'est une transmission médiate en ligne directe ou en ligne collatérale. La puissance de l'atavisme s'observe particulièrement dans les espèces chevaline, bovine et ovine. On y constate souvent la ressemblance de jeunes animaux avec quelques aïeux. Plus les ancêtres se rapprochent de l'identité, et plus il est probable, par conséquent, que l'on reproduira des animaux identiques. On affirme, autant que possible, la perpétuité d'une qualité par la sélection des reproducteurs faite de manière à exclure les mâles ou les femelles qui ne jouissent pas de la qualité recherchée.

ATAXIE (*physiologie*). — Il y a ataxie lorsqu'on constate irrégularité et désordre grave dans les phénomènes ou fonctions organiques. Il y a ataxie du mouvement, musculaire ou locomotrice, lorsque les mouvements des divers membres, locomoteurs ou moteurs, deviennent désordonnés. Le désordre ou l'ataxie dans la marche d'une maladie est toujours un symptôme grave qui doit faire appeler les secours d'un homme de l'art.

ATÈLE (*zoologie*). — Genre de mammifères de l'ordre des quadrumanes, du sous-genre des sapajous; ils sont caractérisés surtout parce que dans leurs mains antérieures, le pouce, caché en partie sous la peau, paraît manquer ; leur queue, très longue et très mobile, est essentiellement prenante ; on leur a donné le nom de singes siffleurs, parce qu'ils ont une voix faible et flûtée ; et, à cause de leur forme grêle, on les a aussi appelés singes araignées. Ils habitent l'Amérique méridionale. On en distingue plusieurs espèces : le chanek, le mikiri, le coaïta noir, le coaïta fauve, le belzébuth, le chuva.

ATELIER (*économie rurale*). — On appelle un atelier la réunion de tous les ustensiles nécessaires à un travail déterminé et le lieu où les ouvriers chargés de ce travail l'exécutent. On dit un atelier de menuiserie, de charronnage, de forge, de battage des céréales, de fabrication ou extraction du beurre ou du fromage. Ces ateliers doivent exister dans les exploitations rurales de quelque importance. Dans tous les cas, il est important d'avoir sous la main, dans une ferme, tous les outils nécessaires pour la réparation des machines et des instruments d'agriculture. M. Albaret a construit dans ce but un atelier portatif spécial (fig. 516). Cet appareil est composé d'un châssis en bois qui porte tout ce qui suffit pour opérer la réparation immédiate d'une machine agricole quelconque ; il renferme : 1° une forge, son ventilateur, son enclume, avec une série d'outils placés dans un tiroir ; 2° un tour avec tous ses accessoires ; 3° une machine à percer à la main ; 4° un étau tournant une série de limes et tous les outils propres au travail du fer à froid placés dans un tiroir ; 5° un établi de menuisier et tous les outils nécessaires pour travailler le bois ; 6° une scie circulaire ; 7° une meule à aiguiser. Pour commander ces divers outils, une transmission portant trois poulies est établie à la partie supérieure et est mise en mouvement par un moteur quelconque, manège, roue hydraulique, moulin à vent, machine à vapeur, un jour même machine électrique. Il est bien entendu que ces instruments peuvent fonctionner soit simultanément, soit alternativement.

Le nom d'atelier ne s'applique pas seulement aux travaux mécaniques. On l'applique aussi aux travaux de zootechnie. Ainsi dans les contrées séricicoles, on appelle atelier de vers à soie tout emplacement garni des appareils nécessaires pour l'éclosion de la graine, pour la nourriture des vers et pour la montée ; on y a de même des ateliers pour la sélection de la graine et son examen au microscope. Dans le Poitou on donne le nom d'atelier à l'établissement où l'on entretient les baudets destinés à la production mulassière et où tout est disposé pour que la monte s'effectue avec sécurité.

Fig. 516. — Atelier agricole du système Albaret.

ATEUCHUS (*entomologie*). — Genre d'insectes coléoptères pentamères, tribu des scarabéides, section des coprophages. Ces insectes vivent dans les excréments. Au printemps, ils enferment leurs œufs dans une boule de fiente ou même d'excréments humains ; ils roulent ensuite cette boule avec leurs pieds de derrière, en s'y mettant parfois à deux ou à plusieurs, jusqu'à ce qu'ils la fassent tomber dans un trou où ils l'enfouissent. C'est là que naissent les larves qui ressemblent à des espèces de gros vers blancs, qui, plus tard, se transforment en nymphes, au fond du trou où elles ont vécu. On en distingue plusieurs espèces : l'ateuchus sacré, l'ateuchus pieux, l'ateuchus semiponctué, l'ateuchus variolé, l'ateuchus à cou large. Ils appartiennent au midi de l'Europe et à la région méditerranéenne. Ils ont le corps large et déprimé, le chaperon armé de six dents, les jambes antérieures dentées et privées de tarses ; les postérieures terminées par un éperon et des tarses.

Ils diffèrent les uns des autres par la taille, par la présence ou l'absence de points et de stries sur le corselet et les élytres. Ils ont de 20 à 30 millimètres de longueur. L'ateuchus sacré n'est autre que le scarabé vénéré par les Égyptiens (voy. ANIMAL *(règne)*, p. 447).

ATHAMANTE (*botanique*). — Genres d'Ombellifères, de la tribu des Sésélinées, qui était, tel que Linné l'avait établi, plus étendu qu'aujourd'hui, où on n'y place que deux ou trois espèces de l'Europe et de l'Asie occidentale. Ce sont des herbes vivaces, glabres ou couvertes d'un duvet blanchâtre, à feuilles décomposées en segments étroits, à fleurs disposées en ombelles composées. On cite surtout l'*Athamanta cretensis* appelée aussi daucus de Candie, daucus de Crète, dont les semences sont employées quelquefois comme stimulantes, diaphorétiques et diurétiques.

ATHAMANTINE (*chimie agricole*). — Substance ($C^{24}H^{30}O^{7}$) fibreuse, ressemblant à de l'amiante, d'un éclat soyeux, insoluble dans l'eau, soluble dans l'alcool et l'éther, que l'on extrait de la racine et de la graine de l'*Athamanta oreoselinum* qui est un *Peucedanum*.

ATHANASE (*zoologie*). — Genre de Crustacés décapodes habitant les côtes de la France et ressemblant à un homard.

ATHANASIE (*botanique* et *horticulture*). — Genre de plantes de la famille des Composées qui a donné son nom au groupe des Athanasiées, de la tribu des Sénécionidées. Les feuilles alternes sont polymorphes, même sur un même rameau. Les capitules sont ordinairement disposés en corymbes; les fleurs sont jaunes et persistantes, d'où le nom d'Athanasie qui signifie immobilité. Ce sont des arbustes buissonnants, fortement aromatiques ou glanduleux. On en connaît environ 40 espèces, presque toutes du cap de Bonne-Espérance. On range dans le genre une espèce d'Europe, l'athanasie ou athanase annuelle (*Athanasia annua*), qui est assez souvent cultivée comme plante d'agrément. Elle s'élève à 0m,30 ou 0m,40, et à cause de ses fleurs en corymbe jaune, à écailles demi-scarieuses, elle est rangée parmi les immortelles. Elle est vigoureuse et ne demande presque aucun soin de culture; on la sème sur place, en lieu abrité et exposé au midi ; les semis d'automne donnent des plantes qui fleurissent en mai-juin, ceux de printemps des plantes qui fleurissent en juillet-août. — Il convient de dire que sous ce nom sont confondues plusieurs plantes à capitules floraux d'un jaune vif et qui ne sont autres que la tanaisie annuelle, la tanaisie globifère et le *Lonas inodora*. On donne aussi à la diotis le nom d'*Athanasia maritima*.

ATHANASIÉES (*botanique*). — Sous-tribu des Composées-Anthémidées qui comprend les genres *Athanasia*, *Gonospermum* et *Lonas*. Les capitules sont en corymbes, le plus souvent discoïdes; les feuilles sont alternes.

ATHERANDRA (*botanique*). — Genres d'Asclépiadacées, tribu des Périplocées, formant, aux Moluques, des arbrisseaux volubiles, à rameaux grêles, à feuilles ovales opposées, à fleurs longuement pédicellées et réunies en cymes grêles et fourchues

ATHÉRICÈRES (*entomologie*). — La famille la plus nombreuse des insectes Diptères, comprenant les quatre tribus des Conopsaires, des Œstrides, des Muscides et des Syrphides, divisées elles-mêmes en genres et sous-genres. Ces insectes se tiennent sur les fleurs et les feuilles, quelques-uns sur les excréments ; un très petit nombre d'entre eux sont carnassiers. Ils ont une trompe membraneuse terminée généralement par deux grandes lèvres ; leurs larves ont le corps mou, annelé, contractile, avec une peau qui se solidifie afin de former une coque pour la nymphe.

ATHÉRINE (*ichthyologie*). — Le genre des Athérines forme à lui seul la famille des *Athérinées* de l'ordre des poissons Acantoptérygiens (voy. ANIMAL *(règne)*, p. 447). Ce sont de petits poissons, longs de 8 à 12 centimètres seulement, au corps allongé, fusiforme, couvert d'écailles cycloïdes, ayant de nombreuses vertèbres (46 à 56), avec une bande argentée très brillante s'étendant le long des côtes. On en distingue cinq espèces : l'athérine hepset ou le sauclet, l'athérine de Boyer ou le joël, l'athérine prêtre, l'athérine Mochon et l'athérine de Risso. « La délicatesse de leur chair, dit M. Moreau dans son *Histoire des Poissons de la France*, fait rechercher partout les athérines, et comme elles se réunissent par bandes plus ou moins nombreuses, elles sont l'objet de pêches faciles, et parfois relativement assez productives. Sur nos bords de la Méditerranée, on prend en toute saison le sauclet, qui est plus commun que le joël, et qui, d'après Risso, fraye deux fois par an. Il y a, sur nos côtes de l'ouest, deux époques de l'année où l'athérine prêtre se montre près du rivage, c'est de février à avril et de la fin de juillet à la fin de septembre. En Normandie, la pêche de ces petits poissons se fait principalement dans les avant-ports à marée montante. »

ATHÉRIX (*entomologie*). — Insectes diptères du genre Leptis. On en connaît surtout deux espèces en France : l'athérix tacheté et l'athérix immaculé ; ce dernier a les ailes transparentes, le premier les a garnies de bandes noires. Leurs palpes sont avancées. Le premier article des antennes est épais, plus grand que le second ; le troisième est lenticulaire et transversal.

ATHERMANE (*physique*). — Se dit d'un corps qui, transparent pour la lumière, ne laisse pas passer la chaleur.

ATHÉROME (*art vétérinaire*). — Tumeur enkystée qui se développe souvent dans le tissu cellulaire et qui contient une sorte de bouillie grisâtre. Pour obtenir la guérison, il faut inciser les parois de l'athérome, faire évacuer la matière qu'il contient et cautériser

Fig. 517. — Rameau florifère de l'athérosperme.

ATHEROSPERMA (*botanique*). — Genre de Monimiacées, ayant donné son nom à la série des

Athérospermées. Les espèces connues sont des arbres aromatiques du Chili, de l'Australie, de la Nouvelle-Zélande et de la Nouvelle-Calédonie. L'écorce et les feuilles de l'*Atherosperma moschatum* (fig. 517) qui ont une odeur camphrée agréable, sont employées par les Australiens en infusions théiformes; l'*Atherosperma semperrirens* (Laurelia) donne une écorce qui est employée au Chili comme stimulante et digestive, et un fruit qui sert aux mêmes usages que la muscade; l'*Atherosperma Novæ Zelandiæ* donne lieu à des usages analogues. Le bois de ces arbres est estimé pour la tabletterie et l'ébénisterie.

ATHEROSTEMUM (*botanique*). — Genre d'Asclépiadacées, tribu des Périplocées, formant des arbrisseaux volubiles de Java, à feuilles opposées et à petites fleurs jaunes portées sur des pédoncules axillaires.

ATHLÉTIQUE (*zootechnie*). — On dit qu'un animal est athlétique ou a les formes athlétiques, lorsqu'il est fortement charpenté et musclé, et qu'il présente une constitution robuste.

ATHYRION (*botanique* et *horticulture*). — Fougère vivace, indigène, à souche épaisse et gazonnante, à frondes s'élevant de $0^m,60$ à 1 mètre, munies de rares écailles sur toute la longueur des

Fig. 518. — Athyrion fougère femelle.

pétioles qui sont à lobes crénelés, dentelés, et dont la face inférieure est presque entièrement tapissée par les organes reproducteurs. C'est une très belle fougère rustique dont on possède plusieurs variétés, parmi lesquelles on remarque surtout celle représentée par la figure 518. C'est l'athyrion fougère femelle d'Elworth (*Athyrium filix femina Elworthii*), dont les frondes très amples et très étoffées sont garnies de nombreuses pennules toutes ramifiées au sommet en pennules secondaires qui sont disposées en éventail. Cette fougère produit beaucoup d'effet pour la décoration des rocailles dans les lieux frais ombragés et sur le bord des eaux. Il faut la planter dans une terre tourbeuse et tenue constamment fraîche, ou en terre de bruyère derrière un mur et au nord. On la multiplie par la division des touffes au printemps. Elle a des propriétés vermifuges.

ATLAS (*anatomie*). — Nom donné à la première vertèbre cervicale, parce qu'elle supporte immédiatement la tête, de même qu'en mythologie Atlas soutient la sphère céleste. Chez le bœuf, l'atlas ne présente que deux trous à ses apophyses transverses qui sont plus droites que chez le cheval.

ATLAS (*entomologie*). — Le *Bombyx atlas* est un insecte lépidoptère nocturne, du genre des Phalènes, très grande espèce de la Chine et des Moluques, dont le corps est d'un rouge fauve; les antennes sont fauves et pectinées; les ailes étendues horizontalement dans le repos portent au milieu une grande tache triangulaire transparente, encadrée de noir, ce qui lui a fait donner le nom de phalène porte-miroir de la Chine.

ATLOÏDE (*anatomie*). — Nom parfois donné à la vertèbre atlas.

ATMOMÈTRE (*physique agricole*). — Instrument destiné à mesurer la rapidité de l'évaporation de l'eau en un lieu et dans un temps donnés. Le plus simple consiste en un vase rempli d'eau et d'une ouverture connue; on y mesure l'abaissement du niveau du liquide. Il faut que le vase présente des dimensions assez grandes pour ne pas subir de brusques changements de température et qu'il soit disposé de telle sorte que les gouttes enlevées par les vents violents puissent être appréciées sur un papier sensible où elles sont projetées. — On dit aussi *admidometre*.

ATMOSPHÈRE (*physique*). — On appelle atmosphère la masse gazeuse qui enveloppe de toute part un corps solide ou liquide ou bien encore la masse gazeuse qui se trouve dans un espace déterminé. On dit l'atmosphère d'une chambre, l'atmosphère d'une ville. L'atmosphère terrestre ou de la terre est la masse gazeuse qui enveloppe de toute part le globe terrestre, comme il peut y avoir l'atmosphère de la planète Mars, par exemple, l'atmosphère du soleil, etc.

L'enveloppe gazeuse de la terre est de composition très complexe. Elle est généralement transparente, mais elle peut être obscurcie par les nuages, par les brouillards et par diverses poussières; sa transparence est variable selon les lieux; il en est où l'on ne voit que rarement le soleil, d'autres au contraire où l'astre radieux n'est jamais voilé. Les éléments qui normalement entrent dans la constitution de l'atmosphère sont l'oxygène, l'azote, l'acide carbonique, l'ammoniaque, des nitrates, de l'iode, des sels de chaux, de soude et de potasse, de l'hydrogène carboné, des miasmes, des organismes très divers, de la matière organique, et surtout des quantités variables, parfois très considérables, de vapeur d'eau. En envisageant ainsi au point de vue chimique l'atmosphère terrestre, on étudie ce qu'on appelle l'air atmosphérique (voy. ce mot, p. 144 à 150).

L'atmosphère est le siège d'un grand nombre de phénomènes qui exercent une influence considérable sur l'agriculture : la pluie, la neige, la grêle, les brouillards, la rosée, les vents et les orages, le tonnerre et les éclairs, les trombes. Jusqu'à présent ce domaine n'est visité dans ses couches inférieures que par les animaux ailés; il échappe encore presque complètement à l'homme qui n'a pu y faire que quelques courses rapides au moyen des aérostats (voy. ce mot, p. 7 ;)

L'atmosphère terrestre est aussi la cause ou le siège d'un grand nombre de phénomènes lumineux, tels que l'arc-en-ciel (voy. ce mot, p. 542), les halos, les parasélènes, l'aurore, le crépuscule, la déflagration des étoiles filantes, les aurores boréales. On y observe une température généralement d'autant plus basse qu'on s'élève davantage au-dessus du niveau moyen des mers. La couche aérienne a une épaisseur limitée, mais dont les dimensions sont mal connues. Elle pèse sur tous les corps, et c'est ce qu'on appelle la pression atmosphérique. Son poids moyen au niveau des mers est de 1033 grammes par centimètre carré de tout corps sur lequel elle s'appuie; si les organes des animaux et des plantes n'en sont affectés qu'autant qu'on change brusquement de place, par exemple en s'élevant dans les airs, c'est parce que la pression se communique en tous sens et qu'elle finit par s'équilibrer sur les deux faces opposées de toute cellule. On mesure, au moyen du baromètre ses variations qui dénotent qu'au-dessus d'un lieu l'épaisseur de la couche aérienne change dans le même temps et qu'elle change aussi quand on se déplace à la surface de la terre. C'est par les variations de son poids et diverses hypothèses sur la diminution de la température à mesure qu'on s'élève, que l'on a pu, par le calcul, avoir une première approximation de l'épaisseur de l'atmosphère. Les phénomènes de réfraction astronomique et d'éclairement de l'atmosphère pendant les heures du crépuscule, ceux de l'incandescence des étoiles filantes pendant leur traversée des couches supérieures de l'air, ont permis aussi de soumettre la même détermination de l'épaisseur atmosphérique à des calculs qui ont donné des résultats très divers. On peut admettre que la hauteur de la masse gazeuse, assez rapidement croissante des pôles à l'équateur, atteint environ 300 kilomètres au-dessus des mers. Cette couche entretient la vie sur la terre; elle y protège tous les êtres organisés et participe à la formation de leurs tissus ainsi qu'à leurs transformations, en même temps qu'elle conserve la chaleur solaire.

ATMOSPHÉRIQUE. — Qui appartient ou qui a rapport à l'atmosphère terrestre. On dit *air atmosphérique*, *ammoniaque atmosphérique*, *vapeurs atmosphériques*, *pression atmosphérique*, *variations atmosphériques*, pour désigner l'air ou le gaz qui constitue l'atmosphère, l'ammoniaque contenue dans l'air, les vapeurs renfermées dans l'océan aérien, la pression exercée par le poids de l'atmosphère terrestre sur les corps, les variations de la valeur de la pression de l'atmosphère en un lieu avec le temps.

ATOCA. — Petites baies de la canneberge (*Vaccinium oxycoccos*), que l'on emploie au Canada comme astringentes et détersives; les feuilles de la plante servent à préparer une infusion légèrement astringente qui se prend comme le thé.

ATOME (*chimie*). — Particule dernière d'un corps qu'on ne peut plus diviser physiquement et qu'on suppose avoir la forme caractéristique ou essentielle de ce corps. Les atomes des corps simples se combinent entre eux en nombres définis pour former les molécules des corps composés. Cette indication suffit aux agriculteurs pour comprendre les phénomènes chimiques dont ils ont à s'occuper dans l'exercice de leur profession.

ATOMICITÉ (*chimie*). — On nomme ainsi la capacité de combinaison des atomes, ou encore cette propriété particulière d'un atome d'attirer un nombre plus ou moins grand d'autres atomes. — L'hydrogène est *monoatomique*, et il en est de même du chlore, du brome, de l'iode qui s'unissent à l'hydrogène atome à atome. — L'oxygène est *diatomique*, parce qu'un atome de ce corps prend deux atomes d'hydrogène pour former de l'eau. — L'azote est *triatomique*, quand il s'unit à trois atomes d'hydrogène, par exemple, pour former de l'ammoniaque. — Le carbone est *tétraatomique*, quand il s'unit à quatre atomes d'hydrogène comme dans le gaz des marais.

ATOMIQUE (*chimie*). — Ce qui appartient aux atomes. On dit poids atomiques, volumes atomiques, théorie atomique. — Les *poids atomiques* sont les poids des atomes, ou bien encore les proportions pondérales constantes, suivant lesquelles les corps se combinent. — Les *volumes atomiques* sont les volumes des atomes des corps, ou les volumes qu'occupent des quantités de ces corps proportionnelles aux poids atomiques. — La *théorie atomique* est la doctrine par laquelle on explique les phénomènes chimiques par les propriétés des atomes.

ATOMISTIQUE. — Qui a rapport aux atomes. La théorie atomistique est celle qui explique les combinaisons des corps par la réunion et le groupement des atomes.

ATOMOSTYLIS (*botanique*). — Genre de Cypéracées, tribu des Cypérées, formant dans la Sénégambie des herbes aphylles, rampantes, cespiteuses, à chaumes dressés et garnis d'écailles à la base, avec des épis réunis en un capitule solitaire.

ATONIE. — État de mollesse, de relâchement des fibres, qui est manifesté par l'impuissance où elles se trouvent de se rétracter ou de se resserrer. On rétablit la tonicité par des astringents, les décoctions d'écorce de quinquina, d'écorce de chêne, la dissolution de sulfate de fer.

ATONIQUE. — État d'atonie d'un animal ou d'un de ses organes.

ATRACTYLIS (*botanique*). — Genre de Composées, tribu des Cynaroïdées, sous-tribu des Carlinées, formant des herbes, tantôt presque acaules, tantôt dressées, feuillées, simples ou ramifiées, à feuilles alternes plus ou moins découpées, à fleurs réunies en capitules, plus ou moins grands et solitaires. Plusieurs espèces se rencontrent dans la région méditerranéenne, d'autres en Chine, au Japon, en Australie, aux îles Canaries. Une des plus remarquables est l'*Atractylis gummifera* ou carline gommifère, qui présente une longue racine pivotante recélant un poison énergique, tandis que les feuilles et le réceptacle, après cuisson, servent d'aliments en Algérie et au Maroc. Les feuilles servent d'amadou en Italie. Du collet de la racine et du réceptacle sort une gomme dite gomme de condrille et employée comme glu par les Maures. C'est la chardonnette gommeuse ou quenouillette. L'*Atractylis humilis* a les mêmes propriétés et est appelée vulgairement chardon doré. L'*Atractylis ocaulis* est le caméléon ou carline; elle est appelée aussi piqueuleu, chardonnerette, chardonne dans les Alpes et les Pyrénées. — La racine de l'*Atractylis gummifera* renferme de l'inuline, de l'asparagine, diverses matières sucrées et un acide particulier, l'*acide atractylique;* cet acide donne naissance à un glucoside, sous l'action de la potasse ou de la baryte.

ATRAGÈNE (*botanique*). — Nom donné à quelques clématites, telles que les clématites des Alpes et de Sibérie.

ATRANORIQUE, ATRIQUE (ACIDES). — Principes immédiats extraits du *Leconora atra*.

ATRAPHAXIS (*botanique*). — Genre de Polygonacées, tribu des Polygonées. Ce sont des arbustes de l'Asie moyenne et du Cap, à rameaux très nombreux et rigides, portant des feuilles alternes ovales, munies à leur base d'une écorce prolongée des deux côtés en un appendice subulé et libre. Leurs fleurs, blanches ou rougeâtres, sont portées sur des pédicelles filiformes, articulés et renflés au-dessus de leur articulation; elles forment des faisceaux axillaires ou terminaux. On cultive quelquefois l'*Atraphaxis spinosa* comme plante d'ornement.

ATRÉSIE (*vétérinaire*). — Occlusion des ouvertures naturelles qu'il faut rétablir par incision.

ATRICHUM (*botanique*). — Genre de mousses très répandues, de petite taille, peu robustes, ne constituant jamais de gazons serrés. Les feuilles sont ovales-arrondies, d'un vert foncé, à bords finement dentés, à nervure délicate portant de petites lamelles éparses; elles sont formées de cellules serrées, et elles se crispent et se contournent sous l'action de la sécheresse. Les fleurs sont le plus souvent dioïques, les mâles ayant la forme d'une coupe aplatie. On les rencontre dans la terre humide et ombragée. L'*Atrichum undulatum* est très abondant dans les bois de France où il forme des tapis considérables d'une couleur sombre.

ATRIPLEX. — Voy. ARROCHE, p. 590. Il faut citer aussi le pourpier de mer (*Atriplex halimus*), buisson peu ornemental, dont le feuillage est grisâtre et qui ne porte que des fleurs insignifiantes, mais qui a l'avantage de croître avec vigueur dans les terrains imprégnés de sel des régions maritimes.

ATRIPLICÉES (*botanique*). — Nom donné parfois à la famille des Chénopodées.

ATROMON. — Nom donné à la jusquiame noire (*Hyosciamus niger*).

ATROPA (*botanique*). — Genre de Solanacées, tribu des Solanées, qui a donné son nom au groupe des *Atropinées* et à la tribu des *Atropées*. On ne renferme dans ce genre qu'une seule espèce, l'*Atropa belladona*, qui est la belladone et dont le principe actif, très vénéneux, est l'atropine.

ATROPHIE (*physiologie*). — État d'un organe ou d'un tissu dont la nutrition a été diminuée pendant un temps plus ou moins long, ce qui a pour résultat, le plus souvent, de le désorganiser sans le détruire, en substituant à ses éléments ordinaires des éléments d'une nature différente. — L'atrophie est simple, lorsqu'on constate seulement une diminution du volume de l'organe ou du tissu, pour aboutir à une disparition presque complète. — L'atrophie est *dégénératrice* lorsque, outre la diminution, il y a substitution d'éléments d'un ordre inférieur à des éléments d'un ordre supérieur, ce qui peut se faire par *induration* ou par *ramollissement*. — L'induration peut se produire de deux manières : ou par racornissement, ou par calcification. Il y a *racornissement* ou *obsolescence* quand, en même temps que diminution du volume du tissu, il se manifeste une augmentation de densité. La *calcification* est le dépôt d'une grande quantité de sels de chaux ou de magnésie dans le tissu de l'organe qui diminue. — Le ramollissement peut se manifester par un état de mollesse, de relâchement des tissus qui finissent par devenir une sorte de pulpe ou de bouillie; il peut aussi présenter, par une transformation progressive, une sorte de *métamorphose graisseuse*. — L'atrophie peut être congénitale, c'est-à-dire se manifester dans le fœtus; elle peut se présenter dans l'enfance; elle est surtout spéciale à la vieillesse. Enfin, au lieu d'être purement locale, de ne concerner qu'un organe, elle peut être *généralisée*, c'est-à-dire envahir tout l'ensemble de l'économie. Comme le sang est l'intermédiaire de toute nutrition, c'est à une altération de ce liquide que se trouve liée l'atrophie généralisée, tandis qu'une atrophie locale est en rapport avec une lésion déterminée. C'est ce que l'homme de l'art doit rechercher, afin de pouvoir conseiller un traitement efficace. Un exercice bien ordonné est indispensable pour prévenir l'atrophie chez les animaux domestiques.

ATROPHIÉ. — Se dit d'un organe qui a subi une diminution et une transformation qui ont pour résultat sa réduction à l'impuissance ou à la nullité.

ATROPINE (*chimie agricole*). — Alcaloïde ($C^{17}H^{23}AzO^3$) qu'on extrait de la belladone; il constitue la partie active de cette plante, ainsi que de l'extrait et de la pommade de belladone. L'atropine cristallise en aiguilles soyeuses de forme prismatique ; elle fond à 90 degrés et se volatilise à 140 degrés en se décomposant en partie. Elle est très soluble dans l'alcool, moins soluble dans l'éther, peu soluble dans l'eau, surtout à froid. Elle se dissout dans les acides et donne lieu à divers sels bien caractérisés. Par l'action des bases, elle se transforme en *acide atropique* et en un autre alcaloïde qui est la tropine. — L'atropine, outre qu'elle est narcotique et constitue un poison violent, possède à un haut degré la propriété de dilater la pupille, et c'est ce qui en explique l'usage, ainsi que celui de la belladone, dans le traitement des maladies des yeux. On l'emploie particulièrement à l'extérieur à l'état de sulfate neutre, en solution dans l'eau, à la dose d'un cinquantième. — L'atropine existe aussi dans la mandragore.

ATROPOS (*zoologie*). — Nom du sphinx atropos.

ATTACHE (*économie rurale*). — Moyen quelconque de fixer un animal dans une situation ou dans un lieu qu'on veut lui faire occuper. Les attaches doivent être disposées de manière à ne pas blesser les animaux, soit par elles-mêmes, soit par la manière dont elles les relient à un point quelconque. L'attache ne saurait, en effet, être considérée isolément ; elle a deux extrémités dont il faut aussi étudier les conditions. Une corde passée autour du cou, autour des cornes, ou bien la longe du licou, sont les liens les plus ordinaires par lesquels on attache les bêtes à cornes et les bêtes chevalines, soit à l'écurie et à l'étable, soit dans les stations qu'on est obligé de faire sur les chemins ou aux portes des habitations; on doit avoir soin de fixer l'autre extrémité de la corde ou de la longe à un point bien solide, et non pas à un objet mobile, parce qu'il n'y a alors aucune sécurité, les accidents pouvant dépendre du plus mince événement susceptible d'effrayer les animaux. C'est pourquoi aussi il faut avoir recours aux anneaux (voy. ce mot, p. 477), et bien se garder d'attacher autour d'une partie du corps l'extrémité de la corde ou de la longe de l'animal que l'on conduit. Les attaches sont aussi quelquefois des entraves au moyen desquelles on veut seulement gêner les mouvements des animaux livrés à eux-mêmes dans une pâture. Mille moyens sont bons, pourvu qu'ils n'imposent pas une position nuisible au développement des bêtes et qu'ils donnent néanmoins une suffisante sécurité pour la surveillance.

ATTACHE (*horticulture*). — On donne le nom d'attaches aux liens dont les jardiniers se servent pour fixer les branches des espaliers et des treilles, pour faire le palissage des arbres, pour réunir les plantes potagères. Ces liens sont en paille, en osier, fils de fer, cordes, ficelles, loques, lorsqu'il s'agit des branches d'arbres; l'osier est préféré, parce qu'il n'endommage pas l'écorce et ne produit pas de bourrelet. On doit se garder de serrer la branche et de ne pas mettre le lien sur les yeux. On le passe par-dessus l'échalas du treillage et par-dessus les branches; on ne fait passer que deux fois le gros bout de l'osier et on le replie à droite en dessus et à gauche en dessous; si l'on craint qu'il ne tienne pas assez, on fait passer le bout de l'osier dans l'anneau du lien. (Voy. ACCOLAGE et ACCOLURE, p. 51 et 52).

ATTACHE (*droit rural*). — Droit de conduire jusqu'à la rive opposée et d'y fixer l'extrémité d'une digue ou d'un barrage à établir sur un cours d'eau. Ce droit n'appartient qu'au propriétaire des deux rives. Lorsque le propriétaire d'une rive veut exécuter un tel travail, il ne peut en obtenir l'autorisation nécessaire de l'administration qu'en apportant le consentement du propriétaire de la rive opposée. On appelle aussi *droit d'attache* la taxe que les communes sont autorisées à percevoir (loi du 11 frimaire an VII ou 1er décembre 1798) sur les moulins, bateaux de blanchisseuses et autres embarcations séjournant sur les cours d'eau de leurs territoires.

ATTACUS (*entomologie*). — Genres d'insectes Lépidoptères hétérocères, famille des Bombycides, tribu des Bombycines. C'est aussi le genre des *Saturnia* de beaucoup d'auteurs. Il y a, au sujet de tous ces insectes, une grande confusion dans la plupart des livres d'agriculture; il convient d'insister pour préciser. « Presque tous de grande taille, dit M. Blanchard, les papillons des attacus ont des antennes effilées vers le bout, portant sur les côtés des rameaux régulièrement disposés, qui atteignent une longueur considérable chez les mâles. La tête se trouve ainsi merveilleusement empanachée. Chez la plupart, les ailes sont arrondies sur les bords; mais, chez diverses espèces du genre, elles ont des bords festonnés, et parfois les ailes postérieures ont un prolongement en

Fig. 519. — Papillon de l'attacus yama-maï.

forme de queue ou de traîne. Dans plusieurs attacus de l'Afrique australe et de l'île de Madagascar, la queue des ailes postérieures est d'une longueur sans pareille et vraiment surprenante. Chez ces insectes, les ailes aux formes tant diversifiées, avec des teintes douces, comme il convient à des

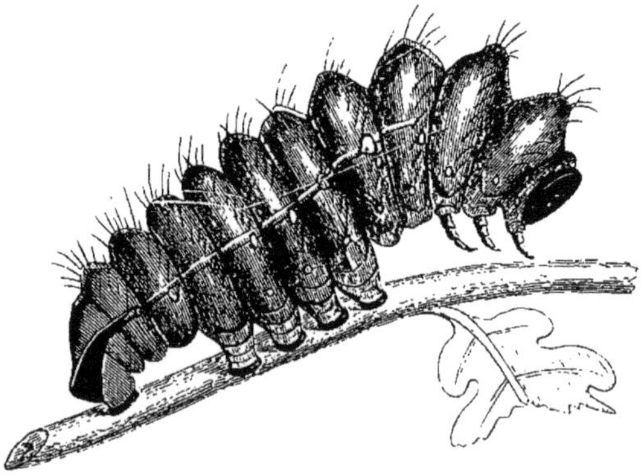

Fig. 520. — Chenille de l'attacus yama-maï

êtres de la nuit, ou au moins du crépuscule, ont souvent de fraîches nuances, et presque toujours, sur leur disque, une tache figurant avec plus ou moins d'exactitude les caractères d'un œil, ou un espace transparent, entièrement privé d'écailles et semblable à un miroir. Les chenilles des attacus, massives et de forte dimension, sont des plus belles que l'on puisse imaginer. Les unes portent des tubercules vivement colorés, surmontés de poils; les autres portent des épines rameuses ou verticillées d'une extrême élégance. Ces chenilles produisent une soie abondante, et, pour subir leur métamorphose, elles se construisent entre les feuilles des arbres de volumineux cocons. La soie de plusieurs attacus est utilisée à la Chine, et dans l'Inde de temps immémorial. » Depuis le milieu du dix-neuvième siècle, on fait de grands efforts pour élever en Europe et utiliser plusieurs de ces beaux insectes. Ce ne serait pas pour remplacer la soie du ver à soie du mûrier (*Sericaria mori*), mais pour obtenir à côté des matières textiles qui auraient aussi leurs applications et leurs rôles. Ajoutons que le nom de *bombyx* a été plus particulièrement attribué aux espèces qui, avec des antennes fortement pectinées chez les mâles, simplement dentées chez les femelles, ont un corps massif, très velu, et présentent des ailes d'une médiocre étendue. Les chenilles des bombyx ne sont pas tuberculeuses, comme celles des attacus, mais très velues. Les attacus sont disséminés à peu près dans le monde entier, et on en compte un grand nombre d'espèces, parmi lesquelles il faut citer :

1° Le grand paon de nuit (*Attacus pavonia major* ou *Saturnia piri*), dont la chenille vit sur les ormes des grandes routes et sur la plupart des arbres fruitiers des jardins, est le plus grand des lépidoptères de l'Europe. Les ailes du papillon sont d'un gris nébuleux et ornées vers le centre d'une tache ocellée noire, avec un iris fauve cerclé de blanc et de rouge. L'envergure du papillon est de 12 à 14 centimètres. La robe de la chenille est d'un beau vert pomme et parsemée de tubercules bleus ressemblant à des turquoises. Cette chenille se cramponne fortement aux tiges des arbres au moyen de ses larges pattes membraneuses. « Vers la fin du mois d'août, dit M. Blanchard, elle se prépare à subir sa transformation et quitte l'arbre dont le feuillage l'a nourrie. Sa belle couleur verte a jauni alors; on la voit fréquemment traverser les chemins, et gagner une corniche de muraille ou un endroit quelconque, bien abrité, pour y tisser son cocon. Ce cocon, très volumineux, dur, fortement imprégné de matière agglutinante, affecte la forme d'une pierre. Ouvert par le petit bout, qui est disposé à peu près comme l'entonnoir d'une nasse, le papillon peut sortir sans grand effort, tandis que l'accès du cocon, de dehors en dedans, demeure impossible pour les insectes qui voudraient y pénétrer. Cette disposition est expliquée par ce fait que la chenille du grand paon de nuit, après avoir conduit son fil jusqu'à l'extrémité de sa coque, le replie sur lui-même, au lieu de le tendre sur le côté opposé en décrivant des cercles continus, comme le font le ver à soie du mûrier et tant d'autres chenilles. »

2° Le petit paon de nuit (*Attacus pavonia minor* ou *Saturnia carpini*) ressemble en petit au grand paon de nuit et en a la plupart des mœurs; sa taille est de moitié moindre et ses ailes inférieures sont jaunâtres. Les chenilles, dans le premier âge, vivent en famille sur l'orme, le prunelier, la ronce.

3° L'*Attacus atlas* (voy. ce mot, p 647) mesure de 20 à 25 centimètres, quand son papillon a les ailes développées; c'est le plus grand papillon de Chine. Ses quatre ailes fauves sont coupées au milieu par deux bandes sinueuses blanchâtres, bordées de noir, entre lesquelles on remarque une grande place triangulaire et vitrée.

4° L'attacus Isabelle (*Attacus Isabella*) se rencontre en Espagne; il est remarquable par ses belles ailes d'un vert émeraude avec d'épaisses nervures rougeâtres.

5° L'attacus moyen paon (*Attacus pavonia media*) est propre à la Hongrie.

6° L'attacus cécigène (*Attacus cæcigena*) appartient à la Dalmatie.

7° L'*Attacus cecropia*, de la Louisiane, est remarquable par le changement de coloration que la chenille présente dans ses mues multiples. Il donne des cocons dont on a tiré de la soie assez estimée. Son papillon est magnifique et d'une dimension supérieure à celle du grand paon de nuit. Il se nourrit sur le prunier.

8° Le polyphème (*Attacus polyphemus*), importé en France de l'Amérique du Nord, se nourrit aussi de végétaux indigènes et fournit une soie brillante à peine colorée.

9° L'*attacus Luna*, qui vient aussi de l'Amérique du Nord, présente un beau papillon, dont les ailes sont d'un vert tendre avec une petite tache ocellée vers le centre et une frange blanche; les ailes postérieures se prolongent en une longue queue recourbée en dehors. La chenille est d'une belle couleur vert pomme, avec des tubercules roses; elle vit en Amérique sur le liquidambar, mais elle s'accommode en Europe des feuilles du saule et du bouleau. Son cocon est ovalaire, de la grosseur d'un œuf de pigeon et formé d'une belle soie blonde très fine et très résistante.

10° L'*Attacus mylitta* est élevé dans toute l'Inde anglaise pour la fabrication des tissus. Il donne

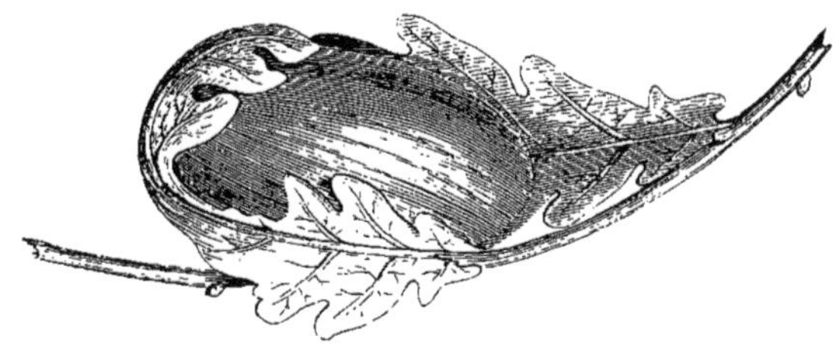

Fig. 521. — Cocon de l'attacus yama-maï.

la soie renommée dite *tussah*, qui fait, dit-on, la solidité des foulards du pays. Le papillon est très beau; son envergure est de 12 à 15 centimètres. Il est d'un jaune d'ocre, plus foncé chez les mâles,

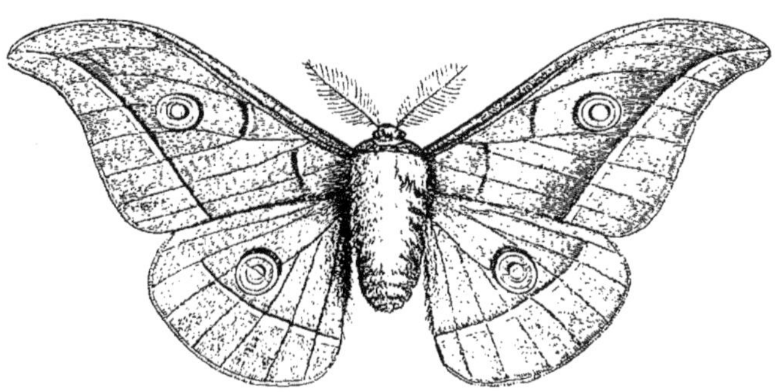

Fig. 522. — Attacus Pernyi.

plus grisâtre chez les femelles. Chaque aile porte deux minces bandes transversales d'un rouge carmin, et, au milieu, un grand œil transparent, cerclé de blanc, de fauve et de noir. La chenille,

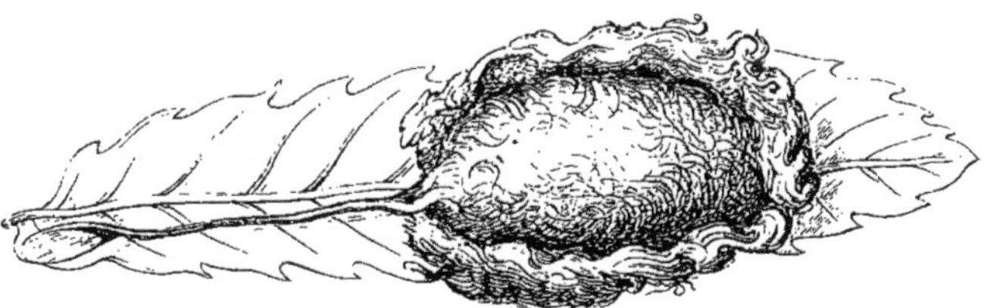

Fig. 523. — Cocon de l'attacus Pernyi.

dont la longueur est de 0m,10, est d'un beau vert, avec une bande longitudinale jaune, passant au rouge vers le dos, des stigmates jaunes bordés de rouge, et des points noirs. Elle mange les feuilles de jujubier et construit sur cet arbre, aux branches duquel elle attache son cocon par un fort pédicule soyeux. Elle peut s'accommoder des feuilles de chêne. Ses cocons sont très gros; on estime qu'il en faut un nombre dix fois moindre que pour les cocons du ver à soie du mûrier pour obtenir un même poids de soie; mais la soie est moins belle et moins fine.

11° L'*Attacus yama-maï* est le ver à soie du chêne du Japon. Son papillon (fig. 519) est grand, d'un beau jaune d'ocre, avec une ligne blanche transversale et un œil transparent entouré supérieurement de rose lilas sur chaque aile; le bord antérieur de l'aile supérieure est également teinté de lilas. La chenille (fig. 520) est d'un beau vert tendre avec plusieurs rangées de tubercules, les uns jaunes, les autres bleus. Ce ver à soie est très robuste et vit très bien en plein air sur les chênes d'Europe. Il a d'ailleurs les mêmes mœurs que le ver à soie du mûrier, en ce sens que le papillon éclôt après la formation du cocon et que les œufs se conservent durant l'hiver pour éclore au printemps suivant. Lorsqu'elle est prête à se transformer en chrysalide, la chenille rapproche les feuilles pour y construire son cocon (fig. 521), qui est d'un jaune verdâtre et a la forme du cocon du ver du mûrier. La soie de ce cocon du chêne prend la teinture d'une manière différente de celle du mûrier, de telle sorte qu'un tissu composé des deux soies suivant certains dessins, présente ces dessins de deux nuances, quoique la pièce d'étoffe ait été plongée dans un bain ne contenant qu'une seule couleur.

Fig. 521. — Chenille, cocon et œufs du ver à soie de l'ailante ou attacus cynthia.

12° L'*Attacus Pernyi* (fig. 522 et 523), introduit en France par Guérin-Menneville et acclimaté sur nos chênes, est le ver à soie élevé sur le chêne en Mandchourie. Il donne une soie fine, très belle et brillante. En Espagne on obtient deux générations par an.

13° L'*Attacus Cynthia*, ou ver à soie de l'ailante (voy. ce mot, p. 13*), est élevé en grand dans tout le nord de la Chine, et il a été démontré qu'on peut le produire en France. Son papillon rappelle en petit celui de l'*Attacus atlas;* ses ailes brunes, nuancées de jaunâtre, sont traversées par deux bandes blanches et portent une tache arquée, blanche, bordée de noir antérieurement et de jaune en dessous. La chenille (fig. 521), lorsqu'elle a atteint tout son développement, est longue de 7 à 8 centimètres; elle est d'un beau vert émeraude, avec la tête, les pattes et le dernier segment de l'abdomen d'un beau jaune d'or; elle porte sur chaque anneau des tubercules en forme d'épines dont l'extrémité est d'un beau bleu d'outremer; elle est en outre couverte d'une sécrétion cireuse sur laquelle l'eau ne peut se fixer, ce qui lui permet de braver la pluie et la rosée. Au moment de sa transformation, elle file un cocon en forme de poire, comparable à celui du paon de nuit, c'est-à-dire ayant une ouverture en nasse pour la sortie du papillon; c'est la raison pour laquelle on ne peut pas dévider ces cocons comme ceux du ver à soie du mûrier.

14° L'*Attacus arrindia* est le ver à soie du ricin; c'est une espèce très voisine de l'ailante; il donne une soie tout à fait analogue; il a été importé des Indes.

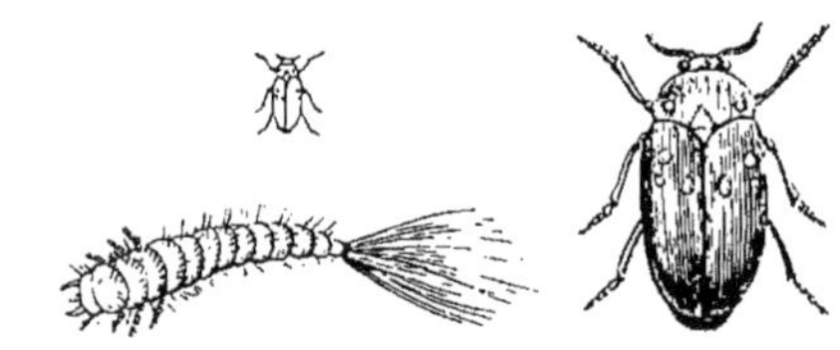

Fig. 525. — Attagène des pelleteries.

15° On peut rattacher aux attacus une belle espèce des forêts d'Europe, la hachette d'Engramelle (*Aglia tace*), dont le papillon a les ailes fauves avec une tache bleue, et dont les cocons pourraient sans doute être utilisés.

ATTAGÈNE (*entomologie*). — Genre d'insectes coléoptères, de la tribu des Dermestives, de 4 à 5 centimètres de longueur, ayant le corps oblong, la tête à peine saillante, rentrant dans le corselet à la moindre alerte, avec antennes de onze articles dont les derniers forment la massue, le dernier étant beaucoup plus long; les palpes sont allongées et terminées par un article ovalaire. On cite parmi les espèces l'attagène des pelleteries (*Attagenus pellio*) et l'attagène bordé (*Attagenus marginatus*), qui sont communs dans les maisons et sur les fleurs au printemps surtout dans l'Europe septentrionale. La larve de l'attagène des pelleteries (fig. 525) est couverte de poils noirs, et porte à l'extrémité une sorte de balai qui l'aide à se mouvoir.

ATTALEA (*botanique*). — Genre de Palmiers de l'Amérique tropicale, de la tribu des Cocoïnées inermes. Il y en a un assez grand nombre d'espèces, à stipe tantôt très élevé, tantôt presque nul, à cicatrices irrégulières, à feuilles terminales pinnées, à spadices étalés émergeant de la base des feuilles. Le fruit est une drupe ovale ou elliptique dont les graines sont comestibles à la façon de nos amandes. Les fleurs sont monoïques sur le même spadice qui est entouré d'une spathe simple.

ATTAQUE (*médecine vétérinaire*). — Invasion subite d'une maladie se montrant soudainement avec ses symptômes caractéristiques qui apparaissent violemment dans toute leur intensité. L'attaque peut être unique et foudroyante, ou bien il peut y avoir plusieurs attaques du même mal à des intervalles plus ou moins éloignés. Il y a attaque d'apoplexie, d'épilepsie, d'éclampsie, de goutte, de fluxion périodique des yeux chez le cheval.

ATTAQUER (*équitation*). — Attaquer un cheval, c'est mettre rapidement en jeu les moyens d'action dont on dispose pour le faire obéir. Un cavalier attaque bien ou mal selon qu'il sait faire bon ou maladroit usage de ces moyens d'action.

ATTE, ATTIER (*botanique*). — Nom du fruit de l'*Anona squamosa* (voy. p. 483).

ATTE (*entomologie*). — Genre d'insectes Hyménoptères de la famille des Formiciens, tribu des Myrmicites. Les attes sont caractérisées par le premier segment de l'abdomen qui forme deux nœuds, par la présence d'un aiguillon chez les femelles et par une tête énorme. Les espèces les plus importantes sont l'atte barbaresque (*Atta barbara*), et l'atte maçonne (*Atta structor*); cette dernière construit des nids dans le sable. « Ce sont, dit M. Maurice Girard, les *fourmis moissonneuses*, de l'extrême midi de la France, de la Corse, de l'Algérie, la seconde espèce remontant dans les Charentes et par place jusque dans la France centrale. Elles sont très nuisibles dans les jardins et aussi dans les champs de blé et les prairies artificielles, surtout le trèfle incarnat, en faisant, pour l'hiver, sous le sol, de vastes magasins de graines, qu'elles mangent au printemps, attendries par un commencement de germination et devenues sucrées. Elles font aussi un tort énorme aux semis. »

ATTEINTE (*médecine vétérinaire*). — Lorsqu'une maladie ne se présente pas avec des caractères de violence et de gravité, lorsqu'elle se montre légère et qu'elle avorte en quelque sorte, on dit qu'il y a atteinte. — L'expression est particulièrement consacrée en hippiatrique pour désigner les contusions et les blessures faites aux pieds des chevaux, sur la couronne, au paturon ou au boulet. C'est ordinairement une plaie ou une tuméfaction produite par contusion, et dont la disparition peut être amenée par un traitement simple. Mais ces blessures peuvent prendre de la gravité, si elles sont négligées ou si elles ont été violentes. L'atteinte se produit : 1° chez les chevaux qui, avec la pince du pied de derrière, s'attrapent les talons des pieds de devant et sont sujets à forger; — 2° chez les chevaux trop jeunes, fatigués ou faibles des reins, qui se coupent et s'entre-taillent en marchant; — 3° dans les pays où l'on met trois crampons aux fers des chevaux, parce que ces animaux sont exposés à s'enfoncer le crampon de la branche interne dans la peau du bourrelet ou au-dessus; — 4° quand on arme les pieds des chevaux de crampons hauts et pointus pour leur faciliter la marche sur la glace; — 5° chez les chevaux attelés en limoniers, parce que les fardeaux leur ôtent leur liberté de mouvement et leur imposent des déviations dans la marche qui amènent l'entre-croisement des membres et font que, pour regagner ou maintenir son équilibre, l'animal se heurte au paturon ou à la couronne, surtout dans les tournants, dans les chemins glissants et à la descente des côtes rapides; — 6° quand on fait marcher des chevaux en troupes ou quand on les fait voyager à la queue-leu-leu, parce qu'ils sont exposés à se heurter mutuellement. On reconnaît facilement une atteinte parce que l'animal boite, parce que le poil est coupé ou enlevé, parce que la peau est entamée et que le sang en sort comme d'un trou, parce que la partie lésée est chaude et douloureuse. Si l'atteinte est légère, il suffit d'une application d'eau froide pour la guérir. Si la contusion a été très forte, sanguinolente, si c'est l'ongle qui en est le siège et que le réseau vasculaire qui l'unit à la peau s'enflamme, il faut avoir recours à des cataplasmes émollients. Dans le cas où il se forme du pus, surtout si le cartilage latéral du pied s'irrite, se tuméfie, s'ulcère, ce qui constitue le *javart* cartilagineux, il faut faire des pansements plus sérieux, enlever le pus, laver avec du vin ou de l'eau alcoolisée, mettre de l'onguent populéum, effectuer des bandages; tout cela doit être confié à des vétérinaires. Mais ce que l'agriculteur doit toujours faire, c'est de bien visiter les pieds et les jambes de ses chevaux, les tenir dans la plus grande propreté, ne point les presser dans les écuries, les séparer par des barres ou des stalles, les placer de manière qu'ils ne puissent pas se blesser, ne pas les attacher à la queue les uns des autres, les empêcher de se suivre de trop près.

ATTELABIDES (*entomologie*). — La tribu des Attelabides appartient à la famille des Rhyncophores de l'ordre des insectes Coléoptères. Les rhyncophores, dont un grand nombre sont désignés sous le nom générique de charançons et que l'on appelle aussi des curculioniens, sont essentiellement phytophages et doivent être rangés parmi les animaux les plus nuisibles à l'homme Cette famille renferme un grand nombre de tribus et par suite d'espèces. Aussi y a-t-il confusion entre beaucoup de ces animaux dans les livres d'agriculture. Il faut rétablir un peu d'ordre en spécifiant. Les attelabides ont les antennes droites, le rostre plus ou moins allongé mais cylindrique, le corps ovalaire. Cette tribu comprend cinq genres :

1° Le genre *Apoderus*, qui contient l'apodère du coudrier (voy. p. 507); cet insecte d'un beau rouge, avec la tête et les appendices noirs, roule les feuilles du noisetier.

2° Le genre *Attelabus*, dont l'attelabe curculionide est le type; celui-ci nuit beaucoup aux chênes; il est noir avec le corselet et les élytres d'un rouge un peu testacé; sa tête est allongée sans rétrécissement pour le cou; ses antennes ont onze articles, les trois derniers perfoliés en massue; « la femelle de l'attelabe, dit M. Blanchard, dépose un œuf à l'extrémité d'une feuille de chêne, puis entamant la grosse nervure médiane à de faibles distances, elle plie cette feuille, en forme un rouleau, et assure ainsi à sa larve une retraite. »

3° Le genre *Rhynchites*, dont les espèces diverses vivent, soit sur les peupliers, soit sur la vigne et sur les arbres fruitiers.

4° Le genre *Rhinomacer*, vivant sur les fleurs.

5° Le genre *Apion* (voy. ce mot, p. 499), dont les espèces sont nombreuses; ces insectes sont très petits, et ils se fixent aux plantes comme des pucerons; à cause de leur petite taille, il est difficile de les ramasser; lorsqu'ils sont devenus très nombreux et persistants dans une localité, il faut changer la culture afin de les faire périr par la famine; car ils sont ordinairement spéciaux à une famille végétale. Ils sont très élancés, ont le rostre grêle et cylindrique, avec les antennes insérées vers le milieu de celui-ci et les trois derniers articles en forme de massue ovalaire pointue. Parmi les espèces on distingue : l'apion du trèfle (*Apion apricans*), qui exerce de grands ravages dans les trèfles; il vit à l'état de larve à la base du calice des fleurons du trèfle commun et ronge la graine qui s'y trouve; c'est donc surtout la production de la graine de trefle qui est atteinte: l'apion de la vesce sauvage (*Apion craccæ*), qui dépose ses œufs dans la graine de vesce; l'apion à pattes jaunes (*Apion flavipes*), qui vit aux dépens des feuilles et graines du trèfle blanc; l'apion de la vesce cultivée (*Apion viciæ*), qui attaque les vesces et les lentilles; l'apion à cuisses jaunes (*Apion flavofemoratum*), qui attaque les graines de trèfle incarnat; l'apion du pois (*Apion pisi*), qui attaque les gousses de pois et de vesce; l'apion des artichauts (*Apion carduorum*), qui attaque les involucres des artichauts; l'apion grêle (*Apion tenue*), qui dévore les luzernes ainsi que beaucoup de plantes basses des jardins, et en outre les lilas et les arbres fruitiers; l'apion bronzé (*Apion æneum*), nuisible aux roses trémières et aux mauves; l'apion vorace (*Apion vorax*), qui attaque les pois, les vesces et de nombreux arbres; l'apion violet (*Apion violaceum*), qui attaque l'oseille; l'apion rouge (*Apion hæmatodes*), qui attaque aussi l'oseille en produisant des galles sur les tiges; l'apion de Pomone (*Apion Pomonæ*), d'un bleu noirâtre, qui vit sur les poiriers et les pommiers; l'apion du froment (*Apion frumentarium*), qui est rouge et vit sur le blé.

ATTELAGE (*économie rurale*). — On appelle attelage la réunion des animaux attelés ensemble à un même véhicule. Il y a des attelages de chevaux, de mulets, de mules, de bœufs, de vaches, d'ânes, de chiens, de chèvres, de rennes. Un attelage est mixte lorsqu'il se compose d'animaux d'espèces différentes, par exemple de chevaux et de mulets. Dans les exploitations rurales on compte souvent par attelages, c'est-à-dire par le nombre de véhicules de deux ou de quatre bêtes de trait que l'on peut faire marcher ensemble. En général, ce sont les mêmes animaux que l'on réunit entre les mains du même charretier, cocher, conducteur, bouvier; car on doit avoir soin, pour tirer le meilleur parti possible des bêtes de trait, de faire un bon appareillage (voy. p. 508). Il est bien entendu qu'il ne s'agit pas dans ce conseil de cultivateurs de la petite culture qui sont obligés d'atteler ensemble des animaux disparates, un âne, par exemple, devant un cheval ou une vache; ils font bien, mais le maximum d'effet utile ne peut pas être ainsi obtenu. Quant au choix des chevaux, des bœufs, des mules ou mulets pour composer les attelages, il doit être déterminé par les conditions économiques au milieu desquelles se trouve l'exploitation rurale, et il est impossible de fixer des règles invariables à ce sujet, d'affirmer, par exemple, que les chevaux donnent de meilleurs résultats que les bœufs pour les labours ou les charrois, ou réciproquement. C'est une question dont la solution dépend du système de culture qu'on a pris le parti d'adopter, de la nature du sol et de celle du climat, ainsi que de la situation du domaine par rapport aux débouchés et aux voies de communication. Le prix et la nature de la nourriture dont on dispose doivent aussi influer sur le choix à faire. Le genre et l'importance des travaux à exécuter entreront aussi forcément en ligne de compte, car s'il faut de la vitesse dans l'exécution, on ne peut avoir recours aux mêmes attelages que si l'on a toujours du temps devant soi. Pour prendre une décision, il faut aussi considérer les habitudes du pays où l'on se trouve appelé à cultiver. Avant de rien changer à ce que font les autres, il faut bien examiner les conséquences des modifications pour lesquelles on doit nécessairement compter avec l'esprit de routine et de résistance des agents qu'on doit employer. S'il faut des attelages bien assortis, il est également nécessaire de bien appareiller les hommes avec les animaux qu'ils sont chargés de diriger. La conséquence qu'il faut tirer de ces considérations s'impose d'elle-même. A propos de chaque nature d'attelage, c'est-à-dire des espèces d'animaux de trait qu'on peut employer dans une exploitation rurale, il faut faire une étude spéciale des résultats que ces animaux peuvent fournir dans les principaux cas que la pratique présente. La comparaison de ces résultats guidera le chef d'exploitation et lui fournira les éléments de sa décision. Il faut donc rechercher ce que donne chaque travail fait par chaque moteur animé. C'est là une des utilités du Dictionnaire de l'agriculture. En lisant les articles spéciaux et en regardant autour de lui, le cultivateur aura les éléments nécessaires pour se guider dans le choix de ses attelages et dans le mode qu'il devra adopter pour leur faire conduire les véhicules de transport et les divers instruments aratoires ou machines agricoles dans les pays de plaines ou de montagnes, dans les terres fortes ou légères, dans les pays où la population est dense ou dans ceux qui sont plus ou moins déserts, dans les contrées chaudes ou dans les régions froides. Dans tous les cas, le succès d'une entreprise agricole dépend du choix des attelages et de la main-d'œuvre.

ATTELER (*économie rurale*). — C'est attacher des chevaux ou d'autres animaux de trait à une voiture, à un char, à une charrue, à une herse, à un rouleau, à un semoir, à une machine à faucher ou à moissonner, à un râteau, à une machine à faner, à un manège. On dit aussi atteler un chariot, un tombereau, un carrosse. Une charrette est dite attelée, quand les animaux qui doivent la traîner y sont attachés. On attelle par divers moyens, par le joug, par le collier, par des harnais divers, par des traits en corde ou en cuir, par des chaînes, à des timons, à des brancards, à des palonniers. Le choix des harnais convenables pour bien atteler dépend du tirage qu'il faut exécuter, comme le système employé pour atteler est déterminé par ce même tirage, en tenant compte que, dans les descentes, il est nécessaire que les animaux retiennent. Au moment d'atteler et avant de laisser partir un attelage, on doit toujours s'assurer qu'aucune des conditions de la sécurité dans le travail à effectuer n'a été négligée. Une excessive prudence n'est jamais nuisible en cette matière.

ATTELLE (*art vétérinaire*). — Lame allongée et flexible employée pour opérer les réductions des fractures des membres des animaux. Les attelles sont en carton, en bois, en écorce d'arbre, en tôle plus ou moins mince; on les fixe avec des étoupes, des bandes et des substances agglutinantes le long des os fracturés replacés dans leur situation normale, afin d'en faciliter la suture.

ATTELLE (*économie rurale*). — On appelle attelles les pièces que les bourreliers fixent dans le collier des animaux de trait pour donner des points d'attache aux traits ou pour laisser passer et soutenir les rênes. Elles sont généralement en bois de hêtre. Elles doivent un peu déborder le collier en dehors, mais il ne faut pas qu'elles aient, comme on le fait souvent par gloriole de charretier, des dimensions exagérées, ce qui charge inutilement le cou du cheval; elles peuvent, d'ailleurs, recevoir les formes que la fantaisie entend leur prêter. Elles peuvent être formées de tiges de fer que le bourrelier fixe dans le cuir du collier. Dans tous les cas, elles portent les anneaux dans lesquels on fait passer les rênes.

ATTELLOIRE (*économie rurale*). — Les attelloires sont les chevilles au moyen desquelles on fixe les traits du moteur animé au timon ou aux brancards d'un véhicule. Elles sont fixes ou mobiles, en bois ou en fer. Dans tous les cas, il faut qu'elles soient d'une grande solidité, car une attelloire qui casse, surtout dans une descente ou dans une montée, expose à de graves dangers.

ATTERRISSEMENT (*économie rurale*). — Amas de terre formé par la vase ou le sable que la mer ou les rivières apportent par la succession du temps le long des rivages. Les collines de sables marins ainsi apportés et qui ont une certaine mobilité sous l'action des vents sont appelées des *dunes*. On donne le nom de *polders* aux terres plus ou moins sablonneuses, mais assez compactes qui se trouvent déposées par l'Escaut en Belgique et en Hollande ou bien dont on constate la formation sur certaines côtes de l'ouest de la France, par exemple dans la baie du mont Saint-Michel. On dit aussi des lais et relais de la mer. Les atterrissements déplacent quelquefois le lit des cours d'eau, surtout au moment des crues; tandis que du terrain est ainsi composé, le cours d'eau creuse ailleurs son lit et porte la désolation sur des terres naguère en culture prospère. On empêche ces déplacements et ces désastres par des endiguements. Mais les eaux qui descendent des montagnes entraînent avec elles, surtout quand elles sont fortes, des matériaux nombreux, grosses pierres, cailloux roulés, graviers, sables et argiles d'une finesse plus ou moins grande; ces matériaux sont portés à des distances variables, selon la vitesse des eaux qui abandonnent d'abord les plus lourds ou les plus gros, puis plus tard les plus fins, à mesure que leur vitesse décroît. C'est ainsi que se forment, par le dépôt des alluvions les plus ténues près de leurs embouchures dans la mer, les deltas des fleuves. Les atterrissements ne sont pas autre chose, en effet, que des alluvions (voy. ce mot, p. 281), lorsque celles-ci s'ajoutent à la suite de terres plus anciennes, en se différenciant ainsi des alluvions qui recouvrent d'autres terres en s'y superposant par couches horizontales successives et les surélevant. La loi a reconnu la légalité de l'accroissement d'une propriété par voie d'atterrissement ou d'adjonction des alluvions ou augmentation de superficie le long des rives d'un cours d'eau, mais non pas le long des rivages de la mer. Les articles du Code civil qui règlent la matière sont les suivants :

Art. 556. — Les atterrissements et accroissements qui se forment successivement et imperceptiblement aux fonds riverains d'un fleuve ou d'une rivière s'appellent alluvions.

L'alluvion profite au propriétaire riverain, soit qu'il s'agisse d'un fleuve ou d'une rivière navigable, flottable ou non; à la charge, dans le premier cas, de laisser le marchepied ou chemin de halage, conformément aux règlements.

Art. 557. — Il en est de même des relais que forme l'eau courante qui se retire insensiblement de l'une de ses rives en se portant sur l'autre; le propriétaire de la rive découverte profite de l'alluvion, sans que le riverain du côté opposé y puisse venir réclamer le terrain qu'il a perdu.

Ce droit n'a pas lieu à l'égard des relais de la mer.

Art. 558. — L'alluvion n'a pas lieu à l'égard des lacs et étangs, dont le propriétaire conserve toujours le terrain que l'eau couvre quand elle est à la hauteur de la décharge de l'étang, encore que le volume de l'eau vienne à diminuer.

Réciproquement, le propriétaire de l'étang n'acquiert aucun droit sur les terres riveraines que son eau vient à couvrir dans des crues extraordinaires.

Art. 559. — Si un fleuve ou une rivière, navigable ou non, enlève, par une force subite, une partie considérable et reconnaissable d'un champ riverain, et la porte vers un champ inférieur ou sur la rive opposée, le propriétaire de la partie enlevée peut réclamer sa propriété; mais il est tenu de former sa demande dans l'année; après ce délai, il n'y sera plus recevable, à moins que le propriétaire du champ auquel la partie enlevée a été unie n'eût pas encore pris possession de celle-ci.

Art. 560. — Les îles, îlots, atterrissements, qui se forment dans le lit des fleuves ou des rivières navigables ou flottables, appartiennent à l'État, s'il n'y a titre ou prescription contraire.

Art. 561. — Les îles et atterrissements qui se forment dans les rivières non navigables et non flottables appartiennent aux propriétaires riverains du côté où l'île s'est formée : si l'île n'est pas formée d'un seul côté, elle appartient aux propriétaires riverains des deux côtés, à partir de la ligne qu'on suppose tracée au milieu de la rivière.

Art. 562. — Si une rivière ou un fleuve, en se formant un bras nouveau, coupe et embrasse le champ d'un propriétaire riverain, et en fait une île, le propriétaire conserve la propriété de son champ, encore que l'île se soit formée dans un fleuve ou dans une rivière navigable ou flottable.

Art. 563. — Si un fleuve ou une rivière navigable, flottable ou non, se forme un nouveau cours en abandonnant son ancien lit, les propriétaires des fonds nouvellement occupés prennent, à titre d'indemnité, l'ancien lit abandonné, chacun dans la proportion du terrain qui lui a été enlevé.

Cette réglementation légale n'est pas toujours d'une application facile et elle donne lieu à de nombreux procès. La principale difficulté provient du cas où un atterrissement s'est fait le long d'une rive appartenant à plusieurs propriétaires. Comment en faire le partage entre les riverains? De toutes les solutions très variées qui ont été proposées pour ce problème technique, la plus satisfaisante est celle donnée par M. Porro. L'alluvion, ainsi qu'il le remarque avec raison, est un phénomène physique indépendant de la ligne de séparation des héritages riverains. Le phénomène se produit progressivement; la loi qui en attribue la propriété au riverain, la lui donne à l'instant même où se forme chaque lisière d'une certaine épaisseur de limon déposé et abandonné par l'eau qui se retire. Il est donc évident que, à la baisse des eaux, le terrain se découvre suivant des lignes d'eau sensiblement horizontales, ainsi que l'ancienne rive elle-même. Chaque bande d'alluvion comprise entre deux courbes horizontales représente donc un accroissement réel simultané. Ce sont ces zones que gagnent successivement les propriétaires et qu'il faut partager entre eux proportionnellement à la longueur de rive qu'ils possédaient. Il suffit dès lors de mener, à partir des points où aboutit chaque domaine sur la rive première, des lignes brisées normales à chacune des courbes de niveau; ces lignes brisées déterminent les limites des parts conquises par chacun des propriétaires dans l'atterrissement formé.

ATTHEYA (*botanique*). — Genre d'Algues de la famille des Biddulphiacées, à pastules comprimées, à valves elliptiques marquées d'une ligne médiane longitudinale et pourvues d'épines aux angles.

ATTICUS (*biographie agricole*). — André Thouin dit qu'il a donné le nom de greffe Atticus à la greffe en fente simple « en mémoire de Lucius Atticus, auteur de l'antiquité, qui recommande l'usage de cette greffe pour transformer en bonnes espèces les vignes sauvages ».

ATTITUDE (*zootechnie*). — Position que prend un animal lorsqu'il est debout ou lorsqu'il est couché. La façon habituelle dont un animal se pose peut donner des indications précieuses sur son caractère, son tempérament, sa conformation, sa santé, son état de fatigue ou d'usure. Les animaux ardents, vifs, bien portants, reposés, robustes, jeunes, se tiennent autrement que les animaux apathiques, mous, souffreteux, fatigués, faibles, âgés. Ce sont des choses que l'on ne peut juger que par la connaissance et l'habitude des chevaux, des taureaux et des autres animaux domestiques. La pose que les bêtes affectent dans le sommeil, ainsi que les mouvements particuliers qu'elles doivent faire quand elles se lèvent, l'abaissement ou l'allongement de l'échine, la manière dont elles s'étendent, doivent être observés et sont des indices dont savent tenir compte les bons cavaliers et les hommes experts dans la connaissance des espèces domestiques. On devine qu'un cheval, qu'un taureau sont méchants aux attitudes menaçantes qu'ils prennent aux approches de l'homme, à la manière dont les oreilles se dressent, aux regards exprimés, à l'abaissement ou au relèvement de la tête, quoique certains animaux agissent traîtreusement. Beaucoup d'expérience et de tact, c'est ce qu'il faut acquérir pour apprécier les animaux, surtout les animaux reproducteurs, par les attitudes qui leur sont favorites.

ATTRAPE-MOUCHE. — Nom donné à diverses plantes dont les feuilles ou les fleurs se plient, se ferment, lorsqu'un insecte vient s'y poser. Tels sont la silène gobe-mouche, la lichnide visqueuse, la dionée attrape-mouche, l'apocyn gobe-mouche (voy. ce mot), les *Drosera rotundifolia*, *longifolia* et *intermedia*, l'*Arum crinitum* ou gouet chevelu (voy. ARUM).

ATTRITION (*art vétérinaire*). — Excoriation superficielle, résultat de frottement et qui se guérit avec facilité en employant quelques lotions faiblement astringentes.

AUBA. — Nom donné au saule et à l'osier dans quelques parties de la France.

AUBAINE (*agriculture*). — On donne ce nom à diverses variétés de blé. L'aubaine blanche est une variété de blé poulard blanc en usage en Touraine, que l'on conseille comme blé de printemps pour la région du nord. — L'aubaine rouge est un *Triticum durum* analogue au *Triménia barbu de Sicile* dont elle est la sous-variété rouge. Cette aubaine rouge est peut-être le seul *Triticum durum* d'une culture usuelle en France. En Languedoc, dans la plaine de Nîmes, on sème l'aubaine rouge à l'automne; elle paraît réussir près de Paris dans des semailles tardives, faites même en février.

AUBARÈDE. — Nom donné dans la Gironde à une plantation de saules.

AUBAREIN. — Nom donné dans la Gironde aux bourgeons du saule.

AUBE (*mécanique agricole*). — Planche fixée à la circonférence d'une roue hydraulique et sur laquelle presse une chute d'eau pour faire tourner cette roue et donner une force motrice. On dit les aubes d'un moulin, une roue à aubes.

AUBE (DÉPARTEMENT DE L') (*géographie agricole*). — Ce département doit son nom à la rivière de l'Aube qui le traverse du sud-est au nord-ouest. Il a été formé en 1790 de territoires appartenant à la Bourgogne et, pour la plus grande partie, à la Champagne. Sa superficie est de 600 139 hectares.

Le département n'offre pas de hautes montagnes; on n'y rencontre guère que de petits monts et des collines. C'est à l'est et au sud, près de la frontière du département de la Haute-Marne, comme prolongement des massifs, d'ailleurs d'une élévation médiocre, du plateau de Langres et de la Côte-d'Or, que se trouvent les collines les plus élevées. Le département, dans son ensemble, présente une gradation de collines çà et là boisées, diminuant de grandeur depuis l'amont, c'est-à-dire depuis la ligne qui va de Clairvaux à Essoyes, jusqu'aux grandes plaines monotones d'aval. Les plus fortes altitudes se trouvent à 9 ou 10 kilomètres au sud de Bar-sur-Aube, non loin de l'abbaye de Clairvaux.

Tous les cours d'eau un peu notables qui arrosent le département de l'Aube ne font guère qu'un total de 800 à 900 kilomètres, faible longueur pour une superficie de plus de 600 000 hectares. Aussi son territoire est-il plutôt sec que mouillé. Il en résulte un climat spécial, moins humide, plus continental que celui de Paris. Les étés n'y sont pas beaucoup plus chauds qu'aux environs de Paris, mais les hivers y sont plus froids.

On trouve dans l'Aube des terrains très variables. Le terrain crétacé supérieur, formé de craie blanche tendre, très perméable, constitue la plus grande partie des arrondissements de Nogent-sur-Seine et d'Arcis-sur-Aube. Le terrain crétacé inférieur, composé de craie marneuse moins perméable, ne se fait voir que sur une bande déchiquetée, n'ayant que quelques kilomètres de largeur et traversant tout le département de Villenauxe à Chavanges. Les sables calcaires et argiles imperméables du grès vert, du gault et du terrain néocomien, dépendant de la formation crétacée inférieure, se font voir dans la partie méridionale de l'arrondissement de Troyes et la partie occidentale des arrondissements de Bar-sur-Aube et de Bar-sur-Seine. Dans ces terrains on trouve souvent des terres qui deviennent très fertiles à l'aide de puissants labours. Les terrains jurassiques comprenant les assises du calcaire de Portland, des marnes du kimméridge, du coral-rag, de la grande oolithe, du calcaire à entragues, occupent surtout l'est du département et une très forte partie des arrondissements de Bar-sur-Aube et de Bar-sur-Seine; à cette formation appartiennent les oolithes ferrugineuses de Vandeuvre. C'est dans les terrains imperméables que sont situés les quatre groupes d'étangs du département : le premier, de la forêt de Chaource, qui en compte 16 principaux; le deuxième, de la forêt de Bailly, où il s'en trouve 6 considérables; le troisième, de la forêt d'Orient et des bois circonvoisins, où il n'y en a pas moins de 47; le quatrième, des forêts de Soulaines et de Montmorency. Enfin le diluvium ancien s'étend dans la plaine qui est au-dessus de Troyes, dans le canton de Lusigny, puis dans la plaine de Brienne, sur un triangle dont le sommet est à Trannes et dont la base va de Lesmont à Rances. Quant aux alluvions modernes, elles se forment encore de nos jours dans les vallées de la Seine, de l'Aube, de l'Armance, de la Barse, de la Voire; dans la vallée de l'Hozain et de ses affluents, le sol est souvent marécageux, tourbeux, et les eaux deviennent noirâtres, de même que dans quelques autres vallées des affluents de l'Aube et de la Seine.

Cette constitution géologique explique la réputation de quelques-unes des anciennes provinces qui ont contribué à la constitution du département de l'Aube; ce sont le comté de Bar-sur-Seine qui appartenait à la Bourgogne, et des parties de la Basse-Champagne, du Vallage et du Bassigny.

L'ancien comté de Bar-sur-Seine, qui est très pittoresque et qui est célèbre par les vignes des trois Riceys, comprend aujourd'hui les cantons de Bar-sur-Seine et des Riceys; il est traversé par les vallées de la Seine et de la Laigne, et contient quelques-unes des collines les plus élevées du département ainsi que les vallons les plus ondulés, les pentes les plus rapides. A côté des vignes, de beaux vergers, puis des prairies et des pâturages entrecoupent les cultures de céréales.

Le Bassigny n'occupe dans l'Aube que le canton d'Essoyes; c'est une contrée renommée pour la production des grains, du vin et des bois; on cite, à Cunfin, le grand chêne de Saint-Bernard qui a plus de 8 mètres de circonférence, et qui va tantôt compter neuf siècles d'existence.

Le Vallage comprend : l'arrondissement de Bar-sur-Aube; une partie du canton de Piney, dans l'arrondissement de Troyes; le canton de Chavanges et une partie du canton de Ramerupt dans l'arrondissement d'Arcis-sur-Aube. Les cultures y sont propices, et les vignobles y donnent d'assez beaux produits. C'est dans le Vallage que saint Bernard a fondé en 1125 la célèbre abbaye de Clairvaux qui comprit bientôt 47 hectares de prairies, 316 hectares de vignes, 25 324 hectares de bois; le cellier du monastère renfermait une tonne de la contenance de 2000 hectolitres.

La Basse-Champagne forme la plus grande partie du département; elle renferme l'arrondissement de Nogent-sur-Seine, l'arrondissement d'Arcis-sur-Aube, moins le canton de Chavanges et une partie de celui de Ramerupt; l'arrondissement de Troyes, moins le canton de Piney; enfin le canton de Chaource qui appartient à l'arrondissement de Bar-sur-Seine. Une grande partie de cette surface, surtout les plaines, est peu fertile. Toutefois quelques collines portent des vignes assez productives, et d'ailleurs dans les vallées de la Seine et de l'Aube et de plusieurs de leurs affluents, on trouve de bonnes prairies. Mais la masse du pays est monotone, porte des moissons généralement peu abondantes; dans tous les cas, après la moisson, on ne voit que des terres blanches et une herbe rare, maigre, courte, appelée pouilleuse, d'où le nom de *Champagne pouilleuse* donnée à la contrée; çà et là seulement quelques troupeaux et des massifs peu épars d'arbres résineux font diversion avec la monotonie des vastes solitudes crayeuses.

Le cadastre achevé en 1842 donne la répartition suivante des terres du département :

	hectares
Terres labourables	401 008
Prés	38 287
Vignes	22 219
Bois	82 003
Vergers, pépinières et jardins	3 055
Oseraies, aulnaies, saussaies	2 279
Carrières et mines	80
Landes, pâtis, bruyères, etc	17 602
Etangs	1 429
Abreuvoirs, mares, canaux d'irrigation	150
Canaux de navigation	7
Propriétés bâties	2 590
Total de la contenance imposable	572 300
Routes, chemins, places publiques, rues	12 687
Rivières, lacs, ruisseaux	2 106
Forêts, domaines non productifs	12 749
Cimetières, églises, presbytères, bâtiments publics	200
Autres surfaces non imposables	97
Total de la contenance non imposable	27 839
Superficie totale cadastrée	600 139

Les terres labourables occupaient en conséquence, lors de l'achèvement du cadastre, 66,82 pour 100 de la superficie du département.

La statistique de 1852 fournit un premier terme de comparaison avec le cadastre; elle permet en outre de différencier les cinq arrondissements les uns des autres; on a le tableau suivant :

	ARRONDISSEMENTS DE					
	ARCIS-SUR-AUBE	NOGENT-SUR-SEINE	TROYES	BAR-SUR-AUBE	BAR-SUR-SEINE	TOTAUX POUR LE DÉPARTEMENT
	hect.	hect.	hect.	hect.	hect.	hect.
Céréales	72 593	44 461	65 599	32 750	42 896	258 209
Racines et légumes	2 733	1 278	3 478	1 107	1 885	10 481
Cultures diverses	482	839	1 634	867	814	4 636
Prairies artificielles	10 602	8 214	11 843	7 098	7 247	45 004
Jachères	22 234	15 983	17 571	11 971	14 509	82 268
Totaux des terres labourables	108 644	70 775	100 125	53 793	67 351	400 688

Le résultat total ne diffère pas sensiblement de celui des opérations cadastrales; l'étendue des terres arables n'a ni augmenté ni diminué dans l'intervalle de dix années. Mais il y a de très grandes différences entre les divers arrondissements : ceux qui présentent le plus de terres labourables par rapport à l'étendue totale, sont ceux d'Arcis-sur-Aube et de Nogent-sur-Seine; celui de Troyes est tout près de la moyenne du département; ceux de Bar-sur-Seine et de Bar-sur-Aube sont les derniers.

Les autres terres du département étaient ainsi réparties d'après la statistique de 1852 :

	ARRONDISSEMENTS DE					
	ARCIS-SUR-AUBE	NOGENT-SUR-SEINE	TROYES	BAR-SUR-AUBE	BAR-SUR-SEINE	TOTAUX POUR LE DÉPARTEMENT
	hect.	hect.	hect.	hect.	hect.	hect.
Prairies naturelles	6 867	6 846	12 060	8 460	4 796	39 029
Vignes	520	992	4 280	5 037	12 083	22 912
Pâturages	55	949	1 685	2 981	7 207	12 937
Superficies diverses	9 755	10 195	38 794	34 182	31 647	124 573
Surfaces cadastrées	125 841	89 757	156 944	104 453	123 144	600 139

Les superficies diverses, dans ce dernier tableau, comprennent les cultures arbustives autres que la vigne, les bois et les forêts, les terres incultes, les étangs, les cours d'eau, les chemins, les propriétés bâties.

Dans l'enquête de 1862, on ne trouve que des renseignements relatifs à l'ensemble du département ainsi qu'il suit :

	hectares
Céréales	258 742
Racines et légumes	12 793
Cultures diverses	5 814
Prairies artificielles	47 432
Fourrages consommés en vert	3 093
Jachères mortes	78 480
Total des terres labourables	406 354

La proportion des terres labourables à l'étendue totale du département, est de 67,71 pour 100, et il y a à cet égard une légère amélioration.

Les principaux changements survenus en dix ans consistent dans l'augmentation des étendues consacrées à la culture du froment, à celle des pommes de terre et aux prairies artificielles, à la diminution de la culture du seigle et à celle des jachères mortes.

Quant aux autres surfaces, elles se répartissaient ainsi en 1862 :

	hectares
Prairies naturelles	37 042
Vignes	22 044
Pâturages non fauchables	9 966
Superficies diverses	124 733
Surface cadastrée totale	600 139

L'enquête agricole de 1866 n'a absolument rien ajouté aux chiffres déjà connus sur le département et n'a pas fourni de renseignements statistiques nouveaux. Mais la statistique internationale de 1873 donne des chiffres qu'il faut rapporter, quoiqu'ils ne concordent pas avec les précédents. Les terres labourables étaient d'après cette statistique ainsi réparties :

	hectares
Céréales	227 571
Autres farineux	8 265
Cultures potagères et maraîchères	2 732
Cultures industrielles	6 054
Prairies artificielles	41 585
Fourrages annuels	3 687
Jachères mortes	74 139
Total des terres labourables	364 036

Si ces chiffres sont exacts, il y aurait eu de 1862 à 1873 une diminution de 51 000 hectares dans les emblavures en céréales, de 7000 hectares dans l'étendue consacrée aux prairies artificielles, de 4000 hectares dans les jachères mortes, de 12 000 hectares dans l'étendue totale des terres soumises à l'action de la charrue. Il est possible que les conséquences de l'invasion allemande se soient fait encore douloureusement sentir dans l'Aube, mais comment ont été recueillis les faits qui ont servi de base à la statistique dite de 1873? Peut-être beaucoup de terrains peu productifs, au lieu d'être emblavés, ont-ils été plantés en essences forestières diverses, notamment en essences résineuses. Quoi qu'il en soit, la proportion des terres labourables à la superficie du département est tombée à moins de 61 pour 100, en s'en rapportant aux chiffres qui précèdent.

Les autres terres du département étaient ainsi réparties d'après la même statistique :

	hectares
Vignes	21 216
Bois et forêts	104 861
Prairies naturelles et vergers	34 638
Pâturages et pacages	4 676
Terres incultes	12 762
Superficies bâties, voies de transport, etc	57 950
Total	336 103

La production moyenne annuelle totale en froment et en avoine a presque triplé en soixante ans, et il en a été de même pour l'avoine ; le méteil et le sarrasin ne comptent guère sur l'ensemble de toutes les céréales ; la production totale du seigle a baissé légèrement ; celle de l'orge a doublé ou à peu près. La production totale est d'ailleurs notablement supérieure aux besoins de la consommation ; le département vend au dehors en année ordinaire la moitié des grains qu'on y récolte.

En général, les grains de l'Aube manquent de poids ; dans certaines années, les meilleurs ne valent que la seconde qualité d'autres départements voisins.

Le sarrasin n'est pas consommé pour l'alimentation de l'homme ; le maïs et le millet ne sont cultivés que très exceptionnellement.

En un demi-siècle la culture des pommes de terre a quadruplé et en surface et en produits.

La culture des légumes de tous genres, en dehors des pommes de terre, n'occupe guère que de 5000 à 6000 hectares dans le département. La culture maraîchère est prospère dans les environs de Troyes, de Nogent-sur-Seine et de Bar-sur-Aube ; on cite surtout les territoires de Montgueux et de Saint-André comme étant plus particulièrement consacrés à cette culture ; les navets de Montgueux sont renommés ; l'ail et l'échalote sont très cultivés à Saint-André.

Comme culture sarclée, la betterave a pris une certaine extension ; cependant elle n'atteint pas 5000 hectares dont le cinquième en betteraves à sucre et le reste en betteraves fourragères ; les betteraves à sucre servent à alimenter deux fabriques de sucre situées l'une près de Troyes, l'autre près de Nogent-sur-Seine, et en outre une distillerie Champonnois à La Chapelle près Nogent. Le rendement pour les betteraves de toutes sortes reste compris entre 20 000 et 30 000 kilogrammes par hectare.

Les autres cultures industrielles n'ont qu'une faible importance. Le houblon n'occupe que quelques hectares, mais il paraît donner des résultats encourageants. Le colza se cultive sur une étendue plus considérable, mais n'est pas en faveur. Les navettes d'hiver ou d'été paraissent mieux réussir. Dans l'arrondissement de Nogent, on cultive quelques plantes aromatiques, notamment l'absinthe destinée à la parfumerie et à la distillerie de Paris. Parmi les plantes textiles et oléagineuses, le chanvre conserve une petite place dans les exploitations rurales.

La culture du lin est presque abandonnée.

Les cultures arbustives sont au contraire en pleine prospérité. Des pépinières nombreuses et importantes existent dans la banlieue de Troyes et les environs de Brienne ; celles de MM. Baltet, à Troyes, ont une réputation universelle. On obtient de très beaux fruits à pépins dans les cantons de Bouilly, de Chaource, d'Ervy, de Lusigny, de Vandeuvre. De nombreux jardins présentent de beaux espaliers donnant des fruits estimés, tels que pêches, abricots, pommes, poires, qui font l'objet d'un assez grand commerce. La production fruitière occupe environ 4000 hectares dans le département. « Balnot-sur-Laignes, dit M. Heuzé, renferme de nombreuses et belles cerisaies. Les cerisiers qu'on plante dans les cantons de Bar-sur-Seine, de Mussy et des Riceys, sur des friches ou dans les vergers, sont greffés sur des *mahaleb ;* on les dirige en buisson ou demi-tiges, mais on ne les taille pas. Ces cultures fournissent des cerises précoces, d'une vente facile. Les vergers qu'on admire dans les cantons de Chaource, Ervy, Lusigny, Vendeuvre, Piney, Bouilly et Troyes, fournissent de beaux fruits à pépins. Le canton de Bar-sur-Aube et surtout les communes de Baroville, Fontette et Champignol vendent une grande quantité de prunes de reine-claude. »

La superficie forestière de l'Aube s'élève à 110 921 hectares, d'après la statistique officielle dressée à l'occasion de l'Exposition universelle de 1878 ; elle forme 18 pour 100 de l'étendue totale du département. Sur la superficie forestière, 14 686 hectares appartiennent à l'État, 22 873 aux communes, 1251 aux établissements publics, et enfin 72 111 ou près des deux tiers aux particuliers. On compte 12 forêts domaniales ou indivises pour 14 686 hectares. Il y a 166 communes propriétaires de bois pour une étendue totale de 22 653 hectares, plus 4 sections communales propriétaires de 220 hectares. On compte 13 établissements publics possédant 1251 hectares. Sur la surface forestière totale, 71 578 hectares ou 65 pour 100 sont en sol calcaire, et 39 343 hectares ou 35 pour 100 en sol non calcaire. Les altitudes boisées sont comprises entre 70 et 366 mètres.

Ce n'est que depuis le dix-neuvième siècle que les essences résineuses ont été introduites et forment des massifs ayant souvent une belle végétation dans les terrains crayeux du département. Le pin sylvestre y a été planté vers 1808 par M. de Jessains. Le pin noir d'Autriche a été employé pour la première fois vers 1827, pour planter les terres incultes de Luyères par MM. de Baudel et de la Fournière. Il a été introduit ensuite aux Riceys, où toutefois le pin laricio réussit mieux. Les associations des deux dernières essences avec les essences feuillues donnent d'ailleurs d'excellents résultats. Quant aux bords des cours d'eau, on y multiplie les peupliers et les aulnes. On cite un peuplier blanc de Hollande, âgé de plus de trois siècles, existant sur la propriété de M. Huot, à Saint-Julien, près de Troyes, qui a 42 mètres de hauteur et présente, à 1 mètre au-dessus du sol, 7^{m},30 de circonférence. L'administration des forêts a établi des pépinières dans les forêts domaniales de Beaumont, de Larrivour et de Rumilly, soit pour l'entretien de ses propres forêts, soit pour fournir des plants, à titre d'encouragement, aux communes qui entreprennent le reboisement des forêts ou des terrains vagues.

Après les forêts, la culture arbustive la plus importante de l'Aube est celle de la vigne, surtout dans les arrondissements de Troyes, de Bar-sur-Seine et de Bar-sur-Aube.

Il convient de dire que les méthodes de culture de la vigne sont extrêmement variées dans le département, et que les vignobles de Troyes ne ressemblent guère à ceux des arrondissements de Bar-sur-Aube et de Bar-sur-Seine. Ce dernier renferme la moitié des vignes du département; les arrondissements de Nogent et d'Arcis n'en contiennent qu'un douzième; les cinq douzièmes qui restent se partagent par moitié entre les arrondissements de Troyes et de Bar-sur-Aube. « Les vignes fines des Riceys, dit le docteur Guyot, donnent 15 hectolitres à l'hectare, mais les vignes communes y donnent au moins le double; celles de la vallée de l'Ource produisent 50 hectolitres; celles de Bar-sur-Aube, 30 hectolitres; celles de Verrières, Cléry, Villemoyenne, produisent la même quantité; celles de Villery, Bouilly, Laines-aux-Bois, Javernant, Montgueux, en produisent au moins 40; enfin les vignes en treilles des environs de Troyes élèvent leur moyenne beaucoup au-dessus de 50 hectolitres à l'hectare. » On conçoit qu'il soit difficile de faire pour l'ensemble une moyenne exacte chaque année, car les météores frappent bien différemment des vignobles placés dans les situations les plus variées, et cultivés d'ailleurs par des procédés très dissemblables, en perches ou en lignes dans les environs de Troyes et à Vandeuvre, en foule dans les arrondissements de Bar-sur-Aube et de Bar-sur-Seine, mais avec des systèmes de plantation, de taille, de provignage ou de remplacement, de conduite qui sont divers, selon que les vignes sont dirigées par des propriétaires bourgeois ou par des vignerons; d'ailleurs, les variations des cépages introduisent dans les appréciations un autre élément de difficulté. Quant à la qualité des vins, elle dépend de mille circonstances, et particulièrement des méthodes de vinification; mais quelques crus sont célèbres et les vignobles des Riceys rappellent à tous les consommateurs, par la générosité de leurs produits, qu'ils appartiennent à la Bourgogne.

Après les productions arbustives, les prairies naturelles ou artificielles occupent la première place, mais elles ne sont pas en rapport avec les surfaces considérables qu'il importerait de féconder par du fumier; les vignes, par exemple, ne reçoivent presque aucun engrais, et c'est une antique routine qu'il n'est plus possible de défendre. On peut estimer à 12000 hectares en tout la superficie consacrée à la production de l'herbe.

Il y aurait, en outre, 4000 hectares environ consacrés à des cultures fourragères diverses, dont l'étendue entre, ainsi que celles du trèfle, des luzernes et du sainfoin, dans l'ensemble des terres arables. De la lupuline, de la pimprenelle, surtout dans les terrains crayeux, des vesces, des pois occupent quelques centaines d'hectares. Les rendements en foin sec sont tout au plus passables; ils attestent seulement une fertilité un peu au-dessus du médiocre. Un tiers environ des prairies est soumis à des arrosages plus ou moins réguliers; les deux tiers sont en prairies sèches. Les rendements moyens des prés arrosés sont de 20 pour 100 supérieurs à ceux des prés secs. Les prés les plus estimés sont ceux des vallées de la Barse, de l'Armance, de la Voire, de l'Hozain et de la Seine au-dessous de Troyes, sur une longueur de 15 à 20 kilomètres. Ceux qu'on trouve entre Méry et Nogent sont très humides et marécageux. En général, ceux des terrains crayeux sont tourbeux et produisent des foins médiocres. Dans quelques localités, ces prés sont appelés des monlaises. Les travaux de drainage, judicieusement exécutés, les améliorent d'une manière avantageuse. Les prairies des vallées de la Vanne, de l'Ancre, du Bitio, de la Nosle, de l'Hozain, sont souvent irriguées au moyen de rigoles régulièrement établies et alimentées par des prises fermées par de petites vannes. Après la seconde coupe, on met en général le bétail à pâturer dans les prés. Le trèfle est cultivé dans les sols argilo-siliceux, la luzerne dans les terrains argilo-calcaires et argileux profonds, le sainfoin dans les terres crayeuses de la Champagne et les terres peu profondes du terrain jurassique.

La quantité totale du foin produit ne pourrait pas suffire pour nourrir plus de 40000 à 50000 têtes de gros bétail; le département en contient plus de trois fois davantage; il faut donc que le pâturage des chaumes de céréales, celui des jachères et des terres incultes, que les forêts, et enfin que les cultures sarclées fournissent le complément. Les statistiques officielles renferment les dénombrements suivants pour le bétail depuis 1840 :

ANNÉES	ESPÈCES						
	CHEVALINE	ASINE	MULASSIÈRE	BOVINE	OVINE	CAPRINE	PORCINE
	têtes	têtes	têtes	têtes	têtes	têtes	têtes
1840	26 439	3 151	578	83 618	327 836	2 003	38 906
1852	36 565	1 983	306	85 569	408 081	1 993	43 578
1862	37 730	1 595	309	98 709	356 128	3 860	42 462
1866	38 050	1 652	296	85 870	362 595	4 607	31 317
1873	28 889	1 0[illegible]2	312	87 263	251 455	5 183	28 524
1875	33 886	987	188	86 923	265 820	4 858	29 737
1876	»	»	»	88 185	266 360	4 910	30 105
1877	35 000	970	190	89 315	270 115	4 600	29 790
1878	33 570	900	170	83 380	258 430	4 440	30 120
1879	33 001	812	231	89 976	244 431	3 985	29 412

Il n'y a pas de races de bétail spéciales au département. Dans les fermes des parties calcaires, on fait l'engraissement des veaux pour la boucherie de Paris, à laquelle on livre ces animaux à l'âge de trois mois, et pesant en moyenne 130 kilogrammes poids vif. Cette spéculation est très profitable et donne lieu à un commerce important. Dans quelques cantons, on fait du beurre, dans d'autres du fromage; on cite surtout, comme ayant une réputation qui s'étend au loin, les fromages gras d'Ervy, de Chaource, de Barbecey, de Sonmaintrain.

L'Aube appartient, pour les concours régionaux, à la région du nord-est, comprenant les sept départements des Ardennes, de l'Aube, de la Marne, de la Haute-Marne, de Meurthe-et-Moselle, de la Meuse et des Vosges. Quatre concours régionaux ont eu lieu à Troyes, en 1860, 1867, 1875 et 1883. En 1860, la prime d'honneur a été attribuée à M. Jozon, agriculteur à Saint-Aubin (arrondissement et canton de Nogent); en 1867, elle a été décernée à M. le baron Walckenaër, propriétaire-agriculteur au Paraclet, sur la commune de Quincey, à 4 kilomètres de Nogent-sur-Seine; en 1875, elle a été remportée par M. le comte de Launay, propriétaire exploitant de la ferme de Courcelles, commune de Cléry, canton de Lusigny (arrondissement de Troyes). — L'Aube possède une chaire départementale d'agriculture, créée en 1880. Plusieurs associations agricoles donnent une vive impulsion aux progrès de tous genres : à Troyes, la Société d'agriculture, sciences, arts et belles-lettres de l'Aube; le Comice agricole de l'Aube; la Société horticole, vigneronne et forestière de l'Aube; une Société d'agriculture; — à Bar-sur-Aube, une Société d'agriculture; — à Nogent-sur-Seine, une Société d'horticulture.

Des voies de communication assez nombreuses sillonnent le département et sont susceptibles de développer davantage son commerce. — On y compte d'abord 282 kilomètres de chemins de fer en exploitation.

Quant aux chemins de terre, ils se composent de 5 routes nationales d'une longueur de 379 kilomètres; de 15 routes départementales, d'une longueur de 302 kilomètres; de 25 chemins de grande communication, d'une longueur de 522 kilomètres; de 35 d'intérêt commun, d'une longueur de 813 kilomètres; de 1047 chemins vicinaux ordinaires, d'une longueur de 2000 kilomètres. Le tout fait 4016 kilomètres à l'état d'entretien.

AUBEC. — Nom de l'aubier dans le Médoc.

AUBÉPINE (*arboriculture*). — L'aubépine ou épine blanche n'est autre que le *Cratægus oxyacantha* ou *Mespilus oxyacantha*, arbrisseau ou arbre de la famille des Rosacées, tribu des Pomacées. On lui donne vulgairement des noms très divers : acinier (voy. p. 61), anote (p. 183), aubépin, aubressin, bois de mai, ébaubin, épine fleurie, épinière, mai, noble épine, senellier.

L'aubépine est d'une croissance lente, mais vit des siècles. Isolée, elle peut donner des arbres qui atteignent 10 mètres de hauteur, mais sont tortueux. Cultivée en pieds assez serrés, elle donne des buissons remarquables. Elle prend facilement par la taille et par l'arcure toutes les formes qu'on veut lui donner. Elle est d'ailleurs très résistante, et comme elle est armée de nombreuses épines, elle est particulièrement propre à former des haies solides et durables. Elle vient dans tous les sols et sous tous les climats; cependant elle réussit mieux dans les terres argilo-calcaires, profondes, conservant toujours une certaine fraîcheur, que dans celles qui sont légères et sujettes à se dessécher. Son écorce est blanchâtre, ses feuilles alternes. Elle se couvre en mai de jolies fleurs blanches disposées en corymbes et d'une odeur suave, qui font que la plante tient un rang distingué dans la flore décorative. Les fruits qui succèdent et qui tiennent sur l'arbre tout l'hiver ajoutent à l'effet ornemental. La culture a en outre fait naître quelques variétés à fleurs doubles blanches ou avec un coloris tantôt rose, tantôt rouge carmin. On doit citer, outre l'aubépine commune, l'aubépine écarlate qui est à fleurs simples d'un rouge brillant; l'aubépine à fleurs blanches doubles (*Cratægus oxyacantha flore albo pleno*), qui est ancienne; l'aubépine à rameaux pleureurs (*C. O. pendula*) dont les branches pendantes produisent un joli effet; l'aubépine rose double (*C. O. rosea plena*) qui est d'un beau rose et dure longtemps. On peut signaler aussi une variété à fruits jaunes, et une autre à feuilles panachées.

L'aubépine se multiplie de graines stratifiées avant l'hiver, aussitôt la maturité acquise; les variétés ornementales se conservent par la greffe de leurs rameaux sur des sujets de l'espèce commune.

Les boutons à fleurs sont mangés dans les salades ou confits dans le vinaigre. Les fruits, qui consistent en une petite drupe à plusieurs noyaux, couronnée par le limbe du calice, molle, gélatineuse, astringente, aigre par la présence de l'acide malique, sont recherchés par les oiseaux; les enfants aiment à les manger; on peut en faire une boisson alcoolique; on les ajoute souvent au cidre et au poiré. L'écorce peut servir pour le tannage; elle donne une décoction rougeâtre qui teint en jaune avec l'alun, en gris avec le sulfate de fer. La racine et les feuilles teignent en jaune. Le bois est dur, compact, noueux, très dense, difficile à travailler; il sert pour faire des cannes, quelques ouvrages de placage et de tour, notamment des maillets, des manches d'outils, des roues d'engrenage. Les feuilles sont broutées par les animaux domestiques, malgré la présence des épines. Les fagots sont excellents pour le chauffage; ils servent aussi pour protéger les tiges des arbres, pour faire des haies sèches et pour garantir les semis contre les dégâts que pourraient causer les poules.

Le principal usage de l'aubépine est la confection de haies vives défensives qui ont l'avantage d'être très durables et de ne pas se dégarnir du pied. Le mode de propagation généralement adopté dans ce but est le semis en pépinière d'attente, d'où le plant est transporté, à sa seconde ou à sa troisième année, dans l'endroit qu'il doit définitivement occuper. On peut aussi semer sur place et en lignes, en surveillant la levée du plant pour le répartir également. Quand les jeunes arbustes ont atteint la grosseur du petit doigt, on recèpe, et on soumet la haie à la taille annuelle. Dans le Midi, on doit arroser les plants durant les deux ou trois premières années, parce que la sécheresse très prolongée leur est très nuisible.

L'aubépine est aussi très employée en arboriculture pour servir de sujet dans le greffage de la plupart des Pomacées.

Dans le langage des fleurs, l'aubépine est l'emblème de l'espérance.

AUBÈRE (*zootechnie*). — On dit qu'un cheval est aubère, lorsque sa robe est composée de poils blancs et de poils rouges dans des proportions variées; on dit que la robe est fleur de pêcher, mille-fleurs, pêchard. On emploie aussi le mot aubère comme substantif pour désigner la robe d'un cheval qui est aubère. On dit un aubère clair, foncé, rougeâtre, brunâtre, vineux, ordinaire. Les crins de l'encolure et de la queue des aubères n'ont pas toujours la même nuance que le fond de la robe, et la tête est ordinairement plus foncée.

AUBERGINE (*culture maraîchère*). — L'aubergine est un légume qu'on mange surtout dans le Midi. C'est une plante annuelle, originaire de l'Amérique du Sud, appartenant à la famille des Solanées; c'est le *Solanum melongena*; on l'appelle aussi vulgairement mélongène, mérangène, mayenne, albergine, ambergine, bérengine, bréhème, bringile, nurrignon, mélanzane, meringeane, merinjeanne, œuf végétal, pondeuse, véringeane. La tige demi-ligneuse est dressée et atteint dans certaines variétés une hauteur de 0m,60. Les feuilles sont larges, grisâtres, armées d'épines sur les nervures. Les fleurs ressemblent à celles des pommes de terre, mais elles sont un peu plus grandes; elles sont d'un violet prononcé. Les fruits sont des baies diversement colorées selon les variétés; la pulpe du fruit, à l'état cru, est un peu sèche, comme cotonneuse, et d'une saveur peu agréable; mais par la cuisson, elle devient tendre et forme un mets recherché quand elle est convenablement assaisonnée.

Parmi les variétés potagères, on distingue l'*aubergine violette longue* (fig. 526), ayant les fruits oblongs ou obovoïdes-oblongs, une longueur de 0m,25 à 0m,30, sur une épaisseur de 0m,07 à 0m,08; c'est la plus généralement cultivée; — la *grosse aubergine violette ronde*, qui a le fruit plus gros et plus court que l'aubergine ordinaire; — l'*aubergine panachée de la Guadeloupe*, à fruit presque ovoïde, blanc, marbré et fouetté de violet; — l'*aubergine violette naine* (fig. 527), la plus hâtive des aubergines connues jusqu'à ce jour, signalée par M. Vilmorin comme donnant des fruits mûrs au mois de juillet sous le climat de Paris; ces fruits sont de grosseur moyenne, d'un violet pâle, piriformes; ils ont une saveur douceâtre, un peu fade;

la plante est ramifiée et très basse; — l'*aubergine ronde de Chine*, ayant les fruits petits, sphériques, d'un violet plus ou moins foncé, allant presque jusqu'au noir; l'*aubergine jaune de Chine*, dont le fruit, d'un beau jaune uniforme, a d'ailleurs les mêmes formes et dimensions que l'aubergine

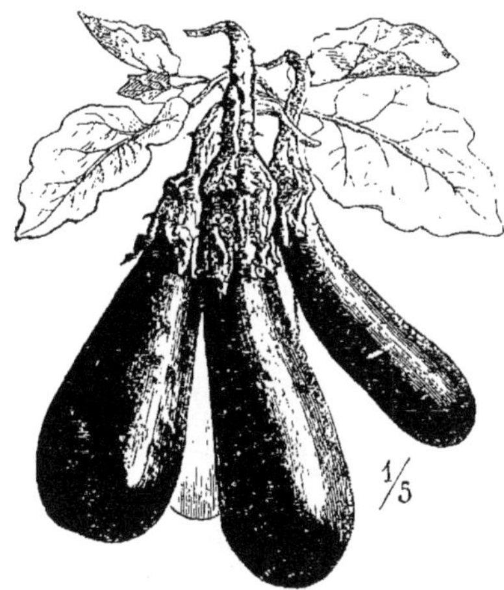

Fig. 526. — Aubergine violette longue.

violette longue ordinaire; — l'*aubergine blanche longue de Chine*, ayant le fruit blanc, cylindrique, allongé, avec une chair plus fondante et moins filandreuse que les autres variétés; — l'*aubergine en forme d'œuf*, plus souvent cultivée comme plante d'ornement; c'est le *Melongum ovifera;* on

Fig. 527. — Aubergine violette naine.

donne vulgairement à cette aubergine les noms de plante aux œufs, plante pondeuse, plante de Sodome; son fruit est petit, ovale, d'un blanc luisant, ressemblant à un œuf; on le regarde comme n'étant pas sain, quoiqu'on le mange dans le Midi, aussi bien que l'aubergine violette. — On considère ce fruit comme diurétique. — On emploie la pulpe de l'aubergine, non pas seulement comme aliment, mais encore pour faire des cataplasmes contre les furoncles, les panaris, les phlegmons, les contusions, les brûlures.

L'aubergine se multiplie par semis de graines sur couche, repiquaison en pépinière, et enfin mise en place des jeunes plantes.

Dans le Midi, on sème en avril sur couche ou sur côtière à une exposition abritée, et on repique immédiatement en pleine terre, à 0m,50 de distance en tous sens, dans le courant de mai ou dans les premiers jours de juin. On doit choisir un terrain frais ou facilement arrosable. On donne autant que possible de copieux arrosages en été. Les fruits mûrissent successivement en août, en septembre et en octobre. On unit les ramifications et les nouveaux bourgeons jusque sur le talon pour aider au grossissement des fruits. C'est dans le Midi seulement que les fruits mûrissent suffisamment pour donner des graines fertiles. On les laisse, dans ce but, sur plusieurs pieds jusqu'à leur complète maturité, que l'on reconnaît à ce que l'épiderme devient un peu jaunâtre. On cueille alors et on expose au soleil jusqu'à ce que la décomposition commence; on ouvre alors le fruit, et on recueille la graine qu'on lave et qu'on met ensuite à sécher; la graine ainsi préparée peut servir pendant trois ou quatre ans.

A Paris, les semis d'aubergine se font en janvier et février, à la température de 20 à 25°, sur une couche que l'on entoure d'un réchaud de fumier pour en conserver la chaleur. Au bout de quinze jours à trois semaines, alors que le plant n'a guère encore que ses deux cotylédons développés, on repique en pépinière sur une nouvelle couche un peu moins chaude. Quelques jours plus tard, on repique une seconde fois en espaçant davantage. On couvre les panneaux vitrés d'un paillasson pendant la nuit, et on donne de l'air aux jeunes plants toutes les fois que le temps le permet. En mars les aubergines sont définitivement mises en place, mais toujours sur couche, à raison de quatre plantes par panneau, et on n'enlève les vitraux que dans le courant de mai. Il faut prendre soin auparavant d'aérer graduellement, et on doit entretenir la terre suffisamment humide par des arrosages. On enlève toutes les ramifications qui partent du collet des plantes pour ne laisser qu'une seule tige: lorsque cette tige a cinq ou six feuilles, on la pince pour provoquer le développement de deux branches latérales qu'on devra pincer plus tard à leur tour. Lorsque la fructification a commencé et qu'on trouve la plante assez garnie de fruits, on supprime tous les nouveaux bourgeons afin que la sève afflue sur les fruits noués. En suivant ce procédé, on peut obtenir des aubergines hâtives dès la fin de juin et jusqu'à la fin de septembre. Si l'on a semé seulement en mars ou en avril, on peut encore réussir à obtenir des fruits mûrs, mais à la condition d'opérer sur couche et sous cloches.

AUBESSIN. — Nom vulgairement donné dans quelques contrées à l'aubépine.

AUBIER (*botanique* et *sylviculture*). — On donne ce nom à la partie tendre, plus ou moins blanchâtre et extérieure, du corps ligneux d'un arbre. L'aubier se trouve entre le bois de cœur et l'écorce. Le bois de cœur comprend les couches ligneuses les plus rapprochées du centre et qui offrent presque toujours une couleur plus intense et une dureté plus grande que les couches les plus extérieures, les dernières formées. L'aubier est constitué par des couches extérieures qui contiennent moins de matière incrustante; il est donc reconnu à une couleur moins foncée et à une dureté moins grande. Le bois de cœur étant qualifié de bois fait, on peut dire que l'aubier est du *bois imparfait*. Chaque année il se forme en général une couche d'aubier sous l'écorce, tandis que la couche de même nature, la plus centrale, se durcit et s'ajoute au cœur du bois appelé aussi *duramen*. Dans quelques essences, par exemple le peuplier, le marronnier, le saule, et en général les arbres à bois blanc, on trouve peu de différence entre le bois de cœur et l'aubier; au contraire, dans d'autres essences les différences sont bien tranchées : ainsi dans le bois de campêche l'aubier est d'un clair jaunâtre et le bois parfait d'un brun rougeâtre; dans l'ébénier, l'aubier est blanc et le bois noir. L'aubier est aussi très facile à reconnaître dans le chêne, le noyer, l'orme. Le climat et la nature du sol, le mode d'exploitation adopté pour les forêts, l'âge des arbres influent sur l'épaisseur de l'aubier. Il est important de pouvoir atténuer les différences du bois parfait et du bois imparfait, parce que l'aubier est plus sujet à être piqué par les insectes; parce qu'il pourrit plus vite, quand il est exposé à l'humidité; parce que, en conséquence, on est obligé d'enlever l'aubier par l'opération de l'équarrissage pour avoir des pièces de bois susceptibles de durée et de solidité lorsqu'on veut les employer dans les constructions des maisons, des édifices et des navires. Des injections d'agents chimiques, tels que le sulfate de fer et la créosote, peuvent faire disparaître quelques-uns des défauts de l'aubier. Les coupes d'éclaircies, en laissant pénétrer l'air et la lumière dans les massifs des forêts, accélèrent la transformation de l'aubier en bois parfait. C'est ainsi qu'il arrive que, selon les cas, dans le chêne par exemple, l'épaisseur de l'aubier est à celle du bois de cœur comme 1 est à 4, ou à 5, ou même à 6 seulement. L'écorçage des arbres deux ou trois ans avant l'abatage a aussi pour effet d'amener le durcissement de l'aubier. Le rapport devient plus faible à mesure que les arbres vieillissent.

Il arrive que pendant les grands froids, les sécheresses prolongées, ou sous d'autres influences mal définies, l'aubier se trouve frappé de mort en partie ou en totalité, et alors il ne se transforme plus en bois, et il s'altère plus ou moins rapidement. On dit qu'il s'est formé du *faux aubier*. Cet aubier mort n'empêche nullement que la vie de l'arbre continue et qu'il se forme du côté de l'écorce des couches successives d'aubier nouveau qui se conduit comme si la formation de faux aubier n'avait pas eu lieu, de telle sorte qu'on ne s'aperçoit d'un phénomène très préjudiciable pour la valeur du bois que lorsque l'arbre est abattu et débité

AUBIER (*viticulture*). — Nom donné au cépage Colombaud dans le Var et les Bouches-du-Rhône.

AUBIFOIN, AUBITON, AUBITOU. — Noms vulgaires du bleuet (*Centaurea, Cyanus arvensis, Cyanus segetum, Cyanus vulgaris*).

AUBIN (*équitation*). — Allure d'un cheval qui tient de l'amble et du galop, et qui est défectueuse. Le cheval qui va l'aubin exécute des mouvements de galop avec les membres antérieurs, tandis que les membres postérieurs ne peuvent opérer que ceux du trot, ou réciproquement. C'est un défaut des chevaux usés (voy. ALLURES, p. 281).

AUBINER (*équitation*). — Se dit d'un cheval qui va l'aubin.

AUBINER (*viticulture*). — Opération qui consiste à *mettre en rigole* des boutures de vigne pour qu'elles prennent racine; on donne des façons aux boutures aubinées pour ne les planter souvent que la troisième année.

AUBINER (*arboriculture*). — Opération par laquelle on couvre les racines d'arbres nouvellement déplantés pour empêcher l'altération qu'elles finiraient par présenter sous l'action des agents physiques et des météores. Cette opération se dit aussi *terrer, enterrer, mettre en jauge*. Il ne faut pas se contenter de placer les arbres déplantés en tas, comme le font beaucoup de jardiniers, en couvrant les racines avec de la litière. Pour avoir une bonne reprise, il faut, jusqu'au moment où on replante en place, entourer les racines de mousse fraîche en mettant de la paille longue autour des tiges et des branches pour le temps du transport; lorsque, à l'arrivée, on ne peut pas tout de suite mettre en place, il convient de placer les racines serrées dans un trou et de jeter dessus un peu de terre. Si l'on a des gelées à redouter, il faut que le trou soit assez profond pour que la terre couvre les racines dans toute leur longueur, et on doit en outre mettre par-dessus du vieux fumier et de la paille.

AUBLET (*biographie agricole*). — Botaniste né à Salon en 1720. Auteur d'une histoire des plantes de la Guyane française très précieuse. On a quelquefois donné son nom à diverses plantes, mais la nomenclature botanique habituelle n'a pas consacré cette dédicace. Il est mort en 1778, à Paris.

AUBOUR (*pisciculture*). — On donne, dans les

Fig. 528. — Taureau de la race d'Aubrac.

départements des Landes et des Basses-Pyrénées, le nom d'aubour à la chevaine vandoire (*Squalius leuciscus*), poisson commun dans un grand nombre de lacs et de cours d'eau.

AUBOUR. — Nom vulgaire de l'*Opulus europæum*, appelé aussi *Obier*, *Aubier*, *Sureau des marais*.

AUBOURS. — Un des noms vulgaires donnés au faux ébénier ou cytise des Alpes (voy. ARBOIS, p. 531).

AUBRAC (RACE BOVINE D') (*zootechnie*). — Les monts Aubrac forment un massif granitique qui occupe surtout le nord-ouest de l'Aveyron, une petite partie du sud du Cantal et de l'ouest de la Lozère. Trois villes sont les chefs-lieux de ce district montagneux, Saint-Geniez, Laguiole et Saint-Vreile, où se trouvent des marchés de bétail importants pour la vente des bêtes bovines de la race d'Aubrac. « Vus de la vallée du Lot, dit Elisée Reclus, les escarpements du plateau granitique d'Aubrac, rayés par de nombreux torrents qui poussent devant eux les débris glaciaires, et portant çà et là quelques restes de leurs anciennes forêts, surtout des bouquets de hêtres pyramidaux, ont un aspect vraiment formidable ; à l'est, le plateau, parsemé de petits lacs et de tourbières, va rejoindre la Margeride par un isthme montueux, qui sépare les sources du Lot et de la Truyère, tandis qu'au nord il s'abaisse graduellement jusqu'à la base du Cantal. Le pays est trop élevé pour la culture : il forme un immense pâturage que parcourent en été près de 30 000 vaches et 40 000 brebis. » On comprend que dans un tel milieu il ait pu se former avec le temps une race bovine spéciale, aux rudes et solides qualités, et susceptible par conséquent de s'étendre par expansion dans les localités accessibles par l'effet d'une descente naturelle. C'est ainsi qu'on la retrouve dans toute la Lozère, dans l'Aveyron, dans l'arrondissement de Saint-Flour et tout le sud du Cantal, dans le Lot, dans le Tarn où elle s'est répandue, parfois en se modifiant plus ou moins. La race d'Angles (voy. p. 428), ainsi que les races de Laguiole, de la Causne, du Quercy, du Causse, du Ségalas, du Rouergue, du Gévaudan, du Velay, du Vivarais, en sont des variétés, qui se sont pliées aux exigences du sol, de la nourriture et du climat.

La description de la race d'Aubrac a été faite de main de maître par M. Rodat, président de la Société d'agriculture de l'Aveyron, et depuis on n'y a guère ajouté. Le caractère le plus saillant consiste en ce que les membres sont courts proportionnellement à la longueur et surtout à l'ampleur du corps. La tête est belle, de grosseur moyenne. Tous les animaux (fig. 528 et 529) ont la tête assez belle, de grosseur moyenne, le naseau long et gros ; les cornes assez fortes, relevées et contournées avec grâce, mais d'une longueur médiocre ; le poitrail large, le coffre bombé, le dos écrasé et aplati, le garrot bas et large, et les hanches écartées, les os des iles arrondis et brillants, les ischions se terminant à la chute des cuisses, lesquelles sont épaisses et sans courbure postérieure, les [illegible]es fortes, le pied massif, sans que néanmoins la démarche soit malaisée et ne témoigne pas une certaine hardiesse et de la fierté. « La race, ajoute M. Rodat, se fait reconnaître aussi par les teintes veloutées de son poil et par la souplesse de sa peau. On peut lui reprocher d'être un peu droite sur les jarrets, et d'avoir souvent le nerf de la queue un peu court. Sa robe est rarement d'une couleur simple et prononcée ; c'est, ordinairement, un mélange de teintes nuancées et fondues ensemble. Les couleurs les plus estimées sont le fauve tirant sur le lièvre ou le blaireau, et le noir de suie ou marron avec mélange de roux et de gris ; tête de maure, ayant le mufle entouré d'une auréole blanchâtre. Ce dernier trait est fort caractéristique et fort recherché. On repousse le noir de jais, le blanc laiteux et le rouge sanguin, parce qu'ils déposent contre la pureté de la vieille race. »

Fig. 529. — Vache de la race d'Aubrac.

Les vaches d'Aubrac sont de plus petite taille que les mâles. Elles sont exploitées durant la saison d'été, sur les pâturages des arrondissements d'Espalion (Aveyron), de Marvejols (Lozère), de Saint-Flour (Cantal) ; elles donnent alors des veaux et du lait avec lequel on fabrique des fromages dits fourmes. Elles sont cependant peu laitières; les meilleures, très bien nourries, ne donnent pas au delà de 9 litres par jour à l'époque de la pleine lactation. On donne le nom de burons et de mazures, aux bâtiments construits dans la montagne pour servir de laiteries. Les veaux ne reçoivent pas de lait. On les sèvre de bonne heure. On emploie le taureau à la lutte dès l'âge de deux ans; on le castre à deux ans et demi, pour commencer aussitôt à le faire travailler. D'ailleurs on emploie aussi les vaches à faire des transports ou aux travaux de labour. Engraissées assez facilement quand elles sont vieilles, elles peuvent donner de très bonne viande.

Le bœuf d'Aubrac est solide, fort, rustique, doux, très peu difficile sur la qualité des fourrages; « il se contente, dit M. Magne, pour son repas, de passer quelques heures dans des prés à moitié couverts de joncs, après des journées du plus pénible travail exécuté aux ardeurs du soleil, sur les coteaux du Viaur et du Tarn; il peut travailler sans être ferré sur les chemins les plus escarpés, les plus irréguliers des collines du Rouergue. » Il est dur à l'engraissement, mais il peut donner de la bonne viande, si on ne le garde pas à un âge trop avancé. C'est le bœuf laboureur par excellence, et c'est surtout au travail qu'on l'emploie. Mais comme sa fin est nécessairement la boucherie, on doit éviter de le trop fatiguer pour en tirer un meilleur parti sur les marchés. On estime qu'un bœuf bien engraissé peut arriver à peser vif de 800 à 900 kilogrammes, et qu'une vache engraissée pèse de 450 à 500 kilogrammes. Les animaux de cette race après l'engraissement sont surtout expédiés pour la boucherie de Lyon.

AUBRAIE. — Une aubraie est un lieu planté d'arbres.

AUBRE. — Synonyme d'arbre dans le vieux langage.

AUBRÈGUE, AUBUGE. — Terre argilo-calcaire, ou marne argileuse, médiocrement fertile, qui forme le sol arable d'une partie du département de l'Aveyron.

AUBRELLE. — Nom vulgaire du peuplier et du saule dans le centre de la France.

AUBRIER (*ornithologie*). — Nom vulgaire du hobereau, oiseau de proie du genre Faucon.

AUBRIÉTIE (*horticulture*). — Genre de plantes de la famille des Crucifères, tribu des lunariées, sous-tribu des alyssinées (voy. ALYSSE, p. 320). On en cultive plusieurs espèces ou variétés. — L'aubriétie deltoïde (*Aubrietia* ou *Alyssum deltoideum*), vivant en France, en Italie, en Grèce, présente des tiges très nombreuses formant de grosses touffes, très ramifiées, gazonnantes, s'élevant à peine de 0m,10 à 0m,15. Les feuilles en rosette d'un vert gris sont pubescentes, petites, deltoïdes, à une ou deux dents. Les fleurs d'un bleu lilas ou purpurin sont réunies par trois ou quatre en grappe lâche, s'élevant à peine au-dessus des feuilles. Elle donne des siliques dressées, ovales, comprimées et des graines nombreuses. Sa floraison a lieu dès le premier printemps et se prolonge jusqu'en mai. On emploie cette plante à faire des bordures le long des plates-bandes et à garnir des rocailles. — On a obtenu de l'aubriétie deltoïde une jolie variété à *feuilles panachées*. Les feuilles, d'un vert grisâtre, sont bordées d'une petite marge d'un blanc jaunâtre qui fait un joli effet. — L'aubriétie à fleurs pourpres (*Aubrietia purpurea*), originaire d'Orient, a des tiges plus feuillues, plus ramifiées, plus droites et s'élevant un peu plus haut que celles de l'aubriétie deltoïde; ses feuilles sont un peu plus larges et présentent de deux à cinq dents; ses fleurs, plus grandes, sont d'un beau bleu violet, de quinze jours plus tardives, et se maintiennent plus longtemps. — On multiplie généralement les aubriéties par la séparation des touffes, qui peut se faire durant toute l'année, même pendant la floraison, mais principalement en juillet et en août. On peut la multiplier par le semis, quand on obtient de la graine mûre; on sème de mai en juin en pépinière, en terre légère; on repique le plant en pépinière; on met en place à l'automne ou au printemps, en espaçant les pieds de 0m,20 à 0m,30. On peut la mettre à toutes les expositions; elle réussit presque partout, principalement dans les terrains sains et secs où elle forme de jolis tapis.

Fig. 530. — Port de l'aucuba du Japon.

AUBUET (*biographie agricole*). — Peintre d'histoire naturelle agricole, né à Châlons-sur-Marne en 1651, mort à Paris en 1743. C'est d'après ses dessins qu'ont été gravées les planches de plusieurs ouvrages importants, notamment des éléments de botanique de Tournefort. Il a été d'ailleurs un botaniste éminent.

AUBURON. — Nom vulgaire de l'agaric âcre de la série amanite. Son suc sert contre les verrues. On le mange quelquefois, mais après l'avoir blanchi à l'eau chaude que l'on doit jeter avec soin (voy. AGARIC).

AUCA. — Nom de l'oie dans le Lot-et-Garonne.

AUCH (POIRE D') (*arboriculture*). — Beau fruit d'automne, commençant à mûrir en octobre et se prolongeant jusque vers la fin de novembre. Il vient sur un arbre peu productif, exigeant l'espalier sous le climat de Paris. Cette poire, peu répandue, est très belle, mais de médiocre qualité ; c'est un fruit d'ornement. Elle est oblongue, grosse, ordinairement ventrue et fortement déprimée aux deux extrémités, marquée de côtes et bosselée ; la peau est jaune et jaune orangé du côté frappé par le soleil ; la queue est grosse et courte ; la chair est très blanche, se confondant presque avec le cœur, moirée, peu juteuse, sucrée, à peine parfumée.

AUCUBA (*horticulture*). — Genre d'arbuste de la famille des Cornacées, à fleurs dioïques, à feuilles opposées, pétiolées. On en connaît plusieurs espèces originaires de la partie orientale de l'Himalaya, de la Chine et du Japon. On cultive dans tous les jardins d'Europe l'*Aucuba japonica* (fig. 530), qui constitue un très bel arbuste d'ornement, à feuilles grandes, ovales, persistantes, d'un vert luisant, souvent panachées et marbrées de jaune. En avril, il donne de petites fleurs brunes, en panicules axillaires qui n'ont rien de remarquable. Mais depuis qu'on a introduit aussi dans les jardins des individus mâles, on obtient la fructification, qui consiste en vastes corymbes de baies ovales, de la grosseur des merises et d'un beau rouge corail, ce qui rehausse beaucoup le mérite ornemental de ces arbustes.

L'*Aucuba japonica* se plaît dans les expositions méridionales, dans les terres substantielles et fraîches, mais ne retenant pas l'eau des pluies. On le multiplie d'éclats du pied, et aussi de graines depuis qu'il est possible d'en obtenir par la présence d'arbustes des deux sexes dans une même contrée.

AUDE (DÉPARTEMENT DE L') (*géographie agricole*). — Le département de l'Aude, qui appartient à la région du Midi, a une étendue totale de 631 324 hectares. Il a été formé, en 1790, par la réunion de quatre pays qui faisaient partie du Languedoc, savoir : le diocèse ou comté de Narbonne, d'une contenance de 231 000 hectares; le comté de Rasès, comptant 165 000 hectares; le comté de Carcassonne ou Carcassez, comprenant 145 000 hectares, et enfin le Lauraguais ayant 90 000 hectares environ. Le Rasès avait pour capitale Limoux et comprenait le Capsir et le Donazan. Le Lauraguais est situé entre la plaine de l'Ariège et la montagne Noire; il a eu pour chef-lieu d'abord le village de Laurac, puis Castelnaudary. La superficie de l'Aude est de 631 324 hectares

Le département présente l'aspect le plus varié et est très accidenté. Sa partie la plus élevée est le sud-ouest ; là naissent trois chaînes de montagnes, les Corbières, qui sont des chaînons latéraux de la grande chaîne pyrénéenne. Les trois chaînes caractéristiques du système orographique du département sont : les *Corbières occidentales*, qui se dirigent vers le nord-ouest et séparent l'Aude de l'Ariège et de la Haute-Garonne ; les *Corbières orientales*, qui se dirigent vers l'est pour finir à la mer et séparent l'Aude des Pyrénées-Orientales ; les *Corbières-Basses*, qui se détachent des Corbières principales au roc de Bugarach et se dirigent vers le nord pour aller finir dans la plaine où coule l'Aude. Les intervalles qui séparent ces trois chaînes sont entrecoupés de nombreux reliefs qui donnent naissance à un très grand nombre de vallons et présentent un enchevêtrement confus, tout en affectant une direction générale du sud-ouest au nord-est. Enfin, au nord du département et pour le séparer du Tarn, s'élève d'une manière sensible la *montagne Noire*, dirigée de l'ouest à l'est, et allant pénétrer dans le département de l'Hérault ; c'est là que commencent les Cévennes.

Tous les cours d'eau de l'Aude n'ont pas ensemble un développement de plus de 1000 à 1100 kilomètres. C'est peu pour une si grande superficie. Il est vrai qu'il convient d'ajouter, pour avoir une idée exacte de son hydrographie, que plusieurs *étangs* assez considérables s'y rencontrent, surtout dans la région voisine de la Méditerranée.

Pour suppléer à l'insuffisance de la circulation de l'eau dans le département, on a eu recours à l'établissement de canaux. Comme voies de communication, on a construit le canal du Midi et le canal de Narbonne.

La quantité d'eau dont on dispose dans les deux canaux du Midi et de Robine de Narbonne, étant de beaucoup supérieure à celle nécessaire pour la navigation, une loi du 3 avril 1880 a décidé que seraient faits aux frais de l'Etat les travaux nécessaires pour rendre possibles l'irrigation et la submersion des vignes dans le périmètre de ces canaux à partir de Villedubert. Plusieurs milliers d'hectares pourront ainsi recevoir le bienfait de l'eau. Une autre loi de juillet 1881 a décidé la création d'un canal alimenté au moyen de la rivière d'Aude ; ce canal, dont la prise est établie en amont du pont d'Homps, doit desservir environ 1700 hectares des communes du Canet, Raissac-Villedaigne, Tourouzelle et Lézignan. D'autres canaux doivent être dérivés de l'Aude : notamment le canal d'Escouloubre, pour l'arrosage de 1000 hectares; celui du Devez, destiné à l'arrosage de 120 hectares dans les communes de Villedubert et de Trèbes ; celui de Barriac, Trèbes et Fontiès, pour 150 hectares; celui de Puicheric et de la Redorte, pour une assez grande surface du territoire de ces communes. Le canal qui arrose les terres de l'ancien étang de Marseillette est en fonction depuis 1856. Le canal de Luc, Boutenac et Ornaisons, dérivé de l'Orbieu, doit servir à l'arrosage de 420 hectares. Les canaux de Soulatgé et de Rouffiac-des-Corbières doivent servir à l'arrosage de 64 hectares dans ces deux communes.

La connaissance du climat est indispensable pour qu'on puisse se rendre un compte exact de l'agriculture d'un pays tourmenté par tant de montagnes, entrecoupé par tant de vallons, et où les plaines sont relativement peu étendues. Sur la partie occidentale règne le climat girondin, sur la partie orientale au contraire le climat méditerranéen. Là-bas, un hiver pluvieux et froid, un printemps humide, un été très sec, mais avec des orages violents ; ici, au contraire, des saisons plus uniformément douces. Mais toute la contrée est sujette aux sécheresses prolongées de l'été, à une insolation considérable, à des chaleurs intenses.

La constitution géologique du département présente de très grandes variations. La partie méridionale des Corbières occidentales est granitique, la partie septentrionale appartient aux terrains tertiaires et crétacés; la montagne Noire est granitique ; les montagnes de la Clape sont calcaires.

Le cadastre achevé en 1839 donne la répartition suivante de toutes les terres

	hectares
Terres labourables	273 250
Prés	13 521
Vignes	56 914
Bois	46 609
Vergers, pépinières et jardins	1 915
Oseraies, aulnaies, saussaies	1 767
Mares, canaux, abreuvoirs	646
Landes, pâtis, bruyères, etc	197 124
Étangs	5 153
Olivets, amandiers, mûriers, etc	830
Châtaigneraies	618
Propriétés bâties	913
Total de la contenance imposable	599 260

	hectares
Routes, chemins, places publiques, rues..	8 086
Rivières, lacs, ruisseaux...............	6 183
Forêts et domaines non productifs......	12 884
Cimetières, églises, presbytères, bâtiments publics..............................	120
Autres objets non imposables...........	4 785
Total de la contenance non imposable	32 064
Superficie totale cadastrée...........	631 324

Les terres labourables occupaient en conséquence, lors de la confection du cadastre, 43,28 pour 100 de la superficie du département.

La statistique agricole de 1852 donne la répartition suivante des cultures pour les quatre arrondissements et pour le département tout entier :

	ARRONDISSEMENTS DE				
	CASTELNAUDARY	CARCASSONNE	NARBONNE	LIMOUX	TOTAUX POUR LE DÉPARTEMENT
	hect.	hect.	hect.	hect.	hect.
Céréales............	40 622	52 609	36 970	33 441	163 642
Racines et légumes..	2 051	3 855	2 351	5 100	13 357
Cultures diverses.....	547	728	310	919	2 504
Prairies artificielles..	6 611	8 559	4 267	11 576	31 013
Jachères...........	9 256	27 561	8 189	20 010	65 016
Totaux des terres labourables........	59 087	93 312	52 087	71 046	275 532

L'arrondissement de Castelnaudary est, d'après ces chiffres, de beaucoup le plus cultivé ; viennent ensuite, dans un ordre décroissant, les arrondissements de Carcassonne, de Limoux et enfin de Narbonne. Quant à la proportion du département en terres labourables, elle est de 43,64 pour 100, au lieu de 43,28 pour 100 seulement trouvée pour 1839.

Les autres terres étaient ainsi réparties, d'après la statistique de 1852 :

	ARRONDISSEMENTS DE				
	CASTELNAUDARY	CARCASSONNE	NARBONNE	LIMOUX	TOTAUX POUR LE DÉPARTEMENT
	hect.	hect.	hect.	hect.	hect.
Prairies naturelles.	1 690	4 569	1 889	5 662	13 810
Vignes.	4 758	18 119	30 857	9 794	63 528
Pâturages.........	11 044	60 594	53 179	50 639	175 456
Superficies diverses.	13 183	24 380	18 322	44 727	100 612
Surfaces cadastrées.	89 770	202 485	157 059	182 010	631 324

Les superficies diverses de ce tableau comprennent toutes les cultures arborescentes en dehors de la vigne, ainsi que les terres improductives, les étangs, les cours d'eaux, etc.

L'enquête de 1862 donne les détails suivants pour l'ensemble du département sur les diverses cultures :

	hectares
Céréales........................	142 401
Racines et légumes............	16 670
Cultures diverses..............	844
Prairies artificielles............	37 126
Fourrages verts................	742
Jachères mortes...............	61 077
Total des terres labourables...	258 857

L'étendue des terres labourables a diminué depuis 1852 ; la population centésimale par rapport à la superficie totale du département, s'est réduite à 41,02 au lieu de 43,64 en 1852 et de 43,28 en 1839, soit de 2,5 pour 100.

Quant aux autres surfaces de l'Aude, elles se répartissaient ainsi en 1862 :

	hectares
Prairies naturelles.............	13 251
Vignes........................	84 869
Pâturages non fauchables......	169 350
Superficies diverses............	107 997
Surface cadastrée totale........	631 324

L'enquête agricole de 1866 n'a rien appris en ce qui concerne la répartition générale des cultures dans le département ; mais la statistique internationale de 1873 fournit de nouveaux éléments d'appréciation :

	hectares
Céréales.......................	131 526
Racines et légumes............	8 067
Cultures industrielles...........	351
Prairies artificielles...........	27 248
Fourrages annuels.............	4 120
Cultures diverses et jachères...	56 179
Total des terres labourables.	227 501

La décroissance de l'étendue des terres labourables s'est accentuée davantage ; la proportion centésimale, par rapport à la superficie totale du département, se serait abaissée, à 36,03, de 5 pour 100 en dix ou onze années, si les statistiques ont été bien faites ; mais même en admettant des erreurs de relevés, l'abaissement est trop continu pour qu'on puisse le mettre en doute, même en en atténuant l'importance. Les autres terres étaient ainsi réparties, d'après la statistique de 1873 :

	hectares
Vignes.........................	142 202
Prairies naturelles et vergers...	7 080
Pâturages et pacages...........	26 384
Bois et forêts..................	50 417
Terres incultes.................	123 680
Superficies diverses, voies de transport, etc...............	54 360
Total..........	403 823

L'énorme accroissement de l'étendue consacrée aux vignes explique la double diminution de la surface occupée par les terres labourables et de celle livrée à l'entretien des prairies. La superficie des pâturages et pacages, jointe à celle placée sous la rubrique de terres incultes, accuse d'ailleurs une diminution de 20 000 hectares, qui ont dû aussi concourir pour une part à la plantation de 79 000 hectares de vignes en trente années.

Le plus souvent, le département ne produit pas assez de grain pour sa propre consommation. Mais les grains sont de bonne qualité.

Les blés les plus estimés sont ceux dits : blé Blavette, blé du Roussillon, blé du Razès, blé du Minervois. L'orge, ordinairement appelée pomelle, a une réputation méritée. Le maïs est surtout un objet de consommation locale ; il sert à faire la bouillie appelée millias, met favori des habitants du bas Languedoc. Le millet est cultivé sur 4000 à 5000 hectares et donne de 14 à 15 hectolitres à l'hectare.

Les pommes de terre ne sont pas cultivées sur une échelle croissante.

Environ 3000 hectares sont employés à la culture des plantes légumineuses, telles que les haricots, les fèves, les pois, les lentilles, en vue de consommations locales pour l'alimentation humaine. Les jardins potagers sont nombreux; les marchés de toutes les villes, même des plus petites, sont abondamment pourvus de produits maraîchers et de fruits.

Les cultures de racines fourragères n'occupent pas dans l'Aude une place considérable. Les carottes, les navets, les topinambours, les citrouilles sont peu cultivés; les betteraves elles-mêmes ne sont ensemencées que sur des surfaces assez faibles, et exclusivement pour le bétail.

Les cultures industrielles sont également peu répandues; le chardon à foulon perd du terrain, mais les statistiques annuelles ne le mentionnent pas. Quant aux graines oléagineuses, elles y sont presque inconnues. Parmi les plantes textiles, le chanvre occupe une très petite place. Le lin est préféré. Les cultures arbustives ont une très grande importance dans l'Aude : les bois et forêts, les vignes, les arbres fruitiers, les oliviers, les mûriers méritent de fixer successivement l'attention.

La statistique forestière officielle publiée à l'occasion de l'Exposition universelle de 1878, attribue à l'Aude 66012 hectares de forêts, dont 43118 appartiennent à des particuliers, 10206 à l'État, 12605 au département, aux communes et sections, et enfin 88 à des établissements publics. Les forêts domaniales sont au nombre de 22. Le nombre total des communes qui possèdent des forêts est de 137 pour 12502 hectares, dont 11454 hectares sont soumis au régime forestier; il n'y a que trois forêts sectionales pour une surface de 103 hectares. Le département n'est pas propriétaire de bois. Les forêts de l'Aude sont en sol calcaire dans la proportion de 80 pour 100, et en sol non calcaire pour le surplus. Elles sont situées entre les altitudes de 0 et 2470 mètres.

Les montagnes de l'Aude ont été dénudées par suite d'une indifférence déplorable; on a essayé de lutter contre cette incurie, surtout depuis 1860. L'étendue que les communes et les particuliers ont déclaré vouloir reboiser ou gazonner s'élève à 5131 hectares. A la fin de 1875, on comptait 1596 hectares reboisés par les communes et 605 par des particuliers; une faible surface seulement a été gazonnée.

Parmi toutes les cultures arbustives, la vigne constitue certainement la plus grande richesse du département, et elle y donne des produits remarquables. Il faut ajouter que, durant les vingt dernières années, la production vinicole a considérablement augmenté, tant par suite de l'extension de plus en plus grande donnée à la plantation des vignes dont l'étendue est passée de 70000 hectares à près de 100000, qu'à raison des soins prodigués à la vinification, qui ont sensiblement amélioré la qualité des vins.

Les vins les meilleurs du département sont ceux de l'arrondissement de Narbonne, et, notamment, ceux qu'on récolte à Fitou, Quatourze, Leucate, Treilles, Névian, Saint-Nazaire, Portel et Argelier : ils luttent avec ceux du Roussillon et supportent très bien les voyages par mer. Viennent ensuite les vins rouges de Limoux, qui peuvent rivaliser avec les bons vins de Bourgogne. On trouve aussi des vins très estimables dans l'arrondissement de Carcassonne. Les cépages les plus répandus sont le carignan, le tiret-bourret, l'aramon, le mourastel, le pique-poulle, l'alicante, la blanquette.

Les autres cultures fruitières n'occupent dans l'Aude qu'une place relativement très secondaire. L'amandier, et surtout le figuier, sont cultivés çà et là dans les vignes ; les figues de Belvianes et Cavirac sont particulièrement estimées. On trouve des vergers d'abricotiers, de cerisiers, pêchers, poiriers, pommiers, pruniers sur divers points du département; on cite comme remarquables les jardins fruitiers d'Alet et de Quillet; les pommiers de Mas-Cabardès, de Lespinassière et Caunes sont renommés. On récolte des câpres dans le canton de Ginestas, notamment à Bize et à Argeliers. Il y a des noyers dans les parties montagneuses peu éloignées des cours d'eau. Les fraises sont l'objet d'un commerce assez important. On commence à exploiter les truffières de quelques parties boisées en chênes. — Les châtaigniers sont cultivés sur quelques centaines d'hectares, particulièrement dans la montagne Noire, quelquefois pour leurs fruits, plus souvent pour la tonnellerie; dans ce dernier cas, ils sont exploités en taillis sous le nom de *broutières*, pour la fabrication des cercles; on les coupe tous les six ou huit ans. On exploite aussi, à seize ou vingt ans, des châtaigniers gaulés appelés *plaussonnettes*, pour obtenir le merrain avec lequel on fabrique les petits tonneaux dont on se sert dans la vendange sous le nom de sémals. — Il y a de belles saussaies à Capendu. On fait des compotes à Rivel et à Conques, des pipes en racine de bruyère à Alet.

Les oliviers et les mûriers sont en défaveur. Néanmoins, il y a de beaux oliviers à Mas-Cabardès, au-dessous de Lézignan, et l'on fait toujours un peu de vers à soie dans les arrondissements de Narbonne et de Carcassonne. Les prairies n'ont pas l'étendue qu'elles devraient présenter pour assurer la prospérité générale de l'agriculture de la contrée. Sur l'étendue totale des prairies naturelles, un peu plus de la moitié seulement est formé de prés soumis à l'irrigation. On cite comme les mieux arrosées, les prairies fécondées par le Fresquel, celles de la plaine d'Alzonne, et enfin celles du canton de Ginestas.

Les rendements des prés fauchés ne sont pas très élevés; l'engrais manque; on compte seulement de 2500 à 4500 kilogrammes de foin par hectare. Les prairies artificielles produisent davantage et sont en progrès.

Même en ajoutant les fourrages récoltés en vert, on n'a pas, en tout, pour nourrir plus de 28 à 33000 têtes de gros bétail toute l'année. Mais il y a de nombreuses pâtures, plus ou moins productives, qui apportent un supplément assez considérable, soit sur les montagnes, soit dans diverses forêts. D'après les recensements effectués jusqu'à ce jour, le bétail a présenté dans le département le mouvement suivant, depuis 1840 :

ANNÉES	ESPÈCES						
	CHEVALINE	ASINE	MULASSIÈRE	BOVINE	OVINE	CAPRINE	PORCINE
	têtes	têtes	têtes	têtes	têtes	têtes	têtes
1840	19813	5818	11014	28454	612409	11611	27415
1852	17821	5980	11357	29677	646175	18942	24062
1862	18912	6311	11486	33759	535974	17907	31213
1866	16559	5098	12241	18202	235063	10132	6531
1873	18051	4959	9150	283[illegible]7	421675	10037	22558
1875	31500	7200	3800	42800	303150	250	31400
1876	»	»	»	43500	308300	300	11700
1877	31800	7800	4200	44900	301100	350	11500
1878	31700	7200	4000	46600	291000	450	12200
1879	31850	7000	4300	47400	299500	500	12000

De ces chiffres, malgré l'incohérence de quelques-uns d'entre eux, il résulte que les populations chevaline et bovine auraient beaucoup augmenté dans le département, tandis qu'il y aurait eu des diminutions notables dans les autres espèces d'animaux domestiques, à l'exception toutefois de l'espèce asine, qui se maintient notamment dans les Corbières narbonnaises. Aussi elle est très estimée et très employée. Les animaux de l'espèce mulassière sont estimés comme bêtes de trait et de bât robustes, supportant très bien la fatigue, même sous les ardeurs du soleil. Les mulets font les travaux de culture dans les arrondissements de Narbonne et de Carcassonne, et surtout dans le Minervois, où on les préfère aux bêtes bovines pour cet usage.

Au point de vue de l'administration des haras, l'Aude dépend du dépôt d'étalons de Perpignan, qui fait partie du cinquième arrondissement d'inspection générale; il s'y trouvait, en 1882, quatre stations de monte, 16 étalons de l'État et 4 étalons approuvés; les quatre stations de monte sont à Castelnaudary, Carcassonne, Chalabre et Limoux. La valeur de l'espèce chevaline s'y rehausse tous les ans.

Les bêtes bovines, pour le plus grand nombre, viennent principalement de l'Ariège; dans quelques cantons, on a importé des animaux d'Auvergne, principalement de la race d'Angles. D'une manière générale, dans le département, la montagne élève et la plaine engraisse les animaux de l'espèce bovine, qui cessent d'être, comme cela avait lieu jadis, surtout destinés aux travaux de culture.

L'espèce caprine, très nombreuse naguère, surtout dans les Corbières des arrondissements de Narbonne et de Carcassonne, où elle entretenait la dénudation des coteaux, n'est pour ainsi dire plus qu'un souvenir, son entretien étant incompatible avec les reboisements.

Les bêtes à laine sont encore une source de richesse dans le département de l'Aude; la race des Corbières et la race lauragaise continuent à former la plus grande partie des troupeaux, et fournissent des toisons qui alimentent les fabriques de draps et les filatures, principalement des arrondissements de Carcassonne et de Castelnaudary. Les draps *burels* ou de couleur naturelle, les couvertures, les molletons du pays sont renommés. Toutefois les laines indigènes sont loin de suffire aux fabriques dans la contrée. Les troupeaux trouvent une grande partie de leur nourriture dans les landes et parfois dans les forêts, où leur parcours est désormais bien réglementé. — La mégisserie continue à être une importante industrie dans plusieurs cantons.

L'espèce porcine est relativement peu nombreuse et en général mal conformée; elle ne sert qu'aux consommations ménagères des fermes.

Les basses-cours sont encore généralement négligées. On ne compte guère qu'environ 250000 poules, 26000 oies et autant de canards, 9000 dindes ou dindons, environ 80000 pigeons. C'est surtout dans les fermes lauragaises que se fait l'élevage des oies et des canards, où leur production et leur engraissement constituent une véritable richesse.

Les ruches sont au nombre d'environ 20000; on les rencontre surtout dans l'arrondissement de Narbonne; l'apiculture est principalement en honneur à Vallesègue-des-Corbières, à Durban et à Peyriac-de-Mer. Le miel qu'on y récolte est très blanc, grenu, parfumé; il est vendu dans le commerce sous le nom de miel de Narbonne.

C'est surtout vers la culture de la vigne que s'est portée l'activité des habitants de l'Aude, qui y ont trouvé, principalement après l'apparition du phylloxera qui avait envahi les départements voisins, une source de profits considérables. Au fur et à mesure que les départements du Gard, de l'Hérault, des Bouches-du-Rhône, de Vaucluse ont été plus fortement éprouvés, un grand nombre de vignerons, qui ne trouvaient plus d'occupations, se sont reportés vers le département de l'Aude où ils trouvaient du travail permanent pour eux et pour leurs familles.

D'après les recensements successivement faits depuis 1821, la population a suivi le mouvement suivant dans chaque arrondissement et dans le département :

ANNÉES DES RECENSEMENTS	ARRONDISSEMENTS DE				LE DÉPARTEMENT
	CASTELNAUDARY	CARCASSONNE	NARBONNE	LIMOUX	
1821	49715	85815	50292	67372	253192
1826	52006	90211	52301	71443	265991
1831	52659	90658	54101	72707	270125
1836	53903	94329	56965	75891	281088
1841	54336	94128	59847	75674	284285
1846	54755	95680	63117	76109	289661
1851	55148	94970	64100	75229	289747
1856	52963	93201	66861	69808	282833
1861	51960	92117	71213	68316	283606
1866	48953	93916	78566	67191	288626
1872	48136	93574	78662	65555	285927
1876	46424	99119	89395	65127	300065
1881	46491	105911	112160	63380	327942

Après s'être accrue régulièrement, tant dans chaque arrondissement que dans le département tout entier jusqu'en 1851, la population a éprouvé un mouvement de recul; mais, à partir de 1872, elle a repris un mouvement accéléré d'augmentation, surtout dans les arrondissements de Carcassonne et de Narbonne. Elle a gagné pour tout le département, depuis 1872, en moins de dix ans, 42000 habitants. Toutefois le département de l'Aude est loin d'être aussi peuplé que la moyenne de la France.

La moyenne et la petite propriété dominent dans le département; les grandes propriétés sont celles qui dépassent en plaine une étendue de 100 hectares, et, en montagne, une étendue double. La moyenne propriété comprend : en plaine, 35 hectares; en montagne, 80 hectares d'étendue. Le fermage est rare; le colonage partiaire ou métayage plus fréquent; le *maître-valetage* est l'usage le plus général. Les maîtres-valets sont loués à l'année, à partir du 1er novembre à midi, et constituent des associations de dix personnes en moyenne.

L'assolement qui est le plus généralement suivi dans l'Aude comprend les soles suivantes : 1re année, jachère ou vesces, pommes de terre, haricots; 2e année, blé ou seigle; 3e année, maïs ou millet. Dans la montagne Noire, le maïs est remplacé par l'avoine, et, après cette céréale, la terre reste souvent durant plusieurs années à l'état de pâture ou de genetière, ce qui favorise la dépaissance des troupeaux. L'assolement triennal est partout soutenu par une sole plus ou moins étendue, occupée soit par de la luzerne, soit par du sainfoin ou *esparcet*.

L'Aude appartient à la région du Sud, comprenant en outre les départements des Alpes-Maritimes, des Bouches-du-Rhône, de la Corse, du Gard, de l'Hérault, des Pyrénées-Orientales et du Var, pour les concours régionaux agricoles. Trois concours régionaux ont eu lieu à Carcassonne : en 1859, 1867 et 1876. En 1859, la prime d'honneur a été décernée à M. Gourrier, propriétaire à Fraissé-Cabardès, canton de Saissac (arrondissement de Carcassonne); en 1867, elle a été remportée par M. Auguste Sarda, propriétaire-viticulteur au Grand-Caumon, sur le territoire de Lézignan (arrondissement de Narbonne); en 1876, elle a été dévolue à M. Alphonse Jamme, à Saint-James, commune de Névian, canton de Narbonne. Le prix d'honneur des fermes-écoles les mieux dirigées a été attribué en 1876 à M. Denille, directeur de la ferme-école de Besplas, commune de Villasavary, arrondissement de Castelnaudary. — Outre cette ferme-école, le département possède une chaire départementale d'agriculture. Les principales associations agricoles sont la Société d'agriculture de l'Aude et les comices de Castelnaudary, de Limoux et de Narbonne. — Enfin un grand nombre d'associations syndicales ont été formées pour défendre

Fig 531. — Auge en bois sur chevalet.

les vignobles contre le phylloxera, soit par le procédé de la submersion automnale et hivernale,

Fig. 532. — Auges demi-cylindriques fixes.

soit par le sulfure de carbone ou le sulfocarbonate de potassium.

Fig. 533. — Auges quadrangulaires avec rateliers placés au-dessus.

Les produits à transporter deviennent plus nombreux dans l'Aude et fournissent aux voies de communication un trafic croissant. Le département compte, en 1883, quatre chemins de fer, dépendant de la Compagnie du Midi et d'une longueur totale de 226 kilomètres.

Le département compte d'ailleurs : 5 *routes nationales*, d'une longueur totale de 310 kilomètres; 25 *routes départementales*, ayant un développement de 638 kilomètres; enfin, 2384 *chemins vicinaux*. Les voies terrestres font le total considérable de 7161 kilomètres, dont malheureusement plus de 2000 kilomètres sont encore en lacune.

Il convient d'ajouter, pour avoir un tableau complet des voies de communication de l'Aude, que le canal du Midi parcourt le département sur une longueur de 128 kilomètres, et que le canal ou robine, de Narbonne jusqu'à la Nouvelle, mesure 37 kilomètres, ce qui donne 165 kilomètres de canaux de navigation. Sur l'Aude, il y a 137 kilomètres flottables. Enfin il faut rappeler que la côte de la Méditerranée et les étangs offrent des moyens de transport aux habitants, en même temps qu'ils sont par la pêche une source abondante de revenus et qu'ils doivent fournir à l'agriculture des engrais, afin qu'elle puisse réparer les pertes que causent à la terre les cours d'eau, en se perdant dans l'Océan.

AUDIBERT (Poire) (*arboriculture*). — Fruit d'hiver portant le nom d'un pépiniériste célèbre, vivant à Tarascon de 1789 à 1846. C'est une poire à cuire, venant sur un arbre pyramidal, commençant à mûrir en décembre et se conservant durant tout l'hiver; elle est de grosseur moyenne, arrondie ou turbinée, légèrement bosselée; à peau lisse, vert jaunâtre, légèrement lavée de rouge du côté frappé par le soleil; à queue droite, renflée à son insertion dans le fruit; à chair blanche, sucrée, peu parfumée.

AUDIBERT (*biographie agricole*). — Agronome et botaniste, né à Tarascon en 1789, mort en 1846. Il fut un des élèves de de Candolle, et un de ses collaborateurs. Il a travaillé à la *Flore du Midi*, au supplément de la *Flore française* de de Candolle, à la statistique des Bouches-du-Rhône. Les pépinières qu'il avait créées aux environs de Tarascon sont restées longtemps célèbres.

AUDITIF (*anatomie*). — Qui se rapporte à l'organe de l'ouïe. On dit conduit auditif, nerf auditif, artères auditives. (Voy. Acoustique, p. 64.)

AUDITION. — Action d'entendre des sons.

AUDIVILIN. — Nom vulgaire du seneçon dans quelques parties de la France.

AUDOUIN (*biographie agricole*). — Jean-Victor Audouin, élu membre de la Société nationale d'agriculture le 19 février 1834, est mort à Paris le 9 novembre 1841; il y était né le 27 avril 1797. Il avait été élu membre de l'Académie des sciences en 1838. Ses travaux considérables sur l'entomologie l'ont surtout rendu célèbre; ils sont particulièrement remarquables pour leurs applications à l'agriculture, la connaissance exacte des mœurs des insectes permettant de régler la rotation des cultures et de mettre les récoltes à l'abri des causes les plus nombreuses de destruction.

AUDOUIN DE GÉRONVAL (*biographie agricole*).— Agronome français, né en 1802, mort en 1839. On lui doit un mémoire sur les jachères, et un projet de ferme-modèle qui fut accueilli avec faveur en 1830.

AUGE (*géographie agricole*). — On appelle pays d'Auge, la partie de la basse Normandie comprise dans les départements du Calvados et de l'Eure qui est située entre les cours de la Risle et de la Dive. Ce sont de vastes plateaux crayeux, coupés de vallées argileuses. Le *haut pays d'Auge* est en partie boisé; le bas pays ou *vallée d'Auge* est riche en pâturages, en cultures de tous genres et en plantations de pommiers donnant un cidre renommé, avec des bouquets de hêtres et de chênes disséminés çà et là. Le pays d'Auge comprend la plus grande partie des arrondissements de Pont-l'Évêque et de Lisieux; il est arrosé par la Touques, l'Orbec, le Calonne. Le bétail y est remarquable et formé des races normandes; dans l'espèce porcine, la race augeronne a sa place marquée; on regarde aussi la race bovine de la vallée d'Auge comme une des meilleures variétés de la race normande.

Fig. 534. — Auges avec râteliers des bergeries.

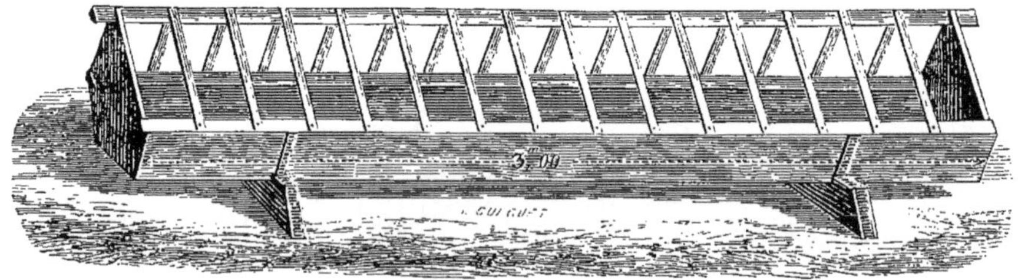

Fig. 535. — Auge mobile longue pour bergeries.

AUGE (*technologie*). — Vase en bois ayant la forme d'un tronc de pyramide quadrangulaire dont la base la plus petite est formée par une cloison qui en fait le fond et dont la base supérieure est ouverte; on y met le mortier ou l'on y gâche le ciment ou le plâtre dont le maçon a besoin. D'une manière générale, une auge est un vase oblong dans lequel on peut recueillir.

AUGE (*zootechnie*). — Espace compris entre les deux ganaches, c'est-à-dire entre les deux branches de la mâchoire inférieure chez les animaux domestiques; le fond de la capacité est la base de la langue. L'auge doit être large, pour loger facilement, dans les mouvements de la tête, un larynx développé; elle doit être nette, bien évidée, et exempte de glandes, qui indiqueraient un état maladif sur lequel il faudrait appeler l'attention du vétérinaire. — Chez le cheval, une auge large indique une bonne constitution, une auge étroite est l'indice d'une poitrine délicate. — Chez le mouton, il y a engorgement de l'auge par la présence d'une tumeur œdémateuse, vulgairement appelée bouteille, dans le cas de cachexie aqueuse. Chez le bœuf, l'apparition d'une tumeur plus ou moins grosse, dense et en forme d'olive dans cette région, est ordinairement l'indice d'une affection tuberculeuse.

AUGE (*économie rurale*). — Vase oblong en bois ou en pierre, dont on fait surtout usage pour donner à boire (voy. ABREUVOIR, p. 31) ou à manger aux animaux domestiques. Il y a des auges dans les écuries, les étables, les bergeries, les porcheries, les basses-cours. On leur donne souvent le nom de mangeoires. Elles sont mobiles ou fixes; dans le premier cas, elles sont posées sur le sol ou portées sur des chevalets plus ou moins élevés (fig. 531), selon la taille des animaux auxquels elles sont destinées; dans le second cas, elles sont scellées aux murailles ou

Fig. 536. — Auge mobile circulaire avec râtelier pour bergerie.

bien attachées au sol, de telle sorte qu'elles puissent recevoir la nourriture ou la boisson que le

Fig. 537. — Auge à porcs simple.

bétail y prend sans pouvoir les renverser dans ses mouvements brusques

Pour les écuries et les étables, dans lesquelles on met plusieurs animaux à la suite les uns des autres sur un même rang, les auges les meilleures

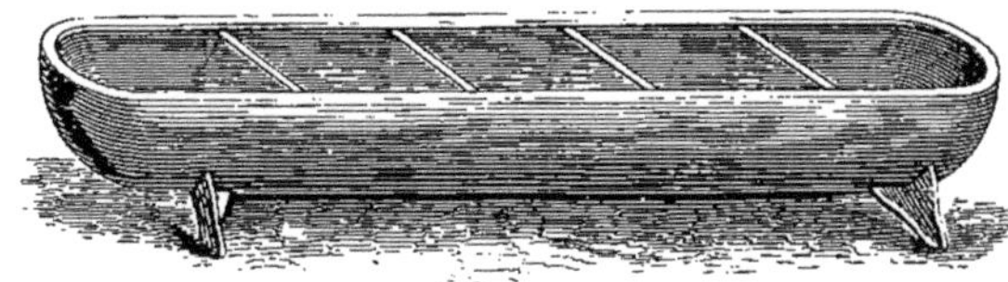

Fig. 538. — Auge à porcs allongée à cinq compartiments.

ont la forme d'un demi-cylindre (fig. 532); on peut avec cette forme les tenir propres plus aisément et complètement qu'avec toute autre, et notamment que la forme quadrangulaire (fig. 533), qui est cependant plus généralement employée à cause de la facilité de sa fabrication. S'il s'agit d'avoir une auge mobile, qu'on puisse changer de place à volonté, la forme la plus convenable est celle que

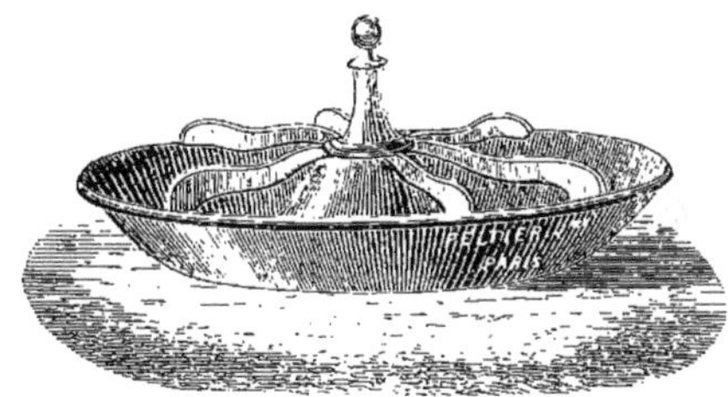

Fig. 539. — Auge circulaire à porcelets à six compartiments.

représente la figure 531. Le meilleur bois à employer est un bois d'une grande compacité, peu poreux, tel que le hêtre. Les auges sont ordinairement disposées au-dessous des râteliers dans lesquels on met la ration en foin ou en paille; c'est ce que l'on doit faire pour les animaux auxquels on

Fig. 540. — Auge à porcs circulaire de Crosskill.

donne à la fois des fourrages et des aliments en morceaux, en pâtes plus ou moins fluides ou en poudre. Lorsqu'on veut y verser l'eau de boisson, il faut que les auges soient bien imperméables; on réussit à obtenir quelque chose de satisfaisant avec le ciment romain ou bien avec le bitume.

Les auges avec râtelier sont généralement placées contre les murailles; c'est ainsi qu'on les dispose le plus souvent dans les bergeries (fig. 531); mais il arrive aussi qu'on place dans le milieu des auges, afin que les animaux ne se pressent pas trop sur le pourtour. Il est bon de faire des divisions dans les auges, pour que les moutons ne se pressent pas sur le même point. Avec des sé-

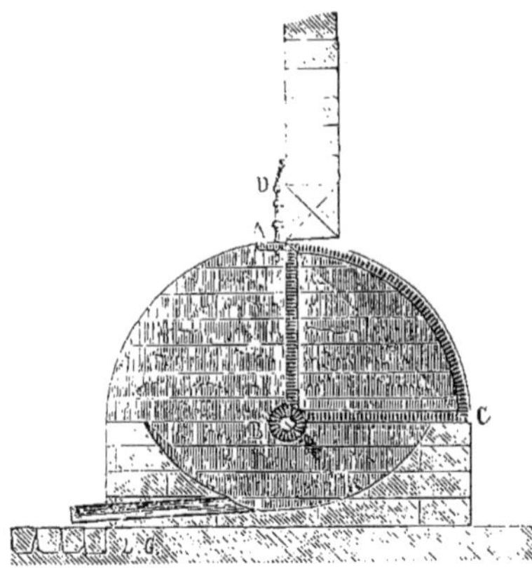

Fig. 541. — Coupe verticale d'une auge à porcs fermée par un volet cylindrique.

parations très simples, telles que celles que représente la figure 618, et qui sont simplement formées par deux tringles longitudinales, sur lesquelles sont clouées perpendiculairement des lattes légères, on peut avoir une auge mobile très commode, que l'on place à tout endroit dans la bergerie, et autour de laquelle les animaux viennent

Fig. 543. — Auge longue à poulets.

se ranger sans exercer les uns sur les autres des pressions nuisibles, surtout aux femelles pleines, ou qui ont pour résultat de priver de nourriture les animaux les plus faibles; il faut que chaque bête ait au moins 20 centimètres, et c'est ce qui

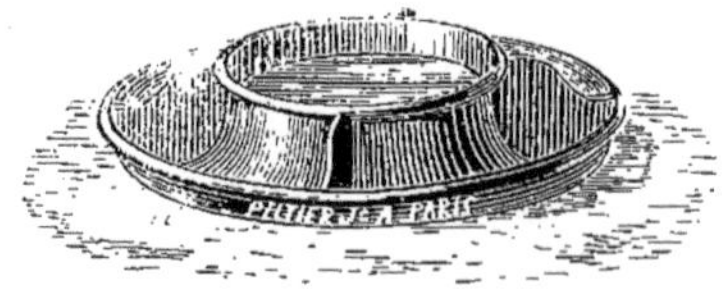

Fig. 544. — Auge ronde à poulets.

a lieu avec le modèle en bois que représente la figure 535. On obtient d'ailleurs des résultats analogues avec l'auge mobile circulaire, surmontée d'un râtelier, que représente la figure 536, qui a un mètre de diamètre et qui est fabriquée en fer. La mobilité des auges a l'avantage d'en permettre le déplacement tous les deux ou trois jours, pour égaliser la litière et rendre le fumier plus homogène. Comme on laisse souvent le fumier assez longtemps sous les troupeaux dans les bergeries et que, par l'addition de litière nouvelle, le sol s'élève, il faut que les auges et les râteliers des murailles puissent aussi avoir une certaine mobi-

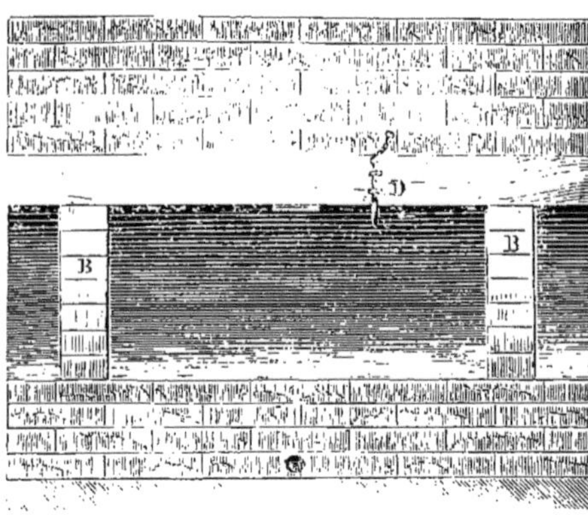

Fig. 542. — Vue de face d'une auge à porcs fermée par un volet cylindrique.

lité et être accrochés à des hauteurs variables.

Pour les porcheries, les auges sont indispensables; elles doivent être très solides, à cause de l'action destructive que les porcs exercent sur les objets

Fig. 545. — Auge ratelier pour lapins.

Fig. 546. — Auge à chiens.

avec lesquels on les met en rapport. On fait en conséquence les auges en fonte, en fer, en pierre, en bois. Elles peuvent être simples (fig. 537) ou à compartiments et allongées (fig. 538), ou bien circulaires (fig. 539). Avec les compartiments que présente cette dernière disposition, on a l'avantage d'empêcher les porcs les plus voraces de s'emparer de toute la nourriture commune; les séparations les arrêtent. Cependant il arrive encore que les bêtes les plus faibles pâtissent, repoussées qu'elles sont par les grouins des plus fortes. Pour obvier à ces graves inconvénients, la maison anglaise Crosskill construit une auge circulaire en fonte (fig. 540). Un pivot vertical, placé au milieu de l'auge, supporte et laisse tourner facilement un anneau, d'où partent en rayonnant huit petites cloisons horizontales, qui partagent l'auge en neuf compartiments. Chaque animal étant alors obligé de manger ce qui se trouve entre deux cloisons, et ne voyant pas ses voisins, n'essaye pas de leur donner des coups de tête, qui n'auraient d'ailleurs d'autre résultat que de faire tourner les séparations sans amener à sa portée une plus grande quantité de nourriture. Il en résulte que chacun peut manger à son aise sans recevoir de blessures, ce qui arrive trop souvent quand les jeunes porcs n'ont qu'une auge commune, sans séparations, pour assouvir leur appétit.

On trouve avantageux, dans les porcheries, de ne pas pénétrer dans les loges à porcs pour leur distribuer la nourriture ou la boisson, qu'on préfère leur administrer du dehors. On construit à cet effet des auges placées dans une des parois des loges, et dont les volets mobiles, plans ou cylindriques, se ferment en avant ou en arrière, de manière à ce que l'auge soit ouverte au dehors lorsqu'on la remplit ou la nettoie, ou en dedans lorsqu'elle contient la ration des porcs. Telles sont, par exemple, les auges (fig. 541 et 542) établies à l'exploitation de Segrez par M. Lavallée. Elles sont construites en briques et enduites d'une couche de ciment de Portland, limitée par deux montants BB également en briques. Chaque auge, parfaitement arrondie, a, vers sa partie inférieure, un petit conduit destiné à l'écoulement des résidus et de l'eau versée pour le lavage, conduit bouché à l'extérieur par un simple bouchon de bois. Pour fermer l'auge extérieurement ou intérieurement, selon les besoins du service, une forte tôle AC, en quart de cylindre, repose par ses bords sur des plates-longes en fer; elles sont montées sur des branches de fer BA, BC, qui, reliées en B, forment un appareil mobile sur l'axe en fer B. Cet axe repose sur deux coussinets fixés dans les supports en briques BB. On peut à volonté, au moyen d'une poignée placée en A, abaisser l'appareil ou le relever. S'il est poussé vers l'intérieur, le porcher peut remplir les auges à l'abri de la voracité des animaux; s'il est attiré à l'extérieur, l'auge est fermée du côté du dehors, et les animaux font leur repas en toute tranquillité. Une cheville D, attachée au-dessus de l'auge, suffit pour tenir le volet en dedans ou en dehors, la tôle étant percée de deux trous en A et en C, pour fixer l'appareil, selon que l'on veut que l'auge soit ou non livrée aux animaux.

On peut varier à l'infini les dispositions des auges; il suffit d'avoir indiqué les conditions générales de leur construction pour les divers buts à remplir. En ce qui concerne les petits animaux des fermes, on fait des auges analogues aux précédentes, telles que des auges allongées ou circulaires pour les volailles (fig. 543 et 544), des auges-râteliers pour les lapins (fig. 545), des auges en écuelles pour les chiens (fig. 546). Le bois ou la fonte sont les matériaux le plus communément employés à cet usage. On doit donner dans tous les cas aux vases un fond assez large ou des pieds assez étendus pour que le renversement par les animaux soit difficile.

Fig. 547. — Porc augeron.

AUGELOT (*viticulture*). — Petite fosse carrée que les vignerons ouvrent avant l'hiver pour y faire les plantations destinées à regarnir leurs vignes.

AUGEON. — Nom donné à l'ajonc dans quelques localités.

AUGERON (PORC) (*zootechnie*). — La race porcine augeronne, ou de la vallée d'Auge, dérive de la race porcine normande, laquelle est elle-même une variété de la race celtique (*Sus celticus*). Elle a le crâne brachycéphale, le front large et plat, les naseaux allongés et formant avec le frontal un angle rentrant obtus, les oreilles larges et tombantes le long des joues et couvrant les yeux (fig. 547). C'est le plus beau et le meilleur type de toute la Normandie; l'opinion générale est que cette race a été formée par le croisement d'animaux du Yorkshire avec de bons animaux normands. Quoi qu'il en soit, on a maintenant une race augeronne très répandue. Le pays d'Auge fournit de jeunes cochons non seulement à toute la Normandie, mais encore pour tous les environs de Paris, et notamment aux départements de l'Oise, d'Eure-et-Loir, de Seine-et-Oise et de Seine-et-Marne. Le porc augeron connu pour la petitesse de sa tête, son museau, relativement court, ses oreilles amples et retombantes, son corps long et étoffé, son poitrail bien ouvert, son dos généralement droit, une croupe un peu avalée et étroite, des membres de moyenne longueur ayant des os assez petits, des soies blanches, courtes et peu abondantes. Il s'engraisse aisément et est très fécond. Sa viande est de bonne qualité; on reproche au lard d'être un peu mou, mais les jambons sont ronds et très estimés. Le poids vif des porcs, vers 15 mois, est compris entre 250 et 300 kilogrammes. Le rendement en viande nette est considérable; il approche en moyenne de 80 pour 100. Tous les animaux de cette race s'assimilent facilement la nourriture qu'on leur donne, mais qu'on ne doit pas leur ménager. Dans la vallée d'Auge, ils sont habitués à recevoir le petit lait des laiteries.

AUGET (*économie domestique*). — Petite auge servant à donner la boisson ou la nourriture aux volailles. (Voy. AUGE.)

AUGET (*hydraulique*). — Petite auge attachée à la circonférence d'une roue hydraulique pour utiliser la force motrice d'une faible chute d'eau. Les augets d'une roue hydraulique se remplissent d'eau tour à tour, ce qui, par l'excès de poids ainsi obtenu, entretient le mouvement de rotation de la roue; ils se vident par le même mouvement de la roue en rejetant l'eau qui les a remplis; ils vont ensuite servir de nouveau de récipients pour l'eau qui s'écoule du canal supérieur, et ainsi de suite.

On dit aussi les *augets* d'une noria, lesquels apportent l'eau d'un niveau inférieur à un niveau supérieur pour la faire servir à des arrosages.

AUGET (*horticulture*). — On donne ce nom à une petite fosse destinée à recevoir les branches des arbustes qui se multiplient par marcottage ou par provignement. L'auget a une longueur de 0m,40 à 0m,50, sur une largeur et une profondeur de 0m,15 environ; il est un peu plus creux à son milieu qu'aux extrémités. On y fixe au fond, au moyen d'un petit crochet de bois enfoncé dans la terre, la branche qu'on y a couchée, ou bien on maintient simplement celle-ci en foulant fortement la terre par-dessus avec le pied. C'est le procédé que suivent les vignerons pour repeupler par provignement les vignes où des ceps viennent à manquer.

AUGETTE (*technologie*). — Petite auge.

AUGIER (POIRE) (*arboriculture*). — Poire d'hiver, de grosseur moyenne, oblongue, un peu amincie aux deux extrémités, à peau verte, parsemée de points fauves; à queue insérée obliquement en dehors de l'axe du fruit; à chair verdâtre, grossière, cassante, peu sapide; mûrissant de février en mars; venant sur un arbre assez pyramidal.

AUGOCORIS (*entomologie*). — Genre d'insectes de l'ordre des Hémiptères, famille des Sentellériens, vivant en Amérique et particulièrement au Brésil.

AULNÉE (*botanique* et *culture maraîchère*). — Genre de plantes de la famille des Composées, qui a donné son nom à la sous-tribu des Inulées. Ce sont des herbes vivaces, rarement bisannuelles ou annuelles, originaires de l'Europe ou de l'Asie moyenne, à feuilles alternes, à fleurs jaunes réunies en capitules terminaux. On en connaît plusieurs espèces indigènes : 1° l'aulnée officinale ou grande aulnée (*Inula helenium*, *Aster helenium*, *Aster officinalis*, *Corvisartia helenium*), que l'on appelle dans les campagnes : aillaume, aromate germanique, œil de cheval, pomme ou œil de Chiron, aunée, présente une hauteur de plus d'un mètre; elle a des tiges rameuses au sommet, garnies, surtout à la partie inférieure, de feuilles larges et longues, ovales lancéolées, atténuées au pétiole, plus petites à mesure qu'elles sont plus élevées, les caulinaires sessiles, cordiformes, embrassantes. En juillet-août, elle donne des fleurs radiées, d'un beau jaune vif, formées de capitules larges et solitaires à l'extrémité des rameaux. Elle a une souche vivace, grosse, charnue et allongée, que l'on consomme à la manière des salsifis et des scorsonères, mais qui n'est pas un légume recherché. Cette racine est amère et aromatique; elle renferme une résine âcre, une huile volatile, de l'hénéline ou camphre d'aulnée et de l'inuline; on l'emploie en décoction, en teinture ou en sirop pour combattre l'atonie du tube digestif; on s'en sert dans la médecine vétérinaire contre les diarrhées; réduite en poudre et mélangée avec de l'axonge, elle sert à traiter les dartres; desséchée, elle sert à donner l'odeur de l'iris; on l'emploie aussi comme assaisonnement. On la multiplie de graines et d'éclats; il lui faut une terre humide et ombragée. — 2° L'aulnée britannique (*Inula britannica*, *conyza*), appelée aussi conyze des prés ou conyze moyenne, croît surtout dans les lieux humides de l'Alsace et du centre de la France; elle atteint une hauteur d'un demi-mètre; elle a les feuilles molles, un peu velues, les capitules nombreux, réunis en corymbes lâches. Elle a été employée contre la dysenterie; elle donne une décoction brune noirâtre qui teint en jaune écaille avec l'alun. La superstition lui a attribué des propriétés contre les maléfices. — Les *Inula crispa*, *odora*, *undulata*, *bifrons*, *suaveolens*, *gravcolens*, ont des propriétés analogues, mais elles ne sont pas usitées.

AULOPE (*ichthyologie*). — Genre de poisson de la famille des Scopélidés; l'aulope filamenteux se trouve, mais rarement sur les côtes de la Méditerranée. Il a le corps allongé, fusiforme, couvert de grandes écailles très adhérentes avec bord postérieur garni de spinules très acérées. La tête est allongée et en forme de pyramide quadrangulaire avec une grande bouche, la mâchoire supérieure moins avancée que l'inférieure, les yeux placés très haut, le corps d'un marron clair, teinté de jaune et de noirâtre. Sa longueur est d'environ 0m,30 et la hauteur du tronc de 0m,05. A Nice, on l'appelle le Lambert.

AULOSTOMIDÉS (*ichthyologie*). — Famille de poissons caractérisée par une tête avancée en museau tubuleux; elle comprend le centrisque bicart, que l'on retrouve à Nice, à Marseille et surtout à Cette.

AULX. — Pluriel d'ail (voy. p. 137).

AUMAILLADE (*pêche*). — Voy. AMAIRADE, p. 328.

AUMAILLES (*économie rurale*). — Nom donné dans beaucoup de contrées aux bêtes à cornes, bœufs, vaches, taureaux.

AUNAIE (*sylviculture*). — Lieu planté d'aunes.

AUNE (*métrologie*). — Ancienne mesure de longueur pour les étoffes, dont la valeur variait avec les provinces. L'aune de Paris était de 3 pieds 7 pouces 10 lignes 5/6, équivalant à 1m,188. — *Auner* veut dire mesurer à l'aune.

AUNE (*sylviculture*). — Arbres ou arbustes de la série des Bétulées, famille des Castanéacées. Les fleurs en sont unisexuées, monoïques et disposées en chatons (fig. 518 et 519) qui ressemblent à de petits cônes de pin. Dans les chatons mâles, on trouve à l'aisselle de chaque écaille, et unies avec elle, ordinairement trois fleurs, une médiane et deux latérales, celles-ci quelquefois nulles; dans les chatons femelles, il n'y a que deux fleurs latérales, la médiane ayant avorté. Les chatons femelles sont dressés; les chatons mâles sont retombants. Le fruit ne se compose que d'un achaine renfermant une graine. Ces arbres ou arbustes sont à feuilles alternes et munies de stipules. On en connaît une quinzaine d'espèces, originaires des ré-

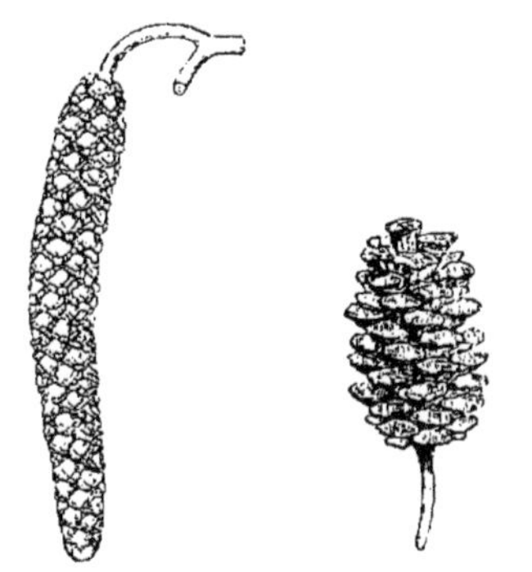

Fig. 548. — Chaton mâle de l'aune. Fig. 549. — Chaton femelle de l'aune.

gions froides ou tempérées de l'hémisphère boréal des deux mondes; toutefois, on en rencontre quelques-unes dans l'Afrique australe et sur les montagnes de l'Amérique tropicale. Il convient de signaler les principales. — 1° L'aune commun ou

Fig. 550. — Rameau de l'aune d'Italie.

glutineux (*Alnus glutinosa*), vulgairement appelé bergue, vergne et verne, est un bel arbre (fig. 551), touffu et généralement conique. Les fonds humides lui conviennent. Il vit jusqu'à quatre-vingt-dix ans. A cinquante ans, il atteint une hauteur qui s'élève de 20 à 25 mètres; son tronc peut dépasser 2 mètres de circonférence ($0^m,50$ à $0^m,60$ de diamètre). Il est fertile à quinze ans. Il donne un bon bois de travail pour les tourneurs, les menuisiers, les ébénistes, pour la fabrication des sabots, des échalas, des perches, des conduites d'eau, des corps de pompe, pour l'exécution des pilotis et de tous les travaux hydrauliques, parce qu'il se conserve très bien dans l'eau; en revanche, il est mauvais pour les charpentes en plein air; il est recherché pour le chauffage des fours; son charbon peut entrer dans la composition de la poudre de guerre ou de mine. Le poids du stère de bois, selon le degré de dessiccation, est compris entre 543 et 800 kilogrammes; il donne des cendres chargées de potasse. Son écorce est astringente; elle est quelquefois employée au traitement des angines et des fièvres intermittentes sous le nom d'écorce de bergue; elle est tannante et sert pour teindre en brun ou en noir les cuirs et les feutres; elle est d'un vert olive sur les jeunes tiges, d'un brun foncé sur les vieux troncs. Les feuilles sont ovales, arrondies ou échancrées au sommet, plus ou moins visqueuses et d'un vert lustré sur les deux faces; on leur attribue la propriété d'être contraires à la lactation. Les graines sont petites et légères; l'hectolitre pèse de 32 à 34 kilogrammes; il en faut de 10 à 12 kilogrammes par hectare pour un semis en plein, et de 6 à 8 pour un semis partiel. On plante l'aune surtout dans les plaines, dans les prairies, le long des cours d'eau; il produit un bon effet en massifs ou en bosquets; on l'associe rarement à d'autres arbres, si ce n'est au saule. On peut en faire des haies productives. On le multiplie généralement par graines, mais on peut aussi avoir recours aux boutures et aux marcottes. On doit sarcler le jeune plant, pour l'empêcher d'être étouffé par les mauvaises herbes. — 2° L'aune d'Italie ou à feuilles cordifères (*Alnus cordifolia*) se rencontre en Corse, mais est surtout abondant en Italie; la figure 550 en représente un rameau. On attribue à ses feuilles des propriétés pour le traitement des maladies cutanées et scrofuleuses. Son feuillage est plus aigu au sommet et plus échancré à la base que celui de l'aune commun; ses chatons fructifères sont trois à quatre fois plus gros. — Les autres espèces ne sont guère connues en Europe que comme des curiosités; cependant il faut citer les *Alnus rubra, jorullensis, incana, laciniata, sorrulata, quercifolia, viridis*, etc., dont quelques-unes à feuilles panachées de jaune sont des variétés obtenues par la culture.

AUNEAU (*viticulture*). — Cercle qu'on forme avec un sarment de l'année précédente, en attachant l'extrémité au pied du cep pour faire produire une plus grande abondance de raisin aux cépages qui s'emportent trop facilement.

AUNÉE (*culture potagère*). — Voy. AULNÉE.

AUNE NOIR — Nom vulgaire du *Rhamnus frangula*, appelé aussi bourgène et bourdaine.

AUQUE (*économie rurale*). — Oie femelle dans le Lot-et-Garonne.

AURANTIACÉES (*botanique* et *arboriculture*). — Arbres ou arbustes composant une famille ou une tribu, selon les auteurs des classifications, famille ou tribu dite aussi des Hespéridées, et dont toutes les espèces ont besoin d'un climat méridional, soit naturel, soit artificiel, réalisé, pour ce dernier cas, dans les orangeries. Comme tribu, les Aurantiacées appartiendraient à la famille des Rutacées. Les espèces utiles principales sont : le cédratier

(*Citrus medica*), le limonier (*Citrus limonium*), l'oranger proprement dit (*Citrus aurantium*), le bigaradier (*Citrus bigaradia*), en première ligne, et pour les pays chauds d'Europe ; — les *Limonia, Feronia, Glycosias, Egle, Clausina, Cookia, Traphasia*, en seconde ligne, et seulement connus en Europe dans les serres chaudes. Toutes ces plantes sont ornementales ou remarquables par les qualités de leurs fruits, qui consistent en drupes presque toujours charnues.

AURATE (POIRE) (*arboriculture*). — Poire mûrissant à la fin de juin ou dans la première quinzaine de juillet. C'est un fruit qui se vend en grande quantité dans les rues de Paris sous le nom de Blanquet ou de poire Saint-Jean. Il vient sur un arbre très productif, propre à former des plein vent. Il est petit, turbiné, à queue droite ou arquée ; à peau jaune citron du côté de l'ombre, lavée de rouge du côté insolé ; à chair blanche, cassante, sucrée, juteuse, peu parfumée. A l'époque de sa maturité, il prend à la base une demi-transparence analogue à celle de la cire. Il n'est autre qu'une des petites poires hâtives consommées en juillet dans la basse Provence sous le nom de crémésines, et que l'on associe souvent dans les fruits confits après les avoir pelées.

AURICULAIRE (*anatomie*). — Qui appartient à l'oreille. — On dit artères, veines, muscles auriculaires. — Le *doigt auriculaire* est le petit doigt ou le cinquième doigt de la main, parce qu'il est le plus propre à être introduit dans le conduit auditif externe. — On appelle appendice auriculaire le prolongement de la partie supérieure de l'oreillette du cœur, à cause de la forme de cet appendice. — La surface auriculaire de l'os iliaque est celle par laquelle cet os s'articule avec la facette correspondante du sacrum ; on la nomme ainsi parce qu'elle affecte la forme du pavillon de l'oreille.

AURICULARIÉES (*botanique*). — Nom donné à une famille de champignons à laquelle appartient l'auriculaire ou oreille de Judas. Une espèce (*Auricularia mesanterica*) vient en France sur le tronc des arbres. C'est une plante astringente. Les Russes retirent de l'eau-de-vie de l'*Auricularia sambucina*.

AURICULE (*horticulture*). — Plante vulgairement appelée *oreille d'ours*, et qui est une section du genre *Primula* (primevère), caractérisée par une corolle à gorge dépourvue d'appendices. La *Primula auricula* est une plante indigène des Alpes, à feuilles lisses, glabres, souvent rendues farineuses par une sorte de poussière glauque ou blanchâtre. Les fleurs de la plante primitive sont jaunes et veloutées, elles sont portées sur des hampes de 0m,15 environ ; par la culture, elles ont pris les nuances les plus variées : le vert, l'olive, le pourpre, le bleu clair ou foncé, lilas ou violet, l'amarante, le rose, le rouge, le cramoisi, l'écarlate,

Fig. 551. — Port de l'aune commun.

le marron, le brun très foncé et presque noir, le saumon, le jaune, le mordoré, le chamois, le ventre de biche, avec l'apparence presque générale du velours le plus fin. La figure 552 en représente une jolie variété. Les auricules les plus estimées sont celles qui ont les couleurs les plus vives. On en distingue quatre catégories principales : 1° les pures ou ordinaires à fleurs unicolores, sauf l'œil ou le centre qui est blanc, tandis que le reste du limbe est jaune, mordoré, brun, presque noir, pourpre ou violet; 2° les ombrées ou liégeoises, qui, outre l'œil blanc ou jaune, ont deux couleurs différentes disposées en cercles concentriques; 3° les anglaises ou poudrées, dont la fleur, généralement multicolore, est poudrée de la poussière glauque qui revêt les autres parties de la plante;

Fig. 552. — Auricule ou oreille d'ours.

4° les doubles, qui ont au moins deux corolles emboîtées l'une dans l'autre, et présentant d'ailleurs les coloris les plus variés.

Cette plante réussit dans toutes les terres franches, mais elle aime l'ombre; un engrais végétal, formé de feuilles ou de gazon en décomposition, lui convient particulièrement. Elle résiste au froid, pourvu qu'elle soit préservée contre les brusques changements de température; c'est ainsi que dans les Alpes elle se conserve sous la neige. Les amateurs de collections rentrent l'hiver leurs oreilles d'ours dans des serres froides ou sous des hangars; ou bien, les laissant au jardin, ils les recouvrent de pots renversés en guise de cloche, avec la précaution d'entourer les pots de feuilles ou de fougères. Pour multiplier les plantes obtenues de semis, on a recours à l'œilletonnage, que l'on pratique soit après la floraison du printemps, soit après celle d'automne. On sème les auricules en hiver, de décembre en mars, même sur la neige; la graine lève quelquefois au printemps immédiat, mais quelquefois aussi seulement à l'automne ou au deuxième printemps. Le mieux est de semer en pots, en terrines ou en caisses à l'ombre, dans de la terre légère, ou même dans de la terre de bruyère. On repique quand les plantes ont de quatre à six feuilles; elles fleurissent au bout de deux ans. Elles sont surtout cultivées comme plantes de fenêtre et d'appartement.

AURIÈRE (*agriculture*). — Nom donné dans quelques parties de la France aux bords des champs entourés de haies ou de fossés, et qu'on est obligé de cultiver à la bêche ou à la houe.

AUSCULTATION (*médecine vétérinaire*). — Emploi du sens de l'ouïe pour apprécier, par les bruits qui se font entendre dans les différentes parties du corps, leur état de santé ou de morbidité. Cette méthode, surtout appliquée avec succès chez l'homme, a été transportée dans la médecine vétérinaire, principalement pour l'étude des maladies de la poitrine et du cœur chez les grands animaux domestiques, surtout chez ceux de travail. On fait l'auscultation *immédiate* en appliquant l'oreille sur les différentes parties des parois qui renferment l'organe à explorer, l'auscultation médicale en employant comme intermédiaire entre l'oreille et les parois du corps un cylindre en bois nommé *stéthoscope*. Il faut pour réussir avoir une profonde connaissance des bruits habituels dans l'état sain et de leurs modifications selon les diverses maladies. On se sert de l'auscultation pour les maladies du poumon, d'après l'étude des bruits thoraciques; pour les maladies du cœur, d'après la connaissance des battements à l'état normal; pour l'étude du souffle dans les artères le long du sternum dans les carotides, pour les bruits circulatoires anormaux de la tête, pour l'étude du fœtus, soit par suite de la circulation placentaire, soit par suite des battements du cœur de l'être nouveau pendant la gestation.

AUSERDA (*agriculture*). — Nom de la luzerne aux environs de Perpignan.

AUSTRALIE (*géographie agricole*). — On peut regarder cette grande terre, qui forme la plus forte partie de l'Océanie, comme le cinquième continent du globe terrestre. En 1770, le capitaine Cook y débarqua et en prit possession pour la couronne d'Angleterre; en 1787, le capitaine Phillip y fut envoyé pour y fonder un établissement sur les bords d'un ruisseau d'eau douce se jetant dans l'anse de Sydney. C'est l'île la plus considérable non seulement de l'Océanie, mais du monde entier. Elle a une superficie continentale de 782 millions d'hectares, ce qui fait à peu près les quatre cinquièmes de l'étendue de l'Europe. Elle est entièrement située dans l'hémisphère austral.

Les colonies australiennes présentaient, en 1881, la situation suivante :

	SUPERFICIE	TERRES CULTIVÉES	POPULATION	TÊTES D'HABITANTS PAR 100 HECTARES
	hectares	hectares		
Australie occidentale	265 114 000	25 560	29 000	0,01
Australie méridionale	233 965 000	1 029 800	268 000	0,11
Queensland	173 339 000	44 900	226 000	0,13
Nouvelle-Galles du Sud	80 502 000	282 600	740 000	0,92
Victoria	22 753 000	797 600	860 000	3,78
Tasmanie	6 787 000	56 300	115 000	1,69
Totaux	782 160 000	2 236 760	2 238 000	»

On voit combien sont immenses les terres australiennes qui demeurent encore incultes, et quel vaste champ d'activité s'offre dans ce continent aux entreprises agricoles. Du reste, le mouvement en avant est incessant dans ces contrées; ce n'est pas par elles seules qu'elles progressent; elles attirent les émigrants de toutes les parties du monde. La population y trouve la source principale de son accroissement ; ainsi elle n'était, en 1861, que de 1 168 000 habitants, et elle a par conséquent doublé en vingt années; la progression continue. Elle a été surexcitée d'abord par la recherche de l'or, et a fini par intéresser davantage l'agriculture.

Les Européens, en venant coloniser le continent australien, y introduisent leurs animaux domestiques, chevaux, bœufs, moutons, porcs, qu'ils élèvent pour remplacer avec avantage les animaux vraiment australiens, tels que les kangourous, les ornithorynques, un très grand nombre d'oiseaux aux plumages et aux ramages les plus variés, des reptiles redoutables, des insectes multipliés parfois à l'infini, tous animaux très curieux sans doute, mais d'une mince utilité au point de vue des principaux besoins de l'homme, auquel ils sont parfois très nuisibles. D'immenses pâturages ont permis aux animaux introduits de former peu à peu, surtout en l'absence de carnassiers féroces, de très nombreux troupeaux, devenus l'objet d'un grand commerce, et dont le recensement a donné pour 1880 l'état suivant :

	CHEVAUX	BÊTES A CORNES	MOUTONS	PORCS
	têtes	têtes	têtes	têtes
Australie occidentale.......	34 000	63 700	1 232 000	24 000
Australie méridionale.......	158 000	307 000	6 464 000	131 000
Queensland.....	179 000	3 163 000	6 936 000	66 200
Nouvelle-Galles du Sud.......	396 000	2 580 000	35 398 000	308 400
Victoria........	275 000	1 285 500	10 355 000	242 000
Tasmanie.......	25 300	127 200	1 784 000	48 000
Totaux.....	1 067 900	7 526 400	62 169 000	819 600

Un bétail aussi considérable pour une si petite surface cultivée et pour une population relativement si faible, puisqu'il correspond à 15 têtes de gros bétail par hectare cultivé et par tête de population, est un fait caractéristique du mouvement de la colonisation australienne. Ce fait s'est produit en quelques dizaines d'années seulement, et il est le résultat absolu de l'introduction des animaux européens, principalement du mouton mérinos, du bœuf durham, hereford, devon ou ayrshire, du cheval anglo-arabe, du porc du Yorkshire, du Berkshire. Il a eu pour résultat une exportation considérable de produits animaux de tous genres, car les besoins de la consommation intérieure ont été bien vite dépassés. De là l'envoi des laines australiennes dans toutes les manufactures d'Europe, des exportations de plus en plus importantes de peaux et de cuirs, enfin des envois de suif, d'os, puis de viandes conservées, notamment par la réfrigération, et même d'animaux vivants, par des navires disposés pour les transports de ces objets. Ce commerce a exercé une influence immense sur la situation des industries du monde entier, et l'agriculture française en a ressenti le contre-coup. Mais, d'un autre côté, il y a peut-être abus des pâturages.

Le régime cultural de toutes les colonies australiennes est le système pastoral. Les divers États sont divisés en comtés et districts pastoraux. Les concessions des terres y sont perpétuelles ou temporaires; les terres en culture appartiennent aux éleveurs, qui sont également propriétaires de certaines étendues de pâtures; mais aux fermes sont en outre annexées des étendues proportionnelles de pacages loués par des baux plus ou moins longs. Il arrive que les pâtures s'épuisent ou se détériorent. Jusqu'à présent le mal n'est pas irrémédiable, mais il s'aggrave malgré quelques lois conservatrices, notamment en ce qui concerne la défense de détruire les arbres dans les terrains domaniaux donnés en location aux éleveurs. D'ailleurs une fraction encore assez faible, parmi les étendues offertes à la colonisation, est seulement déjà concédée, et un avenir énorme s'ouvre encore à l'agriculture australienne.

En fait de culture, les premiers colons n'ont rien trouvé dans l'Australie; ils ont dû importer non pas seulement le bétail, mais encore les plantes alimentaires. Les grains, les racines, les légumes, les fruits cultivés étaient inconnus des indigènes, qui ignoraient et les métaux et l'agriculture. Étrange continent, dont la flore était aussi nouvelle que la faune pour les hommes de l'ancien monde qui s'y trouvaient portés! En effet, sur 5800 espèces de plantes recueillies par les explorateurs, il s'en est trouvé 5500 appartenant exclusivement à l'Australie. Toutefois les espèces nouvelles rentrent à peu près complètement dans les familles déjà connues : Palmiers, Mimosées, Myrtacées, Protéacées, Composées, Graminées, Cypéracées, Épacridées, Cryptogames, etc. Le tropique du Cancer, qui divise le continent en deux parties inégales, peut d'ailleurs servir de ligne à deux flores dissemblables. Au-dessus de cette ligne, et vers l'équateur, on trouve les plantes des régions intertropicales et se rapprochant de celles des îles dépendant de l'Asie; c'est ce qui a fait adopter le nom d'Australasie, ou Asie australe, devenu simplement Australie. Dans cette région, on trouve des palmiers, principalement des genres *Calamus*, *Corypha*, *Livingstonia*, *Scaforthia;* mais les plantes alimentaires propres à la zone torride, telles que le goyavier, le bananier, l'ananas, n'y croissaient pas spontanément; elles ont été importées et prospèrent par la culture. C'est surtout au-dessous du tropique et en descendant vers la Tasmanie, que la flore australienne revêt des formes spéciales, qui lui donnent un caractère absolument distinct. Plus de 300 espèces d'acacias et plus de 100 espèces d'eucalyptus y constituent la grande majorité des arbres, arbres pour ainsi dire sans ombre, puisque les feuilles vraies y sont remplacées par des phyllodes; il faut ajouter au tableau l'effet produit par plus de 500 espèces de Protéacées, toutes à feuilles persistantes, de grandes fougères arborescentes, atteignant plusieurs mètres de hauteur, des mousses et des lichens. Les colons désignent généralement les eucalyptus sous le nom de gommiers, mais un seul est connu pour donner de la gomme; dans les autres, le latex est résineux. L'*Eucalyptus resinifera* donne une sorte de kino, l'*Eucalyptus mannifera* une manne sucrée, l'*Eucalyptus gunni* un liquide rafraîchissant et apéritif, acquérant par la fermentation les qualités de la bière. Les écorces des diverses espèces d'acacias et d'eucalyptus fournissent pour l'exportation de grandes quantités de tannin. Parmi les cultures arborescentes importées en Australie, la vigne est une de celles qui ont le mieux réussi et qui donnent aux colons le plus d'espérances; en 1880, on y comptait 6000 hectares de vignes, avec une production de 75 000 hectolitres de vin.

Dans les fermes, pour l'alimentation des colons, il a fallu introduire la culture des plantes alimentaires du vieux monde : le blé, le seigle, l'orge, l'avoine, le maïs, et importer une flore nouvelle inconnue à ces parages, qui semblaient voués à une race humaine ennemie de toute civilisation.

Tel est ce vaste continent où l'Angleterre a su, en moins d'un siècle, organiser des colonies florissantes et fonder de riches exploitations rurales qui vivent d'elles-mêmes, produisent énormément, consomment en même temps de grandes quantités d'objets provenant de la métropole, et promettent pour longtemps encore des débouchés à l'activité européenne. Tous les moyens de mettre en valeur le sol conquis ont été employés; les voies de communication rapides et perfectionnées ont été établies et multipliées; en 1880, il y avait déjà 5820 kilomètres de chemins de fer exploités, et 40 000 kilomètres de lignes télégraphiques; il n'est pas besoin de signaler d'ailleurs l'importance de la navigation à vapeur entre tous les ports des colonies et le monde entier, qui y prend des laines et des produits agricoles de tous genres.

AUTOCLAVE (*mécanique*). — Se fermant par lui-même. On dit joint autoclave, fermeture autoclave. Une marmite autoclave est une marmite propre à faire cuire les aliments sans laisser échapper la vapeur. On dit aussi marmite de Papin.

AUTOMATIQUE (*mécanique agricole*). — Qui se meut lui-même. On dit que dans une machine à moissonner les râteaux sont automatiques, lorsque, pour faire la javelle et la jeter sur le sol, on y remplace les râteaux mus par la main de l'homme par des râteaux que la machine elle-même met en mouvement. — Les râteaux à cheval, pour rassembler le foin coupé dans les prairies, sont automatiques quand ils se relèvent ou s'abaissent durant la marche par le simple mouvement d'un levier que le charretier soulève ou abaisse. — Dans une charrue, le relèvement ou l'abaissement de la charrue à l'extrémité d'un sillon sont rendus automatiques par un levier qui met la roue motrice de la charrue en position d'exécuter une opération que le laboureur fait avec l'aide des mancherons dans les charrues ordinaires. — Dans les semoirs, la distribution des graines ou des engrais se fait aussi automatiquement, etc.

AUTOMNADE (*agriculture*). — Nom vulgaire donné en Provence aux olives qui se développent tardivement sous l'influence des pluies d'été sur les oliviers qui ont souffert de la sécheresse au printemps; elles sont petites, peu estimées.

AUTOMNAL. — Qui appartient ou a rapport à l'automne. On dit saison automnale, floraison automnale, plantes automnales.

AUTOMNE (*climatologie*). — Dernière saison de l'année, qui, sous le climat moyen de la France, se compose des mois de septembre, octobre et novembre. C'est l'époque des travaux les plus multipliés de l'agriculture. On y achève la récolte des céréales; on y fait celle des regains, et, plus particulièrement, celle d'un grand nombre de fruits. On arrache les betteraves, les pommes de terre, les navets, les topinambours, les carottes. On fait les vendanges et on fabrique le vin. En même temps, il faut exécuter tous les travaux de culture pour les semailles des grains qui doivent passer l'hiver en terre. Les animaux de travail sont constamment occupés aux plus durs labeurs; on doit les nourrir fortement et les bien soigner, pour les préserver des refroidissements auxquels ils sont exposés à une époque où la température baisse de plus en plus, au fur et à mesure que les jours diminuent. Au point de vue astronomique, l'automne commence au deuxième équinoxe, le 22 ou le 23 septembre. (Voy. Année.)

AUTOPSIE (*chirurgie vétérinaire*). — Examen de toutes les parties du cadavre d'un animal; on procède à son ouverture pour inspecter attentivement tous ses organes, afin de se rendre compte des causes de la mort et d'obtenir des lumières sur les moyens à employer pour prévenir les maladies auxquelles succombe le bétail

AUTORISÉ (*haras*). — On appelle étalon autorisé celui qui a reçu de l'administration des haras un brevet constatant qu'il est susceptible de reproduire sans détériorer l'espèce. Les conditions pour obtenir l'autorisation sont déterminées par des arrêtés du ministre de l'agriculture, rendus sur le rapport du directeur des haras, sur l'avis du conseil supérieur. L'autorisation est conférée en la même forme que l'approbation; mais les étalons autorisés ne sont astreints vis-à-vis de l'administration des haras à aucune des formalités exigées pour les étalons approuvés, quant à la déclaration du prix du saut, aux papiers d'origine des poulains et aux justifications du service de monte. Néanmoins les propriétaires peuvent délivrer des cartes de saillie sous leur responsabilité, à la condition de ne pas imiter la couleur blanche ou rose usitée pour les produits d'étalons de l'État et d'étalons approuvés. Les propriétaires des étalons approuvés reçoivent des primes (voy. Approuvé) lorsqu'ils font saillir à un taux supérieur à celui déterminé par un arrêté ministériel; leurs étalons sont inspectés par l'administration et leurs propriétaires doivent constamment pouvoir donner la justification des services et tenir une comptabilité précise. Les étalons autorisés échappent à ces formalités, mais ils ne reçoivent le brevet d'autorisation que s'ils sont exempts, comme les étalons approuvés, de tares et de maladies transmissibles, s'ils sont âgés de quatre ans au moins et s'ils ont subi des épreuves constatant leurs mérites. Ils doivent être inscrits au Stud-Book, s'il s'agit de chevaux pur sang. — La création de cette catégorie de reproducteurs chevalins, qu'on pourrait appeler celle des passables après les bons, remonte à 1820; mais l'institution n'a pas fonctionné d'une manière régulière, a été plusieurs fois supprimée et rétablie; elle est comprise, comme accessoire, dans l'arrêté du 5 octobre 1882 concernant les étalons approuvés.

AUTRICHE (*géographie agricole*). — L'empire austro-hongrois a une étendue totale de 62419580 hectares. Dans cette vaste enceinte vivent un grand nombre de peuples différents, ayant conservé leurs physionomies propres et renfermés entre des subdivisions bien marquées, mais constituant deux territoires autonomes réunis par des institutions communes. L'un de ces territoires est l'Autriche, l'autre, la Hongrie.

Dans presque tout le territoire austro-hongrois se trouvent réunies les conditions les plus favorables au développement de l'agriculture, tant sous le rapport du climat que sous celui de la fertilité du sol. Les alluvions sont profondes, riches et étendues. Sauf quelques cimes élevées, quelques plaines marécageuses, ou un petit nombre de contrées couvertes de sables mouvants, on ne rencontre que des terrains productifs, d'une composition très variée et susceptibles de porter tous les genres de récoltes. D'après les documents statistiques officiels les plus récents, le territoire des provinces représentées au Reichsrath, celui de la Hongrie, enfin celui de l'empire entier, sont ainsi répartis en ce qui concerne les diverses natures de produits :

	AUTRICHE	HONGRIE	EMPIRE AUSTRO-HONGROIS
	hectares	hectares	hectares
Terres arables	10 160 290	10 914 960	21 075 150
Prairies	3 569 460	4 142 510	7 711 970
Pâturages	4 605 780	4 698 380	9 304 160
Vignes	204 970	407 900	612 870
Cultures arbustives diverses	32 380	157 890	190 270
Forêts	9 515 760	9 327 110	18 842 870
Terres improductives	1 930 450	2 751 740	4 682 190
Totaux	30 019 090	32 400 490	62 419 580

Si l'on calcule les proportions centésimales de ces diverses natures d'emploi des territoires, on obtient les résultats suivants :

	AUTRICHE	HONGRIE	EMPIRE AUSTRO-HONGROIS
Terres arables	33,84	33,69	33,76
Prairies	11,69	12,78	12,35
Pâturages	15,34	14,50	14,90
Vignes	0,68	1,26	0,98
Cultures arbustives diverses	0,17	0,49	0,35
Forêts	31,67	28,79	30,18
Terres improductives	6,61	8,49	7,48
Totaux	100,00	100,00	100,00

Ainsi la surface productive représente 92,52 pour 100 de la superficie totale dans l'ensemble de la monarchie : 93,39 en Autriche, et 91,51 en Hongrie. La proportion productive la plus élevée se trouve dans les pays où l'agriculture est le plus avancée, c'est-à-dire en Bohême, Silésie, Moravie et basse Autriche, pays dans lesquels la superficie productive varie de 95,6 à 96,9; vient ensuite la Galicie, avec le chiffre de 96,1. C'est dans le duché de Salzbourg que le sol improductif est dans la proportion la plus forte, soit 20 pour 100 de la superficie totale; ensuite viennent le Tyrol et le Vorarlberg, 18 pour 100; la Carinthie, 12,5 pour 100; la Bukovine, 11,5 pour 100.

Les terres arables occupent un peu plus du tiers de la superficie totale, tant en Autriche qu'en Hongrie. Parmi les provinces représentées au Reichsrath, la Moravie compte la plus grande étendue de terres labourées; la proportion y atteint 50 pour 100; viennent ensuite la Bohême, la Silésie et la Galicie, avec 46 à 48 pour 100, la basse Autriche, avec 40,8 pour 100; mais le Salzbourg ne compte que 9,5 et le Tyrol que 5,8 pour 100. Sur un très grand nombre d'exploitations, le système de la jachère biennale ou triennale est encore en usage; on estime que le cinquième des terres arables est en repos chaque année; qu'il n'y a par conséquent que 17 000 000 d'hectares en production chaque année, tant pour les céréales que les racines, les fourrages artificiels et les plantes industrielles; cette surface se décompose ainsi :

	ÉTENDUE	PRODUCTION MOYENNE TOTALE PAR AN
	hectares	hectolitres
Froment et épeautre	3 500 000	41 000 000
Seigle et méteil	4 000 000	55 000 000
Orge	2 100 000	25 200 000
Avoine	3 200 000	42 000 000
Maïs	2 000 000	30 000 000
Sarrasin, millet, vesces et autres menues graines	300 000	5 400 000
Pommes de terre	800 000	28 000 000
Plantes potagères (choux, navets, etc.)	200 000	»
		kilogr.
Foin de trèfle, luzerne, sainfoin, etc.	200 000	800 000 000
Plantes industrielles	700 000	»
Terres arables moins les jachères	17 000 000	»

Les meilleurs sols pour la culture des céréales sont les terrains d'alluvion de la vallée du Danube, notamment le Banat hongrois, les plaines de Salzbourg, les collines de Styrie, les environs de Laibach et Wippach, en Carniole, les dépressions des deux rives de l'Elbe moyen et de l'Eger inférieur en Bohême, l'Hanna en Moravie, le nord-est de la Galicie, les plaines de la Bukovine, une grande partie de la Hongrie et surtout le Banat, la Syrmie ou Slavonie.

Les rendements moyens sont :

Pour le froment	13,25
— le seigle	12,75
— l'orge	14,54
— l'avoine	16,95

Pour la production du froment, la Hongrie et la Bohême tiennent le premier rang; viennent ensuite la Galicie, la Moravie et la basse Autriche. La Bohême l'emporte même sur la Hongrie pour la culture du seigle. La Hongrie produit quatre fois plus de maïs que les États du Reichsrath; c'est aussi une culture très répandue en Styrie et en Bukovine. Les deux tiers de l'avoine se récoltent dans les États autrichiens; elle réussit bien dans les pays montagneux des Carpathes et des Sudètes. On ne cultive le riz que dans la province de Gradisca. L'orge est principalement employée à la fabrication du malt, qui fait un grand objet de commerce d'exportation; on s'en sert aussi pour faire de l'orge perlé ou mondé, qui est un aliment d'un usage fréquent dans plusieurs provinces autrichiennes. Le sarrasin et le millet sont usités surtout dans les pays alpins. Les haricots sont principalement cultivés dans les pays à maïs, où ils sont très souvent plantés entre les lignes de la céréale. Les pois et les lentilles sont récoltés principalement en Bohême, Moravie et Galicie. La fabrication des pâtes de céréales et de l'amidon est une des principales branches de l'industrie autrichienne.

Les pommes de terre se sont beaucoup répandues dans les pays sudètes (Bohême, Moravie, Silésie), en Galicie et dans la basse Autriche. Leur récolte atteint à peu près, en Hongrie, la moitié de celle de l'Autriche. C'est en Galicie et en Moravie que l'on plante le plus de choux, de navets et de turneps. L'usage de racines en cultures dérobées tend à s'accroître. Une partie des soles de jachère commence de plus en plus à recevoir des plantes fourragères. La culture de toutes les plantes potagères ou maraîchères prend de l'extension à mesure que l'agriculture progresse.

La culture des betteraves pour la fabrication du sucre est une des grandes richesses de l'agriculture autrichienne. En 1883, on compte, en Austro-Hongrie, 235 sucreries et 13 raffineries, savoir : 164 usines en Bohême, 55 en Moravie, 9 en Silésie, 3 en basse Autriche, 1 en Galicie, 16 en Hongrie. La production totale est de 400 à 500 millions de kilogrammes de sucre. L'étendue totale de la culture de la betterave sucrière est de 280 000 hectares, produisant de 6 à 7 000 000 de kilogrammes de betteraves. La presque totalité des fabriques de sucre emploie le procédé de la diffusion.

Les autres cultures industrielles de l'Autriche-Hongrie sont nombreuses; ce sont, en commençant par les principales, les plantes textiles, le tabac, le houblon, le colza, le safran, l'anis, le cumin, la chicorée, le chardon à foulon. La culture du lin et du chanvre se fait sur 350 000 hectares environ, dont moitié en Hongrie et moitié dans les États autrichiens; la production totale est en moyenne de 133 millions de kilogrammes, dont deux tiers de lin et un tiers de chanvre. La patrie du lin est pour ainsi dire dans les pays sudètes (Bohême, Moravie, Silésie), et en Galicie, ainsi que dans le nord de la Hongrie. C'est en Galicie et en Hongrie qu'on récolte surtout le chanvre. — La fabrication et la vente du tabac sont, dans l'Austro-Hongrie, sous le régime du monopole de l'État; la culture est faite sous sa surveillance; elle n'est permise qu'en Hongrie, en Galicie, en Bukovine et dans les districts tyroliens de Roveredo et de Riva. La production moyenne annuelle du tabac est de 3 800 000 kilogrammes en Autriche, de 42 000 000 en Hongrie. La culture occupe environ 50 000 hectares, dont 40 000 au moins en Hongrie. — La Bohême est le pays des houblonnières; on les trouve surtout dans les environs de Saaz et Auscha. Elles occupent environ 8000 hectares, dont 700 seulement en Hongrie. La récolte est très variable d'une année à l'autre; elle peut aller du simple au quadruple. Elle est en moyenne de 8 millions de kilogrammes en Autriche et de 700 000 kilogrammes en Hongrie. — La culture du colza se fait dans l'empire austro-hongrois sur environ 75 000 hectares : elle est surtout importante en Hongrie, puis en Bohême, Galicie et Silésie. — Les chardons à foulon, pour l'industrie drapière, sont principalement récoltés dans la haute Autriche et en Styrie; on en consomme annuellement dans l'empire une quantité variant de 60 à 80 millions de kilogrammes. — Le cumin est surtout cultivé en Moravie. — Les distilleries sont très nombreuses dans l'empire; il en existe plus de 150 000, parmi lesquelles plus de 12 000 sont importantes; celles-ci sont principalement situées en Galicie, Bohême, Moravie, Silésie, basse Autriche et Bukovine, et elles emploient des appareils perfectionnés; leurs matières premières sont les grains et les pommes de terre. Le nombre des brasseries est d'environ 2400, dont 200 seulement en Hongrie et 2200 dans les provinces autrichiennes. — Plusieurs fabriques de levure pressée existent en Autriche.

La production fourragère est très considérable en Austro-Hongrie, puisqu'elle y occupe 17 millions d'hectares, dont 8 millions à l'état de prés fauchés et 9 millions comme simples pâturages; c'est une étendue qui dépasse les quatre cinquièmes de la superficie totale des terres arables; c'est ainsi que le nombre des animaux domestiques entretenus s'approche beaucoup d'équivaloir à une tête de gros bétail par hectare de terre ensemencée. C'est en Dalmatie et sur le littoral illyrien que les prairies occupent la plus grande surface relative; viennent ensuite le Salzbourg et les pays alpestres. Les prairies sont en général très bien soignées; on cite surtout, à cet égard, celles de Bohême. En Hongrie, on n'estime pas à plus de 1500 kilogrammes de foin par hectare le rendement annuel moyen. D'après les derniers recensements, le bétail était ainsi constitué :

	AUTRICHE	HONGRIE	EMPIRE AUSTRO-HONGROIS
	têtes	têtes	têtes
Espèce chevaline	1 456 000	2 200 000	3 656 000
Espèce asine et mulassière	43 000	34 000	77 000
Espèce bovine	7 500 000	5 300 000	12 800 000
Espèce ovine	5 200 000	15 000 000	20 200 000
Espèce caprine	1 000 000	600 000	1 600 000
Espèce porcine	2 600 000	4 500 000	7 100 000

Il existe en Autriche un haras de l'État, deux haras de la liste civile et cinq dépôts avec 1900 étalons; en Hongrie, quatre haras de l'Etat et quatre dépôts d'étalons avec 1620 chevaux. Il y a, en outre, 200 étalons approuvés en Autriche et 1700 en Hongrie. Le nombre des haras particuliers est considérable. L'élevage du cheval est prospère. Les chevaux de Hongrie et de Transylvanie sont célèbres; pour l'agriculture, on tient en grande estime la race de trait dite norique. On rencontre en outre un grand nombre d'élevages de chevaux légers. Les haras de l'Etat s'attachent surtout à répandre le pur-sang arabe et anglais. Les pays où on compte, proportionnellement à la surface, le plus de chevaux sont : la Galicie, la Croatie, la Hongrie, la Bohême. Les élevages du Pinzgau et du Pongau, dans le duché de Salzbourg, ceux de la vallée d'Enns, en Styrie, et d'une partie de la Carinthie sont renommés.

L'élevage des ânes et des mulets n'a quelque importance qu'en Dalmatie, sur le littoral illyrien et dans le Tyrol méridional.

L'espèce bovine est très considérable et très remarquable dans presque tout l'empire. On y trouve des animaux magnifiques. On peut distinguer d'une manière générale trois sortes d'animaux : la race des plaines, la race des montagnes et les races spéciales. A la première appartient le bétail hongrois et celui de Podolie, renommé pour ses excellents animaux de boucherie. Les bêtes bovines du Murzthal (Styrie), dont le type se rapproche de celui des races de Mariahof et du Lavanthal, constituent la transition entre les bêtes de la plaine et celles de la montagne. Comme races de montagnes proprement dites, il faut signaler celles de Pinzgau et de Pongau (Rauris), de Dux et de l'Oberinnthal, auxquelles la race de Montafone (Vorarlberg) sert de passage aux races suisses. On considère comme races indigènes : la vieille race allemande, la vieille race de Bohême, la race des Carpathes et celle du Pustherthal. Le développement de la population bovine a été tel, qu'il est devenu un objet de commerce d'exportation. Il se fait aussi des ventes de plus en plus considérables de beurre pour l'étranger. — Il existe, principalement en Hongrie, quelques dizaines de milliers de buffles. — La prospérité de l'élevage des bêtes à cornes a pour conséquence un grand développement donné à la tannerie.

L'espèce ovine n'a pas, dans l'empire austro-hongrois, une très grande importance, puisqu'on n'y compte qu'une vingtaine de millions de bêtes à laine, dont 5 seulement dans les Etats autrichiens et 15 en Hongrie. La race mérinos, sous diverses variétés : negretti, électorale, etc., a beaucoup été propagée dans les pays hongrois; la laine en est fine et très estimée. On évalue à 25 millions de kilogrammes la production lainière de l'empire. — L'élevage des chèvres est surtout considérable en Dalmatie. La transhumance des troupeaux, autrefois très commune en Hongrie, ne se retrouve plus que dans les hautes montagnes du nord et surtout en Transylvanie.

L'espèce porcine est environ deux fois plus nombreuse en Hongrie qu'en Autriche; son élevage y constitue une richesse importante, particulièrement dans les comitats de Krassoc, d'Arad, de Bihar, de Békès-Csana et Szathmar. Les races principales sont : la race mangalicza ou de Milosh, qui est la meilleure pour l'engraissement, celle de Szalonta, la race allemande.

Les basses-cours ont une grande importance dans l'agriculture autrichienne et hongroise : il en résulte la production d'une grande quantité d'œufs livrés à la consommation domestique, à la fabrication de l'albumine, à l'industrie.

Les cultures arbustives ont la plus grande importance dans l'Austro-Hongrie. Toutes les espèces de fruits prospèrent sur les deux territoires de l'empire. Mais il y a environ deux fois plus de vignes en Hongrie que dans les États faisant partie du Reichsrath. Les vendanges, en Autriche, ont donné, dans les dix dernières années, de 2400000 à 6500000 hectolitres; année moyenne, 3800000; soit de 11 à 30 hectolitres, et, en rendement moyen, 18 hectolitres par hectare. La vigne est cultivée dans toutes les provinces autrichiennes, à l'exception de Salzbourg, de la Silésie et de la Galicie. En tête des pays producteurs de vin se trouve la basse Autriche et la Dalmatie; viennent ensuite le Tyrol, la Styrie, le littoral austro-illyrien, la Carniole et la Moravie. — Le climat de la Hongrie est particulièrement favorable à la vigne; aussi voit-on les vignobles, à partir des comitats de Branya et de Tolna, remonter vers le nord-est, en suivant les rives du Bulabra et du Danube, s'étendre en formant une large zone autour de la capitale, aller atteindre le Mâtra, et, passant par Tokay, rejoindre les Carpathes, d'où ils redescendent vers le sud jusqu'à l'extrémité de la plaine, pour remonter de là dans les vallées qui conduisent au cœur de la Transylvanie. Les quantités de vin récoltées ont varié par an de 4 200 000 à 18 millions d'hectolitres, avec un rendement total moyen de 4 200000, soit de 10 à 44 hectolitres par hectare, ou un rendement moyen annuel de 24 hectolitres par hectare, une bonne année étant deux fois plus abondante qu'une année moyenne et quatre fois plus qu'une mauvaise.

On fabrique des vins mousseux dans plusieurs grands établissements de la basse Autriche (Voslau), de la Styrie (près de Graz). Dans la plupart des pays alpestres, on prépare en outre de fortes quantités de cidre et de poiré destinés à la consommation domestique. La fabrication de l'hydromel vineux a quelque importance en Galicie. On distille beaucoup de marcs. La fabrication du rosoglio, c'est-à-dire du rhum, de spiritueux divers, de liqueurs de tous genres, du marasquin, a une grande importance dans les environs de Vienne, en Moravie, Silésie, Bohême, Galicie et Dalmatie.

La production fruitière est l'objet de soins particuliers en Autriche-Hongrie. Elle est spécialement développée en Bohême, en Moravie, en Styrie, dans le Tyrol, le Vorarlberg, la haute et basse Autriche, où elle fournit un appoint notable aux exportations. Toutes les espèces d'arbres fruitiers prospèrent sur les deux territoires de l'empire. Le prunier est l'arbre fruitier le plus répandu en Hongrie; viennent ensuite les cerisiers, les griottiers, les abricotiers, les pêchers, les pommiers et les poiriers. On trouve partout des cultures de fraisiers et de groseilliers. Les melons donnent aussi lieu à une production croissante, depuis la multiplication des voies ferrées. Les citronniers et les orangers sont avantageusement cultivés dans quelques districts méridionaux. Les figuiers, les amandiers, les grenadiers croissent parfaitement en Dalmatie, dans le Tyrol méridional et sur le littoral; le caroubier vient très bien dans les îles de la Dalmatie. — La culture de l'olivier a une grande importance en Istrie, dans le Tyrol méridional, aux environs de Riva et d'Arco, et surtout en Dalmatie. La production annuelle de l'huile d'olive s'élève à près de 30 millions de kilogrammes, dont les quatre cinquièmes en Dalmatie. — Le mûrier est très répandu en Hongrie, en Dalmatie, dans le Tyrol méridional et l'Istrie; la sériciculture y est pratiquée sur une grande échelle; elle est, en outre, particulièrement prospère en Hongrie, dans les comitats de Tolna, de Féher, de Baranga et de Soprony.

La production forestière est extrêmement importante dans les deux parties de la monarchie austro-hongroise, et elle est soumise à une surveillance et à une réglementation rigoureuses, destinées à empêcher la dilapidation. Le bois donne lieu à un commerce d'exportation considérable. Les diverses provinces de l'empire peuvent être rangées dans l'ordre suivant, d'après leur richesse en forêts, par rapport à la surface totale : la Styrie, 45,2 pour 100; la Carniole, 43,0; la Carinthie, 40,3; la Bukovine, 39,7; la Silésie, 31,7; le Tyrol et le Vorarlberg, 37,0; la haute Autriche, 32,8; la basse Autriche, 31,9; Salzbourg, 29,4; la Bohême, 29,0; la Hongrie, 28,8; la Galicie, 26,8; la Moravie, 25,4; la Dalmatie, 22,6; les pays du littoral de l'Adriatique, 22,4. Les bois ne manquent absolument que dans les grandes plaines de la Hongrie, dans une partie des steppes de la Galicie et sur les côtes. On trouve presque partout la plupart des essences de l'Europe centrale. Sur les hautes montagnes des Alpes et des Carpathes de l'Autriche, les conifères, et principalement les pins, dominent; les hêtres et les chênes (pédonculé et rouvre) sont nombreux dans les plaines. L'exploitation forestière est une très grande industrie tant en Autriche qu'en Hongrie; c'est par plusieurs milliers qu'on y compte les scieries hydrauliques ou à vapeur. Un peu plus de la moitié des coupes est pour le chauffage, sous forme de bois ou de charbon, le reste pour bois d'œuvre ou pour l'écorce. La production moyenne est de 3 à 4 mètres cubes par hectare. Une grande partie est livrée à l'exportation.

Un quart environ des forêts de l'empire appartient à l'Etat ou à la Couronne, un autre quart au clergé ou aux communes, la moitié aux particuliers. Parmi ces dernières, une forte partie constitue de très vastes domaines, dont quelques-uns de 100 000 hectares. C'est de la très grande propriété, mais celle-ci tend à se fractionner, qu'il s'agisse d'ailleurs de forêts ou de domaines agricoles proprement dits. Le nombre des propriétaires fonciers augmente chaque année. Depuis 1845, la situation d'infériorité et de dépendance du paysan, ainsi que tous les droits seigneuriaux et les charges qui pesaient arbitrairement sur la population rurale, sont supprimés. Toutefois la petite propriété est beaucoup moins considérable en Hongrie que dans les États autrichiens.

On trouve, en Autriche-Hongrie, les divers modes d'exploitation, par le propriétaire directement, par les régisseurs, par les fermiers, par les métayers. Sous l'influence de l'instruction agricole, de plus en plus généralisée, les cultivateurs ont fait de grands progrès, et toutes les méthodes de culture perfectionnées sont essayées et de plus en plus employées. L'instruction spéciale agricole est donnée dans un grand nombre d'établissements, la plupart fondés à partir de 1870. Il en est un qui existe depuis 1776, c'est l'Institut vétérinaire de Vienne. Dans les diverses provinces autrichiennes on compte : 1 École de hautes études agronomiques à Vienne, 19 écoles provinciales d'agronomie, 26 écoles moyennes d'agriculture, 407 écoles pratiques, 3 écoles forestières moyennes et 2 écoles inférieures, 1 École supérieure d'horticulture, 21 écoles secondaires d'arboriculture, de viticulture et de jardinage, 2 écoles linières spéciales. — En Hongrie, il existe 5 établissements d'enseignement agricole supérieur, dont l'un est l'Académie agricole de Magyar-Ovar, et les autres les 4 écoles régionales de Keszthely, Debreczen, Kassa et Kolowar. Viennent ensuite 2 écoles secondaires d'agriculture, 2 écoles secondaires de viticulture, 5 écoles primaires d'agriculture et 1 école primaire de viticulture. A Budapest se trouve en outre une Académie vétérinaire. Enfin, dans les deux écoles destinées à former des professeurs, de Debreczen et de Kolowar, il se fait des cours sur toutes les branches des connaissances agricoles, et même des cours d'agriculture sont donnés dans toutes les écoles primaires établies dans les villes dont la population est supérieure à 5000 habitants, ainsi qu'à l'École polytechnique de Budapest. Il y a aussi une École forestière spéciale. L'horticulture commence à faire partie de l'enseignement des établissements créés en faveur des orphelins. — Pour propager tous les progrès agricoles et discuter les questions qui intéressent l'agriculture ou l'élevage du bétail, il existe 350 associations agricoles dans les provinces cisleithanes et 83 en Hongrie. La pisciculture, l'apiculture, le drainage, les irrigations reçoivent des encouragements spéciaux, et donnent lieu aussi à des cours particuliers ou à des écoles qui forment des praticiens habiles. Dans tout l'empire austro-hongrois, des stations agronomiques se fondent pour exécuter des recherches sur les diverses questions d'agriculture proprement dite, d'élevage, d'emploi des engrais ou des machines. Depuis 1860 surtout, l'outillage agricole s'est transformé, en même temps que les assolements se sont avantageusement modifiés. M. Tisserand, dans son rapport sur l'Exposition de Vienne, en 1873, avait constaté le fait, qui a été rendu plus saillant encore en 1878; depuis, le mouvement en avant a continué, tant en Autriche qu'en Hongrie, et ce dernier pays est peut-être celui de l'Europe où l'agriculture emploie le plus de machines de tous genres.

AUTRUCHE (*zootechnie*). — Le plus grand des oiseaux vivants, et, en même temps, un des plus curieux, l'autruche a été connue de toute antiquité; sa chair était consommée par les anciens, notamment par les Romains; sa cervelle surtout était estimée comme mets très délicat par les Romains, et, si la viande d'autruche a été proscrite, non sans raison, par la loi de Moïse, cela tient surtout à ce que, par la manière dont l'animal se laisse aller à sa voracité, des maladies graves l'atteignent et peuvent le rendre insalubre.

L'autruche appartient à un genre spécial (*Struthio camelus*), de la famille des Brévipennes, de l'ordre des Echassiers. Elle est, parmi les oiseaux qui ne peuvent voler à cause de la conformation de leurs plumes, celui qui a les jambes les plus longues et les mieux faites pour les longues courses. Elle peut atteindre 2^{m},50 et plus de hauteur et peser 40 à 50 kilogrammes. Sa tête est petite, chauve, calleuse, pourvue d'un bec court, déprimé et arrondi à la pointe, laissant voir parfois une langue également courte; elle est placée à l'extrémité d'un cou très long (fig. 553), ayant environ un mètre de développement; ses yeux ressemblent à des yeux humains. L'orifice de ses oreilles est à découvert et seulement garni de poils dans la partie inférieure où est le canal auditif. Son corps est ramassé et garni plutôt avec du poil mettent une forte et abondante alimentation; un réservoir sert à contenir l'urine, car les autruches sont les seuls oiseaux qui ont la faculté d'uriner. Les jambes et les pieds sont très grands. Les cuisses sont très grosses, très musculeuses; c'est là que réside la force principale de l'animal. Les pieds, nerveux et charnus, n'ont que deux doigts, dont l'externe, plus court de moitié que l'autre, manque d'ongle. Un coup de pied de l'autruche est dangereux et suffit pour casser une jambe ou un bras; plusieurs personnes ont même été tuées par ces oiseaux. L'autruche se couche à la manière du chameau, dont on l'a rapproché de tout temps; elle plie d'abord le genou, puis s'appuie sur la par-

Fig. 553. — Autruche et autruchon.

qu'avec des plumes. Il n'y a pour ainsi dire pas d'ailes, mais des ailerons armés de deux piquants, « semblables, dit Buffon, à ceux du porc-épic; ces ailerons sont des espèces de bras qui lui ont été donnés pour se défendre ». Toutes les plumes, celles qui sortent des ailerons comme celles de la queue et du reste du corps, sont effilées, décomposées, avec des barbes qui sont de longues soies détachées les unes des autres, sans consistance, sans adhérence réciproque; ces plumes sont inutiles pour voler; elles ne constituent guère qu'un ornement dont l'homme, et surtout la femme, se sont emparés. Le bec étant susceptible d'une très grande ouverture, le pharynx est ample et peut recevoir des aliments de la grosseur du poing; entre le jabot qui est énorme et le gésier se trouve un ventricule considérable. Les organes de la digestion et des excrétions sont développés, et per- tie calleuse du sternum, et laisse enfin tomber l'arrière-train. « Les espaces calleux et dénués de plumes et de poils, dit Buffon, qu'elle a comme le chameau, au bas du sternum et à l'endroit des os pubis, en déposant de sa grande pesanteur, la mettent de niveau avec les bêtes de somme les plus terrestres, les plus lourdes par elles-mêmes, et qu'on a coutume de surcharger des plus rudes fardeaux. » Effectivement, à l'état domestique, comme on peut le voir au Jardin d'acclimatation de Paris, l'autruche porte parfaitement un homme sur son dos; on peut aisément l'habituer à se laisser monter comme un cheval, ou bien à tirer des fardeaux. Le tyran Forinius, qui régnait en Égypte au troisième siècle, rappelle M. Figuier, se faisait traîner par un attelage d'autruches. Les nègres s'en servent fréquemment comme monture. Lorsqu'elle sent le poids de son cavalier, l'autruche prend le petit trot; peu à peu, elle s'échauffe, et bientôt, étendant les ailes, elle se met à courir avec une si grande rapidité qu'elle semble ne pas toucher terre. Au rapport de Livingstone, une autruche chargée parcourt jusqu'à 43 kilomètres en une heure. Mais ce n'est pas à cause des services qu'elle peut rendre comme auxiliaire, c'est en raison des produits qu'elle fournit que l'autruche est utile. Ces produits sont les œufs, les autruchons, les plumes, la graisse, la chair, la peau. L'autruche passe pour vivre longtemps, pour être centenaire; mais ce n'est pas un fait établi, et, dans tous les cas, l'homme rend sa vie beaucoup plus courte.

Les œufs d'autruche pèsent en moyenne 1500 grammes; ils équivalent à 24 œufs de poule pour la partie liquide intérieure (le blanc et le jaune), en tout, au poids de 30 œufs de poule, 6 œufs représentant le poids de la coque; celle-ci durcit avec le temps et finit par ressembler à de l'ivoire; on en fait des coupes et d'autres objets d'ornementation. Les œufs sont excellents à manger. Une autruche en pond, par couvée, de 12 à 18, en moyenne 15, un toutes les 48 heures. La durée de l'incubation est en moyenne de 42 jours. Les jeunes autruchons sont délicats; ils fournissent des plumes à maturité vers l'âge de 4 ans; plus tard, ils servent à l'accouplement. La graisse, la chair, la peau des autruches que l'on sacrifie, ont du prix, mais ce sont surtout les plumes qui constituent un produit commercial d'une grande valeur.

Les autruches sont sociables; on les rencontre quelquefois dans le désert en troupes nombreuses mêlées à des bandes de zèbres, de couaggas et d'autres animaux analogues; c'est alors qu'on en fait un objet de chasses ardentes. On peut aussi les élever à l'état domestique. Elles appartiennent essentiellement à l'Afrique, aux îles voisines de ce continent, et à la partie de l'Asie qui confine à l'Afrique. Elles ne se reproduisent en grand nombre que dans les parties les plus chaudes de ces régions, à la condition qu'elles y trouvent des herbages permanents et des eaux claires. Ailleurs, on peut en entretenir exceptionnellement, mais avec des soins destinés à leur préparer une nourriture abondante et saine, et à les mettre à l'abri des intempéries; mais il est difficile de les faire accoupler en captivité trop étroite, et d'obtenir des couvées fécondes. Pendant longtemps, l'élevage de l'autruche n'a été qu'une rare exception. C'est uniquement la chasse qui fournissait les marchés, et la chasse à outrance a fini par rendre l'autruche sauvage assez rare, particulièrement en Algérie. « Pour chasser les autruches, dit M. Figuier, les Arabes les suivent à distance, sans trop les presser, pendant un jour ou deux, tout en les empêchant de prendre leur nourriture. Quand ils les ont ainsi fatiguées et affamées, ils les poursuivent à toute vitesse, en mettant à profit ce fait, que leur a révélé l'observation, à savoir, que l'autruche ne s'enfuit jamais en ligne droite, mais qu'elle décrit une courbe plus ou moins étendue. Les cavaliers suivent donc la corde de cet arc, et, par ce stratagème plusieurs fois répété, ils se rapprochent insensiblement de leurs victimes jusqu'à une faible distance. Imprimant alors un dernier élan à leurs montures, ils fondent impétueusement sur les autruches harassées et les assomment à coups de bâtons. On évite, autant que possible, l'effusion du sang qui déprécie les plumes de l'oiseau. Certaines peuplades arrivent au même but par un artifice assez singulier. Le chasseur se couvre d'une peau d'autruche, en ayant soin de passer le bras dans le cou de l'animal, afin de rendre les mouvements plus naturels. A la faveur de ce déguisement, il s'approche des autruches sans défiance et les tue. Les Arabes chassent encore l'autruche avec des chiens qui la poursuivent jusqu'à épuisement complet. Au moment de la ponte, ils pratiquent aussi la chasse à l'affût. Ils vont à la recherche des nids d'autruche, et, lorsqu'ils les ont découverts, ils creusent, à portée de fusil, un trou dans lequel un homme peut se cacher. Celui-ci, armé d'un fusil, tue successivement le mâle et la femelle sur leurs œufs. D'autres fois, on va les attendre près de l'eau, et on les tire lorsqu'elles viennent se désaltérer. » Ce sont là des moyens de destruction et non pas des procédés de récolte pour le produit le plus recherché, c'est-à-dire la plume de l'oiseau. Les choses, néanmoins, restèrent ainsi jusque vers 1865. Grahamis-Toron, dans la province de l'est des possessions anglaises du cap de Bonne-Espérance, était à cette époque le marché le plus important de cette colonie, et, comme dans une année on parvint à exporter pour plus de 1 750 000 francs de plumes d'autruches sauvages, les grands fermiers se demandaient s'il n'y avait pas là une nouvelle source de richesse, et si l'on ne pourrait pas arriver à un élevage productif de ces oiseaux à l'état de domestication. Les essais furent heureux, ainsi que cela résulte d'un rapport complet sur la question dû à M. Lavenère, consul de France au Cap. En 1865, il n'y avait au Cap que 80 autruches; un recensement effectué en 1875 en compta 22 000; les possessions anglaises de l'Afrique australe en comptaient, en 1882, plus de 100 000, ayant fourni environ 90 000 kilogrammes de plumes, d'une valeur totale de 24 300 000 francs, soit d'une valeur moyenne de 270 francs par kilogramme; les capitaux engagés pour cette exploitation ne sont pas moindres de 200 millions de francs.

La première préoccupation des fermiers éleveurs d'autruches est de choisir un terrain convenable; il faut un sol sablonneux, non aride, où il y ait des herbages et de l'eau claire, ainsi que des retraites où les couples puissent cacher leurs amours. Dans les vastes fermes, on consacre de 10 à 20 hectares à chaque paire, mais on peut ne leur accorder qu'un hectare et moins encore; mais, dans ce dernier cas, il faut substituer une nourriture artificielle végétale à celle des champs. On entoure les parcs à autruches de palissades de 1m,50 à 2 mètres de hauteur, que l'on établit au moyen de poteaux en fer ou en bois fixés solidement en terre à 4 mètres de distance les uns des autres et supportant trois rangées de fils de fer assez gros, placés à 0m,40 l'un au-dessus de l'autre; on pose d'ailleurs, sur toute la longueur de la clôture, une traverse de bois, afin que les oiseaux aperçoivent les obstacles et ne viennent pas se jeter contre les fils de fer; dans ce but, il est bon d'entretenir la clôture de branches d'arbres couvertes de feuillage. On doit éviter de laisser approcher les chiens des enclos, parce que les autruches, effrayées, se jettent alors contre les clôtures et s'y font des blessures graves. Les propriétaires du Cap laissent en général les autruchons courir presque en liberté dans les champs jusqu'à l'âge de trois ans. En agitant un branchage à la main, les gardiens peuvent diriger les oiseaux vers telle ou telle partie du parc. Dans le commerce, on distingue : 1° les poussins (*chicks*), oiseaux âgés au plus de 7 à 8 mois; 2° les jeunes oiseaux (*young birds*), ceux âgés de 8 à 12 mois; 3° les oiseaux dont les plumes sont arrivées à maturité (*plucking or feather birds*), ceux âgés de 1 à 4 ans; 4° les reproducteurs (*breeding birds*), ceux âgés de plus de quatre ans, qui pondent et peuvent couver. Pour les jeunes oiseaux comme pour les vieux, on doit veiller à ce qu'ils aient suffisamment à manger; on fait les rations avec de l'herbe coupée, notamment de la luzerne, des os broyés et du grain (blé, orge ou maïs); l'eau claire ne doit pas manquer, afin qu'ils puissent s'abreuver selon leurs convenances; ils ne toucheraient pas à de l'eau trouble

Les reproducteurs ne demandent d'ailleurs aucuns soins particuliers ; ils commencent les pontes vers l'âge de 4 ans; ils peuvent faire jusqu'à trois couvées par an, selon que les circonstances météorologiques sont plus ou moins favorables ; par couvée, il y a de 12 à 18 œufs. Le nid se compose d'un trou légèrement creusé dans le sable; c'est ordinairement le mâle qui le prépare; la femelle ne pond pas toujours dans son nid, surtout dans les premiers temps, mais alors le mâle y ramène l'œuf peu à peu. Pendant l'époque de la ponte et de l'incubation, le mâle se montre très irritable ; les jambes, sur la partie inférieure du devant, et le bec deviennent rougeâtres ; il est alors dangereux d'entrer sans précautions dans les enclos. Si l'on est poursuivi, il faut se jeter par terre, à moins qu'on puisse se rendre maître de l'oiseau en le saisissant et le maintenant par le cou. Dans tous les cas, on ne doit pas entrer dans l'enclos sans nécessité; si l'on veut prendre des œufs, il faut considérer que les premiers pondus offrent moins de garantie de fécondité que les derniers. Pendant l'incubation naturelle, le mâle se substitue à la femelle quand celle-ci quitte le nid pour aller manger; il s'acquitte de couver avec le même soin que sa compagne. Lorsqu'on a recours à l'incubation artificielle, ce qui est assez fréquent dans les élevages des possessions anglaises de l'Afrique, on peut mettre dans le même enclos deux femelles pour un seul mâle. En règle générale, la température des incubations ne doit pas dépasser 35°,5, quoique la température de l'autruche soit de 38°,8; mais la température des œufs reste toujours inférieure à celle de l'oiseau couveur à cause de la radiation et de la dispersion de la chaleur. L'incubation naturelle a l'inconvénient d'occasionner la perte de beaucoup de plumes, tant chez la femelle que chez le mâle, à cause du contact prolongé avec la terre. Les autruchons doivent être surveillés dès leur naissance, et ils demandent beaucoup de soins jusqu'à ce qu'ils aient l'âge d'un an. Dès le lendemain de leur naissance, on peut, si le temps est beau, les lâcher dans les enclos, mais, autant que possible, il faut choisir un endroit abrité du vent et où se trouve du gravier; le troisième jour, ils commencent à becqueter le gravier et les jeunes herbages; on doit leur préparer de la pâtée, avec du fourrage vert et des os concassés; il faut aussi verser de l'eau claire dans un baquet et la renouveler toutes les vingt-quatre heures. Il faut éviter qu'ils puissent rencontrer des excréments d'autruches, de vaches ou d'autres animaux, parce qu'ils les avaleraient, ce qui peut causer quelques-unes des maladies auxquelles les jeunes oiseaux succombent trop souvent. On les fait rentrer tous les soirs pour les enfermer dans une remise assez chaude où on leur fait une bonne litière. On ne les laisse pas sortir si le temps est pluvieux ou si le froid est relativement vif; on évite de les exposer dans le jeune âge aux intempéries des saisons; mais, dès qu'ils sont âgés de plus de six mois, on les abandonne nuit et jour dans les enclos, pour ne les rentrer que pendant l'hiver ou la saison des pluies. A mesure que les autruches vieillissent, elles résistent mieux aux intempéries et aux privations.

C'est lorsque les autruches atteignent l'âge de trois à quatre ans qu'on commence à en récolter les plumes. Une autruche dans toute sa force produit annuellement environ 450 grammes de plumes d'une valeur moyenne de 250 francs, que l'on partage en plusieurs lots ainsi qu'il suit, d'après l'ordre décroissant de leur valeur: plumes des ailes (blanches provenant des mâles), plumes des ailes (blanches provenant des femelles), plumes de la queue (blanches), plumes de fantaisie (blanches et noires), plumes noires (longues, moyennes et courtes), plumes grises (longues, moyennes et courtes). Entre les diverses sortes, les différences de prix sont énormes, de 6 francs à 1650 francs le kilogramme; généralement les premières qualités dominent. Il est difficile de distinguer le mâle de la femelle chez les autruchons; ce n'est qu'à l'âge d'environ un an que les plumes du mâle commencent à devenir noires, tandis que celles des femelles conservent leur couleur grisâtre; mais, chez l'un comme chez l'autre, les plumes provenant du dessous des ailes restent blanches. « Il existe, dit M. Lavenère, deux manières d'enlever les plumes aux autruches : l'une consiste à les arracher et l'autre à les couper. Ces deux systèmes offrent chacun leurs avantages. Sous le point de vue commercial, il est hors de doute que celles arrachées gagnent en poids; cependant, on s'accorde à reconnaître aujourd'hui que le second moyen est préférable au premier, bien qu'il exige, six semaines après la coupe des plumes, l'extraction des racines, qui sont alors desséchées; et, en effet, l'oiseau, souffrant beaucoup moins par ce dernier procédé, se laisse plumer assez facilement, tandis que chaque plume arrachée occasionne une nouvelle douleur, quelquefois même une plaie, ce qui rend l'autruche très excitée et conduit souvent à de graves accidents. Lorsqu'un fermier veut procéder à cette opération, il doit s'assurer d'abord que le plumage est arrivé à un bon état de maturité, placer ensuite chaque oiseau séparément dans un compartiment disposé à cet effet, et presque semblable aux casiers qui servent à faire voyager les chevaux sur les chemins de fer. On peut également faire maintenir l'autruche par des hommes vigoureux; mais ce dernier système a l'inconvénient de faire courir des dangers aux hommes ainsi qu'à l'oiseau, qui fait des efforts continuels pour tâcher de reconquérir sa liberté. La production des plumes par l'élevage méthodique des autruches domestiques a eu pour résultat, comme on devait s'y attendre, d'empêcher la hausse exagérée d'un produit qui a cessé d'être un objet de hasards plus ou moins heureux; une chasse excessive avait d'ailleurs amené une rareté extrême. On a d'abord commencé par dire que les plumes des élevages étaient inférieures à celles d'Alep, de Barbarie, du Sénégal, d'Égypte, de Mogador; elles ont ensuite été bien classées; une baisse générale s'est produite, et cela a été un grand déboire pour les éleveurs qui avaient fait des frais trop considérables pour se livrer à une exploitation dont ils attendaient des bénéfices très élevés, mais aussi très éventuels. Quoi qu'il en soit, la vente des oiseaux reproducteurs a donné des résultats avantageux: en une seule année (1881), la colonie du Cap a exporté pour Natal, Buenos-Ayres, Monte-Video, Maurice, l'Australie, près de 1000 autruches, au prix moyen de 1100 francs par tête.

Les procédés d'élevage du Cap sont imités dans tous les pays à climat chaud où l'on peut espérer le succès; c'est ce qui se fait dans le sud de l'Algérie, où des fermes spéciales ont été créées pour exploiter les divers produits de l'autruche : plumes, œufs, autruchons, oiseaux reproducteurs, graisse, chair, dépouille entière, sans compter exclusivement sur les demandes du luxe ou de la mode.

AUVENT (*constructions rurales* et *jardinage*). — Petit toit en saillie attaché le long du mur ou au-dessus d'une porte pour pouvoir abriter contre les intempéries des personnes ou des objets qui se placent au-dessous (voy. ABAT-VENT, p. 17, et ABRI, p. 36). — Les toits dont il s'agit sont en tuile, en planches ou en chaume ; ils peuvent être formés par des paillassons ou des toiles bitumées ou autres matériaux légers, pour être soutenus par des poteaux appuyés sur le sol ou des supports fixés dans les murs; ils servent à abriter contre la pluie ou contre le soleil les instruments aratoires, les échelles, le bois, etc.; ils servent aussi à protéger les arbres fruitiers ou les cultures délicates contre la gelée ou contre une trop forte radiation solaire.

AUVERGNAT (*économie du bétail*). — L'Auvergne a une réputation méritée pour l'élevage des animaux domestiques.—Dans ses montagnes, on trouve deux races bovines très justement estimées : les races d'Aubrac et de Salers (voy. AUBRAC, p. 663). — L'élevage du cheval y a été très en honneur, et il y existait une race chevaline très propre aux remontes de l'armée. Le cheval auvergnat aurait été fait avec du sang arabe. Il a été détérioré par l'introduction d'étalons de courses de sang anglais, et il a fini par disparaître. On a remplacé en beaucoup d'endroits l'élevage du cheval par celui du mulet.

AUVERNAT (*viticulture*). — L'auvernat blanc est le pineau blanc Chardonay en Alsace et dans les départements du Loiret et de Loir-et-Cher. — L'auvernat noir est le pineau noir dans ces deux départements.

AUXERROIS (*viticulture*). — Dans la Moselle, on appelle auxerrois le pineau blanc Chardonay, et on donne le nom de *gros auxerrois blanc* ou d'*auxois* au gamay blanc à feuille ronde.

AUXIDE (*ichthyologie*). — Genre de poissons de la famille des Scombridés. Ce genre ne renferme qu'une seule espèce, l'auxide bise, qui habite la Méditerranée, plus rarement l'Océan. Il se rencontre à Nice où il porte le nom de bounicou; il est fusiforme; sa longueur est de $0^m,30$ à $0^m,45$. Il a la chair d'un rouge foncé.

AUXILIAIRE (*économie rurale*). — Qui aide ou donne des secours. — En agriculture, on appelle ouvriers auxiliaires ceux qui ne sont pas ordinairement employés sur l'exploitation et que l'on prend en surcroît pour faire des travaux pressés. On appelle animaux auxiliaires ceux que l'on utilise comme moteurs dans les travaux de culture, de transport ou de manipulation des récoltes dans l'intérieur des fermes, ceux aussi qui servent à la chasse ou à la garde des exploitations et du bétail, tels que le cheval, l'âne, le mulet, le chien, le chat, le furet. Les animaux de rente sont, par opposition, ceux qui donnent des produits en nature, comme les animaux de boucherie ou de laiterie, les bêtes à laines, les porcs. (Voy. ANIMAUX UTILES).

AUZERAULE (*sylviculture*). — Nom donné à l'érable commun (*Acer campestris*).

AVAL (*économie rurale*). — Mot employé pour désigner le côté vers lequel descend un cours d'eau; c'est l'opposé de l'amont (voy. p. 383).

AVALAISON. — Chute d'eau impétueuse qui se précipite des montagnes à la suite de grosses pluies. C'est un phénomène météorique qui cause de grandes pertes pour l'agriculture, dont les effets nuisibles ont été accrus par le déboisement des montagnes, et dont on ne peut conjurer pour l'avenir l'action nuisible que par le reboisement et le gazonnement sur les sommets et sur les pentes rapides, ou bien en ayant recours, quand cela est possible, à des cultures en terrasses. On donne aussi le nom d'avalaison à un amas de pierres roulées et déposées par les torrents.

AVALANCHE (*météore*). — Masse considérable de neige ou de glace détachée et roulant du haut des montagnes, augmentant souvent durant sa chute, susceptible enfin d'ensevelir des maisons et même des villages entiers lorsqu'elle arrive dans les vallées. Pour empêcher les désastres que causent fréquemment les avalanches dans les Alpes ou les Pyrénées, il faut créer sur leur route probable des obstacles qui puissent les arrêter, tels que de fortes murailles ou des plantations de forêts. Sur les pentes boisées, les arbres fixent la neige au sol et empêchent soit la chute, soit la formation et l'augmentation des masses neigeuses se précipitant avec une vitesse accélérée des plus grandes hauteurs pour causer la destruction de tous les objets qu'elles peuvent rencontrer sur leur passage.

AVALASSE. — Se dit pour avalaison (voy. ce mot).

AVALÉ, AVALÉE (*hippiatrique*). — Qui est descendu, abaissé. — On dit qu'un cheval a le *ventre avalé*, lorsqu'il a le ventre volumineux avec tendance à s'abaisser; l'animal est alors peu propre aux allures rapides. — Une *croupe* est *avalée*, lorsqu'elle s'abaisse de la partie antérieure à la partie postérieure, défaut qui déprécie les chevaux en les rendant disgracieux.

AVALOIRE (*bourrellerie*). — Pièce du harnais des chevaux qui, attachée aux brancards, repose sur la croupe et enveloppe les fesses au-dessous de la queue, de telle sorte qu'elle peut aider les chevaux à retenir la charge des véhicules pendant les descentes, ou bien encore à faciliter le reculement d'une charrette ou d'un carrosse. La sellette de l'avaloir doit être faite avec soin, en bons matériaux non susceptibles de blesser le cheval ou de produire des excoriations; elle doit prendre son appui sur les coussins musculeux qui longent la partie saillante de l'échine, sans porter sur celle-ci.

AVALURE (*art vétérinaire*). — En hippiatrique, une avalure est une altération du sabot du cheval, dans laquelle la corne *s'avale*, c'est-à-dire se détache de la peau sur une étendue plus ou moins grande de la couronne. Cet accident provient d'une blessure ou du séjour d'une matière étrangère entre la chair cannelée et la muraille. Il cause rarement la claudication, et passe facilement au moyen d'onctions faites sur le sabot avec l'onguent de pied ou tout autre corps gras. L'onguent de pied est composé de parties égales de cire jaune, de graisse de porc, d'huile d'olive, de térébenthine, et d'huile de pied de bœuf ou de miel. On applique avec succès sur les avalures récentes un léger plumasseau imprégné de térébenthine, en le fixant par quelques tours de bande.—On donne aussi le nom d'avalure à une maladie des serins qui ont pris trop de nourriture.

AVANCE (*économie rurale*). — On appelle *avance*, en agriculture, tout capital engagé dans une exploitation rurale. Les avances sont de plusieurs sortes; il y a tout d'abord celles absolument nécessaires, sans lesquelles il serait impossible de rien obtenir de la terre : telles sont celles qui doivent servir à acheter l'outillage propre à effectuer les labours, les animaux sans lesquels on ne pourrait pas travailler la terre, les engrais et les semences indispensables pour obtenir des récoltes, les salaires des ouvriers employés pour toutes les opérations de culture, y compris celles qui permettent de faucher, moissonner, arracher ou cueillir, de manière à fournir des denrées susceptibles d'être vendues. C'est seulement après la vente effectuée que le cultivateur rentre dans une partie de ses avances. Envisagées sous ce point de vue, les avances sont donc le capital minimum d'exploitation, capital immobilisé pendant le temps qui s'écoule entre les ventes de deux récoltes successives de même nature. Des considérations analogues à celles qui concernent les produits végétaux, sont applicables aux capitaux nécessaires pour les produits animaux et, par conséquent, à l'entretien du bétail de rente. Mais cela ne saurait encore suffire. Outre les avances strictes d'exploitation, il faut encore songer aux avances de prévoyance, qui ne sont pas moins indispensables que les premières, car il faut tenir compte de la possibilité toujours menaçante de mauvaises récoltes, de fléaux météoriques, d'épizooties, d'accidents de tous genres. La probabilité de mauvaises années succédant aux bonnes, exige qu'on augmente la quotité des avances sans lesquelles la prospérité des fermes ne peut être assurée. Mais il y a plus encore : le succès d'une entreprise agricole ne consiste pas à vivre au jour le jour, ou, si l'on veut, à l'année; il n'est certain qu'autant qu'il grandit, et son accroissement dépend des améliorations qu'on effectue, ce qui exige de nouvelles avances, dont l'importance, aussi bien que le genre, ne sauraient être déterminés d'une manière uniforme. Les situations des domaines, la nature des terres, le mode de culture, entraînent l'exigence de capitaux bien différents, variant autant que les améliorations applicables (voy. le mot AMÉLIORATION, p. 544). Tout chef d'une entreprise agricole devra bien calculer ce qu'il doit attendre de l'opération qu'il a l'intention de faire. S'agit-il d'une amélioration foncière permanente, ou bien d'une amélioration dont l'effet ne durera qu'un temps plus ou moins limité? il est évident que le capital avancé devra pouvoir produire moins ou plus par année moyenne. S'agit-il de machines perfectionnées, d'animaux reproducteurs d'élite, de construction de bonnes étables, de la création de chemins, d'irrigations, de drainage, de marnage, de colmatage? on ne saurait avancer les capitaux nécessaires qu'avec la chance très probable de retrouver ceux-ci avec des bénéfices suffisants. Les avances très productives pouvant être remboursées en peu d'années avec intérêts compris, seront l'affaire des fermiers; celles relatives à des travaux causant un excédent permanent de récoltes, devront être considérées comme une sorte de devoir de la part des propriétaires, car ceux-ci en profitent ou ont la chance d'en profiter bien plus que les fermiers. Si d'ailleurs ils ont mis leurs domaines sous le régime du métayage, les propriétaires demeurent toujours les maîtres de la situation, et ils ne sauraient songer à charger leurs colons de frais dont ceux-ci ne pourraient profiter que d'une manière aléatoire. Même dans le système de partage à moitié, les propriétaires ne peuvent pas légitimement demander que les colons entrent dans des avances dont ils ne sauraient profiter, ni que les fermiers les fassent, si la durée des baux n'est pas assez grande pour leur garantir qu'ils pourront rentrer dans les capitaux avancés à la terre avec un intérêt rémunérateur. L'argent ne peut aller à l'agriculture qu'autant que les conditions faites à ceux qui le risquent leur sont avantageuses. Tout est affaire de calcul en ces matières. Quand l'agriculture manque d'argent, quand elle ne peut pas faire d'avances, on peut avoir la certitude que les lois ou les mœurs s'opposent à ce que ces avances soient à coup sûr productives de bénéfices.

AVANCER (*agriculture* et *horticulture*). — C'est surtout en horticulture qu'il y a intérêt à faire en sorte que les phénomènes principaux de la végétation s'accomplissent en avance sur leur époque naturelle ou sur le temps qu'ils exigent d'après les conditions de température au milieu desquelles la culture s'opère. Toutefois, les cultivateurs cherchent aussi très souvent à avancer l'époque habituelle des récoltes pour obtenir des primeurs qui se vendent à des prix avantageux. — On avance la germination des graines en les semant aussitôt après leur maturité, ou bien en les trempant avant la semaille ou la plantation dans de l'eau ou dans des liquides fécondants ou préservateurs qui n'en altèrent pas les germes. Au moyen d'engrais, de binages, d'élagages, d'arrosages convenablement pratiqués, on avance la pousse des plantes. On atteint le même but par une exposition convenable, par la coloration du sol ou des murailles en noir, par des serres, des châssis, des couches, des cloches, des abris divers. On hâte la formation des fruits et leur maturation par l'ébourgeonnement, le pincement, l'arcure. Mais on doit toujours prendre garde, en avançant la végétation, de placer les plantes dans des conditions telles qu'elles pourraient être atteintes et détruites par des météores contraires, tels que des gelées, des pluies froides, des grêles.

AVANCOULE (*agriculture*). — Nom donné à l'ers ou jarosse (*Ervum ervilia*).

AVANT-BRAS (*anatomie*). — Chez l'homme, l'avant-bras est la partie du bras qui s'étend depuis le coude jusqu'au poignet; chez les animaux domestiques, c'est la région du membre antérieur située entre le genou et l'épaule; il a pour base le radius, le cubitus et les muscles extenseurs et fléchisseurs qui recouvrent ces os. — Chez le *cheval*, l'avant-bras doit être long et bien musclé; sa longueur favorise la vitesse, et le développement des muscles est un signe de force; aussi, un avant-bras grêle est considéré comme un défaut. — Chez le *bœuf*, l'avant-bras est court. — Le *chien* et le *chat* sont les seuls animaux dont l'avant-bras exécute des mouvements de torsion et de renversement dits de *pronation* et de *supination*.

AVANT-COEUR (*médecine vétérinaire*). — Voyez ANTI-CŒUR, p. 488, et ABCÈS, p. 17. — Quand la tumeur est simplement inflammatoire, on la traite avec quelques onctions d'onguent populéum; si elle paraît devoir présenter un abcès, on emploie l'onguent basilicum pour la traiter; s'il y a induration, on y applique de l'onguent vésicatoire.

AVANTIN. — Synonyme de *plant de vigne* en Provence.

AVANT-MAIN (*équitation*). — L'avant-main est la partie du corps du cheval de selle qui se trouve placée en avant du cavalier. Il se compose notamment de la tête, de l'encolure et du garrot. On dit qu'un cheval a un bel avant-main, lorsque ces diverses parties présentent des proportions gracieuses. Par opposition, l'arrière-main comprend toutes les parties du cheval situées en arrière du rein.

AVANT-PÂQUES (*horticulture*). — Nom donné à la tulipe sauvage (*Tulipa sylvestris, Tulipa florentina odorata*).

AVANT-PÊCHE (*arboriculture*). — Espèce de petite pêche qui mûrit avant les pêches ordinaires.

AVANT-PIEU (*mécanique agricole*). — Pince en fer, pointue par l'extrémité inférieure et aplatie par l'extrémité supérieure, au moyen de laquelle on fait en terre des trous pour planter des pieux, des tuteurs, des échalas, des piquets, des jalons; elle est surtout utile dans les terres dures ou recouvertes de chaume.

AVANT-SOC (*mécanique agricole*). — Petit soc qu'on adapte parfois à la charrue avant le soc ordinaire.

AVANT-TRAIN (*mécanique agricole*). — On appelle ainsi le train qui comprend les deux roues de devant et leur commun essieu, avec les moyens d'attelage d'un véhicule quelconque ou d'un instrument de labour. On dit l'avant-train d'une charrue. On y trouve (fig. 554), outre le train proprement dit : 1° une sellette, ou appareil destiné à supporter l'age de la charrue et à régler sa position tant verticalement que latéralement; 2° un régulateur, placé en avant, et qui est destiné à fixer la position du point d'attache des traits et à déterminer la direction du tirage. L'avant-train a

Fig. 554. — Avant-train de charrue.

l'avantage d'assurer l'uniformité de la profondeur et de la largeur du labour, en exigeant moins de soins et d'efforts de la part du laboureur; mais il a l'inconvénient de ne procurer la stabilité de la charrue qu'au prix d'un surcroît de travail de la part de l'attelage. En outre, les deux roues ne peuvent avoir la même vitesse, parce qu'elles ne roulent pas, surtout quand les labours sont très profonds, sur deux lignes à la même hauteur, ce à quoi on peut remédier, ou bien en les faisant de diamètres inégaux (fig. 555), ou bien en les rendant indépendantes l'une de l'autre et en les montant sur des essieux qui permettent de les élever différemment et de les écarter plus ou moins (fig. 556). Dans l'avant-train de la charrue Parquin les roues sont supportées par deux tiges de fer crénelées AB qui traversent une pièce de bois massif SDQT; on les monte et on les descend à volonté à l'aide de manivelles D,D, qui font mouvoir un disque denté FE; quand on est au point voulu, une targette G s'abaisse dans l'un des crans. L'age de la charrue entre dans l'ouverture entre la pièce de bois massif et une deuxième pièce, qui est mobile et obéit au pas de vis H, sur lequel agit la tige I; on peut ainsi serrer l'age plus ou moins. Ce sont des complications qui font qu'on supprime souvent les avant-trains pour les remplacer par de simples supports. — Dans les tombereaux flamands dits tricycles, l'avant-train n'a qu'une seule roue (fig. 557) et est disposé de manière qu'il puisse passer sous le train d'arrière dans les tournants.

Fig. 555. — Avant-train à roues inégales.

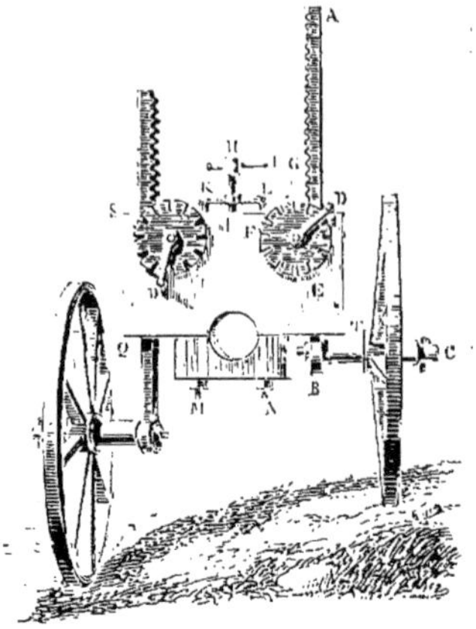

Fig. 556. — Avant-train à roues indépendantes.

AVAOUSSÉ, AVAUX. — Noms vulgaires donnés au chêne kermès (*Quercus coccifera*).

AVARIÉ. — Se dit de tout corps qui a été gâté, altéré. Des fourrages, des grains, des racines, de la farine, des fruits sont considérés comme avariés particulièrement quand ils ont, par suite de l'humidité dont ils ont été imprégnés, pris un goût de moisi, se sont échauffés et n'ont plus leur composition normale. Les aliments avariés répugnent au bétail, et, sans doute à cause des germes ou êtres infiniment petits qu'ils contiennent, sont susceptibles de causer des accidents quand on les fait entrer dans les rations des animaux domestiques. Du guano peut être avarié quand, dans le navire qui l'a apporté, on a laissé embarquer de l'eau de mer. Du sucre, du café, du pain, des pommes de terre peuvent être avariés par l'invasion de champignons microscopiques qui s'y sont développés. Une haute température peut amener la destruction des germes nuisibles, mais jamais les marchandises avariées ne valent autant que celles qui sont demeurées à l'état sain. On doit éviter avec soin d'empêcher l'humidité de pénétrer dans les greniers de conservation, et se garder d'emmagasiner des denrées non suffisamment desséchées.

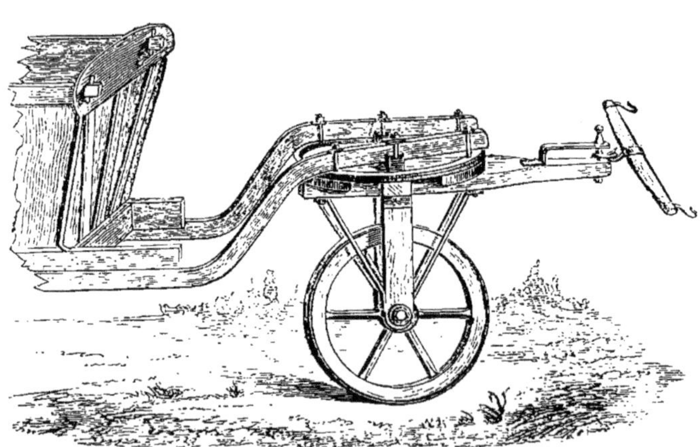

Fig. 557. — Avant-train de tombereau tricycle flamand

AVEINE. — Nom vulgairement donné, dans quelques pays, à l'avoine cultivée (*Avena sativa*).

AVELANÈDE (*technologie*). — Nom de la cupule de divers glands, notamment de celle du chêne *Quercus ægilops* ou *Quercus velani*. Les glands de ce chêne, longs de 4 à 6 centimètres, sont enfoncés dans la capsule, qui est hémisphérique, épaisse, légère, résistante et d'un gris rougeâtre; ils sont cylindriques et très gros; ils présentent au sommet un ombilic très prononcé; ils sont souvent creux et remplis d'une poussière noire; ils sont blanchâtres dans la partie cachée par la cupule, rougeâtres en dehors. Les avelanèdes sont employées pour le tannage des cuirs et pour la teinture en noir. Les chênes qui les produisent ne résistent que difficilement aux gelées du climat de Paris. — On dit souvent de la velanède.

AVELINE. — Grosse noisette fruit de l'avelinier. Une grande partie des avelines du commerce vient d'Espagne. On estime beaucoup l'aveline de la Cadière, près de Toulon, qui est très grosse, avec une coque brune assez dure et une amande d'un blanc de cire. Le commerce estime aussi les avelines du Languedoc et du Piémont.

AVELINIER ou **AVELLANIER** (*arboriculture*). — Les aveliniers ou avellaniers sont des variétés de noisetier (*Corylus avellana*) qui produisent les avelines ou grosses noisettes, courtement ovoïdes, presque arrondies, à amandes blanches ou rouges et à coques demi-dures. Ce sont des arbrisseaux qui ne réussissent pas, par défaut de chaleur, dans le nord de la France, mais dont il y a plusieurs sortes en Provence et en Espagne, telles que celles qui donnent l'aveline *rouge ronde*, à coque demi-dure, et l'aveline *rouge de Provence*, à coque tendre.

AVELINES PURGATIVES. — On donne quelquefois ce nom aux graines du pegriou d'Inde (*Jatropha curias*), à celles du médicinier multifide (*Jatropha multifida*), à celles des noix de Ben (*Moringa aptera*).

AVENACÉES (*botanique*). — Tribu de graminées caractérisées par des épillets bimultiflores, à fleur terminale ordinairement stérile, par deux glumes et deux glumelles membraneuses-turbacées, la glumelle inférieure étant munie d'une crête dorsale souvent tordue. Cette tribu a reçu son nom de l'avoine (*Avena*).

AVENAGE (*droit rural*). — Prestation en avoine autrefois fournie aux seigneurs par les habitants de leurs terres.

AVENAT (*praticulture*). — Nom donné au fromental ou avoine élevée (*Avena elatior*), plante très commune dans un grand nombre de prairies, très productive, et qui est une ressource importante surtout dans les terrains arrosés (voy. ARRHENATÈRE, p. 589).

AVENETTE (*praticulture*). — Nom de l'avoine des prés (*Avena pratensis*). Cette plante, qui donne un bon fourrage aimé du bétail, se rencontre dans les prés secs et un peu montagneux, mais elle ne prend tout son développement que dans les terrains substantiels ou fumés. On la sème à raison de 40 kilogrammes de graines dans un terrain léger et bien ameubli; le mieux est de l'employer en mélange. Elle ne donne généralement qu'une coupe, très abondante, il est vrai, en juillet; mais elle produit beaucoup de regain, et on peut ensuite la faire paître longtemps, car elle végète très tard. Elle est vivace; elle fournit des chaumes de 3 à 6 décimètres de hauteur avec feuilles glabres roulées et des glumes avec 5 à 8 fleurs.

AVENETTE BLONDE (*praticulture*). — L'avenette blonde (*Avena flavescens*), appelée aussi petit fromental, est une des meilleures graminées vivaces des prés; elle est souvent désignée dans les environs de Paris sous le nom de foin fin; les bestiaux la recherchent à toutes les époques de sa croissance; elle plaît surtout aux moutons et aux bœufs. Elle présente des chaumes droits de 30 à 60 centimètres de hauteur, des feuilles étroites, planes, pubescentes en dessus, à gaines longues et glabres, avec une panicule élégante, un peu lâche et jaunâtre, la glume contenant de 2 à 5 fleurs, les valves externes des balles terminées par deux petites soies et portant une arête dorsale pliée et recourbée. Elle croît en touffes assez étalées et convient aux prés secs, substantiels, situés sur des pentes peu inclinées; elle profite beaucoup des engrais calcaires. Elle peut donner seule d'excellent foin, mais il est préférable de l'associer avec d'autres plantes fourragères, telles que la flouve odorante et la cretelle. On la sème au printemps.

AVÉNINE (*chimie agricole*). — Substance azotée propre à l'avoine, mais dont l'existence comme corps distinct de la légumine ne paraît établie que depuis les recherches de M. Sanson. Elle est contenue dans le péricarpe du fruit de l'avoine; elle jouit de la propriété d'exciter les cellules motrices du système nerveux. Elle est incristallisable, de couleur brune en masse, finement granuleuse, soluble dans l'alcool, auquel elle donne une teinte ambrée. Sa composition paraît correspondre à la formule $C^{56}H^{21}AzO^{18}$. Toutes les variétés de l'avoine cultivée paraissent contenir cette substance excitante qui semble n'exister que dans une proportion de 0,9 au plus pour 100 d'avoine séchée à l'air.

AVENTURE (MAL D'). — Nom vulgaire du panaris.

AVENUE (*arboriculture*). — Allée ou grande voie de communication plantée d'arbres de chaque côté. Une avenue conduit en général à un lieu d'habitation; les arbres qui y sont placés en bordure constituent de véritables plantations d'alignement (voy. ALIGNEMENT, p. 230). Les arbres les plus employés pour border les avenues sont l'orme, le tilleul, le platane, le marronnier, le châtaignier, l'érable, le peuplier, l'acacia, le noyer, le pommier, le poirier, le cerisier, le mûrier, le frêne, les chênes, le mélèze, le cèdre du Liban, le sorbier des oiseaux, le faux ébénier, l'arbre de Judée.

AVERANO (*ornithologie*). — Oiseau de l'ordre des Passereaux, du genre *Cotinga*, habitant le Brésil; il a la tête rousse, la gorge nue, les ailes noires, le reste du plumage d'un gris blanchâtre.

AVERNO (*arboriculture*). — Nom de l'aune en Provence.

AVERON ou **AVRON**. — Nom donné à l'avoine folle (*Avena fatua*), appelée aussi boufe, boufle, pied de mouche, coquiole. Cette avoine est annuelle, a des chaumes très élevés, les feuilles larges et striées, la panicule étalée; les glumes contiennent 3 à 5 fleurs très pointues à la base, avec des poils roux nombreux couvrant la moitié inférieure des balles florales, et des arêtes longues et hygrométriques. Elle est commune dans les moissons et parfois au milieu des prairies artificielles; les bestiaux la mangent volontiers quand on la leur donne au moment où on vient de l'arracher en sarclant les champs, mais on ne la cultive nulle part.

AVERONE (*praticulture*). — Cette graminée vivace (*Avena pubescens*), commune en France, y fait quelquefois partie des prairies, surtout dans les pays montagneux et en terrains secs. On la rencontre aussi dans les bois. Elle présente des chaumes d'une hauteur de 6 à 11 décimètres, avec des feuilles courtes, molles, planes et velues, une panicule un peu resserrée, à pédicelles inférieurs réunis deux à deux et demi-verticillés, à glumes de 2 à 3 fleurs, avec des balles très velues. Elle donne un foin un peu dur, mais qui plaît aux chevaux et aux bêtes à cornes. Elle est cotonneuse dans les sols maigres, mais elle perd le duvet de ses feuilles dans les bons terrains; elle est hâtive et produit beaucoup, même sans irrigation, mais à la condition de fumures. On doit la semer à raison de 50 kilogrammes de graines dans un sol bien ameubli; il est bon d'ailleurs de l'associer à quelques autres graminées et à des légumineuses; elle dure longtemps, et, fauchée ou broutée, elle repousse rapidement.

AVEUGLE (*zootechnie*). — Qui est privé de la vue ou n'en a jamais joui. Les animaux domestiques aveugles peuvent rendre des services, à la condition seulement qu'on prenne quelques précautions en s'en servant. Les chevaux aveugles, notamment, travaillent autant que les autres; on doit éviter de les placer, soit à l'écurie, soit au travail, près de voisins méchants, parce qu'ils ne peuvent ni se défendre, ni se dérober aux attaques. Dans les attelages par paire, on les met en sous-verge, c'est-à-dire à la droite du conducteur.

AVEYRON (DÉPARTEMENT DE L') (*géographie agricole*). — Le département de l'Aveyron a été formé, en 1790, de l'ancien Rouergue, province qui était rattachée administrativement à la Guienne. Il est limité, au nord par le département du Cantal; à l'est, par les départements de la Lozère et du Gard; au midi, par ceux de l'Hérault et du Tarn; à l'ouest, par ceux de Tarn-et-Garonne et du Lot. C'est un des plus grands départements de France, car sa superficie totale s'élève à 874333 hectares.

Le département de l'Aveyron présente plusieurs chaînes de montagnes et plusieurs plateaux, les uns schisteux ou granitiques, les autres calcaires, appelés causses, plateaux qui lui donnent un aspect tout particulier. Dans l'ensemble, on constate une double inclinaison du nord vers le sud et de l'est vers le centre et vers l'ouest. De grands plateaux sont séparés les uns des autres par des vallées où coulent des rivières, en général dirigées de l'est à l'ouest, ou par diverses montagnes, qui semblent se détacher en éventail des cimes de la Lozère.

Le sol de l'Aveyron a été bouleversé en tous sens par les révolutions géologiques. Les terres de la montagne appartiennent aux terrains volcaniques, très favorables aux productions herbagères. Les plateaux ségaliens appartiennent aux terrains primitifs; on y trouve le gneiss, le micaschiste, le schiste talqueux, le quartz; la couche végétale y est en général facile à travailler, mais bien peu fertile. Le sous-sol est parfois argileux et imperméable, parfois formé du roc lui-même; la végétation naturelle est composée d'ajoncs, de bruyères, de fougères; on y rencontre le genêt à balais, les ravenelles. — Les plateaux calcaires ou causses sont formés d'oolithes. On distingue le causse *rougier*, le causse *peyrefix*, le causse *aubuge*. Le premier est argilo-calcaire rougeâtre ou roux sanguin, quelquefois caillouteux; il repose ordinairement sur le grès bigarré triasique; les pointes de rocher apparaissent souvent; il est assez difficile à travailler. Le second est plus favorable pour la culture; il a pour sous-sol un banc pierreux. Le troisième est argilo-calcaire et blanchâtre; il a plus de ténacité que le premier; il recouvre un calcaire lamelleux appelé *cran*. — Les vallons seuls, formés de terrains d'alluvion, présentent une certaine fertilité naturelle.

En raison de sa latitude, l'Aveyron devrait avoir un climat doux, tempéré, même assez chaud. Mais, à cause de la grande altitude de la plus grande partie de son sol, il n'est pas, à proprement parler, un département méridional. Les hivers y sont longs. Rodez n'est pas plus chaud que Dunkerque; mais le ciel y est beaucoup plus clair que dans le nord et même que dans le centre de la France; l'insolation y est beaucoup plus forte. La température moyenne la plus élevée se rencontre dans l'ouest du département; à Villeneuve-de-Rouergue on peut avoir des cultures des pays chauds; la vigne réussit très bien. Au contraire, dans le sud-est du département, dans les Cévennes, bien des lieux habités ne sont pas plus chauds qu'Edimbourg, mais toujours avec cette différence d'un temps plus clair et d'une insolation plus énergique. Un autre caractère fâcheux du climat consiste dans la fréquence de vents impétueux. Les pluies sont très inégalement réparties; elles paraissent être plus fortes au midi du département, moins abondantes vers le nord-est. Dans l'Aubrac, on voit fleurir chaque année, au printemps, quelques-unes des plantes subalpines, la gentiane jaune, l'arnica, l'alchémille, l'orchis brun.

L'agriculture de l'Aveyron a été déterminée par les conditions du sol et du climat, et les systèmes adoptés sont nécessairement traditionnels; on les retrouve divers dans les trois principales divisions du pays, le comté de Rouergue, la haute Marche et la basse Marche.

Le *comté de Rouergue* renferme la contrée inégale et montueuse des montagnes d'Aubrac et de la Viadène, comprenant la partie nord-est de l'arrondissement de Rodez, limitée au sud par l'Aveyron, à l'ouest par une ligne allant de Druelle à Conques, l'arrondissement d'Espalion et les parties des cantons de Laissac et de Séverac-le-Château, situées au nord de l'Aveyron et qui appartiennent à l'arrondissement de Millau. C'est là que sont les beaux pâturages des terrains volcaniques, les montagnes à vacheries, sur lesquelles sont les chalets-fromageries appelés *burons* et où l'on fabrique les fromages de Laguiole. Les montagnes de Laguiole et de Prades-d'Aubrac sont les plus herbifères; ce sont elles qui surtout sont réservées à la dépaissance des bêtes à cornes. Les pâturages de second ordre sont utilisés par les bêtes à laine.

La *haute Marche de Rouergue* comprend l'arrondissement de Saint-Affrique, celui de Millau, jusqu'à l'Aveyron, ainsi qu'une partie de l'arrondissement de Rodez. C'est la région des causses, et notamment le plateau du Larzac, aux plaines desséchées et pierreuses, coupées par des vallées étroites et profondes formant de véritables précipices à remparts abrupts, et où les champs sont en partie enclos de haies vives ou de murs en pierres sèches. A l'extrémité du Larzac et entre les montagnes situées entre le Tarn, l'Aveyron, le Lot et le Viaur, se rencontrent les grottes particulières appelées *caves à fromages*. Les célèbres *caves de Roquefort* se trouvent dans la colline du *Combalou*. Dans la partie septentrionale de la haute Marche s'élèvent les montagnes du Levezou.

La *basse Marche de Rouergue* renferme l'arrondissement de Villefranche et les cantons de Conques, Rignac, Sauveterre, Salvetat et Naucelle, de l'arrondissement de Rodez. C'est la région la plus fertile et celle qui présente les villages les plus nombreux et les plus habités.

Le cadastre achevé en 1843 donne la répartition suivante de toutes les terres :

	hectares
Terres labourables	348310
Prés	135959
Vignes	19422
Bois	84892
Vergers, pépinières et jardins	5468
Landes, pâtis, bruyères, etc	184710
Etangs	59
Mares, canaux d'irrigation, abreuvoirs, etc.	4
Châtaigneraies	64820
Propriétés bâties	2384
Total de la contenance imposable	845734
Routes, chemins, places publiques, rues	16136
Rivières, lacs, ruisseaux	8372
Forêts, domaines non productifs	3909
Cimetières, églises, presbytères, bâtiments publics	104
Autres surfaces non imposables	78
Total de la contenance non imposable	28599
Superficie totale cadastrée	874333

Les terres labourables occupaient en conséquence, lors de la confection du cadastre, 39,73 pour 100 de la superficie totale du département. Ce qui frappe le plus d'ailleurs dans le tableau qui précède, c'est la grande étendue des prairies d'une part, et des landes et pâtis d'autre part, conséquence naturelle du caractère montagneux d'une grande partie du département.

La statistique agricole de 1852 donne la répartition suivante des cultures pour les cinq arrondissements et pour le département tout entier :

	ARRONDISSEMENTS DE					
	ESPALION	VILLE-FRANCHE	RODEZ	MILLAU	SAINT-AFFRIQUE	TOTAUX POUR LE DÉPARTEMENT
	hect.	hect.	hect.	hect.	hect.	hect.
Céréales	25 320	34 074	47 099	39 656	27 983	174 138
Racines et légumes	2 273	6 044	8 279	4 895	4 008	25 499
Cultures diverses	518	1 415	1 554	550	533	4 570
Prairies artificielles	1 130	1 871	1 564	7 361	7 055	18 981
Jachères	20 917	22 583	44 306	17 785	25 679	131 270
Tot. des terres labourables	50 164	65 937	102 802	70 247	65 248	354 458

L'arrondissement de Villefranche est, on le voit, celui dans lequel la culture est la plus avancée ; vient ensuite celui de Rodez ; les autres arrondissements sont au-dessous de la moyenne du département pour la proportion centésimale des terres labourables par rapport aux superficies totales. Dans l'espace de dix ans, la proportion des terres labourables par rapport à l'étendue totale du département a d'ailleurs varié très peu, puisqu'elle est de 40,54 pour 100, au lieu de 39,73.

Les autres terres sont d'ailleurs ainsi réparties d'après la statistique de 1852 :

	ARRONDISSEMENTS DE					
	ESPALION	VILLE-FRANCHE	RODEZ	MILLAU	SAINT-AFFRIQUE	TOTAUX POUR LE DÉPARTEMENT
	hect.	hect.	hect.	hect.	hect.	hect.
Prairies naturelles	35 957	12 282	30 460	39 329	17 318	135 346
Vignes	2 973	6 891	3 755	2 757	3 011	19 387
Pâturages	27 378	10 822	40 668	50 030	44 065	172 963
Superficies diverses	37 426	33 118	49 332	30 673	41 641	192 179
Surfaces cadastrées	153 898	129 100	227 022	193 036	171 283	874 333

Les superficies diverses de ce dernier tableau renferment les cultures arborescentes autres que la vigne, plus les bois et forêts, les terres incultes, les chemins, les lacs et étangs, les cours d'eau ainsi que les surfaces bâties.

Ce tableau accuse une diminution de 12 000 hectares environ, par rapport au cadastre, sur les pâturages, ce qui tient probablement à des différences d'appréciations.

L'enquête de 1862 fournit les documents suivants qui concernent l'ensemble du département :

	hectares
Céréales	174 380
Légumes, plantes farineuses et industrielles	30 594
Prairies artificielles	24 774
Fourrages consommés en vert	1 033
Jachères mortes	121 763
Total des terres labourables	352 544

On voit que l'étendue des terres labourables n'a pas augmenté depuis 1852, que les prairies artificielles sont notablement plus étendues, et que les jachères mortes ont diminué d'environ 10 000 hectares.

Quant aux autres surfaces, elles se répartissaient ainsi qu'il suit en 1862 :

	hectares
Prairies naturelles	135 156
Vignes	18 815
Pâturages non fauchables	170 141
Superficies diverses	197 677
Surface cadastrée totale	874 333

La grande enquête agricole de 1866 n'a pas fourni de documents nouveaux, pouvant servir à la discussion de la question de l'étendue des surfaces productives dans le département de l'Aveyron. En revanche, la statistique internationale de l'agriculture de 1873 a donné quelques chiffres qui doivent fixer l'attention ; on y trouve :

	hectares
Céréales	168 297
Racines et légumes	78 120
Cultures industrielles	2 414
Prairies artificielles	31 616
Fourrages consommés en vert	2 031
Cultures diverses et jachères	114 942
Total des terres labourables	397 720

La proportion des terres labourables, par rapport à la superficie totale du département, se serait, en conséquence, élevée à 45,49 pour 100, ce qui ferait un accroissement de 5 pour 100 depuis 1862.

Les autres terres, d'après la même statistique de 1873, étaient ainsi réparties :

	hectares
Vignes	23 310.
Prairies naturelles et vergers	74 400
Pâturages et pacages	115 151
Bois et forêts	77 744
Terres incultes	150 943
Superficies bâties, voies de transport, etc.	35 065
Total	476 613
Superficie cadastrée	874 333

Il y a de telles différences entre quelques-uns des derniers nombres et ceux de 1862, notamment en ce qui concerne les surfaces en prairies naturelles et en pâturages (les chiffres passent du simple au double), qu'on ne saurait admettre les changements qu'ils supposeraient dans les systèmes de culture du pays. Les auteurs des statistiques n'ont pas donné la même signification aux mêmes mots ; c'est pourquoi il faut, pour trouver la vérité, soumettre chaque nature de récolte à un examen particulier.

De l'examen des variations dans la production des céréales, il résulte que la production du seigle, qui dépassait notablement celle du froment dans l'Aveyron, l'a ensuite seulement balancée pour finir par lui être inférieure. La production de l'orge a baissé, celle du maïs a augmenté, ainsi que celle de l'avoine.

Le seigle surtout a une bonne qualité, relativement une forte densité ; au contraire, l'avoine laisse un peu à désirer. Le maïs ne trouve que dans les vallons abrités les conditions nécessaires pour arriver à une bonne maturité. Le sarrasin est assez recherché pour l'engraissement des porcs et de la volaille et pour faire les crêpes qu'on appelle *poscochous*. Le millet n'est guère cultivé que sur 200 ou 300 hectares.

La culture des pommes de terre a pris une importance relativement considérable dans l'Aveyron.

Les cultures de racines fourragères de tous genres n'occupent pas ensemble plus de 10000 hectares. Quant aux haricots, fèves et pois, ils sont semés annuellement sur 2000 hectares, pour être récoltés principalement à l'état sec. Le rendement est en moyenne de 8 à 10 hectolitres par hectare pour les haricots et de 6 à 8 pour les pois. Quant aux légumes frais, asperges, artichauts, tomates, navets, carottes, choux, ils ne sont guère cultivés que sur un millier d'hectares.

Les cultures industrielles ont très peu d'importance dans l'Aveyron; « elles se réduisent, disent les réponses de la Société d'agriculture de l'Aveyron au questionnaire officiel de l'enquête de 1866, à de faibles quantités de colza pour l'usage local et domestique, occupant quelques centaines d'hectares dans les vallées, et au chanvre. Cette dernière plante textile y a eu de tout temps un développement qui mérite attention. Nulle part, cependant, elle ne fait partie de la grande culture et n'entre dans ses combinaisons, à cause du grand nombre de soins et de bras qu'elle exige; mais il est bien peu de familles qui n'aient leur *chènevière*, coin de terre destiné au chanvre. »

Le nombre d'hectares cultivés en colza serait de 110, d'après les dernières statistiques, avec un rendement de 700 à 800 kilogrammes de graines par hectare.

D'après les déclarations de la préfecture de l'Aveyron, les surfaces cultivées en chanvre auraient été de 1500 hectares pour chacune des années 1877, 1878 et 1880, avec un rendement moyen en filasse de 500 kilogrammes par hectare et un rendement total de 750000 kilogrammes pour chaque année. D'après la même source, en 1880, il y aurait eu 500 hectares de lin pour graine et 1000 hectares pour filasse; le rendement moyen aurait été de 200 kilogrammes en graine et 300 kilogrammes en filasse par hectare. Les résultats seraient les mêmes pour le lin cultivé, soit 100 hectares pour filasse et 60 pour graine.

Les cultures arbustives sont très importantes dans le département. Il faut d'abord citer les châtaigneraies, qui y occupent environ 60000 hectares; cette surface tend à diminuer par suite du défrichement des châtaigneraies placées dans les meilleurs fonds. La châtaigne entre pour une forte partie dans l'alimentation ordinaire du cultivateur; elle sert à l'engraissement des animaux domestiques, des porcs en particulier; elle est enfin l'objet d'un trafic d'exportation assez considérable. Les châtaignes pour la consommation locale ou pour les expéditions vers le Languedoc sont ramenées à l'état d'*auriols*, c'est-à-dire pelées et triées, après avoir été séchées sur des claies dans des séchoirs.

Les anciennes statistiques agricoles donnent des renseignements insuffisants sur l'étendue des bois et des forêts; mais il n'en est pas de même de la statistique forestière publiée en 1878. On y trouve constaté que les forêts ont une étendue totale de 84435 hectares, dont 3452 appartiennent à l'État, 7993 à des communes, 359 à des établissements publics, et, enfin, 72631, ou 86 pour 100, à des particuliers. Il y a 6 forêts domaniales; le nombre des communes propriétaires de bois est de 62 pour 5547 hectares. Les forêts sectionales sont au nombre de 91 et comptent 2846 hectares. Il y a 18 forêts d'établissements publics. Sur le domaine forestier total, il y a 30 pour 100 en sol calcaire et 70 pour 100 en sol non calcaire. Les seules essences communes sont : le hêtre, à toute altitude; le chêne rouvre, jusqu'à 1300 mètres; le chêne pédonculé, jusqu'à 700 mètres; le châtaignier, jusqu'à 800 mètres; l'aune commun, jusqu'à 900 mètres.

L'importance de la culture de la vigne tendait à s'accroître dans le département; elle a été arrêtée par le phylloxera.

En 1883, l'arrondissement d'Espalion seul était encore considéré comme presque indemne; les vignes des deux arrondissements de Rodez et de Villefranche étaient soumises à la surveillance administrative, pour essayer d'arrêter le mal; dans les arrondissements de Saint-Affrique et de Millau, la circulation et la plantation des cépages américains étaient libres; on avait commencé des tentatives de reconstitution des parties détruites au moyen des plants américains, destinés à être porte-greffes pour les cépages français.

Les vignes sont cultivées en foule et en désordre dans les arrondissements de Villefranche, Rodez, Saint-Affrique. Elles ne sont pas échalassées dans ces deux derniers arrondissements; on compte de 8000 à 9000 ceps à l'hectare dans les trois premiers, parfois moitié dans les derniers. Les cépages usités sont ceux de la Haute-Garonne, de l'Hérault, de la Gironde. Le climat est souvent très froid; aussi les vendanges se font tardivement, en octobre seulement, et souvent sans une maturité suffisante des raisins. Néanmoins, quelques crus sont assez estimés, quoique présentant en général de la verdeur et un goût de terroir spécial. Les meilleurs crus sont ceux de Saint-Georges (arrondissement de Millau), Saint-Rome (arrondissement de Saint-Affrique), Entraygues (arrondissement d'Espalion), Marcillac (arrondissement de Rodez, Najac (arrondissement de Villefranche). Le vignoble le plus important du département est celui de Marcillac. Dans les vignes bien tenues, on obtient 40 hectolitres de vin par hectare en année moyenne.

La culture des pommiers et des poiriers à cidre proprement dite n'existe pas dans le département. Cependant, on fabrique annuellement en moyenne 10000 hectolitres de cidre, quelquefois même plus du double, comme supplément au vin dans la consommation domestique. Les pommiers et les poiriers sont en général épars le long des haies, sur les bords des propriétés; lorsqu'ils se trouvent dans l'enceinte des champs, ils sont très espacés et profitent seulement des soins donnés à la culture même des pièces de terre. La plantation des pommiers pour les pommes à couteau est faite avec succès et profit par beaucoup de petits propriétaires; les produits sont expédiés sur Montpellier. Il n'est pas rare de voir des pommiers donnant 50 kilogrammes de pommes.

Il n'y a pas de plantations d'oliviers. Les amandiers ont une véritable importance dans les arrondissements de Millau et de Saint-Affrique, particulièrement autour de Millau; ils sont en général dispersés sur des terres consacrées à d'autres cultures, notamment dans les vignes. Un amandier en bon rapport produit, en année moyenne, 6 kilogrammes d'amandes, qui, en séchant, se réduisent à moitié poids. On rencontre de beaux et nombreux noyers dans presque toutes les parties du département, généralement plantés sur le bord des héritages ou le long des chemins. Les noix servent à faire l'huile que consomment les ménages agricoles. Enfin on trouve aussi beaucoup d'abricotiers, de pêchers, de pruniers, de cerisiers très bien soignés par les petits cultivateurs.

Il convient d'ajouter que, comme produits accessoires des cultures arbustives, on trouve la morille dans les châtaigneraies, et la truffe, spécialement sur le causse de Villefranche.

La production fourragère occupe de très grandes surfaces dans l'Aveyron. « L'étendue des prairies naturelles, dit le rapport sur l'enquête de 1866, est environ le onzième de l'étendue totale du département et le quart environ des terres cultivées. Dans toute propriété, grande ou petite, passablement cultivée, les prairies artificielles occupent le dixième au moins des terres cultivées. »

La production fourragère ne pourrait nourrir que 120000 à 140000 têtes de gros bétail par année; le département en possède plus de 250000; on trouve le complément dans les cultures fourragères diverses, racines, choux, vesces, etc., faites sur une surface de 20000 hectares environ, sans y comprendre les pommes de terre, et, en outre, dans les pâturages des montagnes. Il convient d'ajouter que plus du tiers des prairies naturelles sont soumises à des irrigations qui se font assez bien, par la captation des sources, le détournement de beaucoup de ruisseaux et des prises d'eau dans un grand nombre de rivières; les cultivateurs n'hésitent pas à établir dans ce but des ouvrages de canalisation souvent assez considérables.

L'entretien des animaux domestiques est l'industrie capitale du Rouergue. On y compte 7 têtes de gros bétail pour 10 hectares de terres cultivées, proportion très rarement rencontrée ailleurs, et qui ne s'explique que par l'annexion à toutes les fermes d'une grande étendue de prairies naturelles et de pâtures. Les statistiques publiées jusqu'à ce jour sur l'Aveyron par le ministère de l'agriculture fournissent le tableau suivant pour représenter la population animale du département :

ANNÉES	ESPÈCES						
	CHEVALINE	ASINE	MULASSIÈRE	BOVINE	OVINE	CAPRINE	PORCINE
	têtes	têtes	têtes	têtes	têtes	têtes	têtes
1840	9764	3941	7585	104279	857448	15400	84161
1852	9372	3566	5214	93270	853656	17587	95238
1862	9620	3897	5405	140188	803966	18913	142205
1866	11748	6127	5647	130597	756747	21078	122336
1873	12023	4981	4593	138574	756317	22241	129424
1875	12023	4981	4593	138655	756260	22130	129430
1876	»	»	»	138655	757320	22130	129430
1877	12023	4593	4987	138655	757320	22130	129430
1878	12023	4593	4987	138655	757320	22130	129430
1873	12023	4593	4957	138655	757320	22130	129430

On ne trouve, dans l'Aveyron, de chevaux employés à la culture que dans les grandes fermes, pour les transports extérieurs. Il s'y élève toutefois quelques chevaux d'un très bon service. Un dépôt d'étalons existe à Rodez, qui fait partie de la cinquième circonscription d'inspection générale des haras; il y a en outre des stations de monte à Laguiole, Montbazens, Villefranche, Séverac-le-Château, Sauveterre, Salles-Curan, Réquista. On fait aussi dans l'Aveyron l'élevage d'un assez grand nombre de mulets, dont quelques-uns restent dans le pays comme bêtes de somme et parfois même de labour, mais dont la plupart sont vendus et exportés en Espagne.

La véritable bête de labour dans l'Aveyron est le bœuf; la vache sert à nourrir le veau et à donner le lait, le beurre, le fromage, dont il est fait un grand commerce. La race bovine par excellence du pays est celle d'Aubrac (voy. ce mot); elle est répandue dans tout le département, sauf dans la partie ouest, où on trouve la race de Salers ou du Cantal; on rencontre aussi dans le département quelques vaches bretonnes. Une partie des animaux qu'on élève sont achetés pour le Quercy, le Gévaudan et l'Albigeois. Les bœufs sont gardés dans les exploitations pour le travail, ou bien ils sont engraissés pour la vente. Quelques nourrisseurs font venir des tourteaux de Marseille pour hâter et compléter l'engraissement. Les vaches et les jeunes bêtes, avec les bœufs d'engrais, sont envoyées, du 20 au 25 mai, sur les montagnes d'Aubrac, ainsi que sur celles de Salles-Curan, de Salars et du Levezou. Il vient aussi, sur les pâturages des montagnes, des troupeaux de la Lozère et du Cantal. Le chef des vachers ou des pâtres d'une montagne s'appelle le cantalès. Il faut de cent vingt à cent trente ares de pâture pour servir à l'*estive* d'une vache laitière, d'un bœuf à l'engrais ou des jeunes bêtes bovines; on paye entre 12 et 15 francs pour le loyer de ce pâturage. Dans chaque propriété se trouve une maisonnette construite en pierres, munie d'une cheminée et couverte en ardoises, que l'on nomme *buron* ou *mazuc*, et dont les dimensions sont proportionnelles au nombre d'estives que peut nourrir la montagne. C'est dans le buron qu'on extrait le beurre et qu'on fabrique le *fromage de Laguiole*.

Les bêtes à laine jouent un grand rôle dans l'agriculture aveyronaise, puisque l'on compte dans le département de 700000 à 800000 têtes ovines. Elles appartiennent à trois races assez distinctes les unes des autres : — 1° la race de Causse ou albigeoise (voy. ce mot), répandue sur les plateaux calcaires de Rodez, d'Espalion et de Séverac; — 2° la race du Ségala, vivant une grande partie de l'année sur les terrains primitifs couverts de châtaigniers, de genêts, de bruyères, ou qui ont produit du seigle; — 3° la race de Larzac, beaucoup plus petite, est assez bien proportionnée; elle porte une laine nerveuse et d'une bonne finesse. Les brebis de cette race sont surtout bonnes laitières; elles produisent annuellement, en moyenne et par tête, 70 litres de lait : c'est avec ce lait principalement qu'on fabrique le fromage de Roquefort, dont la production est devenue une grande industrie. On évalue à 250000 environ le nombre des brebis entretenues dans ce but. Les agneaux naissent à la fin de l'hiver; ils sont vendus à la fin de mai ou au commencement de juin aux herbagers des montagnes de l'Aveyron, de la Lozère ou des Cévennes. Le commerce des fromages de Roquefort s'élève au chiffre de plusieurs millions. Les laines sont aussi un des produits considérables des fermes.

L'élevage de l'espèce porcine est au contraire en pleine prospérité. Un porcelet de 2 à 3 mois vaut de 25 à 30 francs; un porc d'un an à 15 mois, dit hivernaire dans le pays, vaut de 80 à 100 francs. Il n'est pas rare de rencontrer des porcs gras pesant de 150 à 180 kilogrammes, et on en trouve pesant jusqu'à 350 kilogrammes. Les porcs dérivés de la race du Quercy et de celle du Périgord ont une robe noire ou pie; ceux de la race aveyronaise ont un pelage blanchâtre; ils sont moins bien faits que les premiers. Du reste, toutes les espèces d'animaux domestiques s'améliorent dans l'Aveyron par l'emploi de bons reproducteurs et par l'usage d'une meilleure nourriture.

L'entretien des volailles dans les basses-cours aveyronaises, présente une assez grande importance, non seulement à cause des consommations particulières et de l'approvisionnement des marchés du pays, mais encore et surtout de l'exportation des foies gras et de canards sous forme de pâtés et de terrines. On compte, dans le département, plus de 500000 poules ou coqs; 40000 à 45000 dindes ou dindons; 42000 à 45000 oies; 40000 canards environ; de 80000 à 90000 pigeons. Les oies appartiennent à la race de Toulouse; elles sont, ainsi que les chapons, engraissées avec de la farine de maïs et des pommes de terre cuites. Les dindons sont conduits par troupeaux dans les champs.

On entretient dans le département de 30000 à 40000 ruches donnant un miel estimé.

Les produits animaux sont donc considérables dans l'Aveyron. La quantité de bétail entretenu s'élève à 7 dixièmes de grosse tête par chaque hectare de terre arable; c'est une forte proportion due à l'étendue des prairies et des pâturages existant en dehors des terres assolées. On a donc une assez grande quantité de fumier, qu'on applique en général aux terres tous les trois ans à la dose de 20 mètres cubes par hectare; on fait d'ailleurs usage du parcage des bêtes à laine, de la *galinasse* ou fiente de volaille, et de l'enfouissement des engrais verts ou *verdures :* féverole, lupin, sarrasin et trèfle. La chaux est très employée dans le Ségala, particulièrement dans l'arrondissement de Rodez, où beaucoup de terres sont dépourvues de calcaire. On répand le plâtre sur le trèfle et sur la luzerne, principalement dans les arrondissements de Millau et de Saint-Affrique.

L'agriculture est donc bien conduite par l'Aveyronais; il est sobre et laborieux et il aime la terre qu'il cultive. Les recensements de la population depuis 1821 ont donné les résultats suivants :

ANNÉES DES RECENSEMENTS	ARRONDISSEMENTS DE						LE DÉPARTEMENT
	ESPALION	VILLEFRANCHE	RODEZ	MILLAU	SAINT-AFFRIQUE		
1821	62 131	71 160	90 920	60 867	54 404		339 422
1826	63 632	73 708	93 387	62 590	56 697		350 014
1831	65 086	77 990	94 568	63 603	57 809		359 056
1836	65 639	81 130	99 704	65 800	58 678		370 951
1841	66 913	83 068	102 556	64 015	58 531		375 083
1846	67 139	88 602	107 534	66 052	59 794		389 121
1851	67 798	92 234	108 588	65 625	60 038		394 183
1856	64 577	100 023	106 348	63 641	59 301		393 890
1861	63 726	100 765	107 616	65 325	58 563		396 026
1866	64 264	102 068	108 735	66 389	58 614		400 070
1872	63 852	103 856	108 885	65 514	59 366		402 474
1876	64 199	108 592	112 862	68 898	59 275		413 826
1881	63 487	108 157	115 162	68 874	59 395		415 075

Pour l'ensemble du département, la population n'a pas cessé de s'accroître; il en est de même pour les arrondissements de Villefranche, Rodez et Millau; une stagnation se manifeste dans l'arrondissement de Saint-Affrique, et dans celui d'Espalion; à un accroissement continu jusqu'en 1851, a succédé une lente diminution.

Le seul arrondissement de Villefranche est plus peuplé que la moyenne de la France; le département, dans son ensemble, est notablement moins peuplé.

L'agriculture et les industries minérales sont les principales occupations des habitants de l'Aveyron. On peut admettre que la population rurale forme les quatre cinquièmes et la population urbaine le cinquième de la population totale

Le système d'exploitation qui domine est celui de la culture directe des terres par les propriétaires; les fermiers et les métayers ne sont qu'une faible minorité, ils ne sont pas plus de 6 à 7 pour 100 sur l'ensemble des exploitants. La propriété territoriale est très divisée dans le département, et surtout morcelée. On peut en juger par ce fait que le nombre des cotes de la contribution foncière est d'environ 150000. On regarde comme formant la grande propriété les domaines de 90 hectares et au-dessus; comme la propriété moyenne, les domaines de 25 à 90 hectares; la petite propriété a pour limite 25 hectares. Dans ces conditions, la grande propriété occupe le sixième des terres, la moyenne propriété deux sixièmes et la petite propriété trois sixièmes. Les trois cinquièmes des petits propriétaires sont en même temps ouvriers agricoles, c'est-à-dire travaillant alternativement pour eux-mêmes et pour les autres. Lorsque les domaines ne sont pas exploités par les propriétaires eux-mêmes, leurs familles et les domestiques ou agents sous leurs ordres, ils sont cultivés le plus souvent par des fermiers, ou, exceptionnellement, par des métayers, sauf dans l'arrondissement de Villefranche, où le métayage est plus usité que le fermage. Ce sont surtout les grandes propriétés qui sont remises entre les mains des fermiers. D'après l'enquête de 1866, les prix des locations de terre, quand il s'agit d'un corps de ferme considérable, peuvent être évalués en moyenne à 30 francs l'hectare, et, d'une manière générale, la location donne aux propriétaires 3 pour 100 de la valeur vénale. Les terres susceptibles de produire des fourrages artificiels se louent à des prix plus élevés.

La durée des baux à ferme est en général de 3 à 9 ans, rarement de 12. Indépendamment des conditions ordinaires, les bailleurs se réservent le transport du bois de chauffage et quelques redevances des menues fournitures appelées *faisances.* Les payements sont faits de 6 mois en 6 mois, par moitié et en argent. Les clauses et conditions ordinaires des contrats de métayage sont le partage à moitié des produits, sauf en ce qui concerne ceux du cheptel et les bénéfices qui s'y rapportent. Le bailleur fournit le plus souvent le cheptel et le mobilier rural. En général, les capitaux manquent aux cultivateurs qui, trop souvent, ne peuvent pas employer 100 francs par hectare en capital d'exploitation. La grande tendance du cultivateur est d'acheter de la terre, et même bien au delà de ses ressources. On estime l'hectare de prés entre 3000 et 4500 francs; celui de champs entre 1000 et 1500 francs; celui de pâturages dits devezes, entre 300 et 400; celui de châtaigneraies, entre 600 et 1000; celui de bois, entre 500 et 800; celui de vignes, entre 3500 et 8000, mais avec de grandes difficultés de vendre depuis l'invasion phylloxérique. On se plaint de l'accroissement du taux des salaires. En temps ordinaire, les journaliers nourris reçoivent 1 franc par jour et ceux non nourris 1 fr. 75; on donne aux femmes 60 centimes avec la nourriture ou 1 fr. 25 sans nourriture.

On suit encore le plus généralement, dans l'Aveyron, l'assolement triennal : 1° jachère; 2° blé; 3° avoine ou maïs. Cependant la jachère ne reste pas toujours improductive. On l'utilise, surtout dans le Ségala, pour des pommes de terre, des betteraves, des raves, des carottes; après le labour, elle se couvre d'herbes et elle sert alors à la dépaissance des troupeaux de bêtes à laine. Les plantes adventices nuisibles sont nombreuses et abondantes : les chardons, le bouillon blanc, la sauge sclarée sur les causses; la ravenelle, le chiendent ou tranuge, la fougère, le genêt, l'ajonc, dans le Ségala. Le sarclage peut seul les diminuer. Le sol est généralement cultivé à bras dans les vallons; partout ailleurs il est labouré avec des araires. On sème sous raies dans le Ségala et sur les causses; les semences sont enterrées par la herse dans les vallées. On fait grand usage de l'écobuage dans le Ségala, surtout on brûle les genêts sur place; cette opération, qu'on appelle *issart*, donne de bons résultats. En général, on sape les céréales avec la grande faucille appelée *fals* ou *boulan ;* les gerbes sont disposées en dizeaux, en croix ou *crouzels.* Le battage se fait aussitôt après la moisson, soit avec le fléau ou une longue perche appelée latte, soit avec le rouleau en pierre ou le pied des animaux; cependant le dépiquage perd chaque année de son importance, tandis que les machines à battre se propagent de plus en plus. C'est le progrès le plus marqué. En 1880, on comptait 69 machines à vapeur dans les exploitations rurales, pour une force totale de 331 chevaux. Les bâtiments agricoles laissent beaucoup à désirer; ils sont le plus souvent bas, mal disposés, mal éclairés et mal aérés.

Le département de l'Aveyron appartient, dans la division de la France pour les concours régionaux, à la région du sud central, qui compte les sept départements de l'Aveyron, du Cantal, de la Corrèze, de la Creuse, du Lot, du Tarn et de Tarn-et-Garonne. Trois concours régionaux ont eu leur siège à Rodez, en 1861, 1868 et 1876. En 1861, la prime d'honneur a été remportée par M. de Monseignat, à Vors, canton de Rodez. En 1868, elle a été décernée à M. Hermi de Rodat, canton de Rodez. En 1876, il n'y a pas eu d'attribution de la prime d'honneur; M. Collet, agriculteur à Sainte-Geneviève, arrondissement d'Espalion, a remporté le prix cultural destiné aux propriétaires exploitant directement leurs domaines. — Le département ne possède pas d'établissement d'enseignement agricole; mais une chaire départementale d'agriculture y a été créée en 1882. Les associations agricoles y sont nombreuses; on compte : la Société centrale d'agriculture de Rodez, les comices agricoles de Marcillac, Laguiole, Sévérac-le-Château, Cassagnes, Naucelle, la Cavalerie, Saint-Affrique, Belmont, Mur-de-Barez, Montbazens, Villefranche, Camarès, Saint-Georges, Peyreleau, le Comice viticole d'Espalion, et le Cercle horticole d'Aubin.

La difficulté des communications a été longtemps le plus grand obstacle au progrès dans l'Aveyron, et il y a encore beaucoup à faire pour qu'on puisse tirer tout le parti possible de ses richesses. Le nombre des concessions de mines en 1880 est de 62 pour une superficie de 41 218 hectares; sur ce nombre, 43 mines sont des mines de houille, situées à Aubin surtout, ensuite à Rodez et enfin à Millau; ces mines de houille occupent 3500 ouvriers et produisent 700000 tonnes de charbon de terre, dont la consommation se fait dans le Midi et le Centre. Il y a en outre de nombreux gisements de lignites. L'industrie métallurgique prend une importance croissante et l'agriculture ne peut qu'y trouver avantage. Plus il y a d'industrie et plus l'agriculture prospère. Parmi les divers minéraux utiles aux exploitations rurales, il faut encore citer le phosphate de chaux, exploité à Naussac, Salles-Courbatiez et Villeneuve; les carrières de plâtre de Gissac, Lagrange, Montagnol, Montaigut, Saint-Amans, Saint-Félix-de-Sorgues, Vendeloves, Vaureilles, Vailhanzy; les gisements de soufre d'Aubin.

Le département est, en 1883, desservi par cinq chemins de fer d'une longueur totale de 263 kilomètres.

Le département compte, en voies de terre : 8 routes nationales, d'une longueur totale de 597 kilomètres; — 19 routes départementales d'un développement total de 876 kilomètres, mais dont 839 seulement étaient, en 1880, à l'état d'entretien; — 663 chemins vicinaux, d'un développement total de 6116 kilomètres. Si l'on tient compte des 49 kilomètres du Lot, qui sont navigables dans le département, on trouve pour l'Aveyron un total de 3712 kilomètres de voies de communication en entretien sur 8000 environ en construction ou encore en lacune; on n'est pas encore à la moitié de l'entreprise nécessaire pour une véritable prospérité agricole et industrielle.

AVICULTEUR (*économie rurale*). — Celui qui élève des oiseaux, particulièrement des volailles ou oiseaux de basse-cour.

AVICULTURE (*économie rurale*). — Art d'élever les oiseaux pour tirer un parti utile de leurs plumes, de leurs œufs, de leur chair. Les oiseaux dont on fait l'élevage dans les cours des fermes ou des autres exploitations rurales, forment ce qu'on appelle vulgairement la volaille ou les oiseaux de basse-cour. L'aviculture entendue d'une manière générale comprend l'élevage ou l'engraissement des coqs et poules de l'espèce galline, des dindons, oies, canards, pintades, pigeons, faisans, perdrix, ortolans, cailles, paons, autruches.

AVINER UN TONNEAU (*technologie*). — C'est imbiber les parois d'un tonneau avec du vin avant de s'en servir

AVIVES (*médecine vétérinaire*). — Les vétérinaires donnent le nom d'avives à la glande parotide du cheval et à l'engorgement dont cette glande peut être affectée. On croyait naguère que les chevaux contractaient cette affection en buvant des eaux vives; on les soumettait à une opération barbare qui consistait à battre les parotides malades avec un bâton ou un marteau pour en obtenir la guérison; c'était ce qu'on appelait *battre les avives*, parfois sous prétexte de guérir des coliques, en dérivant vers les glandes une inflammation intestinale.

AVOCATIER (*arboriculture*). — Arbres ou arbrisseaux de la famille des Lauracées, les avocatiers, originaires des régions chaudes et tropicales de l'Amérique et de l'Asie, ont les feuilles alternes, coriaces, penninerves; les bourgeons foliifères nus, comprimés, bivalves; des inflorescences axillaires ou terminales; des fruits en baies ovoïdes ou oblongues, implantées sur un pédicelle plus ou moins charnu. L'espèce la plus connue est le laurier-avocat ou avocatier des colonies (*Laurus persea* ou *Persea gratissima*), cultivé dans toutes les régions chaudes du globe pour son fruit appelé *poire d'avocat*, *poire de la Nouvelle-Espagne*, *aguacate*, *aouaca*. Le fruit ressemble en effet à une poire dont le péricarpe, charnu et succulent, renferme une grosse graine à cotylédons épais et dépourvus d'albumen. On donne quelquefois au péricarpe le nom de *beurre végétal*, parce qu'il a la propriété de pouvoir être étendu sur le pain comme du beurre. C'est un très bel arbre, qui se plaît dans les situations chaudes et arrosées. Il a une croissance rapide, donne, en conséquence, un bois blanchâtre et cassant qu'on n'emploie qu'à brûler. Les feuilles, oblongues et acuminées à leur sommet, ont une odeur agréable rappelant celle de l'anisette; on s'en sert pour faire des infusions pectorales ou stomachiques. On fait avec les bourgeons des tisanes qu'on donne dans certaines maladies. Les fleurs, très nombreuses, forment de gros bouquets terminaux. Les fruits, selon les variétés, sont ronds, oblongs ou mamelonnés et les uns verts, les autres violets; les variétés vertes à chair jaune sont les plus estimées. La pulpe a un goût comparable à celui de la noisette et de l'artichaut. Il s'y trouve une assez faible proportion de matière grasse; on l'assaisonne avec du sel ou du poivre ou du citron et du sucre. La graine est astringente et renferme un suc laiteux qui, par l'exposition à l'air, rougit et brunit graduellement; on s'en sert pour faire une encre indélébile. Quelques individus ont été introduits en Algérie et à Hyères, mais ils n'y trouvent pas des conditions assez favorables pour qu'on les cultive autrement qu'à titre de curiosités arbustives, tandis qu'aux Antilles la prospérité des avocatiers est complète et que ces arbres y rendent des services nombreux.

AVOCETTE (*ornithologie*). — Genre d'oiseaux de la famille des Longirostres, de l'ordre des Echassiers. L'avocette a surtout ce caractère de présenter un bec long, grêle, sans dentelures, aplati horizontalement, recourbé en arc dirigé vers le ciel et se terminant en pointe très effilée; cet oiseau, d'ailleurs, a les jambes hautes, placées vers le milieu du corps, les cuisses à demi nues, quatre doigts aux pieds dont les trois de devant unis par des membranes échancrées et sans dentelures, celui de derrière très court et placé très haut. Il se sert de son bec pour chercher dans la vase des rivières les vers, les petits mollusques, les frais de poisson dont il fait sa nourriture. Il construit son nid dans la terre où la femelle dépose trois ou quatre œufs. C'est un oiseau migrateur du Nord, d'où il vient, dans les saisons très froides, vers les climats tempérés. On en distingue plusieurs espèces : celle d'Europe (*Recurvirostra Avocetta*), qui est blanche, avec une calotte noire et trois bandes noires à l'aile, les pieds plombés, joli oiseau que l'on rencontre surtout le long des rivières ou des fleuves vers leurs embouchures dans la mer; — l'espèce d'Amérique (*Recurvirostra americana*), qui a un capuchon roux; — celle des côtes de la mer des Indes (*Recurvirostra orientalis*), qui est toute blanche, avec les ailes noires et les pieds rouges. On rencontre cet oiseau en avril et en novembre en Picardie et dans le bas Poitou; il a une taille élancée et gracieuse, mais il est très difficile à approcher et sait éviter les pièges qu'on lui tend; il peut chercher sa nourriture dans les vases recouvertes d'eau; les membranes de ses pieds lui permettent de se mettre à la nage.

AVOGADRO (*biographie agricole*). — Le comte Joseph Casanova de Avogadro, né en 1731 à Verceil (Lombardie), se consacra pendant toute sa carrière à la culture des vastes domaines qu'il possédait aux environs de cette ville, ainsi qu'à l'étude des questions d'économie rurale. On lui doit particulièrement un *Avis sur la culture et sur l'irrigation des prairies*, et un ouvrage intitulé *Conseils ruraux*, dans lequel il a exposé les procédés de culture qui lui avaient le mieux réussi. Il a décrit diverses expériences qu'il avait faites sur la ventilation et sur la construction des voûtes. Il est mort à Verceil, le 13 décembre 1813.

AVOINE (*agriculture*). — Genre de plantes de la famille des Graminées qui a donné son nom à la tribu des Avénacées. Ces plantes ont comme principaux caractères les suivants : les fleurs sont disposées en panicules et non en épis; les épillets qui forment l'inflorescence sont portés sur des pédoncules, longs et grêles, souvent flexibles et penchés; chaque épillet renferme de deux à sept ou huit fleurs, selon les espèces, et est enveloppé de deux glumes plus longues que les fleurs; les glumelles, dans chaque fleur, sont au nombre de deux, dont l'une, la bractée univerve, porte sur le milieu du dos une longue arête crochue et tordue. On en distingue environ quatre-vingts espèces, dont trois sont cultivées, principalement pour la nourriture des chevaux, quelquefois aussi, mais exceptionnellement, pour celle de l'homme, et constituent ainsi une véritable céréale, c'est-à-dire donnent un grain dont on peut faire du pain. D'autres espèces forment des fourrages et d'autres sont des plantes nuisibles.

AVOINE CONSIDÉRÉE COMME CÉRÉALE. — Les trois espèces d'avoine céréale, qu'on doit considérer sont : I. l'avoine cultivée ou commune (*Avena sativa*); II. l'avoine courte (*Avena brevis*); III. l'avoine nue (*Avena nuda*); chaque espèce se subdivise le plus souvent en variétés diverses.

I. *Avoine commune* (*Avena sativa*). — C'est une plante herbacée à souche annuelle (fig. 538) chargée, dit M. Baillon, de racines adventives et d'où s'élèvent des chaumes d'un demi-mètre à un mètre de hauteur, portant des feuilles linéaires aiguës. Les fleurs sont nombreuses et disposées en panicules pendantes et lâches. Les axes secondaires de l'inflorescence sont à peu près verticillés et portent chacun deux ou trois épillets ordinairement triflores. Les deux fleurs de la base sont seules fertiles; la troisième est rudimentaire et stérile. Les glumes sont égales entre elles, lancéolées, mais sans pointes ni piquants, à sommet très aigu, à dos caréné, à surface glabre. Dans chaque fleur, l'une des glumelles enveloppe l'autre, se termine par deux pointes et est recouverte de poils soyeux; sur le milieu de son dos, on trouve une arête raide et effilée. L'autre glumelle est intérieure et glabre. Le fruit est un cariopse allongé, étroit, aigu aux deux extrémités, enveloppé par les glumelles; c'est ce qu'on appelle vulgairement le grain d'avoine, qui se trouve ainsi vêtu; son albumen féculent est très abondant et d'un beau blanc; son embryon, situé à la base et disposé en forme de coin, se termine supérieurement en une pointe oblique. L'avoine est originaire d'Orient.

D'après la classification faite par Louis Vilmorin, à qui l'on doit la meilleure étude qui ait été publiée sur les diverses avoines, cette espèce comprend cinq variétés distinctes : 1° l'avoine de Brie; 2° l'avoine d'hiver; 3° l'avoine blanche de Géorgie; 4° l'avoine à trois grains; 5° l'avoine orientale, ou de Hongrie; chacune présente en outre des sous-variétés.

1° *Avoine de Brie*. — C'est la variété la plus estimée dans les environs de Paris; sa panicule est très forte, bien garnie de fleurs; ses glumes sont longues et amples, d'un blanc un peu jaunâtre; le grain, court et renflé, a l'écorce fine; les deux grains du même épillet ont en général les mêmes dimensions; c'est pour cette raison que, dans quelques parties de la Brie, on donne à cette variété le nom d'avoine fourchue ou d'avoine double. La plante est vigoureuse, talle beaucoup, ce qui peut avoir un inconvénient quand, à une sécheresse un peu prolongée, succède une pluie qui fait pousser des tardillons qui, sans beaucoup augmenter la récolte, nuisent à la qualité. Elle n'est pas très égrenante. La paille est de moyenne grosseur et de moyenne hauteur. Cette variété, qui est une des meilleures connues, convient aux terres un peu fortes; elle est sujette à s'emporter et son grain alors peut perdre beaucoup. Elle pèse jusqu'à 50 et même 52 kilogrammes à l'hectolitre.

Cette avoine est à peu près identique à l'*avoine de Coulommiers* et à l'*avoine fourchue de Meaux*, à l'*avoine noire de printemps de Saint-Lô*, à l'*avoine tardive brune d'Angerville*. Deux autres avoines estimées, l'*avoine de Soissons* et l'*avoine noire de Champagne*, ont seulement la paille un peu plus fine et plus élevée et une panicule moins forte. L'*avoine noire des trois lunes*, cultivée dans les environs de Lille et de Douai, se rattache à la même variété, mais sa paille est plus élevée et ses glumes ont une teinte plus blanche; son grain est très beau, noir, lisse; elle est un peu sujette à échauder. Tout à côté, se placent l'*avoine de Houdan*, dont le grain est gros et très noir, la panicule forte et un peu retombante; l'*avoine picarde*, un peu moins étoffée que la précédente; l'avoine de *Barmainville*, qui ne diffère guère de l'*avoine noire de Beauce*. Cette dernière a une paille abondante et un peu plus élevée que celle de Brie, une panicule un peu moins élargie et qui ne retombe pas de la pointe, moins d'ampleur dans les glumes, une feuille plus fine, moins formée, moins contournée en spirale quand elle est encore en gazon; sa végétation est vigoureuse et rapide; elle est très productive; son grain est presque aussi lourd que celui de l'avoine de Brie, quand la maturité n'est pas trop précipitée. A cette sous-variété se rattachent, comme à peu près identiques, l'*avoine ordinaire de Beauce*, l'*avoine grise de Beauce*, l'*avoine tardive ou du Perche*, l'*avoine rouge de Beauce*, dont la couleur rouge ne se maintient pas, l'*avoine de Pithiviers*, dont la panicule et le grain ont une forme généralement plus effilée.

L'*avoine hâtive d'Étampes* forme la tête d'un groupe que Louis Vilmorin a mis après le précédent. La végétation herbacée est moins abondante; il y a moins de rejets, mais les feuilles de la touffe sont larges et vigoureuses; les tiges sont fortes, assez élevées avec de grandes panicules lâches dont les glumes, assez larges, sont minces, ce qui donne aux champs d'avoine hâtive un aspect chatoyant quelque temps avant la maturité. L'avoine hâtive d'Étampes est très répandue. Se placent à côté, comme presque identiques, l'*avoine hâtive de Beauce*, l'*avoine hâtive d'Outarville*, l'*avoine hâtive de Normandie*, l'*avoine hâtive des environs d'Angerville*. Avec les mêmes caractères, à un degré plus prononcé, mais un grain moins noir, l'*avoine joannette* a l'avantage d'être plus hâtive de quinze jours que l'avoine de Beauce ordinaire, et de huit jours que l'avoine tardive d'Étampes. Son grain est moyen, bien plein, roux foncé ou presque noir. Son défaut principal consiste en ce qu'elle est sujette à s'égrener; elle demande, en conséquence, à être coupée avant sa parfaite maturité; elle talle beaucoup; elle est très répandue dans les environs d'Orléans. L'*avoine de Chenailles*, cultivée à Châteauneuf-sur-Loir, a les mêmes propriétés hâtives; son grain noirâtre est gros et bien nourri.

Plusieurs avoines noires exotiques ont été recommandées; elles paraissent originaires de la Russie méridionale; elles ont la panicule lâche et assez maigre, le grain noir, allongé, à écorce épaisse, la paille haute, atteignant parfois 1m,80; ce sont: l'*avoine noire de Russie*, l'*avoine précoce de Wiatka*, l'*avoine noire d'Arabie*, l'*avoine rousse de Portugal*, dont le grain est remarquable par son volume et la finesse de son écorce; il leur faut un climat assez chaud.

2° *Avoine d'hiver*. — La panicule est lâche; le grain, noir ou gris, est barbu; la feuille, longue et assez étroite, est contournée. On en doit faire la semaille à l'automne, car, lorsque cette variété est semée au printemps, elle donne un produit moins considérable et de moindre qualité que si on la sème le plus tôt possible avant l'hiver, ou au moins vers la fin de l'hiver. Cette avoine est cultivée principalement en Bretagne, dans divers départements de l'ouest, dans le Maine, dans la Beauce, en Angleterre et dans plusieurs parties de la Provence. On lui donne les noms de: *avoine noire d'hiver*, *avoine noire d'hiver de Saint-Lô*, *avoine noire d'hiver de Bretagne*, *avoine de Beauce d'hiver*, *avoine Dunwinter;* une sous-classe comprend: l'*avoine grise de Bretagne*, l'*avoine de Provence*, l'*avoine d'hiver du prince Albert*, l'*avoine d'Andrinople* (en turc, *aylaf*).

3° *Avoine blanche de Géorgie*. — Cette section renferme toutes les avoines à panicules lâches très amples, à grain blanc, parfois barbu. Plusieurs des variétés que l'on doit y comprendre sont supérieures pour la qualité et pour le produit aux plus belles avoines noires. Ce sont nettement des avoines de printemps.

Le type principal est l'*avoine de Géorgie*. Le grain, d'un blanc jaunâtre, est gros, pesant, à écorce dure, mais fine; la plante a une végétation vigoureuse, la paille est grosse, très haute, mais douce et de bonne qualité pour le bétail; la panicule est très grande, la feuille large; la maturité est précoce. Cette variété est celle qui, au battage, fournit le plus de balle. Elle n'a que le défaut de contracter une vilaine couleur quand la récolte est contrariée par des pluies. A cette variété, il faut rattacher, comme n'en différant pas, l'*avoine du Banat* (Hongrie), l'*avoine des Canaries*, l'*avoine du Kamschatka*, ou *hâtive de Sibérie*, diverses avoines de Bohême, du Danemark, de l'Amérique, du Canada, l'*avoine blanche de Russie*, qui paraît être la plus pesante. L'avoine hâtive de Sibérie a le grain un peu plus gros que celui de l'avoine de Géorgie; elle est plus précoce de quelques jours;

Fig. 558. — Avoine cultivée (*Avena sativa*). 1, inflorescence de l'avoine; 2, son port; 3, épillet triflore; 4, une fleur; 5, pistil et androcée; 6, grain.

son écorce est aussi un peu plus épaisse, ce qui fait que la qualité décroît rapidement quand elle n'est pas récoltée dans de bonnes conditions de terrain et de saison.

L'*avoine patate* est également une avoine blanche; elle a l'avantage d'avoir une écorce très fine. Le grain est court, pesant, abondant en farine, la paille est très élevée, la production est grande; sa culture est répandue en Angleterre sous le nom de *potatoe oats*. Elle a l'inconvénient d'être sujette au charbon, à l'échaudure et à la verse; mais, si elle pouvait être toujours cultivée dans de bonnes conditions, elle serait supérieure aux meilleures avoines de France. La paille a le nœud moins gros que celle de l'avoine de Géorgie, les glumes sont moins larges et plus transparentes; l'aspect est plus élancé, la couleur plus pâle. On lui donne aussi le nom d'*avoine pomme de terre*. Elle est demi-tardive. On lui rattache l'*avoine anglaise d'Arkangel*, puis l'*avoine de Hopetoun* et l'*Imperial oats*. L'avoine de Hopetoun est une plante très vigoureuse, à panicules très fournies, un peu retombantes, à grain moyen, à glumes de moyenne grandeur, assez épaisses, très amincies de l'extrémité. Elle n'est autre que l'*avoine Dyock's early* et la *Poland oats*. L'*Imperial oats* a la paille plus grosse, un peu plus colorée, le grain plus jaunâtre, les glumes moins amples et plus épaisses. Elle n'est autre d'ailleurs que l'*avoine blanche de Russie* et l'*avoine blanche d'Adélaïde* (Australie du Sud).

L'*avoine blanche des trois lunes* a la plus grande analogie avec l'avoine patate; elle a seulement un produit un peu moins abondant et elle est très hâtive; elle n'est pas non plus sujette, comme la patate, au charbon et à la coulure.

L'*avoine barley oats* (avoine orge) est peut-être la forme la plus répandue dans la culture de la Grande-Bretagne. Sa paille, assez haute, est forte et un peu cannelée; sa panicule est ample, lâche, étalée et toujours dressée; les glumes sont longues, mais peu larges, rétrécies, mais non amincies de la pointe; la couleur est généralement jaunâtre; le grain est gros, avec la pointe un peu forte et l'écorce un peu épaisse. A cette sous-variété se rapportent l'*avoine du prince de Schwartzemberg*, à Liebigitz (Bohême), l'*avoine chaude de Rovelle blanche*, la *chaude rousse*, la *Lancashire Whitcher's*, l'*avoine du haut Orégon*, l'*Early Cumberland*, celle *de Pologne*, la *white dutch*, celle *du district de Dolo* (Venise), une *avoine d'Écosse*.

L'*avoine de Barbaches* est aussi une sorte blanche, remarquable par sa grosseur et la hauteur de sa paille, qui atteint parfois 2m,30; elle a les panicules grandes et très lâches, les glumes longues, le grain assez gros, barbu, allongé avec un peu d'amande.

L'*avoine jaune de Flandre* a avec l'avoine de Barbaches une grande analogie; c'est une race vigoureuse du nord de la France; elle se distingue par sa haute taille, l'ampleur de ses panicules, l'abondance de son produit en grain, qui dépasse parfois 100 hectolitres à l'hectare, dans les conditions où elle est cultivée. Elle est surtout une avoine des terres riches. Elle est voisine de l'*avoine des salines*, qu'on cultive également dans le nord maritime français. Ces deux avoines sont très estimées. On en trouve une analogue dans le département de l'Aisne. On peut placer à côté l'*avoine Sandy oats*, très estimée en Écosse pour le rendement considérable et le poids de son grain, l'*avoine blanche de Roville*, l'*avoine blanche de Saint-Lô*, l'*avoine touffue de Wiatka*, la *Golden oats*, la *Cubain oats*

4° *Avoine à trois grains*. — Cette variété, dont la panicule est lâche, blanche et retombante, présente plus de deux grains en général. La paille est droite et très élevée. Les glumes, médiocrement renflées, sont un peu transparentes vers l'extrémité, très nettement striées et d'un blanc jaunâtre. La première fleur est toujours barbue, la troisième est généralement fécondée, ce qui produit le troisième grain. Cette variété est peu cultivée.

5° *Avoine orientale ou de Hongrie*. — Cette variété a pour caractère spécial d'être unilatérale et fastigiée, d'avoir la panicule resserrée, dont les grains, portés par des pédoncules très courts, se trouvent en général rejetés d'un seul côté de la tige en une sorte de grappe, d'où le nom d'avoine à grappe qu'on lui donne aussi quelquefois; on l'appelle encore *avoine de Russie* et *avoine unilatérale*. Elle est tardive. On en distingue deux sous-variétés, la noire et la blanche. L'*avoine de Hongrie noire* a une végétation herbacée très vigoureuse; la paille est grosse, haute de 1m,50 et plus; la panicule est très fournie; le grain est moyen, effilé, à écorce trop épaisse, mais lourd. Elle produit beaucoup dans les bons terrains, mais très peu dans les terrains pauvres. Elle est adoptée dans la culture de plusieurs contrées et particulièrement dans le Dauphiné. Elle est identique avec le *black tartarian oats* des Anglais (*avoine noire de Tartarie*). L'autre sous-variété, *avoine blanche de Hongrie*, est également remarquable par la force et la hauteur de sa paille; son grain est de même moyen, avec l'écorce épaisse, et il se termine aussi par une pointe qui dépasse de beaucoup l'amande. Il en existe une sous-variété *sans barbe*, ou rarement barbue, qui a les mêmes propriétés, et dont le grain est assez bon et bien nourri. Les avoines blanches de Hongrie ou de Tartarie, dont le rendement est très fort dans les bons terrains, résistent mieux que la noire dans les mauvais. Mais toutes les avoines orientales sont assez difficiles à battre et fournissent une paille assez médiocre comme fourrage. A l'avoine orientale paraît se rattacher l'*avoine de Fonèche*, cultivée dans l'Ardenne belge, qui est robuste, rustique et a le grain de couleur brune ou rousse.

II. *Avoine courte* (*Avena brevis*). — Cette espèce est très différente de l'avoine commune par son apparence et par ses caractères. Ses tiges sont bien moins grosses, mais plus nombreuses et plus élevées en général, les feuilles linéaires. L'épillet a deux ou trois fleurs, dont deux seulement sont ordinairement fécondes. Les glumes et les balles sont courtes; la glume extérieure est terminée par deux pointes formées par le prolongement de nervures et laissant dans leur intervalle une échancrure prononcée. Les deux fleurs de chaque épillet sont barbues. Le grain est court, petit, toujours barbu. On lui donne souvent le nom d'*avoine pieds de mouche*, à cause de ses barbes noirâtres et persistantes. On l'utilise quelquefois comme fourrage, ce qui lui a fait aussi donner le nom d'*avoine à fourrage*. Elle est précoce, rustique et végète bien dans de mauvais terrains. C'est pour cette raison qu'on la cultive pour son grain dans les terrains accidentés du Forez et de l'Auvergne et dans les montagnes de l'Espagne septentrionale. Elle est identique à la *native oats* de la Californie.

III. *Avoine nue* (*Avena nuda*). — Cette espèce est remarquable par ses épillets, composés de 4 à 5 fleurs pendantes en une petite grappe et par son grain sans écorce. La glume est longue; la balle, presque aussi longue que la glume, ne s'applique pas sur le grain, qui est nu et seulement couvert d'un épiderme libre ou portant des poils fins et très fragiles. Le battage s'en fait très facilement. On en distingue deux variétés : 1° l'*avoine nue petite*, qui est constamment barbue; 2° l'*avoine nue grosse* ou *avoine de Chine*.

1° *Avoine nue petite*. — C'est une petite race précoce, peu difficile sur le terrain. Elle a la panicule lâche, presque unilatérale; les épillets sont formés de plus de deux fleurs barbues Le grain n'est pas adhérent à ses enveloppes ; il est petit, très lisse, d'un jaune doré. Cette race n'est pas très productive, mais les grains constituent un gruau tout préparé. Elle est cultivée dans le pays niçois, en Suisse, en Russie, dans le comté de Cornwall, en Écosse. On l'appelle quelquefois *avoine nue de Tartarie, orge nue, avoine à gruau*; c'est l'*avoine Skinless* des Cornouailles.

2° *Avoine nue grosse.* La plante est vigoureuse, productive et robuste. La panicule est ample et très lâche; le grain est gros, avec épiderme très mince, présente un gruau de bonne qualité. Cette avoine, dite aussi *avoine nue grande, avoine nue de Moldavie*, a l'inconvénient de dégénérer facilement et de produire alors un grain vêtu. Elle est peu cultivée.

Culture de l'avoine. — L'avoine est une plante des climats tempérés; elle souffre et peut périr par de trop grandes chaleurs et les longues sécheresses. Elle appartient en conséquence à la plus grande partie de l'Europe, particulièrement au centre, à l'ouest et au nord de la France, à l'Angleterre. Sa culture s'arrête, dans l'Europe septentrionale, vers le 69° de latitude; elle prospère en Norvège, où elle occupe les 55 centièmes du sol consacré aux céréales. En France, sa limite culturale s'élève jusqu'à 1000 et 1500 mètres d'altitude dans les montagnes de l'Auvergne, des Alpes, et des Pyrénées, selon les expositions; en Écosse, elle cesse d'être cultivée à l'altitude de 487 mètres; dans la Silésie autrichienne, au-dessus de 650 mètres. Les variétés hivernales ne conviennent bien que dans la zone des arbres à feuilles persistantes, c'est-à-dire entre la limite septentrionale de la région des oliviers et une ligne qui va de Cherbourg vers Paris. Dans le Berry, la Sologne, le Bourbonnais, les avoines d'hiver ne réussissent bien que lorsque les hivers sont doux et non humides. Les avoines de printemps réussissent dans les plaines du Nord, dans les contrées montagneuses du centre de la France, et surtout dans les sols frais des plaines du Midi.

Il faut, à l'*avoine d'hiver*, des terres de moyenne consistance, bien saines, silico-argileuses, schisteuses, granitiques, calco-siliceuses ou argilo-calcaires, perméables ou profondes. Les terres argileuses, imperméables, froides ou humides, lui sont fatales, surtout s'il y a des gels et des dégels. Si l'on craint l'humidité, on ne peut lui faire passer l'hiver qu'en disposant le sol en petits billons ou en planches étroites et bombées. L'*avoine de printemps* réussit très bien, au contraire, sur les terres argileuses, argilo-calcaires, argilo-siliceuses, convenablement drainées; les sols légers, graveleux, crayeux, ne lui sont généralement pas favorables, à moins que des pluies ne surviennent au moment de l'épiaison; les sols d'alluvion, les fonds d'étangs, les marais desséchés, les terres nouvellement défrichées, mêmes acides, lui réussissent. Cela étant acquis, il faut examiner les travaux de préparation de la terre, les semailles, les travaux d'entretien du sol pour les deux sortes de culture. Quant aux travaux de récolte, ils sont les mêmes dans les deux cas.

Pour l'*avoine d'hiver*, on donne un labour dès le commencement de septembre, en disposant les terres en planches étroites ou en petits billons, qu'on trace autant que possible dans la direction du nord au sud, pour que les rayons solaires exercent leur action de la même manière de chaque côté. On sème en septembre et en octobre. En Bretagne, on commence les semailles le 8 septembre. En Languedoc, on retarde souvent les semis jusqu'au commencement d'octobre dans les parties montagneuses, jusque vers la Noël dans les plaines. En général, on doit semer d'abord les terres perméables et les terrains élevés; en dernier lieu, les sols argileux et les terres basses et fraîches. On emploie de 250 à 350 litres de semence par hectare, en augmentant la quantité pour les semailles tardives et pour les terres humides; dans quelques localités de l'Ardenne belge, par exemple, on emploie même jusqu'à 600 ou 700 litres. On sème à la volée ou en lignes, en enfouissant la semence soit avec la charrue, soit avec la herse. La semaille sous raie est très utile dans les terrains où, vers la fin de l'hiver, l'avoine serait exposée à être déchaussée, ou bien si l'on sème par un temps sec. En février ou en mars, on herse les avoines d'hiver, ou bien on les soumet à un râtelage que l'on a soin, dans l'ouest de la France, d'exécuter par un temps à la fois sec et doux. Il est bon de donner aux avoines d'hiver un second hersage dans un sens perpendiculaire au premier; on doit choisir une belle journée pour exécuter cette opération. On donne, par un temps sec, des roulages, si les avoines sont en terres légères ou pierreuses. On détruit avec soin, autant que possible, les mauvaises herbes, par des sarclages faits avec soin. Si, vers la fin de janvier ou pendant le mois de février, on constate que l'avoine d'hiver a souffert des gels et des dégels, on peut semer sur les parties les moins fournies de l'avoine hâtive et l'enterrer soit à la herse, soit avec le râteau, la nouvelle avoine étant choisie de telle sorte que sa maturité arrive en même temps que celle de l'avoine d'hiver, qui est toujours très hâtive.

L'avoine la plus répandue est formée des variétés bonnes à être semées au printemps. Elle réussit surtout bien quand elle succède au trèfle, à la luzerne, au sainfoin, à tous les herbages temporaires, aux récoltes-racines. Dans l'assolement triennal, l'avoine succède au blé; il est bon que, dans ce cas, si le sol n'est pas très riche, on donne une demi-fumure, surtout si dans l'avoine on doit semer du trèfle. Au lieu de fumier, qui a l'inconvénient souvent d'introduire dans les champs un grand nombre de mauvaises herbes qui pousseraient en même temps que l'avoine, et qu'on ne pourrait peut-être pas détruire, on peut employer avec avantage des engrais pulvérulents, des tourteaux, du guano, de la poudrette; le phosphate de chaux et le noir animal conviennent surtout dans les défrichements.

On cultive l'avoine en préparant la terre de plusieurs manières: 1° sur un seul labour de printemps; c'est la méthode la plus générale, mais quelquefois elle donne lieu à des échecs; en effet, quand on exécute le labour avant que la terre soit bien ressuyée, on gâte cette terre pour plusieurs années si elle n'est pas bien drainée, parce qu'il se forme des mottes qui ont besoin de beaucoup de temps pour s'effriter. Afin d'éviter cet inconvénient, on retarde la semaille jusqu'en avril, et alors on risque de n'obtenir ni quantité ni qualité. — 2° On ne fait qu'un seul labour d'hiver, généralement en novembre ou en décembre, après qu'on a terminé les semailles de blé; on le donne à toute la profondeur de la couche arable, quel que soit l'état de la terre, pourvu qu'on puisse y entrer, car les gels et les dégels qui surviendront pourront réparer la mise en grosse motte. On laisse ensuite le sol en guéret jusqu'aux premiers jours secs et doux de la fin de février et du commencement de mars: alors on donne un léger coup de herse pour faire germer les mauvaises graines s'il en est resté dans la couche labourée. Si la terre n'est pas sale et si le temps est propice, après un coup de scarificateur, on sème à la volée, on recouvre avec le scarificateur, puis on herse, et on fait passer le rouleau dans le cas où il est resté des mottes. Si la terre est infestée de graines de mauvaises herbes, on doit laisser la germination de ces mauvaises graines s'effectuer le plus complètement possible, et quand le terrain a bien verdi, on donne une façon énergique avec le scarificateur, qu'on fait suivre immédiatement de la herse à plusieurs reprises, et enfin, par un temps sec, on exécute un bon sarclage auquel succède encore un hersage qui achève la destruction des plantes nuisibles. On peut alors semer l'avoine, la recouvrir par un coup de herse et obtenir les meilleurs résultats. — 3° Un bon labour d'automne ou d'hiver ayant été donné, si la terre est en bon état et si elle ne devient pas collante par le passage de la charrue, on peut, dès la fin de février, pratiquer un labour de printemps et faire la semaille dans de bonnes conditions, pourvu que le temps soit propice; or, cette circonstance est loin de se présenter habituellement. — 4° Il est, dans beaucoup de cas, nécessaire de faire précéder le semis de l'avoine de printemps par deux labours d'automne ou d'hiver, le premier étant un labour de déchaumage effectué immédiatement après la moisson, le second intervenant en novembre ou décembre; dès les premiers beaux jours de la fin de l'hiver, on scarifie et herse pour achever de détruire les herbes adventices dont les graines ont pu encore germer; on n'a plus qu'à semer, herser et rouler, et l'on a l'avantage de voir germer et lever l'avoine de bonne heure. — 5° On donne quelquefois, après les deux labours d'automne ou d'hiver, un labour au printemps; cette méthode peut avoir, dans certains cas, l'avantage de mieux assurer la destruction des plantes adventices, mais elle a d'ailleurs tous les inconvénients de la méthode n° 3. — 6° En ne faisant qu'un labour d'hiver, on exécute, dans les terres battantes, deux labours de printemps successifs; mais cela ne réussit bien que par des temps très favorables à l'emploi de la charrue, et il est le plus souvent préférable d'avoir recours au scarificateur et à la herse.

On doit choisir pour semence les avoines qui ont été récoltées de bonne heure et en pleine maturité, qui sont d'ailleurs luisantes et bien nourries, et proviennent de champs où la récolte était aussi propre que possible. On doit les bien nettoyer et cribler pour écarter toutes les graines étrangères; enfin, il est bon de les sulfater ou chauler pour y détruire le charbon. On commence par ensemencer les terres perméables et les terrains élevés pour finir par les sols argileux et les terres basses ou fraîches. Les semis à la volée doivent être faits à jets doubles et croisés, pour que la graine soit bien répartie sur le terrain; il est d'ailleurs indispensable de semer avec le vent, sans quoi on aurait de grandes irrégularités. L'emploi du semoir en lignes a l'avantage de mieux assurer une levée bien égale et de permettre de faire une forte économie de graine de semence. Il faut de 12 à 15 jours pour que la germination et la levée s'effectuent; 5 à 6 mois sont nécessaires entre la semaille et la moisson; cela montre la nécessité des semis effectués de bonne heure, pour que la récolte soit également faite assez tôt dans les contrées où les mauvais temps d'automne sont fréquents et hâtifs. Une fois la semaille effectuée, on fait des hersages, des cross-killages, des sarclages, pour émietter les mottes, détruire les mauvaises herbes, enlever les chardons. Lorsque les avoines sont infestées, ainsi qu'il arrive dans certaines contrées, par la moutarde sauvage ou moutardon et la ravenelle, il faut faire faucher au moment où un véritable tapis jaune d'or couvre les champs; on se sert pour cela de faux de moyenne dimension, que les ouvriers maintiennent à 15 ou 20 centimètres au-dessus du sol. Par cette opération, les extrémités supérieures des feuilles d'avoine sont seules atteintes et toutes les fleurs des mauvaises herbes sont détruites, ce qui en empêche l'effet nuisible dans le présent et la multiplication pour l'avenir. Les roulages font de bons effets quand on les exécute alors que la pousse a de 5 à 8 centimètres de hauteur.

L'époque de la récolte des avoines est très variable. On peut la faire, pour les variétés d'hiver, dès la fin de mai ou au commencement de juin dans les plaines du Languedoc, et dans la première quinzaine de juillet dans l'Anjou et dans la Bretagne. Quant aux variétés de printemps, selon leur précocité et les latitudes ou altitudes des localités, de la fin de juillet au milieu de septembre. On reconnaît la maturité de l'avoine à la couleur complètement jaunâtre prise par les tiges, les feuilles et l'axe de la panicule; en outre, le grain doit avoir assez de consistance pour être coupé par l'ongle et offrir une section farineuse. Pour éviter l'égrenage, qui est plus facile quand l'avoine est bien mûre, beaucoup de cultivateurs la coupent un peu prématurément, lorsque l'axe de la panicule et les pédicelles des épillets ont encore une nuance un peu verdâtre. Outre que la perte par l'égrenage est moindre dans cette manière d'opérer, on a un grain dont l'écorce est moins épaisse et l'amande plus développée et plus riche. On se sert, suivant les localités, de la faucille, de la sape, de la faux pour couper les avoines. On fauche avec la faux en dedans ou en dehors, selon la force de l'avoine et son degré de maturité. La machine à moissonner est aussi de plus en plus employée. Si l'avoine est très mûre, on doit faucher de grand matin et suspendre le travail pendant les heures de forte chaleur. On laisse l'avoine en javelles sur le sol pendant un temps qui est variable, suivant l'état de la panicule au moment de la coupe et le degré d'humidité que contiennent les plantes adventices mélangées aux tiges de la céréale. On ne doit pas prolonger le javelage au delà de 5 ou 6 jours; un plus long javelage, pratiqué encore dans quelques pays, où on le fait durer jusqu'à 15 jours et plus, diminue la qualité du grain. Aussitôt après le javelage, que d'ailleurs on ne fait pas du tout dans le Midi, on met en gerbes en liant d'ordinaire avec de la paille de seigle. Ensuite, on fait bien de disposer les gerbes en dizeaux ou en meulons, avant de procéder à la rentrée en meules ou dans les granges, pour les pays où l'on ne bat les céréales que pendant l'automne ou l'hiver. Le battage s'effectue soit par le dépiquage, soit par le fléau, soit aussi, et de plus en plus, par la machine à battre. La conservation se fait dans des greniers bien aérés où on doit pelleter souvent, surtout le grain rentré un peu humide qui tend à s'échauffer.

Le rendement de l'avoine en grain est très variable selon les lieux, selon la qualité des terres et l'habileté plus ou moins grande des cultivateurs, et aussi selon le climat et les circonstances météorologiques annuelles; il varie depuis quelques hectolitres jusqu'à 70 et même 100 hectolitres par hectare. Dans l'histoire agricole de chaque département que donne le *Dictionnaire de l'agriculture*, on trouve les rendements moyens pour un grand nombre d'années; on y trouve aussi le poids de l'hectolitre, qui diffère également beaucoup, selon les ans et selon les lieux. Le grand poids est un signe de qualité; les extrêmes connus sont de 35 et 56 kilogrammes par hectolitre. En général, on fait les gerbes de 12 à 15 kilogrammes, et, dans les circonstances ordinaires, on obtient, de 100 gerbes, 6 à 7 hectolitres de grain. M. Heuzé a trouvé le rendement suivant pour 100 kilogrammes de tiges :

	kilogr.
Grain	36
Paille	52
Balles et paille brisée	12
Total	100

Le rapport du poids du grain à celui de la paille est évalué, par Schwertz, être celui de 3 à 5.

M. Grandeau, dans dix-huit expériences faites dans les champs d'expériences de la station agronomique de l'est, y a trouvé le rapport de 2 à 4,8 pour de l'avoine dite des Salines. Ce rapport est nécessairement variable; il dépend en particulier de la hauteur de la paille et de sa grosseur. Les variétés tardives produisent généralement plus de paille que les hâtives.

Le poids de l'hectolitre d'*avoine nue petite* varie entre 43 et 45 kilogrammes; celui de l'hectolitre d'*avoine nue grosse* entre 46 et 48. Dans les sols pauvres, le poids de l'avoine à l'hectolitre diminue beaucoup.

Plantes et animaux nuisibles, maladies de l'avoine. — Les plantes envahissantes qui nuisent à la récolte de l'avoine d'hiver sont principalement : la folle avoine (*Avena fatua*), le ray-grass Pill (*Lolium multiflorum*), la petite oseille (*Rumex acetosella*), la fougère (*Pteris aquilina*), l'avoine à chapelet (*Avena bulbosa*), la ravenelle (*Raphanus raphanistrum*), l'agrostide traçante (*Agrostis stolonifera*), la maronte (*Anthemis cotula*).

Quant à l'avoine de printemps, qui en mai et en avril est toujours moins développée que l'avoine d'hiver, elle peut être plus ou moins arrêtée par le moutardon (*Sinapis arvensis*), le chardon penché (*Carduus nutens*), le chardon des champs (*Carduus* ou *Cnicus arvensis*), la ravenelle et l'agrostide traçante comme l'avoine d'hiver, le coquelicot (*Papaver rhœas*), le muscari (*Muscari comosum*), l'achillée millefeuille (*Achillea millefolium*, voy. p. 58), la galéope ortie (*Galeopsis tetrahit*), le chiendent (*Cynodon dactylon*).

L'avoine n'est attaquée, ni dans les champs ni dans les granges et les greniers, par des insectes. Mais les rats, les mulots, les souris en sont très friands et causent des dégâts très considérables, surtout dans les gerbes conservées en meules ou grange et dans les greniers. Les oiseaux, surtout les alouettes et les moineaux francs, s'attaquent souvent aux champs d'avoine qui viennent d'être ensemencés, de telle sorte qu'il est parfois nécessaire de faire garder jusqu'à la levée les champs nouvellement ensemencés, en ayant soin de commencer la garde dès l'aube.

Composition de l'avoine. — Quand on a sous les yeux le tableau du grand nombre de variétés des avoines cultivées, et qu'on connaît les différences énormes des résultats que donne leur culture, on ne peut pas admettre qu'il y ait une composition définitive de l'avoine; il faut, au contraire, s'attendre à des variations considérables dans la richesse alimentaire de diverses avoines; c'est ce que l'expérience et l'analyse démontrent. Toutefois, on peut admettre que toutes les avoines renferment une matière spéciale, l'avénine (voy. ce mot, p. 689), dont l'étude est encore (1883) incomplète, caractérisée par ses propriétés excitantes dans la digestion; mais les proportions paraissent être toujours inférieures à 1 pour 100; viennent ensuite des matières azotées qu'on peut admettre être de la nature du gluten et de l'albumine, et qu'on désigne quelquefois sous le nom de protéine; des matières grasses, de l'amidon et d'autres matières saccharifiables, de la cellulose, enfin des matières minérales, qu'on retrouve sous forme de cendres par la combustion des grains. Mais on ne sait pas bien encore comment varient les proportions de ces divers principes immédiats dans les diverses espèces d'avoine; les analystes n'ont pas toujours suffisamment spécifié les espèces sur lesquelles ils ont fait porter leurs recherches; enfin, il est tout à fait erroné de fixer dans le rationnement des chevaux ou autres animaux domestiques une quantité invariable d'avoine, attendu que la qualité peut varier du simple au double et même plus. C'est ce qui va résulter du rapprochement des résultats actuellement acquis.

La première analyse complète a été donnée par M. Boussingault, dans son *Traité d'économie rurale*; il s'agissait d'une avoine récoltée en Alsace en 1842; l'illustre agronome a ainsi libellé les résultats qu'il a obtenus :

Eau	14,0
Gluten et albumine	11,9
Matières grasses	5,5
Amidon et dextrine	61,5
Ligneux et cellulose	4,1
Substances minérales	3,0
Total	100,0
Azote pour 100 de matière normale	1,9
— de matière sèche à 100°	2,2

Dans le cours des recherches qu'il a effectuées pour la Compagnie générale des omnibus de Paris, M. Müntz a fait cinq analyses d'avoine qui peuvent être libellées de la manière suivante :

	I.	II.	III.	IV.	V.
Eau	13,10	16,20	17,74	13,74	13,28
Matières protéiques	8,95	8,79	8,62	10,60	10,49
Matières grasses	3,71	4,08	4,00	2,76	2,62
Amidon et matières sucrées ou saccharifiables	47,79	47,97	47,43	48,69	45,96
Cellulose	7,84	10,00	9,80	8,30	8,49
Substances minérales	3,41	3,43	3,37	3,80	3,30
Matières indéterminées	15,20	9,53	9,04	12,11	15,94
Totaux	100,00	100,00	100,00	100,00	100,00
Azote pour 100 de matière à l'état normal	1,13	1,40	1,38	1,70	1,66
Azote pour 100 de matière sèche	1,64	1,67	1,67	1,97	1,90

M. Grandeau, dans une note publiée en 1876, et qui est le travail le plus complet fait jusqu'alors sur la valeur nutritive de l'avoine, a donné le tableau suivant de la composition de vingt-six échantillons de provenances différentes, en les rapprochant du poids de l'avoine à l'hectolitre, c'est-à-dire de la densité de chaque espèce. Ce tableau pourra être très utile aux agriculteurs et aux éleveurs; il peut être ainsi présenté :

Désignation des avoines	Poids de l'hectolitre	Eau	Matières azotées	Matières grasses	Amidon, etc.	Cellulose	Matières minérales
	kil.	kil.	kil.	kil.	kil.	kil.	kil.
1. Haute-Marne (1875)	40,0	11,85	9,81	4,18	56,06	14,89	3,21
2. De couleur Bourgogne (1874)	41,2	11,00	10,06	5,90	60,58	8,72	3,74
3. Environs de Paris (1875)	43,0	12,15	9,53	4,29	60,71	10,52	3,02
4. Blanche de Russie (1874)	43,5	10,00	8,13	5,50	63,55	9,67	3,15
5. Noire d'Irlande (1874)	44,0	12,00	10,38	6,21	57,95	10,82	2,64
6. Noire de Brie (1874)	44,0	13,00	9,81	6,41	57,23	10,18	3,34
7. Bourgogne (1875)	44,5	10,00	8,52	6,30	60,03	12,11	2,90
8. Champagne (1874)	45,0	11,85	10,05	4,95	58,29	11,63	3,23
9. Beauce, de Chartres (1874)	45,9	12,00	10,56	4,31	61,86	8,10	3,17
10. Beauce, de Chartres, noire (1875)	46,5	12,70	9,95	7,23	55,63	11,39	3,00
11. Beauce, grise (1875)	46,5	11,90	9,07	3,57	60,01	11,14	4,31
12. D'Évreux, rouge (1874)	47,0	11,50	8,37	5,22	60,03	11,63	3,20

DÉSIGNATION DES AVOINES	POIDS DE L'HECTOLITRE	EAU	MATIÈRES AZOTÉES	MATIÈRES GRASSES	AMIDON, ETC.	CELLULOSE	MATIÈRES MINÉRALES
	kil.	kil.	kil.	kil.	kil.	kil.	kil.
13. De Bretagne, grise noire (1875)	47,7	13,00	7,25	5,88	61,36	9,87	2,64
14. De Bretagne, grise (1875)....	48,0	11,40	8,38	5,01	60,73	11,21	3,27
15. Blanche de Suède (1875)...	48,0	10,10	9,01	3,59	61,56	12.41	3,33
16. De Bretagne, pauvrette (1874).	50,0	13,00	10,00	4,43	62,95	7,53	2,09
17. Noire de Suède (1874)	50,5	12,00	9,75	5,19	62,51	7,74	2,81
18. Noire de Suède (1875)	51,0	9,45	10,58	4,91	58,41	13,76	2,89
19. Du Poitou, grise (1874)	51,1	11,00	9,44	6,50	61,04	9,35	2,67
20. De Russie (1875)	45,5	10,81	11,25	5,02	57,27	11,50	4,15
21. Haute-Saône (1875)	42,5	13,70	9,37	3,15	55,32	13,85	4,61
22. Haute-Marne (1875)	38,7	13,98	10,06	2,81	52,99	14,70	5,46
23. Beauce (1875)	42,7	11,90	10,12	3,70	56,17	11,67	6,14
24. Bretagne (1875)	46,0	12,78	10,25	3,77	56,78	13,64	2,78
25. Grise du centre (1875)	49,0	11,82	10,37	3,78	48,60	19,46	2,97
26. Vendée (1875)	45,0	14,00	9,09	5,29	58,33	10,11	3,18

Le même agronome, dans les recherches qu'il a effectuées pour la Compagnie des voitures de Paris, a trouvé, pour 174 échantillons d'avoines, correspondant à plusieurs centaines de milliers de quintaux de cet aliment, consommés de 1875 à 1880 par les chevaux de cette Compagnie, la moyenne générale, ainsi que les *maxima et minima* qui suivent :

	MOYENNE DE 174 ANALYSES	MINIMA	MAXIMA	ÉCARTS TROUVÉS
Eau..................	12.97	8,50	19.00	10,50
Matières azotées.......	9,59	7,12	12,43	5,31
Matières grasses.......	5,16	2,77	8,05	5,28
Amidon et matière sucrée	59,18	48,60	66,86	18,26
Cellulose..............	9.82	5,12	14,89	9,77
Matières minérales....	3,28	2,06	6,14	4,08
Totaux........	100,00	»	»	»
Azote pour 100 à l'état normal..............	1,53	1,14	1,99	0,85
Azote pour 100 après dessiccation à 100°...	1,75	1,24	2,45	1,21

Malgré la grandeur des écarts, toutes les espèces et variétés d'avoines n'ont pas été analysées; il faut bien noter que les sortes seules achetées par la Compagnie comme satisfaisant à certaines conditions d'abondance et de prix courants, ont été soumises aux analyses du laboratoire qu'elle a institué. On n'a soumis à l'analyse, dans toutes les recherches que nous connaissons, que des avoines communes; elles étaient d'ailleurs récoltées sur des terres diverses, de telle sorte qu'on ne peut dire si les écarts constatés sont dus à l'espèce, à l'année ou au terrain. M. Dehérain, en opérant à Grignon sur le même terrain, avec la même espèce de semence, mais avec des fumures différentes, a obtenu les résultats suivants rapportés à l'avoine desséchée à 100 degrés :

	AZOTE POUR 100 D'AVOINE DESSÉCHÉE A 100°			
	1876	1878	1880	1881
Sans engrais..............	1,99	1,09	2,30	2,20
Sur fumier de ferme........	2.16	2,11	2,08	»
Sur nitrate de soude........	1.96	1,41	2.52	2,76
Sur sulfate d'ammoniaque....	2,23	1,78	2,32	»

Ainsi, le maximum des résultats obtenus par M. Grandeau a été dépassé deux fois sur les avoines recueillies à Grignon, et on y a constaté un minimum inférieur. Les chiffres extrêmes donnés par Isidore Pierre sont 1,62 et 2,00; le docteur Vœlcker a obtenu 2,36 d'azote dans de l'avoine blanche d'Écosse et 2,23 dans de l'avoine noire anglaise, toujours après dessiccation à 100 degrés; le professeur Norton, dans 9 échantillons d'avoines anglaises, a trouvé des nombres variant de 2,24 à 3,52; MM. Lawes et Gilbert donnent le nombre de 2,32 d'azote, toujours pour 100 d'avoine desséchée à 100 degrés centigrades.

Il est, dans tous les cas, bien démontré que le mesurage du volume de l'avoine n'a aucune valeur pour l'appréciation d'une action alimentaire, que l'on doit toujours substituer le pesage au mesurage, mais qu'il faut aussi toujours faire l'analyse, le poids naturel ne pouvant fournir aucune indication sur la valeur nutritive de la graine.

Il y a aussi des différences notables dans la composition des diverses pailles d'avoine, mais elles paraissent moins grandes, à en juger par le petit nombre relatif des analyses faites, qu'en ce qui concerne le grain. Voici d'abord les résultats donnés par M. Boussingault :

	PAILLE D'AVOINE D'ALSACE	
	NOUVELLE	ANCIENNE
Eau........................	21,0	12,7
Matières azotées............	1,9	2,1
Matières grasses............	5,1	4,8
Amidon, sucre et matières analogues................	38,4	40,0
Ligneux et cellulose........	30,0	36,4
Matières minérales..........	3,6	4,0
Totaux.........	100,0	100,0
Azote pour 100 à l'état normal	0,30	0,33
Azote pour 100 après dessiccation à 100°.............	0,39	0,38

Dans ses recherches sur les fourrages de la Compagnie de Paris, M. Grandeau a fait cinq analyses de paille d'avoine et a trouvé les résultats suivants :

	I.	II.	III.	IV.	V.
Eau..............	16,435	15,965	15,29	16,38	16,35
Matières azotées...	2,480	2,060	3.50	2.47	3,70
Matières grasses...	1,230	1,240	1,61	1,17	1,02
Amidon............	20,350	18,880	21,09	19,92	19,50
Glucose............	0.460	0.460	0,50	0,53	0,46
Cellulose..........	27,510	28,210	26,94	26,66	25,70
Matières minérales.	4,180	4,150	4,12	4,26	4,18
Matières indéterminées............	27,355	28,445	26,95	28,61	28,49
Totaux......	100,000	100,000	100,00	100,00	100,00
Azote pour 100 à l'état normal....	0,398	0,425	0,560	0,396	0,591
Azote pour 100 après dessiccation à 100°	0,476	0,505	0,661	0,473	0,706

MM. Lawes et Gilbert donnent 0,723 pour 100 à l'état sec pour le dosage de la paille d'avoine en azote. Isidore Pierre a publié les nombres 0,3 et 0,4 pour 100. Le docteur Voelcker a trouvé, dans de la balle d'avoine :

Eau	11,98
Matières azotées...............	1.25
Matières grasses...............	0,36
Matières saccharifiables............	53.63
Cellulose......................	28,48
Matières minérales..............	4,30
Total.........	100,00
Azote pour 100 à l'état normal......	0,20
Azote pour 100 après dessiccation à 100°	0,23

Ainsi, la richesse en matières nutritives : azotées, hydrocarbonées et grasses, décroît beaucoup quand on passe du grain à la paille et enfin à la balle d'avoine. En ce qui concerne les matières minérales ou cendres, le phénomène inverse se produit, c'est-à-dire que leur quotité paraît s'accroître, mais dans des proportions moins grandes. Dès le commencement du dix-neuvième siècle, dans ses belles *Recherches chimiques sur la végétation*, Théodore de Saussure avait trouvé que, dans 100 parties de grain d'avoine, encore pourvu de sa balle, il y avait 3,1 de cendres, contenant pour 100 : 1 de sels solubles dans l'eau, 24 de phosphates terreux, 60 de silice, 0,25 d'oxydes métalliques, avec un déficit de 14,75; mais il ajoutait en note : « Par une analyse plus précise, j'ai trouvé, outre les mêmes produits, 10 parties de potasse et 5 parties de muriate et de sulfate alcalins dans les mêmes produits. » De Saussure a d'ailleurs parfaitement remarqué la difficulté de dépouiller l'avoine de sa balle et, par conséquent, de faire porter l'analyse sur une semence toujours également bien mondée. Dans tous les cas, il lui appartient d'avoir montré le premier la prédominance de la potasse et des phosphates dans les graines de céréales.

M. Boussingault a ainsi formulé les résultats de ses analyses de grain et de paille d'avoine d'Alsace :

	GRAIN D'AVOINE	PAILLE D'AVOINE
Acide carbonique	1,7	3,2
Acide sulfurique	1,0	4,1
Acide phosphorique	14,9	3,0
Chlore	0,5	4,7
Chaux	3,7	8,3
Magnésie	7,7	2,8
Potasse	12,9	24,5
Soude	0,0	4,4
Silice	53,3	40,0
Oxyde de fer, etc.	1,3	2,1
Charbon, humidité, perte	3,0	2,9
Totaux	100,0	100,0

Johnston, dans ses *Eléments de chimie agricole et de géologie*, a donné la composition suivante :

	GRAIN D'AVOINE	PAILLE D'AVOINE
Potasse	26,2	19,1
Soude	0,0	9,7
Chaux	6,0	8,1
Magnésie	10,0	3,8
Oxyde de fer	0,4	1,8
Acide phosphorique	43,8	2,6
Acide sulfurique	10,5	3,3
Silice	2,7	48,4
Chlore	0,3	3,2
Totaux	99,9	100,0

Voici encore deux autres analyses de cendres de paille d'avoine dues à Lewel et à Sprengel :

	LEWEL	SPRENGEL
Potasse et soude	26,87	25,2
Chaux	7,29	2,7
Magnésie	4,58	0,4
Oxyde de fer	1,41	0,1
Acide phosphorique	1,94	0,2
Acide sulfurique	2,15	1,4
Silice	54,26	70,0
Chlore	1,50	0,1
Totaux	97,0	100,1

Enfin, Berthier ayant soumis à l'analyse de l'avoine blonde prise sur le marché de Paris, et pesant 38 kilogrammes à l'hectolitre, y a trouvé 2,73 de cendres pour 100, ayant la composition suivante :

Phosphate de potasse	7,5
Phosphate de chaux	16,5
Phosphate de magnésie ferreux	20,0
Silice	44,0
Potasse	12,0
Total	100,0

Les balles séparées des grains en feuilles longues, étroites, très minces, flexibles et élastiques, légères au point que le litre, non foulé, ne pesait que 20 grammes, lui ont donné 13,3 pour 100 de cendres contenant :

Phosphate de chaux	9,3
Phosphate de magnésie ferreux	15 1
Silice	71,0
Potasse combinée	4,6
Total	100,0

Le gruau d'avoine, ou l'avoine perlée, n'est pas autre chose que des grains d'avoine entiers, débarrassés de leur écorce, ayant le poli de l'ivoire. Il ne s'y trouve que 1,5 pour 100 de cendres ayant pour composition, d'après Berthier :

Phosphate de potasse	50,0
Phosphate de chaux	15,4
Phosphate de magnésie	33,3
Silice	1,3
Total	100,0

La silice, en faible proportion d'ailleurs, provient de la petite quantité d'écorce qui reste dans le sillon des grains mondés.

On voit, d'après ces résultats divers, combien on s'expose à commettre de graves erreurs en prenant dans des tables d'analyses un chiffre d'ailleurs vrai en lui-même, pour s'en servir comme élément de calculs pour supputer combien une récolte enlève à un terrain de principes minéraux fertilisants; il est indispensable de faire des analyses directes pour chaque cas particulier.

Usages et propriétés de l'avoine. — L'avoine est employée pour la nourriture des chevaux et des autres animaux domestiques dans tous les pays tempérés qui se trouvent au-dessus de la région des oliviers; elle y est très estimée, principalement pour ses propriétés excitantes, stimulantes, susceptibles de permettre le développement de l'énergie dans l'animal, en même temps qu'elle fournit tous les principes d'une bonne alimentation. On la donne en nature; il est bon qu'elle soit mâchée par l'animal lui-même. Cependant, pour les vieux chevaux qui ont les dents en mauvais état ou qui en manquent, il peut être utile de l'aplatir. (Voy. APLATISSEUR, p. 500.) L'avoine profite surtout aux bêtes de travail et aux béliers. Elle augmente le lait des bêtes laitières. Elle rend, dit-on, meilleur et plus ferme le lard des cochons.

Le gruau d'avoine sert à faire, comme le riz et l'orge, des potages que l'on donne souvent aux convalescents, surtout en Angleterre. On obtient, par la mouture de l'avoine, environ 72 de farine et 22 de son. La farine est employée dans les montagnes de l'Écosse pour faire une bouillie, le *porrage*, que les populations aiment à manger. En mélangeant cette farine avec celle du froment et du seigle, on fait, dans quelques parties de la Bretagne, un pain savoureux. Les cataplasmes de farine d'avoine sont encore très employés dans les campagnes. Le gruau d'avoine, enfin, sert à préparer des tisanes diurétiques; il suffit de faire bouillir 16 grammes de gruau avec un litre d'eau durant un quart d'heure, puis de sucrer en ajoutant un peu de sirop de gomme; cette boisson est agréable et utile à prendre contre les rhumes, les toux sèches, les coliques. En Allemagne, on fabrique avec l'avoine, traitée à la façon de l'orge, c'est-à-dire qu'on fait malter, une bière blanche, légère et pétillante, d'une saveur agréable et qu'on regarde comme très hygiénique.

On donne la balle d'avoine à manger aux vaches et aux moutons, mais c'est une maigre nourriture, comme le montre bien sa composition; on peut l'employer en la mélangeant, avec des menues pailles, aux betteraves coupées ou à de la pulpe, de manière à diminuer l'excès aqueux de ces aliments. On l'utilise avec avantage pour faire des paillasses, des oreillers ou des traversins pour le coucher des petits enfants, à cause de sa souplesse et de la facilité avec laquelle les liquides peuvent la traverser sans être absorbés ou retenus.

La paille d'avoine est une des meilleures pour la nourriture du gros bétail et des bêtes ovines, dans toutes les contrées où on ne fait pas un javelage prolongé qui en altère la qualité et où elle est bien rentrée. Il doit se rencontrer des différences assez grandes entre les pailles des diverses avoines, selon les espèces, les climats et les terrains. Aucune étude n'a encore été faite sérieusement à cet égard.

AVOINES FOURRAGÈRES. — L'avoine commune, surtout l'avoine d'hiver, peut être cultivée soit seule soit en mélange avec des vesces, des gesses, des pois, des fèves, pour être coupée ou pâturée en vert; on obtient, par ce dernier moyen, un fourrage vert de très bonne qualité, qui peut être d'un grand secours au printemps pour les agriculteurs dont la provision fourragère est insuffisante. Cette nourriture doit être surtout employée comme fourrage vert donné à l'étable; cultivée seule comme fourrage, l'avoine donnerait une nourriture en général trop chère, à cause des frais qu'elle exige. Mais diverses avoines fourragères doivent être signalées comme rendant des services.

1° L'avoine élevée (*Avena elatior*), appelée aussi vulgairement *fromental*, faux froment, faux seigle, avenat, fenasse, pain-vin, ray-grass de France, arrhénanthère (*Arrhenantherum avenaceum*, *Hordeum avenaceum*), est une plante très productive qui est très commune dans un grand nombre de prairies où elle est parfois dominante; elle est vivace, présente des chaumes de 0m,90 à 1m,60, des feuilles planes, douces au toucher, avec panicule étalée, composée de pédicelles déliés, la plupart rameux; les épillets sont biflores, les fleurs mâles à arêtes saillantes, les fleurs hermaphrodites presque mutiques. Les terrains frais et substantiels, mais non sujets à la stagnation des eaux, lui conviennent particulièrement; elle craint l'excès d'humidité et l'excès de sécheresse. Les coteaux qui ne sont pas trop chauds peuvent lui être spécialement destinés; dans le Midi, on la sème souvent dans les terrains irrigués en mélange avec d'autres graminées. On doit la semer assez drue, à raison de 100 kilogrammes par hectare, dans un terrain bien préparé; elle croît lentement, de telle sorte que, pour avoir un produit la première année, on la sème souvent avec de l'avoine ordinaire, qui abrite les jeunes plantes de fromental contre les ardeurs du soleil. Une fois bien établie, elle dure longtemps, surtout si l'on fume au moins tous les trois ans, et on obtient chaque année plusieurs coupes. On doit faucher de bonne heure, car c'est une plante précoce; on fait la première coupe dès que le fromental entre en fleur, afin de ne pas épuiser les racines, d'obtenir bientôt de nouvelles pousses et d'éviter l'endurcissement des tiges. On l'associe au trèfle et à quelques vesces, ce qui en augmente le rendement et la qualité; d'ailleurs la production est toujours considérable dans les prairies bien soignées. MM. Ritthausen et Scheven ont donné l'analyse suivante du foin de fromental:

Eau	14,00
Matières azotées	8,60
Matières grasses	1,05
Autres matières hydrocarbonées	30,75
Ligneux	40,13
Matières minérales	5,47
Total	100,00
Azote pour 100 à l'état normal	1,37
Azote à l'état sec	1,59

La graine de fromental est une des plus volumineuses parmi les graines fourragères; l'hectolitre ne pèse que 8 à 9 kilogrammes.

2° L'avoine des prés (*Avena pratensis*), appelée aussi avenette, a des chaumes de 0m,30 à 0m,60, les feuilles roulées, glabres, des glumes de 5 à 8 fleurs; elle est vivace et se rencontre fréquemment dans les prés secs et un peu montagneux Elle donne un bon fourrage, que les bestiaux aiment beaucoup; elle dure longtemps. Il lui faut un terrain léger, bien ameubli. On la sème à raison de 40 kilogrammes par hectare; elle ne peut être coupée qu'en juillet, mais elle végète très tard, donne beaucoup de regain et peut être ensuite pâturée jusqu'aux rigueurs de l'hiver. Du reste, il vaut mieux la semer en mélange.

3° L'avoine dorée (*Avena flavescens*), également vivace, et appelée aussi avenette blonde, avoine blonde, avoine jaune, petit fromental, a des chaumes droits de 0m,30 à 0m,60 de hauteur, les feuilles étroites, planes, pubescentes en dessus, les graines longues et glabres; sa panicule, un peu lâche, est jaunâtre, avec des glumes contenant de 2 à 5 fleurs, les valves externes des balles étant terminées par deux petites soies et portant une arête dorsale pliée et recourbée. On la trouve sur les collines et dans les prés secs; elle est souvent mélangée, dans les mêmes prairies, à l'avoine élevée, et elle donne un foin très estimé que l'on appelle le *foin fin* aux environs de Paris; elle est recherchée par les bestiaux à toutes les époques de sa croissance. Il est bon de l'associer à d'autres graminées. On la sème au printemps. Son foin donne, après dessiccation à 100 degrés, d'après MM. Ritthausen et Scheven, 1,30 d'azote pour 100.

4° L'avoine pubescente (*Avena pubescens*), vivace, appelée aussi averone, a des chaumes de 0m,60 à 1m,10 de hauteur, les feuilles courtes, molles, planes, velues, la panicule un peu resserrée, les pédicelles inférieurs réunis deux à deux, à demi verticillés, les glumes à deux ou trois fleurs, et les pédicelles de chaque balle très velus. Elle se rencontre dans la plupart des prés montagneux, ou tous les terrains qui ne sont pas très humides, mais sans s'étendre ni au Nord ni au Midi, ni dans les prairies soumises à l'irrigation. Elle a besoin de fumures pour donner un produit abondant; elle est cotonneuse dans les sols maigres. Elle doit être semée au printemps dans un sol riche et bien ameubli, surtout en mélange avec d'autres graminées et légumineuses. Elle donne un foin un peu dur, mais aimé des chevaux et des bêtes à cornes. Elle est printanière; fauchée ou broutée, elle repousse très rapidement. D'après M. Emile Wolf, le foin de cette avoine contient :

Eau	14,3
Matières azotées	6,8
Matières grasses et autres hydrocarbonées	44,7
Ligneux	29,7
Matières minérales	4,5
Total	100,0
Azote pour 100 à l'état normal	1,09
Azote pour 100 après dessiccation à 100°	1,27

On emploie 50 kilogrammes de semence par hectare.

5° L'avoine toujours verte (*Avena sempervirens*) se rencontre particulièrement sur les revers des Alpes et des Pyrénées exposés au soleil ; elle y offre des gazons d'un beau vert, qui sont une ressource importante pour les moutons au commencement du printemps et même en hiver, car elle pousse de très bonne heure et ses feuilles, qui persistent toute l'année, passent l'hiver sans se flétrir malgré la neige et les frimas. Toutefois, comme les tiges sont un peu dures, les moutons l'abandonnent quand les autres plantes donnent de jeunes pousses. Elle est vivace et elle a des chaumes serrés, touffus, très gazonnants, avec des feuilles longues, rigides, roulées en dessus, striées en dessous, la panicule un peu étalée, les glumes luisants, renfermant trois fleurs laineuses, dont une stérile et dépourvue d'arête.

6° L'avoine versicolore ou bigarrée (*Avena versicolor, Avena Scheuchzerii*) se rencontre dans les Alpes du Dauphiné, dans celles des environs du mont Blanc, sur les pelouses du mont Dore et du Puy-de-Dôme, sur les pentes des montagnes et particulièrement la terre de bruyère. Elle est vivace. Elle atteint de 0m,20 à 0m,40; ses feuilles sont planes et pliées en gouttières; la panicule, droite, allongée, est panachée de brun, de violet, de jaune et de blanc ; les épillets sont à 5 fleurs, avec arête près du sommet dans les fleurs supérieures. Les bestiaux aiment les feuilles de cette avoine, qui est vivace, mais ils négligent ses panicules aristées.

7° L'avoine sétacée (*Avena setacea, Avena ovata, Avena subulata*), également vivace, a les chaumes grêles et les feuilles gazonnantes, roulées, sétacées, aussi longues que le chaume, les gaines velues, la panicule resserrée ; elle s'étend en larges gazons sur les pentes des montagnes du Dauphiné et des Alpes du Piémont. Elle est précoce et fine, et, par ces qualités, elle plaît beaucoup aux moutons.

8° L'avoine à deux rangs (*Avena distichophylla*) a les chaumes couchés et traçants à la surface du sol, les feuilles étalées sur deux rangs opposés, la panicule brillante, mélangée de blanc et de violet, les épillets à deux et trois fleurs velues à la base ; elle est vivace dans les Alpes, où elle tapisse les collines et les bords des torrents; ses touffes vertes et gazonnantes sont recherchées par les bêtes ovines.

9° L'avoine fragile (*Avena fragilis*) est annuelle ; elle a les chaumes rameux, les feuilles molles et velues, les fleurs en épi fragile, articulé avec épillets sessiles et alternes de 4 à 6 fleurs. Elle se rencontre dans le midi de la France, en Espagne et en Italie, où elle forme çà et là de petites touffes volontiers broutées par les moutons au printemps, mais abandonnées quand les épis paraissent.

9° L'*Avena bromoides* est une espèce très rapprochée de l'avoine des prés, qu'elle remplace en France dans un certain nombre de prairies.

10° L'*Avena sedenensis* est très voisine de l'avoine toujours verte ; elle croît surtout dans les Alpes de Provence, les montagnes du Cantal et les Pyrénées.

11° Le *fromental amelioré de Tourves*, cultivé en Provence, où il donne jusqu'à quatre coupes par année dans les terres irriguées, est une variété d'un quart ou même d'un tiers plus haute que l'*avoine élevée* ordinaire. « Même sous le climat de Paris, dit M. Vilmorin, on en obtient dans les bonnes terres deux très fortes coupes par an, la première en juin, la seconde en août ou septembre. » Nous avons fait l'analyse de cinq échantillons de ce foin recueillis dans les Bouches-du-Rhône en 1876 et provenant l'un d'une prairie d'Istres, les quatre autres de quatre coupes effectuées sur une même prairie de Saint-Remy. Nous avons obtenu les résultats suivants :

	ISTRES	SAINT-REMY 1re COUPE	SAINT-REMY 2e COUPE	SAINT-REMY 3e COUPE	SAINT-REMY 4e COUPE
Eau	9,33	12,25	11,55	11,85	14,15
Matières azotées	7,64	9,25	9,34	10,20	10,87
Matières grasses....	1,90	0,70	0,[illegible]7	0,70	1,03
Matières sucrées.....	11,97	13,11	12,29	12,43	12,36
Cellulose............	22,12	21,59	21,58	21,64	20,52
Autres matières hydrocarbonées......	39,93	36,26	37,21	36,27	34,18
Matières minérales...	7,14	6,84	7,09	6,91	6,89
Totaux.......	100,00	100,00	100,00	100,00	100,0
Azote pour 100 à l'état normal...........	1,22	1,48	1,49	1,64	1,74
Azote pour 100 après dessiccation à 100°	1,35	1,69	1,69	1,86	2,03

On voit tout d'abord que les foins recueillis sur la prairie de Saint-Remy, beaucoup fumée et plus fertile que celle d'Istres, se trouvent plus riches. Il résulte ensuite des analyses que le foin des 3e et 4e coupes contient plus de matières azotées et a plus de puissance nutritive que le foin des 1re et 2e coupes. Quant aux matières minérales ou cendres, elles ont présenté la composition suivante :

	ISTRES	SAINT-REMY 1re COUPE	SAINT-REMY 2e COUPE	SAINT-REMY 3e COUPE	SAINT-REMY 4e COUPE
Acide phosphorique.	3,85	3,95	4,26	4,54	4,38
Acide sulfurique.....	4,41	4,04	4,18	4,03	»
Chlore...............	8,99	9,32	9,05	8,83	8,83
Potasse..............	14,89	15,21	15,34	19,92	15,87
Soude.........	2,77	0,85	0,81	0,50	0,51
Chaux...............	5,58	5,78	5,73	6,37	»
Magnésie............	traces	traces	traces	traces	»
Sesquioxyde de fer..	5,33	4,27	4,36	2,55	»
Silice...............	45,59	45,60	41,83	42,72	43,31
Matières non dosées..	8,46	10,98	11,44	14,54	27,10
Totaux.......	100,00	100,00	100,00	100,00	100,00

Il y a la plus grande analogie entre la composition de ces diverses cendres de fromental; on peut surtout remarquer la plus grande richesse en potasse des cendres des foins de Saint-Remy des 3e et 4e coupes.

12° L'*avoine capillaire* n'est autre que la canche (*Aira capillaris* et *Aira elegans*); l'*avoine des chiens* est le *Pharus cappulaceus;* on donne aussi le nom d'*avoine aquatique* (*water oat*) et d'*avoine sauvage* (*wild oat*) à la zizanie (*Zizania aquatica*).

AVOINES MAUVAISES HERBES OU ORNEMENTALES. — Quelques espèces du genre Avoine, au lieu d'être utiles, sont au contraire nuisibles à l'agriculture et doivent être détruites; d'autres ne peuvent être cultivées qu'à titre de curiosité ou d'ornement. Ce sont :

1° L'avoine folle (*Avena fatua*), appelée aussi avoine boufe ou boufle, avron, averon, folle avoine, pied de mouche, coquiole, a les chaumes très élevés, les feuilles larges et striées, la panicule étalée à pédicelles hispides et grêles. Les glumes contiennent 3 à 5 fleurs très pointues à leur base ; la moitié inférieure des balles florales est couverte de poils roux très abondants et porte une arête longue et hygrométrique susceptible de se tortiller. C'est une plante annuelle commune dans les moissons, et qui quelquefois se rencontre au milieu des prairies. Elle est très vigoureuse, précoce et tend à étouffer, par son développement envahissant, les céréales et même les luzernes; elle se rencontre plus souvent dans le Midi et le sud-ouest que dans le Nord, mais il faut la détruire partout, car elle constitue parfois un véritable fléau pour les récoltes à obtenir. On ne la cultive nulle part, quoique les bestiaux la mangent volontiers, lorsqu'on la leur donne après l'avoir arrachée des champs par le sarclage. Elle fleurit en mai et en juin dans le Midi, pendant le courant de juillet seulement dans le Nord; dans tous les cas, elle mûrit rapidement ses graines, qui tombent dans le sol pour l'infester avant qu'on puisse faire la moisson. Les poils dont les graines sont revêtues les protègent contre les oiseaux et, chose encore plus grave, les semences que les labours peuvent enfouir conservent leur faculté germinative durant plusieurs années, de telle sorte que la folle avoine peut reparaître tout d'un coup après qu'on a cru s'en être débarrassé par des travaux de culture. Pour purger un champ de cette peste, on a recours à plusieurs procédés. On pratique des sarclages faits à la main et dans lesquels on tâche que les ouvriers enlèvent au printemps tous les pieds de folle avoine ; ce procédé est loin d'être toujours efficace, à cause de la difficulté de distinguer les jeunes plantes de cette avoine des jeunes plantes de froment ou autres céréales. On utilise aussi les labours qu'on donne à la jachère, en ayant soin que ces labours ne soient pas exécutés à plus de $0^m,10$ de profondeur, afin de ne pas enterrer les graines de folle avoine qui ne germeraient pas et pourraient multiplier cette plante les années suivantes ; on ne fait donc que des labours de déchaumage avec la charrue ou avec le scarificateur ; la plupart des semences de folle avoine germent dans ces conditions, et les jeunes plantes sont facilement enlevées par des hersages et des râtelages. Les binages donnés aux cultures sarclées, telles que betteraves, pommes de terre, colza, etc , détruisent aussi un grand nombre de pieds de folle avoine. Enfin, le procédé le plus efficace consiste dans l'incinération des tas que l'on forme par le râtelage en déchaumant, aussitôt après la moisson, un champ infesté, au moyen d'une étrape, d'une houe, d'une pelle-versoir. Pour rendre plus facile l'incinération des tas formés, on y mélange des bruyères, des genêts ou toutes autres plantes desséchées, et ensuite on répand les cendres sur le sol avant de faire un véritable labour de préparation pour les récoltes à venir.

2° L'avoine stérile ou animée (*Avena sterilis, Avena sensitiva, Avena macrocarpa*) se rapproche beaucoup de la folle avoine, dont on la distingue parce que ses balles sont recouvertes de poils plus soyeux. Cette espèce est plus méridionale, mais elle a d'ailleurs tous les inconvénients de la précédente. On la détruit de la même manière. « Cest une grande avoine annuelle, disent MM. Vilmorin-Andrieux, originaire du midi de l'Europe, à panicules volumineuses, formées d'épillets presque du double plus gros que ceux des avoines cultivées dans les champs, à grains également très gros, se désarticulant et tombant facilement à la maturité. Ces grains sont littéralement feutrés de longs poils roux brun et munis de très longues arêtes coudées et tordues qui jouissent à un très haut degré de la faculté hygrométrique ; en sorte que, suivant la sécheresse ou l'humidité de l'air, les arêtes se contractent ou se détendent, et communiquent ainsi aux grains des mouvements très variés qui les animent en tous sens, d'où le nom vulgaire de l'espèce. C'est à cette particularité que l'*avoine animée* doit d'être cultivée dans quelques jardins, où on la sème en mars et en avril. »

3° L'avoine à chapelets (*Avena bulbosa, Avena præcatoria*) appelée aussi avoine à racines tuberculeuses, chiendent à perles, gros chiendent à crottes, gros chiendent à troches, est également nuisible aux récoltes qu'elle envahit; en même temps qu'elle est très envahissante, elle est difficile à détruire. Elle a une racine vivace et une tige annuelle; à la base de cette tige, qui présente des nœuds pubescents, se trouvent des bulbes superposés en forme de chapelets, au nombre de 3 à 6. Elle se propage facilement par ces bulbes qu'il importe de détruire; on y arrive en donnant, aussitôt après la moisson, un labour superficiel que l'on fait suivre par un hersage pour mettre à nu la plupart des chapelets; on ramasse ces derniers, soit à la main, soit avec un râteau à cheval; on les expose à l'action desséchante du soleil, et, quand ils sont secs, on les réunit en tas et on les brûle. On a proposé de faire manger les bulbes par des cochons que l'on conduit sur les terres infestées par l'avoine à chapelets, après qu'on a déchaumé par la charrue ou par le scarificateur, mais ce n'est pas toujours suffisamment efficace, parce que les porcs laissent souvent intacts un certain nombre de chapelets.

AVOIRA (*botanique*). — Synonyme d'*Astrocaryum* (voy. p. 644).

AVORTEMENT (*agriculture*). — On dit qu'il y a avortement toutes les fois qu'un objet quelconque n'acquiert pas le développement complet pour lequel il a été créé. Il peut y avoir avortement d'une entreprise agricole, par exemple d'une opération de drainage qui n'assainirait pas un domaine, d'une création de rizière qui ne réussirait pas. De même un projet peut avorter, si, pour une cause quelconque, il n'aboutit pas. Mais au point de vue des choses ordinaires de l'agriculture, l'avortement doit être plus spécialement envisagé chez les plantes et chez les animaux.

De l'avortement dans le règne végétal. — Lorsqu'un organe quelconque d'une plante ne présente qu'un développement incomplet, on qualifie ce phénomène du nom d'avortement. C'est ainsi qu'il y a avortement des bourgeons, des boutons à fruit, des pétioles, des folioles, des ovules, des étamines, des pistils, des fleurs, des graines, des fruits, des branches, soit par arrêt, soit par manque absolu du développement. Il appartient à la physiologie végétale d'expliquer ou de tenter d'expliquer comment ces faits se produisent, de chercher à dissiper l'obscurité dont se trouve souvent entourée leur génération, afin de discerner comment on peut les empêcher ou les favoriser selon qu'il peut être de l'intérêt du cultivateur de les obtenir ou de les éviter. Un des moyens d'action les plus efficaces de l'horticulteur et surtout de l'arboriculteur pour créer des produits demandés par le commerce et destinés à satisfaire soit des besoins de l'homme soit des caprices de la mode, consiste certainement dans la direction imprimée à la circulation de la sève, dans le but de causer tel ou tel avortement ou de déterminer un développement absolument complet de tel ou tel organe de la plante. Ainsi les épines du prunier épineux ou du néflier, communs dans les bois, sont dues à l'avortement plus ou moins considérable des bourgeons dont l'axe seul se développe un peu; il se forme ainsi un prolongement nu et acéré à la place où devait naître une branche chargée de feuilles et, par suite, susceptible d'altérer et d'élaborer la sève; on comprend dès lors que la culture dans un bon sol finit par amener la suppression de toutes les épines dont les sauvageons étaient hérissés. Les pétioles peuvent avoir des folioles ou rester nus si des arbrisseaux, tels que les *Mimosa*, se trouvent dans des terrains féconds et sous une température chaude, ou bien s'ils sont placés dans un sol aride et une basse température; dans ce dernier cas, leurs pétioles, au lieu de s'élargir en feuilles, durcissent et s'allongent en épine. Au moyen de la taille, on peut remplacer, dans un arbre fruitier, un bouton qui promet une fleur et un fruit par un bourgeon qui fournit une branche ; il suffit d'attirer la sève vers le bouton, afin que le tissu végétal qui n'a pas encore pris de forme déterminée, se développe, en recevant une nourriture plus abondante, en organes de la végétation au lieu de produire des organes de génération. Par l'arcure, par la compression, par le pincement, l'arboriculteur obtient en quelque sorte tous les résultats qu'il désire, en s'arrangeant pour que la nourriture arrive en plus forte proportion vers un organe et contrarie par privation l'alimentation d'un organe voisin qui alors avorte. Si beaucoup d'avortements sont indépendants de l'action de l'homme, celui-ci peut du moins favoriser les prédispositions naturelles auxquelles ils paraissent tenir. C'est ainsi que par la culture on amène l'avortement des graines qui a lieu dans quelques végétaux alimentaires, ou bien que l'on favorise l'avortement des étamines ou des pistils et leur remplacement par des pétales dans le but d'obtenir des fleurs doubles. En faisant avorter certains bourgeons, on favorise le développement de bourgeons voisins et l'on modifie ainsi plus ou moins fortement la symétrie végétale pour produire des formes déterminées ; le cultivateur devient en quelque sorte le maître de la plante, mais ce n'est toujours qu'à la condition de profiter de la connaissance qu'il a acquise des lois naturelles de la production des êtres organisés.

De l'avortement chez les animaux domestiques. — L'avortement, chez les animaux, est l'expulsion du fœtus hors de la matrice alors qu'il n'est pas encore viable ; il diffère de l'accouchement prématuré en ce que, dans ce dernier cas, le fœtus venu au monde avant le terme, réunit cependant toutes les conditions nécessaires pour continuer à vivre ; il doit être aussi distingué de la non-fécondation ou de l'avortement embryonnaire qui n'est rendu manifeste par aucun signe visible, si ce n'est par ce fait que l'accouplement n'a pas de résultat apparent. Il y a avortement chez les solipèdes lorsque l'expulsion du fœtus se fait 40 jours avant le terme normal, chez la vache 35 jours avant terme, chez les petits ruminants 20 jours, chez la chienne et la chatte 1 semaine.

L'avortement fœtal, surtout dans l'espèce chevaline et l'espèce bovine, cause de grands dommages à l'agriculture en faisant perdre de jeunes animaux sur lesquels on compte pour perpétuer les races et en tirer parti, et en exposant les mères plus ou moins gravement et en amenant la suspension de la production laitière.

Les femelles les plus sujettes à l'avortement, après les juments et les vaches, sont les brebis, quoique l'avortement ne se montre généralement dans les troupeaux que comme un effet particulier, se multipliant rarement, excepté lorsqu'on laisse les bêtes à laine souffrir de la faim, lorsque, après un été et un automne pluvieux où elles ont été mal nourries, on les renferme pour passer l'hiver dans des étables où elles le sont plus mal encore, lorsque enfin elles sont exposées toute l'année à l'air dans des lieux très humides. Les chèvres avortent extrêmement rarement, ainsi que les truies. Il en est de même des chiennes, à l'exception de celles de petites races, trop délicates, trop jeunes et trop grasses ; les chattes non plus n'avortent presque pas, même dans le cas de chutes de grande hauteur. Quant aux volailles, on ne doit pas les regarder comme exemptes de cette infirmité, les œufs pondus avant que la coque soit formée ne pouvant éclore, ne contenant que des germes qu'il faut considérer comme morts, et par conséquent étant réellement avortés.

Il paraît exister parfois une sorte d'avortement enzootique, qui se propage par voie de voisinage, par une certaine contagion ou infection miasmatique sur les femelles qui cohabitent avec une femelle qui a avorté. C'est alors un véritable fléau qui vient frapper toute une étable et parfois plusieurs étables voisines. C'est une contagion, une véritable épizootie due à la multiplication de germes morbides infiniment petits dans les parties génitales des femelles pleines.

Dans les cas si fâcheux d'avortements enzootiques dont les causes ont été expliquées plus haut, l'accident se déclare ordinairement au milieu de la période de la gestation, c'est-à-dire entre le cinquième et le septième mois chez la vache, un peu plus tôt chez la jument. Il apparaît sans prodromes ; il est rarement laborieux et il n'affecte que modérément les femelles. Un certain malaise précède seulement de quelques heures l'avortement ; le ventre tombe, les flancs sont affaissés, et, peu après, le fœtus sort presque sans efforts avec ses membranes lorsqu'elles ne sont pas rompues, avec ou sans elles lorsqu'elles sont déchirées ; quand la gestation est avancée, le délivre reste. Or c'est là qu'est surtout le danger de la contagion de l'avortement.

Toute vache qui vient d'avorter demande le taureau trois ou quatre semaines après l'accident ; il convient de laisser passer ces premières chaleurs ainsi que celles qui surviendront au bout d'un mois, afin de permettre le rétablissement complet de l'appareil génital. Quelquefois il convient d'écarter complètement de la reproduction des bêtes qui ont avorté et qui sont devenues *taurellières*, c'est-à-dire constamment en chasse et en chaleur. Cependant, par de bons soins hygiéniques, par une bonne nourriture et beaucoup de propreté, on peut éloigner le fléau et le faire disparaître. On ne doit jamais mettre de femelles pleines dans le voisinage ou à proximité de celles qui ont avorté. « Une vache qui a une fois avorté, dit M. Zundel, a une tendance à avorter plus tard ; c'est ainsi qu'on voit la maladie enzootique se montrer derechef dans une étable quand les femelles sont de nouveau pleines ; la maladie s'y continue ainsi pendant plusieurs années. Si les bêtes sont bien nourries, on voit la gestation durer plus longtemps ; la vache qui a avorté au sixième mois, avortera une seconde fois au septième, et puis un peu avant le neuvième ; de sorte qu'au bout de trois ans, elle apportera son produit à terme. »

Quelquefois le vétérinaire peut être appelé à provoquer artificiellement l'avortement pour conserver la vie ou la santé d'une mère précieuse ; c'est une opération que rien ne défend, car il ne s'agit pas ici de l'espèce humaine. On a recours à l'avortement artificiel, lors du rétrécissement du bassin qui ne permettrait pas le passage du fœtus arrivé à terme, ou bien encore dans le cas de métrorrhagie, de renversement vaginal grave, d'hydramnios, de trop grand épuisement de la femelle. On procède par l'irritation du col utérin avec la main, par la ponction des enveloppes ou par des irrigations vaginales.

L'avortement des animaux domestiques peut donner lieu à des contestations judiciaires, notamment à des demandes de dommages et intérêts, par exemple quand il provient de coups que les animaux se sont donnés à l'abreuvoir ou au pâturage. Il peut aussi être question de déterminer à qui le fait est imputable, lorsqu'un propriétaire donne des bêtes pleines à un fermier, à un herbager, lorsqu'il les place en cheptel. Les responsabilités ne peuvent être déterminées qu'après des expertises dans lesquelles le vétérinaire doit tenir compte de la question de savoir si l'avortement est dans une localité une maladie enzootique et si cette maladie a pu être introduite par une bête achetée.

AVORTON. — Se dit de tout ce qui ne parvient pas à son développement ordinaire. Un végétal quelconque, un arbre, un fruit, un animal, sont des avortons quand ils sont mal conformés, trop petits, stériles ou incapables de remplir les fonctions de leurs espèces.

AVRELON. — Un des noms vulgaires du sorbier des oiseaux (*Sorbus aucuparia*).

AVRIL (TRAVAUX DU MOIS D') (*économie rurale*). — Le mois d'avril est le quatrième de l'année, c'est le second du printemps pour la plus grande partie de la France ; il est le premier de cette saison, époque du renouveau, pour toutes les contrées du nord. L'origine de son nom (*aprilis*) est peu certaine ; les uns le font dériver du mot *aperire*, ouvrir, parce que c'est le moment où la terre s'ouvre ; d'autres, à l'exemple d'Ovide, le considèrent comme venant, par corruption d'*Aphrodite*, un des noms de Vénus. Quoi qu'il en soit, pendant toute sa durée, les cultivateurs ont de nombreuses occupations, quelles que soient les régions qu'ils habitent. On sort de l'hiver sans avoir encore la jouissance certaine du beau temps ; on est dans la saison des transitions, pour lesquelles des précautions nombreuses sont à prendre ; il faut réparer et préparer, sans avoir encore des récoltes très importantes à faire. Le temps est incertain, souvent pluvieux, avec des changements brusques du chaud au froid et réciproquement. Des gelées blanches, même des gelées à glace, sont très souvent à redouter, et les cultivateurs expérimentés aiment mieux que la végétation soit en retard qu'en avance pendant ce mois printanier.

Direction de l'exploitation en avril. — « Les travaux extérieurs, avons-nous dit en rédigeant les préceptes du *Bon Fermier*, pressent encore pendant le mois d'avril, et c'est à leur direction et à leur surveillance que doit se consacrer le chef d'une exploitation rurale. Sa comptabilité sera presque bornée à porter les diverses mains-d'œuvre aux comptes qui en profiteront. Cependant, il y aura aussi à enregistrer le produit des ventes d'animaux gras et de graines ou de fourrages, si l'on a pu conserver de ces derniers au delà de la consommation ; ces ventes sont assez productives et avantageuses à cette époque de l'année, où les récoltes sont généralement épuisées et où il faut attendre encore assez longtemps les nouvelles récoltes. » Dans les pays où les locations prennent fin à la Saint-Georges, les chefs d'exploitation ont beaucoup à faire pour régler les comptes, prendre ou céder jouissance des lieux. Enfin il faut, dans plusieurs parties de la France, pourvoir à l'organisation du service des irrigations d'été, prendre les mesures nécessaires pour envoyer les troupeaux au pâturage, arrêter toutes les dispositions propres à bien employer le personnel et les animaux de travail pendant les longs jours qui ont commencé.

Soins à donner aux animaux. — Les attelages sont constamment occupés dans les champs à des travaux de tous genres, labours, semailles, hersages, sarclages, roulages, transports. On a une tendance toute simple, à cause de l'accroissement de la durée des jours, à prolonger leur travail le soir. Il faut en conséquence augmenter leur provende. On leur donne en plus, dans ce but, avec avantage, une ration de son frisé quand ils rentrent après l'attelée du matin. Le bien-être qu'ils éprouvent de cette nourriture légère les détermine à manger le foin qui est dans leur râtelier. Les juments qui ont mis bas en janvier et en février, peuvent, en avril, faire un travail léger ; mais on ne doit pas les tenir trop longtemps éloignées de leurs poulains. Il est bien désirable qu'on ait fait une provision de racines assez grande pour pouvoir en donner aux bêtes bovines quelques kilogrammes par tête en mélange avec les fourrages secs. On peut ainsi attendre que l'herbe ait poussé suffisamment pour être livrée à la pâture. Dès la seconde quinzaine d'avril, on a de l'escourgeon, du seigle, de la navette à faucher en vert pour en faire l'addition aux fourrages secs, particulièrement des vaches laitières, et préparer celles-ci à une alimentation tout à fait verte. On termine presque partout en ce mois l'engraissement des veaux, excepté dans les localités où l'on fait spécialement cet engraissement pour le marché d'une grande ville. On doit avoir préparé en septembre des minettes, des seigles, des navettes, des vesces pour pouvoir y envoyer les bêtes à laine que l'on conduit aussi dans les vieux trèfles et les vieilles luzernes de l'exploitation. D'ailleurs, on doit donner le matin au troupeau, avant sa sortie de la bergerie et le soir quand il rentre, un repas formé de fourrage sec, de racines et de paille ; on ne doit le mener à la pâture qu'après que la rosée du matin a disparu. On livre à la saillie, en avril, les truies qui ont mis bas en février ou en mars ; on peut envoyer les porcs dans les pâturages humides, et on leur donne en nourriture verte de la *laitue à couper* semée en février. La basse-cour exige des soins vigilants, parce que l'époque de l'incubation est arrivée. Il faut prendre garde de bien nourrir les jeunes poussins en évitant de leur donner de la nourriture mouillée. Au contraire, aux canetons et aux jeunes oisons, on fournit de la nourriture verte, des salades, des feuilles de choux. Les dindes exigent aussi qu'on les fasse manger pendant qu'elles couvent. On commence à donner des herbes fraîches aux lapins. On s'occupe de préparer les ruches pour qu'elles puissent recevoir de nouveaux essaims. On enlève peu à peu les matériaux avec lesquels on a bouché, pour l'hiver, un grand nombre des issues des habitations des animaux ; on met des vitres qui puissent s'ouvrir aux fenêtres ; on remplace quelques portes par des grilles. On prend l'habitude de laver une fois par semaine avec de l'eau de chaux les pavés et les murailles des écuries, des étables, des poulaillers. Du 10 au 15 avril, en Provence, du 15 au 20, dans le Languedoc, on prépare l'éclosion des vers à soie.

Potager et verger. — On continue en avril les travaux recommandés pour le mois précédent. On peut encore semer les salsifis, les scorsonères, les pois, les fèves, les différentes variétés de laitues, les oignons, les poireaux ; on s'empresse de mettre en terre les carottes, navets, betteraves, cardons, céleris, etc., destinés à porter graines. Dans la première quinzaine d'avril, on plante les griffes d'asperge et l'on sème les graines en pépinières ou en place. Dans la dernière quinzaine, on commence à semer les haricots, le long d'une plate-bande abritée, et les courges, citrouilles ou potirons en pleine terre. On récolte la laitue, l'oseille et les petits radis. C'est la saison la plus favorable pour faire des greffes en fente. On termine la taille des arbres vigoureux, taille qu'on a retardée précisément à cause de leur force de végétation. On ébourgeonne les arbres taillés dès que les bourgeons ont atteint de 1 à 3 centimètres au plus, afin de bien ménager et répartir la production fruitière, surtout dans les jeunes arbres. On place des toiles ou des paillassons chaque soir pour abriter les espaliers, particulièrement ceux en fleurs, et on ne les enlève que quelques heures après le lever du soleil. On fait des nuages artificiels avant l'aurore, si le ciel est clair, pour écarter le danger des gelées blanches.

Travaux de culture. — On donne en avril le premier labour des jachères ; il doit consister en un simple déchaumage, pour ramener à la surface les racines des graminées infestantes et pouvoir les enlever avec un coup de herse. — Lorsque les jeunes avoines semées en mars ont pris deux feuilles, il est temps de procéder au hersage. On herse plus rarement les orges que les avoines, parce qu'on a dû les semer dans des terres plus consistantes. Dès que les mauvaises herbes paraissent, il est temps de s'occuper du hersage des topinambours. On doit leur donner cette façon très énergiquement, en opérant en long, en large et en diagonale. On bine les fèves et féveroles, soit à la main, soit avec la houe à cheval; on sarcle deux fois les carottes, les façons étant espacées de quinze jours. On donne des sarclages, des binages ou hersages aux cultures de pavot, de gaude, de pastel, de pommes de terre; on achève la plantation de celles-ci; on échardonne les céréales d'hiver.

Il reste encore à s'occuper des semailles d'orges, choux, betteraves, maïs et autres plantes. L'époque la plus favorable pour les betteraves paraît être du 10 au 25. C'est pendant la dernière semaine d'avril et la première de mai qu'il faut semer le maïs, qui redoute beaucoup les gelées et demande une fumure abondante. On sème la luzerne à la volée, soit dans un blé, soit dans une céréale de mars; le sainfoin, dans la céréale qui suit une jachère fumée et dans les terrains calcaires et crétacés, où ni la luzerne ni le trèfle ne sauraient profiter. On sème la moutarde cultivée pour graine, la gesse cultivée, la laitue destinée à continuer pendant l'été à maintenir les cochons en bonne santé.

On plante les houblons après avoir fumé, labouré et bien hersé, en mars, et l'on taille et fume les houblonnières établies.

On commence à faire quelques récoltes : le seigle semé en automne pour fourrage doit être fauché dès qu'il commence à épier; le colza d'hiver, pour être donné aux bêtes à cornes, dès que ses fleurs paraissent. On achève le placement des échalas; on supprime en même temps les bourgeons qui ne portent pas de fruit, et qui ne sont pas utiles pour la taille prochaine; on fume aussi les anciens provins. On termine le labour des plantations d'oliviers; on achève la taille et la plantation des boutures; il est bon de semer, dans les vergers d'oliviers, des lupins, pour les enfouir en vert à l'époque de leurs fleurs, de manière à obtenir une fumure utile.

On achève de nettoyer les prés de toutes les feuilles ou branchages et de toutes les plantes nuisibles. On y répand les taupinières. On roule avec avantage les prés nouveaux et on y répand de la suie ou des cendres. On commence à y pratiquer les irrigations dès que le temps est doux. On draine les terres en jachère.

Travaux forestiers. — Les semis et plantations des essences feuillues doivent être terminés, mais c'est l'époque de faire les semis des graines des arbres résineux, notamment de pin sylvestre et de pin maritime. On fait aussi, dans le courant du mois, des plantations de résineux, si l'on n'a pas de grandes étendues à repeupler. Dans les pépinières, on repique les plants des essences d'un an; on donne des sarclages aux semis d'automne et des binages aux plants de deux ou trois ans, en recouvrant le sol biné d'un lit de feuilles mortes, pour garantir les jeunes plantes des ardeurs du soleil. En dressant des épouvantails ou des pièges, on les protège ainsi contre les attaques des corbeaux, des corneilles, des mulots et des taupes. On protège par des épines les arbres placés au bord des chemins pour en défendre l'approche contre les animaux envoyés au pâturage. On met en bon état les clôtures qui entourent les semis et les plantations. On répare les sillons servant à l'écoulement des eaux. On commence la carbonisation du bois. On achève l'exploitation des coupes de l'exercice courant et la vidange de celles de l'exercice précédent; on termine aussi les opérations de balivage, le récolement des coupes, l'arpentage des parties à exploiter dans le courant de l'exercice prochain.

AVRILLÉ, AVRILLET (*agriculture*). — Blé avrillé, avrillet, est du blé semé en avril.

AXE. — Ligne droite, réelle ou supposée, autour de laquelle un corps pourrait tourner. On dit l'axe du corps d'un animal, l'axe du globe de l'œil, l'axe d'un arbre, l'axe d'un essieu.

AXILLAIRE (*botanique*). — Se dit de tout ce qui naît dans l'aisselle (*axilla*), c'est-à-dire dans l'angle formé par l'insertion d'une feuille sur un rameau ou d'un rameau sur une branche. Ainsi sont axillaires les bourgeons des arbres venus dans les aisselles des feuilles sur les rameaux. Des fleurs peuvent être *axillaires solitaires*, comme dans la véronique agreste; *axillaires agrégées*, si elles sont nombreuses, comme dans le houx et le laurier, ou en *grappes axillaires*, quand les fleurs forment des grappes à l'aisselle des feuilles; *suraxillaires*, comme dans la morelle, si elles sont en dessus de l'aisselle.

AXIS (*anatomie*). — Nom donné à la seconde vertèbre du cou, parce que son apophyse sert en quelque sorte de pivot aux mouvements de la tête. — Dans le bœuf, l'axis est plus court que dans le cheval; dans le porc et le mouton, l'apophyse est plus longue et plus arrondie. — La vertèbre axis est aussi appelée *axoïde*.

AXONGE (*économie domestique*). — On nomme ainsi, ou bien vulgairement *saindoux*, la graisse extraite de la panne (épiploon) du porc. Cette graisse est blanche, molle, fond à 27 degrés, a une saveur fade et est sans odeur. Elle est insoluble dans l'eau, médiocrement soluble dans l'alcool ordinaire, plus soluble dans l'éther et dans les huiles. Elle est formée du mélange de deux principes immédiats, l'oléine et la stéarine, le premier liquide, le second solide, isolés, étudiés et définis par M. Chevreul. Elle est très employée, non seulement dans la préparation des aliments, mais encore en pharmacie et en parfumerie, pour faire les onguents médicinaux et la plupart des pommades, ainsi que les savons fins. Elle est très en usage dans la corroierie et la hongroierie pour donner de la souplesse aux peaux. On peut en faire usage pour l'éclairage. On s'en sert aussi pour graisser les harnais, les instruments, les roues, afin de prolonger leur durée et d'adoucir les frottements auxquels ils peuvent être soumis.

On mélange souvent, dans le commerce, l'axonge avec des graisses provenant des membranes adipeuses adhérant aux intestins du porc, ou bien celles dites *du flambard*, qui surnagent à la surface de l'eau qui sert à cuire les diverses parties du porc. Ces mélanges rendent l'axonge grisâtre, moins ferme, moins inodore, et ne donnent qu'une graisse de qualité plus ou moins inférieure, plus susceptible de prendre de la rancidité, et bonne seulement pour la fabrication des savons plus ou moins communs.

AYLANTE. — Voyez AILANTE.

AYLESBURY (CANARD D') (*oiseaux de basse-cour*). — Très beau palmipède, remarquable par son fort volume, son plumage d'un beau blanc très pur à reflets argentés, son bec rose, ses pattes très fortes d'un jaune clair, le sac abdominal très développé, les ailes courtes presque impropres au vol. Il forme une race précoce, très disposée à l'engraissement; il fournit une chair fine, très délicate. Sa ponte est abondante; les œufs sont très gros.

Le canard d'Aylesbury est originaire des environs de la ville qui porte ce nom dans le Buckinghamshire (Angleterre). Cette variété y est très ancienne, elle remonte plus loin que les souvenirs des habitants les plus âgés. Elle est aujourd'hui répandue, non seulement dans la Grande-Bretagne, mais encore dans une grande partie de l'Europe, aux États-Unis et au Canada. La cause de cette extension est dans la facilité avec laquelle le canard d'Aylesbury s'acclimate.

Ce canard est recherché pour la valeur de sa chair, sa grande taille et son développement rapide. Il en est expédié chaque année d'énormes quantités des environs d'Aylesbury. Il n'est pas rare de voir une tonne de canetons de six à huit semaines envoyée, dans une journée, par le chemin de fer à Londres. Ce commerce est très actif depuis février jusqu'à la fin de juillet. Les canetons sont généralement tués à l'âge de six semaines : leur poids moyen est alors de 1 kil. 500. On les vend de 11 francs à 38 fr. 75 par paire ; les prix s'élèvent à mesure que la saison avance. Après la réunion d'été d'Ascot, les prix tombent ensuite rapidement.

La blancheur du plumage est la qualité spécialement recherchée dans le canard d'Aylesbury ; la moindre tache est considérée comme le signe d'une impureté de race. Les pattes sont de couleur orangé brillant. — La couleur des œufs est très variable : quelques-uns sont à peu près blancs, les autres d'un vert brillant ou de couleur crème.

AYLOPON (*pisciculture*). — Nom donné à l'anthias (voy. p. 486).

AYONS. — Nom donné en Lorraine aux jeunes cochons d'un an.

AYPI. — Nom souvent donné au manioc doux (*Manihot dulcis*).

AYR (RACE BOVINE D') (*zootechnie*). — L'Ayrshire ou comté d'Ayr est situé au sud-ouest de l'Écosse, sur les côtes où la Clyde a son embouchure en face de l'île d'Arran. Sa principale célébrité pour les agriculteurs provient de la création qu'on lui doit, d'une race bovine remarquable. Avant 1790, le bétail du comté d'Ayr n'avait aucune célébrité; mais il est certain que vers le milieu du siècle dernier, le comte de Marchmont introduisit dans ses propriétés du Berwickshire quelques animaux reproducteurs provenant du comté de Durham et qui étaient d'origine hollandaise; d'autres éleveurs amenèrent des vaches et des taureaux de la race d'Alderney. Il résulta des croisements de ces animaux, sans doute aussi avec les bêtes bovines du pays, un nouveau type qui fut perfectionné par sélection et qui donna naissance à la race actuelle d'Ayrshire. Nous l'avons vue dans la contrée où elle a pris naissance, et nous avons pu constater qu'elle s'est répandue dans les comtés de Renfrew, Dumbarbon, Stirling, Lanark, Dumfries, Wigton et Kircudbright; elle est recherchée pour ses qualités laitières, par un très grand nombre d'éleveurs, et elle se prête admirablement à faire des croisements en donnant de la finesse aux produits qui ont une certaine quantité de son sang. C'est ainsi qu'elle a été introduite dans plusieurs parties de la France et y a laissé des traces de son passage par des améliorations incontestables dans la descendance des animaux avec lesquels les croisements ont été effectués. Du reste, pendant le dix-huitième siècle, l'agriculture de l'Ayrshire était encore misérable, tandis qu'à la fin du dix-neuvième siècle elle est très prospère et très avancée ; le comté d'Ayr est devenu un des districts les plus importants de la Grande-Bretagne.

La race d'Ayr n'est pas toujours identique à elle-même ; il y a des souches très différentes. Néanmoins en ce qui concerne les types qui ont été introduits en France, on peut accepter d'une manière générale l'exactitude du portrait suivant qu'en a donné M. Chazely, d'après une étude qu'il a pu faire dans les étables de Grand-Jouan. « Chez la plupart des animaux, dit M. Chazely, la tête sèche et un peu longue plaît par son ensemble et par son expression. L'œil est bien ouvert, à fleur de tête ; le front est légèrement excavé, et les cornes se dirigent en avant : tantôt elles forment le croissant; tantôt, au contraire, la pointe se relève en se contournant; elles sont d'une longueur moyenne. On pourrait les croire courtes et fines, mais il faudra se rappeler qu'on a pris la précaution de les écourter et de les gratter fortement ; l'oreille est assez petite et hardie. Quelquefois la tête est grosse, sans perdre jamais son caractère féminin bien prononcé, fait constant, du reste, dans les vaches laitières. Le cou est long, mince, moyennement fourni chez le taureau, déprimé supérieurement chez la vache, fréquemment muni d'un fanon. Les plus jolis sujets sont ce qu'on appelle étranglés, c'est-à-dire qu'ils n'ont que très peu ou point de fanon. Les épaules sont minces, souvent portées en avant; le garrot est tranchant, la poitrine profonde, mais étroite, serrée derrière les épaules ; le ventre volumineux, la ligne dorsale régulière, le sacrum quelquefois proéminent, mais très exceptionnellement dans les animaux de choix. Le bassin est large aux hanches, rétréci aux ischions, très court chez les individus qui ne présentent pas de traces de croisement récent avec les durhams; la culotte est peu fournie, trop dure; les jambes sont assez fines, mais les aplombs fréquemment défectueux. La peau est généralement épaisse, et sa finesse m'a toujours paru une exception, ce qu'explique suffisamment, du reste, le climat du pays natal. Elle a une teinte orangée, comme on le remarque chez les bonnes beurrières. Le poil est plutôt rude que doux, même chez les animaux ayant de l'embonpoint. La mamelle est très bien faite, peu charnue, ordinairement carrée, peu souvent pendante. Les trayons sont petits et assez pour rendre plus longue l'opération de la traite. Les écussons qui recouvrent le périnée et la mamelle sont très étendus, mais peu nets. » D'après des mesures nombreuses prises par Baudement, également sur des animaux d'Ayr introduits ou nés en France, la taille de ces animaux est comprise entre 1m,27 et 1m,37 chez les mâles, et entre 1m,18 et 1m,27 chez les femelles; les longueurs trouvées ont été de 2m,18 à 2m,28 chez les premiers, et de 1m,85 à 2m,05 chez les secondes. Diverses vaches laitières ont été trouvées peser entre 330 et 480 kilogrammes, poids vif. Il est donc évident que cette race est assez disparate ; cependant tous les animaux y présentent une physionomie particulière que l'on reconnaît facilement une fois qu'on l'a aperçue, et que montre le portrait ci-joint (fig. 559).

En Écosse, sur les lieux de production même, on admet, d'après Donaldson, les caractères suivants :

« Tête courte, face large, nez fin entre le museau et les yeux, museau modérément grand; yeux pleins et vifs ; cornes larges à la base, s'inclinant en avant et recourbées légèrement en arrière. Cou long et droit depuis la tête jusqu'à la pointe de l'épaule : libre de fanon en dessous, il est étroit à sa jonction avec la tête, et les muscles s'élargissent symétriquement jusqu'aux épaules. Les épaules sont étroites en dessus, le poitrail est léger; les quatre quartiers, étroits à l'avant-main, croissent graduellement en profondeur et en largeur du côté de l'arrière-main. Le dos est court et droit, avec l'épine dorsale bien définie, spécialement aux épaules. Les côtes sont courtes, arquées, le corps profond aux flancs, et les veines laitières bien développées. Le bassin est long, large et droit; les os des flancs sont larges en dehors et peu couverts de viande; les cuisses profondes et larges; la queue longue et grêle, et attachée horizontalement avec le dos. Les mamelles sont grandes et s'étendent bien en avant; la partie postérieure est large et bien attachée au corps ; la face inférieure est presque horizontale. Les pis, longs de 5 à 6 centimètres, sont égaux, tombant verticalement; leur distance des bords est environ égale à un tiers de la longueur de la mamelle, et en travers, à peu près à la moitié de cette largeur. Les jambes sont courtes, les os fins, et les articulations solides. La peau est molle et élastique, couverte d'un poil fin, serré et laineux. La couleur préférée est le brun, ou le brun tacheté de blanc, ces couleurs étant bien nettement séparées. »

La quantité et la qualité du lait que fournissent les vaches forment le grand criterium de la valeur de cette race. On a constaté qu'en moyenne 13 à 14 litres de lait donnent environ 450 grammes de beurre; une vache donne 2k,265 de beurre par semaine, ou 118 kilog. par an, en dehors du veau et du lait de beurre. Si l'on calcule la fabrication du fromage, on trouve que l'on obtient 11 kilogrammes de fromage pour 127 litres de lait, et que le produit d'une vache est de plus de 217 kilogrammes de fromage par an. Certaines vaches donnent davantage. Ce sont là des produits considérables, qui placent le bétail d'Ayrshire à un rang élevé dans la production laitière. Le produit

rapport, le bétail d'Ayrshire montre la faculté que possèdent tous les animaux de mieux prospérer sur le sol natal, faculté dont les degrés varient et que les uns possèdent plus que les autres.

Pour la boucherie, le bétail d'Ayrshire ne peut pas être réputé comme avantageux; il n'est pas constitué par des animaux à engraissement; la taille est petite, la forme est défectueuse dans les points importants, et ils n'ont pas, à un haut degré, la précocité. Quelques génisses sont engraissées, les veaux mâles sont castrés et vendus. La totalité de l'élevage est systématiquement tournée vers la production du lait pour la fromagerie, et la quantité de la nourriture est généralement restreinte dans le but d'élever les animaux au moindre prix. La taille des meilleurs animaux est ainsi réduite, et les qualités naturelles ne sont pas développées. L'effet du manque de nourriture dans le jeune âge ne peut jamais être recouvré, par quelque

Fig. 559. — Vache d'Ayr.

moyen en argent, que l'on tire d'une vache par an, dans l'Ayrshire, peut être évalué à 200 francs.

Le bétail d'Ayrshire occupe le quatrième ou le cinquième rang dans le bétail anglais, à la fois en nombre et en valeur. Son emploi pour la production du lait est le seul moyen d'estimation, et à cet égard sa supériorité ne s'étend pas au delà de sa région native, d'un climat humide et d'une végétation faible pendant l'hiver. Les vaches sont inférieures, comme laitières, à celles de l'ancien bétail de Yorkshire; le produit est suffisant par rapport à la nourriture consommée et au volume de l'animal, mais il ne compense pas les soins qu'il réclame; quand on transporte le bétail d'Ayr sous un climat sec, alors la faculté laitière tombe au-dessous de celle des races locales. Sur un riche pâturage, la production de la viande augmente, mais c'est au détriment de celle du lait. Les animaux les mieux conformés manifestent le plus cette qualité, si bien qu'on choisit, pour les envoyer sous d'autres climats, ceux qui ont les formes moins pures, afin de conserver autant que possible la faculté laitière et d'éviter les conséquences du changement de climat et de nourriture. Sous ce

espèce d'animal que ce soit. Le bétail d'Ayrshire ne manque pas tout à fait de propension à l'engraissement : mais la taille des animaux est petite, les quatre quartiers sont légers et le dessus de l'épaule est élevé et pointu. Le dos est étroit, et les hanches sont minces. Le défaut est grand dans les points essentiels quand on compare le bétail d'Ayrshire avec les races les plus remarquables du bétail anglais. Les abats sont gros, et les meilleurs ne sont pas riches en viande. Le rendement des quatre quartiers ne s'élève guère à plus de 50 pour 100 du poids vif, même dans les bêtes en bon état. Les vaches bien engraissées ne fournissent généralement pas au delà de 180 kilogrammes de poids net, et les bœufs au delà de 250. Ces données recueillies en Angleterre expliquent pourquoi, malgré la séduction exercée par l'aspect charmant de quelques types de vaches du comté d'Ayr, les importations de troupeaux de cette race sont restées très circonscrites, sans manifester aucune puissance expansive dans les régions où ces animaux ont été introduits.

AYUN (*botanique*). — Arbre des Moluques dont les fruits sont semblables à des prunes.

AZADARACHT, AZADÉRACH, AZÉDARACH, AZADIRACHTA (*arboriculture*). — Noms donnés à un genre de plantes de la famille des Méliacées. Ce sont des arbres ou arbrisseaux d'un port assez élégant, à feuilles pennées et bipennées; à fleurs disposées en panicules axillaires, avec calice très petit, à cinq découpures, corolle composée de cinq pétales oblongs, dix étamines réunies en un tube cylindrique; à fruit en drupe globuleuse, contenant un noyau marqué de cinq cannelures et divisé en cinq loges monospermes. On en distingue trois espèces : 1° L'azedarach bipenné (*Melia azedarach deleteria*), vulgairement appelé faux sycomore, arbre saint, arbre à chapelet, laurier grec, lotier blanc, patenôtre des Italiens, est originaire de la Perse et de la Syrie, et il a été naturalisé en Espagne, en Portugal et dans nos départements méridionaux où il atteint de grandes hauteurs. Ses feuilles sont parfois alternes, rapprochées comme par bouquets vers le sommet des branches, larges, bipennées, très glabres, d'un vert noirâtre et ordinairement au nombre de cinq. Les fleurs sont d'un blanc bleuâtre, mêlé de violet avec le tube des étamines d'un pourpre foncé, ce qui produit un agréable effet; elles naissent vers l'extrémité des rameaux et répandent une odeur suave, surtout aux approches de la nuit. Les fruits ont la grosseur d'une cerise, avec une peau assez épaisse qui de verte devient jaune en mûrissant. Les fleurs sont regardées comme apéritives, mais rarement employées. Les fruits passent pour être vénéneux, ils peuvent donner une huile bonne à brûler; on peut faire des chapelets avec les noyaux, d'où les noms d'arbres à chapelet et d'arbre saint. Cet arbre ne peut pas résister aux froids de 12 à 14°, c'est pourquoi il est rare sous le climat de Paris. Son bois est dur, d'un grain assez fin, et d'une belle teinte rouge clair; il peut être utilisé dans la menuiserie et l'ébénisterie. — 2° L'azedarach toujours vert (*Melia azedarach sempervirens*), vulgairement appelé *lilas des Indes* et *margousier*, est regardé souvent comme une variété du précédent; il est moins élevé et a les rameaux plus grêles; ses feuilles, d'un vert gai, ont ordinairement sept folioles légèrement ridées, garnies de dents acuminées; ses fleurs sont plus petites, d'une couleur plus pâle; ses fruits sont d'un tiers moins gros. Cet azedarach fleurit au printemps, en automne et quelquefois même en été; le nom de *semperflorens* pourrait donc lui convenir. Il croît dans l'Inde et aux Antilles, et on le cultive dans toutes les colonies pour l'agrément et la bonne odeur de ses fleurs. En France, il faut le conserver l'hiver en orangerie. On retire de l'huile de ses fruits; on peut aussi faire des chapelets avec les noyaux; les feuilles servent à teindre en noir avec le sulfate de fer, en jaune rougeâtre avec l'alun et le sel d'étain; son bois est bon pour l'ébénisterie. On fait de belles haies avec la plante. — 3° L'azedarach penné (*Melia azadirachta* ou *Fraxini folia*) est aussi appelé *margousier* à feuilles de frêne, nimbo d'Acosta. C'est un arbrisseau très élevé et toujours vert, qui croît à Malabar et à Ceylan. Il a le bois blanc jaunâtre, l'écorce noirâtre, les feuilles simplement pennées, composées de six à huit paires de folioles oblongues, dentées en scie et un peu courbées en faucille. Les fleurs sont petites, tirant sur le jaune; les fruits, en forme de petites olives et jaunâtres, deviennent purpurins en mûrissant; on en retire une huile dont les habitants de Malabar font usage pour la guérison des plaies et des piqûres des insectes; cette huile passe pour être vermifuge; elle est aussi employée pour brûler.

On multiplie les azedarachs de graines sur couche, en repiquant le plant en pots; on rentre en orangerie pendant les premières années; on peut mettre ensuite en pleine terre en bonne exposition.

AZADIRINE (*chimie agricole*). — Base amère qui pourrait, dit-on, servir de succédané à la quinine, et qui est contenue dans les diverses parties, notamment dans l'écorce du *Melia azadirachta* de Malabar et de Ceylan.

AZAIGADOUIRO (*outillage horticole*). — Nom donné dans le midi de la France à une écope avec laquelle on arrose les jardins en jetant l'eau en l'air, de telle sorte qu'elle retombe en formant une sorte de pluie. L'azaigadouiro consiste en un vase ou petit seau en bois ou en fer-blanc, ou la moitié d'une courge privée de sa pulpe, etc., qu'on attache à un long manche.

AZAL (*ampélographie*). — Cépage noir portugais ainsi appelé dans les vignobles du Minho et qu'on nomme *Touriga* dans ceux de Douro.

AZALÉE (*horticulture*). — Les azalées sont des sous-arbustes buissonnants de la famille des Éricinées, qu'on doit placer à côté des *rosages*, c'est-à-dire des *rhododendrons*, dont elles ont d'ailleurs tous les caractères botaniques essentiels. Les horticulteurs en font, malgré les botanistes, un genre à part. « Le principal trait distinctif des azalées, disent MM. Decaisne et Naudin, consiste en ce que les fleurs y sont tantôt isolées, tantôt en petits bouquets axillaires, mais plusieurs rosages présentent ce mode d'inflorescence. Le facile croisement de divers rosages avec des azalées prouve, d'ailleurs, surabondamment l'identité générique des deux groupes. » Rien n'est plus beau qu'un rameau florifère en fleurs d'une azalée (fig. 560). La corolle est monopétale, campanulée ou en entonnoir, divisée plus ou moins profondément en cinq lobes arrondis, mais un peu irréguliers. Les étamines sont au nombre de cinq à dix; elles sont adhérentes par la base des filets au tube de la corolle. Le fruit est une capsule à cinq loges, contenant un grand nombre de graines très petites. Ces belles plantes, si remarquables par l'abondance extraordinaire et par les couleurs variées et éclatantes de leurs fleurs, dont le seul défaut est d'être sans odeur, font l'ornement des jardins d'agrément et des serres au printemps. A cet égard, les azalées sont sans rivales, et elles présentent, en outre, ce remarquable avantage de se prêter à un nombre indéfini de croisements ou d'hybridations, ce qui donne lieu à des résultats souvent inattendus, de telle sorte que les catalogues des variétés acquises par les horticulteurs s'accroissent tous les jours de noms nouveaux empruntés à ceux de tous les savants ou de toutes les célébrités du monde. Il faut se borner à partager le groupe des azalées en deux sections distinctes, celle des azalées à feuilles caduques et celle des azalées à feuilles persistantes, et à signaler dans chacune les espèces les plus intéressantes.

Azalées à feuilles caduques. — Ces arbrisseaux sont de pleine terre de bruyère; ils sont originaires de l'Asie et de l'Amérique septentrionale. Ils sont un peu maigres et nus, et ils donnent leurs fleurs au printemps avant le développement des feuilles. La floraison se fait en jolis corymbes avec les nuances les plus vives de blanc, de rouge et de jaune. Les fleurs ont cinq étamines. Les principales espèces sont : 1° l'azalée à fleurs nues (*Azalea nudiflora*), de la Géorgie et de la Virginie des États-Unis, à feuilles oblongues, aiguës, glabres et ciliées, dont les fleurs s'ouvrent au moment de la pousse des feuilles et présentent toutes les nuances depuis le rose jusqu'à l'écarlate et au rouge ponceau; cet arbuste, d'un mètre environ, a donné naissance à un grand nombre de variétés et d'hybrides; — 2° l'azalée gracieuse (*Azalea amœna*), du Caucase, arbuste de $0^{m},40$ à $0^{m},50$, à feuilles ovales, entières, donnant ses fleurs en juin et juillet en corymbe terminal d'un rouge jaunâtre; on en cultive trois variétés : *hybrida*, *rosea*, *lateritia*; — 3° l'azalée calendulaire ou couleur de souci (*Azalea calendulacea*), de l'Amérique du Nord, arbuste haut de 1 à 2 mètres, à feuilles oblongues, mucronées, pubescentes sur les deux faces, à fleurs en corymbes nus, à corolles hérissées de poils, mais non visqueuses, d'un jaune vif ou orangées ou rouges orangées; depuis son introduction dans les jardins au commencement du dix-neuvième siècle, elle a donné naissance à un grand nombre de variétés dans les nuances écarlates ou couleur de feu; — 4° l'azalée à feuilles linéaires (*Azalea linearifolia*), petit arbuste très rustique du Japon, à feuilles étroitement lancéolées, presque linéaires, à fleurs relativement grandes, de 5 à 6 centimètres de diamètre, d'un rouge pourpre, réunies en glomérules au sommet des rameaux; — 5° l'azalée visqueuse (*Azalea viscosa*), des lieux froids de l'Amérique du Nord, à

Fig. 560. — Rameau fleuri d'azalée.

feuilles ovales oblongues, glabres sur leurs deux faces, velues sur la nervure et ciliées, accompagnant les fleurs, dont les corolles, blanches ou rouges, sont couvertes de poils; — 6° l'azalée glauque (*Azalea glauca*), des marécages de l'Amérique du Nord, assez analogue à la précédente, mais ayant ses feuilles glauques en dessous; — 7° l'azalée pontique (*Azalea pontica*), de l'Asie Mineure, arbuste de 2 mètres et plus, à feuilles ovales, lancéolées, ciliées, couvertes de poils épars, à fleurs en corymbes non garnis de feuilles, mais munis de bractées caduques, avec corolles visqueuses de couleur jaune ou rouge; elle passe pour être vénéneuse dans toutes ses parties et pour communiquer une propriété toxique au miel des abeilles qui en sucent les fleurs. C'est à ce miel qu'on attribue l'empoisonnement des soldats de Xénophon, campés sur les bords du canal du Pont-Euxin, à leur retour de la Perse, dans la célèbre retraite des dix mille; — 8° l'azalée de Chine (*Azalea sinensis*), de la taille de la précédente, à feuilles elliptiques, à grandes fleurs de couleur jaune ou orange, rapprochées en faux corymbes; — 9° l'azalée arborescente (*Azalea arborescens*), de l'Amérique du Nord, arbrisseau haut de 4 à 5 mètres, à feuilles obovales, à grandes fleurs de couleur rose; introduit en Europe vers 1830, et ayant donné naissance à un grand nombre de variétés. — On multiplie toutes ces azalées par leurs rejetons, par marcottes, par la greffe ou enfin par les semis qui ont donné un grand nombre d'hybrides et de variétés.

Azalées à feuilles persistantes. — Toutes les azalées de cette section forment des buissons rameux, en général bien garnis de feuilles, vivant en serre froide ou en plein air; elles sont originaires de l'Asie, soit de la Chine, soit de l'Inde; leurs fleurs présentent dix étamines dont plusieurs sont souvent avortées; elles apparaissent du mois d'avril au mois de juin, et elles peuvent se prolonger d'un mois, dans tout leur éclat, si l'on abrite les plantes contre les rayons du soleil; elles sont remarquables par leur nombre, par leur fraîcheur, par l'éclat de leurs corolles, variant du blanc pur au rouge foncé et à l'écarlate le plus vif. Les principales espèces sont : 1° l'azalée de l'Inde (*Azalea indica*, *Rhododendron indicum*), originaire de l'Inde, comme son nom l'indique, à feuilles oblongues, lancéolées, atténuées à la base, couvertes, ainsi que les rameaux, de poils soyeux, à fleurs réunies au nombre de deux ou trois en bouquets terminaux; on en compte des milliers de variétés dans les collections des horticulteurs, dont les fleurs présentent le blanc pur plus ou moins rayé de rose, le saumon vif, le jaune roux, le rouge nuancé de violet, le pourpre rouge cerclé de violet, le ponceau avec des macules brunes, le cramoisi, le carmin, le lilas, c'est-à-dire les nuances les plus éclatantes et les plus variées, associées de la manière la plus remarquable; — 2° l'azalée à fleurs de lis (*Azalea liliifolia*), tout à fait rustique dans l'ouest et le nord de la France, et dont les bouquets floraux sont magnifiques; — 3° l'azalée striée (*Azalea vittata*), arbuste de $0^m,50$ à 1 mètre, de floraison facile mais à feuillage rare; les fleurs, en bouquets terminaux, ont un fond blanc strié de rose, et sont d'ailleurs violacées parfois de nuances très diverses; aussi les variétés sont nombreuses; parmi elles, on recherche assez l'*Azalea punctata*, dont le pétale supérieur est pointillé de lilas; — 4° l'azalée ponceau (*Azalea punicea*), qui est un arbuste vigoureux à feuillage oblong d'un vert foncé; il donne en février et mars des fleurs rose lilacé foncé; — 5° l'azalée à fleurs crispées (*Azalea crispiflora*) qui est un arbuste bas, trapu, buissonnant, avec feuillage elliptique terminal, donnant en février de grandes fleurs d'un rose violacé, à divisions crépues et frangées. — Toutes ces azalées peuvent être mises en pleine terre, mais les abris vitrés leur conviennent et on peut les regarder comme supportant très bien le séjour dans les appartements en s'y conservant longtemps en fleurs.

Soins de culture. — Aussitôt après la floraison des azalées, il est nécessaire de leur donner un bon rempotage. On le fait avec de la terre de bruyère, légère, sablonneuse, mais riche, que l'on prépare très souvent exprès au moyen de composts. On assure d'ailleurs le drainage des pots au moyen d'une couche de tessons placée au fond et recouverte du chevelu le plus fin provenant du battage de la terre de bruyère, ce qui favorise beaucoup le développement des racines des azalées. Après le rempotage, les azalées sont mises à l'ombre durant quelques jours, soit dans la serre, soit au dehors, les pots étant entourés jusqu'au bord. On donne des arrosages de manière à n'avoir jamais ni excès de sécheresse, ni excès d'humidité, et l'on fait des bassinages sur les feuilles avec de l'eau de pluie ou de source très peu chargée de matières salines, tout cela avec une mesure que l'expérience seule peut enseigner. Les plantes peuvent ensuite être laissées en plein air, en ayant soin seulement de les ombrer pendant les fortes chaleurs, mais sans prolonger l'ombrage au delà de ce qui est nécessaire pour écarter l'action nuisible d'une trop forte insolation. On atteint ainsi l'automne, époque à laquelle on rentre les pots dans une serre basse, mais bien éclairée, où l'on entretient constamment une température à quelques degrés au-dessus de zéro. En ménageant l'accès constant de la lumière, l'aération et une température très modérée, on amène la floraison printanière, et dès que celle-ci se produit, on peut porter les pots soit dans les appartements, soit en plein air, selon le résultat qu'on veut obtenir. D'ailleurs les azalées se prêtent facilement à la taille; elles peuvent prendre toutes les formes qu'on désire leur donner; mais pour avoir de beaux sujets, il faut commencer le traitement lorsque les plantes sont jeunes et bien guider le mouvement de la sève par des pincements judicieux effectués surtout après la fleur et au moment de la pousse. En Belgique et en France, on taille et on pince très court; en Angleterre on taille un peu long et on forme les arbustes en boule, en pyramide, en pain de sucre, etc., au moyen de tuteurs et d'attaches.

AZARERO (*horticulture*). — Nom vulgaire du *Cerasus lusitanica*, arbrisseau employé pour l'ornementation des jardins paysagers.

AZAROLE et **AZEROLE**. — Fruit de l'azerolier.

AZE. — Nom vulgairement donné à l'âne dans le midi de la France.

AZEROLIER (*arboriculture*). — Arbuste ou arbrisseau de 3 à 4 mètres de hauteur, l'azerolier (*Cratægus azerolus*, ou *Mespilus azarolus*, *Pyrus azarolus*) paraît être indigène du midi de la France; il est de la famille des Rosacées, tribu des Pomacées. On l'appelle quelquefois argerolier, néflier de Naples, épine d'Espagne, pomette. Il est cultivé dans les jardins aussi bien à titre d'arbre d'ornement qu'à celui d'arbre fruitier. Ses feuilles, trilobées au sommet, ont une grande analogie avec celles de l'aubépine. Ses fleurs, blanches ou rosées, se montrent en corymbes dès le milieu de février. Ses fruits, assez gros, de 2 centimètres de diamètre environ, ressemblent à de petites pommes jaunes ou rougeâtres; ils mûrissent dès la fin de juillet, plus tard sous les climats moins méridionaux; ils présentent une chair sucrée acidulée d'une saveur agréable; on les mange crus ou l'on en fait des conserves assez estimées, mais leur précocité en fait le principal mérite. On multiplie l'azerolier de graines et de greffes, soit sur sauvageon, soit sur aubépine. Les sols calcaires et siliceux lui conviennent; quand on le soumet à la taille, on lui donne la forme en gobelet ou en pyramide; il vit très longtemps. Sous l'influence de la culture, on a obtenu diverses variétés dont les fruits sont plus ou moins gros, ronds ou oblongs, blancs, jaunes ou rouges.

AZI. — Nom de la rouille des blés dans l'ancienne Flandre (voy. AIZY, p. 159).

AZI (*technologie agricole*). — Présure faite avec du petit-lait et du vinaigre et dont on se sert en Suisse pour faire le fromage (voy. AISY, p. 158).

AZIGADE. — Nom donné dans les montagnes de l'Auvergne aux pâturages qui entourent le buron.

AZIMA (*botanique*). — Arbustes sarmenteux à feuilles opposées, entières, stipulées, formant un genre appartenant à la famille des Célastracées. Les épines, au nombre de 2, 4 ou 6, qui s'observent dans les aisselles de leurs feuilles, sont des feuilles du rameau axillaire réduites à leurs côtes durcies. Les *azimas* ont de petites fleurs, blanches ou rosées, disposées en cymes ou grappes de cymes. Le suc des feuilles et les feuilles en poudre sont employés dans l'Inde contre la toux.

AZOLLA (*botanique*). — Cryptogame formant des gazons de faible étendue à la surface des eaux stagnantes en Amérique, en Abyssinie et en Océanie.

AZOMBE (*métrologie*). — Mesure espagnole de capacité pour les liquides, équivalent à $2^l,251$.

AZORELLA (*botanique*). — Genre de plantes vivaces, herbacées ou suffrutescentes, appartenant à la famille des Ombellifères. On en connaît environ trente-cinq espèces des régions antarctiques de l'Amérique, de la Nouvelle-Zélande et de l'Australie; quelques-unes sécrètent une gomme-résine; parmi celles-ci, la plus importante est l'*Azorella glebaria*, ou gommier de Magellan ou des Malouines, petite plante ayant l'aspect d'une mousse et dont les fruits laissent suinter un suc gommo-résineux formant des amas à la surface de la plante et du sol; on a appelé ce suc *baume de la terre des Etats*. Dans ce genre se trouvent les *Bolax*, les *Chamitis*, les *Fragosa*.

AZOTATE (*chimie agricole*). — Sel qui résulte de la combinaison de l'acide azotique (nitrique) avec une base; dans les usages agricoles, on dit plus souvent un *nitrate*, de même qu'on a pris l'habitude de désigner par *nitrification* le phénomène de la formation naturelle ou artificielle des azotates ou nitrates.

AZOTE (*chimie agricole*). — Lorsqu'on fait passer un courant d'air atmosphérique sec et pur (voy. AIR, p. 141) sur un corps avide d'oxygène, sur du cuivre chauffé au rouge par exemple, on obtient un gaz particulier découvert simultanément par Rutherford et par Scheele en 1772, et auquel ils donnèrent le nom de *moffette atmosphérique* et de *aer mephiticus*. Lavoisier démontra que c'est un corps simple et lui donna le nom d'azote, qui signifie *sans vie* ou *n'entretenant pas la vie*; ce nom a été adopté en France. En Allemagne, en Angleterre, en Danemark et dans quelques autres pays, on l'appelle *nitrogène*, qui engendre le nitre, parce qu'il forme avec l'oxygène un acide, l'acide azotique, nommé aussi acide nitrique, qui, en se combinant avec la potasse, forme l'azotate de potasse, appelé communément *nitre* ou salpêtre.

L'azote est un gaz incolore, sans odeur ni saveur, que l'on a considéré longtemps comme un gaz permanent: depuis les expériences de MM. Cailletet et Raoul Pictet, on sait qu'on peut le liquéfier et même le solidifier, sous une pression de 300 à 400 atmosphères, ou un froid de plus de 100 degrés au-dessous de zéro. Il n'entretient ni la respiration des animaux ni les combustions. Un animal qu'on plonge dans de l'azote pur y périt par asphyxie, sans que ce gaz soit néanmoins toxique, car l'air atmosphérique contient 79 volumes d'azote sur 100 volumes. Une allumette enflammée, une bougie, un charbon incandescent s'éteignent dans le gaz azote. La germination des graines ne peut s'y produire; la végétation s'arrête aussi lorsque le sol dans lequel plongent les racines d'une plante ne contient que du gaz azote; c'est dans ces deux cas par privation d'oxygène que l'arrêt des phénomènes vitaux a lieu; néanmoins, l'azote ne paraît pas être absorbé directement par les végétaux, de même qu'à l'état gazeux il ne sert pas directement à l'alimentation des animaux.

L'azote est un peu plus léger que l'air: sa densité est de 0,972; le poids d'un litre d'azote est de $1^{gr},263$. Ce gaz est peu soluble dans l'eau; un litre d'eau en dissout 22 centimètres cubes à 3 degrés et 15 centimètres cubes seulement à 19 degrés. Il est un peu plus soluble dans l'alcool; un litre de ce liquide en dissout 126 centimètres cubes à 0 degré.

Les affinités de l'azote sont peu énergiques : il ne se combine pas directement avec l'hydrogène; il se combine lentement avec l'oxygène sous l'influence de l'étincelle électrique, et la combinaison est facilitée par la présence d'un alcali et de la vapeur d'eau. L'azote s'unit directement au carbone à la température rouge, lorsqu'on fait intervenir un alcali ou un carbonate alcalin; il se produit alors un cyanure. L'azote se combine aussi directement au rouge avec le bore, le magnésium et le titane; il se fait alors des azotures de ces trois corps qui n'ont aucun intérêt en agriculture.

La plupart des combinaisons dans lesquelles entre l'azote ont lieu par des moyens indirects. Les principales, au point de vue agricole, sont l'ammoniaque, les composés oxygénés de l'azote, les matières albuminoïdes ou protéiques, les alcaloïdes, un nombre considérable de matières organisées, végétales ou animales, particulièrement les semences (voy. Ammoniaque, p. 37 ; Alcaloïde, p. 173; Albumine, p. 167). Ces combinaisons se produisent : sous l'influence des agents physiques (électricité, chaleur, lumière), sous celle de la vie, sous l'action de ferments, enfin lorsque les molécules qui se combinent sont dans cet état particulier qu'on a appelé état naissant, et qui se présente au moment même où il y a une décomposition. Plusieurs composés d'azote sont d'une très grande instabilité et facilement explosibles : tels sont le chlorure, le bromure et l'iodure d'azote; tels sont aussi les fulminates d'un grand nombre d'oxydes métalliques.

L'équivalent de l'azote est de 175, quand on le rapporte à celui de l'oxygène, représenté par 100; il est de 14, celui de l'hydrogène étant représenté par 1; on adopte alors Az ou N pour symbole de l'azote ou nitrogène. Dans la notation atomique, le nombre 14 correspond à 2 volumes ou à Az^2. Ces indications suffisent pour faire comprendre les formules à l'aide desquelles sont représentées les combinaisons dont l'azote fait partie. Parmi ces combinaisons, il faut fixer particulièrement ici l'attention des agriculteurs sur les composés oxygénés de l'azote et sur les matières organiques azotées.

L'azote fournit avec l'oxygène cinq combinaisons ainsi représentées en équivalents :

		Azote Oxyg.	Azote Oxyg.
Protoxyde d'azote..	$Az\,O$	$= 175 + 100$	ou $14 + 8$
Bioxyde d'azote ...	$Az\,O^2$	$= 175 + 200$	ou $14 + 16$
Acide azoteux.....	$Az\,O^3$	$= 175 + 300$	ou $14 + 24$
Acide hypoazotique	$Az\,O^4$	$= 175 + 400$	ou $14 + 32$
Acide azotique	$Az\,O^5$	$= 175 + 500$	ou $14 + 40$

Ces cinq composés peuvent aussi, en notation atomique, être ainsi figurés :

	Azote Oxygène
Oxyde azoteux ou protoxyde d'azote..........	2 vol. + 1 vol. = Az^2O
Oxyde azotique ou bioxyde d'azote	2 vol. + 2 vol. = Az^2O^2 ou AzO
Anhydride azoteux ou acide azoteux anhydre.......	2 vol. + 3 vol. = AzO^3
Peroxyde d'azote (acide hypoazotique anhydre)....	2 vol. + 4 vol. = Az^2O^4 ou AzO^2
Anhydride azotique (acide azotique anhydre)......	2 vol. + 5 vol. = Az^2O^5

L'acide azotique monohydraté qui a pour formule en équivalents AzO^5HO, est représenté aussi par la formule atomique $Az^2O^5H^2O$ ou $AzHO^3$.

Le protoxyde d'azote ou oxyde azoteux doit être signalé aux agriculteurs à cause de quelques-unes de ses propriétés; il entretient les combustions; inspiré par les poumons, il provoque une ivresse particulière qui ne laisse pas de suites fâcheuses quand il est pur; il produit ainsi l'anesthésie (voy. p. 419).

Le bioxyde ou deutoxyde d'azote, ou encore oxyde azotique, porte aussi les noms de gaz nitreux, azotyle, nitrosyle; il donne des vapeurs rouges dites rutilantes, quand il est mis en contact avec l'oxygène ou avec l'air atmosphérique; ces vapeurs sont du protoxyde d'azote ou acide hypoazotique.

L'acide azoteux ou nitreux se rencontre dans l'air atmosphérique, et par suite dans les eaux pluviales, en très petite proportion; il se combine avec l'ammoniaque pour former l'azotite d'ammoniaque, sel cristallisable qui peut être considéré comme formé d'azote et des éléments de l'eau. Ce sel se forme dans un grand nombre d'oxydations lentes, par exemple lors de l'oxydation lente du fer à l'air humide, c'est-à-dire lors de la formation de la rouille. L'acide azotique anhydre se combine aussi avec l'acide sulfurique anhydre pour former des composés cristallins connus sous le nom de cristaux des chambres de plomb dans la fabrication de l'acide sulfurique. Cet acide est décomposé par l'eau vive avec un dégagement de bioxyde d'azote et formation d'acide azotique.

L'acide hypoazotique ou protoxyde d'azote, dont la formation par l'action de l'oxygène sur le bioxyde vient d'être indiquée, est un corrosif énergique qui est transformé par les bases en azotates et en azotites. On voit ainsi combien les transformations de ces composés, les uns dans les autres, sont fréquentes. Les vapeurs rutilantes se dégagent quelquefois dans les fermentations de jus des betteraves qui contiennent beaucoup d'azotates ou nitrates. L'acide hypoazotique est encore appelé hyponitrique, nitrate d'oxyde nitrique, anhydride hypoazotique, hypoazotide.

L'acide azotique anhydre ou anhydride azotique donne lieu, en se combinant avec l'eau, à l'acide nitrique plus ou moins hydraté qui constitue ce qu'on appelle vulgairement l'eau forte, et qui forme, par son union avec les bases, les azotates, ou, plus communément, les nitrates. La production des nitrates ou des corps salpêtrés constitue la nitrification, qui est d'une grande importance en agriculture; les nitrates eux-mêmes sont des engrais très employés. Tout ce qui se rapporte à leur histoire est en dehors de l'histoire proprement dite de l'azote et doit en être détaché.

Cette distinction est d'autant plus nécessaire qu'il s'est répandu, parmi les cultivateurs qui ne sont pas chimistes, une véritable confusion au sujet de l'azote; on lui fait jouer un rôle direct, et on parle de la valeur agricole du kilogramme d'azote comme si ce corps isolé pouvait servir d'engrais pour la terre ou d'aliment, soit pour les plantes, soit pour les animaux. Il importe de rappeler que ce sont les composés dans lesquels entre l'azote qui ont une valeur propre; celle-ci ne saurait être toujours mesurée par la proportion d'azote qui s'y trouve engagée. Il faudrait rechercher avant tout les propriétés des principes immédiats dans lesquels entre le gaz azote qui s'y est incorporé. La dose d'azote n'est une mesure véritable de la valeur qu'autant que l'on compare des substances de même nature ou de même origine, par exemple des sulfates d'ammoniaque, ou bien du nitrate de soude du commerce, les autres constituants étant identiques et ne pouvant pas servir au but que l'on se propose. Qui oserait prétendre que des poids d'acide prussique ou cyanhydrique qui tuent, de la morphine qui endort, du gluten qui nourrit, poids contenant la même quantité d'azote, ont par cela seul des vertus comparables? On ne s'occupe pas assez des principes immédiats; on se borne à déterminer l'azote, parce que cette détermination peut souvent se faire par des procédés d'une exécution rendue prompte et facile par les progrès de la chimie. Cette direction imprimée aux applications agricoles a été cause de beaucoup de mécomptes, parce qu'on a pris les choses au sens absolu, au lieu de ne voir qu'un simple renseignement d'une signification purement relative dans les dosages d'azote. Ainsi, du sang desséché, de la laine, des débris de peaux, des tourteaux oléagineux, du guano, n'ont pas des valeurs proportionnelles aux quantités d'azote qu'ils contiennent, même lorsqu'on ne se propose que de les employer comme matières fertilisantes; il faut encore tenir compte et des autres éléments utiles qui s'y trouvent, et de la facilité ou de la lenteur de la décomposition.

Sous toutes les réserves qui viennent d'être résumées, les dosages d'azote sont néanmoins d'une très grande utilité, et il est nécessaire qu'ils soient effectués avec précision, concurremment avec la séparation des principes immédiats contenus dans les matières complexes. Un des plus importants progrès de la science a été l'invention d'un procédé parfaitement exact pour obtenir la dose totale de l'azote; un second progrès a consisté à distinguer l'azote à l'état d'ammoniaque, l'azote à l'état de nitrate, et enfin l'azote à l'état organique. Le procédé donné par M. Boussingault résout complètement le problème du dosage de l'azote ammoniacal (voy. AMMONIAQUE, p. 371). En ce qui concerne la recherche de l'azote nitrique, il faut tout d'abord s'assurer qu'il y a des nitrates dans la matière à analyser; c'est ce que l'on fait en essayant si une goutte de la dissolution de cette matière dans l'eau donne une coloration rose quand elle tombe dans une dissolution concentrée de sulfate de protoxyde de fer; cette constatation faite, et si elle est affirmative, on dose à part l'acide nitrique par des procédés spéciaux reposant sur les propriétés oxydantes des nitrates.

Dans le cas où il n'existe pas, dans la matière à analyser, d'azote à l'état nitrique, on dose ensemble l'azote à l'état organique et à l'état ammoniacal par le procédé dit à la chaux sodée. Ce procédé repose sur la transformation de toutes les matières azotées en ammoniaque sous l'influence d'une température suffisamment élevée, en présence d'un alcali hydraté; les nitrates seuls échappent à cette réaction. L'ammoniaque se dégage, et on la recueille dans un acide où l'on en détermine la dose. Dans ce procédé, tel que l'ont imaginé MM. Will et Varrentrapp, l'acide condensateur est l'acide chlorhydrique, et l'on y précipite l'ammoniaque à l'état de chloroplatinate; M. Peligot a modifié ce procédé en remplaçant l'acide chlorhydrique par une dissolution *titrée* d'acide sulfurique. Cette méthode est aujourd'hui employée par tous les chimistes; les agriculteurs doivent la connaître; M. Peligot l'a décrite lui-même dans des termes qui vont être reproduits en résumant quelques détails.

Il faut d'abord préparer la chaux sodée : on verse sur de la chaux éteinte et tamisée, une dissolution concentrée de soude caustique, de manière à produire une pâte épaisse et homogène. Pour 600 grammes, par exemple, de chaux grasse bien vive, convertie préalablement en hydrate, on emploie 200 grammes de soude caustique à la chaux, exempte d'azotate, qu'on dissout dans environ 400 centimètres cubes d'eau. La pâte est chauffée graduellement dans un grand creuset en terre; on élève la température jusqu'au rouge cerise, qu'on maintient jusqu'à ce que la chaleur ait pénétré la masse jusqu'au centre. La matière est versée encore rouge dans une bassine de fonte ou de cuivre; immédiatement divisée à l'aide d'un pilon en fragments de la grosseur d'un pois, et passée dans un tamis à larges mailles en fil de laiton, elle est introduite dans un flacon sec, préalablement chauffé, bouchant à l'émeri : un autre flacon reçoit le produit tamisé qui sert à faire le mélange avec la substance à analyser.

Pour préparer l'acide sulfurique titré, on pèse, dans un vase de platine ou de porcelaine, 49 grammes d'acide sulfurique monohydraté ($SO^3,HO = SO^4H$, qui donne $S = 16$, $O^4 = 32$, $H = 1$, ou 49 son équivalent); on verse avec précaution ce poids d'acide dans une carafe jaugée d'un litre de capacité, à moitié remplie d'eau; on rince le vase et on ajoute de l'eau

Fig. 561. — Remplissage du tube pour le dosage de l'azote.

de manière à compléter le litre; comme la liqueur s'est échauffée au moment du mélange, on ne verse de l'eau que jusqu'au trait de jauge, on laisse refroidir, et on complète définitivement le volume par de l'eau ajoutée par petites portions; l'acide sulfurique employé doit être concentré et pur; celui du commerce, vendu comme tel, renferme souvent un petit excès d'eau; on corrige ce défaut en le chauffant dans une capsule de platine jusqu'à ce qu'il se dégage d'épaisses et abondantes vapeurs; on le laisse alors refroidir sous une cloche, la capsule étant placée sur une brique sèche, qui repose elle-même sur la plaque de verre sur laquelle porte la cloche qui couvre le tout. On peut employer un acide plus fort ou plus faible, notamment pour les dosages de petites quantités d'azote; dans ce dernier cas, on fait 2 litres de liqueur avec les 49 grammes d'acide pesés. — On peut aussi faire usage, pour composer l'acide titré, de l'acide oxalique cristallisé qui, étant solide, est plus facile à peser que l'acide sulfurique. On dissout 63 grammes d'acide oxalique dans une quantité d'eau suffisante pour avoir un litre; 10 centimètres cubes de cette liqueur sont saturés par

$0^{gr},17$ d'ammoniaque, qui renferment 0,14 d'azote. Tous ces nombres sont proportionnels aux équivalents.

Maintenant que l'on a les matériaux nécessaires, on peut procéder à l'exécution de l'analyse. Le tube à combustion, qui peut être en verre ou en fer (dans le premier cas, on le protège par une feuille de clinquant), est d'une longueur de 40 à 46 centimètres; il reçoit un mélange de 2 grammes environ d'acide oxalique pur et de chaux sodée en poudre grossière ; on verse au-dessus une colonne de quelques centimètres de chaux sodée, puis le mélange de la matière à analyser et de chaux sodée en poudre; ce mélange doit occuper environ le tiers de la longueur du tube, qu'on remplit ensuite de chaux sodée en menus fragments jusqu'à 5 centimètres de l'ouverture. Pour introduire successivement ces diverses colonnes, on se sert d'une sorte de capsule en laiton mince et flexible (fig. 561), qui permet de ne rien laisser tomber en dehors du tube, auquel on imprime de légers mouvements pour bien répartir la matière sans la trop tasser. A la partie antérieure du tube matière organique soit complète. On commence à chauffer le tube par la partie A, voisine du bouchon, et on élève ensuite, de proche en proche, la température au rouge, jusqu'au delà de la partie qui renferme la matière à analyser. Si le tube est en verre, on l'a entouré d'une feuille de clinquant, afin d'éviter son ramollissement et parfois sa fusion. Si le tube est en fer, on enveloppe d'un linge sur lequel on fait tomber un faible courant d'eau, l'extrémité qui entoure le bouchon, pour éviter que celui-ci soit calciné par la communication d'une température trop élevée. Dans tous les cas, le dégagement des gaz doit être lent, les bulles ne passant qu'une à une dans l'appareil à boules; lorsqu'il est terminé, on chauffe l'extrémité B du tube qui renferme l'acide oxalique mélangé de chaux sodée ; on obtient ainsi un dégagement d'hydrogène qui balaye le tube à combustion et amène dans l'appareil à boules l'ammoniaque qu'il renferme encore ; la réaction qui se produit alors est facile à comprendre : en présence de l'hydrate de soude, l'acide oxalique se transforme en acide carbonique et en hydrogène d'après l'équation

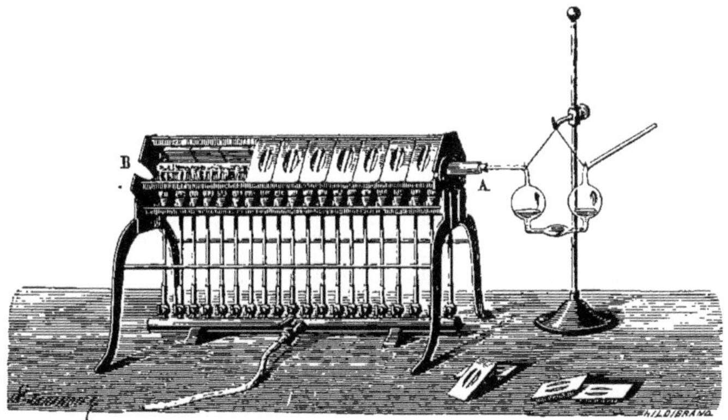

Fig. 562. — Appareil pour le dosage de l'azote, chauffé au gaz.

à combustion, on met un tampon non tassé d'amiante, préalablement calciné, ou bien du verre concassé, pour retenir les poussières alcalines que le dégagement des gaz pourrait entraîner. Un bon bouchon en liège ou en caoutchouc relie ce tube à un appareil à boules dans lequel on a versé, au moyen d'une pipette graduée, un volume déterminé, ordinairement 10 centimètres cubes, d'acide sulfurique titré. On dispose alors le tube, comme on le voit en AB (fig 562), sur la grille à analyse que, dans presque tous les laboratoires, on chauffe maintenant avec le gaz d'éclairage, mais que l'on pourrait aussi chauffer avec du charbon préalablement allumé, ainsi qu'on l'a fait durant longtemps. Le gaz arrive à l'appareil par un tube en caoutchouc et se distribue dans un gros tube horizontal, d'où il s'élève dans une série de tubes verticaux, munis de robinets et de gaines métalliques portant un orifice mobile; si l'on place cet orifice en face d'une ouverture pratiquée dans chacun des brûleurs, de l'air peut y pénétrer, et c'est alors un mélange de gaz et d'air qui brûle à l'extrémité du tube, de telle sorte que la température est très élevée ; si, au contraire, on tourne la gaine de façon à empêcher l'air de se mêler au gaz, on a une flamme moins chaude, qui sert à porter peu à peu le tube à la température rouge qu'il doit avoir pour que la décomposition de la $C^2O^3,HO = 2\,CO^2 + H$; la chaux sodée retient l'acide carbonique tandis que l'hydrogène se dégage. On peut, comme le font MM. Will et Varrentrapp, balayer le tube à combustion par un autre courant de gaz; par exemple, en cassant la pointe du tube, s'il est en verre, et aspirant l'air atmosphérique au moyen d'un tube adapté à l'appareil à boules; mais l'emploi de l'acide oxalique est plus commode. Avec un tube en fer ouvert des deux bouts, on peut aussi opérer en mettant d'un côté l'appareil à boules contenant l'acide sulfurique, et, de l'autre côté, une source d'hydrogène ou d'air qu'on fait agir à la fin de l'opération. Quelle que soit la méthode adoptée, la combustion dure vingt minutes. Pendant qu'elle s'effectue, on mesure 10 centimètres cubes d'acide titré, en employant la pipette graduée qui a servi à introduire dans l'appareil à boules le même volume du même acide; après addition de 80 à 100 centimètres d'eau, on colore le liquide en rouge avec quelques gouttes de teinture de tournesol. Au moyen d'une liqueur alcaline très diluée, contenue dans une burette graduée en centimètres cubes et en dixièmes de centimètres cubes, on sature la liqueur acide, en versant le liquide alcalin goutte à goutte vers la fin jusqu'à ce que la coloration violacée apparaisse. On note le volume de la liqueur alcaline qui a donné ce résultat. D'autre part, la combustion étant terminée, on détache l'appareil à boules et on reçoit dans un verre l'acide, en partie saturé par l'ammoniaque, qu'il renferme; cet appareil est rincé en y faisant arriver avec une pipette effilée de l'eau qu'on ajoute au liquide acide, de manière à opérer sur le même volume que dans la précédente opération. On colore avec la teinture de tournesol et, avec la burette remplie jusqu'au trait marqué zéro de la même liqueur alcaline, on procède à la saturation de l'acide resté libre. Ces manipulations se font de la même manière et avec les mêmes vases que pour les dosages alcalimétriques (voy. p. 170). La différence du titre des deux liqueurs donne, par un calcul très simple, le nombre de centimètres cubes saturés par l'ammoniaque et par suite la quantité d'azote contenue dans la matière soumise à l'analyse; ce n'est plus qu'une question d'arithmétique. La liqueur alcaline dont on fait usage doit être assez diluée pour saturer 10 centimètres cubes d'acide titré sous le volume de 25 à 30 centimètres, qui est le volume habituel des burettes graduées. On peut la préparer en agitant avec de la chaux éteinte de l'eau sucrée contenant environ 8 pour 100 de sucre blanc; on filtre pour séparer l'excès de chaux et on conserve la liqueur dans un flacon bouché en liège ou à l'émeri. On peut aussi employer une dissolution étendue de potasse ou de soude caustique dont on détermine le titre par l'acide sulfurique titré qu'on a préparé. Il peut arriver que les 10 centimètres cubes d'acide sulfurique ne suffisent pas pour retenir toute l'ammoniaque provenant de substances organiques très riches en azote. On s'en aperçoit à l'odeur ammoniacale qui se produit pendant ou après la combustion; il faut recommencer l'opération en prenant un poids moindre de matière; on doit s'imposer deux dosages sur des quantités différentes, afin d'avoir un contrôle. Le dosage de l'ammoniaque des sels ammoniacaux peut être exécuté par ce procédé, quand il n'y a pas de matières azotiques mélangées; il faut seulement avoir soin de les mélanger avec leur poids environ de sucre, afin d'éviter que, par suite de l'absorption trop rapide des vapeurs ammoniacales, le liquide ne remonte dans le tube à combustion; on doit introduire rapidement, sans broyage préalable, dans le tube, le mélange de la matière avec la chaux sodée.

L'application du procédé de dosage par la chaux sodée de l'azote d'une matière quelconque inconnue, ne donne des résultats exacts que pour les produits exempts de nitrates; en présence de ces derniers sels, on n'obtient pas même tout l'azote que renferment les sels ammoniacaux et les composés organiques. Aussi, pour les engrais qui contiennent de l'azote sous les trois états, est-il nécessaire d'avoir recours à un procédé qui donne l'azote total. Le meilleur procédé à employer est celui de la combustion par l'oxyde de cuivre, tel que l'a donné M. Dumas, et dans lequel on recueille et mesure l'azote à l'état gazeux, le carbone se dégageant à l'état d'acide carbonique et l'hydrogène à l'état d'eau.

On opère de la manière suivante : Dans un tube de verre peu fusible, d'une longueur de 0m,80 à 0m,90, d'un diamètre de 0m,015 à 0m,020, fermé à une de ses extrémités, bien sec, on introduit 15 à 20 grammes de bicarbonate de soude sec, puis une petite quantité d'oxyde de cuivre; on met ensuite le mélange d'un poids connu de la matière à analyser avec le même oxyde, puis une colonne de quelques centimètres de cet oxyde, et, enfin, une colonne de 20 centimètres environ de longueur de cuivre métallique provenant de la réduction par l'hydrogène de tournure de cuivre oxydée. Ce tube étant placé sur la grille à combustion, est fermé par un bouchon dans lequel est engagé un tube abducteur, trois fois recourbé, qui a une hauteur de 0m,80 et qui est disposé de manière à pouvoir venir déboucher dans une éprouvette à gaz remplie de mercure et placée sur une cuve à mercure.

Les choses étant ainsi disposées sur une grille, soit au charbon allumé, soit au chauffage à gaz, on commence par chauffer une partie du bicarbonate de soude pour donner naissance à un dégagement d'acide carbonique destiné à balayer entièrement la table à combustion et le tube abducteur de tout l'air compris; on s'assure que le balayage est complet en recevant quelques bulles de gaz dans une petite cloche sur la cuve à mercure, et constatant si elles sont entièrement absorbées par une dissolution de potasse. Ce résultat obtenu, on engage l'extrémité du tube abducteur sous l'éprouvette remplie de mercure, et dans laquelle on a fait passer, au moyen d'une pipette recourbée, une dissolution concentrée de potasse caustique occupant une hauteur de 2 à 3 centimètres. On laisse refroidir; le mercure monte dans le tube abducteur et on reconnaît que l'appareil tient bien le vide relatif qui s'est formé si la hauteur mercurielle reste constante. On procède alors à la combustion. On chauffe au rouge la partie antérieure du tube, c'est-à-dire les colonnes de cuivre et d'oxyde de cuivre; puis on élève lentement, pour l'amener peu à peu au rouge, la température du mélange de la matière organique avec l'oxyde qui lui fournit tout l'oxygène nécessaire pour la brûler; il en résulte de l'eau qui se condense, de l'acide carbonique et de l'azote, qui vont bulle à bulle, si on mène bien l'opération, dans l'éprouvette; le premier des corps est absorbé par la potasse caustique; le second s'accumule dans le haut de l'éprouvette. La colonne de cuivre placée à la partie antérieure du tube à combustion a pour but de décomposer le protoxyde et le bioxyde d'azote ou l'acide azoteux qui peuvent se produire pendant l'opération. Lorsque celle-ci est terminée, ce dont on s'aperçoit à ce qu'il ne se produit plus de nouvelles bulles gazeuses, on chauffe le restant du bicarbonate de soude, afin de balayer l'appareil et de faire passer tout l'azote qu'il contient dans l'éprouvette. On transporte alors celle-ci dans une cuve à eau, on fait écouler le mercure et on transvase le gaz dans un tube gradué plein d'eau, qu'on maintient plongé dans la cuve quelque temps pour lui en faire prendre la température, que l'on note, et l'on mesure la pression atmosphérique. Enfin, on lit le volume occupé par le gaz dans le tube gradué; si V est ce volume, t sa température, H la pression atmosphérique réduite à zéro, f la force élastique de la vapeur d'eau à la température t, le poids P de l'azote est donné par la formule suivante :

$$P = V \times 0^{gr},001263 \times \frac{1}{1 + 0,0366\,t} \times \frac{H-f}{760}.$$

Avant de considérer le dosage comme terminé, il faut se mettre en garde contre une cause d'erreur. Il arrive très souvent, malgré les soins et la lenteur apportés à l'analyse, que le gaz recueilli contienne une petite quantité de bioxyde d'azote. Il faut donc en prendre quelques centimètres cubes, pour sentir s'il n'y a pas d'odeur nitreuse, si le gaz ne jaunit pas au contact de l'air. Dans le cas de l'affirmative, on fait passer dans l'eau un peu de sulfate de fer, et l'on agite un peu avec ce qui est resté dans le tube gradué; le bioxyde d'azote est absorbé; on ajoute au volume de l'azote ainsi purifié la moitié du volume de gaz absorbé; mais il est désirable que cette moitié soit insignifiante.

La détermination de l'azote dans les engrais et dans les matières organiques végétales ou animales est d'une importance capitale en agriculture, puisque le succès de presque toutes les entreprises dépend, pour une forte partie, du bon emploi ou de la production dans des conditions avantageuses des substances azotées qui se présentent sous des formes si variées. Le procédé de M. Dumas, qui permet de doser l'azote à coup sûr et exactement, quelle que soit la combinaison dans laquelle il est engagé, a rendu les plus grands services ; on lui doit d'avoir pu poser les premiers fondements de la science. Cependant, soit à cause du temps qu'exige la bonne exécution des manipulations dont il se compose (il faut environ cinq heures d'un travail sans aucune interruption), soit en raison du matériel nécessaire, il n'est que rarement employé dans la plupart des laboratoires agricoles. C'est un très grand tort, car son usage constant permettrait de faire des vérifications qui donneraient aux résultats des recherches une certitude qui leur manque trop souvent.

Pour obtenir l'azote total, en moins de temps et sans l'accessoire d'un matériel compliqué et de manipulations exigeant de l'adresse, de l'attention et beaucoup de temps, M. Rufle a imaginé un procédé que M. Grandeau a fait connaître et dans lequel on n'a besoin que des liqueurs titrées. M. Grandeau le décrit en ces termes : « On mélange environ 1 gramme à 1^{gr},5 de la substance à analyser avec un mélange contenant de la fleur de soufre et du charbon de bois très finement pulvérisé en proportions égales. — Le tube à combustion dont on se sert est en fer et mesure 0^{m},55 de longueur sur 0^{m},016 de diamètre intérieur. On le placera, quand il sera rempli, sur une grille à gaz ordinaire. — On dissout 160 grammes de soude caustique dans 160 centimètres cubes d'eau chaude. Dans la solution chaude, on verse 56 grammes de chaux finement pulvérisée, obtenue au moyen du marbre, et l'on remue jusqu'à ce que l'extinction soit complète. Cette chaux sodée est ensuite enfermée dans un flacon hermétiquement bouché. — On broie finement, dans un mortier de fer, 21 grammes d'hyposulfite de soude en cristaux, puis on y ajoute, en mélange intime, 18 grammes de la chaux sodée préparée ainsi qu'il vient d'être dit. — Environ 5 grammes de ce mélange d'hyposulfite et de chaux sodée sont d'abord introduits dans le tube à combustion au moyen d'un entonnoir propre et bien sec. Puis, on place à peu près 30 grammes de ce même mélange dans l'entonnoir et on y mêle légèrement, mais avec rapidité, la substance à analyser déjà mélangée avec le soufre et le charbon. On fait tomber le tout dans le tube à combustion et on y ajoute ensuite le reste du mélange d'hyposulfite et de chaux sodée. Enfin, on verse par-dessus le tout 18 grammes de chaux sodée ordinaire; on secoue légèrement le tube pour tasser la masse; on place un bon tampon d'amiante, pas trop serré, et on termine l'appareil par le tube ordinairement employé dans les dosages d'azote et contenant l'acide titré. — La masse contenue dans le tube doit se trouver à 0^{m},20 de la partie antérieure du tube, et le premier bec de gaz qu'on allume est à 0^{m},10 de cette partie antérieure, par conséquent, à 0^{m},10 en avant de la matière. Les autres becs sont allumés successivement, suivant le dégagement du gaz dans l'acide titré, jusqu'à ce que le tube devienne entièrement rouge. On le laisse en cet état pendant 10 minutes, pour être sûr que la combustion des matières contenues dans le tube est complète. On détache ensuite le tube à acide et on titre cet acide au moyen d'une solution alcaline connue. — Cette méthode repose essentiellement sur la réduction de tous les composés oxygénés de l'azote par un très puissant désoxydant, en présence d'un alcali énergique; elle paraît réussir dans toutes les circonstances. — Pour nettoyer le tube à combustion après l'expérience, on prépare une tige de fer de 0^{m},60 de longueur et de 0^{m},009 de diamètre. Quand le dernier robinet à gaz est tourné, on place en long la tige sur la flamme pour la chauffer; quand la combustion est terminée, on enlève le tube à acide et le bouchon, on tire dehors l'amiante, et, pendant que le tube se refroidit, on entre la tige deux à trois fois d'un bout à l'autre du tube. — Quand le tube est froid, on y verse de l'eau et on laisse le tout reposer pendant une heure. Puis on agite l'eau en tirant plusieurs fois la tige du bas en haut; on retire l'eau sale, on remplit à nouveau, on agite, etc., ainsi de suite jusqu'à ce que l'eau sorte propre. Si on emploie de l'eau chaude, le nettoyage se fait beaucoup plus vite. Quand le tube est propre, on le chauffe pendant une minute dans le fourneau pour le sécher et il est prêt pour une autre opération. »

Au lieu de doser l'azote total par la méthode précédente, qui n'a pas encore reçu la sanction de la pratique, il est possible, quand on ne peut pas faire le dosage à l'état gazeux, de procéder plus simplement de la façon suivante :

Le dosage par la chaux sodée n'est inexact que lorsque l'engrais étudié renferme des nitrates, parce que dans ce cas une fraction inconnue de l'azote de l'acide nitrique est transformée en ammoniaque; en se débarrassant des nitrates, on est certain de doser l'azote organique et ammoniacal exactement par la chaux sodée; or en faisant chauffer dans une petite capsule un gramme de l'engrais renfermant des nitrates avec du protochlorure de fer et de l'acide chlorhydrique, on transforme les nitrates en bioxyde d'azote qui se dégage et en chlorures; on maintient l'ébullition, en ajoutant de temps à autre de l'acide chlorhydrique, jusqu'à ce que les vapeurs rutilantes aient disparu. On évapore à sec, on introduit le résidu dans un mortier, on le mélange à la chaux sodée et on dose par la méthode ordinaire.

Quant à l'azote nitrique, on le dose par la méthode de M. Schlœsing, comme il a été dit à l'article AZOTATES.

Ainsi, l'azote peut être pris pour la mesure de la richesse, de la pureté, de l'énergie des substances dans lesquelles il entre comme partie constituante. Par lui-même, et isolé, il est inactif. Ce point essentiel établi, il ne reste plus que peu de choses à dire sur sa préparation à l'état pur et sur ses gisements dans la nature.

Le grand réservoir de l'azote isolé est l'atmosphère, dont il forme les quatre cinquièmes, et où il est à l'état de mélange, mais non de combinaison. C'est là qu'on le prend quand on veut l'avoir isolé. On met un morceau de phosphore dans une coupelle de terre placée sur un morceau de liège flottant au-dessus d'une cuve à eau ; on enflamme le phosphore et on recouvre par une cloche en verre qu'on maintient enfoncée dans l'eau. Au bout de quelques instants, le phosphore s'éteint et l'eau monte dans la cloche peu à peu à mesure que le gaz se refroidit. On fait passer dans la cloche des bâtons de phosphore qu'on y laisse séjourner plusieurs heures pour enlever les dernières traces d'oxygène; on ôte les bâtons, et on fait arriver quelques bulles de chlore pour enlever les vapeurs de phosphore à l'état de chlorure de phosphore soluble dans l'eau; enfin, on agite le gaz avec une dissolution de potasse pour enlever le chlore et l'acide carbonique; c'est seulement après toutes ces manipulations que l'on a de l'azote pur. On peut aussi s'en procurer en faisant passer un courant d'air préalablement dépouillé d'acide carbonique et de toutes impuretés à travers un tube chauffé au rouge contenant de la planure de cuivre. Enfin, on a encore de l'azote d'une manière très simple en chauffant dans une petite cornue de l'azotite d'ammoniaque qui se décompose par la chaleur en eau et en azote. On peut aussi, au lieu d'azotite d'ammoniaque, chauffer un mélange de chlorhydrate d'ammoniaque et d'azotate de potasse.

L'azote existe dans la nature en très grande quantité à l'état de combinaison dans les nitrates naturels, dans le sel ammoniac des volcans, dans la houille et les schistes, dans les terres arables, dans toutes les matières végétales et animales. Les animaux le prennent à leurs aliments, les végétaux aux engrais ou à la terre. Il est possible qu'il vienne tout entier originairement de l'atmosphère où l'électricité le prend pour le combiner avec l'oxygène. Une fois entré dans des combinaisons oxygénées, il peut successivement être fixé dans une foule de corps ayant les propriétés les plus variées.

AZOTÉ (*chimie agricole*). — On dit qu'un corps est azoté quand il renferme de l'azote dans sa constitution. C'est à Gay-Lussac qu'il appartient d'avoir démontré que tous les grains, toutes les semences sont azotés, de même que sont azotées toutes les matières animales. On dit aussi qu'un engrais est azoté, lorsqu'il présente un assez fort dosage en azote. Les matières albuminoïdes végétales ou animales sont azotées. Le sang, la viande, des débris de laine, les os non calcinés, les tourteaux sont des engrais azotés. Aucune culture n'est fructueuse si dans le sol on ne trouve ou si l'on n'a pas pu ajouter des matières azotées facilement décomposables.

AZOTEUX (*chimie agricole*). — L'acide azoteux est la troisième combinaison de l'azote avec l'oxygène dans l'ordre croissant d'oxydation. On dit aussi *acide nitreux*. — L'oxyde azoteux est la première des combinaisons oxygénées de l'azote (voy. p. 715).

AZOTIMÈTRE (*chimie agricole*). — On a donné ce nom aux appareils pouvant servir à opérer le dosage de l'azote, à faire le mesurage de sa quantité.

Ces appareils reposent sur l'action d'un alcali énergique à la température rouge sur la matière à analyser, le dégagement de l'azote à l'état d'ammoniaque et l'emploi de liqueurs titrées. Ils ne sont pas en général autre chose que la réunion dans une boîte de tous les vases, instruments ou appareils nécessaires pour opérer un dosage par la méthode de la chaux sodée (voy. AZOTE, p. 716). On trouve chez les fabricants d'instruments de précision les azotimètres de Bobierre et de Houzeau. L'azotimètre de Melsens repose sur l'action du chlorure de chaux sur l'ammoniaque, action qui a pour résultat de dégager l'azote lui-même à l'état gazeux.

AZOTINE (*technologie*). — On a donné ce nom à un engrais que l'on prépare en traitant, dans une chaudière autoclave, sous l'action de la vapeur, à la température de 150 degrés centigrades et à la pression de quelques atmosphères, les chiffons mixtes de coton, de laine, de soie. Les matières purement végétales restent intactes, les matières animales deviennent solubles; ces dernières, dissoutes dans l'eau, sont concentrées et deviennent une masse qui se prend en un corps plus ou moins brillant mélangé de diverses substances étrangères, potassiques, phosphatiques, sableuses, hydrocarburées. Cette masse est un engrais assez actif, contenant de 9 à 12 pour 100 d'azote, hygrométrique et susceptible de se décomposer facilement dans le sein de la terre pour fournir des combinaisons azotées, utiles à la végétation. Ce n'est pas un composé défini, et, par conséquent, la dénomination qu'on lui a appliquée peut induire en erreur les agriculteurs qui ne sont pas prévenus qu'ils n'ont affaire qu'à un mélange complexe dont chaque échantillon doit être analysé pour qu'on en détermine la richesse.

AZOTIQUE (ACIDE) (*chimie agricole*). — C'est l'eau forte, qu'on appelle plus souvent *acide nitrique*.

AZOTITE (*chimie agricole*). — Sel résultant de la combinaison de l'acide azoteux ou nitreux avec une base; on dit aussi nitrite (voy. p. 715).

AZYGOS (*anatomie*). — L'azygos est la veine située sur le côté droit et antérieur de la portion thoracique du rachis, et qui établit une communication entre la veine cave supérieure et l'inférieure. L'azygos a son origine dans la région sous-lombaire des animaux et suit la colonne vertébrale.

AZYME. — Se dit du pain sans levain. Les pains azymes sont mangés par les juifs dans le temps de leur Pâque; les hosties de l'Église catholique sont faites avec du pain azyme.

B

BABEURRE (*laiterie*). — Après le battage de la crème du lait pour en séparer le beurre, il reste un liquide, blanchâtre et louche, auquel on donne le nom de babeurre ou lait de beurre. Ce liquide contient encore un peu de beurre, de la caséine, du sucre de lait, de l'albumine et des sels divers ; il est plus ou moins acide ; il passe pour être rafraîchissant ; il est recherché par certaines personnes qui s'en nourrissent en y ajoutant du pain, notamment dans beaucoup de fermes. Mélangé à des farineux, il constitue un bon aliment pour l'engraissement des porcs. Quand on malaxe le beurre, il faut prendre soin de n'y laisser aucune partie de babeurre qui serait une cause de prompte altération.

BAC (*outillage agricole ou horticole*). — Vase ou caisse servant aux jardiniers à mettre des plantes ou de l'eau pour les arrosages. On en fait usage chez les agriculteurs pour faire provision d'eau ou de nourriture pour le bétail.

BACCHANTE, BACCHARIDE, BACCHARIS (*botanique et horticulture*). — Genre de Composées, de la tribu des Astéroïdées. Ce sont des arbustes ou des sous-arbrisseaux, à feuilles alternes, rarement opposées, à capitules petits, sessiles le long des rameaux ou diversement groupés ; les corolles sont ordinairement blanches, quelquefois jaunes ou purpurines. On en connaît environ 250 espèces, toutes appartenant aux régions chaudes de l'Amérique ; on a fait l'importation de quelques-unes en Europe, où on les cultive dans les jardins. — Il faut signaler d'abord la baccharide de Virginie ou baccharide à feuilles d'halcine, appelée vulgairement seneçon en arbre ; c'est un arbrisseau de 2 à 4 mètres, à feuilles persistantes cunéiformes, à fleurs blanchâtres, très propre à faire des haies, qu'on multiplie de marcottes et de boutures, qu'on doit placer en terre légère et sablonneuse, à exposition chaude et abritée. Jusque dans le nord de la France, où elle est suffisamment rustique, elle s'élève aux proportions d'un petit arbre de 2 à 3 mètres, à tête touffue et arrondie. Malgré la petitesse et la teinte un peu grise de son feuillage, coriace et persistant, cet arbrisseau produit un certain effet dans les derniers jours de l'automne, alors que ses sommets se garnissent d'une multitude de petits capitules aux aigrettes soyeuses. — Il faut citer aussi la baccharide à feuilles de laurier-rose (*Baccharis neriifolia*) qui est cultivée dans les jardins.

BACCILE (*métrologie*). — Mesure de capacité pour les grains, usitée dans les îles Ioniennes et valant de 45 à 50 litres.

BÂCHE (*outillage horticole et agricole*). — On désigne sous ce nom trois appareils différents de l'outillage employé dans les exploitations agricoles ou horticoles.

Fig. 563. — Montage d'une meule de foin sous une bâche servant de couverture mobile provisoire.

1° Une bâche est, dans les fermes, une grande pièce de grosse toile ou de cuir qui sert à couvrir les voitures, les machines, les meules, pour les mettre à l'abri des intempéries, de la pluie, de la poussière. On emploie le plus souvent, pour fabriquer les bâches, des toiles de chanvre, de lin, de coton, de jute que l'on rend imputrescibles et imperméables par des agents chimiques, tels que le sulfate de cuivre, le sulfate de zinc, l'huile, le savon, le goudron, que l'on applique ensemble ou isolément. Pour les rendre imperméables, on emploie habituellement les enduits à base d'huile pour les ermes, les voitures et les chemins de fer ; on emploie le goudron végétal pour les bâches des bateaux et des quais que l'on appelle des *prélarts*. Cette fabrication est devenue une industrie très importante.

Les bâches servent dans les exploitations rurales à une foule d'usages, par exemple pour former des toitures provisoires mobiles au-dessus des meules (fig. 563); on les exhausse au fur et à mesure de l'élévation du tas afin d'empêcher l'action de la pluie et du soleil. On en couvre les voitures, les machines à battre, les tas d'engrais chimiques, en général toutes les denrées qui ne doivent rester au dehors que peu de temps et qu'il convient de mettre à l'abri des pluies ou de tous accidents.

2° Dans les services hydrauliques, une bâche est une cuve, une caisse de bois ou de métal, un baquet pour contenir de l'eau destinée à l'usage d'une machine à vapeur, ou pour recevoir l'eau puisée par une pompe aspirante, afin qu'elle puisse être reprise par d'autres pompes pour être élevée plus haut.

3° En horticulture, une bâche est une petite serre chaude ou froide dans laquelle on élève des plantes, ou bien l'on conserve des plantes à l'abri de l'air extérieur. On s'en sert pour faire lever les plantes sur couche, pour les repiquer, pour hâter la pousse et la maturation, en un mot pour faire les cultures dites forcées.

Fig. 564. — Vue des bâches pour la culture forcée du jardin potager à l'école d'horticulture de Versailles.

Fig. 565. — Bâches pour la culture forcée de la vigne et des fraisiers, employées au jardin de l'école d'horticulture de Versailles.

La bâche la plus simple consiste en un coffre en bois recouvert d'un châssis vitré; le coffre se compose de quatre planches agencées de manière à former une caisse rectangulaire sans fond, supportée par quatre pieds; on enfonce ceux-ci dans la terre jusqu'à ce que les planches affleurent le sol, qui forme alors le fond; on donne une légère inclinaison à la partie antérieure sur laquelle repose le châssis vitré qu'on peut maintenir fermé ou bien plus ou moins ouvert au moyen de tasseaux de bois. La hauteur des planches qui forment les quatre côtés de la bâche dépend du genre de culture qu'on veut y effectuer et des plantes qu'on y doit conserver. Pour les semis et les repiquages, la hauteur est au plus de $0^m,30$ par derrière et de $0^m,22$ par devant. La largeur étant de $1^m,40$ à $1^m,45$, la pente totale d'arrière en avant est ainsi de $0^m,08$ sur $1^m,40$ ou de 4 degrés environ, chose suffisante pour assurer l'écoulement de l'eau et la pénétration des rayons solaires dans l'intérieur. La longueur de la bâche est en général de trois châssis de $1^m,30$ chacun, soit de $3^m,90$. L'écartement du coffre est maintenu par deux barres de bois sur lesquelles viennent reposer les bords des châssis. Pour les plantes faites, la hauteur de derrière est de 0m,60. Si l'on veut tenir de grandes plantes sous châssis, on a soin d'enlever préalablement la terre comprise dans l'emplacement du coffre jusqu'à la profondeur voulue, et l'on soutient les pieds du coffre par de fortes cales. Si, au contraire, on veut faire des semis ou des repiquages ou bien si l'on veut conserver de jeunes plantes, on remplit le coffre avec de la terre ou du terreau afin de rapprocher autant que possible les plantes du châssis et de la lumière. On peut d'ailleurs adosser deux rangées de bâches de manière qu'une seule allée puisse servir pour le service commun; on leur donne une pente unique exposée vers le midi, mais avec ouverture opposée des châssis l'une vers le côté antérieur, l'autre vers le côté postérieur avec pivotement vers le centre. C'est la disposition adoptée au potager de l'école d'horticulture de Versailles (fig. 564).

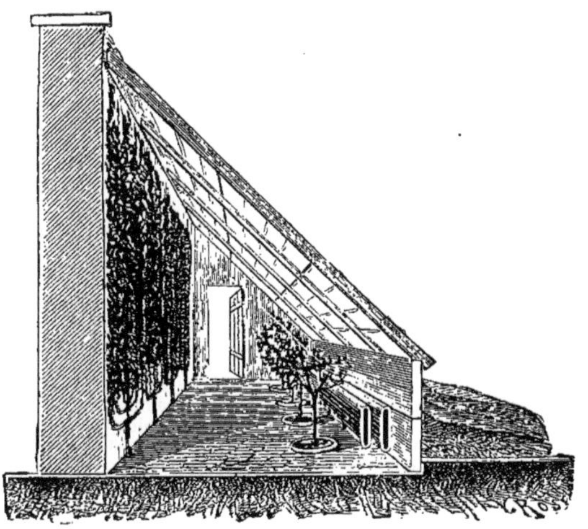

Fig. 566. — Bâche à panneaux mobiles pour forcer le pêcher, le prunier, le cerisier et le framboisier, à l'école d'horticulture de Versailles.

Lorsqu'on veut opérer à une température chaude, on place le coffre sur une couche de fumier sur laquelle on étend d'ailleurs le terreau et la terre convenables pour recevoir les graines ou les plantes. On garnit tout le tour du coffre avec du fumier long et sec qui empêche tout refroidissement. Pour passer l'hiver, on recouvre d'ailleurs les châssis avec des paillassons qu'on soulève pour le passage des rayons solaires en temps propice. On peut aider l'action de la chaleur dégagée par le fumier, en ayant recours à des tuyaux de thermosiphons dans lesquels on fait circuler de l'eau chaude; c'est le procédé que l'on emploie souvent pour la culture forcée de la vigne et des fraisiers (fig. 565).

Il arrive qu'on établit les bâches à poste fixe, en ce sens que des murs d'espaliers peuvent servir de support postérieur, un petit mur de briques ou de planches servant de support antérieur; on ne place les châssis que durant l'hiver et au printemps, pour les ôter l'été, ou les remettre à volonté si le temps se refroidit. On maintient la température en avant par des réchauds de fumier ou des tuyaux de thermosiphons. C'est ainsi qu'à l'école d'horticulture de Versailles, on dispose (fig. 566) des châssis pour former des bâches mobiles le long des espaliers et forcer des cerisiers, des pêchers, des pruniers, des framboisiers plantés en pleine terre.

BACILLE (*micrographie*). — Genre d'organismes vivants microscopiques, formés de cellules disposées en filaments *rigides* ou baguettes de longueur indéterminée et d'une largeur variant de 1 à 5 millièmes de millimètre. Les uns sont mobiles, les autres immobiles. Ils appartiennent à la grande famille bactérienne; ils se placent entre les bactériums qui sont formés de bâtonnets courts, et les vibrions qui sont constitués par des filaments mous ondulants. On les appelle aussi des *bactéridies* ou des *desmobactéries*, c'est-à-dire des bactéries en filaments; pour certains auteurs, les bacilles embrassent cette dernière classe comme section. Les principales espèces à signaler sont: 1° le bacille subtil (*Bacillus subtilis*), caractérisé par un corps mince et flexible; c'est le ferment butyrique de M. Pasteur; il est aussi appelé *Bacillus amylobacter*; 2° le bacille à bras (*Bacillus ulna*), ayant un corps épais et rigide; 3° le bacille charbonneux (*Bacillus anthracis*), qui est la bactéridie engendrant le charbon chez les animaux, selon M. Davaine. Mais le nombre des espèces est immense.

Les bacilles sont aérobies ou anaérobies (voy. ces mots). Ce sont des plantes constituées par des filaments ou des articles dépourvus de chlorophylle et que l'on a comparées à des algues ou confondues avec les infusoires. Elles peuvent se multiplier par la séparation longitudinale des articles, par scissiparité, d'où le nom de schizophytes qu'on leur donne pour en embrasser l'ensemble. Mais elles se reproduisent aussi par graines ou par spores nées dans l'intérieur des filaments, ainsi que l'a découvert M. Pasteur. Les bacilles adultes sont privés ou pourvus de mobilité: la bactéridie charbonneuse est un type des bacilles immobiles; les bacilles subtils aérobies et le ferment butyrique anaérobie de M. Pasteur appartiennent, au contraire, à la classe des bacilles très mobiles.

Les bacilles sont très répandus; ils pullulent ou peuvent pulluler dans les infusions végétales et animales, dans le bouillon, dans le sang, dans l'urine, dans tous les liquides albumineux; ils sont en très grand nombre dans l'air atmosphérique. M. Miquel, qui a consacré plusieurs années à en faire la recherche et la statistique, en a trouvé de linéaires, de rameux, en forme de houppes. Les uns sont inoffensifs; d'autres, au contraire, particulièrement ceux qu'on peut rencontrer dans l'air des salles de chirurgie, produisent de très graves accidents quand ils sont introduits dans le sang; quelques-uns peuvent produire des transformations dans les liquides sucrés, dans les organismes des animaux de divers ordres, par exemple dans les vers à soie, dans les poules, dans les bêtes bovines et ovines.

Les spores des bacilles, tant qu'elles ne sont pas imbibées d'eau, peuvent être soumises à la température de 100° sans perdre la faculté de germer. Vers 50° les bacilles se multiplient encore activement et arrivent normalement à la formation de spores, tandis que les autres schizophytes deviennent incapables de se reproduire; mais leur développement est arrêté entre 50 et 55° tous les filaments sont tués entre 70 et 80°, et les spores cessent d'avoir leurs facultés germinatives si on les maintient durant vingt-quatre heures environ à cette température dans les liquides propres au développement de ces microbes.

BACTÉRIDIE (*micrographie*). — Genre de microbes ayant le corps filiforme, droit ou infléchi, plus ou moins distinctement articulé par suite d'une division spontanée imparfaite, toujours immobile. Le genre *Bacteridium* a été établi par M. Davaine; il ne diffère de celui des bacilles (voy. ce mot) que par la restriction de l'immobilité; le groupe des Bacilles comprend donc les bactéridies. M. Davaine admet dans le genre *Bacteridium* six espèces différentes : 1° La *bactéridie charbonneuse* présente des filaments droits, raides, cylindriques, quelquefois composés de deux, trois ou rarement quatre segments, offrant alors des inflexions à angles obtus en rapport avec les articles, très minces relativement à leur longueur, qui va jusqu'à 10 et 12 millièmes de millimètre pour un seul article et jusqu'à 50 millièmes pour un filament composé. Leur longueur est en rapport avec leur âge, mais elle varie aussi chez les divers animaux dont le sang en est infecté. Lors de la pustule maligne, les filaments sont ordinairement courts dans le sang des gros vaisseaux, ils atteignent de plus grandes dimensions dans la rate. « Les bactéridies charbonneuses, dit M. Davaine, se développent chez l'homme, le mouton, le bœuf, le cheval, le lapin, le cobaye, le rat, la souris. Elles ne se développent point chez le chien, le chat, chez les oiseaux ni les animaux à sang froid. Les bactéridies existent principalement dans les vaisseaux capillaires, surtout dans ceux du foie et de la rate. Elles semblent quelquefois rares dans le sang du cœur, mais on les trouve alors en grande quantité dans les concrétions fibrineuses, blanchâtres ou demi-transparentes, placées le plus souvent entre les colonnes charnues ou dans les oreillettes. Elles se développent aussi dans le corps muqueux de la peau de l'homme, constituant la pustule maligne. » 2° Les bactéridies intestinales sont des filaments droits, épais, qu'on rencontre dans les intestins des canards, des faisans, cailles, perdrix, poulets et pigeons. 3° Les bactéridies du levain se développent en grand nombre dans le levain de froment et d'orge, dans la colle de farine aigrie. 4° La bactéridie glaireuse se rencontre dans de la vieille eau sucrée. 5° Il y en a une dans le vin atteint de la maladie dite du vin tourné. 6° Une bactéridie spéciale serait aussi dans les infusions de varech et dans l'eau de mer. Ces cinq dernières sortes de microbes ne sont pas encore bien définies; elles se confondent peut-être avec les bactéries proprement dites.

BACTÉRIE, BACTÉRIEN (*micrographie*). — Le monde des organismes vivants ou microbes végétaux qu'on ne peut apercevoir soit dans l'air, soit dans divers liquides qu'au moyen de forts grossissements du microscope, est le monde bactérien, ou encore le monde des bactéries ou des organismes bactériens. Quelques auteurs disent aussi le monde des vibrioniens. Ce sont les premiers êtres qui apparaissent dans les matières organiques en voie de décomposition. Ils ont pour caractère général de pouvoir se multiplier par scissiparité; chaque individu se sectionne transversalement en deux individus nouveaux qui tantôt se séparent complètement l'un de l'autre, tantôt, au contraire, restent en rapport et, par des segmentations successives, finissent par figurer des sortes de chaînettes. Ils forment des filaments rigides, droits, courbes, mobiles, immobiles, flexibles, sinueux, selon les espèces. Ils se reproduisent aussi par des spores qui ont des pouvoirs réfringents spéciaux, de telle sorte que la transparence du liquide ambiant s'en trouve modifiée; de même aussi diverses colorations s'ensuivent. Ces êtres ont été rattachés aux animaux infusoires; ils sont maintenant considérés comme étant des végétaux sans chlorophylle, et sont rapprochés soit des algues, soit des champignons, ce qui fait que, en tenant compte de leur mode de multiplication par scissiparité, on les appelle soit des schizophytes, soit des schizomycètes. Il en est un très grand nombre d'espèces, et l'on sera bien longtemps très loin de les connaître toutes; aussi les classifications proposées pour les ranger dans un ordre plus ou moins méthodique se modifient-elles pour ainsi dire chaque jour; il doit suffire de signaler les travaux de ce genre faits par Ehrenberg, Dujardin, le professeur Cohn, Pagoli, Davaine, Warming, Billroth, Schrœter.

Les bacilles ou bactéries, les bactériums, les vibrions, les micrococcus, les leptothrix, les beggiatoa, les cladothrix, les spirochœtes, les spirilles, les spirulina, les monades appartiennent au monde bactérien ou des bactéries, monde qui joue, dans l'agriculture, un rôle considérable soit comme destructeur, soit comme transformateur des matières organisées, quand celles-ci sont mises en circulation ou en suspension dans les liquides. On discutera longtemps sur les différences que présentent ces divers organismes vivants répandus dans les airs et dans les eaux, aussi bien que dans les liquides de l'économie animale. Mais il faut dire dès maintenant que c'est à M. Pasteur que revient l'honneur d'avoir montré l'importance de ce rôle et d'avoir tiré parti de la découverte des propriétés de quelques-unes des espèces bactériennes pour en faire des moyens de salut soit pour l'homme, soit pour les animaux domestiques dans le cas d'invasion de maladies contagieuses; il a trouvé aussi, dans l'emploi judicieux de ces propriétés, des procédés industriels pour une meilleure préparation des vins, de la bière, de l'alcool, du vinaigre.

Si les espèces bactériennes sont presque innombrables, cela ne veut pas dire qu'elles naissent spontanément au gré de la variation des milieux où on les fait pulluler. « Une bactérie, dit M. le docteur Miquel dans son beau livre sur les organismes vivants de l'atmosphère, comme tout organisme complet, naît d'un germe, devient adulte et meurt en laissant des graines capables de la perpétuer. Pour caractériser une espèce bactérienne, il faut donc connaître les phases variées que peuvent présenter sa germination, sa croissance, les aspects nombreux et anormaux qu'elle est susceptible d'acquérir, les modifications morphologiques qu'elle peut subir sous l'influence d'une nutrition riche ou pauvre, de la température, des agents chimiques et physiques, etc. Tout cela n'a pas été fait (1883); aussi une profonde obscurité règne-t-elle sur ce monde infiniment petit, avoisinant les confins des molécules déterminables par nos instruments d'optique les plus puissants. Plusieurs auteurs, à la faveur de cette obscurité ou, plus exactement, victimes des illusions nombreuses qu'il faut s'attendre à rencontrer dans l'observation de ces êtres séparés de nos yeux par un voile à peine translucide, ont construit, sur l'évolution de ces algues rudimentaires, de magnifiques théories que rien ne justifie et que combattent le peu de faits connus et acquis par la science sur l'histoire des schizomycètes. Jusqu'à la preuve du contraire, il est prudent de considérer les espèces bactériennes comme autant d'individualités propres, comparables aux plantes plus élevées dans le règne végétal. »

On reproduit les espèces bactériennes comme toutes les espèces végétales, en fournissant des milieux appropriés à leurs graines ou aux individus eux-mêmes qui les multiplient par sectionnements. Des bouillons de viande, des infusions végétales, du thé de foin, du jus de viande de veau sont surtout employés. On doit préalablement tuer dans ces liquides les microbes qui s'y trouvent à l'avance, et qui pourraient s'y multiplier de manière à empêcher de distinguer ou d'obtenir isolément les espèces qu'on désire se procurer. On y réussit au moyen de l'application prolongée d'une température de 110 degrés en vase clos. On peut alors semer dans les liquides refroidis et bien maintenus à l'abri des germes aériens, les espèces voulues, et on ne tarde pas à les voir se multiplier, pour en faire usage, notamment comme virus plus ou moins atténués dans des inoculations susceptibles de mettre les animaux domestiques à l'abri des maladies charbonneuses.

BACTÉRIUM *(micrographie)*. — Les bactériums appelés aussi micro-bactéries forment un genre du groupe des bactéries ; ils sont caractérisés par un corps filiforme, raide, constituant des sortes de bâtonnets courts, mobiles, isolés ou réunis entre eux au nombre de deux à quatre articles, en général plus longs que larges, quelquefois globuleux ou renflés aux deux extrémités ; ils ont un mouvement oscillant, mais non ondulatoire. La propriété de jouir de mouvements spontanés est tout à fait distinctive de ces algues inférieures. Les uns sont *aérobies*, les autres sont *anaérobies*. Ils sont extrêmement divers et de dimensions, et de formes, et d'habitats, souvent avec le pouvoir de colorer différemment les liqueurs où ils vivent selon l'état particulier d'alcalinité, de neutralité ou d'acidité de ces liqueurs. Il y a d'ailleurs souvent une très grande difficulté à les distinguer des autres espèces bactériennes telles que les micrococcus et les bacilles ; mais ils ne produisent pas les spores brillantes des bacilles, et ils meurent quand on les soumet à une température de 60 degrés. — On en connaît plusieurs espèces, notamment le bacterium termo, le bactérium chaînette, le bactérium point, le bactérium de la pourriture, plusieurs bactériums qu'on trouve dans le lait altéré.

BADE *(géographie agricole)*. — Voy. ALLEMAGNE.

BADIANE *(économie domestique)*. — C'est le fruit du badianier ; on lui donne aussi dans le commerce le nom d'anis étoilé (voy. ANIS).

BADIANIER *(botanique et arboriculture)*. — Le badianier (*Illicium*) forme un genre de plantes de la famille des Magnoliacées, tribu des Illiciées. Ce sont des arbres, arbustes ou arbrisseaux, à feuilles persistantes alternes, simples et sans stipules, à fleurs axillaires ou groupées en petites cymes à l'aisselle des feuilles ou à l'extrémité des rameaux. L'ensemble des carpelles des fleurs a une apparence étoilée. Le fruit se compose d'autant de follicules qu'il y avait de carpelles. On doit à M. Baillon une étude complète des badianiers, dont il faut signaler trois espèces principales : 1° le badianier de Chine (*Illicium anisatum*) est un bel arbrisseau aromatique qui atteint de 3 à 4 mètres ; ses fleurs jaunâtres et odorantes apparaissent en avril et en mai ; il lui faut un sol léger et substantiel ; on le cultive en orangerie ou en pleine terre avec une bonne couverture l'hiver ; on le multiplie de couchage ou par boutures. C'est lui qui donne, en Chine et dans l'Inde, la badiane ou l'anis étoilé du commerce. Le badianier du Japon, dont on a fait à tort une espèce différente sous le nom d'*Illicium religiosum*, n'en est qu'une variété, dont le fruit, mis aussi dans le commerce, est moins aromatique que celui de Chine et de l'Inde. — 2° Le badianier à petites fleurs (*Illicium parviflorum*), originaire de la Floride, est très aromatique dans toutes ses parties, il a été introduit dans les serres d'Europe. On le cultive beaucoup au Brésil, ses fleurs sont d'un jaune verdâtre. Ses fruits présentent des étoiles à branches plus nombreuses que l'anis étoilé de Chine. — 3° Le badianier de Floride (*Illicium floridanum*), originaire de Floride comme le précédent, est surtout remarquable par la couleur de ses fleurs qui sont d'un pourpre noirâtre, et qui présentent encore un plus grand nombre de carpelles que le précédent. Il donne l'anis étoilé américain. Ses feuilles sont extrêmement aromatiques et servent à faire des infusions. — Les fruits de ces trois badianiers ont un parfum très agréable dû à une huile essentielle, stimulante, tonique, stomachique, carminative. On en fait un grand usage pour aromatiser les liqueurs, notamment l'anisette de Bordeaux, et pour préparer divers alcoolats.

BAÉRIE *(botanique et horticulture)*. — Plante originaire de la Californie, de la famille des Composées, tribu des Hélénioïdées. Ce sont des herbes annuelles, glabres ou velues, ordinairement diffuses, à feuilles opposées, linéaires, à petits capitules longuement pédonculés, solitaires à l'aisselle des feuilles ou à l'extrémité des rameaux. On a introduit dans les cultures européennes la baérie dorée (*Baeria chrysostoma*) ; la tige est très rameuse à la base ; elle étale d'abord ses ramifications sur le sol, puis elle se dresse en s'élevant à $0^m,40$. Ses feuilles opposées sont sessiles et linéaires. Ses fleurs se présentent en capitules d'un beau jaune d'or, portés sur des pédoncules nus, d'une longueur de 8 à 10 centimètres ; l'involucre est composé de 8 à 10 écailles disposées sur deux rangs ; le tout forme des demi-fleurons rayonnant autour d'un disque conique. On en fait des bordures d'un bel effet. On sème sur place en avril-mai pour avoir des fleurs en juillet-août : si l'on sème en terre douce à demi-ombre, du 15 juin au 1er août, on obtient une végétation très vigoureuse avec floraison de la fin d'août en octobre. En semant en pépinière du 15 septembre au 15 octobre, dans une terre légère riche en humus, en repiquant après la levée une première fois soit sous châssis à froid, soit au pied d'un mur au midi où l'on peut au besoin protéger par des panneaux ou des paillassons contre des froids vifs et continus, puis une seconde fois au milieu de mars en exposition chaude en laissant entre les plants un espace de 12 à 15 centimètres suffisant pour enlever des mottes, on peut mettre en place au commencement d'avril, de manière à obtenir une belle floraison d'avril-mai en juin.

BAGASSE *(technologie)*. — Tiges de la canne à sucre après qu'elles ont passé au moulin extracteur du jus sucré. On s'en sert généralement, soit comme combustible, soit comme engrais.— Ce sont aussi les tiges de la plante qui fournit l'indigo, après qu'elles ont passé à la cuve de fermentation. — On a proposé d'extraire des fibres textiles de la bagasse des cannes à sucre ; cette industrie n'a pris encore aucun développement.

BAGUAGE *(arboriculture)*. — On désigne souvent sous le nom de *baguage* l'opération de l'incision annulaire pratiquée dans l'écorce des arbres fruitiers ou de la vigne pour arrêter la sève descendante et empêcher le fruit de couler. On se sert aussi du même mot pour indiquer le greffage en flûte.

BAGUE *(horticulture)*. — Nom donné par les jardiniers au cercle d'œufs du papillon appelé bombice livrée (*Bombix neustria*), qui entoure une branche d'arbre fruitier.

BAGUE *(mécanique agricole)*. — Organe en fer rond percé d'un trou et qui s'applique devant un pignon, devant une poulie, devant tout organe tournant à mouvement libre sur un arbre quelconque, notamment devant la fusée d'une roue de chariot, afin de les maintenir dans leur position de travail ; la bague est maintenue sur l'arbre par une vis de pression et un écrou.

BAGUENAUDE. — Nom donné quelquefois à l'alkékenge (voy. ce mot). — C'est aussi le nom du fruit du baguenaudier, lequel consiste en une gousse pleine de petites graines, et qui éclate avec bruit lorsqu'on la presse.

BAGUENAUDIER *(botanique et horticulture)*. — Les baguenaudiers appartiennent à la famille des Légumineuses papilionacées, tribu des Galégées. On en connaît trois espèces bien déterminées, des régions chaudes et tempérées de l'Europe et de l'Asie : 1° le baguenaudier ordinaire ou en arbre (*Colutea arborescens*), appelé aussi *faux-séné;* c'est un sous-arbrisseau indigène en France, touffu, atteignant de 3 à 4 mètres, avec feuilles imparipinnées, ovales, échancrées au sommet, glauques en dessous, donnant tout l'été des grappes de fleurs jaunes, à centre mordoré ; il est plus curieux par ses fruits verts en gousses vésiculeuses et gonflées d'air crevant avec bruit quand on les presse vivement, qu'ornemental par son feuillage et par ses fleurs. Ses feuilles sont purgatives, riches en tanin et ont une amertume considérable; elles servent souvent à falsifier le séné. Ses fruits passent pour augmenter la sécrétion du lait chez les vaches. Le bois n'est employé que pour le chauffage. Il lui faut une terre franche, légère, une exposition à mi-soleil ; il végète dans les terres crayeuses ; on le multiplie de graines ou de drageons. — 2° Le baguenaudier du Levant (*Colutea orientalis*), appelé aussi *séné du Levant*, atteint de $1^m,60$ à 2 mètres; ses feuilles sont arrondies, mucronées, glauques sur les deux faces : ses fleurs, qui paraissent en juin et juillet, sont d'un rouge pourpré, veinées et munies de deux taches jaunes au bas de l'étendard. Il lui faut le plein soleil, dans la même terre que le précédent; on le reproduit par semis sur couches. — 3° Le baguenaudier d'Alep (*Colutea alepica*), de $1^m,30$ à $1^m,60$, a les feuilles ovales, pubescentes en dessous, les fleurs jaunes, les fruits rougeâtres, ouverts au sommet. — On donne encore le nom de baguenaudier au *Sutherlandia*, au *Lessertia perennans* et au *Swainsonia galegifolia.*

BAGUIO. — Nom de la cerise à Guernesey et dans la Basse-Normandie.

BAHUT (EN DOS DE) (*horticulture*). — Nom donné à toute allée ou plate-bande plus ou moins fortement bombée en son milieu afin de permettre un égouttement facile des eaux et de présenter un aspect agréable à l'œil ; cette forme est surtout nécessaire lorsque les jardins sont établis en terrains humides.

BAGOT (*biographie agricole*). — Membre de la Société d'agriculture de 1808 à 1812, a été collaborateur de Tessier et cultivateur propriétaire à Champigny. Il est auteur d'un mémoire sur les produits du topinambour comparés avec ceux de la luzerne et de plusieurs racines légumineuses.

BAI (*zootechnie*). — Signifie rouge brun et ne s'applique guère qu'à la désignation de la couleur de la robe du cheval. On dit un cheval bai, une jument baie. En général un cheval bai a la robe rouge, les extrémités et les crins noirs ; mais le rouge de la robe peut avoir des nuances variées, d'où les appellations de bai brun, bai marron, bai châtain, bai clair, bai cerise, bai doré, pour désigner des chevaux dont le pelage offre des nuances rouges avec des reflets qui se rapprochent de ceux du brun, du marron, du châtain. du rouge clair, de la cerise, de l'or. Le bai brun est ordinairement très foncé, presque noir, excepté aux naseaux et aux flancs qui présentent des poils d'un rouge de feu.

BAIE (*botanique et horticulture*). — Nom donné aux fruits dont le péricarpe est entièrement charnu sans noyau. Les fraises, les framboises, les mûres, les grains de raisin, les grains des groseilles en grappes, les fruits des ronces, du gui, du genièvre, du laurier, etc., sont des baies. Les graines ou pépins plongent dans la pulpe des baies.

BAIE (*constructions rurales*). — C'est l'ouverture que l'on pratique dans un mur ou dans un assemblage de charpente pour y faire une porte, une fenêtre, etc.

BAIL (*économie rurale*). — Un *bail* est un contrat spécifiant les conditions suivant lesquelles une personne, qui est le *bailleur* ou la *bailleresse*, s'engage à faire jouir une autre personne, qui est le *preneur*, d'une chose pendant un temps plus ou moins long. En agriculture, les baux se concluent pour céder soit l'exploitation d'une terre, soit la jouissance d'un droit de chasse ou d'un droit de pêche. On dit que la terre, la chasse, la pêche sont louées ou bien font l'objet d'un louage. Lorsque le preneur s'engage à payer un *prix ferme* au bailleur, on dit qu'il y a *fermage*, et le preneur devient alors *fermier* du bailleur. Lorsque, au contraire, le preneur s'engage à donner son travail tandis que le bailleur fournit la chose à exploiter pour qu'il y ait partage des fruits produits entre les deux parties, il y a une sorte d'association appelée *métayage* ou colonage partiaire ; le preneur est appelé *métayer* ou colon du bailleur. En ce qui concerne les terres, deux sortes de baux principaux se présentent donc selon les deux systèmes principaux d'exploitation usités : l'exploitation par des *fermiers* ou l'exploitation par des *colons partiaires*. Dans le premier système, il y a *bail à ferme;* dans le second système, *bail à métayage* ou *à colonage partiaire.*

BAUX A FERME. — Dans les baux à ferme il est stipulé que le bailleur cède pour un temps limité la jouissance d'une propriété, à la condition que le preneur les cultivera et gardera pour lui tout ou partie des fruits de la terre, à la charge de payer annuellement un prix convenu. De semblables conventions peuvent varier à l'infini dans leurs termes particuliers, selon les lieux, selon les mœurs, les préjugés, les usages locaux, l'état de l'instruction générale des propriétaires et des cultivateurs pouvant ou voulant devenir fermiers. Ainsi le temps pour lequel le bail est consenti, peut être court ou long, mais il est nécessairement limité, sans quoi le preneur acquerrait des droits de véritable propriétaire, et le contrat de bail deviendrait un acte de vente ou de donation. Le prix de location varie dans les proportions les plus élastiques selon la valeur ou la fertilité des terres et les conditions économiques du domaine. Ce prix peut être payé en totalité en argent, en totalité en nature, ou bien partie en argent et partie en produits du sol. Outre le prix convenu à payer annuellement en un ou plusieurs termes, on peut stipuler une sorte de pot-de-vin à solder au moment de la signature ou de la promesse du bail. Des redevances en nature, en charrois, en services de divers genres, sont parfois déterminées. Des propriétaires se réservent les arbres. Dans quelques baux la récolte des arbres d'un verger reste au bailleur, tandis que les fourrages qu'on peut faucher sont au preneur ou réciproquement. Pour un bois exploité en taillis sous futaie, on peut donner à bail les coupes de taillis, mais réserver les vieilles écorces. En ce qui concerne les droits de chasse et de pêche, les clauses des baux varient beaucoup, quoiqu'il soit établi par la jurisprudence que l'affermage général d'une propriété ne confère pas au fermier le droit de chasse à moins de spécification contraire, et qu'il donne au contraire le droit de pêche dans les mares, les étangs, les pièces d'eau, les cours d'eau que le fermier est chargé d'entretenir. Les baux à ferme pour la chasse et la pêche ne peuvent, de même que pour les terres, être conclus que pour des temps limités, la création de servitudes sur une propriété au profit d'une personne étant prohibée. Les droits d'usage sur les fruits d'un immeuble rural sont personnels à ceux qui en jouissent et, à moins de stipulations expresses dans le titre de l'usager, ils ne peuvent être cédés par un bail à ferme.

Enfin mille restrictions diverses peuvent être imposées aux fermiers dans les baux pour les systèmes de culture à suivre, pour l'emploi des engrais commerciaux ou des fumiers et des amendements, pour la quantité ou la nature des bestiaux, pour les plantes à cultiver, de même que des clauses spéciales y sont souvent introduites dans le but d'intéresser les fermiers à faire des améliorations et à accroître la valeur des propriétés, bien loin de les déprécier par des cultures épuisantes. Quant à l'entretien ou à l'agrandissement des bâtiments d'exploitation et d'habitation, à l'exécution des grands travaux d'amélioration de nature permanente, tels que drainage, canaux, épierrements, routes ou chemins d'exploitation, il convient aussi d'en prévoir l'indication dans les baux, quoiqu'ils puissent toujours devenir l'objet de conventions particulières postérieures.

Dans la plupart des études de notaire, on trouve des modèles de bail qu'on est habitué de reproduire de générations en générations pour ainsi dire, sans y rien changer, malgré les progrès considérables de l'agriculture. On peut dire que presque tous les baux ont cessé d'être en rapport avec l'état de la science et de l'art agricoles. Il arrive trop rarement que l'on ne se contente pas de copier les anciennes formules, qui sont cependant tout à fait surannées. On respecte seulement les prescriptions du code civil dont la violation aurait pour conséquence la nullité des contrats. La qualité du bailleur doit être en France bien déterminée pour que la durée du bail puisse s'étendre légalement au delà de neuf années. Toutes les personnes qui n'ont que la jouissance ou l'administration temporaire d'une propriété, par exemple un mari pour les biens de sa femme, les pères ou mères pour les biens de leurs enfants mineurs, les usufruitiers, les curateurs des interdits ou des incapables, ne peuvent pas consentir des baux d'une plus longue durée; toutefois les conventions ne seraient pas absolument nulles pour ce fait : elles seraient d'abord valables pour la durée des neuf années, et elles pourraient dans certains cas recevoir un nouvel effet si une seconde période de même durée venait à commencer. Cela aurait lieu notamment pour les biens dont la jouissance ou l'administration continueraient sans changements après la fin des neuf premières années. Mais seraient atteints de nullité pour le surplus les engagements de ceux auxquels la loi ne reconnaît pas la capacité suffisante pour faire des longs baux, par exemple les femmes qui ne sont pas mariées sous le régime de la communauté, les mineurs émancipés, ceux qui sont munis d'un conseil judiciaire. La loi apporte aussi des restrictions aux engagements des preneurs qui, pour pouvoir devenir fermiers, doivent avoir la capacité exigée pour la validité de tous les autres contrats. Une femme, même séparée de biens, ne peut pas prendre à bail un immeuble rural, sans l'autorisation de son mari; le mineur, même émancipé, ne peut pas non plus s'engager comme fermier; il faut ajouter que la loi interdit à un tuteur de prendre à bail les biens de son pupille, à moins d'une autorisation du conseil de famille.

Souvent les fermiers possèdent quelques biens qu'ils cultivent en même temps que ceux qu'ils prennent à bail; les fonds qu'ils possèdent en propre, ne sont, dans la plupart des cas, qu'un moyen de cautionner leurs obligations envers les bailleurs. Cette circonstance se rencontre surtout dans le nord de la France, qui est la région où le fermage est le plus florissant. Dans une très bonne étude sur les baux à ferme, M. Mariage a résumé les principales stipulations des baux du Nord, en ce qui concerne leurs conditions générales, la durée, le payement des impôts, les risques des fermiers, les droits et les devoirs des propriétaires, la rente de la terre. Nous croyons devoir résumer l'ensemble de ses constatations.

Les baux de la région du Nord commencent par déterminer la durée pendant laquelle ils auront leur effet. Cette durée est, d'une manière constante, fixée à neuf années, avec la stipulation expresse que le fermier ne pourra dans aucun cas jouir de la tacite reconduction édictée par l'article 1776 du code civil. Viennent ensuite : 1° stipulation que les impôts de toute nature, mis ou à mettre sur les biens loués, seront payés par le fermier, quand même ces impôts seraient, par les lois à intervenir, mis à la charge des propriétaires; 2° stipulation déclarant que tous les cas fortuits, prévus ou imprévus, ordinaires ou extraordinaires, seront supportés par le fermier, sans que, dans aucun cas, celui-ci puisse réclamer ni indemnité ni diminution de fermage; 3° interdiction au fermier de sous-louer sans le consentement exprès et par écrit du propriétaire; 4° charge par le fermier de fumer les terres d'une façon déterminée, avec défense formelle de cultiver certaines plantes, notamment durant les trois dernières années; 5° engagement par le fermier de payer, avant d'entrer en jouissance et à titre de pot-de-vin, une somme égale à une année de fermage, celui-ci devant être payé chaque année le 30 novembre, sauf la dernière annuité exigible en juin, à moins que le preneur n'ait obtenu un nouveau bail faisant suite à celui en cours; 6° prescription que les fermages seront payés en espèces d'or ou d'argent, et non autrement, et qu'en cas d'émission de papier-monnaie ou de toute autre valeur fiduciaire, la redevance sera acquittée en nature, en prenant pour base la moyenne des cours les plus bas de l'année.

Ces conditions, ajoute M. Mariage, diffèrent peu de celles que l'on trouve dans la plupart des baux souscrits soit à l'ouest, soit au midi, soit au centre de la France, mais il arrive bien des fois qu'on y rencontre des stipulations absolument contraires à tous les progrès et qui auraient pour résultat, si elles étaient scrupuleusement obéies, de rendre immobile l'agriculture. Dans l'Oise, dont les baux ne sont aussi que de neuf ans, ils contiennent encore souvent la défense de dessaisonner, de marner et de labourer profondément. Il en est de même dans la Beauce, où l'assolement est triennal; certains baux y exigent que cet assolement soit rigoureusement suivi. Lorsque la liberté est laissée au fermier pour la variation des assolements et pour la suppression de la jachère, c'est à la condition que les terres seront fumées plus fortement. Dans le Perche, il y a de nombreux exemples de baux dont la durée est de douze ans, et on en cite même de dix-huit ans. — Dans la Sologne, les baux sont le plus souvent de trois, six ou neuf ans, avec facilité au bailleur ou au preneur, de résilier à l'expiration de la troisième ou de la sixième année, moyennant avertissement six mois à l'avance. — En ces pays le payement du fermage a lieu par moitié à Noël et à Pâques. Très souvent on stipule qu'un pot-de-vin sera payé avant l'entrée en jouissance, et l'on met généralement à la charge du bailleur quelques menus *suffrages* consistant notamment en poulets, oies grasses et autres animaux de basse-cour. Mais d'autres conditions des baux sont bien autrement astreignantes et parfois fâcheuses. Certaines stipulations exigent qu'une étendue déterminée soit mise et maintenue en luzerne, sans s'occuper de la possibilité de le faire d'une manière utile. Il est parfois exigé de conserver les haies et clôtures afin qu'on puisse laisser les chevaux dehors durant la nuit.

Dans le centre, l'époque de l'entrée en jouissance est le 1er novembre. A cette date, le fermier sortant doit avoir terminé ses emblaves d'automne, pour les récolter à la moisson suivante en payant un fermage proportionnel. Le fermier entrant récolte les denrées de mars; il reçoit les deux tiers des fourrages et des pailles de l'année, ainsi que toutes les pailles des céréales en terre. Les impôts de toute nature sont à la charge du preneur.

Les baux sont presque toujours de neuf ans dans les Charentes et dans les Deux-Sèvres. L'usage général dans le Bocage est de les renouveler vers la sixième année, de telle sorte qu'ils sont en réalité de douze ans, quand il n'y a pas changement de fermier. Les fermages sont payés en argent aux échéances des 25 mars et 25 septembre. Il y a en plus des prestations en nature, qui s'élèvent quelquefois au quinzième et même au douzième du prix de ferme. On y rencontre aussi l'usage du pot-de-vin, mais il est plus rare que dans le nord. Les impôts sont également à la charge du preneur. La plupart des baux prescrivent que le fermier devra cultiver, labourer, fumer et ensemencer les terres en saisons convenables et en suivant l'ordre des guérets. — Dans la Loire-Inférieure, les baux se font pour cinq, sept ou neuf ans.

Dans le Lyonnais, les baux sont de neuf ans, et la rente se paye à la Saint-Martin. — En Auvergne, les baux sont conclus pour trois, six ou neuf années au choix des parties, et contiennent très fréquemment les conditions d'assolement. — Dans la Haute-Saône, le bail à ferme est fait généralement pour trois, six ou neuf années, et l'entrée en jouissance a lieu au 24 septembre.

Dans beaucoup de parties du Midi les baux ne sont pas écrits ; la location se fait d'une Saint-Michel à l'autre (29 septembre), par tacite reconduction, aussi longtemps que les deux parties se conviennent. Les congés se donnent avant Pâques, pour sortir à la Saint-Michel suivante. Les fermages se payent moitié à la Chandeleur et moitié à la Noël. Les baux des terres dites arrosables se font généralement pour cinq ans au moins et pour neuf ans au plus. — Dans l'Ardèche, les baux sont passés pour six ou neuf ans, au choix des parties, avec des conditions d'assolement quelquefois très rigoureuses imposées au preneur.

Quels que soient les usages locaux qui peuvent faire varier à l'infini les conditions particulières des baux, il faut que l'on ait soin dans chaque pays de se conformer aux prescriptions générales de la loi. En France, les conventions relatives à la location des terres ne sauraient contrevenir aux règles édictées par les articles 1714 à 1751 et 1763 à 1778 du code civil. Tous les baux écrits doivent être enregistrés ; ils sont soumis, qu'ils soient écrits ou verbaux, à un droit proportionnel qui ne doit être acquitté qu'au fur et à mesure de la jouissance et non pas pour la totalité de la durée. L'enregistrement donne date certaine aux baux.

La complication des baux à ferme en France dépend non seulement de la diversité des usages locaux et des cultures, mais encore de la variété des transactions qui doivent être mentionnées. « La loi française, dit le comte Adrien de Gasparin dans son excellent *Guide du propriétaire de biens ruraux affermés*, reconnaît quatre sortes de baux : le bail à loyer, qui comprend celui des maisons et des meubles; le bail à ferme, qui concerne les héritages ruraux; le loyer proprement dit, qui est un engagement relatif au travail et au service des hommes; enfin le bail à cheptel, qui est la location des animaux dont le profit se partage entre le propriétaire et celui à qui il les confie (articles 1708-1710 du code civil). Nos baux à ferme participent souvent de toutes ces natures de contrat de louage. Ainsi en prenant un bail à ferme, nous louons une habitation et quelquefois une partie de son mobilier, en héritage rural; quelquefois nous convenons du prix auquel seront payés certains travaux, soit à la journée, soit à prix fait; et enfin nous remettons aussi fréquemment un troupeau au fermier, à la charge de tenir compte d'une partie du produit. Tous ces divers genres de transactions peuvent donc se rencontrer dans un bail à ferme. »

De toutes les considérations qui viennent d'être présentées, il résulte manifestement qu'on ne peut pas donner un modèle de bail unique, pouvant servir dans toutes les circonstances. Mais on s'accorde à regarder comme digne d'être médité par tous les agriculteurs le bail à ferme de Roville conclu entre Mathieu de Dombasle et Bertin, propriétaire du domaine. Des modèles de baux ont été rédigés par le comte Adrien de Gasparin, notamment pour un domaine soumis à l'assolement triennal, et pour un domaine soumis à un système d'améliorations encouragées par des primes garanties au fermier.

En vue d'assurer les progrès de l'agriculture, on s'est beaucoup préoccupé des moyens d'assurer aux fermiers une part dans les améliorations que leurs travaux et leur intelligence font acquérir aux domaines qu'ils exploitent. C'est une question qui pourrait être résolue dans les baux, mais trop rarement on s'en occupe au moment de leur rédaction. Dans certains pays, notamment en Angleterre, des lois spéciales ont été rédigées pour régler cette matière ; la loi anglaise de 1883 a rendu ces indemnités obligatoires.

Baux à ferme verbaux ou non écrits. — Les baux à ferme en France sont généralement écrits, mais les baux non écrits n'en sont pas moins valables pour des durées que le code civil a réglées dans ses articles 1774 à 1776.

Dans un assez grand nombre de contrées, notamment dans une partie de l'Angleterre et de l'Écosse, le bail est rarement écrit; il est remplacé par des usages et des prescription légales auxquels personne ne songe à se soustraire. Quoique annuels ou *at-will* (à volonté pour les deux parties contractantes), il y a des baux à ferme qui restent séculairement depuis plusieurs générations dans la même famille.

BAUX A MÉTAYAGE OU A COLONAGE PARTIAIRE. — Le bail à métayage ou à colonage partiaire est celui par lequel l'un des contractants, qui est le propriétaire d'un domaine ou son représentant, s'engage à fournir non seulement la terre, mais encore des capitaux, du bétail, des instruments et des semences, tandis que l'autre, qui est le métayer ou colon partiaire, s'engage à donner son travail et celui de sa famille, à fournir toute la main d'œuvre. Le partage des fruits de la terre et du croît du bétail se fait en général par parties égales, une fois les semences pour l'avenir déduites. Quelquefois une somme d'argent est en plus stipulée en faveur du propriétaire ; presque toujours les impôts sont mis à la charge du colon.

Les baux à colonage partiaire sont très souvent conclus pour un an seulement, mais avec la clause de tacite reconduction, à la condition de se prévenir six mois à l'avance.

Les baux annuels prolongés d'année en année d'un consentement mutuel se rencontrent le plus souvent dans les pays à métayage, surtout dans ceux où l'entretien d'un nombreux bétail forme la principale industrie agricole du pays. Cependant il se contracte aussi des baux à longue échéance.

Le code civil contient, sur le cheptel donné au colon partiaire, des prescriptions qu'il est nécessaire d'avoir sous les yeux quand on conclut ces sortes de contrats.

Beaucoup de métayers n'ont aucun contrat écrit avec leurs propriétaires. Les conventions sont alors réglées par les usages locaux.

BAIL A CHEPTEL. — L'article 1800 du code civil donne cette définition : « Le bail à cheptel est un contrat par lequel l'une des parties donne à l'autre un fonds de bétail pour le garder, le nourrir et le soigner, sous les conditions convenues entre elles. » Dans le métayage, il y a généralement bail à cheptel. Dans le fermage, le bail à cheptel se rencontre quelquefois. Une étude approfondie des divers cheptels est nécessaire pour bien faire comprendre cette matière importante dans la vie rurale.

BAIL EMPHYTÉOTIQUE. — Bail à longues années,

qui peut durer jusqu'à quatre-vingt-dix-neuf ans. Un tel contrat revient à céder la propriété d'un héritage rural, sous la réserve d'une redevance.

Bail de maisons rurales d'ouvriers. — Dans plusieurs contrées, il existe comme annexées aux fermes ou aux métairies quelques maisons d'ouvriers désignées sous le nom de *borderies*, *chalets*, *locatures*, qui sont destinées surtout à loger des ouvriers des champs, faucheurs, auxiliaires de tous genres, bûcherons, vignerons, etc. Ces maisons sont ordinairement louées soit par le propriétaire lui-même, soit par le fermier ou le métayer, et le loyer est payable ou en argent ou en prestations de divers genres. Ces maisons doivent présenter, outre les chambres d'habitation nécessaires pour une famille, toutes les dépendances propres à abriter une vache, des porcs, quelques moutons, quelques animaux de basse-cour, le tout variant selon les localités, avec un jardin ou petit champ pour la nourriture de la famille en légumes. Les conditions de louage doivent être d'une longue durée.

Bail des jardins. — La rédaction d'un bail pour les jardins exige une attention minutieuse, à cause des nombreux détails à prévoir dans l'état des lieux: état du sol, entretien des clôtures, des murs, des espaliers, des puits, bassins et appareils d'arrosage, serres de diverses natures, châssis, cloches, fumiers, composts, arbres à fleurs et à fruits, bosquets, pépinières, carrés pour la production légumière ou florale, plantations d'asperges et autres cultures demandant plusieurs années pour être productives. La visite des lieux doit être faite par des experts, pour que, à la sortie, la remise puisse avoir lieu sans discussion et que les dommages et intérêts soient équitablement réglés en cas de dégradations.

Bail de prés et patures. — Les prés et les pâtures donnent souvent lieu à des baux spéciaux; ceux relatifs aux pâturages non destinés à être fauchés sont les plus simples de tous; ceux qui concernent les prés exigent quelques prescriptions particulières.

Pour les pâturages non fauchables, qui n'appartiennent pas à un corps de biens, on stipule généralement un prix en argent. On proscrit toute culture sur les sommets et les parties déclives, pour éviter la dénudation du sol. Le preneur doit s'interdire la destruction des arbres qui peuvent s'y trouver. La durée du bail peut être celle qui convient aux deux parties.

Pour les prés fauchés, il peut n'en être plus de même. S'ils sont destiné à être retournés, il faut que le bail soit assez long pour que le preneur ait le temps de les rendre en bon état de prairie à faux courante, et il ne paraît pas sage d'affermer pour moins de neuf années. Si les prés doivent rester permanents, le nombre des années pour lequel on les afferme est indifférent. Dans tous les cas, il faut prévoir le bon entretien des clôtures, des rigoles d'irrigation, des fossés d'assainissement, des moyens d'amener les eaux, des vannes, etc., s'il y en a; la destruction des taupinières, l'arrachage des épines, des buissons, des ajones, des genêts, de toutes les mauvaises herbes; l'époque des retournements ou labours, s'il doit y en avoir, et les graines qu'on devra employer pour les semis; les saisons où on y permettra l'introduction des animaux pour pacager, les fumures qu'il faudra employer. Le but du bail doit être surtout de maintenir la prairie en état d'amélioration et d'éviter qu'elle puisse être usée.

Bail de vignes. — La durée d'un tel bail doit être assez grande pour que le preneur puisse avoir la chance de rencontrer, pendant son exploitation du vignoble, un nombre de bonnes années dont les récoltes puissent compenser les chances des années mauvaises; il faut dix-huit à vingt ans. Le preneur est astreint, en général, à renouveler un certain nombre de ceps chaque année, à porter des terres ou des fumiers à des époques déterminées, à appliquer un système de taille, à un mode particulier d'échalassement. Le nombre des arbres fruitiers qu'on peut y entretenir est rigoureusement prescrit, et on spécifie aussi avec soin les légumes qui pourront y être cultivés.

Le mode de louage pour les vignes, le plus simple, est le fermage à prix d'argent; mais dans ce système, à cause de l'inégalité extrême des résultats des vendanges, le propriétaire ne reçoit pas en général exactement ses fermages; aussi loue-t-on plus habituellement les vignes à portion des fruits. L'étendue du vignoble mise en partage des produits est proportionnelle au travail que peut donner la famille du vigneron. Le partage se fait au moment même de la vendange ou bien quand, dans le pressoir, le vin est fait; on stipule d'ordinaire que le propriétaire loge le vigneron, qu'il paye l'impôt foncier, fournit les échalas, participe aux frais de fumure, fournit les cuves, le pressoir et la moitié des fûts si le vin doit être conservé. Le procédé de vinification est prescrit à l'avance. Le propriétaire se réserve la moitié, le tiers, le quart du vin, selon qu'il participe ou non aux frais de fumure, qu'il acquitte ou ne paye pas l'impôt foncier, qu'il fournit ou ne fournit pas les échalas. Les conditions varient aussi selon les usages des lieux.

Bail pour chataigneraies, vergers, oliviers, amandiers, noyers, pommiers. — Les baux des terres qui portent ces diverses plantations doivent donner la désignation des espèces, l'énumération et l'écartement des arbres, l'état des lieux; prescrire les façons à donner au sol, les modes de taille et de remplacement; indiquer les procédés de récolte, s'ils sont faits à prix d'argent ou à partage des fruits. Dans le dernier cas il faut que le bail stipule s'il s'agit de fruits frais, de fruits desséchés ou de produits extraits des fruits. Ainsi les châtaignes peuvent être livrées et partagées au moment où elles sont récoltées, ou bien après avoir été séchées; en ce qui concerne les olives, les noix, les amandes, on peut aussi les partager en nature, ou bien on peut ne se partager que l'huile extraite; pour les pommiers et les poiriers, il peut s'agir de partager le cidre ou bien les fruits à l'état de conserves ou bien encore les fruits à l'état frais. Les prunes peuvent être ramenées à l'état de pruneaux ou de fruits conservés. Tout cela doit être dit avec précision, et le bail doit mentionner le rôle du propriétaire dans la livraison des pressoirs, des séchoirs, des moulins et autres ustensiles nécessaires à la transformation des produits, ainsi que la proportion qui revient au bailleur et au preneur selon les apports de chacun d'eux.

Bail pour magnanerie. — L'éducation des vers à soie se fait très souvent à moitié. Le propriétaire donne le local, les ustensiles, la graine des vers à soie, la feuille de mûrier; le colon fournit son travail; il y a partage des cocons par parts égales. Ces baux sont faits le plus souvent à l'année. Quelquefois le propriétaire ne donne que la graine et la feuille sans s'occuper du local et du matériel, et il se contente alors du tiers des produits.

Bail de bois et forêts. — Les bois et forêts sont donnés en louage comme tous les autres biens ruraux. Les baux qui les concernent ont des caractères spéciaux d'après la nature des essences qu'y forment les plantations. Les baux se concluent à prix d'argent ou à partage des produits. On doit distinguer les bois composés d'arbres à souches vivaces et ceux à souches non repoussantes. Pour les premiers, tels que les bois plantés en chênes, en ormes, en bouleaux, en hêtres, en frênes, en charmes, en aunes, en trembles, en érables, qui doivent s'abattre régulièrement par coupes déterminées, à des âges et à des époques fixes, on indique ces âges et ces époques dans le bail, qui doit fixer la succession de chaque coupe, son étendue, le mode d'exploitation, les réserves à faire en arbres fruitiers, en baliveaux de l'âge du taillis, en modernes et vieilles écorces. Le bail doit aussi désigner les réserves à faire en arbres d'assiette, arbres de lisière, bordures d'allées, pieds cormiers. Pour les bois de chênes et d'aunes, le bail doit dire si l'écorçage est permis. Pour tous les bois où la carbonisation est autorisée, le bail doit indiquer les places où les charbonniers pourront établir leurs fourneaux, et prescrire les précautions à prendre pour l'allumage en vue d'empêcher les incendies.

Pour les bois qui ne sont pas à souches repoussantes, tels que pins, sapins, mélèzes, cèdres, arbres en plantation régulière, on spécifie dans le bail l'étendue et la quantité d'arbres à exploiter chaque année, le mode d'exploitation par jardinage ou autrement, et celui du remplacement, en indiquant tout ce qui concerne la remise en bon état du sol vidé de bois, la conservation des jeunes plants, la proscription des troupeaux qui les détruiraient, l'entretien des arbres afin que la forêt soit, à la fin de la durée du bail, dans une situation au moins égale à celle du commencement. Si l'on afferme un bois d'essences résineuses avec permission d'en extraire la résine, le bail doit spécifier l'âge et la taille des arbres à saigner, le mode d'extraction, les lieux où la résine pourra être travaillée.

Le preneur, dans tous les cas, est tenu de répondre des coupes et des arbres qu'il doit laisser, de réparer les chemins, sans en créer d'autres que ceux indiqués par le bail; de réparer également les clôtures; d'entretenir les allées nettes, de curer les fossés d'égouttement et d'entourage; de faire replanter les vides et, d'une manière générale, d'exécuter tous les travaux nécessaires pour maintenir le tout en bon état. Le mode de tirage du bois de vente doit être indiqué avec précision. Le preneur est obligé à souffrir les droits et servitudes anciens sans qu'il puisse en laisser établir de nouveaux, et il doit défendre constamment les bois contre le pacage des bestiaux et contre le pécorage. Le preneur a la charge de l'entretien de toute maison de garde annexée à la forêt; cette maison, ainsi que les terres et jardins qui en dépendent, doivent être spécifiés au bail. Dans celui-ci, on doit aussi mentionner la permission ou la défense de laisser tirer de la pierre, du sable, de l'argile, de la marne, avec l'indication de la nature, de la quantité, du mode d'extraction, quand elle est autorisée, et celle des lieux où elle le sera, et des chemins par lesquels se fera le transport des matériaux extraits du sol de la forêt.

D'une manière générale, les baux forestiers doivent spécifier qu'il y aura autant de payements que de coupes. Leur durée est donc dépendante du mode d'aménagement. Les taillis de chênes et autres destinés à faire du charbon pour les forges doivent se couper de neuf à douze ans. Il faut attendre dix-huit ans pour couper les bouleaux et les aunes destinés à produire du bois de sabotage. Pour l'exploitation des plantations d'arbres en avenues ou en quinconces, tels que peupliers, ormes, acacias, elle ne peut avoir lieu non plus que par des coupes à longs intervalles, laissant toujours debout le même nombre d'arbres par des remplacements convenables de mêmes essences ou d'essences se succédant avec avantage. On n'afferme guère que pour une seule coupe sur tout l'ensemble de la forêt, et par conséquent la division des coupes doit être rigoureusement stipulée, pour que la forêt ne perde jamais de valeur.

Bail d'oseraies et saussaies, etc. — Les oseraies, les saussaies, les coudriers, sont exploités en bois taillis qu'on coupe dans le jeune âge, à trois ou quatre ans, dans le but d'avoir des produits propres à la confection des paniers ou des cercles. Aussi les baux ont-ils une durée de neuf à douze ans. Pour les châtaigneraies que l'on exploite pour avoir des cercles, elles sont coupées tous les cinq, six ou sept ans; les baux qui les concernent ont en conséquence des durées de quinze, dix-huit ou vingt et un ans.

Baux d'étangs, lacs et rivières. — Ces baux doivent prescrire l'obligation d'entretenir les digues et fossés de décharge, de nettoyer les eaux, de se soumettre aux servitudes d'abreuvage et d'arrosage dont ces eaux sont chargées. Pour les baux de rivières, il y a obligation pour le preneur à curer et à entretenir les cours d'eau en bon état; pour ceux d'étangs, il y a obligation pour le preneur à entretenir les grilles, les vannes et bondes, les chaussées. Dans les baux des lacs et des rivières, on inscrit la défense de pêcher hors des époques déterminées, de prendre les petits poissons, d'employer des engins qui pourraient le détruire, de se servir de substances qui pourraient enivrer ou empoisonner le poisson. Le preneur d'étangs doit s'engager à les tenir bien dégarnis d'herbes, de roseaux et de joncs, à les vider, labourer et ensemencer à des époques fixées, à les empoissonner avec des poissons de taille, d'âge, d'espèces et de nombre déterminés. Si le fermage est à prix d'argent, ces prescriptions suffiront; s'il est à partage des produits, il doit y avoir prescription de ne pêcher qu'à des époques fixes et en présence du bailleur ou de son fondé de pouvoir, avec indication des réservoirs où le poisson qui lui appartiendra devra être mis en réserve jusqu'au moment de l'enlèvement par le marchand.

Baux de moulins et d'usines. — Très souvent aux baux de rivières et d'étangs sont joints des baux de moulins et d'usines dont le bail de la pêche n'est généralement alors qu'une annexe. Le fermier prend à sa charge l'entretien des digues et chaussées de l'usine, des ponts qui y conduisent, des tournants et virants, des bondes, vannes, déchargeoirs et déversoirs qui servent à diriger les eaux. De tout il est fait, lors de l'entrée en jouissance, un état détaillé pour que les choses soient rendues à la sortie pour même valeur, à dire d'expert. Le preneur doit en général payer, en entrant, la valeur des tournants, virants, meules, pilons, bocards ou scies, et, à sa sortie, il est remboursé par le fermier qui le suit, de même qu'il avait reçu de son prédécesseur. A défaut de cette manière de procéder, le preneur donne hypothèque pour garantie des valeurs qu'il reçoit. Il s'oblige à assurer les usines et bâtiments contre l'incendie. En général, il y a quelques terres annexées à l'usine pour l'entretien des animaux de trait nécessaires au transport des matières premières ou des produits; l'emploi du fumier est indiqué. Il y a aussi engagement pour le preneur de fournir des eaux d'irrigation aux voisins à des époques et en quantités déterminées. Le plus souvent, ces sortes de fermages se concluent à prix d'argent avec quelques menus présents en poissons et autres denrées.

Baux de chasse. — Les baux de chasse se concluent fréquemment, presque toujours à prix d'argent, pour des durées qui peuvent être courtes ou longues. La chasse est ordinairement réservée pour le propriétaire et interdite au fermier exploitant. Le preneur est tenu de ne chasser qu'en se conformant aux lois et aux ordonnances, de conserver les espèces de gibier qui ne nuisent pas à l'exploitation des terres, de payer des dommages et intérêts aux exploitants pour les dégâts causés aux récoltes; il lui est interdit d'employer des engins destructeurs du gibier, et de chasser au fusil, à moins que ce ne soit pour les loups, les renards et autres animaux nuisibles, en dehors d'époques déterminées. La chasse des oiseaux de passage, tels que bécasses, vanneaux, pluviers, canards, doit être indiquée comme permise ou défendue par le bail en telles ou telles saisons. Le preneur est tenu de garantir le bailleur contre les réclamations par des tiers de dommages-intérêts, en raison de l'élevage et de la conservation du gibier.

BAIL DE FERMIER GÉNÉRAL. — Un fermier général est celui qui, à prix d'argent et moyennant des payements à époques fixes, prend la gérance absolue de plusieurs domaines appartenant à un seul propriétaire. Le nombre des grands propriétaires qui se déchargent ainsi de tout soin de leurs domaines, diminue de plus en plus. Le preneur donne des cautions ou hypothèques pour garantir l'exécution des clauses de son contrat; il est chargé de tout faire valoir selon le mode d'exploitation le plus convenable, d'entretenir les bâtiments, les plantations, les jardins, les corps de ferme, de disposer des coupes et des ventes de bois, de planter les vergers, de faire des prés, de sous-louer soit à des fermiers, soit à des métayers, par corps de ferme ou par lots, comme s'il était propriétaire, à charge de payer les impôts et de s'engager à rendre les terres et dépendances dans le meilleur état possible. Des états de lieux doivent être faits avec des détails suffisants, en indiquant exactement les plantations à entretenir, les constructions à bien conserver, et toutes les mesures qui peuvent empêcher la détérioration et, s'il est possible, garantir l'amélioration des propriétés.

BAILE (*économie rurale*). — Nom donné en Provence au berger qui conduit les troupeaux transhumants. — C'est aussi souvent le nom du maître valet dans les métairies du Midi.

BAILLARGE (*économie rurale*). — Nom donné à l'orge, principalement à l'orge à deux rangs, dans quelques parties de la France, notamment dans le Poitou.

BÂILLEMENT (*zootechnie*). — Action de faire involontairement, en écartant les mâchoires, une aspiration forte et lente, suivie d'une expiration prolongée, et quelquefois sonore. Le bâillement paraît avoir pour résultat d'introduire une plus grande quantité d'air dans les poumons et de la proportionner à la quantité de sang qui a besoin d'être revivifiée. Il a lieu dans la météorisation, phénomène où la réduction de la quantité d'air contenue dans les poumons se manifeste. Le bâillement est généralement le signe d'un état de souffrance chez les animaux; il s'observe surtout chez le cheval, le chien et le chat; il est plus rare chez les ruminants. Il se produit quand les animaux sont fatigués, peu de temps avant le repas, quand la faim se fait sentir; il précède le sommeil. La fréquence du bâillement est un signe de gastrite. Chez le cheval, le vertige commence souvent par des bâillements. Le chien bâille souvent dans la maladie du jeune âge, et quand il est mis à l'attache, alors qu'il n'y est pas habitué et qu'il s'ennuie en témoignant en outre son impatience par des plaintes ou des aboiements fréquents.

BÂILLON (*zootechnie*). — On donne ce nom à divers instruments appliqués sur ou dans la bouche des animaux domestiques. — C'est un petit panier qu'on adapte au nez d'un cheval pour l'empêcher de mordre, d'un veau pour l'empêcher de manger; — c'est un lien avec lequel on réunit les mâchoires d'un chien pour le museler; — c'est enfin un instrument employé pour maintenir ouverte la bouche d'un cheval afin de l'examiner et d'y pratiquer quelque opération; on l'appelle dilatateur de la bouche, *speculum oris* et vulgairement *pas d'âne*.

BAIN (*hygiène et médecine vétérinaires*). — Un bain est l'immersion plus ou moins prolongée d'un corps dans un milieu susceptible de l'entourer. On distingue les bains les uns des autres soit d'après le corps immergé, soit d'après le milieu immergeant. On fait encore une distinction entre les différents bains, selon la température du milieu immergeant par rapport à celle du corps plongeur; c'est ainsi qu'on a des *bains froids*, des *bains neutres*, des *bains tièdes*, des *bains chauds*, lorsque le milieu est plus froid, à la même température, un peu plus chaud ou notablement plus chaud que celle du corps de l'animal que l'on baigne. — Les bains sont thérapeutiques, c'est-à-dire constituent des traitements prescrits par les vétérinaires en vue d'amener la guérison ou le soulagement d'une maladie générale ou locale, ou bien ils sont hygiéniques, c'est-à-dire ont pour but d'obtenir la propreté ou d'entretenir un jeu parfait dans toutes les fonctions de l'organisme.

Bains hygiéniques. — Le principal avantage des bains hygiéniques est de nettoyer la surface du corps des résidus de la sueur et des poussières qui s'y accumulent, ainsi que des ordures qui peuvent y adhérer. Les bains sont administrés le plus généralement dans de l'eau courante, dans les abreuvoirs, dans des mares. Ils stimulent la peau et redonnent de l'énergie au tissu vasculaire sous-cutané. C'est principalement aux chevaux qu'ils sont utiles. Les animaux de l'espèce bovine en ont moins besoin, parce qu'ils transpirent moins que ceux de l'espèce chevaline, mais ils en tirent cependant le grand avantage d'être ainsi débarrassés des ordures dont leur corps est trop souvent couvert, même dans les étables bien tenues. « Les bains, dit M. Zundel, sont nécessaires au chien et au porc; la nature les leur fait rechercher avec avidité; ils sont un puissant moyen d'entretenir la santé des porcs, de les garantir des maladies, et de leur faire bien prendre la graisse. Chacun sait que le chat les redoute. Quant au mouton, comme il craint beaucoup l'humidité, et que sa laine sèche difficilement, on ne doit lui en faire prendre que rarement, dans les jours secs et chauds, et le tenir ensuite au soleil; du reste, l'eau est moins à redouter pour ceux à laine longue que pour ceux à laine courte. La durée du bain varie selon le but qu'on se propose. Quelques minutes d'immersion suffisent quand il ne s'agit que de rafraîchir l'animal; un plus long temps est nécessaire toutes les fois qu'on veut détremper les ordures dont son corps est couvert. » Quant à la manière dont on doit donner les bains hygiéniques généraux, le même savant vétérinaire prescrit des règles très sages qu'il est utile de signaler aux agriculteurs. « On ne doit, dit-il, prudemment administrer les bains, surtout entiers, que pendant l'été, et dans les jours les plus chauds de l'année, depuis deux heures après midi jusqu'à six ou huit heures du soir. Il faut s'en abstenir quand la température de l'air est trop basse, et spécialement en hiver. On doit veiller aussi à ce que les animaux s'y remuent; car en restant immobiles, ils pourraient se refroidir; il faut autant que possible les faire généraux. On ne les leur permet ni quand ils ont le corps trempé de sueur, ni lorsqu'ils viennent de prendre leur repas; en négligeant ces précautions, on les exposerait à des inflammations des organes thoraciques, à des indigestions, à des apoplexies foudroyantes. Les femelles pleines, et celles surtout qui allaitent, méritent plus d'attention encore sous ce rapport, et presque toujours il convient de ne leur faire prendre que rarement des bains. Au sortir de l'eau, on se hâte de sécher les animaux. On les frotte avec un bouchon de paille, un linge sec ou une brosse, et on leur fait prendre un exercice modéré au grand air et au soleil. »

Bains médicinaux. — Après les bains hygiéniques ou bains froids que l'on fait prendre aux animaux à grande eau, on emploie encore, mais plus rarement, les *bains tièdes* qui ont un effet émollient et relâchant, et les *bains chauds* qui peuvent avoir un effet rubéfiant ; ces derniers bains aident à la maturation des phlegmons et souvent à combattre les inflammations des viscères. On a recours aussi quelquefois aux bains d'eau de mer et aux bains faits avec des eaux minérales naturelles, telles que celles de Bagnères, de Barèges, de Bourbonne-les-bains. Mais plus souvent on administre des *bains médicinaux* principalement contre la gale, les dartres invétérées et tous les insectes qui se mettent dans la peau des animaux domestiques. Les principaux bains médicinaux sont : 1° les *bains sulfureux*, formés d'un kilogramme de sulfure alcalin et d'un hectolitre d'eau ; 2° les *bains alcalins*, qu'on compose avec deux kilogrammes de carbonate de potasse et un hectolitre d'eau ; 3° les *bains arsenicaux simples*, faits avec 250 grammes d'acide arsénieux et un hectolitre d'eau ; 4° les *bains arsenico-ferrugineux* ou de *Tessier*, qu'on compose avec 100 litres d'eau, lante, on mêle bien, puis on verse le tout dans un baquet ; on ajoute 175 litres d'eau tiède ou froide, l'eau tiède valant mieux. Le tout étant bien mélangé, on plonge les moutons, un par un, jusqu'au nombre de vingt. On ajoute alors 2 kilogrammes de spécifique mêlés avec de l'eau bouillante dans le vase de terre ; on jette dans le bain avec de l'eau tiède ou froide, ou du moins en quantité suffisante pour remplacer la quantité de liquide absorbée par la laine des premiers moutons, ce qu'il est facile de voir en faisant une marque à l'intérieur du baquet au commencement de l'opération. On baigne vingt autres moutons. On continue de la sorte pour chaque série de vingt moutons. Il faut avoir soin de bien remuer et mélanger le bain avec un balai de bouleau après avoir baigné cinq moutons, afin de tenir toujours à l'état de suspension dans l'eau les parties de la composition qui ne se dissolvent pas, et empêcher leur dépôt sur le dos de l'animal. Plonger le mouton dans le bain et l'en retirer immédiatement, comme cela se fait souvent, n'est pas

Fig. 567. — Appareil à bain pour les moutons de Thomas Bigg, monté sur roulettes.

1 kilogramme d'acide arsénieux et 10 kilogrammes de sulfate de protoxyde de fer.

En Angleterre, on emploie communément les bains médicinaux pour préserver ou guérir les moutons de la gale, des dartres, des poux. On se sert à cet effet du spécifique et de l'appareil à bain de Thomas Bigg (fig. 567). D'après l'examen chimique que nous en avons fait, le spécifique et le bain de Bigg sont composés de graisse, de fleur de soufre, d'acide arsénieux, et de potasse ou de soude; c'est donc, comme le bain Tessier, à un arsénite qu'ils doivent leur efficacité, et notamment de tuer les insectes; ils deviendraient très dangereux, s'ils étaient ingérés par les animaux. Il importe donc qu'après le lavage des troupeaux le liquide restant soit versé dans une fosse à purin ou placé au fond de la fosse à fumier et recouvert de fumier. Le spécifique de Bigg est employé pour traiter les moutons fortement atteints ; le bain a une action plutôt préservative, et détruit d'ailleurs tous les parasites qui peuvent s'introduire dans les toisons. En Angleterre, on donne des bains deux ou trois fois dans le courant de l'été.

Pour préparer un bain destiné à 40 moutons, on procède de la manière suivante. On prend 4 kilogrammes du spécifique que l'on verse dans un grand pot de terre ; on jette dessus 12 litres d'eau bouillante

suffisant pour détruire les insectes, qui ont la vie très dure. Le mouton doit rester dans le bain, surtout s'il s'agit des moutons à longue laine, jusqu'à ce que la liqueur ait pénétré jusqu'à la peau. Pour obtenir ce résultat, il faut une minute. On peut donc baigner seulement de 40 à 50 moutons par heure. Chaque mouton, lorsqu'il a été assez longtemps dans le bain, est placé sur le séchoir qu'on voit à droite de la figure et où il reste jusqu'à ce qu'il fasse place au suivant. Il faut laisser un intervalle de deux ou trois semaines entre le bain et la tonte.

Chaque troupeau qu'on a l'intention de baigner doit être amené près de la cour où se fait l'opération, la veille au soir, afin d'éviter autant que possible d'exciter et d'échauffer les animaux avant le bain. Pendant la journée, les moutons lavés ne doivent pas se coucher ; on les garde jusqu'au soir dans la cour où l'opération a eu lieu.

Pour les béliers de tout âge, au lieu de les baigner, on conseille de placer l'animal dans un baquet, et de verser le liquide sur son dos pendant une minute avec un arrosoir à pomme, un homme placé de chaque côté frottant avec une brosse douce pour faire bien pénétrer la liqueur au fur et à mesure qu'elle tombe sur la bête. Pour la gale, tout le troupeau, attaqué ou non de la maladie d'une manière apparente, doit être d'abord lavé une fois dans la composition, afin de détruire les insectes se trouvant dans la toison; deux ou trois jours après, il faut mettre à part les animaux encore infectés et leur laver les parties atteintes avec le spécifique, la quantité variant suivant la maladie. On estime qu'une quantité de 4 litres du spécifique qui sert de lotion contre la gale est suffisante pour la guérison de 30 moutons. Pour rendre l'administration des bains plus facile, on a muni l'appareil de roulettes qui permettent de le porter facilement d'une bergerie à l'autre. On ne saurait trop recommander ces sortes de soins trop rares dans beaucoup de pays.

BAINE (*viticulture*). — Nom donné dans le Mâconnais à de petites cuves ovales dans lesquelles les vendangeurs vident leurs paniers de raisins et qui servent à transporter la vendange au pressoir. Les baines ont $0^m,60$ de longueur, $0^m,45$ de largeur dans le haut et $0^m,45$ de profondeur. Deux hommes portent cette cuve suspendue sur l'épaule, au moyen d'un long bâton passant dans des liens d'osier attachés aux oreilles de la baine.

BAIN-MARIE (*physique agricole*). — Lorsqu'on place un vase dans lequel on veut chauffer un corps quelconque, non pas directement sur le feu, mais dans de l'eau qui reçoit l'application directe du foyer, on dit qu'on emploie un *bain-marie*. C'est une manière certaine d'obtenir une température qui ne peut pas dépasser celle de l'ébullition de l'eau; c'est aussi un moyen certain de ne pas donner ce qu'on appelle des coups de feu. On obtient une cuisson douce, régulière et lente, ou bien on écarte les chances de danger pour les distillations de liquides combustibles, plus volatils que l'eau, tels que l'alcool ou l'éther. On fabrique les conserves de fruits ou de légumes en les préparant au bain-marie. — On peut élever un peu la température du bain-marie au-dessus de 100°, en y employant de l'eau salée.

BAISSER (*viticulture*). — Les vignerons d'une grande partie de la Bourgogne donnent ce nom à l'opération qui consiste à courber la portion du sarment laissée sur le cep après la taille. C'est former l'arçon (voy. ce mot).

BAISSIÈRE (*économie rurale*). — On donne ce nom à tout liquide trouble qui reste au fond d'un récipient qu'on a mis en vidange. Ainsi le liquide qui recouvre la lie de vin, de bière, de cidre, d'huile, est une baissière. Les baissières de vin et de cidre servent à faire du vinaigre; la baissière d'huile est employée au graissage des roues.

BAJOYERS (*hydraulique agricole*). — Ailes de maçonnerie formant les deux parois latérales d'une écluse fermée en aval ou en amont par des vannes ou portes.

BALAI (*économie domestique et technologie agricole*). — On appelle balai un ustensile servant à enlever la boue et les ordures du lieu où elles se trouvent pour les pousser au dehors. Cet ustensile se compose d'ordinaire essentiellement d'un manche qui est un bâton rond en bois, et du balai proprement dit, lequel est composé de brindilles serrées à la tête et pouvant s'écarter à leur autre extrémité en faisant en quelque sorte éventail sur le sol pour en ramener et pousser les ordures. La longueur du faisceau de brindilles est de 40 centimètres en moyenne. Le balai peut aussi avoir la forme d'une brosse que l'on fixe perpendiculairement au manche, la brosse plus ou moins flexible s'aplatissant en partie sur le sol pour permettre d'en repousser les ordures. Enfin on peut aussi donner aux balais la forme de brosses cylindriques ou de rouleaux-brosses.

On fabrique en général les balais dans les campagnes. C'est une petite industrie rurale. On les fait avec des brindilles ou extrémités des rameaux du bouleau (*Betula alba*), avec la bruyère à balais (*Erica scoparia*), avec le genêt à balais (*Scrothamnus scoparius*); avec les brindilles du cornouiller; les panicules de sorgho, de roseau, de mélique bleue; les tiges de joncs, de sparthe, d'ansérine (voy. ce mot); le barbon digité, appelé aussi brossière, chiendent à vergette; avec l'herbe à balayer ou herbe de réglisse (*Scoparia dulcis*); avec du crin, avec de la plume, etc.

Pour faire le balai commun, on coupe l'extrémité des branches de bouleau au moment où elles ne sont plus en sève, et on les laisse sécher. Au moment de les employer, on les fait tremper dans l'eau durant vingt-quatre heures environ, puis on les réunit en bottes qu'on serre fortement par la tête avec des liens en jonc ou en osier; on coupe avec la serpe tous les bouts qui dépassent de 2 à 3 centimètres le dernier lien. On fait ensuite entrer de force, au milieu de la tête, un bâton de 2 mètres de long sur 3 centimètres de diamètre, épointé par un de ses bouts.

BALANCE (*physique agricole*). — Instrument servant à mesurer le poids des corps. L'emploi d'un instrument ayant cette destination est de la plus grande importance dans toutes les exploitations rurales; il est indispensable pour qu'on puisse se rendre compte des résultats des cultures; la mesure du volume, trop souvent usitée seule, ne peut donner, dans la plupart des cas, que des indications susceptibles de causer de dangereuses illusions. On conçoit qu'il puisse y avoir plusieurs sortes d'ustensiles atteignant le même but. Le mot *balance* vient du latin et signifie à proprement parler deux plateaux; il ne doit donc à la rigueur s'appliquer qu'aux instruments dans lesquels deux plateaux de même poids sont suspendus librement

Fig. 568. — Balance à colonne et à étriers fixes.

aux deux extrémités d'une barre rigide ou levier qu'on nomme le fléau, qui est supporté lui-même en son milieu et dont les deux parties ont, en outre, exactement des poids égaux. Les autres instruments de pesage qui ne remplissent pas ces conditions reçoivent des noms divers, tels que ceux de *romaines*, de *bascules*, de *ponts à bascule*, de *pesons*, etc. Les deux bassins ou plateaux de la balance ordinaire sont destinés à recevoir l'un le corps à peser, l'autre des poids étalonnés qui lui font équilibre et donnent le poids cherché. La plus simple balance de ce genre est celle représentée par la figure 568; elle est portée sur une colonne verticale. Le fléau repose sur un couteau triangulaire, en son milieu, et est mobile sur son axe; une aiguille en indique les oscillations. Les deux bras du fléau sont aussi égaux que possible et se terminent chacun par un œil où sont suspendus deux bassins par l'intermédiaire de crochets en S qui permettent une grande mobilité et assurent la verticalité constante des masses placées dans les bassins ou plateaux. Les bassins et les fils, chaînes ou tiges qui les soutiennent, doivent former un ensemble qui demeure de chaque côté dans la verticale, quelle que soit la position que prenne le fléau dans ses oscillations autour de son axe de suspension. En soumettant au calcul l'étude des conditions à remplir pour que l'instrument soit susceptible non seulement d'exactitude, mais encore de sensibilité, c'est-à-dire pour qu'il accuse facilement de petites différences de poids, on trouve qu'il faut que le centre de gravité du fléau ne coïncide pas avec l'axe de suspension, parce qu'alors la balance serait *indifférente;* qu'il ne doit pas être au-dessus, parce que la balance serait *folle;* qu'il doit être au-dessous, mais très peu audessous pour qu'elle puisse présenter un équilibre stable, tout en trébuchant sous de faibles additions de poids dans l'un des plateaux. L'horizontalité à laquelle le fléau tend toujours à revenir est alors le signe non seulement du parfait équilibre de l'instrument, mais encore de l'égalité des poids étalonnés au poids de la masse à peser, lorsque la construction répond bien d'ailleurs aux exigences de l'égalité absolue des deux bras du fléau et des deux bassins. Les oscillations plus ou moins grandes à droite et à gauche sont en outre des signes de la différence des poids. Si la construction laisse quelque chose à désirer, on peut néanmoins faire des pesées très exactes, par la méthode dite de la *double pesée.* Cette méthode consiste à équilibrer le corps à peser par un corps inaltérable à l'air qu'on place dans l'autre bassin et qui est ordinairement de la grenaille de plomb; la tare est ainsi faite. On remplace ensuite le corps à peser dans le premier plateau par des poids marqués, jusqu'à ce que l'équilibre soit de nouveau établi. Il est évident que le total des poids marqués représente le poids cherché, puisqu'il produit exactement le même effet que le corps dont il tient la place. En recommençant l'expérience inversement, c'est-à-dire en plaçant le corps dans le plateau qui avait d'abord reçu la tare, on peut facilement reconnaître le degré d'exactitude d'une balance, par la différence que présentent les deux poids obtenus. La racine carrée du produit de ces deux poids sera le véritable poids cherché.

Pour assurer la sensibilité des balances, il importe toujours de faire porter soit le fléau lui-même, soit les supports des plateaux par des prismes à arête fixe ou par des biseaux en forme de couteaux. L'arête du prisme doit s'appuyer sur un corps très dur qu'elle n'entame pas et sur lequel elle ne s'émousse pas non plus. Pour cette raison il est avantageux de ne pas laisser la balance indéfiniment sur son support; il est bon de décrocher les plateaux et le fléau lui-même, quand on n'a pas de pesées à faire.

Les agriculteurs et surtout ceux qui ont comme annexes de leurs exploitations rurales, des usines agricoles, devront faire établir leurs balances de manière qu'elles reçoivent facilement sur leurs plateaux les denrées dont l'usage ou la production sont les plus fréquents.

Les dispositions peuvent varier à l'infini, mais on doit toujours proportionner la résistance du fléau à la flexion, à la grandeur des poids qu'il doit porter. Enfin on peut armer les étriers ou montants des plateaux de crochets destinés à attacher des sacs, des gerbes, des bottes, de la viande ou toute autre espèce de denrée.

Le poids des corps est modifié par le milieu dans lequel ils sont plongés; il se trouve diminué du poids du fluide ou de l'air dont ces corps prennent la place. D'un autre côté, l'humidité contenue dans l'air peut se déposer sur les surfaces; enfin les variations de température influent sur le volume des corps à peser et sur celui des organes divers de l'instrument. De là vient la grande complication des balances dans lesquelles on veut obtenir une extrême précision, et même peser les corps dans le vide et à une température constante. Il n'y a pas lieu d'entrer dans aucune explication à cet égard, parce que ces instruments n'ont pas d'emploi agricole.

Balances de Roberval. — Le commerce et l'industrie se servent de plus en plus depuis le milieu du XIXe siècle de balances à deux plateaux qui diffèrent essentiellement de celles qui viennent d'être décrites, en ce que les plateaux sont posés

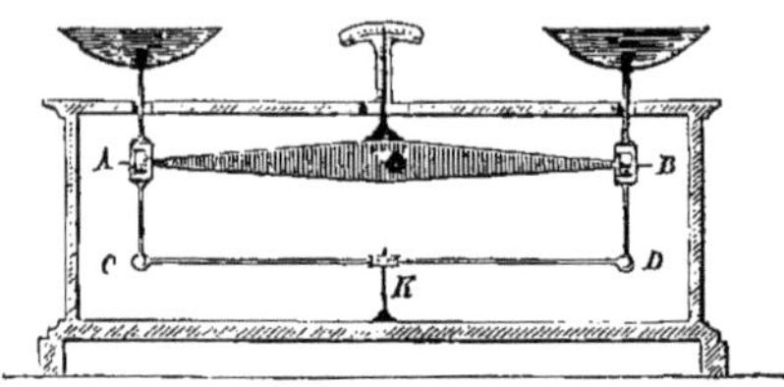

Fig. 569. — Coupe de la balance de Roberval.

sur le fléau au lieu de s'y trouver suspendus. Ce système se répand dans les exploitations rurales pour les pesées qui ne dépassent pas quelques kilogrammes. Il présente, en effet, une disposition très commode, puisque les corps à peser et les poids marqués se placent et s'enlèvent sans qu'on soit gêné, comme dans la balance ordinaire, par les cordons, par les chaînes, les tiges de suspension des plateaux. On lui donne le nom de balance

Fig. 570. — Balance de Roberval ordinaire.

de Roberval, du nom de son inventeur. Cette balance a deux fléaux égaux AB et CD (fig. 569) superposés parallèlement et articulés à leurs extrémités avec deux tiges verticales de manière à former un rectangle dans l'état d'équilibre, un parallélogramme dans le cas de charges inégales. Le fléau principal AB repose comme dans la balance ordinaire en son milieu par un couteau sur un corps dur. Le fléau inférieur CD, ordinairement caché dans le socle de l'instrument, repose aussi en son milieu sur un autre couteau K. Les deux couteaux du centre sont retenus en place pour ne pas pouvoir dévier. Les plateaux reposent à chaque extrémité du fléau supérieur par une patte sur des couteaux dont les tranchants sont tournés vers le haut et qui sont fixés à deux tiges verticales égales articulées avec les extrémités du fléau inférieur également armées de couteaux. De cette manière, mais au prix de quelques frottements qui enlèvent à l'instrument une partie de sa sensibilité, on obtient de la stabilité; l'oscillation se fait autour de la ligne verticale des deux couteaux, et on obtient une suffisante précision pour les usages ordinaires. On peut d'ailleurs avoir recours à la méthode de la double pesée. La charge mise sur les plateaux ne les fait pas chavirer, parce qu'elle se trouve supportée à la fois par les deux articulations extrêmes, de même que l'équilibre s'établit sur les couteaux du centre. Cet instrument peut recevoir des formes variées ; on en construit qui peuvent peser jusqu'à 60 kilogrammes. La forme la plus usitée est représentée par la figure 570.

On a simplifié la balance Roberval en renfermant les fléaux et tout le système des couteaux dans une boîte (fig. 571). Les plateaux seuls, avec les extrémités des tiges portant les pattes sur lesquelles ils reposent, émergent de la boîte. Une ouverture fermée par un verre dans le milieu de

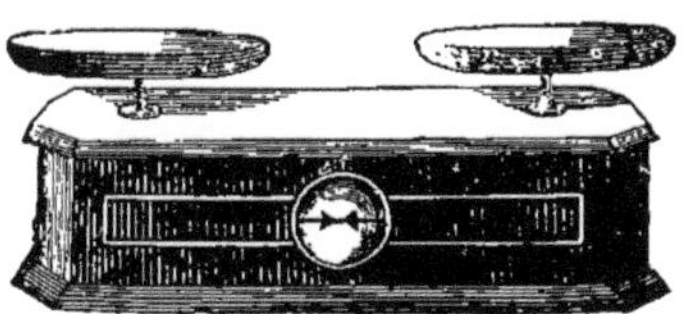

Fig. 571. — Balance pendule.

la paroi antérieure de la boîte permet de suivre les oscillations de deux aiguilles ou flèches attachées l'une à la partie droite, l'autre à la partie gauche des fléaux ; l'équilibre est indiqué lorsque les flèches s'arrêtent en face l'une de l'autre ou font des oscillations égales en dessus ou en dessous. On donne à cet instrument le nom de *balance-pendule* à cause de la forme qu'il affecte.

Balance romaine. — La balance à deux plateaux est connue de toute antiquité. Un autre instrument de pesage qui n'a qu'un plateau, porte le nom de *balance romaine* ou simplement *romaine*. Ce n'est pas parce que les Romains s'en servaient, comme beaucoup le croient ; elle vient des Arabes qui désignent par le nom de *roumain* (pomme de grenade) l'unique poids de cet instrument très employé pour faire de fortes pesées avec un très

Fig. 572. — Balance romaine construite par M. Paupier.

petit nombre de poids. Dans la romaine, le fléau (fig. 572) se compose de deux bras inégaux, et il est suspendu à un crochet qu'on tient à la main ou qu'on attache à un point quelconque. A l'extrémité du bras le plus court est suspendu un plateau qu'on remplace souvent par des crochets. Sur le plus long bras peut se mouvoir un anneau qui soutient un poids. Si l'on met 1 kilogramme dans le plateau et qu'on fasse marcher l'anneau portant le poids constant jusqu'à ce que le fléau soit horizontal, on pourra marquer 1 au point où le curseur s'arrêtera. Si l'on met un poids de 2 kilogrammes dans le plateau, il faudra éloigner le curseur pour rétablir l'équilibre. On marquera 2 au point où il s'arrêtera. Si l'on partage l'intervalle compris entre 1 et 2 en dix parties égales et si l'on prolonge les divisions avant le point 1 et après le point 2, on aura un instrument qui pourra peser avec le seul poids, et à 1 hectogramme près, tous les corps possibles, si le grand bras du levier est assez long. Plus le rapport des deux bras sera faible, plus la romaine pourra peser un nombre de kilogrammes considérable. On peut remplacer le plateau par un crochet pour attacher des sacs ou des quartiers de viande ; la graduation et l'usage de l'instrument seront les mêmes. Dans certaines romaines on met plusieurs crochets de suspension, pour pouvoir diminuer ou augmenter à volonté le petit bras du levier et par conséquent peser des masses plus fortes ou faire varier la précision des poids divisionnaires, en rendant plus grand ou plus petit l'intervalle entre deux unités principales successives. La balance romaine est donc très commode, mais elle n'est pas susceptible d'une très grande précision : il est rare qu'elle puisse trébucher pour un excès de poids égal au 500e de la charge maximum pour laquelle elle est construite.

Balance de Quintenz. — Cet instrument de pesage, ainsi appelé du nom de son inventeur, n'est autre que la *bascule*, dont l'usage est absolument indispensable dans toute exploitation rurale où l'on veut se rendre compte des opérations effectuées.

Balance de Sanctorius. — C'est le *pont à bascule* pour peser des véhicules tout chargés.

Vérification des balances. — Toutes les balances employées dans le commerce ou pour les ventes sont assimilées aux poids et mesures pour la vérification légale et le poinçonnage. Les constructeurs de ces instruments ne peuvent en livrer à leurs clients, non plus que des poids étalonnés, qu'après la vérification faite par le bureau officiellement établi à cet effet dans la circonscription où ils ont leurs fabriques.

BALANCE (*économie rurale et comptabilité*). — On donne ordinairement le nom de balance au nombre qui est nécessaire pour établir l'équilibre entre deux comptes que l'on met en comparaison, par exemple : entre deux totaux, l'un de recettes, l'autre de dépenses ; — ou bien l'un de profits, l'autre de pertes ; — ou bien encore, l'un d'importation de marchandises étrangères, l'autre d'exportation de marchandises nationales, pour un pays tout entier ; — ou bien aussi l'un des gains pour l'assimilation des principes alimentaires, l'autre des déperditions pour les principes rejetés par l'économie animale ou végétale. La balance est positive ou négative selon que la colonne des recettes, celle des profits, celle des gains, l'emportent sur la somme des dépenses, sur celle des profits, ou réciproquement. En agriculture, il n'y a de prospérité durable qu'autant que la balance est favorable aux profits, au moins pour la grande majorité des réalisations, tout en accusant un accroissement de fertilité pour le sol producteur.

BALANCE HYDRAULIQUE (*mécanique agricole*). — Cette machine, imaginée par Perrault, se compose essentiellement d'un levier à bras égaux, pouvant osciller autour de son milieu et portant un seau à chacune de ses extrémités. Lorsque l'un des seaux est en haut de sa course, il se remplit d'eau et il descend par son propre poids en faisant remonter l'autre seau, qui s'emplit à son tour pendant que le premier se vide, et ainsi de suite. Une soupape qui s'ouvre quand chaque seau arrive au bas de sa course lui permet de se vider, tandis qu'un taquet ouvre le robinet d'arrivée quand le seau est remonté et le ferme aussitôt qu'il commence à descendre. On obtient ainsi un mouvement alternatif qu'on peut utiliser pour faire marcher une pompe. Si la pompe est actionnée pendant la descente seulement d'un seau, la machine est à simple effet; si l'action de la pompe se produit dans la montée et dans la descente, elle est à double effet. Ces sortes de machines sont employées pour élever de l'eau à une assez grande hauteur, au moyen d'une chute d'eau très abondante d'une assez faible hauteur. La figure 573 représente une balance hydraulique à double effet, construite par M. Samain et qui a été installée au château de Châteauvieux (Loir-et-Cher), propriété de M. Andral, ancien président du Conseil d'État. Le château est placé sur une montagne au pied de laquelle coule une petite rivière sur laquelle on a créé une chute dont la hauteur utilisable est de 1m,95. Un puits creusé à une petite distance de ture. Le fond de chacun des plateaux de la balance est muni de clapets DD' dont les tiges, terminées par une petite masse, se prolongent au-dessous du plateau. Supposons, ainsi que l'indique la figure, un des plateaux P en haut et l'autre P' en bas : le premier, en soulevant le contrepoids C du levier articulé de la vanne, a ouvert cette vanne et se remplit d'eau. Pendant ce temps, l'autre plateau se vide, les clapets DD' ayant commencé à s'ouvrir dès que leurs tiges ont touché le fond de la fosse en maçonnerie, et l'eau s'écoule par le bief d'aval. Ces deux opérations terminées, le premier plateau descend, l'autre remonte, et les mêmes faits se reproduisent sans interruption.

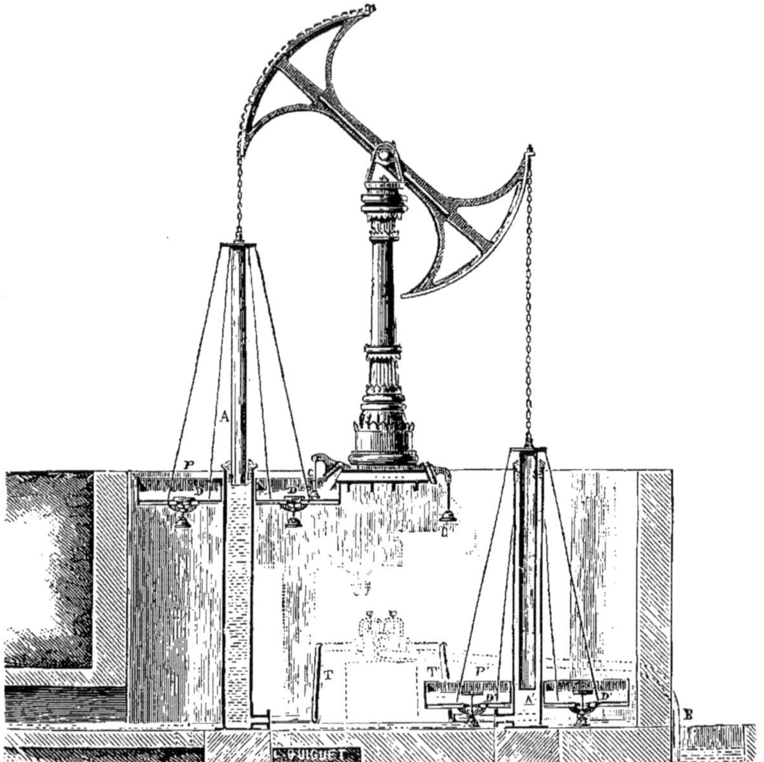

Fig. 573. — Balance hydraulique à double effet.

la rivière a donné, à une profondeur de 4 mètres au-dessous du bief d'aval, une eau abondante et pure; c'est à cette source que les pompes de la machine aspirent l'eau qu'elles refoulent ensuite jusqu'au château à la hauteur de 50 mètres. La machine est une véritable balance, placée dans une fosse à maçonnerie : deux plateaux circulaires P, P' sont suspendus aux extrémités d'un balancier supporté par une colonne en fonte. Ce balancier est de dimensions telles que chacun des plateaux puisse alternativement monter et descendre d'une quantité égale à la hauteur de chute, c'est-à-dire 1m,95. L'eau motrice est amenée à la machine par un conduit disposé de façon à déverser l'eau alternativement dans l'un et dans l'autre plateau : les deux orifices sont munis de vannes dont un levier articulé, avec contrepoids CC', opère la ferme- Si l'on suppose que des pistons plongeurs AA' soient fixés au point de suspension de chacun des plateaux et se meuvent dans des corps de pompe, on comprendra facilement qu'à chaque mouvement des plateaux et par le jeu de soupapes convenablement disposées, l'un des pistons aspire l'eau du puits B en remontant, tandis que l'autre refoule cette eau dans les tuyaux TT' en descendant. C'est ainsi que la balance est à double effet. A Châteauvieux, la quantité d'eau motrice employée est, dit-on, de 1200 litres à la minute, la machine élève 40 litres d'eau à la minute à une hauteur de 50 mètres: l'effet utile serait donc de 85 pour 100. Cette machine est aussi appelée *balancier hydraulique* ou *balance hydromotrice*. M. Beaume, constructeur à Boulogne (Seine), en établit qui fonctionnent très régulièrement.

BALANITE (*médecine vétérinaire*). — Inflammation de la membrane muqueuse du gland et de la face interne du fourreau. Cette affection s'observe sur presque tous les animaux domestiques, avec des différences dues à des dispositions anatomiques et physiologiques spéciales; elle est surtout fréquente chez le chien, s'observe moins souvent chez le cheval, le bœuf et le mouton, très rarement chez le porc. Il faut la faire traiter par le vétérinaire. L'agriculteur doit donner aux animaux atteints de bons soins hygiéniques et une bonne litière, en éloignant les femelles dont la présence pourrait surexciter les mâles et aggraver la maladie.

BALANITE (*botanique et arboriculture*). — Genre de Rutacées formant à lui seul la tribu des balanitées. Ce sont des arbustes à rameaux épineux, à feuilles alternes, articulées, accompagnées de stipules latérales, à fleurs disposées en cymes axillaires ou échelonnées sur un court rameau, à fruits ou drupes analogues aux olives avec noyau pentagonal renfermant une graine à embryon charnu, sans albumen. Le balanite égyptien est l'*agihalid* dont le fruit mûr se mange en Egypte sous le nom de datte du désert, et dont le fruit jeune, âcre et purgatif, constitue le myrobalan d'Egypte. L'embryon fournit de l'huile, la pulpe une boisson fermentée. Le *Balanites Roxburghii*, de l'Inde, a des propriétés analogues.

BALAYAGE (*économie rurale*). — Le balayage est l'opération de ramasser les ordures au moyen du balai. Il est particulièrement recommandé de l'effectuer dans les allées des jardins et des parcs et sur les gazons pour enlever les feuilles qui tombent dès le mois d'août et surtout en automne. Il doit être d'ailleurs pratiqué en tout temps dans toutes les fermes bien tenues, pour tenir en état de propreté tous les locaux et toutes les cours. Le produit réuni forme les balayures. Les balayages doivent être précédés d'un léger arrosage du sol, ou bien effectués alors qu'il y a de la rosée, afin de donner lieu à moins de poussière.

BALAYURES (*économie rurale*). — Ce sont des ordures qui ont été amassées par le balai. On donne le nom de balayures de mer aux plantes marines et aux menus débris que la mer jette sur ses bords. On ne saurait apporter trop de soin à ce que les balayures de toutes les parties des fermes soient mises en tas séparé, aménagé de telle sorte que les eaux ne les lavent pas. Ce tas peut devenir un engrais, un terreau fertilisant d'une très grande utilité. On peut mélanger les balayures au fumier au fur et à mesure qu'elles sont réunies. Les balayures des rues, des allées des parcs, des jardins, des cours, des casernes, aussi bien que celles des appartements, sont partout aujourd'hui amoncelées près des villes en tas où elles subissent des fermentations, pour être ensuite répandues dans les champs, où elles constituent de puissantes fumures.

BALISIER (*horticulture*). — Genre de plantes monocotylédones, vivaces, de la famille des Cannacées. Les balisiers sont des plantes ornementales de premier mérite, dont l'horticulture a créé un grand nombre de variétés. Quelques-uns ont des fruits alimentaires, mais la plupart sont surtout estimés parce qu'ils peuvent former des massifs d'un aspect grandiose dans les jardins paysagers, pendant une grande partie de l'été et tout l'automne. Ils servent aussi avantageusement à la décoration des plates-bandes, des pelouses, des bords des eaux et des bosquets clairsemés. La portion souterraine de ces plantes est un rhizome épais, plus ou moins ramifié, portant des racines adventives et gorgé de substance féculente. Les gros bourgeons que porte le rhizome se développent à chaque période végétative en longs rameaux aériens (fig. 574), chargés de larges feuilles alternes, engainantes, à limbe entier, ovale-aigu ou lancéolé, à nervure principale épaisse et saillante. Les inflorescences sont terminales et forment des grappes de cymes unipares; à la fleur correspond plus bas une bractée latérale dans l'aisselle de laquelle se développe une fleur de la génération suivante. Les fleurs sont hermaphrodites, irrégulières, colorées de divers tons du rouge et du jaune, très rarement blanches. Elles se montrent depuis juillet jusqu'aux gelées. Les balisiers, originaires de l'Asie et des parties

Fig. 574. — Port du balisier.

chaudes du Nouveau-Monde, sont cependant rustiques dans le nord de la France; ils y mûrissent leurs graines en plein air; mais il convient de mettre en hiver les rhizomes à l'abri du froid.

Les principales espèces sont les suivantes : 1° le balisier canne d'Inde (*Canna indica*), vulgairement faux sucrier, dont le rhizome est assez volumineux, mais peu renflé. Les tiges très feuillées, fermes, herbacées, charnues, s'élèvent à 1 mètre ou 1m,50, et sont bien garnies de feuilles ovales aiguës, à pétioles engainant à la base; elles se terminent par un joli épi de fleurs rouges assez grandes, irrégulières, sortant d'une spathe verdâtre, lancéolée aiguë. On a créé une variété (*Canna indica superba* ou *speciosa*) dont les fleurs sont plus grandes et d'un rouge cocciné. — 2° Le balisier comestible (*Canna edulis*), de l'Amérique méridionale, présente un rhizome tubéreux, renflé, teinté de rouge, avec des tiges fermes et vigoureuses, lavées de rougeâtre ou de pourpre, atteignant jusqu'à 2 mètres de hauteur, portant des feuilles très amples, fortement nervées, largement ovales-lancéolées, lavées de pourpre sur les bords. — 3° Le balisier bicolore (*Canna discolor*), de l'île de la Trinité, a une souche tubéreuse, très volumineuse, à rejets rampants, avec une tige rougeâtre, robuste, s'élevant à près de 2 mètres, les feuilles très grandes, ovales-oblongues, les inférieures lavées de rouge sanguin, les supérieures veinées ou striées de pourpre, les fleurs d'un rouge orangé à l'extérieur, d'un rouge vif à l'intérieur. C'est une des plus belles espèces, très recherchée à cause de la beauté de son feuillage, quoiqu'elle fleurisse difficilement en plein air. —.4° Le balisier gigantesque ou à larges feuilles (*Canna gigantea*), de l'Amérique méridionale, a une souche tubéreuse rougeâtre, des tiges robustes atteignant près de 2 mètres, des feuilles à pétiole velu duveté, d'une longueur de 0m,60; des spathes rougeâtres; de grandes fleurs très élégantes, avec la corolle d'une belle couleur rouge orangé et les divisions internes d'un rouge foncé pourpré.— 5° Le balisier orange (*Canna aurantiaca*), des Antilles, dont le rhizome tubéreux, à longs rejets souterrains, est surmonté de tiges atteignant plus de 2 mètres. Les divisions externes de la fleur sont rosées, les internes rougeâtres, la lèvre supérieure orange, la lèvre inférieure jaune, pointillée d'orange. — 6° Le balisier à fleurs d'iris (*Canna iridiflora*), du Pérou, a le rhizome non tubéreux; il s'en élève des tiges de 2 mètres à 2m,50, portant des feuilles ovales-acuminées, un peu membraneuses au bord, présentant des poils sur la partie inférieure de leur nervure médiane. C'est un des plus beaux, mais il n'est pas rustique et exige des soins particuliers pour arriver à la floraison. — 7° Le balisier écarlate (*Canna coccinea*), de l'Amérique méridionale, à souche fibreuse, à tige n'atteignant que de 0m,60 à 0m,80, à feuilles petites, ovales-lancéolées, à gaine un peu duveteuse, a les divisions extérieures du périanthe rouge pâle, les intérieures rouge écarlate. — 8° Le balisier à feuilles bordées (*Canna limbata* ou *aureo-vittata*), du Brésil, à souche peu renflée, présente de nombreuses tiges s'élevant à 0m,80 environ ; ses feuilles sont aiguës; ses fleurs forment un épi allongé, lâche, sortant d'une spathe un peu coriace, glauque, lavée de rougeâtre ; la corolle est d'un jaune pâle; les divisions internes également d'un jaune pâle ont la lèvre supérieure rouge écarlate, bordée d'une marge orangée. — 9° Le balisier de Warscewicz (*Canna Warscewiczii*), de la Nouvelle-Grenade, est une plante très hâtive, très fertile ; elle a beaucoup contribué à la propagation des cannas et à la production de nombreuses et jolies variétés. Elle se reproduit facilement de semis, et, semée de bonne heure au printemps, elle fleurit l'année même et peut tout de suite contribuer à l'ornementation des jardins. Elle est de petite taille. Elle présente une souche peu volumineuse, des tiges nombreuses un peu comprimées à la base, s'élevant de 0m,80 à 1 mètre, teintées ou lavées de pourpre. Les feuilles ovales-aiguës, amincies aux deux bouts, sont également bordées et striées de pourpre noir. Les épis sont nombreux et dressés ; les spathes violacées, glaucescentes, la corolle d'un rouge purpurin, de telle sorte que les fleurs ont un aspect rouge sombre ou écarlate. — 10° Le balisier à feuilles de bananier (*Canna musæfolia*), haut de 2 mètres, a les feuilles dressées, largement ovales-oblongues, les fleurs rouge orangé. — 11° Le balisier du Nepaul (*Canna nepalensis*) présente une souche tubéreuse à longs rejets souterrains. La tige d'un vert pâle atteint 1m,50 à 2 mètres. Les feuilles sont dressées, glauques, ovales lancéolées aiguës; les fleurs sont grandes, à corolle jaune, verdâtre, à divisions intérieures jaune soufré. — 12° Le balisier à fleurs de lis (*Canna liliiflora*) est une plante superbe à grandes fleurs blanches. — 13° Le balisier à fleurs flasques (*Canna flaccida*) présente un rhizome tubéreux, à rejets très allongés, des tiges peu élevées ne dépassant guère 0m,80, des feuilles lancéolées, dressées et glaucescentes, de très grandes fleurs à corolle jaune verdâtre, avec divisions intérieures, larges, ovales, crénelées, flasques, d'un jaune soufre. — 14° Le balisier d'Année (*Canna Annei*) offre une souche tubéreuse, volumineuse, à rejets allongés ; des tiges robustes, nombreuses, s'élevant à plus de 2 mètres ; des épis nombreux avec spathe glauque très allongée ; de grandes fleurs à corolle jaune orangé, et rouge extérieurement ou saumonée intérieurement. Il est magnifique, mais il produit rarement des graines fertiles; on le multiplie surtout par la séparation des souches ou des rhizomes. — 15° Le balisier à feuilles rondes (*Canna rotundifolia*) présente un feuillage court et presque orbiculaire ; il est remarquable d'ailleurs par la grandeur et l'abondance de ses fleurs d'un rouge ponceau. — 16° Le balisier à feuilles zébrées (*Canna zebrina*) a un feuillage sombre parcouru de bandes d'un rouge obscur d'un bel effet.

Une exposition chaude, une terre meuble et très riche en humus, de l'air et de la lumière sont les conditions les plus favorables à la réussite des balisiers. Il faut pendant l'été les arroser abondamment. On peut faire les semis sur couche de février à avril, ou bien en pépinière bien exposée de fin mai à juillet. Dans le premier cas, on repique le plant sur couche et on le met en place fin mai et en juin ; on peut ainsi avoir des fleurs dès la première année. Dans le second cas, on doit repiquer les jeunes pieds en pépinière au midi ; on opère ainsi afin d'avoir des plantes plus fortes pour l'année suivante.

On fait aussi la multiplication des balisiers par la division des rhizomes, et c'est le moyen auquel il faut nécessairement avoir recours pour certaines espèces qui arrivent difficilement à la fructification. On opère soit à l'automne, soit au printemps, quand on s'occupe de la plantation à demeure qui s'effectue dans la première quinzaine de mai.

La véritable place des balisiers est dans les massifs des jardins publics et particuliers. « On emploie, dit M. Naudin, des variétés plus belles et plus élevées afin de mettre les groupes en harmonie avec leur entourage ou en obtenir les effets de perspective indiqués par les conditions particulières du lieu. Si plusieurs espèces ou variétés sont employées à former un même massif, on a soin de mettre la plus grande au centre, et les plus basses à la circonférence, en graduant les intermédiaires de manière à obtenir des massifs réguliers et dont toutes les plantes soient en vue. » — Aux Indes, on emploie les feuilles de balisier à faire des paniers ou à envelopper les denrées alimentaires. Les graines, rondes et luisantes, servent à faire des chapelets, des colliers, etc.

BALIVAGE (*sylviculture*). — Opération dans laquelle on désigne et l'on fait marquer de l'empreinte d'un marteau spécial les arbres que l'on doit réserver dans une coupe de taillis. Le balivage doit être fait avec le plus grand soin, parce que le choix et la distribution des arbres réservés ont une très grande importance pour l'avenir des peuplements des forêts. Un balivage bien fait doit tendre à conserver toujours la valeur de la futaie sans diminuer celle des taillis.

BALIVEAU (*sylviculture*). — Arbre de réserve dans les taillis. On distingue plusieurs sortes de baliveaux. Les arbres réservés de l'âge du taillis sont des *baliveaux de l'âge;* ils ont une révolution. On appelle *modernes*, ceux qui ont deux révolutions. Les autres sont des *anciens* qu'on subdivise en *anciens de deuxième classe* pour ceux qui ont trois révolutions ; *anciens de première classe*, pour ceux de quatre révolutions ; *vieilles écorces*, pour ceux de cinq révolutions et au-dessus. M. Bouquet de La Grye a très bien résumé les règles à suivre dans le choix et la distribution des réserves; il s'exprime en ces termes: « Choisir autant que possible les *baliveaux de l'âge* parmi les brins de semence, sans exclure les rejets de souche qui ont le pied sain. Ne marquer que des sujets dont la tête est vive et bien venante. Plus un arbre est élancé, moins il est nuisible à ceux qu'il domine. On devra néanmoins ne pas réserver des brins trop grêles, car ils se courbent et se brisent lorsqu'ils se trouvent isolés. On préférera les essences qui donnent un couvert léger, comme le chêne, le frêne, le bouleau, sans exclure cependant les hêtres et autres arbres à couvert épais; mais on évitera de réserver les trembles, les bois blancs, qui donnent des semences légères, abondantes et d'une reproduction si facile que les taillis seraient bientôt envahis par de nombreux semis de ces essences de qualité inférieure. Dans les taillis de chêne, on pourra réserver, au besoin, quelques pins destinés à servir de porte-graines pour propager cette essence dans les clairières.— Les *modernes* devront être marqués parmi les baliveaux les mieux venants et les plus élancés des essences à couvert léger. On exclura de cette catégorie de réserves ceux des arbres conservés dans les exploitations précédentes qui donnent des marques de dépérissement, ainsi que ceux qui s'étalent et écrasent les taillis. — Les *anciens* seront choisis parmi les modernes les plus beaux. On évitera en général de marquer comme anciens les charmes et les hêtres, qui donnent un couvert trop compact. A défaut de baliveaux ou de modernes, ces arbres ont pu être réservés sans nuire à la croissance des taillis; mais, lorsqu'ils ont acquis un grand développement, ils arrêtent la végétation sur toute la surface qu'ils recouvrent de leurs branches. — Les réserves devront toujours être espacées de manière à ne donner en aucun point un couvert trop épais; on les espacera d'autant plus qu'elles seront plus touffues. Si le sol offre des pentes prononcées, la réserve sera moins abondante que dans les terrains plats. Elle sera plus serrée si l'exposition est chaude, et si le sol léger demande à être abrité. Certains propriétaires, dans un but mal entendu de conservation, réservent dans leurs coupes tous les arbres qui leur paraissent propres à fournir de belle futaie; ils arrivent ainsi à transformer leurs taillis en futaies bâtardes; c'est un écueil à éviter. Les taillis composés doivent toujours être traités comme taillis. Une réserve bien entendue ne doit pas empêcher la production des rejets de souche; elle doit, au contraire, la favoriser par l'abri qu'elle leur prête. Dans les sols fertiles, où le taillis a une rapide croissance, on peut d'autant mieux multiplier le nombre des modernes et des anciens que les arbres, ayant une grande hauteur, gêneront moins le développement du sous-bois. Dans les terrains maigres et secs exposés au midi, on marquera au contraire beaucoup de baliveaux, mais l'on conservera peu de modernes et encore moins d'anciens, parce que ces arbres ne prenant pas de hauteur, la valeur qu'ils acquièrent en restant sur pied ne compense pas celle qu'ils font perdre au taillis.» Les anciens doivent être répartis sur toute la surface de la coupe afin que leurs graines se distribuent partout et donnent naissance à des brins de semis qui assureront la perpétuité du taillis.

MM. Lorentz et Parade ont décrit un balivage normal qui doit servir de modèle. Immédiatement avant l'exploitation, les arbres ne doivent couvrir que le tiers environ de la surface de la coupe. En admettant une révolution de 30 ans, on devrait trouver, à chaque exploitation, par hectare: 10 vieilles écorces (150 ans), ayant chacun un couvert de 60 mètres carrés; 20 anciens de première classe (120 ans), couvrant chacun 42 mètres carrés; 30 anciens de deuxième classe (90 ans), couvrant chacun 32 mètres carrés; 40 modernes (60 ans), couvrant chacun 15 mètres carrés. Le calcul du couvert de tous les arbres donne 3000 mètres carrés. Lors de la coupe, on abattrait par hectare: 10 vieilles écorces de 150 ans, 10 anciens de première classe (120 ans), 10 anciens de deuxième classe (90 ans), 10 modernes (60 ans), soit en tout 40 arbres, et l'on réserverait 50 baliveaux de l'âge. On remarquera que l'on prescrit une réserve de 50 baliveaux de l'âge, tandis qu'on ne coupe que 40 pieds d'arbres, et qu'on ne compte retrouver, au bout de la révolution, que 40 modernes. Cette mesure a paru nécessaire pour tenir compte des accidents dont un certain nombre de baliveaux de l'âge sont toujours victimes. Quoi qu'il en soit, après la coupe il resterait sur pied: 10 anciens de première classe (120 ans), couvrant chacun 42 mètres carrés; 20 anciens de deuxième (90 ans), couvrant chacun 32 mètres carrés; 30 modernes (60 ans), couvrant chacun 13 mètres carrés; 50 baliveaux (30 ans) dont le couvert est considéré comme nul. Le rapport qui, dans ce balivage normal, existe entre le taillis et la futaie, immédiatement avant la coupe, est du tiers; il n'est que du sixième après la coupe. C'est ce qui paraît le plus convenable pour conserver la forêt en bon état.

Quel que soit le mode de balivage adopté, on doit effectuer cette opération ou bien après la chute des feuilles, vers les mois de novembre et de décembre; ou bien avant que les feuilles aient encore paru, en février ou en mars. A ces deux époques, on voit plus clair dans les massifs, et l'on distingue mieux les degrés de dépérissement qui, chez les arbres de haute futaie, se manifestent souvent dans les branches de la cime. Toutefois la marque des arbres de réserve dans les forêts traitées en futaie se fait en mai, juin ou juillet; elle se pratique de la même manière que dans les taillis; mais à cette époque de l'année, les arbres formant une voûte de verdure, il est plus facile de juger si les éclaircies ne produiraient pas des trouées fâcheuses, et de mieux apprécier l'espacement à donner aux réserves pour obtenir un repeuplement complet.

BALLES (*économie rurale*). — Les enveloppes des graines, dans les épis des céréales, sont séparées pour le plus grand nombre par le battage, dans l'avoine, le seigle et le froment très facilement, dans l'orge moins aisément, avec beaucoup plus de peine dans l'épeautre où les balles adhèrent au grain si fortement qu'on ne peut les en détacher qu'à l'aide des meules d'un moulin. Les balles sont en général plus riches en matières azotées que la paille dépouillée de l'épi, et on les consacre ordinairement à la nourriture du bétail après les avoir attendries en les mouillant avec de l'eau chaude ou bien en les mélangeant avec des betteraves coupées en tranches ou languettes, avec de la pulpe de sucrerie, ou avec d'autres nourritures analogues; il est bon de laisser le tout fermenter ensemble durant vingt-quatre ou quarante-huit heures; on les fait entrer aussi dans les aliments soumis à une cuisson préalable. Dans les contrées où l'on dépique les grains au moyen du rouleau ou à l'aide du pied des animaux, ou bien par le fléau, les balles sont salies par beaucoup de poussières et de la terre; on doit les nettoyer avant de les donner au bétail, en les faisant passer à un tamisage mécanique, à une sorte de blutage. Les balles de l'orge et des grains barbus ont l'inconvénient d'être mélangées à des barbes piquantes, de telle sorte qu'au lieu de s'en servir pour les animaux on les emploie souvent pour couvrir les artichauts en hiver ou pour protéger les jeunes légumes en automne après leur repiquaison. Mais la cuisson et l'humectation peuvent remédier à l'inconvénient des barbes, et les balles d'orge sont alors regardées comme une très bonne nourriture pour les vaches laitières. Toutes les balles sont très propres à l'emballage des objets fragiles et à un grand nombre d'autres usages domestiques. Les balles d'avoine surtout sont employées pour remplir des traversins de lit, des paillasses, des coussins pour coucher les enfants, parce qu'elles laissent passer les liquides sans beaucoup s'en imprégner.

BALLONNEMENT (*médecine vétérinaire*). — On donne ce nom à un gonflement du ventre des animaux domestiques; c'est une distension plus ou moins considérable causée par un dégagement de gaz dans l'estomac et les intestins. Cet accident, fréquent surtout chez les ruminants, le bœuf, le mouton, la chèvre, peut avoir la mort pour conséquence. On le combat en faisant dégager les gaz encombrants ou en les faisant disparaître par un absorbant.

BALSAMINE (*horticulture*). — Genre de plantes qui forme le type de la famille des Balsaminées, renfermant un grand nombre d'espèces dont quelques-unes seulement, toutes annuelles, offrent de l'intérêt pour l'horticulture. Le nom qui est donné à cette plante vient de deux mots qui signifient *je lance ma semence;* c'est une allusion à l'élasticité des valves du fruit qui éclatent, s'écartent et s'enroulent dès qu'on les touche. En latin son nom est *impatiens*, et dans le langage des fleurs elle est le symbole de l'impatience. Il y a lieu de signaler surtout les quatre espèces suivantes :

1° La balsamine des jardins (*Impatiens balsamina* ou *femina* ou *hortensis*), originaire des Indes orientales, est aussi appelée bellesamine et jalousie. C'est une très belle plante, cultivée communément dans nos jardins. Elle présente une tige dressée, noueuse, rameuse, s'élevant à environ 0m,60 ; ses ramifications sont pyramidales, herbacées, colorées, souvent lavées de rouge. Les feuilles inférieures sont opposées, les supérieures alternes, toutes lancéolées et dentées. Les fleurs sont axillaires, solitaires ou parfois géminées, et forment une grappe allongée. Le fruit est composé d'une capsule oblongue à plusieurs valves ; il éclate à la maturité par la brusque séparation des valves et leur enroulement intérieur, de telle sorte que les graines sont projetées au loin et peuvent être difficilement recueillies. Néanmoins on ne peut la multiplier que par le semis, et il résulte qu'on a pu en faire un grand nombre de variétés, simples, demi-doubles, doubles, présentant les coloris les plus variés, uniformes ou panachés, marbrés, ponctués, jaspés.

A cause de son port ramassé, droit et ferme, et de sa riche et brillante floraison, la balsamine des jardins convient surtout à l'ornementation des parterres et elle peut être également cultivée en pots dans les appartements. Tous les sols de qualité moyenne lui conviennent; pour la culture en pots, il faut une terre plus substantielle que pour la culture en pleine terre, et surtout un parfait drainage. On sème soit en avril sur couche, pour repiquer le plant également sur couche et mettre en place vers la fin de mai, soit en avril-mai, en pépinière bien exposée pour repiquer également en pépinière exposée au midi et planter à demeure fin mai à juin. On laisse un écartement entre les plants de 40 à 50 centimètres pour les grandes variétés et de 25 à 30 pour les petites. D'ailleurs, à cause de l'abondance des racines et des radicelles, on peut arracher les balsamines en bonne motte et en faire la transplantation en tout temps, même pendant la floraison qui se produit de juin à octobre. On peut donc attendre jusqu'au moment où les plantes sont sur le point de fleurir ou même en fleurs pour les mettre en place en pleine terre ou même en pots, à la condition d'ombrer un peu pendant les premiers jours ; dans tous les cas, il faut arroser abondamment, la plante ayant besoin d'humidité.

2° La *balsamine n'y touchez pas* (*Impatiens noli-me-tangere*), appelée aussi *herbe de Sainte-Catherine* ou *impatiente ne me touchez pas*, est indigène, se trouve particulièrement dans les Alpes. Ses tiges sont herbacées, fortement renflées aux nodosités, rameuses et touffues ; elles s'élèvent de 0m,80 à 1 mètre. Les feuilles, d'un vert glauque, sont alternes, ovales, crénelées. Les fleurs, à éperon souvent recourbé au sommet, sont d'un jaune pâle, elles paraissent de juillet en août. Les capsules de ses fruits s'ouvrent au moindre choc. Cette espèce se resème naturellement avec la plus grande facilité, et elle réussit partout, de telle sorte qu'on peut avantageusement l'employer pour garnir les lieux couverts et les parties fraîches et ombragées des jardins. On sème soit en avril, soit en septembre, mais dans ce dernier cas les graines ne germent qu'au printemps suivant. En repiquant, on espace les pieds de 40 à 50 centimètres.

3° La *balsamine glandulifère* ou balsamine de Royle (*Impatiens glandulifera* ou *Roylei*) est originaire de l'Himalaya. Elle présente une tige robuste, charnue, noueuse; elle est buissonnante et rameuse; elle atteint de 1m,50 à 2 mètres de hauteur. Ses feuilles sont opposées, quelquefois ternées, longuement pétiolées, pourvues sur les bords et à leur base de glandes purpurines. Les fleurs sont simples, d'un rouge vineux ou bien carné ; elles sont disposées en forme de corymbes au sommet des rameaux. On sème en avril ou en mai, soit en pépinière pour repiquer lorsque le plant a pris assez de force, à environ 0m,70 de distance, soit en place. Les fleurs se succèdent de juillet en septembre.

4° La balsamine à trois cornes (*Impatiens tricornis*) est originaire de l'Inde. Elle présente des tiges très rameuses, formant des buissons de 1 mètre à 1m,20 de hauteur; elle a des feuilles dentelées, ovales-oblongues, des fleurs jaunes, réunies en grappe, qui paraissent de juillet en septembre. On sème sur place en septembre ou en avril ; on espace les pieds d'environ 0m,50. On s'en sert surtout pour garnir les lieux couverts et les parties fraîches ou ombragées des jardins.

BALSAMITE (*botanique* et *horticulture*). — Genre de Composées dont l'espèce la plus commune est la balsamite odorante (*Balsamita suaveolens* ou *vulgaris*, ou *Tanacetum balsamita*). C'est une plante vivace, très aromatique, qui croît spontanément dans le midi de la France et que l'on cultive fréquemment dans les jardins à cause de son odeur. Sa tige est droite et rameuse ; ses feuilles sont elliptiques et dentées, les supérieures sessiles, les inférieures pétiolées; les fleurs sont jaunes et disposées en corymbes.

BALYSE (*sylviculture*). — Cordon de taillis ou de futaies laissé dans quelques cantons autour de chaque coupe au lieu des baliveaux.

BALZANE (*hippologie*). — Tache circulaire de poils blancs qu'un cheval présente au-dessus du sabot. Un cheval peut avoir la balzane rudimentaire, petite ou prolongée, deux, trois ou quatre balzanes. Si une balzane ne fait pas le tour de la couronne, on l'appelle trace de balzane. Elle est dite mouchetée, tigrée, truitée, herminée, bordée, dentelée, si elle a des mouchetures, l'apparence de l'hermine, ou si le poil du fond de la robe se mélange avec les poils blancs de manière à former une sorte de bordure rectiligne ou dentelée. Les balzanes sont caractéristiques dans le signalement des chevaux.

BAMBOU (*botanique* et *agriculture*). — Genre de Graminées arborescentes qui a donné son nom à la tribu des Bambusacées. Ces plantes, dont on connaît avec certitude une douzaine d'espèces, viennent dans les parties chaudes de l'Asie, de l'Amérique et de l'Afrique ; elles y sont cultivées sur une grande échelle et donnent lieu à de très nombreuses et importantes applications; en Europe elles sont employées dans l'horticulture à cause de leur port ornemental. Les chaumes sont cespiteux et constituent des tiges assez solides et résistantes avec de nombreux nœuds, au niveau desquels se trouvent des rameaux plus ou moins nombreux et quelquefois des épines. Ces chaumes qui s'élèvent droits sont assez semblables à ceux de l'arundinaire (voy. ce mot). Ils portent des feuilles lancéolées qui ne sont que de larges bractées invaginantes et qui appartiennent aux ramifications naissant au-dessus des nœuds. Les chaumes sont fistuleux ; la cavité est interrompue de distance en distance par d'épaisses cloisons situées au niveau des nœuds (fig. 575 et 576); les parois sont d'une contexture ligneuse, très solide et très compacte, à fibres très longues, et constituent un bois d'une grande résistance. Les fleurs n'apparaissent que

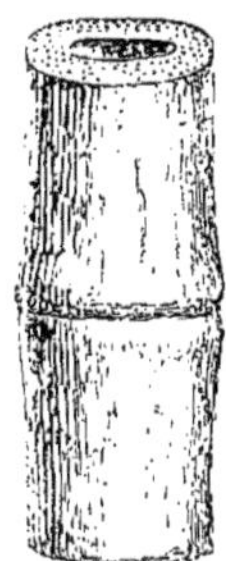

Fig. 575. — Portion de tige du bambou.

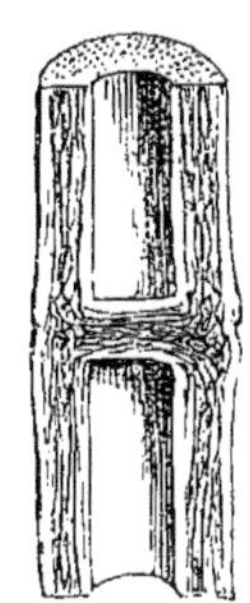

Fig. 576. — Coupe de la tige du bambou.

sur les plantes adultes et elles annoncent toujours la mort prochaine de la tige fleurie. Le rhizome continue à s'étendre sous terre et pousse de nouvelles tiges. En général on ne donne pas aux tiges le temps d'arriver en âge de fleurir et on les coupe pour les divers usages industriels ou domestiques que l'on a en vue. On reproduit et multiplie la plante, dans les cultures de bambous, par des fragments du rhizome. Toutes les espèces connues en Europe comme susceptibles de vivre en pleine terre, pourvu que l'abaissement de la température ne soit pas trop considérable, sont originaires de la Chine ou des hautes montagnes du nord de l'Inde ; les espèces gigantesques vivent surtout dans l'Inde méridionale et dans la Malaisie ; quelques-unes ont été introduites avec succès en Algérie. Il faut surtout citer les espèces suivantes :

1° Le bambou commun ou arondinacé (*Bambusa arundinacea*), appelé aussi canne bamboche ou roseau des Indes, est une graminée gigantesque de l'Inde orientale, d'où elle a été transportée dans toutes les régions chaudes. Ses chaumes, plus gros que le bras d'un homme et très durs, s'élèvent à 12 ou 14 mètres de hauteur dans les terres fertiles et sous les climats chauds. Ses tiges très solides et très résistantes servent à faire, suivant leur grosseur, des charpentes, des mâts pour les navires, des palissades, des clôtures, des vases, des seaux, des gouttières, des cannes, des manches de parapluie, des montants d'échelle, des bois de lance, des meubles, des charrettes, des brouettes, toutes sortes d'ustensiles de ménage. Les jeunes pousses sont mangées, en Chine, comme légume; on les confit aussi au vinaigre sous le nom d'achar, achia, achiar. Les jeunes tiges donnent un suc sucré que l'on fait fermenter pour obtenir la liqueur alcoolique nommée *arak*. On trouve dans les cloisons des gros nœuds des concrétions dont on retire un médicament très employé en Chine et qu'on appelle le *tabastier*. — Cette espèce importée en Algérie y atteint une hauteur de 7 à 8 mètres, surtout dans les bonnes terres irriguées; elle y fournit des tiges servant à beaucoup d'usages rustiques. Elle réussit en Provence aux expositions les plus méridionales; à Paris, elle ne vient bien qu'en serre tempérée ou mieux en serre chaude. Elle est très ornementale par sa haute taille, sa forme pyramidale, sa belle verdure.

2° Le bambou gadua (*Bambusa gadua angustifolia*) est très cultivé dans l'Amérique méridionale pour des usages absolument analogues à ceux de la précédente espèce.

3° Le bambou épineux (*Bambusa spinosa*) présente des touffes qui, rapprochées sur une seule ligne, forment des barrières impénétrables.

4° Le bambou à feuilles larges (*Bambusa* ou *Gadua latifolia*) est aussi cultivé dans l'Amérique méridionale pour les mêmes usages que le bambou commun.

5° Le bambou noir (*Bambusa nigra*), originaire de Chine, a été introduit dans les cultures de l'Europe comme plante ornementale. Vivace et ligneux, il présente des tiges nombreuses, touffues, nerveuses, dressées ou flexueuses, très rameuses dès la base ou tout au moins au sommet, d'un vert clair pointillé de noir dans le jeune âge, d'un noir luisant à l'état adulte. Il s'élève de 1m,50 à 2 mètres. Cette plante forme des touffes compactes, dans lesquelles les tiges d'un beau noir contrastent avec le vert tendre des feuilles, et font un joli effet. Elle est rustique, mais il lui faut de préférence un terrain sain, argilo-siliceux, et on doit la protéger contre les grands froids par une couche de feuilles sèches ou de litière autour de la touffe. Pour la multiplication, on opère par la séparation des rejets en les mettant au printemps en pots et en terre de bruyère en serre ou sous châssis, sur une couche tiède, ou enterrés dans de la tannée jusqu'à ce que les racines soient suffisamment formées. On met en place à la fin du printemps, en cultivant en billons. — On a obtenu une variété à bois jaune de ce même bambou ; elle a aussi un feuillage un peu plus clair.

6° Le bambou vert glaucescent (*Bambusa viridi-glaucescens*), ou bambou vert bleu, a été importé de la Chine septentrionale. C'est un des plus rustiques que l'on puisse cultiver en pleine terre sous le climat de Paris, où il n'est même pas nécessaire de le garantir contre les gelées. Il peut atteindre de 3 à 4 mètres en pleine terre, 5 à 6 mètres dans les serres. La tige est d'un vert clair jaunâtre ; ses feuilles sont d'un vert gai en dessus, plus pâle, blanchâtre et glaucescent en dessous. Ses rejets sont nombreux, apparaissent au printemps et se couvrent assez promptement de feuilles. Il est très ornemental pour la décoration des pelouses, des rocailles et des perspectives. Il lui faut un sol substantiel, sain, profond, meuble et frais On le multiplie comme le précédent. Sa souche est un peu rampante sous le climat de Paris.

7° Le bambou doré (*Bambusa aurea*) paraît être aussi rustique que le précédent, auquel il ressemble beaucoup. Sa souche est longuement rampante.

8° Le bambou hybride (*Bambusa mitis*), qui ressemble beaucoup aux deux précédents, mais est un peu moins rustique, est très recommandable pour les climats tempérés.

9° Le bambou métake (*Bambusa mate* ou *métake*) vient du Japon ; il a les tiges droites, touffues, atteignant de 2 à 3 mètres, rameuses.

On trouve encore dans le commerce plusieurs autres espèces remarquables, mais moins rustiques, telles que les *Bambusa edulis*, *Simonii*, *scriptoria*, *verticillata*, *graminea*, *Fortunei*, cette dernière à feuilles panachées. Tous ces bambous et d'autres encore sont sans doute appelés à un rôle de plus en plus important dans l'ornementation des régions méridionales. Leurs tiges ne laisseront pas d'ailleurs de présenter un véritable intérêt commercial.

BAMIÈS (*culture potagère*). — Nom donné à une variété de gombo, ou ketmie comestible, originaire de l'Amérique du Sud, où elle est estimée pour l'alimentation humaine.

BAN (*droit rural*). — Publication d'un arrêté municipal ou communal concernant une partie de territoire et relatif à certaines récoltes qu'on doit y recueillir. C'est un usage local, reste d'un droit seigneurial existant avant 1789, particulier seulement à quelques régions. On signale spécialement le *ban de fenaison*, le *ban de moisson*, le *ban de vendange;* les deux premiers sont assez rares à la fin du dix-neuvième siècle, le dernier se rencontre encore assez fréquemment dans quelques contrées. L'arrêté pris par le maire consiste à dire à quelle époque il est défendu, même aux propriétaires, d'entrer dans les champs, sans une autorisation spéciale ; une proclamation indique ensuite le moment où tout le monde doit se mettre ensemble à faire la récolte ou la vendange dans telle ou telle partie du territoire soumis au ban.

Les bans de fenaison et de moisson, que l'on comprenait alors que toutes les cultures, faites d'ailleurs sur des champs très morcelés, étaient sous le régime du même assolement, sont devenus très rares. Leur existence se comprend dans des pays où les pièces de terre sont tellement enchevêtrées les unes dans les autres, et dépourvues de chemins d'évacuation spéciaux, qu'il est impossible à un cultivateur d'aller à son champ sans porter plus ou moins préjudice à la récolte des champs sur lesquels il devrait passer. La défense de pénétrer dans tout le territoire en prairie était annoncée par une publication quand l'herbe était déjà haute, et un autre arrêté publié à son de caisse indiquait le jour où l'on pouvait et devait faire la coupe : c'était le *ban de fenaison*.

Le ban de moisson se composait également et d'un arrêté pour interdire l'accès des emblavures et d'un autre arrêté fixant, sur l'avis des anciens, l'époque de la coupe des blés, des orges ou des avoines. C'était le *ban de moisson*. Ces bans sont désormais très peu usités. Cependant un arrêté de la Cour de cassation du 6 mars 1834 a décidé que si ces bans sont usités de temps immémorial dans une commune, le maire est autorisé par la loi des 28 septembre et 6 octobre 1791 à les faire observer.

Le *ban de vendange* est encore en usage dans un assez grand nombre de pays vignobles de l'est de la France, et de quelques autres régions dont l'étendue diminue avec le temps, mais lentement. Il consiste également dans la proclamation de deux arrêtés : l'un pour défendre la libre entrée dans le vignoble, l'autre pour fixer le jour de l'ouverture des vendanges. Pour la première partie de l'exécution du ban, toutes les issues et les chemins du vignoble sont fermés par des barrières généralement formées d'épines ; nul ne peut plus entrer sans la permission du maire. Pour la seconde partie, à dater du jour de l'ouverture et tant que les vendanges ne sont pas terminées, elles ont lieu depuis le soleil levé jusqu'au soleil couché, et nul ne peut vendanger à d'autres heures. Les gardes champêtres doivent faire dans les deux cas des procès-verbaux aux contrevenants auxquels la justice de paix applique l'amende. Dans les communes où les vignobles sont considérables, les maires peuvent les diviser par quartiers, et fixer, pour chaque quartier, un jour d'ouverture ; mais ils ne peuvent pas accorder de permissions individuelles. Le ban de vendange ne s'applique pas aux propriétés en vignes entourées par des clôtures, fossés ou haies.

Les bans de fauchaison, de moisson et de vendange ont été abolis, en tant que droits seigneuriaux, par la loi des 28 septembre et 6 octobre 1791, qui a proclamé que « chaque propriétaire est libre de faire sa récolte, de quelque nature qu'elle soit, avec tout instrument et au moment qu'il lui conviendra, pourvu qu'il ne cause aucun dommage aux propriétaires voisins ». Mais le même article 1er de la section V de la même loi a ajouté : « Cependant, dans les pays où le ban de vendange est en usage, il pourra être fait à cet égard chaque année un règlement par le Conseil général de la commune, mais seulement pour les vignes non closes. » C'est en vertu de cette disposition que les maires, héritiers des attributions qui appartenaient autrefois au Conseil général de la commune, prennent les arrêtés relatifs au ban de vendange, après avoir consulté en général le Conseil municipal et les vignerons les plus notables. Le ban de vendange ne peut pas défendre de vendanger le dimanche ; il ne peut pas non plus empêcher de pénétrer dans les vignes pour des travaux nécessaires ou pour faire le choix de quelques raisins pour les besoins domestiques ; seulement la déclaration doit être faite au maire, qui prévient le garde champêtre.

On a cherché à légitimer les bans de moisson et de vendange par la facilité qu'ils donneraient à la surveillance et à l'exercice du glanage et du grapillage ; mais ces deux droits du pauvre peuvent être réglementés sans les bans, dont beaucoup de propriétaires s'accordent à demander la suppression pure et simple. La liberté de cueillir le raisin au moment où chacun le trouve le plus convenable doit exister entière ; elle seule permet tous les progrès. C'est à chaque propriétaire de défendre son bien sans gêner les autres, et on doit s'arranger pour avoir des chemins qui aboutissent à chaque héritage.

BANAL (*droit rural*). — Se dit d'un objet dont l'usage est commun à tous les habitants d'une commune ou d'un hameau ; ainsi un four est banal. Il peut en être de même d'un moulin, d'un pressoir, d'un étalon, d'un taureau. On dit des fours ou des moulins banaux.

BANALITÉ (*droit rural*). — Sous le régime féodal la banalité était un droit qu'avait un seigneur d'obliger ses vassaux à venir faire moudre leurs grains, faire cuire leur pain, faire presser leurs pommes ou leurs raisins, dans un moulin, dans un four, dans un pressoir qui lui appartenaient, et de lui payer une redevance pour la mouture, la cuisson ou la pressée obtenues dans les usines ou ustensiles banaux. Dans les pays soumis à une banalité, il ne pouvait être établi aucune usine susceptible de faire concurrence à l'exploitation privilégiée. L'Assemblée constituante et la Convention (lois du 15 mars 1790, titre II, et des 17 juillet et 25 août 1792) ont aboli les banalités féodales, mais en laissant subsister celles librement établies entre un simple particulier non seigneur et une communauté d'habitants, en tant qu'elles étaient le prix de quelque concession faite à cette communauté. Un grand nombre d'arrêts de la Cour de cassation ont confirmé l'existence de ces banalités conventionnelles. Les communes peuvent abolir les banalités anciennes qui constituent des servitudes ; mais elles ne peuvent pas établir des banalités nouvelles ni convertir en banalités conventionnelles celles qui ont été abolies comme féodales.

BANANE (*arboriculture fruitière*). — Fruit du bananier, qui joue un rôle très important dans l'alimentation des populations des régions tropicales. Les bananes sont grosses et longues comme des concombres et sont disposées par régimes en nombre souvent considérable. Elles sont généralement utilisées à l'état vert, et, dans cet état, elles présentent une chair blanche, dans laquelle domine l'amidon. Après les avoir dépouillées de leur cosse, on les cuit sous la cendre jusqu'à ce que la partie externe soit légèrement rôtie ; on les consomme comme on mange le pain ; d'autres fois, on les sèche au four pour en faire des provisions et on les fait bouillir dans de l'eau pour en préparer un mets qui a le goût du beurre frais, légèrement sucré. C'est plus rarement qu'on consomme les bananes à l'état cru après qu'elles sont arrivées à maturité.

Lorsqu'elle est encore verte, la banane renferme du tanin et de l'amidon ; à mesure qu'elle approche de la maturité, le tanin disparaît et l'amidon se transforme en sucre, de telle sorte que la banane entièrement mûre ne contient pour ainsi dire plus d'amidon ; alors on la mange crue ou légèrement rôtie. Corenwinder, dans un régime de bananes du Brésil, pesant 8kg,4, a compté 107 bananes qui avaient en moyenne de 12 à 13 centimètres de longueur et 3 à 4 centimètres de largeur. En moyenne une banane pesait 69 grammes, le fruit intérieur 45 et la cosse 24 ; de telle sorte que 100 de fruit complet étaient composés de 66 de chair contre 34 de cosse.

Le fruit sain et dépouillé de sa cosse est doué d'une odeur fraîche et suave rappelant celle de l'éther amylique et d'une saveur très agréable ; Corenwinder lui a trouvé la composition suivante :

Eau	72,45
Sucre cristallisable	15,90
Sucre interverti (déviant à gauche)	5,90
Cellulose	0,38
Substances azotées	2,14
Pectine	1,25
Matières grasses, colorantes, et acide malique	0,96
Matières minérales	1,02
Total	100,00
Azote pour 100 à l'état normal	0,342

Les matières minérales ou cendres ont donné :

Chlorure de potassium	0,147
Potasse	0,495
Magnésie	0,034
Acide phosphorique	0,150
Acide sulfurique	0,017
Acide carbonique	0,141
Chaux	0,007
Sesquioxyde de fer	0,004
Silice, etc.	0,030
Total	1,025

La potasse s'élève en totalité à 0,588, soit à 57,40 pour 100 de cendres, et l'acide phosphorique à 14,63 pour 100. La proportion de chaux est presque insignifiante.

D'après la quantité de sucre constatée par l'analyse, Corenwinder estime que la banane pourrait donner lieu à une fabrication industrielle du sucre qui assurerait peut-être plus de profits que la canne et que la betterave.

BANANIER (*agriculture et horticulture*). — Le bananier (*Musa*) forme un genre de plantes herbacées et vivaces, atteignant des hauteurs qui s'élèvent jusqu'à six mètres, et qu'à cause de leur aspect et de leurs grandes dimensions, on a décrit souvent comme des arbres. Ce genre est le type le plus complet et le plus important de la famille des Musacées à laquelle il a donné son nom. De terre sort un axe très court, portant des feuilles alternes, munies d'une gaine large et longue, terminées par un limbe très développé ; ce limbe est garni en dessous d'une nervure dorsale saillante à laquelle aboutissent des nervures secondaires et obliques. Les gaines s'emboîtent les unes dans les autres en simulant une tige composée uniquement de parties appendiculaires, au sommet de laquelle s'étalent les limbes des feuilles. Il résulte de cette disposition que les bananiers ont le port et l'aspect des palmiers. Les limbes des feuilles sont très grands ; ils ont quelquefois jusqu'à deux et trois mètres de longueur et présentent une forme elliptique allongée, avec nervures latérales fines et nombreuses, se séparant sous un angle très ouvert de la nervure médiane pour aller vers les bords de la feuille. Du milieu des feuilles sort un régime allongé et recourbé, sorte d'épi ou spadice volumineux, enveloppé de bractées qui se recouvrent les unes les autres avant la floraison, et dont chacune sert d'abri à un grand nombre de fleurs sessiles, d'un blanc jaunâtre. Les bractées, dans la plupart des espèces, se détachent après la floraison et laissent à nu le spadice plus ou moins chargé de fruits et formant un régime qui pend du sommet de la tige. « Le fruit, dit M. Baillon, surmonté d'une cicatrice terminale, est une baie à graines souvent avortées ou rudimentaires, insérées sur le placenta par un ombilic large et déprimé, et renfermant sous leurs téguments, quand elles sont bien développées, un embryon entouré d'un albumen abondant et féculent. » Après avoir porté des fruits, le bananier meurt, à moins que sur sa souche alimentée par de nombreuses racines adventives, ne se développe un bourgeon qui donne une nouvelle plante d'une puissance de production herbacée non moins considérable que celle que l'on a récoltée. Les feuilles si magnifiques des bananiers donnent des matières textiles dont la valeur est quelquefois comparable à celle des bananes obtenues. Pour la production annuelle d'une végétation d'une si vigoureuse ampleur, il faut des conditions toutes particulières, un sol convenable, une haute température, une humidité suffisante dans la terre. Aussi les bananiers ne sont-ils à l'état de grande culture que dans les régions chaudes, mais d'une température moyenne plus ou moins élevée selon les espèces. Celles-ci sont nombreuses et on doit, au point de vue pratique, les distinguer les unes des autres suivant leurs usages : les unes servent surtout à la production des fruits ; une seconde classe sert plus particulièrement à donner des fibres textiles ; enfin on cultive une troisième classe de bananiers comme plantes ornementales.

I. *Bananiers cultivés principalement pour la production fruitière.* — Il y a trois espèces principales de bananiers à fruits comestibles :

1° Le bananier à gros fruits ou de paradis (*Musa paradisiaca*), appelé aussi bananier d'Adam (fig. 577), atteint une hauteur de cinq à six mètres. Ses fruits sont les bananes ordinaires, que l'on nomme vulgairement *pommes du paradis* ou *pommes d'Adam*. L'arbre reçoit aussi les noms de figuier des Indes et de figuier d'Adam. Le fruit de cette plante, cueilli avant sa maturité complète, est très riche en fécule, et il est consommé plutôt comme légume que comme fruit de table ; à sa maturité, la fécule est transformée plus ou moins complètement en sucre (voy. BANANE).

Le bananier convient surtout aux régions chaudes, situées au bord de la mer ; c'est là qu'il donne les plus grands rendements et les bananes les plus pesantes. Un *platanar* rend, à la température de 27°,5, d'après de Humboldt, 184 000 kilogrammes par hectare ; à Cucurusassi, à la température de 26 degrés, d'après M. Boussingault, 150 000 kilogrammes ; à Ibagué, à la température de 22 degrés, d'après Goudot, 64 000 kilogrammes. On conçoit qu'il est difficile d'établir des comptes de culture qui puissent s'appliquer à des circonstances si différentes. En général un régime de grandes bananes pèse 20 kilogrammes, et on peut, au bord de la mer, dans un sol riche et humide, mais bien égoutté, obtenir trois régimes du même plant dans l'année. A mesure qu'on s'élève ou que la température moyenne devient moindre, le nombre des régimes annuels diminue. M. Boussingault a fait connaître, avec beaucoup de détails, les conditions de la production de ces arbres dans les pays de grande culture du bananier.

2° Le bananier des brames ou des sages (*Musa sapientum*) donne les *figues-bananes* ou figues-bacoves des colonies, ou encore ce qu'on appelle les petites bananes. Il est originaire de l'Inde, mais sa culture s'est répandue dans un grand nombre de pays chauds. Il atteint environ six mètres de hauteur; il se termine par une touffe de feuilles de 1m,80 de longueur, du centre de laquelle sort un long régime de fleurs et ensuite de fruits qui sont des baies ordinairement dépourvues de graines, longues de 0m,10 seulement; à la maturité, ces fruits ne renferment plus que de la matière sucrée; ils sont alors plus savoureux que les bananes ordinaires et on les mange au

Fig. 577. — Bananiers

couteau sans avoir besoin de les attendrir par la cuisson, mais après enlèvement préalable des cosses et de la couche cotonneuse qui enveloppe la pulpe. Le bananier des sages, comme tous les bananiers qui ne donnent pas de graines, se propage par des rejetons qu'on enlève sur les vieux pieds.

3° Le bananier de Chine (*Musa sinensis* ou *Cavendishii*) est une plante basse et trapue, à très grandes et très larges feuilles, presque toujours sessiles; il fournit des fruits très savoureux ; il a été importé dans un grand nombre de localités parce qu'il se met promptement à fruits, et aussi parce qu'il lui faut une température moindre que les autres espèces. C'est celui qui se prête le mieux à la culture en serre chaude en vue d'obtenir des bananes, ce que l'on fait particulièrement en Angleterre, où l'on tient à avoir des bananes de serre chaude, comme on a des ananas. Il n'atteint guère qu'une hauteur de 1m,50. On doit à MM. Decaisne et Naudin une excellente description de la culture en serre de ce bananier.

Parmi les bananiers dont les fruits se mangent, il faut encore citer les espèces suivantes : *Musa Troglodytarum* et *M. Simiarum*, des Moluques; *Musa Balbisiana* et *M. Berteroniana*, d'Amboine; *Musa superba*, de l'Inde ; *Musa tricolor*, de Madagascar ; *Musa Dakka*, de l'Afrique tropicale.

II. *Bananiers cultivés principalement comme plantes textiles.* — Le bananier textile par excellence (*Musa textilis*) est le bananier *abaca* (voy. ce mot), qui fournit le chanvre de Manille. On le rencontre surtout dans les îles volcaniques des Philippines et des archipels voisins. Le bananier abaca présente dans toutes ses parties une teinte d'un vert noir foncé; il s'élève à 5 ou 6 mètres de hauteur et porte des feuilles longues, étroites, dures, raides, à nervures transversales, parallèles et très saillantes. Les régimes qui émergent des tiges sont assez courts et portent vers l'extrémité quelques rares fleurs blanchâtres et de très petits fruits ressemblant à de jeunes bananes avortées ; ils renferment des graines noirâtres presque sphériques qui sont très fertiles et germent en peu de jours pour donner naissance à des plantes qui deviennent rapidement vigoureuses et prennent tout leur développement en huit à neuf mois. On plante ordinairement ce bananier sur les pentes des montagnes nouvellement défrichées, à raison de 330 pieds par hectare ; il ne réclame pas un sol aussi riche que les espèces comestibles. La production annuelle par hectare peut être d'environ 1600 kilogrammes de filasse, d'une valeur de 500 à 600 francs à Manille, dans toute exploitation bien conduite. L'extraction de la fibre textile se fait par des moyens très simples. Les cordages d'abaca sont très bons; ils sont employés par les marins d'un grand nombre de pays; ils sont aussi en usage dans une foule d'industries ; ils ont parfois plus de résistance que les cordages en chanvre.

On peut aussi retirer et on retire en effet des fibres textiles des bananiers cultivés pour leurs fruits, mais ces fibres sont moins estimées que celles provenant du *Musa textilis*.

III. *Bananiers à feuillage ornemental.* — Les bananiers, à cause de leur port et surtout de l'ampleur de leur feuillage, sont employés, soit en massif, soit comme individus isolés, pour orner les serres et les jardins; mais ils doivent être placés dans des lieux abrités contre le vent, qui déchiquèterait leurs feuilles en lanières et leur ferait ainsi perdre toute leur beauté. Les espèces qui se prêtent le mieux à la décoration sont les suivantes :

1° Le bananier de Bruce (*Musa ensete*), originaire d'Abyssinie, est la plante herbacée la plus gigantesque et la plus importante que l'on connaisse; par sa haute stature, la grosseur de sa tige et ses énormes feuilles à côtes rouges, c'est un des plus beaux ornements que l'on puisse mettre dans les serres froides ou les jardins d'hiver. Il est depuis le milieu du XIXe siècle très répandu dans les grandes serres d'Europe. A cause de sa rusticité relative, on peut le cultiver en pleine terre dans le midi de la France et en Algérie. La tige, en y comprenant les bases engainantes, présente une circonférence de deux à trois mètres; sa taille ne dépasse pas quatre mètres; les feuilles, portées par des pétioles courts et vigoureux, teints de rouge en dessous ainsi que la nervure médiane qui les continue, ont de 1m,50 à 2m,50 de longueur, sur une largeur de 0m,50 à 0m,60, et elles forment une couronne remarquable d'où sort une belle inflorescence donnant des graines qui mûrissent en Algérie et dans les serres chaudes d'Europe. Comme ce bananier ne drageonne pas du pied, c'est par les graines qu'on le reproduit.

2° Le bananier rouge (*Musa coccinea*), originaire de Cochinchine, est relativement de petite taille ; il n'atteint guère que 2 mètres à 2m,50 de hauteur;

il est remarquable surtout par ses spathes écarlates ou d'un rouge vif qui en couvrent l'inflorescence dressée. Ses fruits ne mûrissent pas dans les serres d'Europe.

3° Le bananier rose (*Musa rosacea*), plus haut et plus étoffé que le précédent, atteint une hauteur de 3 à 4 mètres; ses feuilles d'une couleur violacée en dessous, dans leur jeunesse, et ensuite d'un vert glauque, ont une longueur de 1m,40 et une largeur de 0m,35. Son régime est droit, ses fleurs d'un jaune orangé, ses fruits sont rares et petits. On recherche ce bananier dans les serres à cause de la belle teinte rose ou lilas des spathes de son inflorescence.

4° Le bananier moucheté (*Musa zebrina*), originaire de Java, est de moyenne taille, et se distingue pour ses feuilles parsemées de mouchetures brunes.

5° Le bananier magnifique (*Musa superba*) est comparable par sa haute taille au bananier de Bruce, mais il est moins rustique. Il présente à l'extrémité de chacune des feuilles un appendice terminal étroit de quelques centimètres de longueur. Il produit rarement des graines, même dans l'Inde; on le reproduit par les nombreux drageons du pied. On le cultive en Europe en serre chaude.

On peut encore citer comme ornementaux plusieurs autres bananiers : *Musa glauca*, *speciosa*, *ornata*, etc., qu'on ne trouve d'ailleurs que rarement, et le bananier panaché de blanc (*Musa vittata*), qu'on suppose issu du bananier de Chine; ce dernier, quoique producteur, même dans les serres, de bananes estimées, peut aussi être employé comme plante ornementale.

Quoique l'on puisse, à la rigueur, cultiver les bananiers en pots ou en caisses, ils ne prospèrent que très difficilement dans cette situation gênée, et il convient, pour en jouir dans toute leur beauté, de disposer dans les serres chaudes, des caisses et des encaissements de 1 mètre de profondeur et d'une étendue proportionnelle au nombre de pieds qu'on veut planter; il faut 2 mètres de distance au moins entre les pieds. On arrose très souvent, surtout pendant les chaleurs; dans tous les cas, il ne faut pas laisser tomber la température au-dessous de 18 degrés. Alors on obtient la plus magnifique végétation, et au bout de douze à quinze mois les régimes apparaissent. Après que la plante a porté fruit, on l'arrache, et on multiplie par les œilletons enracinés qui croissent à sa base. Il faut que l'air des serres soit renouvelé constamment, tout en restant chaud et humide.

BANDAGE (*mécanique agricole*). — Bande métallique qu'on pose sur la jante des roues pour les consolider. Les bandages sont en fer dur, en fer aciéré, en acier fondu au creuset ou en acier Bessemer. On les fabrique en général en enroulant une bande de métal sur un mandrin et en soudant les deux extrémités. Pour poser un bandage sur sa jante, on le chauffe légèrement afin d'en augmenter un peu le diamètre, ce qui permet d'entrer la jante à l'intérieur du bandage; une fois qu'il est en place, on le baigne dans l'eau, et par le refroidissement il se contracte et prend le *serrage* qui le maintient. Comme le bandage pourrait se séparer de la roue, on consolide l'assemblage par des boulons ou des agrafes circulaires.

BANDAGE (*médecine vétérinaire*). — Faire ou appliquer un bandage sur un animal, c'est placer des bandes, des compresses ou autres objets et appareils destinés au traitement d'une partie malade. Poser un bandage, c'est aussi faire un *pansement*. Il peut s'agir de maintenir un cataplasme ou autre topique en un endroit déterminé, de contenir certaines parties du corps dans leur position naturelle, de réunir des parties divisées, de tenir écartées des parties tendant à se rapprocher vicieusement ou à s'unir, de comprimer des parties tuméfiées ou dont il faut empêcher la tuméfaction, de favoriser l'issue du pus ou de quelque autre fluide extravasé, de réduire les fractures et de maintenir les parties dans leur position naturelle, jusqu'à ce que toutes les soudures soient refaites et devenues solides. Dans ces termes généraux, tout bandage, pour être bon, doit être pratiqué par un homme de l'art; le cultivateur doit appeler le vétérinaire pour l'exécuter. Mais, si l'on se borne à considérer un bandage, selon la définition de Gerdy, comme l'arrangement qui résulte de l'application raisonnée à une partie du corps, soit d'une ou de plusieurs bandes, soit d'une ou de plusieurs pièces de linge séparées, il suffit d'une personne un peu habile aux opérations manuelles et à laquelle on a montré les soins à prendre. Les bandes ou les pièces de linge dont on se sert peuvent être sèches ou imbibées d'une substance solidifiante, selon que l'on veut faire un bandage amovible ou inamovible. On emploie pour les bandages chez les animaux, de la corde, des étoupes, du cuir, outre la charpie et la ouate. On fait aussi entrer parfois dans les bandages de petites planches de bois mince pour en assurer la solidité; on les nomme des éclisses ou attelles (voy. ce mot).

BANDEAU (*zootechnie*). — Bande que l'on met sur les yeux pour arrêter l'impression trop vive de la lumière ou pour appliquer quelque topique. On se sert d'un bandeau formé d'une pièce d'étoffe en plusieurs doubles pour dompter, en les empêchant de voir, des chevaux, des taureaux, des vaches, des béliers, dont la fougue peut être dangereuse pour les hommes. On se sert aussi de bandeau dans quelques pays pour empêcher les bestiaux mis au pâturage de franchir les obstacles ou les fossés qui séparent les pièces de terre dans lesquelles on veut les parquer.

BANDITE (*droit rural*). — Terrain dont une partie des produits sont réservés et aliénés pour constituer, principalement dans le comté de Nice, un droit d'usage qui constitue une véritable propriété superposée à la propriété du sol. Ce sont principalement les pâturages qui sont réservés pendant une partie de l'année; mais il y a aussi des bandites de perdrix, des bandites de truites, c'est-à-dire des aliénations du droit de chasser ou du droit de pêcher sur des terrains délimités.

BANKIVA (Coq et poule) (*zoologie*). — Le coq Bankiva (*Gallus Bankiva* ou *G. ferrugineus*) est une espèce sauvage du genre Coq, de la famille des Gallinacés. Il habite à l'état sauvage dans l'Indoustan, la Malaisie, les îles de l'archipel Malais. Il est de petite taille, plus long que haut (0m,30 à 0m,40 de hauteur sur 0m,60 à 0m,65 de longueur). Il a la crête dentelée et les barbillons rouges. La couleur du plumage est assez variable, le plus souvent les plumes de la tête sont jaunes et brillantes; celles du dos et des ailes sont rouges, celles de la queue sont noires. — La poule (fig. 578) est de plus petite taille que le coq; elle n'a qu'une crête rudimentaire; sa queue est presque horizontale; ses plumes sont brunes ou noires.

Le coq Bankiva a été domestiqué, mais on le trouve à l'état sauvage jusque dans les montagnes de l'Himalaya; sa chair est réputée pour sa délicatesse.

Cette espèce de coq présente un réel intérêt parce que la plupart de ses caractères concordent parfaitement avec ceux de plusieurs des races domestiques actuelles de l'Europe, et notamment de la poule commune de combat anglaise. Darwin, qui s'est livré à des recherches approfondies sur l'origine des animaux domestiques, regarde le coq Bankiva sinon comme le type unique, du moins comme un des principaux types primitifs des races domestiques actuelles.

BANKSIA (*botanique*). — Arbres ou arbustes d'Australie et de Tasmanie, dont quelques espèces sont cultivées dans les serres d'Europe. Ces plantes, ainsi nommées en l'honneur de sir Joseph Banks, appartiennent à la famille des Protéacées. Elles atteignent une hauteur de 2 à 3 mètres; elles sont plus ou moins rameuses, à feuillage persistant, coriace, denté ou découpé en lanières pennatiformes. Les inflorescences sont de gros chatons cylindriques, toujours terminaux, présentant des bractées courtes et coriaces, au delà desquelles les fleurs font saillie, le tout offrant des teintes variées où le jaune et l'orangé dominent. Ce sont de jolies plantes ornementales. On en connaît environ soixante espèces.

Fig. 578. — Poule Bankiva.

BANNE. — Grande pièce de toile à tissu peu serré, servant à garantir les semis et les fleurs du soleil et les arbres fruitiers de la gelée. Cette toile, de dimensions appropriées à l'usage qu'on en doit faire, est ordinairement attachée à des bâtons à ses extrémités pour pouvoir être roulée ou déroulée à volonté.

La pièce de toile sur laquelle on bat les grains qu'on veut recueillir ou bien sur laquelle on étend certaines récoltes pour les faire achever de mûrir et les sécher au soleil, reçoit aussi le nom de banne.

En horticulture, on appelle encore banne une sorte de grande manne allongée, tressée en osier ou en bourgène, que l'on emploie pour l'emballage des plantes à expédier.

On donne encore le même nom aux vases en bois qui servent, dans le Midi, à transporter la vendange à dos d'homme ou sur la tête. Ces vases sont généralement de forme allongée et garnis de deux cornes ou poignées dans la partie supérieure pour en faciliter le chargement. C'est ce qu'on appelle aussi des *comportes*. On les fait souvent en cœur de chêne ou en châtaignier pour qu'ils durent longtemps; d'autres fois en peuplier ou en saule, pour qu'ils soient plus légers.

On désigne enfin par le même nom le récipient posé sur charrette dans lequel les bannes ordinaires sont déversées et que conduisent aux celliers des bêtes de somme. On a trouvé très avantageux de faire les grandes bannes des charrettes en forte toile, à cause de la diminution de poids qui en résulte pour le transport.

BANNEAU (*agriculture*). — Petit tombereau servant au transport des récoltes. C'est aussi la *banne* de la viticulture, et le tonneau du vinaigrier ambulant.

BANQUE (*économie rurale*). — Une maison de banque, au point de vue agricole, est un établissement qui, d'une part, reçoit et rassemble les capitaux de ceux qui veulent prêter, et qui, d'autre part, se charge de dispenser ces capitaux à ceux qui veulent emprunter pour les besoins des diverses opérations de l'agriculture. Une banque est définie surtout par la nature des services qu'elle se propose de rendre. Une banque est foncière, immobilière, territoriale, lorsqu'elle fait des prêts garantis par des immeubles; elle est hypothécaire, lorsqu'elle fait des prêts sur hypothèque; elle est de crédit, lorsqu'elle fait des avances sur la confiance qu'inspirent des personnes ou des opérations agricoles d'un effet bien connu, comme par exemple l'engraissement du bétail; une banque est de dépôt, lorsqu'elle a pour principal objet de recevoir en dépôt des valeurs contre lesquelles elle fait des avances d'argent, avances toujours inférieures aux valeurs consignées; elle est d'escompte, lorsqu'elle prête de l'argent contre des billets portant des signatures jugées négociables.

Le caractère propre des banques est de ne prêter des sommes plus ou moins élevées qu'en échange de billets à ordre payables à des époques fixes; elles escomptent ces billets en retenant les intérêts jusqu'au jour de l'échéance, plus une commission, du moins en général. Elles reçoivent en dépôts remboursables soit à volonté, soit à des échéances déterminées, les sommes qu'on leur confie, en en payant des intérêts ordinairement d'autant plus élevés qu'elles sont déposées pour un temps plus long. Pour ces deux sortes d'opérations, les agriculteurs peuvent avoir recours aux banques sans qu'il s'élève aucune impossibilité. Toutefois, des difficultés sérieuses peuvent se présenter, à raison même du caractère d'un grand nombre d'opérations agricoles.

D'après une enquête faite en 1870 par une commission chargée de l'étude du crédit agricole mobilier, par le ministre de l'agriculture, les banques prêtaient en France à l'agriculture dans vingt départements. Cette même enquête a permis de réunir quelques renseignements sur les banques agricoles des divers pays. Dans quelques parties de l'Allemagne, il existe des banques agricoles locales, notamment dans Hesse-Cassel, la régence de Wiesbaden et le Wurtemberg. — Dans le Danemark existent deux petites banques agricoles, placées sous la surveillance de l'État, l'une pour le Jutland, l'autre pour le Seeland et les îles, et formées par l'association des emprunteurs qui sont tous solidaires des prêts faits aux associés en échange d'obligations dont l'intérêt est garanti par le Trésor public. En outre, un établissement appelé banque des agriculteurs et dont le siège est à Copenhague, reçoit les fonds qui lui sont déposés par les cultivateurs et leur en sert un intérêt variant de 3 à 4 pour 100. — Aux États-Unis d'Amérique, les banques ordinaires, qui sont très multipliées, servent à l'agriculture aussi bien qu'au commerce ou à l'industrie. — En Angleterre, on compte environ 250 banques auxquelles la banque royale d'Angleterre donne la vie. L'agriculture, comme les autres industries, en profite. Les banques provinciales comptent, en dehors de la maison mère, plus de 600 succursales ou *comptoir-branch*. Elles sont tout à la fois banques d'escompte, d'émission et de dépôt. Il n'y a pas en Angleterre de petite ville de l'importance d'un chef-lieu de canton français, qui n'ait une banque ou une succursale de la banque provinciale. Les fermiers font usage des avantages qu'elles présentent : 1° sur *promissory notes*, c'est-à-dire sur simples billets souscrits par des non-commerçants, c'est la forme la plus usitée; — 2° par *eash-credit*, ou compte courant; dans ce cas il est passé un acte (*band*), aux termes duquel la banque s'engage à fournir à l'emprunteur, au fur et à mesure de ses besoins, une somme déterminée, et l'emprunteur, de son côté, s'oblige à la rembourser, mais dans le délai qui lui convient, et jusqu'à sa complète libération, à verser à la banque l'argent provenant de la vente de ses produits; — 3° par des billets que les marchands de bestiaux, de semences, d'engrais et d'instruments acceptent des fermiers et qu'ils passent aux banques. Mais tous ces crédits ne sont ouverts que sous la caution de deux personnes reconnues comme solvables, et d'ailleurs les avances sont mesurées à la somme des bénéfices présumés de l'emprunteur; l'évaluation de ces bénéfices est facile à cause du rapprochement des banques et des fermiers. Un autre mode d'emprunt est sur nantissement du cheptel; dans ce cas, il faut un enregistrement public de l'acte de prêt, et c'est une formalité à laquelle les fermiers ne se soumettent que bien rarement, à cause de l'atteinte grave qui est alors portée à leur crédit; ils ne le font que lorsque, pressés d'emprunter, ils ne peuvent pas trouver de cautions pour obtenir des fonds dans les banques. Les prêts consentis par les banques sont faits habituellement pour trois mois, mais la durée est quelquefois portée à six mois et même au delà. L'intérêt est généralement de 4 à 5 pour 100; il a varié pendant le cours des vingt années antérieures à 1879 entre 3 et 10 pour 100, selon le taux de l'escompte à la banque royale d'Angleterre. Du reste, les cultivateurs sont assimilés aux commerçants, relèvent des mêmes tribunaux, sont soumis aux mêmes lois d'exécution. Dans le cas de faillite, le privilège du propriétaire est limité à une seule année de fermage; s'il lui est dû plus d'une année, le surplus de la créance fait masse avec les autres. Par contre, le propriétaire a le droit, si le fermier est en retard d'une année, de l'appeler devant le juge et de le faire condamner à fournir caution pour le payement des cinq années suivantes, puis, à défaut de cette condition, de l'évincer immédiatement, sans lui tenir compte des améliorations que celui-ci aurait effectuées. Ces moyens de rigueur sont rarement employés. — En Ecosse, il existe 10 banques principales et 844 succursales. Ces banques reçoivent les dépôts qui leur sont confiés et payent aux déposants un intérêt qui est en moyenne de 2 pour 100. Personne ne garde d'argent chez lui. Les fermiers écossais font près des banques des emprunts constants, surtout par le mode de crédit à découvert, sans échéance fixe (*cash accounts*). La banque peut à son gré rendre exigible le montant de ses crédits, mais elle les ferme très rarement. Les fermiers écossais sont cités comme des modèles de ponctualité; ils se libèrent par petites fractions et payent exactement les intérêts. D'ailleurs toutes les transactions se règlent au moyen de chèques; les agents des banques, dans toutes les foires et sur tous les marchés, transportent leurs bureaux sur la place publique et y reçoivent les déclarations de leurs clients, dont les ventes et les achats se soldent à l'instant par de simples versements en compte. — En Australie, il existe de nombreuses banques qui ont des succursales dans tous les villages et partout où il existe un centre agricole quelconque. Le système des chèques est employé usuellement. En outre, les banques qui reçoivent les fonds confiés par les agriculteurs et qui leur payent un intérêt de 6 pour 100, quand le dépôt est fait pour six mois, peuvent émettre des billets qui ont un cours légal. — Dans la Nouvelle-Zélande et la Nouvelle-Galles du Sud, existent des banques analogues à celles de l'Australie et qui rendent les mêmes services à l'agriculteur. — En Hollande, les agriculteurs font usage des banques aux mêmes titres et conditions que les commerçants; ils sont très exacts dans leurs payements. — Dans quelques parties de l'Italie seulement, il existe des banques où les agriculteurs peuvent venir emprunter, soit après avoir fourni des nantissements dans des magasins généraux, soit dans des banques populaires en relation avec des banques centrales qui prennent leur papier; ces derniers établissements, nombreux dans l'Italie septentrionale, rendent de grands services à l'agriculture; ils sont liés à l'organisation des caisses d'épargne Là, le crédit est d'ailleurs le même pour tous; le cultivateur est l'égal du commerçant et de l'industriel. — En Pologne, les banques ne prêtent aux agriculteurs que sur hypothèque. — En Portugal, il n'est presque aucune ville qui n'ait sa banque rurale. On donne ce nom à ces établissements de crédit, parce que, quoiqu'ils soient ouverts aux commerçants et aux manufacturiers, la plus forte partie de leurs opérations sont effectuées avec les cultivateurs. Ceux-ci obtiennent dans les banques, des avances sur billets à deux ou trois mois, à la condition que les valeurs soient revêtues des signatures de deux personnes connues. L'intérêt perçu varie suivant le cours de l'escompte et de l'argent, mais le taux n'oscille qu'entre 4 1/2 et 6 pour 100. Les cultivateurs sont exacts dans leurs payements, et ils placent leurs fonds disponibles dans les banques qui leur payent un intérêt de 3 à 4 1/2 pour 100. — En Russie, les banques ne prêtent aux agriculteurs que sur leur crédit personnel, moyennant lettres de change, à échéances fixes variant de trois mois à un an; ces banques sont organisées suivant le système Schultze-Delitsch, ou bien sont des banques de commerce ordinaires. — En Suède, l'accès des banques locales est largement ouvert aux agriculteurs, à la condition que ceux-ci présentent deux répondants qui demeurent garants de la dette; les prêts se font sur billets à six mois. Les grands et moyens agriculteurs placent leurs fonds disponibles dans les banques qui payent un intérêt de 5 pour 100 pour les dépôts à terme fixe, et de 2 à 3 pour 100 pour ceux remboursables à vue.

Outre les banques, il existe dans quelques pays des établissements de crédit agricole ayant des organisations variées, mais qui ne sont pas des banques proprement dites. Il ne peut donc en être question ici, si ce n'est pour signaler leur existence. Mais il est nécessaire, pour que les explications soient complètes, d'indiquer l'organisation de deux systèmes de banques coopératives de crédit, inventés et appliqués d'abord en Allemagne : l'un est celui de Schultze-Delitsch, dont le type est l'Union du crédit agricole d'Augsbourg et Bavière; l'autre est celui organisé par un maire de la Westphalie, Rasseiden, et il est en quelque sorte un perfectionnement du premier.

Le système des banques Schultze-Delitsch repose sur l'association solidarisée des habitants d'un canton qui sont responsables des opérations faites par l'établissement. Ces banques ne devraient prêter qu'à leurs membres, mais en fait, elles font des avances à toutes les personnes jugées solvables. Elles reçoivent des dépôts, contractent des emprunts, et se procurent ainsi les fonds nécessaires pour leurs transactions. Les emprunts qu'elles contractent, aussi bien que les avances qu'elles consentent, sont toujours à échéances fixes; les prêts sont représentés par des billets souscrits par les emprunteurs. Le taux de l'intérêt perçu par ces banques, pour leurs avances, est celui payé par les dépôts, suivant le taux de la banque de l'État, en le dépassant de 1 pour 100 pour le premier, en étant inférieur de 1 pour 100 pour le second. Enfin, les banques du système Schultze-Delitsch sont administrées par des directeurs et un personnel rétribué.

Dans le système Rasseiden, le mécanisme est le même que le précédent; toutefois chaque banque limite son action à une seule commune, ce qui permet aux associés de se mieux connaître et de régler plus exactement les crédits à ouvrir; aucun prêt n'est fait à des personnes étrangères à l'association; l'administration est gratuite; les banques empruntent à courts délais de dénonciation et prêtent à longs termes; enfin, au centre des groupes solidarisés, il est établi une banque anonyme par actions pour faciliter les opérations des caisses communales, en escomptant les billets ou lettres de change que les emprunteurs souscrivent en représentation des prêts qui leur sont faits.

Dans les deux systèmes, chaque banque, qui n'a pour capital social qu'un faible fonds de garantie, est une sorte d'intermédiaire entre le prêteur et l'emprunteur; ce dernier, qui doit être membre de l'association, participe aux bénéfices réalisés par cette dernière sur l'ensemble des opérations. Ce sont les agriculteurs du même canton ou de la même commune qui, par le moyen de ces banques, se soutiennent les uns les autres.

BANQUETTE (*horticulture*). — Dans le jardinage ce mot s'applique à plusieurs objets différents. — C'est souvent une petite élévation de terre destinée à retenir le sol des terrains en pente; on la plante en vigne ou en arbres et arbustes forestiers, dont les racines assurent la solidité de la construction. — Pour maintenir les eaux d'une rivière à courant peu rapide, on fait aussi une petite élévation en terre que l'on gazonne et recouvre d'essences qui ne craignent pas l'humidité. — On donne encore le même nom à une palissade taillée à hauteur d'appui, entre les arbres d'une contre-allée, à des bancs de gazon peu élevés, à des gradins où l'on place des pots de fleurs.

BANTAM (COQ ET POULE DE) (*basse-cour*). — Nom d'une variété de poules originaires de Java et appartenant à la race naine chinoise. Bantam est le nom d'une ville et d'une province de l'ouest de l'île de Java où les Anglais établirent un comptoir à la fin du dix-septième siècle pour y faire le commerce avec l'Inde et la Chine. C'est de là qu'ils importèrent en Europe les diverses variétés de poules dites de Bantam. Cette variété (fig. 579) est caractérisée par sa petite taille. La poule est de la grosseur d'une perdrix environ. Elle est très familière, en général bonne pondeuse et bonne couveuse. Le coq a le port droit et hardi, toutes les allures d'un coq de combat avec les éperons plus développés que ne le comporte sa taille. La crête est effilée, pointue en arrière, frisée, légèrement aplatie, d'un développement moyen; elle est rudimentaire chez la poule. L'œil est très grand avec la pupille rouge-brique. Les barbillons sont moyens. Les pattes, très fines, sont d'un gris bleuâtre. Le plumage très bien dessiné, représentant des écailles, est admirable; il varie d'ailleurs de couleur suivant les variétés. On distingue : la Bantam *noire*, dont le plumage est entièrement noir et qui a la tête de la poule cochinchinoise; — l'*argentée* dont les plumes blanches sont bordées de noir ou portent un anneau elliptique noir dans leur milieu; c'est la plus estimée; — la Bantam *dorée*, ayant les plumes d'un chamois très vif agrémenté de noir verdâtre; le coq a en outre des plumes rouges et d'un jaune paille vif; c'est le Bantam de combat; — la *citronnée*, dont les plumes d'un jaune citron sont bordées de noir; — la Bantam *blanche*, dont le plumage est entièrement blanc dans les deux sexes, et qui est toujours pattue.

Les poules de Bantam produisent en moyenne 180 œufs par an; mais ces œufs sont petits et ne pèsent pas plus de 30 grammes, soit donc un poids

Fig. 579. — Coq et poule de Bantam.

d'œufs de 5400 grammes; la poule pèse en moyenne 400 grammes et le coq 500 grammes. Le rapport du poids des œufs à celui de la poule est de 500 grammes à 1000, le plus grand qui ait été déterminé. Néanmoins les diverses variétés de Bantam sont plutôt, dans les basses-cours, des oiseaux d'ornement que des oiseaux de produit. — Un éleveur anglais, John Sebright, a obtenu vers 1810, avec un croisement complexe de la poule de Bantam et de deux autres races, une variété qu'on appelle *Bantam Sebright*, qui est jolie, mais très peu féconde; on en connaît deux sous-variétés, l'une dorée, l'autre argentée; elles ont les pattes nues, les formes très élégantes, la démarche fière et gracieuse; on les élève surtout pour la volière ou la faisanderie.

BAPTISIE (*botanique et horticulture*). — Genre de plantes à racines vivaces et à tiges annuelles en touffe, de la famille des Légumineuses-papilionacées, série des podalyriées. Les feuilles sont à folioles cunéiformes; les fleurs sont disposées en longues grappes terminales. On en compte 14 espèces qui habitent l'Amérique septentrionale, principalement la Caroline, et dont quelques-unes ont été importées et sont cultivées en Europe. Telle est la baptisie de la Caroline (*Baptisia tinctoria*, ou *Podalyria tinctoria*, ou encore *Sophora tinctoria*); elle est riche en matière colorante bleue, et est employée aux États-Unis comme succédané de l'indigo; ses feuilles et ses racines sont antiseptiques, astringentes et évacuantes. Les fleurs sont grandes, d'un joli bleu, avec carène blanc verdâtre, et forment une longue grappe. Les touffes atteignent de 0^{m},90 à 1^{m},50 de hauteur et couvrent un cercle de 1 à 2 mètres de diamètre. L'effet est assez joli sur les pelouses, les plates-bandes, les massifs des grands jardins et des parcs. On peut citer aussi les *Baptisia exaltata* et *alba* dont les fleurs sont blanches. La floraison a lieu de la fin de mai à juillet. On sème d'avril à juin-juillet en pépinière; on repique en pépinière, et l'on plante à demeure à l'automne ou au printemps. La floraison ne commence que trois ou quatre ans après le semis. La multiplication par éclats réussit assez mal. Il faut à cette plante une terre saine, profonde, et de préférence sableuse ou argilo-siliceuse.

BAQUET (*économie domestique*). — Cuvier en bois ayant les bords très bas, dont on fait un usage fréquent dans les fermes, soit pour exécuter les petits blanchissages soit pour mettre les aliments des animaux domestiques, soit pour contenir momentanément des boissons, pour traire le lait, etc. Les baquets les plus usuels ont la forme circulaire ou ovale. Ils sont fabriqués en petites douves cerclées soit avec du fer, soit avec des cercles en châtaignier; le mieux est que les douves soient en chêne; cependant, en vue de la légèreté, on les établit aussi avec du bois blanc. Les baquets ont une main au

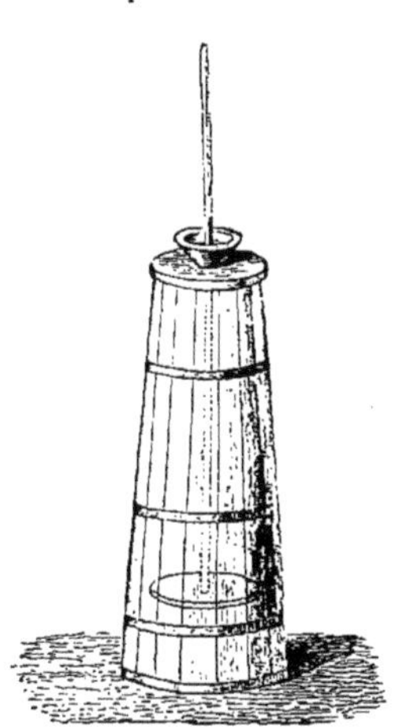

Fig. 580. — Baratte bretonne à bras.

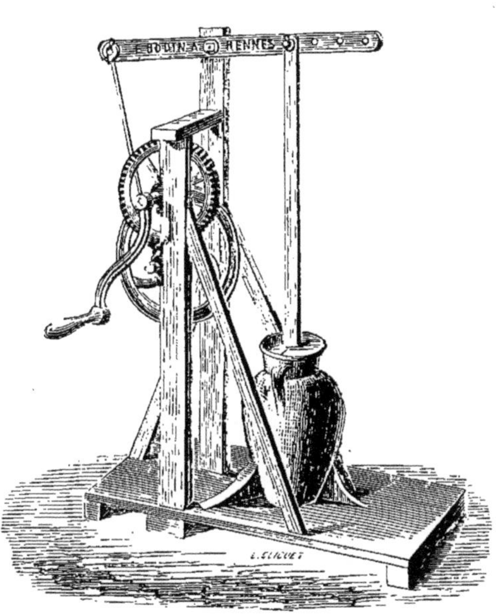

Fig. 581. — Baratte bretonne mécanique.

moins, ou deux mains ou cornes, pour en faciliter le transport. Lorsqu'ils ne doivent contenir que des choses sèches, il faut les déposer dans des endroits secs; mais, s'ils doivent servir pour contenir des liquides, on doit les conserver dans de l'eau; il importe, dans tous les cas, qu'ils ne subissent pas des alternatives de sécheresse et d'humidité.

BARAL (*économie domestique*). — Petit baril employé dans la Provence et le Languedoc, qui autrefois était aussi une mesure de capacité pour les liquides, usuelle dans ces provinces. Le baral contenait 45 pichets. Il est de 26 litres et demi à Carpentras, de 33 litres dans les Hautes-Alpes.

BARATTAGE (*économie rurale*). — Le barattage est l'ensemble des opérations nécessaires pour séparer le beurre du lait ou de la crème; c'est plus généralement cette dernière qui est barattée ou battue. L'agitation du lait ou de la crème a pour but de séparer du sérum les globules gras qui étaient en suspension; ces globules se réunissent, s'agglomèrent, se soudent les uns aux autres pendant le barattage. C'est un pur phénomène physique; il n'y a aucune action chimique exercée par

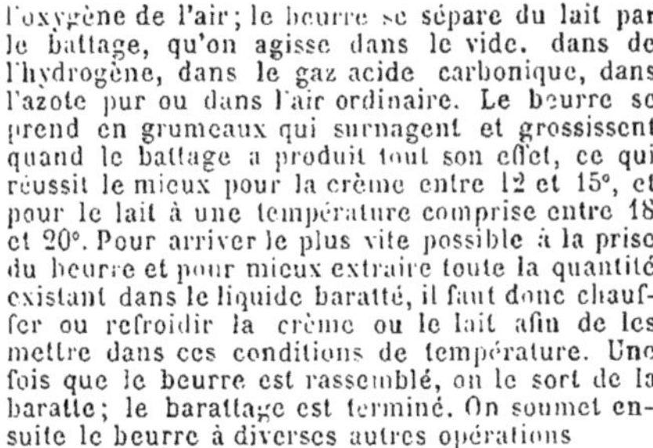

l'oxygène de l'air; le beurre se sépare du lait par le battage, qu'on agisse dans le vide, dans de l'hydrogène, dans le gaz acide carbonique, dans l'azote pur ou dans l'air ordinaire. Le beurre se prend en grumeaux qui surnagent et grossissent quand le battage a produit tout son effet, ce qui réussit le mieux pour la crème entre 12 et 15°, et pour le lait à une température comprise entre 18 et 20°. Pour arriver le plus vite possible à la prise du beurre et pour mieux extraire toute la quantité existant dans le liquide baratté, il faut donc chauffer ou refroidir la crème ou le lait afin de les mettre dans ces conditions de température. Une fois que le beurre est rassemblé, on le sort de la baratte; le barattage est terminé. On soumet ensuite le beurre à diverses autres opérations

BARATTE (*mécanique agricole*). — Instrument employé pour séparer par l'agitation le beurre de la crème ou du lait. Il se compose d'un vase récipient pour recevoir le liquide et d'un agitateur ou de battes pour produire le vif mouvement nécessaire à la mise en contact et à la soudure des globules butyreux. Le récipient peut être en bois ou en métal, avoir la forme d'un cône, d'un cylindre, d'un polyèdre quelconque, être fixe ou mobile. De même l'agitateur peut recevoir un mouvement de va-et-vient de haut en bas ou de bas en haut, ou bien tourner autour d'un axe soit vertical, soit horizontal. Si la quantité de liquide à baratter n'est pas trop considérable, le mouvement se donne à bras d'homme; on fait mouvoir l'instrument au moyen de manèges à moteurs animés ou bien par des moteurs hydrauliques ou à vapeur, quand il s'agit de battre de grandes quantités de lait ou de crème. On conçoit dès lors que le nombre des systèmes de barattes peut être très considérable, si l'on regarde le changement d'un mode de mouvement ou d'un organe comme créant un instrument nouveau. C'est ainsi qu'on est arrivé à une nomenclature presque indéfinie de barattes, chaque constructeur voulant donner son nom à l'instrument sorti de ses ateliers, ou bien les formes usitées pour les récipients ou les agitateurs dans tel ou tel pays conduisant à donner aux appareils les noms des populations qui en font usage ; c'est ainsi que l'on dit d'une baratte qu'elle est bretonne, normande, flamande, brabançonne, danoise, etc. Au fond toutes les barattes se rattachent à un très petit nombre de types. Les perfectionnements qu'on cherche à y apporter consistent à faire en sorte que toutes leurs parties puissent se nettoyer facilement et ne conserver aucune mauvaise odeur de lait aigri ou fermenté, que le liquide battu reçoive un mouvement assez rapide pour réduire au minimum le temps de l'opération sans qu'il en résulte l'inconvénient de ne pas extraire la totalité du beurre, et qu'enfin on puisse au besoin réchauffer, refroidir ou entretenir le lait ou la crème à la température la plus favorable.

Barattes verticales à mouvement de va-et-vient vertical de l'agitateur ou batteur. — Le plus simple de ces instruments se compose (fig. 580) d'une sorte de baril en bois, légèrement conique, cerclé en bois ou en fer, la plus grande base du tronc de cône servant de fond. On ferme la partie supérieure, et à travers un trou du couvercle passe le manche d'une tige portant à son autre extrémité un disque plein ou percé de trous, qui est une sorte de piston destiné à monter et à descendre alternativement; ce piston s'appelle le ribot. Pour empêcher le liquide de sauter hors de la baratte, on place un petit vase conique pour fermer l'orifice que traverse le manche du ribot. Cette baratte, dans les petites fermes, est ordinairement de 1 mètre de hauteur et a pour diamètres des bases $0^m,40$ et $0^m,33$. C'est l'agitation produite par le mouvement de va-et-vient du ribot, manœuvré à la main, qui fait prendre le beurre. L'opération est longue et fatigante. Aussi dans les fermes de Bretagne où cette baratte est surtout usuelle, on cherche à faciliter le travail en transformant les mouvements des bras de l'ouvrier ou de l'ouvrière en un mouvement de rotation au moyen d'une manivelle (fig. 581) qui, par une roue d'engrenage, entraîne un pignon dont la rotation conduit un volant auquel est attaché excentriquement un bras de levier ; celui-ci s'abaisse ou se relève selon que le point d'attache est au plus bas ou au plus haut de sa course, et par suite le bras du levier auquel est relié le ribot descend ou monte avec une vitesse qui dépend du nombre réciproque des dents de la roue d'engrenage et du pignon. Le récipient dans lequel on place le liquide à battre, est tout simplement un grand vase en grès. Ces appareils ont l'avantage d'être d'un prix peu élevé. La batte (fig. 582) se compose d'un disque en bois percé de trous et fixé à l'extrémité inférieure de la tige qui s'attache au volant. Du double mouvement et de la forme du disque du ribot résulte un excellent battage. De grandes barattes de ce genre ou très analogues, mues par la vapeur, se rencontrent dans quelques fermes laitières de la Hollande.

Fig 582. — Batte percée de trous.

Dans toutes les barattes à piston ou à batte se mouvant de haut en bas et de bas en haut, l'air est agité ou refoulé dans le liquide ; on a cherché à en augmenter l'action par diverses dispositions,

Fig. 583. — Baratte atmosphérique.

et on a ainsi obtenu ce qu'on appelle des barattes atmosphériques. L'appareil se compose (fig. 583) d'un cylindre en métal, mais qui pourrait également être en bois. On verse le lait ou la crème dans ce cylindre, et on y introduit alors une sorte de piston percé de trous (fig. 584) dont la tige verticale qui dépasse le couvercle, est formée d'un

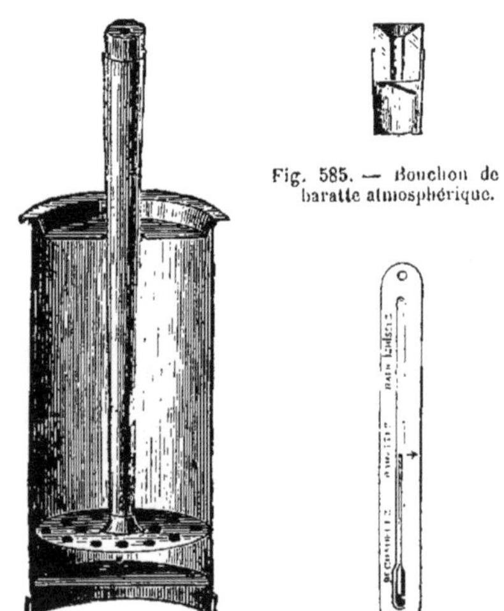

Fig. 584. — Coupe de la baratte atmosphérique.

Fig. 585. — Bouchon de la baratte atmosphérique.

Fig. 586. — Barattomètre.

tube creux dont l'orifice inférieur est sous le piston. L'autre bout que l'on tient dans la main est fermé par un bouchon en bois (fig. 585), portant à la partie qui entre dans le tube une soupape en caoutchouc, qui ouvre de haut en bas. Lorsqu'on remonte le piston plongé dans le liquide, le vide se fait dans le tube et l'air y rentre immédiatement par la soupape; mais, lorsqu'on le fait redescendre vivement, le liquide comprime l'air qui ferme la soupape et qui, ne pouvant s'échapper, est forcé de passer par l'orifice inférieur. Sa force élastique le fait alors se précipiter par les trous du piston à travers le liquide qu'il frappe et divise très énergiquement. Lorsque la température l'exige, on plonge l'appareil dans un bain-marie pour le

Fig. 587. — Baratte danoise.

maintenir à la température la plus favorable au barattage du lait, pour lequel on emploie surtout cet appareil. Un petit instrument nommé *baratto-mètre* (fig. 586) et qui n'est pas autre chose qu'un thermomètre approprié à l'opération, indique immédiatement s'il faut refroidir ou réchauffer le lait. Lorsque le thermomètre marque le point repéré par une flèche, c'est que le liquide est dans la baratte à la température convenable; s'il s'élève davantage, il faut rafraîchir en mettant de l'eau froide dans le bain-marie; s'il descend au contraire au-dessous de la flèche, il faut ajouter de l'eau chaude pour élever la température du lait.

Barattes verticales à mouvement rotatif de l'agitateur autour d'un axe vertical. — Dans ces barattes, le battage de la crème se fait au moyen de palettes qui tournent plus ou moins rapidement, en étant entraînées par la rotation de l'axe vertical qui est placé au centre du récipient et qu'un moteur met en mouvement. Le type de ces machines est la baratte danoise qui a été importée en France par la maison Pilter, qu'on connaît aussi sous le nom de baratte d'Ailborn ou de baratte du Holstein; elle a été également importée en Angleterre où elle a été adoptée dans un grand nombre de fermes laitières. Elle est susceptible de pouvoir recevoir de grandes dimensions; elle est alors mise en mouvement par une poulie que fait tourner une courroie mue elle-même par une machine à vapeur. Elle est en bois et affecte la forme d'un tronc de cône (fig. 587); elle est munie d'un couvercle à travers lequel passe un axe tournant muni de palettes. C'est par ces palettes que la crème est battue pour fournir le beurre. La baratte est portée par un bâti en bois sur les montants duquel elle repose par deux tourillons autour desquels elle peut basculer. La crème est versée dans la baratte à la température de 14 à 16 degrés; par les temps froids, on place un poêle dans l'atelier de fabrication pour maintenir cette température. On doit chercher à rafraîchir en été. On surveille la prise du beurre en soulevant légèrement le couvercle de l'appareil. Dès que le barattage est achevé, on injecte un peu de petit-lait sur les parois de la baratte pour faire détacher les petits morceaux de beurre qui y adhéreraient; puis, en faisant basculer la baratte, on fait tomber tout le liquide dans un seau fermé par un tamis qui ramasse le beurre.

Une baratte très analogue à la danoise est construite depuis longtemps dans l'Anjou et dans le pays manceau; c'est celle qu'a fait paraître dans quelques concours M. de Linières (fig. 588). Elle se compose aussi d'un tonneau conique placé verticalement et dans lequel se meuvent des battes placées sur une tige horizontale, fixée sur l'arbre vertical mis en mouvement par le pignon B. Ce pignon est entraîné par un engrenage conique monté sur un arbre horizontal se terminant à un bout par une manivelle directe et à l'autre bout par un volant C susceptible de recevoir sur un de ses rayons une seconde manivelle pour le cas où l'on voudrait employer deux ouvriers au lieu d'un seul. Les battes entraînées par le mouvement rotatif, et mobiles d'ailleurs sur la tige, frappent le liquide avec énergie, d'où il résulte que les globules butyreux sont chassés et poussés violemment et finissent par s'agglomérer assez rapidement. Quand le beurre est pris, on enlève le couvercle, puis la cale A, assemblée à queue d'aronde, qui maintient l'arbre des battes. On peut alors retirer cet arbre et tout l'appareil intérieur des agitateurs, ce qui permet d'amener facilement à soi le tonneau formant le corps de la baratte. L'enlèvement du beurre et le maintien de la propreté de toutes les parties de la baratte sont donc faciles.

La baratte suédoise du major Stejrensvärd appartient au même genre. Elle se compose de deux ailes tournantes qui se meuvent autour d'un axe vertical dans un cylindre métallique; les ailes sont percées de trous pour que l'agitation des diverses parties du liquide soit bien complète. L'appareil reçoit une vitesse de rotation convenable, soit par un engrenage direct, soit par des poulies sur lesquelles s'enroule une corde sans fin. L'axe vertical sur lequel sont attachées les ailes tournantes est un cylindre creux qui, en haut, s'ouvre dans l'atmosphère, et qui, en bas, aboutit à une roue horizontale, semblable à la roue des turbines hydrauliques, et dont les aubes courbes sont placées de telle sorte que, dans la rotation des ailes, il se produit en arrière, en vertu de la force centrifuge, une sorte de vide qui attire l'air extérieur, et le fait descendre le long de l'axe vertical creux, à travers les aubes de la turbine, au sein du liquide en mouvement; l'air traverse, par conséquent, le lait ou la crème mis dans la baratte.

On peut beaucoup varier les dispositions des barattes verticales à axe vertical rotatif, en modifiant les organes de transmission du mouvement, ou bien en fabriquant de diverses manières les ailes de l'agitateur qu'on peut multiplier ou simplifier, faire de planchettes percées de trous ou de simples baguettes ; on peut aussi placer contre la paroi du récipient des ailes fixes en nombre plus ou moins grand qui n'empêchent pas les ailes mobiles de tourner, mais multiplient les chocs contre les globules butyreux. Toutes ces combinaisons diverses ont été employées ou tout au moins essayées. Les plus simples, celles qui permettent le mieux l'entretien de la propreté, ont toujours été préférées, pourvu que le temps moyen du barattage ne dépassât pas de 30 à 45 minutes. On emploie des cylindres en verre comme partie essentielle du récipient avec deux fonds en bois pour les barattes de luxe dans lesquelles on veut pouvoir surveiller la formation du beurre par la rotation de l'agitateur autour de son axe vertical.

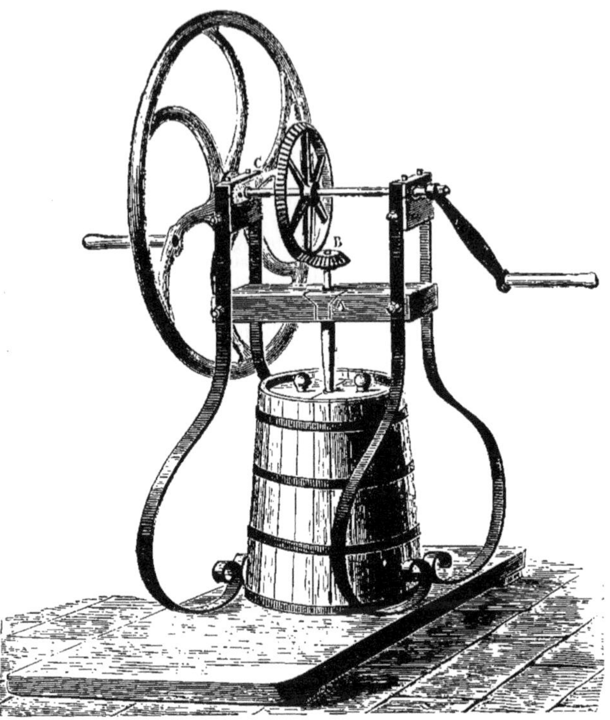

Fig. 588. — Baratte angevine et mancelle.

Barattes horizontales fixes à mouvement rotatif de l'agitateur autour d'un axe horizontal. — Ces barattes sont en quelque sorte celles de la classe précédente que l'on renverse sur le flanc. Elles peuvent aussi être faites en métal ou en bois. Le système, dit de Valcourt, est de ce genre (fig. 589). Le couvercle supérieur est assez large pour qu'on puisse enlever l'agitateur avec facilité et le remettre sur son axe de rotation après le nettoyage.

La forme creuse des battes de cette baratte qui ont été imitées des *battes des barattes américaines*, présente l'avantage de projeter fortement le lait contre les parois du récipient, au lieu de le faire tourner en une espèce de nappe continue, ce qui active beaucoup la formation du beurre.

Fig. 589. — Baratte Valcourt et son agitateur.

On peut rendre plus rapide le mouvement de l'agitateur dans ces sortes de barattes en employant une roue dentée mue par une manivelle, la roue dentée conduisant un pignon monté sur l'arbre de rotation de l'agitateur. Le mécanisme est fixé sur l'une des joues du récipient cylindrique.

Dans quelques barattes du système Valcourt, un bain-marie fait corps avec le récipient. Telle est la baratte Girard (fig. 590 et 591) qui se compose d'une boîte dans laquelle on met le liquide, crème ou lait ; le battage se fait par les ailettes A mises en mouvement de rotation rapide à l'aide de la roue R dentée intérieurement et qui conduit le pignon P monté sur le même axe que les ailettes. La partie hémicylindrique L où se trouve le lait ou la crème est entourée d'une enveloppe E qui renferme de l'eau et constitue un bain-marie destiné à entretenir le liquide à une température constante. En B B se trouvent les orifices destinés à vider la baratte et le bain-marie.

Les barattes dites américaines appartiennent encore à cette classe. Elles consistent en de simples tonneaux fabriqués en bois de cèdre blanc, montés sur des pliants également en bois. Au moyen d'un large couvercle mobile qui facilite beaucoup le nettoyage, on introduit dans le tonneau l'agitateur dont les battes, perpendiculaires à l'axe de rotation, sont creuses, ainsi qu'on l'a vu plus haut, afin de pouvoir projeter le liquide contre les parois de l'appareil et accélérer ainsi la prise du beurre. Dans ces barattes, de même que dans toutes les autres, on ne doit jamais remplir, pour un bon battage, plus qu'à la moitié ou aux deux tiers de la capacité totale.

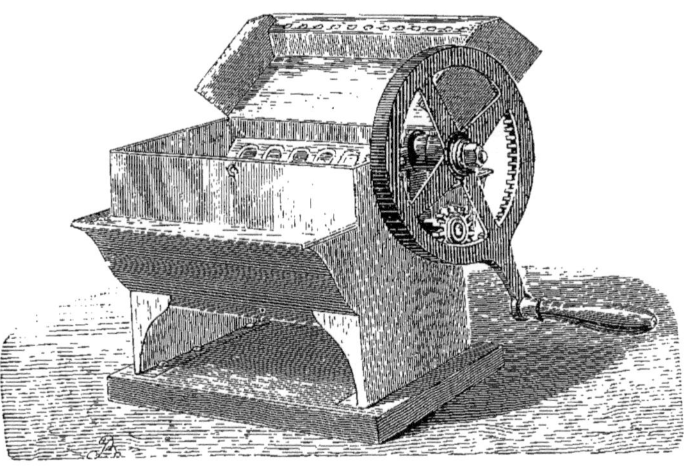

Fig. 590. — Baratte Girard, à bain-marie.

Barattes horizontales mobiles d'un mouvement rotatif autour d'un axe horizontal. — Le type de ces barattes est la baratte normande (fig. 592) qui consiste dans un tonneau en bois placé horizontalement et mobile tout entier autour de son axe sur deux tourillons portés par des chevalets et fixés à chacun des fonds par des croisillons, de telle sorte qu'aucun axe ne passe à travers le tonneau. Celui-ci est en chêne. Une ouverture ronde ou elliptique, pratiquée au milieu de l'une des douves, sert à introduire la crème à battre ou à sortir le beurre quand il est fait; on la ferme avec un obturateur qui se fixe par une sorte d'assemblage à baïonnette. Un autre orifice plus petit sert à faire écouler le lait de beurre après le barattage. Sur l'un des fonds un petit trou fermé par un fosset, permet de laisser échapper à volonté les gaz qui se dégagent au commencement du barattage. Il est évident que, pendant la rotation du tonneau, le liquide reste toujours à la partie inférieure avec un certain entraînement provenant de la vitesse du mouvement. Le battage serait peu énergique et aurait une durée excessive si les planchettes, tantôt dentelées, tantôt percées de trous, et dont on aperçoit l'une par une échancrure qu'a simulée le dessinateur, n'imprimaient durant leur rotation une forte impulsion à la masse qui retombe incessamment sur elle-même. On doit régler la vitesse de la rotation de manière à obtenir les résultats les plus rapides et les plus complets. Beaucoup de barattes sont établies d'après ces principes; parmi elles, il faut citer celles construites par la maison Durand, à Isigny (Calvados), et la baratte allemande construite par la maison Lefeldt, à Schœningen (Brunswick). On les fait marcher à bras, quand leur capacité est inférieure à 400 litres; au-dessus, on les met en mouvement au moyen d'un manège ou d'une petite machine à vapeur. La maison Simon, de Cherbourg, qui fabrique d'excellentes fermetures pour les barattes normandes, construit aussi des transmissions à vitesses variables qui sont employées avec avantage pour leur imprimer la rotation la plus convenable.

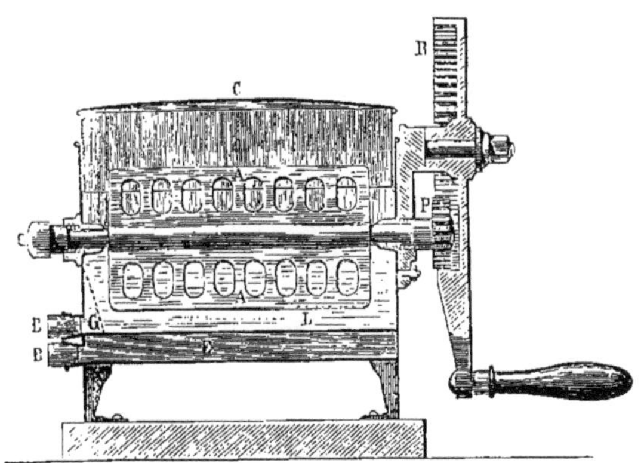

Fig. 591. — Coupe de la baratte Girard.

En Suisse et dans le nord de l'Italie on se sert, comme barattes rotatives autour d'un axe horizontal, d'un cylindre à faible hauteur, mais à grand diamètre, qu'on nomme baratte-meule. On en fait qui ont seulement 0m,15 de hauteur et 0m,50 de diamètre pour recevoir 30 litres de lait; d'autres qui ont 0m,32 de hauteur et 1m,28 de diamètre intérieur pour baratter à la fois 160 litres de lait. L'axe de rotation de ces barattes repose simplement sur deux chevalets. Trois palettes triangulaires fixées à la paroi cylindrique de la meule servent de contre-batteurs.

Au lieu de la forme cylindrique, les barattes de ce genre peuvent recevoir la forme prismatique. Telle est la baratte Fouju qui se compose (fig. 593)

Fig. 592. — Baratte normande.

d'une pyramide à base octogonale qui tourne sur son axe; une cloison diamétrale à claire-voie se fixe dans l'intérieur, et on met du lait ou de la crème jusqu'à l'axe. La rotation de l'appareil, auquel on imprime de 80 à 90 tours par minute, force le

Fig. 593. — Baratte Fouju.

liquide à frapper contre les huit parois planes du prisme en même temps qu'il est battu par les languettes de la cloison diamétrale qui tourne avec la baratte. C'est un instrument qui fonctionne d'une manière très satisfaisante.

On donne aussi à ces instruments le nom de barattes polyédriques et on en construit de plus ou moins épaisses, à une ou à deux manivelles pour imprimer le mouvement, ou bien encore à poulies pour les faire marcher avec des manèges ou des machines à vapeur, lorsqu'elles doivent battre des quantités considérables de crème ou de lait.

On a imaginé de pratiquer une ouverture dans l'une des faces planes du prisme afin de pouvoir y introduire un vase cylindrique en fer-blanc, dans lequel on met de l'eau froide ou de l'eau chaude et que l'on ferme ensuite hermétiquement à l'aide d'un bouchon de bois garni de feutre et armé d'une vis de pression. Le but est de refroidir ou de réchauffer le liquide à baratter pour le ramener à la température convenable accusée par un thermomètre introduit et maintenu dans un petit orifice. Telle est la baratte de la maison Chapellier, à Ernée (Mayenne). Ce système a l'inconvénient d'être assez compliqué et d'augmenter assez fortement le poids à mettre en mouvement. Il en est de même de tous les calfeutrages proposés pour maintenir une température constante. Il est préférable d'avoir recours à des appareils plus simples, assez légers et d'un service facile pour l'introduction du lait ou de la crème, pour la sortie du beurre et du petit lait, et enfin pour le nettoyage.

Barattes oscillantes ou à berceau. — Ce sont des barattes auxquelles on imprime, au lieu d'un mouvement de rotation continu, un mouvement alternatif tantôt dans un sens ou dans l'autre, mouvement de va-et-vient analogue à celui qu'on donne à un berceau, mais plus violent. Dans l'intérieur on place des planchettes pour faire l'office de batteurs. Ce genre d'instruments est peu répandu, malgré les formes nombreuses qui ont été proposées pour bien résoudre le problème de battre vite au moyen de secousses alternatives en divers sens.

BARATTE (POIRE DE) (*pomologie*). — Fruit d'automne, de grosseur moyenne, obtus aux deux extrémités, avec queue grêle. La peau en est épaisse, jaune à l'ombre, rouge vif du côté de l'insolation, avec des taches ou des points de couleur fauve. Il vient sur un arbre très fertile, cultivé en plein vent. Il mûrit en octobre et présente une chair cassante, grossière, cependant juteuse, sucrée, d'une saveur agréable et parfumée. Il blettit très vite sans offrir la moindre altération à l'extérieur. « Cette poire ajoute M. Decaisne, tire son nom de l'usage qu'en font les campagnards normands; ils sont dans l'habitude de la tronquer lorsqu'elle est arrivée à un état particulier de blettissement. Ainsi tronquée, la poire ressemble assez bien à une petite baratte, dans laquelle ils trempent de petits morceaux de pain, comme ils feraient dans un œuf à la coque. On estime, dans quelques autres provinces du nord de la France, cette confiture naturelle à l'égal du meilleur raisiné de Bourgogne. »

BARBACANE (*architecture rurale*). — Ouverture pratiquée dans l'épaisseur des murs des écuries, des bergeries ou des granges pour assurer la ventilation. On établit en général les barbacanes à une faible distance du sol ou du plafond; on leur donne $0^m,20$ à $0^m,25$ de hauteur sur $0^m,30$ à $0^m,35$ de largeur, et on les munit d'une petite porte à coulisse pour pouvoir les fermer à volonté. Il est commode de les placer en faisant traverser le mur par un simple tuyau de drainage que l'on munit d'un treillage ou d'une grille pour empêcher le passage des souris et autres animaux. On peut aussi disposer ces sortes de ventouses en tuyaux coudés, ayant deux parties horizontales en haut et en bas, et une partie verticale dans le milieu. On appelle aussi de ce nom les ouvertures laissées dans le mur d'une terrasse pour permettre l'écoulement des eaux (voy. AÉRATION).

BARBACENIA (*botanique* et *horticulture*). — Genre de plantes vivaces de la famille des Hæmodoracées. On les trouve sur les montagnes du Brésil et en Australie, entre le 14e et le 23e degré de latitude, dans les endroits secs et exposés au soleil. Leur tige assez courte est garnie inférieurement de débris de feuilles et porte au sommet des feuilles disposées en spirale, étroites, aiguës, assez dures et agglutinées à la base par un suc visqueux et résineux. Du milieu de ces feuilles sortent un ou plusieurs pédoncules chargés de poils et terminés par une grande et belle fleur. On rencontre dans les serres d'Europe le *Barbacenia squamata* à fleurs d'un rouge cocciné, et le *Barbacenia purpurea* à fleurs d'un violet foncé. Ces plantes se reproduisent par division du rhizome et se cultivent comme les Amaryllidées auxquelles elles ressemblent.

BARBAN (*entomologie agricole*). — Nom donné aux environs de Nice à un insecte du genre Thrips qui fait parfois de grands ravages dans les plantations d'oliviers, dont il attaque les feuilles.

BARBARÉE (*botanique* et *horticulture*). — Genre de plantes de la famille des Crucifères, tribu des chéiranthées. Ce sont des herbes vivaces à feuilles alternes, entières ou plus ou moins lobées et sinuées, à fleurs en grappes On les rencontre dans toutes les régions tempérées du globe. On en connaît une vingtaine d'espèces, parmi lesquelles il faut signaler :

1° La barbarée commune (*Barbarea vulgaris* ou *Erysimum barbarea*). Cette herbe pousse dans les prés, au bord des fossés et des ruisseaux. Elle s'élève à une hauteur de 4 à 5 décimètres, en présentant des tiges dressées, anguleuses, rameuses à la partie supérieure avec des branches étalées et ensuite dressées, chargées de feuilles embrassantes, dont une partie, celles qui sont radicales, ont des lobes d'un vert intense et luisant en dessus, souvent violacées en dessous. Les fleurs sont disposées en grappes assez longues, qui s'étirent au moment de la maturité des fruits. Toute la plante a l'odeur pénétrante et la saveur piquante des Crucifères, avec une légère âcreté. Ses propriétés sont celles du cresson de fontaine, antiscorbutiques, rafraîchissantes. On mange les jeunes feuilles crues en salade ou cuites comme les épinards

2° La barbarée précoce ou printanière (*Barbarea precox*). Cette plante a les mêmes propriétés apéritives et alimentaires que la précédente. On la mange en salade. Elle est cultivée dans les jardins sous les noms de cresson de jardin, cresson des vignes, cressonnette, roquette.

3° La barbarée à feuilles panachées à fleurs simples (*Barbarea variegata*). Cette plante, qui dérive de la barbarée commune, n'est guère cultivée que pour ses feuilles et comme plante ornementale. Ses feuilles sont vertes, panachées de jaune et disposées en touffes d'un bon effet. Ses fleurs sont petites, jaunes, en épis dressés et assez insignifiantes ; aussi supprime-t-on les tiges florales pour donner un plus grand développement au feuillage et le conserver plus longtemps. On ne laisse grener que le nombre de pieds nécessaire pour avoir la provision de graines, car cette variété se reproduit par le semis avec sa panachure. On sème d'avril en juillet en pépinière; on repique en pépinière jusqu'à la mise en place qui se fait en automne ou au printemps à environ 0m,30 ou 0m,40. On peut également multiplier par la division des pieds en automne ou au printemps. Il convient de placer cette plante en terrain sain et même un peu sec, parce que la panachure est alors mieux caractérisée. On peut en faire d'assez jolies bordures et en orner les rochers.

4° La barbarée à fleurs doubles. Elle est dite aussi cresson de terre à fleurs pleines. Sa tige raide, rameuse supérieurement, à ramifications plus courtes que l'axe principal, atteint de 0m,30 à 0m,50. Les fleurs d'un jaune pâle sont formées de plusieurs rangs de pétales. On n'en obtient pas de graines, et il faut multiplier cette variété par la division des pieds à la fin de l'été, en automne ou au printemps. La floraison a lieu en juin-juillet. Il faut à cette plante, qui convient à l'ornement des plates-bandes, un terrain argileux et un peu humide.

BARBE (*physiologie générale*). — On donne le nom de barbe à toute touffe de poils serrés, disposés sur une partie limitée d'un organe. Chez les hommes, les singes et d'autres animaux, c'est l'ensemble des poils qui couvrent une partie du visage. On donne aussi le nom de barbe aux plumes implantées à la base du bec chez certains oiseaux, de la pie-grièche, par exemple, de même qu'aux filaments qui bordent les fanons de la baleine.

On nomme vulgairement des barbes les filets ou arêtes de longueurs diverses, selon les espèces, que portent les folioles dont sont accompagnés l'épillet et chaque fleur dans les Graminées. Ces barbes se retrouvent dans les balles et les glumes de l'orge, du seigle, de l'avoine, de certains froments qu'on appelle barbus. La présence ou l'absence des barbes, et surtout leur dureté ou les dentelures en scie fine dont elles sont armées, ont une importance assez grande en économie rurale, parce que l'existence de ces barbes rend ces plantes peu propres à servir de fourrage ; les filets coupants ou piquants s'implantent en effet dans les gencives des animaux et les incommodent fortement. Le point où les nervures se détachent des folioles pour former les barbes varie beaucoup selon les espèces. Dans les avoines, la nervure part du milieu de la ligne dorsale de la foliole et devient ainsi dorsale ; dans les canches, elle part à peu près de la base même de la foliole et elle est ainsi basilaire ; dans les bromes, elle se dégage un peu au-dessous du sommet et elle est en conséquence infra-apicilaire.

Barbe de capucin, la chicorée sauvage (*Cichorium intybus*) ; — la chicorée frisée (*Cichorium crispum*).

Barbe de chanoine, la mache commune (*Valeriana locusta olitoria*).

BARBE (*hippiatrie*). — Point de réunion, à l'intérieur de la bouche du cheval, des deux branches du maxillaire inférieur qui n'y sont recouvertes que par la peau. C'est sur la barbe que s'appuie la gourmette du mors. La largeur de cette gourmette doit être modifiée selon le degré de sensibilité de l'animal.

BARBE (*zootechnie*). — Le cheval barbe ou berbère est le cheval le plus habituel du nord de l'Afrique, particulièrement de l'Algérie, et surtout de la Kabylie ; on le retrouve aussi spécialement au Maroc, puis çà et là dans toutes les parties de la Barbarie. On ne doit pas le confondre avec le cheval arabe (voy. ce mot) qu'on rencontre aussi dans les mêmes contrées, mais qui est originaire d'Asie, principalement de Syrie La race barbe et la race arabe se trouvent en mélange dans tous les Etats barbaresques ; celle-ci donne ordinairement des chevaux plus nobles et beaux, celle-là des chevaux plus communs ; toutefois dans les deux races l'élevage peut obtenir des sujets de haute distinction. Le cheval barbe (fig. 594) a le corps moins ample, la poitrine moins large, la croupe plus étroite, les membres plus longs, les cuisses plus grêles que le cheval arabe ; sa physionomie se rapproche par son ensemble de celle d'un mulet élégant. Selon les soins qu'on lui donne le cheval barbe a une conformation plus ou moins bonne ; et celle-ci peut le rapprocher beaucoup du cheval arabe proprement dit ou syrien. Selon les localités, c'est-à-dire selon les soins donnés par les éleveurs et aussi selon le climat des lieux où il est produit, il est plus ou moins grand, plus ou moins étoffé. D'ailleurs, depuis l'arrivée des Arabes en Afrique, les deux types se sont constamment mélangés. Mais les caractères du cheval barbe sont tellement nets, qu'on peut toujours reconnaître cette race dans les sujets qui lui appartiennent, quels que soient les soins et la sélection qui ont pu modifier les individus. « Les naseaux du cheval barbe, dit en excellents termes M. Sanson, sont peu ouverts ; ses lèvres sont minces ; sa bouche est petite ; son oreille est quelquefois un peu grande, mais toujours droite et mince ; son œil est grand ; sa physionomie, très calme au repos, s'anime bien vite pendant l'action. Sa robe est de couleur très variable, comprenant toutes les combinaisons du noir, du blanc et du rouge, qui se montrent uniformes sur certains individus ; mais la robe grise domine cependant ; la tête est un peu forte, la taille généralement petite ou moyenne ; l'encolure, forte, est rouée et abondamment fournie de crins longs et soyeux, le garrot est élevé et épais ; le dos et les reins sont courts, larges ; la croupe, souvent tranchante, est toujours mince et courte, la queue touffue et la cuisse peu fournie ; les membres sont remarquablement forts, aux canons longs, n'ayant pas toujours des aplombs irréprochables, surtout les postérieurs, dont les jarrets sont souvent clos ; mais ce défaut est racheté par des qualités de fond, par une vigueur, une rusticité et une sobriété à toute épreuve. » Dans l'action, la bravoure du cheval barbe est incomparable. Dans la production du cheval barbe, le choix de l'étalon et celui de la jument sont faits avec sévérité ; ensuite, l'éducation bien dirigée développe les qualités apportées par les ancêtres. Le général Daumas, à ce sujet, cite ce proverbe arabe : « Le cavalier fait le cheval, comme le mari fait la femme. » Dans son beau livre sur les chevaux du Sahara, le général Daumas dit encore : « Il y a entre le barbe et l'arabe la différence qui sépare un verre taillé dans le cristal par la main humaine, d'un verre coulé dans un moule. L'un a des formes abruptes, tandis que les formes de l'autre offrent un fini, un poli, une perfection qui ne laissent rien désirer à l'œil. Mais tous deux sont de merveilleux chevaux de guerre. Le cheval barbe mérite encore mieux peut-être que le cheval arabe qu'on lui applique ces fières et concises paroles d'un chant arabe : *Il peut la faim, il peut la soif.* »

Fig. 594. — Cheval barbe.

BARBEAU (*pisciculture*). — Les barbeaux sont des poissons formant un genre de la famille des cyprinidés. On en connaît deux espèces : le barbeau commun (*Barbus fluviatilis*) dont la nageoire dorsale présente un dernier rayon dentelé, et le barbeau méridional (*Barbus meridionalis*), beaucoup moins gros que le précédent, dont la nageoire dorsale est sans rayon dentelé. Ces poissons habitent la plupart des cours d'eau d'Europe et d'Asie. Leur chair est blanche, d'assez bon goût, mais non très estimée. Les œufs passent pour être indigestes et malsains.

BARBÉE (*viticulture*). — Nom donné en Languedoc à un sarment de vigne qu'on a fait enraciner.

BARBET (*zootechnie*). — Race de chien caractérisée par une tête large à front élevé, des oreilles longues et tombantes, bien garnies d'un poil épais et frisé, des yeux petits et très vifs, un museau carré garni de fortes moustaches. Son corps est revêtu d'une toison épaisse d'un poil long et frisé qui pend en tire-bouchons sur la partie inférieure du corps. La queue est courte, mais bien garnie ; les jambes sont fines et complètement couvertes de petites frisures de poils. Les barbets sont généralement de couleur blanche ; quelquefois leur robe est de couleur noire ; leur taille est en moyenne de $0^{m},50$. Le nez est court, la queue peu longue. Les barbets sont des chiens intelligents, dociles et fidèles ; ils vont assez bien à l'eau et peuvent servir comme chiens de chasse, surtout dans les marais. En général, on ne les emploie guère que comme chiens de garde. On donne aussi au barbet le nom de caniche, et quand il est employé comme chien d'arrêt celui d'épagneul d'eau.

BARBEZIEUX (COQ ET POULE DE) (*oiseaux de basse-cour*). — La race de Barbezieux (Charente) est une variété (fig. 595) de la race espagnole de combat ; quelques éleveurs la considèrent comme une variété de la race de la Bresse.

La tête ne porte point de huppe ; la crête est assez développée, simple, rectiligne et tombante. La taille est moyenne. L'animal est bas sur jambe. Le plumage noir est mat chez la poule, à reflets chez le coq. La poule est assez bonne pondeuse, mais médiocre couveuse. Les poulets engraissent facilement et fournissent les volailles de Périgueux et de Ruffec, qui sont renommées pour la délicatesse de leur chair ; ces volailles sont souvent expédiées du Périgord après avoir été truffées.

BARBOTAGE (*économie rurale*). — Boisson que l'on compose en délayant dans de l'eau des farineux, principalement de la farine d'orge et du son, et que l'on administre aux animaux domestiques pour les rafraîchir tout en les nourrissant légèrement. On donne surtout des barbotages aux chevaux pendant les chaleurs de l'été. Quelquefois on fait cuire les farineux avec de l'eau bouillante avant de faire les barbotages; on en rend ainsi la digestion plus facile.

BARBOUQUET (*médecine vétérinaire*). — Maladie des bêtes ovines, appelée aussi *noir-museau, bouquet, bouquin, bique, faux-museau, faux-nez, poère, verveine, feu-sacré, charbon*, etc. C'est une éruption qui se développe au bout du nez et s'étend sur les joues et les tempes, au-dessous des oreilles; elle débute par des plaques rouges vésiculantes qui se recouvrent ensuite de croûtes noirâtres; la forme de la tête chez les agneaux et les brebis en devient parfois monstrueuse. La maladie envahit d'ailleurs à la longue toutes les parties du corps dépourvues de laine. On la traite avec succès par l'onguent soufré (fleur de soufre, 1 partie; graisse, 2 parties, le tout bien trituré). Une application d'huile de cade, d'après Adrien de Gasparin, suffit aussi pour la guérir. Une variété de cette affection paraît due à la présence du sarcopte de la gale.

BARBU (*botanique et économie rurale*). — Se dit d'un organe végétal chargé de poils longs ou terminé par un bouquet de poils formant une barbe (*barbatus*). — On donne le nom de *blé barbu* à une variété aristée de blé cultivé.

BARDANE (*botanique* et *agriculture*). — Genre de plantes de la famille des Composées, de la tribu des cynaroïdées, sous-tribu des carduinées. Les bardanes sont des herbes bisannuelles ou vivaces des régions tempérées d'Europe et d'Asie; on les rencontre souvent dans les endroits stériles le long des chemins et des haies et sur les décombres, mais aussi dans un grand nombre de champs et de prés. Elles présentent une tige rameuse, chargée de feuilles alternes, pétiolées, ondulées, plus ou moins garnies de poils quelquefois assez rudes. La racine est pivotante, cylindrique, charnue; elle présente souvent plusieurs décimètres et se termine à ses extrémités en fuseau plus ou moins rétréci.

Fig. 595. — Coq et poule de Barbezieux.

On compte plusieurs espèces de bardane; quelques-unes se confondent peut-être avec la principale, qui est la grande Bardane (*Lappa major, Arctium Lappa, Lappa officinalis, Lappa glabra*). Elle atteint de 1 à 2 mètres et devient très rameuse à partir d'une certaine hauteur; ses feuilles sont larges, souvent en forme de cœur, et ont le limbe couvert d'un duvet cotonneux assez court. Elle se multiplie avec une grande facilité, et quoique le bétail la mange quand elle est jeune, on la regarde, parce qu'elle est envahissante, et à cause des inconvénients que présentent ses capitules secs qui adhèrent aux toisons, aux crinières, aux queues des animaux, comme une plante nuisible qu'il faut s'efforcer de détruire; pour cela il faut couper les racines entre deux terres, au moyen d'un coup de pioche, avant la maturité des graines. La racine, que l'on mange quelquefois, surtout quand elle est jeune, comme les salsifis, a une saveur douceâtre, un peu amère; elle renferme de l'inuline, de l'amidon, une matière extractive, des sels à base de potasse. On l'emploie en médecine, ainsi que les feuilles.

Deux autres espèces, la petite bardane (*Lappa minor*) et la bardane cotonneuse (*Lappa tomentosa*), qui sont plus petites que la précédente, se rencontrent assez communément en France et fournissent, dit-on, une partie de la racine de bardane du commerce.

Vers 1860, von Siebold a importé du Japon une bardane qu'on a nommé bardane géante à très grandes feuilles ou bardane comestible (*Lappa edulis*). On croit que botaniquement elle ne diffère pas de la bardane commune et qu'elle en est seulement une variété améliorée par la culture. Quoi qu'il en soit, elle a réussi au jardin d'Acclimatation et chez quelques amateurs, et on peut la regarder comme une plante maraîchère passable. Sa racine est très estimée au Japon sous le nom de Gô-bô. Cette racine constitue la partie utile de la plante; elle est pivotante et fusiforme, d'une longueur moyenne de 20 à 25 centimètres sur 6 à 7 centimètres de circonférence à la partie médiane, dès l'âge de trois à quatre mois après la semaille. Les feuilles sont de très grandes dimensions, $0^m,30$ à $0^m,35$ de long sur $0^m,20$ de large, mais au nombre de 6 à 7 seulement. Le pétiole, ainsi que la partie inférieure des feuilles, est couvert d'un abondant duvet blanc. La forme des feuilles est sagittée, cordiforme à la base comme chez toutes les bardanes. On peut en faire la culture de deux manières : 1° semis sur place en juin à juillet et récolte après trois mois; 2° semis en pépinière, repiquage après un mois, récolte en hiver ou au printemps suivant. Un sol bien ameubli, un peu compact et riche, donne les meilleurs résultats. On peut semer à la volée ou en rayon; on éclaircit davantage si la plante doit passer l'hiver; dans tous les cas il faut laisser la place pour le développement du feuillage, qui est abondant. — Les racines se consomment exactement de la même façon que celles des salsifis et des scorsonères. On les fait cuire dans de l'eau salée après les avoir grattées.

On donne souvent vulgairement le nom de petite bardane à la lampourde (*Xanthium strumarium*).

BARDEAU (*constructions rurales*). — Petits ais minces et courts dont ou couvre les maisons (voy. Ais et Aisseau).

BARDOT (*zootechnie*). — C'est le produit de l'accouplement du cheval entier avec l'ânesse. Cet accouplement est rare, si ce n'est en Sicile, où il est très fréquent, et où l'on dit *casa mulo* pour les mâles, et *casa mula* pour les femelles, c'est-à-dire quasi mulet et quasi mule, ce qui a répandu l'opinion qu'il y a des différences entre les bardots et les mulets, ceux-ci étant le produit de l'accouplement du baudet avec les juments. En réalité, il n'y a aucune différence, et si l'on constate d'une manière générale que le bardot est plus petit et plus mal conformé que le mulet, cela tient à l'absence de tous soins dans le choix des ânesses que l'on fait couvrir par des chevaux. La monte n'offre rien de particulier; le cheval saillit facilement l'ânesse, qui se laisse couvrir sans faire de difficultés. La durée de la gestation est la même que pour le cas de l'ânesse couverte par l'âne, mais le part est en général plus pénible; le bardot épuise plus la mère que l'ânon.

BARÉTOUNE (RACE BOVINE) (*zootechnie*). — Les animaux de l'espèce bovine qui peuplent la vallée de Barétous, près d'Oloron, dans les Basses-Pyrénées, passent pour être les meilleurs de la race pyrénéenne, et même, au lieu de les regarder comme formant une simple variété, on les considère comme constituant une véritable race dite race barétoune ou race d'Urt. Le corps est près de terre, bien proportionné, élégant même. La poitrine est large et profonde. Les cuisses, larges et charnues, descendent très bas. Le dos est assez large et droit. La taille est comprise entre $1^m,30$ et $1^m,40$. La physionomie est douce et avenante, et elle a quelque rapport avec celle de l'isard. Les cornes sont courtes, fines et droites. La robe est de couleur fauve, tirant un peu sur le brun dans les régions antérieures, surtout chez les mâles. On dit que l'on trouve dans cette race, unies dans une mesure très satisfaisante, les trois qualités de fournir du lait, du travail et de la viande. En fait, les vaches ne sont pas très laitières, mais elles nourrissent très bien leurs veaux; ceux-ci se développent bien dans les plaines où on les conduit pour les dresser au joug; ils donnent un travail très suffisant, parce que les cultures ne sont pas très étendues et que les labours sont assez faciles; ils deviennent ensuite de très bons bœufs de boucherie. C'est la race barétoune ou d'Urt qui fournit les meilleurs taureaux et les plus jolies vaches du pays basque et du Béarn; on la regarde avec quelque raison comme supérieure aux variétés que l'on rencontre dans les vallées d'Aspe et d'Ossau; celles-ci constituent la race basquaise et la race béarnaise. En fin de compte, c'est, avec des modifications provenant de circonstances purement locales, et surtout de la pauvreté ou de la richesse des pâturages, un bétail de même origine et de même nature qui peuple toute la chaîne des Pyrénées occidentales depuis les frontières d'Espagne pour se répandre dans les Landes, dans l'Ariège, dans une partie du département de la Haute-Garonne.

BARIL (*économie rurale*). — Petit vase en forme de tonneau, généralement fait en bois avec des douves et cerclé en fer, servant à contenir des liquides ou divers corps solides : du vin, du vinaigre, de la bière, du cidre, de la piquette, de l'eau-de-vie, de l'huile, du beurre, du miel, du raisin sec, des harengs, des anchois, du savon, de la poudre, de la farine, etc. Le baril a des capacités très variées. En général le baril que les ouvriers ruraux emportent avec eux dans les champs, attaché par une corde qui l'enserre deux fois et présente en plus une poignée pour le transport à main, mesure environ 4 litres. Le baril de poudre contient 50 kilogrammes, le baril de savon 126 kilogrammes, le baril de harengs 1000 de ces poissons. Le baril de charbon de terre était de 23 litres à Bordeaux, et de 117 litres à Rouen. L'ancien baril français était le huitième d'un muid ou contenait 30 litres environ. La contenance des barils en Bourgogne varie de 15 à 45 litres.

Le baril est une mesure de capacité usitée en Italie, pour les liquides, mais variable selon les lieux, et selon les liquides, depuis 33 jusqu'à 68 litres.

Le baril (*barrel*) est aussi employé en Angleterre pour les liquides et les matières sèches; le baril de vin ou d'eau-de-vie y vaut 119 litres, pour la bière 164 litres.

BARJELADE. — Nom donné dans le Midi à une variété de vesce à grains noirs et petits, et aussi à un mélange de froment, d'avoine, de fève de marais, de pois gris, de gesse, de vesce, que l'on sème aussitôt après qu'on a enlevé les premières récoltes, pour obtenir un fourrage que l'on fauche pour servir de nourriture verte au bétail.

BARKERIA (*botanique* et *horticulture*). — Plantes épiphytes du Mexique et de l'Amérique centrale, de la famille des Orchidées, tribu des épidendrées. Elles présentent des pseudobulbes qui ne sont guère que des tiges charnues portant plusieurs feuilles distiques étroites et membraneuses. Le labille est plan, entier, nu, en forme de coin apiculé. Les fleurs, grandes et belles, sont disposées en panicules dont la hampe naît du sommet des tiges. Dans les serres chaudes, on cultive le *Barkeria spectabilis* et le *Barkeria elegans*.

BARKHAUSIE (*horticulture*). — La barkhausie (*Crepis rubra*, *Barkhausia rubra*, variété *alba*) est une jolie plante de la famille des Composées, très propre à faire des bordures. Elle est annuelle, très élégante, à feuilles découpées, avec lobe terminal plus grand; les tiges ont de $0^m,30$ à $0^m,35$. Les fleurs sont en capitules rouges, roses ou blancs, à involucre portant un rang d'écailles linéaires. La floraison se fait de mai à juillet, produit un joli effet, surtout au soleil. La plante répand, quand on la froisse, une odeur d'iode assez forte. Après la floraison, l'involucre et les aigrettes simulent, en réduction, un pinceau de peintre en bâtiment. On sème sur place en automne ou au printemps, dans tout terrain, en évitant seulement les expositions au nord. Quand on sème en pépinière en avril, on doit repiquer en pépinière d'abord et ensuite on met en place en mai à $0^m,20$ de distance.

BAROMÈTRE (*physique agricole*). — Instrument propre à mesurer la pression exercée par l'atmosphère terrestre en un lieu quelconque et à tout instant. Au point de vue agricole, il importe surtout de pouvoir déterminer par le baromètre les variations de la pression atmosphérique, parce qu'il est démontré que ces variations sont dans de certains rapports avec celles du temps qui règne, qui a régné ou qui régnera.

Le mercure ne demeure presque jamais immobile dans le tube barométrique; de ces petites variations continuelles de hausse ou de baisse aux différentes heures du jour, le cultivateur ne peut rien conclure. D'ailleurs les inscriptions de *très sec*, *beau fixe*, *beau temps*, *variable*, *pluie ou vent*, *grande pluie*, *tempête*, que l'on a l'habitude de placer sur les baromètres en partant des plus hautes pressions observées dans un lieu donné et en descendant jusqu'aux plus basses, n'ont pas non plus de signification absolue. Il n'existe pas une dépendance nécessaire entre le temps pluvieux et l'abaissement de la colonne barométrique, entre le temps sec et l'ascension du mercure dans le tube du baromètre. Dans la plupart des cas, on ne peut rien conclure des mouvements de la colonne mercurielle; le beau temps s'établit quelquefois quand le baromètre baisse, et il pleut lorsqu'il monte. Cependant les faits suivants sont assez généraux :

1° Quand on voit le baromètre monter d'une manière lente et continue pendant plusieurs jours, l'arrivée ou la persistance du beau temps sont probables;

2° Après une dépression progressive et assez prolongée de la hauteur barométrique, il survient de la pluie ou du vent;

3° Une dépression brusque du mercure dans le baromètre est très souvent le présage d'une tempête

Bosc, au commencement du dix-neuvième siècle, a conclu d'un grand nombre d'observations, les règles suivantes qui se sont généralement vérifiées sous le climat de Paris :

a. Le mercure qui monte et descend beaucoup annonce changement de temps.

b. La descente du mercure n'annonce pas toujours de la pluie, mais du vent.

c. Le mercure descend plus ou moins suivant la nature des vents; le mercure baisse moins lorsque le vent est nord, nord-est et est, que pendant tout autre vent

d. Lorsqu'il y a deux vents en même temps, l'un près de terre, et l'autre dans la région supérieure de l'atmosphère, si le vent le plus haut est nord, et que le vent bas soit sud, il survient quelquefois de la pluie, quoique le baromètre soit alors fort haut ; si, au contraire, c'est le vent du sud qui est le plus élevé, et le vent du nord le plus bas, il ne pleuvra point, quoique le baromètre soit très bas.

e. Pour peu que le mercure monte et continue à s'élever, après ou pendant une pluie abondante et longue, il y aura du beau temps.

f. Le mercure qui descend beaucoup, mais avec lenteur, indique continuation du temps mauvais ou inconstant; quand il monte beaucoup et lentement, il présage la continuation du beau temps.

g. Le mercure qui monte beaucoup et avec promptitude annonce que le beau temps sera de courte durée ; quand il descend beaucoup et promptement, c'est une indication pareille pour le mauvais temps.

h. Quand le mercure reste quelque temps au variable, le ciel n'est ni serein ni pluvieux, il ne fait ni beau ni mauvais; mais, alors pour peu que le mercure descende, il annonce de la pluie ou du vent; si, au contraire, il monte, ne fût-ce que de très peu, on a lieu d'espérer du beau temps

i. Dans un temps fort chaud, la descente du mercure prédit le tonnerre quand elle est considérable, et, si elle est très petite, il y a encore du beau temps à espérer.

j. Quand le mercure monte en hiver, cela annonce de la gelée. Descend-il un peu sensiblement, il y aura un dégel. Monte-t-il encore hors de la gelée, il neigera.

Tout agriculteur peut observer le baromètre à des heures régulières, ou, en cas d'absence, le faire observer. Il peut reporter les hauteurs déterminées sur un papier quadrillé, à partir d'une ligne horizontale sur laquelle il marque les jours du mois. En joignant par un trait continu les sommets des hauteurs, il a ce qu'on appelle la courbe des variations barométriques. D'études faites sur ces courbes à l'observatoire du Puy-de-Dôme, il paraît résulter la loi suivante : « Après une hausse considérable du baromètre, au-dessus de la moyenne, le temps se met ordinairement au beau fixe ; le baromètre continue alors à monter avec lenteur pendant quelques jours et finit par atteindre un maximum qu'on reconnaît facilement sur la courbe quelque temps après qu'il s'est produit On en peut déduire le nombre de jours que durera le beau temps, car ce nombre de jours est à peu près celui qui s'est écoulé entre la fin des mauvais temps précédents et le maximum barométrique. »

Des observations authentiques, bien recueillies par écrit, figurées autant que possible par des courbes, doivent amener à des découvertes météorologiques importantes pour l'agriculture, surtout si l'on compare la marche des hauteurs barométriques en un lieu avec les variations constatées dans les autres localités même très lointaines, variations que fait connaître le télégraphe, depuis que ce merveilleux instrument peut envoyer jusque dans le moindre village des nouvelles positives de l'état du baromètre et de celui du thermomètre, des vents, des orages, des tempêtes, qui menacent d'approcher.

BAROMOTEUR (*mécanique agricole*). — Machine dans laquelle l'homme agit par le poids de son corps en même temps que par les muscles de ses bras pour transmettre le maximum d'effet utile ou de travail mécanique qu'on peut lui demander. Il est démontré par les expériences et les calculs du général Poncelet que l'homme exerce de la manière la plus effective son action comme moteur, lorsqu'il monte une rampe douce ou un escalier à vide; l'effort consiste à élever son propre corps, dont le poids, pour un homme moyen, est de 65 kilogrammes; la quantité de travail qui peut être ainsi produite en une journée est de 280800 kilo-

Fig. 596. — Baromoteur Bozérian.

grammètres. Le même homme, agissant sur une manivelle, peut au maximum exercer un effort de 8 kilogrammes, ce qui ne produit pas dans une journée un travail supérieur à 172800 kilogrammètres. On s'explique ainsi la quantité considérable de travail produite dans l'élévation des grosses pierres de carrière par l'action seule du poids d'ouvriers montant sur des échelons placés sur la circonférence d'une roue, sur l'axe de laquelle s'enroule le câble qui porte les pierres. Il en résulte encore que l'homme donnera, comme moteur, une quantité de travail beaucoup plus considérable quand il pèsera du poids de son corps sur des pédales mobiles, que quand ses bras agiront sur une manivelle, à la condition toutefois que les organes intermédiaires n'absorbent pas par des frottements ou des défauts de construction l'excès de travail ainsi produit. C'est sur ce principe que se trouve fondé le baromoteur de M. Gaston Bozérian (fig. 596). Cet appareil se compose de deux pédales articulées sur deux ou trois leviers, suivant les cas, d'égale longueur, et tournant autour de leur centre. Cette disposition a pour but de maintenir les pédales dans une position toujours horizontale, quelle que soit l'inclinaison des leviers. La pédale de devant est plus haute que la pédale de derrière, pour forcer l'homme à lever davantage la jambe qui se trouve en avant et pouvoir ainsi reporter également la fatigue sur les deux jambes. Lorsqu'on a besoin du mouvement circulaire continu, la queue de la pédale de devant se trouve fixée à une bielle terminée par une poignée à main qui permet à l'homme de modérer ou d'accélérer la vitesse; mais sa principale utilité est la possibilité donnée au manœuvre de vaincre très facilement les points morts qui se trouvent pour ainsi dire supprimés. Le manœuvre poussant la poignée lorsqu'il est au point mort supérieur et la tirant au contraire à lui lorsqu'il arrive au point mort inférieur, entretient un mouvement circulaire très régulier, même à une faible vitesse. Le bouton de la manivelle peut glisser dans une coulisse, ce qui permet de régler la vitesse et la quantité de travail à fournir par tour dans de très grandes limites, selon la nature de travail à effectuer. Le baromoteur peut être construit pour un, deux ou quatre hommes, pour un prix qui n'est pas trop élevé (200 francs pour un homme). Il est surtout applicable aux pompes, aux petites batteuses, aux barattes, aux laveurs de racines et autres instruments d'intérieur de ferme. Toutefois son emploi demande un apprentissage qui n'est pas favorable à sa vulgarisation.

BARRAC (*agriculture*). — Nom donné au parc des brebis dans le Médoc.

BARRADIS (*agriculture*). — Barrière faite avec des piquets pour enclore un champ.

BARRAGE (*hydraulique agricole*). — Un barrage est un obstacle naturel ou artificiel qui a pour résultat de retenir les eaux d'un fleuve, d'une rivière, d'un ruisseau, ou bien celles d'une vallée. On établit des barrages dans les cours d'eau pour élever le niveau des eaux et en augmenter la profondeur, pour diriger dans le lit principal les eaux d'un bras secondaire; ou bien encore, pour détourner ces eaux dans des canaux afin d'alimenter des irrigations, des usines ou des villes ou villages; on construit des barrages en travers des vallées dans les pays montagneux afin d'emmagasiner les eaux dans des réservoirs, de mettre les contrées inférieures à l'abri des inondations et d'avoir des ressources pour les saisons sèches; les barrages sont enfin d'une très grande utilité pour empêcher les affouillements produits par les torrents, pour s'opposer aux dévastations causées par les avalanches et les coulées de pierres.

Barrages pour prises d'eau ou dérivations dans des cours d'eau non navigables. — Ce sont des ouvrages que l'on construit en travers des ruisseaux ou des rivières pour en retenir les eaux de manière à empêcher celles-ci de couler dans leur lit habituel tant que leur niveau n'atteint pas une hauteur déterminée. Au fur et à mesure qu'elles arrivent, les eaux s'échappent par une ouverture latérale, libre ou munie de vannes qu'on peut fermer, mais d'une section plus petite que le cours d'eau principal, dans un canal ou lit artificiel qui les dirige sur le point où on veut les utiliser.

Lorsque l'afflux devient plus considérable que le débit possible de la dérivation, le niveau dans le cours d'eau principal s'élève jusqu'au-dessus du barrage ou digue transversale, et alors les eaux se déversent dans le lit ordinaire. L'ouvrage qui constitue le barrage peut être exécuté d'une manière plus ou moins compliquée et plus ou moins résistante selon l'importance du cours d'eau; la hauteur maximum doit être telle que les eaux à cette hauteur ne puissent pas inonder les terres supérieures.

Pour un petit ruisseau ayant peu de pente, on fait un barrage suffisant en enfonçant dans son lit quelques pieux contre lesquels on dispose des branchages servant à maintenir des pierres et du gravier.

On peut quelquefois se contenter de jeter des pierres perdues dans le lit du cours d'eau; peu à peu les interstices de cet enrochement artificiel se remplissent, et le barrage finit par bien retenir l'eau. — On se sert, dans les terrains montagneux, pour faire les barrages sur les cours d'eau dont le lit est limité à droite et à gauche par des rochers, de poutres placées horizontalement et que l'on consolide au moyen de pieux enfoncés dans le lit; ces poutres sont d'ailleurs arc-boutées sur les rochers des rives.

Lorsque la largeur des rivières est assez grande, il faut avoir recours à des ouvrages plus importants. On doit éviter de les disposer en ligne droite perpendiculaire au cours d'eau, mais les placer suivant une ligne brisée ou un arc de cercle dont la convexité est tournée vers l'amont; par cette disposition l'eau est rejetée vers le milieu du lit et les remous, ainsi que les affouillements, sont diminués. D'ailleurs les barrages à paroi verticale du côté d'aval sont en général rapidement détruits par les affouillements qui se produisent à leur pied, et il convient d'établir des plans inclinés en aval.

On fait des barrages assez solides avec des chevalets composés de troncs d'arbres; on les relie les uns aux autres par des poutrelles; en amont on établit une ligne de forts piquets; en aval on garnit le talus avec des fascines. Ces barrages peuvent être facilement réparés après les destructions partielles que produisent les orages.

Une bonne disposition à employer pour les barrages en madriers dans les rivières larges consiste à établir l'ouvrage avec des poutres assemblées de manière à former des carrés que l'on remplit soit avec des cailloux, soit avec des pavés solidement tassés. On enfonce dans le lit des rangées de pieux parallèles, dont la hauteur est déterminée par le niveau auquel on veut élever l'eau. Les pieux sont moins élevés au-dessus du lit en amont et en aval de la ligne centrale. En travers de ces rangées de pieux on fixe les poutres qui réunissent les deux extrêmes en s'appuyant sur la ligne du milieu; sur celles-ci on en place d'autres carrément, assemblées entre elles à mi-bois, de manière à former un plan incliné, divisé en échiquiers et supporté par autant de pieux verticaux qu'il y a d'intersections. Toutes les cases sont ensuite remplies par des pierres et des cailloux, et on termine l'ouvrage par un pavé solide qui arase la charpente.

Les systèmes peuvent être extrêmement variés. Un des plus simples et des plus employés consiste à battre deux files de pieux et de palplanches réunis par des moises longitudinales et transversales;

on obtient ainsi un coffrage qu'on remplit avec des moellons bruts laissant entre eux le moins de vide possible. On forme les glacis supérieurs en posant jointivement de gros moellons ayant au moins 0m,60 de queue. En amont de l'ouvrage on jette d'autres moellons, et en aval on drague le fond du cours d'eau sur une certaine étendue, puis on enfonce dans la fouille des pieux à tête saillante, et l'on remplit les vides avec des moellons formant un radier sur lequel l'eau qui se déverse par-dessus le barrage achève de perdre son excès de vitesse.

BARRAL (*biographie agricole*). — Jean-Augustin Barral, né à Metz en 1819, mort à Fontenay-sous-Bois (Seine) en 1884, est un des agronomes français les plus célèbres de la deuxième moitié du dix-neuvième siècle.

Il se livra d'abord, comme ingénieur des tabacs, puis comme professeur, à des recherches de chimie pure, et il arriva bientôt à se consacrer presque exclusivement aux applications des sciences à l'agriculture. Doué d'une activité rare, il a laissé des travaux très nombreux sur la plupart des branches des sciences agricoles. Après un assez court passage dans le corps des ingénieurs des tabacs, il fut répétiteur du cours de chimie à l'École polytechnique, de 1845 à 1849; en 1850, il devint rédacteur en chef du *Journal d'agriculture pratique*; en 1866, il fonda le *Journal de l'agriculture*, qu'il a dirigé jusqu'à sa mort. Élu membre de la Société nationale d'agriculture en 1856, il y succéda à Payen en 1871, dans les fonctions de secrétaire perpétuel. Il fut membre des jurys dans les expositions universelles de Paris et de Londres, et dans la plupart des expositions agricoles qui ont eu lieu en France et à l'étranger de 1850 à 1884; il fut appelé dans tous les grands comités et conseils consultatifs dans lesquels se débattent les intérêts agricoles.

Parmi ses principales recherches personnelles, il faut citer ses études sur la nicotine, sur la composition des eaux pluviales, sur l'emploi et la composition des engrais, sur la végétation de la vigne dans les sables, etc. Son influence a été grande sur l'extension de l'emploi des machines perfectionnées et des engrais complémentaires dans les fermes.

En dehors de ses travaux comme publiciste, des rapports et des biographies que renferment le recueil des Mémoires de la Société nationale d'agriculture et le Bulletin de la Société d'encouragement pour l'industrie nationale, on lui doit un grand nombre de rapports faits au nom des jurys des expositions universelles, et plusieurs ouvrages importants : *Notes sur la nicotine* (1842 et 1845); *Mémoire sur le tabac; Recherches analytiques sur les eaux pluviales* (1851, in-4°); *Statique chimique des animaux* (1849, in-12); *Drainage, irrigations, engrais liquides* (4 volumes in-12, 1856); la publication des Œuvres complètes de François Arago (17 volumes in-8, 1854 à 1860); *le Bon fermier* (1 volume in-12, 3e édition, 1865); *Le blé et le pain* (1 volume in-12, 1863); *Trilogie agricole* (1 volume in-12, 1867); *L'agriculture du nord de la France* (2 volumes in-8°, 1870); *L'œuvre agricole de M. de Béhague* (1 volume in-18, 1875); *Rapports sur les irrigations dans le département des Bouches-du-Rhône* (2 volumes in-4°, 1876 et 1877); *Rapports sur les irrigations dans le département de Vaucluse* (2 volumes in-4°, 1877 et 1878); *L'agriculture et les irrigations dans le département de la Haute-Vienne* (1 volume in-8°, 1881); *La lutte contre le phylloxera* (1 volume in-18, 1882); la publication de l'atlas du *Cosmos* d'Alexandre de Humboldt. En 1861, il fonda la *Presse scientifique et industrielle des deux mondes*, recueil périodique qu'il publia jusqu'en 1867. Il faut encore citer ses recherches de météorologie, qu'il compléta par deux ascensions aérostatiques qu'il exécuta avec Alexandre Bixio en 1851; les résultats en ont été publiés dans l'*Annuaire météorologique de France*. Barral a collaboré en outre à plusieurs encyclopédies, notamment au *Dictionnaire des arts et manufactures* de Laboulaye.

Dans le *Dictionnaire d'agriculture*, qui a été sa dernière entreprise, il a rédigé tous les articles de la lettre A, et dans la lettre B tous les articles jusqu'au mot *Bibassier* exclusivement, à l'exception de quelques-uns qui portent des signatures spéciales. H. S.

BARRAS (*technologie agricole*). — Corps solide, blanc, visqueux, faisant partie de la résine qui exsude des pins maritimes auxquels on a fait une ou plusieurs incisions, et se déposant sous une mince épaisseur. On recueille le barras vers la fin de l'année au moyen d'une gratte en fer nommée barrasquite.

BARRASQUITE (*outillage agricole*). — Sorte de binette dont l'emploi est très usité dans le département des Landes pour récolter le *barras*. La lame est acérée et recourbée de manière à permettre de gratter l'écorce des pins ou d'aviver les plaies, désignées sous le nom de *carres*, d'enlever enfin la résine qui s'est déposée sous forme solide. Comme la barrasquite est fixée à un manche de 1m,50 de longueur, le résineur ou gemmier peut atteindre, avec cet instrument, certaines parties des arbres qui lui seraient inaccessibles à moins d'avoir recours à une échelle.

BARRE (*matériel agricole*). — Pièce cylindrique, généralement en bois, de 8 à 15 centimètres de diamètre, de 3 mètres environ de longueur, que l'on place dans les écuries pour séparer les chevaux les uns des autres. Les barres sont ordinairement attachées d'un côté par un anneau à un crochet que porte la mangeoire, et de l'autre côté à une corde qui pend du plafond de l'écurie. Elles sont un peu plus élevées en arrière qu'en avant, et placées d'une part un peu au-dessous du poitrail, et d'autre part un peu au-dessus du jarret Elles doivent former un système mobile, afin de permettre quelques mouvements latéraux aux chevaux, tout en les empêchant de se donner des coups de pied et de se mordre. Néanmoins elles présentent quelques inconvénients : les chevaux peuvent passer une jambe par-dessus, et d'autre part les barres peuvent causer des blessures dans les flancs des bêtes. On obvie au premier inconvénient par l'emploi de sauterelles pour attacher les barres aux cordes de suspension; ces sauterelles sont munies d'un moyen commode de lâcher les barres presque d'une manière instantanée, en poussant un anneau ou en tirant une gâchette qui fait basculer le crochet d'attache; la barre tombe et le cheval est dégagé, tandis qu'il est ensuite très facile de remettre la sauterelle et la barre en position. Le second inconvénient est beaucoup affaibli, si l'on a soin de rembourrer les barres sur le dernier tiers de la longueur en arrière, avec des tresses en paille contournées tout autour, et en suspendant des paillassons contre lesquels les coups de pied viennent s'amortir. — Les barres, au lieu d'être en bois, peuvent être faites en fer creux ou en fonte; mais il n'y a guère d'avantages à adopter ce système, car il en résulte un plus grand poids pour les barres dont la chute peut alors causer des accidents. Au lieu de corde pour la suspension à l'arrière, on se sert aussi de poteaux auxquels les barres se relient par des mécanismes qui laissent de la mobilité pour le glissement de chaînes et d'anneaux le long de tringles; un simple décliquetage fait tomber la barre et un encliquetage la rattache. — Malgré toutes les améliorations introduites dans la confection et le mode de suspension des barres d'écurie, on trouve préférable d'établir des séparations en planches qui vont du sol jusqu'à la hauteur de la tête des animaux, de telle sorte que ceux-ci sont alors logés dans de véritables stalles ou boxes où ils prennent mieux la nourriture et le repos.

BARRE (*hippiatrie*). — Intervalle qui existe de chaque côté de la mâchoire inférieure, chez le cheval, entre les dents molaires ou mâchelières et les incisives ou les crochets, et dans lequel on place le mors (voy. AGE). — Un mors mal fait, ou dont l'impression est trop rude, la mauvaise manière dont use de la bride la main trop dure d'un cavalier maladroit ou inexpérimenté, peuvent amener de l'inflammation ou même des blessures dans cette région de la bouche. On doit à ce sujet exercer une sévère surveillance. Une légère rougeur avertit de l'accident, et il faut empêcher qu'il dégénère en blessures dont les suites pourraient avoir de la gravité. « Lorsque les barres sont simplement irritées ou blessées, dit M. Zundel, il suffit de remplacer le mors par un caveçon, ou d'adopter un mors en bois garni de linge, ou mieux encore de laisser le cheval au repos, et d'humecter de temps en temps la partie avec de l'eau légèrement acidulée, ou de l'eau d'orge miellée. La guérison est prompte ordinairement; le mal ne se renouvelle pas, dès qu'on a soin d'en faire cesser la cause. » Si on néglige l'inflammation ou la lésion, il peut survenir une mortification des tissus, la dénudation de l'os, la carie, une fistule; alors la cure est parfois très difficile. Pour ces *blessures des barres*, on doit cautériser l'os, enlever la carie, mettre l'animal au régime, bassiner très souvent la plaie avec du vin miellé ou une solution d'acide phénique, et s'abstenir de mettre la bride jusqu'à ce qu'il se soit formé une pellicule dure et capable de résistance.

BARRÉ DE SAINT-VENANT (*biographie agricole*). — Né à Niort en 1737, mort à Paris en février 1810, Jean Barré de Saint-Venant fut envoyé à Saint-Dominique comme officier de cavalerie dès l'âge de dix-huit ans. Séduit par l'aspect vigoureux de la végétation coloniale, il fonda une vaste exploitation agricole et il publia plusieurs mémoires sur les cultures des colonies et sur les produits des régions tropicales. De retour en France en 1788, il s'efforça d'empêcher l'adoption des mesures qui devaient entraîner la ruine des colonies; il eut la douleur de voir toutes ses prédictions réalisées. Avec les débris de sa fortune, il acheta un assez grand domaine près de Paris, et il en dirigea l'exploitation. Il fut élu, le 12 octobre 1803, membre de la Société nationale d'agriculture. Son rêve était d'introduire dans le midi de l'Europe les riches cultures du coton, de la canne à sucre, du café, de l'indigo; il avait commencé des essais dans le royaume de Naples, lorsque la mort est venue le frapper.

Fig. 597. — Barrière basculante fermée.

BARRES DU SABOT (*hippiatrie*). — Prolongements centripètes de la paroi du sabot du cheval. Les barres commencent à l'arc-boutant, se continuent le long du bord de l'échancrure de la sole, et convergent par leur extrémité vers le centre du sabot en s'inclinant l'une vers l'autre par leur bord supérieur.

Fig. 598. — Barrière basculante en mouvement pour s'ouvrir.

BARRIÈRE (*constructions rurales*). — Fermeture mobile et à claire-voie d'un passage quelconque pour l'homme, les animaux, les véhicules de tous genres. On met des barrières dans le but de faire obstacle sur un chemin, une route, un passage à niveau de chemin de fer, l'entrée d'une cour de ferme, d'un parc, d'un jardin, et quelquefois d'un hangar, d'une grange, d'une écurie. Les barrières sont faites le plus souvent en bois, mais quelquefois aussi elles sont en fer. Elles ont au plus $1^m,25$ de hauteur. Elles peuvent se composer de deux simples poteaux verticaux sur lesquels reposent ou bien au travers desquels passent perpendiculairement à la route une ou deux pièces de bois horizontales, appelées lisses, qu'on enlève ou fait glisser dans un sens ou dans l'autre pour livrer le passage. Elles sont faites plus souvent de barreaux verticaux assemblés à une petite distance les uns des autres et maintenus par deux ou trois traverses horizontales, de manière à former un panneau plus ou moins long selon la largeur de la fermeture à opérer; alors la barrière est à un vantail; on la fait à deux vantaux, lorsque la largeur dépasse 3 ou 4 mètres.

On peut diviser les barrières en trois catégories : les barrières pivotantes, les basculantes, les roulantes Le bois convient mieux pour les barrières vraiment rustiques, auxquelles on donne le plus souvent, dans les fermes des Flandres, de la Picardie et de la Normandie, la forme pivotante, ou de portes à claire-voie ; dans presque tout le reste de la France les cours des fermes et des métairies demeurent librement ouvertes.

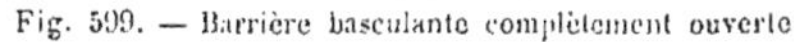

Fig. 599. — Barrière basculante complètement ouverte

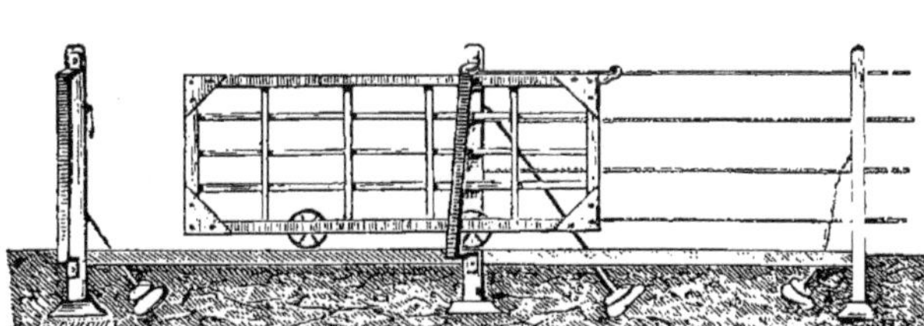

Fig. 600. — Barrière roulante du système Louet.

On fait en chêne les poteaux, les entre-toises ou barres et les cadres en bois ; on peut remplacer le chêne par d'autres essences moins dures, en employant l'imprégnation au sulfate de cuivre. On remplace le bois pour les poteaux par des pierres de taille ou même des maçonneries en gros moellons. Pour les fuseaux qui recouvrent les cadres, on les fait en bois blanc goudronné. D'ailleurs, une peinture à l'huile ou au goudron que l'on renouvelle tous les trois ou quatre ans assure aux barrières en bois une très grande durée. On applique à ces barrières les moyens de fermeture usités pour celles en fer.

Les barrières à deux battants ou vantaux sont faites de la même manière que celles à un seul battant. Les battants sont complétés par des colliers, pivots, crapauds, plaques d'arrêt et autres accessoires nécessaires. De plus des arrêts automatiques permettent de maintenir les battants ouverts. Un arrêt automatique est une tige de fer à scellement supportant une autre tige en fer adaptée à son sommet, et faisant trébuchet, afin de maintenir fixes les battants ouverts. L'arrêt est scellé sur un bon moellon enterré dans le sol à la place où le battant doit rester ouvert ; ce battant, en se développant, passe par-dessus l'arrêt qui bascule et reprend sa position ; il faut abaisser l'arrêt pour permettre au battant de se refermer.

Les figures 597 à 599 représentent le type d'une barrière basculante construite en bois, dans les trois positions qu'elle doit prendre successivement : fermée, en train de basculer, ouverte. La barre supérieure est la plus forte ; trois montants verticaux y sont articulés, en même temps qu'ils s'articulent eux-mêmes avec les barreaux inférieurs. Quand la barre supérieure est arrivée à la position verticale, tous les barreaux se sont repliés. Un contrepoids placé au bout de la grande barre supérieure prolongée de manière à faire levier permet d'opérer le mouvement de bascule presque sans effort. Le contrepoids, en s'abaissant ou en se relevant, décrit un arc de cercle, comme le montre la figure 598; les mesures sont telles qu'il vient se placer au pied même du montant principal sur le sommet duquel s'opère la rotation (fig. 599). C'est sur le sommet de l'autre montant que se fait le loquetage lorsque la barrière se ferme (fig. 597). Les deux montants présentent des rainures dans lesquelles toutes les barres viennent se loger. Ce système, très ingénieux et assez commode, ne peut pas toutefois être appliqué sur de trop grandes dimensions à cause de la hauteur et du poids de la barrière pivotant sur le sommet du poteau. On conçoit qu'il peut être construit en fer, et qu'alors il présente plus de légèreté et d'élégance.

Les barrières roulantes dont la figure 600 fait comprendre les dispositions sans qu'il y ait pour ainsi dire besoin d'explications sur leur construction, forment certainement la catégorie la plus commode et qui tend à être la plus employée. Un rail de chemin de fer est placé au seuil et conduit les deux petites roues qui portent la barrière ; une roulette maintient la position de la barrière dans ses mouvements en la soutenant sur le petit barreau supérieur de la clôture adjacente. Les poteaux présentent des rainures pour loger les extrémités de la barrière ou la laisser glisser. Le loquetage se fait facilement et il peut être remplacé par une serrure.

La pose des montants des barrières en fer s'effectue avec grande facilité sans exiger de scellement. On creuse pour chaque montant un trou de 0m,50 environ de largeur sur autant de profondeur; on y loge les plaques en fonte du montant et de sa jambe de force, après avoir encastré préalablement une pierre plate et assez grosse sous la plaque de cette jambe de force; on comble ensuite le trou avec des couches de terre successives que l'on dame à chaque fois. On doit avoir soin de poser d'abord le montant garni des gonds, colliers ou pivots, en lui donnant une rigoureuse position verticale; l'autre montant est ensuite placé, en veillant à ce que les serrures ou les loquets se rapportent exactement avec le système de fermeture que comporte la barrière. Si les montants sont destinés à être posés contre un mur ou un pilier en maçonnerie, ou bien encore sur des dalles en pierre, les plaques de fonte sont remplacées par des mouches à scellement que l'on fixe par du ciment selon les procédés qui assurent le plus de solidité.

BARRIQUE (*matériel agricole*). — Futaille destinée à contenir, généralement en vue de l'expédition, diverses denrées agricoles, solides ou liquides, et dont la capacité est variable suivant les localités. On met en barriques certains engrais, divers produits chimiques, et principalement les vins et les eaux-de-vie. Les anciennes barriques, encore en usage, avaient les contenances suivantes exprimées en litres : Anjou, 254,9; — Bayonne, 304,39; — Beaune, Cahors, Frontignan, Sauterne, La Rochelle, 228,29; — Blois, 235,90; — Bordeaux, Rouen, 226,65; — Bourgogne, Champagne, Cognac, L'Hermitage, île de Ré, 205,46; — Saint-Domingue, 227,11; — Mâcon, Orléans, 213,07; — Nantes, 240; — Saumur, 232,09; — Tavel, 277,75; — Tours 232,09; — Châtellerault, 300.

On vient de voir que l'ancienne barrique de Bordeaux était de 226,65; elle renfermait 100 pots de Bordeaux, chacun de 2lit,256. D'après deux arrêts du parlement de Bordeaux des 28 août 1772 et 21 avril 1773, la barrique bordelaise devait satisfaire aux conditions suivantes :

1° Avoir au moins 17 douves;
2° Avoir une hauteur de 34 pouces 3 lignes, ou 0m,927;
3° Avoir au bouge (milieu) une circonférence extérieure de 6 pieds 8 pouces 3 lignes, ou 2m,172;
4° Avoir aux deux bouts, à l'endroit où se placent les fonds, vis-à-vis le fisteau ou rainure du jable, une circonférence extérieure de 6 pieds, ou 1m,949;
5° Avoir la poigne, distance entre la rainure du jable et le haut des douves, de 2 pouces 3 lignes, ou 0m,061;
6° Avoir des fonçailles du diamètre de 22 pouces 6 lignes, ou 0m,604.

La chambre de commerce de Bordeaux, par délibération du 8 février 1854, a ratifié comme il suit les dimensions extérieures de la barrique :

	mètres
Hauteur totale	0,91
Circonférence du bouge	2,18
Circonférence aux bouts (à la tête)	1,94
Longueur de la poigne	0,07
Épaisseur de la fonçaille	0,018
Épaisseur des douves au bouge	0,012

Une barrique modèle est déposée à la Bourse de Bordeaux.

Les prix et les quantités de vins dans le Bordelais continuent à s'énoncer par tonneau; cette mesure se compose de quatre barriques de 228 litres chacun, ce qui fait en tout 912 litres.

BARTHÉLEMY (*biographie agricole*). — Eloy Barthélemy, né à Vesnes (Meuse) le 14 avril 1785, est mort près de Paris le 19 septembre 1851. Il avait été élu membre de la Société nationale d'agriculture en 1840. C'était un vétérinaire éminent. Il a été successivement professeur d'anatomie et de physiologie, puis de pathologie et de clinique à l'École d'Alfort. On lui doit un grand nombre de travaux sur les animaux domestiques, sur les effets toxiques de la noix vomique, de l'aloès, de l'émétique, des cantharides, sur l'emploi du sel, sur la morve, sur la mauvaise influence que peut avoir le séjour prolongé des fumiers dans les écuries.

BARTONIA (*horticulture*). — Belle plante de la famille des Loasées, la bartonie dorée (*Bartonia aurea, Mentzelia lindleyana*) présente des tiges hautes de 0m,40 à 0m,70, rameuses, blanchâtres, hérissées de poils rudes, avec des feuilles alternes à lanières linéaires, de très grandes fleurs de 0m,07 de diamètre, d'un très joli effet. Elles sont axillaires, brièvement pédonculées, avec un calice cylindrique couronné par 5 divisions de moitié plus courtes que la corolle; celle-ci est formée de 5 pétales jaunes insérés sur le calice. Les étamines, également jaunes, sont réunies en faisceaux et s'épanouissent en garnissant tout l'intérieur de la fleur — Cette plante ne vient que dans les terres légères et à l'exposition du midi. La floraison a lieu de juillet en août. On doit semer sur place à la fin d'avril ou en mai, en couvrant un peu la graine qui est assez fine.

BASALTE (*géologie agricole*). — La basalte est une roche d'origine ignée qui, à une époque géologique plus ou moins ancienne, est sortie d'un volcan à l'état de lave pour se répandre dans les interstices du sol ou à sa surface. Les masses en fusion, s'étant refroidies, ont formé des piliers à trois, quatre, cinq ou six pans serrés les uns contre les autres et produisant un effet très pittoresque; c'est ce qu'on appelle une roche basaltique. Cette roche est toujours de couleur noirâtre, a une densité de 3,3 environ, une grande sonorité par le choc, une grande dureté, une texture compacte et grenue. Elle renferme un mélange de pyroxène et de péridot; en d'autres termes du silicate de chaux, de magnésie, d'alumine, de fer, avec une petite proportion de chaux carbonatée. On trouve de très importants dépôts de basalte dans les montagnes de l'Auvergne et du Velay, près de Clermont, dans le Cantal et dans l'Ardèche. Les roches basaltiques, principalement sous forme prismatique, forment des grottes célèbres en Irlande, en Ecosse, en France, en Allemagne. Elles servent comme matériaux de construction. Telles sont les pierres de Volvic, fournissant des meules et servant au pavage et à l'entretien des routes. Par suite de leur décomposition lente, elles forment à la longue, avant d'être réduites en poudre impalpable, un sol assez fertile.

BASCULE (*mécanique agricole*). — La bascule est un instrument de pesage construit sur le principe de leviers combinés de telle sorte qu'on puisse faire équilibre à un fardeau placé sur un plateau, au moyen de poids plus faibles placés sur un autre plateau, ou bien mobiles sur un levier gradué. Cet instrument est souvent appelé balance de Quintenz, du nom de son inventeur. Il est très usité en agriculture pour les grosses denrées agricoles, pour le bétail, pour les fardeaux lourds, pour les véhicules; on lui a donné les formes les plus variées, mais la construction repose toujours sur le même principe.

Un plateau M (fig. 601) porte les objets à peser; il se relève à droite en équerre, et il est muni d'une jambe oblique, laquelle est reliée par un anneau en E, à une tige BE. A son autre extrémité, le plateau M repose par des couteaux D sur un levier en fourche, mobile à ses extrémités sur une deuxième paire de couteaux O′, et dont les deux branches se réunissent en A′, à la partie inférieure d'une deuxième tige AA′. Les couteaux O′ reposent sur le côté fixe B′ de l'appareil. Les deux tiges AA′ et BE sont suspendues à l'un des bras d'un fléau de balance mobile sur le couteau O. Le deuxième bras, plus long, porte à son extrémité, en C, un plateau destiné à recevoir les poids. La longueur du bras de levier BO est égale au dixième de celle du bras OC; la longueur AO est la moitié de OC. Grâce à la disposition des couteaux inférieurs en D et en O′, par laquelle les bras de levier OA et O′A′ sont proportionnels à OB et à O′B′, le plateau M reste constamment horizontal, en quelque point que la charge y soit placée, et tout l'effort se porte en B. En vertu de la théorie du levier, il suffit d'un poids dix fois plus petit pour y faire équilibre dans le petit plateau. La plate-forme M de la bascule étant près du sol, on peut charger sans peine des fardeaux pesants (fig. 602).

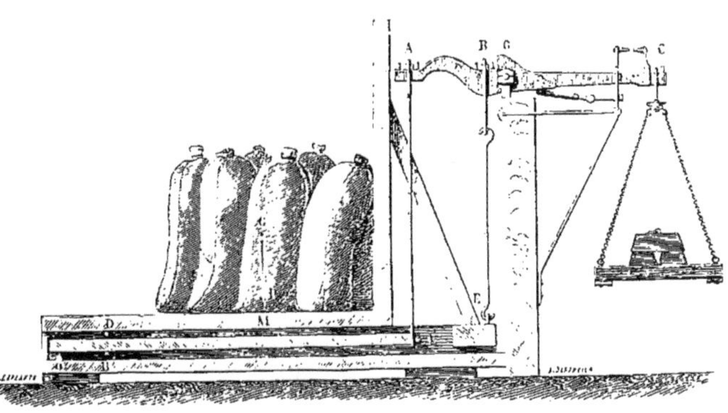

Fig. 601. — Coupe d'une bascule ordinaire.

On peut remplacer le plateau destiné aux poids par un bras de romaine gradué sur lequel un curseur mobile fait équilibre à la charge portée par la plate-forme (fig. 603).

La bascule est ordinairement construite au dixième, comme il vient d'être expliqué. Pour les lourdes charges, on établit des bascules au centième. Dans ce cas, le curseur mobile sur le bras de levier sert à indiquer les unités des poids, et un petit plateau que porte l'extrémité libre de ce levier, indique les fractions décimales.

Les combinaisons les plus variées ont été imaginées dans la construction des bascules. Par exemple, on en fabrique aujourd'hui pour obtenir le poids des objets d'après des unités variables. Ce résultat est obtenu au moyen d'un cylindre gradué ou d'un manchon polygonal tournant sur le levier de la romaine. En tournant ce cylindre, on peut lire successivement le poids accusé par la bascule en kilogrammes, en livres anglaises, en livres allemandes, etc. — On peut munir une bascule de deux romaines dont l'une indique les unités, et l'autre les fractions. — Certaines bascules, servant surtout au pesage des liquides, peuvent indiquer à la fois le poids et le volume du liquide, ainsi que le poids du récipient, c'est-à-dire la tare. C'est dans cet ordre d'idées que M. Sourbé a imaginé une bascule spéciale munie d'un appareil appelé densi-volumètre, et qui paraît appelée à rendre des services sérieux au commerce des liquides.

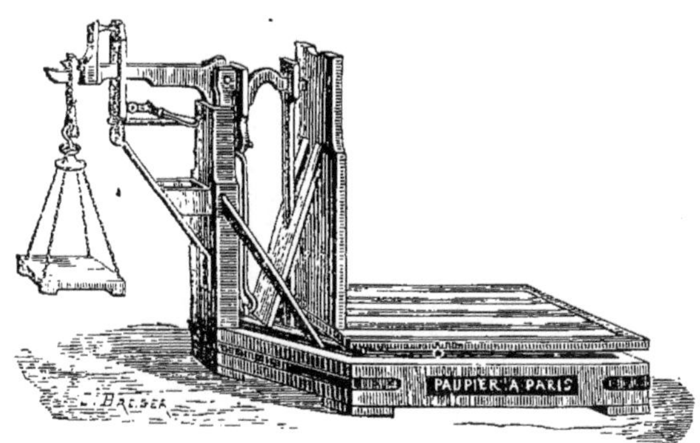

Fig. 602. — Vue d'une bascule ordinaire au dixième.

Les agriculteurs se servent beaucoup des bascules. Outre les bascules ordinaires dont le type a été décrit plus haut, dont la force peut varier dans des proportions considérables, on construit pour leur usage, des bascules spéciales destinées au pesage des animaux domestiques. Telle est celle que montre la figure 603. La plate-forme de cette bascule forme une enceinte limitée par deux grilles et par deux parties pleines. Ces dernières peuvent se rabattre, comme dans le dessin : elles constituent alors des plans inclinés pour faciliter le passage des animaux soit à l'entrée, soit à la sortie de la bascule. Une fois relevées, elles tiennent l'animal renfermé sur le pont, et le pesage se fait sans aucune difficulté. On construit des bascules de ce genre de différents modèles; il en est qui peuvent peser seulement 500 kilogrammes, tandis que, pour d'autres, la limite de charge atteint 10 000 kilogrammes. Les fermes bien organisées, dans lesquelles on se livre à l'élevage ou à l'engraissement du bétail, doivent toujours renfermer une bascule avec laquelle on se rend compte de la marche de ses opérations.

Pour les recherches sur les problèmes de physiologie animale ou végétale, sur la combustion et en général sur les phénomènes qui entraînent des variations de poids dans les êtres organisés, on a construit des bascules dites à équilibre constant. La figure 604 en représente un modèle, qui sort des ateliers de M. Paupier, à Paris. C'est une bascule ordinaire, à laquelle on ajoute un appareil enregistreur disposé de manière à signaler les variations de poids, quelque faibles qu'elles soient, que subissent les corps placés sur le grand plateau. A cet effet, le petit plateau de la balance porte un cylindre V qu'on fait plonger dans l'eau. L'équilibre étant établi, si le corps placé sur le grand plateau perd une partie de son poids, le cylindre plonge davantage dans l'eau, et la perte de poids qu'il subit arrive à compenser celle du corps en expérience. Au contraire, si le poids de ce corps augmente, le cylindre émerge d'une quantité équivalente, et son augmentation de poids ramène l'équilibre. Ces mouvements se communiquent, par un petit levier, à un mécanisme d'hor-

Fig. 603. — Bascule romaine pour le pesage du bétail.

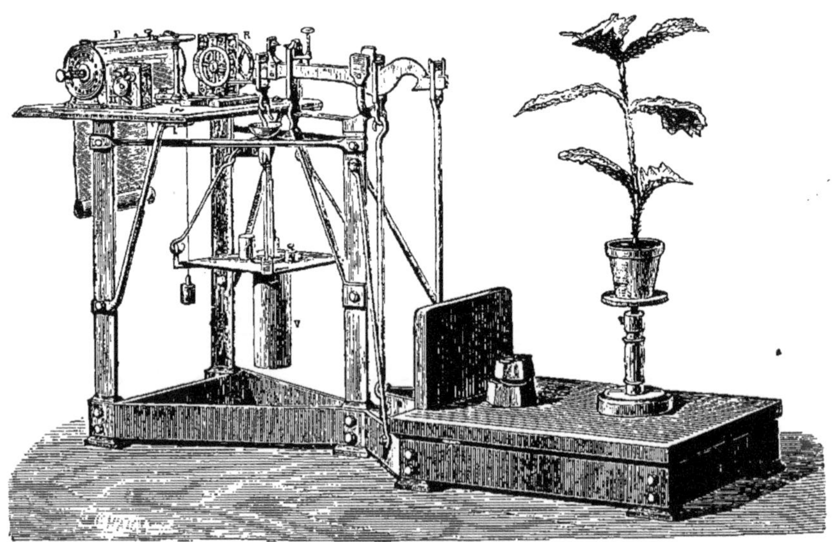

Fig. 604. — Bascule à équilibre constant.

logerie R, lequel est en communication avec un crayon destiné à tracer la courbe du mouvement sur un cylindre P de papier tournant. Ce cylindre est mû par des rouages spéciaux ; on connaît le temps qu'en dure la révolution, et par suite on peut relever la marche des phénomènes par le tracé que l'on trouve sur le papier après l'expérience. La bascule à équilibre constant peut recevoir un grand nombre d'applications.

Les *ponts-bascules*, qui servent dans les grandes fermes, pour le pesage des chariots chargés de récoltes, d'engrais, pour les wagonnets, etc., sont construits d'après les mêmes principes que les bascules ordinaires. H. S.

BASE (*chimie agricole*). — On donne le nom de base à toute substance qui se combine avec les acides pour constituer des sels ; les bases ont généralement la propriété de bleuir le papier rouge de tournesol, tandis que les acides rougissent le papier bleu (voy. ACIDES). Les bases dont les agriculteurs ont à s'occuper sont : les bases alcalines, la potasse, la soude et l'ammoniaque ; les bases alcalino-terreuses, la baryte, la strontiane, la chaux, la magnésie ; parmi les bases terreuses, l'alumine ; les bases ou oxydes métalliques, les oxydes de fer, l'oxyde de cuivre, l'oxyde de plomb, l'oxyde de zinc ; les alcalis végétaux ou alcaloïdes, la nicotine, la quinine, la morphine (voy. ALCALOÏDES).

BASELLE (*culture maraîchère*). — Genre de plantes de la famille des Chénopodées, qui est originaire de l'Amérique et de l'Asie, et que l'on emploie de la même manière que les épinards. La baselle est bisannuelle, mais seulement annuelle dans la culture. Elle est à tiges sarmenteuses de 1m,50 à 2 mètres de hauteur, quelquefois grimpantes, garnies de feuilles alternes, ovales-cordiformes, un peu ondulées, charnues ; de petites fleurs charnues en épi ; le fruit est un achaine déprimé, globuleux, ayant un peu l'aspect d'une baie, contenant une seule graine ronde dont l'embryon enveloppe un albumen farineux très réduit. Un litre pèse 460 grammes et contient 16 100 graines. — On sème la baselle au mois de mars sur couche chaude ; on la repique à la fin de mai ou en juin au pied d'un mur exposé au midi, et il suffit de l'arroser pour entretenir la production durant tout l'été. La plante repousse d'autant plus vigoureusement qu'il fait plus chaud ; mais on doit éviter d'enlever à la fois tout le feuillage, ce qui arrêterait nécessairement la végétation. Les feuilles se mangent comme les épinards. — Les espèces les plus estimées sont : la baselle blanche (*Basella alba*), appelée aussi épinard blanc d'Amérique ou de Malabar ; — la baselle rouge (*Basella rubra*), appelée encore frède rouge, dont toutes les parties sont teintées de rouge pourpre ; — la baselle de la Chine à larges feuilles (*Basella cordifolia*), remarquable par l'ampleur et l'abondance de ses feuilles, mais qui ne grène pas facilement en France ; — la baselle tubéreuse dont les racines se mangent aussi bien que les feuilles et qui passe à la Nouvelle-Grenade pour venir en aide à la fécondité des femmes.

BASILIC (*horticulture*). — Genre de plantes de la famille des Labiées que l'on cultive comme condimentaires ou pour l'odeur plus ou moins forte qu'elles répandent. On en connaît un assez grand nombre d'espèces. Elles sont annuelles. Elles sont généralement trapues, rameuses, à feuilles ovales, à fleurs réunies en grappes ou en épis au nombre de 10 à 12. Selon les espèces ou les races, elles atteignent de 0m,25 à 0m,60 de hauteur et forment des sortes de boules de même diamètre environ. — C'est une plante des pays chauds. On la sème sur couche en mars et en avril ; on repique en mai en pleine terre, à une bonne exposition. On en réussit facilement la culture dans les pots. La floraison dure de juin en octobre. — Le basilic est aromatique, stimulant, riche en huile volatile. Il fait partie des plantes avec lesquelles on prépare la teinture dite vulnéraire ou eau vulnéraire rouge et l'alcoolat vulnéraire. On fait quelquefois usage de la poudre de basilic en guise de tabac pour combattre la céphalalgie. — De même que le thym, le basilic est employé dans les préparations culinaires comme condiment et comme aromate. — On en compte environ 40 espèces, parmi lesquelles il faut signaler les principales. Le basilic commun (*Ocimum basilicum*), basilic aux sauces des cuisiniers, herbe royale, grand basilic, basilic grand vert, est très rameux, trapu et touffu, de 0m,30 de hauteur ; ses fleurs sont blanches, en longues grappes, avec le calice blanc ou rosé. On espace les pieds de 0m,40. Il est estimé dans la culture potagère. — Le basilic à feuilles de laitues (*Basilicum lactucæfolium*) est remarquable par ses larges feuilles ondulées ou cloquées ; les fleurs se montrent plus tard que chez le précédent. — Le basilic à odeur anisée (*Basilicum anisatum*) est plus aromatique, et rappelle l'odeur de l'anis. — Le basilic à feuilles violettes (*Ocimum basilicum violaceum*) est remarquable par la coloration d'un violet pourpré de ses tiges, de ses ramifications, de ses feuilles et de son calice ; la corolle est d'un blanc un peu violacé. — Le petit basilic (*Ocimum minimum*) ou basilic fin vert est plus nain que les précédents et surtout a une verdure très fraîche et très fine, en même temps qu'un parfum suave et pénétrant ; ses fleurs forment de petites grappes d'un blanc rosé, se détachant agréablement sur le feuillage d'un vert intense. — Le basilic fin violet (*Ocimum minimum violaceum*) diffère du précédent par la teinte violet foncé de toute la touffe ; les fleurs sont d'un blanc violacé. — Le basilic en arbre (*Ocimum gratissimum*) atteint jusqu'à 0m,60 de hauteur ; ses tiges sont dressées, ses feuilles oblongues et pointues ; ses fleurs lilas en épis interrompus occupent les sommets des tiges. C'est une plante tardive qui ne convient bien que dans les climats chauds.

BASQUAISE (RACE BOVINE) (*zootechnie*). — Variété de la race pyrénéenne, qu'on appelle aussi race d'Aspe, parce qu'elle est originaire de la vallée de ce nom. Elle a le corps trapu, l'arrière-train large, la croupe fournie, les quartiers bien descendus, les membres courts et musculeux, la tête courte, l'œil grand et très ouvert, le pelage fauve clair. Tous les animaux de cette race sont agiles, vigoureux, résistants, très sobres. Ils supportent bien les rudes travaux. On les emploie au transport des bois réservés pour la marine et à celui des marbres. Ils servent aussi à faire tous les labours dans les plaines comme dans les coteaux. En été la montagne est leur pacage habituel ; dans l'autre saison ils vivent dans la plaine de Bédous. Lorsqu'ils sont conduits dans les contrées où l'on peut leur donner de bonnes rations de fourrages artificiels, ils se développent admirablement et prennent beaucoup de poids tout en restant près de terre. Ils sont très estimés en Chalosse dans les Landes.

BASSE-COUR (*économie rurale*). — On appelle généralement ainsi la cour spécialement destinée dans les bâtiments d'une exploitation rurale à la promenade des volailles, en même temps que s'y trouvent aussi les poulaillers, les colombiers, les pigeonniers. Mais plus souvent c'est la grande cour de la ferme ; les entrées des étables, des écuries, des bergeries, des porcheries s'y trouvent placées vers les parties les plus hautes ; la fosse à fumier et la fosse à purin y sont dans les parties basses, et plus bas encore on y rencontre la mare aux canards. Les niches à lapins sont dans quelque coin. On trouve bon que les volailles fourragent dans le fumier. Quelques arbres, une pièce de verdure y sont avantageux. Dans un endroit de la cour, est creusé le puits, et le bétail y a son abreuvoir. Les hangars, les granges, les greniers, les bâtiments pour les machines ont vue aussi sur la cour, où passe tout le mouvement de l'exploitation, où s'abattent toutes les joies de la vie rurale. Il est rare que l'on cantonne chaque chose dans un emplacement séparé; un chef de ferme aime à avoir la vue sur toutes les parties de la maison. La fermière, de son côté, ne laisse jamais les volailles ou la laiterie loin de sa main; il faut qu'elle puisse surveiller la distribution de la nourriture, donner ses soins aux jeunes couvées, faire fabriquer le beurre, les fromages, faire mettre de côté les traites de lait, les conserver ou les expédier. La basse-cour est un grand ministère. — On prend quelquefois le contenu pour le contenant: on appelle basse-cour l'ensemble des volailles ou des animaux de tous genres qui s'y trouvent; on dit qu'une basse-cour se compose de tant de poules, coqs, poulets, dindes et dindons, pintades, canards, oies, lapins; on y joint quelquefois les têtes de l'espèce porcine; en d'autres termes, ce sont les petits animaux de la ferme, à côté desquels on place aussi les oiseaux de volière et les quelques animaux plus ou moins rares dont on tente l'acclimatation (voy. ANIMAUX DE BASSE-COUR).

BASSET (*zootechnie*). — Chien de chasse à poils ras, très bas sur pattes, à nez souvent fendu (fig. 695). On en voit souvent qui, à l'endroit des genoux, ont les jambes courbées en dedans; on les distingue sous le nom de bassets à jambes torses. On appelle aussi chiens d'Artois et chiens picards, les bassets à jambes torses, et chiens de Flandre les bassets à jambes droites. On emploie tous les bassets pour chasser dans leurs terriers le renard, le blaireau, le lapin; pour chasser dans les granges et les magasins à fourrages les martres et les fouines. On s'en sert aussi pour chasser le lièvre et le loup. C'est, quand elle a de la race, une bête énergique et courageuse. Le basset a la robe variable: quelquefois blanche avec des taches fauves; quelquefois foncée, mais alors avec des taches plus claires. Le front est large, l'œil gros et beau; les oreilles sont plates et longues; la queue est fournie, souvent retroussée et même recourbée. « Le chien courant, le braque et le basset, dit Buffon, ne font qu'une seule et même race de chiens; car l'on a remarqué que dans la même portée il se trouve assez souvent des chiens courants, des braques et des bassets, quoique la lice n'ait été couverte que par l'un de ces trois chiens. »

Fig. 695. — Chiens bassets.

BASSIA (*agriculture*). — Arbres de la famille des Sapotacées fréquemment cultivés aux Indes, autour des hameaux ou des pagodes, dans les vergers communaux (*topes*).

Le bois des bassias est estimé pour faire les charpentes. Leur tronc laisse exsuder un suc lactescent qui est employé comme remède populaire dans les affections rhumatismales; l'écorce sert à tuer les vers et la vermine. Les rameaux et les branches servent de flambeaux. L'infusion des feuilles passe dans l'Inde pour être rafraîchissante.

Les fleurs donnent lieu à une récolte importante; chaque arbre peut en fournir de 100 à 200 kilogrammes annuellement. On les mange sèches, rôties ou bouillies. Les Hindous en confectionnent, par ébullition, une gelée alimentaire, ou bien, par dessiccation, des gâteaux qui se conservent comme des raisins secs dont ils ont d'ailleurs le goût. Par la fermentation, on en obtient un alcool à odeur forte et empyreumatique, à saveur âcre et fétide, qui disparaît avec le temps. Cet alcool exerce une action délétère sur l'économie animale; on doit se méfier de son usage. — On importe en France les fleurs du *Bassia latifolia*, sous le nom de *mawra*, pour servir à la production de l'alcool. La direction des douanes les a assimilées, en 1884, aux mélasses, dont l'introduction n'est autorisée en franchise de douane qu'à la condition qu'on les dirige, sous le régime du transit, sur une distillerie exercée par le service des contributions indirectes.

Les fruits sont un objet de grande consommation pour les indigènes; les oiseaux d'ailleurs en sont très friands, ce qui indique une véritable valeur alimentaire, quoiqu'on leur reproche leur fadeur.

Le *Bassia butyracea* et le *Bassia Parkii* donnent ce qu'on appelle le *beurre de ghee*. Ce beurre végétal a la consistance du suif et ressemble à de la graisse de porc qui contiendrait des parties cristallisées moins fusibles que la masse. Sa saveur est douce et son odeur légèrement aromatique. Il est employé dans l'Inde à tous les usages du beurre extrait du lait des animaux, et à ceux des huiles. On en fait, en outre, usage en frictions contre la goutte, les douleurs rhumatismales, la gale et diverses affections cutanées.

Le *Bassia longifolia* et le *Bassia latifolia* fournissent l'*huile d'Illipé*, qui est d'un blanc jaunâtre et est employée aux mêmes usages que l'huile de coco; on lui reproche d'avoir l'inconvénient de rancir facilement; elle est excellente pour l'éclairage et pour la fabrication du savon.

BASSIN. — Ce mot désigne toute capacité, petite ou grande, très restreinte ou très vaste, en général ouverte vers le ciel et entourée, sur la plus forte partie de son contour au moins, par des parois relativement élevées. — Un *bassin hydrau-*

tique est une cuve destinée à recevoir de l'eau pour les usages domestiques et particulièrement pour abreuver le bétail. On les construit ordinairement en ciment et de telle sorte qu'il soit toujours facile de les vider et de les laver pour les nettoyer (voy. ABREUVOIR). — Dans les jardins, on creuse très souvent des pièces d'eau que l'on appelle des bassins ; on les cimente habituellement. — On appelle aussi bassins, des espèces d'entonnoirs qu'on creuse autour des arbres ou des plantes d'ornement afin de pouvoir leur donner des arrosages abondants. — On appelle *bassin hydrologique* l'espace géographique limité par des montagnes plus ou moins élevées et qui embrasse toutes les vallées dans lesquelles coulent les divers cours qui se jettent dans un fleuve commun ; c'est ainsi qu'on a le bassin de la Seine, le bassin du Rhône, celui de la Loire, celui du Danube, etc. — On donne le nom de *bassin géologique* à une dépression naturelle du sol ou à un ensemble de terrains provenant d'un même événement géologique ou d'une même convulsion de couches terrestres. — En anatomie, le bassin est, chez les animaux domestiques, la cavité oblongue, un peu conique, appelée aussi *cavité pelvique*, qui constitue l'extrémité postérieure de la cavité abdominale. Le bon développement et la direction bien normale du bassin chez les animaux domestiques, surtout chez le cheval, sont des qualités rigoureusement recherchées.

BASSIN (POIRE) (*pomologie*). — Fruit qui mûrit en août et apparaît en grande quantité sur les marchés et dans les rues de Paris où son prix est de 6 à 10 francs le cent. Il est plus beau, surtout plus brillant que bon ; sa chair est blonde, sèche, d'apparence moirée, avec une eau peu parfumée, légèrement astringente quoique sucrée. L'arbre est très fertile.

BASSINAGE (*horticulture*). — Opération ayant pour but de répandre de l'eau à l'état de pluie fine sur une couche, un semis, les parties aériennes des plantes. On l'exécute le plus ordinairement à l'aide d'une petite pompe aspirante et foulante dont l'ajutage de sortie est percé de trous nombreux et fins et que l'on immerge dans un simple seau (fig. 606). C'est le moyen à employer pour faire le bassinage du feuillage. Pour l'effectuer sur une couche ou un semis, pour des plantes nouvellement transplantées ou pour des boutures, de même que quand on veut faciliter la levée des graines, on se sert d'un arrosoir à main armé d'une pomme à petits orifices ; on peut employer des arrosoirs en seringue ou de formes variées (voy. ARROSAGE). Il s'agit dans tous les cas de ne mouiller que légèrement, de laver les parties vertes pour les nettoyer des poussières qui obstruent les stomates et empêchent leurs fonctions, de jouer le même rôle que les rosées. On donne les bassinages le soir parce que l'humidité qu'ils répandent peut alors subsister assez longtemps, tandis que durant le jour elle serait immédiatement dissipée sous l'ardeur du soleil.

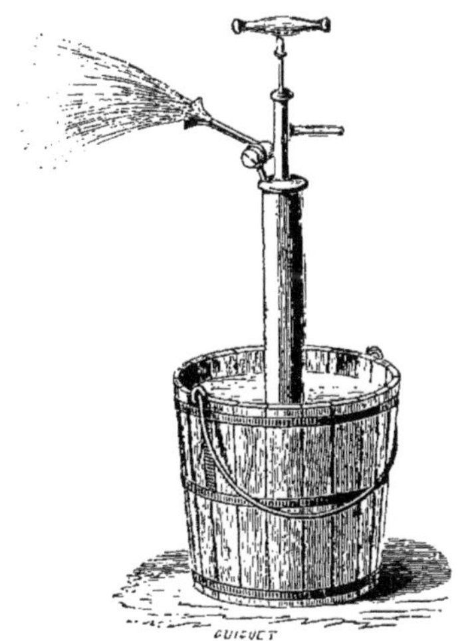

Fig. 606. — Petite pompe à main pour les bassinages.

BASTE (*viticulture*). — Vaisseau de bois servant dans le Médoc au transport de la vendange et qui n'est autre que la banne (voy. ce mot).

BÂT (*économie rurale*). — Harnais qu'on place sur le dos des bêtes de somme, principalement des ânes et des mulets, pour les charger des fardeaux qu'il s'agit de leur faire transporter. Un tel harnais est utile dans toutes les fermes, et il est indispensable dans les pays de montagnes où il constitue souvent le seul moyen de transport pour porter les denrées aux marchés, pour faire les récoltes et pour distribuer les semences et les engrais dans les champs. Il est composé de pièces plus ou moins nombreuses ; dans tous les cas, il doit être disposé de manière à ne pas blesser les animaux et à ce que la charge soit bien fixée et ne puisse pas tourner. — Le bât a pour base un fût ou *arçon* de dimensions un peu plus grandes que le fût de la selle du limonier. Le contact du fût avec le corps de l'animal s'obtient au moyen de deux panneaux ou coussins situés sous les parties latérales ; on le maintient sur le dos en général au moyen de quatre organes : 1° une sangle de cuir passant sous le ventre ; 2° une croupière munie d'un culion ; 3° un poitrail à large bande de cuir ceignant l'animal au niveau des pointes des épaules et s'attachant en avant par ses deux extrémités de chaque côté de l'arçon ; 4° un fessier qui est aussi une large bande de cuir opposée au poitrail et ceignant l'animal en arrière, sur les pointes des fesses ; le fessier s'attache en outre par ses extrémités de chaque côté et en arrière de l'arçon ; on ajoute d'ailleurs une housse en toile pour revêtir toute la région de la croupe. C'est sur le fût que se placent les crochets servant à attacher directement les fardeaux ou les paniers. Le fût doit avoir une voussure suffisante, et les panneaux une étendue et une épaisseur assez grandes pour que l'appui soit reporté sur les côtés et pour que la colonne vertébrale soit soustraite aux foulures et aux compressions qui engendreraient des excoriations plus ou moins profondes, des phlegmons, des kystes ou la carie des apophyses des vertèbres du dos et de leurs ligaments.

BÂTARDEAU (*hydraulique agricole*). — Sorte de barrage qu'on établit ordinairement d'une manière provisoire dans une rivière ou un ruisseau pour obtenir une dérivation d'eau ou pour empêcher l'afflux de l'eau dans un espace limité où l'on veut faire en plein lit une construction de piles ou de culées de ponts, une fondation d'usines ou de murs. On exécute ce travail en enfonçant verticalement dans le lit du cours d'eau une ou deux rangées de pieux ou de pilotis contre lesquels on fixe horizontalement des planches ou des madriers qu'on désigne sous le nom de palplanches. Quand il n'y a qu'un seul rang de pieux, on accumule contre la cloison de la terre argileuse pour la rendre imperméable. On bat de la terre entre les deux cloisons, lorsqu'on a établi deux rangées de pieux et palplanches, et on obtient également un barrage qui arrête complètement l'eau et permet de travailler à sec.

BÂTARDES (VACHES) (*zootechnie*). — Dans le système de classification des vaches laitières dû à Guenon, on donne le nom de bâtardes aux vaches qui, tout en ayant les signes qui caractérisent la famille à laquelle elles appartiennent, présentent en outre quelques marques qui démontrent l'existence de qualités inférieures.

BATATE (*agriculture*). — Genre de plantes vivaces herbacées ou suffrutescentes, de la famille des Convolvulacées, tribu des Convolvulées, quelquefois volubiles, principalement originaires de l'Amérique, produisant de nombreuses racines avec des tubercules à chair tendre, farineuse, sucrée, et souvent parfumée. Il existe une quinzaine d'espèces de batates dont quelques-unes sont cultivées comme légumes : la plus importante est le *Convolvulus batatas*, *Batatas edulis*, *Ipomœa batatas* ou *patate douce* dont la culture s'est répandue de l'Inde dans tous les pays chauds ; il en est plusieurs variétés justement renommées : telles sont la patate igname, la patate jaune, la patate rose, la rouge.

BAT-BEURRE (*mécanique agricole*). — Nom de la baratte verticale à mouvement alternatif de haut en bas et inversement (voy. BARATTE).

BÂTIMENTS RURAUX (*architecture agricole*). — Ce sont toutes les constructions qui ont une affectation spéciale aux besoins de l'agriculture, depuis les habitations des propriétaires et des exploitants du sol à tous les degrés, jusqu'à celles du bétail et de tous les animaux domestiques, et au logement des récoltes ainsi que du matériel des exploitations. Les premiers cultivateurs et pasteurs n'eurent que des tentes pour s'abriter, tentes mobiles qu'ils déployaient lorsqu'ils allaient chercher de nouvelles terres pour trouver leur nourriture et les rares objets dont ils avaient besoin pour leur existence ; c'est encore ce que font les peuplades sauvages ou nomades disséminées dans les parties du monde où la civilisation n'a pas fondé des sociétés attachées au sol qu'elles exploitent régulièrement. Les bâtiments ruraux ont été tout d'abord de simples huttes en branchages, ou en pièces de bois brutes, puis en terre ou quelquefois en pierres mal juxtaposées. Une seule issue pour pénétrer dans ces sortes de tanières dont l'existence n'a pas cessé avec le dix-neuvième siècle dans quelques parties de l'Europe et même de la France ; un trou dans le toit pour la sortie de la fumée ; une seule pièce commune à tous, hommes, femmes, enfants, une vache, quelques moutons, des porcs, des volailles; un sol boueux avec des flaques d'eau ; l'odeur âcre et nauséabonde du fumier mêlée à celle des aliments. Cette affligeante peinture des anciens bâtiments ruraux laisse quelques traits à peu près partout. La propreté individuelle et celle du mobilier ne deviennent pas vite des vertus campagnardes; d'un autre côté, les propriétaires du sol ne sont pas vite arrivés à partager les préoccupations des agronomes sur la nécessité d'avoir, pour la bonne exploitation des domaines, des bâtiments de ferme bien aménagés. L'architecture rurale (voy. ce mot) est restée très négligée. On comprend mieux désormais, néanmoins, l'intérêt pour la prospérité de l'agriculture à ce que tous les bâtiments ruraux soient bien disposés et proportionnés aux besoins de l'exploitation. En Angleterre surtout, ces conditions sont remplies non seulement pour l'habitation des fermiers, le logement du bétail et aussi des denrées et des machines, mais encore pour les maisons des ouvriers agricoles dont l'amélioration a été poursuivie avec un zèle digne d'éloges sous l'influence généreuse du prince Albert et de sa femme la reine Victoria. En France, au contraire (dit le comte Adrien de Gasparin, et cela restera longtemps un fait constant), par suite des divisions et des mutations continuelles des propriétés, une ferme bien construite et bien proportionnée est une exception. Il est ordinaire de rencontrer des bâtiments de ferme extrêmement vastes, convenables autrefois pour l'exploitation d'un domaine étendu, et qui, affectés maintenant à une propriété réduite, obligent le possesseur à un entretien hors de proportion avec ses revenus, ou présentent l'image de l'abandon et du désordre, et contribuent quelquefois même à les créer. Il n'est pas rare non plus de voir des domaines considérables dont la création ou l'exploitation est récente, et qui ne présentent pour abri que de misérables masures dont l'insuffisance et l'aspect écartent les fermiers honnêtes et sérieux. Les causes de l'infériorité de la France résident d'ailleurs dans sa législation et agissent constamment. Dans les acquisitions de biens-fonds, on n'est disposé à ne faire entrer que pour très peu la valeur des bâtiments de ferme ; dans la préoccupation d'une vente possible ou probable, on n'est pas porté à employer à des constructions une dépense dont on n'a soi-même tenu aucun compte. Cependant le développement de l'instruction agricole fait apprécier chaque jour davantage l'importance, pour la réduction des frais de culture, de bâtiments ruraux bien aménagés. La classe des fermiers et même celle des métayers se recrutent parmi des hommes ayant des connaissances plus étendues et appartenant à une civilisation plus avancée que par le passé ; les cultivateurs tiennent à avoir un intérieur plus confortable, et ils savent que l'élevage et l'engraissement des animaux domestiques donnent de meilleurs résultats dans des locaux bien appropriés que dans les bouges infects dont on se contentait naguère. Les propriétaires tirent des revenus meilleurs des domaines où les bâtiments sont plus satisfaisants sous le rapport de la salubrité, de l'hygiène, de la facilité des divers services. Il faut, surtout il faudra désormais que les bâtiments ruraux remplissent deux conditions, permettent d'exploiter avec profit et soient agréables pour l'habitation et pour les opérations multiples qui doivent s'y faire. Une ferme qui a de mauvais bâtiments risque souvent de ne pas trouver de fermier. Il y a des règles à suivre pour le choix de l'emplacement, pour la distribution des diverses parties de la ferme, pour les matériaux employés à la construction. Ces règles ont été étudiées par les agronomes de tous les temps; elles ont été très bien résumées par M. Paul de Gasparin, dont la science approfondie comme ingénieur a complété d'une manière heureuse les principes agronomiques posés par son illustre père dans le *Cours d'agriculture*.

Principes à suivre pour le choix de l'emplacement des bâtiments ruraux. — La première condition à remplir pour l'emplacement des bâtiments d'une ferme est la salubrité. Le siège d'une exploitation rurale ne saurait être placé dans un endroit où règne un mauvais air, où la vie ou la santé des hommes se trouvent exposées à des fièvres endémiques ou pernicieuses ; dans toute contrée où menace le mauvais air, on ne saurait avantageusement mettre l'habitation des cultivateurs ou des animaux domestiques; on ne doit y faire que des installations passagères, des sortes de campement pour l'exécution des travaux les plus pressés, et d'ailleurs n'y conserver que des cultures exigeant le moins possible la présence des ouvriers, si l'on ne parvient pas à y établir des assolements susceptibles d'assainir le territoire. Dans tous les cas il faut avoir soin d'interposer un rideau d'arbres entre les bâtiments et les marécages et de se placer aussi près que possible des eaux courantes, ne mettre les ouvertures que du côté opposé aux sources du mauvais air, garantir toutes les issues par des châssis, donner assez d'épaisseur aux murailles pour qu'elles ne soient pas soumises aux brusques variations de température, et dans le même but de conservation d'un degré uniforme de chaleur, voûter les appartements ainsi que les écuries, les étables et les bergeries.

Parmi les causes qui contribuent le plus à l'insalubrité des bâtiments, se trouve l'humidité naturelle du sol. Il faut se garder d'asseoir une ferme sur un terrain humide, sur les fonds de tourbe ou de glaise, sur les sous-sols argileux, à peu de distance d'un sol superficiel perméable, sur ceux où se trouve une nappe d'eau souterraine à une faible profondeur. L'emplacement des bâtiments d'une ferme doit être bien sec, et on ne saurait trop dans ce but étudier un domaine par l'examen de toutes les coupes de terrain, des tranchées accidentelles, des fouilles qui peuvent y être faites. L'humidité des sous-sols amène par capillarité l'humidité et l'altération des murs. L'exposition la meilleure à choisir est celle du midi, avec une très légère inclinaison du terrain regardant le sud. Les principales ouvertures des bâtiments doivent être placées du côté méridional. Quand il est impossible de trouver un terrain ainsi exposé, on doit préférer les inclinaisons qui passent du sud au nord par l'est, à celles qui y passent par l'ouest. Les ouvertures orientées au levant sont préférables à celles orientées au couchant. Dans les climats tempérés et septentrionaux, l'orientation qui regarde le nord est froide, mais elle est considérée néanmoins comme préférable à celle du couchant et du levant.

Pour assurer la salubrité de tous les bâtiments, il convient d'en exhausser légèrement le sol au-dessus du terrain naturel, de $0^m,50$ pour l'habitation du fermier et de $0^m,25$ pour la cour et les bâtiments d'exploitation.

Des plantations d'arbres, des ombrages, doivent être disposés aux abords de toute ferme bien aménagée, mais on ne doit pas planter les arbres à une trop grande proximité des constructions, afin de ne pas gêner la circulation de l'air et l'action bienfaisante du soleil, de ne pas rendre humides les bâtiments et surtout les greniers, de ne pas accumuler des feuilles sur les toits. La disposition qu'on doit adopter pour les plantations est celle qui en fait des abris contre les vents les plus violents qui règnent dans la contrée, contre les mauvais airs, contre les vents froids de l'hiver. On doit créer quelques massifs ou quelques rideaux d'arbres verts. Dans les massifs il faut planter quelques arbres à tige élevée pour prévenir en partie le danger de la foudre.

Les conditions de parfaite salubrité des bâtiments d'une ferme étant satisfaites, la position à choisir dans le domaine d'après sa configuration reste la question la plus importante à résoudre. Si l'on ne considère que la convenance sous le rapport du minimum de dépenses et en cherchant à n'imposer aux attelages et aux agents de l'exploitation que le minimum de fatigue pour le service des terres et la rentrée des produits, le problème est entièrement du ressort de la mécanique mathématique. En supposant un domaine horizontal et des terres homogènes, la position la meilleure des bâtiments est évidemment le centre de gravité de la figure que forme le domaine. Si les terrains sont inclinés, la position des bâtiments doit varier d'après la considération que les poids les plus lourds à transporter peuvent être ou bien ceux de sortie, ou bien ceux d'entrée. Il est évident que l'emplacement de la ferme devrait être dans le premier cas en amont du centre de figure, dans le second cas en aval. La position des bâtiments devrait descendre encore si, comme il arrive ordinairement, les terrains les plus bas étaient plus fertiles que les terrains les plus élevés et demandaient par conséquent plus de charrois. Toutefois la question « est dominée, dit avec raison M. Paul de Gasparin, par la disposition des chemins ruraux, la forme des terres, qu'il est souvent essentiel de ne pas altérer, la possibilité de se procurer des eaux pérennes pour le service de la ferme, la proximité de chemins publics en bon état, qui facilitent les transports et rendent moins lourde la charge de l'entretien qu'un propriétaire soigneux ne manque pas de s'imposer ».

Si l'on suppose qu'un domaine soit placé à peu près symétriquement de part et d'autre d'une ligne principale dont la longueur soit D, si l'on représente les transports par des poids, dont la masse totale serait m, et les distances de transport par des bras de levier, les forces de traction nécessaires aux transports ruraux seront exprimées par la somme des moments des différents points de la ligne par rapport au point qu'on aura choisi pour les bâtiments formant le centre de l'exploitation d'où tout part et où tout revient. Dans le cas où l'emplacement est au milieu de la ligne, la somme des moments est le quart de mD; quand l'emplacement des bâtiments ne s'écarte pas du centre de figure du domaine, la somme des moments est exprimée par le tiers de mD ; pour le cas où les bâtiments sont à une extrémité de la ligne, la somme des moments est la moitié de mD. Ces expressions mathématiques montrent dans quelles limites varient les efforts à obtenir des attelages et des ouvriers; c'est du simple au double.

Quant à la formule du prix des transports, voici celle donnée par M. Paul de Gasparin, si l'on appelle x le prix de transport d'un mètre cube; — D, la distance de la ferme au lieu de chargement; — P, le prix du tombereau à deux colliers dans les usages du pays ; — d, l'espace que parcourrait le tombereau s'il se mouvait pendant le temps perdu au chargement et au déchargement; — l, le parcours journalier d'une charrette sans interruption ; — c, le cube du chargement :

$$x = \frac{P\,(2\,D + d)}{l c}.$$

M. Paul de Gasparin en a fait, pour fixer les idées, l'application à un domaine exploité par l'assolement triennal avec jachère. La quantité des transports de la ferme aux champs et réciproquement est annuellement de neuf voitures à deux colliers par hectare dans un tel domaine. Si l'on suppose, ce qui est une condition assez ordinaire: $P = 7$ fr.; $D = 2000$ m. ; $d = 800$ m.; $l = 36\,000$ m.; $c = 0^{mc},8$; on trouve $x = 44$ centimes pour le cas où les bâtiments ruraux sont au centre, et $x = 68$ centimes, si les bâtiments sont placés à l'une des extrémités du domaine. Les prix d'un voyage de $0^{mc},8$ sont dès lors dans les deux cas de 35 et de 54 centimes; la différence est de 19 centimes ou pour neuf voyages de 1 fr. 71. Si le domaine est de 100 hectares, la perte peut donc aller à 171 francs par an pour les transports. « Il faut compter en outre, ajoute M. de Gasparin, le temps perdu soit par les hommes, soit par les animaux, pour se rendre aux cultures, et qu'il est facile d'évaluer en journées. Les journées de cheval, pour les cultures d'un domaine de 100 hectares, sont de 400; un excès de distance moyenne de 500 mètres, pour l'aller et le retour, représente 15 minutes de perte par journée; on perdra donc, pour les 400 journées, 10 journées d'animaux à 3 fr. 50, soit 35 francs. Quant aux journées d'hommes, le nombre en est de 800 environ ; la perte est donc de 20 journées d'hommes, soit 40 francs. » Si l'on totalise les pertes, on trouve 246 francs pour la perte totale due au mauvais emplacement des bâtinents sur une ferme de 100 hectares exploitée par l'assolement triennal avec jachères. Cela représente un capital d'environ 5000 francs. On doit, dans chaque cas particulier, tout calculer pour voir les conséquences les plus favorables du choix fait au point de vue de l'hygiène, de la facilité des transports, des moyens de se procurer de l'eau. On doit faire céder les considérations secondaires devant les principales. Une économie mal entendue peut constituer une faute irréparable dont la conséquence peut être l'exploitation éternellement mauvaise ou défectueuse d'un domaine.

Disposition générale des diverses parties des bâtiments d'une ferme. — Il ne s'agit pas ici de la distribution intérieure de chaque sorte de bâtiment d'une ferme, mais il importe de déterminer la disposition générale des bâtiments spéciaux, les uns par rapport aux autres. Ces bâtiments sont l'habitation du fermier, ou régisseur, ou directeur de l'exploitation, ou métayer; celle du propriétaire lorsqu'il ne cultive pas lui-même, mais qu'il vient séjourner plus ou moins longtemps chaque année sur son domaine; les habitations des agents de divers ordres et des ouvriers permanents ou passagers venant aux époques de travaux pressés; les écuries, les étables, les bergeries, la porcherie, le poulailler et autres dépendances de la basse-cour; les granges et greniers; la laiterie, la machinerie, le manège, la machine à vapeur; les celliers et caves; la magnanerie, la féculerie, la distillerie, ou les autres industries annexées à l'exploitation rurale; les hangars, la fosse à fumier, la fosse à purin, la mare, l'abreuvoir; les dépendances diverses, telles que la sellerie, la forge, le charronnage, la menuiserie, la maréchalerie, la bascule, les cours, les jardins, les emplacements des meules et des silos.

La première condition à remplir, c'est que la surveillance soit facile, c'est ensuite que les services puissent tous se faire sans se gêner réciproquement, que les sorties et les entrées des attelages, des chariots et des troupeaux ne se contrarient jamais. La solution du problème dépend de l'importance de l'exploitation, les bâtiments devant être nécessairement proportionnés à l'étendue du domaine et à sa production, et aussi en rapport avec le genre de spéculation adopté. Il est de toute évidence que la surface occupée par les bâtiments doit être en relation avec le nombre des charrues à employer pour pouvoir faire tous les labours en temps utile, car il faut plus d'animaux pour les attelages et plus d'ouvriers pour effectuer les travaux. En général, il faut qu'on puisse loger une tête de gros bétail par hectare, et tout compris on doit compter 8 mètres carrés de superficie pour les bâtiments par hectare en culture, les prairies étant laissées en dehors des comptes.

La meilleure profondeur à adopter pour les bâtiments est de 8 mètres; elle satisfait à tous les besoins. Si la ferme est petite, on met tous les bâtiments sur une seule ligne avec une cour en avant ayant une profondeur égale à deux fois celle des bâtiments. C'est la meilleure disposition à adopter toutes les fois que le développement des bâtiments ne doit pas dépasser 32 mètres.

Lorsque la ferme appartient à la moyenne culture et est assez étendue (trois à quatre charrues) pour avoir besoin d'un développement compris entre 32 et 50 mètres, on construit les bâtiments sur deux lignes parallèles, la porte d'entrée dans la cour étant du côté sud; les logements de tous les animaux domestiques et notamment les bergeries sont placés de ce même côté, l'habitation et les autres dépendances étant en face. Les jardins potagers et fruitiers entourent la ferme sur les côtés ouest, nord et est, sans que les attelages aient à les traverser. La cour conserve son minimum de 500 mètres carrés.

Pour une grande ferme de quatre à six charrues ayant besoin d'un développement de bâtiments de 50 à 75 mètres, on peut ajouter au bâtiment principal deux ailes en retour d'équerre à l'est et à l'ouest. Les jardins et la cour des meules entourent toujours la ferme, sans que les attelages aient besoin de les traverser. Au lieu de deux retours d'équerre, on pourrait n'en construire qu'un seul, situé à l'ouest du grand bâtiment principal.

Pour une très grande ferme et alors que les bâtiments d'exploitation doivent avoir un développement de plus de 75 mètres, on forme un rectangle en construisant sur les quatre faces, avec la cour au centre, et la porte cochère sur le côté du midi. On s'arrange toujours pour disposer les jardins et la cour des meules, de telle sorte qu'ils ne soient pas exposés aux passages continuels des attelages et des agents de l'exploitation.

Ces dispositions se prêtent à une surveillance très facile du centre du grand bâtiment principal et même de tous les points quelconques des quatre façades de la cour principale. On peut mettre toutes les issues et toutes les ouvertures à l'exposition la plus convenable.

Quant à la question de savoir s'il serait plus convenable de construire des bâtiments continus ou bien une succession de bâtiments séparés par des passages plus ou moins larges, s'il ne faudrait pas multiplier les cours et isoler les services, c'est affaire de discussion pour chaque cas particulier. On adoptera des solutions différentes selon les climats, selon les mœurs des habitants et les relations sociales qu'ils peuvent avoir les uns avec les autres, et surtout selon la nature des exploitations. Ce sont sujets traités à leurs titres : maisons de propriétaires de domaines ruraux, maisons de fermiers, maisons de métayers, maisons de régisseurs, maisons d'ouvriers, borderies et puis : fermes à céréales, fermes laitières, fermes d'élevage pour les espèces chevaline, bovine, ovine, fermes en pays de betteraves, fermes à pâturages, à cultures arrosées; fermes en pays de vignes, fermes du nord, fermes du midi, fermes de pays de plaines ou de pays de montagnes. Toutes les dépendances en un mot demandent des études spéciales tant sur la disposition et les aménagements de l'intérieur que sur leurs relations avec le bâtiment de la direction. Les bâtiments n'auront en général qu'un rez-de-chaussée; quelques-uns peuvent avoir un premier étage.

Dans l'arrangement des divers bâtiments, on doit être particulièrement soucieux d'éloigner les chances d'incendie et de rendre difficile la propagation du feu; il importe que l'eau soit toujours aisément et abondamment disponible. Une pompe à incendie constamment en bon état avec tous ses accessoires doit faire partie du matériel nécessaire de toute exploitation un peu importante. Une autre condition capitale à remplir est la facilité des abords des bâtiments et une bonne vicinalité pour conduire non pas seulement sur les diverses pièces de terre du domaine, mais encore vers les routes qui aboutissent aux stations des chemins de fer, aux gares d'embarquement, sur les canaux et cours d'eau, vers les villes ou autres centres de population, constituant des marchés. Enfin toutes les dispositions doivent être bien prises pour assurer l'écoulement des eaux pluviales et des eaux ménagères.

Des matériaux employés pour la construction des bâtiments ruraux. — On a vu que la dépense exigée par l'établissement des bâtiments d'une ferme ne doit pas être disproportionnée avec les services qu'on en retirera. Toute dépense de luxe doit être considérée comme une faute. Ce qui est nécessaire pour la salubrité, pour l'économie, pour la bonne conservation, pour un certain confortable qui attache au domaine, voilà ce que l'architecte chargé de la construction d'une ferme doit chercher à réaliser aux moindres frais. Les matériaux qu'il peut facilement se procurer doivent influer sur ses déterminations. Si des pierres de bonne qualité sont communes, si le bois est à bon marché, si l'on n'a que des briques, si tout est très cher ou difficile à amener, si l'on est obligé de recourir au pisé à cause du prix élevé des autres matériaux qui feraient revenir les bâtiments à des sommes dont la rente ne pourrait pas être payée par les produits récoltés, il est évident que l'on ne devra pas adopter les mêmes dimensions ni les mêmes dispositions. On ne saurait donc rien prescrire d'absolu ni sur les matériaux des fondations et des murailles, ni sur ceux des toitures, ni sur ceux des revêtements de l'intérieur. Le plus solide et le plus durable, c'est ce qu'on doit choisir quand le prix est abordable. L'étendue et la capacité de toutes les pièces des habitations et des dépendances sont d'ailleurs déterminées en partie par la nature des matériaux et leur puissance de résistance. On doit remarquer que si les moellons, les pierres de taille non gélives sont quelquefois difficiles à se procurer, on est assez rarement dans des conditions telles que la fabrication de la brique ne soit pas possible. Pour les charpentes, on peut de plus en plus facilement avoir recours aux pièces de fer. Le chaume peut être presque partout remplacé par l'ardoise ou bien par la tuile creuse ou plate. Le zinc n'est qu'exceptionnellement à conseiller, et il faut proscrire les toiles goudronnées ou les cartons bitumés. Autant que possible on se servira de bon mortier à chaux hydraulique pour les fondations et pour les murailles exposées à la pluie. On emploiera le béton et le ciment pour tout ce qui exige de la solidité ou est exposé aux météores. Le plâtre ne servira que pour les revêtements intérieurs ou non exposés à la pluie. On aura recours aux planches, au bitume, au carrelage, au pavage plutôt qu'à la terre damée pour le sol de toutes les pièces tant dans les rez-de-chaussée que dans les étages, en choisissant les matériaux d'après l'usage auquel ils devront servir.

BATRACIENS (*zoologie*). — Quatrième classe du règne animal (voy. ANIMAL (règne).

BATTAGE (*économie rurale*). — Action de faire sortir les graines des épis, des siliques, des gousses, des capsules ou enveloppes diverses qui les tiennent attachées aux tiges des plantes. C'est opérer l'égrenage et en même temps la séparation des graines de toutes les pailles, balles, barbes, écorces, ou débris végétaux quelconques. On applique le battage ou égrenage aux céréales, aux graines oléagineuses, aux graines fourragères, aux graines de jardin, c'est-à-dire au froment, au seigle, au méteil, à l'orge, à l'avoine, au sarrasin, au maïs, aux lentilles, aux fèves, aux haricots, au millet, au colza, à la cameline, au lin, au chanvre, à la navette, à la moutarde, au trèfle, à la luzerne, au sainfoin, aux vesces, aux gesses, etc. On l'effectue à l'aide de moyens multiples qui diffèrent d'après la nature des graines, le climat, le degré d'avancement de l'agriculture dans chaque contrée, les systèmes de culture, l'abondance ou la rareté de la main-d'œuvre, le but que l'on se propose d'atteindre dans l'emploi des graines ou des pailles pour la consommation des exploitations ou pour le commerce. On choisit les procédés de battage d'après le prix de revient de l'opération et aussi d'après certaines convenances économiques : l'avantage que l'on trouve à avoir immédiatement après la récolte tout son grain disponible ou bien à prolonger le travail durant la saison d'hiver. Les progrès considérables de la mécanique agricole durant le dix-neuvième siècle ont d'ailleurs amené les changements les plus inattendus dans les habitudes locales. Tel mode de battage que naguère on considérait comme inapplicable en tel ou tel lieu a fini par s'y implanter, en reléguant les anciens procédés parmi les souvenirs que les populations rurales finissent par considérer comme légendaires. L'application de la vapeur comme force motrice a fait une sorte de révolution dans les méthodes, et l'établissement des voies de communication rapide a aidé à cette transformation. D'importantes inventions, notamment l'invention des transmissions à longue distance par les câbles télodynamiques de Hirn, ont facilité l'application au battage de forces motrices éloignées, telles que celles des chutes d'eau. Il est probable que l'ère des progrès en ce genre n'est pas fermée ; l'électricité promet des découvertes que l'agriculture pourra appliquer. Les moyens d'extraire les graines, une fois la moisson achevée, sont donc extrêmement variés et ils se sont perfectionnés et multipliés, de même qu'ils se transformeront et se multiplieront encore en profitant des progrès de la mécanique générale.

Les divers procédés de battage se résument, en passant des plus anciens et des plus simples aux plus modernes et plus compliqués, de la manière suivante : Battage à la planche ou à la table, au peigne, au tonneau, à la perche, à la gaule, au fléau ; — par le foulage des pieds des chevaux ou le passage de rouleaux ou de machines diverses sur les gerbes étendues par terre sur une aire durcie (voy. ce mot), ce qui constitue les différentes méthodes de dépiquage ; — par l'emploi de machines dans lesquelles on introduit les plantes à égrener et qui sont mises en mouvement par des moteurs animés (hommes, chevaux, mulets, ânes, bœufs, soit directement, soit par l'intermédiaire de manèges) ou par des moteurs inanimés (machines motrices hydrauliques, machines à vapeur, etc.) ; ces machines se distinguent en machines à battre proprement dites, spécialement applicables aux céréales, et en machines à égrener ou égrenoirs, spéciales pour certaines graines à cause de la conformation particulière de l'enveloppe qui les contient, par exemple le maïs et le trèfle. Les machines à battre proprement dites sont simples ou composées, fixes ou mobiles, à petit, moyen ou grand travail, à moteur direct ou indirect ; elles offrent un nombre considérable de catégories. Les constructeurs se sont efforcés de faire des machines qui conviennent à tous les besoins, les unes à la grande, à la moyenne ou à la petite culture, les autres aux pays de plaines ou aux pays de montagnes ; ils se sont préoccupés également de pouvoir égrener toutes les semences et les livrer dans un grand état de pureté. L'industrie des machines propres à effectuer le battage est peut-être, de toutes les industries qui s'occupent de l'agriculture, celle qui a fait le plus de progrès et résolu d'une manière inattendue les problèmes les plus difficiles et tout d'abord déclarés insolubles. Cependant les anciens procédés du battage sont encore et seront peut-être toujours en usage dans quelques cas particuliers. Il importe donc de signaler ici ceux de ces procédés qui n'exigent pas des appareils spéciaux dont la description doit être faite à leur lettre alphabétique naturelle.

Les anciens se contentèrent d'abord de froisser les épis dans leurs mains afin d'en faire sortir les grains. Plus tard, pour aller plus vite et pour ménager la main-d'œuvre, on imagina de prendre des poignées liées et de les frapper contre une planche placée de champ au milieu d'une aire ou contre une table pour en faire sortir le grain, ce qui constitue le battage à la planche ou à la table. On a aussi pratiqué l'égrenage en faisant passer les poignées d'épis entre les dents d'un peigne ; on emploie souvent encore ce procédé pour le lin. Pour empêcher les graines de s'éparpiller sur le sol, on a imaginé de se servir d'un tonneau défoncé par un bout, fixé à terre par l'autre bout ; on frappe les gerbes que l'on veut battre d'abord contre la paroi interne du tonneau, ensuite contre son bord supérieur. Ce procédé donne surtout et tout de suite les graines les plus mûres, ce qui explique pourquoi il est encore conservé par un assez grand nombre d'agriculteurs pour l'obtention des semences, les gerbes passant ensuite par les machines pour un dépouillement complet des graines que le procédé du tonneau ne peut pas détacher.

Plus tard, on a imaginé de faire battre par un corps dur mobile les gerbes devenues immobiles. Cette méthode a été inspirée surtout par la nécessité d'aller vite en besogne ; elle a conduit à inventer l'aire durcie sur laquelle on dispose les gerbes pour que, les pailles enlevées, on puisse facilement rassembler les grains sortis de leurs enveloppes. On a tout d'abord employé des baguettes, des gaules, des perches pour opérer la percussion, et ces instruments sont encore en usage pour le battage de quelques récoltes qui s'égrènent facilement ou dont les semences sont molles ou offrent peu de résistance à l'écrasement. Mais pour les cas où une percussion énergique est nécessaire, on a inventé le fléau, consistant en une batte plus ou moins lourde tournant facilement sur l'extrémité d'un manche, et qui constitue un instrument vraiment perfectionné. Le fléau a été longtemps le moyen le plus usité et le plus satisfaisant surtout dans les battages en grange, c'est-à-dire dans les pays où le mauvais temps trop fréquent ne permet pas de faire à l'air libre une opération de longue durée. Dans le Midi, sous un ciel généralement pur à l'époque des moissons, on a rarement des granges, et l'on veut profiter de la belle saison ainsi que de l'avantage d'envoyer les grains nouveaux sur les marchés avant l'apparition des grains du Nord. C'est pour cette raison que le dépiquage par les pieds des animaux, par les rouleaux ou par d'autres machines qui roulent et frappent sur les gerbes, a été généralement adopté.

Les machines mues par divers moteurs et dans lesquelles la percussion ou le froissement se font sur les gerbes que l'on y fait passer, au moyen de battes ou de rouleaux de différents genres, ont été proposées dès la fin du siècle dernier et bien accueillies immédiatement dans quelques contrées septentrionales, notamment en Suède et en Ecosse. Ailleurs on commença par déclarer qu'elles ne pourraient jamais devenir d'un usage général. Peu à peu, cependant, elles se sont répandues et on doit les considérer comme ayant pénétré partout, sous leurs diverses formes, pour la préparation des grains de consommation alimentaire ou industrielle et de semence. Elles ont principalement l'avantage, du moins les plus parfaites, de livrer les grains tout nettoyés et les pailles propres et prêtes à être engrangées ou mises en meule. Toutefois, il reste quelque chose des anciennes méthodes, lors même qu'elles ont été remplacées par des systèmes constituant des améliorations incontestables. En ce qui concerne le battage notamment, on constate la conservation des procédés les plus primitifs au milieu de l'adoption des procédés les plus perfectionnés. On peut en avoir un aperçu en passant en revue la préparation des graines ou semences de quelque importance.

Pour le *froment*, on pratique le battage par le fléau en grange ou en plein air, par le dépiquage au moyen du pied des animaux, ou bien au moyen de rouleaux soit en pierre, soit en bois, ou bien encore par des espèces de traîneaux, enfin par l'égrenage au moyen de machines.

Le *méteil* est battu par les mêmes moyens que le froment. Les procédés varient, comme pour le froment, selon qu'on veut ménager la paille pour la vente ou des usages industriels, ou bien selon qu'on n'a plus d'autre but que de la réserver pour faire de la litière ou de la donner au bétail.

Lorsque la paille du *seigle* doit être utilisée pour le liage des gerbes ou bien pour la fabrication des paillassons, on emploie un battage spécial connu sous le nom de *chaubage* et qui consiste essentiellement à frapper le seigle mis en petites gerbes contre les barreaux d'une échelle ou sur un tonneau.

On bat l'*orge* au fléau ou à la machine à battre dans les régions septentrionales ; on la dépique dans le Midi. En Angleterre et dans le nord de la France, on enlève les barbes qui adhèrent aux graines après le battage, au moyen d'appareils spéciaux dits *ébarbeurs*.

L'égrenage de l'*avoine* se fait facilement par tous les procédés, par le dépiquage, par le fléau, par les machines à battre.

Le *maïs* est égrené au moyen de la gaule, du fléau, en le frappant contre une claie ou une barre de fer carrée placée en travers d'un tonneau, en faisant usage d'une machine spéciale appelée égrenoir de maïs.

Le battage du *sarrasin* s'effectue soit au fléau, soit à la machine à battre.

On égrène le *riz* au moyen du tonneau, du fléau, du dépiquage par le pied des bœufs ou des chevaux, à l'aide de machines à battre ; on obtient ainsi le riz brut ou *riz en paille*, c'est-à-dire le riz non décortiqué.

Le battage du *mil* ou *millet* se fait avec de petites gaules, ou à l'aide de fléaux à battes légères, ou encore avec des machines à battre ; on s'arrange de manière à ne pas écraser les graines.

Pour les *sorghos*, notamment pour le sorgho *doura*, on égrène avec le fléau, par le dépiquage, par les machines. C'est du reste par les mêmes moyens que se fait l'égrenage de toutes les céréales des régions équatoriales, de l'éleusine, du poa d'Abyssinie, de la paspale alimentaire, de la zizanie, du quinoa (voy. ANSÉRINE).

L'écossage des haricots et des dolics s'effectue à la main, ou bien par le battage à la gaulette ou au fléau.

Pour les *fèves* et les *féveroles*, on pratique le battage au fléau ou bien par les machines à battre, en prenant soin d'éloigner suffisamment le contre-batteur du cylindre batteur.

On bat les *lentilles* au fléau en évitant de frapper avec violence, afin de ne pas écraser ou briser les graines. On opère de même pour les pois et les gesses. On prend moins de précautions pour les pois chiches, que l'on égrène dans le Midi par le dépiquage.

Pour obtenir la plupart des *graines fourragères*, les *vesces* et les graines de *sainfoin* notamment, on se sert généralement du fléau. Le battage du *trèfle* et de la *luzerne* au fléau ne donne que des gousses; cela peut suffire pour les besoins d'une exploitation qui sème alors la graine revêtue de son enveloppe. Pour le commerce, il faut que la graine soit libre. On fait, dans ce but, passer les gousses sous une meule ou sous les pilons d'un bocard. On se sert aussi de machines à battre spéciales pour ces diverses graines.

On n'emploie pas le fléau pour la *navette* ou la *moutarde*, de peur d'écraser les graines ; on opère au tonneau ou à la baguette. Pour la *cameline*, le *colza*, les autres plantes analogues, ainsi que pour toutes les graines de jardin dont les gousses ne sont pas tout simplement froissées entre les mains ou écrasées sous le rouleau, on a recours généralement à la gaule ou au fléau, avec lesquels on frappe sur les bottes de plantes étendues dans le champ même sur de grandes et fortes toiles ou bâches. On a aussi des machines à battre spéciales, notamment pour le colza, dans les pays où cette plante oléagineuse donne lieu à une grande culture. On détache au peigne les capsules du lin et on bat ensuite celles-ci sur une toile à l'aide du fléau, ou bien encore on étend des poignées sur une aire de grange et on frappe les capsules avec une batte en bois ; on se sert aussi de rouleaux tournant en sens inverse et entre lesquels on fait passer les poignées. Pour le chanvre, on emploie des procédés divers selon les pays : le tonneau, l'échelle, le fléau, le peigne ou égrugeoir. Partout et toujours les moyens mécaniques perfectionnés n'interviennent que dans les cas d'une grande production ou d'une industrie générale perfectionnée.

BATTE (*outillage agricole* et *horticole*). — Outil formé par un plateau de bois presque carré, de 0m,40 sur 0m,35, mais assez mince et fixé obliquement à l'extrémité d'un long manche (0m,80) et dont on se sert pour battre la terre quand on veut l'aplanir. On dit : aplanir une allée de jardin avec une batte, avec des battes. Les jardiniers s'en servent aussi pour tasser les graines aussitôt la semaille faite. On les emploie pour battre le sol des aires, ainsi que celui des orangeries et des celliers.

BATTE A BEURRE (*mécanique agricole*). — Nom commun donné aux ailes, aux agitateurs, aux barres, aux peignes employés pour battre le beurre (voy. BARATTE).

BATTEUR. — Ce mot s'applique à des ouvriers et à des organes de machines.

En *mécanique agricole*, on donne quelquefois le nom de batteur, aux machines à battre elles-mêmes, aux rouleaux qui égrènent les divers grains pour les séparer de leurs épis, de leurs enveloppes, de leurs capsules, de leurs gousses, de leur balle, de leur paille. Le batteur ou *tambour-batteur* est aussi le cylindre armé de barres saillantes, appelées battes en nombre variable, qui dans les machines par ses évolutions produit l'égrenage. Le tambour-batteur exécute ses mouvements au dessus d'un autre cylindre qu'on appelle contre-batteur.

On donne le nom de batteur en plein air ou de batteur en grange à l'ouvrier qui est employé au battage des grains dans les granges ou dans les aires. Naguère, cet ouvrier était généralement armé ou du fléau ou de la baguette, et il était voué aux travaux les plus durs. Désormais il est soulagé de la partie la plus pénible de ses anciennes fatigues par les machines ; il conduit ces machines ou il les dessert.

BATTEUSE (*mécanique agricole*). — Une batteuse est une machine employée pour séparer les graines des tiges qui les portent (voy. BATTAGE). On construit actuellement deux types principaux de batteuses : batteuses pour céréales, qui servent pour le blé, le seigle, l'avoine et l'orge, et batteuses pour graines fourragères. On a donné le nom d'égreneuses aux machines qui servent à battre le maïs. En fait, toutes les batteuses sont des égreneuses, mais l'usage a prévalu de donner un nom spécial aux machines employées pour l'égrenage des principales céréales.

Les premières batteuses mécaniques ont été construites par l'ingénieur écossais Meikle, dans les dernières années du dix-huitième siècle. Pour remplacer la batte du fléau, il imagina d'armer un tambour circulaire de cannelures et de le faire tourner rapidement devant les tiges à égrener, afin d'assurer par friction la séparation des graines et des tiges. Sans entrer dans l'historique des modifications apportées successivement aux batteuses, il suffit de constater que c'est toujours sur le même principe que repose la construction de ces machines. On doit se limiter d'ailleurs ici à donner la description des machines modernes.

Les types de batteuses sont aujourd'hui nombreux. Dans quelques-unes, on se borne à séparer le grain de la paille ; dans d'autres types, on y ajoute un premier nettoyage de grain ; dans d'autres enfin, le grain est nettoyé, criblé, rendu propre à la vente, et même réparti en plusieurs catégories pour les marchés. Dans quelques machines, on a ajouté des appareils spéciaux soit pour l'engrenage automatique des tiges, soit pour le liage des pailles en bottes à leur sortie de la machine, soit enfin pour élever les pailles et former des meules pendant l'opération même du battage. On comprend dès lors que la force dépensée pour le battage varie dans de très grandes proportions; les plus petites machines sont mues à bras d'homme ou par un manège ; pour les plus fortes, une machine à vapeur de huit à dix chevaux-vapeur devient nécessaire.

BATTEUSES DE CÉRÉALES. — On distingue deux grandes catégories de batteuses de céréales : 1° batteuses dites en bout; 2° batteuses dites en travers. Elles diffèrent les unes des autres, en ce que, dans la première catégorie, les tiges sont présentées à l'organe batteur dans le sens de leur longueur et par l'extrémité qui porte les épis, tandis que, dans la seconde catégorie, les tiges sont présentées au batteur parallèlement à son axe. Dans les unes et dans les autres, les principaux organes sont les mêmes; mais la longueur du batteur est toujours plus grande dans les batteuses en travers que dans les batteuses en bout, car il est indispensable que la paille des céréales y passe sans être froissée ou recourbée.

L'organe principal est toujours le batteur. Celui-ci consiste en un cylindre creux ou tambour, porté sur un axe horizontal, tournant très rapidement sur lui-même; sa surface enveloppante est armée de barres ou battes espacées parallèlement, destinées à frapper les épis et à en faire sortir le grain. Le batteur est généralement en fonte, et les battes, dont les arêtes sont vives ou arrondies, sont en fer ou en acier. Les deux extrémités de l'axe du batteur reposent, à l'extérieur du bâti de la machine, sur des coussinets que l'on doit pouvoir graisser facilement. Quant au batteur, il est indispensable que toutes les parties en soient bien équilibrées, afin d'éviter les ruptures qui seraient la conséquence de la grande rapidité avec laquelle il tourne. En face et un peu au-dessus du batteur, se trouve, dans le bâti de la machine, l'ouverture par laquelle on engrène les tiges. Le mouvement du batteur entraîne les tiges et développe une aspiration qui les fait pénétrer à l'intérieur avec une rapidité proportionnelle à celle de la machine.

Le contre-batteur est une sorte de caisse curviligne et demi-cylindrique, concentrique au batteur, munie également de battes ou cannelée intérieurement. Cette pièce est le plus souvent à claire-voie. Elle est fixée en face du batteur, de manière à former une sorte de couloir par lequel passent les tiges. On peut varier la distance qui sépare le batteur du contre-batteur, suivant la nature du grain à battre et la grosseur des pailles.

Dans les machines en bout, la paille est fatalement brisée en passant entre le batteur et le contre-batteur. Dans les machines en travers au contraire, pendant que les épis sont attaqués par les battes, la paille reste assez intacte; d'ailleurs, dans un certain nombre de ces machines, le batteur et le contre-batteur ne sont pas rigoureusement parallèles, leurs surfaces sont plus rapprochées du côté par lequel passent les épis, et elles le sont moins à l'autre extrémité.

Les grains sortis des épis tombent à travers ou sous le batteur, tandis que les pailles sont chassées sur un plan incliné. Dans les machines les plus simples, le grain tombe sous la batteuse et une partie est entraînée pêle-mêle avec la paille.

Dans un grand nombre de petites batteuses adoptées aujourd'hui, les battes dont on garnit le batteur sont remplacées par des pointes ou dents de fer, qui passent entre des dents de forme semblable fixées au contre-batteur. Le blé est dépiqué sans que la paille soit autant brisée que dans les batteurs à battes plates, et le travail s'effectue avec une dépense de force moins considérable. C'est ainsi que les choses se passent dans la petite batteuse à bras que représente la figure 607. Avec deux hommes aux manivelles, on peut battre, en dix heures, de 300 à 320 gerbes de blé, du poids de 10 kilogrammes chacune. On peut faire marcher les machines de ce genre par un manège à un cheval (fig. 608). Des types plus forts exigent un manège à deux chevaux.

Fig. 607. — Petite batteuse à bras.

Les batteuses plus complètes comportent d'autres organes. Des mécanismes plus ou moins compliqués ont été adoptés pour assurer d'une part la séparation complète de la paille et du grain, d'autre part le nettoyage du grain.

La paille tombe, au sortir du batteur, sur un

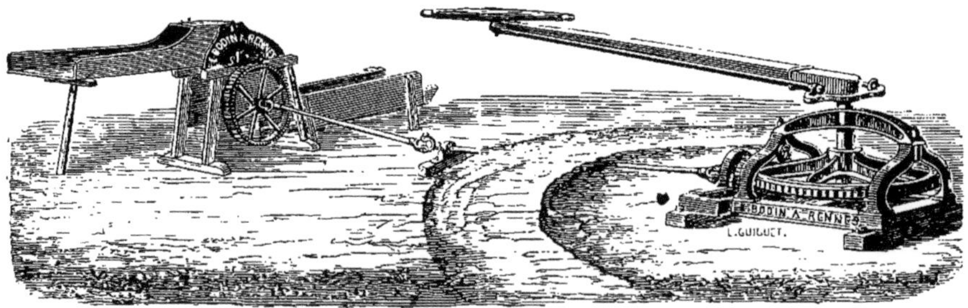

Fig. 608. — Petite batteuse mue par un manège.

secoueur. Le secoueur est formé par de larges lattes parallèles ou volets, placés horizontalement dans le bâti de la machine. Ces volets, reliés à un ou deux arbres coudés, en reçoivent un mouvement de sassement, dont l'objet est à la fois de pousser la paille à l'extrémité de la machine où elle est reçue sur un plan incliné, et de la débarrasser des grains qu'elle peut avoir entraînés. Ces grains tombent à travers les volets du secoueur, sur une large table appelée auget, suspendue par des ressorts, qui lui donnent un mouvement de va-et-vient régulier. Cette table est légèrement inclinée et elle se termine par une grille à travers laquelle passe le grain, tandis que les menues pailles sont chassées par le vent d'un ventilateur.

Pendant le passage des gerbes dans le batteur, la plus grande partie du grain sorti des épis traverse le contre-batteur, et il tombe dans la trémie d'un ventilateur, où arrive aussi le grain sortant de l'auget. Ce ventilateur sépare du grain les menues pailles, les balles et les otons, qui sont chassés au dehors. Quant au grain, dans les machines les moins compliquées, il est entraîné à une autre ouverture, où il est reçu soit sur des toiles étendues par terre, soit dans des sacs. Mais dans les batteuses plus complètes, le grain passe successivement du ventilateur dans un ou deux tarares cribleurs, qui en achèvent le nettoyage. Des dispositions très ingénieuses ont été adoptées pour assurer une séparation complète du bon grain de toutes les autres graines. Les dimensions et la forme des grilles des tarares varient ; des élévateurs à chaînes à godets entraînent le grain dans un dernier crible trieur, qui peut le séparer même, suivant sa grosseur, en deux catégories.

Fig. 609. — Aspect extérieur d'une grande batteuse.

Une batteuse dite à grand travail, vannant et criblant le blé, présente (fig. 609) l'aspect d'un grand bâti rectangulaire en bois, dont la partie

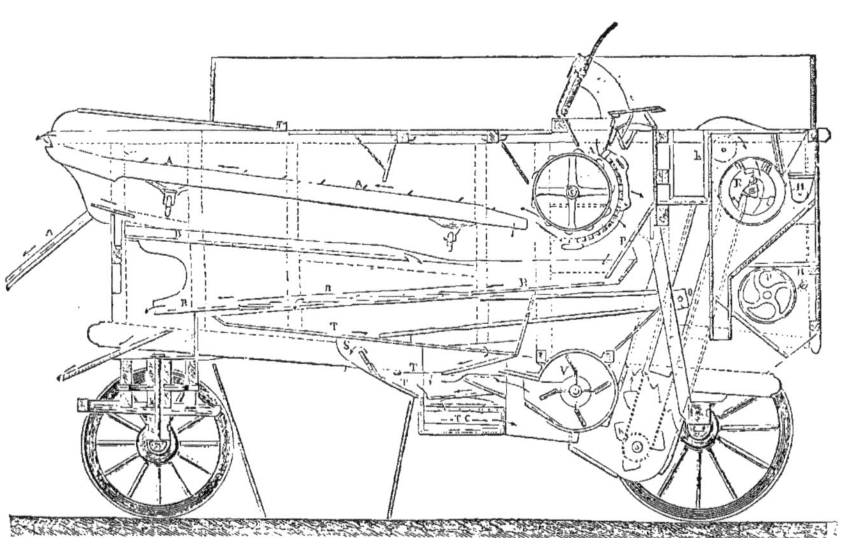

Fig. 610. — Coupe d'une grande batteuse.

supérieure constitue un plancher pour la réception des gerbes, et dont les parois latérales laissent sortir les extrémités des arbres des principaux organes; ces arbres portent des poulies sur lesquelles passent les courroies de commande. A l'intérieur on trouve le batteur et le contre-batteur, le secoueur, l'auget, un tarare pour le vannage, un élévateur, un second tarare nettoyeur, et enfin un crible trieur. Les dispositions respectives de ces organes ne sont pas les mêmes dans toutes les batteuses; les constructeurs s'ingénient constamment à obtenir des perfectionnements de détail, dans lesquels il est impossible d'entrer ici; il suffira de faire comprendre les diverses phases du travail par la description de l'un de ces types dont la figure 610 donne une coupe. Les gerbes déliées sur le tablier supérieur de la machine passent transversalement entre le batteur et le contre-batteur; les épis sont brisés, et le grain est séparé de la paille. Celle-ci est lancée sur des secoueurs A, doués d'un mouvement alternatif, qui l'entraînent à l'extrémité de la machine sur une claie inclinée où des lieurs la saisissent. Quant au grain, la majeure partie passe à travers le contre-batteur et tombe sur un sasseur ou auget B; le reste du grain, entraîné avec la paille, traverse les lames du secoueur et tombe avec la menue paille sur ce sasseur. Mais, tandis que le grain traverse les grilles du sasseur, la menue paille y reste et elle est entraînée par le mouvement alternatif dont ils sont doués, jusqu'à une deuxième claie inclinée où elle tombe en dehors de la machine. Du sasseur, le grain pénètre dans un tarare inférieur T, où un ventilateur V opère un premier nettoyage, par lequel les otons sont chassés en dehors de la machine par une ouverture S. Quant au grain, il arrive, à la sortie du tarare, à la partie inférieure d'un élévateur K dont les godets le saisissent pour le ramener au haut de la machine. Il est conduit ainsi à un deuxième tarare E, où il subit un deuxième coup de vent qui chasse les dernières impuretés. Enfin, le grain descend à un crible séparateur P, muni d'une brosse R pour en nettoyer les mailles; sous l'action de ce crible, le grain est divisé, suivant sa grosseur, en deux ou même trois sortes. Les sacs dans lesquels le grain tombe en sortant de la machine, sont fixés sous ce crible, à des ouvertures spéciales pour chaque sorte. Tous ces organes sont commandés par des poulies extérieures dont la vitesse varie suivant le travail que chacun doit exécuter. Par exemple, le batteur faisant 1100 tours par minute, l'arbre des secoueurs en fera 170; celui du ventilateur 825; celui du tarare 230; celui de l'élévateur 85 à 90; celui du deuxième tarare 755; enfin celui du crible séparateur 50.

Dans les modifications nombreuses que les ingénieurs apportent presque constamment aux grandes batteuses, ils se préoccupent surtout, comme nous l'avons dit, des moyens à adopter pour obtenir un nettoyage complet du grain. On maintient à chaque organe, un arbre distinct, ce qui entraîne une perte de force assez grande, tant par les frottements des courroies que par ceux des coussinets. On doit les surveiller sans relâche, les graisser souvent, pour en assurer le fonctionnement. Il y a sous ce rapport des perfectionnements à réaliser : M. Cumming a donné un bon exemple en construisant une grande batteuse dans laquelle il n'y a plus que deux arbres de couche, l'un pour le batteur, l'autre pour le secoueur. Ces modifications peuvent amener des économies sérieuses dans la dépense de force aujourd'hui considérable, nécessaire pour l'emploi des grandes batteuses.

Les batteuses sont fixes ou locomobiles.

Fig. 611. — Installation d'une batteuse locomobile à vapeur, avec élévateur de paille.

Les batteuses fixes sont celles que l'on établit à demeure dans une grange, où elles sont placées sur un plancher solide. Dans beaucoup de circonstances, on munit les batteuses fixes d'un aspirateur qui entraîne au dehors les poussières abondantes que développe le travail du battage ; on évite ainsi un des grands inconvénients du battage en grange pour l'hygiène des ouvriers.

Les batteuses locomobiles sont montées sur deux ou quatre roues et on peut les transporter d'un point à un autre. On en construit de ce genre dans lesquelles la batteuse proprement dite et son moteur sont portés sur le même bâti.

Les principaux moteurs employés jusqu'ici pour les batteuses sont les manèges et les machines à vapeur. Suivant la puissance de la force adoptée, on doit avoir des batteuses dont les dimensions et la résistance varient. Avec une batteuse bien construite, mue par un manège à un cheval, on peut battre par heure de 40 à 60 gerbes de 10 kilogrammes; avec une batteuse mue par un manège à deux chevaux, de 60 à 100 gerbes. La vapeur est généralement employée pour les batteuses plus fortes. Avec une machine à vapeur de trois chevaux, on peut battre de 100 à 150 gerbes par heure. Avec une force de cinq chevaux-vapeur, on peut battre de 150 à 250 gerbes; le rendement s'élève jusqu'à 300 gerbes, avec une force de six à huit chevaux-vapeur. C'est dans ces limites que l'on obtient aujourd'hui les résultats les plus satisfaisants pour la pratique agricole. Le prix de revient du travail de la plupart des batteuses varie dans des proportions assez étroites. Les constructeurs français Albaret, Cumming, Gautreau, Brouhot, Hidien, Merlin, Pécard, Gérard (actuellement Société de matériel agricole), et les constructeurs anglais Garrett, Clayton, Ransomes, Marshall, etc., sont ceux dont les types sont le plus appréciés; pour les batteuses à manège, aux premiers cités il convient de joindre les constructeurs Bodin, Garnier, Maréchaux, Renou, Sauzay, etc.

Tous les cultivateurs ne peuvent pas acheter des batteuses, surtout des machines à grand travail; pour mettre ces machines à la portée de tous, il s'est formé dans beaucoup de départements des entreprises de battage à façon. L'entrepreneur de battage à façon promène sa machine à vapeur et sa batteuse de ferme en ferme et il bat la récolte de chacun pour un prix modéré, qui varie, en général, de 75 à 90 centimes par hectolitre de grain battu. La figure 611 montre une de ces installations provisoires; ici la batteuse est munie d'un élévateur qui saisit la paille à la sortie de la machine et forme automatiquement les meules.

Malgré les perfectionnements apportés à la construction des batteuses, ces machines ne répondent pas encore complètement aux exigences d'un travail parfait. Tout d'abord, les meilleures batteuses laissent dans la paille de 0,50 à 0,70 pour 100 du grain que renferment les épis; dans les machines moins parfaites, ce déchet atteint 1 1/2 à 2 pour 100; il est vrai que ce grain est généralement de qualité inférieure. D'autre part, la plupart des grandes batteuses en travers n'utilisent que d'une manière assez imparfaite la force qui leur est appliquée; en effet, le rapport entre le travail à vide et le travail en charge varie, pour les meilleurs types, de 0,630 à 0,690. Le travail mécanique exigé dans de bonnes conditions, par les grandes batteuses, varie : pour le froment, de 550 000 à 680 000 kilogrammètres par 1000 kilogrammes de gerbes et de 184 000 à 212 000 kilogrammètres par 100 kilogrammes de grain battu et nettoyé; pour le seigle, de 610 000 à 717 000 kilogrammètres par 1000 kilogrammes de gerbes et de 159 000 à 224 000 kilogrammètres par 100 kilogrammes de grain battu et nettoyé (voy. le rapport de M. Alfred Tresca à la Société des agriculteurs de France, 1881).

Batteuses de graines fourragères. — Le battage des graines fourragères, trèfle, luzerne, sainfoin, etc., est une opération plus délicate à exécuter mécaniquement que le battage des céréales. Il s'agit ici, d'abord, de séparer les têtes portant les graines, des tiges des plantes, puis de faire sortir les graines de la bourre où elles sont enfermées, et enfin de les débarrasser des déchets et de les nettoyer. Pendant longtemps, on a construit des machines spéciales pour chaque partie du travail; on tend aujourd'hui à réunir ces machines en une seule. La description d'un de ces derniers types, qui sort des ateliers de M. Cumming, permet de suivre les phases du travail.

Extérieurement, la batteuse (fig. 612) présente les dimensions d'une batteuse de céréales à grand travail; en réalité, elle comprend deux machines accouplées et indépendantes l'une de l'autre. La première est l'ancienne ébosseuse; elle occupe la droite du bâti dans toute sa longueur. Les bottes de trèfle sont déliées sur le plancher supérieur de la machine, et on les engage dans un batteur à larges battes. Les tiges y sont séparées des têtes qui constituent la bourre; puis elles arrivent sur des secoueurs d'une longueur de 3 mètres qui les entraînent à l'extrémité de la machine, où elles tombent au dehors. La bourre est recueillie sur un crible qui l'amène dans une boîte latérale. Cette boîte communique avec un élévateur qui enlève la bourre et la monte à la partie supérieure de la machine. Là, elle est conduite par une vis sans fin, horizontale, à l'entrée d'un batteur spécial de graines. Ce batteur en opère le décorticage. Du batteur, la graine passe dans deux ventilateurs à doubles grilles; sous l'action du vent, le vannage et le criblage s'opèrent avec régularité. Les graines nettoyées tombent dans une trémie sur le flanc de la machine; les débris et les poussières sont rejetés à l'extrémité. La proportion des pillons (nom vulgaire de la bourre à rebattre, qui a échappé à la première opération) est très faible; quant à la graine battue, elle est bonne à ensacher.

Fig. 612. — Batteuse de graines fourragères.

La même batteuse peut servir à décortiquer des graines ébossées d'avance. On jette la bourre dans la boîte latérale, où elle est saisie par l'élévateur, et la graine se décortique sans embarras.

Une machine de ce genre exige une force de cinq à six chevaux-vapeur

Soins d'entretien pour les batteuses. — Le bon fonctionnement d'une batteuse dépend de son installation et des soins d'entretien qu'on lui donne.

La batteuse doit être bien d'aplomb. Pour les batteuses fixes, c'est le résultat de la solidité et la bonne construction des planchers sur lesquels elle repose. Quant aux batteuses montées sur roues, on obtient la stabilité, en glissant sous les roues des plateaux en bois garnis de cales. Il faut d'ailleurs avoir soin de ne les installer que sur un terrain solide, dans lequel la machine ne risque pas d'enfoncer par l'effet de la trépidation due au travail.

On doit vérifier si les écrous qui relient les organes sont bien serrés, régler la distance du batteur et du contre-batteur, les coulisses des ventilateurs, etc. Les coussinets des arbres de la batteuse sont munis de godets graisseurs qu'on doit remplir d'huile de bonne qualité; pendant le travail, il faut vérifier si les coussinets ne chauffent pas. La régularité du battage dépend du soin avec lequel on engrène les tiges; on étale sur le tablier les gerbes déliées et on les pousse régulièrement à l'entrée du batteur, en veillant à ce qu'aucun corps étranger ne soit introduit en même temps.

Quand le travail est achevé, il faut nettoyer la machine avec soin, enlever les poussières et les graines qui pourraient y rester, débarrasser les coussinets de l'excès d'huile et de la poussière qui y est collée, recouvrir la machine d'une bâche en toile imperméable, afin de la soustraire aux intempéries. Le bon entretien évite des chômages et des frais de réparation; il assure la durée de toute machine. H. S.

BATTOIR (*outillage agricole et horticole*). — C'est une batte épaisse et à manche court, formée souvent d'un seul morceau de bois aplani en dessous, de 0m,40 en longueur sur 0m,20 en largeur environ, bombé en dessus, et dans lequel se trouve taillé un manche ou poignée de 0m,30 de longueur. Quelquefois le manche est ajouté au battoir, qui est alors fait de deux pièces. On s'en sert pour poser et raffermir des pièces de gazon, pour des cultures en talus à pentes rapides. — Un battoir est aussi une grosse palette de bois, à manche court et rond, dont on se sert pour battre le linge lessivé.

BATTRE A LA MAIN (*hippiatrie*). — On dit d'un cheval qu'il bat à la main quand, étant monté, il exécute avec la tête des mouvements rapides et répétés de relèvement et d'abaissement, comme s'il voulait se débarrasser de la bride. Ce mouvement de la tête provoqué par une gêne temporaire peut se transformer en un défaut permanent; celui-ci provient de la maladresse ou de la dureté de main de l'écuyer, qui ne sait pas proportionner les pressions du mors aux effets qu'il veut obtenir. Avec de l'habileté et en ayant au besoin recours à la martingale, on fait disparaître en peu de jours chez un cheval le défaut de battre à la main.

BATTRE DU FLANC (*vétérinaire*). — Se dit d'un animal et principalement d'un cheval qui, après une course rapide, une fatigue prolongée, souvent une simple exposition à une température élevée dans un lieu trop chaud et mal aéré, est essoufflé, éprouve des battements dans le flanc, c'est-à-dire des mouvements de soulèvement et d'abaissement successifs indiquant un grand malaise; l'animal respire avec plus de force et de fréquence qu'à l'ordinaire et présente, dans l'inspiration et l'expiration, des mouvements plus considérables du thorax et de l'abdomen. Cette accélération des mouvements peut être due à la pousse ou à d'autres maladies de la poitrine, ou bien elle peut être seulement le résultat de l'excès de fatigue; c'est une étude que doit faire le vétérinaire.

BATTUE (*chasse*). — Sorte de chasse dans laquelle les tireurs sont placés en ligne, attendant le gibier ou les bêtes fauves que les rabatteurs leur envoient en faisant du bruit. Les battues sont principalement organisées dans les bois et les taillis, en vertu de lois et règlements pour amener la destruction des loups, des renards, des sangliers et autres animaux nuisibles. La matière est réglée par un arrêté du Directoire du 7 février 1797, par une ordonnance du 20 août 1814, une instruction ministérielle du 9 juillet 1818, et la loi du 3 mai 1844 sur la police de la chasse.

Les battues sont ordonnées par le préfet sur la demande des agents forestiers ou de l'autorité municipale. Les maires et officiers municipaux sont tenus d'y assister. La liste des habitants de la commune qui y doivent prendre part, soit comme tireurs soit comme rabatteurs, est dressée par le maire jusqu'à concurrence du nombre fixé par l'arrêté préfectoral. Quand il est nécessaire que les battues s'étendent sur les territoires de plusieurs communes, chaque localité fournit son contingent de tireurs et de rabatteurs. Les maires doivent se concerter pour désigner la personne qui dirigera la battue; c'est ordinairement au lieutenant de louveterie, lorsqu'il en existe dans l'arrondissement, que ce soin est confié. Tous ceux qui prennent part à la traque doivent obéir au directeur de la chasse, sous des peines assez fortes édictées par la loi. Les rabatteurs sont armés chacun de deux bâtons, l'un qu'ils ne quittent pas et dont ils se servent pour frapper sur les buissons, l'autre qu'ils doivent jeter au-devant des animaux s'ils en voient venir sur eux. Lorsqu'il s'agit de poursuivre des bêtes dangereuses, il est bon que quelques hommes armés de fusils marchent parmi les rabatteurs. Mais les tireurs attendent ordinairement les animaux à des issues de fourrés ou à des passages désignés par le chef de la battue, qui doit être expert en matière de chasse.

Indépendamment des battues organisées dans un intérêt général, tout propriétaire dont les récoltes sont menacées peut en faire pour les protéger. Si l'on est en temps de chasse prohibée, il doit en demander l'autorisation; aussi, comme il s'agit d'un intérêt particulier, les habitants ne peuvent pas être mis en réquisition; c'est au propriétaire à se procurer des tireurs et des rabatteurs et à diriger l'opération.

BAUCHE (*économie rurale*). — Nom donné dans quelques pays aux herbes des marais que l'on fauche pour s'en servir comme litière ou pour en faire des composts.

BAUDEMENT (*biographie agricole*). — Né à Paris en 1816, Baudement fut d'abord professeur de zoologie. Nommé, à la suite d'un concours brillant en 1850, professeur de zootechnie à l'Institut agronomique de Versailles, il y créa un enseignement nouveau, celui de la production du bétail éclairée par les lois naturelles de la zoologie. Après la disparition de l'Institut agronomique de Versailles, une chaire spéciale de zoologie appliquée à l'agriculture et à l'industrie fut créée en sa faveur au Conservatoire des arts et métiers, à Paris; il la conserva jusqu'à sa mort survenue en 1863. — Baudement a été l'initiateur de la science zootechnique au milieu du dix-neuvième siècle. On lui doit plusieurs travaux très importants, dont les principaux sont : *Etudes expérimentales sur l'alimentation du bétail* (Annales de l'Institut agronomique de Versailles); *Expériences sur l'emploi du sel dans la culture des terres et dans l'élève du bétail*, faites en collaboration avec de Béhague; *Lettres sur la perfection dans l'espèce bovine*, 1854 et 1855; *Observations sur les rapports qui existent entre le développement de la poitrine, la conformation et les aptitudes des races bovines* (Annales du Conservatoire, 1861); *Etudes sur les laines d'Algérie* (Mémoires de la Société nationale d'agriculture, 1855). — Baudement avait réuni les matériaux d'un grand ouvrage : *Les races bovines au concours universel de Paris en* 1856 ; la mort a interrompu ce travail, dont l'introduction et un très bel atlas de quatre-vingt-sept planches ont seuls paru. H. S.

BAUDET (*zootechnie*). — Nom général donné à l'âne dans une grande partie de la France, réservé à l'âne entier dans une autre partie, et même seulement à l'âne entier qui sert d'étalon. C'est sous ce dernier point de vue qu'on considère le baudet dans les pays d'élevage de l'espèce asine (voy. ANE et ASINE (espèce). Il faut l'étudier comme conservateur de sa propre descendance par la saillie des ânesses, comme producteur de mules et de mulets par la saillie des juments dites mulassières.

On sait que les chevaux, lorsqu'ils couvrent des ânesses, produisent les bardots, mais que cette industrie n'est commune qu'en Sicile. Les baudets, pour donner des produits conformes à la demande du commerce, doivent être assortis avec les juments qu'ils sont appelés à saillir. Le commerce demandant des mules ou mulets légers dits *de bât*, et des mules ou mulets lourds dits *de trait*, on a, selon les régions, des baudets de l'un ou de l'autre type. Les baudets du type lourd sont surtout élevés dans l'ancien Poitou ; ceux du type léger se rencontrent en Algérie, en Italie, dans le midi et le centre de la France, plus rarement dans l'ouest. Les différentes races ont été décrites au mot ASINE (espèce).

Le baudet du Poitou est particulièrement estimé; sa monographie a été donnée d'une manière complète par M. Ayrault, vétérinaire à Niort.

BAUERA (*botanique* et *horticulture*). — Groupe de plantes de la famille des Saxifragacées. On en connaît deux ou trois espèces, de l'Australie orientale et extra-tropicale. Ce sont des arbrisseaux à feuilles toujours vertes, persistantes, petites, couvertes de duvet; à fleurs axillaires, solitaires, quelquefois rapprochées au sommet des rameaux. Le *Bauera rubioides* et le *Bauera humilis* se cultivent assez souvent dans les serres tempérées. Ils donnent de jolies fleurs roses, avec des lignes blanches. La floraison se produit d'août en octobre. Il faut à la plante une terre franche légère, une bonne exposition et des arrosements fréquents en été. On multiplie de marcottes ou de boutures faites avec l'extrémité des jeunes rameaux ; on exécute l'opération en serres, sur couche chaude et sous châssis.

BAUHINIA (*botanique*). — Genre de plantes de la famille des Légumineuses-cisalpiniées. Ce sont des arbres ou des arbustes dressés ou sarmenteux, à tige ronde plus ou moins régulièrement comprimée, à rameaux souvent munis de cornes à leur base, à feuilles simples, le plus souvent bifoliolées avec l'extrémité du pétiole terminée en une arête, à fleurs disposées en grappes, le plus souvent simples, terminales ou axillaires, quelquefois rameuses ou corymbiformes, à fruits formés de gousses de forme et de consistance très variables. On connaît un grand nombre d'espèces de Bauhiniées, principalement dans les régions tropicales de l'Afrique et de l'Asie. Quelques-unes ont été introduites, mais elles y sont rares, dans les serres chaudes d'Europe; elles y donnent en juillet de grandes et belles fleurs blanches en grappes.

BAUMÉ (*biographie agricole*). — Fils d'un aubergiste de Senlis, Antoine Baumé naquit le 28 février 1728, et est mort à Paris le 13 octobre 1804. Il a été membre de l'Académie des sciences. L'invention d'aréomètres très employés (voy. ce mot) l'a surtout rendu populaire; mais on lui doit un grand nombre de travaux de chimie et de physique, et il convient de citer ici ses mémoires sur les *argiles, la nature des terres arables, les appareils propres à la distillation des vins*.

BAVIÈRE (*géographie agricole*). — Voyez ALLEMAGNE.

BAYADE (*agriculture*). — Nom donné à l'orge à deux rangs, baillarge ou baillard.

BAYLE (*économie rurale*). — S'écrit aussi *baïle*. — Nom donné au maître-valet qui conduit et nourrit les hommes dans les exploitations rurales du midi de la France, et plus spécialement du Gard et de la partie occidentale de l'Hérault. — Bayle vient sans doute de bailly.

BAZADAIS (*zootechnie*). — La petite ville de Bazas, située à l'angle sud-est du département de la Gironde, aux confins des départements de Lot-et-Garonne et des Landes, a donné son nom à un groupe d'animaux de l'espèce bovine peu nombreux, mais dont les qualités remarquables, mises en évidence par des éleveurs habiles, ont vivement appelé l'attention dans les concours d'animaux reproducteurs et d'animaux gras. Est-ce une race spéciale et pure, comme le soutiennent quelques-uns, ou bien n'est-ce qu'un assemblage confus des produits résultant d'accouplements croisés de landais avec des garonnais, entre lesquels le groupe auquel il appartient se trouve situé, comme le soutient et le prouve dans une certaine mesure M. Sanson? On peut laisser la question sans la résoudre, en constatant seulement que ce groupe bovin a de grands mérites. « La race bazadaise, dit M. de Dampierre, est près de terre, avec des aplombs parfaits, des membres d'une vigueur et d'une beauté remarquables, les hanches très ouvertes, les fesses bien faites et descendant près du jarret, d'une couleur brune semblable à celle des animaux de Schwitz ou d'Aubrac. Elle est de très haut poids, et cependant d'une vigueur pour le travail supérieure à celle de toutes les races gasconnes. Ce sont des bœufs bazadais qui transportent à Langon, sur d'énormes charrettes à deux roues et sur une route constamment pavée, tous les produits des Landes qui viennent se réunir à Dax, à Mont-de-Marsan et à Roquefort, c'est-à-dire sur un parcours de 133 kilomètres. La vigueur de ces bœufs est mise aux plus rudes épreuves par les poids énormes dont

Fig. 613. — Vache bazadaise.

on les charge. Les planches de bois de sapin sont l'objet d'un commerce important avec le Bordelais; le prix de revient du transport détermine le gain du commerçant, et l'amour de ce gain en est venu à imposer des poids prodigieux à ces braves animaux. Sous un soleil ardent souvent, et au milieu d'une poussière de sable fort incommode, ils marchent sous le joug, attelés par paires à une grande distance l'une de l'autre, et de façon à ne pas se gêner, à des charrettes à deux roues d'une construction fort lourde. »

Cette race ou famille s'est un peu multipliée et étendue; on la trouve particulièrement aux environs de La Réole. Elle présente beaucoup d'uniformité sous le rapport du pelage, qui est le plus ordinairement d'un brun de suie tirant vers le gris. Mais, fait remarquer M. Sanson, tantôt le mufle et les paupières sont rosés, les cornes d'un blanc jaunâtre dans toute leur étendue; tantôt le mufle et les paupières sont bruns ou grisâtres, et l'extrémité des cornes se montre noire. Ce sont là des signes d'absence de fixité et de reproduction par métissage. Quoi qu'il en soit, les bazadais sont d'une grande finesse comme le portrait de vache que représente la figure 613. Les bœufs sont d'un facile engraissement et fournissent une bonne chair, malgré le travail très dur qu'on leur a demandé; on en a vu au concours d'animaux gras de Paris, qui pesaient plus de 1000 kilogrammes à l'état vif; ils donnent plus de viande de première et de deuxième qualité que les bœufs de la plaine de la Garonne et ils sont plus près de terre.

BÉARNAISE (RACE BOVINE) (*zootechnie*). — Cette race n'est autre que celle de la vallée d'Ossau, une des variétés de la race ibérique qui peuple les Pyrénées. Elle est (fig. 614) un peu décousue dans ses formes; la nourriture lui manque; son état général est plutôt celui de la maigreur que celui de l'engraissement; elle croît lentement et se développe peu; son énergie dans le travail est moindre que chez ses congénères des vallées d'Urt et de Barétous. C'est pour ces diverses raisons qu'elle est moins recherchée par les agriculteurs des plaines qui viennent prendre leur bétail dans les pays montagneux d'élevage. Sa robe est jaune ou rouge pâle, la nuance étant plus claire autour des yeux et à la partie interne des membres; les cornes sont fortes, longues, généralement très relevées. Le corps est long, avec l'avant-train plus lourd et plus gros que l'arrière. Les membres sont d'ailleurs solides, les aplombs réguliers, les articulations accentuées et très nettes, sans que le volume des os soit trop considérable. L'alimentation peu abondante de la race est la principale cause de son peu de développement; avec des soins, elle est susceptible de donner du lait, du travail ou de la viande, selon qu'on la dirige dans un sens ou dans l'autre, mais sans aucune propension très marquée. Elle reste toujours dehors. En été, elle est nourrie dans la montagne; elle passe l'hiver dans les vastes landes du Pont-Long. « Un édit qui remonte à Henri IV, dit M. Sanson, a concédé aux habitants de la vallée d'Ossau le privilège de conduire leur bétail, lorsque la neige couvre la montagne, sur la lande du Pont-Long, à 4 kilomètres de Pau, ainsi que le droit de faire parquer deux fois par an, en octobre et en mai, sur l'une des places de la ville, tout ce bétail, qui la traverse durant quinze à vingt jours, à l'aller et au retour. Un tel régime n'est pas fait pour faciliter l'amélioration générale de la variété qui aurait besoin d'être plus copieusement alimentée durant la mauvaise saison. »

Fig. 614. — Vache béarnaise.

BEAUCERON (*zootechnie*). — L'ancien mouton beauceron était un animal d'assez haute taille, sans cornes, à laine longue, laissant les cuisses et le ventre à découvert. Dans cette race on distinguait la grande et la petite branche, cette dernière prenant le nom de mouton percheron. Cette race beauceronne a servi à constituer avec les mérinos espagnols les *métis mérinos* de la Beauce.

On donne encore le nom de mouton beauceron à une race que l'on trouve dans le Cantal et qu'on appelle aussi *race clarcine*. C'est une très petite race, propre particulièrement aux terrains peu fertiles; elle paraît être originaire du haut Limousin. La tête est à chanfrein droit, à front nu. Les cornes chez le mâle sont en spirales. Un cercle noir entoure quelquefois les yeux. La toison est peu abondante; son poids n'est que de 1 kilogramme à 1^{kg},200. La laine est longue, pendante, grossière et jarreuse; elle forme une sorte de fraise autour du cou.

BEAUFORTIA (*botanique* et *horticulture*). — Genre de plantes de la famille des Myrtacées, originaires de l'Australie. Quelques espèces sont cultivées dans les serres d'Europe, notamment le *Beaufortia decussata* ou à feuilles de croix, et les *Beaufortia sparsa* et *carinacata*. Le premier surtout forme un arbrisseau d'un beau port, à feuilles opposées en croix, ovales; il donne en été autour des tiges des fleurs d'un rouge vif. Il lui faut de la terre de bruyère légère.

BEAUMONT (ÉLIE DE) (*biographie agricole*). — Géologue illustre, Élie de Beaumont a rendu à l'agriculture d'éminents services. Né en 1798, mort en 1874, il a consacré sa longue carrière aux recherches géologiques. Trois grands travaux ont illustré sa vie : la détermination de l'âge respectif des chaînes de montagnes, la théorie des soulèvements et la grande carte géologique de France, commencée avec Dufrénoy. Élie de Beaumont a encouragé la création des cartes hydrologiques et des cartes agronomiques, et il a contribué à leur multiplication. Le travail principal que lui doit l'agronomie est une *Etude sur l'utilité agricole et les gisements géologiques du phosphore* (Mémoires de la Société nationale d'agriculture); il y a démontré le rôle des phosphates dans la vie végétale et animale, et il a été ainsi le promoteur de l'industrie de l'extraction et de l'emploi des phosphates en agriculture. Cette industrie s'est rapidement développée, elle s'est étendue sur tous les points du monde civilisé. H. S.

BEAU-PRÉSENT (*pomologie*). — La poire Beau-présent d'Artois est très répandue en France ; c'est un excellent fruit à couteau, venant sur un arbre vigoureux qui réussit à toutes les expositions et se prête à toutes les formes. Les pyramides de ce poirier sont remarquablement belles. La grosseur du fruit est considérable ; il est de forme oblongue et ventrue, à gros pédoncule, à œil à peine enfoncé, à peau jaune verdâtre, à chair demi-fine, blanche, fondante, sucrée, douée d'un parfum agréable ; la maturité a lieu de la fin d'août à la fin de septembre. On a appelé cette poire Présent royal de Naples. Son nom est donné quelquefois à la *poire d'épargne*.

BÉCASSE (*ornithologie et chasse*). — Genre d'oiseaux de l'ordre des échassiers, famille des Longirostres. Les bécasses proprement dites forment un sous-genre dans lequel la bécasse commune (*Scolopax rusticola, Rusticola vulgaris*) occupe la première place. C'est un oiseau de passage très estimé des chasseurs, tant à cause de l'excellence de sa chair que de la facilité qu'ils trouvent à le saisir.

La bécasse (fig. 615) a le bec long et droit, mais rude et comme barbelé aux côtés vers son extrémité et creusé sur sa longueur de rainures profondes. Le plumage est très varié : le dessus du corps présente une couleur roux-marron et cendré avec de grandes taches noires ; sous le ventre la couleur est d'un roux jaune, rayé de brun et de noirâtre ; les plumes des ailes présentent dans leurs barbes des raies rousses et noires ; la queue est grise en dessus, blanche en dessous avec une bordure de roux ; les plumes s'étendent jusque sur le bas des jambes. La taille de la bécasse commune est de 0m,35 à 0m,40, la femelle étant un peu plus grande que le mâle. Quand les ailes sont déployées, l'envergure de l'oiseau est de 0m,60 à 0m,70.

Fig. 615. — Bécasse commune.

La bécasse se rencontre presque partout, mais c'est surtout un oiseau voyageur. Durant la belle saison elle habite les hautes régions, notamment les Alpes et les Pyrénées, d'où elle descend vers les mois d'octobre et de novembre dans les plaines de France et de Belgique, qu'elle quitte au printemps.

Les bécasses se nourrissent de vers, de limaces, de scarabées. Elles sont surtout grasses à l'automne et ont alors acquis le fumet qui fait rechercher leur chair, noire et assez grossière. On reconnaît les lieux qu'elles fréquentent à leurs fientes, qui forment de larges taches blanches et sans odeur. Quelquefois les bécasses n'émigrent pas au mois de mars. La femelle construit son nid au pied d'un arbre et y pond quatre ou cinq œufs un peu moins gros que ceux du pigeon ; ces œufs sont d'un gris roussâtre avec des taches brunes.

On connaît, outre la bécasse commune, la *bécasse blanche*, dont le plumage est presque tout blanc ; la *bécasse rousse*, dont le plumage est roux par ondes sur un fond plus clair, et qui est très rare ; la *bécasse des savanes*, qui appartient à la Guyane, et qui est moitié plus petite que celle de France, quoiqu'elle ait le bec encore plus long.

BÉCASSEAU (*ornithologie*). — Oiseau échassier longirostre, du genre des bécasses, du sous-genre des chevaliers. Il se tient sur les bords de la mer, des lacs ou des étangs, et se nourrit de vers, de larves et d'insectes. On en distingue deux espèces : le *bécasseau* ou *cul-blanc de rivière* (*Tringa* ou *Totanus ocropus*) forme un très bon gibier qu'on rencontre dans toute l'Europe ; sa longueur totale est de 0m,20 ; il niche dans le sable au bord de l'eau ; — le *bécasseau des bois* (*Tringa glarcola* ou *Totanus glarcola*), un peu plus petit que le précédent, habite les bois marécageux et niche dans les marais boisés du nord. — On appelle aussi bécasseaux les petits de la bécasse et de la bécassine.

BÉCASSINE (*ornithologie et chasse*). — Espèce d'oiseaux, du sous-genre des bécasses proprement dites. — Par l'aspect et par le plumage, les bécassines ressemblent aux bécasses ; elles sont seulement plus petites et ont le bec proportionnelle-

Fig. 616. — 1, bécassine sourde ; 2, bécassine ordinaire.

ment plus long ; la taille des plus grandes n'atteint guère que 0m,25, mais elles ont les mœurs très différentes. Elles forment d'ailleurs un gibier très estimé.

La bécassine ordinaire (*Scolopax gallinago*) se distingue par deux bandes longitudinales noirâtres sur la tête (nº 2, fig. 616); elle a le cou moucheté de brun et de fauve, le dessus noirâtre, le ventre blanchâtre, le bas de la jambe dénudé, les formes élancées, l'ongle du pouce plus long que le doigt lui-même.

La grande bécassine (*Scolopax major*), appelée aussi double bécassine parce qu'elle peut être presque deux fois plus grande que la précédente, a le ventre d'un roux clair avec des raies noirâtres. Son vol est droit, sans crochets, plus rapide que celui de la bécassine ordinaire; elle préfère les eaux claires aux eaux vaseuses. On la rencontre surtout en Picardie et en Provence. Sa chasse au tiré est un peu moins difficile que celle de la bécassine commune, qui est pleine de péripéties dans les marais.

Une troisième bécassine reste en France, dans les terrains marécageux, toute l'année; elle se cache dans les roseaux sous les joncs secs et les glaïeuls au bord de l'eau; il faut presque marcher dessus pour la faire partir, c'est ce qui l'a fait nommer la sourde; c'est la petite bécassine (*Scolopax gallinula*); souvent elle n'est pas plus grosse qu'une chouette commune. Elle est représentée par le nº 1 de la figure 616. Elle n'a qu'une bande noire sur la tête. On l'appelle vulgairement bécasson, boucquerolle, jacquet. Elle habite l'Europe et l'Amérique septentrionale. Son vol est moins rapide que celui de la bécassine ordinaire. C'est un gibier très délicat.

BECFIGUE (*ornithologie et chasse*). — On donne le nom de becfigue à tout petit oiseau à bec mince et effilé qui, durant l'été, se nourrit d'insectes, et pendant l'automne, notamment dans le

Fig. 617. — Becfigues.

midi de la France et en Italie, mange des raisins et surtout des figues ; il émigre durant les froids dans des pays plus chauds. Leur nourriture donne à la chair de ces oiseaux en automne un goût délicieux qui les fait rechercher, de telle sorte que dans le Midi ils sont l'objet d'une chasse active, soit au filet, soit avec des nappes ou des lacets. Selon les divers naturalistes, on donne le nom de *becfigue* à beaucoup d'oiseaux différents, aux diverses espèces de fauvettes, le gobe-mouche noir, le gobe-mouche à collier, même l'alouette. Pour Buffon, le vrai becfigue est le *Motacilla ficedula*, qui porte en Bourgogne le nom de vinette, parce qu'il s'y trouve dans les vignes. C'est en Provence qu'il mérite surtout le nom de becfigue, parce qu'on l'y voit sans cesse sur les figuiers, becquetant les fruits les plus mûrs, ne les quittant que pour chercher l'ombre et l'abri des buissons et de la charmille touffue. C'est un oiseau (fig. 617) dont le plumage est de couleur obscure : le gris, le brun et le blanchâtre en font toutes nuances. Il ne quitte le Midi que pour venir plus au nord y attendre la maturité des fruits dont il est friand. Dans les régions septentrionales, il est utile à cause de la destruction des insectes dont il se nourrit faute de raisins ou de figues. — L'oiseau auquel on a improprement donné le nom de becfigue du chanvre (*Ficedula canabina*) est la fauvette babillarde.

BEC-FIN (*ornithologie et chasse*). — On donne le nom de bec-fin (*Motacilla*) à tout un groupe de passereaux dentirostres, ayant le bec droit, effilé, avec la mandibule supérieure quelquefois échancrée à sa pointe, la mandibule inférieure toujours droite. Tous les oiseaux chanteurs de nos bois appartiennent à ce groupe, où l'on trouve les fauvettes, les farlouses, les hochequeues ou lavandières, les bergeronnettes, les roitelets, les rubiettes, les traquets, les troglodytes. Tous les becs-fins vivent d'insectes, de petites graines et de fruits.

BÊCHE (*outillage agricole et horticole*). — Instrument de labour composé d'un fer aplati, tranchant, plus ou moins allongé et large, et d'un manche de longueur variable, selon les pays et les usages auxquels on le destine. Le fer est généralement de forme rectangulaire ; il est recourbé pour le travail dans les sols légers, de manière à retenir les quantités de terre prises par l'instrument; pour les sols tenaces, le tranchant est large et rectiligne. Si le sol est pierreux et dur, le tranchant est en arc et ses deux angles extrêmes sont formés de pointes renforcées. Dans quelques pays et pour les terres fortes, la bêche est triangulaire.

La lame de la bêche est en général plus large près du manche qu'au tranchant; d'un autre côté, plus elle est longue, plus aussi elle est étroite; sa surface doit être calculée de telle sorte que le poids de la motte de terre ne soit pas trop considérable. Dans les pays où les ouvriers sont vifs sans être forts, la surface est de 4 à 5 décimètres carrés; elle est de 6 à 7 décimètres carrés dans les contrées où les ouvriers sont vigoureux. Le poids de la motte de terre de chaque coup de bêche est de 7 à 8 kilogrammes dans le premier cas, de 10 à 11 dans le second. L'épaisseur de la lame est plus forte à la partie supérieure et va en diminuant légèrement jusqu'au tranchant; souvent elle est renforcée par des nervures du fer.

Quant au manche, il dépend, pour sa longueur et pour sa forme, de la nature du travail à effectuer. Il est simple, à béquille ou crosse, ou bien à manette ou poignée, ainsi que le montrent les figures 618 à 620. Les manches simples ont de 1 mètre à 1m,50 de longueur; ceux à manette ou à béquille de 0m,75 à 1 mètre seulement. La grosseur du manche est d'autant plus considérable que la bêche est plus forte; son diamètre est de 36 à 40 millimètres près du fer, parce que la fatigue du bois y est plus grande; il est de 30 à 35 millimètres à l'autre extrémité. Les manches sont souvent armés vers la lame de la bêche de hoche-pied, étrier ou pédale mobile, que l'on place à une distance plus ou moins grande afin que l'ouvrier puisse y poser le pied et appuyer pour enfoncer l'instrument dans la terre à labourer. Le manche est en général droit, cependant quelquefois il présente une légère courbure (fig. 621).

La réunion du manche et de l'outil se fait ou bien au moyen d'une douille ou bien au moyen de l'élargissement du manche en forme de pelle à sa partie inférieure, qui est fixée entre deux lames de métal; celles-ci, en s'unissant par le bas, forment la lame unique de l'outil.

Pour travailler dans les terres argileuses et tenaces, on s'arrange de telle façon que l'épaisseur de la lame soit fortifiée par le bois prolongé du manche; l'union des deux parties est ainsi rendue plus intime, ce qui est d'autant plus nécessaire que la lame est étroite et allongée. Pour les terrains légers, le manche n'est uni à l'outil que par une simple douille, comme dans les pelles en fer, et la lame est large et peu allongée.

La bêche a été très anciennement connue, mais sous des noms divers. Les mots *pala, marra, ligo*, ont désigné aussi bien la bêche que la pelle, la houe, le hoyau, c'est-à-dire des instruments à main propres à remuer, à labourer la terre. Le mot bêche, qui vient du celtique, a prévalu dans la plus grande partie de la France. Le lichet, luchet ou

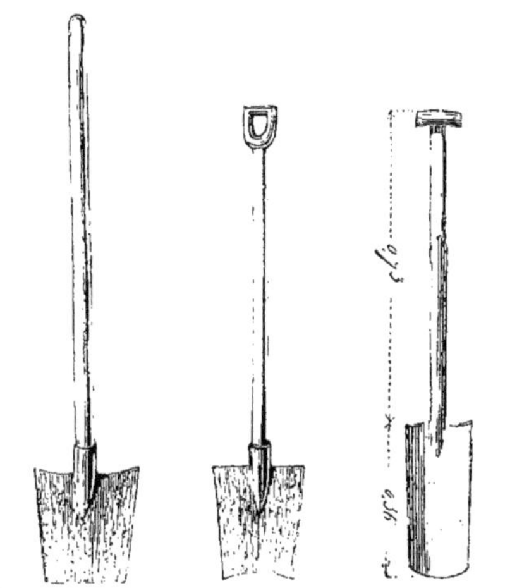

Fig. 618. — Bêche avec manche simple. Fig. 619. — Bêche avec manche à manette ou poignée. Fig. 620. — Bêche avec manche à béquille ou crosse.

louchet, dont l'appellation paraît venir du mot latin *ligo*, n'est pas autre chose qu'une bêche; certainement c'est le liget des provinces méridionales. Le truble des Normands est également une bêche. Quoi qu'il en soit, les dimensions des bêches arrêtées dans les divers pays d'après l'expérience et pour le meilleur travail à effectuer selon la nature des terres, ont été mesurées par M. Grandvoinnet, dont nous allons reproduire les déterminations en y joignant quelques autres indications.

La *bêche parisienne* est à douille et à manche simple; la lame est légèrement courbée dans le sens de sa longueur et un peu plus transversalement; la flèche de la courbure transversale dans le haut est d'environ 7 millimètres et de 2 millimètres seulement au tranchant. Les courbures ont pour but d'augmenter la solidité de la lame. Le manche affûté en pointe conique dans le bas entre dans une douille assez courte et y est fixé par un simple clou rivé des deux côtés. La longueur de la lame est de 0^{m},270; sa largeur dans le haut de 0^{m},202, et au tranchant de 0^{m},162; la surface est de 0^{mq},051; la longueur du manche est au moins de 0^{m},783.

La *bêche-pelle parisienne* est la même que la précédente, mais avec un manche plus long et une lame moins épaisse et moins forte; elle est destinée au labour des terres faciles. La longueur de la lame est de 0^{m},243 à 0^{m},270; sa largeur en haut de 0^{m},216 et au tranchant de 0^{m},200; la surface est de 0 ,052; la longueur du manche est comprise entre 0^{m},96 et 1^{m},28. Cette bêche a l'inconvénient de tendre à plier en travers au milieu de sa longueur.

Dans le *louchet en fer et en bois de la Flandre française*, le fer est ouvert dans le haut comme deux feuillets d'un livre; ceux-ci embrassent la lame en bois, en diminuant de largeur jusqu'au manche, qu'ils entourent sur une certaine longueur. Le manche est à béquille, et sa partie inférieure, aussi large que la lame, en forme la partie haute. La lame est légèrement courbe tant dans sa longueur que transversalement. Du côté où se place le pied, le bois de la lame est garni d'une petite feuille de fer pour empêcher l'usure. L'assemblage du fer et du bois se fait par quatre rivets. La

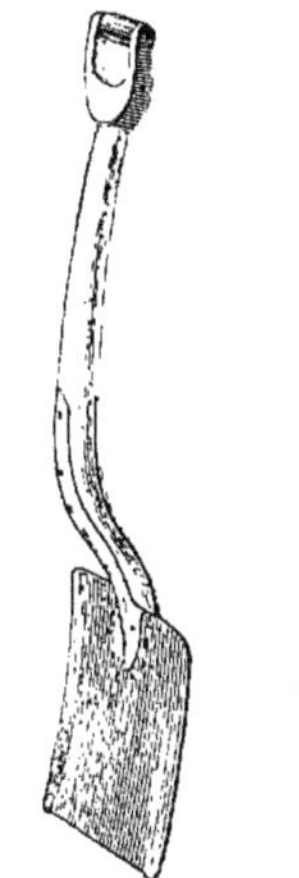

Fig. 621. — Bêche avec manche à courbure et manette.

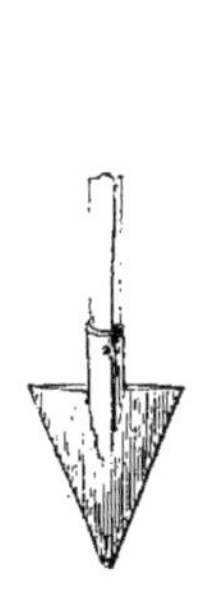

Fig. 622. — Bêche triangulaire italienne.

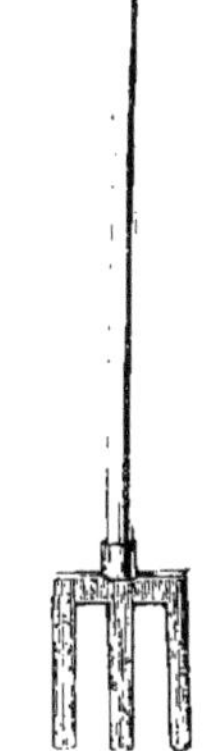

Fig. 623. — Fourche à trois dents pour remplacer la bêche.

longueur de la lame est de 0^{m},40; sa largeur en haut de 0^{m},17 et en bas de 0^{m},15; la surface de la pelle est de 0^{mq},0624; la longueur du manche est de 1 mètre.

On se sert aussi d'un *louchet flamand tout en fer* qui, comme le précédent, convient aux terres faciles à travailler et pour les labours profonds, mais permet de faire un travail plus énergique. La longueur de la lame est de 0^{m},375; sa largeur de 0^{m},210 dans le haut et de 0^{m},180 dans le bas; sa surface de 0^{mq},074.

La *bêche-louchet* pour les labours en terres moyennes a une lame plus courbée longitudinalement que les précédentes bêches. Le manche est à manette et large dans le bas; il est enfoncé entre les deux feuillets de la lame qui est ouverte seulement au milieu de sa largeur; les deux prolongements de la lame embrassent le manche sur lequel ils sont assemblés par deux rivets. La longueur de la lame est de 0^{m},351; sa largeur de 0^{m},216 en haut et de 0^{m},180 en bas; sa surface est de 0^{mq},072. La longueur du manche varie de 0^{m},972 à 1^{m},130.

On donne le nom de *bêche dynamométrique* à une bêche dont le poids total, y compris le manche, est de 2^{kg},75, et dont le fer a 0^{m},270 en longueur et

0m,150 en largeur. L'enfoncement de cette bêche dans un sol sur lequel on la laisse tomber de la hauteur d'un mètre donne la mesure de la ténacité de ce sol. La longueur du manche est de 1 mètre environ. C'est une bonne bêche pour les terres fortes.

Dans le *truble normand* le manche est simple, il s'élargit en forme de pelle pour s'engager entre deux lames de fer ou d'acier, réunies par soudure à leur partie inférieure et formant le tranchant de l'outil. Cette disposition assure une grande solidité à l'instrument, mais elle a l'inconvénient de donner trop d'épaisseur pour certains ouvrages à la partie supérieure de la lame. La longueur de la lame du truble est de 0m,34; sa largeur de 0m,20; elle se termine au tranchant en arc de cercle de 0m,07 de flèche.

Dans la *bêche louchet, luchet, lochet* ou *léchet* employée dans les environs d'*Avignon*, dans le *Bas-Languedoc* et en *Picardie*, la lame est ouverte en

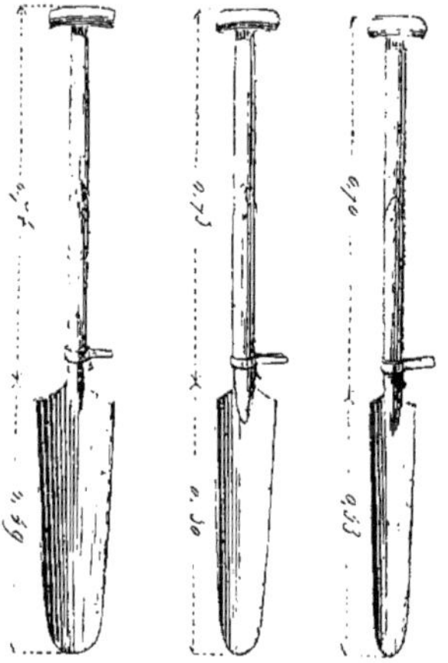

Fig. 624. — Jeu de bêches de drainage

deux feuillets dans le haut et embrasse la partie large et plate du manche auquel des clous rivés la fixent solidement. Le manche est simple. On fixe souvent à la lame et au manche une lame de fer coudée en équerre qui sert de hoche-pied ou d'appui au pied du laboureur. La longueur de la lame est de 0m,324; sa largeur est de 0m,216 à 0m,243 en haut, de 0m,162 à 0m,189 au tranchant; sa surface de 0mq,064 à 0mq,070. La longueur du manche est de 0m,970.

Le manche de la *bêche languedocienne* est à manette ou poignée. Ouverte en deux feuillets dans le haut, la lame embrasse le manche auquel elle est fixée par deux rivets. La longueur de la lame est de 0m,30; sa largeur est de 0m,19 en haut et de 0m,16 au tranchant; sa surface est de 0mq,055. La longueur du manche est d'environ 1 mètre.

La *bêche-pelle de Toulouse et du Lauraguais* est un peu mince et sujette à plier. C'est pour cette raison qu'on a fait la douille ouverte en arrière, de telle sorte qu'en affûtant convenablement le bout inférieur du manche, on peut garnir le dessous de la lame et la soutenir. La longueur de la lame est de 0m,280; sa largeur en haut de 0m,240 et au tranchant de 0m,205; sa surface est de 0mq,064. La longueur du manche qui est simple est comprise entre 0m,96 et 1m,28; il est muni d'un hoche-pied mobile que l'on peut mettre à droite ou à gauche, selon que l'ouvrier se sert habituellement de l'un ou de l'autre pied pour l'enfoncer. Le hoche-pied offre au pied une largeur de 30 à 40 millimètres sur 7 environ d'épaisseur.

La *bêche de Gascogne* présente cette particularité que la lame est évidée sur les deux côtés de manière à offrir moins d'adhérence aux terres collantes, compactes et humides dans lesquelles elle est ordinairement employée. Elle est très propre à creuser des fossés. La longueur de la lame est de 0m,351; sa largeur est de 0m,162 en haut, de 0m,168 au milieu, de 0m,162 au tranchant; sa surface est de 0mq,055. La longueur du manche qui est simple est de 0m,810.

On peut augmenter notablement la profondeur des labours que permet de faire la bêche ordinaire, en l'armant d'une *hausse mobile*. Celle-ci consiste en une pièce de fer deux fois coudée en forme d'équerre, percée d'un trou dans lequel passe le manche, et dont les deux côtés ont une rainure dans laquelle entre la lame rectangulaire de l'instrument. On peut défoncer à 0m,43 avec une bêche à hausse de ce genre.

La *bêche hollandaise* pour terres fortes, très employée en Belgique et en Hollande pour creuser les fossés, est encore plus étroite vers le bas que la précédente; le haut de la lame présente un rebord plat pour donner plus de surface d'appui au pied de l'homme. La longueur du fer est de 0m,40; sa largeur est en haut de 0m,185 à 0m,216, au tranchant de 0m,081; la surface est de 0mq,065. La longueur du manche est de 0m,810.

Le manche de la *bêche ferrée en spatule* se termine à sa partie inférieure par une sorte de pelle courte en bois qui entre dans le fer de la lame; les bords de celle-ci entourent la lame de bois et une portion du manche. La lame est un peu évidée sur les côtés comme dans la bêche de Gascogne. Sa longueur est de 0m,380, sa largeur de 0m,189 en haut et au tranchant, sa surface de 0mq,070. La longueur du manche est de 1m,30.

La *bêche belge à oreilles et à tranchant droit* présente deux oreilles dépassant la douille où entre le manche pour ainsi dire dans le centre de la lame, ce qui empêche la tendance à plier qu'a cette lame; celle-ci est un peu concave; la longueur totale est de 0m,243; la longueur sans les oreilles de 0m,189; la largeur dans le haut de 0m,148; la surface de 0mq,035. Le manche est long de 1m,296.

La *bêche belge à oreilles et à tranchant oblique* ne diffère de la précédente qu'en ce que la lame est plus large en haut; elle convient surtout dans les terres déjà remuées. La longueur totale de la lame est de 0m,243, sans les oreilles de 0m,200; la largeur est en haut de 0m,243; la surface est de 0mq,057. Le manche a 1m,455 de longueur.

La *bêche belge large à nervures parallèles* est une bêche-pelle très mince consolidée par quatre nervures verticales aboutissant à une nervure horizontale qui garnit le bord supérieur pour permettre un appui assez large au pied. Elle est très employée par les jardiniers. Son tranchant triangulaire lui permet d'entrer dans les terres dures et tenaces. La longueur de la lame entière jusqu'à la pointe est de 0m,297, celle des côtés jusqu'à la partie triangulaire de 0m,243; la largeur est de 0m,321; la surface mesure 0mq,085, La longueur du manche est comprise entre 0m,810 et 0m,972.

La *bêche belge à nervures divergentes* est fabriquée d'après les mêmes principes que la précédente; seulement les nervures de consolidation, au nombre de trois, sont divergentes à partir de la douille. La longueur de la lame entière est de 0m,324; sa largeur de 0m,243; sa surface de 0mq,088. Le manche a 1m,296 de longueur.

Le manche de la *bêche allemande* est à manette. Le fer présente deux oreilles peu prononcées; il est de forme ovale; sa longueur est de 0m,30, sa largeur de 0m,25 en haut et de 0m,12 vers le tranchant.

La lame de la *bêche hollandaise* a le tranchant de forme triangulaire ovale, ce qui lui donne une grande facilité pour entrer dans les sols tenaces, durs ou pierreux. La longueur de la lame est de 0m,432, sa largeur en haut de 0m,216, sa surface de 0mq,086. Le manche a une longueur de 1m,458.

La *bêche romaine triangulaire ovale*, destinée aussi aux terres fortes, a une lame de 0m,324 de longueur, de 0m,270 de largeur, et de 0mq,085 de surface.

La *bêche-pelle de Lucques*, avec légères oreilles, faiblement évidée sur les côtés, le tranchant en pointe, est destinée aux terres tenaces, dures ou un peu caillouteuses; un hoche-pied est planté dans le manche.

Dans une grande partie de l'Italie, on se sert, pour les terres argileuses très fortes ou pour les terres pierreuses, d'une *bêche tout à fait triangulaire* (fig. 622). La longueur de la lame est le plus ordinairement de 0m,324, sa largeur en haut de 0m,243, sa surface de 0mq,079. Le manche a 1m,458 de longueur.

Pour les labours dans les terrains pierreux, on substitue avec avantage à la lame des bêches une *fourche à deux ou trois dents* (fig. 623) dont les pointes évitent ou dérangent les obstacles qu'un tranchant continu rencontrerait.

Pour certains labours de terres légères et pour l'ouverture des tranchées de *drainage*, on se sert de bêches en forme de gouge ou bien plates et longues dont le manche est généralement muni d'un étrier. La figure 624 en montre un spécimen; par leur emploi on peut atteindre une assez grande profondeur et faire des tranchées évasées dont le fond est très étroit.

Quelle que soit la forme de la bêche, son emploi exige quatre actions différentes: enfoncer l'outil, détacher la motte, la soulever et la déposer.

Pour enfoncer la bêche, le laboureur se sert du poids de son corps pour presser sur l'outil de deux manières : 1° en dirigeant la bêche obliquement à la surface de la terre et en appuyant de tout son poids sur le manche qu'il maintient à l'aide de la cuisse dans le sens où il veut couper le sol ; 2° en mettant un pied sur l'étrier et en soulevant le poids du corps sur ce seul pied. Dans les deux cas, si le poids du corps ne suffit pas pour enfoncer la bêche à la profondeur nécessaire, l'ouvrier imprime à l'instrument un mouvement en avant et en arrière, de manière à comprimer la terre et à produire en arrière de la bêche un vide qui la rend libre de tout frottement; alors l'ouvrier pèse de nouveau sur la bêche et recommence deux ou trois fois les mêmes manœuvres jusqu'à ce que l'instrument soit entré à la profondeur désirée.

Pour détacher la motte des mottes voisines, le laboureur appuie sur le manche de la bêche comme sur un levier, en rapprochant ses mains vers le haut du manche et pesant sur le bout du levier. Déjà la motte était isolée en avant et sur un côté à cause de l'enlèvement de la motte de gauche, par exemple: elle ne tenait qu'à la terre non labourée à droite, et à la couche inférieure du terrain; cet effort la détache complètement.

Le laboureur élève la motte détachée à une hauteur qui dépasse d'environ 5 centimètres la crête de la motte précédemment déposée; il renverse alors la motte et la place en arrière de celle antérieurement détachée en suivant la direction du travail qui se fait toujours en reculant.

Quand le labour n'est pas destiné à passer l'hiver, c'est-à-dire qu'on doit ensemencer à l'automne ou bien qu'on se trouve au printemps, l'ouvrier termine chaque dépôt, en donnant deux ou trois coups du tranchant de sa bêche sur la motte pour la briser. Cela se fait surtout dans les potagers; dans le travail des champs, surtout si le terrain doit passer l'hiver sans être ensemencé, ou bien si l'on peut employer les rouleaux et les herses, on se dispense de donner ces coups de bêche terminaux qui prennent du temps.

On estime que le travail de la bêche est celui qui emploie le mieux les forces humaines. D'après les expériences du comte de Gasparin, on obtient ainsi 88 000 kilogrammètres par journée de travail, presque le double de ce qu'on obtient dans les déblais. D'après le même agronome, la surface bêchée peut être de 192 mètres carrés dans une terre paludéenne, de 125 dans une terre assez dure, pour des labours de 0m,32 de profondeur; dans les deux cas, il faudrait à un homme, pour labourer un hectare, 52 et 88 journées. Pour un labour à 0m,45 de profondeur, c'est-à-dire à deux pointes du fer de bêche, dans une terre paludéenne, un homme ne pourrait labourer que 37 mètres carrés, c'est-à-dire mettrait 269 journées pour labourer un hectare.

La quantité de travail effectué en un jour dépend de la force du laboureur, de sa taille et de son poids, de son habileté, de la ténacité plus ou moins grande du terrain, de la profondeur du labour. On a constaté qu'en moyenne, dans les sols légers et souvent façonnés des jardins maraîchers, un bon ouvrier laboure par jour 370 mètres carrés à la profondeur de 0m,20 à 0m,22. M. Grandvoinnet estime qu'on doit considérer comme moyenne du travail à la bêche, à 0m,25 de profondeur, 250 mètres carrés par jour en terre de consistance moyenne.

Lorsqu'on achète des bêches, on éprouve leurs qualités en les *sonnant*, c'est-à-dire qu'on suspend d'une main la bêche par la douille, tandis qu'on la frappe de l'autre main; le son rendu doit être plein et la vibration longue dans une bonne bêche.

BÊCHER (*travaux agricoles*). — Labourer la terre à la bêche. — Le bêcheur coupe et retourne la terre avec la bêche; quelquefois il pose simplement et doucement la motte retournée devant lui; la motte reste ainsi entière, et c'est une pratique vicieuse, surtout dans les terrains argileux. On a vu (voy. BÊCHE) qu'il convient de donner en divers sens plusieurs coups dans la motte pour la diviser en un assez grand nombre de morceaux. L'usage de quelques pays est que le bêcheur jette autour de lui, dans un rayon d'environ 2 mètres, la motte placée sur la bêche, en décrivant un cercle; la motte se divise dans ce mouvement, les parties les plus légères tombant plus loin que les plus lourdes; ce système est le meilleur à employer, lorsqu'il est possible. Ailleurs on jette la motte à quelque distance à droite et à gauche, dans la jauge même ouverte par le labour; la percussion divise assez bien la motte, lorsque celle-ci n'est pas formée d'argile imbibée d'eau. La profondeur de chaque labour est celui de la hauteur du fer de bêche; lorsqu'il faut descendre davantage dans le sol, le labour prend le nom de défoncement.

BÉGONIA (*botanique et horticulture*). — Genre de plantes qui a donné son nom à la famille des Bégoniacées. Jusque vers 1870, les bégonias ou bigonias n'étaient guère considérés que comme des plantes d'ornement pour les serres chaudes; une seule espèce, le *Begonia discolor*, était regardée comme susceptible de vivre en plein air sous le climat de Paris, à la condition qu'on eût soin de l'abriter durant l'hiver sous une couverture de paille ou feuilles sèches. Mais à partir de 1875, un grand nombre de variétés ont été découvertes et se sont répandues, de telle sorte que la culture des bégonias a pris une importance réelle dans tous les jardins. Ces plantes sont originaires des pays chauds, où elles portent les noms d'oseilles des bois ou d'oseilles sauvages. Les feuilles pétiolées, munies de deux stipules caduques, sont alternes et de formes très diverses, ce qui a donné naissance à un grand nombre de noms spécifiques. On en connaît en effet 330 espèces, tant en Amérique qu'en Afrique et en Asie. Ce sont des herbes quelquefois acaules ou des arbrisseaux élevés, dressés et sarmenteux, dont le feuillage est ornemental en même temps que les fleurs blanches, jaunes, roses ou rouges, ont un aspect singulier. Ces fleurs sont diclines et monoïques; dans les mâles, le réceptacle est convexe et porte sur ses bords des folioles pétaloïdes, et au centre des étamines nombreuses; dans les femelles, le réceptacle présente une concavité très prononcée dans laquelle est un ovaire ordinairement à trois loges. Le fruit est une capsule munie de trois ailes contenant un grand nombre de petites graines striées.

Les bégonias, dans les pays chauds, sont employés comme acidules, rafraîchissants et dépuratifs. Quelques espèces sont alimentaires.

C'est exclusivement comme plantes ornementales que les bégonias sont employés par l'horticulture européenne; depuis 1875 surtout, ils donnent lieu à un grand commerce à cause des variétés innombrables qui ont été créées. La maison Vilmorin-Andrieux, dans le supplément à son ouvrage sur les fleurs de pleine terre, les partage en quatre divisions : 1° plantes à repos hivernal ou hivernantes; 2° plantes demi-hivernantes; 3° plantes à végétation continue; 4° plantes d'orangerie à grand feuillage.

Fig. 625. — Bégonia tuberculeux hybride.

Fig. 626. — Bégonia toujours fleuri, à fleurs roses.

Dans la *première division* se trouvent d'abord les *bégonias tuberculeux hybrides;* ils sont vivaces et remarquables par l'élégance et la beauté du feuillage, l'éclat et la longue durée de la floraison, l'extrême facilité de la culture. Ce sont (fig. 625) des plantes hautes de 0m,25 à 0m,40, à rameaux plus ou moins accompagnés de feuilles, suivant la race, les feuilles étant en général assez allongées et d'un vert clair. Les fleurs très grandes, dressées ou retombantes, sont portées sur des pédoncules roses ou rouges et varient du rose pâle au rouge vif; rarement elles sont blanches. Elles se succèdent sans interruption et sont toujours nombreuses de juillet jusqu'aux gelées; elles sont simples ou doubles selon les cas.

La culture de tous les bégonias tuberculeux hivernants est simple et facile. Les plantes passent la belle saison en pleine terre Quand vient l'hiver, la vie se concentre dans le tubercule, et la végétation cesse pour ne reprendre que l'année suivante. Au mois d'avril, on met les tubercules dans de petits pots, que l'on arrose et place sous châssis pour provoquer la végétation. A la fin de mai on met les plantes en place, en évitant de rompre la motte de terre qui contient les racines. Le terrain le plus convenable pour les recevoir, doit être un sable fertile mélangé de terreau de feuilles, entretenu frais par des arrosages assez copieux. En ajoutant à faible dose un engrais soluble à l'eau des arrosages, on augmente beaucoup la beauté de la floraison. Les meilleures expositions pour la réussite sont celles demi-ombragées, le nord et l'est, au pied des murs ou en bordure des massifs; mais tout en demandant de n'être qu'à une demi-lumière, la plupart des bégonias exigent assez de chaleur et doivent être à l'abri des vents un peu forts. Quand les froids de l'automne ont atteint les tiges, on lève les plantes en motte et on les pose sur des tablettes dans une pièce bien sèche et à l'abri de la gelée; ce qui reste des tiges ou des feuilles disparaît bientôt, et, au bout de peu de temps, le tubercule ne présente plus qu'une masse sèche retenant plus ou moins de terre qu'il est bon de laisser. Les tubercules se conservent ainsi en bon état jusqu'au mois d'avril suivant. On multiplie les bégonias tuberculeux par semis ou par boutures.

Parmi les *plantes de la deuxième division,* on cite surtout le *bégonia de Welton,* dont la hauteur atteint de 0m,30 à 0m,40. Les tiges sont nombreuses, dressées, ramifiées, lisses, colorées en rouge assez foncé, accompagnées de feuilles qui naissent aux nœuds; elles sont d'un vert assez glauque, longues de 5 à 6 centimètres, à dents inégales, avec de fines nervures en dessous. Les fleurs portées sur un pédoncule court, rouge foncé, plusieurs fois divisé, forment des corymbes de 8 à 15, larges de 2 centimètres environ, d'un rose pâle ou d'un blanc lavé de rose très doux. On emploie surtout cette plante pour garnir le pied des murs au nord, ou pour former des plates-bandes à l'ombre et même sous le couvert des grands arbres. Quoique ce bégonia ne fasse pas de tubercules réguliers, on peut le conserver au repos durant l'hiver comme les bégonias tuberculeux hybrides, à cause des renflements charnus formés au bas des tiges; on peut garder ces renflements dans de la terre ou de la mousse sèche pendant la mauvaise saison. Le bouturage peut se faire avec les pousses issues de ces faux tubercules mis en végétation en serre ou sous châssis.

Les *bégonias de la troisième division* sont nombreux et quelques-uns produisent autant d'effet que ceux de la première division. Ils sont vivaces. En pleine terre durant la saison estivale, ils doivent être rentrés en serre tempérée pendant la mauvaise saison. On doit citer : le *bégonia d'Ascot;* — les *bégonias à fleurs de fuchsia ;* — les *bégonias à feuilles de châtaignier*, qui forment de charmantes bordures ou corbeilles en terre fraîche un peu terreautée; — le *bégonia de Schmidt;* — les *bégonias toujours fleuris*, qui rendent de très grands services pour l'ornementation des jardins en été; on distingue surtout le bégonia toujours fleuri à fleurs roses (fig. 626); le *bégonia à fleurs corail*, etc.

Dans la *quatrième division*, qui ne contient que des bégonias d'orangerie et qui par conséquent est beaucoup moins importante pour l'horticulture générale, on cite surtout les bégonias à feuilles marbrées dont il existe un grand nombre d'hybrides. Les feuilles sont très grandes, d'un vert bronzé métallique, avec une large bande d'un blanc argenté, des bords dentés et ciliés; elles sont plus ou moins couvertes de soies laineuses. C'est une très belle plante qui reste en végétation toute l'année; elle orne les jardins durant l'été; on la rentre dans une serre tempérée ou dans une orangerie très légèrement chauffée. Le *bégonia rose* a donné un grand nombre de variétés; il a été croisé avec des bégonias des autres divisions, notamment avec le *bégonia discolor*. On sème de février en mai en terre de bruyère, en pots ou en terrines; on repique, puis on met en place en juin, dans de la terre de bruyère et à mi-ombre; on met les pieds en pots au mois de septembre pour les conserver en serre durant tout l'hiver

BÉHAGUE (DE) (*biographie*). — Agriculteur et éleveur, Amédée de Béhague est un des hommes qui ont le plus contribué, par leur exemple, au progrès de l'agriculture en France pendant le dix-neuvième siècle. Né en 1809, il embrassa à l'âge de vingt-trois ans la carrière agricole, et il y consacra sa vie entière jusqu'à sa mort, en 1884. Le domaine de Dampierre, près de Gien (Loiret), d'une étendue de plus de 2000 hectares, en terres de nature très variée, a été complètement transformé sous sa direction; il y a donné l'un des premiers exemples de l'utilisation des landes sablonneuses de la Sologne par le boisement. Il a été lauréat de la prime d'honneur en 1859. On lui doit des entreprises fécondes et instructives sur l'élevage du cheval, sur l'élevage et l'engraissement des bœufs et des moutons, sur la sylviculture, sur le peuplement des étangs, sur le drainage et l'amélioration des terres humides ou infertiles, sur la création d'industries agricoles (féculeries et scieries). De Béhague a remporté de brillants succès dans les grands concours agricoles; on lui doit deux publications importantes : *Expériences sur l'influence du sel dans l'alimentation des vaches* (1851), en collaboration avec Baudement; *Considérations sur la vie rurale* (1874). Il a été membre et président de la Société nationale d'agriculture. L'œuvre de M. de Béhague à Dampierre a été décrite par M. Barral dans le *Bulletin de la Société nationale d'agriculture*. H. S.

BEJARIA (*horticulture*). — Genre de plantes de la famille des Éricacées. Les bejarias constituent de jolis arbrisseaux de 1 mètre à $1^m,30$ de hauteur, à feuilles persistantes, ovales, pointues, à bords rougeâtres, donnant des fleurs de juin à septembre. La bejaria paniculée (*Bejaria paniculata* ou *racemosa*), de la Floride, a les fleurs d'un rose pourpré; les *Bejaria lidifolia* et *Bejaria tricolor*, tous deux de la Nouvelle-Grenade, ont les fleurs, le premier d'un rouge cocciné, le second blanches et roses. On les cultive en serre tempérée, en terre légère mais substantielle; on les multiplie de graines, de marcottes et de boutures sous châssis et sur couches.

BELETTE (*zoologie*). — La belette (*Mustela vulgaris*) appartient à la classe des mammifères, ordre des carnassiers, tribu des digitigrades, genre des martes, sous-genre des putois; elle est très voisine de l'hermine. Le corps de la belette est un cylindre allongé, bas sur jambes, avec le cou presque aussi gros que la tête; sa longueur totale est d'environ $0^m,16$; la queue est en outre longue de $0^m,05$. Sa robe est d'un brun roux en dessus du corps, blanche en dessous.

La belette vit près des habitations de l'homme. En hiver, elle s'établit dans les dépendances des maisons, dans des trous de vieux murs, dans les granges ou les greniers; elle vient même faire des petits dans le foin des écuries. Pendant l'été elle s'éloigne un peu et va se loger dans quelques vieux troncs d'arbre ou dans les terriers des taupes et des mulots. Elle s'attaque souvent avec courage à tous les animaux qui peuvent satisfaire ses appétits sanguinaires, surtout aux petits animaux domestiques comme aux petits animaux sauvages; elle est ainsi à la fois nuisible ou utile par la destruction désordonnée qu'elle fait à tort et à travers tantôt des bêtes qui dévastent les récoltes, tantôt de celles qui peuplent les basses-cours ou les réserves des chasses, mais en elle-même elle n'est d'aucun usage; sa chair est détestable.

On emploie les moyens les plus variés pour la détruire : l'assommoir, le fusil, les traquenards, l'empoisonnement par l'acide arsénieux ou par la strychnine, des chiens dressés à cette chasse.

BELGE (RACE CHEVALINE) (*zootechnie*). — Cette race est caractérisée par un crâne allongé (dolichocéphale) dans lequel la distance de l'œil à l'oreille est plus grande que celle entre les deux oreilles; un front plat déprimé entre les arcades orbitaires très saillantes; un chanfrein court, qui est d'abord droit et se relève ensuite en courbe jusqu'au bout du nez. Sa tête ressemble à ce qu'on appelle vulgairement une tête de rhinocéros. Les oreilles, la bouche, les naseaux sont petits, les joues fortes. L'encolure est forte et épaisse, arquée, la crinière peu abondante. Le corps est trapu; la croupe est arrondie, large et fortement musclée; la queue est peu touffue. Les membres sont courts et solides, les crins peu fournis. La robe est très variable. La taille est moyenne et comprise entre $1^m,42$ et $1^m,60$. C'est une race très ancienne, très robuste, très résistante et qui s'est conservée, malgré des altérations plus ou moins graves dans certains pays, à travers les siècles; elle était appréciée par les Romains du temps de la conquête des Gaules; elle a pris d'ailleurs de l'extension dans plusieurs contrées, ce qui est un signe de sa valeur. Elle présente, en général, des allures vives, mais peu allongées, et elle donne des animaux de selle, de trait léger et de gros trait, selon les variétés. Son berceau est le bassin de la Meuse. On la trouve en Belgique, dans les provinces du Brabant, du Hainaut, de Liège, du Limbourg, de Luxembourg, de Namur; en France, dans les départements des Ardennes, de la Meuse, de la Haute-Marne, sur le plateau de Langres, dans les Dombes, en Camargue; en Italie, dans la province de Crémone. Elle ne constitue pas dans ces dernières régions des familles proprement dites; mais on y constate son type puissant, bien conservé malgré des mélanges avec la race asiatique et avec la race germanique. En général le cheval belge, à mesure qu'il descend vers le sud, diminue de taille, devient moins lourd et prend de plus en plus les aptitudes d'un cheval de trait léger. Le gros cheval du Hainaut dont la figure 627 représente un beau type, est remarquable par son large poitrail, ses puissantes épaules, ses reins solides; c'est le cheval des rudes travaux, des lourds transports, des grosses industries. Une variété moins corpulente est celle du Borinage; dans les Ardennes, il est encore plus petit (voy. ARDENNAIS (cheval). Au contraire, la variété du Brabant, dite cheval brabançon, est plus grosse et plus lourde. Le cheval de la Hesbage, dit hesbignon, a les formes plus communes et est moins énergique. Le cheval du Condroz est moins volumineux et peut trotter. Par les soins, par la nourriture qui doit être choisie selon les aptitudes que l'on veut développer, et en employant de bons reproducteurs, on peut obtenir du cheval belge les services les plus variés rendus dans d'excellentes conditions.

Fig. 627 — Cheval belge.

BELGIQUE (*géographie agricole*). — Portion de l'ancienne Gaule qui forme depuis 1830 un royaume indépendant. Cet État est compris entre les 49°30' et 51°31' de latitude N. et les 0°14' et 3°42' de longitude E. Il est borné au nord par le royaume des Pays-Bas, à l'est par le duché de Luxembourg et la Prusse rhénane, au sud par la France, et à l'ouest par la mer du Nord. Sa plus grande longueur, du nord-ouest au sud-est, est de 277 kilomètres; sa plus grande largeur de 160 kilomètres. Il est divisé administrativement en neuf provinces. Le tableau suivant range les neuf provinces dans l'ordre de leur importance au point de vue de l'étendue du territoire, du chiffre et de la densité de la population :

PROVINCES	SUPERFICIE	POPULATION	DENSITÉ DE LA POPULATION
	hectares	habitants	habitants par kil. carré
Luxembourg	441 776	209 472	47
Hainaut	372 162	963 747	259
Namur	366 024	322 173	88
Brabant	328 296	959 782	292
Flandre occidentale	323 466	696 651	215
Flandre orientale...	299 995	868 228	289
Liège..............	289 387	645 020	223
Anvers.............	283 173	531 746	188
Limbourg	241 233	206 187	85

La population de la Belgique était en 1876 de 5 336 185 habitants en augmentation de 1 263 023 habitants sur le recensement de 1840. Dans ce nombre, la population rurale figure pour 3 971 424 habitants, formant ainsi 74 pour 100 de la population totale.

La superficie du territoire belge est de 2 945 516 hectares compris entièrement dans les deux bassins de la Meuse et de l'Escaut.

Deux races se partagent le sol de la Belgique : les Flamands et les Wallons : les premiers occupent les deux Flandres, les provinces d'Anvers, du Limbourg et le nord du Brabant, c'est-à-dire toute la portion plate du pays; tandis que la race wallonnoise occupe tout le plateau des Ardennes, les provinces de Liège, de Luxembourg, de Namur, de Hainaut et le sud du Brabant. Quoique séparés par des différences d'origine et bien qu'ils aient des aspirations distinctes, ces deux peuples sont unis par un commun amour de la liberté et du travail. Le paysan belge est honnête, patient, travailleur, soumis aux lois et respectueux de la propriété.

Le climat de la Belgique est tempéré; moins « extrême » que celui de l'Allemagne, il est aussi, dans son ensemble, plus humide que celui de la France et moins humide que celui des Iles Britanniques. La pluie tombe en moyenne 192 jours par année, donnant une couche d'eau annuelle de 726 millimètres.

La température moyenne est de 10° centigrades au-dessus de zéro; les plus grandes variations sont de — 15° à + 30°. Les différences d'altitude et de climat ne permettent pas d'assigner une limite fixe aux plantes qui y croissent ou qui y sont cultivées. On y retrouve toutes les plantes de notre région du nord; mais les différences qu'on observe entre l'altitude, la constitution géologique du sol, dans les diverses régions de la Belgique, et la diversité des systèmes de culture qui dérivent de ces différences, permettent de diviser le territoire belge en un certain nombre de régions agricoles, ayant leurs caractères propres.

L'excellent auteur de l'*Economie rurale de la Belgique*, M. de Laveleye, dans un rapport qu'il a publié au nom des Sociétés agricoles belges à l'occasion du Congrès international de 1878, divise le territoire belge en huit régions : 1° la région des polders; 2° la région sablonneuse; 3° la région sablo-limoneuse; 4° la région limoneuse; 5° la région crétacée et le pays de Hervé; 6° la région condrusienne; 7° la région ardennaise; 8° la région jurassique du bas Luxembourg.

Si, des plages d'Ostende et de Blankenberque, on se dirige vers l'intérieur des terres, de l'Occident à l'Orient, on s'élève davantage et on observe des formations plus anciennes à mesure qu'on s'éloigne des côtes. Au bord de la mer, ce sont d'abord des *polders*, terrains conquis par la culture et protégés de l'invasion des eaux par des dunes, des digues et des écluses. Le sol de cette région des polders qui occupe sur le littoral de la mer du Nord une zone de 10 à 25 kilomètres, depuis Anvers jusqu'à Blanez et dont la superficie est d'environ 100000 hectares, est formé d'une argile compacte, parfois calcarifère, reposant sur une couche de tourbe, laquelle repose à son tour sur une couche de sable. La fertilité de ces polders est très grande; ils ont pu produire pendant quarante ou cinquante ans, sans aucune fumure, de magnifiques récoltes. La zone des polders est caractérisée au point de vue agricole par l'abondance des prairies naturelles, la prédominance des légumineuses comme plantes préparatoires et la fréquente intervention de l'orge dans les assolements. C'est le pays par excellence de la production de la viande.

L'assolement suivi dans les polders n'est pas invariable. Voici un type de rotation très en usage : 1re année, orge ou colza; 2e année, féveroles; 3e année, froment; 4e année, féveroles; 5e année, froment; 6e année, trèfle; 7e année, froment; 8e année, pommes de terre; 9e année, avoine; 10e année, jachère C'est, si on le compare au reste de la Belgique, un pays de grande culture. L'étendue ordinaire des fermes est de 25 à 30 hectares. La valeur vénale de l'hectare est de 4438 francs et le prix de location de 125 francs. Les terres sont administrées par des fermiers, avec des baux de sept à neuf ans; dans ces dernières années beaucoup de propriétaires ont pris en main leurs domaines.

La région sablonneuse est composée de dunes, d'une partie des deux Flandres et de la Campine. Son étendue est de 800000 hectares environ.

Le sol des Flandres, pauvre par sa composition naturelle, puisqu'il provient de la désagrégation du silex tertiaire, ne doit sa fertilité proverbiale qu'au travail opiniâtre et intelligent qui y est appliqué. On y cultive la plupart des plantes de la région du nord : le colza, la cameline, le houblon, le lin, le chanvre, le tabac, la chicorée, toutes les céréales, avec prédominance du seigle, le haricot, la pomme de terre, le trèfle commun, le trèfle incarnat, la spergule, la féverole, les vesces, les pois, les choux, les betteraves, les navets, les carottes, etc. Voici un type d'assolement assez généralement adopté : 1re année, pommes de terre; 2e année, seigle (avec navets ou carottes en dérobé); 3e année, cultures industrielles; 4e année, trèfle; 5e année, trèfle.

Produire beaucoup d'engrais et l'utiliser le mieux possible, voilà le secret de la prospérité agricole des Flandres. C'est le pays par excellence de la culture intensive. Les procédés de préparation de l'engrais flamand feront l'objet d'un article spécial.

Les cultures dérobées jouent aussi un grand rôle dans la culture des Flandres. Ce sont elles qui avec les choux, le seigle qu'on coupe en vert, le trèfle incarnat, permettent d'alimenter le bétail pendant tout l'hiver et d'entretenir ainsi un plus grand nombre de têtes.

La propriété est extrêmement divisée; les exploitations n'ont guère que 3 hectares d'étendue en moyenne. La valeur vénale du sol est de 5077 francs l'hectare ; la valeur locative, de 112 francs.

La *Campine* qui comprend, outre une vaste portion des provinces d'Anvers et de Limbourg, une partie du Brabant, est une vaste plaine sablonneuse reposant sur une sorte de tuf ferrugineux, dont une grande partie est exploitée comme les Flandres. Les plantes industrielles reviennent moins fréquemment dans les assolements et les récoltes dérobées ont moins d'importance. Le cultivateur de la Campine concentre ses forces; il se sert de la culture extensive pour améliorer la culture intensive. La portion de lande que tout domaine possède et qui nourrit le bétail, fournit à la portion cultivée l'engrais qu'elle emploie en grande quantité. Le fumier est fabriqué à l'intérieur des étables; il y gagne en qualité sans que la santé des animaux en souffre. Voici un type d'assolement : 1re année, pommes de terre; 2e année, seigle et spergule; 3e année, seigle; 4e année, avoine et trèfle; 5e année, trèfle; 6e année, spergule ou sarrasin. L'étendue des exploitations varie de 15 à 25 hectares, mais celles de quelques ares sont nombreuses, tous les ouvriers cultivant une portion du sol. La valeur vénale de l'hectare est de 4203 francs; la valeur locative, de 126 francs. Depuis quelques années les irrigations ont fait de la Campine belge un des pays les plus prospères qui soient au point de vue agricole.

La région sablo-limoneuse comprend une grande partie du Brabant, du Hainaut, de Namur et une partie de la province d'Anvers. Son étendue est de 270232 hectares, dont 248477 sont exploités. Le sol, formé de limon quaternaire ou de terrain tertiaire à sous-sol sablonneux, est d'une grande fertilité. Le seigle et la pomme de terre y sont surtout cultivés. La valeur vénale de l'hectare est de 5524 francs; sa valeur locative, de 145 francs.

La région limoneuse, qui occupe une superficie de 700000 hectares, s'étend dans toutes les provinces, sauf dans celles d'Anvers et de Luxembourg. Le sol est formé par du limon fertile, légèrement calcarifère. On y cultive la betterave et le froment, mais l'agriculture y est moins avancée que dans les Flandres. C'est, pour la Belgique, un pays de grande culture, bien que le morcellement y fasse des progrès. La fertilité du sol en fait un des pays les plus productifs de l'Europe. La valeur vénale de l'hectare y est de 5540 francs; la valeur locative, de 127 francs.

La région condrusienne, qui a pour limite au nord-ouest la Sambre et la Meuse, à l'ouest la frontière française, au sud et à l'est une ligne partant de Monmycies et se dirigeant vers Limbourg à la frontière prussienne, appartient aux terrains de transition. On y trouve de nombreux gisements houillers et la plupart des gisements d'oligiste, de blende, de galène, etc. Le terrain houiller est la base de la puissance industrielle et agricole de ce petit royaume; il est surtout développé aux environs de Mons, de Charleroi et de Liège.

L'agriculture du Condroz est moins avancée que celle des régions voisines; le pays est froid et triste; on y cultive des céréales, le trèfle et la pomme de terre. La céréale dominante est l'épeautre. Le bétail y est assez rare; l'introduction du sainfoin et de la luzerne a été, depuis quelques années, le signal d'un progrès réel.

Les fermes sont de grande étendue. Valeur vénale de l'hectare, 3223 francs; valeur locative, 83 francs.

A cette région se rattache la *zone crétacée*, développée aux environs de Mons et sur les bords de la Meuse où l'on cultive encore la vigne sans grand succès.

Le pays de Hervé, dont la superficie est de 61057 hectares, est à la Belgique ce que la Suisse est à l'Europe. Le sol favorable à la production herbagère est formé de mamelons arrondis qui sont couverts d'excellents pâturages. Valeur vénale de l'hectare, 4535 francs; valeur locative, 139 francs.

La région ardennaise, d'une étendue de 420071 hectares, est bornée à l'ouest par le Condroz et à l'est par une ligne allant du village de Mumo au village d'Attert. Son sol est formé par le silurien et la partie inférieure du dévonien; la décomposition de ces roches a produit une argile imperméable qui forme des tourbières, appelées dans le pays *fagnes*. On y pratique l'essartage, système de culture pauvre qui n'utilise qu'une faible partie du sol et qui engage l'avenir des exploitations. Avec les fumures et les amendements calcaires que les nouveaux chemins de fer permettront de transporter à bas prix, on pourra tirer un meilleur parti des sols de cette région dont les seuls produits à l'état naturel sont : le genêt et les pâturages, et dans les terres cultivées, le seigle, l'avoine, le sarrasin et la pomme de terre. Valeur vénale de l'hectare, 1736 francs; valeur locative, 55 francs.

La région jurassique, dont la superficie est de 94416 hectares, comprend la portion du Luxembourg située au nord de la région ardennaise. Le sol appartient en partie à l'époque jurassique, en partie à l'époque triasique. On y cultive le froment, le méteil, le trèfle, la luzerne, la pomme de terre. L'élevage du porc y est très important. Valeur vénale de l'hectare, 1747 francs; valeur locative, 56 francs.

La Belgique est un pays de petite culture et de petite propriété. Le morcellement du sol y fait chaque jour des progrès. Le métayage devient rare; il cède le pas au fermage qui le cèdera à son tour au faire-valoir direct. Dans l'exploitation par fermier, la durée des baux est de trois, six ou neuf ans, quelquefois douze ans. Le bail d'année en année que les Anglais appellent *at will*, est très adopté.

La production du bétail est plus importante en Belgique que dans les autres nations de l'Europe. On y élève plus de chevaux de gros trait que la France entière; deux variétés de ces chevaux sont très remarquables : le cheval flamand et le gros cheval de la Hesbaye. Puis viennent le cheval du Condroz et le cheval ardennais. L'étendue cadastrale du royaume compte 47 têtes de gros bétail par 100 hectares; l'étendue labourable, 100 têtes par 100 hectares, soit 1 tête de gros bétail, ce qui est considéré comme le maximum ordinaire de la production agricole.

Le tableau suivant indique le nombre de têtes de chacune des espèces animales et les modifications qui se sont opérées de 1846 à 1866.

ESPÈCES ANIMALES	1846	1856	1866
Chevaux	294537	277321	283663 (1)
Anes, mulets			11849
Bœufs	1203891	1257649	1242445 (2)
Moutons	»	583485	586097
Chèvres	»	»	197138
Porcs	»	458418	632301 (3)

(1) Cause de la diminution : petite culture et morcellement de la propriété; les petits cultivateurs se servent de préférence de la vache et du bœuf.

(2) La diminution porte surtout sur les adultes et dans six provinces seulement; de plus, en 1866, la sécheresse de l'année précédente et l'interdiction de l'entrée du bétail hollandais ont empêché le repeuplement des étables. Le nombre de têtes est aujourd'hui bien supérieur au chiffre que nous donnons ici.

(3) Le commerce extérieur exporte la moitié des porcs produits en Belgique.

Cultures. — Si de l'étendue cadastrale de 2945516 hectares, on déduit l'espace occupé par les fleuves, canaux, routes, terrains bâtis, etc., il reste pour le domaine agricole, 2663753 hectares. Les bois prennent 434596 hectares; les terres vagues, 262477 hectares; les jardins et les pépinières, 11534. L'étendue cultivée est de 1955146 hectares. Elle était en 1856 de 1830517 hectares, soit un accroissement de 124639 hectares en dix ans. La Belgique compte, proportionnellement à son étendue, plus de terres labourées qu'aucun autre pays, mais elle a moins de prairies naturelles.

Le froment, cultivé surtout dans les Flandres et dans le Hainaut, occupait en 1866, 283542 hectares; en 1846, on n'en comptait que 233452 hectares. Il donne 22 hectolitres à l'hectare. L'épeautre est cultivé sur 64341 hectares en augmentation de 12493 sur 1846; rendement, 28 hectolitres à l'hectare. Le méteil occupe 35487 hectares en diminution de 4229 sur 1846; rendement, 22 hectolitres à l'hectare. Le seigle occupait 283365 hectares en 1846; en 1856, 292102 et en 1866, 288966. C'est la céréale de prédilection des populations flamandes. L'orge, qui sert surtout à la fabrication de la bière, occupait 39704 hectares en 1846, et 43619 en 1866; rendement, 30 hectolitres à l'hectare. L'avoine occupe une place considérable dans les assolements. On en comptait 202430 hectares en 1846; 219166 hectares en 1856 et 229743 hectares en 1866. Le sarrasin est cultivé principalement en Campine et dans les terres maigres des Flandres; il donne 21 hectolitres à l'hectare.

Parmi les légumineuses, on cultive surtout les pois, les vesces, seules ou en mélange, et dans les terres argileuses, les fèves et les féveroles.

La betterave à sucre, qui n'occupait que 2000 hectares en 1846, est cultivée aujourd'hui sur plus de 40000 hectares. La betterave fourragère, le navet, la carotte, le rutabaga, sont également cultivés en Belgique. La pomme de terre tient une grande place dans l'alimentation du peuple belge et l'étendue qu'on y consacre dans la culture va sans cesse en croissant.

Les prairies naturelles occupent 365805 hectares; elles donnent un rendement de 4000 kilogrammes de foin par hectare. Les prairies artificielles occupent 177563 hectares; le trèfle seul est cultivé sur 147000 hectares et donne 21000 kilogrammes de fourrage vert à l'hectare.

On trouve en outre parmi les plantes industrielles : le colza et les autres plantes oléagineuses, le lin, le chanvre, la chicorée, le tabac et le houblon. Ce dernier est cultivé surtout aux environs de Poperinghe et d'Alost. La production totale dépasse 5 millions de francs

Enfin les cultures maraîchères et horticoles de Belgique sont les plus avancées qu'on connaisse; elles s'exercent sur plus de 40000 hectares et permettent d'exporter chaque année pour 3 millions de francs de légumes.

Les industries agricoles sont très répandues dans les campagnes; les principales sont les sucreries, les brasseries et les distilleries. On y compte 147 fabriques de sucre produisant environ 100000 tonnes de sucre; 2659 brasseries livrant à la consommation près de 10 millions d'hectolitres de bière; 353 distilleries de grains produisant 6 millions d'hectolitres d'alcool.

L'impôt sur les alcools est perçu d'après la contenance des cuves de fermentation. On admet qu'un hectolitre de contenance donne 7 litres d'alcool à 50 degrés s'il s'agit de farine et 8 litres pour la farine blutée. Pour les bières, on a établi l'impôt sur la capacité des cuves-matières. Cette législation fiscale qui frappe d'impôt les vases où s'opère la transformation des produits, n'a rien de stable et présente des inconvénients. Elle engage le brasseur à faire usage de cuves-matières trop petites et qu'il surcharge encore : il résulte de là que les trempes sont insuffisantes pour produire une saccharification complète, ce qui nuit à la qualité des produits.

Le commerce de la Belgique est débarrassé des entraves qui longtemps l'ont empêché de se développer. L'agriculture n'est pas protégée ; mais tout est combiné pour donner au fisc le plus grand revenu. L'agriculture belge importe beaucoup plus qu'elle n'exporte; elle n'en est pas moins prospère.

Agriculture et commerce sont favorisés par de nombreuses voies de communication. De belles routes bien entretenues sillonnent le pays en tous sens; plusieurs canaux navigables suppléent à la faible étendue des côtes et font de Louvain, Gand, Bruges, Anvers, Malines, Bruxelles, de véritables ports de mer. Les chemins de fer ont pris un développement qu'on ne remarque que dans ce pays ; ils sont devenus les auxiliaires les plus actifs du progrès agricole et industriel.

La statistique porte 1847 kilomètres de voies navigables, 3589 kilomètres de chemins de fer, 8136 kilomètres de routes, 18596 kilomètres de chemins vicinaux.

Eu égard à l'étendue territoriale, la Belgique a plus de chemins de fer qu'aucun autre pays. Les produits agricoles bénéficient sur ces chemins de fer de tarifs réduits qui en permettent le transport sur tous les points du royaume.

L'agriculture belge possède depuis peu, comme en France, son ministère. Il existe en outre un conseil supérieur des commissions officielles d'agriculture ; un grand nombre de comices et de sociétés agricoles, ayant beaucoup d'initiative et organisant chaque année de nombreux concours entre les cultivateurs. Les sociétés s'occupant spécialement d'horticulture y sont très nombreuses; elles se fondent en une fédération établie sous les auspices du gouvernement.

En vue de l'amélioration de la production chevaline, de la production du bétail et des produits agricoles, des encouragements et des récompenses sont distribués par l'État à la suite de concours établis dans chaque région.

L'enseignement agricole est donné par une école de médecine vétérinaire établie à Cureghem-les-Bruxelles, par l'institut agricole de Gembloux et par deux écoles pratiques d'horticulture situées à Vilvorde et à Gand. Des écoles professionnelles d'agriculture vont prochainement être fondées. Des conférences sur des sujets se rapportant spécialement à la pratique agricole sont organisées dans tout le royaume par l'initiative des sociétés et comices agricoles.

Une station agronomique destinée à l'analyse des engins et des matières agricoles et aux recherches de physiologie végétale et de chimie agricole est annexée à l'institut de Gembloux. Des laboratoires agricoles sont établis à Gand et à Roulers. Enfin, on ne compte pas moins dans ce petit État de 26 journaux, revues ou bulletins de comices s'occupant spécialement d'agriculture et d'horticulture.

En résumé, la Belgique est le pays le mieux cultivé du monde, celui qui, eu égard à sa superficie, nourrit le plus d'habitants (2 habitants par hectare). L'incorporation du capital et du travail, le grand développement des voies de communication, la liberté des transactions, les améliorations sans cesse réalisées, l'art d'utiliser les engrais et de fabriquer du beau bétail, la petite culture et la petite propriété, sont les causes d'une prospérité justement admirée du monde entier. F. G.

BÉLIER (*zootechnie*). — Nom donné au mâle reproducteur dans l'espèce ovine. Un bon bélier doit présenter au plus haut degré possible toutes les qualités de la race à laquelle il appartient, tant sous le rapport de la conformation et de la taille que de la toison. Il doit avoir le corps trapu et arrondi, les membres courts, la poitrine large et ample, les épaules grosses, charnues, et très écartées; le garrot peu sorti et arrondi; la tête relativement courte, le chanfrein large, la nuque assez forte, les oreilles fines et sans poils, l'œil doux, mais avec un regard assuré; le dos bien droit; le rein large et court, bien résistant à la pression; la côte ronde, la croupe large et bien musclée, la cuisse bien descendue, les bourses à testicules bien développées, le ventre assez développé sans être pendant ni ressortir latéralement. Si le bélier a des cornes, elles doivent être fines, bien placées, à spires régulières. La démarche doit être libre et assurée et le jarret solide. La peau, assez épaisse, doit être souple; on la juge surtout au ventre et aux aines. Pour la qualité de la laine, on l'apprécie par son uniformité et son tassé, ainsi que par la longueur et les caractères du brin, selon la race du bélier. Ces signes annoncent une santé robuste et vigoureuse pour la monte. Un bélier commence son service dès l'âge de 18 à 20 mois, et il peut le continuer jusqu'à 5 ou 6 ans et même plus, quand il est remarquable par la force et la qualité de ses produits. On doit le ménager la première année et ne le faire saillir que de 30 à 40 brebis; entre 2 et 5 ans, on lui fait féconder de 50 à 60 brebis; c'est abuser que de lui donner jusqu'à 70 et 80 femelles à saillir. La chair du bélier contracte de bonne heure une odeur forte, une saveur désagréable et de la dureté que l'on ne peut faire disparaître qu'en partie par l'engraissement. Aussi il est indispensable, dans l'espèce ovine, de priver de leurs facultés génératrices par le bistournage ou mieux encore par l'ablation des testicules les mâles destinés à être engraissés. On ne conserve pour la *lutte* que les mâles les plus vigoureux et les mieux conformés.

BÉLIER HYDRAULIQUE (*mécanique agricole*).— Le bélier hydraulique est un appareil servant à élever automatiquement, c'est-à-dire par sa force même, et avec continuité, l'eau des sources ou des chutes. L'invention du bélier hydraulique est due à Montgolfier, dans les dernières années du dix-huitième siècle. Cet appareil a reçu, de plusieurs ingénieurs modernes, quelques modifications ; on l'emploie aujourd'hui, dans les fermes, pour alimenter des réservoirs placés dans les bâtiments d'exploitation.

Le principe de la construction des béliers hydrauliques est l'utilisation, pour élever l'eau, de la force vive acquise par sa chute. L'appareil se compose, dans les modèles les plus usités aujourd'hui, d'une cloche à air avec laquelle communiquent, par des soupapes, deux tuyaux, l'un pour l'amenée de l'eau, l'autre pour le refoulement du liquide. Le tuyau d'amenée se termine, après avoir passé sous la cloche, à la tête du bélier, consistant en un coude, muni d'une soupape plongeante. La figure 628 montre un modèle d'installation de bélier hydraulique, et la figure 629 donne une coupe de l'appareil.

L'eau arrivant de la source par le tuyau A (fig. 629) s'écoule d'abord par l'ouverture que laisse à la tête de bélier la soupape plongeante B. A partir du moment où l'écoulement commence, la force vive du liquide va en s'accélérant, et elle devient bientôt suffisante pour soulever la soupape B, et la maintenir appliquée contre l'ouverture du tuyau, laquelle se trouve ainsi fermée. L'écoulement étant brusquement interrompu, la pression du liquide sur les parois (le coup de bélier, suivant l'expression vulgaire) soulève la soupape latérale C qui communique avec la chambre d'air E et le tuyau de refoulement ou d'ascension F; une certaine quantité de liquide est introduite dans le tuyau de refoulement. Le coup de bélier a détruit la vitesse du liquide ; la soupape B retombe par son poids, l'écoulement du liquide au dehors recommence, jusqu'à ce que, la force vive s'étant accrue, la succession de phénomènes qui vient d'être décrite se reproduise. Le rôle de la cloche à air E est d'amortir, par l'élasticité de l'air qu'elle renferme, les effets destructeurs du coup de bélier sur les parois du tuyau. Une partie de l'eau entre dans cette chambre ; l'air y est comprimé, et lorsque la soupape inférieure C se referme, la force élastique de l'air repousse cette eau dans le tuyau d'ascension, tout en en régularisant l'écoulement. Dans les béliers de dimension un peu considérable, il peut arriver qu'une notable proportion de l'air de la cloche soit peu à peu dissoute dans l'eau ou entraînée dans le tuyau de refoulement; pour obvier à cet inconvénient, on munit le bélier d'une deuxième cloche concentrique, qui forme pompe à air, et qui est muni d'un reniflard pour la prise d'air à l'extérieur. Ajoutons que la tête de bélier (fig. 629) peut être garnie d'un curseur régulateur D, qui permet de régler d'après les circonstances la dépense d'eau, en la modifiant suivant les variations du débit de la source.

Le bélier hydraulique simple, tel qu'il vient d'être décrit, est construit en France par plusieurs hydrauliciens, notamment par M. Beaume, ingénieur à Boulogne-sur-Seine. On rencontre aussi en France les béliers hydrauliques de l'Américain Douglas, en dépôt à la maison Pilter. Enfin, M. Bollée, ingénieur au Mans, a apporté à l'appareil primitif de Montgolfier, surtout pour les grands modèles, des modifications propres à assurer la régularité de la marche, et à augmenter le rendement utile.

On construit des béliers hydrauliques de dimensions très variables. Les plus petits modèles servent pour des sources débitant de 5 à 8 litres par minute ; d'autres peuvent fonctionner avec un débit de 300 litres à la minute. Le rendement des béliers, d'après les expériences faites avec beaucoup de soin par le général Morin, peut atteindre de 63 à 67 pour 100; dans les circonstances ordinaires, il ne dépasse que rarement 60 pour 100; il est plus élevé dans les petits que dans les grands modèles.

Fig. 628. — Installation d'un bélier hydraulique pour les usages agricoles

C'est par des observations empiriques que l'on a constaté les principales conditions du bon fonctionnement des béliers hydrauliques. La hauteur à laquelle un bélier peut élever l'eau dépend du rapport entre les diamètres du tuyau d'amenée et du tuyau de refoulement, de la hauteur de la chute et de la distance de cette chute à laquelle on place le bélier; ce sont là les deux éléments de la force vive acquise par l'eau. Un bélier peut élever, d'après les calculs théoriques, à une distance de 200 mètres, 1/7e de l'eau débitée par une source à cinq fois la hauteur de chute, moitié moins à une hauteur double. Par exemple, si une chute a 4 mètres, et si la source débite 35 litres, le bélier pourra élever 5 litres à une hauteur de 20 mètres, ou bien 2 litres et demi à une hauteur de 40 mètres, etc. Quoique ces résultats ne soient pas toujours atteints, cet appareil est certainement un des engins les plus utiles pour élever économiquement les eaux d'une chute. Les limites dans lesquelles son action peut s'exercer lui assignent une place spéciale parmi les engins qu'on peut employer avec avantage dans les exploitations agricoles. H. S.

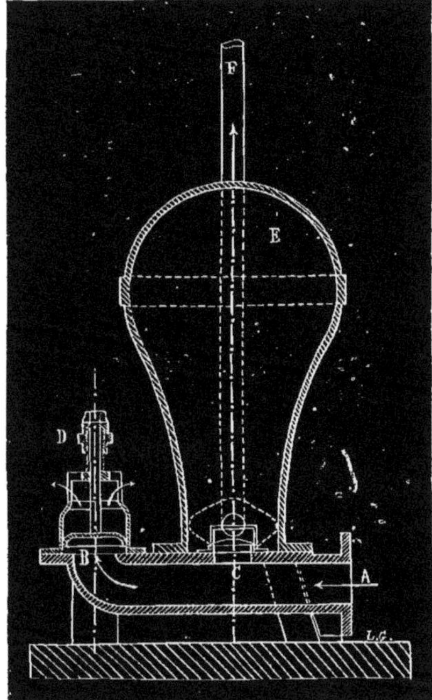

Fig. 629. — Coupe du bélier construit par M. Beaume.

BELLA (*biographie agricole*). — Auguste Bella, né à Strasbourg en 1777, a été, avec l'ingénieur Polonceau, créateur de l'Ecole d'agriculture de Grignon (Seine-et-Oise), dont la réputation est universelle. Sa première carrière fut celle des armes, et il prit part à la plupart des campagnes de la République et du premier Empire. A la Restauration, il devint agriculteur à la plaine de Valsch (Meurthe). Voisin de Mathieu de Dombasle à Rovile, et se souvenant de l'école de Moeglin, dirigée par Thaer, qu'il avait visitée en Allemagne, il entreprit, avec le concours de Polonceau, de créer une grande école d'agriculture près de Paris. Ce projet fut réalisé en 1827 par la constitution de la Société agronomique de Grignon, qui appela Bella à la direction. Il réussit, malgré de nombreuses difficultés, à organiser l'école, et il lui donna rapidement une puissante vitalité; il en resta directeur jusqu'à sa mort, en 1856. — Son fils, François Bella, né en 1812, lui succéda dans la direction de l'Ecole jusqu'en 1869, date de la liquidation de la Société agronomique de Grignon, et à laquelle l'école fit retour à l'Etat, qui en prit définitivement la direction, le domaine étant affermé. Il fut, comme son père, membre de la Société nationale d'agriculture. H. S.

BELLADONE (*botanique*). — Plante herbacée, vivace, appartenant au genre *Atropa*, de la famille des Solanées, très vénéneuse et susceptible de causer des accidents graves quand elle tombe entre des mains ignorantes ou criminelles, mais donnant lieu à des emplois intéressants en médecine humaine et vétérinaire. Elle est très répandue; elle croît spontanément dans certaines dunes, ainsi que dans un grand nombre de bois.

La belladone (*Atropa belladona*) a une racine épaisse, charnue, irrégulièrement conique, grisâtre à la surface, donnant des tiges qui ne durent qu'une saison et atteignent 0m,50 à 1m,50 de hauteur; ces tiges herbacées sont dressées, robustes, arrondies, verdâtres ou rougeâtres, glabres en bas, un peu velues, glanduleuses dans les parties supérieures; elles sont chargées de feuilles (fig. 630), alternes, pétiolées, à limbe ovale et entier, parfois placées au nombre de deux ou trois à peu près au

Fig. 630. — Rameau florifère de la belladone.

même niveau des branches. Les fleurs assez grandes sont terminales ou latérales, supportées par des pédoncules penchés; elles sont hermaphrodites. Le fruit est une baie de la grosseur d'un grain de raisin ou d'une petite cerise, globuleux, un peu aplati et déprimé au sommet, contenant de nombreuses graines, petites, réniformes, un peu comprimées, rugueuses; il est lisse, de couleur verte, puis rouge et presque noir et brillant à la maturité, tachant en rouge vineux. La plante développe ses pousses aériennes au mois d'avril, fleurit en juin et juillet et donne ses fruits à l'arrière-saison. Toutes ses parties sont assez molles et renferment un principe actif, l'atropine, alcaloïde puissant, qui a des propriétés remarquables expliquant les usages que l'on fait de la belladone pour composer des extraits, des pommades, des poudres, des alcoolats, des teintures, des emplâtres, des onguents, dont l'emploi ne doit être ordonné que par le médecin ou le vétérinaire. On doit conseiller de détruire cette plante par des sarclages partout où elle se rencontre, surtout dans les terrains frais, près des habitations, dans les bois montagneux, dans les endroits ombragés. Toutes ses parties exhalent une odeur vireuse, désagréable, qui permet d'en reconnaître la présence.

BELLE ANGEVINE (POIRE) (*pomologie*). — Magnifique poire d'ornement, d'une grosseur extrêmement remarquable, mesurant parfois 0m,25 de hauteur et 0m,50 de circonférence, et pesant jusqu'à 2kg,50. Elle est oblongue, a la peau d'un jaune-citron, lavée de rouge carminé du côté de l'insolation; déprimée du côté de l'œil, elle a la queue insérée obliquement. Elle commence à mûrir à la fin de décembre et se conserve jusqu'à la fin d'avril. Sa chair est cassante, spongieuse, sans parfum. Ce fruit se vend à un prix élevé, parce qu'il est employé pour garnir les surtouts des banquets et des grands dîners; il sert un grand nombre de fois, car on se garde d'y toucher Il est porté par un arbre qu'on doit cultiver surtout en espalier. La poire dite Beauté de Terwueren n'est autre que la Belle-Angevine ; il en est de même de la poire Berthe-Bern, de celles dites : Duchesse de Berry d'hiver, Fine of long hiver, dame Jeanne, grosse poire de Bruxelles, Laquintinye, Louise Bonne d'hiver, Royale d'Angleterre, Saint-Germain d'Uvedule, de Trésor.

On a désigné beaucoup de poires par le mot de *belle* suivi d'un autre qualificatif. Elles n'ont d'autre lien entre elles que la beauté du coloris ou de la forme. M. Decaisne rejette ces appellations ainsi qu'il suit :

NOMS REJETÉS	NOMS ADOPTÉS
Poire de Belle.............	Poire Catillac.
— Belle-Adriane, Adrienne, Andréine, Héloïse...	— de curé.
Belle après Noël, de Noël...	— fondante de Noël.
— Audibert.............	— Audibert.
— Bessa...............	— d'Auch.
— canaise..............	— Napoléon.
— Cornélie	— Bassin.
— d'août, de Bruxelles, du Luxembourg et Bonne.	— sans pépins.
— d'Austrasie..........	— Jamixette.
— de Flandres, des Bois.	— Fondante des bois.
— d'Esquermes	— de Fontenay-Vendée.
— de Fouquet...........	— tonneau.
— de Prague, de Thouars, de Troyes...........	— de Thouars.
— d'été...............	— Madame.
— feuille	— d'Ange.
— épine du Mas, épine Dumas, épine de Limoges.	— épine du Mas.
— épine fondante........	— Monchallard.
— et Bonne.............	— vermillon.
— et Bonne d'Esée, Belle excellente	— Bonne d'Exée.
— Gabrielle............	— Ambrette d'hiver.
— garde...............	— Gilot.
— Julie	— du Tilloy.
— Verge	— d'épargne.

BELLE-BEAUSSE (*pomologie*). — Variété de pêche à peau duveteuse, de moyenne saison, mûrissant du 15 août au 15 septembre. Le fruit est gros et assez coloré ; la chair est fine, fondante et sucrée. Cette variété est originaire de Montreuil. L'arbre, vigoureux et fertile, se cultive en espalier.

BELLE-DE-CHATENAY (*pomologie*). — Variété de cerise, à fruit assez gros, de bonne qualité, mûrissant dans la deuxième quinzaine de juillet. L'arbre est vigoureux et vient bien sur haute tige et sur basse tige.

BELLE-CHEVREUSE (PÊCHE) (*pomologie*). — Pêche excellente, recherchée par le commerce, venant sur un arbre vigoureux et fertile, même en plein vent. La peau est jaune et prend un rouge vif du côté du soleil. La chair est marbrée de rouge vers le noyau, dont elle se détache bien ; elle devient un peu pâteuse, dans l'extrême maturité. Ce fruit mûrit à la fin d'août et dans la première quinzaine de septembre. On cite un assez grand nombre de variétés sous le même nom ou sous celui de Chevreuse hâtive.

BELLE-DE-FONTENAY (*pomologie*). — Variété de framboises remontantes, à fruit assez gros, presque rond, de couleur pourpre foncé.

BELLE-DE-VITRY (PÊCHE) (*pomologie*). — Pêche très estimée, appelée souvent admirable tardive, portée par un arbre vigoureux et fertile. Elle est très grosse, verte du côté de l'ombre, rouge clair marqué de rouge plus prononcé du côté du soleil. Elle mûrit sur la fin de septembre.

BELLEGARDE (PÊCHE) (*pomologie*). — Cette pêche, décrite dès le dix-septième siècle, est portée par un arbre très rustique, remarquable surtout comme plein-vent ; elle est de grosseur moyenne, à peau épaisse, très duveteuse, se détachant facilement, d'un vert très clair du côté de l'ombre, lavée de carmin du côté du soleil ; la chair est d'un blanc verdâtre, se détachant bien du noyau, fondante, sucrée, vineuse. C'est un fruit de première qualité, qui mûrit dès le commencement de septembre.

BELLE-DE-JOUR (*horticulture*). — Nom vulgaire du liseron tricolore (*Convolvulus tricolor*).

BELLE-DE-NUIT (*horticulture*). — Nom vulgaire du *Mirabilis jalapa* ou merveille du Pérou.

BELLE-FACE (*hippologie*). — Nom donné à un cheval qui a la face blanche, quel que soit le fond de la robe ; cette particularité est utile à noter dans les signalements.

BELLISSIME D'HIVER (POIRE) (*pomologie*). — Fruit volumineux, à peau très colorée en rouge du côté du soleil ; à chair blanche cassante, peu sapide ; il est surtout bon à cuire ; il mûrit en hiver ; il est porté par un arbre vigoureux et productif. — On a aussi donné à cette poire le nom de Bellissime de Bar. D'après M. Decaisne, une bellissime d'été est la poire de coq, une autre la poire Bassin, une autre la poire Madame, la bellissime de Jardin est la poire Béquesne, la bellissime de Provence la poire de Stuttgart.

BELOPÉRONE (*horticulture*). — Plante de la famille des Acanthacées. Le Belopérone élégant (*Beloperone pulchella*) est une très jolie plante de serre chaude. C'est un sous-arbrisseau buissonneux à feuilles étroites pubescentes, avec nervure médiane blanche. Ses fleurs sont d'un beau violet avec des stries plus foncées.

BELVÉDÈRE (*constructions rurales*). — Bâtiment que l'on construit dans les parties les plus élevées des parcs et jardins et que l'on place de manière que la vue puisse s'étendre au loin sur toutes les parties de l'horizon. Il doit avoir une architecture légère, d'une richesse en rapport avec celle des autres bâtiments du domaine, mais plus ornée, et présenter à chacun de ses étages plusieurs croisées, souvent avec des balcons, de manière que les regards puissent embrasser tout le pays à la ronde. Il est ou bien terminé par un toit, ou mieux par une terrasse sur laquelle on place des pots de fleurs et des instruments météorologiques, principalement des thermomètres et un udomètre.

BÉNINCASA (*culture potagère*). — Plante sarmenteuse annuelle, originaire de l'Inde et de la Chine, appartenant à la famille des Cucurbitacées, tribu des Cucumérinées. On n'en connaît qu'une seule espèce (*Benincasa cerifera*, *Cucurbita cerifera*). Le bénincasa, appelé aussi courge à la cire, est étalé sur terre comme les courges et les concombres. Il présente de longues tiges minces à cinq angles saillants, atteignant $1^m,50$ à 2 mètres de longueur. Ses feuilles sont grandes, légèrement velues, arrondies-cordiformes, quelquefois à trois ou quatre lobes peu marqués. Les fleurs sont monoïques, toujours axillaires, solitaires, jaunes, partagées en cinq divisions presque jusqu'à la base de la corolle, et ouvertes en forme de coupe de $0^m,06$ environ de diamètre. Le calice est à cinq lobes, assez ample ; l'ovaire, réduit à l'état rudimentaire chez les mâles, est ovoïde et surmonté d'un disque et d'un style à trois stigmates ondulés ; l'androcée, qui n'est qu'à l'état de rudiment chez les femelles, présente trois étamines libres. Le fruit est oblong, cylindrique, et atteint dans les variétés ordinaires une longueur de $0^m,35$ à $0^m,40$ sur $0^m,10$ à $0^m,12$ de diamètre ; dans les belles variétés, $0^m,60$ de longueur sur $0^m,18$ à $0^m,20$ de diamètre. Il peut peser jusqu'à 8 et même 10 kilogrammes. Dans le jeune âge, il est très velu ; à mesure qu'il grandit, il perd les poils qui le hérissent et devient glabre. Aux approches de la maturité, il se revêt d'une efflorescence cireuse abondante, blanchâtre, analogue à celle qui couvre les prunes et constituant une véritable cire végétale

Ce fruit se mange cuit. Il a une chair légère, faiblement farineuse, intermédiaire entre la courge et le concombre. Il peut se conserver durant l'hiver. La culture du bénincasa est la même que celle des courges; pour qu'elle réussisse, il faut seulement plus de chaleur. C'est pour cette raison que ce légume n'est pas devenu usuel sous le climat de Paris, où il lui faudrait la culture forcée. Il réussirait certainement dans le Midi.

BENNE (*outillage agricole*). — Panier généralement fait avec de grosses baguettes, qu'on attache de chaque côté aux bâts des ânes ou des mulets, ou que l'on place sur un chariot dans toute sa longueur pour conduire par exemple du charbon.

BENOITE (*botanique* et *horticulture*). — Genre de plantes de la famille des Rosacées, tribu des Fragariées. Ce sont des herbes à rhizome vivace, ligneux et épais, d'où naissent des rameaux chargés de feuilles alternes, trilobées, plus souvent composées, imparipennées à partir d'une certaine hauteur de la tige, avec deux stipules adnées au pétiole. Les fleurs hermaphrodites ressemblent à celles du fraisier. Ces herbes se rencontrent dans toutes les régions tempérées du globe, et elles sont employées en médecine, en agriculture et en horticulture. On en connaît un grand nombre d'espèces, parmi lesquelles il convient de citer les suivantes: 1° la benoite officinale, dont le rhizome exhale une odeur prononcée de giroflée quand il est frais; 2° la benoite des ruisseaux, commune dans les prés humides des collines sub-alpines; 3° la benoite de montagne, commune en Angleterre et Norwège; 4° la benoite écarlate (*Geum coccineum*), originaire du Chili; 5° la benoite intermédiaire; 6° la benoite du Canada. Les feuilles jeunes et fraîches sont quelquefois mangées en salade.

Dans les campagnes les enfants récoltent les feuilles et les jeunes pousses des benoites pour les donner au bétail, qui les mange volontiers.

En horticulture, on emploie quelquefois la *benoite des ruisseaux* pour décorer les rocailles humides en raison de ses fleurs rougeâtres. La *benoite écarlate* est plus estimée. On la cultive en pieds isolés pour la mettre dans les plates-bandes, où ses fleurs d'un beau rouge paraissent dès le commencement de l'été et font un joli effet. Elle est vivace et rustique, et ses tiges atteignent une hauteur de 50 centimètres. On la multiplie par éclats du pied après la floraison, ou plus rapidement par le semis; le plant repiqué en pépinière est mis en place l'année même ou au printemps de l'année suivante.

BENTHANIA (*horticulture*). — Ce nom a été donné à plusieurs plantes, mais particulièrement par les horticulteurs au *Cornus capitata* ou *Benthania fragifera*, de la famille des Cornacées, originaire du Népaul. La Benthania porte-fraises est un arbrisseau d'orangerie à Paris, de pleine terre dans l'ouest de la France. Il est droit, atteint une hauteur de 3 à 4 mètres, a des feuilles ovales-oblongues, blanchâtres en dessous, qui ressemblent à celles du cornouiller mâle. Ses fleurs sont jaunâtres, entourées de grandes bractées d'un blanc soufré qui passe au violet avec le temps; le fruit ressemble à la fraise. Il lui faut une terre douce; on le multiplie de boutures.

BÉQUESNE (POIRE) (*pomologie*). — Fruit d'automne venant sur un arbre vigoureux et assez productif. Il est de forme oblongue; à peau jaune lavée de rouge au soleil, parsemée de points et marquée de brun autour du pédoncule; à queue assez longue, insérée dans l'axe; à chair demi-cassante, peu parfumée. Il commence à mûrir à la fin d'octobre; il est propre à cuire ou à faire des poires tapées.

BÉQUILLE ou **BÉQUILLON** (*horticulture*). — Instrument de jardinage employé pour donner de légers labours et qui se compose d'un fer recourbé moins large que la ratissoire et ayant la forme d'une petite pelle arrondie; le manche en bois est court, de $0^m,45$ de longueur environ seulement, et terminé par une petite traverse formant la béquille.

BÉQUILLER (*horticulture*). — Donner un petit labour avec une houlette, une serfouette, une petite bêche appelée béquille, dans les caisses contenant des arbrisseaux ou dans des planches où sont cultivés des laitues, des chicorées, des pois, des fèves, des fraisiers. On ameublit ainsi la terre qui paraît battue, de telle sorte que l'eau de pluie ou les arrosements puissent descendre facilement jusqu'aux racines des plantes.

BERBER (CHEVAL). — Synonyme de cheval barbe (voy. ce mot).

BERBERIDOPSIS (*horticulture*). — Genre de plantes de la série des Erythrospermées. Le *Berberidopsis corallina* est une jolie plante d'ornement originaire du Chili, présentant un périanthe multifoliolé, imbriqué, des étamines en nombre variable, des fleurs rouges en grappes ombelliformes terminales; des rameaux légèrement sarmenteux, chargés de feuilles alternes et simples sans stipules. Cette plante supporte difficilement la pleine terre à Paris pendant les hivers rigoureux, mais elle prospère dans le Midi.

BERBERIS (*horticulture*). — Genre de plantes de la série des Berbéridées, qui a donné son nom à la famille des Berbéridacées. Les *Mahonia* en forment un sous-genre qu'on doit mettre à part. Ce sont des arbustes épineux qui croissent dans les régions tempérées de presque toutes les parties du globe. Leurs rameaux portent des feuilles alternes dont quelques-unes sont transformées en épines à trois, cinq ou sept branches palmées, non articulées à leur base, et offrent de courts rameaux se terminant souvent par des inflorescences. Les fleurs, régulières et hermaphrodites, sont disposées en grappes plus ou moins allongées. Les fruits sont des baies contenant un petit nombre de graines; ils renferment du sucre et un acide. Dans le liber de ces arbustes on trouve un principe colorant amer spécial.

Parmi les diverses espèces de Berberis présentant de l'intérêt, il faut citer:

1° Le *Berberis vulgaris*, qu'on rencontre partout en France, n'est autre que le *Vinettier*, l'*Epine-vinette*, l'*Epine-aigrette*, etc. C'est un arbrisseau très-buissonnant, ayant la propriété d'envahir le sol par le drageonnement du pied, atteignant une hauteur de 2 à 3 mètres, à feuilles simples et caduques, donnant dès les premiers jours du printemps de nombreuses fleurs jaunes en grappes pendantes, auxquelles succèdent de petites baies oblongues, d'un rouge vif à la maturité, dont la pulpe a une acidité très prononcée. Les fruits verts se confisent au vinaigre. On en connaît plusieurs variétés à *gros fruit*, à *fruit blanc*, à *fruit doux*, à *fruit jaune*, à *fruit violet*, *sans pépins*. On doit considérer le vinettier comme un véritable arbre fruitier, quoiqu'on le cultive surtout pour en former des haies qui sont très défensives. Pour les confitures et les conserves, on préfère la variété sans pépins, cultivée dans ce but en Angleterre; on la multiplie de marcottes.

On peut faire un petit vin rafraîchissant avec les fruits de l'épine-vinette; on peut aussi, par la distillation, en tirer de l'eau-de-vie. Les feuilles et les jeunes pousses se mangent dans quelques pays en guise d'oseille. Les infusions des feuilles sont employées à la Jamaïque contre les douleurs d'entrailles. La racine est employée en marqueterie. L'écorce, la racine et les baies donnent des moyens de teindre la laine, la soie, le cuir, le lin, le chanvre, l'ivoire, le bois.

On doit éviter de planter des vinettiers près des cultures de céréales. « On a depuis longtemps constaté, dit M. Baillon, ce qu'on a appelé l'antipathie des *Berberis* et de nos céréales : la présence des premiers déterminait, dit-on, sur les dernières, la production d'une maladie, la *rouille*. On sait aujourd'hui que le champignon qui produit cette maladie n'est qu'un état particulier d'un autre végétal, l'*Œcidium berberidis*, communiqué aux graminées par les épines-vinettes. »

2° Le *Berberis asiatica*, des montagnes du Népaul, est singulièrement décoratif, à cause du contraste que présentent ses feuilles vertes et luisantes en dessus, blanches en dessous. Il réussit surtout très bien en Provence pour l'ornementation des jardins en hiver.

3° Le *Berberis aurahuacensis*, d'Aurahuacy, nom d'un village de la Nouvelle-Grenade où cet arbrisseau a été trouvé à une altitude de 3000 mètres, présente des feuilles glauques ou blanchâtres en dessous, les inférieures ovales, en cœur et portées sur de très longs pétioles, les supérieures elliptiques, atténuées à la base en un pétiole très court.

D'autres *Berberis* sont encore remarquables par leur feuillage et cultivés soit en pleine terre, soit dans les orangeries, selon les climats; tels sont : le *Berberis buxifolia*, ou à feuilles de buis; le *Berberis Darwinii*, à feuilles persistantes, luisantes et d'un beau vert; le *Berberis empetrifolia* ou à feuilles d'*empetrum*, linéaires, à bords roulés en dessous; le *Berberis ilicifolia* ou à feuilles de houx; le *Berberis rotundifolia*, ou à feuilles arrondies, qui constitue un arbuste rampant, armé de fortes épines avec des feuilles entières, veinées, glauques en dessous.

BERCAIL. — Expresssion quelquefois employée pour désigner une enceinte où l'on enferme les moutons.

BERCEAU (*horticulture*). — Voûte de verdure ombrageant une allée ou un réduit de forme quelconque permettant de jouir, à l'abri des rayons du soleil, de la fraîcheur ou du repos dans un parc ou dans un jardin. Cette voûte prend le nom de charmille quand elle est obtenue par une plantation de petits charmes.

Trois procédés sont généralement employés pour faire des berceaux. On se sert de treillages, c'est-à-dire de lattes et de cerceaux avec pieux fixés en terre, et que l'on garnit avec des plantes grimpantes, ou bien d'arbrisseaux, qui, ordinairement, exigent aussi une charpente pour soutien, ou, enfin, d'arbres dont les branches sont toutes disposées pour constituer une couverture continue.

Les plantes grimpantes les plus employées pour couvrir la charpente des berceaux peuvent être annuelles, bisannuelles ou vivaces; ce sont, le plus souvent, les capucines, les haricots, les cobéas, les clématites, le houblon.

Parmi les arbrisseaux, on choisit surtout la vigne, le lierre, les aristoloches, le jasmin, le chèvrefeuille, les bignones, les glycines et autres plantes ligneuses donnant des sarments très longs et facilement dirigeables, portant des fleurs remarquables par le coloris ou la senteur, et surtout un feuillage large et durable.

Les arbres permettent de se passer de toute charpente; leurs branches, à partir d'une certaine hauteur, s'écartent des troncs pour s'étendre horizontalement, soit naturellement, soit par des soins bien entendus. On emploie le plus souvent les charmes, le hêtre, les mûriers, les pommiers, le noyer, le marronnier d'Inde, le tilleul, l'ormeau, le platane, le chêne, le cèdre. Il ne faut pas, en général, ne planter qu'une seule essence, et il faut aussi tenir grand compte de la nature du sol et du climat. Des soins de taille appropriés doivent être donnés, et il faut obliger les branches à prendre par force les courbures voulues. On fait ainsi de la véritable architecture végétale pouvant donner lieu aux dispositions les plus variées.

L'entretien des berceaux en état florissant exige qu'on mette de l'engrais au pied des plantes, qu'on donne des cultures suffisantes, qu'on détruise les chenilles par l'échenillage, les pucerons par des fumigations et des arrosages avec des pluies artificielles d'infusions de feuilles de tabac, les moustiques par divers insecticides. Les cousins sont surtout insupportables lorsque des ruisseaux circulent près de ces plantations, et, malgré les agréments que l'eau fournit, on est obligé de s'en passer près des berceaux.

BERCE (*botanique, agriculture* et *horticulture*). — Genre de plantes de la famille des Ombellifères, de la tribu des Peucédanées. Elles appartiennent en général aux régions tempérées de l'hémisphère boréal, mais on en rencontre quelques-unes en Abyssinie et dans les montagnes de l'Inde orientale. Ce sont des herbes vivaces ou bisannuelles, plus ou moins velues, qui atteignent parfois de 2 à 3 mètres, à feuilles très larges et diversement découpées, à fleurs souvent polygames, disposées en grosses et larges ombelles, les pétales de la circonférence étant plus développés que ceux du centre. A cause de leurs grandes dimensions, on les a dédiées à Hercule et on a donné au genre le nom d'*Heracleum*. On en connaît un assez grand nombre d'espèces : plusieurs sont employées en médecine, d'autres se rencontrent dans les prairies et constituent des fourrages parfois utiles, parfois nuisibles, d'autres encore servent avec avantage à l'ornementation des jardins.

La *berce des prés* est commune dans les bois et dans les prés. Sa tige est droite, cylindrique, haute de 1m,20 à 1m,50, fistuleuse, velue, rameuse; ses feuilles sont très grandes, à cinq lobes aigus et dentés, velues en dessous; ses fleurs blanches, formant de larges ombelles, s'épanouissent en juin et juillet; les graines sont nombreuses, on en a compté jusqu'à cinq mille par pied en Angleterre. Quand la plante est jeune, elle fournit un fourrage vert qui est surtout du goût des bêtes bovines et des lapins; mais dans les terrains très humides, cette berce devient âcre et vésicante, et on affirme que des vaches ont péri pour en avoir brouté. D'ailleurs, elle est très envahissante, et son développement considérable nuit à la croissance des bonnes plantes, outre qu'elle diminue la qualité du foin. Il faut donc la détruire; on le fait en la coupant au-dessus du collet en avril et en mai, en l'arrachant avec ses tiges avant l'épanouissement des fleurs; on empêche tout au moins, de cette manière, sa multiplication. Dans les pays septentrionaux, on en fait de nombreux usages.

La berce de Perse (*Heracleum persicum*), la berce pubescente (*Heracleum pubescens*), la berce de Wilhems (*Heracleum Wilhemsii*) sont des plantes ornementales extrêmement remarquables. Elles atteignent des hauteurs de 2 à 3 mètres; elles portent des fleurs en ombelles d'une dimension extraordinaire, de 0m,40 de diamètre pour la première, de 0m,30 pour la seconde, de 0m,25 pour la troisième; ces fleurs sont blanches ou d'un blanc jaunâtre et se détachent admirablement sur les feuilles, qui ont également de très grandes dimensions et offrent des contrastes de teintes et de formes du plus bel effet. Ces plantes forment des rosaces splendides qui occupent parfois près de 4 mètres de diamètre. Elles sont dans toute leur beauté de juin à la fin de juillet. Elles viennent dans tous les terrains frais, mais elles prospèrent surtout dans les sols argileux, humides et profonds. Pour les multiplier, le mieux est de les semer dès que les graines sont mûres; elles lèvent dans l'année ou au moins dès le printemps suivant; on repique le plant en pépinière et on le met ensuite en place. On peut aussi opérer la multiplication par la division des touffes faite après la maturité des graines ou au printemps.

BERCER (SE) (*hippologie*). — On dit qu'un cheval se berce lorsque, en allant au pas, au trot, à l'amble, il se dandine en se laissant nonchalamment aller à droite et à gauche et réciproquement. Ce balancement latéral peut avoir lieu du devant ou du derrière; il absorbe une dépense de force qui diminue l'impulsion en avant. Le défaut de se bercer tient à un vice de conformation, à de la faiblesse, à de longues fatigues. Quand il provient de la nature de l'animal, on ne peut que le réveiller en ayant fréquemment recours à l'action de l'éperon ou du fouet. S'il est dû à de la jeunesse, à un manque de forces, à une fatigue excessive, on le corrige facilement par des soins et une bonne nourriture, qui permettent de compléter le développement et la consolidation de l'organisme.

BERGAMOTE (*pomologie*). — Fruit du bergamotier. — On donne aussi le nom de bergamote à un assez grand nombre de poires, en ajoutant une spécification. Decaisne n'admet que trois bergamotes, celle proprement dite, la bergamote panachée et la bergamote rouge; voici la liste des poires bergamotes dont les noms ont été rejetés :

NOMS REJETÉS	NOMS ADOPTÉS
Bergamote Bouquet	Poire Quetelet.
— de Caux, Fortunée.	— Fortunée.
— de Fougère, de Hollande	— Amoselle.
— de la Beuvrière...	— Milan-Blanc.
de Pâques, de Pentecôte...........	— de Pentecôte.
— de Parthenay, Stoffels............	— de Parthenay.
— de Soulers.......	— Bonne de Soulers.
— de violette........	— Bugi.
— Drouet...........	— Angleterre d'hiver.
— Esperen..........	— Esperen.
— Fiévée...........	— Naquette.
— Gerard............	— Gilot.
— Lesèble..........	— Lesèble.
— Melon, Rouwa....	— Bergamote.
— Poiteau..........	— Poiteau.
— Sageret..........	— Sageret.
— Silvange..........	— Silvange.
— Suisse	— Bergamote panachée.
— tardive...........	— Colmar.
— Thouïn..........	— Thouïn.
— verte............	— Mouille-Bouche.

La *poire bergamote* est un fruit d'automne, de grosseur moyenne, à peau d'un vert pâle pointillé, déprimé aux deux extrémités. Il est donné par un arbre pyramidal ou en espalier. Il mûrit dans le fruitier à partir du 15 octobre, et successivement parfois jusque vers le mois de mars. C'est une excellente poire à chair blanche, très fondante, juteuse.

La *poire bergamote panachée* ressemble à la précédente par la chair et le goût, mais sa saveur est ordinairement moins sucrée. C'est aussi un fruit d'hiver; il vient sur un arbre également pyramidal. La peau est d'un vert pâle ou jaune verdâtre pointillé, marquée en outre de bandes d'un vert foncé plus larges et nombreuses.

La *bergamote rouge*, appelée aussi bergamote Gansell, bergamote Brom, beurré de Gucke, beurré d'Argenson, bonne rouge, est plus répandue en Angleterre qu'en France d'où cependant elle est originaire; elle a été décrite par Duhamel. C'est un très bon fruit, de grosseur moyenne, arrondi et régulier, à queue courte, un peu enfoncée.

BERGAMOTIER (*pomologie*). — Le bergamotier (*Citrus bergamia*) forme une petite tribu parmi les orangers. On distingue le *bergamotier ordinaire*, le *bergamotier torulum*, le *bergamotier à petit fruit*, le *bergamotier mallarose* et le *bergamotier à fleurs doubles*. Ce sont des arbres assez élevés, ayant le port et la physionomie des orangers; ils ont les rameaux nus ou garnis de petites épines. Les feuilles sont oblongues, aiguës, obtuses, de moyenne grandeur, d'un vert vif en dessus, plus pâle en dessous; elles sont portées sur des pétioles ailés ou simplement marqués. Les fleurs sont petites et blanches, d'une odeur particulière très suave. Les fruits sont piriformes ou déprimés, lisses ou toruleux, d'un jaune pâle, à pulpe légèrement acide et d'un arome agréable. Les bergamotiers sont cultivés comme les orangers; à une bonne exposition, ils produisent beaucoup. Ce sont surtout des arbres à essences. Les fleurs et l'écorce des fruits donnent une huile essentielle recherchée des confiseurs et des parfumeurs.

On se sert des bergamotes comme des citrons. Elles entrent dans la préparation des conserves; la bergamote mallarose ou étoilée est préférée pour cet objet. Leur écorce sert à faire de petites caisses à toilettes ou des boîtes à bonbons. Le zeste est employé en infusions dans l'alcool pour faire des liqueurs d'une saveur recherchée.

BERGELADE (*agriculture*). — Mélange d'avoine et de vesce qu'on sème en culture dérobée afin d'obtenir une nourriture verte pour le bétail, ou bien pour avoir un engrais vert à enfouir par un coup de labour.

BERGER. — Le berger n'est pas seulement l'individu chargé de conduire les bêtes à laine dans les pâturages; ce n'est pas non plus le paysan qui traverse, le matin, le village en appelant les animaux de chaque habitant pour les conduire au parcours communal et les en ramener le soir; c'est l'homme chargé de donner ses soins aux bêtes ovines, à la bergerie, la nuit comme le jour, et dont la vie se passe au milieu du troupeau qui lui est confié. Un bon berger est chose rare; c'est un motif pour honorer sa profession et l'élever par un salaire rémunérateur au-dessus de la simple domesticité. Si les troupeaux font la richesse d'une ferme, c'est le berger surtout qui fait la prospérité du troupeau.

A notre époque, où l'enseignement, sous toutes ses formes, prend des développements si variés, le ministère de l'agriculture ne pouvait négliger l'enseignement professionnel. Deux écoles spéciales, destinées à initier les élèves à la direction, à la bonne tenue, à la prospérité des troupeaux, ont été fondées à Rambouillet (Seine-et-Oise), où l'apprentissage dure deux ans, et à Moudjebeur (Algérie), où sa durée est de trois ans. L'enseignement est gratuit et essentiellement pratique; les élèves y recueillent toutes les notions nécessaires à la conduite et à la reproduction des troupeaux de bêtes à laine. L'agnelage, le sevrage, la castration, l'appareillement, le choix des béliers, la lutte, la gestation, la parturition, l'allaitement, l'alimentation des animaux, la tonte, le parcage, la préparation pour la vente, la transhumance, l'élevage des béliers reproducteurs, l'hygiène des troupeaux et les soins aux animaux malades, avec le traitement des maladies les plus fréquentes, tout est étudié dans ces établissements modèles.

A la sortie, les apprentis reçoivent des primes de 300 et 200 francs pour la bergerie de Rambouillet; à Moudjebeur, l'élève, national ou indigène, sorti le premier, a droit à une prime de 500 francs; le deuxième, de 400 francs; le troisième, de 300 francs; le quatrième, de 200 francs; tous les autres reçoivent une prime uniforme de 150 francs. L'âge d'admission est fixé à quatorze ans pour Moudjebeur et à quinze ans pour Rambouillet. Les élèves sortis de ces écoles professionnelles spéciales, où ils ont suivi des cours et exécuté des travaux raisonnés, présentent donc des garanties supérieures d'aptitude dans une profession qui exige deux conditions principales : une honnêteté scrupuleuse, une instruction technique sérieuse et développée.

Les gages d'un berger doivent être établis de

telle sorte, qu'il soit mis à l'abri de la tentation de chercher son profit, aux dépens de son maître, soit dans les acquisitions, soit dans les ventes dont on peut le charger, et le propriétaire doit l'intéresser à son succès. La moyenne des gages, en France, est de 400 à 700 francs.

En Saxe, les bergers sont souvent propriétaires d'un certain nombre d'animaux, qu'ils apportent comme cautionnement au cultivateur chez lequel ils se présentent, et ces animaux sont mêlés au troupeau après avoir été marqués.

Une coutume, contre laquelle les agriculteurs doivent réagir vivement, est celle qui consiste à abandonner au berger les peaux des animaux qui meurent; cet abandon est une prime donnée à la négligence ou à la malhonnêteté du berger, et il est sage de ne pas mettre sa vertu à une telle épreuve. Il doit, au contraire, être intéressé à la production, et la part qui lui sera attribuée dans ce cas n'est qu'une dépense apparente dont les éleveurs seront amplement dédommagés par le surcroît de production qu'ils obtiendront.

Il est à désirer qu'un berger sache lire et écrire, pour prendre note des observations que, mieux que personne, il est à même de faire, en toutes circonstances et à tout âge de leur vie, sur les animaux qui lui sont confiés. Comme l'a dit Tessier, une des qualités essentielles d'un berger est la mémoire; il doit connaître tous ses animaux, savoir les distinguer à certaines marques dans la couleur ou l'épaisseur dans la laine, à une conformation particulière, à leur manière de marcher, de bêler. Vivant presque continuellement en dehors de la surveillance du maître, il importe que le berger soit honnête et qu'il aime les animaux. Il doit veiller à leur donner la nourriture à des heures régulières, à faire leur litière en temps utile, à enlever le fumier à propos. Il faut qu'il ait des notions d'hygiène et de médecine vétérinaire, pour prévenir les nombreuses maladies auxquelles les moutons sont sujets et pour leur donner, au besoin, les premiers soins quand ils sont indisposés.

Le chien est le premier ministre du berger; il exécute ses ordres, maintient le troupeau en place, rappelle les égarés. Le chien de la Brie, qu'on retrouve, paraît-il, en Islande, en Sibérie, au cap de Bonne-Espérance, à Madagascar et dans l'Inde, et qui appartient au type de ces chiens sauvages que de Humboldt a retrouvés dans les Pampas de la République Argentine, présente les meilleures aptitudes aux fonctions qui lui sont dévolues, la garde des troupeaux. Il a les oreilles droites, le poil épais et long, soyeux en dessus, laineux et en forme de léger duvet en dessous; la robe est souvent noire ou noirâtre, avec du jaune au museau, autour des yeux et aux jambes; la queue est garnie de poils longs. Il n'est réellement utile au berger que si une éducation sévère a réparé les torts de son naturel inquiet, ardent, tyrannique, pour y substituer l'obéissance la plus complète aux indications de la voix. Le propriétaire soucieux de ses intérêts doit donc choisir un berger instruit, honnête, l'associer aux bénéfices que pourra produire le troupeau et mettre à sa disposition un chien soigneusement dressé, sans lequel la garde deviendrait impossible. G. M.

BERGERIE. — Dans presque toutes les exploitations agricoles, le mouton est un des animaux de rente le plus en faveur. Il faut donc, pour obtenir le maximum du bénéfice qu'il peut produire, le placer dans les conditions les plus favorables à son développement et à son bien-être. La disposition d'une bergerie et les soins de sa tenue intérieure contribuent puissamment au bon ou au mauvais état des troupeaux.

La libre circulation de l'air est la condition à laquelle doivent satisfaire toutes les bergeries; la meilleure construction serait un hangar fermé au nord par un mur plein et dont les trois autres côtés seraient à jour au moyen de petits murs à hauteur d'appui, surmontés de barreaux en bois suffisamment espacés; en joignant un parc à la bergerie, on augmentera les conditions favorables à l'animal.

Orientation. — La meilleure orientation est celle du nord au midi; les bêtes à laine ont, en effet, besoin de soleil en hiver et d'ombre en été; ces conditions ne peuvent être obtenues qu'en disposant des ouvertures des deux côtés du logement, au nord et au midi. L'une ou l'autre de ces expositions peut donc être prise indifféremment pour la façade du bâtiment; des deux autres expositions, celle de l'est doit être préférée.

Sol. — Le sol de la bergerie doit être, autant que possible, imperméable et à 0^m,30 au-dessus du niveau de la cour. L'asphalte, le béton, l'argile mélangée avec la chaux forment d'excellents planchers qui empêchent la déperdition des urines et assurent la conservation des fumiers; les bergeries ne doivent jamais être pavées. Quelque abondante que soit la litière, l'intérieur de la bergerie ne peut rester sec que si le sol est rendu imperméable et réglé suivant une pente de 0^m,02 environ par mètre avec quelques rigoles, de distance en distance, pour assurer l'écoulement des urines.

La place que doit occuper, au minimum, un mouton, dépend d'abord de la race; en effet, tandis que certains moutons solognots mesurent à peine 0^m,65 de longueur, on rencontre des animaux flamands et picards qui ont jusqu'à 1^m,55. Dans la même race, la place nécessaire varie avec l'âge; l'agneau sevré, l'antenais n'exigent pas autant de surface que le mouton adulte; enfin, à âge égal, la place occupée dépend de la fonction; une mère pleine ou suitée exige plus d'emplacement qu'une brebis à l'engrais.

Dans son ouvrage : *les Bergeries*, M. Grandvoinnet donne, sur ce sujet, les nombres suivants :

NOMS DES AUTEURS OU OBSERVATEURS	BREBIS PORTIÈRES AVEC LEURS AGNEAUX		ADULTES		ANTENAIS		TÊTE OVINE MOYENNE		BÉLIER A CORNES	
	en surface	au râtelier	en surface	au râtelier	en surface	au râtelier	en surface	au râtelier	en surface	au râtelier
	mètres	mètres	mètres	mètres	mètres	mètres	mètres	mètres	mètres	mètres
Lam (Dictionnaire de l'abbé Rosier)	1,3455	0,7392	»	»	»	»	»	»	»	»
	1,4950	0,8213	»	»	»	»	»	»	»	»
Carlier	»	»	»	»	»	»	0,8135	0,3470	»	»
	»	»	»	»	»	»	0,7792	0,3210	»	»
De Morel de Vindé	1,0500	0,7000	0,6331	0,4228	0,4800	0,3200	»	»	»	»
De Perthuis	»	»	»	»	»	»	0,7250	0,3600	»	»
Tessier	0,8442	0,5116	0,6331	0,3837	0,5276	0,3200	»	»	0,7386	0,4476
Moyennes	1,1837	0,6030	0,6331	0,4028	0,5038	0,3200	0,7809	0,3427	0,7386	0,4476

Chaque animal adulte réclame donc en moyenne une surface de 0mq,780 à 1 mètre carré ; pour les agneaux 0mq,50 suffisent amplement. L'espace attribué à un mouton est donc un rectangle de 0m,42 à 0m,50 de largeur sur une longueur de 1m,90 à 2 mètres. L'animal a besoin de 3m,50 à 4 mètres cubes d'air

Ventilation. — Pour assurer la ventilation, il est bon de ménager dans les murs des trous en forme de croix; afin d'éviter le refroidissement, qui pourrait résulter de l'action directe de l'air extérieur sur les animaux, il faut interposer une planche sur ces ouvertures.

Fenêtres. — Les fenêtres peuvent avoir une forme quelconque; l'important est que leur seuil soit à une hauteur telle que le courant, résultant de l'appel d'air, s'établisse au-dessus de la tête des animaux. Elles doivent cependant être organisées de telle sorte, qu'il soit possible de régler l'entrée de l'air. Les persiennes à cadre dormant et lames mobiles sont donc à recommander.

Portes. — Les portes des bergeries ne doivent présenter aucun angle vif; la largeur doit en être calculée de manière que deux moutons puissent facilement sortir de front et que trois ne puissent passer, soit 1 mètre environ suivant la race. La hauteur des baies doit être de 2 mètres à 2m,50. Les animaux se précipitent pour sortir, s'écrasent contre les montants, et ces heurts perpétuels occasionnent de fréquents avortements; il est donc nécessaire que les portes soient établies de telle sorte que le vide à la partie inférieure, c'est-à-dire jusqu'à 0m,30 du sol, soit moindre que celui qui existe entre les montants, pour qu'en cas de pression, les membres seuls des animaux soient heurtés.

On préconise parfois, à tort, l'emploi de rouleaux placés contre les montants. C'est là un système défectueux qu'on ne saurait recommander. Il faut, en outre, que l'ouverture soit assez large pour permettre l'entrée, dans la bergerie, des voitures destinées à l'enlèvement des fumiers, si cet enlèvement ne se fait pas au moyen d'un chemin de fer portatif.

Couverture. — La couverture de la bergerie doit être complètement imperméable, car le mouton craint tout spécialement l'humidité; les tuiles de Montchanin répondent très bien à cette nécessité.

Compartiments. — Des compartiments spéciaux doivent être ménagés à l'intérieur de la bergerie; les uns réservés aux béliers, qui ne doivent être mis en contact avec les brebis qu'au moment de la lutte; les autres, aux brebis, aux brebis portières avec leurs agneaux, et enfin aux agneaux élevés pour la boucherie. Ces compartiments doivent être obtenus, soit au moyen de cloisons mobiles, soit par l'emploi de râteliers doubles.

Auges et râteliers. — Le mobilier intérieur de la bergerie consiste en auges et en râteliers; les auges sont destinées à recevoir les racines coupées, les pulpes, les tourteaux, la paille hachée, la farine, et, en général, tous les aliments autres que la paille et le foin non coupés que les râteliers doivent contenir. Les auges sont, le plus souvent, en bois; on peut les établir en tôle ou en fonte; elles peuvent être fixes ou mobiles; ces dernières sont les plus employées. La capacité de l'auge peut être calculée à raison de 12 à 15 litres par tête (voy. AUGE).

Le bord de l'auge doit être à 0m,30 au-dessus du sol. D'après M. Grandvoinnet, on doit donner en moyenne par tête 0m,42 de longueur, 0m,30 de largeur et 0m,15 de profondeur.

Pour que les agneaux ne puissent se glisser sous l'auge, on ferme le devant, soit par un mur qui supporte l'auge même, soit par une planche clouée sur les supports. Les auges en bois sont composées de 2 planches, l'une horizontale formant le fond et reposant, autant que possible, sur un petit mur; l'autre verticale et formant le devant ou bord de l'auge. On ne fait guère en métal que les auges portatives ou mobiles.

Le râtelier doit avoir, par tête, une longueur de 0m,42 à 0m,48, et 0m,40 d'ouverture; il doit être fermé à chaque extrémité; les fuseaux doivent être verticaux ou même mieux inclinés en dedans; leur écartement ne doit pas excéder 0m,15. Les râteliers inclinés sont mauvais, en ce sens que, pour prendre leur nourriture, les animaux se blessent fréquemment au chanfrein; d'un autre côté, les débris, les poussières, les graines tombant sur la nuque, salissent la laine et très souvent s'incrustent dans la peau. Lorsqu'il s'agit de jeunes animaux, il convient de couvrir les râteliers.

Le plus généralement l'auge et le râtelier sont réunis; on a alors ce qu'on appelle une crèche. M. le comte de Kergorlay, dans sa ferme de Canisy (Manche), a adopté une crèche bien disposée (fig. 631) : les supports, placés de distance en distance, sont formés d'un fort montant qui reçoit en bas, par un assemblage à tenon et mortaise, un corbeau soutenant le fond de l'auge et consolidé par une contre-fiche inclinée à 45 degrés. En haut, le principal montant est relié par une petite traverse à un montant antérieur destiné à supporter la perche supérieure du râtelier vertical; le côté d'arrière de l'auge se prolonge pour former le fond du râtelier et forcer le foin à descendre vers le bas des barreaux verticaux.

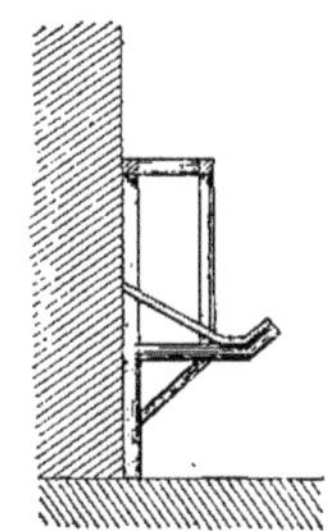
Fig. 631. — Crèche de la ferme de Canisy.

Le modèle connu sous le nom de crèche de Grignon, est considéré comme l'un des meilleurs. Un râtelier mobile double, divisé en deux parties par une planche de 0m,55 de hauteur, est supporté par un pied en bois en forme d'X; l'auge est appuyée sur ce pied et se trouve immédiatement sous le râtelier.

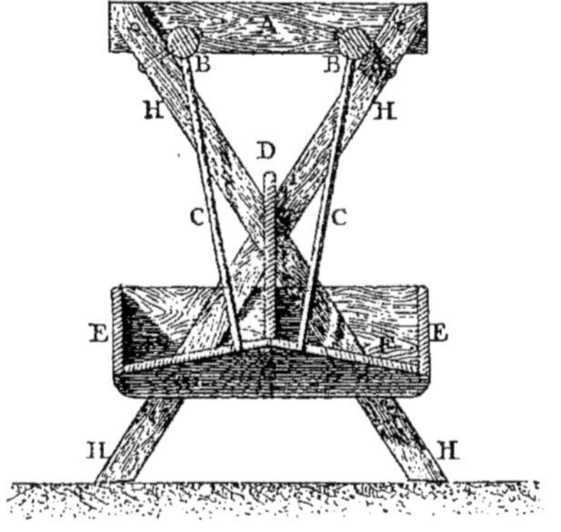

Fig. 632. — Crèche du système Grandvoinnet.

M. Grandvoinnet a imaginé une crèche double en bois à pieds en X (fig. 632). Les pieds se composent chacun de 2 morceaux de bois plats formant X et assemblés à mi-bois ; les deux fonds inclinés F des auges sont en planches traversées à leurs extrémités par les pieds ; elles sont, en outre, supportées par des corbeaux doubles G boulonnés sur le bas des pieds, dont elles maintiennent l'écartement, en même temps qu'une planche D, qui divise l'auge et le râtelier en deux ; cette planche est saisie, à chaque bout, par la tête fendue et allongée du boulon qui assemble les deux branches de l'X. Enfin, une demi-planche A, boulonnée sur le haut des branches des pieds, achève de faire de cet ensemble un tout parfaitement solide, en embrassant les deux perches dans des encoches semi-circulaires.

Abreuvoirs. — Les bergeries doivent être pourvues d'abreuvoirs intérieurs permettant au berger de fournir à ses animaux l'eau dont ils ont besoin ; ces auges-abreuvoirs, à poste fixe, seront alimentées par un robinet d'eau. M. Grandvoinnet recommande l'établissement de réservoirs placés à une certaine hauteur et à l'intérieur de la bergerie pour que l'eau reste à une température convenable.

Pièces annexes. — Comme pièces annexes, la bergerie doit comprendre, outre le logement du berger, un magasin destiné à la préparation des aliments, une infirmerie et un magasin à fourrages.

Systèmes de bergerie. — Les diverses habitations consacrées à l'espèce ovine sont classées, ainsi qu'il suit, par M. Grandvoinnet :

1° *Parcs fixes ou temporaires*, ne pouvant protéger les troupeaux que contre les loups et servir à l'épandage des excréments ;

2° *Abris plantés ou parcs abrités*, protégeant, en outre, les moutons contre les grands vents et les tempêtes de neige ;

3° *Hangars ou parcs couverts*, protégeant les animaux contre la pluie ou la neige et recueillant les fumiers ;

4° *Bergeries proprement dites*, couvertes et closes, protégeant les animaux contre la pluie, la neige et le froid.

Nous allons examiner successivement chacun de ces systèmes :

Parcs mobiles. — Un parc est une enceinte mobile, formée de palissades légères appelées *claies* et destinée, à la fois, à maintenir les moutons sur une surface déterminée de terrain qu'ils engraissent de leur suint et de leurs déjections, et à les protéger contre les loups et les autres dangers auxquels ils peuvent être exposés pendant la nuit.

Un parc complet comprend ses claies, les piquets destinés à les maintenir et la cabane du berger, placée en dehors de l'enceinte. Les claies peuvent être en bois ou en fer. Le prix de celles en bois varie de 0 fr. 40 à 0 fr. 60 par mètre courant, non compris les crosses et les pieux, s'il y a lieu. Leur durée est de cinq à dix ans. Les claies en fer remplaceraient avec avantage les claies en bois si leur prix n'était pas trop élevé.

Parcs permanents. — Les parcs permanents qu'il convient d'annexer aux bergeries couvertes et closes sont de simples enclos sans râteliers.

Abris plantés. — Le mouton, grâce à sa toison qui jouit de la propriété de ne pas conduire la chaleur, peut rester, même en hiver, à l'air libre, si on l'abrite pendant les époques les plus rigoureuses de l'année. — Des plantations d'arbres forment les meilleurs abris dans les pays de montagne, surtout si elles sont encloses par un mur en pierre. — Dans quelques pays et particulièrement en Angleterre, la nécessité d'avoir une libre circulation intérieure de l'air a amené la coutume presque générale de faire parquer les animaux pendant toute l'année au milieu des champs, au moyen d'une petite toiture mobile qui s'adapte sur l'un des côtés du parc et sert à abriter les animaux de la neige en garantissant de la pluie les fourrages qu'on est souvent obligé de leur donner comme supplément de nourriture.

Bergeries proprement dites. — En France, dans la majeure partie des fermes, les habitations destinées aux animaux sont surmontées d'un grenier dans lequel est emmagasiné le fourrage nécessaire à la consommation de l'hiver. C'est là une disposition qui présente des inconvénients. En effet, il faut élever le foin au moins à 4^{m},50 pour l'engranger ; c'est déjà un travail considérable qui ne peut se faire qu'à la main ; l'établissement du grenier nécessite la confection d'un plafonnage imperméable, dépense importante. D'un autre côté, les murs d'un bâtiment doivent être d'autant plus épais qu'il est plus élevé et que ces murs ont un poids plus lourd à supporter ; les bergeries à greniers sont donc plus coûteuses à établir. Les bergeries non surmontées d'un grenier présentent, au contraire, les avantages suivants : diminution d'épaisseur des murs et, par suite, dépense moindre ; possibilité d'établir directement dans la toiture l'éclairage et la ventilation.

Les bergeries sont de différents types : les bergeries à un seul rang, dans lesquelles une crèche simple est placée contre le mur ; celles à deux rangs, dans lesquelles on peut employer une crèche double placée dans l'axe longitudinal du bâtiment ; les bergeries à quatre rangs, qui consistent en deux bergeries à deux rangs accolés ; et enfin les bergeries à plus de quatre rangs dans lesquelles les animaux doivent être placés en rangs transversaux. La bergerie à grenier de l'École nationale d'agriculture de Grignon est un bon spécimen de ce dernier type de bergerie ; les sorties, l'affourragement et surtout l'enlèvement du fumier, sont rendus faciles par l'emploi de crèches mobiles.

Bergeries célèbres. — La bergerie construite par Daubenton au commencement du siècle a été le point de départ de toutes les améliorations introduites dans l'hygiène des troupeaux ; à ce titre, sa description s'impose. Cette bergerie n'est, à proprement parler, qu'un hangar de 8 mètres de longueur, flanqué de deux appentis de 4 mètres chacun. C'était une bergerie à quatre rangs. M. Malingié-Nouel, créateur de la race ovine de la Charmoise (croisement New-Kent-Berrichon), a fait établir, en 1854, une bergerie dont le prix de revient s'est élevé à 18000 francs pour mille moutons, soit 18 francs par tête ; mais ce sont là des prix exceptionnels ; le prix ordinaire d'établissement est de 25 à 30 francs par tête. Les bâtiments de la Charmoise étaient assis sur un terrain légèrement en pente ; le pourtour était empierré sur une surface de 5 mètres de largeur, qui se déprimait ensuite, de manière à présenter une fosse à bords fortement adoucis de 7 mètres de largeur sur 0^{m},60 de profondeur. Cette fosse, destinée à recevoir les fumiers, était fermée extérieurement par un talus de 1^{m},40 de hauteur, planté d'une haie de robiniers. Les bâtiments consistaient en véritables hangars dont la charpente essentielle était en chêne et le reste en bois blanc. Les murs étaient remplacés par des planches de bois blanc goudronnées à chaud.

Bergerie de Rambouillet. — La ferme de Rambouillet a été construite en 1785, lorsque Louis XVI, après avoir acheté, du duc de Penthièvre, le château, le parc et les bois, comme domaine privé, résolut d'y établir une ferme expérimentale. Cette ferme prit une grande extension lors de l'importation d'Espagne de 364 bêtes à laine de la race ıérinos, achetées dans les plus belles bergeries. .es bâtiments qui entourent la cour principale fuent construits en 1787 ; mais, plus tard, une bererie annexe fut édifiée. Construite vers 1806, sous deux ailes en retour et en saillie de 2 mètres ; chaque aile constitue une bergerie à part, dont les dimensions sont de 8 mètres et de 12 mètres, pouvant abriter, chacune, 100 bêtes à laine. La partie

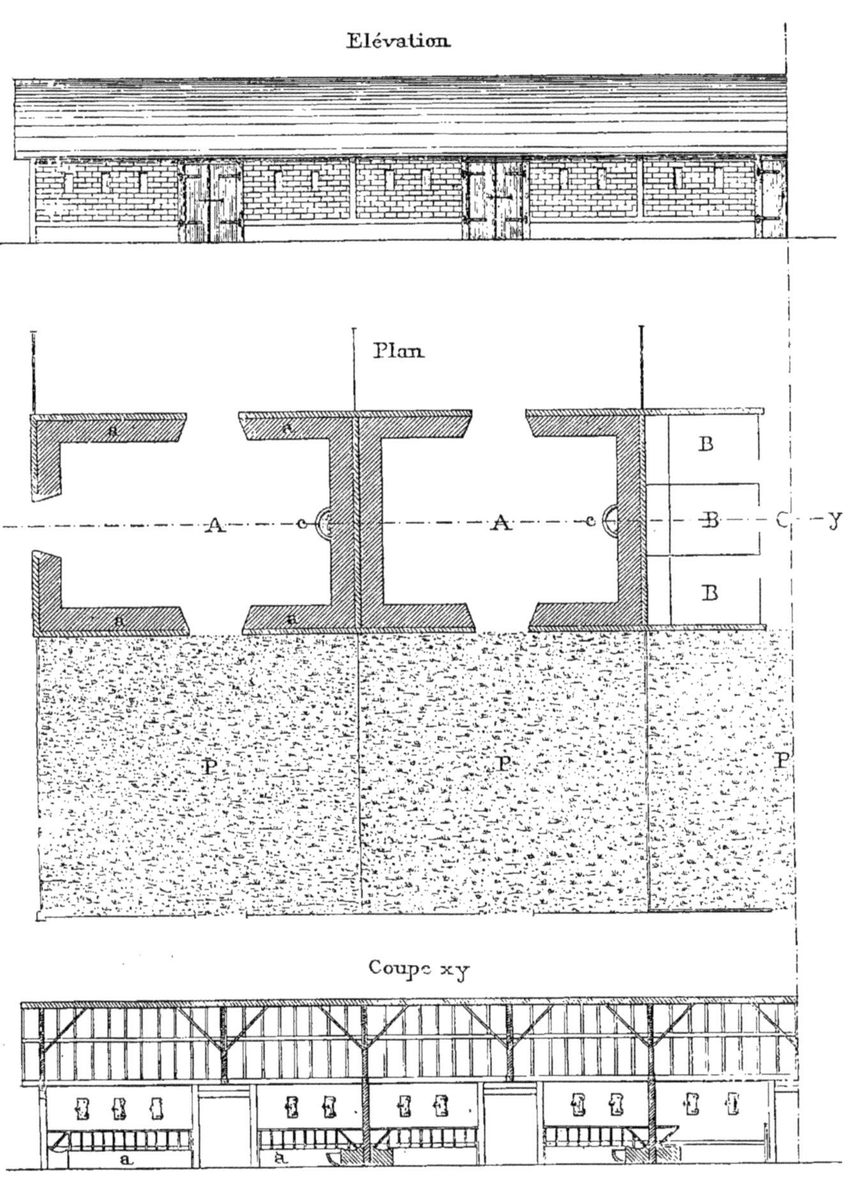

Fig. 633. — Élévation, plan et coupe de la nouvelle bergerie de Rambouillet.

la direction de Tessier et Huzard, la grande bergerie de Rambouillet fut restaurée et ventilée en 1856. Elle consiste en un bâtiment de 20 mètres de long, aux deux extrémités duquel se trouvent deux pavillons de 9 mètres de large, formant du milieu, divisée en plusieurs compartiments, peut recevoir 180 moutons. Un vaste grenier à fourrage règne sur toute la bergerie. L'éclairage et la ventilation sont opérés par des fenêtres garnies de treillages et par des portes, coupées dans leur hauteur, s'ouvrant en dehors et surmontées d'une imposte à jour.

La bergerie nouvellement construite, et dont nous reproduisons l'élévation, le plan et la coupe (fig. 633), répond complètement au type que nous voudrions voir adopter comme modèle. Légèrement élevée à 0m,20 au-dessus du sol, cette bergerie consiste en un bâtiment en briques de 44 mètres de longueur sur 8 mètres de largeur. Sa hauteur, au faîte du toit, est de 5 mètres. La couverture est en tuiles de Montchanin, reposant directement sur les lattes de la charpente; de place en place, des tuiles en verre servent à l'éclairage. — Les fenêtres, très nombreuses, sont obtenues par des vides laissés dans les murs; ce sont des briques en moins; intérieurement, elles sont munies d'un volet en bois. Les portes sont à deux battants; elles s'ouvrent à l'extérieur. Le bâtiment est divisé en cinq compartiments indépendants les uns des autres; chacun d'eux s'ouvre sur un parc P de 9 mètres sur 8 mètres, ce qui permet de faire sortir les animaux. Les compartiments A sont réservés aux mères avec leurs agneaux ou aux antenaises. Le compartiment B, qui se trouve au milieu, est divisé lui-même en six boxes, pour placer les béliers au moment de la lutte. Dans chaque compartiment, un abreuvoir *c* permet d'avoir de l'eau pour les animaux. Le bâtiment n'est pas surmonté d'un grenier, et l'aération est parfaite. G. M.

BERGERONNETTE (*ornithologie*). — Sous-genre d'oiseaux détaché du genre Hoche-queue, tribu des Becs-fins ou des Oscines, famille des Passereaux dentirostres. La bergeronnette (fig. 634) a le bec grêle, la queue longue et mobile, les plumes des scapulaires longues et couvrant le bout de l'aile repliée; l'ongle du pouce allongé, plus long que le doigt. L'espèce la plus répandue est la bergeronnette ou bergerette du printemps (*Motacilla flava*), qui est cendrée en dessus, olive au dos, jaune en dessous; elle a les quatre pennes latérales de la queue blanches, le bec et les pieds noirâtres. Elle vit dans toute l'Europe, mais c'est un oiseau voyageur qui nous vient au printemps. Elle fait son nid dans les prairies ou sous une racine d'arbre; la femelle y dépose six à huit œufs. Elle suit en troupe les troupeaux, et c'est de là que lui vient son nom; elle prend les insectes ailés et les moucherons qui voltigent autour des animaux domestiques et les en débarrasse; elle suit aussi de près le laboureur pour s'emparer, dans le sillon qu'il a ouvert, des petits vers mis à nu dans la terre fraîchement remuée. Elle est ainsi l'auxiliaire du cultivateur. — La bergeronnette jaune (*Motacilla boarula*) est, malgré son nom, moins jaune que la précédente à laquelle elle ressemble beaucoup; elle demeure en France toute l'année, mais elle est moins commune et reste solitaire. — Les bergeronnettes ne peuvent vivre en captivité.

Fig. 634. — Bergeronnettes.

BERKSHIRE (RACE PORCINE) (*zootechnie*). — Variété de porc, de couleur noire ou noire mélangée de blanc, à corps allongé et cylindrique, à oreilles dressées (fig. 635), qui paraît issue du porc chinois. D'après M. Sanson, le porc berkshire provient de croisements pratiqués en Angleterre entre les races siamoise et cochinchinoise et la race napolitaine; ces croisements ont été pratiqués dans le comté de Berk, d'où le nom donné aux animaux qui en sont issus. Les porcs berkshires ont été introduits d'Angleterre en France, où ils se sont répandus dans un certain nombre de fermes. Ces animaux sont remarquables par leur fécondité et leur rusticité; ils atteignent rapidement un poids élevé. Soumis à un engraissement intensif, ils peuvent peser près de deux cents kilogrammes à l'âge de douze à quinze mois. Une truie peut donner de huit à dix petits à chaque portée. — La race berkshire est considérée aujourd'hui comme fixe en Angleterre.

BERLE (*botanique* et *agriculture*). — Genre de plantes de la famille des Ombellifères, tribu des Amminées. Les berles (*Sium*) sont des herbes des lieux humides; elles sont glabres, à feuilles pennées et à folioles dentées souvent sessiles. Les fleurs sont réunies en ombelles composées, terminales ou latérales, avec des involucres et des involucelles formés d'un nombre très considérable de bractées. Le fruit est ovale ou presque globuleux, ou encore oblong, légèrement comprimé sur les côtés et creusé d'un sillon longitudinal peu profond au point de réunion des achaines. La graine est presque arrondie. Ces herbes ont des racines dont les unes sont toniques, les autres comestibles.

1. La berle à larges feuilles (*Sium latifolium, Cicuta latifolia, Drepanophyllum palustre, Coriandrum latifolium*) est appelée parfois vulgairement *ache d'eau*. Elle est abondante dans les marais et les terrains humides. La racine est vivace. Les tiges sont rameuses et atteignent une hauteur de 0m,40 à 0m,65; elles portent des feuilles alternes, pétiolées, très développées. Les fleurs en ombelles blanches se succèdent pendant tout l'été. Le fruit est ovoïde, glabre, avec une commissure pourvue de six bandelettes. C'est une plante envahissante que les bêtes bovines mangent volontiers malgré son odeur forte et la saveur âcre des feuilles, mais il en résulte une mauvaise qualité pour le lait. Aussi le cultivateur doit-il s'efforcer de la détruire dans les herbages et les pâturages où il la rencontre. En Italie, on mange les jeunes pousses au printemps; on les regarde comme diurétiques et apéritives; plus tard, les feuilles sont regardées comme étant nuisibles; il en est de même des racines, qui passent pour être vénéneuses.

2. La berle à feuilles étroites (*Sium angustifolium, Berula, incisum, erectum, officinarum, Apium sium*) est vulgairement appelée *cresson sauvage* et *persil des marais*. Elle est très commune dans les ruisseaux et les fossés. Les feuilles, à l'état frais, renferment une huile essentielle odorante et une résine âcre; leur suc et leur décoction ont quelques emplois médicaux comme fébrifuges, apéritifs, diurétiques. Les souches fraîches sont vénéneuses. Les souches de deux ou trois ans sont récoltées, coupées en tranches et desséchées pour servir aux mêmes usages que les feuilles fraîches.

3. La berle-chervis (*Sium Sisarum*) est cultivée pour ses racines comestibles et pour ses fruits carminatifs. Elle est originaire de l'Extrême-Orient, mais très anciennement connue; elle est signalée par Olivier de Serres comme une plante d'une culture usuelle. On l'appelle aussi *girolles* et *chirouis*. Elle est vivace, à racines charnues et sucrées, nombreuses, renflées, formant un faisceau à partir du collet. A la seconde année, et quelquefois dès la première, elle produit des tiges de 1 mètre à 1^{m},50, cannelées, lisses; les feuilles sont composées, à folioles assez larges, luisantes, d'un vert foncé; les fleurs sont en petites ombelles et blanches. Les graines, de couleur brune, sont oblongues, presque cylindriques et courbes, marquées de cinq sillons longitudinaux; elles sont d'ailleurs petites et légères: un gramme en contient 600 et un litre pèse 600 grammes. Leur durée germinative est de trois ans; mais, pour les avoir fécondes, il ne faut les récolter que sur des pieds âgés de deux ans au moins. Les racines sont d'un blanc grisâtre; elles présentent une chair ferme, très blanche, sucrée, légèrement farineuse, et elles constituent un bon légume, que l'on mange à la manière des salsifis et des scorsonères; malheureusement, la chair entoure une mèche centrale ligneuse, plus ou moins développée, difficile à enlever et qui nuit à la qualité du légume.

On multiplie le chervis soit par le semis, soit par éclats ou par division des pieds: on affirme que la plantation par éclats a pour effet de donner des racines moins sujettes à l'inconvénient de présenter une mèche centrale ligneuse, mais le fait n'est exact que si l'on choisit avec soin les pieds que l'on multiplie. La plantation des racines ou des éclats de vieux pieds se fait en mars ou en avril. Les semis se font à l'automne ou au commencement du printemps; quand les jeunes pieds ont pris quatre ou cinq feuilles, on les place à demeure dans une bonne terre, riche et bien fumée, et, dès l'automne suivant, on obtient déjà un produit assez considérable. Il faut donner, durant tout l'été, des arrosages abondants.

Le chervis n'est autre que le *ninzin* de la Chine et du Japon, où ses racines font partie de tous les remèdes cordiaux et fortifiants.

BERMUDIENNE (*horticulture*). — Les bermudiennes (*Sisyrinchium*) sont de petites Iridées, découvertes aux îles Bermudes et que l'on a introduites dans l'horticulture européenne, principalement pour faire des bordures; elles sont à feuilles d'iris ou de joncs et à fleurs régulières à six lobes presque égaux. Les plus répandues sont, d'après M. Naudin : la bermudienne commune (*Sisyrinchium bermudiana*), à fleurs bleues; la bermudienne bicolore (S. *bicolor*) à fleurs violettes maculées de jaune; la bermudienne de Douglas (S. *Douglasii* ou *grandiflorum*) du Mexique, ayant l'aspect d'un jonc ou de l'iris xiphion et donnant des fleurs violettes; la bermudienne à long style (S. *longistylum*) du Chili, ayant le même port que la précédente, mais donnant des fleurs jaunes. Ces espèces sont à peu près rustiques dans le nord de la France. On les multiplie par semis ou par séparation des vieux pieds. Il faut arroser fréquemment pour faciliter la reprise; il n'y a plus ensuite qu'à donner des binages de propreté et à enlever les accrus latéraux surabondants pour maintenir de très bonnes bordures portant des fleurs tout l'été.

BERNACHE (*ornithologie* et *basse-cour*). — Oiseaux de l'ordre des Palmipèdes, du grand genre des canards (*Anas*), formant un sous-genre dans la famille des oies (*Anser*). Ce sont des oiseaux à la fois d'ornement et de boucherie; on peut en élever soit dans des volières, soit dans les basses-cours. On en distingue plusieurs espèces. 1° La bernache à collier ou cravant, appelée aussi oie marine (*Anser bernicla, Bernicla torquata*), a pour patrie les régions boréales des deux continents; en octobre et en novembre, elle apparaît sur les rivages de la Baltique et de la mer du Nord, sans quitter les côtes. — 2° La bernache nonnette (*Anas leucopsis, Anas erythropus*) habite aussi les régions boréales; dans ses migrations elle se répand sur l'Ecosse et l'Angleterre et elle descend jusqu'en France, dans la Bourgogne. Elle a le manteau cendré, le cou noir, le front, les joues, la gorge et le ventre blancs, le bec noir, les pieds gris. La chair de cet oiseau est très bonne. — 3° La bernache armée, oie d'Egypte, oie du Nil, oie du Cap, est plus petite que l'oie domestique; elle a un plumage varié de blanc, de noir, de gris, de jaune, de brun, de vert, avec une tache rouge et ronde sur la poitrine; elle porte au pli de l'aile un éperon assez développé. Elle fait de fréquentes apparitions en Grèce, en Italie et dans le midi de l'Espagne. Elle s'élève bien en domesticité, et on peut sans difficulté en orner les pièces d'eau de l'intérieur de la France et de l'Angleterre. Sa chair est assez estimée. Elle vit d'ordinaire sur l'eau et perche sur les arbres. — 4° La bernache

Fig. 635 — Porc berkshire.

ou oie des Sandwich (*Bernicla sandwicensis*) a aussi un très beau plumage et forme une espèce très susceptible de domestication dans les basses-cours ; elle reproduit régulièrement dans les volières. — 5° La bernache de Magellan est remarquable par la belle couleur rouge pourpré de la tête et du haut du cou ; sa chair est bonne.

BERNAGE (*agriculture*). — Mélange de céréales et de légumineuses qu'on sème à l'automne et que l'on coupe au printemps pour servir de nourriture verte au bétail.

BERRICHON (MOUTON) (*zootechnie*). — La race ovine qui occupe le Berry s'étend, d'après M. Sanson, ou du moins s'étendait naguère dans tout le bassin de la Loire. Ses principales variétés se retrouvent aujourd'hui dans le Berry et la Sologne ; ce sont celles du Berry proprement dit comprenant les moutons de Champagne, de Boischaux et de Brenne ; puis la variété de Crevant, aux environs de la Châtre, qui a un élevage renommé de reproducteurs employés comme améliorateurs des troupeaux des provinces voisines ; enfin la variété solognote, qui a aussi ses caractères physiologiques propres. Il ne doit être question ici que des moutons qui occupent les grandes plaines du Berry (fig. 636). Les caractères spécifiques de cette race dolichocéphale sont, d'après M. Sanson, les suivants : « Front étroit, à sillon médian longitudinal, incurvé latéralement, à arcades orbitaires effacées et sans chevilles osseuses ; faible dépression à la racine du nez, sus-naseaux légèrement curvilignes, unis en ogive, avec forte dépression latérale au niveau de leur connexion avec le lacrymal et le grand sus-maxillaire également déprimé, à épine zygomatique peu saillante. Petit sus-maxillaire à branche très peu arquée, formant une arcade incisive petite. Angle facial presque droit ; face étroite, tranchante, très allongée, triangulaire, à base étroite. » Il faut ajouter que la tête est fine, en général entièrement blanche, ou bien marquée de taches rousses. Le squelette, ainsi que les membres, sont également très fins ; la taille ne dépasse guère 0m,50 ou 0m,60. La toison est formée de laine toujours blanche, souvent fine, frisée en mèches pointues ; elle s'étend sur tout le corps, sauf le dessous du ventre, jusque vers la moitié des jambes. En moyenne la toison ne pèse que de 1kg,5 à 2 kilogrammes ; quelquefois son poids s'élève à 3 kilogrammes, dans les troupeaux de choix. La chair est délicate, très tendre, d'une saveur très estimée. Ces moutons sont très recherchés, à cause de la facilité de leur engraissement, par les agriculteurs de la région de la betterave, qui leur donnent de la pulpe de sucrerie et de distillerie. Après l'engraissement, ils pèsent de 40 à 50 kilogrammes ; en bon état, ils pèsent de 28 à 30 kilogrammes. A l'état gras, ils rendent 50 pour 100 de poids en viande. Leurs petits gigots à manche fin sont recherchés à Paris pour les bonnes tables.

Fig. 636. — Mouton berrichon.

Les moutons berrichons dits de *Champagne* se trouvent sur les plaines calcaires de Châteauroux, d'Issoudun, de Bourges ; leurs troupeaux se rencontrent du sud-ouest au nord-est, vers l'Auxerrois et la Champagne proprement dite, c'est-à-dire dans la région qu'on appelle la Champagne du Berry. Les plus estimés se rencontrent aux environs de Levroux et de Brion ; c'est dans les foires de ces localités que les engraisseurs vont les acheter. « Leur conformation est bonne, dit M. Sanson. Le col est court ; les épaules sont musclées ; la poitrine est moyennement ample ; les reins et la croupe sont larges. La toison est en mèches courtes, ondulées, portant souvent la trace d'un ancien croisement avec le mérinos, accusée par plus de finesse du brin (2 centièmes de millimètre de diamètre), et par la régularité de ses ondulations rapprochées. »

Les centres de production des *moutons de Boischaud* sont aux environs de Dun-le-Roi et de Châteauneuf, entre Bourges et Saint-Amand. Les moutons sont un peu plus gros que ceux de Champagne, et leur toison est un peu moins fine.

Les *moutons de Brenne* se trouvent aux environs de Mézières et de Valençay ; ils sont petits, généralement assez mal conformés ; leur toison est rare et grossière, le brin ayant un quart de diamètre de plus que le brin des berrichons de Champagne. Leur face et leurs membres sont le plus souvent marqués de taches rousses.

Quoi qu'il en soit des nuances qui différencient les moutons berrichons les uns des autres et qu'il est nécessaire que les cultivateurs connaissent, ils forment une population ovine importante qu'il faut améliorer par elle-même et par les soins, plutôt que par des croisements avec les races Dishley et Southdown. Cependant les croisements avec la race Southdown donnent d'excellents résultats, mais surtout en vue de faire directement des produits très précoces pour la boucherie, ainsi qu'opérait de Béhague, en faisant saillir des brebis berrichonnes pures par des béliers southdown purs, et en abattant tous les produits à l'âge de neuf à dix mois.

BERTHOLLETIE (*botanique*). — Genre de plantes appartenant à la famille des Myrtacées, tribu des Barringtoniées. Ce sont des arbres de l'Amérique tropicale. « Le *Bertholletia excelsa*, dit M. Baillon, fournit un bon bois de construction, tandis que ses graines, appelées *châtaignes du Brésil, amandes d'Amérique, du Para, du Rio-Negro, Castanos de Muranhao*, ont un embryon comestible et gorgé d'une huile douce qui rancit facilement. On les vend fréquemment à Paris. »

BERTOLONIE (*botanique* et *horticulture*). — Genre de plantes de la famille des Mélastomacées, tribu des Sonérilées. Ce sont des herbes vivaces à feuilles larges dont on connaît plusieurs espèces originaires de l'Amérique tropicale.

La Bertolonie marbrée (*Bertolonia marmorata*) est un peu charnue ; ses feuilles ovales d'un vert foncé en dessus présentent de larges macules blanches disposées symétriquement le long des nervures ; ses fleurs sont roses et disposées en épis. C'est une plante de serre chaude cultivée surtout pour son feuillage.

La bertolonie bronzée (*Bertolonia œnea*) diffère de la précédente par son feuillage qui est uniformément vert sombre brunâtre avec des reflets métalliques. Il lui faut une serre chaude ombragée.

La *Bertolonia guttata* et la *Bertolonia margaritacea* ont des feuilles parsemées de macules ou ponctuations roses dans la première, blanches dans la seconde. Ce sont des plantes de serre chaude ou tempérée.

Le nom de *Bertolonia* est encore synonyme des noms de diverses autres plantes : *Lasiorrhiza*, *Lippia myoporum*, *Tovona topsis*.

BESAIGRE (*économie rurale*). — On dit du vin, du cidre, ou de toute autre boisson fermentée qu'ils sont besaigres lorsqu'ils ont de la tendance à devenir aigres, c'est-à-dire lorsque leur alcool commence à se transformer en acide acétique. On arrête momentanément cette altération par l'addition de cendres vives de bois ou, ce qui revient au même, de carbonate de potasse. Cela ne détruit pas les ferments qui concurremment avec l'accès de l'air donnent naissance au vinaigre ; il convient d'avoir recours, pour arrêter le mal, à des antiseptiques ou au chauffage selon le procédé Pasteur.

BESCHORNERIA (*botanique* et *horticulture*). — Genre de plantes de la famille des Amaryllidacées. Ces plantes ont un port qui rappelle celui des Yuccas. Les plus répandues dans les collections sont les *Beschoneria yuccoides*, *argyrophylla*, *bracteata*, *tubiflora ;* on les cultive comme les agaves mexicaines, en serre froide ou tempérée à Paris, en pleine terre dans les parties chaudes du Midi.

BESI (POIRE) (*pomologie*). — On dit poire *Besi de Héric*, du nom d'une paroisse des environs de Nantes où cette poire jouissait d'une certaine célébrité dès le commencement du dix-septième siècle. L'arbre est tortueux, à rameaux pendants. Le fruit est moyen, vert jaunâtre, lavé de rouge, pointillé, légèrement déprimé aux deux extrémités ; à queue longue et grêle ; à chair blanche, peu granuleuse, juteuse, ayant, avant la maturité, l'odeur de la fleur de sureau, et laissant dans la bouche, à l'époque de la parfaite maturité, un arrière-goût de raisin muscat. Il ne mûrit qu'en hiver. M. Decaisne refuse le nom de Besi (qu'on écrit aussi à tort Besy) aux poires suivantes :

NOMS REJETÉS	NOMS ADOPTÉS
Besi d'Anthenay..........	Poire Dame-Verte.
— de Chaumontel.......	— de Chaumontel.
— des champs..........	— Oignonnet de Provence.
— des chasseries, d'Henri Landry, Esperen....	— Léchasserie.
— de Bretagne, de Cassoy, du Quessoy, du Quiessois..........	— de Quessoy.
— de Caen..............	— Léon-Leclerc.
— d'été................	— Doyenné-roux.
— de la Motte..........	— de la Motte.
— des Marais...........	— Catillac.
— de Montigny..........	— de Montigny.
— des Vétérans.........	— des Vétérans.
— Incomparable, Sans-Pareil............	— Non Pareille.
— Va, Vact, Vath, Waët.	— De Saint-Waast.

BESLERI (*botanique*). — Genre de plantes de la famille des Beslériées, sous-tribu des Hypocyrtées. Ces plantes de serre chaude sont originaires du Brésil et des Antilles. On signale le besleri incarné (*Besleria incarnata)* dont la pulpe des baies se mange à la Guyane ; le besleri bleu (*Besleria cœrulea*) dont les Galibis se servent pour teindre en violet leurs ouvrages en coton et leurs meubles d'écorce et de paille ; les *Besleria flava*, *grandifolia*, *pulchella* et *venosa*, que l'on cultive dans les serres chaudes et qui ont des fleurs jaunes.

BESLON (*outillage agricole*). — Cuvier ou auge en bois dont on se sert en Normandie pour recevoir le cidre s'écoulant du pressoir.

BESOCHE (*outillage agricole*). — Pioche dont on se sert pour faire les trous destinés à la plantation des arbres ou bien encore pour provigner les vignes. La besoche est un fer dont l'extrémité, au lieu d'être en pointe comme dans la pioche ordinaire, est au contraire élargie et forme un taillant de 8 à 10 centimètres de largeur; le fer est terminé à la partie supérieure par un œil dans lequel on adapte un manche de 80 centimètres de longueur. On donne aussi le nom de besoche, dans quelques contrées, à la houe à main à fer triangulaire.

BÉTAIL (*économie rurale*). — Le bétail est l'ensemble des animaux employés dans une exploitation agricole ou dans un village, une commune, une région. Cette appellation ne comprend guère, en Europe et dans la plus grande partie de l'Amérique, que les équidés, les bovidés, les ovidés, les suidés, c'est-à-dire les animaux de l'espèce chevaline, de l'espèce asine et mulassière, de l'espèce bovine, de l'espèce ovine et de l'espèce porcine. On estime qu'en général une agriculture est d'autant plus riche et prospère que le bétail qu'on y rencontre est plus nombreux et en meilleur état d'entretien. Pour que cette conclusion soit juste, il faut que le domaine fournisse toute la nourriture des animaux, ou que du moins la nourriture supplémentaire importée ou achetée, par exemple les tourteaux et les issues de mouture, ne constituent qu'une faible partie de l'alimentation des animaux domestiques maintenus en existence. On entend d'ailleurs qu'une forte partie des terres soit consacrée à la production des céréales et de quelques autres denrées de vente directe, le bétail transformant toutes les autres denrées végétales produites en choses utiles : force, chair, lait ou beurre ou fromage, graisse, laine, etc. La proportion des terres consacrées à des plantes fourragères doit être du tiers à la moitié de l'étendue totale de la ferme. Dans ces conditions, on prend souvent pour mesure de l'état d'avancement ou de puissance productive d'une exploitation agricole la quantité du bétail régulièrement entretenu. Pour en faire le calcul, on réduit ordinairement tous les animaux de la ferme en têtes de gros bétail ; on regarde comme gros bétail les chevaux, juments, poulains, pouliches, les ânes, ânesses, baudets, mules, mulets, bardots, les bœufs, taureaux, vaches, génisses, veaux. On compte qu'il faut dix moutons, brebis, béliers, antenais, agneaux, pour faire une tête de gros bétail. De même six porcs, truies, verrats, forment aussi une tête de gros bétail. On fait le total qu'on divise par le nombre d'hectares formant l'étendue de l'exploitation, dans laquelle on ne compte pas la partie forestière. On trouve ainsi qu'il est entretenu un quart, un tiers, un demi, trois quarts de tête de gros bétail par hectare ; on regarde comme une sorte de maximum ou de perfection une tête par hectare. Ces sortes de calculs seraient plus exacts si l'on faisait l'estimation en poids ; la présence d'une bascule pour les bestiaux est indispensable dans toute exploitation bien tenue ; seule, elle permet de se rendre un compte précis de l'état des animaux. On dit alors qu'une ferme compte 100, 200, 250 kilogrammes de bétail vif par hectare ; le chiffre de 400 kilogrammes est, à la fin du dix-neuvième siècle, considéré comme une proportion remarquable. Si les troupeaux sont envoyés dans des pâturages communaux, peuvent jouir de la vaine pâture ou sont appelés pour quelque temps dans des pâturages indépendants de l'exploitation, on doit, dans les calculs, défalquer le temps qu'ils ne passent pas sur le domaine exploité, c'est-à-dire ne compter que deux tiers de leur poids par exemple, s'ils passent un tiers de l'année hors de la ferme.

On est loin d'être d'accord sur la manière d'établir la comptabilité des spéculations auxquelles donne lieu le bétail. Les uns soutiennent qu'on doit faire l'inventaire des existences et porter un quantum déterminé, 15 pour 100, par exemple, comme frais d'amortissement dans les dépenses; qu'on doit ensuite calculer toutes les dépenses de nourriture en évaluant les consommations d'après les cours des marchés; qu'il faut ensuite avoir soin de tenir compte de toute la main-d'œuvre pour le service et la garde des animaux, et enfin porter une somme déterminée pour le logement, les abreuvoirs, les harnais, l'éclairage, les impôts, etc. De cette façon, on obtient le total du débit. Quant à l'actif, toujours d'après les systèmes de comptabilité les plus anciens, il se compose: 1° du prix des journées de travail fournies par les bêtes de trait et de bât; 2° des résultats des ventes du bétail vivant, du lait, du beurre, du fromage, des laines, etc.; 3° et c'est là le point le plus controversé, le prix du fumier produit par les animaux, soit dans les étables, soit au parcage. On comprend combien il y a d'arbitraire dans cette manière d'agir: les pertes ou les profits qui paraissent résulter de la balance du compte n'ont aucune réalité. En effet, les matières fourragères consommées par le bétail n'eussent pu être transportées sur les marchés voisins où elles n'auraient pas pour la plupart trouvé preneurs. D'un autre côté, les fumiers ne sont que rarement l'objet d'un commerce; il est rare qu'on ait l'occasion d'en acheter, à moins que l'exploitation ne se trouve près d'une grande ville, et dans ce cas ils ne sont cotés qu'à des cours très bas. Si l'on en mettait en vente, on n'en offrirait peut-être que des prix dérisoires. Pour rentrer dans la vérité des faits, il convient de porter simplement au compte du bétail, d'une part, les résultats des ventes de produits animaux réalisées (y compris la force obtenue), et, d'autre part, tous les frais effectués; la différence donne une somme que l'on peut regarder comme l'équivalent du prix des nourritures; plus la nourriture sera payée ainsi à une somme élevée, plus la spéculation entreprise dans la ferme sur le bétail devra être considérée comme avantageuse. Quant au fumier, on doit le regarder comme un résidu et non pas comme un produit; sans doute, la ferme profite des fumiers; plus il y en a, plus les terres deviennent fertiles dans une mesure qui dépend de leur nature et des travaux de culture effectués, mais il ne faut pas les regarder autrement que comme la restitution d'une partie du sol lui-même, dont la richesse eût été diminuée de toute l'exploitation qui eût pu être faite. Les excréments du bétail et les corps pailleux qui les absorbent, rentrent au domaine, mais ils ne sont pas un produit réel, en vue duquel l'exploitation du bétail doit être entreprise. Le bétail est un consommateur; il détruit une partie de la fertilité de la terre; il ne l'augmente pas; il faut effectuer, pour combler le déficit, des restitutions directes ou indirectes. Par conséquent on se fait illusion sur les résultats d'une exploitation agricole, quand on compte comme un actif les fumiers qu'on a répandus dans la terre ou que l'on possède encore dans les cours d'une ferme. Il n'y a de bénéfices que ce qui peut se résumer en monnaie ayant cours. — Les deux aspects différents sous lesquels le bétail vient d'être envisagé caractérisent deux écoles agronomiques opposées, l'ancienne et la nouvelle; dans cette dernière, on repousse avec soin tout ce qui peut conduire le directeur d'une exploitation rurale à se faire illusion sur sa situation. Le bétail n'est que l'ensemble des machines vivantes d'une exploitation dont le rôle est de transformer en utilités d'une valeur certaine, les aliments considérés comme des matières premières; déduction faite des frais, l'opération est d'autant plus avantageuse que la transformation paye à un prix plus élevé les denrées végétales devenues des denrées animales; les fumiers sont obtenus par surcroît pour aider à la production de nouvelles matières premières, dont on ne doit pas escompter la valeur par des artifices de comptabilité.

BÉTOINE (*botanique* et *horticulture*). — Genre de plantes vivaces de la famille des Labiées, dont on a fait aussi une section du genre *Stachys*. On doit en signaler deux espèces:

1° La bétoine officinale (*Betonica officinalis*, *Stachys betonica*), plante légèrement aromatique, est très commune dans les bois des régions tempérées de l'Europe, où elle fleurit à la fin de l'été.

2° La bétoine à grandes fleurs (*Betonica grandiflora*, *Stachys grandiflora*) présente, selon les variétés, des fleurs d'un violet rougeâtre, d'un rose tendre ou d'un blanc un peu carné. La hauteur des tiges est de 0m,25 à 0m,40; les feuilles radicales sont longuement pétiolées, ovales, obtuses, crénelées; les caulinaires, sessiles, arrondies; les florales, bractéiformes. Les fleurs, presque sessiles, sont rassemblées en glomérules. Quoique ne produisant qu'un effet médiocre, cette plante est employée comme ornementale dans les grands jardins pittoresques, en terrains sains et secs où la nature de la terre s'opposerait à la culture de végétaux plus délicats, ou en plates-bandes, et on s'en sert pour orner les rocailles. La floraison a lieu de juin à fin juillet. On multiplie le *Betonica grandiflora* au moyen d'éclats que l'on fait tous les deux ou trois ans, en automne ou au printemps; on conserve entre les pieds un espacement de 0m,30 à 0m,40.

BÉTOIRE (*hydraulique agricole*). — Nom donné à un trou, puisard, puits absorbant, rempli de cailloutage et par lequel on se débarrasse des eaux gênantes que l'on y dirige par des rigoles.

BÉTON (*constructions rurales*). — Le béton est un aggloméré de mortier de chaux et de petites pierres ou cailloux qui, étant pris, constitue une masse solide bravant l'action du temps. On rencontre après plus de 2000 ans des constructions en béton que les Romains ont léguées aux âges les plus reculés que l'on puisse prévoir. Les proportions les plus convenables à employer sont 80 parties de cailloux, ayant chacun un volume de 60 à 80 centimètres cubes, 40 parties de sable et 10 parties de chaux vive. On gâche le tout ensemble au moment de s'en servir, et on coule le mélange par 25 ou 30 centimètres de hauteur, en pilonnant pour ne pas laisser de vide, dans les tranchées où l'on veut établir une fondation. On met une nouvelle couche de pareille épaisseur, lorsque la prise de la première est faite. On proportionne l'épaisseur du béton à celle des murs qu'il doit supporter. Si le béton doit être placé dans un endroit accessible à l'eau, on doit le faire avec de la bonne chaux hydraulique. On peut fabriquer des blocs en béton, en le coulant dans des caissons en bois qui servent de moule. On se sert de ces blocs pour faire des digues et des travaux de défense contre la mer ou contre les cours d'eau dévastateurs.

BETTE (*botanique*). — Genre de plantes de la famille des Chénopodées. Ces plantes, originaires de l'Europe méridionale, sont herbacées. On en connaît six à huit espèces. Les deux principales sont: la betterave (*Beta vulgaris*), cultivée dans la plupart des régions tempérées, pour ses racines charnues, et la bette poirée (*Beta cicla*), qu'on cultive surtout pour ses feuilles alimentaires. Pour la plupart des botanistes, la betterave est une forme dérivée de la bette poirée. D'après A. de

Candolle, la bette à racines maigres est sauvage dans les terrains sablonneux de toute la région de la Méditerranée, jusqu'à la mer Caspienne, la Perse et peut-être l'Inde occidentale; il estime que la culture n'en remonte pas au delà de quatre à six siècles avant l'ère chrétienne.

BETTERAVE (*culture potagère* et *grande culture*). — La variété de bette, désignée sous le nom de betterave (*Beta vulgaris*, var. *rapa*), est cultivée pour sa racine. C'est une plante bisannuelle, à racine renflée et charnue (fig. 637), dont la tige ne se développe qu'à la deuxième année. Les feuilles principales poussent au collet de la racine; elles sont ovales et longuement pétiolées, parfois ondulées, d'un vert brillant. La tige (fig. 638) est droite et atteint une hauteur de 1m,50; elle se ramifie. Les fleurs se développent par groupes, sur les rameaux; elles sont hermaphrodites; les étamines sont sub-périgynes, l'ovaire surbaissé porte un style court et un stigmate trifide. Le calice est à cinq divisions; il persiste après la floraison, devient dur et coriace, et forme l'enveloppe du fruit. La graine est très petite, de couleur brune, réniforme.

On a obtenu, par la culture, un très grand nombre de variétés de betteraves. Jadis, on ne cultivait que des variétés potagères; depuis un siècle, les variétés propres à l'alimentation du bétail se sont multipliées, enfin on a appris à produire la betterave pour le sucre que renferme sa racine. Aujourd'hui, on peut répartir toutes les variétés de betteraves en trois groupes: betteraves potagères, betteraves fourragères et betteraves à sucre. Pour chacun de ces groupes, des méthodes de culture spéciales doivent être observées.

BETTERAVES POTAGÈRES. — Les betteraves potagères diffèrent, tant par la couleur de leur chair, que par leur forme. On en distingue deux catégories: les unes à chair rouge, les autres à chair jaune; les premières sont de beaucoup les plus estimées.

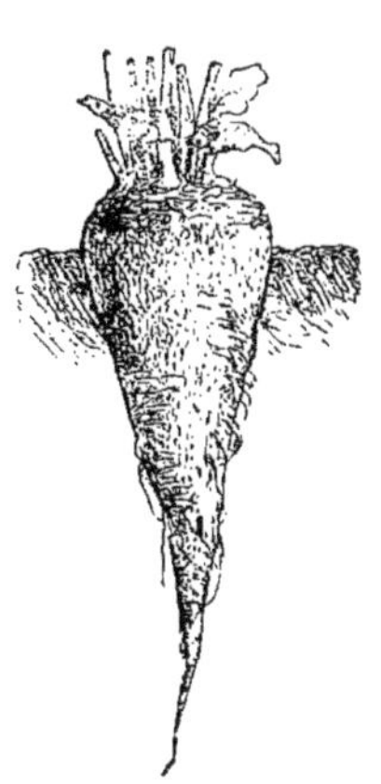

Fig. 639. — Betterave crapaudine.

Les principales variétés sont: la betterave crapaudine (fig. 639), à chair très rouge et très sucrée; sa peau est rude et crevassée; — la betterave rouge naine (fig. 640), à racine très régulière; — la betterave piriforme de Strasbourg (fig. 641), à racine renflée, dont la chair est d'un rouge très foncé, peu productive; — la betterave rouge grosse (fig. 642), la plus volumineuse des variétés potagères, dont la racine atteint de 30 à 35 centimètres de longueur, la plus généralement adoptée dans la culture maraîchère, à raison de son rendement élevé; — la betterave de Cardanne, répandue dans le midi de la France, qui se rapproche beaucoup de la variété précédente.

La culture des betteraves potagères ne présente pas de grandes difficultés. On doit semer ces betteraves dans une terre profondément labourée,

Fig. 637. — Port de la betterave.

Fig. 638. — A, rameau fleuri; B, C, D, fleurs; E, F, fruits; G, H, graine.

bien fumée; il est prudent d'enterrer le fumier dès l'automne, afin que la décomposition en soit assez avancée au printemps, car le fumier pailleux fait souvent fourcher les racines de la plante. On sème au printemps, en place, généralement à la main dans des raies tracées avec le rayonneur, ou bien avec le cordeau pour les petites surfaces. Lorsque le plant est levé, on l'éclaircit, en ménageant entre les pieds qu'on laisse, un espace plus ou moins grand suivant leur force. On procède à des binages dont le nombre varie suivant le développement

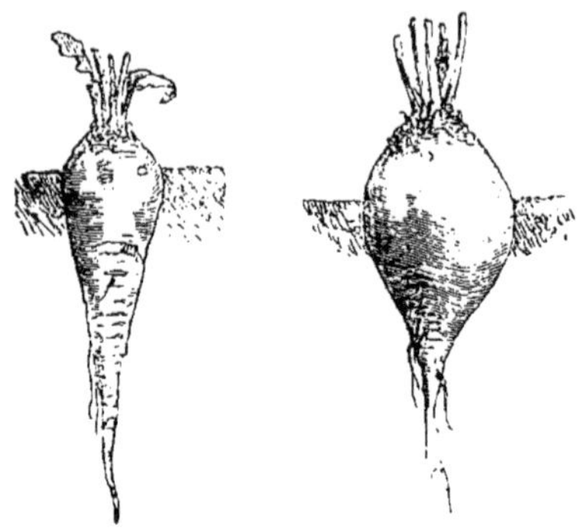

Fig. 640. — Betterave rouge naine. Fig. 641. — Betterave rouge piriforme de Strasbourg.

des plantes parasites; pendant les plus fortes chaleurs de l'été, il est bon de donner des arrosages pour enrayer les effets de la sécheresse. Suivant l'époque du semis, la récolte se fait depuis le mois d'août jusqu'à la fin de l'automne.

On consomme les racines des betteraves potagères sous deux formes : après les avoir cuites, ou après les avoir fait confire dans du vinaigre.

BETTERAVES FOURRAGÈRES. — Les principales variétés de betteraves fourragères sont les suivantes :

1° La betterave disette, appelée aussi betterave champêtre, à racine volumineuse, dont la grosseur atteint 50 à 60 centimètres, et la largeur 15 à 20 centimètres, à chair blanche ou veinée de rose. On cultive la betterave disette camuse (fig. 643), les variétés dites d'Allemagne, Mammouth, blanche à collet vert ou de Puilboreau, corne de bœuf (fig. 644); cette dernière est remarquable en ce que sa racine se contourne en se développant ;

2° La betterave globe jaune (fig. 645), dont la racine, de couleur jaune, est presque sphérique, avec une chair blanche et ferme. Elle est très répandue dans les cultures, de même que la betterave jaune ovoïde des Barres (fig. 646), obtenue par Vilmorin, plus volumineuse, plus riche en sucre, et qui présente l'avantage d'un rendement plus considérable ;

3° La betterave jaune grosse, à racine cylindrique, avec une chair jaune pâle ;

4° La betterave rouge ovoïde (fig. 647), à racine assez effilée, atteignant une longueur de 30 à 35 centimètres, avec un diamètre de 15 à 18 centimètres ; la chair en est blanche ; c'est une variété assez généralement répandue ;

5° La betterave rouge globe, qui présente à peu près les mêmes caractères que la précédente, mais s'en distingue par la forme sphérique de sa racine ; c'est une variété remarquable par sa maturité hâtive.

La première condition du succès dans la culture des betteraves fourragères est de labourer profondément les champs qui leur sont destinés. On donne au moins deux labours, souvent trois : le premier, pendant l'automne ; un deuxième pendant l'hiver, qui sert en même temps pour enfouir le fumier ; le troisième est pratiqué à la fin de l'hiver. On fait suivre les labours de hersages qui assurent l'ameublissement de la couche superficielle. La terre est disposée en larges planches bombées ; si elle manque de profondeur, on trouve avantage à faire des billons. La betterave est généralement en tête d'assolement ; on lui applique alors

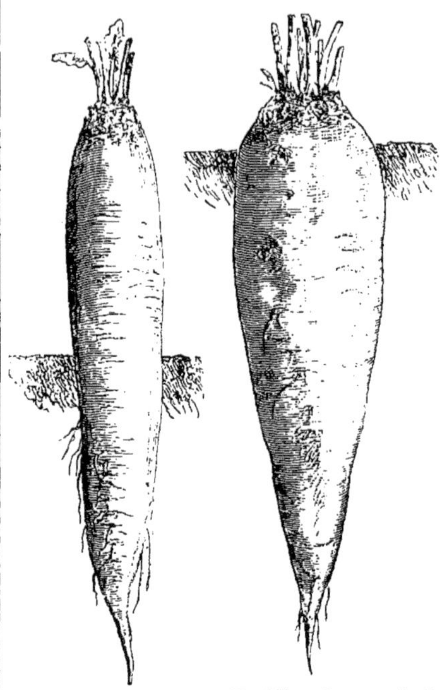

Fig. 642. — Betterave rouge grosse. Fig. 643. — Betterave disette camuse.

une forte fumure de 30000 à 40000 kilogrammes de fumier par hectare.

Les semailles se pratiquent à la main ou au semoir, mais toujours en lignes. On peut tracer les lignes avec un rayonneur, en les espaçant de 50 à 60 centimètres. Il est bon de faire en même temps quelques semis en pépinière, afin de parer aux déficits qui pourraient se manifester dans la levée des graines. Dans les semis sur place, on emploie de 4 à 6 kilogrammes de graines par hectare. Les semences sont légèrement recouvertes de terre, de telle sorte qu'elles ne soient pas enfoncées à une profondeur dépassant 2 à 3 centimètres. Les semailles se font de mars en avril.

Au bout d'une quinzaine de jours, les plantes ont levé. On procède alors à un premier binage, puis à un deuxième quelques jours plus tard, afin de tenir le sol bien ameubli et de le débarrasser de toutes les plantes adventices. En mai ou en juin, on procède au démariage, c'est-à-dire on diminue le nombre des plants sur les lignes, en maintenant les plus forts, et enlevant ceux qui pourraient en gêner le développement. On procède plus tard, de juin en août, à de nouveaux binages, afin d'empêcher absolument le développement des mauvaises herbes.

Quelques cultivateurs croient qu'ils peuvent enlever, à la fin de l'été, les feuilles des betteraves

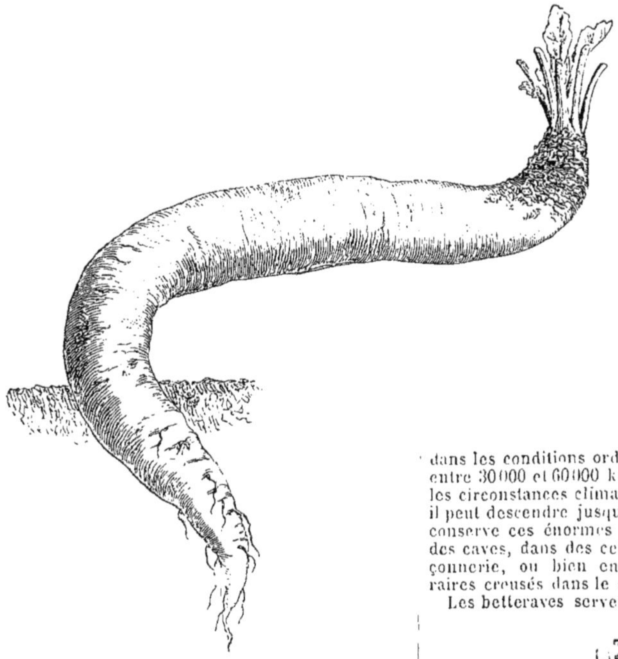

Fig. 644. — Betterave disette corne de bœuf.

pour les faire manger par les animaux domestiques, et que cette opération ne gêne pas le déve-

Fig. 645. — Betterave globe jaune.

loppement des racines. L'influence néfaste de l'effeuillage des betteraves a, au contraire, été démontrée par des expériences multipliées, d'où il est résulté que cette opération entraîne, dans le produit, une diminution qui varie de 10 à 30 pour 100 du poids de la récolte. On ne peut enlever les feuilles sans inconvénient que de dix à quinze jours avant l'arrachage.

L'arrachage s'exécute depuis le milieu de septembre jusqu'à la fin d'octobre. On le pratique à la bêche ou avec des instruments spéciaux (voy. ARRACHAGE). Après avoir arraché les racines, on coupe les collets et les feuilles ; c'est ce qu'on appelle le décolletage des betteraves. Les feuilles sont laissées sur le champ, ou bien on les enlève pour servir immédiatement à la nourriture du bétail ; on peut les conserver pour l'ensilage. On peut aussi les faire manger sur place par des moutons.

Le rendement des betteraves fourragères varie, dans les conditions ordinaires, suivant les variétés, entre 30 000 et 60 000 kilogrammes par hectare. Si les circonstances climatériques sont défavorables, il peut descendre jusqu'à 20 000 kilogrammes. On conserve ces énormes quantités de racines dans des caves, dans des celliers, dans des silos en maçonnerie, ou bien encore dans des silos temporaires creusés dans le sol.

Les betteraves servent surtout à l'alimentation

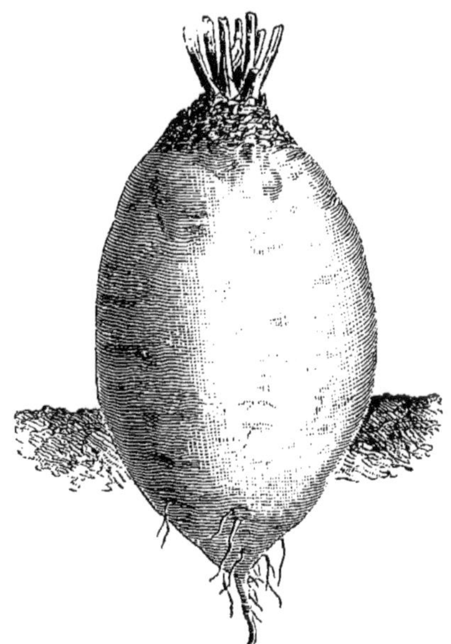

Fig. 646. — Betterave jaune ovoïde des Barres.

des bêtes bovines, ovines et porcines. On s'en trouve très bien dans la nourriture des vaches laitières et des brebis. Pour les donner aux animaux, on les coupe en tranches ou lamelles minces, avec des couteaux ou mieux avec des instruments spéciaux, appelés coupe-racines.

A l'état normal, les betteraves fourragères renferment de 75 à 90 pour 100 d'eau ; par conséquent la quantité de matière sèche n'y dépasse pas 10 à 25 pour 100 de leur poids. Afin de corriger l'excès d'eau que renferment ces racines, on les distribue

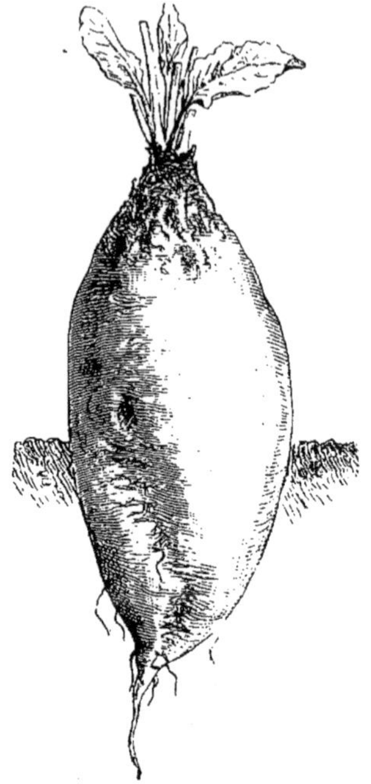

Fig. 647. — Betterave rouge ovoïde.

aux animaux en mélange avec d'autres aliments plus secs, notamment du foin, de la paille hachée, des balles de céréales. Une bonne pratique consiste à faire le mélange quelques heures avant les repas ; la matière sucrée des betteraves subit un commencement de fermentation qui excite l'appétit des animaux.

La culture des betteraves fourragères est très répandue dans la plupart des pays de l'Europe, depuis la Russie et la Suède jusqu'en Italie ; peu de plantes, en dehors des céréales, se prêtent à une si grande variété de climats. Les principaux avantages de cette culture résultent de ce que c'est une des plantes qui fournissent, sur une surface déterminée, la plus grande quantité de nourriture pour le bétail, et de ce qu'en raison des façons répétées et des labours profonds qu'elle exige, sa culture contribue à accroître la fécondité du sol pour toutes les autres récoltes. Elle a servi à accroître dans des proportions considérables la richesse agricole des contrées où elle a été introduite.

Le poids des betteraves fourragères varie, suivant les variétés, entre 2 et 10 kilogrammes ; avec beaucoup d'eau et beaucoup d'engrais on peut en obtenir qui pèsent jusqu'à 12 à 14 kilogrammes ; mais dans ces racines la proportion d'eau est énorme. La composition élémentaire des racines varie dans des limites assez étendues. Voici l'analyse de cinq betteraves exécutée par Baudement :

	EAU	MATIÈRE SÈCHE	AZOTE
Disette blanche.....	78,7	21,3	0,24
Champêtre.........	82,8	17,2	0,18
Grosse jaune.......	80,5	19,5	0,26
Globe rouge........	80,0	20,0	0,42
Globe jaune........	79,3	20,7	0,27

L'équivalent nutritif de ces betteraves, par rapport à 100 de foin renfermant 1,15 pour 100 d'azote, varie entre 274 pour la globe jaune, et 638 pour la champêtre.

La composition de la matière sèche était la suivante :

	PHOSPHATES ET AUTRES SELS	CELLULOSE	MATIÈRES GRASSES	SUCRE ET MATIÈRES ANALOGUES	MATIÈRES AZOTÉES
Disette blanche..	1,3	1,5	0,23	16,8	1,5
Champêtre.......	1,1	2,2	0,28	12,5	1,1
Grosse jaune.....	0,9	1,7	0,32	14,9	1,7
Globe rouge......	1,4	1,6	0,48	13,9	2,6
Globe jaune......	1,1	2,1	0,26	15,5	1,7

La proportion des cendres ou matières minérales est, comme on le voit, extrêmement faible.

Voici l'analyse de deux betteraves grosses blanches d'Allemagne, à collet vert, récoltées par M. de Béhague à Dampierre (Loiret) ; la première pesait 3^{kg},140, la seconde 1^{kg},010 :

	GROSSE BETTERAVE	PETITE BETTERAVE
Eau..............	91,08	89,08
Matières azotées....	1,31	1,75
Sucre.............	6,29	7,81
Cendres...........	0,99	0,91
Cellulose..........	0,33	0,45
	100,00	100,00

Dans des betteraves gigantesques, dites Mammouth, M. Peligot a trouvé 0,96 de cendres, et seulement 0,91 pour 100 de sucre.

Ces exemples suffisent pour montrer dans quelles limites peut varier la composition des betteraves fourragères. Le cultivateur doit s'inquiéter de la nature des racines qu'il emploie, et surtout de la proportion d'eau qu'elles renferment. Dans une betterave dosant 80 pour 100 d'eau, la quantité de matière alimentaire est, toutes choses égales d'ailleurs, le double de celle que renferme une betterave dosant 90 pour 100 d'eau.

BETTERAVES A SUCRE. — La présence du sucre dans la racine de la betterave a été constatée d'abord par Margraff. C'est à Achard que revient l'honneur d'avoir préconisé la culture de cette plante pour l'extraction du sucre. Les premiers essais furent faits en France sous Napoléon Ier, lors du blocus continental. La culture de la betterave à sucre a pris un rapide développement, et elle s'est étendue de la France à la plupart des autres pays d'Europe. La fabrication du sucre de betterave est devenue une des principales industries agricoles en Allemagne, en Autriche, en Russie, en Belgique. Environ le tiers de la quantité totale de sucre fabriqué dans le monde entier provient de cette plante.

La proportion de sucre que contient la betterave, varie de 6 à 18 pour 100 de son poids ; pour que l'on puisse en extraire le sucre avec avantage, elle doit atteindre 10 à 12 pour 100. Aussi les efforts des cultivateurs éclairés ont eu pour but de créer des races de betteraves possédant une grande richesse saccharine. Les principales races de betteraves sucrières obtenues ainsi sont issues de la betterave blanche de Silésie, originaire d'Allemagne, préconisée jadis en France par Mathieu de Dombasle. Ces races sont les suivantes :

1° La betterave à sucre allemande ou de Magdebourg (fig. 648), à racine assez large du collet, à feuilles nombreuses et étalées. D'après M. Henry Vilmorin, le rendement moyen est de 40 000 kilogrammes à l'hectare, avec une richesse en sucre de 12 à 13 pour 100 ;

2° La betterave à sucre impériale ou de Knauer (fig. 649), à feuillage étalé, à racine mince et très riche en sucre ;

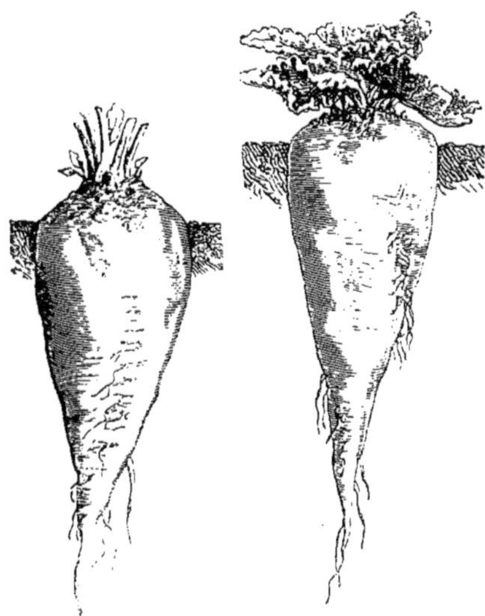

Fig. 648. — Betterave à sucre de Magdebourg. Fig. 649. — Betterave à sucre impériale.

3° La betterave à sucre améliorée de Vilmorin (fig. 650), à racine petite avec chair dure et peau rugueuse; rendement, 35 000 kilogrammes à l'hectare ; richesse en sucre, 16 à 18 pour 100;

4° La betterave à sucre française, à collet vert (fig. 651), à racine plus grosse que la betterave allemande, produisant davantage, mais moins riche en sucre; rendement moyen, 50 000 kilogrammes; richesse en sucre, 11 à 12 pour 100. — La betterave Brabant a été obtenue par sélection de cette variété; elle est plus riche en sucre ;

5° La betterave à sucre française, à collet rose, variété productive, à feuillage abondant, à racine effilée, rose dans sa partie supérieure. Rendement, 50 000 kilogrammes ; richesse en sucre, 12 pour 100.

Toutes ces betteraves sont à chair blanche. D'autres variétés seraient peut-être encore à signaler, les unes obtenues par croisements entre des races plus anciennes, les autres par sélection continue. Ces variétés portent généralement les noms de ceux qui les ont obtenues. Ainsi, en France, outre la betterave Vilmorin, on connaît les betteraves Desprez, Simon-Legrand, Olivier-Lecq, Brabant, etc.

D'après MM. Viollette et Desprez, il existe un rapport étroit entre la dureté de la chair des betteraves et la richesse saccharine; sous ce rapport ils conseillent de répartir toutes les variétés en trois catégories : 1° les races à chair très dure et à peau très rugueuse, ayant un collet assez large, des feuilles abondantes, une racine allongée et poussant profondément en terre sans en sortir; 2° les races à chair tendre et à peau lisse, avec un petit collet, peu de feuilles et une racine courte; 3° les races à chair intermédiaire, à peau rugueuse, à collet moyen et à feuilles larges, avec une racine pivotante. Les premières produisent le plus de sucre par rapport au poids de la betterave, les secondes donnent ordinairement le plus fort rendement en poids des racines, mais souvent le moins de sucre à l'hectare ; quant aux troisièmes, elles produisent plus de sucre que les secondes, avec un rendement en poids suffisant. Ces dernières sont souvent appelées *betteraves de conciliation*, parce qu'elles

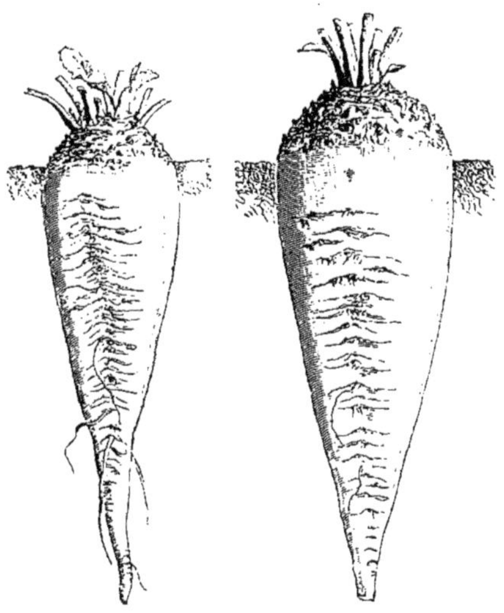

Fig. 650. — Betterave à sucre améliorée de Vilmorin. Fig. 651. — Betterave à sucre à collet vert.

concilient les intérêts de l'acheteur (fabricant de sucre) qui recherche des betteraves riches et ceux du producteur pour lequel le chiffre du rendement en poids est important. Les variétés à chair tendre et à peau lisse sont généralement rejetées pour la fabrication du sucre; mais on peut les employer avec avantage pour la distillation.

Culture de la betterave à sucre. — Les règles à suivre pour obtenir des racines riches en sucre sont aujourd'hui bien établies. Elles se résument en trois points principaux : préparation du sol par les labours et les engrais, choix de la graine, soins de culture.

La plupart des sols, à la condition qu'ils soient bien fumés, conviennent à la culture de la betterave à sucre; mais les terrains argilo-calcaires, argilo-sablonneux, sont ceux qui paraissent les plus propices. On doit préparer le sol par des labours profonds exécutés aux mois d'août et de septembre ; on doit pénétrer à une profondeur de 35 à 40 centimètres, soit par un seul sillon, soit par l'action d'une fouilleuse après un premier labour. On enfouit en même temps le fumier afin qu'il soit bien décomposé au printemps. La terre ayant subi l'action de l'hiver, on procède en février ou en mars à un labour plus superficiel, puis à un hersage et à un roulage, afin que la terre soit bien homogène avant l'ensemencement. Lorsque le fumier employé est trop frais ou pailleux, les betteraves deviennent fourchues et mûrissent mal; c'est surtout pour empêcher cet inconvénient que les agriculteurs allemands ont pris l'habitude de ne pas appliquer directement le fumier à la betterave, mais à une culture de blé qui précède celle-ci.

Le fumier étant enfoui à une profondeur de 20 à 25 centimètres, on ajoute des engrais complémentaires rapidement solubles qui assurent une alimentation suffisante pour la première évolution des jeunes plantes. On répand ces engrais à l'état pulvérulent, quelques jours avant les semailles. On emploie des engrais azotés (sulfate d'ammoniaque, nitrate de soude) et des engrais phosphatés (poudre d'os, superphosphates); on se trouve très bien de mélanges combinés de telle sorte que la teneur en acide phosphorique soit double de la teneur en azote. Quant à la quantité d'engrais complémentaires à employer, elle peut varier de 100 à 400 kilogrammes par hectare, suivant la nature et la fertilité du sol.

Les semailles se pratiquent de la fin de mars au commencement de mai; on les fait en lignes espacées de 25 à 40 centimètres, suivant qu'on doit biner à la main ou avec la houe à cheval. On sème dru, en employant de 20 à 25 kilogrammes de graines par hectare, afin qu'à la levée toutes les plantes se touchent. On ne doit enterrer la graine que de 1 à 2 centimètres de profondeur. On donne un coup de rouleau après les semailles, lorsque la terre est suffisamment asséchée.

Les soins de culture consistent surtout en binages. On commence à les pratiquer lorsque les betteraves ont levé, et on les continue de quinzaine en quinzaine jusqu'au mois de juin. Dès que les plantes ont poussé de deux à quatre feuilles, on procède à l'éclaircissement et au démariage, de manière à laisser de dix à douze pieds par mètre carré. Pour ce travail, on a imaginé des instruments spéciaux, dont le principal type est aujourd'hui l'éclaircisseuse d'Olivier-Lecq.

La maturité des betteraves commence en septembre; elle est caractérisée par le jaunissement des feuilles et leur inclinaison vers le sol. On procède à l'arrachage, soit avec des outils à main, soit avec des instruments spéciaux (voy. ARRACHAGE). Après avoir débarrassé les racines de la terre qui les entoure, on coupe le collet avec une serpe, et on met les betteraves en tas qu'on recouvre de feuilles, jusqu'à ce que les chariots les emportent. On livre immédiatement les betteraves aux sucreries, ou bien on les conserve en silos jusqu'au moment de la livraison. On transporte les betteraves dans de grandes charrettes, ou mieux dans des wagonnets roulant sur de petits chemins de fer portatifs.

Composition de la betterave à sucre. — La composition de la betterave à sucre est, comme il a été dit plus haut, extrêmement variable; elle dépend de la qualité de la graine, de la nature des engrais employés, des caractères météorologiques de la saison où elle a été récoltée. On peut considérer les nombres suivants comme représentant, d'après M. Peligot, la composition moyenne des betteraves ordinaires:

Eau	83,5
Sucre	10,5
Cellulose et pectose	0,8
Matières protéiques ou azotées	1,5
Autres matières organiques	2,9
Sels minéraux	0,8
	100,00

Les betteraves de qualité supérieure renferment de 14 à 16 pour 100 de sucre. Leur poids moyen est compris entre 400 et 800 grammes; les betteraves d'un poids plus fort sont ordinairement moins riches en sucre.

Des travaux nombreux ont été faits sur la formation et l'évolution du sucre dans la betterave. Les principaux sont dus à Dubrunfaut, Payen, Peligot, Corenwinder, Viollette, Sachs, Fremy et Dehérain, Pagnoul, Aimé Girard, etc. Il en résulte que la saccharose s'élabore dans les feuilles d'où elle descend dans la racine; la pratique de l'effeuillage avant la maturité doit donc être absolument proscrite. Le sucre de betterave est le même que celui de la canne à sucre. Il s'emmagasine dans la racine en proportion croissante depuis le collet jusqu'à la pointe; au contraire, les matières minérales suivent une proportion inverse et s'accumulent dans le collet. C'est pour cette raison que les fabricants de sucre coupent largement le collet des betteraves; c'est ce qu'on appelle faire la tare.

Vente des betteraves à sucre. — Les producteurs de betteraves à sucre vendent leur récolte à des usines dont elle constitue la matière première. Généralement le cultivateur et le fabricant de sucre font ensemble un compromis ou marché par lequel le premier s'engage à cultiver une étendue déterminée de betteraves, dans des conditions précises, tandis que le second s'engage à acheter la récolte à un prix fixé d'avance. Le cultivateur reprend, à un prix déterminé, une quantité de *pulpes* (résidu de la fabrication) proportionnelle à la quantité de betteraves qu'il a livrée.

Pendant longtemps, l'achat des betteraves s'est pratiqué uniquement au poids. Aujourd'hui on fait intervenir soit le titre, c'est-à-dire la richesse en sucre, soit le cours commercial des sucres extraits. Cette combinaison devra être universellement adoptée; elle permet seule de rémunérer convenablement des frais de culture qui sont élevés (de 700 à 800 francs par hectare) et de développer la production des betteraves riches, plus faciles à travailler dans les usines et plus avantageuses pour le fabricant qui paye désormais l'impôt du sucre d'après le poids des betteraves qu'il travaille (loi du 31 juillet 1884).

On détermine la richesse saccharine des betteraves soit par la densité du jus provenant du râpage d'un certain nombre de racines, soit par le dosage du sucre au moyen de la liqueur tartro-alcaline de cuivre (procédé Fehling), soit par le saccharimètre.

BETTERAVES PORTE-GRAINES. — La betterave étant une plante bisannuelle qui ne fleurit et ne donne des graines que la deuxième année de sa culture, l'agriculteur doit se préoccuper de garder des plantes qui fournissent les graines nécessaires pour ses semailles. A cet effet, il choisit parmi les betteraves de sa récolte, celles qui lui paraissent présenter les meilleurs caractères, et il les met de côté pour les replanter au printemps suivant. Il y a donc là deux opérations successives, sélection des racines qui doivent devenir des porte-graines ou mères, culture des porte-graines.

Sélection des porte-graines. — Le triage des racines se fait, d'une part sous le rapport des caractères extérieurs, d'autre part sous celui de la richesse en sucre. Beaucoup de cultivateurs préparent ainsi eux-mêmes leurs graines; mais dans un certain nombre d'exploitations, on se livre à la culture spéciale des betteraves porte-graines, dont on vend les produits. C'est Louis Vilmorin qui a été le promoteur de cette industrie vers 1850; les maisons Vilmorin, Desprez, Simon-Legrand, etc., produisent ainsi chaque année en France, des quantités considérables de graines recherchées dans tous les pays où l'on cultive la betterave. Grâce à des soins de sélection poursuivis pendant de nombreuses générations, on a obtenu des races de betteraves dont la richesse saccharine est à peu près constante; toutefois les graines d'une même race ne donnent pas toujours, dans tous les sols et sous tous les climats, des résultats identiques. Il est nécessaire qu'une race soit acclimatée pour arriver à son maximum de rendement dans des circonstances déterminées. C'est pourquoi il est bon, quand on entreprend la culture de la betterave, d'essayer à la fois plusieurs variétés afin de reconnaître celle qui donne les meilleurs résultats.

Les betteraves qui doivent servir de porte-graines sont choisies avec soin parmi celles qui n'ont subi aucune altération ni aucune blessure. Après l'arrachage, on laisse les pétioles des feuilles sur une longueur de 2 à 3 centimètres, et on renferme les racines dans des caves ou dans des silos, en les entourant de sable sec. Il est indispensable qu'elles restent à l'abri de la gelée.

Culture des porte-graines. — Au mois d'avril on plante les betteraves à la bêche, dans une terre bien ameublie et profondément labourée, en tassant autour de la racine et en enfonçant celle-ci de telle sorte que le collet soit recouvert de 2 à 3 centimètres. On plante les racines en carré, avec un écartement de 65 à 75 centimètres.

On procède à des binages qu'on pratique en nombre nécessaire suivant l'état du champ, jusqu'à ce que le développement des tiges empêche d'y pénétrer. Si les rameaux deviennent nombreux, on enlève les plus faibles; quelquefois on écime la tige principale.

Pendant la végétation, la quantité de sucre que renferme la racine décroît progressivement, surtout après la floraison; le sucre a complètement disparu lorsque les graines sont mûres.

La maturité des graines arrive à la fin de l'été ou au commencement de l'automne; on la reconnaît à la couleur brune que prennent les extrémités des rameaux. On coupe les tiges, on les lie en gerbes et on suspend ces gerbes dans un endroit sec, par exemple dans un grenier, où elles se dessèchent. Pour séparer les graines des tiges, le procédé le plus simple consiste à secouer les tiges au-dessus d'une pièce de toile étendue par terre. M. Desprez, de Cappelle (Nord), a imaginé un appareil qui permet d'exécuter ce travail plus rapidement. Cet appareil (fig. 652) consiste en un établi à claire-voie sur lequel les ouvriers couchent une poignée de tiges, qu'ils froissent avec une poignée en bois cannelée; en tirant les tiges à eux, ils déterminent la séparation des graines qui tombent sous l'établi, sur une toile. On nettoie ensuite les graines avec un tarare, puis on les passe au crible.

Un hectare de betteraves porte-graines peut donner de 2000 à 3000 kilogrammes de semences. Celles-ci conservent leur faculté germinative pendant cinq à six ans.

Ennemis de la betterave. — La betterave est sujette aux attaques de plusieurs animaux, dont la multiplication cause parfois des ravages considérables.

Les principaux ennemis de la betterave sont, parmi les insectes : le *hanneton*, dont la larve (ver blanc) attaque les radicelles, puis le pivot de la racine; le *taupin*, dont la larve atteint et flétrit les jeunes plantes; le *silphe*, dont la larve mange surtout les jeunes feuilles des betteraves; la *casside nébuleuse*, qui s'attaque aux feuilles; l'*atomaria linéaire*, qui se porte sur les feuilles et les jeunes racines; l'*altise*, qui mange les feuilles; la *noctuelle*, dont la larve, aux mois de juin et de juillet, coupe le collet de la plante et mange la partie supérieure de la racine; la *noctuelle potagère*, qui n'attaque que les feuilles; la *mouche de la betterave*, qui mange aussi les feuilles.

Parmi les annélides, les *lombrics* ou vers de terre s'attaquent aux racines de la betterave. — Deux myriapodes, la *blaniule* et l'*iule terrestre*, détruisent les graines des betteraves et les jeunes plantes.

Il faut enfin citer la *nématode* ou anguillule de la betterave (*Heterodera Schachtii*), dont la multiplication dans plusieurs parties de la Saxe, et plus tard dans plusieurs départements français, a été la cause de graves préoccupations; cette anguillule attaque les radicelles de la plante, et elle y entraîne un arrêt complet dans la végétation. M. Aimé Girard a proposé l'emploi du sulfure de carbone pour le traitement de la terre des champs qui sont envahis par ce parasite.

Résultats de la culture des betteraves. — L'extension de la culture de la betterave a été une des principales causes du progrès en Europe au

Fig. 652. — Ouvriers égrenant des semences de betteraves.

dix-neuvième siècle. Elle a donné naissance à deux grandes industries agricoles : la sucrerie et la distillerie; elle a permis d'accroître considérablement la production du bétail, en fournissant un énorme supplément de nourriture par les pulpes, qui sont les résidus de ces industries. Par les soins de culture qu'elle exige, elle a amené l'accroissement de fertilité du sol et elle a permis de doubler le rendement des récoltes qui la suivent. Mais, pour être désormais avantageuse, il faut que la culture de la betterave soit conduite suivant des méthodes rationnelles, et qu'un accord absolu soit réalisé entre les cultivateurs et les fabricants de sucre. H. S.

BÉTULINÉES (*botanique*). — Famille d'arbres Dicotylédones, à fleurs en chatons, unisexuées. Cette famille ne comprend que deux genres, l'aune et le bouleau.

BEURRE. — Le beurre est un des principes constituants du lait des mammifères. Il se trouve en suspension dans la masse liquide sous la forme de petits globules libres, qui se réunissent et s'agglomèrent lorsqu'on bat ou qu'on agite le lait. Le beurre ordinaire est fourni par le lait de vache. C'est une substance alimentaire, de nature grasse, de consistance plus ou moins solide, jaune ou blanc jaunâtre, d'une saveur douce et d'un arome spécial.

Le beurre pur est formé par un mélange de corps gras neutres, dont la découverte est due à M. Chevreul. Ils s'y présentent, en moyenne, dans les proportions suivantes, sur 100 parties : margarine, 68; oléine et butyroléine, 30; butyrine, caprine et caproïne, 2. — Le beurre, solide à la température ambiante, fond entre 31 et 33 degrés centigrades; après avoir été fondu, il commence à se solidifier vers 22 degrés. Exposé à l'air, il rancit au bout de quelque temps; sa couleur s'altère et tourne à l'orange; son goût devient âcre et irritant. Cette transformation est due à la production, sous l'influence de l'air, d'acides oléique, margarique et butyrique mis en liberté par la décomposition de l'oléine, de la margarine et de la butyrine. Le beurre pur et complètement débarrassé des matières caséeuses du lait rancit beaucoup moins vite; l'addition de sel arrête la rancidité.

On extrait encore le beurre du lait de brebis et de chèvre; le beurre de lait de vache est de beaucoup le plus répandu. La quantité de beurre que renferme le lait des mammifères varie dans des proportions assez étroites. D'après des expériences de M. Boussingault, le lait de vache renferme de 3,5 à 4,8 pour 100 de beurre; d'après Payen, le lait de brebis en renferme jusqu'à 8 pour 100. Il résulte d'expériences de M. Eug. Marchand que le lait des vaches normandes renferme de 3,72 à 3,84 pour 100 de beurre; d'après Storch, le lait des vaches danoises en renferme de 3,22 à 4,04. Le beurre ne paraît pas également réparti dans la masse du lait renfermé dans la mamelle de la vache; on sait depuis longtemps que le lait recueilli à la fin de la traite est plus chargé de beurre que celui recueilli au commencement, mais à la condition que le lait ait séjourné plus de quatre heures dans les mamelles; le lait de la fin des traites renferme de 6,60 à 8,40 pour 100 de beurre. On met parfois à profit la séparation de la matière grasse du lait dans la mamelle de la vache, en réservant pour la préparation du beurre les dernières parties des traites.

Si la proportion de beurre que renferme le lait varie peu, il n'en est pas de même de la qualité. Sous ce rapport, le beurre présente des variations très considérables, qui paraissent provenir surtout de l'alimentation des vaches et des conditions de propreté qui président à la préparation du beurre. — L'influence de l'alimentation est prépondérante : il est d'expérience pour ainsi dire quotidienne que l'arome et le goût du beurre provenant d'une même vache dépendent beaucoup de l'alimentation qu'elle reçoit : l'herbe fraîche des prairies est la nourriture qui assure la meilleure qualité du beurre; le foin vient ensuite. Certains aliments, notamment quelques tourteaux, les pulpes de distillerie et celles de sucrerie, exercent une action absolument nuisible sur la qualité du beurre. La stabulation permanente paraît également nuisible, jusqu'à un certain point. — Pour que le beurre conserve sa qualité, et pour diminuer la rapidité du rancissement, il est de la plus haute importance que les locaux dans lesquels on le prépare soient tenus avec une extrême propreté, que les ustensiles dont on se sert et que les linges en contact avec le lait et le beurre soient lavés avec le plus grand soin; enfin que les personnes qui manipulent le lait soient couvertes de vêtements très propres. Toutes ces conditions sont absolument indispensables.

Fabrication du beurre. — On peut fabriquer le beurre suivant trois méthodes : 1° battage de la crème qui renferme les globules butyreux, après l'avoir séparée du lait; 2° battage du lait doux; 3° battage du lait caillé en totalité ou en partie. La première de ces méthodes est la meilleure, et on doit la préférer. En effet, le battage du lait doux demande plus de force et donne un rendement moins considérable. Quant au battage du lait caillé, c'est une méthode vicieuse; il en résulte toujours un mélange avec le beurre de matières caséeuses, qui le font rancir rapidement. D'ailleurs, les méthodes de fabrication ne diffèrent que parce que, dans les deux derniers cas, on se dispense de procéder à la séparation de la crème, et on bat la totalité du liquide; les opérations qui suivent cette séparation sont identiques. Il suffit donc de décrire la fabrication du beurre par le battage de la crème.

Cette fabrication comporte une série d'opérations qui se succèdent comme il suit : *écrémage*, c'est-à-dire séparation de la crème contenue dans le lait; *barattage*, ou agitation de la crème pour agglomérer les globules butyreux; *délaitage*, c'est-à-dire travail du beurre pour le débarrasser du sérum retenu par les globules après leur agglutination. C'est dans la laiterie (voy. ce mot) que s'effectuent ces opérations.

Écrémage. — Lorsqu'on abandonne le lait frais au repos dans un vase, la matière grasse qu'il renferme ne tarde pas à monter à la surface, en entraînant un peu de caséum et de sérum, et à y former une couche, de couleur jaunâtre, plus ou moins épaisse, suivant la largeur du vase, et qui constitue ce qu'on appelle la *crème*. La quantité de crème que renferme le lait varie avec la race des animaux, leur âge, et quelques autres circonstances peu connues, entre 10 et 15 pour 100 du poids total. La montée de la crème, suivant l'expression consacrée, doit se faire avec une grande régularité. Pendant longtemps, on a professé qu'il était nécessaire, pour que la crème montât régulièrement, de maintenir le lait à une température de 12 à 13 degrés, sans descendre au-dessous. Il paraît qu'on connaissait déjà depuis longtemps aux États-Unis l'influence du froid sur la séparation de la crème et du lait, quand M. Swartz, en 1863, en Suède, et plus tard M. Eugène Tisserand, en France, ont démontré par des expériences décisives que le refroidissement du lait active la montée de la crème. Sous l'action du froid, le lait étant en grande masse, il faut seulement 12 heures pour que le lait refroidi à 2 degrés donne toute sa crème, tandis qu'il faut 24 heures s'il est refroidi à 6 degrés, et 36 heures au moins s'il est abandonné au repos à la température de 14 à 15 degrés. Voici en quels termes M. Tisserand explique ces faits :

« Lorsque l'on examine une goutte de lait de vache au microscope, on constate qu'elle est formée d'une multitude de globules flottant dans un liquide transparent. Ces globules sont la matière grasse du lait, et le liquide, le sérum. Ces globules ne sont pas tous de la même dimension ; on en voit dont le diamètre est de $0^{mm},01$; d'autres ont $0^{mm},005$; les plus petits mesurent à peine $0^{mm},0016$ de diamètre. Ces derniers sont de beaucoup les plus nombreux. Pour 10 gros globules, nous avons compté 36 globules moyens et 110 petits. La quantité de globules en suspension dans le lait est telle qu'il n'y en a pas moins de 45 000 de toutes grandeurs, dans une goutte de lait de 1 milligramme, et leur poids varie de $0^{mg},00000049$ à $0^{mg},000000001\,65$. Ils présentent d'assez grands intervalles entre eux. Dans le champ du microscope, une goutte de lait offre assez bien l'aspect d'un ciel très étoilé. Réunis et serrés les uns contre les autres, les globules de lait n'occuperaient que 7 à 8 pour 100 du volume total du lait dans lequel ils flottent, comme on peut aisément le calculer. Les globules n'ont pas la même densité que le lait ; cette densité est inférieure à celle de l'eau ; elle est comprise entre 0,94 et 0,95, tandis que celle du sérum est un peu supérieure à celle de l'eau ; enfin les globules du lait ont une consistance huileuse à la température de 36 degrés ; à 18 degrés, ils sont mous ; à 12 degrés, ils commencent à durcir.

» Quand le lait est laissé en repos pendant un temps suffisant, les globules montent à sa surface en vertu de la différence de leur densité avec celle du sérum ; leur force ascensionnelle est évidemment d'autant plus grande que l'écart entre leur densité et celle du sérum est plus fort et la vitesse d'ascension croît uniformément avec l'espace parcouru, suivant la loi de la chute des corps ; le mouvement de bas en haut du globule est uniformément accéléré. Or, quand le lait est soumis à une température très basse, le sérum se contracte et sa densité augmente ; les globules, de leur côté, durcissent, et le microscope n'indique pas de changement appréciable dans leur volume ; leur force ascensionnelle augmente par le fait, et la vitesse du mouvement de bas en haut augmente à chaque instant pendant le trajet à parcourir. Les gros globules montent les premiers, repoussant devant eux les petits globules, et entraînant même une certaine masse de matière caséeuse, qui s'en séparera ensuite par un repos prolongé ; les moyens et les petits globules ne tardent pas eux-mêmes à prendre part au mouvement ascensionnel. De là : 1° montée immédiate de la crème pendant la première heure avec un fort refroidissement, et 2° diminution de volume pendant les quelques heures qui suivent ; de là encore, comme application, utilité d'avoir recours à des vases à crémer en métal, c'est-à-dire bons conducteurs de la chaleur, afin que le lait prenne le plus rapidement possible la température du bain.

» L'examen microscopique du lait écrémé prouve bien d'ailleurs que les choses se passent ainsi et concordent avec les données de l'analyse ; le microscope nous montre, en effet, qu'il reste encore beaucoup de globules de toutes dimensions dans le lait écrémé des éprouvettes qui n'ont pas été refroidies, tandis qu'il n'y en a plus qu'un petit nombre dans le lait écrémé des éprouvettes soumises à une basse température ; les gros globules ne s'y voient plus ou sont très rares, on n'y trouve que des petits globules. »

La figure 653 représente les aspects qu'offrent dans le champ du microscope des laits écrémés aux températures de 22 degrés centigrades, de 15 degrés et de 2 degrés seulement.

Non seulement la montée de la crème est plus rapide quand la température à laquelle a été exposé le lait est plus voisine de zéro, mais le volume de crème obtenu est plus grand si le lait a été soumis à un plus fort refroidissement ; en outre, le rendement en beurre est plus considérable, et enfin le lait écrémé, le beurre et le fromage sont de meilleure qualité. L'explication de ce résultat serait dans ce fait, suivant M. Tisserand, que le refroidissement énergique arrête l'évolution des

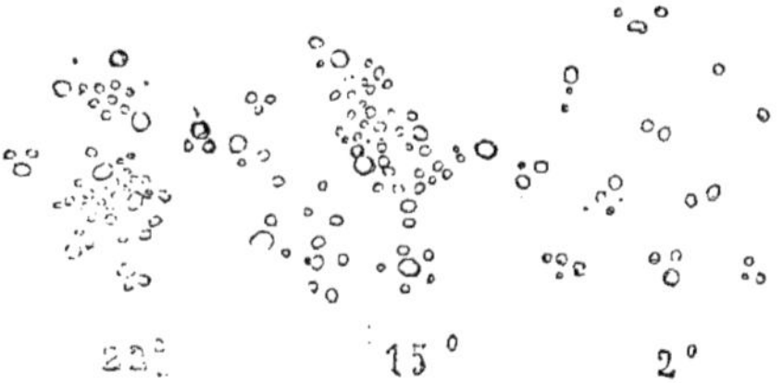

Fig. 653. — Globules butyreux restant dans le lait après l'écrémage aux températures de 22, de 15 et de 2 degrés.

organismes vivants qui constituent les ferments du lait et empêche les altérations dues à leur action

La montée de la crème suivant les anciennes méthodes se fait dans des vases larges, de forme variée, appelés crémeuses (voy. ce mot). Pour appliquer les principes dont on vient de lire l'exposé, on leur a substitué des crémeuses réfrigérantes dont il existe aussi plusieurs modèles. C'est dans les pays du nord de l'Europe, en Danemark et en Suède, que la nouvelle méthode a été d'abord appliquée, sous le nom de méthode du Dr Swarz ; elle s'est propagée en Allemagne, en Grande-Bretagne et en Irlande, en France et jusqu'en Amérique. Cette méthode exige l'emploi de la glace ou d'eau de source très froide.

Un dernier procédé d'écrémage donne encore des résultats plus rapides que la méthode de refroidissement : c'est l'écrémage mécanique. Il repose sur la différence de densité de la crème et du sérum ; en soumettant le lait à l'action de petites turbines, on sépare ces deux éléments presque instantanément. Les appareils qui servent à ce travail sont appelés crémeuses centrifuges (voy. ce mot). L'écrémage mécanique peut s'opérer immédiatement après la traite ; il présente l'avantage de supprimer l'ancien matériel des vases à crémer qui prend beaucoup de place dans la laiterie, et de faire disparaître aussi tous les dangers d'accidents entre le moment de la traite et la montée de la crème. Cette méthode s'est rapidement développée.

Barattage. — Lorsque la crème est montée dans les anciennes crémeuses, au repos et à la température ambiante, on peut la baratter immédiatement. Mais, si elle est montée sous l'influence du froid ou bien si elle a été séparée mécaniquement, on doit la placer dans des vases en grès où on la laisse pendant 24 à 30 heures, à la température de 14 à 15 degrés. Ce temps est nécessaire pour qu'elle prenne une légère réaction acide indispensable pour l'arome du beurre. On procède ensuite au barattage.

Cette opération s'effectue dans les barattes (voy. ce mot). La température à laquelle se fait le barattage n'est pas indifférente. Il résulte d'expériences souvent répétées que la température la plus convenable pour le barattage est de 12 à 14 degrés centigrades. Si la température de la crème n'est que de 10 degrés, il est nécessaire que le batteur marche très vite ; au lieu de 80 tours à la minute, par exemple, il en faut 120 à 130 ; la température s'élève graduellement dans la baratte et atteint 13 à 14 degrés à la fin du travail.

La durée du barattage varie avec la forme et le mécanisme de la baratte, avec la saison, etc. En général, elle est de 40 à 50 minutes. Si la température s'élève, il est utile d'ajouter de l'eau froide ou de la glace pour la ramener au degré le plus convenable.

Délaitage. — Lorsque les globules butyreux se sont agglomérés dans la baratte, ils sont mêlés à un liquide blanchâtre qui constitue ce qu'on appelle le lait de beurre. Le délaitage a pour objet de séparer le beurre de ce liquide. On y procède à l'eau ou à sec.

Le délaitage à l'eau est le plus usité dans la fabrication du beurre en Normandie. On fait sortir le lait de beurre de la baratte, et on ajoute de l'eau fraîche, avec laquelle on lave le beurre jusqu'à ce que le liquide sorte clair. Ailleurs, après un lavage du beurre dans la baratte, on place les mottes dans un baquet rempli d'eau fraîche; après qu'elles se sont raffermies, on les pétrit avec des spatules en bois, en renouvelant l'eau de temps en temps; on continue l'opération jusqu'à ce que l'eau reste absolument claire.

Le délaitage à sec, autrefois employé en Bretagne, a été perfectionné par la méthode danoise. Dans cette méthode, l'emploi de l'eau est rigoureusement proscrit. En enlevant le beurre de la baratte, on le reçoit sur un tamis à travers lequel passe le premier excédent de lait de beurre. On le porte ensuite soit dans une délaiteuse mécanique (voy. ce mot), soit dans une auge en bois dont le fond est percé d'un trou, où l'on bat les mottes avec des spatules en bois. En été, on superpose à cette auge des boîtes en bois garnies de morceaux de glace, afin que l'action du froid raffermisse le beurre.

On achève le délaitage par l'action de malaxeurs (voy. ce mot) qui enlèvent jusqu'à la dernière parcelle de lait de beurre.

On reconnaît qu'un beurre est bien délaité, lorsque, en le coupant, on ne voit suinter aucune goutte de liquide blanchâtre sur la section.

En résumé, les opérations de la bonne fabrication du beurre ne demandent que du soin; elles peuvent se traduire par quelques indications pratiques, comme il suit :

1° Enlever la crème aussitôt que possible du lait, et quel que soit le procédé d'écrémage adopté, la laisser prendre une légère acidité, sans la laisser fermenter;

2° Opérer le barattage à une température de 12 à 14 degrés;

3° Dès que les grumeaux de beurre sont formés dans la baratte, les enlever et procéder immédiatement à un délaitage complet;

4° Malaxer le beurre délaité avant de former les mottes;

5° Après chaque opération, laver tous les ustensiles d'abord à l'eau chaude, puis à l'eau froide, et les exposer à l'air. Eviter de toucher le beurre avec les mains, et veiller scrupuleusement à la propreté de ses vêtements.

Conservation du beurre. — Le beurre qui sort de la baratte est du *beurre frais*. Il se conserve en cet état plus ou moins longtemps suivant qu'il a été préparé avec plus ou moins de soin. La durée moyenne de la conservation du beurre à l'état frais, quand il a été bien préparé, est de huit à dix jours. On assure cette durée en entourant le beurre, dès qu'il a été fabriqué, d'une enveloppe en mousseline qui le soustrait à l'action de l'air.

Pour conserver le beurre pendant plus longtemps, on le sale ou on le fond.

La salaison s'opère en ajoutant du sel à la masse. On fait le mélange en malaxant fortement la motte jusqu'à ce que l'incorporation du sel soit complète. On conserve le beurre salé dans des tonneaux, des vases en grès, des boîtes en métal.

On dit que le beurre est *demi-sel*, lorsque la proportion de sel ne dépasse pas 3 à 4 pour 100; qu'il est *salé*, lorsque cette proportion atteint 5 pour 100, elle peut s'élever jusqu'à 10 pour 100. — Pour le commerce d'exportation, on sale presque toujours le beurre.

La meilleure méthode pour fondre le beurre est de le fondre au bain-marie (voy. ce mot). Le beurre fondu est versé dans des vases en grès, en passant à travers un tamis fin qui en enlève les impuretés. Après refroidissement, on recouvre le beurre d'une légère couche de sel, et on ferme hermétiquement. Le beurre fondu sert surtout aux usages culinaires.

Coloration du beurre. — Les consommateurs recherchent surtout les beurres d'un beau jaune d'or. C'est surtout en été que le beurre possède cette couleur. Pour lui donner cette couleur dans les autres saisons, on a recours à diverses matières colorantes qu'on ajoute à la crème dans la baratte.

Les principales substances auxquelles on a recours sont le jus de carottes, les fleurs de souci, le safran, l'orcanette. — On trouve dans le commerce des colorants pour le beurre, à base de rocou ou annato (voy. ce mot).

Résultats de la production du beurre. — La transformation du lait en beurre est un des meilleurs moyens, pour l'agriculteur, de tirer parti des vaches laitières.

Il faut, en général, de 25 à 30 litres de lait pour obtenir un kilogramme de beurre. Le produit en beurre d'une vache qui donne annuellement 2 000 litres de lait, varie donc dans les limites de 65 à 80 kilogrammes. Avec un rendement de 2500 litres de lait, on a de 75 à 100 kilogrammes de beurre. Au prix de 4 francs le kilogramme, le produit brut d'une vache est, de ce chef seul, de 260 à 320 francs dans le premier cas, et de 300 à 400 francs dans le deuxième cas. Toutes les fois que l'on ne se trouve pas à proximité d'un grand centre de consommation, où l'on peut vendre le lait en nature, on trouve un bénéfice assuré à transformer la crème en beurre. Le lait écrémé est utilisé soit pour la fabrication du fromage, soit pour l'entretien d'une porcherie.

La fabrication du beurre sur une grande échelle peut donner des résultats encore bien plus élevés, quand on a recours à l'outillage moderne des crémeuses centrifuges, des grandes barattes danoises mues à la vapeur, des malaxeurs mécaniques. Sans entrer dans des détails qui ressortent de l'organisation des laiteries (voy. ce mot), il suffit de dire qu'on peut, avec ces appareils, opérer chaque jour sur 1200 à 1500 litres de lait, et fabriquer la quantité de beurre équivalente. Les frais de production sont considérablement réduits, et par suite le bénéfice est accru. Le nombre de vaches nécessaire pour obtenir ces quantités de lait est rarement réuni dans une seule exploitation; les cultivateurs doivent donc s'associer, comme on le fait souvent pour la fabrication des fromages. Les associations laitières sont des œuvres de progrès agricole, qui doivent se multiplier partout.

Commerce du beurre. — Le beurre frais se vend soit en pains allongés ou ronds du poids d'un demi-kilogramme (c'est ce qu'on appelle communément beurre en livres), soit en mottes dont le poids varie de 5 à 20 kilogrammes, suivant les usages locaux. — Le beurre demi-sel ou salé se vend en boîtes métalliques dont le poids varie suivant les pays, ou bien en tonneaux du poids de 30 à 40 kilogrammes.

En France, la Normandie est le principal centre de production du beurre. Quelques parties de cette province, notamment le Bessin (qui fait partie des départements du Calvados et de la Manche), ont acquis et conservent sous ce rapport une réputation universelle. Les beurres frais et les beurres salés d'Isigny et de Bayeux ont une plus-value notable sur tous les marchés du monde. Les beurres de Gournay (Seine-Inférieure), ainsi que ceux de Vire et de Livarot (Calvados), sont classés ensuite.

Après la Normandie, la Bretagne fournit le plus de beurre au commerce, surtout en ce qui concerne les beurres salés pour l'exportation. Le beurre de la ferme de la Prévalais, près Rennes, jouit d'une excellente réputation.

Les départements qui produisent le plus de beurre en France sont ensuite : Seine-et-Oise, le Pas-de-Calais, le Nord, le Loiret, la Sarthe, les Deux-Sèvres, la Charente, le Puy-de-Dôme, le Cantal, Indre-et-Loire, Maine-et-Loire, Eure-et-Loir, l'Aube, la Marne, l'Yonne. Les beurres de la plupart de ces provenances sont désignés dans le commerce sous le nom de beurres de ferme. On les distingue, aux halles de Paris, en beurres plats ou en demi-kilogramme, et en petits-beurres vendus en motte. Dans la plupart des départements français, le lait des vaches est généralement de qualité supérieure ; mais trop souvent on n'en tire que des produits assez défectueux, faute de soins suffisants dans la préparation du beurre. Il est donc d'une haute importance que les procédés rationnels de fabrication se généralisent partout.

La France fait avec les autres pays un commerce important de beurre, principalement de beurres salés; elle exporte de 4 à 5 millions de kilogrammes de beurres frais, et de 30 à 34 millions de kilogrammes de beurres salés. La valeur de ce commerce varie de 105 à 110 millions de francs. Les beurres frais sont principalement expédiés en Angleterre, en Suisse, en Belgique et en Algérie; quant aux beurres salés, ils vont principalement en Angleterre et au Brésil. L'importation est à peine le sixième de l'exportation; elle vient principalement de la Belgique et de l'Italie Ce dernier pays approvisionne surtout les villes du midi de la France ; les beurres italiens arrivent même aux halles de Paris.

Les perfectionnements apportés dans les pays septentrionaux à la fabrication du beurre ont assuré de nouveaux débouchés aux beurres de ces pays. L'exportation des beurres danois s'est accrue dans des proportions très considérables : ces beurres sont très estimés en Angleterre, et ils font sur les marchés les plus lointains une concurrence sérieuse aux beurres français. L'Amérique du Nord (Etats-Unis et Canada) a aussi beaucoup développé sa production laitière ; elle expédie du beurre en quantités croissantes chaque année sur les marchés anglais. Les exportations italiennes dans l'Europe centrale augmentent rapidement.

Falsifications du beurre. — Comme toutes les denrées alimentaires, le beurre est sujet à diverses falsifications.

On falsifie le beurre en y ajoutant de l'eau, de la craie, du plâtre, du fromage blanc, et surtout divers corps gras, parmi lesquels on doit signaler surtout les graisses animales et la margarine.

Les bons beurres renferment de 13 à 16 pour 100 d'eau; au delà de 20 pour 100, la fraude est manifeste. On la constate par la dessiccation à l'étuve.

L'addition des principes minéraux se reconnaît en dissolvant la matière grasse par l'éther ou par le sulfure de carbone. On traite la partie non dissoute par des réactifs spéciaux qui permettent d'en reconnaître la nature.

La falsification par des graisses animales, suif de veau, graisse de rognon, graisse d'oie, peut être établie par trois procédés : différence de densité, point de fusion et examen microscopique. — La densité du beurre, à la température de 100 degrés, est, d'après M. Konigs, comprise entre 0,865 et 0,868; celle de la margarine est de 0,859; celle des graisses de mouton, de bœuf, de porc, de cheval, de 0,860 à 0,861. — L'addition de graisses élève de plusieurs degrés le point de fusion du beurre, et celui de la solidification. — Le beurre pur examiné au microscope se présente sous la forme de globules transparents, sans cristaux de matière grasse, à moins qu'il n'ait été fondu. Le beurre additionné de graisse montre des globules plus gros et opaques, dont un grand nombre présentent l'aspect cristallin.

Les procédés pour reconnaître l'addition de margarine au beurre sont encore imparfaits. — D'après M. Donny, l'ébullition du beurre dans une capsule décèle s'il est mélangé de margarine; l'ébullition du beurre pur se produit régulièrement et avec production d'une mousse abondante ; s'il y a de la margarine, l'ébullition a lieu avec des crépitements et la production de flocons noirs. — Pour reconnaître la proportion de margarine contenue dans un beurre falsifié, la méthode généralement adoptée est celle de la saponification ; elle repose sur ce principe que le beurre pur ne renferme que 87 à 88 pour 100 d'acides gras insolubles, tandis que la margarine en renferme 95 pour 100. On estime qu'un beurre qui, après saponification, donne moins de 12 pour 100 de matières solubles dans l'eau, peut être considéré comme fraudé. — Enfin, M. Rabot, chimiste à Versailles, a proposé récemment l'emploi de la lumière polarisée. Dans le microscope polarisant, l'aspect des globules butyreux se distingue des cristaux lumineux et des fibres que présente la margarine.

Les fraudes dans le commerce du beurre ont pris dans quelques pays de très grandes proportions, principalement aux Etats-Unis d'Amérique; on prétend qu'à New-York près de la moitié des beurres vendus sont fraudés par l'addition de graisses. En Hollande, en Angleterre existent ouvertement des fabriques de beurre artificiel. En Amérique, l'Etat de Colombie a adopté une loi pour réprimer ces fraudes. D'après cette loi, une amende de 500 francs est prononcée contre tout commerçant ayant livré de la margarine ou du beurre margariné sans avoir prévenu l'acheteur par une indication apposée sur l'enveloppe ou le baril contenant la denrée vendue. S'appuyant sur cet exemple et afin d'arriver à arrêter les fraudes, le gouvernement français a présenté au parlement un projet de loi sur le même objet. D'après ce projet, il serait exigé de tout vendeur : 1° qu'il fasse connaître au moment de la vente ou de la mise en vente, par une étiquette placée sur le produit ou sur le baril ou l'enveloppe qui le contient, si le beurre est pur ou s'il est mélangé de margarine, de graisse, d'huile ou d'autre substance similaire ; 2° la reproduction de la même mention sur la facture, ainsi que sur la lettre de voiture, ou le connaissement accompagnant l'envoi du beurre vendu ou destiné à être vendu.

Composition du beurre. — Le beurre renferme, outre les matières grasses qui en forment la base, de l'eau, des matières albuminoïdes, des matières minérales. Chacun de ces principes est dosé par des méthodes diverses.

Les analyses de beurre les plus récentes sont dues à M. Schmitt, professeur à la Faculté libre des sciences de Lille. En voici les résultats pour deux beurres de vache et pour un beurre de chèvre :

ANALYSE IMMÉDIATE	BEURRE D'ISIGNY	BEURRE DE FLANDRE	BEURRE DE CHÈVRE
Matière grasse......	86,25	86,50	75,00
Eau................	9,80	10,54	22,40
Caséine............	2,23	1,42	1,75
Cendres............	0,10	0,85	0,18
Matières non dosées..	1,62	0,69	0,67
	100,00	100,00	100,00

COMPOSITION DE LA MATIÈRE GRASSE	BEURRE DE VACHE	BEURRE DE CHÈVRE
Butyrine	5,00	5,50
Oléine	60,00	64,00
Margarine	35,00	30,50
	100,00	100,00

On retrouve dans les cendres du beurre de vache les mêmes éléments que dans les cendres du lait.

BEURRE DE PETIT-LAIT. — Dans quelques régions, notamment en Auvergne, on fabrique sous ce nom du beurre avec le lait restant après la fabrication de certains fromages gras. Ce beurre est de qualité inférieure, et il se conserve mal. H. S.

BEURRÉ (POIRE DE) (*pomologie*). — L'arbre est très fertile et particulièrement propre à former des plein-vent. Le fruit est arrondi, à queue assez courte et charnue à son insertion, de manière à se confondre avec la poire; la peau, jaune olivâtre, est parsemée de gros points et de marbrures; la chair est blanche, fine, très fondante (fondante comme du beurre dans la bouche), juteuse, d'un goût délicieux, très parfumé. Le fruit commence à mûrir dès la fin de septembre. Ce poirier figure dans tous les jardins fruitiers. On a d'ailleurs cru pouvoir en faire en quelque sorte le type d'une espèce présentant un grand nombre de variétés; M. Decaisne fait remarquer que les poires ainsi appelées des beurrés avec divers qualificatifs sont extrêmement différentes par la forme, l'époque de la maturité, la nature, quoique étant toutes fondantes et juteuses; en conséquence il a rejeté de la nomenclature des poires à couteau ou à cuire tous ces beurrés, en adoptant pour leurs noms quelqu'un de leurs synonymes.

BEURRINE. — Nom donné quelquefois à l'oléo-margarine ou plus communément margarine (voy. ce mot).

BÉZI (*pomologie*). — Voy. BÉSI.

BÉZOARD (*vétérinaire*). — Nom donné aux concrétions calculeuses qui se forment dans l'estomac, les intestins et les voies urinaires des quadrupèdes. Ces concrétions atteignent souvent des dimensions considérables; elles sont composées de phosphate ammoniaco-magnésien, de carbonate de chaux et de matières animales diverses.

BIBASSIER (*arboriculture*). — Le bibassier, que l'on désigne encore sous le nom de néflier du Japon, est un arbuste de la famille des Rosacées, qui nous vient de l'Asie orientale. Il porte de grandes et belles feuilles persistantes, d'un vert foncé en dessus, et blanches tomenteuses en dessous. Il atteint 2 à 3 mètres de hauteur, toutes les fois que le climat lui convient, c'est-à-dire qu'il est suffisamment tempéré. Aux environs de Paris, le bibassier passe les hivers dehors, à la condition d'être abrité; mais il ne fleurit et ne fructifie régulièrement que sous le climat de l'oranger; il devient alors un arbre fruitier dont la culture prend chaque jour plus d'extension. C'est qu'en effet, à ses fleurs blanches et disposées en corymbes succèdent des fruits ressemblant à une sorte de petite pomme, d'un jaune de cire, recouverts de poils blancs dans le jeune âge et surmontés par le calice qui, étant persistant, forme une sorte d'œil à son sommet. La floraison a lieu en janvier et février; c'est ce qui explique que, bien que végétant aux environs de Paris, cet arbuste n'y fructifie jamais.

Les fruits sont des baies, dont la chair est très juteuse, sucrée, d'un goût agréable; elles renferment un ou deux pépins bruns et lisses. Ceux-ci germent facilement, si on les sème dès la maturité du fruit. La culture du bibassier s'est répandue en Algérie, ainsi qu'en France, dans toute la région méditerranéenne. Ce fruit est expédié en assez grande quantité sur Paris, où il commence à prendre sa place comme fruit de table. J. D.

BIBERON (*élevage*). — Le biberon est un appareil employé dans l'allaitement artificiel pour faire boire les jeunes animaux séparés de leurs mères ou ceux provenant d'une double parturition. Il consiste le plus généralement en un vase de métal, bois ou cuir d'une forme analogue à celle d'une bouteille. Sa capacité est variable selon les animaux auxquels on le destine. Pour l'espèce chevaline, le biberon doit pouvoir renfermer 2 litres de lait; pour l'espèce ovine, le contenu est estimé d'un demi-litre au moins. Le biberon est muni à son extrémité d'un bec ou goulot que l'on introduit dans la bouche de l'animal. Ce bec doit être garni de mousseline, de façon que le lait puisse passer, sans couler trop vite.

Dans d'autres cas, le récipient est en tôle galvanisée, il est garni d'un couvercle à la partie centrale duquel se trouve fixé un ajutage auquel s'adaptent des tétines en caoutchouc. Quelques éleveurs allemands ont encore perfectionné cet instrument appelé à rendre les plus grands services. Des supports garnis de peaux apprêtées figurent les jambes de la mère, entre lesquelles viennent faire saillie la série d'ajutages correspondant aux récipients contenant le liquide nourricier. Ce système d'allaitement artificiel, réservé aux veaux, est admirablement compris. Le récipient renfermant le lait n'est plus métallique, mais fait de caoutchouc rouge; les tétines de même composition, teintées en rose, traversent un cuir encore garni de ses poils, disposé de façon à affecter la forme des parois abdominales des femelles. Cette disposition procure au jeune qu'on a habitué pendant deux ou trois jours à téter cette nourrice artificielle, l'illusion de la réalité; il peut, grâce à l'élasticité de l'appareil, donner ces violents coups de tête, souvent si préjudiciables aux vaches, et croire qu'après cette forte et brutale pression, le lait s'écoulera plus facilement dans son avide gosier. G. M.

BICHET. — Ancienne mesure de capacité, adoptée en France pour les grains. Sa valeur variait d'une province à l'autre. Le bichet de Lyon, le plus connu, correspondait à 40 litres environ. On disait aussi *bicherée* et *bichot*.

BICORNE (*outillage agricole*). — Nom donné, en Alsace et dans la Franche-Comté, à la houe à deux dents qui sert au binage des vignes. On dit aussi *bigot*. — Les dents ont 1 centimètre d'épaisseur pour le piochage, et 5 millimètres pour le binage; elles sont coupantes en dehors.

BICORNE. — Dans la classification des vaches laitières proposée par Guénon, les vaches sont dites bicornes quand l'écusson des mamelles se termine à sa partie supérieure par deux divisions en forme de cornes droites.

BIDENT (*botanique*). — Genre de plantes de la famille des Composées, renfermant des herbes le plus souvent annuelles, dont deux espèces sont assez communes dans les lieux humides, et servent parfois comme plantes d'ornement. Ce sont le bident tripartite, appelé vulgairement chanvre d'eau, et le bident penché, ou eupatoire aquatique. Le bident tripartite est mangé par le bétail, quand il est jeune. Des plantes de ces deux espèces, on retire une couleur jaune pour la teinture.

BIDENT (*outillage agricole*). — Houe ou pioche fourchue à deux pointes, employée dans un grand nombre de départements, pour piocher les terres pierreuses, notamment les vignes. Le fer en est épais et pèse quelquefois jusqu'à 6 kilogrammes. La *mare* du Médoc est aussi un bident.

Les fourches et les louchets à deux dents pointues ou aplaties sont quelquefois appelés des bidents.

BIDETS (*zootechnie*). — Nom donné plus particulièrement à une sorte de chevaux qui se produisaient en abondance dans la partie de la Normandie, voisine de l'embouchure de la Somme, dans cette partie appelée pays de Caux. On les nommait le plus ordinairement *bidets d'allure*, à cause de leur façon particulière de marcher au pas accéléré, improprement dite *pas relevé*, façon de marcher désignée brièvement aussi par le terme d'*allure*. C'est là une acception spéciale de ce terme qui, dans son sens général, s'applique à tous les modes de progression de l'animal quadrupède. On dit : allure du pas, allure du trot, allure du galop, etc. ; mais en disant qu'un cheval marche l'allure, cela signifie, dans le jargon hippique, que les mouvements de ses membres se succèdent dans l'ordre et avec le rythme précipité qui caractérisent le pas relevé.

Les qualités propres à cette allure faisaient beaucoup rechercher les bidets pour les longs voyages, avant l'établissement des routes macadamisées et surtout des voies ferrées. Dès que les voyages en tilbury et en wagon ont été possibles à peu près partout en France et principalement en Normandie, leur population est tombée en décadence. Elle ne compte plus maintenant que d'assez rares représentants. Le bidet ou la bidette (on nommait ainsi la jument) présentait l'avantage de joindre à une vitesse souvent égale à celle de l'allure du trot (de 2m,50 à 3 mètres par seconde, au moins) des réactions extrêmement douces, qui permettaient de rester longtemps à cheval sans en éprouver aucune fatigue. On voyait, par exemple, des herbagers normands venir ainsi de leur pays jusqu'en Poitou et en Saintonge, pour y faire les achats de leurs bœufs d'engrais. Ils parcouraient des étapes allant jusqu'à vingt lieues par jour.

L'allure en question n'appartient point exclusivement aux bidets du pays de Caux. Elle n'est d'ailleurs pas plus naturelle chez eux que chez aucune des autres populations chevalines où son existence se constate. Elle existe dans tous les pays où s'accomplissent de longs voyages à cheval, notamment chez les Arabes. Les cavaliers, pour leur commodité, la font acquérir à leurs montures. L'entraînement de l'habitude en rend l'aptitude facilement héréditaire. C'est ce qui est arrivé de longue date pour les bidets normands et en a fait une variété distincte, dont l'importance, comme on l'a déjà dit, est aujourd'hui considérablement réduite.

Cette variété appartient à la race britannique (voy. ce mot), dont les caractères spécifiques se voient intacts sur tous les sujets restés à l'état de pureté qui se trouvent maintenant au milieu de la nouvelle population chevaline cauchoise. Celle-ci est pour la plus grande partie composée de métis résultant du croisement avec les étalons anglo-normands. Ces métis, de formes plus distinguées, quand ils sont réussis, et produits en vue d'en faire des carrossiers, montrent souvent des réminiscences de l'allure de leurs mères. Avant de prendre franchement le trot, il leur arrive d'exécuter quelques temps de pas relevé.

Les bidets purs dépassent rarement le minimum de taille qui s'observe dans la variété voisine de leur race, la variété boulonnaise (voy. ce mot), c'est-à-dire 1m,60 à 1m,65. Ils ont la tête relativement petite, la musculature épaisse et courte, par conséquent la croupe arrondie, les articulations fortes et les membres solides. Leur robe est de couleurs variées, mais le plus ordinairement foncées. Ils ont le tempérament vigoureux et un système nerveux puissant. A les voir marcher avec l'encolure allongée, la tête basse, levant à peine leurs pieds, on les croirait toujours sur le point de butter et de tomber. Il n'en est rien. Leurs sabots rasent le sol dans les déplacements rapides qu'ils subissent, mais ils ne sont arrêtés par aucun obstacle, grâce à l'énergie musculaire qui les met en mouvement.

La variété des bidets disparaîtra sans doute complètement. Quelles que puissent être ses qualités propres, il n'y aura pas à la regretter, puisque sa disparition sera due uniquement à l'inutilité de son emploi. A. S.

BIELLE (*mécanique agricole*). — Tige rigide mobile à ses deux extrémités, servant à transmettre le mouvement d'un point à un autre. La bielle est le plus souvent en fer ou en fonte ; on l'établit quelquefois en bois. La bielle agit toujours à l'extrémité d'une manivelle qui la conduit ou qu'elle conduit.

En mécanique, on se sert de la bielle dans deux cas : 1° pour transformer un mouvement rectiligne alternatif en un mouvement circulaire continu, ou inversement ; 2° pour transformer un mouvement rectiligne continu en un mouvement circulaire continu. La première application est la plus générale. — Dans les machines à vapeur, une bielle transmet le mouvement alternatif de la tige du piston à l'arbre moteur.

L'efficacité de la transmission varie à chaque instant du mouvement, suivant l'angle que la bielle fait avec la manivelle. Elle atteint son maximum quand ces deux organes sont à angle droit. Elle est réduite à zéro quand ils forment une ligne droite ; c'est ce qu'on appelle le point mort, qui est franchi par la force d'inertie.

BIENNALE (**COUPE**) (*sylviculture*). — Quand une forêt a une contenance trop faible pour qu'on puisse y asseoir chaque année une coupe d'une importance suffisante, on la divise en un nombre de coupes égal à la moitié du nombre d'années de la révolution et l'on exploite tous les deux ans une de ces coupes qui sont, pour cela, dites biennales B. DE LA G.

BIÈRE (*technologie*). — *Composition et analyse*. — La bière est une boisson saine et nourrissante. Moins alcoolique que le vin, d'une saveur plus froide, si elle n'en a ni le goût aussi délicat, ni le bouquet aussi recherché, c'est cependant la boisson qui peut le remplacer le mieux dans les pays où la culture de la vigne ne réussit plus par suite d'une température estivale trop basse. C'est une boisson rafraîchissante en été, elle peut être livrée à un prix assez accessible et son usage tend à se répandre de plus en plus.

La fabrication en est aujourd'hui colossale, le public devient de plus en plus exigeant pour les qualités ; pour toutes ces raisons, les méthodes se sont perfectionnées, et la brasserie, étudiée dans sa partie scientifique, a subi dans ces dernières années de nombreuses modifications qui se sont traduites par des progrès remarquables.

Pour que la bière soit réellement bonne, elle doit être fabriquée loyalement par la fermentation d'un moût sucré et sans addition de matières étrangères qui quelquefois sont nuisibles et que l'on n'emploie que dans la poursuite de quelque but frauduleux. La bière est tonique par son alcool et nourrissante par son extrait, ce sont donc là les deux principales substances à rechercher et à doser ; mais, avant de parler de ces titrages, nous devons mentionner comment se fait l'examen des matières premières de la fabrication.

L'infusion est préparée en général au moyen de l'amidon des céréales. Cet amidon est transformé en glucose ordinairement par une réaction de la germination. Le liquide est cuit, additionné de houblon qui lui communique un goût amer, un parfum recherché et assure une plus longue conservation. Enfin le moût subit une ou plusieurs fermentations.

La céréale employée le plus communément est l'orge. Nous avons donc comme matières premières principales : l'eau, l'orge, le houblon, le ferment.

L'eau. — L'eau distillée ou l'eau la plus pure n'est pas celle qu'il convient de préférer, elle peut donner des moûts troubles ; les sels ou les autres matières contenues dans les eaux potables ont une influence plus ou moins sensible sur le goût et les qualités de la bière. Il est bon qu'il y ait une petite quantité de chaux à l'état de carbonate ou de sulfate, surtout pour l'empâtage; un excès serait nuisible, car cette base précipiterait à l'état insoluble et supprimerait ainsi tous les phosphates dont les effets bienfaisants se font sentir dans l'alimentation. Le chlorure de sodium, les autres sulfates n'ont que peu d'importance, mais il est bon qu'ils existent en petites quantités. Les matières organiques sont en général nuisibles, car elles peuvent contribuer à l'établissement de fermentations autres que celles que l'on recherche. Enfin il est nécessaire que l'eau soit limpide et inaltérable à l'air.

L'*orge*. — Il faut que les grains soient sains et lourds; leur origine a une influence incontestable sur la qualité des produits ; ils doivent germer facilement et tous ensemble. L'essai de la faculté germinative se fait en plaçant les grains entre des feuilles de papier à filtre ou de papier buvard mouillé et abandonnant le tout en humectant de temps en temps, dans un appartement habité ou en lieu maintenu à la température de 12 à 15 degrés centigrades.

Le *houblon*. — La matière que l'on désigne en industrie sous le nom de houblon est le chaton de la plante nommée *Humulus lupulus*, de la famille des Cannabinées. Les cônes contiennent de l'acide tannique, une huile volatile, des substances amères gommeuses et résineuses, etc. L'analyse complète en est assez compliquée et minutieuse, peut-être même peu certaine ; elle est donc à peu près impossible en travail courant et il faut se contenter de juger le houblon d'après l'apparence et quelques essais pratiques simples.

On frotte les cônes dans la main, l'odeur qui se dégage alors est pour les connaisseurs un guide précieux de la provenance et des qualités. Le houblon vieilli est peu odorant, friable, jaunâtre. Les vieux houblons sont souvent rajeunis et blanchis au moyen de l'acide sulfureux. On reconnait ce corps par les procédés chimiques; par exemple en mettant le houblon suspect dans un petit ballon avec de l'eau, de l'acide chlorhydrique et du zinc (prendre des produits très purs), l'acide sulfureux est transformé par l'hydrogène en acide sulfhydrique que l'on reconnait à son odeur désagréable et à ses réactions chimiques. Dans le vide, les houblons se conservent sans altération sensible.

Le *ferment*. — La bonne qualité du ferment, sa pureté, sont de la plus haute importance dans une fabrication soignée. Il faut s'appliquer à purifier la levure employée ; on suit pour cela les procédés de Pasteur, qui consistent en cultures successives dans des atmosphères dépouillées de tous les germes.

Arrivons à l'examen de la bière. Cette boisson est une dissolution dans l'eau d'alcool et de matières organiques et salines (voy. BRASSERIE).

Dosage de l'alcool. — La bière contient plusieurs éléments acides qui pourraient fausser les indications dans le procédé de la distillation ordinaire par l'alambic de Gay-Lussac ou de Salleron. En outre, le liquide mousse beaucoup par l'ébullition. Il est bon de placer 250^{cc} à 300^{cc} de la bière à essayer dans un grand ballon de 1 à 2 litres de capacité, on distille à moitié et on complète au volume primitif avec de l'eau de chaux un peu chargée de chaux en suspension, si cela est nécessaire ; on distille de nouveau à moitié et on prend le degré au moyen de l'alcoomètre de Gay-Lussac.

Dosage de l'extrait. — Ce dosage est multiple, car après avoir obtenu l'extrait, il est bon d'en connaître la composition. Sans nous arrêter à décrire tous les procédés usités, voici les opérations qu'il nous parait convenable d'exécuter :

On prend la densité de la bière par le picnomètre ou la balance hydrostatique.

Le picnomètre est un tube en U dont les deux extrémités ouvertes ont été effilées et recourbées à angle droit à droite et à gauche (fig. 654). On plonge une des pointes effilées dans la bière et on aspire doucement avec la bouche, par l'autre petit tube, jusqu'à ce que tout l'appareil soit rempli. Le picnomètre, dont le volume est connu au moyen d'une pesée préalable d'eau distillée ou de mercure, est accroché sous le plateau d'une bonne balance, et son poids permet de calculer la densité.

Un deuxième procédé très pratique consiste à plonger dans la bière contenue dans un verre ordinaire, un corps de volume connu dont on détermine la perte de poids. On trouve dans le commerce pour cet usage de petits flotteurs de verre,

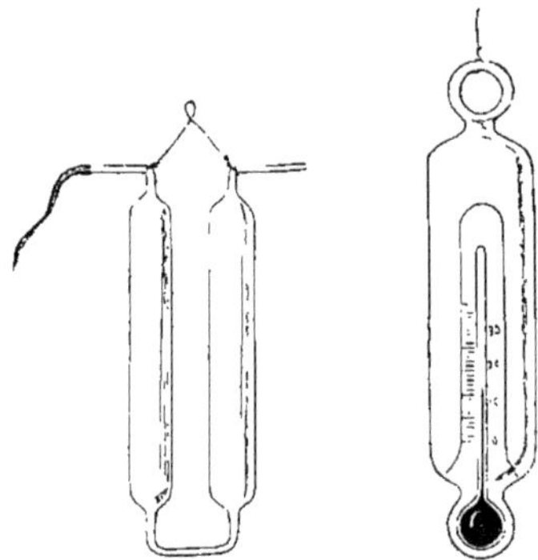

Fig. 654 — Picnomètre. Fig. 655 — Plongeur en verre pour déterminer les densités.

contenant un thermomètre à leur intérieur (fig. 655). Ces flotteurs sont accrochés sous le plateau de la balance et on a déterminé leur volume par la perte de poids dans l'eau distillée.

Nous conseillons, pour des expériences bien faites, de renoncer à l'emploi des aréomètres ou densimètres dont les résultats sont peu exacts à cause des différences de tension superficielle des liquides. Ces instruments doivent être réservés à la pratique industrielle.

La densité de la bière et la proportion d'alcool, une deuxième densité étant prise après distillation, peuvent servir par des tables à déterminer le poids de l'extrait ou autrement des matières solides contenues, mais il est bien préférable au point de vue de l'exactitude de faire cette détermination directement. Pour cela, on évapore un volume connu de bière, 20^{cc} par exemple, que l'on répand sur du sable ou du plâtre bien secs placés dans une capsule tarée.

Méthode du laboratoire de Munich. — On fait couler 10^{cc} ou 20^{cc} de bière doucement sur la surface d'un bain de mercure chauffé à 100° environ. L'évaporation se fait très vite et on obtient un gâteau solide facile à peser.

Les autres dosages à effectuer dans l'analyse de la bière sont plutôt du ressort du chimiste que de l'agriculteur. Voici ceux que l'on aura le plus souvent à effectuer :

Les *cendres :* on les obtient en calcinant à basse température le gâteau de l'extrait obtenu par la méthode précédente. Dans les bières normales, la proportion est d'environ 5 à 10 pour 100 du poids de l'extrait.

L'*acide carbonique* sera dosé le plus exactement

par la méthode de Schlœsing : liquide maintenu en ébullition à pression faible et emploi d'un absorbant.

Les *acides acétique et lactique* seront déterminés ensemble par une liqueur titrée, d'eau de chaux par exemple, que l'on n'ajoutera qu'après s'être débarrassé de l'acide carbonique.

Le *sucre* est dosé en épuisant l'extrait par l'alcool, reprenant un deuxième extrait par l'eau et titrant par la liqueur de Fehling.

Les matières protéiques et gommeuses, la glycérine, sont moins importantes à déterminer; nous n'insisterons pas sur leurs dosages à faire par les procédés usuels.

Falsifications de la bière. — Les falsifications sont très nombreuses; elles ont surtout pour but d'économiser les matières premières dont le prix est élevé ou de masquer une fabrication défectueuse. Les bières varient beaucoup suivant les modes de préparation; mais on peut dire cependant qu'une bière potable devra contenir de 2,5 à 5 pour 100 d'alcool, dans les environs de 6 pour 100 d'extrait, avec une densité un peu plus grande que celle de l'eau, 1,01 à 1,02. Il sera toujours bon de déterminer d'abord ces trois éléments.

Comme falsification, on ajoute des matières colorantes, caramel, chicorée, chaux caustique, etc.

Pour suppléer au défaut d'orge, on additionne le moût ou la bière selon les cas, de sucre ou glucose, de mélasse, de glycérine.

Pour remplacer le houblon, on emploie des substances amères, l'absinthe, l'acide picrique, l'aloès, l'écorce de buis, etc. On a dit qu'on avait été jusqu'à se servir de coque du levant et de strychnine!

Dans le but de donner une consistance mucilagineuse et aussi pour coller et clarifier la bière, on ajoute des morceaux de pieds de veau, des débris de cheval ou de mouton.

Toutes ces fraudes sont en général condamnables, dangereuses quelquefois; un brasseur qui comprendrait bien ses intérêts ne devrait jamais y avoir recours.

Pour la conservation, on additionne d'un peu d'acide salicylique, de bisulfite de chaux (dans le lavage des tonneaux), de borax.

Maladies de la bière. — Les bières fabriquées dans des conditions ordinaires normales deviennent malades sous différentes influences.

M. Pasteur, qui a fait une étude magnifique de ces maladies, a reconnu qu'elles étaient presque toujours dues à des organismes microscopiques qu'il a pu isoler et décrire en grande partie.

Les bières comme les vins peuvent tourner ou devenir putrides, filantes, etc. En général, la bière est un liquide qui a de la vie; la fermentation s'y poursuit, mais elle est toute prête à se transformer sous de faibles influences, entre autres sous l'action de l'air qui contient des germes de maladie. Aussi faut-il conserver cette boisson dans des vases étanches, des locaux frais et à l'abri des mauvaises odeurs; les tonneaux doivent, pour une qualité irréprochable, ne rester que peu de temps en vidange.

Voici quelques compositions de bières diverses :

	DENSITÉ	ALCOOL	EXTRAIT
Bière du Hofbräu Haus (Munich)....	1,011	4,4	3,9
— Augustiner d°	1,018	3,9	5,9
— Salvator d°	1,034	4,6	9,5
— Schotch ale (Edimbourg)..	1,03	8,5	10,9
— Lambick (Bruxelles)......	1,004	5,5	3,4
Bière de Lille....................	1,02	4,5	3,5

Pour tout ce qui concerne la fabrication de la bière, voy. BRASSERIE. R. L.

BIGARADIER (*arboriculture*). — Le bigaradier est une espèce du genre Oranger; c'est le *Citrus bigaradia* de Risso. Il a tous les caractères propres à l'oranger, mais se distingue par son fruit plus déprimé, dont la peau est très rugueuse et la saveur fortement acide. Il est très répandu dans les cultures artificielles d'ornement, où on le préfère à l'oranger commun, pour la raison qu'il est plus rustique que ce dernier. Les fleurs de cette espèce sont plus recherchées que celles de tous les autres orangers, à cause de leur parfum qui passe pour plus délicat ; c'est avec elles que l'on fabrique les eaux de fleur d'oranger de bonne qualité. Bon nombre des orangers des Tuileries et du parc de Versailles appartiennent à cette espèce. J. D.

BIGARREAU (*arboriculture*). — Sous ce nom, l'on désigne toute une catégorie de cerises qui semblent provenir du cerisier des oiseaux (*Prunus avium*, Linné). C'est une espèce qui croît à l'état spontané en Asie, d'où elle a été importée en Europe; on la rencontre, de nos jours, à l'état subspontané dans nos forêts. Les bigarreaux se caractérisent nettement par leurs fruits, dont la forme est généralement celle d'un cœur et qui sont portés par un pédoncule long et mince. La chair est ferme, croquante et douce d'une saveur très sucrée. Ces fruits sont souvent attaqués par les larves de l'*ortalide des cerisiers*. Leur couleur est différente suivant les variétés, qui sont nombreuses ; il en est dont les fruits sont blancs, d'autres rouges, d'autres enfin presque noirs. Leur maturation a lieu de juin à juillet.

Les bigarreaux sont des arbres vigoureux atteignant de plus grandes dimensions que les cerisiers proprement dits. Pour cette raison, il convient de les cultiver surtout sur tige et en plein vent et non de les soumettre à la taille et aux petites formes, comme les cerisiers proprement dits (voy. ce mot). Cet arbre vient bien dans les sols argilo-calcaires; greffé sur le cerisier de Sainte-Lucie (*Prunus mahales*), il prospère dans les sols siliceux. J. D.

BIGNONE (*horticulture*). — Les bignones (*Bignonia*) sont des plantes sarmenteuses, dont les belles fleurs, généralement rouges et réunies en groupes à l'extrémité des rameaux (fig. 656), constituent un des plus beaux ornements des murs et des piliers de toute sorte. Malheureusement l'origine méridionale de la plupart de ces espèces en fait des plantes de serres, pour le centre et le nord de la France. Une espèce, qui a, par la culture, produit plusieurs variétés, résiste bien aux hivers du climat de Paris; c'est le *Bignonia capreolata*, dont la culture est très répandue dans les jardins; sa croissance rapide, ses belles feuilles composées pennées et ses fleurs abondantes, la font rechercher pour la garniture des murs et des bosquets. J. D.

BIGNONIACÉES (*botanique*). — Famille de plantes, voisine des Sésamées et des Scrofulariacées, renfermant des arbres et des lianes originaires des parties chaudes du globe, dont la bignone est le type. Un certain nombre de ces plantes sont cultivées comme plantes d'ornement dans les serres ou les jardins.

BIGOT (*outillage*). — Voy. BICORNE.

BIGOT DE MOROGUES (*biographie*). — Le baron Bigot de Morogues, né à Orléans en 1775, mort en 1840, a été un géologue et un agronome distingué. C'est à lui que l'on doit les premières tentatives pour la transformation de la Sologne ; dans une série d'écrits consacrés à cette province, il démontra, de 1812 à 1815, la possibilité d'en améliorer l'agriculture, et il en donna l'exemple. Il a été l'un des principaux rédacteurs du *Cours complet d'agriculture* (édition de Pourrat). H. S.

BILE. — Humeur particulière que forme le foie, le plus gros des organes glandulaires. Jusqu'au milieu de ce siècle, on avait admis que la formation de la bile était l'unique fonction qui fût dévolue au foie; mais Claude Bernard a découvert qu'une autre lui appartenait, qui donne l'explication de son volume si considérable : celle de la formation du sucre dont le rôle, comme agent de la calorification générale, est un rôle essentiel.

La bile, recueillie pure sur un animal vivant, est un liquide jaune, d'un goût très amer, faiblement alcalin ou neutre, composée d'une grande proportion d'eau (822 pour 1000), dans laquelle se trouvent dissous des sels spéciaux (107 pour 1000), une matière particulière, la *cholestérine* (47 pour 1000) et une très faible quantité de sels inorganiques. C'est aux sels désignés sous le nom générique de *cholates* (χολή, bile), que la bile doit sa saveur amère. Sa couleur est déterminée par plusieurs matières colorantes, que la chimie a isolées et désignées sous des noms spéciaux.

Fig. 656. — Rameau florifère de bignone.

La bile est déversée dans l'intestin, soit directement chez le cheval, soit après avoir séjourné dans un réservoir particulier, qu'on appelle la *vésicule biliaire*, la *poche du fiel*, dans le langage des bouchers; elle n'a pas un usage physiologique qui soit, même encore aujourd'hui, rigoureusement déterminé. Ce qui est certain, c'est qu'elle est nécessaire au fonctionnement régulier de l'appareil digestif, puisque c'est à l'origine de l'intestin grêle que se trouve l'ouverture de sa voie d'échappement dans cet organe. D'autre part, l'expérimentation prouve que, si l'on détourne le courant de la bile au dehors, de telle sorte que son intervention, comme agent de la digestion, soit empêchée, les animaux maigrissent, faute d'une utilisation complète des matières digestibles, et en outre leur système pileux s'altère, parce que la perte de la bile entraîne celle du soufre qui entre dans sa composition. Or le soufre est un des éléments constituants de l'appareil pileux. C'est dans ce fait, sans doute, que se trouve l'explication du rapport si étroit qui existe entre les conditions de la santé et l'état apparent de la robe, qui est lustrée et brillante quand les fonctions digestives sont régulières et devient terne et sombre lorsqu'un état maladif intervient, assez grave pour troubler ces fonctions.

L'ancienne observation avait établi une relation entre l'activité des fonctions cérébrales et la sécrétion plus ou moins active et régulière de la bile. De là les allusions si souvent faites, dans le langage ordinaire et dans les écrivains, aux troubles des fonctions biliaires à la suite de grandes impressions morales ou même de simples contrariétés. *L'échauffement de la bile* est souvent invoqué par les auteurs comme cause de la mauvaise humeur des personnages dont ils dépeignent les caractères. L'expérimentation moderne tend à confirmer ces inductions de l'ancienne observation, en montrant la coïncidence qui existe entre l'activité augmentée du cerveau et la plus grande proportion dans la bile du principe immédiat que l'on appelle la cholestérine. H. B.

BILLARDER. — Voy. ALLURES.

BILLBERGIA (*horticulture*). — Genre de plantes de la famille des Broméliacées, originaires des parties tropicales de l'Amérique. On en cultive plusieurs espèces dans les serres chaudes d'Europe. Ce sont des plantes herbacées vivaces, vivant en parasites sur les troncs d'arbres; elles sont recherchées pour leurs longues feuilles façonnées en gouttière et pour leurs inflorescences souvent garnies de bractées colorées. On en connaît une vingtaine d'espèces, dont les plus répandues dans les collections d'Europe sont : le *Billbergia pyramidalis*, à fleurs de couleur verdâtre, munies de bractées imbriquées de couleur pourpre violet; le *B. Quesneliana*, à feuilles maculées de blanc, à fleurs violet foncé, en épi garni de bractées obtuses d'un beau carmin, marginées et mouchetées de blanc; le *B. Liboniana*, dont les fleurs sont sessiles, sans bractées, à calice écarlate et à corolle blanche inférieurement, bleu foncé ou noir violet à la sommité; le *B. Moreliana*, dont les inflorescences cylindriques, garnies de bractées, sont remarquables par le bleu vif des corolles; le *B. viridiflora*, à longues fleurs vertes pédonculées, disposées en grappes un peu tombantes.

BILLE (*sylviculture*). — Portion d'un tronc d'arbre divisé en tronçons par des sections perpendiculaires à l'axe. Ce terme s'applique plus spécialement aux pièces destinées à être sciées en planches. Dans les Vosges, le mot *bille* est remplacé par celui de *tronce*. B. DE LA G.

BILLON. — La trop grande humidité, ou le peu de profondeur de certains sols, ont donné naissance à une pratique suivie aujourd'hui dans tous les pays de grande culture et connue sous le nom de *billonnage*. Cette pratique consiste à labourer le terrain avec une charrue à deux versoirs qui rejette la terre à droite et à gauche, et forme ainsi, quand toute la surface est labourée, une suite d'ados plus ou moins larges, et qui sont séparés par des raies profondes. Ces ados se nomment *billons*.

La largeur des billons varie de 1 à 10, 12 et

15 mètres. Quelques-uns sont à peine plus bombés au milieu que certaines planches, tandis que d'autres s'élèvent de $0^m,80$ à $1^m,20$. C'est en mettant la terre en ados, trois ou quatre fois de suite, qu'on leur donne cette élévation.

On appelle *ados* l'arête culminante du billon, *rigole* la raie de séparation et *épaule* le rebord voisin de la rigole.

La culture en billons a pour but de mettre les plantes à l'abri de l'humidité en relevant la terre au centre et en facilitant l'écoulement des eaux par les rigoles. A ce point de vue, elle est avantageuse dans les terres fortes et dans les climats humides, où les plantes souffrent en hiver de l'excès d'humidité du sol.

La direction des billons doit être autant que possible du nord au midi afin que le soleil en puisse échauffer également les deux côtés; mais on ne peut pas toujours tenir compte de cette considération : ainsi dans les terrains en pente, on doit se garder de labourer de haut en bas, car la pluie entraînerait les terres.

La pratique du billonnage fait perdre une surface assez étendue de terrain (1/3 à 1/6 d'après MM. Magne et Baillet) ; aussi dans plusieurs pays a-t-on cherché à remédier à cet inconvénient. Dans les landes des environs de Bordeaux, on laboure, au mois d'avril, l'intervalle des billons sur lesquels on a semé du seigle et l'on y sème du maïs ou du millet, ou l'on y plante des pommes de terre. Lorsque ces plantes sont levées, on leur donne une légère façon ; et lorsqu'en juin le seigle est coupé, on les butte avec la terre des billons.

On reproche à la culture en billons d'empêcher les labours croisés, de rendre très difficile le hersage, le plombage et d'augmenter les frais des façons ordinaires, ainsi que les frais de fauchaison et de moisson, de retarder la dessiccation des javelles et d'en rendre l'enlèvement plus difficile. Il faut espérer que la pratique du drainage fera disparaître les prétextes plausibles que l'on a de préférer les billons à la culture en planches.

M. Zimmermann, de Salsmünde, a expérimenté en 1881 une machine nouvelle pour la culture en billons. Ce système, dû à l'invention de M. Berkel, directeur des domaines de l'empereur d'Autriche en Bohême, a pour but de remédier à tous les désavantages subis jusqu'à présent dans l'exécution des travaux préparatoires, pendant les derniers mois d'automne, au besoin après les fumures ; une fois la main-d'œuvre terminée, on peut, en se servant du buttoir polysoc, former des billons à haute crête, immédiatement avant l'entrée de l'hiver. Solidement construit avec versoirs mobiles permettant, selon la nature du sol, de former des billons de hauteurs différentes, ce buttoir est muni d'un avant-train semblable à celui des semoirs perfectionnés. On commence en octobre ou novembre à tracer les billons avec le buttoir multisoc qui forme trois buttes à la fois et trace en outre, de chaque côté, une raie indiquant la direction rectiligne à suivre.

On attelle deux bœufs ou deux chevaux à cette machine, mais dans les terres fortes récemment fumées, cet attelage ne peut former du premier coup les billons à hauteur voulue ; on repasse alors une seconde fois, car plus les billons seront hauts, mieux la gelée fera son œuvre pendant la saison rigoureuse ; la condition capitale est de les tracer exactement parallèles, afin de faciliter l'action du semoir et du cultivateur.

En ayant soin de tracer ces lignes profondes, on mélange parfaitement la couche arable et on économise un labour d'automne, ainsi que tous les travaux du printemps. La surface exposée à l'action du froid se trouve ainsi considérablement augmentée; les influences atmosphériques transforment plus rapidement les terres fortes, détruisent les mauvaises herbes et les insectes, mieux exposés aux intempéries, au sommet du billon élevé où devra croître la plante de printemps, que sur les sillons ordinaires.

Ce mode de culture offre encore un avantage considérable en permettant à la neige de s'accumuler dans les profondes enrayures horizontales, d'où elle ne peut être balayée par le vent, comme sur les champs à labours plats ; au moment du dégel, les eaux de fonte sont entièrement absorbées par le soul-sol. De plus, les champs destinés à la culture de la betterave, encore imprégnés d'humidité au printemps, ne sont plus exposés au piétinement des attelages ; avantage très appréciable, car on évite ainsi la formation des mottes. Le sol n'ayant plus besoin d'être travaillé, offre à la partie supérieure du billon, une terre ameublie, émiettée par les agents atmosphériques et dans les conditions les plus favorables.

Dans la machine combinée, le tube du semoir est placé de $0^m,24$ à $0^m,30$ en arrière du distributeur d'engrais, et la position verticale de chacun de ces tubes se trouvant réglée à volonté, on peut, selon les cas, laisser une couche de terre plus ou moins épaisse entre la graine et l'engrais, la déposer au-dessus ou à côté.

Dans les terres fortes et trop humides, on était obligé d'attacher au tube distributeur d'engrais un râteau ou quelques anneaux de chaîne, pour recouvrir en traînant l'engrais et le séparer de la graine.

Le perfectionnement apporté au semoir de M. Berkel consiste à utiliser le poids des rouleaux postérieurs et celui de la machine entière, non seulement pour enterrer les matières fertilisantes, mais encore recouvrir la semence et la comprimer fortement. En arrière des tubes semeurs, sont placés les rouleaux servant en même temps de roues ; reliés par un axe commun à l'appareil, ils en supportent tout le poids.

Par suite de cette disposition ingénieuse, ces rouleaux impriment aux billons, fumés et ensemencés, leur dernière forme, et tout le travail se trouve terminé en évitant le hersage et le plombage ordinaires.

Avec cette nouvelle machine, on exécute à la fois cinq travaux différents, qui devraient être successivement faits depuis le printemps jusqu'au moment du sarclage : 1° former les billons ; 2° briser les mottes ; 3° émietter le sol ; 4° répartir et enterrer les engrais ; 5° semer et recouvrir la semence. G. M.

BINAGE (*travaux de culture*). — Opération qui a pour objet d'émietter ou ameublir la surface du sol tassée ou durcie par la sécheresse, et de détruire les plantes adventices qui croissent au milieu des champs cultivés. Les racines se développant en raison du volume de terre meuble qui est à leur portée, les cultures superficielles sont aussi importantes que les labours profonds. On devrait pratiquer des binages dans toutes les cultures ; cette opération est aussi nécessaire pour les champs que pour les jardins, quoiqu'elle y soit usitée beaucoup plus rarement. Outre la destruction des mauvaises herbes, qui gênent la croissance des plantes utiles, les binages, en ouvrant le sol, donnent accès aux agents atmosphériques, et ils empêchent la terre de se dessécher aussi rapidement. C'est au printemps et au commencement de l'été que ces travaux s'exécutent. Quand on les fait à bras d'homme, on emploie d'abord la binette, puis la houe ; mais il est préférable d'avoir recours à la houe à cheval, avec laquelle on achève le travail beaucoup plus rapidement et plus économiquement. En effet, un des principaux obstacles à l'adoption des binages dans beaucoup de cultures qui s'en trouveraient très bien, est le prix élevé que coûte cette opération quand elle est exécutée à bras.

Toutes les cultures profitent des binages ; mais il en est quelques-unes qu'on ne peut exécuter sans ce soin. On leur a donné le nom de cultures sarclées : ce sont la betterave, la pomme de terre, la fève, le chou, le colza, le maïs, le navet, le chou-navet, etc. Le passage de la herse sur les céréales, au printemps, est un véritable binage. Un des avantages de la culture des céréales en lignes réside dans la possibilité d'y faire des binages avec la houe à cheval.

Les premiers binages dans les terres arables s'exécutent, au printemps, dans les champs récemment semés, lorsque les jeunes plantes ont développé leurs premières feuilles. Un ouvrier est chargé d'un rang de plantes ; il suit ce rang, en donnant alternativement des coups de binette à droite et à gauche ; en revenant, il bine le milieu de l'espace entre les rangs. Le second binage se donne deux ou trois semaines plus tard ; il a pour objet de détruire les mauvaises herbes poussées dans l'intervalle, et en même temps d'éclaircir le plant. On l'exécute par le même procédé que le premier binage ou bien avec la houe à cheval. Le troisième binage ne s'exécute pas pour toutes les cultures ; les plantes ont grandi, et pour aller plus vite, on peut employer, au lieu de la binette, une houe à large fer plat. Dans les premiers binages, un ouvrier peut faire environ 10 ares par jour ; dans les binages suivants, la quantité de travail peut s'élever de 14 à 15 ares.

Les binages sont surtout utiles dans les terres compactes, notamment dans les terres argileuses ; on peut s'en dispenser dans les sols sablonneux et naturellement légers, à moins que les plantes adventices n'y soient nombreuses. Pour la destruction de ces plantes adventices, le binage se confond avec le sarclage. Dans toutes les circonstances, pour que le binage soit réellement efficace, il faut éviter de le pratiquer lorsque la terre est saturée d'humidité.

Dans les jardins, on procède aux binages, suivant que les plantes sont plus ou moins fortes, avec la bêche ou avec la binette. Lorsque les plantes sont très petites, et que leurs racines poussent très près de la surface, les jardiniers emploient avec avantage une lame de couteau, une spatule en bois, ou une autre lame légère avec laquelle on n'a pas à craindre de blesser les racines.

Les plantes nuisibles atteintes par le binage sont laissées sur le sol. On doit éviter de les piétiner, car on pourrait provoquer la reprise de certaines racines très vivaces, et détruire ainsi une partie de l'effet du travail. H. S.

BINAGE DES VIGNES. — Les façons données aux vignes après la première œuvre de la fin de l'hiver qui est un labour d'aération, peuvent être regardées comme de véritables *binages* destinés tout à la fois à la destruction des herbes et à l'ameublissement de la couche superficielle du sol en vue de diminuer les chances de dessèchement par évaporation pendant l'été.

Les opérations de binage de la vigne s'effectuent en nombre plus ou moins considérable suivant les contrées et suivant l'âge du vignoble ; habituellement les jeunes plantations en reçoivent un grand nombre (quatre, cinq ou six), surtout dans le Midi ; les vignes en pleine production ne sont binées que deux ou trois fois pendant la belle saison.

Premier binage. — Le premier binage se donne d'ordinaire en mai ou au commencement de juin ; on doit éviter de le faire coïncider avec le moment de la floraison, parce qu'il risquerait d'entraîner la coulure. Cette opération pénètre moins profondément le sol que la première œuvre, mais plus que les suivantes ; elle doit être conduite de manière à remettre la terre à plat, lorsque le labour de la fin de l'hiver l'a laissée en relief, comme cela a généralement lieu.

Le premier binage s'exécute à bras, quand l'irrégularité de la plantation, le rapprochement des pieds de vignes ou le recouvrement du sol par leurs rameaux, empêchent d'opérer autrement. Lorsqu'aucun obstacle ne s'y oppose, on opère au moyen des instruments attelés dont l'emploi est plus économique, et est généralement considéré comme un progrès parce qu'il permet des façons promptes et répétées.

Dans le premier cas on se sert de diverses houes pleines ou fourchues (*béchard*, *eissade* de la Provence, *harpe*, *trinque* de l'Hérault, *meigles*, *fressou* de la Bourgogne, etc.), et quelquefois de la *bêche* ou *luchet*. Dans le second cas on emploie des charrues vigneronnes dites *chausseuses*, qui permettent d'approcher de très près les souches en y ramenant la terre, des *scarificateurs* ou des *extirpateurs* à vigne. Ces derniers instruments doivent être préférés aux charrues toutes les fois que le rechaussement n'est pas nécessaire, parce que leur travail est plus rapide et moins coûteux et qu'ils laissent le sol plus uni et par conséquent moins exposé à la dessiccation par l'évaporation.

Second binage. — Le second binage se fait ordinairement du milieu de juin à la fin de juillet ; il est plus superficiel que le précédent. On doit éviter le plus possible, pendant son exécution, de toucher aux raisins ou de les découvrir, dans la crainte de les échauder. Cette façon, comme la précédente, peut se donner soit à bras, avec des houes pleines, soit au moyen des attelages avec des charrues ou des houes vigneronnes légères.

Les binages suivants se pratiquent, quand ils ont lieu, par des procédés analogues.

Conditions favorables. — Les conditions les plus favorables à la bonne exécution des binages sont : 1° une terre bien ressuyée, mais non durcie qui s'ameublit facilement sans se tasser ; 2° un temps sec et chaud par lequel les mauvaises herbes sèchent facilement.

Exécution des binages dans divers vignobles. — En Languedoc les binages de vignes se donnent habituellement au nombre de deux : l'un en mai (*mayenquage*), l'autre en juin-juillet (*tierçage*). Il en est de même dans le Beaujolais, où le premier a surtout pour objet d'abattre les *darbons*, sortes de buttes élevées entre les ceps à la fin de l'hiver, et dans l'Yonne, où ces œuvres portent le nom de *binage* ou de *débinage*.

En Bourgogne la vigne reçoit deux et quelquefois trois façons superficielles d'été ; la première que l'on appelle *refuer* se donne avant la floraison, la seconde après que le raisin a noué, la troisième, quand elle a lieu, après la récolte.

En Champagne le premier binage porte le nom de *labourage au bourgeon*, parce qu'il facilite la sortie des bourgeons nés à la base de la taille et plus ou moins recouverts de terre par le *bêchage*, deux autres sont donnés sous le nom de *sarclages*, l'un de la mi-juin à la mi-juillet, et l'autre au moment où la maturité approche. On a la précaution, en exécutant le dernier, de creuser de petites fossettes sous les grappes, de manière à les empêcher de toucher le sol.

Dans le Médoc on fait trois labours de binage. Le premier qui a lieu en avril referme au moyen d'une charrue spéciale appelée *courbe*, le fossé laissé au pied des souches après le décavaillonnage par la façon d'aération. Le second s'effectue en mai avec une autre charrue appelée *cabat* ; il déchausse les lignes de vignes. Le troisième se donne à la fin de juin avec la *courbe* et referme le déchaussement. G. F.

BINET BLANC (*pomologie*). — Variété de pomme à cidre, de maturité tardive, en décembre. Le fruit est doux, assez faible en tanin. Le jus est coloré, parfumé et de bon goût. L'arbre est assez vigoureux et fertile ; il résiste bien au froid.

BINETTE (*outillage agricole et horticole*). — Instrument servant à faire les binages. Il consiste en une petite pioche en fer, munie d'un manche plus ou moins long. On construit un assez grand nombre

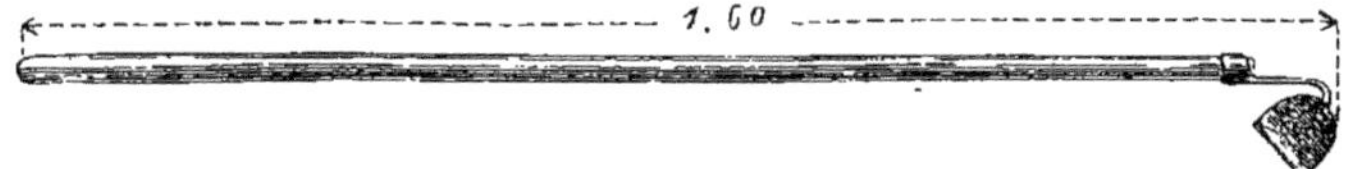

Fig. 657. — Binette à lame arrondie.

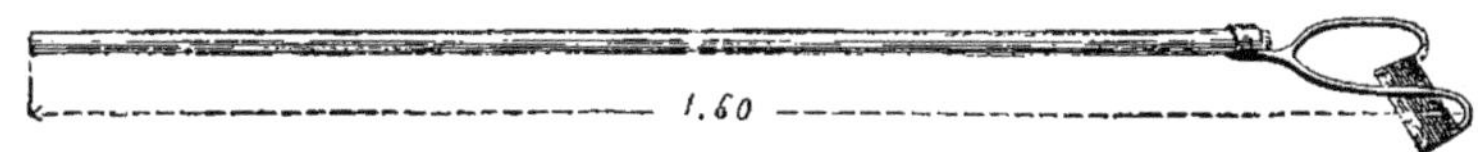

Fig. 658. — Binette à lame rectangulaire.

de modèles de binettes qui diffèrent par la longueur du manche, la largeur et la forme du fer. Les figures 657 et 658 représentent deux types de binettes pour travailler debout, la figure 659 une

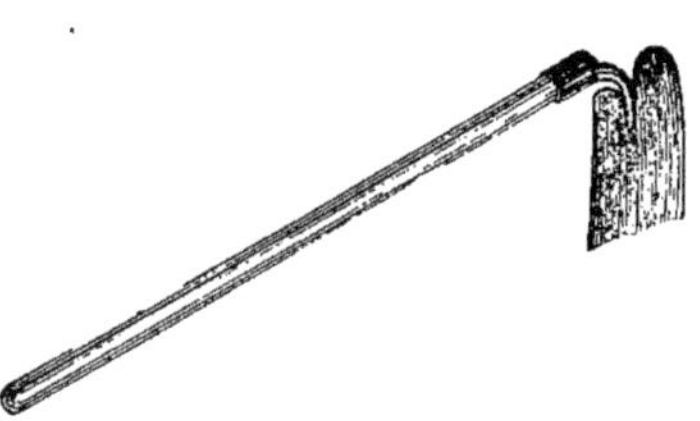

Fig. 659. — Binette a manche court.

binette pour travailler courbé, et enfin la figure 660 une petite binette dont on ne peut se servir que courbé ou agenouillé sur le sol. Avec les binettes à long manche, le travail se fait avec plus de rapidité.

En Flandre, on se sert souvent, pour le binage des champs de betteraves, d'une binette à brouette (fig. 661). Sur un bâti de brouette est fixé un couteau étroit qui coupe horizontalement la croûte du sol ; il est suivi d'un râteau à quatre dents qui achève l'ameublissement et qui entraîne les mauvaises herbes coupées ; en levant de temps en temps les bras de l'instrument, on empêche l'engorgement du râteau.

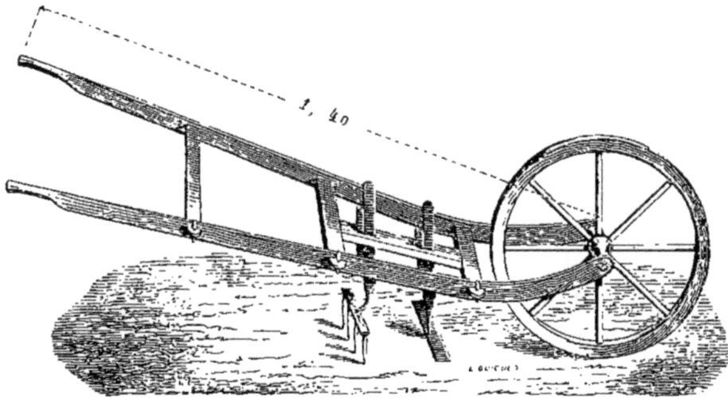

Fig. 661. — Binette à brouette.

On doit à un cultivateur de la Brie, M. Viet, à Rougeville (Seine-et-Marne), l'invention d'une binette à bras très ingénieuse pour le binage de la plupart des plantes cultivées en lignes. Cet instrument (fig. 662) consiste en un bâti léger monté sur deux petites roues et se terminant par deux mancherons que l'ouvrier soutient par des poignées, tandis qu'il appuie avec le corps, pour avancer, sur une courroie en cuir qui relie les deux extrémités des manches. Le bâti porte trois petites lames triangulaires qui coupent les mauvaises herbes et émiettent la croûte superficielle du sol. Latéralement à ces lames, deux ailettes métalliques servent à protéger les jeunes plantes contre l'action des lames. Suivant le travail à exécuter, on fait passer le bâti sur le côté des lignes de plantes, ou bien au-dessus de ces lignes. Le travail est rapide ; en marchant avec une vitesse de 3 kilomètres à l'heure, un ouvrier peut biner de 6 à 9 ares par heure, suivant qu'il passe une fois ou deux fois sur chaque ligne de plantes.

On donne parfois le nom de *binochon* à une binette à fer triangulaire (fig. 663), qui se termine en pointe et dont les deux côtés latéraux sont tranchants.

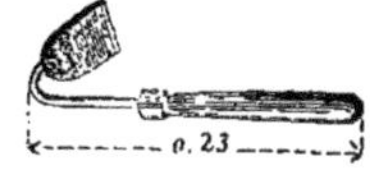
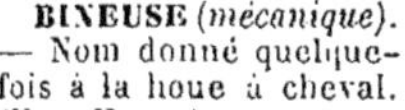

Fig. 660. — Petite binette.

BINEUSE (*mécanique*). — Nom donné quelquefois à la houe à cheval. (Voy. HOUE.)

BINOT (*mécanique*). — Instrument de culture employé en Flandre pour ameublir le sol, pour recouvrir les semences, pour opérer des buttages, pour ouvrir des rigoles d'irrigation ou d'écoulement des eaux. Le binot est simple ou à avant-train.

Le binot simple (fig. 661) a un age en bois qui se termine en avant par un crochet d'attelage, et en arrière par deux mancherons. A la partie antérieure de l'age, est fixé un sabot qui sert à régler la profondeur du labour ; ce sabot est mobile dans une rainure, et une vis le fixe plus ou moins haut. L'avant du soc se termine en fer de lance horizontal ; deux versoirs sont placés dos à dos derrière le soc. Cet instrument, très rustique et très solide, pèse de 40 à 50 kilogrammes. Il permet de tracer des sillons très profonds. Les champs labourés avec le binot avant l'hiver présentent un état d'ameublissement complet au printemps. On se sert aussi du binot pour arracher les tubercules

Fig. 662. — Binette de M. Viet.

des pommes de terre ; le fer passant sous les lignes de plantes les soulève, et les deux versoirs rejettent les tubercules sur les côtés, à la surface du sol.

Fig. 664. — Binot flamand.

Dans le binot à avant-train, le sabot est remplacé par un avant-train qui porte un collier sur lequel l'age s'appuie. On règle l'entrure du soc et la profondeur du labour en fixant l'age au collier plus ou moins près de son extrémité. Cet instrument présente beaucoup de stabilité. H. S.

BIOTA (*arboriculture*). — Genre de Conifères, dont une espèce, le *Biota orientalis*, est cultivée dans les parcs et les jardins comme arbre d'ornement. C'est un arbre toujours vert, très ramifié, à bois rougeâtre, à rameaux inférieurs verticillés, tandis que les supérieurs prennent des directions souvent irrégulières. On en a obtenu un assez grand nombre de variétés. — D'autres espèces, le biota pyramidal (*B. pyramidalis*) et le biota pleureur (*B. pendula*), sont utilisées pour constituer des brise-vents de 2 à 3 mètres de hauteur. Ces arbrisseaux sont rustiques au-dessous de la Loire, en France ; mais dans la région orientale, ils gèlent lorsque les hivers sont rigoureux.

BIPÈDE. — Terme employé dans l'étude

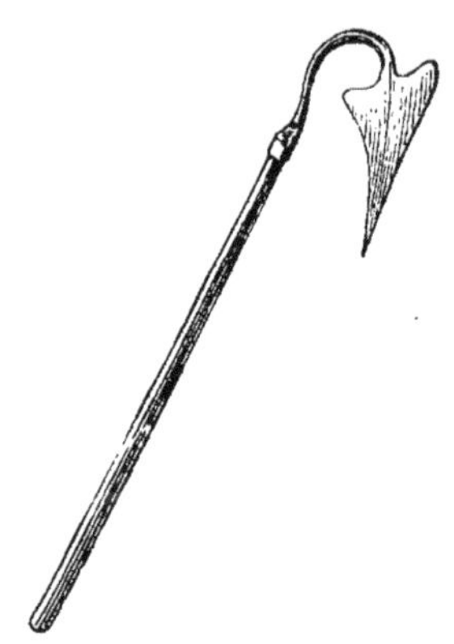
Fig. 663. — Binette à lame triangulaire.

des allures du cheval. C'est la réunion de deux pieds soit de devant, soit de derrière, soit de côté, soit même en diagonale. (Voy. ALLURES.)

BISAILLE. — On nomme ainsi, dans quelques endroits, les pois gris et la vesce ; c'est une corruption du mot latin *pisum*, pois.

Le pois gris ou pois des champs (*Pisum arvense*) est une légumineuse à fleurs violettes ou roses presque toujours solitaires ; les grains sont gris, roux ou marbrés, âpres au goût et servent exclusivement à la nourriture des animaux. Les bisailles sont peu difficiles sur le choix du sol ; les terrains argileux, peu favorables à la culture du trèfle, leur conviennent parfaitement ; mais ils préfèrent les terrains argilo-calcaires et les terrains sablo-argilo-calcaires.

Le semis, à raison de 200 litres à l'hectare, se fait généralement, en France, à la volée. En Angleterre, les bisailles sont presque toujours cultivées en lignes. Il est bien entendu que le semis doit être moins dru, quand on veut récolter les graines que lorsqu'on veut obtenir un fourrage fauchable en vert.

Fig. 665. — Pigeon biset.

Une fois que les jeunes tiges ont pris un certain développement, on ne leur donne plus aucun soin jusqu'à la récolte. On fauche la bisaille aussitôt qu'une moitié environ des gousses sont arrivées à maturité. Les pois gris sont battus, soit au fléau, soit à l'aide de simples gaules, lorsqu'ils sont assez desséchés.

On vanne ensuite pour séparer les graines des fragments de cosses et des débris de feuilles. Récoltées ainsi à maturité, les bisailles peuvent être données, avec profit, aux chevaux ou aux animaux de l'espèce ovine. Fauchées en vert, lorsqu'elles ont un certain nombre de gousses formées, elles constituent un excellent fourrage vert pour le bétail et principalement pour les chevaux.

Le produit varie de 11 à 35 hectolitres de grains par hectare, et de 2000 à 3000 kilogrammes de paille. Cette paille est plus riche en matières grasses et azotées que celle des céréales ; elle convient bien aux brebis, dans la saison de l'agnelage. G. M.

BISANNUEL (*botanique*). — Se dit des plantes qui vivent deux années, ou qui tout au moins, venues dans le courant d'une année, ne fleurissent et ne fructifient que dans le courant de la seconde. Souvent ces plantes ont une façon spéciale de végéter ; tels sont les betteraves, les carottes, les navets, etc., dont la partie souterraine se gorge de produits, qui seront, l'année d'après, employés par la plante au profit de son développement aérien, si nous n'intervenons pour nous emparer de ce garde-manger, au moment précis où il se trouve plein de substances utiles. Les racines ne sont d'ailleurs pas les seuls organes qui jouent ce rôle ; c'est ainsi que les bulbes ont fréquemment la même fonction.

Cette désinence de bisannuel n'a d'ailleurs rien d'absolu ; il arrive, en effet, que telle plante qui, dans un climat, ne vit qu'une année, deviendra bisannuelle dans un autre, et pourra même, dans des situations différentes, passer à l'état de végétal vivace (voy. ce mot). Une même plante peut, dans tel ou tel cas, être considérée comme annuelle ou bisannuelle sous un même climat ; ainsi le blé est annuel quand on le sème en mars et bisannuel quand ses grains ont été confiés au sol à l'automne. J. D.

BISET ou **BIZET** (PIGEON). — Variété de pigeon. C'est le pigeon le plus répandu dans nos campagnes. Il se reconnaît (fig. 665) à sa petite taille. Son dos est cendré, sa poitrine chatoyante verte et pourpre ; son cou est d'une couleur cuivrée, ses ailes sont longues, pointues et barrées de bandes noires. Son bec est droit, grêle et renflé vers le bout. Le biset vit de huit à dix ans, mais il n'est fécond que pendant quatre à cinq ans ; il pond deux ou trois fois par an ; ce qui fait qu'on lui préfère les mondains et les romains qui donnent de huit à dix couvées chaque année. Sa nourriture ordinaire est la vesce, l'orge, le sarrasin, les criblures et quelquefois le chènevis qu'on lui donne pour l'échauffer et le faire couver de bonne heure. Moins gros que le romain et le pigeon de Montauban, le biset peut être rangé parmi les races comestibles de grosseur moyenne. G. M.

BISOC (*mécanique*). — Instrument formé par la réunion de deux charrues sur le même bâti. L'invention des bisocs a eu pour objet d'accélérer le travail, surtout pour les labours de profondeur moyenne ou pour les labours légers. On construisait des charrues bisocs avant le commencement du dix-neuvième siècle ; mais c'est seulement depuis 1875 que ces instruments ont été appréciés réellement en France ; auparavant, plusieurs types ont été adoptés en Angleterre et en Allemagne. Exécuter avec un moins grand nombre d'ouvriers, les travaux de labours, tel est le principal avantage des charrues bisocs : avec ces instruments on peut faire rapidement les labours de déchaumage, ainsi que les labours de semailles des céréales après l'enlèvement, parfois tardif, des récoltes précédentes.

Les modèles de bisocs qui sortent aujourd'hui des ateliers de construction agricole sont assez nombreux. Un des plus remarquables est le bisoc de la fabrique de Meixmoron de Dombasle, à Nancy. Cet instrument (fig. 666) est formé par deux araires Dombasle, à ages en bois, reliés par des entretoises en fer, et munis d'un avant-train. L'essieu coudé de l'avant-train porte un grand levier en fer terminé par une poignée, qui est mobile verticalement entre deux tiges verticales fixées aux ages. On règle la profondeur du labour par ce grand levier, en l'arrêtant plus ou moins haut dans la double tige en fer, et par une vis verticale placée sur l'avant-train qui permet d'abaisser ou de remonter le point de tirage de l'attelage. Par le seul jeu du levier, on peut faire varier la profondeur du labour de 8 à 25 centimètres. Les deux corps de charrue sont indépendants l'un de l'autre. La largeur de la bande qu'ils attaquent se règle au moyen d'une vis horizontale. Enfin, une troisième vis placée sur l'age de gauche permet de donner plus ou moins d'entrure à ce corps de charrue par rapport à l'autre corps ; cette vis n'est utile que dans les labours en billons. Les versoirs sont courts et en acier pour les bisocs destinés à travailler dans les terres légères ; ils sont allongés et en bois, pour ceux qui doivent fonctionner dans les terres fortes et collantes. L'instrument étant réglé, le conducteur peut ne s'occuper que de ses chevaux.

Les plus forts modèles exigent de quatre à six chevaux dans les terres légères pour labourer à une profondeur de 18 à 20 centimètres, sur une largeur de 65 centimètres; un attelage de huit chevaux devient nécessaire dans les terres fortes. Dans des expériences dynamométriques faites avec e grand bisoc Dombasle, on a constaté que le travail exigé par mètre cube de terre retournée variait de 3000 à 3400 kilogrammètres suivant la nature du sol. Les bisocs moyens, pour exécuter des labours de 12 à 20 centimètres de profondeur, sur 40 à 45 centimètres de largeur, exigent de deux à quatre chevaux suivant la nature du sol. Pour les labours superficiels, on se sert de petits bisocs, qui labourent sur 35 à 40 centimètres de largeur, avec deux ou trois chevaux.

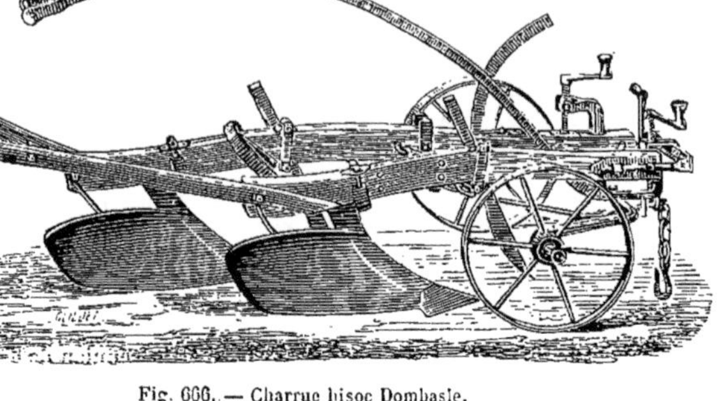

Fig. 666. — Charrue bisoc Dombasle.

On construit plusieurs autres modèles de bisocs, plus ou moins compliqués, suivant qu'il s'agit d'obtenir une charrue fixe ou bien une charrue ordinaire. La plupart des bisocs introduits d'Angleterre en France sont construits tout en fer. La figure 667 représente un instrument de ce genre.

Fig. 667. — Charrue bisoc en fer.

Les deux corps de charrue sont montés sur deux ages réunis par des entretoises en fer. Les versoirs sont allongés ; des coutres servent à couper les bandes de terre devant les socs. L'avant-train est simple et formé par des roues de diamètre inégal : la plus grande roulant au fond de la raie, et la plus petite sur la terre non encore remuée. Le régulateur est formé par une pièce demi-circulaire horizontale, garnie de trous ; on détermine la largeur de la bande prise par les socs, en fixant plus ou moins de côté la tige verticale qui porte le crochet d'attelage.

Quelques constructeurs fabriquent aujourd'hui des charrues brabants bisocs. Parfois un des socs ordinaires de l'instrument est remplacé par un soc de fouilleuse qui, passant dans la raie précédemment ouverte par le premier soc, augmente la profondeur du labour.

Aux États-Unis d'Amérique, on se sert avec avantage de charrues bisocs munies d'un siège pour le conducteur. L'emploi de ces charrues s'est rapidement développé. H. S.

BISON. — La plupart des zoologistes rangent maintenant les bisons dans un genre de ruminants distinct de celui des Bovidés (genre *Bos*), dans le genre *Bison*, fondé sur les caractères suivants :

Le front est bombé ; son bord supérieur est à un niveau inférieur à celui de l'occiput ; les chevilles osseuses des cornes, volumineuses à la base, toujours circulaire, se dirigent d'abord sur le côté, puis bientôt vers le haut en forme d'arc ; les bords orbitaires sont très saillants en avant ; les os du nez sont courts et larges. Le front et la face, le cou, le garrot et les épaules, sont pourvus de longs poils plus ou moins frisés, ainsi que le plancher de la poitrine, entre les membres antérieurs. Le garrot très élevé donne aux parties antérieures du corps un développement beaucoup plus grand que celui des parties postérieures; il y a 14 vertèbres dorsales, dont les premières ont des apophyses épineuses très longues, et autant de paires de côtes, et seulement 5 vertèbres lombaires. La couleur des poils est d'un brun foncé, brillant en été et terne en hiver.

On admet deux espèces de bisons : le bison d'Europe (*B. europæus*) et le bison d'Amérique (*B. americanus*).

Le bison d'Europe, aurochs de César, a été et est encore souvent confondu, sous le nom de *Bos urus*, ou par des auteurs allemands sous celui d'Ur, avec le *B. primigenius* de Bojanus, et considéré comme l'ancêtre de nos bœufs domestiques. A l'époque gallo-romaine il était encore commun dans les forêts de notre pays. Aujourd'hui, il n'en existe plus de représentants que dans la forêt de Bialowiecza, en Lithuanie, située dans la province russe de Grodno, et dans une autre forêt russe située près d'Atzikhow, dans le Caucase.

Le bison d'Amérique vit au contraire en troupeaux nombreux, au nord du continent américain.

Nous avons souvent cherché, sur les squelettes conservés dans les musées, des différences vraiment spécifiques entre le bison d'Amérique et le bison d'Europe. Il nous a toujours été impossible d'en apercevoir aucune. Toutes les pièces osseuses se sont constamment montrées identiques de nombre et de forme. Rien n'autorise, conséquemment, la distinction admise, si ce n'est peut-être à titre de simples variétés. Il y a lieu de penser que les bisons, animaux sauvages et non domesticables, ont disparu de l'Europe occidentale sous l'influence de la civilisation, ne laissant sur le continent européen que les faibles traces signalées plus haut, là où cette influence ne s'est pas encore fait sentir. On ne peut pas admettre, ainsi que cela a été dit quelquefois, qu'ils aient émigré en Amérique, à cause d'un changement de climat. Leur présence aux lieux indiqués et aussi dans nos ménageries, où ils vivent parfaitement, en s'y apprivoisant, le rend tout à fait invraisemblable. A. S.

BISTORTE (*botanique*). — Plante de la famille des Polygonées, ainsi nommée parce que son rhizome, se repliant sur lui-même, est tordu. Les bistortes sont des plantes herbacées, vivaces, qui croissent dans les prairies humides des terrains montagneux. La bistorte (*Polygonum bistorta*) est appelée vulgairement serpentaire, feuillote; ses tiges et ses feuilles constituent un bon fourrage que recherchent la plupart des animaux domestiques. Les montagnards en mangent les feuilles comme des épinards. La racine, riche en tanin et en fécule, est astringente.

BISTOURNAGE. — Procédé de castration appliqué plus particulièrement aux ruminants des grandes et petites espèces où la longueur du cordon testiculaire en rend l'exécution assez facile aux mains exercées. C'est une opération non sanglante qui consiste dans la torsion du cordon testiculaire sous la peau du scrotum restée intacte.

Pour la pratiquer, il faut, dans un premier temps, *rendre le testicule mobile dans le sac scrotal*, en rompant, par des manipulations spéciales, les adhérences, généralement assez lâches, dans le jeune âge surtout, qui existent entre son enveloppe et le sac cutané.

Ce premier temps opératoire achevé, on fait, dans un deuxième, *basculer le testicule*, de manière que son extrémité inférieure devienne supérieure et qu'il soit placé en arrière du cordon, dans une position parallèle.

Puis on se sert du testicule ainsi renversé pour lui imprimer, dans le sac scrotal, un mouvement de rotation qui donne lieu à une torsion proportionnelle du cordon. Les tours ainsi imprimés peuvent varier de deux à quatre ou cinq. Cela dépend de la longueur du cordon. On reconnaît à la tension de celui-ci si le nombre des tours est suffisant. C'est le troisième temps de l'opération.

Dans un quatrième, on *refoule les deux testicules* également tordus dans la partie supérieure du sac des bourses et on les fixe, dans cette position, en plaçant, au-dessous d'eux, sur le scrotum, un lien suffisamment serré pour qu'il ne puisse glisser, mais non trop étroitement, afin de ne pas déterminer de mortification.

Tel est, marqué par ses traits essentiels, le procédé de castration par le *bistournage*. Il a pour effet de déterminer l'atrophie graduelle des testicules qui se transforment tellement dans leur texture que leurs propriétés physiologiques sont complètement abolies. Le taureau bistourné est tout aussi bien châtré que si les testicules avaient été extirpés d'emblée par un procédé opératoire traumatique. C'est une erreur de croire que le bœuf bistourné a conservé quelque chose de son intégrité, qui lui donnerait plus d'aptitude au travail. Cette erreur ne procède que des imperfections du bistournage. Si un testicule n'a pas été suffisamment tordu, il peut ne pas s'atrophier complètement et alors le bœuf reste taureau dans une certaine mesure. Mais quand le bistournage est bien fait, la masculinité disparaît complètement.

On a essayé d'appliquer le procédé du bistournage à la castration du cheval; mais la conformation de cet animal, chez lequel le cordon testiculaire est très court, oppose de trop grands obstacles à son exécution pour que l'opération puisse devenir une opération usuelle. H. B.

BISULQUE. — Qualification qui désigne les animaux à pied fourchu garni d'onglons. Le bœuf, le mouton sont bisulques.

BIZET. — Voy. BISET.

BLACK-FACED (*zootechnie*). — Les Anglais nomment *Black-Faced* les moutons à tête noire qui vivent en grands troupeaux sur les Highlands d'Écosse, exposés à toutes les intempéries du rude climat de ces montagnes.

Ces moutons appartiennent à la race des dunes du sud de l'Angleterre, dont ils forment l'une des variétés, comme celles des southdowns, des hampshiredowns, des shropshiredowns, etc. Seulement ces dernières ont été grandement améliorées par la culture, tandis que la variété des *Black-Faced* d'Écosse, transportée sur les Highlands pour y mettre leurs pâturages en valeur, a conservé tous les caractères primitifs de la race, et non pas seulement, comme les autres, son type spécifique intact.

Elle en a conservé notamment les cornes fortes à leur base et contournées en spirale allongée, le cou long et mince, le corps peu ample et les membres courts, le squelette relativement grossier, en un mot toutes les formes que comporte le régime de disettes périodiques auquel elle est exposée, par suite des fréquentes tourmentes de neige qui sévissent, en hiver, sur ces hauteurs.

Ainsi que toutes les autres variétés de la même race, elle a la face et les membres de couleur noire. Son nom anglais ne suffirait donc point pour la faire distinguer, s'appliquant tout aussi exactement à ces dernières qui présentent la même particularité de coloration (*black-faced*, face noire). Cette particularité, jointe à l'existence constante des cornes et à l'ensemble des formes corporelles, ne permet toutefois pas de s'y tromper. La toison, plus longue et plus grossière, dont la couleur est d'un blanc grisâtre, et qui est le plus ordinairement mélangée de jarre en forte proportion, s'étend jusque sur les joues et descend sur les membres jusqu'au genou et au jarret. Elle est en mèches pointues et pendantes formées de brins frisés, peu pourvus de suint et conséquemment secs et cassants. Cette toison n'a qu'une faible valeur commerciale.

Les *Black-Faced* sont estimés surtout pour la qualité de leur viande, dont ils ne rendent d'ailleurs qu'une proportion peu élevée. Il n'en faut point juger par les sujets qu'on voit exposés dans les concours, soit de la Société royale d'agriculture d'Angleterre, soit internationaux. Ceux-là ont été élevés, en vue de ces concours, ailleurs que sur les Highlands. Dans les troupeaux des montagnes leur poids vif ne dépasse guère une trentaine de kilogrammes, en moyenne, et leur rendement est au plus de 50 pour 100. C'est par sa saveur fine et accentuée, surtout par rapport à celle de la généralité des moutons anglais, que la viande se distingue. Aussi est-elle recherchée sur le marché et payée à des prix de faveur. Il s'expédie pour ce motif de grandes quantités de moutons de cette variété au marché de Londres.

Le régime auquel ces moutons sont exploités dans les Highlands est curieux à étudier. L'extension de leurs troupeaux, prenant la place des malheureux tenanciers highlanders expulsés par leurs lords, soulève aussi des questions intéressantes. Mais tout cela n'est pas, à notre point de vue spécial, d'un intérêt immédiat suffisant pour justifier de plus longs développements. A. S.

BLACK-JULY (*noir de Juillet*) (*ampélographie*). — Cépage américain du groupe des *V. æstivalis* du Sud. *Synonymie : Devereux, Blue-Grape, Sherry, Thurmond, Hart, Tuley, Mac-Lean, Husson.* Reçu fréquemment d'Amérique de 1876 à 1878 sous le nom de *Lenoir*. Ne doit pas être confondu avec la vigne d'*Ischir* qui est un *V. vinifera* de la famille des Pinots, auquel les ampélographes anglais ont quelquefois donné le nom de *Black-July*.

Le *Black-July* est caractérisé de la manière suivante : *Souche* très vigoureuse. *Port* étalé (un peu moins que celui du *Cunningham*). *Sarments* longs, de moyenne grosseur, ramifications nombreuses. *Feuilles adultes*, de moyenne dimension ; entières ou à peine trilobées ; d'un vert assez foncé et presque glabres à la face supérieure, avec de très légers poils sur les nervures à la face inférieure ; *jeunes*, nettement trilobées, très peu blanches sur les deux faces, assez fortement rosées sur les bords. *Grappe* petite, compacte. *Grain* petit, d'un noir bleuâtre foncé.

Fig. 663. — Blaireau.

Le *Black-July* ressemble beaucoup sous bien des points de vue au *Cunningham*, avec lequel il forme une sorte de tribu bien caractérisée parmi les *V. æstivalis*. Il diffère pourtant très nettement de ce dernier cépage par la coloration de son fruit et de son vin. Le vin de *Black-July*, sans posséder la couleur de celui du *Jacquez* ni peut-être la finesse de celui de l'*Herbemont*, peut être considéré néanmoins comme un très bon ordinaire ; malheureusement le faible volume des grappes et des grains de ce cépage ne permet pas d'en obtenir une production bien considérable. Moins sujet à la chlorose que l'*Herbemont*, ce cépage paraît s'accommoder de tous les terrains qui ne sont pas trop mouilleux ou trop froids. L'époque de la maturité de ses fruits semble un peu plus tardive que celle du *Jacquez* et de l'*Herbemont*. Il reprend facilement de bouture. G. F.

BLADETTE (BLÉ). — La bladette de Lesparre est l'un des noms que porte le blé rouge inversable ou blé de Bordeaux. C'est un blé tendre (*Triticum sativum*), sans barbes, à épi rouge et grain rouge.

Cette variété peut être semée, soit en hiver, soit au printemps, c'est-à-dire depuis le commencement d'octobre jusqu'aux premiers jours de mars. Lorsqu'on le sème comme blé de printemps, la maturité est un peu plus tardive.

La paille est moyenne, forte et souple, demipleine. L'épi est rouge brun, souvent courbé, analogue à celui du blé rouge d'Ecosse, mais présentant sur l'axe et sur les glumes, une teinte glauque. Le grain est rouge, gros, assez court, lourd et bien plein. Cette variété résiste très bien à la verse ; elle réussit dans les terres argileuses et dans les terres franches. Un sous-sol calcaire lui convient parfaitement. G. M.

BLAIREAU (*zoologie*). — Mammifère de l'ordre des Carnivores, famille des Mustélidés. Le blaireau (*Meles*) a la mâchoire garnie de trente-six dents. La canine supérieure, très petite, ressemble extérieurement à une prémolaire ; à sa partie interne elle présente trois petits tubercules séparés par un creux assez sensible. Des jambes courtes, supportant un corps trapu, garni de longs poils tombants, donnent au blaireau une démarche lourde et embarrassée. Chaque pied se termine avec cinq doigts, ceux de devant armés d'ongles longs et robustes qui lui servent à fouir la terre. La queue velue est peu allongée. La femelle porte six mamelles dont deux pectorales et quatre ventrales. Enfin, caractère très notable, les blaireaux possèdent une poche anale peu profonde d'où suinte sans cesse une humeur graisseuse et fétide.

Le blaireau commun (*Meles taxus* Pall.), vulgairement appelé taisson, rappelle l'ours en miniature, ce qui l'avait fait classer par Linné dans le même genre que cet animal. On distingue très facilement le *Meles taxus*, encore désigné sous le nom de *Meles vulgaris*, aux bandes longitudinales alternativement blanches et noires, qui ornent sa tête. Il mesure de 75 à 80 centimètres du museau à la naissance de la queue, et 33 centimètres de hauteur au garrot. Le corps est couvert de poils très serrés, gris blanchâtre supérieurement et plus noirs en dessous, si longs que son ventre semble toucher la terre. Sa queue n'est guère plus longue que la tête ; on y compte quinze vertèbres, nombre égal à celui des côtes.

Le blaireau commun se rencontre dans toute l'Europe, dans l'Asie tempérée et dans l'Amérique du Nord, si l'on rattache à cette espèce des variétés dues aux nuances plus ou moins claires qui du reste changent beaucoup chez le blaireau d'Europe. On en trouve même d'entièrement blancs.

Le blaireau s'apprivoise facilement, surtout quand il est pris jeune, et mange indistinctement tout ce qu'on lui présente. On le chasse beaucoup en Angleterre et en Allemagne. Mais il est très difficile à prendre aux pièges et spécialement au lacet, qu'il reconnaît dès qu'on l'a tendu à l'orifice de son terrier. Si la nature du terrain l'empêche de se pratiquer une autre issue, au bout de cinq ou six jours d'attente, pressé par la faim, il se décide à sortir. Pour cela, se roulant le corps en boule, il s'élance, et, en trois ou quatre culbutes, traverse le lacet sans y rester accroché.

L'acharnement que l'on met à poursuivre et à détruire le blaireau, aussi bien que le renard et le loup, est loin d'être justifié et mérite même le blâme. Car, si cet animal mange quelques carottes ou quelques raves, s'il fait quelque tort aux abeilles et au raisin, il nous rend en revanche de signalés services pendant les dix ou douze années qu'il vit normalement. Outre les vers, les sauterelles, les hannetons et autres insectes nuisibles dont le blaireau nous débarrasse, il détruit divers reptiles et il est spécialement friand de la vipère, dont il ne redoute pas le venin. A la vérité, en voulant faire le bien, il cause parfois quelques dégâts. Ainsi l'on me rapportait dernièrement que, dans les environs d'Ecouen, des blaireaux, sortis d'un bois voisin, étaient venus pendant la nuit déterrer un champ de pommes de terre, dans le but de dévorer les vers blancs qui le ravageaient.

La chair du blaireau est comestible et, au goût de certaines personnes, plus délicate que celle du porc. Sa fourrure épaisse sert à recouvrir des malles, des colliers de chevaux de trait. On fabrique des brosses et des pinceaux avec les longs poils de sa queue. Sa graisse, utilisée pour l'éclairage, était autrefois très réputée en médecine et entre encore, paraît-il, dans certaines préparations pharmaceutiques. P. A.

BLANC (*botanique*). — On désigne sous le nom de *blanc* des productions caractérisées par leur couleur; elles ont l'apparence d'un feutrage formé de filaments imperceptibles ou assez fins, ou bien d'une sorte d'efflorescence comparable à de la farine répandue en couche fine. Nous parlerons ici : 1° du *blanc des organes aériens des plantes;* 2° du *blanc de champignon;* 3° du *blanc des racines.*

Blancs des organes aériens des plantes. — Les feuilles attaquées par le *blanc* sont recouvertes par le mycélium et les spores d'un champignon spécial (oïdium, érysiphe) (voy. ces mots) qui les fatigue et les épuise.

Les rosiers, les pêchers, les Cucurbitacées, les chrysanthèmes, les érables, beaucoup de Composées (scorsonère, pissenlit), les Crucifères, la cardère, le trèfle, etc., sont attaqués par le *blanc*, qui détermine à la surface des feuilles une sorte d'efflorescence blanche, comme une poussière de farine.

Le blanc le plus connu est l'*Oïdium* de la vigne, qui, quoique désigné sous un nom spécial, est absolument de même nature que les autres blancs.

Il n'est pas sans intérêt de remarquer que le blanc du rosier est le même que celui du pêcher; que sur les rosiers, il affecte quelquefois, quand il attaque la tige, la formation d'une sorte de drap blanc très épais qu'il ne faut pas laisser se développer.

Dans certains cas, le développement du blanc constitue une maladie des plus graves; presque toujours il altère, tache, brunit ou dessèche partiellement les organes atteints.

Le blanc ne se présente pas uniquement sur les parties vertes des végétaux, il se montre également sur les organes floraux colorés. On observe sur les belles fleurs du *Clematis Jackmanni*, l'une de nos plus belles clématites à grandes fleurs, des dégâts dus au blanc, c'est-à-dire à un érysiphe; mais c'est, en général, rare et accidentel.

Contre cette maladie comme contre l'oïdium ou blanc de la vigne, le remède est l'emploi du soufre (voy. les mots OÏDIUM, SOUFRAGE) qui fait disparaître la cause du mal; celui-ci disparaît à la longue si l'effet produit n'a pas été trop considérable.

Blanc de champignon. — Le *blanc de champignon* est constitué par un mycélium vigoureusement développé et occupant toute la masse d'un substratum favorable à sa végétation.

Ce substratum est le plus souvent du fumier de cheval. La masse, desséchée, est mise dans des boîtes et sert à ensemencer les meules où l'on doit cultiver le champignon de couches (voy. AGARIC). Cette culture se fait en grand dans les carrières près de Paris.

Ce blanc peut se conserver pendant plusieurs années; il se vend communément chez les marchands de graines potagères ou de graines de fleurs, de même que les oignons ou les bulbes.

Ce mycélium appartient à une espèce, l'*Agaricus campestris*, ou à des espèces très voisines.

Blanc des racines. — Dans les bois, sous les feuilles, sur ou dans les branches enterrées, on rencontre souvent une substance très analogue au blanc de champignon comme aspect, comme nature et comme origine : quand ce blanc se montre sur les parties vivantes et souterraines des végétaux, il peut occasionner des dégâts considérables.

Le *blanc des racines* est constitué par le mycélium d'un champignon qui vit aux dépens du tissu cortical des racines, épuise ce tissu et tue la plante finalement, après un temps variable : c'est une maladie redoutable, pour les arbres fruitiers principalement.

Ce mycélium est, comme le blanc de champignon, formé de filaments très fins, très ténus; il est en outre parfois groupé en cordelettes, de la grosseur d'un fil ou d'une corde assez forte, restant cylindriques ou au contraire s'épanouissant çà et là en un feutrage blanc.

Ce blanc peut rester confiné dans les parties profondes du sol, n'occuper que l'extrémité du chevelu ou au contraire envahir les racines maîtresses et de là gagner la souche, occuper la partie corticale de la tige. Cette diversité d'action explique aisément la diversité des effets déterminés.

Quand l'attaque est faible, la plante dépérit, certaines branches jaunissent et meurent plus ou moins lentement. Quand l'attaque est énergique, la mort est souvent soudaine; en effet, lorsqu'une grosse racine est prise, une partie notable des organes absorbants sont frappés de mort. C'est surtout en été, à l'époque de la transpiration abondante, dans les jours les plus chauds de l'année et les plus secs, que l'on voit soudain se dessécher entièrement des arbustes ou des arbres qui ne paraissaient pas souffrir auparavant. Cette action est particulièrement grave lorsque le mycélium envahit le *cambium*, partie essentielle et vitale située entre le bois et l'écorce qui donne naissance aux couches d'accroissement.

Cette maladie se rencontre fréquemment dans les pépinières, dans les jardins où la culture se continue depuis longtemps, dans les vergers établis sur des défrichements. Quand on arrache avec soin les arbres atteints, on remarque fréquemment que leurs racines étaient en relation avec une pièce de bois attaquée par ce même blanc, avec une branche enterrée, une racine morte. C'est de là qu'est parti ce mal.

Les cordelettes blanches, formées par le groupement des filaments du mycélium, vont très loin dans le sol, elles vivent très longtemps aux dépens du substratum ancien; et quand elles en trouvent un nouveau, le mycélium qu'elles constituent immédiatement en s'épanouissant, se développe avec une très grande vigueur.

Pour se mettre à l'abri de l'action de cet ennemi, il faut ne faire des plantations que dans un sol bien purgé de racines et de débris de bois mort, surtout quand la maladie y a sévi déjà. Il faut, pour empêcher que la maladie s'étende, creuser des tranchées profondes, enlever jusqu'à la dernière les racines contaminées et remplacer l'ancienne terre par de la nouvelle.

Il y aurait peut-être lieu d'essayer d'opposer à ces maladies souterraines les applications de sulfure de carbone et de sulfo-carbonate qui ont donné de véritables résultats dans la lutte contre le phylloxera. L'action des produits sulfurés injectés dans le sol constitue un moyen des plus rationnels et dont l'effet pourrait être utilement essayé.

Si l'arbre n'est pas frappé à mort, on peut essayer d'enlever les racines cariées, de réduire les organes aériens et replanter dans un terrain sain ou dans le sol renouvelé, mais cette opération est souvent très chanceuse.

Les champignons auxquels on peut attribuer ce blanc sont très divers : on observe rarement la forme fructifère qui permet d'y reconnaître un agaric, un polypore, etc., il est certain que le même effet peut être déterminé par les champignons les plus différents.

Dans certains cas on peut les reconnaître à des caractères spéciaux, mais le plus souvent cela est absolument impossible. Le mycélium de l'*Agaricus melleus* est lumineux dans l'obscurité, et phosphorescent ; c'est le seul dans ce cas. On le reconnaît aisément dans beaucoup de maladies analogues au blanc, le rond du pin, la maladie des racines du mûrier, etc.

On a donné faussement le nom de *Rhizoctone* à ce blanc des racines (voy. ce mot) ; ce même blanc a quelquefois été désigné sous le nom de *Pourridié* ou de *Rhizomorpha* (voy. ces mots).

L'état des racines tuées par le blanc ne semble pas toujours être le même ; dans certains cas, elles sont molles, humides, pourries ; d'autres fois, elles sont sèches et pulvérulentes ; d'autres fois enfin, elles ont conservé un aspect très voisin de la vie et sont seulement brunies ; cela est dû à la différence d'action des divers parasites et à l'ancienneté, variable, de l'attaque. M. C.

BLANC-AUNE. — Nom vulgaire donné aux Alisiers (voy. ce mot).

BLANC-ÉTOC (*sylviculture*). — On dit qu'une coupe est exploitée à *blanc-étoc* lorsque tous les arbres qui la garnissaient sont abattus sans qu'il ait été laissé sur pied ni baliveaux, ni brins de taillis. Après l'exploitation, on ne voit plus sur le sol dénudé que des souches coupées rez-terre, dont la section présente une surface de couleur claire. Ce qui explique la qualification de blanche donnée à ces coupes. B. DE LA G.

BLANC DE HOLLANDE. — Nom vulgaire du peuplier blanc (*Populus alba*).

BLANC-MOLLET (*pomologie*). — Variété de pomme à cidre, mûrissant en septembre et octobre. Le fruit est amer-doux, riche en sucre et en tanin ; le jus est coloré et parfumé. L'arbre, dont la tête est arrondie, est rustique et fertile ; il résiste bien au froid. Cette variété de pomme est une des plus estimées pour la fabrication du cidre.

BLANCHE-HÂTIVE-DE-VERSAILLES (*pomologie*). — Variété de groseilles à grappes, de couleur blanc ambré. C'est un fruit estimé.

BLANCHIMENT. — Le blanchiment est une opération qui a pour but et pour effet de décolorer certains organes des plantes alimentaires, afin de les rendre plus aptes à être consommées. La chlorophylle, ou matière verte des feuilles, ainsi que bon nombre de substances amères ou âcres, ne se développent que sous l'action de la lumière ; elles disparaissent au contraire, si l'on soustrait les organes qui les ont fabriquées à cette influence lumineuse.

Un grand nombre d'opérations culturales sont basées sur cette connaissance. C'est ainsi que la plupart des salades, lorsqu'elles sont arrivées à leur complet développement, sont liées de façon que toutes les feuilles du centre soient soustraites à l'action directe de la lumière, par les feuilles de la périphérie. Celles-ci, bien que ne constituant pas une occlusion absolue, produisent cependant un blanchiment complet, pour cette raison que les rayons, filtrant à travers les feuilles, ne laissent passer que la lumière verte, dont l'action est à peu près identique à celle de l'obscurité.

Dans certaines conditions, notamment quand les feuilles sont peu nombreuses, on ne se contente pas de lier les plantes, mais on les entoure de paille ou de quelque autre matière inerte ; c'est ce qui a lieu pour les cardons et les céleris.

Le blanchiment ne porte pas exclusivement sur les feuilles, il peut, au contraire, être pratiqué sur tout autre organe ; c'est ainsi que l'on recouvre les inflorescences des choux-fleurs, pour les faire blanchir. Le blanchiment diffère de l'étiolement (voy. ce mot) en ce qu'il fait perdre aux organes les principes colorants ou amers qu'ils ont déjà, tandis que l'étiolement consiste à faire pousser les plantes dans l'obscurité ; dans ce second cas, elles n'ont jamais produit les principes que l'on détruit dans le premier. J. D.

BLANCHIS (*sylviculture*). — Plaie superficielle faite, à l'aide d'une hache, sur un tronc d'arbre, pour préparer la place où doit être apposée une empreinte, ou pour désigner les arbres qui doivent être abattus.

Les blanchis destinés à recevoir l'empreinte du marteau forestier, pour la marque en réserve, se font à la patte de l'arbre : ils doivent être assez profonds pour attaquer l'aubier sur lequel on appose l'empreinte. Il ne faut pas se borner à enlever l'écorce.

Les blanchis faits pour désigner les arbres à exploiter sont placés à hauteur d'homme et largement ouverts, de manière à être très apparents. Il n'y a aucun inconvénient à pratiquer dans ce cas des plaies étendues, puisque les arbres qui les portent sont destinés à être prochainement abattus. B. DE LA G.

BLANQUET (*botanique*). — Maladie des oliviers, en Provence, qui fait périr, d'après Bosc, une grande quantité de jeunes arbres. Cette affection est, selon lui, de même nature que le blanc des racines (voy. ce mot). Il semble que ce soit la même que l'on désigne aussi sous le nom de *Mouffe* ou *Moufle* qui paraît un peu plus connu.

Cette affection, d'après M. Reynaud, auteur d'un volume sur l'olivier, serait due généralement à une humidité permanente. Elle est déterminée par le mycélium d'un champignon comme le blanc des racines ; il y a lieu de lui appliquer la même méthode de traitement. M. C.

BLANQUET (*pomologie*). — Poire d'été, mûrissant en juillet et avril, sous le climat de Paris. C'est un fruit petit, turbiné, de couleur ambrée, à chair croquante, sucrée et rafraîchissante. L'arbre est robuste et fertile : il se développe bien sur haute tige. On distingue un certain nombre de poires Blanquet, assez recherchées par le commerce.

BLANQUETTE (*ampélographie*). — Nom donné dans quelques départements, notamment dans celui de l'Aude, à la *Clairette blanche*. — On appelle blanquette, à Limoux, le vin fabriqué avec les raisins de cette variété.

BLAPS (*entomologie*). — Insecte coléoptère de la tribu des Ténébrioniens.

Les insectes appartenant à ce genre sont de taille assez grande, portent une tête proéminente, des antennes de onze articles, des yeux saillants, des palpes labiaux à dernier article sécuriforme. Leur corselet, à peu près carré, est échancré en avant et au contraire renflé sur les bords externes, tandis que le bord postérieur est presque rectiligne. Les élytres, complètement soudées, ne recouvrant que des ailes membraneuses rudimentaires, forment un ovale plus ou moins élargi en arrière, embrassent par une réflexion latérale les flancs de l'abdomen et se terminent à l'extrémité anale par une sorte d'éperon médian plus aigu chez les mâles que chez les femelles. Les pattes sont grandes et à cuisses canaliculées.

Fig. 669. — Blaps.

Au point de vue agricole, les *Blaps* n'ont qu'une importance très relative. L'espèce la plus commune, le *Blaps mortisaga*, long de 20 à 25 millimètres, connu vulgairement sous les noms de *Présage de mort*, *Porte-malheur*, *Sorcière de la mort*, est d'un noir presque mat supérieurement et brillant à la face inférieure ; les élytres et le corselet déprimés sont recouverts de fins points saillants. On le rencontre, monté sur ses longs membres comme sur des échasses, se traînant lentement dans les caves, parfois même sous les lits et les meubles, mais le plus souvent au milieu des détritus, des fumiers, des matières végétales en voie de corruption, sous les planches pourries et en général dans tous les endroits humides, obscurs et malpropres, jusque dans les latrines. Si vous saisissez cet insecte, il dégage par les glandes anales un fluide dont l'odeur désagréable s'attache aux doigts et y persiste assez longtemps.

Sa larve, d'assez grande taille, luisante, de couleur isabelle, à l'abdomen cylindrique, doit vivre, selon E. Perris, des déjections de rat, de souris, etc. Elle est regardée par M. E. Desmarest comme nuisible à l'homme, en ce qu'elle concourt à détruire les pièces de bois des caves et des celliers. Mais l'adulte est considéré comme un insecte utile ; car il se nourrit, outre les détritus dans lesquels il vit, d'une quantité notable de limaces.

On peut encore citer, avec le *Blaps mortisaga*, le *B. fatidica*, voisin du précédent, d'Europe et d'Algérie, et le *B. gigas* ou *gages*, habitant aussi l'Algérie et le sud de l'Europe, qui atteint jusqu'à 4 centimètres.

Ajoutons que les *Blaps* ont toujours été, dans les campagnes, à cause de leur livrée et de leur habitat, l'objet de légendes et de croyances superstitieuses. P. A.

BLATIER. — Nom donné quelquefois au marchand de blé, qui achète aux fermiers pour revendre au détail sur les marchés. Avant l'unification des poids et mesures, les blatiers colportaient le blé de marché en marché, en spéculant sur les différences que présentaient, suivant les localités, les unités de mesure portant le même nom. Ce genre de spéculation a été rendu impossible par l'adoption du système métrique en France.

BLATTIENS (*entomologie*). — Tribu d'insectes orthoptères de la famille des Coureurs (*Cursoria*).

La blatte vulgaire (*Periplaneta orientalis*) est caractérisée par sa tête grosse, à front bombé, presque triangulaire, tellement inclinée que la bouche atteint presque la partie inférieure du sternum, tandis que la partie supéro-antérieure de ce même sternum cache la tête presque entièrement. Ses antennes filiformes, très longues, à articles nombreux, courts et cylindriques, s'agitent continuellement, battant l'air et sondant le terrain. Le thorax est une sorte de triangle à sommet antérieur et à base postérieure, dont les angles sont largement arrondis. Les pattes, grêles, presque molles, aplaties, sont très longues. Le mâle est muni d'ailes membraneuses, plissées au repos en éventail comme celles de tous les orthoptères et recouvertes par de fausses élytres cornées un peu plus longues que les ailes membraneuses et un peu moins que l'abdomen. La femelle au contraire, est complètement dépourvue d'ailes membraneuses, ou bien rarement en possède à l'état rudimentaire. La couleur générale de la *Periplaneta orientalis* est le marron ou le brun ferrugineux, plus clair à la face inférieure.

Autrefois cette espèce, et toutes les autres de la même tribu, étaient confondues sous le nom générique *Blatta*. Actuellement on distingue un assez grand nombre de genres, dont le plus important, au point de vue qui nous occupe, est le genre *Periplaneta* (Burm.). Nous devons encore citer le genre *Ectobia* et le genre *Blatta* proprement dit, représenté chez nous par la *Blatta Germanica* (Linn.). Cette dernière espèce est très reconnaissable à la couleur jaune fauve des élytres et du corselet qui est garni de deux bandes noires longitudinales; les cerques sont très longs et souvent on ne trouve, chez le mâle, qu'un seul style. Plus petite que la *Periplaneta orientalis*, elle mesure 13 millimètres chez le mâle et 11 millimètres chez la femelle; elle se distingue encore à la longueur des élytres du mâle et de la femelle (possédant, elle aussi, des ailes membraneuses) qui dépassent de beaucoup le corps.

Dans nos habitations, les blattes se reproduisent et se métamorphosent en tous temps, surtout dans les serres, les fournils des boulangers, les cuisines et autres endroits dont la température demeure constamment assez élevée.

Les blattes sont connues par leurs ravages depuis les temps les plus reculés. Aristote et Dioscoride en font déjà mention. Virgile en parle dans les *Georgiques* et prétend qu'elles pénètrent dans les ruches des abeilles dont elles dévorent le miel. Aujourd'hui, tous les paysans connaissent parfaitement la blatte orientale, qu'ils désignent sous les noms de *Kakerlac*, *Cancrelat*, *Ravet*, *Cafard*, *Noirot*, *Bête noire*, *Cri-cri;* mais ils la confondent souvent, sous cette dernière dénomination, avec le *Grillon domestique*, dont ils lui attribuent même parfois le nom.

Exhalant une odeur fétide et repoussante, la blatte court la nuit avec une extrême agilité dans les appartements Elle attaque tout: substances animales, substances végétales, en bon état ou en décomposition, rien n'est épargné ; elle ronge nos vêtements, nos boiseries elles-mêmes, qu'elle ramollit au moyen d'un liquide spécial sécrété avec abondance. Mais c'est surtout aux provisions de bouche qu'en veulent les Blattiens, non seulement sur terre, mais aussi sur mer. Les navires marchands en sont absolument infestés ; ils pénètrent dans les caisses en bois, percent les sacs, attaquent les fruits, gâtent les denrées de tous genres.

Avec ces instincts de dévastation, les Blattiens n'ont pas de patrie attitrée : ils sont absolument cosmopolites. Ainsi, notre *Periplaneta orientalis*, originaire, dit-on, du Levant, comme son nom l'indique, est répandu sur tout le globe ; de même se rencontre partout l'*Ectobia Laponica* qui va jusqu'auprès du pôle dévorer, d'après Linné, les poissons que les Lapons font sécher pour leur nourriture. La plupart des espèces ont les mêmes mœurs vagabondes. Certains Blattiens d'Amérique et d'Asie sont pourtant plus localisés et moins omnivores.

Les Blattiens ont toutefois, dit-on, des ennemis naturels; mais ce ne sont guère que des insectes exotiques, particulièrement certains Sphégiens. On prétend aussi que les oiseaux de basse-cour en sont très friands. Quant aux modes de destruction usités contre eux, on ne connaît guère que les bonnes poudres insecticides. L'eau phéniquée répandue ne les empêche pas, croyons-nous, de revenir. On préconise dans les campagnes un moyen mécanique, qui permet d'en tuer chaque matin une quantité considérable. Prenez un vase de faïence ou de porcelaine, verni intérieurement, suffisamment vaste et profond : placez-le dans l'endroit infesté par des cancrelats, sur le carreau d'une cuisine, par exemple. Puis établissez, sur un seul ou sur deux côtés, ou mieux encore tout autour, un plan incliné, en bois, en terre ou toute autre matière qui facilitera aux insectes l'accès jusqu'aux bords du récipient. Le soir on met dans le fond un appât qui doit les attirer, tel que restes de viande et matières grasses principalement. Comme on le devine, les blattes, arrivées à l'orifice, se laissent choir pour satisfaire leur appétit, et, ne pouvant remonter contre les parois lisses, demeurent prises au piège. A la Havane, où le *kakerlac américain* est un véritable fléau, on le fait pourchasser par les *crapauds* qui se promènent dans les maisons.

La guerre acharnée aux cancrelats est d'ailleurs d'autant plus recommandable que ces insectes ne sont pour nous d'aucune utilité. P. A.

BLAUER-PORTUGIESER (*portugais bleu*) (*ampélographie*). — Cépage d'Europe, probablement originaire du Portugal. — *Synonymie : Oporto*, en Hongrie ; *Plant de Porto*, en Champagne.

Description. — *Souche* vigoureuse. *Sarments* gros à mérithalles allongés, de couleur acajou clair. *Feuilles* grandes, glabres à la face supérieure avec quelques poils sur les nervures à la face inférieure; sinus supérieur en U, sinus latéraux assez profonds; dents irrégulières, plutôt obtuses. *Grappes* moyennes, ailées et cylindriques, serrées, à pédoncule en grande partie ligneux. *Grains* moyens, sphériques, d'un noir bleuâtre, un peu pruiné, à peau mince.

Le *Blauer-Portugieser* donne un vin coloré et solide, mais manquant de bouquet. Ce cépage est néanmoins précieux dans la région septentrionale de la culture de la vigne, à cause de sa précocité qui est aussi grande que celle du *Pinot* et du *Gamay* et de sa productivité, qui est plus grande que celle de ces deux variétés. Les qualités que nous venons d'indiquer l'ont fait adopter en Champagne sur quelques points des environs d'Epernay, et M. Pulliat l'a cultivé avec succès dans les sols maigres et légers du Beaujolais. G. F.

BLÉ. — Le mot *blé* est donné tantôt au *froment*, tantôt au *seigle ;* mais c'est principalement dans les régions de l'Ouest et du Sud-Ouest que le seigle (*Secale cereale*) est désigné sous le nom de *blé*. Ailleurs, le plus généralement, sous le nom de *blé* on comprend le genre *Triticum* et les huit espèces alimentaires qui lui appartiennent : le *froment ordinaire* (*T. sativum*) ; le *froment poulard* (*T. turgidum*) ; le *froment de Pologne* (*T. polonicum*) ; le *froment de Smyrne* (*T. compositum*) ; le *froment dur* (*T. durum*) ; le *froment amidonnier* (*T. amelyum*) ; le *froment épeautre* (*T. spelta*) et le *froment engrain* (*T. monococcum*). Cette dernière espèce est souvent nommée *blé Locular*.

Les épis de ces diverses espèces sont tantôt *barbus* ou *aristés*, tantôt *imberbes* ou *sans barbes*.

On donne le nom de *blé tendre* au grain du froment qui présente une *cassure amylacée* et le nom de *blé glacé* ou *blé dur* à celui dont la *cassure est vitreuse*.

Le blé qu'on sème en octobre ou novembre est appelé *blé d'hiver* ou *blé d'automne ;* celui qu'on sème depuis février jusqu'en avril est connu sous le nom de *blé de mars, blé de printemps* ou *blé marsais*.

Le seigle de mars est souvent désigné sous le nom de *blé trémois*.

Le *blé méteil* ou *conseil* est un *mélange de seigle et de froment* dans des proportions variables suivant la nature du sol et la volonté du cultivateur.

Sous les noms de *blé carié* ou *blé charbonné*, on désigne le grain du froment qui a été altéré par la *carie ;* le grain du froment que l'*ergot* a modifié est appelé *blé ergoté*.

Le *maïs* (*Zea maïs*) est souvent appelé *blé de Turquie, blé turquet, blé d'Espagne, blé de l'Inde* ou *blé des Incas*.

Le sorgho à épi compact droit ou courbé sur sa tige, soit à grain blanc ou roux, soit à grain rouge ou noir, est appelé souvent *blé des Cafres, blé de la Cafrerie, blé de Guinée*. Cette plante (*Sorghum cernuum*) appartient aussi à la classe des céréales.

On donne le nom de *blé noir* au sarrasin ordinaire (*Polygonum fagopyrum*) et au sarrasin de Tartarie (*Polygonum tartaricum*). Ces deux plantes alimentaires appartiennent à la famille des Polygonées.

Sous le nom de *blé d'oiseau*, on désigne le grain de l'*alpiste* (*Phalaris canariensis*), plante de la famille des Graminées, appelée aussi *millet long*.

Enfin, on appelle *blé de vache* le *mélampyre des champs* (*Melampyrum arvense*), plante commune dans les terrains calcaires et très nuisible au froment.

Pour ce qui concerne la description, la culture et les usages de ces plantes, voy. les mots FROMENT, SEIGLE, MÉTEIL, MAÏS, SORGHO, SARRASIN, ALPISTE. Voy. aussi les mots CARIE, ERGOT, MÉLAMPYRE. G. H.

BLECHNUM (*horticulture*). — Genre de Fougères arborescentes, originaires des pays tropicaux. On en cultive plusieurs espèces dans les serres chaudes d'Europe, notamment le blechnum du Brésil (*Blechnum brasiliense*), remarquable par un tronc droit et robuste, dont le sommet se couronne de nombreuses feuilles longues et amples, finement découpées.

BLEIME. — Contusion des parties sous-cornées dans la région des talons du cheval, caractérisée, le plus ordinairement, par une tache ecchymotique due à l'infiltration du sang dans la substance de la corne. D'après Littré, cette expression dériverait du verbe *blesmer*, du français du douzième siècle, qui signifie *léser*, *blesser*.

Les bleimes peuvent être causées par des contusions directes, comme celles qui résultent de la pression des éponges du fer sur les talons, de l'action des cailloux, de l'interposition de corps durs entre le fer et la sole, etc., ou bien elles sont déterminées par le resserrement du sabot sur lui-même, comme c'est le cas quand les talons sont trop hauts, ou encore lorsque le sabot a acquis une longueur exagérée, faute d'une usure normale ou de son raccourcissement, en temps réguliers, par l'intervention du maréchal. Dans ce dernier cas, toute la partie de corne qui excède la longueur normale, n'étant plus en rapport avec les parties vives, se dessèche, et sa dessiccation entraîne le retrait de la boîte cornée sur elle-même ; d'où les compressions qu'elle exerce sur les tissus qu'elle renferme et les extravasions de sang qui s'ensuivent et donnent lieu à la formation, dans la substance cornée, des taches *ecchymotiques* auxquelles on a donné le nom de *bleimes*.

Les bleimes sont plus communes dans les sabots antérieurs que dans les postérieurs.

Elles sont accompagnées généralement d'une souffrance, à des degrés divers, qui donne lieu à l'attitude du membre, en avant de la ligne d'aplomb, quand l'animal est au repos, et à une claudication proportionnelle qui n'a rien de particulièrement caractéristique.

L'existence d'une bleime ne peut être affirmée que par l'exploration du sabot.

Le sabot étant déferré, on le fait *parer* par le maréchal, qui enlève, avec ses instruments propres : rogne-pied, boutoir ou couteau anglais, les couches de corne les plus superficielles. S'il existe une bleime, elle se dénonce, dans la région des talons, par une tache rouge brun, plus ou moins foncée, qui peut être ou superficielle ou profonde ; tantôt limitée à la sole, tantôt se prolongeant sous la paroi du sabot, le long des lames feuilletées, soit sous le *quartier*, soit sous la *barre*.

La condition de la bleime peut cependant exister sans qu'elle ait eu le temps de donner lieu à une extravasion sanguine dans la corne. C'est à cette variété que l'on donne le nom de *bleime foulée*, impliquant la période initiale de la lésion, où la douleur que l'on détermine par la pression des tricoises n'est encore que le seul symptôme.

A un degré plus avancé, la bleime est accusée non seulement par l'infiltration ecchymotique de la corne, mais encore par une exsudation séreuse, qui a désuni la corne des tissus sous-jacents, et, en la pénétrant d'humidité, en a diminué la consistance.

Cette variété de bleime reçoit, dans la pratique, le nom de *bleime humide*.

Enfin, lorsque l'inflammation, plus intense, a donné lieu à la formation du pus, la bleime est dite *suppurée*. Dans ce cas, pour peu qu'on ait différé de donner issue au pus, en parant la corne jusqu'au siège de la collection sous-cornée, le liquide de cette collection, ne pouvant se faire jour à travers l'épaisseur du sabot, suit les voies capillaires que représentent les cannelures des feuillets de chair et de corne, dont il détermine le désengrainement et vient sourdre à la partie supérieure du sabot, soit en talon, soit en quartier. On dit alors que la *matière a fusé aux poils*. Cette marche ascensionnelle du pus peut ne pas entraîner des complications sérieuses, lorsque les *talons* sont *bas* et que, conséquemment, le trajet que le pus doit parcourir pour aboutir au dehors est très court. Mais il n'en est plus de même quand les *talons* sont *hauts*, car l'ascension ne pouvant se faire que sous la poussée du liquide sécrété par les tissus enflammés, il est fréquent de voir des accidents gangreneux se produire consécutivement à la compression du liquide rassemblé dans le sabot.

Cette variété de bleime est la plus grave, en raison des complications de nécrose, soit de l'os du pied, soit de son cartilage latéral, soit enfin du tendon fléchisseur qui s'attache à sa face inférieure.

Les bleimes qui ne sont qu'*accidentelles* sont, en général, sans gravité; celles qui dépendent de la conformation même du sabot constituent un accident plus sérieux, parce qu'il est souvent difficile de prévenir l'action de la cause dont elles sont l'expression.

En thèse générale, abstraction faite de la nature des bleimes, la mesure de leur gravité est donnée par leur étendue, leur profondeur et surtout les complications dont elles peuvent être suivies.

Les indications à remplir pour le traitement des bleimes sont d'abord de bien aménager les sabots, pour prévenir les compressions qui peuvent résulter de leur resserrement, quand on leur laisse prendre un accroissement exagéré, et ensuite de recourir à une ferrure qui soit protectrice des parties douloureuses et le mieux adaptée possible au libre fonctionnement du sabot.

Quant au traitement direct des bleimes, il doit avoir pour objet d'amincir la corne dans toute l'étendue de la région où elle est ecchymosée ou humide; de donner issue au pus quand il s'en est formé; de diminuer la douleur locale par des topiques appropriés; de faire les opérations que les complications peuvent réclamer; et enfin, quand la douleur a disparu, d'adapter au sabot un fer qui soustraie le plus possible aux pressions de l'appui la région qui a été le siège de la bleime. H. B.

BLETIA (*horticulture*). — Genre d'Orchidées épidendrées, originaires des parties tropicales de l'Amérique. Ce sont des plantes herbacées, à feuilles ensiformes pliées, à fleurs nombreuses, souvent grandes et très belles. On en connaît environ 80 espèces; quelques-unes sont cultivées dans les serres d'Europe, notamment les *Bletia reflexa*, *florida* et *Woodfordii*, importées du Mexique et des Antilles.

BLETTISSEMENT. — C'est un état particulier que prennent certains fruits, quand ils sont arrivés à leur maturité complète. Ils deviennent alors mous, presque déliquescents et prennent toute l'apparence d'un fruit pourri. Cette ressemblance n'est qu'apparente; car tandis que les fruits qui pourrissent deviennent amers ou acides, les fruits *blets*, au contraire, sont doux et agréablement sapides. Ce sont là deux états de fermentation complètement différents, quant aux résultats qu'ils produisent Bon nombre de fruits ne deviennent comestibles que quand ils sont devenus blets; il en est ainsi des nèfles, des cormes et de certaines poires sauvages. J. D.

BLODERKASE (*laiterie*). — Fromage aigre, fabriqué avec du lait écrémé et du babeurre, dans les cantons d'Appenzell et de Saint-Gall, en Suisse. Ce fromage, de qualité médiocre, est aplati et rond; son poids varie de 2 à 10 kilogrammes.

BLUET. — Le bluet ou barbeau (*Centaurea cyanus*) est une plante indigène de la famille des Composées. On le rencontre à peu près dans tous les terrains, et il est commun dans les champs de céréales, où il doit être considéré comme plante nuisible dont on cherche à se débarrasser. Cette plante est annuelle; sa végétation commence par la formation d'une rosette de feuilles lancéolées, dentées sur les bords et recouvertes d'un tomentum blanc. Bientôt du centre de ces feuilles s'élève une ramification abondante qui se termine par des capitules de fleurs bleues, auxquelles succèdent des fruits (akènes), qu'il est facile de séparer des grains des céréales à cause de leur différence de volume avec ceux-ci.

Le bluet est souvent cultivé comme plante d'ornement; on a, par la culture, constitué de nombreuses variétés de toutes couleurs. J. D.

BLUTAGE (*technologie*). — Partie des opérations de la mouture, qui a pour objet de séparer la farine du son. Le blutage se pratique avec des appareils spéciaux, appelés bluteaux ou blutoirs, sasseurs, etc. L'ensemble de ces appareils constitue la bluterie dans un moulin (voy. MOUTURE).

BOBIERRE (*biographie*). — Pierre-Adolphe Bobierre, chimiste français, est né à Paris en 1823. Élève de J.-B. Dumas, il fut nommé en 1850 chimiste vérificateur des engrais dans le département de la Loire-Inférieure; il consacra sa vie tout entière à lutter contre les fraudes commises trop souvent dans le commerce des matières fertilisantes et à répandre en Bretagne l'emploi des engrais complémentaires. Il est mort en 1881. — On lui doit un grand nombre de recherches intéressantes qu'il a résumées dans le *Compte rendu des travaux du laboratoire de chimie agricole de la Loire-Inférieure de* 1850 *à* 1875 (1 vol., 1876); il a publié, en outre, des *Leçons de chimie agricole* (1872), et un petit *Guide sur l'emploi des engrais commerciaux* (1875). H. S.

BOCCONIE (*horticulture*). — Genre de plantes de la famille des Papavéracées, dont plusieurs espèces sont cultivées dans les jardins pour leur port et leur feuillage. On recherche surtout la bocconie de Chine (*Bocconia cordata*) et la bocconie du Japon (*B. Japonica*). Ce sont de grandes plantes atteignant une hauteur de 1^m,50 à 2 mètres, à racines vivaces, à tiges ramifiées, à fleurs grandes, oblongues entières ou pinnatifides, à fleurs petites disposées en panicules terminales. Ces deux plantes, rustiques dans le nord de la France, demandent une terre profonde et un peu fraîche, avec une exposition demi-abritée; on les cultive en pieds isolés mieux qu'en massifs. On les multiplie par graines ou par éclats du pied.

BODIN (*biographie agricole*). — Jules Bodin, né dans le département de la Sarthe, fut un des premiers élèves de l'École d'agriculture de Grignon. Appelé à Rennes en 1832 par le recteur de l'Académie pour donner des notions d'enseignement agricole aux élèves de l'École normale, il créa, d'abord à la ferme de Gros-Malou près de Rennes, puis à la ferme des Trois-Croix, une école d'agriculture, à laquelle il joignit bientôt, sur la demande de la Société d'agriculture, une fabrique de charrues. Sous son énergique impulsion, l'école et la fabrique prospérèrent rapidement; ces deux établissements ont rendu de très grands services à la transformation de l'agriculture bretonne. On doit à J Bodin, mort en 1868, plusieurs ouvrages élémentaires, dont le plus important publié sous le titre : *Éléments d'agriculture*, renferme les leçons professées aux élèves de la ferme-école des Trois-Croix et à ceux de l'École normale de Rennes. L'établissement des Trois-Croix est la plus ancienne ferme-école de France. H. S.

BŒUF (*zootechnie*). — On donne le nom de bœuf au mâle émasculé de bovidé taurin, quand il a atteint un certain âge. Auparavant, c'est un bouvillon (voy. ce mot). Il est, dans le langage usuel, ainsi nommé avant d'être arrivé à l'âge adulte, alors qu'il lui reste encore des dents caduques. En ce cas on le qualifie de jeune bœuf. La distinction entre celui-ci et le bouvillon semble fondée, en pratique, précisément sur la présence ou l'absence des incisives permanentes. Tant qu'aucune de ces incisives permanentes n'a encore fait éruption, l'animal reste bouvillon. Dès qu'une seule est devenue visible, c'est un jeune bœuf, et un bœuf adulte quand la dentition permanente est complète. C'est donc, pour l'ordinaire, entre l'âge de dix-huit et celui de vingt-quatre mois que, dans toutes les espèces du genre, les sujets mâles deviennent des bœufs, mais à la condition qu'ils aient été préalablement émasculés ou neutralisés ; autrement ce sont des taureaux.

Le terme de bœuf est de la sorte exclusivement zootechnique ou économique. En histoire naturelle il n'a point d'emploi, du moins exact. Quand on s'en sert dans les ouvrages élémentaires pour désigner le genre, comme on dit aussi le cheval, le mouton ou la chèvre, on tombe dans un abus fâcheux de langage, qui a l'inconvénient d'entretenir dans les esprits des confusions regrettables. La précision et la propriété des termes sont une des premières nécessités de la science. Il importe avant tout que chaque chose soit désignée par son véritable nom. Le bœuf n'est à aucun titre une catégorie zoologique. En histoire naturelle il y a le genre *Bos* ou des *Bovidés* (voy. ce mot), dont un groupe nombreux d'espèces domestiques fournit à l'économie rurale les bœufs qu'elle exploite pour son utilité.

Les auteurs ont longtemps distingué deux sortes de bœufs, en attribuant à chacune sa conformation particulière, qui correspondait à l'aptitude. Il en est encore ainsi pour ceux qui ne sont point au courant de la science. L'une de ces sortes est celle du *bœuf de boucherie* ; l'autre celle du *bœuf de travail*. Certaines races étaient réputées n'en fournir que de la première, et on les appelait pour ce motif races de boucherie ; le reste était qualifié de races de travail. La raison essentielle de la distinction était tirée uniquement de la grossièreté du squelette chez les dernières, et de sa finesse relative, au contraire, chez les autres. Le courtes-cornes anglais, plus connu chez nous sous le nom de Durham, était présenté comme le modèle achevé du bœuf de boucherie ; les bœufs de nos races françaises et de toutes celles du continent, d'ailleurs, n'étaient et ne pouvaient que rester bœufs de travail.

En fait, tous les Bovidés domestiques sont animaux de boucherie, terminant tous normalement leur carrière à la tuerie du boucher. Mais ce n'est pas en ce sens qu'on l'entend On veut dire qu'il y a une conformation et une aptitude qui conviennent spécialement pour la production de la viande ; une conformation et une aptitude qui conviennent pour celle de la force motrice ou du travail moteur. Les premières se caractérisent par une ossature mince, par des masses musculaires très développées et par un tempérament calme et une grande propension à l'engraissement ; les secondes, au contraire, par un fort squelette, aux articulations larges, avec un cou puissant et un tempérament vigoureux.

L'état actuel de la science ne comporte plus une telle distinction, qui est en opposition formelle avec le sens pratique. Tout bœuf, de quelque race qu'il soit (et il en est de même aussi pour les vaches), a pour fonction économique prédominante de produire de la viande Plus il se montre apte à cette fonction, plus est grand le bénéfice de son exploitation, parce qu'en réalité, dans toutes les conditions, sa valeur commerciale est plus élevée. Son aptitude en ce sens ne préjudicie en rien à l'autre fonction, à la fonction motrice, pour la raison que celle-ci n'est point nécessairement utile en raison de son intensité. Ce n'est pas, pour le bœuf, le nombre de kilogrammètres de travail produits par journée qui importe, c'est le prix de revient de chaque kilogrammètre. Celui qui en rend beaucoup en perdant de son poids et conséquemment du capital qu'il représente est onéreux à exploiter, tandis que celui qui n'en produit que peu en gagnant du poids et de la valeur donne, en sus de son travail, un bénéfice.

Il n'y a donc pour le bovidé en général et pour le bœuf en particulier qu'un seul type pratique de conformation corporelle, type qui est réalisable et se réalise dans toutes les races, parce qu'il est indépendant de leurs caractères spécifiques. Ce type est celui qui s'approprie le mieux aux rendements les plus élevés à la boucherie. Nous en décrivons ailleurs les formes (voy. BOUCHERIE). Il suffit ici de l'indiquer, en faisant remarquer que par la force même des choses et malgré toutes les conceptions doctrinales, c'est celui que recherchent de plus en plus les vrais praticiens, même dans les régions où les bœufs sont le plus employés aux travaux de culture. Depuis une trentaine d'années, les races bovines européennes ont fait en ce sens des progrès énormes, mais particulièrement les races françaises. Nous avons pu jouir déjà plusieurs fois de l'étonnement qu'en éprouvent les étrangers compétents, nourris du préjugé relatif aux races anglaises.

L'exploitation du bœuf est d'autant plus profitable, qu'il produise ou non du travail moteur, que sa carrière se termine à un moment plus rapproché ou moins éloigné de celui de son état adulte ou de l'achèvement de son squelette. Ce moment varie selon qu'il est ou non précoce. Objectivement, c'est celui où il perd ses dernières dents de lait, dites petites dents en langage vulgaire. Alors il ne peut plus croître et il perdra désormais chaque jour une fraction de sa valeur, d'abord faible, puis de plus en plus forte à mesure que le temps marchera, à moins qu'il ne soit engraissé et vendu au boucher, gras à point. C'est à ce moment-là que son engraissement sera le plus facile et que pour ce motif l'engraisseur en offrira le plus fort prix. C'est à ce moment-là aussi que sa chair acquerra, par l'engraissement, la meilleure qualité, qu'elle donnera de la viande encore tendre mais complètement mûre, la plus estimée par le boucher.

Le conserver plus longtemps dans l'exploitation rurale est donc une faute qu'il convient d'éviter.

A. S.

BOHÊME (*géographie*). — Voy. AUTRICHE.

BOIS (*sylviculture*). — Le mot *bois* est usité dans le langage ordinaire comme synonyme de *forêt*, avec cette différence qu'il est généralement appliqué aux massifs peu étendus. Cette distinction n'a cependant rien d'absolu, car on qualifie souvent de *bois* des forêts d'une assez grande importance, et l'on désigne comme *forêts* des massifs de moindre étendue. Ainsi on dit le bois de Meudon, le bois de Boulogne, et non la forêt de Meudon, la forêt de Boulogne, quoique ces propriétés aient une contenance bien supérieure à celle d'autres qui portent le nom de forêt. L'usage a consacré ces dénominations.

Dans la langue forestière, on évite d'employer le

mot *bois* dans l'acception de forêt, et l'on donne cette dernière qualification à tous les terrains, quelle que soit leur étendue, qui sont plantés d'arbres et traités au point de vue de la production du bois.

BOIS (*botanique*). — Substance organisée qui constitue la charpente des végétaux arborescents. L'analyse chimique du bois montre qu'il est essentiellement formé des quatre corps élémentaires qui entrent dans la composition de toutes les matières végétales, savoir : le carbone, l'hydrogène, l'oxygène et l'azote, combinés entre eux dans des proportions diverses. Il renferme en outre des substances minérales telles que la potasse, la chaux, la magnésie, la silice, le phosphore et le manganèse.

Composition du bois. — Parmi les nombreuses combinaisons des éléments chimiques qui forment les principes immédiats du bois, on distingue d'abord, à raison de son importance, la *cellulose*, qui forme les parois des cellules, des fibres et des vaisseaux. Cette substance est représentée par la formule ($C^{24}H^{20}O^{10}$), ce qui équivaut, en poids, à 72 parties de carbone pour 10 d'hydrogène et 80 d'oxygène. Après la cellulose, on doit citer la *lignine*, qui incruste les parois des cellules et qui contient un peu plus de carbone et d'hydrogène pour la même quantité d'oxygène; puis la *fécule* et la *dextrine*, qui ont la même composition que la cellulose, et enfin les *sucres* de canne et de raisin, qui ne diffèrent de la cellulose et de ses isomères que parce qu'ils contiennent en moins deux et trois molécules d'eau. A ces composés ternaires, il faut ajouter les principes immédiats azotés, *fibrine*, *albumine*, *caséine*, et les matières minérales qui se retrouvent dans les cendres.

Le tableau suivant, dressé d'après les expériences de M. Chevandier de Valdrôme, indique la composition chimique, déduction faite des cendres, du bois des principales essences forestières de la France :

ESSENCES	CARBONE	HYDROGÈNE	AZOTE	OXYGÈNE	CENDRES	OBSERVATIONS
Hêtre ...	49,85	6,08	1,06	43,01	1,18	Les échantillons ont été, avant l'analyse, privés de leur eau d'hygrométrie.
Chêne ...	50,14	6,01	1,06	42,49	1,66	
Charme ..	49,48	6,08	0,84	43,60	1,83	
Bouleau ..	51,30	6,28	0,88	41,54	0,85	
Tremble .	50 35	6,2[illegible]	0,82	42,55	2,11	
Aune	51,86	6,14	1,15	40,85	1,60	
Saule	51,10	6,02	0,86	42,02	2,30	
Sapin	51,59	6,11	1,04	41,26	1,29	
Pin	51,71	6,11	0,81	41,37	1,15	

Les matières minérales qui composent essentiellement les cendres sont le soufre, le phosphore, la potasse, la chaux, la magnésie et le fer. On y trouve en outre quelques autres corps tels que la silice, le manganèse, la soude et le chlore, mais ceux-là ne paraissent pas indispensables.

Le soufre, le phosphore existent dans les cendres à l'état d'acides sulfurique et phosphorique combinés avec les bases ; le fer s'y trouve à l'état d'oxyde.

La composition des cendres du bois n'est pas absolument constante, ainsi que nous l'avons expliqué plus haut; mais elle varie dans des limites assez étroites. Cette composition, pour diverses essences, est indiquée dans le tableau ci-dessous, où sont résumées les moyennes des analyses de cendres faites par M. Henry :

ESSENCES	ACIDE PHOSPHORIQUE	SESQUIOXYDE DE FER	POTASSE	MAGNÉSIE ET MANGANÈSE	SOUDE	CHAUX	ACIDE CARBONIQUE	ACIDE SILICIQUE	ACIDE SULFURIQUE
Alisier torminal.............	4,385	3,235	5,536	6,830	0,503	75,125	30,18	2,876	1,510
Pommier sauvage...........	3,172	2	8,345	4,759	0,822	75,793	21,84	3,310	1,793
Cerisier merisier...........	4.786	2,214	5,071	13,857	1,287	66,071	24,83	4,643	2,071
Coudrier....................	5,464	1.797	8.986	2.229	2,804	73,329	30,16	4,313	1,078
Charme......................	4,107	1,419	4,929	2.539 3,734	4,780	73,937	29,35	2,240	2,315
Tremble.....................	4,402	1,238	11.829	3,783	3,782	71.183	26,91	2,751	1,032
Orme champêtre.............	3,084	0,892	6.237	5.278	3,084	77.313	25.69	3,358	0,754
Érable champêtre...........	3,382	1,584	9,138	5,613	1.080	71,308	25,70	2,952	1,943
Hêtre	2,789	2,301	11,575	4.533	1.953	60.251	24,51	10.012	3,556
Chêne rouvre...............	3,578	1,506	9.793	3.578	0,943	76.271	28,50	2.354	1,977
Frêne	6,787	1,810	13,197	5,583	5,739	62,142	23,59	2,187	2,262

Le tableau suivant, extrait d'une notice du docteur Weber, professeur à Aschaffenbourg, donne la composition des cendres provenant de la combustion d'un mètre cube de bois de tige de diverses essences. Les quantités sont exprimées en grammes :

ESSENCES ÂGE	TOTAL DES CENDRES PURES	POTASSE	SOUDE	CHAUX	MAGNÉSIE	SESQUIOXYDE DE FER	SESQUIOXYDE DE MANGANÈSE	ACIDE PHOSPHORIQUE	ACIDE SULFURIQUE	ACIDE SILICIQUE
Hêtre, 50 ans.................	2709	671	39	1175	280	48	32	200	61	187
Hêtre, 220 ans	4038	781	64	2165	550	37	33	171	20	217
Chêne rouvre, 50 ans..........	5401	701	149	3980	159	35	11	202	45	106
Chêne rouvre, 345 ans.........	2116	565	152	1175	57	24	»	42	43	58
Bouleau, 50 ans	1792	318	13	591	254	21	296	141	10	148
Sapin, 90 ans.................	1885	608	10	236	159	43	634	111	43	41
Sapin, 150 ans	2449	391	13	1742	103	20	»	118	55	7
Epicéa, 1[illegible]0 ans.................	1629	230	22	750	117	44	285	56	27	95
Epicéa, 150 ans	2317	343	10	1733	80	22	»	69	43	17
Mélèze, 45 ans	1359	318	44	657	107	41	»	112	19	61
Pin	1100	166	6	683	115	8	5	69	15	33

Il ne faut pas attacher à ces analyses l'idée de rigueur qu'on attache aux analyses chimiques des corps de composition définie. Le bois est une matière organisée qui n'est ni homogène ni toujours identique. Ainsi, non seulement des échantillons de bois d'une même espèce, pris sur des sujets différents, peuvent présenter de notables différences dans leur composition, mais des échantillons pris sur un même arbre, à des époques ou à des places différentes, sont souvent très dissemblables.

Cette observation s'applique aux propriétés physiques aussi bien qu'à la composition chimique du bois. Ainsi la densité, la résistance, la capacité calorifique qui ont fait l'objet d'expériences nombreuses, n'ont été, en réalité, déterminées que pour les échantillons essayés. Les chiffres indiqués sont des moyennes plus ou moins approchées à l'aide desquelles on peut comparer entre eux les bois au point de vue de certaines propriétés déterminées, mais ils n'ont rien d'absolu. Ces propriétés sont aussi variables que la couleur ou l'odeur qui, bien qu'analogues pour le bois d'une même essence, sont plus ou moins accentuées suivant les conditions au milieu desquelles ont crû les sujets sur lesquels on prélève les échantillons d'essai et même suivant les parties de l'arbre d'où proviennent ces échantillons.

La densité du bois, ou plutôt de la matière constituante du bois, est à peu près la même pour toutes les espèces, dures ou tendres, légères ou lourdes. Réduits en poudre fine, et ramenés ainsi à l'homogénéité qu'ils n'ont pas à l'état naturel, les bois de toute espèce ont une densité réelle qui varie entre 1,440 et 1,490.

Leur densité apparente, c'est-à-dire le poids sous l'unité de volume d'échantillons prismatiques préalablement desséchés, est bien autrement variable, car elle dépend de la quantité et du volume des vides qui existent dans le tissu fibreux et de la grosseur des vaisseaux qui le sillonnent.

Cette densité apparente a été déterminée à l'École forestière de Nancy sur des échantillons desséchés à l'air libre. Voici, d'après M. Mathieu, les résultats de ces recherches pour les espèces les plus répandues :

ESSENCES	DENSITÉ	
Tilleul à petites feuilles	0,504	à 0,581
Érable sycomore	0,572	0,740
Érable plane	0,563	0,842
Érable champêtre	0,590	0,810
Marronnier d'Inde	0,536	»
Houx	0,764	0,952
Robinier faux acacia	0,661	0,772
Aubépine	0,746	0,776
Frêne commun	0,626	1,002
Orme champêtre	0,603	0,854
Hêtre	0,683	0,907
Châtaignier	0,551	0,742
Chêne pédonculé	0,617	0,906
Chêne yeuse	0,903	1,182
Charme	0,799	0,902
Bouleau	0,517	0,728
Sapin argenté	0,381	0,649
Épicéa	0,337	0,579
Mélèze	0,557	0,668
Pin sylvestre	0,405	0,828

Indépendamment de la quantité d'eau qui entre à l'état de combinaison chimique dans la composition du tissu ligneux, ce tissu renferme dans ses cellules, ses fibres et ses vaisseaux une quantité considérable d'eau à l'état liquide, eau qui peut en être extraite sans qu'il y ait décomposition du tissu. Les bois blancs récemment abattus contiennent jusqu'à 50 pour 100 d'eau. Le bois de chêne, coupé depuis deux ou trois ans, en renferme, quoiqu'il paraisse sec, 15 à 20 pour 100.

La proportion d'eau pour 100 du bois vert est indiquée dans le tableau ci-dessous :

ESSENCES	POIDS DE L'EAU CONTENUE DANS 100 DE BOIS VERT
Charme	18,6
Saule	26,0
Érable	27,0
Cormier	28,3
Frêne	28,7
Bouleau	30,8
Alisier	32,3
Chêne rouvre	34,7
Épicéa	45,2
Chêne pédonculé	35,4
Sapin	37,1
Marronnier d'Inde	38,2
Pin sylvestre	39,7
Hêtre	39,7
Aune	41,6
Tremble	43,7
Orme	44,5
Peuplier noir	51,8
Tilleul	47,1
Peuplier d'Italie	48,2
Mélèze	48,6
Peuplier blanc	50,6

Cette proportion d'eau n'a d'ailleurs rien de fixe, car elle varie suivant les pays et les saisons. Ainsi les bois de la région méditerranéenne, dont le climat est sec, renferment beaucoup moins d'eau que ceux du Nord. Schubler et Neuffer ont trouvé dans le sapin 53 pour 100 d'eau en janvier et 61 pour 100 en avril ; dans le frêne, 29 pour 100 en janvier et 39 pour 100 en avril. La quantité d'eau libre contenue dans le bois varie encore suivant que les échantillons essayés sont pris dans le tronc ou dans les branches ; elle est plus grande dans les ramilles que dans les grosses branches et plus grande dans les branches que dans le tronc.

Formation du bois — Lorsqu'on examine au microscope une section pratiquée sur une pousse encore tendre d'un arbre appartenant à la classe des Dicotylédones (fig. 670), on voit qu'elle est formée au centre de cellules grandes, peu serrées, pleines d'un liquide presque transparent CT ; ces cellules sont entourées d'un cercle de cellules plus petites que recouvre, comme d'un vernis, une membrane transparente E.

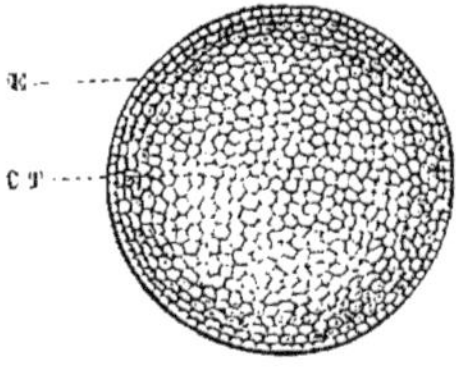

Fig. 670. — Section d'une jeune pousse de dicotylédone.

Sur une section d'une pousse un peu plus âgée (fig. 671), on aperçoit, autour du disque cellulaire central, des faisceaux de fibres et de vaisseaux formés de cellules mises bout à bout, dont les parois contiguës se sont résorbées. Ces faisceaux fibro-vasculaires sont disposés en cercle et séparés par des lames de tissu cellulaire qui partent en rayonnant du disque central. Autour de cette couronne se trouve un cercle formé de cellules pareilles à celles du disque central auxquelles elles sont reliées par les rayons qui séparent les faisceaux fibro-vasculaires. Dans ce cercle, se montrent quelques faisceaux de fibres épaisses et résistantes ; enfin, le tout est entouré de la couronne de cellules serrées et de la membrane qui forment la dernière enveloppe du végétal.

Le disque central M est la *moelle*, les faisceaux fibro-vasculaires F sont les éléments du *bois*, la couronne cellulaire CE qui entoure le cercle des faisceaux est le *parenchyme cortical*, les lames cellulaires MI qui relient cette couronne au disque central sont les *rayons médullaires*, le cercle de petites cellules qui enveloppe le tout et la membrane qui le recouvre E constituent l'*épiderme*.

Sur une pousse encore plus âgée (fig. 672),

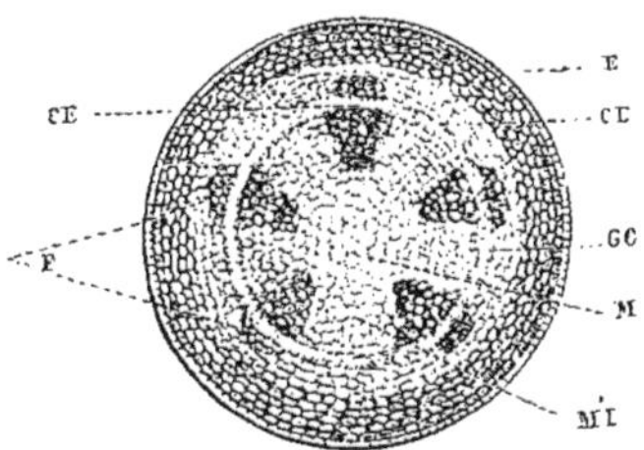

Fig. 671. — Section d'une pousse plus âgée

on voit les faisceaux fibro-vasculaires se développer et aplatir les rayons médullaires MI qui deviennent très étroits. On distingue dans ces faisceaux, en partant de la moelle M : des trachées déroulables et des fibres à parois épaisses E' qui forment autour de la moelle l'*étui médullaire*, puis des fibres à parois plus minces F, F' qui sont les *fibres ligneuses*, et, parmi ces fibres, des vaisseaux reconnaissables au diamètre de leur orifice. Le parenchyme cortical se divise en deux cercles concentriques par une zone de fibres à parois épaisses GC qui constituent le *liber;* le cercle intérieur CF est le *cambium*, la zone cellulaire extérieure CE est la *moelle corticale*. Le liber, la moelle

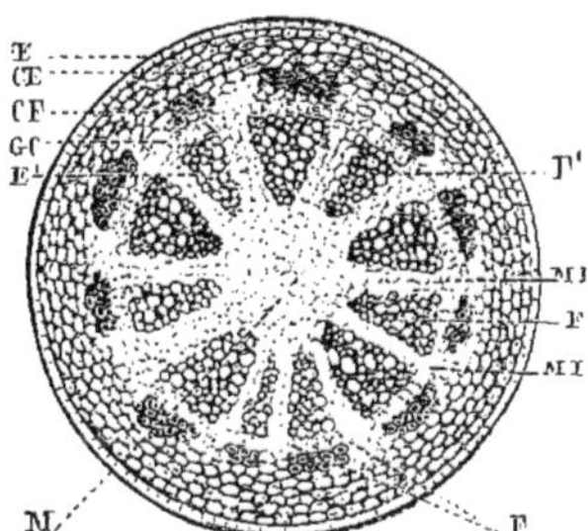

Fig. 672. — Section d'une pousse montrant le développement des faisceaux fibro-vasculaires.

corticale et l'épiderme constituent l'*écorce*, qui est séparée par le cambium de la zone fibro-vasculaire qui est le bois.

Cette description s'applique à une pousse de l'année; mais, si l'on opère des sections sur des pousses à divers degrés de développement, on voit que le cambium, qui est la zone génératrice, donne, chaque année, naissance à une couronne de faisceaux fibro-vasculaires qui s'appliquent sur la couronne de l'année précédente, et à un cercle de fibres corticales qui s'appliquent à l'intérieur sur le liber précédemment formé (fig. 673).

Le bois est donc formé d'une série de couronnes concentriques composées de fibres et de vaisseaux et divisées par des cloisons rayonnantes. Les fibres ligneuses les plus éloignées de la circonférence intérieure de chaque couronne sont plus fines que les autres, et c'est dans la zone intérieure que se trouvent le plus souvent les vaisseaux. La ligne apparente formée par ces fibres fines et serrées permet de distinguer ces couronnes l'une de l'autre, et par conséquent de déterminer l'âge de chacune d'elles, puisque, dans nos climats au moins,

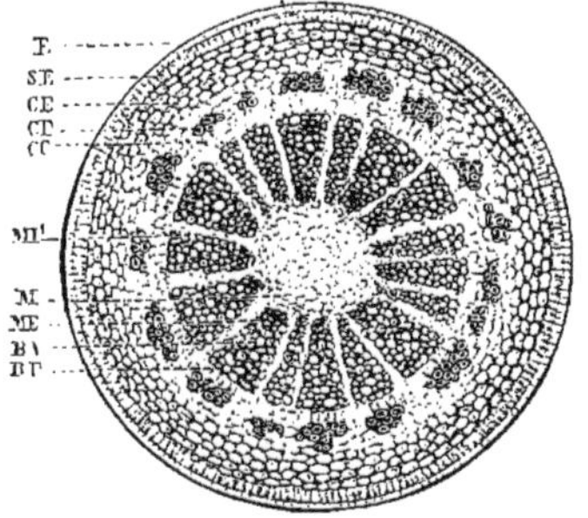

Fig. 673. — Section d'une tige de dicotylédone. E, épiderme; SE, cellules subéreuses; CE, cellules corticales; CF, fibres corticales; CC, cambium; MI, rayons médullaires; M, moelle; ME, étui médullaire; BV, vaisseaux du bois; BF, fibres du bois.

il se produit une couronne chaque année (voy. AGE DU BOIS). L'écorce, distendue par le grossissement du bois et la formation de nouvelles couches de

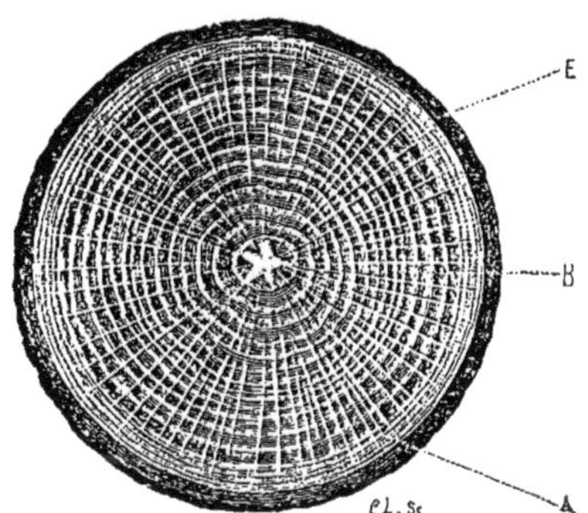

Fig. 674. — Section d'un chêne de 18 ans.

liber, est repoussée en dehors et se détruit lentement soit en s'exfoliant, soit en se réduisant en parcelles.

Le cambium ne produit pas seulement des fibres et des vaisseaux, il donne encore naissance à des séries de cellules qui continuent les grands rayons médullaires, et à d'autres séries de cellules qui divisent les faisceaux fibro-vasculaires de nouvelle formation. Ces cloisons sont les *petits rayons*. Au lieu de partir de la moelle centrale comme les grands rayons médullaires, ils partent de la couche où ils se sont formés et ils se continuent dans toutes les couches postérieures. Ainsi, tandis que le nombre des grands rayons reste toujours le même, celui des petits rayons va toujours en augmentant, car chaque année voit s'en former de nouveaux. Avec le temps, les cellules de la moelle centrale meurent et se dessèchent, les parois des fibres, des vaisseaux et des cellules s'épaississent, leur vitalité devient de plus en plus faible, leur couleur se modifie et l'on voit alors la partie centrale, qui est le *cœur* ou *bois parfait*, se distinguer par sa couleur et sa compacité du jeune bois ou *aubier* qui est plus tendre, plus gorgé de sève et moins coloré. Dans les bois durs de nos climats (chêne, orme, etc.), les lignes circulaires des vaisseaux sont très apparentes (fig. 674); aussi il suffit de compter ces lignes sur une section faite au

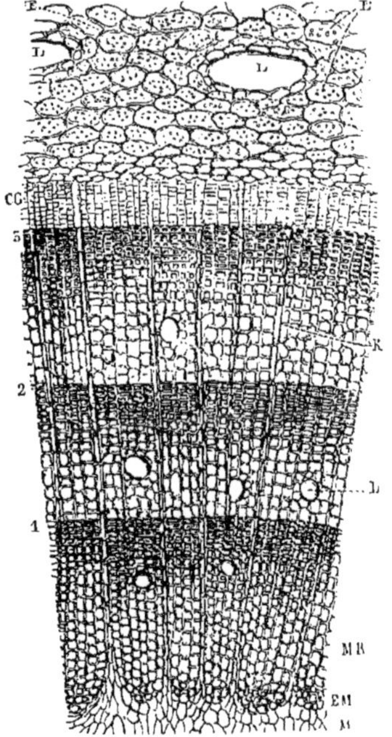

Fig. 675. — Section d'une tige de pin de 3 ans. M, moelle; EM, étui médullaire; MR, rayons médullaires; 1, 2, 3, couches d'accroissement; CG, couche génératrice, cambium; E, cellules corticales; L, lacunes résinifères.

pied d'un arbre pour avoir son âge. Dans les bois blancs (érable, charme, etc.), les vaisseaux sont plus fins, répartis presque uniformément parmi les fibres ligneuses ; il est donc plus difficile de les distinguer, mais ils sont rares sur le bord extérieur de la couronne où l'on ne trouve que des fibres fines et serrées. La ligne plus colorée et plus compacte que forment ces fibres suffit pour établir une démarcation nette entre les couronnes concentriques limitrophes.

Il existe, parmi les arbres de la classe des Dicotylédones, une famille, celle des Conifères, dont le bois, qui ne contient pas de vaisseaux, est exclusivement composé de fibres régulièrement ponctuées. On ne peut donc se servir, pour distinguer les couches d'accroissement, des vaisseaux qui n'existent pas; mais cette distinction se fait, comme pour les bois blancs, au moyen de la ligne de démarcation très nette formée par les fibres les plus extérieures, qui sont plus fines, plus serrées et plus colorées que celles du reste de la couche. On remarque aussi qu'entre les fibres de ces bois résineux il existe des cavités souvent assez grandes qui se remplissent de térébenthine (fig. 675).

L'accroissement de la tige des Monocotylédones s'opère comme chez les Dicotylédones, par la formation successive de faisceaux fibro-vasculaires et de cellules; mais les faisceaux naissent sans ordre apparent au milieu du tissu cellulaire; ils ne forment pas de couronnes concentriques. C'est ce qu'on voit très clairement sur la section de la tige d'un palmier, où l'on distingue des faisceaux composés comme ceux des Dicotylédones, mais dispersés sans régularité dans la masse cellulaire. Ces faisceaux, qui partent de la base de la feuille, se dirigent d'abord obliquement vers le centre de l'arbre, puis ils se retournent et reviennent, en croisant tous ceux qui sont nés antérieurement, se placer vers la périphérie en s'amincissant et en se divisant. Il résulte de ce mode d'accroissement que l'examen de la section d'un Monocotylédone ne permet pas d'en déterminer l'âge.

Comme nous n'avons en France aucun arbre indigène appartenant à cette classe de végétaux, il paraît inutile de donner plus de détails sur les bois qu'ils fournissent.

Texture du bois. — Chaque espèce d'arbre produit un bois qui, bien que composé des mêmes éléments chimiques et des mêmes organes élémentaires, fibres, vaisseaux et cellules, que le bois d'autres espèces, en diffère cependant assez par l'arrangement de ces organes pour qu'on puisse les distinguer.

Ces caractères différentiels sont désignés par les praticiens sous les noms de *grain* et de *maille* du bois. La longueur et l'épaisseur des rayons médullaires, la grosseur et la disposition des vaisseaux, la présence ou l'absence de canaux résinifères, la couleur, sont les caractères au moyen desquels on peut, sans l'aide du microscope, reconnaître de quelle espèce d'arbre provient un échantillon de bois.

M. Mathieu, professeur à l'école forestière, a dressé, à l'aide de ces caractères, des tableaux dans lesquels les bois des essences indigènes sont classés d'après leur texture.

M. Nordlinger a, de son côté, publié un album comprenant cent sections en lames minces des bois des principales essences forestières de France et d'Algérie. Ces sections sont destinées à servir de types auxquels on compare les échantillons dont on veut déterminer l'espèce.

On reconnaît aisément, sur ces sections, que les bois des Conifères sont formés de fibres ponctuées et n'ont pas de vaisseaux, tandis que les bois des essences feuillues ont des vaisseaux interposés dans le tissu fibreux.

Les bois des Conifères se subdivisent en deux groupes, suivant qu'ils sont pourvus ou dépourvus de canaux résinifères. Le premier groupe comprend l'épicéa, le mélèze, le cèdre, les pins. Le sapin, l'if et le genévrier sont compris dans le second groupe. La grosseur et le nombre des canaux résinifères permettent de distinguer entre eux les bois du premier groupe. La courbe plus ou moins régulière des accroissements concentriques annuels, le plus ou moins d'épaisseur de l'aubier, sont les caractères à l'aide desquels on détermine les bois du second groupe.

Les bois feuillus, caractérisés par la présence de vaisseaux, se distinguent les uns des autres par la disposition de ces vaisseaux, qui, suivant qu'ils forment sur la zone intérieure d'une couche d'accroissement une ligne de démarcation bien tranchée entre cette couche et la précédente, ou qu'ils sont disséminés dans toute l'épaisseur d'une couche annuelle, établissent une distinction assez nette entre les *bois durs* et les *bois blancs*, qui se divisent à leur tour en *bois tendres* et *bois fins*.

La largeur des rayons médullaires, le groupement des vaisseaux, la couleur du bois, sa compacité servent à caractériser chaque espèce.

C'est de la texture de chaque espèce de bois que dépend son aptitude à certains emplois. Les bois résineux, qui ont des couches d'accroissement bien égales, d'une consistance presque cornée, sont préférables pour tous les usages qui exigent de l'élasticité et de la dureté, à ceux dont les couches d'accroissement sont épaisses, composées de fibres lâches. Ces dernières ne sont propres qu'à faire des emballages ou des constructions légères.

Dans les bois feuillus, on reconnaît à l'épaisseur des couches concentriques et à la compacité de leur tissu, de consistance cornée dans la zone extérieure et formé de fibres serrées, le chêne *maigre*, propre à tous les emplois qui exigent de la force et de l'élasticité. Le chêne *gras*, au contraire, est caractérisé par ses fibres lâches, un tissu mou, qui, le rendant beaucoup plus facile à travailler que le bois *maigre*, le font préférer pour la menuiserie.

Les bois à grain fin, comme le poirier, le cormier, le buis, sont excellents pour les ouvrages de tour, de sculpture. Ceux qui sont richement veinés, comme le noyer, l'acajou, et qui ont un tissu assez serré pour être polis et vernis, sont employés dans la menuiserie fine. Il n'est pas jusqu'aux bois tendres qui ne puissent être utilisés dans un grand nombre d'industries.

Considérés au point de vue de leur emploi, les bois se divisent d'abord en deux grandes classes : ceux qui sont destinés à être brûlés et ceux qui sont utilisés comme matériaux de construction ou de fabrication. Les premiers sont les bois de feu, les seconds les bois d'œuvre.

On distingue dans les bois de feu, ceux qui sont employés directement au chauffage : ce sont les bois de chauffage, et ceux qui sont au préalable convertis en charbon, ceux-là sont désignés sous le nom de *charbonnette*.

Les bois de chauffage se divisent en bois durs, bois tendres et bois résineux qui se subdivisent d'après leurs dimensions, en bois de quartier : rondins, fagots et bourrées.

On comprend sous la dénomination de bois d'œuvre les bois de construction, les bois de sciage, les bois de fente et les bois d'industrie.

Tous les bois dont la densité dépasse 0,7 sont considérés comme bois durs, ceux qui ont une densité inférieure à 0,7 sont dits tendres. Dans la première catégorie sont rangés le hêtre, le chêne, l'érable, le frêne, l'orme, le charme et les fruitiers ; le bouleau, l'aune, le tremble, le tilleul sont classés comme bois tendres.

Les bûches refendues qui ont environ 0m,50 de tour sont dites de quartier. On classe avec les rondins celles qui ont moins de 0m,50.

Les rondins ont de 0m,16 à 0m,50 de tour. Les bois de quartier se vendent au stère ou au poids. Les brins de plus petit calibre, les rameaux et les ramilles sont façonnés en fagots ou bourrées.

La grosseur et la composition des fagots et des bourrées diffèrent suivant les pays. En général, les fagots comprennent quelques rondins entre lesquels sont intercalées des menues ramilles. Les bourrées sont exclusivement formées de ramilles. On donne le nom de falourdes à des fagots de 0m,81 de tour, composées de bûches de pin refendues, qui sont employés au chauffage des fours, et celui de cotrets à des petits fagots liés à deux harts, composés de 5 ou 6 bûchettes de 0m,16 de tour en moyenne et de 0m,66 de longueur. La circonférence du cotret est de 0m,56 ; il faut 50 à 60 cotrets pour faire un stère. Tous ces bois se vendent au cent.

La valeur des bois, comme combustible, dépend non seulement de la quantité de calorique qu'il produit en brûlant, mais aussi de la manière dont s'opère la combustion. Certains bois très denses qui ont une valeur calorifique très grande sont mauvais comme bois de chauffage, parce qu'ils brûlent difficilement dans les foyers qui n'ont pas beaucoup de tirage. Mais, quand on compare entre elles les essences communément employées au chauffage, le rapport de leur capacité calorifique se rapproche sensiblement de celui de leur valeur commerciale.

Cette comparaison est indiquée dans le tableau suivant qui résume la capacité calorifique des bois les plus répandus ; on a pris pour unité la capacité calorifique du charme, qui est de tous les arbres de nos climats celui qui est le plus estimé comme bois de feu :

ESSENCES	BOIS DE QUARTIER	RONDINS ET BRANCHES
Charme	1,00	0,80
Sycomore	0,98	0,74
Frêne	0,96	0,72
Hêtre	0,95	0,71
Chêne rouvre	0,94	0,80
Chêne pédonculé	0,93	0,84
Alisier	0,92	0,71
Orme	0,89	0,69
Bouleau	0,88	0,62
Tilleul	0,85	0,64
Robinier	0,80	0,60
Mélèze	0,78	0,44
Epicéa	0,77	0,47
Pin sylvestre	0,74	0,45
Sapin	0,70	0,44
Aune	0,65	0,60
Tremble	0,63	0,58
Peuplier noir	0,51	0,40

Les bois qui sont expédiés par le flottage en trains sont dits *bois de flot* ; ceux qui sont transportés par les bateaux, les chemins de fer ou les voitures, sont les *bois neufs*.

Enfin on distingue encore, suivant qu'ils sont revêtus ou dépouillés de leur écorce, les *bois gris* et les *pelards*.

Ces derniers ont été pendant longtemps dépréciés parce qu'on les confondait avec les bois flottés qui donnent moins de chaleur que les neufs, mais aujourd'hui on met le chêne pelard sur la même ligne que le chêne neuf.

On convertit en charbonnette les petits quartiers et les rondins de taillis et de branches. Lorsque le charbon est destiné aux établissements métallurgiques, on réduit en charbonnette jusqu'aux brins de 20 millimètres de diamètre ; mais, quand le charbon est destiné à la consommation ménagère, on ne peut employer des brins de moins de 23 millimètres. Nous donnerons à l'article CHARBON de plus amples détails sur la fabrication de ce produit.

Les bois de construction qu'on appelle bois de service, sont ceux qui servent aux constructions navales et terrestres. Les bois employés aux constructions navales sont désignés sous le nom de *bois de marine*, ils sont classés d'après leurs dimensions et leur forme en signaux qui se divisent en espèces. Les uns, qui ne comportent aucune courbure ou dont la courbure tolérée est faible, sont dits *bois droits*. On appelle *bois courbants* les pièces qui présentent la courbure voulue pour l'emploi auquel elles sont destinées.

On distingue dans les bois employés aux constructions navales : les bois de membrure, les bois de bordé, les bois de mâture, les bois d'aménagement intérieur et les bois accessoires.

Les bois de membrure sont ceux qui servent à former le squelette de la coque des navires, ils doivent être de premier choix. L'essence préférée est le chêne. On emploie quelquefois l'orme pour les quilles et les bois résineux pour les baux.

Les bois de bordé sont ceux qui servent à garnir les intervalles de la membrure; ils constituent les deux enveloppes, le *bordage* et le *vaigrage*, qui rendent la coque étanche. Le chêne et les résineux sont employés comme bois de bordé. On s'est même servi de hêtre injecté.

Les bois de mâture sont choisis parmi les essences résineuses qui offrent seules la résistance, l'élasticité et la légèreté voulues. Nos résineux indigènes n'ont ni les dimensions, ni la résistance de ceux qui viennent dans les régions plus froides; aussi les arsenaux font-ils venir leurs bois de mâture de Russie, de Norwège et de l'Amérique du Nord.

Les bois d'aménagement intérieur employés dans la marine sont ceux dont on se sert dans les constructions civiles, mais la marine exige des bois de premier choix.

Les bois accessoires servent à faire les avirons, les pigouilles, manches de gaffe, etc. On confectionne avec l'orme champêtre les poulies et avec le robinier les gournables.

Les arsenaux tirent d'Italie une partie de leurs bois de chêne ; ils font venir de la Baltique et de l'Amérique les bois résineux employés comme bordages et mâtures.

Les départements de l'Ouest et du Sud-Ouest fournissent des bois droits et courbants de chêne. Les bois d'orme, de frêne et de sapin sont pris partout où l'on en trouve de bonne qualité.

Les dimensions des signaux et des espèces sont indiquées dans des tableaux fort compliqués qui n'ont d'intérêt que pour les fournisseurs de la marine militaire.

Le droit qu'avaient autrefois les agents de la marine de marteler les arbres propres aux constructions, non seulement dans les forêts soumises au régime forestier et dans celles des particuliers, mais encore dans les plantations, avenues, lisières et arbres épars, a disparu. Les particuliers disposent librement de leurs bois et c'est à prix débattu qu'ils traitent avec les fournisseurs de la marine. Mais pour faciliter l'approvisionnement des arsenaux, il a été rendu le 16 octobre 1858 un décret en vertu duquel les agents de la marine désignent, dans les coupes des forêts domaniales seulement et avant les opérations du martelage, les arbres qu'ils jugent propres aux constructions navales. Ces arbres, marqués d'une empreinte spéciale par les agents forestiers, ne sont pas compris dans la vente, mais l'adjudicataire de la coupe doit les abattre et les ébrancher suivant les indications qui lui sont données. Les copeaux d'abatage et les branches lui appartiennent.

Les troncs des arbres ainsi marqués sont ensuite vérifiés par les agents de la marine, qui les font découper, équarrir et transporter aux frais de ce département ministériel, jusqu'aux arsenaux. Les pièces rebutées après cette vérification sont vendues par les soins du service forestier.

Le prix des bois délivrés à la marine est porté en dépense au compte de ce département et en recette au compte de l'administration des forêts.

Les bois employés aux constructions terrestres sont dits bois de charpente. Sur la place de Paris on classe en gros bois les pièces de chêne de 0m,54 d'équarrissage et au-dessus ; en bois d'arrimage, celles de 0m,42 à 0m,51 ; en bois moyen, celles de 0m,27 à 0m,39; et en brindilles, celles de 0m,09 à 0m,24. Ces bois sont équarris au quart.

Les bois résineux, pins, sapins et épicéas qui se vendent sans être équarris, sont classés en *gros bois*, quand ils ont au moins 0m,70 de diamètre à la base, en *moyens* quand ils ont de 0m,55 à 0m,65 et en *petits bois* quand leur diamètre varie entre 0m,20 et 0m,60.

Les bois de sciage qui comprennent les planches, madriers et plateaux de diverses épaisseurs, se vendent au mètre courant ou au mètre superficiel. La planche type pour les sciages de chêne est l'*entrevoux*, qui a 0m,27 d'épaisseur et 0m,22 à 0m,25 de largeur.

C'est à ce type que se rapportent les sciages désignés sous les noms d'échantillons, membrures, doublettes, gros battant, etc. Ces dénominations tendent au reste à tomber en désuétude depuis que le commerce livre du chêne scié suivant les dimensions très variées que réclament les industries.

Le charme, le hêtre, le frêne, le noyer se vendent en plateaux. Les sciages de pin, sapin et épicéa, dits bois de *sap*, se vendent aussi en madriers et en planches; la planche type 12/12 a 0m,027 d'épaisseur, 0m,325 de largeur et 3m,90 de longueur.

Les sciages de peupliers sont la volige de Champagne (0m,18 d'épaisseur, 0m,16 à 0m,25 de largeur) et celle de Bourgogne, dont l'épaisseur est de 0m,022 sur 0m,25 de largeur.

Les bois de fente sont ceux qui, fendus dans le sens du fil, sont employés à la fabrication des tonneaux, des lattes, des échalas. Le chêne est de tous les arbres de nos climats celui qui est le plus propre à la fente ; c'est son bois qui sert à faire les meilleures douelles, les lattes et les échalas les plus durables. On refend aussi le bois de hêtre pour faire les menus ouvrages dits de *raclerie*, et les bois résineux pour faire des lattes, des bardeaux et des échalas.

Quant aux bois d'industrie, ils ont des applications si diverses, qu'il est difficile de les énumérer toutes. Les principales sortes sont : les perches à mine et à houblon, les bois de tour, ceux qui servent à faire des sabots, de la boissellerie, de la carrosserie, de la pâte à papier, etc. B. DE LA G.

BOISGUILLEBERT (*biographie*). — Boisguillebert, lieutenant général du bailliage de Rouen, mort en 1714, a été un des fondateurs de l'économie politique en France. Il a lutté pendant longtemps en faveur de la liberté du commerce des grains, et contre les mauvais systèmes d'administration qui paralysaient l'agriculture et le commerce. Son principal ouvrage, *le Détail de la France*, publié en 1697, a été attribué pendant longtemps à Vauban. On lui doit aussi un *Traité sur les grains*, une *Dissertation sur la richesse*, un *Factum de la France* et un *Supplément au Détail de la France*, dont la publication lui valut un exil en Auvergne. H. S.

BOISSEAU, BOISSELÉE. — Le boisseau est une ancienne mesure de capacité, variable suivant les localités. Le boisseau de Paris valait 13 litres; il se divisait en quatre quarts ou seize litrons. Le boisseau de Châlons était plus petit d'un huitième, celui de Nogent le double de celui de Paris. — La *boisselée* était une mesure agraire, également très variable; elle était supposée représenter la surface qu'on ensemence avec un boisseau de grain.

BOISSON. — Tout aliment liquide qu'on introduit dans les voies digestives constitue une boisson. Les boissons servent soit à étancher la soif, soit à favoriser l'absorption et la digestion des aliments solides, soit à modifier l'état des organes, soit à réparer les pertes de liquides qu'éprouve constamment l'organisme. — L'eau est la boisson générale ; les autres boissons ne sont formées que par de l'eau en mélange ou en combinaison avec d'autres principes. Le lait est aussi une boisson naturelle.

On fabrique un grand nombre de boissons, qui varient suivant les pays. Ces boissons se répartissent en six groupes, savoir : *boissons fermentées*, vins, bière, cidre, koumis ; — *boissons alcooliques* ou *spiritueuses*, eaux-de-vie, kirsch, rhum, liqueurs formées par de l'eau-de-vie et des essences (genièvre, menthe, etc.); — *boissons acides*, limonades, orangeades, eau chargée d'acide carbonique; — *boissons aromatiques*, infusions de café, de thé, de tilleul ; — *boissons sucrées*, hydromel, infusion de substances sucrées ; — *boissons économiques*, préparées avec l'addition d'eau aux résidus de la fabrication du vin, du cidre (vins de marc, cidre de marc, etc.). La fabrication, les propriétés et les usages de chacune de ces boissons sont indiqués à leur place respective. Toutefois, il est important de donner ici des indications, d'une part sur les boissons qui servent aux animaux domestiques, et d'autre part sur la législation qui régit la fabrication et le commerce des boissons fermentées.

BOISSONS (*zootechnie*). — Le mélange gazeux sortant des poumons est toujours saturé d'humidité. Il en est de même de la couche d'air qui est en contact immédiat avec la peau. De la sorte, le corps animal perd constamment de l'eau. Il en perd aussi par les urines, dont le rôle physiologique est d'éliminer les résidus solubles de la nutrition. M. Boussingault a calculé, dans le temps, que pour un animal de taille moyenne cette perte d'eau ne s'élève pas à moins de 30 kilogrammes dans les vingt-quatre heures. Elle se fait nécessairement aux dépens du sang, dont elle diminue la fluidité normale ; et lorsque celle-ci est réduite à un certain degré, la tension du sang dans les vaisseaux étant ainsi diminuée, les glandes salivaires ne peuvent plus fonctionner. Il en résulte dans la bouche et dans la gorge une sensation de sécheresse qui est la sensation de la soif, traduisant le besoin d'introduire de l'eau dans les vaisseaux sanguins.

Les aliments solides, même ceux qui ont été séchés à l'air, contiennent toujours une proportion d'humidité qui n'est pas moindre que 14 à 15 pour 100. Ceux qu'on qualifie de verts en contiennent jusqu'à 90 et rarement au-dessous de 70. Même nourris exclusivement avec ces derniers, les animaux ne peuvent pas trouver, dans leur ration journalière, la quantité d'eau suffisante pour récupérer leurs pertes. A plus forte raison les autres. D'où la nécessité de mettre à leur disposition, en outre, les aliments liquides qu'on appelle des boissons et dont le rôle se trouve ainsi bien défini.

La distinction entre les aliments et les boissons n'est donc nullement fondamentale. Elle n'est que de pure forme. Ce sont, au même titre, des matériaux de construction et d'entretien pour le corps animal. Les uns et les autres sont également indispensables ; et tout le monde sait que la soif, ou le besoin d'ingérer l'aliment liquide, est dans tous les cas d'une urgence plus impérieuse que celle de la faim, ou besoin d'ingérer l'aliment solide. C'est que les pertes, pour le premier aliment, sont normalement toujours plus fortes que pour le second. Elles dépendent, pour celui-ci, en une forte mesure de la volonté. Le repos les réduit beaucoup. Les pertes d'eau sont subordonnées à l'état hygrométrique de l'atmosphère, sur lequel nous ne pouvons à peu près rien. Les températures élevées les augmentent, parce qu'elles accroissent la capacité de saturation de l'air atmosphérique, en même temps qu'elles activent la circulation du sang. C'est ce qui explique comment on a plus souvent soif par les temps chauds que par les temps froids.

Les boissons des animaux sont puisées à des sources diverses, mais toujours exclusivement aqueuses : cours d'eau de toute importance, étangs, mares, puits et citernes, selon les localités. Les purs hygiénistes, pour en apprécier les qualités, pour en faire l'étude, se sont un peu trop préoccupés de leurs propres sensations ou de la notion courante des eaux dites potables. Entre les eaux appropriées à nos usages et celles qui peuvent convenir pour abreuver les animaux, il y a d'énormes différences que l'observation, même seulement superficielle, fait saisir immédiatement. Les goûts des animaux, sous ce rapport, varient d'abord beaucoup selon les genres. L'âne, par exemple, ne consentira point à boire une eau qui ne serait point limpide. Il en sera de même pour la plupart des chevaux, sinon pour tous, à moins d'une soif excessive. Le bovidé, au contraire, boira sans aucune répugnance l'eau trouble d'une mare, fût-elle mélangée d'une proportion assez forte de jus de fumier. Il y a même lieu de penser, d'après l'observation constante, que la saveur accentuée de cette eau impure lui est un objet de prédilection.

Cette observation, tant de fois répétée dans les campagnes européennes et surtout françaises, où les mares des villages dépourvus de cours d'eau reçoivent si constamment les égouts des fumiers, commande au moins de très forts doutes sur le rôle nocif attribué aux matières organiques fermentescibles absorbées avec les boissons, du moins en ce qui concerne les bêtes bovines. Que de fois les a-t-on mises au premier rang des conditions de production des maladies bactériennes ou bactéridiennes ? Cependant on connaît des populations qui se maintiennent en santé étant ainsi abreuvées de temps immémorial, tandis que celles qui, sur les monts d'Auvergne, par exemple, ne boivent que l'eau claire et courante provenant de la fonte des neiges ou des nuages, sont décimées par le charbon.

L'eau potable pour l'homme ou l'eau propre à lui servir le plus convenablement de boisson n'est donc point la seule qui puisse être utilisée par les animaux, et ce n'est pas une raison suffisante pour restreindre l'exploitation de ceux-ci, que de ne pouvoir s'en procurer. Les eaux séléniteuses, cuisant mal les légumes, les eaux troubles, les eaux chargées de matières organiques, paraissent inoffensives pour la santé des bêtes, eu égard toutefois à leur composition. Aucun fait bien constaté ne permet du moins de les incriminer. Ce qu'en ont dit les auteurs n'est que pure induction non vérifiée par l'expérience. Ils ont pensé que ce qui est désagréable pour l'homme, lourd à son estomac, et peut-être capable de lui transmettre des maladies infectieuses, ne pouvait manquer de l'être aussi pour les animaux. Ce n'est pas ainsi que s'établit la vérité scientifique et conséquemment pratique. Sans doute on a trouvé parfois, à l'autopsie de chevaux qui buvaient habituellement des eaux troubles, des dépôts de petits graviers dans le gros intestin ; mais l'eau qui tombe en grande masse dans la panse du ruminant, où elle délaye les aliments solides qui s'y sont accumulés en forte quantité, peut vraiment sans inconvénient n'être point d'une pureté immaculée, étant donnée surtout la faible durée de leur existence.

Si, d'une façon générale, la composition des eaux de boisson importe peu pour les animaux, ce qui ne veut toutefois pas dire que les plus pures et les plus limpides ne doivent point être préférées, il n'en est pas de même au sujet de leurs propriétés physiques et notamment de leur température. Les meilleures, sous ce dernier rapport, sont celles qui se montrent fraîches en été et pas trop froides en hiver. Les premières sont agréables aux animaux comme à nous ; les froides, prises en toute saison dans de certaines conditions, provoquent des coliques intestinales et souvent des congestions mortelles.

Dans la pratique, il n'y a guère que les eaux de certains puits qui soient dans ce cas ; celles qui courent ou séjournent en plein air, même dans la saison la plus rigoureuse et quand il faut casser la glace qui les couvre, se montrent habituellement sans danger. C'est pourquoi il est toujours bon d'extraire d'avance l'eau de puits qui doit servir de boisson et de la laisser séjourner dehors en été, dans les écuries, les étables ou les bergeries en hiver.

L'un des points les plus importants de l'étude des boissons, dont les cas particuliers se trouveront indiqués à leur place, est celui qui concerne leur mode de distribution aux animaux qui ne vivent point en liberté. Ceux qui sont libres, ayant une source d'eau à leur disposition, boivent quand ils ont soif ou quand cela leur plaît. Les autres doivent attendre qu'on les abreuve, et l'on adopte, pour les abreuver, des moments déterminés. Le plus souvent c'est immédiatement après qu'ils ont achevé leur repas. Pour les chevaux, c'est parfois avant, parfois après qu'ils ont mangé l'avoine.

Les hygiénistes ont beaucoup discuté sur ces choses, mais le plus souvent, il faut bien le dire, en dehors de la méthode expérimentale et sur la base de simples hypothèses. La fonction digestive étant intermittente, on sait bien que ses organes prennent, pour les moments de leur fonctionnement, des habitudes avec la plus grande facilité. Il suffit, pour s'en apercevoir, d'entrer dans une étable lorsque vient de sonner l'heure habituelle de la distribution des aliments. L'estomac est un chronomètre qui, une fois réglé, ne varie pas. C'est de même pour les boissons. L'important est donc de ne point déroger aux habitudes prises. L'attente de la boisson, comme celle de l'aliment solide, provoque de l'impatience, qui devient bientôt de la souffrance, et qui se traduit, chez les machines animales, par une perte de poids ou d'énergie.

Chez celles dont l'unique fonction économique, ou seulement la principale, est de gagner du poids, comme c'est le cas notamment pour les jeunes animaux en période de croissance et pour les animaux à l'engrais, qui en gagnent d'autant plus qu'ils mangent davantage, l'expérience a montré que la meilleure de toutes les pratiques est de tenir constamment la boisson à leur disposition. La soif arrête souvent leur repas. S'ils peuvent boire pour l'étancher, ils recommencent ensuite à manger, jusqu'à ce que l'estomac soit rempli. En tout cas on a pu constater, dans des exploitations où les mangeoires sont disposées de façon que les animaux puissent boire à volonté, comme au pâturage bien aménagé, que la ration journalière consommée est toujours plus forte et le gain en poids conséquemment plus élevé. « Chez moi, nous disait un de nos plus habiles engraisseurs français, les animaux ont toujours devant eux l'assiette et le verre. » Les mangeoires, en effet, se composaient de deux auges, une pour les aliments solides, l'autre pour la boisson, qu'y amenait un tuyau à robinet branché sur la conduite d'eau.

C'est là ce qui doit être considéré comme le mieux et le plus utile pour la bonne alimentation.

A. S.

BOISSONS (*législation*). — La législation française divise les boissons en trois catégories comportant chacune des droits distincts : 1° vins, cidres, poirés, hydromels; 2° esprits, alcools et liqueurs; 3° bières.

Les droits établis par le fisc sur les vins, cidres, poirés, hydromels, sont de trois sortes : droits de circulation; droits d'entrée; droits de détail.

Le droit de circulation, le seul que supporte le particulier dans les communes rurales, est perçu à l'occasion de tous les déplacements de vins, cidres, poirés, hydromels destinés à la consommation en gros. Le taux des tarifs varie suivant la zone où on les applique. Le territoire français est divisé, sous ce rapport, en trois zones ; la première est la plus méridionale, la troisième, la plus septentrionale. Les droits s'élèvent à mesure qu'on s'avance vers le Nord. On a voulu ainsi rendre ces droits proportionnels, en estimant que la consommation prend, dans les régions privées de vignes, un caractère de luxe qu'elle n'a pas dans le Midi. Ils sont de : 1 fr. 20 par hectolitre pour la première zone; 1 fr. 50 pour la deuxième; 2 francs pour la troisième. Les cidres, poirés, hydromels sont soumis à des droits de circulation de 1 franc par hectolitre sans distinction de zone.

Voici le tableau des départements divisés en trois classes, pour la perception des droits de circulation et d'entrée sur les vins :

1re *classe*. — Alpes (Basses-), Alpes-Maritimes, Ariège, Aube, Aude, Aveyron, Bouches-du-Rhône, Charente, Charente-Inférieure, Dordogne, Gard, Garonne (Haute-), Gers, Gironde, Hérault, Landes, Lot, Lot-et-Garonne, Pyrénées (Basses-), Pyrénées (Hautes-), Pyrénées-Orientales, Savoie, Savoie (Haute-), Tarn, Tarn-et-Garonne, Var, Vaucluse.

2e *classe*. — Ain, Allier, Alpes (Hautes-), Ardèche, Cher, Corrèze, Côte-d'Or, Drôme, Indre, Indre-et-Loire, Isère, Jura, Loir-et-Cher, Loire (Haute-), Loire-Inférieure, Loiret, Maine-et-Loire, Marne, Marne (Haute-), Meurthe-et-Moselle, Meuse, Nièvre, Puy-de-Dôme, Saône (Haute-), Sèvres (Deux-), Vendée, Vienne, Yonne.

Aisne, Ardennes, Cantal, Creuse, Doubs, Eure, Eure-et-Loir, Loire, Lozère, Morbihan, Oise, Rhin (Haut-), Rhône, Saône-et-Loire, Sarthe, Seine, Seine-et-Marne, Seine-et-Oise, Vienne, Vosges.

3e *classe*. — Calvados, Côtes-du-Nord, Finistère, Ille-et-Vilaine, Manche, Mayenne, Nord, Orne, Pas-de-Calais, Seine-Inférieure, Somme.

Sont exempts du droit de circulation : les transports de vins d'un cellier à un autre, du pressoir au cellier, d'une cave à une autre, pourvu toutefois que les celliers, pressoirs, caves soient situés dans le même canton ou dans une commune limitrophe du canton.

La perception des droits de circulation est assurée par un permis qui porte l'heure du départ du convoi, l'heure de l'arrivée, la route que doit suivre le voiturier, le délai qui lui est accordé. C'est un *congé*, si les droits sont tous acquittés au lieu d'expédition, un *acquit à caution*, si les droits ne doivent être acquittés qu'à destination, ainsi que cela se pratique pour les vins expédiés dans les villes et pour ceux destinés aux marchands en gros. Dans ce dernier cas, le porteur de l'acquit peut être tenu de fournir une caution solvable ou à défaut de consigner le montant intégral des droits jusqu'à justification de la décharge de l'acquit à caution.

Dans les communes rurales de peu d'importance, l'expéditeur doit se transporter à la recette buraliste la plus voisine et se munir d'une expédition justificative pour les boissons qu'il transporte. Enfin, toutes les fois qu'il n'y a lieu à la perception d'aucun droit, comme dans les cas d'exemption énumérés plus haut, l'administration délivre un *passavant* dont le coût est de 50 centimes.

Le *droit d'entrée* n'est perçu que dans les villes qui ont une population supérieure à 4000 âmes. Les tarifs varient comme il suit suivant la zone dans laquelle sont situées les villes et suivant leur population :

POPULATION DES COMMUNES	TAXE PAR HECTOLITRE (EN PRINCIPAL)				
	1re zone	2e zone	3e zone	4e zone	cidres poirés hydromels
4000 à 6000 habit....	0,45	0,60	0,75	0,90	0,40
6000 à 10000........	0,70	0,90	1,15	1,35	0,60
10000 à 15000......	0,90	1,20	1,50	1,80	0,75
15000 à 20000......	1,15	1,50	1,90	2,25	1,00
20000 à 30000......	1,35	1,80	2,25	2,70	1,15
30000 à 50000......	1,60	2,10	2,65	3,15	1,35
50000 et au-dessus..	1,80	2,40	3,00	3,60	1,50

Les vins qui entrent dans les villes pour en ressortir ne sont pas soumis aux droits d'entrée : les convois de vins acquittent les droits à l'entrée des villes qu'ils traversent et se munissent d'un *passe-debout* au moyen duquel les droits sont restitués à la sortie. En pratique, les voitures se munissent simplement d'un passe-debout qui doit être, sous peine d'amende sévère, rep ésenté à la sortie. Si le séjour dans la commune doit dépasser vingt-quatre heures, le voiturier acquitte les droits d'entrée et se munit d'un *transit* qui lui assure la restitution des droits à l'époque ultérieure de la sortie. Dans ce cas, les convois de vins sont soumis à une surveillance active de la part des employés de la régie auxquels les règlements donnent un pouvoir presque discrétionnaire.

Les négociants, les marchands de vins payent les droits d'entrée ; mais, pour leur éviter les avances trop lourdes qui entraveraient le commerce, la loi leur accorde la faculté d'*entrepôt*. Les droits ne sont alors perçus qu'au moment où les liquides quittent l'entrepôt. L'entrepôt est dit *réel*, quand les liquides sont entreposés dans les bâtiments de l'administration ; il est dit *fictif* lorsque le commerçant est autorisé à les entreposer chez lui.

Pour simplifier la perception des droits, on les a remplacés, dans les villes où la population agglomérée dépasse 10 000 âmes, par une *taxe unique* dite *taxe de remplacement*. La taxe unique, obligatoire pour les agglomérations de 10 000 âmes et au-dessus, est en vigueur dans toutes les villes d'une certaine importance. Elle est de 9 francs par hectolitre pour les vins en fût, de 16 francs pour les vins en bouteilles.

La *vente au détail* est frappée d'un droit *ad valorem* de 15 pour 100. La perception de ce droit est assurée par de fréquentes visites domiciliaires de la part des employés de la régie qui viennent jauger les futailles, constater les excédents ou les manquants, dresser des procès et infliger des amendes. C'est ce que l'on appelle l'*exercice*. Il n'est aucune mesure administrative qui soit plus impopulaire, plus antidémocratique, plus contraire au droit des gens que cette visite domiciliaire obligatoire pour les détaillants. Aussi, a-t-on cherché à l'éviter en autorisant les particuliers ou les communes à traiter avec la régie par voie d'abonnement pour une somme déterminée. L'abonnement peut être fait : par une commune, par une corporation et par un particulier. La commune est autorisée à payer par vingt-quatrièmes la somme débattue. L'abonnement individuel est celui qui est conclu entre la régie et les particuliers, pour une somme déterminée.

On considère comme vente au détail celle qui ne dépasse pas 25 litres. Pour établir l'abonnement chez les particuliers, on se base sur la moyenne des ventes des trois exercices précédents.

Les alcools ou spiritueux sont soumis à deux sortes de droits :

1° Droit de consommation;
2° Droit d'entrée.

Le droit de consommation est de 125 francs (en principal) par hectolitre d'alcool pur; 156 fr. 25 avec les doubles décimes. Il était d'abord de 34 francs l'hectolitre; il a été successivement porté à 37 fr. 50, à 60 francs, à 80 francs et à 125 francs.

Le *droit d'entrée* n'est perçu que dans les villes qui contiennent plus de 4000 habitants; il croît avec la population dans les proportions suivantes :

Communes de	4 000 à 6 000 hab.	6 fr.	par hectol.
—	6 000 à 10 000 —	9 fr.	—
—	10 000 à 20 000 —	12 fr.	—
—	20 000 à 30 000 —	18 fr.	—
—	30 000 à 50 000 —	21 fr.	—
—	50 000 et plus.....	24 fr.	—

Les alcools qui sont destinés au vinage des vins étaient autrefois dispensés de tout droit de consommation. La faculté fut plus tard réduite aux sept départements méridionaux : le Var, les Bouches-du-Rhône, le Gard, l'Hérault, les Pyrénées-Orientales, l'Aude et le Tarn. Cette inégalité souleva des protestations de la part des vignerons des autres régions, et la loi du 8 juin 1854 interdit le vinage en franchise et le réserve seulement pour les vins destinés à être exportés, au lieu même d'exportation et en présence des employés de la régie.

Sont considérés comme eaux-de-vie tous les liquides qui contiennent au delà de 21 degrés d'alcool. Les liquides dont le degré alcoolique ne dépasse pas 15 sont considérés comme vins. Les liquides dont la teneur alcoolique est comprise entre ces deux limites, c'est-à-dire de 15 à 20 degrés, payent, outre les droits des vins, un double droit d'entrée pour 3 degrés.

La bière est soumise à un droit de 2 fr. 40 par hectolitre de bière forte et de 60 centimes par hectolitre de petite bière, plus les doubles décimes de guerre établis successivement en 1816 et en 1854, ce qui porte le premier droit à 3 francs, le second à 1 franc.

L'impôt sur les boissons est lourd. On pourrait dire des boissons en général ce que M. Thiers a dit de l'alcool : « Elles sont les bêtes de somme du trésor. » Chaque fois qu'un déficit s'est produit dans nos finances, à la suite des guerres et des révolutions économiques, c'est aux boissons que l'on a eu recours pour le combler. De plus, l'impôt sur les boissons est mal réparti. Un litre de vin de Champagne, destiné à arroser une fête, ne paye pas plus que le litre de vin si nécessaire à l'ouvrier. Enfin, les formalités qu'exige la perception sont si vexatoires, qu'elles ont, à diverses reprises, dans les périodes de troubles, provoqué les violences de la foule contre les agents de l'administration.

La France est le pays qui produit le plus de vin et le plus de cidre. Avant l'invasion phylloxérique on récoltait une moyenne annuelle de 60 millions d'hectolitres de vin. La moyenne s'est abaissée à 30 886 000 hectolitres, c'est-à-dire à la moitié, en 1882, pour remonter à 34 780 000 hectolitres en 1884.

On récolte en France, année moyenne, 12 millions d'hectolitres de cidre. Les progrès remarquables qui ont été faits dans l'art de fabriquer le cidre ont beaucoup servi à en répandre l'usage à Paris.

Le commerce des boissons a fourni le sujet de nombreuses discussions entre les partisans de la protection douanière et ceux du libre échange ; mais les droits protecteurs n'ont jamais servi les intérêts des viticulteurs ; par contre, les dégrèvements effectués par les pays étrangers sur l'entrée de nos vins ont toujours été bien accueillis. Si nous voulons étendre les débouchés de nos vins, il ne faut pas que nous fermions nos portes aux produits de l'étranger. L'expérience a démontré que le commerce des boissons, plus que tout autre, ne pouvait que gagner à la suppression des mesures restrictives qui entravent la circulation à l'intérieur et à l'extérieur. F. C.

BOITERIE (*vétérinaire*). — La boiterie ou claudication — expressions synonymes — est l'irrégularité de la marche, résultant de l'inégalité d'action des membres dans la locomotion.

L'exécution régulière des actes locomoteurs, quel que soit leur mode, résulte de la succession harmonique des membres et de la durée parfaitement égale de leurs mouvements successifs. Si, par une cause ou par une autre, l'un des membres ralentit ou précipite ses mouvements, l'harmonie est troublée ; le centre de gravité n'oscille plus régulièrement entre les membres qui viennent alternativement à l'appui et dans des temps égaux ; il est plus longtemps soutenu par les membres qui sont dans leurs conditions physiologiques ; moins par celui ou par ceux dont le fonctionnement régulier est empêché : de là la démarche défectueuse qu'on appelle *boiterie*.

La boiterie peut procéder de conditions diverses. Dans le plus grand nombre des cas elle est l'expression d'une douleur qui, quel que soit son siège dans un membre, empêche celui-ci de rester au soutien pendant le temps régulier, et détermine l'animal à précipiter les actions du membre congénère.

Un effet du même ordre est produit lorsque, par le fait de la paralysie d'un des organes de l'appareil musculaire d'un membre ou simplement d'un engourdissement résultant d'une attitude forcée, les rayons osseux ne peuvent pas être maintenus dans les conditions de rigidité nécessaires pour qu'ils servent au support du corps.

Même effet encore dans les cas de fracture des os, de déchirures musculaires, de luxation.

Enfin il peut suffire, pour déterminer une boiterie, d'une inégalité accidentelle de longueur d'un membre par rapport aux autres, comme celle qui peut résulter de la différence de longueur des sabots, de fers inégalement épais ou faisant défaut à un pied, etc.

Les boiteries peuvent être catégorisées : 1° suivant les régions qui en sont le *siège* (épaule, rotule, jarret, genou, pied) ; 2° l'*organe* ou le *tissu* affecté (os, muscles, tendons, articulations, nerfs, tissus intra-cornés) ; 3° la *durée* (boiterie récente, chronique) ; 4° le *type* (continue ou intermittente, à chaud ou à froid pour cause de mal récent ou ancien) ; 5° le *degré* d'intensité que l'on exprime en disant ou que l'animal *feint* (boiterie à peine perceptible) ou qu'il boite, ou qu'il boite *tout bas*, ou qu'il boite *à trois jambes ;* la jambe malade étant soustraite complètement à l'appui ; 6° la *nature* de la cause. Il y a des boiteries qui procèdent de causes directes comme les piqûres du pied, les violences articulaires se traduisant par des tumeurs molles ou dures ; il y en a d'autres qui dépendent d'un état général, comme celles qui sont consécutives à la pneumonie aiguë, à l'infection morveuse, etc. Celles-là sont appelées *symptomatiques*.

Les causes qui peuvent donner lieu à des boiteries sont extrêmement nombreuses pour les animaux de l'espèce chevaline. Les conditions les plus fréquentes s'en rencontrent dans leur mode d'utilisation qui nécessite le développement de leur énergie musculaire et les oblige à des efforts souvent supérieurs à la résistance des parties : os, muscles, tendons, appareils ligamenteux, gaines synoviales, etc., etc., auxquelles ces efforts aboutissent. De là des altérations des rouages locomoteurs qui, soit par la douleur qui les accompagne, soit par les modifications de forme et de dispositions qu'elles entraînent, mettent obstacle au jeu régulier de la machine locomotrice dans l'une ou l'autre de ses parties et se traduisent par des *boiteries*, c'est-à-dire par un défaut d'harmonie dans les actions des membres.

A côté de cette condition générale se rencontrent une foule de circonstances accidentelles, telles que les violences portant sur une partie quelconque d'un membre : coups de pied, heurts, contusions, atteintes, embarrures, suites de chutes, etc. ; les blessures des pieds par des corps acérés : clous disséminés dans les chantiers de construction, dans les rues, tessons de bouteille, cailloux tranchants, lamelles détachées des rails de tramways, clous de maréchal, etc. ; les congestions des tissus intra-cornés, leur brûlure par l'application d'un fer trop chaud ; les congestions sur la moelle, sur les nerfs qui en émanent ; les obstructions des vaisseaux principaux des membres, etc.

Il y a des conditions d'âge, de conformation, de structure qui prédisposent certains chevaux à devenir boiteux parce que leur *machine* n'a pas la force voulue pour résister aux efforts qu'on l'oblige à produire. Les os qui ne sont pas achevés, comme chez les sujets au-dessous de cinq ans, les membres trop grêles, les tendons trop faibles deviennent facilement le siège d'altérations qui se traduisent par des irrégularités de la marche, ou, autrement dit, des *boiteries*.

Les chances pour que ces accidents se manifestent sont en rapport direct avec le mauvais état des routes qui exigent, de la part des animaux moteurs, d'autant plus d'efforts que le roulis des voitures rencontre plus de résistance. A ce point de vue, l'hiver, avec ses glaces, ses verglas et ses neiges, réalise les conditions les plus favorables pour que les rouages de l'appareil locomoteur subissent les plus graves détériorations.

Diagnostic des boiteries. — Le problème du diagnostic des boiteries peut se formuler ainsi : Etant donné un cheval boiteux, reconnaître : 1° le membre dont il boite ; 2° le siège de sa boiterie ; 3° la nature de cette boiterie.

1° Il est possible, dans un assez grand nombre de cas, de reconnaître le membre dont un cheval est boiteux, rien qu'à voir ses attitudes à l'état de repos. Point de doute, à cet égard, lorsque la condition de la boiterie est telle que le membre est soustrait à l'appui ou ne l'effectue que d'une manière incomplète. Mais, même hors de ces cas extrêmes, le membre boiteux peut être deviné, à première vue, dans l'état de repos, à de certaines attitudes, comme le port de ce membre, en avant de la ligne d'aplomb, pour le bipède antérieur, le redressement du boulet ; le poser sur la pince ou sur la face antérieure du sabot pour le bipède [illegible]ur, etc.

Certains [illegible] peuvent aussi donner des indications précises, notamment le foulement de la litière ou son rejet en arrière par le mouvement de va-et-vient du membre, sous les lancinations plus ou moins obscures de la souffrance du sabot.

Lorsque les causes qui sont susceptibles de déterminer des boiteries ne donnent pas lieu à des manifestations très accusées dans l'attitude du repos, il faut faire exercer les animaux soit au pas, soit au trot, soit même au galop.

L'allure du pas suffit pour faire reconnaître le membre boiteux, quand la claudication est très accusée.

Mais lorsqu'elle est peu intense, l'animal doit être exercé au petit trot d'abord, parce que, dans ce mode de progression, la succession des mouvements étant plus lente, leurs irrégularités peuvent être plus facilement saisies.

Ce qui caractérise la boiterie d'une manière générale, c'est l'inégalité des actions des membres ; le membre boiteux portant moins longtemps à l'appui que son congénère du bipède antérieur ou postérieur, le corps retombe plus vite sur celui-ci, qui fait entendre une percussion plus sonore. De là les oscillations inégales du centre de gravité qui sont accusées, d'une manière frappante, par l'abaissement de la tête, au moment où le corps fait son appui sur le membre sain.

C'est surtout dans les boiteries antérieures que les oscillations inégales de la tête sont bien marquées, mais elles ne manquent pas dans les boiteries postérieures ; seulement elles s'exécutent en sens inverse de celles des boiteries antérieures, c'est-à-dire que si un cheval boite du membre *postérieur droit*, par exemple, la tête s'abaissera pendant le trot, au moment de l'appui du membre *antérieur droit*, parce que, dans cette allure, les mouvements des membres des bipèdes diagonaux étant synchroniques, si la cause de la boiterie est dans le membre postérieur droit, c'est le bipède diagonal gauche qui reste le moins longtemps à l'appui, et le corps retombe davantage sur le bipède diagonal droit : d'où l'abaissement plus fort de la tête quand s'effectue le poser de ce bipède. Ainsi règle générale : le *coup de tête*, par lequel une boiterie s'accuse, a lieu, pour le bipède antérieur du côté du membre sain, et pour le bipède postérieur du côté du membre malade.

Il faut, pour bien se rendre compte de ce phénomène quelque peu complexe, une certaine expérience que donne l'observation.

Ce qui est vrai des oscillations de la tête l'est également de celles de la croupe, qui dans le cas de boiterie postérieure s'abaisse au moment de l'appui du membre sain, tandis que dans le cas de boiterie antérieure l'abaissement de la croupe a lieu du même côté que le membre malade.

2° Le *siège de la boiterie* peut être reconnu : soit à des signes locaux, tels que les déformations des parties, leur sensibilité à la pression ou sous l'influence des mouvements qu'on y détermine ; soit au mode de fonctionnement du membre boiteux, à ses attitudes ; telles par exemple, les boiteries qui résultent de la paralysie d'un nerf, de l'obstruction d'un vaisseau principal, d'une luxation, de congestion des tissus intra-cornés.

La règle générale, absolue, hors les cas où les causes des boiteries sont évidentes, est de procéder à l'exploration du sabot avant de formuler un jugement sur le siège d'une claudication. Faire déferrer le pied d'un membre boiteux, le parer, procéder à son exploration par la percussion, les pressions entre les mors des tricoises, le creusement de la corne, à l'aide des instruments appropriés, dans les régions où la sensibilité semble plus accusée : telle est la règle de conduite dont il ne faut jamais se départir, si l'on veut éviter les grosses erreurs qui peuvent résulter [illegible] la méconnaissance des lésions des tissus i[illegible]rnés.

3° La *nature d'une boiterie* est presque toujours établie par son siège, soit que ce siège soit visible, comme dans le cas de vessigon, de nerférure, soit qu'on l'ait déduit des manifestations symptomatiques, comme dans le cas d'obstruction vasculaire, de paralysie locale, etc.

Quant au traitement des boiteries, considéré d'une manière générale, la seule prescription qui puisse être formulée, c'est qu'il convient de s'attaquer à la cause respective de chacune et de tâcher ou bien d'en annuler les effets ou, tout au moins, de les pallier par les moyens les mieux appropriés, comme les différents modes de ferrure, la névrotomie, etc.

La boiterie au point de vue de la rédhibition. — La loi du 20 mai 1838 avait attribué le caractère rédhibitoire aux « boiteries intermittentes pour *cause de vieux mal* ».

C'était une formule empruntée aux vieilles coutumes, sur le sens de laquelle on ne s'est pas entendu. La loi nouvelle du 2 août 1884 sur les vices rédhibitoires a fait disparaître les obscurités de ce texte en déclarant rédhibitoires « les boiteries anciennes intermittentes ». Peu importe la cause dont elles peuvent procéder. Les conditions de la rédhibition existent quand les boiteries sont intermittentes et qu'elles ne sont pas déterminées par un mal récent, comme une piqûre des tissus sous-cornés, une brûlure de la sole, un coup de pied, une inflammation aiguë des gaines synoviales, articulaires ou tendineuses.

Les boiteries intermittentes peuvent se montrer sous deux types : les unes ne sont pas apparentes au moment du départ, et ne se manifestent qu'après l'exercice ; ce sont les *boiteries à chaud*. Les autres, au contraire, dites *boiteries à froid*, sont reconnaissables au moment où le cheval se met en mouvement et disparaissent à mesure qu'il s'échauffe.

Pour qu'une boiterie puisse être affirmée rédhibitoire, il faut, d'une part, qu'il soit bien établi qu'elle ne procède d'aucun mal récent; et, de l'autre, que l'examen de l'animal ait bien fait reconnaître l'intermittence par la dis arition de la boiterie par l'exercice, quand elle est *à froid*, et son retour par le repos; ou bien, inversement, quand elle est *à chaud*, par sa manifestation sous l'influence de l'exercice et sa disparition par le fait du repos. Quel que soit donc le type de la boiterie, l'animal examiné au point de vue rédhibitoire doit être soumis à trois épreuves de manière qu'il puisse être vu ou bien boiteux, non boiteux et boiteux; ou bien non boiteux, boiteux et non boiteux. H. B.

BOLET (*botanique*). — Champignon charnu (fig. 676) muni d'un chapeau, portant inférieurement des tubes (tapissés par le tissu sporifère) ou *hymenium*. Le genre *Bolet* se distingue du genre

Fig. 676. — Bolet.

Polypore par sa consistance charnue et non subéreuse en général, par ses tubes, qui se séparent facilement du chapeau, au lieu d'être fortement adhérents. Les bolets à amadou se nomment aujourd'hui *Polypores*.

Le type des bolets est le cèpe ou bolet comestible. Le nombre des bolets est beaucoup moins grand que celui des agarics.

La plupart des bolets viennent dans les bois et sur la terre : on n'en cite qu'un petit nombre de véritablement vénéneux, mais il y en a de douteux (lourds, indigestes, purgatifs et drastiques) qui ont occasionné des empoisonnements partiels. On indique comme suspects ceux dont la chair change de couleur à l'air et devient bleue, ceux dont l'extrémité des tubes est rouge ou dont le goût est amer ou poivré (bolet cyanescent, bolet luride, bolet chicotin, bolet poivré).

Un certain nombre, sans être lourds ou dangereux, sont insipides, mollasses; on reproche aux bolets leur chair par trop mucilagineuse et privée de parfum.

Parmi les espèces comestibles qu'il serait très long de caractériser entièrement, on peut citer le *cèpe*, bolet comestible, et le bolet bronzé; le second est plus précoce que le premier ; la couleur du chapeau est plus foncée.

Dans l'un et dans l'autre, le pied est bulbeux à la base et porte, surtout au sommet, des réticulations très fines ; les tubes sont blancs dans la jeunesse, jaunes quand le champignon est adulte. Le chapeau est brun plus ou moins foncé : on les rencontre au mois de septembre, et dans toute la France : ils sont recueillis avec soin, principalement dans les environs de Bordeaux, où on les accommode en les faisant cuire dans l'huile. A

Paris, le champignon de couche cultivé en grand, qui leur est bien supérieur, fait négliger les bolets.

Parmi les bolets comestibles et estimés des connaisseurs, on peut citer : le *bolet granulé*, à chapeau hémisphérique ou déprimé, brun, rosé, très glutineux; les taches sont jaunes; le pied porte, surtout vers le haut, un grand nombre de granulations jaunes; par un temps humide, les tubes laissent suinter des gouttes blanchâtres, troubles; il est très commun *sous les pins*, en troupe ou en cercle dès le mois de septembre; — le *bolet à anneau* (*Boletus luteus*), sous les pins également, à chapeau conique, visqueux, à gomme *brunâtre tenace*, s'enlevant aisément sous forme de pellicule par un temps sec; à anneau ample, blanc, cachant les granulations jaunes du pied; à tubes jaunes, à chair jaunâtre

Il faut éviter de confondre ce dernier avec d'autres formes voisines moins bien étudiées

Les bolets suivants : *B. scabre*, *B. orangé*, *B. chatain*, sont mangeables, mais de très médiocre qualité.

Depuis quelques années, on vend à Paris des bolets desséchés chez les marchands de comestibles; mais, sous cette forme, ce champignon a perdu la plupart de ses qualités.

Les bolets doivent être mangés jeunes; ils sont alors plus fermes, ont plus de saveur et ne sont pas attaqués par les vers (larves des Diptères), qui les traversent en tous sens et les corrompent souvent dès que le champignon se développe. M. C.

BOMARÉE (*horticulture*). — Genre de plantes grimpantes, vivaces, à tiges annuelles, de la famille des Amaryllidées, originaires de l'Amérique méridionale, dont plusieurs espèces sont cultivées dans les jardins pour leurs tiges volubiles et leurs fleurs en ombelles; elles paraissent rustiques dans l'ouest et dans le midi de la France, tandis que dans le nord, on doit rentrer pendant l'hiver les rhizomes dans l'orangerie. Les principales espèces cultivées sont la bomarée du Chili (*Bomaria salsilla*), la bomarée à feuilles aiguës (*B. acutifolia*) et la bomarée comestible (*B. edulis*). La plus belle espèce est la bomarée de Chaldas (*B. caldasiana*), dont les fleurs présentent un très beau coloris jaune, tigré de carmin ; elle prospère surtout dans les serres tempérées ; elle est originaire des Andes de la Nouvelle-Grenade.

BOMBYCIENS (*entomologie*). — Les bombyciens forment une très vaste tribu parmi les Lépidoptères-Hétérocères. Presque tous les insectes qui en font partie portaient autrefois le nom générique de *Bombyx;* les attaciens même y étaient rattachés. Actuellement on a considérablement restreint l'extension de ce terme ; à tel point que le ver à soie ne porte plus lui-même le nom qu'il a donné à la tribu entière, et forme presque à lui seul le genre *Sericaria*.

Sans décrire tous les genres de bombyciens et détailler leurs mœurs, nous ne parlerons que des bombyx proprement dits, renvoyant à des articles spéciaux pour les autres genres que l'agriculteur doit nécessairement connaître en vue des services qu'ils nous rendent ou des dommages qu'ils peuvent causer. En effet, par un de ces contrastes si fréquents dans la nature, tandis que quelques-uns sont pour nous la source d'une inestimable richesse, les autres, malheureusement en plus grand nombre, sont les auteurs de pertes et de dégâts déplorables pour la culture.

Le premier genre qu'il importe de considérer est celui des *Liparis*, qui présente plusieurs sous-genres caractérisés par des espèces intéressantes. Nous citerons le *Psilura monacha*, le *Liparis dispar*, les *Leucoma salicis*, *Porthesia chrysorrhœa*, *Porthesia auriflua* (voy. LIPARIS). Puis viennent les *Cnethocampes*, représentés par la *Cnethocampa processionea* et la *Cnethocampa pityocampa* (voy. PROCESSIONNAIRE).

Les espèces du genre *Orgya*, quoique vivant sur nos divers arbres fruitiers et forestiers, sur les rosiers, les genêts, etc., font assez peu de mal, vu leur taille médiocre et leur multiplication relativement modérée. La seule espèce commune est l'*Orgya antiqua* (Linné) ou l'étoilée (Geoffroy), dont le mâle (fig. 677), petit, d'un fauve brunâtre clair avec bandes transverses sinuées et une bande blanche près de l'angle interne des ailes supérieures, les inférieures étant d'un brun roux, vole en plein soleil à la recherche de sa femelle pendant le mois de juin, puis de nouveau en septembre et en octobre. La femelle ne présente que de très petits moignons d'ailes, et demeure à l'état adulte

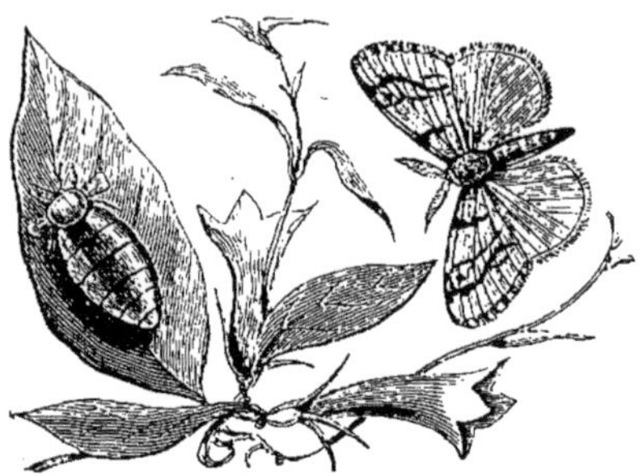

Fig. 677. — Orgye antique (mâle et femelle).

sur le cocon d'où elle est sortie, pour y pondre ses œufs et mourir. La chenille, variant du gris bleuâtre au noirâtre ou au blanchâtre, présente des aigrettes de poils très remarquables en avant de chaque côté de la tête et sur deux anneaux, tandis que sur la ligne dorsale des autres anneaux sont dressées des brosses de poils peu allongées, mais très denses, tantôt blanches, tantôt grises, jaunes, rousses ou noirâtres. Le seul grief important consigné au dossier de ces chenilles, c'est d'avoir en 1836 dépouillé de toutes leurs feuilles les tilleuls du jardin du Palais-Royal à Paris.

Les *Dasychira*, autrefois réunis aux *Orgya*, sont représentés chez nous par le *Dasychira pudibunda* (Linné), nommé aussi la *Patte étendue* (Geoffroy et d'Engram). Les deux sexes sont ailés, la femelle d'une envergure plus grande que le mâle, qui atteint de 48 à 50 millimètres. Le corps est d'un gris blanchâtre, les ailes supérieures mêlées de gris blanc et de gris brun avec quatre lignes transversales ondulées et une série marginale de points noirâtres. La chenille est très jolie, verte ou brune avec les espaces intercalaires dorsaux d'un beau noir de velours, quatre brosses jaunes ou blanches comme chez l'*Orgya antiqua*, et un pinceau de poils roses ou violacés sur le onzième anneau. Plus nuisible que la précédente, elle vit en automne sur un grand nombre d'arbres fruitiers, sur le chêne, l'orme, le charme, le peuplier, le noyer et file entre les feuilles ou dans les bifurcations des branches pour passer l'hiver à l'état de chrysalide, un cocon très léger d'une jolie soie blanche entremêlée de quelques poils. Dans certaines années sa multiplication peut devenir énorme, et elle cause alors des dommages considérables. C'est ainsi qu'en 1848 cette chenille dévasta, sur une superficie de 1500 hectares, les forêts des environs de Phalsbourg, de Saverne et de Sarrebourg. Les paysans alsaciens s'en souvinrent longtemps.

A la suite des *Dasychira*, nous trouvons le célèbre genre *Sericaria* (voy. VER A SOIE).

Rien d'intéressant à dire au sujet du genre *Endromis* qui nous amène enfin au genre Bombyx.

Les *Bombyx* eux-mêmes comprennent plusieurs sous-genres, dont le premier et le plus important au point de vue agricole est celui des *Clisiocampa*, représenté par le *Bombyx neustria* ou la *Livrée* (fig. 678). La chenille de ce papillon, si commune sur tous les arbres fruitiers et sur une quantité d'arbres forestiers, est noirâtre et garnie de poils un peu roussâtres assez clairsemés ; elle présente sur le vaisseau dorsal une raie blanche longitudinale, et de chaque côté trois bandes d'un roux fauve, dont les deux supérieures sont séparées l'une de l'autre par une raie noire, tandis qu'une bande bleue plus large que les autres s'étend entre la bande fauve moyenne et celle qui surmonte les stigmates. Ce sont ces bandes qui ont fait donner à la chenille en question son nom vulgaire de *Livrée*. La tête est d'un bleu cendré, marqué de deux points noirs. Les petites chenilles, écloses au printemps, quand les bourgeons commencent à se développer, vivent d'abord en nombreuse société, abritées sous une légère tente de soie. C'est lorsqu'elles se trouvent ainsi réunies qu'il faut les détruire. Après leur dernière mue elles se dispersent, et vivent solitaires, jusque vers le milieu de juin, époque où elles filent sous les chaperons des murs, entre les feuilles, etc., un cocon mou, ovale, blanc, saupoudré d'une poussière jaune qui ressemble à de la fleur de soufre.

Fig. 678. — Bombyx livrée.

Au commencement de juillet éclôt le papillon. Sa couleur varie notablement du roux ferrugineux au fauve très clair ou jaune terne. Dans la première variété les ailes supérieures sont traversées de deux lignes blanches ; dans la seconde ces lignes sont brunes. Dans tous les cas la frange est blanche, entrecoupée par la couleur du fond. L'envergure des ailes est de 25 à 28 millimètres. La femelle, plus grande que le mâle, pond ses œufs en spirale régulière et serrée autour de petits rameaux sur lesquels ils sont collés, au nombre de quatre à cinq cents, par une gomme brunâtre très dure et insoluble. Ils forment ainsi ce que les horticulteurs nomment des *bagues*.

Cette fécondité et la voracité de la chenille sont la cause des dévastations produites par ce bombyx. Certaines années il dépouille complètement de leurs feuilles des jardins ou des bois entiers. Le meilleur moyen de s'en débarrasser est à coup sûr de détruire les *bagues* d'œufs. Mais leur couleur les faisant confondre facilement avec l'écorce des arbres, ce n'est pas chose facile de les découvrir. Aussi réussit-on à en détruire le plus grand nombre en recherchant les chenilles en société et en les écrasant alors par quantités considérables.

Les autres espèces de *Bombyx*, le *B. lanestris* (sous-genre *Eriogaster*) et les bombyx proprement dits, *B. quercus* ou le *Minime à bandes*, *B. rubi*, surnommé le *Polyphage* et encore l'*Anneau du Diable* à cause de la posture en cercle que prend sa chenille dès qu'on la touche, le *B. trifolii* et le *Petit Minime à bandes*, sont peu redoutables et ne font subir aux haies, aux arbres fruitiers et aux luzernes que des pertes insignifiantes.

Pour terminer ce qui a trait aux bombyciens, il reste à parler du genre *Lasiocampa* et de son espèce type, la *Lasiocampa quercifolia*, vulgairement appelée la *Feuille morte* à cause de la couleur et de la forme du papillon à l'état de repos. La chenille, comparée aux espèces précédentes, a une taille géante, qui atteint 10 centimètres après sa dernière mue. Grise, velue, remarquable comme les autres espèces du genre par deux replis de la peau à la partie antérieure du corps, qui s'écartent par moments et laissent voir deux interstices bleus semblables à des colliers, elle porte en outre sur toute sa longueur des deux côtés une bande marginale de longs poils gris rasant horizontalement les surfaces sur lesquelles avance l'animal. La couleur fauve, ferrugineuse, du gros papillon, les ailes festonnées, lui ont valu son nom vulgaire. La chenille, qui vit en mai et juin, est par bonheur relativement rare chez nous. Mais en Allemagne il paraît que, plus abondante, elle dépouille assez

Fig. 679. — Chenille de Dicranoure.

souvent des bois entiers. Elle choisit toutefois de préférence sa nourriture sur les arbres fruitiers, surtout sur les pêchers et les poiriers. Il faut un œil vraiment exercé et familier avec sa tournure pour la découvrir, tant ses nuances se confondent avec l'écorce des branches sur lesquelles elle se tient la plupart du temps allongée et immobile.

Fig. 680. — Psyché du Gramen mâle.

Aux bombyciens l'on rattache encore les *Dicranoures* aux chenilles si singulières par leur queue fourchue (fig. 679), vivant sur l'osier blanc (*Salix alba*), puis les *Psychés* (fig. 680), petits papillons noirs dont les larves se nourrissent de graminées, enfin les *Zeuzères* et les *Cossus* qui dévorent l'intérieur des arbres forestiers et sont fréquemment, ces derniers surtout, les auteurs de ruines incalculables. P. A.

BONAFOUS (*biographie*). — Agronome italien, originaire d'une famille française, né à Lyon en 1793, mort en 1852, Bonafous fut activement mêlé à l'organisation de l'enseignement agricole pendant la première moitié du dix-neuvième siècle. Après avoir créé un jardin botanique à Saint-Jean-de-Maurienne, il devint directeur de l'Institut agronomique de Turin. On lui doit surtout un traité de la culture des mûriers et une monographie importante du maïs. Il fut correspondant de l'Institut et associé étranger de la Société nationale d'agriculture de France. H. S.

BON-CHRÉTIEN (*pomologie*). — Nom donné à plusieurs variétés de poires. Parmi ces variétés, trois sont cultivées spécialement.

Bon-Chrétien d'Espagne. — Variété de poire à cuire, mûrissant de novembre à février. Le fruit est rond, de couleur gris-fauve.

Bon-Chrétien d'été. — Poire d'été, mûrissant en septembre. Le fruit est ovoïde allongé, assez volumineux ; la chair, de couleur jaunâtre, est grosse et juteuse, de deuxième qualité. L'arbre est de fertilité ordinaire, mais présente une grande vigueur.

Bon-Chrétien d'hiver. — Poire d'hiver, mûrissant tardivement, à partir du mois de mars. Le fruit est gros, régulier, un peu renflé au centre, de couleur vert uni ou jaune cire. La chair est douce et assez fine. L'arbre est vigoureux, de fertilité médiocre ; on doit le cultiver en espalier, de préférence à l'exposition du sud.

BONDE. — On donne le nom de bonde : 1° à un trou rond percé dans les tonneaux pour les remplir, et au tampon en bois qui sert à boucher ce trou ; 2° à l'ouverture pratiquée dans un étang ou un réservoir pour en faire écouler l'eau, et aussi au tampon ou à la pièce qui ferme cette ouverture. — Il n'y a à s'occuper ici, pour chacune de ces acceptions, que du deuxième sens donné au mot.

Bonde des tonneaux. — On emploie dans les tonneaux des bondes simples et des bondes hydrauliques.

Les bondes simples consistent en un bouchon, le plus souvent en bois, de forme tronconique, qui ferme plus ou moins hermétiquement l'ouverture du tonneau, suivant qu'on l'a fait entrer avec plus ou moins de force dans cette ouverture. Pour le transport des tonneaux, on *force* la bonde dans l'ouverture, et on en arase les bords avec les douves.

Les bondes hydrauliques sont de petits appareils employés pour mettre les liquides fermentés, surtout le vin, à l'abri du contact de l'air, tout en permettant à l'acide carbonique de se dégager régulièrement. Les bondes hydrauliques consistent le plus souvent (fig. 681) en un tube métallique qui remplit le trou de bonde, et autour duquel est soudée une petite cuvette qu'on remplit d'eau ; ce tube est recouvert d'un capuchon, dont la base, qui plonge dans l'eau, est percée de trous. L'acide carbonique qui monte par le tube, doit redescendre dans le capuchon et, passant par les trous de sa base, traverser le liquide pour s'échapper dans l'atmosphère. La forme des bondes hydrauliques peut varier ; on emploie aussi des soupapes à ressort, des tubes recourbés plusieurs fois, mais le principe est toujours le même.

Bondes des étangs, des réservoirs, etc. — La forme des bondes adoptées pour les étangs et réservoirs varie beaucoup. Lorsque la rigole de décharge est latérale, la bonde est constituée par une vanne verticale en bois ou en métal, encastrée dans deux montants également verticaux ; elle se prolonge par une barre de bois munie d'une poignée à sa partie supérieure, ou d'une crémaillère pour l'élever ou l'abaisser facilement. C'est alors une véritable vanne. — Si la rigole de décharge est percée dans le fond du bassin, la bonde est un large tampon en bois ou en fer, muni d'une tige qui glisse le long d'un poteau ou qui est guidée entre deux montants, pour qu'elle reste toujours dans le même plan vertical. Lorsque les bassins sont peu profonds, on peut établir les bondes avec des soupapes qu'on manœuvre soit directement à la main, soit avec une clef à tige allongée.

Le débit d'une bonde d'étang se calcule approximativement par la formule suivante :

$$D = 0{,}62\, s\, \sqrt{2gh}.$$

D est le débit cherché, s la section de la bonde, g la constante 9,81, et h la hauteur du niveau de l'eau au-dessus de l'ouverture.

Il peut arriver, lorsque les bondes se manœuvrent à la main, que le bassin étant rempli subitement par des pluies, des crues de ruisseaux, etc., l'excédent d'eau s'échappe à la partie supérieure. Pour éviter cet inconvénient, M. Théodore Colin, ingénieur à Lamure (Rhône), a construit des bondes automatiques que l'on peut régler, de telle sorte que le niveau de l'eau reste toujours constant. Ces bondes consistent en une soupape renversée dont le clapet, qui ferme la rigole de décharge, s'ouvre en descendant. La tige du clapet est articulée sur un levier à trois bras reposant par un couteau sur un support vertical. L'un des bras est relié à la tige de la soupape, les deux autres bras portent des poids maintenus par des crémaillères. Ces contrepoids tiennent la soupape fermée; la pression de l'eau sur le clapet augmentant avec la hauteur, on fixe les poids sur les leviers à des points calculés de telle sorte que leur action soit annulée par celle de l'eau parvenue à une certaine hauteur. La soupape s'ouvre alors d'elle-même; elle se referme lorsque le niveau de l'eau est redescendu. Il faut n'employer, pour cette bonde, que des métaux inaltérables à l'eau, le bronze et le plomb.

Pour procéder à l'irrigation avec l'eau d'un réservoir qui se remplit constamment, on se sert, dans les Vosges, de bondes automotrices. La tige de la bonde est reliée à un levier horizontal mobile sur son milieu; l'autre extrémité du levier porte un seau suspendu par une chaîne de manière à se trouver au-dessous de l'ouverture d'un petit conduit qui part du réservoir au niveau que l'eau ne doit pas y dépasser. Lorsque l'eau monte à ce niveau dans le réservoir, elle s'échappe par ce conduit et coule dans le seau; le poids du seau rempli soulève la bonde, le réservoir se vide, et l'arrosage de la partie du pré disposée pour recevoir l'eau se produit sans interruption.

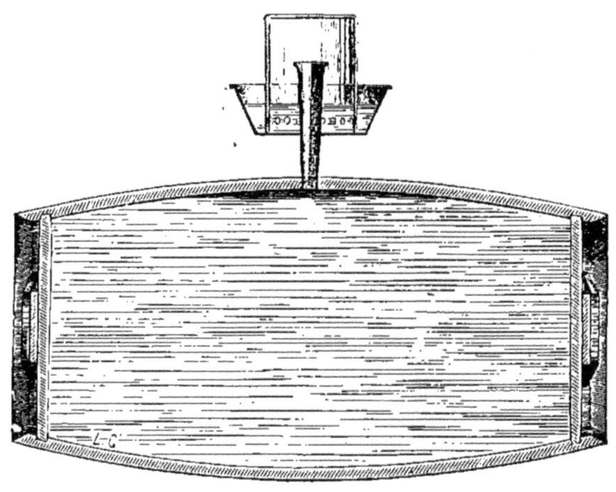

Fig 681. — Modèle de bonde hydraulique.

On doit placer les bondes au point le plus bas du fond de l'étang ou du bassin, et en garnir l'ouverture d'un grillage qui s'oppose à la sortie du poisson, lorsque la bonde est ouverte.

BONDON. — Le bondon est un fromage salé de Neufchâtel, produit dans le département de la Seine-Inférieure. C'est un fromage frais, de consistance molle, qui se fabrique avec du lait de vache non écrémé, additionné de tout ou partie de la crème de la traite précédente.

Les fromages *bondons* se fabriquent de la façon suivante : Après chaque traite, le lait est transporté à l'atelier; il est coulé chaud à travers une passoire dans des pots en grès d'une contenance de 20 litres. Ce lait est mis alors en présure et les cruches sont placées dans des caisses recouvertes d'une couverture de laine. Trois jours après, les récipients sont vidés dans un panier d'osier posé sur la table à égoutter; ces paniers sont revêtus en dedans d'une toile claire. Le caillé est laissé à égoutter pendant douze heures, puis il est retiré du panier et mis à la presse sous laquelle il reste également douze heures. Il est alors changé de linge, pétri et frotté en tous sens de manière à obtenir une pâte homogène et moelleuse. Le moulage se fait dans des moules cylindriques en ferblanc de $0^m,05$ de diamètre et de $0^m,06$ de hauteur. Les pâtons préparés ont des dimensions un peu supérieures à celles du moule, dans lequel ils sont introduits par la pression. Pour démouler, après avoir enlevé avec la lame d'un couteau les parties qui dépassent la forme, l'opérateur prend le moule de la main droite en le frappant légèrement et en le tournant de la main gauche. Sorti du moule, le fromage est salé avec du sel très fin et sec; les deux extrémités sont d'abord saupoudrées, puis avec la main la surface latérale du cylindre est enduite de sel. Il est employé 1 kilogramme de sel pour 200 fromages. Les fromages sont alors mis à égoutter, sur une planche, pendant douze heures. Ils sont ensuite portés sur des claies garnies d'un lit de paille fraîche, où ils sont placés *couchés*, par rangs égaux, en travers du sens de la paille. Pendant quinze à vingt jours, les bondons sont laissés dans cet état et l'on prend la précaution de les retourner souvent. Lorsqu'ils ont un velouté bleu, on les transporte au magasin où ils sont déposés *debout*. Après un laps de temps de trois semaines, ils peuvent être mis en vente; mais ils sont encore affinés par les marchands qui les gardent dans leurs caves.

MM. Chippart frères, mécaniciens au Boulay (Seine-Inférieure), ont inventé une machine à fabriquer les bondons (fig. 682).

Cette machine pouvant fabriquer 1200 bondons à l'heure coûte 280 francs : elle se compose d'une table rectangulaire en chêne sur laquelle sont fixées une auge C en tôle et une tablette *t* avec son support S. L'auge est destinée à recevoir le caillé qui doit être mis en moule, son fond *f* est mobile et peut monter ou descendre au moyen de la manivelle N, de la roue dentée R et de la crémaillère K fixée à ce fond mobile en *a*. Sur la tablette *t* fixe, on pose une planchette de bois P, destinée à recevoir les fromages à leur sortie du moule. Les bâtis en bois qui entourent l'auge portent deux rails horizontaux dentés et mobiles auxquels sont fixées les deux autres parties R et P de la machine. Il suffit pour faire avancer ces deux parties, de droite à gauche ou de gauche à droite, de tourner, dans un sens ou dans l'autre, la manivelle M fixée sur l'axe de pignon O qui engrène avec le rail mobile. La pièce R se compose de seize cylindres dans lesquels un levier Q fait mouvoir un nombre égal de pistons *x*. Le malaxeur P se compose d'un piston P dont le disque *g*, découpé à jour, sert à malaxer la pâte dans l'auge avant la mise en moules. Ce piston reçoit son mouvement du levier L.

Pour opérer avec cette machine, on procède de la manière suivante : le crochet d'encliquetage *d* étant dégagé, la manivelle N est tournée jusqu'à ce que la partie R se trouve au-dessus de la partie P. L'auge est alors remplie de caillé et le malaxage de la pâte est opéré à l'aide du levier L. On imprime ensuite au système mobile un mouvement de recul et l'on amène la partie R au-dessus de l'auge. La manivelle N est tournée et le fond de l'auge *f*, en s'élevant, force le caillé à pénétrer et à monter dans les cylindres. Les fromages étant moulés, on ramène, au moyen de la manivelle M, la partie R

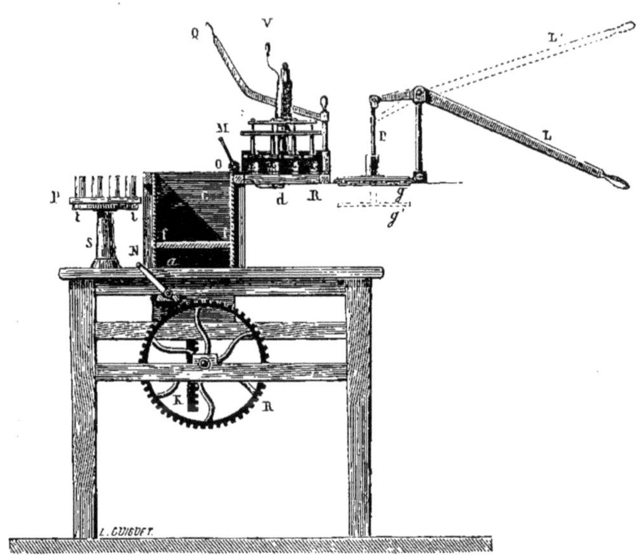

Fig. 682. — Coupe longitudinale de la machine à fabriquer les bondons.

au-dessus de la planchette de bois *p*. On abaisse alors lentement le levier Q et par suite les pistons *x* qui chassent les fromages devant eux et hors des moules ; pour les en faire sortir, il suffit de faire jouer le ressort V qui imprime un choc à tous les pistons ; les fromages se posent alors sur la planchette, qui est remplacée par une autre. G. M.

BONDUC (*arboriculture*). — Arbre de la famille des Légumineuses-Césalpiniées, originaire de l'Amérique, cultivé dans les parcs et jardins d'Europe pour son feuillage ornemental. Les feuilles sont grandes et tripennées ; elles poussent tardivement au printemps. On cultive surtout le bonduc du Canada (*Gymnocladus canadensis*). Le bois de cet arbre est rosé ; on l'emploie dans l'ébénisterie.

BON-HENRI. — Espèce d'Ansérine (voy. ce mot).

BONNE (*pomologie*). — Nom donné, avec un qualificatif, à un certain nombre de variétés de poires. Les principales sont :

Bonne d'Anjou, poire de première qualité, de grosseur moyenne, à chair fine et parfumée, mûrissant de septembre en octobre ; l'arbre est fertile et vigoureux ;

Bonne-Louise d'Avranches, poire de première qualité, volumineuse, ovoïde, à chair blanche, fondante et parfumée ; l'arbre est très fertile et de végétation rapide et régulière ;

Bonne de Soulers, poire d'hiver de première qualité, de grosseur moyenne, ovoïde, un peu ventrue, à chair blanche, fondante et sucrée, mûrissant de janvier en mars ; l'arbre, fertile et assez vigoureux, forme des pyramides régulières.

BONNE-DAME. — Nom vulgaire de l'arroche des jardins (voy. ARROCHE).

BONNET (*biographie*). — Charles Bonnet, né à Genève en 1720, mort en 1793, a été un des naturalistes les plus studieux du dix-huitième siècle. Parmi ses travaux les plus importants, il faut citer ici ses belles recherches sur la reproduction des pucerons et sur le rôle des stigmates dans la respiration des insectes. On lui doit aussi plusieurs découvertes importantes sur la physiologie végétale ; il exécuta, en 1750, la première expérience sur le rôle des feuilles et sur l'émission des gaz par ces organes des plantes. H. S.

BONNET. — Nom de l'une des poches de l'estomac des ruminants.

BONOUVRIER (*pomologie*). — Variété de pêche à peau duveteuse, mûrissant à la fin de septembre. Le fruit, de bonne qualité, est gros et coloré ; la chair est blanche, fondante et sucrée. L'arbre est robuste et très fertile ; on le cultive surtout en espalier dans les vergers.

BORD. — C'est le nom donné, chez les Bovidés gras, à l'un des maniements (voy. ce mot). Ce maniement est encore appelé *les abords*, *bord du cimier*, *couard*. Il est situé de chaque côté de la base de la queue, dans le pli de peau qui va de celle-ci à la pointe de la fesse. On l'explore en saisissant ce pli de peau entre le pouce et les deux ou trois premiers doigts, de façon à juger de l'épaisseur du dépôt de graisse qui s'est fait dans le tissu conjonctif sous-cutané.

Chez certains sujets, et notamment chez les femelles âgées de la variété des courtes-cornes anglais, dite race de durham, ce dépôt est tellement considérable qu'il forme, de chaque côté de la vulve, sur les ischions, deux grosses masses adipeuses plus ou moins pendantes. Chez plusieurs variétés de la race ovine asiatique, ces masses adipeuses réunies englobent la queue, qu'elles élargissent démesurément. Cette particularité a porté certains naturalistes à faire des sujets qui la présentent une espèce particulière, que les uns ont nommée *O. laticauda* et les autres *O. steatopyga*.

Le maniement du bord est un des premiers qui se développent chez les animaux qui s'engraissent. Les moins aptes à l'engraissement n'en montrent ordinairement qu'un autre avec lui, même lorsqu'ils ont accumulé toute la graisse qu'ils sont capables de former. Celle-ci, chez ces animaux, se dépose de préférence dans les muscles et autour des intestins, très peu sous la peau. A. S.

BORDÉ. — Qualification adoptée pour désigner certains mélanges de poils dans le signalement des animaux. Ainsi, les balzanes sont dites bordés lorsque les poils de leurs bords sont mélangés de poils ayant la couleur du fond de la robe.

BORDEAUX (VINS DE). — On donne le nom générique de vins de Bordeaux aux vins provenant des vignes du département de la Gironde. Tous ces vins n'ont ni la même valeur, ni la même réputation. Leur production se répartit entre un certain nombre de régions, qu'on doit considérer isolément, savoir : le Médoc, les graves, les palus, le pays de Sauternes, les côtes. Dans chaque région, on trouve des crus très variés.

Médoc. — Le Médoc s'étend au sud-ouest de Bordeaux, sur les bords de la Garonne et de la Gironde, depuis les environs de la ville jusqu'à la mer. Il est constitué par une succession de côtes ou collines peu élevées, qui s'abaissent progressivement jusqu'aux bords du fleuve, où elles se terminent sur plusieurs points par des terres marécageuses. On divise cette région en haut et bas Médoc. Le haut Médoc commence à Blancafort et se termine à Seurin-de-Cadourne ; le bas Médoc est compris depuis cette dernière localité jusqu'à la mer. C'est le haut Médoc qui produit les vins les plus renommés.

Dans le commerce, les vins du Médoc sont répartis, suivant leur provenance, en un certain nombre de catégories, d'après une classification établie par la Chambre syndicale des courtiers de Bordeaux, et qui sert de base à la plupart des ventes. Ces catégories sont les suivantes : grands crus, crus bourgeois, crus artisans, crus paysans.

Les *grands crus* seuls sont dits crus classés. La plupart proviennent des communes de Pauillac, Saint-Julien et Margaux, les trois centres privilégiés du Médoc. A leur tour, on les divise en cinq classes, comme il suit : 1° premiers grands crus, au nombre de quatre : Château-Laffitte, à Pauillac ; Château-Margaux, à Margaux ; Château-Latour, à Pauillac ; Château-Haut-Brion, à Pessac ; — 2° deuxièmes grands crus, au nombre de seize, dont les plus connus sont Château-Mouton, les trois Léoville, Pichon, Montrose ; — 3° troisièmes grands crus, au nombre de treize, parmi lesquels Château-d'Yssan, Château-Giscours, Château-Palmer ; — 4° quatrièmes grands crus, au nombre de dix ; — 5° cinquièmes grands crus, au nombre de dix-sept, dont les principaux sont le Pontet-Canet, le Mouton-d'Armailhacq, le Château-Cantemerle.

Les *crus bourgeois* viennent après les grands crus ; ils se vendent encore sous le nom de la propriété. Quant aux crus *artisans* et aux crus *paysans*, on les distingue surtout d'après les noms des communes d'où ils proviennent.

Palus. — Les vins de palus sont ceux produits par les vignes cultivées dans les terrains bas des vallées de la Dordogne et de la Garonne. Moins fins que ceux du Médoc, ces vins ont beaucoup de corps ; on les recherche souvent pour les transports maritimes.

Graves. — On donne le nom de vins de graves aux vins récoltés dans les vignobles qui s'étendent depuis Bordeaux jusqu'à 20 kilomètres environ au sud de la ville et à 8 kilomètres à l'ouest.

Les meilleurs vins rouges de graves se récoltent dans les communes de Pessac, Talence, Mérignac, Léognan, Gradignan, Villenave d'Ornon, Martillac et Bruges.

Plus haut se trouvent les petites graves ; c'est là le centre de la plus abondante production des vins blancs de Bordeaux. Les crus sont répartis dans les communes de Bègles, Cadaujac, Ile-Saint-Georges, Saint-Médard-d'Eyrans, Ayguemorte, Beautiran, Castres, Labrède, Portets, Saint-Selve, Saint-Morillon, Cabanac et Saucats.

Sauterne. — En remontant la Garonne, au delà des graves, on arrive au pays de Sauterne, qui comprend les communes de Sauterne, Bommes, Barsac, et une partie de celles de Preignac, Saint-Pierre-de-Mons et Fargues. C'est le pays classique des grands vins blancs de Bordeaux.

Pour ces vins, il existe une classification officielle analogue à celle du Médoc. Cette classification comporte un premier grand cru (le Château-Yquem), neuf premiers et onze deuxièmes crus.

Côtes. — Les vins de côtes du Bordelais sont ceux que l'on récolte sur les terres hautes et rocheuses, principalement sur les collines de la rive droite de la Dordogne et dans l'Entre-deux-mers (pays entre la Garonne et la Dordogne). C'est là que se trouvent Saint-Emilion, Fronsac, etc. Le vin de Saint-Emilion est considéré comme le plus parfait des vins de côtes.

BORDELAISE (*zootechnie*). — On appelle *race bordelaise* et encore *race gouine* une petite population bovine, composée principalement de vaches, qui se trouve aux environs immédiats de la ville de Bordeaux. Quelques auteurs ont attribué sa formation à l'introduction de vaches hollandaises venues de leur pays en état de gestation. D'autres l'ont fait venir de la Bretagne, de la même façon. Par la taille et par l'aptitude laitière des femelles, la première provenance paraîtrait plus vraisemblable ; mais il a été remarqué que dans le nouveau milieu, d'une fertilité notoire, le type breton avait fort bien pu s'amplifier. Le pelage des vaches bordelaises, étant constamment blanc et noir, ne pouvait point servir pour trancher la controverse, qui serait restée toujours ouverte, faute de documents historiques, si la méthode crâniologique n'était venue clore le débat.

Cette méthode a fait voir que la population dont il s'agit présente uniformément les caractères spécifiques de la race irlandaise et non point ceux de la race des Pays-Bas (voy. ces mots), conséquemment qu'elle forme une variété de la première, distincte seulement de la grande variété bretonne, d'où elle émane par un courant commercial qui se continue encore aujourd'hui, par une taille moins petite, un plus fort poids et un plus fort rendement en lait moins riche en matière sèche.

La variété bordelaise de la race d'Irlande n'a qu'une importance toute locale. Il n'y a pas lieu, conséquemment, d'entrer à son sujet dans de plus grands détails. A. S.

BORDERIE, BORDIER. — Le mot borderie est pris dans plusieurs acceptions. Dans le sens le plus usuel, il désigne une exploitation rurale de petite étendue, exploitée par un fermier ou métayer qui porte le nom de bordier ; telle est la signification de ce mot dans la vallée de la Loire. Ailleurs, par exemple dans plusieurs parties du Périgord et du Limousin, une petite métairie est appelée une borderie. Ailleurs enfin, les borderies sont les maisons des ouvriers agricoles, avec un jardin et un champ dont ils ont la jouissance.

Dans l'ancien droit coutumier de plusieurs provinces, une borderie était un petit domaine rural concédé par le seigneur à un tenancier, moyennant une redevance annuelle en argent et en nature. La jouissance était concédée au bordier et à ses descendants directs ; le bordier pouvait la céder à un tiers, mais le propriétaire ne pouvait la reprendre qu'en payant le prix offert pour la cession.

BORDIGUE (*pisciculture*). — Enceinte formée sur le bord de la mer, avec des claies, des perches et des filets, soit pour prendre le poisson, soit pour le retenir et le garder vivant. C'est une véritable exploitation des bords de la mer. Quelques bordigues sont célèbres : telles sont celles de la lagune de Comacchio, sur l'Adriatique, décrites par Coste en 1855, et celles de l'étang de Berre, sur les côtes de la Méditerranée, en France. En 1876, le colonel Prewalsky a trouvé, au Sobnor, dans l'Asie centrale, des bordigues semblables à celles de Comacchio.

BORDURE (*horticulture*). — Dans les jardins et

les parcs, on entoure les carrés, les plates-bandes, les massifs ou les corbeilles, soit d'une ou plusieurs rangées de plantes, soit d'engins protecteurs divers. Dans l'un et l'autre cas, on donne à ces entourages le nom de *bordures*. Celles-ci sont donc de deux natures différentes, suivant qu'elles sont faites de plantes vivantes ou de matériaux inertes.

Leur but est double; c'est, d'une part, de soutenir les terres, de les empêcher de s'ébouler, et de protéger, dans une certaine limite, les plantations qu'elles entourent; de l'autre, d'agrémenter et d'orner les jardins.

Les plantes employées en bordures sont très nombreuses et très variables. Souvent ce sont de petits arbrisseaux, tels que : le buis nain, le thym, la santoline, la lavande, etc.; d'autres fois, ce sont des plantes herbacées annuelles ou vivaces; c'est ainsi que l'on emploie les myosotis, les silènes, les pensées, les pâquerettes, les corbeilles d'or ou d'argent, etc., etc. (voy. ces mots). Quand on s'adresse aux plantes annuelles, qui souvent supportent mal la transplantation, on les sème directement en place; si ce sont, au contraire, des plantes que l'on peut transplanter, on les sème en pépinière, puis on les repique, on les plante en bordure, à des distances variables, suivant le volume qu'elles sont capables d'atteindre quand elles auront acquis leur complet développement. On peut, dans bien des cas, augmenter l'effet décoratif produit par les bordures, en repiquant les plantes sur deux, trois ou un nombre plus grand de rangées parallèles. Dans ce cas, ces bordures concentriques sont toutes faites avec les mêmes plantes ou des plantes diverses destinées à faire contraste par leur dimension, la couleur de leurs fleurs ou de leur feuillage; d'une façon générale, les plantes les plus basses sont toujours mises le plus au bord. Dans les parcs, on fait souvent de larges bordures avec des bandes de gazon ou de lierre (voy. ces mots).

On est dans l'habitude de border les carrés du potager avec des plantations d'oseille, de persil, de cerfeuil, etc.; c'est un usage qu'il faut proscrire, pour la raison que les feuilles de ces plantes, traînant sur le sable des allées, en emportent toujours avec elles et deviennent, par cela même, immangeables; de plus, dans ces conditions, il est fort difficile de donner à ces plantes potagères les soins de fumure et d'arrosages qu'elles réclament pour donner un bon produit.

Pour ce qui est des bordures en matériaux inertes, très employées autrefois, notamment dans les jardins à la française, comme ornementation, elles ne sont plus utilisées que comme protection pour les plantations qu'elles entourent. Pour ces raisons, les entourages en fils de fer formant des dessins variés sont remplacés, soit par des arceaux en fonte rustique simulant une branche courbée, que l'on enfonce autour des gazons, notamment dans les jardins publics; soit par des tuiles plantées verticalement, qui sont chargées de soutenir les terres. J. D.

BORDURES (*sylviculture*). — Rangées d'arbres qu'on laisse croître sur la lisière des forêts et sur les bords des routes, des chemins et des lignes séparatives des coupes. Les arbres de bordure, étant plus exposés à la lumière que ceux de l'intérieur des massifs, prennent plus d'accroissement, mais ils deviennent souvent branchus. C'est dans ces arbres que la marine trouvait autrefois les bois courbants dont elle avait un besoin qui n'existe guère plus maintenant.

Les arbres qui croissent sur les lisières des forêts donnent lieu à des contestations avec les riverains, qui se plaignent de l'ombrage qu'ils portent sur leurs propriétés. — Les droits des propriétaires des forêts et ceux des riverains sont réglés par l'art. 671 du Code civil et par les art. 150 du Code forestier et 176 de l'ordonnance du 1er août 1827. Ces droits peuvent se résumer ainsi qu'il suit :

Il n'est permis d'avoir des arbres qu'à la distance de deux mètres de la ligne de séparation des héritages, et des arbustes et arbrisseaux, qu'à un demi-mètre. Sont considérés comme arbres, les végétaux dont la hauteur dépasse deux mètres.

Le riverain peut exiger que les arbres, arbustes et arbrisseaux plantés à une distance moindre que la distance légale soient arrachés ou réduits à la hauteur déterminée par l'art. 671, à moins qu'il n'y ait titre contraire, prescription trentenaire ou destination du père de famille.

Dans beaucoup de localités, il est d'usage de laisser croître les arbres des forêts jusqu'à la ligne délimitative. Si cet usage est reconnu constant, il pourra être opposé à l'action en arrachement.

Le riverain a le droit d'exiger l'élagage des branches qui s'avancent sur sa propriété, les fruits tombés naturellement de ces branches lui appartiennent (Code civil, 673), mais l'art. 150 du Code forestier déroge à cette disposition en ce qui concerne les arbres qui avaient plus de trente ans en 1827.

Le riverain ne peut couper ni faire couper les branches qui dépassent la ligne délimitative, il doit requérir le propriétaire des arbres de faire cet élagage; mais il a le droit de couper, sans aucun avertissement, les racines qui s'avancent sur son terrain (Code civil, 673). B. DE LA G.

BORER (*entomologie*). — Insecte coléoptère. Cet insecte (*Proceras sacchariphagus*, ou *Diatræa sacchari*, ou *Tortrix sacchariphaga*) exerce de très grands ravages dans les cultures de canne à sucre. Il est répandu dans les îles des Antilles, à Ceylan, à Java, à Maurice et à la Réunion. On n'a pas encore trouvé le moyen d'arrêter sa propagation ni celui de le détruire.

BORIE (*biographie*). — Victor Borie, né à Tulle (Corrèze) en 1818, mort à Paris en 1880, a été un des écrivains agricoles français les plus distingués et les plus brillants du dix-neuvième siècle. Outre une collaboration active aux journaux politiques, il fut successivement secrétaire de la rédaction du *Journal d'agriculture pratique* et rédacteur en chef de l'*Écho agricole*. Esprit solide et libéral, il fut un des premiers à comprendre l'importance de l'instruction agricole pour les paysans, et il écrivit pour eux quelques livres excellents. Ses principaux ouvrages ont été : *Les travaux des champs*, *La question du pot-au-feu*, *Les jeudis de M. Dulaurier*, *Calendrier agricole*, *Les animaux de la ferme*, *L'agriculture et la liberté*, *Etude sur le crédit agricole et le crédit foncier*. Il fut élu membre de la Société nationale d'agriculture en 1866 et vice-secrétaire en 1878. H. S.

BORNAGE (*législation rurale*). — Parmi les obligations qu'entraîne le voisinage, aucune n'est plus importante que le respect des limites. Dans nos campagnes, c'est pourtant un sujet de procès et de contestations sans nombre. Le jour où une portion du sol a cessé d'être la propriété de tous pour devenir la propriété d'un seul, la délimitation réelle, le bornage, en un mot, a été nécessaire. Il faut que chaque propriétaire connaisse la limite « où finissent ses droits et où commencent ceux du voisin ». Quelquefois, de simples fossés, des haies, des arbres, des murs grossiers peuvent tenir lieu de limites; il n'y en a pas d'autres dans les pays peu avancés en civilisation. Mais souvent, et surtout dans les pays peu accidentés, où les parcelles ne se distinguent guère entre elles que par la variété des cultures, il deviendrait difficile d'assigner des bornes à deux propriétés contiguës, si l'on n'avait que ces points de repère grossiers. De là est né le bornage. Ajoutons qu'il est parfois indispensable de procéder au bornage, à la suite d'une action en bornage ou d'un partage de succession, par exemple.

Les bornes sont de simples pierres, indiquant la ligne séparative des propriétés. Les pierres sont plantées en terre et posées sur des tuiles, des débris de charbon ou de verre pilé. Ces matières sont les *témoins*. Les témoins sont quelquefois formés des deux fragments d'un caillou, d'une roche cassée en deux; les deux fragments peuvent se réunir; ils attestent, si la borne venait à être enlevée ou déplacée, qu'elle n'est pas une pierre quelconque, mais bien une borne, et permettent de reconnaître la place où elle avait d'abord été mise.

Tout propriétaire peut obliger son voisin au bornage de leurs propriétés contiguës. Le bornage se fait à frais communs (art. 646 du Code civil). Quand on n'est pas borné, on peut intenter au propriétaire voisin une action en bornage destinée à rectifier ou à établir les limites des propriétés contiguës. L'action en bornage n'est pas prescriptible, et l'on peut toujours, nonobstant même des conventions contraires, l'intenter et forcer son voisin à planter des bornes.

Au cas où les titres des propriétés sont insuffisants pour établir les limites, et où il est nécessaire de procéder à une expertise et à l'arpentage des parcelles, on partage l'excédent ou le manquant proportionnellement à la surface que les propriétaires en contestation possèdent, et les frais en commun sont proportionnels à l'étendue des propriétés.

Le propriétaire seul peut exercer l'action en bornage; le fermier ne le peut pas; si ce dernier est troublé, il doit s'adresser au propriétaire.

L'action en bornage s'applique à tous les voisins. Cependant, quand il s'agit de forêts domaniales ou communales, on n'a pas le droit de demander le bornage; l'administration seule peut le provoquer. L'Etat peut ne pas borner en s'engageant à faire la délimitation de la forêt dans le délai de six mois. Si le bornage est fait, les frais sont partagés. Si l'on veut faire un fossé, c'est celui qui le réclame qui le paye (art. 10, 11, 12, 13, 14 du Code forestier).

Les juges de paix ont compétence pour statuer en premier ressort sur les actions en bornage, lorsque la propriété et les titres qui l'établissent ne sont pas contestés (loi du 25 mai 1838, art. 6). Si la question de propriété est en jeu, le juge de paix n'est plus compétent; il faut s'adresser au tribunal civil.

L'action en bornage ne doit pas être confondue avec l'action en *déplacement de bornes*. Chez les peuples civilisés, de tous temps et de tous pays, le déplacement des bornes a toujours été considéré comme un grave attentat porté à la propriété. L'art. 456 du Code pénal punit d'une amende et d'un emprisonnement d'un mois à un an quiconque a déplacé ou supprimé des bornes antérieurement établies, si l'intention de s'approprier le bien d'autrui n'est pas prouvée. S'il y avait intention de vol, cela entraînerait une peine infamante, la réclusion (art. 489 et loi du 28 avril 1832) (voy. ABORNEMENT). F. G.

BOROVITSKY (*pomologie*). — Variété de pommes à couteau mûrissant en été. Le fruit est assez gros, sphérique ou ovoïde, de couleur blanche striée de rose et de rouge. La chair, assez ferme, est juteuse et acidulée. L'arbre est très fertile. On doit le tailler à basse tige.

BORRAGINÉES, ou mieux **BORRAGINACÉES** (*botanique*). — Famille de plantes dicotylédones, gamopétales, hypogynes. Elles ont le réceptacle convexe. Le périanthe est double et comprend un calice de cinq sépales ordinairement libres, quinconciaux dans le bouton, persistants, et cinq pétales alternes, toujours réunis en une corolle gamopétale, le plus souvent régulière, quelquefois irrégulière et sublilabiée (Vipérines). Le tube de cette corolle est tantôt librement ouvert, tantôt obstrué à la gorge par cinq appendices placés au-dessous des divisions du limbe, de forme variable, le plus souvent creux et ouverts à l'extérieur, comme des sortes de doigts de gant, quelquefois réduits à autant de pinceaux de poils. L'androcée comporte cinq étamines dont les filets courts, adnés au tube de la corolle, alternent avec ses divisions et dont les anthères biloculaires s'ouvrent par des fentes longitudinales introrses. Le gynécée consiste en un ovaire supère, entouré à sa base d'un disque charnu, toujours biloculaire au début, avec deux ovules dans chacun des compartiments qui sont l'un antérieur, l'autre postérieur. Mais de bonne heure une fausse cloison, née du dos de chaque loge, la partage en deux logettes, de sorte que l'on a bientôt un ovaire à quatre loges renfermant chacune un seul ovule anatrope. Cet ovaire s'accroît différemment suivant les plantes que l'on considère.

Dans un certain nombre d'entre elles, chacune des fausses loges se gonflant beaucoup par ses parties dorsale et supérieure, le style devient gynobasique; dans les autres l'ovaire se développe régulièrement et le style demeure terminal jusqu'à l'âge adulte. De ces différences dans l'évolution, résultent des différences profondes dans la constitution du fruit. Les quatre loges des plantes qui ont le style gynobasique deviennent à la maturité autant d'achaines renfermant chacun une graine sans albumen. Dans celles qui conservent le style terminal, l'ovaire se change en un fruit simple, charnu et drupacé, muni de deux noyaux biloculaires ou de quatre noyaux distincts. Un petit nombre d'entre elles offrent à la graine un albumen périphérique.

Les Borraginacées sont très répandues sur une grande partie de la surface du globe; herbacées annuelles ou vivaces dans les pays tempérés, elles deviennent des arbustes, même des arbres sous les climats plus chauds. Leurs feuilles, toujours alternes, simples et sans stipules, sont ordinairement couvertes, ainsi que la plupart des autres organes aériens, de poils plus ou moins rudes qui leur communiquent un toucher plus ou moins âpre, ce qui leur a valu le nom d'*Aspérifoliées* par lequel Linné les désignait. Leurs fleurs se groupent en cymes scorpioïdes diversement agencées.

Ainsi constituée, cette famille se subdivise tout naturellement en deux groupes secondaires caractérisés par le mode d'évolution du gynécée, tel que nous l'avons esquissé. Ce sont : la tribu des Borraginacées vraies ou *Borragées*, dont le fruit multiple comporte quatre achaines (genres *Borrago*, *Myosotis*, *Echium*, etc.), et celle des *Cordiées*, qui ont le fruit charnu (genres *Heliotropium*, *Cordia*, etc). Cette dernière tribu forme pour quelques auteurs une famille distincte sous le nom de *Cordiacées*.

Les Borraginacées ont en général des propriétés peu accentuées, et on n'en connaît point qui soient à proprement parler vénéneuses. Un assez bon nombre sont mangées volontiers par le bétail, surtout par les bêtes à cornes. Il y a déjà nombre d'années que l'agriculture anglaise a préconisé la culture de certaines espèces de consoudes comme plantes fourragères, et en particulier de la consoude rugueuse du Caucause (*Symphytum asperrimum*) dont les rendements seraient, au dire de ceux qui l'ont expérimenté, vraiment extraordinaires (voy. CONSOUDE).

Presque toutes les plantes qui nous occupent, sont riches en mucilage qui leur communique des propriétés émollientes dont l'habitant des campagnes peut tirer un très bon parti dans les affections légères des bronches ou de l'appareil digestif. Les fleurs et les feuilles des bourraches, vipérines, buglosses, pulmonaires, etc., plantes qui se rencontrent presque partout, sont usitées en infusions théiformes, en cataplasmes adoucissants. Quelques espèces, telles que la bourrache commune, contiennent dans leurs feuilles et surtout dans leurs tiges, une assez forte proportion de nitrate de potasse qui les rend plus ou moins diurétiques et sudorifiques. Elles pourraient vraisemblablement être utilisées au même titre comme engrais verts. Les racines de la grande consoude, si commune au bord des eaux, fournissent des décoctions légèrement astringentes à cause du tanin qui s'y unit au principe mucilagineux, ce qui les rend utiles dans les affections diarrhéiques des tout jeunes enfants.

Certaines espèces de buglosses, de vipérines et d'autres encore, accumulent dans leurs organes souterrains une belle matière colorante rouge, connue sous le nom de *rouge d'orcanette*, insoluble dans l'eau, mais que la parfumerie utilise sur une grande échelle pour la coloration des corps gras, des savons, etc., et qui, en se combinant aux alcalis, donne des couleurs bleues d'un ton souvent admirable, dont l'industrie pourrait sans doute tirer parti.

L'élégance de leur port, le vif coloris de leurs fleurs, ainsi que l'agréable parfum qu'elles répandent souvent, font rechercher beaucoup de Borraginacées pour la culture ornementale. Qui ne connaît, au moins de vue, les héliotropes, les buglosses, les myosotis, les cynoglosses, que l'on entretient abondamment dans tous les parterres, sans compter les espèces plus délicates, ornement de nos serres et de nos orangeries. E. M.

BOSC (*biographie*). — Louis-Augustin-Guillaume Bosc, agronome français, naquit à Paris en 1759. Il montra dès son jeune âge de grandes dispositions pour les sciences naturelles; après plusieurs voyages dans lesquels il fit de nombreuses observations et recueillit des collections précieuses, il fut nommé en 1803 inspecteur des jardins et pépinières du gouvernement français. Il fut élu membre de l'Académie des sciences en 1806, et de la Société nationale d'agriculture en 1807. Il succéda à André Thouin en 1825 comme professeur de culture au Muséum d'histoire naturelle, mais il ne garda cette chaire que pendant trois ans, car il est mort en 1828. On lui doit un très grand nombre de publications sur des sujets variés; il fut un des auteurs des suites à Buffon; il créa, avec Tessier, les *Annales de l'agriculture française;* il fut le principal rédacteur du *Cours complet d'agriculture* en seize volumes, connu sous le nom de Dictionnaire de Déterville: il rédigea pour l'Académie des sciences et pour la Société d'agriculture un grand nombre de Mémoires et de Rapports, publiés dans les recueils de ces compagnies. Son éloge historique a été rédigé par Georges Cuvier et par de Silvestre. H. S.

BOSTRYCHE. — Voy. SCOLYTIENS.

BOTANIQUE. — La botanique est celle des sciences naturelles qui a pour objet la connaissance des végétaux.

Les corps innombrables qui forment la nature se peuvent dès l'abord diviser en deux grandes catégories d'après l'ensemble de leurs propriétés. Les uns sont caractérisés par une structure uniforme, par une composition chimique très simple, toujours semblable à elle-même pendant toute leur existence. Ils peuvent s'accroître indéfiniment par simple juxtaposition de parties similaires, et n'éprouvant dans leur constitution aucune modification appréciable, tant que les conditions de milieu restent les mêmes, leur durée n'a de limite que dans le changement d'action des forces extérieures. Ces êtres sont incapables de se reproduire. On les désigne sous le nom de *corps inorganisés* ou *minéraux*.

Les autres se font remarquer par une structure plus complexe, très instable, par une constitution chimique très compliquée. Bien que peu nombreux en somme, les éléments qui les composent forment dans leur intérieur des combinaisons sans cesse détruites et incessamment renouvelées. Tout en étant soumis, comme les premiers, à l'action des forces physiques, on les voit réagir contre elles avec plus ou moins d'intensité. Leur durée, variable sans doute, a un terme irrévocablement fixé. Enfin ces corps peuvent se reproduire, c'est-à-dire qu'à un moment donné de leur existence, ils laissent échapper de leur propre substance des parties capables de subir en dehors d'eux des modifications en vertu desquelles elles renouvelleront l'être dont elles sont issues. Tels sont les *êtres organisés* ou *vivants*.

Mais, si ces corps vivants possèdent tous des propriétés communes qui les rapprochent, il est facile de remarquer qu'ils en montrent d'autres qui paraissent au premier abord être l'apanage exclusif de quelques-uns, et peuvent par là même servir à les distinguer. Les uns, par exemple, ont avec le monde extérieur des rapports bien plus prochains que les autres. Sensibles et doués de la propriété de se mouvoir spontanément, on les voit manifester, avec une intensité variable, il est vrai, des sensations de plaisir ou de douleur, franchir les distances pour se rapprocher des corps environnants ou fuir leur contact ; ils choisissent leurs aliments et les utilisent après les avoir modifiés dans une cavité digestive spécialisée à cet effet.

Privés des facultés de sensation et de locomotion, les autres vivent en apparence indifférents au milieu du monde, fixés pendant toute leur vie à la place où ils ont pris naissance. Incapables d'aller à la recherche des matériaux nécessaires à leur accroissement ou à leur entretien, ils paraissent recevoir sans choix ceux qui viennent s'offrir à eux, et se les approprier par des procédés tout différents, car on ne reconnaît pas chez eux de cavité digestive.

Les premiers de ces êtres organisés sont les *Animaux*, les seconds portent le nom de *Végétaux*.

La distinction entre ces deux catégories d'êtres ne présente pas de difficultés sérieuses quand on ne considère que les types les plus perfectionnés de chacune d'elles. Quoi de plus simple en effet que de distinguer un chêne d'un cheval? La somme des différences l'emporte ici tellement sur la somme des caractères communs, que la confusion paraît dès l'abord impossible. Il s'en faut de beaucoup qu'il en soit toujours de même. Quand, au lieu de ces êtres à caractères bien tranchés, on considère ceux que l'ambiguïté de leurs propriétés tend au contraire à confondre, l'embarras commence. A mesure que les observations prennent un cachet plus marqué de précision, on reconnaît que les faits d'abord invoqués comme traçant une limite facile et certaine entre les deux séries, tels que la sensibilité et la motilité, par exemple, perdent ici beaucoup de leur valeur. Il n'est maintenant douteux pour aucun de ceux à qui l'étude des plantes est familière, que bon nombre de végétaux les plus simples, ou leurs produits, se meuvent spontanément et se montrent manifestement sensibles à l'action des agents extérieurs. Il y a donc un moment au moins où, suivant la frappante expression d'un illustre savant, la plante se fait animal. Il est juste toutefois de remarquer que cet état particulier ne constitue dans la vie des êtres dont nous parlons qu'une période ordinairement courte, en tout cas transitoire, et qu'ils reviennent tôt ou tard aux conditions ordinaires de la vie végétale.

Il n'en résulte pas moins de ces faits, aujourd'hui incontestés, qu'au point de vue de la philosophie générale, la question de la séparation des êtres organisés en *animaux* et *végétaux*, non seulement n'a pas reçu de solution définitive, mais qu'au contraire l'abondance des nouveaux faits connus semble devoir reculer indéfiniment une limite en apparence si bien arrêtée. Toutefois, ces réserves faites, comme la subdivision anciennement adoptée est commode pour l'étude, et comme, dans le plus grand nombre des cas de la pratique, elle est suffisante, on peut définir les végétaux : des *êtres organisés, vivants, dépourvus de cavité digestive proprement dite, et privés de la sensibilité ainsi que de la motilité volontaire.*

Dès son apparition sur la terre, l'homme, constamment exposé à l'action destructive des agents extérieurs et incapable de trouver dans ses seules forces l'énergie suffisante pour leur résister, dut chercher parmi les innombrables objets qui l'entouraient ceux qui pouvaient l'aider dans cette lutte incessante, lutte mortelle de laquelle il fallait sortir vainqueur sous peine de disparaître bientôt. Les plantes se placèrent dès l'abord au premier rang de ces auxiliaires naturels en lui fournissant les premiers matériaux de son alimentation. Aussi leur recherche dut-elle tenir bientôt la plus grande place dans ses préoccupations de tous les instants.

Pendant bien longtemps sans doute la connaissance des plantes se borna à ces notions de la pratique journalière qui ne s'élevaient pas beaucoup au-dessus des données du pur instinct, et sans pouvoir entrer ici dans des détails historiques que ne comportent pas les limites de cet article, il suffira de remarquer que, durant toute l'antiquité, les connaissances sur les plantes, bien que s'accumulant sans cesse, ne formèrent point une science, comme le prouvent les écrits qui sont parvenus jusqu'à nous. Ce fut un amas confus de notions imparfaites, sans unité, sans lien commun. Il faut traverser une longue série de siècles, et arriver jusqu'à une époque peu éloignée de nous pour trouver le moment où l'étude des végétaux, secouant les langes d'un empirisme grossier avec le bagage inutile des commentaires scholastiques, commença, par l'observation directe de la nature, à se constituer en science moderne fondée sur des bases vraiment solides. C'est la fin du dix-septième siècle qui vit l'aurore de cette rénovation de la botanique.

En tant qu'êtres vivants, les plantes, comme nous l'avons fait pressentir, offrent à notre observation des manifestations très complexes, et comme nous pouvons les envisager à des points de vue très divers, il en résulte que leur étude constitue un champ trop vaste pour être embrassé dans son ensemble d'un seul coup d'œil. De là la nécessité de subdiviser la botanique en un certain nombre de branches distinctes.

Quand on observe les plantes dans leur ensemble ou isolément, ce qui frappe tout d'abord, c'est qu'elles ne sont point ordinairement formées d'une masse homogène, partout semblable à elle-même, mais qu'on y peut distinguer un grand nombre de parties plus ou moins différentes, ayant chacune un rôle particulier dans l'accomplissement des phénomènes dont la résultante est la vie. Chacune de ces parties, ou *organes*, a ses propriétés spéciales et a dû recevoir un nom. Connaître ces organes par leur nom, en examiner la position, soit absolue, soit relative, la forme, les transformations possibles ; rattacher à ces notions de premier ordre celles moins importantes de la couleur, du volume, de la consistance, etc., c'est là la première nécessité qui s'impose. C'est ce qui constitue l'*Organographie* ou *Morphologie végétale*, branche de la botanique qui dut nécessairement se développer la première, étant, si l'on peut dire, la science des caractères extérieurs. A son développement se rattachent, entre autres, les noms français de Tournefort et de De Candolle.

Chaque organe végétal est lui-même formé de parties élémentaires, agencées d'une façon déterminée, et dont l'ordonnance donne à sa structure intime un cachet particulier. Ces *éléments anatomiques*, dont la réunion forme les *tissus*, étant tous d'une extrême petitesse, ils n'ont pu commencer à être connus que du jour où les progrès de la physique vinrent armer l'œil de l'observateur de moyens d'investigation capables de lui en fournir des images agrandies. C'est vers la fin du dix-septième siècle que deux savants de premier ordre, Malpighi en Italie, Grew en Angleterre, appliquant à l'étude intime des tissus végétaux l'admirable instrument imaginé vers 1620 (le microscope), jetèrent les fondements de l'*Anatomie végétale*, science alors toute nouvelle, dont les progrès ont été surtout rapides depuis une soixantaine d'années, après qu'elle eut reçu une impulsion irrésistible des travaux immortels d'un naturaliste de génie, Brisseau de Mirbel.

Remarquons en passant que par une métonymie fâcheuse, mais que l'usage a consacrée, l'organographie végétale correspond à l'*anatomie descriptive* des zoologistes dont l'*histologie* représente l'anatomie des botanistes.

Étudier les organes des plantes dans leurs caractères extérieurs, leur structure intime considérée à l'âge adulte, ne saurait suffire à une connaissance complète. Quand on s'attache à suivre un même organe dans toutes les périodes successives de son développement, depuis le moment où il commence à se montrer, jusqu'à celui où il a acquis ses caractères définitifs, on s'aperçoit que, le plus souvent, il éprouve avec le temps, dans son ensemble ou dans ses éléments constituants, des modifications souvent profondes, presque toujours impossibles à prévoir, et dont la connaissance peut seule nous éclairer sur sa véritable nature. L'*Organogénie*, c'est le nom que porte cette branche de la science, éclaire donc à la fois l'anatomie végétale et la morphologie.

Mirbel, dans le premier ordre d'idées, Payer dans le second, en ont été les premiers et les plus illustres représentants.

Les organes, une fois constitués, sont chargés chacun d'un rôle plus ou moins important dans la vie de l'individu. Rechercher comment ces instruments fonctionnent, quel est le résultat de leur activité, en un mot étudier les diverses fonctions, apprécier leur importance, tel est le rôle de la *Physiologie*. Les mœurs, les habitudes des plantes sont donc essentiellement de son domaine, et l'on conçoit sans peine que cette étude implique nécessairement celles dont nous avons déjà parlé. Ici surtout se manifeste à un haut degré la solidarité qui unit entre elles la plupart des sciences, car la physique et la chimie notamment viennent alors prêter au botaniste un concours dont il ne saurait s'affranchir. Les noms de de la Hire, Hales, Dutrochet resteront justement attachés à l'histoire de cette partie de la science.

Nous avons vu l'organogénie suivre les organes dans leur développement normal, la morphologie les étudier à l'état adulte ; mais qu'une réunion particulière de circonstances vienne à troubler l'ordre habituel de cette évolution, l'organe considéré ou bien avortera, ou bien prendra une direction inaccoutumée, et se présentera finalement à nous avec des caractères qui ne lui sont pas ordinaires ; il y aura, comme on dit, *anomalie, monstruosité*. L'étude de ces anomalies porte le nom de *Tératologie*. Parmi les auteurs les plus récents, Moquin-Tandon est celui qui paraît avoir poussé le plus loin cette étude en la systématisant. Disons d'ailleurs qu'on a trop souvent exagéré l'importance de la tératologie qui, si elle a sa valeur par cela seul que tout phénomène naturel est digne de notre attention, est le plus souvent incapable de pouvoir, comme on l'a prétendu, nous renseigner efficacement sur la véritable nature des choses, et ne saurait par conséquent remplacer l'organogénie.

De même que le développement des organes peut subir des déviations, de même aussi des influences diverses peuvent modifier, entraver leur fonctionnement et amener dans la vie de l'individu des troubles plus ou moins profonds qui constituent les maladies. Les plantes n'en sont pas plus exemptes que les animaux, et leur étude ou *Pathologie végétale* doit former une des branches de la botanique les plus fécondes en applications, si, comme il est permis de le penser, la connaissance méthodique des maladies est le plus sûr moyen d'arriver à les guérir ou à les éviter.

Les végétaux connus, dont le nombre s'accroît d'ailleurs tous les jours, forment un ensemble tellement vaste, qu'il paraît chimérique d'espérer acquérir sur chacun d'eux des notions complètes, et dès longtemps les botanistes durent chercher un moyen de s'y reconnaître, une sorte de fil d'Ariane capable de guider leur esprit dans cet immense dédale. C'est alors que la synthèse succédant à l'analyse, la *Classification* prit naissance, ainsi que la *Nomenclature*, sans lesquelles il n'existe point de science vraiment constituée. La classification, après avoir étudié les caractères propres au plus grand nombre possible d'individus, les généralise, les compare et établit des groupes de variable étendue, en rapprochant sans cesse les êtres qui se ressemblent le plus. La nomenclature les désigne le plus brièvement, le plus clairement possible. C'est de ces comparaisons que naquit l'idée d'*espèce*, de *genre*, d'*ordre* ou *famille*, etc., idée qui, bien que d'un ordre abstrait, n'en rend pas moins journellement les plus grands services. Tournefort, Adanson, Linné, de Jussieu ont, dans le siècle dernier, posé les règles qui guident encore de nos jours les savants du monde entier.

Les plantes sont aussi variées que les conditions dans lesquelles elles vivent. De l'équateur aux pôles, les diverses régions du globe montrent à l'observateur le moins préparé des différences énormes au point de vue des espèces qui les habitent ; elles ont leurs habitants particuliers, distribués suivant leurs aptitudes physiologiques. Ces différences se montrent tout aussi tranchées quand on s'élève des plaines vers le sommet des montagnes. Si à ce premier coup d'œil vient se joindre un examen plus approfondi, les différences se présentent en foule, et on ne tarde pas à reconnaître qu'on est en face d'un certain nombre de lois générales et non point de particularités dues au seul hasard. Née à peu près avec ce siècle, la *Géographie botanique* constitue de toute évidence, et sans qu'il soit besoin d'y insister longuement, une étude pleine d'intérêt et fertile en résultats.

Les différentes manières d'envisager les plantes que nous venons de passer en revue, constituent en quelque sorte la partie spéculative de la botanique ; mais, comme toutes les sciences, celle qui nous occupe peut et doit être envisagée également dans ses rapports plus ou moins immédiats avec nos besoins. De là est née la *Botanique appliquée* ou *Technologie végétale*. Étudiée au point de vue spécial de ses applications possibles, la botanique peut se partager en un assez grand nombre de subdivisions ; elle sera donc *médicale*, *industrielle*, *agricole*, etc., suivant qu'il s'agira des espèces les plus utiles à l'homme, soit comme aliments, soit comme source de produits utilisables dans les arts et l'industrie, ou de remèdes à ses maladies.

Si le lecteur veut bien réfléchir un instant aux considérations qui précèdent et en même temps aux moyens d'action dont peut disposer l'agriculture, il lui paraîtra sans doute que la botanique est pour cette branche de l'activité humaine une science de premier ordre. Nous sommes heureusement déjà loin du temps où la botanique n'était considérée par le grand public que comme un délassement agréable, digne tout au plus d'arrêter l'attention de quelques oisifs, et où un célèbre écrivain pouvait dire dans un traité, d'ailleurs justement considéré, que la botanique est inutile à l'agriculteur, qu'elle ne lui peut rendre aucun service. Il nous semble au contraire que dans les nombreuses applications dont cette science est susceptible, la plus large part peut-être revient à l'agriculteur, pour lequel elles sont pour ainsi dire de tous les instants.

Le but prochain qu'il se propose en effet est la production en grandes masses de certains végétaux qui forment comme la matière première de son industrie, puisqu'ils doivent fournir à l'homme des aliments et d'autres objets de première nécessité, soit directement, soit par l'intermédiaire des animaux domestiques qu'il sait retenir et multiplier autour de lui.

S'il en est ainsi, et comment en douter, l'agriculteur ne saurait arriver à la meilleure production possible s'il ignore tout des êtres sur lesquels doit se répartir son activité. Concevrait-on, par exemple, qu'un mécanicien eût la prétention de tirer le parti le plus profitable des bois et des métaux s'il n'avait aucune notion précise sur leur nature et leurs propriétés, comme sur les forces dont ils peuvent devenir les instruments ?

Est-ce à dire pour cela que nous entendons que l'agriculteur doit être de toute nécessité un botaniste consommé ? Loin de nous cette opinion excessive. Nous sommes convaincu au contraire que si la connaissance approfondie des plantes constitue pour lui un idéal, ce n'est après tout qu'un idéal, et qu'en fait, une foule de circonstances lui imposent des visées plus modestes. La science spéculative, seule source des applications fécondes, demande des aptitudes spéciales, un temps toujours considérable dont tout le monde ne dispose pas ; mais, s'il n'est pas donné à tous d'approfondir ou d'augmenter son domaine, tout homme éclairé et suffisamment préparé est au moins capable, s'il en a bien compris l'importance, de connaître les résultats acquis par d'autres, et d'apprendre à en faire son profit.

Il nous semble d'ailleurs évident que les diverses branches de la science, malgré leurs intimes relations, seront pour lui d'une nécessité différente. Que si l'anatomie, la classification, par exemple, peuvent être, dans leur ensemble, considérées par l'agriculteur comme des sciences de luxe, il n'en faut pas moins conclure que les détails se rapportant aux plantes qu'il cultive ou à celles qu'il doit écarter, lui seront chaque jour nécessaires, ne serait-ce que pour se mettre à même d'en distinguer les espèces ou variétés usuelles. Il ne nous semble pas rationnel de penser que l'agriculture moderne, s'immobilisant dans le passé, doive se borner à l'emploi perpétuel des plantes qui lui ont été transmises, et il est peut-être permis de croire que c'est tout aussi bien dans le choix judicieux, dans l'adaptation bien conduite de nouveaux sujets, en même temps que dans le perfectionnement des méthodes culturales, qu'elle trouvera une source encore inconnue d'active prospérité.

Puisque les plantes sont soumises, pour leur accroissement et leur multiplication, à certaines lois déterminées, quel meilleur guide pourrons-nous suivre que la physiologie, qui seule peut nous enseigner les aliments qu'il faut leur fournir de préférence, comment on modifie au besoin les conditions capables de produire le résultat le plus satisfaisant, quelle est l'époque la plus favorable, dans le milieu où l'on opère, pour semer, pour commencer la récolte?

Qui ne voit le parti que le cultivateur pourra tirer des connaissances relatives aux maladies dont ne sont que trop souvent accablées certaines de nos plantes cultivées? N'est-ce pas par les études de cet ordre qu'on peut espérer voir se substituer à un empirisme souvent ridicule un ensemble rationnel de moyens curatifs ou prophylactiques? Les preuves de la justesse de ces vues se multiplient d'ailleurs heureusement tous les jours sous nos yeux.

S'agit-il d'essayer l'introduction dans nos cultures de quelque plante exotique mal connue ou inconsidérément vantée, c'est encore dans ses connaissances acquises sur la géographie des végétaux, sur les lois qui président à leur distribution que l'agriculteur pourra trouver sinon toujours la certitude, tout au moins de fortes présomptions sur la plus ou moins grande opportunité des efforts à tenter. Combien, hélas! nous pourrions citer d'exemples de ces essais infructueux dans lesquels les notions les plus faciles à acquérir eussent évité à leurs auteurs une perte d'argent souvent pénible et de temps toujours irréparable!

Mais il nous faut arrêter ici ces considérations très sommaires dont le développement nous entraînerait bien au delà des limites que nous devons nous imposer, et notre plus vif désir est que le lecteur conclue avec nous que, bien loin d'être pour lui une occupation futile ou sans autre utilité prochaine que la satisfaction éventuelle d'une vaine curiosité, l'étude bien comprise de la botanique, marchant de pair avec les autres connaissances dont l'agriculteur digne de ce nom doit se munir, facilitera certainement sa tâche en soutenant ses efforts et éclairant sa voie; que la pratique n'est rien ou bien peu de chose sans la théorie qui la dirige, projetant autour d'elle une saine lumière que ne saurait donner tout ce fatras de recettes souvent contradictoires ou niaises qui forment bien souvent à elles seules le maigre bagage de ces empiriques prétentieux chez lesquels se masquent sous le titre pompeux de *praticiens purs*, et la pauvreté de leurs moyens et le vide de leur esprit. E. M.

BOTRYTIS (*botanique*). — Nom donné autrefois à un genre de champignons dans lequel on rangeait un grand nombre d'espèces, qui en ont été séparées plus tard. Quelques-unes de ces espèces sont importantes à connaître pour les agriculteurs. Ainsi le *Botrytis basiana*, qui cause la muscardine des vers à soie, est un *Strachylidium* (voy. ce mot); le *B. infestans*, qui détermine la maladie des pommes de terre, est un *Peronospora* (voy. ce mot).

BOTTELAGE. — Le bottelage a pour objet de réunir le foin ou la paille en bottes régulières de poids égal. L'ouvrier qui exécute ce travail est appelé botteleur. On exécute le bottelage pour le foin, soit dans les prairies après le fanage, soit dans les greniers; pour la paille, immédiatement après le battage. Un bottelage régulier permet au cultivateur d'apprécier à peu près exactement sa récolte de foin et par conséquent de connaître ses ressources en fourrages. Pour la vente, le bottelage est indispensable.

Pour que le foin bottelé se conserve bien, il faut qu'il soit sec au moment de l'opération; autrement l'intérieur de la botte moisit facilement.

Le bottelage s'exécute le plus souvent à la main. La régularité des bottes dépend de l'habileté de l'ouvrier. Le poids varie suivant les usages locaux, il est généralement de 5 ou de 10 kilogrammes; rarement les bottes dépassent ce dernier poids. On lie les bottes de foin avec un ou plusieurs liens de foin tressé; on emploie généralement le foin de la partie supérieure des meulons. On ne met qu'un lien quand le foin est destiné à la consommation dans la ferme; on en met trois quand il doit être vendu. Les bottes de paille se lient avec quelques brins de paille tressée; suivant la longueur des tiges, on met un ou deux liens; le poids des bottes est généralement de 10 kilogrammes.

On construit aujourd'hui des appareils pour le bottelage mécanique. Ces appareils, qu'on appelle botteleuses, se composent d'une caisse mécanique à claire-voie, à laquelle on peut ajouter une romaine pour peser les bottes. De petits ressorts sont fixés à la partie inférieure de la caisse qui reçoit les foins ou les pailles, et d'autres ressorts se rabattent pour former couvercle à volonté. Les liens sont passés sous les ressorts du fond; lorsque la caisse est remplie, on accroche les deux ressorts supérieurs au levier d'une pédale; en appuyant avec le pied sur celle-ci, on serre la botte; puis, saisissant les deux extrémités de chaque lien, on les tord. On décroche les ressorts fixés à la pédale et l'on sort la botte toute faite. La réduction du volume est environ d'un tiers sur le bottelage à la main. Lorsque la botteleuse est en même temps peseuse, le pesage de la botte est fait avec un fléau de romaine fixé derrière la caisse. Le poids est suspendu à l'aide de crochets entrant dans des trous dont la distance est calculée par demi-kilogramme.

Les botteleuses à deux liens, faisant des bottes de 4 à 6 kilogrammes, d'une longueur de 75 centimètres, sont principalement usitées dans le Nord, l'Est, l'Ouest et le Sud-Ouest. Les botteleuses de 5 à 7 kilogrammes, sont recherchées dans les environs de Paris et dans les régions qui approvisionnent la capitale. D'autres botteleuses, également à trois liens, mais à caisse plus large et ayant des ressorts plus longs, pouvant faire des bottes de 10 kilogrammes, sont usitées dans le centre et dans les Charentes, ainsi que dans une partie de la Dordogne. En Provence et en Languedoc, on préfère généralement des modèles plus courts, faisant des bottes de 2 kilogrammes à 2 kilogr. 1/2 avec un seul lien. H. S.

BOTTELOIR A ASPERGES. — Voy. ASPERGE.

BOTTIN (*biographie*). — Sébastien Bottin, né à Grimonviller (Meurthe) en 1764, mort en 1853, a publié dans plusieurs recueils de Sociétés agricoles et dans les *Annales de l'agriculture française*, un grand nombre de mémoires sur beaucoup de questions agricoles. Les principaux sont: un *Mémoire sur l'emploi des déjections comme engrais* (1815), des *Études sur la culture de l'orme dans le département du Nord* (1806), et *sur la distillation des pommes de terre et les avantages qu'elle procure pour la culture des terres* (1816). Il fut élu, en 1825, membre titulaire de la Société nationale d'agriculture. H. S.

BOUC (*zootechnie*). — C'est le nom du mâle de la chèvre. Le bouc ne diffère pas seulement de celle-ci, dans toutes les espèces caprines, par ses organes sexuels. Il a le squelette plus fort, la tête plus grosse et les membres plus volumineux. Chez les espèces qui sont pourvues de cornes, les siennes sont toujours plus longues et plus larges à la base, ainsi que dans toute leur étendue. Ses poils sont aussi plus longs et plus grossiers sur tout le corps, mais particulièrement à la barbe du menton, dont une espèce est toutefois dépourvue, aussi bien chez le mâle que chez la femelle, quoique les naturalistes en aient fait l'un des caractères distinctifs du prétendu genre *Capra*, par rapport au genre *Ovis* ou des brebis.

La peau du bouc exhale invariablement une forte odeur qui lui est tout à fait particulière et qui est celle de la matière que sécrètent ses glandes grasses ou sébacées. On l'appelle pour ce motif odeur de bouc. Elle est due à celles mélangées des acides gras caprique, caproïque et caprilique découverts par M. Chevreul, et qui entrent pour la plus forte part dans le produit des glandes de la peau du bouc. Un préjugé populaire fort répandu fait attribuer à cette odeur une influence hygiénique dans les troupeaux de moutons. Elle préserverait ceux-ci des maladies infectieuses. C'est pourquoi souvent un bouc partage leur habitation et les suit au pâturage, dans plusieurs régions de la France.

L'ardeur génésique du bouc est proverbiale. Non seulement il la ressent impétueusement pour les femelles de son espèce, mais encore pour les brebis avec lesquelles il s'accouple volontiers, quand elles sont en rut. Le fait n'est pas rare dans les troupeaux dont on vient de parler. Cet accouplement est fécond (voy. CHABIN). A. S.

BOUCAGE (*botanique*). — Genre de plantes de la famille des Ombellifères, dont quelques espèces se rencontrent communément dans les pâtures en France. La principale est le grand boucage (*Pimpinella magna*), plante herbacée vivace, qui constitue un excellent fourrage pour les bêtes bovines au printemps et au commencement de l'été; le grand boucage croît très bien dans les sols calcaires les plus maigres. — L'anis (voy. ce mot) appartient au genre boucage.

BOUCHE. — Ce mot a deux acceptions : il sert à désigner, tout à la fois, l'ouverture antérieure de l'appareil digestif et la cavité qui lui fait suite, dans laquelle les aliments introduits subissent, sous l'action combinée des dents, de la salive et des autres produits de la sécrétion buccale, les modifications physiques et chimiques préparatoires de la digestion proprement dite, dont les organes essentiels sont l'estomac, le tube digestif et ses annexes glandulaires.

Au point de vue du fonctionnement régulier et complet de l'appareil digestif, qui tient l'animal sous sa dépendance, quels que soient les produits qu'il donne, l'intégrité de l'appareil buccal a une importance principale, chez les herbivores surtout, car, dans ces espèces, la trituration aussi complète que possible des matières alimentaires est la condition nécessaire pour que les éléments nutritifs qu'elles renferment subissent l'action dissolvante des différents liquides de l'estomac et de l'intestin et puissent être absorbés. Point de dissolution possible de ces éléments et, partant, point d'absorption, s'ils n'ont pas été séparés de leur gangue par la trituration des meules dentaires, comme la farine des enveloppes des grains qui la contiennent.

Les faits d'observation clinique témoignent bien de l'étroite corrélation qui existe entre l'intégrité de l'appareil de la mastication et le bon entretien de l'animal, voire son état de santé. Que sur un cheval, par exemple, la carie d'une dent molaire mette obstacle à ce que la mastication s'effectue régulièrement, les aliments seront déglutis imparfaitement broyés, et une partie de la matière nutritive qu'ils renferment restera inemployée pour la nutrition et sera rejetée avec les excréments. De là, en fait, l'insuffisance de l'alimentation, entraînant celle de la réparation et, conséquemment, la diminution des aptitudes de l'animal à produire ce qu'il doit donner, soit en travail, soit en viande, soit en lait, etc.

L'irrégularité du fonctionnement de l'appareil masticateur peut procéder d'autres causes que la carie dentaire. Il suffit souvent pour mettre obstacle au jeu régulier de cet appareil que les dents soient d'inégale hauteur; que, faute d'une usure suffisante dans toute l'étendue de leur table de frottement, leurs bords soient trop tranchants et garnis d'aspérités aiguës qui blessent soit les joues, soit la langue.

Ce sont là des dispositions anormales, très rares sur les jeunes, mais qui s'accusent d'autant plus que les animaux sont plus avancés en âge et que, par suite, leur appareil masticateur s'est davantage détérioré. De graves complications, du côté de l'appareil digestif, peuvent être la conséquence de cette détérioration. Il n'est pas rare, en effet, que les aliments fibreux, incomplètement divisés par l'action des dents, se pelotonnent par le feutrage entre eux de leurs brins déglutis trop longs et constituent des pelotes obturatrices qui donnent lieu à des coliques mortelles; ou encore qu'ils s'accumulent dans le sac du cæcum, s'y empilent et y forment une masse résistante que la contraction des parois de cet intestin est impuissante à fractionner et à déplacer. D'où les ruptures possibles de ces parois et la mort fatale à leur suite.

Ces considérations suffisent pour montrer l'importance du fonctionnement régulier de l'appareil buccal considéré dans son ensemble, et la nécessité de remédier, par des moyens appropriés, tels que l'extirpation des dents cariées et le nivellement de celles qui sont irrégulières, à l'action des causes qui peuvent mettre obstacle à ce fonctionnement. H. B.

BOUCHERIE. — Le terme de boucherie s'applique tout à la fois à l'industrie de la préparation et au commerce de la viande (voy. ce mot). Ceux qui exercent cette industrie ou ce commerce, ou les deux, sont également qualifiés de bouchers. Le boucher qui est seulement industriel, qui achète aux engraisseurs les animaux sur pied pour les abattre, préparer leur viande et la vendre par quartiers ou à l'état de ce qu'on appelle viande nette, ainsi que les abats ou parties du corps autres que la viande, les viscères, le suif, la peau, les pieds, etc., celui-là est un boucher en gros, qu'on a pris à Paris la coutume d'appeler *boucher chevillard*.

Cette expression, qui est de l'argot de métier, vient de ce que, dans les abattoirs (voy. ce mot), la marchandise est exposée, pour la mise en vente, pendue à des chevilles fichées le long d'une traverse, chevilles qui sont maintenant le plus souvent remplacées par des crochets.

Celui qui achète sa viande au chevillard pour la vendre aux consommateurs, ou pour mieux dire qui ne tue pas lui-même les animaux, est un *boucher détaillant*. Il a ce qu'on nomme un *étal* ou une boutique sur la rue, où sa marchandise se débite par morceaux.

La boucherie n'opère que sur les Bovidés et les Ovidés, exceptionnellement sur les Equidés, depuis que ce qu'on appelle l'hippophagie ou consommation de la viande de cheval s'est un peu développée. La préparation et la vente de la chair et des issues de porc sont du ressort de la charcuterie (voy. ce mot).

Il est d'une grande utilité pour les agriculteurs, producteurs de viande, d'être au courant de ce qui concerne la boucherie, tant pour la partie industrielle ou technique que pour la partie commerciale. Ayant à traiter avec les bouchers de la vente de leurs produits, ils seront d'autant mieux en mesure de débattre leurs intérêts et de les faire prévaloir, qu'ils auront une connaissance plus complète des faits qui déterminent la valeur pratique de ces produits. S'ils sont étrangers à cette connaissance, ils n'auront aucun moyen de répondre aux arguments employés pour déprécier leur marchandise, et tout naturellement la partie adverse abusera de ses avantages. D'un autre côté, s'ils ignorent ou ne connaissent qu'imparfaitement les éléments complexes de la condition commerciale de cette marchandise, ils se laisseront entraîner, comme on en a vu souvent des exemples, à réclamer abusivement des réglementations qu'ils croiront propres à sauvegarder leurs intérêts et qui n'ont au contraire jamais pu que leur nuire.

Les bouchers apprécient la valeur des animaux sur pied qu'on leur offre, d'après l'état d'engraissement, qu'ils jugent par les maniements (voy. ce mot), d'après la race et la variété à laquelle ils appartiennent et d'après le poids vif individuel. Les notions acquises par l'examen compétent sur ces divers points permettent de déterminer avec une approximation suffisante le rendement du sujet en viande nette (voy. Rendement) et la qualité de cette viande.

Sur les marchés, la coutume est d'admettre trois qualités pour les bêtes exposées en vente, dont les mercuriales officielles indiquent les prix moyens : la première, la deuxième et la troisième. La qualité et le rendement ou la proportion de viande nette, ou le poids des quatre quartiers par rapport au poids vif, vont ordinairement ensemble. Les sujets qui rendent le plus donnent d'habitude la viande de première qualité, celle qui se paye le plus cher au kilogramme. C'est ceux qui ont la meilleure conformation, où les morceaux de troisième catégorie sont réduits à la plus faible proportion, et qui sont le mieux engraissés. Il y a donc toute raison pour que le boucher les paye le plus cher au kilogramme de poids vif.

Les catégories de viande ont été établies par l'usage, dans le commerce de la boucherie, d'après l'appréciation des consommateurs. Elles varient dès lors comme les habitudes et les goûts de ceux-ci. Dans le corps de l'animal elles ne sont pas partout délimitées de la même façon. Tous les morceaux qui, à la boucherie de Paris, que l'on peut prendre comme le type des habitudes françaises, font partie de la première catégorie de viande, ne sont point l'objet de la même estime à la boucherie de Londres, par exemple, ou à celle de Berlin. Nous autres Français, nous estimons pour en faire du bouilli ou du bœuf à la mode (deux mets nationaux), des morceaux que les Anglais et les Allemands relèguent au second rang. Il y a chez nous comme ailleurs quelques variantes dans la coupe des quartiers de bœuf à l'étal du boucher pour le débit à la clientèle ; mais cela peut se ramener assez exactement aux deux schémas représentés par les figures 683 et 684, où les morceaux sont classés par le chiffre qui les désigne dans la catégorie à laquelle ils appartiennent. On y voit que les morceaux de la portion inférieure des parties indiquées par les chiffres 1, 3 et 6 (fig. 683), appartenant à la première catégorie française, passent en Angleterre et en Allemagne dans la deuxième (fig. 684).

Il est clair, d'après cela, que le type idéal de la belle conformation pour la boucherie ne peut point être le même dans les trois pays, et qu'on se trompe lorsqu'on nous présente le courtes-cornes anglais, dit Durham, comme réalisant ce type. Cela peut être en son pays, non dans le nôtre. Il est, pour cela, naturellement trop faible dans ses quartiers de derrière et par là ne répond point suffisamment aux exigences de la boucherie française. Ainsi,

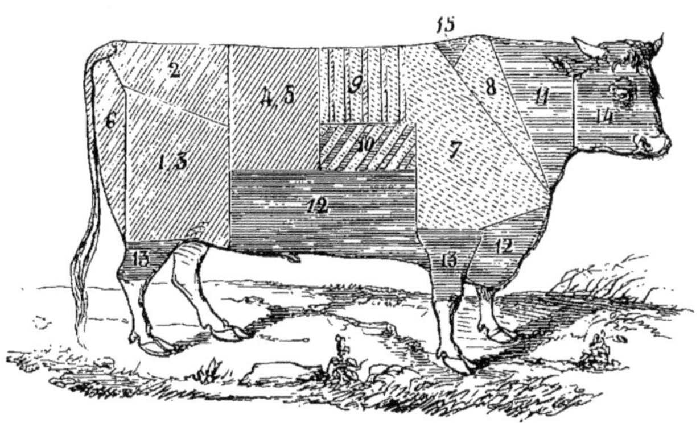

Fig. 683. — Coupe du bœuf à la boucherie de Paris : 1, 2, 3, 4, 5, 6, 9, première catégorie de viande ; 7, 8, 10, 15, deuxième catégorie ; 11, 12, 13, 14, troisième catégorie.

tandis que nos bœufs des variétés françaises rendent toujours au delà de 40 pour 100 de leur viande nette en première catégorie, les meilleurs courtes-cornes ne dépassent pas 36 pour 100, dans les mêmes conditions, bien entendu. Cela résulte des recherches poursuivies par la commission chargée de suivre le rendement des animaux gras primés au concours général de Paris.

Fig. 684. — Coupe du bœuf à la boucherie de Londres : 1, première catégorie ; 2, deuxième catégorie ; 3, troisième catégorie.

Le sujet qui a les morceaux de troisième catégorie réduits aux plus faibles proportions, et avec cela ceux de première atteignant les plus fortes, a donc nécessairement la plus grande valeur commerciale, dans la même race et au même état d'engraissement, c'est-à-dire avec la même qualité de viande.

Le boucher, pour établir ses calculs, doit apprécier à vue d'œil le poids vif de l'animal. Il ne peut, sans cela, déterminer à quel poids de viande s'élèvera le rendement probable, d'après lequel il fixe son prix maximum. Rien de plus facile, pour l'engraisseur, que d'éviter la difficulté de cette appréciation à l'estime. Il lui suffit de se pourvoir d'une bascule de pesage et d'y faire passer ses animaux avant de les envoyer au marché ou de les mettre en vente chez lui. On ne saurait trop se défier des indications fournies par les procédés qui ont été préconisés pour passer du volume au poids vif et même au rendement. Les variations individuelles, sans parler de celles qui se montrent entre les races, sont tellement grandes, qu'elles exposent aux erreurs les plus préjudiciables. Le ruban de Dombasle, qui a joui en ce genre d'une certaine réputation, donne des écarts de plus de 50 kilogrammes, comme nous l'avons souvent vérifié. Il en est de même de tous les autres rubans métriques analogues. Les tables de Quételet, calculées pour les besoins de la perception des droits d'octroi en Belgique, peuvent avoir leur utilité à ce point de vue, où la grande approximation n'est pas absolument nécessaire, bien que l'emploi de la bascule ne prendrait guère plus de temps. Mais dans le commerce des animaux de boucherie, quand on ne peut point pratiquement recourir au pesage direct, il n'y a que l'habitude acquise par un long exercice, par un apprentissage bien conduit, qui, en faisant l'éducation de l'œil, puisse le suppléer. Les bouchers chevillards du marché de Paris se montrent sous ce rapport, ainsi que les commissionnaires en bestiaux, d'une grande habileté.

Il ne peut y avoir que des avantages pour le producteur à acquérir lui-même cette habileté. Elle lui servira toutefois surtout pour acheter ses animaux d'engrais, car il vaudra toujours mieux, pour vendre les animaux gras, ne point s'en rapporter à l'estime, du moment qu'il est si facile de les peser.

Pour les moutons, les choses sont plus simples. Les maniements sont moins nombreux et les formes corporelles qui correspondent aux plus forts rendements présentent moins de difficulté d'appréciation. La largeur des épaules, du dos et des lombes, l'épaisseur des gigots sont facilement visibles, et le fond des choses, pour le reste, n'est point différent. L'évaluation du poids vif à l'estime est moins difficile, les écarts entre les individus étant moins grands; et d'ailleurs, comme on peut toujours essayer de soulever le corps d'un mouton, de le soupeser, comme l'on dit, la notion directe du poids peut ici être perçue.

La préparation des viandes pour la vente à l'étal se fait dans des tueries ou abattoirs privés ou publics. Dans les villes, les abattoirs publics se substituent de plus en plus aux tueries privées, en vue de sauvegarder la salubrité. Chaque boucher y jouit, en payant une redevance, d'un échaudoir. Les bêtes y sont abattues selon le procédé préféré, assommement ou énervement, suivi de saignée pour les bœufs, égorgement pour les veaux et pour les moutons; puis on leur lève la peau, après les avoir soufflés (voy. ABATAGE). Les avantages et les inconvénients de cette dernière opération ont été discutés. On a prétendu que l'air introduit par insufflation dans le tissu conjonctif sous-cutané et interstitiel ne pouvait manquer de faciliter l'altération de la viande, en y introduisant des germes de putréfaction. A cela, les bouchers ont répondu avec raison que la viande des animaux soufflés a beaucoup meilleur aspect, que sa couleur est d'un rouge plus vif et que leur clientèle la préfère ainsi; que d'ailleurs l'expérience leur montre qu'elle ne se conserve pas moins bien, au contraire.

Avant que la peau soit complètement détachée, alors qu'elle adhère encore au dos et à la partie supérieure du cou, l'animal est soulevé par le train postérieur, à l'aide d'une pièce de bois passée sous les tendons de ses jarrets, les pieds étant détachés et la symphyse pubienne, que les bouchers appellent *casis*, ouverte pour permettre l'écartement des membres. Un câble attaché à la partie médiane de la pièce de bois et passant sur une poulie fixée au plafond s'enroule sur un treuil ou sur un moufle et élève ainsi progressivement l'animal à mesure que la peau est détachée, jusqu'à ce qu'il soit pendu verticalement. Ensuite on lui ouvre l'abdomen pour en extraire les viscères, ainsi que ceux de la poitrine, avec le suif qui entoure les premiers, puis on sépare les pieds antérieurs et la tête. Si la couche de graisse sous-cutanée, la *couverture*, est trop épaisse, on en enlève une partie, qui forme le *dégras;* sinon l'animal, bœuf, vache, veau ou mouton, reste pendu durant un certain temps dans l'échaudoir ouvert, puis les premiers, les gros, sont fendus à coups de hache par la tige vertébrale, en deux moitiés, dont l'une porte le nom de *côté queue* et l'autre celui de *côté fausse-queue*.

Ainsi préparés, les moitiés et les sujets entiers sont portés dans la pièce où se trouvent les chevilles ou les crochets auxquels on les pend. Ils y restent jusqu'à ce qu'ils soient complètement refroidis par la ventilation et devenus tout à fait fermes, puis en cet état ils sont de là portés à l'étal. S'ils y arrivaient trop tôt, la viande ne se conserverait point, surtout par les temps chauds et orageux.

Les diverses opérations que nous venons de décrire sommairement s'expriment, dans leur ensemble, en argot de boucherie, par la locution: *faire un bœuf, un veau* ou *un mouton.*

On admet, sur des données que personne n'a jamais pu bien contrôler, que les deux côtés d'un bœuf ou les deux moitiés, ainsi préparés, doivent avoir une valeur qui couvre le prix d'achat sur pied, le bénéfice du boucher étant représenté par celle du suif, des viscères ou abats, du cuir, des cornes, des pieds, etc., des issues en un mot, que l'argot appelle *cinquième quartier*. Les quatre quartiers ou la viande nette d'un bœuf payé 1000 francs sur le marché doivent ainsi rendre la même somme vendus à la cheville, et l'on pense qu'il en est toujours ainsi.

Ceux qui considèrent l'industrie de la boucherie comme une industrie à part, en dehors du droit commun et devant être l'objet d'une réglementation spéciale, sous prétexte qu'elle opère sur une denrée de première nécessité, se sont souvent autorisés de la supposition pour prétendre que les bouchers font ainsi des bénéfices vraiment excessifs. D'un autre côté, en comparant les prix de la viande à l'étal à ceux des animaux sur pied, des producteurs de bétail se sont fréquemment posés en victimes des bouchers. On n'a cependant jamais eu l'idée de taxer le prix des animaux sur pied; mais il n'en a pas été ainsi pour la viande. Toutefois les marchés au bétail gras ont été durant longtemps fortement réglementés. Ils étaient pourvus de facteurs officiels, par l'intermédiaire desquels toutes les ventes devaient se faire. Les producteurs s'en plaignaient et avec grande raison. Les bouchers n'avaient cependant ni plus ni moins droit qu'eux à la liberté de leur industrie, et quand cette liberté a été enfin reconnue et assurée, ce ne fut, de la part des pouvoirs publics, qu'un acte d'équité et de bonne administration.

La vérité est d'abord que nul n'est en mesure de déterminer le bénéfice moyen que procure l'exercice de l'industrie de la boucherie. Comme pour toutes les autres, il dépend de l'habileté de l'industriel. Là où celui-ci se ruine sûrement, cet autre fait sa fortune. On s'en peut facilement rendre compte en songeant aux connaissances et aux aptitudes que cette industrie exige et que nous avons essayé d'indiquer dans le présent article. Celui qui se trompe habituellement dans l'achat des animaux, par exemple, qui estime trop haut leur poids vif et leur rendement probable, quelque grande que soit d'ailleurs sa capacité technique, a bientôt perdu les capitaux engagés par lui. Ce ne sont pas les bouchers seuls qui font les cours sur le marché. Ils les débattent avec les autres intéressés, avec leurs vendeurs. Ils ne font pas davantage ceux de la viande à l'étal, puisque pour celle-ci la concurrence est entièrement libre. Jadis les bouchers remplissaient une sorte de fonction publique, leur nombre était limité par les règlements municipaux. Ils jouissaient d'un monopole. On comprend que leur marchandise fût alors taxée. C'était un mauvais système, mais c'était un système. Aujourd'hui rien de pareil. L'industrie de la boucherie est libre. On n'est pas plus en droit de discuter et surtout de limiter arbitrairement ses bénéfices que ceux de la fabrication des chaussures ou du commerce de l'épicerie. Quiconque les croit très élevés (en quoi il se trompe sûrement d'une manière générale) ne rencontre aucun obstacle légal pour en profiter. Il lui est loisible d'exercer la profession de boucher, soit en gros, soit en détail.

Il a été souvent conseillé aux engraisseurs de bétail de faire abattre pour leur propre compte leurs animaux et de mettre en vente la viande de ceux-ci. En outre de l'avantage qu'on y voyait d'éviter l'intermédiaire, dont il est un peu de mode, chez certains esprits peu familiarisés avec les lois économiques, de penser et de dire du mal, on faisait valoir surtout ceux de réduire les frais de transport et de retenir à la ferme les résidus et les déchets fertilisants. L'institution, à Paris, de la vente de la viande à la criée, a eu principalement pour but de donner satisfaction aux idées ainsi formulées. On ne peut qu'approuver cette institution, de même que la faculté, qui a été enfin rendue libre par un décret de 1870, de colporter dans les rues de Paris la viande, comme le poisson et les autres denrées, en quête d'acheteurs.

Il est bon, en effet, que ceux qui croient avantageux d'expédier de la viande nette plutôt que des animaux vivants ne rencontrent aucun obstacle administratif. L'expérience a prouvé toutefois (et cela était facile à prévoir) que les engraisseurs de gros bétail n'avaient guère de propension à suivre le conseil qui leur était donné, sachant fort bien que les calculs sur lesquels ces conseils étaient appuyés manquaient de base sérieuse. La halle à la criée n'est approvisionnée que par les petits bouchers forains qui tuent des animaux de qualité inférieure et par la viande de ceux qui, dans les fermes, sont abattus d'urgence pour cause d'accident ou de danger plus ou moins imminent de mort, ce qui nécessite une inspection attentive de ces viandes, au point de vue de la salubrité. De grandes quantités en doivent être saisies, chaque jour, pour les soustraire à la consommation. Peut-être même dépasse-t-on le but, en considérant, sur de simples suppositions, comme insalubres celles qui ne le sont en réalité point, et surtout celles qui sont jugées trop faiblement nutritives.

Mais, si l'abatage dans la ferme, pour la boucherie, du gros bétail gras est généralement, pour ne pas dire universellement, reconnu comme peu pratique, il n'en est pas de même pour les moutons. Un éleveur et engraisseur éminent, M. de Béhague, a le premier organisé avec grand succès, dans son exploitation de Dampierre (Loiret), une opération industrielle consistant à expédier régulièrement par chemin de fer, à un marchand de comestibles de Paris avec lequel il avait fait marché, la viande de jeunes moutons *faits* conformément aux habitudes de la boucherie. Il a eu de nombreux imitateurs. L'opération, toutefois, n'est praticable que pour les animaux de choix, dont la viande obtient des prix de faveur. Elle exige, dans sa technique, de grands soins, dont le principal est de n'emballer la viande entourée de linges dans des paniers, pour l'expédition, que quand elle est suffisamment refroidie et ferme. Si cette précaution est négligée, si peu que ce soit, la viande s'altère sûrement et perd ainsi tout ou partie de sa valeur. Quand au contraire elle est rigoureusement prise, la viande arrive en toute saison à destination avec toutes ses qualités comestibles intactes. A. S.

BOUCHES-DU-RHONE (*géographie*). — Le département des Bouches-du-Rhône s'étend sur le littoral de la Méditerranée entre 1° 53′ 30″ et 3° 28′ 50″ de longitude est du méridien de Paris et entre les 43° 9′ 30″ et 43° 55′ 24″ de latitude nord. Il est borné, au sud, par la Méditerranée sur près de 190 kilomètres; à l'ouest, sur 85 kilomètres, par le Rhône qui le sépare du département du Gard; au nord, sur 96 kilomètres, par la Durance qui le sépare du département de Vaucluse; du côté de l'est seulement, il n'a pas de frontières naturelles, une ligne fictive le sépare du département du Var. Sa forme est celle d'un trapèze, dont une des bases parallèles, la plus grande, serait appuyée sur la mer. Plus grande longueur : 132 kilomètres; plus grande largeur : 58 kilomètres. — La superficie totale est de 510 487 hectares, ainsi répartis entre les trois arrondissements administratifs : Marseille, 65 805 hectares; Aix, 215 291 hectares; Arles, 229 390 hectares. Ces trois arrondissements sont aussi inégaux par leur richesse agricole qu'ils le sont par leur superficie; ils se subdivisent en 27 cantons contenant ensemble 106 communes.

Ce département faisait autrefois partie de la Provence; il a pour chef-lieu de préfecture Marseille, la porte de l'Orient, aujourd'hui la seconde ville de France par sa population et par l'importance de son commerce.

Le climat des Bouches-du-Rhône a les caractères généraux du climat provençal : températures estivales élevées, vents desséchants, longues sécheresses, inégale répartition des pluies entre les divers mois de l'année. Cette dernière considération est surtout importante. « Rien ne caractérise plus un climat que le nombre, la quantité, la distribution de ses pluies entre les saisons » (de Gasparin). Et, dans cet ordre d'idées, le cultivateur doit porter ses soins à rétablir par les irrigations l'équilibre si mal établi par les causes physiques naturelles. La température y est sujette à de grandes et brusques variations.

Arago a consigné les températures les plus élevées, qui ont été de 36°,6 en 1774 et 35°,9 le 7 juillet 1818; et les plus basses qui ont été de : — 17° en décembre 1788; — 17°,6, le 12 janvier 1820; — 10°,1, en février 1830. La différence entre les extrêmes est de 54 degrés. La température moyenne, établie par 60 années d'observations, est à Marseille, pour l'année entière, de 14°,38; pour l'hiver, de 7°,51; pour l'été, de 21°,61. Dans la région arlésienne, le climat est sensiblement différent; les vents sont plus violents, plus desséchants, la température estivale un peu plus élevée qu'à Marseille, et la température hivernale plus faible.

L'air est presque constamment agité; tous les vents de l'horizon se donnent rendez-vous en Provence : le *mistral*, vent de terre du nord-ouest, sec et froid, vrai et seul fléau de la Provence, car le Parlement n'existe plus, et la Durance, loin de ravager cette contrée, fécondera dans un avenir plus ou moins éloigné ses rives désolées; le *grégali*, ou vent du nord-est; la *tramountano*, vent du nord; le *pomen*, vent d'ouest; puis les vents de mer : du sud-ouest ou *labech*, du sud ou *miegiou*, du sud-est ou *eisseroq*, enfin de l'est ou *levant*, le seul qui laisse espérer la pluie, lorsqu'il n'incline pas vers le sud-est; ce qui le rend froid et redouté des cultivateurs, qui l'appellent *vent blanc*. La plupart de ces vents soufflent avec violence et par rafales; ils se livrent, dans la Crau, dans la Camargue, sur l'étang de Berre, des tournois acharnés et effrayants qui détruisent en quelques heures le résultat d'une année de travail. Les sécheresses du Sud-Est sont devenues proverbiales; il tombe pourtant beaucoup plus d'eau que dans certaines régions du Nord. Il tombe à Marseille de 0m,50 à 0m,55 d'eau par an, ainsi répartis, d'après la moyenne d'observations faites à l'Observatoire de Marseille :

Hiver : 0m,115 à 0m,116. — Printemps : 0m,130 à 0m,140.
Été : 0m,400 à 0m,410. — Automne : 0m,219 à 0m,220.

Mais les pluies tombent par averses, battent et ravinent les terres, dénudent les montagnes déboisées et ne profitent que très peu à la culture. Les pluies d'automne sont généralement abondantes; celles de printemps se font toujours désirer, et les saints du paradis que les populations ne manquent pas d'invoquer dans les temps de sécheresse, restent souvent sourds aux prières de leurs fidèles. La fréquence des vents, l'inégale répartition des pluies et l'élévation de la température expliquent l'utilité extrême des irrigations d'été. C'est par ces dernières et par de nombreux abris faits de plantations d'arbres en haies serrées, que les cultivateurs peuvent lutter contre les influences de ce climat et se garantir des longues sécheresses d'été qui sont la cause dominante du retard de l'agriculture méridionale.

Entre tous les départements français, celui des Bouches-du-Rhône est un des plus disgraciés au point de vue des dons naturels. Plus que tout autre, il porte la trace des grandes révolutions géologiques. Les trois quarts de ce territoire tourmenté sont formés par les derniers contreforts des Alpes, vastes soulèvements de la période jurassique, issus de véritables cataclysmes, qui se terminent par la chaîne de la Sainte-Baume, au nord-est de Marseille et séparant le bassin de la Durance de la Provence. L'autre portion du département est formée de plaines caillouteuses ou limoneuses, d'étangs et de marécages pestilentiels. « C'est sur ce terrain que l'homme a combattu pour défendre contre les causes de destruction le domaine sur lequel il s'est établi, pour plier à ses lois les forces rebelles, pour dompter les éléments et faire résister la vie au sein de la mort. » (Barral.)

La masse montagneuse du département forme plusieurs chaînes distinctes appartenant, à proprement parler, à la zone infracrétacée de la période jurassique : trois d'entre elles, la *Sainte-Baume*, la chaîne de *Sainte-Victoire*, la chaîne de la *Trévaresse*, sont reliées au système de l'Esterel; une autre, celle des Alpines, est un prolongement des Alpes. Ces quatre chaînes ont leur système hydrographique parfaitement caractérisé et donnant naissance à de nombreux cours d'eau.

Aux pieds de ces montagnes s'étend la plaine formée de trois parties qu'on doit étudier séparément : 1° la Crau ; 2° la Camargue; 3° les marais et les étangs.

La *Crau* (de Craou, nom générique donné en langue provençale à tous les champs pierreux d'une certaine étendue), que l'on désigne plus particulièrement sous le nom de Crau d'Arles, pour la distinguer des autres *craus*, affecte la forme d'un triangle équilatéral dont la superficie est de 35000 hectares. Le côté nord de ce triangle est appuyé sur la base des Alpines; le côté ouest a pour limites le bassin des Chanoines, le canal de Vigueirat, qui le séparent du grand Plan-du-Bourg compris entre le canal de Vigueirat et le grand Rhône; le côté est a pour limites, en remontant vers le nord, les étangs de l'Estomac, d'Engrenier, de Lavalduc jusqu'à Istres, ensuite l'étang de Berre et les collines de Grans; l'angle sud forme, dans la Méditerranée, le fond du golfe de Fos.

Cette vaste plaine a été formée par la fusion des glaises qui comblaient les vallées des Alpes. Le sol est composé d'abord d'une sorte de poudingue dont la partie superficielle présente des cailloux roulés provenant des Alpes; puis, sur le parcours et à l'embouchure du Rhône, d'un limon alluvien déposé par le fleuve.

Longtemps stérile et abandonnée au pâturage collectif, la Crau a été transformée en grande partie depuis que les eaux du canal de Crapponne permettent l'irrigation. Cinq des sections cadastrales de la Crau : la Crau de Vergière, la Crau de la Lieutenante, la section de Crapponne, la Crau de Moulés et la Crau de Payan, autrefois désertes comme tout le reste du pays, sont aujourd'hui couvertes de riches cultures. Dans son beau rapport sur *les irrigations dans les Bouches-du-Rhône*, Barral donne trois exemples remarquables (nos 17, 37, 38) des améliorations dont la Crau est susceptible : elles se résument en une série d'opérations parfaitement liées : l'épierrement, la création de prairies artificielles ou naturelles, l'entretien du bétail, la plantation et la submersion des vignes. « Les résultats déjà obtenus, dit-il, montrent ce que l'on peut espérer si l'on veut transformer les 20000 hectares encore incultes de cet immense Sahara provençal sans arbres, sans habitations, sans cultures, d'une effrayante stérilité, qui serait d'une admirable fertilité avec de l'eau, avec des bras ! » L'établissement de grands canaux d'irrigation mettra l'industrie humaine en possession de ce désert, en fournissant de prime abord la main d'œuvre et les subsistances, sans lesquelles rien n'est possible.

Avant d'arriver à ses *bouches* en amont d'Arles, le Rhône se dédouble; un de ses bras, le grand Rhône, continue à rouler ses eaux vers la mer en inclinant vers l'est ; tandis que l'autre bras, le petit Rhône, se dirige sensiblement vers l'ouest. Le vaste delta, d'origine contemporaine, géologiquement parlant, puisque les atterrissements du fleuve l'agrandissent chaque jour, est appelé *Camargue* (Camaria). Sa superficie est de 83300 hectares: 15000 hectares à peine sont cultivés, 50000 sont en terres vagues et pâturages, et 23000 environ en étangs.

La Camargue est formée de limon ; aucune roche, aucune pierre, aucun caillou ne gît dans la couche arable. Chaque année les dépôts des deux bras du Rhône augmentent la Camargue d'environ 20 hectares. M. Surell évalue à 21 millions de mètres cubes la quantité de limon charriée annuellement par le fleuve. Depuis 1850 seulement, après l'organisation d'un syndicat pour la défense des rives, cette île du Rhône a cessé d'être envahie par les eaux. Mais ce n'est que depuis quelques années que la Camargue est entrée franchement dans la voie du progrès. Il serait trop long de consigner ici les magnifiques résultats obtenus par les irrigations des prairies et par la submersion des vignes phylloxérées. Disons seulement que l'amélioration de la marenne française est un fait acquis à notre siècle. Avant quinze ans la plus grande partie de ce vaste delta ne sera plus, au grand regret des poètes et des historiens, la Camargue légendaire avec ses bandes de bœufs et de chevaux vivant à demi sauvages, avec ses troupeaux de moutons, avec ses *ferrades*, ses hardis *gardiens*. Ce vaste delta sera simplement un jour une magnifique plaine très bien cultivée, dont la prospérité agricole pourra être comparée à celle du nord de la France et de la Belgique. C'est le phylloxera qui aura valu à notre époque cette glorieuse conquête : sans lui, la transformation de la Camargue se serait effectuée, mais lentement, selon l'ordre logique des choses; avec lui, nous n'osons pas dire grâce à lui, elle aura marché à grands pas.

L'île du Plan-du-Bourg doit être rangée, par sa constitution, à côté de la Camargue ; c'est une partie distincte comprise entre la rive gauche du grand Rhône et le canal de navigation qui va d'Arles à la mer.

Les étangs, bassins, marais, paluds, occupent une bonne partie de la surface du département. Les étangs les plus importants sont celui de Valcarez, situé en pleine Camargue, et celui de Berre, puis une foule d'autres étangs plus petits situés en Camargue, dans le Plan du Bourg, dans la Crau et le Plan d'Aren. Toutes ces eaux couvrent environ 35 000 hectares. L'étang de Berre seul en occupe 15 000. On compte en outre 17 000 hectares de marais dont on poursuit la mise en culture.

Le cadastre répartit ainsi les terres du département :

	hectares
Terres labourables	111 242,64
Prés	49 706,45
Vignes	44 049,02
Bois	63 483,06
Vergers, pépinières et jardins	1 281,87
Oseraies, aulnaies, saussaies	2 960,24
Carrières et mines	20,52
Mares, canaux d'irrigation	456,75
Canaux de navigation	44,38
Landes, pâtis, bruyères, etc	163 657,12
Etangs	11 565,34
Oliviers, amandiers, mûriers	28 126,67
Propriétés bâties imposables	1 746,77
Objets non imposables	32 146 45
	510 487,28

La statistique agricole de 1852 décompose les cultures ainsi qu'il suit :

	hectares	hectares
Céréales	64 976	112 363
Racines et légumes divers	8 315	
Cultures diverses	9 773	
Jachères mortes	29 299	
Prairies artificielles	7 792	15 210
Prairies naturelles fauchables	7 418	
Vignes	44 764	
Autres cultures arborescentes (bois et forêts non compris)	35 579	
Pâturages, landes, bruyères et pâtis	145 478	
Étangs susceptibles d'être desséchés	13 591	
Bois, forêts, étangs divers, propriétés bâties		
Chemins, cours d'eau, terres incultes	143 522	
Total du territoire	510 487	

Dans les tableaux de détails, on trouve les nombres suivants :

		hect.	hect.
Céréales.	Froment	57 230	64 976
	Seigle	717	
	Orge	725	
	Avoine	6 304	
Racines et légumes divers.	Pommes de terre	3 446	8 315
	Betteraves	211	
	Carottes, choux, racines	2 010	
	Légumes secs	2 648	
Cultures diverses.	Chanvre	4	9 773
	Jardins et parcs d'agrément	338	
	Jardins potagers	1 129	
	Culture maraîchère	1 919	
	Autres cultures	6 383	
Cultures arborescentes diverses.	Vergers	7 726	35 579
	Olivettes	19 402	
	Mûriers	828	
	Autres arbres productifs	7 623	

Nous donnons les chiffres de la statistique pour ce qu'ils valent. La plupart auraient besoin d'être contrôlés. Au surplus, ils n'expriment rien d'une façon absolue et n'ont d'intérêt pour nous que par les comparaisons qu'on peut faire d'une époque avec une autre et par conséquent pour mesurer grossièrement les progrès accomplis.

Il y a un demi-siècle, d'après M. de Villeneuve, on pouvait établir ainsi qu'il suit la proportion des terres productives sur l'ensemble du territoire du département :

		hect.	hect.
Partie cultivée.	Terres labourables	105 000	169 000
	Prés	16 000	
	Vignes	20 000	
	Oliviers	24 000	
	Jardins et cultures d'agrément	4 000	
Partie inculte.	Terres vagues et incultes	233 000	341 000
	Etangs et marais	47 000	
	Bois, taillis et futaies	61 000	
	Superficie totale		510 000

Après les vérifications les plus contrôlées, Barra arrive aux résultats suivants pour la situation moyenne dans les dernières années :

	hectares	hectares
Froment	70 200	121 140
Seigle	390	
Orge	1 000	
Avoine	8 400	
Maïs	50	
Legumes secs et menus grains	6 650	
Pommes de terre	5 900	
Cultures maraîchères	6 000	
Garance	1 490	
Tabac	80	
Chanvre, pastel et cardère	980	
Jachères	20 000	
Oliviers	12 000	62 600
Vignes	29 300	
Mûriers	3 000	
Amandiers et arbres à fruits	13 000	
Vergers et pépinières	1 300	
Jardins et cultures d'agrément	4 000	
Prés naturels secs	3 400	17 500
Prés irrigués	5 900	
Prairies artificielles, luzernes	8 200	
Bois et forêts	87 800	91 000
Oseraies, aunaies et saulaies	3 200	
Landes, pâtis, bruyères	104 860	218 247
Propriétés bâties imposables	1 800	
Etangs	35 000	
Marais	17 000	
Chemins, cours d'eau, terres incultes	59 587	
Superficie totale		510 487

Conclusion : Le rapport de la partie cultivée à la partie inculte était de 169 000 hectares à 341 000, ou comme 1 est à 2 ; il est aujourd'hui de 201 000 à 306 000 ou comme 2 est à 3 ; le gain est à peu près de 16 pour 100 de la partie inculte ou de 30 000 hectares, l'équivalent de la partie aujourd'hui soumise à l'irrigation.

Les principaux changements qu'on a observés dans l'importance relative des cultures sont résumés dans le tableau suivant :

ANNÉES	NOMBRE D'HECTARES CULTIVÉS en froment	en méteil	en seigle	en orge	en maïs	en avoine	EN CÉRÉALES DE TOUS GENRES
De 1820 à 1839.	51 626	164	2 807	1 064	236	6 226	62 123
De 1840 à 1859.	64 927	»	1 288	1 289	101	8 393	75 998
De 1860 à 1879.	68 107	»	527	1 160	51	8 170	78 015

L'étendue consacrée aux céréales a sans cesse augmenté, le méteil a disparu, le seigle a perdu du terrain, l'orge s'est maintenue dans les mêmes limites, le maïs diminue beaucoup et l'avoine a augmenté.

En même temps que l'on cultive plus de céréales dans les Bouches-du-Rhône, on produit aussi davantage à l'hectare, ainsi que le montre le tableau des rendements :

ANNÉES	RENDEMENTS MOYENS A L'HECTARE			
	du froment	du seigle	de l'orge	de l'avoine
1820 à 1839....	9,77	9,25	10,88	12,90
1840 à 1859....	11,90	12,56	12,83	17,48
1860 à 1879....	13,14	12,61	16,20	20,06

La pomme de terre est de plus en plus cultivée ; on la soumet à l'arrosage ; les légumes secs, haricots, pois, fèves, lentilles, et quelques menus grains sont cultivés sur une assez grande échelle. La culture maraîchère donne de magnifiques résultats. Le voisinage de Marseille est une bonne fortune pour les maraîchers, qui ont de l'eau à volonté.

La garance et les cardères ont perdu beaucoup de leur importance d'autrefois, par suite du manque de débouchés dans l'industrie.

La surface réservée aux oliviers, si l'on en croit es diverses statistiques, aurait diminué considérablement, à peu près de moitié depuis 1840. Ce fait tient à deux causes : l'arrachage effectué après les grandes gelées; la concurrence des huiles étrangères qui a fait baisser le revenu de l'olivier et empêché de nouvelles plantations. Cependant la faveur dont jouissent les huiles du département empêchera que l'olivier disparaisse tout à fait.

La vigne, qui occupait autrefois, selon la statistique de 1852, 45 000 hectares, n'est plus guère cultivée aujourd'hui, par suite des ravages du phylloxera, que sur une vingtaine de mille hectares. Mais, tandis qu'on arrache les vignes dans les régions où l'eau fait défaut, on réalise de grandes plantations sur les bords des cours d'eau ou canaux pour livrer les vignes à la submersion, méthode aujourd'hui rendue pratique après les excellents résultats obtenus par l'habile vigneron de Graveson, M. Faucon. Une notable partie du vignoble sera aussi reconstituée par les vignes américaines résistantes.

La culture du mûrier, après avoir été presque abandonnée, tout au moins très délaissée par suite des maladies qui détruisaient les éducations de vers, jouit aujourd'hui de plus de crédit. Les vignes étant mortes, on s'est tourné vers le mûrier.

Parmi les cultures arbustives mises en faveur par les fléaux qui se sont abattus sur la vigne, sur l'olivier et sur le mûrier, il faut citer l'amandier, cultivé principalement à la Fare, à Miramas, à Saint-Chamas; puis viennent : les figuiers, les câpriers, les jujubiers, les pistachiers, les pêchers, les cognassiers, les abricotiers, les néfliers, les noyers, les azeroliers, les grenadiers, les poiriers, les pommiers, les pruniers, les cerisiers, qui sous ce climat et avec l'irrigation judicieusement employée, produisent de superbes récoltes.

Partout où le sol est susceptible d'être arrosé, les cultures maraîchères donnent des produits abondants : la culture du fraisier, du melon, des pastèques, etc., prend de l'extension. On produit aussi, spécialement dans le canton de Saint-Remy, beaucoup de graines de fleurs ou de plantes cultivées, destinées au commerce.

La culture du tabac, autorisée définitivement dans les Bouches-du-Rhône par un décret du 13 octobre 1856 n'est pas assez libre pour être avantageuse. Les restrictions sans nombre qu'on apporte à la pratique, loin de favoriser la production, l'ont étouffée dans son essor.

La surface boisée du département (87 781 hectares) se répartit ainsi :

	BOIS DES COMMUNES	BOIS DES PARTICULIERS
	hectares	hectares
Pins d'Alep..................	7 228,47	41 071
Chênes rouvres (chênes blancs du pays)......................	1 050,82	2 867
Chênes verts (yeuses)..........	9 455,83	21 366
Bois blancs (peupliers, saules)..	43,66	
	18 678,78	69 102

L'Etat ne possède pas de bois. Les forêts de pins d'Alep sont exploitées en futaie, à la révolution de 50 à 60 ans. Les essences feuillues sont exploitées en taillis simples, à la révolution de 15 à 20 ans.

Le reboisement des montagnes, commencé sérieusement en 1860, marche lentement, malgré les encouragements qu'il reçoit, à cause des droits d'usage locaux et surtout à cause de la transhumance des bêtes à laine. Comme cette question du reboisement est intimement liée avec celle du régime des eaux, et que c'est de la solution de cette dernière que dépend l'avenir du département, il n'est pas douteux que le reboisement soit poursuivi malgré les obstacles considérables qu'il rencontre dans l'application.

Les pacages, les terres vagues, les *sansouires*, les *bruyeres*, sont considérés comme fort utiles pour les nombreux troupeaux de moutons qu'on élève dans les Bouches-du-Rhône, et le temps est nécessaire pour que les eaux, aujourd'hui nuisibles, de la haute région soient mises à la disposition du cultivateur, pour augmenter la production fourragère et compenser par l'intensité des récoltes, la grande quantité de fourrages qui se trouve disséminée sur tout le département.

Heureusement, l'agriculture est entrée dans la bonne voie ; sur tous les points du département se sont formés des syndicats, des sociétés, ayant pour but la défense contre les débordements des cours d'eau, le dessèchement des marais, l'irrigation des terres, la submersion des vignes. Les irrigations augmentent les ressources fourragères et permettront de développer les entreprises animales si en retard dans la région du Sud-Est.

De grands progrès restent à faire dans ce sens ; aujourd'hui, les spéculations animales, pour n'être pas nulles, ne sont guère avantageuses qu'aux dépens de la richesse et de l'avenir agricole de la région. Nous donnons ci-après le nombre de têtes des diverses espèces animales en 1840 et les chiffres accusés par le dernier recensement :

	1840	1884
Espèce chevaline....	24 822	12 956
Mules et mulets.....	20 156	13 374
Anes et ânesses.....	16 183	4 500
Espèce bovine	3 507	11 680
Moutons.............	571 648	463 085
Porcs...............	19 220	48 050
Chèvres.............	12 911	13 095

L'espèce chevaline est représentée par un descendant dégénéré du cheval asiatique : le cheval de la Camargue. Il possède de réelles qualités de rusticité, mais il devient inutile et disparaît devant le progrès.

La Camargue possède aussi son bœuf; il n'est l'objet d'aucune spéculation que nous devions signaler. L'exploitation générale du bœuf dans le département laisse encore à désirer; le nombre de bœufs croît cependant chaque année, ainsi que l'accusent les diverses statistiques.

Les bêtes ovines qu'on y observe sont des variétés de l'espèce mérine; elles sont soumises à la transhumance. Les chèvres abondent et contribuent plus encore que les moutons à la destruction des bois.

L'élevage du porc est très pratiqué; il n'est pas une exploitation, si petite qu'elle soit, qui ne possède quelques représentants de l'espèce porcine. Les races anglaises, plus précoces et plus propres à l'engraissement, ont peu à peu supplanté celles qu'on élevait autrefois dans le pays.

On fait peu de cas des abeilles dans le Sud-Est. Cependant, grâce au climat et à la flore du département, cette branche de la culture gagnerait à être remise en faveur.

Sur les bords des étangs et de la Méditerranée, l'*aquiculture* a pris depuis dix ans une grande importance. L'industrie qui a pour but la production des poissons et des coquillages peut très bien s'allier à l'exploitation générale d'une ferme; c'est à ce titre que nous la signalons.

La population des Bouches-du-Rhône était de 315000 habitants en 1820; elle est aujourd'hui de 589000, presque le double. C'est principalement dans les villes du département et surtout à Marseille que cet accroissement du nombre des habitants s'est manifesté. En effet, la population de Marseille est aujourd'hui supérieure à celle du département tout entier en 1820. Cette observation a une très grande importance: elle nous montre que si l'essor de la population avait eu pour cause les progrès de l'agriculture, celle-ci serait aujourd'hui une des plus florissantes qu'il y ait au monde. Tel n'est point le cas, malheureusement. C'est surtout à l'activité industrielle et commerciale qu'est due la prospérité de cette ville; la population agricole, loin de participer à ce mouvement, est restée à peu près stationnaire depuis la fin du siècle dernier.

Par ses origines, la population du département se rattache à trois types ayant conservé, à travers les siècles, des caractères distincts : le type *grec* qui domine dans les villes où de tout temps il s'adonne au commerce et à la navigation; le type *romain*, si bien représenté dans l'arrondissement d'Arles; enfin le type *celtique* ou gaulois, groupé dans les campagnes et se livrant à la culture de la terre. Ces origines distinctes expliquent le contraste remarquable qui existe entre la population des villes et celle des campagnes. La première est active, remuante, téméraire et entreprenante; on observe chez elle une grande vivacité d'esprit, qui la porte à trafiquer sans cesse des produits du sol ou des manufactures, qu'elle laisse à d'autres le soin de fabriquer. L'autre, descendante de générations qui par un travail patient et opiniâtre ont conquis à la culture les sols les plus déshérités, est restée calme, presque indifférente, et fort en retard, quant à l'instruction, sur les populations du nord de la France. Le paysan provençal est intelligent, propre et sobre; il n'en est pas moins emporté, bien que son naturel soit bon; il est méfiant et souvent incrédule sur tout ce qui touche au progrès agricole.

L'exploitation par métayers domine dans les Bouches-du-Rhône. Les domaines d'une petite étendue peuvent être facilement exploités par un métayer et sa famille; ceux dont la contenance est trop grande sont divisés en métairies. Le métayage ne mérite pas tout le mal qu'on en a dit; tout dépend de la façon dont il est appliqué. On doit attendre beaucoup en Provence de ce mode d'exploitation lorsque, comme c'est le cas général, les propriétaires interviennent eux-mêmes dans la direction de la ferme et dans les améliorations foncières. Les propriétaires font les frais d'établissement des irrigations, avancent les capitaux pour l'achat des engrais et du bétail; ils vivent presque comme les métayers, aussi cette association peut-elle devenir la base d'une grande prospérité agricole et elle n'est point incompatible avec les systèmes de culture les plus avancés.

La culture par fermiers n'est pas en honneur dans le département. L'exploitation par le propriétaire lui-même tend à devenir plus générale, surtout dans les domaines de petite étendue. Dans les rares cas de fermage, les baux ont une durée de deux, trois, six ou neuf ans.

Quant au système de culture, c'est encore le système latin qui domine; mais le climat et les conditions économiques obligent les agriculteurs des Bouches-du-Rhône à soumettre leurs terres aux irrigations. Les encouragements de l'Etat ne leur ont pas fait défaut. Le jour où les irrigations seront répandues partout, le système latin disparaîtra de notre territoire.

Le département des Bouches-du-Rhône appartient pour les concours régionaux, à la région du Sud, comprenant les Alpes-Maritimes, le Var, les Bouches-du-Rhône, le Gard, l'Hérault, l'Aude et les Pyrénées-Orientales. La prime d'honneur y a été décernée trois fois : en 1861, à M. Maiffredy, au Mas de Vert, près Arles; en 1869, à M. Grangier, à Aiguilles; en 1879, à M. Martinet, au Mas de Fabre, à Tarascon.

La proximité de l'école d'agriculture de Montpellier, la création récente d'une école pratique d'agriculture à Gardanne, arrondissement d'Aix, l'organisation de l'enseignement agricole départemental donneront à l'instruction professionnelle agricole une impulsion dont le département a grand besoin. F. G.

BOUCHON. — Les bouchons servent à fermer les ouvertures des vases et des autres récipients. Un grand nombre de substances peuvent servir pour faire des bouchons : celle à laquelle on donne la préférence pour boucher les bouteilles est le liège, fourni par l'écorce du chêne-liège. Le liège présente, en effet, les qualités nécessaires pour former d'excellents bouchons; il est facile à travailler, élastique et se conserve longtemps. On donne aux bouchons une forme légèrement conique; on en unit la surface avec soin, afin que l'adhérence de toutes les parties soit complète avec les parois de la bouteille. On doit rejeter le liège sillonné de veines, ou atteint par des insectes. La fabrication des bouchons constitue une industrie spéciale. Le plus souvent, on les prépare à la main, mais des appareils ingénieux sont employés dans quelques établissements pour cette fabrication.

La forme des bouchons pour les bouteilles de vin varie suivant les régions. Dans le Bordelais, on emploie des bouchons longs qui remplissent presque toute la longueur du goulot. En Bourgogne et dans le Beaujolais, on recherche au contraire des bouchons assez courts. Pour les vins mousseux, on fabrique des bouchons spéciaux d'un diamètre notablement supérieur à celui du goulot de la bouteille; pour s'en servir, on les soumet à une compression très forte qui en réduit le diamètre du tiers à la moitié, au moyen d'une machine par laquelle on peut, en même temps, enfoncer le bouchon dans la bouteille. — On a conseillé de faire subir diverses préparations aux bouchons pour en augmenter la durée; mais ces préparations n'ont pas donné les résultats sur lesquels on comptait. La meilleure est toujours celle qui est usitée par les tonneliers; elle consiste à faire tremper pendant trente à cinquante minutes les bouchons dans l'eau pure, afin de les rendre plus sensibles à la compression.

Le bouchage des bouteilles se fait à la main ou

avec des appareils spéciaux. Pour boucher à la main, on place d'abord le bouchon dans le goulot de la bouteille, puis on le frappe avec une tapette, jusqu'à ce qu'il ne dépasse plus que de 4 à 5 millimètres; on plonge ensuite le goulot dans un vase renfermant de la cire fondue; cette cire adhère au goulot et au bouchon, qu'elle recouvre et

Fig. 685. — Machine pour boucher les bouteilles.

protège contre l'humidité. — Il existe plusieurs modèles de machines à boucher; la figure 685 en représente un type simple et pratique. La bouteille repose sur une cuvette mobile dans le sens vertical; après avoir placé le bouchon sur le goulot, on agit avec le pied sur une pédale qui soulève la cuvette; le goulot de la bouteille pénètre alors dans un guide dans lequel glisse une tige de fer; en manœuvrant de la main droite le levier qui commande cette tige on donne sur le bouchon un coup qui l'enfonce à la profondeur voulue, laquelle est déterminée par le point d'arrêt du levier. Le travail de ces machines est à peu près trois fois plus rapide que le travail à la main — Pour les vins mousseux, les machines à boucher sont construites d'après le même principe, mais elles sont plus compliquées, car elles doivent exercer sur le bouchon une pression latérale et régulière.

Fig. 686. — Claies de bouchots garnies de moules.

BOUCHONNEMENT (*zootechnie*). — Le bouchonnement des animaux est une opération hygiénique qui a un double objet. Il tire son nom de ce qu'il se pratique avec une sorte de corde plus ou moins courte, faite le plus souvent avec de la paille, mais aussi avec du foin, et qui est appelée *bouchon*. Bouchonner un animal, surtout un cheval, c'est frotter son corps ou ses membres, en tout cas sa peau, avec le bouchon. Les palefreniers anglais et les hanovriens aussi, qui ont une réputation méritée pour le pansage des chevaux (voy. PANSAGE), se servent habituellement, pour exécuter l'opération, de deux bouchons à la fois, un dans chaque main, et ils leur font exécuter des mouvements convergents. Ils font entendre, durant qu'ils la pratiquent, une sorte de susurrement des lèvres qui maintient la tranquillité du cheval, en l'hypnotisant à un certain degré.

L'un des objets du bouchonnement, employé comme l'un des temps du pansage régulier et journalier, est d'opérer le massage des muscles. Il consiste, en ce cas, moins en frictions qu'en pressions méthodiques ou en chocs sur les muscles sous-cutanés, pressions et chocs répétés durant le plus long temps possible (voy. MASSAGE). Il est utile principalement sur les parties musclées des membres, des épaules et de la croupe.

L'autre objet, accidentel celui-là, est d'essuyer et de sécher la peau en sueur, afin d'éviter son brusque refroidissement, qui pourrait provoquer ce qu'on appelait autrefois des répercussions. L'animal qui arrive suant, après une course ou un travail quelconque, doit être bouchonné de la sorte avec soin, dès que ses harnais lui ont été enlevés, jusqu'à ce que sa peau soit sèche ou à peu près, surtout si son corps est exposé à un courant d'air. Le bouchonnement est en ce cas le meilleur préservatif contre la bronchite, la fluxion de poitrine, etc. A. S.

BOUCHOTS (*pisciculture*). — Une légende attribue au naufrage d'un Irlandais nommé Walton en 1236, l'invention du bouchot pour la culture de la moule (*Mytilus edulis*) et l'introduction dans nos marais de la basse Vendée de la race des moutons dite maraichine. Quoi qu'il en soit de cette légende, c'est surtout depuis le dix-neuvième siècle que les bouchots se sont développés. C'est, en effet, à d'Orbigny en 1835 et à notre savant confrère de la Société nationale d'agriculture de France, M. de Quatrefages, en 1848, que revient l'honneur des premières et sérieuses études qui furent faites sur le bouchot, surtout sur le *Corophium longicornis*, petit crustacé gros comme un fil et long de 10 à 12 millimètres, cet infiniment petit qui en un mois laboure, bouleverse et remet à nouveau les 70 000 000 de mètres cubes de vase qui composent l'immense baie de l'Aiguillon et sans la présence duquel la culture de la vasière eût été impossible. Ce petit crustacé a été, de la part de M. de Quatrefages, l'objet d'un magistral travail qui est une des belles pages de la science et de la pisciculture.

Le bouchot n'est autre qu'une immense clôture en bois clayonné (fig. 686) ayant la forme d'un V dont la pointe, l'angle, est toujours dirigée vers la mer. Les côtés de ce triangle ouvert en face du rivage ont de 200 à 1000 mètres et à basse mer servent de pêcheries, sortes de madragues découvertes, terminées par un verveux ou poche dans lequel se réfugie et se prend le poisson *de marée*.

Le fait scientifique sur lequel repose l'industrie du boucholeur est la propriété qu'a la moule de s'attacher au moyen d'un byssus qui est sécrété, filé par ce mollusque, comme le ver file la soie. Les récents travaux de la science allemande nous ont appris sur ce byssus des faits aussi sérieux que curieux. C'est par ce pied, qui aurait dans sa composition une certaine analogie avec la soie même, que la moule s'attache, se fixe sur les parois dont nous avons parlé, y grossit et s'y multiplie dans d'immenses proportions, vivant ainsi au-dessus de la vase, son implacable et mortelle ennemie.

Disons de suite que cette culture eût été impossible sans l'acon ou pousse-pied (fig. 687), sorte de bateau glissoire au moyen duquel le boucholeur surveille, cultive, ensemence et récolte son bouchot, installé sur un point des 700 ou 800 hectares formant la vasière de l'angle de l'Aiguillon confinant aux communes d'Esnande, Charron, Marsilly, etc.

Les bouchots, au nombre d'environ six cents, appartiennent aux habitants de ces communes dont dépendent ces immenses alluvions, sans cesse agrandies.

Le prix de revient de l'établissement d'un bouchot varie évidemment avec son étendue ; le seul chiffre sur lequel on se base est le produit par mètre de longueur. Chaque mètre produisant 150 kilogrammes de moules, valant de 4 à 6 francs, les frais de premier établissement et d'exploitation sont faciles à établir.

On calculait à 1 200 000 francs le produit net que retiraient en 1865 les communes précédemment citées des six cents bouchots dont nous avons parlé.

La moule, hermaphrodite comme l'huître, se reproduit également comme elle dans d'immenses proportions. Davaine ne nous parle rien moins que de milliards sortant de février à mai du manteau de chacun de ces mollusques sous forme de laitance jaunâtre, ce qui explique pourquoi, malgré les vraies hécatombes qu'en font le turbot du littoral et l'étoile de mer (*actinies*), certains cantonnements de nos plages en sont littéralement pavés.

Prises sur ces plages et transplantées, oserions-nous encore presque écrire, sur les clayonnages, elles y deviennent marchandes au bout d'un an.

En 1877 les plages normandes, sous des circonstances encore ignorées, virent se multiplier les étoiles en de telles proportions que la moule disparut entièrement de plusieurs cantonnements.

A la ferme-école de Port-de-Bouc (Bouches-du-Rhône), on a fait des essais d'acclimatation et de culture de la moule avec le système des plaques mobiles que nous vîmes à Venise en 1851 (en dehors de l'arsenal) ; mais les résultats n'en furent malheureusement pas poursuivis.

Ce système des bouchots mobiles en opposition à ceux de l'Océan, qui sont fixes, a été repris au Bregaillon, rade de Toulon, par M. Malespine, sur filins et vieilles cordes ; nous le vîmes en 1881 donner d'excellents résultats (voy. AQUICULTURE).

Jusqu'à l'exploitation du parc de Bregaillon et à sa culture artificielle sur plaques mobiles, on croyait que l'eau douce était nécessaire au développement de ce mollusque. Or les moules de Bregaillon sont exquises et n'en reçoivent pas une goutte. Ce point reste donc tout entier à étudier, bien que les faits soient certains, dans l'un et dans l'autre cas.

Il faut citer aussi les essais de boucholage faits depuis 1867 à l'île Madame, au sud de l'embouchure de la Charente ; enfin, les moulières de l'embouchure de l'Elbe (Elberfeld), qui sont de forme et construction absolument différentes. Le bouchot y est remplacé par des arbres entiers (chênes) préalablement écorcés et fixés dans les vases par le tronc qui y plonge tout entier. Les branches, rameaux et ramilles servent d'attache à la moule qui s'y fixe par son byssus, dont le nombre des brins peut aller jusqu'à 150.

Fig. 687. — Boucholeur parcourant les bouchots dans son acon.

Nous prierons les lecteurs qui s'intéressent à la culture artificielle de la moule sur les bouchots, de lire notre *Calendrier du pisciculteur*, p. 98 et suivantes. Les faits généraux n'ont pas sensiblement changé depuis ce travail en 1877. C.-K.

BOUCLEMENT. — Ce mot a diverses acceptions. Considéré dans son sens le plus général, le bouclement comprend diverses opérations qui consistent dans l'application de boucles ou d'appareils analogues sur quelques parties du corps dans le but de mettre obstacle à l'accomplissement de certaines fonctions, de maîtriser les animaux, d'empêcher les accidents et les dégâts qu'ils peuvent occasionner par leurs moyens d'attaque et de défense.

Le bouclement constitue une opération différente suivant l'espèce à laquelle on l'applique et suivant le but qu'on veut atteindre. *Boucler* les femelles domestiques, c'est rapprocher, à l'aide d'un fil métallique, les lèvres de la vulve pour empêcher la copulation. *Boucler* un taureau, c'est fixer un anneau à travers la cloison nasale, immédiatement au-dessus du mufle, pour donner prise sur l'animal et fournir le moyen de le dompter par la douleur. On peut, lorsque le caractère du taureau le comporte, substituer au bouclement fixe le pincement du nez, à l'aide d'une pince appliquée au même point que l'anneau et qui permet de maîtriser l'animal et de le conduire avec plus de sûreté, lorsqu'il est en dehors de l'étable (voy. ANNEAU). *Boucler* un porc, c'est traverser son groin avec une tige métallique, qu'on fixe en en tordant les bouts ensemble, de manière que l'animal soit empêché de fouiller la terre par la sensation de douleur que lui font éprouver les pressions exercées sur l'anneau qu'il porte au nez. H. B.

BOUDALÈS (*ampélographie*). — Variété de raisin de table, plus généralement connue sous le nom de *Cinsau*.

BOUDANNES (*laiterie*). — Nom donné en Savoie, à certains fromages maigres fabriqués dans les fruitières avec du lait de vache écrémé.

BOUES. — Les boues des villes, ramassées avec les balayures et les débris de toute sorte provenant des habitations, constituent un excellent engrais, recherché par les cultivateurs voisins des villes, qui le payent souvent à un prix assez élevé, et avec raison. Ces boues renferment une grande quantité de matières organiques; elles sont d'autant plus riches que la proportion de ces substances est plus élevée. Avant d'utiliser les boues, il faut qu'elles aient subi une fermentation qui entraîne la décomposition des substances organiques, et qui se termine par la formation d'un terreau à peu près homogène. Pour obtenir ce résultat, on forme des tas assez considérables de ces boues, et on les laisse exposés à l'air pendant plusieurs mois; trois mois environ sont nécessaires pour que la décomposition soit complète; on l'active en recoupant le tas à la bêche, au bout de cinq à six semaines. Le terreau provenant de ces tas est noirâtre, spongieux. C'est un engrais chaud qui active la végétation des plantes hâtives et qui est très avantageux pour les plantes qui n'occupent le sol que pendant quelques mois. Il pèse de 800 à 1200 kilogrammes par mètre cube; on l'emploie à la dose de 50 à 60 mètres cubes par hectare. Sa composition est très variable, car les matières qui entrent dans sa formation sont très diverses. — Dans quelques villes, on forme avec les boues qu'on stratifie en tas avec du fumier (ce dernier dans la proportion du tiers au quart), des composts dont on active la fermentation en arrosant la masse avec du purin ou des urines chargées de matières fécales. — En Angleterre, on a quelquefois l'habitude de mélanger des cendres de houille aux boues, quand on les met en tas. — Sur les routes et dans les communes rurales, on peut former d'excellents composts, en mélangeant les boues avec des feuilles mortes et d'autres débris végétaux qu'on laisse trop souvent perdre.

BOUGAINVILLÉE (*horticulture*). — Genre de plantes sarmenteuses, de la famille des Nyctaginacées, originaires de l'Amérique du Sud. On en connaît plusieurs espèces, dont deux, le *Bougainvillea spectabilis* et le *B. fastuosa*, sont cultivées dans les serres d'Europe pour les grandes et belles bractées ovales, d'un beau rose lilas, tirant quelquefois sur le carmin, qui accompagnent les fleurs. On les y élève en pots ou en pleine terre, et on les fait tapisser les murs ou bien grimper sur des treillages; il leur faut beaucoup de lumière et de copieux arrosages. Dans les parties les plus chaudes du midi de la France et de l'Europe, on peut garnir des tonnelles avec ces plantes qui produisent le plus bel effet pendant leur floraison.

BOUILLEUR DE CRU (*législation rurale*). — Les bouilleurs de cru sont les propriétaires qui distillent les vins, marcs, cidres, prunes et cerises provenant exclusivement de leurs récoltes. Le nombre de ces propriétaires était de plusieurs centaines de mille avant les ravages du phylloxera dans les vignes françaises; il a considérablement diminué depuis 1875. Les bouilleurs de cru distillent soit avec des appareils qui leur appartiennent, soit avec des appareils transportés de ferme en ferme (voy. ALAMBIC). La législation qui régit cette forme de production de l'alcool a beaucoup varié. D'abord les bouilleurs de cru exerçaient leur industrie librement; la loi du 2 août 1872 leur a appliqué la législation relative aux distillateurs de profession, à l'exception d'une tolérance de 40 litres d'alcool par année; une autre loi, du 21 mars 1874, a réduit cette tolérance à 20 litres; enfin, la loi du 14 décembre 1875, actuellement en vigueur, a dispensé les bouilleurs de cru de toute déclaration et les a affranchis de l'exercice. Ce privilège est utile à l'agriculture, parce qu'il permet au viticulteur dont les vins sont faibles, d'en distiller une partie pour alcooliser le reste et en augmenter la valeur; mais il donne lieu parfois à des fraudes considérables.

BOUILLON (*botanique*). — Voy. MOLÈNE.

BOUIS. — Nom donné, en Provence, au canard à longue queue.

BOULANGERIE (*législation rurale*). — Sous l'ancien régime la fabrication du pain était particulièrement l'objet de la sollicitude aveugle du pouvoir. « Nuz ne peut être talemelier dedans la banlieue de Paris, se il n'achate le mestier du roy », dit le *Registre des mestiers* de 1260. Les réglementations de la corporation des boulangers étaient aussi nombreuses qu'excessives; nous n'avons pas à les rappeler ici. L'Assemblée constituante, qui supprima les corporations et proclama le « droit au travail libre pour tous », n'en laissa pas moins subsister des mesures, des réglementations, dont quelques-unes ont pesé jusqu'à nos jours sur l'industrie de la boulangerie. La loi du 22 juillet 1791 investit *provisoirement* les municipalités du droit de taxer le prix du pain et créa par le fait un véritable monopole. Ce *provisoire* a duré près d'un siècle. Sous le Consulat, un arrêté parut, le 19 vendémiaire an X, fixant les conditions auxquelles on pourrait s'établir maître boulanger. La première était une autorisation du préfet; les autres conditions portaient sur le dépôt de la farine; chaque boulanger devait déposer un nombre de sacs proportionné à sa vente quotidienne. Sous peine de perdre leur dépôt et d'être condamnés à la prison, les boulangers ne pouvaient quitter leur métier que six mois après en avoir fait la déclaration. Il leur était aussi interdit de diminuer le nombre de leurs fournées sans une autorisation spéciale du préfet de police.

La Restauration ne fit que confirmer l'arrêté de l'an X. « Étant informé, dit Louis XVIII, que la profession de boulanger est exercée par des individus non patentés qui, par leur existence et leur responsabilité, n'offrent ni à la surveillance de l'autorité, ni à la confiance des consommateurs, les garanties qu'il importe d'exiger de la part des boulangers; avons ordonné et ordonnons : les boulangers munis de permission ont seuls le droit de vendre du pain dans notre bonne ville de Paris et sa banlieue; la vente du pain n'aura lieu qu'en boutique et sur les marchés affectés à cette destination; il est défendu, sous peine de confiscation, de vendre du pain auregrat (à petit poids, à petite mesure), en quelque lieu que ce soit, et d'en former des dépôts. »

Les mesures qui suivirent ces deux arrêtés conservèrent précieusement le monopole de la boulangerie. Les règlements qui accompagnent les ordonnances de l'autorité suprême n'étaient pas moins rigoureux. Les maires assignaient aux boulangers les quartiers de la ville où ils devaient exercer leur profession : les pains devaient avoir une forme et un poids déterminés; ils devaient être vendus en boutique ou sur des marchés désignés; l'apprêt, la fermentation, la cuisson, l'heure de les poser au four étaient réglés au même titre. Certains blés étaient exclus de la fabrication, de même que certains procédés. Le pain devait avoir la blancheur voulue, les qualités requises; sinon il était saisi, détruit, et le boulanger poursuivi. Enfin, les boulangers étaient soumis à la taxe que les maires établissaient de leur propre autorité.

Il faut arriver jusqu'en 1863 pour signaler une amélioration dans ce régime désastreux. Le décret impérial du 23 juin 1863 supprima un monopole qui avait résisté aux réformes libérales de la Révolution et établit la liberté de la boulangerie; mais cette liberté n'est pas complète et ne le sera que par l'abrogation définitive de la loi de 1791, qui laisse aux municipalités le droit de taxer le prix du pain. Toutes ces mesures et même la fausse liberté dont on jouit depuis 1863 ont entravé l'action de la libre concurrence qui seule, en matière de travail, peut sauvegarder à la fois les intérêts d'une grande industrie et ceux des consommateurs. En paralysant l'essor de la boulangerie, l'intervention de l'administration lui a fait encourir le reproche d'industrie routinière et arriérée. En fait, l'industrie du pain est restée stationnaire, et si les procédés de fabrication ne sont pas modifiés au même chef que ceux des autres industries, s'ils n'ont pas fait de progrès, c'est que cette industrie n'a jamais joui d'une complète liberté et que les tentatives faites pour améliorer la fabrication du pain n'ont abouti généralement qu'à la ruine de leurs auteurs.

Les arguments fournis par les défenseurs du monopole de la boulangerie ne résistent pas à l'examen. Ils reposent tous sur des préjugés dont le plus enraciné est celui-ci : le pain est l'objet de consommation le plus indispensable à l'existence des citoyens. On pourrait citer bien des denrées plus indispensables que le pain à la nutrition de l'homme. Mais n'insistons pas; ces préjugés, excusables il y a un siècle, ne sont plus de mise aujourd'hui et ne tiendront d'ailleurs pas devant la diffusion des doctrines économiques. On pouvait autrefois s'effrayer, au nom de la consommation des grandes villes et de l'hygiène publique, des conséquences que pouvait avoir la liberté de la boulangerie; mais l'expérience a démontré aujourd'hui d'abord la superfluité, puis le danger de la tutelle administrative. Le prix du pain, sa qualité, ne sont jamais mieux établis que lorsqu'ils se règlent sans aucune pression. Par le fait qu'il est soumis à la concurrence, le boulanger doit avoir une liberté d'action complète. Il doit pouvoir afficher son pain au prix qui lui convient, car l'affichage n'implique pas la vente, et la consommation se porte toujours vers la fabrication et vers les prix qui lui conviennent. Si la consommation réclame du pain de qualité inférieure et à bon marché, le boulanger doit pouvoir le lui livrer. Ses bénéfices ne sont jamais excessifs; s'ils le devenaient, il ne manquerait pas de personnes pour s'établir à côté de lui; les profits seraient vite ramenés à leur taux normal.

Les craintes relatives à l'approvisionnement des villes ne se justifient pas davantage. Les mesures prises dans ce sens par le pouvoir central n'ont jamais abouti qu'à faire ressortir leur propre inutilité. Dès 1860, le régime du monopole de la boulangerie était condamné. « Avec le système de réglementation, disait M. Rouher, dans le rapport qui accompagnait le décret impérial du 23 juin 1863, les populations sont naturellement portées à croire que le gouvernement et les administrations locales exercent une action directe sur les approvisionnements et sur le prix du pain. Les grains et les farines viennent-ils à être moins abondants, la cherté commence-t-elle à se faire sentir, en résulte-t-il une hausse dans le prix du pain, hausse que la taxe faite par l'autorité municipale ne peut que constater, les esprits ignorants, persuadés que le gouvernement et les fonctionnaires locaux, en se chargeant de la direction de ce commerce, ont assumé sur eux le soin de pourvoir à la subsistance publique, accusent leur imprévoyance ou leur impéritie. Ils leur supposent une puissance dont ils leur reprochent vivement de ne pas savoir faire usage, et les passions politiques n'exploitent que trop souvent ces erreurs populaires au profit de leurs doctrines et de leurs intérêts. Loin d'être une garantie d'ordre public, la réglementation de la boulangerie est une source de désordres et d'inquiétudes, car elle fait peser sur le gouvernement et sur les autorités locales une responsabilité redoutable que ramènent périodiquement les vicissitudes atmosphériques et qu'aucune prudence humaine ne saurait conjurer.

» Le régime de la liberté, au contraire, dégage complètement la responsabilité du gouvernement et de ses agents; il permet au commerce de s'exercer en toute sécurité, de développer une activité toujours féconde; il laisse enfin au libre jeu de la concurrence et au stimulant énergique de l'intérêt privé le soin d'assurer les approvisionnements et de modérer les cours. »

Malgré cette éloquente défense, la boulangerie est restée dans un régime de liberté provisoire qui ne lui a point permis de donner des résultats décisifs. Heureusement, dans un grand nombre de localités, les maires se sont dessaisis du droit que leur confère la loi de 1791, et laissent toute liberté au commerce du pain. Quant aux autres, à ceux qui usent encore de ce droit et prétendent ainsi servir leur pays, on ne doit pas se lasser de leur répéter que leur intervention, si elle n'est plus dangereuse, est au moins inutile, que l'industrie du pain ne fait point exception parmi les autres industries et que la liberté seule peut régler les bénéfices du fabricant, l'approvisionnement des villes et le prix du pain. « Les municipalités, dit Barral, dans son excellent livre : *le Blé et le Pain*, dans le système de la vraie liberté, devraient rester munies du droit de surveillance sur la qualité et la quantité du pain vendu. »

Nous avouons ne pas bien comprendre ces restrictions, qui semblent en contradiction avec la conclusion si remarquable du même livre. Après avoir proclamé la puissance de la liberté, Barral a terminé ainsi son livre : « Si par malheur il arrive des bouleversements, des désastres, il faudra apprendre aux hommes à ne pas chercher des remèdes dans des prohibitions ou des monopoles, mais à tirer parti de toutes les forces qui sont en eux quand ils sont libres. » Est-ce que parmi ces forces il n'en est pas une, la défense des intérêts, la lutte pour la vie en un mot, qui rend inutile l'intervention du pouvoir? Nous allons donc plus loin et nous pensons que la vraie liberté consiste à ne jamais s'immiscer dans des affaires où les intérêts privés seuls sont en présence.

Au point de vue agricole, la liberté de la boulangerie ne peut qu'être favorable à la production et à la vente des céréales. Mais, si la question économique pure intéresse les agriculteurs, nous ne devons pas oublier que la fabrication du pain dans les campagnes laisse beaucoup à désirer, qu'elle est encore une question de ménage et non une question commerciale ou industrielle. Les procédés de panification sont en général imparfaits; ils occasionnent une perte notable de matière première et donnent souvent du pain de qualité inférieure. Partout, cependant, on fait mieux le pain aujourd'hui qu'on ne le faisait autrefois. Aussi, le progrès ne s'arrêtera pas en chemin et la boulangerie ne sera pas toujours l'industrie primitive que l'histoire nous montre stationnaire depuis des siècles (voy. Pain).

Les boulangeries coopératives n'ont pas toujours donné des résultats bien brillants. L'industrie en elle-même est délicate; il faut à la tête de ces sociétés des hommes dévoués, ayant une grande influence sur les autres membres et possédant leur confiance absolue. Les questions de personnes se mêlent parfois à la coopération et font sombrer les entreprises qu'on croyait bien établies. Néanmoins avec les facilités accordées aujourd'hui à la constitution des syndicats, les boulangeries coopératives peuvent réussir et fournir le pain à meilleur compte que les particuliers.

Quelques-unes fonctionnent même, dans les campagnes, à la satisfaction générale. F. G.

BOULANT (PIGEON). — Le pigeon boulant (*Columba gutturosa*) est une race de pigeon douée de la faculté de gonfler son jabot : ce qui lui fait donner souvent le nom de pigeon à *grosse gorge*. Ce pigeon est fécond; mais il élève mal ses petits. Son vol lourd et difficile le retient au colombier, où il vit très bien. On en compte cinq variétés :

1° *Boulant anglais* (*The Pouter*). — C'est l'une des plus belles variétés de pigeons à grosse gorge. On la distingue facilement à sa gorge sphérique, qui se détache comme un globe. Le corps est mince, effilé, très long, les ailes sont grandes, la queue est étroite, touchant presque à terre et les pattes sont très longues et emplumées. Le boulant anglais est panaché ou entièrement blanc. Pour le panaché le val est toujours blanc et le reste panaché de rouge, de noir ou de bleu.

2° *Boulant lillois*. — C'est le boulant français. Son allure vive et sa démarche gracieuse lui donnent le premier rang parmi tous les boulants. Sa taille est moyenne, sa tête fine, ses ailes sont longues et se croisent sur la queue; ses pattes fines sont légèrement emplumées. Son plumage est généralement blanc, bien que l'on rencontre souvent le blanc barré de chamois, de gris et de bleu.

3° *Boulant hongrois* (*Hungarian pigeons*). — Charmante variété de pigeons, possédant à un faible degré la facilité de gonfler son jabot. Son corps est élancé, sa tête longue et ses pattes fines et emplumées. Il a le dessus de la tête, le cou, le dos, la poitrine, les reins et la queue rouge noir, chamois ou bleu et le reste du corps blanc.

4° *Boulant allemand* (*Pigmy Pouter*). — Cette variété féconde a le cou élancé, les ailes se croisant sur la queue et les pattes emplumées. Son plumage est ordinairement rouge chamois ou gris avec les ailes barrées transversalement de blanc.

5° *Boulant nain d'Amsterdam*. — Joli pigeon qui possède la propriété de gonfler sa gorge à un très haut degré. Il ne diffère du boulant anglais que par des pattes qui sont courtes et nues. E. L.

BOULE-D'OR (*pomologie*). — Variété de grosses fraises tardives. Le fruit, très volumineux, est sphérique; sa chair est vineuse et parfumée. La plante est assez fertile et rustique.

BOULEAU (*sylviculture*). — Le bouleau est un arbre de moyenne grandeur, de la famille des Bétulacées. La tige du bouleau est svelte, ses rameaux sont grêles, souvent pendants; son écorce brune dans les jeunes pousses devient plus tard blanche et comme satinée. Les feuilles ont un pétiole grêle, elles sont rhomboïdales, acuminées au sommet et doublement dentées. Complètement glabres à l'état adulte, elles sont légèrement pubescentes chez les jeunes plants. La floraison est monoïque amentacée, pour les deux sexes : les chatons mâles sont cylindriques, denses (fig. 688) et pendants, les chatons femelles sont dressés. Les cônes ont les écailles minces, caduques et renferment les graines qui sont des samares.

Les botanistes distinguent deux espèces de bouleau, le bouleau blanc (*Betula alba*) et le bouleau pubescent (*B. pubescens*), qui diffèrent assez peu pour qu'ils aient été longtemps confondus. Le bouleau pubescent, qui s'élève plus haut dans les montagnes et s'avance plus au nord, paraît être une simple variété du bouleau blanc.

Le bouleau est un arbre des pays froids et tempérés. On le trouve en Norwège, jusqu'au 65e degré de latitude, mais à l'état de buisson. Il résiste à des froids rigoureux, car il a supporté sans en souffrir la température de — 30° qui a régné en France pendant quelques nuits de l'hiver de 1879-80.

Le bouleau n'est pas difficile sous le rapport du sol; il semble se plaire dans les terrains sablonneux, mais il s'accommode aussi des terrains argilo-siliceux et même de ceux qui sont tourbeux. Ce qu'il exige, c'est un climat humide et un sol frais, aussi ne le trouve-t-on ni sur les calcaires secs des Alpes et de la Provence, ni sur les sables des Landes.

La graine du bouleau, fine et ailée, se dissémine aisément. Les jeunes plants d'un an n'ont pas plus de 5 centimètres de hauteur, mais à deux ans ils ont 15 centimètres. C'est à cet âge qu'il convient de les arracher pour les replanter. On peut employer pour les plantations les jeunes sujets pris dans les bois; contrairement à ce qui se passe pour les chênes, les hêtres et beaucoup d'autres essences dont les plants sauvages reprennent difficilement, ceux de bouleau réussissent aussi bien quand ils viennent des forêts que lorsqu'on les prend dans les pépinières. Comme ils ne sont pas chers, on préfère pour cette essence la plantation au semis qui est très aléatoire à raison de la finesse de la graine et de la difficulté de la conserver.

La plantation en bouleaux est un moyen de mettre en valeur les terrains trop pauvres pour être cultivés. Ces plantations, recepées à dix ou douze ans, donnent déjà des produits, et si le terrain est suffisamment profond, on voit, après deux ou trois exploitations, apparaître au milieu des bouleaux, des chênes ou des sapins, suivant que l'une ou l'autre de ces essences se trouve dans le voisinage.

Fig. 688. — Chaton mâle et chaton femelle du bouleau.

Le bouleau croît presque toujours en mélange avec d'autres essences; le pin sylvestre, le chêne, l'épicéa, le sapin, sont les arbres avec lesquels il est le plus souvent associé. Il constitue avec eux des futaies mélangées dans lesquelles il joue un rôle utile, car son couvert léger ne nuit pas aux arbres voisins et son feuillage abondant fertilise le sol. Traité en taillis à courte révolution, douze à quinze ans, le bouleau donne des produits assez considérables d'abord, mais qui ne sont pas durables, car les souches épuisées après quatre ou cinq exploitations ne donnent plus que des rejets sans vigueur; aussi ne doit-il être considéré que comme une essence transitoire.

Le bois du bouleau est homogène, sa densité varie de 0,517 à 0,768. Il est uniformément blanc; sans aubier distinct, ses maillures sont peu apparentes, ses couches annuelles peu distinctes, il se décompose assez rapidement et par conséquent est peu propre aux constructions. On se sert cependant des perches de bouleau comme étais de mine. On confectionne en bois de bouleau : les bobines destinées à enrouler les fils et la soie, des caisses pour l'expédition des beurres, des barils pour l'expédition des produits chimiques, etc. Avec les jeunes brins on fait des cercles de futailles. Les brindilles servent à faire des balais. Le bois du bouleau est un bon combustible, il donne une flamme claire. Sa capacité calorifique est à celle du charme comme 0,88 est à 1. Son charbon dur et lourd dégage une chaleur soutenue.

Son écorce résineuse est presque incorruptible. Dans les forêts inexploitées des Carpathes et de la Russie, il n'est pas rare de voir des bouleaux morts de vétusté dont l'écorce, restée debout, forme un tube creux dont la partie inférieure est remplie des détritus du bois rongé par les xylophages et réduit en poussière.

Cette écorce est employée au tannage des peaux; c'est la résine qu'elle renferme qui donne au cuir de Russie son odeur caractéristique.

La sève du bouleau était autrefois considérée comme un remède souverain contre la gravelle et la pierre. Les paysans russes la recueillent en perforant le tronc avec une tarière et ils en fabriquent une liqueur fermentée.

Parmi les espèces exotiques, nous citerons seulement le bouleau noir (*B. lenta*) et le bouleau à canot (*B. papyracea*). Ces deux arbres, originaires de l'Amérique du Nord, sont acclimatés en France.

Fig. 680. — Forêt de bouleaux.

Le bois du bouleau noir a le grain fin, il est susceptible d'un beau poli; teint de la couleur du noyer, il peut être substitué à ce dernier bois dans la fabrication des meubles.

Le bouleau à canot a une écorce épaisse et flexible dont les Indiens se servaient pour faire des embarcations solides et légères. Son bois, d'un grain fin et brillant, est d'un grand usage en ébénisterie. B. DE LA G.

BOULEDOGUE (*zoologie*). — Variété de chien de garde, caractérisée par la tête ronde, le crâne fortement déprimé, les oreilles dressées et petites, le museau tronqué, le nez retroussé, les mâchoires énormes. Le corps est court, la poitrine large et développée, les jambes solides et musculeuses. Le pelage est fin, de couleur fauve ou noire, parfois tachetée de blanc. Le bouledogue est célèbre par son courage et sa ténacité qui tournent quelquefois, par suite d'un dressage spécial, à une réelle férocité.

BOULET (*zootechnie*). — Le boulet est en anatomie l'articulation métacarpo ou métatarso-phalangienne de l'Equidé. Il y a par conséquent chez le cheval, l'âne ou le mulet, deux boulets antérieurs et deux postérieurs.

Cette articulation est constituée par l'union de l'extrémité inférieure de l'os métacarpien ou métatarsien principal, d'une part, et de l'autre, par l'extrémité supérieure de la première phalange, en arrière de laquelle s'ajoutent les deux grands sésamoïdes. Elle est maintenue par des ligaments et pourvue, comme toutes les autres, d'une membrane synoviale dont le liquide facilite le glissement des surfaces articulaires les unes sur les autres. A sa face antérieure passent les tendons des extenseurs des phalanges; à la postérieure, sur les sésamoïdes, ceux des fléchisseurs. Le profond est lui-même pourvu d'une longue gaine synoviale dont la connaissance est particulièrement intéressante et qui remonte jusqu'au tiers inférieur de la longueur du métacarpien ou du métatarsien.

Eu égard à l'importance de sa fonction dans le mécanisme locomoteur, importance qui se manifeste par les fréquentes avaries dont elle est le siège, l'articulation du boulet a besoin d'une grande solidité de construction. Cette solidité fait le plus souvent défaut chez les chevaux qui, grandis par des croisements intempestifs, ont dû se développer sous l'influence de systèmes de culture incapables de fournir à leur squelette les matériaux suffisants. C'est le cas de la plupart de nos métis appelés si singulièrement demi-sang.

En raison des directions respectives des deux leviers osseux dont la rencontre forme cette articulation, l'une verticale, l'autre oblique, d'où résulte un angle obtus à sommet postérieur, on comprend que cet angle se fermerait sous le poids du corps s'il n'était maintenu à son degré normal d'ouverture par les tendons qui passent sur son sommet, agissant à la manière d'une soupente.

Ces tendons, soutenus eux-mêmes par la contraction des muscles qu'ils terminent, supportent ainsi une part plus ou moins grande des pressions occasionnées par le poids du corps, dans la station, et par la force vive dans la marche; l'autre part incombe aux surfaces articulaires.

Normalement, la répartition de ces pressions est telle qu'elles ne dépassent point les limites de résistance des organes chargés de les supporter. Quand il n'en est pas ainsi, les effets de la surcharge se traduisent par des avaries, dont les deux sont souvent atteints à la fois. Ces avaries sont appelées *mollettes* et *bouleture* (voy. ces mots).

La solidité du boulet dépend uniquement de ses dimensions, qui indiquent l'étendue de ses surfaces articulaires, ou le développement des épiphyses osseuses qui portent celles-ci, et en outre le volume des sésamoïdes. Plus cette étendue est grande, plus l'articulation est solide.

Pour en juger, il y a un criterium aussi certain que facile à appliquer. Il faut d'abord examiner les boulets de face, puis de profil. Vu de face, on compare la projection du boulet à celle de la partie moyenne de la diaphyse du métacarpien ou du métatarsien. Plus la première dépasse la seconde en étendue, plus conséquemment l'épiphyse inférieure paraît renflée, meilleure est la conformation, à la condition, bien entendu, que le renflement soit normal et non point dû à des tuméfactions osseuses accidentelles ou à des engorgements sous-cutanés. Vu de profil, le plus grand écartement des tendons en arrière du métacarpien ou du métatarsien donne la mesure de l'étendue du boulet en ce sens, qui est d'ailleurs nécessairement commandée par celle du sens opposé. A. S.

BOULETURE (*zootechnie*). — En argot hippique on nomme bouleture (fig. 690) le redressement anormal de la direction du pâturon, allant parfois jusqu'à la verticale et même jusqu'à la formation d'un angle à sommet antérieur. Ce redressement est dû à ce que les tendons des fléchisseurs des phalanges se raccourcissent plus ou moins sous des influences pathologiques, rendues faciles par une insuffisance de solidité de construction et par des travaux excessifs. On comprend aisément qu'en se raccourcissant, les tendons qui s'attachent aux faces postérieures des phalanges, et notamment celui du fléchisseur profond qui va jusqu'à la troisième, les attirent toutes trois en arrière jusqu'à la situation verticale et même au delà.

Fig. 690. — Bouleture du cheval.

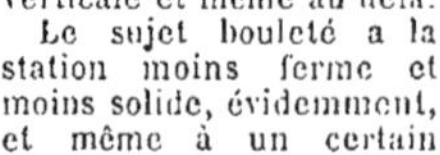

Le sujet bouleté a la station moins ferme et moins solide, évidemment, et même à un certain degré la bouleture la rend tout à fait impossible quand elle existe en même temps aux deux membres antérieurs. A. S.

BOULEY (*biographie*). — Jean-François Bouley, né à Montbard (Côte-d'Or) en 1787, mort en 1855, a été l'un des premiers et des plus brillants pionniers des applications de la science à l'art vétérinaire. Il était doué d'une vive perspicacité dans le diagnostic; on lui doit un grand nombre d'observations nouvelles et importantes. La plupart de ses travaux ont été publiés dans le *Recueil de médecine vétérinaire*, dont il fut un des fondateurs en 1823. Il fut élu membre de l'Académie de médecine en 1823, et il fut, en 1844, un des créateurs de la Société centrale de médecine vétérinaire. Il a exercé, pendant toute sa vie, une très grande influence dans toutes les discussions relatives à la médecine des animaux et dans les mesures propres au relèvement de l'art vétérinaire. H. S.

BOULINGRIN. — Dans son sens le plus général, ce mot désigne une surface plantée en gazon, dans un parc ou dans un jardin, et qui forme pelouse pour des jeux, des exercices, etc. On choisit, pour former les boulingrins, des graminées vivaces; le ray-grass anglais convient parfaitement. On entretient le boulingrin par des fauchages et des roulages répétés. — Dans l'architecture des jardins français, le boulingrin était une pièce de gazon formée dans un creux naturel ou artificiel, et entourée de glacis recouverts également de gazon. Ces boulingrins étaient créés dans les bosquets ou au milieu des parterres; ils étaient simples, quand ils étaient uniquement en gazon; composés, quand on les divisait en compartiments, alternant avec des sentiers, des plates-bandes ou des bouquets d'arbustes. — Les vallonnements gazonnés des jardins paysagers constituent la forme moderne des boulingrins.

BOULON (*mécanique*). — Cheville en fer dont une extrémité est munie d'une tête saillante, et dont l'autre extrémité se termine en pas de vis auquel on adapte un écrou. Quelquefois le pas de vis est remplacé par une ouverture qui reçoit une clavette. Les parties des machines agricoles sont souvent réunies par des boulons. On doit veiller à ce que ces boulons soient toujours en bon état; avant la mise en marche d'une machine, on doit constater avec soin si les boulons sont convenablement serrés.

BOULONNAISES (*zootechnie*).— Deux populations animales sont qualifiées de boulonnaises, une chevaline et une bovine. Les *chevaux boulonnais* sont connus, on peut le dire, du monde entier. Il n'en est pas de même des Bovidés, dont la réputation n'a guère dépassé la limite de leur pays, situé, comme on sait, sur le littoral du Pas-de-Calais, pays de collines et de dunes, devant son nom à la petite ville de Boulogne-sur-Mer, et où dominent les herbages. Nous devons décrire ici successivement les variétés animales boulonnaises.

Variétés chevalines. — Elles sont au nombre de deux, une grande et une petite. Elles appartiennent à la race britannique (voy. ce mot) et ne se distinguent l'une de l'autre que par la taille, le poids conséquemment, et l'aptitude. Les chevaux boulonnais (fig. 691) sont en effet communément divisés en *grands boulonnais* et *petits boulonnais*. Ils naissent dans les arrondissements de Boulogne, de Calais et de Saint-Omer, où la population se compose presque exclusivement de juments. Après leur sevrage, les poulains vont dans ceux de Montreuil, d'Arras, de Béthune, de Saint-Pol et dans la région du département de la Somme qu'on appelle le Vimeux. Dès qu'ils y ont atteint l'âge de dix-huit mois, on les dresse pour les travaux agricoles, qu'ils exécutent jusqu'à l'âge de quatre ans, après lequel les marchands les emmènent généralement à Paris, soit pour le service des omnibus, soit surtout pour le transport des gros matériaux.

La taille de la *grande variété boulonnaise* ne descend pas au-dessous de 1m,65 et elle s'élève jusqu'à 1m,70. Comme dans toutes les autres variétés de la même race, la conformation se fait remarquer par le grand développement des masses musculaires, plutôt épaisses qu'allongées, et donnant ainsi des formes arrondies, surtout à la croupe, une encolure large et paraissant courte, avec de fortes épaules et un garrot épais, des côtes fortement arquées. La queue, attachée bas et comme noyée entre les fesses, est touffue, mais ne descendant que rarement au-dessous du niveau des jarrets. La crinière, relativement fine, est peu abondante. Les membres, volumineux et fortement articulés, ne présentent qu'un tout petit bouquet de crins en arrière de l'articulation du boulet. Les sabots sont solides et ordinairement bien conformés. On dit des chevaux boulonnais qu'ils ont bon pied. Tout cela donne un ensemble de formes athlétiques et un poids vif qui ne descend pas au-dessous de 600 kilogrammes.

On rencontre, dans la population, toutes les robes, mais les diverses nuances grises et principalement le gris pommelé y prédominent évidemment, y étant recherchées par la clientèle des marchands de Paris, qui sont les derniers acheteurs.

Les gros boulonnais ont un tempérament vigoureux et solide, un système nerveux puissant et excitable, ce qui explique l'agilité dont ils font preuve, malgré leur forte masse. Ils marchent volontiers aux allures rapides. Ils sont vifs et intelligents. C'est pourquoi ce sont d'excellents limonniers. Leur plus utile aptitude, en effet, est pour la traction des lourdes charges à l'allure du pas, celle dite du gros trait. Ils déploient facilement un travail moteur de 90 à 100 kilogrammètres par seconde. Leur puissance mécanique est conséquemment de beaucoup supérieure à celle du cheval-vapeur. Un effort moyen de 100 kilogrammes, durant une journée de dix heures, ne les fatigue point.

La *petite variété boulonnaise* n'est qu'un diminutif ou une réduction de la grande. Ses formes sont les mêmes. Elle n'a qu'une moindre taille et un moindre poids. Sa hauteur se maintient entre 1^m,60 et 1^m,65 et son poids entre 550 et 600 kilogrammes. Elle est ainsi propre au service dit du trait léger, pouvant donner de la vitesse ou travailler à l'allure du trot, attelée à des charges qui exigent un effort moyen de 80 à 90 kilogrammes, comme, par exemple, les omnibus et les tramways de Paris.

Il fut un temps où la population de la petite variété boulonnaise était plus nombreuse qu'elle ne l'est maintenant. Elle avait, avant l'établissement des voies ferrées, un emploi spécial pour le transport de la marée à grande vitesse. Les juments qui étaient principalement utilisées pour ce service étaient appelées *mareyeuses*. Aujourd'hui, dans le pays boulonnais, on ne produit plus cette petite variété de propos délibéré. Les gros boulonnais se vendent beaucoup plus cher, jusqu'à 1800 francs et 2000 francs, au lieu de 1200 à 1400 francs. On n'élève les petits que quand on ne peut pas obtenir les gros. Cela se comprend sans difficulté.

Fig. 691. — Cheval boulonnais.

Il se fait, sur les confins de l'aire géographique de ces variétés, de trop fréquents croisements inconscients entre elles et la variété flamande de la race frisonne, de formes incomparablement moins belles. Ces croisements nuisent à la population. Les éleveurs ont repoussé ceux que l'administration des haras voulait leur imposer, sous prétexte d'anoblir leur race par l'infusion du pur sang anglais. Ils ont eu grandement raison; mais ils devraient se mettre en garde contre les inconvénients des autres, en établissant un livre généalogique pour la conservation des familles pures de leurs deux variétés.

Variété bovine. — La variété bovine du Boulonnais, peu connue, appartient à la race des Pays-Bas (voy. ce mot). Sa population, principalement composée de vaches, est comprise entre celles de la variété flamande et de la variété picarde de la même race, dont elle ne se distingue d'ailleurs que difficilement, surtout de la première. Un peu inférieures pour la taille et pour les formes, ainsi que pour les aptitudes, aux vaches flamandes, les boulonnaises sont supérieures aux picardes. Pour le pelage elles se rapprochent aussi davantage des premières, ayant moins de taches blanches que les dernières. Le rouge est chez les boulonnaises de nuance moins foncée et moins vive que chez les flamandes.

Mais le point véritablement pratique concerne l'aptitude laitière, prédominante dans la race à laquelle appartiennent ces variétés. Certes, on rencontre accidentellement dans le Boulonnais des vaches aussi fortes laitières que les meilleures flamandes; si l'on calcule toutefois les rendements moyens dans les deux populations, on constate une différence importante, puisqu'elle ne va pas loin de 1000 litres par an. Lefour a admis un rendement moyen de 3800 litres pour les flamandes; celui des boulonnaises ne dépasse guère 3000 litres. Les auteurs considèrent, d'accord avec l'opinion générale du pays, que celles-ci forment une sous-race dans la prétendue race flamande, en se fondant principalement sur cette différence d'aptitude, qui correspond du reste à une différence analogue dans le poids vif des bêtes. Tandis que les flamandes pèsent de 450 à 550 kilogrammes, les boulonnaises ne dépassent point 500 kilogrammes. En engraissant elles augmentent d'une centaine de kilogrammes.

De fréquentes introductions de taureaux flamands dans le pays boulonnais et des soins plus attentifs pour les jeunes animaux tendent de plus en plus à effacer les différences dans les deux populations. A. S.

BOUQUET (*horticulture*). — Les bouquets en assemblage de fleurs diverses, que l'on place dans des vases remplis d'eau, et qui ont pour mission d'orner et d'égayer les appartements, sont de nos jours rentrés dans une ère d'engouement. Il n'y a plus aujourd'hui de fêtes, de réceptions, de dîners, sans que des fleurs disposées en bouquets ne viennent orner les habitations. Pendant fort longtemps, la confection de ces bouquets était absolument uniforme; toutes les fleurs devaient arriver à une même hauteur et former, soit un cône régulier, soit une surface plane, ronde ou même carrée, comme la mode en existe encore en Allemagne.

On a compris, depuis quelques années, qu'il y a meilleur parti que cela à tirer des fleurs coupées. S'inspirant, à n'en pas douter, de l'art du peuple japonais, qui de tout temps a eu un goût marqué pour les fleurs en bouquets, on s'est mis à les imiter. De là est issue cette mode si gracieuse des fleurs disposées en gerbes dans lesquelles chaque fleur, entremêlée de verdure, fait valoir, par l'opposition de son coloris, la forme et la couleur de sa voisine. Il y a tout un art dans la confection de ces gerbes, et les ménagères des campagnes ne sauraient trop s'exercer à ces arrangements qui développent le goût du beau.

Toutes les fleurs peuvent utilement concourir à la confection d'un de ces bouquets. La manière la plus commode de les disposer consiste à mettre d'abord dans un vase des branches de verdure, puis à disséminer çà et là quelques fleurs dont les couleurs s'harmonisent bien entre elles. Dans le commerce, pour économiser les fleurs, et pouvoir employer même celles qui sont dépourvues d'un pédoncule, on est dans l'habitude de monter chaque fleur sur une baguette, contre laquelle on la fixe par un fil de coton ou de fer; c'est ce qui constitue les bouquets montés, qui n'ont qu'une durée éphémère, leur extrémité ne trempant pas dans l'eau. Le moyen de prolonger leur existence consiste à pulvériser de l'eau sur les fleurs elles-mêmes, que l'on arrive de la sorte à conserver plusieurs jours en bon état.

Toutes les fois que l'on dispose des fleurs dans l'eau, il est indispensable, non de casser les branches qui les portent, mais d'en faire la section d'une façon nette, à l'aide d'un instrument bien tranchant, afin de laisser les vaisseaux béants, et faciliter ainsi l'entrée de l'eau à l'intérieur de la tige. L'eau, dans laquelle trempent les fleurs, doit toujours être additionnée d'une certaine proportion de charbon de bois ou de braise qui aura pour mission d'absorber les gaz provenant de la décomposition des parties vertes des plantes dans l'eau. Par ce procédé, l'eau ne prend pas de mauvaise odeur et les fleurs se conservent beaucoup plus longtemps. J. D.

Bouquet (*sylviculture*). — On donne ce nom à un assemblage d'arbres formant un groupe d'importance variable et isolé de tout peuplement forestier. Les bouquets d'arbres peuvent jouer un rôle important comme agents protecteurs : c'est le cas de ceux situés dans le voisinage des sources ou sur le flanc des montagnes.

Bouquet (*arboriculture*). — On donne le nom de bouquet, ou de bouquet de mai, à un groupe de bourgeons à fleurs réunis sur une branche à bois d'une longueur très faible. On en rencontre sur les pêchers, les cerisiers, etc.

BOUQUET DES VINS. — Le bouquet des vins est un parfum spécial qui s'exhale de certains vins, récemment débouchés. Tous les vins n'ont pas de bouquet, et le bouquet n'est pas le même pour tous les vins. En outre, pour que le bouquet se développe, il faut que le vin soit placé dans des conditions spéciales de température, qui ne sont pas les mêmes pour tous. Le bouquet se forme dans le vin après sa mise en bouteilles, au bout d'un temps variable, suivant les natures de vins. Les causes qui déterminent la formation du bouquet paraissent extrêmement complexes; quelques chimistes ont professé, après la découverte de l'éther œnanthique par Liebig et Pelouze, que cet éther était le principe du bouquet; mais cette opinion est détruite par ce fait que cet éther se rencontre dans tous les vins, tandis que le bouquet est spécial à certains et qu'il est très variable suivant les crus. En fait, le bouquet paraît être la résultante de plusieurs principes de nature et d'origine très diverses, et de réactions qui se produisent entre les éthers et les autres principes immédiats existant dans le vin. Sa nature paraît dépendre des cépages qui entrent dans la composition du vin, de la nature du sol, de l'exposition, des conditions climatériques, des méthodes de culture de la vigne et de celles de vinification. S'il est possible de dire que chacune de ces causes exerce sur le bouquet une influence réelle et directe, il est impossible, dans l'état actuel de nos connaissances, de déterminer la part de chacune.

On produit quelquefois des bouquets artificiels, en ajoutant à des vins qui manquent de parfum, des essences volatiles d'une odeur agréable; on a recours pour cet objet surtout à divers éthers, notamment aux éthers acétique, caproïque, butyrique, pélargonique, etc. Mais ces bouquets artificiels ne trompent que les odorats peu exercés.

BOURAILLOUX (*zootechnie*). — Nom donné, dans le Poitou, au baudet dont les poils sont longs et frisés. Les éleveurs attachent une grande importance à ce caractère, qui dénoterait, pour eux, une grande puissance héréditaire.

BOURDAINE (*sylviculture*). — Arbuste de la famille des Rhamnées. La bourdaine (*Rhamnus frangula*) a les feuilles (fig. 692) alternes, entières, quelquefois acuminées, souvent arrondies à l'extrémité; leurs nervures sont parallèles, leurs pétioles aussi longs que la feuille. Les fleurs, hermaphrodites, naissent à l'aisselle des feuilles, elles sont verdâtres et réunies en faisceaux. Le fruit est une baie globuleuse d'abord rouge, puis noire. L'écorce presque noire est parsemée de points blancs. Cet arbuste qui s'élève rarement à plus de 4 mètres de hauteur, est commun dans les forêts humides, sur les bords des ruisseaux et dans les haies. Il n'offrirait aucun intérêt au point de vue forestier, si la qualité de son charbon ne lui donnait une importance toute particulière. Le charbon de bourdaine est en effet celui qu'on préfère à tous pour la fabrication de la poudre, et comme cet arbuste ne se trouve qu'à l'état sporadique, au milieu des jeunes taillis, la recherche des pieds bons à exploiter est pénible et coûteuse. Les brins destinés à la fabrication de la poudre doivent avoir de 10 à 35 millimètres de diamètre, grosseur qu'ils atteignent vers la sixième année. Ils doivent être écorcés et mis en bottes de $1^m,25$ à $1^m,30$ de longueur sur 1 mètre de tour. Les poudreries admettent aussi les demi-bottes de 60 à 65 centimètres de longueur.

La bourdaine se multiplie aisément par graines et boutures, elle n'est pas difficile sur la qualité du terrain, pourvu qu'il soit humide. Le service des poudres a beaucoup de peine à se procurer la quantité de ce bois nécessaire à sa fabrication, et il paye largement celui qui lui est livré. Il semble que dans ces conditions il y aurait intérêt, et pour le service de la guerre et pour les propriétaires de forêts, à créer, dans les parties humides, des taillis qui, exploités tous les six ou sept ans, fourniraient des brins de la grosseur exigée par les poudreries. Il existe dans un grand nombre de forêts des clairières dont le sol marécageux, peu propre à la culture des essences forestières, pourrait être avantageusement consacré à celle de cette essence secondaire dont les produits ont un placement assuré. B. DE LA G.

BOURDIGUE (*pisciculture*). — Voy. BORDIGUE.

BOURDINE (*pomologie*). — Variété de pêche à peau duveteuse, de maturité tardive (fin de septembre). Le fruit est gros et assez coloré; la chair, de couleur blanche, est fine, fondante et sucrée. C'est un fruit estimé, porté par un arbre vigoureux et fertile. On le cultive en espalier.

BOURDON (*entomologie*). — Insecte hyménoptère de la tribu des Apiens, famille des Apides. Les bourdons se distinguent par un énorme abdomen, un thorax bombé, presque globuleux, tous deux hérissés de poils longs et serrés, une tête grosse avec des yeux latéraux ovales et une rangée d'autres plus petits sur le front. Le nom qu'ils portent leur vient du bruit sourd qu'ils produisent dans leur vol. La couleur qui domine est généralement le noir, relevé de jaune, de roux, de blanc, etc. Ils diffèrent des abeilles par leurs jambes postérieures, ornées de deux épines terminales et présentant au premier article du tarse une dilatation de forme auriculaire. Les femelles et les ouvrières ont une corbeille à ces mêmes membres. Mais ce qu'il importe surtout de constater, c'est que la lèvre inférieure, qui dans les Hyménoptères s'allonge en forme de langue, a ici des dimensions plus considérables encore que chez les autres représentants de la même famille. Au repos elle est de la longueur de la tête et atteint celle du corps lorsqu'elle est étendue. Une sorte de gaine lui est fournie par les deux palpes labiaux, tandis que les palpes maxillaires demeurent très petits et formés d'un seul article.

Les *bourdons* proprement dits (genre *Bombus*) vivent en nombreuses compagnies et sont classés pour ce chef dans le groupe des Apides sociales. On y distingue des mâles, des femelles et des ouvrières ou femelles inféconds. Ces dernières ont la taille la moins considérable; les mâles sont plus gros qu'elles, mais moins que les femelles fécondes, sur lesquelles ils l'emportent par la longueur des antennes.

Le miel des bourdons, quoique inférieur à celui des abeilles, a cependant une saveur agréable. Mais comme on ne les a pas domestiqués, ce n'est pas à ce point de vue qu'ils se rendent utiles à l'agriculture. Les services qu'ils nous apportent sont

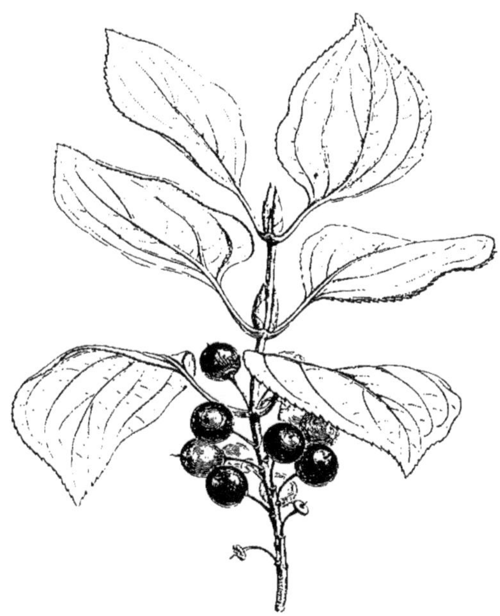

Fig. 692. — Rameau de bourdaine portant des fruits.

d'un autre genre. Pour fabriquer leur miel, les bourdons, comme tous les Hyménoptères, vont puiser le nectar produit dans des organes glandulaires reposant au fond des fleurs. En plongeant ainsi dans une corolle, ils se frottent contre les anthères, et les grains de pollen s'attachent à leur tête ou à leurs pièces buccales. De cette fleur le bourdon passe à une autre sur le stigmate de laquelle les corpuscules mâles se déposeront pour féconder l'ovaire. Or les bourdons, avons-nous dit, ont un labium plus allongé que les abeilles et autres Hyménoptères, agents de la fertilisation des plantes; ils peuvent donc servir à la multiplication et au croisement de végétaux que ne visitent pas les abeilles, parce qu'elles ne peuvent en atteindre les nectaires. En outre, lorsque les bourdons ont eux-mêmes de la peine à puiser le suc d'une fleur, ils ne se laissent pas rebuter, et à l'aide de leurs fortes mandibules cornées, attaquent la corolle par la base, la percent et lèchent l'intérieur à leur aise. Au nombre des fleurs ainsi fécondées par leur intermédiaire sont la *Viola tricolor*, le *Trèfle rouge commun* (*Trifolium pratense*) et le *Trèfle incarnat*. Cette dernière espèce ayant été importée en Nouvelle-Zélande et les abeilles déjà acclimatées en ce pays ne la visitant pas à cause de leur langue trop courte, les colons s'efforcent, pour en assurer la fécondation, d'introduire chez eux des espèces européennes du genre Bourdon et spécialement les grosses femelles du *Bombus terrestris*, transportées en état d'hibernation dans des appareils réfrigérants.

Parmi les espèces du genre *Bombus*, les principales sont le *B. muscorum*, le *B. hortorum*, le *B. terrestris*, qui vivent dans toute l'Europe et en Sibérie, les deux derniers également abondants en Algérie. P. A.

BOURGELAT (*biographie*). — Claude Bourgelat, né à Lyon en 1712, a été le créateur des écoles vétérinaires, et il a été l'un des premiers initiateurs de la médecine des animaux domestiques. A la suite d'études approfondies sur l'anatomie des animaux et sur leurs maladies, il créa, en 1762, en partie à ses frais, la première école vétérinaire à Lyon. Il a publié de nombreux ouvrages, dont les principaux sont : *Traité de cavalerie*, 1747 ; *Nouveaux principes sur la connaissance et sur la médecine des chevaux*, 1750-52 ; *Eléments de l'art vétérinaire*, 1765 ; *Traité de la conformation extérieure du cheval*, 1776. Il est mort en 1779. Des statues lui ont été élevées dans les écoles vétérinaires de Lyon et d'Alfort. H. S.

BOURGÈNE. — L'un des noms vulgaires du *Nerprun alaterne* (voy. ALATERNE).

BOURGEOIS (*biographie*). — Charles-Germain Bourgeois, né à Béville-le-Comte (Eure-et-Loir), en 1757, a été le second directeur de la bergerie nationale de Rambouillet, où il succéda à Tessier en 1790; il remplit ce poste jusqu'à sa mort en 1811. Il maintint avec habileté la valeur du troupeau de moutons mérinos, importé d'Espagne en 1786. — Son fils lui succéda dans la direction de la bergerie de Rambouillet, jusqu'en 1870; il mourut en 1879. Il fut membre de la Société nationale d'agriculture. H. S.

BOURGEON (*botanique*). — On donne le nom de bourgeons ou plus rarement de *gemmes* aux rameaux à l'état rudimentaire. On les distingue suivant leur situation en *bourgeons axillaires* et en *bourgeons terminaux*. Les premiers se montrent à l'aisselle des feuilles ou des bractées ; les seconds occupent l'extrémité de la tige et des branches. Ces derniers ont pour fonction de prolonger l'axe auquel ils appartiennent, tandis que les bourgeons axillaires formeront, en se développant, de nouvelles branches; ils concourent donc plus directement à la ramification.

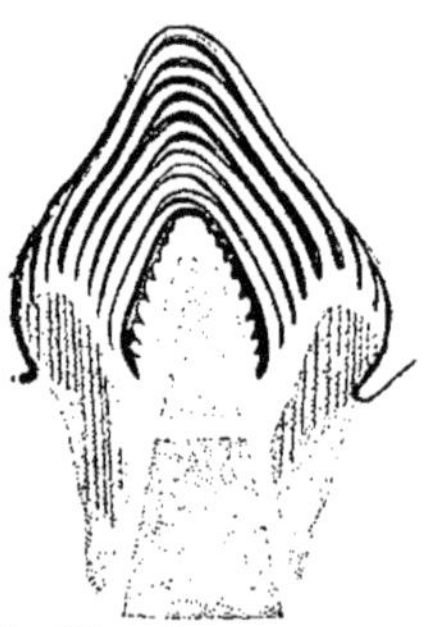
Fig. 693. — Coupe longitudinale d'un bourgeon écailleux.

Tous les bourgeons sont formés essentiellement d'un axe conique (fig. 693) très court, portant un certain nombre de feuilles toutes très jeunes, mais d'âge différent, et dont la plus vieille est la plus voisine de la base. Dans les plantes herbacées en général, dont les bourgeons se développent sans interruption, on n'observe pas d'ordinaire une organisation plus compliquée et toutes les jeunes feuilles n'y diffèrent que par la taille de ce qu'elles seront plus tard. Les choses se passent à peu près de même dans beaucoup d'arbres des régions tropicales dont la végétation ne s'arrête pour ainsi dire jamais. De tels bourgeons sont dits *nus* (fig. 694).

Au contraire, dans les plantes ligneuses, surtout celles des climats plus froids, les bourgeons nés pendant la belle saison subissent dans leur évolution un temps d'arrêt correspondant à l'hiver, pendant lequel ils auront à lutter contre les intempéries ; aussi voit-on les parties essentielles et délicates de l'organe s'entourer de parties plus résistantes, destinées à les protéger contre le froid et l'humidité. Les bourgeons munis d'un tel revêtement extérieur portent le nom de *bourgeons écailleux* (fig. 695).

Les organes qui constituent les écailles protectrices sont de nature assez différente suivant les plantes que l'on considère. Ainsi dans les lilas par exemple, elles représentent, ainsi que le prouve l'étude des développements, des feuilles incomplètement formées ; dans le marronnier d'Inde et les groseilliers, elles ont pour origine la base élargie du pétiole dont le limbe a plus ou moins complètement avorté, tandis que dans les rosiers, c'est la base du pétiole accompagnée de deux stipules adnées qui leur donne naissance. La feuille proprement dite peut disparaître à peu près complètement et être remplacée dans la fonction de protection par des stipules latérales qui prennent alors des dimensions et une consistance appropriées. C'est ce que l'on observe dans les charmes, les coudriers, etc. Cette substitution se reconnaît d'ailleurs à l'état adulte en ce que les écailles affectent, dans ce cas, une disposition relative, incompatible avec l'arrangement phyllotaxique de la plante considérée. C'est ainsi que, dans les exemples cités, les écailles forment quatre rangées verticales équidistantes, tandis qu'elles n'en formeraient que deux si elles représentaient des feuilles, lesquelles sont disposées dans l'ordre distique.

Dans un assez grand nombre de végétaux, l'efficacité de la protection fournie par les écailles des bourgeons se trouve augmentée par des phénomènes accessoires. Tantôt on voit ces écailles fabriquer dans leurs tissus une substance de nature résineuse qui, exsudant encore fluide à l'extérieur, vient s'épandre à leur surface et y former une couche ininterrompue d'un vernis plus ou moins solide et insoluble dans l'eau, dont la présence préviendra sûrement la pénétration de l'humidité vers les parties centrales. C'est ce qu'il est facile d'apercevoir chez beaucoup de végétaux, et notamment sur nos peupliers, dont les bourgeons possèdent une forte provision de ces enduits résineux. Cette substance est même quelquefois si abondante, et possède d'ailleurs une composition chimique et des propriétés telles qu'on la peut utiliser dans la pratique industrielle ou médicale. Ainsi les bourgeons de peupliers, ceux de plusieurs pins et sapins, fournissent des oléo-résines solubles dans l'alcool et les corps gras, capables de s'émulsionner avec l'eau, dont l'une est la base de l'onguent *Populeum* si usité dans la thérapeutique vétérinaire, tandis que l'autre entre dans la préparation de nombreux médicaments réputés dans le traitement des affections catarrhales.

D'autres fois, l'axe des bourgeons ou les jeunes feuilles elles-mêmes produisent un duvet plus ou moins abondant et feutré dont la faible conductibilité prévient l'action destructive des gelées. Les bourgeons du marronnier d'Inde sont remarquablement pourvus sous ce rapport.

Il est facile de concevoir comment la connaissance de tous les faits que nous venons d'énumérer peut, dans la pratique, être d'un grand secours pour la détermination des plantes ou parties de plantes alors qu'elles sont dépourvues des caractères plus importants fournis par l'étude de la fleur et du fruit.

Les bourgeons écailleux se montrent, avons-nous dit, particulièrement communs dans les plantes ligneuses des climats tempérés ou froids. Il est juste d'observer toutefois qu'un assez bon nombre d'arbres et d'arbustes tropicaux en sont également pourvus. Seulement, comme le repos de la végétation correspond dans leur pays à la saison des plus fortes chaleurs, les écailles des bourgeons ont ici pour effet de protéger les parties intérieures contre l'excès de la radiation solaire et de la sécheresse de l'air. L'organisation et l'agencement des écailles montrent en conséquence des modifications appropriées à cette adaptation spéciale, mais dans le détail desquelles nous ne saurions entrer.

Fig. 694. — Bourgeon de Patience se développant.

Qu'ils soient nus ou écailleux, les bourgeons se peuvent encore distinguer suivant leur constitution plus ou moins complexe. Les uns ne renferment jamais que des feuilles rudimentaires, et produiront par leur allongement des rameaux ordinaires; on les appelle pour cette raison *bourgeons foliaires* ou *b. à bois*. Chez d'autres, l'aisselle des jeunes feuilles montre déjà les rudiments de fleurs qui s'épanouiront peu après que le bourgeon aura commencé son évolution; ils ont reçu le nom de *bourgeons floraux*, ou *b. à fruits*. Presque toujours ces deux sortes de bourgeons sont reconnaissables à leur forme extérieure, qui est mince et effilée pour les premiers, courte et ventrue pour les seconds. On comprend, sans que nous ayons besoin d'insister, quelle importance il y a, dans la pratique de l'arboriculture fruitière notamment, à savoir distinguer ces deux sortes d'organe, l'ignorance de leurs caractères pouvant amener la suppression intempestive de bourgeons floraux, au grand détriment de la récolte future. Le danger auquel nous faisons allusion est d'autant plus à craindre, qu'au moment où la taille des arbres fruitiers ou ornementaux se pratique d'habitude, les fleurs sont déjà toutes préparées. Il ne faut pas perdre de vue en effet que la plupart de nos arbres commencent à former dès le milieu de l'été les fleurs qui ne s'épanouiront que vers le printemps suivant, après avoir traversé à l'état d'ébauches toute la période hibernale.

Fig. 695. — Rameau de Marronnier d'Inde portant des bourgeons écailleux, dont un terminal, les autres axillaires.

Les jeunes feuilles nées sur l'axe du bourgeon y occupent, les unes par rapport aux autres, la position qu'elles conserveront jusqu'à la fin, surtout sous le rapport de leur distance angulaire (fig. 696 et 697) (voy. PHYLLOTAXIE). Mais, en outre, leur nombre, leur rapprochement extrême dans le sens vertical, le peu d'espace dont elles disposent, font que leurs jeunes limbes affectent des agencements particuliers destinés en quelque sorte à économiser la place. C'est ce qu'on appelle en organographie la *préfoliation* ou la *vernation*. Extrêmement variable quand on compare sous ce rapport un grand nombre de plantes différentes, cette disposition des jeunes feuilles se montre au contraire tout à fait constante dans tous les individus d'une même espèce, quelquefois dans toutes les espèces d'un même genre. On conçoit dès lors l'importance que ce caractère tire de sa fixité même, et les services que cette étude peut rendre dans la pratique. Mais nous ne pouvons que donner ici cette courte indication dont les détails trouveront mieux leur place à un autre moment (voy. PRÉFOLIATION).

Les bourgeons axillaires affectent vis-à-vis de leur feuille-mère une position presque invariable, et l'on peut dire que dans l'immense majorité des cas le bourgeon se trouve un peu au-dessus de l'insertion foliaire et sur la ligne verticale qui passerait par le milieu de cette insertion. Très rarement on le voit occuper une situation légèrement excentrique, à droite ou à gauche. Très généralement sessile, le bourgeon se montre parfois muni d'une sorte de pédicule plus ou moins distinct provenant de l'élongation hâtive de ses premiers entre-nœuds ; les différentes espèces du genre Aulne sont presque toutes très remarquables à cet égard. Ajoutons aussi que si le bourgeon est ordinairement tout à fait indépendant de la feuille qu'il accompagne, on voit celle-ci lui fournir dans certains cas un abri temporaire. Sans insister ici sur le rôle que joue certainement la gaine des feuilles qui sont pourvues de cet organe, nous ferons remarquer que dans quelques plantes dont les feuilles ne sont nullement engainantes, l'intervention de celles-ci dans la protection des jeunes bourgeons n'est aucunement douteuse. C'est ainsi que dans le Platane la

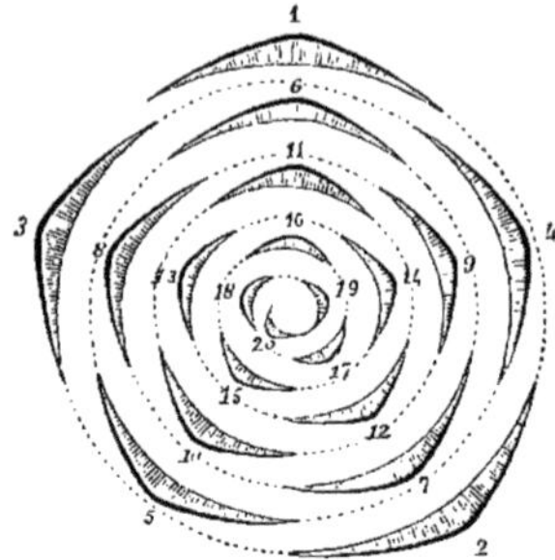

Fig. 696. — Diagramme d'un bourgeon à feuilles alternes.

base élargie du pétiole se relève peu à peu autour du bourgeon et finit par se creuser une sorte de logette perforée au sommet, dans laquelle il demeure caché jusqu'à la chute de la feuille. Les faits analogues sont assez fréquents, mais leur examen détaillé dépasserait sans doute les bornes de cet article.

Chaque feuille montre ordinairement à son aisselle un seul bourgeon ; il existe cependant de nombreuses exceptions à cette règle, et on donne le nom de plantes à *bourgeons multiples* à celles où on les observe. Tantôt les bourgeons forment sur l'axe une série médiane unique comprenant jusqu'à cinq ou six de ces organes qui se développent ordinairement de bas en haut, de sorte que le plus âgé occupe l'aisselle même de la feuille. Cette disposition est facile à constater dans le Noyer commun. D'autres fois les bourgeons multiples prennent naissance dans une direction transversale et forment à partir du bourgeon médian, plus ancien que tous les autres, une double rangée décroissante vers la droite et la gauche. C'est ce qui arrive normalement dans les bulbes de presque tous les *Crocus*, de beaucoup d'Aroïdées, notamment les *Caladium*, les *Amorphophallus*, etc.

Fig. 697. — Diagramme d'un bourgeon à feuilles opposées.

Quel que soit d'ailleurs l'agencement des bourgeons multiples, les branches n'en sont pas moins solitaires chez la plupart des plantes qui les possèdent, ce qui tient à ce que le bourgeon le plus âgé s'allonge seul, les autres n'étant pour ainsi dire que des bourgeons d'attente destinés à se suppléer les uns les autres en cas de destruction fortuite. Il n'est cependant pas très rare de voir plusieurs bourgeons se transformer en branches à l'aisselle de la même feuille, et la production si fréquente de nombreux rameaux collatéraux sur la bulbe des *Crocus*, par exemple, n'a pas d'autre origine.

Dans les plantes herbacées annuelles, ou dans les espèces vivaces par rhizome dont les parties aériennes ne vivent qu'une saison, les bourgeons, une fois nés, continuent leur évolution sans arrêt sensible, et la ramification se complique sans interruption. Leurs bourgeons reçoivent à cause de cela le nom de *prompts-bourgeons*. Quelques rares plantes ligneuses possèdent aussi des prompts-bourgeons (ex. : Pêcher); mais la production de ceux-ci ne dépasse pas normalement chaque année la seconde génération. Il en est tout autrement dans la grande généralité de nos arbres ou arbustes. A un moment variable du début de la belle saison, on voit les nouvelles branches se former, et les feuilles qu'elles comportent montrent des bourgeons dont l'évolution s'arrête peu après ses débuts. Ces organes demeureront pendant la fin de l'été et tout l'hiver suivant dans un état de repos qui leur a valu la dénomination de *bourgeons dormants*.

Il résulte de ce mode de végétation que les plantes ainsi organisées ne peuvent produire chaque année qu'une seule génération de branches, et la connaissance de ce fait a une importance capitale, étant connu d'autre part que les fleurs et par conséquent les fruits ne commencent d'ordinaire à se montrer que sur des rameaux déjà assez avancés dans l'ordre généalogique à partir de la naissance du végétal. Le nombre des générations d'axes qui doivent ainsi se succéder avant que la floraison commence est très variable suivant les espèces ; dans les Chênes, par exemple, il est d'au moins une vingtaine, ce qui signifie, en d'autres termes, que ces arbres ne fleurissent pas avant leur vingtième année, et quelquefois beaucoup plus tard. Mais dans les espèces les mieux favorisées, s'il est vrai de dire que la période dont il s'agit est moindre, la fertilité ne se montre guère avant la sixième ou la huitième année.

Dès longtemps la botanique théorique a su mettre à profit certains faits d'observation pour en déduire des applications techniques destinées à abréger artificiellement la succession des branches dans le temps, et hâter ainsi la production des fleurs.

L'étude attentive des phénomènes naturels montre en effet que chaque fois qu'une branche en voie d'évolution vient à perdre, pour une cause ou pour une autre, une partie de son extrémité libre comprenant un certain nombre de feuilles, les bourgeons situés sur le tronçon restant commencent sans retard à évoluer, au lieu de demeurer au repos comme ils l'eussent fait sans la mutilation dont il s'agit. En d'autres termes, ces bourgeons, de dormants qu'ils devaient être, deviennent des prompts-bourgeons. Ce sont les considérations théoriques tirées de ces observations qui servent de base aux opérations culturales si connues sous les noms de *taille printanière*, *pincement*, *ébourgeonnement*, et dont l'effet est de hâter le développement de certains bourgeons par le sacrifice des autres, de multiplier les générations d'axes dans la même année, et, comme conséquence finale, d'abréger plus ou moins le temps pendant lequel le cultivateur aura à attendre la floraison et la récolte.

Il s'en faut de beaucoup que tous les bourgeons nés sur une même plante aient toujours la même destinée. Dans les plantes annuelles de petite taille on les voit se développer à peu près tous régulièrement; dans les espèces ligneuses il n'en est pas habituellement ainsi. Ceux qui occupent l'aisselle des feuilles inférieures montrent une tendance presque constante à l'avortement, et c'est de cette façon que se forme le tronc des arbres chez lesquels la ramification ne commence qu'à partir d'une certaine hauteur, par suite de la stérilité des feuilles inférieures de la jeune tige.

Mais ici encore la suppression d'un certain nombre de bourgeons peut avoir sur l'existence de ceux que l'on a respectés une influence décisive. Cette tendance à l'avortement peut être considérée comme résultant de ce que les bourgeons étant trop nombreux pour que les racines puissent fournir à toute la colonie une alimentation suffisante, un certain nombre seulement, ceux qui se trouvent physiologiquement le mieux placés, reçoivent la ration nécessaire et se développent régulièrement, tandis que les autres, soumis à une portion trop congrue, finissent par périr. Il semble dès lors probable qu'en diminuant le nombre des commensaux, et en éliminant surtout ces privilégiés dont nous parlions il y a un instant, on pourrait ainsi changer le sort des déshérités. Cette vue théorique est justifiée par l'expérience. Que l'on vienne en effet à supprimer chez un végétal ligneux d'un an toute la longueur de sa tige à l'exception des deux ou trois mérithalles inférieurs munis de leurs bourgeons axillaires, on verra bientôt ceux-ci grandir, contrairement à ce qui serait arrivé si la plante avait été abandonnée à elle-même. Quand cette opération aura été renouvelée pendant un certain temps sur chaque génération successive, on aura ainsi créé artificiellement un arbre ramifié dès la base et dépourvu de tronc. La pratique de l'arboriculture fruitière n'emploie pas d'autre procédé pour l'obtention de ce qu'elle appelle les arbres en *pyramides*, en *palmettes*, etc., formes toutes anormales, et qui représentent les produits de l'application à la taille des arbres des idées théoriques que nous ne pouvons qu'esquisser ici, obligés de renvoyer le lecteur désireux de plus amples renseignements, soit aux ouvrages spéciaux, soit aux articles de ce dictionnaire où se trouvent traités les différentes sortes de taille et les détails des opérations qu'elles nécessitent.

Dans certaines espèces telles que nos Pins, Sapins et d'autres Conifères, l'avortement des bourgeons axillaires se produit avec une périodicité très régulière, si bien que quelques feuilles seulement de la tige se montrant chaque année fertiles, il en résulte la production de branches peu nombreuses, disposées par étages successifs et séparées les unes des autres par des espaces nus plus ou moins étendus. C'est ce que les botanistes descripteurs désignent souvent en disant que les plantes dont nous parlons ont les branches verticillées. Remarquons en passant que cette expression est tout à fait vicieuse, puisque les Conifères ayant les feuilles alternes, il est impossible que plusieurs bourgeons axillaires puissent occuper le même plan horizontal. Il s'agit ici d'une simple illusion d'optique occasionnée par le grand rapprochement des tours de la spirale génératrice (voy. PHYLLOTAXIE), qui nous fait apercevoir comme verticillés des organes qui existent en réalité dans des plans différents.

Il est encore intéressant de remarquer que c'est encore à l'avortement des bourgeons latéraux qu'est dû le mode de végéter des plantes dont la tige est dite *simple*, ce qui signifie qu'elle ne se ramifie jamais (fig. 698). Tel est le cas de certains Palmiers, notamment. Chez ces arbres, tous les bourgeons foliaires latéraux sans exception s'atrophient peu de temps après leur naissance, et il ne persiste que le bourgeon terminal, lequel continue l'élongation pour ainsi dire indéfinie de la tige. Ceci nous explique pourquoi ces Palmiers représentent autant de longs cylindro-cônes terminés par une couronne de feuilles.

Il existe beaucoup de plantes où les bourgeons terminaux peuvent également disparaître à un certain moment; ils sont alors remplacés par un des bourgeons latéraux les plus proches et l'accroissement de la plante en longueur se continue ainsi indirectement. Ces faits que nous ne faisons qu'indiquer sommairement, seront traités avec plus de détails à l'article RAMIFICATION.

Il arrive quelquefois que les jeunes feuilles d'un bourgeon sont frappées d'atrophie presque dès leur apparition. Ce fait s'accompagne presque toujours de la modification de l'axe lui-même, lequel se change bientôt en une sorte de cône dur et piquant qui a reçu le nom d'*épine*. Cette métamorphose peut affecter les bourgeons terminaux (fig. 699), comme on l'observe dans l'Argoussier commun (*Hippophae rhamnoides*), ou plus communément les bourgeons axillaires, ce que nous montre le Néflier sauvage. Une culture soignée, aidée d'une nourriture abondante, peut souvent faire cesser ce genre de métamorphoses; chacun sait que le Néflier de nos vergers est un arbre parfaitement inerme. Il faut d'ailleurs se garder de confondre les épines proprement dites avec les organes vulnérants nommés *aiguillons* qui sont si fréquents sur les Rosiers, par exemple, et dont l'origine ainsi que la nature sont totalement différentes.

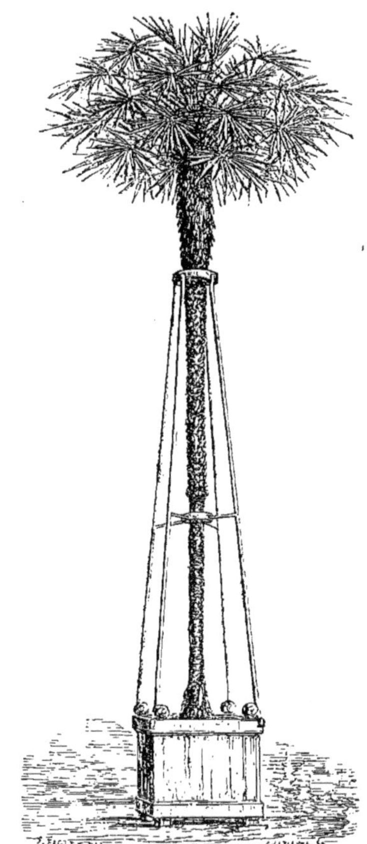

Fig. 698. — Palmier à tige simple.

Les bourgeons à leur naissance et pendant les premiers temps de leur existence reçoivent de l'axe qui les a produits tous les matériaux nécessaires à leur accroissement, et l'on peut dire que durant cette période ils sont physiologiquement sous sa dépendance absolue. Mais quand leur développement s'accentue, il arrive un moment où ils concourent pour leur part à la vie commune, fabriquant eux-mêmes des substances qu'ils peuvent transmettre aux parties voisines en échange de celles qu'ils en reçoivent. Il se passe dès ce moment quelque chose d'analogue à ce que l'on observe dans les colonies d'animaux inférieurs, tels que les Polypes, si bien qu'on a pu considérer assez justement les bourgeons comme autant d'individus distincts. Cette manière de voir trouve sa confirmation dans ce fait que beaucoup de ces organes sont capables de vivre d'une vie indépendante, quand ils se trouvent séparés de la plante mère. Tout le monde sait en effet que dans la Renoncule ficaire, dans quelques espèces de Lis, etc., on voit à un moment donné certains bour-

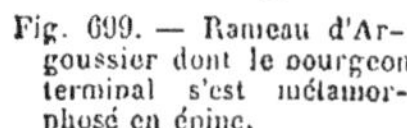

Fig. 699. — Rameau d'Argoussier dont le bourgeon terminal s'est métamorphosé en épine.

Fig. 700. — Bourgeons écailleux du peuplier en voie d'évolution.

geons, après avoir emmagasiné dans leurs tissus des aliments de réserve, se détacher, tomber sur le sol où ils ne tardent pas à produire vers leur base des racines adventives à l'aide desquelles ils pourront puiser dans le sol les matériaux nécessaires au remplacement de la réserve épuisée, et devenir ainsi des plantes indépendantes. Ce sont ces bourgeons qu'on appelle *bulbilles*.

Ce procédé que la nature emploie pour la multiplication des végétaux, la botanique appliquée l'imite quelquefois dans le même but et l'on peut, avec des soins convenables, obtenir ce qu'on appelle des *boutures de bourgeons*.

Puisque les bourgeons reçoivent de l'axe producteur au moins une partie des aliments dont ils ont besoin pour s'accroître, on conçoit à priori que le bourgeon puisse être impunément changé de nourrice, transplanté pour ainsi dire de la plante où il a pris naissance sur une autre. La principale difficulté qui se présente est d'assurer à l'organe transplanté une alimentation assez peu différente de celle à laquelle il est habitué. L'observation montre en effet que l'opération dont nous parlons ne réussit qu'à la condition que l'espèce sur laquelle on pratique le transport ait une organisation très voisine de celle de la plante mère. Telle est en somme l'idée théorique sur laquelle repose tout entière l'opération culturale nommée *greffe*, particulièrement celle dite *en écusson*, laquelle est d'un si précieux secours pour la multiplication et la conservation des variétés qui ne se reproduisent pas régulièrement par semis (voy. GREFFE).

L'accumulation dans les bourgeons de réserves alimentaires prend dans certaines circonstances une importance exceptionnelle au point de vue technique, et l'homme a pu trouver dans ce phénomène physiologique de précieuses ressources pour son alimentation ou pour les besoins de son industrie. Tout le monde connaît l'usage journalier que nous faisons de certaines variétés de Choux, telles que celles dites *choux pommés*, *choux de Bruxelles*, etc., dont la valeur alimentaire réside à peu près exclusivement dans le bourgeon terminal ou dans les bourgeons axillaires hypertrophiés. Les pays tropicaux ne sont point privés de semblables avantages, et certains arbres de la famille des Palmiers (notamment l'*Areca oleracea*), procurent aux habitants de ces contrées une nourriture abondante par leur bourgeon terminal, connu sous le nom significatif de *Chou palmiste*.

On donne le nom de *bourgeonnement* à l'ensemble des phénomènes en vertu desquels les bourgeons dormants deviennent de véritables branches. C'est vers le commencement de la belle saison que, dans nos climats, ces phénomènes s'accomplissent. Sous l'impulsion d'une température plus élevée et d'un afflux plus considérable de fluides nourriciers venus des racines, on voit le bourgeon, sortant de sa torpeur hivernale, se gonfler peu à peu ; bientôt les écailles dont il est entouré s'écartent (fig. 700), elles s'étalent, et le plus ordinairement finissent même par tomber, leur rôle protecteur étant désormais fini. En même temps les jeunes feuilles se déplient et grandissent, l'axe accroît ses entre-nœuds dans une direction basifuge, et la branche acquiert insensiblement la longueur qui lui est propre. C'est aussi d'ordinaire à ce moment que les bourgeons de la génération future deviennent apparents à l'aisselle des feuilles. La durée du bourgeonnement est assez variable suivant les plantes ; cependant on peut sans trop d'erreur, dans nos climats tempérés, lui attribuer une longueur moyenne de quarante jours, période d'ailleurs soumise aux variations atmosphériques annuelles ou locales.

Il va sans dire que, pour les bourgeons floraux, les faits dont il s'agit se compliquent de l'accroissement et bientôt de l'épanouissement des fleurs.

Les bourgeons dont nous nous sommes occupé jusqu'ici sont réunis dans le langage organographique sous la dénomination commune de *bourgeons normaux;* mais on peut en voir se produire d'autres, qu'on appelle *bourgeons adventifs*. Pour les premiers, la place exacte qu'ils doivent occuper peut être connue théoriquement dans chaque espèce ; il en va tout autrement pour les seconds, qui ne possèdent pas de lieu d'élection, d'où l'épithète qui sert à les distinguer. On les voit apparaître en effet dans les positions les plus variées, sur les organes les plus divers déjà avancés en âge (fig. 701). Racines, tiges, branches, feuilles, peuvent émettre des bourgeons adventifs ; il n'est pas jusqu'aux fleurs où l'on n'ait eu l'occasion d'en signaler. Disons tout de suite que c'est là le seul caractère morphologique qui sépare les bourgeons adventifs des bourgeons normaux ; ils ont en effet la même constitution, exactement ; nus dans les herbes, écailleux dans les arbres et arbustes, ils peuvent comme les autres ne produire que des branches gourmandes ou donner des fleurs.

Certaines plantes forment naturellement des bourgeons adventifs qui méritent alors le nom de *spontanés*. Qui n'a remarqué dans la campagne de vieux Ormes s'entourer, dans un périmètre plus ou moins grand, d'un certain nombre de jeunes individus que l'on prend souvent pour le résultat de la germination d'autant de graines, et qui ne représentent en réalité que des branches provenues du développement de bourgeons adventifs nés spontanément sur les racines, et avec lesquelles elles restent en relation anatomique? La propriété d'émettre de tels bourgeons est fréquemment mise à profit dans la pratique, soit pour la multiplication artificielle de certaines espèces par la séparation de ces branches quand elles se sont elles-mêmes enracinées, soit pour la production rapide d'une végétation abondante sur un espace donné. Tout le monde connaît, par exemple, l'emploi du faux-Acacia sur les pentes des collines ou sur les talus des chemins de fer où les racines de ces arbres, horizontalement étalées à une faible profondeur, émettent de nombreux rameaux adventifs dont le cercle va sans cesse s'élargissant et dont les racines entrelacées tendent à consolider les terres et à en arrêter le glissement.

Fig. 701. — Bourgeons adventifs nés sur les racines d'un Chêne.

Il faut remarquer toutefois que les végétaux capables d'émettre ainsi spontanément des bourgeons adventifs sont pour ainsi dire exceptionnels, et que si de tels bourgeons sont en réalité extrêmement répandus dans le monde végétal, la plupart des plantes ont besoin d'être soumises à de certaines excitations pour leur donner naissance. C'est ce que l'on peut appeler *bourgeons adventifs provoqués*. Les blessures faites par l'homme ou par cause fortuite, les piqûres d'insectes, etc., sont les causes déterminantes les plus communes de la formation des bourgeons adventifs. Presque partout où une perte de substance a eu lieu sur un organe âgé, on voit bientôt la plaie produire en se cicatrisant une plus ou moins grande quantité de bourgeons. La pratique culturale met souvent à profit cette propriété des plantes et en retire des avantages considérables. Toutes les fois, par exemple, que le sylviculteur a besoin d'obtenir une grande quantité de rameaux de même force, il coupe les tiges d'arbres déjà âgés à une hauteur variable au-dessus du sol et voit bientôt le pourtour des cicatrices se couvrir de bourgeons qui, nés à peu près au même moment, deviendront autant de branches égales et partant propres aux mêmes usages.

La section a-t-elle été pratiquée au ras du sol, l'opération prend le nom de *recepage* ou culture en *taillis;* se fait-elle à hauteur d'homme environ, on obtient des *têtards*, ainsi nommés parce que la tige se renfle peu à peu au-dessous des sections indéfiniment renouvelées à chaque récolte, par suite de l'afflux des liquides nourriciers. Quand on coupe seulement les branches latérales à leur insertion sur la tige, tout en respectant cette dernière, on pratique l'*émondage*, mode de culture appliqué surtout aux essences de moindre valeur, telles que les Peupliers, et qui a ce grand avantage de procurer des produits partiels successifs, sans nuire au développement du tronc, dont on peut attendre ainsi moins impatiemment l'âge d'exploitabilité.

Mais ce n'est pas seulement dans le meilleur aménagement possible des plantes ligneuses que les bourgeons adventifs jouent un rôle important; on peut également obtenir de bons effets de leur formation dans les plantes herbacées. L'opération si connue, par exemple, de la *tonte des gazons*, a pour double effet non seulement de favoriser le développement des bourgeons normaux inférieurs qui, comme nous l'avons vu, pourraient demeurer latents, mais encore d'amener la production de bourgeons adventifs sur les parties aériennes ou souterraines des plantes qui forment le tapis, et d'augmenter en conséquence la couverture du sol. Ceci nous amène à faire remarquer qu'envisagée théoriquement, la pratique dite du *ratissage* ne saurait avoir pour résultat, au moins dans le plus grand nombre des cas, le dépérissement des mauvaises herbes qui déparent les allées de nos jardins, mais tend au contraire à hâter leur ramification. La facilité de cette opération souvent renouvelable à peu de frais, peut cependant expliquer qu'on la substitue à la destruction par arrachement, seule véritablement efficace.

Fig. 702. — Feuille de Fougère portant deux bourgeons adventifs spontanés.

Enfin la multiplication artificielle trouve encore un puissant adjuvant dans la théorie du bourgeon adventif provoqué. De certaines plantes en effet, il suffit d'enterrer des fragments de racines, ou des portions de feuilles pour obtenir de nouveaux individus par formation sur ces organes de bourgeons adventifs qui ne tardent pas à s'enraciner. Citons comme exemple du premier cas les *boutures de racines* du *Paulownia*, et les *boutures de feuilles* du *Begonia* comme exemple du second.

Considérés au point de vue anatomique, les bourgeons arrivés à l'état adulte ne présentent pas de différences notables avec l'axe qui leur a donné naissance; complètement cellulaires au début, ils différencient peu à peu leur parenchyme fondamental pour former les diverses parties qu'on y observera plus tard et qui ne seront que la répétition des organes similaires de l'espèce. Nous ne croyons pas devoir insister sur ce sujet. Ce qui nous paraît plus important à signaler ici, c'est la différence qui existe entre l'origine anatomique des bourgeons normaux et celle des bourgeons adventifs, parce que la connaissance de ces faits peut éclairer la pratique.

Les bourgeons normaux se formant toujours sur des axes extrêmement jeunes, on conçoit que la différenciation de certaines cellules superficielles de ces parties peut être leur point de départ; c'est ce que l'observation directe vérifie, aussi les histologistes ont-ils attribué à ces bourgeons l'épithète d'*exogènes*.

Pour les bourgeons adventifs au contraire qui, avons-nous dit, se montrent exclusivement sur des organes déjà avancés en développement, et dont les tissus sont par conséquent différenciés, il ne saurait en être de même. On ne voit point en effet comment des cellules superficielles de l'écorce, par exemple, pourraient se transformer pour devenir le point de départ d'une nouvelle formation gemmaire. Un tel phénomène ne se comprendrait pas dans l'état actuel de nos connaissances sur la multiplication cellulaire. Les cellules en voie de division et par conséquent très jeunes, étant seules capables de se différencier pour produire les organes divers, c'est seulement là où existent de telles cellules chez les organes âgés que nous devons chercher l'origine des bourgeons adventifs. Cela nous explique pourquoi ils semblent toujours se produire aux dépens des cellules génératrices ou cambiales. Les blessures que nous avons signalées comme étant la cause la plus fréquente du bourgeonnement adventif, n'ont d'ordinaire un semblable effet qu'autant qu'elles intéressent ou mettent à nu une certaine quantité de ces cellules. Il est facile de s'assurer qu'une légère égratignure pratiquée sur le périderme d'un tronc d'arbre, par exemple, ne donne pas lieu à la formation de bourgeons adventifs, et que, pour que ceux-ci apparaissent, il faut que la blessure pénètre plus profondément jusque vers la zone génératrice. Il en est de même partout ailleurs, et c'est un fait que le cultivateur ne doit jamais perdre de vue.

Dans tous les cas, comme les cellules cambiales occupent constamment dans les organes adultes une situation plus ou moins profonde, les botanistes ont cru devoir donner le nom de *bourgeons endogènes* à ceux qui résultent de leurs transformations.

Quant à la question de savoir quelle est la nature de l'impulsion à laquelle ces cellules obéissent pour se différencier en bourgeons adventifs spontanés ou provoqués, nous ne pouvons que constater ici l'insuffisance de nos connaissances actuelles et appeler sur ce difficile sujet de nouvelles recherches.

Dans tout ce qui précède nous n'avons eu en vue, le lecteur s'en est facilement aperçu, que ce qui touche aux bourgeons des plantes Phanérogames. Nous devons ajouter que les Cryptogames possèdent en général des bourgeons plus ou moins comparables à ceux des plantes plus élevées en organisation. Chacun sait que les Fougères, les Mousses, les Hépatiques, et d'autres encore se ramifient plus ou moins, ce qui ne peut avoir lieu que par suite de formations gemmaires. D'un autre côté, beaucoup de ces plantes produisent également des bourgeons adventifs spontanés, et il est même bon de remarquer que certaines d'entre elles trouvent dans cette propriété leur mode le plus habituel de ramification ou de reproduction. Ainsi dans un bon nombre de Fougères c'est tantôt le pétiole, tantôt la face supérieure du limbe lui-même que l'on voit se charger de bourgeons adventifs (fig 702) qui peuvent s'isoler et s'enraciner de manière à ajouter ce mode de multiplication à la reproduction sexuelle.

Tous ces faits, aussi bien que ceux relatifs à la genèse des bourgeons dans les Cryptogames, présentent un vif intérêt; mais comme ces études sont plutôt du ressort de la science pure, et que d'ailleurs les Acotylédones intéressent en général moins directement l'agriculteur que les Phanérogames, nous nous bornerons à ces très succinctes indications. E. M.

BOURGEON (*horticulture*). — Tandis qu'en botanique le terme de bourgeon est réservé à la branche à l'état rudimentaire, en horticulture ce mot s'applique à tout rameau en voie d'évolution et garni de ses feuilles. Il y a là une divergence de dénomination qui est fâcheuse, le même mot servant, dans deux sciences très voisines, à désigner des choses différentes; mais la multiplicité des côtés sous lesquels il convient de considérer la production de la ramification en horticulture, oblige à une pluralité d'appellations qui n'existe pas en botanique. Il n'en est pas moins regrettable que l'on n'ait pas imaginé de mots nouveaux, au lieu de se servir de ceux que l'on emploie déjà à désigner d'autres objets.

Le bourgeon est dit *à bois*, quand il s'allonge sans donner de fleur. Quand, au contraire, il en produit, en ne portant qu'un nombre très restreint de feuilles, et par suite ne prenant qu'un faible accroissement, on le dit *à fleur*. Si enfin, après s'être allongé normalement, il se termine par une ou plusieurs fleurs, comme cela a lieu chez le Cognassier ou le framboisier, on le dit *mixte*. J. D.

BOURGOGNE (Vins de). — Les vins de Bourgogne se divisent en deux catégories : les vins de la haute Bourgogne ou Bourgogne proprement dite et ceux de la basse Bourgogne. On récolte, dans l'une et l'autre partie, des vins de qualité très différente.

Les vins fins de Bourgogne viennent exclusivement de la côte d'Or, qui commence à Gevrey, près de Dijon, et qui s'arrête à Meursault, au delà de Beaune. On la divise en deux parties : la côte de Nuits et la côte de Beaune, rivales par la richesse et la célébrité. — Les principaux crus de la côte de Nuits sont ceux de Romanée, Vougeot, Chambertin, Musigny, la Tâche, Clos-de-Tart, Richebourg, Vosne, Saint-Georges, Chambolle, Morey. — La côte de Beaune renferme, outre cette commune, Savigny, Aloxe-Corton, Pommard, Volnay, Santenay, Chassagne et Puligny, où se récoltent les grands vins de Montrachet.

Une classification des grands crus de Bourgogne est à peu près impossible, parce que le rang à assigner à chacun varie suivant les années. Néanmoins voici celle qui est généralement adoptée pour les têtes de cuvées de chaque territoire (c'est le nom qu'en Bourgogne on donne aux clos supérieurs) :

Vins rouges : Hors ligne, Chambertin et Clos-Vougeot, à Gevrey; Romanée-Conti, Richebourg, La Tâche, à Vosne. — Têtes de cuvée n° 1 : Musigny, à Chambolle; Romanée Saint-Vivant, à Vosne; Clos-Saint-Georges, à Nuits; Corton, à Aloxe; les Bonnes-Mares et le Clos-du-Tart, à Morey. — Têtes de cuvée n° 2 : Arvelets et Rugiens, à Pommard; Beaumonts, à Vosne; Boudots, Cailles, Cras, Murger, Porrets, Pruliers, Thorey et Vaucrains, à Nuits; Caillerel et Champans, à Volnay; Clavoillon, à Puligny; Clos-Margeot, à Chassagne;

Clos-Tavanne et Noyer-Bart, à Santenay; une partie du Corton, à Aloxe; Echezeaux, à Flagey; Feves et Greves, à Beaune; Ferrière, à Fixin; Sautenot, à Meursault.

Vins blancs : Hors ligne, Montrachet, à Puligny. — Premières cuvées : Chevalier-Montrachet et Bâtard-Montrachet, à Puligny; Charmes, Combettes, Genevrières, Goutte-d'Or, à Meursault; Charlemagne, à Pernant, près Aloxe.

La basse Bourgogne forme la plus grande partie du département de l'Yonne. C'est dans les arrondissements d'Auxerre, de Joigny et de Tonnerre que l'on rencontre les crus les plus renommés. Les meilleurs vins rouges sont : aux environs de Tonnerre, ceux d'Épineuil et des Olivottes; aux environs d'Auxerre, ceux d'Irancy, de la Migraine, de la Chaînette, de Boivin; aux environs de Joigny, celui de la côte Saint-Jacques. Le vignoble de Chablis (arrondissement d'Auxerre) fournit les vins blancs les plus renommés de la basse Bourgogne.

BOURGOGNE. — Nom vulgaire donné quelquefois au sainfoin (voy. ce mot).

BOURRACHE (*botanique*). — La bourrache (*Borrago officinalis* L.) est une plante indigène et annuelle de la famille des Borraginées. On la rencontre dans les terres riches et sur les tas de décombres. Les branches sont, ainsi que les grandes feuilles ovales qu'elles portent, hérissées de poils rudes et piquants. Les fleurs, disposées en grappes de cymes unipares, ont une corolle d'un beau bleu de ciel, qui fait rechercher la plante comme ornementale; elle est alors propagée à l'aide de ses graines, qui germent facilement.

On l'emploie dans la médecine populaire à cause de ses propriétés sudorifiques. Ce sont les fleurs sèches dont on se sert pour en faire des tisanes. Cette plante jouissait autrefois d'une grande réputation; ses feuilles, jointes à celle du pissenlit et du cresson, pilées, puis pressées, donnaient ce que l'on appelait *le jus d'herbes*, que l'on administrait comme dépuratif. J. D.

BOURRÉES (*sylviculture*). — Fagots composés avec les menues branches. Les dimensions et le mode de ligature des bourrées varient suivant les pays; en général, elles sont liées à une seule hart. On les vend au cent. B. DE LA G.

BOURRELET. — Renflement circulaire, résultant d'une exubérance de formation cellulaire, qui se produit souvent sur la tige ou les rameaux d'un arbre ou d'un arbuste, à la suite de l'opération de la greffe (voy. ce mot).

BOURRET. — Nom donné en Auvergne au taurillon (voy. TAURILLON).

BOURRICHE (*horticulture*). — Panier sans anse, de forme oblongue, ovoïde, s'ouvrant latéralement, destiné au transport des plantes vivantes. On fait les bourriches de taille variable, mais on leur donne rarement une longueur de plus de 1 mètre. Ces paniers, quoique grossièrement tissés, sont assez souples pour que les bords se referment, lorsqu'on y a introduit la plante qu'on veut expédier; on en recouvre quelquefois l'ouverture avec de la paille longue, qu'on attache solidement. Les bourriches peuvent subir des chocs assez nombreux, sans que les plantes qu'elles renferment soient endommagées, pourvu qu'elles soient bien enveloppées de mousse légèrement humide.

BOURSE (*arboriculture*). — On donne le nom de bourse au point de la ramification qui a porté des fruits et qui, par suite de cette production, a pris un grand développement en épaisseur. Les bourses, lors de la taille, ne doivent pas être retranchées, car elles produisent habituellement des dards, puis des lambourdes, organes de fructification pour les années suivantes.

La figure 703 représente une de ces ramifications de poirier chez laquelle les bourses B ont donné naissance à des dards D, qui plus tard deviennent des lambourdes L. Aux points A, on voit les cicatrices laissées par l'insertion des fruits des années précédentes. J. D.

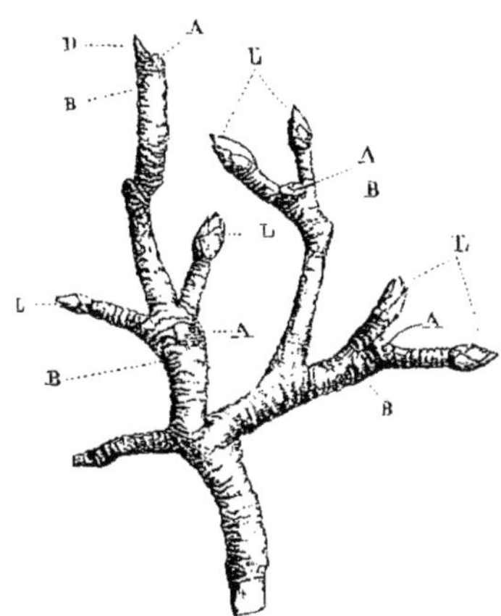

Fig. 703. — Rameau fructifère de Poirier.

BOUSE. — Nom vulgaire de la fiente de bœuf ou de vache.

BOUSER. — Former la surface d'une aire avec un mélange de bouse et de terre (voy. AIRE).

BOUSIER (*entomologie*). — Voy. COPRIS.

BOUSILLAGE. — Mélange de paille et de terre détrempée, dont on se sert pour élever des murs dans les lieux où la pierre est rare. C'est surtout pour faire des clôtures que l'on emploie le bousillage; on rencontre un grand nombre de clôtures de ce genre dans une partie de la Normandie. On doit recouvrir les murs en bousillage d'une couche de chaume pour leur assurer une plus longue durée et mettre obstacle à l'action destructive des pluies et de la neige.

BOUSSEROLLE. — Voy. ARBOUSIER et BUSSEROLE.

BOUTEILLE (*technologie*). — Vase à goulot, de forme et de capacité variables, servant à contenir des liquides. On fabrique le plus souvent les bouteilles en verre; on les fait aussi en terre ou en grès.

Les bouteilles à vin, à cidre, à huile, ont le plus souvent une capacité de 75 centilitres; cette capacité descend quelquefois à 60 centilitres et elle s'élève à 1 litre et même au delà. Leur forme varie suivant les régions. Par exemple, les bouteilles en usage pour les vins de Bordeaux sont cylindriques et surmontées d'un goulot également cylindrique, mais de plus petit diamètre; celles qu'on emploie pour les vins de Bourgogne et pour les vins de Champagne, sont cylindriques à leur partie inférieure, et coniques à leur partie supérieure; les bouteilles pour les vins liquoreux d'Espagne sont cylindriques, avec un goulot en forme de fuseau, etc. — Les qualités qu'on recherche dans les bouteilles sont : 1° l'égalité dans l'épaisseur du verre, qui en assure la solidité; 2° la légèreté, pour diminuer les frais de transport.

BOUTON (*botanique*). — On donne le nom de bouton à la fleur pendant le temps qui précède son épanouissement; on peut donc dire d'une façon générale que le bouton est à la fleur ce que le bourgeon est à la branche. De même, en effet, que dans le bourgeon toutes les parties : axe, feuilles, qu'on observera plus développées dans la branche existent déjà, quoique à l'état d'ébauche, de même le bouton nous montre tous les organes constituants de la fleur encore rudimentaires. On peut donc y étudier dès ce moment le calice, la corolle, les étamines et le gynécée lorsqu'il s'agit d'une fleur complète.

Les parties qui composent le bouton s'y montrent réduites dans leurs dimensions, fortement

Fig. 704. — Bouton de Ketmie déjà assez avancé en âge.

Fig. 705. — Bouton d'Eucalyptus dont le calice commence à se détacher.

serrées les unes contre les autres, et on voit facilement, en y regardant d'assez près, qu'elles affectent, comme pour occuper le moins de place possible, une disposition particulière, se courbant, s'imbriquant ordinairement les unes sur les autres, en totalité ou en partie : c'est ce qu'on nomme la *préfloraison*. Comme l'ordre suivant lequel les organes de la fleur adulte se succéderont sur le réceptacle, existe déjà dans le bouton, il en résulte que les plus extérieurs recouvrent plus ou moins exactement les intérieurs (fig. 704), si bien que dans les boutons encore jeunes, sauf de rares exceptions, le calice est seul visible au dehors.

Fig. 706. — Portion de *Theobroma cacao* portant des boutons et des fruits adventifs.

La façon dont les organes floraux, et particulièrement les pièces du périanthe, s'agencent dans le bouton est fort variable d'une plante à une autre; mais, quand on compare entre elles sous ce rapport plusieurs fleurs de la même espèce, on constate que ce caractère est à peu près invariable, d'où il suit que la botanique systématique en peut tirer un très utile parti. Il est fort à regretter suivant nous que beaucoup de descripteurs croient pouvoir négliger ce caractère et se priver ainsi volontairement d'un secours important (voy. PRÉFLORAISON).

Les boutons se montrent ordinairement à l'aisselle de feuilles le plus souvent modifiées qu'on nomme *bractées* (voy. ce mot) ; cependant ils peuvent apparaître sur les axes qui leur donnent naissance en dehors de tout organe appendiculaire; c'est ce que l'on observe par exemple sur les Choux et la plupart des autres Crucifères.

Dans les végétaux herbacés, dont l'évolution est rapide, les boutons n'éprouvant pas de temps d'arrêt dans leur développement, sont ordinairement dépourvus de protection, et les bractées qui les accompagnent ne leur sont à peu près d'aucun secours sous ce rapport. Les choses se passent autrement dans nos végétaux ligneux dont les fleurs, ordinairement nées pendant l'été, doivent passer toute la mauvaise saison dans un état de délicatesse qui les rend très sensibles aux intempéries et exige un secours efficace. C'est alors que l'on voit les boutons s'entourer d'écailles plus ou moins coriaces et capables d'atténuer les effets du froid et de l'humidité. C'est ainsi que les choses se passent dans les bourgeons floraux dormants (voy. BOURGEON).

Considérées dans chaque fleur les diverses parties constituantes n'ont pas la même importance au point de vue physiologique, et l'on conçoit que la sauvegarde des organes sexuels soit plus urgente que celle des pièces du périanthe. C'est pour cette raison sans doute que nous voyons ces dernières s'accroître, dans la jeune fleur, beaucoup plus vite que les premiers, et les recouvrir jusqu'au moment de l'épanouissement. Lorsqu'elles font défaut, comme dans les fleurs nues du Frêne, par exemple, le rôle protecteur est dévolu aux bractées ou aux feuilles.

Au point de vue de la fonction préservatrice dont nous parlons, le calice (et aussi la corolle, quoique à un moindre degré) présente des modifications très nombreuses, et souvent fort intéressantes. Ainsi dans les *Eucalyptus* les sépales, fortement unis par leurs bords, constituent une sorte de calotte plus ou moins conique, offrant la dureté du bois, laquelle, lorsque viendra l'époque de la floraison, se détachera d'une seule pièce par une fente basilaire horizontale (fig. 705). De même se comporte, à la consistance près, le calice des *Eschscholtzia*, jolies plantes du groupe des Papavéracées, fréquemment cultivées dans nos jardins.

Lorsque les sépales font défaut ou sont trop étroits pour se toucher, c'est la corolle qui remplit leur office, comme on peut le vérifier sur les boutons d'un grand nombre d'Ombellifères.

Il est enfin à remarquer que les parties centrales de la fleur trouvent un excellent protecteur dans le réceptacle floral lui-même, toutes les fois que sa forme concave est fortement accentuée.

C'est ce que nous montrent en particulier les Rosiers, les Poiriers, et un grand nombre d'autres végétaux inférovariés.

Dans la grande majorité des plantes les boutons se forment sur des axes très jeunes, au voisinage du point végétatif; mais dans certains cas on les voit se montrer sur des parties déjà anciennes, telles que le tronc ou les branches des arbres. Qui de nous n'a remarqué dans les parcs et jardins le *Cercis*, vulgairement nommé *Arbre de Judée*, presque littéralement couvert d'innombrables fleurs roses depuis le bout des branches jusque sur la base même du tronc? L'arbre qui, dans les pays tropicaux, produit la graine nommée *Cacao* dont les usages alimentaires sont connus de tous, se comporte de la même façon (fig. 706). C'est là un phénomène tout à fait du même ordre que celui qui caractérise la production des bourgeons adventifs, et dont l'analogie n'a pas besoin d'être longuement développée. On peut donc dire qu'il existe des *boutons adventifs*.

Il est fort important pour le cultivateur de savoir à quelle époque telle ou telle espèce usuelle commence à produire ses boutons, car c'est pour lui le moyen le plus sûr d'éviter une intervention intempestive qui peut compromettre la récolte future. Nous ne saurions ici entrer dans des détails très circonstanciés; nous ferons remarquer seulement que telles espèces végétales forment leurs fleurs dans un temps très court, tandis que chez d'autres plusieurs mois sont nécessaires à ce travail. Outre les plantes annuelles, qui naturellement appartiennent à la première catégorie, certains végétaux ligneux commencent la formation de leurs boutons dans l'année même où ils s'épanouiront (ex. : le Chêne, le Hêtre, etc.). Dans un grand nombre d'arbres, au contraire, les fleurs commencent leur évolution dans l'été qui précède celui où nous les verrons s'ouvrir; c'est le cas des Noisetiers, des Poiriers, des Pruniers, et de la plupart de nos arbres fruitiers ou d'ornement.

Il n'existe malheureusement aucun caractère empirique qui puisse faire reconnaitre à priori les différences que nous signalons et que l'étude méthodique de l'organogénie florale peut seule nous révéler.

Envisagés au point de vue de la botanique technique, les boutons des fleurs n'ont que des applications assez restreintes. Nous rappellerons toutefois que la préparation condimentaire si usitée sous le nom vulgaire de *Câpres* est uniquement formée de jeunes boutons confits dans le vinaigre du *Capparis spinosa*, petit arbuste sarmenteux du midi de l'Europe. On recueille également dans les pays chauds, notamment aux îles Moluques et aux environs de Zanzibar, les boutons floraux d'un grand arbre de la famille des Myrtacées (*Eugenia caryophyllata*) qui sont l'objet d'un commerce important et constituent le condiment aromatique nommé *clous de Girofle*, une des quatre épices usuelles. E. M.

BOUTON (*arboriculture*). — On donne, en arboriculture, le nom de bouton à ce que, en botanique, l'on désigne sous le nom de bourgeon à fleur. C'est un mauvais mot, pour la raison qu'il désigne, dans tel ou tel cas, des objets différents; il est malheureusement consacré par l'usage. Le bouton se distingue des autres yeux, en ce qu'il est, pour une même espèce, plus renflé, plus volumineux que l'œil à bois. On le reconnaît souvent dès l'automne, comme dans le poirier; d'autres fois il ne devient distinct qu'au printemps, comme dans le pêcher. Il peut être terminal; c'est ainsi qu'il se présente sur les lambourdes de poirier. D'autres fois on le trouve isolé, ou assemblé en nombre variable, à l'aisselle des feuilles; c'est le cas du pêcher. J. D.

BOUTON D'OR (*botanique*). — Nom vulgaire d'une renoncule (voy. ce mot).

BOUTTEVILLE (*pomologie*). — Variété de pomme à cidre, à maturité tardive, en décembre. C'est un très bon fruit, riche en sucre et en tanin; le jus en est très coloré et très parfumé. L'arbre, à branches dressées, est vigoureux et très fertile.

BOUTURAGE, BOUTURE (*horticulture*). — Le bouturage consiste à séparer d'une plante un fragment garni de bourgeons et à le planter. Ce rameau est appelé *bouture*. La bouture est un mode de multiplication qui joue un grand rôle dans la propagation artificielle des végétaux. Son emploi repose sur la connaissance du pouvoir qu'ont des fragments de plante, quand on les place dans des conditions appropriées, d'émettre des racines et des bourgeons adventifs. Ce mode de propagation a l'incontestable avantage de reproduire fidèlement toutes les particularités de la plante qui a fourni la bouture. Pour cette raison, il est employé pour la multiplication des plantes qui, n'étant que des variétés, ne se reproduiraient pas avec l'identité de leurs caractères par le semis; de même il convient pour perpétuer des variations accidentelles de forme, de couleur, etc., qui peuvent se montrer sur une partie d'un végétal. Il sert à la propagation des plantes qui pour une raison quelconque restent stériles. Mais la principale raison pour laquelle la bouture est si couramment employée dans la culture, c'est qu'elle donne des résultats rapides et que l'on arrive par ce procédé à obtenir des jeunes végétaux qui fleurissent et qui fructifient en peu de temps. En se servant, en effet, de fragments de plantes qui portent déjà des boutons, on arrive dans beaucoup de cas à obtenir de la sorte des végétaux portant des fleurs tout en étant de très petite dimension.

A côté des nombreux avantages qu'elle fournit, la bouture présente aussi quelques inconvénients qui sont la conséquence même des raisons pour lesquelles on l'emploie. C'est ainsi que les végétaux de bouture ont habituellement un développement et une longévité moins grands que ceux provenant de graine, si bien que par une succession de bouturages l'on arrive à des végétaux très amoindris. La raison semble en être dans ce que la bouture n'est que la continuation du végétal qui l'a fourni; elle prend donc en quelque sorte l'âge et les défauts de la plante mère. Pour ces faits, il importe, afin de diminuer les inconvénients du bouturage, de ne se servir jamais que de fragments de végétaux sains et bien venants; il n'est pas indifférent non plus de prendre sur le végétal une partie quelconque pour le multiplier. C'est ainsi que chez certains arbres qui ne forment leur axe principal ou flèche que difficilement, comme cela a lieu chez beaucoup de Conifères, on n'obtiendrait, en se servant des branches latérales, que des plantes d'une mauvaise venue. Au contraire, en se servant du rameau terminal, on produira un végétal vigoureux et bien fait.

Quand le bouturage s'adresse à des plantes de reprise facile, on peut se servir pour la confection des boutures de branches d'une dimension quelconque; c'est ainsi que les Saules peuvent être propagés par des branches de la grosseur du poignet, que l'on taille en pointe à coups de hache et que l'on enfonce dans le sol humide comme on le ferait d'un pieu. C'est ce que l'on appelle bouture en *plançon*. Mais le nombre des plantes reprenant avec cette aisance est relativement restreint. Dans la plupart des cas, les fragments employés comme bouture sont des branches de l'année précédente, soit seules, soit emportant avec elles une portion de l'axe qui l'a produit, ce qui constitue la bouture en *crossette*. La longueur à donner aux boutures faites avec des branches varie d'une espèce à l'autre; pour les Peupliers, les Sureaux, etc., on donne une longueur de $0^m,30$ à $0^m,50$, tandis que pour les Rosiers, les Groseilliers etc., $0^m,10$ à $0^m,15$

suffisent; rien n'est donc fixe à cet égard. Ces boutures de branches sont dégarnies de feuilles si la plante est à feuilles caduques; elles en sont munies, au contraire, si celles-ci sont persistantes. Dans l'un ou l'autre cas, on les pratique soit à l'automne, soit au printemps de bonne heure.

Au lieu de se servir de branches de bois déjà constitué, on emploie dans beaucoup de cas des jeunes rameaux, alors qu'ils sont encore à l'état absolument herbacé. Ces boutures *herbacées* sont très employées dans la multiplication de la plupart des plantes d'ornement, tels que Pélargonium, Fuchsia, Héliotrope, etc. Elles sont faites soit avec l'extrémité des rameaux, ce qui constitue des boutures de *tête*, soit au contraire de rameaux dont on a enlevé le sommet, et qui forment les boutures *tronquées*.

Pour augmenter le nombre des boutures qu'un végétal peut fournir, on sectionne la tige de façon que chaque bouture ne porte qu'une seule feuille et le fragment de la tige qui la porte. Il est in-

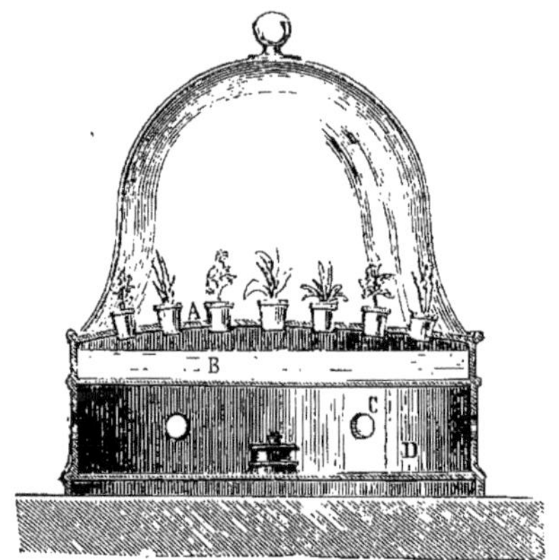

Fig. 707. — Bouturage sous une cloche chauffée.

dispensable dans ce cas d'avoir à l'aisselle de la feuille un bourgeon suffisamment bien constitué pour pouvoir se développer, car il arrive fréquemment qu'en se servant de tronçon portant des yeux oblitérés, l'on produise des boutures qui s'enracinent aisément, mais qui resteront avec la feuille unique que comportait la bouture, si la plante n'a pas la faculté de produire des bourgeons adventifs. C'est ce qui arrive pour les caoutchoucs (*Ficus elastica*) dont les boutures peuvent vivre avec la seule feuille qu'elles portent pendant plusieurs années, sans émettre jamais de prolongement.

Pour toutes ces boutures faites avec des fragments plus ou moins grands de branches, il n'est pas indifférent de pratiquer la section qui doit être mise en contact avec le sol, sur un point quelconque. Le plus souvent il importe de faire la coupe au voisinage immédiat d'une feuille ou du bourgeon né à son aisselle, pour la raison que c'est en ce point que les racines adventives se produisent le plus facilement. Chez les plantes à reprise très facile, telles que Coleus, Verveine, Agératum, la section peut être faite sur un point quelconque.

Quand les boutures portent des feuilles, il convient d'enlever un certain nombre de celles-ci afin de diminuer l'évaporation et par suite la flétrissure des boutures La proportion entre les feuilles qu'il convient d'enlever et celles qu'il faut laisser varie suivant le milieu dans lequel on opère, suivant encore leur état plus ou moins coriace. L'ablation porte toujours sur les feuilles de la base de la bouture; elle doit être, toutes choses égales d'ailleurs, d'autant plus sévère que les feuilles sont plus molles et les boutures moins garanties contre les agents extérieurs.

D'autres organes peuvent encore servir à faire des boutures. Ainsi bon nombre de plantes, telles que les *Ailantes* (*Ailanthus glandulosa*), les *Macluras* (*Maclura aurantiaca*), les *Crambés* (*Crambe maritima*), etc., se propagent à l'aide de fragments de racine qui ont la propriété d'émettre des bourgeons adventifs.

Dans d'autres circonstances enfin, les feuilles et même les pétioles constituent des boutures couramment employées. Les *Bégonias*, les *Peperonias*, les *Gloxinias*, se propagent par ce procédé. Quand on se sert de la feuille, il suffit d'inciser les nervures pour voir en ces points se produire des racines et des bourgeons adventifs. Dans le cas où l'on emploie les pétioles, il suffit de les enfoncer dans le sol pour qu'ils produisent rapidement des jeunes plantes nouvelles.

Les conditions de reprise des boutures peuvent se rapporter à trois points principaux qui sont relatifs à la quantité de chaleur, d'humidité et d'air qu'il convient de leur fournir.

Les boutures des plantes dont la reprise est très facile, telles que celles des peupliers, des saules, et de bon nombre d'autres arbustes, n'ont pas besoin d'être placées dans des conditions spéciales; il suffit, dans la majeure partie des cas, de confier ces boutures au sol pour les voir s'enraciner rapidement.

Mais il n'en va pas de même pour les plantes délicates ou encore pour celles dont les boutures se font avec des parties feuillées. Il convient alors de régler le milieu dans lequel ces fragments seront placés. Le rôle de la chaleur intervient avec une grande valeur pour la facilité de cette reprise, et l'on peut dire à cet égard d'une façon générale que : le milieu dans lequel la bouture d'une plante délicate sera placée devra être plus chaud que celui dans lequel la plante vit normalement. C'est ainsi que, si l'on opère sur des plantes de serre froide, la reprise se fera très bien dans une serre tempérée; de même pour des plantes de serre tempérée, la serre chaude sera nécessaire. Mais il n'est pas indifférent que cette chaleur soit fournie d'une façon quelconque; il importe au contraire que ce soit le sol dans lequel les boutures sont enfoncées qui soit le plus chaud, autrement dit que les boutures reçoivent, comme l'on dit en horticulture, surtout de la chaleur *de fond*. Pour cette raison, ces boutures sont faites soit sur couche, soit dans une bâche de serre chauffée par des tuyaux placés dans le sol. Dans la petite culture d'amateur, l'on peut se servir d'un petit appareil très ingénieux, dans lequel le chauffage est fourni par en dessous au moyen d'une petite lampe (fig. 707). Un récipient en terre cuite est recouvert d'une cloche en verre; le plateau A qui en forme le couvercle est percé de trous circulaires dans lesquels on place les pots où sont plantées les boutures; ces pots affleurent l'eau dont on a rempli en partie le récipient B; au-dessous une chambre D renferme une lampe à laquelle l'air nécessaire est fourni par les ouvertures C.

L'humidité joue un rôle prépondérant, mais ici il est impossible de fournir des règles générales. Cependant, toutes choses égales d'ailleurs, plus les boutures sont chauffées, plus en même temps il convient de leur donner de l'humidité; mais ce point n'a rien d'absolu, car il est des plantes que l'on chauffe peu et qui sont cependant capables de reprendre dans un milieu saturé d'humidité ou même dans l'eau elle-même. Ainsi du Laurier rose

(*Nerium oleander*), dont les rameaux, quand on les plonge dans l'eau, émettent des racines adventives. Mais c'est là, dans la majeure partie des cas, un mauvais procédé de multiplication, car les racines ainsi formées dans l'eau et replacées ensuite dans la terre s'adaptent mal à ce nouveau milieu et pourrissent aisément. Pour les plantes cependant qui s'accommodent normalement de la vie aquatique, ce mode de bouturage peut être employé; on s'en sert avec succès pour le *Cyperus alternifolius*, par exemple.

Dans beaucoup de cas, il faut avant tout éviter l'excès d'humidité qui entraînerait la pourriture des boutures. On en trouve des exemples dans le bouturage des plantes dites grasses, dont les fragments non seulement ne doivent pas être arrosés, mais qu'il est encore souvent indispensable de dessécher partiellement à l'air.

L'action de l'air peut enfin, dans beaucoup de circonstances, avoir, elle aussi, son importance. Pour beaucoup de boutures il convient d'opérer dans un milieu dans lequel l'air se renouvelle le moins possible. Aussi se sert-on de cloches reposant sur le sol et empêchant l'accès de l'air. Mais cette action de l'air est liée à la proportion d'humidité qu'il convient de fournir à la bouture, car il est certain que moins l'air se renouvellera, moins l'évaporation pourra se produire, et plus par suite le milieu ambiant restera humide. Pour les boutures pourrissant facilement, il convient de fournir de l'air en abondance.

L'action de la lumière, ainsi que toutes les expériences faites à ce sujet tendent à le démontrer, est de faible importance, et elle n'agit qu'en tant qu'elle est liée à la proportion de chaleur et d'humidité fournie aux boutures.

Enfin la question se pose de savoir s'il est indifférent de placer les boutures dans un substratum quelconque. D'une façon générale l'on peut répondre par l'affirmative, si l'on n'a en vue que la production de racines adventives; mais il ne faut pas oublier que les boutures, une fois enracinées, devront être placées dans un sol qui leur convient (voy. REMPOTAGE). Par suite, plus le milieu dans lequel la bouture aura été faite se rapprochera du sol utile à la plante, mieux cela vaudra, pour la raison de l'adaptation au milieu qui joue ici un rôle très important. On a vu en effet que les racines des lauriers roses produites dans l'eau pourrissaient le plus souvent quand on les plaçait dans le sol parce qu'on les changeait de milieu. On serait tenté d'en déduire qu'il convient de placer toujours les boutures dans le sol dans lequel elles devront vivre. Ce serait souvent un tort, pour ce fait que toutes les fois que l'on placera de la terre dans un milieu confiné et soumis à une forte chaleur, il s'y produira un développement de moisissure qui entraînera la pourriture des boutures. C'est pourquoi, très souvent, dans les serres chaudes, les boutures de certaines plantes pourrissant facilement sont faites dans du sable, du mâchefer pilé ou autre matière inerte dans laquelle le développement des ferments n'est pas à craindre. J. D.

BOUTURAGE DES VIGNES. — Le bouturage est le mode de multiplication le plus généralement usité pour la vigne en France et notamment dans le Midi. Il joint en effet à une grande simplicité d'exécution, la propriété que possèdent tous les procédés par segmentation, d'assurer aussi bien que possible, la perpétuation des caractères de l'individu dont la bouture a été détachée et ceux du rameau même qui la constitue.

Choix des boutures. — Les rameaux destinés à servir de bouture doivent être choisis parmi ceux de l'année, alors qu'ils sont bien aoûtés, c'est-à-dire arrivés à un état de lignification complet. On doit éviter d'employer des sarments provenant de plants atteints par les diverses maladies cryptogamiques, telles que l'*Anthracnose*, le *Peronospora*, etc.; elles sont généralement moins bien nourries que les autres et risquent quelquefois de propager le mal dont elles sont atteintes.

On a observé que ce sont généralement les boutures d'un développement moyen, avec des nœuds peu écartés, prises dans la partie moyenne du sarment, qui offrent les chances les plus considérables de reprise et produisent les plants les plus fructifères et les plus promptement fertiles. Les gros rameaux s'enracinent moins facilement et poussent à bois plutôt qu'à fruit, tandis que ceux qui sont trop grêles courent risque de se dessécher avant d'avoir émis leurs racines; ils sont souvent insuffisamment aoûtés et ne donnent pas naissance à des plants bien vigoureux.

Il est utile, lorsqu'on se livre à la multiplication de cépages pour la production directe, de choisir de préférence les sarments dont les fleurs ne sont pas sujettes à la coulure et qui ont donné les fruits les plus abondants et les plus beaux. Les caractères particuliers au rameau se fixent très bien par une sélection de ce genre, et on obtient de la sorte une augmentation notable dans la production. Quand il s'agit, au contraire, de faire des porte-greffes, on n'a à se préoccuper que d'obtenir des plants vigoureux et il est inutile de tenir compte de ces dernières indications.

Divers types de boutures. — Les types de boutures les plus usités pour la vigne sont la bouture par *crossette* (fig. 708) et celle par *rameau ordinaire* (fig. 709). La bouture par crossette est formée de la partie inférieure d'un sarment muni d'un fragment de bois de deux ans; l'empattement qui

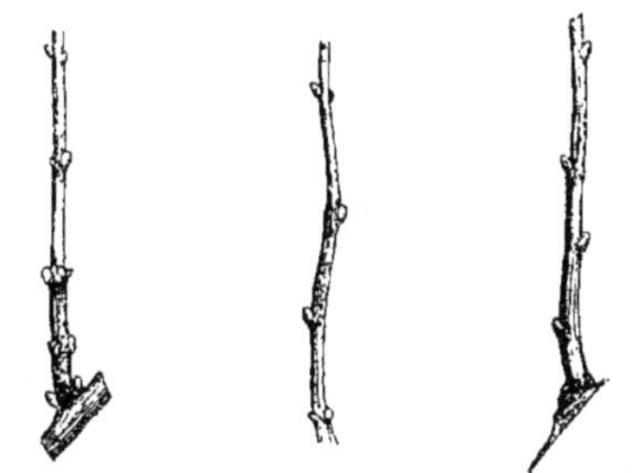

Fig. 708.— Bouture à crossette. Fig. 709.— Bouture par rameau ordinaire. Fig. 710.— Bouture avec empattement.

se trouve au point d'attache du rameau avec ce dernier est un lieu favorable à l'émission des racines. On l'a longtemps employée d'une manière presque exclusive, à cause de ce fait; elle présente néanmoins le défaut d'être difficile à planter au pal, à cause de la disposition oblique de la crossette; le bois de cette dernière, en outre, trop âgé pour bien reprendre, s'altère souvent, ce qui est préjudiciable à la bonne santé de la vigne. On a imaginé, pour porter remède à ces inconvénients, de supprimer le bois de deux ans, tout en conservant l'empattement de la base des sarments (fig. 710); on se trouve ainsi dans les meilleures conditions de réussite au point de vue des chances de reprise.

La facilité très grande avec laquelle s'enracinent les sarments de la plupart des espèces du genre Vigne et la difficulté qui résulte de l'emploi exclusif de la partie inférieure des rameaux, ont amené la plupart des viticulteurs à faire surtout usage de la bouture par *rameau ordinaire.*

On a proposé à maintes reprises de multiplier la vigne par la *bouture semée,* c'est-à-dire en enfouissant à une faible profondeur des fragments de sarments munis d'un seul œil (fig. 711); les Américains ont cherché à augmenter les chances de reprise de ce genre de boutures en leur greffant sur le côté un petit morceau de racine (fig. 712). Mais l'emploi de ces procédés exige des soins qui sont du domaine de l'horticulture plutôt que de la viticulture proprement dite et qui n'ont pas passé

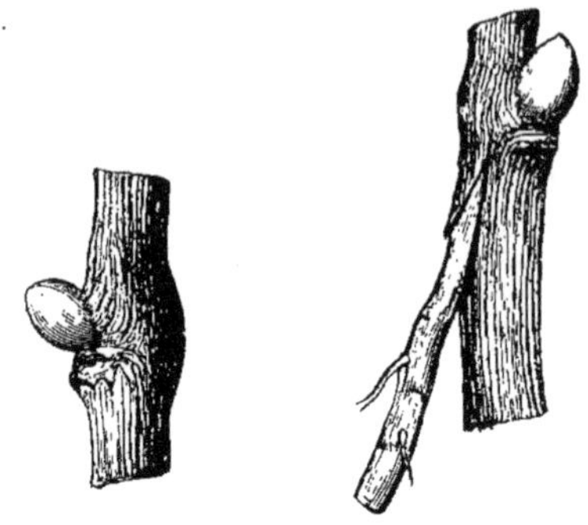

Fig. 711. — Bouture à un œil.

Fig. 712. — Bouture semée et greffée.

dans la pratique en Europe; de plus, il entraîne des difficultés pour la formation de la souche.

Il en est de même pour les boutures *herbacées*, dont l'enracinement exige des précautions nombreuses et délicates et qui ne fournissent pas d'aussi bons plants que les bons bois bien aoûtés.

Longueur à donner aux boutures. — Si l'on n'a égard qu'au développement et à la bonne constitution du plant qui en proviendra, on peut affirmer que les boutures les plus courtes sont les meilleures. Les boutures à un œil, par exemple, donnent lieu à un faisceau de racines très puissant et en continuité avec la tige, qui assure à la souche une vigueur remarquable (fig. 713); les boutures très longues, au contraire, se couvrent d'un grand nombre de touffes de racines disposées sur chaque nœud, dont aucune ne prend un grand développement et qui vont du haut en bas en diminuant de longueur, jusqu'au point où le sarment, incapable d'en émettre, reste sans vitalité apparente et finit quelquefois par périr et se décomposer partiellement (fig. 714).

Mais le point de vue qui a été indiqué au début, n'est pas le seul que l'on doive considérer, il est nécessaire, en vue d'assurer la reprise, de placer le sarment dans un milieu suffisamment humide; or, dans le plus grand nombre des cas, la fraîcheur nécessaire ne se trouve qu'à une certaine profondeur dans le sol : de là la nécessité de donner à la bouture une longueur plus considérable que celle qui paraîtrait préférable de prime abord (fig. 715).

Les boutures doivent donc être d'autant plus longues que la terre où elles doivent s'enraciner est plus sèche. Leurs dimensions peuvent varier entre 0m,15 et 0m,35 environ, suivant les circonstances.

Moyens d'assurer la reprise des boutures. — La reprise des boutures ne peut s'effectuer que dans un milieu qui leur offre tout à la fois une température et une humidité suffisantes, sans être excessives. La plus grande difficulté que l'on rencontre pour arriver à l'enracinement résulte de la tendance qu'a le rameau à se dessécher avant le moment où il est en mesure de pourvoir par lui-même aux pertes qu'il fait dans l'atmosphère. Certaines espèces américaines sont particulièrement réfractaires au bouturage à cause de l'écart assez considérable qui existe entre le moment où les bourgeons se développent et celui où les racines sortent, ce qui fait que la plante perd beaucoup d'eau par transpiration, alors qu'elle ne peut presque rien puiser dans le sol. Les moyens d'échapper à cette difficulté peuvent être rangés dans deux catégories : 1° ceux qui ont pour but de hâter le développement des racines; 2° ceux qui tendent à retarder la dessiccation jusqu'au moment de l'enracinement.

Pour atteindre le premier résultat, on peut avoir recours à la *stratification*, au *trempage*, au *décorticage*, à la *torsion* ou au *maillochage*. La *stratification* consiste à enterrer entièrement les boutures pendant l'hiver, dans une terre légère ou dans du sable très légèrement humide, de manière à déterminer un premier travail préparatoire à la sortie des racines. On a proposé de stratifier les sarments verticalement et renversés par rapport à la position qu'ils occupaient sur la plante; on pensait

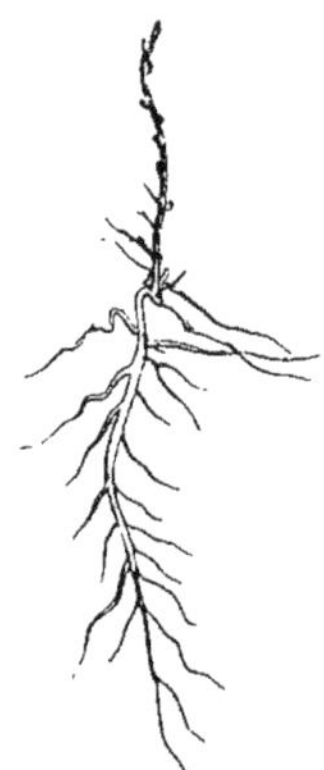

Fig. 713. — Plant provenant d'une bouture semée.

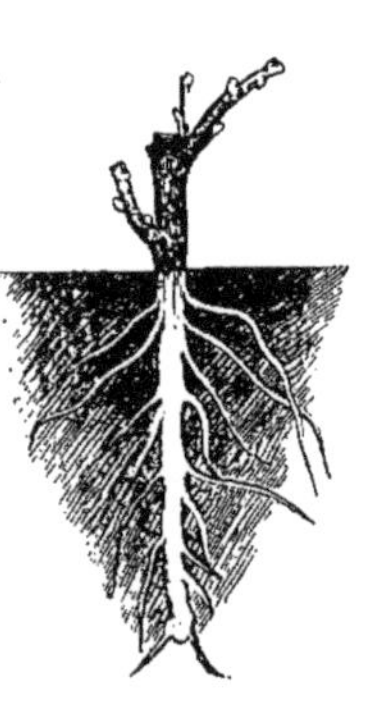

Fig. 714. — Plant provenant d'une bouture trop longue.

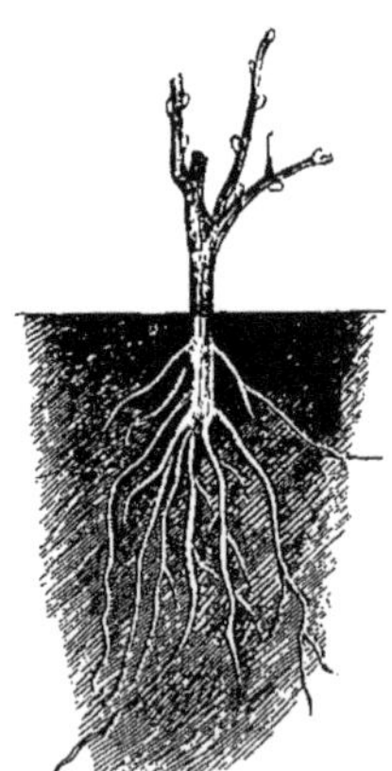

Fig. 715. — Plant provenant d'une bouture de moyenne longueur.

ainsi déterminer un afflux de matériaux vers l'œil supérieur, qui revenant au moment de la plantation, à sa position inférieure primitive, fournirait aux racines un aliment plus abondant. Les expériences tentées dans ce sens à l'école d'agriculture de Montpellier n'ont pas donné des résultats supérieurs à ceux fournis par la stratification ordinaire.

Le *trempage* des boutures dans l'eau produit des effets analogues à ceux de la stratification, mais pour peu qu'il soit un peu prolongé, il offre des

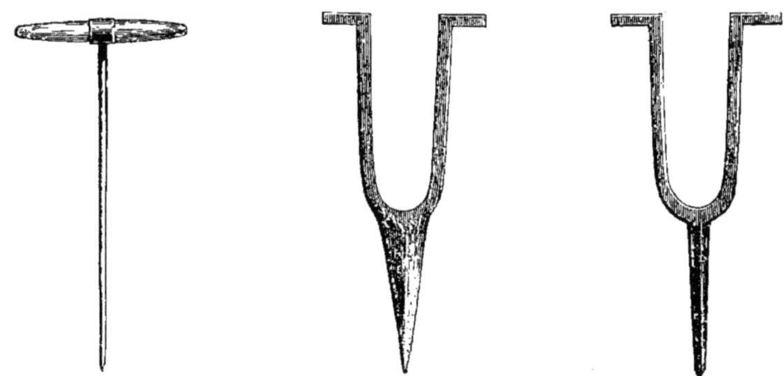

Fig. 716. — Birone du Languedoc. Fig. 717. — Grande haque de la Gironde. Fig. 718. — Petite haque de la Gironde.

inconvénients : le bois des sarments risque, en effet, de perdre par la macération une partie des matériaux solubles qu'il renferme et qui doivent servir à former les nouveaux organes du jeune plant, ou bien de se pourrir.

Le *décorticage* a pour but de mettre à nu la couche rhizogène qui, ainsi que son nom l'indique, donne naissance aux racines; il est très généralement employé dans le bas Languedoc. On l'exécute en enlevant avec un couteau quelques lanières d'écorce et en entamant légèrement le bois sur la partie du sarment qui doit être enterrée.

La *torsion* ou l'écrasement qui résulte du *maillochage* donnent le même résultat, mais en déterminant la formation de fentes par lesquelles l'eau pénètre dans la moelle, qu'elle désorganise plus ou moins, de telle sorte que l'on obtient rarement des plants sains par ces moyens.

Les procédés dont on fait usage pour retarder la dessiccation des boutures avant leur enracinement, sont : les *arrosages*, les *paillis*, le *recouvrement avec le sable*, l'*ombrage*.

Les *arrosages* et les *paillis* permettent de donner au sol ou d'y fixer l'eau nécessaire à l'entretien de la fraîcheur de la bouture. On ne peut guère les appliquer que dans la culture en pépinière. Les premiers doivent être pratiqués par infiltration et avec précaution, surtout lorsqu'on les donne sur des terres d'une certaine compacité.

Le recouvrement total de la bouture avec du sable retarde la végétation des bourgeons extérieurs et par conséquent l'apparition des feuilles qui sont les principaux organes d'évaporation, sans ralentir celle des racines; il s'oppose en outre à la dessiccation du bois du sarment lui-même et à celle du sol dans lequel il est planté. Ce procédé est le plus facile à appliquer en plein champ et donne des résultats satisfaisants.

L'*ombrage*, qui consiste à placer les boutures à l'abri de clayonnages légers ou surtout sous des arbres dont le feuillage n'est pas trop épais, diminue beaucoup la perte d'eau. Les rayons lumineux verts qui passent à peu près seuls à travers les feuilles, sont en effet très peu favorables à la transpiration. On ne doit pas oublier toutefois que si l'ombrage facilite la reprise, il nuit au développement ultérieur des jeunes plants qui ont besoin de transpirer activement pour se bien nourrir et s'accroître rapidement; il ne faut donc user de ce moyen que d'une manière temporaire.

Époque à laquelle on doit planter les boutures. — On pensait autrefois dans le midi de la France que les boutures les plus tôt plantées étaient celles qui réussissaient le mieux, sauf le cas des terres exceptionnellement humides, et en effet, on cherchait dans une plantation hâtive ce travail de préparation que l'on demande aujourd'hui à la stratification, mais on ne l'obtenait qu'en faisant courir au sarment les chances d'altération qui résultent quelquefois de l'humidité excessive du sol pendant l'hiver et de l'action des gelées. Il est préférable de stratifier les boutures dans le sable et de les

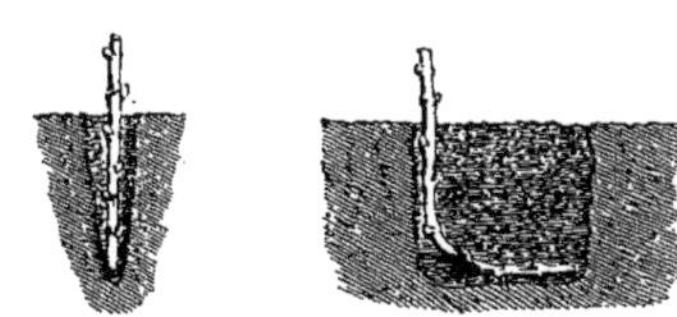

Fig. 719. — Plantation de la bouture au pal. Fig. 720. — Bouture coudée.

planter relativement tard, au moment seulement où la température est suffisamment élevée pour déterminer une prompte entrée en végétation.

C'est du mois de mars à la fin d'avril que les conditions favorables à la reprise paraissent se réaliser le mieux. Au reste, l'époque à choisir pour la plantation dépend, dans une certaine mesure, de la nature du sol : les terres légères et chaudes, bien exposées, devront toujours être plantées avant celles qui sont froides et humides.

Plantation des boutures. — La plantation des boutures se fait tantôt en pépinière, tantôt en plein champ. On les place généralement, quand on les met en pépinière, dans des fossés peu profonds, ouverts à la houe ou à la bêche, que l'on comble avec les déblais du fossé suivant. La terre qui est immédiatement appliquée contre le pied des boutures doit être fortement tassée, de manière à assurer un contact aussi parfait que possible; celle au moyen de laquelle on achève de combler, doit être, au contraire, simplement versée dans la raie sans être foulée afin de diminuer les chances de dessiccation par évaporation qui sont beaucoup moindres dans une terre bien meuble.

Les boutures sont le plus souvent plantées en plein champ : 1° dans des trous ouverts au *pal* ou au moyen d'instruments analogues; 2° dans des *fentes* pratiquées à la bêche ou à la houe; 3° en *fossettes* creusées à la houe ou à la bêche; 4° à la *charrue*; 5° dans la *jauge*, au fur et à mesure du défoncement.

Le *pal* le plus employé est une simple tige de fer cylindrique de 0m,03 à 0m,04 de diamètre. On fait usage également dans le bas Languedoc de la *birone*, outil formé d'une tige de fer à section carrée de 0m,015 environ de côté, pointue à l'une de ses extrémités et surmontée à l'autre d'un manche analogue à celui des vrilles de charpentiers (fig. 716). Dans la Gironde, on se sert d'instruments appelés *haques* (*grande haque* et *petite haque*); ils sont entièrement en fer et formés d'une pointe conique, surmontée d'une sorte d'étrier dont les branches verticales se terminent par des poignées latérales (fig. 717 et 718). Pour s'en servir, l'ouvrier saisit l'appareil à deux mains par les poignées, le place verticalement au point où doit se faire le trou, engage un pied dans l'étrier et enfonce la pointe en pesant de tout son poids.

Quel que soit l'outil employé, la plantation s'effectue toujours de la même manière. On fait dans le sol une ouverture cylindrique ou légèrement conique, dans laquelle on fait descendre la bouture (fig. 719), on replante ensuite l'instrument à 0m,06 ou 0m,08 du trou et on ramène la terre que l'on serre fortement contre le sarment. On prend souvent le soin, dans les terres argileuses, de verser autour de la bouture, une certaine quantité de sable ou de terreau léger qui favorise le développement des racines; dans les terres à sous-sol crayeux de la Saintonge, on remplace le sable par des vases de mer qui maintiennent une certaine fraîcheur au pied du jeune plant; enfin, dans la Gironde, on comble l'ouverture faite par la *haque* avec du terreau.

Les boutures sont plantées dans quelques contrées au moyen de la bêche, par un procédé tout à fait analogue à celui que nous venons de décrire. L'outil est enfoncé verticalement dans le sol de manière à pratiquer une fente dans laquelle on glisse le sarment que l'on serre ensuite en ramenant la terre contre lui. Dans d'autres lieux, dans les environs de Tonnerre (Yonne), par exemple, la bouture est couchée obliquement sous la terre légèrement soulevée d'un coup de houe. La disposition inclinée de la partie souterraine du sarment qui est usitée dans d'autres vignobles où l'on coude le sarment sous terre (fig. 720), présente certains avantages dans la région septentrionale de la culture de la vigne où la couche supérieure du sol est suffisamment humide et où la température plus élevée qu'elle atteint est nécessaire à l'enracinement. Dans les contrées méridionales au contraire, où le sol est sec près de la surface et où il s'échauffe profondément, il est préférable de planter les boutures verticalement.

Les procédés que nous venons d'indiquer ne sont applicables qu'aux terres meubles et de bonne nature. Lorsque l'on a à planter des argiles qui se prennent facilement en mottes ou dans des sols très caillouteux il est préférable de mettre les boutures dans de petites fosses, où l'on peut en garnir facilement le pied avec des terres meubles.

On a souvent tenté, dans les contrées où la main-d'œuvre fait défaut, de planter à la charrue : les sarments sont alignés dans la raie ouverte, à une distance convenable, en les appuyant sur la bande de terre qui vient d'être renversée; la bande suivante, en s'appliquant contre la première, en enterre la base; on foule ensuite avec le pied la terre autour de la bouture, afin d'assurer un contact aussi parfait que possible et on cherche en même temps à bien rectifier l'alignement. Ce système très imparfait doit être abandonné, la vigne devant toujours être établie avec le plus grand soin pour donner des résultats rémunérateurs.

On plante enfin quelquefois en Provence, par le procédé suivant : les terres sont défoncées à une profondeur de 0m,80 à 1 mètre, en fossés de 1 mètre de largeur. Au fur et à mesure du progrès de l'opération, les boutures sont placées à des écartements convenables et en ligne suivant l'axe du défoncement, de manière que les terres extraites de la jauge viennent en recouvrir la partie inférieure. Mais, cette pratique qui est nécessairement liée à celle des défoncements incomplets de la surface, condamnée aujourd'hui, tend à disparaître chaque jour dans le Midi; elle offre d'ailleurs l'inconvénient de placer les boutures dans une terre insuffisamment rassise et dont les tassements ultérieurs deviennent dangereux pour les jeunes racines qu'elles émettent. G. F.

BOUVERIE. — Étable pour le logement des bœufs (voy. ÉTABLES).

BOUVIER. — Celui qui conduit les bœufs au travail. Le bouvier est aux bœufs ce que le charretier est aux chevaux. C'est un ouvrier exclusivement agricole, les bœufs moteurs n'étant point employés en dehors de l'exploitation rurale. Dans les conditions d'emploi que commande la zootechnie scientifique, la fonction de bouvier est une des plus importantes et qui exige le plus d'attention dans le choix des hommes qui doivent la remplir. L'exploitation ne doit, en effet, utiliser que le travail des jeunes bœufs, et n'exiger de ceux-ci que la plus faible partie possible des efforts qu'ils sont capables de déployer, durant le moindre temps pratiquement possible. Ces jeunes bœufs, il faut d'abord les dresser au travail. Tout cela, pour se bien accomplir, sans nuire au développement, à l'accroissement de poids des jeunes animaux, qui est leur fonction prédominante, exige des précautions pour lesquelles l'habileté ou la capacité professionnelle comme conducteur et comme nourrisseur ne suffit point. Il y faut joindre avant tout le caractère calme, doux et affectueux qui en assure l'application. Avec un bouvier emporté et brutal les jeunes bœufs ne réussissent jamais, et non plus les vieux, mais surtout les jeunes. Celui qui les aime les nourrit et les conduit au contraire toujours bien. A. S.

BOUVILLON. — Nom donné au jeune Bovidé mâle émasculé, à partir du moment de son sevrage jusqu'à celui de la chute de sa première dent incisive caduque ou dent de lait. Celle-ci remplacée, il devient jeune bœuf (voy. ce mot). A. S.

BOUVREUIL (*ornithologie*). — Oiseau de l'ordre des Passereaux, famille des Conirostres, tribu des Pyrrhulidés. — Le genre *Bouvreuil* ou *Pyrrhula* comprend plusieurs sous-genres, tels que les *Spermophila*, *Crithagra*, *Erithrospiza*. Mais il n'importe ici de considérer que le genre *Pyrrhula* proprement dit, dont le type est le *Bouvreuil commun* (*Pyrrhula vulgaris*), surnommé *Pivoine* à la campagne.

C'est un charmant oiseau (fig. 721) mesurant ordinairement de 16 à 19 centimètres de longueur et 29 à 31 centimètres d'envergure. Le mâle adulte est d'un noir foncé brillant à la partie supérieure de la tête, à la gorge, aux ailes et à la queue, d'un gris cendré sur le dos, blanc dans l'étendue du croupion et du bas ventre, tandis que le reste du ventre et la poitrine sont d'un rouge vif. —

La femelle a des teintes moins brillantes et la partie inférieure de son corps est d'un gris cendré roussâtre ou vineux. Chez les jeunes, la tête n'est pas noire supérieurement. Mais sans distinction de sexe ni d'âge, les ailes portent deux bandes d'un blanc grisâtre au niveau du carpe. Le bouvreuil présente parfois des variétés blanches ou de différentes nuances. On peut même en obtenir de noirs, lorsqu'en captivité on les nourrit exclusivement de chènevis; mais cette teinte est le plus souvent passagère.

Le *bouvreuil* se montre peu dans les champs, surtout en été. Il demeure constamment dans la forêt avec sa compagne. Ce n'est qu'en hiver, lorsque la nourriture lui manque, que, réuni à une petite troupe de ses semblables, il vient chercher les quelques graines qu'il peut rencontrer auprès des habitations. En mai, il cache son nid

Fig. 721. — Bouvreuils.

dans les bifurcations des branches des arbres à une faible hauteur : la femelle y pond quatre ou cinq petits œufs ronds, lisses, d'un vert clair ou bleuâtre, tachés de points et de lignes d'un violet noirâtre et d'un rouge brun. Ce nid est bâti de lichens, de brindilles sèches de sapin et de bouleau, de poils de chevreuil et de crin de cheval. Parfois il est formé simplement d'herbe et de mousse.

Pendant les quinze jours qu'elle couve, la femelle est nourrie par le mâle. Les bouvreuils n'émigrent pas à moins d'y être absolument contraints par le manque de vivres Alors ils vont jusqu'en Grèce ou dans le sud de l'Espagne.

Le bouvreuil a une nourriture spécialement végétale, qui consiste en graines et surtout en bourgeons; il marque aussi une prédilection pour les graines des pommes de pin, quand il peut les extraire ou qu'il les trouve tombées sur le sol. Ces graines sont broyées dans son gésier au moyen de grains de sable qu'il avale en même temps. Les insectes entrent aussi dans son alimentation et c'est d'eux particulièrement qu'il nourrit ses petits. Aussi nous rend-il quelques services en ne causant que des dégâts insignifiants, puisque c'est dans la forêt qu'il récolte ses graines et ses bourgeons.

On prend très facilement les bouvreuils aux pièges même les plus grossiers. Quiconque imite bien leur cri peut les faire venir de fort loin dans la forêt. Mais on ne saurait trop blâmer les oiseleurs qui dénichent et traquent sans cesse ces pauvres oiseaux dont les méfaits sont si minimes, presque compensés par leurs services et rachetés complètement par leur beauté et leur attachement pour l'homme. Si nous voulons une preuve de l'utilité des bouvreuils, il suffit de considérer que les Anglais viennent d'en transporter en Australie avec beaucoup d'autres petits oiseaux chargés de donner la chasse aux insectes. P. A.

BOUVREUIL (Pigeon). — Jolie race de pigeons à l'allure vive et alerte. La tête fine et longue est surmontée d'une huppe pointue. L'iris de l'œil est rouge orange très clair, les ailes et la queue sont d'une grandeur moyenne, les tarses sont nus, courts et d'un rouge écarlate.

Cette race, d'une bonne rusticité, n'abandonne pas le colombier et possède un caractère doux et peu batailleur. On en distingue deux variétés :

1° *Variété blanche à poitrail noir, rouge ou chamois.* — Ce pigeon a le dos, le croupion et la queue blancs; la tête, le cou et le poitrail noirs, rouges ou chamois; les ailes blanches avec des barres transversales de la même couleur que le poitrail.

2° *Variété noire à poitrail rouge ou chamois.* — Le dos, les ailes, le croupion et la queue sont noirs; la tête, le cou, le poitrail et les petites couvertures extérieures des ailes sont rouge foncé ou chamois.

Généralement dans ces variétés le rouge a des reflets pourprés et violacés, et le chamois des tons métalliques qui donnent un certain cachet à ces superbes oiseaux. E. L.

BOVIDÉS (*zootechnie*). — Genre de Mammifères ruminants (genre *Bos*), caractérisé par une tête très forte par rapport au volume du corps, et dont les frontaux débordent toujours plus ou moins, par leur bord supérieur, le niveau de l'occiput, en formant avec les pariétaux et l'interpariétal ce qu'on nomme un chignon. Ils débordent aussi, sur les côtés, la boîte crânienne, et ils sont ordinairement pourvus chacun d'un prolongement osseux de forme conique et diversement dirigé, qui est le support de la corne frontale. Les sinus frontaux, très vastes, se prolongent jusque dans l'intérieur de ce support ou cheville osseuse. Ce front très étendu et couvrant partout la boîte crânienne, dont les parois sont de la sorte soustraites à la vue, est une des principales caractéristiques des Bovidés. Les orbites sont grands et leurs bords sont parfois très saillants. La face est relativement courte, depuis les orbites jusqu'à l'arcade incisive, par rapport à la longueur du front. Son extrémité libre, ou le bout du nez, est pourvue d'un mufle élargi, masse fibro-graisseuse surmontant la lèvre supérieure, épaisse et recouverte d'un tégument mince sans poils et riche en glandes sudoripares, dont le produit en entretient l'humidité constante; dans son épaisseur s'ouvrent les narines.

Le système dentaire se compose de huit incisives en forme de palette élargie et faiblement courbe, à racine quadrangulaire, séparée de la couronne émaillée par un collet, toutes situées à la mâchoire inférieure dans une direction oblique, l'arcade incisive supérieure étant remplacée par un bourrelet fibro-cartilagineux frottant sur la table des dents; de six molaires, dont trois prémolaires, à chaque rangée. La forme de ces dents est celle d'un prisme à base rectangulaire, avec deux replis concentriques d'émail, un fort pilier interne aux supérieures, et quatre sommets tranchants, séparés par de fortes échancrures, à la surface frottante. D'où la formule dentaire suivante :

$$I\ \frac{0}{8}\quad Pm\ \frac{6}{6}\quad M\ \frac{6}{6}\quad \text{Total : 32 dents.}$$

Dans le rachis il y a sept vertèbres cervicales courtes, dont l'ensemble forme une tige faiblement inclinée de haut en bas et d'avant en arrière, donnant avec l'axe longitudinal de la tête un angle presque droit; treize vertèbres dorsales, avec autant de côtes larges; six vertèbres lombaires; quatre ou cinq vertèbres sacrées et un nombre très variable de coccygiens.

Les membres sont terminés par deux doigts, dont les dernières phalanges sont complètement entourées par des ongles solides servant à l'appui sur le sol.

La peau, très épaisse, présente sous la gorge et le long du bord inférieur du cou, un pli plus ou moins accentué et pendant, appelé fanon, qui se prolonge jusque sous le sternum, entre les membres antérieurs. Elle est revêtue de poils plus ou moins longs, abondants ou rares et de couleur très variable, noire, brune, rouge, jaune ou blanche. L'extrémité de la queue et le pourtour de l'orifice du fourreau portent seuls un bouquet de crins ou poils grossiers et rigides, plus ou moins abondant, sauf dans un des groupes d'espèces. Sur la tête, sur le cou jusqu'au garrot, et dans l'intérieur de la conque auriculaire, les poils sont généralement plus abondants et plus longs que sur les autres parties du corps.

Les mamelles des femelles, toujours inguinales, sont au nombre de deux seulement, dont chacune présente au moins deux mamelons plus ou moins longs et volumineux. C'est donc un total minimum de quatre mamelons, qui peut aller dans quelques cas jusqu'à huit.

Le genre naturel des Bovidés se laisse diviser, pour la commodité des descriptions, en plusieurs groupes d'espèces, dont les domestiques doivent seules nous occuper ici. Ces espèces sont en réalité plus nombreuses que ne les ont admises les zoologistes classificateurs qui, on le comprend sans peine, n'ont pas pu les étudier toutes d'assez près. Ces groupes sont ceux des *Bovidés taurins*, ou taureaux (*Bos taurus*), vulgairement bœuf domestique; des *Bovidés zébus* (*B. zebu*); des *Bovidés bubalins* ou buffles (*B. bubalus*), et des *Bovidés yaks* (*B. grunniens*).

Les premiers, les taurins, sont utilisés à l'état domestique un peu partout, mais principalement en Europe et dans le nord de l'Afrique; les zébus le sont dans l'Hindoustan et dans le centre de l'Afrique; les buffles, dans l'Inde et dans plusieurs régions de l'Asie Mineure et du midi de l'Europe; les yacks au Thibet et dans le nord de l'Asie.

Fonctions économiques des Bovidés. — Au sens économique, les Bovidés domestiques sont des machines animales dont la fonction est de transformer leurs aliments végétaux en produits utiles. Ils fournissent du travail moteur, du lait, de la viande et d'autres matières alimentaires pour la subsistance des sociétés humaines, et aussi des matières premières pour leurs industries, comme les peaux, les cornes, les poils, le suif, etc. En créant ces choses, qui sont des valeurs, ils remplissent des fonctions économiques. La plus importante de ces fonctions, celle qui prédomine de beaucoup sur les autres, concerne la production de la viande. Les femelles produisent du lait; elles déploient aussi parfois du travail moteur, comme les mâles; mais à quelque service qu'on les emploie durant leur vie, tous les Bovidés domestiques, dans les sociétés civilisées, terminent leur carrière à l'abattoir du boucher; et il est facile d'établir que c'est par là qu'ils sont le plus utiles.

Dans l'exploitation agricole, il est facile d'établir aussi que les Bovidés les plus aptes à produire de la viande, ceux qui, avec leurs aliments, en créent le plus dans le moindre temps (voy. PRÉCOCITÉ), sont les plus avantageux. La viande est, de toutes les marchandises animales, celle dont la condition économique est la plus favorable. Sa consommation va toujours grandissant dans les sociétés humaines, à mesure que la civilisation se développe. L'accroissement de consommation, par la nature même des choses, est plus rapide que l'accroissement de production. Il s'ensuit une hausse continue du prix de la marchandise. On a vu cette hausse être du simple au double dans les cinquante dernières années, malgré le développement de la concurrence internationale, d'ailleurs moins facile pour cette sorte de marchandise que pour beaucoup d'autres, à cause des frais et des difficultés de transport des animaux vivants à de grandes distances. A. S.

BOVINES (RACES OU ESPÈCES) (*zootechnie*). — Sont seules qualifiées de bovines, dans le langage usuel, les races ou espèces de Bovidés (voy. BOVIDÉS, ESPÈCE et RACE) appartenant au groupe des taurins. On dit volontiers races bovines, au pluriel, mais non point espèces bovines. Ceux-là seuls qui sont au courant des derniers progrès de la science, au sujet de la définition et de la caractéristique de l'espèce zoologique, s'expriment de la sorte. Les autres disent l'espèce bovine pour désigner le groupe des Bovidés taurins, admettant, sans plus ample examen, que cette espèce prétendue unique comprend un certain nombre de races, qu'ils font beaucoup plus grand qu'il ne l'est en réalité, et confondant ainsi avec les véritables races de simples variétés. La réalité est que chez les Bovidés comme dans tous les autres genres naturels, il y a tout juste autant d'espèces que de races, ou autant de races que d'espèces, chacune de celles-ci étant représentée, dans l'espace et dans le temps, par sa race, et chacune des races étant d'une espèce particulière.

Les espèces ou races bovines actuellement déterminées et décrites, par conséquent connues, sont au nombre de douze, dont six brachycéphales et six dolichocéphales (voy. ces mots).

Les six brachycéphales sont celles du *B. T. asiaticus* (race asiatique ou grande race grise); du *B. T. ibericus* (race ibérique); du *B. T. ligeriensis* (race vendéenne); du *B. T. arvernensis* (race auvergnate); du *B. T. jurassicus* (race jurassienne), et du *B. T. caledoniensis* (race écossaise).

Les six dolichocéphales sont celles du *B. T. batavicus* (race des Pays-Bas); du *B. T. germanicus* (race germanique); du *B. T. hibernicus* (race irlandaise); du *B. T. britannicus* (race britannique, dite sans cornes); du *B. T. alpinus* (race des Alpes, dite brune); et du *B. T. aquitanicus* (race d'Aquitaine). Elles sont toutes décrites au mot qui indique leur nom français. A. S.

BOX (*constructions rurales*). — Compartiment formé dans les logements des animaux domestiques pour isoler un animal. On établit des boxes dans les écuries, les étables, les bergeries, soit pour y soigner des animaux malades, soit pour y placer des mères avec leurs petits, soit pour isoler des animaux soumis à l'engraissement. Les boxes communiquent souvent avec des cours plus ou moins spacieuses, qu'on appelle paddocks (mot anglais entré dans la langue française, comme le mot box). Les boxes carrés, pour les chevaux ou les juments, ont généralement 3 mètres de côté; quand ils sont rectangulaires, on leur donne 3 mètres de largeur, sur 3m,50 à 4 mètres de longueur. Les boxes pour les bœufs soumis à l'engraissement ont 2m,50 à 3 mètres de côté. Dans les fermes du nord de la France, où l'on se livre à l'engraissement des veaux, on établit pour ces animaux, dans les étables, des boxes spéciaux (fig. 722). Ces boxes sont en planches et mobiles; les portes sont à charnières ou à trappes. — Les écuries d'élevage sont souvent formées exclusivement de boxes juxtaposés; si elles sont à double rang de boxes, un couloir est ménagé entre les rangs pour le service. — Le sol des boxes pour les bœufs à l'engrais est creusé de 40 à 50 centimètres, afin que l'on puisse ajouter de la litière neuve sans déranger l'animal pendant la durée de l'engraissement. — On garnit les boxes des auges et râteliers nécessaires pour les animaux. Il est important que les ouvertures d'aération de chaque box communiquent directement avec l'extérieur.

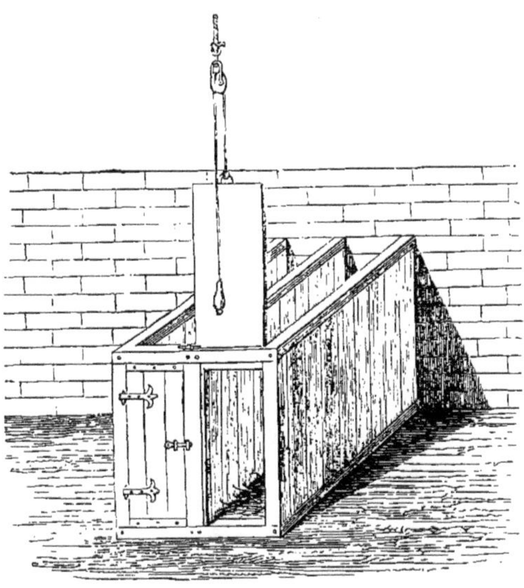

Fig. 722. — Box pour les veaux à l'engrais.

BOYCEAU (*biographie*). — Jacques Boyceau, sieur de la Baraudière, fut intendant des jardins royaux à Paris, sous le règne de Louis XIII. Il a laissé un ouvrage assez remarquable, intitulé : *Traité du jardinage, selon les raisons de la nature et de l'art*, in-folio, 1638. Cet ouvrage, qui a été réimprimé en 1712, renferme les plans des jardins du Luxembourg, de Saint-Germain-en-Laye, etc., avec la description des plantes qui y figuraient. H. S.

BRABANT (CHARRUE) (*mécanique*). — La charrue dite Brabant est un type de charrue adopté depuis très longtemps dans le Brabant d'où elle paraît originaire, dans le Hainaut et dans les Flandres; de là il s'est répandu dans un grand nombre d'autres régions.

La charrue du Brabant, ou charrue Brabant simple, présente à peu près les mêmes organes que l'araire Dombasle : un soc allongé est fixé sur le sep, et il y est ajusté un versoir qui peut se prolonger à l'aide d'un plateau en bois; en avant du soc, est un coutre. Le tout est fixé à un age droit. A sa partie antérieure, l'age porte une tige verticale entrant dans une mortaise, qu'on assujettit avec un coin; cette tige se termine par un sabot formant patin ou par une petite roue. Suivant qu'on élève ou qu'on abaisse la tige dans la mortaise, on modifie l'entrure du soc et on règle la profondeur du labour qui se maintient constante, sans efforts de la part du conducteur. A l'avant de l'age, est fixée par une bride une plaque de fer percée de trous, dans lesquels on place à volonté l'anneau du palonnier pour régler la largeur du labour. A l'extrémité postérieure de l'age, un mancheron unique est garni d'une petite poignée latérale dont le laboureur peut se servir pour relever ou guider la charrue. Tel est le Brabant simple qui est construit par un très grand nombre de fabricants et de forgerons, les uns et les autres apportant quelques changements dans les détails de la construction. Le Brabant fonctionne avec une très grande régularité dans les terres de consistance moyenne : on exécute surtout avec cette charrue des labours de 15 à 18 centimètres de profondeur, sur une largeur de bande de 20 à 25 centimètres. La conduite de l'instrument est extrêmement facile.

Pour exécuter les labours à plat, on emploie aujourd'hui des charrues dites *Brabant doubles*, qui ont remplacé presque partout les anciennes charrues tourne-oreilles. Ce sont des charrues en fer, composées de deux corps montés, dans un même plan vertical, sur un seul age, lequel peut pivoter sur la sellette d'un avant-train à deux roues. La figure 723 représente la charrue Brabant double, fabriquée par Bajac-Delahaye, à Liancourt (Oise), et que l'on peut considérer comme un des meilleurs types de ces instruments. L'age est tout en fer et droit; il est divisé en deux parties au quart de sa longueur, au point où il repose sur l'avant-train. Un déclic, relié à une tige que commande une poignée placée en arrière, maintient ensemble ces deux parties; quand ce déclic est dégagé, il suffit d'imprimer à l'age un léger mouvement de bascule pour qu'il tourne sur son axe, et que la charrue se renverse complètement. L'age porte, reliées par des étriers, d'abord une paire de rasettes, puis une paire de coutres. Les socs, auxquels les versoirs sont fixés, se terminent par une lame d'acier; on remplace ces lames sans difficulté quand elles sont usées. La profondeur du labour se règle par

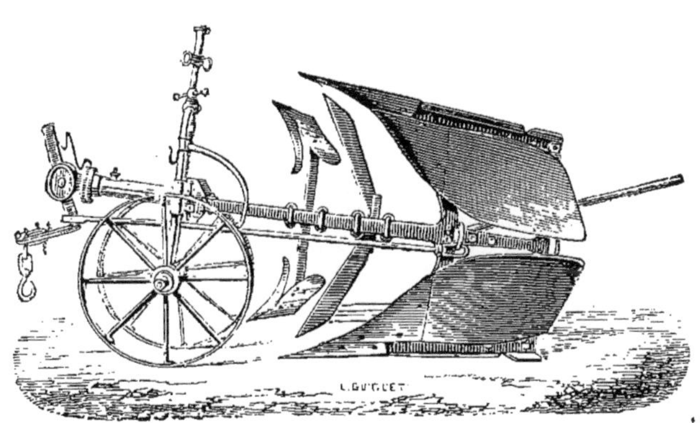

Fig. 723. — Charrue Brabant double ordinaire.

une vis verticale sur l'avant-train ; avec cette vis on peut mettre l'age à la hauteur voulue pour le labour que l'on veut exécuter. La largeur de la raie et la direction de l'attelage sont réglées au moyen de la tête placée à l'extrémité de l'age ; comme dans le brabant simple, une plaque horizontale est garnie de trous dans lesquels on fixe le crochet du palonnier. Cette plaque est portée par une tige coudée à ressort, dans laquelle passe le crochet de la tige de tirage dont l'autre extrémité est reliée à l'étrier des socs. Cette disposition assure la régularité du tirage. Des anneaux plats, sur les moyeux des roues de l'avant-train, permettent d'en régler l'écartement à raison de la largeur de la raie ; une des roues est toujours dans le fond du sillon, et l'autre sur le guéret.

Un grand nombre de modèles de charrues Brabant doubles sont fabriqués par des constructeurs français ; il suffit de citer MM. Bajac, Fondeur, Guilleux, Henry, Candelier, etc. On a adopté des types analogues en Belgique et en Angleterre. La manœuvre de cette charrue est, en effet, des plus faciles : à l'extrémité de la raie, on retourne le corps de charrue, et on peut exécuter un nouveau sillon contigu au précédent, en renversant toujours la terre du même côté, c'est-à-dire en réalisant un labour à plat aussi parfait que possible. On construit des charrues Brabant doubles de force très variable ; les plus petites pèsent de 125 à 150 kilogrammes ; les plus fortes, de 300 à 350 kilogrammes. La profondeur du labour qu'on peut exécuter varie de 10 à 25 centimètres dans les conditions ordinaires ; il peut même atteindre 30 à 35 centimètres dans les terres de consistance légère. L'attelage nécessaire est, pour les plus faibles charrues, une paire de chevaux ; pour les plus fortes, on emploie de six à huit bœufs.

Le modèle le plus remarquable de charrue Brabant double est la charrue de ce système dite « la Révolution ». Cette charrue sert aux labours de défoncement ; trois coutres précèdent le soc ; ils sont de longueur variable, de telle sorte qu'ils entrent progressivement dans la terre, et qu'une seule paire ne supporte pas tout l'effort de la traction. Avec cette charrue on peut faire descendre le labour jusqu'à 60 centimètres, en retournant régulièrement une bande de terre d'une largeur au moins égale.

Quelques constructeurs fabriquent des charrues Brabant doubles dans lesquelles un des corps de charrue est remplacé par un appareil fouilleur. Cet appareil consiste en trois dents formant un triangle qui prend toute la largeur de la bande ouverte précédemment par le soc et le versoir. Ces dents sont fixées sur l'age au moyen d'étriers, et on peut les faire descendre plus ou moins profondément. En allant, on ouvre une raie avec le soc ; en revenant, on fouille le sous-sol de la même raie à une profondeur de 10 à 30 centimètres ; on augmente ainsi la profondeur de la couche arable, sans mélanger la terre du sous-sol avec celle de la partie supérieure. On peut obtenir un résultat analogue en ajoutant à la partie postérieure du brabant double des griffes fouilleuses dont on fait varier la force suivant celle de la charrue. — On construit aussi des charrues brabant bisocs (voy. ce mot), dont un des corps est garni de griffes fouilleuses remplaçant le corps de charrue ordinaire. L'agencement y est tel que l'appareil fouilleur fonctionne au fond de la raie, pendant que le corps de charrue ordinaire trace la raie latérale.

Fig. 724. — Charrue Brabant double munie de versoirs déchaumeurs et d'un avant-train pour les labours sur les terrains en pente.

Pour faciliter les labours de déchaumage, on peut adapter au brabant double des petits versoirs qui se fixent à la partie postérieure du sep et du côté de l'age opposé au grand versoir (fig. 724). Ces petits versoirs soulèvent et retournent le chaume en allant dans un sens, et le grand versoir, en revenant dans le sens opposé, recouvre le chaume retourné. L'enfouissement du chaume est régulier, sans augmentation considérable de tirage et sans grande dépense. — Pour faire les labours sur les terrains en pente, on peut modifier le régulateur de l'avant-train, comme le montre la même figure 724. Un secteur est porté par l'essieu des roues, et l'on fixe la position de la charrue suivant l'inclinaison du terrain, à l'aide de cliquets glissant dans la rainure de ce secteur. Le laboureur peut régler et maintenir ces cliquets par un levier qui se prolonge jusqu'au-dessus des versoirs. Il est inutile d'ajouter qu'on peut labourer aussi bien sur les terrains plats, avec ce système d'avant-train.

La construction des charrues brabant doubles est arrivée aujourd'hui à une régularité telle qu'on fabrique même des charrues de ce système à trois socs. Ces appareils ouvrent trois raies parallèles; avec un attelage de quatre chevaux ou de quatre bœufs, on peut faire des labours d'une profondeur de 10 à 12 centimètres, à raison d'un hectare par jour dans les champs de dimensions restreintes, et d'un hectare et demi dans les pièces assez grandes. H. S.

BRACHYCÉPHALE (*zootechnie*). — L'anatomiste suédois Retzius ayant remarqué que certains crânes humains sont moins allongés ou ont le diamètre longitudinal moins grand, par rapport au transversal, que certains autres, a établi deux types distinctifs pour classer les races humaines. Au premier il a donné le nom de brachycéphale et au second celui de dolichocéphale (voy. ce mot). Ces deux noms, tirés du grec, n'ont pas été précisément bien choisis, car ils prêtent à la confusion. Ils signifient en effet, d'après leur étymologie, tête courte et tête longue ou allongée. Or ils ne se rapportent point à la tête tout entière, crâne et face, mais bien seulement, ou du moins principalement à la boite encéphalique. Si donc ils n'avaient en leur faveur un usage déjà long maintenant, il conviendrait de les abandonner pour en adopter de mieux appropriés.

Broca, préoccupé peut-être à l'excès de faire acquérir à la crâniologie telle que l'avait instituée Retzius la précision numérique, et même de lui substituer la crâniométrie, pour laquelle il a inventé un nombreux arsenal d'instruments, a établi de nouvelles distinctions, fondées sur ce qu'il a nommé l'*indice céphalique*. Cet indice céphalique de Broca est le rapport moyen entre les deux diamètres crâniens, le longitudinal étant ramené à 100. Des valeurs arbitraires ont été adoptées pour les indices brachycéphale et dolichocéphale purs. En dehors de ces valeurs, en dessus et en dessous, se trouvent d'autres prétendus types, comme le *mésaticéphale*, le *sous-brachycéphale*, etc.

Il y a tout lieu de penser qu'il ne s'agit point là de types naturels, très difficiles à déterminer d'ailleurs dans les populations humaines qui, dans le cours des siècles, ont subi de si nombreux mélanges. Toujours est-il qu'on ne les rencontre point dans la crâniologie des animaux domestiques, où la pureté d'origine est le plus ordinairement facile à établir. En outre, l'étude expérimentale des types naturels, comme elle peut se faire chez ces animaux, montre que la comparaison des deux diamètres crâniens n'est ni la seule ni la plus importante des bases de détermination crâniologique. L'architecture tout entière du crâne, celle de sa base surtout, diffère tellement, entre les deux types reconnus par Retzius, que la considération exclusive de l'indice céphalique de Broca, à laquelle les anthropologistes se sont trop laissé entrainer, semble plutôt propre à augmenter la confusion qui règne encore dans l'étude des races humaines qu'à contribuer à la faire cesser.

Chez les animaux, il n'y a réellement que deux types encéphaliques naturels, et ils sont tellement tranchés que leur distinction est on ne peut plus facile à première vue, sans qu'il soit besoin, pour les reconnaître, d'avoir recours aux instruments de mensuration. Dès qu'il y a doute pour un sujet, on peut être à peu près sûr qu'il s'agit d'un métis de ces deux types. C'est à la condition, bien entendu, que ce sujet soit normal, femelle ou mâle non émasculé. L'émasculation agit toujours, quand elle est pratiquée durant la période de croissance, sur l'architecture du crâne, en la rétrécissant plus ou moins. Le crâne du cheval hongre, du bœuf, du mouton ou du porc est toujours moins large que celui de l'étalon, du taureau, du bélier ou du verrat de même race.

L'animal brachycéphale, dans tous les genres, a toujours la nuque épaisse, les oreilles très écartées et le front large. En prenant pour limite inférieure de son crâne le fond des orbites et pour limite supérieure la ligne qui joint les deux trous auditifs ou la base des oreilles, on constate que toujours la distance entre ces deux limites est moins grande que celle qui existe entre les sommets des deux conduits auditifs ou les points les plus saillants des parois latérales des pariétaux. Chez les animaux du type brachycéphale le crâne est donc bien véritablement court, plus large que long; et si, au lieu de prendre, comme Broca, pour point de comparaison le diamètre longitudinal ramené à 100, on prend au contraire, comme il convient ici, le transversal, l'indice céphalique a toujours une valeur inférieure. Les degrés ou les nuances de la brachycéphalie peuvent ainsi être exprimés par des nombres dont la valeur est moins grande que 100 d'une quantité variable d'unités.

La comparaison suffisamment répétée des deux types crâniens entre lesquels se partagent les races animales met bientôt l'œil en mesure de les distinguer avec une grande facilité. L'expérience de l'enseignement l'a mis hors de doute, et les services rendus par la méthode crâniologique dans la classification et l'étude de ces races ne sont plus à contester, pour quiconque est au courant de l'état actuel de la science. Chez les Bovidés, où les formes et les dimensions de la boîte crânienne ne sont pas immédiatement accessibles à l'œil, cette boîte étant partout recouverte par les frontaux, la brachycéphalie se caractérise tout de suite par ce fait que la ligne abaissée de la base de la cheville osseuse de la corne et tangente au point externe le plus saillant de l'arcade orbitaire est une verticale et conséquemment parallèle à la même ligne du côté opposé. A. S.

BRACONNAGE (*droit rural*). — Action de chasser furtivement et sans autorisation sur les terres d'autrui, pour vendre le gibier. Le délit de braconnage est commis soit par la chasse au fusil, soit par la chasse avec des engins prohibés, collets, pièges, filets, gluaux. Les agents de la police rurale (gendarmes et gardes champêtres), les gardes des particuliers et les agents forestiers ont le droit de dresser des procès-verbaux contre les braconniers. La loi du 3 mai 1844 sur la chasse a déterminé les pénalités dont les tribunaux peuvent frapper les braconniers; ces pénalités consistent en amendes de 50 à 1000 francs et un emprisonnement de six jours à deux ans, suivant les circonstances dans lesquelles le délit a été commis, de jour ou de nuit, dans une propriété close, en plaine ou en forêt. La confiscation du gibier, des armes et des engins employés au braconnage, accompagne la condamnation. On a proposé, à diverses reprises, d'élever ces pénalités qui, dans un grand nombre de départements, sont impuissantes à arrêter la destruction du gibier par les braconniers.

BRACTÉE (*botanique*). — On appelle ainsi des feuilles modifiées que l'on observe d'ordinaire dans le voisinage plus ou moins immédiat des fleurs, ces modifications portant d'ailleurs uniquement sur les caractères secondaires de forme, de taille, de consistance, de coloration, etc. La nature foliaire de ces organes demeure affirmée en ce qu'ils montrent au moins un bourgeon dans leur aisselle. Il est vrai que ce bourgeon peut avorter de bonne heure, auquel cas les bractées sont dites *stériles*, par opposition à l'épithète de *fertiles* qu'on leur applique quand le bourgeon se développe régulièrement.

La forme et la dimension des bractées sont extrêmement variables; cependant elles sont le plus souvent petites, sessiles, à peu près triangulaires (fig. 725); c'est ce que l'on observe, par exemple, sur les grappes du Groseillier commun. Quelquefois elles peuvent au contraire égaler et même surpasser les feuilles par leurs dimensions. Leur coloration, souvent nulle ou verdâtre, peut présenter les nuances les plus vives, souvent plus éclatantes que celles de la fleur elle-même, et un assez bon nombre de plantes d'ornement ne sont recherchées que pour le brillant coloris de leurs bractées ; telles sont notamment les *Bougainvillea* (fig. 726), l'*Euphorbia splendens*, beaucoup d'espèces du genre Sauge (*Salvia cardinalis*, *S. amethystina*, etc.).

Il existe ordinairement des transitions presque insensibles entre la feuille et la bractée au point de vue de leur constitution, et l'on peut dire que la feuille, pour devenir bractée perd peu à peu, comme par épuisement de la végétation, un certain nombre des parties qui la composent, pour n'être plus finalement réduite qu'à une seule.

Fig. 725. — Inflorescence de la Verveine officinale; chaque fleur est née à l'aisselle d'une petite bractée.

Fig. 726. — Fleur de *Bougainvillea*, à bractées très grandes et colorées.

Les bractées occupent souvent le même ordre phyllotaxique que les feuilles de la plante à laquelle elles appartiennent ; ainsi dans les Sauges dont nous parlions il y a un instant, elles sont opposées comme les feuilles elles-mêmes. Il peut cependant en arriver autrement : certains *Polygala* à feuilles verticillées montrent des bractées alternes ; il en est de même dans la Verveine commune dont les véritables feuilles sont opposées. Ajoutons que les bractées peuvent contracter adhérence avec l'axe de l'inflorescence, comme cela arrive dans les Tilleuls.

Rapprochées en nombre variable immédiatement sous la fleur, elles y forment une sorte de verticille accessoire qui prend le nom de *calicule*, comme on le voit dans les Mauves, les Guimauves, etc. Plus éloignées de la fleur ou rapprochées au-dessous de nombreuses fleurs groupées, elles constituent une sorte de collerette plus ou moins compliquée qui reçoit le nom d'*involucre*, d'*involucelle*, suivant les cas ; telles sont les réunions de bractées que l'on remarque au-dessous de la fleur des Anémones, à la base du capitule de toutes les Composées (fig. 727), à la naissance des ombelles ou des ombellules d'un grand nombre d'Ombellifères (exemple : Carotte, Petite-Ciguë). Appliquées deux à deux à la base de l'épillet des Graminées, elles constituent ce qu'on appelle la *glume*. Une bractée unique très développée, plus ou moins colorée, entourant plus ou moins l'inflorescence tout entière ou des parties de l'inflorescence, prend dans le langage descriptif la dénomination de *spathe*; on trouve de tels organes dans les diverses espèces du genre *Allium*, dans les Aroïdées, dans les Palmiers, etc. L'espèce de sac irrégulier qui induvie le fruit des Noisetiers et qu'on nomme *cupule*, est le produit de la réunion d'un certain nombre de bractées qui, nées sous la fleur femelle de ces arbustes, se sont accrues en même temps que l'ovaire et ont même fini par le dépasser. Telle est encore l'origine de l'espèce de boîte épineuse, déhiscente à la maturité, qui enveloppe les fruits du Châtaignier, du Hêtre. Les bractées jouent ici d'une manière évidente un rôle protecteur à l'égard des ovaires pendant les transformations qu'ils subissent ultérieurement à la fécondation. Les *paillettes* que l'on observe dans beaucoup de capitules des Composées ne sont en

Fig. 727. — Fleur composée de l'Artichaut, portant a sa base un involucre formé de nombreuses bractées.

somme que des bractées accompagnant chaque fleur de l'inflorescence.

Les bractées des plantes de nos pays n'offrent en général, au point de vue de la technologie botanique, qu'un intérêt assez restreint. Signalons cependant quelques-uns de leurs usages les plus importants. On mange communément les bractées plus ou moins charnues qui forment l'involucre de l'Artichaut; courbées en crochet et dures à la maturité, les bractées d'une espèce de *Dipsacus* donnent à son inflorescence des qualités qui la font rechercher par l'industrie pour le peignage des étoffes de laine. Tout le monde enfin connaît l'emploi des glumes de certaines Graminées qui, sous le nom vulgaire de *balles*, sont quelquefois utilisées pour la nourriture des bestiaux, mais servent le plus ordinairement à la confection de pièces de literie, ou participent à la fabrication des fumiers. Les contrées intertropicales semblent mieux partagées sous ce rapport; c'est ainsi, pour ne citer qu'un exemple, que les spathes de certains Palmiers acquièrent des dimensions et une consistance telles que les habitants peuvent les utiliser à des usages variés. Quelquefois longues de plus d'un mètre, courbées et rétrécies aux deux bouts, elles peuvent servir de nacelles ou de berceaux; plus réduites dans leurs dimensions, elles constituent des vases tout faits propres à contenir et transporter l'eau, les aliments ou toute autre substance. E. M.

BRAGUE (*zootechnie*). — Maniement (voy. ce mot) encore nommé *braie*, *dessous* ou *scrotum*. Il ne se manifeste que chez le bœuf. Ainsi que l'indique son dernier nom, il a son siège dans les bourses et il consiste en un dépôt de graisse dans le tissu conjonctif, dit cellulaire, qui occupe la place des testicules plus ou moins atrophiés ou absents, par suite du bistournage ou de la castration. La région se manie chez tous les bœufs, qu'ils soient maigres ou gras. Chez les bœufs maigres, le maniement a pour objet de constater l'état des restes de testicules et d'en apprécier le volume. Ceux-ci, réduits à rien, indiquent une émasculation complète, considérée comme favorable à l'engraissement, dont l'aptitude est inversement proportionnelle au volume qu'ils ont conservé. Les sujets qualifiés de durs en conservent toujours de gros restes. Chez les gras il indique le dépôt de la graisse dans l'abdomen ou du suif, dont l'abondance est proportionnelle à son propre volume. Les bœufs très gras ont les bourses distendues par un amas de tissu adipeux qui s'étend jusque sous l'abdomen, en forme de nappe. A. S.

BRAHEA (*botanique*). — Genre de Palmiers, originaires des parties chaudes de l'Amérique septentrionale, notamment du Mexique. La tige est de moyenne grandeur, les feuilles sont palmatifides, les spathes sont nombreuses et incomplètes. Plusieurs espèces sont cultivées dans les jardins du midi de la France et de l'Italie, notamment le *Brahea Rœzlii*, remarquable par la teinte glauque de son feuillage, le *B. filamentosa* et le *B. nitida*. Ce palmier a été naturalisé en Algérie.

BRAHMA-POOTRA (*basse-cour*). — Race de volaille originaire des pays arrosés par le Brahmapootra qui se jette dans la baie de Bengale. C'est une volaille très volumineuse, dont la chair est assez bonne. Malgré une démarche lourde, le coq porte la tête haute; son bec est fort à la base, court et crochu; sa tête est courte et petite. Sa crête est triple et ressemble à trois crêtes pressées l'une contre l'autre et n'en formant qu'une seule; malgré cette épaisseur, elle est peu saillante. Les oreillons sont rouges, les barbillons sont arrondis et rouges; le cou est court, garni de plumes touffues; le dos est plat et très court; les reins sont très larges; la poitrine est développée et arrondie, les épaules sont larges et saillantes, les ailes sont petites; les pattes sont grosses, très écartées l'une de l'autre et d'une couleur jaune orange; elles sont abondamment garnies de plumes horizontales. La queue est légèrement relevée et les faucilles sont courtes et relevées.

La poule de Brahma-pootra a une tête petite et remarquablement bien faite; sa crête est triple, mais très petite; les oreillons sont rouges et d'une peau très fine; les barbillons rouges, petits et arrondis; le bec très court et crochu; le corps est abondamment garni de plumes épaisses; la poitrine est large, bien développée; les cuisses sont fortement emplumées de plumes bouffantes; les coussins sont aussi formés par des plumes superposées en couches légères, qui donnent des formes accusées et arrondies; la queue est petite et relevée. C'est une bonne pondeuse : cent trente œufs par an; elle est très bonne couveuse et la quantité de duvet qu'elle a sous le corps est très favorable à l'incubation.

Il y a deux variétés de Brahma : la *blanche* ou *herminée* (*light Brahma*) et la *colorée* ou foncée ou *inverse* (*dark Brahma*).

BRAHMA BLANCHE. — Le plumage de la variété blanche ou herminée est blanc sur tout le corps, mais le camail doit être distinctement rayé de noir le long du centre de chaque plume; chez le coq la rayure est plus fine que chez la poule.

Le dos est tout blanc Les ailes paraissent blanches, étant pliées, mais les plumes du vol sont noires. La queue est noire; chez le coq elle est légèrement développée et les caudales montrent des reflets verts. Les pattes sont jaunes et bien garnies de plumes blanches, dont quelques-unes ont des taches noires.

Fig. 728. — Coq et poule de Brahma-Pootra.

Le poussin *Brahma* herminé est recouvert d'un joli duvet blanc sur la tête, sur le dos et sur les ailes; ce duvet est jaune très clair; sur le dos près du cou on voit une petite tache grise; la poitrine et le ventre sont blancs; les pattes sont garnies de plumes.

En somme, les volailles de cette variété de Brahma sont de magnifiques oiseaux qui doivent leur beauté au merveilleux ensemble de leur plumage blanc et de leur gracieux camail.

Il y a une variété grise, mais elle n'a pas si superbe plumage; elle tend d'ailleurs à disparaître.

BRAHMA FONCÉE. — La variété *Brahma inverse* ou *foncée* a exactement les mêmes caractères que la variété herminée, comme crête, forme, symétrie, caractère; mais elle est aussi différente en couleur qu'il est possible de l'être.

Chez le coq, le cou est court, mais bien arqué, avec un camail bien fourni, qui est blanc argenté, rayé de noir, et tombe gracieusement sur le dos et sur les côtés du poitrail. Sur la tête les plumes sont blanches.

Le dos presque blanc, crayonné de noir, est court, large et plat, s'élevant insensiblement vers la queue, qui est petite et droite. La légère élévation de la selle à la queue et les caudales sont d'un vert lustré, sauf quelques plumes près de la selle, qui sont légèrement crayonnées de blanc; les plumes de la queue sont d'un beau noir.

La poitrine est noire, mais chaque plume a un petit pointillé blanc.

Les ailes sont petites, bien retroussées. Une barre noire, bien définie, les traverse; les cuisses et les parties postérieures sont garnies d'un duvet noir ou gris très foncé; le bas des cuisses a une abondance de plumes molles presque noires.

Le coq de cette variété a une démarche fière et une carrure de corps très accusée.

La tête de la poule est petite avec une crête triple; les oreillons sont rouges, les barbillons rouges, petits et arrondis; le cou est court et s'élargissant graduellement de la tête aux épaules. Les plumes de la tête sont grisâtres et le camail crayonné de noir, d'une manière plus prononcée que chez le coq.

La couleur du plumage de la poule, à l'exception du cou et de la queue, est la même partout; chaque plume jusqu'à la gorge a un fond gris crayonné, d'une façon serrée, de gris-fer foncé.

Les pattes sont jaunes, emplumées au dehors et de la même couleur que celles du corps.

Cette race de Brahma-pootra est, comme on le voit, une très belle race par sa corpulence et sa prestance; son caractère tranquille la fait admettre dans les jardins; elle vit volontiers dans une petite basse-cour, bien sablée. ER. L.

BRAI (*technologie*). — Le brai sec est le résidu de la distillation de la gemme ou résine molle extraite du pin maritime par exsudation. Il est de couleur plus ou moins foncée, suivant la chaleur à laquelle se fait la distillation. Le brai sec peu cuit constitue la colophane. La gemme donne de 50 à 55 pour 100 de brai sec.

Le brai gras ou brai noir est une matière visqueuse, plus communément appelée poix noire, préparée par la fusion dans un four des résidus de la filtration de la gemme et du brai, mélangés avec du goudron.

BRAIE. — Voy. BRAGUE.

BRAMTOT (*pomologie*). — Variété de pomme à cidre, mûrissant en décembre. C'est un fruit excellent, riche en sucre et en tanin, dont le jus est parfumé et de très bon goût. L'arbre, dont les branches sont dressées, est très vigoureux et fertile; il résiste bien au froid.

BRANCHE (DE) (*pomologie*). — Variété de poire à cidre, estimée en Normandie, surtout dans le pays d'Auge. Le fruit mûrit à la fin d'octobre. L'arbre est vigoureux et d'une grande production.

BRANCHES. — Ramifications de l'arbre. On appelle branches *principales* celles qui partent directement de la tige, *rameaux* ou *branches secondaires* celles qui s'implantent sur les principales, et *ramules* celles de formation plus récente.

C'est la disposition des branches qui donne à chaque espèce d'arbre l'aspect particulier qu'on désigne sous le nom de *port*. Cette disposition dépend de celle des feuilles, car c'est à l'aisselle de ces derniers organes que naissent les bourgeons (voy. ce mot), dont le développement produit successivement les branches, les rameaux et les ramules.

A l'exception des grosses branches dont une partie peut être utilisée soit comme courbes de marine, soit comme bois d'industrie, le branchage ou *cimeau* est ordinairement débité en bois de feu.

L'estimation du volume de bois que produira le façonnage des branches, ne peut se faire comme celle du corps de l'arbre, au moyen du cubage. On emploie dans la pratique des procédés empiriques qui donnent des résultats suffisamment exacts. L'un de ces procédés consiste à classer les arbres par essences et par catégories de grosseur, et à déterminer par des expériences la quantité de stères, de fagots et de bourrées obtenus en façonnant les cimeaux d'un certain nombre d'arbres de chacune de ces classes. La moyenne de cette production est appliquée, pour la même essence, à tous les arbres à estimer. B. DE LA G.

BRANDE. — Nom vulgaire donné à des landes dans lesquelles on rencontre beaucoup de bruyères. Cette expression est usitée surtout dans le Berry.

BRANDYWINE (*pomologie*). — Poire d'été, mûrissant en août. Le fruit est de grosseur moyenne, de couleur jaune clair, parfois nuancée de rouge. La chaire est fondante, juteuse et sucrée. C'est une bonne variété, très fertile. On cultive ce poirier en pyramide ou en espalier.

BRAQUAGE, BRAQUETTE. — Noms vulgaires dont on se sert dans une partie de la Flandre, pour désigner le binage et la binette (voy. ces mots).

BRAQUE. — Race de chiens de chasse très anciennement répandue en France. Le braque est employé surtout comme chien d'arrêt; sa taille est de 55 à 65 centimètres à l'épaule; la tête, de grosseur moyenne, présente un front large et élevé; le museau est court et un peu carré, avec les babines pendantes; l'œil est petit, mais vif; les oreilles sont moyennes et pendantes; le cou est court, la poitrine profonde; les pattes sont fortes; le poil est ras et fin, à fond blanc taché de marron ou de brun. On en distingue plusieurs variétés dont les principales sont le braque du Poitou, le braque de Picardie, le braque du Bengale. Par le croisement avec le chien espagnol, on a créé la variété dite des chiens de Saint-Germain. Le braque est un excellent chien d'arrêt dans les terrains secs et dans les pays de plaine, mais assez médiocre dans les terrains humides et surtout dans les terrains marécageux.

BRASSERIE (*technologie*). — Quoique l'on puisse compter de nombreuses sortes de bières, que le goût de ces divers types soit assez variable, le principe de leur préparation reste toujours le même et la fabrication ne subit dans ses phases successives que des modifications de détail suivant le but poursuivi (bières de garde, d'exportation, etc.) ou les habitudes des consommateurs.

Nous commencerons par décrire les méthodes de préparation les plus généralement suivies.

La bière résulte de la fermentation alcoolique d'une dissolution sucrée et cette dissolution première est obtenue ordinairement par la saccharification de l'amidon de l'orge.

Il faut donc tout d'abord rendre l'amidon propre à se transformer en sucre. C'est l'objet du maltage, puis préparer la dissolution et la faire fermenter, c'est la brasserie proprement dite. Ces deux fabrications distinctes peuvent être séparées l'une de l'autre ainsi que cela se voit surtout en Angleterre; mais sur le continent, en Allemagne, en France, les brasseurs préfèrent ordinairement préparer eux-mêmes le malt qu'ils emploient.

MALTERIE. — La saccharification de l'amidon pourrait s'obtenir par le moyen des acides ou par un séjour prolongé dans l'eau bouillante, mais la glucose ainsi préparée conserve, malgré toutes les manipulations, une odeur et un goût qui seraient inacceptables pour un aliment. On opère la saccharification par la réaction de la diastase sur la matière amylacée ainsi qu'elle s'accomplit dans la nature pendant la germination.

Lorsqu'une graine est placée dans des conditions convenables d'humidité et de température, qu'elle se trouve en outre dans une atmosphère oxygénée, elle se transforme, la vie s'y manifeste, la plante apparaît et se développe, quand les fonctions de nutrition et de respiration se sont établies. La respiration, analogue à celle des animaux, se fait par absorption d'oxygène et émission d'acide carbonique; le carbone brûlé et exhalé provient des aliments consommés et comme, dans le cas présent, la graine ne peut puiser aucun aliment à l'extérieur, c'est sa propre substance qu'elle consomme, elle se nourrit à ses dépens, et on constate en effet que la graine perd de son poids pendant la germination. Or, pour que l'amidon devienne assimilable, il faut qu'il soit soluble et cette solubilité devient possible par la transformation de l'amidon en un sucre particulier au moyen d'un ferment qui prend naissance et se développe dans l'acte encore mystérieux de la germination. Si l'on arrête la germination à une époque favorable, on trouvera dans le grain le ferment et l'amidon, et la saccharification s'obtiendra en mettant ces deux substances en présence dans un bain d'eau tiède. Le ferment, qui est soluble, pourra alors réagir et transformer l'amidon en un sucre particulier appelé maltose. Dans l'opération de la malterie, on se place dans les meilleures conditions d'une bonne germination et on arrête la vie dans la jeune plante aussitôt que possible, pour éviter les déperditions de matière amylacée.

L'orge employée doit être choisie avec soin, lourde, récente et bien nettoyée; les grains doivent être sains, donner une cassure blanche et farineuse.

Mouillage. — L'humidité nécessaire à la germination est fournie à l'orge par un mouillage, qui se fait dans de grands réservoirs en bois, en briques cimentées ou en tôle. On met les grains dans ces réservoirs et on y fait arriver de l'eau propre et douce jusqu'à ce que le niveau du liquide dépasse un peu le niveau des grains. Il est bon de faire entrer l'eau par le bas du réservoir pour agiter toute la masse et entraîner les matières légères, grains mauvais, pellicules ou poussières, à la partie supérieure. On enlève ces impuretés qui viennent nager à la surface et on laisse l'orge s'imbiber d'eau pendant cinq à six heures environ. Alors on fait écouler cette première eau de lavage qui s'est colorée et a pris un goût très désagréable; elle contient des matières organiques qui se sont exosmosées et surtout les substances étrangères, poussières ou autres qui se trouvaient à la surface du grain. Elle laisse à l'évaporation un résidu d'un demi pour 100 environ; on la rejette ordinairement, mais elle pourrait être employée à des arrosages ou irrigations. Ce liquide se charge d'autant plus que le contact est plus prolongé, mais il ne faut pas perdre de vue le but que l'on poursuit et ne pas le dépasser. Des bactéries se développent assez vite dans ces eaux de lavage et pourraient au bout d'un certain temps entraîner des altérations ou même la pourriture des grains. Il est d'une bonne pratique de renouveler plusieurs fois l'eau dans le réservoir en agitant la masse. L'opération est terminée quand les eaux sortent limpides. Au bout d'un jour ou deux, suivant les saisons, l'orge a absorbé de l'humidité à saturation, elle s'est gonflée et amollie, l'épiderme se détache avec facilité et le grain s'écrase entre les doigts. On la laisse égoutter quelques heures, puis on la fait tomber directement dans les germoirs en ouvrant une trappe installée au bas des cuves de mouillage.

Germination. — Le grain ainsi humecté germe facilement. Il suffit de le maintenir au contact de l'air atmosphérique, à une température variant de 12 à 20 degrés, suivant les habitudes locales, mais en tous cas aussi constante que possible. C'est cette dernière condition importante pour la réussite, qui a conduit à établir les germoirs dans les endroits profonds bien abrités, à murs épais et ne recevant pas la lumière du jour qui amènerait par ses changements incessants des variations dans la température. Le sol des germoirs doit être maintenu propre; on le construit en dalles de pierre, ou on le bitume pour pouvoir facilement le laver après chaque opération. Le grain est étendu en couche bien régulière de 50 centimètres environ, la température ne tarde pas à s'élever et la germination commence. Aussitôt que l'on voit apparaître une petite proéminence blanchâtre sur le grain, on diminue l'épaisseur de la couche d'abord à 30 ou 35 centimètres, puis à 25, à 20 et ainsi de suite au fur et à mesure de la marche de la germination qui doit être terminée avec des couches de 10 centimètres environ. Cette opération demande une surveillance attentive, il faut remuer ou pelleter le tas de temps à autre, pour éliminer l'acide carbonique, aérer et régulariser la température. Si

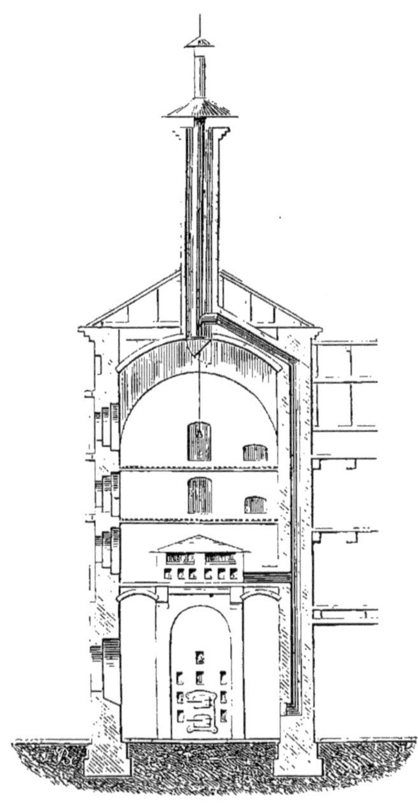

Fig. 729. — Coupe montrant l'installation intérieure d'une touraille de brasserie.

les grains sèchent trop, on les arrose légèrement et on maintient dans le germoir un aérage modéré.

La germination dure plus ou moins longtemps, suivant la température de la masse; à 20 degrés, elle est terminée en six ou huit jours, c'est là une durée minimum qu'il faut même chercher à éviter, car des germinations trop promptes sont fréquemment irrégulières, et il est bon de conserver des températures plus basses, pour que la durée soit environ d'une dizaine de jours. En Ecosse, en Hollande, où l'on ne dépasse pas la température de 12 degrés, l'opération dure de dix-huit à vingt jours. Le moment favorable est atteint lorsque la petite tige qui s'est développée à l'extérieur mesure les deux tiers de la longueur du grain.

Pour arrêter l'évolution de la graine, il faut abaisser la température ou l'élever notablement et surtout opérer une dessiccation rapide. Pour cela, on porte l'orge germée dans des greniers aérés, sur le sol desquels elle est étendue en couche mince, ou bien on l'envoie aux tourailles, qui sont des étuves avec une circulation d'air chaud. L'orge ne doit être chauffée que graduellement pour éviter la formation de l'empois. Quand les grains sont secs, il n'y a aucun inconvénient à pousser la température aussi haut qu'on le voudra ; la diastase ne s'altère pas sensiblement jusqu'à 100 degrés. Pour les bières à fermentation basse, on chauffe jusqu'à 80, 90 degrés. Pour les malts noirs de bière brune, on pousse jusqu'à 160 degrés et même 200 degrés.

La construction des tourailles diffère beaucoup dans les détails ; mais il est facile, en envisageant le but à atteindre, d'imaginer quel doit être le principe d'une construction rationnelle et bien appropriée.

Le grain doit être desséché d'abord et plus ou moins torréfié ensuite. Il est donc naturel de l'étendre en couche peu épaisse sur les planchers étagés d'une étuve à courant d'air, chauffée par le bas. Les planchers seront troués ou à claire-voie pour ménager la circulation des gaz et de la vapeur d'eau et on fera descendre le grain d'un plancher sur l'autre au fur et à mesure de la dessiccation pour le rapprocher de la source chaude et obtenir une température de plus en plus élevée. Nous n'insisterons pas sur les détails des constructions. La figure 729 représente la touraille de Noback frères et Fritze dont l'aménagement se comprend sans longues explications. En bas de l'appareil, un calorifère à air chaud donnant un chauffage régulier et sans coup de feu ; les tuyaux de chauffage

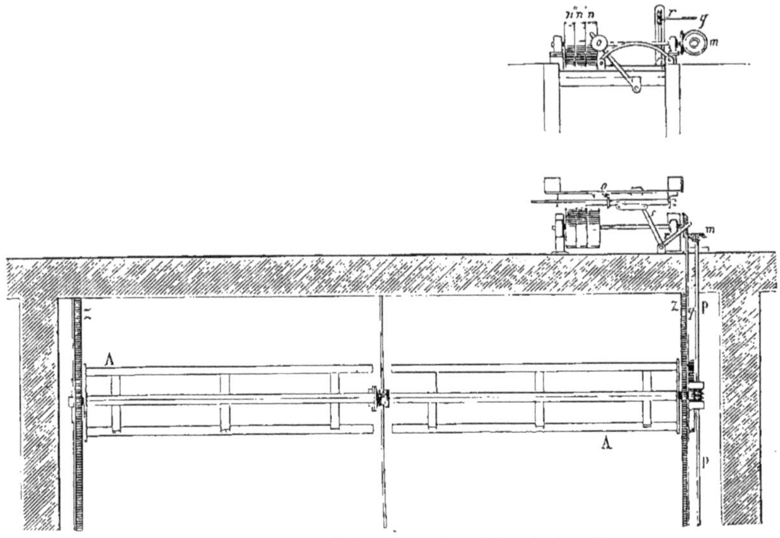

Fig. 730. — Plan et profil du pelleteur de malt dans les tourailles.

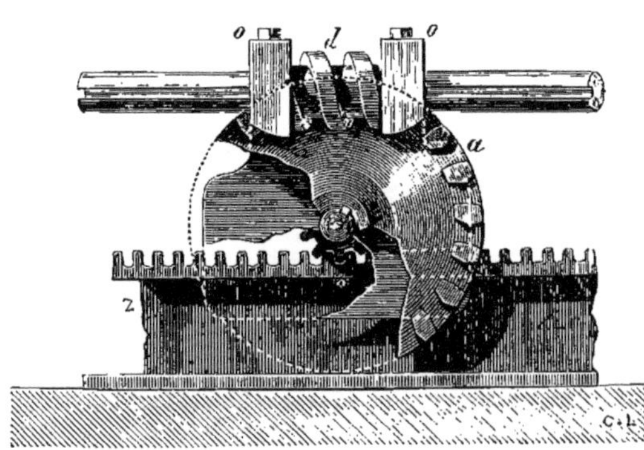

Fig. 731. — Transmission de mouvement du pelleteur de malt (vue de face).

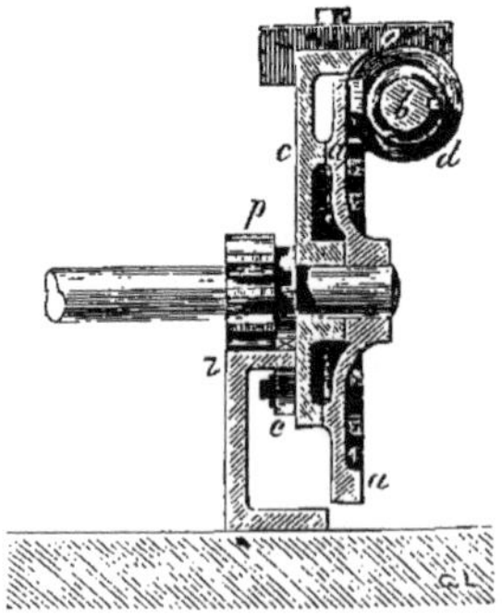

Fig. 732. — Transmission de mouvement du pelleteur de malt (vue de profil).

ont une section semblable à celle d'une poire ou d'une toupie, la pointe en haut pour que les poussières ou les grains ne séjournent pas à leur surface et ne communiquent pas par leur torréfaction trop forte un mauvais goût au grain séché. Le grain séché porte le nom de *malt*.

Les planchers sont en tôle perforée ou mieux en fils de fer juxtaposés. Dans la cheminée d'aérage, se trouve un registre permettant de régler et de conduire à volonté la marche de l'opération.

Il est bon dans les tourailles de remuer le malt de temps à autre, pour renouveler les surfaces et faciliter les mouvements des gaz. Ordinairement ce pelletage se fait à la main; mais dans les appareils récents perfectionnés, il s'opère mécaniquement. La figure 730 montre l'ingénieuse disposition adoptée à la brasserie de Tantonville. Des palettes aux étages supérieurs, des brosses aux plateaux plus chauffés sont disposées en hélice autour d'un arbre en fer qui occupe toute la largeur de la touraille. Cet arbre tourne avec les palettes qu'il porte, et en même temps il se déplace parallèlement à lui-même, dans un plan horizontal, alternativement dans un sens et dans l'autre. On obtient ce mouvement au moyen de trois poulies, une folle au milieu et deux fixes calées sur un même arbre. Le pelleteur change lui-même son mouvement quand il arrive à une des extrémités du plateau; il commande une fourche dans laquelle passent deux courroies motrices, une directe et l'autre inverse ou croisée. Ce sera, par exemple, dans un sens, la courroie directe sur la poulie fixe, la courroie croisée sur la poulie folle, puis réciproquement à son autre terme de voyage, le pelleteur fera embrayer la courroie croisée sur la poulie fixe et la courroie directe sur la poulie folle. Le mouvement change aussitôt de sens et le pelleteur recule. Les figures 731 à 733 montrent les détails des brosses et de leurs mouvements.

On voit ici en passant, combien cette disposition des planchers à claire-voie serait appropriée facilement pour les germoirs; dans quelques brasseries déjà, nous a-t-on dit, ce principe est adopté. On étend l'orge humectée sur des plateaux percés de trous et, par un aérage convenable, on règle avec une grande précision la température de la germination, sans qu'il soit besoin de pelletage.

La dessiccation du malt dure de douze, vingt-quatre à trente-six heures ou même plus, selon la température et surtout l'activité de l'aération; lorsque le malt est arrivé à l'état désiré par le brasseur pour l'emploi voulu, on arrête l'action de la chaleur soit en abattant le feu, soit en enlevant le grain. Le malt refroidi doit être sec, cassant, plus léger que l'eau et donner une poussière farineuse sans grumeaux ni adhérences.

Fig. 733. — Brosse du pelleteur de malt en mouvement.

Pour qu'il soit apte à la fabrication de la bière, il ne reste plus qu'à enlever les germes ou touraillons, ce qui se fait en faisant passer le malt dans un tarare à brosses, fortement ventilé; les radicelles se détachent. Ces déchets sont assez riches en azote et on les emploie comme engrais; il est bon de les mélanger à du fumier ou à du purin. On peut les faire servir à la nourriture des chevaux. Ces touraillons représentent de 2 à 3 pour 100 du poids du malt.

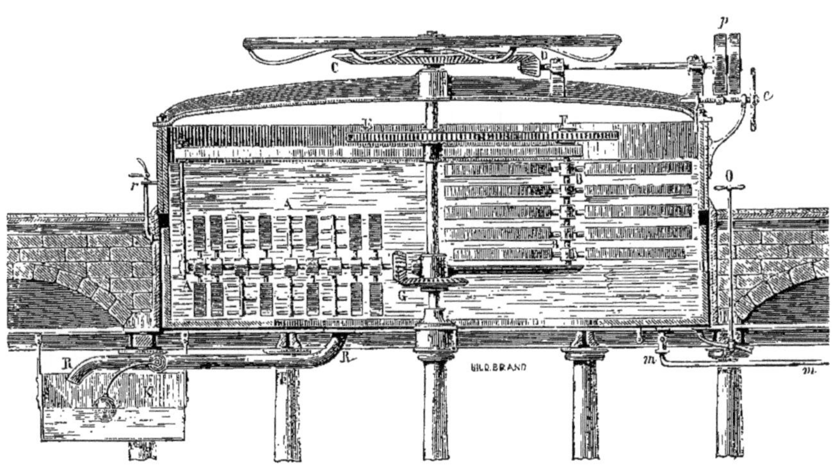

Fig. 734. — Cuve-matière, disposition des agitateurs.

Dans cette suite d'opérations de la malterie, on

a passé de l'orge qui contenait des matières albuminoïdes insolubles à un malt qui contient ces matières à l'état soluble; le ferment s'est développé, il est apte à transformer l'amidon en sucre, mais pour cela il faut l'intermédiaire de l'eau; autrement ce grain desséché se conserve longtemps sans altération bien sensible. Pour l'usage, il est cependant d'autant meilleur qu'il est employé plus frais.

BRASSERIE. — La saccharification dans l'eau, la fermentation, sont les opérations de la brasserie proprement dite.

En suivant la méthode que nous avons adoptée, nous allons donner la préparation de la bière la plus répandue aujourd'hui, celle que l'on obtient par fermentation basse et nous indiquerons en dernier lieu les modifications apportées pour obtenir des variétés de bières moins généralement recherchées.

Brassage. — Le brassage comprend la préparation de la dissolution fermentescible que l'on appelle le moût, la cuisson et les fermentations.

Le moût s'obtient par une décoction du malt; c'est pendant cette opération que la diastase réagit sur la matière amylacée en produisant la saccharification.

Cette opération s'effectue dans une cuve qu'il peut être commode de pouvoir chauffer : c'est un bac de tôle ou de bois, de forme carrée ou ronde, ordinairement muni d'agitateurs actionnés par en dessous par le moteur de l'usine; on l'appelle la cuve-matière (fig. 734). A côté de celle-ci se trouve une autre cuve dite cuve de dépôt, il est assez commode dans la pratique de construire ces deux cuves semblables. On les garnit à leur partie inférieure d'un faux fond de cuivre percé de trous sur lequel le malt va se déposer. A la partie supérieure, est un tourniquet hydraulique pour répandre uniformément sur la masse, l'eau chaude qui dissoudra les matières sucrées.

A côté de ces appareils, ordinairement à un niveau plus élevé, est placée une troisième cuve à houblonner ou calorisateur. Celle-ci est chauffée par de la vapeur circulant dans un serpentin.

Pour préparer un brassin, on commence par concasser le malt en le faisant tomber entre deux cylindres de fonte horizontaux, tournant en sens inverse et avec des vitesses différentes; il est bon de le moudre quelques jours d'avance pour qu'il s'hydrate un peu et surtout qu'il se laisse plus facilement mouiller. On fait tomber le malt broyé dans un tuyau qui le conduit à la cuve-matière. Ce tuyau est percé d'un grand nombre de trous par lesquels on injecte de l'eau tiède. Le malt arrive ainsi déjà humecté et on évite d'avoir dans la cuve des amas de grains ou de grumeaux qui ne s'humectent pas et occasionnent alors des pertes dans la fabrication. Pour avoir un mélange plus intime, on peut munir le tuyau d'arrivée de chicanes échelonnées ou faire tomber le malt sur un appareil qui a la forme d'un livre contre les feuillets entr'ouverts duquel on injecte l'eau chaude. Au fur et à mesure que le malt arrive dans la cuve-matière, il se mélange à l'eau précédemment introduite et cela d'autant mieux que l'on met immédiatement les agitateurs en mouvement, ce que l'on appelle vaguer. On n'introduit tout d'abord que les deux tiers de l'eau nécessaire à la décoction, un peu plus du poids du malt; le troisième est envoyé à réchauffer dans la cuve à houblonner ou bien on prélève ou introduit toute la quantité d'eau nécessaire à 30 ou 35 degrés dans la cuve-matière (environ deux fois le poids du malt); on vague jusqu'à ce que le mélange soit homogène et c'est le tiers de ce mélange pâteux que l'on envoie au calorisateur. Ce liquide est chauffé à l'ébullition pendant une demi-heure et renvoyé dans la cuve-matière; la température s'élève à 40 et 45 degrés et on remet aussitôt les agitateurs en marche. On laisse ensuite reposer en couvrant la cuve, puis on recommence un deuxième chauffage partiel, un troisième et même un quatrième de la même façon. La température dans la cuve doit être de 70 degrés environ à la dernière trempe. On abandonne alors le tout au repos pendant une heure, soit dans la cuve-matière, soit dans la cuve de dépôt, puis on soutire par les bondes de fond, le liquide filtre sur la couche formée par les pellicules des grains. Après quelques minutes il passe clair et on le recueille. Le résidu pâteux qu'on appelle la *drèche* est relavé à plusieurs reprises à l'eau chaude; ces eaux sont employées à la fabrication de petites bières ou à compléter ce qui se perd par évaporation pendant la cuisson. En Allemagne on se sert maintenant des essoreuses pour épuiser la drèche, on clairce à l'eau tiède.

Le résidu complètement épuisé d'une manière quelconque, la drèche, est excellent pour l'alimentation du bétail et surtout des vaches laitières, mais il est bon de mélanger cet aliment un peu trop aqueux avec d'autres aliments plus secs.

Dans ce procédé l'ébullition coagule les matières albuminoïdes et la transformation de l'amidon en sucre reste incomplète. Il se produit de la dextrine qui fermente difficilement, mais qui contribue à donner à la bière ce goût moelleux ou, suivant l'expression consacrée, cette bouche si recherchée des consommateurs.

Cette perte de glucose rend la bière moins alcoolique, moins tonique. On a cherché à remédier à cet inconvénient et on procède aujourd'hui en Bavière de la manière suivante : on fait tomber le malt empâté dans l'eau d'une cuve-matière à double fond et parois chauffés; on élève la température à 70 degrés, l'infusion dure une heure. Puis on porte toute la masse à l'ébullition pendant une heure, on obtient ainsi plus de glucose par la première opération et dans l'ébullition on dissout des gommes ou on détermine la formation de matières gommeuses, qui donnent la bouche et la qualité. Après l'ébullition on décante par le faux fond et par le moyen du tourniquet hydraulique, on lave la drèche à l'eau bouillante. Dans une méthode nouvelle usitée à Vienne, on procède comme précédemment par infusion, mais le liquide est retiré d'une manière continue par le faux fond, réchauffé par le calorisateur et répandu de nouveau sur la masse par le tourniquet hydraulique. L'infusion dure une heure et on monte la température à 75 ou 80 degrés (quelquefois on remplace une portion du malt par du riz).

Le moût ainsi obtenu est extrêmement altérable, il donnerait des fermentations difficiles, irrégulières; on le fait bouillir ou on le cuit pour transformer les matières albuminoïdes, annuler leur action fermentescible, concentrer le moût et en rehausser la couleur. C'est pendant cette ébullition que l'on ajoute le houblon.

Cuisson. — La cuisson s'opère dans la cuve à houblonnage, chauffée à la vapeur. Cette cuve est de forme presque sphérique, elle porte à la partie supérieure, dans les brasseries françaises, une hausse qui représente la tolérance de la régie; le volume du liquide compris dans cette partie de la cuve correspond à la quantité d'eau évaporée par l'ébullition. Cette opération est en elle-même très simple et ne demande pas grande surveillance. C'est pendant l'ébullition qu'on ajoute le houblon dans des proportions variant de 300 grammes à 1000 grammes ou même 1200 grammes par hectolitre. Le houblon exerce la plus heureuse influence sur le moût, il précipite par son tanin les matières albuminoïdes et clarifie le liquide, l'excès de tanin est un précieux agent de conservation; l'huile essentielle amère communique une odeur aromatique et un goût agréable. La cuisson dure en général de quatre à cinq heures, elle est terminée quand le liquide puisé dans une éprouvette se clarifie bien, se casse, suivant l'expression consacrée. On abrège la cuisson pour les bières blanches, on la prolonge pour les bières fortes et colorées, notamment pour les bières belges. Certains brasseurs abrègent la cuisson et augmentent le degré du moût en ajoutant une dissolution de glucose ou de mélasse; quelques-uns mettent de la chaux dans le liquide en ébullition pour le colorer; ces pratiques sont mauvaises ou coupables. Rien ne peut égaler la bière fabriquée naturellement par l'orge et le houblon.

Refroidissement du moût. — Le refroidissement du moût avant la mise en levain doit être aussi rapide que possible; à des températures de 25, 30 degrés, ce liquide est extrêmement altérable, il s'acétifie, fermente de différentes façons, se trouble et il importe de ne le conserver que le moins de temps possible à ces températures dangereuses. Les refroidissoirs sont ordinairement de grands bacs peu profonds, en tôle ou en cuivre, placés dans des endroits aérés, pour que le refroidissement se fasse plus vite. Ces bacs doivent toujours être nettoyés après chaque opération et avec le plus grand soin. La durée du refroidissement varie nécessairement avec la température ambiante, les mouvements de l'air, etc., elle est de trois ou quatre heures au moins; dans les contrées chaudes elle atteint huit à dix heures. Le moût émet des vapeurs pendant ce refroidissement et se concentre, l'évaporation est de 4 à 7 pour 100. En outre il laisse déposer dans les bacs une matière floconneuse contenant de l'amidon et du tanin et il se clarifie. Une limpidité parfaite n'est pas ici absolument indispensable et les moûts qui donnent un abondant précipité, fournissent des bières se conservant moins bien. Dans les brasseries bien aménagées, on ne se sert des refroidissoirs que pour un premier refroidissement et on amène le moût finalement à la température désirée, en le faisant tomber en cascade à l'extérieur de tubes métalliques étagés dans lesquels circule un courant ascendant d'eau froide ou glacée. Ce réfrigérant, inventé en France par Baudelot, donne de très rapides résultats et a l'avantage d'aérer la bière; il permet, en réglant les vitesses d'écoulement, d'amener le moût à la température désirée. Le réfrigérant Rössler en Allemagne est construit sur un principe analogue; dans d'autres appareils (Neubecker par exemple) la bière circule à l'intérieur des tuyaux; le nettoyage est plus difficile et il ne faut pas négliger d'aérer le moût avant de le mettre en levure.

Fermentation. — La fermentation employée pour la bière dont le moût a été préparé comme nous l'avons décrit, est la fermentation dite basse ou par dépôt. Elle se divise en deux périodes. Une première fermentation assez rapide est opérée entre des températures de 6 à 10 degrés, elle dure une dizaine de jours; une deuxième fermentation s'accomplit lentement à des températures de 2 à 6 degrés, la bière se clarifie, se fait. Cette deuxième phase dure de quatre à six mois.

Les cuves sont généralement en bois de chêne goudronné, leur capacité est d'une trentaine d'hectolitres en moyenne, elles sont alignées dans un local bitumé ou dallé qu'on doit tenir scrupuleusement propre.

Il est bon, pour éliminer l'acide carbonique, d'entretenir une aération ménagée par un ventilateur ou simplement par des ouvertures ménagées en haut et en bas des caves. L'acide carbonique, l'air froid, plus lourds que l'air ambiant, s'écoulent par la partie inférieure et l'aération s'établit du haut vers le bas.

Le moût est entonné à 5 ou 6 degrés centigrades et on lui ajoute environ 400 grammes de levure par hectolitre. Nous reviendrons avec quelques détails sur la nature et les effets de la levure. Son emploi judicieux est une des parties délicates de la brasserie. Supposons ici qu'on se soit procuré une levure convenable, on la lave à l'eau et on la fait déposer, puis on mélange les 10 kilogrammes ou environ, nécessaires par cuve, avec trois ou quatre seaux de moût, on aère en fouettant le liquide, en le changeant de vase à plusieurs reprises et on jette le tout dans la cuve de fermentation en remuant quelques instants. Au bout de douze heures, on voit apparaître sur les cuves de petits îlots de mousse blanchâtre, qui sont des amas de bulles d'acide carbonique; la fermentation est établie avec intensité, il importe qu'elle ne se fasse pas trop vite. Pour cela on empêche la température de s'élever en faisant circuler du liquide glacé dans un serpentin que l'on immerge à la partie supérieure des cuves ou bien en plaçant à flotter dans celles-ci de petits vases de cuivre étamé que l'on emplit de glace renouvelée de temps en temps. Ces nageurs sont déplacés continuellement par le dégagement d'acide carbonique et entretiennent une température basse uniforme dans le liquide. Aujourd'hui on conserve une basse température de fermentation en ventilant la cave au moyen d'air froid dont on règle l'arrivée. Ces caves à première fermentation sont placées au-dessus des caves de la seconde fermentation. Les parois sont entourées de glace ou autrement dit les caves sont entourées de glacières. L'air introduit par le haut se refroidit de plus en plus, descend et s'écoule par la partie inférieure.

Dans les cuves de première fermentation, la mousse blanche persiste pendant deux ou trois jours, tout en allant en diminuant; la couleur va en fonçant, devient brune et au bout d'une dizaine de jours, il ne reste plus à la surface qu'une couche mince de matière brunâtre, l'acide carbonique ne se dégage plus sensiblement, la fermentation est tombée. On soutire alors le liquide dans des foudres de 25 à 30 hectolitres de capacité rangés dans des caves, souvent immenses dans certaines brasseries. La bière est abandonnée à elle-même à des températures ne dépassant pas 2 degrés pour la bière de garde et 3 ou 4 degrés pour les bières à consommation plus prochaine.

Dans les cuves de première fermentation, on retrouve, après le soutirage, de la levure qui s'est déposée au fond et est en quantité plus grande que celle qui a été ajoutée. C'est par ce développement même, par sa vie, que la levure a transformé le sucre en alcool, qui reste dans la bière et en acide carbonique qui s'est dégagé. La partie supérieure du dépôt est de la levure bien vivante qui rentre dans le travail de la brasserie; le dépôt inférieur serait beaucoup moins actif, on l'envoie en distillerie, où il est vendu pour la panification.

La deuxième fermentation une fois accomplie, la bière est livrée à la consommation, mais elle n'est réellement bonne que si on lui conserve sa basse température et que les fûts ne restent pas longtemps en vidange. On se sert dans ce but de petits tonneaux d'une trentaine de litres qu'on expédie pour les envois lointains dans des wagons entourés de glace.

Ce mode de brassage donne des bières délicieuses, se conservant bien, ce sont en général les plus estimées, mais il exige comme on le voit des emplacements considérables et dispendieux, une grande mise de fonds à cause du long temps de séjour à la cave; la consommation de la glace est énorme, on compte environ 50 kilogrammes par hectolitre et qu'on se la procure en nature ou par les machines Lind, Pictet, pneumatique, etc., c'est là une dépense notable, c'est en un mot une fabrication industrielle.

Fermentation haute. — Ce procédé, le premier

en date, est plus simple et plus rapide; il donne des bières légères et alcooliques, mais se conservant mal et qui ne peuvent être consommées que dans la localité de production.

Le moût est préparé par infusion. On fait arriver sur le malt étendu sur le faux fond de la cuve-matière, de l'eau chauffée à 70 degrés, une fois et demie le poids du malt environ, et on met à vaguer. Dans les petites brasseries le trempage et le mélange se font encore à bras d'homme, au moyen d'outils appelés fourquets. Après quelques minutes de mouvement, on laisse reposer une demi-heure, puis on ajoute une nouvelle quantité d'eau à 90 degrés, les trois quarts de la première, on vague encore dix minutes, puis on ferme la cuve et on laisse reposer deux ou trois heures. La température reste dans les environs de 70 degrés et c'est le point le plus favorable à la réaction de la diastase sur l'amidon. On voit immédiatement la différence avec le procédé précédent. Par infusion on aura des moûts riches en glucose; par décoction on obtiendra moins de glucose, mais plus de dextrine. L'infusion donnera des bières plus alcooliques, mais moins moelleuses, des liquides clairs qui constituent un milieu des plus favorables au développement du ferment acétique.

Le liquide soutiré de la cuve-matière, clarifié par la filtration sur la drèche, est envoyé à la cuve à houblonnage et bouilli comme il a été dit. On fait repasser de l'eau chaude sur la drèche, ce qui donne une deuxième trempe que l'on réunit habituellement à la première.

La fermentation se fait dans des caves closes à des températures de 18 à 20 degrés; ordinairement on entonne le moût dans des tonneaux que l'on juxtapose deux à deux, les bondes ouvertes se regardant ou inclinées l'une vers l'autre. Le moût a été préalablement additionné de levure haute dans une grande cuve préparatoire. La fermentation commence presque aussitôt, elle est tumultueuse, la température s'élève à 22 ou 24 degrés; le liquide mousseux, la levure, débordent par les deux bondes et tombent dans une terrine placée par terre entre les deux tonneaux. Au bout de quarante-huit heures, la fermentation première est terminée, on soutire dans d'autres tonneaux qu'on gerbe et qu'on garde quelques semaines pour que la bière se clarifie, et on soutire généralement une seconde fois avant d'expédier à la consommation.

Presque tous les types de bières s'obtiennent par l'un ou l'autre de ces procédés. C'est par la fermentation basse que se préparent les bières façon Strasbourg et en général toutes les bières allemandes. La fermentation haute est employée dans le brassage des bières du nord de la France et de l'Angleterre. Dans la ferme, c'est la fermentation haute seule qui sera possible et comme cet article est spécialement rédigé au point de vue agricole, nous allons donner dans cette hypothèse la marche à adopter : le seul matériel nécessaire (en admettant naturellement que l'on achète le malt) est une chaudière et une cuve-matière à faux fond perforé, en tôle zinguée. On met dans la chaudière 25 kilogrammes de malt par hectolitre de bière à obtenir dans de l'eau à 50 degrés. On brasse un quart d'heure pour l'empâtage, puis on porte à 75 degrés en vaguant constamment. A ce moment on arrête le chauffage, le malt tombe au fond et on retire avec des seaux le liquide clair que l'on porte dans la cuve-matière; on remet de l'eau dans la chaudière et on porte à 75 degrés, puis on envoie tout dans la cuve-matière dont la température est alors de 70 degrés environ, on couvre et on laisse reposer pendant une heure. On soutire et on cuit pendant cinq à six heures, en ajoutant 250 à 300 grammes de houblon par hectolitre en trois fois, savoir au milieu de l'ébullition, une demi-heure après le commencement et avant la fin, par quantités égales. Les eaux de lavage de la drèche servent à remplacer l'eau évaporée et on fait refroidir dans la cuve-matière close pendant la nuit.

Variétés de bières. — Les quantités et qualités de malt employé varient avec les bières à obtenir; on ajoute d'autant plus de matière première que l'on veut avoir des bières plus alcooliques et se conservant mieux. On emploie de 30 à 60 kilogrammes de malt par hectolitre. Les bières anglaises sont particulièrement alcooliques. Pour le porter, on mélange par 30 hectolitres de bière, 700 kilogrammes de malt ambré, 300 kilogrammes de malt brun et 1000 kilogrammes de malt pâle; le malt brun s'obtient en torréfiant le malt clair dans des appareils analogues au brûloir à café, à 180 ou 200 degrés. Les bières blanches sont ordinairement peu cuites et livrées après un faible

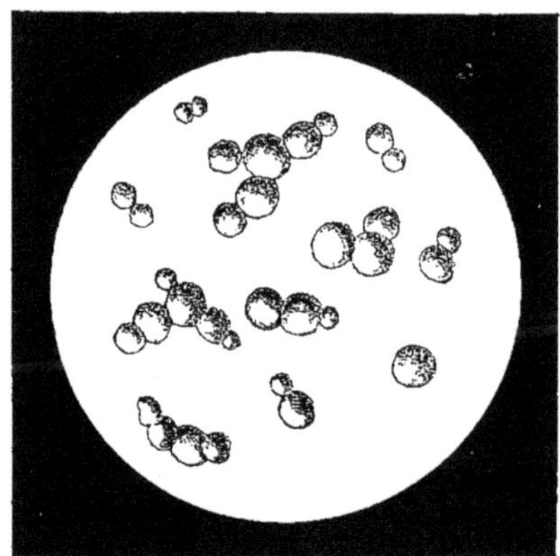

Levure haute.

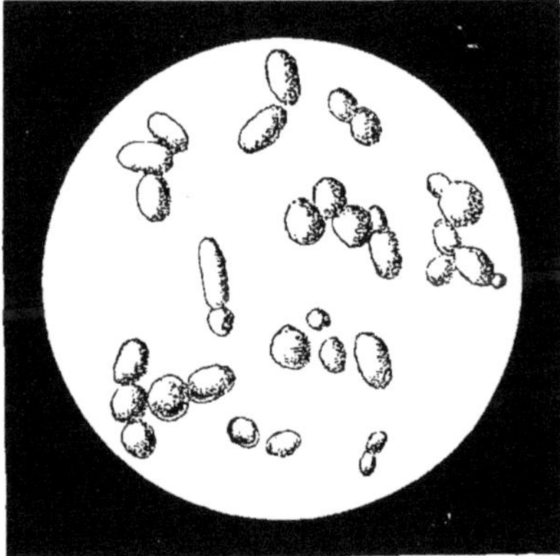

Levure basse.

Fig. 735. — Vues de levures au microscope (grossissement de 450 diamètres).

temps de fermentation, elles se conservent peu, moussent beaucoup et sont assez souvent incomplètement limpides; la bière de Louvain par exemple, peut être consommée quarante-huit heures après sa mise en levain.

Levure. — La partie délicate et capitale de la brasserie est la fermentation; nous devons étudier dans leurs principales lignes les curieux phénomènes de transformation qu'elle produit, aussi bien dans la fabrication de la bière que dans celle des autres boissons alcooliques.

La levure est un végétal d'organisme peut-être assez rudimentaire. Elle consiste en cellules sphériques ou ovoïdes se reproduisant par bourgeonnement en transformant le sucre en alcool et acide carbonique principalement, auxquels s'adjoignent de petites quantités de glycérine et d'acide succinique; dans la fermentation, il y a forcément production de levure et production d'autant plus abondante que le végétal va trouver dans le liquide une nourriture mieux appropriée.

La levure se compose (fig. 735) de cellules très petites, 8 à 10 millièmes de millimètre; transparente quand elle vient de se former, elle laisse bientôt apparaître des granulations amorphes qui vont en s'accentuant avec le temps. Tant que la levure peut se développer, que le milieu est favorable, elle se reproduit par bourgeonnement; si les aliments qu'elle rencontre sont insuffisants, elle fructifie par la formation de spores à l'intérieur de la cellule. Cette petite plante est rapportée maintenant à un genre de champignon nommé *Saccharomyces*, qui présente un grand nombre de variétés. On reconnaît en effet au microscope que tous les grains ne sont pas identiques et que les uns se développent tandis que les autres restent immobiles lorsqu'on place ces éléments dans des conditions données.

Y a-t-il une transformation de Saccharomyces, faut-il admettre au contraire que plusieurs variétés préexistaient dans la levure et que celle-là seule se développe qui peut trouver des conditions favorables, c'est là le sujet d'une discussion scientifique sur laquelle nous n'insisterons pas, nous contentant de signaler le fait de cet inégal développement dont nous allons examiner les conséquences. A côté des Saccharomyces proprement dits, il y a dans la levure un grand nombre d'autres germes, moins abondants ou qui ont moins de chances de se développer ordinairement; mais si la fermentation alcoolique marche mal ou pas du tout, si le moût est altéré d'une manière ou d'une autre, il se produit alors des fermentations secondaires qui donnent des goûts inusités à la bière et quelquefois la rendent impotable. Ces accidents se produisent malheureusement quelquefois dans les brasseries. On disait autrefois que les brassins tournaient sous l'influence de l'orage, des mauvaises odeurs; il est évident que ces accidents sont dus à des germes apportés par l'air et que le moût rencontre, par exemple si les vases de la brasserie ont été mal nettoyés. Pour avoir des fermentations régulières, il faudrait donc : 1° soustraire le moût à partir du commencement de son refroidissement à tout ensemencement possible des germes atmosphériques; 2° ne se servir que de levure absolument pure, c'est-à-dire ne contenant que le seul *Saccharomyces cerevisiæ*. M. Pasteur, auquel sont dues les déductions si logiques que nous venons d'exposer dans leur enchaînement naturel, a trouvé et indiqué le moyen de remplir les conditions cherchées. Cet illustre savant avait d'abord essayé de supprimer complètement le contact de l'air et d'établir les mises en levure dans du gaz acide carbonique provenant d'une fermentation voisine. Cette pratique a été reconnue mauvaise, la levure a besoin d'oxygène pour commencer son évolution, elle peut le prendre aux corps en présence desquels elle se trouve, mais alors la fermentation est lente à se déclarer, lente à se terminer et la bière reste presque toujours trouble. En outre, dans ces fermentations peu actives, peu vivantes, des fermentations latérales pouvant s'établir avec facilité, les microbes anaérobies surtout se développaient bien et l'on avait par ce procédé plus d'accidents qu'il ne s'en produisait en pratique ordinaire.

Fig. 736. — Vase et disposition pour obtenir de la levure pure par le procédé Pasteur.

La présence de l'air est donc nécessaire et elle n'aura pas d'inconvénients si cet air est complètement dépourvu de ses germes. Pour cela on peut employer deux méthodes : soit le faire filtrer à travers une colonne de coton stérilisé, soit mieux le porter au rouge. C'est ce dernier procédé que M. Pasteur a fait expérimenter en grand dans la brasserie de Tantonville.

Le moût, bouillant à la sortie de la cuve à houblonnage, est d'abord filtré sur un tamis pour le débarrasser des cônes du houblon épuisé, on le refroidit dans un réfrigérant tubulaire dans lequel il circule à l'intérieur des tubes. Ceux-ci sont préalablement nettoyés et stérilisés par une injection et le refroidissement s'obtient par une circulation d'eau froide tombant en cascade à l'extérieur des tubes. Du réfrigérant, le moût s'écoule par un tuyau dans la cuve de fermentation. Le tuyau d'amenée est muni en un point de son parcours d'un tube d'arrivée d'air, dirigé suivant l'axe et dans le sens du mouvement du liquide. L'air est aspiré dans le mouvement, on le fait passer le long d'une surface chauffée au rouge, il arrive dépourvu de germes et se mélange avec le moût.

La cuve de fermentation est un grand réservoir de tôle ou de cuivre étamé, ne pouvant communiquer avec l'atmosphère que par l'intermédiaire de tubes remplis de coton Cette cuve a été stérilisée préalablement par un jet de vapeur.

On entonne le moût avec de la levure *pure*. Celle-ci se prépare dans des bidons analogues à celui qu'indique la figure 736, par des cultures successives. Le moût chaud se refroidit dans ces bidons, à l'abri du contact des germes atmosphériques, et on le met en levain; la fermentation s'accomplit, donne de la levure qu'on reprend pour une deuxième fermentation semblable et ainsi de suite. Dans ces manipulations la levure s'épure et on hâte sa purification en tuant les microbes qui l'accompagnent au moyen de traces d'acide phénique; il n'y a guère dans ces conditions que le *Saccharomyces cerivisiæ* qui se développe bien. La fermentation établie avec cette levure marche normalement à la température de 10 ou 12 degrés, que l'on règle au moyen d'un serpentin, à circulation d'eau; les bières obtenues sont claires, se conservent parfaitement, mais leur goût diffère tout à fait de celui qui est recherché ordinairement; on a par ce procédé un liquide alcoolique, mais ce sont peut-être précisément les fermentations latérales qui donnent le goût et le bouquet. Dans la pratique habituelle, elles s'effectuent en réalité, mais on modère leur influence en faisant fermenter (pour les bières basses) à des températures de 6 à 8 degrés.

M. Velten, le savant directeur des brasseries de la Méditerranée, a eu le mérite de concilier les doctrines de M. Pasteur avec les exigences de la consommation. Il se procure d'abord du levain pur par les procédés que nous venons d'indiquer et il installe ses fermentations au contact de l'air purifié; c'est le procédé Pasteur en principe, pour l'application duquel M. Velten a seulement adopté quelques dispositions spéciales, telles que celle du régénérateur de levain, etc. Mais aussitôt que le moût est envahi par la fermentation, on le transporte dans les cuves ordinaires où la fermentation se poursuit et s'achève comme d'habitude. Cette manière de procéder a l'avantage de donner au départ une bonne fermentation franchement alcoolique; de la sorte il y a peu de chances de développement pour d'autres microbes nuisibles, et la bière ainsi préparée, agréable au goût, se conserve parfaitement bien. Dans cette méthode, le levain se régénère toujours à l'abri du contact de l'air et comme on a de la levure pure, on peut installer les fermentations à des températures de 10 ou 12 degrés, au lieu de 6 ou 8 degrés comme on le fait ordinairement. Il en résulte d'abord une économie de glace notable et on se rapproche davantage des conditions d'action maxima des ferments. La deuxième fermentation se pratique comme à l'ordinaire dans des caves tenues très froides. M. Velten pense que beaucoup de bières préparées cependant dans des conditions identiques, doivent leur goût spécial aux germes contenus ordinairement dans l'atmosphère de la localité; il y a dans cette question beaucoup d'autres facteurs que le levain à intervenir : les eaux, l'orge, le houblon, puis les tours de main particuliers à chaque brasseur; il est certain cependant que ces germes doivent avoir une influence dans la fermentation et le goût du produit.

Dégénérescence de la levure. — Quand on a travaillé pendant quelque temps dans une brasserie avec un même levain, on constate que la puissance d'action de la levure va continuellement en diminuant: dans les fermentations basses les globules se déposent mal, ne se brisent pas et on est obligé de reconstituer un nouveau levain en en empruntant d'une brasserie voisine. Cependant cette levure mauvaise parait saine au microscope, elle fait fermenter des jus sucrés normalement; à l'analyse elle se montre seulement plus riche en azote que la levure normale et elle ne bourgeonne pas. La raison de cette dégénérescence est encore peu connue. Elle est peut-être dans le développement de certains ferments latéraux qui peuvent vivre dans le moût de la brasserie considérée. Ce mauvais ferment est quelquefois bon dans un établissement voisin. Lorsqu'on a importé une levure étrangère, la fabrication se rétablit normale au bout de quelque temps, mais les premiers brassins restent souvent troubles et défectueux; il faut pour ainsi dire que le ferment s'*habitue* à son nouveau milieu.

M. Millot a fait à ce sujet, après des expériences, une observation ingénieuse et très importante pour la brasserie : une levure fonctionnant à 18 degrés par exemple, se compose d'une variété de Saccharomyces et d'autres ferments; si le milieu change, les ferments doivent changer aussi; quelques-uns d'entre eux ne pourront plus exister et disparaîtront, d'autres au contraire, qui végétaient péniblement, vont se développer et jouer le principal rôle. Une levure importée d'une brasserie ne fonctionnera dans une autre que si les conditions physiques sont les mêmes et en particulier si l'on a même température d'entonnement. D'où cette autre conséquence, c'est qu'il est nécessaire dans une brasserie de conserver toujours une marche très régulière dans les diverses opérations et surtout mettre en levain à la même température. Pour certaines bières anglaises, cette condition est scrupuleusement observée. Ces bières sont mises à fermenter dans d'immenses cuves de 200 à 300 hectolitres et même quelquefois plus; on entonne pour l'ale, à 15°,5; pour le pale-ale, bière plus forte, à 14°,4 et pour le porter, à 17°,8.

Lambic. — Nous ne parlerons que pour mémoire de cette fabrication toute locale : le lambic, bière belge, est préparé par une fermentation spontanée du moût. C'est à proprement parler du *vin d'orge*.

On l'obtient en brassant par infusion un mélange de 1000 kilogrammes de malt pâle, 1000 kilogrammes d'orge ou de froment non germé pour 45 hectolitres. Le moût est, comme on le voit, fortement chargé. On cuit avec 20 kilogrammes de houblon de Poperinghe, pendant dix à douze heures. Les bières sont très brunes; elles sont abandonnées sans levain dans des caves fraîches, soit à la brasserie, soit chez les débitants; la fermentation dure dix-huit mois à deux ans, elle est alcoolique principalement mais accompagnée de fermentation acétique, si la température est élevée, mais surtout lactique dans les conditions habituelles.

Faro. — Le faro se prépare au moment de la consommation en mélangeant du lambic avec de la petite bière de fermentation haute.

Toutes ces bières sont appréciées dans les localités de production, mais elles ne se transportent que difficilement et leur fabrication n'est pas destinée à se répandre. Il est vraisemblable que l'on s'attachera de plus en plus dans l'industrie à la fermentation basse et dans des proportions plus restreintes chez les particuliers, dans la ferme, à la bière légère à fermentation haute; on s'habituera, au grand profit de la qualité du produit, à purifier les levains et à observer rigoureusement les règles d'une bonne fermentation dont nous avons indiqué les formules générales. R. L.

BRASSICOURT (*zootechnie*). — Ce mot, provenant du vieux langage hippique, désigne une disposition des membres antérieurs du cheval, analogue à celle qu'on nomme *arqûre* (voy. ce mot); seulement, tandis que celle-ci est acquise, l'autre est naturelle ou congénitale. Cela veut dire que le cheval naît brassicourt et qu'il devient arqué sous l'influence de la fatigue.

La disposition en question dépend essentiellement d'une insuffisance de développement des articulations du genou et du boulet qui se traduit immédiatement à l'œil par une autre qui est connue sous le nom de *tendon failli* (voy. ce mot).

On a coutume de dire que ce n'est pas un grave défaut pour un cheval d'être brassicourt, pourvu qu'il ait avec cela une grande excitabilité neuro-musculaire, ou qu'il ait du sang, comme s'expriment les hippologues anglomanes. Certes, l'énergie peut, dans une certaine mesure, racheter pour la solidité de la station l'insuffisance des membres; mais mieux valent encore des colonnes bien construites avec un peu moins de cette excitabilité. A. S.

BRAYERA (*botanique*). — Genre de plantes de la famille des Rosacées dont l'organisation est très analogue à celle de nos Aigremoines. On y trouve, en effet, des fleurs polygames-dioïques dont le caractère particulier consiste dans la présence d'un réceptacle creusé en bourse, contenant un gynécée formé ordinairement de deux pistils uniovulés et qui reste rudimentaire dans les fleurs mâles (voy. Rosacées).

Nous ferons remarquer que la dénomination générique de *Brayera* est postérieure à celle de *Hagenia* qui, par conséquent, d'après les règles admises dans la nomenclature, doit lui être préférée.

On ne connaît dans ce genre qu'une seule espèce originaire des parties montagneuses de l'Abyssinie, où elle parait occuper une aire peu étendue. C'est un bel arbuste à feuilles composées-pennées, rappelant beaucoup le port de certains Sorbiers, et dont les fleurs se réunissent en nombre immense à l'extrémité des branches pour y former des inflorescences très volumineuses. La plante est très importante au point de vue technique, et le nom de *Brayera anthelminthica* qui lui a été attribué rappelle bien ses propriétés dominantes. Le *Kousso* ou *Kosso*, comme l'appellent les Abyssins, est en effet un excellent remède contre les vers intestinaux, et particulièrement contre le ver solitaire. Ce sont les fleurs mâles que l'on emploie pour combattre cet helminthe, et à peu près seules elles arrivent dans le commerce européen. On les administre tantôt en poudre, tantôt sous forme de décoction. E. M.

BREBIS (*zootechnie*). — Nom français de l'une des espèces (*O. aries*) admises dans leur genre *Ovis* (voy. Ovidés) par les zoologistes classificateurs. Dans le langage de la zootechnie pratique, ce nom s'applique seulement à la femelle adulte, ou du moins qui s'est déjà reproduite. Auparavant elle est appelée *antenaise* ou *agnelle*, selon son âge (voy. ces mots). Dans le troupeau, les brebis sont qualifiées de mères ou de portières, ou de nourrices, selon qu'elles sont en état de gestation ou qu'elles allaitent leurs agneaux.

Les brebis mères doivent être logées à part, à la bergerie, et soumises à un régime particulier. Elles ont avant tout besoin d'espace, d'aération, de lumière et de tranquillité. Il faut que les portes par lesquelles elles sortent soient larges et que le pas en soit rétréci de façon qu'elles ne puissent être pressées contre les montants. Leurs pâturages doivent être peu éloignés de l'habitation et de bonne qualité, afin qu'elles n'aient point de longues marches à faire pour s'y rendre et qu'elles y trouvent une alimentation copieuse et riche. Il convient d'éviter de les y faire garder par des chiens turbulents et agressifs, qui les tourmentent, les font avorter, et tout au moins les empêchent de profiter complètement de leur alimentation. A la bergerie, leur ration sera riche et abondante, mais autant que possible composée d'aliments peu volumineux, surtout non fermentés. Cela concerne principalement les mères en gestation. La fermentation dépassant facilement les limites inoffensives pour le fœtus, auquel cas se développent dans la masse alimentaire des cryptogames toxiques, il est toujours plus prudent de s'en abstenir.

Il est indispensable, pour le bon accomplissement de la fonction, que la ration des brebis nourrices contienne toujours au moins de 60 à 70 pour 100 d'eau. Cette précaution assure un allaitement copieux des agneaux et préserve ceux-ci de la diarrhée que les bergers appellent grise et qui est à peu près toujours mortelle pour eux. Avec cela, il va sans dire que cette ration n'en doit pas moins être riche, ou en d'autres termes d'une relation nutritive (voy. ce mot) convenable pour l'âge des bêtes.

Les brebis mères qui ne sont point nourries au maximum, c'est-à-dire selon leur appétit et avec une ration digestible au plus haut degré, ne font que de médiocres agneaux. Quant aux nourrices, en ce cas elles les allaitent mal et il n'est pas possible de réaliser chez eux la précocité (voy. ce mot), qui doit être le but de toute production. En outre, elles perdent leur laine, qui tombe sur de larges places de la toison, et tout au moins cette laine perd beaucoup de sa force normale, par conséquent de sa qualité et de sa valeur. Dans la pratique courante, les laines mères (c'est ainsi qu'on nomme celles des brebis qui ont allaité) sont toujours beaucoup moins estimées que les autres.

Pour exploiter les brebis dans les conditions les plus profitables, conformément aux enseignements de la science, il ne faut point les conserver dans le troupeau, passé le moment où elles sont pourvues de leur dentition permanente complète, moment de leur plus forte valeur commerciale. Généralement on retarde trop leur première gestation, surtout dans les variétés précoces. Toutes peuvent sans inconvénient, et au contraire avec avantage, pourvu qu'elles soient suffisamment nourries, être luttées dès l'âge de quinze mois. Elles auraient ainsi, avant d'être réformées comme mères, fait trois fois des agneaux et deux fois au moins, tout en créant le capital qu'elles représentent une fois qu'elles ont atteint leur plus fort poids. A. S.

BRÉDA (Race de) (*basse-cour*). — D'origine hollandaise, la race de Bréda est une volaille fière, élégante, dont la chair est fine et très estimée.

Fig. 737. — Race de Bréda.

Elle a des caractères distinctifs très accusés, notamment une crête spéciale que l'on ne voit chez aucune autre race. Son corps est très allongé et de plus elle a quelques plumes aux pattes, caractère qui ne se rencontre habituellement que chez les races asiatiques. Le coq a un aspect très original, qui est dû à l'absence de crête, car on ne peut donner le nom de crête à une petite excroissance de chair qui est rouge, qui commence à la base du

Fig. 738. — Tête du coq de Bréda.

bec et qui s'arrête au front, et encore cette crête n'est pour ainsi dire formée que par un simple bourrelet laissant une cavité ovale dans le milieu. Sur le sommet de la tête, à la suite de cette crête, se trouvent quelques plumes raides formant épi. Les barbillons sont rouges et longs; les oreillons

Fig. 739. — Brème.

sont rouges et petits; les joues sont rouges et presque nues. Les pattes sont hautes, fortes, noires et emplumées. La queue est haute, très fournie, et décrit une jolie courbe.

La poule a, comme le coq, une forme élégante, une poitrine large, une très petite crête avec cavité, de très petits oreillons rouges, de très petits barbillons, des pattes hautes, noires, recouvertes de quelques plumes courtes. C'est une bonne mère, une excellente couveuse, mais couvant trop rarement. C'est une très bonne pondeuse.

Il y a quatre variétés de Bréda. La variété *noire* est complètement noire; la *blanche* est entièrement blanche; la *bleue* est d'un joli plumage bleu ardoisé. Le coq de cette dernière variété a les plumes des cuisses, du ventre et de la poitrine d'un bleu ardoisé, tandis que celles du camail, du dos, des ailes et de la queue sont d'un gris ardoisé; la poule a le plumage entièrement gris-bleu. La variété *coucou* est plus connue sous le nom de *Gueldre*; le coq et la poule de cette variété ont le plumage gris ambré du coucou. Aujourd'hui les oiseaux de la race de Bréda sont très rares. Er. L.

BRÊLE. — Sorte de martingale usitée pour les bêtes bovines dans les pâturages plantés en arbres fruitiers. La brêle consiste en une longe ou chaîne attachée d'une part au licol et d'autre part à une sangle et passant entre les jambes de devant de l'animal. La brêle ne gêne pas les animaux pour pâturer, mais elle les empêche de lever la tête pour atteindre les branches basses des pommiers et autres arbres fruitiers.

BRÈME (*pisciculture*). — La brème (*Abramis Brama*) est un poisson de la famille des Cyprins, genre Able. Le corps est large et comprimé, le dos arqué, la chair blanche et assez fine quand elle est mangée fraîche. Sa couleur varie du reste, comme chez tous les poissons, avec les milieux dans lesquels elle vit.

La brème ne se cultive jamais à part, bien qu'elle soit d'élevage facile et même économique, car de tous les cyprins elle profite le mieux de la nourriture herbacée qu'on lui donnerait; mais elle est plus sensible au froid, au-dessous de + 12 degrés elle croît mal. Elle dépose son frai en avril et mai sur les plantes de petits fonds ou du rivage. Ses œufs collés par petits paquets ont la grosseur de la tête d'une épingle; ils sont gris et légèrement verdâtres, très malsains d'après Pallas; comme ceux des barbeaux ils auraient, d'après Vogt, le triste privilège d'enlever parfois l'usage de la parole.

Son habitat de préférence est dans les eaux profondes et tranquilles; mais sa chasse préférée, sous les vieilles souches, est celle des insectes; elle se nourrit surtout de végétaux décomposés, de limon.

La brème des eaux vives est un fin manger. Le mâle, aux temps d'amour, porte sur la peau de très curieuses proéminences qui ne permettent pas de se tromper sur la maturité de sa laitance.

Ce poisson se multiplie, comme tous les cyprins, dans d'immenses proportions. Sa multiplication par les procédés artificiels ne nous a jamais réussi à Huningue, malgré toutes les précautions que nous prenions pour nous procurer cette espèce, victime par excellence pour la nourriture des jeunes salmonés. C.-K.

BRÉMONTIER (*biographie*). — Nicolas-Théodore Brémontier, né en 1738 à Quevilly, près Rouen, mort en 1809, a été un des ingénieurs les plus remarquables de la fin du dix-huitième siècle. Nommé ingénieur en chef de la province de Guienne, il entreprit le gigantesque projet de fixer les dunes des landes de Gascogne et de les couvrir de forêts de pins, en protégeant les semis et les jeunes plantations par des palissades ou clayonnages qui arrêtent le sable poussé par le vent. Ses essais datent de 1786; il les poursuivit sans relâche au milieu de l'indifférence générale. Après le succès de sa première tentative à la Teste, près d'Arcachon, les plantations se généralisèrent; elles couvrent aujourd'hui près de 200 000 hectares. Une statue lui a été érigée à la Teste. Il fut membre de la Société nationale d'agriculture. H. S

BRÉSIL (*géographie*). — Le Brésil forme la plus vaste partie de l'Amérique du Sud, sur le versant de l'océan Atlantique : il est compris entre le 4e degré de latitude nord et le 33e degré de latitude sud, et entre les 37e et 75e degrés de longitude ouest du méridien de Paris. Son étendue est évaluée à 752 millions d'hectares, soit quatorze fois et demie celle de la France. Sa longueur du nord au sud est de 4000 kilomètres, sa largeur de 3500. Le développement de ses côtes sur l'océan Atlantique atteint 6500 kilomètres; elles sont découpées par de nombreuses et vastes baies. Le pays est sillonné de montagnes dont quelques sommets dépassent 3000 mètres. Les cours d'eau, tous tributaires de l'Atlantique, sont nombreux; quelques-uns immenses, par exemple l'Amazone, le Rio-Grande, le San Francisco, le Parana; ils coulent le plus souvent dans des vallées larges qu'ils submergent à la saison des pluies. Le climat varie suivant les latitudes: au nord il est très chaud, au sud il est des plus tempérés, et dans quelques montagnes le froid se fait rigoureusement sentir. Dans le nord on ne connaît que deux saisons, qui se succèdent à intervalles très réguliers : la saison sèche et la saison des pluies; chacune dure six mois. Dans la partie méridionale du pays, le climat se rapproche de celui des régions tempérées. La population de ce vaste empire est très faible, comparativement à son étendue; elle dépasse à peine 12 millions d'habitants, dont 1 500 000 nègres et environ 500 000 Indiens. La population civilisée est presque tout entière confinée dans les provinces du littoral; on y trouve plusieurs grands ports par lesquels se fait tout le commerce du pays; les principaux sont Rio-de-Janeiro, Bahia, Pernambuco, San Paulo. La partie intérieure est encore peu connue, et les vastes étendues qu'elle renferme ont rarement été explorées par des Européens, surtout dans le bassin de l'Amazone.

La végétation naturelle du Brésil est riche et puissante; le pays presque tout entier formait naguère comme une vaste et impénétrable forêt, où les palmiers, les cocotiers, les bananiers, etc., étaient enlacés d'innombrables lianes; on a compté, dans le règne végétal, près de 15 000 espèces inconnues ailleurs.

Les forêts brésiliennes sont extrêmement riches en bois propres aux constructions, à la menuiserie, à l'art de la teinture, généralement lourds, compacts, de structure très variée, parfois fort élégante, de coloration chaude et susceptible du plus beau poli. « Parmi les familles de la flore forestière brésilienne, dit M. Mathieu, se placent au premier rang : les Papilionacées et les Césalpiniées, aux bois lourds, nerveux, vivement colorés, dont une espèce, entre beaucoup d'autres, sert aux grandes constructions, à l'ébénisterie, à la teinture (bois de Brésil, *Cæsalpinia echinata*); dont une autre, le *Dalbergia nigra*, fournit le palissandre; les Lauracées, aux bois plus légers, satinés, de teintes généralement grises ou brun verdâtre, atteignant de fortes dimensions; les Scrophulariacées, Guttifères, Apocynées, qui, parmi divers genres, présentent les *Aspidosperma*, dont une espèce donne le bois satin des ébénistes; les Myrtacées, Borraginées, Rhizophorées, Méliacées, auxquelles appartiennent les *Cedrela*; les Lythrariées, qui comprennent le *Physocalymna floribundum* ou bois de rose; les Morées enfin, où se range le *Maclura affinis*, employé pour son bois d'un beau jaune dans la teinturerie. Les forêts du Brésil fournissent en outre et en abondance des fruits ou des graines alimentaires, tels que le cacao (*Theobroma cacao*); les amandes, sous forme de noix ligneuses, triangulaires, d'une Myrtacée, le *Bertholetia excelsa*, dont il s'exporte annuellement 3 millions de kilogrammes qui se répandent sur tous les marchés du monde; les cônes à grosses graines de l'*Araucaria brasiliensis*. On y récolte aussi des écorces pour le tannage, celles entre autres des *Stryphnodendron*, qui contiennent jusqu'à 80 pour 100 de tanin; celles des palétuviers ou *Rhizophora*, cinq fois plus riches en ce principe que celles des chênes d'Europe, des acacias, etc. D'autres écorces fournies par diverses espèces de *Cinchona*, de la famille des Rubiacées, donnent cette précieuse substance médicinale, le quinquina, d'où l'on extrait la quinine; les fruits des *Strychnos*, de la famille des Loganiacées, contiennent le redoutable alcaloïde, la strychnine; certains arbres excrètent des gommes (*Acacia angico*); d'autres, en grand nombre, donnent des matières grasses (*Hymenea*), des baumes (diverses espèces de Légumineuses du genre *Copaifera*), des substances aromatiques, du caoutchouc enfin, qui s'obtient de la sève laiteuse de plusieurs espèces végétales (*Siphonia elastica* et *Hancornia speciosa* principalement), et dont l'Europe reçoit annuellement du Brésil 4 millions de kilogrammes. »

La puissance de la végétation a souvent opposé de grands obstacles aux travaux des colons. Toutefois, dans les provinces dont le sol est cultivé, les déboisements, opérés dans des proportions souvent exagérées, ont causé une perturbation réelle dans le climat. C'est par le feu qu'on détruit ordinairement les forêts sur le sol qu'on veut exploiter; on abandonne la terre lorsqu'elle a été épuisée par la culture, mais les terrains abandonnés ne se couvrent que de broussailles et de quelques arbres à bois tendre dont la végétation est médiocre. Les parties habitées du Brésil sont aujourd'hui presque déboisées et il se produit ce fait curieux que ce pays, si riche en bois de toute sorte, importe des bois de construction d'Europe ou de l'Amérique du Nord. C'est que, dans l'intérieur, les chemins n'existent pour ainsi dire pas, et que les frais de transport augmentent outre mesure le prix du bois.

Les agriculteurs brésiliens limitent leurs efforts à la production de quelques plantes alimentaires et de plusieurs autres dont on exporte les produits, la canne à sucre, le café et le coton.

Les principales céréales cultivées sont le maïs et le riz. Dans le Sud, on sème le blé, l'orge et l'avoine avec succès; on pourrait produire le blé dans une grande partie du pays, mais jusqu'à présent il a paru plus avantageux de vendre du café aux États-Unis et d'en recevoir des farines en échange. — Le maïs donne de magnifiques résultats : on le cultive grossièrement à la main. Le grain forme la base de la nourriture des bœufs, des mulets, des porcs et des volailles; on n'en consomme que très peu dans l'alimentation humaine. — Le riz vient presque partout, même à l'état sauvage; on le consomme le plus souvent sans le décortiquer.

Le manioc est, avec les céréales, la principale plante alimentaire du Brésil; on le cultive presque partout. Avec la matière féculente extraite des racines, on prépare le tapioca, qui est l'objet d'un commerce d'exportation très important.

Le Brésil est très riche en arbres fruitiers. Au premier rang, vient le bananier dont on cultive une dizaine de variétés, dans des plantations spéciales. L'oranger prospère dans la plupart des provinces. Il faut citer encore le chou palmiste, l'ananas, le figuier, la mangue, l'avocatier, la noix de coco, la noix d'acajou, la sapotille, le jaquier, le papayer, etc. La vigne américaine croît presque partout; dans la province de Saint-Paul, on a introduit la vigne européenne avec les fruits de laquelle on commence à faire du vin.

Les trois grandes cultures industrielles du Brésil sont la canne à sucre, le café et le coton.

Quoique soumise à un système de culture très médiocre, la canne à sucre prospère dans presque toute l'étendue du Brésil. Sa culture en grand est centralisée dans les provinces de Pernambuco, de Bahia et de Rio-de-Janeiro. Le sucre qu'elle fournit est d'excellent goût; la production annuelle est évaluée à 2 millions de quintaux métriques environ. La plupart des sucreries sont installées avec des appareils très primitifs; mais des progrès ont été réalisés depuis une vingtaine d'années, plusieurs grandes usines ont été parfaitement installées dans les meilleures conditions, notamment par des ingénieurs français.

La culture du café est la principale source de revenu de l'agriculture brésilienne; la production moyenne est de 2600000 quintaux métriques, dont 2 millions sont exportés. Le café du Brésil est généralement de bonne qualité, mais le commerce le vend souvent sous une autre dénomination. Presque partout la culture, la récolte et la préparation se font aujourd'hui avec assez de soin, principalement dans les provinces de Rio, de Saint-Paul et de Minas-Geraes; pour les Brésiliens, le café est la vraie production nationale.

La culture du cotonnier donne d'assez beaux résultats, surtout dans les plaines maritimes; elle s'est développée principalement à l'époque de la guerre de sécession des Etats-Unis. La production donne aujourd'hui environ 600000 quintaux métriques par an à l'exportation, et elle alimente quelques filatures et tissages, concurremment avec plusieurs plantes textiles indigènes, notamment le chanvre de Manille ou abaca, l'agave et la paina.

Les animaux domestiques du Brésil appartiennent aux races chevalines, bovines, ovines et porcines. Dans la province du Rio-Grande-du-Sud, on se livre avec grand succès à la production mulassière. Les mulets et mules qui en proviennent servent d'animaux de trait dans presque tout le pays. Les chevaux sont ailleurs assez rares. — A proximité des villes, on élève les bœufs et les vaches dans des pâturages clos; ailleurs on les laisse à l'état demi-sauvage. Dans les pampas du Sud, on entretient d'immenses troupeaux; avec leur chair on prépare la viande séchée au soleil qui se consomme dans tout le Brésil. On exporte d'assez grandes quantités de cuirs secs. — Peu de moutons, mais beaucoup de chèvres, dont on recherche le lait. L'élevage des porcs et celui des volailles se pratiquent en grand dans tout le pays.

Le principal obstacle au développement de l'agriculture brésilienne, principalement à l'intérieur, est l'absence de voies de communication; néanmoins quelques progrès ont été réalisés sous ce rapport. On y compte aujourd'hui environ 6000 kilomètres de chemins de fer, mais c'est peu pour une aussi vaste superficie. D'autre part, jusqu'en 1872, tout le travail agricole était exécuté par des esclaves; à cette date, l'esclavage a commencé à être supprimé par l'affranchissement des enfants nés de parents esclaves. C'est une révolution complète dans l'organisation du pays; elle entraîne une assez grande perturbation dans les conditions de la culture du sol. Cette perturbation ne peut être compensée que par un courant puissant d'immigration qui apporte de nouveaux et plus féconds éléments de travail. H. S.

BRÉSILIEN (Pigeon). — Race de pigeon originaire du Brésil, comme son nom l'indique. Ce pigeon est très répandu et très recherché en France. Sa tête est fine avec des yeux blancs entourés d'un ruban couleur de chair et un bec court, ayant des morilles lisses et peu accentuées. Il a le corps élancé et les pattes petites et rouges. Son plumage est blanc, à l'exception de la tête (où cependant la mandibule inférieure est blanche) et à l'exception aussi de la queue qui, selon les variétés, a les couleurs bleue, chamois, noire ou rouge. Il faut que la tache de la tête se termine en arrière par une pointe.

Ces pigeons, couvant et élevant leurs petits parfaitement, s'apprivoisent sans peine et s'accoutument facilement à la captivité. Quelques individus de cette race ont sur le dessus de la tête une coquille qui doit être blanche. En. L.

BRESSANES (*zootechnie*). — Deux variétés animales sont qualifiées de bressanes, une variété bovine et une variété porcine.

Variété bovine. — Elle appartient à la race jurassienne (voy. ce mot). Sa population occupe les lieux qui ont été, selon toute vraisemblance, le berceau de la race, sur le plateau de Bresse, de la chaîne du Jura. Elle est depuis longtemps connue sous le même nom et considérée comme une véritable race, d'après la définition fautive adoptée. Cette population bovine de la Bresse, qui s'étend sur tout le département de l'Ain et sur une partie de ceux du Rhône et de l'Isère, compte une forte proportion de bœufs employés aux travaux agricoles.

La variété bressane se distingue des autres de la même race, et surtout des comtoises, ses plus proches voisines, d'abord par la taille qui ne dépasse guère 1m,20 à 1m,30 chez les vaches. Avec une tête forte, le cou est généralement peu développé, le corps un peu mince, les membres sont courts, grossiers de squelette et relativement peu musclés au train postérieur, tandis que les épaules sont fortes. Chez les sujets de la Dombes particulièrement la conformation est irrégulière.

Le pelage est d'un blond clair uniforme, dit froment. Les marques blanches ou noires sont considérées comme des signes d'impureté. Elles proviennent de mélanges avec les variétés suisses. Dans le pays bressan, le pelage froment est seul reconnu comme caractéristique.

Les vaches n'ont pas une aptitude laitière bien développée, en raison de leur corpulence. Les meilleures donnent au plus environ 1500 litres de lait par an. Elles sont cependant à peu près les seules exploitées pour la laiterie lyonnaise. La principale fonction économique de la variété est de fournir des bœufs pour la culture du sol bressan. Ces bœufs, après avoir accompli leur carrière comme travailleurs, s'engraissent bien. Cornevin (*la Boucherie de Lyon en* 1876, mémoire couronné par la Société centrale de médecine vétérinaire), qui en a examiné un grand nombre aux abattoirs de la ville, leur a trouvé au maximum un poids vif de 700 kilogrammes seulement et au minimum de 612 kilogrammes. Les rendements en viande nette ont varié de 51,50 à 60,10 pour 100. Les peaux ont pesé de 52 à 60 kilogrammes.

Ces données fixent bien sur la valeur de la variété, au point de vue de la boucherie, car il s'agit là d'animaux de commerce courant. Ajoutons toutefois que si les rendements quantitatifs sont bons en moyenne, la qualité de la viande, comme dans tout l'ensemble de la race jurassienne, du reste, laisse à désirer sous le rapport de la finesse. La saveur en est un peu fade et le grain de la viande, selon l'expression des bouchers, est grossier.

Variété porcine. — Les porcs bressans, dits de race bressane, se trouvent des deux côtés du Jura, non seulement en Bresse, mais dans tout le département de l'Ain, dans ceux de l'Isère, du Rhône, du Jura, de la Haute-Saône, du Doubs, de Saône-et-Loire, dans les anciens pays du Dauphiné, du Bugey, de Beaujolais, de la Comté, du Mâconnais, du Charolais et même du Bourbonnais. On rencontre dans leur nombreuse population de fréquentes traces d'anciens mélanges entre deux des types naturels de Suidés, le celtique et l'ibérique (voy. ces mots); mais le dernier, qui était là sur les limites de son aire géographique, est resté prédominant, d'autant mieux que le pays a été plus longtemps occupé par les Espagnols.

Cette variété bressane (fig. 740) appartient donc essentiellement à la race ibérique, dont l'atavisme y prévaudra toujours. Elle a la tête relativement forte, le corps plutôt aplati que cylindrique, le dos un peu voussé, les membres souvent longs et grossiers. Sa couleur est parfois entièrement noire, comme celle du type naturel de sa race, mais le plus souvent la partie médiane du corps est entourée par une large bande blanche ou jaunâtre, couverte de soies longues et grossières, ou bien le blanc est plus étendu et de figure irrégulière. L'existence de cette variation de couleur accuse sûrement le mélange, en l'absence de tout signe morphologique de la race celtique, comme celui des oreilles larges et tombantes, par exemple, qui est commun.

Fig. 740. — Truie bressane.

La variété bressane de la race ibérique est de tempérament vigoureux, rustique et forte marcheuse. Son développement est tardif. La chair en est grossière et d'un engraissement un peu lent. Les truies sont fécondes et bonnes mères. Les porcs de cette variété atteignent des poids vifs variables, selon qu'ils ont été élevés en liberté, au parcours, cherchant leur nourriture, comme dans les Dombes, ou à la porcherie et bien nourris. Cependant ils ne dépassent que rarement 150 kilogrammes et ils s'approchent le plus souvent de 100 à 120 kilogrammes. A. S.

BRESSE (RACE DE LA) (*basse-cour*). — Cette petite volaille a une très haute réputation qu'elle doit surtout à la qualité de sa chair qui est exquise et d'un goût très fin. La poularde de la Bresse n'atteint pas un poids énorme; mais elle est bien ronde, bien proportionnée et la délicatesse extraordinaire de sa chair la fait estimer des gourmets; du reste, elle a été vantée par les Brillat-Savarin, les Berchoux et les Gouffé. C'est une volaille facile à élever, dont les poussins sont très rustiques et deviennent rapidement des poulets faciles à engraisser.

Une particularité digne de remarque, c'est la petite quantité de plumes qui recouvre le corps de cette volaille; les tuyaux des plumes sont très espacés; les cuisiniers et les hommes spéciaux qui plument la volaille l'apprécient beaucoup pour ce fait.

Le coq de la Bresse a une allure alerte et gracieuse; sa tête est fine, ses yeux vifs, sa crête, simple, droite, fortement attachée, est dentelée; ses barbillons sont longs et fins. Les oreillons sont blancs. La queue est formée par de belles plumes en faucilles bien plantées, décrivant une courbe élégante. Les pattes sont fines et grises. La poule de la Bresse est coureuse, très vive; sa crête est repliée sur le côté; les oreillons sont blancs, les barbillons moyens; les pattes sont fines, de couleur gris-bleu.

Cette race a deux variétés très distinctes qui ont chacune leur origine dans deux contrées bien séparées; la plus ancienne peut-être est la variété *grise* ou crayonnée que l'on élève dans l'arrondissement de Bourg et ses environs.

Le coq de la variété grise a le plumage du camail, celui de la poitrine et celui du dos blancs; les ailes sont blanches avec quelques plumes noires; les faucilles sont noires avec quelques raies crayonnées.

Fig. 741. — Coq de la Bresse.

La poule de cette variété a généralement le plumage plus ou moins crayonné, formant un ton gris; mais cependant, on voit dans certains villages des poules dont les petites couvertures des ailes, la poitrine et le ventre montrent des plumes blanches; en outre, l'extrémité des plumes de la queue a plus de noir que de blanc. La poule de cette variété est une très bonne pondeuse; en moyenne, elle produit 150 œufs par an ; le poids moyen de chaque œuf est de 54 grammes. Elle couve très rarement.

L'autre variété est complètement noire, un peu plus forte que la précédente, un peu moins haute sur pattes et un peu moins allongée ; elle est élevée dans l'arrondissement de Louhans. Le coq de la variété noire a une très belle prestance ; sa crête et ses barbillons rouges, et ses oreillons blancs ressortent avantageusement sur son plumage entièrement noir.

Fig. 742. — Poule de la Bresse.

La poule est aussi entièrement noire. C'est une très bonne pondeuse — 160 œufs par an. — Le poids de chaque œuf est environ de 80 grammes. Cette poule ne couve pas fréquemment, mais elle est parfaite couveuse.

Le poussin de cette variété a la tête noire, la poitrine blanc jaunâtre, le dos et les ailes noires.

Aux nombreuses qualités de la race de la Bresse, ajoutons qu'elle est très rustique et qu'elle convient en tous points pour peupler la basse-cour d'une ferme. Eu L.

BRETONNEAU (*pomologie*). — Variété de poire d'hiver à cuire, mûre de mars à mai. Le fruit est régulier ; il est bon au séchage et à la cuisson.

BRETONNES (*zootechnie*). — Sont qualifiées de bretonnes les populations animales de la Bretagne, comme les populations humaines. Aucune de ces populations animales n'a eu son berceau dans l'ancienne Armorique. Elles s'y sont ou y ont été toutes introduites, soit par extension naturelle de leur race, soit par des migrations humaines accomplies dans les temps préhistoriques. Leur présence de temps immémorial s'y constate en effet ; mais en raison de la constitution géologique de la région, il est impossible qu'aucun type naturel s'y soit formé, parmi les espèces de mammifères actuellement domestiques. Ces populations embrassent les quatre genres de ces mammifères. Elles sont chevalines, bovines, ovines et porcines. Nous devons décrire successivement leurs variétés, toutes également désignées comme bretonnes.

Variétés chevalines. — Ces variétés sont au nombre de trois et de races différentes. L'une appartient à la race asiatique et les autres à la race irlandaise (voy. Arabe et Irlandaise).

Fig. 743. — Cheval des landes de Bretagne.

La variété bretonne de la race asiatique habite principalement la région des landes dans le centre de la Bretagne, le département du Morbihan et une partie de celui du Finistère, dans la Cornouaille. On l'appelle, pour ce motif, *cheval des landes de Bretagne*. Ses ancêtres y ont été sûrement introduits par les migrations anciennes des constructeurs de monuments mégalithiques. Nous en avons des preuves archéologiques et zoologiques certaines (André Sanson, *Traité de zootechnie*, t. III, et *Migrations des animaux domestiques*). Ces chevaux d'origine asiatique forment là, depuis les temps les plus reculés, comme un îlot au milieu de populations nées au nord-ouest du continent.

Cette variété est de petite taille (1m,20 à 1m,40). Elle a la tête relativement forte, l'encolure mince, les hanches saillantes, la croupe courte, les membres souvent déviés, surtout les postérieurs, dont les jarrets se rapprochent; en somme les formes incorrectes et sans élégance dans la plupart des cas, mais avec cela une vigueur et une rusticité à toute épreuve.

Telle était la variété avant qu'on s'occupât de l'améliorer, alors qu'elle se reproduisait avec les éléments locaux et qu'elle vivait à peu près librement dans la lande. En vue de la rendre, par la taille, plus propre au service de guerre, d'après les idées dominantes, un dépôt d'étalons fut institué dans sa région par l'administration des haras, et l'on y envoya d'abord des anglais dits de pur sang, puis des anglo-arabes. De ces étalons résultèrent, principalement aux environs de Carhaix, des sujets moins petits, atteignant la taille réglementaire et même la dépassant souvent, mais minces de corps, à membres longs et grêles, faiblement articulés, de tempérament irritable à l'excès et sans résistance. La population perdait de plus en plus de ses qualités pratiques natives et par conséquent de valeur, lorsque enfin une vive réaction des éleveurs fit substituer, dans quelques stations, les étalons arabes aux anglais. Depuis elle s'est améliorée autour de ces stations, le rapport nécessaire entre le volume et les aptitudes des produits et les conditions de milieu étant respecté. On y rencontre maintenant, chez les bons éleveurs, d'excellents sujets de cavalerie légère, élégants de formes et solides. Les autres, moins beaux, n'en sont pas pour cela moins bons, ayant recouvré l'ancienne rusticité et la sobriété qui l'accompagne.

Il y a de ces petits chevaux bretons des landes de toutes les robes, sans qu'on puisse dire qu'aucune soit prédominante. Aucune n'est considérée comme caractéristique de la variété et recherchée pour cela. Les éleveurs visent à les produire pour la remonte de la cavalerie légère, mais beaucoup ne sont pas admis par défaut de taille, l'administration de la guerre n'ayant pas encore compris qu'elle fait une faute en n'abaissant point son minimum. Ces petits chevaux sont utilisés principalement pour la traction des voitures de place, dans les villes, où ils rendent de très bons services. Eu égard à leurs besoins alimentaires, ils ont un travail disponible considérable, qui n'est pas moindre que 300000 kilogrammètres par journée, pouvant déployer un effort moyen d'environ 40 kilogrammes.

Les autres variétés chevalines bretonnes appartiennent, comme nous l'avons déjà dit, à la race irlandaise. Elles habitent le littoral, ce que les Bretons appellent la ceinture dorée de la Bretagne. Elles sont connues, l'une sous le nom de *race du Conquet* et l'autre sous celui de *race du Léon*. Conformément au principe de notre nomenclature, c'est donc la variété du Conquet et la variété du Léon.

La *variété du Conquet* se produit dans le sud-ouest de l'arrondissement de Brest, principalement aux environs de la petite ville à laquelle elle doit son nom. Sa population confine à celle des landes avec laquelle elle se mélange souvent. La taille n'y dépasse pas 1m,48. La conformation, le plus souvent régulière, est courte et un peu trapue, comme celle de tous les sujets de la même race. Les crins, abondants partout, mais surtout à la tête et aux membres, couvrent souvent les yeux et les sabots. La robe est ordinairement de couleur foncée, baie ou noire.

Les petits chevaux du Conquet sont de tempérament vigoureux, rustiques et résistants. Leur longévité est remarquable. Au moment où nous écrivons ces lignes, nous en connaissons une jument âgée de trente-quatre ans et encore bien portante. Ils sont intelligents; et c'est pourquoi, dans le temps où le roulage était actif sur les routes ordinaires, ils étaient souvent employés pour diriger les attelages nombreux, en qualité de cheval de devant. Maintenant la variété, qui est d'ailleurs devenue rare, fournit surtout des moteurs pour le cabriolet ou le tilbury des cultivateurs de l'ouest de la France, qui ne tiennent pas à voyager à grande vitesse. Ces chevaux ont en effet l'allure du trot un peu courte; mais, s'ils ne vont pas vite, ils peuvent marcher longtemps et avec cela ils sont sobres. Leur effort moyen peut atteindre 50 kilogrammes et leur travail disponible, à l'allure du trot, jusqu'à 500000 kilogrammètres.

La *variété du Léon*, qui se produit surtout aux environs de Saint-Pol-de-Léon et dans les Côtes-du-Nord, diffère de la précédente principalement par la taille et la corpulence. On y trouve des sujets qui ont jusqu'à 1m,65 et il n'y en a point de moins grands que 1m,50. Le plus souvent la taille est de 1m,55 à 1m,60. L'encolure est épaisse et peu gracieuse, avec crinière double et touffue, le corps court, trapu, cylindrique, avec les reins larges, la croupe courte et inclinée, la queue attachée bas. Les membres sont forts, solidement articulés, avec le pâturon court et couvert de crins, le sabot solide. Chez quelques sujets qui se rencontrent de préférence en deçà de Lannion, les formes sont un peu moins lourdes et trapues; les membres, encore forts mais plus secs, ont des angles un peu moins ouverts. Ceux-là trottent plus aisément, quoique leur allure soit encore courte. Tous, du reste, ont le tempérament vigoureux de leur race.

Fig. 714. — Cheval breton du Léon.

Dans la variété du Léon les robes grises prédominent de beaucoup. Elles sont recherchées par le commerce et l'on s'applique dès lors naturellement à les reproduire. On s'applique aussi, pour le même motif, à développer l'aptitude au service du trait léger. La demande des chevaux bretons pour ce service est grande. Il s'en exporte chaque année en grande quantité. Les mâles vont vers Paris et les juments vers le sud-ouest de la France.

La production, sur le littoral breton, obéit au principe de la division du travail, comme partout du reste où elle concerne les chevaux de trait. Les poulains naissent principalement dans le nord de l'arrondissement de Brest. Ils passent de là dans celui de Morlaix aussitôt après leur sevrage. Au printemps suivant, ils sont achetés par des éleveurs des Côtes-du-Nord, qui les gardent jusque vers l'âge de dix-huit mois, après quoi les cultivateurs du pays les dressent et leur font exécuter leurs travaux. C'est alors que beaucoup des mâles vont dans l'Ille-et-Vilaine et quelques-uns jusque dans la plaine de Chartres, où ils se mêlent aux percherons.

Depuis quelque temps on cherche malheureusement à améliorer la population, au point de vue de l'aptitude au trait léger, en employant des étalons anglo-normands carrossiers, des percherons et des trotteurs de Norfolk. Quand l'opération réussit, c'est bien; mais les premiers et les derniers de ces étalons, en leur qualité de métis, ont une hérédité fort aléatoire, qui trompe le plus souvent les espérances. Leurs produits ont généralement les membres faibles, avec une taille trop élevée pour la richesse alimentaire du milieu. Il serait plus sûr de s'en tenir à la sélection pure et simple.

Fig. 745. — Vache bretonne.

La variété pure du Léon, par ses diverses tailles, fournit à la fois des sujets propres au service du gros trait et à celui du trait léger. Cela dépend surtout de l'agilité. Mais on y trouve peu de grands trotteurs. Tous déploient facilement un effort moyen de 80 à 90 kilogrammes, correspondant à un travail disponible d'environ 1 million de kilogrammètres.

VARIÉTÉS BOVINES. — Il y a deux variétés bovines bretonnes, une petite et une grande, toutes deux d'ailleurs de la même race irlandaise (voy. ce mot). Leur habitat est exactement celui des variétés chevalines.

La *petite variété bretonne* se trouve principalement dans le Morbihan, mais sur toute l'étendue des landes de Bretagne. Elle est nombreuse aux environs de Vannes. Sa population se compose de bœufs en nombre peu différent de celui des vaches (163 000 bœufs dans le Morbihan pour 245 000 vaches). On estime qu'il s'en exporte environ 20 000 par année. Vivant, en général, maigrement et presque en complète liberté dans la lande, sur un sol granitique, on comprend que ce bétail reste petit et s'améliore peu.

La taille ne dépasse pas 1m,07 chez le mâle et descend jusqu'à 0m,95 chez la femelle. La tête est petite et fine, avec des cornes minces à la base et effilées, le cou long, mince et concave supérieurement chez la vache, qui porte ainsi la tête haute. La poitrine est relativement ample, mais avec des épaules maigres et un garrot élevé, le dos droit et tranchant, les hanches sont saillantes et étroites, les cuisses minces et la queue est attachée haut. Les membres sont courts et fins aux extrémités, ce qui fait paraître le corps long. Les postérieurs sont le plus souvent déviés et rapprochés aux jarrets. Les mamelles, de forme globuleuse, à mamelons courts, petits et rapprochés souvent jusqu'à se confondre à leur base, sont cependant volumineuses, eu égard à la taille.

La race irlandaise appartenant au groupe des brunes, le mufle et les paupières sont ordinairement noirs, mais parfois un peu marbrés. Il en est de même pour les cornes et pour les onglons, qui sont exceptionnellement jaunâtres en partie ou en totalité. La peau des mamelles et celle de la vulve sont fréquemment jaunes. Le pelage noir et blanc, dit pie, avec prédominance du noir, est le plus commun. On a le tort, en général, de le croire exclusif et caractéristique de la variété. Le fond rouge plus ou moins brun, avec les mêmes marques blanches, qui occupent principalement la partie moyenne du corps, n'est pas rare. Seulement il s'exporte peu de bêtes de ce pelage.

Le bétail des landes est de tempérament très sobre et d'une grande rusticité. Le rendement annuel des vaches, dans le Morbihan, est de 1400 à 1800 litres de lait, la moyenne étant plus près du premier nombre que du dernier. Ce lait est remarquablement riche à la fois en matière sèche et en beurre. Il contient jusqu'à 15 et 16 pour 100 de cette matière sèche, dont 5 à 6 pour 100 de beurre. Aussi la qualité des vaches est-elle évaluée toujours par la quantité de beurre qu'elles donnent par semaine. Ce beurre est, comme on sait, de saveur très fine. Les bœufs, qui atteignent la taille de 1m,25 à 1m,30, sont vigoureux et excellents travailleurs. Ils pèsent vifs jusqu'à 500 et 600 kilogrammes, une fois engraissés, et leur viande est très estimée, particulièrement des Anglais, à cause de sa saveur fine et agréable.

La *grande variété bretonne* se trouve principalement sur le littoral du Finistère et des Côtes-du-Nord; mais elle diffère de la petite par sa taille, qui atteint 1m,10 à 1m,20, par sa conformation plus généralement régulière et par son aptitude plus forte. C'est, par rapport à l'autre, une variété améliorée surtout par un milieu plus riche. On y fait aussi prédominer davantage le pelage noir et blanc. Le rendement moyen des vaches s'approche de 1800 litres. Du reste, les qualités sont les mêmes.

D'assez nombreuses tentatives ont été faites pour améliorer les variétés bretonnes, d'abord avec des taureaux d'Ayr, puis avec des courtes-cornes. Elles ont eu lieu d'abord à Grandjouan, sous la direction de M. Rieffel. Elles n'ont laissé guère de traces, et maintenant on se préoccupe plutôt de conserver la pureté de la race, ayant institué à cet effet un livre généalogique pour les vacheries des deux départements du Morbihan et du Finistère.

VARIÉTÉ OVINE. — La population ovine vraiment misérable des Landes de Bretagne, dont les auteurs ne parlent guère, est une variété de la race du bassin de la Loire, à laquelle appartiennent les berrichons et les solognots. La taille s'y maintient entre $0^m,40$ et $0^m,50$. Le cou est long, le corps mince, le squelette très fin. La couleur de la laine est généralement brune ou noire, tout au moins grise, sèche, rude et cassante, formant une toison dont le poids ne dépasse pas 600 grammes. Le poids vif se maintient entre 20 et 25 kilogrammes. La chair est fortement savoureuse et, quand elle a été engraissée sur les bords de la mer, elle est agréable à manger.

VARIÉTÉ PORCINE. — Les cochons de Bretagne appartiennent à la race celtique (voy. ce mot). Leur population est nombreuse, et ils vivent pour la plupart librement dans la lande durant la grande partie du temps. Nulle part ils ne sont l'objet de grands soins. Le squelette est fort, ils ont la tête grosse, le corps mince, le dos voussé et les membres longs, les soies grossières et toujours de couleur jaune rougeâtre. C'est une des moindres variétés de la race, très inférieure aux normande, mancelle et surtout craonnaise, qui l'entourent. Les bons sujets qui, en Bretagne, se trouvent dans les exploitations agricoles bien tenues, sont issus de verrats de l'une ou de l'autre de ces dernières variétés. A. S.

BREUVAGES (*vétérinaire*). — Préparations médicamenteuses liquides, que l'on oblige les animaux à avaler, lorsque leur saveur, à laquelle ils répugnent, les détourne de les boire spontanément.

Les breuvages peuvent être constitués par des liquides de différente nature ; liquides alcooliques : vin, bière, cidre, poiré, alcool étendu d'eau dans des proportions variées ; infusions ou décoctions de plantes ; émulsions, lait, petit-lait, etc. On associe à ces liquides, suivant les indications, des substances médicamenteuses, qui peuvent être empruntées aux trois règnes de la nature. Suivant leurs propriétés, ou bien ces substances s'y dissolvent, ou bien elles s'y mêlent, ou bien elles y sont seulement tenues en suspension.

La notion essentielle qu'il importe de donner ici est celle du mode d'administration des breuvages et des conséquences qu'elle peut entraîner, lorsqu'on ne prend pas des précautions dans l'exécution de cette pratique. C'est surtout pour le cheval que ces précautions sont nécessaires, car c'est lui qui oppose le plus de résistance aux manœuvres que comporte l'administration des breuvages.

Le procédé le plus usuel est celui qui consiste, la tête de l'animal étant maintenue élevée à l'aide d'une anse de corde passée, d'une part, entre les branches d'une fourche et de l'autre à la mâchoire supérieure, à verser dans la bouche le liquide que l'on veut administrer, au moyen d'une bouteille en verre épais dont le goulot est enveloppé d'étoupes ou de linge. Ce goulot est introduit entre les *barres*, c'est-à-dire dans l'espace interdentaire du côté gauche, et l'opérateur, versant par petites gorgées, s'assure que la déglutition s'effectue par l'ondée liquide qui se dessine sous la peau de l'encolure, le long du trajet de l'œsophage. Il faut bien se garder, pendant cette opération, soit de saisir la langue, comme le font imprudemment ceux qui ne savent pas, soit d'exercer des pressions sur la région de la gorge, soit d'immobiliser la mâchoire inférieure contre la supérieure : toutes manœuvres qui peuvent empêcher les muscles du pharynx d'exercer régulièrement leur action sur les liquides qu'ils doivent diriger vers l'ouverture œsophagienne.

On peut, au lieu du procédé simple de la bouteille, se servir d'un bridon spécial, dit *bridon à breuvage*, qui consiste dans un entonnoir communiquant avec une canule faisant l'office de mors, et présentant dans sa partie centrale une ouverture par laquelle les liquides que contient l'entonnoir sont versés dans la bouche. Pour en régler le cours, un robinet est adapté entre l'entonnoir et le mors. Cet appareil est très simple et d'un usage commode.

L'administration des breuvages peut donner lieu à un accident plus ou moins grave suivant la nature des liquides ingérés : c'est l'introduction de ces liquides dans les voies aériennes, lorsque la barrière du larynx est franchie. Si ces liquides ne sont pas de leur nature très irritants et ne tiennent pas en suspension des particules non dissoutes, ils sont rapidement absorbés par les poumons et leur déviation dans les voies aériennes reste sans conséquence. Mais il en est tout autrement quand ils servent de véhicules à des substances violemment irritantes, comme l'émétique, l'ammoniaque, ou à des particules solides dont la présence dans les bronches peut donner lieu à la constitution autour d'eux de noyaux inflammatoires. Les chances pour que ces accidents se produisent sont d'autant plus grandes que les liquides administrés en breuvage ont des propriétés plus astringentes ; elles sont grandes aussi lorsque les animaux sont sous le coup d'une maladie très grave, qui se caractérise par l'attitude très inclinée de la tête. Aussi doit-on s'abstenir, en pareil cas, de faire administrer les breuvages en maintenant la tête élevée. Le moyen le plus sûr pour se mettre à l'abri d'*erreurs de lieux* des liquides ingérés est celui qui consiste à se servir de la seringue à lavements pour injecter ces liquides dans la bouche par poussées successives, dont on mesure le nombre sur les ondées de l'œsophage. Il est nécessaire, pour que rien ne soit perdu des liquides administrés, que la bouche de l'animal soit maintenue close par l'affrontement des lèvres entre les mains de deux aides. Avec ce procédé, aucun danger d'erreur de lieux ; l'animal opère, de lui-même, comme une succion sur le liquide poussé par la seringue et le déglutit avec une grande facilité.

L'administration des breuvages par les cavités nasales, chez le cheval, est une pratique assez souvent employée et que son innocuité semble autoriser. Mais il ne faut y recourir qu'exceptionnellement et, surtout, lorsque les liquides administrés sont parfaitement purs, non irritants pour la muqueuse respiratoire, qu'ils ne tiennent pas de corps insolubles en suspension et ne sont pas susceptibles, par leur nature organique, comme le lait, par exemple, de subir une décomposition putride. La raison de ces recommandations est la facilité avec laquelle les liquides administrés par les voies nasales franchissent le larynx et pénètrent dans les poumons. Ils y sont très rapidement absorbés s'ils sont purs et non irritants. Dans le cas contraire, ils peuvent donner lieu à des accidents inflammatoires et même gangreneux susceptibles de se terminer par la mort.

Chez les ruminants grands ou petits, l'administration des breuvages se fait par la bouche, à grandes gorgées, si les substances administrées doivent agir sur les matières du rumen, comme dans le cas de météorisme ; ou en petites quantités à la fois, si l'on veut que ces substances suivent la voie de la gouttière œsophagienne et se rendent dans la caillette où l'absorption doit s'en emparer.

Rien de simple comme l'administration des breuvages au chien. On les verse dans l'espèce d'entonnoir naturel que l'on constitue en écartant l'une ou l'autre des joues des arcades dentaires. Les liquides ainsi versés sont déglutis facilement si l'on a le soin de ne les donner qu'avec mesure, c'est-à-dire d'en proportionner la quantité à l'activité de la déglutition. H. B.

BRIDE (*zootechnie*). — La bride est un harnais de conduite auquel on a donné diverses formes dans le cours du temps, et qui varie encore actuellement, dans sa confection, selon qu'il s'agit de tel ou tel genre de service pour l'animal qu'il sert à diriger. La bride du cheval de selle, par exemple, n'est pas exactement semblable à celle du cheval de voiture. Toutefois, elle comporte, en tout cas, un certain nombre de pièces qui sont toujours les mêmes. Les unes sont en cuir ou toute autre substance plus ou moins souple, les autres en métal. Nous ne devons ici nous arrêter à leur description qu'en tant qu'elle peut avoir de l'intérêt pour le bon fonctionnement hygiénique de l'appareil.

Les pièces composant la bride la plus compliquée sont : la *tetiere*, le *frontail*, les *montants* avec ou sans *œilleres*, la *sous-gorge*, la *muserolle*, le *mors*, la *gourmette* et les *rênes*. La plupart sont unies entre elles par des boucles à ardillons, qui permettent de les allonger ou de les raccourcir, pour ajuster la bride à la tête de l'animal. Elles sont larges ou étroites, épaisses ou minces, en cuir noir ou en cuir jaune, ornées ou non, selon les circonstances. Pourvu que dans tous les cas elles soient confectionnées et ajustées de manière à ne pas blesser la peau de l'animal, surtout la têtière et le frontail pour lesquels le fait se présente le plus souvent, il est, de ce chef, satisfait aux exigences hygiéniques. Nous n'avons rien à ajouter en ce qui concerne les pièces secondaires de la bride, si ce n'est pour deux, dont l'utilité n'est point démontrée. Il s'agit de la muserolle, d'une part, et des œillères, de l'autre.

La muserolle, qui embrasse, en se fixant aux montants, la partie inférieure de la tête, au-dessus des naseaux, a été depuis longtemps supprimée dans la bride des chevaux de selle de luxe, comme un accessoire superflu. Elle n'est plus conservée que pour le harnachement des chevaux attelés, même pour le luxe. Il en est de même au sujet des œillères. Celles-ci, en limitant latéralement le champ de la vision, auraient l'avantage, d'après l'opinion généralement répandue, d'éviter l'effroi que pourrait produire la vue des objets qui se trouvent sur le passage de l'animal. Une expérience maintenant longue et très étendue, poursuivie sur les chevaux de la Compagnie des Omnibus de Paris, a montré que la crainte de cet effroi est tout à fait chimérique. Elle a montré qu'avec la bride dépourvue d'œillères les chevaux s'effrayent au contraire beaucoup moins ; et, en outre, que travaillant ainsi attelés de front ils se conduisent beaucoup mieux, pouvant s'avertir ou se concerter de l'œil. L'essai de suppression de la muserolle et des œillères avait été fait dans une vue d'économie pure et simple, pour diminuer le prix de revient de la bride. L'expérience a prouvé d'une manière évidente que les accessoires en question étaient non seulement superflus, mais encore nuisibles.

La partie essentielle de la bride est le mors. La plupart des autres ont seulement pour objet de le maintenir en place, dans la bouche, par son canon et de rendre possible la pression de ce canon sur les barres, en qualité de frein, selon l'expression des poètes. C'est précisément cette notion de frein, tout à fait fausse, qui a été la cause des malheureuses inventions faites tant de fois pour augmenter la puissance mécanique du mors, en en modifiant la forme. Il a été établi péremptoirement que l'instrument placé dans la bouche n'agit point en raison de sa puissance offensive, mais bien comme une sorte de truchement par l'intermédiaire duquel le conducteur communique à l'animal son désir ou sa volonté. Celui-ci s'y conforme, par un acte de soumission purement volontaire, lorsqu'il y a été préparé par l'éducation. S'il lui plaît de ne point obéir, aucun mors n'est assez puissant pour refréner sa révolte. Il s'emporte et se joue de tous les efforts qui lui sont opposés. On en doit conclure que pratiquement la meilleure forme du mors est celle qui se montre le moins offensive pour les parties sensibles de la bouche de l'animal.

La forme des branches du mors est droite ou courbée de diverses façons. Cela importe peu, sinon pour l'élégance. La partie située au-dessous du point où s'insère le canon, et dont l'extrémité libre porte une ou plusieurs fenêtres, un œil ou un anneau, pour l'attache de la rêne, est un levier qui multiplie, en raison de sa longueur, l'action de la main. Pour que cette action soit efficace, il faut au levier un point d'appui. Ce point d'appui est fourni par la gourmette, petite chaînette métallique qui, attachée aux branches, un peu au-dessus du niveau du canon, serre, lorsque le levier bascule, tiré par les rênes, la partie de la mâchoire inférieure appelée barbe en langage d'équitation. Il suffit donc que la gourmette soit solide, sans être, elle non plus, offensive pour la peau. A. S.

BRIDON (*zootechnie*). — C'est une bride simplifiée, sans frontail ni muserolle, et dont le mors, dépourvu de branches, est ordinairement fait de deux pièces articulées par anneaux. A l'extrémité libre de chacune de ces pièces il y a un anneau plus ou moins grand pour recevoir la rêne. Le bridon s'emploie seul, pour conduire les Equidés en dehors de leur travail, ou joint à la bride, pour conduire en service les chevaux de luxe montés ou attelés. A. S.

BRIE (FROMAGE DE). — Nous décrirons dans le Dictionnaire d'Agriculture les fabrications des fromages les plus estimés; mais, pour éviter les redites, nous donnerons dans l'article plus général intitulé *Fromage* la description des appareils et procédés qui se retrouvent dans toutes les fabrications. Chaque monographie ne comprendra donc que le mode particulier d'opération se rapportant à la variété décrite.

Le brie pourrait être considéré comme le type d'une nombreuse variété de fromages de lait de vache, de consistance molle, et subissant une fermentation spontanée, qui produit ce que l'on appelle l'*affinage*. Si la fabrication en est en elle-même très simple, elle n'en est pas moins assez délicate dans la pratique; comme celle de tous les produits similaires, elle n'est pas réglée mathématiquement, et le succès de l'opération, la qualité, la finesse des produits dépendent des soins, des tours de main des manipulateurs, ou de certaines manières de faire dont la théorie ne donne pas jusqu'à présent d'explications bien satisfaisantes et que les meilleurs producteurs eux-mêmes mettent en pratique sans connaître les raisons des effets produits.

Le fromage de Brie est fabriqué surtout dans les départements de l'Est avoisinant Paris : Seine-et-Marne, Marne, Seine-et-Oise, puis dans la Meuse, l'Oise, l'Aisne, l'Indre-et-Loire, l'Allier, etc.

C'est un fromage rond, cylindrique, de 40 centimètres de diamètre environ, 2 à 3 centimètres de haut et dont le poids est d'à peu près 3 kilogrammes.

Le lait employé pour cette fabrication doit être frais et de bonne qualité ; la nourriture donnée aux vaches a une influence marquée sur la qualité des produits et demande à être étudiée avec soin par les fabricants. Les meilleurs fromages se font avec du lait à peu près complet ; on ne fait subir qu'un écrémage spontané très faible. La mise en présure s'opère à la température de 30 degrés, et dans presque toutes les fromageries on l'obtient en refroidissant par du lait un peu écrémé, le lait qui vient d'être trait à l'instant même. La quantité de présure doit être telle que la prise soit lente, une heure à une heure et quart; quand le petit-lait se sépare, on transporte le caillé, sans le briser, dans des formes cylindriques en fer-blanc ou moules de 10 à 12 centimètres de hauteur ; le liquide s'égoutte par la partie inférieure, à travers les clayonnages en jonc, sur lesquels reposent les moules. Peu à peu, le caillé s'affaisse et, lorsque sa hauteur atteint la moitié de la hauteur de la forme, on en ajoute une nouvelle proportion avec les mêmes précautions que précédemment. Cette structure en deux couches peut être observée dans les fromages mal fabriqués. On laisse le caillé en place jusqu'à ce qu'il n'y ait plus de tassement, ce qui exige 24 ou 36 heures. On place alors le fromage dans des moules de feuilles de zinc en forme de ceinture; une des extrémités porte un bouton, l'autre une série de boutonnières pour pouvoir serrer à volonté. Après 24 heures, on retourne la masse, qui se contracte de plus en plus, en la laissant toujours reposer sur des paillons.

C'est pendant ces intervalles que le fromage est salé modérément. Lorsque la consistance est suffisante, les fromages sont retirés des moules et portés à la cave de maturation, où on les surveille avec soin; la température est plus basse dans cette salle que dans la laiterie : 16 degrés à 18 degrés dans la première, 12 degrés à 14 degrés dans la seconde. Les fromages de bonne qualité doivent prendre une légère coloration rougeâtre, n'être ni plissés, ni *frisés*. Les fromages bleuâtres sont moins estimés. Après cinq à six semaines depuis le commencement du travail, les fromages peuvent être livrés à la consommation. En général, on ne les vend pas à leur maturité accomplie, et les négociants les conservent et les surveillent quelque temps encore dans leurs caves pour saisir le moment précis de la perfection. Le prix en est assez variable, de 30 à 70 francs la douzaine, suivant la saison et la qualité. A 30 francs, le prix est peu rénumérateur, ce qui prouve qu'il est de toute nécessité de soigner énormément la fabrication et de ne livrer que des produits irréprochables. La fermentation est la partie délicate du travail; les paillons ne sont en général jamais lavés, et les moisissures qui les recouvrent sont celles qui se développent de préférence sur les fromages épais. Si le travail se fait mal, il faut laver tous les paillons à l'eau bouillante ou les renouveler entièrement.

Bien fabriqué, le fromage de Brie est d'un bon rapport, car on peut compter en moyenne que 100 kilogrammes de lait donnent une quinzaine de kilogrammes de fromage. R. L.

BRIGNOLE (*commerce*). — Sorte de prune desséchée que l'on vend en boîtes. Ces prunes sont préparées à Brignoles (Basses-Alpes), d'où vient ce nom. Les prunes employées appartiennent à la variété Perdigon violet. Pour préparer les brignoles, on fait sécher les prunes, après les avoir plongées dans l'eau bouillante pendant quelques instants. Il faut trois kilogrammes de prunes pour avoir un kilogramme de brignoles.

BRIN (*sylviculture*). — Jeune sujet. On distingue les *brins de semence*, qui sont issus d'une graine, des *brins de taillis*, qui sont des rejets venus sur souche. Les premiers sont choisis de préférence dans le balivage (voy. ce mot), parce qu'ils sont plus sains et d'une plus grande longévité que les brins de taillis dont le pied est souvent atteint de pourriture. B. DE LA G.

BRINDILLES (*sylviculture*). — Deuxième ramification de l'arbre. Dans le commerce de Paris, on donne aussi ce nom aux pièces de charpente dont l'équarrissage est inférieur à $0^{m},24$. B. DE LA G.

BRINZA (*laiterie*). — Fromage de lait de brebis fabriqué dans les montagnes des Carpathes, en Autriche-Hongrie. C'est un fromage frais, préparé avec le lait non écrémé, qu'on renferme, après le pétrissage, dans de petites caisses cubiques de 8 centimètres de côté, ou dans des tonnelets de 25 centimètres de diamètre et de 30 centimètres de hauteur. On prépare quelquefois ce fromage avec un mélange de lait de brebis et de lait de chèvre.

BRIOL (*laiterie*). — Nom d'un fromage frais fabriqué en Prusse, généralement avec du lait non écrémé. Chaque fromage a 8 à 10 centimètres de côté, sur 5 à 8 de hauteur; il pèse de 500 à 900 grammes.

BRIQUE (*constructions rurales*). — Les briques sont des pierres artificielles, préparées avec de la terre argileuse moulée en cubes allongés (parallélipipèdes) et cuite au feu. Les briques ont de 18 à 22 centimètres de longueur, sur 8 à 11 de largeur et 4 à 5 d'épaisseur. Elles sont pleines ou creuses, et servent à faire des murs et des cloisons. Rarement l'agriculteur fabrique lui-même les briques nécessaires à ses constructions; mais il doit en connaître les caractères. Les bonnes briques sont de couleur rouge brun, quelquefois avec des taches noirâtres; elles présentent une cassure nette, sans poussière; elles donnent, sous le marteau, un son clair et plein, et elles n'absorbent que peu d'eau. — Dans quelques régions, on emploie les briques non cuites, simplement séchées au soleil.

BRISE-MOTTES (*mécanique*). — Voy. ROULEAU.

BRISE-VENTS (*horticulture*). — On donne ce nom à tout abri destiné à protéger les plantes des vents dominants (voy. ABRI). Ils sont construits soit en planches, qui forment alors des sortes de palissades, soit, et c'est le cas le plus général, en arbustes de diverses natures. Ceux qui conservent leurs feuilles sont habituellement préférés, car ils exercent leur action pendant l'hiver, alors précisément qu'elle est le plus utile.

Tous les arbres verts qui se soumettent bien à la taille, peuvent servir à faire des brise-vents. Les Conifères sont souvent employés à cet usage, et parmi eux les Thuya, les Cyprès, et quelquefois aussi les Epicea sont le plus généralement usités. Pour constituer un de ces abris, on plante les arbustes, qui sont destinés à le former, en lignes, en ne conservant entre les pieds qu'une faible distance. Tous les ans, on taille ces rangées d'arbres sur les côtés, afin de les empêcher d'occuper trop d'espace en largeur, et sur le sommet, pour éviter qu'en s'allongeant trop vite, ces plantes ne se dégarnissent des branches qu'elles portent à leur base. J. D.

BRITANNIA (*fraise*). — Variété de grosses fraises de demi-saison. Le fruit est oblong, renflé, de couleur rouge vif. La chair en est très sucrée. La plante est fertile et robuste.

BRITANNIQUES (*zootechnie*). — Trois types naturels de race ou trois espèces animales sont qualifiés de britanniques, un Équidé, un Bovidé et un Ovidé. Nous allons les décrire ici successivement tous les trois.

CHEVAL BRITANNIQUE (*E. C. britannicus*). — Ce type naturel appartient au groupe des brachycéphales (voy. ce mot). Il est caractérisé en outre par un front large, faiblement incurvé dans le sens longitudinal et avec des arcades orbitaires non saillantes; par un chanfrein faiblement curviligne aussi, en voûte surbaissée, un peu renflé sur les côtés de la racine du nez, en dessous des yeux, et par une tête relativement courte dans son ensemble, terminée en une sorte de pan coupé. C'est le seul brachycéphale dont le profil soit curviligne. Cela suffit pour le faire reconnaître.

Dans la race qui le représente actuellement, la taille moyenne est très élevée. Le minimum ne descend pas au-dessous de $1^{m},60$ et le maximum va jusqu'à $1^{m},70$ et au delà. La tête, à oreilles courtes, paraît petite à cause du fort développement corporel, de l'épaisseur de l'encolure et de toutes les masses musculaires qui, étant elles-mêmes courtes, donnent à toutes les parties du corps des formes arrondies. La constitution est athlétique. Les crins sont abondants à la tête, au cou et à la queue, mais il n'y en a que très peu aux membres. Ils sont, comme les poils de la robe, des quatre couleurs que l'on trouve seules chez les Équidés, blancs, noirs, rouges ou jaunes. On observe donc toutes les robes possibles. Ayant un système nerveux puissant, les sujets de la race sont vigoureux, agiles et intelligents. En raison du poids vif, qui est toujours très élevé, elle fournit cependant surtout des moteurs pour la traction des lourdes charges à l'allure lente, dits chevaux de gros trait, exceptionnellement pour le trait léger.

Son aire géographique s'étend à la fois sur les îles Britanniques et sur le continent. En Angleterre, la race habite les comtés de Cambridge, de Lincoln, de Suffolk et de Norfolk; en France, les départements du Pas-de-Calais, de la Somme, et de la Seine-Inférieure, de celui-ci seulement la partie appelée pays de Caux. Ces deux portions de l'aire, aujourd'hui séparées, se rejoignaient avant la formation du détroit du Pas-de-Calais. Il est infiniment probable que le berceau a été recouvert par la mer.

La race du cheval britannique se compose de plusieurs variétés, les unes anglaises, les autres françaises. Les premières sont celles de *Suffolk*, de *Norfolk* et du *Black-Horse;* les secondes, les *variétés boulonnaises* et la *cauchoise* ou *variété des bidets* (voy. ces mots).

BOEUF BRITANNIQUE (*B. T. britannicus*). — Dolichocéphale (voy. ce mot), l'espèce britannique se distingue à première vue, entre toutes les autres, par un caractère qu'il suffira de signaler. Ce caractère est celui de l'absence totale des cornes frontales, qui lui est absolument naturel. Il ne faudrait pas croire que le type les a perdues à un moment quelconque, comme on l'a quelquefois admis légèrement. L'existence de cette espèce sans cornes a été signalée dès la plus haute antiquité.

La race est de taille moyenne, dans son ensemble, mais on y observe aujourd'hui un grand écart entre le maximum et le minimum. Anciennement le poids vif y descendait jusqu'à 300 kilogrammes. Aujourd'hui, les sujets de 800 kilogrammes n'y sont pas rares.

La couleur du pelage est variable. On y trouve le noir, le rouge, le jaune et le blanc, seuls ou diversement combinés. La race est remarquable par la saveur agréable de sa chair, qui s'engraisse facilement. Bon nombre des vaches peuvent être exploitées pour la laiterie et le sont en vue principalement de la production du beurre, qui est de bonne qualité.

L'aire géographique, telle qu'elle se présente aujourd'hui, est peu étendue. Elle l'a été, sans aucun doute, davantage anciennement. La race n'est plus représentée qu'en Écosse, sur les basses terres, dans les comtés de Fife, de Forfar, de Kincardine, d'Aberdeen et de Buchan, et en Angleterre, dans ceux de Cambridge, de Norfolk et de Suffolk, et aussi un peu dans celui d'Essex; par conséquent entre le golfe de Murray et celui d'Edimbourg, d'une part, et d'autre part entre l'embouchure de l'Ouse et celle de la Tamise. Dans ces conditions, on doit considérer comme impossible de déterminer le lieu du berceau.

Il y a, dans la race bovine britannique, quatre variétés, qui sont celles de *Galloway*, d'*Angus*, de *Norfolk* et de *Suffolk* (voy. ces mots).

MOUTON BRITANNIQUE (*O. A. britannica*). — Dolichocéphale (voy. ce mot), le mouton du type britannique a le front étroit et incurvé dans les deux sens, dépourvu de cornes et avec des arcades orbitaires effacées. Pas de dépression à la racine du nez. Celui-ci est en ogive, allongé et un peu curviligne. Larmier peu profond, joues peu saillantes, bout du nez épais, aussi large que la face à sa base, bouche grande.

La taille de la race est grande ($0^m,70$ à $0^m,80$). La tête, forte, est portée avec le bout du nez un peu en l'air. Corps volumineux, membres forts et relativement courts. La toison, d'un blanc mat remarquable, est formée de brins de laine longs, lisses et doux, d'un diamètre qui ne descend pas au-dessous de $0^{mm},03$, disposés en mèches bouclées. Elle s'étend jusque sur le front, en une sorte de toupet pointu, et jusque sur le ventre, mais non sur les membres. La qualité de la chair engraissée est estimée à cause de sa saveur agréable. Il en est de même pour la laine, qui est forte et se prête à la fabrication d'étoffes un peu grossières, mais durables.

L'aire géographique actuelle de la race britannique s'étend sur plusieurs parties de l'Angleterre et de l'Écosse. Ses représentants se trouvent au centre, sur les comtés de Willt, d'Hereford, d'Oxferd, de Glocester, de Worcester, de Glamorgan, de Sommerset, vers l'est, sur ceux de Buckingham et de Norfolk; en Écosse, sur les monts Cheviots, dans le Northumberland. Toutes ces localités sont au moins des pays de collines. Le berceau est sur celles de Glocestershire.

Les variétés y sont seulement au nombre de trois, considérées vulgairement, à l'habitude, comme des races distinctes. Ce sont celle de *Cotswold*, celle du *Buckinghamshire* et la *variété Cheviot* (voy. ces mots). A. S.

BRIZE (*botanique*). — Genre de plantes de la famille des Graminées établi par Linné. Les Brizes (*Briza*, L.) font partie de la tribu des Festucées; leur fleur comprend deux glumelles dont l'inférieure, largement ovale et ventrue, s'échancre en cœur à la base; elle est fortement nerviée et son sommet obtus ne présente aucune arête. La pièce supérieure, beaucoup plus petite, porte deux nervures principales ou carènes et est comme tronquée au sommet. Il existe deux glumellules minces et allongées. L'androcée comporte trois étamines biloculaires, et l'ovaire est surmonté de deux styles distincts dès la base, dont les parties stigmatiques, garnies de papilles plumeuses, s'étalent en dehors de la fleur au moment de l'épanouissement. Le fruit (*caryopse*) est, à la maturité, adhérent à la glumelle supérieure; il affecte une forme concavo-convexe plus ou moins aplatie.

Ainsi construites, les fleurs des Brizes sont réunies au nombre de trois au moins, quinze au plus, en épillets pédicellés, comprimés par le côté, presque orbiculaires, munis chacun de deux glumes subégales, membraneuses, concaves en dedans, arrondies sur le dos et marquées de sept ou neuf nervures saillantes. Ces épillets forment des grappes plus ou moins ramifiées suivant les espèces, de sorte que l'inflorescence se montre diversement compliquée et diffuse, suivant que les épillets sont plus ou moins volumineux.

Les chaumes, ordinairement peu élevés, portent des feuilles alternes-distiques, peu nombreuses, munies d'une ligule ordinairement bien visible.

Les Brizes sont des herbes d'un port très élégant, chez lesquelles la finesse des pédicelles donne à l'inflorescence une légèreté toute particulière qui les fait souvent rechercher pour la culture ornementale, et leur a valu les noms vulgaires de *tremblette*, *amourette*, *pain-d'oiseau*, etc., sous lesquels on les désigne ordinairement dans nos campagnes. On en connaît une vingtaine d'espèces, parmi lesquelles trois se montrent particulièrement répandues dans les diverses régions de l'Europe; ce sont les *Briza minor*, *B. maxima* et *B. media*, dont les deux premières sont surtout propres à la flore méditerranéenne; la troisième, beaucoup plus cosmopolite, est par cela même la plus importante au point de vue agricole.

Les Brizes affectionnent les lieux aérés et vivement éclairés; elles prospèrent à peu près également dans tous les terrains, bien qu'elles semblent préférer les sols secs et pierreux. Presque toutes les prairies hautes les renferment en quantité plus ou moins grande, notamment le *Briza media*. Tous les animaux domestiques broutent volontiers cette espèce, et les moutons s'en montrent surtout friands. Malheureusement, la partie feuillée de la tige est peu élevée, les feuilles sont assez courtes, et quand l'époque de la floraison est arrivée, les chaumes, longuement dénudés au-dessous de l'inflorescence, ne fournissent qu'un faible rendement à la fauchaison. C'est donc surtout comme pacage que l'*amourette* offre de l'intérêt. On pourra sans inconvénient, croyons-nous, la faire entrer pour une petite part dans les mélanges de graines destinés aux terrains secs et exposés au vent.

Les trois espèces que nous avons indiquées sont assez recherchées dans le commerce pour la confection des bouquets secs; on les mêle assez souvent aux fleurs artificielles dans l'agencement des parures. Il faut, pour cet usage spécial, récolter les inflorescences un peu avant la maturité, et les faire sécher lentement à l'ombre pour assurer la permanence des épillets. E. M.

BROC (*outillage*). — Vase de la capacité de quelques litres, muni d'une anse et d'un bec évasé, dont on se sert ordinairement pour tirer ou transporter du vin ou d'autres liquides. Les brocs sont en étain, ou plus souvent en bois garni de cercles de fer ou de cuivre.

BROCCIO (*laiterie*).— Fromage corse, fabriqué avec du lait de brebis, ou un mélange de lait de brebis et de lait de chèvre. On fait cailler le lait frais, en y ajoutant du petit-lait aigre, et on fait égoutter dans de petits moules de jonc tressé, où le fromage reste jusqu'à la vente.

BROCHET (*pisciculture*). - Le brochet commun (*Elox lucius*) est la seule variété de cette famille existant dans les eaux de l'Europe. Les *Elox* vivent dans les eaux de toutes les latitudes, en Amérique excessivement nombreux, nous a dit Agassiz; ils s'accommodent et du chaud et du froid, vivant de cyprins dans les climats tempérés et chauds et de corégones dans les altitudes plus froides.

En Europe l'habitat préféré du brochet est dans le bassin du Danube et les eaux des plateaux supérieurs de Champagne et de Lorraine. En Hollande, dans nos contrées de l'Ouest et les étangs du Centre, on le voit se multiplier sans culture, avec regrets et peu de profit; le vieil adage d'un écu de brochet en coûtant dix y est malheureusement trop vrai.

Toussenel appelait sur ce « pelé, ce galeux, d'où venait tout le mal », ce requin de nos eaux en un mot, il y a près de trente ans, l'attention des ichtyologues et des pisciculteurs. Ce fut précisément le moment où en Autriche, dans un couvent près de Lintz, le brochet fut cultivé d'après les principes de la plus rationnelle économie et de la physiologie. Étant donnée leur voracité qui ne les fait pas s'épargner eux-mêmes, les brochets y furent élevés dans des bassins spéciaux par âge et force de développement.

C'est au grand naturaliste Bloch que l'on doit la plus sérieuse étude du brochet, celle qui encore aujourd'hui fait règle; nous passerons donc sous silence tous les racontars auxquels on s'est livré, notamment sur sa longévité et ses vertus médicales. Sa rusticité est très grande, non seulement il ne craint ni le chaud ni le froid, mais son œuf même conserve dans les vases ses propriétés vitales, durant deux et trois ans, à ce point qu'en Hollande sa propagation est un obstacle à tout réempoissonnement sérieux dans les milieux où il a été pêché et d'où on l'a cru extirpé.

Fig. 740. — Brochet commun.

La croissance du brochet est rapide; à un an, il peut atteindre de 25 à 30 centimètres et à cinq ou six ans 1 mètre avec un poids de 6 à 8 kilogrammes. Telle est la cause qui le fait rechercher par les pisciculteurs de l'Argonne où il réussit admirablement. Les poissons, mis au nombre de quinze à vingt par hectare comme brochetons de trois ans dans un étang de seconde année d'empoissonnement, sont pêchés avec le reste après dix-huit mois ou deux ans, c'est-à-dire à trois ans et demi ou quatre ans, avec un poids moyen de 5 à 7 kilogrammes.

La couleur du brochet varie suivant la nature et la composition des eaux dans lesquelles il vit; elle peut passer du vert le plus foncé aux reflets argentés, au noir le plus sombre et même au rouge brun orangé.

Son frai commence en mars. C'est en troupe et en longeant les bords des eaux qu'il se rend à ses frayères. Il dépose sur les plantes son œuf gris verdâtre, qui s'y colle aussitôt. On peut évaluer à 120 000 par livre de son poids la quantité d'œufs que pond une femelle ; l'éclosion a lieu après quelques jours d'incubation. A sa sortie de l'œuf, le jeune alevin, appelé aiguille, est presque invisible.

La chair du brochet est ferme et de bon goût. En Allemagne on la préfère même à celle de la truite, surtout dans tout le bassin du haut Danube. Sujet à la cécité, il a en revanche l'ouïe d'une finesse extrême. Son œuf est fort malsain et on ne doit jamais le manger.

Un brochet de 20 kilogrammes n'est pas une rareté, mais est pour le cantonnement qu'il habite une vraie calamité. C.-K.

BROCOLI (*culture potagère*). — Voy. CHOU.

Fig. 747. — Broie

BROIE (*mécanique*). — Appareil servant à briser la partie ligneuse des tiges de chanvre ou de lin, avant le teillage. La broie se compose (fig. 747) d'un bâti dont la partie supérieure est formée par une pièce de bois garnie de cannelures, à l'extrémité de laquelle est articulée une deuxième pièce également cannelée et munie d'un manche. On place une poignée de tiges sur la pièce fixe et on la bat, en la tirant lentement à soi, avec la pièce mobile. Ce mouvement brise en chènevottes la partie ligneuse des tiges. — On remplace aujourd'hui la broie par des broyeuses mécaniques.

Dans les modèles de broyeuses mécaniques généralement adoptés en France, la machine se compose de quatre paires de cylindres cannelés, mus par la vapeur ; on introduit entre ces cylindres les tiges de lin triées. La machine brise la partie ligneuse, tout en laissant intacts les filaments de la plante. Dans le triage préalable des tiges, on les assortit suivant leur longueur, leur épaisseur, leur force et leur couleur. — En Bohême, où l'on cultive le lin sur une grande échelle, on broie souvent les tiges avec un appareil qui se compose d'un rouleau cannelé mobile, au-dessus d'une table également cannelée ; on donne au rouleau un mouvement de va-et-vient au-dessus de la table. H. S.

BROME (*botanique*). — Genre de plantes de la famille des Graminées, établi par Linné. Les Bromes (*Bromus* L.) font partie de la tribu des Festucées. Leur fleur comporte deux glumelles dont l'inférieure, fusiforme et allongée, se termine par deux dents plus ou moins développées, dans le sinus desquelles naît une arête subapicale, quelquefois très volumineuse, rarement réduite à un simple mucron. La glumelle supérieure, pourvue de deux nervures principales, présente également deux dents, mais sans arête. Les glumellules, au nombre de deux, sont fort petites. L'androcée comprend trois étamines biloculaires qui peuvent être réduites par avortement à deux et même une seule. L'ovaire porte, au-dessous de son sommet, deux styles très écartés à la base, reportés un peu en avant, et dont les parties stigmatiques, revêtues de papilles plumeuses, ne font pas saillie au moment de la floraison. Le fruit (*caryopse*) est à la maturité plus ou moins courbé en gouttière et velu au sommet, qui est muni d'un appendice ; il adhère fortement aux glumelles qui lui forment une induvie persistante.

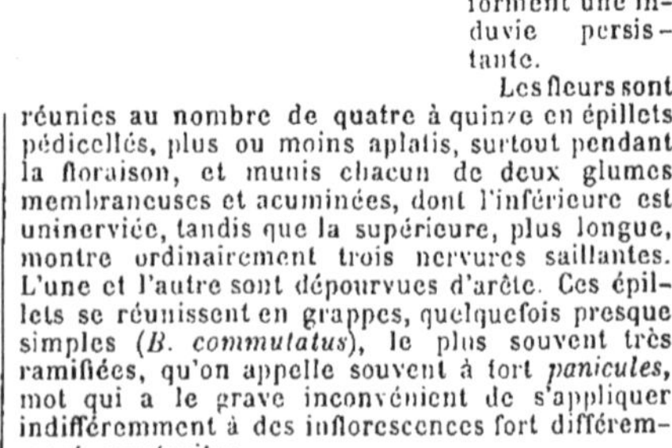

Les fleurs sont réunies au nombre de quatre à quinze en épillets pédicellés, plus ou moins aplatis, surtout pendant la floraison, et munis chacun de deux glumes membraneuses et acuminées, dont l'inférieure est uninerviée, tandis que la supérieure, plus longue, montre ordinairement trois nervures saillantes. L'une et l'autre sont dépourvues d'arête. Ces épillets se réunissent en grappes, quelquefois presque simples (*B. commutatus*), le plus souvent très ramifiées, qu'on appelle souvent à tort *panicules*, mot qui a le grave inconvénient de s'appliquer indifféremment à des inflorescences fort différemment construites.

Les Bromes sont des herbes annuelles ou vivaces, dont les chaumes qui peuvent atteindre jusqu'à 2 mètres de haut, portent des feuilles alternes-distiques, munies d'une ligule souvent déchiquetée à son bord libre. On en connaît une quarantaine d'espèces répandues surtout dans l'hémisphère boréal, et dont la moitié environ est propre à l'Europe. Les plus répandues sont les suivantes, parmi lesquelles il y a lieu de distinguer celles qui sont annuelles et celles qui vivent plusieurs années ; au premier groupe appartiennent les *Bromus mollis*, *B. arvensis*, *B. sterilis*, *B. tectorum*, *B. secalinus*, *B. maximus*, *B. madritensis*, *B. rubens*, *B. fasciculatus*, *B. macrostachys*, etc.; dans le second il importe de signaler les *Bromus erectus*, *B. commutatus*, *B. asper*, *B. inermis*, *B. squarrosus*, etc.

Le genre dont nous nous occupons a été souvent démembré ; MM. Grenier et Godron notamment ont admis dans leur excellente *Flore de France* la division proposée par Parlatore en deux genres dont l'un, conservant le nom Linnéen, renferme les espèces dont la glumelle inférieure est très manifestement carénée, tandis que l'autre, appelé *Serrafalcus* par le botaniste italien, comprend celles où la glumelle inférieure est arrondie sur le dos. Nous n'hésitons pas à penser que ces différences qui passent en réalité par des gradations insensibles d'une espèce à l'autre, sont plus théoriques que réelles, et qu'en tout cas elles ne sauraient constituer un caractère ayant une valeur générique. Il nous semble en outre dangereux ou tout au moins inutile pour la pratique, d'augmenter sans motif bien solidement justifié le morcellement d'une famille aussi naturelle que celle des Graminées où la subdivision a déjà été, comme dans beaucoup d'autres, certainement poussée à l'excès.

Constitué comme nous l'avons indiqué ci-dessus, le genre en question est extrêmement voisin du genre *Fétuque* (*Festuca* L.) dont il se distingue surtout par la glumelle inférieure qui est entière au sommet dans les Fétuques, et terminée par une arête qui prolonge manifestement la nervure médiane.

Mais si ces deux genres présentent au point de vue botanique la plus étroite analogie, il est bien loin d'en être de même quand on les compare relativement à leur valeur fourragère. Les Bromes sont, comme nous l'avons vu, très souvent annuels, et ne peuvent par cela même offrir qu'une faible ressource à la culture dans l'établissement des prairies. Ils s'accommodent souvent, il est vrai, des sols les plus variés, même des plus arides, et leur croissance est en général extrêmement rapide ; mais c'est aussi un de leurs plus graves inconvénients. En effet, ils forment pour la plupart un foin dur, riche en cellulose non assimilable, et leur rusticité relative en fait pour les prairies des hôtes plus ou moins dangereux à cause de la facilité avec laquelle ils envahissent le sol, éliminant peu à peu par leur expansion exubérante des espèces plus utiles. Leurs fleurs, munies d'arêtes souvent fort dures et comme barbelées, les font rejeter par plusieurs animaux et l'on a même vu quelquefois des accidents assez graves suivre leur emploi ; c'est ainsi que des abcès très dangereux ont été signalés comme produits par l'introduction de ces arêtes dans les conduits excréteurs des glandes salivaires.

Pour toutes ces raisons, les Bromes nous paraissent peu dignes d'être recherchés quand il s'agit d'établir des prairies. En tout cas si pour telle ou telle raison l'adjonction d'une certaine quantité de leurs graines semble indiquée, on fera bien de s'adresser surtout aux espèces dont les arêtes florales sont peu développées en longueur ou tout au moins dépourvues de cette rigidité que nous signalions il y a un instant. Il sera presque toujours bon de faucher avant la floraison, alors que la plante renferme la plus forte proportion de matériaux utiles. Les *Bromus erectus* et *B. mollis* ont été particulièrement recommandés par quelques auteurs.

Parmi les espèces exotiques il en est une dont il convient de dire en terminant quelques mots ; c'est le Brome de Schrader (*Bromus Schraderi* Kunth; *Ceratochloa pendula* Schrad.). Originaire de l'Amérique septentrionale où elle est cultivée sous le nom vulgaire de *Rescue-grass*, cette plante, introduite en Europe il y a une quarantaine d'années, y fut l'objet d'essais multipliés, et ce fut surtout à la suite d'un mémoire important de M. Lavallée qu'elle sembla devoir prendre une place importante dans nos cultures. C'est une grande et belle Graminée vivace qui peut atteindre plus d'un mètre et demi de hauteur, et dont les épillets, pendants à la maturité, sont dépourvus de ces arêtes longues et dures que l'on observe si souvent dans ses congénères. L'enthousiasme fut d'abord presque général, mais de courte durée. On ne tarda pas en effet à s'apercevoir que le Brome de Schrader exige, pour atteindre tout son développement, un sol frais et très fertile, faute de quoi il reste maigre et ne s'élève guère qu'à 50 ou 60 centimètres. Dans les meilleures conditions, on n'a pas vu son rendement dépasser 20 à 22000 kilogrammes de fourrage vert par hectare, ce qui le montre à peine égal sous ce rapport à certaines de nos Graminées indigènes, souvent moins exigeantes que lui au point de vue du terrain, telles que le Dactyle, le Ray-grass d'Italie par exemple, ou le Fromental. Quant à sa valeur alimentaire, elle est sensiblement la même que celle des Graminées en général, tant qu'il est jeune ; plus tard il participe aux inconvénients déjà signalés pour les autres espèces du genre, c'est-à-dire qu'il durcit rapidement et s'enrichit trop en matières ligneuses.

En résumé, nous pouvons conclure que si le Brome de Schrader est susceptible de rendre des services à l'agriculture, il ne faut point s'exagérer sa valeur, comme on parut le faire sous l'influence de l'engouement résultant des premiers essais, et ne pas le considérer comme un fourrage de première importance. E. M.

BROMÉLIACÉES (*botanique*). — Famille de plantes monocotylédonées établie par Jussieu, sous le nom de Broméliées, et qui a reçu sa dénomination du genre *Bromelia*, qui peut en être considéré comme le type. Voici les caractères essentiels des Bromélies :

Les fleurs, régulières et hermaphrodites, ont un réceptacle creusé en forme de sac assez profond Leur périanthe comprend deux verticilles trimères d'appendices dont les trois extérieurs verdâtres, et que l'on peut considérer comme des sépales, sont disposés de telle sorte qu'il en existe un en arrière et deux en avant ; ils sont libres et imbriqués dans le bouton. Les trois intérieurs sont pétaloïdes, alternes avec les précédents, également libres ou à peu près et imbriqués. L'androcée est formé de deux verticilles d'étamines superposées chacune à une pièce du périanthe, munies d'une anthère dressée, biloculaire, déhiscente par deux fentes longitudinales introrses et portée par un filet plus ou moins dilaté à sa base, légèrement conné avec ses voisins et aussi avec le périanthe. Le gynécée consiste en un ovaire infère surmonté d'un style qui se partage à son sommet en trois lobes stigmatiques courts et charnus ; cet ovaire est divisé en trois compartiments superposés aux sépales et contenant chacun dans leur angle interne un gros placenta axile chargé, surtout vers le sommet de la loge, de nombreux ovules anatropes, à peu près horizontaux. Le fruit est une baie triloculaire renfermant un grand nombre de graines sous les téguments desquelles on observe un embryon très réduit, courbé, accompagné d'un gros albumen amylacé.

Les Bromélies sont des herbes de l'Amérique tropicale, à tige le plus souvent très courte, portant des feuilles alternes, disposées en rosette plus ou moins dense, linéaires, canaliculées en dessus, dentées ou spinescentes aux bords. Du centre de la rosette foliaire s'élève l'inflorescence qui comprend des fleurs plus ou moins nombreuses, occupant chacune l'aisselle d'une bractée, et formant par leur réunion tantôt des épis ou des grappes simples, tantôt des grappes de cymes diversement ramifiées.

Les caractères qui varient le plus dans la famille qui nous occupe sont la forme du réceptacle et la nature du fruit qui peuvent servir de base à la subdivision du groupe. Très concave comme nous venons de le voir dans les Bromélies, et comme on l'observe encore dans d'autres genres tels que les *Ananassa*, *Æchmea*, *Billbergia*, etc., qui ont tous l'ovaire nettement infère, il représente ailleurs une simple coupe plus ou moins profonde, si bien que l'ovaire, libre dans sa partie supérieure, se montre alors semi-infère, tel qu'on l'observe dans les *Pitcairnia*, par exemple. De plus en plus relevé, il peut enfin devenir plan ou convexe, ce qui amène une insertion staminale franchement hypogyne, comme nous la montrent les genres *Tillandsia*, *Gusmannia*, *Encholyrium*, etc.

Le fruit charnu et indéhiscent des Bromélies, des Ananas, etc., est remplacé dans les autres plantes du groupe par une capsule qui s'ouvre à la maturité en trois valves loculicides pour laisser échapper les graines d'ailleurs très variables d'aspect, et souvent munies d'un mince funicule garni de longs poils soyeux qui contribuent puissamment à la dissémination.

Ajoutons enfin que les fleurs, ordinairement régulières, montrent quelquefois une légère irrégularité provenant soit de l'inégalité des pièces du périanthe, soit de leur inégale réunion en un tube plus ou moins allongé et plus ou moins oblique.

Considérées au point de vue des seuls organes végétatifs, les Broméliacées offrent, par contre, une grande similitude et l'on peut dire qu'elles ont en quelque sorte un air de famille. Leur tige, habituellement très courte, porte des racines pour la plupart adventives, et se couvre de feuilles engainantes, spiralées, très rapprochées, plus ou moins coriaces et ensiformes, qui prennent une rigidité presque métallique toute spéciale, qui n'est cependant pas, au moins dans quelques espèces, dépourvue d'une certaine élégance. On en admet actuellement une quarantaine de genres qui demanderaient certainement une revision approfondie, quelques-uns d'entre eux n'étant que très imparfaitement connus d'après des spécimens fort incomplets.

Les affinités de la famille que nous venons d'examiner brièvement sont assez faciles à établir. Par les genres à ovaire supère, elles se relient manifestement aux Liliacées, tandis que les genres inférovariés rappellent les Amaryllidées et les Hæmodoracées, en même temps que les types irréguliers offrent une certaine parenté avec les Musacées et quelques Gingibéracées. C'est, en somme, un groupe peu homogène, dont l'étude ultérieure amènera peut-être la suppression.

Les Broméliacées sont en grande partie originaires de l'Amérique équatoriale, et deviennent beaucoup plus rares dans les régions extra-tropicales. Elles se plaisent habituellement dans les forêts ombragées et humides, et un grand nombre végètent sur les arbres auxquels leurs racines s'accrochent plus ou moins solidement, sans que toutefois l'existence de ces végétaux doive être considérée comme parasitaire. La multiplication s'effectue soit par graines, soit par bourgeons nés à la base des tiges et capables de se séparer du pied mère quand ils se sont enracinés.

Cette famille présente une grande importance pour la botanique technologique. Les espèces à fruit charnu emmagasinent dans leur péricarpe, au moment de la maturité, une forte proportion d'acides citrique ou malique dont l'extraction industrielle pourrait être tentée, et qui les font rechercher par la thérapeutique des pays où elles croissent. Avant la maturité, le suc de certains fruits de *Bromelia* renferme un liquide plus ou moins âcre, doué, à ce qu'il paraît, de propriétés vermicides assez accentuées. L'espèce la plus importante de tout le groupe est l'Ananas (*Ananassa sativa* Lindl.; *Bromelia Ananas* L.) dont l'inflorescence, qui est un épi dense, se change à la maturité en une masse volumineuse dont l'apparence de pomme de pin est connue de tout le monde, et dans lequel tout est devenu charnu, les bractées florales aussi bien que les ovaires eux-mêmes, que la culture est parvenue à priver à peu près complètement de leurs graines. Toute cette masse pulpeuse est gorgée d'un suc acidule très sucré, d'une saveur et d'une odeur délicieuses qu'il doit en grande partie aux principes aromatiques qu'il contient. Originaire, à ce qu'on croit, des Antilles, l'Ananas a été transporté en Asie et en Afrique, partout où le climat lui permet de vivre à l'air libre. Dans nos pays tempérés, il est encore l'objet de cultures artificielles assez suivies dont l'importance tend cependant à diminuer à mesure que la rapidité des communications facilite davantage l'importation de ses fruits.

Certains *Tillandsia* fournissent à l'industrie locale une sorte de *crin végétal* par la préparation des faisceaux fibro-vasculaires de leur tige. Les feuilles de plusieurs Broméliacées donnent une filasse plus ou moins fine, souvent très brillante, qui prend depuis quelque temps une importance de plus en plus grande dans l'industrie textile; telles sont les *Ananassa sativa*, *lucida*, etc., le *Billbergia Leopoldi* et le *Macrochordium tinctorium*, ces deux dernières originaires du Brésil. Certaines espèces produisent des substances colorantes le plus souvent jaunes.

Les Broméliacées constituent actuellement un apport considérable à la culture ornementale, et le nombre des espèces importées aussi bien que des variétés obtenues de croisements s'augmente tous les jours dans nos serres. Ce sont des plantes dont la valeur ornementale réside plutôt dans l'étrangeté de leur végétation que dans la beauté de leurs fleurs, bien que quelques espèces soient réellement remarquables à cet égard. Nous rappellerons seulement quelques-unes des formes les plus répandues et dont l'aspect est présent à la mémoire de tous; tout le monde, en effet, a plus ou moins admiré le *Tillandsia splendens*, le *Billbergia thyrsoidea*, le *Vriesia psittacina*, l'*Œchmea fulgens*, divers *Encholyrium* et tant d'autres sur lesquelles nous ne saurions insister plus longuement. E. M.

BRONCHITE (*vétérinaire*). — C'est le nom que l'on donne à la maladie qui est déterminée par l'inflammation aiguë ou chronique de la muqueuse qui tapisse les voies aériennes dans la trame pulmonaire, ou autrement dit les bronches.

Causée le plus souvent par l'action du froid sur la peau en sueur, la bronchite peut être l'expression d'un état morbide général, comme la gourme chez le cheval, la *maladie* chez le jeune chien. Elle peut aussi avoir pour cause l'inspiration de gaz irritants, comme la fumée âcre de la paille dans les incendies.

Les traits principaux de la bronchite sont l'accélération plus ou moins grande de la respiration, la toux aux timbres qui varient avec l'intensité de l'inflammation et sa période : sèche au début, grasse à la fin; la sensibilité de la trachée à la pression, le jetage aqueux d'abord, muco-purulent ensuite, puis purulent, par les deux narines, sans engorgement ganglionnaire.

Maladie bénigne d'ordinaire et éphémère, elle peut persister à l'état chronique pendant plus ou moins longtemps. La médecine est en possession pour la combattre de moyens variés, de différents ordres: antiphlogistiques, émollients, opiacés, contro-stimulants, révulsifs, etc., qu'il faut savoir appliquer suivant les indications. C'est le rôle des vétérinaires.

Bronchite vermineuse. — Cette espèce toute particulière de bronchite présente un intérêt tout spécial en raison du caractère épizootique qu'elle est susceptible de revêtir : comme l'indique le qualificatif qui lui est associé, elle est déterminée par la présence dans les ramifications bronchiques de vers qui les obstruent plus ou moins, suivant leur nombre, et peuvent donner lieu à l'asphyxie.

Ces vers appartiennent au genre *Strongle*, d'où le nom de *Strongylose*, qu'on a proposé de donner à cette maladie; expression assez heureuse parce qu'elle fait naître l'idée de la nature du mal et de sa cause spéciale, le ver *Strongle*, dont les espèces varient suivant les espèces animales qui sont infectées, en sorte qu'il ne semble pas que cette maladie soit transmissible d'une espèce à une autre. C'est dans la même espèce que sa transmission s'effectue.

Quand on examine l'appareil respiratoire d'un mouton ou d'un veau infecté de Strongles, on constate que ces vers forment des pelotons de un à plusieurs centimètres de longueur, qui se prolongent dans les ramifications les plus ténues des bronches. Si l'on fait l'autopsie immédiatement après la mort, les Strongles témoignent leur vitalité par leurs mouvements; mais ils peuvent rester vivants longtemps encore, quoique immobiles. Il suffit pour les ranimer de les immerger dans de l'eau tiède.

A côté des vers adultes, mesurant de 4 à 8 centimètres de longueur, que l'on rencontre dans les bronches, il y en a d'autres, de dimensions microscopiques, qui sont logés dans les vésicules pulmonaires qu'ils ont transformées, par leur action irritante, en petites tumeurs d'apparence tuberculeuse. Ces petits vers sont les larves de ceux qu'on trouve dans les ramifications bronchiques. Une fois dégagés de la logette où ils ont été déposés par leurs mères, ils trouvent dans les canaux bronchiques l'espace nécessaire pour leur développement et y acquièrent graduellement les dimensions qui viennent d'être indiquées.

La présence des vers dans les bronches donne lieu à une toux plus ou moins forte, se répétant souvent, avec phénomènes asphyxiques assez fréquents, qui peut être suivie de l'expulsion par la bouche et par les cavités nasales de mucosités dans lesquelles se trouvent en suspension des vers isolés ou réunis en paquets. Ces vers sont vivants le plus souvent et accusent leur vitalité par les mouvements auxquels ils se livrent.

Ce sont eux qui sont les agents de la transmission de la bronchite vermineuse aux animaux de même espèce qui vivent avec les animaux infectés. Lorsque ceux-ci rejettent, à la suite d'accès de toux, des mucosités chargées de Strongles, si ces mucosités tombent sur des aliments humides, dans des eaux où les animaux s'abreuvent, les Strongles s'y conservent assez longtemps; et quand même ils viennent à mourir, leurs œufs éclosent et les petits doués d'une grande ténacité de vie sont toujours prêts pour des infestations nouvelles, qu'ils réalisent lorsque les animaux susceptibles de leur servir d'habitat viennent boire les eaux qu'ils infectent, ou mangent les aliments sur lesquels ils ont été déposés. Il est possible même que l'infestation ait lieu par l'intermédiaire d'un Strongle femelle, qui pénètre directement dans des voies aériennes d'un mouton ou d'un veau.

La bronchite vermineuse est donc une maladie, à proprement parler, contagieuse, puisqu'elle se transmet d'un animal à un autre par l'intermédiaire d'un élément vivant, la larve, voire le ver tout formé, infectant les eaux des marécages. Aussi, est-ce la maladie des pays humides dont la fréquence est en rapport avec la plus grande humidité des saisons. On l'observe plus particulièrement sur les jeunes animaux qui y sont plus prédisposés, sans doute parce qu'ils constituent pour les vers un milieu plus favorable à leur développement. Toutes les espèces ont leur bronchite vermineuse, mais c'est surtout sur les agneaux et les veaux qu'on la constate; elle est rare chez les poulains, assez fréquente chez le porc. Les espèces sauvages n'en sont pas exemptes.

Les oiseaux de basse-cour et les faisans ont aussi leurs maladies des voies aériennes déterminées par la présence dans les bronches de vers d'une espèce particulière.

La bronchite vermineuse est une maladie très grave, car elle cause des pertes étendues sur les jeunes sujets auxquels elle s'attaque.

Le traitement de la bronchite vermineuse doit être préventif d'abord. Dans les pays et les saisons où elle règne, il faudrait, autant que possible, s'abstenir d'envoyer les troupeaux en dépaissance sur les parties marécageuses. S'il était possible de ne les faire boire qu'à la bergerie et à l'étable et surtout de ne leur donner à boire que de l'eau préalablement bouillie, dans laquelle on aurait fait dissoudre un peu de sel de cuisine pour lui donner de la sapidité, on éviterait ainsi l'une des conditions les plus actives du développement de la strongylose.

A supposer que cette mesure préventive ne fût pas d'une application générale, on pourrait en faire usage pour des animaux de prix.

La strongylose étant transmissible dans les troupeaux par les mucosités que les malades expectorent, ceux-ci doivent être maintenus isolés dans des locaux à part.

Quant au traitement curatif, il a été considéré longtemps comme peu efficace, à cause de la grande difficulté de soumettre les vers qui engorgent les bronches à une action toxique qui ne fût pas nuisible à l'animal que ces vers infestent. Dans ces derniers temps un procédé qui s'est montré efficace entre les mains d'un vétérinaire de la Capelle, M. Eloire, a été préconisé par le professeur Levi, de l'Université de Pise. Ce procédé consiste dans l'injection directe dans les bronches d'une préparation médicamenteuse anthelminthique, à l'aide d'une seringue appropriée. — Cette méthode n'en est encore qu'à ses débuts, mais elle a déjà suffisamment fait ses preuves pour qu'on ait le droit d'en beaucoup espérer.

Les propriétaires dont les troupeaux sont infestés par la bronchite vermineuse, feront donc bien d'en faire usage. Mais il est nécessaire qu'ils aient recours à un vétérinaire pour le choix des médicaments, leur dosage et l'exécution de l'opération de l'injection intra-trachéale. H. B.

BRONGNIART (*biographie*). — Adolphe Brongniart, né en 1801, mort en 1876, a été un des botanistes les plus éminents de la France au dix-neuvième siècle. Ses travaux les plus considérables ont porté sur la détermination de la flore fossile. On lui doit, en ce qui concerne les sciences agricoles, plusieurs recherches importantes sur un certain nombre de plantes dont la culture pourrait être très avantageuse; il s'est occupé avec succès de l'introduction en France d'essences forestières nouvelles. Il a été membre de l'Académie des sciences et de la Société nationale d'agriculture, dont il fut vice-secrétaire pendant près de trente ans. H. S.

BROU (*botanique*). — Nom vulgaire du péricarpe coriace de certains fruits à drupe, notamment de l'Amandier et du Noyer. Au moment de la maturité, le brou s'ouvre spontanément, et se détache même du reste du fruit. — Le brou de la noix renferme une matière colorante brune, qu'on en extrait pour les usages de la menuiserie et de l'ébénisterie.

BROUETTE (*mécanique*). — La brouette est un petit véhicule, à une seule roue, usité pour les transports à bras d'homme. On en construit un grand nombre de types. La brouette ordinaire (fig. 748) est formée par un coffre ouvert en dessus et sur un de ses côtés, porté par deux barres ou manches horizontaux qui se prolongent en avant du coffre, et qui sont reliés, à leur autre extrémité, à l'axe d'une roue. L'ouvrier soulève les deux manches et pousse ou tire la brouette dont la roue continue à porter sur le sol.

La brouette est un des meilleurs appareils pour utiliser la force de l'homme au transport. Ses dimensions varient dans de grandes proportions. La charge ordinaire qu'un homme peut conduire en travail soutenu est de 50 à 60 kilogrammes. Le rendement utile est d'autant plus élevé que la route sur laquelle on marche est plus unie; il varie aussi en raison inverse de la distance parcourue; il est plus avantageux de charger beaucoup pour transporter à une distance moindre, que de charger peu pour transporter plus loin. L'expérience a démontré que, pour obtenir le maximum de travail, on doit proportionner à la charge la distance parcourue à chaque relais; la charge de 40 kilogrammes, sur une brouette pesant 15 kilogrammes, est celle qui convient le mieux à une distance de 34 mètres; avec une charge de 50 kilogrammes, il faut réduire la longueur des relais à 29 mètres. D'après le général Morin, un manœuvre transportant une charge de 60 kilogrammes dans une brouette, à la vitesse de $0^m,50$ par seconde, et revenant à vide chercher de nouvelles charges, donne un effet utile de 30 kilogrammètres par seconde, ou de 1 080 000 en dix heures de travail. D'après le comte de Gasparin, jusqu'à la distance de 30 mètres, il est plus avantageux de faire les transports à la brouette qu'en tombereau; au delà de cette distance, le tombereau acquiert la supériorité.

Dans les fermes, les brouettes servent surtout aux travaux intérieurs dans les cours et à ceux de jardin. Pour les transports de fourrages, de fumiers et des autres substances encombrantes, on se sert de brouettes dans lesquelles le coffre est remplacé par une claie; ce sont les brouettes à civière (fig. 749) que l'on construit aujourd'hui en fer, afin qu'elles soient plus légères. Pour en augmenter la stabilité, on substitue assez souvent une paire de roues à la roue unique de la brouette ordinaire.

Pour le transport des purins et des engrais liquides, on se sert de brouettes à civière dont la claie est remplacée par un baquet (fig. 750), muni en son milieu de deux poignées par lesquelles on le place sur la brouette ou bien on l'en enlève.

Des brouettes spéciales servent au transport des sacs de grains ou de farines; ce sont les brouettes de grenier (fig. 751), sortes de brouettes à civière, munies de deux roues, et qui se tiennent debout quand elles sont vides; on glisse la partie inférieure sous le sac à charger, et en appuyant sur les manches on fait basculer la brouette qu'on pousse ensuite jusqu'à l'endroit où le déchargement se fait par une opération inverse

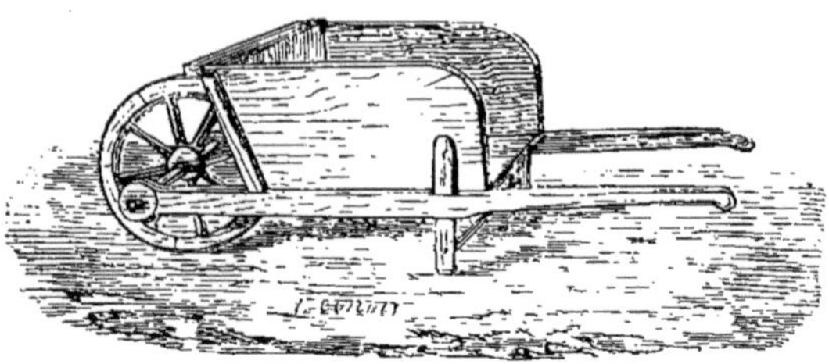

Fig. 748. — Brouette ordinaire.

Dans la brouette ordinaire, l'ouvrier supporte environ le cinquième de la charge. Pour diminuer cette proportion, on construit souvent des brouettes dont la roue est placée sous le coffre; lorsque l'axe de la roue est plus rapproché du centre de gravité de la brouette chargée, le poids qui pèse sur les manches diminue, et le rendement utile peut augmenter dans des proportions notables. H. S.

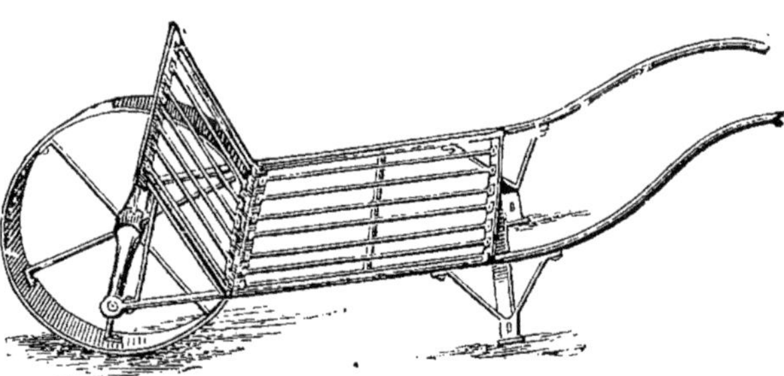

Fig. 749. — Brouette à civière.

BROUILLARD (*météorologie*). — L'air renferme toujours une certaine proportion de vapeur d'eau; cette proportion varie suivant les lieux, et dans un même lieu suivant les conditions de température.

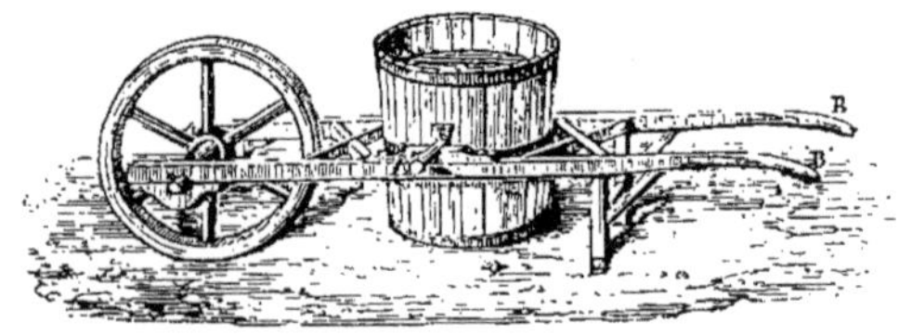

Fig. 750. — Brouette à engrais liquide.

La proportion qui peut rester dans l'air à l'état de vapeur est d'autant plus grande que la température est plus élevée. Lorsque la quantité de vapeur augmente au delà de cette proportion, ou lorsque la température de l'air descend assez bas, il y a formation de *brouillard*, c'est-à-dire condensation imparfaite de la vapeur qui se maintient dans l'air sous l'apparence d'une masse plus ou moins épaisse analogue à une sorte de voile; une partie de cette vapeur est transformée en globules d'eau extrêmement petits. Après la formation du phénomène, si la température de l'air s'élève, le brouillard disparaît; on dit vulgairement qu'il se lève. Si la température continue à baisser, il se résout en pluie.

Fig. 751. — Brouette de grenier.

Les brouillards se forment surtout le matin et le soir; ils sont fréquents dans les contrées marécageuses. Ils y répandent souvent une odeur fétide, car ils ramassent tous les miasmes répandus dans l'atmosphère; ils sont alors dangereux pour la santé publique. — Les brouillards sont parfois nuisibles aux végétaux cultivés, surtout pendant leur floraison; ils déterminent sur les organes des fleurs d'un grand nombre d'arbres fruitiers, une altération qui en entraîne la destruction; c'est un résultat analogue à celui de la coulure des fleurs, quoique ce ne soit pas le même phénomène.

BROUISSURE. — Dommage que le soleil, succédant à la gelée, cause aux fleurs, aux bourgeons des arbres. — Quelquefois on donne le même nom aux taches noires qui apparaissent sur quelques grains de raisin dont la maturité est arrêtée ou retardée, tandis que les autres grains de la même grappe continuent à se développer.

BROUSSIN (*sylviculture*). — On donne ce nom au faisceau confus de ramilles qui naissent sur les excroissances anormales du tronc de certains arbres. Les ormes, les frênes, les noyers, sont particulièrement sujets à ces excroissances qui sont souvent la conséquence des chocs que les arbres ont subis.

Les broussins sont en effet plus communs sur les arbres des promenades publiques, des routes et des bordures, que sur ceux qui croissent dans l'intérieur des massifs. La sève arrêtée dans les tissus meurtris s'organise en cellules, puis en fibres ligneuses qui, déviées de leur direction, se contournent dans tous les sens et donnent au bois de ces excroissances une texture toute différente de celle du bois normal.

Celles de ces loupes qui ne sont pas cariées à l'intérieur sont très recherchées par les ébénistes. Les loupes de noyer sont particulièrement estimées. Il y a des industriels qui parcourent non seulement la France, mais encore l'Italie et l'Asie Mineure, pour découvrir ces loupes qu'ils expédient à Paris, où elles sont débitées en feuilles minces et employées au placage des meubles de luxe. Les morceaux sains trop petits pour être débités en placage servent à la fabrication de menus objets de tabletterie. B. DE LA G

BROUSSONET (*biographie*). — Pierre-Marie-Auguste Broussonet, né à Montpellier en 1761, mort dans cette ville en 1807, botaniste distingué, a été professeur au Collège de France et professeur d'économie rurale à l'École vétérinaire d'Alfort. Membre de l'Académie des sciences et de la Société nationale d'agriculture, il fut élu en 1785 secrétaire perpétuel de cette Société et conserva ces fonctions jusqu'à la dispersion de la Société en 1793. Il fut un des rédacteurs de la *Feuille du cultivateur*. On lui doit, outre un grand nombre de travaux botaniques, un *Calendrier à l'usage des cultivateurs* (1788), des Mémoires sur le sainfoin, sur le genêt d'Espagne, et un grand nombre de rapports à la Société d'agriculture. Il fut un des introducteurs en Europe du mûrier à papier, auquel on a donné son nom. H. S.

BROUSSONETIER (*arboriculture*). — Arbre de la famille des Morées, originaire d'Asie, cultivé en Europe pour son feuillage. On le plante avec avantage dans les massifs en terrain sec. On en cultive plusieurs espèces : la plus répandue est le broussonetier ou mûrier à papier (*Broussonetia papyrifera*), originaire de la Chine et du Japon, dont on a obtenu plusieurs variétés curieuses par leur feuillage. Ce bel arbre a très bien réussi dans les plantations des promenades de la ville de Paris; il n'est atteint par le froid que dans les hivers exceptionnellement rigoureux.

BROYE, BROYOIR (*mécanique*). — Voy. BROIE.

BROYEUR (*mécanique*). — Les broyeurs sont des appareils qui servent à réduire les matières dures en morceaux ou même en poussière plus ou moins grosse. Ces appareils sont d'un grand usage pour broyer certaines matières premières employées dans la préparation des engrais, notamment les os

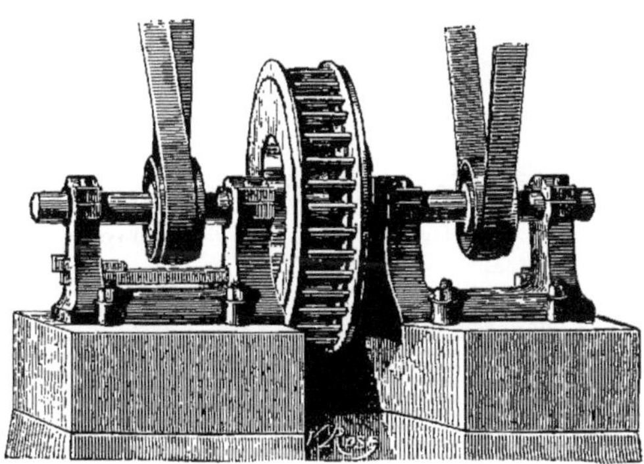

Fig. 752. — Broyeur du système Karr.

les phosphates, etc. On se sert d'appareils analogues pour briser les tourteaux, mais ces derniers ont reçu le nom spécial de concasseurs (voy. ce mot).

Le broyeur le plus simple consiste en un pilon dont la face inférieure est cannelée, qui agit par son poids en retombant après qu'on l'a élevé à une certaine hauteur. On s'en sert quelquefois pour pulvériser les os. Mais le plus généralement, les broyeurs consistent en meules ou cylindres verticaux, soit unis, soit garnis de cannelures, qu'on fait rouler dans une auge circulaire qui renferme la matière à pulvériser; souvent le fond de ces auges est constitué par une sorte de grille à travers laquelle passent les matières broyées. La puissance et les dimensions de ces broyeurs varient suivant la quantité de matières qu'il s'agit de traiter dans un temps déterminé. Pour broyer les phosphates fossiles, on se sert dans un certain nombre de localités, des anciens moulins à céréales, à meules en pierre.

Parmi les broyeurs que l'on peut employer avec avantage dans les exploitations rurales, le broyeur

Fig. 753. — Broyeur de pierres du système Del

du système Karr est un des meilleurs. Ce broyeur se compose (fig. 752) de deux disques verticaux et concentriques qui tournent en sens inverse, l'un étant commandé par une courroie droite et l'autre par une courroie croisée; ces deux courroies passent sur deux poulies dont les axes forment la prolongation l'un de l'autre. Chaque disque est garni de deux séries de barreaux d'acier. Lorsque les disques sont en mouvement, les substances à pulvériser reçoivent des chocs d'autant plus nombreux que le mouvement est plus rapide; ces chocs amènent la désagrégation, sans qu'il puisse se produire d'empâtement. Le broyeur repose sur un bâti solide; pendant le travail il est recouvert par une enveloppe en tôle, et il est alimenté par une trémie placée sur le côté de cette enveloppe. Le rendement varie avec les dimensions du broyeur et avec la nature des substances à broyer. Suivant les modèles, le diamètre du grand disque est de $0^m,60$ à $1^m,30$. Pour obtenir une vitesse suffisante, on doit faire mouvoir l'appareil par une machine à vapeur. On emploie ces broyeurs aussi bien pour désagréger les matières tendres empâtées que pour briser les matières dures.

Pour réduire en poudre fine et mélanger intimement les engrais, on peut se servir de broyeurs plus petits que les précédents. Ces appareils se composent d'une trémie dans laquelle on verse les matières premières à traiter; elles tombent sur une noix en acier placée en dessous et qui en opère le broyage. On obtient un degré de finesse variable au moyen d'une vis qui rapproche ou éloigne à volonté la noix de la trémie. La poudre obtenue tombe dans un cylindre, dans lequel tourne horizontalement un arbre muni de palettes hélicoïdales non continues; ces palettes opèrent le mélange de l'engrais et repoussent en même temps les parties mélangées vers l'autre extrémité du cylindre où elles sortent par une gouttière. La noix et l'arbre à palettes sont mus à bras au moyen d'un volant portant une manivelle.

Le broyage des pierres servant à l'entretien des routes se fait le plus souvent à bras; l'emploi de machines pour ce travail, très usité en Angleterre, commence à se répandre en France. La figure 753 représente la coupe verticale d'un broyeur de pierres du système Del. En voici la légende : A, bâti; B, porte-mâchoire mobile; CC, mâchoires; C', plaque de côté; D, axe du porte-mâchoires; E, coin de réglage des mâchoires; F, vis de réglage du coin; G, écrou mobile de la vis de réglage; H, plaque de buttée de la vis; I, plaque de rappel du coin; J, plaque en acier fixée sur le coin; K, levier; L, came du levier; M, axe du levier; N, chapeau de l'arbre du levier; O, coquille en acier du levier; P, guide du ressort de rappel; Q, plaque de serrage du ressort; R, ressort de rappel; S, bielle; T, demi-coussinet de bielle (grosse partie); U, demi-coussinet de bielle (petite partie); V, arbre coudé; X, coussinet de l'arbre coudé; Y, chapeau de palier de l'arbre coudé; Z, volant; 1, boulon fixant la mâchoire fixe; 2, boulon fixant la mâchoire mobile, de manière à la rapprocher ou à l'écarter. Les pierres en blocs sont introduites à la partie supérieure de la machine, entre les deux mâchoires qui les triturent et ne les laissent échapper que lorsqu'elles sont réduites en morceaux de la grosseur voulue; en changeant l'écartement des mâchoires, on détermine cette grosseur. Les mâchoires sont garnies de plaques qu'on peut remplacer lorsqu'elles sont usées. Suivant leur dimension, ces machines exigent une force de deux à huit chevaux-vapeur pour un débit de 1 à 5 mètres cubes de pierres par heure. H. S.

BRUANT (*ornithologie*). — Genre d'Oiseaux de l'ordre des Passereaux, famille des Conirostres, tribu des Embérizidés.

Les *Bruants* proprement dits, dont on distingue aujourd'hui les *Proyers* (espèce type : *Miliaria Europœa*) qui y étaient auparavant réunis, sont des Passereaux de taille faible, dont les espèces sont assez nombreuses.

Le *Bruant commun* ou *Bruant jaune* (*Emberiza citrinella*) est nommé *Verdier* par les paysans, tandis qu'ils nomment *Bruant* le *Verdier* des ornithologistes. Long de 18 centimètres, avec 27 à 29 centimètres d'envergure, il a les pattes jaunâtres ou rougeâtres, l'iris brun, le bec bleuâtre. Le mâle a le dos mêlé de grisâtre, de brun foncé, de noir, de roussâtre; la tête, le devant du cou, la partie inférieure du corps d'un jaune vif; la poitrine et le ventre ponctués de rouge brun; le croupion marron clair; les côtés de la poitrine rose vif; la région parotique, la nuque et le vertex variés de brun. L'aile porte deux bandes transversales d'un jaune clair, les rémiges et les rectrices noirâtres bordées d'un liséré clair. La femelle a des nuances plus grisâtres et plus fondues. Mais ce qui caractérise spécialement les *Bruants*, en y comprenant même les *Proyers*, c'est le petit tubercule osseux de la mandibule supérieure qui fait saillie au palais et dont l'oiseau se sert pour concasser les graines.

Le Bruant commun habite toute l'Europe, une grande partie de l'Asie et l'Amérique septentrionale. Il vit en bandes nombreuses qui s'unissent souvent à celles des ortolans, des alouettes et des litornes (*Tordus pilaris*) ; mais de cette familiarité résultent quelquefois des luttes sérieuses. Au mois de mars il commence à construire son nid; il le place avec assez de négligence sur la terre, sous une motte, dans un buisson, une touffe d'herbes. D'autres fois c'est dans les basses branches des arbustes ou dans les haies qu'il l'établit. La grosse paille, la mousse, les feuilles sèches en forment le revêtement extérieur, tandis que l'intérieur est matelassé de petites racines, de paille plus menue, de crin et de laine. Les quatre ou cinq œufs que pond la femelle sont à coquille mince, d'un blanc sale ou d'un gris rougeâtre, parsemés de taches et de veines plus foncées. Le père et la mère couvent alternativement. Ils ont dans les bonnes années jusqu'à trois couvées. C'est surtout d'insectes que les parents nourrissent leurs petits. Quant aux parents eux-mêmes, ils mangent également une certaine quantité d'insectes, mais leur régime est spécialement granivore ; ils récoltent de préférence les baies et les graines qu'ils trouvent dans les buissons et à la lisière des bois ; ils sont très friands de millet et de chènevis Parfois, on les rencontre dans les vignes, mais presque jamais dans l'intérieur des forêts. En septembre une partie émigrent et vont hiverner dans les pays méridionaux. Ceux qui restent se réunissent aux pinsons et aux moineaux pour s'approcher des habitations et nous demander leur nourriture, qu'ils prennent jusque dans la fiente des chevaux. On peut les capturer assez facilement au piège et les garder en cage pour la beauté de leur plumage et aussi pour leur voix assez agréable quoique un peu aiguë.

Outre l'*Emberiza citrinella*, nous citerons, parmi les Bruants, une espèce voisine qui remplace la précédente en Espagne et dans le midi de la France. C'est l'*Emberiza circlus* ou *Bruant zizi*, dont la tête, le cou, le croupion sont d'un cendré olivâtre avec taches longitudinales noirâtres; la gorge est noire, les côtés de la tête jaunes. Il est long de 16 centimètres. Ses œufs sont grisâtres, avec des taches, des raies et des points cendrés et noirs. Le Bruant zizi a les mêmes mœurs que son congénère le Bruant jaune.

Ces deux espèces sont peu estimées pour la table ; et, comme d'autre part elles ne nous font pas de mal, elles doivent en conséquence être protégées contre les jeunes paysans qui les dénichent et qui font la guerre à tous les petits oiseaux. Mais il est une autre espèce de Bruant recherchée des gourmets et que, pour cette raison l'on chasse activement : c'est l'*Ortolan* (*Emberiza hortulanus*). Sa tête, son cou, le haut de sa poitrine sont d'un cendré plus ou moins nuancé d'olivâtre. Le mâle a un petit cercle jaune-paille autour de l'œil ; le dos est marqué de taches foncées, les ailes ont une double bande transversale cendrée d'un jaune brun, les rémiges sont cendrées également et d'un blanc roussâtre en dehors. Les deux pennes médianes sont bordées de la même teinte, les deux extrêmes marquées d'une tache blanche en forme de coin. La femelle a des couleurs plus ternes et la gorge tachetée. Le mâle lui ressemble en automne. L'iris est semblable à celui du Bruant jaune ; le bec et les pattes sont couleur de corne rougeâtre. On trouve l'Ortolan dans une grande partie de l'Europe même septentrionale, jusque dans le sud de la Suède et de la Norwège ; mais il est plus abondant dans le Midi.

L'Ortolan a les mêmes mœurs que les autres espèces d'*Emberiza;* mais son chant est plus doux. Son nid est analogue à celui du Bruant jaune. Ses œufs, d'un rouge pâle, d'un blanc ou d'un gris tirant au brun rouge, portent des points et des lignes noirs ou d'un gris bleuâtre.

Les Ortolans vivent bien en captivité. Mais si on les y maintient, ce n'est pas pour l'agrément des yeux. On les chasse de diverses façons, au gluau ou à la nappe, par exemple. Ce dernier procédé consiste à tendre, au moment de leur passage, des nappes au milieu desquelles on met des petits oiseaux et les Ortolans pris les premiers, attachés avec des ficelles à des piquets; puis l'on répand du millet à terre. Les bandes d'Ortolans qui passent toujours, dit-on, quand le vent souffle du nord et vont à l'encontre de ce vent, s'abattent pour manger le millet, et l'oiseleur les prend ainsi vivants. Il s'agit ensuite de les engraisser, car ils sont très maigres quand on les capture. Dans ce but on les enferme dans une chambre sur le plancher de laquelle on a répandu du millet et où toutes les ouvertures sont bouchées de façon que le jour n'y pénètre pas : cette chambre est seulement éclairée par une lanterne ; les Ortolans y dévorent sans cesse la nourriture qu'on leur sert et se surchargent rapidement de graisse. On les tue ensuite quand on juge qu'ils sont à point voulu. Au lieu de cette chambre on peut leur donner comme domicile une cage recouverte de tous côtés pour la rendre obscure, l'auget seul rempli de graine étant éclairé. On obtient par ce procédé le même résultat que dans la chambre, d'autant mieux que les oiseaux ne pouvant voler, dépensent moins d'activité et par suite éprouvent une déperdition de substance moins considérable. Si on éclaire ces cages ou ces chambres la nuit, les Ortolans mangent et engraissent aussi pendant ce temps. On pratique ces diverses opérations surtout en Italie, en Grèce et dans le midi de la France. Ensuite on les étrangle, on les plume, on les plonge dans l'eau bouillante et enfin on les entasse dans de petits barils avec des épices et du vinaigre, pour les livrer au commerce. P. A.

BRUCHE (*entomologie*). — Genre d'insectes Coléoptères, famille des Curculioniens, tribu des Orthocères ou Recticornes.

Le *Bruche* (*Bruchus*) est un petit insecte ne

dépassant guère 3 ou 4 millimètres. On en connaît un très grand nombre d'espèces : rien qu'en Europe, elles montent à une centaine. Toutes nous sont plus ou moins préjudiciables à l'état larvaire ; car elles vivent dans les graines de différentes plantes qui servent à notre alimentation, spécialement des Papilionacées. Ce sont ces larves que les grainetiers, les épiciers, les fruitiers, les cuisinières désignent sous le nom de pucerons. Nous citerons seulement les espèces les plus répandues.

Le *Bruche du pois* (*Bruchus pisi*) (fig. 754), est le plus connu de tout le monde, du moins par ses dommages, et le plus nuisible chez nous. Il est noir, recouvert d'un duvet blanchâtre. Les élytres portent des bandes et des taches presque blanches ou du moins plus claires que le fond. Le pygidium, c'est-à-dire l'extrémité de l'abdomen à découvert, présente la même coloration, tandis que l'extrémité des jambes, les torses de la paire médiane et les quatre premiers articles des antennes tirent sur le rouge. Les États-Unis sont probablement la patrie de ce bruche ; mais grâce au berceau de sa larve, il a été transporté dans le monde entier et est aujourd'hui cosmopolite ; toutefois, c'est dans l'Amérique du Nord et en Allemagne qu'il cause le plus de dommages. Comme son nom l'indique, c'est aux pois qu'il s'attaque. L'accouplement a lieu au moment de la floraison des pois. La femelle va ensuite déposer ses œufs à la surface des gousses encore jeunes, aussitôt après la défloraison ; ordinairement elle n'en met qu'un seul pour chaque fruit, de sorte que si la larve n'a pas suffisamment de nourriture dans une seule graine, elle peut facilement passer à une autre. De cet œuf cylindrique, jaune-citron, sort une petite larve qui pénètre dans la gousse et s'enferme dans un pois qui se développe en même temps qu'elle. Ces larves se nourrissent des cotylédons et creusent en un point une issue jusqu'à la pellicule, qu'elles respectent. Puis elles se changent en nymphes qui passent l'hiver dans cette demeure pour en sortir au printemps ou même seulement au mois de juillet, sans qu'il leur soit besoin d'un grand effort pour percer la paroi du spermoderme. Certaines espèces vont se chrysalider hors de la graine et s'enveloppent pour cela d'une couche de leurs excréments, comme font les larves des Criocères du lis. Les pois habités par cet hôte sont encore bons à la semence et lèvent comme les autres, car il est rare que les Bruches en dévorent l'embryon. Si donc l'on sème des pois percés d'un petit trou arrondi, c'est-à-dire dont le Bruche est déjà sorti, on n'a aucun danger à redouter. Mais si l'on a le malheur de semer, à une époque prématurée et sans précaution préalable, des pois en apparence très sains, lorsque les plantes lèvent, les insectes qui en sont sortis y demeurent attachés et s'y reproduisent en abondance. Ainsi, une plantation jusque-là indemne est bientôt infestée.

Fig. 754 — Bruche du pois grossi, de grandeur naturelle, et pois attaqué.

Pour obvier à cet inconvénient, il importe de savoir séparer du reste de la semence ces pois attaqués. Observez-les attentivement ; vous y remarquerez une petite tache arrondie de couleur terne qui marque la cloison à travers laquelle sortira l'animal. Il suffit de les jeter dans l'eau pour voir habituellement surnager au bout de quelque temps ceux qui sont atteints, car leur densité est d'ordinaire inférieure à celle du liquide. Quand les pois doivent servir à faire de la purée, on conseille de les faire chauffer au four jusqu'à 50 ou 60 degrés pour tuer tous les insectes. Mais on les mange alors avec les pois. Les larves écrasées dans la purée ne peuvent même être soupçonnées, tandis que les corps des adultes apparaissent en petits points noirs et craquent sous la dent. Leur absorption ne peut avoir aucun inconvénient.

D'ailleurs, certaines années, les Bruches sont en telle quantité que presque tous les pois ont leur habitant ; dans quelques pays où le fait se produit, on doit avoir recours à l'alternance des cultures, consistant à interrompre la culture de la plante pendant deux ou trois ans.

Ce que nous avons dit au sujet des mœurs et des moyens de destruction du Bruche du pois s'applique également aux espèces que nous allons mentionner.

C'est d'abord le *Bruche de la lentille* (*Bruchus pallidicornis*). Il se reconnaît à son corps noir tacheté de blanc, surtout aux élytres, où cette teinte marque deux lignes transversales, souvent peu nettes il est vrai. Le pygidium à duvet blanchâtre porte deux grandes taches noires. On le trouve dans les lentilles, où la femelle dépose un œuf par chaque graine.

L'espèce voisine, *B. Lentis*, qui a le même habitat, présente un détail de mœurs intéressant : lorsqu'une larve ne trouve plus de nourriture dans une lentille, si la même gousse ne lui en fournit pas une autre à sa convenance, elle se laisse tomber à terre à l'arrivée de la nuit, et, n'ayant pas de pattes, rampe en s'aidant de ses mandibules pour atteindre une nouvelle gousse qui lui donnera des aliments. De ces deux espèces, la seconde vit dans toute la France, en Allemagne, en Italie, en Égypte, tandis que la première demeure dans le midi de notre pays, en Espagne, en Dalmatie.

Le *B. rufimanus* se nourrit de fèves et de haricots. Il est plus grand que les précédents, 4 millimètres environ ; son corselet est plus long, ses élytres plus courtes et leurs dessins un peu différents. En pénétrant dans son domicile, la larve est assez habile pour ne laisser voir aucune lésion extérieure. Cet insecte est très préjudiciable aux féveroles dont on nourrit les chevaux : ainsi, la Compagnie générale des omnibus de Paris a présenté des échantillons de ces graines dont la moitié étaient atteintes ; chaque fève était attaquée en moyenne par deux bruches. En somme, la différence de poids entre des quantités égales de fèves, les unes saines, les autres endommagées, était d'environ un cinquième ; ainsi sur un quintal de 18 fr. 50 la perte sèche montait à 3 fr. 40.

Le *B. tristis* est l'ennemi du pois chiche cultivé dans le midi de la France et en Espagne, spécialement estimé pour les purées.

Le *B. grandius*, plus petit que les espèces précédentes, se rencontre dans la *Vicia sepium*, l'*Orobus tuberosus* et aussi dans la fève. La larve est aveugle, apode et privée d'antennes. On la trouve dans le centre et le nord de l'Allemagne.

M. Maurice Girard a signalé dans des haricots admis à l'Exposition universelle de 1878 et provenant d'Espagne, du Vénézuéla et de la République Argentine, une espèce de Bruche très répandue dans l'Amérique du Nord, le *B. obtectus*, qui s'est malheureusement déjà acclimaté dans nos départements méridionaux, surtout en Corse et dans les Pyrénées-Orientales.

D'autres espèces de Bruches vivent sur les végétaux des genres Acacia, Mimosa, etc., et même sur différents Palmiers. P. A.

BRUGNON (*pomologie*). — Espèce de pêche à peau lisse. — Voy. PÊCHE.

BRÛLAGE. — Voy. ECOBUAGE.

BRÛLURE DES VÉGÉTAUX. — Se dit des altérations produites sur les végétaux, soit par l'action du soleil, soit par l'effet de la gelée ou du vent.

BRUNFELSIA (*horticulture*). — Genre de plantes de la famille des Scrofulariacées, originaires des parties tempérées de l'Amérique méridionale. Ce sont des arbustes ou arbrisseaux, à feuilles alternes entières, à fleurs réunies en cymes à l'extrémité des rameaux. Quelques espèces, notamment le *Brunfelsia Hopeana*, sont cultivées en Europe comme plantes d'ornement. Il faut à ces plantes des arrosements fréquents, mais modérés, et une lumière douce. On les cultive dans des pots en terre de bruyère; on peut les sortir pendant l'été, en les tenant à mi-ombre. Il est bon de rempoter tous les ans au printemps, et de tailler fortement, pour que la plante buissonne. L'action directe du soleil jaunit les feuilles et les fait tomber.

BRUN FOURCA (*ampélographie*). — Cépage provençal et languedocien. — Synonymie : *Farnous, Moulan, Mourrastel flourat, Morrastel flourat, Floura, Brun d'Auriol.*

Le *Brun fourca* présente les caractères suivants : *Souche* assez vigoureuse. *Sarments* semi-érigés, forts, d'un rouge grisâtre, assez longs, à mérithalles assez allongés, ne s'aoûtant pas toujours très bien à leurs extrémités. *Feuilles* moyennes, presque entières, à cinq lobes peu accusés, à dents larges, obtuses, en deux séries; ordinairement tourmentées, à sinus pétiolaire fermé par le recouvrement des lobes latéraux; glabres et d'un beau vert à la face supérieure, avec quelques poils courts sur les nervures à la face inférieure; se teignant à l'arrière-saison, en rouge, sur les bords ou sur toute la surface. *Grappe* grosse, peu régulière, cylindro-conique parfois ailée, à pédoncule ligneux. *Grains* gros, oblongs, noirs, très pruinés (d'où le nom de *Farnous, enfariné*), s'égrenant facilement à la maturité; quelques-uns atteignent leur volume normal sans noircir.

Maturité à la deuxième époque de M. Pulliat, un peu tardive.

Le *Brun fourca* débourre tard et échappe par suite ordinairement aux gelées du printemps; il est peu sujet à la coulure. Son produit est élevé dans les milieux qui lui conviennent. Il redoute les sols humides et donne très peu dans ceux qui sont trop arides et trop pauvres. Les terrains qu'il préfère sont ceux qui sont à la fois fertiles, profonds, un peu graveleux et bien drainés. Il est très sensible à l'action des engrais dont l'emploi régulier est nécessaire pour en maintenir la fertilité. Son vin est bon et de belle couleur.

Ce cépage offre les inconvénients suivants : il est difficile sur le choix du terrain; il produit peu et s'use vite dans les sols qui ne lui conviennent pas. Son fruit s'égrène et pourrit facilement à la maturité. Ces divers inconvénients ont amené aujourd'hui à beaucoup en restreindre la culture.

On connaît en Provence deux variétés de *Brun fourca* qui ne sont que des dégénérescences du type que nous venons de décrire. L'une dite *bouquetier* coule, l'autre donne une forte proportion de grains verts dans les grappes. G. F.

BRUSC. — Nom vulgaire de l'ajonc (voy. ce mot).

BRUYÈRE (*sylviculture*). — Sous-arbrisseau de la famille des Ericinées. Les espèces du genre Bruyère qu'on rencontre en France sont au nombre de onze, parmi lesquelles une seule mérite de figurer au nombre des arbrisseaux forestiers. C'est la Bruyère arborescente (*Erica arborea*) qui, bien différente des autres espèces du même genre dont la hauteur ne dépasse pas 1 mètre, s'élève jusqu'à 3 et 4 mètres. Cette Bruyère a des fleurs petites, légèrement odorantes, formant à l'extrémité des branches une grande panicule pyramidale, très rameuse dès la base; elle doit à cette conformation d'être recherchée pour l'élevage des vers à soie. C'est, de tous les branchages, celui que préfèrent les magnaniers pour faire monter les vers. La Bruyère arborescente est commune dans l'Hérault, le Var, les Alpes-Maritimes, la Corse et l'Algérie, mais elle ne s'éloigne pas de la région méditerranéenne.

Cette Bruyère acquiert en Corse et surtout en Algérie des dimensions suffisantes pour donner lieu à une exploitation industrielle. On en fait d'excellent charbon et les souches dont le bois est dense, d'un grain fin et d'une belle couleur rouge brun, marbré de brun noir, sert à faire des pipes.

Le genre Callune qui appartient à la même famille que les Bruyères, ne renferme qu'une espèce, la *Callune bruyère* (*Calluna vulgaris*), plus connue sous le nom de Bruyère commune. C'est cette espèce qui couvre les terrains incultes d'une partie de la France. La Callune bruyère ne s'élève pas à plus de 50 à 60 centimètres. Sa tige est rameuse, tortueuse; ses fleurs d'un rouge violacé, forment des grappes lâches à l'extrémité des rameaux.

La présence de la Callune, comme celle de toutes les Bruyères, accuse l'infertilité ou l'épuisement du sol. C'est en effet sur les terrains naturellement pauvres, comme les sables siliceux, argilo-siliceux et schisteux ou sur ceux qui ont été épuisés par la culture ou l'enlèvement des feuilles, que se jette la Bruyère.

Quand les terrains envahis par cet arbrisseau sont, par leur situation, leur profondeur et leur composition, susceptibles d'être mis en culture, on peut y ramener la fertilité au moyen de l'écobuage, du chaulage et des engrais minéraux. Mais quand il s'agit de mettre en valeur des terrains éloignés des habitations, trop maigres, trop peu profonds, ou trop en pente pour être cultivés, le seul moyen économique de faire disparaître la Bruyère et de lui substituer des végétaux productifs est le reboisement.

Les Pins Sylvestres, Laricios et Maritimes, sont, suivant les régions, les essences qui conviennent le mieux aux terrains envahis par la Bruyère.

Le moyen le plus simple de reboiser ces terrains consiste à jeter la graine à la volée sur la Bruyère. Mais il faut pour cela qu'elle ne soit pas trop haute et la mousse trop épaisse, sans quoi les graines n'arrivent pas jusqu'au sol. On arrive à un résultat au moins aussi favorable que par le semis en plein sur Bruyère, en grattant à l'aide d'une petite houe à main, et de place en place, la mousse et le gazon qui viennent sous la Bruyère, et en mettant quelques graines de Pin dans la terre ainsi découverte et ameublie. Enfin on peut encore faire arracher les Bruyères et semer dans le sol ameubli par cette opération, mais il est à craindre que les jeunes plants exposés sans abri aux ardeurs de l'été, ne soient brûlés au moment de leur naissance.

Dans certaines contrées où le bois de chauffage est cher, on trouve des ouvriers qui se contentent de la Bruyère extraite pour payement de leur travail; là, on peut tenter l'extraction, mais s'il faut payer la main-d'œuvre qui s'élève à 60 et 80 francs, les frais deviennent trop grands.

Le semis par place sur Bruyères peut se faire pour 25 ou 30 francs; il revient au maximum à 50 francs en comptant les réfections. On ne peut pas faire un semis sur Bruyères arrachées à moins de 100 francs l'hectare. B. DE LA G.

BRUYÈRE (TERRE DE) (*horticulture*). — On désigne en horticulture, sous ce nom, le sol dans lequel croissent à l'état spontané, les Bruyères de nos climats. Les Bruyères poussent dans les sols siliceux, qu'elles modifient peu à peu, par leurs débris, tels que feuilles, fleurs et petits rameaux, qui constituent à la longue un véritable terreau

Celui-ci venant à se mélanger à l'élément siliceux, forme ce que l'on désigne en pratique sous le nom de terre de Bruyère *sableuse*. A la longue, les Bruyères laissent des débris abondants qui, mélangés aux herbes et aux mousses, donnent lieu à une sorte de tourbe plus ou moins concrétée. Dans ce cas, la terre de Bruyère est dite *tourbeuse;* elle ne diffère de la précédente qu'en ce que l'humus est en plus forte proportion que le sable. Les principales Bruyères qui croissent à l'état social et forment la terre qui porte leur nom, sont la *Calluna vulgaris* et les *Erica cinerea, scoparia, tetralix, vagans*, etc.

La terre de Bruyère s'emploie fréquemment dans les serres et les jardins, où elle sert à la culture d'un très grand nombre de plantes. Pour beaucoup de cultures, on la brise à l'aide d'un maillet de bois, puis on la passe à la claie, afin d'en séparer les racines et les tiges de Bruyère qui s'y trouvent habituellement mélangées. Quand, au contraire, il s'agit de cultiver des plantes dont les racines, pour se bien développer, ont besoin d'être très aérées, comme c'est le cas d'un grand nombre d'Orchidées, de Broméliacées et d'Aroïdées, on laisse la terre en morceaux de dimension variable. J. D.

BRYONE (*botanique*). — Plante de la famille des Cucurbitacées, habituellement dioïque, portant un calice campanulé et une corolle rotacée à cinq divisions. Les fleurs mâles portent cinq étamines. Les fleurs femelles ont un ovaire infère à trois placentas, auquel succède un fruit habituellement rouge, qui est une baie. Les tiges sarmenteuses grimpent au moyen de vrilles qui, le plus souvent sont des terminaisons d'axes avortés; elles portent des feuilles à nervations palmées à cinq lobes.

La Bryone dioïque, qui est communément répandue le long des haies, a des racines charnues, appelées vulgairement *navet du diable*, qui renferment un principe vénéneux désigné sous le nom de bryonine. J. D.

BUCHERON (*sylviculture*). — Ouvrier employé à l'exploitation des forêts. Le travail du bûcheron consiste à abattre les arbres, à débiter en bois de feu les troncs et les branchages qui ne doivent pas être utilisés comme bois d'œuvre, à corder ces bois, c'est-à-dire à les empiler, à façonner les fagots et les bourrées. Le sciage, la fente et la carbonisation, qui sont les travaux forestiers consécutifs de ceux du bûcheron, sont souvent exécutés par des ouvriers spéciaux; mais souvent aussi le bûcheron, quand il a terminé sa tâche, devient aussi scieur de long ou fendeur.

« Le bûcheron, dit M. Clavé, est souvent pauvre, mais il n'est jamais misérable; habitant à proximité de la forêt où l'appellent ses travaux, il possède le plus souvent une petite maison, un lambeau de terre qu'il cultive avec sa famille, une ou deux vaches qu'il envoie paître au dehors sous la garde d'un enfant. Pendant l'été, c'est-à-dire quand le travail chôme en forêt, il se fait moissonneur ou terrassier et trouve toujours à s'occuper à cette époque de l'année où les bras font si souvent défaut dans les campagnes. »

Cette description des mœurs du bûcheron est fort exacte, mais elle ne s'applique qu'au bûcheron sédentaire. Or il y a une catégorie de bûcherons dont la vie est toute différente, c'est celle des nomades qui n'ont d'autre domicile que les huttes qu'ils construisent dans les coupes. Ceux-là vivent dans les forêts, souvent avec leurs femmes et leurs enfants, et ils n'en sortent guère que le dimanche, pour aller au village le plus proche. Leurs huttes, construites avec des perches revêtues de plaques de gazon, ont pour tout mobilier un fourneau de fonte; la batterie de cuisine consiste en une marmite, quelques écuelles et une cruche en grès. Un tas de feuilles sèches sert de lit et de siège.

Bûcheron pendant les mois d'hiver, le nomade devient fendeur ou charbonnier pendant la belle saison. Quand il a terminé l'exploitation d'une coupe, il transporte son poêle et sa batterie de cuisine dans une autre.

Ces bûcherons nomades sont le plus souvent originaires de l'Ardenne belge, du Luxembourg ou de la Bavière rhénane. Ce sont de bons ouvriers; ils se laissent bien aller le dimanche à boire un peu plus que de raison, mais leur sobriété pendant le reste de la semaine détruit les effets de cette intempérance hebdomadaire. Ils sont robustes et atteignent souvent un âge avancé.

Qu'il soit sédentaire ou nomade, le bûcheron a un défaut dont il est bien difficile de le corriger: il est toujours un peu braconnier. Vivant constamment dans la forêt, il connaît les habitudes du gibier, il sait les coulées du lapin, les passées du chevreuil et il entend la nuit les sangliers se vautrer en grognant dans leurs *souils*; il lui est difficile de résister à la tentation d'améliorer son frugal ordinaire avec un morceau de venaison.

Le bûcheron aime la forêt et ne se résigne qu'à regret à abandonner son rude métier, mais ses enfants ne partagent pas ses sentiments à cet égard. Les filles, qui aspirent à une vie moins sauvage, entrent en condition, et les garçons, que le service militaire entraîne au loin, cherchent une carrière plus lucrative que celle de leur père; aussi les bûcherons deviennent-ils de plus en plus rares.

Dans certaines contrées, on ne voit plus dans les coupes que des ouvriers âgés, presque des vieillards. Les jeunes gens font défaut. Il y a là, pour l'avenir de la propriété boisée, une perspective peu rassurante. B. DE LA G.

BUCKINGHAM (*zootechnie*). — On donne, en Angleterre, le nom de Buckingham à une variété ovine peu connue en dehors des limites du Buckinghamshire, qu'elle habite. Cette variété appartient à la race britannique (voy. ce mot). Sa population n'est guère nombreuse et elle n'a qu'une importance purement locale.

En réalité, le mouton Buckingham n'est qu'une amplification pure et simple du Cottswold (voy. ce mot). Il ne diffère de ce dernier que par la taille et le volume, conséquemment par le poids vif. Les formes sont les mêmes. Tandis que les sujets du Glocestershire pèsent en moyenne 80 kilogrammes, ceux du Buckinghamshire atteignent facilement 100 kilogrammes et au delà. Cela est dû à la fertilité plus grande du dernier comté. Les individus qui, nés dans l'autre, sur les collines, y sont amenés jeunes, se développent de la sorte et changent ainsi de nom. C'est le même phénomène que celui qui se passe entre Leicesters et Lincolns, de la race germanique (voy. ces mots). A. S.

BUDDLEYE (*arboriculture*). — Arbuste de la famille des Scrophulariacées, originaire d'Amérique et d'Asie, cultivé dans les jardins d'Europe pour son port gracieux et pour sa floraison qui a lieu en été. On recherche le Buddleye globuleux (*Buddleia globulosa*), originaire de l'Amérique méridionale, le Buddleye à fleur courbée (*B. curviflora*), du Japon, et le Buddleye de Lindley, originaire de Chine. Ces arbustes servent principalement pour former des massifs et des corbeilles.

BUFFLE. — Voy. BOVIDÉS.

BUFFON (*biographie*). — Georges-Louis Leclerc, comte de Buffon, né à Montbard (Côte-d'Or) en 1707, mort à Paris en 1788, est l'un des naturalistes français les plus illustres. Il débuta par une traduction de la *Statique des végétaux* de Hales; en 1733, il entra à l'Académie des sciences, et il fut appelé en 1739 à la direction du Jardin du roi à Paris, aujourd'hui Muséum d'histoire naturelle. Il contribua puissamment à enrichir les collections de ce célèbre établissement, et il y entreprit la publication d'un vaste tableau de la nature. Il choisit un de ses compatriotes, Daubenton, pour le seconder dans cette œuvre immense, écrite dans un style admirable et où abondent les conceptions du génie le plus élevé, qui ont souvent été confirmées par les recherches de la science moderne. Les œuvres de Buffon ont été plusieurs fois réimprimées en totalité ou par extraits. L'édition la plus complète a été publiée en 1853 avec des annotations de Flourens. Parmi les travaux de Buffon qui se rattachent directement à l'agriculture, il faut citer ses recherches sur les bois et sur la culture des forêts, ses tableaux magnifiques sur les animaux domestiques et leurs variations. Le grand peintre de la nature fut élu membre de l'Académie française en 1753, et il fut appelé à faire partie de la Société nationale d'agriculture dès sa création, en 1761. H. S.

BUGLE (*botanique*). — Plante de la famille des Labiées, portant des fleurs bleues disposées en glomérules. Les Bugles poussent habituellement dans les prairies ombragées, le long des bois. Ce sont des plantes inutiles, que l'on considérait à tort autrefois comme constituant un médicament précieux. J. D.

BUGLOSSE (*botanique*). — Les Buglosses (*Anchusa*) appartiennent à la famille des Borraginées. Les pièces de la corolle se réunissent en un tube qui porte cinq appendices velus à l'intérieur. Les étamines sont au nombre de cinq. L'ovaire, dont le style est gynobasique, donne naissance à quatre fruits secs ne contenant qu'une graine (*akène*). Les inflorescences sont en cymes unipares. Les feuilles sont ovales, rudes au toucher. Les *Anchusa officinalis* et *italica* sont employées comme émollients et diurétiques. Dans les prairies, elles sont sans valeur comme fourrage. J. D.

BUGRANE (*botanique*). — Voy. ARRÊTE-BŒUF.

BUIS (*sylviculture*). — Arbuste de la famille des Buxacées. Le Buis a des feuilles opposées, coriaces, persistantes, ovales, entières, d'un vert lustré en dessus, plus clair et mat en dessous. Ses fleurs sont petites et d'un blanc verdâtre. Ses feuilles et ses fleurs répandent une odeur vireuse. Il croît lentement et atteint rarement une hauteur de plus d'un mètre, aussi n'est-il pas classé parmi les essences forestières; mais, comme il croît en grande abondance dans les terrains boisés des montagnes d'une partie de la France, il mérite d'être mentionné parmi les végétaux forestiers secondaires.

Les versants calcaires du Jura méridional, des montagnes de l'Ain, du Dauphiné, du Languedoc sont couverts de Buis, qui joue là le même rôle que la Bruyère dans les terrains granitiques ou siliceux. Il garnit les clairières, désagrège les roches, et forme par les détritus de ses feuilles une couche d'humus qui offre un milieu favorable au développement d'une végétation plus puissante.

Le bois du Buis est très dur, très homogène, d'un grain très fin; il est très recherché par les tourneurs et les tabletiers. La ville de Saint-Claude (Jura) est le centre d'une industrie importante qui a pour objet la fabrication d'une quantité innombrable de menus objets: tabatières, manches d'outils, etc., dont le Buis est la matière première. La gravure sur bois emploie le bois de Buis de préférence à tout autre; mais la France ne produit pas de pièces d'assez grandes dimensions pour les besoins de cet art. C'est l'Asie Mineure qui supplée à l'insuffisance de notre production nationale.

Les feuilles du Buis sont utilisées comme engrais dans les pays où cet arbuste est commun. On les répand sur le sol des écuries, des cours, des chemins de village, et, quand elles ont été piétinées et imprégnées des déjections des animaux, elles

Fig. 755. — Rameau de Buis.

forment un fumier très énergique. A l'état sec et avant d'avoir servi de litière, elles contiennent, d'après M. Mathieu, 2,89 pour 100 d'azote. La valeur de cet engrais a pour conséquence de faire arracher les Buis sur les terrains arides et escarpés où ils croissent, et par suite d'en accroître l'aridité. — Le Buis sert, dans les jardins, soit pour faire des bordures, soit dans la plantation de massifs. B. DE LA G.

BUISSON (*sylviculture*). — Touffe d'arbustes et d'arbrisseaux formant un massif plus ou moins compact. L'Aubépine, l'Épine noire, les Ronces, les Églantiers, les Cornouillers, les Troënes, les Clématites, les Epines-vinettes, etc., constituent ordinairement les baies et aussi les buissons.

Les veneurs, dont les forestiers ont souvent emprunté les locutions, qualifient de buissons les bouquets de bois isolés, de peu d'étendue. C'est dans ce sens que le mot buisson est souvent employé dans les anciennes ordonnances des eaux et forêts. B. DE LA G.

BUISSON-ARDENT (*arboriculture*). — Arbuste de la famille des Pomacées, originaire de l'Europe méridionale. Le Buisson-ardent (*Pyrocantha coccinea*) est cultivé pour son feuillage persistant et pour l'effet que produisent, pendant l'hiver, ses fruits de couleur corail. On le taille en pyramide ou bien on le palisse contre un mur au nord.

BUJAULT (*biographie*). — Jacques Bujault, né en 1771, mort en 1812, fut d'abord avocat, puis se consacra à l'agriculture sur son domaine de Chaloue, près Melle (Deux-Sèvres). Epris de prosélytisme, il voulut contribuer à répandre autour de lui le progrès agricole. Dans ce but, il entreprit de nombreuses publications, notamment des almanachs, où il donna dans un style très simple, des préceptes de conduite empreints de bon sens et de sagesse. On lui doit aussi un *Guide des comices agricoles*. Avant de mourir, il fonda un prix annuel de 600 francs pour l'ouvrage qui continuerait le mieux l'instruction qu'il avait répandue par ses almanachs. H. S.

BUJOLINE. — Nom vulgaire donné quelquefois à la Lupuline ou Minette, plante fourragère de la famille des Légumineuses (voy. MINETTE).

BULBE (*botanique*). — On donne le nom de *bulbes* à certaines tiges souterraines qui présentent une forme et une organisation particulières.

Considérons, pour bien fixer les idées, ce qu'on appelle dans le langage ordinaire un oignon de Lis (fig. 756). C'est un corps piriforme, de consistance molle et charnue, dans lequel il est facile de distinguer plusieurs parties différentes, surtout si on l'a préalablement coupé verticalement par son milieu. On voit alors qu'il consiste en un grand nombre d'écailles blanchâtres, triangulaires et charnues, qui sont toutes attachées par leur base à un corps central également charnu, lequel affecte la forme d'un cône surbaissé dont le sommet est dirigé en haut. Ces écailles sont très rapprochées dans le sens vertical, aussi bien que dans la direction horizontale et les distances qui les séparent étant beaucoup plus petites que leurs propres dimensions, il en résulte qu'elles s'imbriquent étroitement de manière à se recouvrir plus ou moins les unes les autres, et à cacher à peu près complètement leur support commun quand l'oignon demeure entier. Indépendamment de ces écailles, le cône central produit de petits corps blanchâtres, situés précisément dans l'angle supérieur qu'elles forment avec lui, c'est-à-dire dans leur aisselle, et dans lesquels une observation attentive découvre bientôt l'organisation des bourgeons. On peut enfin constater de plus que le cône se termine à sa partie supérieure par des rudiments de fleurs plus ou moins nombreux, et que sa base, dépourvue d'écailles, porte un certain nombre d'organes filiformes, diversement ramifiés, qu'il est facile de reconnaître pour des racines.

Si l'on applique à cette étude sommaire de l'oignon de Lis les données générales de l'organographie végétale, on demeure convaincu que les écailles représentent des feuilles ou des bases de feuilles, modifiées il est vrai dans leur consistance et leur couleur par l'action du milieu humide et obscur où elles étaient plongées, mais affirmées comme telles par la présence des bourgeons axillaires. D'un autre côté, un organe qui porte à la fois des feuilles, des bourgeons, des fleurs et des racines, ne peut être considéré que comme une tige. La tige dont il s'agit est en réalité fort remarquable par sa brièveté extrême, par sa station hypogée, par sa consistance particulière; mais tous ces caractères, en somme très secondaires, ne sauraient prévaloir sur ceux bien plus importants tirés du rôle et des rapports des parties.

L'oignon du Lis est donc, non pas une racine, comme on le croit assez généralement, mais bien une tige, ou plus exactement, c'est une plante tout entière dont certains organes sont encore fort jeunes et n'acquerront que plus tard leur développement complet. C'est là ce qu'on appelle un bulbe (ou une bulbe). On est convenu de donner à l'axe des bulbes le nom de plateau.

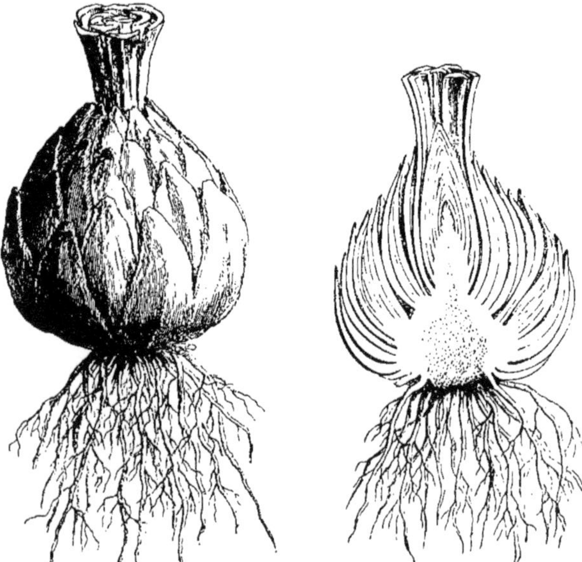

Fig. 756. - Bulbe écailleux du Lis blanc, entier et coupé en long.

Si l'on compare au bulbe du Lis celui de l'Oignon commun ou de la Jacinthe (fig. 757), on y retrouve la même organisation, sauf que les bases de feuilles se fixant sur le plateau suivant des insertions circulaires, elles s'emboîtent les unes aux autres, de manière que la plus inférieure est seule visible à l'extérieur. Cette différence provient de ce que les feuilles sont ici engainantes, et ce sont leurs gaines qui constituent ces enveloppes emboîtées qui ont reçu des organographes le nom de *tuniques*, d'où la dénomination de *bulbes tuniqués* qu'on applique à tous ceux où les choses se passent de la même manière, par opposition à celle de *bulbe écailleux*, qui sert à désigner ceux où l'insertion foliaire est comparable à ce que nous a montré le Lis blanc.

Dans les bulbes écailleux ou tuniqués dont nous venons de parler, les feuilles sont ordinairement très épaissies, très succulentes (sauf les plus extérieures dans les bulbes tuniqués), et en tout cas elles constituent par leur ensemble une masse dont le volume l'emporte de beaucoup sur celui du plateau dont les dimensions sont plus ou moins réduites, bien que la consistance soit à peu près la même. Dans quelques plantes, telles que les Safrans, les Colchiques, etc., il en est autrement. Les tuniques, ici peu nombreuses, sont toutes plus ou moins amincies et scarieuses, tandis que le plateau prend au contraire un grand développement et représente à lui seul le volume presque total du bulbe. On distingue de tels bulbes par l'épithète de *solides* (fig. 758).

La manière dont végètent les bulbes est assez différente suivant les plantes que l'on considère, et nous ne croyons pas superflu de nous arrêter quelques instants sur ce sujet à cause de l'intérêt qu'il présente pour la botanique pure comme pour la technique des végétaux bulbeux.

Puisque les bulbes sont en somme des tiges d'une conformation particulière, on doit s'attendre à ce que, comme toutes les autres tiges connues, celles-ci puissent être déterminées ou indéterminées. C'est ce dont il est possible de s'assurer par l'observation directe. Si, en effet, on étudie avec précision le bulbe de l'Oignon ordinaire, par exemple, on constate, en suivant les diverses phases de son évolution, que le sommet végétatif de son plateau se transforme à un moment donné, en une inflorescence. Une fois le développement de cette inflorescence terminé, l'axe aura perdu la faculté de s'allonger, et par suite ne pourra plus former au-dessous de son sommet de nouvelles feuilles; sa croissance étant arrêtée, il ne tardera pas à périr. Son existence aura donc été relativement courte, précisément égale au temps nécessaire pour la floraison et la fructification qui ne se renouvelleront plus. La plante sera forcément monocarpienne.

S'agit-il au contraire d'une Jacinthe, d'une Amaryllis : les faits vont être tout autres. On ne voit point ici l'axe principal se déterminer par une inflorescence, et il demeure à l'état de bourgeon foliacé. Il conserve donc la faculté de s'accroître indéfiniment en longueur et prendrait nécessairement dans ce sens des proportions considérables, si, comme dans la plupart des autres tiges souterraines, sa partie inférieure ne se détruisait au fur et à mesure que son sommet s'accroît. Remarquons, en passant, que la cicatrice ainsi produite devra, à chaque période végétative, se munir de nouvelles racines, et que celles-ci ne sauraient par conséquent être que des racines adventives, ce qui est d'ailleurs le cas de tous les bulbes. Il résulte encore de ce mode particulier de végétation que les fleurs, dans de semblables plantes, se produisent forcément sur des rameaux latéraux provenant de l'évolution de certains des bourgeons axillaires dont nous avons reconnu l'existence. A chaque renouvellement il y aura production de nouvelles fleurs; la plante sera polycarpienne. On voit que les bulbes *déterminés* et les bulbes *indéterminés* offrent au praticien cette grande différence que les premiers ont une existence relativement courte, tandis que dans les seconds elle se continue pour ainsi dire indéfiniment.

Ce serait cependant une grave erreur de penser que tous les bulbes puissent très nettement prendre place dans l'une ou l'autre des catégories que nous venons de signaler. On retrouve là, comme dans l'histoire de tous les êtres vivants, des transitions plus ou moins insensiblement ménagées d'un type d'organisation à l'autre, et l'on se convainc

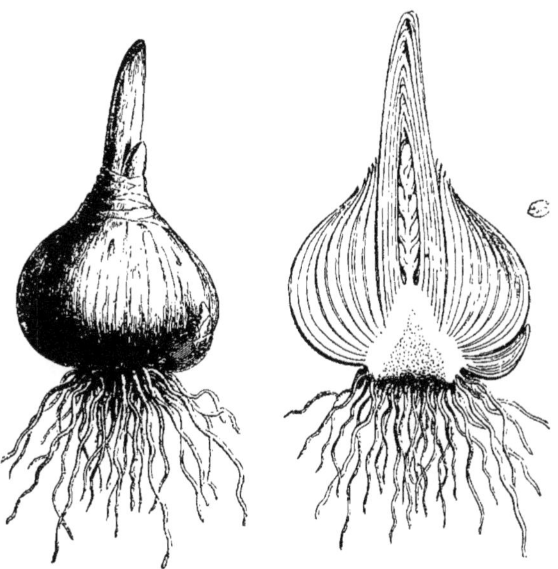

Fig. 757. — Bulbe tuniqué de la Jacinthe, entier et coupé en long.

une fois de plus que les divisions établies par nous, et si commodes pour l'étude, surtout dans ses débuts, ne se produisent point en réalité dans la nature. Il existe donc (et les exemples en sont nombreux) des bulbes qui sont en quelque sorte intermédiaires par leur mode d'existence entre les bulbes déterminés et les indéterminés. C'est ainsi, par exemple, que l'on voit le bulbe du Lis géant (*Lilium giganteum* Wall.) porter à son sommet pendant six ou sept ans, un bourgeon foliaire; puis au bout de ce temps ce bourgeon indéterminé se change brusquement en un bourgeon floral et l'accroissement de la plante est du coup interrompu pour toujours. Remarquons d'ailleurs que jusqu'à ce moment la plante n'avait point fleuri, elle est donc monocarpienne tout comme l'Oignon commun dont l'évolution totale ne demande que quelques mois.

Les exemples de faits semblables pourraient être multipliés presque à l'infini, mais leur développement dépasserait sûrement les limites que nous devons nous imposer.

De tout ce qui précède il résulte, croyons-nous, que le bulbe envisagé d'une façon générale, offre la plus grande analogie avec les divers types de rhizomes dont il ne diffère à proprement parler que par les détails de son organisation et de son évolution et non pas par des caractères essentiels. S'il en est véritablement ainsi, il est permis de supposer à priori que l'assimilation doit se continuer dans les caractères fournis par la structure anatomique. C'est ce qui a lieu en effet et tout ce que nous savons à ce sujet tend à rapprocher les bulbes des autres axes souterrains, et par là les relie intimement au type général de la tige.

Qu'ils soient tuniqués, solides ou écailleux, qu'ils appartiennent à la forme déterminée ou à la forme indéterminée, les bulbes n'en sont pas moins tous comparables entre eux au point de vue physiologique. Chez tous, on constate, quoique à des degrés divers, l'accumulation de matériaux nutritifs qui, emmagasinés pendant une durée variable de la végétation, seront utilisés à un autre moment pour la production rapide de certains organes, notamment des axes et feuilles aériennes, ainsi que des fleurs. Le bulbe est donc, à un moment de son existence au moins, un organe d'épargne, et c'est surtout à ce point de vue qu'il intéresse la technologie végétale.

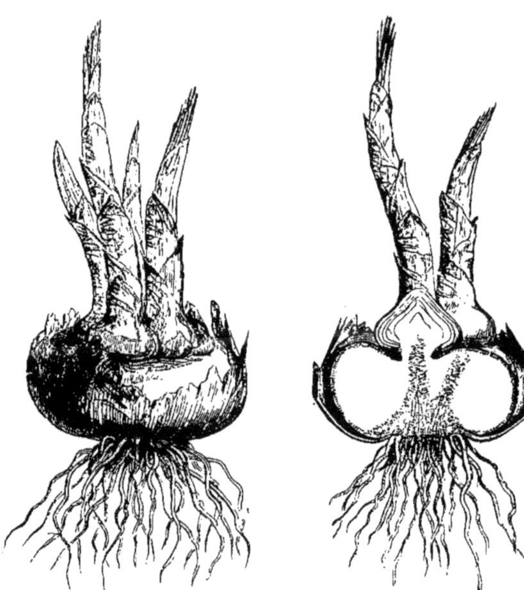

Fig. 758. — Bulbe solide du Safran, entier et coupé en long.

Les parties chargées d'amasser ces provisions varient avec les plantes. Tantôt ce sont particulièrement les feuilles (écailles ou tuniques) qui accomplissent cette fonction; nous les voyons alors s'épaissir considérablement et nous montrer une turgescence qui ne cessera que quand la réserve alimentaire aura été épuisée. Tantôt au contraire, c'est le plateau lui-même qui est chargé de ce soin, il devient relativement volumineux tandis que les feuilles demeurent minces et coriaces.

La nature des substances accumulées dans les bulbes n'est pas moins variable que leur lieu d'élection et ce caractère comporte tout naturellement les applications les plus diverses. Les matières sucrées, amylacées, les corps gras, etc., abondent plus ou moins dans les organes en question, souvent associées à des principes aromatiques plus ou moins abondants, et, quand le mélange de ces divers produits est convenable, les bulbes deviennent pour l'homme et les animaux des aliments importants ou des condiments recherchés. Est-il besoin de rappeler l'usage si fréquent qui se fait dans le monde entier de diverses espèces du genre Ail, telles que, pour citer seulement celles usitées chez nous, l'Ail, l'Oignon, l'Échalote, la Rocambole, la Ciboule et d'autres encore.

Aux matériaux précités et qui forment comme le fond de la composition chimique des plantes bulbeuses, viennent souvent s'ajouter des principes plus énergiques, notamment divers alcaloïdes, et les bulbes peuvent alors devenir des poisons redoutables. C'est à ce titre que quelques espèces sont usitées en médecine et fournissent des médicaments précieux. De ce nombre sont le Colchique d'automne (*Colchicum autumnale* L.), plante si abondante dans la plupart des prairies un peu humides, surtout du centre et du midi de la France; la Scille maritime (*Scilla maritima* L.), commune sur presque tous les rivages de la Méditerranée; la grande Amaryllis du Cap (*Amaryllis toxicaria* L.), et une foule d'autres.

Tous les bulbes, comme nous l'avons vu, produisent des bourgeons axillaires. Ces bourgeons ne se comportent pas tous de la même manière; les uns sont florifères, les autres ne portent que des feuilles. Ces derniers, dans presque tous les cas, n'en concourent pas moins à la multiplication, car ils deviennent libres à un moment donné, et peuvent vivre d'une vie indépendante. On leur donne le nom général de *Caïeux*, sous lequel ils seront étudiés avec les détails qui peuvent intéresser le lecteur.

Il importe sans doute de signaler ici certains organes souterrains qui, sans être identiques avec les véritables bulbes, n'en offrent pas moins la plus grande analogie avec eux. Il s'agit de ces productions charnues, de forme assez variable, que l'on observe à la base des tiges de plusieurs espèces du groupe des Orchidées. Si en effet l'on arrache avec soin un pied de notre *Orchis Morio*, par exemple, pendant la floraison ou peu de temps avant, on remarque que la partie souterraine de la tige porte, outre de nombreuses racines latérales adventives, deux corps volumineux, ovoïdaux, succulents, dont l'un est plus turgide que l'autre, et inséré un peu plus haut que lui (fig. 759). On a beaucoup discuté sur la nature de ces productions, et les opinions les plus diverses, pour ne pas dire les plus bizarres, ont été émises à leur endroit. L'étude organogénique de leur développement en rend la connaissance assez facile et la réduit en somme à des termes assez simples. Voici ce qu'elle nous apprend.

La tige porte, comme il est facile de le constater, deux sortes de feuilles : les unes aériennes, bien développées et gorgées de chlorophylle, les autres insérées sur la partie qui demeure enterrée, et par conséquent réduites à l'état d'écailles blanchâtres par absence de matière verte. Les feuilles aériennes sont habituellement stériles, leurs bourgeons axillaires avortant régulièrement. Les écailles souterraines, une d'elles tout au moins, sont au contraire fertiles. Le bourgeon né à l'aisselle d'une de ces feuilles, au lieu de s'arrêter de bonne heure dans son évolution, grossit incessamment et on le voit peu à peu s'hypertrophier vers sa base, surtout du côté de la feuille axillante. Toute cette masse, de

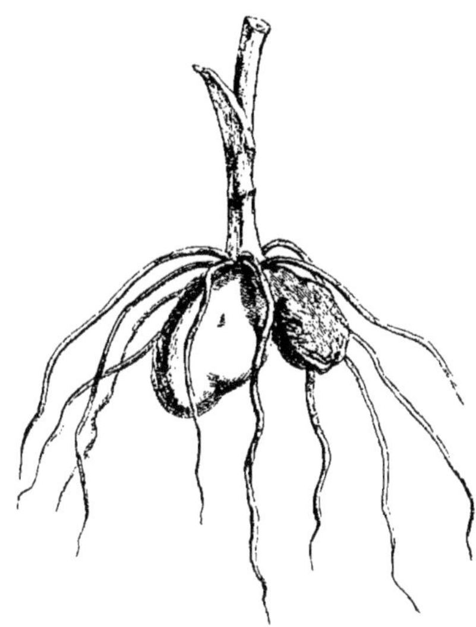

Fig. 759. — Partie inférieure d'une Orchidée, portant deux pseudo-bulbes et des racines adventives.

plus en plus charnue, est parfaitement lisse à sa surface, sauf vers son sommet organique, où sont relégués les très petits rudiments de ses feuilles, visibles seulement à la loupe, et le tout prend la forme d'un ellipsoïde plus ou moins obliquement relié finalement à la tige par une sorte de pédicule. Nous avons donc affaire à un véritable bourgeon asymétrique et gorgé de sucs dans sa partie basilaire. Lorsque la tige aura terminé son rôle par la maturation de ses fruits, elle se desséchera peu à peu et finira par disparaître. Notre bourgeon au contraire continuera à vivre et attendra le printemps suivant. A ce moment son sommet organique reprendra son évolution interrompue, et donnera naissance, par son allongement, à un nouvel axe aérien bientôt pourvu de feuilles et de fleurs, et dont les premiers matériaux seront fournis par la réserve alimentaire assemblée dans la base hypertrophiée du bourgeon en question. En même temps que ces parties aériennes, le nouvel axe produira sur sa portion enterrée des racines adventives, et à l'aisselle d'une de ses écailles commencera à se former un bourgeon de tous points semblable à celui dont nous venons de rechercher l'origine.

Tous ces faits, fort simples au fond, nous expliquent pourquoi la tige de notre Orchis montre à sa base deux corps charnus dont l'un est déjà plus ou moins flasque et ridé, tandis que l'autre est au contraire dur et turgescent. Le premier en effet est le bourgeon hypertrophié formé l'année précédente sur un autre individu qui a disparu depuis et qui s'est en grande partie vidé pour produire l'axe florifère actuel. L'autre est un nouveau bourgeon en voie de formation et qui, l'année prochaine, donnera naissance à une nouvelle plante, quand celle qui est en train de le produire se sera détruite avec le bourgeon dont elle est issue. Cela nous fait comprendre en outre pourquoi le tubercule ridé termine directement la hampe florale à sa partie inférieure, tandis que le tubercule turgide est situé latéralement et au-dessus du premier. On voit d'après cela que l'*Orchis Morio* (et de même tous ceux qui végètent semblablement) meurt en réalité tous les ans, sauf un de ses bourgeons chargé de la continuation de l'espèce. Il y a donc là quelque chose de très comparable à ce qui se passe dans les plantes à bulbe déterminé. Qui ne voit aussi la presque identité des corps dont nous parlons avec les bulbilles de la Renoncule-Ficaire (voy. BULBILLE), si bien qu'on peut dire que ce sont des bulbilles souterrains.

La forme et le volume de ces bourgeons reproducteurs varie d'une espèce d'Orchidée à l'autre, mais la fonction demeure identique comme le développement. Ils ont reçu des noms divers parmi lesquels ceux de *pseudo-bulbes* et d'*ophrydo-bulbes* sont les plus usités.

Toutes les plantes bulbeuses jusqu'ici connues appartiennent à l'embranchement des Monocotylédones. E. M.

BULBEUX (*botanique*). — Se dit de toutes les plantes dont la tige est un bulbe, et s'emploie alors comme synonyme de *bulbifère*.

Ce mot sert aussi, dans le langage organographique, à désigner les parties qui ressemblent aux bulbes par leur aspect extérieur. E. M.

BULBIFÈRE (*botanique*). — On donne ce nom aux plantes dont la tige souterraine consiste en un bulbe, et cette épithète est alors synonyme de *bulbeux*, lequel est d'ailleurs plus usité dans l'acception dont il s'agit : *plantes bulbeuses*, *plantes bulbifères*, sont donc des expressions équivalentes.

La nomenclature botanique a souvent appliqué la même dénomination à des végétaux qui portent non pas des bulbes proprement dits, mais des bulbilles (voy. BULBILLE); tels sont, par exemple, le *Lilium bulbiferum* DC. (*L. croceum* Chaix), du groupe des Liliacées; le *Dentaria bulbifera* L., de la famille des Crucifères, et beaucoup d'autres qu'il est inutile de rappeler. Nous ferons seulement remarquer que l'expression ici employée manque de précision et qu'on devrait lui préférer celle de *bulbillifère* qui cependant est à peu près inusitée. E. M.

BULBILLE (*botanique*). — On donne le nom de *bulbille* à tout bourgeon qui, né à l'aisselle d'une feuille ou bractée aérienne, se détache spontanément à un moment donné pour tomber sur le sol, s'y fixer par des racines adventives, et continuer à vivre d'une vie indépendante. De tels bourgeons servent en conséquence à la propagation des espèces ou variétés végétales.

Si les bulbilles sont tous identiques au point de vue physiologique en ce sens que ce sont des organes de multiplication, ils peuvent différer beaucoup sous le rapport organographique, c'est-à-dire par leurs caractères extérieurs. Dans quelques rares plantes, surtout de celles qui vivent dans l'eau, les bulbilles ne diffèrent en rien par leur aspect des bourgeons ordinaires, si bien qu'il est, avant l'époque de leur chute, impossible de les distinguer de ces derniers. Ainsi dans la Morrène (*Hydrocharis morsus-ranæ* L.) que l'on rencontre si fréquemment vivant en compagnie des Nénuphars dans les mares et les étangs, certains des bourgeons axillaires se détachent vers la fin de l'été, tombent au fond de l'eau et y demeurent pendant tout l'hiver à l'état de repos. Au printemps suivant ils commencent à former des racines adventives, grandissent peu à peu et donnent finalement des plantes en tout semblables à la plante mère.

D'autres fois, les bourgeons qui doivent former des bulbilles se différencient de bonne heure des bourgeons ordinaires. Leurs parties constituantes, axe et feuilles rudimentaires, se gonflent simultanément, et le tout forme bientôt une masse charnue, ordinairement mamelonnée, de couleur variable suivant les espèces.

Le bulbille rappelle alors tout à fait certains bulbes et il a en effet la même organisation que les caïeux proprement dits (voy. CAÏEU); une fois tombé sur le sol, il s'y enracine et produit une plante nouvelle. Cette forme de bulbilles s'observe dans bon nombre de plantes du groupe des Liliacées et de celui des Amaryllidacées qui sont d'ailleurs pourvues de véritables bulbes (*Lilium bulbiferum* L. ; *Lilium tigrinum* Gawl. ; *Amaryllis rutila* Gawl.) ; mais on la rencontre également dans quelques familles de Dicotylédones non bulbifères, notamment chez certaines Crucifères (*Dentaria bulbifera* L.), certaines Bégoniacées (*Begonia discolor* R. Br.).

On observe dans d'autres plantes une modification des bourgeons aériens tout à fait comparable à celle des bourgeons souterrains de la plupart de nos Orchidées (voy. BULBE). La Renoncule-Ficaire nous montre la formation de bulbilles de cette sorte. On voit à un moment donné les bourgeons

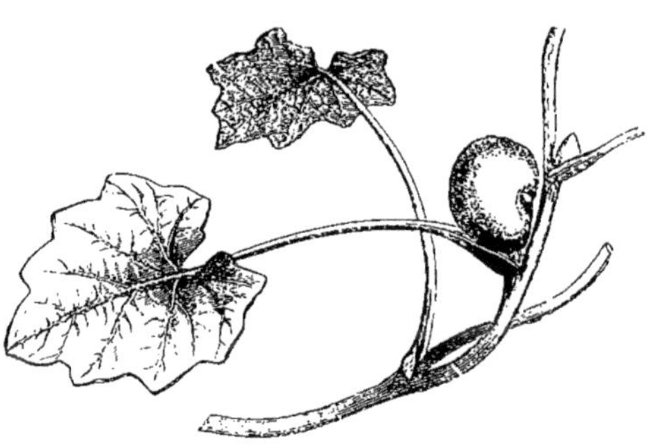

Fig. 760. — Branche de la Renoncule Ficaire portant un bulbille.

nés à l'aisselle de la plupart de ses feuilles aériennes se gonfler inégalement à leur base, de manière à produire un corps charnu, globuleux, insimétrique, développé surtout du côté de la feuille mère, et dont la surface est parfaitement lisse sauf en une région très limitée qui en représente le sommet organique et où sont rassemblées les jeunes feuilles extrêmement minces et réduites dans leurs dimensions. Ce corps n'est en somme qu'une sorte de grenier d'abondance dans lequel la plante amasse une certaine quantité de matériaux alimentaires. Quand cette réserve nutritive est devenue assez volumineuse pour que la vie de la future plante soit assurée, au moins pendant le premier temps de son évolution, le bulbille se détache et ne tarde pas à former des racines adventives au contact du sol humide où la plante en question vit d'ordinaire.

Quelques espèces de Patates (*Dioscorea Batatas*, *D. bulbifera*) nous montrent des faits du même ordre.

Il existe enfin une quatrième espèce de bulbilles qui représentent en quelque sorte un état régressif de la fleur. Celle-ci pouvant être considérée comme un véritable bourgeon adapté à la fonction de reproduction sexuelle, on conçoit qu'il soit possible de la voir revenir, dans certains cas, au type gemmaire proprement dit.

Quoi qu'il en soit, la plante ne perd pas alors complètement les avantages de la transformation florale, car les bourgeons dont il s'agit conservent la propriété de multiplier l'espèce ; seulement ils constituent bien entendu un mode de reproduction asexuée. C'est ainsi que l'on voit un bon nombre d'espèces du genre *Allium* produire des inflorescences dans lesquelles les fleurs sont remplacées en partie ou en totalité par des bulbilles, lesquels ne diffèrent que par la taille des véritables caïeux, et qui tombent spontanément, comme le feraient des fruits mûrs, pour assurer la continuation de l'espèce. Plusieurs Aulx sauvages, notamment les *Allium oleraceum* L., *A. vineale* L., *A. carinatum* L., nous montrent invariablement leurs fleurs entremêlées de nombreux bulbilles ; il en est de même de quelques plantes cultivées du même genre, par exemple l'Ail commun (*Allium sativum* L.), la Rocambole (*Allium Scorodoprasum* L.) et une variété assez peu répandue de l'Oignon ordinaire (*Allium Cepa* L.).

Quelles que soient d'ailleurs les modifications extérieures que le bulbille puisse affecter, il nous paraît important, tant au point de vue pratique qu'au point de vue de la physiologie générale des plantes, de faire remarquer que la faculté de former des bulbilles et celle de produire des graines proprement dites affectent d'ordinaire une intensité inversément proportionnelle. Par une sorte de compensation organique, les espèces où la transformation bulbillaire est abondante donnent peu de graines et c'est là un fait que le cultivateur ne doit pas perdre de vue, puisque, malgré la stérilité florale relative de ces plantes, il a entre les mains un moyen assuré de multiplication. E. M.

BUNIAS (*botanique*). — Genre de plantes de la famille des Crucifères, dont plusieurs espèces sont indigènes en France, et dont une espèce, le Bunias d'Orient (*Bunias orientalis*), originaire de l'Asie Mineure, a été proposée comme plante potagère à cultiver pour ses feuilles qu'on mangerait cuites ou en salade. C'est une plante vivace dont la culture est facile, à raison de sa rusticité ; elle n'a été d'ailleurs tentée jusqu'ici qu'à titre d'essai.

BUPHTHALME (*botanique*). — Genre de plantes de la famille des Composées établi par Linné (*Buphthalmum* L.) et qui a donné son nom à la sous-tribu des Buphthalmées. Les capitules sont radiés et entourés d'un involucre hémisphérique dont les bractées, peu nombreuses, se terminent ordinairement en une pointe plus ou moins dure et piquante. Le réceptacle porte sur sa surface convexe des paillettes qui embrassent les fleurs et tombent avec les fruits. Toutes les fleurs sont fertiles, mais les fleurs ligulées sont femelles, tandis que celles du disque sont hermaphrodites. Les anthères sont appendiculées à la base, et les branches du style se terminent en une languette arrondie au sommet. Les fruits (*akènes*) ont une forme différente suivant les fleurs qui leur ont donné naissance : ceux de la circonférence sont triquètres avec les angles plus ou moins prolongés en ailes ; ceux du disque, munis de côtes nombreuses, sont presque cylindriques ou un peu comprimés latéralement ; tous sont surmontés d'une aigrette cupuliforme, lacérée à son bord libre.

Les Buphthalmes sont des herbes européennes à feuilles alternes, qui affectionnent surtout les régions montagneuses. Leurs capitules, ordinairement de grande taille, se montrent solitaires à l'extrémité de la tige ou des rameaux. Les différentes espèces du genre sont peu importantes au point de vue agricole, leur structure sèche et presque ligneuse en faisant des aliments de très faible valeur pour les animaux domestiques, qui ne les recherchent point. Quelques-unes sont cultivées comme ornementales ; telles sont le *B. grandiflorum* L., le *B. speciosum* Schreb., etc. E. M.

BUPHTHALMÉES (*botanique*). — Sous-division

de la tribu des Inulées dans la famille des Composées. Les plantes qui y sont renfermées se distinguent par quelques caractères secondaires : elles ont le capitule radié ou quelquefois homogame par absence des fleurs ligulées. Leur réceptacle commun est garni de paillettes ordinairement coriaces. Leurs deux branches du style, dans les fleurs hermaphrodites ou femelles, sont arrondies ou tronquées au sommet. Presque toujours les fleurs sont toutes fertiles, à l'exception de quelques espèces dont les fleurs périphériques montrent un avortement constant du gynécée.

Les Buphthalmées sont des plantes herbacées, de consistance dure et sèche, pouvant dans certains cas devenir sous-frutescentes à la base. On en connaît actuellement seize genres comprenant environ quarante-cinq espèces plus ou moins répandues dans les régions méditerranéennes de l'Afrique, de l'Asie et de l'Europe, et aussi dans l'Afrique australe. Elles sont à peine représentées dans les autres parties du globe. Quelques espèces sont cultivées dans les jardins pour le vif coloris de leurs fleurs jaunes ou rougeâtres. E. M.

BUPLÈVRE (*arboriculture*). — Arbuste de la famille des Ombellifères, indigène dans la France méridionale (bassin de la Méditerranée), cultivé pour son feuillage persistant. Le Buplèvre frutescent (*Bupleurum fruticosum*) atteint une hauteur de $1^m,50$; c'est un arbuste précieux pour les jardins en terrains secs.

BUPRESTIENS (*entomologie*). — Tribu d'insectes Coléoptères-Pentamères. Les Buprestiens, très nombreux en espèces (on en compte aujourd'hui environ 2700 espèces) sont surtout répandus dans les pays tropicaux, où ils pullulent. Chez nous on les trouve beaucoup moins abondamment et principalement dans les régions méridionales de la France et de toute l'Europe.

En première ligne se rencontre un représentant du sous-genre *Chalcophora*, le *C. Mariana* ou *Bupreste des pins*. C'est le plus grand Bupreste d'Europe. Par sa forme il ressemble, comme ses congénères, aux Elatériens, qui composent la tribu voisine; mais il en diffère en ce qu'il est privé de l'appareil sauteur dont est muni le thorax de ces derniers. La tête est large, un peu excavée avec des yeux saillants sur les côtés; elle s'enfonce en arrière sous la partie antérieure du corselet et porte en avant des antennes à articles dentés en scie. Le corselet convexe va en s'élargissant de la tête aux élytres, près desquelles il se rétrécit un peu. Son bord antérieur sinueux présente trois proéminences, une médiane et deux latérales, et deux dépressions intermédiaires aux éminences. Les bords latéraux sont convexes; le postérieur est presque rectiligne, arrondi vers les angles. Les élytres forment un ovale allongé, tronqué en avant, se terminant presque en pointe à la partie postérieure avec des bords latéraux un peu sinueux. Sur le corselet sont cinq saillies calleuses longitudinales, sur les élytres trois côtes lisses, celle du milieu interrompue par deux fossettes grossières et quadrangulaires. Les couleurs de cet insecte sont très brillantes, comme son nom l'indique ; il est en effet d'un bronzé tantôt doré, tantôt verdâtre, couvert, lorsqu'il est encore tout jeune, d'une pruinosité fort peu stable et bientôt perdue. Cet insecte, dont la longueur atteint de 20 à 25 millimètres, nous offre, ainsi que toute sa tribu, une exception très intéressante dans l'ordre des Coléoptères ; les ailes membraneuses sont de même longueur que les élytres qui les recouvrent et ne présentent pas la nervure à ressort brisé, qui, chez les autres Coléoptères, fait replier l'aile en deux au repos.

La larve ressemble comme aspect général à certaines larves de Longicornes; les unes et les autres sont d'ailleurs privées de pattes. Celle du Bupreste comporte treize anneaux dont les antérieurs plus larges constituent la tête et le thorax. Elle vit dans le pin sauvage mort, dont elle creuse le bois avec ses mandibules cornées. Mais le mal qu'elle peut faire n'est jamais bien considérable. Aussi serait-il superflu de chercher les moyens de la détruire; d'autant plus qu'elle a parmi les insectes eux-mêmes des ennemis qui en font un carnage très suffisant. Ce sont des Ichneumons, tels que le *Pimpla manifestator*, dont la tarière perce à travers le bois la larve du Bupreste du pin et qui dépose sous sa peau un œuf dont l'embryon se chargera bientôt de dévorer son hôte. Un autre Hyménoptère, le *Cerceris Buprésticida*, sait découvrir les Buprestes adultes sur les troncs d'arbres où ils vivent et dans des retraites où nous ne pourrions les trouver. Il les emporte dans son nid creusé en terre pour servir de nourriture à ses larves. Enfin les Pics détruisent aussi une quantité notable de larves de buprestes qu'ils savent atteindre sous l'écorce avec leur langue acérée. Il est en effet des espèces dont les larves demeurent constamment sous l'écorce sans pénétrer dans le bois. Mais d'autre part il ne faudrait pas croire que ces insectes n'attaquent jamais que le bois mort comme le *Calchophora Mariana;* quelques-uns se nourrissent d'arbres en parfait état de santé, mais toujours sans grand préjudice pour nous. D'ailleurs un petit nombre seulement de ces larves sont connues jusqu'à présent.

Parmi les espèces que nous pouvons citer à côté du Bupreste des pins, le *Buprestis flavomaculata* de Suède, de France, d'Angleterre, d'Allemagne, de Sibérie, est long d'environ 15 millimètres, d'un brun noir verdâtre, avec les côtés du corselet jaunes et plusieurs taches de pareille nuance sur les élytres. Le *B. octoguttata* est de taille un peu moindre, d'un beau bleu d'acier, avec cinq taches sur les élytres et le corselet de même couleur que le précédent; il vit en Algérie, en Sibérie et dans la France méridionale. Le *B. rustica*, qui habite les Alpes et les bords de la Méditerranée, est long de 12 à 16 millimètres, d'un vert bleu ou violet bronzé, toujours métallique. Ces espèces vivent dans différentes essences d'arbres. Il importe encore de citer le *Corœbus bifascialus* comme plus nuisible que les espèces précédentes. Rare il y a encore quelques années, cet insecte s'est multiplié en France, dans les Landes, les Hautes-Pyrénées et toute la vallée du Rhône. Sa larve travaille dans les Chênes verts, Chênes-liège, Chênes yeuses, Chênes blancs, Chênes rouvres, Chênes pédonculés. Sortie de l'œuf déposé par la femelle à l'extrémité d'un rameau sous l'écorce, elle creuse d'abord pendant deux ans une galerie dans la longueur de l'aubier; puis, au moment de sa transformation en nymphe, une galerie circulaire pour arrêter la sève qui gênerait sa métamorphose. Elle accomplit ce dernier phénomène dans le voisinage de l'écorce. Les branches attaquées ainsi cassent fréquemment sous l'effort du vent et tombent à terre, entraînant avec elles leurs habitants.

Les Buprestiens exotiques ont des couleurs si brillantes, si variées, si harmonieusement assemblées pour le plaisir des yeux que Geoffroy les avait nommés les *Richards*. Citons seulement le géant de la tribu, l'*Euchroma gigantea*, long de 5 ou 6 centimètres environ; les Indiens de l'Amérique du Sud prennent ses élytres pour en faire des pendants d'oreilles, des colliers et autres objets de parure ou d'ornement. P. A.

BURMANNIACÉES (*botanique*). — Famille de plantes Monocotylédonées établie par Lindley et dont la place dans la classification est encore indécise par suite de l'état incomplet de nos connaissances sur leur organisation. Ce sont de toutes petites herbes graminiformes qui vivent dans les marais de la zone tropicale du nouveau monde; leur petite taille et leur habitat expliquent suffisamment leur rareté dans les collections. Ce que nous savons positivement d'après l'étude d'échantillons presque tous insuffisants, c'est que leur fleur, constituée sur le type *trois* répété, a un réceptacle très concave, sacciforme, supportant un périanthe régulier de six pièces (les trois intérieures peuvent manquer), et un androcée de trois étamines introrses, alternes avec les sépales. Le gynécée infère présente un ovaire à une seule loge avec trois placentas pariétaux qui peuvent s'allonger assez pour se rencontrer au centre et le diviser en trois compartiments. Les placentas sont chargés d'ovules anatropes très petits, et le style se partage en trois branches pétaloïdes, à peu près comme dans nos Iris. Le fruit est une capsule à trois valves. Les graines, fort peu connues, montrent, dans les espèces que l'on a pu étudier à cet égard, une organisation des plus simples ; sous leurs téguments on ne trouve en effet qu'une masse celluleuse de structure uniforme que l'on a considérée comme un embryon rudimentaire.

C'est, comme on le voit, plutôt d'après leur symétrie florale que d'après l'organisation de la graine que ces plantes ont été rangées parmi les Monocotylédones. Leurs affinités paraissent assez multiples : par la superposition de leurs étamines aux divisions internes du périanthe, elles rappellent les Hémodoracées, tandis que leur réceptacle creux, la conformation du style les rapprochent des Iridacées ; il est d'autre part impossible de ne pas remarquer combien leur placentation les assimile aux Orchidacées dont elles s'éloignent d'ailleurs par la régularité de la fleur. E. M.

BURON (*laiterie*). — Nom donné aux constructions en pierres ou en pisé, généralement couvertes de chaume ou de gazon, établies dans les hauts pâturages des montagnes d'Auvergne, pour la fabrication du fromage pendant l'estivage des troupeaux. Le buron renferme un logement pour le fromager, des salles pour le travail du lait et une cave pour la conservation des fromages; il est muni d'une étable pour les veaux et d'une loge à porcs. Les conditions de propreté nécessaires pour le traitement du lait y sont rarement réalisées.

BUSE (*ornithologie*). — Genre d'Oiseaux de l'ordre des Rapaces, famille des Falconidés, tribu des Butéoninés. Le genre Buse (*Buteo*) est caractérisé par un bec peu allongé, arrondi en dessus, festonné sur les bords de chaque mandibule ; les narines sont larges et rondes; les tarses courts, robustes et sans plumes; la queue est un peu plus brève que les ailes.

Le type de ce genre est la *Buse vulgaire* (*Buteo vulgaris*). C'est un oiseau long de 60 à 69 centimètres, mesurant de 1m,37 à 1m,60 d'envergure. Quant à sa couleur, elle est très variable. Les nuances qui dominent sont le brun foncé à la partie supérieure, et le brun clair avec le blanc jaunâtre dans la partie inférieure. Le bec bleuâtre à la racine et noirâtre à la pointe, est recourbé dès son origine, ce qui distingue les buses des aigles. D'ailleurs ces oiseaux se rapprochent des Rapaces nocturnes par les yeux à pupille très dilatée ; l'iris est gris brun chez les jeunes, brun rouge chez les adultes, gris chez les vieux individus.

On trouve la Buse vulgaire dans une grande partie de l'Europe, dans l'Asie centrale et quelquefois dans le nord de l'Afrique. En hiver on la rencontre partout dans le midi de l'Europe, tandis qu'en été elle se trouve peu dans les montagnes élevées. Elle arrive en mars ou avril dans les pays froids, pour les quitter au mois de septembre ou d'octobre. Ces voyages s'accomplissent par bandes de vingt à cent individus, suivant la même direction, mais ne voyageant pas en rangs serrés.

Quand elle est stationnaire, la Buse se fixe dans un canton délimité où elle chasse et dont elle se regarde comme propriétaire. Elle le quitte pourtant avec facilité si on l'inquiète. C'est ordinairement sur la lisière des forêts qu'elle s'établit ou bien dans un bois entrecoupé par des champs.

La Buse nous est-elle utile ou nuisible ? A cette question les uns répondent affirmativement, les autres négativement. Notre avis est qu'il faut, comme bien souvent du reste, se tenir dans un juste milieu et envisager à la fois chez la Buse les services qu'elle nous rend et les méfaits dont elle est coupable. Pour s'en convaincre, il suffit de considérer les animaux dont elle se nourrit.

Ce sont d'une part, les rats, les campagnols, les hamsters et tous les autres représentants de cette engeance des Rongeurs qui ne se signalent que par des ravages dans tous les pays du monde. Chaque Buse en dévore par jour jusqu'à trente et même davantage, si bien que l'on a porté à huit mille le nombre de ces petits mammifères qu'elle détruit dans une année. Elle mange aussi des vipères, tout en redoutant leur morsure à laquelle elle succombe parfois.

Mais d'un autre côté elle fait aussi sa nourriture des lapins, des levrauts, des perdrix, des alouettes, des cailles, des autres petits oiseaux de gibier qu'elle chasse un peu avant le coucher du soleil ; elle attaque également tous les petits auxiliaires de l'agriculture, tous les mangeurs d'insectes, les passereaux, les couleuvres, les lézards, les grenouilles et les crapauds. A défaut de petits vertébrés, elle se nourrit de sauterelles, de grillons et autres insectes, tels que les ditiques qui habitent les mares et les étangs. En cas de besoin les Buses s'abattent même sur les poissons morts, les cadavres gisant à terre qu'elles disputent aux corbeaux, ainsi que des immondices.

A côté de la *Buse commune*, nous pouvons signaler la *Bondrée apivore* formant un genre à part, le genre *Pernis*, qui fait sa nourriture de guêpes, mais aussi malheureusement d'abeilles. Cette espèce est difficile à décrire comme la Buse commune, à cause de la variété de sa coloration.

Le genre voisin *Archibuteo* est représenté par l'*Archibuse* ou *Busaigle* (*Archibuteo Lagopus*) qui remplace dans le nord de l'Europe la Buse de nos contrées. Son pelage est mélangé de blanc, de jaunâtre, de noir, de brun et de gris roussâtre ; le front est blanchâtre, le bout des ailes d'un noir d'ardoise ; la queue blanche porte une bande noire à l'extrémité. Le mâle a la poitrine blanche ; chez la femelle le ventre est de cette couleur. Les cuisses sont d'un jaune roux ou bien d'un gris blanc tachetées de brun. Du reste, comme les précédentes espèces, celle-ci varie beaucoup de teintes. L'Archibuse a le même régime que la Buse commune. P. A.

BUSSARD. — Ancienne mesure de capacité, qui avait la forme d'un tonneau, et qui contenait près d'un muid de Paris, ou 268 litres.

BUSSEROLE (*horticulture*). — Voy. ARCTOSTAPHYLOS.

BUTOME (*botanique*). — Plante aquatique dont les fleurs régulières sont réunies sur une hampe, en une inflorescence qui simule une ombelle. Les rhizomes portent des feuilles longues, linéaires. Ils peuvent servir d'aliment, car ils contiennent de la fécule qui n'est mélangée à aucun principe âcre. Les feuilles de cette plante passent pour être diurétiques. J. D.

BUTTAGE. — Le buttage est une opération qui a pour objet d'amonceler la terre au pied de certaines plantes en végétation. En l'exécutant au printemps, l'agriculteur a pour but de déterminer le développement de nouvelles racines partant des bourgeons aussi mis en terre, et de procurer aux plantes soumises à cette opération une certaine fraîcheur ; pratiqué au commencement de l'hiver, le buttage est destiné à préserver de la gelée les plantes qui pourraient souffrir d'un excès de froid.

Le buttage de printemps s'applique donc aux végétaux qui, étant peu enracinés, peuvent être facilement renversés par le vent. Il est recommandé aussi pour augmenter le produit des Pommes de terre et autres plantes cultivées pour leurs tubercules. Le buttage d'hiver est employé, dans le Midi, pour l'Olivier, l'Oranger, l'Artichaut, etc.; dans le Nord, pour le Figuier, la Vigne, etc.

Il résulte d'expériences faites, en Angleterre par Robertson, et en France par Mathieu de Dombasle, que le buttage, loin d'être utile aux Pommes de terre, leur est nuisible.

D'après Mathieu de Dombasle, lorsque le buttage est exécuté, les racines ont déjà produit un certain nombre de tubercules à la profondeur qu'exige leur constitution; en augmentant cette profondeur, le buttage gêne leur développement et interrompt leur végétation; la plante pousse alors de nouvelles racines qui forment leurs tubercules plus près de la surface que les précédents; mais cette production brusquement interrompue d'abord, disséminée ensuite, ne donne qu'une récolte bien inférieure en qualité.

Pour le comte de Gasparin, le buttage est utile lorsqu'il est fait de très bonne heure, quand le bas de la tige est herbacé et a de fortes dispositions à pousser des racines de ses bourgeons situés au-dessus du collet; quand le sous-sol est très près de la surface, surtout dans les terrains humides; il convient surtout aux espèces qui produisent leurs tubercules en monceau, tandis qu'il est nuisible à celles qui les ramifient et les dispersent beaucoup.

En 1883, M. Jensen, directeur du bureau Cérès, à Copenhague, a émis l'avis que pour préserver les Pommes de terre de la maladie qui les attaque (*Peronospora infestans*), il suffirait d'un buttage amoncelant en pointe une épaisseur de $0^m,10$ à $0^m,12$ au-dessus des tubercules. Ce procédé a été expérimenté par la Société nationale d'agriculture de France. Il résulte des expériences faites en 1883 que ce buttage de protection a sensiblement atténué les effets de la maladie en diminuant la proportion des tubercules malades, mais qu'il a diminué également le rendement en quantité. Ce procédé serait très employé en Danemark.

Le buttage s'exécute, soit à la pioche, soit au moyen d'un instrument spécial appelé buttoir.

Pour que le buttage produise de bons effets, il faut qu'il ait lieu au moment où la terre vient d'être ameublie par un binage; si elle était dure, le buttoir fonctionnerait mal. On doit éviter le buttage dans les terres humides.

Dans les jardins, le buttage est employé pour recouvrir certaines espèces de légumes et en faire blanchir les côtes ou les tiges; ces plantes sont le Céleri, la Chicorée sauvage, le Pissenlit. Mais, au lieu d'employer la terre à ces buttages, on se sert de préférence de matières peu conductrices de la chaleur, telles que les feuilles desséchées ou le fumier. Pour empêcher ces matières d'être dérangées ou emportées par le vent, on les fixe autour des plantes au moyen de mannequins de forme conique. G. M.

BUTTAGE DES VIGNES. — Le buttage des Vignes est une opération qui se pratique régulièrement dans certaines contrées à l'entrée de l'hiver, tant pour abriter le pied de la souche contre les fortes gelées qui pourraient survenir pendant cette saison, que pour assurer un écoulement facile des eaux pluviales, dont la stagnation pourrait nuire à la plante. Cette façon porte dans l'Yonne le nom de *ruellage;* elle y est usitée dans l'Auxerrois et dans les pays à vins blancs. On en fait également usage au pays de Sauterne, dans la Gironde; elle s'exécute ordinairement au moyen d'une charrue *chausseuse*, c'est-à-dire dont le corps est déjeté latéralement, de manière que l'aile du versoir puisse s'approcher facilement des pieds de Vigne.

Le buttage paraît devoir s'imposer plus particulièrement dans les vignobles reconstitués par le greffage sur pied américain et situés dans des climats à hivers rigoureux, tels que le Beaujolais, où les Vignes gèlent quelquefois jusque rez terre. En abritant la greffe avec de la terre meuble qui renferme de l'air, mauvais conducteur du calorique, on pourra assurer la conservation d'une portion de la partie européenne de la Vigne, qui par ses repousses permettra de rétablir la souche dans son état primitif.

Le *buttage* est aussi un moyen de favoriser la reprise des boutures(voy. BOUTURAGE DES VIGNES); c'est enfin un complément indispensable du greffage des Vignes (voy. ce mot). G. F.

BUTTOIR (*mécanique*). — Le buttoir est un instrument destiné à pratiquer le buttage de certaines plantes cultivées en lignes, telles que les Pommes de terre, les Choux, le Maïs, etc. Un buttoir affecte la forme générale d'une charrue sans avant-train, souvent munie d'une petite roue à la partie antérieure de l'age. Il est muni (fig. 761) de deux versoirs placés dos à dos, de chaque côté du soc. Entre les deux versoirs sont placées des charnières qui permettent d'en faire varier l'écartement. Les buttoirs peuvent ainsi tracer des sillons plus ou moins larges selon la distance qui sépare les lignes des plantes.

La forme des buttoirs est assez variable. En France, le buttoir le plus employé est celui de Mathieu de Dombasle; il se compose d'un age et

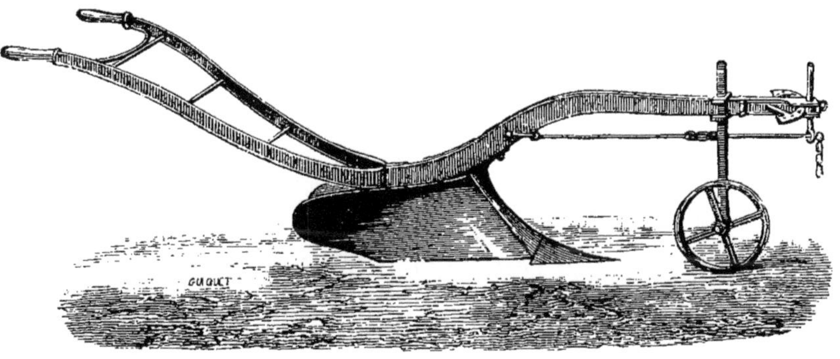

Fig. 761. — Buttoir.

d'une paire de mancherons en bois, d'un corps de charrue, de deux versoirs en fonte et d'un soc en acier. L'écartement des versoirs est réglé au moyen de crochets qui viennent se fixer dans une plaque en fer percée de trous et attachée à l'étançon de derrière.

En Flandre, on se sert d'un buttoir spécial appelé *binot* (voy. ce mot). Il est construit à peu près de la même manière que le buttoir ordinaire, avec cette différence qu'il est muni, en avant des versoirs ou oreilles, d'un soc analogue à celui des charrues fouilleuses, qui ameublit la terre avant qu'elle soit versée à droite ou à gauche.

Le buttoir est organisé souvent de façon à pouvoir exécuter plusieurs opérations; on en possède qui se transforment à volonté en houe à cheval, en charrue fouilleuse; c'est ce qu'on appelle les charrues universelles.

En Allemagne, on emploie le buttoir trisoc imaginé par M. Berkel et dont nous avons donné la description au mot BILLONS. C. M

BUTYRINE (*chimie*). — On désigne sous ce nom la matière grasse qui caractérise le beurre; elle ne s'y trouve cependant qu'en faible proportion, mais elle s'altère facilement, donnant, par sa décomposition, de l'acide butyrique, dont l'odeur très forte apparaît aussitôt que le beurre rancit.

Toutes les matières grasses sont formées par la combinaison d'un alcool polyatomique, la glycérine, avec les acides gras; la glycérine peut s'unir avec une, deux ou trois parties d'acide en perdant une quantité d'eau correspondante. La butyrine naturelle paraît être formée d'un mélange des diverses combinaisons possibles entre l'acide butyrique et la glycérine. P.-P. D.

BUTYRIQUE (ACIDE) (*chimie*). — L'acide butyrique est liquide, odorant; son odeur, forte et pénétrante, est celle du beurre rance; il est soluble dans l'eau et dans l'alcool, volatil vers 160 degrés; sa réaction acide est prononcée.

Il est représenté par la formule $C^4H^8O^2$; c'est le quatrième de la série des acides gras, qui commence par l'acide formique CH^2O^2, se continue par l'acide acétique, $C^2H^4O^2$, et l'acide propionique, $C^3H^6O^2$.

Combiné à l'alcool ordinaire, l'acide butyrique forme l'éther éthylbutyrique, qui possède l'odeur de l'ananas et de la fraise.

On prépare habituellement l'acide butyrique en faisant fermenter, en présence de la craie, du fromage blanc, et en décomposant par l'acide sulfurique le butyrate de chaux qui se produit lentement; on réussit plus aisément en déterminant la fermentation du sucre en présence de la chaux à l'aide du ferment contenu dans la terre arable; cette réaction curieuse est décrite plus loin (voy. FERMENTATION BUTYRIQUE). P.-P. D.

BUTYRIQUE (FERMENTATION) (*chimie*). — La fermentation butyrique est due à l'activité de microbes anaérobies. C'est à M. Pasteur qu'on doit la découverte de l'action de ces animalcules vivant à l'abri du contact de l'air, et qui, dans certaines espèces, sont tués par l'oxygène.

Il semble que les ferments butyriques soient nombreux et très inégalement anaérobies.

Le ferment qui apparaît dans la fermentation du lait, et qui fait passer l'acide lactique produit d'abord par la transformation du sucre de lait à l'état d'acide butyrique, paraît être anaérobie au plus haut degré.

Le ferment découvert par M. Van Tieghem, et désigné sous le nom de *Bacillus amylobacter*, qui porte son action sur la cellulose, paraît moins anaérobie que le ferment butyrique du lactate de chaux.

Le ferment qui existe à l'état de spores dans la terre arable (Dehérain et Maquenne), dans les eaux d'égout (Gayon et Dupetit), et qui provoque la réduction des nitrates avec formation d'azote libre, de protoxyde d'azote et d'acide azoteux, est encore nettement anaérobie. Son activité est très grande; si l'on met de la terre de jardin dans un flacon rempli d'eau, qu'on y ajoute du sucre, du carbonate de chaux et une petite quantité de phosphate d'ammoniaque, et qu'on expose le tout à une température de 30 à 35 degrés, il se produit un vif mouvement de fermentation avec dégagement d'hydrogène et d'acide carbonique, et formation d'acides parmi lesquels dominent les acides butyrique et acétique.

Dans la fermentation du fumier de ferme, il se produit habituellement du formène ou hydrogène protocarboné, et les liquides restent alcalins; mais souvent aussi il se dégage de l'hydrogène et il se forme de l'acide butyrique, mais ce ferment est loin d'être aussi nettement anaérobie que les précédents, car il fonctionne encore dans un liquide parcouru par un courant d'air.

Enfin, dans les fourrages ensilés, on constate assez fréquemment la production de l'acide lactique: si l'on mélange les liquides obtenus dans ces fermentations avec du carbonate de chaux et du sucre, on constate encore la formation de l'acide butyrique.

Il y a donc un grand nombre de cas dans lesquels l'acide butyrique prend naissance, et il faut considérer ce produit comme formant le résidu d'un grand nombre de fermentations anaérobies.

Il est probable que les vibrions butyriques sont les agents les plus actifs de la digestion de la cellulose dans le tube intestinal des herbivores, et l'identité des produits gazeux observés dans la digestion des herbivores et dans le fumier de ferme, fait supposer que les ferments du fumier proviennent du tube digestif des animaux.

On peut représenter la fermentation butyrique par l'équation théorique suivante:

$$\underbrace{C^6H^{12}O^6}_{\text{Glycose}} = 2\,CO^2 + 4\,H + \underbrace{C^4H^8O^2}_{\text{A. butyrique}}$$

Mais en réalité les phénomènes sont beaucoup plus compliqués, et il est rare qu'on n'observe pas en même temps la production de l'acide acétique, de petites quantités d'acide propionique et celle d'alcool éthylique et butylique. P.-P. D.

BUTYROMÈTRE. — Appareil proposé pour apprécier la richesse du lait en matière grasse (voy. LAIT).

BYSSUS. — Cryptogame se développant sur les œufs de poissons morts, sous forme de filaments de différentes couleurs, avec la plus grande rapidité.

C'est par une sorte de feutrage, ordinairement blanc, que les Byssus entament les œufs sur lesquels ils se sont développés. L'humidité surtout est favorable à leur propagation, qui n'épargne pas les œufs sains près desquels ils sont apparus. La multiplication des byssus est une des plus grandes causes de destruction des frayères naturelles.

On appelle également Byssus les filaments avec lesquels la moule se fixe sur le bouchot. La science allemande a, dans ces dernières années, fait une étude des plus sérieuses de cet organisme. Selon Eckert, il aurait la plus grande analogie avec la soie (voy. BOUCHOT). C.-K.

FIN DU TOME PREMIER

APPENDICE

DU

DICTIONNAIRE D'AGRICULTURE

RENSEIGNEMENTS COMMERCIAUX

FABRIQUE DE GRILLAGES

GALVANISÉ APRÈS FABRICATION

GRILLAGES POUR CLOTURES
DE **CHASSES**, DE **PARCS**,
DE **JARDINS**, ETC.
Pour Volières, Faisanderies,
Chenils, Basses-Cours, etc.

CORDES ÉPINEUSES
en acier galvanisé
POUR CLOTURES DE BÉTAIL
à **11 cent.** le mètre.
Et tous articles en fil de fer

GRILLAGES sur 1 mètre de haut depuis 30 centimes.
GARDE-FEU, CLAIES, CAGES, NASSES A POISSONS, MANGEOIRES EN FIL DE FER, ETC.
GRILLES LÉGÈRES

J. JUBELIN — **12 et 14, boulevard Poissonnière, à PARIS.**

Sur demandes, envois franco de Catalogues et Renseignements.

CONSTRUCTION D'INSTRUMENTS DE PESAGE EN GÉNÉRAL

Matériel des Chemins de Fer, Voies, Wagonnets, Plaques tournantes, Aiguillages, etc.

LÉONARD PAUPIER*

84, rue Saint-Maur, à PARIS.
80 MÉDAILLES ET DIPLOMES D'HONNEUR

Bascule Romaine au 100e, renforcée.

Balance de toutes sortes.

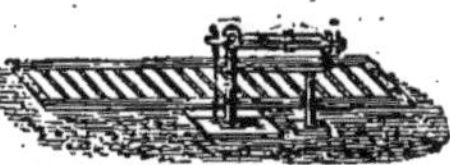
Pont à Bascule pour Voitures et Wagons.

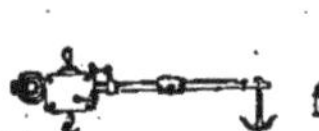
Romaines en l'air pour grues et à crochets.

Balance-Bascule au 10e.

Brouette à coffre tout en fer.

Petits Chemins de fer fixes et portatifs, agricoles et industriels.

Brouette à Bascule tout en fer.

Envoi sur demande catalogue et renseignements.

HANGARS ET CHARPENTES

ÉCONOMIQUES

en bois et fer, Syst. POMBLA Aîné, brev. S. G. D. G.

Spécialité de Constructions agricoles

Granges, Remises, Écuries, Bergeries, Magasins à fourrages. Halles et Marchés, Docks et Entrepots.

Grande rapidité d'exécution
MONTAGE ET DÉMONTAGE TRÈS FACILES

MENUISERIE MÉCANIQUE — MOBILIER SCOLAIRE
fournisseur de la Ville de Paris

Exposition universelle 1878 : **Médaille d'argent**
Médailles de bronze, d'argent et de vermeil
AUX EXPOSITIONS ET CONCOURS RÉGIONAUX

A. POMBLA, CONSTRUCTEUR
PARIS, 68, AVENUE DE ST-OUEN
ROUEN, AVENUE DU MONT-RIBOUDET, 35
Envoi franco du prospectus détaillé.

LE CHEPTEL NATIONAL

COMPAGNIE

D'ASSURANCES MUTUELLES

A PRIMES FIXES

CONTRE LA MORTALITÉ DES BESTIAUX

Constituée conformément à la loi du 14 juillet 1867 et du décret du 22 janvier 1868

SIÉGE SOCIAL A PARIS, 45, RUE LAFFITTE

CONSEIL D'ADMINISTRATION :

MM. **RAFFIER-DUFOUR**, propriétaire, ancien Préfet, Chevalier de la Légion d'honneur.

le Marquis **DE JOUFFROY-D'ARBANS**, Propriétaire, Administrateur des Chemins de fer méridionaux français.

MM. **MEULEMANS**, ancien Consul général, commandeur de plusieurs ordres, Directeur de la Banque des Consulats.

SPICRENAEL, anc. Cons. à la Cour d'Appel.

HERVÉ (L.), Directeur et Rédacteur de la *Gazette des campagnes*.

COMMISSAIRE DE SURVEILLANCE :

M. **BEDTINGER**, ancien chirurgien de la Marine.

DIRECTEUR GÉNÉRAL :

M. **P. DU BOIS D'AUBERVILLE**, Administrateur de plusieurs Sociétés.

Cette Société, fondée en 1873, administrée par des hommes d'une capacité et d'une honorabilité incontestables, paye régulièrement les sinistres de ses clients avec une ponctualité et une loyauté irréprochables.

Les nouveaux administrateurs et directeurs du **Cheptel national**, profitant des enseignements d'une longue expérience, se sont attachés à rechercher tous les moyens pratiques pour offrir aux assurés toutes les garanties désirables.

Pour tous les renseignements s'adresser directement au Directeur de la Compagnie.

SPÉCIALITÉ DE PIÈCES DE RECHANGE POUR FAUCHEUSES & MOISSONNEUSES
ALT. MARIE
E ALIX
52, RUE DES VINAIGRIERS
PARIS

APPENDICE DU DICTIONNAIRE D'AGRICULTURE

RENSEIGNEMENTS COMMERCIAUX

TABLE DES MATIÈRES DU CAHIER C

1° PAR ORDRE ALPHABÉTIQUE DES NOMS DES SOUSCRIPTEURS

2° PAR ORDRE ALPHABÉTIQUE DE PROFESSIONS

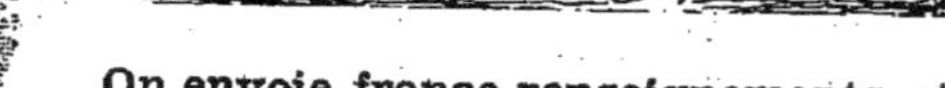

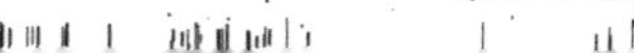

LA RENAISSANCE

COMPAGNIE D'ASSURANCES A PRIMES FIXES

CONTRE L'INCENDIE ET LE CHOMAGE

Capital : Onze millions deux cent mille francs

CONSEIL D'ADMINISTRATION

M. **Bessand**, O✻ (N. C.), de la Société Bessand et Ce, négociant à Paris, ancien président du tribunal de commerce de la Seine, *Président*.

M. **Javey** (N. C.), de la maison Javey et Ce, négociant à Paris, *Vice-Président*,

M. B. **Bourgeois** (N. C.), négociant à Paris, *Secrétaire*.

MM. **Couderc**, propriétaire à Paris.
Devemy, ancien négociant, propriétaire à Roubaix.
Ernest Dieutegard ✻ (N. C.), de la maison Ern. et Emile Dieutegard à Paris.
Estribaut, ancien manufacturier, juge au tribunal de commerce de Blois.
J. Holden ✻, manufacturier à Reims.
Loiseau (N. C.), de la maison Loiseau, Bougard et Chevalier, négociant à Paris.

MM. **Henri Mathon Warembourg** (N. C.), manufacturier à Roubaix.
Pinet ✻ (N. C.), manufacturier à Paris.
E. Rigaut ✻, ancien conseiller général de la Seine à Paris.
Varrall, de la maison Varrall, Elvell ✻ et Middleton, ingénieur constructeur mécanicien à Paris.

DIRECTION

M. PAUL ROUX, *Directeur général*.

SIÈGE SOCIAL

6, rue du Faubourg-Montmartre et cité Bergère, 1 & 2, Paris.

APPAREILS D'ARROSAGE

MAISON RAVENEAU

Vve RAVENEAU, Succ^r

PLUSIEURS MÉDAILLES

77, BOULEVARD DE CHARONNE, 77

PARIS

BREVETÉ S. G. D. G.

Arrosoirs en tôle galvanisée avec orifice, brise-jet en cuivre remplaçant la pomme.

SERINGUES A PUCERONS ET SERINGUES DE SERRES

Seaux-pompes pulvérisateurs

TUYAUX D'ARROSAGE AVEC OU SANS CHARIOTS

BATTERIES ARROSEUSES POUR PELOUSES ET POTAGERS

TURBINE ARROSEUSE DITE SOLEIL ROTATIF

DISTRIBUTION D'EAU, RÉSERVOIRS

Tonneaux d'arrosage à bras et Tonneaux à purin avec pompe et distributeurs à large orifice

POMPES DE PUITS — POMPES SUR BROUETTES

ENVOI FRANCO PRIX COURANTS

LINOLEUM ET TOILES CIRÉES

MAISONS
A
LONDRES
MANCHESTEI
NEW-YORK
—

AGENCES
A
LYON — NANCY
MARSEILLE
LILLE—BORDEAUX
ROUEN
TOULOUSE — CAEN
—

E. DUCHATEL

SEUL AGENT CONCESSIONNAIRE ET DÉPOSITAIRE POUR LA FRANCE ET L'EXPORTATION

HENDRY WHYTE ET STRACHAN

De KIRKCALDY (Écosse)

DÉPOT : PARIS, 152, RUE MONTMARTRE, PARIS.

PRIX COURANT

La plus haute récompense accordée, Médaille à l'Exposition de Calcutta 1884.

LINOLÉUM EN PIÈCES
1 m. 83 et de 3 m. 66 de large
sur 23 mètres de long.

Brun uni ou rouge.

Qualité B............. fr.	4 60
— A................	5 »
Extra épais..................	6 »

Dessins imprimés.

Qualité B..................	5 »
— A..................	5 50

Prix par mètre carré.

DOUBLE EXTRA
Epais, article spécial pour amortir le bruit dans les appartements.
Brun ou rouge.......... **10** fr.
Prix par mètre carré.

ESCALIERS
Milieu uni
avec bordures imprimées.

Largeur... 0 m. 45	Prix par mètre carré **5 fr. 50**
— .. 0 57	
— .. 0 68	
— .. 0 91	
— .. 1 14	

PASSAGES ET COULOIRS
Milieu uni
ou imprimé avec bordures.

QUALITÉ A

Largeur... 0 m. 45	Prix par mètre carré **5 fr. 50**
— .. 0 57	
— .. 0 68	
— .. 0 91	
— .. 1 14	

QUALITÉ B

Largeur... 0 m. 45	Prix par mètre carré **5 fr. 10**
— .. 0 57	
— .. 0 68	
— .. 0 91	
— .. 1 14	

BORDURES ASSORTIES

QUALITÉ B

Largeur 0 m. 15...... fr.	1 »
— 0 23..........	1 50
— 0 30..........	2 »

QUALITÉ A

Largeur 0 m. 15...... fr.	1 10
— 0 23..........	1 65
— 0 30..........	2 20

Prix par mètre courant.

TAPIS
pour Cabinets de Toilette et Salles de Bains

PRIX PAR TAPIS

	A	B
0.45 × 0.45	1 50	1 30
0.45 × 0.61	2 »	1 80
0.68 × 0.91	4 50	4 »
0.91 × 0.91	5 50	4 90
0.68 × 1.14	6 50	5 90
0.91 × 1.14	8 50	7 75
0.91 × 1.37	9 25	8 30
1.14 × 1.83	15 50	13 90
1.37 × 1.83	18 50	16 60
1.83 × 1.83	25 »	22 15
1.83 × 2.75	37 50	33 20
2.75 × 3.66	75 »	66 40
3.66 × 3.66	100 »	88 60
3.66 × 4.50	118 75	105 15

et au-dessus sur ordres spéciaux.

FRAIS D'EMBALLAGE POUR LA PROVINCE
Rouleaux, 1 fr. 35. Toile, 0 fr. 70 par mètre courant. Nattes, 0 fr. 60 pièce. Emballage des Tapis passages et couloirs, 1 fr. 25 (0 fr. 65 pour le Rouleau et 0 fr. 60 pour la Natte), et des Tapis carrés (petits Foyers), 0 fr. 60, **port à la charge de l'acheteur.**

L'emballage étant retourné **franco Paris**, trois ou quatre fois par an, un crédit sera remis, à déduire sur la prochaine facture.

SCOTCH CEMENT, en boîtes de fer-blanc d'un demi-kilogramme.................. **2 fr. 75**
SCOTCH REVIVER, d° d° .... **2 fr. 75**

La Maison **HENDRY, WHYTE ET STRACHAN** fabrique toutes les grandes largeurs

en Linoleum 1 m. 83 et 3 m. 66.

FABRIQUE DE LITS EN FER ET EN CUIVRE

MÉDAILLE D'ARGENT | BREVETÉS S. G. D. G. | MÉDAILLE D'OR

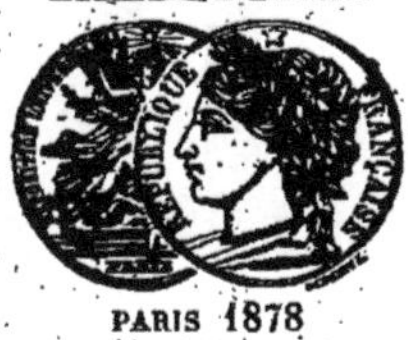

PARIS 1878

Ancienne Maison LETOURNEUR Frères

G. LETOURNEUR Jeune Succ^{r}

Rue des Arquebusiers, 11

Auc^{ne} rue Harlay et rue Diderot, sur le boulevard Beaumarchais

PARIS

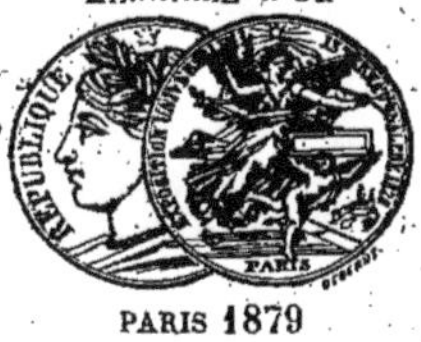

PARIS 1879

LITERIE COMPLÈTE : Sommiers élastiques et tout en fer, Matelas laine et crin, Plumes, Traversins, Oreillers, Édredons, Couvre-pieds, Garnitures complètes pour bercelonnette.

Nota.—*Sur demande par lettre, nous envoyons franco les Catalogues complets de la maison.*

N° 8 — N° 172 — N° 173 — N° 5

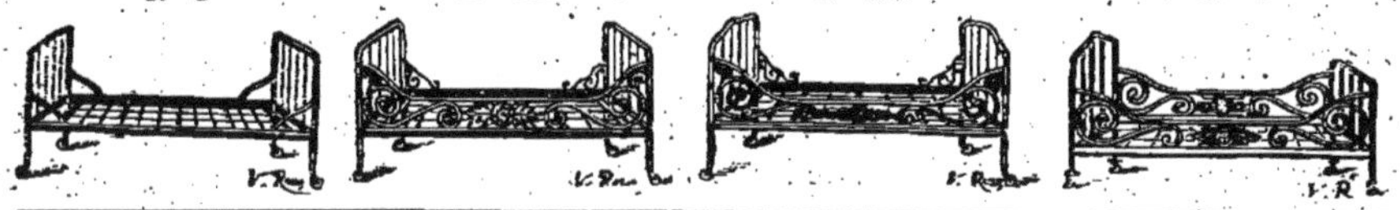

N° 235 — N° 82 à sommier, Lit ouvert — Lit replié — N° 9 — N° 13

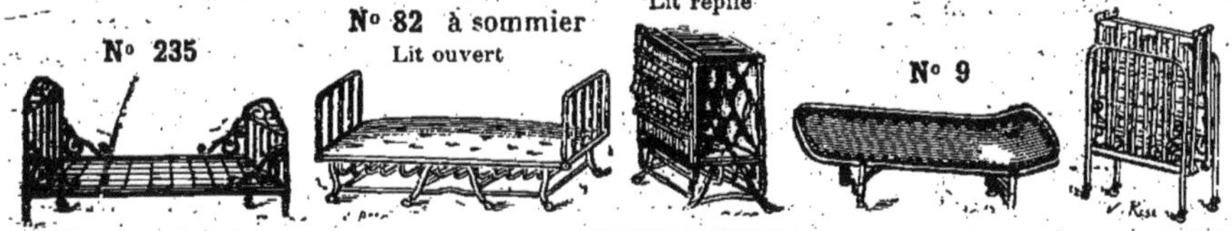

N° 14 — N° 143 — N° 76 — N° 78 — N° 72 — N° 105

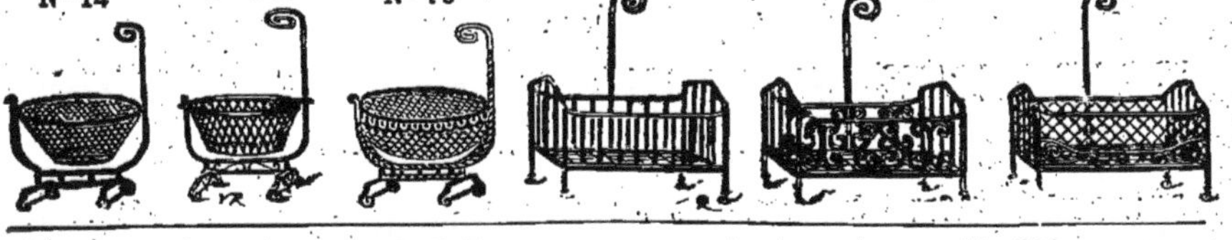

LAVABOS

N° 1 — N° 2 — N° 3 — N° 4 — N° 10 — N° 222 Pliante.

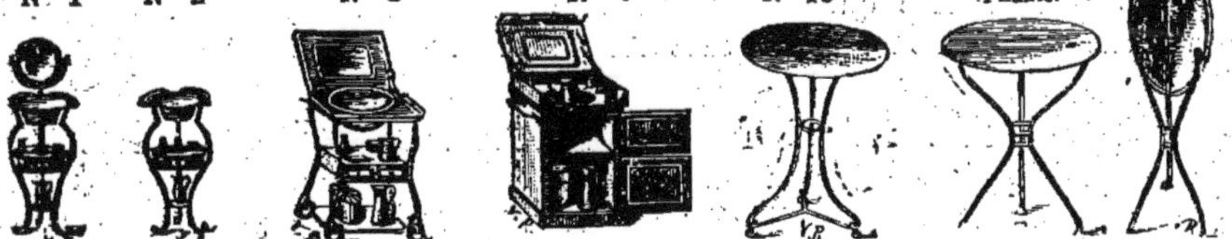

Banc à planche. — N° 5 — Banc à lattes. N° 156

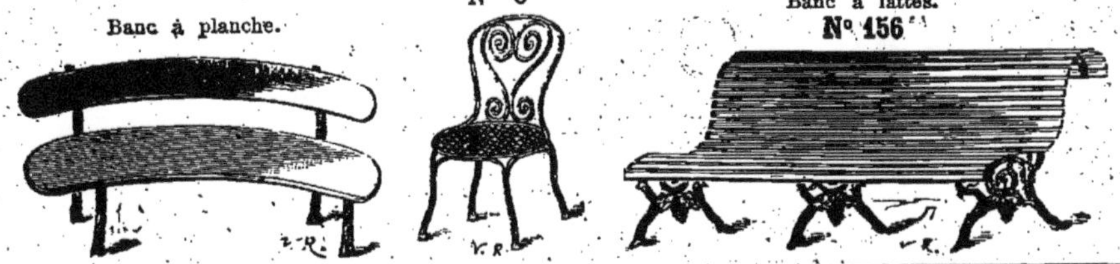

SPÉCIALITÉ DE PIÈCES DE RECHANGE POUR FAUCHEUSES & MOISSONNEUSES
ALT. MARIE
E. ALIX
52, RUE DES VINAIGRIERS
PARIS

MORITZ

51, rue Grange-aux-Belles, Paris

ACHAT ET VENTE DE TOUT MATÉRIEL INDUSTRIEL

MACHINES A VAPEUR ET LOCOMOBILES DE TOUS SYSTÈMES

INSTALLATION D'USINES

LOCATION DE LOCOMOBILES

MACHINES-OUTILS — PRESSES HYDRAULIQUES — POMPES ET RÉSERVOIRS.

MALADIES DU BÉTAIL

BOITE DE MÉNAGE: 2 FR. — Leur traitement préventif et curatif — LE KILOGRAMME: 25 FR.

PAR

L'ACIDE SALICYLIQUE

SCHLUMBERGER ET CERCKEL

26, rue Bergère, à Paris

L'acide salicylique, employé dans la nourriture à la dose de 1/2 à 1 gramme par jour et par tête de bétail, est le meilleur préservatif des maladies qui procèdent par contagion :

Sang de rate, Cocotte, Maladie aphteuse, Erysipèle, Typhus, Morve, Variole des porcs, etc., Maladies des Volailles, Abeilles, etc.

ATTESTATIONS NOMBREUSES

EFFICACITÉ CERTAINE

L'acide salicylique préserve d'altération : VIN, BIÈRE, CIDRE, BEURRE, VIANDE, POISSON

C'est le désinfectant par excellence, ne laissant aucune odeur.

ENVOI SUR DEMANDE DE PROSPECTUS

BROCHURE ET RENSEIGNEMENTS DÉTAILLÉS

S'adresser : **Compagnie générale des Produits antiseptiques**

26, RUE BERGÈRE, PARIS

INDISPENSABLE

A MESSIEURS LES **CULTIVATEURS-ÉLEVEURS & POSSESSEURS DE BÊTES A CORNES**

LA STÉRILITÉ MOMENTANÉE DES VACHES EST SOUVENT LA RUINE DU CULTIVATEUR

J'envoie *franco,* contre un mandat-poste de 5 fr. le moyen sûr et facile de faire retenir les vaches. De nombreux certificats et une gravure explicative seront joints à la recette. *Dépense par vache, environ 60 centimes.* J'ajoute gratuitement deux procédés dont je me sers : l'un pour faire venir les vaches en chaleur, et l'autre pour constater, au bout de deux mois, si elles sont pleines.

Résultats obtenus par la pratique

VOXEUR

Lauréat de l'Académie nationale agricole
Cultivateur à la ferme de la Butte, par Bréval (Seine-et-Oise),

Membre de la Société des Agriculteurs de France, de la Société française l'Industrie laitière, etc.

M. Cordier, directeur de l'École pratique d'agriculture de Saint-Remy (Haute-Saône), dans son rapport sur la Vacherie, exercices 1880 et 1881, envoyé au *Journal d'Agriculture pratique,* dit : « J'ai fait essayer le moyen de M. VOXEUR pour faire retenir les vaches; je n'ai qu'à me louer de cet essai, car les résultats obtenus ont dépassé jusqu'ici toutes mes espérances. »

Envoi gratis et franco du prospectus et des certificats.

INSTRUMENTS DE PESAGE ET PRESSES A COPIER

COMMISSION — EXPORTATION

Marque de fabrique.

CHARLES TESTUT FILS

BREVETÉ EN FRANCE ET A L'ÉTRANGER

MAISON A PARIS, 8, RUE POPINCOURT

USINE HYDRAULIQUE

A CORBEIL-ESSONNES (SEINE-ET-OISE)

N° 1. Balance qualité extra garantie.

N° 7. Socle façon ébène à pans dessus marbre, système Béranger

N° 4. Ordinaire, qualité courante.

N° 8. Colonne à jour.

N° 2. Socle à pans coupés.

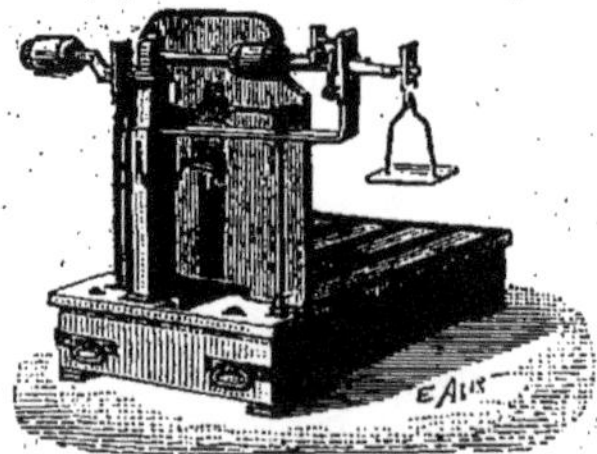

N° 10. Bascule romaine au 100e (façon Lyon).

N° 11. Colonne fonte ronde.

N° 9. Bascule façon Strasbourg (au 10e).

Spécialité de Balances Roberval. — Balances système BÉRANGER. — **Bascules** au 1/10 et au 1/100. — **Bascules à Bestiaux. — Ponts-Bascules. — Moulins** à café et à poivre. — **Presses à copier. — Mesures** de longueur et de capacité. — **Niveaux, Instruments d'arpenteurs.** — **Plombs** d'architectes, charpentiers, maçons. — **Poids** en cuivre en fonte, français et étrangers.

Envoi franco du Catalogue sur demande.

CONSTRUCTION D'INSTRUMENTS DE PESAGE EN GÉNÉRAL

Matériel des Chemins de Fer, Voies, Wagonnets, Plaques tournantes, Aiguillages, etc.

LÉONARD PAUPIER*

84, rue Saint-Maur, à PARIS.

80 MÉDAILLES ET DIPLOMES D'HONNEUR

Bascule Romaine au 100e, renforcée.

Balance de toutes sortes.

Pont à bascule pour voitures et Wagons.

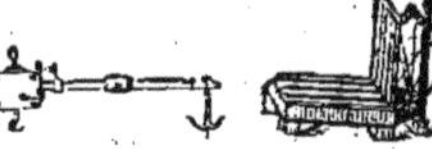

Romaines en l'air pour grues et à crochets.

Balance-Bascule au 10e.

Brouette à coffre tout en fer.

Petits Chemins de fer fixes et portatifs, agricoles et industriels.

Brouette à Bascule tout en fer.

Envoi sur demande catalogue et renseignements.

Bascule entièrement métallique système Chameroy.

EDMOND CHAMEROY

INGÉNIEUR DES ARTS ET MANUFACTURES

SUCCESSEUR DE SON PÈRE

PARIS — 147, rue d'Allemagne, 147 — PARIS

Bascule pour pesage du bétail système Chameroy.

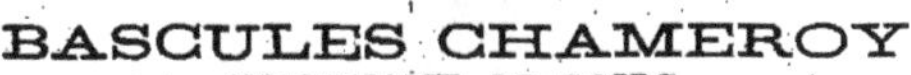

BASCULES CHAMEROY

IMPRIMANT LE POIDS

ET INSTRUMENTS DE PESAGE DE TOUS GENRES

Balance pour pesage des wagonnets et des fûts.

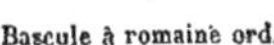

Bascule à romaine ord.

Balance Roberval.

Bascule au dixième.

Pont à bascule système Chameroy.

B. SOYER ET FILS

CONSTRUCTEURS-MÉCANICIENS

80, 82, 84, rue des Pyrénées, PARIS

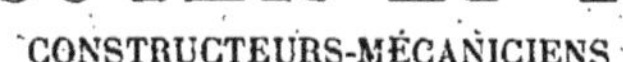

SPÉCIALITÉ DE POMPES A CHAPELET PERFECTIONNÉES

De tous débits, marchant à bras et par tous moteurs. — Installation extrêmement facile. — Rendement considérable. — Complètement à l'abri de la gelée. — Toujours amorcées. — Élèvent les liquides les plus chargés, tels que purin et autres. **Prix très modérés.** — Entretien presque nul.

Envoi franco sur demande

CATALOGUE ET RENSEIGNEMENTS.

EXPOSITIONS UNIVERSELLES
PARIS
37 MÉDAILLES
OR, ARGENT,
VERMEIL, BRONZE,
MÉDAILLE
D'HONNEUR
EXPOSITIONS
nationales et universelles de
1849-1855-1867
LONDRES : 1862
LIÈGE : 1877
1867. Médaille d'or.
1878. Médaille d'or.
MAISON LEFEBVRE-DORMOIS, BERGEROT, S^EUR
Paris, 76, boulevard de la Villette | BREVETÉ S. G. D. G. | 76, boulevard de la Villette, Paris
CONSTRUCTIONS EN FER
Fabrique spéciale de serres, jardins d'hiver, châssis, bâches, gradins, marquises, grilles
LANTERNES, COMBLES, VITRINES, BREVET POUR PARTIES OUVRANTES DANS LES SERRES,
CIRCULATION DE LA BUÉE, GRADINS ARTICULÉS, ENTRETOISES DE VITRAUX ET SERRES A DALLES MÉTALLIQUES AVEC REMONTOIRS.
La plus ancienne maison brevetée pour la spécialité des châssis, bâches et serres.
Bâches gradins, coupe intérieure.
Châssis de couches, sur bâches en fer de plusieurs numéros, prêts à l'avance. Verres et mastics prêts à poser.
Châssis à tabatière en 24 grandeurs différentes avec enduit inoxydable. On fabrique sur commande les châssis de toute forme et de toute dimension.
Serres à dalles métalliques (brevetées s. g. d. g.) dites serres Lefèvre
Serres adossées.
Croisées d'orangerie
FERS SPÉCIAUX POUR SERRES
exclusifs et brevetés.
OUTILLAGE A LA VAPEUR.
ENTREPOSITAIRE
La maison se charge de la pose en province et à l'étranger de tous les travaux, ainsi que de leur vitrerie peinture, chauffages, claies à ombrer.
On envoie les tarifs de serres et châssis et tous renseignements sur demande franco.
Exposition universelle 1878, MÉDAILLE D'OR = SERRES EXPOSÉES AU TROCADÉRO

SERRURERIE D'ART

MAISON HERBEAUMONT & BOISSIN

BOISSIN, GENDRE & SUCCESSEUR

115, rue de Bagnolet, près le Père-Lachaise, PARIS.

Fournisseur des Serres de la Ville de Paris.

SERRES — JARDINS D'HIVER
CHASSIS POUR COUCHES — VÉRANDAS
CHAUFFAGE

COMBLES — VITRINES — LANTERNES
GRILLES — MARQUISES
SERRES PORTATIVES POUR VIGNES

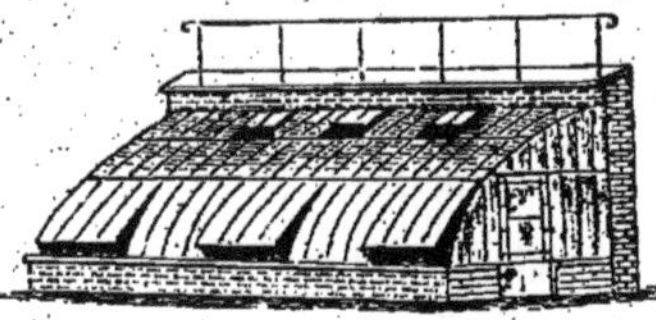

La maison se charge d'exécuter à l'étranger les travaux en fer de sa spécialité, ainsi que vitrerie, chauffage, etc.

SUPPORTS

à Fraises, etc.

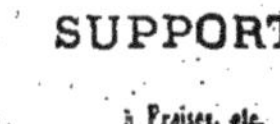

CROISÉES

ET

PORTES D'ORANGERIES

TARIF POUR SERRES :

Serre adossée	dep.	13 fr.	le m. superficiel.
Serre adossée à vigne	»	14	»
Serre Hollandaise	»	15	»
Serre Hollandaise à multiplication	»	13 50	»
Jardin d'hiver	»	17	»
Véranda galerie vitrine	»	18	»

TARIF DE CHASSIS DE COUCHES :

100 × 128	3 Bois. 4 Travées	7 75
120 × 120	» »	8 »
128 × 128	» »	8 75
128 × 130	» »	9 »
128 × 130	4 Bois. 5 Travées	9 75
1m × 150	3 » 4 »	11 »
1m × 170	» »	12 »

Envoi de renseignements sur demande affranchie

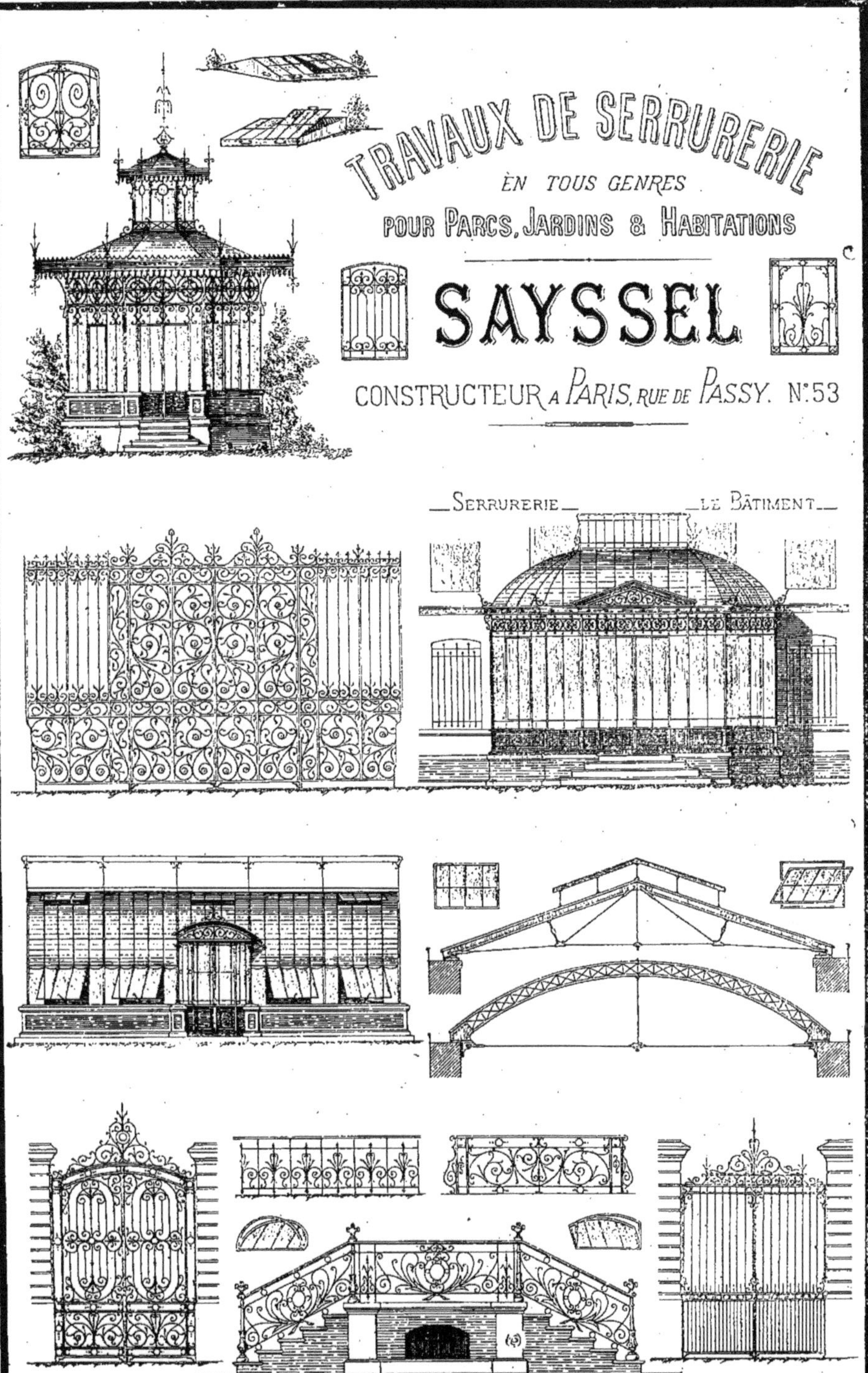

Envoi franco sur demande, plans, devis, prix et renseignements.

SERRURERIE D'ART ET DE JARDIN

PROCHASSON

CONSTRUCTEUR

174, rue de la Roquette, Paris.

SPÉCIALITÉ DE GRILLES EN TOUS GENRES

POUR PARCS, JARDINS, HABITATIONS

VASES FONTES
DE
TOUTES GRANDEURS

—

RAMPES et BALCONS
UNIS OU ORNÉS

—

GRILLAGE
POUR CLOTURES

TRAVAUX SPÉCIAUX
SUR
PLANS ET DEVIS

—

MANUFACTURE
SPÉCIALE DE
Cuirs et Courroies
POUR
TRANSMISSIONS

Envoi franco prix, catalogue et renseignements.

Mon HENOT
FOURNISSEUR DE LA VILLE DE PARIS
PARIS — 14, rue de Passy, 14 — PARIS
CONSTRUCTIONS RUSTIQUES EN BOIS GRUMES
Kiosques, Pavillons, Chaumières, Ponts, Rampes, etc.
TREILLAGES DÉCORATIFS & ORDINAIRES
Pour Jardins d'hiver, Serres, Espaliers, Clôtures diverses, etc.
Envoi franco sur demande

DICTIONNAIRE DE CHIMIE PURE ET APPLIQUÉE

COMPRENANT

LA CHIMIE ORGANIQUE ET INORGANIQUE, LA CHIMIE APPLIQUÉE A L'INDUSTRIE, A L'AGRICULTURE ET AUX ARTS, LA CHIMIE ANALYTIQUE, LA CHIMIE PHYSIQUE ET LA MINÉRALOGIE

Par AD. WURTZ

Membre de l'Institut (Académie des sciences)

AVEC LA COLLABORATION DE MM.

J. BOUIS — E. CAVENTOU — PH. DE CLERMONT — H. DEBRAY — P.-P. DEHÉRAIN
CH. FRIEDEL — A. GAUTIER — E. GRIMAUX — P. HAUTEFEUILLE — A. HENNINGER — E. KOPP
DE LALANDE — CH. LAUTH — F. LE BLANC — G. SALET — P. SCHUTZENBERGER
L. TROOST ET ED. WILLM

5 volumes grand in-8, avec un grand nombre de figures, brochés......... 90 fr.

La demi-reliure en veau, plats papier, se paye en sus 5 fr. 50 par volume.

Cet ouvrage n'est pas, à proprement parler, un Dictionnaire, c'est-à-dire un vocabulaire contenant des mots et des définitions. C'est un recueil de monographies plus ou moins étendues, ayant trait aux divers objets dont s'occupe la chimie, et fait, sous une direction unique, par des auteurs spéciaux et compétents.

La forme alphabétique, qui facilite si singulièrement les recherches, a permis de confier à chacun des collaborateurs un sujet défini qui lui était familier.

On a donné à l'ouvrage, à défaut de l'unité de plan qu'un dictionnaire ne saurait présenter, une grande unité de rédaction. Comme la notation, les idées générales sont uniformes.

On a traité d'une façon complète plusieurs points importants de Chimie théorique et de Chimie physique, mais l'on n'a nullement négligé l'étude de la science appliquée. On a donné un développement assez considérable aux articles consacrés aux industries chimiques, à la Chimie agricole, etc.

Les caractères analytiques et les procédés de dosage des diverses substances ne sont pas séparés de l'étude de celles-ci ; quant aux principes généraux de l'analyse, ils sont exposés dans des articles spéciaux, accompagnés d'une planche de spectres

La Minéralogie, qui a de si nombreux points de contact avec la Chimie minérale, entre tout entière dans le cadre de l'ouvrage ; elle a été l'introduction d'un résumé succinct de la Cristallographie.

On a attribué une grande importance à la bibliographie, et l'on a indiqué avec soin, dans les divers articles, les sources auxquelles ont été puisés les renseignements.

Il est permis de penser que ce *Dictionnaire de Chimie* n'aura pas été sans influence sur la diffusion de la science, ainsi que sur la perfection des procédés industriels actuellement en usage.

SUPPLÉMENT AU DICTIONNAIRE DE CHIMIE PURE ET APPLIQUÉE

De M. AD. WURTZ

PUBLIÉ PAR LES MÊMES

Ce supplément formera environ 10 fascicules grand in-8, avec figures.

Prix de chaque fascicule........................... 3 fr. 50

Les fascicules I à VIII sont en vente.

1878

TONNELLERIE D'ART

P. DE LALUISANT AIMÉ

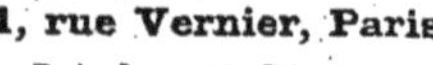

21, rue Vernier, Paris

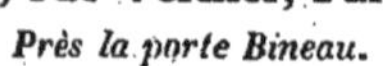

Près la porte Bineau.

Fabricant de bacs ronds et carrés, Cuves pour l'industrie.

Spécialité de Bacs et Caisses pour arbustes.

Prix au-dessous de tous ceux connus.

FABRIQUE GÉNÉRALE DE VANNERIE

Seul fabricant de vannettes-cribles et vans à crottin zingués.

MAISON HOPIN-BILLARD

HOPIN-DANGAUTHIER, S[r]

43, boulevard des Batignolles, Paris.

CHAISES, FAUTEUILS, CANAPÉS à 2 ou 3 places, **GUÉRITES** dites bains de mer, et tous autres articles *à des prix très modérés*; **PANIERS A BOIS** et de fantaisie en tous genres. Spécialité de **MALLES DE VOYAGE AVEC SERRURE**.

ARTICLES D'APPARTEMENTS

ARTICLES D'ÉCURIES

GROS

DÉTAIL

Travaux sur plans.

Spécialité sur commande.

VITRERIE SPÉCIALE

DE SERRES, JARDINS D'HIVER ET CHASSIS DE TOIT

Maison CH. SARTORE, **MURAT**, successeur

66, boulevard Malesherbes, 66, Paris

Fabrique de Tringles, Breveté S. G. D. G. pour la suppression complète de la buee du vitrage

Plusieurs Médailles

25 ANS D'EXISTENCE

RÉSULTATS CERTAINS

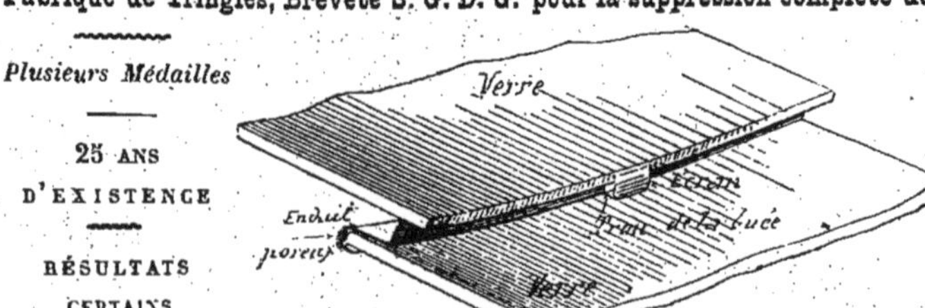

ENVOI FRANCO SUR DEMANDE PRIX ET RENSEIGNEMENTS

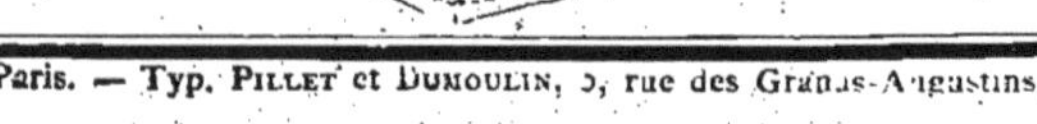
Paris. — Typ. PILLET et DUMOULIN, 5, rue des Grands-Augustins.